# LEICHT**BAUEN.IFBS**

Mit über 280 Mitgliedern ist der IFBS der Verband für Unternehmen im Metallleichtbau.

In unseren Fachregeln des Metallleichtbaus finden Sie umfangreiche Informationen über Grundlagen, Produkte (Trapez-, Kassetten-, Falz-, Fassadenprofile und Sandwichelemente), Bauphysik, Statik, Brandschutz, Befestigungstechnik, Montage und allgemeine Informationen zur Metallleichtbauweise.

**Besuchen Sie uns im Internet unter www.ifbs.eu**

I Europark Fichtenhain A 13 a I 47807 Krefeld I Telefon: +49 2151 82087-0 I Fax: +49 2151 82087-69 I info@ifbs.eu I **www.ifbs.eu**

Gerhard Hanswille, Markus Schäfer, Marco Bergmann

# Eurocode 4 – DIN EN 1994-1-1 Bemessung und Konstruktion von Verbundtragwerken aus Stahl und Beton

Teil 1-1: Allgemeine Bemessungs- und Anwendungsregeln für den Hochbau. Kommentar und Beispiele

- Normungsauslegung durch Normenmacher
- lesbare und fehlerbereinigte konsolidierte Fassung des für Deutschland relevanten Normtextes

Der Normentext des Eurocode 4 Teil 1-1 und sein Nationaler Anhang werden praxisgerecht bearbeitet und zu einem durchgängig lesbaren Text zusammengefasst (konsolidierte Fassung). Die Regelungen und Hintergründe der Norm werden erläutert und durch zahlreiche Beispiele komplettiert.

vorl. Abb.

2 / 2020 · ca. 320 Seiten

Softcover
ISBN 978-3-433-03162-9   ca. € 108*

eBundle (Print + PDF)
ISBN 978-3-433-03182-7   ca. € 140,40*

**Bereits vorbestellbar.**

## BESTELLEN
+49 (0)30 470 31-236
marketing@ernst-und-sohn.de
www.ernst-und-sohn.de/3162

\* Der €-Preis gilt ausschließlich für Deutschland. Inkl. MwSt.

## Beispiele zur Bemessung von Glasbauteilen nach DIN 18008

Ruth Kasper, Kirsten Pieplow, Markus Feldmann
**Beispiele zur Bemessung von Glasbauteilen nach DIN 18008**
2016 · 214 Seiten
€ 55,–*
ISBN 978-3-433-03090-5
Auch als ebook erhältlich.

www.ernst-und-sohn.de/3090

**Ernst & Sohn**
Verlag für Architektur und technische Wissenschaften GmbH & Co. KG

Kundenservice:
Wiley-VCH          Tel. +49 (0)6201 606-400
Boschstraße 12    Fax +49 (0)6201 606-184
D-69469 Weinheim   service@wiley-vch.de

*Der €-Preis gilt ausschließlich für Deutschland. Inkl. MwSt.
Die Versandkosten für Deutschland, Österreich, Schweiz, Liechtenstein und Luxemburg entfallen.
Für alle anderen Länder gilt der Preis zzgl. Versandkosten.
Irrtum und Änderungen vorbehalten.

1123126_dp

**VERBINDUNGSELEMENTE & BEFESTIGUNGSTECHNIK**

**Mit über 130 Jahren Erfahrung zählt REYHER zu den führenden Handelsunternehmen für Verbindungselemente und Befestigungstechnik in Europa und beliefert Kunden weltweit.**

## Stahlbauprodukte mit CE-Kennzeichnung

● Just-in-time-Lieferung direkt auf die Baustelle
● Hohe technische Kompetenz
● Über 99 % Lieferbereitschaft

**F. REYHER Nchfg. GmbH & Co. KG**
Haferweg 1 · 22769 Hamburg
Telefon 040 85363-0
kontakt@reyher.de
www.reyher.de

# Faszination Brücken
# Baukunst. Technik. Geschichte.

Richard J. Dietrich
**Faszination Brücken**
Baukunst. Technik. Geschichte.
3., wesentlich überarb. u. erw. Auflage
2016. 328 Seiten.
€ 59,-*
ISBN: 978-3-433-03180-3

Brücken üben eine besondere Faszination aus. Aber nicht alle in gleicher Weise und in gleichem Maße. Warum gelten manche Brücken als Werke der Baukunst und andere nicht? Was macht einen gelungenen Brückenentwurf aus? Richard J. Dietrich, Architekt und renommierter Brückenbauer, setzt sich in diesem Buch mit diesen Fragen auseinander. Anhand von historischem Material nähert er sich zunächst der Frage nach dem Wesen der Brückenbaukunst Schritt für Schritt an. Bedeutende Baumeister der Vergangenheit und ihre Werke werden anhand zeitgenössischer Illustrationen präsentiert und analysiert, wodurch nicht nur ein eindrucksvoller Überblick über die geschichtliche Entwicklung der Brückenbaukunst gegeben wird, sondern zugleich Leitlinien und Prinzipien für die Gestaltung heutiger Brückenbauwerke abgeleitet werden.

Dieses Buch ist für jeden Brückenbauer, für Studenten und auch für interessierte Laien eine Quelle des Wissens und der Inspiration.

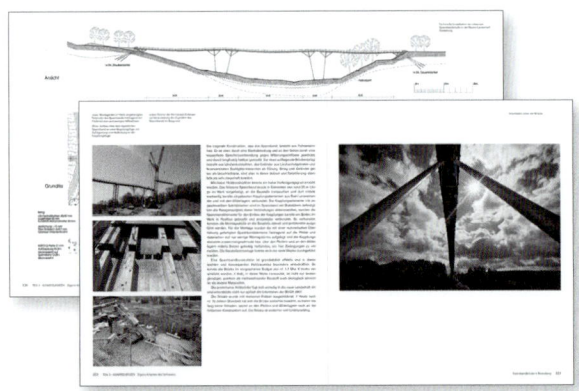

**Online Bestellung:**
www.ernst-und-sohn.de/3180

**Ernst & Sohn**
Verlag für Architektur und technische
Wissenschaften GmbH & Co. KG

Kundenservice: Wiley-VCH
Boschstraße 12
D-69469 Weinheim

Tel. +49 (0)6201 606-400
Fax +49 (0)6201 606-184
service@wiley-vch.de

* Der €-Preis gilt ausschließlich für Deutschland. Inkl. MwSt. Die Versandkosten für Deutschland, Österreich, Schweiz, Liechtenstein und Luxemburgentfallen. Für alle anderen Länder gilt der Preis zzgl. Versandkosten. Irrtum und Änderungen vorbehalten. 1133136_dp

# 2020
# STAHLBAU KALENDER

Neue Normung im Hochbau
Leichtbau

Herausgegeben von
Prof. Dr.-Ing. Ulrike Kuhlmann

22. Jahrgang

**Hinweise des Verlages**

Die Recherche zum Stahlbau-Kalender ab Jahrgang 1999 steht im Internet zur Verfügung unter www.ernst-und-sohn.de

Titelbild: Geschwungene Stahlkonstruktion im Neuen Gymnasium Bochum
© EGR Bochum
Mit freundlicher Unterstützung von Vector Foiltec GmbH, Bremen

Bibliografische Information der Deutschen Nationalbibliothek
Die Deutsche Nationalbibliothek verzeichnet diese Publikation in der Deutschen Nationalbibliografie; detaillierte bibliografische Daten sind im Internet über http://dnb.d-nb.de abrufbar.

© 2020 Wilhelm Ernst & Sohn,
Verlag für Architektur und technische Wissenschaften GmbH & Co. KG,
Rotherstraße 21, 10245 Berlin, Germany

Alle Rechte, insbesondere die der Übersetzung in andere Sprachen, vorbehalten. Kein Teil dieses Buches darf ohne schriftliche Genehmigung des Verlages in irgendeiner Form – durch Fotokopie, Mikrofilm oder irgendein anderes Verfahren – reproduziert oder in eine von Maschinen, insbesondere von Datenverarbeitungsmaschinen, verwendbare Sprache übertragen oder übersetzt werden.

All rights reserved (including those of translation into other languages). No part of this book may be reproduced in any form – by photoprinting, microfilm, or any other means – nor transmitted or translated into a machine language without written permission from the publisher.

Die Wiedergabe von Warenbezeichnungen, Handelsnamen oder sonstigen Kennzeichen in diesem Buch berechtigt nicht zu der Annahme, dass diese von jedermann frei benutzt werden dürfen. Vielmehr kann es sich auch dann um eingetragene Warenzeichen oder sonstige gesetzlich geschützte Kennzeichen handeln, wenn sie als solche nicht eigens markiert sind.

Umschlaggestaltung: Sonja Frank, Berlin
Herstellung: HillerMedien, Berlin
Satz: Alexa Glanzner GmbH, Viernheim
Druck und Bindung: CPI Ebner & Spiegel, Ulm

Printed in the Federal Republic of Germany.
Gedruckt auf säurefreiem Papier.

ISSN 1438-1192
Print ISBN: 978-3-433-03290-9
ePDF ISBN: 978-3-433-61006-0
ePub ISBN: 978-3-433-61007-7
oBook ISBN: 978-3-433-61005-3

## Vorwort

Der Stahlbau-Kalender 2020 befasst sich in diesem Jahr mit den beiden Schwerpunkten **Neue Normung im Hochbau** und **Leichtbau**. Da ist zum einen die Überarbeitung der einzelnen Normenteile des Eurocode 3 im Zuge der Entwicklung der 2. Generation der Eurocodes zu nennen. Für den wichtigen Grundlagenteil EN 1993 1-1 werden die wesentlichen Änderungen vorgestellt. Zum anderen gibt es im Korrosionsschutz eine neue Normenausgabe DIN EN ISO 12944. Für die Erdbebenbemessung steht die Einführung von Eurocode 8 und des dazu fertiggestellten Nationalen Anhangs kurz bevor. Und für den Metallleichtbau wurden mit DIN EN 1090-4 und -5 eigene Teile zur Ausführung von Stahltragwerken und Aluminiumtragwerken eingeführt. Neben dem Metallleichtbau fasst der Stahlbau-Kalender 2020 den Schwerpunkt **Leichtbau** als Thema sehr weit auf und behandelt sowohl leichte Materialien wie Membranstoffe und Faserverbundwerkstoffe als auch leichte Strukturen unterschiedlichster Herkunft und Anwendung wie Gerüste oder Fliegende Bauten.

Der Abdruck der zurzeit gültigen Grundnorm **DIN EN 1993-1-1: Allgemeine Bemessungsregeln und Regeln für den Hochbau** mit Nationalem Anhang sowie ergänzenden, an den jeweiligen Stellen eingearbeiteten Kommentaren und Erläuterungen von Prof. Dr.-Ing. *Ulrike Kuhlmann* und *Fabian Jörg*, M.Sc., Universität Stuttgart, ermöglicht in der täglichen Arbeitspraxis den unmittelbaren Zugriff auf die aktuellste Fassung der Norm und ihre Auslegungen, wie sie sich zum Teil auch durch aktuelle Anfragen und Entwicklungen ergeben haben. In diesem Jahr ist die jüngste Änderung des Normenteils DIN EN 1993-1-1/A1:2014-07 und der aktualisierte Nationale Anhang DIN EN 1993-1-1/NA:2018-12 an den jeweiligen Stellen im Normentext eingearbeitet. Gleichzeitig erlaubt der vollständige Original-Normentext auch einen direkten Vergleich mit den Änderungen in der zukünftigen EN 1993-1-1, wie sie in einem weiteren Beitrag dieses Stahlbau-Kalenders erläutert sind.

Dr.-Ing. *Karsten Kathage* und Dipl.-Ing. *Christoph Ortmann*, Deutsches Institut für Bautechnik (DIBt), Berlin stellen in ihrem Beitrag **Muster-Verwaltungsvorschrift Technische Baubestimmungen (MVV TB), Normen und Bescheide im Stahlbau** die Umwandlung der bisherigen Regelungen der MusterListe der Technischen Baubestimmungen (MLTB), der Teile II und III der Liste der Technischen Baubestimmungen sowie der Bauregellisten in die MusterVerwaltungsvorschrift Technische Baubestimmungen (MVV TB) vor. In dieser Ausgabe des Stahlbau-Kalenders wird die aktuelle Version MVV TB 2017/1 aus dem Blickwinkel des Stahlbaus erläutert. Die Veröffentlichung einer überarbeiteten Version MVV TB 2020/1 der Muster-Verwaltungsvorschrift Technische Baubestimmungen ist für Anfang 2020 vorgesehen. Zusätzlich werden die aktuellen Normen und Richtlinien für den Stahlbau aufgelistet und eine Zusammenstellung der für den Stahl- und Verbundbau relevanten Bescheide des Deutschen Instituts für Bautechnik DIBt (Stand: September 2019) gegeben.

DIN EN 1090-4 gibt erstmals europaweit einheitliche Ausführungsregeln für das Bauen mit kaltgeformten Profiltafeln und Profilen aus Stahl vor, in Deutschland als Ersatz für DIN 18807-3. DIN EN 1090-5 regelt als Ersatz für DIN 18807-9 die Ausführung von tragenden Konstruktionen mit kaltgeformten Profiltafeln aus Aluminium. Im Beitrag **Neue europäische Normen für den Metallleichtbau: Bemessung, Konstruktion und Ausführung von Dach und Wand** haben die Autoren Dr.-Ing. *Thomas Misiek*, Breinlinger Ingenieure, und Dr.-Ing. *Ralf Podleschny, IFBS*, diese Änderungen für den Metallleichtbau zum Anlass genommen, den Beitrag aus dem Stahlbau-Kalender 2014 grundlegend zu überarbeiten. Dabei werden auch die neuen Nationalen Anhänge zu DIN EN 1993-1-3 und DIN EN 1999-1-4 vorgestellt. In gewissem Umfang wird auf sich abzeichnende Änderungen und Ergänzungen in den zukünftigen Eurocode-Teilen EN 1993-1-3 und EN 1999-1-4 eingegangen, wie zum Beispiel zu den Themen Schubfelder und Schubsteifigkeit sowie Drehbettung.

Die neue Normenreihe DIN EN ISO 12944 „Beschichtungsstoffe – Korrosionsschutz von Stahlbauten durch Beschichtungssysteme" besteht aus neun Teilen, die 2018/2019 aus einer grundlegenden Revision der bisherigen Norm entstanden sind. Neben vielen redaktionellen Änderungen und Anpassungen an den derzeit gültigen Stand der Technik wurde der neue Teil 9 für Bauwerke im Offshore-Bereich hinzugefügt, der einer Überarbeitung der früheren DIN EN ISO 20340 entspricht. Mit dem Beitrag **Korrosionsschutz von Stahlbauten durch Beschichtungssysteme** geben die Autoren Dr. *Frank Bayer*, GEHOLIT+WIEMER Lack- und Kunststoff-Chemie GmbH, Dipl.-Kfm. *Guido Gormanns*, Dr. *Andreas Schütz*, Bundesverband Korrosionsschutz e. V., Dipl.-Ing. *Joachim Pflugfelder*, Sika Deutschland GmbH, und Dipl.-Ing. (FH) *Philipp Suppan*, Franz Dietrich GmbH, einen Überblick über den Korrosionsschutz von Stahlbauten. Der Beitrag bietet dabei für die Praxis eine Hilfe und einen Leitfaden zu den Grundlagen des Korrosionsschutzes von Stahl, zur Oberflächenbehandlung, zu den verschiedenen Beschichtungssystemen, zur Ausführung und Überwachung sowie zur Prüfung.

Ergänzend zum allgemeinen Korrosionsschutzbeitrag greift Dipl.-Ing. *Mark Huckshold*, Industrieverband Feuerverzinken e. V., in seinem Beitrag **Korrosionsschutz durch Duplex-Systeme: Feuerverzinken plus Beschichten** das Thema noch einmal auf. Der Beitrag beschreibt Duplex-Systeme zum schweren Korrosionsschutz von Stahlbauteilen, die aus einer Feuerverzinkung mit nachträglich aufgebrachten organischen Beschichtungssystemen bestehen. Dazu wird in Nass- und Pulverbeschichtungssysteme unterschieden, wobei auf Basis der aktuellen technischen Normung der Stand der

Technik erläutert wird. Die Dokumentation von ausgeführten Referenzen mit mehreren Jahrzehnten Schutzdauer zeigt die Eignung und die baupraktische Bedeutung dieser Systeme auf.

Als Hintergrund zu schwingungsempfindlichen Systemen des Leichtbaus oder auch im Zusammenhang mit dynamischen Beanspruchungen wie beim Erdbeben sind Grundlagenkenntnisse zum Schwingungsverhalten erforderlich. In ihrem Beitrag **Schwingungsverhalten ausgewählter Baukonstruktionen** behandeln die Verfasser Dr.-Ing. *Roland Friedl*, bulicek+ingenieure gmbh, und Prof. Dr.-Ing. *Ingbert Mangerig*, Universität der Bundeswehr München, die Vermittlung grundlegender Zusammenhänge zur Quantifizierung der Schwingungsreaktion, zur Modellbildung und Idealisierung von Baukonstruktionen und zum Messen von Bewegungsgrößen. Für ausgewählte Schwingungsphänomene zum Beispiel infolge Windanregung werden, auch anhand konkreter Beispiele, Hilfestellungen zur Beurteilung und zum Vorgehen gegeben.

In den Themenbereich Leichtbau kann der Beitrag **Materialprüfung und Bemessung im Zelt- und Membranbau** der Autoren Univ.-Prof. Dr.-Ing. habil. *Natalie Stranghöner*, Dr.-Ing. *Jörg Uhlemann*, Universität Duisburg-Essen, Dr. rer. nat. *Carl Maywald*, Vector Foiltec GmbH, und Dipl.-Ing. *Bernd Stimpfle*, formTL ingenieure für tragwerk und leichtbau gmbh, eingeordnet werden. Gespannte Membrankonstruktionen haben einzigartige Eigenschaften, wie geringes Eigengewicht, hohe Flexibilität, Transluzenz und die Fähigkeit, architektonisch ausdrucksstarke Formen zu bilden. Wurden Membranstrukturen vor Jahrzehnten noch überwiegend als stark gekrümmte Dächer gebaut, weil sie große Distanzen (z. B. Sportanlagen) wirtschaftlich und attraktiv überbrücken können, ist heute eine Entwicklung zu einem viel breiteren Anwendungsspektrum zu beobachten. Im Beitrag werden sehr umfassend Informationen zu Material, Entwurf und Bemessung, auch anhand der einschlägigen Normen, bis zur Konstruktion, zur Ausführung und zu Fragen des Brandschutzes und der Bauphysik gegeben, vielfach auch mit Beispielen illustriert.

Im Rahmen der Entwicklung der zweiten Generation der Eurocodes hat Eurocode 3 Teil 1-1 „Bemessung und Konstruktion von Stahlbauten – Allgemeine Regeln und Regeln für den Hochbau" als erster Teil von Eurocode 3 eine konsolidierte Fassung erreicht, die jetzt zur formalen Abstimmung in Europa vorbereitet wird. Der Beitrag **Neue Entwicklungen in prEN 1993-1-1:2020** der Autoren Prof. Dr.-Ing. *Ulrike Kuhlmann*, *Fabian Jörg*, M. Sc., Universität Stuttgart, Prof. Dr. sc. techn. habil. *Markus Knobloch*, *Anna-Lena Bours*, M. Sc., Ruhr-Universität Bochum, Univ.-Prof. em. Dr.-Ing. *Joachim Lindner*, Berlin, und Prof. Dr. techn. *Andreas Taras*, ETH Zürich, macht den Anwender frühzeitig mit den wesentlichen strukturellen und technischen Änderungen gegenüber der zurzeit gültigen Norm vertraut. Eingeleitet werden die verschiedenen Themen durch eine deutsche Übersetzung des englischen Originaltextes durch die Autoren. Neben dem jeweiligen Normentext und den Erläuterungen dazu findet man als Hilfestellung auch noch Bemessungsbeispiele. Ziel der Überarbeitung war, die Anwenderfreundlichkeit der Norm zu verbessern, die Regelungen sowohl innerhalb des Eurocodes 3 als auch mit den verwandten Normen zu harmonisieren und neue Erkenntnisse aus Forschung und Entwicklung zu integrieren

Der Beitrag **Faserverbundwerkstoffe im Bauwesen** von Prof. Dr.-Ing. *Jan Knippers*, *Valentin Koslowski*, M. Sc., Universität Stuttgart, und Dr.-Ing. *Matthias Oppe*, Knippers Helbig GmbH, gibt einen Einstieg in die Anwendung der faserverstärkten Kunststoffe im Bauwesen. Im Hochbau ermöglichen die niedrige thermische Leitfähigkeit und die vielfältigen Form- und Farbgebungsmöglichkeiten neue konstruktive und architektonische Ansätze für Fassaden- und Hüllkonstruktionen, im Brückenbau führen günstige Gewichts- und Ermüdungseigenschaften zu neuen Pilotanwendungen. Der Beitrag gibt in diesem bauaufsichtlich bisher wenig geregelten Bereich Hinweise zu Material, Verbundwerkstoffen, Berechnung und Nachweisführung bzw. experimentellen Untersuchungen ebenso wie zur Ausführung und Überwachung. Er enthält damit Anregungen, auch im Bauwesen neue Anwendungen für diese interessante Materialgruppe zu erschließen.

Mit dem Beitrag **Besondere Aspekte der Planung, Bemessung und Ausführung von Gerüsten** geben die Autoren Dr.-Ing. *Tobias Schmidt*, PERI GmbH, Dipl.-Ing. *Rolf Brückel*, SIGMA KARLSRUHE GmbH, und Prof. Dr.-Ing. *Georg Geldmacher*, Hochschule Rhein-Main, einen Überblick über baurechtliche Grundlagen einerseits und konkrete Hinweise zur Planung und Bemessung andererseits. Anhand der Themenschwerpunkte Verankerung und Systemimperfektionen von Arbeits- und Schutzgerüsten sowie Überbrückungskonstruktionen wird auf die individuellen Besonderheiten dieser häufig aus Systembauteilen zusammengesetzten Konstruktionen eingegangen. Praktische Lösungsansätze und Hilfestellungen für die Bemessung werden auch für „Rüstbinder" bereitgestellt. Dabei werden vor allem die Besonderheiten der räumlichen Aussteifung von Rüstbindersystemen durch entsprechend angeordnete Horizontal- und Querverbände behandelt.

Das vergangene Jahrzehnt wurde durch zahlreiche extreme Erdbebenereignisse geprägt, die zeigen, in welchem Maße selbst hochentwickelte Länder von den Konsequenzen eines Erdbebens getroffen werden können. Da die Gefährdung nicht vom Menschen beeinflusst werden kann, sollten Maßnahmen ergriffen werden, die die Verwundbarkeit von Bauwerken und anderen Infrastrukturen reduzieren. Zurzeit steht als Ersatz für DIN 4149 die verbindliche Einführung von DIN EN 1998-1 mit dem zugehörigen Nationalen Anhang bevor, in dem die Einwirkungen an die wissenschaftlichen Erkenntnisse der letzten Dekade angepasst wurden. Die Erdbebenkarte in DIN EN 1998-1/NA beruht auf einer grundlegenden Überarbeitung der alten Erdbebenkarten. Das Ergebnis zeigt für Deutschland eine teilweise erheblich höhere Erdbebengefährdung und auch eine regionale Verschiebung der Grenze der Erdbebengefährdung. Der Nationale Anhang, der Ende 2018 der Öffentlichkeit zur Prüfung vorgelegt wurde, ist neben der aktuellen Version des Eurocode 8 Grundlage für den Beitrag **Tragverhalten, Auslegung und Nachweise von Stahlbauten in Erdbebengebieten** der Autoren Dr.-Ing. *Max Gündel*, Wölfel Engineering GmbH + Co. KG, Prof. Dr.-Ing. *Benno Hoffmeister*, RWTH Aachen, Prof. Dr.-Ing. Dr. h.c. *Ioannis Vayas*, NTU Athen, Dr.-Ing. *Klaus Wittemann*, SLP Ingenieurbüro für Tragwerksplanung, gewesen.

Der Beitrag **Fliegende Bauten und Freizeitparkanlagen** der Autoren Dr.-Ing. *Antonio Zizza*, und Dipl.-Ing. (FH) *Frank-Michael Wagner*, TÜV Rheinland Industrie Service GmbH,, Dipl.-Ing. Stefan Kasper, TÜV SÜD Industrie Service GmbH, Dipl.-Ing. Christian Stelzl, *Svetislav Popovic,* M.Sc., und Dr.-Ing. *Roland Zander*, Ingenieurbüro Stengel GmbH, Dr.-Ing. *Andreas Simonis*, Gerstlauer Amusement Rides GmbH, Prof. Dr.-Ing. *Matthias Rohde*, Frankfurt University of Applied Sciences, konzentriert sich aufgrund der Komplexität und Vielfalt von Fliegenden Bauten und Freizeitparkanlagen auf die Fahrgeschäfte, wie z. B. Achterbahnen, Rundfahrgeschäfte, Karusselle, Hochfahrgeschäfte und Riesenräder. Zu den Fahrgeschäften wird ein Überblick über die rechtliche Situation und den Genehmigungsweg vor allem in Deutschland gegeben. Es werden die wesentlichen bautechnischen Bemessungsregeln mit Fokus auf den Stahlbau dargestellt und hier auch Besonderheiten wie die Wirkung von Beschleunigungen und die Risikobeurteilung behandelt. Am Beispiel der Stahlachterbahn werden konkrete Hinweise zur Anwendung der Normen und zu ausgewählten Konstruktionsdetails gegeben.

Zum Themengebiet des Leichtbaus gehören Sandwichelemente, bei denen die Deckbleche aus dünnem Stahlblech durch einen schubsteifen Kern miteinander verbunden sind. Diese Elemente entwickeln, gepaart mit geringem Gewicht, eine große Steifigkeit und Tragfähigkeit. Neben der raumabschließenden und lastabtragenden Funktion erfüllen diese meist als Dacheindeckungen und Wandverkleidungen eingesetzten Bauteile auch bauphysikalische Aufgaben, wie z. B. Wärmedämmung. In ihrem gegenüber 2010 überarbeiteten Beitrag **Sandwichelemente im Hochbau** erläutern Prof. Dr.-Ing. *Jörg Lange*, TU Darmstadt, und Prof. Dr.-Ing. *Klaus Berner*, iS-engineering GmbH, das Tragverhalten hinsichtlich der verschiedenen möglichen Versagensarten und stellen detailliert aktuelle Entwicklungen und Lösungsansätze auf dem Gebiet der Bemessung, Konstruktion und bauphysikalischen Bewertung von Sandwichelementen vor. Für die Nutzung in der Praxis sind sowohl die bauaufsichtlich formalen Grundlagen als auch die Bemessung anhand von ausgeführten Beispielen ausführlich dargestellt.

Zum Schluss möchte ich mich auch im Namen des Verlags Ernst & Sohn bei allen Autoren und den Mitarbeitern des Verlags bzw. im Institut ganz herzlich für ihre Leistung und ihren großen Einsatz bedanken. Eine besondere Herausforderung ist immer auch die zeitliche Verzögerung einzelner Beiträge und der nicht immer rechtzeitig vollständig fertiggestellte Text. Trotzdem ist es gelungen, dass der Kalender wieder pünktlich erscheinen kann und einen hervorragenden Überblick zu den Schwerpunktthemen gibt, die für die Anwendung zurzeit, aber auch für die zukünftige Nutzung viele Anregungen enthalten.

Am **Freitag, 19. Juni 2020** wird der diesjährige Stahlbau-Kalender-Tag in Stuttgart stattfinden, zu dem wir alle Interessierten herzlich einladen möchten. Dabei werden die Autoren dieser Ausgabe zu ihren Themen vortragen und für Diskussionen zur Verfügung stehen.

Stuttgart, Januar 2020
Prof. Dr.-Ing. Ulrike Kuhlmann

# HIGH PERFORMANCE SONNENSCHUTZGLAS

## IPASOL - STOPRAY - STOPSOL - SUNERGY

Mit unseren Sonnenschutzverglasungen werden Gebäude zu wahren «Lichtgestalten», die die Architektur eines Jahrhunderts prägen. Ob Hardcoating oder Softcoating, ob hohe oder niedrige Reflexion, dezente Tönung oder moderne, silbergraue Ästhetik: Sonnenschutzbeschichtungen von AGC Interpane reduzieren den solaren Energieeintrag bei maximaler Tageslichttransmission und bieten hervorragende Wärmedämmung.

INTERPANE GLAS INDUSTRIE AG - Telefon: +49 5273 8090 - info@interpane.com - www.interpane.com

Your Dreams, Our Challenge

# RFEM 5
Das ultimative FEM-Programm

# RSTAB 8
Das räumliche Stabwerksprogramm

Statik, die Spaß macht...

- Stahlbau
- 3D-Finite Elemente
- BIM/Eurocodes
- Verbindungen
- Formfindung

- Brückenbau
- 3D-Stabwerke
- Massivbau
- Stabilität
- Holzbau

**GRATIS FÜR STUDENTEN & SCHULEN**

**KOSTENLOSE 90-TAGE-TESTVERSION**

**KOSTENLOSER SUPPORT**

Software für Statik und Dynamik

www.dlubal.de

# Inhaltsübersicht

1 Stahlbaunormen – DIN EN 1993-1-1: Allgemeine Bemessungsregeln und Regeln für den Hochbau 1
Ulrike Kuhlmann, Fabian Jörg

2 Muster-Verwaltungsvorschrift Technische Baubestimmungen (MVV TB),
Normen und Bescheide im Stahlbau 87
Karsten Kathage, Christoph Ortmann

3 Neue europäische Normen für den Metallleichtbau:
Bemessung, Konstruktion und Ausführung von Dach und Wand 195
Thomas Misiek, Ralf Podleschny

4 Korrosionsschutz von Stahlbauten durch Beschichtungssysteme 307
Frank Bayer, Guido Gormanns, Joachim Pflugfelder, Andreas Schütz, Philipp Suppan

5 Korrosionsschutz durch Duplex-Systeme: Feuerverzinken plus Beschichten 371
Mark Huckshold

6 Schwingungsverhalten ausgewählter Baukonstruktionen 385
Roland Friedl, Ingbert Mangerig

7 Materialprüfung und Bemessung im Zelt- und Membranbau 455
Natalie Stranghöner, Jörg Uhlemann, Carl Maywald, Bernd Stimpfle

8 Neue Entwicklungen in prEN 1993-1-1:2020 511
Ulrike Kuhlmann, Markus Knobloch, Joachim Lindner, Andreas Taras, Fabian Jörg, Anna-Lena Bours

9 Faserverbundwerkstoffe im Bauwesen 611
Jan Knippers, Valentin Koslowski, Matthias Oppe

10 Besondere Aspekte der Planung, Bemessung und Ausführung von Gerüsten 671
Tobias Schmidt, Rolf Brückel, Georg Geldmacher

11 Tragverhalten, Auslegung und Nachweise von Stahlbauten in Erdbebengebieten 731
Max Gündel, Benno Hoffmeister, Ioannis Vayas, Klaus Wittemann

12 Fliegende Bauten und Freizeitparkanlagen 843
Antonio Zizza, Frank-Michael Wagner, Stefan Kasper, Christian Stelzl, Svetislav Popovic, Roland Zander, Andreas Simonis, Matthias Rohde

13 Sandwichelemente im Hochbau 905
Jörg Lange, Klaus Berner

Stichwortverzeichnis 973

## Verzeichnis der Autoren und Herausgeber

Dr. Frank Bayer
GEHOLIT+WIEMER
Lack- und Kunststoff-Chemie GmbH
Sofienstraße 36
76676 Graben-Neudorf

Prof. Dr.-Ing. Klaus Berner
iS-engineering GmbH
Otto-Hesse-Straße 19
64293 Darmstadt

Anna-Lena Bours, M. Sc.
Ruhr-Universität Bochum
Lehrstuhl für Stahl-, Leicht- und Verbundbau
Universitätsstraße 150
44801 Bochum

Dipl.-Ing. Rolf Brückel
SIGMA KARLSRUHE GmbH
Daimlerstraße 21
76316 Malsch

Dr.-Ing. Roland Friedl
bulicek+ingenieure gmbh
Sonnenstraße 19
80331 München

Prof. Dr.-Ing. Georg Geldmacher
Hochschule RheinMain
Fachbereich Architektur und Bauingenieurwesen
Kurt-Schumacher-Ring 18
65197 Wiesbaden

Dipl.-Kfm. Guido Gormanns
Geschäftsführung
Bundesverband Korrosionsschutz e. V.
Pohligstraße 3
50969 Köln

Dr.-Ing. Max Gündel
Wölfel Engineering GmbH + Co. KG
Max-Planck-Straße 15
97204 Höchberg

Prof. Dr.-Ing. Benno Hoffmeister
RWTH Aachen
Institut für Stahlbau
Mies-van-der-Rohe-Straße 1
52074 Aachen

Dipl.-Ing. Mark Huckshold
Industrieverband Feuerverzinken e. V.
Mörsenbroicher Weg 200
40470 Düsseldorf

Fabian Jörg, M. Sc.
Universität Stuttgart
Institut für Konstruktion und Entwurf
Pfaffenwaldring 7
70569 Stuttgart

Dipl.-Ing. Stefan Kasper
TÜV SÜD Industrie Service GmbH
Westendstraße 199
80686 München

Dr.-Ing. Karsten Kathage
Deutsches Institut für Bautechnik (DIBt)
Vizepräsident
Kolonnenstraße 30 B
10829 Berlin

Prof. Dr.-Ing. Jan Knippers
Universität Stuttgart
Institut für Tragkonstruktion und Konstruktives
Entwerfen (ITKE)
Keplerstraße 11
70174 Stuttgart

Prof. Dr. sc. techn. habil. Markus Knobloch
Ruhr-Universität Bochum
Lehrstuhl für Stahl-, Leicht- und Verbundbau
Universitätsstraße 150
44801 Bochum

Valentin Koslowski, M. Sc.
Universität Stuttgart
Institut für Tragkonstruktion und Konstruktives
Entwerfen (ITKE)
Keplerstraße 11
70174 Stuttgart

Prof. Dr.-Ing. Ulrike Kuhlmann
Universität Stuttgart
Institut für Konstruktion und Entwurf
Pfaffenwaldring 7
70569 Stuttgart

Prof. Dr.-Ing. Jörg Lange
Technische Universität Darmstadt
Fachgebiet Stahlbau
Franziska-Braun-Straße 3
64287 Darmstadt

Univ.-Prof. em. Dr.-Ing. Joachim Lindner
Wallotstraße 3
14193 Berlin

Prof. Dr.-Ing. Ingbert Mangerig
Universität der Bundeswehr München
Fakultät für Bauingenieurwesen und
Umweltwissenschaften
Werner-Heisenberg-Weg 39
85577 Neubiberg

Dr. rer. nat. Carl Maywald
Vector Foiltec GmbH
Steinacker 3
28717 Bremen

Dr.-Ing. Thomas Misiek
Breinlinger Ingenieure Hochbau GmbH
Kanalstraße 1–4
78532 Tuttlingen

Dr.-Ing. Matthias Oppe
Knippers Helbig GmbH
Tübinger Straße 12–16
70178 Stuttgart

Dipl.-Ing. Christoph Ortmann
Deutsches Institut für Bautechnik (DIBt)
Referat I 3
Kolonnenstraße 30 B
10829 Berlin

Dipl.-Ing. Joachim Pflugfelder
Sika Deutschland GmbH
Kornwestheimer Straße 103–107
70349 Stuttgart

Dr.-Ing. Ralf Podleschny
IFBS e.V.
Europark Fichtenhain A 13a
47807 Krefeld

Svetislav Popovic, M.Sc.
Ingenieurbüro Stengel GmbH
Nesselwanger Straße 24
81476 München

Prof. Dr.-Ing. Matthias Rohde
Frankfurt University of Applied Sciences
Nibelungenplatz 1
60318 Frankfurt am Main

Dr.-Ing. Tobias Schmidt
PERI GmbH
Schalung Gerüst Engineering
Rudolf-Diesel-Straße 19
89264 Weissenhorn

Dr. Andreas Schütz
Bundesverband Korrosionsschutz e.V.
Pohligstraße 3
50969 Köln

Dr.-Ing. Andreas Simonis
Gerstlauer Amusement Rides GmbH
Industriestraße 17
86505 Münsterhausen

Dipl.-Ing. Christian Stelzl
Ingenieurbüro Stengel GmbH
Nesselwanger Straße 24
81476 München

Dipl.-Ing. Bernd Stimpfle
formTL ingenieure für tragwerk und leichtbau gmbh
Geschäftsleitung
Güttinger Straße 37
78315 Radolfzell

Univ.-Prof. Dr.-Ing. habil. Natalie Stranghöner
Universität Duisburg-Essen
Institut für Metall- und Leichtbau
Universitätsstraße 15
45219 Essen

Dipl.-Ing. (FH) Philipp Suppan
Franz Dietrich GmbH
Korrosionsschutz – Bautenschutz – Industrieanstriche
Völgerstraße 11
30519 Hannover

Prof. Dr. techn. Andreas Taras
ETH Zürich
Departement Bau, Umwelt und Geomatik
Institut für Baustatik und Konstruktion – Stahlbau und Verbundbau
Stefano-Franscini-Platz 5
8093 Zürich
Schweiz

Dr.-Ing. Jörg Uhlemann
Universität Duisburg-Essen
Institut für Metall- und Leichtbau
Universitätsstraße 15
45219 Essen

Prof. Dr.-Ing. Dr. h.c. Ioannis Vayas
National Technical University of Athens
Civil Engineering Departemant
Iroon Polytechniou 9
15780 Athens
Greece

Dipl.-Ing. (FH) Frank-Michael Wagner
TÜV Rheinland Industrie Service GmbH
Industriestraße 3
70565 Stuttgart

Dr.-Ing. Klaus Wittemann
Prüfingenieur für Bautechnik VPI
SLP Ingenieurbüro für Tragwerksplanung
Weinbrennerstraße 18
76135 Karlsruhe

Dr.-Ing. Roland Zander
Ingenieurbüro Stengel GmbH
Nesselwanger Straße 24
81476 München

Dr.-Ing. Antonio Zizza
TÜV Rheinland Industrie Service GmbH
Industriestraße 3
70565 Stuttgart

**Herausgeberin**

Prof. Dr.-Ing. Ulrike Kuhlmann
Universität Stuttgart
Institut für Konstruktion und Entwurf
Pfaffenwaldring 7
70569 Stuttgart

**Verlag**

Ernst & Sohn Verlag für Architektur und
technische Wissenschaften GmbH & Co. KG
Rotherstraße 21, 10245 Berlin
Tel. (030) 47031200
E-Mail: Info@ernst-und-sohn.de
www.ernst-und-sohn.de

# 1 Stahlbaunormen

## DIN EN 1993-1-1: Allgemeine Bemessungsregeln und Regeln für den Hochbau

Prof. Dr.-Ing. Ulrike Kuhlmann

Fabian Jörg, M.Sc.

## Inhaltsverzeichnis

**Anmerkung zum Abdruck von DIN EN 1993-1-1** 5

**Eurocode 3: Bemessung und Konstruktion von Stahlbauten – Teil 1-1: Allgemeine Bemessungsregeln und Regeln für den Hochbau** 5
Nationales Vorwort 5
Hintergrund des Eurocode-Programms 5
Status und Gültigkeitsbereich der Eurocodes 6
Nationale Fassungen der Eurocodes 6
Verbindung zwischen den Eurocodes und den harmonisierten Technischen Spezifikationen für Bauprodukte (EN und ETAZ) 7
Besondere Hinweise zu EN 1993-1 7
Nationaler Anhang zu EN 1993-1-1 7

**1 Allgemeines** 8
1.1 Anwendungsbereich 8
1.1.1 Anwendungsbereich von Eurocode 3 8
1.1.2 Anwendungsbereich von Eurocode 3 Teil 1-1 9
1.2 Normative Verweisungen 10
1.2.1 Allgemeine normative Verweisungen 10
1.2.2 Normative Verweisungen zu schweißgeeigneten Baustählen 10
1.3 Annahmen 10
1.4 Unterscheidung nach Grundsätzen und Anwendungsregeln 10
1.5 Begriffe 10
1.5.1 Tragwerk 10
1.5.2 Teiltragwerke 10
1.5.3 Art des Tragwerks 10
1.5.4 Tragwerksberechnung 11
1.5.5 Systemlänge 11
1.5.6 Knicklänge 11
1.5.7 mittragende Breite 11
1.5.8 Kapazitätsbemessung 11
1.5.9 Bauteil mit konstantem Querschnitt 11
1.6 Formelzeichen 11
1.7 Definition der Bauteilachsen 15

**2 Grundlagen für die Tragwerksplanung** 16
2.1 Anforderungen 16
2.1.1 Grundlegende Anforderungen 16
2.1.2 Behandlung der Zuverlässigkeit 17
2.1.3 Nutzungsdauer, Dauerhaftigkeit und Robustheit 17
2.2 Grundsätzliches zur Bemessung mit Grenzzuständen 17
2.3 Basisvariable 18
2.3.1 Einwirkungen und Umgebungseinflüsse 18
2.3.2 Werkstoff- und Produkteigenschaften 18
2.4 Nachweisverfahren mit Teilsicherheitsbeiwerten 18
2.4.1 Bemessungswerte von Werkstoffeigenschaften 18
2.4.2 Bemessungswerte der geometrischen Größen 18
2.4.3 Bemessungswerte der Beanspruchbarkeit 18
2.4.4 Nachweis der Lagesicherheit (EQU) 19
2.5 Bemessung mit Hilfe von Versuchen 19

**3 Werkstoffe** 19
3.1 Allgemeines 19
3.2 Baustahl 20
3.2.1 Werkstoffeigenschaften 20
3.2.2 Anforderungen an die Duktilität 22
3.2.3 Bruchzähigkeit 22
3.2.4 Eigenschaften in Dickenrichtung 22
3.2.5 Toleranzen 23
3.2.6 Bemessungswerte der Materialkonstanten 23
3.3 Verbindungsmittel 23
3.3.1 Schrauben, Bolzen, Nieten 23
3.3.2 Schweißwerkstoffe 23
3.4 Andere vorgefertigte Produkte im Hochbau 23

**4 Dauerhaftigkeit** 23

**5 Tragwerksberechnung** 24
5.1 Statische Systeme 24
5.1.1 Grundlegende Annahmen 24
5.1.2 Berechnungsmodelle für Anschlüsse 25
5.1.3 Bauwerks-Boden-Interaktion 25
5.2 Untersuchung von Gesamttragwerken 25
5.2.1 Einflüsse der Tragwerksverformung 25
5.2.2 Stabilität von Tragwerken 27
5.3 Imperfektionen 29
5.3.1 Grundlagen 29
5.3.2 Imperfektionen für die Tragwerksberechnung 29
5.3.3 Imperfektionen zur Berechnung aussteifender Systeme 33
5.3.4 Bauteilimperfektionen 34
5.4 Berechnungsmethoden 35
5.4.1 Allgemeines 35
5.4.2 Elastische Tragwerksberechnung 35
5.4.3 Plastische Tragwerksberechnung 36
5.5 Klassifizierung von Querschnitten 36
5.5.1 Grundlagen 36
5.5.2 Klassifizierung 36
5.6 Anforderungen an Querschnittsformen und Aussteifungen am Ort der Fließgelenkbildung 37

**6 Grenzzustände der Tragfähigkeit** 41
6.1 Allgemeines 41
6.2 Beanspruchbarkeit von Querschnitten 41
6.2.1 Allgemeines 41
6.2.2 Querschnittswerte 43
6.2.3 Zugbeanspruchung 44
6.2.4 Druckbeanspruchung 45
6.2.5 Biegebeanspruchung 45
6.2.6 Querkraftbeanspruchung 45
6.2.7 Torsionsbeanspruchung 47
6.2.8 Beanspruchung aus Biegung und Querkraft 48
6.2.9 Beanspruchung aus Biegung und Normalkraft 48
6.2.10 Beanspruchung aus Biegung, Querkraft und Normalkraft 50
6.3 Stabilitätsnachweise für Bauteile 51
6.3.1 Gleichförmige Bauteile mit planmäßig zentrischem Druck 51

6.3.2 Gleichförmige Bauteile mit Biegung um die Hauptachse 54
6.3.3 Auf Biegung und Druck beanspruchte gleichförmige Bauteile 59
6.3.4 Allgemeines Verfahren für Knick- und Biegedrillknicknachweise für Bauteile 61
6.3.5 Biegedrillknicken von Bauteilen mit Fließgelenken 63
6.4 Mehrteilige Bauteile 64
6.4.1 Allgemeines 64
6.4.2 Gitterstützen 67
6.4.3 Stützen mit Bindeblechen (Rahmenstützen) 67
6.4.4 Mehrteilige Bauteile mit geringer Spreizung 68

7 Grenzzustände der Gebrauchstauglichkeit 69
7.1 Allgemeines 69
7.2 Grenzzustand der Gebrauchstauglichkeit für den Hochbau 69
7.2.1 Vertikale Durchbiegung 69
7.2.2 Horizontale Verformungen 69
7.2.3 Dynamische Einflüsse 69

**Anhang A (informativ)** 70
Verfahren 1: Interaktionsbeiwerte $k_{ij}$ für die Interaktionsformel in 6.3.3(4) 70

**Anhang B (informativ)** 72
Verfahren 2: Interaktionsbeiwerte $k_{ij}$ für die Interaktionsformel in 6.3.3(4) 72

**Anhang AB (informativ)** 73
Zusätzliche Bemessungsregeln 73
AB.1 Statische Berechnung unter Berücksichtigung von Werkstoff-Nichtlinearitäten 73
AB.2 Vereinfachte Belastungsanordnung für durchlaufende Decken 73

**Anhang BB (informativ)** 73
Knicken von Bauteilen in Tragwerken des Hochbaus 73
BB.1 Biegeknicken von Bauteilen von Fachwerken oder Verbänden 73
BB.1.1 Allgemeines 73
BB.1.2 Gitterstäbe aus Winkelprofilen 74
BB.1.3 Bauteile mit Hohlprofilen 75
BB.2 Kontinuierliche seitliche Abstützungen 75
BB.2.1 Kontinuierliche seitliche Stützung 75
BB.2.2 Kontinuierliche Drehbehinderung 75
BB.3 Größtabstände bei Abstützmaßnahmen für Bauteile mit Fließgelenken gegen Knicken aus der Ebene 77
BB.3.1 Gleichförmige Bauteile aus Walzprofilen oder vergleichbaren geschweißten I-Profilen 77
BB.3.2 Voutenförmige Bauteile, die aus Walzprofilen oder vergleichbaren, geschweißten I-Profilen bestehen 79
BB.3.3 Modifikationsfaktor für den Momentenverlauf 80

**Anhang C (normativ)** 82
Auswahl der Ausführungsklasse 82
C.1 Allgemeines 82
C.1.1 Grundanforderungen 82
C.1.2 Ausführungsklasse 82
C.2 Auswahlverfahren 83
C.2.1 Maßgebende Faktoren 83
C.2.2 Auswahl 83

**Literatur zu den Kommentaren 85**

## Anmerkung zum Abdruck von DIN EN 1993-1-1

Auf den folgenden Seiten wird der Normentext von DIN EN 1993-1-1:2010-12 in zweispaltiger Darstellung wiedergegeben. In den Normentext von DIN EN 1993-1-1:2010-12 sind die Änderungen gemäß DIN EN 1993-1-1/A1:2014-07 eingearbeitet. Zusätzlich wird der aktualisierte Nationale Anhang DIN EN 1993-1-1/NA:2018-12 an den jeweiligen Stellen im Normentext zitiert.

Um einen guten Lesefluss zu garantieren, wurde für die Darstellungsart Folgendes festgelegt. Der Normentext wird zweispaltig und durchgehend dargestellt. Auf eine besondere Kennzeichnung der Berichtigungen wird verzichtet. Textstellen aus dem Nationalen Anhang werden durch einen zur Blattmitte hin offenen, grauen Rahmen gekennzeichnet. Links oben befindet sich dabei die Bezeichnung NDP (Nationally Determined Parameters) für national festgelegte Parameter und NCI (Non-contradictory Complementary Information) für ergänzende nicht widersprechende Angaben zur Anwendung von DIN EN 1993-1-1. Kommentare zum Normentext werden in einem grauen Kasten im unteren Bereich der rechten Spalte in serifenloser Schrift abgedruckt.

## DIN EN 1993-1-1
## Eurocode 3: Bemessung und Konstruktion von Stahlbauten – Teil 1-1: Allgemeine Bemessungsregeln und Regeln für den Hochbau

ICS 91.010.30; 91.080.10

Eurocode 3: Design of steel structures –
Part 1-1: General rules and rules for buildings
Eurocode 3: Calcul des structures en acier –
Partie 1-1: Règles générales et règles pour les bâtiments
Diese Europäische Norm wurde vom CEN am 16. April 2004 angenommen.

Die CEN-Mitglieder sind gehalten, die CEN/CENELEC-Geschäftsordnung zu erfüllen, in der die Bedingungen festgelegt sind, unter denen dieser Europäischen Norm ohne jede Änderung der Status einer nationalen Norm zu geben ist. Auf dem letzten Stand befindliche Listen dieser nationalen Normen mit ihren bibliographischen Angaben sind beim Management-Zentrum des CEN oder bei jedem CEN-Mitglied auf Anfrage erhältlich.

Diese Europäische Norm besteht in drei offiziellen Fassungen (Deutsch, Englisch, Französisch). Eine Fassung in einer anderen Sprache,die von einem CEN-Mitglied in eigener Verantwortung durch Übersetzung in seine Landessprache gemacht und dem Management-Zentrum mitgeteilt worden ist, hat den gleichen Status wie die offiziellen Fassungen.

CEN-Mitglieder sind die nationalen Normungsinstitute von Belgien, Bulgarien, Dänemark, Deutschland, Estland, Finnland, Frankreich, Griechenland, Irland, Island, Italien, Lettland, Litauen, Luxemburg, Malta, den Niederlanden, Norwegen, Österreich, Polen, Portugal, Rumänien, Schweden, der Schweiz, der Slowakei, Slowenien, Spanien, der Tschechischen Republik, Ungarn, dem Vereinigten Königreich und Zypern.
Dieses Dokument ersetzt ENV 1993-1-1:1992.

### Nationales Vorwort

Dieses Dokument wurde vom Technischen Komitee CEN/TC 250 „Eurocodes für den konstruktiven Ingenieurbau" erarbeitet, dessen Sekretariat vom BSI (Vereinigtes Königreich) gehalten wird.
Die Arbeiten auf nationaler Ebene wurden durch die Experten des NABau-Spiegelausschusses NA 005-08-16 AA „Tragwerksbemessung (Sp CEN/TC 250/SC 3)" begleitet.
Diese Europäische Norm wurde vom CEN am 16. April 2005 angenommen.
Die Norm ist Bestandteil einer Reihe von Einwirkungs- und Bemessungsnormen, deren Anwendung nur im Paket sinnvoll ist. Dieser Tatsache wird durch das Leitpapier L der Kommission der Europäischen Gemeinschaft für die Anwendung der Eurocodes Rechnung getragen, indem Übergangsfristen für die verbindliche Umsetzung der Eurocodes in den Mitgliedstaaten vorgesehen sind. Die Übergangsfristen sind im Vorwort dieser Norm angegeben.
Die Anwendung dieser Norm gilt in Deutschland in Verbindung mit dem Nationalen Anhang.
Es wird auf die Möglichkeit hingewiesen, dass einige Texte dieses Dokuments Patentrechte berühren können. Das DIN [und/oder die DKE] sind nicht dafür verantwortlich, einige oder alle diesbezüglichen Patentrechte zu identifizieren.

### Hintergrund des Eurocode-Programms

1975 beschloss die Kommission der Europäischen Gemeinschaften, für das Bauwesen ein Programm auf der Grundlage des Artikels 95 der Römischen Verträge durchzuführen. Das Ziel des Programms war die Beseitigung technischer Handelshemmnisse und die Harmonisierung technischer Normen.
Im Rahmen dieses Programms leitete die Kommission die Bearbeitung von harmonisierten technischen Regelwerken für die Tragwerksplanung von Bauwerken ein, die im ersten Schritt als Alternative zu den in den Mitgliedsländern geltenden Regeln dienen und sie schließlich ersetzen sollten.
15 Jahre lang leitete die Kommission mit Hilfe eines Steuerkomitees mit Repräsentanten der Mitgliedsländer die Entwicklung des Eurocode-Programms, das zu der ersten Eurocode-Generation in den 80er Jahren führte.

Im Jahre 1989 entschieden sich die Kommission und die Mitgliedsländer der Europäischen Union und der EFTA, die Entwicklung und Veröffentlichung der Eurocodes über eine Reihe von Mandaten an CEN zu übertragen, damit diese den Status von Europäischen Normen (EN) erhielten. Grundlage war eine Vereinbarung[1)] zwischen der Kommission und CEN. Dieser Schritt verknüpft die Eurocodes de facto mit den Regelungen der Ratsrichtlinien und Kommissionsentscheidungen, die die Europäischen Normen behandeln (z. B. die Ratsrichtlinie 89/106/EWG zu Bauprodukten, die Bauproduktenrichtlinie, die Ratsrichtlinien 93/37/EWG, 92/50/EWG und 89/440/EWG zur Vergabe öffentlicher Aufträge und Dienstleistungen und die entsprechenden EFTA-Richtlinien, die zur Einrichtung des Binnenmarktes eingeleitet wurden).

Das Eurocode-Programm umfasst die folgenden Normen, die in der Regel aus mehreren Teilen bestehen:
EN 1990, *Eurocode: Grundlagen der Tragwerksplanung*;
EN 1991, *Eurocode 1: Einwirkung auf Tragwerke*;
EN 1992, *Eurocode 2: Bemessung und Konstruktion von Stahlbetonbauten*;
EN 1993, *Eurocode 3: Bemessung und Konstruktion von Stahlbauten*;
EN 1994, *Eurocode 4: Bemessung und Konstruktion von Stahl-Beton-Verbundbauten*;
EN 1995, *Eurocode 5: Bemessung und Konstruktion von Holzbauten*;
EN 1996, *Eurocode 6: Bemessung und Konstruktion von Mauerwerksbauten*;
EN 1997, *Eurocode 7: Entwurf, Berechnung und Bemessung in der Geotechnik*;
EN 1998, *Eurocode 8: Auslegung von Bauwerken gegen Erdbeben*;
EN 1999, *Eurocode 9: Bemessung und Konstruktion von Aluminiumkonstruktionen*.

Die Europäischen Normen berücksichtigen die Verantwortlichkeit der Bauaufsichtsorgane in den Mitgliedsländern und haben deren Recht zur nationalen Festlegung sicherheitsbezogener Werte berücksichtigt, so dass diese Werte von Land zu Land unterschiedlich bleiben können.

### Status und Gültigkeitsbereich der Eurocodes

Die Mitgliedsländer der EU und von EFTA betrachten die Eurocodes als Bezugsdokumente für folgende Zwecke:
– als Mittel zum Nachweis der Übereinstimmung der Hoch- und Ingenieurbauten mit den wesentlichen Anforderungen der Richtlinie 89/106/EWG, besonders mit der wesentlichen Anforderung Nr. 1: Mechanischer Festigkeit und Standsicherheit und der wesentlichen Anforderung Nr. 2: Brandschutz;
– als Grundlage für die Spezifizierung von Verträgen für die Ausführung von Bauwerken und dazu erforderlichen Ingenieurleistungen;
– als Rahmenbedingung für die Herstellung harmonisierter, technischer Spezifikationen für Bauprodukte (ENs und ETAs)

Die Eurocodes haben, da sie sich auf Bauwerke beziehen, eine direkte Verbindung zu den Grundlagendokumenten[2)], auf die in Artikel 12 der Bauproduktenrichtlinie hingewiesen wird, wenn sie auch anderer Art sind als die harmonisierten Produktnormen[3)]. Daher sind die technischen Gesichtspunkte, die sich aus den Eurocodes ergeben, von den Technischen Komitees von CEN und den Arbeitsgruppen von EOTA, die an Produktnormen arbeiten, zu beachten, damit diese Produktnormen mit den Eurocodes vollständig kompatibel sind.

Die Eurocodes liefern Regelungen für den Entwurf, die Berechnung und Bemessung von kompletten Tragwerken und Baukomponenten, die sich für die tägliche Anwendung eignen. Sie gehen auf traditionelle Bauweisen und Aspekte innovativer Anwendungen ein, liefern aber keine vollständigen Regelungen für ungewöhnliche Baulösungen und Entwurfsbedingungen, wofür Spezialistenbeiträge erforderlich sein können.

### Nationale Fassungen der Eurocodes

Die Nationale Fassung eines Eurocodes enthält den vollständigen Text des Eurocodes (einschließlich aller Anhänge), so wie von CEN veröffentlicht, mit möglicherweise einer nationalen Titelseite und einem nationalen Vorwort sowie einem Nationalen Anhang.

---

1) Vereinbarung zwischen der Kommission der Europäischen Gemeinschaft und dem Europäischen Komitee für Normung (CEN) zur Bearbeitung der Eurocodes für die Tragwerksplanung von Hochbauten und Ingenieurbauwerken (BC/CEN/03/89).

2) Entsprechend Artikel 3.3 der Bauproduktenrichtlinie sind die wesentlichen Angaben in Grundlagendokumenten zu konkretisieren, um damit die notwendigen Verbindungen zwischen den wesentlichen Anforderungen und den Mandaten für die Erstellung harmonisierter Europäischer Normen und Richtlinien für die Europäische Zulassungen selbst zu schaffen.

3) Nach Artikel 12 der Bauproduktenrichtlinie hat das Grundlagendokument
 a) die wesentliche Anforderung zu konkretisieren, in dem die Begriffe und, soweit erforderlich, die technische Grundlage für Klassen und Anforderungshöhen vereinheitlicht werden,
 b) die Methode zur Verbindung dieser Klasse oder Anforderungshöhen mit technischen Spezifikationen anzugeben, z. B. rechnerische oder Testverfahren, Entwurfsregeln,
 c) als Bezugsdokument für die Erstellung harmonisierter Normen oder Richtlinien für Europäische Technische Zulassungen zu dienen.

Die Eurocodes spielen de facto eine ähnliche Rolle für die wesentliche Anforderung Nr. 1 und einen Teil der wesentlichen Anforderung Nr. 2.

Der Nationale Anhang darf nur Hinweise zu den Parametern geben, die im Eurocode für nationale Entscheidungen offen gelassen wurden. Diese national festzulegenden Parameter (NDP) gelten für die Tragwerksplanung von Hochbauten und Ingenieurbauten in dem Land, in dem sie erstellt werden. Sie umfassen:
- Zahlenwerte für $\gamma$-Faktoren und/oder Klassen, wo die Eurocodes Alternativen eröffnen;
- Zahlenwerte, wo die Eurocodes nur Symbole angeben;
- landesspezifische, geographische und klimatische Daten, die nur für ein Mitgliedsland gelten, z. B. Schneekarten;
- Vorgehensweise, wenn die Eurocodes mehrere zur Wahl anbieten;
- Verweise zur Anwendung des Eurocodes, soweit diese ergänzen und nicht widersprechen.

**Verbindung zwischen den Eurocodes und den harmonisierten Technischen Spezifikationen für Bauprodukte (EN und ETAZ)**

Die harmonisierten Technischen Spezifikationen für Bauprodukte und die technischen Regelungen für die Tragwerksplanung[4] müssen konsistent sein. Insbesondere sollten die Hinweise, die mit den CE-Zeichen an den Bauprodukten verbunden sind und die die Eurocodes in Bezug nehmen, klar erkennen lassen, welche national festzulegenden Parameter (NDP) zugrunde liegen.

**Besondere Hinweise zu EN 1993-1**

Es ist vorgesehen, EN 1993 gemeinsam mit den Eurocodes EN 1990, *Grundlagen der Tragwerksplanung*, EN 1991, *Einwirkungen auf Tragwerke* sowie EN 1992 bis EN 1999, soweit hierin auf Tragwerke aus Stahl oder Bauteile aus Stahl Bezug genommen wird, anzuwenden.
EN 1993-1 ist der erste von insgesamt sechs Teilen von EN 1993, *Bemessung und Konstruktion von Stahlbauten*. In diesem ersten Teil sind Grundregeln für Stabtragwerke und zusätzliche Anwendungsregeln für den Hochbau enthalten. Die Grundregeln finden auch gemeinsam mit den weiteren Teilen EN 1993-2 bis EN 1993-6 Anwendung.
EN 1993-1 besteht aus zwölf Teilen EN 1993-1-1 bis EN 1993-1-12, die jeweils spezielle Stahlbauteile, Grenzzustände oder Werkstoffe behandeln.
EN 1993-1 darf auch für Bemessungssituationen außerhalb des Geltungsbereichs der Eurocodes angewendet werden (andere Tragwerke, andere Belastungen, andere Werkstoffe). EN 1993-1 kann dann als Bezugsdokument für andere CEN/TCs (Technische Komitees), die mit Tragwerksbemessung befasst sind, dienen.

---
4) Siehe Artikel 3.3 und Art. 12 der Bauproduktenrichtlinie, ebenso wie 4.2, 4.3.1, 4.3.2 und 5.2 des Grundlagendokumentes Nr. 1

Die Anwendung von EN 1993-1 ist gedacht für:
- Komitees zur Erstellung von Spezifikationen für Bauprodukte, Normen für Prüfverfahren sowie Normen für die Bauausführung;
- Auftraggeber (z. B. zur Formulierung spezieller Anforderungen);
- Tragwerksplaner und Bauausführende;
- zuständige Behörden.

Die Zahlenwerte für $\gamma$-Faktoren und andere Parameter, die die Zuverlässigkeit festlegen, gelten als Empfehlungen, mit denen ein akzeptables Zuverlässigkeitsniveau erreicht werden soll. Bei ihrer Festlegung wurde vorausgesetzt, dass ein angemessenes Niveau der Ausführungsqualität und Qualitätsprüfung vorhanden ist.

**Nationaler Anhang zu EN 1993-1-1**

Diese Norm enthält alternative Methoden, Zahlenangaben und Empfehlungen in Verbindung mit Anmerkungen, die darauf hinweisen, wo nationale Festlegungen getroffen werden können. EN 1993-1-1 wird bei der nationalen Einführung einen Nationalen Anhang enthalten, der alle national festzulegenden Parameter enthält, die für die Bemessung und Konstruktion von Stahl- und Tiefbauten im jeweiligen Land erforderlich sind.
Nationale Festlegungen sind bei folgenden Regelungen vorgesehen:
- 2.3.1(1);
- 3.1(2);
- 3.2.1(1);
- 3.2.2(1);
- 3.2.3(1)P;
- 3.2.3(3)B;
- 3.2.4(1);
- 5.2.1(3);
- 5.2.2(8);
- 5.3.2(3);
- 5.3.2(11);
- 5.3.4(3);
- 6.1(1);
- 6.3.2.2(2);
- 6.3.2.3(1);
- 6.3.2.3(2);
- 6.3.2.4(1)B,
- 6.3.2.4(2)B;
- 6.3.3(5);
- 6.3.4(1);
- 7.2.1(1)B;
- 7.2.2(1)B;
- 7.2.3(1)B;
- BB.1.3(3)B;
- C.2.2(3);
- C.2.2(4).

Darüber hinaus enthält NA 2.2 ergänzende, nicht widersprechende Angaben zur Anwendung von DIN EN 1993-1-1:2010-12 und DIN EN 1993-1-1/A1:2014-07. Diese sind durch ein vorangestelltes „NCI" (en: *non-contradictory complementary information*) gekennzeichnet.

# 1 Allgemeines

## 1.1 Anwendungsbereich

### 1.1.1 Anwendungsbereich von Eurocode 3

(1) Eurocode 3 gilt für den Entwurf, die Berechnung und die Bemessung von Bauwerken aus Stahl. Eurocode 3 entspricht den Grundsätzen und Anforderungen an die Tragfähigkeit und Gebrauchstauglichkeit von Tragwerken sowie den Grundlagen für ihre Bemessung und Nachweise, die in EN 1990, *Grundlagen der Tragwerksplanung*, enthalten sind.

(2) Eurocode 3 behandelt ausschließlich Anforderungen an die Tragfähigkeit, die Gebrauchstauglichkeit, die Dauerhaftigkeit und den Feuerwiderstand von Tragwerken aus Stahl. Andere Anforderungen, wie z. B. Wärmeschutz oder Schallschutz, werden nicht berücksichtigt.

(3) Eurocode 3 gilt in Verbindung mit folgenden Regelwerken:
- EN 1990, *Grundlagen der Tragwerksplanung*;
- EN 1991, *Einwirkungen auf Tragwerke*;
- ENs, ETAGs und ETAs für Bauprodukte, die für Stahlbauten Verwendung finden;
- EN 1090-1, *Ausführung von Stahltragwerken und Aluminiumtragwerken – Teil 1: Konformitätsnachweisverfahren für tragende Bauteile*
- EN 1090-2, *Ausführung von Stahltragwerken und Aluminiumtragwerken – Teil 2: Technische Regeln für die Ausführung von Stahltragwerken*
- EN 1992 bis EN 1999, soweit auf Stahltragwerke oder Stahlbaukomponenten Bezug genommen wird.

**NCI**      **DIN EN 1993-1-1/NA**

*zu 1.1.1(3)*
DIN EN 1990:2010-12, *Eurocode: Grundlagen der Tragwerksplanung; Deutsche Fassung EN 1990:2002*
DIN EN 1991 (alle Teile), *Eurocode 1: Einwirkungen auf Tragwerke*
DIN EN 1993-1-1:2010-12, *Eurocode 3: Bemessung und Konstruktion von Stahlbauten – Teil 1-1: Allgemeine Bemessungsregeln und Regeln für den Hochbau; Deutsche Fassung EN 1993-1-1:2005*
DIN EN 1993-1-10/NA:2010-12 *Nationaler Anhang – National festgelegte Parameter – Eurocode 3: Bemessung und Konstruktion von Stahlbauten – Teil 1-10: Stahlsortenauswahl im Hinblick auf Bruchzähigkeit und Eigenschaften in Dickenrichtung*
DIN EN 1993-1-12: *Eurocode 3: Bemessung und Konstruktion von Stahlbauten – Teil 1-12: Zusätzliche Regeln zur Erweiterung von EN 1993 auf Stahlsorten bis S 700*
SEP 1390, *STAHL-EISEN-Prüfblatt des Vereins Deutscher Eisenhüttenleute*
EN 10164:2004, *Stahlerzeugnisse mit verbesserten Verformungseigenschaften senkrecht zur Erzeugnisoberfläche – Technische Lieferbedingungen*
DIN EN 10210-1:2006, *Warmgefertigte Hohlprofile für den Stahlbau aus unlegierten Baustählen und aus Feinkornbaustählen – Teil 1: Technische Lieferbedingungen*
DIN EN 10219-1:2006, *Kaltgefertigte geschweißte Hohlprofile für den Stahlbau aus unlegierten Baustählen und aus Feinkornbaustählen – Teil 1: Technische Lieferbedingungen*

(4) Eurocode 3 ist in folgende Teile unterteilt:
EN 1993-1, *Bemessung und Konstruktion von Stahlbauten – Allgemeine Bemessungsregeln und Regeln für den Hochbau*;
EN 1993-2, *Bemessung und Konstruktion von Stahlbauten – Teil 2: Stahlbrücken*;
EN 1993-3, *Bemessung und Konstruktion von Stahlbauten – Teil 3: Türme, Maste und Schornsteine*;
EN 1993-4, *Bemessung und Konstruktion von Stahlbauten – Teil 4: Tank- und Silobauwerke und Rohrleitungen*;
EN 1993-5, *Bemessung und Konstruktion von Stahlbauten – Teil 5: Spundwände und Pfähle aus Stahl*;
EN 1993-6, *Bemessung und Konstruktion von Stahlbauten – Teil 6: Kranbahnträger*.

### Zu 1.1.1(1)
Diese Norm gilt nicht nur für Bauwerke aus Stahl, sondern auch für stählerne Bauteile anderer Tragkonstruktionen. Der Ausdruck Entwurf, Berechnung und Bemessung versucht den englischen Begriff „design" wiederzugeben, der sowohl Bemessung wie Konstruktion umfasst.

### Zu 1.1.1(3)
Es gilt generell das Mischungsverbot, das heißt, dass europäische Normen nur im Zusammenhang mit den jeweils anderen europäischen Normen verwandt werden dürfen und nicht mit Normen wie z. B. der inzwischen zurückgezogenen nationalen Normenreihe DIN 18800. Das gilt insbesondere auch für DIN 18800-7 Ausführung und Herstellerqualifikation, die durch EN 1090-1 bzw. EN 1090-2 ersetzt wurde. Zu EN 1090 stellt die aktuelle Änderung DIN EN 1993-1-1/A1:2014-07 den Verweis auf die jetzt gültigen Fassungen richtig.

### Zu NCI zu 1.1.1(3)
Als NCI (*National Non-Contradictory Complementary Information*) sind spezifische Normen genannt, auf die im Nationalen Anhang DIN EN 1993-1-1/NA:2015-08 besonders verwiesen wird.

### Zu 1.1.1(4)
Die genaue Bezeichnung der Normenreihe, die häufig einfach „Eurocode 3" genannt wird, ist EN 1993. Hierbei handelt es sich um ein europäisches Dokument, das für Deutschland als Normenreihe DIN EN 1993 und für Österreich als Normenreihe ÖNORM EN 1993 usw. veröffentlicht wurde.
Für undatierte Normen gelten jeweils ihre aktuell gültigen Fassungen, Normenangaben mit Datum wie im NCI zu 1.1.1(3) beziehen sich immer nur auf die genannte Fassung, vgl. 1.2.

(5) Teile EN 1993-2 bis EN 1993-6 nehmen auf die Grundregeln von EN 1993-1 Bezug, die Regelungen in EN 1993-2 bis EN 1993-6 sind Ergänzungen zu den Grundregeln in EN 1993-1.
(6) EN 1993-1, *Bemessung und Konstruktion von Stahlbauten – Allgemeine Bemessungsregeln und Regeln für den Hochbau* beinhaltet:
EN 1993-1-1, *Bemessung und Konstruktion von Stahlbauten – Teil 1-1: Allgemeine Bemessungsregeln und Regeln für den Hochbau*;
EN 1993-1-2, *Bemessung und Konstruktion von Stahlbauten – Teil 1-2: Baulicher Brandschutz*;
EN 1993-1-3, *Bemessung und Konstruktion von Stahlbauten – Teil 1-3: Kaltgeformte Bauteile und Bleche*;
EN 1993-1-4, *Bemessung und Konstruktion von Stahlbauten – Teil 1-4: Nichtrostender Stahl*;
EN 1993-1-5, *Bemessung und Konstruktion von Stahlbauten – Teil 1-5: Bauteile aus ebenen Blechen mit Beanspruchungen in der Blechebene*;
EN 1993-1-6, *Bemessung und Konstruktion von Stahlbauten – Teil 1-6: Festigkeit und Stabilität von Schalentragwerken*;
EN 1993-1-7, *Bemessung und Konstruktion von Stahlbauten – Teil 1-7: Ergänzende Regeln zu ebenen Blechfeldern mit Querbelastung*;
EN 1993-1-8, *Bemessung und Konstruktion von Stahlbauten – Teil 1-8: Bemessung und Konstruktion von Anschlüssen und Verbindungen*;
EN 1993-1-9, *Bemessung und Konstruktion von Stahlbauten – Teil 1-9: Ermüdung*;
EN 1993-1-10, *Bemessung und Konstruktion von Stahlbauten – Teil 1-10: Auswahl der Stahlsorten im Hinblick auf Bruchzähigkeit und Eigenschaften in Dickenrichtung*;
EN 1993-1-11, *Bemessung und Konstruktion von Stahlbauten – Teil 1-11: Bemessung und Konstruktion von Tragwerken mit stählernen Zugelementen*;
EN 1993-1-12, *Bemessung und Konstruktion von Stahlbauten – Teil 1-12: Zusätzliche Regeln zur Erweiterung von EN 1993 auf Stahlgüten bis S 700*.

### 1.1.2 Anwendungsbereich von Eurocode 3 Teil 1-1

(1) EN 1993-1-1 enthält Regeln für den Entwurf, die Berechnung und Bemessung von Tragwerken aus Stahl mit Blechdicken $t \geq 3$ mm. Zusätzlich werden Anwendungsregeln für den Hochbau angegeben. Diese Anwendungsregeln sind durch die Abschnittsnummerierung ( )B gekennzeichnet.
Anmerkung: Für kaltgeformte Bauteile und Bleche siehe EN 1993-1-3.
(2) EN 1993 1 1 enthält folgende Abschnitte:
Abschnitt 1: Einführung;
Abschnitt 2: Grundlagen für die Tragwerkplanung;
Abschnitt 3: Werkstoffe;
Abschnitt 4: Dauerhaftigkeit;
Abschnitt 5: Tragwerksberechnung;
Abschnitt 6: Grenzzustände der Tragfähigkeit;
Abschnitt 7: Grenzzustände der Gebrauchstauglichkeit.

(3) Abschnitte 1 und 2 enthalten zusätzliche Regelungen zu EN 1990, *Grundlagen der Tragwerksplanung*.
(4) Abschnitt 3 behandelt die Werkstoffeigenschaften der aus niedrig legiertem Baustahl gefertigten Stahlprodukte.
(5) Abschnitt 4 legt grundlegende Anforderungen an die Dauerhaftigkeit fest.

**Zu 1.1.2 Anmerkung**
Der Gültigkeitsbereich mit Blechdicke $t \geq 3$ mm ist leider nicht ganz stimmig mit den übrigen Teilen von EN 1993. Zur Harmonisierung wurde mit der A1-Änderung eine entsprechende Anpassung von EN 1993-1-1 vorgenommen. Man unterscheidet darin zwischen der Nennblechdicke $t_{nom}$, also der Blechdicke einschließlich des Zinküberzugs oder anderer metallischer Überzüge nach dem Kaltwalzen entsprechend den Herstellerangaben, und der Bemessungsdicke $t_d$, der Stahlkerndicke, die bei der rechnerischen Bemessung zur Verwendung kommt. Der jetzt gültige Normentext wird um eine Regel für Bleche mit Dicken < 3 mm und ≥ 1,5 mm ergänzt. Während für Nennblechdicken bis 3 mm die Bemessungsdicke $t_d$ der Nennblechdicke $t_{nom}$ entspricht, wird für dünnere Bleche die Toleranz mitberücksichtigt. Die Bemessungsdicke $t_d$ bestimmt sich dann aus der Stahlkerndicke $t_{cor}$, also der Nennblechdicke ohne Metallüberzug, und der unteren Toleranzgrenze *tol* wie folgt:
$t_d = t_{cor}$, wenn $tol \leq 5\%$ bzw.
$t_d = t_{cor} (100\text{-}tol)/95$ wenn $tol > 5\%$
mit
$t_{cor} = t_{nom} - t_{metalliccoatings}$ und *tol* als untere Toleranzgrenze in %.
Der ursprüngliche Titel von EN 1993-1-3 war *Kaltgeformte dünnwandige Bauteile und Bleche*, auf die Einschränkung „dünnwandige" wurde inzwischen im Titel verzichtet, auch wenn nach wie vor im Wesentlichen dünne Bleche behandelt werden. Dünnwandige Hohlprofile dagegen werden meist nach EN 1993-1-1 bemessen, so dass es notwendig schien, eine entsprechend harmonisierte Blechdickenregel für Bleche < 3 mm einzuführen. Theoretisch könnte wie in EN 1993-1-1 die Bemessungsdicke nun auf 0,45 mm herabgesetzt werden, was aber sicher nicht sinnvoll ist, da EN 1993-1-1 nur Stabbemessung enthält. Deshalb hat man die Anwendungsgrenze auf 1,5 mm gelegt. Die Blechdickenregelungen in EN 1993-1-3 und auch in EN 1993-1-8 werden in der Überarbeitung entsprechend angepasst. In EN 1993-1-8 liegt die Regelung für Hohlprofile in 7.1.1(5) bei 2,5 mm. Dies hängt von den zugrunde liegenden Versuchsreihen ab, kann aber wahrscheinlich auf 1,5 mm heruntergesetzt werden. Für das Schweißen von Blechen wird zurzeit in EN 1993-1-8, 4.1(1) generell 4 mm als Grenzdicke genannt. Für kleinere Dicken wird auf EN 1993-1-3 verwiesen. Auch hier muss eine Anpassung erfolgen.
Die Abkürzung ( )B steht für „buildings", also im weiteren Sinne der Bereich des gewöhnlichen Hochbaus. Leider ist dieser Anwendungsbereich nicht weiter spezifiziert, man muss also selbst entscheiden, ob diese gekennzeichneten zusätzlichen Anwendungsregeln und Vereinfachungen für den betrachteten Fall auch anwendbar sind.
Die im Text verwendete Abkürzung ( )P bedeutet „principle" – diese Regel ist also in jedem Falle einzuhalten.

(6) Abschnitt 5 bezieht sich auf die Tragwerksberechnung von Stabtragwerken, die mit einer ausreichenden Genauigkeit aus stabförmigen Bauteilen zusammengesetzt werden können.
(7) Abschnitt 6 enthält detaillierte Regeln zur Bemessung von Querschnitten und Bauteilen im Grenzzustand der Tragfähigkeit.
(8) Abschnitt 7 enthält die Anforderungen für die Gebrauchstauglichkeit.

## 1.2 Normative Verweisungen

Die folgenden zitierten Dokumente sind für die Anwendung dieses Dokuments erforderlich. Bei datierten Verweisungen gilt nur die in Bezug genommene Ausgabe. Bei undatierten Verweisungen gilt die letzte Ausgabe des in Bezug genommenen Dokuments (einschließlich aller Änderungen).

### 1.2.1 Allgemeine normative Verweisungen

EN 1090, *Herstellung und Errichtung von Stahlbauten – Technische Anforderungen*
EN ISO 12944, *Beschichtungsstoffe – Korrosionsschutz von Stahlbauten durch Beschichtungssysteme*
EN ISO 1461, *Durch Feuerverzinken auf Stahl aufgebrachte Zinküberzüge (Stückverzinken) – Anforderungen und Prüfungen*

### 1.2.2 Normative Verweisungen zu schweißgeeigneten Baustählen

EN 10025-1:2004, *Warmgewalzte Erzeugnisse aus Baustählen – Teil 1: Allgemeine technische Lieferbedingungen*
EN 10025-2:2004, *Warmgewalzte Erzeugnisse aus Baustählen – Teil 2: Technische Lieferbedingungen für unlegierte Baustähle*
EN 10025-3:2004, *Warmgewalzte Erzeugnisse aus Baustählen – Teil 3: Technische Lieferbedingungen für normalgeglühte/normalisierend gewalzte schweißgeeignete Feinkornbaustähle*
EN 10025-4:2004, *Warmgewalzte Erzeugnisse aus Baustählen – Teil 4: Technische Lieferbedingungen für thermomechanisch gewalzte schweißgeeignete Feinkornbaustähle*
EN 10025-5:2004, *Warmgewalzte Erzeugnisse aus Baustählen – Teil 5: Technische Lieferbedingungen für wetterfeste Baustähle*
EN 10025-6:2004, *Warmgewalzte Erzeugnisse aus Baustählen – Teil 6: Technische Lieferbedingungen für Flacherzeugnisse aus Stählen mit höherer Streckgrenze im vergüteten Zustand*
EN 10164:1993, *Stahlerzeugnisse mit verbesserten Verformungseigenschaften senkrecht zur Erzeugnisoberfläche – Technische Lieferbedingungen*
EN 10210-1:1994, *Warmgefertigte Hohlprofile für den Stahlbau aus unlegierten Baustählen und aus Feinkornbaustählen – Teil 1: Technische Lieferbedingungen*
EN 10219-1:1997, *Kaltgefertigte geschweißte Hohlprofile für den Stahlbau aus unlegierten Baustählen und aus Feinkornbaustählen – Teil 1: Technische Lieferbedingungen*

## 1.3 Annahmen

(1) Zusätzlich zu den Grundlagen von EN 1990 wird vorausgesetzt, dass Herstellung und Errichtung von Stahlbauten nach EN 1090 erfolgen.

## 1.4 Unterscheidung nach Grundsätzen und Anwendungsregeln

(1) Es gelten die Regelungen nach EN 1990, 1.4.

## 1.5 Begriffe

(1) Es gelten die Begriffe von EN 1990, 1.5.
(2) Nachstehende Begriffe werden in EN 1993-1-1 mit folgender Bedeutung verwendet:

### 1.5.1 Tragwerk

tragende Bauteile und Verbindungen zur Abtragung von Lasten; der Begriff umfasst Stabtragwerke wie Rahmentragwerke oder Fachwerktragwerke; es gibt ebene und räumliche Tragwerke

### 1.5.2 Teiltragwerke

Teil eines größeren Tragwerks, das jedoch als eigenständiges Tragwerk in der statischen Berechnung behandelt werden darf

### 1.5.3 Art des Tragwerks

zur Unterscheidung von Tragwerken werden folgende Begriffe verwendet:

---

**Zu 1.3 (1)**
DIN 18800-7 Stahlbauten – Teil 7: Ausführung und Herstellerqualifikation [K3] wurde inzwischen durch EN 1090 Teil 1 und Teil 2 ersetzt. Die Koexistenzphase beider Normen ist zum 1. Juli 2014 ausgelaufen, dass heißt, die Anwendung von EN 1090 ist verpflichtend. Bis zu diesem Datum war die Anwendung von DIN 18800-7 und der Nachweis nach alter Herstellerqualifikation noch möglich, setzte aber dann zwingend eine Bemessung nach DIN 18800:2008 [K1, K2] voraus.

**Zu 1.5.3**
Für Tragwerke mit verformbaren Anschlüssen sind ggf. bei der Schnittgrößen- und Verformungsberechnung der Tragwerke auch die Steifigkeit der Anschlüsse selber zu berücksichtigen, Hinweise dazu sind zum Beispiel in EN 1993-1-8 Kapitel 5 gegeben. Gelenktragwerke sind auch solche Tragwerke, bei denen rechnerisch ein Gelenk, also keine Übertragung von Momenten angenommen wird.

- **Tragwerke mit verformbaren Anschlüssen**, bei denen die wesentlichen Eigenschaften der zu verbindenden Bauteile und ihrer Anschlüsse in der statischen Berechnung berücksichtigt werden müssen;
- **Tragwerke mit steifen Anschlüssen**, bei denen nur die Eigenschaften der Bauteile in der statischen Berechnung berücksichtigt werden müssen;
- **Gelenktragwerke**, in denen die Anschlüsse nicht in der Lage sind, Momente zu übertragen

### 1.5.4 Tragwerksberechnung

die Bestimmung der Schnittgrößen und Verformungen des Tragwerks, die im Gleichgewicht mit den Einwirkungen stehen

### 1.5.5 Systemlänge

Abstand zweier benachbarter Punkte eines Bauteils in einer vorgegebenen Ebene, an denen das Bauteil gegen Verschiebungen in der Ebene gehalten ist, oder Abstand zwischen einem solchen Punkt und dem Ende des Bauteils

### 1.5.6 Knicklänge

Länge des an beiden Enden gelenkig gelagerten Druckstabes, der die gleiche ideale Verzweigungslast hat wie der Druckstab mit seinen realen Lagerungsbedingungen im System

### 1.5.7 mittragende Breite

reduzierte Flanschbreite für den Sicherheitsnachweis von Trägern mit breiten Gurtscheiben zur Berücksichtigung ungleichmäßiger Spannungsverteilung infolge von Scheibenverformungen

### 1.5.8 Kapazitätsbemessung

Bemessung eines Bauteils und seiner Anschlüsse derart, dass bei eingeprägten Verformungen planmäßige plastische Fließverformungen im Bauteil durch gezielte Überfestigkeit der Verbindungen und Anschlussteile sichergestellt werden

### 1.5.9 Bauteil mit konstantem Querschnitt

Bauteil mit konstantem Querschnitt entlang der Bauteilachse

## 1.6 Formelzeichen

(1) Folgende Formelzeichen werden im Sinne dieser Norm verwandt.
(2) Weitere Formelzeichen werden im Text definiert.
Anmerkung: Die Formelzeichen sind in der Reihenfolge ihrer Verwendung in EN 1993-1-1 aufgelistet. Ein Formelzeichen kann unterschiedliche Bedeutungen haben.

**Abschnitt 1**

| | |
|---|---|
| $x$-$x$ | Längsachse eines Bauteils; |
| $y$-$y$ | Querschnittsachse; |
| $z$-$z$ | Querschnittsachse; |
| $u$-$u$ | starke Querschnittshauptachse (falls diese nicht mit der $y$-$y$-Achse übereinstimmt); |
| $v$-$v$ | schwache Querschnittshauptachse (falls diese nicht mit der $z$-$z$-Achse übereinstimmt); |
| $b$ | Querschnittsbreite; |
| $h$ | Querschnittshöhe; |
| $d$ | Höhe des geraden Stegteils; |
| $t_w$ | Stegdicke; |
| $t_f$ | Flanschdicke; |
| $r$ | Ausrundungsradius; |
| $r_1$ | Ausrundungsradius; |
| $r_2$ | Abrundungsradius; |
| $t$ | Dicke. |

**Abschnitt 2**

| | |
|---|---|
| $P_k$ | Nennwert einer während der Errichtung aufgebrachten Vorspannkraft; |
| $G_k$ | Nennwert einer ständigen Einwirkung; |
| $X_k$ | charakteristischer Wert einer Werkstoffeigenschaft; |
| $X_n$ | Nennwert einer Werkstoffeigenschaft; |
| $R_d$ | Bemessungswert einer Beanspruchbarkeit; |
| $R_k$ | charakteristischer Wert einer Beanspruchbarkeit; |
| $\gamma_M$ | Teilsicherheitsbeiwert für die Beanspruchbarkeit; |
| $\gamma_{Mi}$ | Teilsicherheitsbeiwert für die Beanspruchbarkeit für die Versagensform $i$; |
| $\gamma_{Mf}$ | Teilsicherheitsbeiwert für die Ermüdungsbeanspruchbarkeit; |
| $\eta$ | Umrechnungsfaktor; |
| $a_d$ | Bemessungswert einer geometrischen Größe. |

**Abschnitt 3**

| | |
|---|---|
| $f_y$ | Streckgrenze; |
| $f_u$ | Zugfestigkeit; |
| $R_{eH}$ | Streckgrenze nach Produktnorm; |
| $R_m$ | Zugfestigkeit nach Produktnorm; |
| $A_0$ | Anfangsquerschnittsfläche; |
| $\varepsilon_y$ | Fließdehnung; |

---

**Zu 1.6**
Einige Formelzeichen stimmen nicht mit den aus der deutschen Normung gewohnten Zeichen überein. Beispiele sind:

| | |
|---|---|
| $t_w$ statt $t_s$ | Stegdicke |
| $t_f$ statt $t_g$ | Gurtdicke |
| $d$ statt $h - 2c$ | Höhe des geraden Stegteils |
| $\chi$ statt $\kappa$ | Abminderungsbeiwert entsprechend der maßgebenden Knicklinie |
| $\chi_{LT}$ statt $\kappa_M$ | Abminderungsbeiwert für Biegedrillknicken |
| $C_{\vartheta R,k}$ statt $c_{\vartheta,k}$ | Rotationssteifigkeit statt Drehbettung |
| $L_{cr}$ statt $s_k$ | Knicklänge |

$\varepsilon_u$ Gleichmaßdehnung;
$Z_{Ed}$ erforderlicher $Z$-Wert des Werkstoffs aus Dehnungsbeanspruchung in Blechdickenrichtung;
$Z_{Rd}$ verfügbarer $Z$-Wert des Werkstoffs in Blechdickenrichtung;
$E$ Elastizitätsmodul;
$G$ Schubmodul;
$\nu$ Poissonsche Zahl, Querkontraktionszahl;
$\alpha$ Wärmeausdehnungskoeffizient.

**Abschnitt 5**

$\alpha_{cr}$ Vergrößerungsbeiwert für die Einwirkungen, um die ideale Verzweigungslast zu erreichen;
$F_{Ed}$ Bemessungswert der Einwirkungen auf das Tragwerk;
$F_{cr}$ ideale Verzweigungslast auf der Basis elastischer Anfangssteifigkeiten;
$H_{Ed}$ Bemessungswert der gesamten horizontalen Last, einschließlich der vom Stockwerk übertragenen äquivalenten Kräfte (Stockwerksschub);
$V_{Ed}$ Bemessungswert der gesamten vertikalen vom Stockwerk (Stockwerksdruck) übertragenen Last am Tragwerk;
$\delta_{H,Ed}$ Horizontalverschiebung der oberen Knoten gegenüber den unteren Knoten eines Stockwerks infolge $H_{Ed}$;
$h$ Stockwerkshöhe;
$\bar{\lambda}$ Schlankheitsgrad;
$N_{Ed}$ Bemessungswert der einwirkenden Normalkraft (Druck);
$\phi$ Anfangsschiefstellung;
$\phi_0$ Ausgangswert der Anfangsschiefstellung;
$\alpha_h$ Abminderungsfaktor in Abhängigkeit der Stützenhöhe $h$;
$h$ Tragwerkshöhe;
$\alpha_m$ Abminderungsfaktor in Abhängigkeit von der Anzahl der Stützen in einer Reihe;
$m$ Anzahl der Stützen in einer Reihe;
$e_0$ Amplitude einer Bauteilimperfektion;
$L$ Bauteillänge;
$\eta_{init}$ Form der geometrischen Vorimperfektion aus der Eigenfunktion $\eta_{cr}$ bei der niedrigsten Verzweigungslast;
$\eta_{cr}$ Eigenfunktion (Modale) für die Verschiebungen $\eta$ bei Erreichen der niedrigsten Verzweigungslast;
$e_{0,d}$ Bemessungswert der Amplitude einer Bauteilimperfektion;
$M_{Rk}$ charakteristischer Wert der Momententragfähigkeit eines Querschnitts;
$N_{Rk}$ charakteristischer Wert der Normalkrafttragfähigkeit eines Querschnitts;
$\alpha$ Imperfektionsbeiwert;
$EI\eta''_{cr}$ Eigenfunktion (Modale) der Biegemomente $EI\eta''$ bei Erreichen der niedrigsten Verzweigungslast;

$\chi$ Abminderungsbeiwert entsprechend der maßgebenden Knicklinie;
$\alpha_{ult,k}$ Kleinster Vergrößerungsfaktor für die Bemessungswerte der Belastung, mit dem die charakteristische Tragfähigkeit der Bauteile mit Verformungen in der Tragwerksebene erreicht wird, ohne dass Knicken oder Biegedrillknicken aus der Ebene berücksichtigt wird. Dabei werden, wo erforderlich, alle Effekte aus Imperfektionen und Theorie 2. Ordnung in der Tragwerksebene berücksichtigt. In der Regel wird $\alpha_{ult,k}$ durch den Querschnittsnachweis am ungünstigsten Querschnitt des Tragwerks oder Teiltragwerks bestimmt.
$\alpha_{cr}$ Vergrößerungsbeiwert für die Einwirkungen, um die ideale Verzweigungslast bei Ausweichen aus der Ebene (siehe $\alpha_{ult,k}$) zu erreichen;
$q$ Ersatzkraft pro Längeneinheit auf ein stabilisierendes System äquivalent zur Wirkung von Imperfektionen;
$\delta_q$ Durchbiegung des stabilisierenden Systems unter der Ersatzkraft $q$;
$q_d$ Bemessungswert der Ersatzkraft $q$ pro Längeneinheit;
$M_{Ed}$ Bemessungswert des einwirkenden Biegemoments;
$k$ Beiwert für $e_{0,d}$;
$\varepsilon$ Dehnung;
$\sigma$ Normalspannung;
$\sigma_{com,Ed}$ Bemessungswert der einwirkenden Druckspannung in einem Querschnittsteil;
$\ell$ Länge;
$\varepsilon$ Faktor in Abhängigkeit von $f_y$;
$c$ Breite oder Höhe eines Querschnittsteils;
$\alpha$ Anteil eines Querschnittsteils unter Druckbeanspruchung;
$\psi$ Spannungs- oder Dehnungsverhältnis;
$k_\sigma$ Beulfaktor;
$d$ Außendurchmesser runder Hohlquerschnitte.

**Abschnitt 6**

$\gamma_{M0}$ Teilsicherheitsbeiwert für die Beanspruchbarkeit von Querschnitten (bei Anwendung von Querschnittsnachweisen);
$\gamma_{M1}$ Teilsicherheitsbeiwert für die Beanspruchbarkeit von Bauteilen bei Stabilitätsversagen (bei Anwendung von Bauteilnachweisen);
$\gamma_{M2}$ Teilsicherheitsbeiwert für die Beanspruchbarkeit von Querschnitten bei Bruchversagen infolge Zugbeanspruchung;
$\sigma_{x,Ed}$ Bemessungswert der einwirkenden Normalspannung in Längsrichtung;
$\sigma_{z,Ed}$ Bemessungswert der einwirkenden Normalspannung in Querrichtung;
$\tau_{Ed}$ Bemessungswert der einwirkenden Schubspannung;
$N_{Ed}$ Bemessungswert der einwirkenden Normalkraft;

| | | | |
|---|---|---|---|
| $M_{y,Ed}$ | Bemessungswert des einwirkenden Momentes um die y-y-Achse; | $T_{Ed}$ | Bemessungswert des einwirkenden Torsionsmomentes; |
| $M_{z,Ed}$ | Bemessungswert des einwirkenden Momentes um die z-z-Achse; | $T_{Rd}$ | Bemessungswert der Torsionstragfähigkeit; |
| $N_{Rd}$ | Bemessungswert der Normalkrafttragfähigkeit; | $T_{t,Ed}$ | Bemessungswert des einwirkenden St. Venant'schen Torsionsmoments; |
| $M_{y,Rd}$ | Bemessungswert der Momententragfähigkeit um die y-y-Achse; | $T_{w,Ed}$ | Bemessungswert des einwirkenden Wölbtorsionsmoments; |
| $M_{z,Rd}$ | Bemessungswert der Momententragfähigkeit um die z-z-Achse; | $\tau_{t,Ed}$ | Bemessungswert der einwirkenden Schubspannung infolge St. Venant'scher (primärer) Torsion; |
| $s$ | Lochabstand bei versetzten Löchern gemessen als Abstand der Lochachsen in der Projektion parallel zur Bauteilachse; | $\tau_{w,Ed}$ | Bemessungswert der einwirkenden Schubspannung infolge Wölbkrafttorsion; |
| $p$ | Lochabstand bei versetzten Löchern gemessen als Abstand der Lochachsen in der Projektion senkrecht zur Bauteilachse; | $\sigma_{w,Ed}$ | Bemessungswert der einwirkenden Normalspannungen infolge des Bimomentes $B_{Ed}$; |
| $n$ | Anzahl der Löcher längs einer kritischen Risslinie (in einer Diagonalen oder Zickzacklinie), die sich über den Querschnitt oder über Querschnittsteile erstreckt; | $B_{Ed}$ | Bemessungswert des einwirkenden Bimoments; |
| $d_0$ | Lochdurchmesser; | $V_{pl,T,Rd}$ | Bemessungswert der Querkrafttragfägkeit abgemindert infolge $T_{Ed}$; |
| $e_N$ | Verschiebung der Hauptachse des wirksamen Querschnitts mit der Fläche $A_{eff}$ bezogen auf die Hauptachse des Bruttoquerschnitts mit der Fläche $A$; | $\rho$ | Abminderungsbeiwert zur Bestimmung des Bemessungswerts der Momententragfähigkeit unter Berücksichtigung von $V_{Ed}$; |
| $\Delta M_{Ed}$ | Bemessungswert eines zusätzlichen einwirkenden Momentes infolge der Verschiebung $e_N$; | $M_{V,Rd}$ | Bemessungswert der Momententragfähigkeit abgemindert infolge $V_{Ed}$; |
| $A_{eff}$ | wirksame Querschnittsfläche; | $M_{N,Rd}$ | Bemessungswert der Momententragfähigkeit abgemindert infolge $N_{Ed}$; |
| $N_{t,Rd}$ | Bemessungswert der Zugtragfähigkeit; | $n$ | Verhältnis von $N_{Ed}$ zu $N_{pl,Rd}$; |
| $N_{pl,Rd}$ | Bemessungswert der plastischen Normalkrafttragfähigkeit des Bruttoquerschnitts; | $a$ | Verhältnis der Stegfläche zur Bruttoquerschnittsfläche; |
| $N_{u,Rd}$ | Bemessungswert der Zugtragfähigkeit des Nettoquerschnitts längs der kritischen Risslinie durch die Löcher; | $\alpha$ | Parameter für den Querschnittsnachweis bei Biegung um beide Hauptachsen; |
| $A_{net}$ | Nettoquerschnittsfläche; | $\beta$ | Parameter für den Querschnittsnachweis bei Biegung um beide Hauptachsen; |
| $N_{net,Rd}$ | Bemessungswert der plastischen Normalkrafttragfähigkeit des Nettoquerschnitts; | $e_{N,y}$ | Verschiebung der Hauptachse y-y des wirksamen Querschnitts mit der Fläche $A_{eff}$ bezogen auf die Hauptachse des Bruttoquerschnitts mit der Fläche $A$; |
| $N_{c,Rd}$ | Bemessungswert der Normalkrafttragfähigkeit bei Druck; | $e_{N,z}$ | Verschiebung der Hauptachse z-z des wirksamen Querschnitts mit der Fläche $A_{eff}$ bezogen auf die Hauptachse des Bruttoquerschnitts mit der Fläche $A$; |
| $M_{c,Rd}$ | Bemessungswert der Momententragfähigkeit bei Berücksichtigung von Löchern; | $W_{eff,min}$ | kleinstes wirksames elastisches Widerstandsmoment; |
| $W_{pl}$ | plastisches Widerstandsmoment; | $N_{b,Rd}$ | Bemessungswert der Biegeknicktragfähigkeit von Bauteilen unter planmäßig zentrischem Druck; |
| $W_{el,min}$ | kleinstes elastisches Widerstandsmoment; | | |
| $W_{eff,min}$ | kleinstes wirksames elastisches Widerstandsmoment; | $\chi$ | Abminderungsbeiwert entsprechend der maßgebenden Knickkurve; |
| $A_f$ | Fläche des zugbeanspruchten Flansches; | $\Phi$ | Funktion zur Bestimmung des Abminderungsbeiwertes $\chi$; |
| $A_{f,net}$ | Nettofläche des zugbeanspruchten Flansches; | $a_0$, a, b, c, d | Klassenbezeichnungen der Knicklinien; |
| $V_{Ed}$ | Bemessungswert der einwirkenden Querkraft; | $N_{cr}$ | ideale Verzweigungslast für den maßgebenden Knickfall bezogen auf den Bruttoquerschnitt; |
| $V_{c,Rd}$ | Bemessungswert der Querkrafttragfähigkeit; | $i$ | Trägheitsradius für die maßgebende Knickebene bezogen auf den Bruttoquerschnitt; |
| $V_{pl,Rd}$ | Bemessungswert der plastischen Querkrafttragfähigkeit; | $\lambda_1$ | Schlankheit zur Bestimmung des Schlankheitsgrads; |
| $A_v$ | wirksame Schubfläche; | $\bar{\lambda}_T$ | Schlankheitsgrad für Drillknicken oder Biegedrillknicken; |
| $\eta$ | Beiwert für die wirksame Schubfläche; | | |
| $S$ | Statisches Flächenmoment; | | |
| $I$ | Flächenträgheitsmoment des Gesamtquerschnitts; | | |
| $A$ | Querschnittsfläche; | | |
| $A_w$ | Fläche des Stegbleches; | | |
| $A_f$ | Fläche eines Flansches; | | |

$N_{cr,TF}$ ideale Verzweigungslast für Biegedrillknicken;
$N_{cr,T}$ ideale Verzweigungslast für Drillknicken;
$M_{b,Rd}$ Bemessungswert der Momententragfähigkeit bei Biegedrillknicken;
$\chi_{LT}$ Abminderungsbeiwert für Biegedrillknicken;
$\Phi_{LT}$ Funktion zur Bestimmung des Abminderungsbeiwertes $\chi_{LT}$;
$\alpha_{LT}$ Imperfektionsbeiwert für die maßgebende Biegedrillknicklinie;
$\bar{\lambda}_{LT}$ Schlankheitsgrad für Biegedrillknicken;
$M_{cr}$ ideales Verzweigungsmoment bei Biegedrillknicken;
$\bar{\lambda}_{LT,0}$ Plateaulänge der Biegedrillknicklinie für gewalzte und geschweißte Querschnitte;
$\beta$ Korrekturfaktor der Biegedrillknicklinie für gewalzte und geschweißte Querschnitte;
$\chi_{LT,mod}$ modifizierter Abminderungsbeiwert für Biegedrillknicken;
$f$ Modifikationsfaktor für $\chi_{LT}$;
$k_c$ Korrekturbeiwert zur Berücksichtigung der Momentenverteilung;
$\psi$ Momentenverhältnis in einem Bauteilabschnitt;
$L_c$ Abstand zwischen seitlichen Stützpunkten;
$\bar{\lambda}_f$ Schlankheitsgrad des druckbeanspruchten Flansches;
$i_{f,z}$ Trägheitsradius des druckbeanspruchten Flansches um die schwache Querschnittsachse;
$I_{eff,f}$ wirksames Flächenträgheitsmoment des druckbeanspruchten Flansches um die schwache Querschnittsachse;
$A_{eff,f}$ wirksame Fläche des druckbeanspruchten Flansches;
$A_{eff,w,c}$ wirksame Fläche des druckbeanspruchten Teils des Stegblechs;
$\bar{\lambda}_{c0}$ Grenzschlankheitsgrad;
$k_{f\ell}$ Anpassungsfaktor;
$\Delta M_{y,Ed}$ Momente infolge Verschiebung $e_{Ny}$ der Querschnittsachsen;
$\Delta M_{z,Ed}$ Momente infolge Verschiebung $e_{Nz}$ der Querschnittsachsen;
$\chi_y$ Abminderungsbeiwert für Biegeknicken ($y$-$y$-Achse);
$\chi_z$ Abminderungsbeiwert für Biegeknicken ($z$-$z$-Achse);
$k_{yy}$ Interaktionsfaktor;
$k_{yz}$ Interaktionsfaktor;
$k_{zy}$ Interaktionsfaktor;
$k_{zz}$ Interaktionsfaktor;
$\bar{\lambda}_{op}$ globaler Schlankheitsgrad eines Bauteils oder einer Bauteilkomponente zur Berücksichtigung von Stabilitätsverhalten aus der Ebene;
$\chi_{op}$ Abminderungsbeiwert in Abhängigkeit von $\bar{\lambda}_{op}$;
$\alpha_{ult,k}$ Vergrößerungsbeiwert für die Einwirkungen, um den charakteristischen Wert der Tragfähigkeit bei Unterdrückung von Verformungen aus der Ebene zu erreichen;
$\alpha_{cr,op}$ Vergrößerungsbeiwert für die Einwirkungen, um die Verzweigungslast bei Ausweichen aus der Ebene (siehe $\alpha_{ult,k}$) zu erreichen;
$N_{Rk}$ charakteristischer Wert der Normalkrafttragfähigkeit;
$M_{y,Rk}$ charakteristischer Wert der Momententragfähigkeit ($y$-$y$-Achse);
$M_{z,Rk}$ charakteristischer Wert der Momententragfähigkeit ($z$-$z$-Achse);
$Q_m$ lokale Ersatzkraft auf stabilisierende Bauteile im Bereich von Fließgelenken;
$L_{stable}$ Mindestabstand von Abstützmaßnahmen;
$L_{ch}$ Knicklänge eines Gurtstabs;
$h_0$ Abstand zwischen den Schwerachsen der Gurtstäbe;
$a$ Bindeblechabstand;
$\alpha$ Winkel zwischen den Schwerachsen von Gitterstäben und Gurtstäben;
$i_{min}$ kleinster Trägheitsradius von Einzelwinkeln;
$A_{ch}$ Querschnittsfläche eines Gurtstabes;
$N_{ch,Ed}$ Bemessungswert der einwirkenden Normalkraft im Gurtstab eines mehrteiligen Bauteils;
$M_{Ed}^I$ Bemessungswert des maximal einwirkenden Moments für ein mehrteiliges Bauteils;
$I_{eff}$ effektives Flächenträgheitsmoment eines mehrteiligen Bauteils;
$S_v$ Schubsteifigkeit infolge der Verformungen der Gitterstäbe und Bindebleche;
$n$ Anzahl der Ebenen der Gitterstäbe oder Bindebleche;
$A_d$ Querschnittsfläche eines Gitterstabes einer Gitterstütze;
$d$ Länge eines Gitterstabes einer Gitterstütze;
$A_V$ Querschnittsfläche eines Bindeblechs (oder horizontalen Bauteils) einer Gitterstütze;
$I_{ch}$ Flächenträgheitsmoment eines Gurtstabes in der Nachweisebene;
$I_b$ Flächenträgheitsmoment eines Bindebleches in der Nachweisebene;
$\mu$ Wirkungsgrad;
$i_y$ Trägheitsradius ($y$-$y$-Achse).

**Anhang A**

$C_{my}$ äquivalenter Momentenbeiwert;
$C_{mz}$ äquivalenter Momentenbeiwert;
$C_{mLT}$ äquivalenter Momentenbeiwert;
$\mu_y$ Beiwert;
$\mu_z$ Beiwert;
$N_{cr,y}$ ideale Verzweigungslast für Knicken um die $y$-$y$-Achse;
$N_{cr,z}$ ideale Verzweigungslast für Knicken um die $z$-$z$-Achse;
$C_{yy}$ Beiwert;
$C_{yz}$ Beiwert;
$C_{zy}$ Beiwert;
$C_{zz}$ Beiwert;
$w_y$ Beiwert;
$w_z$ Beiwert;

| | |
|---|---|
| $n_{pl}$ | Beiwert; |
| $\bar{\lambda}_{max}$ | maximaler Wert von $\bar{\lambda}_y$ und $\bar{\lambda}_z$; |
| $b_{LT}$ | Beiwert; |
| $c_{LT}$ | Beiwert; |
| $d_{LT}$ | Beiwert; |
| $e_{LT}$ | Beiwert; |
| $\psi_y$ | Verhältnis der Endmomente ($y$-$y$-Achse); |
| $C_{my,0}$ | Beiwert; |
| $C_{mz,0}$ | Beiwert; |
| $a_{LT}$ | Beiwert; |
| $I_T$ | St. Venant'sche Torsionssteifigkeit; |
| $I_y$ | Flächenträgheitsmoment um die $y$-$y$-Achse; |
| C1 | Verhältnis von kritischem Biegemoment (größter Wert unter den Bauteilen) und dem kritischen konstanten Biegemoment für ein Bauteil mit gelenkiger Lagerung. |
| $M_{i,Ed}(x)$ | Größtwert von $M_{y,Ed}$ und $M_{z,Ed}$; |
| $|\delta_x|$ | größte Verformung entlang des Bauteils. |

## Anhang B

| | |
|---|---|
| $\alpha_s$ | Beiwert, s = Durchbiegung (en:sagging); |
| $\alpha_h$ | Beiwert, h = Aufbiegung (en:hogging); |
| $C_m$ | äquivalenter Momentenbeiwert. |

## Anhang AB

| | |
|---|---|
| $\gamma_G$ | Teilsicherheitsbeiwert für ständige Einwirkungen; |
| $G_k$ | charakteristischer Wert der ständigen Einwirkung $G$; |
| $\gamma_Q$ | Teilsicherheitsbeiwert für veränderliche Einwirkungen; |
| $Q_k$ | charakteristischer Wert der veränderlichen Einwirkung $Q$. |

## Anhang BB

| | |
|---|---|
| $\bar{\lambda}_{eff,v}$ | effektiver Schlankheitsgrad für Knicken um die $v$-$v$-Achse; |
| $\bar{\lambda}_{eff,y}$ | effektiver Schlankheitsgrad für Knicken um die $y$-$y$-Achse; |
| $\bar{\lambda}_{eff,z}$ | effektiver Schlankheitsgrad für Knicken um die $z$-$z$-Achse; |
| $L$ | Systemlänge; |
| $L_{cr}$ | Knicklänge; |
| $S$ | Schubsteifigkeit der Bleche im Hinblick auf die Verformungen des Trägers in der Blechebene; |
| $I_w$ | Wölbflächenmoment des Trägers; |
| $C_{\vartheta,k}$ | Rotationssteifigkeit, die durch das stabilisierende Bauteil und die Verbindung mit dem Träger bewirkt wird; |
| $K_\upsilon$ | Beiwert zur Berücksichtigung der Art der Berechnung; |
| $K_\vartheta$ | Faktor zur Berücksichtigung des Momentenverlaufs und der Möglichkeit der seitlichen Verschiebung des gegen Verdrehen gestützten Trägers; |
| $C_{\vartheta R,k}$ | Rotationssteifigkeit des stabilisierenden Bauteils bei Annahme einer steifen Verbindung mit dem Träger; |
| $C_{\vartheta C,k}$ | Rotationssteifigkeit der Verbindung zwischen dem Träger und dem stabilisierenden Bauteil; |
| $C_{\vartheta D,k}$ | Rotationssteifigkeit infolge von Querschnittsverformungen des Trägers; |
| $L_m$ | Mindestabstand zwischen seitlichen Stützungen; |
| $L_k$ | Mindestabstand zwischen Verdrehbehinderungen; |
| $L_s$ | Mindestabstand zwischen einem plastischen Gelenk und einer benachbarten Verdrehbehinderungen; |
| $C_1$ | Modifikationsfaktor zur Berücksichtigung des Momentenverlaufs; |
| $C_m$ | Modifikationsfaktor zur Berücksichtigung eines linearen Momentenverlaufs; |
| $C_n$ | Modifikationsfaktor zur Berücksichtigung eines nichtlinearen Momentenverlaufs; |
| $a$ | Abstand zwischen der Achse des Bauteils mit Fließgelenk und der Achse der Abstützung der aussteifenden Bauteile; |
| $B_0$ | Beiwert; |
| $B_1$ | Beiwert; |
| $B_2$ | Beiwert; |
| $\eta$ | ideales Verhältnis von $N_{crE}$ zu $N_{crT}$; |
| $i_s$ | auf die Schwerlinie des aussteifenden Bauteils bezogener Trägheitsradius; |
| $\beta_t$ | Verhältnis des kleinsten zum größten Endmoment; |
| $R_1$ | Moment an einem Ort im Bauteil; |
| $R_2$ | Moment an einem Ort im Bauteil; |
| $R_3$ | Moment an einem Ort im Bauteil; |
| $R_4$ | Moment an einem Ort im Bauteil; |
| $R_5$ | Moment an einem Ort im Bauteil; |
| $R_E$ | maximaler Wert von $R_1$ oder $R_5$; |
| $R_s$ | maximaler Wert des Biegemoments innerhalb der Länge $L_y$; |
| $c$ | Voutenfaktor; |
| $h_h$ | zusätzliche Querschnittshöhe infolge der Voute; |
| $h_{max}$ | maximale Querschnittshöhe innerhalb der Länge $L_y$; |
| $h_{min}$ | minimale Querschnittshöhe innerhalb der Länge $L_y$; |
| $h_s$ | Höhe des Querschnitts ohne Voute; |
| $L_h$ | Länge der Voute innerhalb der Länge $L_y$; |
| $L_y$ | Abstand zwischen seitlichen Abstützungen. |

## 1.7 Definition der Bauteilachsen

(1) Die Bauteilachsen werden wie folgt definiert:
– $x$-$x$ längs des Bauteils;
– $y$-$y$ Querschnittsachse;
– $z$-$z$ Querschnittsachse.

(2) Die Querschnittsachsen von Stahlbauteilen werden wie folgt definiert:
- Allgemein:
  y-y  Querschnittsachse parallel zu den Flanschen;
  z-z  Querschnittsachse rechtwinklig zu den Flanschen.
- für Winkelprofile:
  y-y  Achse parallel zum kleineren Schenkel;
  z-z  Achse rechtwinklig zum kleineren Schenkel.
- wenn erforderlich:
  u-u  Hauptachse (wenn sie nicht mit der y-y-Achse übereinstimmt);
  v-v  Nebenachse (wenn sie nicht mit der z-z-Achse übereinstimmt).

(3) Die Symbole für die Abmessungen und Achsen gewalzter Stahlprofile sind in Bild 1.1 angegeben.

(4) Die Vereinbarung für Indizes zur Bezeichnung der Achsen von Momenten lautet: „Es gilt die Achse, um die das Moment wirkt."

Anmerkung: Alle Regeln dieses Eurocodes beziehen sich auf die Eigenschaften in den Hauptachsenrichtungen, welche im Allgemeinen als y-y-Achse und z-z-Achse für symmetrische Querschnitte und u-u-Achse und v-v-Achse für unsymmetrische Querschnitte, wie z. B. Winkel, festgelegt sind.

# 2 Grundlagen für die Tragwerksplanung

## 2.1 Anforderungen

### 2.1.1 Grundlegende Anforderungen

(1)P Für die Tragwerksplanung von Stahlbauten gelten die Grundlagen von EN 1990.

(2) Für Stahlbauten gelten darüber hinaus in der Regel die in diesem Abschnitt angegebenen Regelungen.

(3) Die grundlegenden Anforderungen von EN 1990, Abschnitt 2 gelten in der Regel als erfüllt, wenn der Entwurf, die Berechnung und die Bemessung mit Grenzzuständen in Verbindung mit Einwirkungen nach EN 1991 und Teilsicherheitsbeiwerten und Lastkombinationen entsprechend EN 1990 durchgeführt wird.

(4) Die Bemessungsregeln für die Grenzzustände der Tragfähigkeit, Gebrauchstauglichkeit und für die Dauerhaftigkeit in den verschiedenen Teilen von EN 1993 sind in der Regel für die jeweiligen Anwendungsbereiche maßgebend.

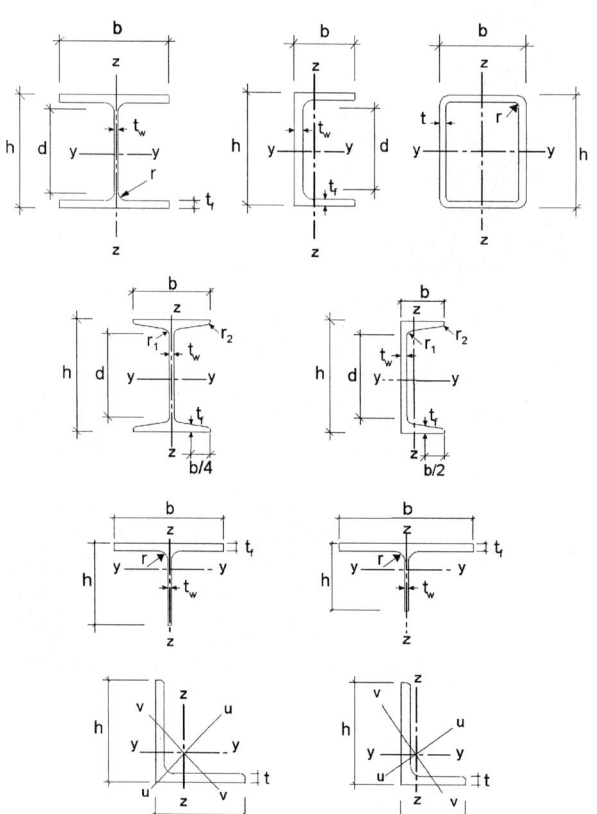

**Bild 1.1.** Abmessungen und Achsen von Profilquerschnitten

### 2.1.2 Behandlung der Zuverlässigkeit

(1)P In Bezug auf die Anwendung von EN 1090-1 und EN 1090-2 sind die Ausführungsklassen nach Anhang C dieser Norm zu wählen.

(2) Falls eine andere als die in dieser Norm empfohlene Zuverlässigkeit gefordert wird, sollte diese vorzugsweise durch entsprechende Gütesicherung bei der Tragwerksplanung und der Ausführung nach EN 1990:2010, Anhang B und Anhang C, sowie EN 1090 erreicht werden.

### 2.1.3 Nutzungsdauer, Dauerhaftigkeit und Robustheit

#### 2.1.3.1 Allgemeines

(1)P Abhängig von der Art der Einwirkungen, die die Dauerhaftigkeit und Nutzungsdauer (siehe EN 1990) beeinflussen, ist bei Stahltragwerken in der Regel Folgendes zu beachten:
– Korrosionsgerechte Gestaltung gegebenenfalls mit:
  • geeignetem Schutz der Oberfläche
    (siehe EN ISO 12944);
  • Einsatz von wetterfestem Stahl;
  • Einsatz von nichtrostendem Stahl
    (siehe EN 1993-1-4).
– Konstruktive Gestaltung im Hinblick auf ausreichende Ermüdungssicherheit (siehe EN 1993-1-9);
– Berücksichtigung der Auswirkung von Verschleiß beim Entwurf;
– Bemessung für außergewöhnliche Einwirkungen (siehe EN 1991-1-7);
– Sicherstellung von Inspektions- und Wartungsmaßnahmen.

#### 2.1.3.2 Nutzungsdauer bei Hochbauten

(1)P,B Als Nutzungsdauer ist in der Regel der Zeitraum festzulegen, in der ein Hochbau nach seiner vorgesehenen Funktion genutzt werden soll.
(2)B Zur Festlegung der Lebensdauer von Hochbauten siehe EN 1990, Tabelle 2.1.
(3)B Für Bauteile, die nicht für die gesamte Nutzungsdauer von Hochbauten bemessen werden können, siehe 2.1.3.3(3)B.

#### 2.1.3.3 Dauerhaftigkeit von Hochbauten

(1)P,B Um die Dauerhaftigkeit von Hochbauten zu sichern, sind in der Regel die Tragwerke entweder gegen schädliche Umwelteinwirkungen und, wo notwendig, auf Ermüdungseinwirkungen zu bemessen oder auf andere Art vor diesen zu schützen.
(2)P,B Können Materialverschleiß, Korrosion oder Ermüdung maßgebend werden, müssen geeignete Werkstoffwahl, nach EN 1993-1-4 und EN 1993-1-10, geeignete Gestaltung der Konstruktion nach EN 1993-1-9, strukturelle Redundanz (z. B. statische Unbestimmtheit des Systems) und geeigneter Korrosionsschutz berücksichtigt werden.

(3)B Falls bei einem Bauwerk Bauteile austauschbar sein sollen (z. B. Lager bei Bodensetzungen), ist in der Regel der sichere Austausch als vorübergehende Bemessungssituation nachzuweisen.

## 2.2 Grundsätzliches zur Bemessung mit Grenzzuständen

(1) Die in diesem Eurocode 3 festgelegten Beanspruchbarkeiten für Querschnitte und Bauteile für den Grenzzustand der Tragfähigkeit, nach Abschnitt 3.3 der EN 1990, sind aus Versuchen abgeleitet, bei denen der Werkstoff eine ausreichende Duktilität aufwies, so dass daraus vereinfachte Bemessungsmodelle abgeleitet werden konnten.

(2) Die in diesem Teil des Eurocodes festgelegten Beanspruchbarkeiten dürfen nur verwendet werden, wenn die Bedingungen für den Werkstoff nach Abschnitt 3 erfüllt sind.

**Zu 2.1.2(1)P**
Gemäß Änderung EN 1993-1-1/A1:2014-07 wird der bisherige Unterabschnitt 2.1.2 durch eine Bezugnahme auf die Anwendung von EN 1090 ergänzt. Seit Juli 2014 ersetzt ein neuer Anhang C zu EN 1993-1-1 den nur informativen Anhang B von EN 1090-2, der bisher die Zuordnung der Ausführungsklassen EXC1 bis EXC4 zu Schadensfolgeklassen (CC) gemäß DIN EN 1990, Tabelle B.1 enthielt.

**Zu 2.1.2(2)**
Das semi-probabilistische Sicherheitskonzept von EN 1990 verfolgt nach [K39] den Ansatz, mit der Definition eines für Deutschland einheitlichen Zielwertes für den Zuverlässigkeitsindex, im Bauwesen ein bauart- und nutzungsunabhängiges Zuverlässigkeitsniveau zu erreichen. Die Bemessung nach EN 1990 mit den Teilsicherheitsbeiwerten nach Anhang A bzw. nach EN 1991 bis EN 1999 führt nach [K39] in der Regel zu einem Tragwerk mit einer Mindestzuverlässigkeit von $\beta \geq 3{,}8$ für einen Bezugszeitraum von 50 Jahren. Abweichungen davon, wie sie hier mit dem Verweis auf EN 1990, Anhang C angesprochen werden, sind Ausnahmen und erfordern eine Absprache mit der zuständigen Baurechtsbehörde. Die Anhänge B und C von EN 1990, die allgemeine Regeln zur Zuverlässigkeitsanalyse und zur Grundlage der Bemessung mit Teilsicherheitsbeiwerten behandeln, sind bauaufsichtlich nicht eingeführt.

## 2.3 Basisvariable

### 2.3.1 Einwirkungen und Umgebungseinflüsse

(1) Einwirkungen für die Bemessung und Konstruktion von Stahlbauten sind in der Regel nach EN 1991 zu ermitteln. Für die Kombination von Einwirkungen und die Teilsicherheitsbeiwerte siehe EN 1990, Anhang A.

Anmerkung 1: Der Nationale Anhang kann Einwirkungen für besondere örtliche oder klimatische oder außergewöhnliche Einwirkungen festlegen.

**NDP**                          *DIN EN 1993-1-1/NA*
*zu 2.3.1(1) Anmerkung 1*
Es werden keine zusätzlichen Festlegungen getroffen.

Anmerkung 2B: Zur proportionalen Erhöhung von Lasten bei inkrementellen Berechnungen, siehe Anhang AB.1.

Anmerkung 3B: Zu vereinfachter Anordnung der Belastung, siehe Anhang AB.2.

(2) Für die Festlegung der Einwirkungen während der Bauzustände wird die Anwendung von EN 1991-1-6 empfohlen.

(3) Auswirkungen absehbarer Setzungen und Setzungsunterschiede sind in der Regel auf der Grundlage realistischer Annahmen zu berücksichtigen.

(4) Einflüsse aus ungleichmäßigen Setzungen, eingeprägten Verformungen oder anderen Formen von Vorspannungen während der Montage sind in der Regel durch ihren Nennwert $P_k$ als ständige Einwirkung zu berücksichtigen. Sie werden mit den anderen ständigen Lasten $G_k$ zu einer ständigen Gesamteinwirkung $(G_k + P_k)$ zusammengefasst.

(5) Einwirkungen, die zu Ermüdungsbeanspruchungen führen und nicht in EN 1991 festgelegt sind, sollten nach EN 1993-1-9, Anhang A ermittelt werden.

### 2.3.2 Werkstoff- und Produkteigenschaften

(1) Werkstoffeigenschaften für Stahl und andere Bauprodukte und geometrische Größen für die Bemessung sind in der Regel den entsprechenden ENs, ETAGs oder ETAs zu entnehmen, sofern in dieser Norm keine andere Regelung vorgesehen ist.

## 2.4 Nachweisverfahren mit Teilsicherheitsbeiwerten

### 2.4.1 Bemessungswerte von Werkstoffeigenschaften

(1)P Für die Bemessung und Konstruktion von Stahlbauten sind die charakteristischen Werte $X_k$ oder die Nennwerte $X_n$ der Werkstoffeigenschaft nach diesem Eurocode anzusetzen.

### 2.4.2 Bemessungswerte der geometrischen Größen

(1) Geometrische Größen für die Querschnitte und Abmessungen des Tragwerks dürfen den harmonisierten Produktnormen oder den Zeichnungen für die Ausführung nach EN 1090 entnommen werden. Sie sind als Nennwerte zu behandeln.

(2) Die in dieser Norm festgelegten Bemessungswerte der geometrischen Ersatzimperfektionen enthalten:
– Einflüsse aus geometrischen Imperfektionen von Bauteilen, die durch geometrische Toleranzen in den Produktnormen oder Ausführungsnormen begrenzt sind;
– Einflüsse struktureller Imperfektionen infolge Herstellung und Bauausführung;
– Eigenspannungen;
– Ungleichmäßige Verteilung der Streckgrenze.

### 2.4.3 Bemessungswerte der Beanspruchbarkeit

(1) Für Tragwerke aus Stahl gilt die folgende Definition nach EN 1990, Gleichung (6.6c) bzw. (6.6d):

$$R_d = \frac{R_k}{\gamma_M} = \frac{1}{\gamma_M} R_k (\eta_1 X_{k1}; \eta_i X_{ki}; a_d) \qquad (2.1)$$

Dabei ist
$R_k$     der charakteristische Wert einer Beanspruchbarkeit, der mit den charakteristischen Werten oder Nennwerten der Werkstoffeigenschaften und Abmessungen ermittelt wurde;
$\gamma_M$     der globale Teilsicherheitsbeiwert für diese Beanspruchbarkeit.

Anmerkung: Zur Definition von $\eta_1, \eta_2, X_{k,1}, X_{k,i}$ und $a_d$ siehe EN 1990.

---

**Zu 2.3.1(4)**
Die Behandlung von vorgespannten Systemen, wie durch Seile oder Zugstangen unter- bzw. überspannte Träger, unterscheidet sich grundsätzlich im reinen Stahlbau und im Verbundbau bzw. im Massivbau. Im Stahlbau geht man davon aus, dass die Vorspannung kontrolliert unter Eigengewichtswirkung aufgebracht wird, so dass keine unabhängige Behandlung mit einem eigenen Teilsicherheitsbeiwert erforderlich ist, sondern Vorspannung und Eigengewicht quasi als **eine** ständige Last zusammengefasst werden können. Im Verbundbau zum Beispiel wird die Vorspannwirkung gemäß EN 1994-1-1, 2.4.1.1. mit einem eigenen Teilsicherheitsbeiwert versehen.

### 2.4.4 Nachweis der Lagesicherheit (EQU)

(1) Das Nachweisformat beim Nachweis der Lagesicherheit (EQU) nach EN 1990, Anhang A, Tabelle 1.2 (A) gilt auch für Bemessungszustände mit ähnlichen Voraussetzungen wie bei (EQU), z. B. für die Bemessung von Verankerungen oder den Nachweis gegen das Abheben von Lagern bei Durchlaufträgern.

### 2.5 Bemessung mit Hilfe von Versuchen

(1) Die charakteristischen Beanspruchbarkeiten $R_k$ dieser Norm wurden auf der Grundlage von EN 1990, Anhang D ermittelt.
(2) Um für Empfehlungen von Teilsicherheitsbeiwerten Gruppen (z. B. für verschiedene Schlankheitsbereiche) mit konstanten Zahlenwerten $\gamma_{Mi}$ zu erreichen, wurden die charakteristischen Werte $R_k$ bestimmt aus:

$$R_k = R_d \gamma_{Mi} \qquad (2.2)$$

Dabei sind
$R_d$ die Bemessungswerte nach EN 1990, Anhang D;
$\gamma_{Mi}$ die empfohlenen Teilsicherheitsbeiwerte.

Anmerkung 1: Die empfohlenen Zahlenwerte für die Teilsicherheitsbeiwerte $\gamma_{Mi}$ wurden so berechnet, dass $R_k$ ungefähr der 5%-Fraktile einer Verteilung aus einer unendlichen Anzahl von Versuchsergebnissen entspricht.

Anmerkung 2: Zu den charakteristischen Bemessungswerten der Ermüdungsfestigkeit und zu den Teilsicherheitsbeiwerten $\gamma_{Mf}$ für die Ermüdungsnachweise siehe EN 1993-1-9.

Anmerkung 3: Zu den charakteristischen Bemessungswerten der Bauteilzähigkeit und den Sicherheitselementen für den Zähigkeitsnachweis siehe EN 1993-1-10.

(3) Für den Fall, dass bei Fertigteilen der Bemessungswert der Beanspruchbarkeit $R_d$ nur aus Versuchen ermittelt wird, werden die charakteristischen Werte für die Beanspruchbarkeit $R_k$ in der Regel nach (2) ermittelt.

## 3 Werkstoffe

### 3.1 Allgemeines

(1) Die in diesem Abschnitt angegebenen Nennwerte der Werkstoffeigenschaften sind in der Regel als charakteristische Werte bei der Bemessung anzunehmen.
(2) Die Entwurfs- und Bemessungsregeln dieses Teils von EN 1993 gelten für Tragwerke aus Stahl entsprechend den in Tabelle 3.1 aufgelisteten Stahlsorten.
Anmerkung: Der Nationale Anhang gibt Hinweise zur Anwendung von Stahlsorten und Stahlprodukten.

*NDP*      *DIN EN 1993-1-1/NA*
*zu 3.1(2) Anmerkung*
Die Anwendung der DIN EN 1993-1-1 ist auf Stahlsorten und Stahlprodukte nach DIN EN 1993-1-1: 2010-12, Tabelle 3.1 beschränkt. Die Anwendung weiterer Stahlsorten ist in DIN EN 1993-1-12 geregelt. Andere als die oben genannten Stahlsorten dürfen nur verwendet werden, wenn

**Zu 2.5**
Für die Anwendung von Festigkeitswerten aus Versuchen bedarf es in Deutschland, auch wenn das an dieser Stelle nicht explizit ausgeschlossen ist, im Allgemeinen eines bauaufsichtlichen Verwendbarkeitsnachweises (Europäische technische Zulassung, allgemeine bauaufsichtliche Zulassung, Zustimmung im Einzelfall oder allgemeines bauaufsichtliches Prüfzeugnis).

**Zu NDP zu 3.1(2) Anmerkung**
Während DIN EN 1993-1-1, Tabelle 3.1 Stahlsorten bis S460 enthält, wird nach DIN EN 1993-1-12 die Anwendung auf höherfeste Stahlsorten bis S700 erweitert. Die „Öffnungsklausel" für andere als die genannten Stahlsorten entspricht der bisherigen Vorgehensweise in DIN 18800-1, Element (402) [K1].
Für Produkte, an denen geschweißt wird und bei denen die Schweißnähte in auf Zug oder Biegezug beanspruchten Bereichen liegen, gab es in DIN 18800-7 [K3] eine Regelung, die nicht in EN 1090 vorhanden ist, und deshalb hier durch den Nationalen Anhang DIN EN 1993-1-1/NA:2018-12 ergänzt wird. In DIN 18800-7 wurde für Blechdicken > 30 mm der Aufschweißbiegeversuch nach SEP 1390 gefordert bzw. in der Ausgabe DIN 18800-7:2008 die Einhaltung des Äquivalenzkriteriums für den Aufschweißbiegeversuch nach Tabelle 100, DIN 18800-7:2008, vgl. Tabelle NA.1. Dieses Äquivalenzkriterium hat bisher keinen Eingang in die europäische Normung (mit Ausnahme von EN 1993-2 für Stahlbrücken) gefunden. Gemäß [K40] und [K41] wird durch den Nachweis nach EN 1993-1-10:2010 der Nachweis im Temperatur-Übergangsbereich des Temperatur-Zähigkeits-Diagramms geführt, während das Äquivalenzkriterium bzw. der Aufschweißbiegeversuch einen Nachweis im sogenannten Hochlagenbereich darstellt, also durchaus eine notwendige zusätzliche Qualitätsanforderung ist. Diese Anforderung wird im Moment durch den Nationalen Anhang zu EN 1993-1-1 analog zur alten Regelung aus DIN 18800-7 als vorläufige Regel ergänzt, bis genauere Nachweise zur Verfügung stehen.
In der Anmerkung zu diesem Absatz ist die Prüfung nach SEP 1390 nur für Flacherzeugnisse und Formstahl eingeschränkt. Die Anmerkung soll die Randbedingungen einer Aufschweißbiegeprüfung präzisieren. Es sollen Stahlerzeugnisse, bei denen sich Proben nach SEP 1390 nicht entnehmen lassen, ausgeschlossen werden. Dazu gehören z. B. Rundstäbe und Hohlprofile mit kreisförmigem Querschnitt. Die Proben müssen im bemessungsrelevanten Bereich entnommen werden. Somit sind eigentlich auch kaltgefertigte Hohlprofile mit rechteckigem Querschnitt ausgeschlossen.

- die chemische Zusammensetzung, die mechanischen Eigenschaften und die Schweißeignung in den Lieferbedingungen des Stahlherstellers festgelegt sind und diese Eigenschaften einer der oben genannten Stahlsorten zugeordnet werden können, oder
- sie in Fachnormen vollständig beschrieben und hinsichtlich ihrer Verwendung geregelt sind, oder
- ihre Verwendbarkeit durch einen bauaufsichtlichen Verwendbarkeitsnachweis (z. B. allgemeine bauaufsichtliche Zulassung oder Zustimmung im Einzelfall) nachgewiesen worden ist.

Zusätzlich sind für die Produkte mit Streckgrenzen bis zu 355 N/mm², an denen geschweißt wird und bei denen die Schweißnähte in auf Zug oder Biegezug beanspruchten Bereichen liegen, die Bedingungen nach Tabelle NA.1 einzuhalten. Alternativ hierzu darf die Eignung der Stähle durch einen Aufschweißbiegeversuch nach SEP 1390 nachgewiesen werden. Für Bauteile aus Stahlsorten nach DIN EN 10025-5 mit Dicken > 30 mm muss die Eignung durch den Aufschweißbiegeversuch nach SEP 1390 nachgewiesen werden.

Anmerkung: Die Anforderung für die Prüfung nach SEP 1390 gilt nur für Flacherzeugnisse und Formstahl. Somit sind Rundmaterialien als Vollquerschnittmaterial und Hohlprofile (quadratisch und kreisförmig) ausgeschlossen.

**Tabelle NA.1.** Äquivalenzkriterium

| Stahlsorte | Dicke $t$ | | | |
|---|---|---|---|---|
| S355 | $t \leq 30$ mm | $t > 30$ mm bis $\leq 80$ mm | | $t > 80$ mm |
| | keine besonderen Anforderungen | Feinkornbaustahl Güte N bzw. M nach DIN EN 10025-3 bzw. DIN EN 10025-4, DIN EN 10210-1 und DIN EN 10219-1 | | Feinkornbaustahl Güte NL bzw. ML nach DIN EN 10025-3 bzw. DIN EN 10025-4, DIN EN 10210-1 und DIN EN 10219-1 |
| S275 | keine besonderen Anforderungen | Feinkornbaustahl Güte N bzw. M nach DIN EN 10025-3 bzw. DIN EN 10025-4, DIN EN 10210-1 und DIN EN 10219-1 | | Feinkornbaustahl Güte NL bzw. ML nach DIN EN 10025-3 bzw. DIN EN 10025-4, DIN EN 10210-1 und DIN EN 10219-1 |
| S235 | keine besonderen Anforderungen | Güte +N oder +M nach DIN EN 10025-2 | | |

## 3.2 Baustahl

### 3.2.1 Werkstoffeigenschaften

(1) Die Nennwerte der Streckgrenze $f_y$ und der Zugfestigkeit $f_u$ für Baustahl sind in der Regel:
a) entweder direkt als Werte $f_y = R_{eH}$ und $f_u = R_m$ aus der Produktnorm, oder
b) vereinfacht der Tabelle 3.1 zu entnehmen.

Anmerkung: Der Nationale Anhang kann zu a) oder b) eine Festlegung treffen.

**NDP**  DIN EN 1993-1-1/NA
*zu 3.2.1(1) Anmerkung*
Die Werte für $f_y$ und $f_u$ dürfen sowohl den entsprechenden Produktnormen (DIN EN 10025-2 bis DIN EN 10025-6, DIN EN 10210-1 und DIN EN 10219-1) als auch DIN EN 1993-1-1:2010-12, Tabelle 3.1 entnommen werden.

**Zu NDP zu 3.2.1(1) Anmerkung**
Die Zahlenwerte in Tabelle 3.1 entsprechen den international vereinbarten Werten, sie unterscheiden sich in der Regel von den Werten der deutschen Norm DIN 18800-1. So gilt für S235 bei Blechdicken $\leq 40$ mm ein Wert $f_{y,k} = 235$ N/mm² statt 240 N/mm². In Deutschland wurde seinerzeit im Unterschied zum Eurocode bei der Umstellung auf das SI-System vor mehr als zwanzig Jahren entschieden, die Umstellung bei der Streckgrenze vereinfachend nicht mit dem korrekten Wert 9,81, sondern mit dem Faktor 10 vorzunehmen, da auch die Lasten (Einwirkungen) mit dem Faktor 10 umgerechnet wurden, vgl. [K6]. Dieser Unterschied ergab sich bei der Umstellung auf das SI-System durch die Umrechnung mit $g = 9,81$ m/s² statt 10 m/s². Bei den Lasten hat man aus Vereinfachungsgründen diese Anpassung mit $g = 10$ m/s² statt 9,81 m/s² vorgenommen, [K6].
Bei der Ermittlung der Bemessungswerte der Beanspruchbarkeit werden in der Regel die Nennwerte der Streckgrenze $f_y$ und der Zugfestigkeit $f_u$ anstelle der charakteristischen Werte verwendet. Die Nennwerte entsprechend DIN EN 1993-1-1, Tabelle 3.1 stellen hierbei eine Vereinfachung gegenüber den Werten der Produktnormen dar. Sie gestatten aufgrund der im Vergleich zu den Produktnormen gröberen Abstufung in Abhängigkeit der Blechdicke teilweise sogar höhere Festigkeitsansätze.

**Tabelle 3.1.** Nennwerte der Streckgrenze $f_y$ und der Zugfestigkeit $f_u$ für warmgewalzten Baustahl

| Werkstoffnorm und Stahlsorte | Erzeugnisdicke $t$ mm | | | |
|---|---|---|---|---|
| | $t \leq 40$ mm | | $40$ mm $< t \leq 80$ mm | |
| | $f_y$ N/mm² | $f_u$ N/mm² | $f_y$ N/mm² | $f_u$ N/mm² |
| **EN 10025-2** | | | | |
| S 235 | 235 | 360 | 215 | 360 |
| S 275 | 275 | 430 | 255 | 410 |
| S 355 | 355 | 490 | 335 | 470 |
| S 450 | 440 | 550 | 410 | 550 |
| **EN 10025-3** | | | | |
| S 275 N/NL | 275 | 390 | 255 | 370 |
| S 355 N/NL | 355 | 490 | 335 | 470 |
| S 420 N/NL | 420 | 520 | 390 | 520 |
| S 460 N/NL | 460 | 540 | 430 | 540 |
| **EN 10025-4** | | | | |
| S 275 M/ML | 275 | 370 | 255 | 360 |
| S 355 M/ML | 355 | 470 | 335 | 450 |
| S 420 M/ML | 420 | 520 | 390 | 500 |
| S 460 M/ML | 460 | 540 | 430 | 530 |
| **EN 10025-5** | | | | |
| S 235 W | 235 | 360 | 215 | 340 |
| S 355 W | 355 | 490 | 335 | 490 |
| **EN 10025-6** | | | | |
| S 460 Q/QL/QL1 | 460 | 570 | 440 | 550 |
| **EN 10210-1** | | | | |
| S 235 H | 235 | 360 | 215 | 340 |
| S 275 H | 275 | 430 | 255 | 410 |
| S 355 H | 355 | 510 | 335 | 490 |
| S 275 NH/NLH | 275 | 390 | 255 | 370 |
| S 355 NH/NLH | 355 | 490 | 335 | 470 |
| S 420 NH/NLH | 420 | 540 | 390 | 520 |
| S 460 NH/NLH | 460 | 560 | 430 | 550 |
| **EN 10219-1** | | | | |
| S 235 H | 235 | 360 | | |
| S 275 H | 275 | 430 | | |
| S 355 H | 355 | 510 | | |
| S 275 NH/NLH | 275 | 370 | | |
| S 355 NH/NLH | 355 | 470 | | |
| S 460 NH/NLH | 460 | 550 | | |
| S 275 MH/MLH | 275 | 360 | | |
| S 355 MH/MLH | 355 | 470 | | |
| S 420 MH/MLH | 420 | 500 | | |
| S 460 MH/MLH | 460 | 530 | | |

## 3.2.2 Anforderungen an die Duktilität

(1) Für Stahl ist eine Mindestduktilität erforderlich, die durch Grenzwerte für folgende Kennwerte definiert sind:
- das Verhältnis $f_u/f_y$ des spezifizierten Mindestwertes der Zugfestigkeit $f_u$ zu dem spezifizierten Mindestwert der Streckgrenze $f_y$;
- die auf eine Messlänge von $5{,}65\sqrt{A_0}$ bezogene Bruchdehnung (wobei $A_0$ die Ausgangsquerschnittsfläche ist);
- die Gleichmaßdehnung $\varepsilon_u$, wobei $\varepsilon_u$ der Zugfestigkeit $f_u$ zugeordnet ist.

Anmerkung: Der Nationale Anhang kann die Grenzwerte für das $f_u/f_y$-Verhältnis, die Bruchdehnung und die Gleichmaßdehnung $\varepsilon_u$ festlegen. Folgende Werte werden empfohlen:
- $f_u/f_y \geq 1{,}10$;
- Bruchdehnung mindestens 15 %;
- $\varepsilon_u \geq 15\,\varepsilon_y$, dabei ist $\varepsilon_y = \dfrac{f_y}{E}$ die Fließdehnung.

**NDP** *DIN EN 1993-1-1/NA*
zu 3.2.2(1) Anmerkung
Es gelten die Empfehlungen.

(2) Bei Erzeugnissen aus Stahlsorten nach Tabelle 3.1 darf vorausgesetzt werden, dass sie die aufgeführten Anforderungen erfüllen.

## 3.2.3 Bruchzähigkeit

(1)P Ausreichende Bruchzähigkeit des Werkstoffs ist Voraussetzung für die Vermeidung von Sprödbruchversagen bei zugbeanspruchten Bauteilen. Der Bemessung liegt die voraussichtlich niedrigste Betriebstemperatur über die geplante Nutzungsdauer zugrunde.

Anmerkung: Der Nationale Anhang kann die für die Bemessung anzunehmende niedrigste Betriebstemperatur angeben.

**NDP** *DIN EN 1993-1-1/NA*
zu 3.2.3(1)P Anmerkung
Die für die Bemessung anzunehmenden niedrigsten Betriebstemperaturen sind in DIN EN 1993-1-10/NA: 2010-12, Anhang A angegeben.

(2) Weitere Nachweise gegen Sprödbruchversagen sind nicht erforderlich, wenn die Anforderungen in EN 1993-1-10 für die niedrigste Temperatur erfüllt sind.
(3)B Für druckbeanspruchte Bauteile des Hochbaus sollte ein Mindestwert der Zähigkeit gewählt werden.
Anmerkung B: Der Nationale Anhang kann Informationen zur Wahl der Zähigkeit für druckbeanspruchte Bauteile geben. Es wird empfohlen, in diesem Fall EN 1993-1-10, Tabelle 2.1 für $\sigma_{Ed} = 0{,}25\,f_y(t)$ anzuwenden.

**NDP** *DIN EN 1993-1-1/NA*
zu 3.2.3(3)B Anmerkung B
Es gilt die Empfehlung.

(4) Zur Auswahl geeigneter Stähle für feuerverzinkte Bauteile ist EN ISO 1461 zu beachten.

## 3.2.4 Eigenschaften in Dickenrichtung

(1) Wenn Stahlerzeugnisse mit verbesserten Eigenschaften in Dickenrichtung nach EN 1993-1-10 erforderlich sind, so sind diese in der Regel nach den Qualitätsklassen in EN 10164 auszuwählen.

Anmerkung 1: EN 1993-1-10 gibt eine Anleitung zur Wahl der Eigenschaften in Dickenrichtung.

Anmerkung 2B: Besondere Beachtung sollte geschweißten Träger-Stützen-Verbindungen sowie angeschweißten Kopfplatten mit Zug in der Dickenrichtung geschenkt werden.

Anmerkung 3B: Der Nationale Anhang kann die maßgebende Zuordnung der Sollwerte $Z_{Ed}$ nach EN 1993-1-10, 3.2(2) zu den Qualitätsklassen von EN 10164 angeben. Für Hochbauten wird eine Zuordnung nach Tabelle 3.2 empfohlen.

**NDP** *DIN EN 1993-1-1/NA*
zu 3.2.4(1) Anmerkung 3B
Es gilt die Empfehlung.

### Zu 3.2.2

Es darf davon ausgegangen werden, dass die Stahlsorten nach Tabelle 3.1 die Duktilitätskriterien nach EN 1993-1-1, Abschnitt 3.2.2 erfüllen, obwohl die in der Tabelle 3.1 aufgeführten rechnerischen Nennwerte von Streckgrenze und Zugfestigkeit die Kriterien zum Teil nominell nicht erfüllen. Nur für nicht in Tabelle 3.1 geregelte Baustähle sind die Duktilitätskriterien wie z. B. das Verhältnis $f_u/f_y \geq 1{,}10$ gesondert nachzuweisen. Dies ist insofern von Bedeutung, da die Duktilitätskriterien z. B. auf die Gleichmaßdehnung $\varepsilon_u$ abgestellt sind, die nicht wie die Bruchdehnung eine nachzuweisende mechanische Eigenschaft in den Produktnormen ist. Im neuesten Entwurf zu EN 1993-1-1 [K55] wurde nach Bestätigung in jüngeren Forschungen auf die 3. Bedingung zur Gleichmaßdehnung verzichtet.

### Zu 3.2.3 und 3.2.4

Hinsichtlich der Stahlsortenwahl mit Blick auf Sprödbruchsicherheit und die Eigenschaft in Blechdickenrichtung (Gefahr des Terrassenbruchs) wird auf EN 1993-1-10 verwiesen, deren Regelungen mit DASt-Richtlinie 009 [K4] vergleichbar sind.

### Zu 3.2.3(4)

Ausgelöst durch Schadensfälle und die daran sich anschließenden Untersuchungen wurde inzwischen DASt-Richtlinie 022:2016 „Feuerverzinken von tragenden Stahlbauteilen" [K42] entwickelt, die seit Dezember 2009 mit ihrer Aufnahme in die Bauregelliste A zusätzlich gilt. Erläuterungen hierzu sind in [K43] zu finden.

**Tabelle 3.2.** Stahlgütewahl nach EN 10164

| Sollwert von $Z_{Ed}$ nach EN 1993-1-10 | Erforderliche Qualität $Z_{Rd}$ nach den Z-Werten nach EN 10164 |
|---|---|
| $Z_{Ed} \leq 10$ | – |
| $10 < Z_{Ed} \leq 20$ | Z 15 |
| $20 < Z_{Ed} \leq 30$ | Z 25 |
| $Z_{Ed} > 30$ | Z 35 |

### 3.2.5 Toleranzen

(1) Die Toleranzen für Abmessungen und Massen von gewalzten Profilen, Hohlprofilen und Blechen haben in der Regel der maßgebenden Produktnorm, ETAG oder ETA zu entsprechen, sofern nicht strengere Toleranzforderungen bestehen.
(2) Bei geschweißten Bauteilen sind in der Regel die Toleranzen nach EN 1090 einzuhalten.
(3) Für die Tragwerksberechnung und die Bemessung sind in der Regel die Nennwerte der Abmessungen zu verwenden.

### 3.2.6 Bemessungswerte der Materialkonstanten

(1) Für die in diesem Teil des Eurocodes 3 geregelten Baustähle sind in der Regel folgende Werte für die Berechnung anzunehmen:
– Elastizitätsmodul $E = 210\,000$ N/mm²;
– Schubmodul $G = \dfrac{E}{2(1+\nu)} \approx 81\,000$ N/mm²;
– Poissonsche Zahl $\nu = 0{,}3$;
– Wärmeausdehnungskoeffizient $\alpha = 12 \times 10^{-6}$ je K (für $T \leq 100\,°C$).

Anmerkung: Für die Berechnung von Zwängungen infolge ungleicher Temperatureinwirkung in Beton- und Stahlteilen von Stahlverbundbauwerken nach EN 1994 kann der Wärmeausdehnungskoeffizient $\alpha$ mit $\alpha = 10 \times 10^{-6}$ je K angenommen werden.

### 3.3 Verbindungsmittel

#### 3.3.1 Schrauben, Bolzen, Nieten

(1) Die Anforderungen sind in EN 1993-1-8 angegeben.

#### 3.3.2 Schweißwerkstoffe

(1) Die Anforderungen an die Schweißwerkstoffe sind in EN 1993-1-8 angegeben.

### 3.4 Andere vorgefertigte Produkte im Hochbau

(1)B Teilvorgefertigte oder komplett vorgefertigte Produkte jeder Art, die im Hochbau verwendet werden, haben in der Regel der maßgebenden Produktnorm, der ETAG oder ETA zu entsprechen.

## 4 Dauerhaftigkeit

(1) Grundlegende Anforderungen an die Dauerhaftigkeit sind in EN 1990 festgelegt.
(2)P Das Aufbringen des Korrosionsschutzes im Werk oder auf der Baustelle erfolgt in der Regel nach EN 1090.

Anmerkung: In EN 1090 sind die bei der Herstellung bzw. Montage zu beachtenden Einflussfaktoren aufgelistet, die bei Entwurf und Bemessung zu beachten sind.

(3) Bauteile, die anfällig sind gegen Korrosion, mechanische Abnutzung oder Ermüdung, sind in der Regel so zu konstruieren, dass die Bauwerksinspektion, Wartung und Instandsetzung in geeigneter Form möglich ist und Zugang für Inspektion und Wartung besteht.
(4)B Normalerweise sind für Hochbauten keine Ermüdungsnachweise erforderlich, außer für Bauteile mit Beanspruchungen aus:

> **Zu 3.2.6**
> Die Bemessungswerte für die Materialkennwerte E-Modul, Schubmodul, Querdehnzahl und Wärmeausdehnungskoeffizient für Stahl werden als konstante Werte festgelegt und müssen nicht durch einen Teilsicherheitsbeiwert abgemindert werden. Der Ansatz von Mittelwerten für die Steifigkeiten entspricht der Empfehlung in EN 1990, Abs. 4.2 (8). Bei den wenig streuenden Werten des Elastizitätsmodul etc. würde eine solche Abminderung vor allem den variablen geometrischen Abmessungen und Steifigkeiten Rechnung tragen, die gemäß Abs. 3.2.5 auch nur mit Nennwerten anzusetzen sind, bei denen aber sehr konkrete Streuungen auftreten. Hier ist im Einzelfall der Tragwerksplaner gefragt, in den wenigen dafür empfindlichen Fällen (zum Beispiel bei einem unterspannten Rahmentragwerk) für die Schnittgrößenermittlung ggf. auch eine Berechnung mit oberen und unteren Grenzwerten durchzuführen.
>
> **Zu 4(4)B**
> Während hier der Ermüdungsnachweis explizit für Kranbahnen und ähnliche Tragwerke des Hochbaus gefordert wird, kennt DIN 18800-1 Element (741) [K1] mit Gleichung (25) und (26) konkrete Abgrenzungskriterien, wann auf einen Ermüdungsnachweis verzichtet werden kann. Dabei wird zum einen $\Delta\sigma = \max\sigma - \min\sigma$ die Spannungsschwingbreite in N/mm² unter den Bemessungswerten der veränderlichen Einwirkungen für den Tragsicherheitsnachweis auf weniger als 26 N/mm² begrenzt. Während alternativ auch die Anzahl der Spannungsspiele $n$ weniger als $5 \cdot 10^5 \cdot (26/\Delta\sigma)^3$ sein sollte.
> Diese Bedingungen orientieren sich am Ermüdungsnachweis für den ungünstigsten vorgesehenen Kerbfall und volles Einstufenkollektiv. Sie erfassen den ungünstigen Fall, in dem das für den Kerbfall maßgebende Bauteil für Überwachung und Instandhaltung schlecht zugänglich ist und sein Ermüdungsversagen den katastrophalen Zusammenbruch des Tragsystems zur Folge haben kann. Da in den Bedingungen – abweichend von den Regelungen für Ermüdungsnachweise – die Spannungen $\sigma$ des Tragsicherheitsnachweises verwendet werden, liegen sie auf der sicheren Seite und können auch im Zusammenhang mit EN 1993 als Kriterium genutzt werden.

a) Hebevorrichtungen oder rollenden Lasten;
b) wiederholten Spannungswechseln durch Maschinenschwingungen;
c) windinduzierten Schwingungen;
d) Schwingungen aus rhythmischer Bewegung von Personengruppen.

(5)P Für Bauteile, die nicht inspiziert werden können, sind geeignete dauerhafte Korrosionsschutzmaßnahmen zu ergreifen.

(6)B Tragwerke innerhalb einer Gebäudehülle brauchen nicht mit einem Korrosionsschutz versehen zu werden, wenn die relative Luftfeuchtigkeit 80 % nicht überschreitet.

## 5 Tragwerksberechnung

### 5.1 Statische Systeme

#### 5.1.1 Grundlegende Annahmen

(1)P Die statische Berechnung ist mit einem Berechnungsmodell zu führen, das für den zu betrachtenden Grenzzustand geeignet ist.

(2) Das Berechnungsmodell und die grundlegenden Annahmen für die Berechnung sind in der Regel so zu wählen, dass sie das Tragwerksverhalten im betrachteten Grenzzustand mit ausreichender Genauigkeit wiedergeben und dem erwarteten Verhalten der Querschnitte, der Bauteile, der Anschlüsse und der Lagerungen entsprechen.

(3)P Das Berechnungsverfahren muss den Bemessungsannahmen entsprechen.

(4)B Zu Berechnungsverfahren und grundlegenden Annahmen für Bauteile von Hochbauten siehe auch EN 1993-1-5 und EN 1993-1-11.

*NCI*      DIN EN 1993-1-1/NA

*zu 5.1 Statische Systeme*
**Auflagerkräfte von Durchlaufträgern**
Unter der Voraussetzung einer gleichmäßig verteilten Last dürfen die Auflagerkräfte für die Stützweitenverhältnisse min $l \geq 0{,}8$ max $l$ – mit Ausnahme des Zweifeldträgers – wie für Träger auf zwei Stützen berechnet werden.

*zu 5.1.1 Grundlegende Annahmen*
Wenn für einen Nachweis eine Erhöhung der Streckgrenze zu einer Erhöhung der Beanspruchung führt, die nicht gleichzeitig zu einer proportionalen Erhöhung der zugeordneten Beanspruchbarkeit führt, ist für die Streckgrenze auch ein oberer Grenzwert

$$f_y^{oben} = 1{,}3\, f_y \qquad \text{(NA.1)}$$

anzunehmen.
Bei durch- oder gegengeschweißten Nähten kann die Erhöhung der Beanspruchbarkeit unterstellt werden.
Bei üblichen Tragwerken darf die Erhöhung von Auflagerkräften infolge der Annahme des oberen Grenzwertes der Streckgrenze unberücksichtigt bleiben.

**Zu 5.1.1**
Die Berechnung der Stabkräfte von Fachwerkträgern darf nach DIN 18801 [K12] im Abschnitt 6.1.3 unter der Annahme reibungsfreier Gelenke in den Knotenpunkten stattfinden. Dabei sind Biegespannungen aus Lasten, die zwischen den Fachwerkknoten angreifen zu erfassen. Biegespannungen aus Wind auf den Stabflächen und das Eigengewicht bei Zugstäben brauchen im Allgemeinen für den Einzelstab nicht berücksichtigt zu werden. Diese vereinfachenden Regelungen können auch für eine Tragwerksberechnung nach DIN EN 1993-1-1 als selbstverständliche Übereinkunft verwendet werden.

**Zu 5.1.1(4)B**
Zur unmittelbaren Lagerung von auf Biegung beanspruchten vollwandigen Tragwerksteilen auf Mauerwerk oder Beton regelt DIN 18801 [K12] im Abschnitt 6.1.2.1, dass als Stützweite die um 1/20 mindestens aber um die Auflagertiefe von 12 cm vergrößerte lichte Weite angenommen werden darf. Diese Regelung kann sicher auch als Anwendungsregel für den Hochbau für eine Tragwerksberechnung nach DIN EN 1993-1-1 als gültig angenommen werden.

**Zu NCI zu 5.1**
Diese Regelung entspricht DIN 18801, 6.1.2.2 [K12] und ist nach jüngster Beratung im Ausschuss auf der Grundlage des Dokuments [K56] auch auf heutige Tragwerke übertragbar, denn die Anwendung der Bemessungsregel beschränkte sich von Anbeginn an nicht nur auf Durchlaufträger mit plastischem Verformungsvermögen, sondern war allgemeiner gefasst.
Das Schutzziel der Regel ist nicht der lastbringende Durchlaufträger. Die Begrenzung auf Durchlaufträger mit drei und mehr Feldern dient ausschließlich dem Schutz der unterstützenden Bauteile, die durch die Auflagerkräfte des Durchlaufträgers belastet werden. Die Bemessungsregel hat nicht den Versagenszeitpunkt des Durchlaufträgers (ggf. plastischen Zustand) als kritischen Zustand im Fokus. Die Bemessungsregel versucht vielmehr Beanspruchungszustände abzudecken, zu denen sich der lastbringende Durchlaufträger noch elastisch verhält. Aus diesem Grund ist es für die Bemessungsregel nicht erforderlich, dass der Durchlaufträger ausreichendes plastisches Verformungsvermögen besitzt. Tatsächlich stellt die Vernachlässigung der Durchlaufwirkung formal eine Unterschätzung der Beanspruchung dar. Im Lichte der sonstigen konservativen Rechenannahmen kann jedoch dieser „Fehler" als tolerierbar angesehen werden. Zu diesen konservativen Rechenannahmen zählt z. B. die Annahme von starren Vertikalauflagern bei der Tragwerksberechnung von statisch unbestimmten Durchlaufträgern. Der Einfluss der Verformung des unterstützenden Bauteils auf die Verteilung der Auflagerkräfte von Durchlaufträgern wird in der Regel auf der sicheren Seite liegend vernachlässigt.

**Zu NCI zu 5.1.1**
Überfestigkeiten des Stahls sind planmäßig nur zu berücksichtigen, wenn es hierdurch zum Beispiel in Anschlüssen zu Überbeanspruchungen kommen kann. Weiterhin könnten Überbeanspruchungen in nachgelagerten Bauteilen aus Holz oder ähnlichen Materialien, die nicht über ein ausreichendes Plastizierungsvermögen verfügen, auftreten.

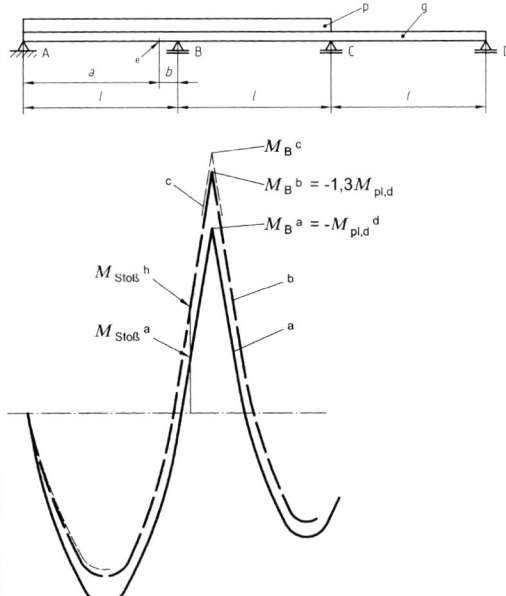

**Legende**
a Beanspruchung für Streckgrenze = $f_y$ (unterer Grenzwert)
b Beanspruchung für Streckgrenze $f_y^{(oben)}$ (oberer Grenzwert)
c Beanspruchung bei Berechnung nach der Elastizitätstheorie
d unter Berücksichtigung der gleichzeitig wirkenden Querkraft
e Stoß

Anmerkung: Wenn $|M_B^c| < 1{,}3\, M_{pl}$ wird Fall c maßgebend.

**Bild NA.1.** Beispiel zur Berücksichtigung des oberen Grenzwertes der Streckgrenze

Auf die Berücksichtigung des oberen Grenzwertes der Streckgrenze darf verzichtet werden, wenn für die Beanspruchungen aller Verbindungen die 1,2fachen Grenzschnittgrößen im plastischen Zustand der durch sie verbundenen Teile angesetzt werden und die Stäbe konstanten Querschnitt über die Stablänge haben.

Anmerkung 1: Beim Zweifeldträger mit über die Länge konstantem Querschnitt unter konstanter Gleichlast erhöht sich die Auflagerkraft an der Innenstütze vom Grenzzustand nach dem Verfahren Plastisch-Plastisch infolge der Annahme des oberen Grenzwertes der Streckgrenze nur um rund 4 %.

Anmerkung 2: Bei Anwendung der Fließgelenktheorie werden in den Fließgelenken die Schnittgrößen auf die Grenzschnittgrößen im plastischen Zustand begrenzt. Nimmt die Streckgrenze in der Umgebung eines Fließgelenkes einen höheren Wert an als die Grenznormalspannung $\sigma_{Rd}$ (dieser Wert ist ein unterer Grenzwert), dann wird die am Fließgelenk auftretende Schnittgröße (Beanspruchung) größer als die untere Grenzschnittgröße. Für den Stab selbst bedeutet dies keine Gefährdung, da ja auch die Beanspruchbarkeit im selben Maße zunimmt. Für Verbindungen, die sich nicht durch Verformung der zunehmenden Beanspruchung entziehen können, kann die Berücksichtigung der oberen Grenzwerte der Streckgrenzen bemessungsbestimmend werden. Dies ist bei Verbindungen ohne ausreichende Rotationskapazität möglich.

### 5.1.2 Berechnungsmodelle für Anschlüsse

(1) Die Einflüsse der Last-Verformungen der Anschlüsse auf die Schnittgrößenverteilung und auf die Gesamtverformung des Tragwerks dürfen im Allgemeinen vernachlässigt werden. Sie sind jedoch in der Regel zu berücksichtigen, wenn sie, wie z. B. bei verformbaren Anschlüssen, maßgebend werden können, siehe EN 1993-1-8.

(2) Um festzustellen, ob Einflüsse aus dem Verhalten von Anschlüssen bei der Berechnung berücksichtigt werden müssen, darf zwischen folgenden drei Anschlussmodellen unterschieden werden, siehe EN 1993-1-8, 5.1.1:
– gelenkige Anschlüsse, wenn angenommen werden darf, dass der Anschluss keine Biegemomente überträgt;
– biegesteife Anschlüsse, wenn die Steifigkeit und/oder die Tragfähigkeit des Anschlusses die Annahme biegesteif verbundener Bauteile in der Berechnung erlaubt;
– verformbare Anschlüsse, wenn das Verformungsverhalten der Anschlüsse bei der Bemessung berücksichtigt werden muss.

(3) Die Anforderungen an die verschiedenen Anschlusstypen sind in EN 1993-1-8 festgelegt.

### 5.1.3 Bauwerks-Boden-Interaktion

(1) Falls notwendig, sind die Verformungseigenschaften der Fundamente zu berücksichtigen.

Anmerkung: EN 1997 enthält Verfahren zur Berechnung der Bauwerks-Boden-Interaktion.

## 5.2 Untersuchung von Gesamttragwerken

### 5.2.1 Einflüsse der Tragwerksverformung

(1) Die Schnittgrößen können im Allgemeinen entweder nach:
– Theorie I. Ordnung, unter Ansatz der Ausgangsgeometrie des Tragwerks, oder nach
– Theorie II. Ordnung, unter Berücksichtigung der Einflüsse aus der Tragwerksverformung
berechnet werden.

(2) Die Einflüsse der Tragwerksverformungen (Einflüsse aus Theorie II. Ordnung) sind in der Regel zu berücksichtigen, wenn die daraus resultierende Vergrößerung der Schnittgrößen nicht mehr vernachlässigt werden darf oder das Tragverhalten maßgeblich beeinflusst wird.

(3) Die Berechnung nach Theorie I. Ordnung ist zulässig, wenn die durch Verformungen hervorgerufene Erhöhung der maßgebenden Schnittgrößen oder andere Änderungen des Tragverhaltens vernachlässigt werden können. Diese Anforderung darf als erfüllt angesehen werden, wenn die folgende Gleichung erfüllt ist:

$$\alpha_{cr} = \frac{F_{cr}}{F_{Ed}} \geq 10 \text{ für die elastische Berechnung} \quad (5.1)$$

$$\alpha_{cr} = \frac{F_{cr}}{F_{Ed}} \geq 15 \text{ für die plastische Berechnung}$$

Dabei ist

$\alpha_{cr}$    der Faktor, mit dem die Bemessungswerte der Belastung erhöht werden müssten, um die ideale Verzweigungslast des Gesamttragwerks zu erreichen;

$F_{Ed}$    der Bemessungswert der Einwirkungen auf das Tragwerk;

$F_{cr}$    die ideale Verzweigungslast des Gesamttragwerks. Bei der Berechnung von $F_{cr}$ ist von den elastischen Anfangssteifigkeiten auszugehen.

Anmerkung: Für die plastische Berechnung ist in Gleichung (5.1) ein höherer Grenzwert für $\alpha_{cr}$ festgelegt, da der Einfluss nichtlinearen Werkstoffverhaltens auf das Tragverhalten im Grenzzustand der Tragfähigkeit erheblich sein kann (z. B. bei Tragwerken mit Fließgelenken und Momentenumlagerung oder Einfluss nichtlinearer Verformungen von verformbaren Anschlüssen). Im Nationalen Anhang dürfen kleinere Werte für $\alpha_{cr}$ bei bestimmten Rahmentragwerken festgelegt werden, wenn diese durch genauere Ansätze begründet sind.

**NDP**      *DIN EN 1993-1-1/NA*

*zu 5.2.1(3) Anmerkung*
Bei Anwendung der plastischen Berechnung ist für die Abfrage von Gleichung (5.1) das statische System unmittelbar vor Ausbildung des letzten Fließgelenks zugrunde zu legen oder es ist jedes einzelne Teilsystem der Fließgelenkkette zu untersuchen. Der Grenzwert ist dann mit 10 statt mit 15 anzunehmen.

(4)B Hallenrahmen mit geringer Dachneigung sowie Rahmentragwerke des Geschossbaus dürfen gegen Versagen mit seitlichem Ausweichen nach Theorie I. Ordnung nachgewiesen werden, wenn die Bedingung in Gleichung (5.1) für jedes Stockwerk eingehalten ist. Bei diesen Tragwerken sollte $\alpha_{cr}$ nach folgender Näherung berechnet werden, wenn die Auswirkung der Normalkräfte in den Trägern oder Riegeln vernachlässigbar ist:

$$\alpha_{cr} = \left(\frac{H_{Ed}}{V_{Ed}}\right)\left(\frac{h}{\delta_{H,Ed}}\right) \quad (5.2)$$

Dabei ist

$H_{Ed}$    Bemessungswert der gesamten horizontalen Last, einschließlich der vom Stockwerk übertragenen äquivalenten Kräfte (Stockwerksschub), siehe 5.3.2(7);

$V_{Ed}$    Bemessungswert der gesamten vertikalen Last, einschließlich der vom Stockwerk übertragenen äquivalenten Kräfte (Stockwerksschub);

$\delta_{H,Ed}$    die Horizontalverschiebung der oberen Stockwerksknoten gegenüber den unteren Stockwerksknoten infolge horizontaler Lasten (z. B. Wind) und horizontalen Ersatzlasten, die am Gesamtrahmentragwerk angreifen;

$h$    die Stockwerkshöhe.

### Zu 5.2.1(3)

Der Grenzwert für die elastische Tragwerksberechnung nach Gleichung (5.1) entspricht der alten 10%-Regel nach DIN 18800 Teil 1 [K1], Element (739), Bedingung (a). Entsprechend sind auch die alternativen gleichwertigen Regeln (b) und (c) anwendbar: Eine Berechnung nach Theorie II. Ordnung ist danach nicht erforderlich, wenn die bezogenen Schlankheitsgrade $\bar{\lambda}_K$ nicht größer als

$$0{,}3\sqrt{\frac{f_{yd}}{\sigma_N}} \text{ sind}$$

mit $\sigma_N = \frac{N}{A}$, $\bar{\lambda}_K = \frac{\lambda_K}{\lambda_a}$, $\lambda_K = \frac{s_K}{i}$, $\lambda_a = \pi\sqrt{\frac{E}{f_{yk}}}$

(dies entspricht Gleichung (5.3) in EN 1993-1-1) oder die mit dem Knicklängenbeiwert $\beta = s_k / i$ multiplizierten Stabkennzahlen

$$\varepsilon = l\sqrt{\frac{N}{(E \cdot I)_d}} \text{ aller Stäbe nicht größer als 1,0 sind.}$$

Bei veränderlichen Querschnitten oder Normalkräften sind $(E \cdot I)$, $N_{Ki}$ und $s_K$ für die Stelle zu ermitteln, für die der Tragsicherheitsnachweis geführt wird. Im Zweifelsfall sind mehrere Stellen zu untersuchen. In den Bedingungen ist die Normalkraft $N$ als Druckkraft positiv anzusetzen.

### Zu 5.2.1(3) Anmerkung und NDP zu 5.2.1(3) Anmerkung

Die bisherige liberale Regel, für $\alpha_{cr}$ den Wert 15 anstelle von 10 bei plastischer Tragwerksberechnung zuzulassen, kann zu gravierenden Fehleinschätzungen führen. Die Anfangssteifigkeit ist kein hinreichendes Kriterium für die Unempfindlichkeit der gesamten Fließgelenkkette für Effekte Theorie II. Ordnung. Unter Umständen kann sich wegen Stabilitätsversagen in einem Teilsystem die endgültige Kette auch gar nicht ausbilden. Für weitere Erläuterungen wird auf [K44] verwiesen.

### Zu 5.2.1(4)B

Für verschiedliche Rahmensysteme des Hochbaus, d. h. für Hallenrahmen mit geringer Dachneigung (< 26°) und Rahmentragwerke des Geschossbaus, gestattet EN 1993-1-1 eine vereinfachte Ermittlung von $\alpha_{cr}$ nach Gl. (5.2) und Bild 5.1. Gl. (5.2) geht dabei auf das sog. P-δ-Verfahren zurück, das $\alpha_{cr} = F_{cr}/F_{Ed}$ über das Verhältnis von Verformungsmoment $\Delta M = V_{Ed} \cdot \delta_{H,Ed}$ zum Lastmoment $M_{Ed} = H_{Ed} \cdot h$ nach Theorie I. Ordnung annähert. Mit Gleichung (5.3) in Anmerkung 2B wird überprüft, ob die Normalkraft bzw. Druckkraft im Riegel eine Rolle spielt. Diese Gleichung entspricht genau der Bedingung b) nach DIN 18800-1, Element (739), bzw. Gleichung (5.1), nur mit umgekehrtem Ungleichheitszeichen. Die Riegeldruckkraft muss also berücksichtigt werden, wenn Gleichung (5.3) erfüllt ist, und sie darf vernachlässigt werden, wenn Gleichung (5.1) zutrifft.

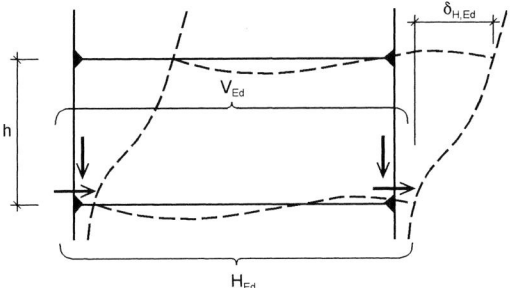

**Bild 5.1.** Bezeichnungen zu 5.2.1(4)

Anmerkung 1B: Als geringe Dachneigung darf bei der Anwendung von (4)B eine maximale Neigung von 1:2 (26°) angenommen werden.

Anmerkung 2B: Die Auswirkung der Druckkraft sollte bei der Anwendung von (4)B berücksichtigt werden, wenn der Schlankheitsgrad $\bar{\lambda}$ in den Trägern oder Riegeln unter Annahme gelenkiger Lagerung an den Enden folgende Gleichung erfüllt:

$$\bar{\lambda} \geq 0{,}3 \sqrt{\frac{A f_y}{N_{Ed}}} \tag{5.3}$$

Dabei ist
$N_{Ed}$  der Bemessungswert der einwirkenden Normalkraft (Druck);
$\bar{\lambda}$  der Schlankheitsgrad in der Ebene. Träger oder Riegel werden unter Ansatz der Systemlänge als gelenkig gelagert angenommen.

(5) Mittragende Breiten und wirksame Breiten aus örtlichem Beulen sind in der Regel zu berücksichtigen, falls sie die globale Tragwerksberechnung beeinflussen, siehe EN 1993-1-5.

Anmerkung: Bei gewalzten Profilen und geschweißten Profilen mit walzprofilähnlichen Abmessungen kann der Einfluss der mittragenden Breite vernachlässigt werden.

(6) Der Schlupf in Schraubenlöchern oder ähnliche Verformungen infolge Schlupf bei Kopfbolzendübeln oder Ankerbolzen sind in der Regel bei der Tragwerksberechnung zu berücksichtigen, falls maßgebend.

### 5.2.2 Stabilität von Tragwerken

(1) Wenn der Einfluss der Verformung des Tragwerks nach 5.2.1 berücksichtigt werden muss, sind in der Regel (2) bis (6) zu beachten, um die Stabilität des Tragwerks nachzuweisen.
(2) Beim Nachweis der Stabilität von Tragwerken oder Tragwerksteilen sind in der Regel Imperfektionen und Einflüsse aus Theorie II. Ordnung zu berücksichtigen.
(3) Je nach Art des Tragwerks und der Tragwerksberechnung können die Einflüsse aus Theorie II. Ordnung und Imperfektionen nach einer der folgenden Methoden berücksichtigt werden:

a) beide Einflüsse vollständig im Rahmen der Berechnung des Gesamttragwerkes;
b) teilweise durch Berechnung des Gesamttragwerkes und teilweise durch Stabilitätsnachweise einzelner Bauteile nach 6.3;
c) in einfachen Fällen durch Ersatzstabnachweise nach 6.3, wobei Knicklängen entsprechend der Knickfigur bzw. Eigenform des Gesamttragwerks verwendet werden.

(4) Einflüsse aus Theorie II. Ordnung können durch Anwendung eines für das Tragwerk geeigneten Berechnungsverfahrens ermittelt werden. Dies kann ein schrittweises oder iteratives Verfahren sein. Bei Rahmen, bei denen das seitliche Ausweichen die maßgebliche Knickfigur darstellt, darf eine elastische Berechnung nach Theorie I. Ordnung durchgeführt werden, bei der die Schnittgrößen (z. B. Biegemomente) und Verformungen durch geeignete Faktoren vergrößert werden.

(5)B Einflüsse aus Theorie II. Ordnung auf die seitliche Verformung einstöckiger Rahmen, die nach der Elastizitätstheorie berechnet werden, darf durch Vergrößerung der horizontalen Einwirkungen $H_{Ed}$ (z. B. Wind) und der horizontalen Ersatzlasten $V_{Ed}\,\phi$ infolge Imperfektionen, siehe 5.3.2(7), sowie weiterer möglicher Schiefstellung erfasst werden, wobei der Faktor:

$$\frac{1}{1 - \dfrac{1}{\alpha_{cr}}} \tag{5.4}$$

beträgt, vorausgesetzt, dass gilt: $\alpha_{cr} \geq 3{,}0$.

Hierbei darf
$\alpha_{cr}$ nach Gleichung (5.2) in 5.2.1(4)B berechnet werden, wenn die Dachneigung gering ist und die Druckkraft in den Trägern oder Riegel vernachlässigt werden darf, siehe 5.2.1(4)B.

Anmerkung B: Für $\alpha_{cr} < 3{,}0$ ist eine genauere Berechnung nach Theorie II. Ordnung erforderlich.

**Zu 5.2.1(5)**
Die effektiven Querschnittswerte sind nach EN 1993-1-5 zu bestimmen, EN 1993-1-5, 2.2 nennt Randbedingungen für die Berücksichtigung dieser gegenüber den Brutto-Querschnittswerten reduzierten Steifigkeitswerte bei der Tragwerksberechnung. Dabei bezeichnet „mittragende Breite" die Wirkung der ungleichförmigen Spannungsverteilung aus Schubverzerrung und „wirksame Breite" die Wirkung von örtlichem Plattenbeulen.

**Zu 5.2.2(3)**
Je nach Umfang der Berücksichtigung von Vorverformungen (Imperfektionen) und Tragwerksverformungen unter Belastung (Theorie II. Ordnung) werden drei Methoden a), b), und c) unterschieden, die wahlweise eingesetzt werden können. Für Methode a) und b) vgl. 5.2.2(7), für das Ersatzstabverfahren nach Methode c) vgl. 5.2.2(8) und NDP zu 5.2.2 (8). Siehe auch Erläuterungen in [K5] und [K11] und [K44].

(6)B Bei mehrstöckigen Rahmentragwerken dürfen Einflüsse aus der Theorie II. Ordnung auf die seitliche Verformung mit dem Verfahren nach 5.2.2(5)B erfasst werden, wenn alle Stockwerke eine ähnliche Verteilung
- der vertikalen Einwirkungen und
- der horizontalen Einwirkungen und
- der Rahmensteifigkeiten im Hinblick auf die Verteilung der Stockwerksschubkräfte

haben.

Anmerkung B: Zur Einschränkung des Verfahrens siehe auch 5.2.1(4)B.

(7) Nach (3) ist die Stabilität der einzelnen Bauteile in der Regel wie folgt nachzuweisen:
a) Wenn die Einflüsse aus Theorie II. Ordnung in Einzelbauteilen und die maßgebenden Bauteilimperfektionen, siehe 5.3.4, vollständig in der Berechnung des Gesamttragwerkes berücksichtigt werden, sind keine weiteren Stabilitätsnachweise der einzelnen Bauteile nach 6.3 erforderlich.
b) Wenn die Einflüsse aus Theorie II. Ordnung in Einzelbauteilen oder bestimmte Bauteilimperfektionen (z. B. Bauteilimperfektionen für Biegeknicken oder Biegedrillknicken, siehe 5.3.4) nicht vollständig in der Berechnung des Gesamttragwerkes berücksichtigt werden, ist in der Regel die Stabilität der Einzelbauteile, die nicht in der globalen Tragwerksberechnung enthalten ist, unter Verwendung der maßgebenden Kriterien nach 6.3 zusätzlich nachzuweisen. Bei diesem Nachweis sind in der Regel die Randmomente und Kräfte des Einzelbauteils aus der Berechnung des Gesamttragwerkes einschließlich der Einflüsse aus Theorie II. Ordnung und globalen Imperfektionen, siehe 5.3.2, zu berücksichtigen. Darüber hinaus darf als Knicklänge des Einzelbauteils die Systemlänge angesetzt werden.

(8) Wird die Stabilität von Tragwerken durch einen Ersatzstabnachweis nach 6.3 nachgewiesen, ist die Knicklänge aus der Knickfigur des Gesamttragwerks zu ermitteln; dabei sind die Steifigkeit der Bauteile und Verbindungen, das Ausbilden von Fließgelenken sowie die Verteilung der Druckkräfte mit den Bemessungswerten der Einwirkungen zu berücksichtigen. In diesem Fall können die Schnittgrößen nach Theorie I. Ordnung ohne Ansatz von Imperfektionen ermittelt werden.

Anmerkung: Der Nationale Anhang darf den Anwendungsbereich festlegen.

## Zu 5.2.2(7)

Methode a) sieht eine ggf. räumliche Tragwerksberechnung nach Theorie II. Ordnung mit räumlichem Ansatz von globalen und lokalen Imperfektionen vor. In diesem Fall sind nur Querschnittsnachweise erforderlich, da durch die nach Theorie II. Ordnung unter Berücksichtigung aller globalen und lokalen Imperfektionen ermittelten Schnittgrößen alle Stabilitätseffekte erfasst sind. Um das Biegedrillknicken in der räumlichen Tragwerksberechnung mit abzubilden, bedarf es ggf. einer Schnittgrößenermittlung nach geometrisch nichtlinearer Biegetorsionstheorie unter Berücksichtigung der Wölbkrafttorsion. Die Methode b) kann auf zwei Arten angewendet werden, vgl. [K5] und [K11], bzw. [K44]. Beschränkt man den Ansatz der globalen und lokalen Imperfektionen auf die Tragwerksebene (Methode b1)), so ist das Biegeknicken in der Tragwerksebene durch die Querschnittsnachweise mit Schnittgrößen nach Theorie II. Ordnung abgedeckt. Lediglich für das Biegeknicken aus der Tragwerksebene und das Biegedrillknicken bedarf es dann eines Bauteilnachweises nach Abschnitt 6.3 mit Stabendschnittgrößen aus der Tragwerksberechnung nach Theorie II. Ordnung. Dieses Vorgehen ist zu empfehlen, wenn sich die Lagerungsbedingungen für Ausweichen in und aus der Tragwerksebene unterscheiden, also unterschiedliche statische Systeme für beide Richtungen vorliegen. Bei Methode b2) wird i. Allg. nur die globale Imperfektion, z. B. die Schiefstellung eines Rahmens, angesetzt und die Schnittgrößen werden nach Theorie II. Ordnung berechnet. Die Nachweise für die Stabilität am Einzelstab erfolgen sowohl in als auch aus der Tragwerksebene als Bauteilnachweise nach Abschnitt 6.3. Der Verzicht auf den Ansatz der lokalen Imperfektionen bei der Schnittgrößenermittlung nach Methode b2) ist zulässig, da diese vom Bauteilnachweis nach Abschnitt 6.3 berücksichtigt werden. In diesen Fällen sollte aber auf eine Berücksichtigung einer Knicklänge in der Ebene kleiner als die Systemhöhe verzichtet werden, da schon die Ermittlung der globalen Schnittgrößen am Tragwerk in der Ebene gewisse Einspanneffekte berücksichtigt. Das Modalverb „darf" ist hier missverständlich. Auch kann gemäß 5.3.2(6) in Einzelfällen der Ansatz lokaler Imperfektionen (Stabvorkrümmungen) in der Berechnung des Gesamttragwerks erforderlich sein, wenn die Größe der Schnittgrößen am Stabende durch den Ansatz einer zusätzlichen Vorkrümmung im Gesamtsystem signifikant verändert wird. Das tritt ein, wenn Gl. (5.8) erfüllt ist, die im Grunde der Abfrage gemäß DIN 18800-2, Element (207) nach einer Stabkennzahl $\varepsilon > 1{,}6$ entspricht.

## Zu 5.2.2(8) mit NDP dazu

Die Methode (c) entspricht dem klassischen Ersatzstabnachweis, bei dem die Knicklängen des Einzelstabes in und aus der Ebene für die maßgebende Druckkraftverteilung aus den Knickfiguren des Gesamtsystems abgeleitet werden. Dabei kann der Nachweis gemäß dem Bauteilnachweis in Abschnitt 6.3 mit den Schnittgrößen nach Theorie I. Ordnung, die am idealen Tragwerk ohne Ansatz von Imperfektionen ermittelt wurden, geführt werden, da durch die Berücksichtigung der Systemknicklänge indirekt bereits der Momentenzuwachs nach Theorie II. Ordnung und infolge der Imperfektionen erfasst ist. Für den Nachweis aus der Bauteilebene, sind allerdings auch bei dieser Methode die Stabendschnittgrößen nach Theorie II. Ordnung erforderlich, die ggf. abgeschätzt werden müssen. Diese Momente nach Theorie II. Ordnung können berechnet werden, indem die Momente nach Theorie I. Ordnung, mit dem Vergrößerungsfaktor nach Gl. (5.4) vergrößert werden.

Auch für den Fall, wenn Biegedrillknicken ausgeschlossen ist, müssen hier beim Nachweis aus der Ebene Schnittgrößen nach Theorie II. Ordnung berechnet werden, um den P-Δ-Effekt eines verschieblichen Systems auf die Stabendschnittgrößen zu berücksichtigen.

**NDP**                      DIN EN 1993-1-1/NA
*zu 5.2.2(8) Anmerkung*
Stabilitätsnachweise dürfen nach dem Ersatzstabverfahren nach DIN EN 1993-1-1:2010-12, 6.3 geführt werden, wenn die Konsequenzen für die Anschlüsse und die angeschlossenen Bauteile berücksichtigt werden. Typische Konsequenzen sind:
a) Bei der Bemessung von biegesteifen Verbindungen ist statt des vorhandenen Biegemomentes $M_{Ed}$ das vollplastische Moment $M_{pl,Rd}$ zu berücksichtigen, sofern kein genauerer Nachweis geführt wird.
b) Bei verschieblichen Systemen mit angeschlossenen Pendelstützen muss eine zusätzliche Ersatzbelastung $V_0$ entsprechend der nachfolgenden Gleichung zur Berücksichtigung der Vorverdrehungen der Pendelstützen bei der Ermittlung der Schnittgrößen nach Theorie I. Ordnung angesetzt werden:

$$V_0 = \sum (P_i \, \phi) \tag{NA.2}$$

mit
$P_i$ Normalkraft der Pendelstütze $i$
$\phi$ nach DIN EN 1993-1-1:2010-12, 5.3.2(3) a)

## 5.3 Imperfektionen

### 5.3.1 Grundlagen

(1) Bei der Tragwerksberechnung sind in der Regel geeignete Ansätze zu wählen, um die Wirkungen von Imperfektionen zu erfassen. Diese berücksichtigen insbesondere Eigenspannungen und geometrische Imperfektionen wie Schiefstellung und Abweichungen von der Geradheit, Ebenheit und Passung sowie Exzentrizitäten, die größer als die grundlegenden Toleranzen nach EN 1090-2 sind, die in den Verbindungen des unbelasteten Tragwerks auftreten.

(2) In den Berechnungen sollten äquivalente geometrische Ersatzimperfektionen, siehe 5.3.2 und 5.3.3, verwendet werden, deren Werte die möglichen Wirkungen aller Imperfektionen abdecken, es sei denn, diese Wirkungen werden in den Gleichungen für die Beanspruchbarkeit von Bauteilen indirekt erfasst, siehe 5.3.4.

(3) Folgende Imperfektionen sind in der Regel anzusetzen:
a) Imperfektionen für Gesamttragwerke und aussteifende Systeme;
b) örtliche Imperfektionen für einzelne Bauteile.

### 5.3.2 Imperfektionen für die Tragwerksberechnung

(1) Die anzunehmende Form der Imperfektionen eines Gesamttragwerkes und örtlicher Imperfektionen eines Tragwerks kann aus der Form der maßgebenden Eigenform in der betrachteten Ebene hergeleitet werden.

(2) Knicken, sowohl in als auch aus der Ebene, einschließlich Drillknicken mit symmetrischen und antimetrischen Knickfiguren ist in der Regel in der ungünstigsten Richtung und Form zu berücksichtigen.

(3) Bei Tragwerken, deren Eigenform durch eine seitliche Verschiebung charakterisiert ist, können in der Regel die Einflüsse der Imperfektionen bei der Berechnung durch eine äquivalente Ersatzvorverformung in Form einer Anfangsschiefstellung des Tragwerks und der Vorkrümmung der einzelnen Bauteile berücksichtigt werden. Die Imperfektionen sind dann wie folgt zu ermitteln:

**Zu 5.3.1(1)**
Die in den Imperfektionsannahmen berücksichtigten geometrischen Abweichungen sollten die zulässigen Toleranzen nach EN 1090-2 abdecken, insbesondere die als wesentliche oder auch als grundlegende Toleranzen bezeichneten Grenzwerte (unverzichtbar für die Standsicherheit), so dass nur, wenn es in der Praxis Abweichungen davon gibt, ggf. Zusatznachweise erforderlich werden, vgl. EN 1090-2, Abschnitt 11.2.1.

**Zu 5.3.1(2)**
Vergleichbar mit der Vorgehensweise in DIN 18800 sind bei der Tragwerksberechnung sowohl strukturelle Imperfektionen (z. B. Eigenspannungen, ungleichmäßige Verteilung der Streckgrenze etc.) als auch geometrische Imperfektionen (z. B. Schiefstellungen, Vorkrümmungen, Toleranzen) zu berücksichtigen. Da sich die geometrischen Imperfektionen einfacher in einer Stabwerksberechnung abbilden lassen als z. B. Walzeigenspannungen, werden die geometrischen und strukturellen Imperfektionen in der Regel zu äquivalenten geometrischen Ersatzimperfektionen umgewandelt, die als globale Imperfektionen (Schiefstellung) für das Gesamttragwerk oder das betrachtete aussteifende System oder als lokale Imperfektionen (Schiefstellung einzelner Tragglieder, Stabkrümmungen) für ein einzelnes Bauteil anzusetzen sind. Diese Ansätze dienen dazu, unvermeidbare „Ungenauigkeiten" zu berücksichtigen. Echte Fehler der Konstruktion oder der Herstellung (z. B. Verwechslung von Materialstärken oder Materialgüten) werden damit nicht abgedeckt und können insofern auch nicht durch die Imperfektionen „entschuldigt" werden.
Die Imperfektionen sind in erster Linie in Hinblick auf die Anwendung der Fließgelenktheorie definiert. So erfassen i. Allg. die Imperfektionen für die plastische Bemessung auch die Ausbildung von Fließzonen und die dadurch vergrößerten Verformungen. Andererseits sind aber Einflüsse von nachgiebigen Verbindungen und Anschlüssen, vgl. EN 1993-1-8, Abs. 6.3, Schubverformungen oder auch Fundamentsetzungen u. Ä., wenn sie eine relevante Größenordnung haben, gesondert zu berücksichtigen.

**Zu 5.3.2(1) und (2)**
Die Annahme der Imperfektion in Anlehnung an die zum kleinsten Eigenwert gehörende Knickfigur führt im Regelfall (nicht immer, vgl. [K6]) zur ungünstigsten Beanspruchung. Die Annahme der Biegeverformung als Imperfektionsform kann dagegen zu unsicheren Ergebnissen führen, vgl. Hinweise zum „Spannungsproblem mit Verzweigungspunkt" in [K7]. Es muss jeweils nur eine Imperfektion in einer Richtung angesetzt werden.

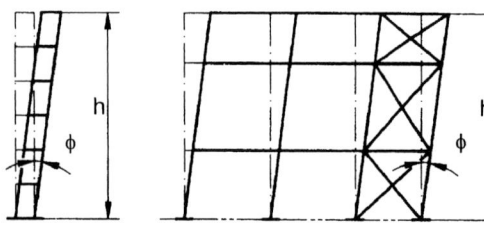

Bild 5.2. Äquivalente Stützenschiefstellung

a) globale Anfangsschiefstellung, siehe Bild 5.2:

$$\phi = \phi_0\, \alpha_h\, \alpha_m \qquad (5.5)$$

Dabei ist

$\phi_0$    der Ausgangswert: $\phi_0 = 1/200$;

$\alpha_h$    der Abminderungsfaktor für die Höhe $h$ von Stützen:

$$\alpha_h = \frac{2}{\sqrt{h}} \text{ jedoch } \frac{2}{3} \leq \alpha_h \leq 1{,}0$$

$h$    die Höhe des Tragwerks, in m;

$\alpha_m$    der Abminderungsfaktor für die Anzahl der Stützen in einer Reihe: $\alpha_m = \sqrt{0{,}5\left(1+\dfrac{1}{m}\right)}$

$m$    Anzahl der Stützen in einer Reihe, unter ausschließlicher Betrachtung der Stützen, die eine Vertikalbelastung größer 50 % der durchschnittlichen Stützenlast in der betrachteten vertikalen Richtung übernehmen.

b) eingeprägte Vorkrümmung von Bauteilen

$$e_0/L \qquad (5.6)$$

Dabei ist $L$ die Bauteillänge.

Anmerkung: Die Werte $e_0/L$ können dem Nationalen Anhang entnommen werden. Empfohlene Werte sind in Tabelle 5.1 aufgeführt.

**NDP**              *DIN EN 1993-1-1/NA*

*zu 5.3.2(3) Anmerkung*

Die Empfehlungen dürfen angewendet werden. Falls die Ermittlung der Schnittgrößen des Gesamtsystems nach der Elastizitätstheorie erfolgt und ein Querschnittsnachweis mit einer linearen Querschnittsinteraktion geführt wird, dürfen auch die Werte nach Tabelle NA.2 verwendet werden.

Die angegebenen Bemessungswerte der Vorkrümmung $e_0/L$ dürfen die zulässigen Toleranzen der Produktnormen nicht unterschreiten.

**Tabelle NA.2.** Vorkrümmung $e_0/L$ von Bauteilen

| Knicklinie nach DIN EN 1993-1-1: 2010-08, Tabelle 6.1 | elastische Querschnittsausnutzung $e_0/L$ | plastische Querschnittsausnutzung $e_0/L$ |
|---|---|---|
| $a_0$ | 1/600 | wie bei elastischer Querschnittsausnutzung, jedoch $\dfrac{M_{pl,k}}{M_{el,k}}$-fach |
| a | 1/550 | |
| b | 1/350 | |
| c | 1/250 | |
| d | 1/150 | |

(4)B Für Hochbauten dürfen Anfangsschiefstellungen vernachlässigt werden, wenn

$$H_{Ed} \geq 0{,}15\, V_{Ed} \qquad (5.7)$$

**Zu 5.3.2(3) a) Gl. (5.5) und Bild 5.2**
Die Schiefstellung ist ungünstig anzusetzen, dabei kann sich die Höhe $h$ auf die Tragwerkshöhe, aber auch auf den Einzelstab beziehen. Erläuterungen dazu sind z. B. [K2] Bild 6 zu entnehmen. Die Begrenzung von 2/3 für $\alpha_h$ führt bei hohen Tragwerken, z. B. Kesselhäusern, zu sehr ungünstigen Werten, die weit über vergleichenden Werten aus Messungen liegen, [K6], Abschnitt 4.5. Hinweise zum Hintergrund und zur Anwendung sind auch in [K44] gegeben.

**Zu 5.3.2(3) b) und Tabelle 5.1**
Die Größe der eingeprägten Vorkrümmung $e_0$ von Bauteilen ist dabei nur von der Bauteillänge $L$ (nicht der Knicklänge!) und der dem Querschnitt des Bauteils gemäß Tabelle 6.2 zuzuordnenden Knicklinie abhängig. Mit elastischer bzw. plastischer Berechnung ist hier die elastische bzw. plastische Querschnittsausnutzung gemeint.
Tatsächlich ist die Größe der Ersatzimperfektionen auch von der Größe des bezogenen Schlankheitsgrades abhängig, wie es in der ENV vorgesehen war. Beispiele dafür finden sich z. B. in [K18].

**Zu NDP zu 5.3.2(3) Anmerkung**
Für den Fall einer Tragwerksberechnung nach der Elastizitätstheorie und linearer Querschnittsinteraktion gemäß Gl. (6.2) erlaubt der Nationale Anhang für den Ansatz der Vorkrümmungen eine abweichende Regelung gemäß Tabelle NA.2. Die Abweichungen im Vergleich zu Tabelle 5.1 beruhen auf einem Vergleich zwischen den Ergebnissen des Bauteilnachweises nach Abschnitt 6 auf Basis der Knickspannungslinien und den erzielbaren Ergebnissen bei einer Berechnung nach Theorie II. Ordnung am rein gelenkigen Druckstab bei Annahme einer linearen Querschnittsinteraktion und der Affinität von Verformung und Schnittgröße. Außerdem wurde der Vergleich im Bereich eines bezogenen Schlankheitsgrades $\bar{\lambda}$ von etwa 1 geführt, da in diesem Bereich der größte Effekt der Imperfektionen vorhanden ist. Jüngste Vergleichsrechnungen zeigen jedoch, dass die Werte gemäß der ursprünglichen Tabelle zum Teil unsichere Ergebnisse im Vergleich zu den Knickspannungslinien liefern. Die neue Tabelle NA.2 ist entsprechend korrigiert, siehe auch [K44].

**Tabelle 5.1.** Bemessungswerte der Vorkrümmung $e_0/L$ von Bauteilen

| Knicklinie nach Tabelle 6.2 | elastische Berechnung $e_0/L$ | plastische Berechnung $e_0/L$ |
|---|---|---|
| $a_0$ | 1/350 | 1/300 |
| a | 1/300 | 1/250 |
| b | 1/250 | 1/200 |
| c | 1/200 | 1/150 |
| d | 1/150 | 1/100 |

(5)B Für die Bestimmung der horizontalen Kräfte auf aussteifende Deckenscheiben ist in der Regel die Anordnung der Imperfektionen nach Bild 5.3 zu verwenden, dabei ist $\phi$ die mit Gleichung (5.5) ermittelte Anfangsschiefstellung eines Stockwerks mit der Höhe $h$, siehe (3) a).

(6) Für die Berechnung der Schnittgrößen an Enden von Bauteilen für den Bauteilnachweis nach 6.3 dürfen in der Regel lokale Vorkrümmungen vernachlässigt werden. Bei Tragwerken, die empfindlich auf Verformungen reagieren, siehe 5.2.1(3), sind in der Regel für jedes Bauteil mit Druckbeanspruchung zusätzlich lokale Vorkrümmungen anzusetzen, wenn folgende Bedingungen gelten:
– mindestens ein Bauteilende ist eingespannt bzw. biegesteif verbunden;

$$\bar{\lambda} > 0{,}5\sqrt{\frac{A f_y}{N_{Ed}}} \qquad (5.8)$$

Dabei ist
$N_{Ed}$ der Bemessungswert der einwirkenden Normalkraft (Druck);
$\bar{\lambda}$ der Schlankheitsgrad des Bauteils in der betrachteten Ebene, der mit der Annahme beidseitig gelenkiger Lagerung ermittelt wird.

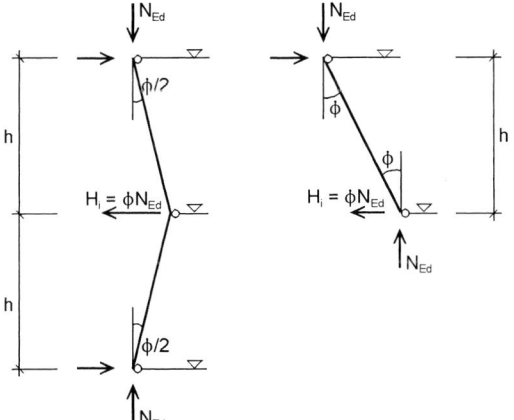

**Bild 5.3.** Anordnung der Anfangsschiefstellung $\phi$ für Horizontalkräfte auf aussteifende Deckenscheiben

Anmerkung: Lokale Vorkrümmungen sind bereits in den Gleichungen für Bauteilnachweise berücksichtigt, siehe 5.2.2(3) und 5.3.4.

(7) Die Wirkungen der Anfangsschiefstellungen und Bauteilvorkrümmungen dürfen durch Systeme äquivalenter horizontaler Ersatzlasten an jeder Stütze ersetzt werden, siehe Bild 5.3 und Bild 5.4.
(8) Diese Vorverformungen sind in der Regel jeweils in allen maßgebenden Richtungen zu untersuchen, brauchen aber nur in einer Richtung gleichzeitig betrachtet zu werden.
(9)B Bei mehrstöckigen Rahmentragwerken mit Trägern und Stützen sind in der Regel die äquivalenten Ersatzkräfte für jedes Stockwerk und das Dach anzusetzen.
(10) Die möglichen Einflüsse aus Torsion infolge gleichzeitig auftretender anti-metrischer Verschiebungen auf zwei gegenüberliegenden Seiten sind in der Regel zu beachten, siehe Bild 5.5.

**Zu 5.3.2(4)B**
Diese Regelung greift die Erfahrung bei üblichen Hochbauten wie Rahmentragwerken auf, dass bei überwiegender planmäßiger Horizontalbeanspruchung der Einfluss der Schiefstellung gering ist.

**Zu 5.3.2(5)B**
Für unterschiedliche Geschosshöhen resultieren auch unterschiedliche Schiefstellungen in den jeweiligen Stäben. Es wird zwar nach wie vor eine gesamte Winkeländerung von $\varphi$ angesetzt, die aber aufgrund der unterschiedlichen Geschosshöhen für beide Stäbe verschieden groß ist. Die anzusetzende horizontale Ersatzlast ergibt sich somit aus der entsprechenden Normalkraft und Schiefstellung im jeweiligen Stab.

**Zu 5.3.2(6) Gleichung (5.8)**
Das Kriterium nach Gleichung (5.8) entspricht näherungsweise für $s_k = L$ dem Stabkennzahl-Kriterium Gl. (11) aus DIN 18800-2, Element (207) [K2], das festlegt, wann zusätzlich zu einer Schiefstellung auch noch eine lokale Stab-Vorkrümmung anzusetzen ist. Ähnlich wie in der bisherigen Praxis trifft das auch hier nur auf sehr schlanke Einzelstäbe zu.
Während nach DIN 18800-1, Element (729)ff auch eine (reduzierte) Anfangsschiefstellung für Tragwerke, die auf der Basis von Schnittgrößen nach Theorie I. Ordnung zu bemessen sind, anzunehmen war, ist dies in EN 1993-1-1 nicht gefordert. Darüber hinaus weist DIN 18800-1 in Element (732) auf Stabwerke mit geringer Horizontallast hin, sogenannte Haus-in-Haus-Konstruktionen zum Beispiel, die keiner Windbelastung ausgesetzt sind und deshalb mit erhöhter Anfangsschiefstellung zu berechnen sind. In diesen Fällen sollte man, selbst wenn das Tragwerk gemäß EN 1993-1-1, Abs. 5.2.1 (3) und Kriterium nach Gleichung (5.1) nicht stabilitätsgefährdet ist, auch bei der Berechnung nach EN 1993-1-1 die Anfangsschiefstellung nach Gleichung (5.5) berücksichtigen. Dabei bleibt es natürlich trotzdem bei einer Schnittgrößenermittlung nach Theorie I. Ordnung und dem entsprechenden Querschnittsnachweis.

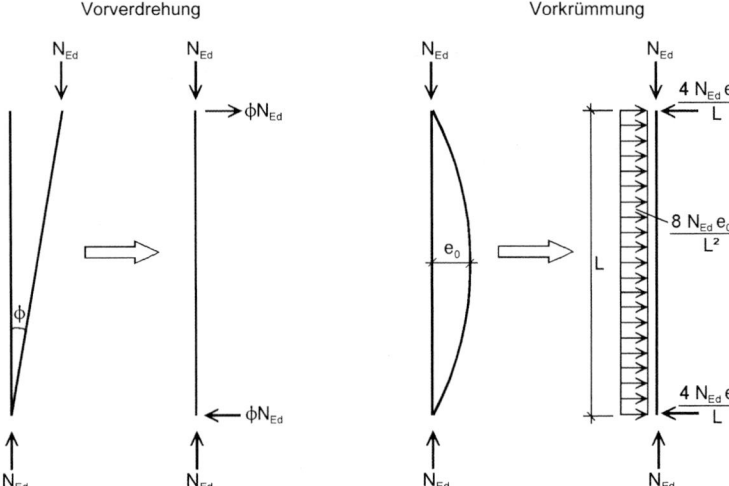

Bild 5.4. Ersatz der Vorverformungen durch äquivalente horizontale Ersatzlasten

(11) Alternativ zu (3) und (6) darf die Form der maßgebenden Eigenfigur $\eta_{cr}$ für das gesamte Tragwerk als Imperfektionsfigur angesetzt werden. Die maximale Amplitude dieser Imperfektionsfigur darf wie folgt ermittelt werden:

$$\eta_{init} = e_0 \frac{N_{cr}}{EI\,|\eta''_{cr}|_{max}}\,\eta_{cr} = \frac{e_0}{\bar{\lambda}^2}\frac{N_{Rk}}{EI\,|\eta''_{cr}|_{max}}\,\eta_{cr} \qquad (5.9)$$

mit

$$e_0 = \alpha(\bar{\lambda} - 0{,}2)\frac{M_{Rk}}{N_{Rk}}\frac{1 - \dfrac{\chi\bar{\lambda}^2}{\gamma_{M1}}}{1 - \chi\bar{\lambda}^2} \quad \text{für } \bar{\lambda} > 0{,}2 \qquad (5.10)$$

und

$$\bar{\lambda} = \sqrt{\frac{\alpha_{ult,k}}{\alpha_{cr}}} \qquad (5.11)$$

Dabei ist
$\bar{\lambda}$    der Schlankheitsgrad des Tragwerks;

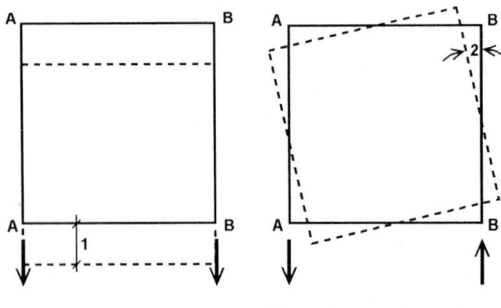

a) Seiten A-A und B-B verschieben sich symmetrisch

b) Seiten A-A und B-B verschieben sich antimetrisch

Legende: 1 Verschiebung 2 Verdrehung

Bild 5.5. Verschiebungsmöglichkeiten und Einflüsse aus Torsion (Draufsicht)

$\alpha$    der Imperfektionsbeiwert der zutreffenden Knicklinie, siehe Tabelle 6.1 und Tabelle 6.2;

$\chi$    der Abminderungsfaktor der zutreffenden Knicklinie abhängig vom maßgebenden Querschnitt, siehe 6.3.1;

$\alpha_{ult,k}$    der kleinstmögliche Vergrößerungsfaktor der Normalkräfte $N_{Ed}$ in den Bauteilen, um den chakteristischen Widerstand $N_{Rk}$ des maximal beanspruchten Querschnitts zu erreichen, ohne jedoch das Knicken selbst zu berücksichtigen;

$\alpha_{cr}$    der kleinstmögliche Vergrößerungsfaktor der Normalkräfte $N_{Ed}$, um ideale Verzweigungslast zu erreichen;

$M_{Rk}$    die charakteristische Momententragfähigkeit des kritischen Querschnitts, z. B. $M_{el,Rk}$ oder $M_{pl,Rk}$;

$N_{Rk}$    die charakteristische Normalkrafttragfähigkeit des kritischen Querschnitts, z. B. $N_{pl,Rk}$;

$\eta_{cr}$    die Form der Knickfigur;

$EI\,|\eta''_{cr}|_{max}$    das Biegemoment infolge $\eta_{cr}$ am kritischen Querschnitt.

Anmerkung 1: Für die Berechnung der Vergrößerungsfaktoren $\alpha_{ult,k}$ und $\alpha_{cr}$ kann davon ausgegangen werden, dass die Bauteile des Tragwerks ausschließlich durch axiale Kräfte $N_{Ed}$ beansprucht werden. $N_{Ed}$ sind dabei die nach Theorie I. Ordnung berechneten Kräfte für den betrachteten Lastfall. Biegemomente können vernachlässigt werden.
Für die elastische Tragwerksberechnung und plastische Querschnittsprüfung sollte die lineare Gleichung

$$\frac{N_{Ed}}{N_{pl,Rd}} + \frac{M_{Ed}}{M_{pl,Rd}} \leq 1$$

angewendet werden.

Anmerkung 2: Der Nationale Anhang kann Informationen zum Anwendungsbereich von (11) geben.

**NDP**                      **DIN EN 1993-1-1/NA**
*zu 5.3.2(11) Anmerkung 2*
Das allgemeine Verfahren zur Ermittlung der maßgebenden Eigenfigur und deren maximale Amplitude der geometrischen Ersatzimperfektion darf angewendet werden. Falls unter Verwendung der nach Gleichung (5.9) ermittelten Imperfektionen die Ermittlung der Schnittgrößen des Gesamtsystems nach der Elastizitätstheorie erfolgt und ein Querschnittsnachweis unter Berücksichtigung der plastischen Tragfähigkeit geführt wird, dann muss der Querschnittsnachweis mit einer linearen Querschnittsinteraktion erfolgen.

### 5.3.3 Imperfektionen zur Berechnung aussteifender Systeme

(1) Bei der Berechnung aussteifender Systeme, die zur seitlichen Stabilisierung von Trägern oder druckbeanspruchter Bauteile benötigt werden, ist in der Regel der Einfluss der Imperfektionen der abgestützten Bauteile durch äquivalente geometrische Ersatzimperfektionen in Form von Vorkrümmungen zu berücksichtigen:

$$e_0 = \alpha_m L / 500 \quad (5.12)$$

Dabei ist
$L$      die Spannweite des aussteifenden Systems;

$$\alpha_m = \sqrt{0,5\left(1+\frac{1}{m}\right)}$$      der Abminderungsfaktor;

$m$      die Anzahl der auszusteifenden Bauteile.

(2) Zur Vereinfachung darf der Einfluss der Vorkrümmung der durch das aussteifende System stabilisierten Bauteile durch äquivalente stabilisierende Ersatzkräfte nach Bild 5.6 ersetzt werden:

$$q = \sum N_{Ed}\, 8\, \frac{e_0 + \delta_q}{L^2} \quad (5.13)$$

Dabei ist
$\delta_q$      die Durchbiegung des aussteifenden Systems in seiner Ebene infolge $q$ und weiterer äußerer Einwirkungen gerechnet nach Theorie I. Ordnung.

### Zu 5.3.2(11) mit NDP
Hier wird anstelle von auf die Stablänge bezogener pauschaler Schiefstellung und Vorkrümmung zusätzlich die Möglichkeit eröffnet, die maßgebende mit $e_0$ skalierte Eigenform als Imperfektion anzusetzen. Der Ansatz der rechnerisch ermittelten Vorkrümmung $e_0$ muss unter Berücksichtigung der Randbedingungen und somit der Schlankheit des betrachteten Systems erfolgen. Die Ermittlung der Imperfektionen aus der Eigenform wird z. B. im Leitfaden zum DIN-Fachbericht 103, Abs. II-X.4.3.2 bzw. Abs. 6.4.4 [K8] ausführlich beschrieben. Hinweise sind auch in [K5] gegeben. Der Nachweis darf so nur für elastische Tragwerksberechnung und lineare Querschnittsinteraktion geführt werden.

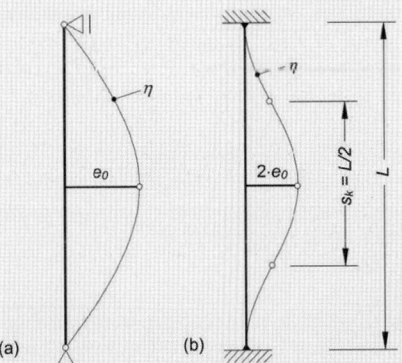

**Bild K1.** Ansatz der Imperfektionen bei einem gelenkig gelagerten Stab (a) und beidseitig eingespannten Stab (b) (nur qualitativer Vergleich)

In Bild K1 ist beispielhaft der Ansatz bei einem gelenkigen und einem beidseitig eingespannten Stab dargestellt. Da sich die Vorkrümmung auf die Knicklänge bezieht (Bild K1 (b)), ergibt sich bei dem beidseitig eingespannten Stab der Gesamtstich der Imperfektionsfigur zu $\eta_{max} = 2 \cdot e_0$. Es sei an dieser Stelle noch einmal darauf hingewiesen, dass $e_0$ – anders als für den Pauschalansatz – hier von der Schlankheit des Systems abhängt und somit für die beiden dargestellten Fälle in Bild K1 betragsmäßig unterschiedlich ist.

### Zu 5.3.3
Leider erfolgt die Zuordnung von Stabilisierungskräften und Imperfektionen für aussteifende Tragwerksteile zu den verschiedenen Abschnitten in EN 1993-1-1, Kapitel 5.3 Imperfektionen nicht eindeutig. Grundsätzlich kann man unterscheiden zwischen vertikalen Aussteifungssystemen, die zum Beispiel in Form von vertikalen Fachwerkscheiben oder auch Massivwänden und Treppenhauskernen dafür sorgen, dass die übrige Stahl- bzw. Verbundrahmenkonstruktion als „unverschieblich" charakterisiert werden kann, hierfür gilt 5.3.2(7) bis 5.3.2(10), und Horizontalaussteifungssystemen, die zum Beispiel als Dachverband bei Hallen sowohl Windlasten wie auch Abtriebskräfte zur Stabilisierung der Binder abtragen und in 5.3.3(1) bis 5.3.3(3) behandelt werden.
In DIN 18801 [K12] Abschnitt 6.1.4 wird der Hinweis gegeben, dass auch Bauteile aus einem anderen Werkstoff als Stahl (z. B. Mauerwerkswände, Holzpfetten) zur Aussteifung von Stahlbauten herangezogen werden dürfen und diese dann ggf. auch für entsprechende Imperfektionen der auszusteifenden Bauwerksteile zu dimensionieren sind. Diese Regelung ist sicher auch auf eine Tragwerksberechnung nach EN 1993-1-1 zu übertragen.

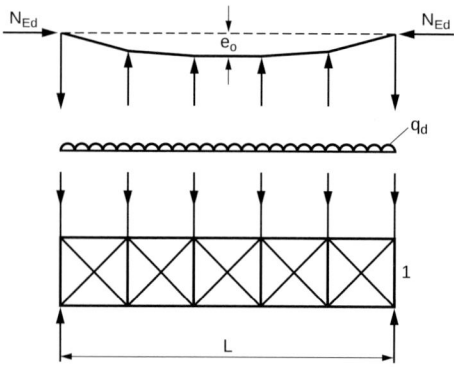

Legende
$e_0$ Imperfektion
$q_d$ äquivalente Kräfte pro Längeneinheit
1 aussteifendes System

Die Kraft $N_{Ed}$ wird innerhalb der Spannweite $L$ des aussteifenden Systems als konstant angenommen. Für nicht konstante Kräfte ist die Annahme leicht konservativ.

**Bild 5.6.** Äquivalente stabilisierende Ersatzkräfte

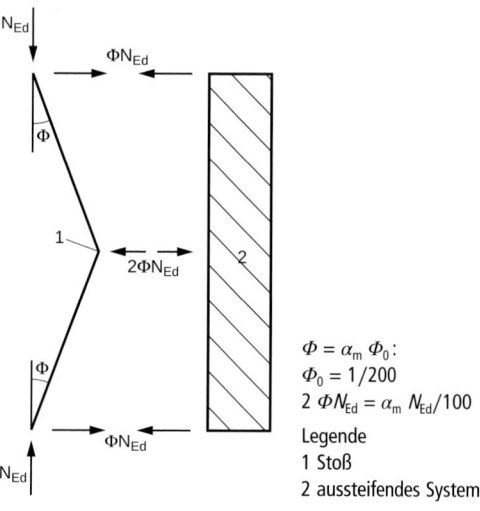

$\Phi = \alpha_m \, \Phi_0$:
$\Phi_0 = 1/200$
$2 \, \Phi N_{Ed} = \alpha_m \, N_{Ed}/100$

Legende
1 Stoß
2 aussteifendes System

**Bild 5.7.** Lokale Ersatzkräfte an Stößen in druckbeanspruchten Bauteilen

Anmerkung: $\delta_q$ darf 0 gesetzt werden, falls nach Theorie II. Ordnung gerechnet wird.

(3) Wird das aussteifende System zur Stabilisierung des druckbeanspruchten Flansches eines Trägers mit konstanter Höhe eingesetzt, kann die Kraft $N_{Ed}$ in Bild 5.6 wie folgt ermittelt werden:

$$N_{Ed} = M_{Ed}/h \qquad (5.14)$$

Dabei ist
$M_{Ed}$ das maximale einwirkende Biegemoment des Trägers;
$h$ die Gesamthöhe des Trägers.

Anmerkung: Im Falle eines durch eine zusätzliche Drucknormalkraft beanspruchten Trägers enthält $N_{Ed}$ auch einen Teil der Beanspruchung aus der einwirkenden Normalkraft.

(4) An Stößen von Trägern oder von druckbeanspruchten Bauteilen ist zusätzlich nachzuweisen, dass das aussteifende System eine am Stoßpunkt angreifende lokale Kraft von $\alpha_m \, N_{Ed}/100$ von jedem Träger oder druckbeanspruchten Bauteil aufnehmen kann, welcher am gleichen Punkt gestoßen ist. Die Weiterleitung dieser Kräfte zu den nächsten Haltepunkten der Träger oder druckbeanspruchten Bauteile ist ebenfalls nachzuweisen, siehe Bild 5.7.

(5) Bei dem Nachweis der lokalen Kräfte nach (4) sind auch alle anderen äußeren Kräfte zu berücksichtigen, die auf das aussteifende System wirken, wobei die Kräfte aus dem Einfluss der Imperfektion aus (1) vernachlässigt werden dürfen.

### 5.3.4 Bauteilimperfektionen

(1) Die Einflüsse von Bauteilimperfektionen sind in den Gleichungen für die Stabilitätsnachweise von Bauteilen nach 6.3 enthalten.

(2) Wenn die Stabilitätsnachweise von Bauteilen nach Theorie II. Ordnung entsprechend 5.2.2(7) a) geführt werden, ist die Imperfektion für druckbeanspruchte Bauteile $e_0$ in der Regel nach 5.3.2(3) b), 5.3.2(5) oder 5.3.2(6) zu berücksichtigen.

(3) Bei einem Biegedrillknicknachweis von biegebeanspruchten Bauteilen nach Theorie II. Ordnung darf die Imperfektion mit $k \cdot e_0$ angenommen werden, wobei $e_0$ die äquivalente Vorkrümmung um die schwache Achse des betrachteten Profils ist. Im Allgemeinen braucht keine weitere Torsionsimperfektion betrachtet zu werden.

Anmerkung: Der Nationale Anhang kann den Wert von $k$ festlegen. Der Wert von $k = 0,5$ wird empfohlen.

---

**Zu 5.3.3(2)**
Die Ersatzlast, wenn das aussteifende System sich nicht selbst auch verformt, kann durch die Umsetzung in eine äquivalente Gleichstreckenlast über die angenommene Parabelform gemäß Gl. (5.13) erfolgen. Daraus ergibt sich für $e_0 = \alpha_m \cdot L/500$:

$$q = \alpha_m \cdot \sum \frac{N_{Ed}}{62,5 \cdot L}$$

Diese Ersatzlasten gelten nur, wenn das aussteifende System sich nicht selbst auch verformt. $\delta_q$ beschreibt in Gleichung (5.13) die Verformung des aussteifenden Systems infolge der Imperfektion und weiterer äußerer Lasten. Wenn $\delta_q$ ausreichend klein ist, kann man diesen Effekt vernachlässigen. Hierfür gibt es in der Vornorm ENV 1993-1-1 [K45] das folgende Kriterium: $\delta_q \leq L/2500$.

**NDP**             **DIN EN 1993-1-1/NA**
*zu 5.3.4(3) Anmerkung*
Die Imperfektion ist anstelle von $(k \cdot e_0)$ mit den Werten der Tabelle NA.3 anzunehmen.
Diese Werte sind im Bereich $0{,}7 \leq \bar{\lambda}_{LT} \leq 1{,}3$ zu *verdoppeln*.

**Tabelle NA.3.** Äquivalente Vorkrümmungen $e_0/L$

| Querschnitt | Abmessungen | elastische Querschnittsausnutzung $e_0/L$ | plastische Querschnittsausnutzung $e_0/L$ |
|---|---|---|---|
| gewalzte I-Profile | $h/b \leq 2{,}0$ | 1/500 | 1/400 |
|  | $h/b > 2{,}0$ | 1/400 | 1/300 |
| geschweißte I-Profile | $h/b \leq 2{,}0$ | 1/400 | 1/300 |
|  | $h/b > 2{,}0$ | 1/300 | 1/200 |

## 5.4 Berechnungsmethoden

### 5.4.1 Allgemeines

(1) Die Schnittgrößen können nach einer der beiden folgenden Methoden ermittelt werden:
a) elastische Tragwerksberechnung;
b) plastische Tragwerksberechnung.

Anmerkung: Zu Finite Element (FEM)-Berechnungen siehe EN 1993-1-5.

(2) Die elastische Tragwerksberechnung darf in allen Fällen angewendet werden.
(3) Eine plastische Tragwerksberechnung darf nur dann durchgeführt werden, wenn das Tragwerk über ausreichende Rotationskapazität an den Stellen verfügt, an denen sich die plastischen Gelenke bilden, sei es in Bauteilen oder in Anschlüssen.
An den Stellen plastischer Gelenke in Bauteilen sollte der Bauteilquerschnitt doppelt-symmetrisch oder einfach-symmetrisch mit einer Symmetrieebene in der Rotationsebene des plastischen Gelenkes sein und zusätzlich den in 5.6 festgelegten Anforderungen entsprechen. Tritt ein plastisches Gelenk an einem Anschluss auf, sollte der Anschluss entweder ausreichende Festigkeit haben, damit sich das plastische Gelenk im Bauteil bildet, oder er sollte seine plastische Festigkeit über eine ausreichende Rotation beibehalten können, siehe EN 1993-1-8.
(4)B Vereinfachend darf bei nach Elastizitätstheorie berechneten Durchlaufträgern eine begrenzte plastische Momentenumlagerung berücksichtigt werden, wenn die Stützmomente die plastische Momententragfähigkeit um weniger als 15 % überschreiten. Die überschreitenden Momentenspitzen müssen dann umgelagert werden, vorausgesetzt dass:
a) die Schnittgrößen des Tragwerks mit den äußeren Einwirkungen im Gleichgewicht stehen;
b) alle Bauteile, bei denen die Momente abgemindert werden, Querschnitte der Klasse 1 oder 2 (siehe 5.5) aufweisen;
c) Biegedrillknicken verhindert ist.

### 5.4.2 Elastische Tragwerksberechnung

(1) Bei einer elastischen Tragwerksberechnung ist in der Regel davon auszugehen, dass die Spannungs-Dehnungsbeziehung des Materials in jedem Spannungszustand linear verläuft.

Anmerkung: Bei der Wahl des Modells für verformbare Anschlüsse siehe 5.1.2.

**Zu 5.3.4(3) und NDP**
Die Imperfektionen für die Tragwerksberechnung nach Theorie II. Ordnung aus der Rahmenebene heraus, also für das Biegedrillknicken, sind abweichend von den ursprünglichen Empfehlungen nach EN 1993-1-1 gemäß der Tabelle NA.3 anzunehmen. Im Gegensatz zum Biegeknicken, bei dem sich Stäbe mit großem $h/b$-Verhältnis günstiger verhalten als solche mit kleinem $h/b$-Verhältnis, ist es beim Biegedrillknicken anders. Beim Biegedrillknicken verhalten sich I-Profile mit $h/b > 2{,}0$ ungünstiger als solche mit $h/b < 2{,}0$. Untersuchungen haben gezeigt, dass die reduzierten Werte der Imperfektionen im mittleren Schlankheitsbereich $(0{,}7 < \bar{\lambda}_{LT} < 1{,}3)$ nicht angewendet werden dürfen, sondern zu verdoppeln sind, vgl. [K11, K28].

**Zu 5.4**
Leider enthält DIN EN 1993-1-1 eine Anzahl von Begriffen, die missverständlich oder sprachlich nicht korrekt sind. Dazu zählen insbesondere: „elastische Tragwerksberechnung" und „elastische Berechnung" statt „Berechnung nach der Elastizitätstheorie", „plastische Tragwerksberechnung" und „plastische Berechnung" statt „Berechnung nach der Plastizitätstheorie". Ähnliches gilt auch für „elastische Spannungsverteilung" statt „Spannungsverteilung nach der Elastizitätstheorie" oder „plastische Querschnittstragfähigkeit" statt „Tragfähigkeit nach der Plastizitätstheorie" usw. Zum Wiedererkennen behalten die Kommentare die Begriffe der Norm bei.

**Zu 5.4.1(3)**
Der Begriff der Rotationsebene ist an dieser Stelle leider etwas unglücklich gewählt. Eigentlich ist hier die Rotationsachse des plastischen Gelenks gemeint. Eine plastische Tragwerksberechnung ist nur für doppeltsymmetrische oder einfachsymmetrische Bauteilquerschnitte mit einer Symmetrieebene parallel zur Rotationsachse des plastischen Gelenks anzuwenden. Hintergrund hierfür ist die Annahme einer vollplastischen Spannungsverteilung, die möglichst nahe am wahren Spannungs-Dehnverhalten bleiben soll und nicht zu einem Verschieben der „plastischen Nulllinie" führt. Dementsprechend ist die Anwendung einer plastischen Tragwerksbemessung für U-Profile um die starke Achse erlaubt und für T-Profile um die starke Achse ausgeschlossen.

(2) Schnittgrößen dürfen mit elastischen Berechnungsverfahren ermittelt werden, auch wenn die Querschnittsbeanspruchbarkeiten plastisch ermittelt sind, siehe 6.2.

(3) Eine elastische Tragwerksberechnung darf auch für Querschnitte verwendet werden, deren Beanspruchbarkeit durch lokales Beulen begrenzt wird, siehe 6.2.

### 5.4.3 Plastische Tragwerksberechnung

(1) Die plastische Tragwerksberechnung berücksichtigt die Einflüsse aus nichtlinearem Werkstoffverhalten bei der Ermittlung der Schnittgrößen. Die Tragwerksberechnung sollte nach einer der folgenden Methoden erfolgen:
– durch das elastisch-plastische Fließgelenkverfahren mit voll plastizierten Querschnitten in den Fließgelenken und/oder Anschlüssen, die als Fließgelenke wirken;
– durch eine nichtlineare plastische Berechnung, die Teilplastizierung von Bauteilen in Fließzonen berücksichtigt;
– durch das starr-plastische Fließgelenkverfahren, das das elastische Verhalten zwischen den Fließgelenken vernachlässigt.

(2) Eine plastische Tragwerksberechnung darf durchgeführt werden, wenn die Bauteile in der Lage sind, genügende Rotationskapazität zu entwickeln, um die erforderliche Momentenumlagerung durchzuführen, siehe 5.5 und 5.6.

(3) Eine plastische Tragwerksberechnung sollte nur durchgeführt werden, wenn die Stabilität der Bauteile an plastischen Gelenken gesichert ist, siehe 6.3.5.

(4) Für die plastische Berechnung darf die bi-lineare Spannungs-Dehnungsbeziehung nach Bild 5.8 für alle in Abschnitt 3 spezifizierten Stahlgüten verwendet werden. Alternativ darf eine genauere Beziehung angenommen werden, siehe EN 1993-1-5.

(5) Das starr-plastische Fließgelenkverfahren darf angewendet werden, wenn keine Einflüsse aus dem verformten System (z. B. Einflüsse der Theorie II. Ordnung) berücksichtigt werden müssen. In diesem Falle werden die Anschlüsse nur nach ihrer Festigkeit klassifiziert, siehe EN 1993-1-8.

(6) Die Einflüsse des verformten Systems und die Stabilität des Tragwerks sind in der Regel nach den Grundsätzen in 5.2 nachzuweisen.

Anmerkung: Die maximale Tragfähigkeit kann bei verformungsempfindlichen Tragwerken bereits erreicht werden, bevor sich die vollständige Fließgelenkkette nach Theorie I. Ordnung gebildet hat.

## 5.5 Klassifizierung von Querschnitten

### 5.5.1 Grundlagen

(1) Mit der Klassifizierung von Querschnitten soll die Begrenzung der Beanspruchbarkeit und Rotationskapazität durch lokales Beulen von Querschnittsteilen festgestellt werden.

### 5.5.2 Klassifizierung

(1) Es werden vier Querschnittsklassen definiert:
– Querschnitte der Klasse 1 können plastische Gelenke oder Fließzonen mit ausreichender plastischer Momententragfähigkeit und Rotationskapazität für die plastischen Berechnung ausbilden;
– Querschnitte der Klasse 2 können die plastische Momententragfähigkeit entwickeln, haben aber aufgrund örtlichen Beulens nur eine begrenzte Rotationskapazität;
– Querschnitte der Klasse 3 erreichen für eine elastische Spannungsverteilung die Streckgrenze in der

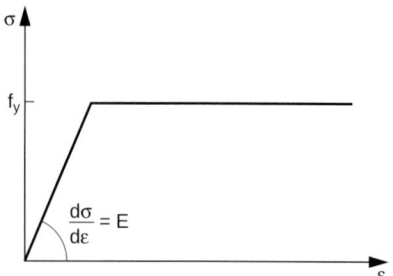

**Bild 5.8.** Bi-lineare Spannungs-Dehnungsbeziehung

**Zu 5.4.3**
Anders als in DIN 18800-1 [K1] werden einerseits neben den Bauteilen auch jeweils das Trag- und Verformungsverhalten der Knoten mit in die Betrachtung einbezogen und werden andererseits die plastischen Verfahren stärker differenziert. So werden zwischen einem elastisch-plastischen Verfahren, das Fließgelenke in plastizierten Stabquerschnitten oder Knoten annimmt, einem nichtlinear-plastischen Verfahren, das die Teilplastizierung von Stabquerschnitten in plastischen Zonen verfolgt (Fließzonentheorie), und ein sogenanntes starr-plastisches Verfahren, das der üblichen Fließgelenktheorie Theorie I. Ordnung entspricht, aber das elastische Verhalten zwischen den Fließgelenken vernachlässigt, unterschieden. Es besteht also die Möglichkeit nach der Fließzonentheorie unter Einsatz von FE-Modellen genauere Ansätze zu wählen, siehe hierzu z. B. Anhang C in EN 1993-1-5. Die Zuordnung der Tragwerksknoten und ihre Modellierung zu den Berechnungsmethoden erfolgen nach EN 1993-1-8, Kap. 5, vgl. auch [K9, K10].
Beim starr-plastischen Verfahren wird nur betrachtet, ob der gewählte plastische Schnittgrößenzustand im System im Gleichgewicht ist, ohne die plastische Beanspruchbarkeit von Stabquerschnitten und Knoten zu verletzen. Die Steifigkeit auch von verformbaren Knoten interessiert nicht. Dieses Verfahren ist natürlich nur dann anwendbar, wenn Verformungen keine Rolle spielen, d. h. auch kein Nachweis nach Theorie II. Ordnung oder Biegeknicknachweis zu führen ist.

ungünstigsten Querschnittsfaser, können aber wegen örtlichen Beulens die plastische Momententragfähigkeit nicht entwickeln;
– Querschnitte der Klasse 4 sind solche, bei denen örtliches Beulen vor Erreichen der Streckgrenze in einem oder mehreren Teilen des Querschnitts auftritt.
(2) Bei Querschnitten der Klasse 4 dürfen effektive Breiten verwendet werden, um die Abminderung der Beanspruchbarkeit infolge lokalen Beulens zu berücksichtigen, siehe EN 1993-1-5, 4.4.
(3) Die Klassifizierung eines Querschnittes ist vom $c/t$-Verhältnis seiner druckbeanspruchten Teile abhängig.
(4) Druckbeanspruchte Querschnittsteile können entweder vollständig oder teilweise unter der zu untersuchenden Einwirkungskombination Druckspannungen aufweisen.
(5) Die verschiedenen druckbeanspruchten Querschnittsteile (wie z. B. Steg oder Flansch) können im Allgemeinen verschiedenen Querschnittsklassen zugeordnet werden.
(6) Ein Querschnitt wird durch die höchste (ungünstigste) Klasse seiner druckbeanspruchten Querschnittsteile klassifiziert. Ausnahmen sind in 6.2.1(10) und 6.2.2.4(1) angegeben.
(7) Alternativ ist es zulässig, die Klasse eines Querschnitts durch Klassifizierung der Flansche sowie des Steges festzulegen.
(8) Die Grenzabmessungen druckbeanspruchter Querschnittsteile für die Klassen 1, 2, und 3 können der Tabelle 5.2 entnommen werden. Querschnittsteile, die die Anforderungen der Querschnittsklasse 3 nicht erfüllen, sollten in Querschnittsklasse 4 eingestuft werden.
(9) Mit Ausnahme der Fälle in (10) ist es möglich, Querschnitte der Klasse 4 wie Querschnitte der Klasse 3 zu behandeln, falls das $c/t$-Verhältnis, das nach Tabelle 5.2 mit einer Erhöhung von $\varepsilon$ um $\sqrt{\dfrac{f_y/\gamma_{M0}}{\sigma_{com,Ed}}}$ ermittelt wird, kleiner als die Grenze für Klasse 3 ist. Dabei ist $\sigma_{com,Ed}$ der größte Bemessungswert der einwirkenden Druckspannung im Querschnittsteil, die nach Theorie I. Ordnung oder, falls notwendig, nach Theorie II. Ordnung ermittelt wird.
(10) Es sollten jedoch für Stabilitätsnachweise eines Bauteils nach 6.3 immer die Grenzabmessungen der Klasse 3 Tabelle 5.2 ohne Erhöhung von $\varepsilon$ verwendet werden.
(11) Querschnitte mit Klasse-3-Steg und Klasse-1- oder Klasse-2-Gurten dürfen als Klasse-2-Querschnitte mit einem wirksamen Steg nach 6.2.2.4 eingestuft werden.
(12) Wenn der Steg nur für die Schubkraftübertragung vorgesehen ist und nicht zur Abtragung von Biegemomenten und Normalkräften eingesetzt wird, darf der Querschnitt alleine abhängig von der Einstufung der Gurte den Klassen 2, 3 oder 4 zugeordnet werden.
Anmerkung: Zu flanschinduziertem Stegbeulen, siehe EN 1993-1-5.

### 5.6 Anforderungen an Querschnittsformen und Aussteifungen am Ort der Fließgelenkbildung

(1) An Stellen, an denen sich Fließgelenke ausbilden können, müssen die Querschnitte des Bauteils in der Regel eine entsprechende Rotationskapazität aufweisen.
(2) Die Momenten-Rotationskapazität kann bei Bauteilen mit konstantem Querschnitt als ausreichend angenommen werden, wenn folgende Anforderungen erfüllt sind:

### Zu 5.5.2

Maßgebend für die Querschnittsklassifizierung sind die druckbeanspruchten Teile eines Querschnitts. Die Dehnung im Zugbereich kann zum Beispiel bei Klasse-3-Querschnitte die Fließdehnung durchaus überschreiten, solange der Druckbereich nur elastisch bis zur um den Teilsicherheitsbeiwert reduzierten Streckgrenze ausgenutzt ist.

Einschränkungen infolge Beulgefährdung durch Schub sind gesondert zu behandeln, vgl. EN 1993-1-1, 6.2.6 (6). Auch werden jeweils nur einzelne unausgesteifte Blechfelder betrachtet. Es kann also sein, dass, auch wenn die Einzelfelder eines durch Längssteifen ausgesteiften Blechfeldes jedes für sich die Kriterien für Klasse-3-Querschnittsteile erfüllen, also für sich nicht beulgefährdet sind, trotzdem ein Nachweis für das Beulen des Gesamtfeldes nach EN 1993-1-5, Abs. 4.5 erforderlich ist.

Für beidseitig gestützte druckbeanspruchte Querschnittsteile zeigt [K34], dass um Konsistenz zu den anderen Normenteilen EN 1993-1-5 und EN 1993-1-3 zu erreichen, bei dem vorgegebenen Sicherheitsniveau die Grenzwerte $c/t$ kleiner werden müssen. Die empfohlene Grenze zwischen den Querschnittsklassen 3 und 4 sieht einen Wert von 38 (statt 42) vor und zwischen den Querschnittsklassen 2 und 3 einen Wert von 34 (statt 38).

### Zu 5.5.2(9) und 5.5.2(10)

Wenn die Spannungsausnutzung im Querschnitt geringer als die Streckgrenze $f_{yd}$ ist, kann es sich lohnen, die Grenzabmessungen nach Tabelle 5.2 mit dem entsprechenden im Verhältnis von $f_{yd}$ zur einwirkenden Druckspannung $\sigma_{com,Ed}$ modifizierten $\varepsilon$-Wert zu bestimmen. Die Ermittlung von $\sigma_{com,Ed}$ erfolgt dann ggf. über eine iterative Berechnung für den Gesamtzustand $(N_{Ed} + M_{y,Ed} + M_{z,Ed})$.

Das Verfahren nach 5.5.2 (9) gilt nicht für Stabilitätsnachweise eines Bauteils nach Abs. 6.3. Hierfür sind die Grenzabmessungen $c/t$ nach Klasse 3 in Tabelle 5.2 ohne Erhöhung von $\varepsilon$ zu bestimmen, da für das Ersatzstabverfahren nach EN 1993-1-1, Abs. 5.2.2 (8) u. U. Schnittgrößen nach Theorie I. Ordnung verwendet werden und somit möglicherweise die wahren Spannungen unterschätzt werden. Die Formulierung ist etwas missverständlich, weil auch im Rahmen von Methode b), siehe EN 1993-1-1, Abs. 5.2.2 (7) der Einzelstabnachweis nach EN 1993-1-1, Abs. 6.3 geführt wird, aber hier dann Stabschnittgrößen nach Theorie II. Ordnung vorliegen. Dann ist es also durchaus möglich, die einzelnen Querschnittsteile oder Einzelbeulfelder gemäß den Grenzabmessungen in Tabelle 5.2 unter Berücksichtigung der mit $\sigma_{com,Ed}$ erhöhten $\varepsilon$-Werte zuzuordnen.

**Tabelle 5.2.** Maximales $c/t$-Verhältnis druckbeanspruchter Querschnittsteile

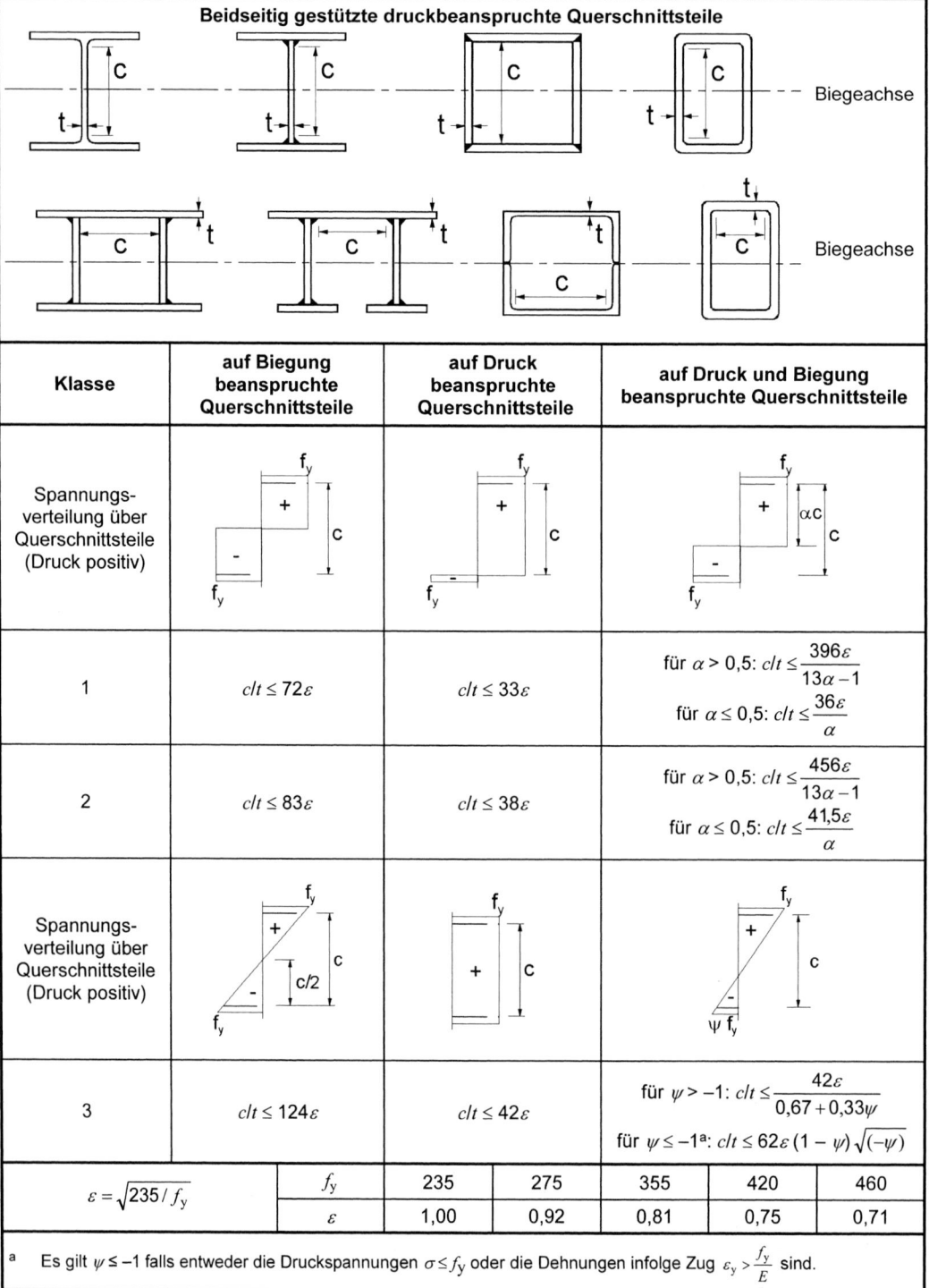

**Tabelle 5.2.** Maximales $c/t$-Verhältnis druckbeanspruchter Querschnittsteile (Fortsetzung)

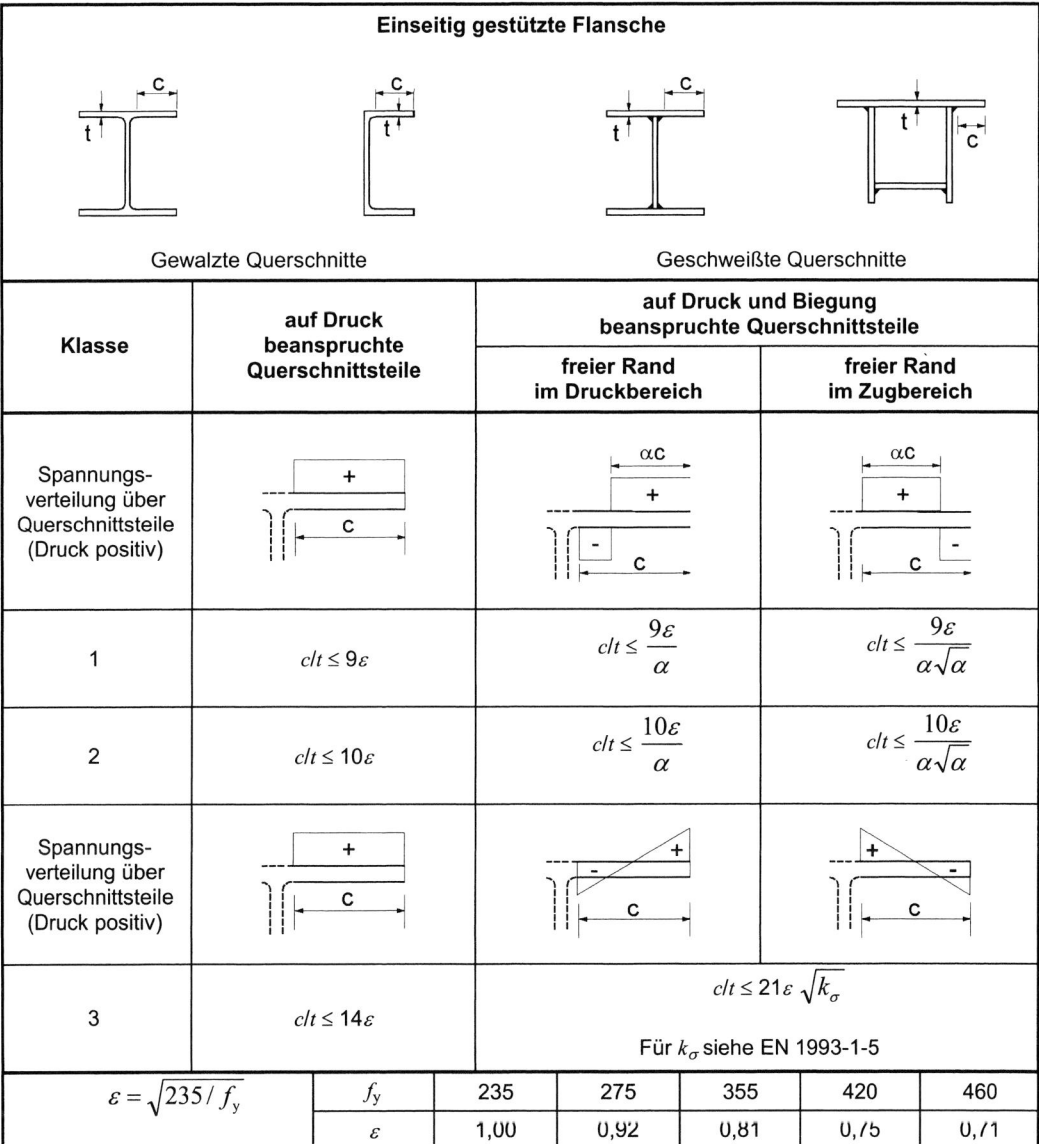

## Zu Tabelle 5.2

Eigentlich müssten die Grenzwerte $c/t$ für die Klasse-3-Querschnittsteile nach EN 1993-1-1, Tabelle 5.2 genau mit den Grenzwerten übereinstimmen, die gemäß EN 1993-1-5 zu Reduktionsfaktor $\rho = 1{,}0$ führen, denn dann braucht die Bruttofläche nicht reduziert zu werden – lokales Beulen spielt keine Rolle und der Querschnitt ist voll wirksam. Leider trifft das nicht für alle Fälle zu. Im Rahmen eines europäischen Forschungsprojekts wurden Vorschläge entwickelt, für beidseitig gestützte Querschnittsteile die Grenzwerte anzupassen, und zwar nicht nur für die Grenzen zwischen den Klassen 3 und 4, sondern auch für die übrigen Grenzwerte der Klassen 1 und 2. Dieser Vorschlag, der z.T. zu ungünstigeren Grenzwerten führt, siehe auch Kommentar zu 5.5.2, wird in der Überarbeitung von EN 1993-1-1 Berücksichtigung finden. Er ist in [K44] beschrieben.

In Tabelle 5.2 gibt es einen eigenen Bereich für die Querschnittsklassifizierung von Winkelquerschnitten. Zusätzlich ist darin ein Verweis auf die Klassifizierung einseitig gestützter Flansche in Tabelle 5.2 angegeben. Die beiden Klassifizierungen führen für manche Winkelquerschnitte zu unterschiedlichen Ergebnissen und stehen somit im Widerspruch zueinander. Die Klassifizierung für Winkelprofile sollte unseres Erachtens ungeachtet der Bemerkung nach dem Tabellenabschnitt für Winkelprofile erfolgen.

Jüngste Untersuchungen [K33] zeigen, dass lokales Beulen im baupraktischen Bereich für Winkelprofile eher nicht vorkommt. Trotzdem kann das Einhalten des Kriteriums sinnvoll sein, da dadurch Drillknickversagen vorgebeugt wird.

**Tabelle 5.2.** Maximales $c/t$-Verhältnis druckbeanspruchter Querschnittsteile (Fortsetzung)

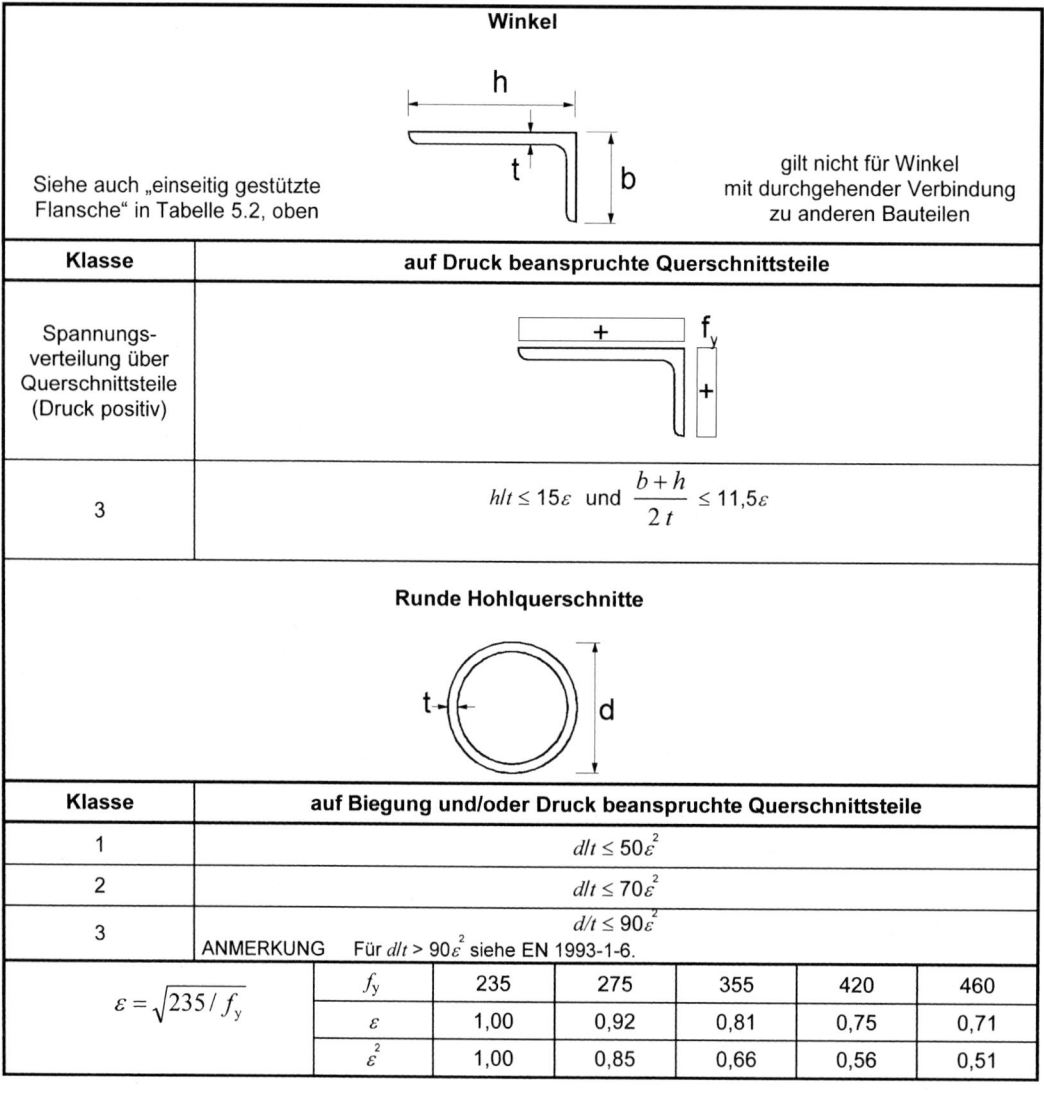

a) das Bauteil weist an den Stellen der Fließgelenke einen Querschnitt der Klasse 1 auf;
b) wirken an den Fließgelenken innerhalb eines Bereichs von $h/2$ Einzellasten quer zur Trägerachse, so sind im Abstand von maximal $h/2$ vom Fließgelenk Stegsteifen anzuordnen, wenn die Einzellasten 10% der Schubtragfähigkeit des Querschnitts überschreiten, siehe 6.2.6; $h$ ist die Querschnittshöhe.
(3) Falls sich der Querschnitt des Bauteils entlang seiner Längsachse verändert, sind in der Regel folgende zusätzliche Anforderungen zu erfüllen:
a) Im Bereich eines Fließgelenks darf die Dicke des Steges in einer Entfernung von mindestens $2d$ in beide Richtungen vom Fließgelenk nicht reduziert werden, wobei $d$ die lichte Steghöhe am Fließgelenk ist;

b) Im Bereich eines Fließgelenks muss der druckbeanspruchte Gurt der Querschnittsklasse 1 angehören. Als maßgebende Entfernung ist der größere der folgenden Werte zu verwenden:
– $2d$, wobei $d$ wie in (3)a) definiert ist;
– der Abstand bis zu dem Punkt, an dem das Moment auf den 0,8-fachen Wert der plastischen Momententragfähigkeit am Fließgelenk gesunken ist.
c) Außerhalb der Fließgelenkbereiche eines Bauteils müssen die druckbeanspruchten Gurte der Querschnittsklasse 1 oder 2 und die Stege der Querschnittsklasse 1, 2 oder 3 entsprechen.
(4) Angrenzend an ein Fließgelenk müssen die Löcher in zugbeanspruchten Trägerflanschen innerhalb eines Abstands nach (3)b) in jeder Richtung vom Fließgelenk den Anforderungen nach 6.2.5(4) entsprechen.

(5) Falls eine plastische Bemessung eines Rahmens unter Beachtung der Querschnittsanforderungen durchgeführt wird, darf das plastische Umlagerungsvermögen als ausreichend angenommen werden, wenn die Anforderungen nach (2) bis (4) für alle Bauteile, in denen Fließgelenke unter den Bemessungswerten der Einwirkungen auftreten können, erfüllt sind.

(6) Falls eine plastische Tragwerksberechnung durchgeführt wird, welche das tatsächliche Spannungs- und Dehnungsverhalten entlang der Längsachse des Bauteils einschließlich lokalem Beulen und globalem Knicken des Bauteils und des Tragwerks berücksichtigt, ist es nicht erforderlich die Anforderung (2) bis (5) zu erfüllen.

# 6 Grenzzustände der Tragfähigkeit

## 6.1 Allgemeines

(1) Die charakteristischen Werte der Beanspruchbarkeit, die in diesem Abschnitt angegeben werden, werden mit den in 2.4.3 definierten Teilsicherheitsbeiwerten $\gamma_M$ wie folgt abgemindert:
– die Beanspruchbarkeit von Querschnitten (unabhängig von der Querschnittsklasse): $\gamma_{M0}$
– die Beanspruchbarkeit von Bauteilen bei Stabilitätsversagen (bei Anwendung von Bauteilnachweisen): $\gamma_{M1}$
– die Beanspruchbarkeit von Querschnitten bei Bruchversagen infolge Zugbeanspruchung: $\gamma_{M2}$
– die Beanspruchbarkeit von Anschlüssen: siehe EN 1993-1-8

Anmerkung 1: Weitere Empfehlungen für Zahlenwerte sind in EN 1993-2 bis EN 1993-6 zu finden. Teilsicherheitsbeiwerte $\gamma_{Mi}$ für Tragwerke, die nicht durch EN 1993-2 bis EN 1993-6 erfasst werden, sind im Nationalen Anhang festgelegt; es wird die Verwendung der Teilsicherheitsbeiwerte $\gamma_{Mi}$ nach EN 1993-2 empfohlen.

**NDP**     DIN EN 1993-1-1/NA
*zu 6.1(1) Anmerkung 1*
Es gilt die Empfehlung.

Anmerkung 2B: Der Nationale Anhang kann die Teilsicherheitsbeiwerte $\gamma_{Mi}$ für Hochbauten festlegen. Folgende Zahlenwerte werden empfohlen:
$\gamma_{M0} = 1,00$;
$\gamma_{M1} = 1,00$;
$\gamma_{M2} = 1,25$.

**NDP**     DIN EN 1993-1-1/NA
*zu 6.1(1) Anmerkung 2B*
Die Teilsicherheitswerte $\gamma_{Mi}$ für Hochbauten sind wie folgt festgelegt:
– $\gamma_{M0} = 1,0$;
– $\gamma_{M1} = 1,1$;
– $\gamma_{M2} = 1,25$.

Bei Stabilitätsnachweisen in Form von Querschnittsnachweisen mit Schnittgrößen nach Theorie II. Ordnung (siehe 5.2) ist bei der Ermittlung der Beanspruchbarkeit von Querschnitten statt $\gamma_{M0}$ der Wert $\gamma_{M1} = 1,1$ anzusetzen.

Die Teilsicherheitswerte $\gamma_{Mi}$ sind für außergewöhnliche Bemessungssituationen wie folgt festgelegt:
– $\gamma_{M0} = 1,0$;
– $\gamma_{M1} = 1,0$;
– $\gamma_{M2} = 1,15$.

## 6.2 Beanspruchbarkeit von Querschnitten

### 6.2.1 Allgemeines

(1)P Der Bemessungswert der Beanspruchung darf in keinem Querschnitt den zugehörigen Bemessungswert der Beanspruchbarkeit überschreiten. Falls mehrere Beanspruchungsarten gleichzeitig auftreten, gilt diese For-

---

**Zu 6.1(1) und NDP zu 6.1(1) Anmerkung 2B**

Es werden zwei unterschiedliche Teilsicherheitsbeiwerte definiert: $\gamma_{M0}$ für die Querschnittsnachweise nach Abs. 6.2 für alle Querschnittsklassen (also auch für beulgefährdete Querschnitte der Klasse 4) und $\gamma_{M1}$ für Stabilitätsnachweise von Bauteilen nach Abs. 6.3. Diese Unterscheidung war für die ursprüngliche Empfehlung in EN 1993-1-1 unerheblich, weil beide Werte darin zu 1,0 empfohlen wurden. Der deutsche Nationale Anhang ist aber nicht der Empfehlung gefolgt, sondern hat für die beiden Teilsicherheitsbeiwerte unterschiedliche Werte, nämlich $\gamma_{M0}$ zu 1,0 und $\gamma_{M1}$ zu 1,1 gewählt, zu den Argumenten siehe [K44]. Wegen der oben erläuterten Differenzierung, die sich mit dem Begriff „Bauteilnachweis" eigentlich nur auf die Nachweise nach Abs. 6.3 bezieht und theoretisch nicht auf die Querschnittsnachweise mit Schnittgrößen nach Theorie II. Ordnung, wird im Text des NDP klargestellt, dass auch Querschnittsnachweise mit Schnittgrößen nach Theorie II. Ordnung als Stabilitätsnachweise zu verstehen sind und hierfür der erhöhte Teilsicherheitsbeiwert $\gamma_{M1}$ gilt.

Ähnlich folgt der Nationale Anhang für EN 1993-2 Stahlbrücken auch nicht der Empfehlung bezüglich der Behandlung von beulgefährdeten Querschnitten der Klasse 4, sondern legt fest, dass bei Anwendung von $\gamma_{M0}$ in EN 1993-1-5 ein Wert von 1,1 anzusetzen ist. Entsprechend verschiedener Quellen, siehe [K44], ist hier dringend zu empfehlen, bei entsprechenden schlanken Klasse-4-Querschnitten anderer Anwendungsbereiche, wie zum Beispiel bei Kranbahnen dem Brückenbau mit $\gamma_{M0}$ von 1,1 in allen Nachweisen nach EN 1993-1-5 zu folgen.

**Zu 6.1(7)**

Die Übersetzung „wobei $N_{Rd}$, $M_{y,Rd}$ und $M_{z,Rd}$ die Bemessungswerte der Tragfähigkeiten in Abhängigkeit von der Querschnittsklasse unter möglicher Berücksichtigung mittragender Breiten sind, siehe 6.2.8." ist nicht korrekt. Gemeint ist nach dem englischen Normentext „wobei $N_{Rd}$, $M_{y,Rd}$ und $M_{z,Rd}$ die Bemessungswerte der Tragfähigkeiten abhängig von der Querschnittsklasse und unter Berücksichtigung des Querkrafteinflusses nach 6.2.8 sind."

derung auch für die Kombination dieser Beanspruchungen.
(2) Dabei sind in der Regel die mittragende Breite und die mitwirkende Breite infolge lokalen Beulens nach EN 1993-1-5 zu berücksichtigen. Ferner sollte Schubbeulen nach EN 1993-1-5 betrachtet werden.
(3) Die Bemessungswerte der Beanspruchbarkeit hängen von der Querschnittsklassifizierung ab.
(4) Ein Nachweis nach Elastizitätstheorie entsprechend der elastischen Beanspruchbarkeit ist für alle Querschnittsklassen möglich, sofern für Querschnitte der Klasse 4 die wirksamen Querschnittswerte angesetzt werden.
(5) Für den Nachweis nach Elastizitätstheorie darf das folgende Fließkriterium für den kritischen Punkt eines Querschnitts verwendet werden, wenn nicht andere Interaktionsformeln vorgezogen werden, siehe 6.2.8 bis 6.2.10.

$$\left(\frac{\sigma_{x,Ed}}{f_y/\gamma_{M0}}\right)^2 + \left(\frac{\sigma_{z,Ed}}{f_y/\gamma_{M0}}\right)^2$$
$$- \left(\frac{\sigma_{x,Ed}}{f_y/\gamma_{M0}}\right)\left(\frac{\sigma_{z,Ed}}{f_y/\gamma_{M0}}\right) + 3\left(\frac{\tau_{Ed}}{f_y/\gamma_{M0}}\right)^2 \leq 1 \quad (6.1)$$

Dabei ist

$\sigma_{x,Ed}$   der Bemessungswert der einwirkenden Normalspannung in Längsrichtung am betrachteten Punkt;

$\sigma_{z,Ed}$   der Bemessungswert der einwirkenden Normalspannung in Querrichtung am betrachteten Punkt;

$\tau_{Ed}$   der Bemessungswert der einwirkenden Schubspannung am betrachteten Punkt.

Anmerkung: Die Nachweisführung nach (5) kann konservativ sein, da sie die teilweise plastischen Spannungsumlagerungen, welche in der elastischen Bemessung erlaubt sind, nicht berücksichtigt. Deshalb sollte sie nur angewendet werden, wenn die Interaktion auf der Grundlage der Beanspruchbarkeitswerte $N_{Rd}$, $M_{Rd}$, $V_{Rd}$ nicht verwendbar ist.

(6) Die plastische Querschnittstragfähigkeit ist in der Regel durch eine zu den plastischen Verformungen passende Spannungsverteilung zu bestimmen, die mit den inneren Kräften im Gleichgewicht steht, ohne dass die Streckgrenze überschritten wird.
(7) Als konservative Näherung darf für alle Querschnittsklassen eine lineare Addition der Ausnutzungsgrade für alle Schnittgrößen angewendet werden. Für Querschnitte der Klasse 1, 2 und 3, die durch eine Kombination von $N_{Ed}$, $M_{y,Ed}$ und $M_{z,Ed}$ beansprucht werden, führt diese Regelung zu folgendem Kriterium:

$$\frac{N_{Ed}}{N_{Rd}} + \frac{M_{y,Ed}}{M_{y,Rd}} + \frac{M_{z,Ed}}{M_{z,Rd}} \leq 1 \quad (6.2)$$

wobei $N_{Rd}$, $M_{y,Rd}$ und $M_{z,Rd}$ die Bemessungswerte der Tragfähigkeiten in Abhängigkeit von der Querschnittsklasse unter möglicher Berücksichtigung mittragender Breiten sind, siehe 6.2.8.

Anmerkung: Bei Querschnitten der Klasse 4, siehe 6.2.9.3(2).

(8) Gehören alle druckbeanspruchten Teile eines Querschnitts zur Querschnittsklasse 1 oder 2, dann darf für den Querschnitt die volle plastische Momententragfähigkeit angesetzt werden.
(9) Sind alle druckbeanspruchten Teile eines Querschnitts der Querschnittsklasse 3 zuzuordnen, so sollte die Beanspruchbarkeit auf der Grundlage einer elastischen Dehnungsverteilung über den Querschnitt ermittelt werden. Für die Klassifizierung, siehe Tabelle 5.2, sollten Druckspannungen durch Erreichen der Streck-

### Zu 6.2.1(2)

„Mittragende Breite" bezeichnet die Wirkung der ungleichförmigen Spannungsverteilung aus Schubverzerrung und „wirksame Breite" die Wirkung von örtlichem Plattenbeulen.
Mittragende Breiten zur Berücksichtigung der Schubverzerrungen bei elastischem Werkstoffverhalten sind in EN 1993-1-5, Abschnitt 3.2 gegeben. Wirksame Breiten zur Berücksichtigung der Wirkung des örtlichen Plattenbeulens oder „wirksame Querschnittswerte" werden nach EN 1993-1-5, Kap. 4 ermittelt. Die gemeinsame Wirkung ist in EN 1993-1-5, Abschnitt 3.3 geregelt. Im Grenzzustand der Tragfähigkeit kann unter Voraussetzung elastisch-plastischen Werkstoffverhaltens und gleichzeitiger Berücksichtigung von Schubverzerrung und Plattenbeulen die wirksame Fläche des Druckgurtes durch den Abminderungsfaktor gemäß Gleichung (3.5) in EN 1993-1-5, Abschnitt 3.3 verringert werden.
Nachweise für Schubbeulen dünner Bleche sind in EN 1993-1-5, Kap. 5 gegeben, für die Nachweise zu Beulen unter lokaler Querbelastung enthält EN 1993-1-5, Kap. 6 Regeln, für die Interaktion dieser verschiedenen Beulphänomene gilt EN 1993-1-5, Kap.7.
Als Alternative zu den genannten Beulnachweisen enthält EN 1993-1-5 in Kap.10 auch Nachweise mit Bruttoquerschnittswerten und reduzierten Spannungen.
Weitere Erläuterungen zu den Beulnachweisen sind in [K13, K14, K15] zu finden.
Für kaltgeformte Bleche und Profile gelten die Regeln in EN 1993-1-3, siehe hierzu [K46].

### Zu 6.2.1(4) und (5)

Während plastische Querschnittsausnutzung nur für Querschnitte der Klasse 1 und 2 möglich ist, vgl. Definition der Querschnittsklassen in Abschnitt 5.5, können elastische Spannungsnachweise für Querschnitte aller Klassen geführt werden. Während für gewisse Querschnittstypen wie I- oder H-Querschnitte in den folgenden Abschnitten zum Teil sehr vorteilhafte, vereinfachte Nachweise genannt sind, stellt das Fließkriterium nach Gleichung (6.1) einen immer gültigen konservativen Grenzspannungsnachweis dar.

### Zu 6.2.1(7) und Gleichung (6.2)

In die konservative lineare Interaktionsbeziehung nach Gleichung (6.2) können für Querschnitte der Klassen 1 und 2 plastische Querschnittswerte oder Grenzschnittgrößen, für Querschnitte der Klasse 3 elastische Grenzschnittgrößen eingesetzt werden. Zusätzlich sind die Effekte aus Querkraft nach 6.2.6 und Torsion nach 6.2.7 zu berücksichtigen.

grenze an den äußersten Querschnittsfasern begrenzt werden.

Anmerkung: Tragsicherheitsnachweise dürfen in der Mittelebene von Gurten geführt werden. Zu Ermüdungsnachweisen siehe EN 1993-1-9.

(10) Tritt Fließen als Erstes auf der Zugseite des Querschnitts auf, so dürfen bei der Ermittlung der Beanspruchbarkeit von Klasse-3-Querschnitten die plastischen Reserven auf der Zugseite der neutralen Achse durch den Ansatz einer Teilplastizierung ausgenutzt werden.

### 6.2.2 Querschnittswerte

#### 6.2.2.1 Bruttoquerschnitte

(1) Die Bruttoquerschnittswerte sind in der Regel mit den Nennwerten der Abmessungen zu ermitteln. Löcher für Verbindungsmittel brauchen nicht abgezogen zu werden, jedoch sind andere größere Öffnungen in der Regel zu berücksichtigen. Lose Futterbleche dürfen in der Regel nicht angesetzt werden.

#### 6.2.2.2 Nettofläche

(1) Die Nettofläche eines Querschnitts ist in der Regel aus der Bruttoquerschnittsfläche durch geeigneten Abzug aller Löcher und anderer Öffnungen zu bestimmen.
(2) Bei der Berechnung der Nettofläche ist der Lochabzug für ein einzelnes Loch die Bruttoquerschnittsfläche des Loches an der Stelle der Lochachse. Bei Löchern für Senkschrauben ist die Fase entsprechend zu berücksichtigen.
(3) Bei nicht versetzten Löchern ist die kritische Lochabzugsfläche der Größtwert der Summen Risslinie 2 in Bild 6.1.

Anmerkung: Der Größtwert kennzeichnet die kritische Risslinie.

(4) Sind die Löcher für Verbindungsmittel versetzt angeordnet, ist als kritische Lochabzugsfläche in der Regel der Größtwert folgender Werte anzunehmen:
a) der Lochabzug wie bei nicht versetzt angeordneten Löchern nach (3);
b) $t\left(nd_0 - \sum \dfrac{s^2}{4p}\right)$ (6.3)

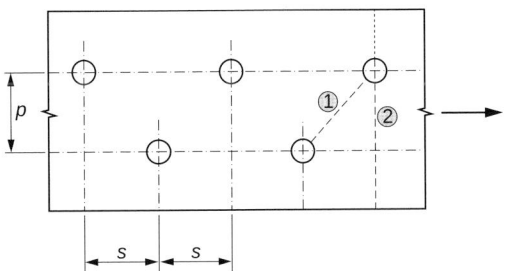

**Bild 6.1.** Versetzte Löcher und kritische Risslinien 1 und 2

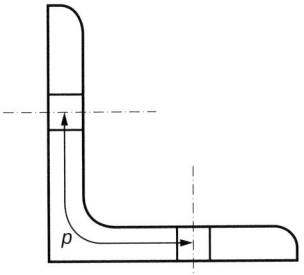

**Bild 6.2.** Winkel mit Löchern in beiden Schenkeln

Dabei ist
$s$    der versetzte Lochabstand, d. h. der Abstand der Lochachsen zweier aufeinander folgender Löcher gemessen in Richtung der Bauteilachse;
$p$    der Lochabstand derselben Lochachsen gemessen senkrecht zur Bauteilachse;
$t$    die Blechdicke;
$n$    die Anzahl der Löcher längs einer Diagonalen oder Zickzacklinie (kritische Risslinie), die sich über den Querschnitt oder über Querschnittsteile erstreckt, siehe Bild 6.1;
$d_0$    der Lochdurchmesser.

(5) Bei Winkeln oder anderen Bauteilen mit Löchern in mehreren Ebenen ist der Lochabstand $p$ in der Regel entlang der Profilmittellinie zu messen, siehe Bild 6.2.

#### 6.2.2.3 Mittragende Breite

(1) Die Ermittlung der mittragenden Breite ist in EN 1993-1-5 geregelt.
(2) Bei Querschnitten der Klasse 4 ist in der Regel die Interaktion zwischen der mittragenden Breite und der mitwirkenden Breite infolge lokalen Beulens nach EN 1993-1-5 zu berücksichtigen.

Anmerkung: Bei kaltgeformten Blechen siehe EN 1993-1-3.

#### 6.2.2.4 Wirksame Querschnittswerte bei Querschnitten mit Klasse-3-Stegen und Klasse-1- oder Klasse-2-Gurten bei Momentenbeanspruchung $M_y$

(1) Wenn Querschnitte mit Klasse-3-Steg und Klasse-1- oder Klasse-2-Gurten als Klasse-2-Querschnitte eingestuft werden, siehe 5.5.2(11), wird die gedrückte Fläche des Steges entsprechend Bild 6.3 in einen Anteil mit der wirksamen Breite $20\,\varepsilon\,t_w$ am Druckgurt und einen weiteren Anteil mit der wirksamen Breite $20\,\varepsilon\,t_w$ an der neutralen Achse der plastischen Spannungsverteilung des Querschnitts aufgeteilt.

**Zu 6.2.2.3**
Vgl. Hinweise zu 6.2.1(2)

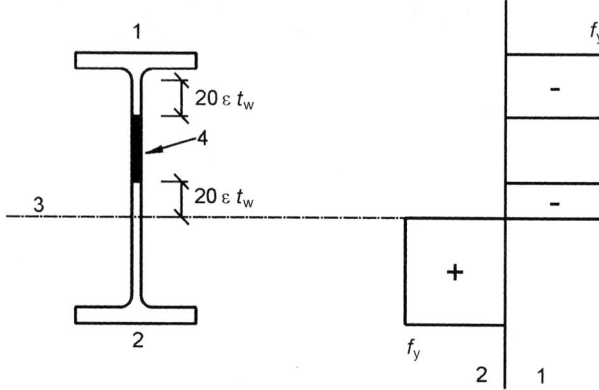

**Bild 6.3.** Wirksame Stegfläche für Klasse-2-Querschnitte

Legende
1 Druck
2 Zug
3 plastische Nulllinie (des wirksamen Querschnitts)
4 nicht wirksame Fläche

### 6.2.2.5 Wirksame Querschnittswerte für Querschnitte der Klasse 4

(1) Die wirksamen Querschnittswerte für Querschnitte der Klasse 4 sind in der Regel mit den wirksamen Breiten der druckbeanspruchten Querschnittsteile zu ermitteln.
(2) Bei kaltgeformten Querschnitten siehe 1.1.2(1) und EN 1993-1-3.
(3) Die wirksame Breite für ebene druckbeanspruchte Querschnittsteile ist in der Regel nach EN 1993-1-5 zu ermitteln.
(4) Wenn ein Querschnitt der Klasse 4 durch eine Druckkraft beansprucht ist, kommt das in EN 1993-1-5 genannte Verfahren zur Anwendung, um die mögliche Verschiebung $e_N$ der Hauptachse der wirksamen Querschnittsfläche $A_{eff}$ bezogen auf die Hauptachse des Bruttoquerschnitts $A$, sowie das sich daraus ergebende Zusatzmoment:

$$\Delta M_{Ed} = N_{Ed} e_N \qquad (6.4)$$

zu bestimmen.

Anmerkung: Das Vorzeichen des Zusatzmoments ist vom Zusammenwirken der maßgebenden Schnittgrößen abhängig, siehe 6.2.9.3(2).

(5) Bei Rundhohlprofilen der Querschnittsklasse 4 siehe EN 1993-1-6.

### 6.2.3 Zugbeanspruchung

(1)P Für den Bemessungswert der einwirkenden Zugkraft $N_{Ed}$ ist an jedem Querschnitt folgender Nachweis zu erfüllen:

$$\frac{N_{Ed}}{N_{t,Rd}} \leq 1{,}0 \qquad (6.5)$$

(2) Als Bemessungswert der Zugbeanspruchbarkeit $N_{t,Rd}$ eines Querschnittes mit Löchern ist in der Regel der kleinere der folgenden Werte anzusetzen:
a) der Bemessungswert der plastischen Beanspruchbarkeit des Bruttoquerschnitts:

$$N_{pl,Rd} = \frac{A f_y}{\gamma_{M0}} \qquad (6.6)$$

b) der Bemessungswert der Zugbeanspruchbarkeit des Nettoquerschnitts längs der kritischen Risslinie durch die Löcher:

$$N_{u,Rd} = \frac{0{,}9 A_{net} f_u}{\gamma_{M2}} \qquad (6.7)$$

**Zu 6.2.2.5(4) und Gleichung (6.4)**
Für Querschnitte der Klasse 4 wird nach EN 1993-1-5, Abschnitt 4.3 in der Regel die wirksame Querschnittsfläche vereinfachend unter der Annahme einer reinen Druckkraft ermittelt. Das heißt, bei einem doppelsymmetrischen Querschnitt kommt es nicht zu einer Hauptachsenverschiebung, auch dann nicht, wenn zusätzlich zu der Druckkraft noch ein Biegemoment vorhanden ist. Dies weicht von der Regelung in DIN 18800-2, El. (709), Bilder 41 und 42 [K2] ab. Nur bei unsymmetrischen Querschnitten kann man sich unter Annahme von konstanter Druckspannung im Querschnitt einen Versatz der Schwerachse ermitteln. Da man davon ausgeht, dass die Druckkraft aber im Schwerpunkt des Bruttoquerschnitts verbleibt, entsteht infolgedessen am reduzierten Querschnitt $A_{eff}$ ein Versatzmoment nach Gleichung (6.4).

**Zu 6.2.2.5(5)**
Gemeint ist hier, dass bei Rundhohlprofilen der Querschnittsklasse 4 ein Beulnachweis nach EN 1993-1-6 geführt werden soll. EN 1993-1-6 kann nicht für die Bestimmung wirksamer Querschnittswerte genutzt werden.

**Zu 6.2.3(3)**
Um im Sinne der Kapazitätsbemessung nach EN 1998-1 sicherzustellen, dass ein Zugstab durch Plastizieren unter großen Verformungen versagt und damit in geeigneter Weise zur Energiedissipation beiträgt, während für die anderen Teile, insbesondere die Anschlüsse, eine ausreichende Festigkeit vorliegt, damit die gewählten Energiedissipationsmechanismen auch eintreten, reicht das Einhalten der Bedingung $N_{pl,Rd} < N_{u,Rd}$ nicht. So fordert zum Beispiel EN 1998-1, 6.2(3) zusätzlich für die Streckgrenze einen Maximalwert unter Berücksichtigung eines Überfestigkeitsbeiwerts $\gamma_{OV}$ anzunehmen.

(3) Wird eine Kapazitätsbemessung gefordert, siehe EN 1998, muss der Bemessungswert der plastischen Zugbeanspruchbarkeit $N_{\text{pl,Rd}}$ nach 6.2.3(2) a) kleiner als der Bemessungswert der Zugbeanspruchbarkeit des Nettoquerschnitts $N_{\text{u,Rd}}$ längs der kritischen Risslinie durch die Löcher nach 6.2.3(2) b) sein.

(4) Bei Schraubverbindungen der Kategorie C, siehe EN 1993-1-8, 3.4.1(1) ist in der Regel für den Bemessungswert der Zugbeanspruchbarkeit $N_{\text{t,Rd}}$ in 6.2.3(1) der Wert für den Nettoquerschnitt längs der kritischen Risslinie durch die Löcher $N_{\text{net,Rd}}$ zu verwenden:

$$N_{\text{net,Rd}} = \frac{A_{\text{net}} f_y}{\gamma_{\text{M0}}} \quad (6.8)$$

(5) Bei Anschlüssen von Winkeln über nur einen Schenkel siehe auch EN 1993-1-8, 3.10.3. Ähnliche Regeln gelten auch für Anschlüsse anderer Querschnitte über Schenkel.

### 6.2.4 Druckbeanspruchung

(1)P Für den Bemessungswert der einwirkenden Druckkraft $N_{\text{Ed}}$ ist an jedem Querschnitt folgender Nachweis zu erfüllen:

$$\frac{N_{\text{Ed}}}{N_{\text{c,Rd}}} \leq 1{,}0 \quad (6.9)$$

(2) Als Bemessungswert der Druckbeanspruchbarkeit $N_{\text{c,Rd}}$ eines Querschnitts ist in der Regel anzusetzen:

$$N_{\text{c,Rd}} = \frac{A f_y}{\gamma_{\text{M0}}} \quad (6.10)$$

für Querschnitte der Klasse 1, 2 oder 3;

$$N_{\text{c,Rd}} = \frac{A_{\text{eff}} f_y}{\gamma_{\text{M0}}} \quad (6.11)$$

für Querschnitte der Klasse 4.

(3) Außer bei übergroßen Löchern oder Langlöchern nach EN 1090 müssen Löcher für Verbindungsmittel bei druckbeanspruchten Bauteilen nicht abgezogen werden, wenn sie mit den Verbindungsmitteln gefüllt sind.

(4) Bei unsymmetrischen Querschnitten der Klasse 4 kommt das Verfahren nach 6.2.9.3 zur Anwendung, um das Zusatzmoment $\Delta M_{\text{Ed}}$ infolge der Verschiebung der Hauptachse des wirksamen Querschnitts, siehe 6.2.2.5(4), zu berücksichtigen.

### 6.2.5 Biegebeanspruchung

(1)P Für den Bemessungswert der einwirkenden Biegemomente $M_{\text{Ed}}$ ist an jedem Querschnitt folgender Nachweis zu erfüllen:

$$\frac{M_{\text{Ed}}}{M_{\text{c,Rd}}} \leq 1{,}0 \quad (6.12)$$

wobei $M_{\text{c,Rd}}$ unter Berücksichtigung der Löcher für Verbindungsmittel ermittelt wird, siehe (4) bis (6).

(2) Der Bemessungswert der Biegebeanspruchbarkeit eines mit einachsiger Biegung belasteten Querschnitts wird wie folgt ermittelt:

$$M_{\text{c,Rd}} = M_{\text{pl,Rd}} = \frac{W_{\text{pl}} f_y}{\gamma_{\text{M0}}} \quad (6.13)$$

für Querschnitte der Klasse 1 oder 2;

$$M_{\text{c,Rd}} = M_{\text{el,Rd}} = \frac{W_{\text{el,min}} f_y}{\gamma_{\text{M0}}} \quad (6.14)$$

für Querschnitte der Klasse 3;

$$M_{\text{c,Rd}} = \frac{W_{\text{eff,min}} f_y}{\gamma_{\text{M0}}} \quad (6.15)$$

für Querschnitte der Klasse 4.

Wobei sich $W_{\text{el,min}}$ und $W_{\text{eff,min}}$ auf die Querschnittsfaser mit der maximalen Normalspannung bezieht.

(3) Bei zweiachsiger Biegung ist in der Regel das in 6.2.9 angegebene Verfahren anzuwenden.

(4) Löcher für Verbindungsmittel dürfen im zugbeanspruchten Flansch vernachlässigt werden, wenn folgende Gleichung für den Flansch eingehalten wird:

$$\frac{A_{\text{f,net}} 0{,}9 f_u}{\gamma_{\text{M2}}} \geq \frac{A_f f_y}{\gamma_{\text{M0}}} \quad (6.16)$$

wobei $A_f$ die Fläche des zugbeanspruchten Flansches ist.

Anmerkung: Das in (4) gestellte Kriterium entspricht der Kapazitätsbemessung, siehe 1.5.8.

(5) Ein Lochabzug im Zugbereich von Stegblechen ist nicht notwendig, wenn die Bedingung (4) für die gesamte Zugzone, die sich aus Zugflansch und Zugbereich des Stegbleches zusammensetzt, sinngemäß erfüllt wird.

(6) Außer bei übergroßen Löchern oder Langlöchern müssen Löcher in der Druckzone von Querschnitten nicht abgezogen werden, wenn sie mit den Verbindungsmitteln gefüllt sind.

### 6.2.6 Querkraftbeanspruchung

(1)P Für den Bemessungswert der einwirkenden Querkraft $V_{\text{Ed}}$ ist an jedem Querschnitt folgender Nachweis zu erfüllen:

$$\frac{V_{\text{Ed}}}{V_{\text{c,Rd}}} \leq 1{,}0 \quad (6.17)$$

---

**Zu 6.2.3(4)**
Bei den Schraubverbindungen der Kategorie C nach EN 1993-1-8, 3.4.1(1) handelt es sich um schubbeanspruchte Schraubverbindungen mit hochfesten vorgespannten Schrauben der Festigkeitsklassen 8.8 und 10.9, bei denen im Grenzzustand der Tragfähigkeit kein Gleiten auftreten darf. Für diese Verbindungen ist zusätzlich gefordert, dass unter Zugbeanspruchung im Querschnitt der Bemessungswert des plastischen Widerstands des Nettoquerschnitts im kritischen Schnitt durch die Schraubenlöcher $N_{\text{net,Rd}}$ (vgl. Gleichung (6.8)) nicht überschritten werden.

wobei $V_{c,Rd}$ der Bemessungswert der Querkraftbeanspruchbarkeit ist. Für eine plastische Bemessung ist der Bemessungswert der plastischen Querkraftbeanspruchbarkeit $V_{c,Rd}$ in (2) angegeben. Für eine elastische Bemessung ist der Bemessungswert der elastischen Querkraftbeanspruchbarkeit in (4) und (5) angegeben.

(2) Liegt keine Torsion vor, so lautet der Bemessungswert der plastischen Querkraftbeanspruchbarkeit:

$$V_{pl,Rd} = \frac{A_v \left(f_y / \sqrt{3}\right)}{\gamma_{M0}} \qquad (6.18)$$

wobei $A_v$ die wirksame Schubfläche ist.

(3) Die wirksame Schubfläche darf wie folgt ermittelt werden:
a) gewalzte Profile mit I- und H-Querschnitten, Lastrichtung parallel zum Steg: $A - 2b\,t_f + (t_w + 2r)\,t_f$ aber mindestens $\eta\,h_w\,t_w$
b) gewalzte Profile mit U-Querschnitten, Lastrichtung parallel zum Steg: $A - 2b\,t_f + (t_w + r)\,t_f$
c) gewalzte Profile mit T-Querschnitten, Lastrichtung parallel zum Steg
 – für gewalzte Profile mit T-Querschnitten:

$$A_v = A - b\,t_f + (t_w + 2r)\frac{t_f}{2}$$

 – für geschweißte Profile mit T-Querschnitten:

$$A_v = t_w \left(h - \frac{t_f}{2}\right)$$

d) geschweißte Profile mit I-, H- und Kastenquerschnitten, Lastrichtung parallel zum Steg:

$$\eta \sum (h_w\,t_w)$$

e) geschweißte Profile mit I-, H-, U- und Kastenquerschnitten, Lastrichtung parallel zum Flansch:

$$A - \sum (h_w\,t_w)$$

f) gewalzte Rechteckhohlquerschnitte mit gleichförmiger Blechdicke:
Belastung parallel zur Trägerhöhe: $Ah/(b + h)$
Belastung parallel zur Trägerbreite: $Ab/(b + h)$
g) Rundhohlquerschnitte und Rohre mit gleichförmiger Blechdicke: $2A/\pi$

Dabei ist
$A$ die Querschnittsfläche;
$b$ die Gesamtbreite;
$h$ die Gesamthöhe;
$h_w$ die Stegblechhöhe;
$r$ der Ausrundungsradius;
$t_f$ die Flanschdicke;
$t_w$ die Stegdicke (Bei veränderlicher Stegdicke sollte die kleinste Dicke für $t_w$ verwendet werden.);
$\eta$ siehe EN 1993-1-5.

Anmerkung: $\eta$ darf auf der sicheren Seite mit 1,0 angenommen werden.

(4) Für die Bestimmung des Bemessungswertes der elastischen Querkraftbeanspruchbarkeit $V_{c,Rd}$ darf die folgende Grenzbedingung für den kritischen Querschnittspunkt verwendet werden, wenn nicht der Beulnachweis nach EN 1993-1-5, Abschnitt 5 maßgebend wird:

$$\frac{\tau_{Ed}}{f_y / \left(\sqrt{3}\,\gamma_{M0}\right)} \leq 1{,}0 \qquad (6.19)$$

Dabei darf $\tau_{Ed}$ wie folgt ermittelt werden:

$$\tau_{Ed} = \frac{V_{Ed}\,S}{I\,t} \qquad (6.20)$$

Dabei ist
$V_{Ed}$ der Bemessungswert der Querkraft;
$S$ das statische Flächenmoment;
$I$ das Flächenträgheitsmoment des Gesamtquerschnitts;
$t$ die Blechdicke am Nachweispunkt.

> **Zu 6.2.6(3) d), 6.2.6(6) und Anmerkung**
> Im genehmigten Änderungsvorschlag für die Neufassung von EN 1993-1-1 wird die Schubfläche $A_v$ für gewalzte I- und H-Querschnitte, Lastrichtung parallel zu den Flanschen mit $2b\,t_f$ angegeben.
> Nach EN 1993-1-5, 5.1 und 5.2 darf die plastische Grenztragfähigkeit der Querkraft bei Beanspruchung parallel zum Steg von Blechträgern um den Faktor $\eta$ erhöht werden. Unter Berücksichtigung des deutschen Nationalen Anhangs darf $\eta$ im Hochbau für Stahlsorten bis S460 mit 1,20 angenommen werden. Für Stahlsorte höher als S460 bzw. für den Brückenbau und vergleichbare Anwendungsbereiche ist $\eta = 1{,}0$.
> Der Wert $\eta$ wurde eingeführt, da festgestellt worden war, dass für gedrungene Bleche die Schubbeanspruchbarkeit den 0,7- bis 0,8-fachen Wert der in Zugversuchen ermittelten Streckgrenze erreichen kann. Diese liegt ca. 20 % über der Schubfließspannung. Die größere Ausnutzbarkeit ist hauptsächlich auf die Stahlverfestigung und einer gewissen Verankerung in den beiden Flanschen zurückzuführen. Diese höhere Ausnutzung kann zugelassen werden, da sie nicht zu übermäßig großen Verformungen führt. Experimentell abgesicherte Werte liegen für Stahlsorten bis S460 vor, vgl. [K13].
> Die Anmerkung in 6.2.6 (3) $\eta = 1{,}0$ auf der sicheren Seite für die Tragfähigkeit anzunehmen, war nur als Vereinfachung gedacht, sollte dem Anwender den Blick in EN 1993-1-5 ersparen. Die gleiche Anmerkung in 6.2.6 (6) in Bezug auf das Abgrenzungskriterium in Gleichung (6.22) führt aber zu nicht immer konservativen Schlussfolgerungen. Man sollte also an dieser Stelle besser direkt in EN 1993-1-5 nachsehen. Theoretisch könnte auf der sicheren Seite $\eta = 1{,}0$ für die Ermittlung der Tragfähigkeit nach 6.2.6 (3) und $\eta = 1{,}2$ für das Abgrenzungskriterium nach 6.2.6 (6) eingesetzt werden.
> Zu beachten ist dabei auch, dass in EN 1993-1-5 mit $h_w$ die lichte Höhe zwischen den Flanschen bezeichnet wird. Diese Klarstellung fehlt in der Liste der Parameter unter 6.2.6 (3).

Anmerkung: Die Nachweisführung (4) ist konservativ, da sie eine teilweise plastische Querkraftumlagerung, welche in der elastischen Bemessung erlaubt ist, siehe (5), nicht berücksichtigt. Deshalb sollte sie nur angewendet werden, wenn der Nachweis nicht auf der Grundlage von $V_{c,Rd}$ nach Gleichung (6.17) geführt werden kann.

(5) Bei I- oder H-Querschnitten darf die einwirkende Schubspannung im Steg wie folgt angenommen werden:

$$\tau_{Ed} = \frac{V_{Ed}}{A_w} \quad \text{falls} \quad A_f / A_w \geq 0,6 \quad (6.21)$$

Dabei ist
$A_f$ die Fläche eines Flansches;
$A_w$ die Fläche des Stegbleches: $A_w = h_w \, t_w$.

(6) Zusätzlich ist in der Regel der Nachweis gegen Schubbeulen für unausgesteifte Stegbleche nach EN 1993-1-5, Abschnitt 5, zu führen, wenn

$$\frac{h_w}{t_w} > 72 \frac{\varepsilon}{\eta} \quad (6.22)$$

Für $\eta$ siehe EN 1993-1-5, Abschnitt 5.

Anmerkung: Als Näherung darf $\eta = 1,0$ auf der sicheren Seite angewendet werden.

(7) Außer in Fällen von Verbindungen nach EN 1993-1-8 brauchen beim Nachweis der Querkrafttragfähigkeit die Löcher für Verbindungsmittel nicht abgezogen zu werden.

(8) Wenn Querkraftbeanspruchungen und Torsionsbeanspruchungen kombiniert auftreten, ist in der Regel die plastische Querkrafttragfähigkeit $V_{pl,Rd}$ nach 6.2.7(9) abzumindern.

### 6.2.7 Torsionsbeanspruchung

(1) Für torsionsbeanspruchte Bauteile, bei denen die Querschnittsverformungen vernachlässigt werden können, ist in der Regel der Bemessungswert des einwirkenden Torsionsmoments $T_{Ed}$ an jedem Querschnitt wie folgt nachzuweisen:

$$\frac{T_{Ed}}{T_{Rd}} \leq 1,0 \quad (6.23)$$

wobei $T_{Rd}$ der Bemessungswert der Torsionsbeanspruchbarkeit des Querschnitts ist.

(2) Das gesamte einwirkende Torsionsmoment $T_{Ed}$ an einem Querschnitt setzt sich aus zwei Schnittgrößen zusammen:

$$T_{Ed} = T_{t,Ed} + T_{w,Ed} \quad (6.24)$$

Dabei ist
$T_{t,Ed}$ der Bemessungswert des einwirkenden St. Venant'schen Torsionsmoments (primäres Torsionsmoment);
$T_{w,Ed}$ der Bemessungswert des einwirkenden Wölbtorsionsmoments (sekundäres Torsionsmoment).

(3) Die Bemessungswerte $T_{t,Ed}$ und $T_{w,Ed}$ können mit den entsprechenden Querschnittswerten, den Zwängungsbedingungen an den Auflagern und der Lastverteilung längs des Bauteils mit einer elastischen Berechnung ermittelt werden.

(4) Folgende Spannungen infolge Torsionsbeanspruchung sind in der Regel in Betracht zu ziehen:
– einwirkende Schubspannung $\tau_{t,Ed}$ infolge St. Venant'scher Torsion $T_{t,Ed}$;
– einwirkende Normalspannungen $\sigma_{w,Ed}$ infolge des Bimomentes $B_{Ed}$ und Schubspannungen $\tau_{w,Ed}$ infolge Wölbkrafttorsion $T_{w,Ed}$.

(5) Beim elastischen Nachweis darf das Fließkriterium in 6.2.1(5) verwendet werden.

(6) Bei gleichzeitiger Beanspruchung durch Biegung und Torsion brauchen bei der Ermittlung der plastischen Biegemomentenbeanspruchbarkeit eines Querschnitts als Torsionsschnittgrößen $B_{Ed}$ nur jene berücksichtigt zu werden, die sich aus der elastischen Berechnung ergeben, siehe (3).

(7) Bei geschlossenen Hohlquerschnitten darf vereinfachend angenommen werden, dass der Einfluss aus der Wölbtorsion vernachlässigt werden kann. Weiterhin darf vereinfachend bei offenen Querschnitten, wie zum Beispiel I- oder H-Querschnitten der Einfluss der St. Vernant'schen Torsion vernachlässigt werden.

(8) Der Bemessungswert der Torsionsbeanspruchbarkeit $T_{Rd}$ eines geschlossenen Hohlprofils kann aus den Bemessungswerten der Schubtragfähigkeiten der einzelnen Teilstücke des Querschnitts nach EN 1993-1-5 zusammengesetzt werden.

(9) Bei kombinierter Beanspruchung aus Querkraft und Torsion ist in der Regel die plastische Querkrafttragfähigkeit $V_{pl,Rd}$ nach 6.2.6(2) auf den Wert $V_{pl,T,Rd}$ abzumindern. Für den Bemessungswert der einwirkenden Querkraft $V_{Ed}$ muss in jedem Querschnitt folgender Nachweis erfüllt werden:

$$\frac{V_{Ed}}{V_{pl,T,Rd}} \leq 1,0 \quad (6.25)$$

### Zu 6.2.7

Der Nachweis gemäß Gleichung (6.23) wird in dieser Form als Nachweis der Schnittgrößen so gut wie nie so geführt, er ist auch unvollständig, weil er das Bimoment aus Wölbkrafttorsion nicht aufführt. In der Regel werden Torsionseffekte im Querschnitt aufgrund einer elastischen Schnittgrößenberechnung auf Spannungsebene nachgewiesen, vgl. 6.2.7(5). Hinweise zur Ermittlung der Spannungen aus Torsion sind in verschiedenen Lehrbüchern gegeben, wie z. B. [K47], [K48] oder [K49]. Die Vereinfachung gemäß 6.2.7(7) führt zum Teil zu sehr konservativen Ansätzen, ist aber in der Praxis üblich. Bei einem vereinfachten plastischen Nachweis kann Gleichung (6.2) um den Term $B_{Ed}/B_{Rd}$ für das Bimoment aus Wölbkrafttorsion ergänzt werden und das Torsionsmoment entsprechend 6.2.7(9) berücksichtigt werden. Hinweise zur genaueren Ermittlung der plastischen Grenztragfähigkeit werden z. B. in [K17] gegeben.

wobei $V_{pl,T,Rd}$ wie folgt ermittelt wird:

– für I- oder H-Querschnitte:

$$V_{pl,T,Rd} = \sqrt{1 - \frac{\tau_{t,Ed}}{1{,}25(f_y/\sqrt{3})/\gamma_{M0}}} \; V_{pl,Rd} ; \tag{6.26}$$

– für U-Querschnitte:

$$V_{pl,T,Rd} = \left[\sqrt{1 - \frac{\tau_{t,Ed}}{1{,}25(f_y/\sqrt{3})/\gamma_{M0}}} - \frac{\tau_{w,Ed}}{(f_y/\sqrt{3})/\gamma_{M0}}\right] V_{pl,Rd} ; \tag{6.27}$$

– für Hohlprofile:

$$V_{pl,T,Rd} = \left[1 - \frac{\tau_{t,Ed}}{(f_y/\sqrt{3})/\gamma_{M0}}\right] V_{pl,Rd} . \tag{6.28}$$

### 6.2.8 Beanspruchung aus Biegung und Querkraft

(1) Bei Biegung mit Querkraftbeanspruchung ist in der Regel der Einfluss der Querkraft auf die Momentenbeanspruchbarkeit zu berücksichtigen.

(2) Unterschreitet der Bemessungswert der Querkraft die Hälfte des Bemessungswertes der plastischen Querkraftbeanspruchbarkeit, dann kann die Abminderung des Bemessungswertes der Momententragfähigkeit vernachlässigt werden, außer wenn die Querschnittstragfähigkeit durch Schubbeulen reduziert wird, siehe EN 1993-1-5.

(3) In anderen Fällen ist die Abminderung des Bemessungswertes der Momententragfähigkeit in der Regel dadurch zu berücksichtigen, dass für die schubbeanspruchten Querschnittsteile die abgeminderte Streckgrenze wie folgt angesetzt wird:

$$(1 - \rho)f_y \tag{6.29}$$

wobei $\rho = \left(\frac{2 V_{Ed}}{V_{pl,Rd}} - 1\right)^2$ und $V_{pl,Rd}$ nach 6.2.6(2) anzusetzen ist.

Anmerkung: Siehe auch 6.2.10(3).

(4) Bei gleichzeitig wirkender Torsionsbeanspruchung gilt:

$$\rho = \left(\frac{2 V_{Ed}}{V_{pl,T,Rd}} - 1\right)^2$$

siehe 6.2.7. Für $V_{Ed} \leq 0{,}5\, V_{pl,T,Rd}$ gilt $\rho = 0$.

(5) Bei I-Querschnitten mit gleichen Flanschen und einachsiger Biegung um die Hauptachse darf die Abminderung des Bemessungswertes der plastischen Momententragfähigkeit infolge der Querkraftbeanspruchung auch wie folgt ermittelt werden:

$$M_{y,V,Rd} = \frac{\left[W_{pl,y} - \frac{\rho A_w^2}{4 t_w}\right] f_y}{\gamma_{M0}}$$

aber $M_{y,V,Rd} \leq M_{y,c,Rd}$ \hfill (6.30)

Dabei ist
$M_{y,c,Rd}$ siehe 6.2.5(2);
$A_w = h_w\, t_w$.

(6) Zur Interaktion der Beanspruchungen aus Biegung, Querkraft und Querbelastung siehe EN 1993-1-5, Abschnitt 7.

### 6.2.9 Beanspruchung aus Biegung und Normalkraft

#### 6.2.9.1 Querschnitte der Klasse 1 und 2

(1) Bei gleichzeitiger Beanspruchung durch Biegung und Normalkraft ist in der Regel der Einfluss der einwirkenden Normalkraft auf die plastische Momentenbeanspruchbarkeit zu berücksichtigen.

(2)P Bei Querschnitten der Klassen 1 und 2 ist die folgende Gleichung einzuhalten:

$$M_{Ed} \leq M_{N,Rd} \tag{6.31}$$

wobei $M_{N,Rd}$ der durch den Bemessungswert der einwirkenden Normalkraft $N_{Ed}$ abgeminderte Bemessungswert der plastischen Momentenbeanspruchbarkeit ist.

(3) Bei rechteckigen Vollquerschnitten ohne Schraubenlöcher $M_{N,Rd}$ wird in der Regel wie folgt ermittelt:

$$M_{N,Rd} = M_{pl,Rd}\left[1 - \left(N_{Ed}/N_{pl,Rd}\right)^2\right] \tag{6.32}$$

**Zu 6.2.8**

Die Interaktion zwischen Querkraft und Biegung wird indirekt über die Abminderung der Steckgrenze (oder Fläche) angegeben. Sie wird erst für Querkräfte größer als 0,5 $V_{pl,Rd}$ wirksam. Ein negativer Wert der Klammer zur Ermittlung von $\rho$ ist zu 0 zu setzen.
Für die gleichzeitige Wirkung von Biegung und Querkraft sind in DIN 18800-1, Tabelle 16 und 17 [K1] für doppeltsymmetrische I-Querschnitte mit Schnittgrößen $N$, $M_y$, $V_z$ bzw. $N$, $M_z$, $V_y$ Interaktionsbeziehungen geregelt, die dort Querkrafteinfluss bereits ab 0,3 $V_{pl}$ bzw. 0,25 $V_{pl}$ berücksichtigen. Gegen die Anwendung dieser bekannten Regeln auch im Rahmen von EN 1993-1-1 spricht nichts.

**Zu 6.2.9.1**

Basierend auf der technischen Mechanik gibt es für einachsige Biegung mit Normalkraft auch genaue Lösungen, für die für feste Querschnittsabmessungen (z. B. von Walzprofilen) auch Auswertungen vorliegen [K6]. Allgemeine Näherungslösungen liegen für einfachsymmetrische Profile z. B. durch [K30] oder [K50] vor. Vereinfachte Interaktionsgleichungen für doppeltsymmetrische I-Querschnitte bietet auch DIN 18800-1 in Tabelle 16 und 17 [K1] an. Gegen die Anwendung der genannten Lösungen bestehen keine Bedenken. Insbesondere für die Gleichung (6.36) wird zurzeit in den europäischen Gremien diskutiert, eine genauere Formulierung als die bisherige zu verwenden.

(4) Bei doppelt-symmetrischen I- und H-Querschnitten, oder anderen Querschnitten mit Gurten, braucht der Einfluss der Normalkraft auf die plastische Momentenbeanspruchbarkeit um die $y$-$y$-Achse nicht berücksichtigt zu werden, wenn die beiden folgenden Bedingungen erfüllt sind:

$$N_{Ed} \leq 0{,}25\, N_{pl,Rd} \tag{6.33}$$

und

$$N_{Ed} \leq \frac{0{,}5\, h_w\, t_w\, f_y}{\gamma_{M0}} \tag{6.34}$$

Bei doppelt-symmetrischen I- und H-Querschnitten braucht der Einfluss der einwirkenden Normalkraft auf die plastische Momentenbeanspruchbarkeit um die $z$-$z$-Achse nicht berücksichtigt zu werden, wenn:

$$N_{Ed} \leq \frac{h_w\, t_w\, f_y}{\gamma_{M0}} \tag{6.35}$$

(5) Bei gewalzten I- oder H-Querschnitten nach den Liefernormen und bei geschweißten I- oder H-Querschnitten mit gleichen Flanschen darf, wenn keine Schraubenlöcher zu berücksichtigen sind, folgende Näherung angewendet werden:

$$M_{N,y,Rd} = M_{pl,y,Rd}(1-n)/(1-0{,}5a)$$

$$\text{jedoch}\quad M_{N,y,Rd} \leq M_{pl,y,Rd} \tag{6.36}$$

für $n \leq a$: $M_{N,z,Rd} = M_{pl,z,Rd}$ (6.37)

für $n > a$: $M_{N,z,Rd} = M_{pl,z,Rd}\left[1 - \left(\frac{n-a}{1-a}\right)^2\right]$ (6.38)

wobei

$n = N_{Ed}/N_{pl,Rd}$;

$a = (A - 2b\, t_f)/A$ jedoch $a \leq 0{,}5$

Bei rechteckigen Hohlquerschnitten mit konstanter Blechdicke und bei geschweißten Kastenquerschnitten mit gleichen Flanschen und gleichen Stegen darf, wenn keine Schraubenlöcher zu berücksichtigen sind, folgende Näherung angewendet werden:

$$M_{N,y,Rd} = M_{pl,y,Rd}(1-n)/(1-0{,}5\, a_w)$$

$$\text{jedoch}\quad M_{N,y,Rd} \leq M_{pl,y,Rd} \tag{6.39}$$

$$M_{N,z,Rd} = M_{pl,z,Rd}(1-n)/(1-0{,}5\, a_f)$$

$$\text{jedoch}\quad M_{N,z,Rd} \leq M_{pl,z,Rd} \tag{6.40}$$

wobei

$a_w = (A - 2bt)/A$
jedoch $a_w \leq 0{,}5$ für Hohlquerschnitte;

$a_w = (A - 2b\, t_f)/A$
jedoch $a_w \leq 0{,}5$ für Kastenquerschnitte;

$a_f = (A - 2ht)/A$
jedoch $a_f \leq 0{,}5$ für Hohlquerschnitte;

$a_f = (A - 2h\, t_w)/A$
jedoch $a_f \leq 0{,}5$ für Kastenquerschnitte.

(6) Bei zweiachsiger Biegung mit Normalkraft darf folgendes Kriterium verwendet werden:

$$\left[\frac{M_{y,Ed}}{M_{N,y,Rd}}\right]^\alpha + \left[\frac{M_{z,Ed}}{M_{N,z,Rd}}\right]^\beta \leq 1 \tag{6.41}$$

wobei $\alpha$ und $\beta$ Konstanten sind, die konservativ mit 1 oder wie folgt festgelegt werden können:
– I- und H-Querschnitte:
  $\alpha = 2$; $\beta = 5n$ jedoch $\beta \geq 1$;
– Runde Hohlquerschnitte:
  $\alpha = 2$; $\beta = 2$;
  $M_{N,y,Rd} = M_{N,z,Rd} = M_{pl,Rd}\left(1 - n^{1{,}7}\right)$
– Rechteckige Hohlquerschnitte:

$$\alpha = \beta = \frac{1{,}66}{1 - 1{,}13\, n^2} \quad \text{jedoch } \alpha = \beta \leq 6.$$

Dabei ist $n = N_{Ed}/N_{pl,Rd}$.

### 6.2.9.2 Querschnitte der Klasse 3

(1)P Für Querschnitte der Klasse 3 ohne Querkraftbeanspruchung muss die größte einwirkende Normalspannung folgende Gleichung erfüllen:

$$\sigma_{x,Ed} \leq \frac{f_y}{\gamma_{M0}} \tag{6.42}$$

Dabei ist $\sigma_{x,Ed}$ der Bemessungswert der einwirkenden Normalspannung aus Biegung und Normalkraft gegebenenfalls unter Berücksichtigung von Schraubenlöchern, siehe 6.2.3, 6.2.4 und 6.2.5.

### 6.2.9.3 Querschnitte der Klasse 4

(1)P Für Querschnitte der Klasse 4 ohne Querkraftbeanspruchung muss die einwirkende Normalspannung $\sigma_{x,Ed}$, die mit wirksamen Querschnittswerten ermittelt wurde, siehe 5.5.2(2), folgende Gleichung erfüllen:

$$\sigma_{x,Ed} \leq \frac{f_y}{\gamma_{M0}} \tag{6.43}$$

---

**Zu 6.2.9.1(6)**
Auch für zweiachsige Biegung mit Normalkraft liegen weitere Lösungen vor, z. B. DIN 18800-1, Bild 19 [K1, K17]. Im Hochbau darf i. d. R. auf die gleichzeitige Berücksichtigung eines Wölbbimomentes verzichtet werden [K6], Abschn. 3.5.
Für runde Hohlprofile ist keine Gleichung für $M_{pl,N}$ angegeben. Sie kann näherungsweise gemäß österreichischem Nationalen Anhang [K32] mit $M_{N,y,Rd} = M_{N,z,Rd} = M_{pl,Rd}(1 - n^{1{,}7})$ angesetzt werden.

Dabei ist $\sigma_{x,Ed}$ der Bemessungswert der einwirkenden Normalspannung aus Biegung und Normalkraft gegebenenfalls unter Berücksichtigung von Schraubenlöchern, siehe 6.2.3, 6.2.4 und 6.2.5.

(2) Alternativ zur Gleichung (6.43) kann folgende vereinfachte Gleichung verwendet werden:

$$\frac{N_{Ed}}{A_{eff} f_y / \gamma_{M0}} + \frac{M_{y,Ed} + N_{Ed} e_{Ny}}{W_{eff,y,min} f_y / \gamma_{M0}}$$
$$+ \frac{M_{z,Ed} + N_{Ed} e_{Nz}}{W_{eff,z,min} f_y / \gamma_{M0}} \leq 1 \qquad (6.44)$$

Dabei ist
$A_{eff}$ die wirksame Querschnittsfläche bei gleichmäßiger Druckbeanspruchung;
$W_{eff,min}$ das wirksame Widerstandsmoment eines ausschließlich auf Biegung um die maßgebende Achse beanspruchten Querschnitts;
$e_N$ die Verschiebung der maßgebenden Hauptachse eines unter reinem Druck beanspruchten Querschnitts, siehe 6.2.2.5(4).

Anmerkung: Die Vorzeichen von $N_{Ed}$, $M_{y,Ed}$, $M_{z,Ed}$ und $\Delta M_i = N_{Ed} \cdot e_{Ni}$ sind vom Zusammenwirken der maßgebenden einwirkenden Schnittgrößen abhängig.

### 6.2.10 Beanspruchung aus Biegung, Querkraft und Normalkraft

(1) Bei gleichzeitiger Beanspruchung durch Biegung, Querkraft und Normalkraft ist in der Regel der Einfluss der Querkraft und Normalkraft auf die plastische Momentenbeanspruchbarkeit zu berücksichtigen.

(2) Wenn der Bemessungswert der einwirkenden Querkraft $V_{Ed}$ die Hälfte des Bemessungswertes der plastischen Querkrafttragfähigkeit $V_{pl,Rd}$ nicht überschreitet, braucht keine Abminderung der Beanspruchbarkeit von auf Biegung und Normalkraft beanspruchten Querschnitten in 6.2.9 durchgeführt werden, es sei denn Schubbeulen vermindert die Querschnittstragfähigkeit, siehe EN 1993-1-5.

(3) Falls $V_{Ed}$ die Hälfte von $V_{pl,Rd}$ überschreitet, ist in der Regel die Momententragfähigkeit für auf Biegung und Normalkraft beanspruchte Querschnitte mit einer abgeminderten Streckgrenze:

$$(1 - \rho) f_y \qquad (6.45)$$

für die wirksamen Schubflächen zu ermitteln,

wobei $\rho = \left(2 V_{Ed} / V_{pl,Rd} - 1\right)^2$ und $V_{pl,Rd}$ aus 6.2.6(2) ermittelt wird.

Anmerkung: Anstelle der Abminderung der Streckgrenze kann auch eine Abminderung der Blechdicke der maßgebenden Querschnittsteile vorgenommen werden.

**NCI**      DIN EN 1993-1-1/NA
*zu 6.2.10(3)*
*Die Übersetzung des ersten Satzes in 6.2.10(3) in DIN EN 1993-1-1:2010-12 ist folgendermaßen anzupassen:*

(3) Falls $V_{Ed}$ die Hälfte von $V_{pl,Rd}$ überschreitet, ist in der Regel die Tragfähigkeit des Querschnittes für Biegung und Normalkraft mit einer abgeminderten Streckgrenze:

### Zu 6.2.9.3(2) und Gleichung (6.44)
Für Querschnitte der Klasse 4 wird die wirksame Querschnittsfläche nach EN 1993-1-5, Abschnitt 4.3 in der Regel unter der Annahme einer reinen Druckkraft ermittelt. Das heißt, bei einem symmetrischen Querschnitt kommt es nicht zu einer Hauptachsenverschiebung. Nur bei unsymmetrischen Querschnitten kann man sich unter Annahme von konstanter Druckspannung im Querschnitt einen Versatz der Schwerachse $e_N$ ermitteln. Da man davon ausgeht, dass die Druckkraft aber im Schwerpunkt des Bruttoquerschnitts verbleibt, entsteht infolgedessen am reduzierten Querschnitt $A_{eff}$ ein Versatzmoment, vgl. auch Gleichung (6.4). Die Bezeichnungen $e_{Ny}$ für einen Versatz in $z$-Richtung und $e_{Nz}$ für einen Versatz in $y$-Richtung in Gleichung (6.44) sind leider nicht ganz logisch gewählt. Für die Ermittlung der wirksamen Widerstandsmomente werden die reduzierten Querschnitte nach EN 1993-1-5, Abschnitt 4.3 infolge reiner Biegung durch $M_y$ oder $M_z$ zugrunde gelegt. Gl. (6.44) ist gegebenenfalls um Anteile aus Wölbkrafttorsion zu erweitern.

Als Querschnittsnachweis darf hier, obwohl es sich eigentlich um einen Beulnachweis handelt, für den Teilsicherheitsbeiwert $\gamma_{M0}$ verwendet werden, vgl. auch 6.1(1). Dies ist in Übereinstimmung mit EN 1993-1-5. Allerdings legt der Nationale Anhang für EN 1993-2 Stahlbrücken bezüglich der Behandlung von beulgefährdeten Querschnitten der Klasse 4 fest, dass bei Anwendung von $\gamma_{M0}$ in DIN EN 1993-1-5 ein Wert von 1,1 anzusetzen ist. Dies gilt dann sinngemäß auch für die Anwendung von Gleichung (6.44) für Stahlbrücken und wäre ggf. auf schlanke Querschnitte anderer Anwendungsbereiche wie zum Beispiel bei Kranbahnen zu übertragen.

### Zu 6.2.10 und Anmerkung
Bei einer Querkraftausnutzung von über 50 % $V_{pl,Rd}$ ist zu beachten, dass ein Einfluss auf die Momenten- und Normalkrafttragfähigkeit durch eine Reduktion der Streckgrenze für die wirksamen Schubflächen ($A_{steg}$ z.B.) oder gemäß Anmerkung eine Reduktion der Blechdicke der für die Querkraft maßgebenden Querschnittsteile wie dem Steg zu berücksichtigen ist. Der „Restquerschnitt" steht dann zur Aufnahme der Biegung und Normalkraft zur Verfügung. So ist mithin ebenfalls bei der Berechnung der Momententragfähigkeit für I- und H-Querschnitte nach 6.2.9.1(5) für die Ermittlung des Faktors $a$ in Gl. (6.36) bis (6.38) die reduzierte Querschnittsfläche $A_{red}$ statt der Bruttofläche $A$ anzusetzen. Dies führt im konkreten Fall zu:

$$A_{red} = 2 b t_f + (A - 2 b t_f) \cdot (1 - \rho)$$
$$N_{V,Rd} = A_{red} \cdot f_{yd}$$
$$M_{V,y,Rd} = W_{pl,y,red} \cdot f_{yd} \approx \left[ W_{pl,y} - \rho \cdot (A - 2 b t_f) \cdot \frac{h_w}{4} \right] \cdot f_{yd}$$
$$n = N_{Ed} / N_{V,Rd}$$
$$a = (A_{red} - 2 b t_f) / A_{red}$$
$$M_{N,V,y,Rd} = M_{V,y,Rd} \cdot (1 - n) / (1 - 0.5 a)$$

## 6.3 Stabilitätsnachweise für Bauteile

### 6.3.1 Gleichförmige Bauteile mit planmäßig zentrischem Druck

#### 6.3.1.1 Biegeknicken

(1) Für planmäßig zentrisch belastete Druckstäbe ist in der Regel folgender Nachweis gegen Biegeknicken zu führen:

$$\frac{N_{Ed}}{N_{b,Rd}} \leq 1,0 \qquad (6.46)$$

Dabei ist
$N_{Ed}$  der Bemessungswert der einwirkenden Druckkraft;
$N_{b,Rd}$  der Bemessungswert der Biegeknickbeanspruchbarkeit von druckbeanspruchten Bauteilen.

**NCI**                                    *DIN EN 1993-1-1/NA*

*zu 6.3.1.1(1)*
Für den Nachweis des Biegeknickens darf Gleichung (6.46) auch bei Stäben mit veränderlichen Querschnitten und/oder veränderlichen Normalkräften $N_{Ed}$ angewendet werden. Der Nachweis ist für alle maßgebenden Querschnitte mit den jeweils zugehörigen Querschnittswerten und der zugehörigen Normalkraft $N_{cr}$ an der betreffenden Stelle zu führen.

(2) Bei unsymmetrischen Querschnitten der Klasse 4 ist in der Regel das Zusatzmoment $\Delta M_{Ed}$ infolge der verschobenen Hauptachse des wirksamen Querschnitts, siehe auch 6.2.2.5(4) zu berücksichtigen. Dieses Zusatzmoment macht einen Interaktionsnachweis erforderlich, siehe 6.3.3 oder 6.3.4.

(3) Der Bemessungswert der Beanspruchbarkeit auf Biegeknicken von Druckstäben ist in der Regel wie folgt anzunehmen:

$$N_{b,Rd} = \frac{\chi A f_y}{\gamma_{M1}}$$

für Querschnitte der Klasse 1, 2 und 3; (6.47)

$$N_{b,Rd} = \frac{\chi A_{eff} f_y}{\gamma_{M1}}$$

für Querschnitte der Klasse 4; (6.48)

wobei $\chi$ den Abminderungsfaktor für die maßgebende Biegeknickrichtung darstellt.

Anmerkung: Bei Bauteilen mit veränderlichem Querschnitt oder ungleichmäßiger Druckbelastung kann eine Berechnung nach Theorie 2. Ordnung nach 5.3.4(2) erfolgen. Bei Biegeknicken aus der Ebene siehe 6.3.4.

(4) Bei der Berechnung von $A$ und $A_{eff}$ können Löcher für Verbindungsmittel an den Stützenenden vernachlässigt werden.

**Tabelle 6.1.** Imperfektionsbeiwerte der Knicklinien

| Knicklinie | $a_0$ | a | b | c | d |
|---|---|---|---|---|---|
| Imperfektionsbeiwert $\alpha$ | 0,13 | 0,21 | 0,34 | 0,49 | 0,76 |

#### 6.3.1.2 Knicklinien

(1) Für planmäßig zentrisch belastete Druckstäbe ist der Wert $\chi$ mit dem Schlankheitsgrad $\bar{\lambda}$ aus der maßgebenden Knicklinie in der Regel nach folgender Gleichung zu ermitteln:

$$\chi = \frac{1}{\Phi + \sqrt{\Phi^2 - \bar{\lambda}^2}} \quad \text{aber } \chi \leq 1,0 \qquad (6.49)$$

Dabei ist

$\Phi = 0,5\left[1 + \alpha(\bar{\lambda} - 0,2) + \bar{\lambda}^2\right]$;

$\bar{\lambda} = \sqrt{\dfrac{A f_y}{N_{cr}}}$ für Querschnitte der Klasse 1, 2 und 3;

$\bar{\lambda} = \sqrt{\dfrac{A_{eff} f_y}{N_{cr}}}$ für Querschnitte der Klasse 4;

$\alpha$  der Imperfektionsbeiwert für die maßgebende Knicklinie;
$N_{cr}$  die ideale Verzweigungslast für den maßgebenden Knickfall gerechnet mit den Abmessungen des Bruttoquerschnitts.

(2) Der Imperfektionsbeiwert $\alpha$ sollte der Tabelle 6.1 und Tabelle 6.2 entnommen werden.
(3) Die Werte des Abminderungsfaktors $\chi$ dürfen für den Schlankheitsgrad $\bar{\lambda}$ auch mit Hilfe von Bild 6.4 ermittelt werden.
(4) Bei Schlankheitsgraden $\bar{\lambda} \leq 0,2$ oder für $\dfrac{N_{Ed}}{N_{cr}} \leq 0,04$ darf der Biegeknicknachweis entfallen, und es sind ausschließlich Querschnittsnachweise zu führen.

#### 6.3.1.3 Schlankheitsgrad für Biegeknicken

(1) Der Schlankheitsgrad $\bar{\lambda}$ ist wie folgt zu bestimmen:

$$\bar{\lambda} = \sqrt{\frac{A f_y}{N_{cr}}} = \frac{L_{cr}}{i} \frac{1}{\lambda_1}$$

für Querschnitte der Klasse 1, 2 und 3; (6.50)

$$\bar{\lambda} = \sqrt{\frac{A_{eff} f_y}{N_{cr}}} = \frac{L_{cr}}{i} \frac{\sqrt{\dfrac{A_{eff}}{A}}}{\lambda_1}$$

für Querschnitte der Klasse 4. (6.51)

**Zu NCI zu 6.3.1.1(1) und Anmerkung zu 6.3.1.1(3)**
Entsprechend der Erfahrung mit dem Ersatzstabnachweis nach Element (305) in DIN 18800 Teil 2 [K2] wird im Fall von veränderlicher Druckkraft nicht gleich ein Nachweis nach Theorie II. Ordnung oder nach dem „Allgemeinen Verfahren" nach 6.3.4 erforderlich, sondern der gewöhnliche Knicknachweis darf für die korrespondierende Knicklast unter veränderliche Normalkraft geführt werden.

**Tabelle 6.2.** Auswahl der Knicklinie eines Querschnitts

| Querschnitt | | Begrenzungen | Ausweichen rechtwinklig zur Achse | Knicklinie S 235 S 275 S 355 S 420 | Knicklinie S 460 |
|---|---|---|---|---|---|
| gewalzte I-Querschnitte | $h/b > 1{,}2$ | $t_f \leq 40$ mm | $y$-$y$<br>$z$-$z$ | a<br>b | $a_0$<br>$a_0$ |
| | | $40$ mm $< t_f \leq 100$ | $y$-$y$<br>$z$-$z$ | b<br>c | a<br>a |
| | $h/b \leq 1{,}2$ | $t_f \leq 100$ mm | $y$-$y$<br>$z$-$z$ | b<br>c | a<br>a |
| | | $t_f > 100$ mm | $y$-$y$<br>$z$-$z$ | d<br>d | c<br>c |
| Geschweißte I-Querschnitte | | $t_f \leq 40$ mm | $y$-$y$<br>$z$-$z$ | b<br>c | b<br>c |
| | | $t_f > 40$ mm | $y$-$y$<br>$z$-$z$ | c<br>d | c<br>d |
| Hohlquerschnitte | | warmgefertigte | jede | a | $a_0$ |
| | | kaltgefertigte | jede | c | c |
| Geschweißte Kastenquerschnitte | | allgemein (außer den Fällen der nächsten Zeile) | jede | b | b |
| | | dicke Schweißnähte:<br>$a > 0{,}5 t_f$<br>$b/t_f < 30$<br>$h/t_w < 30$ | jede | c | c |
| U-, T- und Vollquerschnitte | | | jede | c | c |
| L-Querschnitte | | | jede | b | b |

# Grenzzustände der Tragfähigkeit

Dabei ist
$L_{cr}$ die Knicklänge in der betrachteten Knickebene;
$i$ der Trägheitsradius für die maßgebende Knickebene, der unter Verwendung der Abmessungen des Bruttoquerschnitts ermittelt wird;

$$\lambda_1 = \pi\sqrt{\frac{E}{f_y}} = 93{,}9\varepsilon;$$

$$\varepsilon = \sqrt{\frac{235}{f_y}} \qquad f_y \text{ in N/mm}^2.$$

Anmerkung B: Zu Biegeknicken im Hochbau siehe Anhang BB.

(2) Die für das Biegeknicken maßgebende Knicklinie ist in der Regel aus Tabelle*) 6.2 zu entnehmen.

---
*) Zuweisung korrigiert: Tabelle 6.2 ist korrekt

### Zu NCI zu 6.3.1.3(2)
Die neue Übersetzung von 6.3.1.3(2) stellt die Verbindlichkeit der Zuordnung der Knicklinie nach Tabelle 6.2 sicher. Der Bezug auf Tabelle 2 ist falsch und durch Tabelle 6.2 zu ersetzen.

### Zu 6.3.1.3 und Anmerkung
Für die Ermittlung der Knicklängen stehen in der Literatur vielerlei Hilfsmittel z. B. [K7], DIN 18800-2 Bilder 27 und 29 [K2], [2] in NCI Literaturliste und Software zur Verfügung. Zusätzlich enthält der informative Anhang BB im Kapitel BB.1 eine vereinfache Bestimmung von Knicklängen von Fachwerken oder Verbänden im Hochbau.

### Zu Tabelle 6.2
Mit kleinen Ausnahmen entspricht die Zuordnung der Knicklinien nach Tabelle 6.2 zu den Querschnitten den Zuordnungen nach DIN 18800-2 [K2]. Allerdings trifft das nicht zu für gewalzte I-Querschnitte aus Stahl der Güte S460 mit kleinen Flanschdicken ($t_f \leq 40$ mm für $h/b > 1{,}2$ und $t_f \leq 100$ mm für $h/b \leq 1{,}2$), wo jeweils für das Knicken um die schwache Achse dieselbe günstige Knicklinie wie um die starke Achse verwendet werden darf, während normalerweise für das Knicken um die schwache Achse die Zuordnung jeweils ungünstiger ist. Wie in [K44] gezeigt, widerspricht diese Zuordnung älteren Veröffentlichungen zu Versuchen und auch entsprechenden Stichproben von Traglastrechnungen.

Um eine konsistente Zuordnung der Knicklinie und ein gleichmäßiges Sicherheitsniveau zu erreichen, wurde im zuständigen europäischen Komitee ein Beschluss [K51] zu einer entsprechenden Anpassung getroffen, die dann auch in den zukünftigen Eurocode eingearbeitet wird. Vom gleichen Gremium wurde aufgrund neuerer Erkenntnisse eine Verbesserung der Zuordnung für gewalzte I-Querschnitte mit dicken Flanschen beschlossen [K54]. Die entsprechenden Zeilen in Tabelle 6.2 sehen dann wie in Tabelle K1 dargestellt aus.

Die Zuordnung der Knicklinien bei Winkeln sieht eigentlich nur gewalzte Profile vor. Tatsächlich werden auch geschweißte Winkel hergestellt. Auch können gewalzte Profile aus S460 günstiger eingeordnet werden. Im zuständigen europäischen Komitee wurde eine Änderung für den zukünftigen Eurocode beschlossen [K53], die für Winkelprofile Tabelle K2 vorsieht.

**Tabelle K1.** Zuordnung Knicklinien für gewalzte I-Querschnitte

| Querschnitt | Begrenzungen | | Ausweichen rechtwinklig zu Achse | Knicklinie | |
|---|---|---|---|---|---|
| | | | | S235, S275 S355, S420 | S460 |
| Gewalzte Querschnitte | $h/b > 1{,}2$ | $t_f \leq 40$ mm | y-y | a | $a_0$ |
| | | | z-z | b | a |
| | | 40 mm $< t_f \leq 100$ mm | y-y | b | a |
| | | | z-z | c | b |
| | | $t_f > 100$ mm | y-y | b | a |
| | | | z-z | c | b |
| | $h/b \leq 1{,}2$ | 40 mm $< t_f \leq 100$ mm | y-y | b | a |
| | | | z-z | c | b |
| | | $t_f > 100$ mm | y-y | d | c |
| | | | z-z | d | c |

**Tabelle K2.** Zuordnung Knicklinien für Winkel

| Querschnitt | Begrenzungen | Ausweichen rechtwinklig zu Achse | Knicklinie | |
|---|---|---|---|---|
| | | | S235, S275 S355, S420 | S460 |
| L-Querschnitte | Gewalzte Querschnitte | jede | b | a |
| | Geschweißte Querschnitte $t_f \leq 40$ mm | | c | c |

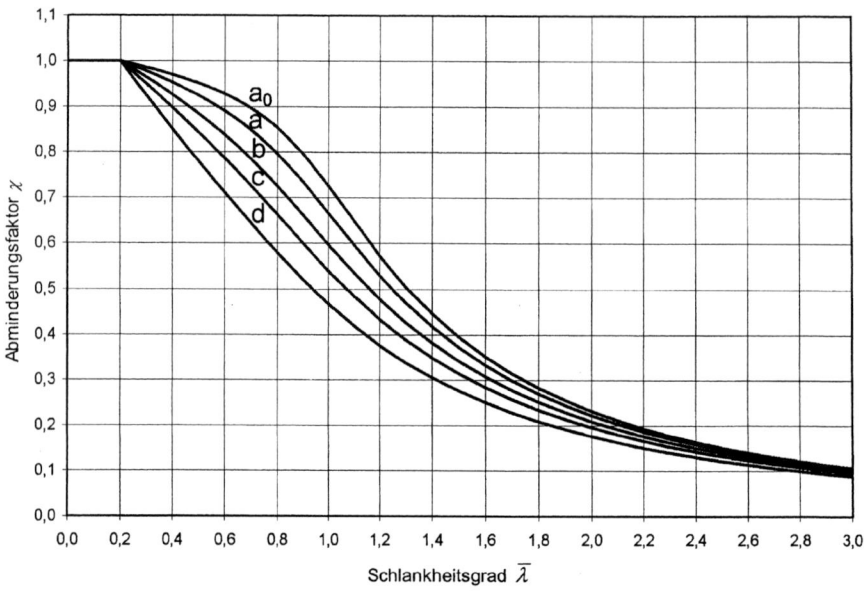

**Bild 6.4.** Knicklinien

### 6.3.1.4 Schlankheitsgrad für Drillknicken oder Biegedrillknicken

(1) Bei Bauteilen mit offenen Querschnitten ist in der Regel zu beachten, dass der Widerstand des Bauteils gegen Drillknicken oder Biegedrillknicken möglicherweise kleiner als sein Widerstand gegen Biegeknicken ist.

(2) Der Schlankheitsgrad $\bar{\lambda}_T$ für Drillknicken oder Biegedrillknicken ist wie folgt anzunehmen:

$$\bar{\lambda}_T = \sqrt{\frac{A f_y}{N_{cr}}}$$

für Querschnitte der Klasse 1, 2 und 3; (6.52)

$$\bar{\lambda}_T = \sqrt{\frac{A_{eff} f_y}{N_{cr}}}$$

für Querschnitte der Klasse 4. (6.53)

Dabei ist
$N_{cr} = N_{cr,TF}$ jedoch $N_{cr} < N_{cr,TF}$;
$N_{cr,TF}$ die ideale Verzweigungslast für Biegedrillknicken;
$N_{cr,T}$ die ideale Verzweigungslast für Drillknicken.

(3) Bei Drillknicken oder Biegedrillknicken kann die maßgebende Knicklinie der Tabelle 6.2 entnommen werden, wobei die Linien für die z-Achse gelten.

### 6.3.2 Gleichförmige Bauteile mit Biegung um die Hauptachse

#### 6.3.2.1 Biegedrillknicken

(1) Für einen seitlich nicht durchgehend am Druckgurt gehaltenen Träger, der auf Biegung um die Hauptachse beansprucht wird, ist in der Regel folgender Nachweis gegen Biegedrillknickversagen zu erbringen:

$$\frac{M_{Ed}}{M_{b,Rd}} \leq 1,0 \qquad (6.54)$$

Dabei ist
$M_{Ed}$ der Bemessungswert des einwirkenden Biegemomentes;
$M_{b,Rd}$ der Bemessungswert der Biegedrillknickbeanspruchbarkeit.

(2) Träger, bei denen der gedrückte Flansch ausreichend gegen seitliches Ausweichen gehalten ist, sind gegen Biegedrillknickversagen unempfindlich. Außerdem sind Träger mit bestimmten Querschnitten, wie rechteckige oder runde Hohlquerschnitte, geschweißte Rohrquerschnitte oder Kastenquerschnitte, nicht biegedrillknickgefährdet.

(3) Der Bemessungswert der Biegedrillknickbeanspruchbarkeit eines seitlich nicht gehaltenen Trägers ist in der Regel wie folgt zu ermitteln:

$$M_{b,Rd} = \chi_{LT} W_y \frac{f_y}{\gamma_{M1}} \qquad (6.55)$$

wobei
$W_y$ das maßgebende Widerstandsmoment mit folgender Bedeutung ist:

– $W_y = W_{pl,y}$ für Querschnitte der Klasse 1 oder 2;
– $W_y = W_{el,y}$ für Querschnitte der Klasse 3;
– $W_y = W_{eff,y}$ für Querschnitte der Klasse 4;

$\chi_{LT}$ ist der Abminderungsfaktor für das Biegedrillknicken.

Anmerkung 1: Für die Ermittlung des Bemessungswertes der Biegedrillknickbeanspruchbarkeit von Trägern mit veränderlichem Querschnitt darf eine Berechnung nach Theorie 2. Ordnung nach 5.3.4(3) durchgeführt werden. Bei Knicken aus der Ebene siehe 6.3.4.

Anmerkung 2B: Zu biegedrillknickgefährdeten Bauteilen im Hochbau siehe auch Anhang BB.

(4) Bei der Berechnung von $W_y$ können Löcher für Verbindungsmittel an Stellen mit geringer Momentenbeanspruchung (z. B. an den Trägerenden) vernachlässigt werden.

## Zu 6.3.1.4(1)

Drillknicken oder Biegedrillknicken unter zentrischem Druck tritt nur bei besonderen Querschnitten mit sehr kleinem Wölb- oder Torsionswiderstand auf, wie zum Beispiel dem dünnwandigen Kreuzquerschnitt oder Winkelprofilen mit geringen Schlankheitsgraden. [K6] und [K18] enthalten Hinweise, u. a. auch zu einem Abgrenzungskriterium für gabelgelagerte Einfeldträger mit punkt- bzw. doppeltsymmetrischem Querschnitt, das angibt, ab wann Drillknicken unter zentrischem Druck eventuell eintreten kann:

polarer Trägheitsradius $i_P^2 = \dfrac{I_y + I_z}{A} > c^2 = \dfrac{(I_\omega + 0{,}039 \cdot L^2 \cdot I_T)}{I_z}$

Der nationale Anhang in Österreich [K32] gibt folgende Regeln zur Berechnung von $\bar{\lambda}_T$ für gabelgelagerte Stäbe mit doppeltsymmetrischen Querschnitten und $\bar{\lambda}_{TF}$ für gabelgelagerte Stäbe mit einfachsymmetrischen Querschnitten vor:

– einfachsymmetrische Querschnitte:

$$\bar{\lambda}_{TF} = \bar{\lambda}_z \sqrt{\dfrac{c^2 + i_0^2}{2c^2}\left(1 + \sqrt{1 - \dfrac{4c^2 i_p^2}{(c^2 + i_0^2)^2}}\right)} \quad (K.1)$$

mit:

$i_p = \sqrt{i_y^2 + i_z^2} \quad i_y = \sqrt{\dfrac{I_y}{A}} \quad i_z = \sqrt{\dfrac{I_z}{A}} \quad \bar{\lambda}_z = \dfrac{l_t}{i_z \lambda_1}$

$i_0 = \sqrt{i_0^2 + z_0^2} \quad c = \sqrt{\dfrac{I_\omega}{I_z} + 0{,}039 \dfrac{I_t l_T^2}{I_z}}$

$z_0$ Abstand zwischen Schwerpunkt und Schubmittelpunkt
$l_T$ Knicklänge für Biegedrillknicken
$I_\omega$ Wölbwiderstand
$I_t$ Torsionswiderstand

– doppeltsymmetrische Querschnitte:

$$\bar{\lambda}_T = \bar{\lambda}_z \left(\dfrac{i_p}{c}\right) \text{ oder } \bar{\lambda}_z \quad (K.2)$$

Für die häufig auftretenden Fälle von L-förmigen und T-förmigen Querschnitten darf nach [K32], falls kein genauerer Nachweis geführt wird, folgende Regel zur Bestimmung von $\bar{\lambda}_{TF}$ verwendet werden:
– L-förmige Querschnitte:
wenn $\bar{\lambda}_v \leq 5{,}3(h/t)$ wird $\bar{\lambda}_{TF}$ maßgebend: $\bar{\lambda}_{TF} = 5{,}3(h/t)\bar{\lambda}_v$
$\bar{\lambda}_v$ stellt die Stabschlankheit um die Achse v-v dar
– T-förmige Querschnitte:
wenn $\bar{\lambda}_z \leq 6{,}5(h/t)$ wird $\bar{\lambda}_{TF}$ maßgebend: der Nachweis ist wie für einfachsymmetrische Querschnitte mit $I_\omega = 0$ zu führen.

## Zu 6.3.2

Für den Nachweis gegen Biegedrillknicken bei reiner Biegung enthält die Norm drei unterschiedliche Nachweismöglichkeiten am Ersatzstab: nach 6.3.2.1 als Abminderung der Momentenbeanspruchbarkeit mit $\chi_{LT}$ in Abhängigkeit von einer bezogenen Schlankheit $\bar{\lambda}_{LT}$, die sich auf das ideale Biegedrillknickmoment $M_{cr}$ bezieht, nach 6.3.2.4 als Knicknachweis des Druckgurtes und nach 6.3.4 als Abminderung der Systemtragfähigkeit in Abhängigkeit von einem Schlankheitsgrad $\bar{\lambda}_{op}$, der vom Vergrößerungsfaktor des ideal elastischen kritischen Verzweigungszustandes des Systems $\alpha_{cr,op}$ abhängt. Die drei Verfahren stellen Alternativen dar, die nicht immer zum gleichen Ergebnis führen, da sie unterschiedliche Vereinfachungen enthalten, die je nach vorliegender Situation mehr oder weniger konservativ sind.

## Zu 6.3.2.1(1)

In $M_{b,Rd}$ geht bei einem Klasse-1-Querschnitt das vollplastische Moment $M_{pl,Rd}$ ein, vgl. Gleichung (6.55) und Erläuterungen. Zu beachten ist, dass hier keine Abminderung der Biegemomententragfähigkeit durch ggf. vorhandene Querkräfte $V$ erfolgt, siehe auch [K44]. Der Effekt der gleichzeitigen Wirkung von Biegemoment und Querkraft wird durch den stets zusätzlich zu führenden Querschnittsnachweis erfasst, vgl. 6.3.3(2).

## Zu 6.3.2.1(2) und Anmerkung 2B

Wenn durch die Wahl eines torsionssteifen Querschnitts oder durch eine Stützung des Druckgurtes verhindert ist, dass der Träger seitlich unter Verdrehung aus seiner Haupttragebene ausweicht, tritt auch kein Biegedrillknickversagen auf und braucht ein entsprechender Nachweis nicht geführt zu werden.
Stäbe mit Hohlquerschnitten (gewalzt oder geschweißt) weisen in der Regel eine so große St. Venant'sche Torsionssteifigkeit $I_T$ auf, dass keine Stabverdrehung auftritt und damit kein Biegedrillknicken möglich ist. Das bezieht sich auf übliche gewalzte Profile oder gleichartige geschweißte Querschnitte. Bei dünnwandigen kaltgeformten Profilen, die in den Bereich von EN 1993-1-3 fallen, gibt es hohe sehr schlanke Sonderprofile, deren Torsionssteifigkeit trotzdem relativ klein ist, sodass die Empfindlichkeit gegenüber Biegedrillknicken ggf. zu überprüfen ist, siehe auch [K44].
Der Anhang BB2 „Kontinuierliche seitliche Stützungen" enthält zu DIN 18800-2 [K2], Abs. 3.3.2 analoge Regeln. In der bisherigen Praxis konnte mithilfe der Regelung aus DIN 18807-3:1987-06 [K26], die weiterhin in Kraft bleibt, in der Regel auf einen aufwendigen Stabilitätsnachweis für Dachpfetten im Hallenbau verzichtet werden. Diese Regelungen besagt, dass stählerne Träger mit I-förmigem Querschnitt bis 200 mm Höhe als durch die Profiltafeln hinreichend ausgesteift gelten, wenn diese mit dem gedrückten Gurt verbunden sind. Diese Regelung kann sicher auch für eine Tragwerksberechnung nach EN 1993-1-1 als weiterhin gültig angenommen werden.

## 6.3.2.2 Knicklinien für das Biegedrillknicken – Allgemeiner Fall

(1) Außer für die Fälle in 6.3.2.3 ist für biegebeanspruchte Bauteile mit gleichförmigen Querschnitten der Wert $\chi_{LT}$ mit dem Schlankheitsgrads $\bar{\lambda}_{LT}$ aus der maßgebenden Biegedrillknicklinie in der Regel nach folgender Gleichung zu ermitteln:

$$\chi_{LT} = \frac{1}{\Phi_{LT} + \sqrt{\Phi_{LT}^2 - \bar{\lambda}_{LT}^2}}$$

jedoch $\chi_{LT} \leq 1,0$ (6.56)

Dabei ist

$$\Phi_{LT} = 0,5\left[1 + \alpha_{LT}(\bar{\lambda}_{LT} - 0,2) + \bar{\lambda}_{LT}^2\right]$$

$\alpha_{LT}$ der Imperfektionsbeiwert für die maßgebende Knicklinie für das Biegedrillknicken;

$$\bar{\lambda}_{LT} = \sqrt{\frac{W_y f_y}{M_{cr}}}$$

$M_{cr}$ das ideale Biegedrillknickmoment.

(2) $M_{cr}$ ist in der Regel mit den Abmessungen des Bruttoquerschnitts und unter Berücksichtigung des Belastungszustands, der tatsächlichen Momentenverteilung und der seitlichen Lagerungen zu berechnen.

Anmerkung 1: Der Nationale Anhang kann die Imperfektionsbeiwerte $\alpha_{LT}$ festlegen. Die empfohlenen Werte von $\alpha_{LT}$ sind Tabelle 6.3 zu entnehmen.

Die empfohlene Zuordnung ist Tabelle 6.4 zu entnehmen.

**NDP**                          *DIN EN 1993-1-1/NA*

*zu 6.3.2.2(2) Anmerkung 1*
Es gilt die Empfehlung, einschließlich der Tabellen 6.3 und 6.4. Der in DIN EN 1993-1-1:2010-12, 6.3.2.3(2) angegebene Faktor $f$ darf auch zur Modifizierung von $\chi_{LT}$ nach DIN EN 1993-1-1:2010-12, 6.3.2.2(1) angewendet werden.
Anstelle der Beiwerte $\alpha_{LT}$ dürfen alternativ die folgenden Imperfektionsbeiwerte $\alpha_{LT}^*$ in Gleichung (6.56) verwendet werden:

$$\alpha_{LT}^* = \frac{\alpha_{crit}^*}{\alpha_{crit}} \alpha \quad (NA.3)$$

Dabei ist

$\alpha$      der Imperfektionsbeiwert für Ausweichen rechtwinklig zur z-z-Achse nach Tabelle 6.2;

$\alpha_{crit}^*$      der kleinste Vergrößerungsfaktor für die Bemessungswerte der Belastung, mit dem die ideale Verzweigungslast mit Verformungen aus der Haupttragwerksebene erreicht und die Torsionssteifigkeit vernachlässigt wird;

$\alpha_{crit}$      der kleinste Vergrößerungsfaktor für die Bemessungswerte der Belastung, mit dem die ideale Verzweigungslast mit Verformungen aus der Haupttragwerksebene erreicht und die Torsionssteifigkeit vernachlässigt wird;

$\alpha_{LT}$      Imperfektionsbeiwert für Biegedrillknicken nach DIN EN 1993-1-1:2010-12, Tabelle 6.3.

(3) Der Wert des Abminderungsfaktors $\chi_{LT}$ für den Schlankheitsgrad $\bar{\lambda}_{LT}$ darf auch aus Bild 6.4 entnommen werden.
(4) Bei Schlankheitsgraden $\bar{\lambda}_{LT} \leq \bar{\lambda}_{LT,0}$ (siehe 6.3.2.3) oder für $\frac{M_{Ed}}{M_{cr}} \leq \bar{\lambda}_{LT,0}^2$ (siehe 6.3.2.3) darf der Biegedrillknicknachweis entfallen, und es sind ausschließlich Querschnittsnachweise zu führen.

### Zu 6.3.2.2
Für den sogenannten „Allgemeinen Fall" ist im Unterschied zum Fall von Walzprofilen und gleichartigen geschweißten Querschnitten (mit günstigeren Regeln gemäß 6.3.2.3) der Abminderungsfaktor der Momentenbeanspruchbarkeit $\chi_{LT}$ in Abhängigkeit von einer bezogenen Schlankheit $\bar{\lambda}_{LT}$ analog zu den Knicklinien von Druckstäben (vgl. 6.3.1.2) nach Tabelle 6.3 zu wählen. Maßgebend für die Auswahl der Linien ist aber im Unterschied zum Knicken der Druckstäbe neben der Herstellungsart (gewalzt/geschweißt) das Verhältnis von Höhe zu Breite der Profile entsprechend der Zuordnung in Tabelle 6.4. Der „Allgemeine Fall" erfasst im Unterschied zum Fall von Walzprofilen und gleichartigen geschweißten Querschnitten nach 6.3.2.3 hohe Träger mit schmalen Gurten, bei denen das Biegedrillknicken im Wesentlichen wie das seitliche Biegeknicken des gedrückten Gurtes erfolgt.

### Zu 6.3.2.2(2)
Für die Ermittlung des idealen Biegedrillknickmomentes $M_{cr}$ wird auf Software bzw. auf einschlägige Literatur [K7, K21] verwiesen. Auch DIN 18800-2 [K2] enthält mit Gleichung (19) und Tabelle 10 eine vereinfachte Berechnungsmöglichkeit für gleichbleibenden doppelsymmetrischen Querschnitt. Auch in der Vornorm DIN V ENV 1993-1-1:1993-04 [K45] waren im informativen Anhang F noch Angaben zur Ermittlung von $M_{cr}$ enthalten. Nachträglich hat sich dann aber herausgestellt, dass die Angaben zum Teil fehlerhaft waren, sodass die dort angegebenen Werte nicht verwendet werden sollten. Hinweise hierzu und auch zur Berücksichtigung verschiedener Randbedingungen bei der Ermittlung von $M_{cr}$ sind in [K44] gegeben.

### Zu NDP zu 6.3.2.2(2) Anmerkung 1
Der Nationale Anhang enthält an dieser Stelle zwei voneinander unabhängige, völlig unterschiedliche Hinweise.
a) Für $\chi_{LT}$ nach 6.3.2.2(1), Gleichung (6.56) gemäß Tabelle 6.3 und Tabelle 6.4 wird auch eine Abminderung gemäß Gleichung (6.58) durch die Division mit $f$ in Abhängigkeit von der Form der Momentenfläche gestattet. Hierdurch wird berücksichtigt, dass bei Trägern mit vom konstanten Verlauf abweichenden Momentenverteilungen sonst sehr konservative Ergebnisse erzielt werden, siehe [K11].
b) Es wird eine alternative Bestimmung des Abminderungsfaktors $\chi_{LT}$ zugelassen, die $\alpha_{LT}^*$ in Gleichung (6.56) einführt, einen Faktor, der sich aus dem „Allgemeinen Verfahren für Knick- und Biegedrillknicknachweise" gemäß 6.3.4 herleitet, vgl. [K19].

**Tabelle 6.3.** Empfohlene Imperfektionsbeiwerte der Knicklinien für das Biegedrillknicken

| Knicklinie | a | b | c | d |
|---|---|---|---|---|
| Imperfektionsbeiwert $\alpha_{LT}$ | 0,21 | 0,34 | 0,49 | 0,76 |

**Tabelle 6.4.** Empfohlene Knicklinien für das Biegedrillknicken nach Gleichung (6.56)

| Querschnitt | Grenzen | Knicklinien |
|---|---|---|
| gewalztes I-Profil | $h/b \leq 2$ | a |
| | $h/b > 2$ | b |
| geschweißtes I-Profil | $h/b \leq 2$ | c |
| | $h/b > 2$ | d |
| andere Querschnitte | – | d |

### 6.3.2.3 Biegedrillknicklinien gewalzter Querschnitte oder gleichartiger geschweißter Querschnitte

(1) Für gewalzte oder gleichartige geschweißte Querschnitte unter Biegebeanspruchung werden die Werte $\chi_{LT}$ mit dem Schlankheitsgrad $\bar{\lambda}_{LT}$ aus der maßgebenden Biegedrillknicklinie nach folgender Gleichung ermittelt:

$$\chi_{LT} = \frac{1}{\Phi_{LT} + \sqrt{\Phi_{LT}^2 - \beta \bar{\lambda}_{LT}^2}} \text{ jedoch } \begin{cases} \chi_{LT} \leq 1,0 \\ \chi_{LT} \leq \dfrac{1}{\bar{\lambda}_{LT}^2} \end{cases} \quad (6.57)$$

$$\Phi_{LT} = 0,5\left[1 + \alpha_{LT}\left(\bar{\lambda}_{LT} - \bar{\lambda}_{LT,0}\right) + \beta \bar{\lambda}_{LT}^2\right]$$

Anmerkung: Der Nationale Anhang kann die Parameter $\bar{\lambda}_{LT,0}$ und $\beta$ festlegen. Die folgenden Werte werden für gewalzte Profile oder gleichartige geschweißte Querschnitte empfohlen:
$\bar{\lambda}_{LT,0} = 0,4$ (Höchstwert);
$\beta = 0,75$ (Mindestwert).
Die empfohlene Zuordnung ist der Tabelle 6.5 zu entnehmen.

**NDP**      DIN EN 1993-1-1/NA
*zu 6.3.2.3(1) Anmerkung*
Es gilt die Empfehlung, einschließlich Tabelle 6.5.

**Tabelle 6.5.** Empfohlene Biegedrillknicklinien nach Gleichung (6.57)

| Querschnitt | Grenzen | Biegedrillknicklinien |
|---|---|---|
| gewalztes I-Profil | $h/b \leq 2$ | b |
| | $h/b > 2$ | c |
| geschweißtes I-Profil | $h/b \leq 2$ | c |
| | $h/b > 2$ | d |

(2) Um die Momentenverteilung zwischen den seitlichen Lagerungen von Bauteilen zu berücksichtigen, darf der Abminderungsfaktor $\chi_{LT}$ wie folgt modifiziert werden:

$$\chi_{LT,\text{mod}} = \frac{\chi_{LT}}{f} \text{ jedoch } \begin{cases} \chi_{LT,\text{mod}} \leq 1 \\ \chi_{LT,\text{mod}} \leq \dfrac{1}{\bar{\lambda}_{LT}^2} \end{cases} \quad (6.58)$$

Anmerkung: Der Nationale Anhang kann die Werte $f$ festlegen. Folgende Mindestwerte werden empfohlen:
$f = 1 - 0,5(1 - k_c)\left[1 - 2,0\left(\bar{\lambda}_{LT} - 0,8\right)^2\right]$
jedoch $f \leq 1,0$
Dabei ist $k_c$ ist ein Korrekturbeiwert nach Tabelle 6.6.

**NDP**      DIN EN 1993-1-1/NA
*zu 6.3.2.3(2) Anmerkung*
Es gilt die Empfehlung, einschließlich Tabelle 6.6.

**Zu 6.3.2.3**
Für gewalzte und gleichartige geschweißte Querschnitte dürfen gegenüber dem allgemeinen Fall nach 6.3.2.2 in Abhängigkeit von einer bezogenen Schlankheit $\bar{\lambda}_{LT}$ vorteilhaftere Abminderungsfaktoren der Momentenbeanspruchbarkeit $\chi_{LT}$ gemäß Gleichung (6.57) genutzt werden. Die Zuordnung von $\alpha_{LT}$ gemäß Tabelle 6.3 erfolgt nach Tabelle 6.5. Die günstige Wirkung der Beziehung, vgl. [K11], beruht u. a. auf der Verlängerung des Plateaus für $\chi_{LT} = 1,0$ von $\bar{\lambda}_{LT,0} = 0,2$ auf $\bar{\lambda}_{LT,0} = 0,4$. Für Schlankheiten kleiner als 0,4 ist also kein Biegedrillknicknachweis erforderlich. Diese Regel entspricht dem Grenzwert nach DIN 18800 Teil 2, [K2], Abschnitt 3.3.4 Element (311), der in der Praxis zu einer Reihe von Anwendungsregeln geführt hat [K18], vgl. auch 6.3.2.1(2) und Anhang BB, die einen expliziten Biegedrillknicknachweis überflüssig machen. Neu ist darüber hinaus die Möglichkeit, nach Gleichung (6.58) den Abminderungsfaktor in Abhängigkeit von der Form der Momentenfläche mit $f$ noch zusätzlich zu reduzieren. Neben der Möglichkeit eine gegenüber dem konstanten Moment günstigere Momentenfläche bei der Ermittlung des idealen Biegedrillknickmomentes $M_{cr}$ für $\bar{\lambda}_{LT}$ anzusetzen, wird so ein zusätzlich günstiger Effekt bei der Tragwirkung selber erfasst. Es sei darauf hingewiesen, dass die empfohlenen Korrekturbeiwerte $k_c$ für betragsmäßig gleich große Stütz- und Feldmomente hergeleitet wurden. Für andere Verteilungen darf dieser nach Gl. (NA.4) berechnet werden.
Für die Ermittlung der Biegedrillknickmomente wird auf Software bzw. auf einschlägige Literatur [K18, K23] verwiesen.
In [K22] sind Angaben zur Übertragung des Nachweisverfahrens auf einfachsymmetrische Querschnitte gemacht, die den Regelungen in [K32] zugrunde liegen. Diese sind für den Fall Druck und Biegung um die starke Achse bei einfachsymmetrischen I-, H-Querschnitten und rechteckigen Hohlprofilen in den Hinweisen zu 6.3.3 angegeben. [K23] vergleicht die verschiedenen Verfahren zum Biegeknicken und Biegedrillknicken, erläutert Hintergründe zur Herleitung und zeigt Wege zur Weiterentwicklung auf.

**Tabelle 6.6.** Empfohlene Korrekturbeiwerte $k_c$

| Momentenverteilung | $k_c$ |
|---|---|
| $\psi = 1$ | 1,0 |
| $-1 \leq \psi \leq 1$ | |
| | 0,94 |
| | 0,90 |
| | 0,91 |
| | 0,86 |
| | 0,77 |
| | 0,82 |

**NCI**      DIN EN 1993-1-1/NA

*zu 6.3.2.3(2) Tabelle 6.6*
Der Korrekturbeiwert $k_c$ darf auch nach Gleichung (NA.4) bestimmt werden.

$$k_c = \sqrt{\frac{1}{C_1}}$$

mit $C_1$ Momentenbeiwert für das Biegedrillknicken, z. B. nach [2] oder [3]

### 6.3.2.4 Vereinfachtes Bemessungsverfahren für Träger mit Biegedrillknickbehinderungen im Hochbau

(1)B Bauteile mit an einzelnen Punkten seitlich gestützten Druckflanschen dürfen als nicht biegedrillknickgefährdet angesehen werden, wenn die Länge $L_c$ zwischen den seitlich gehaltenen Punkten bzw. der sich daraus ergebende Schlankheitsgrad $\bar{\lambda}_F$ des druckbeanspruchten Flansches folgende Anforderung erfüllt:

$$\bar{\lambda}_f = \frac{k_c L_c}{i_{f,z} \lambda_1} \leq \bar{\lambda}_{c0} \frac{M_{c,Rd}}{M_{y,Ed}} \quad (6.59)$$

Dabei ist
$M_{y,Ed}$    das größte einwirkende Bemessungsmoment zwischen den Stützpunkten;

$$M_{c,Rd} = W_y \frac{f_y}{\gamma_{M1}}$$

$W_y$    das maßgebende Widerstandsmoment des Querschnitts für die gedrückte Querschnittsfaser;
$k_c$    der Korrekturbeiwert an dem Schlankheitsgrad abhängig von der Momentenverteilung zwischen den seitlich gehaltenen Punkten, siehe Tabelle 6.6;

$i_{f,z}$    der Trägheitsradius des druckbeanspruchten Flansches um die schwache Querschnittsachse unter Berücksichtigung von 1/3 der auf Druck beanspruchten Fläche des Steges;
$\bar{\lambda}_{c0}$    der Grenzschlankheitsgrad für das oben betrachtete, druckbeanspruchte Bauteil;

$$\lambda_1 = \pi \sqrt{\frac{E}{f_y}} = 93,9\varepsilon$$

$$\varepsilon = \sqrt{\frac{235}{f_y}} \quad (f_y \text{ in N/mm}^2).$$

Anmerkung 1B: Für Querschnitte der Klasse 4 darf $i_{f,z}$ wie folgt berechnet werden:

$$i_{f,z} = \sqrt{\frac{I_{eff,f}}{A_{eff,f} + \frac{1}{3} A_{eff,w,c}}}$$

Dabei ist
$I_{eff,f}$    das wirksame Flächenträgheitsmoment des druckbeanspruchten Flansches um die schwache Querschnittsachse;
$A_{eff,f}$    die wirksame Fläche des druckbeanspruchten Flansches
$A_{eff,w,c}$    die wirksame Fläche des druckbeanspruchten Teils des Stegblechs

Anmerkung 2B: Der Nationale Anhang kann den Grenzschlankheitsgrad $\bar{\lambda}_{c0}$ festlegen. Der Grenzwert von $\bar{\lambda}_{c0} = \bar{\lambda}_{LT,0} + 0,1$ wird empfohlen, siehe 6.3.2.3.

**Zu 6.3.2.4**
Der Nachweis des Biegedrillknickens wird hier als Nachweis des Knickens des Druckgurtes geführt. Dieses vereinfachte Modell berücksichtigt jedoch keine Abtriebseffekte infolge eines ungünstigen Lastangriffspunkts oberhalb des Schubmittelpunkts. Somit beschränkt sich die Anwendung des vereinfachten Druckgurtverfahrens auf Fälle ohne zusätzliche destabilisierende Momente. Die Vorgehensweise entspricht DIN 18800 Teil 2 [K2], Abschnitt 3.3.3 Element (310), indem zuerst nach Gleichung (6.59) ein Mindestabstand der seitlichen Stützung des Druckgurtes nachgewiesen werden kann und dann, wenn dieser Nachweis nicht erfolgreich ist, nach Gleichung (6.60) ein Knicknachweis geführt wird. Im Unterschied zu DIN 18800 Teil 2 wird hier der Gurtquerschnitt nicht um 1/5, sondern um 1/3 des Stegquerschnitts erhöht. Damit wird berücksichtigt, dass sich bei Spannungsgradienten im Steg, die über die gesamte Steghöhe Druckspannungen sind (z. B. bei Verbundträgern unter negativem Biegemoment) höhere Abtriebskräfte einstellen als bei typischen doppelsymmetrischen Querschnitten unter reiner Biegung.
Diese Nachweisform ist nach EN 1993-1-1 entsprechend der Kennzeichnung B nur im Hochbau zulässig. Im Brückenbau wird aber in EN 1993-2 mit 6.3.4.2 „Vereinfachtes Verfahren" der gleiche Nachweis zugelassen, mit dem Unterschied, dass in Gleichung (6.59) für $\bar{\lambda}_{c0} = 0,2$ statt 0,5 und für $k_{fl}$ in Gleichung (6.60) 1,0 statt 1,1 zu wählen ist, was einer äußerst konservativen Regelung gleichkommt.

**NDP**                                 **DIN EN 1993-1-1/NA**
*zu 6.3.2.4(1)B Anmerkung 2B*
Es gilt die Empfehlung.

(2)B Wenn der Schlankheitsgrad $\bar{\lambda}_f$ des druckbeanspruchten Flansches den in (1)B festgelegten Grenzwert überschreitet, darf der Bemessungswert der Biegedrillknickbeanspruchbarkeit wie folgt ermittelt werden:

$$M_{b,Rd} = k_{f\ell} \chi \, M_{c,Rd}$$
$$\text{jedoch } M_{b,Rd} \leq M_{c,Rd} \quad\quad (6.60)$$

Dabei ist
$\chi$    der mit $\bar{\lambda}_f$ ermittelte Abminderungsfaktor des äquivalenten druckbeanspruchten Flansches;
$k_{f\ell}$    der Anpassungsfaktor, mit dem dem konservativen Nachweis mit äquivalenten druckbeanspruchten Flanschen Rechnung getragen wird.

Anmerkung B: Der Nationale Anhang kann den Anpassungsfaktor $k_{f\ell}$ festlegen. Der Wert $k_{f\ell} = 1{,}10$ wird empfohlen.

**NDP**                                 **DIN EN 1993-1-1/NA**
*zu 6.3.2.4(2)B Anmerkung B*
Es gilt die Empfehlung.

(3)B Für das Verfahren in (2)B sind in der Regel die folgenden Knicklinien zu verwenden:
Knickspannungslinie $d$ für geschweißte Querschnitte,
vorausgesetzt: $\dfrac{h}{t_f} \leq 44\varepsilon$;
Knickspannungslinie $c$ für alle anderen Querschnitte.

Dabei ist
$h$    die Gesamthöhe des Querschnitts;
$t_f$    die Dicke des druckbeanspruchten Flansches.

Anmerkung B: Zum Biegedrillknicken von seitlich gestützten Bauteilen im Hochbau, siehe auch Anhang BB.3.

### 6.3.3 Auf Biegung und Druck beanspruchte gleichförmige Bauteile

(1) Wenn keine Untersuchung nach Theorie II. Ordnung durchgeführt wird, bei der die Imperfektionen aus 5.3.2 angesetzt werden, sollte die Stabilität von gleichförmigen Bauteilen mit doppelt-symmetrischen Querschnitten, die nicht zu Querschnittsverformungen neigen, nach (2) bis (5) nachgewiesen werden. Dabei wird folgende Differenzierung vorgenommen:
– verdrehsteife Bauteile, wie z. B. Hohlquerschnitte oder gegen Verdrehung ausgesteifte Querschnitte;
– verdrehweiche Bauteile, wie z. B. offene Querschnitte, deren Verdrehung nicht behindert wird.

(2) Zusätzlich zu den Nachweisen nach (3) bis (5) sind an den Bauteilenden in der Regel Querschnittsnachweise nach 6.2 zu führen.

**Zu 6.3.2.4(3)B**
Für geschweißte Querschnitte ist dieses vereinfachte Verfahren nur zulässig, wenn die Voraussetzung $h/t_f \leq 44\varepsilon$ eingehalten ist. Geschweißte Querschnitte, die diese Voraussetzung nicht erfüllen, dürfen mit diesem vereinfachten Modell nicht nachgewiesen werden. Mit dem Satz, dass Knickspannungslinie $c$ für alle anderen Querschnitte zu verwenden ist, sind demnach die übrigen I-förmigen Walzquerschnitte gemeint. Hintergründe dazu lassen sich in [K58] wiederfinden.

**Zu 6.3.3**
Für Stäbe unter Druck und Biegung wird mit den Gleichungen (6.61) und (6.62) ein Doppelnachweis am aus dem System herausgeschnittenen Ersatzstab in allgemeiner Form gefordert, bei dem im Unterschied zu DIN 18800 Teil 2 [K2] Biegeknicken und Biegedrillknicken in einem gemeinsamen Nachweisformat behandelt werden und der Abminderungsfaktor für das Biegedrillknicken $\chi_{LT}$ auch in der Nachweisgleichung (6.61) für Biegeknicken um die starke Achse zu berücksichtigen ist. Die Interaktionsfaktoren $k_{yy}$, $k_{yz}$, $k_{zy}$ und $k_{zz}$ können wahlweise nach dem Alternativverfahren 1 in Anhang A oder dem Alternativverfahren 2 in Anhang B bestimmt werden. Die Hintergründe zu beiden Verfahren sind vom Technischen Komitee 8 der ECCS in der Dokumentation Nr. 119 [2] in der NCI Literaturliste erläutert worden. Während das Alternativverfahren 1 nur mithilfe eines Datenverarbeitungsprogramms sinnvoll zu verwenden ist, wurde das Alternativverfahren 2 im Anhang B aus deutsch/österreichischer Tradition heraus als auch noch für die Handrechnung geeignetes Verfahren entwickelt. Die Verfahren wurden am gabelgelagerten Einfeldträger für doppelt-symmetrische Querschnitte hergeleitet.
Die jeweiligen Stabendmomente müssen deshalb die Systemeinflüsse wie Effekte aus Theorie II. Ordnung und globale Imperfektionen – vorrangig Schiefstellungen – enthalten, vgl. auch Hinweise zu 5.2.2(7). Bei unterschiedlichen Halterungen in und aus der Ebene, das heißt unterschiedlichen Systemen, ist deshalb auch Methode b1) zu empfehlen, bei der alle Effekte nach Theorie II. Ordnung und aus Imperfektionen in der Ebene bei der Ermittlung der Schnittgrößen im Gesamtsystem komplett erfasst werden. Dann kann für das Alternativverfahren 2 auf die Anwendung von Gleichung (6.61) (Nachweis in der Ebene) verzichtet werden und mit Gleichung (6.62) lediglich der Nachweis aus der Ebene einschließlich Biegedrillknicken erfolgen. Andernfalls sind für beide Nachweisgleichungen getrennt die jeweiligen Stabendmomente nach Theorie II. Ordnung unter globalen Imperfektionen zu bestimmen.
Zwischenabstützungen gegen seitliches Ausweichen erfordern eine Abstützung beider Gurte des Profils oder eine Abstützung des einen Gurtes und zusätzliche Verdrehbehinderung des Querschnitts.
[K6], [K11], [K29] und [K32] enthalten Angaben auch zu vereinfachten Formulierungen für typische Einzelfälle wie Druck und einachsige Biegung und für den Fall verdrehsteifer Bauteile, wenn Biegedrillknicken keine Rolle spielt, vgl. auch Hinweise zu 6.3.2.1(2). Im Folgenden werden die vereinfachten Formulierungen aus [K32] dargestellt.

Für verdrehsteife Stäbe lautet der Biegeknicknachweis:

Biegeknicken um $y$-$y$: $\dfrac{N_{Ed}}{\chi_z N_{Rd}} + k_y \dfrac{C_{my} M_{y,Ed}}{M_{y,Rd}} \leq 1,0$ \hfill (K.3)

Biegeknicken um $z$-$z$: $\dfrac{N_{Ed}}{\chi_z N_{Rd}} + \alpha k_y \dfrac{C_{my} M_{y,Ed}}{M_{y,Rd}} \leq 1,0$ \hfill (K.4)

Für I-, H- und RHS-Querschnitte gilt vereinfacht:

$$\dfrac{N_{Ed}}{\chi_z N_{Rd}} \leq 1,0 \hfill \text{(K.5)}$$

Die Beiwerte bestimmen sich zu:

$k_y = 1 + (\bar{\lambda}_y - 0,2) n_y \leq 1 + 0,8 n_y$, $\alpha = 0,6$
für Klassen 1 und 2

$k_y = 1 + 0,6 \bar{\lambda}_y n_y \leq 1 + 0,6 n_y$, $\alpha = 0,8$
für Klassen 3 und 4

$n_y = \dfrac{N_{Ed}}{\chi_z N_{Rd}}$, $C_{my} = 0,6 + 0,4\psi \geq 0,4$

Für verdrehweiche Stäbe lautet der Biegedrillknicknachweis:

Biegedrillknicken um $y$-$y$: $\dfrac{N_{Ed}}{\chi_y N_{Rd}} + k_y \dfrac{C_{my} M_{y,Ed}}{\chi_{LT} M_{y,Rd}} \leq 1,0$ \hfill (K.6)

Biegeknicken um $z$-$z$: $\dfrac{N_{Ed}}{\chi_z N_{Rd}} + k_{LT} \dfrac{M_{y,Ed}}{\chi_{LT} M_{y,Rd}} \leq 1,0$ \hfill (K.7)

Der Beiwert $k_y$ bestimmt sich nach den obigen Gleichungen. Die anderen Beiwerte bestimmen sich zu:

$k_{LT} = 1 - \dfrac{0,1 \bar{\lambda}_z n_z}{C_{MLT} - 0,25} \geq 1 - \dfrac{0,1 n_z}{C_{MLT} - 0,25}$

für Klassen 1 und 2 (für $\bar{\lambda}_z < 0,4$)

$k_{LT} = 1 - \dfrac{0,05 \bar{\lambda}_z n_z}{C_{MLT} - 0,25} \geq 1 - \dfrac{0,05 n_z}{C_{MLT} - 0,25}$

für Klassen 3 und 4

$n_z = \dfrac{N_{Ed}}{\chi_z N_{Rd}}$, $C_{MLT} = 0,6 + 0,4\psi \geq 0,4$

Für einfachsymmetrische I-, H-Querschnitte und rechteckige Hohlprofile sind in [K32] für den Fall Druck und einachsige Biegung um die starke Achse (Moment $M_y$ zusätzliche Regelungen angegeben, die eine Anwendung des Alternativverfahrens 2 auch für diesen Fall erlauben und im Folgenden wiedergegeben werden.

Dabei werden die Berechnungsformeln für den Standardfall eines zur $z$-Achse symmetrischen Querschnitts unter Druck und einachsiger Biegung $M_{y,Ed}$ angegeben. Es sind in dem Fall positive und negative Werte für $M_{y,Ed}$ zu unterscheiden. Laut Definition bewirkt ein positives Moment Druck am kleineren Gurt des Querschnitts. Die Biegebeanspruchbarkeiten $M_{y,Rd}$ und die Biegedrillknickschlankheiten $\bar{\lambda}_{LT}$ bzw. die zugehörigen Abminderungsfaktoren $\chi_{LT}$ sind bei Querschnitten der Klassen 3 und 4 auf den jeweils maßgebenden kleineren oder größeren Gurt des Querschnitts zu beziehen, vgl. Bild K2.

Es gilt:

$$M_{y,Rd(s)} = W_{y(s)} \dfrac{f_y}{\gamma_{M1}} \qquad M_{y,Rd(\ell)} = W_{y(\ell)} \dfrac{f_y}{\gamma_{M1}}$$

$$\bar{\lambda}_{LT(s)} = \sqrt{\dfrac{W_{y(s)} f_y}{M_{cr(s)}}} \chi_{LT(s)}$$

$$\bar{\lambda}_{LT(\ell)} = \sqrt{\dfrac{W_{y(\ell)} f_y}{M_{cr(\ell)}}} \chi_{LT(\ell)}$$

mit

$W_{y(s)}$ Widerstandsmoment, bezogen auf den kleineren Gurt (s)
$W_{y(\ell)}$ Widerstandsmoment, bezogen auf den größeren Gurt ($\ell$)
$M_{cr(s)}$ Biegedrillknickmoment für positives Moment $M_y$
$M_{cr(\ell)}$ Biegedrillknickmoment für negatives Moment $M_y$

Für verdrehsteife Stäbe gelten folgende Änderungen für die Beiwerte:
Klassen 1 und 2: $k_y = 1 + 2(\bar{\lambda}_y - 0,2) n_y \leq 1 + 1,6 n_y \quad \alpha = 0,6$
Klassen 3 und 4: $k_y = 1 + \bar{\lambda}_y n_y \leq 1 + n_y \quad \alpha = 0,8$

Dabei ist in die Bemessungsformeln für $M_{y,Ed}$ der Absolutwert einzusetzen. Für Querschnitte der Klassen 3 und 4 ist $M_{y,Rd}$ für den unter $M_{y,Ed}$ gedrückten Rand zu bestimmen. Wird bei Querschnitten der Klassen 3 und 4 für negative Werte von $M_{y,Ed}$ die Zugspannung im kleineren Gurt maßgebend, sind folgende Gleichungen mit $M_{y,Ed}$ als Absolutwert zu erfüllen:

für $\bar{\lambda}_y \leq 1$ $\quad \dfrac{N_{Ed}}{N_{Rd}} \left( \dfrac{1}{\chi_y} - 2 + \bar{\lambda}_y \right) + \dfrac{M_{y,Ed}}{M_{y,Rd(s)}} \leq 1$ \hfill (K.8)

für $\bar{\lambda}_y > 1$ $\quad \dfrac{N_{Ed}}{N_{Rd}} \left( \dfrac{1}{\chi_y} - 1,5 + 0,5 \bar{\lambda}_y \right) + \dfrac{M_{y,Ed}}{M_{y,Rd(s)}} \leq 1$ \hfill (K.9)

Für verdrehweiche Stäbe ist der oben aufgeführte Biegedrillknicknachweis um die $y$-$y$-Achse zu erfüllen. Dabei ist für $M_{y,Ed}$ der Absolutwert einzusetzen. $\chi_{LT}$ ist für die Momentenrichtung von $M_{y,Ed}$ zu bestimmen und bei Querschnitten der Klassen 3 und 4 ist $M_{y,Rd}$ für den unter $M_{y,Ed}$ gedrückten Rand zu bestimmen. Die Nachweise für Biegedrillknicken um die $z$-$z$-Achse lauten:

$\dfrac{N_{Ed}}{\chi_{TF} N_{Rd}} + k_{LT} \dfrac{M_{y,Ed}}{\chi_{LT(s)} M_{y,Rd(s)}} \leq 1,0$ \hfill (K.10)

$\dfrac{N_{Ed}}{\chi_z N_{Rd}} + k_{LT} \dfrac{M_{y,Ed}}{\chi_{LT(\ell)} M_{y,Rd(\ell)}} \leq 1,0$ \hfill (K.11)

Dabei ist $M_{y,Ed}$ vorzeichengerecht einzusetzen. Falls bei Querschnitten der Klassen 3 und 4 für negative Werte von $M_{y,Ed}$ die Zugspannung im kleineren Gurt maßgebend wird, sind die Gleichungen K.8 und K.9 zu erfüllen [K32]. Die Hintergründe dieser erweiterten Regeln auf einfach-symmetrische Querschnitte sind in [K35] beschrieben.

Spezielle Regelungen bei der Interaktion von Normalkraft und Biegung für kaltgeformte Querschnitte sind in DIN EN 1993-1-3 [K57] enthalten.

Planmäßige Torsion ist in den Gleichungen (6.61) und (6.62) nicht berücksichtigt. Der Anhang A von EN 1993-6 enthält hierzu ein Verfahren, das das Alternativverfahren 2 entsprechend ergänzt, vgl. auch [K44].

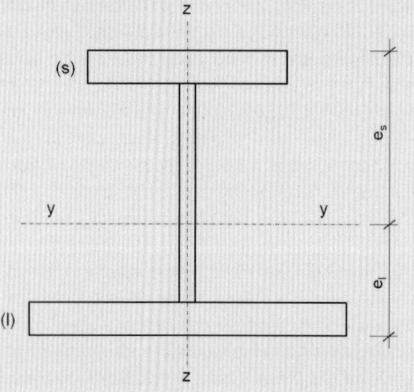

**Bild K2.** Querschnittsdefinitionen eines einfachsymmeterischen Querschnitts [K32]

**Tabelle 6.7.** Werte für $N_{Rk} = f_y A_i$, $M_{i,Rk} = f_y W_i$ und $\Delta M_{i,Ed}$

| Klasse | 1 | 2 | 3 | 4 |
|---|---|---|---|---|
| $A_i$ | $A$ | $A$ | $A$ | $A_{eff}$ |
| $W_y$ | $W_{pl,y}$ | $W_{pl,y}$ | $W_{el,y}$ | $W_{eff,y}$ |
| $W_z$ | $W_{pl,z}$ | $W_{pl,z}$ | $W_{el,z}$ | $W_{eff,z}$ |
| $\Delta M_{y,Ed}$ | 0 | 0 | 0 | $e_{N,y} N_{Ed}$ |
| $\Delta M_{z,Ed}$ | 0 | 0 | 0 | $e_{N,z} N_{Ed}$ |

Anmerkung 1: Die Interaktionsformeln basieren auf dem Modell eines gabelgelagerten Einfeldträgers, mit oder ohne seitliche Zwischenstützung, der durch Druckkräfte, Randmomente und/oder Querbelastungen beansprucht wird.

Anmerkung 2: Falls die Anwendungsbedingungen in (1) und (2) nicht erfüllt sind, siehe 6.3.4.

(3) Der Stabilitätsnachweis darf für ein Tragwerk geführt werden, indem einzelne Bauteile, die als aus dem Tragwerk herausgeschnitten gedacht werden, nachgewiesen werden. Die Wirkung der Theorie 2. Ordnung auf ein seitenverschiebliches Tragwerk (P-Δ-Effekte) wird entweder durch die vergrößerten Randmomente des einzelnen herausgeschnittenen Bauteils oder durch geeignete Knicklängenbestimmung berücksichtigt, siehe 5.2.2(3)c) und 5.2.2(8).

(4) Durch Biegung und Druck beanspruchte Bauteile müssen in der Regel folgende Anforderungen erfüllen:

$$\frac{N_{Ed}}{\frac{\chi_y N_{Rk}}{\gamma_{M1}}} + k_{yy} \frac{M_{y,Ed} + \Delta M_{y,Ed}}{\chi_{LT} \frac{M_{y,Rk}}{\gamma_{M1}}} + k_{yz} \frac{M_{z,Ed} + \Delta M_{z,Ed}}{\frac{M_{z,Rk}}{\gamma_{M1}}} \leq 1$$

(6.61)

$$\frac{N_{Ed}}{\frac{\chi_z N_{Rk}}{\gamma_{M1}}} + k_{zy} \frac{M_{y,Ed} + \Delta M_{y,Ed}}{\chi_{LT} \frac{M_{y,Rk}}{\gamma_{M1}}} + k_{zz} \frac{M_{z,Ed} + \Delta M_{z,Ed}}{\frac{M_{z,Rk}}{\gamma_{M1}}} \leq 1$$

(6.62)

Dabei sind

$N_{Ed}$, $M_{y,Ed}$ und $M_{z,Ed}$ die Bemessungswerte der einwirkenden Druckkraft und der einwirkenden maximalen Momente um die $y$-$y$-Achse und $z$-$z$-Achse;

$\Delta M_{y,Ed}$, $\Delta M_{z,Ed}$ die Momente aus der Verschiebung der Querschnittsachsen von Klasse-4-Querschnitten nach 6.2.9.3 sind, siehe Tabelle 6.1;

$\chi_y$ und $\chi_z$ die Abminderungsbeiwerte für Biegeknicken nach 6.3.1;

$\chi_{LT}$ die Abminderungsbeiwert für Biegedrillknicken nach 6.3.2;

$k_{yy}$, $k_{yz}$, $k_{zy}$, $k_{zz}$ die Interaktionsfaktoren.

Anmerkung: Bei Bauteilen ohne Torsionsverformungen würde sich $\chi_{LT} = 1{,}0$ ergeben.

(5) Die Interaktionsfaktoren $k_{yy}$, $k_{yz}$, $k_{zy}$ und $k_{zz}$ sind abhängig vom gewählten Verfahren anzusetzen.

Anmerkung 1: Die Interaktionsfaktoren $k_{yy}$, $k_{yz}$, $k_{zy}$ und $k_{zz}$ wurden auf zwei verschiedenen Wegen abgeleitet. Die Werte dieser Faktoren können dem Anhang A (Alternativverfahren 1) oder dem Anhang B (Alternativverfahren 2) entnommen werden.

Anmerkung 2: Der Nationale Anhang kann Festlegungen zu den Alternativverfahren 1 und 2 treffen.

**NDP**        DIN EN 1993-1-1/NA
*zu 6.3.3(5) Anmerkung 2*
Es dürfen die Interaktionsfaktoren sowohl nach dem Alternativverfahren 1 (DIN EN 1993-1-1:2010-12, Anhang A) als auch nach dem Alternativverfahren 2 (DIN EN 1993-1-1:2010-12, Anhang B) verwendet werden.

Anmerkung 3: Vereinfachend können die Nachweise immer mit elastischen Querschnittswerten geführt werden.

### 6.3.4 Allgemeines Verfahren für Knick- und Biegedrillknicknachweise für Bauteile

(1) Das folgende Verfahren kann angewendet werden, wenn die Verfahren in 6.3.1, 6.3.2 und 6.3.3 nicht zutreffen. Es ermöglicht den Knick- und Biegedrillknicknachweis für:

– einzelne Bauteile, die in ihrer Hauptebene belastet werden, mit beliebigem einfach-symmetrischen Querschnitt, veränderlicher Bauhöhe und beliebigen Randbedingungen;
– vollständige ebene Tragwerke oder Teiltragwerke, die aus solchen Bauteilen bestehen;

die auf Druck und/oder einachsige Biegung in der Hauptebene beansprucht sind, aber zwischen ihren Stützungen keine Fließgelenke enthalten.

**Zu 6.3.4**
Das „Allgemeine Verfahren für Knick- und Biegedrillknicknachweise für Bauteile" eignet sich für den Stabilitätsnachweis von Bauteilen und Rahmen aus der Haupttragebene heraus, für die es zum Beispiel durch entsprechende FE-Programme möglich ist, eine Systemschlankheit auf der Basis eines ideal elastischen Verzweigungszustands zu bestimmen, unabhängig davon, ob es sich um Biegeknicken, Biegedrillknicken unter reiner Biegung oder einen Mischzustand handelt. Erläuterungen zu den Hintergründen und möglichen Weiterentwicklungen enthalten [K19] und [K20]. Durch den Nationalen Anhang ist die Anwendung auf Querschnitte aus I-Profilen und einachsige Biegung in Tragwerksebene mit Druckkraft beschränkt, da sich für andere Fälle auch unsichere Ergebnisse ergaben. Wichtig ist, dass der Nationale Anhang die Interpolation des Abminderungswertes zwischen den Werten für Biegeknicken und Biegedrillknicken (Option b) nach 6.3.4(4)) nicht zulässt.

Anmerkung: Der Nationale Anhang kann die Einsatzgrenzen für das Verfahren festlegen.

**NDP**            DIN EN 1993-1-1/NA

*zu 6.3.4(1) Anmerkung*
Das Verfahren gilt für Bauteile und Tragwerke die auf Biegung in Tragwerksebene und/oder Druck beansprucht werden. Als Querschnitte sind nur I-Profile zugelassen. Bei der Bestimmung von $\alpha_{ult,k}$ ist der zur Bildung des ersten Fließgelenkes gehörende Wert zu verwenden.[NA.2)] Die Wahl der Knicklinie geht aus Tabelle NA.4 hervor.

**Tabelle NA.4.** Wahl der Knicklinie

| Knicken ohne Biegedrillknicken | Zuordnung der entsprechenden Knicklinie nach DIN EN 1993-1-1:2010-12, Tabelle 6.2 |
|---|---|
| Biegedrillknicken | Zuordnung der entsprechenden Knicklinie für das Biegedrillknicken nach DIN EN 1993-1-1:2010-12, Tabelle 6.4 |

Der Wert $\chi$ nach 6.3.1 ist für $\chi_{op}$ dann zu verwenden, wenn die Beanspruchung ausschließlich aus Normalkräften besteht, der Wert $\chi_{LT}$ nach 6.3.2.2 ist für $\chi_{op}$ zu verwenden, wenn die Beanspruchung ausschließlich aus Biegemomenten besteht. Bei gemischter Beanspruchung ist der kleinere der beiden Werte $\chi$ oder $\chi_{LT}$ für $\chi_{op}$ zu verwenden.

NA.2) Für Tragwerke mit voutenförmigen Bauteilen ist die ideale Verzweigungslast für die vorhandene Geometrie zu ermitteln. Dies kann mit adäquaten numerischen Methoden erfolgen (z. B. FEM-Modellierung mit Schalenelementen). Eine Abstufung mit Stabelementen führt in der Regel nicht zu richtigen Ergebnissen.

(2) Der Widerstand gegen Knicken aus der Ebene für Tragwerke oder Teiltragwerke entsprechend (1) kann mit folgendem Kriterium nachgewiesen werden:

$$\frac{\chi_{op} \alpha_{ult,k}}{\gamma_{M1}} \geq 1,0 \quad (6.63)$$

Dabei ist

$\alpha_{ult,k}$    der kleinste Vergrößerungsfaktor für die Bemessungswerte der Belastung, mit dem die charakteristische Tragfähigkeit der Bauteile mit Verformungen in der Tragwerksebene erreicht wird, ohne dass Knicken oder Biegedrillknicken aus der Ebene berücksichtigt wird. Dabei werden, wo erforderlich, alle Effekte aus Imperfektionen und Theorie II. Ordnung in der Tragwerksebene berücksichtigt. In der Regel wird $\alpha_{ult,k}$ durch den Querschnittsnachweis am ungünstigsten Querschnitt des Tragwerks oder Teiltragwerks bestimmt;

$\chi_{op}$    der Abminderungsfaktor für den Schlankheitsgrad $\bar{\lambda}_{op}$, mit dem Knicken oder Biegedrillknicken aus der Tragwerksebene berücksichtigt wird, siehe (3).

(3) Der Schlankheitsgrad $\bar{\lambda}_{op}$ für das Tragwerk oder Teiltragwerk sollte wie folgt ermittelt werden:

$$\bar{\lambda}_{op} = \sqrt{\frac{\alpha_{ult,k}}{\alpha_{cr,op}}} \quad (6.64)$$

Dabei ist

$\alpha_{ult,k}$    wie in (2);
$\alpha_{cr,op}$    der kleinste Vergrößerungsfaktor für die Bemessungswerte der Belastung, mit dem die ideale Verzweigungslast mit Verformungen aus der Haupttragwerksebene erreicht wird. Dabei werden keine weiteren Verformungen in der Tragwerksebene berücksichtigt.

Anmerkung: Die Werte $\alpha_{cr,op}$ und $\alpha_{ult,k}$ können mit Hilfe von Finiten Elementen ermittelt werden.

(4) Der Abminderungsbeiwert $\chi_{op}$ darf nach einem der folgenden Verfahren ermittelt werden:
a) als kleinster Wert aus den Größen:
$\chi$    für Knicken nach 6.3.1;
$\chi_{LT}$    für Biegedrillknicken nach 6.3.2.
Dabei sind beide Werte für den Schlankheitsgrad $\bar{\lambda}_{op}$ zu berechnen.

Anmerkung: Dieses Verfahren führt z. B. bei der Bestimmung von $\alpha_{ult,k}$ über den Querschnittsnachweis

$$\frac{1}{\alpha_{ult,k}} = \frac{N_{Ed}}{N_{Rk}} + \frac{M_{y,Ed}}{M_{y,Rk}} \text{ zu der Bemessungsgleichung:}$$

$$\frac{N_{Ed}}{\frac{N_{Rk}}{\gamma_{M1}}} + \frac{M_{y,Ed}}{\frac{M_{y,Rk}}{\gamma_{M1}}} \leq \chi_{op} \quad (6.65)$$

b) als Wert, der zwischen $\chi$ und $\chi_{LT}$, beide nach a), interpoliert wird. Dabei darf die Interpolation über die Gleichung für den Querschnittsnachweis durchgeführt werden.

Anmerkung: Dieses Verfahren führt z. B. bei der Bestimmung von $\alpha_{ult,k}$ über den Querschnittsnachweis

$$\frac{1}{\alpha_{ult,k}} = \frac{N_{Ed}}{N_{Rk}} + \frac{M_{y,Ed}}{M_{y,Rk}} \text{ zu der Bemessungsgleichung:}$$

$$\frac{N_{Ed}}{\frac{\chi N_{Rk}}{\gamma_{M1}}} + \frac{M_{y,Ed}}{\frac{\chi_{LT} M_{y,Rk}}{\gamma_{M1}}} \leq 1. \quad (6.66)$$

### 6.3.5 Biegedrillknicken von Bauteilen mit Fließgelenken

#### 6.3.5.1 Allgemeines

(1)B Tragwerke dürfen plastisch bemessen werden, wenn Knicken oder Biegedrillknicken des Tragwerks aus seiner Haupttragebene wie folgt verhindert wird:
a) seitliche Stützungen an allen Fließgelenken mit Rotationsanforderungen, siehe 6.3.5.2;
b) Stabilitätsnachweis für die Tragwerksabschnitte zwischen solchen Stützungen und anderen seitlichen Lagerungen, siehe 6.3.5.3.
(2)B Wenn an den Fließgelenken unter allen Lastkombinationen im Grenzzustand der Tragfähigkeit keine Rotationen verlangt werden, sind an diesen Fließgelenken keine besonderen seitlichen Stützungen erforderlich.

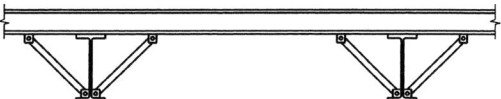

Bild 6.5. Beispiel für eine Verdrehungsbehinderung

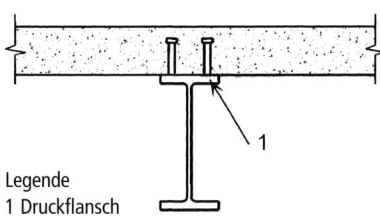

Legende
1 Druckflansch

Bild 6.6. Beispiel für eine Verschiebungs- und Verdrehungsbehinderung durch eine fest verbundene Betonplatte

#### 6.3.5.2 Stützungen an Fließgelenken mit Rotationsanforderungen

(1)B An jedem Fließgelenk mit Rotationsanforderungen ist in der Regel der Querschnitt mit einem angemessenen Widerstand gegen seitliche Verschiebung und Verdrehung zu stützen, die infolge der Rotation im Fließgelenk entstehen können.
(2)B Die seitliche Stützung ist in der Regel durch folgende Maßnahmen vorzunehmen:
– bei Bauteilen mit nur Biegemomenten allein oder Momenten- und Druckbelastung durch seitliche Stützung beider Flansche. Diese kann durch seitliche Stützung eines Flansches und Verdrehungsbehinderung des Querschnitts erfolgen, so dass sich der Druckflansch nicht gegenüber dem Zugflansch verschieben kann, siehe Bild 6.5.
– bei Bauteilen mit nur Biegemomenten allein oder Momenten- und Zugbelastung, bei der eine Platte auf dem Druckflansch aufliegt, durch Verschiebungs- und Verdrehungsbehinderung des Druckflansches (z. B. durch eine geeignete Verbindung mit der Platte, siehe Bild 6.6). Bei Querschnittsschlankheiten, die über die gewalzter I- und H-Querschnitte hinausgehen, sollte die Querschnittsverformung an der Stelle des plastischen Gelenks konstruktiv verhindert werden (z. B. durch eine mit dem Druckflansch verbundene Stegsteife und eine steife Verbindung des Druckflansches mit der Platte).
(3)B An jedem Fließgelenk sind in der Regel die Verbindungsmittel (z. B. Schrauben) des Anschlusses des Druckflansches zum stützenden Bauteil (z. B. Pfette) und alle dazwischenliegenden Bauteile (z. B. diagonale Streben) für eine örtliche Belastung von mindestens 2,5 % von $N_{f,Ed}$, nach 6.3.5.2(5)B, die vom Flansch in seiner Ebene rechtwinklig zur Stegebene ausgeübt wird, ohne Kombinationen mit anderen Lasten zu bemessen.
(4)B Kann eine solche Stützung nicht direkt am Fließgelenk vorgesehen werden, sollte diese mindestens in einem Abstand von $h/2$ vom Fließgelenk angeordnet werden, wobei $h$ die Querschnittshöhe am Fließgelenk ist.

(5)B Für die Bemessung der stützenden Aussteifung, siehe 5.3.3, ist in der Regel zusätzlich zu dem Nachweis mit Imperfektionen nach 5.3.3 sicherzustellen, dass der Widerstand der Aussteifung für folgende lokale Ersatzlasten $Q_m$, welche an den jeweiligen zu stabilisierenden Bauteilen an den Stellen der Fließgelenke angreifen, ausreicht:

$$Q_m = 1,5 \; \alpha_m \frac{N_{f,Ed}}{100} \quad (6.67)$$

**Zu 6.3.5.1**
Die Regelungen in diesem Abschnitt beruhen auf einer Tradition in England, Rahmentragwerke plastisch, also unter Ausnutzung der Schnittgrößenumlagerung aufgrund des nichtlinearen Werkstoffverhaltens, zu bemessen, vgl. Abschnitt 5.4.3. In Deutschland ist es bisher eher üblich nur bis zur Ausbildung des ersten Fließgelenkes zu gehen (Verfahren elastisch-plastisch nach DIN 18800 Teil 2 [K2]), dann müssen die Bedingungen nach 6.3.5.2 und 6.3.5.3 nicht erfüllt werden, weil in diesem Fall keine besondere Rotationsanforderung an das Fließgelenk besteht.
Auf eine Stützung der Fließgelenkstelle gemäß 6.3.5.2 kann auch verzichtet werden, wenn es sich um das letzte sich ausbildende Fließgelenk einer Fließgelenkkette handelt, bei dessen Ausbildung der Grenzzustand der Tragfähigkeit eintritt, also von dem keine zusätzlich plastische Rotation mehr gefordert wird.
Erläuterungen zur Anwendung des Verfahrens mit Beispielrechnungen sind in [K24] und [K25] zu finden.

**Zu 6.3.5.2(4)**
Die Übersetzung „...sollte diese *mindestens* in einem Abstand von $h/2$ vom Fließgelenk angeordnet werden,..." ist nicht korrekt. Es muss auch nach dem englischen Normentext „...sollte diese *höchstens* in einem Abstand von $h/2$ vom Fließgelenk angeordnet werden,..." heißen.

Dabei ist

$N_{f,Ed}$ die einwirkende Normalkraft im druckbeanspruchten Flansch im Bereich der Stützung am Fließgelenk;

$\alpha_m$ entsprechend 5.3.3(1).

Anmerkung: Bei Zusammenwirken mit äußeren Kräften siehe auch 5.3.3(5).

### 6.3.5.3 Stabilitätsnachweis für Tragwerksabschnitte zwischen seitlichen Stützungen

(1)B Der Biegedrillknicknachweis eines Tragwerksabschnitts zwischen zwei seitlichen Stützungen kann geführt werden, indem gezeigt wird, dass der Abstand zwischen den seitlichen Stützungen kleiner als der zulässige Größtabstand ist.
Bei gleichförmigen Tragwerksabschnitten mit I- oder H-Querschnitten mit $\frac{h}{t_f} \leq 40\varepsilon$ unter linearer Momentenbelastung, ohne erhebliche Druckbelastung, darf der Größtabstand zwischen seitlichen Stützungen wie folgt ermittelt werden:

$$L_{stable} = 35\ \varepsilon\ i_z \quad \text{für } 0{,}625 \leq \psi \leq 1 \quad (6.68)$$

$$L_{stable} = (60 - 40\psi)\ \varepsilon\ i_z \quad \text{für } -1 \leq \psi \leq 0{,}625$$

Dabei ist

$$\varepsilon = \sqrt{\frac{235}{f_y[\text{N/mm}^2]}}\ ;$$

$\psi = \dfrac{M_{Ed,min}}{M_{pl,Rd}}$ das Verhältnis der Endmomente des Tragwerkabschnitts.

Anmerkung B: Zur Bestimmung von Größtabständen zwischen seitlichen Stützungen siehe Anhang BB.3.

(2)B Tritt ein Fließgelenk mit Rotationsanforderungen direkt an einem Voutenende auf, braucht der Voutenabschnitt mit veränderlichem Querschnitt nicht gesondert nachgewiesen werden, wenn die folgenden Kriterien eingehalten werden:
a) die Stützung des Fließgelenks ist in der Regel innerhalb eines Abstands von $h/2$ vom Fließgelenk auf der angevouteten Seite anzuordnen und nicht auf der nicht gevouteten Seite.
b) der Druckflansch der Voute verbleibt über seine Gesamtlänge elastisch.

Anmerkung B: Zu weiteren Regeln siehe auch Anhang BB.3.

### 6.4 Mehrteilige Bauteile

#### 6.4.1 Allgemeines

(1) Gleichförmige mehrteilige druckbeanspruchte Bauteile, die an ihren Enden gelenkig gelagert und seitlich gehalten sind, sind in der Regel mit folgendem Bemessungsmodell nachzuweisen, siehe Bild 6.7:

1. Das Bauteil darf als eine Stütze mit einer Anfangsvorkrümmung mit einem Stichmaß von $e_0 = \dfrac{L}{500}$ angesehen werden;
2. Die elastischen Verformungen der Gitterstäbe und Bindebleche, siehe Bild 6.7, dürfen durch eine (verschmierte) kontinuierliche Schubsteifigkeit $S_V$ des Stützenquerschnitts berücksichtigt werden.

Anmerkung: Bei davon abweichenden Auflagerbedingungen dürfen entsprechende Anpassungen vorgenommen werden.

(2) Das Bemessungsmodell für mehrteilige druckbeanspruchte Bauteile ist anwendbar, wenn:
1. die Gitterstäbe und Bindebleche gleichartige wiederkehrende Felder bilden und die Gurtstäbe parallel angeordnet sind;
2. eine Stütze aus mindestens 3 Feldern besteht.

Anmerkung: Diese Annahme erlaubt, die Stütze als regelmäßig anzusehen und die diskrete Gitterstab- oder Bindeblechstruktur zu einem Kontinuum zu verschmieren.

(3) Das Bemessungsverfahren ist für mehrteilige Querschnitte mit Gitterstäben oder Bindeblechen mit zwei Tragebenen anwendbar, siehe Bild 6.8.
(4) Die Gurtstäbe können Vollquerschnitte sein oder selbst rechtwinklig zur betrachteten Ebene in mehrteilige Bauteile mit Gitterstäben und Bindeblechen aufgelöst sein.
(5) Die Nachweise für die Gurtstäbe sind in der Regel mit der Gurtstabkraft $N_{ch,Ed}$ infolge der Druckkräfte $N_{Ed}$ und der Momente $M_{Ed}$ in Bauteilmitte zu führen.
(6) Bei Bauteilen mit zwei gleichen Gurtstäben wird in der Regel der Bemessungswert der Gurtstabkraft $N_{ch,Ed}$ wie folgt ermittelt:

---

**Zu 6.3.5.3**

Die Angabe zum Größtabstand der seitlichen Stützung ist ein konservativer Grenzwert, die auch eine genügende Rotationsfähigkeit an der Stelle des Fließgelenkes sicherstellen soll. Detaillierte Regeln sind im Anhang BB.3 gegeben, siehe auch Erläuterungen hierzu in [K24] und [K25].

**Zu 6.4.1**

Für Gurt- und Gitterstäbe (Einzelstab) wird das Biegeknicken unter reiner Normalkraft nach Abs. 6.3.1 nachgewiesen, wobei $N_{b,Rd}$ mit der in Bild 6.8. gegebenen Knicklänge berechnet wird. Die Auswahl der Knickspannungslinien erfolgt dann profilabhängig nach Tabelle 6.2. Für Gitterträger (Gesamtsystem) erfolgt der Tragfähigkeitsnachweis nach (6.69), bei dem der Nenner einem Erhöhungsfaktor nach Theorie II. Ordnung mit Berücksichtigung des Schubeinflusses entspricht. Biegeknicken ist in diesem Nachweis also enthalten und wird nicht über einen Ersatzstab nachgewiesen.

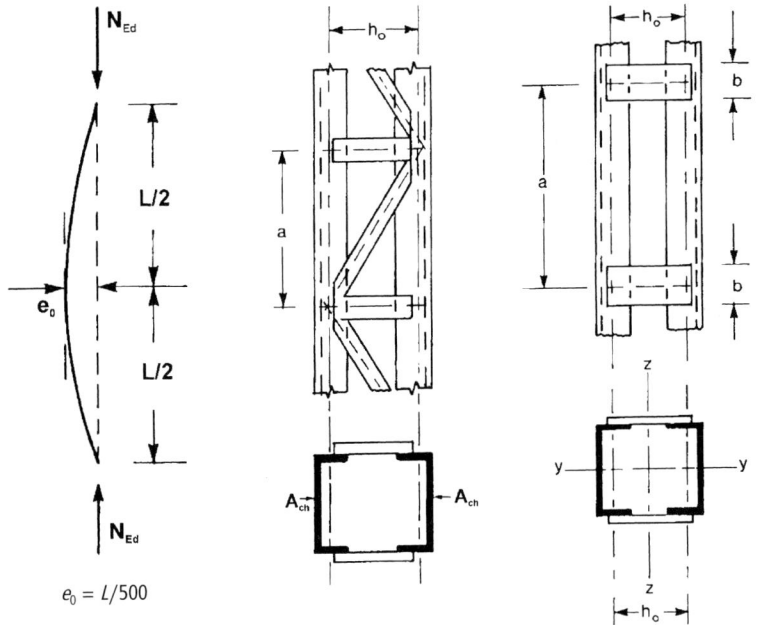

**Bild 6.7.** Gleichförmige mehrteilige Stützen mit Gitterstäben (Gitterstützen) und Bindeblechen (Rahmenstützen)

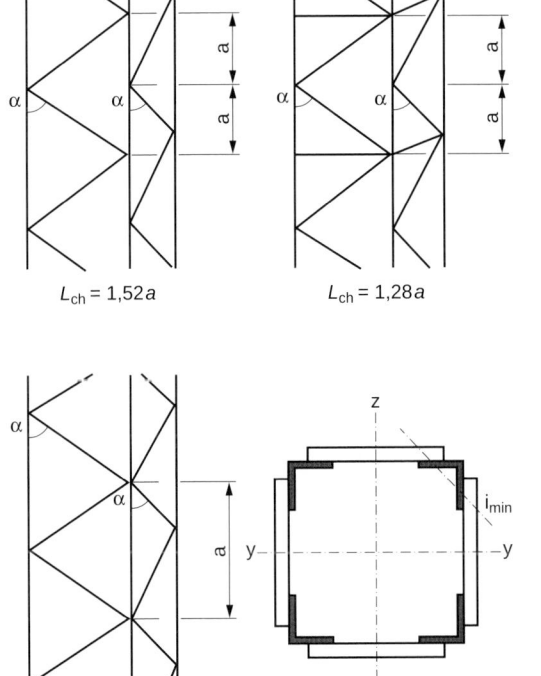

**Bild 6.8.** Gitterstützen mit Stäben auf vier Seiten und Knicklänge $L_{ch}$ der Gurtstäbe

$$N_{ch,Ed} = 0,5 N_{Ed} + \frac{M_{Ed} h_0 A_{ch}}{2 I_{eff}} \quad (6.69)$$

Dabei ist

$$M_{Ed} = \frac{N_{Ed} e_0 + M_{Ed}^I}{1 - \frac{N_{Ed}}{N_{cr}} - \frac{N_{Ed}}{S_v}};$$

$N_{cr} = \dfrac{\pi^2 E I_{eff}}{L^2}$ die effektive ideale Verzweigungslast für das mehrteilige Bauteil;

$N_{Ed}$ der Bemessungswert der einwirkenden Normalkraft auf das mehrteilige Bauteil;

$M_{Ed}$ der Bemessungswert des einwirkenden maximalen Moments in der Mitte des mehrteiligen Bauteils unter Berücksichtigung der Effekte aus der Theorie II. Ordnung;

$M_{Ed}^I$ der Bemessungswert des einwirkenden maximalen Moments in der Mitte des mehrteiligen Bauteils nach Theorie I. Ordnung (ohne Effekte aus der Theorie II. Ordnung);

$h_0$ der Abstand zwischen den Schwerachsen der Gurtstäbe;

$A_{ch}$ die Querschnittsfläche eines Gurtstabes;

$I_{eff}$ das effektive Flächenträgheitsmoment des mehrteiligen Bauteils, siehe 6.4.2 und 6.4.3;

$S_V$ die Schubsteifigkeit infolge der Verformungen der Gitterstäbe und Bindebleche, siehe 6.4.2 und 6.4.3.

| System | 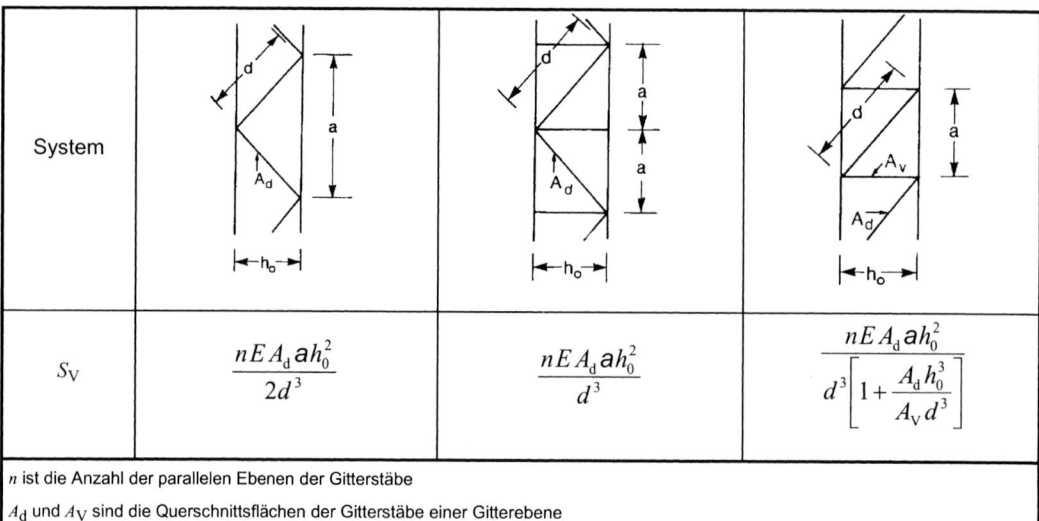 | | |
|---|---|---|---|
| $S_V$ | $\dfrac{nEA_d ah_0^2}{2d^3}$ | $\dfrac{nEA_d ah_0^2}{d^3}$ | $\dfrac{nEA_d ah_0^2}{d^3\left[1+\dfrac{A_d h_0^3}{A_V d^3}\right]}$ |
| $n$ ist die Anzahl der parallelen Ebenen der Gitterstäbe | | | |
| $A_d$ und $A_V$ sind die Querschnittsflächen der Gitterstäbe einer Gitterebene | | | |

**Bild 6.9.** Schubsteifigkeit von Gitterstützen infolge der Verformungen der Gitterstäbe

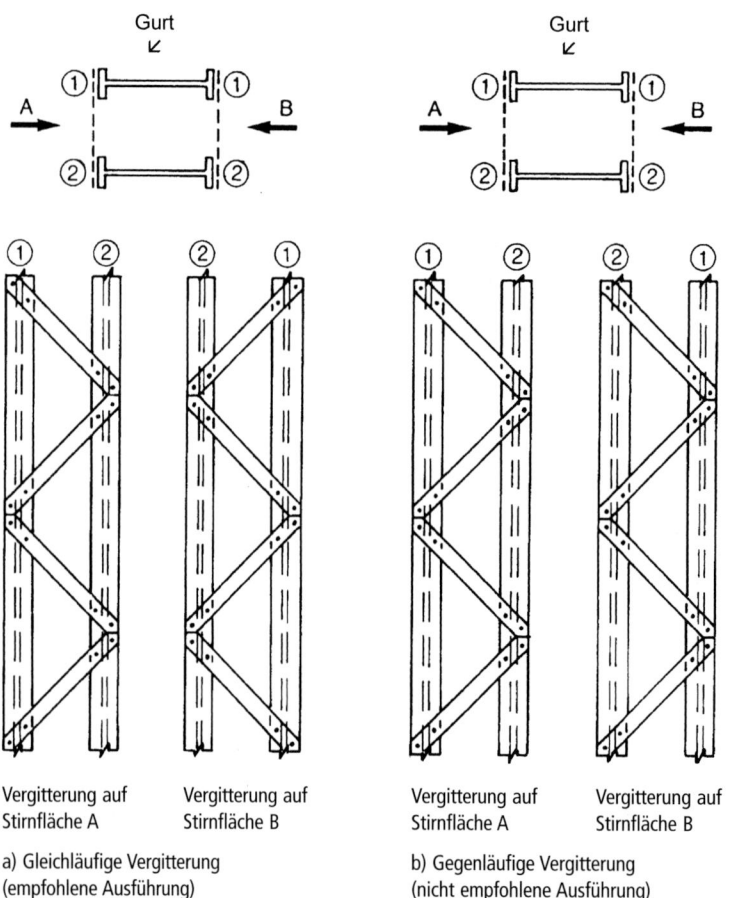

Vergitterung auf Stirnfläche A  Vergitterung auf Stirnfläche B   Vergitterung auf Stirnfläche A  Vergitterung auf Stirnfläche B

a) Gleichläufige Vergitterung (empfohlene Ausführung)

b) Gegenläufige Vergitterung (nicht empfohlene Ausführung)

**Bild 6.10.** Einfache Vergitterung von gegenüberliegenden Seiten von Gitterstützen mit zwei parallelen Ebenen

(7) Die Nachweise für die Gitterstäbe bei Gitterstützen oder für die lokalen Momente und Querkräfte bei Stützen mit Bindeblechen sind in der Regel für das Gitter- oder Rahmenfeld am Stützenende mit den zugehörigen Querkräften zu führen:

$$V_{Ed} = \pi \frac{M_{Ed}}{L} \quad (6.70)$$

### 6.4.2 Gitterstützen

#### 6.4.2.1 Tragfähigkeit von Elementen von Gitterstützen

(1) Für die druckbeanspruchten Gurtstäbe und für die Gitterstäbe von Gitterstützen sind in der Regel Knicknachweise zu führen.
Anmerkung: Sekundäre Biegemomente infolge der Knotensteifigkeiten dürfen vernachlässigt werden.
(2) Der Knicknachweis für die Gurtstäbe ist in der Regel wie folgt zu führen:

$$\frac{N_{cr,Ed}}{N_{b,Rd}} \leq 1,0 \quad (6.71)$$

Dabei ist
$N_{ch,Ed}$ der Bemessungswert der einwirkenden Druckkraft im Gurtstab in der Mitte der mehrteiligen Stütze nach 6.4.1(6);
$N_{b,Rd}$ der Bemessungswert der Biegeknicktragfähigkeit des Gurtstabes abhängig von der Knicklänge $L_{ch}$ aus Bild 6.8.

(3) Die Schubsteifigkeit $S_V$ der Gitterstäbe kann Bild 6.9 entnommen werden.
(4) Das effektive Flächenträgheitsmoment der Gitterstützen ist wie folgt anzunehmen:

$$I_{eff} = 0,5 \, h_0^2 \, A_{ch} \quad (6.72)$$

#### 6.4.2.2 Konstruktive Durchbildung

(1) Einfache Vergitterungen auf gegenüberliegenden Seiten von Gitterstützen mit zwei parallelen Ebenen sollten möglichst in gleichläufiger Anordnung ausgeführt werden, siehe Bild 6.10 (a), so dass eine Seite die Projektion der gegenüberliegenden Seite darstellt.
(2) Im Falle einer einfachen Vergitterung mit gegenläufiger Anordnung, siehe Bild 6.10 (b), sind in der Regel die zusätzlichen Verformungen infolge Torsionsbeanspruchung zu berücksichtigen.
(3) An den Enden von Gitterstützen und an Stellen, an denen die Vergitterung unterbrochen wird, sowie an Anschlüssen zu anderen Bauteilen sind Querverbindungen zwischen den Gurtstäben erforderlich.

### 6.4.3 Stützen mit Bindeblechen (Rahmenstützen)

#### 6.4.3.1 Tragfähigkeit von Komponenten von Stützen mit Bindeblechen

(1) Für die Gurtstäbe und die Bindebleche, sowie deren Anschlüsse an die Gurtstäbe, sind in der Regel die Tragfähigkeitsnachweise mit den tatsächlichen Momenten

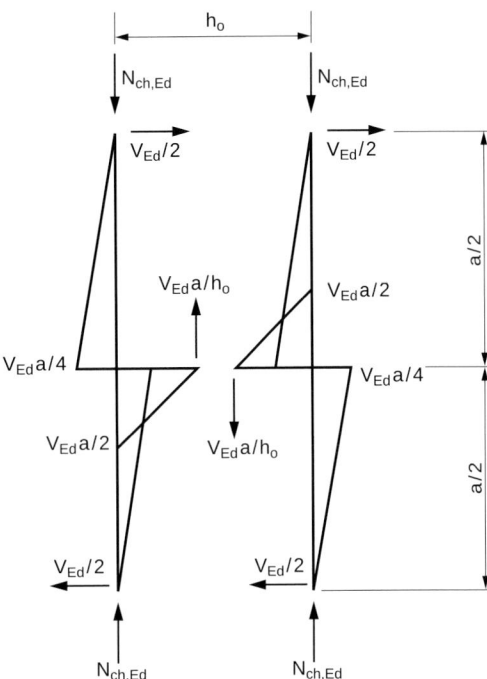

**Bild 6.11.** Stabkräfte im Endfeld von Stützen mit Bindeblechen

und Stabkräften im Endfeld und in Bauteilmitte der Stütze nach Bild 6.11 zu führen.
Anmerkung: Vereinfachend darf die einwirkende maximale Gurtstabkraft $N_{ch,Ed}$ mit der maximalen Querkraft $V_{Ed}$ kombiniert werden.
(2) Die Schubsteifigkeit ist in der Regel wie folgt anzunehmen:

$$S_v = \frac{24 E I_{ch}}{a^2 \left[1 + \dfrac{2 I_{ch}}{n I_b} \dfrac{h_0}{a}\right]} \leq \frac{2\pi^2 \, E I_{ch}}{a^2} \quad (6.73)$$

(3) Das effektive Flächenträgheitsmoment der Stütze mit Bindeblechen darf wie folgt angenommen werden:

$$I_{eff} = 0,5 \, h_0^2 \, A_{ch} + 2\mu \, I_{ch} \quad (6.74)$$

Dabei ist
$I_{ch}$ das Flächenträgheitsmoment eines Gurtstabes in der Nachweisebene;
$I_b$ das Flächenträgheitsmoment eines Bindebleches in der Nachweisebene;
$\mu$ der Wirkungsgrad nach Tabelle 6.8;
$n$ die Anzahl der parallelen Ebenen mit Bindeblechen.

**Zu 6.4.1(7)**
Die Angabe der Querkraft nach Gleichung (6.70) beruht auf der Annahme einer sinusförmig verteilten Querlast. Die Wirkung von stark davon abweichenden Querlasten wie zum Beispiel größere Einzellasten sind gesondert nach den Regeln der Schnittgrößenermittlung nach Theorie II. Ordnung zu erfassen.

**Tabelle 6.8.** Wirkungsgrad $\mu$

| Kriterium | Wirkungsgrad $\mu$ |
|---|---|
| $\lambda \geq 150$ | 0 |
| $75 < \lambda < 150$ | $\mu = 2 - \dfrac{\lambda}{75}$ |
| $\lambda \leq 75$ | 1,0 |
| wobei $\lambda = \dfrac{L}{i_0}$; $i_0 = \sqrt{\dfrac{I_1}{2A_{ch}}}$; $I_1 = 0{,}5\,h_0^2 A_{ch} + 2 I_{ch}$ | |

**Tabelle 6.9.** Maximaler Abstand zwischen den Bindeblechen für mehrteilige Bauteile mit geringer Spreizung oder mehrteilige Bauteile aus übereck gestellten Winkeln

| Art der mehrteiligen Querschnitte | Maximaler Abstand zwischen den Achsen von Bindeblechen[a] |
|---|---|
| Bauteile nach Bild 6.12, die durch Schrauben oder Schweißnähte verbunden sind | 15 $i_{min}$ |
| Bauteile nach Bild 6.13, die durch paarweise angeordnete Bindebleche verbunden sind | 70 $i_{min}$ |

a) $i_{min}$ ist der kleinste Trägheitsradius eines Gurtstabes oder eines Winkels

### 6.4.3.2 Konstruktive Durchbildung

(1) Bindebleche sind immer an den Enden der Stütze vorzusehen.
(2) Bei Anordnung von Bindeblechen in mehreren parallelen Ebenen sollten diese gegenüberliegend angeordnet werden.
(3) Bindebleche sollten auch an den Lasteinleitungsstellen und Punkten seitlicher Abstützung vorgesehen werden.

### 6.4.4 Mehrteilige Bauteile mit geringer Spreizung

(1) Mehrteilige druckbeanspruchte Bauteile nach Bild 6.12, bei denen die Teile Kontakt haben oder mit geringer Spreizung durch Futterstücke verbunden sind, sowie Bauteile aus übereck gestellten Winkeln, die mit paarweise rechtwinklig zueinander angeordneten Bindeblechen nach Bild 6.13 verbunden sind, sind in der Regel als ein Einzelbauteil auf Knickversagen zu überprüfen. Dabei kann die Wirkung der Schubsteifigkeit ($S_V = \infty$) vernachlässigt werden, solange die Voraussetzungen der Tabelle 6.9 eingehalten werden.
(2) Die durch die Bindebleche zu übertragende Querkraft ist in der Regel nach 6.4.3.1(1) zu ermitteln.
(3) Im Falle von ungleichschenkligen Winkeln, siehe Bild 6.13, darf der Nachweis gegen Biegeknicken um die $y$-$y$-Achse mit:

$$i_y = \frac{i_0}{1{,}15} \tag{6.75}$$

geführt werden, wobei $i_0$ der kleinste Trägheitsradius des mehrteiligen Bauteils ist.

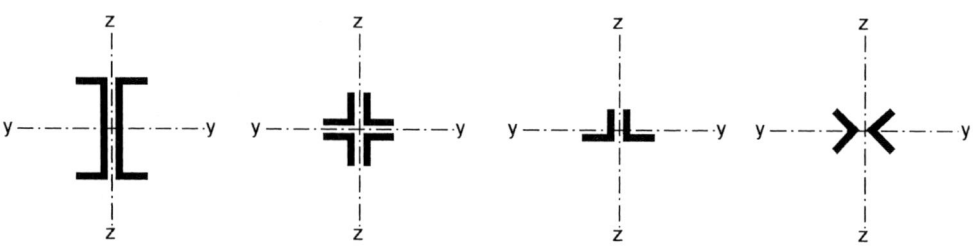

**Bild 6.12.** Mehrteilige Bauteile mit geringer Spreizung

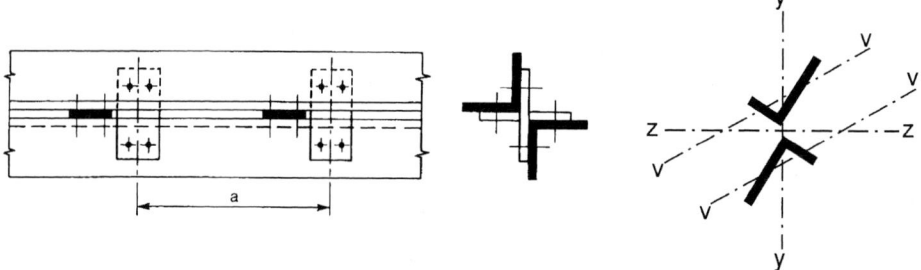

**Bild 6.13.** Mehrteilige Bauteile aus übereck gestellten Winkeln

# 7 Grenzzustände der Gebrauchstauglichkeit

## 7.1 Allgemeines

(1) Ein Stahltragwerk muss so entworfen und ausgeführt werden, dass es alle maßgebenden Anforderungen an die Gebrauchstauglichkeit erfüllt.

(2) Die grundlegenden Anforderungen an die Grenzzustände der Gebrauchstauglichkeit sind in EN 1990, 3.4 angegeben.

(3) Für ein Bauwerk sollten alle Anforderungen an die Gebrauchstauglichkeit zusammen mit den zugehörigen Lasten und Berechnungsverfahren spezifisch festgelegt werden.

(4) Wird für den Grenzzustand der Tragfähigkeit eine plastische Tragwerksberechnung durchgeführt, können plastische Umlagerungen der Kräfte und Momente bereits im Grenzzustand der Gebrauchstauglichkeit auftreten. Falls dies der Fall ist, müssen diese Einflüsse berücksichtigt werden.

## 7.2 Grenzzustand der Gebrauchstauglichkeit für den Hochbau

### 7.2.1 Vertikale Durchbiegung

(1)B Die Grenzwerte der vertikalen Durchbiegung nach EN 1990, Anhang A1.4, Bild A1.1 sollten für jedes Projekt bestimmt werden und mit dem Auftraggeber abgestimmt sein.

Anmerkung B: Der Nationale Anhang kann Grenzwerte festlegen.

**NDP**      DIN EN 1993-1-1/NA
*zu 7.2.1(1)B Anmerkung B*
Für den Hochbau sind die Grenzwerte der vertikalen Durchbiegung nach DIN EN 1990:2010-12, A.1.4, Bild A.1.1 den Herstellerangaben zu entnehmen oder mit dem Auftraggeber abzustimmen.

### 7.2.2 Horizontale Verformungen

(1)B Die Grenzwerte der horizontalen Verformung nach EN 1990, Anhang A1.4, Bild A1.2 sollten für jedes Projekt bestimmt werden und mit dem Auftraggeber abgestimmt sein.

Anmerkung B: Der Nationale Anhang kann Grenzwerte festlegen.

**NDP**      DIN EN 1993-1-1/NA
*zu 7.2.2(1)B Anmerkung B*
Für den Hochbau sind die Grenzwerte der horizontalen Verformung nach DIN EN 1990:2010-12, A.1.4, Bild A.1.2 den Herstellerangaben zu entnehmen oder mit dem Auftraggeber abzustimmen.

### 7.2.3 Dynamische Einflüsse

(1)B Mit Bezug auf EN 1990, A1.4.4, sind in der Regel Vibrationen in Tragwerken mit öffentlicher Nutzung so zu begrenzen, dass eine starke Beeinträchtigung für den Benutzer vermieden wird. Die Grenzwerte sind in der Regel für jedes Projekt individuell festzulegen und mit dem Auftraggeber abzustimmen.

Anmerkung B: Der Nationale Anhang kann Grenzwerte festlegen.

**NDP**      DIN EN 1993-1-1/NA
*zu 7.2.3(1)B Anmerkung B*
Für den Hochbau sind mit Bezug auf DIN EN 1990:2010-12, A.1.4.4, Vibrationen in Tragwerken zu begrenzen. Die Grenzwerte sind für jedes Projekt individuell festzulegen und mit dem Auftraggeber abzustimmen.

**Zu NDP zu 7.2.1(1)B Anmerkung B**
Der Verweis auf DIN EN 1990 enthält nur Hinweise zur allgemeinen Vorgehensweise und die Definition der Verformungsanteile wie $w_{tot}$ als gesamte Durchbiegung oder $w_{max}$ als verbleibende Durchbiegung nach der Überhöhung, aber keine konkreten Grenzwerte. Diese sind zum Teil durch Normen und Zulassungen von Ausbaugewerken, wie zum Beispiel für Dach- und Wandeindeckung mit Stahlprofiltafeln [K27], indirekt gegeben. Zum großen Teil unterliegen sie aber nicht irgendwelchen bauaufsichtlich relevanten Regelungen, sondern müssen ggf. zwischen den betroffenen Parteien wie Bauherr, Planer und Nutzer individuell festgelegt werden.
Dies gilt für den allgemeinen Hochbau. Für spezielle Anwendungsbereiche, wie zum Beispiel Kranbahnen, sind auch in den Normen konkretere Angaben gemacht, vgl. EN 1993-6.

**Zu NDP zu 7.2.2(1)B Anmerkung B**
Der Verweis auf DIN EN 1990 enthält nur Hinweise zur allgemeinen Vorgehensweise, aber keine konkreten Grenzwerte. Falls erforderlich, müssen solche Werte zwischen den betroffenen Parteien wie Bauherr, Planer und Nutzer individuell festgelegt werden, da im Allgemeinen hierzu keine bauaufsichtliche Notwendigkeit besteht. Sehr weiche Konstruktionen neigen allerdings auch zu höherer Stabilitätsgefährdung und sind im Fall von Erdbeben stärker gefährdet. Eine Begrenzung der horizontalen Verformung kann also auch zur Gewährleistung einer ausreichenden Steifigkeit beitragen.
Für spezielle Anwendungsbereiche, wie zum Beispiel Kranbahnen, sind auch in den Normen konkretere Angaben gemacht, vgl. EN 1993-6.

## Anhang A (informativ)

### Verfahren 1: Interaktionsbeiwerte $k_{ij}$ für die Interaktionsformel in 6.3.3(4)

**Tabelle A.1.** Interaktionsbeiwerte $k_{ij}$ (6.3.3(4))

| Interaktionsbeiwerte | Bemessungsannahmen | |
|---|---|---|
| | elastische Querschnittswerte der Klasse 3, Klasse 4 | Plastisch Querschnittswerte der Klasse 1, Klasse 2 |
| $k_{yy}$ | $C_{my} C_{mLT} \dfrac{\mu_y}{1 - \dfrac{N_{Ed}}{N_{cr,y}}}$ | $C_{my} C_{mLT} \dfrac{\mu_y}{1 - \dfrac{N_{Ed}}{N_{cr,y}}} \dfrac{1}{C_{yy}}$ |
| $k_{yz}$ | $C_{mz} \dfrac{\mu_y}{1 - \dfrac{N_{Ed}}{N_{cr,z}}}$ | $C_{mz} \dfrac{\mu_y}{1 - \dfrac{N_{Ed}}{N_{cr,z}}} \dfrac{1}{C_{yz}} 0{,}6 \sqrt{\dfrac{w_z}{w_y}}$ |
| $k_{zy}$ | $C_{my} C_{mLT} \dfrac{\mu_z}{1 - \dfrac{N_{Ed}}{N_{cr,y}}}$ | $C_{my} C_{mLT} \dfrac{\mu_z}{1 - \dfrac{N_{Ed}}{N_{cr,y}}} \dfrac{1}{C_{zy}} 0{,}6 \sqrt{\dfrac{w_y}{w_z}}$ |
| $k_{zz}$ | $C_{mz} \dfrac{\mu_z}{1 - \dfrac{N_{Ed}}{N_{cr,z}}}$ | $C_{mz} \dfrac{\mu_z}{1 - \dfrac{N_{Ed}}{N_{cr,z}}} \dfrac{1}{C_{zz}}$ |

**Hilfswerte:**

$$\mu_y = \dfrac{1 - \dfrac{N_{Ed}}{N_{cr,y}}}{1 - \chi_y \dfrac{N_{Ed}}{N_{cr,y}}}$$

$$\mu_z = \dfrac{1 - \dfrac{N_{Ed}}{N_{cr,z}}}{1 - \chi_z \dfrac{N_{Ed}}{N_{cr,z}}}$$

$$w_y = \dfrac{W_{pl,y}}{W_{el,y}} \leq 1{,}5$$

$$w_z = \dfrac{W_{pl,z}}{W_{el,z}} \leq 1{,}5$$

$$n_{pl} = \dfrac{N_{Ed}}{N_{Rk}/\gamma_{M0}}$$

$C_{my}$ siehe Tabelle A.2

$$a_{LT} = 1 - \dfrac{I_T}{I_y} \geq 0$$

$$C_{yy} = 1 + (w_y - 1)\left[\left(2 - \dfrac{1{,}6}{w_y} C_{my}^2 \overline{\lambda}_{max} - \dfrac{1{,}6}{w_y} C_{my}^2 \overline{\lambda}_{max}^2\right) n_{pl} - b_{LT}\right] \geq \dfrac{W_{el,y}}{W_{pl,y}}$$

mit $b_{LT} = 0{,}5 \, a_{LT} \, \overline{\lambda}_0^2 \, \dfrac{M_{y,Ed}}{\chi_{LT} M_{pl,y,Rd}} \dfrac{M_{z,Ed}}{M_{pl,z,Rd}}$

$$C_{yz} = 1 + (w_z - 1)\left[\left(2 - 14 \dfrac{C_{mz}^2 \overline{\lambda}_{max}^2}{w_z^5}\right) n_{pl} - c_{LT}\right] \geq 0{,}6 \sqrt{\dfrac{w_z}{w_y}} \dfrac{W_{el,z}}{W_{pl,z}}$$

mit $c_{LT} = 10 \, a_{LT} \, \dfrac{\overline{\lambda}_0^2}{5 + \overline{\lambda}_z^4} \dfrac{M_{y,Ed}}{C_{my} \chi_{LT} M_{pl,y,Rd}}$

$$C_{zy} = 1 + (w_y - 1)\left[\left(2 - 14 \dfrac{C_{my}^2 \overline{\lambda}_{max}^2}{w_y^5}\right) n_{pl} - d_{LT}\right] \geq 0{,}6 \sqrt{\dfrac{w_y}{w_z}} \dfrac{W_{el,y}}{W_{pl,y}}$$

mit $d_{LT} = 2 \, a_{LT} \, \dfrac{\overline{\lambda}_0}{0{,}1 + \overline{\lambda}_z^4} \dfrac{M_{y,Ed}}{C_{my} \chi_{LT} M_{pl,y,Rd}} \dfrac{M_{z,Ed}}{C_{mz} M_{pl,z,Rd}}$

$$C_{zz} = 1 + (w_z - 1)\left[2 - \dfrac{1{,}6}{w_z} C_{mz}^2 \overline{\lambda}_{max} - \dfrac{1{,}6}{w_z} C_{mz}^2 \overline{\lambda}_{max}^2 - e_{LT}\right] n_{pl} \geq \dfrac{W_{el,z}}{W_{pl,z}}$$

mit $e_{LT} = 1{,}7 \, a_{LT} \, \dfrac{\overline{\lambda}_0}{0{,}1 + \overline{\lambda}_z^4} \dfrac{M_{y,Ed}}{C_{my} \chi_{LT} M_{pl,y,Rd}}$

**Zu Anhang A und Anhang B:**
Die beiden Verfahren sind im TC8 von ECCS entwickelt worden, ausführliche Erläuterungen dazu siehe [2] in NCI Literaturhinweise. Zu den Hintergründen und der Anwendung von Anhang B siehe [K29].

Ein wesentlicher Unterschied bei der Anwendung zwischen beiden Verfahren besteht darin, dass im Verfahren 1 keine Möglichkeit vorgesehen ist, beim Nachweis des Biegedrillknickens Zwischenabstützungen in Trägern zu berücksichtigen. Im Verfahren 2 ist dies der Fall, vgl. [K29].

**Tabelle A.1.** Interaktionsbeiwerte $k_{ij}$ (6.3.3(4)) (Fortsetzung)

$$\overline{\lambda}_{max} = \max \begin{cases} \overline{\lambda}_y \\ \overline{\lambda}_z \end{cases}$$

$\overline{\lambda}_0 =$ Schlankheitsgrad für Biegedrillknicken infolge konstanter Biegung, z. B. $\psi_y = 1{,}0$ in Tabelle A.2

$\overline{\lambda}_{LT} =$ Schlankheitsgrad für Biegedrillknicken

Für $\overline{\lambda}_0 \leq 0{,}2\sqrt{C_1} \sqrt[4]{\left(1 - \dfrac{N_{Ed}}{N_{cr,z}}\right)\left(1 - \dfrac{N_{Ed}}{N_{cr,TF}}\right)}$

gilt: $C_{my} = C_{my,0}$
$C_{mz} = C_{mz,0}$
$C_{mLT} = 1{,}0$

Für $\overline{\lambda}_0 > 0{,}2\sqrt{C_1} \sqrt[4]{\left(1 - \dfrac{N_{Ed}}{N_{cr,z}}\right)\left(1 - \dfrac{N_{Ed}}{N_{cr,TF}}\right)}$

gilt: $C_{my} = C_{my,0} + (1 - C_{my,0})\dfrac{\sqrt{\varepsilon_y}\, a_{LT}}{1 + \sqrt{\varepsilon_y}\, a_{LT}}$

$C_{mz} = C_{mz,0}$

$C_{mLT} = C_{my}^2 \dfrac{a_{LT}}{\sqrt{\left(1 - \dfrac{N_{Ed}}{N_{cr,z}}\right)\left(1 - \dfrac{N_{Ed}}{N_{cr,T}}\right)}} \geq 1$

$C_{mi,0}$ siehe Tabelle A.2

$\varepsilon_y = \dfrac{M_{y,Ed}}{N_{Ed}}\dfrac{A}{W_{el,y}}$ für Querschnitte der Klassen 1, 2 und 3

$\varepsilon_y = \dfrac{M_{y,Ed}}{N_{Ed}}\dfrac{A_{eff}}{W_{eff,y}}$ für Querschnitte der Klasse 4

$C_1$ ist ein von der Belastungssituation und den Lagerungsbedingungen abhängiger Faktor und kann als $C_1 = k_c^{-2}$ angenommen werden, wobei $k_c$ der Tabelle 6.6 entnommen werden kann.

$N_{cr,y}=$ ideale Verzweigungslast für Knicken um die $y$-$y$ Achse

$N_{cr,z}=$ ideale Verzweigungslast für Knicken um die $z$-$z$ Achse

$N_{cr,T}=$ ideale Verzweigungslast für Drillknicken

$I_T\ =$ St. Venant'sche Torsionssteifigkeit

$I_y\ =$ Flächenträgheitsmoment um die $y$-$y$ Achse

**Tabelle A.2.** Äquivalente Momentenbeiwerte $C_{mi,0}$

| Momentenverlauf | $C_{mi,0}$ |
|---|---|
| $M_1$ ⟶ $\psi M_1$; $-1 \leq \psi \leq 1$ | $C_{mi,0} = 0{,}79 + 0{,}21\psi_i + 0{,}36(\psi_i - 0{,}33)\dfrac{N_{Ed}}{N_{cr,i}}$ |
| $M(x)$ | $C_{mi,0} = 1 + \left(\dfrac{\pi^2 EI_i|\delta_x|}{L^2|M_{i,Ed}(x)|} - 1\right)\dfrac{N_{Ed}}{N_{cr,i}}$<br><br>$M_{i,Ed}(x)$ ist das größere der Momente $M_{y,Ed}$ oder $M_{z,Ed}$<br>nach der Berechnung nach Theorie I. Ordnung<br>$|\delta_x|$ ist die größte Verformung entlang des Bauteils |
| (triangle shape) | $C_{mi,0} = 1 - 0{,}18\dfrac{N_{Ed}}{N_{cr,i}}$ |
| (curved shape) | $C_{mi,0} = 1 + 0{,}03\dfrac{N_{Ed}}{N_{cr,i}}$ |

# Anhang B (informativ)

**Verfahren 2: Interaktionsbeiwerte $k_{ij}$ für die Interaktionsformel in 6.3.3(4)**

**Tabelle B.1.** Interaktionsbeiwerte $k_{ij}$ für verdrehsteife Bauteile

| Interaktions-beiwerte | Art des Querschnitts | Bemessungsannahmen | |
|---|---|---|---|
| | | elastische Querschnittswerte der Klasse 3, Klasse 4 | plastische Querschnittswerte der Klasse 1, Klasse 2 |
| $k_{yy}$ | I-Querschnitte<br>rechteckige Hohlquerschnitte | $C_{my}\left(1 + 0{,}6\bar{\lambda}_y \dfrac{N_{Ed}}{\chi_y N_{Rk}/\gamma_{M1}}\right)$<br>$\leq C_{my}\left(1 + 0{,}6 \dfrac{N_{Ed}}{\chi_y N_{Rk}/\gamma_{M1}}\right)$ | $C_{my}\left(1 + (\bar{\lambda}_y - 0{,}2) \dfrac{N_{Ed}}{\chi_y N_{Rk}/\gamma_{M1}}\right)$<br>$\leq C_{my}\left(1 + 0{,}8 \dfrac{N_{Ed}}{\chi_y N_{Rk}/\gamma_{M1}}\right)$ |
| $k_{yz}$ | I-Querschnitte<br>rechteckige Hohlquerschnitte | $k_{zz}$ | $0{,}6\, k_{zz}$ |
| $k_{zy}$ | I-Querschnitte<br>rechteckige Hohlquerschnitte | $0{,}8\, k_{yy}$ | $0{,}6\, k_{yy}$ |
| $k_{zz}$ | I-Querschnitte | $C_{mz}\left(1 + 0{,}6\bar{\lambda}_z \dfrac{N_{Ed}}{\chi_z N_{Rk}/\gamma_{M1}}\right)$<br>$\leq C_{mz}\left(1 + 0{,}6 \dfrac{N_{Ed}}{\chi_z N_{Rk}/\gamma_{M1}}\right)$ | $C_{mz}\left(1 + (2\bar{\lambda}_z - 0{,}6) \dfrac{N_{Ed}}{\chi_z N_{Rk}/\gamma_{M1}}\right)$<br>$\leq C_{mz}\left(1 + 1{,}4 \dfrac{N_{Ed}}{\chi_z N_{Rk}/\gamma_{M1}}\right)$ |
| | rechteckige Hohlquerschnitte | | $C_{mz}\left(1 + (\bar{\lambda}_z - 0{,}2) \dfrac{N_{Ed}}{\chi_z N_{Rk}/\gamma_{M1}}\right)$<br>$\leq C_{mz}\left(1 + 0{,}8 \dfrac{N_{Ed}}{\chi_z N_{Rk}/\gamma_{M1}}\right)$ |

Für I- und H-Querschnitte und rechteckige Hohlquerschnitte, die auf Druck und einachsige Biegung $M_{y,Ed}$ belastet sind, darf der Beiwert $k_{zy} = 0$ angenommen werden.

**Tabelle B.2.** Interaktionsbeiwerte $k_{ij}$ für verdrehweiche Bauteile

| Interaktions-beiwerte | Bemessungsannahmen | |
|---|---|---|
| | Elastische Querschnittswerte der Klasse 3, Klasse 4 | Plastische Querschnittswerte der Klasse 1, Klasse 2 |
| $k_{yy}$ | $k_{yy}$ aus Tabelle B.1 | $k_{yy}$ aus Tabelle B.1 |
| $k_{yz}$ | $k_{yz}$ aus Tabelle B.1 | $k_{yz}$ aus Tabelle B.1 |
| $k_{zy}$ | $\left[1 - \dfrac{0{,}05\,\overline{\lambda}_z}{(C_{mLT} - 0{,}25)} \dfrac{N_{Ed}}{\chi_z N_{Rk}/\gamma_{M1}}\right]$ $\geq \left[1 - \dfrac{0{,}05}{(C_{mLT} - 0{,}25)} \dfrac{N_{Ed}}{\chi_z N_{Rk}/\gamma_{M1}}\right]$ | $\left[1 - \dfrac{0{,}1\,\overline{\lambda}_z}{(C_{mLT} - 0{,}25)} \dfrac{N_{Ed}}{\chi_z N_{Rk}/\gamma_{M1}}\right]$ $\geq \left[1 - \dfrac{0{,}1}{(C_{mLT} - 0{,}25)} \dfrac{N_{Ed}}{\chi_z N_{Rk}/\gamma_{M1}}\right]$ für $\overline{\lambda}_z < 0{,}4$: $k_{zy} = 0{,}6 + \overline{\lambda}_z \leq 1 - \dfrac{0{,}1\,\overline{\lambda}_z}{(C_{mLT} - 0{,}25)} \dfrac{N_{Ed}}{\chi_z N_{Rk}/\gamma_{M1}}$ |
| $k_{zz}$ | $k_{zz}$ aus Tabelle B.1 | $k_{zz}$ aus Tabelle B.1 |

## Anhang AB (informativ)

### Zusätzliche Bemessungsregeln

#### AB.1 Statische Berechnung unter Berücksichtigung von Werkstoff-Nichtlinearitäten

(1)B Im Falle von Werkstoff-Nichtlinearitäten dürfen die Schnittgrößen eines Tragwerks durch eine inkrementelle Annäherung der Lasten an die Bemessungswerte für die relevante Bemessungssituation ermittelt werden.

(2)B Bei dieser inkrementellen Annäherung sollten alle ständigen oder nicht-ständigen Lasten proportional erhöht werden.

#### AB.2 Vereinfachte Belastungsanordnung für durchlaufende Decken

(1)B Für Durchlaufträger in Decken von Hochbauten ohne Kragarme, auf die hauptsächlich gleichmäßig verteilte Lasten wirken, ist es ausreichend, die folgenden Lastanordnungen zu berücksichtigen:
a) die Bemessungswerte der ständigen und nicht-ständigen Lasten ($\gamma_G\, G_k + \gamma_Q\, Q_k$) wirken zugleich auf jedes zweite aufeinander folgende Feld, auf alle anderen dazwischenliegenden Felder wirkt nur die ständige Last $\gamma_G\, G_k$;
b) die Bemessungswerte der ständigen und nicht-ständigen Last ($\gamma_G\, G_k + \gamma_Q\, Q_k$) wirken auf zwei beliebig benachbarten Feldern, auf allen anderen Feldern wirkt nur die ständige Last $\gamma_G\, G_k$.

Anmerkung 1: a) bezieht sich auf die Feldmomente, b) bezieht sich auf die Stützmomente.

Anmerkung 2: Es ist beabsichtigt, diesen Anhang zu einem späteren Zeitpunkt in EN 1990 zu überführen.

## Anhang BB (informativ)

### Knicken von Bauteilen in Tragwerken des Hochbaus

#### BB.1 Biegeknicken von Bauteilen von Fachwerken oder Verbänden

##### BB.1.1 Allgemeines

(1)B Bei Fachwerken und Verbänden darf die Knicklänge $L_{cr}$ für Gurtstäbe in allen Richtungen und bei Fachwerkstäben für Biegeknicken aus der Stegebene gleich der Systemlänge $L$ angesetzt werden, siehe BB.1.3 (1)B, wenn keine geringere Knicklänge durch genauere Berechnung gerechtfertigt wird.

**Zu Tabelle A.2**
$M_{i,Ed}(x)$ ist das betragsmäßig größte Moment $M_{y,Ed}$ für $C_{my,0}$ und $M_{z,Ed}$ für $C_{mz,0}$, ermittelt nach Theorie I. Ordnung. Für die größte Verformung $\delta_x$ entlang des Bauteils ist bei der Berechnung von $C_{my,0}$ die Verschiebung in $z$-Richtung infolge $M_{y,Ed}$ und bei der Berechnung von $C_{mz,0}$ entsprechend die Verschiebung in $y$-Richtung infolge von $M_{z,Ed}$ anzusetzen.

**Zu Tabelle B.1 und B.2**
Als Querschnitte sind hier nur I-Querschnitte und rechteckige Hohlquerschnitte aufgeführt. Jüngere Untersuchungen [K52], [K53] haben die Anwendbarkeit auch für runde Hohlprofile gezeigt.

**Tabelle B.3.** Äquivalente Momentenbeiwerte $C_m$ zu Tabelle B.1 und B.2

| Momentenverlauf | Bereich | | $C_{my}$ und $C_{mz}$ und $C_{mLT}$ | |
|---|---|---|---|---|
| | | | Gleichlast | Einzellast |
| M, ψM | $-1 \leq \psi \leq 1$ | | $0{,}6 + 0{,}4\psi \geq 0{,}4$ | |
| $M_h$, $M_s$, ψ$M_h$ $\alpha_s = M_s/M_h$ | $0 \leq \alpha_s \leq 1$ | $-1 \leq \psi \leq 1$ | $0{,}2 + 0{,}8\alpha_s \geq 0{,}4$ | $0{,}2 + 0{,}8\alpha_s \geq 0{,}4$ |
| | $-1 \leq \alpha_s < 0$ | $0 \leq \psi \leq 1$ | $0{,}1 - 0{,}8\alpha_s \geq 0{,}4$ | $-0{,}8\alpha_s \geq 0{,}4$ |
| | | $-1 \leq \psi < 0$ | $0{,}1(1-\psi) - 0{,}8\alpha_s \geq 0{,}4$ | $0{,}2(-\psi) - 0{,}8\alpha_s \geq 0{,}4$ |
| $M_h$, $M_s$, ψ$M_h$ $\alpha_h = M_h/M_s$ | $0 \leq \alpha_h \leq 1$ | $-1 \leq \psi \leq 1$ | $0{,}95 + 0{,}05\alpha_h$ | $0{,}90 + 0{,}10\alpha_h$ |
| | $-1 \leq \alpha_h < 0$ | $0 \leq \psi \leq 1$ | $0{,}95 + 0{,}05\alpha_h$ | $0{,}90 + 0{,}10\alpha_h$ |
| | | $-1 \leq \psi < 0$ | $0{,}95 + 0{,}05\alpha_h(1 + 2\psi)$ | $0{,}90 + 0{,}10\alpha_h(1 + 2\psi)$ |

Für Bauteile mit Knicken in Form seitlichen Ausweichens sollte der äquivalente Momentenbeiwert als $C_{my} = 0{,}9$ bzw. $C_{mz} = 0{,}9$ angenommen werden.

$C_{my}$, $C_{mz}$ und $C_{mLT}$ sind in der Regel unter Berücksichtigung der Momentenverteilung zwischen den maßgebenden seitlich gehaltenen Punkten wie folgt zu ermitteln:

| Momentenbeiwert | Biegeachse | In der Ebene gehalten |
|---|---|---|
| $C_{my}$ | y-y | z-z |
| $C_{mz}$ | z-z | y-y |
| $C_{mLT}$ | y-y | y-y |

(2)B Die Knicklänge $L_{cr}$ eines Gurtstabes mit I- oder H-Querschnitten darf zu $0{,}9L$ für Biegeknicken in der Ebene und zu $1{,}0L$ für Biegeknicken aus der Ebene angenommen werden, sofern nicht eine kleinere Knicklänge durch genauere Berechnung gerechtfertigt wird.
(3)B Fachwerkstäbe in Stegen können mit einer kleineren Knicklänge als der Systemlänge für Biegeknicken in der Ebene nachgewiesen werden, wenn die Verbindungen zu den Gurten und die Gurte dieses aufgrund ihrer Steifigkeit und Festigkeit zulassen (z. B. falls geschraubt Mindestanschluss mit 2 Schrauben).
(4)B Unter solchen Bedingungen und für übliche Fachwerke darf die Knicklänge $L_{cr}$ für Gitterstäbe für Biegeknicken in der Stegebene auf $0{,}9L$ abgemindert werden, siehe BB.1.2.

### BB.1.2 Gitterstäbe aus Winkelprofilen

(1)B Wenn die Gurte eine ausreichende Endeinspannung für Gitterstäbe aus Winkelprofilen darstellen und die Endverbindungen solcher Gitterstäbe ausreichend steif sind (falls geschraubt mindestens zwei Schrauben), dürfen die Exzentrizitäten vernachlässigt und die Endeinspannungen bei der Bemessung der Winkelprofile als druckbelastete Bauteile berücksichtigt werden. Der ef-

**Zu Tabelle B.3**
Die Werte $C_m$ gemäß den Formeln wurden für Knicklängen entsprechend den Stablängen entwickelt, vgl. Methode b) nach 5.2.2(7). Für das Ersatzstabverfahren gemäß 5.2.2(8) mit Knicklängen größer als die Stablängen bei verschieblichen Rahmen ist $C_m$ immer zu 0,9 zu setzen, vgl. entsprechenden Hinweis in der Tabelle.
Die Koeffizienten $\alpha_s$ und $\alpha_h$ bestimmen sich nach dem Verhältnis der absoluten Momentenwerte für das Moment $M_h$ an der Stützung und $M_s$ in Feldmitte. Falls der absolute Wert von $M_h$ größer ist als $M_s$, dann gilt $\alpha_s = M_s/M_h$ (mit Vorzeichen) und die Formeln in den ersten 3 Zeilen gelten für die Bestimmung von $C_m$. Im umgekehrten Fall, also der absolute Wert von $M_s$ ist größer als $M_h$, dann gilt $\alpha_h = M_h/M_s$ (mit Vorzeichen) und die Formeln in den letzten 3 Zeilen sind maßgebend für die Bestimmung von $C_m$. Erläuterungen hierzu auch in [K52].
Der Begriff „in der Ebene gehalten" für die Zuordnung der Momentenbeiwerte unten in der Tabelle B.3 ist an dieser Stelle leider etwas unglücklich gewählt. Eigentlich sind hier die Halterungen in Richtung der entsprechenden Querschnittsachsen gemeint.

fektiver Schlankheitsgrad $\bar{\lambda}_{\text{eff}}$ darf wie folgt ermittelt werden:

$$\bar{\lambda}_{\text{eff,v}} = 0,35 + 0,7\,\bar{\lambda}_{\text{v}} \qquad (\text{BB.1})$$

für Biegeknicken um die $v$-$v$-Achse;

$$\bar{\lambda}_{\text{eff,y}} = 0,50 + 0,7\,\bar{\lambda}_{\text{y}} \qquad (\text{BB.1})$$

für Biegeknicken um die $y$-$y$-Achse;

$$\bar{\lambda}_{\text{eff,z}} = 0,50 + 0,7\,\bar{\lambda}_{\text{z}} \qquad (\text{BB.1})$$

für Biegeknicken um die $z$-$z$-Achse;

wobei $\bar{\lambda}$ in 6.3.1.2 definiert ist.

(2)B Wird lediglich eine einzige Schraube für die Endverbindungen der Gitterstäbe aus Winkelprofilen verwendet, ist in der Regel die Exzentrizität unter Verwendung von 6.2.9 zu berücksichtigen und die Knicklänge $L_{\text{cr}}$ ist als Systemlänge anzunehmen.

### BB.1.3 Bauteile mit Hohlprofilen

(1)B Bei Gurtstäben mit Hohlquerschnitt darf die Knicklänge $L_{\text{cr}}$ für Biegeknicken in und aus der Ebene mit $0,9L$ angenommen werden, wobei $L$ die Systemlänge für die betrachtete Fachwerkebene ist. Die Systemlänge in der Fachwerkebene entspricht dem Abstand der Anschlüsse. Die Systemlänge rechtwinklig zur Fachwerkebene entspricht dem Abstand der seitlichen Abstützpunkte, sofern nicht ein kleinerer Wert durch genauere Berechnung gerechtfertigt wird.

(2)B Die Knicklänge $L_{\text{cr}}$ einer Fachwerkdiagonalen mit Hohlquerschnitt darf bei geschraubten Anschlüssen mit $1,0L$ für Biegeknicken in und aus der Ebene angenommen werden.

(3)B Die Knicklänge $L_{\text{cr}}$ eines Verstrebungselements mit Hohlquerschnitt, die ohne Ausschnitte und Endkröpfungen angeschweißt ist, darf für Biegeknicken in und aus der Ebene mit $0,75L$ angenommen werden. Geringere Knicklängen können basierend auf Prüfungen und Berechnungen verwendet werden. In diesem Fall darf die Knicklänge der Strebe nicht verringert werden.

Anmerkung: Weitere Informationen zu Knicklängen können im Nationalen Anhang angegeben sein.

**NDP**                         *DIN EN 1993-1-1/NA*
*zu BB.1.3(3)B Anmerkung*
Für den Hochbau dürfen die Hinweise zu Knicklängen von Hohlprofilstäben in Fachwerkträgern in [1] verwendet werden.
Falls für die Streben ein Knicklängenfaktor von 0,75 oder niedriger verwendet wird, dann darf in derselben Einwirkungskombination die Knicklänge für die Gurtstäbe nicht reduziert werden.

## BB.2 Kontinuierliche seitliche Abstützungen

### BB.2.1 Kontinuierliche seitliche Stützung

(1)B Wenn trapezförmige Bleche nach EN 1993-1-3 an jeder Rippe mit dem Träger verbunden werden und die Gleichung (BB.2) erfüllt wird, darf der Träger in der Ebene der Bleche als starr gelagert betrachtet werden.

$$S \geq \left( EI_{\text{w}}\frac{\pi^2}{L^2} + GI_{\text{t}} + EI_{\text{z}}\frac{\pi^2}{L^2}0,25h^2 \right)\frac{70}{h^2} \qquad (\text{BB.2})$$

Dabei ist
$S$   die Schubsteifigkeit der Bleche (auf den untersuchten Träger entfallenen Anteil) im Hinblick auf die Verformungen des Trägers in der Blechebene;
$I_{\text{w}}$   das Wölbflächenmoment des Trägers;
$I_{\text{T}}$   das Torsionsflächenmoment des Trägers;
$I_{\text{z}}$   das Flächenträgheitsmoment des Trägerquerschnitts um die schwache Querschnittsachse;
$L$   die Länge des Trägers;
$h$   die Höhe des Trägers.

Falls das Blech lediglich an jeder zweiten Rippe mit dem Träger verbunden ist, so sollte $S$ durch $0,20\,S$ ersetzt werden.

Anmerkung: Die Gleichung (BB.2) kann auch für den Nachweis der Seitenstabilität von Trägerflanschen bei anderen Scheibenkonstruktionen verwendet werden, wenn die Verbindungen geeignet sind.

### BB.2.2 Kontinuierliche Drehbehinderung

(1)B Ein Träger darf als ausreichend gegen Verdrehung gestützt angesehen werden, wenn das folgende Kriterium erfüllt wird:

**Zu NDP zu BB.1.3(3)B Anmerkung**
Wird durch Berücksichtigung einer gegenüber der Stablänge reduzierten Knicklänge für die Strebe eine Einspannung in die Gurtstäbe berücksichtigt, kann nicht gleichzeitig auch für die Gurtstäbe eine Einspannung in die Strebe angenommen werden.

**Zu BB.2.1(1)B**
Die Regel entspricht der Regel in Element (308) in Abschnitt 3.3.2 in DIN 18800-2 [K2]. Dort wird für die Ermittlung der vorhandenen Schubsteifigkeit der Bleche Bezug genommen auf DIN 18807 [K26], das nur zum Teil gleichwertig durch EN 1993-1-3 ersetzt wird.
Untersuchungen [K36] zeigen, dass der Einfluss der Verbindungsmittelsteifigkeit bei der Berechnung der Schubsteifigkeit $S$ eines Trapezprofils eine zentrale Bedeutung hat. Die Verbindungsmittelsteifigkeit wird im ECCS-Dokument [K37], auf das in EN 1993-1-3 verwiesen wird, beachtet. Im zu EN 1993-1-3 gehörigen deutschen Nationalen Anhang DIN EN 1993-1-3/NA:2017 wird im NCI zu 10.3.1 derzeit zusätzlich auf DIN 18807-3 [K26] verwiesen. Die Werte in DIN 18807-3 ignorieren die Steifigkeit der Verbindungsmittel, womit die beiden Verweise also im Widerspruch zueinander stehen. Eine Überarbeitung des Verweises auf DIN 18807-3 ist in Arbeit.

$$C_{\vartheta,k} > \frac{M_{pl,k}^2}{EI_z} K_\vartheta K_\upsilon \qquad (BB.3)$$

Dabei ist

$C_{\vartheta,k}$    die Verdrehsteifigkeit (je Längeneinheit Trägerlänge), die durch das stabilisierende Bauteil (z. B. die Dachkonstruktion) und die Verbindung mit dem Träger wirksam ist;

$K_\upsilon$    = 0,35 für die elastische Berechnung;

$K_\upsilon$    = 1,00 für die plastische Berechnung;

$K_\vartheta$    der Faktor zur Berücksichtigung des Momentenverlaufs und der Art der Verdrehbarkeit des drehbehindert gestützten Trägers, siehe Tabelle BB.1;

$M_{pl,k}$    der charakteristische Wert der plastischen Momententragfähigkeit des Trägers.

(2)B Die Verdrehsteifigkeit (je Längeneinheit Trägerlänge) durch das durchgehende Stabilisierungselement (z. B. die Dachkonstruktion) ist wie folgt zu berechnen:

$$\frac{1}{C_{\vartheta,k}} = \frac{1}{C_{\vartheta R,k}} + \frac{1}{C_{\vartheta C,k}} + \frac{1}{C_{\vartheta D,k}} \qquad (BB.4)$$

Dabei ist

$C_{\vartheta R,k}$    die Verdrehsteifigkeit (je Längeneinheit) des stabilisierenden Bauteils unter der Annahme einer steifen Verbindung mit dem Träger;

$C_{\vartheta C,k}$    die Verdrehsteifigkeit (je Längeneinheit) der Verbindung zwischen dem Träger und dem stabilisierenden Bauteil;

$C_{\vartheta D,k}$    die Verdrehsteifigkeit (je Längeneinheit) infolge von Querschnittsverformungen des Trägers.

Anmerkung: Weitere Informationen zur Bestimmung der Verdrehsteifigkeit, siehe EN 1993-1-3.

**Zu BB.2.2(1)B**
Bei der Unterscheidung für $K$ ist mit den Begriffen elastische Berechnung plastische Berechnung tatsächlich die Ausnutzung des elastischen bzw. plastischen Querschnittswiderstands gemeint.

**Zu BB 2.2(2)B und NCI**
Es wird an dieser Stelle darauf hingewiesen, dass die Bezeichnungen für die Drehbettung und die Drehbettungsanteile unterschiedlich zu EN 1993-1-3 (Abschn. 10.1.5.2(1)) definiert sind. Im Folgenden sind die unterschiedlichen Bezeichnungen zusammenfassend dargestellt:

$C_{\vartheta,k} \triangleq C_D$
$C_{\vartheta c,k} \triangleq C_{D,A}$
$C_{\vartheta R,k} \triangleq C_{D,C}$

Formeln zur Ermittlung der Verdrehsteifigkeiten lassen sich unter anderem in [K18] und [K44] wiederfinden. Dabei ist darauf zu achten, dass für die Ermittlung der Verdrehsteifigkeit $C_{\vartheta D,k}$ nach Formel (K.12) die Querschnittswerte in [cm] einzusetzen sind.

$$C_{\vartheta D,k} = 5770/h/s^3 + c_1 \cdot b/t^3 \quad [kNm/m] \qquad (K.12)$$

**NCI**            DIN EN 1993-1-1/NA

*zu BB.2.2*
Die Tabelle BB.1 ist durch die folgende neue Tabelle BB.1 zu ersetzen:

**Tabelle BB.1.** Faktor $K_\vartheta$ zur Berücksichtigung des Momentenverlaufs und der Art der Lagerung in Abhängigkeit von der Biegedrillknicklinie nach Tabelle 6.5 (Gl. (6.57))

| Zeile | Momentenverlauf | freie Drehachse | | | gebundene Drehachse | | |
|---|---|---|---|---|---|---|---|
| | | b | c | d | b | c | d |
| 1 | | 6,8 | 10,0 | 14,2 | 0 | 0 | 0 |
| 2 | | 4,8 | 7,3 | 10,9 | 0,04 | 0,11 | 0,40 |
| 3 | | 4,2 | 6,4 | 9,7 | 0,22 | 0,40 | 0,66 |
| 4 | | 2,8 | 4,4 | 7,1 | 0 | 0 | 0 |
| 5 | | 0,89 | 1,4 | 2,6 | 0,33 | 0,71 | 1,6 |
| 6 | $\psi \geq -0,3$ | 0,47 | 0,75 | 1,4 | 0,14 | 0,33 | 0,90 |

$M$    Betrag des Biegemoments $M_y$

Anhang BB (informativ)

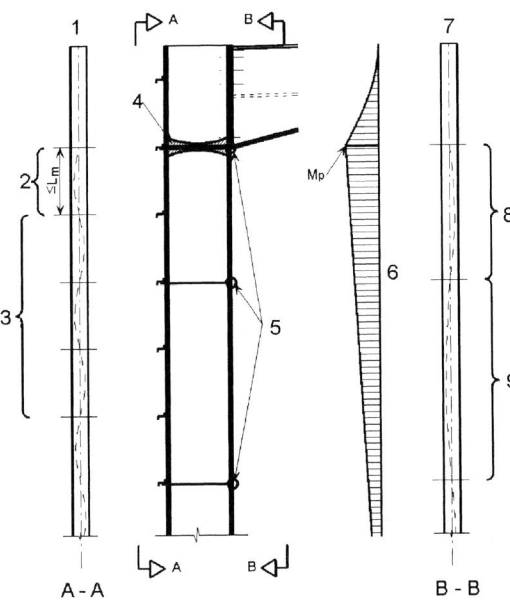

Legende
1 Zugflansch
2 stabile Abschnittslänge nach BB.3.1.1
3 Nachweis nach 6.3
4 Fließgelenk
5 Abstützungen
6 Verlauf des Biegemomentes
7 Druckflansch
8 Größtabstand nach BB.3.1.2, Gleichung (BB.7) oder Gleichung (BB.8)
9 Nachweis nach 6.3 unter Berücksichtigung von Abstützungen des Zugflansches

**Bild BB.1.** Angaben zu Nachweisen für Bauteile ohne Vouten

## BB.3 Größtabstände bei Abstützmaßnahmen für Bauteile mit Fließgelenken gegen Knicken aus der Ebene

### BB.3.1 Gleichförmige Bauteile aus Walzprofilen oder vergleichbaren geschweißten I-Profilen

#### BB.3.1.1 Größtabstände zwischen seitlichen Stützungen

(1)B Biegedrillknicken darf vernachlässigt werden, wenn die Abschnittslänge $L$, gerechnet von einem Fließgelenk bis zur nächsten seitlichen Stützung, nicht größer als $L_m$ ist:

$$L_m = \frac{38\, i_z}{\sqrt{\frac{1}{57{,}4}\left(\frac{N_{Ed}}{A}\right) + \frac{1}{756\, C_1^2}\left(\frac{W_{pl,y}^2}{A\, I_t}\right)\left(\frac{f_y}{235}\right)^2}}$$

(BB.5)

sofern das Bauteil am Fließgelenk entsprechend 6.3.5 gehalten ist und das andere Abschnittsende wie folgt gestützt wird, siehe Bild BB.1, Bild BB.2 und Bild BB.3:
– entweder am Druckflansch, wenn ein Flansch über die gesamte Abschnittslänge im Druckbereich liegt;
– oder durch eine Verdrehbehinderung;
– oder durch seitliche Abstützung des Abschnittsende und eine zusätzliche Verdrehbehinderung, die den seitlichen Größtabstand $L_s$ erfüllt.

Dabei ist
$N_{Ed}$ die einwirkende Druckkraft, in N;
$A$ die Querschnittsfläche, in mm²;
$W_{pl,y}$ das plastische Widerstandsmoment;
$I_t$ das Torsionsflächenmoment 2. Grades;
$f_y$ die Streckgrenze, in N/mm²;
$C_1$ ein von der Belastungssituation und den Lagerungsbedingungen abhängiger Faktor und kann als $C_1 = k_c^{-2}$ angenommen werden, wobei $k_c$ der Tabelle 6.6 entnommen werden kann.

Anmerkung: Im Allgemeinen ist $L_s$ größer als $L_m$.

**Zu BB.3**
Die Regelungen in diesem Abschnitt beruhen auf einer Tradition in England, Rahmentragwerke plastisch, also unter Ausnutzung der Schnittgrößenumlagerung aufgrund des nichtlinearen Werkstoffverhaltens, zu bemessen. Dies erfordert nach 6.3.5.1 eine seitliche Stützung an allen Fließgelenken mit Rotationsanforderungen entsprechend 6.3.5.2 und einen Stabilitätsnachweis für die Tragwerksabschnitte zwischen solchen Stützungen und anderen seitlichen Lagerungen entsprechend 6.3.5.3. Anhang BB.3 enthält detaillierte Regeln für den Stabilitätsnachweis in 6.3.5.3.
Man kann entweder den Nachweis führen, dass der Druckgurt in einem entsprechend engen Raster von $L_m$ gestützt ist, oder man weist eine dichte Stützung am Zuggurt und eine entsprechende Verdrehbehinderung des Druckgurtes im Abstand $L_k$ bzw. $L_s$ nach. Die Regeln liegen in BB3.1 für parallelgurtige Profile und in BB3.2 für Voutenbereiche vor. Erläuterungen zur Anwendung des Verfahrens mit Beispielrechnungen sind in [K24] und [K25] zu finden.

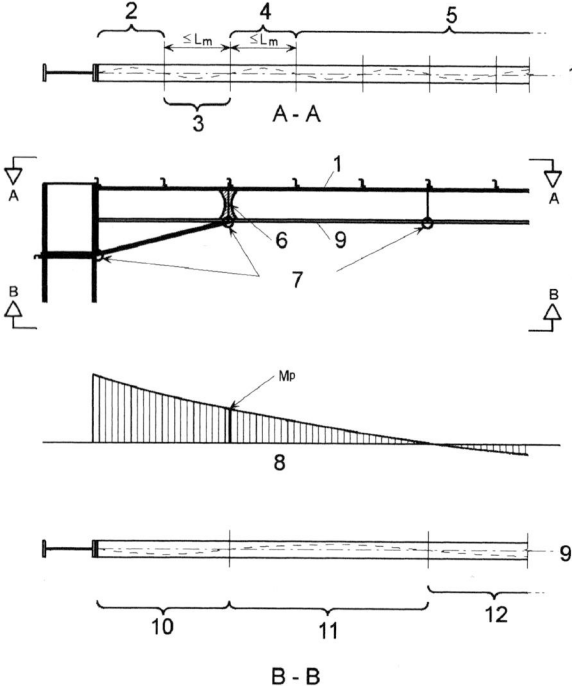

**Legende**
1 Zugflansch
2 Nachweis nach 6.3
3 Größtabstand nach BB.3.2.1 oder 6.3.5.3(2)B
4 Größtabstand nach BB.3.1.1
5 Nachweis nach 6.3
6 Fließgelenk
7 Abstützungen
8 Verlauf des Biegemomentes
9 Druckflansch
10 Größtabstand nach BB.3.2 oder 6.3.5.3(2)B
11 Größtabstand nach BB.3.1.2
12 Nachweis nach 6.3 unter Berücksichtigung von Abstützungen des Zugflansches

**Bild BB.2.** Angabe zu Nachweisen für Bauteile mit dreiflanschigen Vouten

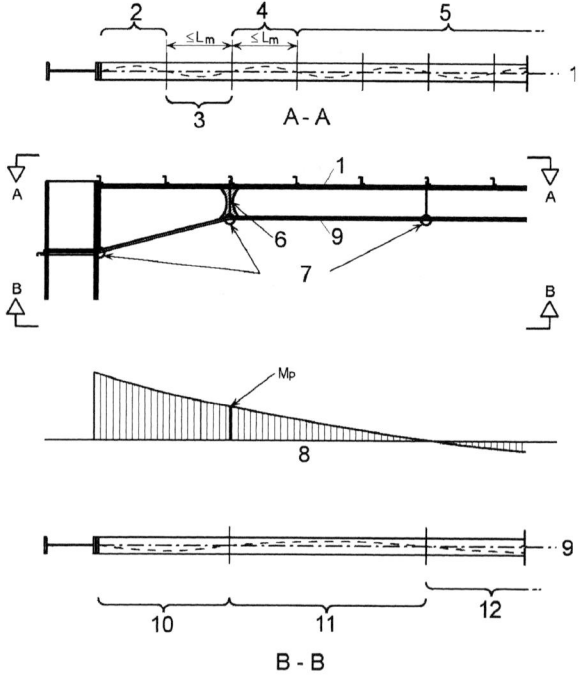

**Legende**
1 Zugflansch
2 Nachweis nach 6.3
3 Größtabstand nach BB.3.2.1
4 Größtabstand nach BB.3.1.1
5 Nachweis nach 6.3
6 Fließgelenk
7 Abstützungen
8 Verlauf des Biegemomentes
9 Druckflansch
10 Größtabstand nach BB.3.2
11 Größtabstand nach BB.3.1.2
12 Nachweis nach 6.3 unter Berücksichtigung von Abstützungen des Zugflansches

**Bild BB.3.** Angabe zu Nachweisen für Bauteile mit zweiflanschigen Vouten

## BB.3.1.2 Größtabstand zwischen Verdrehbehinderungen

(1)B Biegedrillknicken darf vernachlässigt werden, wenn die Abschnittslänge, gerechnet von einem Fließgelenk bis zur nächsten Verdrehbehinderung bei konstanter Biegemomentenbeanspruchung, nicht größer als $L_k$ ist:

$$L_k = \frac{\left(5{,}4 + \dfrac{600 f_y}{E}\right)\left(\dfrac{h}{t_f}\right) i_z}{\sqrt{5{,}4\left(\dfrac{f_y}{E}\right)\left(\dfrac{h}{t_f}\right)^2 - 1}} \qquad (BB.6)$$

sofern das Bauteil am Fließgelenk entsprechend 6.3.5 gehalten ist und mindestens eine Zwischenabstützung zwischen den Verdrehbehinderungen besteht, die die Abstandsbedingung für $L_m$ nach BB.3.1.1 erfüllt.

(2)B Biegedrillknicken darf vernachlässigt werden, wenn die Abschnittslänge $L$ gerechnet von einem Fließgelenk zur nächsten Verdrehbehinderung bei linearem Momentenverlauf und einer Druckkraft nicht größer als $L_s$ ist:

$$L_s = \sqrt{C_m}\, L_k \left(\frac{M_{pl,y,Rk}}{M_{N,y,Rk} + a\, N_{Ed}}\right) \qquad (BB.7)$$

sofern das Bauteil am Fließgelenk entsprechend 6.3.5 gehalten ist und mindestens eine Zwischenabstützung zwischen den Verdrehbehinderungen besteht, die die Abstandsbedingung für $L_m$ nach BB.3.1.1 erfüllt.

Dabei ist

$C_m$    der Modifikationsfaktor für linearen Momentenverlauf nach BB.3.3.1;

$a$    der Abstand zwischen der Achse des Bauteils mit Fließgelenk und der Achse der Abstützung der aussteifenden Bauteile;

$M_{pl,y,Rk}$    der charakteristische Wert der plastischen Biegebeanspruchbarkeit des Querschnitts um die $y$-$y$-Achse;

$M_{N,y,Rk}$    der charakteristische Wert der plastischen Biegebeanspruchbarkeit des Querschnitts um die $y$-$y$-Achse unter Berücksichtigung der Abminderung infolge einwirkender Normalkraft $N_{Ed}$.

(3)B Biegedrillknicken darf vernachlässigt werden, wenn die Abschnittslänge $L$, gerechnet von einem Fließgelenk bis zur nächsten Verdrehbehinderung bei nichtlinearem Momentenverlauf und einer Druckkraft, nicht größer als $L_s$ ist:

$$L_s = \sqrt{C_n}\, L_k \qquad (BB.8)$$

sofern das Bauteil am Fließgelenk entsprechend 6.3.5 gehalten ist und mindestens eine Zwischenabstützung zwischen den Verdrehbehinderungen besteht, die die Abstandsbedingung für $L_m$ erfüllt, siehe BB.3.1.1.

Dabei ist

$C_n$    der Modifikationsfaktor für den nichtlinearen Momentenverlauf nach BB.3.3.2, siehe Bild BB.1, Bild BB.2 und Bild BB.3.

## BB.3.2 Voutenförmige Bauteile, die aus Walzprofilen oder vergleichbaren, geschweißten I-Profilen bestehen

### BB.3.2.1 Größtabstand zwischen seitlichen Stützungen

(1)B Biegedrillknicken darf vernachlässigt werden, wenn die Abschnittslänge $L$, gerechnet von einem Fließgelenk bis zur nächsten seitlichen Stützung, folgende Grenzwerte nicht überschreitet:

— bei Vouten mit drei Flanschen, siehe Bild BB.2:

$$L_m = \frac{38\, i_z}{\sqrt{\dfrac{1}{57{,}4}\left(\dfrac{N_{Ed}}{A}\right) + \dfrac{1}{756\, C_1^2}\left(\dfrac{W_{pl,y}^2}{A\, I_t}\right)\left(\dfrac{f_y}{235}\right)^2}} \qquad (BB.9)$$

— bei Vouten mit zwei Flanschen, siehe Bild BB.3:

$$L_m = 0{,}85 \frac{38\, i_z}{\sqrt{\dfrac{1}{57{,}4}\left(\dfrac{N_{Ed}}{A}\right) + \dfrac{1}{756\, C_1^2}\left(\dfrac{W_{pl,y}^2}{A\, I_t}\right)\left(\dfrac{f_y}{235}\right)^2}} \qquad (BB.10)$$

sofern das Bauteil am Fließgelenk entsprechend 6.3.5 gehalten ist und das Abschnittsende wie folgt gestützt wird:

— entweder durch seitliche Stützung des Druckflansches, wenn ein Flansch über die gesamte Abschnittslänge unter Druck steht;
— oder durch eine Verdrehbehinderung;
— oder eine seitliche Stützung am Abschnittsende und zusätzlich eine Verdrehbehinderung, die der Abstandsbedingung für $L_s$ genügt.

Dabei ist

$N_{Ed}$    der Bemessungswert der einwirkenden Druckkraft im Bauteil, in N;

$\dfrac{W_{pl,y}^2}{A\, I_t}$    der Größtwert über die Abschnittslänge;

$A$    die Querschnittsfläche des gevouteten Bauteils, in mm², an der Stelle wo $\dfrac{W_{pl,y}^2}{A\, I_t}$ maximal wird;

$C_1$    ein von der Belastungssituation und den Lagerungsbedingungen abhängiger Faktor; kann als $C_1 = k_c^{-2}$ angenommen werden, wobei $k_c$ der Tabelle 6.6 entnommen werden kann;

$W_{pl,y}$    das plastische Widerstandsmoment des Bauteils;

$I_T$    das Torsionsträgheitsmoment des Bauteils;

$f_y$    die Streckgrenze, in N/mm²;

$i_z$    der kleinste Wert des Trägheitsradius über die Abschnittslänge.

## BB.3.2.2 Größtabstand zwischen Verdrehbehinderungen

(1)B Bei gleichförmigen Flanschen und linearem oder nichtlinearem Momentenverlauf und Druckbelastung darf Biegedrillknicken vernachlässigt werden, wenn die Abschnittslänge $L$ gerechnet von einem Fließgelenk zur nächsten Verdrehbehinderung folgende Grenzwerte nicht überschreitet:

– bei Vouten mit drei Flanschen, siehe Bild BB.2:

$$L_s = \frac{\sqrt{C_n}\, L_k}{c} \qquad (BB.11)$$

– bei Vouten mit zwei Flanschen, siehe Bild BB.3:

$$L_s = 0{,}85\, \frac{\sqrt{C_n}\, L_k}{c} \qquad (BB.12)$$

sofern das Bauteil am Fließgelenk entsprechend 6.3.5 gehalten ist und zwischen dem Fließgelenk und der Verdrehbehinderung mindestens eine seitliche Stützung angeordnet wird, die die Abstandsbedingung für $L_m$ erfüllt, siehe BB.3.2.1.

Dabei ist

$L_k$    der Größtabstand, der für ein gleichförmiges Bauteil mit dem Querschnitt am Schnitt mit der niedrigsten Bauhöhe bestimmt wird, siehe BB.3.1.2;

$C_n$    siehe BB.3.3.2;

$c$    der Voutenfaktor nach BB.3.3.3.

## BB.3.3 Modifikationsfaktor für den Momentenverlauf

### BB.3.3.1 Linearer Momentenverlauf

(1)B Der Modifikationsfaktor $C_m$ kann wie folgt bestimmt werden:

$$C_m = \frac{1}{B_0 + B_1 \beta_t + B_2 \beta_t^2} \qquad (BB.13)$$

Dabei ist

$$B_0 = \frac{1 + 10\eta}{1 + 20\eta};$$

$$B_1 = \frac{5\sqrt{\eta}}{\pi + 10\sqrt{\eta}};$$

$$B_2 = \frac{0{,}5}{1 + \pi\sqrt{\eta}} - \frac{0{,}5}{1 + 20\eta};$$

$$\eta = \frac{N_{crE}}{N_{crT}};$$

$$N_{crE} = \frac{\pi^2 E I_z}{L_t^2};$$

$L_t$    der Abstand zwischen den Verdrehbehinderungen;

$$N_{crT} = \frac{1}{i_s^2}\left(\frac{\pi^2 E I_z a^2}{L_t^2} + \frac{\pi^2 E I_w}{L_t^2} + G I_t\right)$$

die ideale Verzweigungslast für Torsion des I-Querschnittes mit Verdrehbehinderungen im Abstand $L_t$ und Zwischenstützung des Zugflansches.

$$i_s^2 = i_y^2 + i_z^2 + a^2$$

Dabei ist

$a$    der Abstand zwischen der Bauteilachse und den Achsen der stützenden Bauteile, wie z. B. der Pfetten, die den Rahmenriegel abstützen;

$\beta_t$    das Verhältnis des kleinsten zum größten Endmoment. Momente, die im nicht gestützten Flansch Druck erzeugen, sollten positiv angesetzt werden. Bei $\beta_t < -1{,}0$ sollte $\beta_t = -1{,}0$ angesetzt werden, siehe Bild BB.4.

### BB.3.3.2 Nichtlinearer Momentenverlauf

(1)B Der Modifikationsfaktor $C_n$ kann wie folgt bestimmt werden:

$$C_n = \frac{12}{[R_1 + 3R_2 + 4R_3 + 3R_4 + R_5 + 2(R_S - R_E)]} \qquad (BB.14)$$

Dabei sind die $R$-Werte $R_1$ bis $R_5$ nach (2)B und Bild BB.5 zu bestimmen. Es sind nur jene $R$-Werte einzubeziehen, die positiv sind.

Es sind auch nur positive Werte von $(R_S - R_E)$ einzusetzen, wobei

– $R_E$ der größere Wert von $R_1$ und $R_5$ und

– $R_S$ der Maximalwert von $R$ an einer beliebigen Stelle der Länge $L_y$ ist.

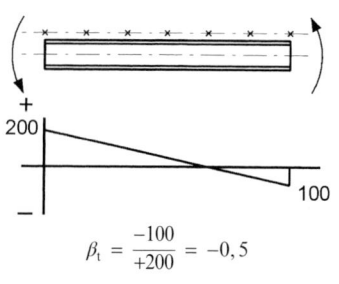
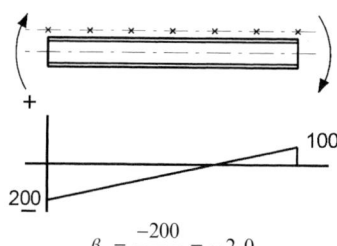

**Bild BB.4.** Bestimmung von $\beta_t$

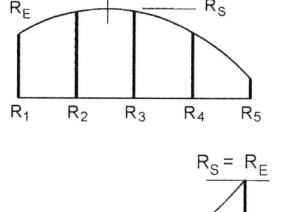
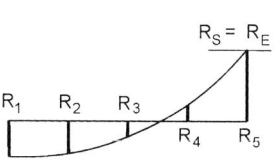
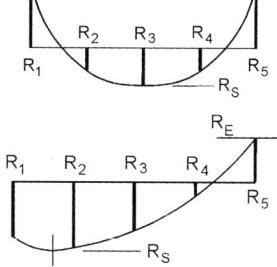

**Bild BB.5.** Momentenwerte

(2)B Der $R$-Wert sollte wie folgt berechnet werden:

$$R = \frac{M_{y,Ed} + a\,N_{Ed}}{f_y\,W_{pl,y}} \quad (BB.15)$$

Dabei ist $a$ der Abstand zwischen der Achse des Bauteils und der Achse der abstützenden Bauteile, wie z. B. der Pfetten, die den Rahmenriegel abstützen.

### BB.3.3.3 Voutenfaktor

(1)B Für Vouten mit gleichförmigen Flanschen und $h \geq 1{,}2b$ sowie $h/t_f \geq 20$ sollte der Voutenfaktor $c$ wie folgt bestimmt werden:
- bei Bauteilen veränderlicher Höhe nach Bild BB.6 (a):

$$c = 1 + \frac{3}{\left(\dfrac{h}{t_f} - 9\right)} \left(\frac{h_{max}}{h_{min}} - 1\right)^{2/3}; \quad (BB.16)$$

- bei Vouten nach Bild BB.6 (b) und Bild BB.6 (c):

$$c = 1 + \frac{3}{\left(\dfrac{h}{t_f} - 9\right)} \left(\frac{h_h}{h_s}\right)^{2/3} \sqrt{\frac{L_h}{L_y}}. \quad (BB.17)$$

Dabei ist
- $h_h$ die zusätzliche Höhe infolge der Voute, siehe Bild BB.6;
- $h_{max}$ die maximale Querschnittshöhe innerhalb der Länge $L_y$, siehe Bild BB.6;
- $h_{min}$ die minimale Querschnittshöhe innerhalb der Länge $L_y$, siehe Bild BB.6;
- $h_s$ die Höhe des gleichförmigen Grundprofils, siehe Bild BB.6;
- $L_h$ die Länge der Voute innerhalb der Länge $L_y$, siehe Bild BB.6;
- $L_y$ die Länge zwischen den Abstützungen des Druckflansches.
- $(h/t_f)$ wird an der Stelle mit der geringsten Querschnittshöhe bestimmt.

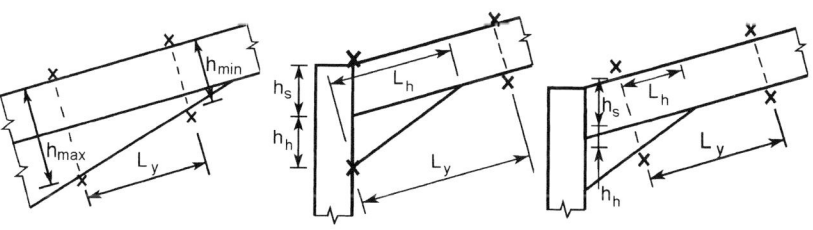

a) Bauteil veränderlicher Höhe  b) Abschnitt mit Voute  c) Abschnitt mit Voute
 $x$ = Abstützung

**Bild BB.6.** Abmessungen zur Bestimmung des Voutenfaktors $c$

## Anhang C (normativ)

### Auswahl der Ausführungsklasse

### C.1 Allgemeines

#### C.1.1 Grundanforderungen

(1)P Um die in EN 1990 geforderte Zuverlässigkeit des fertig gestellten Tragwerks zu erreichen, ist eine angemessene Ausführungsklasse auszuwählen. Dieser Anhang bildet die Basis für diese Auswahl.

#### C.1.2 Ausführungsklasse

(1) Die Ausführungsklasse (EXC) wird als in Klassen zusammengefasste Anforderungen, die für die Ausführung der Stahlkonstruktion als Ganzes, eines einzelnen Bauteils oder eines Details eines Bauteils festgelegt sind, definiert.

(2) Um Anforderungen an die Ausführung von Stahlkonstruktionen nach EN 1090-1 und EN 1090-2 festzulegen, sollte die Auswahl der Ausführungsklasse – EXC1, EXC2, EXC3 oder EXC4 – vor Beginn der Ausführung getroffen werden. Die Anforderungen an die Ausführung steigen von EXC1 bis EXC 4 an.

Anmerkung 1: Es wird davon ausgegangen, dass EN 1993 und EN 1994 in Verbindung mit EN 1090-1 und EN 1090-2 angewendet werden. EN 1993-1-9, EN 1993-2, EN 1993-3-1 und EN 1993-3-2 enthalten ergänzende Anforderungen zu EN 1090-2 an die Ausführung von Tragwerken, Bauteilen oder Details, die Ermüdungseinwirkungen ausgesetzt sind. Zusätzlich zu EN 1090-2 werden weitere Europäische Normen für die Ausführung von Pfählen und Spundwänden in EN 1993-5 in Bezug genommen.

Anmerkung 2: In EN 1090-2 wird festgelegt, dass die Ausführungsklasse EXC2 gilt, wenn keine Ausführungsklasse vorgegeben wird.

### C.2 Auswahlverfahren

#### C.2.1 Maßgebende Faktoren

(1) Die Auswahl der Ausführungsklasse sollte auf den folgenden drei Faktoren beruhen:
– der geforderten Zuverlässigkeit;
– der Art von Tragwerk, Bauteil oder Detail; und
– der Art der Belastung, für die das Tragwerk, das Bauteil oder das Detail bemessen wird.

---

**Zu Anhang C**

Der *normative* Anhang C in EN 1993-1-1 ersetzt den nun den *informativen* Anhang B in EN 1090-2, der bisher die Zuordnung der Ausführungsklassen enthielt. Der Anhang wird über den neu formulierten Abschnitt 2.1.2 verpflichtend. Das heißt, die Tragwerksplanung legt die Ausführungsklasse fest. Ein Vorteil der neuen Regelung ist, dass sie etwas einfacher ist: Gemäß Tabelle C.1 wird es nur noch eine Zuordnung zur Schadensfolgeklasse (CC) bzw. Zuverlässigkeitsklasse (RC) nach EN 1990 geben. Über den Nationalen Anhang können zudem nationale Bestimmungen zu den Ausführungsklassen festgelegt werden, wie es für EN 1090 nicht so ohne weiteres möglich war.

Auch schon in EN 1090 war Ausführungsklasse EXC2 so eine Art Basisklasse, die immer gilt, wenn nichts vorgegeben ist. Dies wird durch den nationalen Anhang bestätigt. Der Nationalen Anhang sieht eine Zuordnung der Ausführungsklassen auf der Grundlage der Schadensfolgeklassen bzw. der Konstruktionsart vor. Es werden die Anwendungsbereiche für die Ausführungsklassen EXC1, EXC3 und EXC4 detailliert, im Übrigen gilt EXC2. Die angegebenen Konstruktionsarten für Ausführungsklasse EXC1, EXC3 und EXC4 entsprechen im Wesentlichen den bisherigen Regelungen zur Anwendung von EN 1090 in der Musterliste der technischen Baubestimmungen.

Ein weiterer wichtiger Punkt ist in C.2.2(4) gegeben. Ausführungsklassen werden für Konstruktionsarten bzw. Tragwerke bestimmt, einzelne Bauteile und Details können aber davon abweichen. So können bei hoch ermüdungsbeanspruchten Konstruktionen wie Eisenbahn- und Straßenbrücken Bauteile wie Geländer anstelle von EXC3 der Ausführungsklasse EXC2 zugeordnet werden. Umgekehrt ist in einer typischen Hallenkonstruktion mit Ausführungsklasse EXC2, die Kranbahn EXC3 zuzuordnen.

Die Aufteilung nach der Art der Einwirkungen unterscheidet zwischen statischen Einwirkungen, quasi-statischen Einwirkungen, seismischen Einwirkungen verschiedenen Grades und ermüdungsrelevanten Beanspruchungen. Diese Aufteilung ist tatsächlich nicht ganz so eindeutig. „Quasi-statisch" scheint heute begrifflich das früher genutzte „vorwiegend ruhend" zu ersetzen. Die Anmerkung im Nationalen Anhang, dass seismische Beanspruchung wie quasi-statische Beanspruchungen behandelt werden können, zielt darauf. Bei Geh- und Radwegbrücken, die auch im Allgemeinen als „quasi-statisch" – also nicht ermüdungsbeansprucht – angesehen werden, ist die Zuordnung zur Ausführungsklasse EXC3 jetzt nicht mehr pauschal, sondern es sind Grenzwerte angegeben, ab denen EXC3 anzuwenden ist. Damit soll wohl berücksichtigt werden, dass es sich bei Geh- und Radwegbrücken zum Teil um anspruchsvolle, eventuell schwingungsanfällige Konstruktionen handelt, deren Versagen ggf. erhebliche Schadensfolgen haben kann, z. B. wenn sie Wasserstraßen oder andere Verkehrswege überführen. Die genauen Grenzwerte sollen deshalb eher einen Anhaltswert für mögliche Gefährdungen geben. Ähnliches gilt für die neuen Grenzwerte bei Türme und Maste von 20 m Konstruktionshöhe.

**Tabelle C.1.** Auswahl der Ausführungsklasse (EXC)

| Zuverlässigkeitsklasse (RC) oder Schadensfolgeklasse (CC) | Art der Belastung | |
|---|---|---|
| | Statische, quasi-statische oder seismische Einwirkungen (DCL) [a] | Ermüdung [b] oder seismische Einwirkungen (DCM oder DCH) [a] |
| RC3 oder CC3 | EXC3 [c] | EXC3 [c] |
| RC2 oder CC2 | EXC2 | EXC3 |
| RC1 oder CC1 | EXC1 | EXC2 |

[a] Seismische Duktilitätsklassen werden in EN 1998-1 definiert: niedrig = DCL; mittel = DCM; hoch = DCH.
[b] Siehe EN 1993-1-9.
[c] EXC4 kann für Tragwerke festgelegt werden, wenn das Versagen der Konstruktion schwerwiegende Folgen hätte.

### C.2.2 Auswahl

(1) Hinsichtlich der Behandlung der Zuverlässigkeit sollte die Auswahl der Ausführungsklasse entweder auf der geforderten Schadensfolgeklasse (CC, *consequence class*) oder der geforderten Zuverlässigkeitsklasse (RC, *reliability class*) oder auf beiden beruhen. Die Konzepte der Zuverlässigkeitsklasse und der Schadensfolgeklasse werden in EN 1990 definiert.

(2) Hinsichtlich der Art der Belastung einer Stahlkonstruktion, eines Bauteils oder eines Details sollte die Ausführungsklasse darauf basieren, ob das Tragwerk, das Bauteil oder das Detail für statische Einwirkungen, quasi-statische Einwirkungen, Ermüdungseinwirkungen oder seismische Einwirkungen bemessen wurde.

(3) Die Auswahl der Ausführungsklasse (EXC) sollte auf Tabelle C.1 beruhen.

Anmerkung 1: Der Nationale Anhang darf angeben, ob die Auswahl der Ausführungsklasse (EXC) auf der Zuverlässigkeitsklasse oder der Schadensfolgeklasse oder auf beiden beruht und ob die Wahl von der Art der Konstruktion abhängt. Der Nationale Anhang darf angeben, ob die Tabelle C.1 anzuwenden ist.

*NDP*     *DIN EN 1993-1-1/NA*
*zu C.2.2(3), Anmerkung 1*
Die Auswahl der Ausführungsklasse erfolgt in Deutschland auf Grundlage der Schadensfolgeklasse und der Konstruktionsart. Die Auswahlkriterien sind in Abschnitt „NDP zu C.2.2 (4), Anmerkung" festgelegt.

Anmerkung 2: Konstruktionen nach EN 1993-4-1 und EN 1993-4-2 sind von der Auswahl der Schadensfolgeklasse abhängig. Konstruktionen nach EN 1993-3-1 und EN 1993-3-2 sind von der Auswahl der Zuverlässigkeitsklasse abhängig.

(4) Falls sich die für bestimmte Bauteile und/oder Details geforderte Ausführungsklasse von der Ausführungsklasse, die im Allgemeinen für das Tragwerk gilt, unterscheidet, sollten diese Bauteile und/oder Details eindeutig identifiziert und angegeben werden.

Anmerkung: Die Auswahl der Ausführungsklasse in Abhängigkeit von der Art von Bauteilen oder Details darf im Nationalen Anhang festgelegt werden. Es wird Folgendes empfohlen:
Wird für ein Tragwerk die Klasse EXC1 ausgewählt, sollte die Klasse EXC2 für die nachstehend aufgeführten Bauteilarten gelten:
a) geschweißte Bauteile, die aus Stahlprodukten der Stahlsorte S355 oder höher hergestellt werden;
b) für die Standsicherheit wesentliche Bauteile, die auf der Baustelle miteinander verschweißt werden;
c) geschweißte Bauteile aus Kreishohlprofil-Fachwerkträgern, die besonders geschnittene Endquerschnitte erfordern;
d) Bauteile, die durch Warmumformen gefertigt oder im Verlauf der Herstellung einer Wärmebehandlung unterzogen werden.

*NDP*     *DIN EN 1993-1-1/NA*
*zu C2.2(4), Anmerkung*
Für die Auswahl der Ausführungsklassen gilt Folgendes:

**Ausführungsklasse EXC1**
In diese Ausführungsklasse fallen statisch und quasi-statisch beanspruchte Bauteile oder Tragwerke aus Stahl bis zur Festigkeitsklasse S275 und Werkstoffdicke bis max. 20 mm und Kopf- und Fußplatten bis max. 30 mm, für die einer der folgenden Punkte (a bis h) vollständig zutrifft:
a) Tragkonstruktionen mit
 – bis zu zwei Geschossen aus Walzprofilen ohne biegesteife Kopf-, Fuß- und Stirnplattenstöße mit einer maximalen Geschosshöhe von 3 m;
 – druck- und biegebeanspruchte Stützen ohne Stoß;
 – Biegeträgern mit bis zu 5 m Spannweite und Auskragungen bis 2 m;
 – charakteristischen veränderlichen, gleichmäßig verteilten Einwirkungen/Nutzlasten bis 2,5 kN/m² und charakteristischen veränderlichen Einzelnutzlasten bis 2,0 kN;

b) Tragkonstruktionen mit max. 30° geneigten Belastungsebenen (z. B. Rampen) mit Beanspruchungen durch charakteristische Achslasten von max. 63 kN oder charakteristische veränderliche, gleichmäßig verteilte Einwirkungen/Nutzlasten von bis zu 17,5 kN/m² (Kategorie E2.4 nach DIN EN 1991-1-1/ NA:2010-12, Tabelle 6.4DE) in einer Höhe von max. 1,25 m über festem Boden wirkend;
c) Treppen und Balkonanlagen bis zu einer Absturzhöhe von 12 m in bzw. an Wohngebäuden;
d) alle Geländer mit einer horizontalen Nutzlast bis $q_k$ = 0,5 kN/m nach DIN EN 1991-1-1/NA:2010-12, Tabelle 6.12 DE;
e) Landwirtschaftliche Gebäude ohne regelmäßigen Personenverkehr (z. B. Scheunen, Gewächshäuser);
f) Wintergärten, Überdachungen, Carports an Wohngebäuden;
g) Gebäude, die selten von Personen betreten werden, wenn der Abstand zu anderen Gebäuden oder Flächen mit häufiger Nutzung durch Personen mindestens das 1,5-fache der Gebäudehöhe beträgt.
h) Regalanlagen in Gebäuden bis zu einer Lagerhöhe von 7,5 m.

Die Ausführungsklasse EXC1 gilt auch für andere vergleichbare Bauwerke, Tragwerke und Bauteile.

**Ausführungsklasse EXC2**

In diese Ausführungsklasse fallen statisch, quasi-statisch und ermüdungsbeanspruchte Bauteile oder Tragwerke aus Stahl bis zur Festigkeitsklasse S700, die nicht den Ausführungsklassen EXC1, EXC3 und EXC4 zuzuordnen sind.

**Ausführungsklasse EXC3**

In diese Ausführungsklasse fallen statisch, quasi-statisch und ermüdungsbeanspruchte Bauteile oder Tragwerke aus Stahl bis zur Festigkeitsklasse S700, für die mindestens einer der folgenden Punkte zutrifft:
a) Dachkonstruktionen von Versammlungsstätten/ Stadien;
b) Gebäude mit mehr als 15 Geschossen;
c) folgende Tragwerke oder deren Bauteile:
 – Geh- und Radwegbrücken mit einer Spannweite über 15 m oder einer Fläche über 75 m²,
 – Straßenbrücken,
 – Eisenbahnbrücken,
 – ermüdungsbeanspruchte fliegende Bauten,
 – ermüdungsbeanspruchte Türme und Maste wie z. B. Antennentragwerke und Türme und Maste über 20 m Konstruktionshöhe,
 – Kranbahnen,
 – ermüdungsbeanspruchte zylindrische Türme wie z. B. Tragrohre für Schornsteine und zylindrische Türme über 20 m Konstruktionshöhe,
d) Bauteile für den Stahlwasserbau, wie: Verschlüsse, Kanalbrücken und Schiffshebewerke.

Die Ausführungsklasse EXC3 gilt auch für andere vergleichbare Bauwerke, Tragwerke und Bauteile.

**Ausführungsklasse EXC4**

In diese Ausführungsklasse fallen alle Bauteile oder Tragwerke der Ausführungsklasse EXC3 mit extremen Versagensfolgen für Menschen und Umwelt, wie z. B.:
a) Straßenbrücken und Eisenbahnbrücken (siehe DIN EN 1991-1-7) über dicht besiedeltem Gebiet oder über Industrieanlagen mit hohen Gefährdungspotenzial;
b) Sicherheitsbehälter in Kernkraftwerken.

Anmerkung: Bei der Auswahl der Ausführungsklasse können seismische Beanspruchungen wie quasi-statische Beanspruchungen behandelt werden.

(5) Die Festlegung einer höheren Ausführungsklasse für die Ausführung eines Tragwerks oder eines Bauteils oder eines Details sollte nicht dazu genutzt werden, um bei der Bemessung des betreffenden Tragwerks oder Bauteils oder Details die Anwendung niedrigerer Teilsicherheitsbeiwerte für den Widerstand zu rechtfertigen.

*NCI*

**Literaturhinweise**

[1] Knick- und Beulverhalten von Hohlprofilen (rund und rechteckig), CIDECT, J. Rondal et al., TÜV Rheinland, 1992, ISBN 3-8249-0067-X

[2] Boissonnade, N., Greiner, R., Jaspart, J. P., Lindner, J., Rules for member stability in EN 1993-1-1, background documentation and design guidelines. ECCS/EKS publ. no. 119, Brüssel, 2006

[3] Lindner, J.: Zur Aussteifung von Biegeträgern durch Drehbettung und Schubsteifigkeit. Stahlbau 77(2008), S. 427–435

# Literatur zu den Kommentaren

[K1] DIN 18800-1: Stahlbauten, Teil 1: Bemessung und Konstruktion. Deutsches Institut für Normung e. V., November 2008.

[K2] DIN 18800-2: Stahlbauten, Teil 2: Stabilitätsfälle, Knicken von Stäben und Stabwerken. Deutsches Institut für Normung e. V., November 2008.

[K3] DIN 18800-7: Stahlbauten, Teil 7: Ausführung und Herstellerqualifikation, Deutsches Institut für Normung e. V., November 2008.

[K4] DASt-Richtlinie 009: Stahlsortenauswahl für geschweißte Stahlbauten. Stahlbau Verlags- und Service GmbH, Düsseldorf, Januar 2005.

[K5] Kuhlmann, U., Froschmeier, B., Euler, M.: Allgemeine Bemessungsregeln, Bemessungsregeln für den Hochbau – Erläuterungen zur Struktur und Anwendung von DIN EN 1993-1-1. Stahlbau 79 (2010), Heft 11, S. 779–792.

[K6] Lindner, J., Heyde, S.: Schlanke Stabtragwerke. In: Kuhlmann, U., (Hrsg.): Stahlbau-Kalender 2009, Verlag Ernst & Sohn, 2009, S. 273–379.

[K7] Petersen, Chr.: Statik und Stabilität der Baukonstruktionen. 2. Auflage, Vieweg Verlag, Braunschweig, 1982.

[K8] Sedlacek, G., Eisel, H., Hensen, W., Kühn, B., Paschen, M.: Leitfaden zum DIN Fachbericht 103 Stahlbrücken, 2003.

[K9] Ungermann, D., Weynand, K., Jaspart, J.-P., Schmidt, B.: Momententragfähige Anschlüsse mit und ohne Steifen. In: Kuhlmann, U. (Hrsg.): Stahlbau-Kalender 2005, Verlag Ernst & Sohn, 2005, S. 599–670.

[K10] Kuhlmann, U., Rölle, L.: Verbundanschlüsse nach Eurocode. In: Kuhlmann, U. (Hrsg.): Stahlbau-Kalender 2010, Verlag Ernst & Sohn, 2010, S. 574–642.

[K11] Lindner, J., Stroetmann, R.: Knicknachweise nach DIN EN 1993-1-1, Stahlbau 79 (2010), Heft 11, S. 793–808.

[K12] DIN 18801: Stahlhochbau: Bemessung, Konstruktion, Herstellung. Deutsches Institut für Normung e. V., September 1983.

[K13] Braun B., Kuhlmann, U.: Bemessung und Konstruktion von aus Blechen zusammengesetzten Bauteilen nach DIN EN 1993-1-5. In: Kuhlmann, U., (Hrsg.): Stahlbau Kalender 2009, Verlag Ernst & Sohn, 2009, S. 381–453.

[K14] Sedlacek, G., Feldmann, M., Kuhlmann, U., et al.: Entwicklung und Aufbereitung wirtschaftlicher Bemessungsregeln für Stahl- und Verbundträger mit schlanken Stegblechen im Hoch- und Brückenbau. DASt-Forschungsbericht, AiF Projekt-Nr. 14 771, 2008.

[K15] Beg, D., Kuhlmann, U., Davaine, L., Braun, B.: Design of Plated Structures, Eurocode 3: Design of Steel Structures, Part 1-5 – Design of Plated Structures, 1st Edition, 2010, veröffentlicht durch ECCS – European Convention for Constructional Steelwork, Verkauf durch Verlag Ernst & Sohn, Berlin.

[K16] Brune, B., Kalameya, J.: Kaltgeformte, dünnwandige Bauteile und Bleche aus Stahl nach DIN EN 1993-1-3. In Kuhlmann, U. (Hrsg.): Stahlbau-Kalender 2009, Verlag Ernst & Sohn, 2009, S. 454–527.

[K17] Kindmann, R., Frickel, J.: Elastische und plastische Querschnittstragfähigkeit, Verlag Ernst & Sohn, Berlin, 2002.

[K18] Lindner, J., Scheer, J., Schmidt, H. (Hrsg.): Stahlbauten, Erläuterungen zu DIN 18800 Teil 1 bis Teil 4, Beuth Verlag GmbH, Berlin, 3. Auflage, 1998.

[K19] Feldmann, M., Naumes, J., Sedlacek, G.: Biegeknicken und Biegedrillknicken aus der Haupttragebene, Stahlbau 78 (2009), Heft 10, S. 764–776.

[K20] Bijlaard, F., Feldmann, M., Naumes, J., Sedlacek, G.: The „general method" for assessing the out-of-plane stability of structural members and frames and the comparison with alternative rules in EN 1993 – Eurocode 3 – Part 1-1, Steel Construction 3 (2010), Heft 1, S. 19–33.

[K21] Roik, K., Carl, J., Lindner, J.: Biegetorsionsprobleme gerader dünnwandiger Stäbe, Verlag Ernst & Sohn, Berlin, 1972.

[K22] Greiner, R., Kaim, P.: Erweiterung der Traglastuntersuchungen an Stäben unter Druck und Biegung auf einfach-symmetrische Querschnitte, Stahlbau 72 (2003), Heft 3, S. 173–180.

[K23] Greiner, R., Taras, A.: New design curves for LT and TF buckling with consistent derivation and code-conform formulation, Steel Construction 3 (2010), Heft 3, S. 176–186.

[K24] Kuhlmann, U., Detzel, A.: DIN EN 1993-1-1, Allgemeine Nachweiskonzepte mit Berechnungsbeispielen, in Tagungsband der DIN-Tagung Bemessung und Konstruktion von Stahlbauten nach dem neuen Eurocode 3, Köln 2005, Beuth Verlag.

[K25] Simoes da Silva, L., Simoes, R., Gervasio, H.: Design of Steel Structures Eurocode 3: Design of steel structures. Part 1-1: General rules and rules for buildings, ECCS Eurocode Design Manuals, 2010, Verkauf durch Verlag Ernst & Sohn, Berlin

[K26] DIN 18807: Trapezprofile im Hochbau; Stahltrapezprofile; Teil 1, 2, 3, Deutsches Institut für Normung e.V., Juni 1987, mit Änderungen A1, Mai 2001.

[K27] Schwarze K., Raabe, O.: Stahlprofiltafeln für Dächer und Wände. In Kuhlmann, U. (Hrsg.): Stahlbau-Kalender 2009, Verlag Ernst & Sohn, 2009, S. 761–856.

[K28] Kindmann, R., Wolf, Chr., Beier-Tertel, J.: Discussion on member imperfections according to Eurocode 3 for stability problems. Proceedings of 5th European Conference on Steel and Composite structures (Eurosteel 2008), S. 773–778, Brüssel 2008.

[K29] Greiner, R., Lindner, J.: Die neuen Regelungen in der europäischen Norm EN 1993-1-1 für Stäbe unter Druck und Biegung. Stahlbau 72 (2003), Heft 3, S. 157–172.

[K30] Rubin, H.: Interaktionsbeziehungen zwischen Biegemoment, Querkraft und Normalkraft für einfachsymmetrische I- und Kastenquerschnitte bei Biegung um die starke und für doppelsymmetrische Querschnitte bei Biegung um die schwache Achse. Stahlbau 47 (1978), S. 76–85.

[K31] Fachkommission Bautechnik der Bauministerkonferenz: Erläuterungen zur Anwendung der Eurocodes vor ihrer Bekanntmachung als Technische Baubestimmungen. DIBt Mitteilungen 6/2010, Verlag Ernst & Sohn, 2010, S. 252–257.

[K32] ÖNORM B 1993-1-1: Nationale Festlegungen zu ÖNORM EN 1993-1-1, nationale Erläuterungen und nationale Ergänzungen. Österreichisches Normungsinstitut, Februar 2007.

[K33] Beg, D., Sinur, F., Jurisinoviĉ, B.: Cross-section classification of angles. ECCS Technical Working Group 8.3, Präsentation, 2011.

[K34] Greiner, R., Kettler, M., Lechner, A., et al.: SEMI-COMP: Plastic Member Capacity of Semi-Compact Steel Sections – a more Economic Design, RFSR-CT-2004-00 044, Final Report, Research Programs of the Research Fund for Coal and Steel – RTD, 2008.

[K35] Greiner, R., Kaim, P., Taras, A.: Stabilitätsnachweis von Stäben mit einfach-symmetrischen Querschnitten – Eurocode konforme Regelungen im österreichischen Nationalen Anhang zur EN 1993-1-1. Stahlbau 80 (2011), Heft 5, S. 356–363.

[K36] Seidel, F., Lindner, J.: Aussteifung von biegedrillknickgefährdeten Biegeträgern durch zweiseitig gelagerte Trapezprofile. Stahlbau 80 (2011), Heft 11. S. 832–838.

[K37] ECCS TC 7: European Recommendations for the application of Metal Sheeting acting as a Diaphragm. ECCS publication No 88, Brüssel, 1995.

[K38] Kouhi, J.; Oneglin, P.: Proposal for amendments of EN 1993-1-1:2005, AM-1-1-2011-01. The limit on the material thickness of hollow sections, CEN/TC 250/SC 3, Document N2191, 2015.

[K39] Scheuermann, G.; Häusler, V.: Einwirkungen auf Tragwerke. In: Kuhlmann, U. (Hrsg.): Stahlbau-Kalender 2012, Verlag Ernst & Sohn, Berlin, 2012, S. 455–488.

[K40] Kühn, B.; Stranghöner, N.; Sedlacek, G.; Höhler, S.: Kommentar zu DIN EN 1993-1-10: Stahlsortenwahl im Hinblick auf Bruchzähigkeit und Eigenschaften in Dickenrichtung. In: Kuhlmann, U., (Hrsg.): Stahlbau-Kalender 2012, Verlag Ernst & Sohn, 2012, S. 355–380.

[K41] Sedlacek, G.; Höhler, S.; Dahl, W. et al.: Ersatz des Aufschweißbiegeversuchs durch äquivalente Stahlgütewahl. Stahlbau 47 (2005), Heft 7, S. 539–546.

[K42] DASt-Richtlinie 022: Feuerverzinken von tragenden Stahlbauteilen. Deutscher Ausschuss für Stahlbau, Düsseldorf, Juni 2016.

[K43] Feldmann, M.; Schäfer, D.; Sedlacek, G.: Feuerverzinken von tragenden Stahlbauteilen nach DASt-Richtlinie 022 und Bewertung verzinkter Stahlkonstruktionen. In: Kuhlmann, U., (Hrsg.): Stahlbau-Kalender 2010, Verlag Ernst & Sohn, 2010, S. 765–806.

[K44] Kuhlmann, U., Feldmann, M., Lindner, J., Müller, C., Stroetmann, R., Just, A.: Eurocode 3 – Bemessung von Stahlbauten; Band 1: Allgemeine Regeln und Hochbau (DIN EN 1993-1-1 mit Nationalem Anhang; Kommentar und Beispiele). bauforumstahl (Hrsg.), Berlin: Beuth Verlag/Verlag Ernst & Sohn, 2014.

[K45] DIN V ENV 1993-1-1: Eurocode 3: Bemessung und Konstruktion von Stahlbauten – Teil 1-1: Allgemeine Bemessungsregeln, Bemessungsregeln für den Hochbau; Deutsche Fassung ENV 1993-1-1:1992. DIN Deutsches Institut für Normung e.V., April 1993.

[K46] Brune, B.: Kommentar zur DIN EN 1993-1-3: Ergänzende Regeln für kaltgeformte Bauteile und Bleche. In: Kuhlmann, U. (Hrsg.): Stahlbau-Kalender 2013, Verlag Ernst & Sohn, 2013, S. 247–316.

[K47] Novák, B., Kuhlmann, U., Euler, M.: Werkstoffübergreifendes Entwerfen und Konstruieren – Einwirkung, Widerstand, Tragwerk. Ernst & Sohn, 2012.

[K48] Petersen, Chr.: Grundlagen der Berechnung und baulichen Ausbildung von Stahlbauten. 4., vollst. überarb. u. akt. Aufl. Springer Vieweg, 2012.

[K49] Wagenknecht, G.: Stahlbau-Praxis nach Eurocode 3. Beuth Verlag, 2011.

[K50] Kindmann, R., Ludwig, Ch.: Zur Tragfähigkeit von Stabquerschnitten nach DIN EN 1993-1-1 (Teil 1). Stahlbau 81 (2012), Heft 4, S. 257–264.

[K51] Lindner, J.: Classification of rolled I-Profiles fabricated in steel grade S460 within Table 6.2 of EN 1993-1-1, CEN TC250/SC3/Evolution Group EN 1993-1-1, Document [40], Meeting in Zürich, Oktober 2013.

[K52] Taras, A., Greiner, R., Unterweger, H.: Proposal for amended rules for member buckling and semi-compact cross-section design, AM-1-1-2012-01 to -05, TC250/SC3 Dokument N 1898, April 12th, 2013.

[K53] AM-1-2014-01: Buckling curves for L-sections, CEN/TC 250/SC 3, Document N2017, 2014.

[K54] AM-1-1-2014-01: Buckling curves for heavy flange rolled sections, CEN/TC 250/SC 3, Document N2031, 2014.

[K55] Dokument NA 005-08-16 AA N2710, CEN_TC250_SC3_N2923, 2019-09-26_EN 1993-1-1, Entwurf zur Entscheidung SC3, Oktober 2019.

[K56] Euler, M.; Kuhlmann, U.: Zur Berücksichtigung der Durchlaufwirkung im Stahlhochbau, Ermittlung der Auflagerkräfte von auf Biegung beanspruchten Bauteilen. Stahlbau 97 (2018), Heft 7, S. 704–705.

[K57] DIN EN 1993-1-3: Bemessung und Konstruktion von Stahlbauten, Teil 1-3: Allgemeine Regeln – Ergänzende Regeln für kaltgeformte Bauteile und Bleche. Deutsches Institut für Normung e.V., Dezember 2010.

[K58] Lindner, J.: Koordinierung der Bautechnik auf dem Gebiet der Stabstabilität im Stahlbau. Schlussbericht zum Forschungsvorhaben 400/84, Bericht Nr. 2099, Technische Universität Berlin, Institut für Baukonstruktionen und Festigkeit, 1989.

# 2 Muster-Verwaltungsvorschrift Technische Baubestimmungen (MVV TB), Normen und Bescheide im Stahlbau

Dr.-Ing. Karsten Kathage

Dipl.-Ing. Christoph Ortmann

# Inhaltsverzeichnis

1 **Muster-Verwaltungsvorschrift Technische Baubestimmungen (MVV TB)**  89

2 **Normen und Richtlinien für den Stahlbau**  136

3 **Bescheide des Deutschen Instituts für Bautechnik DIBt (Stand: September 2019)**  142

3.1 Allgemeine bauaufsichtliche Zulassungen/ allgemeine Bauartgenehmigungen  142

3.1.1 Verzeichnis Sachgebiet Verbundbau  142

3.1.2 Verzeichnis Sachgebiet Metallbau – Werkstoffe  144

3.1.3 Verzeichnis Sachgebiet Metallbau und Metallbauarten  147

3.1.4 Verzeichnis Sachgebiet Gerüste  173

3.2 Europäische Technische Bewertungen  185

# 1 Muster-Verwaltungsvorschrift Technische Baubestimmungen (MVV TB)

In der Rechtssache C-100/13 hat der Europäische Gerichtshof (EuGH) mit seinem Urteil vom 16. Oktober 2014 einen Verstoß der Bundesrepublik Deutschland gegen die Bauproduktenrichtlinie (Richtlinie 89/106/EWG) darin gesehen, dass die Bauregellisten (BRL) zusätzliche Anforderungen für den wirksamen Marktzugang und die Verwendung in Deutschland stellen, obwohl die betroffenen Bauprodukte von harmonisierten Normen erfasst wurden und mit der CE-Kennzeichnung versehen waren.

In den zuständigen Gremien der Bauministerkonferenz wurde nachfolgend intensiv beraten, wie sich die Feststellungen des Urteils auf die Bauproduktenverordnung (Verordnung (EU) Nr. 305/2011) übertragen ließen und welche Konsequenzen aus dem Urteil für das deutsche Bauproduktenrecht zu ziehen waren.

Als Konsequenz daraus wurde die Musterbauordnung (MBO) durch Beschluss der Bauministerkonferenz vom 13.05.2016 entsprechend novelliert.

Weitergehend wurden die Regelungen der Muster-Liste der Technischen Baubestimmungen (MLTB), der Teile II und III der Liste der Technischen Baubestimmungen sowie der Bauregellisten angepasst und umstrukturiert in die Muster-Verwaltungsvorschrift Technische Baubestimmungen (MVV TB) überführt.

Die Umsetzung der Muster-Verwaltungsvorschrift Technische Baubestimmungen (MVV TB) als Ersatz für die bisherigen Regelungen erfolgt in den Bundesländern jeweils durch Bekanntmachung/Erlass der Verwaltungsvorschrift Technische Baubestimmungen (VV TB).

Die Umsetzung der Muster-Verwaltungsvorschrift Technische Baubestimmungen (MVV TB) ist zum Redaktionsschluss (September 2019) noch nicht in allen Bundesländern abgeschlossen. Dies ist aber für das Jahr 2020 geplant.

In dieser Ausgabe des Stahlbau-Kalenders wird die zum Redaktionsschluss (Stand September 2019) aktuelle Version MVV TB 2017/1 aus dem Blickwinkel des Stahlbaus zitiert.

Die Veröffentlichung einer überarbeiteten Version MVV TB 2020/1 der Muster-Verwaltungsvorschrift Technische Baubestimmungen ist für Anfang 2020 vorgesehen.

Das Überführungsschema der bisherigen Regelungen in die Muster-Verwaltungsvorschrift Technische Baubestimmungen (MVV TB) kann Bild 1 entnommen werden.

Weitere Informationen sind auch unter www.DIBt.de zu finden.

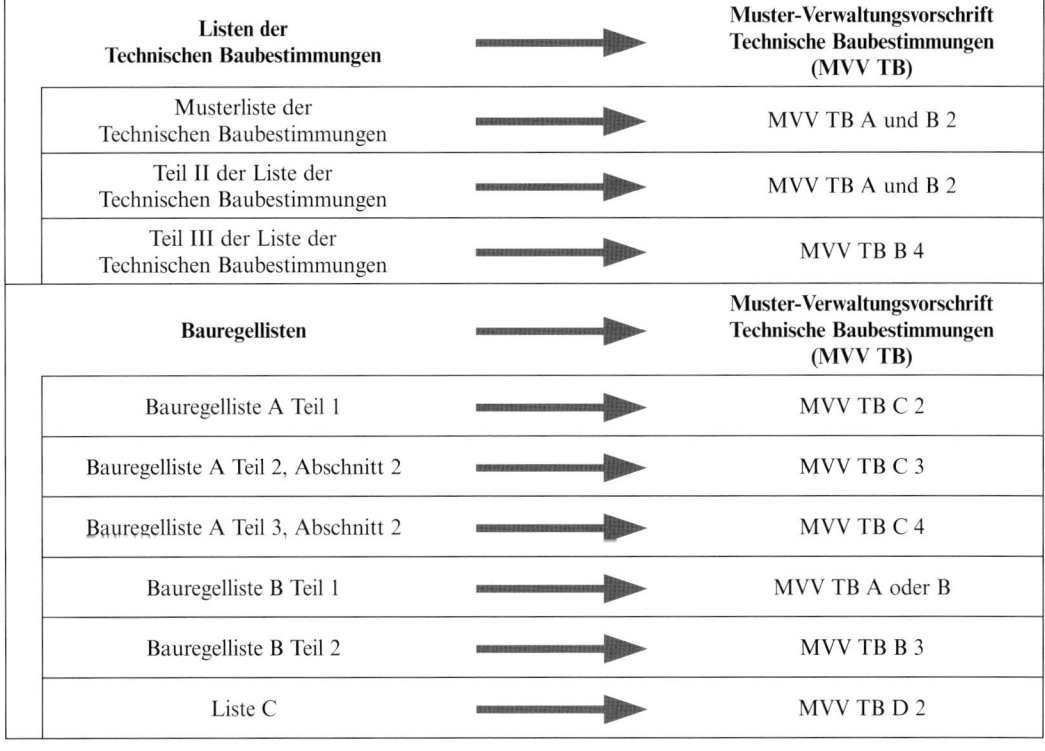

**Bild 1.** Überführungsschema

**Vorbemerkungen**

**1 Bauordnungsrechtliche Vorgaben**

Die Musterbauordnung[1)] (MBO[1)]) enthält in § 85a Abs. 1 MBO[1)] die Ermächtigung, im Rahmen einer Verwaltungsvorschrift die allgemeinen Anforderungen an bauliche Anlagen, Bauprodukte und andere Anlagen und Einrichtungen durch Technische Baubestimmungen zu konkretisieren.
In § 85a Abs. 2 MBO[1)] werden detaillierte Vorgaben gemacht, zu welchen bauaufsichtlichen Anforderungen Konkretisierungen vorgenommen werden können. Die Konkretisierungen können durch Bezugnahme auf technische Regeln und deren Fundstellen oder auf andere Weise erfolgen, insbesondere in Bezug auf:
– die Planung, Bemessung und Ausführung baulicher Anlagen und ihrer Teile,
– Merkmale und Leistungen von Bauprodukten in bestimmten baulichen Anlagen oder ihren Teilen,
– Verfahren für die Feststellung der Leistung eines Bauprodukts, das nicht das CE-Zeichen nach Bauproduktenverordnung trägt,
– zulässige und unzulässige besondere Verwendungszwecke für Bauprodukte,
– Festlegungen von Klassen und Stufen, die Bauprodukte für bestimmte Verwendungszwecke aufweisen sollen,
– Voraussetzungen für die Abgabe der Übereinstimmungserklärung für nicht harmonisierte Produkte,
– Angaben zu nicht harmonisierten Bauprodukten sowie zu Bauarten, die eines allgemeinen bauaufsichtlichen Prüfzeugnisses bedürfen sowie
– Art, Inhalt und Form der technischen Dokumentation.

Es gilt der Grundsatz, dass nur solche Inhalte in die Muster-Verwaltungsvorschrift Technische Baubestimmungen (MVV TB) als Technische Baubestimmungen aufgenommen werden, die zur Erfüllung der Anforderungen der Bauordnungen an bauliche Anlagen, Bauprodukte und andere Anlagen und Einrichtungen unerlässlich sind. Die Bauaufsichtsbehörden können jedoch im Rahmen ihrer Entscheidungen zur Ausfüllung unbestimmter Rechtsbegriffe auch auf allgemein anerkannte Regeln der Technik zurückgreifen, die keine Technischen Baubestimmungen sind.
Das Deutsche Institut für Bautechnik macht nach Anhörung der beteiligten Kreise im Einvernehmen mit den obersten Bauaufsichtsbehörden die Technischen Baubestimmungen als Muster-Verwaltungsvorschrift bekannt. Für eine unmittelbare Geltung in dem jeweiligen Land ist die öffentliche Bekanntmachung der Verwaltungsvorschrift erforderlich.

Notifiziert gemäß der Richtlinie (EU) 2015/1535 des Europäischen Parlaments und des Rates vom 9. September 2015 über ein Informationsverfahren auf dem Gebiet der technischen Vorschriften und der Vorschriften für die Dienste der Informationsgesellschaft (ABl. L 241 vom 17.9.2015, S. 1).

**2 Struktur und Gliederung der MVV TB**

**2.1** Die Technischen Baubestimmungen sind in vier Teile gegliedert:
A  Technische Baubestimmungen, die bei der Erfüllung der Grundanforderungen an Bauwerke zu beachten sind
Teil A gliedert sich nach den Grundanforderungen für Bauwerke gem. Anhang I der EU-BauPVO wie folgt:
A 1 – Mechanische Festigkeit und Standsicherheit,
A 2 – Brandschutz,
A 3 – Hygiene, Gesundheit und Umweltschutz,
A 4 – Sicherheit und Barrierefreiheit bei der Nutzung,
A 5 – Schallschutz und
A 6 – Wärmeschutz.
B  Technische Baubestimmungen für Bauteile und Sonderkonstruktionen, die zusätzlich zu den in Teil A aufgeführten Technischen Baubestimmungen zu beachten sind
C  Technische Baubestimmungen für Bauprodukte, die nicht die CE-Kennzeichnung tragen, und für Bauarten
D  Bauprodukte, die keines Verwendbarkeitsnachweises bedürfen

**2.2** Wesentliche Inhalte der Kapitel in Teil A sind:
Kapitel A 1 – Mechanische Festigkeit und Standsicherheit – die Eurocodes zu den Grundlagen für die Tragwerksplanung, zu den Einwirkungen auf Bauwerke sowie zur Bemessung. Aus deren Anwendung ergibt sich, welche Merkmale und konkreten Leistungen die verwendeten Produkte am Bauwerk zur Erfüllung der bauwerksbezogenen Anforderungen ausweisen müssen.
Kapitel A 2 – Brandschutz – konkretisiert die in der Musterbauordnung und in den Muster-Sonderbauordnungen und -vorschriften enthaltenen brandschutztechnischen Anforderungen an bauliche Anlagen oder Teile baulicher Anlagen insbesondere im Hinblick auf das Brandverhalten und den Feuerwiderstand.
In Kapitel A 3 – Hygiene, Gesundheit- und Umweltschutz – sind die Anforderungen an bauliche Anlagen in Form der technischen Regeln „Anforderungen an bauliche Anlagen bezüglich des Gesundheitsschutzes" (ABG) sowie „Anforderungen an bauliche Anlagen bezüglich der Auswirkungen auf Boden und Gewässer" (ABuG) konkretisiert.

**2.3** Teil B betrifft Sonderkonstruktionen und besondere Bauteile, die einerseits den Anforderungen von Teil A nicht eindeutig zugeordnet werden können und andererseits teilweise einen anderen Rechtshintergrund haben.
Teil B enthält dabei Technische Baubestimmungen für Bauteile und Sonderkonstruktionen, die zusätzlich zu

---
[1)] nach Landesrecht

den in Abschnitt A aufgeführten Technischen Baubestimmungen beachtet werden müssen. Die hier für bestimmte Sonderkonstruktionen und Bauteile aufgeführten technischen Regeln dienen der Konkretisierung mehrerer Grundanforderungen und sind materialübergreifend.

Kapitel B 2 beinhaltet technische Regeln für Sonderkonstruktionen und Bauteile im Hinblick auf deren Planung, Bemessung und Ausführung.

Kapitel B 3 bezieht sich auf technische Gebäudeausrüstungen und Teile von Anlagen zum Lagern, Abfüllen und Umschlagen von wassergefährdenden Stoffen, die anderen Harmonisierungsrechtsvorschriften (z. B. Maschinenrichtlinie, Niederspannungsrichtlinie, Druckgeräterichtlinie) unterliegen, aber hinsichtlich eines bestimmten Verwendungszwecks Grundanforderungen nach Artikel 3 Absatz 1 der BauPVO an bauliche Anlagen und ihre Teile nicht erfüllen. Für diese Produkte ist zum Nachweis der fehlenden Wesentlichen Merkmale ein Verwendbarkeitsnachweis erforderlich, sofern nicht festgelegt wurde, dass eine Übereinstimmungserklärung zu den fehlenden Wesentlichen Merkmalen nach § 22 MBO[1)] aufgrund vorheriger Prüfung der Bauprodukte durch eine hierfür bauaufsichtlich anerkannte Prüfstelle ausreichend ist.

Kapitel B 4 beinhaltet Technische Anforderungen für Bauprodukte und Bauarten, die Anforderungen nach anderen Rechtsvorschriften unterliegen, für die nach § 85 Abs. 4a MBO[1)] eine Rechtsverordnung erlassen wurde. Dabei handelt es sich um Technische Anforderungen an ortsfest verwendete Anlagen und Anlagenteile in Lager-, Abfüll- und Umschlaganlagen (LAU-Anlagen) zum Umgang mit wassergefährdenden Stoffen sowie an den Einbau, Betrieb und die Wartung von Anlagen mit Bauprodukten zur Abwasserbehandlung.

**2.4** Teil C – Technische Baubestimmungen für Bauprodukte, die nicht die CE-Kennzeichnung tragen, und für Bauarten – bestimmt die Angaben zu nicht harmonisierten Bauprodukten sowie zu Bauarten, die nur eines allgemeinen bauaufsichtlichen Prüfzeugnisses bedürfen sowie die Anforderungen zur Abgabe der Übereinstimmungserklärung für ein Bauprodukt nach § 22 MBO[1)].

Teil C gilt daher nicht für Bauprodukte, für die eine harmonisierte Norm oder eine Europäische Technische Bewertung (ETA) im Geltungsbereich der EU-BauPVO vorliegt.

In Kapitel C 2 sind die technischen Regeln sowie die Anforderungen an die Übereinstimmungsbestätigung für nicht harmonisierte Bauprodukte bestimmt.

Kapitel C 3 führt Bauprodukte auf, die lediglich eines allgemeinen bauaufsichtlichen Prüfzeugnisses bedürfen. An dieser Stelle sind auch die jeweils anerkannten Prüfverfahren und die Art der erforderlichen Übereinstimmungsbestätigung aufgeführt.

In Kapitel C 4 sind die Bauarten ausgewiesen, die lediglich eines allgemeinen bauaufsichtlichen Prüfzeugnisses bedürfen. Auch hier sind die anerkannten Prüfverfahren jeweils aufgelistet.

Sofern von der maßgebenden technischen Regel abgewichen wird, ist für Bauprodukte eine allgemeine bauaufsichtliche Zulassung oder eine Zustimmung im Einzelfall und für Bauarten eine allgemeine oder vorhabenbezogene Bauartgenehmigung erforderlich.

Bei Bauprodukten und Bauarten, die (nur) eines allgemeinen bauaufsichtlichen Prüfzeugnisses bedürfen, wird das Vorliegen einer maßgebenden Prüfnorm zwingend vorausgesetzt. Dabei können auch weitere technische Bestimmungen, die für die Erteilung des abP erforderlich sind, angegeben werden. Dazu gehören z. B. ergänzende Angaben zu Prüfumfang, Prüfaufbau, Prüfhäufigkeit.

**2.5** Teil D enthält die nach § 17 Absatz 3 MBO[1)] vorgesehene Liste von Bauprodukten, welche keines Verwendbarkeitsnachweises bedürfen. Hierunter fallen Bauprodukte, für die es allgemein anerkannte Regeln der Technik gibt, jedoch auf Verwendbarkeitsnachweise verzichtet wird sowie Bauprodukte, für die es weder Technische Baubestimmungen noch allgemein anerkannte Regeln der Technik gibt und die bauordnungsrechtlich von untergeordneter Bedeutung sind. Die Liste hat klarstellenden Charakter und erhebt keinen Anspruch auf Vollständigkeit.

Im Kapitel D 3 wird ein Weg aufgezeigt, wie mit lückenhaften und unvollständigen harmonisierten Spezifikationen umgegangen werden kann. Für den Vollzug sind die Länder zuständig.

## A Technische Baubestimmungen, die bei der Erfüllung der Grundanforderungen an Bauwerke zu beachten sind

### A 1 Mechanische Festigkeit und Standsicherheit

**A 1.1 Allgemeines**

Gemäß § 3 und § 12 Absatz 1 MBO[1)] muss jede bauliche Anlage im Ganzen und in ihren einzelnen Teilen für sich allein standsicher sein. Die Standsicherheit anderer baulicher Anlagen und die Tragfähigkeit des Baugrundes der Nachbargrundstücke dürfen nicht gefährdet werden. Darüber hinaus dürfen die während der Errichtung und Nutzung möglichen Einwirkungen keine Beschädigungen anderer Teile des Bauwerks oder Einrichtungen und Ausstattungen infolge zu großer Verformungen der tragenden Baukonstruktion zur Folge haben.

Zur Erfüllung dieser Anforderungen an bauliche Anlagen sind die technischen Regeln nach Abschnitt A 1.2 zu beachten.

**A 1.2 Technische Anforderungen hinsichtlich Planung, Bemessung und Ausführung an bestimmte bauliche Anlagen und ihre Teile gem. § 85a Abs. 2 MBO[1)]**

Ausgenommen von der Beachtung der technischen Regeln nach Abschnitt 1.2 sind:

---
1) nach Landesrecht

**1** Bekleidungselemente für Innenwandbekleidungen;

**2** Bekleidungselemente für Außenwandbekleidungen und Dachelemente für Dacheindeckungen, die nach allgemein anerkannten Regeln der Technik befestigt werden und folgende Kriterien erfüllen:
- kleinformatige Wandbekleidungs- oder Dachelemente mit ≤ 0,4 m² Fläche und ≤ 5 kg Eigengewicht oder
- brettformatige Wandbekleidungselemente mit ≤ 0,3 m Breite und Unterstützungsabständen durch die Unterkonstruktion von ≤ 0,8 m oder
- Dachelemente mit einem Unterstützungsabstand durch die Unterkonstruktion von ≤ 1,0 m (außer aus Glas) oder
- Wandbekleidungselemente, deren Verwendung durch das Regelwerk des Dachdeckerhandwerks geregelt ist.

| Lfd. Nr. | Anforderungen an Planung, Bemessung und Ausführung gem. § 85a Abs. 2 MBO[1)] | Technische Regeln/Ausgabe | Weitere Maßgaben gem. § 85a Abs. 2 MBO[1)] |
|---|---|---|---|
| 1 | 2 | 3 | 4 |
| **A 1.2.1 Grundlagen der Tragwerksplanung und Einwirkungen auf Tragwerke** | | | |
| A 1.2.1.1 | Grundlagen der Tragwerksplanung | DIN EN 1990:2010-12<br>DIN EN 1990/NA:2010-12 | Anlage A 1.2.1/1 |
| A 1.2.1.2 | Einwirkungen auf Tragwerke | DIN EN 1991 | |
| | Wichten, Eigengewicht und Nutzlasten im Hochbau | DIN EN 1991-1-1:2010-12<br>DIN EN 1991-1-1/NA:2010-12<br>DIN EN 1991-1-1/NA/A1:2015-05 | Anlage A 1.2.1/2 |
| | Brandeinwirkungen auf Tragwerke | DIN EN 1991-1-2:2010-12<br>DIN EN 1991-1-2 Ber. 1:2013-08<br>DIN EN 1991-1-2/NA:2015-09 | Anlage A 1.2.1/3 |
| | Schneelasten | DIN EN 1991-1-3:2010-12<br>DIN EN 1991-1-3/NA:2010-12 | Anlage A 1.2.1/4 |
| | Windlasten | DIN EN 1991-1-4:2010-12<br>DIN EN 1991-1-4/NA:2010-12 | Anlage A 1.2.1/5 |
| | Außergewöhnliche Einwirkungen | DIN EN 1991-1-7:2010-12<br>DIN EN 1991-1-7/NA:2010-12 | Anlage A 1.2.1/6 |
| | Einwirkungen infolge von Kranen und Maschinen | DIN EN 1991-3:2010-12<br>DIN EN 1991-3 Ber.1:2013-08<br>DIN EN 1991-3/NA:2010-12 | |
| | Einwirkungen auf Silos und Flüssigkeitsbehälter | DIN EN 1991-4:2010-12<br>DIN EN 1991-4 Ber. 1:2013-08<br>DIN EN 1991-4/NA:2010-12<br>DIN FB 140:2005-01 | Anlage A 1.2.1/7 |
| A 1.2.1.3 | Bauteile, die gegen Absturz sichern | ETB-Richtlinie – „Bauteile, die gegen Absturz sichern", Juni 1985 | Anlage A 1.2.1/8 |
| **A 1.2.4 Bauliche Anlagen im Metall- und Verbundbau** | | | |
| A 1.2.4.1 | Bemessung und Konstruktion von Stahlbauten | DIN EN 1993-1-1:2010-12<br>DIN EN 1993-1-1/A1:2014-07<br>DIN EN 1993-1-1/NA:2015-08 | Anlagen A 1.2.3/2 und A 1.2.4/1 |
| | Tragwerksbemessung für den Brandfall | DIN EN 1993-1-2:2010-12<br>DIN EN 1993-1-2/NA:2010-12 | Anlage A 1.2.3/3 |
| | Ergänzende Regeln für kaltgeformte Bauteile und Bleche | DIN EN 1993-1-3:2010-12<br>DIN EN 1993-1-3/NA:2010-12 | Anlage A 1.2.4/2 |

| Lfd. Nr. | Anforderungen an Planung, Bemessung und Ausführung gem. § 85a Abs. 2 MBO[1] | Technische Regeln/Ausgabe | Weitere Maßgaben gem. § 85a Abs. 2 MBO[1] |
|---|---|---|---|
| 1 | 2 | 3 | 4 |
| A 1.2.4.1 | Ergänzende Regeln zur Anwendung von nichtrostenden Stählen | DIN EN 1993-1-4:2015-10<br>DIN EN 1993-1-4/NA:2017-01 | |
| | Plattenförmige Bauteile | DIN EN 1993-1-5:2010-12<br>DIN EN 1993-1-5/NA:2010-12 | |
| | Festigkeit und Stabilität von Schalen | DIN EN 1993-1-6:2010-12<br>DIN EN 1993-1-6/NA:2010-12 | |
| | Plattenförmige Bauteile mit Querbelastung | DIN EN 1993-1-7:2010-12<br>DIN EN 1993-1-7/NA:2010-12 | |
| | Bemessung von Anschlüssen | DIN EN 1993-1-8:2010-12<br>DIN EN 1993-1-8/NA:2010-12 | |
| | Ermüdung | DIN EN 1993-1-9:2010-12<br>DIN EN 1993-1-9/NA:2010-12 | |
| | Stahlsortenauswahl im Hinblick auf Bruchzähigkeit und Eigenschaften in Dickenrichtung | DIN EN 1993-1-10:2010-12<br>DIN EN 1993-1-10/NA:2010-12 | |
| | Bemessung und Konstruktion von Tragwerken mit Zuggliedern aus Stahl | DIN EN 1993-1-11:2010-12<br>DIN EN 1993-1-11/NA:2010-12 | Anlage A 1.2.4/3 |
| | Zusätzliche Regeln zur Erweiterung von EN 1993 auf Stahlgüten bis S700 | DIN EN 1993-1-12:2010-12<br>DIN EN 1993-1-12/NA:2011-08 | |
| | Türme und Maste | DIN EN 1993-3-1:2010-12<br>DIN EN 1993-3-1/NA:2015-11 | |
| | Schornsteine | DIN EN 1993-3-2:2010-12<br>DIN EN 1993-3-2/NA:2010-12 | Anlage A 1.2.4/4 |
| | Silos | DIN EN 1993-4-1:2010-12<br>DIN EN 1993-4-1/NA:2010-12 | |
| | Pfähle und Spundwände | DIN EN 1993-5:2010-12<br>DIN EN 1993-5/NA:2010-12 | |
| | Kranbahnen | DIN EN 1993-6:2010-12<br>DIN EN 1993-6/NA:2010-12 | |
| | Ausführung von Stahltragwerken | DIN EN 1090-2:2011-10 | Anlage A 1.2.4/5 |
| A 1.2.4.2 | Bemessung und Konstruktion von Verbundtragwerken aus Stahl und Beton | DIN EN 1994 | |
| | Allgemeine Bemessungsregeln und Anwendungsregeln für den Hochbau | DIN EN 1994-1-1:2010-12<br>DIN EN 1994-1-1/NA:2010-12 | Anlagen A 1.2.3/2 und A 1.2.4/1 |
| | Tragwerksbemessung für den Brandfall | DIN EN 1994-1-2:2010-12<br>DIN EN 1994-1-2/A1:2014-06<br>DIN EN 1994-1-2/NA:2010-12 | Anlage A 1.2.3/3 |

| Lfd. Nr. | Anforderungen an Planung, Bemessung und Ausführung gem. § 85a Abs. 2 MBO[1] | Technische Regeln/Ausgabe | Weitere Maßgaben gem. § 85a Abs. 2 MBO[1] |
|---|---|---|---|
| 1 | 2 | 3 | 4 |
| A 1.2.4.3 | Bemessung und Konstruktion von Aluminiumtragwerken | DIN EN 1999 | |
| | Allgemeine Bemessungsregeln | DIN EN 1999-1-1:2014-03<br>DIN EN 1999-1-1/NA:2013-05<br>DIN EN 1999-1-1/NA/A1:2014-06<br>DIN EN 1999-1-1/NA/A2:2015-03<br>DIN EN 1999-1-1/NA/A3:2015-11 | Anlage A 1.2.4/1 |
| | Tragwerksbemessung für den Brandfall | DIN EN 1999-1-2:2010-12<br>DIN EN 1999-1-2/NA:2011-04 | Anlage A 1.2.3/3 |
| | Ermüdungsbeanspruchte Tragwerke | DIN EN 1999-1-3:2011-11<br>DIN EN 1999-1-3/NA:2013-01 | |
| | Kaltgeformte Profiltafeln | DIN EN 1999-1-4:2010-05<br>DIN EN 1999-1-4/A1:2011-11<br>DIN EN 1999-1-4/NA:2010-12 | Anlage A 1.2.4/2 |
| | Schalentragwerke | DIN EN 1999-1-5:2010-05<br>DIN EN 1999-1-5/NA:2010-12 | |
| | Ausführung von Aluminiumtragwerken | DIN EN 1090-3:2008-09 | Anlage A 1.2.4/6 |
| A 1.2.4.4 | Oberirdische zylindrische Flachboden-Tankbauwerke aus metallischen Werkstoffen | DIN 4119-1:1979-06<br>DIN 4119-2:1980-02 | Anlage A 1.2.4/7 |
| **A 1.2.8 Sonderkonstruktionen** | | | |
| A 1.2.8.1 | Freistehende Schornsteine | DIN 1056:2009-01 | Anlagen A 1.2.4/4 und A 1.2.8/1 |
| | | DIN EN 13084-1:2007-05 | Anlage A 1.2.8/1 |
| | | DIN EN 13084-2:2007-08 | |
| | | DIN EN 13084-4:2005-12 | |
| | | DIN EN 13084-6:2005-03 | Anlage A 1.2.8/2 |
| | | DIN EN 13084-8:2005-08 | Anlage A 1.2.8/2 |
| A 1.2.8.2 | Glockentürme | DIN 4178:2005-04 | |
| A 1.2.8.3 | Gewächshäuser | DIN V 11535-1:1998-02 | Anlage A 1.2.7/2 |
| A 1.2.8.4 | Traggerüste | DIN EN 12812:2008-12 | Anlagen A 1.2.8/3 und A 1.2.8/4 |
| A 1.2.8.5 | Arbeitsgerüste | DIN EN 12811-1:2004-03 | Anlagen A 1.2.8/4 und A 1.2.8/5 |
| | Schutzgerüste | DIN 4420-1:2004-03 | Anlage A 1.2.8/5 |
| A 1.2.8.6 | Gärfuttersilos und Güllebehälter | DIN 11622-1:2006-01<br>DIN 11622-2:2004-06<br>DIN 11622-4:1994-07 | |
| A 1.2.8.7 | Windenergieanlagen; Einwirkungen und Standsicherheitsnachweise für Turm und Gründung | Richtlinie für Windenergieanlagen; Einwirkungen und Standsicherheitsnachweise für Turm und Gründung, März 2015 | Anlage A 1.2.8/6 |

| Lfd. Nr. | Anforderungen an Planung, Bemessung und Ausführung gem. § 85a Abs. 2 MBO[1] | Technische Regeln/Ausgabe | Weitere Maßgaben gem. § 85a Abs. 2 MBO[1] |
|---|---|---|---|
| 1 | 2 | 3 | 4 |
| A 1.2.8.9 | Ortsfeste liegende zylindrische ein- und doppelwandige Behälter (Tanks) aus Stahl zur oberirdischen Lagerung von wassergefährdenden flüssigen Brennstoffen für die energetische Versorgung von Heiz- und Kühlanlagen für Gebäude | | Anlage A 1.2.8/7 |
| **A 1.2.9 Bauliche Anlagen in Erdbebengebieten** | | | |
| A 1.2.9.1 | Bauten in deutschen Erbebengebieten | DIN 4149:2005-04 | Anlage A 1.2.9/1 |

## Anlage A 1.2.1/1

**Zu DIN EN 1990 in Verbindung mit DIN EN 1990/NA**

Die informativen Anhänge B, C und D sind nicht anzuwenden.

## Anlage A 1.2.1/2

**Zu DIN EN 1991-1-1 in Verbindung mit DIN EN 1991-1-1/NA**

Zu Abschnitt 6.4:
Ergänzend gilt für Horizontallasten für Hubschrauberlandeplätze auf Dachdecken:

**1** In der Ebene der Start- und Landefläche und des umgebenden Sicherheitsstreifens ist eine horizontale Nutzlast $q_k = 1{,}0$ kN/m an der für den untersuchten Querschnitt eines Bauteils jeweils ungünstigsten Stelle anzunehmen.

**2** Für den mindestens 10 cm hohen Überrollschutz ist am oberen Rand eine Horizontallast von 10 kN anzunehmen.

## Anlage A 1.2.1/3

**Zu DIN EN 1991-1-2 in Verbindung mit DIN EN 1991-1-2/NA**

Bei der Anwendung von Naturbrandmodellen ist zu beachten:

**1** Das Ergebnis der Bemessung des Feuerwiderstands (Brandeinwirkung und Nachweis) tragender oder aussteifender Bauteile auf der Grundlage von Naturbrandmodellen (Abschnitt 3.3 DIN EN 1991-1-2:2010-12) bedarf einer Abweichung nach § 67 Abs. 1 MBO[1]; es kann auch im Rahmen des § 51 MBO[1] zugelassen werden.

*Anmerkung:*
Die Beurteilung der Feuerwiderstandsfähigkeit von Bauteilen in bauaufsichtlichen Verfahren erfolgt auf der Grundlage von Brandprüfungen nach der Einheits-Temperaturzeitkurve (ETK) und führt zu Einstufungen in Feuerwiderstandsklassen (DIN 4102-2:1977-09, DIN EN 13501-2), die den bauaufsichtlichen Anforderungen zugeordnet werden.

Bauteilbemessungen auf der Grundlage von Naturbrandmodellen stellen auf die jeweilige konkrete Nutzung und Ausgestaltung eines Raums oder Gebäudes unter Berücksichtigung der vorhandenen brandschutztechnischen Infrastruktur ab.

Eine solche Bauteilbemessung deckt das auf Feuerwiderstandsklassen ausgerichtete globale bauaufsichtliche Anforderungssystem (Gebäudeklassen, Höhenlage der Geschosse, Gebäudeart) nicht vollständig ab.

Über die Anwendbarkeit von Naturbrandmodellen ist daher im Rahmen einer Abweichung nach § 67 bzw. einer Erleichterung nach § 51 MBO[1] zu entscheiden. Dazu ist im Bauantrag oder in den Bauvorlagen anzugeben, weshalb es einer ETK-Brandbeanspruchung nicht bedarf und darzustellen, dass (und weshalb) das gewählte Brandmodell für das Vorhaben geeignet ist und wie die damit zwangsläufig verbundene eingeschränkte Nutzung der Anlage (z. B. aufgrund begrenzter Brandlasten) sichergestellt werden soll (§ 67 Abs. 1 MBO[1], § 11 Abs. 2 Satz 1 Nr. 1, Satz 2 MBauVorlV[1] vgl. Nr. 5).

**2** Für den Nachweis der Standsicherheit (§ 10 Abs. 1 MBauVorlV[1]) sind die für die Beurteilung der Brandeinwirkungen erforderlichen Unterlagen, insbesondere für die Ermittlung der thermischen Einwirkungen und die bemessungsrelevanten Brandszenarien einschließlich der entsprechenden Bemessungsbrände, als zusätzliche Bauvorlage (§ 1 Abs. 4 MBauVorlV[1]) vorzulegen. Die erforderlichen Unterlagen müssen vollständig,

---
[1] nach Landesrecht

nachvollziehbar und prüfbar sein; die thermischen Einwirkungen sind raumbezogen zu ermitteln und zu dokumentieren. Die Eingangsparameter sind repräsentativ und konservativ zu wählen; dabei sind auch Brandeinwirkungen von außen und spezifische Nutzungszustände zu berücksichtigen (z. B. Fahrzeuge in Ausstellungshallen im Rahmen der Auf- und Abbauphase von Messeständen).

Der mit der Prüfung/Bescheinigung des Standsicherheitsnachweises nach § 66 Abs. 3 MBO[1)] beauftragte Prüfingenieur/Prüfsachverständige[1)] muss entweder zugleich Prüfingenieur/Prüfsachverständiger für Brandschutz[1)] sein oder für die Beurteilung der Brandeinwirkungen einen mit derartigen Brandmodellen erfahrenen Prüfingenieur/Prüfsachverständigen für Brandschutz[1)] heranziehen. Im Rahmen der Beurteilung der Brandeinwirkung sind alle Eingangsparameter auf Vollständigkeit und Richtigkeit zu überprüfen; nur stichprobenartige oder Plausibilitätsprüfungen sind nicht ausreichend.

**3** Für den Nachweis des Brandschutzes (§ 11 MBauVorlV[1)]) ist in den Bauvorlagen auch darzustellen, wie die nach Naturbrandmodellen bemessenen Bauteile des Tragwerks mit den erforderlichen (klassifizierten) raumabschließenden Bauteilen (wie Brand- und Trennwände, Decken, Wände notwendiger Treppenräume und Flure) zu einem geeigneten Brandschutzkonzept zusammengeführt werden sollen. Dazu gehören auch Aussagen zu den Anschlüssen brandschutztechnisch unterschiedlich bemessener Bauteile. Die Anforderungen der MBO[1)], der Muster-Sonderbauverordnungen[1)] und Muster-Richtlinien an raumabschließende Bauteile[1)] bleiben unberührt.

**4** Die Feuerwiderstandsfähigkeit des Tragwerks ist für die Durchführung wirksamer Löscharbeiten von wesentlicher Bedeutung. Vor der Entscheidung über die Abweichung/Erleichterung ist die zuständige Brandschutzdienststelle im Hinblick auf die Belange des abwehrenden Brandschutzes zu hören; § 19 M-PPVO[1)] bleibt unberührt.

**5** Die zulässige Art der Nutzung des Bauvorhabens (z. B. Bürogebäude) wird durch die – gewählten und durch die Baugenehmigung festgelegten – Eingangsparameter für die Ermittlung der Brandbeanspruchung (raumbezogen) konkretisiert und begrenzt. Es sind daher geeignete Maßnahmen festzulegen, die die Einhaltung dieser Nutzungsbeschränkung sicherstellen. Dazu kommen insbesondere die Bestellung eines Brandschutzbeauftragten für die diesbezügliche Überwachung des laufenden Betriebs sowie eine Überprüfung der Brandlastannahmen innerhalb des ersten Jahres nach Aufnahme der Nutzung und wiederkehrende Überprüfungen (z. B. in Abständen von 3 bis 5 Jahren) durch einen Prüfingenieur/Prüfsachverständigen für Brandschutz[1)] in Betracht.

Die Nutzungsbeschränkung und die zu ihrer Einhaltung vorgesehenen Maßnahmen sind durch entsprechende Nebenbestimmungen in der Baugenehmigung festzulegen. In der Baugenehmigung ist darauf hinzuweisen, dass Änderungen des genehmigten Nutzungskonzepts, die zu einer höheren Brandbeanspruchung führen (z. B. veränderte Brandlasten), eine Überprüfung der Standsicherheit und gegebenenfalls die Beantragung und Erteilung einer neuen Baugenehmigung erforderlich machen.

*Anmerkung:*
Gebäude, deren Standsicherheit auf der Grundlage von Naturbrandmodellen bemessen ist, unterliegen Nutzungsbegrenzungen, die durch betriebliche Maßnahmen und externe Überprüfungen sicherzustellen sind. Die Anwendung solcher Modelle kann daher nur bei bestimmten Gebäudenutzungen sachgerecht sein. Sie kann bei Nutzungen mit geringen und beständigen Brandlasten insbesondere in großen Raumstrukturen angemessen sein; anders verhält es sich bei Räumen mit veränderlichen Brandlasten und Nutzungen oder Gebäuden mit besonderen Sicherheitsanforderungen (z. B. Hochhäuser); die Erforderlichkeit betrieblicher Maßnahmen schließt eine Anwendung bei Wohnungen oder ähnlichen Nutzungen grundsätzlich aus.

**6 Zu DIN EN 1991-1-2/NA:2015-09, Anhang BB (NA.BB)**

**6.1** Die Brandlastdichten nach Abschnitt NA.BB.3.2, Tabelle BB.1, Spalte 3, dürfen auch bei Ermittlungen im Einzelfall nach Abschnitt NA.BB.3.3 nicht unterschritten werden; die Werte beziehen sich nur auf eine für die jeweilige Gebäudeart typische Raumnutzung und nicht auf die Raumnutzungen des gesamten Gebäudes (vgl. NA.BB.3.2 Absatz 3 bezüglich Bürogebäude); dies gilt für Tabelle BB.2 entsprechend.

**6.2** Die maximale Wärmefreisetzungsrate $Q_{max,k}$ nach Abschnitt NA.BB.4, Gleichung (BB.7) ist auch für Räume mit mehr als 400 m² unter Ermittlung zunächst der Wärmefreisetzungsrate $Q_{max,f,k}$ für einen angenommenen brandlastgesteuerten Brand nach (BB.5) und der Ermittlung der Wärmefreisetzungsrate $Q_{max,v,k}$ unter der Annahme eines ventilationsgesteuerten Brandes nach Gleichung (BB.6) zu bestimmen. Der so aus Gleichung (BB.7) gebildete Wert (charakteristischer Wert $Q_{max,k}$) liegt stets auf der sicheren Seite.

Für die Auftretenswahrscheinlichkeit $p_1$ eines Entstehungsbrandes je Jahr und Nutzungseinheit ist nach Abschnitt NA.BB.5.1 der größere und damit ungünstigere Wert aus den Angaben nach Tabelle BB.3 zur Bestimmung der Auftretenswahrscheinlichkeit $p_{fi}$ eines Schadenfeuers nach Gleichung (BB.9) in Ansatz zu bringen.

---

1) nach Landesrecht

Für die Ausfallwahrscheinlichkeit der öffentlichen Feuerwehr ist der Wert $p_{2,2} = 0,5$ nach Tabelle BB.4 anzusetzen.

**6.3** Für die Ermittlung der bedingten Versagenswahrscheinlichkeit $p_{f,fi}$ nach Abschnitt NA.BB.5.2 ist in Gleichung (BB.13) die Versagenswahrscheinlichkeit $p_f$ für Bauteile des Tragwerks stets zumindest aus der Zuordnung zur Schadensfolge „mittel" nach Tabelle BB.5 in Ansatz zu bringen.

Für Gebäude, die einer Büro- oder vergleichbaren Nutzung dienen und deren Nutzungseinheiten mehr als 400 m² Brutto-Grundfläche haben (vgl. § 36 Abs. 1 Satz 2 Nr. 4 MBO[1]), ist für den Zuverlässigkeitsindex β der Wert 4,7 und für die zugehörige Versagenswahrscheinlichkeit $p_f$ der Wert 1,3E-6 nach Tabelle BB.5 in Ansatz zu bringen. Sonderbauten, bei denen die Auswirkungen des Versagens oder der Funktionsbeeinträchtigung eines Tragwerks zu schweren Folgen für Leben, Gesundheit und die natürlichen Lebensgrundlagen (vgl. DIN EN 1990:2010-12, Anhang B) führen können, sind der Schadensfolge „hoch" nach Tabelle BB.5 zuzuordnen.

### Anlage A 1.2.1/4

**Zu DIN EN 1991-1-3 in Verbindung mit DIN EN 1991-1-3/NA**

**1** Hinsichtlich der Zuordnung der Schneelastzonen nach Verwaltungsgrenzen wird auf die Tabelle „Zuordnung der Schneelastzonen nach Verwaltungsgrenzen" oder[1]) hingewiesen. Die Tabelle „Zuordnung der Schneelastzonen nach Verwaltungsgrenzen" ist über http://www.is-argebau.de oder http://www.dibt.de/de/Geschaeftsfelder/BRL-TB.html#TB abrufbar.

**2** Zu Abschnitt 4.3 (Norddeutsches Tiefland):
In Gemeinden, die in der Tabelle „Zuordnung der Schneelastzonen nach Verwaltungsgrenzen" mit Fußnote ... gekennzeichnet sind oder ...[1]), ist für alle Gebäude in den Schneelastzonen 1 und 2 zusätzlich zu den ständigen und vorübergehenden Bemessungssituationen auch die Bemessungssituation mit Schnee als einer außergewöhnlichen Einwirkung zu überprüfen. Dabei ist der Bemessungswert der Schneelast mit $s_i = 2,3\ \mu_i \cdot s_k$ anzunehmen.

**3** Abschnitt 6 Eislasten und Anhang A der DIN 1055-5:2005-07 sind zu beachten.

### Anlage A 1.2.1/5

**Zu DIN EN 1991-1-4 in Verbindung mit DIN EN 1991-1-4/NA**

**1** Zu Abschnitt NA.B.3.2 Tabelle NA.B.3, Spalte 2:
Bei Gebäuden (Reihenmittelhäuser) mit einer Gesamthöhe h ≤ 10,0 m, an die beidseitig im Wesentlichen profilgleich angebaut und bei denen (rechtlich) gesichert ist, dass die angebauten Gebäude nicht dauerhaft beseitigt werden, darf die Einwirkung des Windes als veränderliche Einwirkung aus Druck oder Sog nachgewiesen werden. Dabei ist der ungünstigere Wert maßgebend. Die Einwirkung von Druck und Sog gemeinsam muss dann als außergewöhnliche Einwirkung angesetzt werden.

**2** Hinsichtlich der Zuordnung der Windzonen nach Verwaltungsgrenzen der Länder wird auf die Tabelle „Zuordnung der Windzonen nach Verwaltungsgrenzen der Länder" oder ...[1]) hingewiesen. Die Tabelle „Zuordnung der Windzonen nach Verwaltungsgrenzen der Länder" ist über www.is-argebau.de oder www.dibt.de/de/Geschaeftsfelder/BRL-TB.html#TB abrufbar.

### Anlage A 1.2.1/6

**Zu DIN EN 1991-1-7 in Verbindung mit DIN EN 1991-1-7/NA**

Die informativen Anhänge sind nicht anzuwenden.

### Anlage A 1.2.1/7

**Zu DIN EN 1991-4 in Verbindung mit DIN EN 1991-4/NA und DIN-Fachbericht 140**

**1** Bei Silozellen bis zu einem Behältervolumen von 4000 m³ und einer Schlankheit (Verhältnis Zellenhöhe $h_c$ zu Zellendurchmesser $d_c$) $h_c/d_c < 4,0$ können neben dem DIN-Fachbericht 140 auch die Regeln von DIN EN 14491 angewendet werden, sofern die Masse des Entlastungssystems den Wert von $m_E = 50$ kg/m² nicht überschreitet.

**2** Bei Anwendung der technischen Regel DIN-Fachbericht 140 ist Folgendes zu beachten:
Sofern keine sphärischen Explosionsbedingungen vorliegen, darf bei der Anwendung der Nomogramme des DIN-Fachberichts 140 für niedrige Silozellen mit Schlankheiten von $h_c/d_c < 2,0$ eine Extrapolation der Nomogrammwerte mit den Schlankheiten H/D = 2 und H/D = 4 vorgenommen werden.

### Anlage A 1.2.1/8

**Zur ETB-Richtlinie „Bauteile, die gegen Absturz sichern"**

**1** zu Abschnitt 3.1; 1. Absatz:
Sofern sich nach DIN EN 1991-1-1 in Verbindung mit DIN EN 1991-1-1/NA größere horizontale Linienlasten ergeben, müssen diese berücksichtigt werden.

**2** zu Abschnitt 3.1, 4. Absatz:
Anstelle des Satzes „Windlasten sind diesen Lasten zu überlagern." gilt:
„Windlasten sind diesen Lasten zu überlagern, ausgenommen für Brüstungen von Balkonen und Laubengängen, die nicht als Fluchtwege dienen."

**3** Die ETB-Richtlinie ist nicht bei Bauteilen aus Glas anzuwenden.

---

[1]) nach Landesrecht

## Anlage A 1.2.3/2

Für die Planung, Bemessung und Konstruktion von Brücken sind die Regelungen gemäß Allgemeinem Rundschreiben Straßenbau Nr. 22/2012 des BMVBS (veröffentlicht im Verkehrsblatt 2012, Heft 24, S. 995) anzuwenden.

## Anlage A 1.2.3/3

**Zu DIN EN 1992-1-2, DIN EN 1993-1-2, DIN EN 1994-1-2, DIN EN 1995-1-2 und DIN EN 1999-1-2**

Für spezielle Ausbildungen (z. B. Anschlüsse, Fugen etc.) sind die Anwendungsregeln nach DIN 4102-4:2016-05 zu beachten, sofern die Eurocodes dazu keine Angaben enthalten.

## Anlage A 1.2.4/1

Bei der Ausführung von Bauteilen oder Bausätzen aus Stahl nach DIN EN 1993 im Zusammenhang mit DIN EN 1993/NA, aus Aluminium nach DIN EN 1999 im Zusammenhang mit DIN EN 1999/NA oder von Verbundtragwerken oder -bauteilen nach DIN EN 1994 im Zusammenhang mit DIN EN 1994/NA ist Folgendes zu beachten:

**1** Werden Tragfähigkeitsmerkmale von Bauteilen oder Bausätzen in Form von rechnerisch ermittelten Tragfähigkeitswerten, mechanischen Festigkeiten oder komplette statische Berechnungen im Rahmen der Leistungserklärung angegeben, so gehören diese zu den bautechnischen Nachweisen.

**2** Die Bemessung von Tragwerken auf der Grundlage von Versuchen ist nicht anzuwenden.

## Anlage A 1.2.4/2

**1** Für die konstruktive Ausbildung von Dächern, Decken und Wänden sowie deren Bekleidung aus Trapez- und Wellprofilen aus Stahl gelten DIN 18807-3:1987-06 in Verbindung mit DIN 18807-3/A1:2001-05.

**2** Für die konstruktive Ausbildung von Dächern, Decken und Wänden, sowie deren Bekleidung aus Trapez- und Wellprofilen aus Aluminium gilt DIN 18807-9:1998-06.

## Anlage A 1.2.4/3

Für Seilnetzkonstruktionen und vorgefertigte Drahtseile aus Stahl und nichtrostendem Stahl mit Endverankerungen nach ETA gilt:

**1** Abhängig von der Werkstoffnummer können offene Spiralseile und Rundlitzenseile aus nichtrostendem Stahl den in Tabelle 1 angegebenen Korrosionsbeständigkeitsklassen (CRC) nach DIN EN 1993-1-4:2015-10 zugeordnet werden.

**Tabelle 1.** Korrosionsbeständigkeitsklassen

| Werkstoffnummer | Korrosionsbeständigkeitsklassen (CRC) nach DIN EN 1993-1-4:2015-10 |
|---|---|
| 1.4401 | II |
| 1.4404 | II |
| 1.4436 | III |
| 1.4462 | III |

**2** Die Kriechdehnungen $\varepsilon_k$ sind bei der Bemessung zu berücksichtigen, wenn die Beanspruchung durch die ständigen Einwirkungen, ermittelt mit 1,0-fachen charakteristischen Werten, mehr als 40% des 1,65-fachen Wertes der in der zugehörigen ETA angegebenen Grenzzugkraft ist. Hierbei sind die Werte für $\varepsilon_k$ entsprechend Tabelle 2 zu berücksichtigen.

**Tabelle 2.** Kriechdehnungen $\varepsilon_k$ in %

| Temperatur in °C | $\varepsilon_k$ in % |
|---|---|
| 20 | $2{,}5 \cdot 10^{-2}$ |
| 40 | $3{,}0 \cdot 10^{-2}$ |
| 70 | $3{,}5 \cdot 10^{-2}$ |

## Anlage A 1.2.4/4

**Zu DIN EN 1993-3-2**

Zusätzlich gilt DIN EN 13084-1 in Verbindung mit Anlage A 1.2.8/1.

## Anlage A 1.2.4/5 Zu DIN EN 1090-2

Die technische Regel ist wie folgt anzuwenden:

**1** Die Herstellung von tragenden Bauteilen aus Stahl in den genannten Ausführungsklassen darf nur durch solche Hersteller erfolgen, deren werkseigene Produktionskontrolle durch eine notifizierte Stelle entsprechend DIN EN 1090-1:2012-02 zertifiziert ist.

**2** Die Ausführung von geschweißten Bauteilen, Tragwerken und Bauwerken aus Stahl in den genannten Ausführungsklassen darf nur durch solche Betriebe auf der Baustelle erfolgen, die über einen Eignungsnachweis für die Ausführung von Schweißarbeiten in den entsprechenden Ausführungsklassen verfügen. Als Eignungsnachweis gilt alternativ:

– ein durch eine notifizierte Stelle ausgestelltes oder bestätigtes Schweißzertifikat nach DIN EN 1090-1:2012-02, wenn die werkseigene Produktionskontrolle des Betriebs durch diese Stelle entsprechend DIN EN 1090-1:2012-02 zertifiziert ist;

– ein auf Grundlage von DIN EN 1090-2 in Verbindung mit DIN EN 1090-1:2012-02, Tabelle B.1 durch eine bauaufsichtlich anerkannte Stelle ausgestelltes Schweißzertifikat;

während der verbleibenden Gültigkeitsdauer eine bestehende Bescheinigung über die Herstellerqualifikation nach DIN 18800-7 entsprechend folgender Übersicht:

| Beanspruchungsart | Ausführungsklasse nach DIN EN 1090-2 | Herstellerqualifikation nach DIN 18800-7 |
|---|---|---|
| statisch oder quasistatisch | EXC1 | mindestens Klasse B |
| | EXC2 | mindestens Klasse B, C oder D unter Beachtung der zu den Klassen angegebenen Geltungsbereiche |
| | EXC3 EXC4 | mindestens Klasse D |
| ermüdungsrelevant | EXC1 EXC2 EXC3 EXC4 | Klasse E |

§ 3 der Muster-Hersteller und Anwenderverordnung[1]) bleibt unberührt.

### Anlage A 1.2.4/6

### Zu DIN EN 1090-3

Die technische Regel ist wie folgt anzuwenden:

1 Die Herstellung von tragenden Bauteilen aus Aluminium in den genannten Ausführungsklassen darf nur durch solche Hersteller erfolgen, deren werkseigene Produktionskontrolle durch eine notifizierte Stelle entsprechend DIN EN 1090-1:2012-02 zertifiziert ist.

2 Die Ausführung von geschweißten Bauteilen, Tragwerken und Bauwerken aus Aluminium in den genannten Ausführungsklassen darf nur durch solche Firmen auf der Baustelle erfolgen, die über einen Eignungsnachweis für die Ausführung von Schweißarbeiten in den entsprechenden Ausführungsklassen verfügen. Als Eignungsnachweis gilt alternativ:
– ein durch eine notifizierte Stelle ausgestelltes oder bestätigtes Schweißzertifikat nach DIN EN 1090-1:2012-02, wenn die werkseigene Produktionskontrolle des Betriebs durch diese Stelle entsprechend DIN EN 1090-1:2012-02 zertifiziert ist;
– ein auf Grundlage von DIN EN 1090-3 in Verbindung mit DIN EN 1090-1:2012-02, Tabelle B.1 durch eine bauaufsichtlich anerkannte Stelle ausgestelltes Schweißzertifikat;

– bei nicht ermüdungsrelevanten Beanspruchungen während der verbleibenden Gültigkeitsdauer eine bestehende Bescheinigung über die Herstellerqualifikation nach DIN V 4113-3 entsprechend folgender Übersicht:

| Ausführungsklasse nach DIN EN 1090-3 | Herstellerqualifikation nach DIN V 4113-3 |
|---|---|
| EXC1 | mindestens Klasse B |
| EXC2 EXC3 EXC4 | mindestens Klasse C |

§ 3 der Muster-Hersteller und Anwenderverordnung[1]) bleibt unberührt.

### Anlage A 1.2.4/7

### Zu DIN 4119

1 Bei Anwendung der technischen Regel ist die „Anpassungsrichtlinie Stahlbau mit Änderung und Ergänzung" Ausgabe Dezember 2001, zu beachten.

Sofern für die Ausführung von Stahl- oder Aluminiumtragwerken oder Stahl- oder Aluminiumbauteilen auf DIN 18800-7 oder auf DIN V 4113-3 verwiesen wird, gilt dafür DIN EN 1090-2:2011-10 bzw. DIN EN 1090-3:2008-09.

### Anlage A 1.2.7/2

1 Zu DIN 18008-1:2010-12, Abschnitt 9:
Soweit die Normenreihe Regelungen zum konstruktiven Nachweis der Resttragfähigkeit enthält, gelten diese unter der Voraussetzung, dass VSG mit einer PVB-Folie mit folgenden Eigenschaften verwendet wird: Reißfestigkeit $\geq 20$ N/mm$^2$ und Bruchdehnung $\geq 250\%$ bei einer Prüftemperatur von 23 °C, Prüfgeschwindigkeit: 50 mm/min (DIN EN ISO 527-3:2003-07). Bei beschichteten Gläsern nach DIN EN 1096-4 muss die Beschichtung auf der von der PVB-Folie abgewandten Seite erfolgen.

Verbund Sicherheitsglas muss nach DIN EN 12600 mindestens mit 2(B)2 eingestuft sein.

Zur Anwendung von Konstruktionen nach DIN 18008-4 Tabelle B.1 und DIN 18008-5 Tabelle B.1 werden die vorgenannten Eigenschaften vorausgesetzt.

2 Werden Scheiben nach DIN EN 14179-2 derart eingebaut, dass deren Oberkante mehr als 4 m über Verkehrsflächen liegt, dürfen sie nur in Mehrscheiben-Isolierverglasungen Verwendung finden. Alternativ sind konstruktiv Maßnahmen zur Gefahrenabwehr im Versagensfall, wie eine Splittersicherung, Vordächer o. Ä. vorzusehen.

---
1) nach Landesrecht

**Anlage A 1.2.8/1**

**Zu DIN EN 13084-1**

Zu Abschnitt 5.2.4.1:
Die Ermittlung der Einwirkungen aus Erdbeben erfolgt nach Abschnitt 1.2.9.

**Anlage A 1.2.8/2**

**Zu DIN EN 13084-6 und DIN EN 13084-8**

Zusätzlich ist DIN EN 13084-1 in Verbindung mit Anlage A 1.2.8/1 anzuwenden.

**Anlage A 1.2.8/3**

**Zu DIN EN 12812**

Bei der Anwendung der technischen Regel ist die „Anwendungsrichtlinie für Traggerüste nach DIN EN 12812", Fassung August 2009, zu beachten.

**Anlage A 1.2.8/4**

Für Arbeits- und Schutzgerüste sowie für Traggerüste dürfen Stahlrohrgerüstkupplungen mit Schraub- oder Keilverschluss, die auf der Grundlage eines Prüfbescheids gemäß den ehemaligen Prüfzeichenverordnungen der Länder hergestellt wurden, weiterverwendet werden, sofern ein gültiger Prüfbescheid für die Verwendung mindestens bis zum 1.1.1989 vorlag. Gerüstbauteile, die diese Bedingungen erfüllen, sind in einer Liste in den DIBt Mitteilungen[2], Heft 6/97, S. 181, veröffentlicht.

**Anlage A 1.2.8/5**

Bei Anwendung der technischen Regeln ist die „Anwendungsrichtlinie für Arbeitsgerüste nach DIN EN 12811-1", Fassung November 2005, zu beachten.

**Anlage A 1.2.8/6**

**Zur „Richtlinie für Windenergieanlagen"**

Die Einhaltung der Anforderungen an die Standsicherheit des Turms und des Fundaments der Windenergieanlage kann als erfüllt angesehen werden, wenn die Nachweisführung nach der hier in Bezug genommenen Richtlinie für Windenergieanlagen vorgenommen wird. Bei Anwendung der technischen Regel ist Folgendes zu beachten:

**1** Sofern in Normen bei der Ausführung von Stahl- oder Aluminiumtragwerken oder Stahl- oder Aluminiumbauteilen auf DIN 18800-7 bzw. auf DIN V 4113-3 verwiesen wird, gilt dafür DIN EN 1090-2:2011-10 bzw. DIN EN 1090-3:2008-09.

**2** Abstände zu Verkehrswegen und Gebäuden sind unbeschadet der Anforderungen aus anderen Rechtsbereichen wegen der Gefahr des Eisabwurfs einzuhalten, soweit eine Gefährdung der öffentlichen Sicherheit nicht auszuschließen ist. Abstände, gemessen von der Turmachse, größer als 1,5 x (Rotordurchmesser plus Nabenhöhe) gelten im Allgemeinen in nicht besonders eisgefährdeten Regionen als ausreichend. In anderen Fällen ist die Stellungnahme eines Sachverständigen erforderlich.

**3** Ergänzende Unterlagen zu den im Abschnitt 3, Buchstaben A bis L der Richtlinie aufgeführten bautechnischen Unterlagen:

**3.1** die gutachterliche Stellungnahme eines Sachverständigen über die örtlich auftretende Turbulenzintensität und über die Zulässigkeit von vorgesehenen Abständen zu benachbarten Windenergieanlagen in Bezug auf die Standsicherheit der bestehenden und möglicherweise vorgesehenen Anlagen sowie der beantragten Anlage, soweit die Abstände gemäß Abs. 7.3.3 der Richtlinie nicht eingehalten werden,

**3.2** die gutachterliche Stellungnahme eines Sachverständigen zur Funktionssicherheit von Einrichtungen, durch die der Betrieb der Windenergieanlage bei Eisansatz sicher ausgeschlossen werden kann oder durch die ein Eisansatz verhindert werden kann (z. B. Rotorblattheizung), soweit erforderliche Abstände wegen der Gefahr des Eisabwurfes nicht eingehalten werden,

**3.3** das Baugrundgutachten nach Abschnitt 3, Buchstabe H der Richtlinie zur Bestätigung, dass die der Auslegung der Anlage zugrunde liegenden Anforderungen an den Baugrund am Aufstellort vorhanden sind, die Angabe der Entwurfslebensdauer nach Abschnitt 9.6.1 der Richtlinie.

**4** Für Windenergieanlagen, deren überstrichene Rotorfläche geringer als 200 m² ist und die eine Spannung erzeugen, die unter 1000 V Wechselspannung oder 1500 V Gleichspannung liegt, sind folgende unter Abschnitt 3, Buchstaben A bis L der Richtlinie aufgeführten bautechnischen Unterlagen nicht erforderlich: die gutachterlichen Stellungnahmen nach Abschnitt 3, Buchstaben I sowie J, K und L der Richtlinie.

**5** Für Windenergieanlagen bis zu 10 m Höhe gemessen von der Geländeoberfläche bis zum höchsten Punkt der vom Rotor bestrichenen Fläche und einem Rotordurchmesser bis zu drei Metern gelten Ziffern 3.1 bis 3.4 nicht.

**Anlage A 1.2.8/7**

Für die Verwendung von ortsfesten liegenden zylindrischen Tanks aus Stahl nach EN 12285-2:2005 gilt:
– In Überschwemmungsgebieten sind die Tanks so aufzustellen, dass sie von der Flut nicht erreicht werden können.
– Sie dürfen nicht in Erdbebengebieten der Erdbebenzonen 1 bis 3 (DIN 4149) aufgestellt werden.

---

[2] Die DIBt-Mitteilungen sind zu beziehen beim DIBt

**Anlage A 1.2.9/1**

**Zu DIN 4149**

Bei Anwendung der technischen Regel ist Folgendes zu beachten:

1  In Erdbebenzone 3 sind die Dachdeckungen bei Dächern mit mehr als 35° Neigung und in den Erdbebenzonen 2 und 3 die freistehenden Teile der Schornsteine über Dach durch geeignete Maßnahmen gegen die Einwirkungen von Erdbeben so zu sichern, dass keine Teile auf angrenzende öffentlich zugängliche Verkehrsflächen sowie die Zugänge zu den baulichen Anlagen herabfallen können.

2  Hinsichtlich der Zuordnung von Erdbebenzonen und geologischen Untergrundklassen wird auf die Karte der Erdbebenzonen und geologischen Untergrundklassen für xxx[1], herausgegeben von xxx[1] oder DigitalService CD-PRINT, Isener Str. 7, 84405 Dorfen, hingewiesen. Die Tabelle „Zuordnung der Erdbebenzonen nach Verwaltungsgrenzen" ist über www.is-argebau.de oder www.dibt.de/de/Geschaeftsfelder/BRL-TB.html#TB abrufbar.

2a  [...]

2b  Für Verankerungen in baulichen Anlagen unter seismischer Einwirkung dürfen in den Erdbebenzonen Deutschlands alle Dübel mit allgemeiner bauaufsichtlicher Zulassung (abZ) verwendet werden, die im Hinblick auf die Bemessung der Befestigungen auf den Annex C der ETAG 001 verweisen. Die Verankerungen sind entsprechend den in den abZ angegebenen Bemessungsverfahren für statische und quasi-statische Einwirkungen zu bemessen.

3  Zu Abschnitt 5.5:
Bei der Ermittlung der wirksamen Massen zur Berechnung der Erdbebenlasten sind Schneelasten in Gleichung (12) mit dem Kombinationsbeiwert $\Psi_2 = 0{,}5$ zu multiplizieren. Diese reduzierten Schneelasten sind auch beim Standsicherheitsnachweis zu berücksichtigen.

4  Zu Abschnitt 6:
− In 6.2.2.4.2 (8) ist der Bezug auf „Abschnitt (7)" durch den Bezug auf „Abschnitt (6)" zu ersetzen.
− Im ersten Satz von 6.2.4.1(5), ist die Bedingung „oder" durch „und" zu ersetzen.

5  [...]

6  Zu Abschnitt 9:
− Bei Erdbebennachweisen von Stahlbauten sind die Verweise auf DIN 18800-1 bis 18800-4 und DIN V ENV 1993-1-1 mit DASt-Richtlinie 103 durch DIN EN 1993-1-1 in Verbindung mit DIN EN 1993-1-1/NA sowie DIN EN 1993-1-8 in Verbindung mit DIN EN 1993-1-8/NA zu ersetzen.
− In Absatz 9.3.4 (1) ist der Verweis auf DIN 18800-7 durch den Verweis auf DIN EN 1090-2 zu ersetzen.
− Die Duktilitätsklassen 2 und 3 dürfen nur dann zur Anwendung kommen, wenn der Höchstwert der Streckgrenze $f_{y,max}$ (siehe DIN 4149:2005-04, Abschnitt 9.3.1.1) und die in Absatz 9.3.1.1 (2) geforderte Mindestkerbschlagarbeit des zu verwendenden Stahls in den Bauvorlagen dokumentiert sind.
− Abschnitt 9.3.5.1 (2) c) erhält folgende Fassung:
„c) bei zugbeanspruchten Bauteilen ist an Stellen von Lochschwächungen die Bedingung von DIN EN 1993-1-1:2010-12, 6.2.3 (3) einzuhalten ($N_{u,R,d} > N_{pl,R,d}$)"
− In Absatz 9.3.5.4 (7) wird der Verweis auf den Absatz „9.3.3.3 (10)" durch den Verweis „9.3.5.3 (10)" ersetzt.
− In Absatz 9.3.5.5 (5) erhält Formel (87) folgende Fassung:
$$\Omega_i = \frac{M_{pl;Verb,i}}{M_{sdi}}$$
− In Absatz 9.3.5.8 (1) wird der Verweis auf die Abschnitte „8 und 11" durch den Verweis „8 und 9" ersetzt.
[...]

## A 2 Brandschutz

### A 2.1 Allgemeine Anforderungen an bauliche Anlagen aus Gründen des Brandschutzes

Bauliche Anlagen sind gemäß § 3 MBO[1] i. V. m. § 14 MBO[1] so anzuordnen, zu errichten, zu ändern und instand zu halten, dass,
− der Entstehung eines Brandes vorgebeugt wird,
− der Ausbreitung von Feuer und Rauch (Brandausbreitung) vorgebeugt wird,
− bei einem Brand die Rettung von Menschen und Tieren möglich sind,
− wirksame Löscharbeiten möglich sind.

Konkretisiert werden die schutzzielbezogenen Brandschutzanforderungen für bauliche Anlagen, die gemäß § 2 Abs. 4 MBO[1] keine Sonderbauten sind (sog. Standardgebäude), mit den Festlegungen der §§ 5, 26 bis 36, 39 bis 42, 46 und 47 MBO[1] und den technischen Anforderungen der nachfolgenden Abschnitte. Bei Sonderbauten gemäß § 2 Abs. 4 MBO[1] i. V. m. § 51 MBO[1] sind zusätzlich die technischen Anforderungen nach Abschnitt A 2.1.20 zu beachten.

Für Bauprodukte nach derzeit vorhandenen europäisch harmonisierten Spezifikationen, deren Verwendung Einfluss bei der Erfüllung von Brandschutzanforderungen an bauliche Anlagen hat, sind für die bauordnungsrechtlichen Anforderungen und auf der Grundlage der Konkretisierungen zum Brandschutz (A 2.1.1 ff.) die notwendigen Zuordnungen von Angaben zu Leistungen sowie zugehörige Verwendbarkeits- und Ausführungsbestimmungen ausschließlich in der Technischen Regel A 2.2.1.2 enthalten.

---
[1] nach Landesrecht

## A 2.1.1 Anforderungen an die Zugänglichkeit baulicher Anlagen

Zur Durchführung von Lösch- und Rettungsmaßnahmen müssen gemäß § 5 MBO[1)] für die Feuerwehr Zugänge und Zufahrten sowie Aufstell- und Bewegungsflächen auf den Grundstücken vorgesehen werden; die Technische Regel A 2.2.1.1 ist zu beachten.

In offenen Durchfahrten bzw. Durchgängen, durch die der einzige Rettungsweg zur öffentlichen Verkehrsfläche führt oder die Zugänglichkeit für die Feuerwehr gewährleistet wird, sind an Stützen, Wänden und Decken nur nichtbrennbare Dämmschichten zulässig.

## A 2.1.2 Anforderungen an das Brandverhalten von Teilen baulicher Anlagen

### A 2.1.2.1 Allgemeines

Zur Erfüllung der Grundanforderungen werden in § 26 Abs. 1 MBO[1)] allgemeine Anforderungen an das Brandverhalten von Teilen baulicher Anlagen formuliert. § 26 Abs. 1 MBO[1)] enthält dazu bestimmte Begriffsbestimmungen:
– nichtbrennbar,
– schwerentflammbar,
– normalentflammbar.

Bei baulichen Anlagen oder Teilen von baulichen Anlagen, bei denen die Anforderungen nichtbrennbar oder schwerentflammbar gestellt werden, ist sicherzustellen, dass es nicht durch unbemerktes fortschreitendes Glimmen und/oder Schwelen zu einer Brandausbreitung kommen kann.

Zur Erfüllung nachfolgender Anforderungen ist die Technische Regel A 2.2.1.2 zu beachten.

### A 2.1.2.2 Nichtbrennbar

Bei der Verwendung in baulichen Anlagen muss bei Einwirkung eines Brandes, insbesondere eines fortentwickelten teilweise vollentwickelten Brandes, gewährleistet sein, dass die Teile baulicher Anlagen keinen Beitrag zum Brand leisten. Dabei dürfen je nach Verwendung keine oder eine begrenzt bleibende Entzündung, geringstmögliche Rauchentwicklung, kein fortschreitendes Glimmen und/oder Schwelen und kein Abtropfen (ausgenommen Aluminium) oder Abfallen auftreten; die Art der Bestandteile, Formstabilität sowie Schmelzpunkt/Schmelztemperatur sind zu berücksichtigen.

Hinweis:
Die Anforderungen können mit Baustoffen erfüllt werden, die dauerhaft bei Einwirkung eines Brandes nach DIN 4102-1:1998-05, Abschnitt 5.1 oder 5.2, die dort angegebenen Kriterien einhalten und nach Abschnitt 4.1 klassifiziert sind, ggf. mit der Angabe zum Schmelzpunkt von mindestens 1000 °C nach DIN 4102-17: 1990-12.

### A 2.1.2.3 Schwerentflammbar

Bei der Verwendung in baulichen Anlagen muss bei Einwirkung eines Entstehungsbrandes oder eines sich entwickelnden Brandes gewährleistet sein, dass die Teile baulicher Anlagen nur einen begrenzten Beitrag zum Brand leisten und dass nur eine begrenzte Brandausbreitung während und bei Wegfall der Brandeinwirkung vorliegt. Als Brandeinwirkung ist mit Ausnahme von Außenwandbekleidungen und Bodenbelägen der Brand eines Gegenstandes in einem Raum (z. B. Papierkorb in einer Raumecke) anzunehmen, bei Außenwandbekleidungen ist von einer Wandöffnung schlagenden Flammen (siehe auch A 2.1.5). Bei Bodenbelägen ist von einer Brandsituation auszugehen, bei der Flammen aus der Türöffnung zu einem benachbarten Raum schlagen und bei der die waagerechte Flammenausbreitung und die Rauchentwicklung unbedenklich sind.

Dabei dürfen je nach Verwendung des Bauteils eine Entzündung erst nach einer bestimmten Zeit der Flammeneinwirkung, nur eine begrenzte Temperatur der entstehenden Rauchgase, eine begrenzte Freisetzung von Energie, begrenzte Rauchentwicklung, kein selbstständiges Weiterbrennen, kein fortschreitendes Glimmen und/oder Schwelen, ggf. kein brennendes Abfallen oder Abtropfen auftreten.

Hinweis:
Diese Anforderungen können mit Baustoffen erfüllt werden, die dauerhaft bei Einwirkung eines Brandes nach DIN 4102-1:1998-05, Abschnitt 6.1, die dort angegebenen Kriterien einhalten und nach Abschnitt 4.1 klassifiziert sind.

Ist es nicht zulässig, dass Teile baulicher Anlagen brennend abtropfen oder abfallen, müssen zusätzlich die Kriterien gemäß DIN 4102-16:2015-09, Abschnitt 9.3, erfüllt sein.

### A 2.1.2.4 Normalentflammbar

Bei der Verwendung in der baulichen Anlage muss bei Einwirkung eines Entstehungsbrandes gewährleistet sein, dass die Teile der baulichen Anlage nur einen begrenzten Beitrag zum Brand leisten. Dabei muss bei der Brandeinwirkung durch eine kleine, definierte Flamme (Streichholzflamme) die Entzündbarkeit und die Flammenausbreitung innerhalb einer bestimmten Zeit begrenzt sein, ggf. darf kein brennendes Abfallen oder Abtropfen auftreten. Die Anforderungen können mit Baustoffen erfüllt werden, die dauerhaft bei Einwirkung eines Brandes nach DIN 4102-1:1981-05, Abschnitt 6.2, die dort angegebenen Kriterien erfüllen.

Ist es nicht zulässig, dass Teile baulicher Anlagen brennend abtropfen oder abfallen, müssen zusätzlich die Kriterien gemäß DIN 4102-16:2015-09, Abschnitt 9.3, ebenfalls erfüllt sein.

Werden mehrere Bestandteile für die Verwendung zusammengefügt, müssen die Anforderungen an Teile der baulichen Anlage auch nach dem Zusammenfügen erfüllt sein, es sei denn, dass insgesamt das Brandverhal-

---

1) nach Landesrecht

ten erreicht wird, das alle anderen Anforderungen der Einzelbestandteile mit erfüllt.

Soweit für die bauliche Anlage ein Bestandteil verwendet werden soll, der nicht mindestens der Anforderung „normalentflammbar" entspricht (leichtentflammbar), ist § 26 Abs. 2 MBO[1)] einzuhalten.

### A 2.1.3 Anforderungen an die Feuerwiderstandsfähigkeit von Teilen baulicher Anlagen

#### A 2.1.3.1 Allgemeines

Zur Erfüllung der Grundanforderungen werden in § 26 Abs. 2 MBO[1)] allgemeine Anforderungen an die Feuerwiderstandsfähigkeit im Brandfall von Bauteilen baulicher Anlagen gestellt und in:
– feuerbeständige,
– hochfeuerhemmende,
– feuerhemmende

Bauteile unterschieden.

Die Feuerwiderstandsfähigkeit bezieht sich bei tragenden und aussteifenden Bauteilen baulicher Anlagen auf deren Standsicherheit im Brandfall, bei raumabschließenden Bauteilen, wie Wänden und Decken, auf deren Widerstand gegen eine Brandausbreitung (Raumabschluss).

Feuerwiderstandsfähige Bauteile müssen zusätzlich die folgenden Mindestanforderungen an das Brandverhalten ihrer Baustoffe erfüllen:

a) feuerbeständige Bauteile:
Tragende und aussteifende Teile müssen aus nichtbrennbaren Baustoffen bestehen, raumabschließende Bauteile müssen zusätzlich eine in Bauteilebene durchgehende Schicht aus nichtbrennbaren Baustoffen haben.

b) hochfeuerhemmende Bauteile:
Bestehen tragende und aussteifende Teile aus brennbaren Baustoffen, müssen sie allseitig eine brandschutztechnisch wirksame Bekleidung aus nichtbrennbaren Baustoffen (Brandschutzbekleidung) und – sofern vorhanden – nichtbrennbaren Dämmstoffen haben.
Wenn raumabschließende hochfeuerhemmende Bauteile in ihren tragenden und aussteifenden Teilen aus nichtbrennbaren Baustoffen bestehen und eine in Bauteilebene durchgehende Schicht aus nichtbrennbaren Baustoffen angeordnet ist, ist eine brandschutztechnisch wirksame Bekleidung nicht erforderlich; sie können auch insgesamt aus nichtbrennbaren Baustoffen bestehen.

c) feuerhemmende Bauteile:
Tragende und aussteifende Bauteile können aus brennbaren Baustoffen ausgeführt werden. Dies gilt auch für raumabschließende Bauteile.

Grundsätzlich richtet sich die Feuerwiderstandsfähigkeit von Bauteilen nach dem geltenden bauaufsichtlichen Anforderungssystem (Gebäudeklassen, Höhenlage der Geschosse, Gebäudeart) über Einstufungen in Feuerwiderstandsklassen, die auf der Grundlage von Brandprüfungen nach der Einheitstemperaturzeitkurve (ETK) in der Technischen Regel A 2.2.1.2 den nachfolgenden technischen Anforderungen zugeordnet werden.

#### A 2.1.3.2 Anforderungen an die Standsicherheit im Brandfall

##### A 2.1.3.2.1 Allgemeines

Um die Anforderungen des § 12 MBO[1)] zu erfüllen, müssen tragende Teile baulicher Anlagen dauerhaft auch unter Brandeinwirkung über eine bestimmte Zeitdauer standsicher sein. Als Brandeinwirkung für Tragwerke im Hochbau ist in der Regel die ETK anzuwenden.

Querschnittsänderungen und Durchdringungen – auch nachträglicher Art – sowie Verformungen durch die Brandeinwirkung müssen berücksichtigt werden, soweit sie Einfluss auf die Standsicherheit haben können.

##### A 2.1.3.2.2 Feuerbeständig

Die Standsicherheit eines Teils der baulichen Anlage muss bei Brandeinwirkung nach der ETK gemäß DIN 4102-2:1977-09, Abschnitt 6.2.4, über mindestens 90 Minuten gewährleistet sein.

##### A 2.1.3.2.3 Hochfeuerhemmend

Die Standsicherheit eines Teils der baulichen Anlage muss bei Brandeinwirkung nach der ETK gemäß DIN 4102-2:1977-09, Abschnitt 6.2.4, über mindestens 60 Minuten gewährleistet sein.

##### A 2.1.3.2.4 Feuerhemmend

Die Standsicherheit eines Teils der baulichen Anlage muss bei Brandeinwirkung nach der ETK gemäß DIN 4102-2:1977-09, Abschnitt 6.2.4, über mindestens 30 Minuten gewährleistet sein.

##### A 2.1.3.2.5 Feuerwiderstandsfähigkeit von 120 Minuten

Die Standsicherheit eines Teils der baulichen Anlage muss bei Brandeinwirkung nach der ETK gemäß DIN 4102-2:1977-09, Abschnitt 6.2.4, über mindestens 120 Minuten gewährleistet sein. Dieses Teil darf keinen Beitrag zum Brand leisten (nichtbrennbar).

#### A 2.1.3.3 Anforderungen an den Raumabschluss im Brandfall

##### A 2.1.3.3.1 Allgemeines

Teile baulicher Anlagen sind raumabschließend, wenn sie dauerhaft mindestens für eine bestimmte, nachfolgend angegebene Zeitdauer die Brandausbreitung verhindern, der Raumabschluss auch im Bereich von Verbindungen und Anschlüssen zu angrenzenden Teilen baulicher Anlagen nicht beeinträchtigt ist und wenn auf der brandabgewandten Seite keine Rauchentwicklung und kein Abfallen oder Abtropfen von Bestandteilen zu verzeichnen ist.

Die Verhinderung der Brandausbreitung ist, soweit nichts anderes bestimmt, immer für jede der möglichen Brandeinwirkungsrichtungen sicherzustellen (z. B. von

---
[1)] nach Landesrecht

innen nach außen sowie von außen nach innen). Raumabschließende Teile baulicher Anlagen tragen, soweit nichts anderes zulässig ist, hinsichtlich des Brandverhaltens nicht zum Brand bei (nichtbrennbar).
Raumabschließende Teile der baulichen Anlage müssen jeweils mindestens bis zur äußeren Begrenzung der baulichen Anlage reichen, es sei denn, es ist bei der Verwendung sichergestellt, dass diese raumabschließenden Teile an andere Teile der baulichen Anlage angrenzen, die mindestens die gleiche Zeitdauer des Raumabschlusses oder der Standsicherheit im Brandfall gewährleisten. Querschnittsänderungen und Durchdringungen – auch nachträglicher Art – sowie Verformungen während der Brandeinwirkung sind zu berücksichtigen, soweit sie Einfluss auf den Raumabschluss haben können.
Soweit nichts anderes bestimmt ist, sind Öffnungen in raumabschließenden Teilen unzulässig.
Fugen der Bauteile müssen zur Sicherung des Raumabschlusses während der Brandeinwirkung geschlossen bleiben. Diese Anforderung kann mit nichtbrennbaren mineralischen Baustoffen (wie Mörtel, Beton) oder mineralischen Dämmstoffen mit einem Schmelzpunkt von mindestens 1000 °C nach DIN 4102-17:1990-12 und mit Produkten, die bei Brandeinwirkung den Restquerschnitt sicher verschließen, erfüllt werden.

**A 2.1.3.3.2 Feuerbeständig**
Der Raumabschluss eines Teils baulicher Anlagen muss bei Brandeinwirkung nach der ETK gemäß DIN 4102-2:1977-09, Abschnitt 6.2.4, über mindestens 90 Minuten gewährleistet sein. Damit ist auch die Standsicherheit von nichttragenden Bauteilen im Brandfall unter Eigengewicht nachgewiesen.
Hinsichtlich des Brandverhaltens ist für diese raumabschließenden Bauteile die Verwendung brennbarer Bestandteile (schwerentflammbar, normalentflammbar) zulässig, wenn die tragenden und aussteifenden Bestandteile keinen Beitrag zum Brand leisten (nichtbrennbar) und beim Zusammenfügen des raumabschließenden Teils ein Bestandteil angeordnet ist, der über die gesamte Ausdehnung des raumabschließenden Teils senkrecht zur Brandeinwirkungsrichtung angeordnet wird, keinen Beitrag zum Brand leistet (nichtbrennbar).

**A 2.1.3.3.3 Hochfeuerhemmend**
Der Raumabschluss eines Teils baulicher Anlagen muss bei Brandeinwirkung nach der ETK gemäß DIN 4102-2:1977-09, Abschnitt 6.2.4, über mindestens 60 Minuten gewährleistet sein. Damit ist auch die Standsicherheit von nichttragenden Bauteilen im Brandfall unter Eigengewicht nachgewiesen.
Hinsichtlich des Brandverhaltens sind tragende, aussteifende oder raumabschließende Teile zulässig, die einen Beitrag zum Brand leisten (schwerentflammbar, normalentflammbar), wenn sie eine allseitige brandschutztechnisch wirksame Bekleidung haben, die keinen Beitrag zum Brand leistet (nichtbrennbar) und mit der:

– ein Brennen der tragenden und aussteifenden Teile,
– die Einleitung von Feuer und Rauch in Wand- und Deckenbauteile über Fugen, Installationen oder Einbauten sowie eine Brandausbreitung innerhalb dieser Bauteile und
– die Übertragung von Feuer und Rauch über Anschlussfugen von raumabschließenden Bauteilen in angrenzende Nutzungseinheiten oder Räume

verhindert wird. Alle anderen Bestandteile der Bauteile, wie Dämmstoffe, dürfen keinen Beitrag zum Brand leisten (nichtbrennbar).
Für hochfeuerhemmende raumabschließende Bauteile in Holzbauweise ist die Technische Regel A 2.2.1.4 zu beachten.

**A 2.1.3.3.4 Feuerhemmend**
Der Raumabschluss eines Teils baulicher Anlagen muss bei Brandeinwirkung nach der ETK gemäß DIN 4102-2:1977-09, Abschnitt 6.2.4, über mindestens 30 Minuten gewährleistet sein. Damit ist auch die Standsicherheit von nichttragenden Bauteilen im Brandfall unter Eigengewicht nachgewiesen.
Hinsichtlich des Brandverhaltens sind Bestandteile zulässig, die einen Beitrag zum Brand leisten (schwerentflammbar, normalentflammbar).

**A 2.1.3.3.5 Feuerwiderstandsfähigkeit von 120 Minuten**
Der Raumabschluss eines Teils baulicher Anlagen muss bei Brandeinwirkung nach der ETK gemäß DIN 4102-2:1977-09, Abschnitt 6.2.4, über mindestens 120 Minuten gewährleistet sein. Damit ist auch die Standsicherheit von nichttragenden Bauteilen im Brandfall unter Eigengewicht nachgewiesen.
Hinsichtlich des Brandverhaltens sind nur Bestandteile zulässig, die keinen Beitrag zum Brand leisten (nichtbrennbar).

**A 2.1.4 Tragende und aussteifende Bauteile**
Teile baulicher Anlagen, die Lasten abtragen (aufnehmen) oder Teile baulicher Anlagen aussteifen, müssen unter dieser Belastung bei Brandeinwirkung über eine bestimmte Zeitdauer nach Abschnitt 2.1.3.2 standsicher sein.
Werden tragende Teile der baulichen Anlage aus Beton, Stahl, Aluminium, Holz oder Mauerwerk ausgeführt, sind die technischen Regeln zur Tragwerksbemessung für den Brandfall in A 1.2.3, A 1.2.4, A 1.2.5 und A 1.2.6 zu beachten. Wird die Standsicherheit im Brandfall rechnerisch nachgewiesen, gilt:
– für tragende Bauteile, die feuerbeständig sein müssen, ist die Tragfähigkeit rechnerisch für mindestens 90 Minuten Brandbeanspruchung nach ETK nachzuweisen,
– für tragende Bauteile, die hochfeuerhemmend sein müssen, ist die Tragfähigkeit rechnerisch für mindestens 60 Minuten Brandbeanspruchung nach ETK nachzuweisen,
– für tragende Bauteile, die feuerhemmend sein müssen, ist die Tragfähigkeit rechnerisch für mindestens

30 Minuten Brandbeanspruchung nach ETK nachzuweisen, und
– für tragende Bauteile, die eine Feuerwiderstandsfähigkeit von 120 Minuten haben müssen, ist die Tragfähigkeit rechnerisch für mindestens 120 Minuten Brandbeanspruchung nach ETK nachzuweisen.

Werden tragende und aussteifende Teile baulicher Anlagen für die Einwirkung eines Naturbrandes bemessen, ist Anlage A 1.2.1/3 zu beachten.
Für hochfeuerhemmende tragende Bauteile in Holzbauweise ist die Technische Regel A 2.2.1.4 zu beachten. Hinweis:
Ein Bauteil, das nur der Aussteifung dient, darf auch ein anderes Brandverhalten aufweisen als das feuerwiderstandsfähige Bauteil, das es aussteift, wenn das Gesamtsystem eine ausreichende Feuerwiderstandsfähigkeit hat.

### A 2.1.5 Außenwände

Nichttragende Außenwände und nichttragende Teile tragender Außenwände baulicher Anlagen, d. h. Bauteile die keine Vertikallasten, außer ihrem Eigengewicht, abtragen und lediglich für die Aufnahme der Eigengewichts- und Windlasten bemessen sind, müssen nach § 28 MBO[1]) grundsätzlich aus nichtbrennbaren Baustoffen bestehen, damit eine Brandausbreitung auf und in diesen Bauteilen ausreichend lang begrenzt ist. Ausreichend lange Begrenzung der Brandausbreitung bedeutet auch, dass nach Ende der Brandeinwirkung und der Löscharbeiten ein fortschreitendes Glimmen und/oder Schwelen in diesen Bauteilen nicht mehr stattfindet.
Sie sind aus brennbaren Baustoffen zulässig, wenn die nichttragenden Außenwände und die nichttragenden Teile tragender Außenwände als raumabschließende Bauteile feuerhemmend sind. Abweichend von den Festlegungen in Abschnitt A 2.1.3.3.4 (zu § 26 MBO[1]) ist es für die Brandeinwirkung von außen nach innen zulässig, dass ein Versagen frühestens nach 30 Minuten gemäß DIN 4102-3:1977-09, Abschnitt 5.3.2 (abgeminderte Einheitstemperaturkurve), eintreten darf. Ausgenommen von diesen Festlegungen werden insbesondere Fenster und Türen (sog. Lochfassade); die notwendigen Höhen der Fensterbrüstungen sind durch die Regelungen zur Verkehrssicherheit nach § 38 Abs. 3 MBO[1]) gegeben.
Oberflächen von Außenwänden sowie Außenwandbekleidungen müssen grundsätzlich in ihren einzelnen Bestandteilen schwerentflammbar sein. Zusätzlich müssen Außenwandbekleidungen aus mehreren Bestandteilen insgesamt schwerentflammbar sein.
Für schwerentflammbare Außenwandbekleidungen sind die Ergebnisse bei Einwirkungen gemäß E DIN 4102-20:2016-03 zu berücksichtigen.

Die Anwendung von schwerentflammbaren Außenwandbekleidungen in der Ausführung als Wärmedämmverbundsystem (WDVS) mit EPS-Dämmstoffen ist zur Erfüllung des Schutzziels des § 26 Abs. 1 Satz 1 MBO[1]) bei Gebäuden der Gebäudeklasse 4 und 5 nur zulässig, wenn an vorhandenen Öffnungen in der Außenwand im Bereich der Stürze oberhalb der Öffnung auch bei Brandeinwirkung standsichere und formstabile, nichtbrennbare konstruktive Maßnahmen angeordnet werden. Darauf kann verzichtet werden, wenn umlaufend horizontal angeordnete, auch bei Brandeinwirkung standsichere und formstabile, nichtbrennbare konstruktive Maßnahmen angeordnet werden.
Für solche Außenwandbekleidungen in der Ausführung als Wärmedämmverbundsystem (WDVS) mit EPS-Dämmstoffen ist zusätzlich eine Brandeinwirkung von außen, die unmittelbar im unteren Bereich der Fassade einwirkt, zu berücksichtigen. Dazu sind geeignete nichtbrennbare konstruktive Maßnahmen vorzusehen, damit das Schutzziel gemäß § 26 Abs. 1 Satz 1 MBO[1]) erfüllt ist oder es ist die Technische Regel A 2.2.1.5 einzuhalten.
Ist für Gebäude die Verwendung von schwerentflammbaren Baustoffen nicht vorgeschrieben und sollen leichtentflammbare Baustoffe in Verbindung mit anderen Baustoffen gemäß § 26 Abs. 1 Satz 2 MBO[1]) verwendet werden, muss die Verbindung dauerhaft sein. Dies ist nicht der Fall, wenn solche Außenwandbekleidungen zugänglich sind und beschädigt werden können.
Bei Außenwänden mit hinterlüfteten Bekleidungen, die geschossübergreifende Hohlräume haben oder die über Brandwände hinweggeführt werden, sind auch dann, wenn sie aus nichtbrennbaren Baustoffen bestehen, ergänzende Vorkehrungen zur Begrenzung der Brandausbreitung zu treffen und die Technische Regel A 2.2.1.6 zu beachten.
Bei Gebäuden mit Doppelfassaden muss eine Brandausbreitung über Zwischenräume im Bereich von Geschossdecken wirksam eingeschränkt sein. Die erforderlichen Vorkehrungen sind im Einzelfall zu treffen und im Brandschutznachweis darzustellen.

### A 2.1.6 Trennwände

Trennwände müssen in Abhängigkeit von der Verwendung in der baulichen Anlage gemäß § 29 MBO[1]) bei Brandeinwirkung ausreichend lang den Raumabschluss nach Abschnitt A 2.1.3.3 gewährleisten und als tragende Wände standsicher nach Abschnitt A 2.1.3.2 sein.
Anschlüsse einschließlich von Fugenausbildungen, Durchdringungen von Leitungen sowie Querschnittsverringerungen bei Einbau von Steckdosen, Schaltkästen, Leitungsverteilern etc. dürfen den Raumabschluss und, bei tragenden Wänden, die Standsicherheit nicht beeinträchtigen.
Öffnungen in Trennwänden sind nur zulässig, wenn sie auf die für die Nutzung erforderliche Zahl und Größe beschränkt sind, da jede Öffnung den Raumabschluss der Wand schwächt.

---
[1]) nach Landesrecht

Sind Türöffnungen in Trennwänden zur Verbindung von Nutzungseinheiten aufgrund ihrer Nutzung erforderlich, müssen diese – unabhängig von der Feuerwiderstandsfähigkeit der Trennwände – dauerhaft feuerhemmende, dicht- und selbstschließende Abschlüsse haben, damit die Verhinderung der Brandausbreitung nicht gefährdet wird. Die Abschlüsse dürfen den Raumabschluss und die Dichtheit bei Brandeinwirkungen von jeder Seite nach DIN 4102-2:1977-09, Abschnitt 6.2.4, über mindestens 30 Minuten nicht verlieren, sie müssen den Kriterien gemäß DIN 4102-5:1977-09, Abschnitte 5.2.2 bis 5.2.8, genügen. Diese Feuerschutzabschlüsse dürfen aus mindestens normalentflammbaren Baustoffen bestehen; zu ihnen gehören auch alle Zubehörteile und notwendige Befestigungsmittel. Feuerschutzabschlüsse müssen für den Brandfall geeignete Schlösser mit einem ausreichenden Falleneingriff haben, damit bei Druckunterschieden aufgrund eines Brandes ein Öffnen und damit eine Brandausbreitung verhindert werden. Die Feuerschutzabschlüsse sind dann dauerhaft selbstschließend, wenn die Kriterien der Dauerfunktion nach DIN 4102-18:1991-03 erfüllt sind.

Zur Erfüllung dieser Anforderungen ist die Technische Regel A 2.2.1.2 zu beachten.

Damit Personen sich retten können und Feuerwehrkräfte den Brandort erreichen oder Personen retten können, muss ein Feuerschutzabschluss in Form einer Tür solange manuell zu öffnen sein bis er mit Feuer beaufschlagt wird. Diese Anforderungen gelten auch für Feuerschutzabschlüsse in Form z. B. eines Schiebe-, Hub- oder Rolltors mit längeren Zeitdauern zum Öffnen und Schließen, ggf. nur mit Hilfsenergie, sodass für diese Feuerschutzabschlüsse im Zuge eines Rettungswegs eine Schlupftür oder eine separate Tür vorzusehen ist.

Ein Feuerschutzabschluss darf dann offengehalten werden, wenn er zur Verhinderung der Brandausbreitung mit einer Einrichtung versehen ist, die bei Einwirkung eines Brandes, insbesondere bereits bei Raucheinwirkung, dauerhaft das unverzügliche und sichere Schließen des Feuerschutzabschlusses gewährleistet (Feststellanlage). Dies gilt auch für den Fall, dass eine dafür notwendige Stromversorgung unterbrochen ist. Um vorbeugend eine Brandausbreitung zu verhindern, darf das Schließen durch zusätzliche andere Sicherheitseinrichtungen (z. B. Brandmeldeanlagen) ausgelöst werden; die Technische Regel A 2.2.1.7 ist zu beachten.

Sofern Trennwände als Brandschutzverglasungen ausgeführt werden sollen, sind die Anforderungen an raumabschließende Bauteile erfüllt, wenn bei Brandeinwirkung nach DIN 4102-13:1990-05, Abschnitt 6.1, über die mindestens erforderliche Zeitdauer die Ausbreitung von Feuer und Rauch sowie der Durchtritt der Wärmestrahlung verhindert und die Kriterien gemäß DIN 4102-13:1990-05 eingehalten werden. Zur Erfüllung dieser Anforderungen ist die Technische Regel A 2.2.1.2 zu beachten. Damit die Verhinderung der Brandausbreitung nicht beeinträchtigt wird, müssen Abschlüsse von notwendigen Öffnungen in einer als Brandschutzverglasung ausgeführten Trennwand der Feuerwiderstandsdauer der Brandschutzverglasung entsprechen; im Übrigen gelten die genannten Anforderungen an Feuerschutzabschlüsse.

**A 2.1.7 Brandwände**

Brandwände oder Wände, die anstelle von Brandwänden zulässig sind, von baulichen Anlagen dürfen gemäß § 30 MBO[1] zur Gewährleistung der Schutzziele keinen Beitrag zum Brand leisten (nichtbrennbar), soweit nichts anderes bestimmt ist. Außenwandbekleidungen auf solchen Wänden dürfen keinen Beitrag zum Brand leisten (nichtbrennbar).

Brandwände müssen auch für den Fall standsicher und raumabschließend sein, dass zusätzliche mechanische Belastungen aus im Brandfall versagenden Teilen der baulichen Anlage auf diese Wände einwirken (Anprall). Dies gilt auch für Wände anstelle von Brandwänden, soweit nichts anderes bestimmt ist.

Brandwände sind nur standsicher und raumabschließend, wenn sie ohne zusätzliche Maßnahmen den Anforderungen der Abschnitte A 2.1.3.2 und A 2.1.3.3 entsprechen und ergänzend den Einwirkungen der DIN 4102-3:1977-09, Abschnitte 4.2.2 bis 4.2.5, widerstehen. Dies gilt mit Ausnahme der Einwirkungen nach DIN 4102-3:1977-09, Abschnitt 4.2.3, auch für hochfeuerhemmende Wände anstelle von Brandwänden. Für andere Wände anstelle von Brandwänden sind die Anforderungen gemäß Abschnitt A 2.1.6 einzuhalten.

In Brandwände und Wände anstelle von Brandwänden eingreifende andere Bauteile, Anschlüsse einschließlich von Fugenausbildungen, Durchdringungen von Leitungen sowie Querschnittsverringerungen bei Einbau von Steckdosen, Schaltkästen, Leitungsverteilern etc. dürfen den Raumabschluss und die Standsicherheit nicht beeinträchtigen.

In inneren Brandwänden und inneren Wänden anstelle von Brandwänden sind Öffnungen nach § 30 Abs. 8 MBO[1] nur zulässig, wenn sie dauerhaft dicht- und selbstschließende Abschlüsse (Türen, Tore, Rolltore, Klappen u. a.) in der Wand entsprechenden Feuerwiderstandsdauer haben und wenn sie auf die für die Nutzung erforderliche Zahl und Größe beschränkt werden, damit die Verhinderung der Brandausbreitung nicht gefährdet wird; der Raumabschluss muss gesichert sein. Im Übrigen gelten die Anforderungen nach Abschnitt A 2.1.6, auch hinsichtlich des Offenhaltens dieser Feuerschutzabschlüsse.

In inneren Brandwänden und Wänden anstelle von Brandwänden sind Verglasungen nach § 30 Abs. 9 MBO[1] nur zulässig, wenn sie eine der Wand entsprechende Feuerwiderstandsdauer haben, raumabschließend sind und sie auf die für die Nutzung erforderliche Zahl und Größe beschränkt werden, damit die Verhinderung der Brandausbreitung nicht gefährdet wird.

---
[1] nach Landesrecht

Diese Anforderung wird mit Brandschutzverglasungen erfüllt, die bei Brandeinwirkung nach DIN 4102-13: 1990-05, Abschnitt 6.1, über die mindestens erforderliche Zeitdauer die Ausbreitung von Feuer und Rauch sowie der Durchtritt der Wärmestrahlung verhindern und die Kriterien gemäß DIN 4102-13:1990-05 einhalten. Zur Erfüllung dieser Anforderungen ist die Technische Regel A 2.2.1.2 zu beachten.

### A 2.1.8 Decken

Decken zwischen Geschossen müssen in baulichen Anlagen gemäß § 31 MBO[1)] ausreichend lang standsicher und raumabschließend sein und auch bei einer Brandeinwirkung von oben nach unten den Anforderungen der Abschnitte A 2.1.3.2 und A 2.1.3.3 entsprechen. Zur Verhinderung der Brandentstehung müssen Decken nichtbrennbar sein, soweit nichts anders bestimmt ist.

Anschlüsse einschließlich von Fugenausbildungen an andere Bauteile, auch an Außenwände, müssen so ausgebildet sein, dass die Standsicherheit und der Raumabschluss gewahrt bleiben, um die Brandausbreitung zu verhindern.

In Decken sind Öffnungen nach § 31 Abs. 4 Nr. 3 MBO[1)] nur zulässig, wenn sie dauerhaft dicht- und selbstschließende Abschlüsse (Klappen, Schiebeblätter u. a.) haben und wenn sie auf die für die Nutzung erforderliche Zahl und Größe beschränkt werden, damit die Verhinderung der Brandausbreitung nicht gefährdet wird; der Raumabschluss muss gesichert sein. Diese Anforderung wird mit Bauteilen (Feuerschutzabschlüssen) erfüllt, die die gleiche Feuerwiderstandsdauer wie die Decke aufweisen. Im Übrigen gelten die Anforderungen nach Abschnitt A 2.1.6, auch hinsichtlich des Offenhaltens dieser Feuerschutzabschlüsse.

### A 2.1.9 Dächer

Die Bedachung als Teil der baulichen Anlage besteht aus der regenwasserableitenden Schicht (Dachhaut), einschließlich verwendeter Teile für den Wärmeschutz und den Schutz gegen eindringende Feuchte, notwendiger Teile zur Übertragung der Lasten auf die die Bedachung tragenden Teile (Dämmstoffe, Dampfsperren, Unterspannbahnen, Dachlattung). Zur Bedachung gehören auch lichtdurchlässige Flächen und Abschlüsse von Öffnungen und deren Anschlüsse an die Bedachung. Begrünte Bedachungen sind zulässig.

Soweit nichts anderes zugelassen ist, müssen Bedachungen zur Behinderung der Übertragung eines Brandes von außen in die bauliche Anlage durch Wärmestrahlung oder brennende Teile von anderen baulichen Anlagen und einer Brandausbreitung auf der baulichen Anlage gemäß § 32 MBO[1)] ausreichend lang dieser Brandeinwirkung widerstehen (harte Bedachung). Die Bedachung darf in vertikaler wie horizontaler Ausdehnung nur begrenzt geschädigt werden und nur begrenzt selbst zum Brandgeschehen einen Beitrag leisten. Dabei sind die Dachneigungen zu berücksichtigen, weil das Brandverhalten der Bedachungen in Abhängigkeit der Dachneigung unterschiedlich sein kann.

Diese Anforderung wird bei der Verwendung von nicht begrünten Bedachungen erfüllt, die unter Einwirkung eines Brandes nach DIN 4102-7:1998-07, Abschnitte 6.1 bis 6.5, unter Berücksichtigung von Abschnitt 7 mindestens die in DIN 4102-7:1998-07, Abschnitt 4 Buchstabe a bis e, genannten Kriterien erfüllen.

Für bestimmte brennbare lichtdurchlässige Flächen oder Abschlüsse von Öffnungen, für die kein Nachweis der harten Bedachung vorliegt, ist die Verwendung als Bedachung zulässig ohne dass eine Beeinträchtigung der Behinderung der Brandentstehung oder Brandausbreitung der Bedachung insgesamt zu erwarten ist, wenn:

– die Summe der Teilflächen höchstens 30 % der Dachfläche beträgt,
– die Teilflächen einen Abstand von mindestens 5 m zu Brandwänden unmittelbar angrenzender höherer Gebäude oder Gebäudeteile aufweisen und
– die Teilflächen als Lichtbänder höchstens 2 m breit und maximal 20 m lang sind, untereinander und zu den Dachrändern einen Abstand von mindestens 2 m haben oder
– als Lichtkuppeln eine Fläche von nicht mehr als je 6 m$^2$, untereinander und von den Dachrändern einen Abstand von mindestens 1 m und von Lichtbändern aus brennbaren Baustoffen einen Abstand von 2 m haben.

Für Dächer von Gebäuden, die traufseitig aneinandergebaut sind, ist es zur Verhinderung der Brandausbreitung ergänzend zur harten Bedachung notwendig, dass das jeweilige Dach insgesamt ausreichend lang raumabschließend ist und die das Dach tragenden und aussteifenden Teile ausreichend lang standsicher sind. Dies ist bei der Verwendung von Dächern erfüllt, die bei einer Brandeinwirkung einseitig von innen nach außen für mindestens 30 Minuten den Raumabschluss nach Abschnitt A 2.1.3.3 gewährleisten. Die das Dach tragenden und aussteifenden Teile müssen bei einer Brandeinwirkung für eine Zeitdauer von mindestens 30 Minuten die Standsicherheit nach Abschnitt A 2.1.3.2 gewährleisten.

Bei Anbauten, die an Teile einer baulichen Anlage angrenzen, die Öffnungen haben oder deren angrenzende vertikale Teile hinsichtlich des Raumabschlusses oder der Standsicherheit ohne Anforderungen zulässig sind (§ 32 Abs. 7 MBO[1)]), ist es zur Verhinderung der Brandausbreitung vom Anbau in die angrenzende bauliche Anlage ergänzend zur harten Bedachung notwendig, dass bis zu einem Abstand von mindestens 5 m das jeweilige Dach des Anbaus ausreichend lang raumabschließend ist und die dieses Dach tragenden und aussteifenden Teile ausreichend lang standsicher sind. Dies ist bei der Verwendung von Dächern erfüllt, die für die Brandeinwirkung einseitig von innen nach außen für

---
1) nach Landesrecht

mindestens die Zeitdauer den Raumabschluss nach Abschnitt A 2.1.3.3 gewährleisten, für den auch die Decken der angrenzenden baulichen Anlage den Raumabschluss gewährleisten müssen. Die das Dach tragenden und aussteifenden Teile müssen bei einer Brandeinwirkung für mindestens die Zeitdauer, die für den Raumabschluss des Daches zu gewährleisten ist, die Standsicherheit nach Abschnitt A 2.1.3.2 gewährleisten.

Um zu verhindern, dass im Brandfall bei der Abführung von Wärme und Rauch aus Teilen der baulichen Anlage über Dachauf- oder -einbauten, wie Wärmeabzugsflächen oder Rauch- und Wärmeabzugsgeräte, eine Brandausbreitung stattfindet, müssen nach § 32 Abs. 5 MBO[1] diese Dachauf- oder -einbauten einen ausreichenden Abstand zu brennbaren Teilen einhalten oder diese Teile müssen nichtbrennbar sein.

### A 2.1.10 Treppen

Zur Gewährleistung der Schutzziele dürfen tragende Teile notwendiger Treppen in Gebäuden gemäß § 34 Abs. 4 MBO[1] keinen Beitrag zum Brand leisten (nichtbrennbar) und müssen innerhalb dieser baulichen Anlagen in Abhängigkeit von der Gebäudeklasse bei Brandeinwirkung ausreichend lang standsicher sein. Die Verwendung von mindestens normalentflammbaren tragenden Teilen ist für notwendige Treppen gemäß § 34 Abs. 4 Nr. 3 MBO[1] zulässig, wenn sie feuerhemmend sind.

### A 2.1.11 Notwendige Treppenräume

Zur Gewährleistung der Schutzziele und zur Sicherstellung der über die notwendigen Treppen führenden Rettungswege müssen notwendige Treppenräume in baulichen Anlagen gemäß § 35 Abs. 4 MBO[1] Wände und Decken haben, die ausreichend lang raumabschließend und standsicher sind. Sie müssen in Abhängigkeit von der Gebäudeklasse die Standsicherheit und den Raumabschluss gemäß den Anforderungen der Abschnitte A 2.1.3.2 und A 2.1.3.3 gewährleisten; die Wände müssen die Anforderungen gemäß Abschnitt A 2.1.7 an innere Brandwände erfüllen.

In Wänden notwendiger Treppenräume oder Wänden von Räumen zwischen einem notwendigen Treppenraum und dem Ausgang ins Freie sind Öffnungen zu notwendigen Fluren nur zulässig, wenn sie rauchdichte und selbstschließende Abschlüsse haben, damit die Verhinderung der Brandausbreitung nicht gefährdet wird; der Verschluss der Öffnung muss gesichert sein.

Türöffnungen in Wänden notwendiger Treppenräume zu Kellergeschossen, zu nicht ausgebauten Dachräumen, Werkstätten, Läden, Lagern und ähnlichen Räumen sowie zu sonstigen Räumen und Nutzungseinheiten mit einer Fläche von mehr als 200 m² müssen – unabhängig von der Feuerwiderstandsfähigkeit dieser Wände – dauerhaft feuerhemmende, rauchdichte und selbstschließende Abschlüsse (Feuerschutzabschlüsse) haben, damit die Verhinderung der Brandausbreitung nicht gefährdet und ein Durchtritt von sog. kaltem Rauch gemäß DIN 18095-2:1991-03 in den Treppenraum für eine Zeitspanne von 10 Minuten behindert wird; der Raumabschluss muss gesichert sein. Im Übrigen gelten die Anforderungen nach Abschnitt A 2.1.6. Zur Erfüllung dieser Anforderungen ist die Technische Regel A 2.2.1.2 zu beachten.

Öffnungen in Wänden notwendiger Treppenräume zu notwendigen Fluren dürfen raumhoch und maximal 2,5 m breit sein und müssen rauchdichte und selbstschließende Abschlüsse (Rauchschutzabschlüsse) haben, damit im Brandfall ein Durchtritt von sog. kaltem Rauch gemäß DIN 18095-2:1991-03 in den Treppenraum für eine Zeitspanne von 10 Minuten behindert wird; der Raumabschluss muss gesichert sein. Die Rauchschutzabschlüsse müssen die Kriterien der DIN 18095-1:1988-12 erfüllen. Sie sind dann dauerhaft selbstschließend, wenn die Kriterien der Dauerfunktion nach DIN 4102-18:1991-03 erfüllt sind. Ein Rauchschutzabschluss darf dann offengehalten werden, wenn er mit einer Einrichtung versehen ist, die bei Raucheinwirkung dauerhaft das unverzügliche und sichere Schließen des Rauchschutzabschlusses gewährleistet (Feststellanlage). Dies gilt auch für den Fall, dass eine dafür notwendige Stromversorgung unterbrochen ist. Um vorbeugend eine Rauchausbreitung zu verhindern, darf das Schließen durch zusätzliche andere Sicherheitseinrichtungen (z. B. Brandmeldeanlagen) ausgelöst werden; im Übrigen gelten die technischen Anforderungen nach A 2.2.1.7. Zur Erfüllung der Anforderungen der Abschlüsse ist die Technische Regel A 2.2.1.2 zu beachten.

Türöffnungen in Wänden notwendiger Treppenräume zu Wohnungen sowie zu sonstigen Räumen und Nutzungseinheiten mit einer Fläche bis zu 200 m² müssen dicht- und selbstschließende Abschlüsse haben. Diese Anforderung wird mit Bauteilen (Türen) erfüllt, die die Dichtheit bei Vorhandensein von Rauch im Treppenraum gewährleisten, soweit es noch keine über den klimatisch bedingten thermischen Auftrieb hinausgehenden Druckdifferenzen zwischen Treppenraum und dem abzuschließenden Bereich gibt und der Rauch nicht bis zum unteren Rand der Tür abgesunken ist. Eine Tür ist dann dichtschließend, wenn sie ein formstabiles Türblatt hat und mit einer dreiseitig umlaufenden dauerelastischen Dichtung ausgestattet ist, die aufgrund ihrer Form (Lippen-/Schlauchdichtung) und des Dichtungswegs bei der geschlossenen Tür sowohl an der Zarge als auch am Türflügel anliegt. Die Türen sind dann dauerhaft selbstschließend, wenn die Kriterien der Dauerfunktion nach DIN 4102-18:1991-03 erfüllt sind. Zur Erfüllung dieser Anforderungen ist die Technische Regel A 2.2.1.2 zu beachten.

### A 2.1.12 Notwendige Flure und offene Gänge

In Abhängigkeit von der Verwendung in der baulichen Anlage müssen Wände notwendiger Flure gemäß § 36 Abs. 4 Satz 1 MBO[1] zur Gewährleistung der Schutz-

---
[1] nach Landesrecht

ziele bei Brandeinwirkung ausreichend lang den Raumabschluss gewährleisten, soweit erforderlich standsicher sein und den Anforderungen der Abschnitte A 2.1.3.2 und A 2.1.3.3 entsprechen.

In den Wänden notwendiger Flure sind nur für die Nutzung erforderliche Türöffnungen zulässig. Die Türen müssen gemäß § 36 Abs. 4 Satz 4 MBO[1)] dicht schließen, damit im Brandfall in einer oder in einer angrenzenden Nutzungseinheit ein Raucheintritt durch konstruktive Maßnahmen an den Türen über einen gewissen Zeitraum erschwert wird. Im Fall, dass ein notwendiger Flur Nutzungseinheiten voneinander trennt, sollen diese Türen geschlossen gehalten werden. Eine Tür ist dann dichtschließend, wenn sie ein formstabiles Türblatt hat und mit einer dreiseitig umlaufenden dauerelastischen Dichtung ausgestattet ist, die aufgrund ihrer Form (Lippen-/Schlauchdichtung) und des Dichtungswegs bei der geschlossenen Tür sowohl an der Zarge als auch am Türflügel anliegt. Bei offen stehenden Türen bzw. nach dem Durchbrand geschlossener Türen darf es auf den Oberflächen der Decken und Wände des notwendigen Flurs nicht zu einer Brandausbreitung kommen, um Rettungs- und Löschmaßnahmen nicht zu erschweren. Für den Fall, dass die Decken und Wände aus brennbaren Baustoffen bestehen, ist eine Bekleidung aus nichtbrennbaren Baustoffen ausreichender Dicke erforderlich, z. B. in Form einer 12,5 mm dicken Gipsplatte.

Sofern Wände notwendiger Flure als Brandschutzverglasungen ausgeführt werden sollen, sind die Anforderungen mit Brandschutzverglasungen erfüllt, die bei Brandeinwirkung nach DIN 4102-13:1990-05, Abschnitt 6.1, über die mindestens erforderliche Zeitdauer die Ausbreitung von Feuer und Rauch sowie den Durchtritt der Wärmestrahlung verhindern und die Kriterien gemäß DIN 4102-13:1990-05 einhalten. Damit die Verhinderung der Brandausbreitung nicht beeinträchtigt wird, müssen abweichend von § 36 Abs. 4 Satz 4 MBO[1)] Abschlüsse von notwendigen Öffnungen der Brandschutzverglasung mindestens der Feuerwiderstandsdauer der Brandschutzverglasung entsprechen. Im Übrigen gelten die Anforderungen nach Abschnitt A 2.1.6, auch hinsichtlich des Offenhaltens dieser Feuerschutzabschlüsse. Zur Erfüllung dieser Anforderungen ist die Technische Regel A 2.2.1.2 zu beachten.

Um eine Rauchausbreitung über notwendige Flure zu behindern und die Selbstrettung von Personen zu ermöglichen, müssen notwendige Flure gemäß § 36 Abs. 3 MBO[1)] mit nichtabschließbaren, rauchdichten und selbstschließenden Abschlüssen (Rauchschutzabschlüsse) in maximal 30 m lange Rauchabschnitte unterteilt werden. Die Rauchabschlüsse dürfen raumhoch und in Flurbreite ausgeführt werden, über feststehende Seitenteile und Oberlichter verfügen und im Übrigen gelten die Anforderungen an Rauchschutzabschlüsse nach Abschnitt A 2.1.11. Zur Erfüllung dieser Anforderungen ist die Technische Regel A 2.2.1.2 zu beachten.

Sollen im Rahmen einer Abweichung nach § 67 Abs. 1 MBO[1)] in feuerhemmenden Wänden notwendiger Flure lichtdurchlässige Flächen als Brandschutzverglasung ausgeführt werden, so müssen die bei Brandeinwirkung nach DIN 4102-13:1990-05, Abschnitt 6.1, über die mindestens erforderliche Zeitdauer die Ausbreitung von Feuer und Rauch über mindestens 30 Minuten verhindern, nicht aber den Durchtritt der Wärmestrahlung verhindern; die Kriterien gemäß DIN 4102-13:1990-05 müssen eingehalten werden. Sie sollen nur an Stellen ausgeführt werden, wo wegen der Personenrettung und der wirksamen Löscharbeiten keine Bedenken bestehen (z. B. als Lichtöffnungen, wobei die Unterkante der Brandschutzverglasung mindestens 1,8 m über dem Fußboden angeordnet sein muss). Damit die Verhinderung der Brandausbreitung nicht gefährdet wird, sind Öffnungen in diesen Brandschutzverglasungen nicht zulässig. Zur Erfüllung dieser Anforderungen ist die Technische Regel A 2.2.1.2 zu beachten.

Nachströmöffnungen in Wänden notwendiger Flure können nur im Rahmen einer Abweichung gemäß § 67 Abs. 1 MBO[1)] zugelassen werden, wenn wegen der Personenrettung und der wirksamen Löscharbeiten keine Bedenken bestehen. Verschlüsse dieser Öffnungen müssen mit einer Rauchauslöseeinrichtung versehen sein und mindestens bei Zugrundelegung des Normbrandes nach DIN 4102-2:1977-09 den Durchtritt von Feuer und Rauch verhindern. Zur Erfüllung dieser Anforderungen ist die Technische Regel A 2.2.1.2 zu beachten.

### A 2.1.13 Fahrschächte, Aufzüge

Müssen gemäß § 39 Abs. 1 MBO[1)] Aufzüge im Innern von Gebäuden eigene Fahrschächte haben, so soll damit eine Brandausbreitung in andere Geschosse ausreichend lang behindert werden. Die Fahrschachtwände müssen zur Gewährleistung der Schutzziele bei Brandeinwirkung ausreichend lang den Raumabschluss gewährleisten, soweit erforderlich standsicher sein und den Anforderungen der Abschnitte A 2.1.3.2 und A 2.1.3.3 entsprechen. Fahrschachtwände aus brennbaren Baustoffen müssen schachtseitig eine Bekleidung aus nichtbrennbaren Baustoffen in ausreichender Dicke haben, damit es bei offen stehenden Fahrschachttüren bzw. nach dem Durchbrand geschlossener Türen auf den Oberflächen der Fahrschachtwände nicht zu einer Brandausbreitung kommt.

Die Fahrschächte müssen so beschaffen sein, dass Feuer und Rauch nicht in andere Geschosse übertragen werden können. Diese Anforderung kann nur dann erfüllt werden, wenn die Fahrschächte ausreichend lang feuerwiderstandsfähig sind und

---

1) nach Landesrecht

a) die Fahrschachttüren nachfolgenden Anforderungen genügen:
– sie sind nach DIN 4102-5:1977-09 nachgewiesen und als Fahrschachtür klassifiziert und
– sie werden in massive Wände aus Mauerwerk oder Beton eingebaut,
b) die Fahrkörbe überwiegend aus nichtbrennbaren Baustoffen hergestellt werden (Fahrkörbe gelten als überwiegend aus nichtbrennbaren Baustoffen hergestellt, wenn die tragenden und aussteifenden Teile des Fahrkorbs aus nichtbrennbaren Baustoffen bestehen und die übrigen Teile des Fahrkorbs (wie Wand- und Deckenbekleidungen, Fußbodenbeläge, Lüftungs- und Beleuchtungsabdeckungen) keinen höheren Anteil an brennbaren, mindestens normalentflammbaren Baustoffen aufweisen als 2,5 kg je m$^2$ Fahrkorbinnenfläche),
c) die Türen so gesteuert werden, dass sie nur so lange offen bleiben, wie es das Betreten oder Verlassen des Fahrkorbs erfordert; jeweils zwei übereinanderliegende Türen verhindern im geschlossenen Zustand eine Brandübertragung vom Brandgeschoss ins darüber liegende Geschoss,
d) die Türen, falls mehrere nebeneinander angeordnet werden, durch feuerbeständige Bauteile getrennt und an diesen befestigt werden, und
e) der Fahrschacht eine Öffnung zur Rauchableitung gemäß § 39 Abs. 3 Satz 1 MBO[1)] aufweist.
Zur Erfüllung dieser Anforderungen ist die Technische Regel A 2.2.1.2 zu beachten.

### A 2.1.14 Leitungsanlagen, Installationsschächte und Kanäle

In baulichen Anlagen dürfen Leitungen, Installationsschächte und Kanäle gemäß § 40 MBO[1)] durch raumabschließende Bauteile, für die eine Feuerwiderstandsfähigkeit vorgeschrieben ist, nur hindurchgeführt werden, wenn eine Brandausbreitung ausreichend lang nicht zu befürchten ist oder Vorkehrungen hiergegen getroffen werden. Für die Leitungsanlagen in Rettungswegen und für die Führung von Leitungsanlagen durch raumabschließende Bauteile gilt die Technische Regel A 2.2.1.8. Elektrische Leitungsanlagen für erforderliche sicherheitstechnische Anlagen in baulichen Anlagen nach Abschnitt A 2.1.21 müssen so beschaffen oder durch Bauteile abgetrennt sein, dass die sicherheitstechnischen Anlagen im Brandfall ausreichend lang funktionsfähig bleiben; die Technische Regel A 2.2.1.8 ist zu beachten.
Werden in baulichen Anlagen Installationen in Hohlräumen von Systemböden geführt, ist die Technische Regel A 2.2.1.9 zu beachten. Zur Erfüllung dieser Anforderungen ist die Technische Regel A 2.2.1.2 zu beachten.
Zum Schutz anderer Räume vor Bränden aus elektrischen Betriebsräumen für Transformatoren oder Schaltanlagen ist die Technische Regel A 2.2.1.10 zu beachten. Die Einhaltung dieser Technischen Regel gewährleistet auch den Funktionserhalt von elektrischen Anlagen für erforderliche sicherheitstechnische Anlagen.

### A 2.1.15 Lüftungsanlagen

Lüftungsanlagen in baulichen Anlagen müssen gemäß § 41 Abs. 1 MBO[1)] betriebs- und brandsicher sein; sie dürfen den ordnungsgemäßen Betrieb von Feuerungsanlagen nicht beeinträchtigen. Zur Konkretisierung dieser Anforderungen an Lüftungsanlagen sind die Anforderungen nach der Technischen Regel A 2.2.1.11 zu beachten. Zur Erfüllung dieser Anforderungen ist die Technische Regel A 2.2.1.2 zu beachten.

### A 2.1.16 Anforderungen an Feuerungsanlagen, sonstige Anlagen zur Wärmeversorgung, Brennstoffversorgung

Feuerstätten und Abgasanlagen (Feuerungsanlagen) sowie ortsfeste Verbrennungsmotoren, Blockheizkraftwerke, Brennstoffzellen und Verdichter in baulichen Anlagen müssen gemäß § 42 MBO[1)] betriebs- und brandsicher sein; sie dürfen nur dann in Räumen aufgestellt werden, wenn Gefahren nicht entstehen. Anlagen zur Ableitung von Verbrennungsgasen müssen gemäß § 42 MBO[1)] so ausgeführt werden, dass keine Gefahren oder unzumutbare Belästigungen entstehen. Zur Erfüllung dieser Anforderungen sind die Technischen Regeln A 2.2.1.12 und A 2.2.1.2 zu beachten.

### A 2.1.17 Blitzschutzanlagen

Blitzschutzanlagen nach § 46 MBO[1)] sollen die Brandentstehung an der baulichen Anlage und eine Gefährdung von Personen durch Blitzeinschläge verhindern.

### A 2.1.18 Bauliche Anlagen zur Lagerung von wassergefährdenden Stoffen und von Sekundärstoffen aus Kunststoff

Werden in baulichen Anlagen wassergefährdende Stoffe gelagert, müssen zum Schutz der Gewässer vor verunreinigtem Löschwasser, das beim Brand anfällt, die Anforderungen an die Löschwasser-Rückhaltung nach der Technischen Regel A 2.2.1.13 beachtet werden.
Dienen bauliche Anlagen zur Lagerung von Sekundärstoffen aus Kunststoff, muss der Ausbreitung von Feuer vorgebeugt und wirksame Löscharbeiten ermöglicht werden. Die Technische Regel A 2.2.1.14 ist zu beachten.

### A 2.1.19 Garagen

Zur Erfüllung der Grundanforderungen werden an bauliche Anlagen, die als Garage genutzt werden, besondere Anforderungen nach A 2.2.2.1 gestellt.

### A 2.1.20 Anforderungen an Sonderbauten

Besondere Anforderungen oder Erleichterungen von Brandschutzanforderungen der MBO[1)] für das Standardgebäude, die sich aus der besonderen Art oder Nutzung der baulichen Anlage für die Errichtung, Änderung, Unterhaltung, Betrieb und Nutzung gemäß § 51 MBO[1)] ergeben, ergeben sich für folgende Sonderbauten nach § 2 Abs. 4 MBO[1)]:

---
1) nach Landesrecht

- Beherbergungsstätten,
- Verkaufsstätten,
- Versammlungsstätten,
- Schulen,
- Nutzungseinheiten, in denen jeweils bis zu zwölf Menschen mit Pflegebedürftigkeit oder Behinderung wohnen,
- Hochhäuser,
- Industriebauten

hinsichtlich Planung und Ausführung aus den Anforderungen nach A 2.2.2.2 bis A 2.2.2.8.

Hinweis:
Besondere Brandschutzanforderungen oder Erleichterungen können auch im Rahmen einer bauordnungsrechtlichen Abweichungsentscheidung gemäß § 67 MBO[1)] oder in der Baugenehmigung für einen Sonderbau gemäß § 64 MBO[1)] gestellt werden. Sofern die Schutzziele nach § 14 MBO[1)] auf andere Art und Weise nicht mit der Technischen Regel A 2.2.1.2 erfüllt werden können, sind die dafür notwendigen technischen Angaben in den Bauvorlagen darzustellen.

Bei Dächern von baulichen Anlagen großer Ausdehnung sind, soweit gefordert, hinsichtlich der Behinderung der Brandausbreitung bei einer Brandeinwirkung von innen nach außen die entsprechenden Anforderungen nach A 2.2.2.8 zu beachten. Dächer sind dann geeignet, wenn sie bei einer Brandeinwirkung nach DIN 18234-1:2003-09 kein Versagen aufweisen und die Kriterien erfüllen.

Für die Funktion von Bettenaufzügen in Krankenhäusern und anderen baulichen Anlagen mit entsprechender Zweckbestimmung notwendige elektrische Leitungsanlagen müssen so beschaffen oder durch Bauteile abgetrennt sein, dass die Anlagen im Brandfall ausreichend lang funktionsfähig bleiben.

**A 2.1.21 Anforderungen an sicherheitstechnische Einrichtungen und Anlagen**
[…]

**A 2.2 Technische Anforderungen hinsichtlich Planung, Bemessung und Ausführung und Technische Anforderungen an Bauteile gemäß § 85a Abs. 2 MBO[1)]**

---

[1)] nach Landesrecht

| Lfd. Nr. | Anforderungen an Planung, Bemessung und Ausführung gem. § 85a Abs. 2 MBO[1)] | Technische Regeln/Ausgabe | Weitere Maßgaben gem. § 85a Abs. 2 MBO[1)] |
|---|---|---|---|
| 1 | 2 | 3 | 4 |
| **A 2.2.1 Planung, Bemessung und Ausführung** | | | |
| A 2.2.1.1 | Flächen für die Feuerwehr | Muster-Richtlinien über Flächen für die Feuerwehr: 2009-10[2] | Anlage A 2.2.1.1/1 |
| A 2.2.1.2 | Bauprodukte und Bauarten | Bauaufsichtliche Anforderungen, Zuordnung der Klassen, Verwendung von Bauprodukten, Anwendung von Bauarten: 2016-06[2] | |
| A 2.2.1.3 | Klassifizierte Baustoffe und Bauteile, Ausführungsregeln | DIN 4102-4:2016-05 | Anlage A 2.2.1.3/1 |
| A 2.2.1.6 | Hinterlüftete Außenwandbekleidungen | Hinterlüftete Außenwandbekleidungen: 2016-06 | |
| **A 2.2.2 Garagen und Sonderbauten** § 85a Abs. 1 Satz 3 MBO[1)] gilt nicht für Technische Baubestimmungen nach Abschn. A 2.2.2 | | | |
| A 2.2.2.1 | Garagen[1)] | Muster einer Verordnung über den Bau und Betrieb von Garagen: 2008-05[2)] | |
| A 2.2.2.2 | Beherbergungsstätten[1)] | Muster-Verordnung über den Bau und Betrieb von Beherbergungsstätten: 2014-05[2)] | |
| A 2.2.2.3 | Verkaufsstätten[1)] | Musterverordnung über den Bau und Betrieb von Verkaufsstätten: 2014-07[2)] | |
| A 2.2.2.4 | Versammlungsstätten[1)] | Musterverordnung über den Bau und Betrieb von Versammlungsstätten: 2014-07[2)] | |

| Lfd. Nr. | Anforderungen an Planung, Bemessung und Ausführung gem. § 85a Abs. 2 MBO[1)] | Technische Regeln/Ausgabe | Weitere Maßgaben gem. § 85a Abs. 2 MBO[1)] |
|---|---|---|---|
| 1 | 2 | 3 | 4 |
| A 2.2.2.5 | Schulen[1)] | Muster-Richtlinie über bauaufsichtliche Anforderungen an Schulen: 2009-04[2)] | |
| A 2.2.2.6 | Wohnformen für Menschen mit Pflegebedürftigkeit oder mit Behinderung[1)] | Muster-Richtlinie über bauaufsichtliche Anforderungen an Wohnformen für Menschen mit Pflegebedürftigkeit oder mit Behinderung: 2012-05[2)] | |
| A 2.2.2.7 | Hochhäuser[1)] | Muster-Richtlinie über den Bau und Betrieb von Hochhäusern: 2012-02[2)] | |
| A 2.2.2.8 | Industriebau[1)] | Muster-Richtlinie über den baulichen Brandschutz im Industriebau (Muster-Industriebaurichtlinie – MIndBauRL): 2014-07[2)] | |

1) nach Landesrecht
2) Für bauordnungsrechtliche Anforderungen in dieser Technischen Baubestimmung ist eine Abweichung nach § 85a Abs. 1 Satz 3 MBO ausgeschlossen; eine Abweichung von bauordnungsrechtlichen Anforderungen kommt nur nach § 67 MBO in Betracht. § 16a Abs. 2 und § 17 Abs. 1 MBO bleiben unberührt.

## A 3 Hygiene, Gesundheit und Umweltschutz

### A 3.1 Allgemeines

Gemäß § 3 und § 13 MBO[1)] sind bauliche Anlagen so anzuordnen, zu errichten, zu ändern und instand zu halten, dass die öffentliche Sicherheit und Ordnung, insbesondere Leben, Gesundheit und die natürlichen Lebensgrundlagen, nicht gefährdet werden und durch pflanzliche und tierische Schädlinge sowie andere chemische, physikalische oder biologische Einflüsse keine Gefahren oder unzumutbaren Belästigungen entstehen. Zum Nachweis der Einhaltung dieser Anforderungen sind bauliche Anlagen im Ganzen und in ihren Teilen so zu entwerfen und auszuführen, dass die Anforderungen bezüglich des Gesundheitsschutzes und des Schutzes von Boden und Gewässer aus Abschnitt A 3.2 erfüllt werden.

### A 3.2 Technische Anforderungen hinsichtlich Planung, Bemessung und Ausführung an bestimmte bauliche Anlagen und ihre Teile gem. § 85a Abs. 2 MBO[1)]

Die Anforderungen zur bauwerksseitigen Beschränkung gesundheitsschädlicher Emissionen in Aufenthaltsräumen gemäß lfd. Nr. A 3.2.1 [...] sowie zur Sicherstellung der Umweltverträglichkeit von Außenbauteilen gemäß lfd. Nr. A 3.2.3 sind in den Regelwerken beschrieben. Sie sind einzuhalten. Werden für die betroffenen Bereiche stattdessen konstruktive Maßnahmen (z. B. Deckschichten, Ummantelungen) vorgesehen, so ist deren Schutzwirkung nachzuweisen.

1) nach Landesrecht

| Lfd. Nr. | Anforderungen an Planung, Bemessung und Ausführung gem. § 85a Abs. 2 MBO[1)] | Technische Regeln/Ausgabe | Weitere Maßgaben gem. § 85a Abs. 2 MBO[1)] |
|---|---|---|---|
| 1 | 2 | 3 | 4 |
| A 3.2.1 | Anforderungen an bauliche Anlagen bezüglich des Gesundheitsschutzes | ABG – Anforderungen an bauliche Anlagen bezüglich des Gesundheitsschutzes: 2017-05 | |
| A 3.2.3 | Anforderung an bauliche Anlagen bezüglich der Auswirkungen auf Boden und Gewässer | ABuG – Anforderung an bauliche Anlagen bezüglich der Auswirkungen auf Boden und Gewässer: 2017-07 | [...] |

## A 4 Sicherheit und Barrierefreiheit bei der Nutzung

### A 4.1 Allgemeines

Gemäß § 3 MBO[1] sind bauliche Anlagen so anzuordnen, zu errichten, zu ändern und instand zu halten, dass die öffentliche Sicherheit und Ordnung, insbesondere Leben, Gesundheit und die natürlichen Lebensgrundlagen, nicht gefährdet werden.

Die Anforderungen an die Nutzungssicherheit und die Barrierefreiheit sind insbesondere gemäß §§ 16 und 50 MBO[1] umgesetzt, wenn bauliche Anlagen im Ganzen und in ihren Teilen entsprechend den technischen Regeln bezüglich der Sicherheit und Barrierefreiheit bei der Nutzung gemäß Abschnitt A 4.2 entworfen und ausgeführt werden.

### A 4.2 Technische Anforderungen hinsichtlich Planung, Bemessung und Ausführung an bestimmte bauliche Anlagen und ihre Teile gem. § 85a Abs. 2 MBO[1]

| Lfd. Nr. | Anforderungen an Planung, Bemessung und Ausführung gem. § 85a Abs. 2 MBO[1] | Technische Regeln/Ausgabe | Weitere Maßgaben gem. § 85a Abs. 2 MBO[1] |
|---|---|---|---|
| 1 | 2 | 3 | 4 |
| A 4.2.1 | Gebäudetreppen | DIN 18065:2015-03 | Anlage A 4.2/1 |
| A 4.2.2 | Barrierefreies Bauen | DIN 18040 | |
| | Öffentlich zugängliche Gebäude | DIN 18040-1:2010-10 | Anlage A 4.2/2 |
| | Wohnungen | DIN 18040-2:2011-09 | Anlage A 4.2/3 |

### Anlage A 4.2/1

**Zu DIN 18065**

**1** Von der Einführung ausgenommen ist die Anwendung auf Treppen in Wohngebäuden der Gebäudeklassen 1 und 2 und in Wohnungen.

**2** Bauaufsichtliche Anforderungen an den Einbau von Treppenliften in Treppenräumen notwendiger Treppen in bestehenden Gebäuden:

Durch den nachträglichen Einbau eines Treppenlifts im Treppenraum darf die Funktion der notwendigen Treppe als Teil des ersten Rettungswegs und die Verkehrssicherheit der Treppe grundsätzlich nicht beeinträchtigt werden. Der nachträgliche Einbau eines Treppenlifts ist zulässig, wenn folgende Kriterien erfüllt sind:
1. Die Treppe erschließt nur Wohnungen und/oder vergleichbare Nutzungen.
2. Die Mindestlaufbreite der Treppe von 100 cm darf durch die Führungskonstruktion nicht wesentlich unterschritten werden; eine untere Einschränkung des Lichtraumprofils (s. Bild A.7) von höchstens 20 cm Breite und höchstens 50 cm Höhe ist hinnehmbar, wenn die Treppenlauflinie (s. Ziffer 3.6) oder der Gehbereich (s. Ziffer 8) nicht verändert wird. Ein Handlauf muss zweckentsprechend genutzt werden können.
3. Wird ein Treppenlift über mehrere Geschosse geführt, muss mindestens in jedem Geschoss eine ausreichend große Wartefläche vorhanden sein, um das Abwarten einer begegnenden Person bei Betrieb des Treppenlifts zu ermöglichen. Das ist nicht erforderlich, wenn neben dem benutzten Lift eine Restlaufbreite der Treppe von 60 cm gesichert ist.
4. Der nicht benutzte Lift muss sich in einer Parkposition befinden, die den Treppenlauf nicht einschränkt. Im Störfall muss sich der Treppenlift auch von Hand ohne größeren Aufwand in die Parkposition fahren lassen.
5. Während der Leerfahrten in die bzw. aus der Parkposition muss der Sitz des Treppenlifts hochgeklappt sein. Neben dem hochgeklappten Sitz muss eine Restlaufbreite der Treppe von 60 cm verbleiben.
6. Gegen die missbräuchliche Nutzung muss der Treppenlift gesichert sein.
7. Der Treppenlift muss aus nichtbrennbaren Materialien bestehen, soweit das technisch möglich ist.

**3** Bei einer notwendigen Treppe in einem bestehenden Gebäude darf durch den nachträglichen Einbau eines zweiten Handlaufs die nutzbare Mindestlaufbreite um höchstens 10 cm unterschritten werden. Diese Ausnahmeregelung bezieht sich nur auf Treppen mit einer Mindestlaufbreite von 100 cm nach den Festlegungen der DIN 18065. Abweichende Festlegungen und Anforderungen an die Laufbreite bleiben davon unberührt.

### Anlage A 4.2/2

**Zu DIN 18040-1**

Die Einführung bezieht sich auf die baulichen Anlagen oder die Teile baulicher Anlagen, die nach § 50 Abs. 2 MBO[1] barrierefrei sein müssen.

Bei der Anwendung der Technischen Baubestimmung ist Folgendes zu beachten:

---
[1] nach Landesrecht

**1** Abschnitt 4.3.7 ist von der Einführung ausgenommen. Die in den Abschnitten 4.4 und 4.7 genannten Hinweise und Beispiele können im Einzelfall berücksichtigt werden.

**2** Abschnitt 4.3.6 muss nur auf notwendige Treppen angewendet werden.

**3** Mindestens ein Toilettenraum für Benutzer muss Abschnitt 5.3.3 entsprechen; Abschnitt 5.3.3 Satz 1 ist nicht anzuwenden.

**4** Mindestens 1 v. H., mindestens jedoch einer der notwendigen Stellplätze für Benutzer müssen Abschnitt 4.2.2 Sätze 1 und 2 entsprechen.

Mindestens 1 v. H., mindestens jedoch einer der Besucherplätze in Versammlungsräumen mit festen Stuhlreihen müssen Abschnitt 5.2.1 entsprechen; sie können auf die nach § 10 Abs. 7 MVStättV[1)] erforderlichen Plätze für Rollstuhlbenutzer angerechnet werden.

### Anlage A 4.2/3
### Zu DIN 18040-2

Die Einführung bezieht sich auf:
– Wohnungen, soweit sie nach § 50 Abs. 1 MBO[1)] barrierefrei sein müssen, und
– Wohnungen und Aufzüge, soweit sie nach § 39 Abs. 4 Satz 3 MBO[1)] stufenlos erreichbar sein müssen.
– Beherbergungsräume einschließlich der zugehörigen Sanitärräume, soweit sie nach § 11 MBeVO[1)] barrierefrei sein müssen.

Bei der Anwendung der Technischen Baubestimmung ist Folgendes zu beachten:

**1** Die Abschnitte 4.3.6 und 4.4 sowie alle Anforderungen mit der Kennzeichnung „R" sind von der Einführung ausgenommen.

**2** Für Wohnungen nach § 50 Abs. 1 MBO[1)] genügt es, wenn ein Fenster eines Aufenthaltsraums Abschnitt 5.3.2 Satz 2 entspricht.

**3** Für die stufenlose Erreichbarkeit nach § 39 Abs. 4 MBO[1)] genügt es, wenn Eingänge Abschnitt 4.3.3.2 Tabelle 1 Zeile 1, Bewegungsflächen an Türen Abschnitt 4.3.3.4 und Rampen Abschnitt 4.3.7 entsprechen.

**4** Für Beherbergungsräume, die einschließlich der zugehörigen Sanitärräume den Grundanforderungen an barrierefrei nutzbare Wohnungen entsprechen müssen, gilt Abschnitt 5 ohne Anforderungen mit der Kennzeichnung „R".

**5** Für Beherbergungsräume, die einschließlich der zugehörigen Sanitärräume barrierefrei und uneingeschränkt mit dem Rollstuhl nutzbar sein müssen, gilt Abschnitt 5 mit den Anforderungen mit der Kennzeichnung „R". Zusätzlich muss das WC-Becken beidseitig anfahrbar sein; bei mehr als einem Beherbergungsraum für uneingeschränkte Rollstuhlnutzung können die Zugangsseiten für die WC-Becken abwechselnd rechts oder links vorgesehen werden. In der Nähe des WC-Beckens muss eine Notrufanlage vorgesehen werden. Abweichend von Abschnitt 5.5.1 sind Stütz- und/oder Haltegriffe neben dem WC-Becken sowie im Bereich der Dusche schon bei der Errichtung vorzusehen – dabei kann es sich auch um Ausführungen handeln, die bei Bedarf montiert werden.

### A 5 Schallschutz

### A 5.1 Allgemeines

Gemäß § 3 und § 15 Absatz 2 MBO[1)] sind bauliche Anlagen so zu errichten, zu ändern und instand zu halten, dass sie einen ihrer Nutzung entsprechenden Schallschutz haben.
Zur Erfüllung dieser Anforderung sind die technischen Regeln bezüglich des Schallschutzes aus Abschnitt A 5.2 zu beachten.

### A 5.2 Technische Anforderungen hinsichtlich Planung, Bemessung und Ausführung an bestimmte bauliche Anlagen und ihre Teile gem. § 85a Abs. 2 MBO[1)]

| Lfd. Nr. | Anforderungen an Planung, Bemessung und Ausführung gem. § 85a Abs. 2 MBO[1)] | Technische Regeln/Ausgabe | Weitere Maßgaben gem. § 85a Abs. 2 MBO[1)] |
|---|---|---|---|
| 1 | 2 | 3 | 4 |
| A 5.2.1 | Schallschutz im Hochbau | DIN 4109-1:2016-07 | Anlagen A 5.2/1 bis A 5.2/4 |

---
1) nach Landesrecht

## Anlage A 5.2/1

### Zu DIN 4109-1

**1** Zu Abschnitt 7.2, Tabelle 7, Fußnote b:
Die Anforderungen sind im Einzelfall von der Bauaufsichtsbehörde festzulegen.

**2** Zu Abschnitt 8, Tabelle 8:
Die Anforderungen in Tabelle 8, Zeilen 3.3, 3.4, 5.1 und 5.2 sind nur einzuhalten, sofern es sich bei den schutzbedürftigen Räumen um Wohn-, Schlaf- oder Betten-räume gemäß DIN 4109-1, Abschnitt 3.16 handelt.

**3** Zu den Abschnitten 7, 8 und 9:
Bei baulichen Anlagen, die nach Tabelle 9, Zeilen 3 und 4 einzuordnen sind, ist die Einhaltung des geforderten Schalldruckpegels durch Vorlage von Messergebnissen nachzuweisen. Das Gleiche gilt für die Einhaltung des geforderten Schalldämm-Maßes bei Bauteilen nach Tabelle 8 und bei Außenbauteilen, an die Anforderungen entsprechend Tabelle 7, Spalten 3 und 4 gestellt werden, sofern das bewertete Schalldämm-Maß $R'_{w,res} \geq 50$ dB betragen muss. Diese Messungen sind unter Beachtung von DIN 4109-4:2016-07 von bauakustischen Prüfstellen durchzuführen, die entweder nach § 24 Abs. 1 Nr. 1 MBO[1] anerkannt sind oder in einem Verzeichnis über „anerkannte Schallschutzprüfstellen" bei dem Verband der Materialprüfungsanstalten VMPA[2] geführt werden.

**4** Die informativen Anhänge A und B sind nicht anzuwenden.

**5** E DIN 4109-1/A1:2017-01 darf für bauaufsichtliche Nachweise herangezogen werden. In diesem Fall gelten die Ziffern 1 und 3 sinngemäß.

## Anlage A 5.2/2

Der schalltechnische Nachweis kann nach DIN 4109-2:2016-07 in Verbindung mit DIN 4109-31:2016-07, DIN 4109-32:2016-07, DIN 4109-33:2016-07, DIN 4109-34:2016-07, DIN 4109-35:2016-07 und DIN 4109-36:2016-07 geführt werden.

Für Bauteile im Massivbau kann Beiblatt 1 zu DIN 4109:1989-11 herangezogen werden. Wenn Mauerwerk aus Lochsteinen zur Anwendung kommt, gilt dies nur für Mauerwerk, welches den Bedingungen in DIN 4109-32, Abschnitt 4.1.4.2.1, entspricht.

### Zu DIN 4109-2

Die informativen Anhänge B, C und D sind nicht anzuwenden.

### Zu DIN 4109-36

Der informative Anhang A ist nicht anzuwenden.

## Anlage A 5.2/3

Bei der Ausführung von Bauteilen mit Dämmstoffen aus granuliertem Polystyrol und Bindemittelgemisch[3] gilt Folgendes:

Das Produkt darf als Trittschalldämmstoff unter unbeheizten schwimmenden Estrichen nach DIN 18560-2 verwendet werden, wenn hinsichtlich der Zusammendrückbarkeit die Anforderungen der DIN 18560-2 erfüllt werden. Darüber hinaus ist entweder für die Verformung unter Druck- und Temperaturbeanspruchung eine maximale Differenz der relativen Stauchungen von 5 % einzuhalten oder der deklarierte Wert der Druckspannung bei 10 % Stauchung muss mindestens 30 kPa betragen. Im letzteren Fall muss die Dimensionsstabilität unter definierten Temperatur- und Feuchtebedingungen ausgewiesen sein.

Der Nachweis des Schallschutzes ist nach DIN 4109-2 mit dem Nennwert der bewerteten Trittschallminderung zu führen.

## Anlage A 5.2/4

Bei der Ausführung von Bauteilen mit Gummifasermatten und/oder Polyurethan(PU)-Schaummatten zur Trittschalldämmung[1] gilt Folgendes:

Die Bauprodukte dürfen als Trittschalldämmung auf Massivdecken unter schwimmendem Estrich nach DIN 18560-2 entsprechend dem Anwendungsgebiet DES nach DIN 4108-10 verwendet werden, wenn hinsichtlich der Zusammendrückbarkeit die Anforderungen der DIN 18560-2 erfüllt werden und für die Verformung unter Druck- und Temperaturbeanspruchung die maximale Differenz der relativen Stauchungen 5 % beträgt. Der Nachweis des Schallschutzes ist nach DIN 4109-2 mit dem für den Konstruktionsaufbau angegebenen Nennwert $\Delta L_w$ zu führen.

## A 6 Wärmeschutz

### A 6.1 Allgemeines

Gemäß § 3 und § 15 Absatz 1 MBO[1] sind bauliche Anlagen so zu errichten, zu ändern und instand zu halten, dass sie einen ihrer Nutzung und den klimatischen Verhältnissen entsprechenden Wärmeschutz haben.
Zur Erfüllung dieser Anforderung an bauliche Anlagen im Ganzen und in ihren Teilen sind die technischen Regeln bezüglich des Wärmeschutzes aus Abschnitt A 6.2 zu beachten.

### A 6.2 Technische Anforderungen hinsichtlich Planung, Bemessung und Ausführung an bestimmte bauliche Anlagen und ihre Teile gem. § 85a Abs. 2 MBO[1]

---

[2] Verband der Materialprüfungsanstalten (VMPA) e. V. Berlin, Littenstraße 10, 10179 Berlin (www.vmpa.de)

[3] nach EAD/ETAG/CUAP
[1] nach Landesrecht

| Lfd. Nr. | Anforderungen an Planung, Bemessung und Ausführung gem. § 85a Abs. 2 MBO[1] | Technische Regeln/Ausgabe | Weitere Maßgaben gem. § 85a Abs. 2 MBO[1] |
|---|---|---|---|
| 1 | 2 | 3 | 4 |
| A 6.2.1 | Wärmeschutz in Gebäuden | DIN 4108 | |
| | | DIN 4108-2:2013-02 | Anlage A 6.2/1 |
| | | DIN 4108-3:2014-11 | Anlage A 6.2/2 |
| | | DIN 4108-4:2017-03 | Anlagen A 6.2/3 und A 6.2/4 |
| | | DIN 4108-10:2015-12 | Anlage A 6.2/5 |

## Anlage A 6.2/1

**Zu DIN 4108-2**

**1** Der sommerliche Wärmeschutz erfolgt über die Regelungen der Energieeinsparverordnung.

**2** Zu Abschnitt 5.2.2:
Die aufgeführten Ausnahmen sind nur für einlagig hergestellte Dämmstoffplatten anzuwenden.

## Anlage A 6.2/2

**Zu DIN 4108-3**

Der Abschnitt 6 und die Anhänge B und D sind nicht anzuwenden.

## Anlage A 6.2/3

**Zu DIN 4108-4**

Für Dämmstoffe mit ETA[2] ist der Bemessungswert der Wärmeleitfähigkeit wie folgt zu ermitteln:

Auf Grundlage des in der ETA angegebenen Nennwertes, der 90% der Produktion mit einer Aussagewahrscheinlichkeit von 90% repräsentiert, ergibt sich der Bemessungswert der Wärmeleitfähigkeit durch Umrechnung auf einen Feuchtegehalt bei 23 °C und 80% relative Luftfeuchte und Multiplikation mit dem Sicherheitsbeiwert $\gamma = 1{,}03$. Zur Umrechnung für die Feuchte sind die in der ETA angegebenen Umrechnungsfaktoren zu verwenden.

## Anlage A 6.2/4

Bei der Ausführung von Bauteilen mit Bauprodukten nach harmonisierten Normen ist Folgendes zu beachten:

**1** An der Verwendungsstelle hergestellte Wärmedämmung aus Blähton-Leichtzuschlagstoffen nach EN 14063-1[1] darf entsprechend den Anwendungsgebieten DZ und DI nach DIN 4108-10 als nicht druckbelastbare (dk) Wärmedämm-Schüttung verwendet werden. Bei der Berechnung des Wärmedurchlasswiderstandes ist die Nenndicke der Wärmedämmschicht anzusetzen. Die Nenndicke ist die um 20% verminderte Einbaudicke.

**2** An der Verwendungsstelle hergestellte Wärmedämmung aus Produkten mit expandiertem Perlite nach EN 14316-1[2] darf entsprechend den Anwendungsgebieten DZ und DI nach DIN 4108-10 als nicht druckbelastbare (dk) Wärmedämmschüttung verwendet werden.

Bei der Berechnung des Wärmedurchlasswiderstandes ist die Nenndicke der Wärmedämmschicht anzusetzen. Die Nenndicke ist die um 20% verminderte Einbaudicke.

**3** An der Verwendungsstelle hergestellte Wärmedämmung mit Produkten aus expandiertem Vermiculite nach EN 14317-1[3] darf entsprechend den Anwendungsgebieten DZ und DI nach DIN 4108-10 als nicht druckbelastbare (dk) Wärmedämmschüttung verwendet werden. Bei der Berechnung des Wärmedurchlasswiderstandes ist die Nenndicke der Wärmedämmschicht anzusetzen. Die Nenndicke ist die um 20% verminderte Einbaudicke.

An der Verwendungsstelle hergestellte Wärmedämmung aus Mineralwolle nach EN 14064-1[4] darf entsprechend den Anwendungsgebieten DZ und DI nach DIN 4108-10 als nicht druckbelastbare (dk) Wärmedämm-Schüttung verwendet werden.

---

1) nach Landesrecht
2) nach EAD/ETAG/CUAP

1) In Deutschland umgesetzt durch DIN EN 14063-1:2004-11
2) In Deutschland umgesetzt durch DIN EN 14316-1:2004-11
3) In Deutschland umgesetzt durch DIN EN 14317-1:2004-11
4) In Deutschland umgesetzt durch DIN EN 14064-1:2010-06

Bei der Berechnung des Wärmedurchlasswiderstandes ist die Nenndicke der Wärmedämmschicht anzusetzen. Die Nenndicke ist die um 20% verminderte Einbaudicke.

4  An der Verwendungsstelle hergestellter Wärmedämmstoff aus Polyurethan (PUR)- und Polyisocyanurat (PIR)-Spritzschaum nach EN 14315-1:2013[5]) darf zur Herstellung von nicht druckbelastbaren Wärmedämmschichten entsprechend dem Anwendungsgebiet DZ nach DIN 4108-10 verwendet werden, wenn folgende Eigenschaften nach DIN EN 14315-1 ausgewiesen sind:

| Eigenschaft | gemäß DIN EN 14315-1, Abschnitt | Stufe (mindestens) |
|---|---|---|
| Dichte | 4.2.4 / E.5 | FRC50(20) oder FRB50(20) |
| Anteil an geschlossenen Zellen | 4.2.6 | CCC4 |
| Haftfestigkeit | 4.3.8 | A3 |
| Dimensionsstabilität | 4.3.12 | DS(TH)3 |

5  An der Verwendungsstelle hergestellter Wärmedämmstoff aus dispensiertem Polyurethan (PUR)- und Polyisocyanurat (PIR)-Hartschaum nach EN 14318-1:2013[6]) darf zur Herstellung von nicht druckbelastbaren Wärmedämmschichten entsprechend dem Anwendungsgebiet WH nach DIN 4108-10 verwendet werden, wenn folgende Eigenschaften nach EN 14318-1 ausgewiesen sind:

| Eigenschaft | gemäß DIN EN 14318-1, Abschnitt | Stufe (mindestens) |
|---|---|---|
| Dichte | 4.2.3 / E.5 | FRC50(20) oder FRB50(20) |
| Anteil an geschlossenen Zellen | 4.2.8 | CCC4 |
| Haftfestigkeit | 4.3.4 | TS2 |
| Dimensionsstabilität | 4.3.7 | DS(TH)3 |

6  Werkmäßig hergestellte Dämmstoffe aus Polyethylenschaum (PEF) nach EN 16069:2012[7]) dürfen entsprechend den Anwendungsgebieten WI und DI nach DIN 4108-10 als nicht druckbelastete Wärmedämmstoffe verwendet werden, wenn sie hinsichtlich der Dimensionsstabilität mindestens die Anforderungen für die Stufe DS(N)2 erfüllen.

### Anlage A 6.2/5

Bei der Ausführung von Bauteilen mit Dämmprodukten mit ETA[8]) ist Folgendes zu beachten:

1  Werkmäßig hergestellte Dämmprodukte aus pflanzlichen oder tierischen Fasern zur Wärme- und/oder Schalldämmung:
Für die Anwendung gilt DIN 4108-10, Tabelle 13. Die Anforderungen an den längenbezogenen Strömungswiderstand gelten dabei nur für Produkte mit einer Rohdichte $\leq 20$ kg/m³. Hinsichtlich der Grenzabmaße für die Dicke ist bei den Anwendungsgebieten DAD (dk), DZ, DI (zk), WH, WI (zk) und WTR die Stufe T2 ausreichend.

Hinsichtlich des Widerstandes gegenüber Schimmelpilz müssen die Dämmprodukte in die Klasse 0 eingestuft sein.

2  Lose Wärme- und/oder Schalldämmprodukte aus Pflanzenfasern:
Die Dämmprodukte dürfen zur Herstellung nicht druckbelastbarer Dämmschichten entsprechend den Anwendungsgebieten WH, WI, WTR, DZ und DI nach DIN 4108-10 verwendet werden.

Bei der Berechnung des Wärmedurchlasswiderstandes des Bauteils ist die Nenndicke der Wärmedämmschicht bei der Anwendung in Decken/Dächern unter Berücksichtigung der in der ETA angegebenen Abminderung der Einbaudicke anzusetzen. Enthält die ETA hierzu keine Angaben, ergibt sich die Nenndicke aus der um 20% verminderten Einbaudicke.

Bei der Anwendung in Wänden muss das Setzmaß unter Schwingungen $\leq 1\%$ betragen.

Hinsichtlich des Widerstandes gegenüber Schimmelpilz müssen die Dämmprodukte in die Klasse 0 eingestuft sein.

Werden die Dämmprodukte trocken verarbeitet, dürfen sie auch für Außenbauteile GK 0 (Gebrauchsklasse 0 nach DIN 68800-2:2012-02) mit Ausnahme von Bild A.8, Schicht Nr. 7 in Fällen verwendet werden, in denen nach DIN 68800-2:2012-02 Dämmstoffe mit Verwendbarkeitsnachweis für bestimmte Anwendungen gefordert sind, wenn folgende Leistungen ausgewiesen sind:
– Dichte im eingebauten Zustand 25 kg/m³ bis 155 kg/m³,
– Wasserdampfdiffusionswiderstandszahl $\mu \leq 3$,
– Massebezogener Feuchtegehalt nach EN ISO 12571 bei 23 °C/80% relative Luftfeuchtigkeit $\leq 0{,}19$ kg/kg.

---

[5]) In Deutschland umgesetzt durch DIN EN 14315-1:2013-04
[6]) In Deutschland umgesetzt durch DIN EN 14318-1:2013-04
[7]) In Deutschland umgesetzt durch DIN EN 16069:2015-04

[8]) nach EAD/ETAG/CUAP

**3 Wärmedämmplatten aus mineralischem Material:**
Für die Anwendungsgebiete WI und DI nach DIN 4108-10 müssen folgende Wesentliche Merkmale erklärt sein:
- Grenzabmaße für Länge, Breite, Dicke, Rechtwinkligkeit und Ebenheit,
- Dimensionsstabilität,
- Wasserdampfdiffusionswiderstand

sowie darüber hinaus für das Anwendungsgebiet DEO nach DIN 4108-10 eine Druckfestigkeit von mindestens 150 kPa.

**4 Dämmprodukte aus expandiertem Perlit (EPB), abweichend von EN 13169:**
Für die Anwendung gilt DIN 4108-10, Tabelle 11 mit Ausnahme der Anforderung an die Biegefestigkeit.

**5 Dämmstoffe aus granuliertem Polystyrol und Bindemittelgemisch:**
Das Produkt darf als Wärmedämmstoff entsprechend den Anwendungsgebieten DEO, DAD und DAA(dm) nach DIN 4108-10 verwendet werden, wenn der deklarierte Wert der Druckspannung bei 10% Stauchung mindestens 100 kPa beträgt und für die Verformung unter Druck- und Temperaturbeanspruchung eine maximale Differenz der relativen Stauchungen von 5% eingehalten wird.

**6 Produkte mit reflektierenden Schichten zur Wärmedämmung der Gebäudehülle:**

**6.1 Anwendung**
Die Produkte dürfen entsprechend den Anwendungsgebieten DI und WI nach der Norm DIN 4108-10 als nicht druckbelastete, zusätzliche Wärmedämmung auf der Innenseite wärmeübertragender Bauteile verwendet werden.

Sie dürfen nur in Konstruktionen eingebaut werden, in denen sie vor Niederschlag, Bewitterung und Durchfeuchtung geschützt sind.

**6.2 Bemessungswert des Wärmedurchlasswiderstandes**
Die Berechnung des Wärmeschutzes ist mit dem Bemessungswert des Wärmedurchlasswiderstandes zu führen. Der Bemessungswert des Wärmedurchlasswiderstandes ist wie folgt zu ermitteln:

Auf Grundlage des in der ETA angegebenen Nennwertes („Core thermal resistance" ohne benachbarte Lufträume) ergibt sich der Bemessungswert des Wärmedurchlasswiderstandes mittels Division durch den Sicherheitsbeiwert $\gamma = 1,03$. Bei Produkten auf Basis von Naturfaserdämmstoffen hat zusätzlich eine Umrechnung auf einen Feuchtegehalt bei 23 °C und 80% relative Luftfeuchte unter Verwendung der in der ETA angegebenen Umrechnungsfaktoren zu erfolgen.

In Bereichen, in denen die Produkte zusammengedrückt werden (z. B. Befestigungsbereiche auf der Tragkonstruktion) ist der Wärmedurchlasswiderstand der Produkte nicht für den Nachweis anzusetzen.

**6.3 Wärmedurchlasswiderstand von benachbarten, unbelüfteten Lufträumen**
Bei der Berechnung des Wärmedurchlasswiderstandes von durch die Produkte begrenzten, unbelüfteten Lufträumen mit einer Länge und Breite von mehr als dem 10-fachen der Dicke nach DIN EN ISO 6946, Anhang B, sind folgende Werte in Ansatz zu bringen:
- Emissionsgrad ε der Oberfläche der Produkte gemäß ETA
- $h_a$ nach DIN EN ISO 6946, Tabelle B.2, mit $\Delta T = 10$ K
- $h_{ro} = 5,7$ W/(m²·K) nach DIN EN ISO 6946, Tabelle A.1

Es dürfen nur luftdichte Konstruktionsaufbauten berücksichtigt werden, bei denen die Produkte vor Verschmutzung und Witterung geschützt auf der Innenseite der Konstruktion eingebaut werden.

**6.4 Klimabedingter Feuchteschutz**
Beim rechnerischen Nachweis des klimabedingten Feuchteschutzes nach DIN 4108-3 sind für die Produkte die in der ETA angegebenen Werte in Ansatz zu bringen.

**7 Bausätze für die Dämmung von Umkehrdächern nach ETAG 031 Teil 1 mit Dämmstoffen aus XPS und EPS** dürfen zur Wärmedämmung oberhalb der Dachabdichtung angeordnet werden, wenn der Bausatz den in DIN 4108-2 für das Wärmedämmsystem Umkehrdach aufgeführten Aufbauten und Anwendungsbedingungen entspricht.

Der Nachweis des Wärmeschutzes ist mit dem Bemessungswert der Wärmeleitfähigkeit bzw. des Wärmedurchlasswiderstandes des im Bausatz enthaltenen Dämmstoffes zu führen.

Der Bemessungswert der Wärmeleitfähigkeit ist aus dem in der Europäischen Technischen Zulassung für Stufe 1 angegebenen korrigierten Wert der Wärmeleitfähigkeit $\lambda_{cor}$ durch Multiplikation mit dem Sicherheitsbeiwert $\gamma = 1,03$ zu ermitteln. Dementsprechend ergibt sich der Bemessungswert des Wärmedurchlasswiderstandes aus dem in der Europäischen Technischen Zulassung für Stufe 1 angegebenen korrigierten Wert des Wärmedurchlasswiderstandes $R_{cor}$ durch Division durch den Sicherheitsbeiwert $\gamma = 1,03$.

Bei der Berechnung des Wärmedurchgangskoeffizienten des Daches ist der errechnete Wärmedurchgangskoeffizient um den Zuschlagwert $\Delta U$ gemäß DIN 4108-2 zu erhöhen.

## B Technische Baubestimmungen für Bauteile und Sonderkonstruktionen, die zusätzlich zu den in Abschnitt A aufgeführten Technischen Baubestimmungen zu beachten sind

### B 1 Allgemeines

Dieser Abschnitt enthält Technische Baubestimmungen, die bei der Erstellung bestimmter Sonderkonstruktionen und Bauteile beachtet werden müssen. Die Technischen Baubestimmungen werden zur Erleichterung der Anwendung zu jeder Sonderkonstruktion/jedem Bauteil gebündelt dargestellt, weil sie der Konkretisierung mehrerer Grundanforderungen dienen.

Bauliche Anlagen müssen über den gesamten Zeitraum ihrer Nutzung im Ganzen und in ihren einzelnen Teilen für sich allein standsicher sein. Sie müssen so angeordnet, beschaffen und gebrauchstauglich sein, dass keine Gefahrenlage oder unzumutbare Belästigungen entstehen.

### B 2 Technische Regelungen für Sonderkonstruktionen und Bauteile gem. § 85a Abs. 2 MBO[1)]

| Lfd. Nr. | Anforderungen an die Planung, Bemessung und Ausführung gem. § 85a Abs. 2 MBO[1)] | Bestimmungen/Festlegungen gem. § 85a Abs. 2 MBO[1)] |
|---|---|---|
| 1 | 2 | 3 |
| **B 2.1** | **Sonderkonstruktionen** | |
| B 2.1.1 | Fliegende Bauten – Zelte | DIN EN 13782:2015-06<br>Anlage B 2.1/1 |
| B 2.1.2 | Fliegende Bauten und Anlagen für Veranstaltungsplätze und Vergnügungsparks | DIN EN 13814:2005-06<br>Anlage B 2.1/2 |
| **B 2.2** | **Bauteile** | |
| **B 2.2.1** | **Bauteile für Wände, Dächer, Decken und Fassadenkonstruktionen** | |
| B 2.2.1.1 | Außenwandbekleidungen, hinterlüftet | DIN 18516-1:2010-06<br>Anlage B 2.2.1/1<br>DIN 18516-3:2013-09<br>DIN 18516-5:2013-09<br>Anlage B 2.2.1/2 Zusätzlich gilt:<br>A 2.2.1.6 |
| B 2.2.1.2 | Aus Bausätzen hergestellte tragende Außenwände | Anlage B 2.2.1/3 |
| B 2.2.1.3 | Vorhangfassaden | Anlage B 2.2.1/4 |
| B 2.2.1.4 | Wände und Decken aus selbsttragenden Sandwich-Elementen mit beidseitigen Metalldeckschichten | Anlage B 2.2.1/5 |
| B 2.2.1.9 | Vorgefertigte Raumzellen für Gebäude[2)] | Anlage B 2.2.1/3 |

1) nach Landesrecht
2) nach EAD/ETAG/CUAP

### Anlage B 2.1/1

**Zu DIN EN 13782**

Bei Anwendung der technischen Regel ist Folgendes zu beachten:

**1 Zu Abschnitt 7.4.2.2:**
Für den Standsicherheitsnachweis von Zelten, die als Fliegende Bauten auch für Aufstellorte mit $v_{b,0}$ > 28 m/s bemessen werden sollen, sind die Böengeschwindigkeitsdrücke nach Tabelle NA.B.3 oder Abschnitt NA.B.3.3 der Norm DIN EN 1991-1-4/NA:2010-12 anzuwenden. Diese dürfen gemäß Abschnitt 7.4.2.2 abgemindert werden. Andere Abminderungen der Böengeschwindigkeitsdrücke dürfen nicht in Ansatz gebracht werden.

**2** Der Abschnitt 12 und die Anhänge B und C sind von der Einführung ausgenommen.

### Anlage B 2.1/2

**Zu DIN EN 13814**

Bei Anwendung der technischen Regel ist Folgendes zu beachten:

**1.1 Abschnitt 1 erhält folgende Fassung:**
„Diese Norm ist anzuwenden für Fliegende Bauten nach § 76 MBO[1)], z. B. Karussells, Schaukeln, Boote, Riesenräder, Achterbahnen, Rutschen, Tribünen, textile und Membrankonstruktionen, Buden, Bühnen,

---
1) nach Landesrecht

Schaugeschäfte und Aufbauten für artistische Vorstellungen in der Luft. Sie gilt auch für die Bemessung entsprechender baulicher Anlagen, die in Vergnügungsparks für einen längeren Zeitraum aufgestellt werden, mit Ausnahme der Windlastansätze sowie der Bemessung der Gründung. Diese Norm gilt nicht für Zelte. Ortsfeste Tribünen, Baustelleneinrichtungen, Baugerüste und versetzbare landwirtschaftliche Konstruktionen gehören nicht zu den Fliegenden Bauten."

**1.2** Für die Anwendung der Norm sind die Auslegungen, Stand: März 2010, zu beachten, die vom Arbeitsausschuss Fliegende Bauten NA 005-11-15 AA (http://www.nabau.din.de) veröffentlicht wurden.

**2.1** Bei undatierten Verweisen auf Normen der Reihe ENV 1991 bis ENV 1997 sind die entsprechenden technischen Regeln nach Abschnitt A anzuwenden.

**2.2** Bei Verweisen auf „relevante Europäische Normen" bzw. „EN-Normen" sind zutreffende technische Regeln der Verwaltungsvorschrift Technische Baubestimmungen anzuwenden.

**3** Die Abschnitte 3.1 bis 3.7 sind von der Einführung ausgenommen.

**4.1 Zu Abschnitt 5.2:**
Bei der Auswahl der Werkstoffe sind die in der Musterbauordnung und in den Vorschriften aufgrund der Musterbauordnung (jeweils nach Landesrecht) vorgegebenen Verwendungsbedingungen zu beachten.

**4.2 Zu Abschnitt 5.3.3.1.2.2:**
Für Tribünen ohne feste Sitzplätze und deren Zugänge und Podeste sind vertikale Verkehrslasten mit $q_k$ = 7,5 kN/m² anzunehmen.

**4.3 Zu Abschnitt 5.3.3.4:**
Bei Anwendung von Tabelle 1 ist der durch erforderliche Schutz- und Verstärkungsmaßnahmen ertüchtigte Fliegende Bau im Zustand außer Betrieb für die höchste vorgesehene Windzone mit den Geschwindigkeitsdrücken nach Tabelle NA.B.3 oder Abschnitt NA.B.3.3 der Norm DIN EN 1991-1-4/NA:2010-12 zu bemessen. Diese dürfen mit dem Faktor 0,7 abgemindert werden. Andere Abminderungen der Geschwindigkeitsdrücke dürfen nicht in Ansatz gebracht werden.

Alternativ darf die Standsicherheit von Fliegenden Bauten im Zustand außer Betrieb, auch für Aufstellorte mit $v_{b,0}$ > 28 m/s, mit den Böengeschwindigkeitsdrücken nach Tabelle NA.B.3 oder Abschnitt NA.B.3.3 der Norm DIN EN 1991-1-4/NA:2010-12 nachgewiesen werden. Diese dürfen mit dem Faktor 0,7 abgemindert werden. Andere Abminderungen der Böengeschwindigkeitsdrücke dürfen nicht in Ansatz gebracht werden. Bild 1 ist von der Einführung ausgenommen.

**4.4 Zu Abschnitt 5.3.6.2:**
Für günstig wirkende ständige Einwirkungen ist der Teilsicherheitsbeiwert $\gamma_G$ = 1,0 zu verwenden.

**4.5 Zu Abschnitt 5.6.5.3:**
Fußriemenverschnallungen in Überschlagschaukeln, einschließlich deren Befestigungen und Verbindungen, müssen eine Bruchlast von mindestens 2 kN aufweisen.

**5 Zu Abschnitt 6:**
Anstelle der nachfolgend von der Einführung ausgenommenen Abschnitte der Norm gelten die Anforderungen der Richtlinie über den Bau und Betrieb Fliegender Bauten[1].

**5.1** Die Abschnitte 6.1.3.2, 6.1.3.3, 6.1.4.1, 6.1.4.5 und 6.1.5.2 sind von der Einführung ausgenommen.

**5.2 Zu Abschnitt 6.1.6.4:**
Bei Kettenfliegerkarussellen darf insbesondere das Versagen einer Tragkette nicht zum Ausfall der Fahrgastsicherung (Schließkette, -stange, etc.) führen.

**5.3 Zu Abschnitt 6.2.1.2:**
Rotoren müssen eine geschlossene Zylinderwand haben. Der Boden und die Innenseite der Zylinderwand sind ohne vorstehende oder vertiefte Teile auszuführen. Der obere Rand der Zylinderwand darf weder vom Benutzer noch von Zuschauern erreicht werden können. Der höhenverschiebbare Boden ist mit geringer Fuge in den Zylinder einzupassen und mit der Zylinderdrehung gleichlaufend zu führen. Die Türen sind mit geringen Fugen in die Zylinderwand einzupassen. Rotoren sind so auszubilden, dass sie nicht bei offenen Türen anfahren können.

**5.4 Zu Abschnitt 6.2.2.2:**
Die Höhe der Umwehrung offener Gondeln von Riesenrädern, in denen Fahrgäste während des Betriebs aufstehen können, muss, gemessen ab Oberkante Sitzfläche, mindestens 0,55 m betragen. Ein- und Aussteigeöffnungen müssen in Höhe der Umwehrung durch feste Vorrichtungen geschlossen werden können. Sie müssen mit nicht selbsttätig lösbaren Verschlüssen gesichert werden können.

**5.5 Zu Abschnitt 6.2.3.1:**
Achterbahnen sind ringsum mit einer Flächenabsperrung der Anforderungsklasse J3 auszustatten.
Die Fahrbahnen von Geisterbahnen sind bis auf die Ein- und Aussteigestellen mindestens mit Bereichsabsperrungen der Anforderungsklasse J2 gegenüber Zuschauern abzuschranken.

**5.6 Zu Abschnitt 6.2.3.5.1:**
Bei Geisterbahnen mit langsam fahrenden Fahrzeugen (Geschw. ≤ 3 m/s) und geeigneten Anpralldämpfern kann auf ein Blocksystem verzichtet werden.

**5.7 Zu Abschnitt 6.2.3.5.2:**
Stockwerksgeisterbahnen müssen Rücklaufsicherungen in den Steigungsstrecken haben. In den Gefällestrecken sind erforderlichenfalls Bremsen zur Regelung der Geschwindigkeit und Kippsicherungen vorzusehen.

---

[1] nach Landesrecht

**5.8** Zu Abschnitt 6.2.5.1.1:
Zwischen Drehscheibe und Stoßbande muss eine feststehende, waagerechte und glatte Rutschfläche von mindestens 2 m Breite vorhanden sein.

**5.9** In Abschnitt 6.2.5.2 ist der 1. Absatz von der Einführung ausgenommen.

**5.10** Abschnitt 6.2.6 ist von der Einführung ausgenommen.

**5.11** Zu Abschnitt 6.2.7.5:
Schießtische sind unverrückbar zu befestigen. Die Entfernung zu einzelnen flächenmäßig begrenzten Zielen von höchstens 0,40 m Tiefe (z. B. Häuschen für Walzenschießen) darf bis auf 2,40 m verringert werden.

Abschnitte 6.4, 6.5 und 6.6 sind von der Einführung ausgenommen.

**6** Abschnitt 7 ist von der Einführung ausgenommen.

**7** Die Anhänge A, C, E, F, H und I sind von der Einführung ausgenommen.

### Anlage B 2.2.1/1

**Zu DIN 18516-1**

**1** Zu Abschnitt 7.1.1, Absatz a):
Für Bekleidungen dürfen auch nichtrostende Stähle der Korrosionsbeständigkeitsklasse II (CRC) nach DIN EN 1993-1-4:2015-10 verwendet werden.

**2** Auf folgende Druckfehlerberichtigung wird hingewiesen:
Zu Anhang A, Abschnitt A 3.1:
Im 4. Absatz muss es anstelle von „... nach Bild A.1.b) ..." richtig „... nach Bild A.1.c) ..." und anstelle von „... nach Bild A.1.c) ..." richtig „... nach Bild A.1.d) ..." heißen.
Zu Anhang A, Bild A.4:
Es muss heißen: anstelle von „vorh. $F_Q$" richtig „vorh. $F_{Q,Ed}$", anstelle von „vorh. $F_Z$" richtig „vorh. $F_{Z,Ed}$", anstelle von „zul. $F_Q$" richtig „zul. $F_{Q,Rd}$", anstelle von „zul. $F_Z$" richtig „zul. $F_{Z,Rd}$", anstelle von „max. zul. $F_Q$" richtig „max. $F_{Q,Rd}$" und anstelle von „max. zul. $F_Z$" richtig „max. $F_{Z,Rd}$".

### Anlage B 2.2.1/2

**Zu DIN 18516-5**

Zu Abschnitt 5.4.2:
Gleichung (11) muss wie folgt lauten:

$$V_{Rk,red} = V_{Rk} \cdot \frac{d}{d + 2 \cdot z_A}$$

### Anlage B 2.2.1/3

**1 Standsicherheit**
Werden Tragfähigkeitsmerkmale von Bauteilen oder Bausätzen nach ETA[8] in Form von rechnerisch ermittelten Tragfähigkeitswerten, mechanischen Festigkeiten oder komplette statische Berechnungen im Rahmen der Leistungserklärung angegeben, so gehören diese zu den Bauvorlagen.

**2 Wärmeschutz**
Beim Nachweis des Wärmeschutzes sind die Bemessungswerte gemäß DIN 4108-4 zu verwenden. Die im Bausatz verwendeten Dämmstoffe müssen die Anforderungen nach DIN 4108-10 entsprechend dem jeweiligen Anwendungsgebiet erfüllen.

### Anlage B 2.2.1/4

**Standsicherheit**
Zur Erfüllung der Anforderung nach Abschnitt A 1.1 sind für den Tragsicherheitsnachweis der mit dem Vorhangfassadenbausatz hergestellten Fassaden die in den Abschnitten A 1.2 genannten relevanten Bestimmungen anzuwenden.

### Anlage B 2.2.1/5

**1 Standsicherheit**
Bauteile aus Sandwichelementen nach EN 14509 dürfen nicht zur Aussteifung von Gebäuden, Gebäudeteilen und baulichen Anlagen herangezogen werden.

Bei der Bemessung und Ausführung ist Folgendes zu beachten: Die Bemessung und Ausführung der Sandwichelemente ist gemäß Abschnitt E.2, E.3, E.5 und E.7 der Norm EN 14509 vorzunehmen. Abschnitt E.4.2 und E.4.3 kommen nicht zur Anwendung. Die Durchbiegungsbegrenzungen nach EN 14509, Abschnitt E.5.4, sind einzuhalten. Die Temperaturdifferenzen zwischen den Deckschichten sind zu berücksichtigen. Als maximale Temperaturdifferenz der gleichzeitig in beiden Deckschichten wirkenden Temperaturen ist mit $\Delta T = T_1 - T_2$ wie folgt anzusetzen:
– Deckschichttemperatur der Innenseite $T_2$
  Im Regelfall ist von $T_2 = +20\,°C$ im Winter und von $T_2 = +25\,°C$ im Sommer auszugehen; dies gilt für den Standsicherheitsnachweis und für den Gebrauchsfähigkeitsnachweis.
  In besonderen Anwendungsfällen (z. B. Hallen mit Klimatisierung – wie Reifehallen, Kühlhäuser) ist $T_2$ entsprechend der Betriebstemperatur im Innenraum anzusetzen.

---

[8] nach EAD/ETAG/CUAP

– Deckschichttemperatur der Außenseite $T_1$
Im Winter ist für $T_1 = -20\,°C$ anzusetzen; für schneebedeckte Dachelemente gilt für $T_1$ die Regelung der Norm. Im Sommer sind für den Gebrauchstauglichkeitsnachweis die Deckschichttemperatur $T_1$ gemäß der Norm sowie für den Standsicherheitsnachweis $T_1 = +80\,°C$ (bei direkter Sonneneinstrahlung) bzw. $T_1 = +40\,°C$ (bei keiner direkten Sonneneinstrahlung) anzusetzen.

Die Befestigung der Sandwichelemente hat direkt (sichtbar), durch beide Deckschichten hindurch mit Schrauben, deren Verwendbarkeit hierfür nachgewiesen ist, zu erfolgen. Die Knitterspannungen an den Zwischenauflagern gelten nur bei Befestigung mit maximal 3 Schrauben pro Meter. Für mehr als 3 Schrauben pro Meter sind die Knitterspannungen mit dem Faktor $K = (11 - n)/8$ (n = Anzahl der Schrauben pro Meter) abzumindern.

Der Nachweis der Tragfähigkeit der Schrauben sowie der Schraubenkopfauslenkungen hat nach den Technischen Baubestimmungen oder dem Verwendbarkeitsnachweis der Schrauben zu erfolgen, wobei die Einwirkungen und deren Kombinationen analog zu EN 14509, Abschnitt E.5.3, zu ermitteln sind. Bei der Ermittlung der Einwirkungen für die Befestigungen darf bei durchlaufenden Sandwichelementen der Ansatz von Knittergelenken über den Innenstützen (Traglastverfahren nach EN 14509, E.7.2.1 und E.7.2.3) nicht angesetzt werden (keine Kette von Einfeldelementen).

Die Kombinationskoeffizienten $\psi_0$ und $\psi_1$ sind Tabelle E.6, die Lastfaktoren $\gamma_F$ der Tabelle E.8 der Norm EN 14509 zu entnehmen. Die materialbezogenen Sicherheitsbeiwerte $\gamma_M$ sind in folgender Tabelle aufgeführt:

| Eigenschaften, für die $\gamma_M$ gilt | Grenzzustand | |
|---|---|---|
| | Tragfähigkeit | Gebrauchstauglichkeit |
| Fließen einer Metalldeckschicht | 1,10 | 1,00 |
| Knittern einer Metalldeckschicht im Feld und an einem Mittelauflager (Interaktion mit der Auflagerreaktion) | 2,80 | 1,40 |
| Schubversagen des Kerns | 2,40 | 1,30 |
| Schubversagen einer profilierten Deckschicht | 1,10 | 1,00 |
| Druckversagen des Kerns | 2,40 | 1,30 |
| Versagen der profilierten Deckschicht am Mittelauflager | 1,10 | 1,00 |

**2 Brandschutz/Feuerwiderstand**
Die Feuerwiderstandsfähigkeit von Bauteilen (Bauarten) ist nicht geregelt.

## C Technische Baubestimmungen für Bauprodukte, die nicht die CE-Kennzeichnung tragen, und für Bauarten

Voraussetzungen zur Abgabe der Übereinstimmungserklärung für Bauprodukte sowie Angaben zu Bauarten und Bauprodukten, die nur eines allgemeinen bauaufsichtlichen Prüfzeugnisses bedürfen

### C 1 Allgemeines

Bauprodukte dürfen nur verwendet werden, wenn bei ihrer Verwendung die baulichen Anlagen die bauaufsichtlichen Anforderungen erfüllen.

Zur Konkretisierung der bauaufsichtlichen Anforderungen durch Technische Baubestimmungen werden im Einvernehmen mit den obersten Bauaufsichtsbehörden der Länder technische Regeln in Bezug genommen, die zu beachten sind (vgl. § 85a MBO[1]). Diese technischen Regeln für Bauprodukte, die nicht die CE-Kennzeichnung nach der Bauproduktenverordnung (Verordnung (EU) Nr. 305/2011) tragen, sind in Kapitel C 2 Spalte 3 niedergelegt. Der Hersteller hat die Übereinstimmung mit diesen technischen Regeln zu bestätigen und zwar durch Abgabe einer Übereinstimmungserklärung, die mittels Kennzeichnung der Bauprodukte mit dem Übereinstimmungszeichen (Ü-Zeichen) erfolgt. Kapitel C 2 legt gemäß § 85a Abs. 2 Nr. 5 MBO[1] in Spalte 4 die Anforderungen fest, die an die Abgabe einer Übereinstimmungserklärung des Herstellers (§ 22 MBO[1]) gestellt werden:

– Übereinstimmungserklärung des Herstellers (ÜH),
– Übereinstimmungserklärung des Herstellers nach vorheriger Prüfung des Bauprodukts durch eine anerkannte Prüfstelle (ÜHP) oder
– Übereinstimmungszertifikat durch eine anerkannte Zertifizierungsstelle (ÜZ).

In Kapitel C 2 werden die bisher in Bauregelliste A Teil 1 getroffenen Regelungen fortgeführt.

Gibt es für Bauprodukte, die nicht die CE-Kennzeichnung nach der Bauproduktenverordnung tragen, keine Technische Baubestimmung und keine allgemein anerkannte Regel der Technik oder weicht das Bauprodukt von einer Technischen Baubestimmung wesentlich ab, dann ist eine allgemeine bauaufsichtliche Zulassung (§ 18 MBO[1]) oder eine Zustimmung im Einzelfall (§ 20 MBO[1]) erforderlich.

Davon ausgenommen sind die in Kapitel C 3 aufgeführten Bauprodukte, für die die in Spalte 2 genannten anerkannten Prüfverfahren vorliegen und anstelle einer allgemeinen bauaufsichtlichen Zulassung nur eines allgemeinen bauaufsichtlichen Prüfzeugnisses (§ 19 MBO[1]) bedürfen. In Spalte 4 werden gemäß § 85a

---

1) nach Landesrecht

Abs. 2 Nr. 5 MBO[1] die Anforderungen festgelegt, die an die Abgabe einer Übereinstimmungserklärung des Herstellers im Hinblick auf das allgemeine bauaufsichtliche Prüfzeugnis gestellt werden.
In Kapitel C 3 werden die bisher in Bauregelliste A Teil 2 getroffenen Regelungen fortgeführt.
Die jeweils erforderliche Art der Übereinstimmungsbestätigung ist für Bauprodukte in Kapitel C 2 und C 3 bestimmt.
Maßgebend ist die öffentlich-rechtlich geforderte Art des Nachweises, auch wenn unter Umständen in der technischen Regel etwas anderes vorgesehen sein kann. Eine in einer technischen Regel vorgesehene Fremdüberwachung ist daher öffentlich-rechtlich nicht zu beachten, wenn in der Spalte 4 kein Übereinstimmungszertifikat vorgeschrieben ist.
Sind in den technischen Regeln nach Kapitel C2 und C3 Prüfungen von Bauprodukten, insbesondere Eignungsprüfungen, Erstprüfungen oder Prüfungen zur Erlangung von Prüfzeugnissen oder Werksbescheinigungen vorgesehen, so sind diese Prüfungen im Rahmen der vorgeschriebenen Übereinstimmungsnachweise durchzuführen.
Die werkseigene Produktionskontrolle ist die vom Hersteller vorzunehmende kontinuierliche Überwachung der Produktion, die sicherstellen soll, dass die von ihm hergestellten Bauprodukte den maßgebenden technischen Regeln entsprechen. Sie erfolgt nach DIN 18200:2000-05, Abschnitt 3. Im Übrigen sind für die werkseigene Produktionskontrolle die in den technischen Regeln enthaltenen Bestimmungen maßgebend. Dabei gelten Bestimmungen für die Eigenüberwachung als Bestimmungen für die werkseigene Produktionskontrolle.
Werden Bauprodukte nicht in Serie von Betrieben hergestellt, deren Betreiber in die Handwerksrolle eingetragen sind, gelten die Anforderungen an die werkseigene Produktionskontrolle im Sinne von DIN 18200:2000-05, Abschnitt 3, bei Einhaltung der handwerklichen Regeln als erfüllt.
Die Fremdüberwachung erfolgt nach DIN 18200:2000-05, Abschnitte 4.1 und 4.3. Im Übrigen sind für die Fremdüberwachung in den technischen Regeln enthaltenen Bestimmungen maßgebend.
Bauarten, die von Technischen Baubestimmungen wesentlich abweichen oder für die es allgemein anerkannte Regeln der Technik im Hinblick auf Planung, Bemessung und Ausführung nicht gibt, dürfen nur angewendet werden, wenn eine allgemeine Bauartgenehmigung oder eine vorhabenbezogene Bauartgenehmigung vorliegt.
Davon ausgenommen sind die in Kapitel C 4 aufgeführten Bauarten, für die anerkannte Prüfverfahren (Spalte 2) vorliegen und anstelle einer allgemeinen Bauartgenehmigung nur eines allgemeinen bauaufsichtlichen Prüfzeugnisses bedürfen. Der Anwender hat die Übereinstimmung der Bauart mit dem allgemeinen bauaufsichtlichen Prüfzeugnis durch Übereinstimmungserklärung zu bestätigen.
In Kapitel C 4 werden die bisher in Bauregelliste A Teil 3 getroffenen Regelungen fortgeführt.
Nach dem Grundsatz der gegenseitigen Anerkennung gilt ein Bauprodukt, das nicht Gegenstand gemeinschaftsweiter Harmonisierung ist und in einem anderen Mitgliedstaat der Europäischen Union, des Europäischen Wirtschaftsraums, in der Türkei oder in der Schweiz nach deren nationalen technischen Vorschriften rechtmäßig in den Verkehr gebracht worden ist, als den in und aufgrund der Bauordnung[1] gestellten Anforderungen entsprechend, sofern die nach den anderen nationalen technischen Vorschriften gestellten und erfüllten Anforderungen den in Deutschland in und aufgrund der Bauordnung[1] gestellten Anforderungen für die vorgesehene Verwendung entsprechen. Dies schließt Anforderungen an das Verfahren und die Stellen der Konformitätsbewertung ein.

## C 2 Voraussetzungen zur Abgabe der Übereinstimmungserklärung für Bauprodukte nach § 22 MBO[1]

| Lfd. Nr. | Bauprodukt | Technische Regeln/Ausgabe | Übereinstimmungsbestätigung |
|---|---|---|---|
| 1 | 2 | 3 | 4 |
| **C 2.4 Bauprodukte für den Metallbau** | | | |
| **C 2.4.1 Bauprodukte aus unlegierten Baustählen** | | | |
| C 2.4.1.1 | Blankstahl | DIN EN 10278:1999-12 Zusätzlich gilt: DIN EN 10277-2:2008-06 und Anlagen C 2.4.1 und C 2.4.2 | ÜHP |

---

[1] nach Landesrecht

| Lfd. Nr. | Bauprodukt | Technische Regeln/Ausgabe | Übereinstimmungsbestätigung |
|---|---|---|---|
| 1 | 2 | 3 | 4 |
| C 2.4.1.2 | Blanker gleichschenkliger scharfkantiger Winkelstahl | DIN 59370:2008-06<br>Zusätzlich gilt:<br>DIN EN 10277-2:2008-06 und<br>Anlagen C 2.4.1, C 2.4.2 und C 2.4.3 | ÜHP |
| C 2.4.1.3 | Warmgewalzte nahtlose Stahlrohre aus unlegierten Stählen für die Verwendung bei Tankbauwerken | DIN 1629:1984-10<br>Zusätzlich gilt:<br>Anlagen C 2.4.2, C 2.4.3 und C 2.4.4 | ÜHP |
| C 2.4.1.4 | Kaltgewalztes Band und Blech | DIN 1623:2009-05<br>Zusätzlich gilt: Anlage C 2.4.2 | ÜHP |
| C 2.4.1.5 | Drahtseile aus Stahldrähten | DIN 3051-4:1972-03<br>Zusätzlich gilt: Anlage C 2.4.2 | ÜHP |
| C 2.4.1.6 | Warmgewalzte Spundbohlen aus unlegierten Stählen | DIN EN 10248-1:1995-08<br>Zusätzlich gilt:<br>Anlagen C 2.4.2 und C 2.4.3 | ÜHP |
| C 2.4.1.7 | Kaltgeformte Spundbohlen aus unlegierten Stählen | DIN EN 10249-1:1995-08<br>Zusätzlich gilt:<br>Anlagen C 2.4.2 und C 2.4.3 | ÜHP |
| **C 2.4.2 Bauprodukte aus geschmiedetem Stahl** | | | |
| C 2.4.2.1 | Schmiedestücke aus Stahl | DIN EN 10222-4:2001-12<br>DIN EN 10250-2:1999-12<br>Zusätzlich gilt:<br>Anlagen C 2.4.2 und C 2.4.5 | ÜHP |
| **C 2.4.3 Bauprodukte aus Gusswerkstoffen** | | | |
| C 2.4.3.1 | Erzeugnisse aus Stahlguss | DIN EN 10293:2015-04<br>DIN 18800-1:2008-11<br>Zusätzlich gilt: Anlage C 2.4.2 | ÜHP |
| **C 2.4.4 Bauprodukte aus nichtrostendem Stahl** | | | |
| C 2.4.4.1 | Schmiedestücke aus nichtrostenden Stählen für die Verwendung bei Tankbauwerken und Stahlschornsteinen | DIN EN 10250-4:2000-02<br>DIN EN 10250-4 Berichtigg. 1:2008-12<br>Zusätzlich gilt:<br>Anlagen C 2.4.2 und C 2.4.6 | ÜZ |
| C 2.4.4.2 | Flachzeuge, Stäbe und Drähte zur Verwendung bei Stahlschornsteinen | SEW 400, 7. Ausgabe (1997-02)<br>Zusätzlich gilt:<br>Anlagen C 2.4.2 und C 2.4.7 | ÜZ |
| C 2.4.4.3 | Geschweißte kreisförmige Rohre aus nichtrostenden Stählen für die Verwendung bei Stahlschornsteinen | DIN EN 10296-2:2006-02<br>Zusätzlich gilt:<br>DIN 18800-7:2008-11 und<br>Anlagen C 2.4.2, C 2.4.3, C 2.4.6 und C 2.4.8 | ÜZ |
| C 2.4.4.4 | Nahtlose kreisförmige Rohre aus nichtrostenden Stählen für die Verwendung bei Stahlschornsteinen | DIN EN 10297-2:2006-02<br>Zusätzlich gilt:<br>Anlagen C 2.4.2, C 2.4.3 und C 2.4.6 | ÜZ |
| C 2.4.4.5 | Warm- oder kaltgewalztes Blech und Band, warm- oder kaltumgeformte Stäbe, Walzdraht und Profile aus nicht rostenden, hitzebeständigen Stählen für die Verwendung bei Stahlschornsteinen | DIN EN 10095:1999-05<br>Zusätzlich gilt:<br>Anlagen C 2.4.2 und C 2.4.9 | ÜZ |

| Lfd. Nr. | Bauprodukt | Technische Regeln/Ausgabe | Übereinstimmungsbestätigung |
|---|---|---|---|
| 1 | 2 | 3 | 4 |
| **C 2.4.5 Verbindungsmittel (Niete, Schrauben, Bolzen, Muttern und Scheiben), Schweißzusätze, Schweißhilfsstoffe** | | | |
| C 2.4.5.1 | Scheiben (vierkant und keilförmig) für U-Träger | DIN 434:2000-04 | ÜH |
| C 2.4.5.2 | Scheiben (vierkant und keilförmig) für I-Träger | DIN 435:2000-01 | ÜH |
| C 2.4.5.3 | Scheiben für Stahlkonstruktionen | DIN 7989-1, -2:2001-04 | ÜH |
| C 2.4.5.4 | Keilförmige Vierkantscheiben für HV-Schrauben an I-Profilen | DIN 6917:1989-10 | ÜH |
| C 2.4.5.5 | Keilförmige Vierkantscheiben für HV-Schrauben an U-Profilen | DIN 6918:1990-04 | ÜH |
| C 2.4.5.6 | Halbrundniete aus Stahl mit Durchmessern ≥ 10 mm | DIN 124:2011-03<br>Zusätzlich gilt: Anlage C 2.4.10 | ÜZ |
| C 2.4.5.7 | Senkniete aus Stahl | DIN 302:2011-03<br>Zusätzlich gilt: Anlage C 2.4.10 | ÜZ |
| C 2.4.5.8 | Halbrundniete aus Aluminium | DIN 660:2012-01<br>Zusätzlich gilt: Anlage C 2.4.10 | ÜZ |
| C 2.4.5.9 | Halbrundniete aus Stahl mit Durchmessern von < 10 mm | DIN 660:2012-01<br>Zusätzlich gilt: Anlage C 2.4.10 | ÜZ |
| C 2.4.5.10 | Hammerschrauben mit Vierkant | DIN 186:2010-09<br>Zusätzlich gilt: Anlage C 2.4.11 | ÜZ |
| C 2.4.5.11 | Hammerschrauben mit Nase | DIN 188:2011-02<br>Zusätzlich gilt: Anlage C 2.4.11 | ÜZ |
| C 2.4.5.12 | Hammerschrauben | DIN 261:1987-01<br>Zusätzlich gilt: Anlage C 2.4.11 | ÜZ |
| C 2.4.5.13 | Hammerschrauben mit großem Kopf | DIN 7992:2010-09<br>Zusätzlich gilt: Anlage C 2.4.11 | ÜZ |
| C 2.4.5.14 | Ankerplatten für Hammerschrauben | DIN 24539-2:1985-05 | ÜHP |
| C 2.4.5.15 | Bügelschrauben | DIN 3570:1968-10<br>Zusätzlich gilt: Anlage C 2.4.11 | ÜZ |
| C 2.4.5.16 | Augenschrauben | DIN 444:1983-04<br>in Verbindung mit<br>DIN EN 22340:1992-10<br>Zusätzlich gilt: Anlage C 2.4.11 | ÜZ |
| C 2.4.5.17 | Spannschlösser aus Stahlrohr oder Rundstahl | DIN 1478:2005-09 | ÜZ |
| C 2.4.5.18 | Spannschlossmuttern geschmiedet (offene Form) | DIN 1480:2005-09 | ÜZ |
| C 2.4.5.19 | Anschweißenden für Spannschlösser | DIN 34828:2005-09 | ÜZ |
| C 2.4.5.20 | Sechskantspannschlossmuttern | DIN 1479:2005-09 | ÜZ |

| Lfd. Nr. | Bauprodukt | Technische Regeln/Ausgabe | Übereinstimmungsbestätigung |
|---|---|---|---|
| 1 | 2 | 3 | 4 |
| C 2.4.5.21 | Feuerverzinkte Garnituren aus hochfesten Sechskantschrauben mit großen Schlüsselweiten der Größen M 39 bis M 72 | DASt-Richtlinie 021 (2013-09) Zusätzlich gilt: Anlage C 2.4.11, DIN EN 1090-2:2011-10 und DIN EN ISO 10684:2011-09 | ÜZ |
| C 2.4.5.22 | Senkschrauben mit Innensechskant der Festigkeitsklassen 8.8 und 10.9 | DIN EN ISO 10642:2004-06 Zusätzlich gilt: Anlage C 2.4.11 | ÜZ |
| C 2.4.5.23 | Gewindestangen | DIN 976-1:2002-12 Zusätzlich gilt: Anlage C 2.4.11 | ÜZ |
| **C 2.4.6 Korrosionsschutzstoffe und korrosionsgeschützte Bauprodukte (ohne mechanische Verbindungsmittel)** | | | |
| C 2.4.6.1 | Bauteile aus Stahl und Stahlguss mit thermisch gespritzten Schichten aus Zink und Aluminium und ihren Legierungen | DIN EN ISO 2063:2005-05 Zusätzlich gilt: Anlage C 2.4.12 | ÜHP |
| C 2.4.6.2 | Feuerverzinkte tragende Bauteile aus Stahl und Stahlguss (Stückverzinken) | DASt-Richtlinie 022 (2009-08) Zusätzlich gilt: Anlage C 2.4.13 | ÜZ |
| **C 2.15 Bauprodukte für ortsfest verwendete Anlagen zum Lagern, Abfüllen und Umschlagen von wassergefährdenden Stoffen** | | | |
| C 2.15.1 | Liegende Behälter (Tanks) aus Stahl, einwandig, für die unterirdische Lagerung wassergefährdender Flüssigkeiten | DIN 6608-1:1989-09 Zusätzlich gilt: Anlagen C 2.15.1, C 2.15.2 und C 2.15.3 | ÜZ |
| C 2.15.2 | Liegende Behälter (Tanks) aus Stahl, doppelwandig, für die unterirdische Lagerung wassergefährdender Flüssigkeiten | DIN 6608-2:1989-09 Zusätzlich gilt: Anlagen C 2.15.1, C 2.15.2 und C 2.15.3 | ÜZ |
| C 2.15.3 | Liegende zylindrische ein- und doppelwandige Behälter (Tanks) aus Stahl zur oberirdischen Lagerung wassergefährdender Flüssigkeiten, die nicht flüssige Brennstoffe zur energetischen Versorgung von Heiz- und Kühlanlagen für Gebäude sind, bzw. zur Lagerung von wassergefährdenden Brennstoffen mit Dichten > 1,0 kg/l und/oder Flammpunkten ≤ 55 °C zur energetischen Versorgung von Heiz- und Kühlanlagen für Gebäude | DIN 6616:1989-09 Zusätzlich gilt: Anlagen C 2.15.3 und C 2.15.4 | ÜZ |
| C 2.15.4 | Stehende Behälter (Tanks) aus Stahl, einwandig, mit weniger als 1000 Liter Volumen für die oberirdische Lagerung wassergefährdender Flüssigkeiten | DIN 6623-1:1989-09 Zusätzlich gilt: Anlagen C 2.15.1, C 2.15.3 und C 2.15.5 | ÜZ |
| C 2.15.5 | Stehende Behälter (Tanks) aus Stahl, doppelwandig, mit weniger als 1000 Liter Volumen für die oberirdische Lagerung wassergefährdender Flüssigkeiten | DIN 6623-2:1989-09 Zusätzlich gilt: Anlagen C 2.15.1, C 2.15.3 und C 2.15.5 | ÜZ |

| Lfd. Nr. | Bauprodukt | Technische Regeln/Ausgabe | Übereinstimmungsbestätigung |
|---|---|---|---|
| 1 | 2 | 3 | 4 |
| C 2.15.6 | Liegende Behälter (Tanks) aus Stahl von 1000 bis 5000 Liter Volumen, einwandig, für die oberirdische Lagerung wassergefährdender Flüssigkeiten | DIN 6624-1:1989-09 Zusätzlich gilt: Anlagen C 2.15.1, C 2.15.3 und C 2.15.5 | ÜZ |
| C 2.15.7 | Liegende Behälter (Tanks) aus Stahl von 1000 bis 5000 Liter Volumen, doppelwandig, für die oberirdische Lagerung wassergefährdender Flüssigkeiten | DIN 6624-2:1989-09 Zusätzlich gilt: Anlagen C 2.15.1, C 2.15.3 und C 2.15.5 | ÜZ |
| C 2.15.8 | Einwandige vorgefertigte Behälter mit ebenen Wänden und Böden für die oberirdische Lagerung von wassergefährdenden Flüssigkeiten mit Flammpunkten > 55 °C | DIN 6625-1, -2:2013-06 Zusätzlich gilt: Anlage C 2.15.6 | ÜZ |
| C 2.15.11 | Als ortsfeste Lagerbehälter verwendete, einwandige Transportbehälter aus metallischen Werkstoffen, die nach den verkehrsrechtlichen Vorschriften für die Beförderung gefährlicher Güter baumusterzugelassen sind | TRbF 20 (2001-04), Anhang M für wassergefährdende Flüssigkeiten mit Flammpunkten ≤ 55 °C, TRbF 20 (2001-04), Anhang N für wassergefährdende Flüssigkeiten mit Flammpunkten > 55 °C Zusätzlich gilt: Anlage C 2.15.3 | ÜH |
| C 2.15.12 | Auffangwannen und -vorrichtungen aus Stahl mit Rauminhalten bis 1000 l | Richtlinie über die Anforderungen an Auffangwannen aus Stahl mit einem Rauminhalt bis 1000 Liter – StawaR – (September 2011) | ÜHP |
| C 2.15.14 | Stehende vorgefertigte zylindrische Behälter aus metallischen Werkstoffen mit flachem Boden und festem Dach zur oberirdischen Lagerung von Flüssigkeiten oder von gekühlten Gasen | DIN 4119-1:1979-06 und DIN 4119-2:1980-02 in Verbindung mit der Anpassungsrichtlinie Stahlbau (1998-10) mit Änderung und Ergänzung (2001-12) Zusätzlich gilt: Anlage C 2.15.3 | ÜZ |

**C 2.16 Gerüstbauteile** [9]

| | | | |
|---|---|---|---|
| C 2.16.1 | Baustützen aus Stahl mit Ausziehvorrichtung mit rechnerisch ermittelter Tragfähigkeit | DIN EN 1065:1998-12 Zusätzlich gilt: Anlage C 2.16.1 | ÜZ |
| C 2.16.2 | Systemunabhängige Stahlrohre für die Verwendung in Trag- und Arbeitsgerüsten | DIN EN 39:2001-11 Zusätzlich gilt: Anlage C 2.16.2 | ÜHP |
| C 2.16.3 | Leichte Gerüstspindeln | DIN 4425:1990-11 mit Ausnahme der Bestimmungen für die Fremdüberwachung Zusätzlich gilt: Anlagen C 2.16.2 und C 2.16.3 | ÜHP |
| C 2.16.4 | Kupplungen | DIN EN 74-1:2005-12 Zusätzlich gilt: Anlagen C 2.16.2 und C 2.16.4 | ÜZ |

[9] Dieses Kapitel gilt nicht im Freistaat Bayern.

| Lfd. Nr. | Bauprodukt | Technische Regeln/Ausgabe | Übereinstimmungsbestätigung |
|---|---|---|---|
| 1 | 2 | 3 | 4 |
| C 2.16.5 | Geschweißte kreisförmige Rohre aus unlegierten Stählen zur Verwendung bei Traggerüsten | DIN 1626:1984-10<br>Zusätzlich gilt:<br>Anlagen C 2.4.2, C 2.4.3, C 2.16.2 und C 2.16.5 | ÜHP |
| C 2.16.7 | Vorgefertigte Gerüstbauteile aus Stahl, Aluminium und Holz | DIN EN 12812:2008-12<br>Zusätzlich gilt:<br>Anlagen C 2.16.2 und C 2.16.6 | ÜH |
| C 2.16.8 | Warmgewalzte nahtlose Stahlrohre aus unlegierten Stählen für die Verwendung bei Traggerüsten | DIN 1629:1984-10<br>Zusätzlich gilt:<br>Anlagen C 2.4.2, C 2.4.3, C 2.16.2 und C 2.16.7 | ÜHP |
| C 2.16.9 | Erzeugnisse aus Stahlguss zur Verwendung bei Traggerüsten | DIN EN 10293:2015-04<br>Zusätzlich gilt:<br>Anlagen C 2.4.2, C 2.16.2 und C 2.16.8 | ÜHP |
| C 2.16.11 | Fußplatten und Zentrierbolzen | DIN EN 74-3:2007-07 und<br>DIN EN 74-3/Berichtigung 1:2007-10<br>Zusätzlich gilt:<br>Anlage C 2.16.2 | ÜH |
| C 2.16.12 | Spezialkupplungen | DIN EN 74-2:2009-01<br>Zusätzlich gilt:<br>Anlagen C 2.16.2, C 2.16.9 und C 2.16.10 | ÜZ |
| C 2.16.13 | Baustützen aus Aluminium mit Ausziehvorrichtung | DIN EN 16031:2012-09<br>Zusätzlich gilt:<br>Anlage C 2.16.10 | ÜZ |
| C 2.16.15 | Vorgefertigte Gerüstbauteile aus Stahl, Aluminium und Holz, mit Ausnahme von Grundbauteilen, Durchstiegstafeln und Belägen von Konsolen | DIN EN 12811-1:2004-03<br>Zusätzlich gilt:<br>Anlage C 2.16.11 | ÜZ |
| C 2.16.16 | Gussstücke aus unlegiertem und niedriglegiertem Gusseisen mit Kugelgraphit zur Verwendung bei Traggerüsten | DIN EN 1563:2003-02<br>Zusätzlich gilt:<br>Anlagen C 2.4.2, C 2.16.2 und C 2.16.12 | ÜHP |
| C 2.16.17 | Tempergussstücke zur Verwendung bei Traggerüsten | DIN EN 1562:2006-08<br>mit Ausnahme der Bestimmungen des Anhangs ZA<br>Zusätzlich gilt:<br>Anlagen C 2.4.2, C 2.16.2 und C 2.16.13 | ÜHP |

## Anlage C 2.4.1

Die technischen Regeln gelten nur für die den nachstehenden Stahlsorten zugeordneten Werkstoffnummern:

S 235  1.0037, 1.0036, 1.0038, 1.0114,
       1.0116, 1.0117, 1.0120, 1.0121,
       1.0122, 1.0115, 1.0118, 1.0119

S 275  1.0044, 1.0143, 1.0144, 1.0145,
       1.0128, 1.0140, 1.0141, 1.0142

S 355  1.0045, 1.0553, 1.0570, 1.0577,
       1.0595, 1.0596, 1.0551, 1.0554,
       1.0569, 1.0579, 1.0593, 1.0594

## Anlage C 2.4.2

Als wesentliches Merkmal sind im Ü-Zeichen die Werkstoffnummer oder der Kurzname anzugeben.

Wird in Technischen Baubestimmungen eine Prüfbescheinigung nach DIN EN 10204:2005-01 verlangt, ist diese Prüfbescheinigung dem Lieferschein als Anlage beizufügen und mit dem Ü-Zeichen zu versehen. Sie genügt als Angabe der wesentlichen Merkmale nach der Ü-Zeichen-Verordnung.

Werden Metallbauprodukte über den Handel an den Verwender geliefert und die gelieferten Bauprodukte beim Händler geteilt, so sind die Teile durch Umstempelung, Farbauftrag, Klebezettel oder Anhängeschilder unverwechselbar zu kennzeichnen. Alle Teilungen sind zu dokumentieren. Bei Metallbauprodukten, die wiederholt verwendet werden, gilt dies entsprechend.

## Anlage C 2.4.3

Bei planmäßigen Abweichungen von den Nennmaßen der Metallprofile ist im Ü-Zeichen als technische Regel die Profilnorm mit dem Zusatz „Sonderprofil" anzugeben. Die in den Profilnormen angegebenen Grenzabmaße und Formtoleranzen bleiben hiervon unberührt. Die Einhaltung der Grenzabmaße und Formtoleranzen ist in die werkseigene Produktionskontrolle einzubeziehen.

## Anlage C 2.4.4

Die technischen Regeln gelten nur für die Stahlsorten mit den Werkstoffnummern: 1.0254, 1.0256, 1.0421.

## Anlage C 2.4.5

Die technischen Regeln gelten für die Stahlsorten nach DIN EN 10250-2:1999-12 mit den Werkstoffnummern: 1.0038, 1.0116, 1.0570 und nach DIN EN 10222-4: 2001-12 mit den Werkstoffnummern: 1.0565 und 1.0571.

## Anlage C 2.4.6

Die technischen Regeln gelten nur für die Stahlsorten mit den Werkstoffnummern: 1.4301, 1.4435, 1.4539, 1.4541 und 1.4571.

## Anlage C 2.4.7

Die technischen Regeln gelten nur für die Stahlsorte mit der Werkstoffnummer: 1.4561.

## Anlage C 2.4.8

Wenn Vorprodukte (Blech, Band) mit dem Übereinstimmungsnachweis ÜZ verwendet werden, ist für das Bauprodukt der Übereinstimmungsnachweis ÜHP ausreichend. In diesem Fall ist beim Ü-Zeichen für das Bauprodukt auf das Ü-Zeichen des Vorproduktes hinzuweisen.

## Anlage C 2.4.9

Die technischen Regeln gelten nur für die Stahlsorte mit der Werkstoffnummer: 1.4878.

## Anlage C 2.4.10

Prüfungsumfang und -art bei Nieten im Rahmen der Fremdüberwachung

| Zeitpunkt | Prüfungsart | Prüfungsumfang |
|---|---|---|
| Erstprüfung | verschärfte Prüfung | übliche und besondere Eigenschaften |
| Fremdüberwachung im 1. Jahr | normale Prüfung | übliche Eigenschaften |
| Fremdüberwachung ab 2. Jahr | reduzierte Prüfung | übliche Eigenschaften |

Im Rahmen der Fremdüberwachung werden im Abstand von 6 Monaten Proben so entnommen, dass wechselweise alle Produktarten geprüft werden.

Übliche Eigenschaften

| Merkmal | geprüftes Produkt | Charakter des Prüfumfangs | | |
|---|---|---|---|---|
| | | reduziert | normal | verschärft |
| | | L  P  Pr | L  P  Pr | L  P  Pr |
| Maße | alle | 1 × 3 × 1 | 2 × 3 × 1 | 4 × 3 × 1 |
| Scherversuch | alle | 1 × 3 × 1 | 2 × 3 × 1 | 4 × 3 × 1 |
| Härteprüfung | alle | 1 × 3 × 3 | 2 × 3 × 3 | 4 × 3 × 3 |
| Kopfschlagzähigkeit | alle | 1 × 3 × 1 | 2 × 3 × 1 | 4 × 3 × 1 |

Besondere Eigenschaften

| Merkmal | Charakter des Prüfumfangs verschärft | | |
|---|---|---|---|
| | L | P | Pr |
| Schichtdicke | 1 × | 3 × | 3 |
| Zugversuch | 1 × | 3 × | 1 |
| Kerbschlagarbeit | 1 × | 3 × | 1 |

L = Los
P = Probe
Pr = Prüfung

**Anlage C 2.4.11**

Prüfungsumfang und -art bei Schrauben und Muttern im Rahmen der Fremdüberwachung

| Zeitpunkt | Prüfungsart | Prüfungsumfang |
|---|---|---|
| Erstprüfung | verschärfte Prüfung | übliche und besondere Eigenschaften |
| Fremdüberwachung im 1. Jahr | normale Prüfung | übliche Eigenschaften |
| Fremdüberwachung ab 2. Jahr | reduzierte Prüfung | übliche Eigenschaften |

Im Rahmen der Fremdüberwachung werden im Abstand von 6 Monaten Proben so entnommen, dass wechselweise alle Produktarten geprüft werden.

Übliche Eigenschaften

| Merkmal | geprüftes Produkt | Charakter des Prüfumfangs | | |
|---|---|---|---|---|
| | | reduziert | normal | verschärft |
| | | L  P  Pr | L  P  Pr | L  P  Pr |
| Maße | alle Produkte | 1 × 3 × 1 | 2 × 3 × 1 | 4 × 3 × 1 |
| Schrägzugversuch oder Zugversuch an der Ganzschraube | Schrauben 8.8 und 10.9 | 1 × 3 × 1 | 2 × 3 × 1 | 4 × 3 × 1 |
| Zugversuch an der abgedrehten Probe | Schrauben 4.6 und 5.6 | 1 × 3 × 1 | 2 × 3 × 1 | 4 × 3 × 1 |
| Prüfkraftversuch | alle Muttern | 1 × 3 × 1 | 2 × 3 × 1 | 4 × 3 × 1 |
| Anziehversuch | Garnituren 8.8 und 10.9 | 1 × 6 × 1 | 2 × 12 × 1 | 4 × 12 × 1 |
| Härte HV 30 | alle Produkte | 1 × 1 × 3 | 2 × 2 × 3 | 4 × 2 × 3 |
| Härte HV 0,3 | Schrauben 8.8 und 10.9 | 1 × 1 × 3 | 2 × 2 × 3 | 4 × 2 × 3 |
| Schliff (Randzustand) | Schrauben 10.9 | 1 × 1 × 3 | 2 × 2 × 3 | 4 × 2 × 3 |
| Schichtdicke | alle Produkte | 1 × 1 × 3 | 2 × 2 × 3 | 4 × 2 × 3 |

Besondere Eigenschaften

| Merkmal | geprüftes Produkt | Charakter des Prüfumfangs verschärft | | |
|---|---|---|---|---|
| | | L | P | Pr |
| Chemische Zusammensetzung | Schrauben und Muttern | 2 × | 2 × | 1 |
| Anlassversuch | Schrauben 8.8 und 10.9 | 4 × | 3 × | 1 |
| Kerbschlagarbeit | Schrauben | 4 × | 3 × | 1 |
| Rissanzeige | Schrauben und Muttern | 1*) ×<br>+4 × | 100 ×<br>20 × | 1<br>1 |

*) Prüfungsumfang bei einem beanstandeten Los bzw. beim Auftreten von Mängeln

L = Los
P = Probe
Pr = Prüfung

### Anlage C 2.4.12

Stahlbauteile und Gussbauteile müssen den zugehörigen lfd. Nrn. des Abschnitts C 2 entsprechen.

### Anlage C 2.4.13

Stahlbauteile und Gussbauteile müssen den zugehörigen lfd. Nrn. des Abschnitts C 2 entsprechen.

Für das Feuerverzinken tragender Stahlbauteile und Gussbauteile ist nur die Zinkbadklasse 1 gemäß Tabelle 8 nach DASt-Richtlinie 022 zulässig. Es ist der vereinfachte Nachweis nach Abschnitt 4.2.2 der DASt-Richtlinie 022 zu führen. Rechnerische Nachweise nach Anlage 4 dürfen nicht herangezogen werden.

Für Stahlgussbauteile gilt die DASt-Richtlinie 022 sinngemäß.

### Anlage C 2.15.1

Einwirkungen aus Überschwemmungen sind in der Norm nicht berücksichtigt.

### Anlage C 2.15.2

Einwirkungen aus einem Erdbeben sind in der Norm nicht berücksichtigt.

Für ungekammerte Behälter, die vollständig im Erdreich eingebettet sind, sind die Einwirkungen aus einem Erdbeben nicht standsicherheitsrelevant und damit von der Norm abgedeckt, wenn durch geeignete konstruktive Maßnahmen eine Übertragung von Einwirkungen aus der Stutzenverbindung auf den Behälter verhindert wird. Nach einem Erdbebenereignis mit der Intensität, die für die Erdbebenzone 1 und höher nach DIN 4149 angenommen wird, ist eine Funktionsprüfung des Behälters durchzuführen.

Im Erdreich eingebettete Behälter, bei denen einer der Böden oder beide Böden zwecks Zugänglichkeit in Räumen von Gebäuden münden oder Behälter im Sinne der sog. Hünengrablagerung (erdüberschüttete Einlagerungsart, bei der der Behälter sich ganz oder teilweise über der Geländeoberkante befindet) gelten nicht als vollständig im Erdreich eingebettet. Einwirkungen aus Erdbeben sind nachzuweisen.

### Anlage C 2.15.3

Der Nachweis der Beständigkeit der zur Herstellung des Bauprodukts verwendeten Stahlwerkstoffe gegenüber der wassergefährdenden Flüssigkeit ist nach DIN 6601:2007-04/Berichtigung 1:2007-08 zu führen.

Der Hersteller muss die für die ordnungsgemäße Herstellung des Bauproduktes erforderlichen Verfahren nachweislich beherrschen. Der Nachweis ist durch ein Schweißzertifikat für die Ausführungsklasse EXC 2 oder höher nach DIN EN 1090-2 für Bauprodukte aus Stahl bzw. nach DIN EN 1090-3 für Bauprodukte aus Aluminium zu führen. Abweichend von DIN EN 1090-2, Tabelle 14 bzw. DIN EN 1090-3, Tabelle 7 muss das für die Koordinierung der Herstellungsprozesse des Bauprodukts verantwortliche Schweißaufsichtspersonal mindestens über spezielle technische Kenntnisse nach DIN EN ISO 14731 verfügen.

Für die zur Herstellung des Bauprodukts verwendeten Konstruktionsmaterialien ist die vollständige Rückverfolgbarkeit sicherzustellen.

### Anlage C 2.15.4

– Die Behälter sind für die Aufstellung in Gebäuden und im Freien geeignet.
– Einwirkungen aus Erdbeben und Überschwemmungen sind in der Norm nicht berücksichtigt.
– Domstutzen sind mit einer lichten Weite von mindestens 600 mm auszuführen.
– Für andere Abmessungen als in der DIN 6616 angegeben, kann die Standsicherheit nach folgenden AD-2000-Merkblättern in Zusammenhang mit den AD-2000-Merkblättern B 0:2007-05 und S 3/0:2007-11 nachgewiesen werden:
  B 1:2000-10    (Zylinder- und Kugelschalen unter innerem Überdruck)
  B 3:2000-10    (Gewölbte Böden unter innerem und äußerem Überdruck)

B 6:2006-10 (Zylinderschalen unter äußerem Überdruck)
B 8:2007-05 (Flansche)
B 9:2007-11 (Ausschnitte in Zylindern, Kegeln, Schalen, Kugeln)
S 3/2:2001-09 (Nachweis für liegende Behälter auf Sätteln)

– Die Bemessung der Behälterwände nach AD-2000-Merkblättern ist nur für Überdrücke zulässig, die aus dem zulässigen Betriebsüberdruck bis maximal +0,5 bar auf die Flüssigkeitssäule und aus dem Prüfüberdruck von +0,6 bar im Überwachungsraum bei doppelwandigen Behältern auf die Behälterwände einwirken.
– Die nach AD-2000-Merkblättern bemessenen Behälter sind abweichend von Abschnitt 7 der DIN 6616 nach AD-2000-Merkblatt HP30:2003-01 jedoch mit dem 1,3-fachen des maximal zulässigen Druckes der Lagerflüssigkeit auf die Innenwand zu prüfen. Der Überwachungsraum ist generell mit einem Prüfüberdruck von +0,6 bar zu prüfen.

## Anlage C 2.15.5

Einwirkungen aus einem Erdbeben sind in der Norm nicht berücksichtigt.

## Anlage C 2.15.6

Abweichend von Abschnitt 5.4.2, 1. Satz der DIN 6625-1 ist der Nachweis der Herstellerqualifikation durch ein Schweißzertifikat für die Ausführungsklasse EXC 2 nach DIN EN 1090-2 oder höher zu führen. Das für die Koordinierung der Herstellungsprozesse des Bauproduktes verantwortliche Schweißaufsichtspersonal muss in Bezug auf die zu beaufsichtigenden Schweißarbeiten mindestens über spezielle technische Kenntnisse nach DIN EN ISO 14731 verfügen.

Für die zur Herstellung des Bauproduktes verwendeten Konstruktionsmaterialien ist die vollständige Rückverfolgbarkeit sicherzustellen.

## Anlage C 2.16.1

Für den Übereinstimmungsnachweis ÜZ gelten die Regelungen des Anhangs E der Norm für Überwachungsstufe M. Abweichend von Tabelle E.1 sind die Eigenschaften der verwendeten Werkstoffe und Komponenten durch Werksprüfzeugnis 2.3 und die Eigenschaften der Rohre mit erhöhter Streckgrenze durch Abnahmeprüfzeugnis 3.1 B nach DIN EN 10204 zu belegen.

Der rechnerische Nachweis der Tragfähigkeit von Baustützen aus Stahl mit Ausziehvorrichtung ist im Rahmen des Zertifizierungsverfahrens zu prüfen. Die Prüfung kann durch die Zertifizierungsstelle selbst oder durch eine von ihr eingeschaltete dritte Stelle vorgenommen werden.

## Anlage C 2.16.2

Bei Gerüstbauteilen sind das Ü-Zeichen und zusätzlich als wesentliches Merkmal die letzten beiden Ziffern des Jahres der Herstellung, der Hersteller sowie die Werkstoffklasse dauerhaft auf dem Gerüstbauteil anzubringen. Sofern in den technischen Regeln für diese Gerüstbauteile eine Kennzeichnung gefordert wird, die zusätzliche Merkmale enthält, so sind diese außerdem zu berücksichtigen.

## Anlage C 2.16.3

### Zu DIN 4425:1990-11

Die Versuche für die Gewindeverbindung Stellmutter-Rohrspindel nach Abschnitt 7.2 dürfen nur von den Prüfstellen durchgeführt werden, die auch für die Durchführung der Erstprüfung anerkannt sind.

## Anlage C 2.16.4

Für den Übereinstimmungsnachweis ÜZ gelten die Regelungen des Anhangs B der Norm für die Überwachungsstufe M.

## Anlage C 2.16.5

Die technischen Regeln gelten für Rohre aus Stählen mit der Werkstoffnummer: 1.0254.

## Anlage C 2.16.6

Bei der Anwendung der technischen Regel ist der Abschnitt „Herstellung" der „Anwendungsrichtlinie für Traggerüste nach DIN EN 12812", Fassung August 2009, die in den DIBt Mitteilungen Heft 6/2009, S. 227 veröffentlicht ist, zu beachten.

## Anlage C 2.16.7

Die technischen Regeln gelten für Rohre aus Stählen mit den Werkstoffnummern: 1.0254, 1.0421.

## Anlage C 2.16.8

Die technischen Regeln gelten für die Gusswerkstoffe mit den Werkstoffnummern: 1.0420, 1.0446.

## Anlage C 2.16.9

### Zu DIN EN 74-2

Zu Abschnitt 9.2.2

Rutschkraft Fs einer Halbkupplung

Die Messung der Verschiebung $\Delta l$ kann entfallen.

zu Bild 10:
Das Widerlager ist auf der gegenüberliegenden Rohrseite anzubringen.

zu Bild 12:
Die Prüflasten „P" sind durch „2P" und „P/2" durch „P" zu ersetzen.

Bild B.3 ist durch folgendes Bild zu ersetzen:

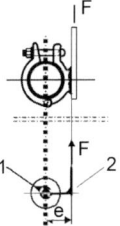

In den Gleichungen (B.1) bis (B.4) ist „$F_{s,R,d}$" durch „$F_{f,R,d}$" zu ersetzen.

**Anlage C 2.16.10**

Für den Übereinstimmungsnachweis ÜZ gelten die Regelungen des Anhangs A der Norm für die Überwachungsstufe M.

**Anlage C 2.16.11**

Für die Herstellung sind die „Anwendungsrichtlinie für Arbeitsgerüste" [10], Fassung November 2005, sowie für das Schweißen von Stahl- und Aluminiumbauteilen die Anlagen A 1.2.4/3 und A 1.2.4/4 zu beachten.

Als Grundbauteile gelten Bauteile gemäß Anhang A, Absatz A.1, von DIN EN 12810-1:2004-03.

Die Gerüstbauteile sind nach den Übereinstimmungszeichen-Verordnungen der Länder zu kennzeichnen. Zusätzlich sind die Gerüstbauteile leicht erkennbar und dauerhaft mit:

– dem Großbuchstaben „Ü",
– dem Kennzeichen des jeweiligen Herstellers,
– einem Kennzeichen zur Identifizierung,
– den letzten zwei Ziffern der Jahreszahl der Herstellung (ggf. codiert) und
– einer Kennzeichnung für die Zuordnung des Gerüstbauteils zu einem Gerüstsystem zu kennzeichnen.

Die Herstellung der Gerüstbauteile darf nur durch solche Hersteller erfolgen, deren werkseigene Produktionskontrolle durch eine Fremdüberwachung regelmäßig überprüft wird, mindestens alle fünf Jahre. Für Gerüstbauteile eines Herstellers, die einer Produktgruppe zugeordnet werden können, für die für diesen Hersteller eine Erstprüfung für mindestens ein Gerüstbauteil dieser Produktgruppe durch eine anerkannte Stelle durchgeführt wurde, darf der Hersteller die Erstprüfung selbst durchführen.

Geschweißte Gerüstbauteile aus Stahl oder Aluminium dürfen nur durch solche Betriebe hergestellt werden, die über ein Schweißzertifikat nach DIN EN 1090-1:2010-07 für den Anwendungsbereich verfügen, das mindestens für die Ausführungsklasse EXC 2 gilt.

**Anlage C 2.16.12**

Die technischen Regeln gelten für die Gusswerkstoffe mit den Werkstoffnummern: EN-JS 1015, EN-JS 1030.

**Anlage C 2.16.13**

Die technischen Regeln gelten für die Gusswerkstoffe mit den Werkstoffnummern: EN-JM 1010, EN-JM 1020, EN-JM 1030, EN-JM 1050.

## C3 Bauprodukte, die nur eines allgemeinen bauaufsichtlichen Prüfzeugnisses nach § 19 Absatz 1 Satz 2 MBO[1] bedürfen

Aufgrund § 85a Abs. 2 Nr. 4 MBO[1] wird Folgendes bestimmt:

| Lfd. Nr. | Bauprodukt | anerkanntes Prüfverfahren nach | Übereinstimmungsbestätigung |
|---|---|---|---|
| 1 | 2 | 3 | 4 |
| C 3.9 | Niet- und schraubenartige Verbindungen und niet- und schraubenartige Befestigungen für geregelte Außenwandbekleidungen | DIN 18516-1:2010-06 Zusätzlich gilt: Anlage C 3.2 | ÜHP |
| C 3.13 | Baustützen aus Stahl mit Ausziehvorrichtung, deren Tragfähigkeit mit Hilfe von Versuchen ermittelt wird | DIN EN 1065:1998-12 | ÜZ |
| C 3.23 | Nahtlose kreisförmige Rohre aus unlegiertem Stahl nach EN 10216-1 für die Verwendung bei Stahlschornsteinen | DIN EN 10045-1:1991-04 | ÜHP |
| C 3.24 | Geschweißte kreisförmige Rohre aus unlegiertem Stahl nach EN 10217-1 für die Verwendung bei Stahlschornsteinen | DIN EN 10045-1:1991-04 | ÜHP |

---

[10] Veröffentlicht in den DIBt-Mitteilungen Heft 2/2006, S. 61ff. Zu beziehen beim DIBt.

[1] nach Landesrecht

**Anlage C 3.2**

Der charakteristische Wert der Tragfähigkeit für die Verbindungen und Befestigungen ist jeweils das aus den Prüfergebnissen ermittelte 5%-Quantil mit 75%iger Aussagewahrscheinlichkeit.

## D Bauprodukte, die keines Verwendbarkeitsnachweises bedürfen

### D 1 Allgemeines

Gemäß § 17 Abs. 3 MBO[1]) enthält die Verwaltungsvorschrift eine nicht abschließende Liste von Bauprodukten, die keines Verwendbarkeitsnachweises bedürfen (§ 85a Abs. 4 MBO[1])). Diese Liste soll den am Bau Beteiligten zur Klarstellung dienen.

Einerseits werden in diese Liste Bauprodukte aufgenommen, für die es allgemein anerkannte Regeln der Technik zwar gibt und an die die Bauordnung auch Anforderungen nach § 3 MBO[1]) stellt, aber dennoch auf Verwendbarkeitsnachweise verzichtet wird (ehemals „sonstige Bauprodukte"). Eine Verwendbarkeit der Bauprodukte i. S. d. § 16b MBO[1]) muss damit materiell zwar vorliegen, jedoch ist diese nach Bauordnungsrecht nicht nachzuweisen. Hierunter fallen insbesondere Bauprodukte, die durch andere Zertifizierungs- und Zulassungssysteme abgedeckt werden (z. B. DVGW und VDE).

Andererseits werden Bauprodukte aufgenommen, für die es weder Technische Baubestimmungen noch allgemein anerkannte Regeln der Technik gibt und die für die Erfüllung der Anforderungen nach § 3 MBO[1]) nicht von Bedeutung sind. Für diese Bauprodukte wird durch den Verzicht auf bauaufsichtliche Verwendbarkeitsnachweise die bauordnungsrechtlich untergeordnete Bedeutung kenntlich gemacht.

### D 2 Liste nach § 85a Abs. 4 MBO[1])

**D 2.1 Beispiele für Produkte, für die es allgemein anerkannte Regeln der Technik gibt**
[…]

**D 2.2 Produkte, für die es keine allgemein anerkannten Regeln der Technik gibt**

Diese Liste gilt nur für solche Bauprodukte und Verwendungen, für die nach bauaufsichtlichen Vorschriften nur die Anforderung normalentflammbar vorausgesetzt wird und an die keine weitergehenden Brandschutzanforderungen und keine Anforderungen an den Schall- und Wärmeschutz gestellt werden.

D 2.2.1.11
Wand- und Dachbauteile, einschließlich der Befestigungen, für eingeschossige bauliche Anlagen mit einem umbauten Raum $\leq 30$ m³

### D 2.2.2 Bauprodukte für den Ausbau

D 2.2.2.1
Fassadenelemente (einschließlich ihrer Befestigungen) für Außenwandbekleidungen, die nach allgemein anerkannten Regeln der Technik befestigt werden:
- mit kleinformatigen Fassadenelementen mit $\leq 0{,}4$ m² Fläche und $\leq 5$ kg Eigengewicht
- mit brettformatigen Fassadenelementen mit $\leq 0{,}3$ m Breite und Unterstützungsabständen durch die Unterkonstruktion von $\leq 0{,}8$ m

D 2.2.2.2
Dachelemente (einschließlich ihrer Befestigungen) für Dacheindeckungen, die nach allgemein anerkannten Regeln der Technik befestigt werden:
- mit kleinformatigen Elementen mit $\leq 0{,}4$ m² Fläche und $\leq 5$ kg Eigengewicht
- mit anderen Elementen mit einem Unterstützungsabstand durch die Unterkonstruktion von $\leq 1{,}0$ m, außer aus Glas

D 2.2.2.3
Innentüren einschließlich Zubehör

D 2.2.2.5
Doppelböden und Hohlraumestriche mit einem lichten Abstand zur tragenden Decke von $\leq 0{,}5$ m

D 2.2.2.13
Schneefangvorrichtungen, die nicht Lasten nach DIN EN 1991-1-3:2010, Abschnitt 6.4 sowie DIN EN 1991-1-3/NA:2010, NCI zu 6.4 (1) aufnehmen

### D 2.2.6 Andere Bauprodukte

D 2.2.6.1
Bauteile für Wasserbecken mit Inhalten $\leq 100$ m³

D 2.2.6.2
Drucklose Behälter bis 50 m³ Rauminhalt und bis 3 m Höhe zur Lagerung von Regen- und Trinkwasser

D 2.2.6.4
Stützelemente zur Verwendung bei Geländesprüngen bis zu 1,0 m Höhe

D 2.2.6.6
Starre und flexible Schüttgutsilos bis 3 m³ Rauminhalt und bis 3 m Höhe (Oberkante des Silos über Gelände)

D 2.2.6.8
Bauprodukte für gebäudeunabhängige Solaranlagen im öffentlich unzugänglichen Bereich mit einer Höhe bis zu 3 m

### D 3 Technische Dokumentation nach § 85a Abs. 2 Nr. 6 MBO[1])

In Bezug auf die Wesentlichen Merkmale eines Bauprodukts, die von der der CE-Kennzeichnung zugrunde liegenden harmonisierten technischen Spezifikation erfasst sind, ist die CE-Kennzeichnung die einzige Kennzeichnung (Art. 8 Abs. 3 UAbs. 1 BauPVO). Ansonsten sind weitere freiwillige Angaben zu dem Produkt mög-

---

[1]) nach Landesrecht

lich. In diesem Fall ist deren Korrektheit in einer technischen Dokumentation darzulegen. Hierzu kann es je nach Produkt, Einbausituation und Verwendungszweck erforderlich sein, in der Technischen Dokumentation anzugeben, welche technische Regel der Prüfung zugrunde gelegt wurde sowie ob und welche Stellen eingeschaltet wurden. Zum Beispiel kann es insbesondere sinnvoll sein, eine entsprechend Art. 30 BauPVO qualifizierte Stelle einzuschalten, sofern es keine anwendbare, anerkannte technische Regel gibt oder eine entsprechend Art. 43 BauPVO qualifizierte Stelle, sofern lediglich eine unabhängige Drittprüfung anhand einer anwendbaren technischen Regel durchgeführt werden soll.

## 2 Normen und Richtlinien für den Stahlbau

Diese Liste erhebt keinen Anspruch auf Vollständigkeit.
Vollständig ist die Angabe der zurzeit aktuellen Richtlinien des Deutschen Ausschusses für Stahlbau (DASt-Ri.).

| Bezeichnung | Titel | Ausgabe | Bezugsquelle |
|---|---|---|---|
| DIN EN 1090-1 | Ausführung von Stahltragwerken und Aluminiumtragwerken – Teil 1: Konformitätsnachweisverfahren für tragende Bauteile | Februar 2012 | *) |
| DIN EN 1090-2 | Ausführung von Stahltragwerken und Aluminiumtragwerken – Teil 2: Technische Regeln für die Ausführung von Stahltragwerken | September 2018 | *) |
| DIN EN 1090-3 | Ausführung von Stahltragwerken und Aluminiumtragwerken – Teil 3: Technische Regeln für die Ausführung von Aluminiumtragwerken | Juli 2019 | *) |
| DIN EN 1090-4 | Ausführung von Stahltragwerken und Aluminiumtragwerken – Teil 4: Technische Anforderungen an tragende, kaltgeformte Bauelemente aus Stahl und tragende, kaltgeformte Bauteile für Dach-, Decken-, Boden- und Wandanwendungen | September 2018 | *) |
| DIN EN 1090-5 | Ausführung von Stahltragwerken und Aluminiumtragwerken – Teil 5: Technische Anforderungen an tragende, kaltgeformte Bauelemente aus Aluminium und tragende, kaltgeformte Bauteile für Dach-, Decken-, Boden- und Wandanwendungen | Juli 2017 | *) |
| DIN EN 1993-1-1 | Eurocode 3: Bemessung und Konstruktion von Stahlbauten – Teil 1-1: Allgemeine Bemessungsregeln und Regeln für den Hochbau | Dezember 2010 | *) |
| DIN EN 1993-1-1/A1 | Eurocode 3: Bemessung und Konstruktion von Stahlbauten – Teil 1-1: Allgemeine Bemessungsregeln und Regeln für den Hochbau | Juli 2014 | *) |
| DIN EN 1993-1-1/NA | Nationaler Anhang – National festgelegte Parameter – Eurocode 3: Bemessung und Konstruktion von Stahlbauten – Teil 1-1: Allgemeine Bemessungsregeln und Regeln für den Hochbau | Dezember 2018 | *) |
| DIN EN 1993-1-2 | Eurocode 3: Bemessung und Konstruktion von Stahlbauten – Teil 1-2: Allgemeine Regeln – Tragwerksbemessung für den Brandfall | Dezember 2010 | *) |
| DIN EN 1993-1-2/NA | Nationaler Anhang – National festgelegte Parameter – Eurocode 3: Bemessung und Konstruktion von Stahlbauten – Teil 1-2: Allgemeine Regeln – Tragwerksbemessung für den Brandfall | Dezember 2010 | *) |
| DIN EN 1993-1-3 | Eurocode 3: Bemessung und Konstruktion von Stahlbauten – Teil 1-3: Allgemeine Regeln – Ergänzende Regeln für kaltgeformte Bauteile und Bleche | Dezember 2010 | *) |
| DIN EN 1993-1-3/NA | Nationaler Anhang – National festgelegte Parameter – Eurocode 3: Bemessung und Konstruktion von Stahlbauten – Teil 1-3: Allgemeine Regeln – Ergänzende Regeln für kaltgeformte dünnwandige Bauteile und Bleche | Mai 2017 | *) |

Fußnoten siehe Seite 141

**Normen und Richtlinien für den Stahlbau** (Fortsetzung)

| Bezeichnung | Titel | Ausgabe | Bezugsquelle |
|---|---|---|---|
| DIN EN 1993-1-4 | Eurocode 3: Bemessung und Konstruktion von Stahlbauten – Teil 1-4: Allgemeine Bemessungsregeln – Ergänzende Regeln zur Anwendung von nichtrostenden Stählen | Oktober 2015 | *) |
| DIN EN 1993-1-4/NA | Nationaler Anhang – National festgelegte Parameter – Eurocode 3: Bemessung und Konstruktion von Stahlbauten – Teil 1-4: Allgemeine Bemessungsregeln – Ergänzende Regeln zur Anwendung von nichtrostenden Stählen | Januar 2017 | *) |
| DIN EN 1993-1-5 | Eurocode 3: Bemessung und Konstruktion von Stahlbauten – Teil 1-5: Plattenförmige Bauteile | Juli 2017 | *) |
| DIN EN 1993-1-5/NA | Nationaler Anhang – National festgelegte Parameter – Eurocode 3: Bemessung und Konstruktion von Stahlbauten – Teil 1-5: Plattenförmige Bauteile | November 2018 | *) |
| DIN EN 1993-1-6 | Eurocode 3: Bemessung und Konstruktion von Stahlbauten – Teil 1-6: Festigkeit und Stabilität von Schalen | Juli 2017 | *) |
| DIN EN 1993-1-6/NA | Nationaler Anhang – National festgelegte Parameter – Eurocode 3: Bemessung und Konstruktion von Stahlbauten – Teil 1-6: Festigkeit und Stabilität von Schalen | November 2018 | *) |
| DIN EN 1993-1-7 | Eurocode 3: Bemessung und Konstruktion von Stahlbauten – Teil 1-7: Plattenförmige Bauteile mit Querbelastung | Dezember 2010 | *) |
| DIN EN 1993-1-7/NA | Nationaler Anhang – National festgelegte Parameter – Eurocode 3: Bemessung und Konstruktion von Stahlbauten – Teil 1-7: Plattenförmige Bauteile mit Querbelastung | Dezember 2010 | *) |
| DIN EN 1993-1-8 | Eurocode 3: Bemessung und Konstruktion von Stahlbauten – Teil 1-8: Bemessung von Anschlüssen | Dezember 2010 | *) |
| DIN EN 1993-1-8/NA | Nationaler Anhang – National festgelegte Parameter – Eurocode 3: Bemessung und Konstruktion von Stahlbauten – Teil 1-8: Bemessung von Anschlüssen | Dezember 2010 | *) |
| DIN EN 1993-1-9 | Eurocode 3: Bemessung und Konstruktion von Stahlbauten – Teil 1-9: Ermüdung | Dezember 2010 | *) |
| DIN EN 1993-1-9/NA | Nationaler Anhang – National festgelegte Parameter – Eurocode 3: Bemessung und Konstruktion von Stahlbauten – Teil 1-9: Ermüdung | Dezember 2010 | *) |
| DIN EN 1993-1-10 | Eurocode 3: Bemessung und Konstruktion von Stahlbauten – Teil 1-10: Stahlsortenauswahl im Hinblick auf Bruchzähigkeit und Eigenschaften in Dickenrichtung | Dezember 2010 | *) |
| DIN EN 1993-1-10/NA | Nationaler Anhang – National festgelegte Parameter – Eurocode 3: Bemessung und Konstruktion von Stahlbauten – Teil 1-10: Stahlsortenauswahl im Hinblick auf Bruchzähigkeit und Eigenschaften in Dickenrichtung | April 2016 | *) |
| DIN EN 1993-1-11 | Eurocode 3: Bemessung und Konstruktion von Stahlbauten – Teil 1-11: Bemessung und Konstruktion von Tragwerken mit Zuggliedern aus Stahl | Dezember 2010 | *) |

**Normen und Richtlinien für den Stahlbau** (Fortsetzung)

| Bezeichnung | Titel | Ausgabe | Bezugsquelle |
|---|---|---|---|
| DIN EN 1993-1-11/NA | Nationaler Anhang – National festgelegte Parameter – Eurocode 3: Bemessung und Konstruktion von Stahlbauten – Teil 1-11: Bemessung und Konstruktion von Tragwerken mit Zuggliedern aus Stahl | Dezember 2010 | *) |
| DIN EN 1993-1-12 | Eurocode 3: Bemessung und Konstruktion von Stahlbauten – Teil 1-12: Zusätzliche Regeln zur Erweiterung von EN 1993 auf Stahlgüten bis S700 | August 2011 | *) |
| DIN EN 1993-1-12/NA | Nationaler Anhang – National festgelegte Parameter – Eurocode 3: Bemessung und Konstruktion von Stahlbauten – Teil 1-12: Zusätzliche Regeln zur Erweiterung von EN 1993 auf Stahlgüten bis S700 | August 2011 | *) |
| DIN EN 1993-2 | Eurocode 3: Bemessung und Konstruktion von Stahlbauten – Teil 2: Stahlbrücken | Dezember 2010 | *) |
| DIN EN 1993-2/NA | Nationaler Anhang – National festgelegte Parameter – Eurocode 3: Bemessung und Konstruktion von Stahlbauten – Teil 2: Stahlbrücken | Oktober 2014 | *) |
| DIN EN 1993-3-1 | Eurocode 3: Bemessung und Konstruktion von Stahlbauten – Teil 3-1: Türme, Maste und Schornsteine – Türme und Maste | Dezember 2010 | *) |
| DIN EN 1993-3-1/NA | Nationaler Anhang – National festgelegte Parameter – Eurocode 3: Bemessung und Konstruktion von Stahlbauten – Teil 3-1: Türme, Maste und Schornsteine – Türme und Maste | November 2015 | *) |
| DIN EN 1993-3-2 | Nationaler Anhang – National festgelegte Parameter – Eurocode 3: Bemessung und Konstruktion von Stahlbauten – Teil 3-2: Türme, Maste und Schornsteine – Schornsteine | Dezember 2010 | *) |
| DIN EN 1993-3-2/NA | Nationaler Anhang – National festgelegte Parameter – Eurocode 3: Bemessung und Konstruktion von Stahlbauten – Teil 3-2: Türme, Maste und Schornsteine – Schornsteine | Januar 2017 | *) |
| DIN EN 1993-4-1 | Eurocode 3: Bemessung und Konstruktion von Stahlbauten – Teil 4-1: Silos | September 2017 | *) |
| DIN EN 1993-4-1/NA | Nationaler Anhang – National festgelegte Parameter – Eurocode 3: Bemessung und Konstruktion von Stahlbauten – Teil 4-1: Silos, Tankbauwerke und Rohrleitungen – Silos | November 2018 | *) |
| DIN EN 1993-4-2 | Eurocode 3: Bemessung und Konstruktion von Stahlbauten – Teil 4-2: Tankbauwerke | September 2017 | *) |
| DIN EN 1993-4-2/NA | Nationaler Anhang – National festgelegte Parameter – Eurocode 3: Bemessung und Konstruktion von Stahlbauten – Teil 4-2: Tankbauwerke | Dezember 2018 | *) |
| DIN EN 1993-5 | Eurocode 3: Bemessung und Konstruktion von Stahlbauten – Teil 5: Pfähle und Spundwände | Dezember 2010 | *) |
| DIN EN 1993-5/NA | Nationaler Anhang – National festgelegte Parameter – Eurocode 3: Bemessung und Konstruktion von Stahlbauten – Teil 5: Pfähle und Spundwände | Dezember 2010 | *) |

Fußnoten siehe Seite 141

**Normen und Richtlinien für den Stahlbau** (Fortsetzung)

| Bezeichnung | Titel | Ausgabe | Bezugsquelle |
|---|---|---|---|
| DIN EN 1993-6 | Eurocode 3: Bemessung und Konstruktion von Stahlbauten – Teil 6: Kranbahnen | Dezember 2010 | *) |
| DIN EN 1993-6/NA | Nationaler Anhang – National festgelegte Parameter – Eurocode 3: Bemessung und Konstruktion von Stahlbauten – Teil 6: Kranbahnen | November 2017 | *) |
| DIN EN 10025-1 | Warmgewalzte Erzeugnisse aus Baustählen; Allgemeine technische Lieferbedingungen | Februar 2005 | *) |
| DIN EN 10025-2 | Warmgewalzte Erzeugnisse aus Baustählen; Technische Lieferbedingungen für unlegierte Baustähle | Oktober 2019 | *) |
| DIN EN 10025-3 | Warmgewalzte Erzeugnisse aus Baustählen; Technische Lieferbedingungen für normalgeglühte/normalisierend gewalzte schweißgeeignete Feinkornbaustähle | Oktober 2019 | *) |
| DIN EN 10025-4 | Warmgewalzte Erzeugnisse aus Baustählen; Technische Lieferbedingungen für thermomechanisch gewalzte schweißgeeignete Feinkornbaustähle | Oktober 2019 | *) |
| DIN EN 10025-5 | Warmgewalzte Erzeugnisse aus Baustählen; Technische Lieferbedingungen für wetterfeste Baustähle | Oktober 2019 | *) |
| DIN EN 10025-6 | Warmgewalzte Erzeugnisse aus Baustählen; Technische Lieferbedingungen für Flacherzeugnisse aus Stählen mit höherer Streckgrenze im vergüteten Zustand | Oktober 2019 | *) |
| DIN EN 10029 | Warmgewalztes Stahlblech von 3 mm Dicke an; Grenzabmaße, Formentoleranzen, zulässige Gewichtsabweichungen | Februar 2011 | *) |
| DIN EN 10163-1 und -2 | Lieferbedingungen für die Oberflächenbeschaffenheit von warmgewalzten Stahlerzeugnissen | März 2005 | *) |
| DIN EN 10163-1 Berichtigung 1 | Lieferbedingungen für die Oberflächenbeschaffenheit von warmgewalzten Stahlerzeugnissen | Mai 2007 | *) |
| DIN EN 10164 | Stahlerzeugnisse mit verbesserten Verformungseigenschaften senkrecht zur Erzeugnisoberfläche | Dezember 2018 | *) |
| DIN EN 10204 | Arten von Prüfbescheinigungen | Januar 2005 | *) |
| DIN EN 10238 | Automatisch gestrahlte und automatisch fertigbeschichtete Erzeugnisse aus Baustählen | Oktober 2009 | *) |
| DIN EN 10160 | Ultraschallprüfung von Flacherzeugnissen aus Stahl mit einer Dicke größer oder gleich 6 mm (Reflexionsverfahren) | September 1999 | *) |
| SEP 1390 | Aufschweißbiegeversuch | Juli 1996 | **) |
| DIN 4119 | Oberirdische zylindrische Flachboden-Tankbauwerke aus metallischen Werkstoffen<br>Teil 1: Grundlagen, Ausführung, Prüfungen<br>Teil 2: Berechnung | Juni 1979<br>Februar 1980 | *)<br>*) |
| DIN 4131 | Antennentragwerke aus Stahl | November 1991 | *) |
| DIN V 4133 | Freistehende Stahlschornsteine | Juli 2007 | *) |

**Normen und Richtlinien für den Stahlbau** (Fortsetzung)

| Bezeichnung | Titel | Ausgabe | Bezugsquelle |
|---|---|---|---|
| DIN 18800-1 | Stahlbauten – Teil 1: Bemessung und Konstruktion | November 2008 | *) |
| DIN 18800-2 | Stahlbauten – Teil 2: Stabilitätsfälle – Knicken von Stäben und Stabwerken | November 2008 | *) |
| DIN 18800-3 | Stahlbauten – Teil 3: Stabilitätsfälle – Plattenbeulen | November 2008 | *) |
| DIN 18800-4 | Stahlbauten – Teil 4: Stabilitätsfälle – Schalenbeulen | November 2008 | *) |
| DIN 18800-7 | Stahlbauten – Teil 7: Ausführung und Herstellerqualifikation | November 2008 | *) |
| DIN 19704-1 bis -3 | Stahlwasserbauten | Mai 1998 | *) |
| DASt-Ri 006 | Überschweißen von Fertigungsbeschichtungen im Stahlbau | Dezember 2008 | ***) |
| DASt-Ri 007 | Lieferung, Verarbeitung und Anwendung wetterfester Baustähle | Mai 1993 | ***) |
| DASt-Ri 009 | Stahlsortenauswahl für geschweißte Stahlbauten | Mai 2008 | ***) |
| DASt-Ri 011 | Hochfeste schweißgeeignete Feinkornbaustähle mit Mindeststreckgrenzenwerten von 460 und 690 N/mm$^2$ – Anwendung für Stahlbauten | Februar 1988 | ***) |
| DASt-Ri 014 | Empfehlungen zur Vermeidung von Terrassenbrüchen in geschweißten Konstruktionen aus Baustahl | Januar 1981 | ***) |
| DASt-Ri 015 | Träger mit schlanken Stegen | Juli 1990 | ***) |
| DASt-Ri 016 | Bemessung und konstruktive Gestaltung von Tragwerken aus dünnwandigen kaltgeformten Bauteilen | Februar 1992 | ***) |
| DASt-Ri 017 | Beulsicherheitsnachweise für Schalen – spezielle Fälle | Februar 1992 | ***) |
| DASt-Ri 018 | Hammerschrauben | November 2001 | ***) |
| DASt-Ri 019 | Brandsicherheit von Stahl- und Verbundbauteilen in Büro- und Verwaltungsgebäuden | November 2001 | ***) [11] |
| DASt-Ri 020 | Bemessung schlanker, stählerner, windbelasteter Kreiszylinder | Mai 2008 | ***) |
| DASt-Ri 021 | Schraubenverbindungen aus feuerverzinkten Garnituren M 39 bis M 64 entsprechend DIN 6914, DIN 6915, DIN 6916 | 2007 | ***) |
| DASt-Ri 022 | Feuerverzinken von tragenden Stahlbauteilen | August 2009 | ***) |
| DASt-Ri 023 | Langlochverbindungen mit Schrauben | Mai 2010 | ***) |
| DASt-Ri 103 | Richtlinie zur Anwendung von DIN V ENV 1993 Teil 1-1 (NAD) | November 1993 | ***) |
| DASt-Ri 104 | Richtlinie zur Anwendung von DIN V ENV 1994 Teil 1-1 (NAD) | Februar 1994 | ***) |
| ZTV-ING | Zusätzliche Technische Vertragsbedingungen und Richtlinien für Ingenieurbauwerke Teil 4, Stahlbau, Stahlverbundbau | Dezember 2012 | ****) |

Fußnoten siehe Seite 141

**Normen und Richtlinien für den Stahlbau** (Fortsetzung)

| Bezeichnung | Titel | Ausgabe | Bezugsquelle |
|---|---|---|---|
| DIN-Fachbericht 103 | Stahlbrücken | März 2009 | *) |
| DIN-Fachbericht 104 | Verbundbrücken | März 2009 | *) |
| Richtlinie 804 | Eisenbahnbrücken (und sonstige Ingenieurbauwerke) planen, bauen und instand halten | Januar 2013 | DB Logistikcenter, Karlsruhe |
| SEW 081-1 | Mechanisch-technologische Eigenschaften von schweißgeeigneten Feinkornbaustählen, normalgeglüht oder normalisierend gewalzt in größeren Erzeugnisdicken bis 250 mm – Feinkornbaustähle nach DIN EN 10113-2 für den Stahlbau | September 1998 | **) |
| SEW 088 | Schweißgeeignete Feinkornbaustähle; Richtlinien für die Verarbeitung, besonders für das Schmelzschweißen | Oktober 1993 | **) |
| | Bauregelliste A, Bauregelliste B und Liste C | | www.DIBT.de |

*) Beuth Verlag, Berlin
**) Verlag Stahleisen, Düsseldorf
***) Stahlbau Verlags- und Service GmbH, Düsseldorf
****) Verkehrsblatt Verlag, Dortmund
11) Abgedruckt mit Kommentar im Stahlbau-Kalender 2004

**Adressen der Bezugsquellen**

DB Logistikcenter
Kriegsstraße 1
76131 Karlsruhe
Tel. 07 21/9 38 59 65
Fax 07 21/9 38 30 79

Beuth Verlag GmbH
10772 Berlin

Verlag Stahleisen GmbH
Postfach 10 51 64
40042 Düsseldorf

Stahlbau Verlags- und Service GmbH
Sohnstraße 65, 40237 Düsseldorf

Verkehrsblatt Verlag
Hohe Straße 39, 44139 Dortmund

# 3 Bescheide des Deutschen Instituts für Bautechnik DIBt (Stand: September 2019)

## 3.1 Allgemeine bauaufsichtliche Zulassungen/allgemeine Bauartgenehmigungen

### 3.1.1 Verzeichnis Sachgebiet Verbundbau

| Bescheidgegenstand | Antragsteller | Bescheid-nummer | Bescheid vom: Geltungsdauer bis: |
|---|---|---|---|
| Holorib-Verbunddecke | Montana Bausysteme AG<br>Durisolstrasse 11<br>5612 Villmergen<br>Schweiz | Z-26.1-4 | Z: 12.06.2014<br>G: 01.08.2019 |
| COFRASTRA Verbunddecken | ArcelorMittal Construction Deutschland GmbH<br>Münchener Straße 2<br>06796 Sandersdorf-Brehna<br>und<br>ArcelorMittal Construction France<br>Site 1, Zone Industrielle<br>55800 Contrisson<br>Frankreich | Z-26.1-22 | Z: 28.07.2016<br>G: 28.07.2021 |
| Balkendecken mit LEWIS-Böden | REPPEL b. v. Bouwspecialiteiten<br>P. Zeemanweg 107<br>3300 AC Dordrecht<br>Niederlande | Z-26.1-36 | Z: 18.06.2018<br>G: 05.12.2022 |
| ComFlor 210 – Verbunddecke | Tata Steel UK Ltd.<br>Panels & Profiles<br>Shotton Works Deeside<br>Flintshire CH5 2 NH<br>Großbritannien | Z-26.1-37 | Z: 22.11.2017<br>G: 22.11.2022 |
| Hoesch Additiv Decke® | Hoesch Bausysteme GmbH<br>Hammerstraße 11<br>57223 Kreuztal | Z-26.1-44 | Z: 08.08.2016<br>G: 05.02.2021 |
| SUPER-HOLORIB SHR 51-Verbunddecke | Montana Bausysteme AG<br>Durisolstrasse 11<br>5612 Villmergen<br>Schweiz | Z-26.1-45 | Z: 13.03.2018<br>G: 13.03.2023 |
| Hody-Verbunddecke<br>Typ Hody SB 60 | Reppel b. v. Bouwspecialiteiten<br>P. Zeemanweg 107<br>3300 AC Dordrecht<br>Niederlande | Z-26.1-52 | Z: 19.06.2014<br>G: 01.07.2019 |
| ArcelorMittal Systemdecke Cofraplus 220 | ArcelorMittal Construction France<br>Site 1, Zone Industrielle<br>55800 Contrisson<br>Frankreich | Z-26.1-55 | Z: 02.08.2018<br>G: 02.08.2019 |
| GOBACAR-Verbundfuge | Goldbeck GmbH<br>Ummelner Straße 4–6<br>33649 Bielefeld | Z-26.1-58 | Z: 16.04.2019<br>G: 04.06.2024 |
| HOWI-Deckensystem mit HOWI-Stahlblech-Deckenträger | HOWI-Fertigdecke Ingenieurgesellschaft mbH<br>Schulstraße 13<br>53539 Kelberg | Z-26.1-61 | Z: 24.07.2017<br>G: 24.07.2022 |

Z  Zulassungsbescheid   Ä  Änderungsbescheid
E  Ergänzungsbescheid   V  Verlängerungsbescheid

**Verzeichnis Sachgebiet Verbundbau** (Fortsetzung)

| Bescheidgegenstand | Antragsteller | Bescheidnummer | Bescheid vom: Geltungsdauer bis: |
|---|---|---|---|
| PREFLEX-Träger | C + P Brückenbau GmbH & Co. KG<br>Himmelfahrtsgasse 31<br>09599 Freiberg | Z-26.2-34 | Z: 13.02.2019<br>G: 01.03.2024 |
| Spannverbund-Träger | spannverbund GmbH<br>Auf der Lind 13<br>65529 Waldems-Esch | Z-26.2-41 | Z: 12.05.2017<br>G: 12.05.2022 |
| DELTA Verbundträger | Peikko Group OY<br>Voimakatu 3<br>15170 Lahti<br>Finnland | Z-26.2-49 | Z: 23.03.2012<br>V: 23.03.2017<br>G: 24.03.2022 |
| CFK-Aluminium-Verbundträger zum Einsatz in Zeltkonstruktionen | RÖDER<br>HTS HÖCKER GmbH<br>Hinter der Schlagmühle 1<br>63699 Kefenrod | Z-26.2-53 | Z: 04.03.2019<br>G: 25.02.2021 |
| HPC-Träger | Hentschke Bau GmbH<br>Zeppelinstraße 15<br>02625 Bautzen | Z-26.2-54 | Z: 08.12.2015<br>G: 08.12.2020 |
| Stahlverbundträger mit Verbunddübelleisten in Klothoiden- und Puzzleform | Forschungsvereinigung Stahlanwendung e. V. (FOSTA)<br>Sohnstraße 65<br>40237 Düsseldorf | Z-26.4-56 | Z: 14.05.2018<br>G: 14.05.2023 |
| Verbundträger mit CoSFB-Betondübel | bauforumstahl e. V.<br>Sohnstraße 65<br>40237 Düsseldorf | Z-26.4-59 | Z: 17.06.2019<br>G: 29.07.2024 |

Z  Zulassungsbescheid  
E  Ergänzungsbescheid  
Ä  Änderungsbescheid  
V  Verlängerungsbescheid

### 3.1.2 Verzeichnis Sachgebiet Metallbau – Werkstoffe

| Bescheidgegenstand | Antragsteller | Bescheid-nummer | Bescheid vom: Geltungsdauer bis: |
|---|---|---|---|
| Flacherzeugnisse aus den warmgewalzten schweißgeeigneten Feinkornstählen im thermomechanischen (M) gewalzten Zustand S355M und S355ML | AG der Dillinger Hüttenwerke Werkstraße 1 66763 Dillingen/Saar | Z-30.2-64 | Z: 05.11.2014 G: 05.11.2019 |
| Erzeugnisse, Bauteile und Verbindungsmittel aus nichtrostenden Stählen | Informationsstelle Edelstahl Rostfrei Sohnstraße 65 40237 Düsseldorf | Z-30.3-6 | Z: 05.03.2018 G: 01.05.2022 |
| Halterungen aus den Duplex Stahlsorten 1.4062, 1.4162, 1.4362 und 1.4482 | Halfen GmbH & Co. KG Liebigstraße 14 40764 Langenfeld | Z-30.3-23 | Z: 06.10.2015 G: 06.10.2020 |
| PFEIFER Fundamentanker PGS – Typ G | Pfeifer Seil- und Hebetechnik GmbH Dr.-Karl-Lenz-Straße 66 87700 Memmingen | Z-30.6-15 | Z: 12.04.2016 G: 08.07.2020 |
| Peikko® PPM Ankerbolzen und HPM Ankerbolzen | Peikko Group OY Voimakatu 3 15101 Lahti Finnland | Z-30.6-39 | Z: 09.11.2018 G: 09.11.2023 |
| Schroeder RS-Schwerlastanker | Friedrich Schroeder GmbH & Co. KG Hönnestraße 24 58809 Neuenrade | Z-30.6-70 | Z: 30.07.2019 G: 26.08.2021 |
| PEIKKO® Muffenverbindung Typ Copra | PEIKKO GROUP CORPORATION Voimakatu 3 15101 Lahti Finnland | Z-30.6-72 | Z: 07.04.2017 G: 07.04.2022 |
| Geschweißte Bauteile aus Baustahl und deren Ermüdungsfestigkeitskennwerte | Nordex Energy GmbH Langenhorner Chaussee 600 22419 Hamburg | Z-30.6-73 | Z: 30.04.2018 G: 14.06.2022 |
| Spundwandprodukte aus AMLoCor Blue | ARCELORMITTAL Commercial RPS S. à r. l. 66, rue de Luxembourg 4009 Esch-Sur-Alzette Luxemburg | Z-30.10-55 | Z: 22.01.2018 G: 01.11.2021 |
| Bleche und Bänder aus kontinuierlich schmelztauchveredelten Flacherzeugnissen aus Stahl S390GD, S420GD und S450GD | ThyssenKrupp Steel Europe AG Hammerstraße 11 57223 Kreuztal | Z-30.10-65 | Z: 11.07.2016 G: 16.09.2020 |
| Bleche und Bänder aus kontinuierlich schmelztauchveredelten Flacherzeugnissen aus Stahl S450GD zur Verwendung als Leichtbauprofile | System-Bau-Elemente-Vertriebs-GmbH Offenbachstraße 1 81241 München | Z-30.10-68 | Z: 24.02.2016 G: 24.02.2021 |

Z   Bescheid  
E   Ergänzungsbescheid  
Ä   Änderungsbescheid  
V   Verlängerungsbescheid

## Verzeichnis Sachgebiet Metallbau – Werkstoffe (Fortsetzung)

| Bescheidgegenstand | Antragsteller | Bescheid-nummer | Bescheid vom:<br>Geltungsdauer bis: |
|---|---|---|---|
| Stahlbauteile mit einschichtigem Epoxydharz/Polyester-Pulverbeschichtungssystem | Goldbeck GmbH<br>Ummelner Straße 4–6<br>33649 Bielefeld | Z-30.11-22 | Z: 18.12.2015<br>G: 18.12.2020 |
| Metalldiffusionsüberzug Greenkote Typ PM-1 für Verbindungselemente und Bauteile aus Stahl | Greenkote (israel) Ltd.<br>(C/O Yossi Shemesh)<br>35 Shemesh St.<br>Caesarea 3079355<br>Israel | Z-30.11-29 | Z: 27.06.2019<br>G: 27.06.2024 |
| Duplex-Systeme bestehend aus einer organischen Beschichtung „pladur®" auf feuerveredelten Stahlblechen mit einer Zink-Magnesium-Legierung „ZM Ecoprotect®" für die Herstellung von dünnwandigen kaltgeformten Bauteilen | thyssenkrupp Steel Europe AG<br>Hammerstraße 11<br>57223 Kreuztal | Z-30.11-30 | Z: 30.09.2016<br>G: 30.09.2021 |
| Mit den Korrosionsschutzsystemen Colorcoat® PE 15 on Magizinc®, Colorcoat® PE 25 on Magizinc®, Colorcoat® PVDF on Magizinc® und Colorcoat® SDP35 on Magizinc® korrosionsgeschützte Stahlbänder (Coils) für die Herstellung dünnwandiger kaltgeformter Bauteile | Tata Steel<br>Wenckebachstraat 1<br>1951 JZ Velsen-Noord<br>Niederlande | Z-30.11-36 | Z: 28.03.2018<br>G: 30.11.2019 |
| Mit D+H surface coating beschichtete Stahlbauteile für den Einsatz in chloridhaltiger Schwimmbadatmosphäre | D + H Mechatronic AG<br>Georg-Sasse-Straße 28–32<br>22949 Ammersbek | Z-30.11-40 | Z: 19.10.2015<br>G: 23.11.2020 |
| Korrosionsschutzverfahren ATIS Cableskin® für tragende Seile | Alpin Technik und Ingenieurservice GmbH<br>Plautstraße 80<br>04179 Leipzig | Z-30.11-41 | Z: 29.03.2016<br>G: 29.03.2021 |
| Mit den Korrosionsschutzsystemen „FolaSal® StronSal®" geschützte Stahlbänder für die Herstellung dünnwandiger kaltgeformter Bauteile | Salzgitter Flachstahl GmbH<br>Eisenhüttenstraße 99<br>38239 Salzgitter | Z-30.11-42 | Z: 13.09.2018<br>G: 30.10.2019 |
| Mit den Beschichtungssystemen „DELTA-MKS" beschichtete Stahlbauteile und Verbindungselemente | Dörken MKS-Systeme GmbH & Co. KG<br>Wetterstraße 58<br>58313 Herdecke | Z-30.11-45 | Z: 14.01.2015<br>G: 14.01.2020 |
| Stahlbauteile und Stahlkonstruktionen mit 2-Schicht Pulverlack Korrosionsschutz-System | GOLDBECK<br>Bauelemente Bielefeld GmbH<br>Ummelner Straße 4–6<br>33649 Bielefeld | Z-30.11-49 | Z: 10.11.2015<br>G: 10.11.2020 |

**Verzeichnis Sachgebiet Metallbau – Werkstoffe** (Fortsetzung)

| Bescheidgegenstand | Antragsteller | Bescheid-nummer | Bescheid vom: Geltungsdauer bis: |
|---|---|---|---|
| Mit dem metallischen Überzug „Magnelis" korrosionsgeschützte Stahlbänder für die Herstellung dünnwandiger kaltgeformter Bauteile | ARCELORMITTAL FLAT CARBON EUROPE 24–26, Boulevard d'Avranches 1160 Luxembourg Luxemburg | Z-30.11-51 | Z: 29.08.2018 G: 29.08.2019 |
| Von DASt-Richtlinie 022 abweichend feuerverzinkte Stahlbauteile überwiegend für den Seilbahnbau | Doppelmayr Seilbahnen GmbH Rickenbacherstraße 8–10 6961 Wolfurt Österreich | Z-30.11-53 | Z: 04.11.2014 G: 04.11.2019 |
| Feuerveredelte Stahlbleche mit einer Zink-Magnesium-Legierung „ZM Ecoprotect®" für die Herstellung kaltgeformter Bauteile | thyssenkrupp Steel Europe AG Hammerstraße 11 57223 Kreuztal | Z-30.11-54 | Z: 30.12.2016 G: 30.12.2021 |
| Mit dem Dünnschicht-Verzinkungsverfahren MicroZINQ® 5 feuerverzinkte Bauteile | ZINQ® Technologie GmbH An den Schleusen 6 45881 Gelsenkirchen | Z-30.11-60 | Z: 28.06.2016 G: 13.05.2020 |
| Mit einem Zink-Aluminium-Magnesium-Überzug (Optigal/ZM-Evolution) und einer zusätzlichen organischen Beschichtung korrosionsgeschützte Stahlbänder für die Herstellung dünnwandiger kaltgeformter Bauteile | ArcelorMittal 24–26 Boulevard d'Avranches 1160 Luxembourg Luxemburg | Z-30.11-61 | Z: 01.07.2019 G: 01.07.2024 |
| Zinkschicht-Ausbesserungssystem ZINQ® Fix für verzinkte Stahlbauteile | ZINQ® Technologie GmbH An den Schleusen 6 45881 Gelsenkirchen | Z-30.11-63 | Z: 09.02.2017 G: 09.02.2022 |
| Mit metallischen Überzügen aus Zink mit einer Auflagenmasse von bis zu 1200 g/m² korrosionsgeschützte Stahlbänder (Coils) zur Herstellung kaltgeformter Bauteile | Wuppermann Stahl GmbH Gußstahlwerkstraße 23 8750 Judenburg Österreich | Z-30.11-69 | Z: 09.12.2016 G: 09.12.2021 |
| Korrosionsschutzband DYNA-Protect® Bar DYWIDAG-Systems für Spannstahlstäbe | International GmbH Siemensstraße 8 85716 Unterschleißheim | Z-30.11-71 | Z: 09.02.2017 G: 21.07.2021 |
| Wuppermann Zink-Magnesium-Überzug „Wzm" | Wuppermann Stahl GmbH Gußstahlwerkstraße 23 8750 Judenburg Österreich | Z-30.11-74 | Z: 12.02.2018 G: 12.02.2023 |

Z  Bescheid  
E  Ergänzungsbescheid  
Ä  Änderungsbescheid  
V  Verlängerungsbescheid

### 3.1.3 Verzeichnis Sachgebiet Metallbau und Metallbauarten

| Bescheidgegenstand | Antragsteller | Bescheidnummer | Bescheid vom: Geltungsdauer bis: |
|---|---|---|---|
| Verbindungselemente zur Verbindung von Bauteilen im Metallleichtbau | IFBS<br>Europark Fichtenhain A 13a<br>47807 Krefeld | Z-14.1-4 | Z: 29.04.2016<br>G: 01.02.2021 |
| ASTRON-Dachsysteme PR-Dach und LPR1000-Dach | LINDAB S. A.<br>Ettelbrucker Straße 34<br>9230 Diekirch<br>Luxemburg | Z-14.1-88 | Z: 12.08.2014<br>V: 05.03.2019<br>G: 01.03.2020 |
| Aluform ALUDECK Klemmrippenprofil-Dachelemente | Aluform System GmbH & Co. KG<br>Dresdener Straße 15<br>02994 Bernsdorf | Z-14.1-172 | Z: 13.04.2016<br>G: 01.06.2020 |
| Kalzip-Aluminium-Stehfalzprofil-System | Kalzip GmbH<br>August-Horch-Straße 20–22<br>56070 Koblenz | Z-14.1-181 | Z: 27.05.2016<br>G: 27.05.2021 |
| BEMO-FLAT-ROOF-Stehfalzprofilsystem aus Aluminium und seine Komponenten | BEMO Systems GmbH<br>Max-Eyth-Straße 2<br>74532 Ilshofen | Z-14.1-182 | Z: 21.03.2019<br>G: 01.04.2022 |
| GBS-Klemmrippenprofil-Dachelemente aus Stahl | Domico Dach-, Wand- und Fassadensysteme KG<br>Salzburger Straße 10<br>4870 Vöcklamarkt<br>Österreich | Z-14.1-322 | Z: 15.12.2017<br>G: 22.11.2022 |
| RIB-ROOF-Gleit-Falz-Profildach aus Stahl | Zambelli RIB-ROOF GmbH & Co. KG<br>Hans-Sachs-Straße 3 + 5<br>94569 Stephansposching | Z-14.1-345 | Z: 01.02.2016<br>G: 01.02.2021 |
| RIB-ROOF-Gleit-Falz-Profildach aus Aluminium | Zambelli RIB-ROOF GmbH & Co. KG<br>Hans-Sachs-Straße 3 + 5<br>94569 Stephansposching | Z-14.1-346 | Z: 01.02.2016<br>G: 01.02.2021 |
| GBS-Klemmrippenprofil-Dachelemente aus Aluminium | DOMICO Dach-, Wand- und Fassadensysteme Gesellschaft m. b. H. & Co. KG<br>Salzburger Straße 10<br>4870 Vöcklamarkt<br>Österreich | Z-14.1-347 | Z: 28.09.2017<br>G: 01.10.2022 |
| Peneder Bogendach und Lichtelemente | Peneder Bau-Elemente GmbH<br>Ritzling 9<br>4904 Atzbach<br>Österreich | Z-14.1-388 | Z: 23.03.2018<br>G: 02.03.2023 |
| DOMITEC-Klemmrippenprofil-Dachelementsystem aus Stahl und dessen Halteprofile | Domico Dach-, Wand- und Fassadensysteme KG<br>Salzburger Straße 10<br>4870 Vöcklamarkt<br>Österreich | Z-14.1-416 | Z: 11.07.2018<br>G: 11.07.2023 |

Z  Bescheid  
E  Ergänzungsbescheid  
Ä  Änderungsbescheid  
V  Verlängerungsbescheid

**Verzeichnis Sachgebiet Metallbau und Metallbauarten** (Fortsetzung)

| Bescheidgegenstand | Antragsteller | Bescheid-nummer | Bescheid vom: Geltungsdauer bis: |
|---|---|---|---|
| DOMITEC-Klemmrippen-profil-Dachelementsystem aus Aluminium und dessen Halteprofile | Domico Dach-, Wand- und Fassaden-systeme KG<br>Salzburger Straße 10<br>4870 Vöcklamarkt<br>Österreich | Z-14.1-417 | Z: 11.07.2018<br>G: 11.07.2023 |
| ISOVER Metac Wand-kassetten-System | SAINT-GOBAIN ISOVER G+H AG<br>Bürgermeister-Grünzweig-Straße 1<br>67059 Ludwigshafen | Z-14.1-421 | Z: 18.04.2017<br>G: 18.04.2022 |
| ALUFALZ-Stehfalzprofil-Dachelemente | Aluform System GmbH & Co. KG<br>Dresdener Straße 15<br>02994 Bernsdorf | Z-14.1-429 | Z: 03.07.2015<br>G: 01.07.2020 |
| Fassadensystem Planum und seine Komponenten mit Fassadenelementen aus Stahl | DOMICO Dach-, Wand- und Fassaden-systeme Gesellschaft m. b. H. & Co. KG<br>Salzburger Straße 10<br>4870 Vöcklamarkt<br>Österreich | Z-14.1-447 | Z: 14.03.2019<br>G: 14.03.2024 |
| Fassadensystem Planum und seine Komponenten mit Fassadenelementen aus Aluminium | DOMICO Dach-, Wand- und Fassaden-systeme Gesellschaft m. b. H. & Co. KG<br>Salzburger Straße 10<br>4870 Vöcklamarkt<br>Österreich | Z-14.1-448 | Z: 14.03.2019<br>G: 14.03.2024 |
| Eurorib E500 Stehfalzdach-profilsystem aus Aluminium und seine Komponenten | MONTECO GmbH<br>Feldrietstrasse 3<br>9204 Andwil<br>Schweiz | Z-14.1-450 | Z: 10.05.2019<br>G: 01.04.2024 |
| Eurorib E500 Stehfalzdach-profilsystem aus Stahl und seine Komponenten | MONTECO GmbH<br>Feldrietstrasse 3<br>9204 Andwil<br>Schweiz | Z-14.1-451 | Z: 10.05.2019<br>G: 01.04.2024 |
| FischerKLIPTEC Stehfalz-profile aus Stahl | Fischer Profil GmbH<br>Waldstraße 67<br>57250 Netphen | Z-14.1-457 | Z: 20.01.2015<br>G: 01.11.2019 |
| Wandkassetten-System „Steelrock Plus" | Deutsche Rockwool Mineralwoll GmbH & Co. OHG<br>Rockwool Straße 37–41<br>45966 Gladbeck | Z-14.1-466 | Z: 16.12.2014<br>G: 01.01.2020 |
| RIB-ROOF speed 500 Gleit-Falz-Profildach aus Stahl | Zambelli RIB-ROOF GmbH & Co. KG<br>Hans-Sachs-Straße 3 + 5<br>94569 Stephansposching | Z-14.1-473 | Z: 30.03.2016<br>G: 01.04.2021 |
| RIB-ROOF Speed 500 Gleit-Falz-Profildach aus Aluminium | Zambelli RIB-ROOF GmbH & Co. KG<br>Hans-Sachs-Straße 3 + 5<br>94569 Stephansposching | Z-14.1-474 | Z: 30.03.2016<br>G: 01.04.2021 |

Z  Bescheid  Ä  Änderungsbescheid
E  Ergänzungsbescheid  V  Verlängerungsbescheid

**Verzeichnis Sachgebiet Metallbau und Metallbauarten** (Fortsetzung)

| Bescheidgegenstand | Antragsteller | Bescheidnummer | Bescheid vom: Geltungsdauer bis: |
|---|---|---|---|
| Mechanische Verbindungselemente zur Verbindung von Bauteilen aus Aluminium miteinander oder mit Unterkonstruktionen aus Aluminium, Stahl oder Holz | IFBS<br>Europark Fichtenhain A 13a<br>47807 Krefeld | Z-14.1-537 | Z: 20.02.2019<br>G: 01.02.2024 |
| Pflaum Linear Fassadensystem und dessen Komponenten | ArcelorMittal Construction Polska Sp. z o. o.<br>Ul. Metalowców 1<br>41-600 Swietochlowice<br>Polen | Z-14.1-566 | Z: 04.01.2019<br>G: 01.03.2024 |
| Fassadensystem Laukien Steckpaneel PLUS Aluminium | Hans Laukien GmbH<br>Borsigstraße 23<br>24145 Kiel | Z-14.1-578 | Z: 13.04.2015<br>G: 01.04.2020 |
| Fassadensystem Laukien Steckpaneel PLUS Stahl und Laukien Steckpaneel PLUS nichtrostender Stahl | Hans Laukien GmbH<br>Borsigstraße 23<br>24145 Kiel | Z-14.1-579 | Z: 26.11.2014<br>Ä: 01.09.2016<br>G: 26.11.2019 |
| Fassadensystem Kalzip FC aus Aluminium | Kalzip GmbH<br>August-Horch-Straße 20–22<br>56070 Koblenz | Z-14.1-581 | Z: 07.08.2015<br>G: 01.07.2020 |
| LINDAB-Dachsystem „LMR600-Dach" | ASTRON Buildings S. A.<br>Route d'Ettelbruck<br>9230 Diekirch<br>Luxemburg | Z-14.1-594 | Ä+V: 02.08.2017<br>G: 21.08.2022 |
| Fassadensystem MONTALINE® aus Aluminium | Montana Bausysteme AG<br>Durisolstrasse 11<br>5612 Villmergen<br>Schweiz | Z-14.1-619 | Z: 05.09.2016<br>G: 05.09.2021 |
| Fassadensystem MONTALINE aus Stahl | Montana Bausysteme AG<br>Durisolstrasse 11<br>5612 Villmergen<br>Schweiz | Z-14.1-620 | Z: 05.09.2016<br>G: 05.09.2021 |
| Vollperforierte Trapez- und Wellprofile aus Aluminium und deren Befestigung | Montana Bausysteme AG<br>Durisolstraße 11<br>5612 Villmergen<br>Schweiz | Z-14.1-621 | Z: 07.02.2019<br>G: 07.02.2024 |
| PROTECTUM®-Dachsystem | Rudolf Schmid GmbH<br>Wendelsteinstraße 5<br>83109 Großkarolinenfeld | Z-14.1-622 | Z: 13.01.2017<br>G: 21.06.2021 |
| BEMO Flat Roof Stehfalzprofilsystem aus Stahl und seine Komponenten | BEMO Systems GmbH<br>Max-Eyth-Straße 2<br>74532 Ilshofen | Z-14.1-640 | Z: 21.03.2019<br>G: 01.06.2022 |

**Verzeichnis Sachgebiet Metallbau und Metallbauarten** (Fortsetzung)

| Bescheidgegenstand | Antragsteller | Bescheid-nummer | Bescheid vom: Geltungsdauer bis: |
|---|---|---|---|
| Wandkassettensystem Domico und dessen Komponenten | Domico Dach-, Wand- und Fassadensysteme KG Salzburger Straße 10 4870 Vöcklamarkt Österreich | Z-14.1-690 | Z: 09.11.2018 G: 09.11.2023 |
| Gleit-Falz-Profildach Prima Roof 500 Aluminium | Pauli Metalltechnik e. K. Kranzlweg 2 94160 Ringelai | Z-14.1-698 | Z: 20.02.2015 G: 20.02.2020 |
| Gleit-Falz-Profildach Prima Roof 500 Stahl | Pauli Metalltechnik e. K. Kranzlweg 2 94160 Ringelai | Z-14.1-699 | Z: 20.02.2015 G: 20.02.2020 |
| Domico Elementdach | Domico Dach-, Wand- und Fassadensysteme KG Salzburger Straße 10 4870 Vöcklamarkt Österreich | Z-14.1-717 | Z: 05.06.2019 G: 29.05.2024 |
| Stahltrapezprofile S35/207, S75/305, S135/420 und S158/350 aus höherfestem Stahl und deren Befestigung | SIEGMETALL GmbH Kalteiche-Ring 24–26 35708 Haiger | Z-14.1-739 | Z: 27.05.2015 G: 27.05.2020 |
| Gleit-Falzprofildach RIB-ROOF Evolution Aluminium | Zambelli RIB-ROOF GmbH & Co. KG Hans-Sachs-Straße 3 + 5 94569 Stephansposching | Z-14.1-761 | Z: 25.02.2016 G: 25.02.2021 |
| Gleit-Falzprofildach RIB-ROOF Evolution Stahl | Zambelli RIB-ROOF GmbH & Co. KG Hans-Sachs-Straße 3 + 5 94569 Stephansposching | Z-14.1-762 | Z: 25.02.2016 G: 25.02.2021 |
| RHEINZINK-Stehfalzsystem | RHEINZINK GmbH & Co. KG Bahnhofstraße 90 45711 Datteln | Z-14.1-773 | Z: 28.08.2017 G: 10.03.2022 |
| Traggestell DEKMETAL | DEKMETAL s. r. o. Tiskarská 10/257 108 00 Praha 10 Tschechische Republik | Z-14.1-785 | Z: 17.01.2017 G: 17.01.2022 |
| Wandkassetten-System Goldbeck | Goldbeck GmbH Ummelner Straße 4–6 33649 Bielefeld | Z-14.1-813 | Z: 12.04.2018 G: 12.04.2023 |
| Paneelfassade PRIMO Stahl | BEMO Systems GmbH Max-Eyth-Straße 2 74532 Ilshofen | Z-14.1-819 | Z: 16.07.2018 G: 16.07.2023 |
| Stahltrapezprofile EL 30/220, EL 35/207, EL 45/333/S, EL 50/250 aus höherfestem Stahl und deren Befestigung mittels Befestigungsschrauben und Verbindungselemente | Feilmeier AG Langenamming 42–44 94486 Osterhofen | Z-14.1-835 | Z: 24.05.2019 G: 24.05.2024 |

Z  Bescheid  
E  Ergänzungsbescheid  
Ä  Änderungsbescheid  
V  Verlängerungsbescheid

**Verzeichnis Sachgebiet Metallbau und Metallbauarten** (Fortsetzung)

| Bescheidgegenstand | Antragsteller | Bescheidnummer | Bescheid vom: Geltungsdauer bis: |
|---|---|---|---|
| Doppelfalzverbindung für Behälter aus Stahlblech System LIPP | LIPP GmbH Industriestraße 73497 Tannhausen | Z-14.3-15 | Z: 14.09.2016 G: 14.09.2021 |
| Stoßausbildung für PERMASTORE-Behälter aus vorwiegend emaillierten Stahlblechen | Permastore Limited Eye, Suffolk IP23 7HS Großbritannien | Z-14.3-16 | Z: 22.07.2016 G: 22.07.2021 |
| MERO-Raumfachwerk und seine Komponenten | MERO-TSK International GmbH & Co. KG Max-Mengeringhausen-Straße 5 97084 Würzburg | Z-14.4-10 | Z: 03.05.2019 G: 09.05.2024 |
| Klemmverbindungen und ihre Komponenten für die Fassadensysteme forster thermfix vario und forster thermfix vario Hi | Forster Profilsysteme AG Amriswilerstrasse 50 9320 Arbon Schweiz | Z-14.4-81 | Z: 06.11.2018 G: 06.11.2023 |
| Blindniete der Typen MAGNA-LOK und MAGNA-BULB und damit hergestellte Verbindungen im Stahlbau | Arconic Fastening Systems and Rings Limited Unit C, Stafford Park 7 Telford, Shropshire TF3 3BQ Großbritannien | Z-14.4-406 | Z: 30.11.2018 G: 30.11.2020 |
| Gewindeformende Schrauben zur Verbindung von Sandwichelementen mit Unterkonstruktionen aus Stahl oder Holz | IFBS Europark Fichtenhain A 13a 47807 Krefeld | Z-14.4-407 | Z: 20.02.2019 G: 01.02.2024 |
| EJOT Bohrschrauben | EJOT Baubefestigungen GmbH In der Stockwiese 35 57334 Bad Laasphe | Z-14.4-426 | Z: 26.04.2016 G: 01.05.2021 |
| ASDO-Zugstabsystem | ANKER-SCHROEDER.DE ASDO GMBH Hannöversche Straße 48 44143 Dortmund | Z-14.4-439 | Z: 02.02.2015 G: 02.02.2020 |
| Bohrschrauben SFS SD2/KL-S-S11/T25-6xL SFS SD2/KL-S11/T25-6xL | SFS intex GmbH FasteningsSystems In den Schwarzwiesen 2 61440 Oberursel | Z-14.4-440 | Z: 28.10.2014 G: 01.11.2019 |
| Klemmverbindung und dessen Komponenten für das Schraubrohrsystem Stabalux | Stabalux GmbH Fraunhoferstraße 8 53121 Bonn | Z-14.4-444 | Z: 17.04.2019 G: 01.04.2024 |
| Befestigungssystem für das Fassadensystem THERM+ S-I | RAICO Bautechnik GmbH Gewerbegebiet Nord 2 87772 Pfaffenhausen | Z-14.4-446 | Z: 28.11.2017 G: 01.12.2019 |
| Klemmverbindung für SCHÜCO-Fassadensysteme mit Pfosten- und Riegelprofilen aus Aluminium | SCHÜCO International KG Karolinenstraße 1–15 33609 Bielefeld | Z-14.4-452 | Z: 01.09.2016 Ä+E: 27.07.2017 G: 15.10.2019 |

**Verzeichnis Sachgebiet Metallbau und Metallbauarten** (Fortsetzung)

| Bescheidgegenstand | Antragsteller | Bescheid-nummer | Bescheid vom: Geltungsdauer bis: |
|---|---|---|---|
| Stahlnägel (Ballistiknägel) zur Befestigung von Holzwerkstoff-, Gipswerkstoffplatten und Bauplatten aus Faserzement auf dünnwandigen Stahlprofilen | ITW Befestigungssysteme GmbH Carl-Zeiss-Straße 19 30966 Hemmingen | Z-14.4-453 | Z: 19.12.2018 G: 02.12.2023 |
| Klemmverbindung und ihre Komponenten für das Fassadensystem RAICO THERM+ A-I | RAICO Bautechnik GmbH Gewerbegebiet Nord 2 87772 Pfaffenhausen | Z-14.4-454 | Z: 01.09.2019 G: 01.09.2024 |
| Befestigungssystem für das Fassadensystem RAICO THERM+ H-I | RAICO Bautechnik GmbH Gewerbegebiet Nord 2 87772 Pfaffenhausen | Z-14.4-455 | Z: 24.07.2017 G: 14.04.2020 |
| Klemmverbindung für das Fassadensystem JANSEN-VISS | Jansen AG Stahlröhrenwerk, Kunststoffwerk Industriestrasse 34 9463 Oberriet SG Schweiz | Z-14.4-459 | Z: 05.12.2014 G: 01.12.2019 |
| Pfosten-Riegel-Verbindungen (T-Verbindungen) und ihre Komponenten für die Fassadenkonstruktionen Trigon 50 und Trigon 60 | HUECK GmbH & Co. KG Postfach 18 68 58505 Lüdenscheid | Z-14.4-460 | Z: 26.10.2018 G: 26.10.2020 |
| Pfosten-Riegel-Verbindungen (T-Verbindungen) und ihre Komponentenfür die Fassadensysteme RAICO THERM+ A-I und RAICO THERM+ A-V | RAICO Bautechnik GmbH Gewerbegebiet Nord 2 87772 Pfaffenhausen | Z-14.4-461 | Z: 01.09.2019 G: 01.09.2024 |
| Klemmverbindung für die Fassadensysteme VF 50 und VF 60 | Eduard Hueck GmbH & Co. KG Loher Straße 9 58511 Lüdenscheid | Z-14.4-463 | Z: 16.07.2015 G: 01.08.2020 |
| Pfosten-Riegel-Verbindungen (T-Verbindungen und T-Verbindungen in Kombination mit Kreuzglasträgern) für Schüco-Fassadensysteme aus Aluminium | Schüco International KG Karolinenstraße 1–15 33609 Bielefeld | Z-14.4-464 | Z: 31.07.2017 G: 13.04.2020 |
| Klemmverbindung für JANSEN-VISS Fire Fassaden | Jansen AG Stahlröhrenwerk, Kunststoffwerk Industriestrasse 34 9463 Oberriet SG Schweiz | Z-14.4-465 | Z: 27.01.2015 G: 01.01.2020 |

Z  Bescheid  
E  Ergänzungsbescheid  
Ä  Änderungsbescheid  
V  Verlängerungsbescheid

**Verzeichnis Sachgebiet Metallbau und Metallbauarten** (Fortsetzung)

| Bescheidgegenstand | Antragsteller | Bescheidnummer | Bescheid vom:<br>Geltungsdauer bis: |
|---|---|---|---|
| Pfosten-Riegel-Verbindungen (T-Verbindungen) und deren Komponenten für Jansen VISS Fassaden | Jansen AG<br>Stahlröhrenwerk, Kunststoffwerk<br>Industriestrasse 34<br>9463 Oberriet SG<br>Schweiz | Z-14.4-467 | Z: 29.06.2018<br>G: 29.06.2023 |
| Befestigungssystem für die Befestigung von Stehfalzprofil-Dachelementen aus Metall auf Schaumglas-Dämmplatten | Deutsche FOAMGLAS® GmbH<br>Itterpark 1<br>40724 Hilden | Z-14.4-475 | Z: 26.04.2017<br>G: 26.04.2022 |
| Pfosten-Riegel-Verbindungen und ihre Komponenten für die Fassadensysteme RP-ISO-hermetic 45, 45N und 60N | RP Technik GmbH Profilsysteme<br>Edisonstraße 4<br>59199 Bönen | Z-14.4-476 | Z: 07.12.2018<br>G: 07.12.2020 |
| Klemmverbindung für die Fassadensysteme WICTEC 50 und WICTEC 60 | Hydro Building Systems GmbH<br>Söflinger Straße 70<br>89077 Ulm | Z-14.4-478 | Z: 29.07.2015<br>G: 01.08.2020 |
| Klemmverbindungen und deren Komponenten für die Fassadensysteme RP-tec 50-1, RP-tec 50-1 HA, RP-tec 55-1, RP-tec 55-1 HA, RP-tec 60-1, RP-tec 60-1 HA, RP-tec 70-1, RP-tec 70-1 HA, RP-tec 80-1 und RP-tec 80-1 HA | RP Technik GmbH Profilsysteme<br>Edisonstraße 4<br>59199 Bönen | Z-14.4-480 | Z: 29.08.2018<br>G: 29.08.2020 |
| BoxBolt | ACCESS TECHNOLOGIES LTD<br>Unit A2<br>Cradley Business Park<br>CRADLEY HEATH B64 7DW<br>Großbritannien | Z-14.4-482 | Z: 14.07.2015<br>G: 31.05.2020 |
| BeamClamp – Trägerklemmverbindung | ACCESS TECHNOLOGIES LTD<br>Unit A2<br>Cradley Business Park<br>CRADLEY HEATH B64 7DW<br>Großbritannien | Z-14.4-483 | Z: 28.06.2016<br>G: 01.07.2021 |
| Klemmverbindung für die Fassadensysteme AA 100 und AA 110 | KAWNEER Alcoa Architektur Systeme<br>Alcoa Aluminium Deutschland, Inc.<br>Zweigniederlassung Iserlohn<br>Stenglingser Weg 65–78<br>58642 Iserlohn | Z-14.4-484 | Z: 01.07.2016<br>G: 01.07.2021 |
| Pfosten-Riegel-Verbindungen (T-Verbindungen) und seine Komponenten für die Fassadenkonstruktionen AA 100 und AA 110 | Kawneer Nederland B. V.<br>Archimedesstraat 9<br>3846 CT Harderwijk<br>Niederlande | Z-14.4-485 | Z: 22.03.2019<br>G: 15.03.2021 |
| Klemmverbindung für die Fassadensysteme BA 5 und BA 6 | JET Brakel Aero GmbH<br>Alte Hünxer Straße 179<br>46562 Voerde | Z-14.4-486 | Z: 10.12.2015<br>G: 14.04.2020 |

**Verzeichnis Sachgebiet Metallbau und Metallbauarten** (Fortsetzung)

| Bescheidgegenstand | Antragsteller | Bescheid-nummer | Bescheid vom: Geltungsdauer bis: |
|---|---|---|---|
| Klemmverbindungen aus Profilen und Blechschrauben für die Fassadensysteme BA 48 und BA 56 | JET Brakel Aero GmbH<br>Alte Hünxer Straße 179<br>46562 Voerde | Z-14.4-487 | Z: 02.09.2019<br>G: 02.09.2021 |
| Klemmverbindung für das Fassadensystem RP-tec 55 | RP Technik GmbH Profilsysteme<br>Edisonstraße 4<br>59199 Bönen | Z-14.4-490 | Z: 01.09.2016<br>G: 01.09.2021 |
| Klemmverbindung für das Fassadensystem Schüco SMC 50 | Schüco International KG<br>Karolinenstraße 1–15<br>33609 Bielefeld | Z-14.4-492 | Z: 24.11.2015<br>G: 14.04.2020 |
| MTH-Trägerklemm-verbindungen | MTH Befestigungstechnik GmbH<br>Weinleite 1<br>91522 Ansbach | Z-14.4-493 | Z: 20.03.2017<br>G: 01.03.2021 |
| Pfosten-Riegel-Verbindungen (T-Verbindungen) und deren Komponenten für die Fassadensysteme WICTEC 50 und WICTEC 60 | Sapa Building Systems GmbH<br>Einsteinstraße 61<br>89077 Ulm | Z-14.4-496 | Z: 04.09.2018<br>G: 04.09.2020 |
| Klemmverbindung für die Fassadensysteme TKI® 252 und TKI® 262 | mkf Metallbaukontor Frankfurt GmbH<br>Im Geisbaum 13<br>63329 Egelsbach | Z-14.4-497 | Z: 26.01.2016<br>G: 01.02.2021 |
| Pfosten-Riegel-Verbindungen (T-Verbindungen) für das Fassadensystem Stabalux SR | Stabalux GmbH<br>Siemensstraße 10<br>53121 Bonn | Z-14.4-498 | Z: 25.02.2016<br>G: 01.03.2021 |
| Schraubkanalverbindungen für SCHÜCO Systeme | SCHÜCO International KG<br>Karolinenstraße 1–15<br>33609 Bielefeld | Z-14.4-499 | Z: 27.04.2016<br>G: 01.06.2021 |
| Pfosten-Riegel-Verbindungen (T-Verbindungen) für die Fassadensysteme GUTMANN F 50+ und F 60+ | GUTMANN Bausysteme GmbH<br>Nürnberger Straße 57<br>91781 Weißenburg | Z-14.4-500 | Z: 25.01.2018<br>G: 29.06.2023 |
| Klemmverbindung für die Fassadensysteme Gutmann F50, F50+, F60 und F60+ | Gutmann AG<br>Nürnberger Straße 57<br>91781 Weißenburg | Z-14.4-501 | Z: 04.12.2017<br>G: 03.05.2022 |
| Klemmverbindung für das Fassadensystem Lara GF | GUTMANN Bausysteme GmbH<br>Nürnberger Straße 57<br>91781 Weißenburg | Z-14.4-502 | Z: 20.12.2017<br>G: 20.12.2022 |
| Pfosten-Riegel-Verbindungen (T-Verbindungen) für die Fassadensysteme TKI® 252 und TKI® 262 | TKI SYSTEM GmbH<br>Kronberger Straße 16<br>63110 Rodgau | Z-14.4-503 | Z: 07.07.2016<br>G: 07.07.2021 |
| Klemmverbindung für das Fassadensystem RAICO THERM+ A-V | RAICO Bautechnik GmbH<br>Gewerbegebiet Nord 2<br>87772 Pfaffenhausen | Z-14.4-504 | Z: 17.06.2016<br>G: 01.03.2021 |

Z  Bescheid  
E  Ergänzungsbescheid  
Ä  Änderungsbescheid  
V  Verlängerungsbescheid

**Verzeichnis Sachgebiet Metallbau und Metallbauarten** (Fortsetzung)

| Bescheidgegenstand | Antragsteller | Bescheid-nummer | Bescheid vom: Geltungsdauer bis: |
|---|---|---|---|
| Exzentrische Rückverankerung von Spundwänden aus AZ-Bohlen | ARCELORMITTAL Commercial RPS S. à. r. l. 66, rue de Luxembourg 4009 Esch-Sur-Alzette Luxemburg | Z-14.4-505 | Z: 12.04.2017 G: 01.07.2020 |
| Pfosten-Riegel-Verbindungen (T-Verbindungen) für die Fassadensysteme FW 50+ BF und FW 60+ BF | Schüco International KG Karolinenstraße 1–15 33609 Bielefeld | Z-14.4-509 | Z: 14.11.2017 G: 01.11.2019 |
| Klemmverbindung für die Fassadensysteme AT 500 F, AT 500 F-SI und AT 500 CC | AKOTHERM GmbH Werftstraße 27 56170 Bendorf | Z-14.4-512 | Z: 28.09.2017 G: 28.09.2022 |
| Pfosten-Riegel-Verbindungen (T-Verbindungen) und deren Komponenten für das Fassadensystem SFC 85 | Schüco International KG Karolinenstraße 1–15 33609 Bielefeld | Z-14.4-513 | Z: 13.12.2018 G: 17.12.2023 |
| Anschlussköpfe der Stäbe des Raumfachwerksystems Evolution | Neptunus Holding B. V. Neptunslaan 2 5995 MA Kessel Niederlande | Z-14.4-514 | Z: 04.06.2019 G: 04.06.2024 |
| Dachhaken KML zur mechanischen Befestigung von Solarmodulen | Kieselbach Maschinenbauteile GmbH Doyenweg 7 59494 Soest | Z-14.4-515 | Z: 03.08.2016 G: 01.05.2021 |
| Befestigungssystem für das Fassadensystem RAICO THERM+ H-V | RAICO Bautechnik GmbH Gewerbegebiet Nord 2 87772 Pfaffenhausen | Z-14.4-516 | Z: 24.07.2017 G: 14.04.2020 |
| Setzbolzen Hilti X-U 16 P8 (MX) bis X-U 62 P8 (MX) zur Befestigung von Bauteilen aus Stahl und Holzwerkstoffen auf Unterkonstruktionen aus Stahl | Hilti Deutschland GmbH Hiltistraße 2 86916 Kaufering | Z-14.4-517 | Z: 16.11.2016 G: 16.11.2021 |
| Schöck Isokorb® Typ KST für Anschlüsse im Stahlbau | Schöck Bauteile GmbH Vimbucher Straße 2 76534 Baden-Baden (Steinbach) | Z-14.4-518 | Z: 14.11.2014 G: 14.11.2019 |
| Pfosten-Riegel-Verbindung für die Fassadensysteme Trigon 50 und Trigon 60 | Eduard Hueck GmbH & Co. KG Loher Straße 9 58511 Lüdenscheid | Z-14.4-522 | Z: 02.10.2017 G: 02.10.2019 |
| Klemmverbindung für die Fassadensysteme Schindler PR-HM 2005/52/60 und PR-HM 2012/52/60 | Schindler Fenster + Fassaden GmbH Mauthstraße 15 93426 Roding | Z-14.4-526 | Z: 29.06.2018 G: 29.06.2020 |
| Klemmverbindung und ihre Komponenten für das Fassadensystem RP-tec 55 aus nichtrostendem Stahl | RP Technik GmbH Profilsysteme Edisonstraße 4 59199 Bönen | Z-14.4-527 | Z: 07.12.2018 G: 07.12.2020 |

**Verzeichnis Sachgebiet Metallbau und Metallbauarten** (Fortsetzung)

| Bescheidgegenstand | Antragsteller | Bescheidnummer | Bescheid vom: Geltungsdauer bis: |
|---|---|---|---|
| Pfosten-Riegel-Verbindungen (T-Verbindungen) und ihre Komponenten für das Fassadensystem „forster thermfix vario" | Forster Profilsysteme AG<br>Amriswilerstrasse 50<br>9320 Arbon<br>Schweiz | Z-14.4-531 | Z: 18.04.2019<br>G: 18.04.2021 |
| Solarbefestiger zur Befestigung von Solaranlagen | EJOT Baubefestigungen GmbH<br>In der Stockwiese 35<br>57334 Bad Laasphe | Z-14.4-532 | Z: 14.11.2017<br>G: 29.10.2022 |
| Klemmverbindungen und ihre Komponenten für das Fassadensystem „forster thermfix light" | Forster Profilsysteme AG<br>Amriswilerstrasse 50<br>9320 Arbon<br>Schweiz | Z-14.4-533 | Z: 06.11.2018<br>G: 06.11.2023 |
| Klemmverbindung für das Fassadensystem REHAU-Polytec 50 | REHAU AG + Co.<br>Ytterbium 4<br>91058 Erlangen-Eltersdorf | Z-14.4-534 | Z: 17.11.2017<br>G: 17.11.2019 |
| Pfosten-Riegel-Verbindungen (T-Verbindungen) für das Fassadensystem REHAU-Polytec 50 | REHAU AG + Co.<br>Ytterbium 4<br>91058 Erlangen-Eltersdorf | Z-14.4-535 | Z: 23.11.2017<br>G: 23.11.2019 |
| TOX-Durchsetzfügeverbindungen | DOMICO Dach-, Wand- und Fassadensysteme Gesellschaft m. b. H. & Co. KG<br>Salzburger Straße 10<br>4870 Vöcklamarkt<br>Österreich | Z-14.4-536 | Z: 13.06.2017<br>G: 01.06.2022 |
| Pfosten-Riegel-Verbindungen (T-Verbindungen) und ihre Komponenten für die Fassadensysteme AT 500 F und AT 500 F-SI | AKOTHERM GmbH<br>Werftstraße 27<br>56170 Bendorf | Z-14.4-550 | Z: 23.05.2019<br>G: 23.05.2021 |
| Klemmverbindung und ihre Komponenten für das Fassadensystem heroal C 50 | heroal – Johann Henkenjohann GmbH & Co. KG<br>Österwieher Straße 80<br>33415 Verl | Z-14.4-552 | Z: 06.11.2018<br>G: 06.11.2023 |
| Pfosten-Riegel-Verbindungen (T-Verbindungen) und deren Komponenten für das Fassadensystem heroal C 50 | heroal – Johann Henkenjohann GmbH & Co. KG<br>Österwieher Straße 80<br>33415 Verl | Z-14.4-553 | Z: 11.10.2018<br>G: 11.10.2020 |
| Verbindungselemente zur Befestigung von Solaranlagen oberhalb von Profiltafeln oder Sandwichelementen | REISSER SCHRAUBENTECHNIK GMBH<br>Fritz-Müller-Straße 10<br>74613 Ingelfingen | Z-14.4-555 | Z: 20.12.2017<br>G: 20.12.2022 |
| Klemmverbindung für das Fassadensystem MULTITHERM | SOMMER Fassadensysteme-Stahlbau-Sicherheitstechnik GmbH & Co. KG<br>Industriestraße 1<br>95182 Döhlau | Z-14.4-556 | Z: 08.03.2018<br>G: 01.04.2020 |

Z  Bescheid  
E  Ergänzungsbescheid  
Ä  Änderungsbescheid  
V  Verlängerungsbescheid

**Verzeichnis Sachgebiet Metallbau und Metallbauarten** (Fortsetzung)

| Bescheidgegenstand | Antragsteller | Bescheidnummer | Bescheid vom: Geltungsdauer bis: |
|---|---|---|---|
| Klemmverbindungen für EVB Brandschutzverglasungen | EVB Entwicklungs- und Verwaltungsgesellschaft für Brandschutzsysteme GmbH & Co. KG<br>Kirchstraße 3<br>32584 Löhne | Z-14.4-561 | Z: 21.11.2014<br>G: 21.11.2019 |
| Schraubkanalverbindungen und ihre Komponenten für Pfosten-Riegel-Verbindungen von Fassaden der Josef Gartner GmbH | Josef Gartner GmbH<br>Gartnerstraße 20<br>89423 Gundelfingen | Z-14.4-562 | Z: 05.06.2019<br>G: 05.06.2024 |
| Klemmverbindungen und deren Komponenten für Fassadensysteme der Josef Gartner GmbH | Josef Gartner GmbH<br>Gartnerstraße 20<br>89423 Gundelfingen | Z-14.4-563 | Z: 13.06.2019<br>G: 13.06.2024 |
| Zugstabsystem SAS LokTie | Stahlwerk Annahütte<br>Max Aicher GmbH & Co. KG<br>83404 Ainring–Hammerau | Z-14.4-565 | Z: 01.11.2014<br>G: 01.12.2019 |
| T-Verbindungen für Fassadenkonstruktion Schüco USC 65 und Schüco UCC 65 SG | SCHÜCO International KG<br>Karolinenstraße 1–15<br>33609 Bielefeld | Z-14.4-567 | Z: 24.05.2019<br>G: 24.05.2024 |
| Fassadenbefestigung für Elementfassaden aus Aluminiumhohlprofilen Schüco | Schüco International KG<br>Karolinenstraße 1–15<br>33609 Bielefeld | Z-14.4-568 | Z: 17.09.2019<br>G: 17.09.2024 |
| Pfosten-Riegel-Verbindungen, Sparren-Riegel-Verbindungen (T-Verbindungen) und Glasträger für EVB Brandschutzverglasungen | EVB Entwicklungs- und Verwaltungsgesellschaft für Brandschutzsysteme GmbH & Co. KG<br>Kirchstraße 3<br>32584 Löhne | Z-14.4-572 | Z: 07.02.2018<br>G: 07.02.2020 |
| Pfosten-Riegel- und Riegel-Riegel-Verbindungen (T-Verbindungen) für das Fassadensystem TKI 252 R$^2$ | TKI System GmbH<br>Kronberger Straße 16<br>63110 Rodgau | Z-14.4-582 | Z: 19.10.2016<br>G: 19.10.2021 |
| KÖCO Gewindebolzen K 800 | Köster & Co. GmbH Bolzenschweißtechnik<br>Spreeler Weg 32<br>58256 Ennepetal | Z-14.4-585 | Z: 05.05.2017<br>G: 05.05.2022 |
| Schließringbolzen ohne Abrissteil | Alcoa Fastening Systems Ltd.<br>Stafford Park 7, Telford<br>Shropshire TF3 3BQ<br>Großbritannien | Z-14.4-591 | Z: 04.11.2016<br>G: 04.11.2021 |
| Klemmverbindungen für das Fassadensystem SAPA Building System Elegance 52 | Sapa Building System GmbH<br>Anna-Schlinkheider-Straße 7a/7b<br>40878 Ratingen | Z-14.4-596 | Z: 05.12.2014<br>G: 01.12.2019 |

**Verzeichnis Sachgebiet Metallbau und Metallbauarten** (Fortsetzung)

| Bescheidgegenstand | Antragsteller | Bescheid-nummer | Bescheid vom: Geltungsdauer bis: |
|---|---|---|---|
| Montagesystem für Photovoltaikanlagen Typ „GOLDBECK SUNOLUTION" | GOLDBECK Solar GmbH Goldbeckstraße 7 69493 Hirschberg a. d. Bergstraße | Z-14.4-597 | Z: 05.10.2015 G: 05.10.2020 |
| Verbindungselemente zur Befestigung von Solaranlagen (Solar-Fassadenbauschrauben) | Adolf Würth GmbH & Co. KG 74650 Künzelsau | Z-14.4-598 | Z: 30.10.2014 G: 01.01.2020 |
| BT-Spannschlösser M12 / M16 / M20 | B. T. innovation GmbH Ebendorfer Straße 19/20 39108 Magdeburg | Z-14.4-599 | Z: 24.07.2015 G: 01.05.2020 |
| Trägerklemmverbindungen | Süther & Schön GmbH Bonifaciusring 18 45309 Essen | Z-14.4-600 | Z: 16.12.2014 G: 31.12.2019 |
| S+P Stockschraube zur Befestigung von Anbauteilen, insbesondere von Aufständerungen oder von Tragprofilen von Solarmodulen | Schäfer + Peters GmbH Zeilbaumweg 32 74613 Öhringen | Z-14.4-602 | Z: 11.04.2019 G: 11.12.2023 |
| Befestigungssystem SpeedRail / SpeedClip | K2 Systems GmbH Industriestraße 18 71272 Renningen | Z-14.4-603 | Z: 18.04.2018 G: 18.04.2023 |
| Pfosten-Riegel-Verbindungen (T-Verbindungen) und deren Komponenten für das Fassadensystem RP-tec 55 | RP Technik GmbH Profilsysteme Edisonstraße 4 59199 Bönen | Z-14.4-604 | Z: 03.12.2018 G: 03.12.2020 |
| Domico Blindnietmutter M10 aus Stahl | DOMICO Dach-, Wand- und Fassadensysteme Gesellschaft m. b. H. & Co. KG Salzburger Straße 10 4870 Vöcklamarkt Österreich | Z-14.4-607 | Z: 22.09.2015 G: 03.11.2020 |
| Bleche aus den Stahlsorten SS40 G90 und SS50 G90 nach ASTM A653 und Schrauben der Festigkeitsklasse 8.2 zur Verwendung im Silobau | Sukup Europe Mimersvej 5 8722 Hedensted Dänemark | Z-14.4-608 | Z: 26.05.2016 G: 30.05.2021 |
| Verbindungselemente zur Verbindung von Bauteilen aus Aluminium | Schüco International KG Karolinenstraße 1–15 33609 Bielefeld | Z-14.4-614 | Z: 21.11.2016 G: 01.01.2022 |
| Schraubkanalverbindungen und ihre Komponenten für Pfosten-Riegel-Verbindungen | HUECK System GmbH & Co. KG Loher Straße 9 58511 Lüdenscheid | Z-14.4-618 | Z: 12.11.2018 G: 12.11.2023 |
| Verbindungselemente für das Montagesystem TECHNOSTEP® | STW GmbH Hauptstraße 28 90619 Trautskirchen | Z-14.4-624 | Z: 03.02.2016 G: 01.02.2021 |

Z  Bescheid                    Ä  Änderungsbescheid
E  Ergänzungsbescheid          V  Verlängerungsbescheid

**Verzeichnis Sachgebiet Metallbau und Metallbauarten** (Fortsetzung)

| Bescheidgegenstand | Antragsteller | Bescheidnummer | Bescheid vom: Geltungsdauer bis: |
|---|---|---|---|
| Schraubenverbindungen mit selbsthemmenden Nord-Lock SC-Keilsicherungsscheiben zur Schraubensicherung | Nord-Lock GmbH<br>Hauptstraße 74<br>73466 Lauchheim | Z-14.4-629 | Z: 04.09.2018<br>G: 04.09.2019 |
| Geschraubte Verbindungen in Konsolbefestigungen und Anschlusspunkten der IBT Fassadensysteme | IBT Ingenieurbüro für BefestigungsTechnik GmbH<br>Hinter den Zäunen 14<br>56651 Niederzissen | Z-14.4-630 | Z: 07.11.2018<br>Ä: 22.03.2019<br>G: 07.11.2023 |
| Befestigungselemente (Modulklemmen) zur Befestigung von Photovoltaik-Modulen auf Tragprofilen | Schletter Solarmontage GmbH<br>Alustraße 1<br>83527 Kirchdorf/Haag i. OB | Z-14.4-631 | Z: 01.11.2017<br>G: 01.11.2022 |
| Stockschrauben zur Befestigung von Anbauteilen, insbesondere von Aufständerungen bzw. Tragprofilen von Solaranlagen | Wagener & Simon WASI GmbH & Co. KG<br>Emil-Wagener-Straße<br>42289 Wuppertal | Z-14.4-632 | Z: 17.01.2018<br>G: 17.01.2023 |
| Domico Zugstabsystem | Domico Dach-, Wand- und Fassadensysteme KG<br>Salzburger Straße 10<br>4870 Vöcklamarkt<br>Österreich | Z-14.4-633 | Z: 19.07.2017<br>G: 19.07.2022 |
| ZEBRA Flügelbohrschrauben zur Verbindung von Holz- und Gipswerkstoffplatten sowie zementgebundenen mineralischen Baustoffplatten mit dünnwandigen Stahlprofilen | Adolf Würth GmbH & Co. KG<br>Reinhold-Würth-Straße 12–16<br>74653 Künzelsau | Z-14.4-634 | Z: 14.11.2017<br>G: 05.12.2022 |
| Wandkonsolen Standard und PHI für das Fassadensystem Schüco ERC 50 | Schüco International KG<br>Karolinenstraße 1–15<br>33609 Bielefeld | Z-14.4-636 | Z: 27.10.2016<br>G: 27.10.2021 |
| Verbindungselemente zur Befestigung von Solaranlagen (Solarbefestiger) oberhalb von Profiltafeln und Sandwichelementen | Schäfer + Peters GmbH<br>Zeilbaumweg 32<br>74613 Öhringen | Z-14.4-638 | Z: 24.11.2016<br>G: 01.01.2022 |
| Verbindungen für Aluminiumprofile von Montagesystemen für Solaranlagen | Schletter GmbH<br>Alustraße 1<br>83527 Kirchdorf/Haag i. OB | Z-14.4-639 | Z: 28.09.2017<br>G: 28.09.2022 |
| Stockschraube | LORENZ Montagesysteme GmbH<br>Alfred-Nobel-Straße 7–9<br>50226 Frechen | Z-14.4-642 | Z: 30.07.2019<br>G: 30.07.2024 |
| T-Verbindungen für die Fassadenkonstruktionen Lambda und Lava | Eduard Hueck GmbH & Co. KG<br>Loher Straße 9<br>58511 Lüdenscheid | Z-14.4-643 | Z: 13.02.2017<br>G: 02.03.2022 |

**Verzeichnis Sachgebiet Metallbau und Metallbauarten** (Fortsetzung)

| Bescheidgegenstand | Antragsteller | Bescheidnummer | Bescheid vom: Geltungsdauer bis: |
|---|---|---|---|
| Trapezschellen Fix 2000, Fix 2000 KlickTop, Single-Fix-V und SingleFix-HU | Schletter GmbH<br>Alustraße 1<br>83527 Kirchdorf/Haag i. OB | Z-14.4-646 | V: 09.10.2017<br>G: 04.06.2022 |
| Bohrschrauben E-VS 8 Bohr RS 6,5 × 50 zur Befestigung von Profiltafeln aus Stahl auf Holzunterkonstruktionen | Sonnenexpert GmbH<br>Konrad-Zuse-Straße 1A<br>18184 Roggentin | Z-14.4-651 | Z: 26.11.2018<br>G: 26.11.2023 |
| T-Verbindungen und Glasleisten für das System SCHÜCO ADS 80 und SCHÜCOFirestop F90 | SCHÜCO International KG<br>Karolinenstraße 1–15<br>33609 Bielefeld | Z-14.4-652 | Z: 02.05.2017<br>G: 02.05.2022 |
| Befestigungssystem TRICAM | SCHLÜHER M + K GmbH & Co. KG<br>Herborner Straße 7–9<br>57250 Netphen | Z-14.4-655 | Z: 30.11.2017<br>G: 02.11.2022 |
| BWM-Fassadenhalter ZeLa | BWM Dübel + Montagetechnik GmbH<br>Ernst-Mey-Straße 1<br>70771 Leinfelden-Echterdingen | Z-14.4-657 | Z: 08.06.2016<br>G: 08.06.2021 |
| Befestigungssystem ALTEC | ALTEC Metalltechnik GmbH<br>Industriegebiet 1<br>07924 Crispendorf | Z-14.4-658 | Z: 08.03.2018<br>G: 08.03.2023 |
| IBC TopFix 200 & AeroFix Modulklemmen | IBC SOLAR AG<br>Am Hochgericht 10<br>96231 Bad Staffelstein | Z-14.4-660 | Z: 11.07.2017<br>G: 03.04.2022 |
| IBC TopFix 200 & AeroFix Verbindungselemente | IBC SOLAR AG<br>Am Hochgericht 10<br>96231 Bad Staffelstein | Z-14.4-661 | Z: 10.05.2017<br>G: 25.03.2022 |
| Galvanisch verzinkte Schraubengarnituren im Größenbereich M6 bis M36 zur Verwendung in Regalkonstruktionen | voestalpine Krems Finaltechnik GmbH<br>Schmidhüttenstraße 5<br>3500 Krems<br>Österreich | Z-14.4-663 | Z: 04.06.2019<br>G: 04.06.2024 |
| Schraubenverbindungen mit RIPP LOCK Sicherungsscheiben zur Schraubensicherung | Böllhoff GmbH<br>Archimedesstraße 1–4<br>33649 Bielefeld | Z-14.4-664 | Z: 04.11.2014<br>G: 04.11.2019 |
| Bohrschrauben und Fließbohrschrauben | REISSER-Schraubentechnik GmbH<br>Fritz-Müller-Straße 10<br>74653 Ingelfingen-Criesbach | Z-14.4-668 | Z: 13.05.2019<br>G: 13.05.2024 |
| Befestigungssystem/ Aufsatzkonstruktion und deren Komponenten für das Pfosten-Riegel-System batimet TM50 / TM60 / TM80 | batimet GmbH<br>Enderstraße 90<br>01277 Dresden | Z-14.4-669 | Z: 22.08.2018<br>G: 22.08.2020 |

Z  Bescheid  
E  Ergänzungsbescheid  
Ä  Änderungsbescheid  
V  Verlängerungsbescheid

**Verzeichnis Sachgebiet Metallbau und Metallbauarten** (Fortsetzung)

| Bescheidgegenstand | Antragsteller | Bescheid-nummer | Bescheid vom: Geltungsdauer bis: |
|---|---|---|---|
| Bevel Washer | TG-Technik Willemsen GmbH & Co. KG<br>Zum Gur 4<br>46399 Bocholt-Barlo | Z-14.4-670 | Z: 24.04.2017<br>G: 24.04.2022 |
| Bohrschrauben zur Verbindung von Bauteilen im Metallleichtbau | ProFast AG<br>Rautistrasse 19<br>8047 Zürich<br>Schweiz | Z-14.4-671 | Z: 05.12.2014<br>G: 05.12.2019 |
| Klemmverbindung für das Lamilux CI-System-Glasarchitektur PR60 und ihre Komponenten | LAMILUX<br>Heinrich Strunz GmbH<br>Zehstraße 2<br>95111 Rehau | Z-14.4-672 | Z: 20.07.2018<br>G: 27.07.2023 |
| T-Verbindung, Glasträger und ihre Komponenten für das Lamilux CI-System-Glasarchitektur PR60 | LAMILUX Heinrich Strunz GmbH<br>Zehstraße 2<br>95111 Rehau | Z-14.4-673 | Z: 07.12.2018<br>G: 19.12.2023 |
| DYWIDrill Hohlstäbe mit Verbindungen und Verankerungen als Tragglied in der Geotechnik – Typen R32-210, R32-250, R32-280, R32-320, R32-360, R32-400, R38-420, R38-500, R38-550, R51-550, R51-660, R51-800, T76-1300, T76-1650 und T76-1900 | DYWIDAG-Systems International GmbH<br>Destouchesstraße 68<br>80796 München | Z-14.4-674 | Z: 19.06.2018<br>G: 11.06.2023 |
| Klemmhalter zur Befestigung von Solarelementen auf Tragprofilen | Viessmann Werke GmbH u. Co. KG<br>Viessmannstraße 1<br>35108 Allendorf/Eder | Z-14.4-687 | Z: 16.03.2017<br>G: 16.03.2022 |
| Klemmverbindung und Glasträger für die Fassadensysteme MBJ-System Stahl, MBJ-System Holz und MBJ-System Aluminium | MBJ Fassadentechnik GmbH<br>Am Bahndamm 7<br>87677 Stöttwang/Linden | Z-14.4-689 | Z: 21.03.2018<br>G: 30.01.2020 |
| Flachdach-Montagesystem „Duraklick" zur Befestigung und Aufständerung von Photovoltaik-Modulen | SOLTOP EU GmbH<br>Sonnenhalde 5<br>88161 Lindenberg | Z-14.4-691 | Z: 15.08.2019<br>G: 15.08.2024 |
| Lorenz Multikopfverbinder | LORENZ Montagesysteme GmbH<br>Alfred-Nobel-Straße 7–9<br>50226 Frechen | Z-14.4-693 | Z: 27.03.2019<br>G: 27.03.2024 |
| Solarbefestiger zur Befestigung von Anbauteilen, insbesondere von Aufständerungen oder von Tragprofilen von Solarmodulen | Adolf Würth GmbH & Co. KG<br>Reinhold-Würth-Straße 12–17<br>74653 Künzelsau-Gaisbach | Z-14.4-696 | Z: 15.02.2019<br>G: 02.12.2023 |

**Verzeichnis Sachgebiet Metallbau und Metallbauarten** (Fortsetzung)

| Bescheidgegenstand | Antragsteller | Bescheid-nummer | Bescheid vom: Geltungsdauer bis: |
|---|---|---|---|
| BEDA Klemmplatten für Trägerklemmverbindungen | IBEDA Redeligx Nachf. Karl Irsch e. K. Buchenbürsch 3 53578 Windhagen | Z-14.4-697 | Z: 13.09.2019 G: 13.09.2024 |
| Lorenz Kreuzklemmhalter | LORENZ Montagesysteme GmbH Alfred-Nobel-Straße 7–9 50226 Frechen | Z-14.4-701 | Z: 09.08.2019 G: 09.08.2024 |
| HEICO-LOCK® HLK-Scheiben | HEICO Befestigungstechnik GmbH Ensestraße 1–9 59469 Ense-Niederense | Z-14.4-702 | Z: 04.01.2019 G: 22.01.2024 |
| Vario-Trapezblechhalter | Schäfer + Peters GmbH Zeilbaumweg 32 74613 Öhringen | Z-14.4-706 | Z: 18.05.2015 G: 18.05.2020 |
| Wandschloss Powercon | H-Bau Technik GmbH Am Güterbahnhof 20 79771 Klettgau | Z-14.4-709 | Z: 09.11.2015 G: 09.11.2020 |
| Verbindungen für Flachdachmontagesysteme der Serien „Viessmann MSE" und deren Komponenten | Viessmann Werke GmbH u. Co. KG Viessmannstraße 1 35108 Allendorf/Eder | Z-14.4-715 | Z: 27.09.2018 G: 27.09.2023 |
| Falzklemmen für Stehfalzdachelemente | Metal Roof Innovations, LTD. DBA – S-5! Attachment Solutions 8655 Table Butte Road Colorado Springs, CO 80908 USA | Z-14.4-719 | Z: 20.03.2017 G: 20.03.2022 |
| Modulklemmen | SolarWorld AG Martin-Luther-King-Straße 24 53175 Bonn | Z-14.4-720 | Z: 11.07.2017 G: 11.07.2022 |
| Modul- und Laminatklemmen zur Befestigung von Photovoltaikmodulen und Kreuzverbinder zur Verbindung von Profilen der Unterkonstruktion | HatiCon Germany GmbH Industrie- und Gewerbegebiet 89 16278 Pinnow | Z-14.4-721 | Z: 21.10.2014 G: 21.10.2019 |
| Photovoltaik Montagesystem novotegra – Schienenverbinder und Basisprofil | BayWa r. e. Solarsysteme GmbH Eisenbahnstraße 150 72072 Tübingen | Z-14.4-723 | Z: 05.12.2014 G: 05.12.2019 |
| SEN SOL-50 Universaldachhaken | SEN Solare Energiesysteme Nord Vertriebsgesellschaft mbH Wörpedorfer Ring 3 28879 Grasberg | Z-14.4-726 | Z: 09.12.2014 G: 09.12.2019 |
| Absturzsichernde Fensterelementebefestigung | Adolf Würth GmbH & Co. KG Reinhold-Würth-Straße 12–17 74653 Künzelsau | Z-14.4-728 | Z: 09.02.2017 G: 27.04.2021 |
| Modulklemmen zur Befestigung von Photovoltaikmodulen auf Tragprofilen | Wagner Solar GmbH Industriestraße 10 35091 Cölbe | Z-14.4-729 | Z: 04.02.2015 G: 04.02.2020 |

Z  Bescheid  
E  Ergänzungsbescheid  
Ä  Änderungsbescheid  
V  Verlängerungsbescheid

**Verzeichnis Sachgebiet Metallbau und Metallbauarten** (Fortsetzung)

| Bescheidgegenstand | Antragsteller | Bescheid-nummer | Bescheid vom: Geltungsdauer bis: |
|---|---|---|---|
| Photovoltaik Montagesystem novotegra – Modulbefestigungen, Modulstützen und Kreuzschienenverbinder | BayWa r. e. Solarsysteme GmbH Eisenbahnstraße 150 72072 Tübingen | Z-14.4-735 | Z: 12.03.2015 G: 12.03.2020 |
| Befestigungselemente zur Montage von Solaranlagen auf Holzdächern | Wagner Solar GmbH Industriestraße 10 35091 Cölbe | Z-14.4-736 | Z: 12.03.2015 G: 12.03.2020 |
| Modul- und Laminatklemmen zur Befestigung von Photovoltaikmodulen und Kreuzverbinder zur Verbindung von Profilen der Unterkonstruktion | Adolf Würth GmbH & Co. KG Reinhold-Würth-Straße 12–17 74653 Künzelsau | Z-14.4-737 | Z: 16.03.2015 G: 16.03.2020 |
| Befestigungssystem Soltech | Soltech GmbH Grafenheider Straße 92 33729 Bielefeld | Z-14.4-738 | Z: 16.03.2015 G: 16.03.2020 |
| Photovoltaik Montagesystem novotegra – Dachhaken, Stockschrauben und Befestigungen am Schienenboden | BayWa r. e. Solarsysteme GmbH Eisenbahnstraße 150 72072 Tübingen | Z-14.4-741 | Z: 15.07.2015 G: 15.07.2020 |
| Pfosten-Riegel-Verbindungen (T-Verbindungen) für das System Stabalux SR | Stabalux GmbH Fraunhoferstraße 8 53121 Bonn | Z-14.4-742 | Z: 10.07.2015 G: 10.07.2020 |
| Klöber UniPlus2 Solarhalter mit Schienenadaption der Firma Weishaupt | KLÖBER GmbH Frankfurter Landstraße 2–4 61440 Oberursel | Z-14.4-743 | Z: 04.03.2016 G: 04.03.2021 |
| Befestigungssystem für die Fassadensysteme Schüco AOC 50 TI, AOC 60 TI und AOC 75 TI | SCHÜCO International KG Karolinenstraße 1–15 33609 Bielefeld | Z-14.4-745 | Z: 19.10.2015 G: 19.10.2020 |
| Pfosten-Riegel-Verbindungen (T-Verbindungen) in Kombination mit unterschiedlichen Glasträgern für das Fassadensystem Schüco FWS 35 PD | SCHÜCO International KG Karolinenstraße 1–15 33609 Bielefeld | Z-14.4-747 | Z: 28.06.2017 G: 13.04.2020 |
| Klemmverbindung für das Fassadensystem Schüco FWS 35 PD | SCHÜCO International KG Karolinenstraße 1–15 33609 Bielefeld | Z-14.4-748 | Z: 18.08.2017 G: 01.02.2021 |
| Klemmverbindungen und deren Komponenten für das Fenstersystem Schüco FWS 60 CV | SCHÜCO International KG Karolinenstraße 1–15 33609 Bielefeld | Z-14.4-749 | Z: 09.10.2018 G: 27.01.2021 |
| Befestigungssystem und Systemkomponenten für die Fassadensysteme Schüco AOC ST | SCHÜCO International KG Karolinenstraße 1–15 33609 Bielefeld | Z-14.4-753 | Z: 05.03.2018 G: 05.03.2023 |

**Verzeichnis Sachgebiet Metallbau und Metallbauarten** (Fortsetzung)

| Bescheidgegenstand | Antragsteller | Bescheidnummer | Bescheid vom: Geltungsdauer bis: |
|---|---|---|---|
| Pfosten-Riegel-Verbindungen (T-Verbindungen) in Kombination mit unterschiedlichen Glasträgern für die Fassadenkonstruktionen FWS 50, FWS 50 S und FWS 60 | SCHÜCO International KG Karolinenstraße 1–15 33609 Bielefeld | Z-14.4-754 | Z: 05.07.2017 G: 13.04.2020 |
| Pfosten-Riegel-Verbindung (T-Verbindung) und Glashalter für das Fassadensystem LACKER LAF 50 | Lacker AG Schellenbergstraße 1 72178 Waldachtal | Z-14.4-757 | Z: 26.11.2015 G: 14.04.2020 |
| Verbindungselemente zur Verbindung von Stahlbauteilen im Regalbau | Adolf Würth GmbH & Co. KG Reinhold-Würth-Straße 12–17 74653 Künzelsau | Z-14.4-758 | Z: 03.05.2016 G: 03.05.2021 |
| Klemmverbindung für das Fassadensystem Ponzio PF152 | PONZIO POLSKA Sp. z o. o. ul. Plocka 22 09-472 Slupno Polen | Z-14.4-764 | Z: 29.03.2016 G: 29.03.2021 |
| Hilti Setzbolzen X-R 14 P8 aus korrosionsbeständigem Stahl zur Befestigung von Aufsatzprofilen im Fassadenbau | Hilti Deutschland AG Hiltistraße 2 86916 Kaufering | Z-14.4-766 | Z: 16.07.2018 G: 11.07.2021 |
| Befestigungssystem und dessen Komponenten für die Systeme Stabalux AK-S und Stabalux AK-H | Stabalux GmbH Fraunhoferstraße 8 53121 Bonn | Z-14.4-767 | Z: 26.10.2018 G: 20.06.2021 |
| Pfosten-Riegel-Verbindungen (T-Verbindungen) für das System Schüco AWS | SCHÜCO International KG Karolinenstraße 1–15 33609 Bielefeld | Z-14.4-768 | Z: 12.04.2016 G: 12.04.2021 |
| Hilti Metallbauschrauben S-MD, S-AD, S-MP, S-PD und S-PS | Hilti AG Feldkircherstraße 100 9494 Schaan Fürstentum Liechtenstein | Z-14.4-769 | Z: 01.11.2018 G: 18.08.2021 |
| MAX Stahlnägel zur Befestigung von Gipswerkstoffplatten auf dünnwandigen Stahlprofilen | Max Europe B. V. Camerastraat 19 1322 BB Almere Niederlande | Z-14.4-771 | Z: 28.06.2016 G: 28.06.2021 |
| Schraubverbindung zwischen Konsolen MFT-FOX H/HI und horizontalen Tragprofilen | Hilti AG Feldkircherstraße 100 9494 Schaan Fürstentum Liechtenstein | Z-14.4-772 | Z: 18.08.2016 G: 18.08.2021 |
| Befestigungsklemmen für Gleit-Falzprofildachsysteme Zambelli RIB-ROOF | Zambelli RIB-ROOF GmbH & Co. KG Hans-Sachs-Straße 3 + 5 94569 Stephansposching | Z-14.4-774 | Z: 02.08.2016 G: 02.08.2021 |

Z  Bescheid                Ä  Änderungsbescheid
E  Ergänzungsbescheid      V  Verlängerungsbescheid

**Verzeichnis Sachgebiet Metallbau und Metallbauarten** (Fortsetzung)

| Bescheidgegenstand | Antragsteller | Bescheidnummer | Bescheid vom: Geltungsdauer bis: |
|---|---|---|---|
| Stahlbleche der Festigkeitsklassen SS 33, 37, 40 und 50-1 nach ASTM A653 und Schrauben der Festigkeitsklasse 8.2 mit Muttern der Festigkeitsklasse 8 nach SAE J429 zur Verwendung im Silobau | Bintec GmbH & Co. KG<br>Sitzenhof 1<br>92421 Schwandorf | Z-14.4-775 | Z: 04.05.2017<br>G: 04.05.2022 |
| Verbindungselemente zur Verbindung von Bauteilen aus Stahl im Hochregallagerbau und Stahlbau | SFS intec GmbH<br>In den Schwarzwiesen 2<br>61440 Oberursel | Z-14.4-776 | Z: 11.01.2017<br>G: 30.09.2021 |
| Palermo Mauer- und Attikaabdeckungssystem PMV | Palermo GmbH<br>Bundesstraße 30<br>59846 Sundern-Hövel | Z-14.4-777 | Z: 13.09.2016<br>G: 13.09.2021 |
| Verbindung von Bauteilen aus Stahl mit Langlochausbildung und gewindefurchenden Schrauben TDBLF-T 13,4 x L | Goldbeck GmbH<br>Ummelner Straße 4–6<br>33649 Bielefeld | Z-14.4-780 | Z: 02.12.2016<br>G: 02.12.2021 |
| Verbindungen für Montagesysteme FK2 und WTS-F2 | Ernst Schweizer AG<br>Bahnhofplatz 11<br>8908 Hedingen<br>Schweiz | Z-14.4-783 | Z: 09.11.2016<br>G: 09.11.2021 |
| Sikla Spannpratze SPA 5P | Sikla GmbH<br>In der Lache 17<br>78056 VS-Schwenningen | Z-14.4-784 | Z: 29.11.2017<br>G: 18.04.2022 |
| Aerodynamische Aufständersysteme „PMT Evolution" und „PMT EVO 2.0" zur Befestigung und Aufständerung von Photovoltaik-Modulen auf Flachdächern | Premium Mounting Technologies GmbH & Co. KG<br>Energiepark 1<br>95365 Rugendorf | Z-14.4-790 | Z: 15.02.2019<br>G: 07.04.2022 |
| Unterkonstruktion Alpha+ für die Montage von Photovoltaik-Modulen auf Schrägdächern | Mounting Systems GmbH<br>Mittenwalder Straße 9a<br>15834 Rangsdorf | Z-14.4-791 | Z: 07.04.2017<br>G: 07.04.2022 |
| iFIX PV-Flachdach-Montagesystem | voestalpine Automotive Components Schwäbisch Gmünd GmbH & Co. KG<br>voestalpine Straße 1<br>73529 Schwäbisch Gmünd | Z-14.4-793 | Z: 01.06.2017<br>G: 01.06.2022 |
| Verbindungselemente zur Verbindung von Stahlbauteilen im Innenbereich | F. REYHER Nchfg. GmbH & Co. KG<br>Haferweg 1<br>22769 Hamburg | Z-14.4-794 | Z: 02.05.2017<br>G: 02.05.2022 |
| Verbindungen für SolarWorld-Montagesysteme | SolarWorld AG<br>Martin-Luther-King-Straße 24<br>53175 Bonn | Z-14.4-796 | Z: 01.06.2017<br>G: 01.06.2022 |

**Verzeichnis Sachgebiet Metallbau und Metallbauarten** (Fortsetzung)

| Bescheidgegenstand | Antragsteller | Bescheid-nummer | Bescheid vom: Geltungsdauer bis: |
|---|---|---|---|
| Befestigungssystem für Wolf Solarthermiekollektoren | Wolf GmbH<br>Industriestraße 1<br>84048 Mainburg | Z-14.4-797 | Z: 30.05.2017<br>G: 30.05.2022 |
| T-Verbindungen, Eckverbindungen und Glasleisten für die Systeme HE 331, HE 631 und HE 931 | Hörmann KG Eckelhausen<br>In der Bruchwiese 2<br>66625 Nohfelden | Z-14.4-799 | Z: 06.11.2017<br>G: 06.11.2022 |
| Garnituren aus galvanisch verzinkten Verbindungselementen zur Verwendung in Regalkonstruktionen | Joseph Dresselhaus GmbH & Co. KG<br>Zeppelinstraße 13<br>32051 Herford | Z-14.4-801 | Z: 06.02.2019<br>G: 06.02.2024 |
| Befestigungssystem JB-D/FA PLUS für die absturzsichernde Fenster- und Türenmontage | SFS intec GmbH<br>Construction<br>In den Schwarzwiesen 2<br>61440 Oberursel/TS | Z-14.4-806 | Z: 26.06.2019<br>G: 26.06.2024 |
| Klemmverbindung für WICTEC-Fassadensystem und deren Komponenten | Sapa Building Systems GmbH<br>Einsteinstraße 61<br>89077 Ulm | Z-14.4-812 | Z: 23.04.2018<br>G: 23.04.2023 |
| Solardachklemme Rees und deren Befestigung | Atlas Ward GmbH<br>Schermbecker Landstraße 22<br>46569 Hünxe-Drevenack | Z-14.4-815 | Z: 05.04.2018<br>G: 05.04.2023 |
| Montagesysteme Modulklemme+ und Modulklemme RS1 Profilschienen mit Schienenkanal | Renusol GmbH<br>Piccoloministraße 2<br>51063 Köln | Z-14.4-816 | Z: 18.04.2018<br>G: 18.04.2023 |
| Schraubnagel RoofLoc SCRAIL | Raimund Beck Nageltechnik GmbH<br>Raimund-Beck-Straße 1<br>5270 Mauerkirchen<br>Österreich | Z-14.4-818 | Z: 26.11.2018<br>G: 06.07.2023 |
| Stabilitätsnachweis für kastenförmige Tragprofile aus Aluminium | INDU LIGHT<br>Produktion & Vertrieb GmbH<br>Willi-Brundert-Straße 3<br>06132 Halle/Saale | Z-14.4-823 | Z: 26.09.2018<br>G: 26.09.2023 |
| Montagesystem „DICONAL" zur Befestigung von Photovoltaik-Modulen auf Dächern | Contecta GmbH<br>Rudolf-Diesel-Straße 1<br>55481 Kirchberg | Z-14.4-827 | Z: 12.06.2019<br>G: 12.06.2024 |
| Pfosten-Riegel-Verbindungen (T-Verbindungen) für das System Stabalux AL | Stabalux GmbH<br>Fraunhoferstraße 8<br>53121 Bonn | Z-14.4-831 | Z: 12.04.2019<br>G: 12.04.2024 |
| Pfosten-Riegel-Verbindungen (T-Verbindungen) und ihre Komponenten für die Fassadensysteme AT 500 CC und AT 500 CS | AKOTHERM GmbH<br>Werftstraße 27<br>56170 Bendorf | Z-14.4-838 | Z: 10.05.2019<br>G: 10.05.2021 |

Z  Bescheid  Ä  Änderungsbescheid
E  Ergänzungsbescheid  V  Verlängerungsbescheid

**Verzeichnis Sachgebiet Metallbau und Metallbauarten** (Fortsetzung)

| Bescheidgegenstand | Antragsteller | Bescheid-nummer | Bescheid vom: Geltungsdauer bis: |
|---|---|---|---|
| EUROMAC 2 MTP-Dachelemente und deren Befestigung | EUROMAC 2 SAS<br>8 rue Philippe de Consigny<br>57730 Folschviller<br>Frankreich | Z-14.5-414 | Z: 14.06.2019<br>G: 15.06.2024 |
| ATLASBEAM-Profil-Trägersystem | Atlas Ward GmbH<br>Schermbecker Landstraße 22<br>46569 Hünxe-Drevenack | Z-14.5-528 | Z: 27.03.2017<br>G: 27.03.2022 |
| Trägeranschlüsse (Einhängeverbindungen) für das Brass-Regalsystem SL100/3 | Brass Regalanlagen GmbH<br>Im Sichert 14 + 16<br>74613 Öhringen | Z-14.5-626 | Z: 28.06.2016<br>Ä: 18.10.2016<br>G: 28.06.2021 |
| JORIS IDE Z- und Sigma-Trägersystem | JORIS IDE NV<br>Hille 174<br>8750 Zwevezele<br>Belgien | Z-14.5-686 | Z: 01.08.2018<br>G: 29.08.2023 |
| Seil-Zugglieder mit HYEND-Fittingen | FATZER AG – Drahtseilwerk<br>Salmsacherstrasse 9<br>8590 Romanshorn<br>Schweiz | Z-14.7-431 | Z: 16.02.2015<br>G: 16.02.2020 |
| Carl Stahl Seilnetzkonstruktionen X-TEND | Carl Stahl ARC GmbH<br>Siemensstraße 2<br>73079 Süssen | Z-14.7-506 | Z: 26.07.2018<br>G: 13.06.2020 |
| Seilnetzkonstruktionen Jakob Rope Systems Webnet | Jakob AG<br>3555 Trubschachen<br>Schweiz | Z-14.7-557 | Z: 23.02.2017<br>G: 05.01.2022 |
| Seil-Zugglieder aus unlegierten Stählen | Görlitzer Hanf- und Drahtseilerei<br>Am Flugplatz 9<br>02828 Görlitz | Z-14.7-574 | Z: 13.03.2019<br>G: 01.04.2020 |
| INTEGRA Gitterelemente als Anprallschutz und Absturzsicherung | projekt w Systeme aus Stahl GmbH<br>Geseker Straße 36<br>33154 Salzkotten | Z-14.7-635 | Z: 23.01.2017<br>G: 15.11.2021 |
| DYWIDAG – Litzenbündelseile DYNA Grip® | DYWIDAG-Systems International GmbH<br>Neuhofweg 5<br>85716 Unterschleißheim | Z-14.7-759 | Z: 24.01.2019<br>G: 19.04.2021 |
| Huck Stahl-Seilnetzkonstruktion DRALO-Net | Lothar Huck GmbH<br>Im Mühlgut 8–10<br>77815 Bühl-Weitenung | Z-14.7-765 | Z: 12.04.2016<br>G: 12.04.2021 |
| Architekturgewebe „CREATIVEWEAVE" | GKD – Gebr. Kufferath AG<br>Metallweberstraße 46<br>52353 Düren | Z-14.7-795 | Z: 09.05.2017<br>G: 09.05.2022 |
| Bauteile des Palettenregalsystems META Multipal S und ihre Verwendung | META-Regalbau GmbH & Co. KG<br>Eichenkamp<br>59759 Arnsberg | Z-14.8-662 | Z: 23.04.2018<br>G: 23.04.2023 |
| Palettenregalsystem PR – Stützenvarianten | SSI Fritz Schäfer GmbH<br>Fritz-Schäfer-Straße 20<br>57290 Neunkirchen | Z-14.8-681 | Z: 12.06.2018<br>G: 12.06.2023 |

**Verzeichnis Sachgebiet Metallbau und Metallbauarten** (Fortsetzung)

| Bescheidgegenstand | Antragsteller | Bescheid-nummer | Bescheid vom: Geltungsdauer bis: |
|---|---|---|---|
| Jungheinrich Mehrplatz-palettenregal MPB | Jungheinrich AG<br>22039 Hamburg | Z-14.8-695 | Z: 28.06.2019<br>G: 28.06.2024 |
| Einhängeverbindungen für Stufenbalken- und Fachbodenregalanlagen BERT | Regalwerk e. K.<br>Talstraße 61<br>70825 Korntal | Z-14.8-712 | Z: 07.03.2019<br>G: 07.03.2024 |
| Palettenregal NR-System Palettenträger und Anschluss Stütze/Träger | NEDCON B. V.<br>Nijverheidsweg 26<br>7005 BJ Doetinchem<br>Niederlande | Z-14.8-833 | Z: 27.03.2019<br>G: 27.03.2024 |
| Palettenregal NR-System Stützen, Rahmen und Fußplatten | NEDCON B. V.<br>Nijverheidsweg 26<br>7005 BJ Doetinchem<br>Niederlande | Z-14.8-834 | Z: 10.05.2019<br>G: 10.05.2024 |
| Befestigungselemente für Absturzsicherungen | Fischer Metall & Maschinenbau GmbH<br>Im Brühl 58<br>74348 Lauffen<br>und<br>Bausysteme Bockenem GmbH<br>Nickepütz 33<br>52349 Düren<br>und<br>DWS Pohl GmbH<br>Nickepütz 33<br>52349 Düren | Z-14.9-540 | Z: 26.03.2019<br>G: 26.03.2024 |
| Durchdringungslose Klemmbefestigung für Absturzsicherungen MK I, MK IIa und MK IIb | Fischer Metall & Maschinenbau GmbH<br>Im Brühl 58<br>74348 Lauffen | Z-14.9-558 | Z: 28.07.2016<br>G: 28.07.2021 |
| Absturzsicherung ABS-Lock | ABS Safety GmbH<br>Gewerbering 3<br>47623 Kevelaer | Z-14.9-688 | Z: 17.06.2019<br>G: 07.07.2024 |
| Würth Absturzsicherungssysteme | Adolf Würth GmbH & Co. KG<br>Reinhold-Würth-Straße 12–17<br>74653 Künzelsau | Z-14.9-692 | Z: 18.01.2019<br>G: 17.12.2023 |
| Skylotec Absturzsicherungssysteme | SKYLOTEC GmbH<br>Im Mühlengrund 6–8<br>56566 Neuwied | Z-14.9-704 | Z: 21.12.2018<br>G: 21.12.2023 |
| Absturzsicherung Primo und SRB | Sicherheitskonzepte Breuer GmbH<br>Broekhuysener Straße 40<br>47638 Straelen | Z-14.9-710 | Z: 15.05.2019<br>G: 09.05.2024 |
| Anschlageinrichtungen SAFEX | Grün GmbH Spezialmaschinenfabrik<br>Siegener Straße 81–83<br>57234 Wilnsdorf-Niederdielfen | Z-14.9-725 | Z: 15.03.2016<br>G: 09.01.2020 |
| LUX-top® Absturzsicherungssysteme | ST QUADRAT Fall Protection S. A.<br>45, rue Fuert<br>5410 Beyren<br>Luxemburg | Z-14.9-727 | Z: 09.03.2018<br>G: 08.01.2020 |

| | | | |
|---|---|---|---|
| Z | Bescheid | Ä | Änderungsbescheid |
| E | Ergänzungsbescheid | V | Verlängerungsbescheid |

## Verzeichnis Sachgebiet Metallbau und Metallbauarten (Fortsetzung)

| Bescheidgegenstand | Antragsteller | Bescheid-nummer | Bescheid vom: Geltungsdauer bis: |
|---|---|---|---|
| Absturzsicherungssystem SEKUMAXX | Profilmaxx GmbH & Co. KG<br>Talstraße 97<br>49479 Ibbenbüren | Z-14.9-730 | Z: 09.11.2016<br>G: 06.02.2020 |
| Absturzsicherung D-Ring 85016 / 85030 / 85045 / 85047 / 85048 | PREISING GMBH & CO. KG<br>Dohrgauler Straße 22<br>51688 Wipperfürth | Z-14.9-731 | Z: 05.05.2015<br>G: 05.05.2020 |
| INNOTECH Absturz-sicherungssysteme | INNOTECH Arbeitsschutz GmbH<br>Laizing 10<br>4656 Kirchham<br>Österreich | Z-14.9-732 | Z: 25.02.2016<br>G: 10.08.2020 |
| Absturzsicherung Universalanker | Absturzsicherungen Birkenwerder GmbH<br>Friedensallee 30<br>16547 Birkenwerder | Z-14.9-733 | Z: 31.07.2015<br>G: 31.07.2020 |
| Absturzsicherung Colt PA-Safe | Colt International GmbH<br>Briener Straße 186<br>47533 Kleve | Z-14.9-734 | Z: 05.03.2018<br>G: 05.03.2023 |
| amh Absturzsicherungs-systeme | amh Flachdach-Sicherungs GmbH<br>Alt-Kladow 19<br>14089 Berlin | Z-14.9-740 | Z: 29.03.2016<br>G: 12.05.2020 |
| Anschlagpunkte des KeeLine Systems | KIG Limited<br>Cradley Business Park, Overend Road<br>CRADLEY HEATH,<br>WEST MIDLANDS,<br>B64 7 DW<br>Großbritannien | Z-14.9-750 | Z: 05.05.2017<br>G: 19.10.2020 |
| Safety anchor system – Absturzsicherungssystem | Latchways PLC<br>Hopton Park<br>Devizes, Wiltshire SN10 2JP<br>Großbritannien | Z-14.9-756 | Z: 22.02.2017<br>G: 28.06.2021 |
| Doka-Expressanker 16 × 125 mm als Anschlagpunkt für Persönliche Schutz-ausrüstung (PSA) | Doka GmbH<br>Josef Umdasch Platz 1<br>3300 Amstetten<br>Österreich | Z-14.9-760 | Z: 27.01.2016<br>G: 27.01.2021 |
| Absturzsicherung Savemaster | Kube-Stahl GmbH & Co. KG<br>Helmholtzstraße 14<br>40764 Langenfeld | Z-14.9-763 | Z: 09.03.2016<br>G: 09.03.2021 |
| Seilsystem BR 8 und BR 6 als Sicherungssystem gegen Absturz | Sicherheitskonzepte Breuer GmbH<br>Broekhuysener Straße 40<br>47638 Straelen | Z-14.9-770 | Z: 26.05.2016<br>G: 26.05.2021 |
| PFEIFER Lastöse als An-schlagpunkt für persönliche Schutzausrüstung | Pfeifer Seil- und Hebetechnik GmbH<br>Dr.-Karl-Lenz-Straße 66<br>87700 Memmingen | Z-14.9-778 | Z: 21.09.2016<br>G: 21.09.2021 |
| Absturzsicherungen Söll Roof Anchor | Honeywell Fall Protection Deutschland GmbH & Co. KG<br>Seligenweg 10<br>95028 Hof | Z-14.9-781 | Z: 22.03.2017<br>G: 22.03.2022 |

**Verzeichnis Sachgebiet Metallbau und Metallbauarten** (Fortsetzung)

| Bescheidgegenstand | Antragsteller | Bescheidnummer | Bescheid vom: Geltungsdauer bis: |
|---|---|---|---|
| Seilsystem SEKUMAXX | Profilmaxx GmbH & Co. KG<br>Talstraße 97<br>49479 Ibbenbüren | Z-14.9-782 | Z: 25.01.2017<br>G: 21.11.2021 |
| Seilsystem als Sicherungssystem gegen Absturz | ABS Safety GmbH<br>Gewerbering 3<br>47623 Kevelaer | Z-14.9-786 | Z: 29.03.2017<br>G: 29.03.2022 |
| Kalzip-Befestigungsklemme FA2 für Anschlageinrichtungen | Kalzip GmbH<br>August-Horch-Straße 20–22<br>56070 Koblenz | Z-14.9-787 | Z: 16.04.2019<br>G: 22.02.2022 |
| Latchways horizontales Seilsystem als Absturzsicherung | Latchways PLC<br>Hopton Park<br>Devizes, Wiltshire SN10 2JP<br>Großbritannien | Z-14.9-788 | Z: 22.02.2017<br>G: 22.02.2022 |
| LUX-top® FSE 2003 Seilsystem als Sicherungssystem gegen Absturz | ST QUADRAT Fall Protection S. A.<br>45, rue Fuert<br>5410 Beyren<br>Luxemburg | Z-14.9-789 | Z: 30.03.2017<br>G: 30.03.2022 |
| INNOTECH Seilsystem als Sicherungssystem gegen Absturz | INNOTECH Arbeitsschutz GmbH<br>Laizing 10<br>4656 Kirchham<br>Österreich | Z-14.9-792 | Z: 20.04.2017<br>G: 20.04.2022 |
| Absturzsicherungssysteme für Gleit-Falzprofildachsysteme Zambelli RIB-ROOF | Zambelli RIB-ROOF GmbH & Co. KG<br>Hans-Sachs-Straße 3 + 5<br>94569 Stephansposching | Z-14.9-802 | Z: 05.12.2017<br>G: 05.12.2022 |
| TigaSAFE Dachsicherheitssysteme | TigaSafe GmbH<br>Derndorferberg 2<br>4501 Neuhofen/Krems<br>Österreich | Z-14.9-803 | Z: 24.01.2018<br>G: 24.01.2021 |
| Greenline Seilsysteme als Sicherungssysteme gegen Absturz | Grün GmbH<br>Spezialmaschinenfabrik<br>Siegener Straße 81–83<br>57234 Wilnsdorf – Niederdielfen | Z-14.9-804 | Z: 15.02.2018<br>G: 15.02.2023 |
| Söll Seilsysteme als Sicherungssysteme gegen Absturz | Honeywell Fall Protection Deutschland GmbH & Co. KG<br>Seligenweg 10<br>95028 Hof | Z-14.9-805 | Z: 13.02.2018<br>G: 13.02.2023 |
| Alu Trax Schienensystem als Sicherungssystem gegen Absturz | ABS Safety GmbH<br>Gewerbering 3<br>47623 Kevelaer | Z-14.9-807 | Z: 09.02.2018<br>G: 09.02.2023 |
| LUX-top® FSA 2010-H Schienensystem als Absturzsicherungssystem | ST QUADRAT Fall Protection S. A.<br>45, rue Fuert<br>5410 Beyren<br>Luxemburg | Z-14.9-808 | Z: 14.01.2019<br>G: 14.01.2024 |

Z  Bescheid  
E  Ergänzungsbescheid  
Ä  Änderungsbescheid  
V  Verlängerungsbescheid

**Verzeichnis Sachgebiet Metallbau und Metallbauarten** (Fortsetzung)

| Bescheidgegenstand | Antragsteller | Bescheid-nummer | Bescheid vom: Geltungsdauer bis: |
|---|---|---|---|
| Söll Schienensystem als Sicherungssystem gegen Absturz | Honeywell Safety Products Sperian Fall Protection Deutschland GmbH & Co. KG Seligenweg 10 95028 Hof | Z-14.9-809 | Z: 05.03.2018 G: 05.03.2023 |
| Personen Sicherungs System PSS-C6-ST Seilsicherungs-system | Fischer Metall & Maschinenbau GmbH Im Brühl 58 74348 Lauffen und Bausysteme Pohl GmbH Nickepütz 33 52349 Düren und Pohl DWS GmbH Nickepütz 33 52349 Düren | Z-14.9-811 | Z: 06.02.2019 G: 06.02.2024 |
| ABS Weight OnTop Max | ABS Safety GmbH Gewerbering 3 47623 Kevelaer | Z-14.9-824 | Z: 17.01.2019 G: 17.01.2024 |
| Seilsystem TigaSAFE | TigaSAFE GmbH Derndorferberg 2 4501 Neuhofen/Krems Österreich | Z-14.9-825 | Z: 07.12.2018 G: 07.12.2023 |
| Absturzsicherungssystem ABS-Lock® Falz VI | ABS Safety GmbH Gewerbering 3 47623 Kevelaer | Z-14.9-828 | Z: 11.03.2019 G: 11.03.2024 |
| Seilsystem „Flury Line" | Arthur Flury AG Fabrikstrasse 4 4543 Deitingen Schweiz | Z-14.9-829 | Z: 12.06.2019 G: 12.06.2024 |
| Seilsystem „15m" als Sicherungssystem gegen Absturz | ABS Safety GmbH Gewerbering 3 47623 Kevelaer | Z-14.9-832 | Z: 15.05.2019 G: 15.05.2024 |
| Verankerung für Anschlagpunkte PSR 50 / SECU Vario-Stütze, PSR 20 BU / SECUPOINT für Stahltrapezprofil | Fischer Metall & Maschinenbau GmbH Im Brühl 58 74348 Lauffen und Bausysteme Pohl GmbH Nickepütz 33 52349 Düren und Pohl DWS GmbH Nickepütz 33 52349 Düren | Z-14.9-836 | Z: 23.05.2019 G: 23.05.2024 |

## Verzeichnis Sachgebiet Metallbau und Metallbauarten (Fortsetzung)

| Bescheidgegenstand | Antragsteller | Bescheid-nummer | Bescheid vom: Geltungsdauer bis: |
|---|---|---|---|
| Anschlageinrichtung gegen Absturz | Fischer Metall & Maschinenbau GmbH<br>Im Brühl 58<br>74348 Lauffen<br>und<br>Bausysteme Pohl GmbH<br>Nickepütz 33<br>52349 Düren<br>und<br>Pohl DWS GmbH<br>Nickepütz 33<br>52349 Düren | Z-14.9-837 | Z: 08.05.2019<br>G: 08.05.2021 |
| LUX-top® SDA-Z II Anschlageinrichtung auf Steildächern | ST QUADRAT Fall Protection S. A.<br>45, rue Fuert<br>5410 Beyren<br>Luxemburg | Z-14.9-839 | Z: 03.07.2019<br>G: 03.07.2024 |

Z   Bescheid   Ä   Änderungsbescheid
E   Ergänzungsbescheid   V   Verlängerungsbescheid

## 3.1.4 Verzeichnis Sachgebiet Gerüste

| Bescheidgegenstand | Antragsteller | Bescheid-nummer | Bescheid vom: Geltungsdauer bis: |
|---|---|---|---|
| Gerüstsystem „GEKU-Leichtbaugerüst 65" | G. Raetz oHG<br>Lerchenstraße 16<br>80995 München | Z-8.1-9.2 | Z: 19.02.2015<br>G: 01.05.2020 |
| Gerüstbauteile für das „Layher Blitz Gerüst 70 Stahl" | Wilhelm Layher GmbH & Co. KG<br>74361 Güglingen-Eibensbach | Z-8.1-16.2 | Z: 12.12.2008<br>Ä: 18.09.2009<br>Ä+E: 29.06.2010<br>Ä+E: 07.07.2011<br>Ä+V: 18.12.2013<br>Ä+E: 09.05.2014<br>Ä+V: 19.12.2018<br>Ä+E: 26.03.2019<br>G: 02.01.2020 |
| Gerüstsystem „Rahmengerüst FIX 120" | Müller + Baum GmbH & Co. KG<br>Birkenweg 52<br>59846 Sundern | Z-8.1-21 | Z: 05.01.2016<br>Ä+V: 05.01.2016<br>G: 17.01.2021 |
| Gerüstsystem „Fassadengerüst plettac SL 70" | ALTRAD plettac assco GmbH<br>plettac Platz 1<br>58840 Plettenberg | Z-8.1-29 | Z: 12.05.2010<br>Ä: 06.08.2010<br>Ä+E: 02.05.2011<br>Ä+E+V: 06.07.2015<br>G: 01.06.2020 |
| Gerüstsystem „Fassadengerüst plettac SL 70-Alu" | ALTRAD plettac assco GmbH<br>plettac Platz 1<br>58840 Plettenberg | Z-8.1-29.1 | Z: 03.12.2015<br>G: 01.01.2021 |
| Gerüstsystem „Mannesmann-Schnellbaugerüst" | HvK Hilmer Gerüstbau GmbH<br>Trierer Straße 93<br>53940 Hellenthal | Z-8.1-31 | Z: 02.09.2019<br>G: 02.09.2024 |
| Bauma Riedl Schnellaufbaugerüst | Sebastian Riedl<br>Schalungen – Gerüste – Baugeräte<br>Anger 1c<br>83561 Ramerberg | Z-8.1-32.2 | Z: 22.01.2015<br>G: 01.01.2020 |
| Gerüstsystem „BERA-Bohlengerüst" | RUX GmbH<br>Neue Straße 7<br>58135 Hagen | Z-8.1-42.2 | Z: 06.10.2009<br>V: 20.10.2014<br>G: 01.11.2019 |
| Gerüstsystem „Hünnebeck BOSTA 70" | Hünnebeck GmbH<br>Rehhecke 80<br>40885 Ratingen | Z-8.1-54.2 | Z: 04.01.2010<br>Ä: 29.02.2012<br>Ä+E+V: 08.12.2014<br>G: 01.01.2020 |
| Gerüstsystem „Hünnebeck-Leichtgerüst" | Bundesverband Gerüstbau e. V.<br>Rösrather Straße 645<br>51107 Köln | Z-8.1-56 | Z: 21.06.2019<br>G: 02.06.2024 |
| Gerüstsystem „BERA-Normalgerüst" | RUX GmbH<br>Neue Straße 7<br>58135 Hagen | Z-8.1-84.2 | Z: 21.06.2019<br>G: 19.06.2024 |
| Gerüstsystem „Glatz-Gerüst Nr. 800" | Gerüstbau Schmiederer GmbH & Co. KG<br>Hitzgutstraße 16<br>77767 Appenweier | Z-8.1-89 | Z: 02.04.2019<br>G: 02.05.2024 |

Z  Bescheid   Ä  Änderungsbescheid
E  Ergänzungsbescheid   V  Verlängerungsbescheid

**Verzeichnis Sachgebiet Gerüste** (Fortsetzung)

| Bescheidgegenstand | Antragsteller | Bescheid-nummer | Bescheid vom: Geltungsdauer bis: |
|---|---|---|---|
| Gerüstsystem „Plettenberger Baugerüst SSK 300" | ALTRAD plettac assco GmbH<br>Daimlerstraße 2<br>58840 Plettenberg | Z-8.1-99 | Z: 26.04.2019<br>G: 02.06.2024 |
| Gerüstbauteile für das Gerüstsystem „Hünnebeck BOSTA 100" | Hünnebeck GmbH<br>Rehhecke 80<br>40885 Ratingen | Z-8.1-150 | Z: 23.05.2005<br>E: 17.01.2007<br>E+V: 22.11.2007<br>V: 04.11.2008<br>Ä+V: 09.11.2009<br>V: 22.11.2010<br>V: 25.11.2011<br>V: 16.11.2012<br>V: 25.11.2013<br>V: 03.11.2014<br>V: 26.11.2015<br>Ä+V: 07.12.2016<br>Ä+V: 11.12.2017<br>Ä+V: 13.12.2018<br>G: 06.01.2020 |
| Gerüstsystem „Querrahmen-Steckgerüst QSG 300-Steck s" | Bau Großer GmbH<br>Jagdschänkenstraße 180B<br>09116 Chemnitz | Z-8.1-156 | Z: 31.07.2018<br>G: 31.07.2023 |
| Gerüstbauteile für das Gerüstsystem „Fassaden-gerüst plettac SL 100" | ALTRAD plettac assco GmbH<br>Daimlerstraße 2<br>58840 Plettenberg | Z-8.1-171 | Z: 11.03.2019<br>G: 02.04.2024 |
| Gerüstsystem „Rahmengerüst FIX 70S" | Müller + Baum GmbH & Co. KG<br>Birkenweg 52<br>59846 Sundern | Z-8.1-182 | Z: 16.12.2014<br>G: 16.12.2019 |
| Gerüstbauteile für das Gerüstsystem „MJ UNI 70" | MJ-Gerüst GmbH<br>Ziegelstraße 68<br>58840 Plettenberg | Z-8.1-184 | Z: 21.06.2019<br>G: 06.07.2020 |
| Gerüstsystem „RUX Schnell-baugerüst Super 65" | RUX GmbH<br>Neue Straße 7<br>58135 Hagen | Z-8.1-185.1 | Z: 21.12.2015<br>G: 03.01.2021 |
| Gerüstsystem „RUX Schnell-baugerüst Super 100" | RUX GmbH<br>Neue Straße 7<br>58135 Hagen | Z-8.1-185.2 | Z: 07.02.2018<br>G: 12.02.2023 |
| Gerüstsystem „Rieder-Schnellbaugerüst 800" | Gerüstbau Gleich<br>Neuer Weg 8<br>99198 Udestedt | Z-8.1-189 | Z: 16.11.2006<br>Ä+V: 25.11.2011<br>V: 09.12.2016<br>G: 01.01.2022 |
| Gerüstbauteile für das Gerüstsystem „ASSCO QUADRO 70" | ALTRAD plettac assco GmbH<br>plettac Platz 1<br>58840 Plettenberg | Z-8.1-190 | Z: 27.04.2018<br>G: 01.05.2023 |
| Gerüstsystem „AluSprint" | ALTEC<br>Aluminium Technik<br>Hans-J. Gebauer GmbH<br>Industriegebiet Ost 1<br>56727 Mayen | Z-8.1-214 | Z: 21.04.2010<br>Ä+E+V: 05.06.2015<br>G: 30.04.2020 |

Z  Bescheid  
E  Ergänzungsbescheid  
Ä  Änderungsbescheid  
V  Verlängerungsbescheid

## Verzeichnis Sachgebiet Gerüste (Fortsetzung)

| Bescheidgegenstand | Antragsteller | Bescheid-nummer | Bescheid vom: Geltungsdauer bis: |
|---|---|---|---|
| Gerüstsystem „Profitech S 73" | ALTRAD Baumann GmbH<br>Ritter-Heinrich-Straße 6–12<br>88471 Laupheim | Z-8.1-215 | Z: 01.07.2015<br>G: 01.08.2020 |
| Gerüstsystem „UNI 70 DUO" | MJ-Gerüst GmbH<br>Ziegelstraße 68<br>58840 Plettenberg | Z-8.1-303 | Z: 20.11.2006<br>Ä: 22.03.2007<br>V: 29.04.2008<br>V: 20.11.2008<br>E: 18.05.2009<br>Ä+V: 20.11.2009<br>V: 29.11.2010<br>E+V: 12.10.2011<br>V: 12.11.2012<br>V: 09.12.2013<br>V: 04.11.2014<br>V: 26.11.2015<br>V: 02.12.2016<br>Ä+V: 04.12.2017<br>Ä+V: 13.12.2018<br>G: 06.01.2020 |
| Gerüstbauteile für das Gerüstsystem „BOSTA 70 Alu" | HÜNNEBECK GmbH<br>Rehhecke 80<br>40885 Ratingen | Z-8.1-830 | V: 26.11.2015<br>Ä+V: 07.12.2016<br>Ä+V: 11.12.2017<br>Ä+V: 13.12.2018<br>G: 06.01.2020 |
| Gerüstbauteile für das Gerüstsystem „Layher-Blitzgerüst 100 S" | Wilhelm Layher GmbH & Co. KG<br>74361 Güglingen-Eibensbach | Z-8.1-840 | V: 21.12.2015<br>Ä+E: 26.03.2019<br>G: 03.01.2021 |
| Gerüstbauteile für das Gerüstsystem „Layher-Blitzgerüst 70 Alu" | Wilhelm Layher GmbH & Co. KG<br>74361 Güglingen-Eibensbach | Z-8.1-844 | V: 01.12.2015<br>Ä+V: 22.12.2016<br>Ä+V: 11.12.2017<br>Ä+V: 13.12.2018<br>G: 06.01.2020 |
| Gerüstsystem „UNIFIX 70" | Alfix GmbH<br>Langhennersdorfer Straße 15<br>09603 Großschirma | Z-8.1-847 | Z: 03.05.2017<br>G: 05.04.2022 |
| Gerüstbauteile für das Gerüstsystem „assco quadro 100" | ALTRAD plettac assco GmbH<br>Daimlerstraße 2<br>58840 Plettenberg | Z-8.1-849 | V: 12.12.2014<br>V: 26.11.2015<br>Ä+V: 07.12.2016<br>Ä+V: 11.12.2017<br>Ä+V: 13.12.2018<br>G: 06.01.2020 |
| Gerüstsystem „Ringer-Doppelgeländergerüst" | RINGER KG<br>Gerüste – Baugeräte – Schalungen<br>Römerweg 9<br>4844 Regau<br>Österreich | Z-8.1-858 | Z: 12.02.2015<br>G: 12.02.2020 |
| Gerüstsystem „ALFIX 70" | Alfix GmbH<br>Langhennersdorfer Straße 15<br>09603 Großschirma | Z-8.1-862 | V: 12.12.2014<br>Z: 09.12.2016<br>G: 04.01.2022 |

**Verzeichnis Sachgebiet Gerüste** (Fortsetzung)

| Bescheidgegenstand | Antragsteller | Bescheidnummer | Bescheid vom: Geltungsdauer bis: |
|---|---|---|---|
| Gerüstsystem „ALBLITZ 70 S" | Alfix GmbH<br>Langhennersdorfer Straße 15<br>09603 Großschirma | Z-8.1-864 | V: 12.12.2014<br>V: 26.11.2015<br>Ä+V: 19.12.2016<br>Ä+V: 04.12.2017<br>Ä+V: 13.12.2018<br>G: 07.01.2020 |
| Gerüstbauteile für das Gerüstsystem „PERI UP T 72" | PERI GmbH<br>Rudolf-Diesel-Straße 19<br>89264 Weißenhorn | Z-8.1-865 | Z: 27.04.2018<br>G: 26.03.2023 |
| Gerüstbauteile für das Gerüstsystem „MJ-Gerüst UNI 100" | MJ-Gerüst GmbH<br>Ziegelstraße 68<br>58840 Plettenberg | Z-8.1-871 | Ä+E+V: 26.03.2019<br>G: 02.04.2020 |
| Gerüstbauteile für das Gerüstsystem „MJ UNI-CONNECT 70 DUO" | MJ-Gerüst GmbH<br>Ziegelstraße 68<br>58840 Plettenberg | Z-8.1-872 | Ä+E: 20.10.2014<br>V: 16.02.2015<br>V: 26.01.2016<br>Ä+V: 11.01.2017<br>Ä+V: 23.01.2018<br>Ä+V: 25.02.2019<br>E: 02.04.2019<br>G: 06.03.2020 |
| Gerüstbauteile für das Gerüstsystem „ALBERT BLITZFIX 70" | Albert Gerüst- und Gerätetechnik GmbH<br>Verwaltung Frankfurt<br>Ferdinand-Porsche-Straße 29<br>60386 Frankfurt | Z-8.1-885 | Z: 12.07.2016<br>Ä+E: 26.03.2019<br>G: 12.07.2021 |
| Gerüstbauteile für das Gerüstsystem „assco quadro 70 Alu" | ALTRAD plettac assco GmbH<br>Daimlerstraße 2<br>58840 Plettenberg | Z-8.1-886 | V: 16.12.2014<br>V: 26.11.2015<br>Ä+V: 04.12.2016<br>Ä+V: 11.12.2017<br>Ä+V: 13.12.2018<br>G: 06.01.2020 |
| Gerüstsystem „Profitech A 73" | ALTRAD Baumann GmbH<br>Ritter-Heinrich-Straße 6–12<br>88471 Laupheim | Z-8.1-887 | Ä+V: 29.06.2017<br>G: 02.08.2022 |
| Gerüstbauteile für das Gerüstsystem „RK 073" | KERO GmbH + Co. KG<br>Fabrikstraße 5<br>88471 Laupheim | Z-8.1-895 | Ä+E+V: 10.06.2015<br>Ä+E: 21.03.2019<br>G: 01.01.2020 |
| Gerüstsystem „GEKKO" | HÜNNEBECK GmbH<br>Rehhecke 80<br>40885 Ratingen | Z-8.1-896 | V: 02.12.2016<br>G: 01.01.2022 |
| Gerüstbauteile für das Gerüstsystem „ALBLITZ 70 A" | Alfix GmbH<br>Langhennersdorfer Straße 15<br>09603 Großschirma | Z-8.1-897 | V: 12.12.2014<br>V: 26.11.2015<br>Ä+V: 19.12.2016<br>Ä+V: 11.12.2017<br>Ä+V: 13.12.2018<br>G: 07.01.2020 |

Z  Bescheid  
E  Ergänzungsbescheid  
Ä  Änderungsbescheid  
V  Verlängerungsbescheid

**Verzeichnis Sachgebiet Gerüste** (Fortsetzung)

| Bescheidgegenstand | Antragsteller | Bescheid-nummer | Bescheid vom: Geltungsdauer bis: |
|---|---|---|---|
| Gerüstbauteile für das Gerüstsystem „UNI TOP 65" | MJ-Gerüst GmbH<br>Ziegelstraße 68<br>58840 Plettenberg | Z-8.1-902 | V: 17.06.2015<br>V: 25.04.2016<br>Ä+V: 03.05.2017<br>Ä+E: 11.08.2017<br>Ä+V: 27.04.2018<br>V: 15.05.2019<br>G: 08.06.2020 |
| Gerüstbauteile für das Gerüstsystem „Profitech S 109" | ALTRAD Baumann GmbH<br>Ritter-Heinrich-Straße 6–12<br>88471 Laupheim | Z-8.1-909 | V: 16.12.2014<br>V: 26.11.2015<br>Ä+V: 07.12.2016<br>Ä+V: 11.12.2017<br>Ä+V: 13.12.2018<br>G: 06.01.2020 |
| Gerüstbauteile für das Gerüstsystem „Profitech A 73 plus" | ALTRAD Baumann GmbH<br>Ritter-Heinrich-Straße 6–12<br>88471 Laupheim | Z-8.1-910 | V: 16.12.2014<br>V: 26.11.2015<br>Ä+V: 07.12.2016<br>Ä+V: 11.12.2017<br>Ä+V: 13.12.2018<br>G: 06.01.2020 |
| Gerüstbauteile für das Gerüstsystem „ProfiTech S 73 plus" | ALTRAD Baumann GmbH<br>Ritter-Heinrich-Straße 6–12<br>88471 Laupheim | Z-8.1-912 | Z: 08.05.2018<br>G: 02.06.2023 |
| Gerüstsystem „assco quadro 70 V" | ALTRAD plettac assco GmbH<br>Daimlerstraße 2<br>58840 Plettenberg | Z-8.1-914 | Z: 19.05.2015<br>G: 01.04.2020 |
| Gerüstbauteile für das Gerüstsystem „Layher-Allround STAR" | Wilhelm Layher GmbH & Co. KG<br>74361 Güglingen-Eibensbach | Z-8.1-919 | Ä+E: 19.08.2015<br>Ä+E: 17.05.2016<br>Ä+E: 01.11.2017<br>Ä+E+V: 20.10.2017<br>Ä+E: 23.08.2018<br>Ä+E: 26.03.2019<br>G: 01.11.2022 |
| Gerüstbauteile für das Gerüstsystem „MJ UNI-CONNECT 100 DUO" | MJ Gerüst GmbH<br>Ziegelstraße 68<br>58840 Plettenberg | Z-8.1-922 | V: 04.11.2014<br>V: 26.11.2015<br>Ä+V: 02.12.2016<br>Ä+V: 11.12.2017<br>Ä+V: 13.12.2018<br>G: 06.01.2020 |
| Gerüstsystem „FRAMESCAFF 73" | Scafom International BV<br>De Kempen 5<br>6021 PZ Budel<br>Niederlande | Z-8.1-924 | V: 07.07.2015<br>Ä+E+V: 09.06.2016<br>G: 02.05.2021 |
| Gerüstbauteile für das Gerüstsystem „Mato 54" | Baugerüste Tobler AG<br>Langenhagstrasse 50<br>9424 Rheineck<br>Schweiz | Z-8.1-930 | E: 18.02.2015<br>Ä+E+V: 01.03.2016<br>Ä+E: 31.03.2017<br>Ä+E: 23.07.2019<br>G: 09.04.2021 |

**Verzeichnis Sachgebiet Gerüste** (Fortsetzung)

| Bescheidgegenstand | Antragsteller | Bescheid-nummer | Bescheid vom: Geltungsdauer bis: |
|---|---|---|---|
| Gerüstbauteile für das Gerüstsystem „MJ UNI-CONNECT 70 ALU DUO" | MJ Gerüst GmbH Ziegelstraße 68 58840 Plettenberg | Z-8.1-935 | V: 08.12.2014 V: 26.11.2015 Ä+V: 02.12.2016 Ä+V: 11.12.2017 Ä+V: 13.12.2018 G: 05.01.2020 |
| Gerüstsystem „PERALTA – Donnergerüst 70 S" | PERALTA Industrie GmbH Friedrich-Pfenning Straße 51 89518 Heidenheim | Z-8.1-936 | Z: 06.12.2017 Ä+E+V: 11.07.2017 G: 06.12.2022 |
| Gerüstbauteile für das Gerüstsystem „MATO-1" | Baugerüste Tobler AG Langenhagstrasse 50 9424 Rheineck Schweiz | Z-8.1-937 | Ä+E+V: 14.07.2017 Ä+E: 06.02.2019 G: 14.08.2022 |
| Gerüstsystem „RHU 070" | KERO GmbH + Co. KG Fabrikstraße 5 88471 Laupheim | Z-8.1-940 | Ä+E+V: 12.03.2018 Ä+E: 18.03.2018 G: 19.03.2023 |
| Gerüstsystem „ALBLITZ 100 S" | Alfix GmbH Langhennersdorfer Straße 15 09603 Großschirma | Z-8.1-943 | Z: 20.12.2016 G: 03.01.2022 |
| Rahmengerüst „FIX 70A" | Müller + Baum GmbH & Co. KG Birkenweg 52 59846 Sundern | Z-8.1-944 | Z: 08.01.2016 G: 08.01.2021 |
| Gerüstbauteile für das Gerüstsystem „Rahmengerüst UNIFIX 100" | Alfix GmbH Langhennersdorfer Straße 15 09603 Großschirma | Z-8.1-954 | Z: 25.01.2017 Ä+E+V: 26.03.2019 G: 02.04.2020 |
| Gerüstbauteile für das Gerüstsystem „PERI UP Easy" | PERI GmbH Rudolf-Diesel-Straße 19 89264 Weißenhorn | Z-8.1-957 | Z: 18.08.2017 Ä: 12.09.2018 Ä+E: 21.06.2019 G: 18.08.2022 |
| Gerüstbauteile für das Gerüstsystem „PERI UP Easy 100" | PERI GmbH Rudolf-Diesel-Straße 19 89264 Weißenhorn | Z-8.1-970 | Z: 25.06.2018 Ä: 12.09.2018 G: 25.06.2023 |
| Gerüstbauteile für das Gerüstsystem „ROLLE BLIZZARD S-70" | Rolle Gerüstvertrieb e. K. Carl-von-Linde-Straße 4 89343 Jettingen-Scheppach | Z-8.1-974 | Z: 26.03.2019 G: 26.03.2021 |
| Gerüstbauteile für das Gerüstsystem „RPL 070" | KERO GmbH + Co. KG Fabrikstraße 5 88471 Laupheim | Z-8.1-975 | Z: 02.04.2019 G: 02.04.2024 |
| Gerüstbauteile für das Gerüstsystem „RRU 065" | KERO GmbH + Co. KG Fabrikstraße 5 88471 Laupheim | Z-8.1-976 | Z: 02.04.2019 G: 02.04.2024 |
| Gerüstbauteile für das Gerüstsystem „ALBERT UNITAC 70" | Albert Gerüst- und Gerätetechnik GmbH Verwaltung Frankfurt Ferdinand-Porsche-Straße 29 60386 Frankfurt | Z-8.1-979 | Z: 02.04.2019 G: 02.04.2024 |

Z  Bescheid  
E  Ergänzungsbescheid  
Ä  Änderungsbescheid  
V  Verlängerungsbescheid

**Verzeichnis Sachgebiet Gerüste** (Fortsetzung)

| Bescheidgegenstand | Antragsteller | Bescheid-nummer | Bescheid vom: Geltungsdauer bis: |
|---|---|---|---|
| Einrastklaue „Typ 48" | Wilhelm Layher GmbH & Co. KG<br>74361 Güglingen-Eibensbach | Z-8.4-860 | Z: 31.07.2015<br>G: 01.08.2020 |
| Rohre mit erhöhter Streckgrenze im Traggerüstsystem „MILLS TOUR" | PORR Deutschland GmbH<br>Zweigniederlassung Berlin<br>Valeska-Gert-Straße 1<br>10243 Berlin | Z-8.21-515 | V: 27.06.2016<br>G: 01.08.2021 |
| Traggerüstsysteme „PERI Stapelturm ST 40-2 und ST 100" | PERI GmbH<br>Rudolf-Diesel-Straße 19<br>89264 Weißenhorn | Z-8.21-823 | V: 23.08.2016<br>G: 02.10.2021 |
| Rux – Gitterträger unter Verwendung von kaltverfestigten Stahlrohren | RUX GmbH<br>Neue Straße 7<br>58135 Hagen | Z-8.21-850 | Z: 27.04.2018<br>G: 02.06.2023 |
| Stahlrohre 48,3 × 2,7 mm mit erhöhter Streckgrenze | Doka GmbH<br>Josef Umdasch Platz 1<br>3300 Amstetten<br>Österreich | Z-8.21-915 | Z: 08.09.2017<br>G: 01.09.2022 |
| Stahlrohre ⌀ 48,3 mm mit erhöhter Streckgrenze | TRINAC GmbH Schalungstechnik<br>Lüschershofstraße 70<br>45356 Essen | Z-8.21-928 | Z: 01.07.2015<br>G: 01.05.2020 |
| Gerüstbauteile für das Modulsystem „Layher Alu-Allround" | Wilhelm Layher GmbH & Co. KG<br>74361 Güglingen-Eibensbach | Z-8.22-64.1 | V: 27.11.2014<br>V: 01.12.2015<br>V: 22.12.2016<br>Ä+V: 11.12.2017<br>Ä+V: 13.12.2018<br>G: 06.01.2020 |
| Modulsystem „Variant" für den Gerüstbau | RUX GmbH<br>Neue Straße 7<br>58135 Hagen | Z-8.22-19 | Z: 06.02.2019<br>G: 02.01.2024 |
| Gerüstbauteile für das Modulsystem „Layher Allround" | Wilhelm Layher GmbH & Co. KG<br>74361 Güglingen-Eibensbach | Z-8.22-64 | Z: 23.04.2018<br>G: 01.05.2022 |
| Modulsystem „Hünnebeck MODEX" | HÜNNEBECK GmbH<br>Rehhecke 80<br>40885 Ratingen | Z-8.22-67 | Ä+V: 09.12.2014<br>G: 01.01.2020 |
| Modulsystem „plettac-PERFECT" | ALTRAD plettac assco GmbH<br>Daimlerstraße 2<br>58840 Plettenberg | Z-8.22-178 | Ä+E+V: 22.08.2017<br>G: 01.10.2022 |
| Modulsystem „CUPLOK" | Brand Infrastructure Services B. V.<br>George Stephensonweg 15<br>3133 KJ. Vlaardingen<br>Niederlande | Z-8.22-208 | Ä+E: 16.12.2015<br>Ä+V: 07.06.2017<br>Ä: 11.12.2017<br>G: 02.06.2022 |
| Verbinden von Aluminium-Stäben durch Verpressen in ALUXO-Traggerüstrahmen | Doka GmbH<br>Josef Umdasch Platz 1<br>3300 Amstetten<br>Österreich | Z-8.22-509 | Ä+V: 23.07.2015<br>G: 02.07.2020 |

**Verzeichnis Sachgebiet Gerüste** (Fortsetzung)

| Bescheidgegenstand | Antragsteller | Bescheidnummer | Bescheid vom:<br>Geltungsdauer bis: |
|---|---|---|---|
| Traggerüstsystem „Multiprop" | PERI GmbH<br>Rudolf-Diesel-Straße 19<br>89264 Weißenhorn | Z-8.22-802 | Z: 08.09.2017<br>G: 01.10.2022 |
| Gurtverbindungsschraube Tr 36 im Rüstbinder H 33 | thyssenkrupp Infrastructure GmbH<br>Eichenhofer Weg 5<br>42279 Wuppertal | Z-8.22-825 | V: 04.12.2017<br>G: 02.12.2022 |
| Modulsystem „assco futuro" | ALTRAD plettac assco GmbH<br>Daimlerstraße 2<br>58840 Plettenberg | Z-8.22-841 | Ä+E+V: 08.04.2015<br>G: 01.06.2020 |
| Gerüstbauteile für das Modulsystem „plettac contur" | ALTRAD plettac assco GmbH<br>Daimlerstraße 2<br>58840 Plettenberg | Z-8.22-843 | Z: 09.05.2019<br>G: 02.04.2024 |
| Modulsystem „assco futuro V" | ALTRAD plettac assco GmbH<br>plettac Platz 1<br>58840 Plettenberg | Z-8.22-855 | Ä+E+V: 25.02.2015<br>G: 25.02.2020 |
| Gerüstbauteile für das Modulsystem „KT" | G. M. B. KT-Modulgerüst GmbH<br>Gewerbepark OT Litten 17<br>02627 Kubschütz | Z-8.22-861 | Z: 17.06.2019<br>G: 02.07.2024 |
| Gerüstbauteile für das Modulsystem „PERI UP Flex" | PERI GmbH<br>Rudolf-Diesel-Straße<br>89264 Weißenhorn | Z-8.22-863 | Z: 05.04.2019<br>Ä+E: 01.04.2016<br>Ä+E: 22.06.2017<br>G: 01.10.2020 |
| Verbindungskonstruktion im Traggerüstsystem „GASS" | Brand Infrastructure Services B. V.<br>George Stephensonweg 15<br>3133 KJ. Vlaardingen<br>Niederlande | Z-8.22-866 | Ä+V: 19.10.2017<br>G: 06.11.2019 |
| Modulsystem „Ringscaff" | Scafom International BV<br>De Kempen 5<br>6021 PZ Budel<br>Niederlande | Z-8.22-869 | Z: 30.03.2016<br>G: 09.04.2021 |
| Rahmenanschluss „TITAN" zur Verwendung in Traggerüsten | Friedr. Ischebeck GmbH<br>Loher Straße 31–79<br>58256 Ennepetal | Z-8.22-874 | Ä+V: 17.12.2015<br>G: 01.01.2021 |
| Verbindungskonstruktionen im Traggerüstsystem „ALU-TOP" | HÜNNEBECK GmbH<br>Rehhecke 80<br>40885 Ratingen | Z-8.22-875 | V: 26.11.2015<br>G: 01.01.2021 |
| Modulsystem „SM8" für den Gerüstbau | Marcegaglia Buildtech srl<br>Via Giovanni della Casa 12<br>20151 Milano<br>Italien | Z-8.22-878 | Z: 23.08.2016<br>Ä: 16.11.2016<br>G: 23.08.2021 |
| Verbindungskonstruktionen im „MEP-Traggerüst" | MEVA Schalungs-Systeme GmbH<br>Industriestraße 5<br>72221 Haiterbach | Z-8.22-884 | Ä+V: 11.12.2017<br>G: 03.01.2023 |
| Modulsystem „VarioTech" | ALTRAD Baumann GmbH<br>Ritter-Heinrich-Straße 6–12<br>88471 Laupheim | Z-8.22-900 | Ä+E+V: 04.06.2015<br>G: 04.06.2020 |

Z  Bescheid  
E  Ergänzungsbescheid  
Ä  Änderungsbescheid  
V  Verlängerungsbescheid

**Verzeichnis Sachgebiet Gerüste** (Fortsetzung)

| Bescheidgegenstand | Antragsteller | Bescheid-nummer | Bescheid vom: Geltungsdauer bis: |
|---|---|---|---|
| Modulsystem „RINGSCAFF-V" | Scafom-rux Holding<br>De Kempen 5<br>6021 PZ Budel<br>Niederlande | Z-8.22-901 | Z: 05.01.2016<br>G: 05.01.2021 |
| Gerüstbauteile für das Modulsystem „ALFIX MODUL MULTI" | Alfix GmbH<br>Langhennersdorfer Straße 15<br>09603 Großschirma | Z-8.22-906 | Z: 17.08.2018<br>Ä: 31.10.2018<br>G: 14.10.2021 |
| Modulsystem „Ringscaff-V-f" | Scafom-rux holding<br>De Kempen 5<br>6021 PZ Budel<br>Niederlande | Z-8.22-911 | Z: 11.01.2018<br>G: 06.01.2023 |
| Modulsystem „ALBLITZ MODUL" | Alfix GmbH<br>Langhennersdorfer Straße 15<br>09603 Großschirma | Z-8.22-913 | Ä+V: 26.05.2017<br>G: 08.05.2022 |
| Modulsystem „MJ COMBI metric" | MJ-Gerüst GmbH<br>Ziegelstraße 68<br>58840 Plettenberg | Z-8.22-923 | Z: 18.06.2015<br>G: 01.01.2020 |
| Modulsystem „MJ COMBI DUO" | MJ-Gerüst GmbH<br>Ziegelstraße 68<br>58840 Plettenberg | Z-8.22-926 | Z: 15.10.2015<br>G: 15.10.2020 |
| Verbindungskonstruktionen und Aufstockungselemente für das NOEprop Traggerüstsystem | NOE-Schaltechnik<br>Georg Meyer-Keller GmbH & Co. KG<br>Kuntzestraße 72<br>73079 Süssen | Z-8.22-929 | Ä+V: 02.12.2016<br>G: 11.01.2022 |
| Gerüstbauteile für das Modulgerüstsystem „ALFIX MODUL METRIC" | Alfix GmbH<br>Langhennersdorfer Straße 15<br>09603 Großschirma | Z-8.22-932 | Z: 31.10.2018<br>G: 21.10.2021 |
| Gerüstbauteile für das Modulsystem „Layher Allround LW" | Wilhelm Layher GmbH & Co. KG<br>74361 Güglingen-Eibensbach | Z-8.22-939 | Z: 27.09.2018<br>Ä+E: 26.03.2019<br>G: 07.12.2022 |
| Modulsystem „Layher Allround LWv" | Wilhelm Layher GmbH & Co. KG<br>74361 Güglingen-Eibensbach | Z-8.22-949 | Z: 09.10.2018<br>E: 26.03.2019<br>G: 08.10.2023 |
| Ständerstoß im Modulsystem „PERI UP Flex" | PERI GmbH<br>Rudolf-Diesel-Straße 19<br>89264 Weißenhorn | Z-8.22-951 | Z: 04.11.2016<br>G: 04.11.2021 |
| Bauteile für das MEVA Traggerüstsystem MT 60 | MEVA Schalungs-Systeme GmbH<br>Industriestraße 5<br>72221 Haiterbach | Z-8.22-952 | Z: 07.02.2018<br>G: 25.01.2022 |
| HÜNNEBECK ST60 – Gerüstknoten als Verbindungskonstruktion im Traggerüstbau | HÜNNEBECK GmbH<br>Rehhecke 80<br>40885 Ratingen | Z-8.22-956 | Z: 25.01.2018<br>G: 25.01.2023 |

**Verzeichnis Sachgebiet Gerüste** (Fortsetzung)

| Bescheidgegenstand | Antragsteller | Bescheid-nummer | Bescheid vom:<br>Geltungsdauer bis: |
|---|---|---|---|
| Muttern und Muffen für Zugglieder im Traggerüstbau | Doka GmbH<br>Josef Umdasch Platz 1<br>3300 Amstetten<br>Österreich | Z-8.22-959 | Z: 19.06.2018<br>G: 19.06.2023 |
| Modulsystem „MJ COMBI metric DUO" | MJ Gerüst GmbH<br>Ziegelstraße 68<br>58840 Plettenberg | Z-8.22-960 | Z: 09.10.2018<br>G: 09.10.2023 |
| ZipKo System ZK 66/14 für die Verwendung im Modulsystem „ZipKo-ST" | Fa. ZipKo<br>Hömeler Heide 14<br>51588 Nümbrecht | Z-8.22-961 | Z: 08.05.2018<br>G: 08.05.2023 |
| Modulsystem „RINGSCAFF-VD" | Scafom-rux Holding<br>De Kempen 5<br>6021 PZ Budel<br>Niederlande | Z-8.22-971 | Z: 17.01.2019<br>G: 17.01.2024 |
| RöRo-Trägerklemme | thyssenkrupp Infrastructure GmbH<br>Traggerüstbau<br>Eichenhofer Weg 5<br>42279 Wuppertal | Z-8.34-502 | Ä+V: 12.06.2017<br>G: 02.07.2022 |
| Peiner-Trägerklemme | thyssenkrupp Infrastructure GmbH<br>Traggerüstbau<br>Eichenhofer Weg 5<br>42279 Wuppertal | Z-8.34-503 | Z: 07.06.2017<br>G: 02.07.2022 |
| Trägerklemme „TITAN" | Friedr. Ischebeck GmbH<br>Loher Straße 31–79<br>58256 Ennepetal | Z-8.34-873 | Z: 25.04.2016<br>G: 02.06.2021 |
| Baustützen aus Stahl mit Ausziehvorrichtung<br>– PERI PEP 10-300 A<br>– PERI PEP 10-350 A | PERI GmbH<br>Rudolf-Diesel-Straße 19<br>89264 Weißenhorn | Z-8.311-899 | Z: 16.09.2014<br>G: 01.10.2019 |
| Baustützen aus Stahl mit Ausziehvorrichtung Typ „Eurex 20 top" und „Eurex 30 top" | Doka GmbH<br>Josef Umdasch Platz 1<br>3300 Amstetten<br>Österreich | Z-8.311-905 | Ä+V: 12.12.2017<br>G: 01.01.2023 |
| Baustützen „PERI PEP Ergo" aus Stahl mit Ausziehvorrichtung | PERI GmbH<br>Rudolf-Diesel-Straße 19<br>89264 Weißenhorn | Z-8.311-934 | Z: 03.11.2017<br>G: 21.08.2022 |
| Baustützen aus Stahl mit Ausziehvorrichtung „PERI PEP Ergo D/E" | PERI GmbH<br>Rudolf-Diesel-Straße 19<br>89264 Weißenhorn | Z-8.311-941 | Z: 03.11.2017<br>G: 21.08.2022 |
| Baustütze aus Stahl mit Ausziehvorrichtung Typ „Eurex 20 eco" und „Eurex 30 eco" | Doka GmbH<br>Josef Umdasch Platz 1<br>3300 Amstetten<br>Österreich | Z-8.311-942 | Z: 20.11.2018<br>G: 13.12.2023 |
| Baustütze „smartPROP 20" und „smartPROPplus 30" | Form-on GmbH<br>Josef Umdasch Platz 1<br>3300 Amstetten<br>Österreich | Z-8.311-946 | Z: 20.11.2018<br>G: 27.11.2023 |

Z  Bescheid  
E  Ergänzungsbescheid  
Ä  Änderungsbescheid  
V  Verlängerungsbescheid

**Verzeichnis Sachgebiet Gerüste** (Fortsetzung)

| Bescheidgegenstand | Antragsteller | Bescheid-nummer | Bescheid vom: Geltungsdauer bis: |
|---|---|---|---|
| Polystützen Typ PS | Safe B. V.<br>Postbus 58<br>5735 ZH Aarle-Rixtel<br>Niederlande | Z-8.311-958 | Z: 19.06.2018<br>G: 12.12.2022 |
| Baustützen aus Stahl mit Ausziehvorrichtung „PERI PEP Alpha-2 B/D" | PERI GmbH<br>Rudolf-Diesel-Straße 19<br>89264 Weißenhorn | Z-8.311-973 | Z: 06.02.2019<br>G: 06.02.2024 |
| Baustützen aus Aluminium mit Ausziehvorrichtung<br>– MP 250: Stützenklasse T25<br>– MP 350: Stützenklasse R35<br>– MP 480: Stützenklasse D45<br>– MP 625: Stützenklasse D60 | PERI GmbH<br>Rudolf-Diesel-Straße 19<br>89264 Weißenhorn | Z-8.312-824 | Z: 09.12.2016<br>G: 02.01.2022 |
| Baustütze aus Aluminium mit Ausziehvorrichtung „NOE ADS", Stützenklasse: E50 | NOE-Schaltechnik<br>Georg Meyer-Keller GmbH & Co.<br>Kuntzestraße 72<br>73079 Süssen | Z-8.312-826 | Z: 06.02.2019<br>G: 06.02.2024 |
| Baustütze aus Aluminium mit Ausziehvorrichtung Typ „TITAN" | Friedr. Ischebeck GmbH<br>Loher Straße 31–79<br>58256 Ennepetal | Z-8.312-868 | Z: 01.10.2015<br>G: 01.10.2020 |
| Baustützen System „GASS" mit Ausziehvorrichtung aus Aluminium | Brand Infrastructure Services B. V.<br>George Stephensonweg 15<br>3133 KJ. Vlaardingen<br>Niederlande | Z-8.312-876 | Z: 17.07.2012<br>Ä+V: 20.07.2017<br>G: 18.07.2022 |
| Baustütze mit Ausziehvorrichtung aus Aluminium „DOKA EUREX 60" | Doka Industrie GmbH<br>Josef Umdasch Platz 1<br>3300 Amstetten<br>Österreich | Z-8.312-877 | Z: 27.06.2016<br>G: 01.08.2021 |
| Baustützen „MEP 300" und „MEP 450" mit Ausziehvorrichtung aus Aluminium | MEVA Schalungs-Systeme GmbH<br>Industriestraße 5<br>72221 Haiterbach | Z-8.312-881 | Z: 18.08.2017<br>G: 18.08.2022 |
| Baustützen „ALUPROP" aus Aluminium mit Ausziehvorrichtung | ULMA C y E<br>Ps Otadui 3, Apdo. 13<br>20560 Oñati<br>Spanien | Z-8.312-907 | Z: 04.03.2016<br>G: 02.04.2021 |
| Baustützen aus Aluminium mit Ausziehvorrichtung „NOEprop" der Stützenklassen D55, E40 und T30 | NOE-Schaltechnik<br>Georg Meyer-Keller GmbH & Co.<br>Kuntzestraße 72<br>73079 Süssen | Z-8.312-918 | Z: 10.04.2018<br>G: 02.05.2023 |
| Baustützen mit Ausziehvorrichtung „TITAN HV" und „TITAN HV Maxi" | Friedr. Ischebeck GmbH<br>Loher Straße 31–79<br>58256 Ennepetal | Z-8.312-938 | Z: 06.10.2017<br>Ä+V: 24.08.2017<br>G: 06.10.2022 |
| Halbkupplungen mit Schraubverschluss zur Verwendung an Stahl- und Aluminiumrohren | ALTRAD plettac assco GmbH<br>Daimlerstraße 2<br>58840 Plettenberg | Z-8.331-818 | Z: 27.11.2014<br>G: 27.11.2019 |

**Verzeichnis Sachgebiet Gerüste** (Fortsetzung)

| Bescheidgegenstand | Antragsteller | Bescheid-nummer | Bescheid vom: Geltungsdauer bis: |
|---|---|---|---|
| Halbkupplung mit Schraub- oder Keilverschluss zur Verwendung am Stahl- und Aluminiumrohr | Wilhelm Layher GmbH & Co. KG 74361 Güglingen-Eibensbach | Z-8.331-882 | Z: 23.10.2018 G: 04.11.2019 |
| Grobgewinde-Hammerschraube mit Bundmutter als Verbindungselement in Layher-Gerüstkupplungen | Wilhelm Layher GmbH & Co. KG Postfach 40 74361 Güglingen-Eibensbach | Z-8.331-947 | Z: 21.07.2015 G: 21.07.2020 |
| Hammerschrauben mit Sechskantmutter mit Sondergewinde als Verbindungselement in Gerüstkupplungen | Scafom-rux Holding De Kempen 5 6021 PZ Budel Niederlande | Z-8.331-948 | Z: 22.12.2015 G: 22.12.2020 |
| Hammerschrauben mit Sechskantmutter mit Sondergewinde als Verbindungselement in Gerüstkupplungen | Scafom-rux Holding De Kempen 5 6021 PZ Budel Niederlande | Z-8.331-948 | Ä: 01.03.2016 G: 22.12.2020 |
| „Keilnormalkupplungen mit erweitertem Anwendungsbereich" | Van Thiel United b. v. Bosscheweg 38 5741 SX Beek En Donk Niederlande | Z-8.331-950 | Z: 09.03.2016 G: 09.03.2021 |
| Normal-Reduzierkupplung 48,3/60,0 mit Schraubverschluss zur Verwendung an Stahlrohren | ULMA C y E, S. Coop. Ps. Otadui 3, Apdo 13 20560 Oñati (Guipúzcoa) Spanien | Z-8.332-955 | Z: 24.08.2016 G: 24.08.2021 |

Z  Bescheid  
E  Ergänzungsbescheid  
Ä  Änderungsbescheid  
V  Verlängerungsbescheid

## 3.2 Europäische Technische Bewertungen

| | Handelsbezeichnung | Inhaber | Bescheidnummer | Bescheid vom: |
|---|---|---|---|---|
| Vorgefertigtes Zugstabsystem | ASDO-Zugstabsystem | Anker Schroeder ASDO GmbH<br>Hannöversche Straße 48<br>44143 Dortmund<br>Deutschland | ETA-04/0038 | Z: 29.07.2016 |
| Hilti Setzbolzen X-ENP-19 L15, X-ENP-19 L15 MX, X-ENP-19 L15 MXR in Kombination mit den Hilti Setzgeräten DX 76, DX 76 MX, DX 76 PTR, DX 860-ENP für die Befestigung von Stahlblech an Stahlunterkonstruktionen | Hilti Setzbolzen X-ENP-19 L15 (MX, MXR) | Hilti AG<br>Feldkircherstraße 100<br>9494 Schaan<br>Fürstentum Liechtenstein | ETA-04/0101 | Z: 01.03.2018 |
| Vorgefertigtes Zugstabsystem | HALFEN Zugstabsystem DETAN-S | HALFEN GmbH<br>Liebigstraße 14<br>40764 Langenfeld | ETA-05/0207 | Z: 20.04.2018 |
| Vorgefertigtes Zugstabsystem | m·connect Zugstabsystem 460 / 560 | MÜRMANN Gewindetechnik GmbH<br>Wölzower Weg 27<br>19243 Wittenburg | ETA-06/0236 | Z: 12.07.2018 |
| Befestigungselemente für Dachabdichtungssysteme | EJOT Flachdachbefestiger | EJOT Baubefestigungen GmbH<br>In der Stockwiese 35<br>57334 Bad Laasphe | ETA-07/0013 | Z: 17.03.2017 |
| Befestigungselemente für Dachabdichtungssysteme | Zahn Flachdachbefestigungselemente | Harald Zahn GmbH<br>Ludwig-Wagner-Straße 10<br>69168 Wiesloch | ETA-08/0033 | Z: 13.03.2018 |
| Vorgefertigtes Zugstabsystem | Beststa 2-540 Zugstabsystem | BESISTA International GmbH<br>Heckenweg 1<br>73087 Bad Boll | ETA-08/0038 | Z: 27.09.2018 |
| SPIT Setzbolzen HSBR 14, HSBR 14 Tube und HSBR 14 Strip in Kombination mit den SPIT Setzgeräten P230, P230L, P525L und P560 für die Befestigung von Stahlblech an Stahlunterkonstruktionen | Setzbolzen: HSBR 14, HSBR 14 Tube und HSBR 14 Strip<br>Setzgeräte: P230, P230L, P525L und P560 | SPIT Route de Lyon<br>26500 Bourg-Lés-Valence<br>Frankreich | ETA-08/0040 | Z: 16.05.2018 |
| Mechanisch befestigtes Dachabdichtungssystem | EVALON® | alwitra GmbH & Co.<br>Klaus Göbel<br>Am Forst 1<br>54296 Trier | ETA-08/0112 | Z: 10.04.2018 |

Z  Bescheid

**Europäische Technische Bewertungen** (Fortsetzung)

| | Handelsbezeichnung | Inhaber | Bescheidnummer | Bescheid vom: |
|---|---|---|---|---|
| Befestigungselemente für Dachabdichtungssysteme | SFS intec Flachdachbefestigungselemente | SFS intec AG Fastening Systems Rosenbergsaustrasse 10 9435 Heerbrugg Schweiz | ETA-08/0262 | Z: 17.10.2017 |
| Befestigungselemente für Dachabdichtungssysteme | KOELNER Flachdachbefestiger | RAWLPLUG S. A. Kwidzynska 6 51-416 Wroclaw Polen | ETA-09/0346 | Z: 29.06.2018 |
| Befestigungsschrauben für Metallbauteile und Bleche | Befestigungsschrauben BI und CF | IPEX Beheer B. V. Postbus 82 7468 ZH Enter Niederlande | ETA-10/0020 | Z: 27.11.2018 |
| Befestigungsschrauben für Bauteile und Bleche aus Metall | CORONA, HWH, MH, DC und LP | RED HORSE dissing as Niels Bohrs Vej 25 8660 Skanderborg Dänemark | ETA-10/0021 | Z: 23.04.2018 |
| Thermomechanisch gewalzte Langerzeugnisse aus Stahl | Langerzeugnisse aus HISTAR 355 / 355L und HISTAR 460 / 460L | ArcelorMittal Belval & Differdange ArcelorMittal Commercial Sections S. A. 66, rue de Luxembourg 4221 Esch/Alzette Luxemburg | ETA-10/0156 | Z: 11.12.2015 |
| Befestigungsschrauben für Bauteile und Bleche aus Metall | Befestigungsschrauben Drillnox, Goldovis und FASTO-NOX | ETANCO SAS Parc des Érables – Bât. 1 66 Route de Sartrouville BP 49 78231 Le Pecq Cedex Frankreich | ETA-10/0181 | Z: 04.07.2019 |
| Befestigungsschrauben für Metallbauteile und Bleche | Hilti S-MD, Hilti S-MS | Hilti AG Feldkircherstraße 100 9494 Schaan Fürstentum Liechtenstein | ETA-10/0182 | Z: 02.05.2019 |
| Befestigungsschrauben für Bauteile und Bleche aus Metall | OCWS 4,8 x L, OCWS 5,5 x L, OCS 5,5 x L, ONS 5,5 x L, ODWS 6,5 x L | RAWLPLUG S. A. Kwidzynska 6 51-416 Wroclaw Polen | ETA-10/0183 | Z: 25.06.2018 |
| Befestigungsschrauben für Bauteile und Bleche aus Metall | Befestigungsschrauben Zebra Pias, Zebra Piasta und FABA® | Adolf Würth GmbH & Co. KG 74650 Künzelsau | ETA-10/0184 | Z: 29.03.2018 |
| Befestigungsschrauben für Bauteile und Bleche aus Metall | SX, SLG, SL, TDA, TDB, TDC, SD, SXW, SW, CDM | SFS intec AG Rosenbergsaustrasse 10 9435 Heerbrugg Schweiz | ETA-10/0198 | Z: 25.01.2019 |

Z Bescheid

**Europäische Technische Bewertungen** (Fortsetzung)

| | Handelsbezeichnung | Inhaber | Bescheidnummer | Bescheid vom: |
|---|---|---|---|---|
| Befestigungsschrauben für Bauteile und Bleche aus Metall | Befestigungsschrauben PMJ-tec AG | PMJ-tec AG<br>Industriestrasse 34<br>1791 Courtaman<br>Schweiz | ETA-10/0199 | Z: 25.03.2019 |
| Befestigungsschrauben für Bauteile und Bleche aus Metall | Befestigungsschrauben JA, JB, JT, JZ und JF | EJOT Baubefestigungen GmbH<br>In der Stockwiese 35<br>57334 Bad Laasphe | ETA-10/0200 | Z: 23.03.2018 |
| Vorgefertigte Seile aus nichtrostendem Stahl mit Endverankerungen | Carl Stahl Seil-Zugglieder I-SYS | Carl Stahl ARC GmbH<br>Siemensstraße 2<br>73079 Süssen<br>Deutschland | ETA-10/0358 | Z: 17.10.2016 |
| Würth Setzbolzen W-HMF 14, W-HMF 14/M und W-HMF 14/S in Kombination mit den Würth Setzgeräten BSG MF-14 und BSG MF-14 S für die Befestigung von Stahlblech an Stahlunterkonstruktionen | Setzbolzen:<br>W-HMF 14,<br>W-HMF 14/M und<br>W-HMF 14/S<br>Setzgeräte:<br>BSG MF-14 und<br>BSG MF-14 S | Adolf Würth GmbH & Co. KG<br>Reinhold-Würth-Straße 12–17<br>74653 Künzelsau | ETA-10/0462 | Z: 06.03.2018 |
| Bausatz für Gebäude aus Metallrahmen | System Cocoon „Transformer" | Cocoon System AG<br>St. Johanns-Vorstadt 80<br>4056 Basel<br>Schweiz | ETA-11/0105 | Z: 28.06.2018 |
| Vorgefertigte Gebäudeeinheit aus Metall für Hochhäuser | MBI/MBL/MBX Verbundmittel X-HVB | COURANT CONSTRUCTEUR<br>BP 60272 Saint Herblon<br>44158 Ancenis Cedex<br>Frankreich | ETA-11/0149 | Z: 05.05.2016 |
| Vorgefertigte Seile aus unlegierten und nichtrostenden Stählen mit Endverankerungen | PFEIFER Seil-Zugglieder | Pfeifer Seil- und Hebetechnik GmbH<br>Dr.-Karl-Lenz-Straße 66<br>87700 Memmingen | ETA-11/0160 | Z: 21.11.2018 |
| Befestigungsschrauben für Bauteile und Bleche aus Metall | Befestigungsschrauben E-X | Guntram End GmbH<br>Untertürkheimer Straße 20<br>66117 Saarbrücken | ETA-11/0174 | Z: 22.02.2019 |
| Vorgefertigtes Zugstabsystem | HALFEN Zugstabsystem DETAN-E | HALFEN GmbH<br>Liebigstraße 14<br>40764 Langenfeld | ETA-11/0311 | Z: 20.04.2018 |
| Vorgefertigte Bauteile aus warmgewalzten Erzeugnissen aus den Stahlsorten Q235B, Q235D, Q345B und Q345D | Vorgefertigte Bauteile aus den Stahlsorten Q235B, Q235D, Q345B und Q345D | Andritz Energy & Environment GmbH<br>Waagner-Biro-Platz 1<br>8074 Raaba/Graz<br>Österreich | ETA-11/0322 | Z: 23.11.2016 |

**Europäische Technische Bewertungen** (Fortsetzung)

| | Handelsbezeichnung | Inhaber | Bescheid-nummer | Bescheid vom: |
|---|---|---|---|---|
| Befestigungsschrauben für Metallbauteile und Bleche | S+P Befestigungsschrauben | Schäfer + Peters GmbH Zeilbaumweg 32 74613 Öhringen | ETA-12/0086 | Z: 23.04.2018 |
| Befestigungsschrauben zur Befestigung von metallischen Bauteilen und Blechen | Twistec Bohrschrauben | Nögel Montagetechnik Vertriebsgesellschaft mbH Koppelweg 1 49767 Twist | ETA-13/0170 | Z: 04.04.2018 |
| Korrosionsschutzsystem für tragende Seile | Korrosionsschutzsystem „ATIS Cableskin" | Alpin Technik und Ingenieurservice GmbH Plautstraße 80 04179 Leipzig | ETA-13/0171 | Z: 14.05.2019 |
| Hilti Setzbolzen X-ENP2K-20 L15 und X-ENP2K-20 L15 MX in Kombination mit Bolzensetzgerät Hilti DX 76 PTR | Hilti Setzbolzen X-ENP2K-20 L15, X-ENP2K-20 L15 MX | Hilti AG Feldkircherstraße 100 9494 Schaan Fürstentum Liechtenstein | ETA-13/0172 | Z: 04.04.2018 |
| Befestigungsschrauben für Sandwichelemente | Befestigungsschrauben JA, JZ, JT und JF | EJOT Baubefestigungen GmbH In der Stockwiese 35 57334 Bad Laasphe | ETA-13/0177 | Z: 23.03.2018 |
| Befestigungsschrauben für Sandwichelemente | Befestigungsschrauben für Sandwichelemente FBS und SP | Schäfer + Peters GmbH Zeilbaumweg 32 74613 Öhringen | ETA-13/0178 | Z: 23.04.2018 |
| Befestigungsschrauben für Sandwichpaneele | S-CD, S-MP, S-CDW | Hilti AG Feldkircherstraße 100 9494 Schaan Fürstentum Liechtenstein | ETA-13/0179 | Z: 09.05.2019 |
| Befestigungsschrauben für Sandwichelemente | Befestigungsschrauben DRILLNOX DF | ETANCO SAS Parc des Érables – Bât. 1 66 Route de Sartrouville BP 49 78231 Le Pecq Cedex Frankreich | ETA-13/0180 | Z: 04.07.2019 |
| Schrauben für die Befestigung von Sandwichelementen | Schrauben für die Befestigung von Sandwichelementen E-X | Guntram End GmbH Untertürkheimer Straße 20 66117 Saarbrücken | ETA-13/0181 | Z: 15.06.2018 |
| Befestigungsschrauben für Sandwichelemente | Sandwichschrauben für PMJ-tec AG | PMJ-tec AG Industriestrasse 34 1791 Courtaman Schweiz | ETA-13/0182 | Z: 25.03.2019 |
| Befestigungsschrauben für Sandwichelemente | SX, SXC, SXCW, SDT, SDTW, SXW, TDA, TDB, CXCW | SFS intec AG Rosenbergsaustrasse 10 9435 Heerbrugg Schweiz | ETA-13/0183 | Z: 25.01.2019 |

Z  Bescheid

**Europäische Technische Bewertungen** (Fortsetzung)

| | Handelsbezeichnung | Inhaber | Bescheidnummer | Bescheid vom: |
|---|---|---|---|---|
| Befestigungsschrauben für Sandwichelemente | Twistec Bohrschrauben | Nögel Montagetechnik Vertriebsgesellschaft mbH Koppelweg 1 49767 Twist | ETA-13/0184 | Z: 04.04.2018 |
| Befestigungsschrauben für Sandwichprofile | Sandwichschrauben Zebra Piasta und FABA | Adolf Würth GmbH & Co. KG 74650 Künzelsau | ETA-13/0210 | Z: 24.04.2018 |
| Befestigungsschrauben für Sandwichpaneele | Sandwichpaneelschrauben IPEX CF, BI, SA und SAX | IPEX Beheer B. V. Vonderweg 14 7468 DC Enter Niederlande | ETA-13/0211 | Z: 28.08.2018 |
| IHF Stretchbolt Schraubengarnituren | IHF-Stretch-System | IHF-GmbH Steinwiese 8 59872 Meschede | ETA-13/0243 | Z: 13.06.2019 |
| Dach- und Wandsysteme mit verdeckten Befestigungen | BEMO-Flat-Roof Stehfalzprofilsystem Aluminium | BEMO Systems GmbH Max-Eyth-Straße 2 74532 Ilshofen | ETA-15/0351 | Z: 21.06.2019 |
| Warmgewalzte Montageschienen | JORDAHL Montageschienen JM | JORDAHL GmbH Nobelstraße 51 12057 Berlin | ETA-15/0386 | Z: 13.01.2017 |
| Bereichscode 20 – Metallbauprodukte und Zubehörteile | Warmgewalzte Erzeugnisse und daraus gefertigte Bauteile aus den Stahlsorten Q235B, Q235D, Q345B, Q345D | ALSTOM Boiler Deutschland GmbH Augsburgerstraße 712 70329 Stuttgart | ETA-15/0395 | Z: 23.07.2015 |
| Genageltes Verbundmittel | Verbundmittel X-HVB | Hilti AG Feldkircherstraße 100 9494 Schaan Fürstentum Liechtenstein | ETA-15/0876 | Z: 03.06.2016 |
| Vorgefertigte Drahtseile aus Stahl und nichtrostendem Stahl mit Endverankerungen | Fatzer HYEND Seil-Zugglieder | FATZER AG Drahtseilwerk Hofstrasse 44 8590 Romanshorn Schweiz | ETA-15/0917 | Z: 24.07.2019 |
| Setzbolzen | Hilti Setzbolzen X-U16 S12 | Hilti AG Feldkircherstraße 100 9494 Schaan Fürstentum Liechtenstein | ETA-16/0082 | Z: 25.08.2016 |
| Kalotten- und Zylinderlager mit besonderem Gleitwerkstoff aus UHMWPE (Ultra high molecular weight polyethylene) TETRON IsoSB | SOLETANCHE FREYSSINET TETRON IsoSB Kalotten- und Zylinderlager | SOLETANCHE FREYSSINET 280 avenue Napoléon Bonaparte, CS60002 92506 Rueil Malmaison Cedex Frankreich | ETA-16/0738 | Z: 09.11.2017 |

**Europäische Technische Bewertungen** (Fortsetzung)

| | Handelsbezeichnung | Inhaber | Bescheidnummer | Bescheid vom: |
|---|---|---|---|---|
| Absturzsicherungssysteme zur Verankerung in Betonuntergründen | Absturzsicherung Primo 2 AD | Sicherheitskonzepte Breuer GmbH Broekhuysener Straße 40 47638 Straelen | ETA-16/0789 | Z: 01.11.2018 |
| Absturzsicherungssysteme zur Verankerung in Betonuntergründen | Secupin/Monopin SPA-TYP-XXX verschiedene Typen, D-Bolt AP-063-GE, AP-063-GPS | SKYLOTEC GmbH Im Mühlengrund 6–8 56566 Neuwied | ETA-16/0790 | Z: 01.11.2018 |
| Befestigungsschrauben für Sandwichelemente | 5.5-6.3BP5, 5.5-6.3BP3, 6.3-7.0BP2 | Fastener Point B. V. Bonnetstraat 24 6718XN EDE Niederlande | ETA-17/0293 | Z: 12.07.2017 |
| Befestigungsschrauben für Bauteile und Bleche aus Metall | 4.8 BP1, 6.3 BP1, 6.3 BP2, 5.5 BP3, 5.5 BP5 | Fastener Point B. V. Bonnetstraat 24 6718XN EDE Niederlande | ETA-17/0321 | Z: 12.07.2017 |
| Befestigungsschrauben für Bauteile und Bleche aus Metall | KDF 4.8, KDH1 4.8, KDH2 4.2, KDH2 4.8, KDH2 5.5, KDH3 5.5, KDH5 5.5, KDT1 4.8, KDT2 5.5 | ROSETER INFO TRADE CO., LTD 11F., No.213, Fu-Nong Rd. Gu-Shan Dist. Kaohsiung City 80454 Taiwan R. O.C | ETA-17/0322 | Z: 19.06.2017 |
| Befestigungsschrauben für Sandwichelemente | DAA2, KDHT3, KDHT5, KDHTMU3, KDHTMU5, KDHT1 | ROSETER INFO TRADE CO., LTD 11F., No.213, Fu-Nong Rd. Gu-Shan Dist. Kaohsiung City 80454 Taiwan R. O.C | ETA-17/0323 | Z: 19.06.2017 |
| Produkte für Installationssysteme für technische Gebäudeausstattung wie Rohre, Kanäle, Leitungen und Kabel | Hilti MQ-41/3 deckenmontierte Schiene und Hilti MQ-41/3 LL deckenmontierte Schiene | Hilti AG Feldkircherstraße 100 9494 Schaan Fürstentum Liechtenstein | ETA-17/1067 | Z: 25.01.2018 |
| Dach- und Wandsysteme mit verdeckten Befestigungen | RIB-ROOF Evolution Gleit-Falz-Profildach Stahl | Zambelli RIB-ROOF GmbH & Co. KG Hans-Sachs-Straße 3 + 5 94569 Stephansposching | ETA-17/1068 | Z: 24.05.2019 |
| Dach- und Wandsysteme mit verdeckten Befestigungen | RIB-ROOF Evolution Gleit-Falz-Profildach Aluminium | Zambelli RIB-ROOF GmbH & Co. KG Hans-Sachs-Straße 3 + 5 94569 Stephansposching | ETA-17/1069 | Z: 24.05.2019 |
| Dach- und Wandsysteme mit verdeckten Befestigungen | RIB-ROOF Speed 500 Gleit-Falz-Profildach Stahl | Zambelli RIB-ROOF GmbH & Co. KG Hans-Sachs-Straße 3 + 5 94569 Stephansposching | ETA-18/0034 | Z: 21.12.2018 |

Z Bescheid

**Europäische Technische Bewertungen** (Fortsetzung)

| | Handelsbezeichnung | Inhaber | Bescheidnummer | Bescheid vom: |
|---|---|---|---|---|
| Dach- und Wandsysteme mit verdeckten Befestigungen | RIB-ROOF Speed 500 Gleit-Falz-Profildach Aluminium | Zambelli RIB-ROOF GmbH & Co. KG Hans-Sachs-Straße 3 + 5 94569 Stephansposching | ETA-18/0035 | Z: 21.12.2018 |
| Produkte für Installationssysteme für technische Gebäudeausstattung wie Rohre, Kanäle, Leitungen und Kabel | Hilti Verbindungsknopf MQN-B | Hilti AG Feldkircherstraße 100 9494 Schaan Fürstentum Liechtenstein | ETA-18/0078 | Z: 12.03.2018 |
| Produkte für Installationssysteme für technische Gebäudeausstattung wie Rohre, Kanäle, Leitungen und Kabel | Hilti Lochplatte MQZ-L11 und Hilti Lochplatte MQZ-L13 | Hilti AG Feldkircherstraße 100 9494 Schaan Fürstentum Liechtenstein | ETA-18/0102 | Z: 02.09.2018 |
| Zugstabsystem | Zugstabsysteme HMR 750 | HMR Jacob GmbH Metallwaren Gewerbefeld 2 94501 Aldersbach-Uttigkofen | ETA-18/0104 | Z: 19.04.2018 |
| Produkte für Installationssysteme für technische Gebäudeausstattung wie Rohre, Kanäle, Leitungen und Kabel | Hilti Montageschienen MQ-41/3, Hilti Montageschienen MQ-41/3 LL, Hilti Montageschienen MQ-41 D, Hilti Montageschienen MQ-21.5, Hilti Montageschienen MQ-41 und Hilti Montageschienen MQ-41-L | Hilti AG Feldkircherstraße 100 9494 Schaan Fürstentum Liechtenstein | ETA-18/0119 | Z: 26.06.2018 |
| Produkte für Installationssysteme für technische Gebäudeausstattung wie Rohre, Kanäle, Leitungen und Kabel | Hilti Massivrohrschellen MP-MI M10/M12 und Hilti Massivrohrschellen MP-MI M16 | Hilti AG Feldkircherstraße 100 9494 Schaan Fürstentum Liechtenstein | ETA-18/0130 | Z: 01.06.2018 |
| Produkte für Installationssysteme für technische Gebäudeausstattung wie Rohre, Kanäle, Leitungen und Kabel | Hilti Gewindestangen AM10 × L 4.8, AM12 × L 4.8 und AM16 × L 4.8 | Hilti AG Feldkircherstraße 100 9494 Schaan Fürstentum Liechtenstein | ETA-18/0131 | Z: 09.07.2018 |

**Europäische Technische Bewertungen** (Fortsetzung)

| | Handelsbezeichnung | Inhaber | Bescheidnummer | Bescheid vom: |
|---|---|---|---|---|
| Produkte für Installationssysteme für technische Gebäudeausstattung wie Rohre, Kanäle, Leitungen und Kabel | Hilti Schellenanbindung MQA-M10-B, Hilti Schellenanbindung MQA-M12-B und Hilti Schellenanbindung MQA-M16-B | Hilti AG Feldkircherstraße 100 9494 Schaan Fürstentum Liechtenstein | ETA-18/0132 | Z: 25.07.2018 |
| Produkte für Installationssysteme für technische Gebäudeausstattung wie Rohre, Kanäle, Leitungen und Kabel | Hilti U-Joch | Hilti AG Feldkircherstraße 100 9494 Schaan Fürstentum Liechtenstein | ETA-18/0133 | Z: 03.07.2018 |
| Produkte für Installationssysteme für technische Gebäudeausstattung wie Rohre, Kanäle, Leitungen und Kabel | Hilti Schienenfuß MQP-21-72 | Hilti AG Feldkircherstraße 100 9494 Schaan Fürstentum Liechtenstein | ETA-18/0144 | Z: 14.01.2019 |
| Produkte für Installationssysteme für technische Gebäudeausstattung wie Rohre, Kanäle, Leitungen und Kabel | Hilti abgehängte Konsolen MQK-41/3/300, MQK-41/3/450, MQK-41/3/600, MQK-41/300, MQK-41/450 und MQK-41/600 mit Lasteinleitungskomponenten | Hilti AG Feldkircherstraße 100 9494 Schaan Fürstentum Liechtenstein | ETA-18/0176 | Z: 01.10.2018 |
| Produkte für Installationssysteme für technische Gebäudeausstattung wie Rohre, Kanäle, Leitungen und Kabel | Hilti Konsole MQK-41/3/300 mit Lasteinleitungskomponenten | HILTI Corporation Feldkircherstraße 100 9494 Schaan Fürstentum Liechtenstein | ETA-18/0177 | Z: 20.07.2018 |
| Produkte für Installationssysteme für technische Gebäudeausstattung wie Rohre, Kanäle, Leitungen und Kabel | Hilti Konsolen MQK-41/3/300, MQK-41/3/450, MQK-41/3/600, MQK-41/300, MQK-41/450 und MQK-41/600 | Hilti AG Feldkircherstraße 100 9494 Schaan Fürstentum Liechtenstein | ETA-18/0245 | Z: 06.09.2018 |
| Ortsfeste Regalsysteme aus Stahl – Verstellbare Palettenregale | Paletten-Regalsystem „META Multipal S" | META-Regalbau GmbH & Co. KG Eichenkamp 59759 Arnsberg | ETA-18/0391 | Z: 03.07.2018 |

Z  Bescheid

**Europäische Technische Bewertungen** (Fortsetzung)

| | Handelsbezeichnung | Inhaber | Bescheidnummer | Bescheid vom: |
|---|---|---|---|---|
| Produkte für Installationssysteme für technische Gebäudeausstattung wie Rohre, Kanäle, Leitungen und Kabel | Hilti Rohrschellen MP-L-I M8/M10 | Hilti AG Liechtenstein Feldkircherstraße 100 9494 Schaan Fürstentum Liechtenstein | ETA-18/0570 | Z: 21.11.2018 |
| Bohrschrauben zur Befestigung von Sandwichelementen auf Stahl- und Holzkonstruktionen | JT2-D-6-5/6,3xL, JT2-D-12-5/6,3xL, JT2-D-18-5/6,3xL, JT2-D-2-6,5/7,0xL | EJOT Baubefestigungen GmbH In der Stockwiese 35 57334 Bad Laasphe | ETA-18/0680 | Z: 10.09.2018 |
| Vorgefertigtes Zugstabsystem mit speziellen Endverankerungen | PFEIFER Zugstabsystem UMIX | Pfeifer Seil- und Hebetechnik GmbH Dr.-Karl-Lenz-Straße 66 87700 Memmingen | ETA-18/0878 | Z: 07.06.2019 |
| Bausätze für Gebäude aus Metallrahmen | ASTRON Bausystem | ASTRON Buildings S. A. Route d'Ettelbruck 9230 Diekirch Luxemburg | ETA-18/1027 | Z: 19.11.2018 |

Z Bescheid

# 3
# Neue europäische Normen für den Metallleichtbau:
# Bemessung, Konstruktion und Ausführung von Dach und Wand

Dr.-Ing. Thomas Misiek

Dr.-Ing. Ralf Podleschny

## Inhaltsverzeichnis

| | | |
|---|---|---|
| **1** | **Einleitung** | **199** |
| **2** | **Vorbemerkungen** | **199** |
| **3** | **Grundlagen** | **200** |
| 3.1 | Bauprodukte | 200 |
| 3.1.1 | Geschichtliches | 200 |
| 3.1.2 | Profiltafeln | 200 |
| 3.1.3 | Trapezprofile | 200 |
| 3.1.4 | Kassettenprofile | 201 |
| 3.1.5 | Verbunddeckenprofile | 201 |
| 3.1.6 | Stehfalzprofile/Klemmfalzprofile | 202 |
| 3.1.7 | Dachpfannenprofile | 202 |
| 3.1.8 | Lineare kaltgeformte Profile und Kantteile | 202 |
| 3.2 | Tragverhalten | 202 |
| **4** | **Baurechtliche Anforderungen** | **203** |
| 4.1 | Einleitung | 203 |
| 4.2 | Selbsttragende und vollflächig verlegte Produkte | 205 |
| 4.2.1 | Allgemeines | 205 |
| 4.2.2 | Regelung des Brandverhaltens der Metallprofiltafeln | 207 |
| 4.2.3 | Widerstand gegen Punktlasten nach DIN EN 14782, 4.3.2 | 207 |
| 4.2.4 | Bemessungs- und Ausführungsgrundlagen | 208 |
| 4.3 | Tragende Produkte nach DIN EN 1090 | 208 |
| 4.3.1 | Allgemeines | 208 |
| 4.3.2 | Regelungen nach DIN EN 1090-1 | 209 |
| 4.3.3 | Produkte nach DIN EN 1090-4 | 209 |
| 4.3.4 | Produkte nach DIN EN 1090-5 | 210 |
| 4.3.5 | Zusätzliche nationale Festlegungen | 210 |
| 4.3.6 | Bemessungsgrundlagen | 211 |
| **5** | **Werkstoffe** | **211** |
| 5.1 | Band und Blech | 211 |
| 5.1.1 | Mechanische Eigenschaften | 211 |
| 5.1.2 | Blechdicken | 212 |
| 5.2 | Verbindungselemente | 213 |
| **6** | **Korrosionsschutz im Metallleichtbau** | **214** |
| 6.1 | Grundlagen | 214 |
| 6.1.1 | Normative Grundlagen | 214 |
| 6.1.2 | Grundlagen des Korrosionsschutzes | 214 |
| 6.2 | Korrosionsschutzsysteme für Band und Blech | 215 |
| 6.2.1 | Allgemeines | 215 |
| 6.2.2 | Metall-Überzüge | 215 |
| 6.2.3 | Organische Beschichtungen | 216 |
| 6.3 | Korrosionsschutz bei mechanischen Verbindungselementen | 217 |
| 6.4 | Konstruktiver Korrosionsschutz | 217 |
| 6.4.1 | Allgemeines | 217 |
| 6.4.2 | Wandflächen | 217 |
| 6.4.3 | Dachflächen | 217 |
| 6.4.4 | Kontaktkorrosion | 218 |
| 6.5 | Auswahl geeigneter Korrosionsschutzsysteme | 218 |
| 6.5.1 | Allgemeines | 218 |
| 6.5.2 | Vorgehensweise zur Auswahl eines Korrosionsschutzsystems | 221 |
| 6.6 | Inspektion und Instandhaltung | 221 |
| 6.6.1 | Allgemein | 221 |
| 6.6.2 | Inspektion und Wartung | 222 |
| 6.6.3 | Reinigung von verschmutzten oder geschädigten Oberflächen | 222 |
| **7** | **Bemessung der Profiltafeln** | **222** |
| 7.1 | Allgemeines | 222 |
| 7.1.1 | Einwirkungen | 222 |
| 7.1.2 | Beanspruchbarkeiten | 222 |
| 7.1.3 | Teilsicherheitsbeiwerte für Beanspruchbarkeiten | 222 |
| 7.2 | Trapezprofile | 223 |
| 7.2.1 | Querbeanspruchung | 223 |
| 7.2.1.1 | Biegetragfähigkeit | 223 |
| 7.2.1.2 | Querkrafttragfähigkeit | 228 |
| 7.2.1.3 | Örtliche Lasteinleitung einschließlich Auflagerkräften | 228 |
| 7.2.1.4 | Interaktion | 229 |
| 7.2.1.5 | Örtliche Lasteinleitung | 231 |
| 7.2.1.6 | Momentenumlagerung und Reststützmoment | 232 |
| 7.2.1.7 | Gebrauchstauglichkeit | 234 |
| 7.2.2 | Doppellagen, Überlappungen und Überlappungsstöße | 234 |
| 7.2.2.1 | Allgemeines | 234 |
| 7.2.2.2 | Doppellagen | 235 |
| 7.2.2.3 | Überlappungen | 236 |
| 7.2.2.4 | Überdeckungsstöße | 236 |
| 7.2.3 | Trapezprofile mit Öffnungen | 239 |
| 7.2.3.1 | Allgemeines | 239 |
| 7.2.3.2 | Stahltrapezprofile mit Öffnungen bis 125 mm | 239 |
| 7.2.3.3 | Stahltrapezprofile mit Öffnungen bis 300 mm | 239 |
| 7.2.4 | Begehbarkeit | 241 |
| 7.2.4.1 | Allgemeines | 241 |
| 7.2.4.2 | Begehbarkeit während der Montage | 242 |
| 7.2.4.3 | Begehbarkeit nach der Montage | 242 |
| 7.2.5 | Längsbeanspruchung | 242 |
| 7.2.5.1 | Zugbeanspruchbarkeit | 242 |
| 7.2.5.2 | Druckbeanspruchbarkeit | 242 |
| 7.2.5.3 | Interaktion | 244 |
| 7.3 | Wellprofile | 245 |
| 7.4 | Kassettenprofile | 245 |
| 7.4.1 | Querbeanspruchung | 245 |
| 7.4.2 | Kassettenprofile mit Öffnungen | 248 |
| 7.4.3 | Längsbeanspruchung | 248 |
| **8** | **Aussteifung und Stabilisierung** | **248** |
| 8.1 | Einleitung | 248 |
| 8.2 | Schubfelder und horizontale Bettung | 249 |
| 8.2.1 | Vorbemerkung zur Schubsteifigkeit | 249 |
| 8.2.2 | Trapezprofile und Wellprofile | 249 |
| 8.2.2.1 | Vorbemerkungen | 249 |
| 8.2.2.2 | Verfahren nach *Bryan* und *Davies* | 250 |
| 8.2.2.3 | Verfahren nach *Schardt* und *Strehl* | 264 |
| 8.2.2.4 | Das kombinierte Verfahren | 265 |

| | | | | |
|---|---|---|---|---|
| 8.2.2.5 | Zweiseitig gelagerte Trapezprofile 266 | | 11.2 | Ausführungsunterlagen und Dokumentation 295 |
| 8.2.3 | Wellprofile 267 | | 11.3 | Befestigung 295 |
| 8.2.4 | Kassettenprofile 267 | | 11.3.1 | Allgemeines 295 |
| 8.2.5 | Sandwichelemente 269 | | 11.3.2 | Verbindung der Profiltafeln mit der Unterkonstruktion quer zur Spannrichtung 295 |
| 8.3 | Drehbettung 270 | | | |
| 8.3.1 | Drehfedersteifigkeit C 270 | | 11.3.3 | Verbindung der Profiltafeln mit der Unterkonstruktion parallel zur Spannrichtung 296 |
| 8.3.2 | Drehfedersteifigkeit $C_A$ bei Trapezprofilen und Wellprofilen 270 | | | |
| | | | 11.3.4 | Typen der Unterkonstruktion 296 |
| 8.3.3 | Drehfedersteifigkeit $C_A$ bei Kassettenprofilen 273 | | 11.3.5 | Abstände der Verbindungselemente für die Verbindung von Profiltafeln miteinander 296 |
| 8.3.4 | Drehfedersteifigkeit $C_A$ bei Sandwichelementen 273 | | | |
| | | | 11.4 | Montage 296 |
| 8.3.5 | Drehfedersteifigkeit $C_C$ 276 | | 11.5 | Grundlegende Anforderungen an die Verlegung von Profiltafeln 297 |
| **9** | **Pfetten und Wandriegel 277** | | 11.5.1 | Unterkonstruktionen (4.2) 297 |
| 9.1 | Gegenstand und Vorbemerkungen 277 | | 11.5.2 | Randausbildung der Verlegefläche (4.3) 297 |
| 9.2 | Grundlagen 277 | | 11.5.3 | Auskragende Trapezprofile (4.7) 297 |
| 9.3 | Nachweisführung 278 | | 11.5.4 | Verstärkungen 297 |
| 9.3.1 | Dreh- und Wegfedersteifigkeit 278 | | 11.5.5 | Vermeidung von Eisschanzen 297 |
| 9.3.2 | Systemkennwerte 279 | | 11.5.6 | Vermeidung von Tauwasser 298 |
| 9.3.3 | Seitliche Belastung 280 | | 11.5.7 | Blitzschutz 298 |
| 9.3.4 | Tragfähigkeitsnachweis 282 | | 11.5.8 | Dachentwässerung 299 |
| 9.3.5 | Weitere Nachweise 282 | | 11.6 | Dokumentation – Montagebericht 299 |
| 9.4 | Vereinfachtes Verfahren nach Anhang E 283 | | 11.7 | Geometrische Toleranzen 300 |
| 9.5 | Nachweise am Auflager – örtliche Lasteinleitung und Querkrafttragfähigkeit 284 | | 11.7.1 | Allgemeines 300 |
| | | | 11.7.2 | Grundlegende Toleranzen 301 |
| | | | 11.7.3 | Ergänzende Toleranzen 301 |
| **10** | **Mechanische Verbindungen 288** | | 11.7.4 | Montagetoleranzen 301 |
| 10.1 | Allgemeines 288 | | 11.8 | Zusätzlich notwendige Informationen 301 |
| 10.2 | Anmerkungen zur rechnerischen Ermittlung der Tragfähigkeit 289 | | **12** | **Zusammenfassung/Ausblick 302** |
| 10.3 | Besondere Anwendungsfälle 289 | | **13** | **Literatur 302** |
| 10.4 | Verbindungen mit Bauteilen aus Aluminium 291 | | 13.1 | Normen und Richtlinien 302 |
| 10.5 | Verbindungen mit Holzunterkonstruktionen 291 | | 13.2 | Fachregeln 304 |
| | | | 13.3 | Monografien 304 |
| **11** | **Konstruktion und Ausführung 294** | | 13.4 | Zeitschriftenartikel und Tagungsbeiträge 304 |
| 11.1 | Allgemeines 294 | | | |

## 1 Einleitung

Mit der bauaufsichtlichen Einführung von DIN EN 1993-1-3 und DIN EN 1999-1-4 ergaben sich auch für den Metallleichtbau Änderungen, die allerdings in erster Linie die Grundlagen der Bemessung betrafen. DIN 18807-3 und DIN 18807-9, die demgegenüber im Wesentlichen die Konstruktion behandelten, blieben mangels vergleichbarer europäischer Normen weiterhin bauaufsichtlich eingeführt. Infolge der unterschiedlichen Abgrenzung der Normen für die Bemessung, Konstruktion und Ausführung sowie der Anwendung ergaben sich Regelungslücken, die alle drei Bereiche umfassten. Seit der ersten Auflage dieses Beitrages im Stahlbau-Kalender 2014 [59] wurde diese Lücken mit Veröffentlichung der Normenteile DIN EN 1090-4 „Technische Anforderungen an dünnwandige kaltgeformte Bauelemente aus Stahl und tragende Bauteile für Dach-, Decken-, Boden- und Wandanwendungen", Ausgabe September 2018, als Ersatz für DIN 18807-3 und DIN EN 1090-5 „Technische Anforderungen an dünnwandige kaltgeformte Bauelemente aus Aluminium und tragende Bauteile für Dach-, Decken-, Boden- und Wandanwendungen", Ausgabe Juli 2017, als Ersatz für DIN 18807-9 geschlossen, die als Teile der Normenreihe DIN EN 1090 „Ausführung von Stahltragwerken und Aluminiumtragwerken" speziell die konstruktive Ausbildung sowie die Ausführung von Konstruktionen aus kaltgeformten Bauelementen regeln. Des Weiteren wurden auch die neuen nationalen Anhänge zu DIN EN 1993-1-3 und DIN EN 1999-1-4 eingeführt. Dies rechtfertigte die Veröffentlichung einer überarbeiteten Version des Beitrags [59]. Auch kann dabei weiter auf sich abzeichnende Änderungen und Ergänzungen in DIN EN 1993-1-3 und DIN EN 1999-1-4 eingegangen werden. Der dortigen Umgliederung vorgreifend wurden im vorliegenden Beitrag die Themen Schubfelder und Schubsteifigkeit sowie Drehbettung in eigene Abschnitte ausgelagert. Bewusst noch nicht berücksichtigt sind hingegen die geplanten Änderungen in der Nomenklatur, die insbesondere eine Vereinheitlichung der Symbole mit sich bringen. Diese ist generell zu begrüßen – man bedenke allein die vielen unterschiedlichen Bezeichnungen für die Breite des Untergurts eines Trapezprofils – die aber hier erst sinnvoll einführbar ist, wenn die entsprechend angepassten neuen Ausgaben der Normen DIN EN 1993-1-3 und DIN EN 1999-1-4 vorliegen.

Der vorliegende Beitrag ist dabei als Ergänzung zu [56, 57] oder aber [58] und Aktualisierung des Beitrags [59] zu sehen. Er erhebt nicht den Anspruch, den Bereich des Metallleichtbaus in seiner Gänze abzudecken, sondern soll durch die Vorstellung insbesondere der Änderungen und Abweichungen vom Bekannten den Übergang erleichtern. Er ersetzt also weder das Studium der Normen und Richtlinien noch dessen problemspezifische ingenieurmäßige Auslegung und Anwendung. Insbesondere Letzteres liegt den Autoren am Herzen und bedarf einer kurzen Erläuterung im folgenden Abschnitt.

Die Autoren bedanken sich bei Herrn Dr.-Ing. Gerhard Huck, Herrn Prof. em. Dr.-Ing. Torsten Höglund, Frau Dr.-Ing. Saskia Käpplein und Herrn Dipl.-Ing. (FH) Oliver Raabe für deren Mithilfe bei Diskussionen und der Auslegung der Normentexte.

## 2 Vorbemerkungen

Anders als z. B. DIN EN 1993-1-1 enthalten DIN EN 1993-1-3 und DIN EN 1999-1-4 neben grundsätzlichen Angaben zur Bemessung einige wenige Konstruktions- und Anwendungsregelungen. Umfang und Tiefe der Darstellung dieser Konstruktions- und Anwendungsregelungen bleiben aber weit hinter dem zurück, was z. B. in den einzelnen Teilen der DIN 18807 zu finden war. Dies erweckt den Anschein, dass einzelne Anwendungen nicht mehr möglich sind oder (insbesondere konstruktive) Regelungen „fehlen". Dem ist jedoch nicht so.

Beispielsweise bleiben rein mechanisch begründete Sachverhalte unabhängig von der bauaufsichtlichen Stellung der DIN 18807-3 oder DIN 18807-9 grundsätzlich gültig. Dies gilt natürlich auch für einige der in den Normen der Reihe DIN 18807 dargestellten konstruktiven Randbedingungen. Der teilweise etwas lehrbuchhafte Charakter der Normenreihe DIN 18807 verschleierte dies oftmals, was dazu führt, dass bei fehlenden vergleichbaren Angaben in DIN EN 1993-1-3 oder DIN EN 1999-1-4 der Fehlschluss entsteht, derartige Konstruktionen seien „nicht mehr zulässig".

Auch darf aufgrund der detaillierten Ausformulierung einzelner Anwendungsregelungen nicht davon ausgegangen werden, dass andere, gleichwertige Verfahren nicht eingesetzt werden dürfen. Dies soll einleitend an drei Beispielen verdeutlicht werden:

– Biegesteife Stöße von Trapezprofilen werden in DIN EN 1993-1-3 und DIN EN 1999-1-4 nicht behandelt, da praktisch kein Erfordernis vorhanden ist. Bei den Angaben in DIN 18807-3 zu biegesteifen Stößen handelt es sich nur um die Beschreibung eines mechanischen Sachverhalts zur Ermittlung der Beanspruchung der Schraubenverbindung aus dem Biegemoment und der Querkraft in der Profiltafel („Moment geteilt durch Hebelarm zuzüglich Querkraft", vergleichbar mit der Bemessung einer Koppelpfette im Holzbau). Tragverhalten und mit Einschränkung auch das bei Ansatz einer Momentenumlagerung wichtige Verformungsverhalten lassen sich auf ein rein mechanisches Problem reduzieren, das keiner Normung bedarf. Nichtsdestotrotz sind Angaben zu den konstruktiven Randbedingungen hilfreich, die nun in DIN EN 1090-4 und DIN EN 1090-5 gemacht werden und – in erweiterter Form – auch in der nächsten Ausgabe der DIN EN 1993-1-3 auftauchen werden.

- DIN EN 1993-1-3 enthält in Abschnitt 10.2 und Anhang E zwei Bemessungsverfahren für Kaltprofilpfetten und Wandriegel. Beide Verfahren sind einer Handrechnung zugänglich. Letztlich handelt es sich jedoch nur um zwei Möglichkeiten von mehreren, die in Abschnitten 5 und 6 eingeführten Regelungen zur Tragwerksberechnung und Tragfähigkeitsermittlung umzusetzen. Des Weiteren bleibt in jedem Fall die Möglichkeit bestehen, eine numerische Berechnung durchzuführen. Dies ist sogar erforderlich, wenn die zugrunde liegende Annahme einer seitlichen Stützung des Obergurts nicht nachgewiesen werden kann.
- DIN EN 1993-1-3 und DIN EN 1999-1-4 erläutern die wesentlichen Prinzipen, die bei der Bemessung von Schubfeldern zu beachten sind. Hinsichtlich weiterer, umfassenderen Bemessungs- und Anwendungsregeln wird beispielhaft auf die ECCS-Richtlinie 088 [11] verwiesen. Dies schließt aber die Anwendung anderer, die wesentlichen Prinzipien berücksichtigenden Verfahren nicht aus. Das im nationalen Anhang explizit erwähnte Verfahren nach *Schardt* und *Strehl* und das ebenfalls erwähnte kombinierte Verfahren sind z. B. weitere Verfahren.
- Die in den Normen gewählte zeichnerische Darstellung der Profiltafeln als ebene Bauteile schließt die Ausführung gekrümmter Dächer mit oder ohne Gewölbetragwirkung nicht aus. Die dafür erforderlichen Berechnungs- und Nachweisverfahren liegen vor.

Letztendlich führte aber oftmals das Fehlen von Konstruktions- und Anwendungsregeln zu Diskussionen. Im Zusammenhang mit der Erarbeitung der Ausführungsnormen DIN EN 1090-4 und DIN EN 1090-5 wurden daher auch Vorschläge gemacht, die als Konstruktions- und Anwendungsregelungen oder gar Bemessungsregeln vermutlich in DIN EN 1993-1-3 oder DIN EN 1999-1-4 besser aufgehoben wären. Es wurde jedoch bewusst entschieden, diese mit in die Normen DIN EN 1090-4 und DIN EN 1090-5 aufzunehmen, da mit der Veröffentlichung einer überarbeiteten Fassung der DIN EN 1993-1-3 und DIN EN 1999-1-4 erst etwa 2024 zu rechnen ist. Sofern dann diese Anwendungsregelungen in die Bemessungsnormen übernommen wurden, können sie in einer Folgeausgabe der DIN EN 1090-4 bzw. DIN EN 1090-5 entfallen. Die i. Allg. herrschende Unsicherheit insbesondere hinsichtlich der Konstruktions- und Anwendungsregelungen soll mit diesem Vorgehen schnellstmöglich beseitigt werden. Die vorliegenden Ausführungen sollen ebenfalls einen Beitrag hierzu leisten.

**Bild 1.** Wellprofil

## 3 Grundlagen

### 3.1 Bauprodukte

#### 3.1.1 Geschichtliches

Wellprofile als Vorläufer der heutigen Trapezprofiltafeln wurden bereits etwa 1860 in England verwendet. Die heute verbreitete charakteristische Profilform kam in den 1950er-Jahren aus den USA auf den europäischen Markt und hat ab etwa 1960 stetig und spürbar an Bedeutung gewonnen. Kaum ein anderes Bauelement hat eine solch rasante Aufwärtsentwicklung genommen.

Die Produkte des Metallleichtbaus zeichnen sich durch einfache konstruktive Ausbildung und damit schnelle, fast witterungsunabhängige Montage, ansprechende Optik und vor allem eine hohe Wirtschaftlichkeit aus.

#### 3.1.2 Profiltafeln

Profiltafeln wie Well- und Trapezprofile, Kassettenprofile, Verbunddeckenprofile oder Stehfalz- und Klemmfalzprofile sind raumabschließende Bauelemente und werden in kontinuierlich arbeitenden Rollformanlagen aus oberflächenveredeltem Stahlband nach DIN EN 10346 oder aus Aluminiumlegierungen nach DIN EN 485-2 oder DIN EN 573-3 durch Kaltumformen hergestellt. Die Bandeinlaufbreiten betragen in der Regel etwa 1200 bis ca. 1500 mm.

In Abhängigkeit vom eingesetzten Baustoff und von den jeweiligen Einsatzbedingungen betragen die Blechdicken:
- 0,50 bis 1,50 mm bei Profiltafeln aus Stahl,
- 0,60 bis 1,20 mm bei Profiltafeln aus Aluminium.

Eine optimale Anpassung von Materialdicke, Materialsorte, Oberflächenveredelung, Farbton und Bauteillänge ist von den örtlichen Gegebenheiten und den Kundenanforderungen abhängig. Aus diesen Gründen wird keine Vorratshaltung von Profiltafeln betrieben, sondern auf Bestellung des Kunden produziert.

#### 3.1.3 Trapezprofile

Das von den verschiedenen Herstellern angebotene Profilprogramm umfasst etwa 60 Profilformen in Baubreiten von 500 bis 1100 mm und Profilhöhen von etwa 10 bis 200 mm.

Trapezprofile sind eine Weiterentwicklung des Wellprofils (Bild 1).

Alle Profile werden nach deren Höhe und Rippenbreite bezeichnet. Dabei gibt die erste Zahl der Profilbezeichnung die Höhe des Profils an, die zweite Zahl die Rippenbreite, die dritte die Nennblechdicke (135/310/0,88); alle Maßangaben in mm. Die Baubreite bzw. Deckbreite ist meist nicht erwähnt. Die Deckbreite ergibt sich aus der Rippenbreite multipliziert mit der jeweiligen Rippenanzahl.

Profile der ersten Generation (Bild 2) haben Profilhöhen bis ca. 70 mm. Sie sind ohne Aussteifungssicken profiliert und finden heute Verwendung als sichtbare

**Bild 2.** Trapezprofil der ersten Generation

**Bild 3.** Trapezprofil der zweiten Generation

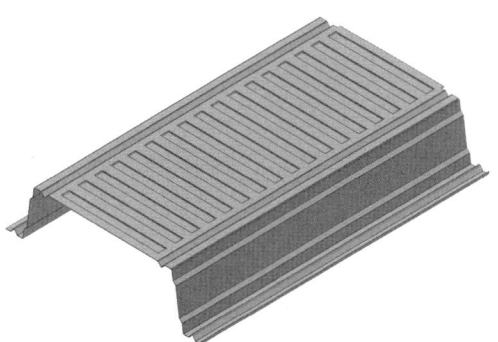

**Bild 4.** Trapezprofil der dritten Generation

**Bild 5.** Kassettenprofil

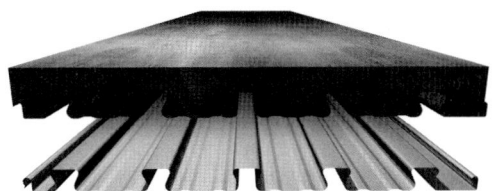

**Bild 6.** Hinterschnittenes Verbunddeckenprofil

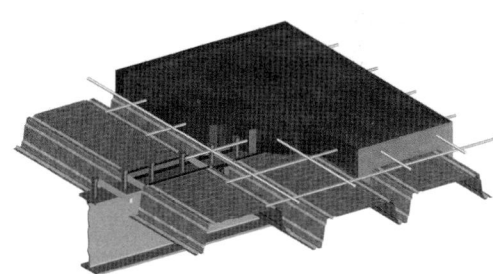

**Bild 7.** Offenes Verbunddeckenprofil

Wandprofile oder Dachdeckungen – dort, wo es nicht auf Tragfähigkeit, sondern im Wesentlichen auf Optik ankommt.
Trapezprofile der zweiten Generation (Bild 3) mit Gurt- und/oder Stegsicken sind bis ca. 160 mm hoch und weisen aufgrund der versteifenden Sicken höhere Tragfähigkeiten auf.
Profile der dritten Generation (Bild 4) können über 200 mm hoch sein und zeigen eine nochmals gesteigerte Effizienz bezüglich des Verhältnisses von Eigengewicht und Tragfähigkeit. Besonderes Merkmal sind Quersicken zur Versteifung der breiten Obergurte. Alle Profilgenerationen sind noch gebräuchlich.

### 3.1.4 Kassettenprofile

Das von den verschiedenen Herstellern angebotene Profilprogramm umfasst etwa acht Profilformen in Baubreiten von 500 bis 600 mm und Profilhöhen von etwa 90 bis 240 mm. Die Profile werden in der Regel nach deren Höhe und der Profilbreite bezeichnet. Die erste Zahl der Profilbezeichnung gibt die Höhe des Profils an, die zweite Zahl die Profilbreite, die dritte die Nennblechdicke (130/600/0,88); alle Maßangaben in mm (Bild 5).

### 3.1.5 Verbunddeckenprofile

Die großformatigen Stahlprofiltafeln dienen als Schalung und gleichzeitig im Verbund mit dem Beton als Bewehrung.
Die Verbundwirkung zwischen Profilblech und Beton kann als Flächenverbund durch eingewalzte Noppen und Sicken oder durch Reibungseffekte bei hinterschnittener Profilgeometrie gesichert werden. Verbundkräfte können aber auch am Blechende konzentriert durch Endverankerungen übertragen werden. Dabei sind grundsätzlich zwei Typen zu unterscheiden:
– hinterschnittene Profile mit oder ohne Noppen (Bild 6) sowie
– offene Trapezprofile mit Quersicken oder Noppen (Bild 7).
Die Quersicken und/oder Noppen werden in die Stege und/oder Obergurte eingepresst. Sie sorgen für den schubfesten Verbund der Profiltafel mit dem Beton.

## 3.1.6 Stehfalzprofile/Klemmfalzprofile

Klemmfalzprofile haben in Längsrichtung meist trapezähnliche Rippen. Die Befestigung erfolgt auf Distanzprofilen oder direkt auf Profilen der Unterschale über besondere Klemmhalter, die mittels Schrauben oder Blindnieten befestigt sind. Untereinander werden die Profile in der Regel nicht verbunden, weil durch ihre Geometrie und die Klemmwirkung eine Formschlussverbindung sichergestellt wird.

Stehfalzprofile haben meistens einen trogförmigen Querschnitt, bei dem häufig der ebene Gurt durch eine oder mehrere flache Sicken versteift wird (Bild 8). Die Profile sind über spezielle Halter mit der tragenden Unterschale, der Unterkonstruktion selbst oder Distanzprofilen verbunden. Die Halter sind mittels Schrauben oder Blindnieten befestigt. Die kontinuierliche Längsverbindung der Profile untereinander erfolgt in Falztechnik mit gleichzeitiger Einfalzung der Halter.

Es können sowohl ebene als auch konkave, konvexe sowie konkav-konvexe Freiformen profiliert werden.

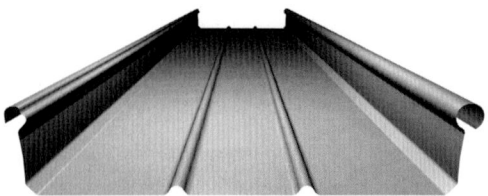

**Bild 8.** Falzprofiltafel

## 3.1.7 Dachpfannenprofile

Dachpfannenprofile werden analog zu den zuvor genannten Profilen kontinuierlich rollgeformt. Die typische Pfannenprofilierung wird im Anschluss an den Rollformvorgang auf speziellen Pressen eingepresst.

Das von den verschiedenen Herstellern angebotene Produktprogramm umfasst verschiedenartige Profilformen in Baubreiten von etwa 1005 bis 1120 mm und Profilhöhen von etwa 23 bis 52 mm. Die Profile werden in der Regel nach deren Höhe in mm bezeichnet (Bild 9).

## 3.1.8 Lineare kaltgeformte Profile und Kantteile

Lineare tragende kaltgeformte Profile (Kaltprofile, Bild 10) werden aus ebenen Blechen durch Kaltumformung, z. B. durch Kanten oder Rollformen, hergestellt. Diese Bauteile werden z. B. als tragende Wechsel oder Pfetten und Wandriegel eingesetzt.

## 3.2 Tragverhalten

Abgesehen von den Dachpfannenprofilen, bestehen alle im vorigen Abschnitt 3.1 vorgestellten Bauprodukte aus einer Folge ebener Teilflächen. Diese Folge ist abwickelbar, d. h., es existieren keine Verzweigungen. Die Blechdicke ist über alle Teilflächen konstant. Letztere Charakteristika ergeben sich aus dem Herstellungsprozess, dem Rollformen oder Kanten ausgehend von einem ebenen Blech, der auch zu einer Kaltverfestigung im umgeformten Bereich führt.

Die in der Regel geringe Dicke des Bleches führt dazu, dass die ebenen Teilflächen unter Druckbelastung ausbeulen. Maßgebender Parameter ist das Verhältnis $b_p/t$ der ebenen Teilfläche. Um die Tragfähigkeit dieser ebenen Teilflächen zu erhöhen, können diese durch in Profilierungsrichtung verlaufende Sicken oder Versätze ausgesteift werden. Diese Sicken oder Versätze werden bei der Herstellung der Querschnittsgeometrie mit geformt. Die versteifende Wirkung bleibt so lange erhalten, wie die Sicken oder Versätze nicht selbst infolge der

**Bild 9.** Dachpfannenprofil

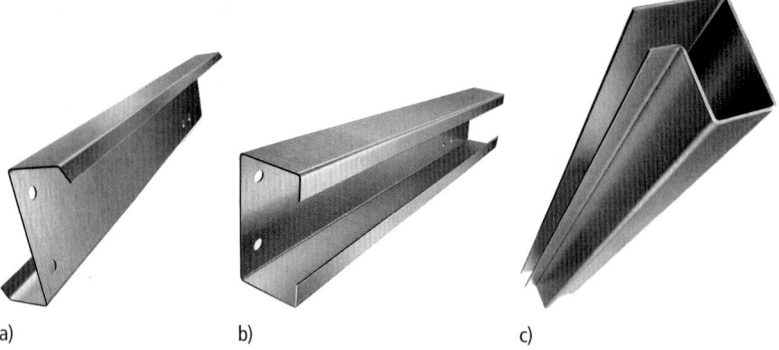

**Bild 10.** a) bis c) Beispiele linearer kaltgeformter Bauteile (Quelle: Schrag Kantprofil GmbH)

Druckbelastung ausknicken. Die Einbindung in die ebenen Teilflächen führt jedoch zu einer traglasterhöhenden Bettung dieses Druckstabs.

Die beiden sich aus der Abwickelbarkeit ergebenden freien Längsränder werden oftmals durch Lippen oder Bördel ausgesteift. Diese können bei Druckbelastung ebenfalls ausknicken. Dieser Effekt zeigt sich vor allem bei linearen kaltgeformten Profilen wie Pfetten und Wandriegel. Da sich dabei die Querschnittsgeometrie ändert, spricht man von Forminstabilität.

Diese Effekte lassen sich durch sogenannte wirksame Querschnittswerte beschreiben. Hierbei werden die ebenen Teilflächen hinsichtlich ihrer Breite oder Dicke auf wirksame Breiten oder wirksame Dicken reduziert. Beulen ebener Teilflächen wird in DIN EN 1993-1-3 durch wirksame Breiten erfasst, in DIN EN 1999-1-4 durch wirksame Dicken. Das Knicken von Sicken oder Versätzen wird in beiden Normen durch den Ansatz einer wirksamen Dicke für den Bereich der Versteifung berücksichtigt. Die Forminstabilität als Effekt, vor allem bei linearen kaltgeformten Profilen, die nur in DIN EN 1993-1-3 behandelt werden, wird ebenfalls durch Ansatz einer wirksamen Dicke im Bereich der Lippen oder Bördel erfasst. Alternativ lassen sich die Querschnittswerte, aber auch direkt die Tragfähigkeitswerte durch Versuche ermitteln. Dies hat insbesondere dann Vorteile, wenn sich die Interaktion von Beulen ebener Teilflächen und Knicken der stabilisierenden Versteifungen oder die Randeinspannung von aneinander angrenzenden ebenen Teilflächen nur ungenügend im rechnerischen Modell beschreiben lässt. Dies gilt dann auch für die festigkeitssteigernde Wirkung der Kaltumformung im Bereich der Biegeradien. Rechnerisch wäre dies im vollen Umfang nur bei voll wirksamen kaltgeformten Querschnitten möglich.

Sind die wirksamen Querschnittswerte bekannt, kann die Bemessung – gegebenenfalls unter Berücksichtigung „globaler" Stabilitätseffekte wie Knicken oder Biegedrillknicken – wie bei warmgewalzten Bauteilen erfolgen. Beulen ebener Teilflächen und Knicken von versteiften Querschnittsteilen stellen damit die wesentlichen Besonderheiten bei kaltgeformten Bauprodukten im Hinblick auf das Tragverhalten dar.

## 4 Baurechtliche Anforderungen

### 4.1 Einleitung

Die baurechtlichen Anforderungen an die Bauelemente des Metallleichtbaus sind in den vergangenen Jahren deutlich vielfältiger geworden. In der Vergangenheit unterlagen Trapezprofile den technischen Regeln nach DIN 18807 mit den Teilen 1 bis 3 für Stahlprofile und 6 bis 9 für Aluminiumprofile. Diese Normen verloren zum 01.07.2014 ihre Gültigkeit und wurden durch europäische Normen ersetzt. Die Schaffung einheitlicher europäischer Normen hat leider nicht zu einer Vereinfachung oder gar Reduzierung der bauaufsichtlichen Regeln geführt, es ist das Gegenteil eingetreten.

Produkt-, Ausführungs- und Bemessungsnormen unterscheiden zum einen zwischen sich auf die Funktion des Produkts im Tragwerk beziehenden Konstruktionsklassen, zum anderen zwischen selbsttragenden (auch: non-structural, d. h. nichttragend im Sinne der Tragwerksplanung) und tragenden (auch: structural) Produkten: Bereits bei der Planung und Ausschreibung von Tragwerken ist zu berücksichtigen, wie kaltgeformte Profile, Profiltafeln oder Sandwichelemente zur Tragfähigkeit und Stabilität des Gesamttragwerks oder einzelner anderer Bauteile beitragen. Daraus ergibt sich eine Klassifizierung und daraus folgend Anforderungen an die anwendbaren Produkt- und Ausführungsnormen (Bild 11), d. h., daraus ergeben sich speziell für Profiltafeln die anwendbaren Produkte, die für diese erforderliche CE-Kennzeichnung und die anzuwendenden Ausführungsnormen oder -regeln:

– Konstruktionen, in denen kaltgeformte Profile oder Profiltafeln verwendet werden, die zur Gesamtfestigkeit und Gesamtstabilität eines Tragwerks beitragen, werden in die Konstruktionsklasse I einsortiert. Hier werden z. B. kaltgeformte Profile in der Gebäudeaussteifung dienenden Verbänden eingesetzt oder diese Verbände durch Schubfelder aus Trapezprofilen ersetzt.

– Konstruktionen, in denen kaltgeformte Profile, Profiltafeln oder Sandwichelemente verwendet werden, die zur Tragfähigkeit oder Stabilität einzelner anderer Bauteile beitragen sollen, fallen in die Konstruktionsklasse II. Dies ist z. B. der Fall, wenn kaltgeformte Profile, Profiltafeln oder Sandwichelemente eine Pfette oder einen Rahmenriegel über eine Drehbettung oder Schubbettung (seitliche Halterung) stabilisieren. In Anwendungen, in denen kaltgeformte Profile, die als Verbandspfosten in einem der Gebäudeaussteifung dienenden Verband eingesetzt werden (damit in die Konstruktionsklasse I fallen), dürfen diese wiederum durch Profiltafeln oder Sandwichelemente stabilisiert werden, die nur in die Konstruktionsklasse II fallen.

– Konstruktionen, in denen kaltgeformte Profile, Profiltafeln oder Sandwichelemente nur Lasten (z. B. Wind- und Schneelasten) in die Unterkonstruktion weiterleiten, fallen in die Konstruktionsklasse III. Bei untergeordneten Anwendungen der Konstruktionsklasse III kann diese Konstruktion als „selbsttragend" eingestuft werden. Da es sich hier um eine bauwerksspezifische Abgrenzung handelt, erfolgt dies über den jeweiligen nationalen Anhang. Für Deutschland entspricht die selbsttragende Anwendung der VVTB Kapitel D oder der früheren Liste C. Demgegenüber handelt es sich bei den Konstruktionsklassen I und II immer um Anwendungen mit tragenden Profiltafeln oder tragenden kaltgeformten Profilen.

Selbsttragende und tragende Profiltafeln (z. B. Trapezprofile, Wellprofile und Kassettenprofile) unterscheiden sich nicht unbedingt durch ihre Form oder ihre Bestandteile, allein die Anwendung der Produkte be-

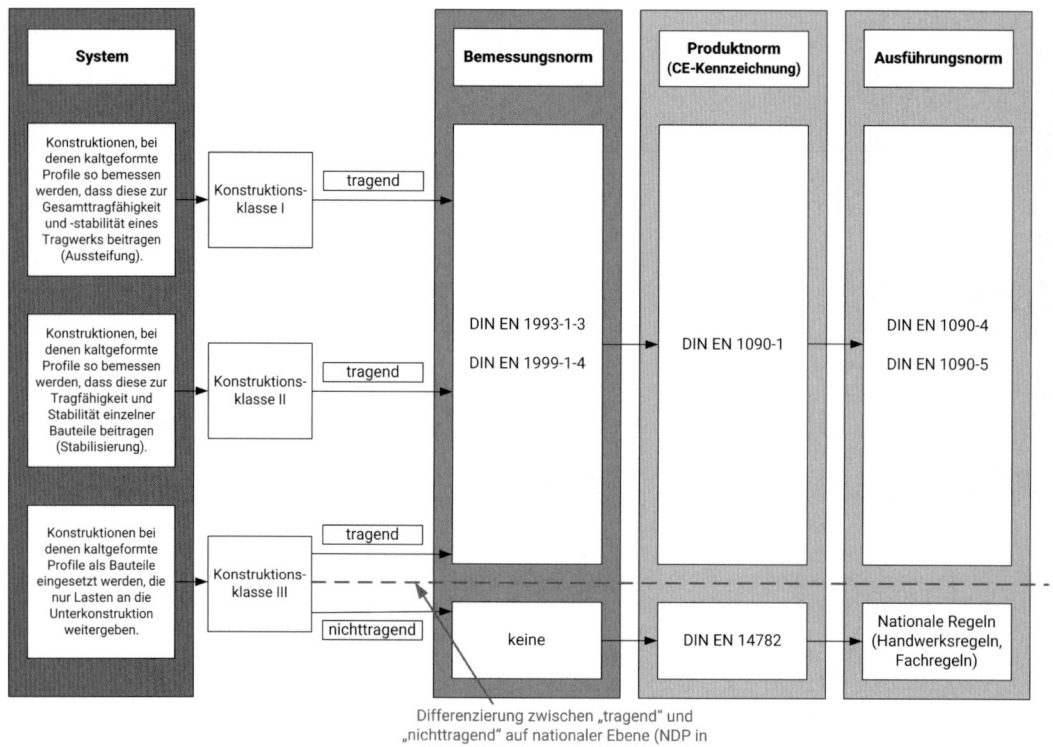

**Bild 11.** Konstruktionsklassen für Trapezprofile und zugehörige Produkt-, Bemessungs- und Ausführungsnormen

stimmt, welche Norm für sie maßgebend ist. Für selbsttragende Profiltafeln der Konstruktionsklasse III ist hinsichtlich der CE-Kennzeichnung DIN EN 14782 anzuwenden. Tragende Profiltafeln und kaltgeformte Bauteile sind für alle Konstruktionsklassen nach EN 1090-1 (s. Bild 11) geregelt. Der Planer hat also in Abhängigkeit des statischen Einsatzzwecks Produkte zu wählen, die nach unterschiedlichen Normen geregelt sind – auch wenn die Produkte wie z. B. im Falle der Trapezprofile identisch sind. Diese Festlegung hat zur Folge, dass der Hersteller von Profiltafeln meist die Normen DIN EN 14782 und DIN EN 1090 bei der Herstellung der Produkte berücksichtigen muss und evtl. sogar DIN EN 14783, da er die Anwendung der Produkte nicht kennt. Die Anforderungen der DIN EN 1090-4 an die bauliche Durchbildung dürfen auch in Verbindung mit selbsttragenden Profiltafeln gemäß DIN EN 14782 und DIN EN 14783 angewendet werden.

Für den Bereich der kaltgeformten Profile (z. B. kaltgewalzte Pfetten und Wandriegel, Kantprofile) ist die Situation einfacher, für diese ist nur entscheidend, ob es sich um ein tragendes Produkt handelt, das somit unter den Anwendungsbereich von DIN EN 1090 fällt. Ein nicht-tragendes Kantprofil (Einfassprofil, Zargenblech, Attikahaube, ...) ist ungeregelt.

Auch auf Sandwichelemente lässt sich diese Klassifizierung übertragen, was im Hinblick auf deren Verwendung zur Stabilisierung von Pfetten und Wandriegeln relevant ist. Bild 12 zeigt einen möglichen Ausblick. Im Augenblick macht sich die Klassifizierung bei den Zulassungen bemerkbar: Die Zulassungen des Zulassungsbereichs Z-10.49-xxx decken Produkte der Konstruktionsklasse III ab, diejenigen des Zulassungsbereichs Z-10.4-xxx die Konstruktionsklasse II. Eine Verwendung von Sandwichelementen in der Konstruktionsklasse I ist dabei nicht vorgesehen.

DIN EN 1993-1-3 suggeriert durch den Verweis auf DIN EN 1990 Anhang B einen Zusammenhang zwischen den Konstruktionsklassen mit den Schadensfolgeklassen. Die Einteilung in Schadensfolgeklassen in DIN EN 1990 basiert aber eher auf den Auswirkungen eines Versagens (Folgen für Menschenleben, wirtschaftliche, soziale oder umweltbeeinträchtigende Folgen, siehe auch DIN EN 1991-1-7), die nicht zwangsläufig mit den Konstruktionsklassen korrelieren. Der nationale Anhang zu DIN EN 1999-1-4 macht daher auch nicht von der Möglichkeit Gebrauch, eine Zuordnung zwischen Schadensfolgeklassen und Konstruktionsklassen herzustellen. Sinnvoller als ein Bezug der Konstruktionsklassen zu den Schadensfolgeklassen wäre ein Bezug zu den Ausführungsklassen der DIN EN 1993-1-1 wie

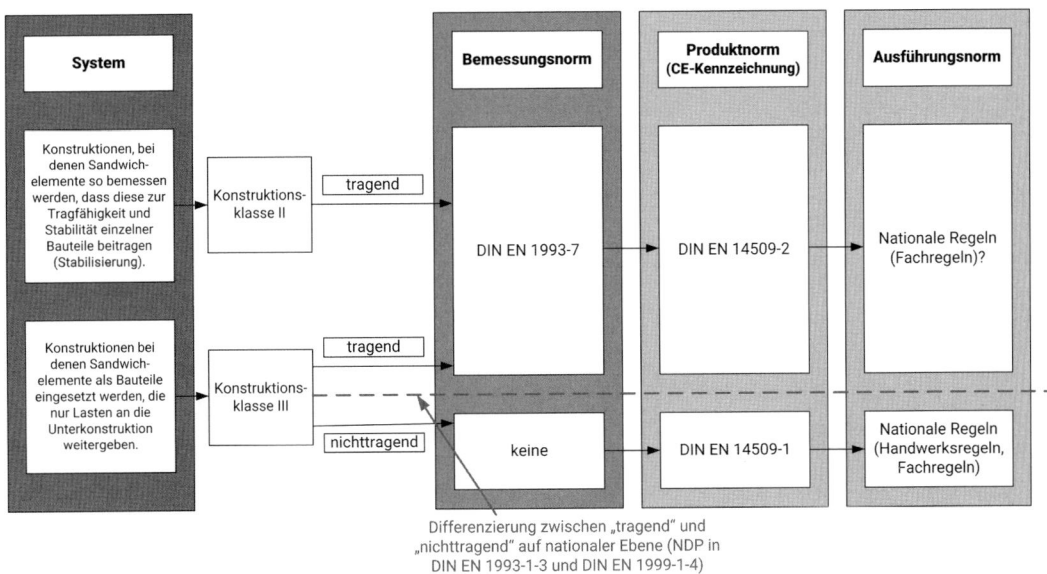

Bild 12. Konstruktionsklassen für Sandwichelemente und zugehörige Produkt-, Bemessungs- und Ausführungsnormen (Ausblick)

auch in der Anmerkung angedeutet. Eine Differenzierung in Ausführungsklassen gibt es aber weder in DIN EN 1090-4 noch in DIN EN 1090-5.

## 4.2 Selbsttragende und vollflächig verlegte Produkte

### 4.2.1 Allgemeines

Im Dezember 2000 veröffentlichte das DIN die Normen der Reihe DIN EN 508, Dachdeckungsprodukte aus Metallblech, Festlegungen für selbsttragende Bedachungselemente aus Stahlblech, Aluminiumblech oder nichtrostendem Stahlblech, in den Teilen 1 (Stahl), 2 (Aluminium) und 3 (nichtrostender Stahl). Für Produkte aus Kupfer und Zink wurde DIN EN 506 veröffentlicht. Die Normen gelten für Profile mit oder ohne Metall-Überzug und mit oder ohne organische Beschichtung. Tabelle 1a zeigt die Systematik und Tabelle 1b den Gültigkeitsbereich der o. g. Normen.

Diese Normen waren das Resultat langjähriger europäischer Bemühungen um eine Vereinheitlichung der technischen Regeln für die Trapezprofile, Wellprofile, Stehfalzprofile und Dachpfannenprofile. Die Normen definieren die grundlegenden Materialeigenschaften und erstmals europaweit einheitliche Toleranzen.

Diese Normen sind keine „harmonisierten" Normen. Von einer Harmonisierung spricht man, wenn eine europäische Norm einen Anhang ZA besitzt, der alle Angaben und Anforderungen für eine CE-Kennzeichnung und Leistungserklärung enthält. Diese Normen sind nur Produktnormen. Sie besitzen keinen Anhang ZA und berechtigen somit nicht zur Kennzeichnung der Bauprodukte mit einem CE-Zeichen. Dies hatte Anfang der 2000er-Jahre zur Folge, dass die vorgenannten Normen in Deutschland kaum Beachtung fanden, zumal sie den Regelungsbereich von DIN 18807 nicht einschränkten bzw. außer Kraft setzten. In anderen europäischen Ländern wurden die Normen hingegen sehr wohl verwendet, da es bis zum Jahr 2000 dort vielfach für die erfassten Produkte keine nationalen Regelwerke gab. Die fehlende Möglichkeit, Metallprofiltafeln mit einem CE-Zeichen zu versehen, wurde aber zunehmend als Manko angesehen. Aus diesem Grund wurde eine weitere sogenannte harmonisierte Norm geschaffen, die für die Produkte nach

– DIN EN 506:2009-07: Dachdeckungsprodukte aus Metallblech – Festlegungen für selbsttragende Bedachungselemente aus Kupfer- oder Zinkblech;
– DIN EN 508-1:2014-08: Dachdeckungsprodukte aus Metallblech – Festlegungen für selbsttragende Bedachungselemente aus Stahlblech, Aluminiumblech oder nichtrostendem Stahlblech – Teil 1: Stahl;
– DIN EN 508-2:2009-07: Dachdeckungsprodukte aus Metallblech – Festlegungen für selbsttragende Bedachungselemente aus Stahlblech, Aluminiumblech oder nichtrostendem Stahlblech – Teil 2: Aluminium;
– DIN EN 508-3:2009-07: Dachdeckungsprodukte aus Metallblech – Festlegungen für selbsttragende Bedachungselemente aus Stahlblech, Aluminiumblech oder nichtrostendem Stahlblech – Teil 3: Nichtrostender Stahl

eine CE-Kennzeichnung ermöglicht: DIN EN 14782 „Selbsttragende Dachdeckungs- und Wandbeklei-

**Tabelle 1a.** Normenstruktur

|  | DIN EN 1090 | DIN EN 14782 | DIN EN 14783 |
|---|---|---|---|
| Grundlage für die CE-Kennzeichnung | Ausführung von Stahltragwerken und Aluminiumtragwerken – Technische Regeln für die Ausführung | Selbsttragende Dachdeckungs- und Wandbekleidungselemente für die Innen- und Außenanwendung aus Metallblech | Vollflächig unterstützte Dachdeckungs- und Wandbekleidungselemente für die Innen- und Außenanwendung aus Metallblech |
| | **Erfasste Normen** | **Erfasste Normen** | **Erfasste Normen** |
| Festlegung der Produkt- bzw. Ausführungseigenschaften | EN 1090-2  Stahltragwerke<br>EN 1090-3  Aluminiumtragwerke<br>EN 1090-4  Tragende dünnwandige Stahlprofile/tafeln<br>EN 1090-5  Tragende dünnwandige Aluminiumprofile/tafeln | EN 506    Kupfer, Zink<br>EN 508-1  Stahl<br>EN 508-2  Aluminium<br>EN 508-3  Nichtrostender Stahl | EN 501    Zink<br>EN 502    Nichtrostender Stahl<br>EN 504    Kupfer<br>EN 505    Stahl<br>EN 507    Aluminium<br>EN 12588  Blei |
| | **CE-Kennzeichnung** auf Basis: | **CE-Kennzeichnung** auf Basis: | **CE-Kennzeichnung** auf Basis: |
| Pflichten der Hersteller bzw. der Zertifizierungsstelle | Hersteller:<br>Erstprüfung des Produkts<br>Prüfungen von im Werk entnommenen Proben nach festgelegtem Prüfplan<br>Werkseigene Produktionskontrolle<br>Zertifizierungsstelle:<br>– Erstinspektion des Werkes und der werkseigenen Produktionskontrolle<br>– Laufende Überwachung, Beurteilung und Auswertung der werkseigenen Produktionskontrolle | Hersteller:<br>Erstprüfung des Produkts<br>Werkseigene Produktionskontrolle | Hersteller:<br>Erstprüfung des Produkts<br>Werkseigene Produktionskontrolle |

**Tabelle 1b.** Gültigkeitsbereich der Normen

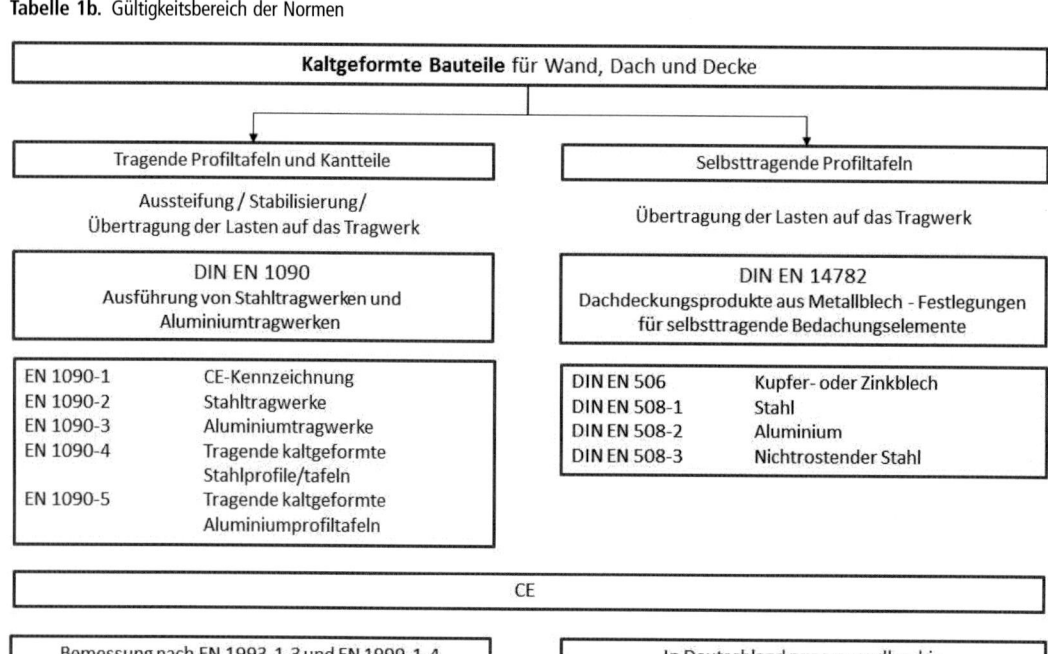

dungselemente für die Innen- und Außenanwendung aus Metallblech – Produktspezifikation und Anforderungen", Ausgabe März 2006. Diese Norm regelt nun für die o. g. Produkte und zusätzlich auch für Kassettenprofile und Sidings weitere Mindestanforderungen wie z. B. Mindestblechdicken. Außerdem werden die Prüfverfahren zur Bestimmung des Brandverhaltens und zur Bestimmung eines Widerstands gegen Punktlasten festgelegt. Der letztgenannte Versuch ist nicht zu verwechseln mit dem Begehbarkeitsversuch nach DIN 18807. Er wurde lediglich in die Norm aufgenommen, um die Forderung nach Deklarierung der Tragfähigkeit des Bauprodukts auf möglichst einfache und in ganz Europa leicht umzusetzende Weise zu erfüllen.

Des Weiteren werden die Anforderungen an den Hersteller bezüglich Erstprüfung des Produkts und werkseigener Produktionskontrolle festgelegt: Dies ermöglicht eine Vereinheitlichung der Verfahren zur Ermittlung charakteristischer Produktkennwerte und europaweit vergleichbarer CE-Zeichen.

Parallel zur Harmonisierung der selbsttragenden Profiltafeln erarbeiteten die zuständigen Gremien Normen für vollflächig unterstützte Profiltafeln. Diese Produkte wurden in den Normen
– DIN EN 501:1994-11: Dacheindeckungsprodukte aus Metallblech – Festlegung für vollflächig unterstützte Bedachungselemente aus Zinkblech
– DIN EN 502:2013-06: Dachdeckungsprodukte aus Metallblech – Spezifikation für vollflächig unterstützte Dachdeckungsprodukte aus nichtrostendem Stahlblech
– DIN EN 504:2000-01: Dachdeckungsprodukte aus Metallblech – Festlegungen für vollflächig unterstützte Bedachungselemente aus Kupferblech
– DIN EN 505:2013-06: Dachdeckungsprodukte aus Metallblech – Spezifikation für vollflächig unterstützte Dachdeckungsprodukte aus Stahlblech
– DIN EN 507:2000-01: Dachdeckungsprodukte aus Metallblech – Festlegungen für vollflächig unterstützte Bedachungselemente aus Aluminiumblech
– DIN EN 12588:2007-03: Blei und Bleilegierungen – Gewalzte Bleche aus Blei für das Bauwesen
geregelt. Auch hier wurde eine weitere harmonisierte Norm erarbeitet, DIN EN 14783 „Vollflächig unterstützte Dachdeckungs- und Wandbekleidungselemente für die Innen- und Außenanwendung aus Metallblech – Produktspezifikation und Anforderungen", Ausgabe Juli 2013.

Die Inhalte von DIN EN 14783 sind ähnlich denen der DIN EN 14782, jedoch fehlt aufgrund der vollflächigen Verlegung die Anforderung an die Bestimmung der Punktlasten.

## 4.2.2 Regelung des Brandverhaltens der Metallprofiltafeln

Das Brandverhalten von Metallprofiltafeln ist nach DIN EN 14782 und DIN EN 14783 im SBI-Versuch (SBI: Single Burning Item) nach DIN EN 13823 zu ermitteln. Die Klassifizierung erfolgt nach DIN EN 13501-1.

Gemäß DIN EN 14782, 5.2.1 und dem Beschluss der Europäischen Kommission 1996/603/EU, fallen Metallprofiltafeln ohne organische Beschichtungen in die Klasse A1.

Gemäß DIN EN 14782, 5.2.2 und dem Beschluss der Europäischen Kommission 2010/737/EU, fallen organische Beschichtungen in folgende Klassen:
– Polyester 25 µm       Klasse A1
– Plastisol 200 µm      Klasse C-s3, d0

Für weitere Beschichtungen liegen Versuchsergebnisse vor, die gemeinsam von den europäischen Herstellern der Metallprofiltafeln durchgeführt worden sind:
– Polyester 35 µm       Klasse A1
– PVDF 27 µm            Klasse A1

Der IFBS hat in den vergangenen Jahren weitere Prüfungen durchführen lassen. Die Ergebnisse zeigen, dass Beschichtungen mit einer Dicke über 35 µm vornehmlich in die Klasse A2, s1, d0 fallen und über Dicken von 50 µm die Klassifizierung in A2, s2, d0 bzw. B, s2, d0 erfolgt. Die entsprechenden Prüfberichte stehen den IFBS-Mitgliedsfirmen zur Verfügung.

Für das Verhalten von Dachdeckungsprodukten durch Feuer von außen (früherer Nachweis für eine harte Bedachung nach DIN 4102-7) liegen ebenfalls Kommissionsentscheidungen vor, die besagen, dass organisch beschichtete Metallprofiltafeln als harte Bedachung in die Klasse $B_{Dach}$ einzustufen sind:

„Gemäß dem Kommissionsbeschluss 2005/403/EG werden ohne weitere Prüfung als den Klassen $B_{Dach\,(t1)}$, $B_{Dach\,(t2)}$ und $B_{Dach\,(t3)}$ zugehörig angesehen: profilierte Stahlbleche, flache Stahlbleche oder Platten aus durch kontinuierlich verzinktem oder mit einer Zink-Aluminium-Legierung überzogenem Stahl mit einer Metalldicke ≥ 0,40 mm, die mit einer organischen Beschichtung auf der Außenseite (Wetterseite) und wahlweise auf der Rückseite (Innenseite) ebenfalls mit einer organischen Beschichtung versehen sein können. Die Außenbeschichtung ist ein flüssig aufgebrachter Plastisol-Anstrichstoff mit einer Nenndicke des Trockenfilms von maximal 0,200 mm, einem PCS von nicht mehr als 8,0 MJ/m$^2$ und einer Trockenmasse von maximal 330 g/m$^2$. Die organische Beschichtung auf der Rückseite (falls vorhanden) muss einen PCS von nicht mehr als 4,0 MJ/m$^2$ und eine Trockenmasse von maximal 200 g/m$^2$ aufweisen."

## 4.2.3 Widerstand gegen Punktlasten nach DIN EN 14782, 4.3.2

Für folgende Anwendungen bzw. Produkte muss nach DIN EN 14782 kein Widerstand gegen Punktlasten ermittelt werden:
– Wandbekleidungselemente für die Innen- und Außenanwendung
– Unterdecken
– Untersichten
– Kassetten

– Produkte, die bei einer Stützweite von weniger als oder gleich 400 mm verwendet werden sollen, bei denen die tragende Konstruktion den Widerstand gegen aufgebrachte Kräfte bestimmt, wie z. B. bestimmte Dachpfannenprofile.

Bei allen anderen Produkten deklariert der Hersteller eine Stützweite, bei der das Profil einer Punktlast von 1,2 kN nach dem Prüfverfahren in DIN EN 14782, Anhang B, ohne Versagen standhält.

Gemäß einem Schreiben des DIBt vom 12.06.07 kann für den deutschen Markt auf die vorstehende Angabe verzichtet werden. Stattdessen kann

„KLF" – Keine Leistung festgestellt

oder

„NPD" – No Performance Declared

deklariert werden. Alternativ ist es erlaubt, in Deutschland die wesentlich aussagekräftigere Grenzstützweite nach DIN 18807 im Rahmen eines allgemeinen bauaufsichtlichen Prüfzeugnisses anzugeben. Die Grenzstützweite, die in Versuchen nach DIN 18807-2 bzw. EN 1090-4, Anhang B, ermittelt wird, liefert Angaben bis zu welcher Stützweite eine Profiltafel ohne lastverteilende Maßnahmen begangen werden kann. Der Punktlastversuch nach DIN EN 14782 liefert keine solche Aussage. Dieser Versuch liefert lediglich eine Stützweite, bei der das Profil unter einer Einzellast von 1,2 kN nicht versagt, wobei die Norm nicht verlangt, welche Stützweite geprüft werden soll. Es ist nicht erforderlich, eine maximale Stützweite zu ermitteln.

Für andere Länder ist im Einzelfall zu erfragen, ob die KLF-Angabe verwendet werden kann. Da in den meisten Ländern keine anderen Normen für die betrachteten Profile existieren, wird die Angabe einer Stützweite hier erforderlich sein.

### 4.2.4 Bemessungs- und Ausführungsgrundlagen

Nach DIN EN 14782 gelten für Bemessung und Ausführung selbsttragender Produkte die im Bestimmungsland geltenden Festlegungen. Dementsprechend hat das DIBt im DIBt-Newsletter 3/2012 [68] festgelegt:

„Tragende Trapezprofile, Wellprofile und Kassettenprofile, deren Tragfähigkeitswerte nach den Eurocodes 3 und 9 oder durch Versuche nach Abschnitt 3 ermittelt werden, fallen ausschließlich in den Anwendungsbereich von DIN EN 1090-1. Anderenfalls gelten die Normen DIN EN 14782 und DIN EN 14783."

Für Deutschland ist die Verwendung von Produkten nach DIN EN 14782 somit im Prinzip auf den Bereich der ehemaligen Liste C, jetzt VV TB Kapitel D.2.2.2 beschränkt – Produkte, die ohne Bemessung eingesetzt werden dürfen. Dies ist der Anwendungsbereich:

– Fassadenelemente (einschließlich ihrer Befestigungen) für Außenwandbekleidungen, die nach allgemein anerkannten Regeln der Technik befestigt werden:
  • mit kleinformatigen Fassadenelementen mit ≤ 0,4 m² Fläche und ≤ 5 kg Eigengewicht,
  • mit brettformatigen Fassadenelementen mit ≤ 0,3 m Breite und Unterstützungsabständen durch die Unterkonstruktion von ≤ 0,8 m;
– Dachelemente (einschließlich ihrer Befestigungen) für Dacheindeckungen, die nach allgemein anerkannten Regeln der Technik befestigt werden:
  • mit kleinformatigen Elementen mit ≤ 0,4 m² Fläche und ≤ 5 kg Eigengewicht,
  • mit anderen Elementen mit einem Unterstützungsabstand durch die Unterkonstruktion von ≤ 1,0 m, außer aus Glas,

siehe Tabelle 1b. Diese Regelung wird außerdem noch durch das nationale Vorwort in DIN EN 14782 untermauert, das besagt:

„Die Produkte nach dieser Norm sind für den Lastfall „Ständige Lasten" nur für ständige Lasten aus Eigengewicht der Elemente bei Unterstützungsabständen bis maximal 1 m geregelt."

Für den Hersteller von Profiltafeln bedeutet dies, dass er in Deutschland im Allgemeinen seine Produkte nach DIN EN 1090-1 kennzeichnen muss, da er somit die höchsten Anforderungen erfüllt und seine Produkte für alle Anwendungen einsetzbar sind. Eine Kennzeichnung nach EN 14782 eignet sich nur für untergeordnete Anwendungen, bei denen keine statische Bemessung erforderlich ist.

Die Anforderungen der DIN EN 1090-4 an die bauliche Durchbildung dürfen auch in Verbindung mit selbsttragenden Profiltafeln gemäß DIN EN 14782 und DIN EN 14783 angewendet werden.

## 4.3 Tragende Produkte nach DIN EN 1090

### 4.3.1 Allgemeines

Im Zuge der europäischen Harmonisierung sind weitere Normen erarbeitet worden, die das Bauen mit Trapezprofilen betreffen. Da für tragende Anwendungen Produkte nach DIN EN 14782 nicht anwendbar sind, werden diese Bauelemente in DIN EN 1090 geregelt. Diese Norm enthält die Anforderungen an die Ausführung von Stahltragwerken und Aluminiumtragwerken und hierbei sowohl das Konformitätsnachweisverfahren für tragende Bauteile nach DIN EN 1090-1 als auch die technischen Regeln für die Ausführung von Stahltragwerken nach DIN EN 1090-2 bzw. Aluminiumtragwerken nach DIN EN 1090-3.

Auf Antrag der EPAQ, European Quality Assurance Association for Panels and Profiles und der EAA, European Aluminium Association und unter Mitwirkung des IFBS und des GDA wurde ein Normungsprojekt zur Erarbeitung zweier neuer Normenteile speziell für die Ausführung tragender kaltgeformter Bauteile gestartet. Diese Normenteile gelten für Stahl: DIN EN 1090-4 und Aluminium: DIN EN 1090-5. Beide neuen Normenteile stellen eine Überführung des bisher in DIN 18807-3 und DIN 18807-9 veröffentlichten Standes der Technik in die europäische Normung dar. Diese Normen werden in Abschnitt 11 näher vorgestellt.

Im Rahmen dieses Beitrages soll nur auf die für kaltgeformte Bauteile spezifischen Belange von DIN EN 1090 eingegangen werden, da die Gesamtnorm bereits in vorhergehenden Ausgaben des Stahlbau-Kalenders erläutert wurde.

Die konstruktive Ausbildung wird zurzeit noch baurechtlich nach DIN 18807-3 und DIN 18807-9 über die MVV TB, Teil A, Anlage A 1.2.4/2 geregelt. Zukünftig sollen diese Normen auch hier bei einer Neuausgabe der MVV TB durch DIN EN 1090-4 und -5 ersetzt werden.

Die Eurocodes 3 und 9 enthalten im Anhang A der Normenteile DIN EN 1993-1-3 und DIN EN 1999-1-4 für die Trapezprofile, Kassettenprofile und Wellprofile Prüfverfahren vergleichbar zu den bislang in DIN 18807-2, DIN 18807-2/A1 und DIN 18807-7 geregelten, doch ist im jeweiligen Nationalen Anhang festgelegt, dass für die Versuchsdurchführung und Versuchsauswertung zusätzlich DIN 18807-2, DIN 18807-2/A1 und DIN 18807-7 zu beachten sind und bei Verwendung von Versuchsergebnissen nach Anhang A ein bauaufsichtlicher Verwendbarkeitsnachweis erforderlich ist. Um welche Art des bauaufsichtlichen Verwendbarkeitsnachweises es sich handelt, wird dort nicht explizit erwähnt, es ist jedoch ein allgemeines bauaufsichtliches Prüfzeugnis gemeint. Früher wurde in der Bauregelliste A Teil 2 unter den lfd. Nr. 2.27 und 2.28 auf die Prüfverfahren nach DIN 18807-2, DIN 18807-2/A1 und DIN 18807-7 verwiesen, die als Grundlage für die Erteilung allgemeiner bauaufsichtlicher Prüfzeugnisse für Trapezprofile, Kassettenprofile und Wellprofile dienten. Dieser Verweis existiert in der MVV TB nicht mehr.

### 4.3.2 Regelungen nach DIN EN 1090-1

Hersteller von tragenden kaltgeformten Bauteilen haben DIN EN 1090-1 zu berücksichtigen und müssen ihre Produkte mit dem CE-Zeichen kennzeichnen.

DIN EN 1090-1 regelt kaltgeformte tragende Bauteile, die nach DIN EN 1993-1-3 und DIN EN 1999-1-4 zu bemessen sind, die serienmäßig oder nicht serienmäßig hergestellt werden, sowie Bausätze aus diesen Produkten. Die hier betrachteten Bauteile können kaltgeformte rollgeformte oder gekantete Profile und Profiltafeln sein. Sie können ungeschützt, durch Beschichtung oder durch eine andere Oberflächenbehandlung, z. B. durch Eloxieren beim Aluminium, korrosionsgeschützt sein.

Tragende Profile wie Trapezprofile, Wellprofile und Kassetten sowie tragende Kantprofile fallen unter den Anwendungsbereich von DIN EN 1090. Die Hersteller (nicht die ausführenden Unternehmen) dieser Produkte haben diese mit einem CE-Zeichen nach DIN EN 1090-1 zu kennzeichnen. Sofern definierte Bausätze hergestellt und vertrieben werden, gilt das zuvor Beschriebene auch für diese.

Die MVV TB enthält in Anlage A 1.2.4/5 den Anwendungshinweis zu DIN EN 1090-2:

„Die Herstellung von tragenden Bauteilen aus Stahl in den genannten Ausführungsklassen darf nur durch solche Hersteller erfolgen, deren werkseigene Produktionskontrolle durch eine notifizierte Stelle entsprechend DIN EN 1090-1:2012-02 zertifiziert ist." Für Aluminiumbauteile enthält Anlage A 1.2.4/6 Entsprechendes.

Die Herstellung von Stahltragwerken ist nach der Muster-Verwaltungsvorschrift Technische Baubestimmungen (MVV TB), Teil A 1.2.4.1 über DIN EN 1090-2 und die Herstellung von Aluminiumtragwerken nach MVV TB, Teil A 1.2.4.3 über DIN EN 1090-3 bauaufsichtlich geregelt. In die MVV TB haben die beiden Normenteile DIN EN 1090-4 und -5 leider noch keinen Eingang gefunden. Ebenso fehlt zurzeit noch eine Erwähnung dieser beiden Normenteile in DIN EN 1090-1. DIN EN 1090-1 wird gerade überarbeitet und an die neue Bauproduktenverordnung angepasst. In der Neufassung werden aber dann auch die beiden Normenteile für die kaltgeformten Bauteile und Profiltafeln erfasst sein. Mit der Neuausgabe von DIN EN 1090-1 ist nicht vor dem Jahr 2020 zu rechnen.

Scheinbar liegt hier somit eine Regelungslücke für die kaltgeformten Bauteile und Profiltafeln vor. Beide Normen DIN EN 1090-4 und -5 sind erschienen, werden aber weder in der MVV TB zitiert noch in der harmonisierten Norm EN 1090-1 für die CE-Kennzeichnung herangezogen. Faktisch liegt jedoch keine Regelungslücke vor, da neue Anwendungsbestimmungen in DIN EN 1090-2 und -3 aufgenommen wurden. Sowohl DIN EN 1090-2:2018-09 wie auch die neue Fassung von EN 1090-3:2019-07 legen im Anwendungsbereich fest:

„Bei Bauteilen aus kaltgeformten Komponenten und kaltgeformten Hohlprofilen, die im Anwendungsbereich von EN 1090-4 (bzw. -5) liegen, haben die Anforderungen von EN 1090-4 (bzw. -5) Vorrang vor den entsprechenden Anforderungen in dieser Europäischen Norm."

Somit ist eine durchgehende Regelungskette von DIN EN 1090-1 mit Verweis auf DIN EN 1090-2 und -3 und darin auf DIN EN 1090-4 und -5 gegeben, bis die neuen Normen in der MVV TB genannt werden. Die Normen sind somit heute schon für die Herstellung der Produkte maßgebend.

### 4.3.3 Produkte nach DIN EN 1090-4

DIN EN 1090-4 legt Anforderungen an die Ausführung, d. h. Herstellung und Montage, von kaltgeformten, tragenden Bauteilen und Profiltafeln aus Stahl und kaltgeformten Tragwerken für Dach-, Decken-, Boden-, Wand- und Bekleidungsanwendungen fest.

DIN EN 1090-4 gilt für die Herstellung und Montage von kaltgeformten, tragenden Bauteilen und Profiltafeln aus Stahl und kaltgeformten Tragwerken, die nach DIN EN 1993-1-3 bemessen wurden.

DIN EN 1090-4 kann für Tragwerke verwendet werden, die mit anderen Bemessungsregeln bemessen wurden, unter der Voraussetzung, dass die Ausführungsbedingungen diesen Regeln entsprechen und alle notwendigen Zusatzanforderungen festgelegt sind.

DIN EN 1090-4 legt außerdem die Anforderungen an die Ausführung, d. h. Herstellung und Montage, von Tragwerken aus kaltgeformten Profiltafeln für Dach-, Decken-, Boden- und Wandanwendungen unter vorwiegend ruhenden oder seismischen Lastbedingungen und deren Dokumentation fest.

Diese Norm umfasst Profiltafeln der Konstruktionsklassen I und II nach EN 1993-1-3, die in Tragwerken verwendet werden, die tragenden Bauteile werden demgegenüber für alle Konstruktionsklassen erfasst.

DIN EN 1090-4 regelt Profiltafeln, z. B. Trapez-, Well-, oder Kassettenprofile sowie tragende Bauteile wie z. B. Bauteile (Querschnitte mit linearem Profil) die durch Kaltumformen hergestellt werden und außerdem nicht geschweißte zusammengesetzte Querschnitte, kaltgeformte Hohlprofile, einschließlich Schweißung der Längsnaht, die nicht in EN 10219-1 behandelt sind und perforierte, gelochte und mikroprofilierte Profiltafeln und Bauteile. Die Norm umfasst auch Stahlprofiltafeln für Verbunddecken, z. B. in deren Montage- und Betonagezustand. Diese Norm umfasst außerdem Abstandhalterkonstruktionen zwischen Außen- und Innenschale oder Ober- und Unterschale für Dächer, Wände und Decken, die aus kaltgeformten Profiltafeln hergestellt wurden, sowie die Verbindungen und Befestigungen der zuvor aufgeführten Bauteile, sofern sie zur Lastübertragung beitragen.

DIN EN 1090-4 regelt keine Verbundkonstruktionen, bei denen die Wechselwirkung unterschiedlicher Werkstoffe integraler Bestandteil des Tragwerksverhaltens ist, z. B. Sandwich-Elemente und Verbunddecken. Sie umfasst auch keine erforderlichen Nachweise und Ausführungsregeln für Wärme-, Feuchtigkeits-, Schall- und Brandschutz. Ebenso sind keine Dachdeckungen und Wandbekleidungen erfasst, die durch herkömmliche Klempner- oder andere handwerkliche Verfahren hergestellt wurden.

Ausführende Unternehmen haben die Hinweise zur Verarbeitung nach DIN EN 1090-4 zu berücksichtigen (s. a. Abschnitt 11). Hiermit ist keine Pflicht des Verarbeiters zur CE-Kennzeichnung verbunden.

### 4.3.4 Produkte nach DIN EN 1090-5

DIN EN 1090-5 legt Anforderungen an die Ausführung, d. h. Herstellung und Montage, von Aluminiumtragwerken aus kaltgeformten Profiltafeln für Dach-, Decken-, Boden- und Wandanwendungen unter vorwiegend ruhenden oder seismischen Lastbedingungen und deren Dokumentation fest. Sie umfasst Produkte der Konstruktionsklassen I und II nach EN 1999-1-4, die in Tragwerken verwendet werden.

Tragende Bauelemente beziehen sich hier auf Profiltafeln, z. B. Trapez-, Well-, Kassettenprofile oder Wandpaneele, die durch Kaltformen hergestellt werden. Perforierte und mikroprofilierte Profiltafeln werden in diesem Teil auch behandelt.

Geschweißte Querschnitte liegen außerhalb des Anwendungsbereichs dieses Normteils und werden bis auf Dichtungsschweißen in wenig beanspruchten Bereichen in EN 1090-3 geregelt.

Diese Norm umfasst außerdem Distanzkonstruktionen zwischen Außen- und Innenschale oder Ober- und Unterschale sowie Unterkonstruktionen für Dächer, Wände und Decken, die aus kaltgeformten Profiltafeln hergestellt wurden, sowie die Verbindungen und Befestigungen der zuvor aufgeführten Bauelemente, sofern sie zur Lastübertragung beitragen.

Eine Kombination von tragenden Bauelementen aus Stahl und Aluminium ist erlaubt, z. B. Kassettenprofile (Linerprofile) aus Stahl, die mit Aluminiumprofilen ausgesteift sind. Verbundkonstruktionen, bei denen die Wechselwirkung unterschiedlicher Werkstoffe integraler Bestandteil des Tragwerksverhaltens ist, z. B. Sandwichelemente und Verbunddecken, sind von der Norm nicht erfasst.

Ausführende Unternehmen haben die Hinweise zur Verarbeitung nach DIN EN 1090-5 zu berücksichtigen (s. a. Abschnitt 11). Hiermit ist keine Pflicht des Verarbeiters zur CE-Kennzeichnung verbunden.

### 4.3.5 Zusätzliche nationale Festlegungen

DIN EN 1090-4 und DIN EN 1090-5 enthalten darüber hinaus viele Möglichkeiten, nationale Besonderheiten zu berücksichtigen, wozu man die für europäische Normen typischen Öffnungsklauseln mit der Formulierung „sofern nichts anderes festgelegt wird" benutzen kann. Eine Hilfestellung beim Auffinden dieser Empfehlungen bietet **Anhang IV.F.2**. Dieser Anhang listet die Elemente auf, die in einem ganzen Mitgliedsland der EU abweichend von den Mindestanforderungen ausgeführt werden dürfen. Mit der genannten Formulierung sind keine Festlegungen gemeint, die eventuell vom Bauherrn oder anderen am Bau Beteiligten projektbezogen gewünscht werden könnten. Diese Möglichkeit ist in DIN EN 1090-4 und DIN EN 1090-5 durch die Formulierung „sofern nichts anderes festgelegt wird" ausdrücklich **nicht** gemeint.

Dies muss hier deshalb betont werden, weil es im Gegensatz zu EN 1090-2 steht. Dort darf man von Normregelungen, die mit „sofern nicht anders festgelegt" o. Ä. gekennzeichnet sind, bei einem individuellen Projekt oder Tragwerk abweichen, sofern man gewisse Bedingungen einhält, z. B. Produkteigenschaften oder Vorgehensweisen auf dem gleichen Level definiert wie in der betreffenden Normregelung. Das ist ein ganz wesentlicher Unterschied zwischen den beiden sonst weitgehend aufeinander abgestimmten Normen EN 1090-2 und EN 1090-4. Letztere verwendet solche Stellen im Prinzip so, wie die Eurocodes ihr spezielles Werkzeug „Nationaler Anhang".

Zur Verdeutlichung des oben beschriebenen Stellenwerts der Formulierung „sofern nicht anders festgelegt" werden beide Normen DIN EN 1090-4 und DIN EN 1090-5 voraussichtlich (zum Zeitpunkt der Erstellung dieses Textes) mit einem nationalen Vorwort versehen. Für DIN EN 1090-4 lautet dies:

„Die Normen DIN EN 1090-2 bis DIN EN 1090-5 enthalten mehrfach die Formulierung „sofern nicht anders festgelegt" (siehe z. B. DIN EN 1090-4:2019-08, Tabelle F.2). Diese Formulierung ist von der Arbeitsgruppe 14 des Technischen Komitees CEN/TC 135 für DIN EN 1090-4 so interpretiert worden, dass Mitgliedsstaaten die Möglichkeit haben, weiterhin in Abweichung zu dieser Norm nationale Bestimmungen anzuwenden, sofern diese existieren.

In Deutschland kommt diese Öffnung „sofern nicht anders festgelegt" nicht zur Anwendung. Ausnahme bildet Anhang E. Hier gilt abweichend für Deutschland DIN 55634 „Beschichtungsstoffe und Überzüge – Korrosionsschutz von tragenden dünnwandigen Bauteilen aus Stahl".

Für DIN EN 1090-4 wird in Bezug auf den Korrosionsschutz von der nationalen Öffnungsklausel Gebrauch gemacht und auf die deutsche DIN 55634 verwiesen, da diese den Korrosionsschutz umfassender regelt, als der Anhang E von DIN EN 1090-4.

Für DIN EN 1090-5 wird ein entsprechendes nationales Vorwort veröffentlicht.

## 4.3.6 Bemessungsgrundlagen

Die Bemessung der tragender Bauelemente des Metallleichtbaus erfolgt nach DIN EN 1993-1-3 bzw. DIN EN 1999-1-4.

Werden für tragende Profiltafeln Tragfähigkeitswerte aufgrund von Versuchen ermittelt, gilt weiterhin DIN 18807-2 für Stahlprodukte bzw. DIN 18807-7 für Aluminiumprodukte in Verbindung mit einem allgemeinen bauaufsichtlichen Prüfzeugnis (abP). Wenn nur einzelne Tragfähigkeitswerte, z. B. die Grenzstützweiten der Begehbarkeit, durch Versuche ermittelt werden, ist kein allgemeines bauaufsichtliches Prüfzeugnis erforderlich [67]. Für die rechnerische Ermittlung der Tragfähigkeitswerte auf Grundlage von DIN EN 1993-1-3 bzw. DIN EN 1999-1-4 gibt es zwei Möglichkeiten zum Nachweis der Verwendbarkeit:
– die rechnerische Ermittlung wird allein vom Hersteller, einer ihm beauftragten Person oder projektspezifisch von einem Tragwerksplaner durchgeführt, in diesem Fall sind die Werte in jedem Einzelfall von einem Prüfingenieur zu bestätigen;
– die rechnerische Ermittlung wird vom Hersteller oder einer von ihm beauftragten Person durchgeführt und von einem Prüfamt für Baustatik bestätigt (Typenprüfung), in diesem Fall sind die Werte ohne weitere Prüfung sofort verwendbar.

# 5 Werkstoffe

## 5.1 Band und Blech

### 5.1.1 Mechanische Eigenschaften

Kaltgeformte Bauteile werden durch Kanten oder Rollformen aus Band oder Blech hergestellt. Dieses Herstellungsverfahren sowie auch einige der Systemannahmen und rechnerischen Nachweise erfordern eine ausreichende Duktilität, die gemäß DIN EN 1993-1-1 für Stahlwerkstoffe über Anforderungen an das Streckgrenzenverhältnis und die Bruch- bzw. Gleichmaßdehnung nachzuweisen sind.

Die Anforderungen lauten im Einzelnen:
– Mindestwert der Bruchdehnung $\varepsilon_y \geq 15\%$,
– Mindestwert $f_u/f_y \geq 1{,}10$ (Kehrwert des Streckgrenzenverhältnisses),
– Gleichmaßdehnung $\varepsilon_u \geq 15\ \varepsilon_y$.

Vergleichbare Anforderungen gibt es in DIN EN 1999-1-1 oder DIN EN 1999-1-4 nicht.

In DIN EN 1993-1-3 werden Stahlsorten und ihre technischen Lieferbedingungen (wobei die Normen DIN EN 10292, DIN EN 10326 und DIN EN 10327 zwischenzeitlich in DIN EN 10346 zusammengefasst wurden) beispielhaft gelistet, für die diese Forderungen als erfüllt angesehen werden, wobei ein Vergleich mit den technischen Lieferbedingungen zeigt, dass diese nicht in jedem Fall exakt erfüllt werden. Der Nationale Anhang zu DIN EN 1993-1-3 schränkt die Verwendung der Stahlsorten bei einem rechnerischen Nachweis der Tragfähigkeit explizit auf diejenigen der in den Normen genannten ein, erlaubt jedoch darüber hinaus – teilweise dem Anwendungsbereich der DASt-Richtlinie 016 folgend – auch die Verwendung der Stahlsorten S390GD, S420GD und S450GD. Bei Verwendung von Bohrschrauben oder gewindefurchenden Schrauben sind deren Einsatzgrenzen zu beachten (Gefahr des übermäßigen Gewindeabriebs beim Furchen des Muttergewindes in Stahlsorten höherer Festigkeit und damit mangelhafte Auszugtragfähigkeit).

Auch in DIN EN 1999-1-4 werden Aluminiumlegierungen einschließlich Werkstoffzustände und ihre technischen Lieferbedingungen gelistet, hier jedoch nicht als Beispiele. Vielmehr dürfen laut Normentext die rechnerischen Nachweise für Bauteile aus den aufgeführten Legierungen und Zuständen angewendet werden. Auch hier handelt es sich um Formulierungen, die eine Öffnung für andere, nicht aufgeführte Legierungen und Zustände erlauben würden. Der Nationale Anhang zu DIN EN 1999-1-4 schränkt die Anwendung der DIN EN 1999-1-4 bei einem rechnerischen Nachweis der Tragfähigkeit explizit auf die in der Norm genannten ein.

In beiden Fällen gilt, dass bei einem Nachweis der Tragfähigkeit durch Versuche auch der Einsatz anderer Werkstoffe möglich ist. In diesem Fall ist aufgrund der versuchsgestützten Bemessung ein Verwendbarkeitsnachweis erforderlich, der dann auch die Werkstoffe aufführt.

DIN 18807 schrieb als Mindestanforderung die Stahlsorte S280GD vor. DIN EN 1090-4 enthält nun eine Liste der brauchbaren Stahlsorten. Diese Liste umfasst die Sorten S220GD, S250GD, S280GD, S320GD, S350GD, S390GD, S420GD, S450GD und S550GD und basiert auf Erfahrungen in den an der Normung beteiligten Ländern, wobei der Einsatzbereich der letztgenannten (nicht in DIN EN 1993-1-3 aufgeführten) Sorte S550GD anders als bei der oben genannten Sorte S390GD aufgrund der mechanischen Eigenschaften eher im Bereich der Profiltafeln zu finden ist. Die Norm enthält jedoch den Hinweis, dass einzelne Sorten in manchen Ländern aufgrund nationaler Bestimmungen ohne weitere Nachweise nicht einsetzbar sind (so ist in Deutschland für Bauteile aus der Sorte S550GD eine allgemeine bauaufsichtliche Zulassung erforderlich, da die Tragfähigkeitswerte für diese aufgrund der Festlegungen in DIN EN 1993-1-3 zu den Werkstoffen nur durch Versuche ermittelt werden können), sodass die Varianten zwar zunehmen, national aber jederzeit beschränkt werden können. Die Auflistung hat daher lediglich empfehlenden Charakter.

Von den in DIN 18807-9 aufgeführten und gebräuchlichen Aluminiumwerkstoffen fehlen in DIN EN 1999-1-4 die Werkstoffe EN AW-3104 und EN AW-5005A (das A steht für eine nationale Variante der Legierung AlMg1). Auch hier wäre strenggenommen ein Verwendbarkeitsnachweis erforderlich. Da es sich um vormals von bauaufsichtlicher Seite akzeptierte Werkstoffe handelt, wäre jedoch eine Auflistung im Nationalen Anhang hilfreich und sicherlich möglich gewesen.

Für das Vormaterial wird in DIN EN 1090-4 zukünftig ein Abnahmeprüfzeugnis 3.1 verlangt, ohne dieses Prüfzeugnis darf der Hersteller von kaltgeformten Produkten kein Vormaterial verarbeiten, es sei denn er ermittelt alle folgenden Kennwerte selbst, die im 3.1-Zeugnis angegeben sein sollten:
– Name oder Zeichen der Herstellerfirma;
– Identifikationsnummer;
– Bezeichnung der Werkstoffsorte und Güteklasse;
– Auflagenmasse der nominellen metallischen Schutzüberzüge nach EN 10346, falls zutreffend;
– Nennmaße des bestellten Produkts bzw. Nennblechdicke ($t_N$) (jeweils in mm) und die ergänzende Toleranz (S) oder die grundlegende Toleranz (N) oder eine spezifische Toleranz, wenn diese in den Ausführungsunterlagen angegeben ist (s. Abschnitt 5.1.2);
– Beschichtungssystem mit vollständiger Kennzeichnung;
– bestimmte Auflagenmasse der metallischen Schutzschicht nach EN 10346 in (g/m²) (diese Angabe kann möglicherweise vom Stahlerzeuger nicht zur Verfügung gestellt werden);
– bestimmte Dicke der organischen Beschichtung auf der sichtbaren Seite/Rückseite in µm (diese Angabe kann möglicherweise vom Stahlerzeuger nicht zur Verfügung gestellt werden);
– Messwerte der mechanischen Werkstoffeigenschaften (s. a. EN 10346);
– Streckgrenze oder 0,2%-Dehngrenze ($R_{eH}/R_{p0,2}$) in MPa;
– Zugfestigkeit ($R_m$) in MPa;
– Bruchdehnung $A_{80\,mm}$ in %;
– Verhältnis Biegeradius/Dicke, wenn zutreffend;
– Haftung des metallischen Überzugs.

Enthält das 3.1-Zeugnis einzelne Daten nicht, so sind diese in jedem Fall vom Hersteller selbst zu ermitteln. Eine vergleichbare Regelung gibt es auch in DIN EN 1090-5.

### 5.1.2 Blechdicken

Die Festlegung von Anforderungen an die Mindest- und Maximalblechdicken erfolgt aus unterschiedlichen Gründen. Zum einen kann dies aus dem Geltungsbereich der rechnerischen Nachweise erforderlich sein, insbesondere wenn diese auf der Grundlage von Versuchsergebnissen kalibriert wurden und bei Fehlen von entsprechenden Anforderungen eine Extrapolation aus dem belegten Geltungsbereich der Nachweisgleichungen folgen würde. Anforderungen können aber auch aus der Sicherstellung der Gebrauchstauglichkeit kommen, wobei in diesem Fall nicht allein Durchbiegungen gemeint sind. Bei Unterschreitung gewisser Blechdicken können sich unerwünschte Verformungen einstellen, die aus ästhetischen Gründen nicht akzeptabel sind. DIN EN 1993-1-3 erhebt den Anspruch, allgemein die Bemessung kaltgeformter Bauteile zu regeln, schließt jedoch kaltgeformte Hohlprofile nach harmonisierten Normen (DIN EN 10219-1) aus, deren Tragverhalten über die Regelungen in DIN EN 1993-1-1 ausreichend erfasst wird: Örtliches Beulen wird durch eine Einstufung in Querschnittsklasse 4 ausreichend erfasst und bei den ebenen Wandungen ist keine Berücksichtigung einer Forminstabilität erforderlich. Kaltgeformte Hohlprofile mit Zwischensteifen (Sicken, Versätze) fallen hingegen in den Anwendungsbereich der DIN EN 1993-1-3 (und sind auch nicht durch EN 10219-1 abgedeckt), da bei diesen Forminstabilität in Form eines Ausknickens der Zwischensteifen zu berücksichtigen ist.

DIN EN 1999-1-4 beschränkt sich auf kaltgeformte Profiltafeln, d. h. behandelt keine Pfetten, Wandriegel etc. Eine Erweiterung des Anwendungsbereichs für die nächste Ausgabe wurde diskutiert, ist aber – mangels Interesse und Anwendungen – unwahrscheinlich.

Aus dem Geltungsbereich der rechnerischen Nachweise ergeben sich die unteren Anwendungsgrenzen für die Kerndicke $t_{cor} \geq 0{,}45$ mm (Stahlkerndicke ohne Zinküberzug) in DIN EN 1993-1-3 bzw. für die Blechdicke $t \geq 0{,}50$ mm in DIN EN 1999-1-4. Diese gelten damit auch für DIN EN 1090-4 und DIN EN 1090-5. Die Untergrenzen entsprechen in etwa denen in DIN 18807-1 und DIN 18807-6 für Profiltafeln, deren Tragfähigkeit rechnerisch ermittelt wurde: Dort wurde die Mindestnennblechdicke mit $t_N = 0{,}50$ mm festgelegt. In DASt-Richtlinie 016 wurde die Mindestnennblechdicke mit $t_N = 1{,}0$ mm festgelegt. Um auch die Nennblechdicke $t_N = 0{,}40$ mm abzudecken, die vermehrt für Profiltafeln eingesetzt werden, wird in DIN EN 1993-1-3 die untere Grenze in der nächsten Ausgabe auf $t_{cor} = 0{,}35$ mm abgesenkt werden, d. h., die Erweiterung des Geltungsbereichs der rechnerischen Nachweise wird als

vertretbar erachtet. In DIN EN 1999-1-4 ist keine Änderung vorgesehen.
Die aktuelle Ausgabe der DIN EN 1993-1-3 definiert mit $t_{cor} \leq 15$ mm eine eher fiktive Obergrenze, die in der nächsten Ausgabe entfallen wird. DIN EN 1090-4 macht keine Angaben zu Obergrenzen, verweist allgemein auf DIN EN 1993-1-3. Weder DIN EN 1999-1-4 (einschließlich Nationalem Anhang) noch DIN EN 1090-5 definieren Obergrenzen. Die erste Ausgabe des deutschen Nationalen Anhangs zu DIN EN 1993-1-3 schränkte die Anwendung der DIN EN 1993-1-3 weiter ein: Er legte für die Bemessung der kaltgeformten Profile und Profiltafeln aus Stahl die Obergrenze $t_{cor} \leq 3$ mm für die Kerndicke $t_{cor}$ (Stahlkerndicke ohne Zinküberzug) fest. Diese obere Anwendungsgrenze von 3 mm war willkürlich und auch nicht über DASt-Richtlinie 016 historisch begründbar, da diese auch für t > 3 mm galt. Kaltgeformte Pfetten und Wandriegel mit einer Blechdicke von > 3 mm fielen damit in den Regelungsbereich der DIN EN 1993-1-1, die jedoch wichtige Aspekte des Tragverhaltens (bei Pfetten z. B. Forminstabilität durch Ausknicken von Lippen) gar nicht abdeckte. Die Abgrenzung zu DIN EN 1993-1-1 auf Grundlage des Herstellungsverfahrens der Bauteile ist daher sinnvoller. Dementsprechend wurde die obere Grenze von 3 mm in der aktuellen Ausgabe des Nationalen Anhangs gestrichen, d. h., nun gelten die o. g. Empfehlungen der DIN EN 1993-1-3.

Darüber hinaus legt z. B. DIN 18531-1 „Dachabdichtungen – Abdichtungen für nicht genutzte Dächer – Teil 1: Begriffe, Anforderungen, Planungsgrundsätze" Mindestblechdicken fest, die aus einem handwerklichen Erfahrungsschatz resultieren, aber nicht ingenieurtechnisch zu begründen sind und von daher in jedem Einzelfall immer kritisch hinterfragt und mit dem Planer abgestimmt werden sollten.

Die harmonisierten Normen DIN EN 14782, DIN EN 14783 und DIN EN 1090-4 geben für den jeweiligen Gültigkeitsbereich folgende Mindestnennwerte der Dicke von Metallblechen ohne gegebenenfalls vorhandene Beschichtungen an:

Für **tragende Stahl-Profiltafeln nach DIN EN 1090-4** werden die Mindestnennblechdicken je nach Anwendung unterschieden:
Dächer:
– Tragschalen: $t_N \geq 0{,}75$ mm
– Dachdeckungen: $t_N \geq 0{,}50$ mm
Geschossdecken:
– als tragende Teile: $t_N \geq 0{,}75$ mm
– als dauerhafte Schale für tragende Betondecken: $t_N \geq 0{,}75$ mm
Wände und Wandbekleidungen:
– Außenschale: $t_N \geq 0{,}50$ mm
– einfache Schale oder Innenschale für alle Stützweiten: $t_N \geq 0{,}50$ mm
– Kassettenprofile: $t_N \geq 0{,}75$ mm
Für Kantprofile werden folgende Mindestblechdicken geregelt:
– Pfetten und Wandriegel: $t_N \geq 0{,}88$ mm
– Abstandsprofile in Dächern und Wänden: $t_N \geq 0{,}75$ mm
– Randversteifungsprofile: $t_N \geq 1{,}00$ mm
– Randabschluss: $t_N \geq 0{,}75$ mm
– Halterungen: $t_N \geq 0{,}88$ mm

Mindestens muss jedoch die Mindestblechdicke der befestigten Profiltafeln eingesetzt werden (Ausnahme: Randabschluss).

**Selbsttragende Profiltafeln nach DIN EN 14782:**
– Aluminium: 0,60 mm für Anwendungen im Dachdeckungsbereich
 0,40 mm für andere Anwendungen
– Kupfer: 0,50 mm
– Rostfreier Stahl: 0,40 mm
– Stahl: 0,40 mm
– Zink: 0,60 mm

**Vollflächig unterstützte Profiltafeln nach DIN EN 14783:**
– Aluminium: 0,60 mm
– Kupfer: 0,50 mm
– Rostfreier Stahl: 0,40 mm
– Stahl: 0,50 mm
– Zink: 0,60 mm
– Blei: 1,25 mm

Diese Auflistung zeigt, dass für tragende Profiltafeln in Bezug auf die bisherigen Regelungen nach DIN 18807-3 kaum Veränderungen eingetreten sind. Bislang betrug die Mindestnennblechdicke in Deutschland 0,75 mm für tragende Anwendungen im Dachbereich, dies wird zukünftig im europäischen Rahmen so bleiben. Außerdem sind zurzeit noch Inkonsistenzen zwischen den Normen vorhanden. Für vollflächig unterstützte und für tragende Stahl-Profiltafeln beträgt die Mindestnennblechdicke für Wandanwendungen 0,50 mm, während für selbsttragende Stahl-Profiltafeln die Mindestnennblechdicke 0,40 mm beträgt. In diesem Punkt sollte bei einer Überarbeitung von DIN EN 14782 eine Angleichung herbeigeführt werden.

Die Normen DIN EN 14782 und DIN EN 14783 geben keine maximalen Blechdicken in ihrem Anwendungsbereich an, diese werden lediglich durch die zugrunde liegenden Materialnormen eingeschränkt.

## 5.2 Verbindungselemente

Verbindungselemente für den Metallleichtbau werden in der Regel aus Kohlenstoffstahl, nichtrostendem Stahl oder Aluminium hergestellt. Letztgenannter Werkstoff kommt in der Regel nur bei Nieten zum Einsatz, für die es aber auch spezielle Legierungen wie Monel (Nickel-Kupfer-Legierung) gibt. Am wichtigsten sind jedoch Stähle und nichtrostende Stähle. Bei Bohrschrauben, Fließbohrschrauben und gewindefurchenden Schrauben bleibt den Herstellern die Wahl des Werkstoffs praktisch freigestellt, er erwirkt aufgrund der versuchsgestützten Ermittlung der Tragfähigkeit in aller Regel einen Verwendbarkeitsnachweis. Damit ist auch ein sich ggf. in der Tragfähigkeit bemerkbar machender Einfluss des Werkstoffs erfasst.

DIN EN 1090-4 und DIN EN 1090-5 treffen Festlegungen für die Verbindungselemente. In jedem Fall sind Verbindungselemente nach europäischen Normen bzw. nach europäischen Bewertungsdokumenten, EADs oder ETAs zu verwenden. Bei der Wahl der Verbindungselemente sind deren Anwendungsbedingungen hinsichtlich Material und Dicke der zu verbindenden Bauteile zu berücksichtigen.

Verbindungselemente, die der Witterung ausgesetzt sind, müssen aus nichtrostendem Stahl gefertigt sein [69], ausgenommen die Bohrspitze. Andere Verbindungselemente sind in ihrem Korrosionsschutz dem Korrosionsschutz der zu verbindenden Elemente anzupassen. Für regendichte Verbindungen sind Verbindungselemente mit Elastomerdichtungen unter dem Kopf des Verbindungselements zu verwenden.

Verbindungselemente, die zur Verbindung oder Befestigung von Bauteilen aus Aluminium verwendet werden, müssen aus austenitischem nichtrostendem Stahl oder Aluminium bestehen.

# 6 Korrosionsschutz im Metallleichtbau

## 6.1 Grundlagen

### 6.1.1 Normative Grundlagen

Korrosionsschutz betrifft im Metallleichtbau im Wesentlichen den Werkstoff Stahl. Stahl besitzt wegen seiner technischen Eigenschaften wie z. B. der Tragfähigkeit und Umformbarkeit sowie seiner Wirtschaftlichkeit eine herausragende Stellung für dünnwandige Bauteile. Zur Erhaltung der Bauwerkssicherheit ist Stahl jedoch in aller Regel entsprechend der vorgesehenen Nutzungsdauer vor Korrosion zu schützen.

Aluminiumprofiltafeln sind hingegen durch die Bildung einer natürlichen Oxidschicht bei üblicher Bewitterung in See-, Land- oder Industrieluft gegen Korrosion geschützt. In Anwendungsfällen, bei denen eine besondere Korrosionsbelastung entsteht, z. B. in unmittelbarer Nähe von Betrieben, die größere Mengen von aggressiven Stoffen emittieren (z. B. Kupferhütten), sind die Profiltafeln zusätzlich durch eine geeignete Beschichtung mit einer Nenndicke von mindestens 25 µm zu schützen.

Der Korrosionsschutz muss sich an den technischen Erfordernissen orientieren – wie z. B. in DIN 55634, DIN EN 1090-4, DIN EN 10169, DIN EN ISO 12944-1, DIN EN ISO 12944-2 definiert – und weniger an den augenblicklichen, fallweisen wirtschaftlichen Aufwendungen. Erfahrungsgemäß sind zu einem späteren Zeitpunkt durchgeführte Korrosionsschutzmaßnahmen erheblich aufwendiger, abgesehen von den damit unter Umständen verbundenen Störungen des betrieblichen Ablaufs.

Mehr als drei Jahrzehnte wurde in Deutschland der Korrosionsschutz dünnwandiger Bauteile über DIN 55928-8 geregelt. Im Jahr 2010 wurde diese Norm abgelöst durch DIN 55634, welche nun alle relevanten Angaben definiert. Im Jahr 2018 wurde die Norm dann nochmals aktualisiert und in 2 Teilen neu heraus gegeben: DIN 55634-1 „Beschichtungsstoffe und Überzüge – Korrosionsschutz von tragenden dünnwandigen Bauteilen aus Stahl – Teil 1: Anforderungen und Prüfverfahren" und DIN 55634-2 „Beschichtungsstoffe und Überzüge – Korrosionsschutz von tragenden dünnwandigen Bauteilen aus Stahl – Teil 2: Überwachung und Zertifizierung".

Die Normenreihe legt Anforderungen fest und gibt Informationen zu den vorhandenen Korrosivitätskategorien, den generellen am Markt verfügbaren Korrosionsschutzsystemen der Bandbeschichtung bzw. Stückbeschichtung, der Schutzdauer, zu Verpackung, Transport, Lagerung und Montage von Bauteilen und den erforderlichen Prüfungen zur Qualitätssicherung, Überwachung und Kennzeichnung des Korrosionsschutzsystems. Im Anhang A der Norm sind Beispiele für metallische Überzüge und Beschichtungssysteme aufgeführt, in Verbindung mit den Korrosivitätskategorien und Schutzdauern.

Die alte Fassung von DIN 55634 gab in Tabelle 1 Hilfestellung zur Umschlüsselung der altbekannten Korrosionsschutzklassen I bis III nach DIN 55928-8 in die Korrosivitätskategorien nach DIN EN ISO 12944-2. Dies war seinerzeit umso wichtiger, da die Korrosionsschutzklassen noch in einzelnen Regelwerken verankert waren und auf diese Weise eine Verknüpfung von alter Regelung zu aktuellem Stand der Technik erzielt werden konnte. In der Neuausgabe von 2018 ist diese Umschlüsselung nicht mehr vorhanden, da man eine Übergangszeit von 8 Jahren zwischen beiden Normenausgaben als ausreichend angesehen hat.

Wichtig ist, dass DIN 55634 im Gegensatz zu DIN EN 1090-4 sehr wohl eine Obergrenze der Blechdicke im Anwendungsbereich definiert. Während EN 1090-4 von „kaltgeformten" Produkten spricht, regelt DIN 55634 den Korrosionsschutz von „dünnwandigen„ Produkten. Die Obergrenzen sind in DIN 55634-1 wie folgt definiert:

a) mit stückbeschichtetem Material bis einschließlich 3 mm Nennblechdicke auf stückverzinktem oder auf kontinuierlich schmelztauchveredeltem oder auf elektrolytisch bandverzinktem Material,
b) mit stückbeschichtetem Material bis einschließlich 3 mm Nennblechdicke ohne Metallüberzüge;
c) mit organisch bandbeschichtetem Material bis einschließlich 3 mm Nennblechdicke auf kontinuierlich schmelztauchveredeltem bzw. elektrolytisch bandverzinktem Material;
d) mit kontinuierlich schmelztauchveredeltem Material bis einschließlich 6,5 mm Nennblechdicke.

### 6.1.2 Grundlagen des Korrosionsschutzes

Korrosion ist definiert als die Reaktion eines metallischen Werkstoffs mit seiner Umgebung. Korrosion ist eine messbare Veränderung des Werkstoffs und kann im weiteren Verlauf zu einer Beeinträchtigung des metallischen Systems führen.

Von wesentlichem Einfluss auf den Korrosionsverlauf sind:
- Art des Korrosionsschutzsystems,
- Herstellung und Verarbeitung,
- mechanische Beschädigungen,
- konstruktive Ausbildung,
- Einwirkungsbedingungen,
- Einwirkungszeit,
- Temperatur,
- Schadstoffbelastung der Atmosphäre (Schwefel, Chloride etc.),
- UV-Einstrahlung,
- Kondensat,
- Wartung und Inspektion.

Der Korrosionsschutz eines Bauteils ist kein Selbstzweck, sondern muss im Einzelfall immer der vorgesehenen Nutzung und Nutzungsdauer des jeweiligen Objekts angepasst werden. Hierbei sind auch Fragen der architektonischen Gestaltung, der Ästhetik sowie der Farbgestaltung zu berücksichtigen. In jedem Fall besteht die Forderung nach einer optimalen, d. h. zeitlich vernünftigen und wirtschaftlichen Problemlösung hinsichtlich der Schutzdauer.

Die Frage nach der Eignung eines bestimmten Korrosionsschutzsystems wird sich daher nicht ohne Kenntnis der geplanten Nutzung und Nutzungsdauer, der jeweiligen Einsatzbedingungen sowie der konstruktiven Ausführungen beantworten lassen.

Veränderungen im Verlauf der Nutzungsdauer wie z. B. eine Zunahme der standortbedingten Korrosionsbelastung und eine Zunahme der unmittelbaren Korrosionsbelastung des Objekts, z. B. aus einer Nutzungsänderung, sind im Allgemeinen nicht vorhersehbar und können zu einer wesentlichen Einschränkung der Nutzungsdauer führen.

Ein zentraler Begriff im Korrosionsschutz ist die Schutzdauer, die ein System erfüllen muss. Nach DIN EN ISO 12944-1:1998-07 werden für die Schutzdauer drei Zeitspannen angegeben:

niedrig (L – englisch: low):  2 bis 5 Jahre
mittel (M – englisch: medium):  5 bis 15 Jahre
hoch (H – englisch: high):  über 15 Jahre

Diese Schutzdauerdefinitionen sind auch Grundlage für den Korrosionsschutz nach DIN 55634 und DIN EN 1090-4, Anhang E. Alle in diesen Normen enthaltenen Tabellen zu Metall-Überzügen und organischen Beschichtungen basieren auf dieser Einteilung.

Zwischenzeitlich ist jedoch auch DIN EN ISO 12944-1 aktualisiert worden. In der Neufassung vom Januar 2019 werden neue Schutzdauern definiert:

niedrig (L – englisch: low):  bis zu 7 Jahre
mittel (M – englisch: medium):  7 bis 15 Jahre
hoch (H – englisch: high):  15 bis 25 Jahre
sehr hoch (VH – englisch: very high):  über 25 Jahre

Die zuvor genannten Tabellen müssen nun bei der nächsten Revision an diese neuen Schutzdauern angepasst werden. Solange dies noch nicht geschehen ist, basiert der Korrosionsschutz kaltgeformter bzw. dünnwandiger Bauteile auf der Vorgängerversion der ISO-Norm.

Die Schutzdauer ist keine Gewährleistungszeit. Sie ist ein technischer Begriff, der, eine ordnungsgemäße Wartung und Pflege vorausgesetzt, dem Auftraggeber helfen kann, ein Instandsetzungsprogramm festzulegen. Die Gewährleistungszeit ist ein juristischer Begriff, der Gegenstand von Vertragsbedingungen ist. Sie ist im Allgemeinen kürzer als die Schutzdauer. Es gibt keine Regeln, die beide Begriffe miteinander verbinden. Dass eine regelmäßige Inspektion an unzugänglichen Bereichen nicht ohne Weiteres möglich ist, ist bereits bei der Auswahl des Korrosionsschutzsystems zu berücksichtigen.

## 6.2 Korrosionsschutzsysteme für Band und Blech

### 6.2.1 Allgemeines

Korrosionsschutzsysteme sind Systeme aus aufeinander abgestimmten, vor Korrosion schützenden Schichten. Sie bestehen z. B. aus Grundbeschichtungen mit Deckbeschichtungen oder aus Metall-Überzügen, gegebenenfalls mit zusätzlichen organischen Beschichtungen. Die zu erwartenden Schutzdauern gebräuchlicher Korrosionsschutzsysteme sind in Anhang A von DIN 55634-1 beispielhaft aufgeführt.

### 6.2.2 Metall-Überzüge

Zur Erzielung des geforderten Korrosionsschutzes werden die aus Stahlblech hergestellten Bauelemente mit verschiedenen Metall-Überzügen ausgestattet.
Hierbei handelt es sich um:
- Z 275: Metall-Überzug aus Zink, Auflage insgesamt 275 g/m². Die Zinkschicht hat einen Gehalt von mindestens 99 Massenprozent Zink. Typische Schichtdicke 20 µm.
- ZA 255: Metall-Überzug aus einer Zink-Aluminium-Legierung (95% Zn, 5% Al), Auflage insgesamt 255 g/m². Typische Schichtdicke 20 µm.
- AZ 150: Metall-Überzug aus einer Aluminium-Zink-Legierung (55% Al, 43,4% Zn, 1,6% Si), Auflage insgesamt 150 g/m². Typische Schichtdicke 20 µm.
- AZ 185: Metall-Überzug aus einer Aluminium-Zink-Legierung (55% Al, 43,4% Zn, 1,6% Si), Auflage insgesamt 185 g/m². Typische Schichtdicke 25 µm.
- ZM: Metall-Überzug mit einem Zinkanteil von mindestens 92% sowie Anteilen von insgesamt bis zu 8% Magnesium und Aluminium.

Erfahrungen über viele Jahrzehnte und wissenschaftliche Untersuchungen zeigen, dass die eingesetzten Flacherzeugnisse an den Schnittflächen einen sehr guten Schutz gegen Korrosion aufweisen. Die Korrosionsbeständigkeit dieser Flächen ist abhängig von der Art und Dicke des jeweiligen Überzugs, der Dicke des Stahlkerns sowie der Art und Dauer der korrosiven Belastungen.

Stahltrapez- und Stahlkassettenprofile werden vor oder nach der Profilierung mit Scheren geschnitten (oder mit geeigneten Sägewerkzeugen). Stahlsandwichelemente werden mit feinzahnigen Bandsägen nach der Herstellung in Bestelllängen geschnitten. Darüber hinaus sind auf der Baustelle oft weitere Bearbeitungen mit elektrischen Blechscheren, Knabbern, Stichsägen oder Handkreissägen erforderlich. Die auf diese Weise erzeugten Schnittflächen sind bei diesen Bauelementen trotz offen liegenden Stahlkerns vor fortschreitender Korrosion geschützt, da die o. g. metallischen Überzüge an den Schnittflächen der Bleche und im Bereich kleiner Beschädigungen die „kathodische Schutzwirkung" des Zinks aktivieren. Schnittflächen bis 1,5 mm Blechdicke bedürfen daher erfahrungsgemäß keines zusätzlichen Korrosionsschutzes. Je nach Verzinkung sind auch die Schnittflächen von Blechen größerer Dicke geschützt. Dies ist in DIN 55634-1, 8.2 auch genannt:

Die Schnittflächen von Bauteilen aus
- kontinuierlich schmelztauchveredelten Blechen (Mindestauflage: Z275, ZA255, ZM120, AZ150 nach DIN EN 10346) mit oder ohne organische Beschichtung bis 1,5 mm Dicke,
- kontinuierlich schmelztauchveredelten Blechen (Mindestauflage: ZM300, Z600, ZA300 nach DIN EN 10346) ohne organische Beschichtung bis 3 mm Dicke

bedürfen im Hinblick auf die Tragfähigkeit keines zusätzlichen Korrosionsschutzes.

Bandbeschichtete Stahlbleche weisen im Allgemeinen eine gute Schutzwirkung auf. Ähnliches gilt für von der Schnittfläche ausgehende Unterwanderungen der Beschichtung. Besonders wirksamen Schutz gegen Schnittflächenkorrosion haben Zink-Magnesium-(ZM-)Überzüge.

Besitzt der Überzug z. B. einen Aluminiumanteil von 55% (z. B. AZ 185-Überzug, im Folgenden kurz AZ-Überzüge genannt), so ist das Material aufgrund des hohen Aluminiumanteils unempfindlicher gegen Bewitterung als Zink. Das Zink opfert sich aufgrund der kathodischen Schutzwirkung, es bildet sich ein Aluminiumskelett, das als Barriere die Schutzwirkung gegenüber dem Stahlkern aufrechterhält. Dies wird dadurch begünstigt, dass Zinksalze die Poren des Aluminiumskeletts verschließen. Die Schichtdicke des metallischen Überzuges bleibt daher bei AZ-Überzügen im Vergleich zur Verzinkung an den Schnittflächen erhalten. Das Aluminiumskelett trägt zum Stillstand der Korrosion des Stahlkerns bei, da der Aluminiumanteil nicht als Opferanode aktiviert werden kann. In Zusammenhang mit einer leichten Rotrostbildung an der Schnittfläche ist somit keine Rotrostbildung auf der Oberfläche von beschichtetem Aluzink in der Nähe der geschnittenen Ränder festzustellen. Aus diesem Grund ist eine Nachbehandlung von Profilen, an dessen Schnittflächen Rotrost festgestellt worden ist, nicht notwendig.

Ein Zink-Magnesium-Legierungsüberzug (ZM), der ca. 1% Magnesium enthält, bietet im Vergleich zu herkömmlichen Überzügen einen deutlich verbesserten Widerstand gegen korrosive Einflüsse. ZM-Überzüge zeichnen sich durch eine geringe Neigung zur Rotrostbildung an der Schnittfläche und eine geringere Lackunterwanderung aus. Diese positive Eigenschaft begründet sich in dem kathodischen Schutz und zusätzlich in der Bildung von dünnen, sehr dichten magnesiumhaltigen Weißrostschichten, sodass die Redox-Reaktionen des Korrosionsvorgangs erheblich verlangsamt werden. Durch den hohen spezifischen Korrosionsschutz kann die Überzugsdicke bei ZM-Überzügen im organisch beschichteten Zustand von üblicherweise 20 µm auf 9 µm reduziert werden. Hierdurch ergibt sich ein ressourcenschonender Einsatz des Zinks. ZM-Überzüge können mit allen bekannten organischen Beschichtungen, wie man sie auch bei den konventionellen Überzugsmaterialien verwendet, eingesetzt werden. Für den Außeneinsatz sind Polyester- und PVDF-Beschichtungen zugelassen.

### 6.2.3 Organische Beschichtungen

Organische Beschichtungen werden mit verschiedenen Verfahren auf Stahlblech mit metallischen Überzügen aufgebracht. Man unterscheidet grundsätzlich drei Verfahren, die im Folgenden kurz erläutert werden.

**Bandbeschichtung**

Bei der Bandbeschichtung wird das Stahlband mit metallischem Überzug zunächst in einem kontinuierlichen Prozess gereinigt, chemisch vorbehandelt und durch Walzauftrag von flüssigen organischen Beschichtungsstoffen mit anschließender Wärmetrocknung bzw. Wärmevernetzung oder durch Laminieren von Kunststoff-Folien beschichtet. Für die Bandbeschichtung steht eine große Material- und Farbpalette zur Verfügung. Je dicker die flüssig aufgebrachten Bandbeschichtungen sind, umso eher eignen sie sich für die Außenseite der meist durch Ablagerungen, Bewitterung und Begehen während und nach der Montage hoch beanspruchten Dachdeckungen. Im Bereich der Bandbeschichtung mit Folien sind die gute Verformbarkeit und die hervorragende Beständigkeit gegen mechanische und chemische Beanspruchungen hervorzuheben. Die Schutzdauern der einzelnen Beschichtungssysteme unterscheiden sich je nach Produkt und atmosphärischer Belastung.

**Pulverbeschichtung**

Pulverbeschichtungen werden in einer Beschichtungsanlage in einem kontinuierlichen Durchlauf gereinigt, entfettet und chemisch vorbehandelt. Je nach Anforderung wird in der Einschichtlackierung direkt auf den Trägerwerkstoff oder in der Zweischichtlackierung auf einen vorhandenen Primer das Farbpulver einseitig aufgebracht. Anschließend werden in einem Infrarot-Umluft-Trockner Farbe und Trägerwerkstoff miteinander verbunden. Die Pulverbeschichtung zeichnet sich durch eine kratzfeste Oberfläche, hohe Schichtdicke und, im Fall einer Stückbeschichtung, einen guten Schnittflächenschutz aus. Ein Vorteil der Pulverbeschichtung liegt in der Möglichkeit, kleine Mengen zu beschichten. Dieses Verfahren ist nicht an Mindestmengen gebunden.

**Stückbeschichtung**

Die Spritzlackierung bei Stückbeschichtungen von tragenden dünnwandigen Bauteilen wird grundsätzlich im Airlessverfahren ausgeführt. Hierbei werden fertige Bauteile bzw. Formteile, die keiner weiteren Verformung unterzogen werden, nasslackiert. Je nach Bauteilbeschaffenheit wird die Trocknung im Lufttrockenverfahren oder als forcierte Trocknung (ca. 80°-Objekt) vorgenommen. Die Schichtdicken solcher Beschichtungen liegen je nach Anzahl der Schichten und Anforderungen an das Gesamtsystem zwischen 40 µm und 240 µm. Ein Vorteil der Spritzlackierung liegt in der Möglichkeit, kleine Mengen zu beschichten.

### 6.3 Korrosionsschutz bei mechanischen Verbindungselementen

Dem Anwender bleibt es überlassen, den im Hinblick auf die Umgebungsbedingungen und deren korrosiven Wirkung sowie die Anwendungsdauer richtigen Werkstoff zu wählen. Eine Hilfestellung hierbei gibt [69]. Regelungen zur Korrosionsbeständigkeit von Bohrschrauben, gewindefurchende Schrauben, Niete und Setzbolzen sind aber auch in deren allgemeinen bauaufsichtlichen Zulassungen oder europäischen technischen Zulassungen zu finden. So müssen Verbindungselemente, die vollständig oder teilweise der Bewitterung oder einer ähnlichen Feuchtebelastung ausgesetzt sind, aus austenitischem nichtrostendem Stahl oder aus Aluminium bestehen. Das gilt nicht für eventuell angeschweißte Bohrspitzen.
Bei Anwendungen, bei denen mit Anreicherung korrosionsfördernder Stoffe zu rechnen ist (z. B. in vorgehängten hinterlüfteten Fassaden) oder in denen allgemein eine erhöhte Korrosivität zu erwarten ist, können höherlegierte austenitische nichtrostende Stähle erforderlich sein. Die Auswahl kann auf der Grundlage von [9] erfolgen.
Bei Verbindungselementen, die nicht aus nichtrostendem Stahl bestehen, ist der Korrosionsschutz der Verbindungselemente durch Verzinkung und ggf. Beschichtung dem erforderlichen Korrosionsschutz der zu verbindenden Bauteile anzupassen. Verbindungselemente mit Korrosionsschutz (Verzinkung, Beschichtung) dürfen nur dort verwendet werden, wo eine Befeuchtung des Verbindungselements nicht zu erwarten ist. im Allgemeinen gilt dies für die Innenschalen mehrschaliger Dach- und Wandkonstruktionen bei trockenen, überwiegend geschlossenen Räumen sowie für einschalige, unbelüftete Dachkonstruktionen mit oberseitiger Wärmedämmung bzw. Deckensystemen über trocken, überwiegend geschlossenen Räumen. Nach unten zur Außenluft offene Vordächer und Fahrzeughallen fallen nicht unter diesen Bereich. Wie schon zuvor ausgeführt, dürfen bei vollständiger oder teilweiser Bewitterung keine galvanisch verzinkten oder beschichteten Verbindungselemente aus Kohlenstoffstahl eingesetzt werden. Für die Verbindung von Bauteilen aus Aluminium sind in jedem Fall Verbindungselemente aus nichtrostendem Stahl oder Aluminium zu verwenden.

### 6.4 Konstruktiver Korrosionsschutz

#### 6.4.1 Allgemeines

Neben Schutzdauer und Einwirkung sind außerdem konstruktive Gesichtspunkte für das Langzeitverhalten des Korrosionsschutzsystems von Bedeutung. Die Konstruktion muss materialgerecht ausgeführt werden, um Korrosionsschwachpunkte zu vermeiden.
Der Mindestwärmeschutz und die Luftdichtheit sind nach den anerkannten Regeln der Technik einzuhalten. Bei mangelhafter Luftdichtheit kann Feuchte im Bausystem kondensieren, dies kann zu Korrosion führen.
Bohrspäne auf sichtbaren und der Bewitterung ausgesetzten Oberflächen müssen so weit wie möglich entfernt werden.
Kann eines der nachgenannten Kriterien nicht eingehalten werden, kann sich die Schutzdauer des Korrosionsschutzsystems verringern.
Durch den Abschluss eines Wartungsvertrags sowie jährliche Inspektionen können Beschädigungen des Korrosionsschutzsystems frühzeitig erkannt und ausgebessert werden.

#### 6.4.2 Wandflächen

Bei senkrechten oder nahezu senkrechten Wandflächen wird die korrosive Belastung wegen der günstigeren Witterungseinwirkungen im Allgemeinen als weniger kritisch beurteilt, da insbesondere Niederschlag für eine weitgehende Selbstreinigung der Wände sorgt.
Abgeschattete Bereiche sind möglichst zu vermeiden, um eine ungehinderte Beregnung sicherzustellen. Gegebenenfalls sind in Abhängigkeit von der Beanspruchung abgeschattete Wandflächen in regelmäßigen Abständen abzuwaschen. Kondensat bzw. Niederschlagsfeuchte muss ungehindert abfließen können (kein stehendes Wasser).
Die Unterkante der korrosionsgeschützten Stahlelemente sollte mindestens 150 mm über dem Erdreich liegen. Zusätzlich sind die Hinweise der IFBS-Fachregeln [54] für die Planung und Ausführung zu beachten.

#### 6.4.3 Dachflächen

Die korrosive Belastung einer beschichteten Dachfläche ist wesentlich höher als diejenige einer Wand, besonders bei geringer Dachneigung. Stärkere Sonneneinstrahlung sowie längere Verweilzeiten der Niederschlagsfeuchte, verbunden mit Schmutzablagerungen aller Art sowie mechanischen Beanspruchungen durch das Begehen während und nach der Montage, bewirken stärkere Korrosionsbeanspruchungen.

Bei Begehungen zu Wartungszwecken oder für nachträgliche Arbeiten auf dem Dach ist ein Oberflächenschutz zu verwenden. Der Schutz vor mechanischen Beschädigungen durch Montage oder Wartung lässt sich auch mit größeren Beschichtungsdicken verbessern.

Bei Nutzungsänderungen von Dachflächen, z. B. durch die Installation von Solaranlagen, ist das Korrosionsschutzsystem auf die neuen Anforderungen (z. B. Beschattung, Schnee, Eisbarrieren) zu überprüfen.

Bei der Anwendung von 25-µm-Beschichtungen auf Dachflächen sollte beachtet werden, dass kein Querstoß im Dach vorhanden ist, ebenso keine querstoßartigen Anschlüsse (z. B. profilfolgende Aufsatzkränze) und die Dachneigung größer ist als 30°.

Nähere Hinweise sind den IFBS-Fachregeln für die Planung und Ausführung zu entnehmen.

### 6.4.4 Kontaktkorrosion

Beschichtete Profiltafeln können mit allen anderen Metallen zusammen eingebaut werden. Stehen unbeschichtete Aluminiumbauteile in direktem Kontakt mit Unterkonstruktionen aus anderen Werkstoffen, dann besteht keine Gefahr einer Kontaktkorrosion in folgenden Fällen:
– bei dauerhaft korrosionsgeschützten Stahlbauteilen, die z. B. verzinkt oder beschichtet sind;
– bei unbehandelten oder mit verträglichen z. B. öligen Holzschutzmitteln behandelten Holzbauteilen;
– bei beschichteten Beton- oder Stahlbetonbauteilen.

In allen anderen Fällen sind isolierende Zwischenschichten als Schutzmaßnahmen anzuordnen, z. B. Kunststofffolien bei Unterkonstruktionen aus Stahl oder Holz bzw. bitumenhaltigen Zwischenlagen bei Unterkonstruktionen aus Beton oder Stahlbeton. Diese Maßnahmen dürfen entfallen, wenn die Aluminiumbauteile beschichtet sind. Flächen von Metallen, die mit ablaufendem Wasser von Kupferbauteilen in Kontakt kommen, sollten vermieden werden.

## 6.5 Auswahl geeigneter Korrosionsschutzsysteme

### 6.5.1 Allgemeines

Die Anforderungen, die an beschichtete Bauelemente aus verzinktem Stahl gestellt werden, hängen maßgebend von den Umgebungsbedingungen, der Anordnung der Bauteile und der Nutzung des betreffenden Gebäudes sowie den ästhetischen Ansprüchen der Eigentümer bzw. Nutzers ab. Der Einfluss der Umgebungsatmosphäre des Gebäudes wird durch Korrosivitätskategorien nach DIN EN ISO 12944-2:2018-04 beschrieben:
– C1   unbedeutend,
– C2   gering,
– C3   mäßig,
– C4   stark,
– C5-I   sehr stark (Industrie)
        (nach DIN EN ISO 12944-2:1998-07),
– C5-M   sehr stark (Meer)
        (nach DIN EN ISO 12944-2:1998-07),
– CX   extrem.

Parallel zum Erscheinen von DIN 55634 und DIN EN 1090-4 wurden in der Norm DIN EN ISO 12944-2 auch die Definitionen der Korrosivitätskategorien geändert. Auch hier gilt das zuvor für die Schutzdauern Gesagte. Alle Tabellen der beiden Normen beziehen sich noch auf die alte Einteilung, bei einer Revision müssen diese Tabellen der neuen ISO-Norm angepasst werden.

Die Kategorien werden anhand der Abtragswerte von Kohlenstoffstahl und Zink definiert. Auf Basis von internationalen Untersuchungen zum Einfluss von Luftverunreinigungen auf Materialien hat das Umweltbundesamt u. a. eine Dosis-Wirkungs-Funktion für Zink aufgestellt. Die Funktion berücksichtigt die $SO_2$-Immission [$SO_2$], die Chlorid-Konzentration im Niederschlag [$Cl^-$] sowie die Protonenfracht [$H^+$]. Die Korrosionsrate wird als jährlicher Massenverlust [tML] in g/m$^2$ angegeben. Messungen der $SO_2$-Werte in Deutschland in den letzten 30 Jahren haben gezeigt, dass sich der $SO_2$-Gehalt in der Atmosphäre heute auf einen Wert von ca. 25% bis 10% des Wertes Mitte der 1980er-Jahre reduziert hat, je nach Gebiet (Land, Stadt, Industrie). Diese Verbesserung der Luftqualität führte auch zu einer deutlichen Absenkung der Korrosionsrate. Für Deutschland geht man heute davon aus, dass 95% des Bundesgebiets in die Korrosivitätskategorien C2 und C3 fallen. Für die Korrosivitätskategorie C3 kann mit einem durchschnittlichen jährlichen Zinkabtrag von 0,7 bis 2,1 µm gerechnet werden (falls keine organische Beschichtung vorhanden ist). Der Mittelwert für Korrosionsraten von Zink der Korrosivitätskategorie C3 liegt bei ca. 1 µm pro Jahr. Die Korrosionsbelastung im Inneren von Gebäuden ist unbedeutend, solange keine Kondensation auftritt und keine Sonderbelastung einwirkt. In diesem Fall kann eine Zuordnung zur Korrosivitätskategorie C1 vorgenommen werden. Nach DIN 55634 kann, wenn keine Kondensation auftritt, auch für hinterlüftete Fassaden und für belüftete Zwischenräume von mehrschaligen Wandkonstruktionen eine Zuordnung zur Korrosivitätskategorie C1 vorgenommen werden. Diese Zuordnung gilt für die Profiltafeln und Zwischenriegel aus Band oder Blech. Eine vergleichbare Einstufung nach DIN 18516-1 und DIN EN 1993-1-4 führt zu deutlich höheren Korrosivitätskategorien. Diese ist z. B. bei der Werkstoffwahl für die Verbindungselemente zu beachten.

DIN 55634 lässt eine in konstruktiver Hinsicht unbedenkliche Korrosion zu und nimmt nicht auf ästhetische Anforderungen, die Nutzung des Gebäudes, Wartungsintensität, Empfindlichkeit gegen mechanische Beanspruchung und Bauteilfunktion Bezug. Die Korrosivität direkt an einer Oberfläche hängt nicht nur von der allgemeinen Umgebungskorrosivität, sondern in erheblichem Maße von der Korrosivität des Kleinstklimas ab. Eine verschmutzte Oberfläche, an der sich häufig Kondensat bildet, wird mehr von Korrosion belastet werden als eine saubere trockene Oberfläche.

Die Bauteilfunktion hat einen großen Einfluss auf eine sachgerechte Wahl des Korrosionsschutzsystems. An begehbare Dächer werden andere Anforderungen als an nicht begehbare Dächer gestellt. Ästhetische Anforderungen hingegen werden im Allgemeinen von den Erwartungen des Gebäudenutzers beeinflusst. Die UV-Beständigkeit und die gewünschte bzw. erforderliche Robustheit sind weitere wichtige Faktoren bei der Auswahl eines geeigneten Korrosionsschutzsystems. Deshalb kann es erforderlich werden, höhere Beständigkeiten zu wählen, als sie für den reinen Korrosionsschutz erforderlich wären.

Mit Einführung der Eurocodes und hier insbesondere des Eurocodes 3, DIN EN 1993-1-3, wurde DIN 18807-1 zurückgezogen. Diese Norm enthielt jedoch für den Metallleichtbau wichtige Tabellen zur Bestimmung der erforderlichen Korrosionsschutzklassen für Wandsysteme (Tabelle 2) und für Dach- und Deckensysteme (Tabelle 3 und Tabelle 4). Diese Tabellen ordneten den Anwendungen der Bauelemente die erforderlichen Korrosionsschutzklassen zu. So konnte in Abhängigkeit der Exposition (Außen- oder Innenanwendung) und dem Konstruktionstyp (z. B. einschalig ungedämmt, einschalig wärmegedämmt, zweischalig be- oder hinterlüftet) die Korrosionsschutzklasse auf einfache Weise zwischen I, II und III ausgewählt werden. Mit Einführung der europäischen Normen sind diese Korrosionsschutzklassen durch die europäischen Korrosionsbeständigkeitskategorien abgelöst worden. Dies erschwert eine einfache Zuordnung, wie sie nach DIN 18807-1 möglich war.

Der IFBS hat aus diesem Grund in seinen Fachregeln des Metallleichtbaus [55] neue Tabellen veröffentlicht, die wieder eine Zuordnung nach Anwendung erlauben, jedoch ist nun eine Auswahl des organischen Beschichtungssystems nicht mehr auf einfache Weise allein mit einer Korrosionsschutzklasse möglich. Vielmehr muss das Beschichtungssystem den Bedingungen unterschiedlicher Korrosivitätskategorien und Schutzdauern

Tabelle 2. Empfohlene Mindestbeschichtungen für Bauteile von Wandsystemen

| Wandsysteme | | | | | |
|---|---|---|---|---|---|
| | Einschalig, ungedämmt [2] | Zweischalig, mit zwischenliegender Wärmedämmung | | | Außenwandbekleidung einschließlich Zwischenriegel |
| | | Außenschale | Zwischenriegel [1] | Innenschale Wechselprofile | |
| Bewitterte Seite | Schutzdauer hoch [3] | Schutzdauer hoch [3] | – | – | Schutzdauer hoch [3] |
| Unbewitterte Seite | In **trockenen, überwiegend geschlossenen Räumen** (keine Kondensation, keine Sonderbelastung): Z 275 oder ZA 255 oder AZ 150 [4] | In **trockenen, überwiegend geschlossenen Räumen** (keine Kondensation, keine Sonderbelastung): Z 275 oder ZA 255 oder AZ 150 [4] | In **trockenen, überwiegend geschlossenen Räumen** (keine Kondensation, keine Sonderbelastung): Z 275 oder ZA 255 oder AZ 150 [4] | In **trockenen, überwiegend geschlossenen Räumen** (keine Kondensation, keine Sonderbelastung): Z 275 oder ZA 255 oder AZ 150 [4] | |
| | In **Räumen mit hoher Feuchtebelastung:** Z 275 oder ZA 255 oder AZ 150 [4] und 12 µm organische Beschichtung oder AZ 185 | **Allgemein bei Hinterlüftung:** Z 275 oder ZA 255 oder AZ 150 [4] und 12 µm organische Beschichtung oder AZ 185 | **Allgemein bei Hinterlüftung:** Z 275 oder ZA 255 oder AZ 150 [4] und 12 µm organische Beschichtung oder AZ 185 | **Allgemein und in Räumen mit hoher Feuchtebelastung:** Z 275 oder ZA 255 oder AZ 150 [4] und 12 µm organische Beschichtung oder AZ 185 | **Allgemein bei Hinterlüftung:** Z 275 oder ZA 255 oder AZ 150 [4] und 12 µm organische Beschichtung oder AZ 185 |
| | | **Allgemein ohne Hinterlüftung:** Schutzdauer hoch [3] | **Allgemein ohne Hinterlüftung:** Schutzdauer hoch [3] | | **Allgemein ohne Hinterlüftung:** Schutzdauer hoch [3] |

[1] Und gleichartige lastverteilende und/oder versteifende Stahlblechteile.
[2] Für untergeordnete Bauwerke, wie z. B. Geräte- und Lagerschuppen in der Landwirtschaft oder Stellplatzüberdachungen, bei denen die Trapezprofile nicht zur Stabilisierung herangezogen werden, ist die Einstufung in die Korrosivitätskategorie C2, Schutzdauer mittel, zulässig.
[3] Die Korrosivitätskategorie ist in Abhängigkeit von der jeweils vorhandenen Außenatmosphäre zu wählen.
[4] Oder äquivalenter ZM-Überzug gemäß allgemeiner bauaufsichtlicher Zulassung.

**Tabelle 3.** Empfohlene Mindestbeschichtungen für Bauteile von Dachsystemen

| Dachsysteme | | | | | |
|---|---|---|---|---|---|
| | Einschalig, ungedämmt [2] | Einschalig, oberseitig wärmegedämmt, unbelüftet [4] | Zweischalig, mit zwischenliegender Wärmedämmung | | |
| | | | Oberschale | Zwischenriegel [1] | Unterschale Wechselprofile |
| Bewitterte Seite | Schutzdauer hoch [3] | **Allgemein:** Z 275 oder ZA 255 oder AZ 150 [5] und 12 μm organische Beschichtung oder AZ 185 | Schutzdauer hoch [3] | – | – |
| Unbewitterte Seite | Über **trockenen, überwiegend geschlossenen Räumen** (keine Kondensation, keine Sonderbelastung): Z 275 oder ZA 255 oder AZ 150 [5] | Über **trockenen, überwiegend geschlossenen Räumen** (keine Kondensation, keine Sonderbelastung): Z 275 oder ZA 255 oder AZ 150 [5] | | Über **trockenen, überwiegend geschlossenen Räumen** (keine Kondensation, keine Sonderbelastung): Z 275 oder ZA 255 oder AZ 150 [5] | Über **trockenen, überwiegend geschlossenen Räumen** (keine Kondensation, keine Sonderbelastung): Z 275 oder ZA 255 oder AZ 150 [5] |
| | **Allgemein:** Z 275 oder ZA 255 oder AZ 150 [5] und 12 μm organische Beschichtung oder AZ 185 | **Allgemein:** Z 275 oder ZA 255 oder AZ 150 [5] und 12 μm organische Beschichtung oder AZ 185 | **Allgemein:** Z 275 oder ZA 255 oder AZ 150 [5] und 12 μm organische Beschichtung oder AZ 185 | **Allgemein:** Z 275 oder ZA 255 oder AZ 150 [5] und 12 μm organische Beschichtung oder AZ 185 | **Allgemein:** Z 275 oder ZA 255 oder AZ 150 [5] und 12 μm organische Beschichtung oder AZ 185 |
| | Über **Räumen mit hoher Feuchtebelastung:** Schutzdauer hoch [3] | Über **Räumen mit hoher Feuchtebelastung:** Schutzdauer hoch [3] | | Über **Räumen mit hoher Feuchtebelastung:** Schutzdauer hoch [3] | Über **Räumen mit hoher Feuchtebelastung:** Schutzdauer hoch [3] |

[1] Und gleichartige lastverteilende und/oder versteifende Stahlblechteile.
[2] Für untergeordnete Bauwerke, wie z. B. Geräte- und Lagerschuppen in der Landwirtschaft oder Stellplatzüberdachungen, bei denen die Trapezprofile nicht zur Stabilisierung herangezogen werden, ist die Einstufung für beide Seiten in Korrosivitätskategorie C2, Schutzdauer mittel, zulässig.
[3] Die Korrosivitätskategorie ist in Abhängigkeit von der jeweils vorhandenen Außenatmosphäre zu wählen. Wird die Dachfläche begangen, kann die allein auf Grundlage der Korrosivitätskategorie gewählte Dicke der organischen Beschichtung unter Umständen nicht ausreichend sein.
[4] Bei Verwendung von Klebern müssen diese mit der Beschichtung verträglich sein.
[5] Oder äquivalenter ZM-Überzug gemäß allgemeiner bauaufsichtlicher Zulassung.


**Tabelle 4.** Empfohlene Mindestbeschichtungen für Bauteile von Deckensystemen

| Deckensysteme | | |
|---|---|---|
| | Mit Beton ausgegossenen Profilrippen | Nicht ausgegossene Profilrippen |
| Oberseite | Z 275 oder ZA 255 oder AZ 150 [1] | a) Über **trockenen, überwiegend geschlossenen Räumen:** Z 275 oder ZA 255 oder AZ 150 [1] <br> b) Ansonsten, z. B. über **Räumen mit hoher Feuchtebelastung:** Z 275 oder ZA 255 oder AZ 150 [1] und 12 μm organische Beschichtung oder AZ 185 |
| Unterseite | a) Über **trockenen, überwiegend geschlossenen Räumen:** Z 275 oder ZA 255 oder AZ 150 [1] <br> b) Über **Räumen mit hoher Feuchtebelastung:** Z 275 oder ZA 255 oder AZ 150 [1] und 12 μm organische Beschichtung oder AZ 185 | |

[1] Oder äquivalenter ZM-Überzug gemäß allgemeiner bauaufsichtlicher Zulassung.

standhalten. Die Variationsbreite erhöht sich beträchtlich und macht die Auswahl eines geeigneten Schutzsystems schwieriger. Aus diesem Grund sollte die Auswahl von Fachleuten begleitet werden, um einen optimalen Schutz entsprechend den vorhandenen Bedingungen zu erzielen.

In den IFBS-Fachregeln des Metallleichtbaus sind weitergehende Empfehlungen zur richtigen Auswahl des geeigneten Korrosionsschutzsystems aufgeführt. Hier werden auf Grundlage der Korrosionsbeständigkeit RC, UV-Beständigkeit RUV und Robustheit RM die Mindestanforderungen hinsichtlich der Schichtdicke eines Systems für die Korrosivitätskategorien C1 bis C5-I und C5-M angegeben, auch hinsichtlich der Frage, ob ästhetische Gesichtspunkte berücksichtigt werden müssen.

### 6.5.2 Vorgehensweise zur Auswahl eines Korrosionsschutzsystems

Für eine fachgerechte und objektbezogene Auswahl des Korrosionsschutzsystems ist neben der Kenntnis der vorgenannten Normen ebenfalls die genaue Kenntnis der korrosiven Einwirkungen sowohl aus der Nutzung des Gebäudes als auch aus der unmittelbaren sowie der weiteren Umgebung von Bedeutung. Geplante Nutzungsänderungen sind – soweit möglich – bei der Auswahl des Korrosionsschutzsystems bereits zu berücksichtigen. Die Daten über die Einflüsse aus den Großklimazonen sind normenmäßig erfasst (z. B. in [13]), standortbedingte Kleinklimata müssen im Leistungsverzeichnis angegeben und beschrieben sein. Besondere einwirkende Belastungsmedien sind möglichst detailliert vom Planer zu erfassen, z. B. nach:

– Art,
– Zusammensetzung,
– Form,
– Konzentration,
– Temperatur,
– Dauer und Häufigkeit der Einwirkung.

Für die Auswahl eines geeigneten Korrosionsschutzsystems sind alle Belastungen und Anforderungen der Ist-Situation zu erfassen und zu dokumentieren. Eine genaue Bemessung der Korrosivität kann nach DIN EN ISO 9223 erfolgen. Das geeignete Korrosionsschutzsystem muss für jeden Anwendungsfall auf Basis der jeweiligen Anwendungs- und Umweltbedingungen ausgesucht werden. Hierbei ist z. B. von Bedeutung, ob sich das Gebäude im Landesinneren oder an der Küste befindet (Atmosphäre), in nördlichen oder südlichen Ländern (Sonneneinstrahlung bzw. UV-Belastung) und in welchem Bereich des Gebäudes das Korrosionsschutzsystem eingesetzt werden soll (Wand, Dach, Himmelsrichtung). Die korrosiven Beanspruchungen können je nach Nutzung eines Gebäudes im Gebäudeinneren größer sein als auf der Außenfläche. Dies ist bei der Wahl eines geeigneten Korrosionsschutzsystems zu berücksichtigen.

Eine Beratung durch den Planer bezüglich der Zuordnung eines Bauwerks zu einer Korrosivitätskategorie ist darüber hinaus in jedem Fall erforderlich.

Zur Beurteilung eines Korrosionsschutzsystems sollten die im Folgenden aufgeführten Kriterien berücksichtigt werden:

– Widerstandsfähigkeit gegen mechanische Beanspruchung,
– Wärmebeständigkeit infolge hoher Temperaturen auf der Bauelementoberfläche,
– Witterungsbeständigkeit,
– Beständigkeit gegen UV-Strahlung,
– Glanzhaltung,
– Kreidungsresistenz,
– Farbtonhaltung.

Aufgrund spezieller Nutzungen oder besonderer klimatischer Bedingungen können sich spezielle Anforderungen an den Korrosionsschutz ergeben. Die Auswahl eines geeigneten Korrosionsschutzsystems ist auf Basis dieser Anforderungen zu treffen. Die Minimalanforderungen an den Korrosionsschutz ergeben sich aus den anerkannten technischen Regeln. Weiter gehende Anforderungen können vom Bauherrn gefordert werden und sind vertraglich festzulegen.

Ein zunehmend wichtiger werdender Aspekt ist die Begehung von Dachflächen durch fachfremde Gewerke. Ein besonders wichtiger Punkt ist hierbei die Montage von Solaranlagen auf Dächern und deren Wartung. Auf Dächern mit Neigungen kleiner oder gleich 30° ist bei hoher Schutzdauer eine Mindestnennschichtdicke der organischen Beschichtung von 35 µm vorzusehen. Sollte sich eine Photovoltaikanlage auf dem Dach befinden oder zu einem späteren Zeitpunkt geplant sein, ist eine Mindestnennschichtdicke der organischen Beschichtung von 45 µm auszuwählen. Im Bereich der Wände reichen vielfach Beschichtungen von 25 µm Nennschichtdicke aus.

## 6.6 Inspektion und Instandhaltung

### 6.6.1 Allgemein

Korrosionsschutzsysteme können, entsprechend den materialspezifischen Eigenschaften, ihre Aufgabe nur dann erfüllen, wenn sie den korrosiven Einwirkungen in einwandfreiem, d. h. unbeschädigtem Zustand ausgesetzt werden.

Daher ist ein fachgerechter Umgang mit den beschichteten und oberflächenfertigen Bauelementen während des Verpackens, des Transports, der Lagerung und der Verarbeitung durch fachkundiges Personal erforderlich. Die Handhabung von langen und schweren Bauelementen setzt (besonders unter erschwerten Bedingungen auf dem Dach) das Vorhandensein geeigneter Hilfsmittel, z. B. Hebezeuge, voraus. Besonders bei Dachbauelementen wird die Verwendung von bandbeschichtetem Stahlblech mit werksseitig aufgebrachter Schutzfolie empfohlen, da diese zumindest leichte Beschädigungen während der Montage verhindern kann.

Die Hinweise der IFBS-Richtlinie für die Planung und Ausführung sind grundsätzlich zu beachten.

### 6.6.2 Inspektion und Wartung

Wie andere Baustoffe auch unterliegen Beschichtungssysteme einem natürlichen Alterungsprozess, der die Ästhetik mit der Zeit verändern kann. Von einem Beschichtungssystem wird erwartet, dass es während der vorgesehenen Nutzungsdauer den Korrosionsschutz der Bauelemente in ausreichendem Maße sicherstellt. Da im Verlauf der Nutzungsdauer umwelt- und nutzungsbedingte Veränderungen, die auf das Korrosionsschutzsystem einwirken, nicht vorhersehbar sind, ist es wichtig, eine wiederkehrende jährliche Kontrolle durchzuführen. So können eventuelle Schäden frühzeitig erkannt und durch geeignete Maßnahmen mit geringem Aufwand rechtzeitig behoben werden. Aus diesem Grund wird der Abschluss eines Wartungsvertrags empfohlen.

Zu den notwendigen Wartungsarbeiten zählen u. a. eine regelmäßige, mindestens jährliche Reinigung von Dacheinläufen und mindestens eine jährliche Reinigung von Flächen, die nicht der freien Bewitterung ausgesetzt sind (z. B. Wandflächen unter Vordächern und Unterseiten von Vordächern).

### 6.6.3 Reinigung von verschmutzten oder geschädigten Oberflächen

Zur problemlosen Beseitigung vieler Verschmutzungen, vor allem im frischen Zustand (z. B. Mörtelspritzer), genügt bereits leichtes Abwischen mit einem feuchten Tuch. Angetrocknete bzw. hartnäckige Verunreinigungen sollten je nach Art der Beschichtung mit vom jeweiligen Hersteller empfohlenen Mitteln entfernt werden. Dabei ist zu beachten, dass die Reinigung möglichst ohne Druck vorzunehmen ist, um bleibende Veränderungen der Oberfläche wie Glanzverlust oder Druckstellen zu vermeiden. Abschließend ist gründlich mit klarem Wasser nachzuspülen.

Salmiak- bzw. scheuersandhaltige Mittel, Nitroverdünnungen oder chlorhaltige bzw. aromatische Lösungsmittel dürfen auf keinen Fall verwendet werden.

## 7 Bemessung der Profiltafeln

### 7.1 Allgemeines

#### 7.1.1 Einwirkungen

Bezüglich der Einwirkungen gelten DIN EN 1990 und die einzelnen Teile der Normenreihe DIN EN 1991 und die jeweiligen nationalen Anhänge. Letztere sind recht umfangreich, sodass diese Normen inhaltlich durchaus mit der letzten Generation der Normenreihe DIN 1055 vergleichbar sind. Die Angaben in [56] sind daher noch weitestgehend gültig. Die aufgrund ihrer besonderen Relevanz für die Nachweise der Bauteile von Dach- und Wandbekleidungen bisher in den einzelnen Teilen der DIN 18807 aufgeführten Einwirkungen wie Wassersackbildung und Eislasten sind (zumindest in der bekannten Form) nirgends mehr zu finden.

#### 7.1.2 Beanspruchbarkeiten

Der rechnerische Nachweis der Tragfähigkeit, d. h. in der täglichen Praxis geführte Nachweis, dass die Beanspruchbarkeit größer als die Summe der Einwirkungen ist, wird bei Profiltafeln in der Regel auf Grundlage von tabellierten Tragfähigkeitswerten geführt, vgl. [70]. Diese Tragfähigkeitswerte wurden einmalig für die Profiltafeln eines Herstellers ermittelt.

Die Ermittlung der Tragfähigkeitswerte, d. h. deren Berechnung oder aber die Begleitung und Auswertung der Versuche liegt in aller Regel in der Hand einiger weniger spezialisierter Ingenieurbüros. Nachfolgend wird daher auch in der Regel nicht auf die Ermittlung der Tragfähigkeitswerte eingegangen, sondern unterstellt, dass diese aus entsprechenden Tabellen (d. h. allgemeinen bauaufsichtlichen Prüfzeugnissen oder typengeprüften statischen Berechnungen, „Typenprüfungen", nachfolgend immer übergreifend als Tabellen bezeichnet) bekannt sind. Ein abweichendes Vorgehen ist z. T. erforderlich: Der Nachweis der Normalkrafttragfähigkeit und die Nachweise der Tragfähigkeit und Gebrauchstauglichkeit für Schubfelder erfordern hingegen über die Angaben in den Tabellen hinausgehende Informationen. Auf diese wird daher auch entsprechend eingegangen.

In den Fällen, in denen Bemessungsgleichungen miteinander verglichen wurde, wurden nachfolgend die Gleichungen nach DIN 18807 oder DASt-Richtlinie 016 hinsichtlich der Bezeichnungen für die einzelnen Parameter an die Bezeichnungen der DIN EN 1993-1-3 angepasst. Damit soll der direkte Vergleich vereinfacht werden, d. h. nicht durch die unterschiedliche Bezeichnung, z. B. einer Länge, vom wesentlichen Unterschied abgelenkt werden.

#### 7.1.3 Teilsicherheitsbeiwerte für Beanspruchbarkeiten

Die Teilsicherheitsbeiwerte werden in Abhängigkeit vom Versagensmodus festgelegt und unterscheiden sich durch die Nummerierung im Index. Leider ist die Nummerierung in DIN EN 1993-1-3 und DIN EN 1999-1-4 nicht einheitlich.

DIN 1993-1-3 für Stahltrapezprofile sieht in Verbindung mit dem Nationalen Anhang die folgenden Teilsicherheitsbeiwerte vor:

– Querschnittstragfähigkeit, begrenzt durch Erreichen der Streckgrenze im Querschnitt, wobei örtliches Beulen und Forminstabilität/Profilverformung auftreten dürfen: $\gamma_{M0} = 1{,}1$;
– Tragfähigkeit begrenzt durch globales Stabilitätsversagen wie Knicken, Biegedrillknicken etc.: $\gamma_{M1} = 1{,}1$;
– Tragfähigkeit von Nettoquerschnitten an Schraubenlöchern, aber auch allgemein Verbindungen: $\gamma_{M2} = 1{,}25$;

- Nachweise des Grenzzustands der Gebrauchstauglichkeit: $\gamma_{M,ser} = 1{,}00$;
- Diese Teilsicherheitsbeiwerte wurden z. T. über den Nationalen Anhang DIN EN 1993-1-3/NA angepasst: In DIN EN 1993-1-3 wird $\gamma_{M0} = 1{,}0$ und $\gamma_{M1} = 1{,}0$ empfohlen.

DIN 1999-1-4 für Aluminiumtrapezprofile sieht die folgenden Teilsicherheitsbeiwerte vor:
- Querschnittstragfähigkeit oder Tragfähigkeit begrenzt durch Stabilitätsversagen (örtliches Beulen, Forminstabilität/Profilverformung, globales Stabilitätsversagen wie Knicken): $\gamma_{M1} = 1{,}1$;
- Tragfähigkeit von Querschnitten, bei denen das Versagen durch Zugbruch eintritt: $\gamma_{M2} = 1{,}25$;
- Tragfähigkeit von Verbindungen: $\gamma_{M3} = 1{,}25$;
- Nachweise des Grenzzustands der Gebrauchstauglichkeit: $\gamma_{M,ser} = 1{,}00$.

Die Regelungen für die Zugbruchtragfähigkeit werden nicht konsequent angewandt, so werden Nachweise für zugbeanspruchte Bauteile in DIN EN 1993-1-3 und DIN EN 1999-1-4 über die Streck- bzw. Dehngrenze und damit $\gamma_{M0} = 1{,}1$ bzw. $\gamma_{M1} = 1{,}1$ geführt. DIN EN 1999-1-4 verwendet für den Nachweis im Nettoquerschnitt $\gamma_{M3}$. Praktisch bedeutet dies, dass $\gamma_{M2} = 1{,}25$ in DIN EN 1999-1-4 nie verwendet wird.

Zu beachten ist, dass die allgemeinen bauaufsichtlichen Zulassungen und europäischen technischen Zulassungen für Verbindungselemente $\gamma_M = 1{,}33$ (Index ohne Ziffer) als Teilsicherheitsbeiwert vorsehen. Dies hat aber keinen technischen Hintergrund, sondern ergab sich aus einer Vereinheitlichung (s. Abschnitt 10). Sieht man von diesem Punkt ab, entsprechen die Teilsicherheitsbeiwerte nach DIN EN 1993-1-3 und DIN EN 1999-1-4 in Verbindung mit den nationalen Anhängen denen in DIN 18807 oder in DASt-Richtlinie 016 jeweils in Verbindung mit der Anpassungsrichtlinie Stahlbau.

## 7.2 Trapezprofile

### 7.2.1 Querbeanspruchung

#### 7.2.1.1 Biegetragfähigkeit

Der Nachweis der Tragfähigkeit bei alleiniger Wirkung eines Biegemoments (z. B. in Feldmitte) wird in der Form

$$\frac{M_{Ed}}{M_{c,Rd}} \leq 1{,}0 \qquad (1)$$

mit

$M_{Ed}$    Bemessungswert des einwirkenden Biegemoments

$M_{c,Rd}$    Bemessungswert der Biegebeanspruchbarkeit

geführt. Der Index c für „cross section" verweist auf die Querschnittstragfähigkeit, im Weiteren wird wie in DIN EN 1993-1-3 und DIN EN 1999-1-4 bei Stabilitätsnachweisen mit globalem Stabilitätsversagen der Index b für „buckling" verwendet. In DIN EN 1993-1-3 und DIN EN 1999-1-4 wird der Index „b" aber auch bei der Querkrafttragfähigkeit (Schubbeulen) verwendet. Der Bemessungswert der Biegebeanspruchbarkeit $M_{c,Rk}$ wird in aller Regel Tabellen mit versuchsbasierten Werten entnommen werden (s. Tabellen 5 bis 8 sowie auch den Anhang zu [70]). Es gilt dann für Stahltrapezprofile

$$M_{c,Rd} = \frac{M_{c,Rk}}{\gamma_{M0}} \qquad (2)$$

und für Aluminiumtrapezprofile

$$M_{c,Rd} = \frac{M_{c,Rk}}{\gamma_{M1}} \qquad (3)$$

Die Gleichungen sind für diesen Fall identisch, die unterschiedlichen Indizes beim Teilsicherheitsbeiwert spiegeln nur einen Unterschied vor, in beiden Fällen beträgt der Wert 1,1.

Bei rechnerisch nach DIN EN 1993-1-3 oder DIN EN 1999-1-4 ermittelten Werten ergibt sich der Bemessungswert des Grenzbiegemoments für Querschnitte mit $W_{eff} < W_{el}$, d. h. für Querschnitte, bei denen die Querschnittswerte infolge Beulens druckbeanspruchter Teilflächen oder Ausknicken von Versteifungen reduziert werden müssen, bei Stahltrapezprofilen zu

$$M_{c,Rd} = \frac{W_{eff} \cdot f_{yb}}{\gamma_{M0}} \qquad (4)$$

und bei Aluminiumtrapezprofilen zu

$$M_{c,Rd} = \frac{W_{eff} \cdot f_0}{\gamma_{M1}} \qquad (5)$$

Ist hingegen $W_{eff} = W_g$ (Querschnitt voll wirksam), darf mit

$$M_{c,Rd} = \frac{1}{\gamma_{M0}} \cdot \left( W_{el} \cdot f_{yb} + \left( W_{pl} \cdot f_{ya} - W_{el} \cdot f_{yb} \right) \cdot 3 \cdot \left( 1 - \left( \frac{\overline{\lambda}_e}{\overline{\lambda}_{e0}} \right)_{max} \right) \right) \leq \frac{W_{pl} \cdot f_{ya}}{\gamma_{M0}} \qquad (6)$$

**Tabelle 5.** Anhang einer typengeprüften statischen Berechnung (1/2)

| Stahl- Trapezprofil | Muster 153/280 Ak | Anlage 1 |
|---|---|---|
| **Querschnitts- und Bemessungswerte nach DIN EN 1993-1-3** | | zur statischen Berechnung Nr. 1234/13 |
| Profiltafel in  Positivlage | | Ingenieurbüro für Leichtbau |
| Maße in mm, Radien R= 5 mm | | Dipl.-Ing. Rainer Holz  Rehbuckel 7, 76228 Karlsruhe |

Nennstreckgrenze des Stahlkernes $f_{y,k}$ = 320 N/mm²

**Maßgebende Querschnittswerte**

| Nenn-blech-dicke [12] | Eigenlast | Biegung [8] | | Normalkraftbeanspruchung | | | | | | Grenzstützweiten [10] | |
|---|---|---|---|---|---|---|---|---|---|---|---|
| | | | | nicht reduzierter Querschnitt | | | wirksamer Querschnitt [9] | | | Einfeld-träger | Mehrfeld-träger |
| $t_N$ | g | $I^+_{eff}$ | $I^-_{eff}$ | $A_g$ | $i_g$ | $z_g$ | $A_{eff}$ | $i_{eff}$ | $z_{eff}$ | $L_{gr}$ | $L_{gr}$ |
| mm | kN/m² | cm⁴/m | | cm²/m | cm | | cm²/m | cm | | m | |
| 0,75 | 0,099 | 371 | 356 | 10,71 | 5,83 | 6,13 | 4,77 | 6,51 | 6,72 | 7,55 | 9,44 |
| 0,88 | 0,116 | 427 | 431 | 12,68 | 5,83 | 6,13 | 6,40 | 6,48 | 6,67 | 10,25 | 12,81 |
| 1,00 | 0,131 | 479 | 493 | 14,48 | 5,83 | 6,13 | 8,05 | 6,44 | 6,63 | 11,89 | 14,86 |
| 1,13 | 0,149 | 544 | 559 | 16,44 | 5,83 | 6,13 | 9,88 | 6,40 | 6,56 | 13,51 | 16,89 |
| 1,25 | 0,164 | 603 | 621 | 18,25 | 5,83 | 6,13 | 11,56 | 6,37 | 6,49 | 14,99 | 18,74 |
| 1,50 | 0,197 | 728 | 748 | 22,02 | 5,83 | 6,13 | 15,37 | 6,26 | 6,32 | 18,09 | 22,61 |

**Schubfeldwerte**

| $t_N$ | min $L_s$ [13] | $T_{2,Rk}$ | Grenzzustand der Gebrauchstauglichkeit [16] | | | Grenzzustand der Tragfähigkeit [17] | | $F_{t,Rk}$ [19] | |
|---|---|---|---|---|---|---|---|---|---|
| | | | $L_g$ [14] | $T_{3,Rk} = G_s / 750$ [15] | | $T_{1,Rk}$ | $K_3$ | Einleitungslänge a | |
| | | | | $G_s = 10^4/(K_1 + K_2/L_s)$ | | | | | |
| | | | | $K_1$ | $K_2$ | | | > 130 mm | > 280 mm |
| mm | m | kN/m | m | m/kN | m²/kN | kN/m | - | kN | kN |
| Normalausführung: Verbindung in jedem Untergurt | | | | | | | | | |
| 0,75 | 4,65 | 1,70 | 6,59 | 0,304 | 64,82 | 2,17 | 0,559 | 14,88 | 19,80 |
| 0,88 | 4,27 | 2,59 | 5,59 | 0,257 | 42,57 | 2,79 | 0,608 | 17,60 | 23,42 |
| 1,00 | 4,00 | 3,61 | 4,90 | 0,225 | 30,49 | 3,41 | 0,650 | 20,12 | 26,77 |
| 1,13 | 3,75 | 4,96 | 4,33 | 0,198 | 22,20 | 4,13 | 0,692 | 22,84 | 30,39 |
| 1,25 | 3,56 | 6,45 | 3,91 | 0,178 | 17,10 | 4,83 | 0,730 | 25,36 | 33,74 |
| 1,50 | 3,24 | 10,31 | 3,25 | 0,148 | 10,69 | 6,40 | 0,801 | 30,59 | 40,71 |
| Sonderausführung: Verbindung mit 2 Schrauben oder verstärkter Unterlegscheibe in jedem Untergurt [18] | | | | | | | | | |
| 0,75 | 4,94 | 1,64 | 10,44 | 0,304 | 39,58 | 5,37 | 0,859 | 14,88 | 19,80 |
| 0,88 | 4,54 | 2,50 | 8,88 | 0,257 | 26,00 | 6,91 | 0,859 | 17,60 | 23,42 |
| 1,00 | 4,25 | 3,49 | 7,82 | 0,225 | 18,62 | 8,44 | 0,859 | 20,12 | 26,77 |
| 1,13 | 3,99 | 4,80 | 6,93 | 0,198 | 13,55 | 10,21 | 0,859 | 22,84 | 30,39 |
| 1,25 | 3,79 | 6,23 | 6,28 | 0,178 | 10,44 | 11,95 | 0,859 | 25,36 | 33,74 |
| 1,50 | 3,45 | 9,96 | 5,26 | 0,148 | 6,53 | 15,83 | 0,859 | 30,59 | 40,71 |

Fußnoten siehe Beiblatt 1/2 bzw. 2/2

Stand: 06. Juni 2013

**Tabelle 6.** Anhang einer typengeprüften statischen Berechnung (2/2)

| Stahl- Trapezprofil | Muster 153/280 Ak | Anlage 2 |
|---|---|---|
| Querschnitts- und Bemessungswerte nach DIN EN 1993-1-3 | Positivlage | zur statischen Berechnung Nr. 1234/13 Ingenieurbüro für Leichtbau Dipl.-Ing. Rainer Holz Rehbuckel 7, 76228 Karlsruhe |
| Profiltafel in Maße in mm, Radien R= 5 mm | | |

Nennstreckgrenze des Stahlkernes $f_{y,k}$ = 320 N/mm²

### Charakteristische Tragfähigkeitswerte für andrückende Flächenbelastung [3)]

| Nennblechdicke [12)] | Feldmoment | Endauflagerkraft [6)] | | | | Querkraft | Elastisch aufnehmbare Schnittgrößen an Zwischenauflagern [1)2)4)5)11)] | | | | | | | | |
|---|---|---|---|---|---|---|---|---|---|---|---|---|---|---|
| | | | | | | | Quadratische Interaktion | | | | | | | |
| | | | | | | | Stützmomente | | | | Zwischenauflagerkräfte | | | |
| | | $I_{a,A1}$ = 40 mm | $I_{a,A2}$ = 90 mm | $I_{a,A1}$ = 40 mm | $I_{a,A2}$ = 90 mm | | $I_{a,B}$ = 60 mm | $I_{a,B}$ = 160 mm | | | $I_{a,B}$ = 60 mm | $I_{a,B}$ = 160 mm | | |
| $t_N$ | $M_{c,Rk,F}$ | $R_{T,w,Rk,A}$ | | $R_{G,w,Rk,A}$ | | $V_{w,Rk}$ | $M^0_{Rk,B}$ | $M_{c,Rk,B}$ | $M^0_{Rk,B}$ | $M_{c,Rk,B}$ | $R^0_{Rk,B}$ | $R_{w,Rk,B}$ | $R^0_{Rk,B}$ | $R_{w,Rk,B}$ |
| mm | kNm/m | kN/m | | | | kN/m | kNm/m | | | | kN/m | | | |
| 0,75 | 13,75 | 7,79 | 9,52 | 7,79 | 9,52 | n.m. | 12,04 | 8,42 | 14,23 | 10,77 | 17,04 | 15,27 | 23,61 | 21,02 |
| 0,88 | 17,60 | 11,97 | 14,38 | 11,97 | 14,38 | | 16,15 | 11,41 | 18,18 | 14,48 | 23,95 | 21,37 | 35,73 | 30,86 |
| 1,00 | 21,16 | 15,83 | 18,87 | 15,83 | 18,87 | | 19,93 | 14,17 | 21,82 | 17,89 | 30,31 | 27,00 | 46,90 | 39,94 |
| 1,13 | 24,03 | 17,97 | 21,42 | 17,97 | 21,42 | | 22,63 | 16,08 | 24,77 | 20,32 | 34,44 | 30,66 | 53,25 | 45,35 |
| 1,25 | 26,67 | 19,95 | 23,78 | 19,95 | 23,78 | | 25,13 | 17,86 | 27,50 | 22,55 | 38,25 | 34,03 | 59,10 | 50,34 |
| 1,50 | 32,18 | 24,07 | 28,69 | 24,07 | 28,69 | | 30,32 | 21,54 | 33,18 | 27,21 | 46,14 | 41,06 | 71,31 | 60,75 |

### Reststützmomente [7)]

| $t_N$ | $I_{a,B}$ = 60 mm | | | $I_{a,B}$ = 160 mm | | | Reststützmomente $M_{R,Rk}$ |
|---|---|---|---|---|---|---|---|
| | min L | max L | max $M_{R,Rk}$ | min L | max L | max $M_{R,Rk}$ | |
| mm | m | m | kNm/m | m | m | kNm/m | |
| 0,75 | 9,28 | 9,95 | 1,88 | 8,56 | 9,24 | 2,04 | $M_{R,Rk}$ = 0   für L ≤ min L |
| 0,88 | 8,14 | 8,82 | 2,75 | 7,57 | 8,25 | 2,96 | |
| 1,00 | 7,59 | 8,27 | 3,55 | 7,08 | 7,77 | 3,81 | $M_{R,Rk} = \dfrac{L - \min L}{\max L - \min L} \cdot \max M_{R,Rk}$ |
| 1,13 | 7,59 | 8,27 | 4,03 | 7,08 | 7,77 | 4,33 | |
| 1,25 | 7,59 | 8,27 | 4,47 | 7,08 | 7,77 | 4,80 | |
| 1,50 | 7,59 | 8,27 | 5,40 | 7,08 | 7,77 | 5,79 | $M_{R,Rk} = \max M_{R,k}$   für L ≥ max L |

### Charakteristische Tragfähigkeitswerte für abhebende Flächenbelastung [1)2)11)]

| Nennblechdicke [12)] | Feldmoment | Verbindung in jedem anliegenden Gurt | | | | | | Verbindung in jedem 2. anliegenden Gurt | | | | | |
|---|---|---|---|---|---|---|---|---|---|---|---|---|---|
| | | Endauflagerkraft | M/V- Interaktion | | | | | Endauflagerkraft | M/V- Interaktion | | | | |
| $t_N$ | $M_{c,Rk,F}$ | $R_{w,Rk,A}$ | $M^0_{Rk,B}$ | $M_{c,Rk,B}$ | $R^0_{Rk,B}$ | $R_{w,Rk,B}$ | $V_{w,Rk}$ | $R_{w,Rk,A}$ | $M^0_{Rk,B}$ | $M_{c,Rk,B}$ | $R^0_{Rk,B}$ | $R_{w,Rk,B}$ | $V_{w,Rk}$ |
| mm | kNm/m | kN/m | kNm/m | kNm/m | kN/m | kN/m | kN/m | kN/m | kNm/m | kNm/m | kN/m | kN/m | kN/m |
| 0,75 | 10,42 | 14,49 | - | 12,91 | - | - | 14,49 | 7,25 | - | 6,45 | - | - | 7,25 |
| 0,88 | 13,52 | 23,36 | - | 16,08 | - | - | 23,36 | 11,68 | - | 8,04 | - | - | 11,68 |
| 1,00 | 16,53 | 34,17 | - | 19,15 | - | - | 34,17 | 17,08 | - | 9,58 | - | - | 17,08 |
| 1,13 | 19,28 | 48,93 | - | 22,47 | - | - | 48,93 | 24,47 | - | 11,23 | - | - | 24,47 |
| 1,25 | 21,65 | 65,67 | - | 25,57 | - | - | 65,67 | 32,84 | - | 12,78 | - | - | 32,84 |
| 1,50 | 26,12 | 111,67 | - | 32,05 | - | - | 111,67 | 55,84 | - | 16,02 | - | - | 55,84 |

Fußnoten siehe Beiblatt 1/2 bzw. 2/2

Stand: 06. Juni 2013

**Tabelle 7.** Beiblatt mit Erläuterungen (1/2)

| Beiblatt 1/2 | Erläuterungen zu den Querschnitts- und Bemessungswerten (EN 1993-1-3) |
|---|---|
| 1) Interaktionsbeziehung für M und V (elastisch-elastisch) $$\frac{M_{Ed}}{M_{c,Rk,B}/\gamma_M} \leq 1 \quad \text{wenn} \quad \frac{V_{Ed}}{V_{w,Rk}/\gamma_M} \leq 0{,}5$$ Für $\frac{V_{Ed}}{V_{w,Rk}/\gamma_M} > 0{,}5$ gilt Gleichung 6.27 (EN 1993-1-3), die im Sinne der Sicherheit vereinfacht werden kann: $$\frac{M_{Ed}}{M_{c,Rk,B}} + \left(2 \cdot \frac{V_{Ed}}{V_{w,Rk}/\gamma_M} - 1\right)^2 \leq 1$$ | 2) Interaktionsbeziehung für M und R (elastisch-elastisch) Lineare Interaktionsbeziehung für M und R: $$\frac{M_{Ed}}{M_{c,Rk,B}/\gamma_M} \leq 1 \quad \text{und} \quad \frac{F_{Ed}}{R_{w,Rk,B}/\gamma_M} \leq 1$$ $$\frac{M_{Ed}}{M^0_{Rk,B}/\gamma_M} + \frac{F_{Ed}}{R^0_{Rk,B}/\gamma_M} \leq 1$$ Für rechnerisch ermittelte Werte gilt: $M^0_{Rk,B} = 1{,}25 \cdot M_{c,Rk,B}$ und $R^0_{Rk,B} = 1{,}25 \cdot R_{w,Rk,B}$ |
| 3) Werden quer zur Spannrichtung und rechtwinklig zur Profilebene Linienlasten in das Trapezprofil eingeleitet, so ist der Nachweis der Tragfähigkeit aus der umgekehrten Profillage als Interaktionsnachweis (vgl. Fußnote 2) durchzuführen. | Quadratische Interaktionsbeziehung für M und R: $$\frac{M_{Ed}}{M^0_{Rk,B}/\gamma_M} + \left(\frac{F_{Ed}}{R^0_{Rk,B}/\gamma_M}\right)^2 \leq 1$$ |
| 4) Für kleinere Zwischenauflagerlängen $l_{a,B}$ als angegeben, müssen die aufnehmbaren Tragfähigkeitswerte linear im entsprechenden Verhältnis reduziert werden. Für $l_{a,B} < 10$ mm, z.B. bei Rohren, darf maximal der Wert für $l_{a,B} = 10$ mm eingesetzt werden. | |
| 5) Bei Auflagerlängen, die zwischen den aufgeführten Auflagerlängen liegen, dürfen die aufnehmbaren Tragfähigkeitswerte jeweils linear interpoliert werden. | $$\frac{M_{Ed}}{M_{c,Rk,B}/\gamma_M} \leq 1 \quad \text{und} \quad \frac{F_{Ed}}{R_{w,Rk,B}/\gamma_M} \leq 1$$ |
| 6) Der Profilüberstand für die wirksame Auflagerlänge $l_{a,A1}$ ist mit c ≥ 40 mm einzuhalten. Die Auflagerkräfte $R_{w,Rk,A}$ dürfen verdoppelt werden, wenn für $l_{a,A1}$ der Profilüberstand c ≥ 1,5 × $h_w$ ausgeführt wird. Die Auflagerlänge $l_{a,A2}$ entspricht der wirksamen Auflagerlänge einschließlich des Profilüberstandes c. Die hier angegebenen Auflagerkräfte $R_{w,Rk,A}$ sind experimentell bestätigte oder von diesen abgeleitete Werte. | |
| 7) Tragfähigkeitsnachweis (plastisch-plastisch) für andrückende Einwirkungen: Stützmomente sind auf die sich aus den jeweils angrenzenden Feldlängen ergebenden Reststützmomente $M_{c,Rk,F}/\gamma_M$ zu begrenzen. Für das damit unter Bemessungslasten entstehende maximale Feldmoment muss gelten: $M_{Ed} \leq M_{c,Rk,F}/\gamma_M$. Außerdem ist für die im Endfeld entstehende Endauflagerkraft folgende Bedingung einzuhalten: $F_{EJ} \leq R_{w,Rk,A}/\gamma_M$. Für den Nachweis der Gebrauchstauglichkeit ist am elastischen System nachzuweisen, dass bei gleichzeitigem Auftreten von Stützmoment und Auflagerkraft an einer Zwischenstütze die 0,9-fache Beanspruchbarkeit nicht überschritten wird (vgl. Fußnote 2). Sind keine Werte für Reststützmomente angegeben, ist beim Tragfähigkeitsnachweis $M_{R,Rk}/\gamma_M = 0$ zu setzen. | |
| 8) Wirksame Trägheitsmomente für die Lastrichtung nach unten (+) bzw. oben (-). | |
| 9) Wirksamer Querschnitt für eine konstante Druckspannung $\sigma = f_{y,k}$. | |
| 10) Maximale Stützweiten, bis zu denen das Trapezprofil ohne lastverteilende Maßnahmen begangen werden darf. | |
| 11) Die Werte gelten nur für $\beta_V \leq 0{,}2$. Für $\beta_V \geq 0{,}3$ ist der Nachweis mit $l_{a,B} = 10$ mm zu führen. $$\beta_V = \frac{\left||V_{Ed,1}| - |V_{Ed,2}|\right|}{|V_{Ed,1}| + |V_{Ed,2}|}$$ Dabei sind $|V_{Ed,1}|$ und $|V_{Ed,2}|$ die Beträge der Querkräfte auf jeder Seite der örtlichen Lasteinleitung oder der Auflagerreaktion. Es gilt $|V_{Ed,1}| \geq |V_{Ed,2}|$. | |
| 12) Blechdicke: Minustoleranz nach DIN EN 10143:2006, Tabelle 2 „Eingeschränkte Grenzabmaße (S)". | |

**Tabelle 8.** Beiblatt mit Erläuterungen (2/2)

| Beiblatt 2/2 | Erläuterungen zu den Querschnitts- und Bemessungswerten (EN 1993-1-3) |
|---|---|
| **Schubfelder nach Schardt/Strehl** | |
| 13) | Bei Schubfeldlängen $L_S$ < min $L_S$ müssen die Schubflüsse $T_{i,Rk}$ reduziert werden: $$T'_{i,Rk} = T_{i,Rk} \cdot (L_S / \min L_S)$$ |
| 14) | Bei Schubfeldlängen $L_S > L_g$ ist $T_{3,Rk}$ nicht maßgebend. |
| 15) | Der Grenzwert der Beanspruchbarkeit zur Einhaltung des maximalen Gleitwinkels 1/750 ergibt sich aus: $$T_{3,Rk} = \frac{1}{750} \cdot G_S \quad \text{mit } G_S = \text{ idealer Schubmodul in kN/m.}$$ |
| 16) | Im Grenzzustand der Gebrauchstauglichkeit ist nachzuweisen: $$T_{Ed} \leq \frac{T_{2,Rk}}{\gamma_{M,ser}} \quad \text{Der Nachweis von } T_{2,Rk} \text{ ist nur bei bituminös verklebten Dachaufbauten erforderlich.}$$ $$T_{Ed} \leq \frac{T_{3,Rk}}{\gamma_{M,ser}}$$ |
| 17) | Im Grenzzustand der Tragfähigkeit ist nachzuweisen: $$T_{Ed} \leq \frac{T_{1,Rk}}{\gamma_{M1}}$$ Die Bemessungswerte der Quer- und Auflagerkräfte sind um $F_{Ed,S} = K_3 \cdot T_{Ed}$ zu vergrößern. |
| 18) | Sonderausführungsarten der Befestigung: Eine Sonderausführung der Befestigung ist gegeben, wenn jede Rippe mit je einem Befestigungselement unmittelbar neben jedem Steg des Trapezprofils (siehe Bild 1) befestigt wird. Alternativ darf eine runde oder rechteckige Unterlegscheibe (siehe Bild 2), die unter das mittig eingebrachte Befestigungselement anzuordnen ist, verwendet werden. Die Unterlegscheibe muss den Untergurt in seiner gesamten ebenen Breite überdecken. Für die Scheibendicke gilt: $$d \geq 2{,}7 \cdot t_{cor} \cdot \sqrt[3]{\frac{l}{c_u}} \geq 2{,}0\,\text{mm}$$ mit<br>$l$ = Untergurtbreite des Trapezprofils<br>$c_u$ = Breite der Unterlegscheibe in Trapezprofillängsrichtung oder Durchmesser der Unterlegscheibe<br>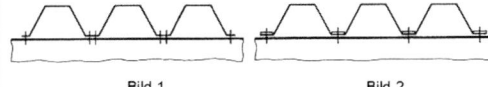<br>Bild 1     Bild 2 |
| 19) | Einzellasten $F_{t,Rk}$ in kN je Rippe für die Einleitung in Trapezprofile in Spannrichtung ohne Lasteinleitungsträger. Nachweis $F_{t,Ed} \leq \frac{F_{t,Rk}}{\gamma_{M1}}$ |

**Erläuterung zu den Schubfeld-Beiwerten**

| Wert | | Einheit |
|---|---|---|
| $L_S$ | Schubfeldlänge in Spannrichtung der Trapezprofile | m |
| $K_1$ | Konstante zur Steifigkeitsberechnung | m/kN |
| $K_2$ | Konstante zur Steifigkeitsberechnung | m²/kN |
| $K_3$ | Faktor für die Quer- und Auflagerkraft | - |
| $T_{1,Rk}$ | char. Widerstandswert aus dem Spannungsnachweis | kN/m |
| $T_{2,Rk}$ | Grenzschubfluss für die Relativverformung h/20, h = Profilhöhe | kN/m |
| $T_{3,Rk}$ | Grenzschubfluss zur Einhaltung des Gleitwinkels 1/750 | kN/m |

die plastische Querschnittstragfähigkeit mit in Ansatz gebracht werden. Als Interpolationsparameter zwischen der elastischen Querschnittstragfähigkeit und der plastischen Querschnittstragfähigkeit wird das größte Verhältnis der Schlankheit der ebenen (ggf. ausgesteiften) Teilflächen zur Grenzschlankheit $\lambda_{e0}$ (Ende des Plateaus der Beul- oder Knickkurve) herangezogen. Die Schlankheit $\lambda_e$ muss dann aus der rechnerischen Ermittlung der Tragfähigkeit bekannt sein. Die entsprechende Gleichung in DIN EN 1993-1-3, in der zwischen den Querschnittswerten elastisches Widerstandsmoment $W_{el}$ und plastisches Widerstandsmoment $W_{pl}$ interpoliert wird und sich der Index „max" nur auf die Schlankheit $\lambda_e$ und nicht auf das Verhältnis der Schlankheiten bezieht, ist falsch, ihre Anwendung liegt aber auf der sicheren Seite.

Bei der Anwendung tabellierter Tragfähigkeitswerte $M_{c,Rd}$ ist nicht erkennbar, in welchem Umfang die plastische Querschnittstragfähigkeit rechnerisch mit in Ansatz gebracht wurde. Allerdings ist dies für den Anwender unerheblich. Auch bei versuchsbasierten Tragfähigkeitswerten wird jedoch in aller Regel ein gewisser Anteil der plastischen Querschnittstragfähigkeit mit aktiviert worden sein.

Soll trotz voll wirksamen Querschnitts die plastische Querschnittstragfähigkeit nicht in Anspruch genommen werden, kann man zumindest die erhöhte Streckgrenze $f_{ya}$ berücksichtigen.

### 7.2.1.2 Querkrafttragfähigkeit

Der Nachweis der Tragfähigkeit bei alleiniger Wirkung einer Querkraft (z. B. am Endauflager) wird in der Form

$$\frac{V_{Ed}}{V_{b,Rd}} \equiv \frac{V_{Ed}}{V_{w,Rd}} \leq 1{,}0 \tag{7}$$

mit
$V_{Ed}$    Bemessungswert der einwirkenden Querkraft
$V_{b,Rd}, V_{w,Rd}$    Bemessungswert der Querkrafttragfähigkeit

geführt. Die Querkrafttragfähigkeit ist nur bei abhebender Belastung maßgebend, bei andrückender Belastung dominieren die Effekte aus Querdruck infolge örtlicher Lasteinleitung oder Auflagerkräften. In DIN EN 1993-1-3 und DIN EN 1999-1-4 wird der Index „b" verwendet, in den Tabellen der Index „w".

### 7.2.1.3 Örtliche Lasteinleitung einschließlich Auflagerkräften

Der Nachweis der Tragfähigkeit bei alleiniger Wirkung einer Auflagerkraft (z. B. am Endauflager) oder örtlicher Lasteinleitung wird in der Form

$$\frac{F_{Ed}}{R_{w,Rd}} \leq 1{,}0 \tag{8}$$

mit
$F_{Ed}$    Bemessungswert der einwirkenden Kraft
$R_{w,Rd}$    Bemessungswert der Beanspruchbarkeit des Stegs unter örtlicher Lasteinleitung

geführt. Die Beanspruchbarkeit des Stegs hängt stark vom Abstand der Lasteinleitungsstelle vom freien Rand oder weiteren Lasteinleitungsstellen sowie von der Auflager- oder Lasteinleitungslänge ab. In den Tabellen werden daher unterschiedliche Beanspruchbarkeiten für das Endauflager (Index A) und das Zwischenauflager (Index B) angegeben. Darüber hinaus wird zwischen der geometrisch vorhandenen tatsächlichen Auflagerlänge $s_s$ und der wirksamen Auflagerlänge $l_a$ unterschieden. Als weiteres relevantes Maß dient am Endauflager der Überstand c, der in den Abbildungen in DIN EN 1993-1-3 und in DIN EN 1999-1-4 unterschiedlich definiert ist. Die Zeichnungen in DIN EN 1993-1-3 passen nicht zur den Tabellen zugrunde liegenden Definition, Bild 13 zeigt die passende Definition. Die konstruktiv begründete Forderung aus DIN 18807-3, dass von der Auflagervorderkante bis zum Profilende mindestens 40 mm Abstand bestehen müssen, ist weiterhin zu beachten, sie ist nun in DIN EN 1090-4 zu finden.

Die Beanspruchbarkeiten am Endauflager $R_{w,Rk,A}$ sind in den Tabellen für zwei wirksame Auflagerlängen $l_a$ angegeben. Die Auflagerlänge $l_{a,A1}$ oder $l_{a,A2}$ entspricht der tatsächlichen geometrischen Auflagerlänge $s_s$. Lediglich bei Rundrohren oder dünnwandigen kaltgeformten Profilen, die sich unter Auflast so verdrehen, dass sich der freie oder durch Lippen oder Bördel ausgesteifte Längsrand des Obergurts von der Unterkante des Trapezprofils abhebt, muss mit $l_a = 10$ mm gerechnet werden. Letzteres trifft z. B. bei C-Profilen als Auflager zu, aber auch bei Σ-Profilen, bei denen die Stegprofilierung nicht groß genug ist, sodass sich der Schubmittelpunkt nicht weit genug verschiebt und sich aus dem Hebelarm zwischen Schubmittelpunkt und Wirkungslinie die beschriebene Verdrehung ergibt. Bei entgegengerichteter Verdrehung unter Auflast (Σ-Profile mit ausreichender Stegprofilierung, Z-Profile) gilt $l_a = s_s$.

Die Beanspruchbarkeiten am Zwischenauflager $R_{w,Rk,B}$ sind ebenfalls für zwei wirksame Auflagerlängen angegeben. Grundsätzlich gelten die Beanspruchbarkeiten nur für

$$\beta_V = \frac{|V_{Ed,1}| - |V_{Ed,2}|}{|V_{Ed,1}| + |V_{Ed,2}|} \leq 0{,}2 \tag{9}$$

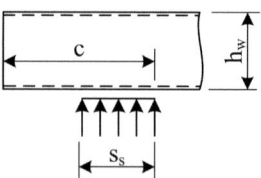

**Bild 13.** Definition der Auflagerlängen und Überstände

mit

$|V_{Ed,1}| \geq |V_{Ed,2}|$   Querkräfte neben dem betrachten Auflager oder der Stelle der Lasteinleitung

Über diese Bedingung wird kontrolliert, ob es sich um ein „echtes" Zwischenauflager handelt, d. h. ein Auflager ohne signifikante Tangentenverdrehung des Trapezprofils. Ist diese Forderung erfüllt, gilt $l_a = s_s$, d. h., die wirksame Auflagerlänge ist gleich der tatsächlichen Auflagerlänge. Für kleinere wirksame Auflagerlängen $l_{a,B}$ als angegeben, müssen die Beanspruchbarkeiten linear im entsprechenden Verhältnis der wirksamen Auflagerlängen reduziert werden, wobei für tatsächliche Auflagerlängen $s_s < 10$ mm (z. B. bei Rohren) die wirksame Auflagerlänge $l_{a,B} = 10$ mm eingesetzt werden darf. Bei Auflagerlängen, die zwischen den aufgeführten Auflagerlängen liegen, dürfen die Beanspruchbarkeiten jeweils linear interpoliert werden.

Für $\beta_V \geq 0{,}3$ ist der Nachweis unter der Annahme einer wirksamen Auflagerlänge $l_{a,B} = 10$ mm zu führen, d. h., die in den Tabellen angegebenen Tragfähigkeitswerte sind linear im Verhältnis zur angegebenen Zwischenauflagerlänge $l_{a,B}$ zu reduzieren.

$$R_{w,Rk,B} = R_{w,Rk,B}(l_{a,B}) \cdot \frac{10 \text{ mm}}{l_{a,B}} \quad (10)$$

Für $0{,}2 < \beta_V < 0{,}3$ darf linear zwischen den Werten $R_{w,Rk,B}$ interpoliert werden. Die Forderung der DIN EN 1993-1-3 und DIN EN 1999-1-4, dass unabhängig vom Querschnitt des End- oder Zwischenauflagers bei einer tatsächlichen geometrischen Auflagerlänge $s_s > 200$ mm mit $l_a = 200$ mm gerechnet werden muss, bezieht sich nur auf die rechnerische Ermittlung der Tragfähigkeit nach diesen Normen. Werden in den Tabellen explizit Werte für Auflagerlängen $s_s > 200$ mm angegeben, handelt es sich um versuchsbasierte Werte, die natürlich auch für die zugehörige Auflagerlänge verwendet werden dürfen.

Für die nächste Fassung der DIN EN 1993-1-3 ist eine Überarbeitung der Regelungen für End- und Zwischenauflager vorgesehen. Für den Anwender der Tabellen wird sich nach augenblicklichem Stand nur die Änderung der Regelungen für Zwischenauflager bemerkbar machen, da $\beta_V$ entfallen soll, d. h., ein Zwischenauflager definiert sich nur über die Position im statischen System, nicht über die Tangentenverdrehung.

### 7.2.1.4 Interaktion

Nachfolgend werden die nach DIN EN 1993-1-3 und DIN EN 1999-1-4 vorgesehenen Interaktionsbeziehungen vorgestellt und denen der DIN 18807-3 und DIN 18807-8 gegenübergestellt. Da die in den Tabellen ausgewiesenen Beanspruchbarkeiten in vielen Fällen auf Versuchen basieren, in denen auch die Interaktionsbeziehung untersucht wurde, kann die Formulierung der für das jeweils betrachtete Profil ermittelten Interaktionsbeziehung von der nachfolgend vorgestellten Formulierung abweichen. Es ist dann die in der Tabelle

angegebene Interaktionsbeziehung zu verwenden. Auf keinen Fall dürfen die zu einer Interaktionsbeziehung gehörenden Interaktionsparameter (die nicht zwangsläufig Beanspruchbarkeiten sind) in Verbindung mit einer anderen Interaktionsbeziehung verwendet werden.

Nach DIN EN 1993-1-3 und DIN EN 1999-1-4 muss ein Interaktionsnachweis für Biegung und Querkraft nur für $V_{Ed} \geq 0{,}5\, V_{w,Rd}$ geführt werden. Der Interaktionsnachweis für Biegung und Querkraft lautet dann

$$\frac{M_{Ed}}{M_{c,Rd}} + \left(1 - \frac{M_{f,Ed}}{M_{pl,Rd}}\right) \cdot \left(\frac{2 \cdot V_{Ed}}{V_{w,Rd}} - 1\right)^2 \leq 1{,}0 \quad (11)$$

wobei der Term

$$\left(1 - \frac{M_{f,Ed}}{M_{pl,Rd}}\right) \quad (12)$$

der die aufgrund der Schubspannungen aus Querkraft reduzierte plastische Momententragfähigkeit im Steg beschreibt, vereinfachend und auf der sicheren Seite liegend zu 1,0 gesetzt werden kann. Die Einzelnachweise für Biegung und Querkraft nach Abschnitt 7.2.1.1 und 7.2.1.2 müssen natürlich ebenfalls erfüllt sein. Letzteres galt natürlich schon beim Nachweis nach DIN 18807-3 oder DIN 18807-8, insbesondere, da ein linearer Interaktionsnachweis in der Form

$$\frac{M_{Ed}}{M_{c,Rd}} + \frac{V_{Ed}}{V_{w,Rd}} \leq 1{,}3 \quad (13)$$

(mit einer Summe der Quotienten > 1,0) zu führen war. Zum Teil war auch die abweichende Formulierung

$$\frac{M_{Ed}}{M_{Rd}^0} + \frac{V_{Ed}}{V_{w,Rd}^0} \leq 1{,}0 \quad (14)$$

mit

$$M_{Rd}^0 = 1{,}3 \cdot M_{c,Rd} \quad (15)$$

$$V_{w,Rd}^0 = 1{,}3 \cdot V_{w,Rd} \quad (16)$$

zu finden, die zu identischen Ergebnissen führt. Die beiden Interaktionsbedingungen nach DIN 18807-3 und DIN 18807-8 sowie nach DIN EN 1993-1-3 und DIN EN 1999-1-4 sind in Bild 14 dargestellt.

Der Nachweis bei kombinierter Beanspruchung aus Biegemoment und Auflagerkräften oder örtlicher Lasteinleitung unterscheidet sich bei Stahl- und Aluminiumtrapezprofilen. Bei Stahltrapezprofilen nach DIN EN 1993-1-3 wird er strenggenommen in der Form

$$\frac{M_{Ed}}{M_{c,Rd}} + \frac{F_{Ed}}{R_{w,Rd}} \leq 1{,}25 \quad (17)$$

geführt. Dieser Nachweis ist für die Darstellung in den Tabellen in die Form

$$\frac{M_{Ed}}{M_{Rd,B}^0} + \frac{F_{Ed}}{R_{Rd,B}^0} \leq 1{,}00 \quad (18)$$

gebracht worden, wobei sich $M_{Rd,B}^0$ und $R_{Rd,B}^0$ entweder aus Versuchen ergeben (und damit keine Bean-

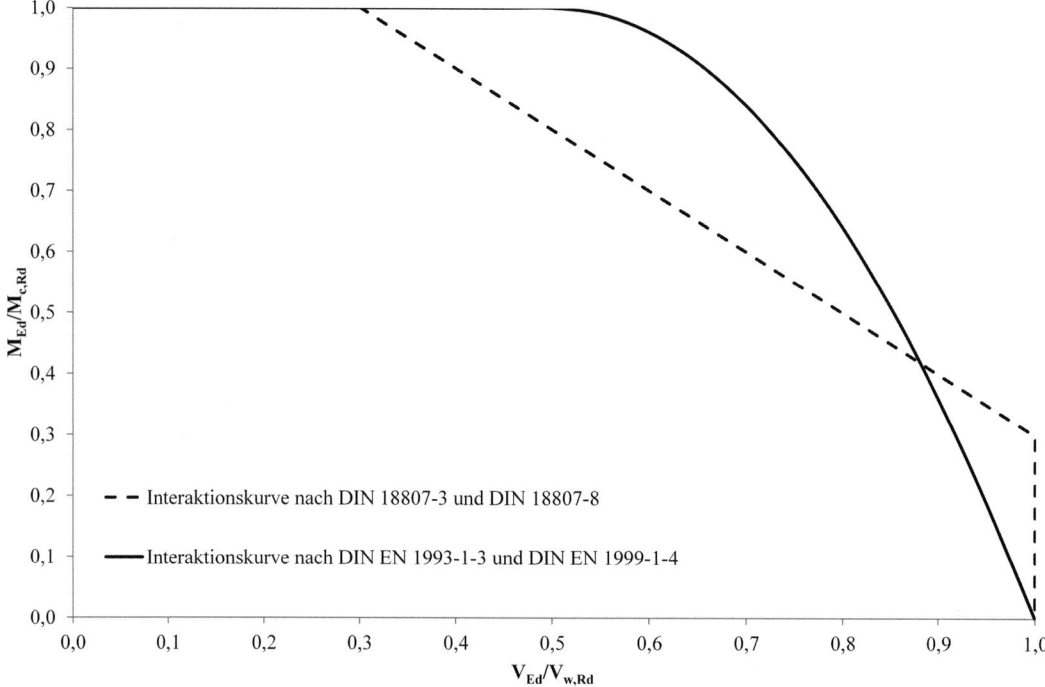

**Bild 14.** Interaktionsbedingungen für Biegung und Querkraft

spruchbarkeiten sind) oder bei rechnerisch ermittelten Werten zu

$$M_{Rd,B}^0 = 1,25 \cdot M_{c,Rd} \qquad (19)$$

$$R_{Rd,B}^0 = 1,25 \cdot R_{w,Rd} \qquad (20)$$

Inhaltlich ergeben sich in diesem Fall keine Änderungen zu DIN EN 1993-1-3, nur die Formulierung wurde leicht modifiziert. Die Schreibweise

$$\frac{M_{Ed}}{M_{Rd,B}^0} + \left(\frac{F_{Ed}}{R_{Rd,B}^0}\right)^2 \leq 1,0 \qquad (21)$$

nach DIN 18807-1, DIN 18807-3 und der Anpassungsrichtlinie Stahlbau findet sich weiterhin in manchen Tabellen, die für die Anwendung von DIN EN 1993-1-3 vorgesehen sind. Dies ergibt sich zumeist dann, wenn den Tabellen Versuchsergebnisse zugrunde liegen, die ansonsten für eine Anpassung der Interaktionsparameter an die Formulierung der DIN EN 1993-1-3 aufwendig neu ausgewertet werden müssten. Formal stellt dies aber keinen Widerspruch zu DIN EN 1993-1-3 dar, da der Versuche regelnde Anhang A die Ermittlung einer Interaktionsbeziehung explizit fordert.

Der Nachweis bei kombinierter Beanspruchung aus Biegemoment und Auflagerkräften oder örtlicher Lasteinleitung wird nach DIN EN 1999-1-4 in der Form

$$0,94 \cdot \left(\frac{M_{y,Ed}}{M_{c,Rd}}\right)^2 + \left(\frac{F_{Ed}}{R_{w,Rd}}\right)^2 \leq 1,0 \qquad (22)$$

geführt. Auch bei Aluminiumtrapezprofilen wird oftmals auf Gl. (21) oder die Formulierung

$$\frac{M_{Ed}}{M_{Rd,B}^0} + \frac{F_{Ed}}{R_{Rd,B}^0} \leq 1,0 \qquad (23)$$

zurückgegriffen, die Begründung und formale Rechtfertigung entspricht der bei Stahltrapezprofilen.

Die aus DIN 18807-1 und DIN 18807-8 in Verbindung mit der der Anpassungsrichtlinie Stahlbau stammenden Zusammenhänge

$$M_{Rd,B}^0 = M_{c,Rd} \qquad (24)$$

$$R_{Rd,B}^0 = \frac{1}{\sqrt{0,8}} \cdot R_{w,Rd} \qquad (25)$$

treffen bei einer versuchsbasierten Ermittlung der Interaktionsparameter natürlich nicht mehr zu, diese gelten nur bei einer rechnerischen Ermittlung der Beanspruchbarkeit nach DIN 18807-1 und DIN 18807-6. Die Interaktionsbeziehungen nach DIN EN 1993-1-3, DIN EN 1999-1-4 sowie DIN 18807-3 und DIN 18807-8 sind in Bild 15 dargestellt, wobei unterstellt wurde, dass die Ermittlung der Beanspruchbarkeit der Trapezprofile rechnerisch erfolgt, d. h. für Trapezprofile nach DIN 18807-3 und DIN 18807-8 die Gln. (24) und (25) gelten. Die Unterschiede in den Interaktionsbeziehungen sind in diesem Fall praktisch vernachlässigbar.

DIN EN 1993-1-3 und DIN EN 1999-1-4 erlauben das Biegemoment $M_{Ed}$ am Rand des Auflagers zu ermitteln.

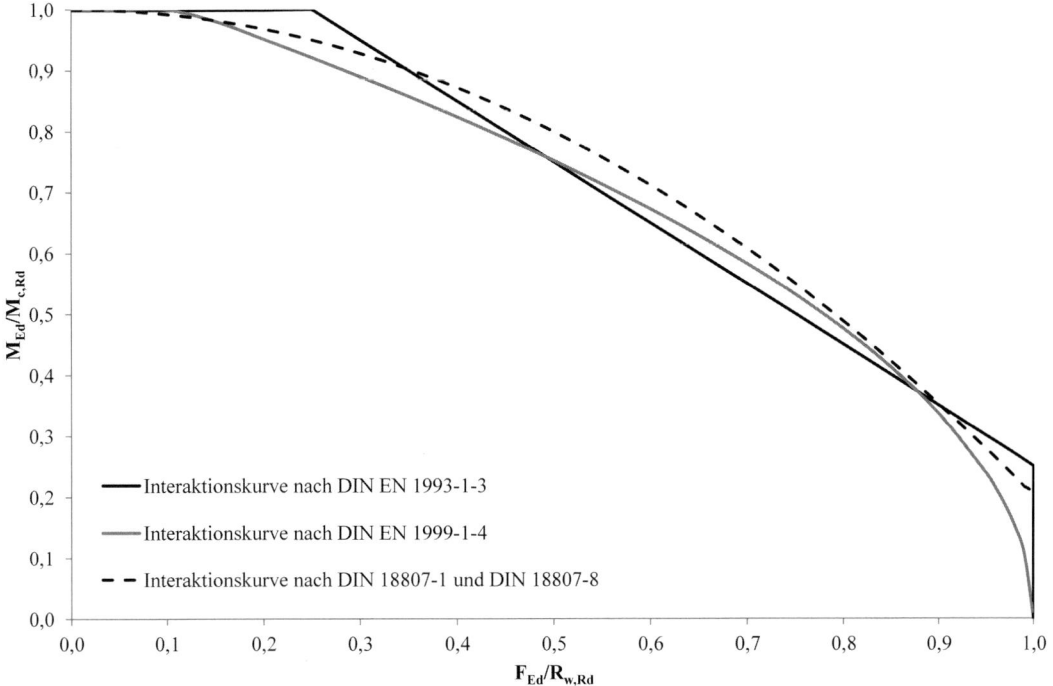

**Bild 15.** Interaktionsbedingungen für Biegung und örtliche Lasteinleitung

Dies entspricht in etwa dem Ansatz einer Momentenausrundung. In Verbindung mit tabellierten Tragfähigkeitswerten wird von diesem Vorgehen abgeraten, da die Momentenausrundung bereits in der Ermittlung der Tragfähigkeitswerte bzw. der Momententragfähigkeit aus der Versuchskonfiguration erfasst wurde. Der Versuch wird mit endlicher Auflagerbreite $s_s > 0$ durchgeführt, in der Auswertung wird aber ein Linienlager mit der Breite $s_s = 0$ angenommen. Stattdessen kann jedoch auf die aus DIN 18807-3 bekannte Regelung zur Reduzierung der rechnerischen Stützweiten unter Auflast bei Einfeldträgern oder in Endfeldern von Mehrfeldsystemen zurückgegriffen werden (Bild 16). Bei diesen gilt als Stützweite die lichte Weite zuzüglich der halben jeweils erforderlichen Auflagerbreite $l_{a,A}$ bzw. $l_{a,B}$. Bei Innenfeldern von Durchlaufträgern ergibt sich die Stützweite aus dem Achsmaß der Auflager. Aufgrund des rein mechanisch begründeten Hintergrunds (Einfluss der Endtangentenverdrehung auf die Stützweite) kann diese Regelung weiterhin verwendet werden. Aus dem gleichen Grund ist auch offensichtlich, dass sich unter abhebender Last die rechnerischen Stützweiten aus den Achsen der Verbindungselemente ergeben.

### 7.2.1.5 Örtliche Lasteinleitung

Die aus DIN 18807-3 bekannten Regelungen zur Querverteilung einer in eine einzelne Rippe eingeleiteten Einzellast (DIN 18807-3, Bild 1) werden in die nächste Ausgabe der DIN EN 1993-1-3 wieder mit aufgenommen. Deren Praxisrelevanz hat sich vermutlich erst in den letzten Jahren gezeigt, nachdem in großem Umfang PV-Anlagen auf Dächer aus Trapezprofilen montiert wurden. Kann die Last in zwei benachbarte Rippen umgelagert werden, so trägt die direkt belastete Rippe den folgenden prozentualen Anteil:

$$C_1 = \left(352 - 0{,}8\frac{1}{\text{mm}} \cdot b_R\right) \cdot \left(\frac{x}{s} - 0{,}5\right)^2 + \left(12 - 0{,}2\frac{1}{\text{mm}} \cdot b_R\right) \quad (26)$$

Die beiden benachbarten, indirekt belasteten Rippen übernehmen jeweils den folgenden prozentualen Anteil:

$$C_2 = \left(44 - 0{,}1\frac{1}{\text{mm}} \cdot b_R\right) \cdot \left[1 - 4 \cdot \left(\frac{x}{s} - 0{,}5\right)^2\right] \quad (27)$$

Bei ausreichend großer Anzahl der Einzellasten ($\geq 4$) kann ein mittlerer Wert für die Querverteilung angesetzt werden (Bild 17). Eine Wichtung entsprechend der Position x der Einzellast und damit deren Anteil am Biegemoment erfolgt nicht. Dieses Vorgehen liegt auf der sicheren Seite, da Einzellasten in Feldmitte mit großem Anteil am Biegemoment mit einem kleineren Wert $C_1(x)$ verknüpft sind, also stärker querverteilt werden dürfen. Für den Fall der Einleitung der Einzellast in eine Rippe ergibt sich der mittlere Wert für die direkt belastete Rippe wie folgt:

Innenfeld eines Durchlaufträgers

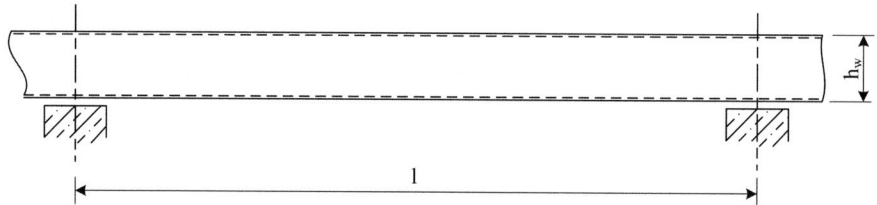

Endfeld eines Durchlaufträgers

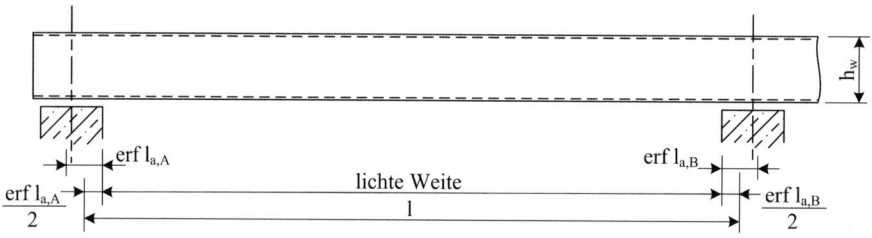

Endfeld eines Durchlaufträgers

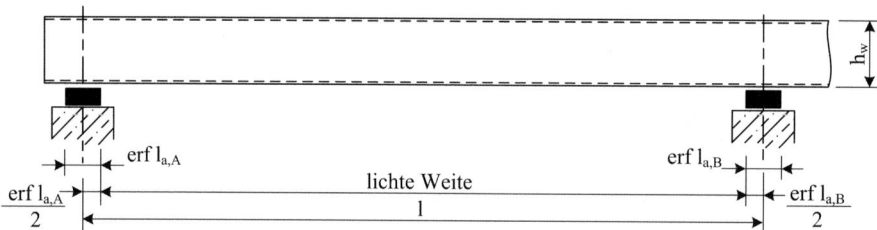

**Bild 16.** Rechnerische Stützweiten

$$\overline{C}_1 = \frac{1}{3} \cdot \left(124 + \frac{0,4}{mm} \cdot b_R\right) \quad (28)$$

Für die beiden benachbarten Rippen ergibt sich der mittlere Wert wie folgt:

$$\overline{C}_2 = \frac{1}{3} \cdot \left(88 - \frac{0,2}{mm} \cdot b_R\right) \quad (29)$$

Kann hingegen die Last nur in eine benachbarte Rippe umgelagert werden, so trägt die direkt belastete Rippe den folgenden prozentualen Anteil:

$$C_1 = \left(240 - 0,6\frac{1}{mm} \cdot b_R\right) \cdot \left(\frac{x}{s} - 0,5\right)^2$$
$$+ \left(40 - 0,15\frac{1}{mm} \cdot b_R\right) \quad (30)$$

Die benachbarte, indirekt belastete Rippe übernimmt den folgenden prozentualen Anteil:

$$C_2 = \left(60 - 0,15\frac{1}{mm} \cdot b_R\right) \cdot \left[1 - 4 \cdot \left(\frac{x}{s} - 0,5\right)^2\right] \quad (31)$$

Die Lastquerverteilung kann für die Ermittlung der Biegemoment- und Querkraftverläufe in Ansatz gebracht werden, nicht jedoch für die Lasteinleitung selbst: Beim Interaktionsnachweis zwischen Biegemoment $M_{Ed}$ und Einzellast $F_{Ed}$ darf für $F_{Ed}$ die Querverteilung nicht in Ansatz gebracht werden, für $M_{Ed}$ jedoch schon.

### 7.2.1.6 Momentenumlagerung und Reststützmoment

Ist der Nachweis am Zwischenauflager nicht erfüllt, kann von einer Momentenumlagerung Gebrauch gemacht werden. Diese war bei Aluminiumtrapezprofilen anders als bei Stahltrapezprofilen bisher nicht vorgesehen. Anders als in DIN EN 1993-1-3 sind in DIN EN 1999-1-4 für Aluminiumtrapezprofile auch keine expliziten Angaben zum Vorgehen zur Ermittlung des Reststützmomentes zu finden. In beiden Fällen gilt jedoch, dass ein Reststützmoment größer null durch Versuche zu bestätigen ist. Diese Forderung ist bei Ansatz der auf Versuchen basierenden Reststützmomente aus den Ta-

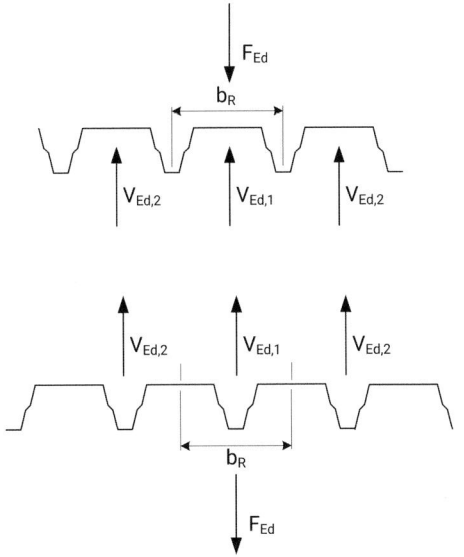

**Bild 17.** Lastquerverteilung

bellen erfüllt. Ein Reststützmoment Null darf immer angenommen werden und bedarf keiner entsprechenden Bestätigung durch Versuche. Hier ist die Formulierung in DIN EN 1993-1-3 unsauber, die Formulierung in DIN EN 1999-1-4 hingegen korrekt.
Beim o. g. Verfahren aus DIN EN 1993-1-3 zur Ermittlung des Reststützmoments aus Versuchen wird das jeweilige Reststützmoment unter Annahme einer starr-plastischen Momenten-Krümmungs-Beziehung ermittelt. Entsprechende Momenten-Krümmungs-Beziehungen stehen für die Anwendung in der Bemessung im Augenblick noch nicht zur Verfügung. In den Tabellen wird daher weiterhin das aus DIN 18807-2 bekannte und auf [71] basierende Verfahren herangezogen.
Stützmomente sind auf die sich aus den jeweils angrenzenden Feldlängen ergebenden Reststützmomente $M_{R,Rk}/\gamma_M$ zu begrenzen. Für das damit unter Bemessungslasten entstehende maximale Feldmoment muss gelten:

$$\frac{M_{Ed}}{M_{c,Rd}} \leq 1,0 \qquad (32)$$

Außerdem ist für die im Endfeld entstehende Endauflagerkraft folgende Bedingung einzuhalten:

$$\frac{F_{Ed}}{R_{w,Rd,A}} = \frac{F_{Ed}}{R_{T,w,Rd,A}} \leq 1,0 \qquad (33)$$

Bei Ansatz einer Momentenumlagerung müssen unabhängig von der Größe des angesetzten Reststützmoments zusätzliche Nachweise im Grenzzustand der Gebrauchstauglichkeit geführt werden. Die Schnittgrößen im Grenzzustand der Gebrauchstauglichkeit sind am elastischen System zu ermitteln. Angaben dazu, welche Kombination (charakteristische, häufige oder quasi-ständige Kombination nach DIN EN 1990) bei der Ermittlung der Schnittgrößen anzusetzen ist, finden sich weder in DIN EN 1993-1-3 noch in DIN EN 1999-1-4. Es kann aber empfohlen werden, die charakteristische Kombination (d. h. mit $\gamma_F = \gamma_G = \gamma_{Q,i} = 1,0$ und $\psi_{0,i}$ für $i > 1$, entsprechend dem Ansatz bei der zugehörigen Einwirkungskombination im Grenzzustand der Tragfähigkeit) anzusetzen. DIN 18807-3 sah in Verbindung mit der Anpassungsrichtlinie hingegen $\gamma_Q = 1,15$ vor. Die Nachweise mit den so ermittelten Schnittgrößen sind gegen die 0,9-fache Beanspruchbarkeit zu führen, wobei diese mit $\gamma_{M,ser} = 1,0$ zu ermitteln sind. Auch dies ist eine Änderung gegenüber DIN 18807-3 und der Anpassungsrichtlinie, die 1,0-fache Beanspruchbarkeiten und $\gamma_M = 1,1$ vorsahen. Es ist aber erkennbar, dass diese Umstellung das Sicherheitsniveau nicht beeinflusst, diesbezüglich fällt ggf. die Änderung von $\gamma_Q = 1,15$ auf $\gamma_Q = 1,0$ mehr ins Gewicht.
Für das Feldmoment (i. d. R. im Endfeld) ist der Nachweis in der Form

$$\frac{M_{Ed}}{M_{c,Cd}} \leq 0,9 \qquad (34)$$

mit

$$M_{c,Cd} = \frac{M_{c,Rk}}{\gamma_{M,ser}} \qquad (35)$$

zu führen. Die Beanspruchbarkeit $M_{c,Rk}$ ist bei Verwendung der Tabellen identisch mit der im Grenzzustand der Tragfähigkeit angesetzten Beanspruchbarkeit. Außerdem ist für die im Endfeld entstehende Endauflagerkraft die Bedingung

$$\frac{F_{Ed}}{R_{w,Cd,A}} \equiv \frac{F_{Ed}}{R_{G,w,Rd,A}} \leq 0,9 \qquad (36)$$

mit

$$R_{G,w,Rd,A} = \frac{R_{G,w,Rk,A}}{\gamma_{M,ser}} \qquad (37)$$

einzuhalten. Die Beanspruchbarkeit $R_{G,w,Rk,a}$ ist in den Tabellen aufgeführt, anstelle des sonst üblichen Index „Cd" für Widerstände im Grenzzustand der Gebrauchstauglichkeit wird dort der Index „G" in Verbindung mit „Rd" verwendet. Es gilt

$$R_{G,w,Rk,A} \leq R_{T,w,Rk,A} \qquad (38)$$

Auch am Zwischenauflager ist am elastischen System nachzuweisen, dass die 0,9-fache Beanspruchbarkeit nicht überschritten wird. Die Beanspruchbarkeiten sind bei Verwendung der Tabellen identisch mit den im Grenzzustand der Tragfähigkeit angesetzten Beanspruchbarkeiten. Als Teilsicherheitsbeiwert auf der Widerstandsseite ist $\gamma_{M,ser} = 1,0$ anzusetzen. Die jeweils geltende Interaktionsbeziehung für Biegemoment und Auflagerkraft ist zu beachten, wobei das Grenzkriterium mit 0,9 zu multiplizieren ist (z. B. „≤ 1,125" statt „≤ 1,25" in Gl. (17) bzw. „≤ 0,9" statt „≤ 1,00" in Gl. (21)).

#### 7.2.1.7 Gebrauchstauglichkeit

DIN EN 1990 sieht allgemein vor, dass für die Nachweise gegen umkehrbare Grenzzustände – damit sind vom Grundsatz her auch Verformungsnachweise gemeint – die häufige Einwirkungskombination herangezogen wird. Dies führt zu einer sehr geringen Gewichtung der in aller Regel als Leiteinwirkung maßgebenden Lasten aus Schnee ($\psi_1 = 0{,}2$). Demgegenüber sind die Durchbiegungen für Dächer nach DIN EN 1090-4 und DIN EN 1090-5 unter „Volllast" zu ermitteln, was als charakteristische Einwirkung interpretiert werden kann. Die Vorgaben entsprechen damit DIN 18807-3 (DIN 18807-8 enthielt keine vergleichbaren Vorgaben), jedoch ist die charakteristische Einwirkungskombination nach DIN EN 1990 für Nachweise gegen unumkehrbare Grenzzustände – z. B. für den Nachweis des elastischen Bauteilverhaltens im Grenzzustand der Tragfähigkeit bei Ansatz einer Momentenumlagerung im Grenzzustand der Tragfähigkeit – gedacht. Sinnvoll wäre eine zwischen diesen beiden Extremen liegende Einwirkungskombination. DIN EN 14509 geht diesen Weg, indem es eigene Kombinationen und Kombinationsbeiwerte definiert.

Als Kompromiss ist der Nachweis mit der häufigen Kombination und erhöhter Wichtung der Leiteinwirkung denkbar:

$$E_d = \sum_{j \geq 1} E_{Gk,j} + \psi \cdot E_{Qk,1} + \sum_{i>2} \psi_{2,i} \cdot E_{Qk,i} \quad (39)$$

mit
$E_{Qk,j}$   ständige Einwirkungen
$E_{Qk,1}$   veränderliche Einwirkung als Leiteinwirkung
$E_{Qk,i}$   veränderliche Einwirkungen als Begleiteinwirkungen
$\psi$   zu vereinbarender Kombinationsbeiwert ($\psi_{0,i} \leq \psi \leq 1$)
$\psi_{2,i}$   Kombinationsbeiwert nach DIN EN 1990 zur Ermittlung des quasi-ständigen Werts einer veränderlichen Einwirkung
$\psi_{0,i}$   Kombinationsbeiwert nach DIN EN 1990 einer veränderlichen Einwirkung

Die Wichtung wäre mit dem Bauherrn abzustimmen. In Anlehnung an die bisherige Regelung wird $0{,}5 \leq \psi \leq 1{,}0$ empfohlen.

Das wirksame Flächenmoment 2. Grades darf (!) mit der in DIN EN 1993-1-3 und DIN EN 1999-1-4 angegebenen Gleichung ermittelt werden, es muss aber nicht. Üblicherweise wird bei Profiltafeln vereinfachend $I_{fic} = I_{eff} = I(f_{yb}/1{,}5)$ angesetzt und dann als über die Stützweite konstant angenommen. Auch den typengeprüften statischen Berechnungen („Typenprüfungen") der Hersteller liegt – soweit es sich um ein rechnerisch ermitteltes Flächenmoment 2. Grades handelt – dieser Ansatz zugrunde, der daher weiterhin verwendet werden können. Handelt es sich um ein Flächenmoment 2. Grades, das auf Grundlage von Versuchen ermittelt wurden, gilt dies selbstverständlich ebenfalls.

DIN EN 1993-1-3 und DIN EN 1999-1-4 fordern, dass der Schlupf in Verbindungen bei der Ermittlung der Durchbiegung zu berücksichtigen ist. Bei biegesteifen Stößen von Profiltafeln, bei denen die Verbindung entsprechend Bild 28 (statisch wirksame Überdeckung, vgl. auch Abschnitt 7.2.2.4) mit Bohrschrauben, Fließbohrschrauben oder gewindefurchenden Schrauben im Steg erfolgt, kann Schlupf in der Verbindung in der Regel vernachlässigt werden.

DIN EN 1993-1-3 und DIN EN 1999-1-4 enthalten – wie auch z. B. DIN EN 1993-1-1 und DIN EN 1999-1-1 – keine Grenzwerte für die Durchbiegung da unterstellt wird, dass diese nicht von Bedeutung für die Sicherheit sind. Grenzwerte sind daher projektspezifisch zu vereinbaren. Für Profiltafeln können diese für Stahl- und Aluminiumtrapezprofile auf Grundlage von DIN EN 1090-4, Anhang B und DIN EN 1090-5, Anhang B festgelegt werden. Diese Werte entsprechen den Angaben in 18807-3, Abschnitt 3.3.4.2 für Stahl- und Aluminiumtrapezprofile.

Bei Dächern unter andrückender Belastung:
– mit oberseitiger Dachabdichtung
  (Dachaufbau geklebt)   $f_{max.} \leq 1/300$
– mit oberseitiger Dachabdichtung
  mit mechanischer Verbindung   $f_{max.} \leq 1/200$
– mit oberseitiger Dachdeckung
  (zweischaliges Dach, hier Tragschale)   $f_{max.} \leq 1/150$

Bei Wänden:
– Wandbekleidung, unter
  Windeinwirkungen   $f_{max.} \leq 1/150$

Bei Geschossdecken ohne Verbundwirkung mit Spannweiten > 3000 mm, unter angewendeten Lasten:
– im untersuchten Feld
  (alle übrigen Felder sind unbelastet)   $f_{max.} \leq 1/500$

Bei Dächern mit oberseitiger Dachabdichtung (insbesondere bei einem geklebten Dachaufbau) sollten diese auch aus Gründen der Dichtheit eingehalten werden. Bezüglich der bei Ansatz einer Momentenumlagerung im Grenzzustand der Gebrauchstauglichkeit zu führenden Nachweise wird auf Abschnitt 7.2.1.5 verwiesen.

### 7.2.2 Doppellagen, Überlappungen und Überlappungsstöße

#### 7.2.2.1 Allgemeines

Biegesteife Stöße, Überlappungen und Doppellagen (d. h. die Doppelverlegung von Trapezprofilen) dienen jeweils der Tragfähigkeitssteigerung, sei es, indem im Bereich der größten Momentbeanspruchung oder größten Verformungen ein zweites Trapezprofil verlegt wird, oder aber, indem mittels Überlappung im Stoßbereich ein Mehrfeldsystem konstruiert wird. Die damit verbundenen Anforderungen an die Bemessung und insbesondere an die Konstruktion sind jeweils vergleichbar, sie werden deswegen nachfolgend zusammen behandelt.

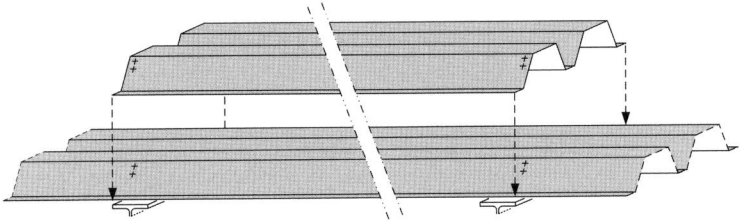

**Bild 18.** Doppellage im Feld

### 7.2.2.2 Doppellagen

Doppellagen als Verstärkungslagen können im Feld (von Auflager zu Auflager) oder am Zwischenauflager ausgeführt werden. Bei Überlappungsstößen (sowie Befestigungen mit Setzbolzen) sind Doppellagen jedoch nicht zulässig.

Damit die Doppellage sich am Lastabtrag beteiligt, muss eine Lasteinleitung über Verbindungen (Kontakt oder mechanische Verbindungen) erfolgen. Die Lage und Anzahl der Verbindungen sowie etwaiger mechanischer Verbindungen ist bei der Ermittlung der Schnittgrößen am Gesamtsystem zu berücksichtigen. Ein Schubverbund darf nicht angesetzt werden.

Bei Verlegung im Feld (Bild 18) kann die Lasteinleitung durch Einlegen von Distanzstreifen in den Untergurt der unteren Lage erfolgen. Die Distanzstreifen (Bild 19) sind über dem Auflager sowie mindestens einmal im Feld anzuordnen und in ihrer Lage zu sichern (z. B. durch Einkleben). Bei Verlegung über dem Auflager (Bild 20) muss ggf. die Nachgiebigkeit der (dann zugbeanspruchten, daher ausschließlich mechanischen) Verbindungen berücksichtigt werden. Bei Ausführung in Anlehnung an die Regelungen für biegesteife Stöße kann die Nachgiebigkeit vernachlässigt werden. Wird die Doppellage hingegen unter dem durchlaufenden Trapezprofil verlegt (Bild 21), erfolgt die Übertragung der Kräfte wiederum über Kontakt, d. h. ohne Nachgiebigkeit in der Verbindung. Diese Variante bringt allerdings deutliche Probleme bei der Verlegung mit sich.

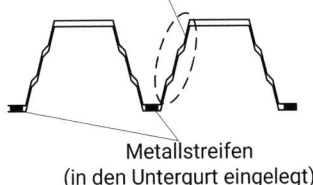

**Bild 19.** Lasteinleitung durch Kontakt

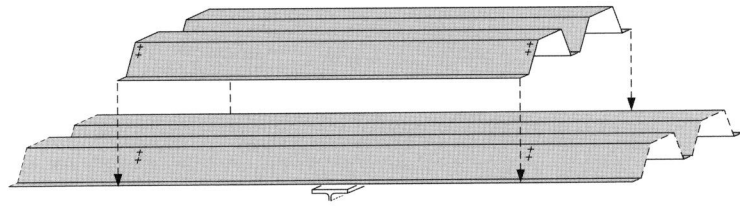

**Bild 20.** Doppellage über dem Auflager (aufgelegt)

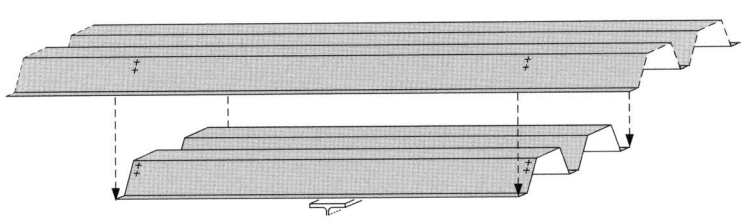

**Bild 21.** Doppellage über dem Auflager (untergelegt)

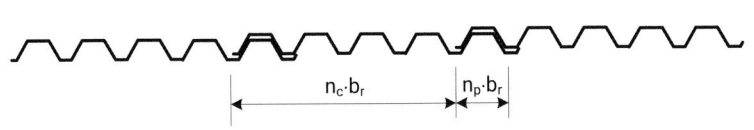

**Bild 22.** Unvollständige Doppellage

Die Querschnitts- und Bemessungswerte jeder Lage dürfen voll angesetzt werden. Die Verbindungen (Kontakt oder mechanische Verbindungen) sind zu bemessen. Die Länge des Distanzstreifens ist beim Nachweis als Auflagerbreite der oberen Lage anzusetzen.
Die Längsstöße der unteren Lage sind miteinander zu verbinden (Abschnitt 11.3.5). Für die obere Lage darf die Längsstoßverbindung entfallen.

### 7.2.2.3 Überlappungen

Überlappungen lassen sich als „unvollständige Doppellagen" interpretieren, da nur einzelne Rippen am Längsstoß übereinander liegen. Bei Überlappungen von Trapezprofilen dürfen der Bemessungswert der Biegebeanspruchbarkeit $M_{c,Rk}$ nach Abschnitt 7.2.1.1 und das Flächenmoment 2. Grades nach Abschnitt 7.2.1.7 durch Multiplikation mit

$$\mu_{so} = 1 + 1{,}02 \cdot \frac{n_p}{n_c} - 0{,}02 \cdot \frac{n_c}{n_p} \qquad (40)$$

mit

$n_c$ Anzahl der Rippen zwischen dem Längsrand der Profiltafeln und dem in die gleiche Richtung zeigenden Längsrand der benachbarten Profiltafel

$n_p$ Anzahl der Rippen mit vollständiger Doppellage innerhalb der Breite von $n_c$-mal der Rippenbreite (d. h. $1 \leq n_c \leq n_p$), mit $n_p \geq n_c/7$

vergrößert werden. Bei unvollständigen Doppellagen ($\mu_{so} < 2$) sollten nur Flächenlasten wirken, die quer zur Spannrichtung konstant sind (d. h. in Spannrichtung jedoch veränderlich sein dürfen). Bei Einzellasten oder quer zur Spannrichtung veränderlichen Flächenlasten sollten vollständige Doppellagen ausgeführt werden.
Die konstruktiven Anforderungen bei Überlappungen entsprechen denen für Doppellagen.
DIN 18807-9 sah bei Überlappungen $n_p \geq 2$ vor, dass bei Einhaltung der nachfolgenden Bedingungen auf Längsstoßverbindungen verzichtet werden darf:
– die Profiltafeln sind Außenschale einer mehrschaligen Konstruktion (Dach- oder Wandkonstruktion),
– es handelt sich nicht um ein Schubfeld,
– Ausnutzung ≤ 80%,
– Durchbiegung ≤ L/200 (sonst ≤ L/150, s. Abschnitt 7.2.1.7),
– $n_c + n_p \geq 5$,
– die Begehung erfolgt nur mit lastverteilenden Maßnahmen (s. Abschnitt 7.2.4),
– die letzte untenliegende Rippe ist vollständig ausgebildet (nur bei Dächern).

Dann sollte jedoch $\mu_{so} = 1{,}0$ gesetzt werden.

### 7.2.2.4 Überdeckungsstöße

Ergänzend zu den bereits aus DIN 18807-3 bekannten biegesteifen (Überdeckungs-)Stößen wird die nächste Ausgabe der DIN EN 1993-1-3 auch nachgiebige Überdeckungsstöße behandeln. DIN EN 1090-4 enthält nur Regelungen zu Überdeckungsstößen als biegesteife Stöße, die sich eng an DIN 18807-3 orientieren, und greift der Verwendung nachgiebiger Stöße in Form einer eher allgemein gehaltenen „Öffnungsklausel" bereits vor. Die Nachgiebigkeit der Stöße ergibt sich bei den Überdeckungsstößen in Abhängigkeit von der Überdeckungslänge sowie der Lage und Anzahl der Verbindungselemente. Der biegesteife Stoß wird dabei praktisch als Sonderfall mit abgedeckt.
Biegesteife und nachgiebige Stöße sind nur im Auflagerbereich zulässig. Da es sich praktisch um örtliche Doppelverlegungen handelt, sind die entsprechenden Regelungen auch im Bereich der Überdeckung zu beachten. Beispielsweise sind Trapezprofile mit Blechdicken $t_N > 1{,}0$ mm, je nach Profilquerschnitt, im Auflagerbereich in jedem Untergurt zwischen beiden Lagen, mit Flachblechen aufzufüttern, um eine planmäßige Ausleitung der Querkräfte in das Auflager zu ermöglichen.
Die statisch wirksame Überdeckungslänge muss mindestens $a = 0{,}065\,L$ bis $0{,}11\,L$ betragen, wobei L die größere der beiden angrenzenden Stützweiten ist, diese jedoch nicht mehr als 15% größer sein darf als die kürzere Stützweite. Bei biegesteifen Stößen muss die Überdeckungslänge mindestens $a = 0{,}08\,L$ betragen, DIN 18807-3 hatte hier einen Wert von ca. $0{,}1\,L$ vorgegeben.
In der Ausbildung der Überdeckung werden die folgenden drei Varianten unterschieden:

– SOL-L (Bild 23, als biegesteife Variante in DIN 18807-3 mit Ausbildung 1 bezeichnet) als vom Auflager aus gesehen einseitige Überdeckung (SOL: single overlap) mit auskragendem unterem Trapezprofil (-L: lower).
– SOL-U (Bild 24, als biegesteife Variante in DIN 18807-3 mit Ausbildung 2 bezeichnet) als vom Auflager aus gesehen einseitige Überdeckung (SOL: single overlap) mit auskragendem oberem Trapezprofil (-U: upper).
– DOL (Bild 25, in DIN 18807-3 nicht erfasst) als vom Auflager aus gesehen doppelseitige Überdeckung (DOL: double overlap) mit beiden Trapezprofilen auskragend.

In jedem Fall sind die Profiltafeln und die Verbindungen für die vorhandenen Schnittgrößen zu bemessen und anzuschließen. Die dafür erforderlichen Regelungen werden nachfolgend vorgestellt.
Die Nachgiebigkeiten sind im statischen System des Trapezprofils mitzuberücksichtigen, die Trapezprofile dann entsprechend der darin wirkenden Schnittgrößen zu bemessen. Die in Bild 26 dargestellten Pendelstäbe stellen druckbeanspruchte Verbindungen dar, an denen die Kräfte über Kontakt übertragen werden können. Sie sind dann unendlich steif. Die noch in DIN 18807-3 und DIN EN 1090-4 erhobene Forderung, dass die Übertragung von Kräften durch Kontaktwirkung durch Versuche nachgewiesen werden muss, entfällt damit. Es gelten jedoch die allgemeinen Regelungen der DIN EN 1090-4 hinsichtlich Doppelverlegung. Die in Bild 26 dargestellten Federn stellen zugbeanspruchte Verbindungen dar. Die Steifigkeit ergibt sich in Abhängigkeit von der Positionierung der Verbindungsele-

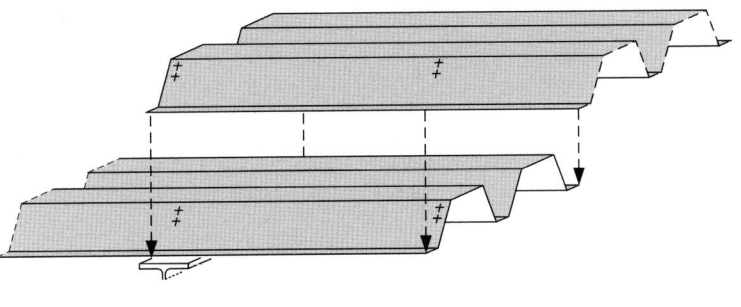

**Bild 23.** Überdeckung – SOL-L

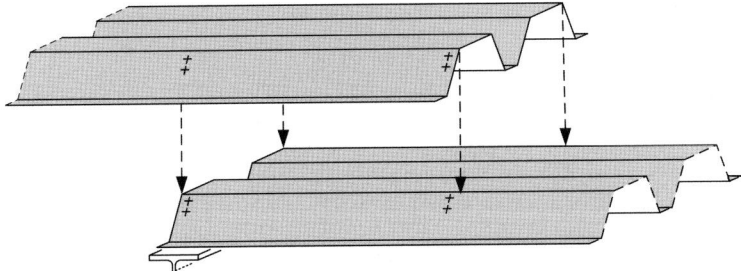

**Bild 24.** Überdeckung – SOL-U

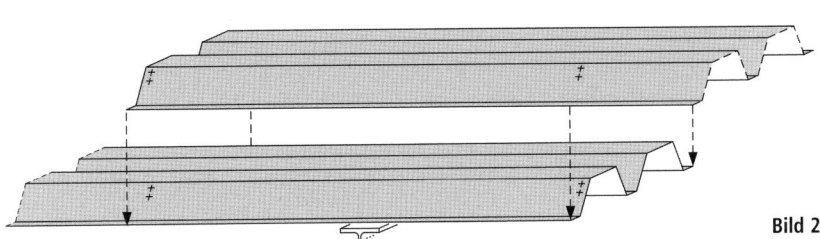

**Bild 25.** Überdeckung – DOL

mente. Bei einer Verbindung der Gurte ergibt sich aus der Gurtverformung eine Nachgiebigkeit.

$$K_f = 0,5 \cdot k \cdot E \cdot \sqrt{\frac{t^3 \cdot d_w}{h \cdot b_p}} \qquad (41)$$

k   Faktor, k = 0,07 bei zwei Verbindungselementen, k = 0,13 bei vier Verbindungselementen (s. Bild 27)
E   Elastizitätsmodul
t    Blechdicke
$d_w$  Scheibendurchmesser
h   Profilhöhe
$b_p$  Gurt oder (bei Gurten mit Sicken) Breite der ebenen Teilfläche

Können sich beide miteinander verbunden Gurte verformen, reduziert sich die Federsteifigkeit auf die Hälfte.

$$K_f = 0,25 \cdot k \cdot E \cdot \sqrt{\frac{t^3 \cdot d_w}{h \cdot b_p}} \qquad (42)$$

Für die Verbindungselemente sind folgende Rand- und Lochabstände einzuhalten (Bild 27):
– Randabstand $e_1$:                    ≥ $b_p$
– Lochabstand $p_1$:                    ≥ 40 mm

Erfolgt die Verbindung im Steg (jedoch keinesfalls im Bereich einer Stegperforation), darf

$$K_f \rightarrow \infty \qquad (43)$$

angenommen werden. Der biegesteife Stoß nach DIN 18807-3 sah nur diese Position der Verbindungselemente vor. Für die Verbindungselemente sind folgende Rand- und Lochabstände einzuhalten (Bild 28):

– Randabstand $e_1$
   in Kraftrichtung:                 ≥ 3 d
                                                 ≥ 20 mm
– Randabstand $e_2$
   rechtwinklig zur Kraftrichtung:  ≥ 30 mm
– Lochabstand $p_1$ und $p_2$:         ≥ 4 d
                                                  ≥ 40 mm
                                                  ≤ 10 d

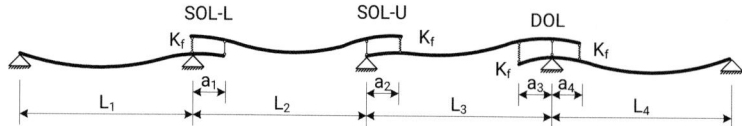

**Bild 26.** Mechanisches System eines Mehrfeldträgers mit Überdeckungsstößen

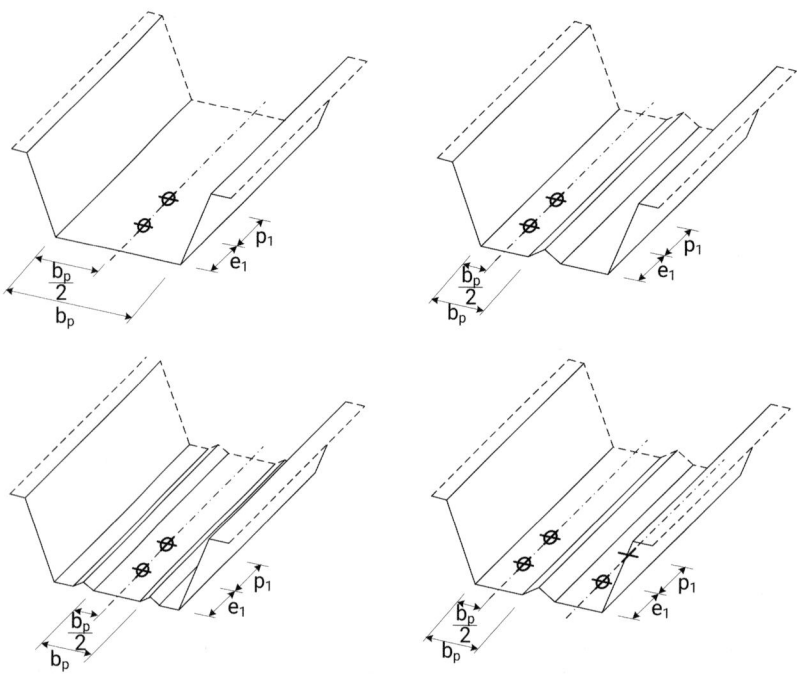

**Bild 27.** Überdeckung als nachgiebiger Stoß – Rand- und Lochabstände

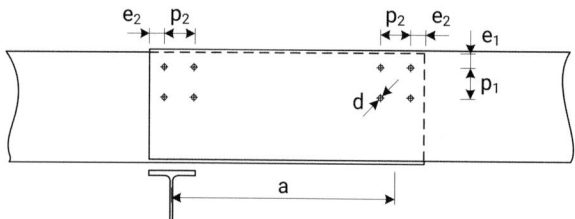

**Bild 28.** Überdeckung als biegesteifer Stoß – Rand- und Lochabstände

Die Tragfähigkeit der Verbindungen (Kontaktverbindungen oder mechanische Verbindungen) ist für folgende Kräfte nachzuweisen:

– SOL-L

$$F_{Ed} = \frac{|M_{Ed}|}{2 \cdot a \cdot \sin\varphi} \cdot b_R \qquad (44)$$

– SOL-U

$$F_{Ed} = \frac{|M_{Ed}| + |V_{Ed}| \cdot a}{2 \cdot a \cdot \sin\varphi} \cdot b_R \qquad (45)$$

– DOL

$$F_{Ed} = \frac{|M_{Ed}| + q_{Ed} \cdot a^2}{4 \cdot a \cdot \sin\varphi} \cdot b_R \qquad (46)$$

Je Verbindung dürfen in jedem Gurt oder Steg nur 2 Verbindungselemente in Reihe (insgesamt 4 Stück) rechnerisch berücksichtigt werden. An den Stellen der Lasteinleitung durch Kontakt (vgl. die voranstehenden Ausführungen zu den Distanzblechen) ist ein Nachweis gegen Stegkrüppeln zu führen, ggf. unter Berücksichtigung der Interaktion mit Biegung.

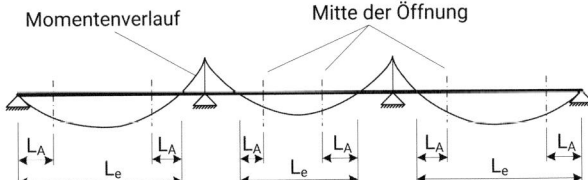

**Bild 29.** Lage der Öffnung in Bezug auf den Abstand der Momentennullpunkte

### 7.2.3 Trapezprofile mit Öffnungen

#### 7.2.3.1 Allgemeines

Mit denen der DIN 18807-6 vergleichbare Regelungen zu Öffnungen ohne Auswechslungen werden derzeit in DIN EN 1090-4 behandelt. Eine – um ergänzende Regelungen für sehr kleine Öffnungen erweiterte – Übernahme in die nächste Ausgabe der DIN EN 1993-1-3 ist vorgesehen. Die Änderungen und Ergänzungen gegenüber DIN 18807-3 basieren auf [72] und [73].

Die Regelungen der DIN 18807-9 wurden ohne Änderung in DIN EN 1090-5 übernommen, sodass hier darauf nicht weiter eingegangen wird. Da diese Regelungen nicht mit Anforderungen an die Bemessung verbunden sind, ist die Übernahme in DIN EN 1999-1-4 noch offen.

Generell ist die Ausführung von Öffnungen ohne von Auflager zu Auflager spannende Auswechslungen auf den Bereich der Feldmomente und einen maximalen Durchmesser (oder eine maximale Kantenlänge) von 300 mm begrenzt. Die Anforderung an Konstruktion und ggf. Bemessung variieren in Abhängigkeit vom Abstand zum Momentennullpunkt (einschließlich Endauflager, s. Bild 29) und der Größe der Öffnung. Es wird jedoch immer unterstellt, dass nur Flächenlasten wirken.

#### 7.2.3.2 Stahltrapezprofile mit Öffnungen bis 125 mm

Öffnungen im Obergurt mit einem Durchmesser bis 125 mm dürfen bis zu einem Abstand $L_A/L_e \leq 0,1$ ohne weitere Anforderung an Konstruktion und Bemessung ausgeführt werden. In diesem Bereich ist die Beanspruchung des Trapezprofils verhältnismäßig gering. Bei größeren Abständen vom Momentennullpunkt ist in Zukunft ein auf [72] basierender rechnerischer Nachweis der Tragfähigkeit für die geschwächte Rippe des Trapezprofils vorgesehen, der jedoch die rechnerische Ermittlung der (Rest-)Querschnittstragfähigkeit erfordert. Dabei gilt, dass neben der Öffnung jeweils mindestens 20 % der Gurtbreite erhalten bleiben müssen (Bild 30). Der minimale Abstand der Öffnungen in Spannrichtung dient der Stabilisierung dieser verbleibenden Gurtbreiten.

#### 7.2.3.3 Stahltrapezprofile mit Öffnungen bis 300 mm

Werden die im voranstehenden Abschnitt genannten Anforderungen an den Durchmesser oder die Tragfähigkeit der geschwächten, aber unverstärkten Einzel-rippe nicht erfüllt, kann mit Abdeckblechen gearbeitet werden. Die Mindestabmessungen der Abdeckbleche betragen 600 mm × 600 mm. Die Abdeckbleche sind so auszuführen, dass auf jeder Seite der Öffnung mindestens zwei durchgehende Stege überdeckt werden. Die hierzu in DIN EN 1090-4 genannten vereinfachten Regelungen bei Öffnungen mit Durchmesser ≤ 125 mm greifen aufgrund der Mindestabmessungen praktisch nicht. Die Dicke der Abdeckbleche muss mindestens das 1,5-Fache der Dicke der Trapezprofile betragen, sie darf jedoch nicht kleiner als $t_N = 1,13$ mm sein. Die Anforderungen an die Verbindungen mit dem Trapezprofil sind in Bild 31 dargestellt. Für die Befestigung von Profiltafellängsrändern neben einer Öffnung beträgt der Mindestdurchmesser von Schrauben 4,2 mm,

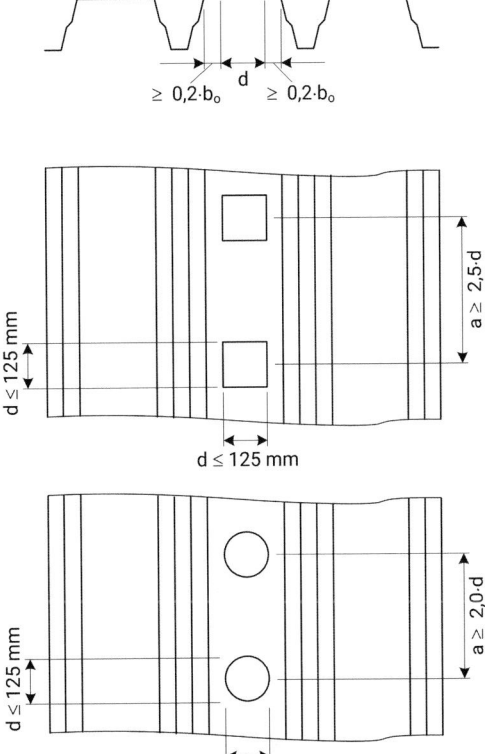

**Bild 30.** Stahltrapezprofile mit Öffnungen bis 125 mm

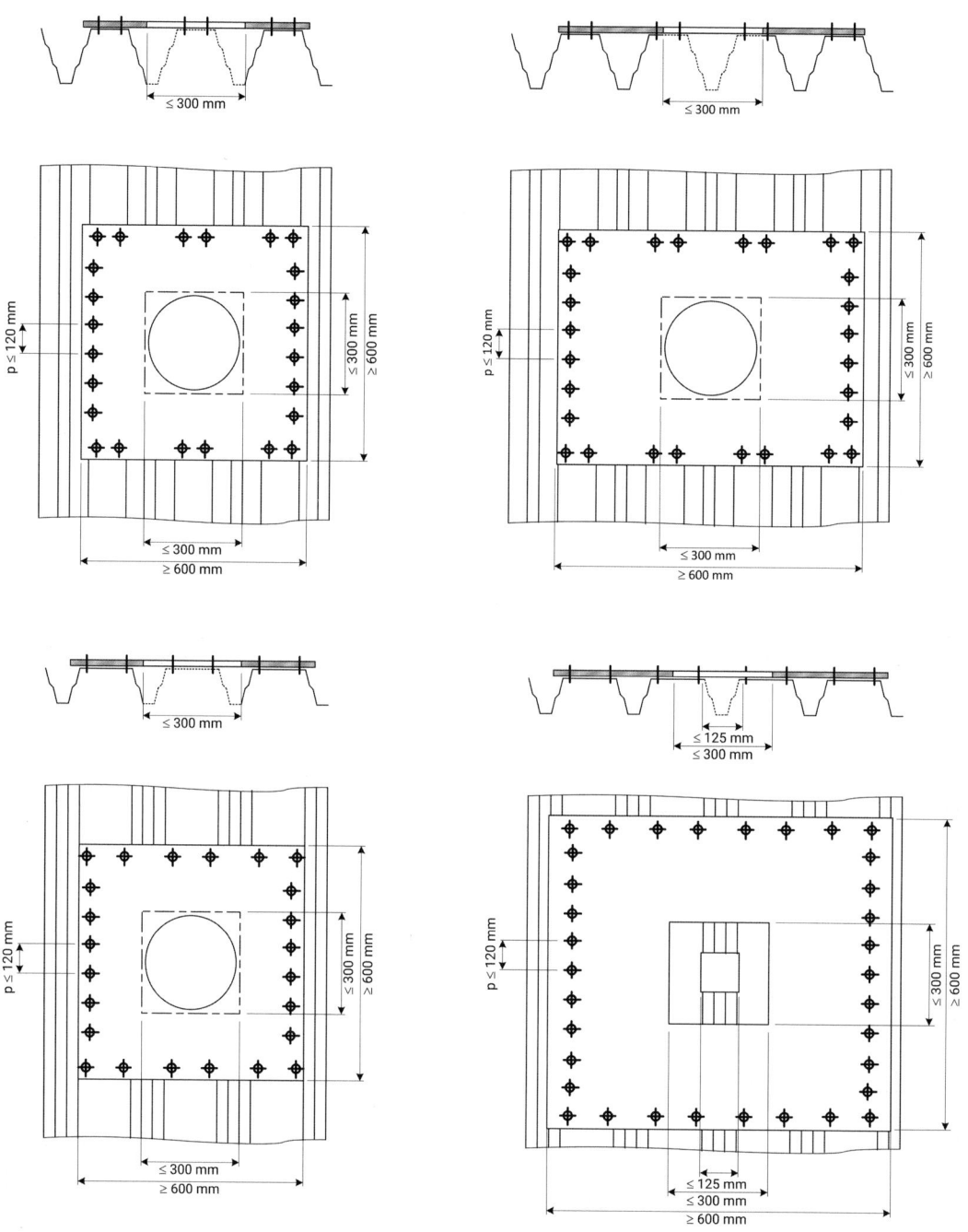

**Bild 31.** Stahltrapezprofile mit Öffnungen bis 300 mm – Lage und Befestigung Abdeckblech

sonst an Profillängsstößen 4,8 mm. Für Blindniete gilt ein Mindestdurchmesser von 4 mm.

Die Lage der Öffnungen quer zur Spannrichtung muss sich an der Lage der Rippen orientieren, d. h., die Mitte der Öffnung sollte in der Mitte eines Obergurts oder eines Untergurts liegen. Rechtwinklig zur Spannrichtung der Profiltafeln ist nur eine Öffnung je Meter zulässig, da die Beanspruchung der nicht mittragenden Rippe(n) in die benachbarten Rippen umgelagert werden muss. Diese sind dann für entsprechend höhere

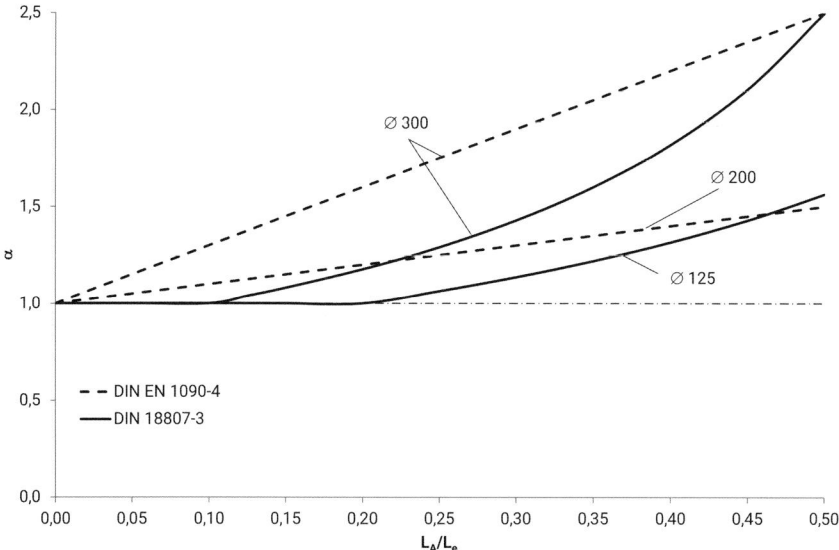

**Bild 32.** Faktor α

Beanspruchungen zu bemessen. DIN EN 1090-4 fordert wie bereits DIN 18807-3 einen Nachweis der Tragfähigkeit mit α-fachen Einwirkungen. Der Faktor α hängt vom bezogenen Abstand der Öffnung vom Momentennullpunkt (einschließlich Endauflager) und vom Durchmesser der Öffnung ab. Maßgebend ist immer der größere Durchmesser aus Öffnung im Trapezprofil und Öffnung im Abdeckblech. DIN 18807-3 sah bei ansonsten gleichen konstruktiven Anforderungen für Durchmesser ≤ 125 mm den Faktor

$$\alpha = \frac{1}{1{,}24 - 1{,}2 \cdot \frac{L_A}{L_e}} \tag{47}$$

mit
$L_e$ Abstand der Momentennullpunkte
$L_A$ Abstand zwischen Mitte Öffnung und Momentennullpunkt

und für Durchmesser ≤ 300 mm dem Faktor

$$\alpha = \frac{1}{1{,}15 - 1{,}5 \cdot \frac{L_A}{L_e}} \tag{48}$$

vor. In DIN EN 1090-4 wurden diese basierend auf [73] für Durchmesser ≤ 200 mm in

$$\alpha = 1 + \frac{L_A}{L_e} \tag{49}$$

und für Durchmesser ≤ 300 mm in

$$\alpha = 1 + 3 \cdot \frac{L_A}{L_e} \tag{50}$$

geändert. In Bild 32 werden die Gleichungen gegenübergestellt. Das zugrunde liegende Prinzip der Bemessung wurde ursprünglich für eine Bemessung auf Grundlage von zulässigen Flächenlasten entwickelt, wie man es heutzutage noch bei der Vorbemessung über Stützweitentabellen verwendet. Die Funktionen beschreiben näherungsweise den abnehmenden Einfluss der Öffnung auf die Gesamttragfähigkeit bei zunehmendem Abstand der Öffnung vom maßgebenden Querschnitt. Sinnvoller erscheint es, den Nachweis an der Stelle der Öffnung in der Form

$$\frac{\alpha \cdot M_{Ed}}{M_{c,Rd}} \leq 1{,}0 \tag{51}$$

mit α für $L_A/L_e = 0{,}5$ zu führen. Damit werden die tatsächlich nur lokal wirksamen Effekte ausreichend erfasst: Bei einer Öffnung mit Durchmesser ≤ 200 mm, bei der nur eine Rippe nicht mitträgt, ergibt sich lokal eine um jeweils 50 % vergrößerte Beanspruchung der beiden benachbarten Rippen und damit ein Faktor α = 1,5. Bei Öffnungen mit einem Durchmesser ≤ 300 mm, bei denen (näherungsweise) zwei Rippen nicht mittragen, ergibt sich ein Faktor α = 2,5 (also etwas mehr als der theoretische Faktor 2,0). Hieraus resultieren auch die Anforderungen an den Abstand der Öffnungen quer zur Spannrichtung.

### 7.2.4 Begehbarkeit

#### 7.2.4.1 Allgemeines

DIN EN 1993-1-3 und DIN EN 1999-1-4 enthalten keine Angaben zur Begehbarkeit während oder nach der Montage, wie dies in DIN 18807-2 und DIN 18807-7 der Fall war. Regelungen zur Begehbarkeit von Profiltafeln, die sich stark an den bekannten deutschen

Regeln zur Begehbarkeit orientieren, sind in DIN EN 1090-4 und DIN EN 1090-4 zu finden. Auch der Begehbarkeitsversuch nach DIN 18807-2, 7.7 ist dort aufgenommen worden und soll auch in der nächsten Ausgabe der DIN EN 1993-1-3 in deren Anhang A aufgenommen werden. Die im Versuch damit ermittelten Grenzstützweiten können den Tabellen entnommen werden. Werden die Anforderungen an die Grenzstützweite erfüllt, darf der Ansatz einer Einzellast nach DIN EN 1991-1-1, 6.3.4 entfallen. Nach der Montage dürfen die Profiltafeln nur noch zu Wartungs- und Reinigungszwecken ihrer selbst durch Einzelpersonen begangen werden. Für planmäßig zu wartende oder zu betreibende Einrichtungen (z. B. Lichtbänder, Schornsteine, Heizzentralen) sind Laufstege anzuordnen.

Unbedingt zu beachten ist, dass die nach DIN EN 14782 als Widerstand gegen Punktlasten zu deklarierenden Stützweiten keine Grenzstützweiten der Begehbarkeit darstellen (s. a. Abschnitt 4.2.3).

### 7.2.4.2 Begehbarkeit während der Montage

Während der Montage dürfen die Profiltafeln nur zum Zwecke der Montage des Dachs begangen werden.

Die Profiltafeln dürfen nur unter Anwendung lastverteilender Maßnahmen begangen werden (z. B. Holzbohlen der Festigkeitsklasse C24 mit einem Querschnitt 4 cm × 24 cm und einer Länge > 3,0 m). Falls bei Stahlprofiltafeln die vorhandene Stützweite die in Versuchen nach Anhang B.4.3 von DIN EN 1090-4 ermittelten Grenzwerte $L_{lim}$ nicht überschreitet, darf auf die lastverteilenden Maßnahmen verzichtet werden. Aluminiumprofiltafeln sind – anders als DIN EN 1090-5 suggeriert – während der Montage nicht ohne lastverteilende Maßnahmen begehbar.

### 7.2.4.3 Begehbarkeit nach der Montage

Nach der Montage dürfen die Profiltafeln nur noch zu Wartungs- und Reinigungszwecken ihrer selbst begangen werden.

Die Profiltafeln dürfen nur unter Anwendung lastverteilender Maßnahmen begangen werden (z. B. Holzbohlen der Festigkeitsklasse C24 mit einem Querschnitt 4 cm × 24 cm und einer Länge > 3,0 m). Falls die vorhandene Stützweite die in Versuchen nach Anhang B.7.3 von DIN EN 1090-4 ermittelten Grenzwerte $L_{lim}$ nicht überschreitet, darf auf die lastverteilenden Maßnahmen verzichtet werden. Bei Profiltafeln, die als Mehrfeldträger verlegt sind, darf die vorhandene Stützweite – auch ohne lastverteilende Maßnahmen – bis zu 25% größer sein als die in den Versuchen ermittelten Grenzwerte.

Für planmäßig zu wartende oder zu betreibende Einrichtungen (z. B. Lichtbänder, Schornsteine, Heizzentralen, Photovoltaikanlagen) sind Laufstege anzuordnen.

### 7.2.5 Längsbeanspruchung

#### 7.2.5.1 Zugbeanspruchbarkeit

Der Bemessungswert der Grenzzugkraft ergibt sich bei Stahltrapezprofilen zu

$$N_{t,Rd} = \frac{A_g \cdot f_{ya}}{\gamma_{M0}} \qquad (52)$$

und bei Aluminiumtrapezprofilen zu

$$N_{t,Rd} = \frac{A_g \cdot f_0}{\gamma_{M1}} \qquad (53)$$

Der Nachweis wird also über die Streckgrenze bzw. Dehngrenze und in beiden Fällen mit dem Teilsicherheitsbeiwert 1,1 geführt. Die Bruttoquerschnittsfläche (Gesamtquerschnittsfläche) $A_g$ ist in den Tabellen angegeben. Bei Stahltrapezprofilen darf die infolge Kaltumformens erhöhte Streckgrenze $f_{ya}$ angesetzt werden. Diese ist aus den Tabellen nicht bekannt, ließe sich aber einfach nach DIN EN 1993-1-3 ermitteln. Praktisch wird der Nachweis aber immer mit $f_{yb}$ geführt werden.

#### 7.2.5.2 Druckbeanspruchbarkeit

Der Bemessungswert der Grenzdruckkraft für Querschnitte mit einer wirksamen Querschnittsfläche $A_{eff}$, die infolge örtlichen Beulens kleiner als die Bruttoquerschnittsfläche $A_g$ ist, ergibt sich bei Stahltrapezprofilen zu

$$N_{c,Rd} = \frac{A_{eff} \cdot f_{yb}}{\gamma_{M0}} \qquad (54)$$

und bei Aluminiumtrapezprofilen zu

$$N_{c,Rd} = \frac{A_{eff} \cdot f_0}{\gamma_{M1}} \qquad (55)$$

Die Gleichungen sind für diesen Fall identisch, die unterschiedlichen Indizes beim Teilsicherheitsbeiwert spiegeln nur einen Unterschied vor, in beiden Fällen beträgt der Wert 1,1. Ist hingegen $A_{eff} = A_g$ (Querschnitt voll wirksam), darf bei Stahltrapezprofilen mit

$$N_{c,Rd} = \frac{A_g}{\gamma_{M0}} \cdot \left( f_{yb} + (f_{ya} - f_{yb}) \cdot 4 \cdot \left( 1 - \left( \frac{\overline{\lambda}_e}{\overline{\lambda}_{e0}} \right)_{max} \right) \right)$$
$$\leq \frac{A_g \cdot f_{ya}}{\gamma_{M0}} \qquad (56)$$

die Verfestigung infolge Kaltumformens mit in Ansatz gebracht werden. Als Interpolationsparameter zwischen der infolge Kaltumformens erhöhten Streckgrenze $f_{ya}$ und der Basisstreckgrenze $f_{yb}$ des Grundwerkstoffs vor dem Kaltumformen wird das größte Verhältnis der Schlankheit $\lambda_e$ der ebenen (ggf. ausgesteiften) Teilflächen zur Grenzschlankheit $\lambda_{e0}$ (Ende des Plateaus der Beul- oder Knickkurve) herangezogen. Praktisch ist aber weder $\lambda_e$ noch $f_{ya}$ aus den Tabellen bekannt, sodass mit

$$N_{c,Rd} = \frac{A_g \cdot f_{yb}}{\gamma_{M0}} \qquad (57)$$

gearbeitet werden wird, d. h., der Übergang zu Gl. (54) ist fließend. Da bei Aluminiumtrapezprofilen die Erhöhung der Streckgrenze infolge Kaltumformens nicht mit berücksichtigt wird, gilt dort bei $A_{eff} = A_g$ automatisch

$$N_{c,Rd} = \frac{A_g \cdot f_0}{\gamma_{M1}} \qquad (58)$$

Für den Knicknachweis ergibt sich die Beanspruchbarkeit zu

$$N_{b,Rd} = \frac{\chi_y \cdot A_{eff} \cdot f_y}{\gamma_{M1}} \qquad (59)$$

mit
$\chi_y$   Abminderungsfaktor
$A_{eff}$  wirksame Querschnittsfläche
$f_y$   Streck- oder Dehngrenze, bei Aluminiumtrapezprofilen $f_0$
$\gamma_{M1}$   Teilsicherheitsbeiwert

Die Schlankheit wird mit der elastischen kritischen Beulspannung des Bruttoquerschnitts ermittelt, die als Bezugswert verwendete Querschnittstragfähigkeit wird bei Stahltrapezprofilen mit der wirksamen Querschnittsfläche $A_{eff}$ berechnet:

$$\bar{\lambda} = \sqrt{\frac{N_{c,Rk}}{N_{cr,g}}} = \frac{L_{cr}}{\pi \cdot i_g} \cdot \sqrt{\frac{A_{eff}}{A_g}} \cdot \sqrt{\frac{f_y}{E}} \qquad (60)$$

mit
$L_{cr}$   Knicklänge
$i_g$   tabellierter Trägheitsradius des Bruttoquerschnitts
$A_{ef}$   tabellierte Fläche des wirksamen Querschnitts
$A_g$   tabellierte Bruttoquerschnittsfläche
$f_y$   Streck- oder Dehngrenze
$E$   Elastizitätsmodul

Bei Aluminiumtrapezprofilen wird die als Bezugswert verwendete Querschnittstragfähigkeit mit der Bruttoquerschnittsfläche $A_g$ berechnet:

$$\bar{\lambda} = \sqrt{\frac{N_{c,Rk}}{N_{cr,g}}} = \frac{L_{cr}}{\pi \cdot i_g} \cdot \sqrt{\frac{f_0}{E}} \qquad (61)$$

mit
$L_{cr}$   Knicklänge
$i_g$   tabellierter Trägheitsradius des Bruttoquerschnitts
$f_y$   Dehngrenze
$E$   Elastizitätsmodul

Dieses Vorgehen weicht somit vom sonst üblichen Vorgehen ab, selbst in DIN EN 1999-1-1 wird beim Stabilitätsnachweis druckbeanspruchter Bauteile (Knicknachweis) der wirksame Querschnitt angesetzt. Der Abminderungsfaktor ergibt sich wie bei warmgewalzten Profilen zu

$$\chi_y = \frac{1}{\phi + \sqrt{\phi^2 - \bar{\lambda}^2}} \leq 1{,}0 \qquad (62)$$

mit

$$\phi = 0{,}5 \cdot \left(1 + \alpha \cdot (\bar{\lambda} - 0{,}2) + \bar{\lambda}^2\right) \qquad (63)$$

Der Imperfektionsfaktor $\alpha$ ist für Aluminiumtrapezprofile und Stahltrapezprofile unterschiedlich. Für Aluminiumtrapezprofile gilt die Knickspannungslinie $a_0$ mit $\alpha = 0{,}13$, für Stahltrapezprofile mit $A_{eff} \leq A_g$ mit $f_y = f_{yb}$, d. h. ohne Ansatz der Verfestigung durch das Kaltumformen, hingegen die Knickspannungslinie b mit $\alpha = 0{,}34$. Für Stahltrapezprofile mit $A_{eff} = A_g$ und $f_y = f_{ya}$, d. h. mit Ansatz der Verfestigung durch das Kaltumformen, gilt Knickspannungslinie c mit $\alpha = 0{,}49$. Aufgrund der oben angesprochenen Probleme bei der Ermittlung der Grenzdrucktragfähigkeit bei einer tabellenbasierten Bemessung wird letztgenannter Fall für die meisten Anwendungen irrelevant sein. Der gegenüber Stahltrapezprofilen deutlich niedrigere Imperfektionsfaktor bei Aluminiumtrapezprofilen mag als Ausgleich für die abweichende Definition der Schlankheit dienen.

DIN 18807-1 und DIN 18807-8 arbeiteten ebenfalls mit einer Knickspannungslinie, die jedoch mit

$$\chi_y = \begin{cases} 1{,}00 & \bar{\lambda} \leq 0{,}30 \\ 1{,}126 - 0{,}419 \cdot \bar{\lambda} & \text{für } 0{,}30 \leq \bar{\lambda} \leq 1{,}85 \\ 1{,}2/\bar{\lambda}^2 & \bar{\lambda} \geq 1{,}85 \end{cases} \qquad (64)$$

in der Formulierung von der sonst üblichen Ayrton-Perry-Formulierung deutlich abwich und darüber hinaus auf der elastischen kritischen Knickspannung

$$\bar{\lambda} = \sqrt{\frac{N_{b,Rk}}{N_{cr,eff}}} = \frac{L_{cr}}{\pi \cdot i_{eff}} \cdot \sqrt{\frac{f_y}{E}} \qquad (65)$$

des wirksamen Querschnitts basiert. Bild 33 zeigt die Knickspannungslinien im Vergleich, wobei der Unterschied in der Definition der Schlankheit vernachlässigt wurde (Dies entspricht der Annahme $A_{eff} = A_g$). Im Bereich mittlerer bis hoher Schlankheiten sind die Knickspannungslinien nach DIN EN 1993-1-3 und DIN EN 1999-1-4 deutlich konservativer.

Ergänzend war der Nachweis

$$N_{b,Rd} = 0{,}8 \cdot \frac{A_g \cdot \sigma_{cr,g}}{\gamma_{M1}} \qquad (66)$$

mit der Spannung

$$\sigma_{cr,g} = \frac{\pi^2 \cdot i_g^2 \cdot E}{L_{cr}^2} \qquad (67)$$

und
$i_g$   tabellierter Trägheitsradius des Bruttoquerschnitts
$E$   Elastizitätsmodul
$L_{cr}$   Knicklänge

d. h. mit 80 % der elastischen kritischen Knickspannung des Bruttoquerschnitts zu führen. Dies ist auch der Grund, warum in den Tabellen immer der Trägheitsradius $i_g$ des Bruttoquerschnitts und $i_{eff}$ des wirksamen Querschnitts aufgeführt wurden. Bei Stahltrapezprofilen ist der Trägheitsradius $i_{eff}$ des wirksamen Querschnitts nicht mehr erforderlich, bei Aluminiumtrapezprofilen hingegen der Trägheitsradius $i_{eff}$ des wirksamen Querschnitts. In den Tabellen wird darüber hinaus auch

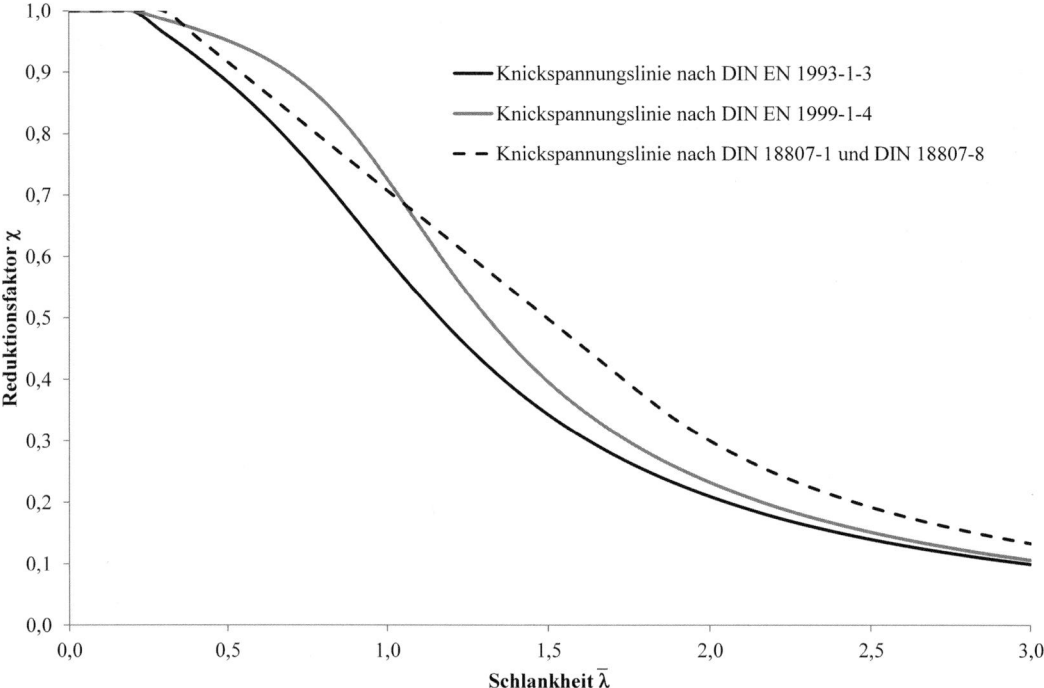

**Bild 33.** Knickspannungslinien

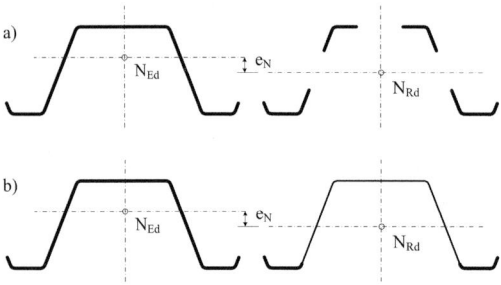

**Bild 34.** Versatzmoment

die Lage der Nulllinie $z_g$ des Bruttoquerschnitts und $z_{eff}$ des wirksamen Querschnitts angegeben. Diese Angaben sind erforderlich, da die Schnittgrößen im Schwerpunkt des Bruttoquerschnitts wirken, die Widerstände im Schwerpunkt des wirksamen Querschnitts. Aus diesem Versatz ergibt sich ein zusätzliches Biegemoment

$$\Delta M_{Ed} = N_{Ed} \cdot e_N \quad (68)$$

das beim Nachweis berücksichtigt werden muss (Bild 34).

### 7.2.5.3 Interaktion

Die Regelungen der DIN EN 1993-1-3 und DIN 1999-1-9 unterstellen, dass die Querschnittstragfähigkeit unter Biegebeanspruchung sowohl für den Biegezugrand als auch den Biegedruckrand bekannt sind. Dementsprechend sind je nach Vorzeichen der Längskraftbeanspruchung unterschiedliche Nachweise vorgesehen bzw. werden maßgebend. Bei einem auf den genannten Tabellen basierten Nachweis ist jedoch nur eine Biegebeanspruchbarkeit bekannt. Damit ergibt sich die Interaktionsbeziehung bei gleichzeitiger Wirkung von Längskraft und Biegemoment abhängig vom Vorzeichen der Längskraft für nicht stabilitätsgefährdete Druckkraft und Biegung zu

$$\frac{N_{Ed}}{N_{c,Rd}} + \frac{M_{Ed} + \Delta M_{Ed}}{M_{c,Rd}} \leq 1{,}0 \quad (69)$$

mit

$\Delta M_{Ed}$ Versatzmoment aus dem Abstand der Schwerachsen des wirksamen Querschnitts und des Bruttoquerschnitts nach Gl. (68)

und für Zugkraft und Biegung zu

$$\frac{N_{Ed}}{N_{t,Rd}} + \frac{M_{Ed}}{M_{c,Rd}} \leq 1{,}0 \quad (70)$$

Da bei zugbeanspruchten Bauteilen keine Reduzierung des Querschnitts auf einen wirksamen Querschnitt erfolgt, gibt es kein Versatzmoment $\Delta M_{Ed}$.
Die Angaben in DIN EN 1993-1-3 für den Nachweis stabilitätsgefährdeter Bauteile bei gleichzeitiger Wirkung von Druck und Biegung müssen anders als die in DIN EN 1999-1-4 sowohl für Trapezprofile als auch für Kaltprofile anwendbar sein. Die Angaben in DIN EN

1993-1-3 sind daher etwas allgemeiner gehalten. Grundsätzlich ermöglicht es DIN EN 1993-1-3, den Interaktionsnachweis auf Grundlage einer Berechnung nach Theorie II. Ordnung zu führen. Alternativ wird eine Interaktionsgleichung angegeben, die sowohl das (Drill-)Knicken eines druckbeanspruchten Bauteils als auch das Biegedrillknicken eines biegebeanspruchten Bauteils erfasst. Da bei den hier betrachteten Trapezprofilen Biegedrillknicken keine Rolle spielt, damit $M_{b,Rd} = M_{c,Rd}$ gilt (aber $N_{b,Rd} \neq N_{c,Rd}$, da die Tragfähigkeit des knickgefährdeten Bauteils nicht der Querschnittstragfähigkeit entspricht), kann der Nachweis in der Form

$$\left(\frac{N_{Ed}}{\chi_y \cdot N_{c,Rd}}\right)^{0,8} + \left(\frac{M_{Ed} + \Delta M_{Ed}}{M_{c,Rd}}\right)^{0,8} \leq 1,0 \quad (71)$$

mit
$N_{Ed}$ Bemessungswert der einwirkenden Druckkraft
$N_{c,Rd}$ Bemessungswert der Beanspruchbarkeit nach Gl. (54) oder Gl. (57)
$\chi_y$ Reduktionsfaktor nach Gln. (62) und (63)
$M_{Ed}$ Bemessungswert des einwirkenden Moments im betrachteten Querschnitt
$\Delta M_{Ed}$ das sich aus der Verschiebung der Schwerachsen ergebende Versatzmoment
$M_{c,Rd}$ Bemessungswert der Beanspruchbarkeit nach Gl. (2)

geführt werden. Für Aluminiumtrapezprofile gilt hingegen die lineare Interaktionsbeziehung

$$\frac{N_{Ed}}{\chi_y \cdot \varpi_x \cdot N_{c,Rd}} + \frac{M_{Ed} + \Delta M_{Ed}}{M_{c,Rd}} \leq 1,0 \quad (72)$$

mit
$N_{Ed}$ Bemessungswert der einwirkenden Druckkraft
$N_{c,Rd}$ Bemessungswert der Beanspruchbarkeit nach Gl. (55) oder Gl. (58)
$\chi_y$ Reduktionsfaktor nach Gln. (62) und (63)
$\varpi_x$ Faktor nach Gl. (73)
$M_{Ed}$ Bemessungswert des einwirkenden Moments im betrachteten Querschnitt
$\Delta M_{Ed}$ das sich aus der Verschiebung der Schwerachsen ergebende Zusatzmoment
$M_{c,Rd}$ Bemessungswert der Beanspruchbarkeit nach Gl. (3)

Über den Faktor

$$\varpi_x = \frac{1}{\chi_y + (1-\chi_y) \cdot \sin\frac{\pi \cdot x_s}{l_c}} \geq 1,0 \quad (73)$$

wird die im jeweils betrachteten Nachweisquerschnitt geringere Größe der Imperfektion erfasst. Das Verhältnis $x_s/l_c$ beschreibt dabei den relativen Abstand des Nachweisquerschnitts zum Wendepunkt der Knickfigur oder zum Auflager. Vereinfachend kann $\varpi_x = 1,0$ gesetzt werden.
Während die Interaktionsbedingung für nicht stabilitätsgefährdete Bauteile nach DIN EN 1993-1-3, DIN EN 1999-1-4, DIN 18807-3 und DIN 18807-8 identisch ist, unterscheidet sich die Interaktionsbedingung bei Druck und Biegung bei stabilitätsgefährdeten Bauteilen: DIN 18807-3 und DIN 18807-6 verwendeten in diesem Fall die Interaktionsbedingung

$$\frac{N_{Ed}}{N_{b,Rd}} \cdot \left[1 + 0,5 \cdot \overline{\lambda} \cdot \left(1 - \frac{N_{Ed}}{N_{b,Rd}}\right)\right] + \frac{M_{Ed} + \Delta M_{Ed}}{M_{c,Rd}}$$
$$\leq 1,0 \quad (74)$$

mit $\overline{\lambda}$ nach Gl. (65).

## 7.3 Wellprofile

Betrachtet man die in DIN EN 1993-1-3 beispielhaft dargestellten Profiltafeln, muss man vermuten, dass DIN EN 1993-1-3 (und DIN 1999-1-4) nicht für Wellprofile gelten. Richtig ist, dass beide Normen keine Angaben zur rechnerischen Ermittlung der Tragfähigkeit bei Quer- und Längsbeanspruchung machen, jedoch alle weiteren Regelungen auf Wellprofile angewandt werden können. Dies schließt auch die Ermittlung der Tragfähigkeit durch Versuche nach Anhang A ein. Gegenüber dem Regelungsstand der DIN 18807 ergibt sich keine Änderung, die Situation ist die Gleiche geblieben. Daher wird an dieser Stelle auf Wellprofile nicht weiter eingegangen und auf den Abschnitt 7.2 zu den Trapezprofilen verwiesen.

## 7.4 Kassettenprofile

### 7.4.1 Querbeanspruchung

DIN EN 1993-1-3 gibt Verfahren zur rechnerischen Ermittlung der Tragfähigkeit von Kassettenprofilen an. Das Verfahren zur Ermittlung der Bemessungswerte der Biegebeanspruchbarkeit basiert auf [74] bis [76]. Für die rechnerische Ermittlung der Querkrafttragfähigkeit und der Tragfähigkeit bei örtlicher Lasteinleitung gelten die Regelungen für Pfetten. Die in der Regel vorhandene Längsaussteifung der Stege kann mit erfasst werden.
Auch für Kassettenprofile gilt jedoch, dass die Bemessung in aller Regel auf tabellierten Werten basiert (s. Tabelle 9), sodass auf das Berechnungsverfahren nicht weiter eingegangen und – da die Nachweisführung vergleichbar ist – auf den Abschnitt 7.2 zu den Trapezprofilen verwiesen wird. Verglichen mit diesen auf Versuchen basierenden Werten sind auch die rechnerisch ermittelten Werte der Biegebeanspruchbarkeit deutlich geringer, was in diesem Fall auch an den in DIN EN 1993-1-3 gegenüber [74] bis [76] zusätzlich eingeführten konstanten Vorfaktoren liegt.
Die Biegebeanspruchbarkeit von Stahlkassettenprofiltafeln mit druckbeanspruchten schmalen Gurten ist durch deren Knicktragfähigkeit begrenzt. Diese Gurte werden durch die Verbindung mit der Außenschale gegen seitliches Ausweichen gehalten. Der Abstand $s_1$ der Verbindungselemente definiert die Knicklänge des

**Tabelle 9.** Anhang einer typengeprüften statischen Berechnung

| Beiblatt 2/2 | Erläuterungen zu den Querschnitts- und Bemessungswerten (EN 1993-1-3) |
|---|---|
| **Schubfelder nach Schardt/Strehl** | |
| 13) | Bei Schubfeldlängen $L_S <$ min $L_S$ müssen die Schubflüsse $T_{i,Rk}$ reduziert werden: <br> $T'_{i,Rk} = T_{i,Rk} \cdot (L_S / \min L_S)$ |
| 14) | Bei Schubfeldlängen $L_S > L_g$ ist $T_{3,Rk}$ nicht maßgebend. |
| 15) | Der Grenzwert der Beanspruchbarkeit zur Einhaltung des maximalen Gleitwinkels 1/750 ergibt sich aus: <br> $T_{3,Rk} = \dfrac{1}{750} \cdot G_S$  mit $G_S$ = ideeller Schubmodul in kN/m. |
| 16) | Im Grenzzustand der Gebrauchstauglichkeit ist nachzuweisen: <br> $T_{Ed} \leq \dfrac{T_{2,Rk}}{\gamma_{M,ser}}$  Der Nachweis von $T_{2,Rk}$ ist nur bei bituminös verklebten Dachaufbauten erforderlich. <br> $T_{Ed} \leq \dfrac{T_{3,Rk}}{\gamma_{M,ser}}$ |
| 17) | Im Grenzzustand der Tragfähigkeit ist nachzuweisen: <br> $T_{Ed} \leq \dfrac{T_{1,Rk}}{\gamma_{M1}}$ <br> Die Bemessungswerte der Quer- und Auflagerkräfte sind um $F_{Ed,S} = K_3 \cdot T_{Ed}$ zu vergrößern. |
| 18) | Sonderausführungsarten der Befestigung: <br> Eine Sonderausführung der Befestigung ist gegeben, wenn jede Rippe mit je einem Befestigungselement unmittelbar neben jedem Steg des Trapezprofils (siehe Bild 1) befestigt wird. Alternativ darf eine runde oder rechteckige Unterlegscheibe (siehe Bild 2), die unter das mittig eingebrachte Befestigungselement anzuordnen ist, verwendet werden. Die Unterlegscheibe muss den Untergurt in seiner gesamten ebenen Breite überdecken. <br><br> Für die Scheibendicke gilt: <br> $d \geq 2{,}7 \cdot t_{cor} \cdot \sqrt[3]{\dfrac{l}{c_u}} \geq 2{,}0\,\text{mm}$ <br> mit <br> $l$ = Untergurtbreite des Trapezprofils <br> $c_u$ = Breite der Unterlegscheibe in Trapezprofillängsrichtung oder Durchmesser der Unterlegscheibe <br><br> 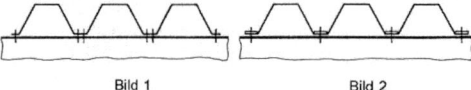 <br> Bild 1     Bild 2 |
| 19) | Einzellasten $F_{t,Rk}$ in kN je Rippe für die Einleitung in Trapezprofile in Spannrichtung ohne Lasteinleitungsträger. <br> Nachweis $F_{t,Ed} \leq \dfrac{F_{t,Rk}}{\gamma_{M1}}$ |

**Erläuterung zu den Schubfeld-Beiwerten**

| Wert | | Einheit |
|---|---|---|
| $L_S$ | Schubfeldlänge in Spannrichtung der Trapezprofile | m |
| $K_1$ | Konstante zur Steifigkeitsberechnung | m/kN |
| $K_2$ | Konstante zur Steifigkeitsberechnung | $m^2$/kN |
| $K_3$ | Faktor für die Quer- und Auflagerkraft | - |
| $T_{1,Rk}$ | char. Widerstandswert aus dem Spannungsnachweis | kN/m |
| $T_{2,Rk}$ | Grenzschubfluss für die Relativverformung h/20, h = Profilhöhe | kN/m |
| $T_{3,Rk}$ | Grenzschubfluss zur Einhaltung des Gleitwinkels 1/750 | kN/m |

durch die Stege zusätzlich elastisch gebetteten Gurts. Zur Erzielung der vollen Tragfähigkeit von Kassettenprofilen sind die schmalen Gurte der Kassettenprofile zu stabilisieren. Die Stabilisierung wird durch die Verbindung mit der direkt anliegenden Außenschale oder indirekt über den Anschluss von Einzelprofilen (Zwischenprofile, Distanzprofile) erreicht.

Sofern kein genauerer Nachweis geführt wird, darf der Abstand der Verbindungen zwischen der Außen- oder Oberschale und den schmalen Gurten der Kassettenprofile nicht größer sein als der in den Versuchen nach DIN EN 1993-1-3 untersuchte Abstand. Wenn Trapez- bzw. Wellprofile für die Außenschale benutzt werden, dürfen diese Profiltafeln keine geringere Mindestnennblechdicke besitzen als die in den Versuchen nach DIN EN 1993-1-3 untersuchte Dicke, auch wenn sich aus der Bemessung der Außenschale eine geringere erforderliche Blechdicke ergibt. In diesem Zusammenhang ist zu beachten, dass unter Windsogbelastung nur jeweils die Verbindungselemente als Auflagerpunkte herangezogen werden dürfen, siehe auch [77].

Als direkt anliegend gilt die Außenschale auch dann, wenn zwischen den schmalen Gurten der Kassettenprofile und den anliegenden Gurten der äußeren Profiltafeln eine durchlaufende Zwischenschicht (z. B. druckfeste thermische Trennstreifen) mit einer Dicke von maximal 3 mm angeordnet ist. Ist eine größere Dicke der Zwischenschicht erforderlich, muss die Tragfähigkeit der Kassettenprofile nachgewiesen werden.

Bei einer indirekten Verbindung der Außenschale über Distanzprofile wird die stabilisierende Wirkung über diese einzelnen Distanzprofile erzielt. Sind die Distanzprofile in Längsrichtung unverschieblich gehalten, sodass das seitliche Ausweichen der schmalen Gurte der Kassettenprofile behindert ist, so werden an die Außenschale keine Anforderungen gestellt. Anderenfalls ist eine schubsteife Außenschale erforderlich oder der Nachweis der Tragfähigkeit für die Kassettenprofile ist mit unausgesteiften Gurten zu führen.

Im Rahmen der laufenden Überarbeitung der EN 1993-1-3 werden Regelungen aufgenommen, die über den Korrelationsfaktor $\beta_b$ eine Extrapolation der tabellierten Beanspruchbarkeiten $M_{c,Rd}$ für druckbeanspruchte schmale Gurte auf größere Abstände $s_1 \leq 2000$ mm ermöglichen (die Beanspruchbarkeit $M_{c,Rd}$ für zugbeanspruchte schmale Gurte wird durch größere Werte $s_1$ nicht beeinflusst). Diese Regelungen basieren auf [72, 78, 79]. Der Korrelationsfaktor beschreibt das Verhältnis der Knicktragfähigkeiten des schmalen Gurts:

$$\beta_b = \frac{N_{b,Rk,1}}{N_{b,Rk,ref}} \quad (75)$$

$N_{b,Rk,ref}$ Knicktragfähigkeit des schmalen Gurts, berechnet für Knicklänge $L_{cr} = s_{1,ref}$ entsprechend dem Abstand der Verbindungselemente im Versuch (in den Tabellen ausgewiesen)

$N_{b,Rk,1}$ Knicktragfähigkeit des schmalen Gurts, berechnet für den vorgesehenen Abstand $s_1$ der Verbindungselemente

Für den schmalen Gurt wird ein Ersatzquerschnitt bestehend aus den schmalen Gurten, der Lippe (falls vorhanden) und einem mittragenden Steganteil entsprechend 1/5 der Steghöhe definiert, für den der wirksame Querschnitt berechnet wird. Dabei darf bei der Untersuchung der Forminstabilität dieses Ersatzquerschnitts (Knicken der freien Lippe) von einem Gelenk im Ausrundungsradius zwischen Steg und breitem Gurt ausgegangen werden, d. h. $k_f = 0$ bei der Ermittlung der Federsteifigkeit $K_1$ nach DIN EN 1993-1-3, Abschnitt 5.5.3.1(5).

Die elastische kritische Knicklast $N_{cr,x}$ wird für den elastisch gebetteten Balken (Bild 35) mit Bettung

$$K_{fz} = \frac{E \cdot t^3}{12 \cdot (1 - v^2)} \cdot \frac{1}{h^3 + 1{,}5 \cdot h^2 \cdot b_u} \quad (76)$$

mit
E  Elastizitätsmodul (E = 210000 N/mm²)
v  Querkontraktionszahl (v = 0,3)
t  Blechdicke
h  Kassettenprofilhöhe
$b_u$  Gesamtbreite des breiten Gurts

berechnet. Der Ansatz ist gegenüber [79] etwas konservativer, berücksichtigt auch symmetrische Ausweichfiguren der beiden schmalen Gurte. Die Schlankheit ergibt sich nun zu

$$\bar{\lambda}_{fz} = \frac{s_1}{i_{fz}} \cdot \pi \cdot \sqrt{\frac{E}{f_{yb}}} \quad (77)$$

und
$s_1$  Abstand der Verbindungselemente
$i_{fz}$  Trägheitsradius des Gesamtquerschnitts des freien Gurts zuzüglich des mitwirkenden Steganteils um die z-z-Achse (rechtwinklig zur Richtung der äußeren Belastung $q_{Ed}$)
$f_{yb}$  Streckgrenze

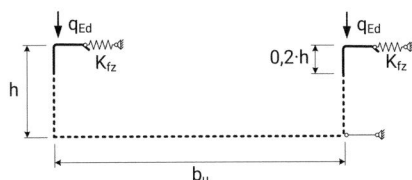
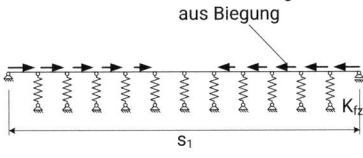

**Bild 35.** Mechanisches Modell

Die Knicktragfähigkeit $N_{b,Rk,ref}$ bzw. $N_{b,Rk,1}$ wird dann mit

$$\chi_{LT} = \frac{1}{\phi_{LT} + \sqrt{\phi_{LT}^2 - 0{,}75 \cdot \overline{\lambda}_{fz}^2}} \leq \begin{cases} 1{,}0 \\ 1/\overline{\lambda}_{fz}^2 \end{cases} \quad (78)$$

und

$$\phi_{LT} = 0{,}5 \cdot \left(1 + 0{,}34 \cdot \left(\overline{\lambda}_{fz} - 0{,}4\right) + 0{,}75 \cdot \overline{\lambda}_{fz}^2\right) \quad (79)$$

und

$$N_{b,Rk} = \chi_{LT} \cdot A_{eff} \cdot f_{yb} \quad (80)$$

mit
$A_{eff}$   wirksame Querschnittsfläche
$f_{yb}$   Streckgrenze

berechnet. Aus dem Verhältnis der für $s_{1,ref}$ und $s_1$ ermittelten Werte ergibt sich dann der Korrelationsfaktor (Gl. 75), mit dem die Biegebeanspruchbarkeit $M_{c,Rd}$ durch Multiplikation abgemindert wird. Der Berechnungsablauf zur Ermittlung von $N_{b,Rk,ref}$ bzw. $N_{b,Rk,1}$ ist mit dem zur Ermittlung der Knicktragfähigkeit des reien Gurts einer Pfette oder eines Wandriegels nach Abschnitt 9.3 vergleichbar. Wesentlicher Unterschied ist die vereinfacht mit $L_{cr} = s_1$ festgelegte Knicklänge.

Eine zunehmende Bedeutung bei Konstruktionen mit Kassettenprofiltafeln spielt die Abstandsmontage mit sogenannten Distanzschrauben, bei der zwischen der stabilisierenden Außenschale und den schmalen Kassengurten eine Dämmstofflage mit einer Dicke von 40 mm bis 80 mm durchläuft. Dies führt ebenfalls zu einer Reduzierung der Biegebeanspruchbarkeit $M_{c,Rd}$ für druckbeansprucke schmale Gurte, da die Verbindungen mit der Außenschale keine starre seitliche Lagerung mehr darstellen (s. [79] und [80]). Die allgemeinen bauaufsichtlichen Zulassungen für die bei derartigen Anwendungen zu verwendenden Verbindungselemente weisen für diese Konstruktion Abminderungsfaktoren für die Biegebeanspruchbarkeit $M_{c,Rd}$ für druckbeansprucke schmale Gurte aus. Die Abminderungsfaktoren unterscheiden sich für die unterschiedlichen Verbindungselemente sehr stark, da mit diesen zum einen unterschiedliche Vorgaben an die Schubsteifigkeit der Außenschale verbunden sind, zum anderen vermutlich aber auch, da sich die Lagerungsbedingungen für die Außenschale in den zugrunde liegenden Versuchen stark unterschieden. Die Zulassungen unterstellen, dass die Abstände $s_1$ entsprechend den Angaben in den Tabellen mit ihren versuchsbasierten Tragfähigkeitswerten übernommen werden. Eine Vergrößerung der Abstände (z. B. entsprechend den voranstehenden Regelungen) ist nicht vorgesehen.

DIN EN 1993-1-3 enthält keine Angaben zur Beanspruchung in der Profilebene, d. h. für Dachschub und für die Abtragung der Eigenlast der Außenschale bei Wänden. Hier sollte auf DIN 18807-3/A1 zurückgegriffen werden, deren Regelungen hier wiedergegeben werden:

Kassettenprofiltafeln dürfen zur Abtragung des Dachschubs aus der Dachneigung ohne weiteren Nachweis herangezogen werden, wenn folgende Kriterien eingehalten sind:
– Bemessungswert des Dachschubs $\leq 0{,}45$ kN/m²;
– die Kassettenprofile sind mit mindestens je 2 Verbindungselementen an den Auflagerpunkten befestigt;
– die Kassettenprofile sind untereinander an Obergurt und Steg im Abstand von jeweils maximal 800 mm verbunden.

Beim Nachweis der Verbindungen ist der Dachschub zu berücksichtigen.

Ein Nachweis der Kassettenprofiltafeln für die Abtragung der Eigenlast der Außenschale ist bis zu einem Bemessungswert der Flächenlast von 0,23 kN/m² einschließlich gegebenenfalls vorhandener Distanzprofile nicht erforderlich. Die zulässigen Abstände der Verbindungen der Außenschale bzw. Distanzprofile mit den Kassettenprofiltafeln und der Kassettenprofiltafeln untereinander in den Stegen sind einzuhalten. Beim Nachweis der Verbindungen der Kassettenprofiltafeln mit der Unterkonstruktion ist diese Eigenlast (wie auch Windsogbelastung) jedoch zu berücksichtigen.

Nicht erfasst in dieser Regelung sind Systeme mit Distanzschrauben, hier muss das Eigengewicht an gesonderten Festpunkten aufgenommen werden.

### 7.4.2 Kassettenprofile mit Öffnungen

Runde oder quadratische Öffnungen in Kassettenprofilen dürfen ohne Auswechslungen ausgeführt werden, wenn die Stege und mindestens 100 mm der an die Stege angrenzenden Gurte des Kassettenprofils verbleiben. Der lichte Abstand zwischen den Öffnungen sollte mindestens doppelt so groß wie die Baubreite der Kassettenprofile sein.

### 7.4.3 Längsbeanspruchung

Kassettenprofile werden in aller Regel nicht für die Übertragung von Zug- oder Druckkräften eingesetzt. DIN EN 1993-1-3 enthält daher keine spezifischen Regelungen für die rechnerische Ermittlung der Beanspruchbarkeit bei Wirkung von Längskräften. Grundsätzlich sind jedoch die allgemeinen Regelungen für Kaltprofile auch für Kassettenprofile (d. h. das Verfahren zur Ermittlung des wirksamen Querschnitts, der Querschnittstragfähigkeit und der Beanspruchbarkeit bezüglich Knicken) anwendbar.

## 8 Aussteifung und Stabilisierung

### 8.1 Einleitung

Kaltgeformte Profiltafeln (Trapez-, Well- und Kassettenprofile) sowie Sandwichelemente können durch Ansatz einer Schubbettung (in der Regel Bettung des druckbeanspruchten Gurts gegen seitliches Ausweichen) oder Drehbettung gemäß DIN EN 1993-1-3 zur

Stabilisierung der Unterkonstruktion herangezogen werden (Konstruktionsklasse II). Zu beachten sind die damit verbundenen bauaufsichtlichen Anforderungen, auf die in Abschnitt 4.1 eingegangen wurde: Profiltafeln für diese Anwendungen benötigen ein CE-Kennzeichen auf Grundlage der DIN EN 1090-1, Sandwichelemente ein Ü-Zeichen basierend auf einer allgemeinen bauaufsichtlichen Zulassung des Zulassungsbereichs Z-10.4-xxx. Die Profiltafeln oder Sandwichelemente dürfen dann als Bauteile der Konstruktionsklasse II (Stabilisierung anderer Tragwerksteile oder Bauteile) eingesetzt werden, dies schließt jeweils die Stabilisierung normalkraftbeanspruchter Verbandspfetten (Konstruktionsklasse I) ein.

Darüber hinaus können kaltgeformte Profiltafeln – nicht jedoch Sandwichelemente – auch zur Aussteifung und Stabilisierung ganzer Tragwerke herangezogen werden (Konstruktionsklasse I). Die sich an die Produkte und deren CE-Kennzeichnung stellenden Anforderungen sind die gleichen wie bei einer Anwendung in der Konstruktionsklasse II.

Profiltafeln mit einem CE-Kennzeichen auf Grundlage der DIN EN 14782 oder DIN EN 14783 oder Sandwichelemente mit einer CE-Kennzeichnung auf Grundlage der DIN EN 14509 sind für die nachfolgend behandelte Anwendung nicht zulässig. Eine allgemeine bauaufsichtliche Zulassung des Zulassungsbereichs Z-10.49-xxx ist für Sandwichelemente nicht ausreichend, da es sich nur um eine DIN EN 14509 ergänzende Verwendungszulassung bzw. seit dem Jahr 2018 um eine „Bauartgenehmigung" handelt.

Im Rahmen der Überarbeitung der DIN EN 1993-1-3 erfolgt eine Herauslösung der Regelungen zur Drehbettung aus dem die Bemessung der Pfetten behandelnden Abschnitt. Dies entspricht dem bereits bei Schubfeldern und horizontaler Bettung verfolgten Ansatz. Damit soll die Anwendung dieser Regelungen für die Anwender vereinfacht werden, die die stabilisierende Wirkung von Profiltafeln oder Sandwichelementen z. B. beim Nachweis eines warmgewalzten Stahlprofils (s. [65] und [66]) oder eines Trägers des Holzbaus ansetzen wollen (s. [81]). Damit umgekehrt die Verbindung zur Pfettenbemessung nicht verloren geht, wird angestrebt, die Drehbettung durch Profiltafeln aus Stahl, Aluminium oder Sandwichelementen in einem Dokument zu behandeln, d. h. keine teilweise Ausgliederung in DIN EN 1999-1-4 oder DIN EN 1993-7 vorzunehmen.

## 8.2  Schubfelder und horizontale Bettung

### 8.2.1  Vorbemerkung zur Schubsteifigkeit

In den meisten Normen und Richtlinien (DIN EN 1993-1-1, DIN EN 1993-1-3, DIN 18800, DIN 18807, ECCS Richtlinie 088, …) ist die Schubsteifigkeit S als eine Kraft definiert, die Einheit ist damit [kN]. Nicht einheitlich geregelt ist, wann S die Schubsteifigkeit des Gesamtfelds bezeichnet und wann die auf ein einzelnes zu stabilisierendes Bauteil entfallende Schubsteifigkeit.

Nachfolgend wird daher mit S die Schubsteifigkeit des Gesamtfelds bezeichnet, mit $S_i$ die auf einen zu stabilisierenden Träger bezogene Schubsteifigkeit, z. B.:

$$S_i = \frac{S}{n_p} \geq \left( E I_w \cdot \frac{\pi^2}{L^2} + G I_t + E I_z \cdot \frac{\pi^2}{L^2} \cdot \frac{h^2}{4} \right) \cdot \frac{70}{h^2} \quad (81)$$

Leider finden sich aber auch abweichende Formulierungen: In DIN EN 1993-1-1, Anhang BB, Abschnitt BB.2.1(1) findet man im Zusammenhang mit Gleichung (BB.2), hier im Beitrag Gl. (81), die eindeutig die (richtige) Einheit einer Kraft hat, die Erläuterung, S sei die „Schubsteifigkeit der Bleche (je Längeneinheit Trägerlänge)". Diese Erläuterung ist auch im englischsprachigen Original falsch. An dieser Stelle wäre die Definition „Schubsteifigkeit, die auf das zu stabilisierende Bauteil entfällt" richtig. Die Definition zur identischen Gleichung (10.1a) in DIN EN 1993-1-3, Abschnitt 10.1.1(6) ist korrekt, wenn auch nicht ganz klar wird, dass es sich um die anteilig auf das zu stabilisierende Bauteil entfallende Schubsteifigkeit handelt.

In einigen neueren Typenprüfungen findet man die Bezeichnung S für die Schubsteifigkeit, verbunden mit einer Gleichung, die offensichtlich der Ermittlung des ideellen Schubmoduls $G_S$ dient und dementsprechend die Einheit [kN/m] hat.

### 8.2.2  Trapezprofile und Wellprofile

#### 8.2.2.1  Vorbemerkungen

DIN EN 1993-1-3 [1] und DIN EN 1999-1-4 [4] verweisen hinsichtlich der Bemessungs- und Anwendungsregeln für Schubfelder auf die Empfehlungen der ECCS [11]. Das darin beschriebene Verfahren nach *Bryan* und *Davies* weicht vom bisher in Deutschland für Stahltrapezprofile und Aluminiumtrapezprofile gebräuchlichen Verfahren nach *Schardt* und *Strehl* ab, sodass in der ersten Ausgabe des Nationalen Anhangs zu DIN EN 1993-1-3 ergänzend auf [82] und [83] verwiesen wurde. In der aktuellen Ausgabe des Nationalen Anhangs zu DIN EN 1993-1-3 wurde ergänzend auf [84] und [85] verwiesen. Dort wird das kombinierte Verfahren behandelt, bei dem das gegenüber dem Verfahren nach *Bryan* und *Davies* einfachere Verfahren nach *Schardt* und *Strehl* an die o. g. grundsätzlichen Forderungen der DIN EN 1993-1-3 und DIN EN 1999-1-4 angepasst wurde. Neuere Tabellen greifen insbesondere auf das kombinierte Verfahren und auf eine vereinfachte Umsetzung des Verfahrens von *Bryan* und *Davies* zurück, aufstellerabhängig z. T. mit minimalen Abweichungen. Erläuterungen zu den Verfahren und deren Darstellung in den Tabellen sind auch in [70] sowie im Anhang dazu zu finden.

Allen Verfahren zugrunde liegen die folgenden Nachweise:
– Begrenzung des Gleitwinkels $\gamma_S$ des Schubfelds im Grenzzustand der Gebrauchstauglichkeit, geführt über eine Beanspruchbarkeit $T_{V,Cd}$ in [kN/m] (wobei in den Tabellen z. T. der Index „R" für den Grenzzustand der Tragfähigkeit verwendet wird);

**Tabelle 10.** Vergleich der Verfahren (aus [70])

|  | *Schardt* und *Strehl* | *Bryan* und *Davies* | Combined approach |
|---|---|---|---|
| Tragfähigkeit | Biegespannung im Ausrundungsradius Gurt/Steg | globales und lokales Beulen (elastische kritische Beulschubflüsse) mit Interaktion Interaktion mit Querbelastung | globales und lokales Beulen (mit überkritischem Tragverhalten) ohne Interaktion Interaktion mit Querbelastung |
|  |  | Begrenzung der Spannung aus Schubfluss auf $0{,}25 \cdot f_y$ | Begrenzung der Spannung aus Schubfluss auf $0{,}25 \cdot f_y$ |
| Gebrauchstauglichkeit | Begrenzung des Gleitwinkels auf $\gamma_{S,max} \leq 1/750$ unter Vernachlässigung der Nachgiebigkeit der Verbindungen | | |
|  |  | Faktoren $\alpha_1$, $\alpha_2$, $\alpha_4$ |  |
|  | bei bituminös verklebtem Dachaufbau: Begrenzung der Relativverschiebung zwischen Ober- und Untergurt | | |
| Schubsteifigkeit | ohne Berücksichtigung der Nachgiebigkeit der Verbindungen | mit Berücksichtigung der Nachgiebigkeit der Verbindungen | mit Berücksichtigung der Nachgiebigkeit der Verbindungen |
|  |  | Faktoren $\alpha_1$, $\alpha_2$, $\alpha_3$, $\alpha_4$ |  |

– Überprüfung der Tragfähigkeit des Schubfelds im Grenzzustand der Tragfähigkeit, geführt über eine Beanspruchbarkeit $T_{V,Rd}$ in [kN/m];
– Überprüfung der Tragfähigkeit der Verbindungen;
– Überprüfung der Tragfähigkeit am Auflager.

Ein ursprünglich nur beim Verfahren nach *Schardt* und *Strehl* vorgesehener zusätzlicher Nachweis im Grenzzustand der Gebrauchstauglichkeit (Begrenzung der Relativverschiebungen zwischen Obergurt und Untergurt bei bituminös verklebten Dachaufbauten) findet sich inzwischen auch beim kombinierten Verfahren und bei der vereinfachten Umsetzung des Verfahrens von *Bryan* und *Davies*.

Während DIN 18807-3 ohne Bezug auf ein Berechnungsverfahren postulierte, dass die Schubbeanspruchung unabhängig von der Querbeanspruchung aufgenommen werden kann, wird in DIN EN 1993-1-3 und DIN EN 1999-1-4 gefordert, dass die Schubspannung infolge der Schubbeanspruchung maximal $0{,}25 \cdot f_{yb}/\gamma_{M1}$ bzw. $0{,}25 \cdot f_0/\gamma_{M1}$ betragen darf.

Die drei Verfahren sind in Tabelle 10 einander gegenübergestellt.

### 8.2.2.2 Verfahren nach *Bryan* und *Davies*

Die Tragfähigkeit des Schubfelds ist beim Verfahren nach *Bryan* und *Davies* durch das Beulen des Schubfelds begrenzt. In [11] wird der Nachweis auf der Grundlage von Querkräften $V_{Ed}$ geführt, er wird an dieser Stelle der einheitlichen Darstellung wegen jedoch in der Form

$$\frac{T_{V,Ed}}{T_{V,Rd}} \leq 1{,}0 \quad (82)$$

aufbereitet, d. h., der Nachweis wird auf der Ebene der Schubflüsse $T_{V,Ed}$ geführt. Grundsätzlich wird angestrebt, dass Schubbeulen nicht der bei der Bemessung maßgebende Versagensmodus ist. Der Bauteilwiderstand $T_{V,Rd}$ entspricht der elastischen kritischen Beulspannung, der Übergang zur Schubbeultragfähigkeit erfolgt durch zusätzliche Sicherheitsfaktoren. Nach [11] werden die elastischen kritischen Schubbeultragfähigkeiten durch 1,25 dividiert, um zu den globalen Schubbeultragfähigkeiten zu gelangen, in [84] (und damit auch bei Verwendung der Tabellen) wird die sich aus der Interaktionsgleichung ergebende Beulspannung mit dem Faktor 0,7 multipliziert (d. h. die ohne Abminderung ermittelten lokalen und globalen Beulspannungen sind echte kritische Beulspannungen und werden in den Tabellen demnach auch mit $T_{crit,g}$ und $T_{crit,l}$ bezeichnet). Die Tragfähigkeit unter Berücksichtigung globalen Beulens ergibt sich zu

$$T_{V,g,Rd} = \frac{18}{1{,}25 \cdot \gamma_{M1}} \cdot \left(\frac{n_p - 1}{L_S}\right)^2 \cdot \sqrt[4]{D_{x,g} \cdot D_{y,g}^3} \quad (83)$$

mit

$$D_{x,g} = \frac{E \cdot t^3}{12 \cdot (1 - \nu^2)} \cdot \frac{b_R}{u} \quad (84)$$

$$D_{y,g} = \frac{E \cdot I_y}{b_R} \quad (85)$$

und

$n_p$    Anzahl der Auflager (Endauflager und Zwischenauflager)
$L_S$    Länge des Schubfelds in Spannrichtung der Profiltafeln (Bild 36)
$E$    Elastizitätsmodul
$t$    Bemessungswert der Blechdicke
$b_R$    Rippenbreite
$\nu$    Querkontraktionszahl
$u$    Länge der Abwicklung einer einzelne Rippe (Bild 37)
$I_y$    Flächenmoment 2. Grades einer einzelnen Rippe

Diese Gleichung liegt (ohne den Divisor 1,25) auch den tabellierten Tragfähigkeitswerten $T_{V,g,Rk}$ zugrunde. Die Gleichung wird für eine ebenfalls tabellierte Referenz-

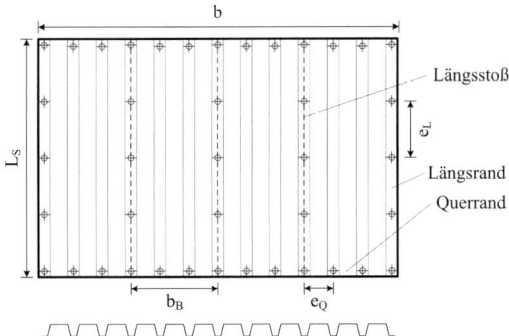

**Bild 36.** Definitionen der Abmessungen (aus [85])

stützweite $L_R$ ausgewertet, wobei man sich die Beziehung

$$L_{Si} = \frac{L_S}{n_p - 1} \quad (86)$$

zunutze macht. Für abweichende Stützweiten ist $T_{V,g,Rd}$ über

$$T'_{V,g,Rd} = T_{V,g,Rd} \cdot \left(\frac{L_R}{L_{Si}}\right)^2 \quad (87)$$

zu korrigieren. Da im Falle des Schubfelds nach Bild 42 bei Befestigung in jedem anliegenden Gurt mit

$$T_{V,g,Rd} = \frac{36}{1{,}25 \cdot \gamma_{M1} \cdot L_S^2} \cdot \sqrt[4]{D_{x,g} \cdot D_{z,g}^3} \quad (88)$$

gerechnet werden darf, findet sich in den Anlagen zu den Tabellen der Hinweis, dass $T_{V,g,Rd}$ für Einfeldträger verdoppelt werden darf. Bei Befestigung in jedem zweiten Gurt ist dieser Wert wiederum zu halbieren. Für $I_y/b_R$ kann vereinfachend der kleinere der beiden tabellierten Werte $I^+_{eff}$ und $I^-_{eff}$ angesetzt werden. Die Schubbeultragfähigkeit unter Berücksichtigung lokalen Beulens in den ebenen Teilflächen (Stege, Gurte der Trapezprofile) kann vereinfacht über

$$T_{V,l,Rd} = k_\tau \cdot \frac{\pi^2 \cdot E}{12 \cdot (1-\nu^2) \cdot L_S} \cdot \left(\frac{t}{a_{max}}\right)^2$$

$$= 4{,}83 \cdot \frac{E}{L_S} \cdot \left(\frac{t}{a_{max}}\right)^2 \quad (89)$$

mit
$k_\tau$ Beulwert, $k_\tau = 5{,}34$
$E$ Elastizitätsmodul
$t$ Bemessungswert der Blechdicke
$\nu$ Querkontraktionszahl
$L_S$ Länge des Schubfelds in Spannrichtung der Profiltafeln (Bild 36)
$a_{max}$ größte Breite $a_1$ oder $a_2$ einer ebenen Teilfläche (Bild 37)

ermittelt werden. Für durch Sicken oder Versätze ausgesteifte ebene Teilflächen ergeben sich bei genauerer Berechnung größere Tragfähigkeitswerte für örtliches

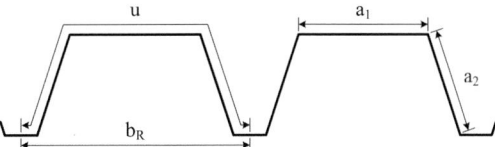

**Bild 37.** Definitionen: u, $b_R$, $a_1$ und $a_2$ (aus [85])

Beulen, siehe [11]. Für den Anwender der Tabellen wird die Schubbeultragfähigkeit unter Berücksichtigung lokalen Beulens direkt ausgewiesen, die in Abschnitt 8.2.2.1 genannte Forderung der Begrenzung der Spannungen auf $0{,}25 \cdot f_{yb}/\gamma_{M1}$ bzw. $0{,}25 \cdot f_0/\gamma_{M1}$ wurde hier ebenfalls mit eingearbeitet.

Beim Tragfähigkeitsnachweis dominiert das globale Beulen, wobei gemäß [11] für Teilflächenbreiten (Bild 36)

$$a > 2{,}9 \cdot t \cdot \sqrt{\frac{E}{f_y}} \quad (90)$$

die Interaktion von lokalem Beulen der ebenen Teilflächen der Profiltafeln mit dem globalen Beulen berücksichtigt werden muss, gemäß den Tabellen hingegen generell. Die Berücksichtigung der Interaktion von lokalem und globalem Beulen entspricht jedoch nicht mehr dem Stand der Technik (s. [85]). Die Interaktionsgleichung zur Ermittlung der reduzierten Tragfähigkeit

$$T_{V,red,Rd} = \frac{T_{V,g,Rd} \cdot T_{V,l,Rd}}{T_{V,g,Rd} + T_{V,l,Rd}} \quad (91)$$

basiert auf einem Rankine-Ansatz

$$\frac{1}{T_{V,red,Rd}} = \frac{1}{T_{V,g,Rd}} + \frac{1}{T_{V,l,Rd}} \quad (92)$$

Da in den Tabellen auf den Divisor 1,25 der Gln. (83) und (88) verzichtet wird, wird dort ein zusätzlicher Faktor 0,7 eingeführt, sodass die Interaktionsgleichung

$$T_{V,red,Rd} = 0{,}7 \cdot \frac{T'_{V,g,Rd} \cdot T_{V,l,Rd}}{T'_{V,g,Rd} + T_{V,l,Rd}} \quad (93)$$

mit $T'_{V,g,Rd}$ nach Gl. (87) und tabelliertem $T_{V,l,Rd}$ lautet. Der Nachweis der Begrenzung des Gleitwinkels des Schubfelds entspricht dem Nachweis gegen zul $T_3$ bzw. $T_{3,Rd}$ beim Verfahren nach *Schardt* und *Strehl*. Da weder DIN EN 1993-1-3 und DIN EN 1999-1-4 noch die ECCS-Richtlinie Vorgaben an die Form des Nachweises machen, wird vorgeschlagen, diesen weiterhin auf Grundlage des Schubflusses zu führen. Das heißt, der Nachweis wird in der Form

$$\frac{T_{V,ser}}{T_{V,Cd}} \le 1{,}0 \quad (94)$$

als Nachweis der Gebrauchstauglichkeit geführt. Der ebenfalls nicht definierte maximale Gleitwinkel wird in den Tabellen in Anlehnung an DIN 18807-1 und DIN 18807-6 zu $\gamma_{S,max} = 1/750$ angenommen. Dies soll auch in der nächsten Ausgabe der DIN EN 1993-1-3 als allgemeine Forderung an Schubfelder aufgenommen wer-

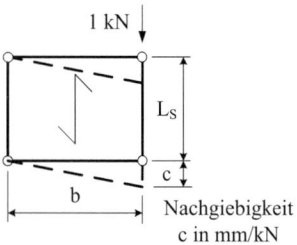

**Bild 38.** Definitionen: Nachgiebigkeit c

**Tabelle 11.** Faktoren zur Berücksichtigung des Einflusses der Anzahl der Zwischenauflager

| Gesamtzahl der Pfetten je Schubfeld (bzw. für $\alpha_1$ je Profiltafel) | Faktoren | | |
|---|---|---|---|
| $n_p$ | $\alpha_1$ | $\alpha_2$ | $\alpha_3$ |
| 2 | 1,00 | 1,00 | 1,00 |
| 3 | 1,00 | 1,00 | 1,00 |
| 4 | 0,85 | 0,75 | 0,90 |
| 5 | 0,70 | 0,67 | 0,80 |
| 6 | 0,60 | 0,55 | 0,71 |
| 7 | 0,60 | 0,50 | 0,64 |
| 8 | 0,60 | 0,44 | 0,58 |
| 9 | 0,60 | 0,40 | 0,53 |
| 10 | 0,60 | 0,36 | 0,49 |
| 11 | 0,60 | 0,33 | 0,45 |
| 12 | 0,60 | 0,30 | 0,42 |
| 13 | 0,60 | 0,29 | 0,39 |
| 14 | 0,60 | 0,27 | 0,37 |
| 15 | 0,60 | 0,25 | 0,35 |
| 16 | 0,60 | 0,23 | 0,33 |
| 17 | 0,60 | 0,22 | 0,32 |
| 18 | 0,60 | 0,21 | 0,30 |
| 19 | 0,60 | 0,20 | 0,28 |
| 20 | 0,60 | 0,19 | 0,27 |

den. Anders als beim Verfahren nach *Schardt* und *Strehl* wird der im Grenzzustand der Gebrauchstauglichkeit aufnehmbare Schubfluss nicht über die eine ideelle Schubsteifigkeit $G_S$, sondern über eine Nachgiebigkeit c berechnet, die gemäß Bild 38 parallel zur Spannrichtung der Profiltafeln definiert ist. Die Nachgiebigkeit c setzt sich aus den Nachgiebigkeiten $c_{i,j}$ der Profiltafeln, der Verbindungen und der Unterkonstruktion zusammen und muss unter Berücksichtigung der Spannrichtung der Profiltafeln zur Spannrichtung der aussteifenden Scheibe ermittelt werden. Die Ermittlung der Schubsteifigkeit S erfolgt ebenfalls unter Berücksichtigung der Spannrichtung der Profiltafeln. Es gilt dann

$$T_{V,Cd} = G_S \cdot \gamma_{S,max} = \frac{S}{L_S} \cdot \gamma_{S,max} \tag{95}$$

**Nachgiebigkeiten $c_{i,j}$ und Schubsteifigkeit S bei Profiltafeln, die rechtwinklig zur Spannrichtung der aussteifenden Scheibe spannen (Bild 39 und Bild 40)**

$$c = c_{1,1} + c_{1,2} + c_{2,1} + c_{2,2} + c_{2,3} + c_3 \tag{96}$$

mit

1. Profilverwölbung

$$c_{1,1} = \frac{b \cdot b_R^{2,5} \cdot \alpha_1 \cdot \alpha_4 \cdot K_i}{E \cdot t^{2,5} L_S^2} \tag{97}$$

mit
b   Schubfeldbreite (Bild 39 und Bild 40)
$b_R$   Rippenbreite
$\alpha_1$   Parameter nach Tabelle 11, berücksichtigt den Einfluss der Anzahl der Zwischenauflager
$\alpha_4$   Parameter nach Tabelle 12, berücksichtigt den Einfluss der Anzahl Profiltafeln
$K_i$   Parameter nach Tabelle 13 oder Tabelle 14, wobei die Werte für Aluminiumtrapezprofile zu halbieren sind
E   Elastizitätsmodul
t   Bemessungswert der Blechdicke
$L_S$   Schubfeldlänge

Die Halbierung von $K_i$ für Aluminiumtrapezprofile basiert auf [87]. Es kann angenommen werden, dass die mit Gl. (97) ermittelte Nachgiebigkeit $c_{1,1}$ auch für Stahltrapezprofile zu groß ist und $K_i$ demnach zu halbieren wäre, siehe dazu auch [88].

2. Schubverzerrung

$$c_{1,2} = \frac{2 \cdot b \cdot \alpha_2 \cdot (1 + \nu) \cdot (1 + 2 \cdot h/b_R)}{E \cdot t \cdot L_S} \tag{98}$$

mit
b   Schubfeldbreite (Bild 39 und Bild 40)
$\alpha_2$   Parameter nach Tabelle 11, berücksichtigt den Einfluss der Anzahl der Zwischenauflager, $\alpha_2 = 1,0$ bei Kragscheiben nach Bild 39
$\nu$   Querkontraktionszahl
h   Profilhöhe
$b_R$   Rippenbreite
E   Elastizitätsmodul
t   Bemessungswert der Blechdicke
$L_S$   Schubfeldlänge

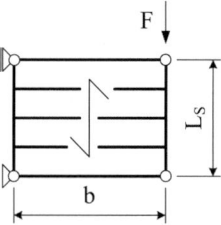

**Bild 39.** Kragsystem mit Profiltafeln, die rechtwinklig zur Spannrichtung der aussteifenden Scheibe spannen

**Tabelle 12.** Faktoren zur Berücksichtigung des Einflusses der Anzahl Profiltafeln in Spannrichtung $L_S$

| | Position der Verbindungselemente | | | |
|---|---|---|---|---|
| | in jedem anliegenden Untergurt | in jedem zweiten anliegenden Untergurt | in jedem anliegenden Untergurt nur an den Rändern der Profiltafel(n) | in jedem anliegenden Untergurt nur an einem Rand der Profiltafel(n) |
| eine Profiltafel in Längsrichtung des Schubfelds | $K_i = K_1$ / $\alpha_1$ nach Tabelle 11 / $\alpha_4 = 1{,}0$ | $K_i = K_2$ / $\alpha_1$ nach Tabelle 11 / $\alpha_4 = 1{,}0$ | $K_i = K_1$ / $\alpha_1 = 1{,}0$ / $\alpha_4 = 1{,}0$ | $K_i = K_2$ / $\alpha_1 = 0{,}5$ / $\alpha_4 = 1{,}0$ |
| $n_b$ Profiltafeln in Längsrichtung des Schubfelds | $K_i = K_1$ / $\alpha_1$ nach Tabelle 11 in Abhängigkeit von der Anzahl Pfetten *je Profiltafellänge* / $\alpha_4 = 1 + 0{,}3 \cdot n_b$ | $K_i = K_2$ / $\alpha_1$ nach Tabelle 11 in Abhängigkeit von der Anzahl Pfetten *je Profiltafellänge* / $\alpha_4 = 1 + 0{,}3 \cdot n_b$ | $K_i = K_1$ / $\alpha_1 = 1{,}0$ / $\alpha_4 = 1 + 0{,}3 \cdot n_b$ | $K_i = K_2$ / $\alpha_1$ nach Tabelle 11 in Abhängigkeit von der Anzahl Pfetten *je Profiltafellänge* / $\alpha_4 = (1 + 0{,}3 \cdot n_b) \cdot \left(1 - \dfrac{1}{n_b}\right)$ |

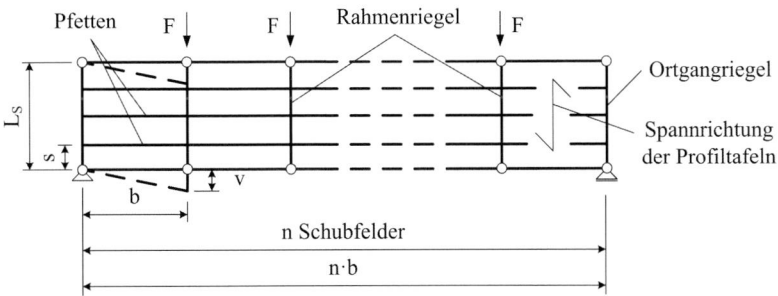

**Bild 40.** Einfeldträger mit Profiltafeln, die rechtwinklig zur Spannrichtung der aussteifenden Scheibe spannen

**Tabelle 13.** Faktoren $K_1$ bei Befestigung in jedem Untergurt

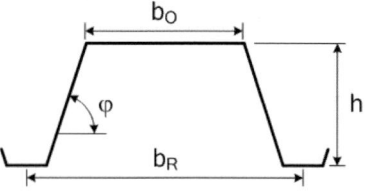

| φ | $h/b_R$ | $b_O/b_R$ | | | | | | | | |
|---|---|---|---|---|---|---|---|---|---|---|
| | | 0,1 | 0,2 | 0,3 | 0,4 | 0,5 | 0,6 | 0,7 | 0,8 | 0,9 |
| 45° | 0,1 | 0,024 | 0,031 | 0,032 | 0,029 | 0,030 | 0,043 | 0,079 | | |
| | 0,2 | 0,071 | 0,069 | 0,056 | 0,050 | 0,073 | | | | |
| | 0,3 | 0,086 | 0,057 | 0,041 | | | | | | |
| | 0,4 | 0,032 | | | | | | | | |
| 50° | 0,1 | 0,023 | 0,032 | 0,034 | 0,032 | 0,032 | 0,043 | 0,075 | 0,155 | |
| | 0,2 | 0,075 | 0,081 | 0,070 | 0,060 | 0,077 | 0,146 | | | |
| | 0,3 | 0,116 | 0,096 | 0,068 | 0,078 | | | | | |
| | 0,4 | 0,100 | 0,053 | 0,048 | | | | | | |
| | 0,5 | 0,024 | | | | | | | | |
| 55° | 0,1 | 0,021 | 0,032 | 0,036 | 0,034 | 0,034 | 0,043 | 0,072 | 0,142 | |
| | 0,2 | 0,076 | 0,089 | 0,083 | 0,072 | 0,082 | 0,137 | 0,281 | | |
| | 0,3 | 0,137 | 0,130 | 0,102 | 0,093 | 0,151 | | | | |
| | 0,4 | 0,162 | 0,119 | 0,082 | 0,120 | | | | | |
| | 0,5 | 0,123 | 0,059 | | | | | | | |
| | 0,6 | 0,032 | | | | | | | | |
| 60° | 0,1 | 0,020 | 0,032 | 0,037 | 0,036 | 0,036 | 0,044 | 0,070 | 0,133 | |
| | 0,2 | 0,075 | 0,095 | 0,094 | 0,084 | 0,087 | 0,132 | 0,256 | | |
| | 0,3 | 0,148 | 0,157 | 0,135 | 0,116 | 0,152 | 0,291 | | | |
| | 0,4 | 0,208 | 0,186 | 0,139 | 0,139 | 0,253 | | | | |
| | 0,5 | 0,226 | 0,161 | 0,112 | 0,176 | | | | | |
| | 0,6 | 0,180 | 0,089 | 0,093 | | | | | | |
| | 0,7 | 0,077 | | | | | | | | |
| 65° | 0,1 | 0,019 | 0,032 | 0,038 | 0,038 | 0,038 | 0,045 | 0,068 | 0,126 | 0,313 |
| | 0,2 | 0,072 | 0,099 | 0,103 | 0,095 | 0,095 | 0,129 | 0,236 | 0,513 | |
| | 0,3 | 0,151 | 0,178 | 0,166 | 0,144 | 0,160 | 0,268 | 0,557 | | |
| | 0,4 | 0,238 | 0,244 | 0,204 | 0,176 | 0,247 | 0,494 | | | |
| | 0,5 | 0,306 | 0,272 | 0,203 | 0,204 | 0,376 | | | | |
| | 0,6 | 0,333 | 0,248 | 0,172 | 0,241 | | | | | |
| | 0,7 | 0,300 | 0,174 | 0,142 | | | | | | |
| | 0,8 | 0,204 | 0,081 | | | | | | | |
| 70° | 0,1 | 0,018 | 0,032 | 0,039 | 0,039 | 0,039 | 0,046 | 0,066 | 0,111 | 0,276 |
| | 0,2 | 0,068 | 0,101 | 0,111 | 0,106 | 0,104 | 0,131 | 0,221 | 0,452 | |
| | 0,3 | 0,148 | 0,193 | 0,194 | 0,174 | 0,177 | 0,255 | 0,492 | | |
| | 0,4 | 0,249 | 0,289 | 0,267 | 0,230 | 0,259 | 0,444 | 0,931 | | |
| | 0,5 | 0,356 | 0,372 | 0,315 | 0,270 | 0,364 | 0,725 | | | |
| | 0,6 | 0,448 | 0,420 | 0,326 | 0,303 | 0,512 | | | | |
| | 0,7 | 0,509 | 0,423 | 0,301 | 0,346 | | | | | |
| | 0,8 | 0,521 | 0,372 | 0,259 | 0,413 | | | | | |

**Tabelle 13.** Faktoren $K_1$ bei Befestigung in jedem Untergurt (Fortsetzung)

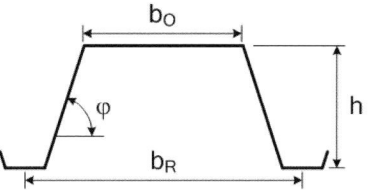

| $\varphi$ | $h/b_R$ | $b_O/b_R$ | | | | | | | | |
|---|---|---|---|---|---|---|---|---|---|---|
| | | 0,1 | 0,2 | 0,3 | 0,4 | 0,5 | 0,6 | 0,7 | 0,8 | 0,9 |
| 75° | 0,1 | 0,017 | 0,031 | 0,040 | 0,041 | 0,041 | 0,047 | 0,066 | 0,115 | 0,241 |
| | 0,2 | 0,062 | 0,102 | 0,118 | 0,115 | 0,113 | 0,134 | 0,209 | 0,403 | |
| | 0,3 | 0,139 | 0,202 | 0,218 | 0,204 | 0,200 | 0,254 | 0,440 | 0,945 | |
| | 0,4 | 0,244 | 0,321 | 0,325 | 0,293 | 0,294 | 0,414 | 0,796 | | |
| | 0,5 | 0,370 | 0,448 | 0,426 | 0,371 | 0,396 | 0,636 | 1,329 | | |
| | 0,6 | 0,508 | 0,568 | 0,508 | 0,434 | 0,513 | 0,941 | | | |
| | 0,7 | 0,646 | 0,668 | 0,561 | 0,483 | 0,664 | 1,349 | | | |
| | 0,8 | 0,768 | 0,735 | 0,578 | 0,527 | 0,861 | | | | |
| 80° | 0,1 | 0,016 | 0,031 | 0,040 | 0,042 | 0,042 | 0,048 | 0,065 | 0,111 | 0,221 |
| | 0,2 | 0,056 | 0,101 | 0,123 | 0,125 | 0,123 | 0,139 | 0,200 | 0,366 | 0,873 |
| | 0,3 | 0,125 | 0,204 | 0,238 | 0,233 | 0,226 | 0,264 | 0,402 | 0,786 | |
| | 0,4 | 0,222 | 0,338 | 0,375 | 0,356 | 0,345 | 0,418 | 0,689 | 1,445 | |
| | 0,5 | 0,349 | 0,494 | 0,526 | 0,486 | 0,473 | 0,605 | 1,082 | 2,428 | |
| | 0,6 | 0,502 | 0,668 | 0,682 | 0,615 | 0,608 | 0,837 | 1,607 | | |
| | 0,7 | 0,677 | 0,851 | 0,834 | 0,736 | 0,752 | 1,128 | 2,308 | | |
| | 0,8 | 0,869 | 1,035 | 0,975 | 0,844 | 0,907 | 1,494 | 3,200 | | |
| 85° | 0,1 | 0,014 | 0,031 | 0,041 | 0,044 | 0,044 | 0,049 | 0,066 | 0,107 | 0,205 |
| | 0,2 | 0,050 | 0,099 | 0,128 | 0,134 | 0,132 | 0,146 | 0,198 | 0,336 | 0,652 |
| | 0,3 | 0,107 | 0,202 | 0,253 | 0,260 | 0,254 | 0,280 | 0,386 | 0,681 | 1,548 |
| | 0,4 | 0,188 | 0,338 | 0,413 | 0,417 | 0,404 | 0,448 | 0,629 | 1,158 | 2,639 |
| | 0,5 | 0,295 | 0,507 | 0,604 | 0,601 | 0,578 | 0,648 | 0,934 | 1,783 | |
| | 0,6 | 0,429 | 0,706 | 0,823 | 0,806 | 0,772 | 0,877 | 1,306 | 2,586 | |
| | 0,7 | 0,591 | 0,935 | 1,066 | 1,028 | 0,983 | 1,135 | 1,756 | 3,605 | |
| | 0,8 | 0,780 | 1,191 | 1,328 | 1,264 | 1,208 | 1,423 | 2,299 | 4,838 | |
| 90° | 0,1 | 0,013 | 0,030 | 0,041 | 0,041 | 0,046 | 0,050 | 0,066 | 0,103 | 0,193 |
| | 0,2 | 0,042 | 0,096 | 0,131 | 0,142 | 0,142 | 0,153 | 0,199 | 0,311 | 0,602 |
| | 0,3 | 0,086 | 0,194 | 0,264 | 0,285 | 0,283 | 0,302 | 0,388 | 0,601 | 1,188 |
| | 0,4 | 0,144 | 0,323 | 0,438 | 0,473 | 0,468 | 0,494 | 0,629 | 0,972 | 1,935 |
| | 0,5 | 0,216 | 0,438 | 0,654 | 0,703 | 0,695 | 0,729 | 0,922 | 1,420 | 2,837 |
| | 0,6 | 0,302 | 0,674 | 0,911 | 0,980 | 0,965 | 1,008 | 1,266 | 1,938 | 3,892 |
| | 0,7 | 0,402 | 0,895 | 1,208 | 1,300 | 1,277 | 1,329 | 1,661 | 2,536 | 5,098 |
| | 0,8 | 0,516 | 1,146 | 1,546 | 1,662 | 1,631 | 1,692 | 2,107 | 3,208 | 6,453 |

**Tabelle 14.** Faktoren $K_2$ bei Befestigung in jedem zweiten Untergurt mit Korrekturen nach [86]

| φ | $h/b_R$ | $b_O/b_R$ | | | | | | | | |
|---|---|---|---|---|---|---|---|---|---|---|
| | | 0,1 | 0,2 | 0,3 | 0,4 | 0,5 | 0,6 | 0,7 | 0,8 | 0,9 |
| 45° | 0,1 | 0,114 | 0,160 | 0,203 | 0,243 | 0,282 | 0,329 | 0,409 | | |
| | 0,2 | 0,434 | 0,553 | 0,661 | 0,764 | 0,899 | | | | |
| | 0,3 | 0,965 | 1,148 | 1,306 | | | | | | |
| | 0,4 | 1,634 | | | | | | | | |
| 50° | 0,1 | 0,109 | 0,156 | 0,200 | 0,241 | 0,280 | 0,325 | 0,394 | 0,569 | |
| | 0,2 | 0,411 | 0,538 | 0,647 | 0,753 | 0,878 | 1,077 | | | |
| | 0,3 | 0,919 | 1,122 | 1,301 | 1,496 | | | | | |
| | 0,4 | 1,614 | 1,859 | 2,085 | | | | | | |
| | 0,5 | 2,376 | | | | | | | | |
| 55° | 0,1 | 0,105 | 0,153 | 0,197 | 0,238 | 0,278 | 0,322 | 0,385 | 0,525 | |
| | 0,2 | 0,390 | 0,516 | 0,634 | 0,744 | 0,862 | 1,035 | 1,329 | | |
| | 0,3 | 0,872 | 1,088 | 1,284 | 1,476 | 1,741 | | | | |
| | 0,4 | 1,553 | 1,849 | 2,105 | 2,412 | | | | | |
| | 0,5 | 2,400 | 2,713 | | | | | | | |
| | 0,6 | 3,278 | | | | | | | | |
| 60° | 0,1 | 0,101 | 0,150 | 0,194 | 0,236 | 0,276 | 0,319 | 0,378 | 0,495 | |
| | 0,2 | 0,372 | 0,500 | 0,621 | 0,734 | 0,850 | 1,005 | 1,298 | | |
| | 0,3 | 0,827 | 1,051 | 1,260 | 1,456 | 1,697 | 2,098 | | | |
| | 0,4 | 1,477 | 1,801 | 2,092 | 2,393 | 2,830 | | | | |
| | 0,5 | 2,319 | 2,727 | 3,075 | 3,499 | | | | | |
| | 0,6 | 3,320 | 3,738 | 4,041 | | | | | | |
| | 0,7 | 4,378 | | | | | | | | |
| 65° | 0,1 | 0,098 | 0,147 | 0,192 | 0,234 | 0,274 | 0,317 | 0,373 | 0,475 | 0,665 |
| | 0,2 | 0,355 | 0,485 | 0,609 | 0,725 | 0,840 | 0,983 | 1,226 | 1,566 | |
| | 0,3 | 0,784 | 1,015 | 1,233 | 1,437 | 1,660 | 2,000 | 2,589 | | |
| | 0,4 | 1,398 | 1,740 | 2,057 | 2,359 | 2,753 | 3,427 | | | |
| | 0,5 | 2,205 | 2,659 | 3,064 | 3,490 | 4,114 | | | | |
| | 0,6 | 3,199 | 3,752 | 4,218 | 4,797 | | | | | |
| | 0,7 | 4,318 | 4,941 | 5,480 | | | | | | |
| | 0,8 | 5,487 | 6,132 | | | | | | | |
| 70° | 0,1 | 0,096 | 0,144 | 0,190 | 0,232 | 0,273 | 0,315 | 0,368 | 0,459 | 0,680 |
| | 0,2 | 0,339 | 0,472 | 0,597 | 0,716 | 0,832 | 0,966 | 1,177 | 1,659 | |
| | 0,3 | 0,743 | 0,978 | 1,204 | 1,416 | 1,633 | 1,927 | 2,481 | | |
| | 0,4 | 1,317 | 1,673 | 2,009 | 2,325 | 2,679 | 3,246 | 3,840 | | |
| | 0,5 | 2,075 | 2,559 | 3,011 | 3,436 | 3,993 | 4,969 | | | |
| | 0,6 | 3,006 | 3,625 | 4,194 | 4,752 | 5,588 | | | | |
| | 0,7 | 4,042 | 4,789 | 5,494 | 6,272 | | | | | |
| | 0,8 | 5,122 | 6,013 | 6,883 | 7,861 | | | | | |

**Tabelle 14.** Faktoren K₂ bei Befestigung in jedem zweiten Untergurt mit Korrekturen nach [86] (Fortsetzung)

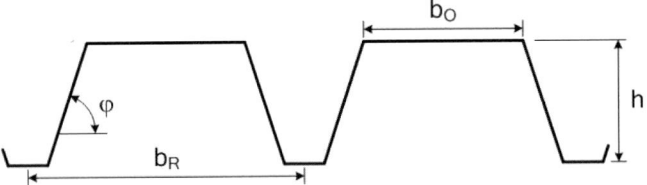

| φ | h/b_R | b_O/b_R | | | | | | | | |
|---|---|---|---|---|---|---|---|---|---|---|
| | | 0,1 | 0,2 | 0,3 | 0,4 | 0,5 | 0,6 | 0,7 | 0,8 | 0,9 |
| 75° | 0,1 | 0,093 | 0,142 | 0,188 | 0,231 | 0,271 | 0,313 | 0,364 | 0,448 | 0,682 |
| | 0,2 | 0,325 | 0,458 | 0,586 | 0,707 | 0,824 | 0,953 | 1,140 | 1,523 | |
| | 0,3 | 0,703 | 0,942 | 1,174 | 1,393 | 1,610 | 1,874 | 2,316 | 3,411 | |
| | 0,4 | 1,237 | 1,602 | 1,953 | 2,285 | 2,624 | 3,089 | 3,981 | | |
| | 0,5 | 1,937 | 2,443 | 2,926 | 3,379 | 3,869 | 4,640 | 6,256 | | |
| | 0,6 | 2,778 | 3,428 | 4,058 | 4,664 | 5,366 | 6,581 | | | |
| | 0,7 | 3,692 | 4,488 | 5,273 | 6,081 | 7,138 | 8,902 | | | |
| | 0,8 | 4,648 | 5,570 | 6,516 | 7,628 | 9,910 | | | | |
| 80° | 0,1 | 0,091 | 0,140 | 0,186 | 0,229 | 0,270 | 0,312 | 0,362 | 0,440 | 0,627 |
| | 0,2 | 0,312 | 0,446 | 0,575 | 0,699 | 0,817 | 0,943 | 1,112 | 1,425 | 2,472 |
| | 0,3 | 0,665 | 0,907 | 1,144 | 1,370 | 1,589 | 1,835 | 2,204 | 2,979 | |
| | 0,4 | 1,156 | 1,529 | 1,891 | 2,239 | 2,578 | 2,984 | 3,655 | 5,251 | |
| | 0,5 | 1,793 | 2,313 | 2,819 | 3,305 | 3,782 | 4,397 | 5,519 | 7,872 | |
| | 0,6 | 2,533 | 3,206 | 3,858 | 4,509 | 5,192 | 6,096 | 7,875 | | |
| | 0,7 | 3,334 | 4,148 | 4,949 | 5,780 | 6,737 | 8,112 | 10,82 | | |
| | 0,8 | 4,236 | 5,170 | 6,051 | 7,066 | 8,404 | 10,47 | 12,59 | | |
| 85° | 0,1 | 0,089 | 0,138 | 0,184 | 0,228 | 0,269 | 0,311 | 0,359 | 0,432 | 0,590 |
| | 0,2 | 0,300 | 0,433 | 0,564 | 0,690 | 0,810 | 0,934 | 1,091 | 1,358 | 2,046 |
| | 0,3 | 0,627 | 0,872 | 1,113 | 1,345 | 1,569 | 1,806 | 2,125 | 2,710 | 4,441 |
| | 0,4 | 1,076 | 1,453 | 1,826 | 2,187 | 2,535 | 2,910 | 3,446 | 4,498 | 8,057 |
| | 0,5 | 1,644 | 2,171 | 2,694 | 3,205 | 3,703 | 4,244 | 5,058 | 6,761 | 12,94 |
| | 0,6 | 2,280 | 2,961 | 3,639 | 4,313 | 4,999 | 5,797 | 6,971 | 9,571 | |
| | 0,7 | 2,961 | 3,803 | 4,620 | 5,443 | 6,347 | 7,479 | 9,206 | 13,01 | |
| | 0,8 | 3,802 | 4,838 | 5,788 | 6,612 | 7,701 | 9,257 | 11,76 | 17,20 | |
| 90° | 0,1 | 0,10 | 0,13 | 0,18 | 0,23 | 0,25 | 0,27 | 0,32 | 0,40 | 0,61 |
| | 0,2 | 0,25 | 0,42 | 0,53 | 0,66 | 0,74 | 0,83 | 1,04 | 1,29 | 2,05 |
| | 0,3 | 0,46 | 0,80 | 1,12 | 1,23 | 1,39 | 1,56 | 1,75 | 2,25 | 2,86 |
| | 0,4 | 0,74 | 1,19 | 1,77 | 2,15 | 2,39 | 2,63 | 2,94 | 3,76 | 5,31 |
| | 0,5 | 1,44 | 2,16 | 2,58 | 2,93 | 3,48 | 3,70 | 4,09 | 5,06 | 8,38 |
| | 0,6 | 2,75 | 3,54 | 4,51 | 4,99 | 5,98 | 6,35 | 6,60 | 7,93 | 11,63 |
| | 0,7 | 4,49 | 5,33 | 6,54 | 7,35 | 8,07 | 8,56 | 9,36 | 11,06 | 15,36 |
| | 0,8 | 6,44 | 7,28 | 9,06 | 10,4 | 10,35 | 11,33 | 12,61 | 14,46 | 20,44 |

3. Querrand- und Zwischenauflagerbefestigung mit der Unterkonstruktion

$$c_{2,1} = \frac{2 \cdot b \cdot s_p \cdot e_Q \cdot \alpha_3}{L_S^2} \tag{99}$$

mit
- b  Schubfeldbreite
- $s_p$  Nachgiebigkeit einer Verbindung am Querrand oder Zwischenauflager (Tabelle 15 oder Tabelle 16)
- $e_Q$  Abstand der Verbindungen am Querrand oder Zwischenauflager (Bild 36)
- $\alpha_3$  Parameter nach Tabelle 11, berücksichtigt den Einfluss der Anzahl der Zwischenauflager, $\alpha_3 = 1,0$ bei Kragscheiben nach Bild 39
- $L_S$  Schubfeldlänge

4. Verbindungen am Längsstoß

$$c_{2,2} = \frac{2 \cdot s_s \cdot s_p \cdot (n_{sh} - 1)}{2 \cdot n_s \cdot s_p + \beta_1 \cdot n_p \cdot s_s} \tag{100}$$

mit
- b  Schubfeldbreite
- $s_s$  Nachgiebigkeit einer Verbindung am Längsstoß (Tabelle 16 oder Tabelle 17)
- $s_p$  Nachgiebigkeit einer Verbindung am Querrand oder Zwischenauflager (Tabelle 15 oder Tabelle 16)
- $n_{sh}$  Anzahl der Profiltafeln über die Schubfeldbreite b
- $n_s$  Anzahl der Längsstoßverbinder je Längsstoß
- $\beta_1$  Parameter nach Tabelle 18, berücksichtigt den Einfluss der Anzahl der Verbindungselemente bezogen auf die Baubreite $b_R$ einer Profiltafel
- $n_p$  Anzahl der Auflager (Endauflager und Zwischenauflager)

5. Längsrandbefestigung mit der Unterkonstruktion (umlaufende Befestigung)

aussteifende Scheibe als System aus mehreren Schubfeldern nach Bild 40:

$$c_{2,3} = \frac{4 \cdot (n+1) \cdot s_{sc}}{n^2 \cdot n'_{sc}} \tag{101}$$

Kragscheibe nach Bild 39:

$$c_{2,3} = \frac{2 \cdot s_{sc}}{n_{sc}} \tag{102}$$

- n  Anzahl der Schubfelder über die Länge der aussteifenden Scheibe
- $s_{sc}$  Nachgiebigkeit einer Verbindung am Längsrand (Tabelle 15 oder Tabelle 16)
- $n_{sc}$  Anzahl der Verbindungen am Längsrand
- $n'_{sc}$  Anzahl der Verbindungen am innenliegenden Längsrand (Rahmenriegel in Bild 40)

Tabelle 15. Nachgiebigkeiten von Verbindungen mit der Unterkonstruktion bei Stahlprofiltafeln

| Verbindungselement | Nenndurchmesser | $s_p$ und $s_{sc}$ |
|---|---|---|
| Schraube mit Sechskantkopf | 5,5 bis 6,3 mm | 0,15 mm/kN |
| Schraube mit Sechskantkopf und Dichtscheibe | 5,5 bis 6,3 mm | 0,35 mm/kN |
| Setzbolzen | 3,7 bis 4,8 mm | 0,10 mm/kN |

Tabelle 16. Nachgiebigkeiten von Verbindungen bei Aluminiumprofiltafeln

| Verbindungselement | Nenndurchmesser | Bauteil I | Bauteil II | $s_s$ bzw. $s_p$ und $s_{sc}$ |
|---|---|---|---|---|
| Schraube | 5,5 mm, Steigung 1,8 mm | Aluminium | Aluminium | 0,6 mm/kN |
| Schraube | 5,5 mm, Steigung 2,23 mm, reduzierte Bohrspitze | Aluminium $t_I < 2,3$ mm | Aluminium $t_{II} < 2,3$ mm | 0,4 mm/kN |
| Schraube | 5,5 mm, Steigung 2,23 mm, reduzierte Bohrspitze | Aluminium $t_I < 2,3$ mm | Aluminium $t_{II} \geq 2,3$ mm | 0,4 mm/kN |
| Schraube | 5,5 mm, Steigung 1,8 mm | Aluminium | Stahl | 0,5 mm/kN |
| Schraube | 5,5 mm, Steigung 2,23 mm, reduzierte Bohrspitze | Aluminium | Steel | 0,2 mm/kN |
| Blindniet aus Aluminium | 4,8 mm | Aluminium | Aluminium | 0,25 mm/kN |

**Tabelle 17.** Nachgiebigkeiten von Verbindungen zwischen Profiltafeln am Längsrand bei Stahlprofiltafeln

| Verbindungselement | Nenndurchmesser | $s_s$ |
|---|---|---|
| Schraube | 4,1 bis 4,8 mm | 0,25 mm/kN |
| Blindniet aus Stahl, nichtrostendem Stahl oder Monel | 4,8 mm | 0,30 mm/kN |

**Tabelle 18.** Faktoren zur Berücksichtigung des Einflusses der Anzahl der Verbindungen je Profiltafelbreite mit der Unterkonstruktion am Auflager

| Anzahl Verbindungen mit der Unterkonstruktion am Auflager (je Profiltafelbreite) $n_f$ | Faktoren | | | | |
|---|---|---|---|---|---|
| | $\beta_1$ | | $\beta_2$ | $\beta_3$ | |
| | Längsstoßverbindung im nicht anliegenden Gurt | Längsstoßverbindung im anliegenden Gurt | | Längsstoßverbindung im nicht anliegenden Gurt | Längsstoßverbindung im anliegenden Gurt |
| 2  | 0,13 | 1,00 | 1,00 | 0,50 | 1,00 |
| 3  | 0,30 | 1,00 | 1,00 | 0,67 | 1,00 |
| 4  | 0,44 | 1,04 | 1,11 | 0,75 | 1,00 |
| 5  | 0,58 | 1,13 | 1,25 | 0,80 | 1,00 |
| 6  | 0,71 | 1,22 | 1,40 | 0,83 | 1,00 |
| 7  | 0,84 | 1,33 | 1,56 | 0,86 | 1,00 |
| 8  | 0,97 | 1,45 | 1,71 | 0,88 | 1,00 |
| 9  | 1,10 | 1,56 | 1,88 | 0,89 | 1,00 |
| 10 | 1,23 | 1,68 | 2,04 | 0,90 | 1,00 |

6. Dehnung des Randträgers am Längsrand aus Biegung (schubweicher Biegeträger)

aussteifende Scheibe als System aus mehreren Schubfeldern nach Bild 40:

$$c_3 = \frac{n^2 \cdot b^3 \cdot \alpha_3}{4,8 \cdot E \cdot A \cdot L_S^2} \quad (103)$$

Kragscheibe nach Bild 39:

$$c_3 = \frac{2 \cdot b^3}{3 \cdot E \cdot A \cdot L_S^2} \quad (104)$$

n    Anzahl der Schubfelder über die Länge der aussteifenden Scheibe
b    Schubfeldbreite (Bild 39 und Bild 40)
$\alpha_3$   Parameter nach Tabelle 11, berücksichtigt den Einfluss der Anzahl der Zwischenauflager, $\alpha_3 = 1,0$ bei Kragscheiben nach Bild 39
E    Elastizitätsmodul der Längsrandprofile
A    Querschnittsfläche der Längsrandprofile
$L_S$   Schubfeldlänge

Schubsteifigkeit je Schubfeld bei Profiltafeln, die rechtwinklig zur Spannrichtung der aussteifenden Scheibe spannen

$$S = \frac{b}{c} \quad (105)$$

b    Schubfeldbreite (Bild 39 und Bild 40)
c    Nachgiebigkeit

**Nachgiebigkeiten $c_{i,j}$ und Schubsteifigkeit S bei Profiltafeln, die parallel zur Spannrichtung der aussteifenden Scheibe spannen (Bild 41 und Bild 42)**

$$c = \frac{L_S^2}{b^2} \cdot (c_{1,1} + c_{1,2} + c_{2,1} + c_{2,2} + c_{2,3}) + c_3 \quad (106)$$

mit

1. Profilverwölbung

aussteifende Scheibe als System aus mehreren Schubfeldern nach Bild 42:

$$c_{1,1} = \frac{b \cdot b_R^{2,5} \cdot \alpha_5 \cdot K_i}{E \cdot t^{2,5} L_S^2} \quad (107)$$

Kragscheibe nach Bild 41:

$$c_{1,1} = \frac{b \cdot b_R^{2,5} \cdot \alpha_1 \cdot \alpha_4 \cdot K_i}{E \cdot t^{2,5} L_S^2} \quad (108)$$

mit
b    Schubfeldbreite (Bild 41 und Bild 42)
$b_R$   Rippenbreite
$\alpha_1$   Parameter nach Tabelle 11, berücksichtigt den Einfluss der Anzahl der Zwischenauflager
$\alpha_4$   Parameter nach Tabelle 12, berücksichtigt den Einfluss der Anzahl Profiltafeln
$\alpha_5$   Parameter nach Tabelle 19, berücksichtigt den Einfluss der Profiltafellänge und der Querstoßausbildung

$K_i$ Parameter nach Tabelle 13 oder Tabelle 14, wobei die Werte für Aluminiumtrapezprofile zu halbieren sind
$E$ Elastizitätsmodul
$t$ Bemessungswert der Blechdicke
$L_S$ Schubfeldlänge

2. Schubverzerrung

$$c_{1,2} = \frac{2 \cdot b \cdot (1 + v) \cdot (1 + 2 \cdot h/b_R)}{E \cdot t \cdot L_S} \quad (109)$$

mit
$b$ Schubfeldbreite (Bild 41 und Bild 42)
$v$ Querkontraktionszahl
$h$ Profilhöhe
$b_R$ Rippenbreite
$E$ Elastizitätsmodul
$t$ Bemessungswert der Blechdicke
$L_S$ Schubfeldlänge

3. Querrand- und Zwischenauflagerbefestigung mit der Unterkonstruktion

$$c_{2,1} = \frac{2 \cdot b \cdot s_p \cdot e_Q}{L_S^2} \quad (110)$$

mit
$b$ Schubfeldbreite
$s_p$ Nachgiebigkeit einer Verbindung am Querrand oder Zwischenauflager (Tabelle 15 oder Tabelle 16)
$e_Q$ Abstand der Verbindungen am Querrand oder Zwischenauflager (Bild 36)
$L_S$ Schubfeldlänge

4. Verbindungen am Längsstoß
aussteifende Scheibe als System aus mehreren Schubfeldern nach Bild 42:

$$c_{2,2} = \frac{s_s \cdot s_p \cdot (n_{sh} - 1)}{n_s \cdot s_p + \beta_1 \cdot s_s} \quad (111)$$

Kragscheibe nach Bild 41:

$$c_{2,2} = \frac{2 \cdot s_s \cdot s_p \cdot (n_{sh} - 1)}{2 \cdot n_s \cdot s_p + \beta_1 \cdot n_p \cdot s_s} \quad (112)$$

mit
$b$ Schubfeldbreite
$s_s$ Nachgiebigkeit einer Verbindung am Längsstoß (Tabelle 16 oder Tabelle 17)
$s_p$ Nachgiebigkeit einer Verbindung am Querrand oder Zwischenauflager (Tabelle 15 oder Tabelle 16)
$n_{sh}$ Anzahl der Profiltafeln je Schubfeld
$n_s$ Anzahl der Längsstoßverbinder je Längsstoß
$\beta_1$ Parameter nach Tabelle 18, berücksichtigt den Einfluss der Anzahl der Verbindungselemente bezogen auf die Baubreite $b_R$ einer Profiltafel
$n_p$ Anzahl der Auflager (Endauflager und Zwischenauflager)

5. Längsrandbefestigung mit der Unterkonstruktion (umlaufende Befestigung)

$$c_{2,3} = \frac{2 \cdot s_{sc}}{n_{sc}} \quad (113)$$

$s_{sc}$ Nachgiebigkeit einer Verbindung am Längsrand (Tabelle 15 oder Tabelle 16)
$n_{sc}$ Anzahl der Verbindungen am Längsrand

6. Dehnung des Randträgers am Längsrand aus Biegung (schubweicher Biegeträger)

aussteifende Scheibe als System aus mehreren Schubfeldern nach Bild 42:

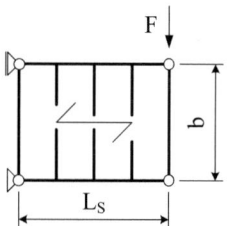

Bild 41. Kragsystem mit Profiltafeln, die parallel zur Spannrichtung der aussteifenden Scheibe spannen

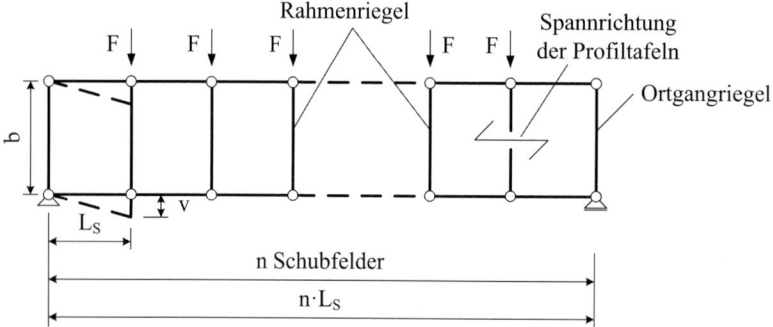

Bild 42. Einfeldträger mit Profiltafeln, die parallel zur Spannrichtung der aussteifenden Scheibe spannen

**Tabelle 19.** Faktor zur Berücksichtigung der Profiltafellänge und der Querstoßausbildung am Übergang zwischen den Schubfeldern

| Ausführung und Einfluss auf die Nachgiebigkeit $c_{1,1}$ | Anzahl Tafellängen $n_l$ | $\alpha_5$ |
|---|---|---|
| Keine Verbindung der Profiltafeln zwischen den Schubfeldern | 2 oder mehr | 1,0 |
| An den Querstößen zwischen den Schubfeldern überlappende Profiltafeln | 2<br>3<br>4<br>5 oder mehr | 1,0<br>0,9<br>0,8<br>0,7 |
| An den Querstößen überlappende und über die Schubfelder durchlaufende Profiltafeln | 2<br>3<br>4<br>5 oder mehr | 1,0/m<br>0,9/m<br>0,8/m<br>0,7/m |

$$c_3 = \frac{n^2 \cdot L_S^2}{4{,}8 \cdot E \cdot A \cdot b^2} \qquad (114)$$

Kragscheibe nach Bild 41:

$$c_3 = \frac{2 \cdot L_S^2}{3 \cdot E \cdot A \cdot b^2} \qquad (115)$$

n    Anzahl der Schubfelder über die Länge der aussteifenden Scheibe
$L_S$    Schubfeldlänge
E    Elastizitätsmodul der Längsrandprofile
A    Querschnittsfläche der Längsrandprofile
b    Schubfeldbreite (Bild 41 und Bild 42)

Schubsteifigkeit je Schubfeld bei Profiltafeln, die parallel zur Spannrichtung der aussteifenden Scheibe spannen

$$S = \frac{L_S}{c} \qquad (116)$$

$L_S$    Schubfeldlänge
c    Nachgiebigkeit

Bei zweiseitig befestigten Profiltafeln (vgl. Abschnitt 8.2.2.5) ergeben sich abweichende Formulierungen für die Nachgiebigkeit $c_{2,3}$.
Unabhängig von der Spannrichtung dominieren die Anteile aus Profiltafelverformung $c_{1,1}$ und $c_{1,2}$ sowie die Nachgiebigkeiten $c_{2,1}$ und $c_{2,2}$ der Verbindungen. Die Anteile $c_{1,1}$ und $c_{1,2}$ aus Profiltafelverformung entsprechen den Parametern $K_2$ und $K_1$ nach *Schardt* und *Strehl*, vgl. auch [84] und [85]. Der Einfluss der Nachgiebigkeit der Längsrandbefestigung mit der Unterkonstruktion $c_{2,3}$ sowie der Dehnung des Randträgers am Längsrand $c_3$ können in aller Regel vernachlässigt werden.
In der Vergangenheit wurde in Deutschland das Verfahren nach *Bryan* und *Davies* in Einzelfällen bereits bei der Ermittlung der Gesamtverformung eines Schubfelds mit Aluminiumprofiltafeln eingesetzt, siehe hierzu die Fußnoten der entsprechenden Tabellen. Dabei wurden eben diese Anteile $c_{2,3}$ sowie $c_3$ vernachlässigt, vgl. [84]. Die dabei mit $s_p = s_s = 1{,}05$ mm/kN angesetzten und deutlich über den Werten der Tabelle 16 liegenden Nachgiebigkeiten gehen vermutlich auf eine Umrechnung der Nachgiebigkeiten für vergleichbare Verbindungen mit Stahltrapezprofilen (s. [84], dort mit $s_p = s_s = 0{,}35$ mm/kN angesetzt) im Verhältnis der Elastizitätsmodulen von Stahl und Aluminium zurück. Inzwischen findet man das Verfahren nach *Bryan* und *Davies* auch in Tabellen für Stahlprofiltafeln. Die Nachweise zu den Verformungen im Grenzzustand der Gebrauchstauglichkeit sowie die Ermittlung der zur Stabilisierung von Einzelbauteilen ansetzbaren Schubsteifigkeit S entsprechen denen in den Tabellen für Aluminiumprofiltafeln: Die Aufbereitung orientiert sich an [84], dementsprechend werden auch die Parameter $K_1$ und $K_2$ nach *Schardt* und *Strehl* verwendet und – wie erwähnt – die Nachgiebigkeiten $c_{2,3}$ und $c_3$ vernachlässigt, jedoch werden die Faktoren $\alpha_1, \alpha_2$ und $\alpha_4$ berücksichtigt. Soll die Schubsteifigkeit S zur Stabilisierung von Einzelbauteilen herangezogen werden, so ist die Nachgiebigkeit der Verbindungen hingegen zu berücksichtigen (Grenzzustand der Tragfähigkeit für das zu stabilisierende Bauteil) und die Schubsteifigkeit ist über

$$S = G_S \cdot L_S$$

$$= \frac{L_S \cdot 10^4}{K_1 \cdot \alpha_2 + K_1^* \cdot e_L + \frac{K_2 \cdot \alpha_1 \cdot \alpha_4 + K_2^* \cdot \alpha_3}{L_S}} \qquad (117)$$

mit

$$K_1^* = \frac{s_s}{b_B} \qquad (118)$$

und

$$K_2^* = 2 \cdot s_p \cdot e_Q \qquad (119)$$

mit

$e_L$    Abstand der Verbindungselemente am Längsstoß
$s_s$    Nachgiebigkeit der Verbindung im Längsstoß
$b_B$    Abstand der Längsstöße = Baubreite der Profiltafeln
$s_p$    Nachgiebigkeit der Verbindung am Querrand
$e_Q$    Abstand der Verbindungselemente am Querrand (i. d. R. = Rippenbreite)

und den Werten $\alpha_1$ bis $\alpha_3$ nach Tabelle 11 sowie $\alpha_4$ entsprechend Tabelle 12 in Abhängigkeit von der Anzahl Querstöße im Schubfeld zu ermitteln: Ohne Querstoß im Schubfeld gilt

$$\alpha_4 = 1{,}0 \qquad (120)$$

ansonsten

$$\alpha_4 = 1{,}0 + 0{,}3 \cdot n_b = 1{,}3 + 0{,}3 \cdot n'_b \qquad (121)$$

$n_b$    Anzahl der Profiltafeln in Längsrichtung des Schubfelds
$n'_b$    Anzahl der Querstöße im Schubfeld

Beim Nachweis im Grenzzustand der Gebrauchstauglichkeit darf die Nachgiebigkeit der Verbindungen generell vernachlässigt werden, damit gilt

$$T_{C,k} = \gamma_{S,\max} \cdot G_S = \frac{1}{750} \cdot \frac{10^4}{K_1 \cdot \alpha_2 + \frac{K_2 \cdot \alpha_1 \cdot \alpha_4}{L_S}} \qquad (122)$$

In DIN EN 1993-1-3 findet sich eine einfache Gleichung zur Ermittlung der Schubsteifigkeit eines Trapezprofils, die auf dem Verfahren nach Bryan und Davies basiert, und die Ergebnisse einer Parameterstudie ([89] und [90]) für den Fall des vierseitig umlaufend gelagerten Trapezprofils über eine einfache Gleichung approximiert:

$$S_i = 10000 \cdot \sqrt{t^3} \cdot (5 + \sqrt[3]{L_S}) \cdot \frac{s}{h} \qquad (123)$$

t    Bemessungsdicke des Blechs
$L_S$    Schubfeldlänge (vgl. Bild 40)
s    der Pfettenabstand
h    Profilhöhe des Trapezprofils

Die Auswertung in [90] beschränkt sich auf den Bereich h ≤ 120 mm und (übliche) Profiltafellängen L ≤ 12 m, wurde in DIN EN 1993-1-3 dann verallgemeinert. Für die Verbindungen gelten folgende Randbedingungen:
- Verbindungen mit dem Ortgangriegel, jedoch nicht mit dem Rahmenriegel (vgl. Bild 40),
- Verbindung mit den Pfette oder dem Wandriegel jedem anliegenden Gurt,
- Längsstoßverbindungen gemäß Abschnitts 11.3.5.

Im Rahmen der Erarbeitung der vereinfachten Umsetzung des Verfahrens wurde wie beim Verfahren nach *Schardt* und *Strehl* für Dächer mit bituminös verklebtem Dachaufbau (d. h., der Dämmstoff wird mit Bitumenheißkleber auf die obenliegenden Gurte der Trapezprofile geklebt) der zusätzliche Nachweis

$$\frac{T_{V,Ed}}{T_{b,Cd}} \leq 1,0 \tag{124}$$

mit
$T_{V,Ed}$ Schubfluss infolge der Einwirkungen im Grenzzustand der Gebrauchstauglichkeit
$T_{b,Cd}$ tabellierter Bemessungswert der Schubflussbeanspruchbarkeit

eingeführt, der im Grenzzustand der Gebrauchstauglichkeit mit $\gamma_{M,ser} = 1,0$ zu führen ist und ein Versagen der Verklebung verhindern soll.

Maßgebend beim Tragfähigkeitsnachweis werden in der Regel die Verbindungen. Die Tragfähigkeit der Verbindungen am Längsstoß innerhalb des Schubfelds wird über

$$T_{V,s,Rd} = \frac{n_s}{L_S} \cdot F_{b,s,Rd} + \frac{\beta_1}{\beta_3} \cdot \frac{n_p}{L_S} \cdot F_{b,p,Rd} \tag{125}$$

mit
$n_s$ Anzahl der Längsstoßverbinder je Längsstoß (abzüglich derjenigen, die auch eine Verbindung zur Unterkonstruktion herstellen)
$L_S$ Schubfeldlänge
$F_{b,s,Rd}$ Bemessungswert der Querkrafttragfähigkeit der Längsstoßverbindung, i. d. R. der allgemeinen bauaufsichtlichen Zulassung oder europäischen technischen Zulassung entnommen, vgl. Abschnitt 10
$n_p$ Anzahl der Auflager (Endauflager und Zwischenauflager, bei Profiltafeln, die gemäß Bild 42 parallel zur Spannrichtung der aussteifenden Scheibe spannen, ist $n_p = 1$ zu setzen)
$\beta_1$ Parameter nach Tabelle 18, berücksichtigt den Einfluss der Anzahl der Verbindungselemente bezogen auf die Baubreite $b_R$ einer Profiltafel
$\beta_3$ Parameter nach Tabelle 18, berücksichtigt den Einfluss der Anzahl der Anzahl Verbindungen mit der Unterkonstruktion am Auflager (je Profiltafelbreite)
$F_{b,p,Rd}$ Bemessungswert der Querkrafttragfähigkeit der Verbindung mit der Unterkonstruktion (Pfette), i. d. R. der allgemeinen bauaufsichtlichen Zulassung oder europäischen technischen Zulassung entnommen, vgl. Abschnitt 10

berechnet. Der Anteil aus den Verbindungen mit der Unterkonstruktion an Zwischenauflagern wurde bisher beim Nachweis der Längsstoßverbindungen vernachlässigt, allenfalls indirekt, indem die Anzahl der Anzahl $n_s$ der Längsstoßbefestiger zugeschlagen wurde (i. d. R. ist $F_{b,s,Rd}$ kleiner als $F_{b,p,Rd}$). Die Verbindungen an den Endauflagern wurden beim Nachweis am Querrand erfasst.

Für die Verbindungen am Längsrand des Schubfelds mit der Unterkonstruktion ist die Tragfähigkeit über

$$T_{V,sc,Rd} = \frac{n_{sc}}{L_S} \cdot F_{b,sc,Rd} \tag{126}$$

mit
$n_{sc}$ Anzahl der Verbindungen am Längsrand
$L_S$ Schubfeldlänge
$F_{b,sc,Rd}$ Bemessungswert der Querkrafttragfähigkeit der Längsrand, i. d. R. der allgemeinen bauaufsichtlichen Zulassung oder europäischen technischen Zulassung entnommen (vgl. Abschnitt 10)

zu ermitteln. Dies entspricht dem bisherigen Vorgehen. Darüber hinaus sind die für die Lasteinleitung erforderlichen Verbindungselemente in vergleichbarer Form nachzuweisen.

Ein Versagen der Verbindungen am Querrand (Auflager) oder der Stege der Profiltafeln auf Druck (Stegkrüppeln) wird wie das Schubbeulen als unerwünschte Versagensform eingestuft. Es ist anzustreben, dass die Verbindungen am Längsstoß oder Längsrand oder der Gleitwinkel bei der Bemessung maßgebend werden. Die erste Forderung daraus lautet

$$T_{V,Rd} \overset{!}{\leq} 0,6 \cdot \frac{F_{b,p,Rd}}{\alpha_3 \cdot b_R} \tag{127}$$

mit
$\alpha_3$ Parameter nach Tabelle 11, berücksichtigt den Einfluss der Anzahl der Zwischenauflager, $\alpha_3 = 1,0$ bei Kragscheiben nach Bild 39 und generell bei Profiltafeln, die parallel zur Spannrichtung der aussteifenden Scheibe spannen
$F_{b,p,Rd}$ Bemessungswert der Querkrafttragfähigkeit der Verbindung am Querrand, i. d. R. der allgemeinen bauaufsichtlichen Zulassung oder europäischen technischen Zulassung entnommen (vgl. Abschnitt 10)
$b_R$ Rippenbreite

Der Faktor 0,6 in Gl. (127) fungiert als Reduktionsfaktor für den Bemessungswert der Querkrafttragfähigkeit und berücksichtigt auch die sich infolge Kontaktkräften erhöhte Zugbeanspruchung der Schraube, d. h., es wird unterstellt, dass diese nicht explizit ermittelt werden. In der nächsten Ausgabe der DIN EN 1993-1-3 bzw. DIN EN 1999-1-4 wird für diesen Fall anstelle der Forderung an die Tragfähigkeit des Schubfelds $T_{V,Rd}$ ein expliziter Nachweis für die Verbindungen am Querrand treten. Werden die infolge Kontaktkräften erhöhten

Zugbeanspruchungen nicht explizit ermittelt, so sind die Querkräfte in den Verbindungen um 50 % zu erhöhen und der Nachweis ist gegen das Minimum aus Querkrafttragfähigkeit und Zugkrafttragfähigkeit zu führen. Im Sinne der im vorliegenden Beitrag verwendeten Darstellung lässt sich dies in der Form

$$T_{V,p,Rd} = \frac{\min\{F_{b,p,Rd}; F_{t,p,Rd}\}}{1,5 \cdot \alpha_3 \cdot b_R} \quad (128)$$

mit

$F_{t,p,Rd}$  Bemessungswert der Zugkrafttragfähigkeit der Verbindung am Querrand, i. d. R. der allgemeinen bauaufsichtlichen Zulassung oder europäischen technischen Zulassung entnommen, vgl. Abschnitt 10,

formulieren. Bei Überlagerung mit Beanspruchungen aus äußeren Einwirkungen sieht [11] einen quadratischen Interaktionsnachweis (DIN EN 1993-1-3, DIN EN 1999-1-4 sowie die Zulassungen der Verbindungselemente sehen jedoch eine lineare Interaktion vor) für die Verbindungen in der Form

$$\left(\frac{F_{t,Ed}}{F_{t,p,Rd}}\right)^2 + \left(\frac{F_{b,Ed}}{0,6 \cdot F_{b,p,Rd}}\right)^2 \leq 1,0 \quad (129)$$

vor, wobei $F_{t,Ed}$ explizit nur die Zugkräfte aus Querbelastung (Wind etc.) der Trapezprofile beinhaltet. Die Zugkräfte aus Kontaktkräften werden durch den Divisor 0,6 abgedeckt. Die zweite Forderung lautet

$$T_{V,Rd} \overset{!}{\leq} \frac{0,9 \cdot t^{1,5} \cdot f_y}{b_R} \quad (130)$$

mit

t  Bemessungswert der Blechdicke
$f_y$  Dehngrenze, bei Aluminiumprofiltafeln $f_0$
$b_R$  Rippenbreite

und deckt Versagen am Endauflager durch Stegkrüppeln ab. Bei Befestigung in jedem zweiten anliegenden Gurt ist der Faktor 0,9 in Gl. (130) auf 0,3 zu reduzieren.
Werden die Zugkräfte aus Kontaktkräften explizit ermittelt, wie z. B. in den Tabellen über

$$F_{t,Ed} = T_{V,Ed} \cdot K_3 \cdot e_Q \quad (131)$$

bzw. die Endauflagerkräfte über

$$F_{V,Ed} = T_{V,Ed} \cdot K_3 \quad (132)$$

mit

$T_{V,Ed}$  Schubfluss infolge der Einwirkungen im Grenzzustand der Tragfähigkeit
$K_3$  tabellierter Parameter nach *Schardt* und *Strehl*
$e_Q$  Abstand der Verbindungen am Querrand oder Zwischenauflager (Bild 36)

(s. a. Abschnitt 8.2.2.3) entfallen die obigen Forderungen an $T_{V,Rd}$ (Gl. (127) und Gl. (130)) bzw. die Erhöhung der Querkräfte in den Verbindungen um 50 % (Gl. (128)). Dann können die Nachweise mit den tatsächlich infolge Schubfeldbeanspruchung auftretenden Querkräften $F_{b,Ed}$ und Zugkräften $F_{t,Ed}$ in den Verbindungen bzw. (Druck-)Auflagerkräften $F_{Ed}$ in den Stegen geführt werden, zu denen dann die entsprechenden Kräfte aus äußeren Einwirkungen zu addieren sind.

### 8.2.2.3 Verfahren nach *Schardt* und *Strehl*

Im Grenzzustand der Tragfähigkeit ist der Nachweis

$$\frac{T_{V,Ed}}{T_{V,Rd}} \equiv \frac{T_{V,Ed}}{T_{1,Rd}} \leq 1,0 \quad (133)$$

mit

$T_{V,Ed}$  Schubfluss infolge der Einwirkungen im Grenzzustand der Tragfähigkeit
$T_{V,Rd} = T_{1,Rd}$  tabellierter Bemessungswert der Schubflussbeanspruchbarkeit

zu führen, der durch Erreichen der Fließgrenze im Ausrundungsradius zwischen Gurt und Steg des Trapezprofils als Folge der Querschnittsverformung definiert wird. Ursprünglich handelte es sich um ein Gebrauchstauglichkeitskriterium, mit dem bleibende Verformungen im Querschnitt vermieden werden sollten. Als Teilsicherheitsbeiwert ist $\gamma_{M1} = 1,1$ anzusetzen.
Im Grenzzustand der Gebrauchstauglichkeit ist der Nachweis

$$\frac{T_{V,Ed}}{T_{V,Cd}} \equiv \frac{T_{V,Ed}}{T_{3,Rd}} \leq 1,0 \quad (134)$$

mit

$T_{V,Ed}$  Schubfluss infolge der Einwirkungen im Grenzzustand der Gebrauchstauglichkeit

und dem Bemessungswert der Schubfeldbeanspruchbarkeit im Grenzzustand der Gebrauchstauglichkeit

$$T_{V,Cd} = T_{3,Rd} = \frac{G_S \cdot \gamma_{S,max}}{\gamma_{M,ser}} = \frac{10^4}{K_1 + \frac{K_2}{L_S}} \cdot \frac{\gamma_{S,max}}{\gamma_{M,ser}} \quad (135)$$

mit

$K_1, K_2$  tabellierte Parameter nach *Schardt* und *Strehl*
$\gamma_{M,ser} = 1,0$  Teilsicherheitsbeiwert
$\gamma_{S,max} = 1/750$  maximaler Gleitwinkel

zu führen. Erkennbar ist, dass das Verfahren nach *Schardt* und *Strehl* bei der Ermittlung der Schubsteifigkeit die Nachgiebigkeit der umlaufenden Verbindungen mit der Unterkonstruktion und der Verbindungen innerhalb des Schubfelds (Längsränder der Profiltafeln) vernachlässigt. Abgesehen von der eher formalen Frage, ob es sich damit beim Verweis auf das Berechnungsverfahren von *Schardt* und *Strehl* tatsächlich um eine zusätzliche konfliktfreie Information (NCI bzw. NCCI) handelt, stellt sich die Frage, ob die Vernachlässigung der Nachgiebigkeit der Verbindungen beim Ansatz der Schubsteifigkeit für die Stabilisierung von Bauteilen aus Gründen der Sicherheit akzeptiert werden kann. Lediglich in den Tabellen für Aluminiumtrapezprofile fanden sich ergänzende Angaben zur Ermittlung der Gesamtverformung, die die Nachgiebigkeit der Verbindungen durch einfache Erweiterung der Gleichung zur Ermittlung der Schubsteifigkeit nach *Schardt* und *Strehl* erfassen. Die Steifigkeiten für die Verbindungen waren dabei aber nicht explizit angegeben, sondern in den Parametern $k^*_1$ und $k^*_2$ versteckt. Dies bildete die Ausgangssituation für die Entwicklung des in Abschnitt 8.2.2.4 vorgestellten kombinierten Verfahrens.

Handelt es sich um einen bituminös verklebten Dachaufbau (d. h. der Dämmstoff wird mit Bitumenheißkleber auf die obenliegenden Gurte der Trapezprofile geklebt), so ist im Grenzzustand der Gebrauchstauglichkeit der Nachweis

$$\frac{T_{V,Ed}}{T_{V,Cd}} \equiv \frac{T_{V,Ed}}{T_{2,Rd}} \leq 1{,}0 \qquad (136)$$

mit
$T_{V,Ed}$ Schubfluss infolge der Einwirkungen im Grenzzustand der Gebrauchstauglichkeit
$T_{V,Cd} = T_{2,Rd}$ tabellierter Bemessungswert der Schubflussbeanspruchbarkeit

zu führen. Als Teilsicherheitsbeiwert ist $\gamma_{M,ser} = 1{,}0$ anzusetzen. Durch diesen Nachweis werden die Relativverschiebungen der Obergurte auf h/20 begrenzt und somit ein Versagen der Verklebung verhindert. Bisher war beim Nachweis der Kräfte am Endauflager (Stege auf Druck und Verbindungen auf Zug infolge Behinderung der Profilverwölbung) immer ein Wechsel im Sicherheitskonzept erforderlich. Diesen gibt es nun nichtmehr, man erhält den Bemessungswert der Endauflagerkraft direkt mit

$$F_{V,Ed} = T_{V,Ed} \cdot K_3 \qquad (137)$$

$T_{V,Ed}$ Schubfluss infolge der Einwirkungen im Grenzzustand der Tragfähigkeit
$K_3$ tabellierter Parameter nach *Schardt* und *Strehl*

Diese ist beim Nachweis gegen Stegkrüppeln am Endauflager mit zu berücksichtigen, d. h. zur Endauflagerkraft aus Auflast zu addieren. Die Zugkräfte in den Verbindungen am Querrand erhält man über

$$F_{t,Ed} = T_{V,Ed} \cdot K_3 \cdot e_Q \qquad (138)$$

mit
$T_{V,Ed}$ Schubfluss infolge der Einwirkungen im Grenzzustand der Tragfähigkeit
$K_3$ tabellierter Parameter nach *Schardt* und *Strehl*
$e_Q$ Abstand der Verbindungen am Querrand oder Zwischenauflager (Bild 36)

Bei kombinierter Beanspruchung aus Zug- und Querkraft gilt die lineare Interaktion für mechanische Verbindungen gemäß DIN EN 1993-1-3.

Bei kurzen Schubfeldern mit $L_S \leq \min L_S$ ergeben sich zusätzliche Verformungen infolge Verwölbung des freien Querschnitts am Endauflager des Trapezprofils, die durch einen konstanten Parameter $K_2$, nicht ausreichend erfasst werden können. Die tatsächliche Steifigkeit und die Tragfähigkeit sinken. Daher gilt in diesem Fall

$$K'_2 = K_2 \cdot \frac{\min L_S}{L_S} \geq K_2 \qquad (139)$$

Der Wert $\min L_S$ ist ebenfalls in den Tabellen aufgeführt. Auch für $T_{1,Rd}$ und $T_{2,Rd}$ gilt, dass für $l_{.S} < \min L_S$ die Beanspruchbarkeit mit

$$T'_{1,Rd} = T_{1,Rd} \cdot \left[ 2 \cdot \frac{L_S}{\min L_S} - \left(\frac{L_S}{\min L_S}\right)^2 \right] \leq T_{1,Rd} \quad (140)$$

bzw.

$$T'_{2,Rd} = T_{2,Rd} \cdot \left[ 2 \cdot \frac{L_S}{\min L_S} - \left(\frac{L_S}{\min L_S}\right)^2 \right] \leq T_{2,Rd} \quad (141)$$

zu reduzieren ist. Für die Kräfte am Endauflager gilt dann

$$K'_3 = K_3 \cdot \left[ 2 \cdot \frac{L_S}{\min L_S} - \left(\frac{L_S}{\min L_S}\right)^2 \right] \leq K_3 \qquad (142)$$

d. h., diese werden geringer.

### 8.2.2.4 Das kombinierte Verfahren

Das Verfahren orientiert sich eng am Vorschlag aus [85] und [84], s. a. [70]. Im Grenzzustand der Tragfähigkeit ist der Nachweis

$$\frac{T_{V,Ed}}{T_{R,d}} \leq 1{,}0 \qquad (143)$$

mit
$T_{V,Ed}$ Schubfluss infolge der Einwirkungen im Grenzzustand der Tragfähigkeit
$T_{R,d}$ Bemessungswert der Schubflussbeanspruchbarkeit

zu führen. Der Bemessungswert der Schubflussbeanspruchbarkeit ergibt sich zu

$$T_{R,d} = \frac{1}{\gamma_M} \cdot \min\{T_{R,k,l}; T'_{R,k,g}\} \qquad (144)$$

Dabei erfasst $T_{R,k,l}$ das örtliche Beulen der (ggf. versteiften) ebenen Teilflächen des Trapezprofils sowie die nach DIN EN 1993-1-3 und DIN EN 1999-1-4 geforderte Begrenzung der Spannungen auf $0{,}25 \cdot f_{yb}/\gamma_{M1}$ bzw. $0{,}25 \cdot f_0/\gamma_{M1}$, vgl. Abschnitt 8.2.2.1. Über $T'_{R,k,g}$ wird das globale Beulen des Schubfelds erfasst. Dieser charakteristische Wert des Schubflusses hängt von der Einzelstützweite $L_{Si}$ (in DIN EN 1993-1-3 bzw. in den vorangehenden Abschnitten auch als s bezeichnet) des Schubfelds ab. Durch Bezug auf eine Referenzlänge ergibt er sich zu

$$T'_{R,k,g} = T_{R,k,g} \cdot \left(\frac{L_R}{L_{Si}}\right)^2 \qquad (145)$$

Die jeweiligen charakteristischen Werte $T_{R,k,l}$, $T_{R,k,g}$ sowie die Referenzlänge $L_R$ sind tabelliert. Anders als beim Verfahren nach *Bryan* und *Davies* handelt es sich bei den Bemessungswerten der Schubflussbeanspruchbarkeit $T_{R,d,l}$ und $T'_{R,d,g}$ nicht um elastische kritische Beulschubflüsse, sondern um Grenzschubflüsse unter

Verwendung einer Beulspannungskurve. Die Ermittlung der zugrunde liegenden elastischen kritischen Beulspannungen bzw. Beulschubflüsse erfolgt nach den Gln. (83) bis (88), jedoch ohne die Reduzierung bei den Vorfaktoren. Als Teilsicherheitsbeiwert ist $\gamma_{M1} = 1{,}1$ anzusetzen. Im Grenzzustand der Gebrauchstauglichkeit ist der Nachweis

$$\frac{T_{V,Ed}}{T_{C,d}} \leq 1{,}0 \qquad (146)$$

mit

$T_{V,Ed}$ Schubfluss infolge der Einwirkungen im Grenzzustand der Gebrauchstauglichkeit

$T_{C,d}$ Bemessungswert der Schubflussbeanspruchbarkeit

zu führen. Der Bemessungswert der Schubflussbeanspruchbarkeit ergibt sich zu

$$T_{C,d} = \frac{G_S}{750} \cdot \frac{1}{\gamma_{M,ser}} \qquad (147)$$

mit

$G_S$ ideeller Schubmodul nach Gl. (148)

$\gamma_{M,ser} = 1{,}0$ Teilsicherheitsbeiwert

Der ideelle Schubmodul beträgt

$$G_S = \frac{10^4}{K_1 + \dfrac{K_2}{L_S}} \qquad (148)$$

$K_1$, $K_2$ tabellierte Parameter nach *Schardt* und *Strehl* oder aus $c_{1,2}$ und $c_{1,1}$ nach *Bryan* und *Davies* berechnet

$L_S$ Schubfeldlänge

Der konstante Faktor $10^4$ wird in den Tabellen teilweise (z. B. über die Einheiten) auch den Parametern $K_1$ und $K_2$ zugeschlagen. An dieser Stelle ist daher Vorsicht geboten. Durch diesen Nachweis wird der Gleitwinkel des Schubfelds unter Gebrauchslasten wie beim Verfahren nach *Schardt* und *Strehl* auf 1/750 beschränkt. Gegenüber dem oben vorgestellten Verfahren nach *Schardt* und *Strehl* wurde der konstante Faktor $10^4$ aus den Gleichungen zu den Tabellenwerten „verschoben". Soll die Schubsteifigkeit S zur Stabilisierung von Einzelbauteilen herangezogen werden, so ist diese über

$$S = \frac{L_S \cdot 10^4}{K_1 + s_s \cdot \dfrac{e_L}{b_B} + \dfrac{K_2}{L_S} + \dfrac{2 \cdot s_p \cdot e_Q}{L_S}}$$

$$= \frac{L_S \cdot 10^4}{K_1 + K_1^* \cdot e_L + \dfrac{K_2}{L_S} + \dfrac{K_2^*}{L_S}} \qquad (149)$$

mit

$$K_1^* = \frac{s_s}{b_B} \qquad (150)$$

und

$$K_2^* = 2 \cdot s_p \cdot e_Q \qquad (151)$$

mit

$e_L$ Abstand der Verbindungselemente am Längsstoß

$s_s$ Nachgiebigkeit der Verbindung im Längsstoß

$b_B$ Abstand der Längsstöße = Baubreite der Profiltafeln

$s_p$ Nachgiebigkeit der Verbindung am Querrand

$e_Q$ Abstand der Verbindungselemente am Querrand (i. d. R. = Rippenbreite)

zu berechnen, d. h., die Verformungsanteile aus den Verbindungen sind mit zu berücksichtigen. Die Faktoren $K_1^*$ und $K_2^*$, die die Nachgiebigkeiten $s_s$ und $s_p$ sowie die Abstände der Verbindungselemente berücksichtigen, werden direkt in den Tabellen angegeben.

Wie beim Verfahren nach *Schardt* und *Strehl* ist bei einem bituminös verklebten Dachaufbau (d. h. der Dämmstoff wird mit Bitumenheißkleber auf die obenliegenden Gurte der Trapezprofile geklebt) der zusätzliche Nachweis

$$\frac{T_{V,Ed}}{T_{b,Cd}} \leq 1{,}0 \qquad (152)$$

mit

$T_{V,Ed}$ Schubfluss infolge der Einwirkungen im Grenzzustand der Gebrauchstauglichkeit

$T_{b,Cd}$ tabellierter Bemessungswert der Schubflussbeanspruchbarkeit

im Grenzzustand der Gebrauchstauglichkeit mit $\gamma_{M,ser} = 1{,}0$ zu führen, der ein Versagen der Verklebung verhindern soll.

Der Nachweis der Verbindungen entspricht dem beim Verfahren nach *Schardt* und *Strehl*. Die schon bisher bei Stahltrapezprofilen zu findende Angabe zur Tragfähigkeit $F_{t,R,k}$ je Rippe bei Einleitung einer Einzellast in Spannrichtung ohne Lasteinleitungsträger wird um die für den Nachweis nach [91] erforderliche Tragfähigkeit $T_{t,Rk}$ bei exzentrischer Lasteinleitung in das Schubfeld ergänzt. Damit lässt sich z. B. der Nachweis der Weiterleitung der Kräfte aus den Festpunkten der Außenschale eines zweischaligen Dachs führen.

### 8.2.2.5 Zweiseitig gelagerte Trapezprofile

Die voranstehend für die drei Verfahren erläuterten Regelungen setzen eine umlaufende Befestigung der Profiltafeln an den Rändern des Schubfelds voraus. Diese wird praktisch nicht immer oder nur mit erhöhtem Aufwand ausführbar sein, der wenn das Schubfeld nur für die Stabilisierung von Pfetten und Wandriegeln eingesetzt wird (Konstruktionsklasse II), nicht aber für die Aussteifung bzw. Abtragung von horizontalen Lasten (Konstruktionsklasse I), oftmals nicht gerechtfertigt werden kann. Im weiterführenden Schrifttum finden sich daher zwischenzeitlich Ansätze, mit denen die vorhandenen Verfahren bei Ausführung eines zweiseitig gelagerten Trapezprofils zu modifizieren sind. In [92] sind darüber hinausgehend weitere Überlegungen zur Stabilisierung von Pfetten und Wandriegeln durch zweiseitig gelagerte Trapezprofile zu finden.

Für das Verfahren nach *Bryan* und *Davies* wird diesbezüglich auf [11] und [63] verwiesen, worin bereits entsprechende Angaben zu finden sind. Während $c_{2,3}$ und $c_3$ entfallen, wird der Geltungsbereich von Gl. (97) zur Ermittlung von $c_{1,1}$ auf $L_S/b_R \geq 10$ eingeschränkt. Dennoch überrascht, dass sich damit die Schubsteifigkeit bei zweiseitiger Lagerung gegenüber der vierseitigen Lagerung praktisch nicht ändern soll.

Für das Verfahren nach *Schardt* und *Strehl* und das kombinierte Verfahren wird auf [93] und [94] verwiesen, wo die Schubsteifigkeit S ausgehend von der für das vierseitig gelagerte Schubfeld in zwei Schritten abgemindert wird. Dieser Ansatz gilt für $L_S/b \leq 1,75$ und Trapezprofilhöhen von 35 mm bis 175 mm. Im ersten Schritt wird nur die Abminderung infolge der fehlenden Verbindungen an den Längsrändern der Verlegefläche berücksichtigt, die zu einer lokal erhöhten Beanspruchung der Verbindungen mit der Unterkonstruktion an den Querrändern (Befestigung in jedem angeschlossenen Gurt) führt:

$$S'_{red} = \left(1 - \gamma \cdot \frac{L_S}{b}\right) \cdot S \quad (153)$$

mit
$\gamma$     Parameter nach Gl. (154)
$L_S$     Länge des Schubfelds in Spannrichtung der Profiltafeln
b     Schubfeldbreite

und

$$\gamma = 0,17 + \frac{0,33 \cdot S}{9000 \frac{kN}{m} \cdot L_S} \quad (154)$$

In [93] werden diese Gleichungen (trotz des dort verwendeten Parameters S, vgl. hierzu auch Abschnitt 8.2.1) nicht für die Schubsteifigkeit, sondern für den ideellen Schubmodul formuliert. Sowohl die Schubsteifigkeit S als auch die Schubsteifigkeit $S_{red}$ werden unter Berücksichtigung starrer Verbindungen an den Längsstößen ermittelt. Deren Nachgiebigkeit geht erst im zweiten Schritt ein, der nur in [94] beschrieben ist:

$$S_{red} = \frac{S'_{red}}{1 + \frac{s_s}{b} \cdot \frac{n_{sh}}{n_s} \cdot S'_{red}} \quad (155)$$

mit
$S'_{red}$     Schubsteifigkeit nach Gl. (153)
$s_s$     Nachgiebigkeit einer Verbindung am Längsstoß (Tabelle 16 oder Tabelle 17)
$n_{sh}$     Anzahl der Profiltafeln über die Schubfeldbreite b
$n_s$     Anzahl der Längsstoßverbinder je Längsstoß

Für den Nachweis der Gebrauchstauglichkeit kann der zweite Schritt entfallen, da hier unterstellt wird, dass beim betrachteten Beanspruchungsniveau die Nachgiebigkeit der Verbindungen von untergeordneter Bedeutung ist. Auch beim Verfahren nach *Schardt* und *Strehl* könnte formal der zweite Schritt entfallen, allerdings muss davon abgeraten werden, bei der Ermittlung einer Schubsteifigkeit, die Eingang in einen Nachweis der Tragfähigkeit (für das zu stabilisierende Bauteil) findet, die Nachgiebigkeit der Verbindungselemente zu vernachlässigen.

Eine zweiseitige Lagerung ist für Anwendungen der Konstruktionsklasse I nicht geeignet, auch wenn in [11] und [63] Angaben zur Ermittlung der Steifigkeit für diesen Fall zu finden sind.

### 8.2.3 Wellprofile

Bezüglich der Ausführung von Wellprofilen als Schubfeld wird auf die Angaben in [63] und [95] verwiesen, welche die in Abschnitt 8.1 vorgestellten Regelungen für Trapezprofile entsprechend ergänzen. Der Parameter $K_1$ aus [63] ist in Tabelle 20 aufgeführt. Für den Fall der Befestigung in jedem zweiten Untergurt sind die – ebenfalls aus [63] stammenden Produkte $\alpha_1 \cdot K_2$ – in Tabelle 21 aufgeführt, d. h., hier ist der Einfluss der Zwischenauflager (Faktor $\alpha_1$) bereits mit berücksichtigt. Ergibt sich aus Tabelle 11, dass $\alpha_1 = 1,0$ anzusetzen ist, so sind die Werte für $n_p = 2$ oder 3 zu verwenden. Bei Befestigung in jeder dritten Rippe sind die Produkte $\alpha_1 \cdot K_2$ mit dem Faktor 2,7 zu multiplizieren, bei Befestigung in jeder vierten Rippe mit dem Faktor 5,0.

### 8.2.4 Kassettenprofile

Die Regelungen für als Schubfelder herangezogene Kassettenkonstruktionen haben sich gegenüber DIN 18807-3/A1 geringfügig geändert. Allerdings wären

**Tabelle 20.** Faktoren $K_1$ bei Befestigung in jedem Untergurt

| $n_p$ | $h/b_R$ | | | | |
|---|---|---|---|---|---|
| | 0,1 | 0,2 | 0,25 | 0,3 | 0,4 |
| 2 oder 3 | 0,017 | 0,052 | 0,079 | 0,112 | 0,204 |
| 4 | 0,011 | 0,035 | 0,051 | 0,070 | 0,124 |
| 5 | 0,009 | 0,023 | 0,034 | 0,050 | 0,098 |

**Tabelle 21.** Produkte $\alpha_1 \cdot K_2$ bei Befestigung in jedem zweiten Untergurt

| $n_p$ | $h/b_R$ | | | | |
|---|---|---|---|---|---|
| | 0,1 | 0,2 | 0,25 | 0,3 | 0,4 |
| 2 oder 3 | 0,134 | 0,409 | 0,566 | 0,755 | 1,25 |
| 4 | 0,092 | 0,266 | 0,386 | 0,545 | 0,982 |
| 5 | 0,051 | 0,159 | 0,229 | 0,338 | 0,569 |

weitere Änderungen und Korrekturen erforderlich bzw. in DIN EN 1993-1-3 gestrichene Nachweise sollten weiterhin geführt werden. Nachfolgend daher einige Erläuterungen, die über die reine Vorstellung der Änderungen hinausgehen.

Die Tragfähigkeit eines Schubfelds ergibt sich in aller Regel als Kleinstwert aus der Tragfähigkeit der Profiltafeln selbst (i. d. R. ein Stabilitätsproblem, d. h. Schubbeulen) und der Tragfähigkeit der Verbindungen (untereinander oder mit der Unterkonstruktion). Hinzu kommt der Nachweis der Gebrauchstauglichkeit in Form der Begrenzung eines Gleitwinkels. Nach DIN 18807-3/A1 galt für die Tragfähigkeit der Verbindungen

$$T_{V,Rd} = \frac{1}{\gamma_M} \cdot \left[ \frac{F_{b,s,Rk}}{L_S} \cdot \left( \frac{L_S}{s_1} + 1 \right) + \frac{F_{b,e,Rk}}{L_S} \cdot \left( \frac{L_S}{e_s} + 1 \right) \right] \quad (156)$$

$F_{b,s,Rk}$ charakteristischer Wert der Querkrafttragfähigkeit der Verbindungen in den schmalen Gurten, i. d. R. der allgemeinen bauaufsichtlichen Zulassung oder europäischen technischen Zulassung entnommen, vgl. Abschnitt 10
$L_S$ Schubfeldlänge
$s_1$ Abstände der Verbindungselemente in den schmalen Gurten
$F_{b,e,Rk}$ charakteristischer Wert der Querkrafttragfähigkeit der Verbindungen in den Stegen, i. d. R. der allgemeinen bauaufsichtlichen Zulassung oder europäischen technischen Zulassung entnommen, vgl. Abschnitt 10
$e_s$ Abstände der Verbindungselemente in den Stegen
$\gamma_M$ Teilsicherheitsbeiwert

und für die Schubbeultragfähigkeit des breiten Gurts einer einzelnen Kassette

$$T_{V,Rd} = \frac{1}{\gamma_M} \cdot \frac{E}{0{,}2 \cdot b_u^2} \cdot \sqrt[4]{I_{yG} \cdot t_N^9} \quad (157)$$

mit
$I_G$ Elastizitätsmodul
$I_G$ Trägheitsmoment des breiten, an der Unterkonstruktion anliegenden Gurts in mm$^4$/mm
$t_N$ Nennblechdicke in mm
$b_u$ Baubreite, Breite des an der Unterkonstruktion anliegenden Gurts
$\gamma_M$ Teilsicherheitsbeiwert

Der Teilsicherheitsbeiwert betrug in beiden Fällen $\gamma_M = 1{,}33$, was für den Nachweis der Verbindungen konsistent mit den allgemeinen Regelungen für den Nachweis von Verbindungselementen war, für den Nachweis gegen Schubbeulen des breiten Gurts jedoch ungewöhnlich: $\gamma_M = 1{,}1$ wäre eher zu erwarten gewesen.
Gl. (156) ist in DIN EN 1993-1-3 nicht mehr zu finden, obwohl gemäß [96] die Tragfähigkeit der Verbindungen oder Befestigungen die Tragfähigkeit des Schubfelds bestimmt. Es wird daher empfohlen, diesen Nachweis weiterhin ergänzend zu führen. Zu beachten ist, dass die einfache Addition der Tragfähigkeitswerte der Verbindungen im Steg und in den schmalen Gurten gleiches Tragverhalten oder zumindest eine gewisse Duktilität der Verbindungen unterstellt, die bei genieteten oder geclinchten Verbindungen nicht unbedingt vorhanden sein muss.

Anstelle von Gl. (157) findet man die Gleichung

$$T_{V,Rd} = 8{,}43 \cdot E \cdot \sqrt[4]{I_a \cdot \left( \frac{t}{b_u} \right)^9} \quad (158)$$

mit dem Trägheitsmoment $I_a$ eines einzelnen, an der Unterkonstruktion anliegenden Gurts der Breite $b_u$ in mm$^4$, d. h.

$$I_{yG} = \frac{I_a}{b_u} \quad (159)$$

Auffällig ist der deutlich unterschiedliche konstante Faktor: Die Gleichungen zur Ermittlung der Schubbeultragfähigkeit basieren auf der Gleichung für die kritische Schubbeullast nach *Easley*. Für einen Kassettengurt ergibt sich sinngemäß

$$T_{cr} = \frac{36 \cdot E}{b_u^2} \cdot \sqrt[4]{\frac{I_y}{b_u} \cdot I_x^3} \quad (160)$$

mit
$I_y/b_u = I_a/b_u$ Biegesteifigkeit des breiten Gurts bei Biegung um die Querachse
$I_x$ Biegesteifigkeit des breiten Gurts bei Biegung um die Längsachse

erhält man durch Umformen

$$T_{cr} = \frac{5{,}99 \cdot E}{b_u^2} \cdot \sqrt[4]{t^9 \cdot \frac{I_y}{b_u}} \approx \frac{6 \cdot E}{b_u^2} \cdot \sqrt[4]{t^9 \cdot \frac{I_y}{b_u}} \quad (161)$$

Diese kritische Beullast wird als Tragfähigkeitswert interpretiert, d. h., eine Beulkurve kommt nicht zur Anwendung. Diese Vereinfachung ist durch die hohen Schlankheiten gerechtfertigt, man befindet sich im Bereich des elastischen Beulens, in dem die Beulspannungskurven sich asymptotisch an die Euler-Hyperbel annähern. Der Vorfaktor 8,43 anstelle des Vorfaktors 6,0 ergibt sich aus dem Vergleich der kritischen Schubbeullast nach *Easley* mit der exakten Lösung für das Schubbeulen der allseitig gelenkig gelagerten Platte:

$$T_{cr} = k_\tau \cdot \frac{\pi^2 \cdot E}{12 \cdot (1 - \nu^2)} \cdot \frac{t^2}{b_u^2}$$

$$= 9{,}34 \cdot \frac{\pi^2 \cdot E}{12 \cdot (1 - \nu^2)} \cdot \frac{t^2}{b_u^2} \approx 8{,}43 \cdot E \cdot \frac{t^2}{b_u^2} \quad (162)$$

Der geringe Vorfaktor 5,0 in DIN 18807-3/A1 ergab sich mutmaßlich aus einer Abminderung um 20%, siehe hierzu auch die Abminderung um 25% bei Trapezprofilen beim Verfahren nach *Bryan* und *Davies*. Interessanterweise fehlt eine vergleichbare Abminderung in DIN EN 1993-1-3.

Der Nachweis der Gebrauchstauglichkeit basiert im Grunde wie bei den Trapezprofilen auf der ECCS-Richtlinie 088. Die Nachgiebigkeit der Verbindungen wird also berücksichtigt. In [96] wurde auf dieser Grundlage ein vereinfachter Ansatz entwickelt, der dann über den Umweg der allgemeinen bauaufsichtlichen Zulassungen in die deutschen und später europäischen Normen einging. Der ideelle Schubmodul, der sich nach DIN 18807-3/A1 zu

$$G_S = 2000 \frac{kN}{m} \cdot \left(\frac{L_S}{s_1} + \frac{L_S}{e_s}\right) \cdot \frac{b_u}{b - b_u} \quad (163)$$

berechnet, wird in DIN EN 1993-1-3 mit

$$G_S = \alpha \cdot \frac{L_S \cdot b_u}{e_s \cdot (b - b_u)} = 2000 \frac{kN}{m} \cdot \frac{L_S}{e_s} \cdot \frac{b_u}{b - b_u} \quad (164)$$

angegeben, d. h., die Verbindungen in den schmalen Gurten werden bei der Ermittlung des ideellen Schubmoduls nicht berücksichtigt. In beiden Fällen ist zu beachten, dass der ideelle Schubmodul $G_S$ (in DIN EN 1993-1-3 als $S_V$ bezeichnet) wie auch bei Trapezprofilen in kN/m angegeben wird. Die Bezugslänge ist dabei die Schubfeldlänge $L_S$. Wird anstelle der Schubfeldlänge der Abstand $L_{Si}$ zwischen den zu stabilisierenden Bauteilen (Pfetten, Wandriegel) herangezogen, erhält man direkt die anteilige beim Nachweis des zu stabilisierenden Bauteils ansetzbare Schubsteifigkeit $S_i$. Es gilt also

$$S = G_S \cdot L_S \quad (165)$$

oder

$$S_i = G_S \cdot L_{Si} \quad (166)$$

Anders als (noch) für Trapezprofile wird für Kassettenprofile mit

$$\gamma_S \leq \frac{1}{750} \quad (167)$$

ein Grenzwert für den Gleitwinkel des Schubfelds explizit angegeben. Dieser Wert ist mit dem in DIN 18807-3/A1 identisch. Der Nachweis wird in der Form

$$T_{V,ser} \leq T_{V,Cd} = \frac{2 \cdot G_S}{750} = \frac{G_S}{375} \quad (168)$$

geführt. Der Faktor 2 ist vermutlich aus der falschen Interpretation der Darstellung in [96] geschuldet. Dort wurde der Schubfluss „vorh T" für den Tragfähigkeitsnachweis mit γ-fachen Lasten berechnet, wobei γ = 2 dann für den Gebrauchstauglichkeitsnachweis wieder herausdividiert werden musste. Die Anwendung eines globalen Sicherheitsbeiwerts auf der Einwirkungsseite ist ungewöhnlich und vermutlich der eigentliche Grund für die falsche Interpretation, die aber auch schon in DIN 18807-3/A1 auftaucht. Dies wird in der nächsten Ausgabe der DIN EN 1993-1-3 korrigiert. Da der Anteil aus Profilverwölbung, der bei Trapezprofilen einen signifikanten Einfluss auf den Gleitwinkel des Schubfelds hat (Anteil $c_{1,1}$ in Abschnitt 8.1), bei Kassettenprofilen vernachlässigt werden kann, sollte der Nachweis auch ohne den Faktor 2 zu erbringen sein.

Auf einige konstruktive Aspekte wird abschließend noch hingewiesen:
– Sowohl DIN 18807-3/A1 als auch DIN EN 1993-1-3 gehen davon aus, dass längs des Schubfelds verlaufende Randträger vorhanden sind. Alternativ kann für einen Ersatzquerschnitt aus Steg, schmalem Gurt und mittragendem Bereich des breiten Gurts die Beanspruchbarkeit für Längskräfte ermittelt werden. Sollte diese nicht ausreichen, kann ein Kaltprofil in das Kassettenprofil eingelegt werden.
– Die Formulierung „In Schubfeldern sollten Kassettenprofile an den Stegen miteinander verbunden sein", die in DIN EN 1993-1-3 verwendet wird, ist natürlich etwas unglücklich, es handelt sich aber auch nicht um einen Übersetzungsfehler. Tatsächlich müssen diese verbunden sein. Der Abstand der Verbindungen sollte $e_s$ = 300 mm nicht überschreiten.
– Am Auflager sind drei Verbindungselemente je Gurt vorzusehen. Diese sind natürlich ebenfalls für den auftretenden Schubfluss zu bemessen. Die Überlagerung mit Zug- und Querkräften aus äußeren Einwirkungen ist zu berücksichtigen. Abhebende und andrückende Kräfte aus Profilverformung wie bei Trapezprofilen treten jedoch aufgrund der Profilgeometrie nicht auf.

### 8.2.5 Sandwichelemente

Die Regelungen zur Ermittlung der vorhandenen Schubsteifigkeit S bei Sandwichelementen basieren auf [98] sowie [99] und haben auch Eingang in [12] (vgl. auch [100]) gefunden. Es ist darauf zu achten, dass die allgemeine bauaufsichtliche Zulassung des Sandwichelements die Anwendung abdeckt (vgl. Abschnitte 4.1 und 8.1).
Die Schubsteifigkeit von Sandwichelementen, die mit der Unterkonstruktion unter Verwendung von mindestens einem Paar und höchstens vier Paar Verbindungselementen verbunden sind, kann

$$S_i = \frac{k_v}{2 \cdot B} \cdot \sum_{k=1}^{n_k} c_k^2 \quad (169)$$

mit
$k_v$  Federsteifigkeit einer Verbindung (s. Tabelle 22)
$B$   Breite des Sandwichelements
$c_k$  Abstand zwischen den Verbindungselementen eines Paares (innerer Hebelarm)
$n_k$  Anzahl der Paare Verbindungselemente je Sandwichelement und Auflager

berechnet werden. Daraus folgt, dass der Ansatz bei verdeckter Befestigung nicht verwendbar ist, da sich innerhalb eines Sandwichelements kein Kräftepaar einstellt.
Wenn die zu stabilisierenden Pfetten oder Wandriegel über die Sandwichelemente mit einem starren Auflager verbunden sind (Bodenplatte mit aufgestelltem Winkel als Fußpunkt, starre Firstpfette) kann die Schubsteifigkeit $S_i$ nach Gl. (169) um den Anteil

**Tabelle 22.** Federsteifigkeit $k_v$

| Nennblechdicke $t_{N,F2}$ der inneren Deckschicht | Stahlsorte | | | |
|---|---|---|---|---|
| | S220GD | S250GD | S280GD | ≥ S320GD |
| 0,40 mm | 1,6 | 1,7 | 1,9 | 2,0 |
| 0,50 mm | 2,0 | 2,1 | 2,3 | 2,5 |
| 0,60 mm | 2,3 | 2,6 | 2,8 | 3,0 |
| 0,63 mm | 2,4 | 2,7 | 2,9 | 3,1 |
| ≥ 0,75 mm | 2,8 | 3,1 | 3,3 | 3,6 |

Für nicht aufgeführte Nennblechdicken und Stahlsorten darf linear interpoliert werden.

**Tabelle 23.** Anwendungsbereich zu Tabelle 22

| | |
|---|---|
| 5,5 mm ≤ d ≤ 8,0 mm | Nenndurchmesser der Verbindungselemente |
| D ≥ 40 mm | Gesamtdicke des Sandwichelements |
| 0,40 mm ≤ $t_{N,F2}$ ≤ 1,00 mm | Nennblechdicke der inneren Deckschicht |
| $t_{N,sup}$ ≥ 1,50 mm | Nennblechdicke der Unterkonstruktion |

$$\Delta S_i = \frac{n_f \cdot \overline{k}_v}{B} \cdot \left(\frac{L}{\pi}\right)^2 \quad (170)$$

mit

$$\overline{k}_v = \frac{1}{\frac{1}{k_v} + \frac{m}{k_{v,l}}} \quad (171)$$

$n_f$ Anzahl der Verbindungselemente je Sandwichelement und Auflager
B Breite des Sandwichelements
L Stützweite des zu stabilisierenden Bauteils
$k_v$ Federsteifigkeit der Verbindung mit dem zu stabilisierenden Bauteil (s. Tabelle 22)
$k_{v,l}$ Federsteifigkeit der Verbindung mit dem starren Auflager (s. Tabelle 22)
m Anzahl der zu stabilisierenden Bauteile

erhöht werden. Dieser Anteil kann wiederum auch bei verdeckter Befestigung herangezogen werden, da er die direkte elastische Kopplung mit dem starren Auflager erfasst.
Weitere Information zum Ansatz der Schubsteifigkeit S zur Stabilisierung von Pfetten und Wandriegeln durch Sandwichelemente können [12] entnommen werden.

## 8.3 Drehbettung

### 8.3.1 Drehfedersteifigkeit C

Die anzusetzende Drehfedersteifigkeit setzt sich wie folgt zusammen:

$$\frac{1}{C} = \frac{1}{C_A} + \frac{1}{C_B} + \frac{1}{C_C} \quad (172)$$

$C_A$ Drehbettung aus der Drehfedersteifigkeit des Anschlusses vom Profilblech oder Sandwichelement am zu stabilisierenden Bauteil
$C_B$ Drehbettung aus der Steifigkeit gegen Profilverformung der Pfette
$C_C$ Drehbettung aus der Biegesteifigkeit der Profilbleche oder Sandwichelemente

Dies entspricht dem rheologischen Modell einer Reihenschaltung von drei unabhängigen Drehfedern. In Abhängigkeit vom stabilisierenden oder zu stabilisierenden Bauteil sind einzelne Steifigkeiten teilweise vernachlässigbar, da deren Steifigkeit gegenüber den anderen beiden Steifigkeiten sehr hoch ist (z. B. $C_B$ aus Profilverformung bei der Stabilisierung von warmgewalzten Stahlprofilen, vgl. [65]).
Die Anschlusssteifigkeit $C_A$ der Verbindung zwischen zu stabilisierendem Bauteil und Profiltafel oder Sandwichelement hängt von sehr vielen verschiedenen Parametern ab. Die Werte basieren in aller Regel auf Versuchen. Ihre Berechnung ist gegenüber $C_B$ und $C_C$ oftmals die aufwendigste, sie wird daher nachfolgend eingehender behandelt.

### 8.3.2 Drehfedersteifigkeit $C_A$ bei Trapezprofilen und Wellprofilen

DIN EN 1993-1-3 gibt die Anschlusssteifigkeit $C_A$ für Stahltrapezprofile an. Die Grundwerte $C_{100}$ entsprechen denen aus DIN 18800-2, wobei dieser mit Faktoren zu multiplizieren ist, die den Anwendungsbereich erweitern:

$$C_A = C_{100} \cdot k_{ba} \cdot k_t \cdot k_{bR} \cdot k_A \cdot k_{bT} \quad (173)$$

mit
$C_{100}$ Grundwert der Drehfedersteifigkeit nach Tabelle 24
$k_{ba}$ Faktor zur Berücksichtigung der Obergurtbreite der Pfette oder des Wandriegels
$k_t$ Faktor zur Berücksichtigung der Blechdicke des Trapezprofils
$k_{bR}$ Faktor zur Berücksichtigung der Rippenbreite des Trapezprofils
$k_A$ Faktor zur Berücksichtigung der Auflast A
$k_{bT}$ Faktor zur Berücksichtigung der Breite des anliegenden Gurts des Trapezprofils

Die einzelnen Faktoren ergeben sich wie folgt:

*Obergurtbreite*

$b_a < 125$ mm
$k_{ba} = (b_a/100 \text{ mm})^2 \quad (174a)$

$125 \text{ mm} \leq b_a < 200 \text{ mm}$
$k_{ba} = 1,25 \cdot (b_a/100 \text{ mm}) \quad (174b)$

mit
$b_a$ Breite des Pfettenobergurts

**Tabelle 24.** Drehfedersteifigkeit $C_{100}$ für Stahltrapezprofile

| Lage der Profiltafel | | Befestigung | | Befestigungsabstand | | Scheiben | | $C_{100}$ | $b_{T,max}$ |
|---|---|---|---|---|---|---|---|---|---|
| positiv | negativ | Untergurt | Obergurt | $e_Q = b_R$ | $e_Q = 2b_R$ | ⌀ [mm] | t [mm] | [kNm/m] | [mm] |
| **Auflast** | | | | | | | | | |
| X | | X | | X | | 22 | ≥ 1,00 | 5,2 | 40 |
| X | | X | | | X | 22 | ≥ 1,00 | 3,1 | 40 |
| | X | | X | X | | Kalotte | ≥ 0,75 | 10,0 | 40 |
| | X | | X | | X | Kalotte | ≥ 0,75 | 5,2 | 40 |
| | X | X | | X | | 22 | ≥ 1,00 | 3,1 | 120 |
| | X | X | | | X | 22 | ≥ 1,00 | 2,0 | 120 |
| **Abhebende Last** | | | | | | | | | |
| X | | X | | X | | 16 | ≥ 1,00 | 2,6 | 40 |
| X | | X | | | X | 16 | ≥ 1,00 | 1,7 | 40 |

*Blechdicke*

$t_N \geq 0{,}75$ mm, Positivlage
$k_t = (t_N/0{,}75\ \text{mm})^{1,1}$ (175a)

$t_N \geq 0{,}75$ mm, Negativlage
$k_t = (t_N/0{,}75\ \text{mm})^{1,5}$ (175b)

$t_N < 0{,}75$ mm
$k_t = (t_N/0{,}75)^{1,5}$ (175c)

mit
$t_N$  Nennblechdicke

*Rippenbreite*

$b_R \leq 185$ mm
$k_{bR} = 1{,}0$ (176a)

$b_R > 185$ mm
$k_{bR} = 185\,\text{mm}/b_R$ (176b)

mit
$b_R$  Rippenbreite des Trapezprofils

*Belastung*

Auflast, $t_N = 0{,}75$ mm, Positivlage
$k_A = 1{,}0 + (A - 1{,}0\,\text{kN/m}) \cdot 0{,}08\,\text{m/kN}$ (177a)

Auflast, $t_N = 0{,}75$ mm, Negativlage
$k_A = 1{,}0 + (A - 1{,}0\,\text{kN/m}) \cdot 0{,}16\,\text{m/kN}$ (177b)

Auflast, $t_N \geq 1{,}00$ mm
$k_A = 1{,}0 + (A - 1{,}0\,\text{kN/m}) \cdot 0{,}095\,\text{m/kN}$ (177c)

Abhebende Last
$k_A = 1{,}0$ (177d)

Positivlage   der schmale Gurt liegt an der Unterkonstruktion an (i. d. R. Tragprofil mit darüber liegender Wärmedämmung und Abdichtung oder Außenschale)

Negativlage   der breite Gurt liegt an der Unterkonstruktion an (i. d. R. Kaltdach)

mit
A  Auflast, die zwischen Blech und Pfette wirkt
($A \equiv q_{Ed} \leq 12$ kN/m)

*Gurtbreite*

$b_T \leq b_{T,max}$
$k_{bT} = 1{,}0$ (178a)

$b_T > b_{T,max}$
$k_{bT} = \sqrt{b_{T,max}/b_T}$ (178b)

mit
$b_T$  Breite des angeschlossenen Gurts des Trapezprofils
$b_{T,max}$  maximale Breite des angeschlossenen Gurts, bis zu der $C_{100}$ nicht abgemindert werden muss

Zu beachten ist, dass bei einer Obergurtbefestigung für die abhebende Last keine Drehfedersteifigkeiten angegeben werden. Hintergrund ist, dass die Eindrückung des befestigten Obergurts und die Verformung des Stegs (Ausknicken aus der Stegebene) zu einem Abheben der Profiltafel führen können.

Als grundlegende Anforderung wird in DIN EN 1993-1-3 ein Schraubendurchmesser von ≥ 6,3 mm gefordert. Bei Befestigung im anliegenden Gurt spricht aber nichts gegen die Verwendung von Schrauben mit Durchmesser 5,5 mm, wie er bei der überwiegenden Zahl an Bohrschrauben zu finden ist. Auf die Forderung an die Dichtscheiben (Durchmesser und Dicke, Tabelle 24) sei ergänzend hingewiesen, da zumindest der Durchmesser 22 mm nicht gängig ist.

Für Aluminiumtrapezprofile sind weder in DIN EN 1993-1-3 noch in DIN EN 1999-1-4 Anschlusssteifigkeiten zu finden. Die hier angegebenen Werte sind [26] entnommen und wurden analog zu den Angaben für Stahltrapezprofile in DIN EN 1993-1-3 aufbereitet. Man erhält dann:

$$C_A = C_{100} \cdot k_{ba} \cdot k_t \cdot k_{bR} \cdot k_{bT} \qquad (179)$$

mit

$C_{100}$    Grundwert der Drehfedersteifigkeit nach Tabelle 25
$k_{ba}$    Faktor zur Berücksichtigung der Obergurtbreite der Pfette oder des Wandriegels
$k_t$    Faktor zur Berücksichtigung der Blechdicke des Trapezprofils
$k_{bR}$    Faktor zur Berücksichtigung der Rippenbreite des Trapezprofils
$k_{bT}$    Faktor zur Berücksichtigung der Breite des anliegenden Gurts des Trapezprofils

Die einzelnen Faktoren ergeben sich wie folgt:

*Obergurtbreite*

Die Gleichungen zur Extrapolation hin zu kleineren und größeren Breiten $b_a$ des Pfettenobergurts wurden in leicht modifizierter Form von den Stahltrapezprofilen übernommen.

$b_a < 100$ mm
$$k_{ba} = (b_a / 100 \text{ mm})^2 \qquad (180a)$$

$100 \text{ mm} \leq b_a < 200 \text{ mm}$
$$k_{ba} = b_a / 100 \text{ mm} \qquad (180b)$$

mit
$b_a$    Breite des Pfettenobergurts

*Blechdicke*

In [26] wurden Mindestanforderungen an die Blechdicke des Trapezprofils formuliert. Diese wurden übernommen. Da für kleinere Blechdicken kein Nachweis einer Anschlusssteifigkeit bzw. einer Abminderungsfunktion vorliegt, gilt dann jeweils $k_t = 0,0$ und damit $C_A = 0,0$. Für Auflast wurde eine lineare Extrapolation mit der Blechdicke angesetzt, die – wie ein Vergleich mit den Angaben für Stahltrapezprofilen zeigt – auf der sicheren Seite liegt. Für abhebende Last wurde auf eine entsprechende Extrapolation nach oben verzichtet.

Auflast, $t_N \geq 0,70$ mm
$$k_t = t_N / 0,70 \text{ mm} \qquad (181a)$$

Auflast, $t_N < 0,70$ mm
$$k_t = 0,0 \qquad (181b)$$

Abhebende Last, $t_N \geq 0,80$ mm
$$k_t = 1,0 \qquad (181c)$$

Abhebende Last, $t_N < 0,80$ mm
$$k_t = 0,0 \qquad (181d)$$

mit
$t_N$    Nennblechdicke

*Rippenbreite*

In [26] wurden identische Anschlusssteifigkeiten für jeweils zwei spezifische Trapezprofilgeometrien angegeben. Zur Verallgemeinerung der Ergebnisse wurde daher eine obere Grenze der Anwendbarkeit $b_{R,max}$ des Wertes der Anschlusssteifigkeit definiert, die sich aus der größeren Rippenbreite der beiden jeweils zu einem Wert gehörenden Geometrien ergab. Der Wert $b_{R,max}$ ist in Tabelle 25 mit aufgenommen worden.

$b_R \leq b_{R,max}$
$$k_{bR} = 1,0 \qquad (182a)$$

$b_R > b_{R,max}$
$$k_{bR} = b_{R,max} / b_R \qquad (182b)$$

mit
$b_R$    Rippenbreite des Trapezprofils
$b_{R,max}$    maximale Rippenbreite des angeschlossenen Trapezprofils, bis zu der $C_{100}$ nicht abgemindert werden muss

*Gurtbreite*

Die Gleichungen zur Extrapolation hin zu kleineren und größeren Breiten $b_T$ des angeschlossenen Gurts des Trapezprofils wurden von den Stahltrapezprofilen übernommen.

**Tabelle 25.** Drehfedersteifigkeit $C_{100}$ für Aluminiumtrapezprofile

| Lage der Profiltafel | | Befestigung | | Befestigungsabstand | | Scheiben | | $C_{100}$ | $b_{T,max}$ | $b_{R,max}$ |
|---|---|---|---|---|---|---|---|---|---|---|
| positiv | negativ | Untergurt | Obergurt | $e_Q = b_R$ | $e_Q = 2b_R$ | ∅ [mm] | t [mm] | [kNm/m] | [mm] | |
| Auflast | | | | | | | | | | |
| X | | X | | X | | 19 | ≥ 1,00 | 7,0 | 35 | 124 |
| X | | X | | | X | 19 | ≥ 1,00 | 4,0 | 35 | 124 |
| X | | | X | X | | 19 | ≥ 1,00 | 3,2 | 35 | 200 |
| X | | | X | | X | 19 | ≥ 1,00 | 2,0 | 35 | 200 |
| Abhebende Last | | | | | | | | | | |
| | X | X | | | X | 19 | ≥ 1,00 | 1,3 | 63 | 124 |
| | X | | X | | X | Kalotte | ≥ 0,75 | 3,0 | 63 | 124 |
| X | | X | | | X | 19 | ≥ 1,00 | 4,1 | 20 | 124 |

$b_T \leq b_{T,max}$
$k_{bT} = 1,0$ (183a)

$b_T > b_{T,max}$
$k_{bT} = \sqrt{b_{T,max}/b_T}$ (183b)

mit
- $b_T$ die Breite des angeschlossenen Gurts des Trapezprofils
- $b_{T,max}$ maximale Breite des angeschlossenen Gurts, bis zu der $C_{100}$ nicht abgemindert werden muss

Auch in DIN 18807-6 [24] sind Anschlusssteifigkeiten zu finden, die aber den hier dargestellten Anwendungsbereich nicht erweitern.

### 8.3.3 Drehfedersteifigkeit $C_A$ bei Kassettenprofilen

Für Kassettenprofiltafeln aus Stahl mit einer Baubreite von 600 mm kann gemäß DIN 18807-3/A1 [23] ein Wert von $C_A = 1,7$ kNm/m angesetzt werden. Für kleinere Baubreiten kann der Wert übernommen werden, für größere Baubreiten wird eine proportionale Reduzierung empfohlen. Bei Nennblechdicken kleiner 0,75 mm sollte keine Drehfedersteifigkeit angesetzt werden.

### 8.3.4 Drehfedersteifigkeit $C_A$ bei Sandwichelementen

Für Sandwichelemente sind sowohl im Nationalen Anhang [2] als auch in den ECCS/CIB-Empfehlung [12] (auf die im Nationalen Anhang zu DIN EN 1993-1-3 verwiesen wird) Angaben zu finden, die jedoch nur für

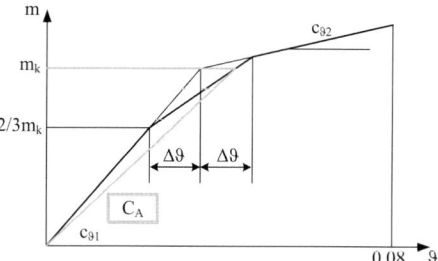

**Bild 43.** Anschlusssteifigkeit bei Sandwichelementen: Momenten-Verdrehungs-Beziehung (aus [12])

Auflast gelten. Es ist darauf zu achten, dass die allgemeine bauaufsichtliche Zulassung des Sandwichelements die Anwendung abdeckt (vgl. Abschnitte 4.1 und 8.1).

Es werden jeweils Tangentensteifigkeiten zur Modellierung einer trilinearen Momenten-Verdrehungs-Beziehung angegeben. Die für den Nachweis erforderliche Sekantensteifigkeit (Bild 43) erhält man über

$$C_A = \frac{m_K}{\vartheta(m_K)} = \frac{3}{2} \cdot \frac{c_{\vartheta 1}}{\left(\dfrac{c_{\vartheta 1}}{c_{\vartheta 1} + c_{\vartheta 2}} + 1\right)} \quad (184)$$

mit den Parametern $c_{\vartheta 1}$ und $c_{\vartheta 2}$ nach Tabelle 26 bzw. Tabelle 29. Mit der konservativen Annahme und nur geringfügig auf der sicheren Seite liegenden Annahme $c_{\vartheta 2} = 0$ vereinfacht sich die Gleichung zu

$$C_A = \frac{m_K}{\vartheta(m_K)} = \frac{3}{4} \cdot c_{\vartheta 1} \quad (185)$$

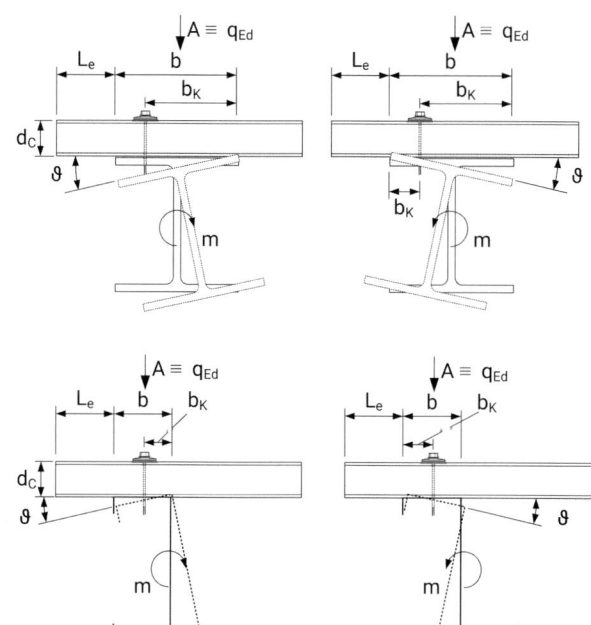

**Bild 44.** Anschlusssteifigkeit bei Sandwichelementen: Definitionen

Für abhebende Last stehen bisher keine allgemeingültigen Werte zur Verfügung. Grund hierfür ist die sich bei abhebender Last einstellende Eindrückung des Schraubenkopfes in die äußere Deckschicht, die ein Abheben des inneren Deckblechs von der Unterkonstruktion bewirkt. Im Einzelfall können aber durchaus Anschlusssteifigkeiten vorhanden sein, z. B. bei kaltgeformten Pfetten, bei denen es infolge der Last zu einer Rotation und damit wiederum zum Anliegen eines Längsrands des Obergurts kommt.

Die im Nationalen Anhang ausgewiesenen Angaben zu den Tangentensteifigkeiten $c_{\vartheta 1}$ und $c_{\vartheta 2}$ basieren auf [94] und [101]. Zu beachten ist, dass die Darstellung im Nationalen Anhang nicht dimensionsecht ist und dass sich in der ersten Ausgabe an einer Stelle ein Druckfehler eingeschlichen hat. Tabelle 28 wurde diesbezüglich korrigiert.

Auch in der ECCS/CIB-Empfehlung [12] finden sich Angaben zu den Tangentensteifigkeiten $c_{\vartheta 1}$ und $c_{\vartheta 2}$. Verglichen mit den Werten aus [2] sind diese jedoch in aller Regel niedriger, allerdings ist der Anwendungsbereich (s. Tabelle 30) der Gleichungen größer. Auf Europäischer Ebene wird sich vermutlich dieser Ansatz und Gl. (185) durchsetzen.

**Tabelle 26.** Parameter $c_{\vartheta 1}$ und $c_{\vartheta 2}$ zu Ermittlung der Anschlusssteifigkeit $C_A$

|  | Doppelsymmetrischer Querschnitt mit 60 mm ≤ b ≤ 100 mm | Z-, C- oder Σ-Profil mit 60 mm ≤ b ≤ 80 mm |
|---|---|---|
| $c_{\vartheta 1}$ | $c_1 \cdot E_C \cdot \dfrac{b}{82}$ | $c_1 \cdot E_C$ |
| $c_{\vartheta 2}$ | $\zeta \cdot c_2 \cdot E_C \cdot t \cdot \dfrac{b}{82}$ | 0 |
| $m_K$ | $q_{Ed} \cdot \dfrac{b}{2}$ | $q_d \cdot b$ |

**Tabelle 27.** Parameter und Anwendungsbereich

| | | | |
|---|---|---|---|
| $c_1, c_2$ | Parameter nach Tabelle 28 | | |
| 2,0 N/mm² ≤ $E_C$ ≤ 6,0 N/mm² | Elastizitätsmodul des Kernmaterials $E_C = 0{,}5 \cdot (E_{Ct} + E_{Cc})$ | | |
| $f_{Cc}$ | Druckfestigkeit des Kernmaterials | | |
| | | $f_{Cc}$ ≥ 0,11 N/mm² | Kernmaterial PUR oder EPS |
| | | $f_{Cc}$ ≥ 0,05 N/mm² | Kernmaterial Mineralwolle |
| b [mm] | Breite des anliegenden Gurts der Pfette oder des Wandriegels nach Bild 44 | | |
| 0,42 mm ≤ $t_{F1}$ ≤ 0,67 mm | Blechdicke der äußeren Deckschicht | | |
| ⌀ ≥ 16 mm | Scheibendurchmesser | | |
| n ≥ 2 | Anzahl der Verbindungselemente je Auflager | | |
| $\zeta$ | Von der Befestigungsart abhängiger Parameter | | |
| | | $\zeta$ = 1,0 | alternierende Befestigung nach Bild 45 |
| | | $\zeta$ = 1,5 | einseitige Anordnung nach Bild 46 |
| | | $\zeta$ = 0,0 | verdeckte Befestigung |
| $q_{Ed}$ | Bemessungswert der Auflast, die zwischen Blech und Pfette wirkt | | |
| $\vartheta$ ≤ 0,08 rad | Verdrehung | | |

**Tabelle 28.** Konstante Faktoren $c_1$ und $c_2$

| Kernwerkstoff | Geometrie der äußeren Deckschicht (am Kopf der Schraube) | $c_1$ | $c_2$ |
|---|---|---|---|
| PUR/EPS | trapezprofiliert (i. d. R. Dachelemente, Profilierungstiefe ≥ 30 mm) | 1,44 · 10³ mm² | 0,22 · 10³ mm |
| | eben oder quasi-eben (i. d. R. Wandelemente) | 1,20 · 10³ mm² | 0,38 · 10³ mm |
| Mineralwolle | trapezprofiliert (i. d. R. Dachelemente, Profilierungstiefe ≥ 30 mm) | 0,69 · 10³ mm² | 0,18 · 10³ mm |
| | eben oder quasi-eben (i. d. R. Wandelemente) | 0,48 · 10³ mm² | 0,16 · 10³ mm |

Die in der ECCS/CIB-Empfehlung [12] zu findenden zusätzlichen Erläuterungen zur Nachweisführung gelten aber unabhängig von der herangezogenen Grundlage und sind in jedem Fall eine Hilfe, besonders wenn man die etwas knappe Darstellung zum Umgang mit dem trilinearen Federmodell in [2] betrachtet. Aus diesem Grund kann auch an dieser Stelle auf weitere Erläuterungen verzichtet werden.

**Tabelle 29.** Parameter $c_{\vartheta 1}$ und $c_{\vartheta 2}$ zu Ermittlung der Anschlusssteifigkeit $C_A$

|  | Doppelsymmetrischer Querschnitt mit $60\ mm \leq b \leq 180\ mm$ | Z-, C-, U- oder Σ-Profil mit $60\ mm < h < 80\ mm$ |
|---|---|---|
| $c_{\vartheta 1}$ | $c_3 \cdot E_{C,t,\theta} \cdot b^2$ | $c_5 \cdot E_{C,t,\theta}$ |
| $c_{\vartheta 2}$ | $c_4 \cdot n \cdot E_{C,t,\theta} \cdot b_K^2$ [1)] | 0 |
| $E_{C,t,\theta}$ | $E_{C,t,\theta} = \dfrac{E_C}{1+\varphi_{C,t}} \cdot \sqrt{k_1^3} = \dfrac{E_C}{1+\varphi_{C,t}} \cdot \dfrac{E_{Ct,+80°C}}{E_{Ct,+20°C}}$ [2)] |  |
| $m_K$ | $q_{Ed} \cdot \dfrac{b}{2}$ | $q_{Ed} \cdot b$ |

[1)] $c_{\vartheta 2} = 0$ für verdeckte Befestigung
[2)] In prEN 14509-2 falsch. Zur Definition von $k_1$ siehe auch EN 14509, A.5.5.5.

**Tabelle 30.** Parameter und Anwendungsbereich

| | |
|---|---|
| $c_3, c_4, c_5$ | Parameter nach Tabelle 31 |
| $2{,}0\ N/mm^2 \leq E_C \leq 8{,}0\ N/mm^2$ | Elastizitätsmodul des Kernmaterials $E_C = 0{,}5 \cdot (E_{Ct} + E_{Cc})$ |
| $f_{Cc}$ | Druckfestigkeit des Kernmaterials |
|  | $f_{Cc} \geq 0{,}08\ N/mm^2$     Kernmaterial PUR oder EPS |
|  | $f_{Cc} \geq 0{,}05\ N/mm^2$     Kernmaterial Mineralwolle |
| $f_{Ct} \geq 0{,}06\ N/mm^2$ | Zugfestigkeit des Kernmaterials |
| $\varphi_{C,t}$ | Kriechfaktor in Abhängigkeit vom Kernmaterial |
|  | $\varphi_{C,2000}$ = 1,29     Kernmaterial PUR oder EPS |
|  | $\varphi_{C,100000}$ = 1,83     Kernmaterial PUR oder EPS |
|  | $\varphi_{C,2000}$ = 1,35     Kernmaterial Mineralwolle |
|  | $\varphi_{C,100000}$ = 2,31     Kernmaterial Mineralwolle |
| b [mm] | Breite des anliegenden Gurts der Pfette oder des Wandriegels nach Bild 44 |
| $b_k$ [mm] | Abstand zwischen der maßgebenden Linie der Verbindungen und der Kontaktlinie nach Bild 44 |
| t | Blechdicke der äußeren Deckschicht |
| $0{,}38\ mm \leq t \leq 0{,}71\ mm$ | Stahldeckschichten |
| $0{,}50\ mm \leq t \leq 0{,}65\ mm$ | Aluminiumdeckschichten |
| $\varnothing \geq 16\ mm$ | Scheibendurchmesser |
| $1\ m^{-1} \leq n \leq 4\ m^{-1}$ | Anzahl Verbindungselemente in der maßgebenden Linie der Verbindungen (n = 0,0 bei verdeckter Befestigung und bei $b_K < 0{,}5\ b$) |
| $q_{Ed}$ | Bemessungswert der Auflast, die zwischen Blech und Pfette wirkt |
| $\vartheta \leq 0{,}08\ rad$ | Verdrehung |
| $L_e \geq d_C$ | Überstand des Sandwichelements (s. Bild 44), Abstand von einer Öffnung |

**Tabelle 31.** Konstante Faktoren $c_3$, $c_4$ und $c_5$

| Kernwerkstoff | Geometrie der äußeren Deckschicht (am Kopf der Schraube) | $c_3$ | $c_4$ | $c_5$ |
|---|---|---|---|---|
| PUR/EPS | trapezprofiliert (i. d. R. Dachelemente, Profilierungstiefe ≥ 30 mm) | 0,180 | 0,052 m | $6,48 \cdot 10^{-4}$ m² |
| | eben oder quasi-eben (i. d. R. Wandelemente) | 0,142 | 0,040 m | $5,11 \cdot 10^{-4}$ m² |
| Mineralwolle | trapezprofiliert (i. d. R. Dachelemente, Profilierungstiefe ≥ 30 mm) | 0,089 | 0,027 m | $3,20 \cdot 10^{-4}$ m² |
| | eben oder quasi-eben (i. d. R. Wandelemente) | 0,048 | 0,027 m | $1,73 \cdot 10^{-4}$ |

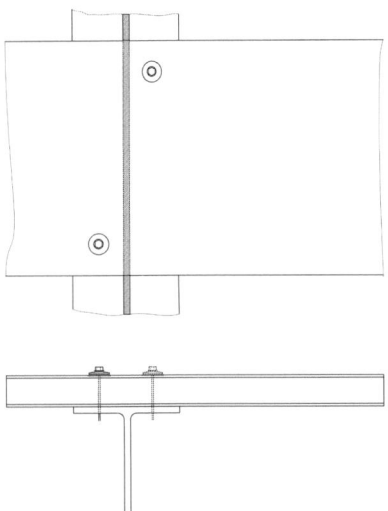

**Bild 45.** Alternierende Anordnung der Verbindungselemente (aus [12])

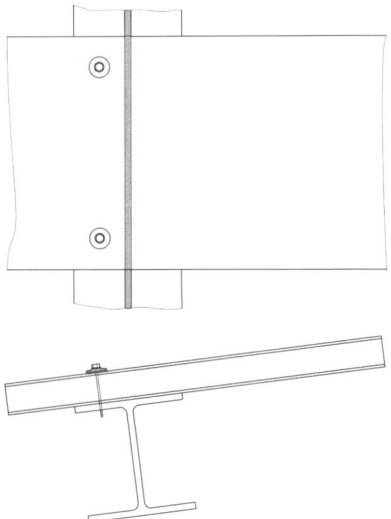

**Bild 46.** Einseitige Anordnung der Verbindungselemente (aus [12])

### 8.3.5 Drehfedersteifigkeit $C_C$

Die Steifigkeit $C_C$ der Drehbettung aus der Biegesteifigkeit der Profiltafel oder des Sandwichelements ergibt sich zu

$$C_C = \frac{k \cdot E \cdot I_{eff}}{s} \quad (186)$$

mit
- $s$    Pfettenabstand
- $k$    vom statischen System abhängiger Vorfaktor:
  - $k = 3$ für Endfelder und Verdrehung nach Bild 47 oben
  - $k = 2$ für Endfelder und Verdrehung nach Bild 47 unten
  - $k = 6$ für Innenfelder und Verdrehung nach Bild 47 oben
  - $k = 4$ für Innenfelder und Verdrehung nach Bild 47 unten
- $E \cdot I_{eff}$    wirksame Biegesteifigkeit der Profiltafeln oder der Sandwichelemente

Bei Sandwichelementen muss der Einfluss der Schubverformungen in der wirksame Biegesteifigkeit berücksichtigt werden. Dies kann vereinfacht über

$$E \cdot I_{eff} = E_{F1} \cdot I_{F1} + E_{F2} \cdot I_{F2} + \frac{1}{1+\kappa}$$
$$\cdot (E_{F1} \cdot A_{F1} \cdot z_{F1}^2 + E_{F2} \cdot A_{F2} \cdot z_{F2}^2) \quad (187)$$

mit

$$\kappa = \frac{\pi^2 \cdot E_{F1} \cdot A_{F1} \cdot E_{F2} \cdot A_{F2} \cdot (z_{F1} + z_{z2})}{(E_{F1} \cdot A_{F1} + E_{F2} \cdot A_{F2}) \cdot G_C \cdot s^2} \quad (188)$$

mit
- $E_{F1}$    Elastizitätsmodul der äußeren Deckschicht
- $A_{F1}$    Fläche der äußeren Deckschicht
- $z_{F1}$    Abstand des Schwerpunkts der äußeren Deckschicht vom Gesamtschwerpunkt
- $E_{F2}$    Elastizitätsmodul der inneren Deckschicht
- $A_{F2}$    Fläche der inneren Deckschicht
- $z_{F2}$    Abstand des Schwerpunkts der inneren Deckschicht vom Gesamtschwerpunkt
- $G_C$    Schubmodul der Kernschicht

erfolgen.

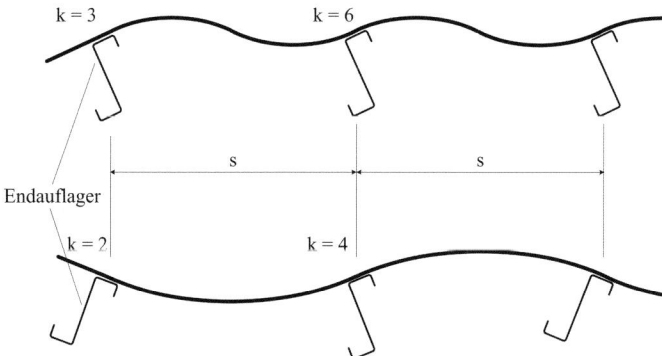

**Bild 47.** Steifigkeit aus dem statischen System

## 9 Pfetten und Wandriegel

### 9.1 Gegenstand und Vorbemerkungen

Dünnwandige kaltgeformte Profile (Kaltprofile) wie C-, Z- und Σ-Profile werden im Rahmen dieses Beitrags nur in dem Umfang wie für Dach- und Wandkonstruktionen relevant behandelt, d. h., es werden nur Pfetten sowie Wandriegel als Unterkonstruktionen für Profiltafeln und Sandwichelemente berücksichtigt. Voraussetzung ist weiterhin wie bei den Trapezprofilen etc., dass die wirksamen Querschnittswerte der Kaltprofile bekannt sind. In aller Regel liegen diese in Tabellenform vor. Anders als bei den Profiltafeln handelt es sich jedoch in der Regel nicht um typengeprüfte Berechnungen. Allgemeine bauaufsichtliche Prüfzeugnisse mit versuchsbasierten Tragfähigkeitswerten wie für Profiltafeln sieht die Bauregelliste nicht vor. Vereinzelt existieren jedoch auch allgemeine bauaufsichtliche Zulassungen. Gründe hierfür sind nicht in DIN EN 1993-1-3 aufgeführte Werkstoffe der Pfetten, vereinfachte, jedoch hinsichtlich des Geltungsbereichs eingeschränkte Nachweisverfahren oder allgemeine Tragfähigkeitswerte, die nicht rechnerisch, sondern durch Versuche ermittelt wurden. Diese sind z. B. auch bei überdeckenden Stößen erforderlich oder wenn eine Momentenumlagerung berücksichtigt werden soll.

Der Schwerpunkt liegt nachfolgend auf der Bemessung des Systems aus Kaltprofilen und Dach- oder Wandbekleidung aus Profiltafeln oder Sandwichelementen.

### 9.2 Grundlagen

Im Schrifttum finden sich mehrere Verfahren zur Ermittlung der Tragfähigkeit für kaltgeformte Profile zur Verwendung als Pfetten oder Wandriegel. Das Bemessungsverfahren nach DIN EN 1993-1-3 ermöglicht den rechnerischen Nachweis der Tragfähigkeit für kaltgeformte Profile mit Z-, C- oder Σ-Querschnitt, bei denen es auch ohne einachsig gerichteter Querbelastung zu Torsion (Abstand zwischen Schubmittelpunkt und Wirkungslinie der Querbelastung) oder schiefer Biegung (geneigte Hauptachsen) kommt (Bild 48). Voraussetzung für die Anwendung des Verfahrens ist neben der Einhaltung der Abmessungsverhältnisse h/t < 240 (in DIN EN 1993-1-3 falsch, da sich das dort angegebene Verhältnis 233 auf die Nennblechdicke $t_N$ bezog), c/t ≤ 20 bei Lippen und d/t ≤ 20 bei Bördeln, eine Behinderung der seitlichen Verschiebung und Verdrehung am Auflager (z. B. durch Pfettenschuhe) sowie die seitlich unverschiebliche Lagerung des Obergurts die durch die Einhaltung der aus [97] herrührenden Bedingung

$$S_i = \frac{S}{n_p} \geq \left(EI_w \cdot \frac{\pi^2}{L^2} + GI_t + EI_z \cdot \frac{\pi^2}{L^2} \cdot \frac{h^2}{4}\right) \cdot \frac{70}{h^2} \quad (189)$$

mit
$S_i$ anteilige Schubsteifigkeit

nachzuweisen ist. Die vorhandene Schubsteifigkeit $S_i$ der Profiltafeln (Trapezprofile, Wellprofile und Kassettenprofile) oder Sandwichelemente kann nach den in Abschnitt 8.1 vorgestellten Verfahren berechnet werden. Zu beachten ist, dass es sich bei der Bedingung Gl. (189) um eine anteilige Schubsteifigkeit handelt, d. h., die auf das zu stabilisierende Bauteil bezogene Schubsteifigkeit. Bei Profiltafeln (Trapezprofilen, Wellprofilen und Kassettenprofilen), die gemäß Bild 40 rechtwinklig zur Spannrichtung der aussteifenden Scheibe spannen, ist die Schubsteifigkeit S des Schubfelds durch die Anzahl der Pfetten zu dividieren. Werden die außenliegenden Pfetten geringer beansprucht, kann stattdessen auch durch die Anzahl der Felder mit Länge s dividiert werden. Bei Profiltafeln (Trapezprofilen und Kassettenprofilen), die gemäß Bild 42 parallel zur Spannrichtung der aussteifenden Scheibe spannen, gilt $S_i = S$.

Die genannten Effekte Torsion und schiefe Biegung werden dann durch ein Kräftepaar erfasst, dass zu einer äquivalenten seitliche Belastung $k_h \cdot q_{Ed}$ am freien Untergurt führt (Bild 49). Diese Belastung muss über einen Teil aus dem Untergurt und einen Teil des Stegs modellierten Ersatzquerschnitt abgetragen werden, der für diese Querbiegung nachzuweisen ist. Die Verdrehung um den gehaltenen Obergurt wird durch eine Drehfeder behindert, die sich aus der Steifigkeit des Anschlusses der Profiltafeln oder des Sandwichelements an die

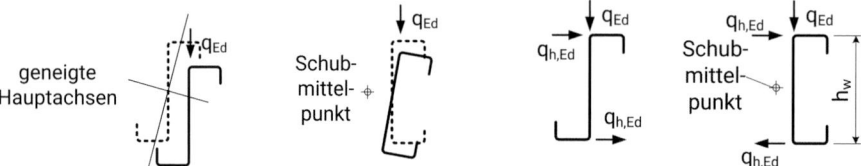

**Bild 48.** Verformung ohne seitliche Halterung am Obergurt

**Bild 49.** Äquivalente seitliche Belastung

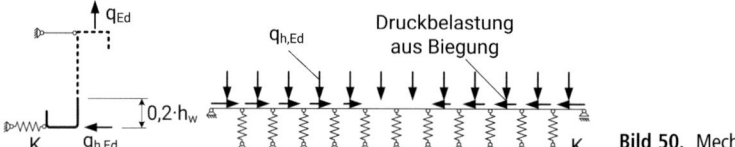

**Bild 50.** Mechanisches Modell

Pfette, der Querbiegesteifigkeit der Pfette oder des Wandriegels gegen Profilverformung sowie der Biegesteifigkeit der Profiltafeln oder des Sandwichelements zusammensetzt. Im Bemessungsverfahren wird die Drehfedersteifigkeit C in eine Wegfedersteifigkeit K umgerechnet, sodass für den o. g. Ersatzquerschnitt das mechanische Modell eines elastisch gebetteten Balkens mit Stützweite $L_a$ verwendet wird. Die Drehbehinderung an den Auflagern der Pfette oder des Wandriegels stellt ein Auflager dieses elastisch gebetteten Balkens (Bild 50) dar. Gegebenenfalls vorhandene Schlaudern stellen für diesen Balken weitere Auflager dar.

### 9.3 Nachweisführung

#### 9.3.1 Dreh- und Wegfedersteifigkeit

Wie eingangs erläutert, wird die Behinderung der Verdrehung des freien Untergurts um die Halterung am Obergurt durch Federn modelliert. Die dabei angesetzte Wegfedersteifigkeit oder Bettung setzt sich wie folgt zusammen:

$$\frac{1}{K} = \frac{1}{K_A} + \frac{1}{K_B} + \frac{1}{K_C} \quad (190)$$

$K_A$   Bettung aus der Drehfedersteifigkeit des Anschlusses vom Profilblech oder Sandwichelement an die Pfette
$K_B$   Bettung aus der Steifigkeit gegen Profilverformung der Pfette
$K_C$   Bettung aus der Biegesteifigkeit der Profilbleche oder Sandwichelemente

Dies entspricht dem rheologischen Modell einer Reihenschaltung von drei unabhängigen Wegfedern. Tatsächlich handelt es sich jedoch um Drehfedern, wobei gilt

$$\frac{1}{K_i} = \frac{h_w^2}{C_i} \quad (191)$$

mit i = A, B, C. Die inhaltliche Darstellung in DIN EN 1993-1-3 ist hinsichtlich der Darstellung der einzelnen Komponenten etwas verwirrend, da diese z. T. zusammengefasst werden und in manchen Gleichungen Anteile aus Weg- und Drehfedersteifigkeiten addiert werden. Im Rahmen der Überarbeitung der DIN EN 1993-1-3 erfolgt eine Herauslösung der Regelungen zur Drehbettung aus dem die Bemessung der Pfetten behandelnden Abschnitt. Diese Ausgliederung wird hier vorweggenommen, sodass nachfolgend nur die pfettenspezifischen Regelungen zur Profilverformung und damit Drehfedersteifigkeit $C_B$ behandelt werden. Hinsichtlich der Ermittlung der Drehfedersteifigkeiten $C_A$ und $C_C$ wird auf Abschnitt 8.3 verwiesen.

Der Anteil $C_B$ aus Profilverformung wird über

$$C_B = \frac{E \cdot t^3}{4 \cdot (1 - \nu^2) \cdot (h_d + b_{mod})} \quad (192)$$

mit
t   Blechdicke der Pfette oder des Wandriegels
$h_d$   Abwicklung der Steghöhe
$b_{mod}$   rechnerische Obergurtbreite

ermittelt. Die einzelnen Abmessungen sind in Bild 51 dargestellt. Wenn die äquivalente seitliche Belastung $q_{h,Ed}$ Kontakt der Profiltafel oder des Sandwichelements mit dem Pfettensteg erzeugt (z. B. C-Profile mit Auflast, Z-Profile mit abhebender Last), ergibt sich die rechnerische Obergurtbreite zu

$$b_{mod} = a \quad (193)$$

mit
a   Abstand zwischen Verbindungselement und Steg

Wenn die äquivalente seitliche Belastung $q_{h,Ed}$ Kontakt des Profilblechs mit dem freien Längsrand des Obergurts erzeugt (z. B. Z-Profile mit Auflast, C-Profile mit abhebender Last), ergibt sich die rechnerische Obergurtbreite zu

$$b_{mod} = 2 \cdot a + b \quad (194)$$

mit
a   Abstand zwischen Verbindungselement und Steg
b   Breite des befestigten Obergurts

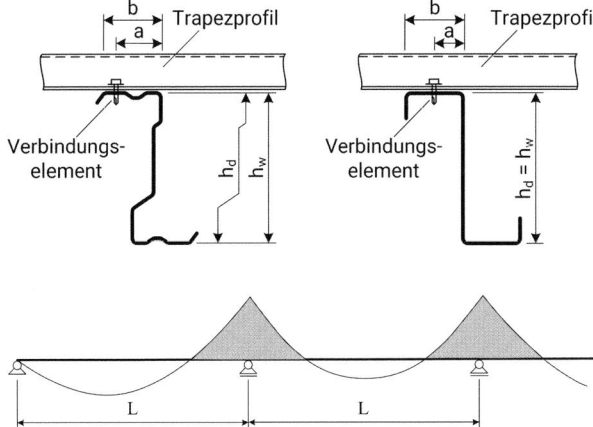

**Bild 51.** Querbiegung – Pfette und Profiltafel oder Sandwichelement

**Bild 52.** Veränderliche Druckbeanspruchung im freien Gurt bei Auflast

Mit den Drehfedersteifigkeiten $C_A$ und $C_C$ sind alle drei Anteile der Drehfedersteifigkeit und letztlich der elastischen Bettung K des freien Untergurts bekannt. Der „Zusammenbau" der drei Drehfedersteifigkeiten hat dann gemäß Gl. (190) und Gl. (191) zu erfolgen.

### 9.3.2 Systemkennwerte

Der freie Gurt wird als elastisch gebetteter Balken modelliert (Bild 50). Neben der elastischen Bettung hat dieser Balken noch weitere feste Auflager. Neben den Auflagern der Pfette oder des Wandriegels, an denen voraussetzungsgemäß die Verdrehung oder das seitliche Ausweichen behindert wird, sind dies die Stellen, an denen der Querschnitt durch Schlaudern gehalten wird. Sind Schlaudern vorhanden, entspricht die Stützweite des freien Gurts dem Abstand der Schlaudern $L_a < L$. Sind keine Schlaudern vorhanden, gilt $L_a = L$, d. h., die Stützweite des elastisch gebetteten Balkens entspricht der Stützweite der Pfette oder des Wandriegels.

Der Ersatzquerschnitt des freien Gurts setzt sich aus dem Gurt selbst (einschließlich Lippen oder Bördeln) sowie einem mittragenden Steganteil zusammen. Bei C- und Z-Profilen beträgt der mitwirkende Steganteil 1/5 der Steghöhe (ausgehend vom Schnittpunkt zwischen Gurt und Steg), bei Σ-Profilen 1/6 der Steghöhe. Da seitliches Ausweichen betrachtet wird, sind die Querschnittswerte für Biegung um die z-Achse relevant ($I_{fz}$, $W_{fz}$).

Als Kenngröße wird nun der Federkennwert

$$R = \frac{K \cdot L_a^4}{\pi^4 \cdot E \cdot I_{fz}} \qquad (195)$$

mit
K   Bettung, Steifigkeit der Wegfeder
$L_a$   Abstand zwischen Schlaudern, sofern vorhanden, sonst die Spannweite L der Pfette oder des Wandriegels
$I_{fz}$   Flächenmoment 2. Grades um die z-z-Achse der Bruttofläche des freien Gurts zuzüglich des mitwirkenden Stegflächenanteils

eingeführt.

Handelt es sich um einen druckbeanspruchten freien Gurt, ist zusätzlich noch das seitliche Ausknicken zu untersuchen. Das Ausknicken ist mit dem Biegedrillknicken vergleichbar. Es wird also das Modell des elastisch gebetteten Druckstabs mit einem Verfahren kombiniert, bei dem Biegedrillkicken durch Ausweichen des druckbeanspruchten Gurts erfasst wird. In diesem Fall muss auch die Schlankheit des freien Gurts ermittelt werden. Ausgangspunkt hierfür wäre die elastische kritische Knickspannung, die sich beim elastisch gebetteten Druckstab aus zwei Anteilen zusammensetzt, die addiert werden. Der erste Anteil ergibt sich aus der Biegesteifigkeit des Druckstabs, der zweite aus der Steifigkeit der Bettung. Aufgrund der sich über die Länge $L_a$ verändernden Normalspannung entspricht die Knicklänge $l_{fz}$ nicht der Stützweite $L_a$ des elastisch gebetteten Balkens. Zusätzlich wäre also bei der Ermittlung der elastischen kritischen Knickspannung die über die Länge L bzw. $L_a$ veränderliche Beanspruchung zu berücksichtigen (Bilder 52 bis 54, im schraffierten Bereich ist der freie Gurt druckbeansprucht). In DIN EN 1993-1-3 wird dies alles vereinfacht über eine Modifikation der Knicklänge $l_{fz}$ berücksichtigt. Diese beträgt

$$l_{fz} = \eta_1 \cdot L_a \cdot (1 + \eta_2 \cdot R^{\eta_3})^{\eta_4} \qquad (196)$$

mit
$L_a$   Abstand zwischen Schlaudern (soweit vorhanden), sonst die Spannweite L der Pfette
R   Federkennwert nach Gl. (195)
$\eta_1$ bis $\eta_4$   Koeffizienten in Abhängigkeit von der Anzahl der Schlaudern nach Tabelle 32 oder Tabelle 33

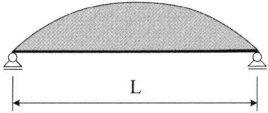

**Bild 53.** Veränderliche Druckbeanspruchung im freien Gurt bei abhebender Last – Einfeldträger

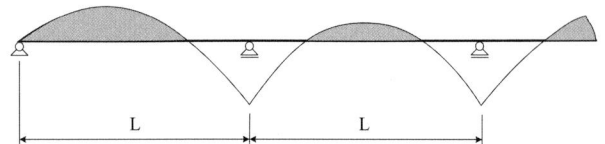

**Bild 54.** Veränderliche Druckbeanspruchung im freien Gurt bei abhebender Last – Mehrfeldträger

**Tabelle 32.** Koeffizienten $\eta_1$ bis $\eta_4$ für Auflast

| System | Anzahl der Schlaudern | $\eta_1$ | $\eta_2$ | $\eta_3$ | $\eta_4$ |
|---|---|---|---|---|---|
| Endfeld | 0 | 0,414 | 1,72 | 1,11 | –0,178 |
| Innenfeld |  | 0,657 | 8,17 | 2,22 | –0,107 |
| Endfeld | 1 | 0,515 | 1,26 | 0,868 | –0,242 |
| Innenfeld |  | 0,596 | 2,33 | 1,15 | –0,192 |
| Endfeld oder Innenfeld | 2 | 0,596 | 2,33 | 1,15 | –0,192 |
| Endfeld oder Innenfeld | 3 und 4 | 0,694 | 5,45 | 1,27 | –0,168 |

**Tabelle 33.** Koeffizienten $\eta_1$ bis $\eta_4$ für abhebende Last

| System | Anzahl der Schlaudern | $\eta_1$ | $\eta_2$ | $\eta_3$ | $\eta_4$ |
|---|---|---|---|---|---|
| Einfeldträger | 0 | 0,694 | 5,45 | 1,27 | –0,168 |
| Endfeld |  | 0,515 | 1,26 | 0,868 | –0,242 |
| Innenfeld |  | 0,306 | 0,232 | 0,742 | –0,279 |
| Einfeldträger oder Endfeld | 1 | 0,800 | 6,75 | 1,49 | –0,155 |
| Innenfeld |  | 0,515 | 1,26 | 0,868 | –0,242 |
| Einfeldträger | 2 | 0,902 | 8,55 | 2,18 | –0,111 |
| Endfeld oder Innenfeld |  | 0,800 | 6,75 | 1,49 | –0,155 |
| Einfeldträger oder Endfeld | 3 und 4 | 0,902 | 8,55 | 2,18 | –0,111 |
| Innenfeld |  | 0,800 | 6,75 | 1,49 | –0,155 |

Die Schlankheit ergibt sich nun zu

$$\overline{\lambda}_{fz} = \frac{l_{fz}}{i_{fz}} \cdot \lambda_1 \qquad (197)$$

mit

$$\lambda_1 = \pi \cdot \sqrt{\frac{E}{f_{yb}}} \qquad (198)$$

und

$l_{fz}$ Knicklänge des freien Gurts nach Gl. (195)
$i_{fz}$ Trägheitsradius des Gesamtquerschnitts des freien Gurts zuzüglich des mitwirkenden Steganteils um die z-z-Achse
$f_{yb}$ Streckgrenze

### 9.3.3 Seitliche Belastung

Die Größe der seitlichen Belastung $q_{h,Ed}$ hängt von der Hauptachsenneigung und dem Abstand zwischen Belastungsrichtung und Schubmittelpunkt ab:

$$q_{h,Ed} = k_h \cdot q_{Ed} \qquad (199)$$

mit

$k_h$ Äquivalenzfaktor nach Tabelle 34 und Tabelle 35
$q_{Ed}$ Auflast oder abhebende Last

Der Äquivalenzfaktor wird in zwei Schritten ermittelt. Der Faktor $k_{h0}$ bezieht sich auf eine Belastung durch den Schubmittelpunkt, erfasst also nur den Anteil aus schiefer Biegung. Der Äquivalenzfaktor $k_h$ ist der um den Anteil aus Torsion erweiterte Faktor. Zu beachten ist, dass es sich bei Anmerkung (*) in Bild 10.3 aus DIN EN 1993-1-3 um eine fehlerhafte Übersetzung handelt. Richtig muss es heißen „Liegt der Schubmittelpunkt auf der rechten Seite von $q_{Ed}$, so wirkt die (äquivalente seitliche) Last entgegengesetzt". Die Schnittgröße Biegemoment aus Querbiegung im freien Gurt wird zuerst an einem einfachen Balkenmodell unter Vernachlässigung der Bettung ermittelt. Die Auflager der Pfette oder des Wandriegels sowie gegebenenfalls vorhandene

**Tabelle 34.** Faktor $k_{h0}$ aus schiefer Biegung zur Ermittlung der äquivalenten seitlichen Belastung am freien Untergurt

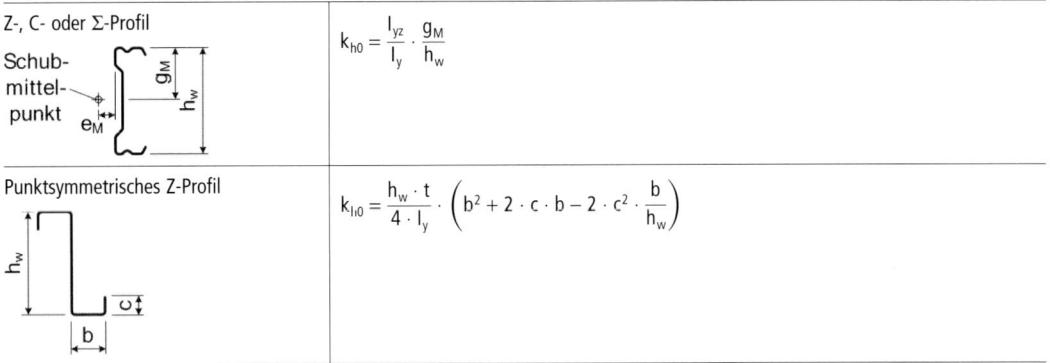

| | |
|---|---|
| Z-, C- oder Σ-Profil | $k_{h0} = \dfrac{I_{yz}}{I_y} \cdot \dfrac{g_M}{h_w}$ |
| Punktsymmetrisches Z-Profil | $k_{h0} = \dfrac{h_w \cdot t}{4 \cdot I_y} \cdot \left(b^2 + 2 \cdot c \cdot b - 2 \cdot c^2 \cdot \dfrac{b}{h_w}\right)$ |

**Tabelle 35.** Faktor $k_h$ aus Torsion zur Ermittlung der äquivalenten seitlichen Belastung am freien Untergurt

| Auflast | |
|---|---|
| 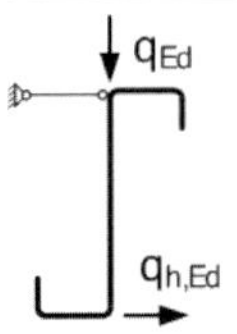 (Profil mit $q_{Ed}$ von oben, $q_{h,Ed}$) | $k_h = k_{h0}$ |
| 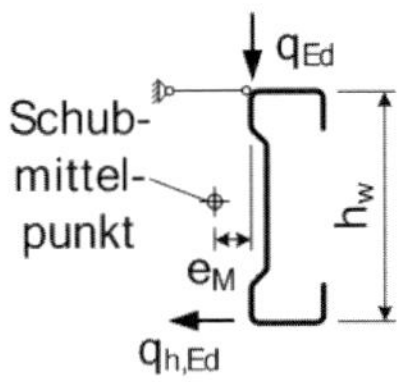 (Schubmittelpunkt, $e_M$, $h_w$, $q_{h,Ed}$) | $k_h = k_{h0} + \dfrac{e_M}{h_w}$ <br> Liegt der Schubmittelpunkt rechts von der Wirkungslinie der Kraft $q_{Ed}$, dann wirkt die seitliche Belastung $q_{h,Ed}$ entgegengesetzt. |
| **Abhebende Belastung** | |
| 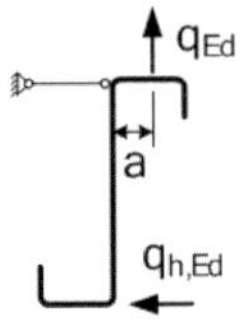 (Profil mit $q_{Ed}$ nach oben, $a$, $q_{h,Ed}$) | $k_h = k_{h0} - \dfrac{a}{h_w}$ <br> Bei $a/h > k_{h0}$ wirkt die seitliche Belastung $q_{h,Ed}$ entgegengesetzt. |
| 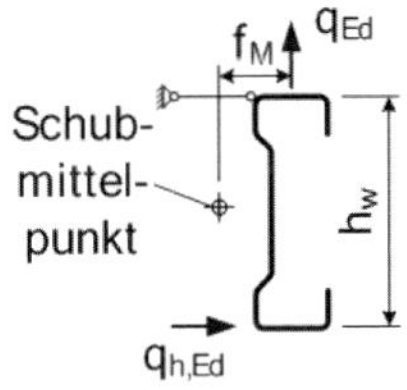 (Schubmittelpunkt, $f_M$, $q_{Ed}$, $q_{h,Ed}$) | $k_h = k_{h0} + \dfrac{f_M}{h_w}$ <br> Das Maß $f_M$ ist durch die Position der Belastung $q_{Ed}$ (Verbindungselemente) zwischen den Rändern des Obergurts begrenzt. <br> In DIN EN 1993-1-3 mit Vorzeichenfehler. |

Schlaudern stellen die Auflager dieses Balkens dar. In den für den Nachweis maßgebenden Schnitten wird jeweils der Ausgangswert $M_{0,fz,Ed}$ für das Querbiegemoment nach Tabelle 36 ermittelt. Der Einfluss der Umlagerung infolge der Bettung wird über einen Korrekturbeiwert $\kappa_R$ erfasst, mit dem der Ausgangswert $M_{0,fz,Ed}$ multipliziert wird:

$$M_{fz,Ed} = \kappa_R \cdot M_{0,fz,Ed} \qquad (200)$$

mit

$M_{0,fz,Ed}$ Ausgangswert für das Querbiegemoment nach Tabelle 36

$\kappa_R$ Korrekturbeiwert nach Tabelle 36

**Tabelle 36.** Ausgangswert $M_{0,fz,ED}$ und Korrekturbeiwert $\kappa_R$

| System | Schnittstelle | $M_{0,fz,Ed}$ | $\kappa_R$ |
|---|---|---|---|
| Einfeldträger, L/2 + L/2, L ≡ L_a | m | $\frac{1}{8} \cdot q_{h,Ed} \cdot L_a^2$ | $\kappa_R = \frac{1 - 0,0225 \cdot R}{1 + 1,013 \cdot R}$ |
| 3·L_a/8 + 5·L_a/8, Schlaudern oder Auflager | m | $\frac{9}{128} \cdot q_{h,Ed} \cdot L_a^2$ | $\kappa_R = \frac{1 - 0,0141 \cdot R}{1 + 0,416 \cdot R}$ |
| | e | $-\frac{1}{8} \cdot q_{h,Ed} \cdot L_a^2$ | $\kappa_R = \frac{1 + 0,0314 \cdot R}{1 + 0,396 \cdot R}$ |
| L_a/2 + L_a/2, Schlaudern oder Auflager | m | $\frac{1}{24} \cdot q_{h,Ed} \cdot L_a^2$ | $\kappa_R = \frac{1 - 0,0125 \cdot R}{1 + 0,198 \cdot R}$ |
| | e | $-\frac{1}{12} \cdot q_{h,Ed} \cdot L_a^2$ | $\kappa_R = \frac{1 + 0,0178 \cdot R}{1 + 0,191 \cdot R}$ |

### 9.3.4 Tragfähigkeitsnachweis

Die Nachweise werden als Spannungsnachweise geführt. Der Nachweis am gegen Ausweichen gehaltenen Gurt wird in der Form

$$\sigma_{max,Ed} = \frac{M_{y,Ed}}{W_{eff,y}} + \frac{N_{Ed}}{A_{eff}} \leq \frac{f_{yb}}{\gamma_{M0}} \quad (201)$$

und für den freien Gurt in der Form

$$\sigma_{max,Ed} = \frac{M_{y,Ed}}{W_{eff,y}} + \frac{N_{Ed}}{A_{eff}} + \frac{M_{fz,Ed}}{W_{fz}} \leq \frac{f_{yb}}{\gamma_{M0}} \quad (202)$$

mit
$A_{eff}$ wirksame Querschnittsfläche bei zentrischer Druckbeanspruchung
$f_{yb}$ Streckgrenze
$M_{fz,Ed}$ Biegemoment im freien Gurt unter der Horizontallast $q_{h,Ed}$, siehe Gl. (200)
$W_{eff,y}$ wirksames Widerstandsmoment bei Biegung um die y-y-Achse
$W_{fz}$ Bruttowiderstandsmoment des freien Gurts zuzüglich des mittragenden Steganteils für Biegung um die z-z-Achse; wird keine aufwendigere Berechnung durchgeführt, darf der mitwirkende Stegflächenanteil mit 1/5 der Steghöhe (ausgehend vom Schnittpunkt zwischen Gurt und Steg) bei C- und Z-Profilen und 1/6 der Steghöhe bei Σ-Profilen angesetzt werden (s. Bild 50)
$\gamma_{M0}$ Teilsicherheitsbeiwert

Bei einem zugbeanspruchten freien Gurt darf aufgrund der positiven Auswirkung des Flanscheindrehens und der Theorie II. Ordnung der Anteil aus Querbiegung vernachlässigt werden. Andererseits ist ein druckbeanspruchter freier Gurt auf Knicken zu untersuchen. Der Nachweis ist dann statt mit Gl. (202) mit

$$\sigma_{max,Ed} = \frac{1}{\chi_{LT}} \cdot \left( \frac{M_{y,Ed}}{W_{eff,y}} + \frac{N_{Ed}}{A_{eff}} \right) + \frac{M_{fz,Ed}}{W_{fz}} \leq \frac{f_{yb}}{\gamma_{M1}} \quad (203)$$

mit

$$\chi_{LT} = \frac{1}{\phi_{LT} + \sqrt{\phi_{LT}^2 - 0,75 \cdot \bar{\lambda}_{fz}^2}} \leq \begin{cases} 1,0 \\ 1/\bar{\lambda}_{fz}^2 \end{cases} \quad (204)$$

und

$$\phi_{LT} = 0,5 \cdot \left(1 + 0,34 \cdot (\bar{\lambda}_{fz} - 0,4) + 0,75 \cdot \bar{\lambda}_{fz}^2\right) \quad (205)$$

zu führen. Zu beachten ist, dass in diesem Fall der Teilsicherheitsbeiwert $\gamma_{M1}$ statt $\gamma_{M0}$ anzusetzen ist, da Knicken des freien Gurts als globales Stabilitätsversagen betrachtet wird. Da gemäß Nationalem Anhang $\gamma_{M0} = \gamma_{M1} = 1,1$ gilt, hat dies aber keine Konsequenzen für die Nachweisführung.

### 9.3.5 Weitere Nachweise

Infolge der Halterung am Obergurt wirken Kräfte in den Verbindungen zwischen Profiltafel oder Sandwichelement und Pfette oder Wandriegel. Diese ergeben sich zu

$$F_{v,Ed} = q_{v,ed} \cdot e_Q \quad (206)$$

und

$$F_{t,Ed} = q_{t,ed} \cdot e_Q \quad (207)$$

mit
$q_{v,Ed}$ Querkraft nach Tabelle 37
$q_{t,Ed}$ Querkraft nach Tabelle 37
$e_Q$ Abstand der Verbindungselemente

Der Beiwert ξ ergibt sich über

$$\varsigma = 1 - \sqrt[3]{\kappa_R^2} \quad (208)$$

zu

$$\xi = 1,5 \cdot \varsigma \quad (209)$$

**Tabelle 37.** Querkräfte und Zugkräfte in den Verbindungselementen

| Profil | Belastung | Querkraft $q_{v,Ed}$ | Zugkraft $q_{t,Ed}$ |
|---|---|---|---|
| Z-Profil | Auflast | $(1 + \xi) \cdot k_h \cdot q_{Ed}$ [1] | 0 |
| | Abhebende Last | $(1 + \xi) \cdot \left(k_h - \dfrac{a}{h}\right) \cdot q_{Ed}$ | $\left|\xi \cdot k_h \cdot q_{Ed} \cdot \dfrac{h}{a}\right| + q_{Ed}$ [2] |
| C-Profil | Auflast | $(1 - \xi) \cdot k_h \cdot q_{Ed}$ | $\xi \cdot k_h \cdot q_{Ed} \cdot \dfrac{h}{a}$ |
| | Abhebende Last | $(1 - \xi) \cdot \left(k_h - \dfrac{a}{h}\right) \cdot q_{Ed}$ | $\xi \cdot k_h \cdot q_{Ed} \cdot \dfrac{h}{b-a} + q_{Ed}$ |

[1] $q_{v,Ed}$ kann zu 0 gesetzt werden
[2] $a \cong b/2$

**Tabelle 38.** Auflagerkräfte bei einfeldrigen Pfetten

| Profil | Belastung | Lagerreaktion $R_{1,Ed}$ am Untergurt | Lagerreaktion $R_{2,Ed}$ am Obergurt |
|---|---|---|---|
| Z-Profil | Auflast | $(1 - \varsigma) \cdot k_h \cdot q_{Ed} \cdot \dfrac{L}{2}$ | $(1 + \varsigma) \cdot k_h \cdot q_{Ed} \cdot \dfrac{L}{2}$ |
| | Abhebende Last | $-(1 - \varsigma) \cdot k_h \cdot q_{Ed} \cdot \dfrac{L}{2}$ | $-(1 + \varsigma) \cdot k_h \cdot q_{Ed} \cdot \dfrac{L}{2}$ |
| C-Profil | Auflast | $(1 - \varsigma) \cdot k_h \cdot q_{Ed} \cdot \dfrac{L}{2}$ | $-(1 - \varsigma) \cdot k_h \cdot q_{Ed} \cdot \dfrac{L}{2}$ |
| | Abhebende Last | $-(1 - \varsigma) \cdot k_h \cdot q_{Ed} \cdot \dfrac{L}{2}$ | $(1 - \varsigma) \cdot k_h \cdot q_{Ed} \cdot \dfrac{L}{2}$ |

Darüber hinaus können zusätzliche Querkräfte infolge Stabilisierung (rechtwinklig zur Spannrichtung der Pfette oder des Wandriegels) und Schubfeldwirkung (parallel zur Spannrichtung der Pfette oder des Wandriegels) auftreten. Sie sind entsprechend (vektoriell) zu addieren. Zusätzliche Zugkräfte aus Schubfeldwirkung können ebenfalls auftreten und sind ebenfalls entsprechend zu addieren.

Für den Nachweis der Kräfte am Auflager der Pfetten oder Wandriegel gilt Tabelle 38. Die angegebenen Werte gelten für Endauflager von Einfeldträgern. Für Zwischenauflager von Durchlaufträgern ist mit dem 2,2-fachen Wert zu rechnen. Kräfte aus Dachschub sind zu $R_2$ (vgl. Bild 55) zu addieren. Diese Kräfte sind aus der Profiltafel oder dem Sandwichelement über einen Pfet-tenschuh, eine Auflagersteife oder eine vergleichbare Konstruktion in die Unterkonstruktion (Binder) zu leiten.

### 9.4 Vereinfachtes Verfahren nach Anhang E

Anhang E der DIN EN 1993-1-3 enthält ein vereinfachtes Verfahren zur Bemessung von Pfetten und Wandriegeln. Dieses Verfahren entspricht im weitesten Sinne dem der DASt-Richtlinie 016, es wurden lediglich kleinere Modifikationen vorgenommen. Eine Übernahme in die nächste Version der EN 1993-1-3 ist nicht vorgesehen. Die Anwendung des vereinfachten Verfahrens ist innerhalb eines definierten Anwendungsbereichs möglich:
– die Pfetten oder Wandriegel sind an einem Gurt gegen seitliches Ausweichen gehalten und Gl. (189) ist erfüllt,
– gleichförmige Querbelastung und keine Normalkräfte,
– gleiche Stützweiten.

Darüber hinaus werden Anforderungen an die Maximalwerte der auf die Blechdicken bezogenen Breiten der ebenen Teilflächen der Pfetten oder Wandriegel formuliert. Diese sind etwas strenger als beim oben bereits beschriebenen Verfahren, jedoch – obwohl das Verfahren direkt aus der DASt-Richtlinie 016 übernommen

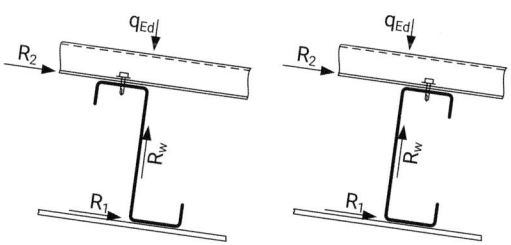

**Bild 55.** Auflagerkräfte

wurde – z. T. weniger streng als in der DASt-Richtlinie 016.

Da es sich zum einen um ein durch DASt-Richtlinie 016 bekanntes Verfahren handelt, zum anderen die Übernahme in die nächste Version der EN 1993-1-3 ist nicht vorgesehen ist, wird dieses hier nicht weiter behandelt. Es wird aber noch darauf hingewiesen, dass abweichend von DASt-Richtlinie 016 eine andere Knickspannungslinie verwendet wird: Anstelle der auch aus DIN 18800-2 bekannten Biegedrillknickkurve mit Exponent n = 2,5 wird die Knickspannungslinie b nach DIN EN 1993-1-1 verwendet.

## 9.5 Nachweise am Auflager – örtliche Lasteinleitung und Querkrafttragfähigkeit

Die beschriebenen Berechnungsverfahren setzen voraus, dass die Pfetten oder Wandriegel am Auflager gegen Verdrehen gehalten werden. Hierzu werden in der Regel Pfettenschuhe eingesetzt, an denen die Pfette mit dem Steg befestigt wird. Die Befestigung erfolgt dabei so, dass zwischen dem Pfettenuntergurt und der Unterkonstruktion (z. B. dem Binder) ein Spalt von etwa 5 mm verbleibt. Versagen durch Stegkrüppeln wird dadurch ausgeschlossen und der Steg kann als ausgesteift betrachtet werden. Wandriegel werden auf vergleichbare Weise befestigt, z. B. durch an die Stützen angeschraubte Winkel oder angeschweißte Fahnenbleche. Die Querkrafttragfähigkeit ergibt sich bei durch Pfettenschuhe am Auflager ausgesteifte Stege zu

$$V_{b,Rd} = \frac{h_w \cdot t \cdot f_{bv}}{\sin\phi \cdot \gamma_{M0}} \quad (210)$$

mit
$h_w$ Steghöhe
$t$ Blechdicke
$f_{bv}$ Schubbeulfestigkeit
$\phi$ Stegneigung zur Horizontalen
$\gamma_{M0}$ Teilsicherheitsbeiwert

Die Schubbeulfestigkeit ergibt sich über die Schlankheit

$$\bar{\lambda}_w = 0,346 \cdot \frac{h_w}{t \cdot \sin\phi} \cdot \sqrt{\frac{f_{yb}}{E}} \quad (211)$$

zu

$$f_{bv} = 0,48 \cdot \frac{f_{yb}}{\bar{\lambda}_w} \leq 0,58 \cdot f_{yb} \quad (212)$$

und ist identisch mit der nach DASt-Richtlinie 016. Bezüglich am Auflager nicht ausgesteifter Stege oder der Berücksichtigung von Längsversteifungen im Steg wird auf DIN EN 1993-1-3 verwiesen. Die Regelungen der DASt-Richtlinie 016 waren auch diesbezüglich identisch, wobei dort hinsichtlich der Berücksichtigung von Längsversteifungen auf DIN 18807-1 verwiesen wurde. Liegen die Pfetten hingegen auf der Unterkonstruktion auf, ist auch Stegkrüppeln infolge örtlicher Lasteinleitung zu berücksichtigen. Sind die Stege durch die Pfettenschuhe gegen Verdrehen behindert (eine Forderung, die auch aus dem oben erläuterten Verfahren für die Biegebemessung resultiert) ergibt sich die Tragfähigkeit am Endauflager zu

$$R_{w,Rd} = k_7 \cdot \left[ 8,8 + 1,1 \cdot \sqrt{\frac{s_s}{t}} \right] \cdot \frac{t^2 \cdot f_{yb}}{\gamma_{M1}} \quad (213)$$

mit

$$k_7 = 1,0 + \frac{h_w}{750 \cdot t} \leq 1,2 \quad (214)$$

und
$t$ Blechdicke
$s_s$ Auflagerlänge
$h_w$ die Steghöhe zwischen den Mittelebenen der Gurte
$f_{yb}$ Dehn- oder Streckgrenze

Die hier vorliegende Darstellung der Gl. (214) weicht von der in DIN EN 1993-1-3 ab. Letztere ist nach Ansicht der Autoren fehlerhaft bzw. wurde mit der Berichtigung 1 von 2009 nur unvollständig korrigiert.

Für Zwischenauflager und für größere Abstände c des Auflagers vom freien Ende des Profils, also für c > 1,5 · $h_w$, gilt dann

$$R_{w,Rd} = k_5^* \cdot k_6 \cdot \left[ 13,2 + 2,87 \cdot \sqrt{\frac{s_s}{t}} \right] \cdot \frac{t^2 \cdot f_{yb}}{\gamma_{M1}} \quad (215)$$

mit

$$k_5^* = 1,49 - 0,53 \cdot \frac{f_{yb}}{228 \frac{N}{mm^2}} \geq 0,6 \quad (216)$$

$$k_6 = 0,88 + \frac{0,12 \cdot t}{1,9} \quad (217)$$

d. h., die Tragfähigkeit wird unabhängig von der Höhe $h_w$. Diese Gleichungen zur Ermittlung der Tragfähigkeitswerte mit ihren vielen Parametern $k_i$ wurden aus der 1986er-Ausgabe des nordamerikanischen AISI-Regelwerks übernommen und unterscheiden sich in ihrer Form deutlich von denen nach DASt-Richtlinie 016, deren Gleichungen eher denen für Trapezprofile ähnelten. Bei der Übernahme in DIN EN 1993-1-3 kam es in Gl. (217) zu einem Vorzeichenfehler, der hier korrigiert wurde. Bezüglich am Auflager nicht gegen Verdrehen behinderter Stege wird auf DIN EN 1993-1-3 verwiesen.

Zwischenzeitlich wurden die entsprechenden Gleichungen im AISI-Regelwerk grundlegend überarbeitet. Es stellte sich daher die Frage, inwieweit auch die Vorschriften der EN 1993-1-3 entsprechend angepasst werden sollten, wobei aufgrund des unterschiedlichen Sicherheitskonzepts eine direkte Übernahme der neuen Regeln nicht möglich ist. In [101] und [103] wurde daher ein eigenes Verfahren entwickelt, das auf mehr oder weniger den gleichen Versuchen basiert, die auch den neuen AISI-Regeln zugrunde liegen, und in die nächste Ausgabe der EN 1993-1-3 aufgenommen werden soll. Die Norm geht von einer verallgemeinerten Tragfähigkeitsgleichung

$$R_{w,Rd} = K \cdot \frac{t^2 \cdot \sqrt{E \cdot f_{yb}}}{\gamma_{M1}} \cdot \left(1 - K_r \cdot \sqrt{\frac{r}{t}}\right)$$
$$\cdot \left(1 + K_s \cdot \sqrt{\frac{s_s}{t}}\right) \cdot \left(1 - K_h \cdot \sqrt{\frac{h}{t}}\right) \quad (218)$$

mit
- t  Blechdicke
- E  Elastizitätsmodul
- $f_{yb}$  Dehn- oder Streckgrenze
- h  Gesamthöhe
- r  Innenradius
- $s_s$  Auflagerlänge

aus. Die Parameter K, $K_r$, $K_s$ und $K_h$ ergeben sich entsprechend Tabelle 39, sie variieren in Abhängigkeit vom Profilquerschnitt, der Befestigung und der Belastungssituation (Bild 56 bis Bild 59). In den meisten Anwendungen werden die Profile an der Unterkonstruktion befestigt, siehe Bild 60. An Stellen einer Einzellasteinleitung kann jedoch die Tragfähigkeit für den unbefestigten Fall maßgebend von Interesse sein. Da das Verfahren auf der Auswertung von Versuchen basiert, ist der Anwendungsbereich auf den durch die Versuchskörper abgedeckten Bereich beschränkt (s. Tabelle 40). Für größere Werte t oder $f_{yb}$ ist das Verfahren anwendbar, die Werte sollten aber rechnerisch auf diejenigen in Tabelle 40 beschränkt werden. Für die ansetzbare Auflagerlänge $s_s$ gilt eine rechnerisch ansetzbare Obergrenze von 200 mm. Erfolgt die Befestigung von C-Profilen oder Z-Profilen zwar mit Pfettenschuh, aber ohne ausreichenden Spalt, so können bei ausreichender Steifigkeit des Pfettenschuhs die für aus C-Profilen zusammengesetzte I-Profile angegebenen Parameter $K_i$ verwendet werden. Voraussetzung dafür ist, dass die Auflagerlänge $s_s$ als Mindestwert aus der Breite des als Auflager dienenden Trägers und der Breite des Pfettenschuhs angesetzt wird (vgl. Bild 61).

Die Nachweise selbst einschließlich der Interaktionsbeziehungen entsprechen beim aktuellen Verfahren und beim neuen Verfahren denen bei Trapezprofilen.

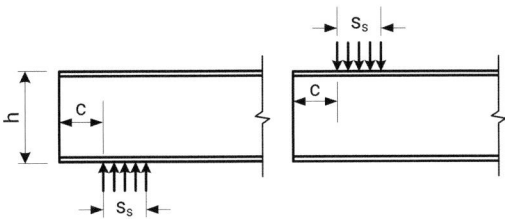

**Bild 56.** Einseitige Belastung am Profilende mit c ≤ 1,5 h (EOF)

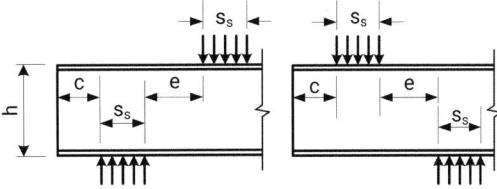

**Bild 58.** Zweiseitige Belastung mit e ≤ h und c ≤ 1,5 h (ETF)

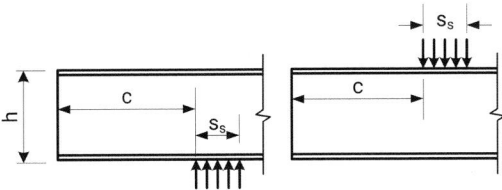

**Bild 57.** Einseitige Belastung am Profilende mit c > 1,5 h (IOF)

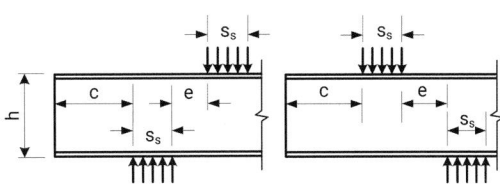

**Bild 59.** Zweiseitige Belastung mit e ≤ h und c ≤ 1,5 h (ITF)

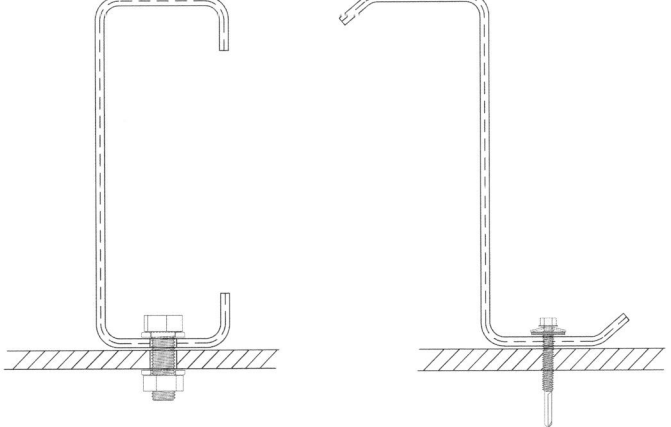

**Bild 60.** Direkte Befestigung am Auflager

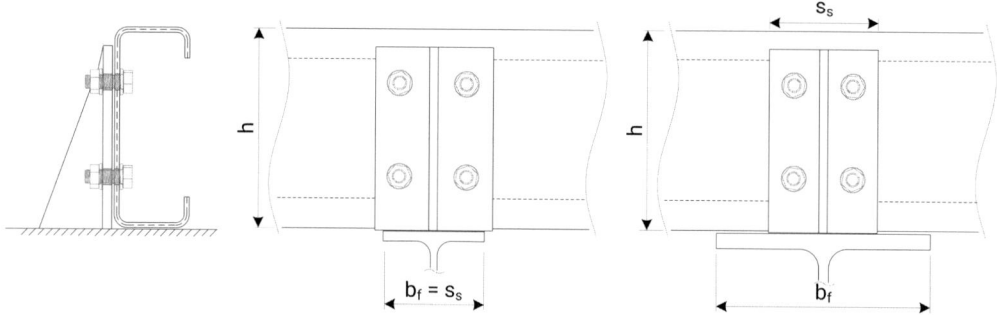

**Bild 61.** Befestigung mittels Pfettenschuh

**Tabelle 39.** Parameter für die Gleichung (218)

C-Profile ohne Lippen (U-Profile)

| Belastungssituation | Befestigung | K | $K_r$ | $K_s$ | $K_h$ |
|---|---|---|---|---|---|
| EOF | befestigt | 0,157 | 0,074 | 0,231 | 0,024 |
| | unbefestigt | 0,085 | 0,188 | 0,640 | 0,044 |
| IOF | befestigt | 0,193 | 0,045 | 0,219 | 0,000 |
| | unbefestigt | 0,222 | 0,002 | 0,120 | 0,000 |
| ETF | befestigt | 0,075 | 0,092 | 0,278 | 0,026 |
| | unbefestigt | 0,075 | 0,092 | 0,278 | 0,026 |
| ITF | befestigt | 0,263 | 0,076 | 0,126 | 0,037 |
| | unbefestigt | 0,263 | 0,076 | 0,126 | 0,037 |

C-Profile mit Lippen

| Belastungssituation | Befestigung | K | $K_r$ | $K_s$ | $K_h$ |
|---|---|---|---|---|---|
| EOF | befestigt | 0,266 | 0,165 | 0,155 | 0,032 |
| | unbefestigt | 0,251 | 0,211 | 0,148 | 0,039 |
| IOF | befestigt | 0,627 | 0,151 | 0,098 | 0,036 |
| | unbefestigt | 0,594 | 0,143 | 0,049 | 0,033 |
| ETF | befestigt | 0,200 | 0,109 | 0,142 | 0,046 |
| | unbefestigt | 0,291 | 0,383 | 0,095 | 0,041 |
| ITF | befestigt | 0,558 | 0,102 | 0,053 | 0,028 |
| | unbefestigt | 1,202 | 0,232 | 0,000 | 0,051 |

Z-Profile mit Lippen

| Belastungssituation | Befestigung | K | $K_r$ | $K_s$ | $K_h$ |
|---|---|---|---|---|---|
| EOF | befestigt | 0,162 | 0,094 | 0,239 | 0,029 |
| | unbefestigt | 0,120 | 0,000 | 0,024 | 0,008 |
| IOF | befestigt | 0,324 | 0,094 | 0,239 | 0,029 |
| | unbefestigt | 0,240 | 0,000 | 0,024 | 0,008 |
| ETF | befestigt | 0,308 | 0,000 | 0,075 | 0,049 |
| | unbefestigt | – | – | – | – |
| ITF | befestigt | 0,606 | 0,061 | 0,082 | 0,035 |
| | unbefestigt | – | – | – | – |

**Tabelle 39.** Parameter für die Gleichung (218) (Fortsetzung)

aus C-Profilen (mit oder ohne Lippe) zusammengesetzte I-Profile

| Belastungssituation | Befestigung | K | $K_r$ | $K_s$ | $K_h$ |
|---|---|---|---|---|---|
| EOF | befestigt oder unbefestigt | 0,580 | 0,163 | 0,0660 | 0 |
| IOF | befestigt oder unbefestigt | 0,179 | 0 | 0,225 | 0 |
| ETF | befestigt oder unbefestigt | 0,768 | 0,179 | 0,0699 | 0,0335 |
| ITF | befestigt oder unbefestigt | 0,439 | 0,292 | 0,0528 | 0,0344 |

verschachtelte Z-Profile

| Belastungssituation | Befestigung | K | $K_r$ | $K_s$ | $K_h$ |
|---|---|---|---|---|---|
| IOF | befestigt oder unbefestigt | 0,235 | 0,200 | 0,187 | 0 |

**Tabelle 40.** Anwendungsbereich der Gleichung (218)

C-Profile ohne Lippen (U-Profile)

| Befestigung | t [mm] | $f_{yb}$ [N/mm²] | r/t | $s_s/t$ | h/t |
|---|---|---|---|---|---|
| befestigt | 0,6 – 6,0 | 250 – 600 | ≤ 4 | ≤ 100 | ≤ 200 |
| unbefestigt | 1,0 – 6,0 | 250 – 600 | ≤ 4 | ≤ 100 | ≤ 200 |

C-Profile ohne Lippen

| Befestigung | t [mm] | $f_{yb}$ [N/mm²] | r/t | $s_s/t$ | h/t |
|---|---|---|---|---|---|
| befestigt | 0,6 – 3,1 | 160 – 600 | ≤ 10 | ≤ 170 | ≤ 270 |
| unbefestigt | 0,6 – 3,1 | 160 – 600 | ≤ 5 | ≤ 170 | ≤ 270 |

Z-Profile mit Lippen

| Befestigung | t [mm] | $f_{yb}$ [N/mm²] | r/t | $s_s/t$ | h/t |
|---|---|---|---|---|---|
| befestigt | 1,0 – 3,0 | 320 – 500 | ≤ 10 | ≤ 100 | ≤ 200 |
| unbefestigt | 1,5 – 3,0 | 320 – 500 | ≤ 5 | ≤ 100 | ≤ 200 |

aus C-Profilen (mit oder ohne Lippe) zusammengesetzte I-Profile

| Befestigung | t [mm] | $f_{yb}$ [N/mm²] | r/t | $s_s/t$ | h/t |
|---|---|---|---|---|---|
| befestigt | 1,0 – 4,0 | 200 – 450 | ≤ 5 | ≤ 100 | ≤ 270 |
| unbefestigt | 1,0 – 4,0 | 200 – 450 | ≤ 5 | ≤ 100 | ≤ 270 |

verschachtelte Z-Profile

| Befestigung | t [mm] | $f_{yb}$ [N/mm²] | r/t | $s_s/t$ | h/t |
|---|---|---|---|---|---|
| befestigt | 1,0 – 3,0 | 320 – 500 | ≤ 10 | ≤ 100 | ≤ 200 |
| unbefestigt | 1,0 – 3,0 | 320 – 500 | ≤ 10 | ≤ 100 | ≤ 200 |

## 10 Mechanische Verbindungen

### 10.1 Allgemeines

Die Änderungen in den Nachweisen für mechanische Verbindungselemente sind marginal: Die aus den deutschen allgemeinen bauaufsichtlichen Zulassungen bekannten Regelungen finden sich in nahezu identischer Form in den entsprechenden europäischen technischen Zulassungen. Andersherum wurden die deutschen Zulassungen so angepasst, dass diese im Einklang mit den Regelungen der Eurocodes stehen. Abweichend von DIN EN 1993-1-3 und DIN 1999-1-4 ist der Nachweis auf Grundlage der Zulassungen mit dem Teilsicherheitsbeiwert $\gamma_M = 1{,}33$ statt 1,25 zu führen. Dies hat allerdings keinen technischen Hintergrund. In DIN 18807-6 für Aluminiumtrapezprofile (der entsprechende Teil für Stahltrapezprofile ist nie erschienen) war wie in den Zulassungen ein Teilsicherheitsbeiwert von $\gamma_M = 1{,}33$ vorgesehen, der bei der Umstellung der deutschen in europäische Zulassungen beibehalten wurde. In DIN 1999-1-4 wurde aber wie in den weiteren Teilen der Norm $\gamma_M = 1{,}25$ für Verbindungen vorgesehen. Die Gleichungen der DIN 18807-6, die in DIN EN 1999-1-4 übernommen wurden, wurden dementsprechend angepasst, sodass die rechnerisch ermittelten Bemessungswerte identisch sind.

Auf zwei Unterschiede in der in DIN EN 1993-1-3 und DIN EN 1999-1-4 auf der einen Seite und den Zulassungen auf der anderen Seite verwendeten Nomenklatur sei hier noch hingewiesen: Die Bemessungswerte der Tragfähigkeit werden in DIN EN 1993-1-3 und DIN EN 1999-1-4 mit $F_{Rd}$ bezeichnet, in den Zulassungen mit $N_{Rd}$ bzw. $V_{Rd}$:

$F_{b,Rd}$ Grenzlochleibungskraft (Bemessungswert) nach DIN EN 1993-1-3 und DIN EN 1999-1-4

$F_{p,Rd}$ Grenzzugkraft bzw. Beanspruchbarkeit für Durchknöpfen (Bemessungswert) nach DIN EN 1993-1-3 und DIN EN 1999-1-4

$F_{o,Rd}$ Grenzzugkraft bzw. Beanspruchbarkeit für Ausreißen (Bemessungswert) nach DIN EN 1993-1-3 und DIN EN 1999-1-4 (Auszugtragfähigkeit)

$F_{t,Rd}$ Grenzzugkraft (Bemessungswert) nach DIN EN 1993-1-3 und DIN EN 1999-1-4

$N_{Rd}$ Bemessungswert der Zugtragfähigkeit

$V_{Rd}$ Bemessungswert der Querkrafttragfähigkeit

Es gilt also

$$V_{Rd} \equiv F_{b,Rd} \tag{219}$$

und

$$N_{Rd} = F_{t,Rd} = \min\{F_{p,Rd}; F_{o,Rd}\} \tag{220}$$

Zumindest irritierend ist auch, dass DIN EN 1993-1-3 mal von einer Grenzzugkraft und mal von einer Beanspruchbarkeit spricht. Gemeint ist immer das Gleiche. Ergänzend zu den Nachweisen gegen die oben genannten Grenzkräfte für die Verbindungen ist ein Nachweis gegen die Grenzzugkraft im Nettoquerschnitt $F_{n,Rd}$ nach DIN EN 1993-1-3 bzw. $F_{net,Rd}$ nach DIN EN 1999-1-4 zu führen.

Die Blechdicken werden in DIN EN 1993-1-3 und DIN EN 1999-1-4 für die Bemessung wie folgt definiert:

$t$ Blechdicke des dünneren Blechs in der Verbindung

$t_1$ Blechdicke des dickeren Blechs in der Verbindung

Darüber hinaus gelten die Bemessungsgleichungen nur, wenn das dünnere Blech am Schraubenkopf oder Setzkopf anliegt. In den allgemeinen bauaufsichtlichen Zulassungen und europäischen technischen Zulassungen, deren Tragfähigkeitswerte in aller Regel auf Versuchen basieren, erfolgt die Bezeichnung ausschließlich über die Lage der Bauteile in der Verbindung:

$t_I$ Nennblechdicke des zu befestigenden Bauteils (Bauteil I, das Bauteil, das am Schraubenkopf oder Setzkopf anliegt)

$t_{II}$ Nennblechdicke des Bauteils, an dem befestigt wird, bzw. der Unterkonstruktion (Bauteil II)

Die Tabellen liefern dann Tragfähigkeitswerte direkt in Abhängigkeit von $t_I$ und $t_{II}$.

Bezüglich der Rand- und Lochabstände gelten die Angaben in Tabelle 41 und Tabelle 42 in Verbindung mit Bild 62. Die Werte für Aluminiumprofiltafeln wurden im Nationalen Anhang gegenüber DIN EN 1999-1-4 reduziert bzw. um Mindestabstände für den Fall geringer Ausnutzung ergänzt. Die damit verbundenen Abminderungsfaktoren sind in Tabelle 43 aufgeführt und gelten strenggenommen nur für rechnerisch nach DIN EN 1999-1-4 ermittelte Tragfähigkeitswerte. Werden die

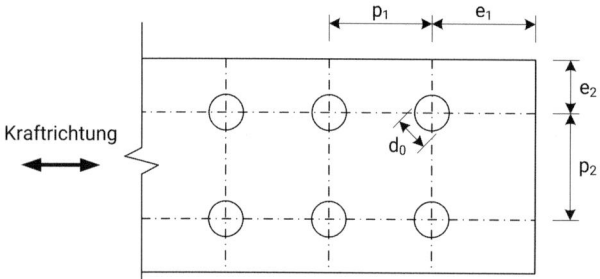

$d_0$: Bohrlochdurchmesser bei gewindeformenden Schrauben und Bohrschrauben gilt $d_0 = d$

**Bild 62.** Rand- und Lochabstände für Verbindungselemente

**Tabelle 41.** Rand- und Lochabstände für Verbindungselemente nach DIN EN 1993-1-3

| Verbindungselement | $e_1$ | $p_1$ | $e_2$ | $p_2$ |
|---|---|---|---|---|
| Blindniete | 1,5 d | 3 d | 1,5 d | 3 d |
| gewindeformende Schrauben, Bohrschrauben, Fließbohrschrauben | 3 d | 3 d | 1,5 d | 3 d |
| Setzbolzen | 4,5 d | 4,5 d | 4,5 d | 4,5 d |

**Tabelle 42.** Rand- und Lochabstände für Verbindungselemente nach DIN EN 1999-1-4/NA

Blindniete, gewindeformende Schrauben, Bohrschrauben, Fließbohrschrauben

| Befestigung | $e_1$ | $p_1$ | $e_2$ | $p_2$ |
|---|---|---|---|---|
| Regelabstand | 2 d | 3 d | 1,5 d | 3 d |
| Mindestabstand | 1,5 d | 2,4 d | 1,2 d | 2,4 d |

**Tabelle 43.** Abminderungsfaktoren für die Beanspruchbarkeit auf Lochleibung

Blindniete, gewindeformende Schrauben, Bohrschrauben, Fließbohrschrauben

| | am Rand liegend | innenliegend |
|---|---|---|
| Abstand in Kraftrichtung | $\frac{2}{3} \cdot \frac{e_1}{d} - \frac{1}{3}$ | $0{,}56 \cdot \frac{p_1}{d} - 0{,}68$ |
| Abstand rechtwinklig zur Kraftrichtung | $1{,}12 \cdot \frac{e_2}{d} - 0{,}68$ | $0{,}56 \cdot \frac{p_2}{d} - 0{,}68$ |

Mindestabstände nach Tabelle 43 ausgenutzt, reduziert sich die Tragfähigkeit auf 66%.

## 10.2 Anmerkungen zur rechnerischen Ermittlung der Tragfähigkeit

Die Möglichkeit, die Tragfähigkeit der Verbindungen rechnerisch nach DIN EN 1993-1-3 oder DIN EN 1999-1-4 zu ermitteln, ist aufgrund der Forderung der DIN EN 1090-4 bzw. DIN EN 1090-5, dass Verbindungselemente nach europäischen Normen bzw. nach europäischen Bewertungsdokumenten, EADs oder ETAs zu verwenden sind, nur von eingeschränkter Bedeutung.
Bei Anwendung der Gleichungen in DIN EN 1993-1-3 für Nietverbindungen ist zu beachten, dass abweichend von der Aussage in DIN EN 1993-1-3, Tabelle 8.1, die Grenzzugkraft für Ausreißen bei Nietverbindungen durchaus relevant ist. Sie sollte durch Versuche ermittelt werden. In aller Regel weisen die bei einer versuchsgestützten Bemessung erforderlichen Verwendbarkeitsnachweise direkt die charakteristischen Werte der Zugtragfähigkeit als Kleinstwert aus den charakteristischen Werten für Durchknöpfen und für Ausreißen aus.

Der in DIN EN 1993-1-3 verwendete Begriff „gewindeformende Schrauben" deckt sowohl gewindefurchende Schrauben, die sich ihr Muttergewinde in ein vorhandenes, passendes Loch spanlos formen, als auch Bohrschrauben, die über eine Bohrspitze verfügen, sodass in einem Arbeitsgang das Bohren eines Einschraublochs, das Formen oder Schneiden eines Muttergewindes und der Einschraubvorgang erfolgen (Wortlaut aus Z-14.1-4, Z-14.1-537 und Z-14.4-407). Die angegebenen Gleichungen gelten aber ursprünglich nur für gewindefurchende Schrauben. Der Erweiterung der Anwendung auf Bohrschrauben liegt vermutlich eine sprachliche Ungenauigkeit bei der Übersetzung zugrunde. Die Beanspruchbarkeit von Verbindungen mit Bohrschrauben sollte den oben genannten allgemeinen bauaufsichtlichen Zulassungen oder europäischen technischen Zulassungen der Hersteller entnommen werden, die Ermittlung der Beanspruchbarkeit für Durchknöpfen $F_{p,Rd}$ kann aber auch nach DIN EN 1993-1-3 erfolgen.

## 10.3 Besondere Anwendungsfälle

Als besondere Anwendungsfälle werden Verbindungen dann bezeichnet, wenn die Geometrie des zu befestigenden Bauteils zu einer ungleichmäßigen Beanspruchung der Verbindung führt und sich dadurch die Beanspruchbarkeit reduziert. In diesem Fall ist die sich aus der Zulassung oder rechnerisch ergebende Beanspruchbarkeit mit einem Abminderungsfaktor zu multiplizieren. Abminderungsfaktoren für besondere Anwendungsfälle sind in den ETAs nicht angegeben, dort finden sich z. T. Verweise auf DIN EN 1993-1-3 und DIN EN 1999-1-4. Die Angaben dort sind leider nicht vollständig, werden aber mittelfristig (d. h. etwa 2024) ergänzt. In der Zwischenzeit können die Abminderungsfaktoren DIN EN 1090-4, DIN EN 1090-5 oder der ECCS-Richtlinie 124 (dem Nachfolgedokument der in DIN EN 1993-1-3 und DIN EN 1999-1-4 zitierten ECCS-Richtlinie 21) entnommen werden bzw. sind in Tabelle 44 und Tabelle 45 angegeben. In Anlehnung an die Nomenklatur in DIN 18807-6 und DIN EN 1999-1-4 wurden hier die Abminderungsfaktoren auch bei Befestigungen von Stahlprofiltafeln mit $\alpha_E$ bezeichnet. Die Kombination von Abminderungsfaktoren ist nicht erforderlich, es gilt jeweils der kleinste Wert. Die symbolische Darstellung der Verbindungen zeigt Trapezprofile, die Abminderungsfaktoren gelten aber entsprechend auch für Wellprofile, Kassettenprofile etc.
Einen Sonderfall stellt der in Tabelle 44 und Tabelle 45 mit einer Fußnote versehene Fall der Profiltafel auf einer dünnwandigen unsymmetrischen Unterkonstruktion dar. In diesem Fall erhöhen sich die Kräfte in den Verbindungen infolge von Kontaktkräften gegenüber den sich rechnerisch aus den äußeren Einwirkungen ergebenden Kräften. Es handelt sich also um eine Vergrößerung der Beanspruchung, die in DIN 18807-6, den allgemeinen bauaufsichtlichen Zulassungen und auch in den ECCS-Richtlinien über eine Reduzierung der Beanspruchbarkeit erfasst wurde und aus diesem

**Tabelle 44.** Abminderungsfaktoren für besondere Anwendungsfälle – Stahlprofiltafeln

| Verbindung | Exzentrische Befestigung | | | Mehrere Verbindungselemente im anliegenden Profilgurt | | Unsymmetrische Unterkonstruktion |
|---|---|---|---|---|---|---|
| | | $b_u \leq 150$ mm<br>$e > b_g/4$ | $150$ mm $< b_u \leq 265$ mm [1)]<br>$b_g/4 < e \leq b_g/2$ | $150$ mm $< b_u \leq 265$ mm [1)]<br>$e \leq b_g/4$ | $b_u > 265$ mm<br>$a \leq 75$ mm | $b_u > 265$ mm<br>$a > 75$ mm | |
| $\alpha_E$ | 1,0 | 0,9 | 0,7 [2)] | 0,5 [2)] | 0,7 | 0,0 | 0,7 | 0,0 | 0,35 | 0,7 [3)] |

[1)] Bei $b_u > 265$ mm, sind mindestens 2 Verbindungselemente erforderlich.
[2)] In DIN EN 1090-4 vertauscht.
[3)] Siehe hierzu Bild 37 und Anmerkungen im Text.

**Tabelle 45.** Abminderungsfaktoren für besondere Anwendungsfälle – Aluminiumprofiltafeln

| Verbindung | Im an der Unterkonstruktion anliegenden Profilgurt | | Im nicht an der Unterkonstruktion anliegenden Profilgurt | |
|---|---|---|---|---|
| | | $b_u \leq 150$ mm | $b_u > 150$ mm | | |
| $\alpha_E$ | 1,0 | 0,9 | 0,7 | 0,7 | 0,7 [1)] | 0,9 | 1,0 | 0,9 |

[1)] Siehe hierzu Bild 37 und Anmerkungen im Text.

Grund hier mit aufgeführt wird. Tatsächlich lassen sich die zusätzlichen Kontaktkräfte und damit die erhöhte Beanspruchung rechnerisch nach Tabelle 37 ermitteln, sodass eine Reduzierung der Beanspruchbarkeit nicht mehr erforderlich ist. Dies erfordert aber beim Nachweis der Verbindungen, der im Regelfall zusammen mit dem Nachweis der Profiltafeln geführt wird, Informationen aus dem Nachweis der Pfetten oder Wandriegel, die vermutlich in den allermeisten Fällen nicht zur Verfügung stehen. Auch fehlt bei einem Nachweis der Unterkonstruktion nach dem vereinfachten Verfahren des Anhangs E eine vergleichbare Tabelle. In diesen Fällen kann ersatzweise auf den hier angegebenen Korrekturfaktor zurückgegriffen werden.

## 10.4 Verbindungen mit Bauteilen aus Aluminium

Verbindungen und Befestigungen von Profiltafeln aus Aluminium (z. B. Aluminiumtrapezprofile) verhalten sich bei Zugbelastung und damit verbundener örtlicher Beanspruchung rechtwinklig zur Blechoberfläche an der Befestigungsstelle deutlich weicher als Stahlprofiltafeln [104]. Dadurch spielt die Geometrie des zu befestigenden Bauteils bei der Tragfähigkeitsermittlung im Versuch eine deutlich größere Rolle als bei Stahlprofiltafeln und kann mit den Abminderungsfaktoren nur unzureichend (d. h. vor allem nur unwirtschaftlich) erfasst werden. Die deutschen und europäischen Zulassungen für Verbindungselemente zur Befestigung von Bauteilen aus Aluminium geben daher in der Regel nur Auszugtragfähigkeitswerte an. Die charakteristischen Werte der Durchknöpftragfähigkeit sind den allgemeinen bauaufsichtlichen Zulassungen der Aluminiumtrapezprofile und Wellprofile zu entnehmen.

Eine rechnerische Ermittlung der Durchknöpftragfähigkeit nach DIN EN 1999-1-4 kann natürlich dennoch erfolgen, die beschriebenen örtlichen Effekte werden dann über die Abminderungsfaktoren für besondere Anwendungsfälle berücksichtigt.

## 10.5 Verbindungen mit Holzunterkonstruktionen

Bei Verbindungen mit Holzunterkonstruktionen gilt DIN EN 1995-1-1. Zu beachten ist, dass die in der Ausgabe 2008-09 aufgeführten Nachweise für zugbeanspruchte Schraubenverbindungen durch die A1-Änderung mit Ausgabedatum 2010-04 vollständig überarbeitet wurden. Diese Überarbeitung ist in der konsolidierten Fassung mit Ausgabedatum 2010-12 direkt eingearbeitet worden. Diese Überarbeitung und auch die sich bei den vorangehenden Übergängen von DIN 1052:1988-04 (noch mit deterministischem Sicherheitskonzept) auf DIN 1052:2004-08 und DIN 1052:2008-12 vorgenommenen Überarbeitungen der Nachweise sowie zeitweise diese ergänzende Regelungen der allgemeinen bauaufsichtlichen Zulassungen (reduzierte Mindestanforderungen an die Einschraubtiefe) führen dazu, dass sich die in den allgemeinen bauaufsichtlichen Zulassungen oder europäischen technischen Zulassungen in Abhängigkeit von der Einschraubtiefe tabellierten Tragfähigkeitswerte oftmals nicht mit den nachfolgend vorgestellten Gleichungen zur Ermittlung der Tragfähigkeit nachrechnen lassen: Die Tabellen wurden zum Zeitpunkt der erstmaligen Zulassung des Verbindungselements auf Grundlage der zu diesem Zeitpunkt gültigen Normen erstellt. Nachfolgende Überarbeitungen der Normen führten nur dann zu einer Überarbeitung der Tabellen, wenn diese aus anderen Gründen angepasst wurden.

Die Ermittlung der Ausziehtragfähigkeit erfolgt nach DIN EN 1995-1-1, Gl. (8.40a) mit

$$F_{ax,Rk} = \frac{n_{ef} \cdot f_{ax,k} \cdot d \cdot l_{ef}}{1,2 \cdot \cos^2 \alpha + \sin^2 \alpha} \cdot \left(\frac{\rho_k}{\rho_a}\right)^{0,8} \quad (221)$$

mit

$n_{ef}$  wirksame Anzahl Schrauben nach DIN EN 1995-1-1, Abschnitt 8.2.3, Gl. (8.17)

$f_{ax,k}$  charakteristischer Wert der Ausziehfestigkeit rechtwinklig zur Faserrichtung, auf den Anlageblättern der Zulassung angegeben, an die Mindesteinschraubtiefe gekoppelt

d  Außendurchmesser der Schraube, i. d. R. der Nenndurchmesser

$l_{ef}$  effektive Einschraubtiefe $l_{ef} = l_g - l_b$; $l_{ef} \geq 5\,d$

$l_g$  Einschraubtiefe in Bauteil II (Gewinde und Bohrspitze)

$l_b$  Länge der Bohrspitze bzw. des gewindefreien Bereichs

α  Winkel zwischen Schraubenachse und Faserrichtung

$\rho_k$  charakteristischer Wert der Rohdichte

$\rho_a$  die zu $f_{ax,k}$ gehörende Rohdichte, in den Zulassungen soweit nicht anders angegeben $\rho_a = 350$ kg/m³ für Vollholz der Festigkeitsklasse C24

Die Forderung $l_{ef} \geq 5\,d$ stammt aus DIN EN 1995-1-1. In den allgemeinen bauaufsichtlichen Zulassungen für Verbindungselemente des Metallleichtbaus wird diese Forderung auf $l_{ef} \geq 4\,d$ reduziert.

Für die Verbindungen des Metallleichtbaus kann Gl. (221) zu

$$F_{ax,Rk} = f_{ax,k} \cdot d \cdot l_{ef} \cdot \left(\frac{\rho_k}{350\,\text{kg/m}^3}\right)^{0,8} \quad (222)$$

vereinfacht werden. Der charakteristische Wert der Ausziehtragfähigkeit beträgt

$$N_{R,k} = F_{ax,R,k} \cdot k_{mod} \quad (223)$$

mit

$k_{mod}$  Modifikationsbeiwert für Lasteinwirkungsdauer und Holzfeuchtegehalt, siehe DIN EN 1995-1-1, Tabelle 3.1

Die beim Nachweis der Verbindungselemente vorherrschenden Windeinwirkungen wurden im Nationalen Anhang zu DIN EN 1995-1-1 in die Klasse der Lasteinwirkungsdauer „kurz/sehr kurz" eingestuft, wobei $k_{mod}$

**Tabelle 46.** Nutzungsklassen

| Nutzungsklasse | Mittlere Ausgleichsfeuchte in Nadelhölzern | Umgebungsbedingungen | Beispiel |
|---|---|---|---|
| 1 | 12 % | Temperatur 20 °C und 65 % rel. Luftfeuchte die nur für einige Wochen pro Jahr überschritten wird | Bauteile und Tragwerke in beheizten Innenräumen |
| 2 | 20 % | Temperatur 20 °C und 85 % rel. Luftfeuchte die nur für einige Wochen pro Jahr überschritten wird | überdachte, offene Bauteile und Tragwerke (Ausnahme: Tauwasserbereiche) |
| 3 | > 20 % | Klimabedingungen, die zu höheren Holzfeuchten als in Nutzungsklasse 2 führen | frei bewitterte Bauteile und Tragwerke |

als Mittelwert aus den Angaben für die Lasteinwirkungsdauer „kurz" und „sehr kurz" ermittelt werden darf. Für Unterkonstruktionen aus Vollholz und Brettschichtholz, die im Bereich der Nutzungsklassen 1 und 2 liegen (Tabelle 46), gilt damit $k_{mod} = 1,0$, für Unterkonstruktionen aus Vollholz und Brettschichtholz, die im Bereich der Nutzungsklasse 3 liegen, gilt $k_{mod} = 0,8$. Die Ermittlung der Querkrafttragfähigkeit erfolgte nach DIN EN 1995-1-1, Abschnitt 8.2.3, Gl. (8.9a)

$$F_{V,Rk} = \min \begin{cases} 0,4 \cdot f_{h,k} \cdot t_1 \cdot d_{ef} \\ 1,15 \cdot \sqrt{2 \cdot M_{y,Rk} \cdot f_{h,k} \cdot d_{ef}} + \frac{F_{ax,Rk}}{4} \end{cases} \quad (224)$$

für $t_{Blech} \leq 0,5 \cdot d$ und $l_{ef} \geq 5\,d$ mit

$f_{h,k}$ Lochleibungsfestigkeit nach Gl. (225) oder Gl. (226)
$t_1$ der kleinere Wert aus Holzdicke und Einschraubtiefe
$d_{ef}$ wirksamer Durchmesser, 1,1-facher Gewindekerndurchmesser, der vereinfacht mit 0,7 d angesetzt werden kann, bei Schrauben mit teilweise glattem Schaft mit einer Einbindetiefe > 4 d ist $d_{ef}$ der Schaftdurchmesser
$M_{y,Rk}$ charakteristischer Wert des Fließmoments des Verbindungselements, auf den Anlageblättern der Zulassung angegeben
$F_{ax,k}$ Ausziehwiderstand des Verbindungselements nach Gl. (221), siehe auch Gl. (222)

Die Lochleibungsfestigkeit berechnet sich bei vorgebohrten Verbindungen (einschließlich Verbindungen mit Schrauben mit Bohrspitze) zu

$$f_{h,k} = 0,082 \cdot (1 - 0,01 \cdot d_{ef}) \cdot \rho_k \quad (225)$$

Die allgemeinen bauaufsichtlichen Zulassungen und europäischen technischen Zulassungen unterstellen bei gewindefurchenden Schrauben ein Vorbohren im Bauteil I (Stahl oder Aluminium) und Bauteil II (Holzunterkonstruktion) mit $d_0 \approx 0,7\,d$. Dies entspricht den Vorgaben der DIN EN 1995-1-1 für vorgebohrte Löcher, d. h., für gewindefurchende Schrauben kann die Lochleibungsfestigkeit wie für eine vorgebohrte Verbindung nach Gl. (225) ermittelt werden. Bei den inzwischen auch für die Befestigung von Profiltafeln auf Holzunterkonstruktion angebotenen Schrauben mit Fließbohrspitze (Fließbohrschrauben) muss von einer nicht vorgebohrten Verbindung ausgegangen werden, da hier die Holzfasern verdrängt und nicht geschnitten werden. Die Lochleibungsfestigkeit berechnet sich für diese zu

$$f_{h,k} = 0,082 \cdot d_{ef}^{-0,3} \cdot \rho_k \quad (226)$$

Im für die Befestigung von Stahlprofiltafeln relevanten Durchmesserbereich gilt damit, dass die Lochleibungsfestigkeit bei nur etwa 2/3 des Wertes einer vorgebohrten Verbindung liegt.

Bei der Ermittlung der Lochleibungsfestigkeit nach Gl. (225) kann praktisch auch mit d statt $d_{ef}$ gerechnet werden, der Unterschied ist aufgrund des Vorfaktors 0,01 zu vernachlässigen. Auch bei den Fließbohrschrauben liegt der Unterschied in der Lochleibungsfestigkeit bei weniger als 10%.

Der Summand $F_{ax,Rk}/4$ beschreibt den Anteil der Seilwirkung an der Querkrafttragfähigkeit, er ist bei Schrauben auf

$$\frac{F_{ax,Rk}}{4} \leq 1,15 \cdot \sqrt{2 \cdot M_{y,Rk} \cdot f_{h,k} \cdot d_{ef}} \quad (227)$$

zu begrenzen. Die sich daraus ergebende zusätzliche Beanspruchung des Bauteils I (Blech auf Durchknöpfen) ist ebenfalls zu berücksichtigen.

Der charakteristische Wert der Querkrafttragfähigkeit von Bauteil II (Holzunterkonstruktion) beträgt

$$V_{R,k} = F_{V,Rk} \cdot k_{mod} \quad (228)$$

mit

$k_{mod}$ Modifikationsbeiwert für Lasteinwirkungsdauer und Holzfeuchtegehalt, siehe DIN EN 1995-1-1, Tabelle 3.1

Bezüglich $k_{mod}$ gelten die Anmerkungen zu Gl. (223). Die gemäß dem beschriebenen Vorgehen ermittelten charakteristischen Werte der Auszieh- und Querkrafttragfähigkeit sind mit den tabellierten charakteristischen Werten der Durchknöpf- und Querkrafttragfähigkeit des Bauteils I zu vergleichen, der kleinere der beiden Werte ist jeweils maßgebend. Daraus ergibt sich auch, dass abweichend von DIN EN 1995-1-1 der Teilsicherheitsbeiwert $\gamma_M = 1,33$ beträgt. Bei kombinierter Beanspruchung aus Zug- und Querkraft gilt die lineare Interaktion gemäß DIN EN 1993-1-3.

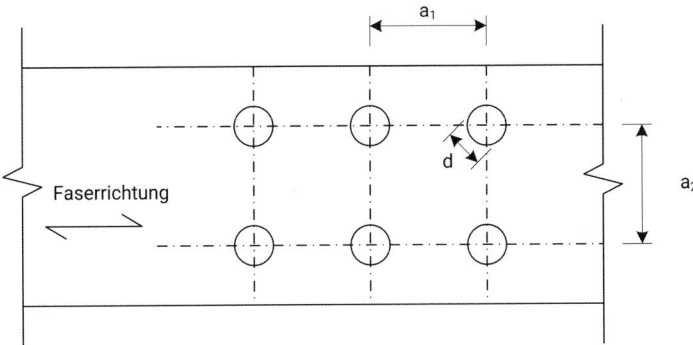

**Bild 63.** Lochabstände nach EN 1995-1-1 für Verbindungselemente

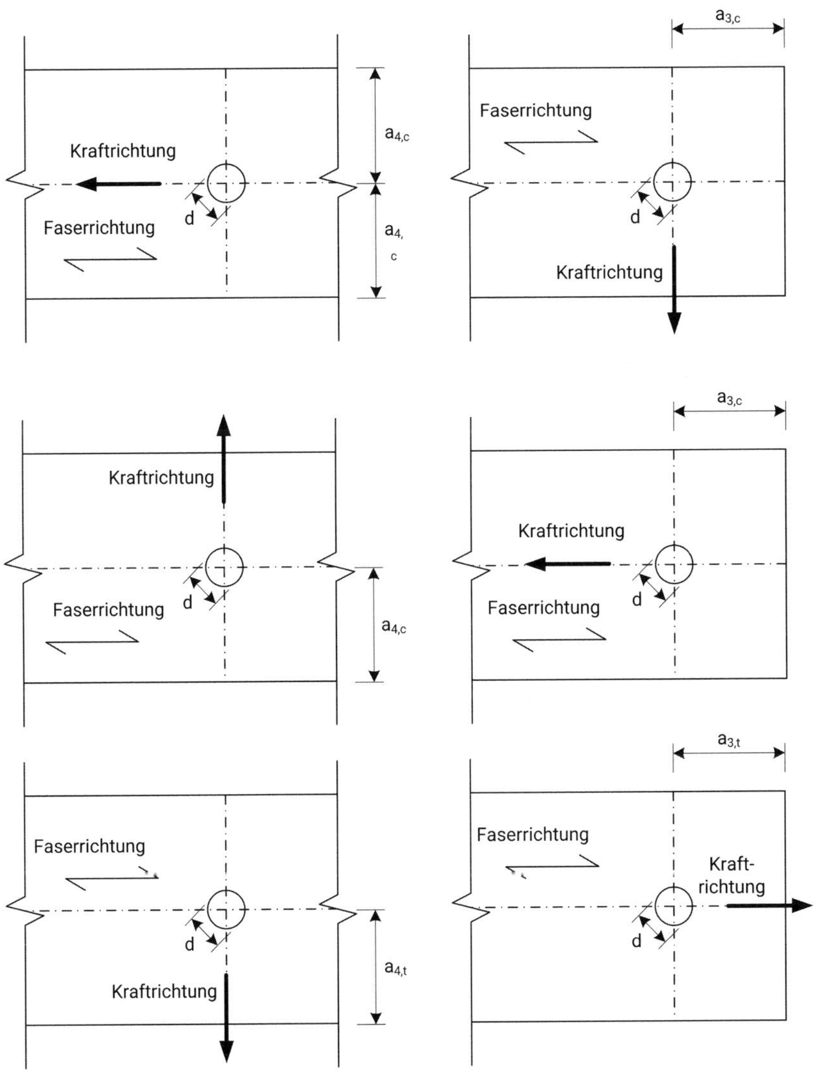

**Bild 64.** Randabstände nach EN 1995-1-1 für Verbindungselemente

**Tabelle 47.** Rand- und Lochabstände nach für Verbindungselemente nach DIN EN 1995-1-1

Blindniete, gewindeformende Schrauben, Bohrschrauben, Fließbohrschrauben

| | Abstände in Kraftrichtung | | | | | | Abstände rechtwinklig zur Kraftrichtung | |
|---|---|---|---|---|---|---|---|---|
| | zwischen Verbindungselementen | | zum belasteten Rand | | zum unbelasteten Rand | | | |
| Faserrichtung | ∥ | ⊥ | ∥ | ⊥ | ∥ | ⊥ | ∥ | ⊥ |
| Bezeichnung | $a_1$ | $a_2$ | $a_{3,t}$ | $a_{4,t}$ | $a_{3,c}$ | $a_{4,c}$ | $a_{3,c}$ | $a_{4,c}$ |
| vorgebohrt $d \leq 5$ mm | 5 d | 3 d | 12 d | 5 d | 7 d | 3 d | 7 d | 3 d |
| vorgebohrt $d > 5$ mm | 5 d | 3 d | 12 d | 7 d | 7 d | 3 d | 7 d | 3 d |
| nicht vorgebohrt $d \leq 5$ mm | 10 d | 5 d | 15 d | 7 d | 10 d | 5 d | 10 d | 5 d |
| nicht vorgebohrt $d > 5$ mm | 12 d | 5 d | 15 d | 10 d | 10 d | 5 d | 10 d | 5 d |

Bezüglich der Rand- und Lochabstände gelten die Angaben in Tabelle 47 in Verbindung mit Bild 63 und Bild 64, einen charakteristischen Wert der Rohdichte von $\rho_k = 350$ kg/m³ unterstellend. Für gewindefurchende Schrauben (vgl. Erläuterungen zur Lochleibungsfestigkeit) und Bohrschrauben gelten die Werte für vorgebohrte Löcher, für Fließbohrschrauben gelten die Werte für nicht vorgebohrte Löcher.

## 11 Konstruktion und Ausführung

### 11.1 Allgemeines

DIN EN 1090-4 gibt erstmals europaweit einheitliche Ausführungsregeln für das Bauen mit kaltgeformten Profiltafeln und Profilen aus Stahl vor, in Deutschland als Ersatz für DIN 18807-3. DIN EN 1090-5 regelt als Ersatz für DIN 18807-9 die Ausführung von tragenden Konstruktionen mit kaltgeformten Profiltafeln aus Aluminium. Beide Normen lehnen sich in ihrer Struktur der gegebenen Gliederung der Normenreihe DIN EN 1090 an, sodass die bisher nach DIN 18807 gewohnte Behandlung der Themen nicht mehr vorhanden ist. Die neue Gliederung stellt sich wie folgt dar:
1. Anwendungsbereich
2. Normenverweise
3. Begriffe, Formelzeichen
4. Ausführungsunterlagen und Dokumentation
5. Produkte
6. Herstellung
7. Schweißen auf der Baustelle
8. Befestigung
9. Montage
10. Korrosionsschutz
11. Geometrische Toleranzen
12. Überwachung, Prüfung und Ausbesserung

Anhang A (normativ)
Grundlegende Anforderungen für Profiltafeln
Anhang B (normativ)
Spezielle Anforderungen für Profiltafeln
Anhang C (informativ)
Dokumentation
Anhang D (normativ)
Geometrische Toleranzen
Anhang E (normativ)
Korrosionsschutz
Anhang F (normativ)
Liste zusätzlich notwendiger Angaben

DIN EN 1090-4 entspricht auch inhaltlich nicht in vollem Umfang der bislang bekannten DIN 18807-3. Bemessungsregeln mussten, sofern schon in DIN EN 1993-1-3 enthalten, entfernt werden bzw. war ihre Aufnahme nicht durchsetzbar. Das Kapitel 3 der DIN 18807-3, Festigkeitsnachweis, ist in der neuen Norm daher nicht mehr enthalten. Lediglich bemessungsrelevante Teile aus Kapitel 4, Anforderungen und konstruktive Ausbildung, wie die Bemessung von Öffnungen in Trapezprofilschalen (Kapitel 4.8) und der Begehbarkeitsversuch nach DIN 18807-2 wurden in DIN EN 1090-4 aufgenommen. Grundlegende Anforderungen an die konstruktive Ausbildung sind in Anhang A von DIN EN 1090-4 geregelt. Einige dieser Regelungen gehören ihrem Charakter nach zukünftig in DIN EN 1993-1-3. Zuvor Gesagtes gilt aber auch hier: Solange diese Bestimmungen nicht im Eurocode enthalten sind, werden sie übergangsweise in DIN EN 1090-4 oder DIN EN 1090-5 aufgenommen, damit keine Regelungs- und Wissenslücke entsteht. Die Übernahme ist für die nächste Ausgabe der Eurocodes vorgesehen. Dem vorgreifend wurden einige der noch in [59] im vorliegenden Abschnitt behandelten Punkte deswegen nun in den Abschnitten 7 bis 10 behandelt.

Im Folgenden wird in Anlehnung an die Gliederung von DIN EN 1090-4 auf die wesentlichen Neuerungen zu DIN 18807-3 bezüglich Konstruktion und Ausführung eingegangen. Die in Klammern gesetzten Kapitelhinweise am Ende der folgenden Überschriften beziehen sich auf die bisherigen Regelungen in DIN 18807-3.

## 11.2 Ausführungsunterlagen und Dokumentation

In DIN 18807 waren die Inhalte von Verlegeplänen bislang nicht näher spezifiziert. Mit DIN EN 1090-4 und -5 werden mehr als 20 Punkte aufgeführt, die normativ Bestandteil eines jeden Verlegeplans sein müssen:
- Art und Lage der tragenden Bauteile und Profiltafeln;
- Befestigung auf der Unterkonstruktion und Anordnung der Verbindungselemente;
- tragende Bauteile und Profiltafeln mit Profilbezeichnung und Namen des Herstellers, Konstruktionswerkstoffe, Nennblechdicke, Fertigungslänge und Korrosionsschutz;
- Verlegerichtung der Profiltafeln und spezielle Einbaureihenfolge;
- statisch wirksame Überdeckung (biegesteife Verbindungen), falls zutreffend;
- Ausführungstoleranzen;
- Verbindungselemente mit Typbezeichnung, Name des Herstellers der Verbindungselemente (nicht gültig für metrische Schrauben), Typ der Unterlegscheibe und anderer Befestigungsmaterialien, Anordnung und Abstände, spezielle Einbauanweisungen je nach Typ der Verbindung, z. B. Lochdurchmesser, Achsabstände und Randabstände;
- Typ und Einzelheiten zur Unterkonstruktion für die tragenden Bauteile und Profiltafeln, z. B. Werkstoff, Achsabstände und Maße, Dachneigung;
- Einzelheiten zu den Längs- und Querstößen sowie zu den Rändern der Verlegefläche;
- Öffnungen in den Verlegeflächen, einschließlich der erforderlichen Auswechselungen, z. B. bei Oberlichtern, Rauch- und Wärmeabzugsanlagen und Dachentwässerung, falls zutreffend;
- Aufbauten oder Abhängungen, z. B. für Rohrleitungen, Kabelbündel oder abgehängte Decken, falls zutreffend;
- Hinweis, dass alle tragenden Bauteile und Profiltafeln unmittelbar nach dem Verlegen zu befestigen sind.

Folgende Angaben können je nach Erfordernissen bzw. Art des jeweiligen Bauvorhabens zwingend Bestandteil des Verlegeplans sein:
- Einzelheiten zu besonderen Einbaumaßnahmen;
- besondere Vorrichtungen für die Montage;
- alle spezifischen Gefährdungen, die mit der Konstruktion zusammenhängen;
- Einzelheiten zum Korrosionsschutz, z. B. Kontaktflächen zwischen unterschiedlichen Metallen oder zwischen Metallen und Holz, Beton, Mauerwerk oder Putz;
- Einzelheiten zum Montagezustand und zur Lage von Dichtungsbändern, zu Profilfüllern für Profiltafeln und zu Sonderbauteilen;
- Einzelheiten zu Lagerplätzen für Bauteil- und Profiltafelstapel auf Dachflächen und Decken nach den statischen Berechnungen;
- Einzelheiten zur Begehbarkeit;
- Einzelheiten zur Witterungsbeständigkeit;
- Einzelheiten zum Brandschutz;
- Einzelheiten zum Wärmeschutz;
- Einzelheiten zum Schallschutz;
- Einzelheiten zur Luftdichtheit.

Die Vielzahl der vorgeschriebenen Angaben im Verlegeplan erhöht die Qualität der Ausführungsunterlagen deutlich und unterstützt die Rückverfolgbarkeit aller eingesetzten Produkte und die Nachvollziehbarkeit der ausgeführten Arbeiten. Die Qualität der Ausführung soll auch durch weitere Anforderungen hinsichtlich der Dokumentation gesteigert werden.

Zu der Dokumentation gehören ein Organisationsplan mit den benannten Verantwortlichen für die Ausführung, die Beschreibung der Arbeitsabläufe, -methoden und Arbeitsanweisungen, die Beschreibung der Umsetzung von Änderungen des Montageablaufs, ein Prüfplan, spezifiziert für die jeweiligen unterschiedlichen Arbeiten, eine Beschreibung der Behandlung von Unstimmigkeiten, Anfragen für Freigaben und Reklamationen. Außerdem sind in der Dokumentation Termine oder Anforderungen festzulegen für Abnahmen, Bauteilprüfungen und nachfolgende Begehungen.

Natürlich sind die Maßnahmen zur Gewährleistung der Arbeitssicherheit genauso Bestandteil der Dokumentation wie die lückenlose Rückverfolgbarkeit der eingebauten Produkte.

Abschließend hat das ausführende Unternehmen bei Fertigstellung eine Fertigstellungs-Bescheinigung anzufertigen, in der es bestätigt, dass die ausgeführten Arbeiten in Übereinstimmung mit den Ausführungsanweisungen (z. B. Statik, Verlegeplänen etc.) und den Regelungen von DIN EN 1090-4 erfolgten. Diese Bescheinigung ist von einem Verantwortlichen des ausführenden Unternehmens zu unterschreiben.

## 11.3 Befestigung

### 11.3.1 Allgemeines

Generell können Verbindungen von Trapez- und Wellprofilen am Ober- und Untergurt angeordnet werden.

### 11.3.2 Verbindung der Profiltafeln mit der Unterkonstruktion quer zur Spannrichtung

Bei Profiltafeln mit Rippenbreite $b_R > 400$ mm ist jede Profilrippe der Profiltafeln zu befestigen, bei Profiltafeln mit Rippenbreiten $b_R > 100$ mm mindestens an jeder zweiten Profilrippe, für $b_R \leq 100$ mm reicht die Befestigung an jeder dritten Rippe. Am Tafelende ist für $b_R > 100$ mm jede Profilrippe und für $b_R \leq 100$ mm jede zweite Profilrippe zu befestigen.

Bei das Tragwerk aussteifenden Schubfeldern ist jede Profilrippe im anliegenden Gurt mit den Schubfeldträgern zu verbinden. An Zwischenauflagern, die nur zur Abtragung von Lasten rechtwinklig zur Verlegefläche dienen und keinerlei Aufgaben im Zusammenhang mit der Schubfeldwirkung zu erfüllen haben, genügt auch im Bereich von Schubfeldern die Verbindung in jeder zweiten Profilrippe. Bei Schubfeldern, die der Stabilisierung einzelner Bauteile dienen, können die Anforderungen abweichen, vgl. Abschnitt 8.

Kassettenprofiltafeln sind an jedem Auflager in der Nähe des Stegs in einem Abstand von weniger als 75 mm mit mindestens zwei Verbindungselementen je Profiltafel mit der Unterkonstruktion zu befestigen.

### 11.3.3 Verbindung der Profiltafeln mit der Unterkonstruktion parallel zur Spannrichtung

An den Längsrändern der Verlegeflächen müssen die Profiltafeln mit der Unterkonstruktion in einem Abstand von $50\ mm \leq e_R \leq 666\ mm$ befestigt werden. Bei einer Verbindung mit einem Randversteifungsprofil gilt $50\ mm \leq e_R \leq 333\ mm$. Bei Schubfeldern sind gemäß statischem Nachweis ggf. zusätzliche Verbindungen anzuordnen, ebenso wie an den Längsrändern zu Öffnungen, vgl. Abschnitt 7.2.3.3.

### 11.3.4 Typen der Unterkonstruktion

In Metall-Unterkonstruktionen sind Schrauben bis zu einer Dicke der Unterkonstruktion von 6 mm voll und bei dickeren Unterkonstruktionen mit mindestens 6 mm einzuschrauben.

Für die Befestigung in Holzunterkonstruktionen wird auf europäische Normen und Zulassungen verwiesen. Das Gleiche gilt für die Befestigung in Beton-Unterkonstruktionen. Hierbei wird eine Mindestdicke von 8 mm für eingelassene Flachstähle vorgeschrieben.

### 11.3.5 Abstände der Verbindungselemente für die Verbindung von Profiltafeln miteinander

Für die Verbindung von Profiltafeln am Längsstoß gilt:
- tragende Schale eines zweischaligen Dachs:
  $50\ mm \leq e_L \leq 666\ mm$
- tragende Schale bei Schubfeldern:
  $50\ mm \leq e_L \leq 500\ mm$

und mindestens 4 Verbindungselemente zwischen 2 Auflagern
- Dachdeckung:
  $50\ mm \leq e_L \leq 500\ mm$
- Wandbekleidung:
  $50\ mm \leq e_L \leq 666\ mm$
- tragende Dachschale aus Kassettenprofilen:
  $50\ mm \leq e_L \leq 666\ mm$
- tragende Wandschale aus Kassettenprofilen:
  $50\ mm \leq e_L \leq 1000\ mm$
- tragende Schale aus Kassettenprofilen als Schubfeld:
  $50\ mm \leq e_L \leq 333\ mm$
- Dauerhafte Schalung:
  $50\ mm \leq e_L \leq 1000\ mm$

### 11.4 Montage

Im Kapitel „Montage" regelt DIN EN 1090-4 die grundlegenden Anforderungen an die Montage und weitere Arbeiten auf der Baustelle. Als wesentliche Punkte seien hier aufgeführt:
- die Arbeitssicherheit,
- die Prüfung der Vorgewerke,
- das Vorliegen von Verlegeplänen auf der Baustelle (mit schriftlichen Freigaben aller Änderungen durch den für die statische Berechnung Verantwortlichen),
- das Vermerken von Absetzplätzen von Profiltafelstapeln auf der Verlegefläche,
- die Absicherung von Profiltafeln während und bei Unterbrechung der Montage,
- die Profilgeometrie darf durch die Montage nicht verändert werden (z. B. Niedertreten von Rippen),
- die Abnahme nach Montage,
- die Übergabe eines Metalldachs als natürliche Blitzfangeinrichtung an die Errichter der Blitzschutzsystems. Der Blitzschutzbauer erhält von seinem Vorgewerk, der Montagefirma des Dachs, eine schriftliche Bescheinigung über die Eignung des Dachs als Teil der „natürlichen Fangeinrichtung". Damit ist er in der Lage, seine notwendigen Anschlüsse mit den – ebenfalls geprüften – Klemmen anzubringen und die „natürliche Fangeinrichtung Metalldach" mit der Erde zu verbinden. Analoges gilt für Wandbekleidungen (s. a. DIN EN 62305-3),
- die Kennzeichnung von Schubfeldern.

Die Kennzeichnung der Schubfeldbereiche ist erforderlich
- im Verlegeplan als „Schubfeld" und
- an der ausgeführten Konstruktion durch gut sichtbare, dauerhafte Hinweisschilder.

Der Text des Schildes muss darauf hinweisen, dass die Standsicherheit des gesamten Gebäudes gefährdet wird, wenn an Schubfeldern nachträgliche Änderungen ohne statische Überprüfung vorgenommen werden. DIN EN 1090-4 gibt ein Beispiel einer solchen Kennzeichnung, diese entspricht der Kennzeichnung, die der IFBS seit vielen Jahren empfiehlt. Der IFBS vertreibt für diesen Zweck entsprechende Aufkleber (Bild 65).

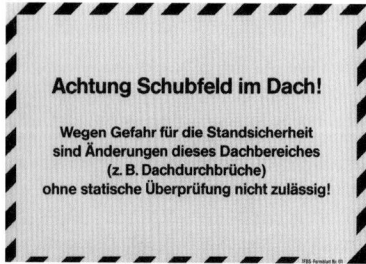

**Bild 65.** Hinweisschild „Schubfeld"

## 11.5 Grundlegende Anforderungen an die Verlegung von Profiltafeln

### 11.5.1 Unterkonstruktionen (4.2)

Die Mindestauflagerbreiten haben sich in der europäischen Normung gegenüber DIN 18807-3, Tabelle 5, nicht geändert. Auch die Beispiele zur konstruktiven Ausbildung bei Auflagerung auf Massivbauteilen bleiben bestehen.

### 11.5.2 Randausbildung der Verlegefläche (4.3)

Randversteifungsbleche müssen eine Mindestblechdicke von 1,00 mm aufweisen. Die konstruktiven Beispiele wie eine Randaussteifung ausgebildet werden kann, wurden überarbeitet und den Erfahrungen der letzten Jahrzehnte angepasst. In jedem Fall ist es weiterhin erforderlich, bei Fehlen eines Auflagerträgers einen geschlossen Hohlkasten auszubilden. Bild 66 zeigt die Konstruktionen. Bild 66b) zeigt, dass nun der Randaussteifungswinkel mit dem abgekanteten Schenkel nach unten zeigt. Dies erlaubt, dass Dämmungen direkt an das aufgehende Bauteil geschoben werden können und nicht wie nach altem Vorschlag eine mehr oder weniger breite nichtgedämmte Fuge verbleibt.

### 11.5.3 Auskragende Trapezprofile (4.7)

Für Einzellasten am freien Rand von auskragenden Trapezprofilen ist nach DIN EN 1090-4 keine konkrete Lastangabe (DIN 18807-3: 1,0 kN) getroffen worden, es wird auf DIN EN 1991 verwiesen. Diese Einzellasten richten sich nach nationalen Anforderungen und sind in jedem Fall festzulegen. Die Lastverteilung hat über 1 m Breite zu erfolgen.

### 11.5.4 Verstärkungen

Die Tragfähigkeit von Trapez-, Well- oder Kassettenprofilen darf durch Verstärkungsprofile (Auswechslungen) oder bei Trapez- oder Wellprofilen durch Doppellagen (s. Abschnitt 7.2.2) erhöht werden. Verstärkungsprofile sind so einzubauen, dass die vorhandene Profilgeometrie der Profiltafeln – auch an den Befestigungsstellen an der Unterkonstruktion – nicht verändert wird.

### 11.5.5 Vermeidung von Eisschanzen

Barrieren aus Eisschanzen sind durch geeignete Planungsmaßnahmen zu vermeiden, z. B.:

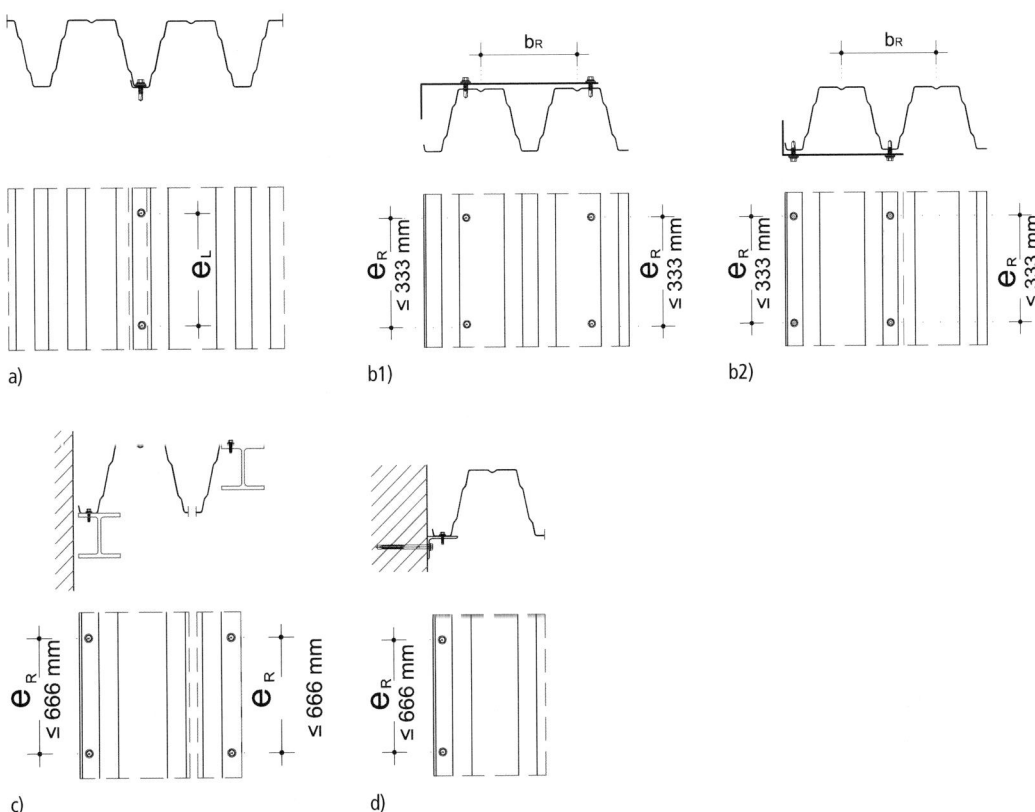

**Bild 66.** Randausbildungen

- Dachüberstände vermeiden oder mindestens dämmen,
- Verschattungen auf der Dachfläche vermeiden oder beheizen,
- gefährdete Bereiche mit Dachflächenheizungen ausstatten,
- wasserdichtes Unterdach bis mindestens bis 3 m dacheinwärts einbauen und an Rinne anschließen,
- Fließrichtung/Dachneigung nicht in kalte Dachbereiche führen,
- Rinnen heizen, besonders innenliegende Konstruktionen,
- Knicke in Fallrohren vermeiden,
- Abläufe freihalten, Rinnen und Fallrohre warten,
- Rinnenheizungen in den Fallrohren bis in den frostfreien Bodenbereich führen,
- bei vorgehängten Rinnen Abbruchgefahr beachten,
- Schnee auf dem Dach verteilt halten (viele einzelne Schneestopper statt weniger linienförmiger Anlagen),
- Dampfsperre an Rinne anschließen, als Notablauf nutzen,
- Absturzsicherungen, Laufroste und andere Hindernisse durch Schneefangmaßnahmen vor Anhäufungen von Schnee und Eis schützen,
- Wärmebrücken minimieren oder ganz vermeiden,
- große Unterschiede in den Wärmedämmwerten vermeiden.

Es ist vom Planer zu überprüfen, ob einzelne Maßnahmen ausreichen oder ob mehrere kombiniert werden müssen, um eine ausreichende Wirksamkeit zu erzielen.

## 11.5.6 Vermeidung von Tauwasser

Die wärmeübertragende Umfassungsfläche des Bauwerks muss dauerhaft luftundurchlässig entsprechend dem Stand der Technik sein. Empfehlungen für die Planung und Ausführung enthalten die einschlägigen nationalen Regelwerke.

Bei Verwendung von Profiltafeln für wärmegedämmte unbelüftete Dächer und Wände ist in jedem Einzelfall ein ausreichender Schutz gegen Tauwasser nachzuweisen. Dabei sind Dampfdiffusion und Luftströmungen zu berücksichtigen. Es muss verhindert werden, dass Luft in oder durch das Dach oder die Wände strömt und durch Unterschreiten der Taupunkttemperatur daraus Tauwasser entsteht.

Zur Verhinderung des Eindiffundierens von Wasserdampf aus feuchter Luft in den Dachaufbau oder den Wandaufbau muss eine Dampfsperrschicht mit einer wasserdampfdiffusionsäquivalenten Luftschichtdicke $s_d \geq 100$ m hergestellt werden.

Gegen das Einströmen von warmer Luft in den Dachaufbau oder den Wandaufbau muss eine luftdichte Schicht („Konvektionssperre") eingebaut sein. Es ist wichtig, dass diese Schicht einen großen Sperrwert gegen Konvektion hat, d. h., dass sie keine Löcher oder Risse aufweist, und dass sie dauerhaft und sorgfältig an ihren Stößen verbunden und an angrenzende Bauteile angeschlossen ist (z. B. durch Verkleben, Verschweißen oder Anflanschen). Diese Bedingung ist üblicherweise erfüllt für Dächer oder Wände mit einer Konvektionssperre aus:

- Kunststoffbahnen, die heißluft- oder quellverschweißt sind;
- Bitumenbahnen, die bitumenverklebt oder flammgeschweißt sind;
- Folien, die mit geeigneten, alterungsbeständigen Klebebändern durchgehend verklebt werden. Ein Faltenwurf in der Klebenaht der Folien beim Verlegen ist nicht zulässig;
- Profiltafeln, wenn Längs- und Querstöße mit geeigneten, alterungsbeständigen Dichtbändern durchgehend abgedichtet werden. Randanschlüsse, Öffnungen und Durchführungen sind entsprechend zu behandeln.

Ausreichende Luftdichtheit ist bei einem zweischaligen unbelüfteten Dach gegeben, wenn durchschnittlich nicht mehr als fünf gewindeformende Schrauben, Becherblindniete oder Presslaschenblindniete mit Dichtscheibe oder andere nachweislich dichte Verbindungen je Quadratmeter die auf der Innenschale aufliegende bzw. die an der Innenschale anliegende Schicht durchdringen.

## 11.5.7 Blitzschutz

Dachdeckungen aus Metall sind geeignet, als natürlicher Bestandteil eines Blitzschutzsystems nach DIN EN 62305-3 eingesetzt zu werden.

Gemäß DIN EN 62305-3:2006 ist es möglich, ein Metalldach als „natürliche Fangeinrichtung" zu nutzen, wenn bestimmte Voraussetzungen eingehalten werden. Das Metalldach muss den Blitz auffangen und zu den Anschlussstellen der Ableitungen führen, über die es geerdet ist. Die einzelnen Profiltafeln müssen derart miteinander verbunden sein, dass der Blitzstrom zu den Anschlussstellen der Ableitungen und damit in die Erde geführt werden kann. Das Metalldach muss mit der Erde leitend verbunden sein. Es muss fachgerecht, d. h. entsprechend den anzuwendenden Fachregeln, ausgeführt und mit seiner Unterkonstruktion standsicher verbunden sein. Nach jedem Blitzeinschlag muss es kontrolliert und evtl. ausgebessert werden.

DIN EN 62305-3, Beiblatt 4, beschreibt detailliert das Vorgehen bei der Beurteilung eines Metalldachs als Fangeinrichtung. Der Nachweis der Eignung als Fangeinrichtung ist in folgenden Fällen erbracht:

a) Das Dach ist aus blankem Metall (Aluminium, legierverzinkter Stahl).
b) Das Dach ist aus beschichtetem Metall und die Einzelteile sind mit Schrauben oder Nieten, oder durch Schweißen oder Löten miteinander verbunden. Sind die Fügestellen blank, gilt a).
c) Das Dach ist aus beschichtetem Metall und die Einzelteile sind nicht geschraubt oder genietet, geschweißt oder gelötet, sondern gefalzt, geklemmt, gepresst, gebördelt, ineinander geschoben oder an-

einandergelegt. Dann muss vom Verarbeiter des Dachs ein schriftlicher Nachweis gemäß DIN EN 62305-3, Beiblatt 4 vorgelegt werden, aus dem hervorgeht, dass das Dach als „natürliche Fangeinrichtung" geeignet ist.

### 11.5.8 Dachentwässerung

Dachflächen sollen ein durchgehendes Gefälle bis zum Wasserablauf aufweisen. Dachflächen ohne Gefälle erfordern besondere Maßnahmen, z. B. Anordnung der Abläufe an den Stellen maximaler Durchbiegung. Wo eine mögliche Verstopfung der Abläufe zu einer Überstauung der Dachfläche führen kann, sind Notüberläufe am Dachrand vorzusehen.

Werden Profiltafeln als Dachdeckung (wasserführende Schale) verwendet, beträgt die Regeldachneigung 7°. Diese kann jedoch nach Tabelle 48 bis auf 5° unterschritten werden, wenn gemäß dem Stand der Technik zusätzliche dichtende Maßnahmen angewendet werden.

Die Mindestdachneigung von 3° soll bei Dachdeckungen mit Profiltafeln nicht unterschritten werden. Die Querstoßüberdeckung (Bild 67) ist immer in Abhängigkeit von der Dachneigung nach Tabelle 48 zu wählen. Die Forderung der Mindestdachneigung entfällt (örtlich begrenzt) für den Firstbereich, wenn die Dachelemente im Bereich mit Dachneigungen ≤ 3° (5%) ungestoßen über den First durchlaufend angeordnet werden.

Im Übrigen wird auf DIN EN 12056-1 und DIN EN 12056-3 verwiesen.

### 11.6 Dokumentation – Montagebericht

Anforderungen an die Dokumentation der ausgeführten Arbeiten werden in DIN EN 1090-4, Anhang C geregelt. Dieser Anhang ist informativ.

Die Bauleitung ist durch Vereinbarung verpflichtet, Montageberichte anzufertigen. Die Montageberichte sollen den Stand und Fortschritt der Bauarbeiten sowie alle bemerkenswerten Ereignisse im Entstehungsprozess des Bauwerks dokumentieren. Montageberichte sollten täglich, jedoch mindestens bei jedem Baustellenbesuch, geführt und von allen Beteiligten, z. B. Fachbauleiter, Bauherr und Handwerker, unterschrieben werden.

Die Montageberichte sollten folgende Angaben enthalten:
– Bauprojekt, Schnittstellen zwischen Beteiligten, Baubeginn, Fristen;
– bei Teilabschnitten auch Termine für Teilabschnitte;
– Bauleiter und eventuelle Wechsel des Bauleiters;
– Dokumentation der Kontrolle von Verpackungen und Produkten;
– Datum, Wetter;
– Anzahl der Bauarbeiter;
– Uhrzeiten von Beginn und Ende der Arbeiten/Arbeitsschichten;
– Unterbrechungen und Verzögerungen der Arbeiten und deren Ursache;
– eingesetzte Maschinen und verwendete Werkstoffe;
– Besprechungen mit Namen (Beginn und Ende) und Unterschriften der Teilnehmer;
– in den Besprechungen behandelte Themen mit Stichwörtern und Verweis auf den Protokollführer;
– Montage von Bauteilen, die später nicht mehr zugänglich sein werden, und deren Abnahme
– vorhandene oder vermutete Mängel und Beschädigungen;
– Veränderungen während der Bauphasen, Name des Anordnenden und Begründung;
– Beleg über Zeichnungen, Ergänzungen und Korrekturen und deren Abnahme;
– außergewöhnliche Ereignisse.

**Tabelle 48.** Empfohlene Regeldachneigung und Mindestdachneigungen und Überdeckungslängen

| Dachneigung in Grad | Überdeckungslänge in mm |
|---|---|
| 3 (Mindestdachneigung) bis 5 | ohne Querstoß und ohne Durchdringung |
| 5 bis 7 | 200 mit zusätzlichen Maßnahmen |
| 7 (Regeldachneigung) | 200 |
| ≥ 7 | 200 |
| ≥ 12 | 150 |
| ≥ 20 | 100 |

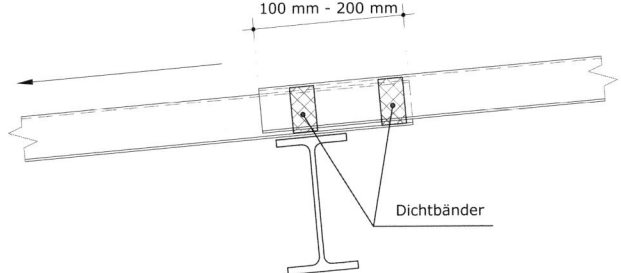

**Bild 67.** Querstoß – Dachdeckung

## 11.7 Geometrische Toleranzen

### 11.7.1 Allgemeines

Toleranzangaben für Profiltafeln und Kantteile sind in DIN EN 1090-4, Anhang D angegeben. Diese Toleranzen sind Herstelltoleranzen, sie gelten für das auf der Baustelle angelieferte und noch nicht montierte Bauteil. Die Norm gibt ausdrücklich an, dass diese Toleranzen (Abweichungen) je nach Anforderungen an das Bauwerk zu groß sein können und im Einzelfall engere Toleranzen zu vereinbaren sind. Zwei Arten geometrischer Abweichungen werden unterschieden:
a) grundlegende Herstelltoleranzen, die wesentlich sind für die mechanische Beanspruchbarkeit und die Standsicherheit von Teilen des Tragwerks oder des gesamten fertigen Tragwerks;
b) ergänzende Herstelltoleranzen, die zur Erfüllung anderer Merkmale benötigt werden, wie z. B. Passgenauigkeit, Funktionsfähigkeit anderer Baukomponenten und Aussehen.

Sowohl die grundlegenden Toleranzen als auch die ergänzenden Toleranzen sind normativ.
Die angegebenen zulässigen Abweichungen berücksichtigen keine elastischen Verformungen, die durch das Eigengewicht der Bauteile verursacht werden.
Zusätzlich können besondere Toleranzen festgelegt werden, entweder für geometrische Abweichungen, die bereits durch quantitative Werte festgelegt sind, oder für andere Arten von geometrischen Abweichungen. Werden besondere Toleranzen gefordert, müssen die folgenden Angaben, sofern zutreffend, vorhanden sein:
– ergänzende Werte für bereits festgelegte ergänzende Toleranzen;
– festgelegte Parameter und zulässige Werte für die zu überwachenden geometrischen Abweichungen;
– Angabe, ob diese besonderen Toleranzen für alle maßgeblichen Bauteile oder nur für bestimmte ausgewählte Bauteile gelten.

In jedem der Fälle gelten die Anforderungen für die abschließende Abnahmeprüfung. Kommen vorgefer-

Tabelle 49. Toleranzvergleich

| Nr. | Merkmal | Bezugsgröße | Zulässige Abweichung Δ (Maße in Millimeter) | | | |
|---|---|---|---|---|---|---|
| | | | Grundlegende Toleranz | | | |
| | | | EN 1090-4 | | DIN 18807-1 | EN 508-1 |
| 1 | Profilhöhe | $h$ | $h \leq 50 \pm 1,0$<br>$50 < h \leq 100 \pm 1,5$<br>$h > 100 \pm 2,0$ | | über alle Höhen<br>$+ 2$<br>$- 0,01\,h \leq 2$ | identisch mit EN 1090-4 |
| 2 | Sickentiefe | $h_r$ | $+ 3$ | $- 1$ | identisch | identisch |
| | | $v_s$ | $+ 2$ | $- 0,15 \cdot v \leq 1$ | | |
| 3 | Sickenlage | $h_a, h_b,$<br>$h_{sa}, h_{sb}$<br>$b_k$ | $\pm 3$ | | identisch | nicht geregelt |
| 4 | Breite der Obergurte | $b$ | $+ 4/- 1$ | | identisch | mit Sicken: $+ 2/- 1$<br>ohne Sicken: $+ 4/- 1$ |
| | Breite der Untergurte | | $+ 4/- 1$ | | $+ 2/- 1$ | |
| 5 | Baubreite | $w$ | $h \leq 50$<br>$\pm 5,0$ | | $h \leq 55$<br>$\pm 0,01 \cdot b$ | identisch mit EN 1090-4 |
| | | | $h > 50$<br>$\pm 0,1 \cdot h \leq 15$ | | $h > 55$<br>$\pm 0,02 \cdot b$ | |
| 6 | Baubreiten-unterschied | $w_3$ | $(w_1 + w_2)/2 - \text{Toleranz} \leq w_3$ | | nicht geregelt | identisch mit EN 1090-4 |
| | | | $\leq (w_1 + w_2)/2 + \text{Toleranz}$ | | | |
| 7 | Biegeradius | $r$ | $\pm 2$ | | identisch | mit Sicken: $\pm 2$<br>ohne Sicken: $+ 2$ |
| 11 | Lochdurch-messer | $d_n$ | $d_n \leq \varnothing 5 \pm 0,2$<br>$d_n > \varnothing 5 + 0,2/- 0,4$ | | nicht geregelt | nicht geregelt |
| | | | Bei zusätzlicher Beschichtung nach der Formgebung muss die Messung ohne zusätzliche Beschichtung durchgeführt werden. | | | |

tigte Bauteile als Teile eines auf der Baustelle zu errichtenden Tragwerks zum Einsatz, müssen die einzuhaltenden Toleranzen für das abschließende Überprüfen des errichteten Tragwerks zusätzlich zu denen für die vorgefertigten Bauteile festgelegt werden.

Die Toleranzangaben in DIN EN 1090-4 basieren für die Profiltafeln auf den Toleranzangaben von DIN EN 508-1, DIN 18807-1 und den EPAQ-Toleranzen. Für Profile und Kantteile sind die Toleranzangaben von DIN EN 1090-2 kritisch beleuchtet worden. Die vorhandenen Toleranzen wurden zum Teil übernommen, zum Teil jedoch auch für die kaltgeformten Profile angepasst bzw. ergänzt.

### 11.7.2 Grundlegende Toleranzen

Die grundlegenden Toleranzen in DIN EN 1090-4, Anhang D.1 für Profiltafeln und Anhang D.2 für Profile und Kantteile sind zulässige Abweichungen. Überschreitet die tatsächliche Abweichung den zulässigen Wert, dann bedeutet dies, dass das betrachtete Produkt keine Konformität mehr mit DIN EN 1090-1 aufweist und somit kein CE-Zeichen aufgebracht werden darf. In bestimmten Fällen kann es möglich sein, dass eine nicht korrigierte Überschreitung einer grundlegenden Toleranz anhand der Tragwerksbemessung gerechtfertigt werden kann, wenn die Toleranzüberschreitung durch eine Neuberechnung explizit berücksichtigt wird. Falls nicht, muss die Nichtkonformität korrigiert werden.

Einen Vergleich zwischen den neuen grundlegenden Toleranzen nach DIN EN 1090-4 und den alten Toleranzen nach DIN 18807-1 sowie den Toleranzen für selbsttragende Profiltafeln nach EN 508-1 ist in Tabelle 49 aufgelistet.

### 11.7.3 Ergänzende Toleranzen

In Anhang DIN EN 1090-4, Anhang D.2 sind ergänzende Toleranzen für Kantteile aufgeführt. DIN EN 1090-4 enthält keine ergänzenden Toleranzen für Profiltafeln.
Im Allgemeinen sind Werte für zwei Klassen dargestellt. Die Auswahl der Toleranzklasse kann auf einzelne Bauteile oder ausgewählte Teile eines errichteten Tragwerks angewendet werden.

### 11.7.4 Montagetoleranzen

DIN EN 1090-4 enthält keine tabellierten Werte für Montagetoleranzen.

## 11.8 Zusätzlich notwendige Informationen

Die Normen DIN EN 1090-2 und DIN EN 1090-3 enthalten in ihrem Anhang A eine Zusammenstellung zusätzlicher Angaben, die im Text der Norm genannt sind und mit denen die Anforderungen für die Ausführung von tragenden Konstruktionen umfassend festgelegt

Tabelle 50. Zusatzinformationen nach DIN EN 1090-4, Anhang F

| Paragraf | Erforderliche Zusatzangaben |
|---|---|
| **4 Ausführungsunterlagen und Dokumentation** | |
| 4.2.1 | Dokumentation der Montage |
| **5 Ausgangsmaterialien** | |
| 5.1 | Konstruktionsmaterialien, die nicht durch die in Abschnitt 5.3 aufgeführten Normen abgedeckt sind |
| 5.3 | Stahlsorten, Beschichtungssystem; vollständige Kennzeichnung |
| 5.7.2 | Mechanische Verbindungselemente mit Benennung der einschlägigen Europäischen Norm oder ETA |
| **6 Herstellung** | |
| 6.3 | Mindestinnenbiegeradius |
| **8 Mechanisches Verbinden** | |
| 8.7.1 | Rand- und Zwischenabstände von Befestigungselementen, exzentrische Verbindungen |
| **10 Oberflächenschutz** | |
| 10.1 | Umfassende Details für den Einsatz von Isolierelementen, um galvanische Korrosion zu vermeiden |
| 10.2 | Reinigungsverfahren, Anforderungen an die Reinigung und Reinigungsumfang |
| **12 Kontrollen, Prüfungen und Nachbesserung** | |
| 12.3.2 | Für Wellprofiltafeln die Messstellen und die Häufigkeit der Messungen |
| 12.3.3 | Bei Bauteilen einschließlich individuell gefertigter Hohlprofile die Messstellen und die Häufigkeit der Messungen |
| **B Sonderanforderungen an Profiltafeln** | |
| B.10 | Belastung durch Begehung |

sind, um in Übereinstimmung mit dieser europäischen Norm zu sein. DIN EN 1090-4 enthält ebenfalls eine solche Zusammenstellung als Anhang F (Tabelle 50). Hier ist aufgelistet, welche Angaben im Normentext als „zu spezifizieren" aufgeführt sind. Diese Angaben müssen vom Hersteller des Produkts mitgeliefert werden.

## 12 Zusammenfassung/Ausblick

Im vorliegenden Beitrag wurden die Änderungen für den Metallleichtbau vorgestellt, die sich aus der bauaufsichtlichen Einführung der DIN EN 1993-1-3 und DIN EN 1999-1-4, deren neuen Nationalen Anhängen und durch DIN EN 1090-4 und DIN EN 1090-5 ergeben. Zusammen ersetzen diese die Normenreihe DIN 18807 sowie die DASt-Richtlinie 016.

Es zeigt sich in einigen Bereichen, dass weder die inhaltliche Abgrenzung mit den die Bemessung regelnden Normen DIN EN 1993-1-3 und DIN EN 1999-1-4 auf der einen Seite und den die Ausführung regelnden Normen DIN EN 1090-4 und DIN EN 1090-4 auf der anderen Seite eindeutig ist (wobei offen bleibt, wo die für die Bauweise wesentlichen Regelungen zur konstruktiven Durchbildung einzusortieren sind), noch die inhaltlichen Ausführungen selbst widerspruchsfrei sind (z. B. im Bereich der Werkstoffe).

Mit einer weiteren Vereinheitlichung und einem Schließen der noch verbleibenden Lücken ist erst mit Erscheinen der neuen Ausgaben der DIN EN 1993-1-3 und DIN EN 1999-1-4 zu rechnen: Das Ausgabedatum 2010 der deutschen konsolidierten Fassung der meisten Eurocodes sowie die bauaufsichtliche Einführung 2011 darf nicht darüber hinwegtäuschen, dass die aktuell gültigen Versionen bereits im Jahr 2005 veröffentlicht wurden. In den working groups CEN TC250 SC3 WG3 und CEN TC250 SC9 WG1 wird die nächste Generation der Eurocodes vorbereitet. In diesen working groups werden Änderungen fachlich/technisch diskutiert und Änderungsvorschläge mit Begründung erarbeitet. Diese werden dem Normenausschuss CEN TC 250 SC3 bzw. SC9 zum Beschluss vorgelegt. Die eher redaktionelle Überarbeitung erfolgt in Projektgruppen (coordination groups). Mit der Veröffentlichung einer überarbeiteten Version der DIN EN 1993-1-3 und DIN EN 1999-1-4 ist jedoch nicht vor dem Jahr 2024 zu rechnen. Die working groups sind eng mit den entsprechenden Arbeitsgruppen der ECCS (European Convention for Constructional Steelwork, der europäische Stahlbauverband) verzahnt. Dies sichert die Kontinuität: Die Grundlage für die meisten Eurocodes für den Stahl- und Aluminiumbau sind frühere ECCS-Empfehlungen.

## 13 Literatur

### 13.1 Normen und Richtlinien

[1] DIN EN 1993-1-3:2010-12 (2010) *Eurocode 3: Bemessung und Konstruktion von Stahlbauten – Teil 1-3: Allgemeine Regeln – Ergänzende Regeln für kaltgeformte dünnwandige Bauteile und Bleche*, Beuth, Berlin.

[2] DIN EN 1993-1-3/NA:2010-12 (2010) *Nationaler Anhang – National festgelegte Parameter – Eurocode 3: Bemessung und Konstruktion von Stahlbauten – Teil 1-3: Allgemeine Regeln – Ergänzende Regeln für kaltgeformte dünnwandige Bauteile und Bleche*, Beuth, Berlin.

[3] DIN EN 1993-1-3/NA:2017-05 (2017) *Nationaler Anhang – National festgelegte Parameter – Eurocode 3: Bemessung und Konstruktion von Stahlbauten – Teil 1-3: Allgemeine Regeln – Ergänzende Regeln für kaltgeformte dünnwandige Bauteile und Bleche*, Beuth, Berlin.

[4] DIN EN 1999-1-4:2010-05 (2010) *Eurocode 9: Bemessung und Konstruktion von Aluminiumtragwerken – Teil 1-4: Kaltgeformte Profiltafeln*, Beuth, Berlin.

[5] DIN EN 1999-1-4/A1:2011-11 (2011) *Eurocode 9: Bemessung und Konstruktion von Aluminiumtragwerken – Teil 1-4: Kaltgeformte Profiltafeln*, Beuth, Berlin.

[6] DIN EN 1999-1-4/NA:2010-12 (2010) *Nationaler Anhang – National festgelegte Parameter – Eurocode 9: Bemessung und Konstruktion von Aluminiumtragwerken – Teil 1-4: Kaltgeformte Profiltafeln*, Beuth, Berlin.

[7] DIN EN 1999-1-4/NA:2017-10 (2017) *Nationaler Anhang – National festgelegte Parameter – Eurocode 9: Bemessung und Konstruktion von Aluminiumtragwerken – Teil 1-4: Kaltgeformte Profiltafeln*, Beuth, Berlin.

[8] DIN EN 1993-1-1:2010-12 (2010) *Eurocode 3: Bemessung und Konstruktion von Stahlbauten – Teil 1-1: Allgemeine Bemessungsregeln und Regeln für den Hochbau*, Beuth, Berlin.

[9] DIN EN 1993-1-4:2015-10 (2015) *Eurocode 3: Bemessung und Konstruktion von Stahlbauten – Teil 1-4: Ergänzende Regeln zur Anwendung von nichtrostenden Stählen*, Beuth, Berlin.

[10] DIN EN 1995-1-1:2010-12 (2010) *Eurocode 5: Bemessung und Konstruktion von Holzbauten – Teil 1-1: Allgemeines – Allgemeine Regeln und Regeln für den Hochbau*, Beuth, Berlin.

[11] ECCS TC 7 (1995) *European Recommendations for the Application of Metal Sheeting acting as a Diaphragm – Stressed Skin Design*, ECCS Publication No. **88**, ECCS, Brussels.

[12] ECCS TC 7 & CIB W56 (2013) *European Recommendations on the Stabilization of Steel Structures by Sandwich Panels*, CIB Publication 379/ECCS Publication No. **135**, CIB/ECCS, Rotterdam/Brussels.

[13] DIN EN 1090-1:2012-02 (2012) *Ausführung von Stahltragwerken und Aluminiumtragwerken – Teil 1: Konformitätsnachweisverfahren für tragende Bauteile*, Beuth, Berlin.

[14] DIN EN 1090-2:2018-09 (2018) *Ausführung von Stahltragwerken und Aluminiumtragwerken – Teil 2: Technische Regeln für die Ausführung von Stahltragwerken*, Beuth, Berlin.

[15] DIN EN 1090-3:2019-07 (2019) *Ausführung von Stahl tragwerken und Aluminiumtragwerken – Teil 3: Technische Regeln für die Ausführung von Aluminiumtragwerken*, Beuth, Berlin.

[16] DIN EN 1090-4:2018-09 (2018) *Ausführung von Stahltragwerken und Aluminiumtragwerken – Teil 4: Technische Anforderungen an tragende, kaltgeformte Bauelemente aus Stahl und tragende, kaltgeformte Bauteile für Dach-, Decken-, Boden- und Wandanwendungen*, Beuth, Berlin.

[17] DIN EN 1090-5:2017-07 (2017) *Ausführung von Stahltragwerken und Aluminiumtragwerken – Teil 5: Technische Anforderungen an tragende, kaltgeformte Bauelemente aus Aluminium und tragende, kaltgeformte Bauteile für Dach-, Decken-, Boden- und Wandanwendungen*, Beuth, Berlin.

[18] DIN 18807-1:1987-06 (1987) *Trapezprofile im Hochbau; Stahltrapezprofile; Allgemeine Anforderungen, Ermittlung der Tragfähigkeitswerte durch Berechnung*, Beuth, Berlin.

[19] DIN 18807-1/A1:2001-05 (2001) *Trapezprofile im Hochbau – Stahltrapezprofile – Allgemeine Anforderungen, Ermittlung der Tragfähigkeitswerte durch Berechnung*; Änderung A1, Beuth, Berlin.

[20] DIN 18807-2:1987-06 (1987) *Trapezprofile im Hochbau; Stahltrapezprofile; Durchführung und Auswertung von Tragfähigkeitsversuchen*, Beuth, Berlin.

[21] DIN 18807-2/A1:2001-05 (2001) *Trapezprofile im Hochbau – Stahltrapezprofile – Durchführung und Auswertung von Tragfähigkeitsversuchen*; Änderung A1, Beuth, Berlin.

[22] DIN 18807-3:1987-06 (1987) *Trapezprofile im Hochbau; Stahltrapezprofile; Festigkeitsnachweis und konstruktive Ausbildung*, Beuth, Berlin.

[23] DIN 18807-3/A1:2001-05 (2001) *Trapezprofile im Hochbau; Stahltrapezprofile; Festigkeitsnachweis und konstruktive Ausbildung*; Änderung A1, Beuth, Berlin.

[24] DIN 18807-6:1995-09 (1995) *Trapezprofile im Hochbau; Aluminium-Trapezprofile und ihre Verbindungen; Ermittlung der Tragfähigkeitswerte durch Berechnung*, Beuth, Berlin.

[25] DIN 18807-7:1995-09 (1995) *Trapezprofile im Hochbau – Teil 7: Aluminium-Trapezprofile und ihre Verbindungen; Ermittlung der Tragfähigkeitswerte durch Versuche*, Beuth, Berlin.

[26] DIN 18807-8:1995-09 (1995) *Trapezprofile im Hochbau – Teil 8: Aluminium-Trapezprofile und ihre Verbindungen; Nachweise der Tragsicherheit und Gebrauchstauglichkeit*, Beuth, Berlin.

[27] DIN 18807-9:1998-09 (1998) *Trapezprofile im Hochbau – Teil 9: Aluminium-Trapezprofile und ihre Verbindungen; Anwendung und Konstruktion*, Beuth, Berlin.

[28] Deutsches Institut für Bautechnik (1998) *Anpassungsrichtlinie Stahlbau*, DIBt, Berlin.

[29] Deutsches Institut für Bautechnik (2002) *Änderung und Ergänzung der Anpassungsrichtlinie Stahlbau – Ausgabe Dezember 2001 –*, DIBt-Mitteilungen 1/2002,

[30] DIN EN 501:1994-11 (1994) *Dacheindeckungsprodukte aus Metallblech – Festlegung für vollflächig unterstützte Bedachungselemente aus Zinkblech*, Beuth, Berlin.

[31] DIN EN 502:2013-06 (2013) *Dachdeckungsprodukte aus Metallblech – Spezifikation für vollflächig unterstützte Dachdeckungsprodukte aus nichtrostendem Stahlblech*, Beuth, Berlin.

[32] DIN EN 504:2000-01 (2000) *Dachdeckungsprodukte aus Metallblech – Festlegungen für vollflächig unterstützte Bedachungselemente aus Kupferblech*, Beuth, Berlin.

[33] DIN EN 505:2013-06 (2013) *Dachdeckungsprodukte aus Metallblech – Spezifikation für vollflächig unterstützte Dachdeckungsprodukte aus Stahlblech*, Beuth, Berlin.

[34] DIN EN 506:2009-07 (2009) *Dachdeckungsprodukte aus Metallblech – Festlegungen für selbsttragende Bedachungselemente aus Kupfer- oder Zinkblech*, Beuth, Berlin.

[35] DIN EN 507:2000-01 (2001) *Dachdeckungsprodukte aus Metallblech – Festlegungen für vollflächig unterstützte Bedachungselemente aus Aluminiumblech*, Beuth, Berlin.

[36] DIN EN 508-1:2009-07 (2009) *Dachdeckungsprodukte aus Metallblech – Festlegungen für selbsttragende Bedachungselemente aus Stahlblech, Aluminiumblech oder nichtrostendem Stahlblech – Teil 1: Stahl*, Beuth, Berlin.

[37] DIN EN 508-2:2009-07 (2009) *Dachdeckungsprodukte aus Metallblech – Festlegungen für selbsttragende Bedachungselemente aus Stahlblech, Aluminiumblech oder nichtrostendem Stahlblech – Teil 2: Aluminium*, Beuth, Berlin.

[38] DIN EN 508-3:2009-07 (2009) *Dachdeckungsprodukte aus Metallblech – Festlegungen für selbsttragende Bedachungselemente aus Stahlblech, Aluminiumblech oder nichtrostendem Stahlblech – Teil 3: Nichtrostender Stahl*, Beuth, Berlin.

[39] DIN EN 12588:2007-03 (2007) *Blei und Bleilegierungen – Gewalzte Bleche aus Blei für das Bauwesen*, Beuth, Berlin.

[40] DIN EN 14782:2006-03 (2006) *Selbsttragende Dachdeckungs- und Wandbekleidungselemente für die Innen- und Außenanwendung aus Metallblech – Produktspezifikation und Anforderungen*, Beuth, Berlin.

[41] DIN EN 14783:2013-07 (2013) *Vollflächig unterstützte Dachdeckungs- und Wandbekleidungselemente für die Innen- und Außenanwendung aus Metallblech – Produktspezifikation und Anforderungen*, Beuth, Berlin.

[42] DIN EN 14509:2013-12 (2013) *Selbsttragende Sandwich-Elemente mit beidseitigen Metalldeckschichten – Werkmäßig hergestellte Produkte – Spezifikationen*, Beuth, Berlin.

[43] DIN EN 10346:2015-10 (2015) *Kontinuierlich schmelztauchveredelte Flacherzeugnisse aus Stahl zum Kaltumformen – Technische Lieferbedingungen*, Beuth, Berlin.

[44] DIN EN 10169:2012-06 (2012) *Kontinuierlich organisch beschichtete (bandbeschichtete) Flacherzeugnisse aus Stahl – Technische Lieferbedingungen*, Beuth, Berlin.

[45] DIN EN 573-3:2013-12 (2013) *Aluminium und Aluminiumlegierungen – Chemische Zusammensetzung und Form von Halbzeug – Teil 3: Chemische Zusammensetzung und Erzeugnisformen*, Beuth, Berlin.

[46] DIN EN 485-1:2016-10 (2016) *Aluminium und Aluminiumlegierungen – Bänder, Bleche und Platten – Teil 1: Technische Lieferbedingungen*, Beuth, Berlin.

[47] DIN EN 485-2:2018-12 (2018) *Aluminium und Aluminiumlegierungen – Bänder, Bleche und Platten – Teil 2: Mechanische Eigenschaften*, Beuth, Berlin.

[48] DIN EN 1396:2015-06 (2015) *Aluminium und Aluminiumlegierungen – Bandbeschichtete Bleche und Bänder für allgemeine Anwendungen – Spezifikationen*, Beuth, Berlin.

[49] DIN 55634-1:2018-03 (2018) *Beschichtungsstoffe und Überzüge – Korrosionsschutz von tragenden dünnwandigen Bauteilen aus Stahl – Teil 1: Anforderungen und Prüfverfahren*, Beuth, Berlin.

[50] DIN 55634-2:2018-03 (2018) *Beschichtungsstoffe und Überzüge – Korrosionsschutz von tragenden dünnwandigen Bauteilen aus Stahl – Teil 2: Überwachungs- und Zertifizierungsanforderungen*, Beuth, Berlin.

[51] DIN EN ISO 12944-1:2019-01 (2019) *Beschichtungsstoffe – Korrosionsschutz von Stahlbauten durch Beschichtungssysteme – Teil 1: Allgemeine Einleitung*, Beuth, Berlin.

[52] DIN EN ISO 12944-2:2014-04 (2014) *Beschichtungsstoffe – Korrosionsschutz von Stahlbauten durch Beschichtungssysteme – Teil 2: Einteilung der Umgebungsbedingungen*, Beuth, Berlin.

[53] DIN 55928-8:1994-07 (1994) *Korrosionsschutz von Stahlbauten durch Beschichtungen und Überzüge, Teil 8: Korrosionsschutz von tragenden dünnwandigen Bauteilen*, Beuth, Berlin.

### 13.2 Fachregeln

[54] IFBS-Fachregeln des Metallleichtbaus (2019) *Planung und Ausführung*, IFBS Düsseldorf.

[55] IFBS-Fachregeln des Metallleichtbaus (2019) *Grundlagen, Empfehlungen für die Auswahl von Korrosionsschutzsystemen für Bauelemente aus dünnwandigem Stahl*, IFBS Düsseldorf.

### 13.3 Monografien

[56] Schwarze, K.; Raabe, O. (2009) Stahlprofiltafeln für Dächer und Wände, in *Stahlbau-Kalender 2009* (Hrsg. Kuhlmann, U.), Ernst & Sohn, Berlin.

[57] Möller, R.; Pöter, H.; Schwarze, K. (2004) *Planen und Bauen mit Trapezprofilen und Sandwichelementen – Grundlagen, Bauweisen, Bemessung*, Ernst & Sohn, Berlin.

[58] Schmidt, H.; Korth, J.-D.; Machura, G.; Podleschny, R.; Kammel, Ch.; Volz, M. (2019) *Ausführung von Stahlbauten: Kommentare zu DIN EN 1090-2 und DIN EN 1090-4*, Ernst & Sohn, Berlin.

[59] Misiek, Th.; Podleschny, R. (2014) Neue europäische Normen für den Metallleichtbau: Bemessung, Konstruktion und Ausführung von Dach und Wand, in *Stahlbau-Kalender 2014* (Hrsg. Kuhlmann, U.), Ernst & Sohn, Berlin, S. 165–252.

[60] Brune B. (2013) Kommentar zu DIN EN 1993-1-3: Allgemeine Bemessungsregeln – Ergänzende Regeln für kaltgeformte Bauteile und Bleche, in *Stahlbau-Kalender 2013* (Hrsg. Kuhlmann, U.), Ernst & Sohn, Berlin.

[61] Möller, R.; Pöter, H.; Schwarze, K. (2011) *Planen und Bauen mit Trapezprofilen und Sandwichelementen – Gestaltung, Planung, Ausführung*, Ernst & Sohn, Berlin, 2011.

[62] Baehre, R.; Fick, K. (1982) *Berechnung und Bemessung von Trapezprofilen – mit Erläuterungen zur DIN 18807*, Berichte der Versuchsanstalt für Stahl, Holz und Steine der Universität Fridericiana in Karlsruhe, 4. Folge – Heft **7**, Karlsruhe.

[63] Davies, J. M.; Bryan, E. R. (1982) *Manual of stressed skin design*. Granada, London Toronto Sydney New York.

[64] Schilling, S. (2012) *Beispiele zur Bemessung von Stahltragwerken nach DIN EN 1993 Eurocode 3*, Ernst & Sohn, Berlin.

[65] Lindner, J.; Scheer, J.; Schmidt, H. (1998) *Stahlbauten. Erläuterungen zu DIN 18800 Teil 1 bis Teil 4*, Beuth Verlag, Berlin,

[66] Kuhlmann, U.; Feldmann, M.; Lindner, J.; Müller, C.; Stroetmann, R. unter Mitarbeit von Just, A. (2014) *Eurocode 3: Bemessung und Konstruktion von Stahlbauten – Teil 1-1: Allgemeine Bemessungsregeln und Regeln für den Hochbau. DIN EN 1993-1-1 mit Nationalem Anhang – Kommentar und Beispiele*, Beuth Verlag/Ernst & Sohn, Berlin.

### 13.4 Zeitschriftenartikel und Tagungsbeiträge

[67] Schulte, U. (1999) Trapezprofile in Bauregelliste A Teil 2, *DIBt-Mitteilungen* (30), 127–128.

[68] Kathage, K. (2012) Verlängerung der Koexistenzperiode von EN 1090-1 und den betroffenen nationalen technischen Regeln bis zum 01.07.2014, *DIBt-Newsletter* 1 (3/2012), 1–3.

[69] Misiek, Th.; Käpplein, S.; Ulbrich, D. (2013) Selecting materials for fastening screws for metal members and sheeting, *Steel Construction* **6**, 39–46.

[70] Huck, G.; Misiek, Th. (2014) Überarbeitete Anlagen der Typenprüfungen für Trapezprofile – Erläuterungen und Hintergründe, *Stahlbau* **83**, 873–879.

[71] Unger, B. (1973) Ein Beitrag zur Ermittlung der Traglast von querbelasteten Durchlaufträgern mit dünnwandigem Querschnitt, insbesondere von durchlaufenden Trapezblechen für Dach- und Geschoßdecken, *Stahlbau* **42**, 20–24.

[72] EU (2017) *Guidelines and recommendations for integrating specific profiled steel sheets in the Eurocodes (GRISPE)*, Final Report, EUR **28913**, European Commission, Directorate-General for Research and Innovation, Brüssel 2017.

[73] Hoffmeister, B.; Kuhnhenne, M.; Pyschny, D.; Wieschollek, M. (2017) Experimentelle Validierung von Bemessungsregeln für Stahltrapezprofile mit Öffnungen, *Stahlbau* **86**, 900–906.

[74] Baehre, R.; Buca, J. (1986) Die wirksame Breite des Zuggurts von biegebeanspruchten Kassetten, *Stahlbau* **55**, 276–285.

[75] Baehre, R.; Buca, J.; Egner, R. (1990) *Empfehlungen zur Bemessung von Kassettenprofilen*. In: Festschrift Prof. Dr.-Ing. Richard Schardt, Darmstadt, S. 129–150.

[76] Baehre, R.; Buca, J. (1993) Der Einfluß der Schubsteifigkeit der Außenschale auf das Tragverhalten von zweischaligen Dünnblech-Fassadenkonstruktionen, *Bauingenieur* **68**, 27–34.

[77] Baehre, R.; Holz, R.; Voß, R. P. (1988) Befestigung von Trapezprofiltafeln auf Stahlkassettenprofilen, *Stahlbau* **57**, 309–311.

[78] Fauth, C.; Holz, R.; Ruff, D.; Ummenhofer, Th. (2017) Neue Berechnungsverfahren für dünnwandige Stahlprofiltafeln – Ergebnisse aus dem europäischen Forschungsprojekt GRISPE, *Stahlbau* **86**, 880–889.

[79] Misiek, Th.; Käpplein, S. (2015) Tragverhalten von Stahlkassettenprofilen mit direkt oder indirekt befestigter Außenschale, *Stahlbau* **84**, 875–889.

[80] Kuhnhenne, M.; Pyschny, D.; Kramer, L.; Brieden, M.; Ummenhofer, Th.; Ruff, D.; Fauth, Ch.; Holz, R. (2019) Mechanical and thermal performance of new liner tray solutions, *Steel Construction* **12**, 23–30.

[81] Breinlinger, F.; Misiek, Th.; Käpplein, S. (2017) *Stabilisierung von Trägern des Holzbaus durch Trapezprofile und Sandwichelemente*. In: Stahlbau, Holzbau und Verbundbau – Festschrift zum 60. Geburtstag von Univ.-Prof. Dr.-Ing. Ulrike Kuhlmann, Hrsg. Institut für Konstruktion und Entwurf, Universität Stuttgart, Ernst & Sohn, Berlin, S. 327–332.

[82] Schardt, R.; Strehl, C. (1976) Theoretische Grundlagen für die Bestimmung der Schubsteifigkeit von Trapezblechscheiben – Vergleich mit anderen Berechnungsansätzen und Versuchsergebnissen, *Der Stahlbau* **45**, 97–108.

[83] Schardt, R.; Strehl, C. (1980) Stand der Theorie zur Bemessung von Trapezblechscheiben, *Der Stahlbau* **49**, 325–334.

[84] Baehre, R.; Wolfram, R. (1986) Zur Schubfeldberechnung von Trapezblechen, *Der Stahlbau* **55**, 175–179.

[85] Kathage, K.; Lindner, J.; Misiek, Th.; Schilling, S. (2013) A proposal to adjust the design approach for the diaphragm action of shear panels according to Schardt and Strehl in line with European regulations, *Steel Construction* **6**, 107–116.

[86] Dürr, M.; Saal, H. (2004) Influence of profile distortion on the shear flexibility of profiled steel sheeting diaphragms, in *Recent research and developments in cold-formed steel design and construction*: Seventeenth International Specialty Conference on Cold-Formed Steel Structures; held in Orlando, Florida, November 4–5, 2004. Ed.: R. A. LaBoube. Univ. of Missouri, Rolla (Mo.) 2004.

[87] Baehre, R. (1993) Zur Schubfeldwirkung von Aluminiumtrapezprofilen, *Stahlbau* **62**, 81–87.

[88] Misiek, Th.; Huck, G.; Käpplein, S. (2018) The "combined approach" for the design of shear diaphragms made of trapezoidal profile sheeting, *Steel Construction* **11**, 16–23.

[89] Höglund, T. (2002) *Stabilisation by stressed skin diaphragm action*, Publication **174**, Stålbyggnadsinstitutet, Stockholm.

[90] Höglund, T. (2002) Approximate shear stiffness of diaphragms. Paper 158-2002-PT1-3 (unveröffentlicht).

[91] Dürnberger, D.; Huck, G.; Maas, W.; Misiek, Th. (2013) Konstruktion und Bemessung der Festpunkte von Stehfalzprofileindeckungen auf Trapezprofilen bei Binderdächern, *Stahlbau* **82**, 790–800.

[92] Seidel, F.; Lindner, J. (2011) Aussteifung von biegedrillknickgefährdeten Biegeträgern durch zweiseitig gelagerte Trapezprofile, *Stahlbau* **80**, 832–838.

[93] Dürr, M.; Kathage, K.; Saal, H. (2006) Schubsteifigkeit zweiseitig gelagerter Stahltrapezbleche, *Stahlbau* **75**, 280–286.

[94] Dürr, M. (2008) *Die Stabilisierung biegedrillknickgefährdeter Träger durch Sandwichelemente und Trapezbleche*, Berichte der Versuchsanstalt für Stahl, Holz und Steine der Universität Fridericiana in Karlsruhe, 5. Folge Heft **17**, Karlsruhe.

[95] Strehl, Ch. (2017) Schubfeldwerte für Wellbleche – Zusätzliche Untersuchungen für Trapezbleche, *Stahlbau* **86**, 890–899.

[96] Baehre, R. (1987) Zur Schubfeldwirkung und -bemessung von Kassettenkonstruktionen, *Stahlbau* **56**, 197–202.

[97] Fischer, M. (1976) Zum Kipp-Problem von kontinuierlich seitlich gestützten I-Trägern, *Stahlbau* **45**, 120–124.

[98] Käpplein, S.; Berner, K.; Ummenhofer, T. (2012) Stabilisierung von Bauteilen durch Sandwichelemente, *Stahlbau* **81**, 951–958.

[99] Käpplein, S.; Misiek, Th. (2013) Stabilisierung von Bauteilen durch Sandwichelemente – Kopplung mit quasistarren Auflagern, *Stahlbau* **82**, 828–832.

[100] Berner, K.; Hassinen, P.; Heselius, L.; Izabel, D.; Käpplein, S.; Lange, J.; Misiek, Th.; Rädel, F.; Tillonen, A.; Zupancic, D. (2013) New European Recommendations for

the design and application of sandwich panels – Results of the work of the Joint Committee on Sandwich Constructions, *Steel Construction* **6**, 294–300.

[101] Dürr, M.; Podleschny, R.; Saal, H. (2007) Untersuchungen zur Drehbettung von biegedrillknickgefährdeten Trägern durch Sandwichelemente, *Stahlbau* **76**, 401–407.

[102] Misiek, T.; Belica, A. (2018) *European web-crippling equations – Fundamentals of reliability analysis and equations for built-up I-sections and nested Z-sections*. Festschrift Jörg Lange, Veröffentlichung **120** des Instituts für Stahlbau & Werkstoffmechanik der TU Darmstadt, S. 119–124.

[103] Misiek, T.; Belica, A. (2019) Calibration of European web-crippling equations for cold-formed C- and Z-sections, *Steel Construction* **12**, 31–43.

[104] Misiek, Th.; Saal, H. (2008) Durchknöpftragfähigkeit der Verbindungen von Aluminiumtrapezprofilen und Aluminiumwellprofilen bei Befestigung im anliegenden Gurt, *Stahlbau* **77**, 515–523.

# 4 Korrosionsschutz von Stahlbauten durch Beschichtungssysteme

Dr. Frank Bayer

Dipl.-Kaufm. Guido Gormanns

Dipl.-Ing. Joachim Pflugfelder

Dr. Andreas Schütz

Dipl.-Ing. (FH) Philipp Suppan

## Inhaltsverzeichnis

- 1 **Einleitung** 311
- 1.1 Stahl als Baustoff 311
- 1.2 Anwendungsbereich der DIN EN ISO 12944 312

- 2 **Korrosion von Stahl** 313
- 2.1 Ursachen und Mechanismen der Korrosion 313
- 2.2 Erscheinungsformen der Korrosion 314
- 2.3 Unterteilung der Korrosion 314
- 2.3.1 Atmosphärische Korrosion 315
- 2.3.2 Korrosion im Wasser und im Erdreich 315
- 2.3.3 Korrosion unter besonderen Belastungen 317
- 2.4 Korrosions- und Beschichtungsschäden 317

- 3 **Prinzipien und Verfahren des Korrosionsschutzes** 318
- 3.1 Prinzipien des Korrosionsschutzes 318
- 3.2 Maßnahmen durch Veränderung des angreifenden Mediums 318
- 3.3 Maßnahmen am zu schützenden Werkstoff 318
- 3.3.1 Maßnahmen durch Planung und Konstruktion 318
- 3.3.2 Kathodischer Korrosionsschutz 319
- 3.4 Trennung des Werkstoffs vom angreifenden Medium 319

- 4 **Vorbereitung und Vorbehandlung von Oberflächen** 320
- 4.1 Anwendungsbereich 320
- 4.2 Vorzubereitende Oberflächen 320
- 4.3 Ausgangszustand der Oberflächen 321
- 4.4 Verfahren zur Oberflächenvorbereitung 322
- 4.4.1 Strahlen 322
- 4.4.2 Weitere mechanische Verfahren 324
- 4.4.3 Reinigung mit Wasser, Lösemitteln und anderen chemischen Methoden 324
- 4.5 Norm-Vorbereitungsgrade 324
- 4.6 Rauheit 326
- 4.7 Bewertung der vorbereiteten Oberflächen 327
- 4.8 Temporärer Korrosionsschutz 327
- 4.9 Vorbereitung verzinkter Oberflächen 327
- 4.10 Vorbereitung sonstiger Oberflächen 328
- 4.11 Verfahren zur Entfernung arteigener und artfremder Verunreinigungen 329

- 5 **Korrosionsschutz durch Beschichtungssysteme** 329
- 5.1 Allgemeines 329
- 5.2 Korrosionsschutzmaßnahmen für neue und bestehende Stahlbauten 329
- 5.3 Erstschutz und Vollerneuerung 330
- 5.3.1 Instandsetzung 330
- 5.4 Aufbau und Eigenschaften von Beschichtungsstoffen 330
- 5.5 Übergang vom Beschichtungsstoff zur Beschichtung 332
- 5.5.1 Physikalische Trocknung 332
- 5.5.2 Oxidative Vernetzung 333
- 5.5.3 Chemische Härtung 333
- 5.6 Aufbau und Eigenschaften von Korrosionsschutzsystemen 333
- 5.7 Schutzdauer und Gewährleistung 336
- 5.8 Schichtdicke von Beschichtungssystemen 336
- 5.9 Auswahl der Beschichtungssysteme 341
- 5.9.1 Beschichtungssysteme für atmosphärische Umgebungsbedingungen 341
- 5.9.2 Beschichtungssysteme für den Stahlwasserbau 343
- 5.10 Beschichtungssysteme auf feuerverzinktem Stahl und Stahl mit thermisch gespritzten Metallüberzügen 344
- 5.10.1 Feuerverzinkung 344
- 5.10.2 Stahl mit thermisch gespritzten Metallüberzügen 344
- 5.10.3 Beschichtungssysteme auf feuerverzinktem Stahl 345
- 5.10.4 Zusätzliche Hinweise zur Beschichtung verzinkter Oberflächen 346
- 5.11 Korrosionsschutzsysteme mit thermisch gespritzten Metallüberzügen 347
- 5.12 Beschichtung im Werk und auf der Baustelle 347
- 5.12.1 Beschichtung im Werk 347
- 5.12.2 Beschichtung auf der Baustelle 348
- 5.13 Instandsetzung 348

- 6 **Laborprüfungen zur Bewertung von Korrosionsschutzsystemen** 349
- 6.1 Künstliche Alterung 349
- 6.2 Prüfungen 350
- 6.3 Einheitliche Prüfung und Bewertung 351

- 7 **Ausführung und Überwachung der Beschichtungsarbeiten** 352
- 7.1 Anwendungsbereich 352
- 7.2 Qualifikation des Auftragnehmers 352
- 7.3 Zustand der Oberfläche vor der Beschichtung 353
- 7.4 Qualität der Beschichtungsstoffe 353
- 7.5 Ausführung der Arbeiten 353
- 7.6 Eisenglimmerhaltige und aluminiumpigmentierte Beschichtungsstoffe und ihre Verarbeitung 354
- 7.7 Überwachung der Arbeiten 354
- 7.8 Anlegen von Kontrollflächen oder Kontrollproben 355

- 8 **Erarbeiten von Spezifikationen für Erstschutz und Instandsetzung** 356
- 8.1 Anwendungsbereich 356
- 8.2 Nutzungsdauer, Schutzdauer und Gewährleistung 356
- 8.3 Planung von Korrosionsschutzarbeiten im Erstschutz 357
- 8.4 Planung von Korrosionsschutzarbeiten bei der Instandsetzung 357
- 8.5 Gewährleistungsansprüche 358

| | | | | |
|---|---|---|---|---|
| 9 | **Beschichtungssysteme und Leistungsprüfungen im Labor für Bauwerke im Offshore-Bereich** 358 | 10 | **Arbeitssicherheit, Gesundheitsschutz und Umweltschutz** 362 | |
| 9.1 | Allgemeines 358 | 10.1 | Allgemeines 362 | |
| 9.2 | Anwendung 359 | 10.2 | Arbeitssicherheit bei der Oberflächenvorbereitung 363 | |
| 9.3 | Oberflächenvorbereitung 359 | 10.3 | Arbeitssicherheit bei der Applikation von Beschichtungsstoffen 364 | |
| 9.4 | Beschichtungssysteme 360 | 10.4 | Maßnahmen zum Umweltschutz 365 | |
| 9.5 | Laborprüfungen für Beschichtungssysteme nach CX-hoch und Im4-hoch 360 | 10.5 | Sicherheit von Anfang an 366 | |
| 9.6 | Bewertung der Beschichtungssysteme 360 | 10.6 | Gesetze, Verordnungen und andere Vorschriften zur Arbeitssicherheit und zum Umweltschutz 366 | |
| 9.7 | Instandsetzung von Offshore-Bauwerken im Meer 360 | | | |
| 9.8 | Anmerkung der Autoren 361 | | | |

# 1 Einleitung[1)]

Ungeschützter Stahl korrodiert in der Atmosphäre, im Erdreich und im Wasser. Beschichtungssysteme schützen Stahlbauten zuverlässig über die gesamte Nutzungsdauer des Bauwerks. Andere Schutzmaßnahmen sind möglich, um Schäden durch Korrosion zu vermeiden.

Regelmäßige Inspektionen und die rechtzeitige Instandhaltung von Stahlbauwerken erhöhen die Schutzdauer von Beschichtungssystemen.

## 1.1 Stahl als Baustoff

Stahl ist ein vielseitiger, wirtschaftlicher und weltweit verfügbarer Baustoff. Ca. 30 bis 35% der weltweiten Produktion wird für Bauwerke eingesetzt (Quelle: Wirtschaftsvereinigung Stahl, Fakten zur Stahlindustrie, Düsseldorf 2016).

Die Gestaltungsmöglichkeiten von Stahlbauten sind sehr vielfältig, entsprechend groß ist der Einsatzbereich. Aus Stahl – darunter ist normalerweise unlegierter und niedriglegierter Stahl (Baustahl, S 235, S 355) zu verstehen – werden beispielsweise Brücken und Stahlbauten (Bild 1), Windenergieanlagen, Hafenanlagen, Schleusentore und Schiffe gebaut; Stahl wird im Kraftwerksbau, beim Bau von Chemieanlagen und Raffinerien, für Tanklager und Gittermasten (Bild 2) verwendet. Mit anderen Baustoffen kombiniert, wird er als Verbundwerkstoff, z. B. mit Beton, zu Stahl- und Spannbeton ebenso vielfältig eingesetzt.

So flexibel Stahl als Baustoff auch einsetzbar ist, ungeschützt korrodiert er an der Luft, im Wasser und im Erdreich. Die Rostbildung erfolgt im einfachsten Fall durch Kontakt mit Sauerstoff und Feuchtigkeit, andere Korrosionsmechanismen sind ebenso möglich. Der korrosive Angriff beeinträchtigt nicht nur den optischen Eindruck von Stahlbauten, sondern setzt auch im Laufe der Zeit die Stabilität der Bauwerke durch Querschnittsreduzierung herab. So können ungeschützte Stähle um bis zu 700 µm pro Jahr abgebaut werden.

Der Begriff Korrosionsschutz fasst verschiedene Verfahren zur wirksamen Vermeidung des Abbaus von Stahl zusammen, die in Abschnitt 3 näher erläutert werden.

Erfolgreicher Korrosionsschutz beginnt bereits in der Planungsphase. Durch die Einhaltung konstruktiver Grundsätze und die Auswahl der für den speziellen Anwendungsfall geeigneten Korrosionsschutzmaßnahme, z. B. die Festlegung der Oberflächenvorbereitung und des Beschichtungssystems, können Korrosionsschäden „bereits am Reißbrett", also in der Planungsphase vermieden werden.

Im Stahlbau sind Beschichtungssysteme mit Abstand die wichtigsten, häufig die einzig praktikablen Verfahren. Sie verbinden für alle denkbaren Stahlkonstruktionen nachhaltigen Schutz mit ästhetischer Gestaltung. Wie kann ein langlebiger Schutz von Stahl mit Beschichtungssystemen ausgewählt, ausgeführt und regelmäßigen Inspektionen unterzogen werden? Diese Fragestellung wird in diesem Beitrag so beantwortet, dass Planer, Architekten, Stahlbauer und Korrosionsschützer das Wissen rund um den Korrosionsschutz sicher anwenden können. Die Gliederung ist dabei an die Korrosionsschutz-Basisnorm DIN EN ISO 12944 angelehnt, die seit Juni 2018 in 9 Teilen, komplett überarbeitet, veröffentlicht wurde.

**Bild 1.** Neubau einer Werfthalle in Rostock

**Bild 2.** Strommast Elbekreuzung 2 mit Flugwarnanstrich

---

1) Mit dem gleichnamigem Titel „Korrosionsschutz von Stahlbauten durch Beschichtungssysteme" erschien eine Broschüre in der 3. Auflage, hrsg. vom Verband der deutschen Lack- und Druckfarbenindustrie e. V., Frankfurt am Main, und dem Bundesverband Korrosionsschutz e. V., Köln.

## 1.2 Anwendungsbereich der DIN EN ISO 12944

Stahl lässt sich durch Beschichtungssysteme wirksam vor Korrosion schützen. Es stehen viele bewährte Systeme für den jeweiligen Anwendungsfall zur Verfügung. Beschichtungen erlauben zudem eine farbliche Gestaltung von Bauwerken nach individuellen Wünschen oder sachlichen Anforderungen, z. B. zur Kennzeichnung als Luftfahrthindernis (Bild 2).
Zur Auswahl eines geeigneten Beschichtungssystems sollten folgende Informationen vorliegen:
– Wo steht das Bauwerk? In ländlicher Umgebung oder im Industriegebiet, an der Küste, ganz oder teilweise im Wasser oder im Erdreich?
– Welchen zusätzlichen Belastungen ist die Beschichtung ausgesetzt? Salzen, Industrieabgasen, dauernder Kondenswasserbelastung, mechanischer Belastung etc.?
– Welche Nutzungsdauer ist für das Bauwerk vorgesehen?
– Übersteigt die vorgesehene Nutzungsdauer die höchste Schutzdauer? Ist in diesem Fall ein Reparaturkonzept mit Inspektions- und Instandsetzungszyklen vorgesehen?
– Wie kann das Beschichtungssystem appliziert werden? Gibt es objektbezogene Besonderheiten (z. B. bei Gittermasten, Brücken, Spundwänden oder Windenergieanlagen im Meer)?
– Welche ästhetischen Anforderungen werden an das Bauwerk gestellt? Spielt der optische Eindruck eine untergeordnete Rolle, oder übernimmt die Farbgebung eine gestalterische oder technische Funktion?
– Gibt es spezielle Anforderungen in Bezug auf den Gesundheits- und oder Umweltschutz?

Grundsätzlich gibt es mehrere Herangehensweisen, um das optimale Korrosionsschutzsystem für ein Stahlbauwerk zu definieren: Die Antworten auf die oben gestellten Fragen führen zu einer grundlegenden Anforderung, aus der sich nach DIN EN ISO 12944 eine kleine Auswahl von geeigneten Systemen ergibt.

Hier haben sich die bereits vor 20 Jahren gegebenen Empfehlungen in der Erstausgabe der DIN EN ISO 12944 bewährt. Der Korrosionsschutz von Infrastrukturbauwerken (Brücken, Lärmschutzwände etc.) der öffentlichen Hand ist im Regelwerk ZTV-ING (Zusätzliche technische Vertragsbedingungen und Richtlinien für Ingenieurbauwerke) im Teil 4, Abschnitt 3 geregelt. Dort wird z. B. für ein Brückenbauwerk grundsätzlich von der höchsten Belastung durch Streumittel und Tausalze ausgegangen und das Korrosionsschutzsystem entsprechend ausgelegt.

Im Sanierungsfall älterer Objekte sind häufig Probeflächen notwendig, um die richtige Lösung für die Korrosionsschutzaufgabe zu finden. Zielsetzung bei der Fest-

**Tabelle 1.** Anwendungsbereich der DIN EN ISO 12944

| Angabe | Anwendungsbereich |
| --- | --- |
| Art des Bauwerks | Bauwerke aus unlegiertem oder niedrig legiertem Stahl mit mindestens 3 mm Dicke. Das Bauwerk muss anhand einer anerkannten Festigkeitsberechnung (statische Auslegung) ausgelegt sein.<br>Stahlbeton als Baustoff und Stahlbetonbauwerke sind nicht Teil der Normenreihe DIN EN ISO 12944. |
| Art der zu beschichtenden Oberflächen und deren Vorbereitung | – unbeschichteter Stahl<br>– feuerverzinkte Oberflächen<br>– Oberflächen mit thermisch gespritztem Überzug aus Zink, Aluminium oder deren Legierungen<br>– galvanisch verzinkte Oberflächen<br>– sheradisierte Oberflächen<br>– Oberflächen mit Fertigungsbeschichtungen<br>– sonstige beschichtete Oberflächen |
| Art der Umgebungsbedingungen | – sechs Korrosivitätskategorien für atmosphärische Umgebungen<br>– vier Kategorien für wasser- und erdberührte Bauwerke |
| Art des Beschichtungssystems | Beschichtungssysteme auf der Basis von Beschichtungsstoffen, die unter normalen Umgebungsbedingungen trocknen bzw. härten<br>nicht behandelt werden:<br>– Pulverlacke<br>– Einbrennlacke<br>– wärmehärtende oder strahlenhärtende Beschichtungsstoffe<br>– Innenbeschichtung von Tanks (Auskleidungen) |
| Art der Maßnahme | Erstschutz und Instandsetzung |
| Schutzdauer des Beschichtungssystems | vier Zeitspannen für die Schutzdauer |

# FRANZ DIETRICH GmbH
## Ihr kompetenter Partner gegen Korrosion

Franz Dietrich GmbH bietet ein facettenreiches Leistungsspektrum in den Bereichen **Korrosionsschutz, Industrieanstriche, Bautenschutz, Malerarbeiten** sowie **Spezialleistungen** - und das erfolgreich **seit 1947**.

**Strahlen, Rücksaugung und Recycling des Strahlmittels** - einfach gemacht mit unserer neuen Anlage:

LAGERTANKS & SILOS

WERFTEN & FPSO

Der Strahlschutt wird in bis zu vier Aufbereitungsstufen gereinigt. Eine Siebtrommel, eine Windsichtung sowie eine Magnetabscheidung trennen das Stahlstrahlmittel von Strahlschutt.

BRÜCKEN & SCHLEUSEN

Die Abscheidungsrate der Verunreinigungen beträgt bis zu 99,9 %. Auch bei der Entfernung von Korrosionsschutzsystemen mit gefährlichen Inhaltsstoffen wie Blei, Chromat, PAK oder Asbest können so die Abfallmengen erheblich verringert werden.

INFRASTRUKTUR

**Äußerst effizient und dabei schonend zur Umwelt!**

**Franz Dietrich GmbH**
Hauptsitz: Völgerstr. 11 // D-30515 Hannover
Fon: +49 511 87968-0 // Fax: +49 511 87968-88
E-Mail: fd.hannover@dietrich.de // dietrich.de

# Zeitschrift Stahlbau

In der Zeitschrift **Stahlbau** wird mit ca. 100 Fachaufsätzen und Projektberichten pro Jahr das gesamte Spektrum des Stahlbaus zusammengefasst. Die neuesten Erkenntnissen aus der Forschung, anwendungsorientierte Beiträge aus der Praxis sind Arbeitshilfen für die täglichen Aufgabenstellungen des Ingenieurs.

Die in **Stahlbau** publizierten Fachaufsätze sind Erstveröffentlichungen.

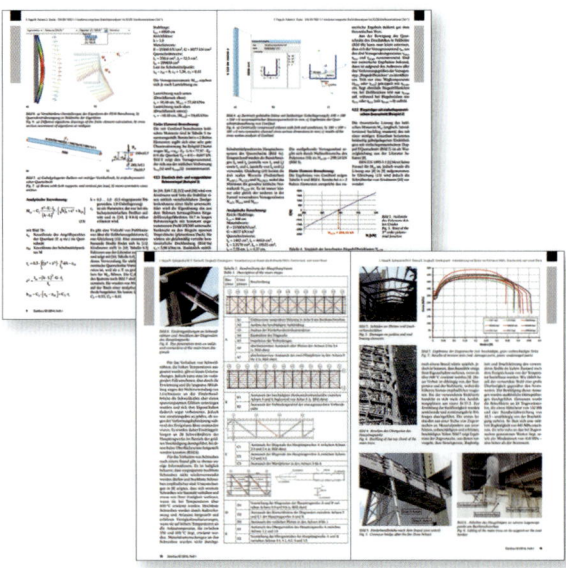

Hrsg.: Ernst & Sohn, Berlin
**Stahlbau**
88. Jahrgang 2019
Erscheint monatlich
Impact-Faktor 2017: 0,321
ISSN Print 0038-9145
ISSN Online 1437-1049

Weitere Zeitschriften:

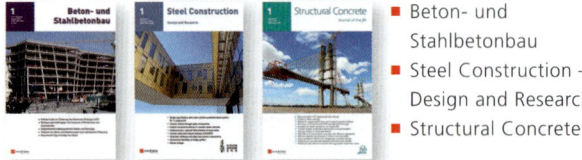

- Beton- und Stahlbetonbau
- Steel Construction – Design and Research
- Structural Concrete

**Probeheft bestellen:**
www.ernst-und-sohn.de/stab

---

**Ernst & Sohn**
Verlag für Architektur und technische
Wissenschaften GmbH & Co. KG

Kundenservice: Wiley-VCH
Boschstraße 12
D-69469 Weinheim

Tel. +49 (0)800 1800-536
Fax +49 (0)6201 606-184
cs-germany@wiley.com

**Tabelle 2.** Aufbau der Normenreihe DIN EN ISO 12944

| Teil | Titel |
|---|---|
| DIN EN ISO 12944-1:2019-01 | Allgemeine Einleitung |
| DIN EN ISO 12944-2:2018-04 | Einteilung der Umgebungsbedingungen |
| DIN EN ISO 12944-3:2018-04 | Grundregeln zur Gestaltung |
| DIN EN ISO 12944-4:2018-04 | Arten von Oberflächen und Oberflächenvorbereitung |
| DIN EN ISO 12944-5:2020-01 | Beschichtungssysteme |
| DIN EN ISO 12944-6:2018-06 | Laborprüfungen zur Bewertung von Beschichtungssystemen |
| DIN EN ISO 12944-7:2018-04 | Ausführung und Überwachung der Beschichtungsarbeiten |
| DIN EN ISO 12944-8:2018-04 | Erarbeitung von Spezifikationen für Erstschutz und Instandsetzung |
| DIN EN ISO 12944-9:2018-06 | Beschichtungssysteme und Leistungsprüfungen im Labor für Bauwerke im Offshore-Bereich |

legung eines jeden Korrosionsschutzsystems muss der langanhaltende Schutz und damit der Werterhalt des Bauwerks oder der Anlage sein. Die internationale Normenreihe DIN EN ISO 12944 „Korrosionsschutz von Stahlbauten durch Beschichtungssysteme" bildet dazu die Grundlage, sowohl zur Planung als auch zur Ausführung von Korrosionsschutzarbeiten. In Tabelle 1 sind die Anwendungsbereiche der Norm zusammengefasst.

Die DIN EN ISO 12944 besteht aus neun Teilen, die viele Aspekte des Korrosionsschutzes von Stahlbauten durch Beschichtungssysteme umfassen (Tabelle 2):

Die Normenreihe wird regelmäßig auf Aktualität überprüft und gegebenenfalls revidiert. Alle Teile wurden bis zum Ausgabedatum 2018 einer grundlegenden Revision unterzogen. Einige Teile wurden im Jahr 2019 und 2020 nach redaktionellen Änderungen neu herausgegeben. Neben vielen redaktionellen Änderungen und Anpassungen an den derzeit gültigen Stand der Technik wurde der neue Teil 9 hinzugefügt. Dieser entspricht der überarbeiteten früheren DIN EN ISO 20340.

Zur besseren Lesbarkeit wird im nachfolgenden Text auf die Nennung des Ausgabedatums verzichtet. Alle Angaben beziehen sich auf die in Tabelle 2 aufgeführten Ausgaben der DIN EN ISO 12944. Eine Änderung des Anwendungsbereichs fand nicht statt: Grundsätzlich ist es Zielsetzung dieser Norm und der momentan gültigen Regelwerke, den Werkstoff Stahl (das Substrat) möglichst lange und sicher durch Beschichtungssysteme vor Korrosion zu schützen. Beschichtungssysteme mit anderen Schutzfunktionen, beispielsweise gegen chemische oder mechanische Belastung, gegen Mikroorganismen oder Einwirkung von Feuer, sind nicht berücksichtigt. Entgegen dem Motto: „Was rostet, das kostet" schützen Beschichtungssysteme Stahlbauten wirtschaftlich vor Korrosion.

## 2 Korrosion von Stahl

Stahl korrodiert in Gegenwart von Feuchtigkeit und Sauerstoff, wobei die Geschwindigkeit der Korrosionsreaktion durch den Einfluss von Salzen, wie z. B. Natriumchlorid (Kochsalz) oder Streusalzmischungen (Bild 3), deutlich erhöht wird.

Elektrochemische Korrosion von Eisen kann bereits in Gegenwart von Wasser und Sauerstoff stattfinden. Art und Geschwindigkeit der Korrosion hängen vom Standort und den Umgebungsbedingungen des Stahlbauwerks ab.

### 2.1 Ursachen und Mechanismen der Korrosion

Eisen und andere unedle Metalle liegen in der Natur nicht metallisch, sondern in Form von Verbindungen (Erze) oxidiert vor und müssen in aufwendigen Prozessen unter hoher Energiezufuhr zu Metallen reduziert werden (Bild 4). Dieser Prozess heißt Verhüttung und wird in großen Anlagen industriell durchgeführt.

$$\text{Eisenoxid} \xrightarrow{\text{Verhüttung}} \text{Eisen}$$

Das Oxid (Erz) ist gegenüber dem Metall thermodynamisch stabiler, deshalb strebt das Metall danach, wieder in die ursprüngliche, oxidierte Form überzugehen.

$$\text{Eisen} \xrightarrow{\text{Korrosion}} \text{Eisenoxid}$$

**Bild 3.** Je höher die Salzbelastung, desto höher ist die Korrosivität

**Bild 4.** Die Stahlherstellung ist ein sehr energieintensiver Prozess

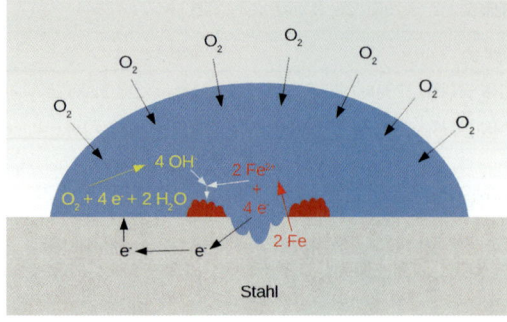

1 Anodische Auflösung von Eisen
2 Elektronenfluss zur Kathode
3 Kathodische Reduktion von Sauerstoff
4 Bildung von Eisenhydroxid
5 Ablagerung von Eisen-Korrosionsprodukten

**Bild 5.** Evans'scher Tropfenversuch

Dabei kann die Oxidation nach einem rein chemischen oder nach einem elektrochemischen Mechanismus ablaufen. Die festhaftende blaugraue Eisenoxidschicht (Walzhaut/Zunder), die sich beim Walzen des Stahls bei Temperaturen von etwa 1250 °C bildet, entsteht ausschließlich durch die Reaktion mit Sauerstoff (chemische Korrosion). Der Rost auf den Stahloberflächen wird dagegen auf elektrochemischem Wege gebildet: Eisen wird anodisch gelöst, Sauerstoff kathodisch reduziert.

Die Reaktion lässt sich vereinfacht wie folgt beschreiben:

**Anodische Teilreaktion**

$Fe \rightarrow Fe^{2+} + 2e^-$

**Kathodische Teilreaktion**

$H_2O + 2\,e^- + \tfrac{1}{2}\,O_2 \rightarrow 2\,OH^-$

**Summenreaktion**

$Fe + H_2O + \tfrac{1}{2}\,O_2 \rightarrow Fe(OH)_2$

Die elektrochemische Korrosion kann nur stattfinden, wenn Eisen mit Sauerstoff und Wasser in Verbindung kommt. Elektrolyte (Salze) beschleunigen durch die höhere Leitfähigkeit und den dadurch schnelleren Ladungstransport die Korrosionsreaktion.

An frisch gestrahlten Stahloberflächen lässt sich diese Art der Korrosion bereits bei niedriger Luftfeuchtigkeit beobachten. Ein einfaches Experiment, das nach dem englischen Chemiker *Ulick Richardson Evans* benannt ist, lässt sich auch unter Werkstattbedingungen durchführen. Ein Tropfen demineralisiertes Wasser auf eine frisch gestrahlte Stahloberfläche aufgebracht, ergibt bereits nach kurzer Zeit Rostbildung im Inneren des Tropfens. Dieses anschauliche Experiment wird Evans'scher Tropfenversuch genannt (Bild 5). Die Vorgänge sind wie folgt zu erklären:
Eisen gibt bereitwillig zwei Elektronen ab und geht als Eisen-Ion ($Fe^{2+}$) in Lösung. Die Elektronen wandern durch das Metall zum Rand des Tropfens, wo die höchste Konzentration an Sauerstoff herrscht. Der Sauerstoff nimmt bereitwillig die Elektronen auf und bildet Hydroxid-Ionen ($OH^-$). Diese bilden zusammen mit gelöstem Eisen im Innern des Tropfens die rotbraunen Korrosionsprodukte des Eisens. Daraus folgt, dass Stahl nicht rostet, wenn an die Oberfläche

– kein Wasser,
– kein Sauerstoff und zusätzlich
– keine Salze

gelangen. Genau dies verhindern Beschichtungssysteme.

## 2.2 Erscheinungsformen der Korrosion

Unabhängig von den Umgebungsbedingungen tritt Korrosion in unterschiedlichen Erscheinungsformen auf, denen bestimmte, meist elektrochemische Ursachen zugrunde liegen (Tabelle 3).

Die Korrosionsgeschwindigkeit hängt unter anderem ab:

– von der Umgebung (Atmosphäre, Wasser oder Erdreich),
– von der Konzentration von Salzen oder anderen Substanzen, die beschleunigend auf die Rostbildung wirken (Korrosionsstimulatoren),
– von der Temperatur, von weiteren Belastungen während der Nutzung, z. B. mechanischem Abrieb.

Art und Erscheinungsform der Korrosion sind davon weitgehend unabhängig. In der Regel entstehen braune bis schwarzbraune Korrosionsprodukte (Rost), die im fortgeschrittenen Stadium der Korrosion oft lose an der Oberfläche des Stahls liegen.

## 2.3 Unterteilung der Korrosion

DIN EN ISO 12944, Teil 2 nimmt eine „Einteilung der Umgebungsbedingungen" in

**Tabelle 3.** Erscheinungsformen der Korrosion

| Korrosionsform | Definition |
| --- | --- |
| Gleichmäßige Flächenkorrosion | Korrosion mit nahezu gleicher Abtragsrate auf der gesamten Oberfläche |
| Muldenkorrosion | Korrosion mit örtlich unterschiedlicher Abtragsrate, bedingt durch das Auftreten von räumlich getrennten Anoden- und Kathodenflächen |
| Lochkorrosion (Lochfraß) | Korrosion auf nahezu punktförmig kleinen Anodenstellen, verursacht z. B. durch Chloridionen an Fehlstellen der Beschichtung |
| Bimetallkorrosion (Kontaktkorrosion) | Korrosion, die auftritt, wenn zwei Metalle mit unterschiedlichem elektrochemischem Potenzial leitend miteinander verbunden sind und durch Elektrolyte ein elektrochemischer Kreislauf hergestellt wird |
| Risskorrosion | Korrosionsrisse, die sich durch gleichzeitigen Angriff von aggressiven Medien und Zugspannung bilden und die den tragenden Querschnitt beeinträchtigen |
| Wasserstoffinduzierte Korrosion | Korrosionsrisse, die durch Aufnahme von atomarem Wasserstoff im Gefüge des Stahls entstehen |

– atmosphärische Korrosion,
– Korrosion in Wasser und
– Korrosion im Erdreich vor.

Diese Umgebungsbedingungen werden weiter in einzelne Korrosivitäts- und Immersionskategorien unterteilt. Aus der Kombination dieser Kategorien und der Schutzdauer können abgestimmt auf das Bauwerk geeignete Korrosionsschutzsysteme festgelegt werden.

### 2.3.1 Atmosphärische Korrosion

Atmosphärische Korrosion tritt an allen Bauteilen oder Bauwerken auf, die sich im Kontakt mit der Atmosphäre befinden. Sie wird beschleunigt durch
– steigende relative Luftfeuchte,
– Kondenswasserbildung,
– korrosive Stoffe in der Atmosphäre und
– steigende Temperatur.

Dabei ist sowohl das Gesamtklima, z. B.
– tropische oder gemäßigte Klimazone,
– ländliche oder Industrieatmosphäre,
– Stadt- oder Küstenbereich,
– Stahlbauten im Meer oberhalb der Spritzwasserzone

als auch das Kleinklima („Mikroklima") von Bedeutung, etwa die
– Sonnen- oder Schattenseite eines Bauwerks,
– Luftfeuchtigkeit im Innenraum (Schwimmbad, Brauerei),
– spezifische chemische Belastung lokalen Charakters.

Die verschiedenen Klimatypen sind in ISO 9223 mit den Extremwerten für Temperatur und Luftfeuchte definiert. Hinzu kommen die Einflüsse durch das Wetter und durch die Verunreinigungen der Atmosphäre, z. B. Gase oder gelöste Salze. Aus diesen Angaben lässt sich jedoch noch keine Korrosionsgeschwindigkeit ermitteln. Deshalb teilt die DIN EN ISO 12944, Teil 2 die korrosive Wirkung der Atmosphäre anhand des Massenverlustes von unlegiertem Stahl und Zink in sechs Korrosivitätskategorien ein (Tabelle 4).

**Bild 6.** Eisenbahnhochbrücke Rendsburg – seit über 100 Jahren erfolgreich durch Beschichtungssysteme vor Korrosion geschützt

Zur Bestimmung der Kategorien wurden Standardproben aus niedrig legiertem Stahl und Zink in unterschiedlicher Umgebung (ländliche Atmosphäre, Industrieatmosphäre, Meeresklima) ausgelagert. Die Proben wurden nach verschiedenen Bewitterungsdauern gewogen. Der so bestimmte Massenverlust wurde dann in die Veränderung der Materialdicke umgerechnet. Im Anwendungsfall kann anhand der Tabelle 5 die Korrosivitätskategorie abgeschätzt werden, die zur Auswahl der geeigneten Korrosionsschutzmaßnahme dient. Die in Bild 6 dargestellte Brücke ist in die Korrosivitätskategorie C5 einzuordnen.

### 2.3.2 Korrosion im Wasser und im Erdreich

Stahl korrodiert im Wasser oder teilweise auch im Erdreich deutlich schneller als an der Atmosphäre. Nach Untersuchungen der Bundesanstalt für Wasserbau liegt die Abrostungsrate von unlegiertem Stahl an der deutschen Küste in der Wasserwechselzone jährlich bei

**Tabelle 4.** Korrosivitätskategorien für atmosphärische Belastungen und typische Umgebungen

| Korrosivitäts-kategorie | Typische Umgebung innen | Typische Umgebung außen | Korrosions-belastung |
|---|---|---|---|
| C1 | beheizte Gebäude mit neutraler Atmosphäre | – | unbedeutend |
| C2 | unbeheizte Gebäude, in denen Kondensation auftreten kann, z. B. Lagerhallen | Atmosphäre mit geringem Verunreinigungsgrad: meistens ländliche Gebiete | gering |
| C3 | Produktionsräume mit hoher Luftfeuchte und gewisser Luftverunreinigung, z. B. Wäschereien, | Stadt- und Industrieatmosphäre; Küstenatmosphäre mit geringer Salzbelastung | mäßig |
| C4 | Chemieanlagen, Schwimmbäder, küstennahe Werften und Bootshäfen | Industrieatmosphäre und Küstenatmosphäre mit mäßiger Salzbelastung | stark |
| C5 | Gebäude oder Bereiche mit nahezu ständiger Kondensation und mit starker Verunreinigung | Industriebereiche mit hoher Luftfeuchte und aggressiver Atmosphäre und Küstenatmosphäre mit hoher Salzbelastung | sehr stark |
| CX | Industriebereiche mit extremer Luftfeuchte und aggressiver Atmosphäre, z. B. Rottehallen, Hallen mit Beizbädern | Offshore-Bereiche mit hoher Salzbelastung und Industriebereiche mit extremer Luftfeuchte und aggressiver Atmosphäre sowie subtropische und tropische Atmosphäre | extrem |

**Tabelle 5.** Massenverluste und Abnahme der Materialdicke von Stahl und Zink nach einem Jahr Auslagerung in verschieden korrosiven Atmosphären

| Korrosivitätskategorie | Stahl | | Zink | |
|---|---|---|---|---|
| | Massenverlust g/m² | Abnahme der Material-dicke µm | Massenverlust g/m² | Abnahme der Material-dicke µm |
| C1 unbedeutend | ≤ 10 | ≤ 1,3 | ≤ 0,7 | ≤ 0,1 |
| C2 gering | > 10 bis 200 | > 1,3 bis 25 | > 0,7 bis 5 | > 0,1 bis 0,7 |
| C3 mäßig | > 200 bis 400 | > 25 bis 50 | > 5 bis 15 | > 0,7 bis 2,1 |
| C4 stark | > 400 bis 650 | > 50 bis 80 | > 15 bis 30 | > 2,1 bis 4,2 |
| C5 sehr stark | > 650 bis 1500 | > 80 bis 200 | > 30 bis 60 | > 4,2 bis 8,4 |
| CX extrem | > 1500 bis 5500 | > 200 bis 700 | > 60 bis 180 | > 8,4 bis 25 |

250 µm, an einzelnen Stellen sogar bis zu 1 mm pro Jahr.

Korrosion im Wasser hängt von folgenden Parametern ab:
- von der Art des Wassers (Süßwasser, Brackwasser, Salzwasser),
- von der Temperatur, dem Sauerstoffgehalt, der Art und Menge gelöster Stoffe,
- vom eventuellen Vorhandensein pflanzlichen oder tierischen Bewuchses

sowie von der Belastungszone, z. B.
- Unterwasserzone, d. h. ständige Belastung durch Wasser,
- Wasserwechselzone, d. h. abwechselnde Einwirkung des Wassers und der Atmosphäre,
- Spritzwasserzone, d. h. periodische Belastung mit Wasser.

Korrosion im Erdreich hängt ab
- von Art und Menge der löslichen Salze im Erdreich,
- vom Gehalt an Wasser und an Sauerstoff,

Tabelle 6. Kategorien der Belastung im Wasser und im Erdreich

| Immersionskategorie | Umgebung | Beispiele |
|---|---|---|
| Im1 | Süßwasser | Flussbauten, wie Schleusen, Wehre, Düker und Wasserkraftwerke |
| Im2 | Salz- oder Brackwasser | wasserberührte Stahlbauten ohne kathodischen Korrosionsschutz, wie Schleusentore, Spundwände und andere Stahlbauten von Seehäfen |
| Im3 | Erdreich | Behälter im Erdreich, Lichtmaste und Lärmschutzwände, Wellstahlbauwerke, Stahlrohre zur Öl-, Gas- oder Wasserversorgung |
| Im4 | Salz- oder Brackwasser | wasserberührte Stahlbauten mit kathodischem Korrosionsschutz, wie Windenergieanlagen, Plattformen zur Erdölgewinnung |

– vom pH-Wert des Erdreichs,
– von den organischen Bestandteilen.

Die Korrosivitätsparameter der verschiedenen Bodenarten sind in dieser Norm nicht berücksichtigt. Hier sei auf die DIN EN 12501-1 „Korrosion metallischer Werkstoffe – Korrosionswahrscheinlichkeit in Böden" verwiesen.

Für Bauten im Wasser oder im Erdreich sind die verschiedenen Umgebungen mit typischen Beispielen in sogenannten Immersionskategorien Im1 bis Im4 zusammengefasst (Tabelle 6). Korrosion an Stahlbauteilen tritt in diesen Umgebungen oft nur lokal begrenzt auf. Daher ist eine Definition von Korrosivitätskategorien schwierig.

### 2.3.3 Korrosion unter besonderen Belastungen

Die bisher beschriebenen, in Korrosivitäts- und Immersionskategorien eingestuften Umgebungsbedingungen lassen sich relativ leicht zuordnen. Die neue Korrosivitätskategorie CX umfasst dabei auch extrem korrosive Umgebungen mit tropischem Klima, Dauerfeuchte und hohen Salzbelastungen. Für diese Korrosivitätskategorie CX können nur noch im Fall von Offshore-Bauwerken konkrete Empfehlungen zum Korrosionsschutzsystem gegeben werden.

Für alle anderen Anwendungen müssen bereits objekt- oder anwendungsbezogene Korrosionsschutzsysteme zwischen den Vertragspartnern vereinbart werden. Individuell angepasste, geprüfte und erprobte Korrosionsschutzsysteme sind ebenso für Sonderbelastungen notwendig. Darunter sind vor allem chemische und mechanische Belastungen oder höhere bzw. hohe Temperatur zu verstehen, die die Korrosion erheblich verstärken können bzw. die an das Korrosionsschutzsystem besondere Anforderungen stellen.

Wenn bereits während der Planungsphase die Korrosionsbelastungen falsch (in der Regel zu niedrig) eingeschätzt und demzufolge nicht geeignete Korrosionsschutzsysteme spezifiziert werden, ist die Schutzdauer des gewählten Korrosionsschutzsystems deutlich geringer und es ist mit einem vorzeitigen Versagen des Korrosionsschutzes zu rechnen.

Im speziellen Bereich des Stahlhallenbaus wird häufig von der späteren Nutzung mit geringen korrosiven Belastungen ausgegangen, wobei die Transport- und Bauphase die eigentliche Belastung für das Korrosionsschutzsystem darstellen. Bei Großobjekten kann sich die Bauphase über mehrere Jahre erstrecken, in denen die Bauteile unter ungünstigen Bedingungen gelagert werden müssen. In diesen Phasen entstandene Korrosionsschäden müssen dann aufwendig ausgebessert werden.

### 2.4 Korrosions- und Beschichtungsschäden

Korrosionsschäden machen sich z. B. durch Abnahme der Materialdicke des Stahls und Lochfraß bemerkbar (Bild 7). Mechanisch verursachte Fehlstellen, Risse in der Beschichtung, Blasenbildung und Abblättern der Beschichtung sind Beschichtungsschäden, die zu Korrosionsschäden führen können. Bei regelmäßiger Inspektion des Bauwerks können Beschichtungsschäden frühzeitig erkannt und mit vergleichsweise geringem

Bild 7. Korrosion in Meeresatmosphäre

Aufwand beseitigt werden. Je nach Ausmaß der Schädigung können Ausbesserung, Teilerneuerung oder Vollerneuerung notwendig werden.

Werden Beschichtungsschäden nicht rechtzeitig erkannt und beseitigt, können Korrosionsschäden an Bauwerken auftreten, deren Beseitigung meistens mit hohen Kosten verbunden ist. Darunter fallen nicht nur die unmittelbaren Kosten für die Instandsetzung oder den Austausch eines korrodierten Teils. Ein Vielfaches betragen meist die Folgekosten, wie Ausfallzeiten, Schadenersatzansprüche bzw. völlige Erneuerung des Gesamtsystems.

## 3 Prinzipien und Verfahren des Korrosionsschutzes

Stahl kann vor Korrosion geschützt werden, in dem die Korrosionsreaktionen verlangsamt oder unterbunden werden.
Der Korrosionsschutz durch Beschichtungssysteme beruht im Wesentlichen auf der Trennung der Stahloberfläche und des korrosiven Mediums.

### 3.1 Prinzipien des Korrosionsschutzes

Es gibt grundsätzlich drei verschiedene Prinzipien, um die Korrosionsgeschwindigkeit von Stahl zu reduzieren (Bild 8). Hierzu zählen die Veränderung des angreifenden Mediums, die Maßnahmen am zu schützenden Werkstoff und die Trennung von Werkstoff und angreifendem Medium. Für diese drei Möglichkeiten gibt es entsprechende Umsetzungen und technische Verfahren.

### 3.2 Maßnahmen durch Veränderung des angreifenden Mediums

Dicht geschlossene Hohlkästen aus Stahl benötigen keinen Korrosionsschutz. Solche Bauteile können im Falle besonderer Anforderungen mit Stickstoff geflutet werden, um Sauerstoff und Feuchtigkeit aus dem Innenraum zu verdrängen. Wasser in Kühl- und Leitungssystemen wird durch den Zusatz von Inhibitoren so verändert, dass innerhalb des Systems keine Korrosion entstehen kann.
Im Stahlbau kann dieses Prinzip nur selten angewandt werden.

### 3.3 Maßnahmen am zu schützenden Werkstoff

#### 3.3.1 Maßnahmen durch Planung und Konstruktion

**Auswahl des Werkstoffs**

Die Auswahl des richtigen Werkstoffs ist bei der Planung von Bauwerken ein wesentlicher Schritt zur Vermeidung von Korrosionsschäden. Bei der Betrachtung der Wirtschaftlichkeit sollten sowohl die Werkstoffkosten als auch die Schutzdauer berücksichtigt werden.

Übersteigt die geplante Nutzungsdauer des Bauwerks die Schutzdauer des Korrosionsschutzsystems, ist die Anzahl der notwendigen Instandsetzungen zu berücksichtigen (Bild 9).

**Korrosionsschutzgerechte Gestaltung**

Konstruktive Maßnahmen haben entscheidenden Einfluss auf die Wirksamkeit des Korrosionsschutzes. In DIN EN ISO 12944, Teil 3 werden „Grundregeln zur Gestaltung" beschrieben (Bild 8). Grundprinzip ist auch hier, dass bereits konstruktiv Stellen mit stehendem Wasser durch Profile, Unterbrechungen und Abläufe vermieden werden. Weitere Regelungen zu Planung, Konstruktion und Ausführung von Stahlbauten werden in der Normenreihe DIN EN 1090 „Ausführung von Stahltragwerken und Aluminiumtragwerken" beschrieben.

Aus korrosionsschutztechnischer Sicht sollten Oberflächen von Stahlbauten möglichst klein und glatt sein. Um Elemente zu verbinden, sind aufgrund der glatten Flächen Schweißnähte den Niet- oder Schraubverbindungen vorzuziehen. Unterbrochene Nähte und Punktschweißungen sollten hingegen vermieden werden. In Spalten und Fugen, die nicht abgedichtet sind, kann sich Wasser und Schmutz ansammeln. Generell sind Oberflächenformen, in denen sich Wasser ansammeln kann, problematisch.

Zur Durchführung, Prüfung und Instandsetzung von Korrosionsschutzmaßnahmen müssen alle Bauteile zugänglich oder mindestens mit Werkzeugen erreichbar sein. In DIN EN ISO 12944, Teil 3 sind Maße und Grenzwerte für Zugänglichkeit und Erreichbarkeit angegeben.

Hohlkästen und Hohlbauteile werden in offene und geschlossene Bauteile unterteilt. Bei Ersteren ist gezielter Korrosionsschutz notwendig; Letztere werden in der Regel nicht beschichtet, sie müssen aber luft- und wasserdicht sein. Eine helle Beschichtung kann auch in geschlossenen Hohlkästen zum Zweck der einfacheren Inspektion aufgebracht werden.

Bei der Verbindung von Metallen mit unterschiedlichem elektrochemischem Potenzial besteht bei Einwirkung von Feuchtigkeit die Gefahr der Bimetallkorrosion (Kontaktkorrosion). Dabei korrodiert das unedlere Metall (Anode). Die Geschwindigkeit der Bimetallkorrosion ist abhängig von der Potenzialdifferenz und dem Größenverhältnis der verbundenen Oberflächen. Die ungünstigste Kombination ist eine kleine Anode und eine große Kathode (z. B. Kupferdachrinne mit Stahlnagel befestigt). Müssen Metalle mit unterschiedlichen elektrochemischen Potenzialen verbunden werden, sind besondere Korrosionsschutzmaßnahmen erforderlich (z. B. die elektrische Isolation der Verbindungsflächen). Handhabung, Transport, Montage und spätere Inspektion müssen bereits in der Entwurfs- und Planungsphase eines Bauwerks berücksichtigt werden. Im Werk aufgebrachte Beschichtungen sollen beim Transport und auf der Baustelle nicht beschädigt werden.

# E&S Kalender reduziert
## Jahrgänge ab 2016 und älter stark im Preis gesenkt

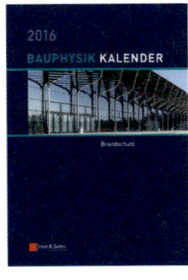
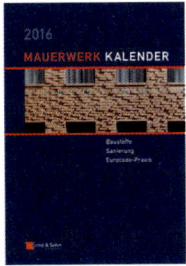

je nur € 79,–*

**Beton-Kalender 2016**
Beton im Hochbau,
Silos und Behälter

**Bauphysik-Kalender 2016**
Brandschutz

**Mauerwerk-Kalender 2016**
Baustoffe, Sanierung,
Eurocode-Praxis

**Stahlbau-Kalender 2016**
Eurocode 3 – Grundnorm,
Werkstoffe und Nachhaltigkeit

www.ernst-und-sohn.de/kalender-reduziert

**Ernst & Sohn**
Verlag für Architektur und technische
Wissenschaften GmbH & Co. KG

Kundenservice: Wiley-VCH
Boschstraße 12
D-69469 Weinheim

Tel. +49 (0)6201 606-400
Fax +49 (0)6201 606-184
service@wiley-vch.de

* Der €-Preis gilt ausschließlich für Deutschland. Inkl. MwSt. Die Versandkosten für Deutschland, Österreich, Schweiz, Liechtenstein und Luxemburg entfallen. Für alle anderen Länder gilt der Preis zzgl. Versandkosten. Irrtum und Änderungen vorbehalten. 1148426_dp

## STAHL MIT BESCHICHTUNGEN DAUERHAFT SCHÜTZEN
## FÜR HÖCHSTE ANFORDERUNGEN UND MEHR ÄSTHETIK

Mit hochleistungsfähigen Beschichtungssystemen für den Korrosions- und Brandschutz ist Sika seit Jahrzehnten zuverlässiger Partner für die Umsetzung neuer Bauvorhaben und für die Instandsetzung bestehender Gebäude oder Bauwerke. In den Bereichen Verkehrs- und Brückenbau, Stahlhochbau, Stahlwasserbau, Chemie- und Anlagenbau, Tankschutz, Windenergie sowie dem vorbeugenden baulichen Brandschutz bietet Sika mit seiner Expertise und seinem Leistungsumfang Produkte für höchste Anforderungen.

Erfahren Sie mehr unter
**www.sika.de/industrial-coatings**

# Kommentar aus erster Hand – für erstklassige Stahlbauten

Nachdem sich die Vorgängerauflage des Kommentars von 2012 zur unverzichtbaren Arbeitshilfe für alle mit dem Stahlbau befassten Fachleute entwickelt hat, wird nun eine überarbeitete und erweiterte Auflage vorgelegt, die die zwischenzeitlichen Änderungen an den kommentierten Normen berücksichtigt.

Dieser Kommentar enthält technische Erläuterungen zu den Normen DIN EN 1090-2 „Ausführung von Stahltragwerken und Aluminiumtragwerken – Teil 2: Technische Regeln für die Ausführung von Stahltragwerken" und DIN EN 1090-4 „Ausführung von Stahltragwerken und Aluminiumtragwerken – Teil 4: Technische Anforderungen an kaltgeformte, tragende Bauelemente aus Stahl und kaltgeformte, tragende Bauteile für Dach-, Decken-, Boden- und Wandanwendungen".

Er liefert wichtige Zusatz- und Hintergrundinformationen und stellt darüber hinaus Verknüpfungen zu angrenzenden Disziplinen dar. Auszüge aus zitierten Regelwerken werden wiedergegeben und die Umsetzung der Normregelungen anhand von Musterbeispielen illustriert.

Der vorliegende Kommentar soll allen Fachleuten, die sich planend, bauend, prüfend oder überwachend mit der Ausführung von Stahlbauten in Deutschland oder im europäischen Ausland befassen (Ingenieure, Techniker, Meister, technische Kaufleute usw.), Hilfestellung bei der täglichen Arbeit mit DIN EN 1090-1 und -4 geben.

Herbert Schmidt, Jörg-Dieter Korth, Gregor Machura, Ralf Podleschny, Christian Kammel, Michael Volz
**Ausführung von Stahlbauten**
Kommentare zu DIN EN 1090-2 und DIN EN 1090-4
2., überarbeitete Auflage
2019. ca. 620 Seiten.
€ 159,–*
ISBN 978-3-433-03108-7
Auch als ebook erhältlich.

**Online Bestellung:**
www.ernst-und-sohn.de/3108

**Ernst & Sohn**
Verlag für Architektur und technische Wissenschaften GmbH & Co. KG

Kundenservice: Wiley-VCH
Boschstraße 12
D-69469 Weinheim

Tel. +49 (0)6201 606-400
Fax +49 (0)6201 606-184
service@wiley-vch.de

* Der €-Preis gilt ausschließlich für Deutschland. Inkl. MwSt. Die Versandkosten für Deutschland, Österreich, Schweiz, Liechtenstein und Luxemburg entfallen. Für alle anderen Länder gilt der Preis zzgl. Versandkosten. Irrtum und Änderungen vorbehalten. 1078226_dp

# Prinzipien und Verfahren des Korrosionsschutzes

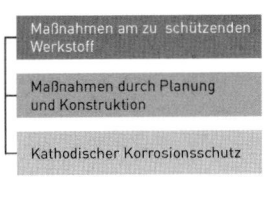
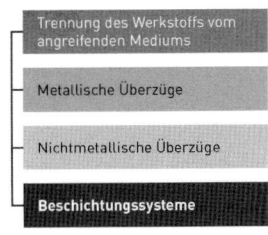

**Bild 8.** Prinzipien des Korrosionsschutzes

**Bild 9.** Korrosion von feuerverzinktem Stahl – unbeschichtete Feuerverzinkung korrodiert schnell unter Salzeinwirkung und mechanischer Belastung

### 3.3.2 Kathodischer Korrosionsschutz

Unter dem Begriff des kathodischen Korrosionsschutzes werden alle Maßnahmen zusammengefasst, die den Stahl selbst zu einer Kathode werden lassen und somit die anodische Auflösung sicher verhindern. Dies kann durch Kombination von Stahlbauwerken mit Opferanoden aus unedleren Metallen wie Magnesium, Zink oder Aluminium erfolgen. Stahlobjekte im Meer werden auf diese Weise lange Jahre erfolgreich geschützt. Die starke Zunahme der Objekte durch den Ausbau der erneuerbaren Energien in Offshore-Windparks haben eine kritische Auseinandersetzung mit den freigesetzten Zink-, Magnesium- und Aluminiumsalzen zur Folge. Die Metallemissionen in das Meerwasser können durch Anlegen von Gleichstrom aus einer Fremdstromanlage und die damit einhergehende Polarisation der Stahloberfläche in den kathodischen Bereich vermieden werden, ohne dass der Korrosionsschutz verloren geht.
Der kathodische Korrosionsschutz ist besonders wirtschaftlich, wenn der zu schützende Stahl beschichtet ist. Einerseits fallen dadurch die ständigen Stromkosten geringer aus, andererseits werden die Einsatzzeiten der Opferanoden länger und die Menge der freigesetzten Metallsalze wird reduziert. Die Beschichtungsstoffe müssen zuvor auf ihre Eignung für diesen besonderen Anwendungsfall hin untersucht werden.

### 3.4 Trennung des Werkstoffs vom angreifenden Medium

Die Trennung des Werkstoffs vom angreifenden Medium ist das Prinzip des sog. passiven Korrosionsschutzes. Sie kann erfolgen durch
- metallische Überzüge,
- nichtmetallische anorganische Überzüge,
- organische Beschichtungen
- sowie Kombinationen unterschiedlicher Überzüge und/oder Beschichtungen.

#### Metallische und nichtmetallische anorganische Überzüge

Überzüge aus Zink, Kupfer, Nickel, Chrom, Zinn oder Edelmetallen sowie aus Legierungen wie Messing und Bronze werden nach sehr unterschiedlichen Verfahren in verschiedenen Schichtdicken auf den Werkstoff aufgebracht. Dabei ist grundsätzlich zu beachten, dass edlere Metalle als Eisen (z. B. Zinn, Kupfer und Chrom) das Stahlsubstrat nur solange schützen, wie sie unverletzt sind. An einer mechanischen Verletzung löst sich Eisen sehr schnell anodisch auf. Überzüge aus unedleren Metallen wie Zinküberzüge spielen beim Korrosionsschutz von Stahlbauten neben Beschichtungen eine große Rolle. Der Schutzmechanismus beruht in erster Linie auf dem bereits beschriebenen Prinzip der Opferanode: Das unedle Metall löst sich unter korrosiver Belastung auf und schützt dabei das Stahlsubstrat. Sowohl edlere als auch unedlere Metalle können unter bestimmten Bedingungen an der Atmosphäre festhaftende Deckschichten ausbilden, die einen zusätzlichen Schutz des metallischen Überzugs bieten.
Es gibt eine Reihe nichtmetallischer anorganischer Überzüge, die zum Teil aus dem Werkstoff selbst, z. B. durch Oxidation, zum Teil aus völlig anderen Materialien, z. B. Emaille oder Keramik, hergestellt werden.

#### Beschichtungen

Beschichtungsstoffe sind Materialien auf Basis unterschiedlicher Bindemittel, mit oder ohne Korrosionsschutzpigmente, die in der Regel in Lösemitteln und/oder Wasser gelöst oder dispergiert sind. Daneben gibt es auch komplett lösemittel- und wasserfreie flüssige Beschichtungsstoffe. Sie werden nach sehr unterschiedlichen Verfahren auf das Bauteil aufgebracht und här-

**Bild 10.** Korrosionsschutzarbeiten an der Kaiser-Wilhelm-Brücke in Wilhelmshaven (eröffnet 1907)

ten zu einer festen Beschichtung mit gleichmäßiger Schichtdicke aus, die auf dem Substrat haftet.

Zu den organischen Beschichtungen im weiteren Sinne gehören auch Gummierungen und Auskleidungen nach DIN EN 14879-1.

Der Korrosionsschutz durch Beschichtungen hat einen besonderen Stellenwert: Die Mehrzahl aller vor Korrosion zu schützenden Flächen werden durch Beschichtungen geschützt. Der Grund dafür liegt in der Vielfalt der Möglichkeiten des Materials und der Applikation. Die Beschichtungsstoffe können unabhängig von der Lage und der Größe des Objekts direkt am Bauwerk aufgetragen werden. Mechanische Beschädigungen und die Ausbesserung von Fehlstellen können einfach und kostengünstig vor Ort ausgeführt werden.

Gerade bei der Instandsetzung von Korrosionsschutzsystemen ist die Applikation von Beschichtungsstoffen meist die einzige Möglichkeit, vor Ort den erforderlichen Schutz des Stahlbauwerks wieder herzustellen und somit den Wert des Objekts und dessen Nutzung zu erhalten.

Es gibt sehr viele Objekte, die durch konsequente Inspektion, Ausbesserung und Erneuerung des Korrosionsschutzsystems bereits mehr als 100 Jahre zuverlässig ihre Funktion erfüllen (Bild 10).

## 4 Vorbereitung und Vorbehandlung von Oberflächen

Hauptziel der Oberflächenvorbereitung ist die Entfernung haftungsmindernder Substanzen. Durch Aufrauen wird eine gute Haftfestigkeit zwischen dem Substrat und dem Korrosionsschutzsystem erreicht. Die sorgfältige Oberflächenvorbereitung ist eine notwendige Voraussetzung für ein langlebiges Korrosionsschutzsystem.

Korrosionsschutzsysteme für den Erstschutz basieren auf einer Oberflächenvorbereitung durch Strahlen bis zum Norm-Vorbereitungsgrad Sa 2½. Feuerverzinkter Stahl ist durch Sweep-Strahlen vorzubereiten.

### 4.1 Anwendungsbereich

Die Grundlage für dauerhafte Korrosionsschutzsysteme ist die sorgfältige Vorbereitung der Stahloberfläche. In der Praxis wird unterschieden zwischen

- Oberflächenvorbereitung durch Reinigen, Entfetten, Entfernen von Rost und Zunder etc. vor dem Beschichten und
- Oberflächenvorbehandlung durch chemische Umwandlung der Oberfläche, z. B. Phosphatieren.

DIN EN ISO 12944, Teil 4 „Arten von Oberflächen und Oberflächenvorbehandlung" behandelt nur die Oberflächenvorbereitung, also das Entfernen von Verunreinigungen und das Aufrauen der Stahloberfläche vor der Applikation der Beschichtung oder des thermisch gespritzten Metallüberzugs. Der gesamte Prozess der Oberflächenvorbereitung vor der Feuerverzinkung des Stahls, bestehend aus verschiedenen Beiz- und Spülbädern, ist nicht in diesem Teil beschrieben. Beizen als eine Möglichkeit zur Entfernung von Walzhaut und Zunder ist grundsätzlich erwähnt.

Die Norm lässt sich anwenden auf Bauteile aus unlegiertem und niedriglegiertem Stahl mit

- unbeschichteten oder beschichteten Oberflächen,
- metallischen Überzügen.

Je nach Art der Oberfläche und der Verunreinigung werden Verfahren zur Entfernung und Kriterien zur Bewertung der Vorbereitung festgelegt.

### 4.2 Vorzubereitende Oberflächen

In DIN EN ISO 12944, Teil 4 werden viele Arten von vorzubereitenden Oberflächen beschrieben. Die Aufzählung umfasst auch Oberflächen, die in der Stahlbaupraxis selten anzutreffen sind, aber in der industriellen Praxis oft vorgefunden werden. Die für den Stahlbau

Tabelle 7. Übliche Oberflächen für den Stahlbau und typische Verunreinigungen

| Art der Oberflächen | Beschreibung |
|---|---|
| Unbeschichtete Oberflächen | Stahloberflächen, bedeckt mit Zunder, Rost oder anderen Verunreinigungen; der Rostgrad ist nach DIN EN ISO 8501-1 zu bewerten (Rostgrade A, B, C oder D). |
| Beschichtete Oberflächen | Stahloberflächen bzw. Oberflächen von metallischen Überzügen mit Resten von Beschichtungsstoffen einschließlich Rost und anderen Verunreinigungen. Die Bewertung des Ausgangszustands erfolgt nach DIN EN ISO 4628. |
| Oberflächen mit Fertigungsbeschichtungen | Gestrahlter Stahl mit Fertigungsbeschichtungen. |
| Feuerverzinkte Oberflächen | Überzüge aus Zink oder Zinklegierungen, die durch Schmelztauchen nach DIN EN ISO 1461 aufgebracht sind, bedeckt mit Korrosionsprodukten von Zink und anderen Verunreinigungen. |
| Oberflächen mit thermisch gespritzten Metallüberzügen | Überzüge aus Zink, Aluminium oder deren Legierungen, die durch Flamm- oder Lichtbogenspritzen nach DIN EN ISO 2063 aufgebracht sind, bedeckt mit Korrosionsprodukten von Zink und/oder Aluminium und anderen Verunreinigungen. |

wichtigen Oberflächen und die darauf befindlichen Verunreinigungen lassen sich wie in Tabelle 7 charakterisieren.

### 4.3 Ausgangszustand der Oberflächen

In der Regel sind zu beschichtende Oberflächen durch Korrosionsprodukte und Verunreinigungen aus Transport- oder Fertigungsprozessen verschmutzt. Eine gute Haftfestigkeit nachfolgender Beschichtungen setzt die Entfernung dieser Verunreinigungen voraus. Dabei wird in artfremde und arteigene Verunreinigungen unterschieden.
Übliche artfremde Verunreinigungen von Oberflächen sind:
– Öle, Fette, Wachse, Seifen u. Ä.,
– Feuchtigkeit,
– andere wasserunlösliche Verunreinigungen wie Staub, Asche und Schlackenreste von Schweißarbeiten etc.,
– wasserlösliche Verunreinigungen wie Salze, Säuren und Laugen, Flussmittelreste etc.
Typische arteigene Verunreinigungen auf Stahl sind:
– Zunder (oder Walzhaut),
– Rost in seinen verschiedenen Modifikationen.
Charakteristische arteigene Verunreinigungen feuerverzinkter Oberflächen sind:
– Zinkkorrosionsprodukte (Weißrost).
Der Ausgangszustand von unbeschichtetem Stahl ist durch verschiedene Rostgrade nach DIN EN ISO 8501-1 textlich und durch fotografische Vergleichsmuster beschrieben.
– Rostgrad A: festhaftender Zunder, frei von Rost,
– Rostgrad B: beginnende Rostbildung und Zunderabblätterung,
– Rostgrad C: Zunder meist abgerostet, ansatzweise Rostnarben,
– Rostgrad D: Zunder abgerostet, Rostnarben sichtbar.

Des Weiteren können Altbeschichtungen mit unterschiedlichen Alterungs- und Oberflächenzuständen sowie bereits korrodierte metallische Überzüge vorgefunden werden. Der Ausgangszustand für beschichteten Stahl ist in DIN EN ISO 4628-3 auch durch Abbildungen beschrieben. Diese Beurteilung wird auch als Maßstab zur Planung und Durchführung von Instandhaltungsmaßnahmen herangezogen. Wenn maximal 10 % relevanter Flächen an einem Objekt (z. B. der Bereich des Widerlagers einer Brücke) den Rostgrad von Ri 3 (Bild 11) aufweisen, ist eine Instandhaltungsmaßnahme empfohlen.
– Rostgrad Ri 0: kein Rost,
– Rostgrad Ri 1: Rostfläche 0,005 %,
– Rostgrad Ri 2: Rostfläche 0,5 %,
– Rostgrad Ri 3: Rostfläche 1 %,
– Rostgrad Ri 4: Rostfläche 8 %,
– Rostgrad Ri 5: Rostfläche 40 bis 50 %.
Im Teil 5 der DIN EN ISO 12944 wird normativ in der Tabelle B.1 für den Erstschutz von Stahl die Oberflächenvorbereitung durch Strahlen bis zum Norm-Vorbereitungsgrad Sa 2½ festgelegt. Für Zinkstaub-Grundbeschichtungen (Zn(R)) wird zusätzlich der Rauheits-

Bild 11. Beispiel für den Rostgrad Ri 3

grad „mittel" und die Verwendung kantigen Strahlmittels gefordert (Sa 2½, mittel (G)). Zur Vorbereitung feuerverzinkter Oberflächen ist Sweep-Strahlen erforderlich. Für das Herstellen thermisch gespritzter Schichten nach DIN EN ISO 2063 sind für Zn/ZnAl15 – Spritzschichten mindestens der Norm-Vorbereitungsgrad Sa 2½, mittel (G) und für Al/AlMg5-Spritzschichten Norm-Vorbereitungsgrad Sa 3, mittel (G) zu erreichen. Abweichende Vereinbarungen müssen zwischen den Vertragspartnern getroffen werden.

Die Art der Oberflächenvorbereitung bei der Instandsetzung wird bestimmt durch
– den Ausgangszustand des Bauwerks,
– das vorliegende Korrosionsschutzsystem,
– den Standort des Bauwerks, den Zustand der Oberfläche und des vorliegenden Korrosionsschutzsystems,
– das Ausmaß der Beschichtungs- und/oder Korrosionsschäden,
– die Art und Intensität der zu erwartenden Belastung,
– das vorgesehene neue Beschichtungssystem,
– die zu erwartende Nutzungsdauer.

Alle Arbeiten zur Oberflächenvorbereitung müssen von qualifiziertem Personal mit entsprechender Ausrüstung ausgeführt werden. Einzelheiten hierzu sind im Abschnitt 7 beschrieben. Die vorbereitete Oberfläche muss im Rahmen der Eigenüberwachung vor der Applikation der Beschichtung auf ihre Übereinstimmung mit der Spezifikation geprüft und dokumentiert werden. Die Maßnahme muss wiederholt werden, wenn der vereinbarte Oberflächenvorbereitungsgrad nicht erreicht wurde.

## 4.4 Verfahren zur Oberflächenvorbereitung

Um Verunreinigungen wie Öle, Fette, Salze, Walzhaut/Zunder, Rost und vorhandene Altbeschichtungen oder alte Überzüge zu entfernen, unterscheidet die DIN EN ISO 12944, Teil 4 zwischen dem Reinigen mit Wasser, mit Lösemitteln und der chemischen Reinigung sowie der mechanischen Reinigung (Bild 12). Bei der im Korrosionsschutz von Stahlbauten üblichen mechanischen Reinigung liegt der Schwerpunkt auf dem Strahlen.

### 4.4.1 Strahlen

Unter Strahlen versteht man das Auftreffen eines Strahlmittels mit hoher kinetischer Energie auf die vorzubereitende Oberfläche. Das Strahlmittel ist der feste Stoff, der zum Strahlen benutzt wird, das zu strahlende Objekt ist das Strahlgut.

Strahlen ist die gängigste und effektivste Art der Oberflächenvorbereitung (Bild 13). Je nach Art der Anwendung kann das Strahlen durch verschiedene Strahlverfahren, unterschiedlich arbeitende Strahlanlagen und eine Auswahl an Strahlmitteln optimiert werden. Auf der Baustelle gibt es keine wirkungsvollere Alternative. Die Tabellen 8 und 9 geben einen Überblick über die Strahlmittel, Tabelle 10 über die gebräuchlichen Strahlverfahren. Sweep- und Spot-Strahlen sind spezielle Anwendungen der mechanischen, abrasiven Oberflächenvorbereitung.

Beim Sweep-Strahlen trifft feinkörniges Strahlmittel mit geringem Strahldruck und flachem Strahlwinkel auf die zu strahlende Oberfläche und führt im Ergebnis zu einem geringen Abtrag. Spot-Strahlen ist ein übliches Druckluft- oder Feuchtstrahlen, bei dem nur einzelne Stellen, wie z. B. Rost- oder Schweißstellen, eines sonst intakten Korrosionsschutzsystems gestrahlt werden. Das Ergebnis des Spot-Strahlens entspricht den Norm-Vorbereitungsgraden P Sa 2 oder P Sa 2½.

**Strahlmittel**

Es wird unterschieden in Einweg- und Mehrwegstrahlmittel.

Einwegstrahlmittel können nur einmal verwendet werden, sind in der Regel nichtmetallischer Natur und kommen fast ausschließlich beim Strahlen auf der Baustelle (sog. „Freistrahlen") zum Einsatz.

Mehrwegstrahlmittel werden im Kreislauf geführt, sind meist metallischer Natur und werden in entsprechenden Anlagen eingesetzt, in denen Farb-, Rost- und Schmutzpartikel vom Strahlmittel getrennt werden. Durch den mehrfachen Einsatz verändern sie sich in der

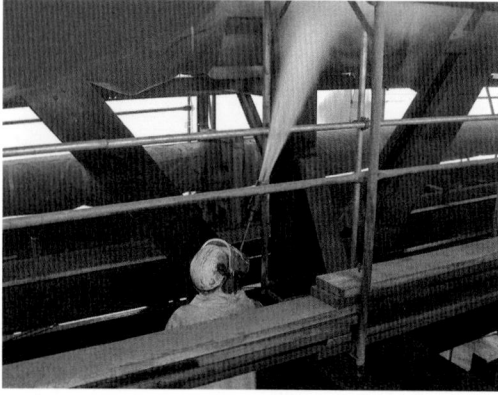

**Bild 12.** Oberflächenvorbereitung durch Wasserwaschen

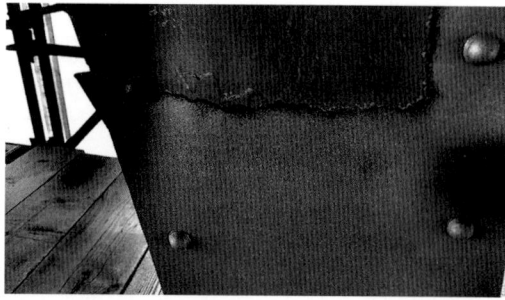

**Bild 13.** Halbgestrahlter Träger

**Tabelle 8.** Bezeichnung der unterschiedlichen Strahlmittelformen

| Strahlmittelart | Strahlmittelform | Bezeichnung DIN EN ISO 8504-2 |
|---|---|---|
| Shot | Rundkorn | S |
| Grit | kantig, unregelmäßig | G |
| Zylindrisch | scharfkantig | C |

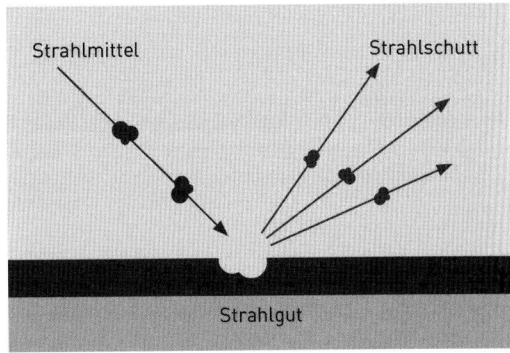

**Bild 14.** Prinzip der Oberflächenvorbereitung durch Strahlen

Korngröße und Form; sie müssen daher regelmäßig durch neues Strahlmittel ergänzt werden. Bei vorliegenden öl- oder salzverunreinigten Oberflächen müssen diese Verschmutzungen entfernt werden, bevor mit Mehrwegstrahlmitteln gestrahlt werden kann. Anderenfalls kann es zur Verschleppung dieser Verunreinigungen auf andere Bauteile kommen. Mehrwegstrahlmittel können im Werk und auf der Baustelle eingesetzt werden, um die zu entsorgenden Abfallmengen (Strahlschutt) deutlich zu verringern. In Abhängigkeit von der ursprünglichen Kornform werden folgende Kategorien von Strahlmitteln unterschieden (Tabelle 8).

Im Anwendungsbereich der DIN EN ISO 12944 werden nur die Strahlmittelarten Shot und Grit berücksichtigt.

In der Tabelle 9 sind die gängigsten metallischen und nichtmetallischen Strahlmittel zusammengefasst.

Beim Strahlen fällt Strahlschutt an, der aus benutztem Strahlmittel, Rost und Zunder sowie – beim Abstrahlen von Altbeschichtungen – aus Beschichtungsresten bestehen kann. Sollen unbekannte Altbeschichtung und metallische Überzüge durch Strahlen vorbereitet werden, muss der Strahlschutt analysiert werden, um eine sachgerechte Entsorgung des Abfalls sicherzustellen (Bild 14). Insbesondere auf die Schadstoffe Blei, PAK (polyzyklische aromatische Kohlenwasserstoffe), Asbest und Chrom (als Cr(VI)) ist zu achten.

Strahlen mit Quarzsand ist in der EU aus Gründen des Arbeitsschutzes verboten! Der fachlich richtige Begriff ist das Druckluftstrahlen mit den in Tabelle 9 genannten Strahlmitteln, obwohl der Begriff „Sandstrahlen" umgangssprachlich immer noch verwendet wird. Die Tabelle 10 gibt einen Überblick über die gängigen Strahlverfahren.

### Entfernen von Korrosionsschutzsystemen mit gefährlichen Inhaltsstoffen

Das Entfernen von Korrosionsschutzsystemen mit gefährlichen Inhaltsstoffen wie Blei, Chromat, PAK oder Asbest erfolgt unter höchsten Sicherheitsvorkehrungen. Diese Arbeiten sind bei der zuständigen Arbeitsschutzbehörde anzeigepflichtig. In zahlreichen Fällen bedarf es einer Ausnahmegenehmigung und des Einrichtens sog. „Schwarz-Weiß-Bereiche" zur Vermeidung der Verschleppung der staubförmigen Gefahrstoffe. Nähere

**Tabelle 9.** Einteilung allgemein verwendeter Strahlmittel für Stahloberflächen

| Typ | | Einwegstrahlmittel | Mehrwegstrahlmittel |
|---|---|---|---|
| Metallisch (M) | Gusseisen | – | Hartguss, kantig |
| | Stahlguss | – | Stahlguss, kugelig oder kantig |
| | Stahldrahtkorn | – | Stahldrahtkorn, zylindrisch |
| Nichtmetallisch (N) | synthetisch | Kupferhüttenschlacke Schmelzkammerschlacke Hochofenschlacke Nickelhüttenschlacke | Elektrokorund |
| | natürlich | Granatsand Olivinsand | begrenzt einsetzbar*: Granatsand Olivinsand |
| Sonstige | | Aufschlämmungen von mineralischen Strahlmitteln in sauberem Trinkwasser Aufschlämmungen von Strahlmitteln wie Mikroglaskugeln, Elektrokorund oder Siliciumcarbid in sauberem Trinkwasser | |

* Aufgrund der Eigenschaften sind nur wenige Durchläufe möglich.

**Tabelle 10.** Übersicht über die Strahlverfahren

| Trockenstrahlen | Feuchtstrahlen | Nassstrahlen | Spezielle Anwendungen | Wasserwaschen nach DIN EN ISO 8501-4 |
|---|---|---|---|---|
| Schleuderstrahlen<br>– stationär<br>– Strahlmittelumlauf | – Eindüsen geringer Wassermengen<br>– Staubbindung<br>– umweltfreundlich | Nass-Druckluftstrahlen<br>– Druckluftstrahlen mit Trinkwasserzusatz<br>– Staubbindung | Sweep-Strahlen<br>– Reinigen oder Aufrauen von Beschichtungen oder Überzügen<br>– schlecht haftende Schichten abtragen | Wasserreinigen<br>– Reinigen von Oberflächen mit einem Strahl sauberen Süßwassers<br>– bis 70 MPa (700 bar) |
| Druckluftstrahlen<br>– Freistrahlen: meist Einwegstrahlmittel<br>– Kabinen, Strahlräume usw.: meist Mehrwegstrahlmittel | | Schlämmstrahlen<br>– feinkörniges Strahlmittel in Wasser aufgeschlämmt<br>– gleichmäßige Oberflächen | Spot-Strahlen<br>– Strahlen einzelner Stellen wie z. B. Rost- oder Schweißstellen einer sonst intakten Beschichtung<br>– kann mit Sweep-Strahlen der intakten Beschichtung kombiniert werden | Hochdruck-Wasserwaschen<br>– 70 bis 210 MPa (700 bis 2100 bar) |
| Saugkopfstrahlen<br>– Strahlmittelumlauf<br>– staubfrei<br>– begrenzte Leistung | | Druckflüssigkeitsstrahlen<br>– Strahlmittel im Flüssigkeitsstrom | | Ultrahochdruck-Wasserwaschen<br>– über 210 MPa (2100 bar) |

Die Vorbereitungsgrade Sa können nur durch Trockenstrahlen erreicht werden.

Informationen sind in den einschlägigen Arbeitsschutzbestimmungen beschrieben.
Mögliche Verfahren zum Entfernen solcher Korrosionsschutzsysteme sind z. B.
– Entschichten mittels Induktionsverfahren,
– Hochdruck-Wasserwaschen nach DIN EN ISO 8501-4,
– Beizen oder
– Strahlen, ggf. durch Nassstrahlen.

Bereits bei der Planung solcher Maßnahmen sind die Vor- und Nachteile der Entschichtungsverfahren abzuwägen. Nach Entfernung des vorliegenden Korrosionsschutzsystems, Reinigung und Freigabemessung der Arbeitsbereiche ist der vereinbarte Norm-Vorbereitungsgrad herzustellen.

### 4.4.2 Weitere mechanische Verfahren

Zu den weiteren mechanischen Verfahren zählen die Oberflächenvorbereitung mit Handwerkzeugen und mit maschinell angetriebenen Werkzeugen. Typische Handwerkzeuge sind Drahtbürsten, Spachtel, Schaber, Kunststoffvlies mit Schleifmitteleinbettung, auch Schleifpapier sowie Rostklopfhämmer. Typische maschinell angetriebene Werkzeuge sind Maschinen mit rotierenden Drahtbürsten, verschiedene Arten von Schleifern, Rostklopfhämmer und Nadelpistolen. Einzelheiten zu diesen Verfahren sind in DIN EN ISO 8504-3 aufgeführt.

### 4.4.3 Reinigung mit Wasser, Lösemitteln und anderen chemischen Methoden

Wasserlösliche Verunreinigungen werden mit sauberem Trinkwasser oder mit Dampfstrahlen entfernt, denen ggf. Reinigungsmittel zugesetzt sind. Ebenso werden Emulsionen oder wässrige Alkalien verwendet.
Werden Reinigungsmittel zugesetzt, ist stets mit reinem Trinkwasser nachzuwaschen. Organische Verunreinigungen, wie Öle oder Fette, werden mit geeigneten, zugelassenen Reinigungsmitteln entfernt, wobei die strengen Vorschriften zur Arbeitssicherheit und des Umweltschutzes zu beachten sind.
Zunder und Rost lassen sich durch Beizen mit Säuren im Tauchbad unter Zusatz von Inhibitoren entfernen. Gründliches Spülen nach dem Beizen ist unerlässlich. Dieses Verfahren kann nur in geschlossenen Anlagen angewendet werden und ist die gängige Vorbereitung von Stahl vor dem Feuerverzinken.
Bei der chemischen Behandlung wird die Oberfläche von Stahl oder verzinktem Stahl durch eine chemische oder elektrochemische Reaktion modifiziert.

### 4.5 Norm-Vorbereitungsgrade

Neben den in der DIN EN ISO 12944, Teil 4 genannten Norm-Vorbereitungsgraden sind in der DIN EN ISO 8501-3 Oberflächenvorbereitungsgrade für Schweißnähte, Kanten und andere Flächen mit Oberflächenunregelmäßigkeiten beschrieben. Die hier genannten Oberflächenvorbereitungsgrade P1, P2 und P3 beschreiben Anforderungen, welche bei der Herstellung der Bauteile vom Stahlbauunternehmen vor der eigentlichen Oberflächenvorbereitung durchzuführen sind, damit das Korrosionsschutzsystem fachgerecht appliziert werden kann.
Der Zustand einer Oberfläche nach der Vorbereitung ist in den Oberflächenvorbereitungsgraden festgelegt und lässt sich visuell nach den Normen ISO 8501-1 und

8501-2 beurteilen. Die Tabelle 11 bzw. die Anhänge A und B der DIN EN ISO 12944, Teil 4 beschreiben die Norm-Vorbereitungsgrade. Andere Oberflächenvorbereitungsgrade können z. B. anhand von Probeflächen am Bauwerk vereinbart werden. Die Norm-Vorbereitungsgrade sind unterteilt in die

- primäre (ganzflächige) Oberflächenvorbereitung, bei der die gesamte Oberfläche bis zum blanken Stahl gereinigt wird (Tabelle 11) und die
- sekundäre (partielle) Oberflächenvorbereitung, bei der festhaftende und intakte Beschichtungen oder Überzüge verbleiben (Tabelle 12).

Bei der primären Oberflächenvorbereitung werden Walzhaut/Zunder, Altbeschichtungen und andere Verunreinigungen ganzflächig entfernt. Je nach eingesetztem Verfahren werden die Norm-Vorbereitungsgrade Sa (durch Strahlen), St (durch Vorbereiten mit Werkzeugen) und Be (durch Beizen) erreicht. Sie sind in Anhang A von DIN EN ISO 12944, Teil 4 definiert. Geeignete Verfahren zur Entfernung von Walzhaut und Zunder sind Strahlen (Werk und Baustelle) und Beizen (nur Werk).

Bei der sekundären (partiellen) Oberflächenvorbereitung werden Rost und andere Verunreinigungen dort entfernt, wo keine fest haftenden und intakten Beschichtungen oder Überzüge vorhanden sind. Die Norm-Vorbereitungsgrade unterscheiden sich durch ein vorangestelltes P für partiell. Die Definitionen für

**Tabelle 11.** Norm-Vorbereitungsgrade für die ganzflächige Oberflächenvorbereitung

| Norm-Vorbereitungsgrad | Hauptmerkmale vorbereiteter Oberflächen |
|---|---|
| Sa 1 | Lose Walzhaut, loser Rost, lose Beschichtungen und lose Fremdbestandteile sind entfernt. |
| Sa 2 | Walzhaut, Rost, Beschichtungen und Fremdbestandteile sind größtenteils entfernt. Verbleibende Rückstände müssen fest haften. |
| Sa 2½ | Walzhaut, Rost, Beschichtungen und Fremdbestandteile sind entfernt. Verbleibende Spuren von Verunreinigungen dürfen nur noch als leichte fleckige oder streifige Schattierungen erkennbar sein. |
| Sa 3 | Walzhaut, Rost, Beschichtungen und Fremdbestandteile sind entfernt. Die Oberfläche muss eine gleichmäßige metallische Farbe aufweisen. |
| St 2 | Lose Walzhaut, loser Rost, lose Beschichtungen und lose Fremdbestandteile sind entfernt. |
| St 3 | Lose Walzhaut, loser Rost, lose Beschichtungen und lose Fremdbestandteile sind entfernt. Die Oberfläche muss jedoch viel gründlicher bearbeitet sein als für St 2, sodass sie einen vom Metall herrührenden Glanz aufweist. |
| Be | Walzhaut, Rost und Rückstände von Beschichtungen sind komplett entfernt. Beschichtungen müssen vor dem Beizen mit Säure durch geeignete Mittel entfernt werden. |

**Tabelle 12.** Norm-Vorbereitungsgrade bei partieller Oberflächenvorbereitung

| Norm-Vorbereitungsgrad | Hauptmerkmale vorbereiteter Oberflächen |
|---|---|
| P Sa 2 | Fest haftende Beschichtungen müssen intakt sein. Von der restlichen Oberfläche sind lose Beschichtungen sowie der Großteil von Walzhaut, Rost und Fremdbestandteilen entfernt. Verbleibende Rückstände müssen fest haften. |
| P Sa 2½ | Fest haftende Beschichtungen müssen intakt sein. Von der restlichen Oberfläche sind lose Beschichtungen sowie Walzhaut, Rost und Fremdbestandteile entfernt. Verbleibende Spuren von Verunreinigungen dürfen nur noch als leichte fleckige oder streifige Schattierungen erkennbar sein. |
| P Sa 3 | Fest haftende Beschichtungen müssen intakt sein. Von der restlichen Oberfläche sind lose Beschichtungen sowie Walzhaut, Rost und Fremdbestandteile entfernt. Die Oberfläche muss eine gleichmäßige metallische Farbe aufweisen. |
| P Ma | Fest haftende Beschichtungen müssen intakt sein. Von der restlichen Oberfläche sind lose Beschichtungen sowie Walzhaut, Rost und Fremdbestandteile entfernt. Verbleibende Spuren von Verunreinigungen dürfen nur noch als leichte fleckige oder streifige Schattierungen erkennbar sein. |
| P St 2 | Fest haftende Beschichtungen müssen intakt sein. Von der restlichen Oberfläche sind lose Walzhaut, loser Rost, lose Beschichtungen und lose Fremdbestandteile entfernt. |
| P St 3 | Fest haftende Beschichtungen müssen intakt sein. Von der restlichen Oberfläche sind lose Walzhaut, loser Rost, lose Beschichtungen und lose Fremdbestandteile entfernt. Die Oberfläche muss jedoch viel gründlicher bearbeitet sein als für P St 2, sodass sie einen vom Metall herrührenden Glanz aufweist. |

**Bild 15.** Frisch gestrahlter Träger mit den typischen Schattierungen des Norm-Vorbereitungsgrads Sa 2½

**Bild 16.** Oberflächenvergleichsscheibe zur Ermittlung der Rauheit frisch gestrahlter Oberflächen

die partiellen Norm-Vorbereitungsgrade P Sa, P St, P Ma sind in der Tabelle 12 angegeben.

DIN EN ISO 8501-1 enthält für die Oberflächenvorbereitungsgrade Sa und St repräsentative fotografische Beispiele (Vergleichsmuster), die auch den jeweiligen Ausgangszustand berücksichtigen.

Das Erscheinungsbild der Stahloberfläche nach der Oberflächenvorbereitung hängt stark vom ursprünglichen Rostgrad und dem verwendeten Strahlmittel ab (Bild 15). Der Einsatz von Stahlguss als Strahlmittel führt beispielsweise zu helleren Oberflächen als Kupferhüttenschlacke. Anhang A.3 der DIN EN ISO 8501-1 enthält ein fotografisches Vergleichsmuster, in dem eine Stahloberfläche mit 6 verschiedenen Strahlmitteln gestrahlt wurde. Der dort gezeigte Norm-Vorbereitungsgrad ist immer C Sa 3 (Sa 3 ausgehend vom Rostgrad C).

Für die Norm-Vorbereitungsgrade Be und P St gibt es keine speziellen fotografischen Vergleichsmuster. Bei den Norm-Vorbereitungsgraden P St 2 und P St 3 wird auf die Vergleichsmuster C St 2 und D St 2 bzw. C St 3 und D St 3 der DIN EN ISO 8501-1 verwiesen. Für die Norm-Vorbereitungsgrade P Sa 2, P Sa 2½ und P Ma sind in der DIN EN ISO 8501-2 fotografische Vergleichsmuster abgebildet.

Für das Hochdruck-Wasserwaschen ohne abrasive Bestandteile sind in der DIN EN ISO 8501-4 Vergleichsmuster und darüber hinaus Bilder für die Flugrostbildung (flash rusting) in drei Intensitätsstufen enthalten. Bei diesem Oberflächenvorbereitungsverfahren wird keine Rauheit erzeugt oder eine vorhandene Rauheit nicht wesentlich verändert.

## 4.6 Rauheit

Die Rauheit der vorbereiteten Oberfläche beeinflusst die Haftfestigkeit der Beschichtung. In der Praxis haben sich mittlere Rauheitsgrade mit kantigen Strahlmitteln (Grit) am besten bewährt. Für zinkstaubreiche Zn(R) Grundbeschichtungen wird der Norm-Vorbereitungsgrad Sa 2½ mittel (G) in der DIN EN ISO 12944, Teil 5 verbindlich als Mindestanforderung festgelegt. Für den Einsatz anderer Grundbeschichtungen (div.) wurde nur der Norm-Vorbereitungsgrad Sa 2½ ohne Rauheitsangabe festgelegt. Andere Festlegungen sind grundsätzlich möglich, erfordern aber die Vereinbarung zwischen den Vertragspartnern.

DIN EN ISO 8503-1 legt die Anforderungen an Rauheitsvergleichsmuster fest. Diese Muster dienen zum Sicht- und Tastvergleich von Stahloberflächen, die mit rundem oder kantigem Strahlmittel gestrahlt wurden. Die Rauheit einer Oberfläche kann z. B. auch mit einem Tastschnittgerät bestimmt werden. Dieses Verfahren sollte jedoch nur im Labor z. B. auf Probeplatten angewandt werden. Zur Überprüfung des Rauheitsgrades auf der Baustelle ist der Vergleich mit dem ISO-Rauheitsvergleichsmuster eine schnelle und sichere Methode zur Feststellung der geforderten Rauheit. Das Abdruckverfahren nach DIN EN ISO 8503-5 kann ebenso angewandt werden.

Im Allgemeinen wird als Maß für die Rauigkeit der Wert $R_{y5}$ (früher $R_z$; gemittelte maximale Rautiefe) angegeben. Die einzelnen Segmente der dargestellten Oberflächenvergleichsscheibe (Bild 16) unterscheiden sich in den $R_{y5}$-Werten wie in Tabelle 13 angegeben.

**Tabelle 13.** Nennwerte der Rauheitsgrade für Grit- und Shot-Strahlung gem. ISO 8503

| Segment | Nennwert $R_{y5}$-Grit | Nennwert $R_{y5}$-Shot | Rauheitsgrad |
|---|---|---|---|
| 1 | 25 µm | 25 µm | fein |
| 2 | 60 µm | 40 µm | mittel |
| 3 | 100 µm | 70 µm | grob |
| 4 | 150 µm | 100 µm | |

**Bild 17.** Oberflächenprofile nach der Strahlung mit Grit- und Shot-Strahlmitteln

Die unterschiedlichen Oberflächenprofile nach der Strahlung mit Grit (kantiges Strahlmittel) und Shot (kugeliges Strahlmittel) sind in Bild 17 dargestellt.

### 4.7 Bewertung der vorbereiteten Oberflächen

Die visuelle Bewertung der vorbereiteten Oberflächen ist in Anhang A bzw. B von DIN EN ISO 12944, Teil 4 beschrieben und in DIN EN ISO 8501, Teil 1 und 2 durch fotografische Vergleichsmuster belegt. Die Bewertung der vorbereitenden Oberfläche erfolgt unmittelbar vor dem Aufbringen der ersten Schicht.
Zur Prüfung der vorbereiteten Oberflächen auf visuell nicht feststellbare Verunreinigungen sollten die Prüfmethoden der DIN EN ISO 8502 oder der DIN SPEC 55684 zum Einsatz kommen. Andere Prüfungen können zwischen den Vertragspartnern vereinbart werden.

### 4.8 Temporärer Korrosionsschutz

Kann die Beschichtung nicht direkt im Anschluss an die Oberflächenvorbereitung aufgebracht werden, muss die vorbereitete Oberfläche ggf. mit einem temporären Korrosionsschutz versehen werden. In diesem Fall ist es unerlässlich, die Oberfläche kurz vor dem Beschichten nochmals entweder mit Wasser, durch Strahlen oder Schleifen zu reinigen. Anschließend muss der Staub entfernt werden.

### 4.9 Vorbereitung verzinkter Oberflächen

Direkt nach dem Feuerverzinken sind scharfe Zinkspitzen aus Arbeitsschutzgründen zu beseitigen. Zinkverdickungen und leichte „Tropfnasen" sind bei optischen Ansprüchen an die Oberfläche ebenso zu entfernen. Dieser Vorgang wird auch als „Feinverputzen" bezeichnet und wird standardmäßig als besondere Leistung durch den Feuerverzinkungsbetrieb ausgeführt.
Das Sweep-Strahlen ist als Mindeststandard in DIN EN ISO 12944, Teil 5 für feuerverzinkte Oberflächen festgelegt. Bei dieser besonderen Art des Strahlens wird unter vermindertem Druck und flachem Winkel die Zinkoberfläche mit nichtmetallischen Strahlmitteln aufgeraut, bis die Oberfläche ein einheitlich mattes Aussehen hat. Metallische Strahlmittel aus Edelstahl werden ebenso in der Praxis angewandt. Es ist darauf zu achten, dass der Zinküberzug nicht bis zum Substrat abgetragen wird. Die verbleibende Zinkschichtdicke nach dem Sweep-Strahlen ist zwischen den Vertragspartnern zu vereinbaren. Die ZTV-ING schreibt in diesem Zusammenhang einen maximalen Zinkabtrag von 15 µm vor. Ziel dieser Vorbereitung ist die Entfernung von haftungsmindernden arteigenen und artfremden Verunreinigungen von der Zinkoberfläche. Sweep-Strahlen eignet sich grundsätzlich zur Vorbereitung bewitterter und unbewitterter Feuerverzinkung (Bild 18).
Zur kleinflächigen Entfernung von Zinkkorrosionsprodukten auf bewitterten Zinkoberflächen (Weißrost) und anderen Verunreinigungen wird noch die sogenannte ammoniakalische Netzmittelwäsche empfohlen. Hierzu

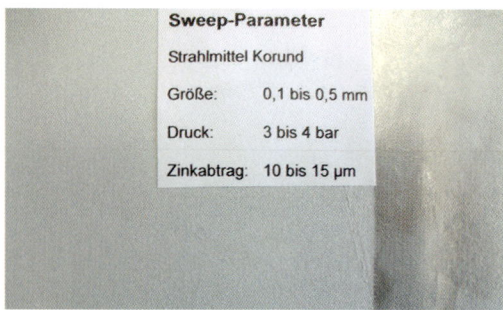

**Bild 18.** Unter Idealbedingungen durch Sweep-Strahlen vorbereitete Feuerverzinkung

## 4.10 Vorbereitung sonstiger Oberflächen

### Beschichtete Oberflächen

Korrosionsstellen, arteigene und artfremde Verunreinigungen und lose Beschichtungen müssen entfernt werden. Die Vorbereitung der Oberflächen muss so erfolgen, dass nachfolgende Schichten fest haften. Die Auswahl eines geeigneten Verfahrens zur Oberflächenvorbereitung sowie geeigneter Beschichtungssysteme lässt sich anhand von Probeflächen am besten treffen.

### Thermisch gespritzte Überzüge

Diese thermisch gespritzten Überzüge werden nicht vorbereitet, sondern sind sofort mit einem geeigneten Beschichtungsstoff (Sealer) zu versiegeln, um die Poren der Spritzmetallisierung zu verschließen.

### NE-Metall und Edelstahl

Die Oberflächenvorbereitung von NE-Metall und Edelstahl erfolgt meistens durch Sweep-Strahlen mit ferritfreien Strahlmitteln, wie z. B. Elektrokorund und Granatsand. Nach dem Sweep-Strahlen muss die Oberfläche einheitlich matt sein.

wird eine 5%ige Ammoniaklösung oder ein alkalischer Reiniger in Kombination mit Pads aus Synthetikgewebe und integriertem Schleifmittel verwendet, um die Oxidationsprodukte und Verunreinigungen zu entfernen. Anschließend sind die Zinkoberflächen mit heißem Wasser zu reinigen. Andere Vorbereitungsverfahren und Parameter müssen zwischen den Beteiligten vereinbart werden.

**Tabelle 14.** Verfahren zum Entfernen von artfremden Verunreinigungen und Beschichtungen

| Verunreinigung | Methode | Bemerkungen |
| --- | --- | --- |
| Fett und Öl | Reinigen mit Wasser | Trinkwasser mit zugesetzten Reinigungsmitteln. Druck < 700 bar ist ausreichend. Mit Trinkwasser spülen. |
| | Dampfstrahlen | Mit Trinkwasser spülen. |
| | Emulsionsreinigung | Mit Trinkwasser spülen. |
| | Alkalische Reinigung | Metallüberzüge können bei Verwendung stark alkalischer Lösungen korrosionsanfällig sein. |
| | Reinigen mit organischen Lösemitteln | Beim Reinigen mit Lappen müssen diese häufig ausgetauscht werden. |
| Wasserlösliche Verunreinigungen, z. B. Salz | Reinigen mit Wasser | Trinkwasser verwenden. Druck < 700 bar ist ausreichend. |
| | Dampfstrahlen | Mit Trinkwasser spülen. |
| | Alkalische Reinigung | Metallüberzüge können bei Verwendung stark alkalischer Lösungen korrosionsanfällig sein. Mit Trinkwasser spülen. |
| Beschichtungen | Abbeizen | Pasten zur Entfernung löslicher organischer Schichten. Durch Spülen mit Lösemitteln werden Rückstände entfernt. Das Abbeizen ist auf kleine Flächen beschränkt. |
| | Trockenstrahlen | Shot- oder Grit-Strahlmittel. Staubrückstände und lose Ablagerungen müssen durch Aufsaugen entfernt werden. |
| | Nassstrahlen | Mit Trinkwasser spülen. |
| | Wasserwaschen | Zum Entfernen loser Beschichtungen. Bei fest haftenden Beschichtungen kann eine Reinigung durch Ultrahochdruck Wasserwaschen (> 2100 bar) erfolgen. |
| | Sweep-Strahlen | Zum Aufrauen von Beschichtungen oder Entfernen der obersten Schicht. |
| | Spot-Strahlen | Zum partiellen Entfernen von Beschichtungen. |

**Tabelle 15.** Verfahren zum Entfernen von arteigenen Schichten und Verunreinigungen

| Verunreinigung | Methode | Bemerkungen |
| --- | --- | --- |
| Walzhaut/Zunder | Trockenstrahlen | Shot- oder Grit-Strahlmittel. Staubrückstände und lose Ablagerungen müssen durch Aufsaugen entfernt werden. |
| | Nassstrahlen | Mit Trinkwasser spülen. |
| | Beizen mit Säure | Das Verfahren wird üblicherweise nur im Werk ausgeführt. Mit Trinkwasser spülen. |
| Rost | Trockenstrahlen | Shot- oder Grit-Strahlmittel. Staubrückstände und lose Ablagerungen müssen durch Aufsaugen entfernt werden. |
| | Nassstrahlen | Mit Trinkwasser spülen. |
| | Spot-Strahlen | Zum partiellen Entfernen von Rost. |
| | Reinigen mit maschinell angetriebenen Werkzeugen | Bereiche mit losem Rost können mechanisch abgebürstet werden. Fest anhaftender Rost kann abgeschliffen werden. Staubrückstände und lose Ablagerungen müssen entfernt werden. |
| | Wasserwaschen | Zum Entfernen von losem Rost. |
| | Beizen mit Säure | Das Verfahren wird üblicherweise nur im Werk ausgeführt. Mit Trinkwasser spülen. |
| Zinkkorrosionsprodukte | Sweep-Strahlen | Das Sweep-Strahlen soll mit einem nichtmetallischen Strahlmittel erfolgen. |
| | Alkalische Reinigung | Kleinflächige Bereiche mit ammoniakalischer Netzmittelwäsche. Auf größeren Oberflächen können alkalische Reinigungsmittel verwendet werden. Zink ist bei hohem pH-Wert korrosionsanfällig. |

## 4.11 Verfahren zur Entfernung arteigener und artfremder Verunreinigungen

In den Tabellen 14 und 15 sind die Verfahren zur Entfernung arteigener und artfremder Verunreinigungen vor der Beschichtung kurz beschrieben.

## 5 Korrosionsschutz durch Beschichtungssysteme

Stahl lässt sich durch Beschichtungen optimal gegen Korrosion schützen. Beschichtungssysteme bestehen aus mehreren Schichten, die als Grund-, Zwischen- oder Deckbeschichtung unterschiedliche Funktionen erfüllen.
Alle Maßnahmen, die Stahl wirksam vor Korrosion schützen, können als Korrosionsschutzsystem zusammengefasst werden.
Korrosionsschutzsysteme können anhand der Korrosivitätskategorien und der gewünschten Schutzdauer ausgewählt werden.

### 5.1 Allgemeines

In DIN EN ISO 12944, Teil 5 „Beschichtungssysteme" werden Beschichtungsstoffe und Beschichtungssysteme beschrieben, die zum Korrosionsschutz von Stahlbauten verwendet werden.

Erstmals mit dieser Ausgabe sind in normativen Anhängen Mindestanforderungen an die Oberflächenvorbereitung und die Anzahl der Schichten und deren Gesamtschichtdicke festgelegt.
Die Korrosivitätskategorien sind nach Überarbeitung der ISO 9223 im Teil 2 der DIN EN ISO 12944 neu definiert: Die Kategorien C5-I und C5-M sind zu einer Kategorie C5 zusammengefasst. Zusätzlich wird die neue Kategorie CX beschrieben, die für extreme Umgebungsbedingungen gilt. Beschichtungssysteme für die Kategorien CX und die ebenfalls neue Kategorie Im4 werden in der DIN EN ISO 12944, Teil 9 (s. Abschnitt 9) behandelt. Die neu aufgenommene Schutzdauer „very high (vh > 25 Jahre)" ergänzt die bekannten Schutzdauern. Ausführliche Tabellen erlauben die Auswahl geeigneter Systeme für die jeweilige geforderte Schutzdauer, die Umgebungsbedingungen und Anwendung auf der Basis praxiserprobter Beschichtungssysteme.

### 5.2 Korrosionsschutzmaßnahmen für neue und bestehende Stahlbauten

Die Festlegungen der DIN EN ISO 12944, Teil 5 basieren auf den Rostgraden A bis C (gem. ISO 8501-1) des Stahls und der entsprechenden Oberflächenvorbereitung, wie im normativen Anhang B beschrieben. Soll durch Loch- oder Muldenkorrosion stark vernarbter Stahl (Rostgrad D) beschichtet werden, müssen besondere Vereinbarungen getroffen werden. Diese Situation ist häufig bei der Sanierung älterer Bauwerke vorzufinden.

## 5.3 Erstschutz und Vollerneuerung

Beschichtungen für den Erstschutz von Stahl werden heutzutage meistens im Werk durchgeführt. Auf der Baustelle werden nach der Montage noch Fehlstellen und Schweißnähte nachgearbeitet, bei hohen Ansprüchen an eine einheitliche Optik kann auch eine komplette Deckbeschichtung am Objekt appliziert werden. Bei der Auswahl des Beschichtungssystems sollte der Transport (z. B. im Winter auf abgestreuten Straßen) und die Korrosionsbelastung während der Lagerung und der Bauzeit berücksichtigt werden.
Deshalb kann der Einsatz von Beschichtungssystemen für höhere Korrosivitätskategorien notwendig werden, obwohl für das Stahlbauwerk im Betrieb keine oder nur geringe korrosive Belastungen erwartet werden.
Vollerneuerungsmaßnahmen finden am Objekt statt. Dabei wird das komplette vorhandene Korrosionsschutzsystem entfernt, die Oberflächenvorbereitung des Substrats durchgeführt und das Beschichtungssystem komplett neu aufgebaut, um wieder einen Zustand herzustellen, der der Erstbeschichtung weitgehend entspricht.

### 5.3.1 Instandsetzung

Mit Beschichtungen wird durch die heutigen modernen Bindemittel auf Acrylat-, Epoxid- und Polyurethanharzbasis eine sehr hohe Schutzdauer erreicht. Es gibt Referenzobjekte mit der Originalbeschichtung (Erstschutz), die bereits über 50 Jahre gegen Korrosion geschützt sind. Allerdings unterliegen sie einem natürlichen Verschleiß durch die Witterung in Form von Glanz- und Farbtonveränderungen.
Durch mechanische Verletzungen, Abrieb und ungewollte Sonderbelastungen kann es zu frühzeitigen Schäden kommen, die in Form einer Teilerneuerung instand gesetzt werden können.
An Bestandsobjekten wurden häufig Beschichtungen auf der Basis von Bindemitteln und Korrosionsschutzpigmenten eingesetzt, die aufgrund des Umwelt- und Arbeitsschutzes heute nicht mehr verwendet werden. Sie basieren meistens auf einkomponentigen Beschichtungsstoffen, wie z. B. PVC, Chlorkautschuk oder Alkydharzen. Auch können alte Beschichtungen heute nicht mehr zugelassene Pigmente, wie z. B. Blei- oder Chromverbindungen oder Asbestfasern, enthalten.
Detaillierte Untersuchungen vor der Überarbeitung von Altbeschichtungen mit aktuellen Beschichtungsstoffen sind ratsam.
Untersucht werden sollte der korrodierte Flächenanteil, die Art der Altbeschichtung, deren Haftfestigkeit zum Untergrund und der einzelnen Schichten aufeinander. Die Richtlinie für die Erhaltung des Korrosionsschutzes von Stahlbauten (RI-ERH-KOR Herausgeber: BMVI) sowie der Teil 8 der DIN EN ISO 12944 geben hierzu eine gute Hilfestellung. Die Auswahl geeigneter Instandsetzungssysteme sowie einer wirtschaftlich vertretbaren Oberflächenvorbereitungsart lässt sich anhand von Probeflächen am besten treffen.

## 5.4 Aufbau und Eigenschaften von Beschichtungsstoffen

Beschichtungsstoffe bestehen aus vielen einzelnen Bestandteilen, die sich in fünf Gruppen (1–5) zusammenfassen lassen:
1. Bindemittel,
2. Pigmente,
3. Füllstoffe,
4. Additive,
5. organische Lösemittel und/oder Wasser.

Die Eigenschaften der daraus hergestellten Beschichtungsstoffe und der resultierenden Beschichtungen werden durch die Art und die Menge der einzelnen Bestandteile bestimmt.

**Bindemittel (1)** sind überwiegend synthetisch hergestellte Polymere (Harze), deren chemische Eigenschaften von den eingesetzten Grundstoffen (Monomeren) abhängen. Neben der chemischen Zusammensetzung bestimmen das Molekulargewicht (die Kettenlänge der Polymere) und die Molekulargewichtsverteilung (wie viele Moleküle von welcher Kettenlänge) weitere Eigenschaften.

Niedermolekulare Bindemittel (solche mit kurzen Ketten) benötigen immer einen Reaktionspartner (z. B. eine Härterkomponente oder Luftfeuchtigkeit) zur Filmbildung, während höhermolekulare Bindemittel (längerkettige Moleküle) für flüssige Beschichtungsstoffe in organischen Lösemitteln gelöst oder in Wasser dispergiert vorliegen und rein physikalisch trocknend sein können (Bilder 19, 20). Durch ihre chemische Natur und ihre physikalischen Eigenschaften bestimmen sie maßgeblich die Eigenschaften des Beschichtungsstoffs, die Art und Dauer der Filmbildung und das Verhalten der Beschichtung während des Gebrauchs, z. B. bei Witterungseinflüssen.

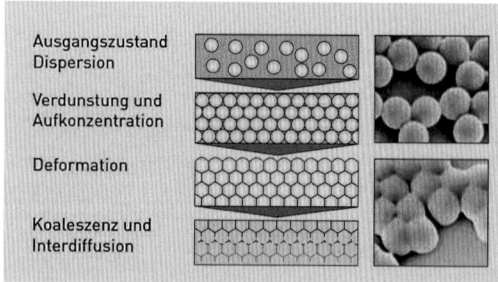

**Bild 19.** Filmbildung wasserverdünnbarer Beschichtungsstoffe auf der Basis von Acrylat-Copolymerdispersionen (mit freundlicher Genehmigung der BASF SE)

Beschichtungsstoffe werden überwiegend nach der Art des hauptsächlich eingesetzten Bindemittels klassifiziert, z. B. in Alkydharz-, Epoxidharz- oder Polyurethan-Beschichtungsstoffe.

**Pigmente (2)** sind die farbgebenden Bestandteile eines Beschichtungsstoffs. Sie können aus anorganischen oder organischen Substanzen bestehen und sind im Gegensatz zu Farbstoffen in den eingesetzten Lösemitteln nicht löslich. Es werden bunte, weiße, schwarze oder metallische Pigmente eingesetzt, die dem Beschichtungsstoff Farbe und Deckvermögen verleihen. Zusätzlich gibt es funktionelle Pigmente, die sich durch eine besondere Funktion auszeichnen, z. B. Korrosionsschutz-Pigmente.

Gängige Korrosionsschutz-Pigmente sind vor allem Zinkstaub, daneben Zinkphosphat und Zinkoxid. In den Tabellen der Norm DIN EN ISO 12944, Teil 5 wird zwischen zinkstaubreichen Grundbeschichtungen mit der Kennzeichnung des Pigmenttyps „Zn(R)" und anderen Grundbeschichtungen des Pigmenttyps „div." unterschieden. Zinkstaubreiche Grundbeschichtungen zeichnen sich durch einen Anteil an metallischem Zink von mindestens 80 % in der ausgehärteten Beschichtung aus. Unter der Bezeichnung „div." werden alle anderen Grundbeschichtungen, unabhängig von der Art und dem Anteil der Korrosionsschutzpigmente zusammengefasst, die nicht der Definition zinkstaubreicher Grundbeschichtungen entsprechen.

**Füllstoffe (3)** beeinflussen insbesondere die mechanischen Eigenschaften der ausgehärteten Beschichtung. Neben veredelten Naturprodukten wie Talkum oder Baryt werden auch synthetisch hergestellte Füllstoffe verwendet. Häufig wird in Korrosionsschutz-Beschichtungsstoffen der natürlich vorkommende Eisenglimmer als Füllstoff in hoher Menge eingesetzt, um die Korrosionsbeständigkeit des Beschichtungssystems zu erhöhen (Bild 21). Bindemittel, Pigmente und Füllstoffe stellen zusammen den Festkörpergehalt von Beschichtungsstoffen dar, d. h., sie bilden die Beschichtung.

**Additive (4)** sind Hilfsmittel, die dem Beschichtungsstoff in der Regel nur in sehr geringen Mengen zugesetzt werden. Sie können dazu dienen, die Eigenschaften des Beschichtungsstoffs während der Herstellung und Lagerung, aber auch bei der Applikation und Filmbildung zu verbessern oder unerwünschte Eigenschaften zu verhindern.

Entschäumer oder Thixotropiermittel sind nur zwei stellvertretende Beispiele einer Vielzahl von Additiven mit unterschiedlichsten Zusammensetzungen und Wirkungsweisen.

**Lösemittel (5)** – herkömmlich werden darunter organische Lösemittel verstanden – sind nur Bestandteile flüssiger Beschichtungsstoffe. Es ist ihre Aufgabe, das Bindemittel zu lösen und ihm eine geeignete Konsistenz zu verleihen, sodass Pigmente und Füllstoffe eingearbeitet werden können. Sie beeinflussen u. a. das Fließverhalten des Beschichtungsstoffs bei der Applikation und die Filmbildung. Während der Filmbildung verdunsten die Lösemittel in die Umgebung als VOC-Emission.

Unter VOC (Volatile Organic Compounds) sind alle flüchtigen organischen Substanzen zu verstehen, die während der Filmbildung und Aushärtung in die Atmosphäre abgegeben werden. Möglichkeiten zur Verringerung von VOC-Emissionen sind der Einsatz von High-Solid-, lösemittelfreien oder wasserverdünnbaren Beschichtungsstoffen. In der VDL-Richtlinie 04 wird der Lösemittelgehalt lösemittelarmer Beschichtungsstoffe (High-Solid-Beschichtungsstoffe) für den Korrosionsschutz von Stahlbauten mit maximal 25 Massenprozent festgelegt.

Beschichtungssysteme können aus verschiedenen Schichten in unterschiedlichen Schichtdicken bestehen. Über die Dichte des Beschichtungsstoffs, die Sollschichtdicke und den Gehalt an nichtflüchtigen Bestandteilen (Festkörpergehalt) ist der Verbrauch von Beschichtungsstoffen für jede Schicht pro Quadratmeter theoretisch, also ohne praktische Spritzverluste, zu berechnen. Daraus lässt sich einfach die VOC-Emission der einzelnen Schicht eines Beschichtungssystems berechnen.

Ein Vergleich der gesamten VOC-Emission pro Quadratmeter zwischen unterschiedlichen Beschichtungssystemen, z. B. einem Einschichtsystem mit einem Zweischichtsystem, ist nur durch die Berechnung des theoretischen Verbrauchs jeder Schicht und der daraus abgeleiteten VOC-Emission bezogen auf die zu be-

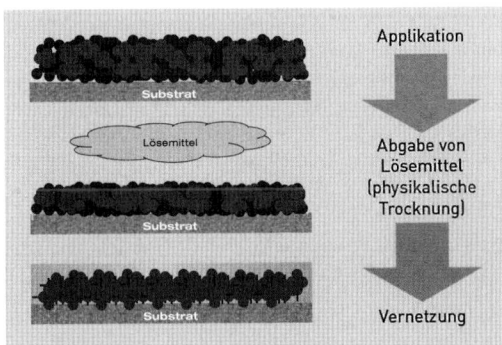

**Bild 20.** Schematische Darstellung der Filmbildung und Härtung von Beschichtungsstoffen auf der Basis von Reaktionsharzen

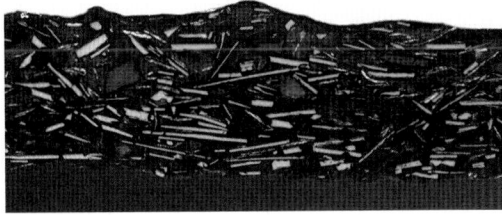

**Bild 21.** Querschliff durch ein zweischichtiges Beschichtungssystem mit Eisenglimmer

**Tabelle 16.** Verbrauch und VOC-Emission pro Quadratmeter für die Beschichtungssysteme nach Blatt 87 und 94 der TL/TP-KOR Stahlbauten

| Beschichtungssystem nach Blatt 87 | | | | | Beschichtungssystem nach Blatt 94 | | | | |
|---|---|---|---|---|---|---|---|---|---|
| Stoff | DFT µm | Verbrauch g/m² | VOC in M.-% | VOC g/m² | Stoff | DFT µm | Verbrauch g/m² | VOC in M.-% | VOC g/m² |
| 687.03 | 80 | 357 | 15 | 54 | 687.03 | 80 | 357 | 15 | 54 |
| 687.12 | 80 | 222 | 18 | 40 | 694.12 | 150 | 333 | 8 | 27 |
| 687.13 | 80 | 222 | 18 | 40 | | | | | |
| 687.72 | 80 | 225 | 30 | 66 | 694.72 | 80 | 190 | 15 | 29 |
| Gesamt | 320 | 1026 | | 200 | | 310 | 880 | – | 110 |

schichtende Fläche möglich. Über die Angabe VOC-Emission in g pro Quadratmeter lassen sich sowohl einzelne Schichten wie auch gesamte Beschichtungssysteme im Hinblick auf die Lösemittelemission vergleichen.

Ein Berechnungsbeispiel ist in Tabelle 16 dargestellt. Es werden die Beschichtungssysteme nach ZTV-ING (anhand der einzelnen Stoffnummern der TL/TP-KOR-Stahlbauten), Blatt 87 und Blatt 94 verglichen. Aus Tabelle 16 ist der deutliche Unterschied der VOC-Emission der beiden gleichwertigen Beschichtungssysteme ersichtlich. Immerhin kann die VOC-Emission durch den Einsatz der High-Solid-Beschichtungsstoffe nach Blatt 94 um 45% reduziert werden.

In wasserverdünnbaren Beschichtungsstoffen liegt das Bindemittel in Wasser vor. Zur Filmbildung enthalten auch wasserverdünnbare Beschichtungsstoffe eine kleine Menge organischer Lösemittel. Diese stellen sicher, dass einkomponentige wasserverdünnbare Beschichtungsstoffe auch bei Temperaturen unterhalb von 10 °C angewandt werden können.

## 5.5 Übergang vom Beschichtungsstoff zur Beschichtung

Beschichtungsstoffe werden in flüssiger Form auf die zu beschichtende Oberfläche aufgebracht und bilden dort eine feste, zusammenhängende Beschichtung. Dieser Vorgang wird als Filmbildung bezeichnet und ist für die Qualität der Beschichtungen von entscheidender Bedeutung (Bild 22). Die Filmbildung von Beschichtungsstoffen für den Korrosionsschutz von Stahlbauten erfolgt bei Umgebungstemperaturen in den vom Hersteller angegebenen Temperaturgrenzen. Pulver- oder Einbrennbeschichtungen bilden erst bei höheren Temperaturen, z. B. zwischen 80 und 250 °C stabile Filme und werden nicht in DIN EN ISO 12944 behandelt. Pulverbeschichtungsstoffe für den Korrosionsschutz von Stahlbauten werden in der DIN 55633 beschrieben und können nur in der Werkstatt unter den entsprechenden Bedingungen verarbeitet werden.

Sowohl die DIN EN ISO 12944, Teil 5 als auch die ZTV-ING beschreiben nur Beschichtungsstoffe, die unter normalen Umgebungsbedingungen aushärten. Dadurch ist die universelle Anwendung von Beschichtungsstoffen – im Werk, auf der Baustelle oder in luftiger Höhe – gegeben.

Grundsätzlich ist bei der Filmbildung zwischen physikalischer Trocknung und chemischer Härtung zu unterscheiden. In welcher Weise die Filmbildung erfolgt, hängt von der chemischen Struktur des eingesetzten Bindemittels ab.

### 5.5.1 Physikalische Trocknung

Bei der physikalischen Trocknung bildet sich der Film, indem sich die Bindemittelmoleküle unter Abgabe des Lösemittels oder Wassers (Verdunstung) zusammenlagern, ohne sich durch eine chemische Reaktion zu verbinden. Dieser Vorgang ist reversibel, d. h. durch Zugabe des verwendeten Lösemittels löst sich die Beschichtung wieder auf.

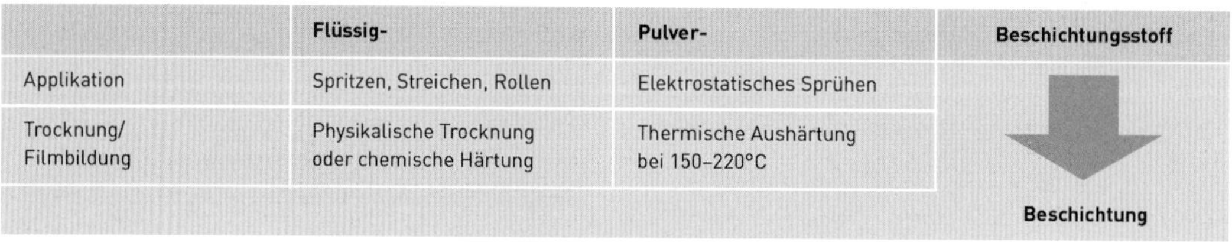

| | Flüssig- | Pulver- | Beschichtungsstoff |
|---|---|---|---|
| Applikation | Spritzen, Streichen, Rollen | Elektrostatisches Sprühen | |
| Trocknung/ Filmbildung | Physikalische Trocknung oder chemische Härtung | Thermische Aushärtung bei 150–220°C | |
| | | | Beschichtung |

**Bild 22.** Übergang des Beschichtungsstoffes in eine Beschichtung (schematisch)

Ein typisches Bindemittel für physikalisch trocknende Beschichtungsstoffe ist Acrylharz (AY). Die Filmbildung bei Beschichtungsstoffen auf Basis wässriger Dispersionen unterscheidet sich grundsätzlich von derjenigen auf Basis gelöster Bindemittel. Sie erfolgt durch Verdunsten des Wassers und Koaleszenz (Zusammenfließen und Miteinanderverkleben) des dispergierten Bindemittels (s. Bild 19). Dieser Vorgang ist nicht reversibel.

### 5.5.2 Oxidative Vernetzung

Die oxidative Vernetzung ist die älteste bekannte Form der Filmbildung, denn natürliche, ungesättigte Öle pflanzlichen Ursprungs härten auf diese Weise. Die Bindemittelmoleküle werden über Sauerstoffbrücken miteinander verbunden. Die relativ langsam verlaufende oxidative Härtung kann durch Trockenstoffe beschleunigt werden (s. Bild 23). Die größte Gruppe oxidativ trocknender Bindemittel sind die Alkydharze (AK).

### 5.5.3 Chemische Härtung

In Reaktionsbeschichtungsstoffen reagieren zwei unterschiedliche Komponenten miteinander: eine sog. Stammkomponente und eine Härterkomponente (2K-Beschichtungsstoffe). Stamm- und Härterkomponente werden getrennt geliefert, erst kurz vor der Verarbeitung vermischt und innerhalb der vom Hersteller angegebenen Verarbeitungszeit („Topfzeit") verarbeitet. Sie reagieren nach der Applikation auf dem Substrat miteinander zu gut haftenden, vernetzten und beständigen Polymerfilmen (Bild 24).
Zu den Reaktionsbeschichtungsstoffen gehören hauptsächlich Epoxidharze (EP) und Polyurethane (PUR). Neuere Entwicklungen basieren auch auf Polyaspartat (PAS) und Polysiloxanen (PS).
Beschichtungsstoffe auf der Basis von feuchtigkeitshärtenden Polyurethanen (1K-PUR) und Ethylsilikat (ESI) härten nach einem anderen Mechanismus aus. Beide Bindemittel reagieren mit der Luftfeuchtigkeit zu einem stabilen Netzwerk und bilden die Matrix für stabile Filme. Zu geringe Luftfeuchtigkeit und zu hohe Schichtdicke verzögern diese Reaktion und damit die Aushärtung der Beschichtung.
Der Vorteil von Reaktionsbeschichtungsstoffen ist ihre große Variabilität. Durch geschickte Auswahl der Komponenten lassen sich Beschichtungsstoffe nach Maß konzipieren. Je nach Anforderung stehen auch Beschichtungsstoffe zur Verfügung, die z. B. bessere Benetzungseigenschaften oder eine höhere Farb- bzw. Chemikalienbeständigkeit aufweisen.
Beschichtungsstoffe für den Korrosionsschutz basieren auf einer relativ kleinen Zahl von Bindemitteln (Tabelle 17). Diese Bindemittel lassen sich vielfältig modifizieren und kombinieren, sodass eine ganze Palette von Produkten mit unterschiedlichen Eigenschaften und Beständigkeiten bereitsteht.

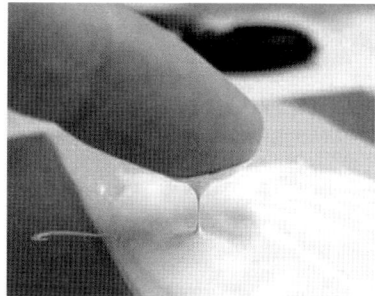

**Bild 23.** Trocknung von Beschichtungsstoffen

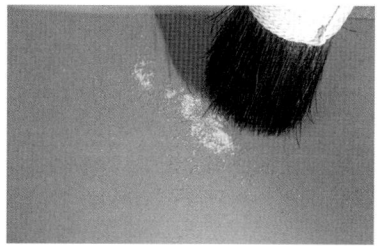

**Bild 24.** Prüfung des Trockengrades (hier Trocknungsgrad 1)

## 5.6 Aufbau und Eigenschaften von Korrosionsschutzsystemen

Korrosionsschutzsysteme sind Schichten aus Metallen und/oder Beschichtungsstoffen, die auf einem Untergrund aufgetragen wurden, um diesen gegen Korrosion zu schützen.
Beschichtungssysteme bestehen in der Regel aus
– einer Grundbeschichtung,
– einer oder mehreren Zwischenbeschichtung(en) und
– einer Deckbeschichtung.
Korrosionsschutzsysteme mit metallischen Überzügen bestehen in der Regel aus
– einem metallischen Überzug (z. B. Feuerverzinkung oder thermisch gespritztem Metallüberzug),
– einer oder mehreren Zwischenbeschichtung(en) und
– einer Deckbeschichtung.
Unabhängig von der zu beschichtenden Oberfläche gilt, dass die Beschichtungsstoffe für ein Beschichtungssystem aufeinander abgestimmt sein müssen und vom gleichen Hersteller stammen. Einschicht-Beschichtungen gelten normgemäß auch als Korrosionsschutzsysteme. In diesen sind die Funktionen von Grund- und Deckbeschichtung vereint.
Ein Standard-Korrosionsschutzsystem für die Anwendung von Stahlbrücken ist in Tabelle 18 angegeben.
Die Grundbeschichtung dient dem Korrosionsschutz und der Haftvermittlung zum Substrat (Stahl). Sie ist die erste Schicht eines Beschichtungssystems und muss so eingestellt sein, dass sie auf der Oberfläche optimal

Tabelle 17. Eigenschaften von Beschichtungsstoffen auf unterschiedlicher Bindemittelbasis

| Art des Beschichtungsstoffs | Typische Bindemittel | Eigenschaften |
|---|---|---|
| **Physikalisch trocknende Beschichtungsstoffe** | | |
| Lösemittelhaltige Beschichtungsstoffe:<br><br>Filmbildung erfolgt durch Verdunsten des Lösemittels, der Vorgang ist reversibel | Acrylharze (AY) | Aufgrund des hohen Lösemittelgehalts nur noch selten im Einsatz |
| Wasserverdünnbare Beschichtungsstoffe (Dispersionen) | | |
| Filmbildung erfolgt durch Verdunsten des Wassers und Koaleszenz des Bindemittels, der Vorgang ist nicht reversibel | Acrylharz-Dispersionen (AY) | – einkomponentig<br>– höchste Wetterbeständigkeit |
| **Oxidativ härtende Beschichtungsstoffe** | | |
| Filmbildung erfolgt durch Verdunsten des Lösemittels und Vernetzung des Bindemittels durch die Reaktion mit dem Luftsauerstoff | Alkydharze (AK) | – einkomponentig<br>– gute Wetterbeständigkeit<br>– begrenzte Beständigkeit bei Wasserbelastung und auf Zink<br>– verseifbar in alkalischen Medien |
| **Reaktions-Beschichtungsstoffe** | | |
| Zweikomponenten-Epoxidharz-Beschichtungsstoffe (EP)<br><br>Filmbildung erfolgt durch Verdunsten des Lösemittels (falls vorhanden) und Reaktion zwischen Stamm- und Härterkomponente | Stammkomponente<br>– Epoxidharze<br>– Epoxidharz-Kombinationen<br><br>Härterkomponente<br>– Polyamine, Polyamide oder deren Addukte | – zweikomponentig<br>– hohe chemische und mechanische Beständigkeit<br>– hohe Haftfestigkeit und Nasshaftung auf Stahl<br>– geeignet als Grund- und Zwischenbeschichtungsstoff<br>– begrenzte Wetterbeständigkeit |
| Zweikomponenten-Polyurethan-Beschichtungsstoffe<br><br>Filmbildung erfolgt durch Verdunsten des Lösemittels (falls vorhanden) und Reaktion zwischen Stamm- und Härterkomponente | Stammkomponente (Polyol)<br>– Acrylharze<br>– Polyesterharze<br>– Polyetherharze<br>– Fluorpolymere<br><br>Härterkomponente<br>– aliphatische Polyisocyanate | – zweikomponentig<br>– höchste Wetterbeständigkeit<br>– gute chemische und mechanische Beständigkeit<br>– geeignet als Grund-, Zwischen- und Deckbeschichtungsstoff |
| Zweikomponenten-Polyaspartat-Beschichtungsstoffe<br><br>Filmbildung erfolgt durch Verdunsten des Lösemittels (falls vorhanden) und Reaktion zwischen Stamm- und Härterkomponente | Stammkomponente<br>– Polyaspartat<br><br>Härterkomponente<br>– aliphatische Polyisocyanate | – zweikomponentig<br>– höchste Wetterbeständigkeit<br>– gute chemische und mechanische Beständigkeit<br>– geeignet als Zwischen- und Deckbeschichtungsstoff |
| Zweikomponenten-Polysiloxan-Beschichtungsstoffe<br><br>Filmbildung erfolgt durch Verdunsten des Lösemittels und Reaktion zwischen Stamm- und Härterkomponente | Stammkomponente<br>– Polysiloxan<br><br>Härterkomponente<br>– aliphatische Polyisocyanate, Amine oder andere | – zweikomponentig<br>– höchste Wetterbeständigkeit<br>– gute chemische und mechanische Beständigkeit<br>– Deckbeschichtungsstoff |
| Feuchtigkeitshärtende Beschichtungsstoffe<br><br>Filmbildung erfolgt durch Verdunsten des Lösemittels und Reaktion des Bindemittels mit der Luftfeuchtigkeit | – Polyurethane (PUR)<br>– Polysiloxane (PS)<br>– Ethylsilicat (ESI) | – einkomponentig<br>– leichte Verarbeitbarkeit<br>– gute Benetzungseigenschaften<br>– mit vielen Produkten (1K und 2K) überlackierbar<br>– hitzebeständig (ESI) |

**Tabelle 18.** Beispiel eines Beschichtungssystems für den Korrosionsschutz nach ZTV-ING

| Schicht | Bindemittel | Pigmente |
|---|---|---|
| Grundbeschichtung Zn(R) | EP | Zinkstaub |
| Zwischenbeschichtung | EP | Eisenglimmer, Buntpigmente |
| Deckbeschichtung | PUR | Eisenglimmer, Buntpigmente |

haftet und eine gute Basis für die nachfolgenden Zwischenbeschichtungen darstellt. Durch ihre Pigmentierung (z. B. Zinkstaub, Zinkphosphat oder andere aktive Korrosionsschutzpigmente) übernimmt sie die wesentliche Schutzfunktion.

Grundbeschichtungsstoffe lassen sich durch das verwendete Bindemittel und die eingesetzten Korrosionsschutzpigmente charakterisieren. Dabei kommt Beschichtungsstoffen auf der Basis von Epoxid- und Polyurethanharzen die höchste Bedeutung zu.

Je nach Art und Menge der eingesetzten Korrosionsschutzpigmente wird in der DIN EN ISO 12944, Teil 5 zwischen zinkstaubreichen Grundbeschichtungsstoffen (zinc rich primer, bezeichnet als „Zn(R)") und anderen Grundbeschichtungsstoffen mit der Kennzeichnung „div." (diverse) unterschieden. In Tabelle 19 sind typische Grundbeschichtungsstoffe und deren Pigmentierung angegeben.

Das Zinkstaub-Pigment muss den Vorgaben der ISO 3549 entsprechen. Hersteller können aufgrund der schwierigen Bestimmung des Zinkgehalts den Zinkpigmentgehalt auf der Grundlage der Rezeptformulierung angeben. Dies kann im Rahmen einer Vertraulichkeitserklärung eingesehen werden.

Unter der Bezeichnung „div." werden alle anderen Grundbeschichtungen, unabhängig von der Art und dem Anteil der Korrosionsschutzpigmente, zusammengefasst, die nicht der Definition zinkstaubreicher Grundbeschichtungen entsprechen.

Alle weiteren Schichten werden als nachfolgende Beschichtungen bezeichnet. Den Zwischenbeschichtungen kommt eine Reihe von Aufgaben zu:
- sehr gute Haftfestigkeit auf der Grundbeschichtung,
- Barriere gegen eindringende korrosive Medien durch Schichtdickenaufbau,
- Basis für die Haftfestigkeit nachfolgender Schichten (z. B. Deckbeschichtung).

Die Bindemittelbasis muss an diejenige der Grundbeschichtung und diejenige der nachfolgenden Deckbeschichtung angepasst sein. Zwischenbeschichtungen sollen sich farblich von der Grund- und weiteren Zwischenbeschichtungen und nachfolgenden Deckbeschichtungen unterscheiden, damit bei der Applikation einfach erkannt werden kann, wo bereits gearbeitet wurde.

Die Anzahl der Zwischenbeschichtungen richtet sich nach der Schutzdauer und der Korrosivitätskategorie des Beschichtungssystems. Lösemittelarme oder -freie Zwischenbeschichtungen können mit höheren Schichtdicken aufgetragen werden.

Eine spezielle Art der Zwischenbeschichtung ist der Kantenschutz, der zum zusätzlichen Schutz an Schwachstellen, wie Kanten oder Schweißnähten, aufgebracht wird.

Die Deckbeschichtung ist die letzte Schicht eines Beschichtungssystems. Sie ist verantwortlich für die gewünschten optischen Eigenschaften, wie Farbe, Glanz, Reflexionsverhalten und Effektwirkung. Zudem ist sie der Witterung sowie anderen Belastungseinflüssen wie UV-Strahlung und Wasser, ggf. aggressiver Atmosphäre, mechanischen Belastungen (Abrieb und Kratzer), Chemikalien, Fetten und Ölen, ausgesetzt (Tabelle 20).

Neben den Bindemitteln müssen auch die eingesetzten farbgebenden Pigmente eine hohe Farbbeständigkeit aufweisen.

**Tabelle 19.** Typische Grundbeschichtungen

| Bindemittel-Basis | Abkürzung | Pigmenttyp | | Bemerkungen |
|---|---|---|---|---|
| | | Zinkstaub Zn(R) | Diverse | |
| Epoxidharze | EP | × | × | 2-K-lösemittelarm, lösemittelfrei und wasserverdünnbar |
| Ethylsilikat | ESI | × | × | 1-K, 2-K-lösemittelarm |
| Polyurethanharze | 1K-PUR | × | × | 1-K-lösemittelhaltig, lösemittelarm |
| Alkydharze | AK | | × | 1-K-lösemittelhaltig, lösemittelarm und wasserverdünnbar |
| Acrylharze | AY | | × | 1-K-wasserverdünnbar |
| Polyurethanharze | PUR | | × | 2-K-lösemittelarm, lösemittelfrei und wasserverdünnbar |

**Tabelle 20.** Typische Beschichtungsstoffe für Zwischen- oder Deckbeschichtungen

| Bindemittel-Basis | Kurzzeichen | Beschichtungsstoff |
|---|---|---|
| Alkydharze | AK | 1-K-lösemittelhaltig, lösemittelarm und wasserverdünnbar |
| Acrylharze | AY | 1-K-wasserverdünnbar |
| Epoxidharze | EP | 2-K-lösemittelarm, lösemittelfrei und wasserverdünnbar |
| Polyurethan | 1K-PUR | 1-K-lösemittelarm |
| Polyurethan | PUR | 2-K-lösemittelarm, lösemittelfrei und wasserverdünnbar |
| Polyaspartat | PAS | 2-K-lösemittelarm, lösemittelfrei |
| Polysiloxan | PS | 1-K und 2-K-lösemittelarm |

**Tabelle 21.** Bezeichnung und Definition der Schutzdauer

| Bezeichnung | Schutzdauer |
|---|---|
| sehr hoch (VH) | über 25 Jahre |
| hoch (H) | 15 bis 25 Jahre |
| mittel (M) | 7 bis 15 Jahre |
| niedrig (L) | bis 7 Jahre |

## 5.7 Schutzdauer und Gewährleistung

Unter Schutzdauer versteht man die erwartete Standzeit eines Beschichtungssystems bis zur ersten Instandsetzung. In der Regel ist die Nutzungsdauer eines Bauwerks höher als die Schutzdauer des Korrosionsschutzsystems. Zur Planung und Gestaltung eines Bauwerks gibt die Schutzdauer Hinweise über die Instandhaltungszyklen während der gesamten Nutzungsdauer des Objekts. Dadurch können schon zu einem frühen Zeitpunkt die finanziellen Mittel und die notwendigen Maßnahmen geplant werden. Eine Instandsetzung aus Korrosionsschutzgründen ist dann notwendig, wenn die beschichteten Flächen einen Rostgrad Ri 3 (dies entspricht 1% der zu bewertenden Fläche) nach ISO 4628-3 bezogen auf 10% der Fläche des Bauwerks oder eines Bauteils aufweisen.

Aus ästhetischen oder technischen Gründen empfiehlt sich eine Ausbesserung oder Teilerneuerung schon bei geringeren Schädigungsgraden als Ri 3.

Die Schutzdauer ist keine Gewährleistungsfrist. Zur Abgrenzung der Begriffe wird auf die Ausführungen in Abschnitt 8 dieses Beitrags verwiesen.

Die Schutzdauer von Beschichtungssystemen hängt von vielen Parametern ab:
– der Art des Beschichtungssystems,
– der Gestaltung des Bauwerks,
– dem Zustand der Stahloberfläche vor der Vorbereitung,
– der Art der Oberflächenvorbereitung,
– der Wirksamkeit der Oberflächenvorbereitung,
– der Ausführungsqualität der Beschichtungsarbeiten,
– dem Zustand von Verbindungen, Kanten und Schweißnähten vor der Vorbereitung,
– den Bedingungen während des Beschichtens,
– der Belastung nach dem Beschichten,
– nicht vorhersehbare Ereignisse, die zur Beeinträchtigung der Beschichtung führen (z. B. Anfahrschäden).

In DIN EN ISO 12944, Teil 1 werden aus den genannten Gründen vier verschiedene Zeitspannen für die Schutzdauer definiert (Tabelle 21).

Im Bereich der Infrastrukturbauwerke gibt es in Deutschland sehr gute Erfahrungen mit den Standardsystemen auf der Basis von EP/PUR nach der ZTV-ING, Teil 4 Abschnitt 3 seit nunmehr über 40 Jahren Standzeit (Bild 25). Aufgrund dieser Erfahrungswerte gibt es Bestrebungen, die Schutzdauer des Korrosionsschutzsystems bei Neubauten auf über 50 Jahre zu erhöhen.

Gemeinsam mit der Bundesanstalt für Straßenwesen und dem Institut für Korrosionsschutz hat der Verband der deutschen Lack- und Druckfarbenindustrie das Blatt 100 für die Schutzdauer von mindestens 50 Jahren entwickelt. Bei dieser sehr langen Schutzdauer kommt aber auch der entsprechenden korrosionsschutzgerechten Bauweise eine große Bedeutung zu!

## 5.8 Schichtdicke von Beschichtungssystemen

Die Art der Beschichtungsstoffe, die Schichtdicke der Einzelschichten und des gesamten Korrosionsschutzsystems sind von entscheidender Bedeutung für die Schutzdauer.

Die einzelnen Begriffe zur Schichtdicke sind in Tabelle 22 zusammengefasst.

Die in den Tabellen 23 und 24 festgelegten Sollschichtdicken müssen eingehalten werden. Zu geringe Schichtdicken können zu einem vorzeitigen Verlust der Schutzwirkung des Korrosionsschutzsystems führen. Zu hohe Schichtdicken können unter Umständen zu

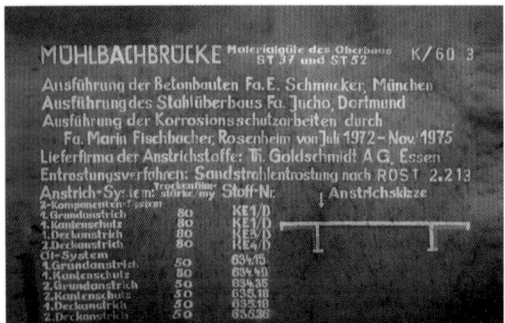

**Bild 25.** Mühlbachbrücke – eines der ersten Objekte, an denen 1972 bis 1975 2K-Stoffe nach Blatt 87 erprobt wurden

**Tabelle 22.** Definitionen der Schichtdicke

| | |
|---|---|
| Trockenschichtdicke (DFT = dry film thickness) | Dicke einer Beschichtung, die nach der Härtung auf der Oberfläche verbleibt. Falls nicht anders vereinbart, wird in der DIN EN ISO 12944 auf folgende Abnahmekriterien verwiesen: <br>– Der Mittelwert aus allen Messungen muss mindestens gleich der vereinbarten Sollschichtdicke sein. <br>– Alle Einzelwerte der Trockenschichtdicke müssen mindestens 80 % der Sollschichtdicke betragen. <br>– Maximal 20 % der Messwerte dürfen die Sollschichtdicke unterschreiten. <br>– Kein Wert darf die festgelegte Höchstschichtdicke überschreiten. <br>Dies bedeutet, dass bei einer Sollschichtdicke von 100 µm kein Einzelwert unter 80 µm liegen darf und dass der Mittelwert aus allen Messungen gleich oder größer als 100 µm sein muss. |
| Sollschichtdicke (NDFT = nominal dry film thickness) | Vorgegebene Trockenschichtdicke für einzelne Schichten oder das gesamte Beschichtungssystem, um die geforderte Schutzdauer zu erzielen. |
| Mindestschichtdicke | Diese Schichtdicke muss mindestens an jeder Stelle des Bauteils erreicht werden. |
| Höchstschichtdicke | Höchste zulässige Trockenschichtdicke, oberhalb derer die Eigenschaften einer Beschichtung oder eines Beschichtungssystems beeinträchtigt sein können. Die Höchstschichtdicke soll das Dreifache der Sollschichtdicke nicht überschreiten, sofern in den Datenblättern der Hersteller keine geringeren Höchstschichtdicken genannt sind. Es können nach Rücksprache mit dem Hersteller besondere Vereinbarungen getroffen werden. In anderen Regelwerken, z. B. ZTV-ING, ZTV-W, sind geringere Höchstschichtdicken festgelegt. |

deutlich verlangsamter Trocknung und Härtung oder auch zu Adhäsions- bzw. Kohäsionsproblemen führen. Zu hohe Schichtdicken sind aus wirtschaftlichen, technischen und Umweltschutzgründen zu vermeiden.
In der Neuausgabe der DIN EN ISO 12944, Teil 5 wurden die Sollschichtdicken (NDFT) und die minimale Anzahl der Schichten (MNOC, englisch: Minimum number of coats) im normativen Anhang B erstmals verbindlich festgelegt. Der Anhang B dient vornehmlich als Grundlage für Ausschreibungen. Die Beschichtungssysteme für die Korrosivitätskategorie CX und die Immersionskategorie Im4 für Stahlbauten im Offshore-Bereich sind in Teil 9 der DIN EN ISO 12944 beschrieben.
In den beiden Tabellen 23 und 24 sind die Angaben für Beschichtungssysteme für verschiedene Korrosivitäts-

**Tabelle 23.** Minimale Anzahl der Schichten (MNOC) und Sollschichtdicken (NDFT) für Beschichtungssysteme mit zinkstaubreichen Grundbeschichtungsstoffen (Zn(R)) für verschiedene Korrosivitätskategorien und Schutzdauern

| Korrosivitätskategorie | | Schutzdauer | | | |
|---|---|---|---|---|---|
| | | niedrig | mittel | hoch | sehr hoch |
| Art des Grundbeschichtungsstoffs | | Zn(R) | | | |
| Bindemittelbasis des Grundbeschichtungsstoffs | | ESI, EP, PUR | | | |
| Bindemittelbasis der nachfolgenden Schichten | | EP, PUR, AY | | | |
| C2 | MNOC | | | 1 | 2 |
| | NDFT | | | 60 | 160 |
| C3 | MNOC | | 1 | 2 | 2 |
| | NDFT | | 60 | 160 | 200 |
| C4 | MNOC | 1 | 2 | 2 | 3 |
| | NDFT | 60 | 160 | 200 | 260 |
| C5 | MNOC | 2 | 2 | 3 | 3 |
| | NDFT | 160 | 200 | 260 | 320 |

**Tabelle 24.** Minimale Anzahl der Schichten (MNOC) und Sollschichtdicken (NDFT) für Beschichtungssysteme mit anderen Grundbeschichtungsstoffen (div.) für verschiedene Korrosivitätskategorien und Schutzdauern

| Korrosivitätskategorie | | Schutzdauer | | | | | | | |
|---|---|---|---|---|---|---|---|---|---|
| | | niedrig | | mittel | | hoch | | sehr hoch | |
| Art des Grundbeschichtungsstoffs | | div. | | | | | | | |
| Bindemittelbasis des Grundbeschichtungsstoffs | | EP, PUR, ESI | AK, AY | EP, PUR, ESI | AK, AY | EP, PUR, ESI | AK, AY | EP, PUR, ESI | AK, AY |
| Bindemittelbasis der nachfolgenden Schichten | | EP, PUR, AY | AK, AY | EP, PUR, AY | AK, AY | EP, PUR, AY | AK, AY | EP, PUR, AY | AK, AY |
| C2 | MNOC | | | 1 | 1 | 1 | 2 | 2 | |
| | NDFT | | | 100 | 120 | 160 | 180 | 200 | |
| C3 | MNOC | 1 | 1 | 1 | 2 | 2 | 2 | 2 | |
| | NDFT | | 100 | 120 | 160 | 180 | 200 | 240 | 260 |
| C4 | MNOC | 1 | 1 | 2 | 2 | 2 | 2 | 2 | – |
| | NDFT | 120 | 160 | 180 | 200 | 240 | 260 | 300 | – |
| C5 | MNOC | 2 | – | 2 | – | 2 | – | 3 | – |
| | NDFT | 180 | – | 240 | – | 300 | – | 360 | – |

kategorien und Schutzdauern zusammengefasst. Zur besseren Lesbarkeit wurde für jede Art des Grundbeschichtungsstoffs (Zn(R) und div.) eine eigene Tabelle erstellt.

In der Tabelle 24 sind die Angaben zu Beschichtungssystemen für verschiedene Korrosivitätskategorien und Schutzdauern auf Grundbeschichtungen mit anderen Korrosionsschutzpigmenten zusammengefasst. Einkomponentige Beschichtungssysteme auf der Basis von Alkydharzen (AK) oder Acrylaten (AY) wurden dabei maximal für die Korrosivitätskategorie C4 hoch als geeignet eingestuft. Für C4 sehr hoch und die gesamte Kategorie C5 sind Beschichtungssysteme auf der Basis von ESI, EP oder PUR geeignet.

Sollen im Bereich der Korrosivitätskategorie C2 niedrig oder C3 niedrig Oberflächen beschichtet werden, z. B. aus Gründen der Verschönerung, können die Systeme aus höheren Korrosivitätskategorien oder höheren Schutzdauern herangezogen werden. Einschichtige Systeme sind für diesen Anwendungsfall die wirtschaftlichste Lösung.

Wird ein Beschichtungssystem für eine höhere Korrosivitätskategorie, z. B. C5-H, als ursprünglich gefordert, C4-H, ausgewählt, ergibt sich automatisch eine höhere Schutzdauer: C4-VH (Bild 26). Diese Systematik wird konsequent im gesamten Anhang B angewandt.

Die geforderten Schichtdicken sind abgestimmt auf den Typ des Beschichtungsstoffs und auf die zu erwarten-

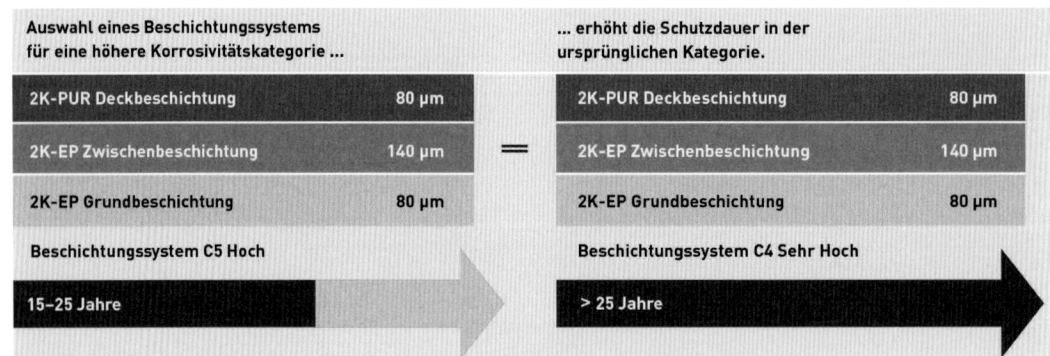

**Bild 26.** Direkter Zusammenhang zwischen Schichtdicke und Schutzdauer

**Bild 27.** Heistersteg Fußgängerbrücke in Nürnberg

**Bild 28.** Abgesetzte Beschichtung an einem Anschauungsobjekt

den Umgebungsbedingungen (Bild 27). Dies zeigen zwei Beispiele für unterschiedliche Korrosivitätskategorien in den Tabellen 25 und 26.

Prinzipiell werden Sollschichtdicken des Gesamtsystems vorgegeben. Es gibt Regelwerke, wie z. B. ZTV-ING, in denen die Sollschichtdicke jeder Einzelschicht vorgeschrieben wird (Bild 28).

**Schichtdickenmessung**

Zur Bestimmung und Bewertung der Trockenschichtdicke werden zwei Normen herangezogen. In DIN EN ISO 2808 werden die Verfahren zur Schichtdickenmessung beschrieben. ISO 19840 definiert Annahmekriterien für den Abgleich von Soll- und Ist-Werten. Der Unterschied liegt in der Bestimmung der Schichtdicke auf rauen Untergründen. Die DIN EN ISO 2808 weist

**Tabelle 25.** Sollschichtdicken für gängige Beschichtungssysteme bei geringer atmosphärischer Belastung (Korrosivitätsklasse C2)

| Grundbeschichtung | Deckbeschichtung | Mindestanzahl an Schichten | Schichtdickenvorgabe in µm | Erwartete Schutzdauer |
|---|---|---|---|---|
| AK, AY div. | AK, AY | 1 | 100 | mittel (M) |
| | | 1 | 160 | hoch (H) |
| | | 2 | 200 | sehr hoch (VH) |
| EP, PUR, ESI div. | EP, PUR oder AY | 1 | 120 | hoch (H) |
| | | 2 | 180 | sehr hoch (VH) |

**Tabelle 26.** Sollschichtdicken für verschiedene Beschichtungssysteme bei starker atmosphärischer Belastung (Korrosivitätsklasse C4)

| Grundbeschichtung | Deckbeschichtung | Mindestanzahl an Schichten | Schichtdickenvorgabe in µm | Erwartete Schutzdauer |
|---|---|---|---|---|
| AK, AY div. | AK, AY | 2 | 200 | mittel (M) |
| | | 2 | 260 | hoch (H) |
| EP, 1K-PUR, ESI Zn(R) | EP, PUR oder AY | 2 | 160 | mittel (M) |
| | | 2 | 200 | hoch (H) |
| | | 3 | 260 | sehr hoch (VH) |
| EP, PUR, ESI div. | EP, PUR oder AY | 2 | 180 | mittel (M) |
| | | 2 | 240 | hoch (H) |
| | | 2 | 300 | sehr hoch (VH) |

darauf hin, dass bei Schichtdicken < 25 µm die Rauigkeit des Untergrunds auf die gemessene Schichtdicke einen Einfluss hat. Bei größeren Schichtdicken entspricht der Messwert der tatsächlichen Schichtdicke.

ISO 19840 beschreibt Korrekturwerte für raue Oberflächen. Als Mindestanforderung in DIN EN ISO 12944, Teil 5, Anhang B ist die Rauigkeit mittel (G) verlangt. Die tatsächliche Schichtdicke nach ISO 19840 errechnet sich dann aus dem gemessenen Wert minus 25 µm. Im Umkehrschluss bedeutet dies, dass entsprechend mehr aufgebracht werden muss, um nach der Korrektur die vorgegebene Sollschichtdicke sicher zu erreichen. Beispiel: Für C2-H ist eine Sollschichtdicke von 120 µm vorgegeben. Misst man nach DIN EN ISO 2808 einen Wert von 120 µm, ist das Soll erfüllt.

Misst man nach ISO 19840 ebenso 120 µm, ist die Schichtdicke (120 µm – 25 µm = 95 µm) unterhalb des Grenzwertes von 80% und damit nicht akzeptabel. Dies wird noch einmal in der Tabelle 27 verdeutlicht.

In DIN EN ISO 12944, Teil 5 wird ISO 19840 als Messmethode zur Bestimmung der Trockenschichtdicke auf rauen Untergründen vorgegeben, erlaubt aber eine davon abweichende Vereinbarung zwischen den Vertragspartnern. In der ZTV-ING und der VOB ist als Verfahren zur Bestimmung der Schichtdicke die DIN EN ISO 2808 festgelegt. In diesem Fall wird kein Korrekturwert berücksichtigt. In der DIN EN 1090-2 gilt nur die ISO 19840. Die unterschiedlichen Regelungen werden noch einmal in Tabelle 28 zusammengefasst. Spezifikationen (z. B. von den Unternehmen BASF, DOW, RWE etc.) regeln die Schichtdickenmessung ebenso unterschiedlich. Daher ist es dringend notwendig, die Bestimmung der Schichtdicke im Vorfeld eines Auftrags zu kennen.

In der Praxis hat sich die Messung der Schichtdicke nach DIN EN ISO 2808 bewährt. Deshalb sollten die Vertragsparteien als Grundlage für die Messung der Schichtdicke das Verfahren nach DIN EN ISO 2808 vereinbaren, anderweitig muss die zu messende Schichtdicke mindestens um den Korrekturwert erhöht werden. Es empfiehlt sich bereits während der Beschichtung die Einhaltung der Schichtdicke durch Messung der Nassschichtdicke zu überprüfen. Dabei wird die Dicke des noch flüssigen Films mithilfe z. B. eines Nassschichtdickenkamms bestimmt (Bild 29). Auf Stahl wird die Trockenschichtdicke mit magnetinduktiven Verfahren, auf nichtmagnetischen Untergründen, z. B. Edelstahl, Zink, mit Wirbelstromverfahren bestimmt (Bild 30). Die Kalibrierung der Geräte wird auf planer Stahloberfläche vorgenommen. DIN EN ISO 2808 beschreibt die Vorgehensweise bei den Messungen.

**Tabelle 27.** Messwerte und resultierende Schichtdicken am Beispiel eines Beschichtungssystems für C2-H

| Substrat | Stahl, Sa 2½ mittel (G) | |
|---|---|---|
| Beschichtungssystem | C2.05: 2K-PUR | |
| Sollschichtdicke | 120 µm | |
| Einzelmesswerte | | |
| Schichtdickenmessung nach | DIN EN ISO 2808 | ISO 19840 |
| Messwert | 120 µm | 120 µm |
| Korrekturwert für Rauigkeit | keiner | 25 µm |
| Ergebnis | 120 µm | 95 µm |
| 80%-Grenzwert | 96 µm | |
| Abnahme | ja | **nein** |

**Bild 29.** Nassschichtdickenmessung

**Tabelle 28.** Regelung der Schichtdickenmessung in verschiedenen Vorschriften

| Vorschrift | Schichtdickenmessung nach | Korrekturwert |
|---|---|---|
| DIN EN ISO 12944-5 | ISO 19840 (falls nicht anders vereinbart) | ja |
| ZTV-ING Teil 4, Abschnitt 3 | DIN EN ISO 2808 | nein |
| DIN EN 1090-2 | ISO 19840 | ja |
| VOB Teil C, DIN 18364 | DIN EN ISO 2808 | nein |

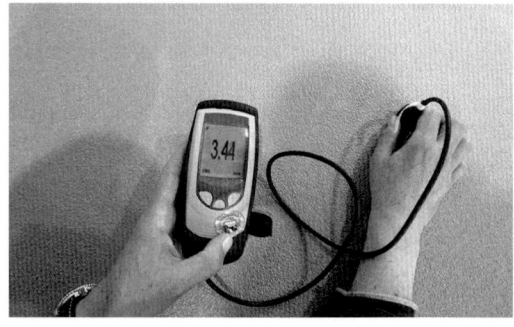

**Bild 30.** Messung der Trockenschichtdicke

**Tabelle 29.** Zuordnung von Beschichtungssystemen nach DIN EN ISO 12944, Teil 5

| DIN EN ISO 12944, Teil 5 | Beschichtungssysteme für | | Korrosions-belastung |
|---|---|---|---|
| | Oberfläche | Korrosivitäts-kategorien | |
| Tabelle B.2 (normativ) oder Tabellen C.1 bis C.5 | Stahl | | Atmosphäre |
| | | C2 | gering |
| | | C3 | mäßig |
| | | C4 | stark |
| | | C5 | sehr stark |
| Tabelle B.5 (normativ) oder Tabelle C.6 | Stahl | | Immersion |
| | | Im1 | Süßwasser |
| | | Im2 | Meer-, Brackwasser |
| | | Im3 | Erdreich |
| Tabelle B.3 (normativ) oder Tabelle D.1 | feuer-verzinkter Stahl | | Atmosphäre |
| | | C2 | gering |
| | | C3 | mäßig |
| | | C4 | stark |
| | | C5 | sehr stark |
| Tabelle B.4 (normativ) oder Tabelle E.1 | Stahl mit thermisch gespritzten (Metall)-Überzügen | | Atmosphäre |
| | | C3 | mäßig |
| | | C4 | stark |
| | | C5 | sehr stark |

## 5.9 Auswahl der Beschichtungssysteme

In einem ersten Schritt ist die zu erwartende Korrosivitätskategorie und die gewünschte Schutzdauer festzulegen. Das passende Beschichtungssystem kann anschließend mithilfe der Tabellen in der Norm DIN EN ISO 12944, Teil 5 ausgewählt werden.

Die in Anhang B beschriebenen Beschichtungssysteme sind normative Vorgaben. Praxisbewährte Beispiele für den Erstschutz von Stahl, feuerverzinktem Stahl und thermisch gespritzten Metalloberflächen und für die Vollerneuerung sind auch in den weiteren Anhängen beschrieben.

Hinsichtlich der Instandsetzung kann analog vorgegangen werden. Empfehlenswert ist die Anlage von Probeflächen zur Überprüfung der Eignung der ausgewählten Beschichtungssysteme. In Tabelle 29 sind für verschiedene korrosive Belastungen die Anhänge der Norm DIN EN ISO 12944, Teil 5 zugeordnet. In den Tabellen C.1 bis C.5 der Norm sind die Beschichtungssysteme der Korrosivitätskategorien C1 bis C5 auf gestrahltem Stahl beschrieben.

Sind zusätzliche Belastungen, z. B. durch erhöhte oder hohe Temperaturen, besondere mechanische oder chemische Einwirkungen usw. zu erwarten, müssen diese genau beschrieben und bei der Auswahl der Systeme berücksichtigt werden. Beispiele solcher Sonderfälle sind in DIN EN ISO 12944, Teil 2, Anhang B enthalten (Tabelle 31).

### 5.9.1 Beschichtungssysteme für atmosphärische Umgebungsbedingungen

Um Stahl unter den verschiedenen atmosphärischen Bedingungen wirksam vor Korrosion zu schützen, steht eine Vielzahl von geeigneten Korrosionsschutzsystemen zur Verfügung. In Tabelle 32 sind einige prinzipielle

**Tabelle 30.** Beispiele zur Systematik der Einstufung der zu erwartenden Schutzdauer, mittel (M), hoch (H) und sehr hoch (VH) von Beschichtungssystemen bei verschiedener Korrosionsbelastung in Anlehnung an DIN EN ISO 12944, Teil 5, Anhang C

| System Nr. | Grundbeschichtungen | | | | Nachfolgende Schichten | | Beschichtungssystem | Erwartete Schutzdauer | | | | | | | | |
|---|---|---|---|---|---|---|---|---|---|---|---|---|---|---|---|---|
| | Binde-mittel | Pig-ment | An-zahl | NDFT µm | Bindemittel | Anzahl | NDFT µm | C3 | | | C4 | | | C5 | | |
| | | | | | | | | M | H | VH | M | H | VH | M | H | VH |
| C4.03 | AK, AY | div. | 1 | 80 | AK; AY | 2–4 | 260 | | | | | | | | | |
| C5.02 | EP, PUR, ESI | div. | 1 | 80 | EP, PUR, AY | 2–3 | 240 | | | | | | | | | |
| C5.03 | EP, PUR, ESI | div. | 1 | 80 | EP, PUR, AY | 2–4 | 300 | | | | | | | | | |
| C5.04 | EP, PUR, ESI | div. | 1 | 80 | EP, PUR, AY | 3–4 | 360 | | | | | | | | | |
| C5.06 | EP, PUR | Zn(R) | 1 | 80 | EP, PUR, AY | 2–3 | 200 | | | | | | | | | |
| C5.07 | EP, PUR | Zn(R) | 1 | 80 | EP, PUR, AY | 3–4 | 260 | | | | | | | | | |
| C5.08 | EP, PUR | Zn(R) | 1 | 80 | EP, PUR, AY | 3–4 | 320 | | | | | | | | | |

**Tabelle 31.** Sonderfälle nach DIN EN ISO 12944, Teil 2, Anhang B

| | |
|---|---|
| B.1.1 | Korrosion im Inneren von Gebäuden |
| B.1.2 | Korrosion in Hohlkästen und Hohlbauteilen |
| B.2.2 | **Chemische Belastungen** durch betriebsbedingte Immissionen (z. B. Säuren, Alkalien, Salze, organische Lösemittel) |
| B.2.3 | Mechanische Belastungen |
| B.2.3.1 | **in der Atmosphäre**, durch vom Wind mitgerissenen Teile (z. B. Sand) und sonstigem Abrieb |
| B.2.3.2 | **im Wasser**, schwache, mäßige, starke Belastung (z. B. durch Strömung, mitgeführtes Geröll oder Sandmengen, Bewuchs, Wellenschlag) |
| B.2.4 | Belastungen durch Kondensation |
| B.2.5 | Belastungen durch erhöhte (60 bis 150 °C) oder hohe Temperaturen (150 bis 400 °C) |
| B.2.6 | verstärkte Korrosion durch kombinierte Belastungen |

**Tabelle 32.** Allgemein erforderliche Sollschichtdicke von Beschichtungssystemen nach DIN EN ISO 12944, Teil 5

| Umgebung außen | innen | Korrosivitätskategorie/ Korrosionsbelastung | Erwartete Schutzdauer | Gesamt-Sollschichtdicke μm | Bindemittelbasis der Beschichtungssysteme GB/DB |
|---|---|---|---|---|---|
| Atmosphäre mit geringer Verunreinigung und trockenem Klima, meistens ländliche Gebiete | ungeheizte Gebäude, wo Kondensation auftreten kann, z. B. Lagerhallen, Sporthallen | C2 gering | hoch (H) | 120 160 | EP(div.)/PUR, AY AK, AY |
| | | | sehr hoch (VH) | 160 180 200 | EP(Zn)/PUR, AY EP(div.)/PUR, AY AK, AY |
| Stadt- und Industrieatmosphäre, mäßige Verunreinigungen durch Schwefeldioxid, Küstenatmosphäre mit geringer Salzbelastung | Produktionsräume mit hoher Luftfeuchte und etwas Luftverunreinigung, z. B. Anlagen zur Lebensmittelherstellung, Wäschereien, Brauereien, Molkereien | C3 mäßig | hoch (H) | 160 180 200 | EP(Zn)/PUR, AY EP(div.)/PUR, AY AK, AY |
| | | | sehr hoch (VH) | 200 240 260 | EP(Zn)/PUR, AY EP(div.)/PUR, AY AK, AY |
| Industrieatmosphäre und Küstenatmosphäre mit mäßiger Salzbelastung | Chemieanlagen, Schwimmbäder, küstennahe Werften und Bootshäfen | C4 stark | hoch (H) | 200 240 260 | EP(Zn)/PUR, AY EP(div.)/PUR, AY AK, AY |
| | | | sehr hoch (VH) | 260 300 | EP(Zn)/PUR, AY EP(div.)/PUR, AY |
| Industriebereiche mit hoher Luftfeuchte und aggressiver Atmosphäre und Küstenatmosphäre mit hoher Salzbelastung und Auftausalzen | Gebäude oder Bereiche mit nahezu ständiger Kondensation und mit starker Verunreinigung | C5 sehr stark | hoch (H) | 260 300 | EP(Zn)/PUR, AY EP(div.)/PUR, AY |
| | | | sehr hoch (VH) | 320 360 | EP(Zn)/PUR, AY EP(div.)/PUR, AY |
| Küsten- und Offshorebereiche mit hoher Salzbelastung und Industriebereiche mit extremer Luftfeuchte und aggressiver Atmosphäre | Industriebereiche mit extremer Luftfeuchte und aggressiver Atmosphäre | CX extrem | Beschichtungssysteme nur für den Bereich CX (offshore) festgelegt. Alle anderen Bereiche sind nicht erfasst und müssen individuell festgelegt werden. | | |
| | | | hoch (H) | 280 350 | EP(Zn)/PUR EP(div.)/PUR |

Beispiele von Beschichtungssystemen für geringe bis sehr starke Belastung aufgeführt.
Die Vielfalt der Möglichkeiten wird auch in den Systemtabellen der DIN EN ISO 12944, Teil 5 deutlich. Etwa 60 grundsätzliche Beispiele von Beschichtungssystemen für atmosphärische Belastung sind in den Tabellen der Norm C.1 bis C.5, D.1 und E.1 (Duplex-Systeme) aufgeführt.
Diese Systemtabellen stellen praxisbewährte Korrosionsschutzsysteme dar. Durch Variationen, z. B. der Sollschichtdicken, der Art und der Anzahl von Einzelschichten, ergeben sich weitere Möglichkeiten. Es wird ausdrücklich betont, dass auch andere Beschichtungssysteme mit der gleichen Schutzwirkung angewendet werden können.
Planer und Spezifizierer von Korrosionsschutzmaßnahmen müssen für den jeweiligen Anwendungsfall das optimale System auswählen. Differenzierter Korrosionsschutz bedeutet, dass abgestimmt auf die zu erwartende Belastung und die Nutzungsdauer des Objekts, Korrosionsschutzsysteme ausgewählt werden, die wirtschaftlich sind und einen guten Schutz bieten. Dabei sollten auch effiziente Fertigungs- und Montageabläufe, die einfache Ausbesserung mechanischer Beschädigungen und die spätere Sanierungsfähigkeit eines Beschichtungssystems wichtige Entscheidungskriterien sein.
Viele Berater, unabhängige Institute und die Beschichtungsstoffhersteller bieten fachliche Hilfestellung bei der Auswahl des geeigneten Beschichtungssystems.

Für den Stahlwasserbau werden heute hauptsächlich lösemittelarme und lösemittelfreie Beschichtungsstoffe auf Epoxidharz- und Polyurethanharzbasis eingesetzt. Die Beschichtungssysteme lassen sich in Einschichtsysteme, hauptsächlich für die Immersionskategorie Im1 und Mehrschichtsysteme für die Kategorien Im2 und Im3 unterteilen. Systeme für den kathodischen Korrosionsschutz werden in DIN EN ISO 12944, Teil 9 behandelt.
Die Tabelle C.6 der DIN EN ISO 12944, Teil 5 gibt einen allgemeinen Überblick über mögliche Beschichtungssysteme für die Korrosivitätskategorien Im1 bis Im3 (Tabelle 33). Diese Systeme erfüllen Basisanforderungen, die in der ZTV-W (Herausgeber Bundesanstalt für Wasserbau (BAW)) für diverse Bauteile und Anwendungen aufgestellt wurden.
In Abhängigkeit der Schutzdauer und der Belastung kann es notwendig sein, die Sollschichtdicke der Systeme zu erhöhen, um die Schutzdauer sicherzustellen.
In der ZTV-W wird für die Zinkstaub-Grundbeschichtung eine Sollschichtdicke von 50 µm und eine Gesamtsollschichtdicke des Beschichtungssystems von 500 µm vorgegeben. Für hochabriebfeste Beschichtungen werden sowohl in der DIN EN ISO 12944, Teil 5 als auch in der ZTV-W Sollschichtdicken bis 2000 µm empfohlen. Die in der ZTV-W erwähnte Gesamtschichtdicke von 350 µm gilt lediglich für kondensatbelastete Innenräume (z. B. von geschlossenen Wehrkörpern).

### 5.9.2 Beschichtungssysteme für den Stahlwasserbau

Zum Stahlwasserbau zählen Stahlbauten und Anlagen, die am oder im Wasser stehen, z. B. Schleusentore (Bild 31), Wehrverschlüsse, Kanalbrücken, Hafenanlagen und Sperrwerke. Im weiteren Sinn kann man auch Offshore-Anlagen, wasserführende Stahlrohre, z. B. Druckrohrleitungen und Stahlbehälter zur Wasseraufbereitung dazuzählen.
Früher wurden Beschichtungen auf Basis von Teerpech eingesetzt. Diese wurden in den 1960er-Jahren durch Beschichtungsstoffe auf Basis von Epoxidharz-Teer abgelöst. Aus Gründen der Arbeitssicherheit und des Umweltschutzes kommen inzwischen teerfreie Beschichtungsstoffe zum Einsatz, vornehmlich auf Basis von Epoxiden und Polyurethanen.
Im Stahlwasserbau findet im Unterwasserbereich und in der Wasserwechselzone eine Beanspruchung durch Süßwasser, Brackwasser, Salzwasser oder auch Abwasser statt. Für den Korrosionsschutz von Objekten im Stahlwasserbau kommen deshalb nur dauerhaft wasserbeständige Beschichtungssysteme infrage, die eine Reihe von zusätzlichen Belastungen aushalten müssen, z. B. Abrieb und Stoß, Bewuchs und Mikroorganismen, Witterungseinflüsse oberhalb der Wasserwechselzone oder kathodische Polarisation beim zusätzlichen kathodischen Korrosionsschutz.

**Bild 31.** Drehung eines Schleusentors bei Nacht

# 4 Korrosionsschutz von Stahlbauten durch Beschichtungssysteme

**Tabelle 33.** Beschichtungssysteme für den Stahlwasserbau in Anlehnung an DIN EN ISO 12944, Teil 5, Anhang C, Tabelle C.6.
Substrat: niedriglegierter Stahl, Oberflächenvorbereitung: Sa 2½ mittel (G), Rostgrad: A, B, C

| Grundbeschichtung | | | | Nachfolgende Schichten | Beschichtungssystem | | | Schutzdauer | |
|---|---|---|---|---|---|---|---|---|---|
| Bindemittel | Pigment | Anzahl | NDFT μm | Bindemittel | Gesamtanzahl an Schichten | NDFT μm | | hoch (H) | sehr hoch (VH) |
| ESI, EP, 1K-PUR | Zn(R) | 1 | 60–80 | EP, PUR | 2–4 | 360 | | | |
| ESI, EP, 1K-PUR | Zn(R) | 1 | 60–80 | EP, PUR | 2–5 | 500 | | | |
| ESI, EP, 1K-PUR | div. | 1 | 80 | EP, PUR | 2–4 | 380 | | | |
| ESI, EP, 1K-PUR | div. | 1 | 80 | EP, PUR | 2–5 | 540 | | | |
| – | – | – | – | EP, PUR | 1–3 | 400 | | | |
| – | – | – | – | EP, PUR | 1–3 | 600 | | | |

## 5.10 Beschichtungssysteme auf feuerverzinktem Stahl und Stahl mit thermisch gespritzten Metallüberzügen

### 5.10.1 Feuerverzinkung

Feuerverzinkung entsteht durch Eintauchen von Stahl in eine Zinkschmelze. Dabei kommt es zu einer metallurgischen Reaktion und zur Legierungsbildung zwischen Stahl und Zink. Je nach Zusammensetzung des Stahls entstehen unterschiedliche Erscheinungsformen von matten bis glänzenden Oberflächen (Bilder 32, 33). Zink ist ein unedles Metall, welches sich bei korrosiver Belastung schnell auflöst. Insbesondere unter sauren und alkalischen Bedingungen, bei Dauerfeuchte, bei Salzbelastung und Temperaturen über +60 °C kommt es zu einem beschleunigten Zinkabtrag. Weitere Gründe für das Beschichten von feuerverzinktem Stahl sind die farbliche Gestaltung der ansonsten grauen Zinkoberfläche und die Vermeidung von Schwermetalleinträgen in die Umwelt (ergänzende Angaben in „Einträge von Kupfer, Zink und Blei in Gewässer und Boden – Analyse der Emissionspfade und möglicher Emissionsminderungsmaßnahmen", Umweltforschungsplan des Bundesministeriums für Umwelt, Naturschutz und Reaktorsicherheit, Forschungsbericht 202 242 20/02, UBA-FB 000824).

Die Kombination von Beschichtung und Feuerverzinkung stellt ein wirksames Korrosionsschutzsystem mit sehr hoher Schutzdauer dar.

### 5.10.2 Stahl mit thermisch gespritzten Metallüberzügen

Thermisch gespritzte Metallüberzüge entstehen durch das Aufspritzen von geschmolzenem Zink, Zink/Aluminium- oder Aluminiumlegierungen auf Stahl (Bild 34). Es findet keine Legierungsbildung zum Stahl

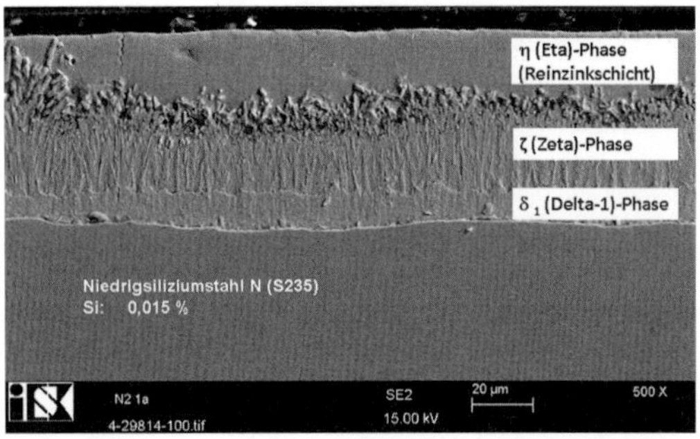

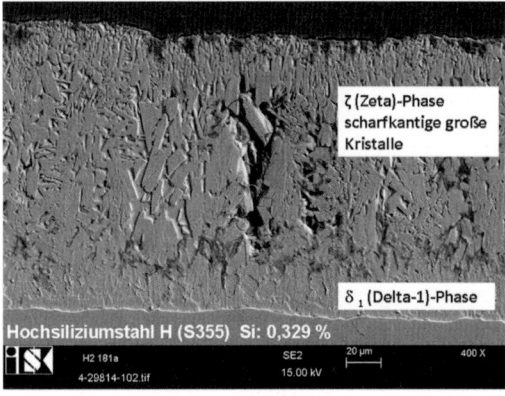

**Bild 32.** Querschliff einer Feuerverzinkung von Niedrigsiliziumstahl

**Bild 33.** Querschliff einer Feuerverzinkung von Hochsiliziumstahl

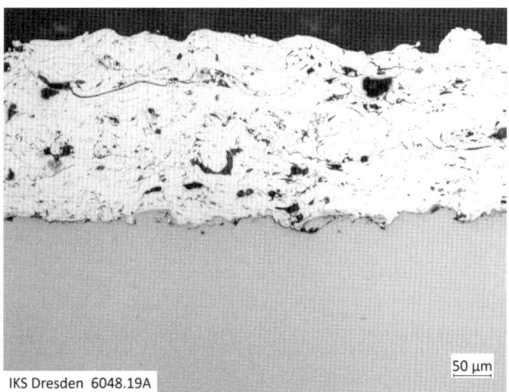

**Bild 34.** Querschliff eines thermisch gespritzten Metallüberzugs auf Stahl

statt. Die Haftung erfolgt über die Adhäsion zur gestrahlten Stahloberfläche. Die entstehenden Überzüge sind mehr oder weniger porös und müssen mit einer zusätzlichen porenverschließenden Beschichtung, der sogenannten Versiegelung (engl.: Sealer), geschützt werden. Thermisch gespritzte Metallüberzüge mit Versiegelung (Sealer) und nachfolgender Beschichtung ergeben langlebige Korrosionsschutzsysteme auf Stahl.

### 5.10.3 Beschichtungssysteme auf feuerverzinktem Stahl

Im Anhang B der DIN EN ISO 12944, Teil 5, sind die Mindestanforderungen an Korrosionsschutzsysteme formuliert. Für Korrosionsschutzsysteme auf feuerverzinktem Stahl ist generell eine Oberflächenvorbereitung durch Sweep-Strahlen vorgesehen. Eine direkte Beschichtung der feuerverzinkten Oberfläche ohne Sweep-Strahlen ist unter Einhaltung gewisser Randbedingungen möglich (vgl. Abschnitt 5.10.4), erfordert aber die Bestätigung des Beschichtungsstoffherstellers. Unter dem Begriff Korrosionsschutzsystem wurden alle Schichten zusammengefasst, die Stahl vor Korrosion schützen. Daher ist eine Feuerverzinkung ein Bestandteil des Korrosionsschutzsystems. Häufig findet man noch den Begriff des „Duplex-Systems" als Bezeichnung für beschichtete Feuerverzinkung.

Voraussetzung für einen langfristigen Schutz ist die einwandfreie Haftfestigkeit der nachfolgenden Schichten auf der Feuerverzinkung und der Eignungsnachweis nach den Kriterien, die im Teil 6 der DIN EN ISO 12944 festgelegt sind. In den Produktdatenblättern und technischen Beschreibungen der Beschichtungsstoffe ist deren Eignung auf feuerverzinktem Stahl explizit beschrieben.

Ein- oder Zweikomponenten-Wash-Primer haben sich als Haftvermittler für freibewitterte Beschichtungen auf feuerverzinktem Stahl nicht bewährt. Beschichtungsstoffe auf Basis trocknender Öle können im Laufe der Belastung ihre Haftfestigkeit verlieren, da die enthaltenen Fettsäuren mit der Zinkoberfläche unter Bildung von sogenannten Zinkseifen reagieren. Das schließt auch die Anwendung von sogenannten Universal-Primern auf Alkydbasis aus. Diese werden nur im dekorativen Bereich und nicht im Anwendungsbereich der DIN EN ISO 12944, Teil 5 eingesetzt.

Je nach Anwendungsfall werden Grund- und Deckbeschichtungen oder auch Deckbeschichtungen einschichtig verwendet. Voraussetzung für ein wirksames Korrosionsschutzsystem mit Feuerverzinkung ist ein guter Schutz des Zinküberzugs. In Tabelle 34 und 35

**Tabelle 34.** Minimale Anzahl der Schichten (MNOC) und Sollschichtdicken (NDFT) für Beschichtungssysteme auf feuerverzinktem Stahl für verschiedene Korrosivitätskategorien und Schutzdauern

| Korrosivitätskategorie | Schutzdauer | | | | | | | |
|---|---|---|---|---|---|---|---|---|
| | niedrig | | mittel | | hoch | | sehr hoch | |
| Bindemittelbasis des Grundbeschichtungsstoffs | EP, PUR | AY | EP, PUR | AY | EP, PUR | AY | EP, PUR | AY |
| Bindemittelbasis der nachfolgenden Schichten | EP, PUR, AY | AY | EP, PUR, AY | AY | EP, PUR, AY | AY | EP, PUR, AY | AY |
| C2 | MNOC | | | | 1 | 1 | 1 | 2 |
| | NDFT | | | | 80 | 80 | 120 | 160 |
| C3 | MNOC | | 1 | 1 | 1 | 2 | 2 | 2 |
| | NDFT | | 80 | 80 | 120 | 160 | 160 | 200 |
| C4 | MNOC | 1 | 1 | 1 | 2 | 2 | 2 | – |
| | NDFT | 80 | 80 | 120 | 160 | 160 | 200 | 200 | – |
| C5 | MNOC | 1 | 2 | 2 | 2 | 2 | – | 2 | – |
| | NDFT | 120 | 160 | 160 | 200 | 200 | – | 240 | – |

**Tabelle 35.** Allgemein erforderliche Sollschichtdicke von Beschichtungssystemen auf Feuerverzinkung gemäß DIN EN ISO 12944, Teil 5, Tabelle D.1

| Umgebung | | Korrosivitäts-kategorie / Korrosions-belastung | Erwartete Schutzdauer | Gesamt-Sollschichtdicke μm | Bindemittelbasis der Beschichtungssysteme GB/DB |
| --- | --- | --- | --- | --- | --- |
| außen | innen | | | | |
| Atmosphäre mit geringer Verunreinigung und trockenem Klima, meistens ländliche Gebiete | Ungeheizte Gebäude, wo Kondensation auftreten kann, z. B. Lagerhallen, Sporthallen | C2<br><br>gering | hoch (H) | 80<br>80 | EP/PUR, AY<br>AY |
| | | | sehr hoch (VH) | 120<br>160 | EP/PUR, AY<br>AY |
| Stadt- und Industrie-atmosphäre, mäßige Verunreinigungen durch Schwefeldioxid, Küstenatmosphäre mit geringer Salzbelastung | Produktionsräume mit hoher Luftfeuchte und etwas Luftverunrei-nigung, z. B. Anlagen zur Lebensmittelherstellung, Wäschereien, Brauereien, Molkereien | C3<br><br>mäßig | hoch (H) | 120<br>160 | EP/PUR, AY<br>AY |
| | | | sehr hoch (VH) | 160<br>200 | EP/PUR, AY<br>AY |
| Industrieatmosphäre und Küstenatmosphäre mit mäßiger Salzbelastung | Chemieanlagen, Schwimmbäder, küsten-nahe Werften und Bootshäfen | C4<br><br>stark | hoch (H) | 160<br>200 | EP/PUR, AY<br>AY |
| | | | sehr hoch (VH) | 200 | EP/PUR, AY |
| Industriebereiche mit hoher Luftfeuchte und aggressiver Atmosphäre und Küstenatmosphäre mit hoher Salzbelastung und Auftausalzen | Gebäude oder Bereiche mit nahezu ständiger Kondensation und mit starker Verunreinigung | C5<br><br>sehr stark | hoch (H) | 200 | EP/PUR, AY |
| | | | sehr hoch (VH) | 240 | EP/PUR, AY |

sind die Sollschichtdicken nach DIN EN ISO 12944, Teil 5 für Beschichtungssysteme auf Feuerverzinkung für unterschiedliche Korrosivitätskategorien und Schutzdauern angegeben.

In der Neuausgabe der DIN EN ISO 12944, Teil 5 wurden die Schichtdicken (NDFT) und die minimale Anzahl der Schichten im normativen Anhang B erstmals verbindlich auch für Korrosionsschutzsysteme auf feuerverzinktem Stahl festgelegt.

Insbesondere im Bereich sehr starker Korrosionsbelastung, z. B. in den Immersionskategorien Im1 bis Im4, sollte sehr sorgfältig geprüft werden, ob ein Korrosionsschutzsystem mit Feuerverzinkung geeignet ist. Aus diesem Grund sind in der DIN EN ISO 12944, Teil 5 keine normativen Vorgaben und Empfehlungen für Korrosionsschutzsysteme auf feuerverzinkten Stahl für Immersionskategorien enthalten.

Vor allem bei sehr hoher Salz- oder Chemikalienbelastung, u. a. durch Säuren oder Laugen, ist die Feuerverzinkung instabil und korrodiert sehr schnell (Bild 35). Besonders kritische Anwendungen sind beispielsweise Verzinkereien (Säurebelastung), Viehställe, Rottehallen und Abwasser-/Kläranlagen.

### 5.10.4 Zusätzliche Hinweise zur Beschichtung verzinkter Oberflächen

Sehr gute Voraussetzungen für den Einsatz von Beschichtungsstoffen auf nicht gesweepten Feuerverzinkungen liegen immer dann vor, wenn die Beschichtung direkt im Verzinkungsbetrieb in einem der Feuerverzinkung nachgelagerten Prozess durchgeführt wird. Geeignet sind speziell formulierte ein- und zweikomponentige Beschichtungsstoffe. Der Hersteller muss die Eignung

**Bild 35.** Korrosion von feuerverzinktem Stahl – unbeschichtete Feuerverzinkung korrodiert schnell unter Salzeinwirkung und mechanischer Belastung

der Beschichtungsstoffe für diese Anwendung ausdrücklich beschreiben.

Eine Oberflächenvorbereitung des feuerverzinkten Stahls durch Sweep-Strahlen oder einer gleich wirksamen Vorbereitungsmethode ist immer dann erforderlich, wenn folgende Ausgangszustände vorliegen:
- freibewitterte Feuerverzinkung mit beginnender oder bereits erfolgter Weißrostbildung,
- Beschichtungsstoffe, die nicht ausdrücklich für frische ungesweepte Feuerverzinkung geeignet sind,
- hohe Korrosionsbelastungen durch ständige Wassereinwirkung, z. B. durch Kondensation oder Immersion.

Im Stahlbau werden immer wieder bandverzinkte Bauteile angetroffen, die beschichtet werden sollen. Aus Gründen des Umweltschutzes wurde die chemische Passivierung der Bandverzinkung auf Cr(VI)-freie Verfahren umgestellt. In der DIN EN 10346:2015-10 wurden die technischen Vorgaben von vier Normen zusammengefasst und zum Teil neu definiert. Generell müssen Beschichtungssysteme auf Bandverzinkung auf ihre Eignung hin geprüft werden.

## 5.11 Korrosionsschutzsysteme mit thermisch gespritzten Metallüberzügen

Thermisch gespritzte Metallüberzüge nach DIN EN ISO 2063 sind unmittelbar nach ihrer Herstellung mit einer Versiegelung zu versehen. Dies ist sowohl in der DIN EN ISO 12944, Teil 5 als auch in der ZTV-ING, Teil 4, Abschnitt 3 festgelegt. Die Versiegelung ist auf das nachfolgende Beschichtungssystem abzustimmen.

In der Regel wird die nachfolgende Beschichtung durch Verdünnen als Versiegelung appliziert. Vor dem Aufbringen der Versiegelung ist eine gründliche Reinigung des thermisch gespritzten Metallüberzugs gemäß DIN EN ISO 2063-2 erforderlich. In der Neuausgabe der DIN EN ISO 12944, Teil 5 wurden die Schichtdicken (NDFT) und die minimale Anzahl der Schichten im normativen Anhang B erstmals verbindlich auch für Korrosionsschutzsysteme auf thermisch gespritzten Metallüberzügen festgelegt (s. Tabelle 36).

Insbesondere im Bereich sehr starker Korrosionsbelastung (z. B. in den Immersionskategorien Im1 bis Im4) sollte sehr sorgfältig geprüft werden, ob ein Korrosionsschutzsystem mit thermisch gespritzten Metallüberzügen geeignet ist.

Aus diesem Grund sind in der DIN EN ISO 12944, Teil 5 keine normativen Vorgaben und Empfehlungen für Korrosionsschutzsysteme auf Stahl mit thermisch gespritzten Metallüberzügen für Immersionskategorien enthalten.

## 5.12 Beschichtung im Werk und auf der Baustelle

Korrosionsschutz durch Beschichtungen ist die einzige Technologie, die sowohl im Werk als auch am Objekt, unabhängig von der Bauteilgröße, sicher angewandt werden kann. Selbst bei extremen Bedingungen, z. B. bei der Instandsetzung von Offshore-Bauwerken, auf heißen Anlagenteilen in der chemischen Industrie und als Beschichtung im Inneren von Lagertanks, schützen Beschichtungssysteme zuverlässig vor Korrosion.

Der überwiegende Teil der Beschichtungsstoffe für den Korrosionsschutz wird im Airless-Verfahren appliziert (Bild 36). Die Applikation mit der Rolle oder dem Pinsel ist prinzipiell möglich, wird aber nur noch in besonderen Fällen durchgeführt. Im Neubau ist die Oberflächenvorbereitung und die Erstbeschichtung im Werk Stand der Technik.

### 5.12.1 Beschichtung im Werk

Korrosionsschutz-Beschichtungsstoffe werden teilweise maschinell, teilweise manuell durch Spritzauftrag appliziert. Es wird zunehmend dazu übergegangen, u. a. bedingt durch den Trend zum typisierten Bauen, auch bei großen Bauwerken, wie Brücken oder Stahlhochbauten, die einzelnen Elemente industriell zu beschichten.

**Tabelle 36.** Minimale Anzahl der Schichten (MNOC) und Sollschichtdicken (NDFT) für Beschichtungssysteme auf thermisch gespritzten Metallüberzügen für verschiedene Korrosivitätskategorien und Schutzdauern

| Korrosivitätskategorie | Schutzdauer | |
|---|---|---|
|  | hoch | sehr hoch |
| Bindemittelbasis der nachfolgenden Schichten | EP, PUR | EP, PUR |
| C3  MNOC | 1 | 2 |
|     NDFT | 120 | 160 |
| C4  MNOC | 2 | 2 |
|     NDFT | 160 | 200 |
| C5  MNOC | 2 | 2 |
|     NDFT | 200 | 240 |

**Bild 36.** Airless-Spritzapplikation mit einer lösemittelfreien Beschichtung im Werk

Die Beschichtung im Werk hat folgende Vorteile:
- witterungsunabhängige Applikation durch geregelte Temperatur und relative Luftfeuchte,
- größerer Durchsatz durch Einsatz schnellhärtender Systeme und dadurch geringere Kosten,
- bessere Zugänglichkeit der zu schützenden Flächen,
- bessere Arbeitsbedingungen für die Mitarbeiter,
- einheitlichere Qualität der Beschichtung,
- Möglichkeit zur Automatisierung,
- einheitliche Vorgaben im Bereich des Umweltschutzes und der Abfallentsorgung,
- Vermeidung von Transport- und Montageschäden bei geeigneter Handhabung und Einsatz widerstandsfähiger Beschichtungen,
- komplette Beschichtung von geschraubten Konstruktionen möglich.

Die Werksbeschichtung stößt auch an Grenzen: Begrenzung der Bauteilgröße und des -gewichts durch die Transportart (LKW, Schiene, See) und die -vorschriften. Eine einheitliche Optik wird durch Nacharbeit und Beschichtung der Schweißnähte auf der Baustelle, gefolgt von einer kompletten Deckbeschichtung, erreicht.

### 5.12.2 Beschichtung auf der Baustelle

Nach dem Abschluss der Montage (Schweißarbeiten) auf der Baustelle sind alle Schäden und Schweißnähte entsprechend der Spezifikation auszubessern. Farbtöne ohne Eisenglimmer bzw. Aluminium, z. B. RAL-Farbtöne, können auf der Baustelle ohne optische Einschränkungen ausgebessert werden. Die Ausbesserung von Farbtönen mit Eisenglimmer bzw. Aluminium, z. B. DB-Farbtöne, ergibt ein uneinheitliches Erscheinungsbild. In diesem Fall ist eine großflächige Applikation zu empfehlen, wie es beispielsweise im Automobilsektor üblich ist.

Die Applikation des Beschichtungssystems auf der Baustelle hängt stark von den Wetterbedingungen ab (Bild 37). Instandsetzungsmaßnahmen von Beschichtungssystemen können am Objekt fach- und sachgerecht durchgeführt werden.

### 5.13 Instandsetzung

Momentan werden große Bauwerke mit Beschichtungssystemen aus den 1960er- bis 1980er-Jahren instand gesetzt. Die Generation der damals eingesetzten Bindemittelarten wie Alkydharze, PVC, Chlorkautschuk, Cyclokautschuk und Epoxide unterliegen dem Abbau durch UV-Strahlung und Bewitterung. Moderne Bindemittel und Pigmente sind deutlich stabiler. Man unterscheidet bei der Instandsetzung zwischen Ausbesserung, Teil- und Vollerneuerungsmaßnahmen (s. Tabelle 37).

In der Vergangenheit wurden bei großen Bauwerken, z. B. Stahlbrücken, die Korrosionsschutzsysteme bis zu einem relativ hohen Schädigungsgrad am Bauwerk belassen und dann durch eine Vollerneuerungsmaßnahme instand gesetzt.

Je nach Restnutzungsdauer des Objekts können auch Ausbesserungen und Teilerneuerungsmaßnahmen durchgeführt werden. Bevor am Bauwerk eine Entscheidung darüber getroffen wird, ob eine Teilerneuerung ausreichend oder eine Vollerneuerung notwendig ist, muss der Zustand der Altbeschichtung beurteilt werden. Dazu müssen zunächst Informationen über die Altbeschichtung beschafft werden. Hilfreiche Informationen sind die Oberflächenvorbereitung, das verwendete Beschichtungssystem anhand von Spezifikationen oder Produktdatenblätter sowie die Kenntnis über die Korrosionsbelastung und das Alter.

Als nächstes muss der Zustand der Altbeschichtung geprüft werden, und zwar durch
- eine visuelle Begutachtung,
- die Messung der Schichtdicke und
- die Bestimmung der Haftfestigkeit.

Für eine Vollerneuerung sprechen
- großflächige Unterrostung der Altbeschichtung, z. B. mehr als 20%,
- Verlust der Haftfestigkeit zum Stahl (Bruchbild A/B),
- Haftfestigkeitswerte ≤ 2,5 MPa,
- Gitterschnittkennwerte Gt ≥ 3,

**Bild 37.** Streichapplikation mit einer Hydro-Beschichtung auf der Baustelle

**Tabelle 37.** Definition von Instandsetzungsmaßnahmen

| | |
|---|---|
| Ausbesserung | Wiederherstellen des Korrosionsschutzsystems inklusive der notwendigen Oberflächenvorbereitung an kleinflächigen Fehlstellen (z. B. Anfahrschaden). |
| Teilerneuerung | Wiederherstellen des Korrosionsschutzsystems inklusive der notwendigen Oberflächenvorbereitung an Fehlstellen und Aufbringen von mindestens einer ganzflächigen Deckbeschichtung. |
| Vollerneuerung | Vollflächiges Entfernen des alten Korrosionsschutzsystems, Oberflächenvorbereitung und Aufbringen eines neuen Systems. |

– intensive Blasenbildung sowie
– Versprödung der Altbeschichtung.

Entscheidet man sich für eine Teilerneuerung (Bild 38), muss noch das geeignete Verfahren zur Oberflächenvorbereitung ausgewählt werden,
– das so intensiv ist, um arteigene und artfremde Verschmutzungen und lose Beschichtungen zu entfernen,
– das aber auch so schonend ist, dass es die noch intakte Altbeschichtung nicht unnötig schädigt,
– ggf. ist nach Abschluss der Oberflächenvorbereitungsarbeiten nochmals die Haftfestigkeit der verbleibenden Altbeschichtung zu kontrollieren.

Bleibt bei der Teilerneuerung auf der Oberfläche noch Rost zurück, muss für die Grundbeschichtung ein restrostverträglicher sog. „oberflächentoleranter" Beschichtungsstoff auf Basis modifizierter Alkydharze, Urethanalkydharze, 1K-PUR-Bindemittel oder spezieller penetrationsfähiger EP-Bindemittel eingesetzt werden. Die Auswahl geeigneter Instandsetzungssysteme lässt sich anhand von Probeflächen am besten treffen.

Bild 38. Teilerneuerung des Korrosionsschutzes an der Honsellbrücke in Frankfurt/M.

# 6  Laborprüfungen zur Bewertung von Korrosionsschutzsystemen

Korrosionsschutzsysteme werden umfangreich geprüft, bevor sie zum Einsatz kommen. Durch künstliche Alterung im Labor werden nach relativ kurzer Zeit Ergebnisse erhalten, die im Vergleich zu bestehenden Systemen die Einschätzung der Leistungsfähigkeit neuer Systeme zulassen.

Neue Prüfkriterien für die Schutzdauer „sehr hoch" wurden eingeführt. Einheitliche Prüfungen und Bewertungskriterien für alle Korrosionsschutzsysteme (Beschichtungssysteme auf Stahl, Feuerverzinkung und thermisch gespritzten Metallüberzügen) erlauben einen direkten Vergleich.

Prüfkriterien für die Korrosivitätskategorie CX werden im Teil 9 beschrieben.

## 6.1  Künstliche Alterung

In DIN EN ISO 12944, Teil 6 sind künstliche Alterungen (Korrosionsprüfungen) beschrieben, die eine Grundlage für einen objektiven Vergleich darstellen und vor allem für solche Systeme wichtig sind, für die noch keine praktischen Erfahrungen vorliegen. Die Prüfverfahren, die Prüfbedingungen und die Bewertungskriterien für Korrosionsschutzsysteme sind einheitlich in DIN EN ISO 12944, Teil 6 festgelegt. Ziel ist die Bewertung bzw. der Vergleich der Schutzwirkung verschiedener Korrosionsschutzsysteme auf Stahl.

Durch die Prüfungen unter weitgehend konstanten Rahmenparametern im Labor können die Schutzdauer und die Leistungsfähigkeit eines Korrosionsschutzsystems basierend auf seinen physikalischen und chemischen Eigenschaften ermittelt werden, während der Einfluss der äußeren Faktoren, wie die Gestaltung des

Bild 39. Chemikalienprüfung von beschichteten Proben

Bauwerks, Oberflächenvorbereitung, Applikation, Umgebungsbedingungen und Trocknung, minimiert wird. Diese physikalischen und chemischen Eigenschaften des Systems sind z. B. die Trockenschichtdicke, die Haftfestigkeit unter verschiedenen Bedingungen und der verwendete Bindemitteltyp. Sie können vor und nach der künstlichen Alterung bestimmt werden und führen zu einer Bewertung des gesamten Korrosionsschutzsystems (Bild 39).

Die festgelegten Prüfungen, die Prüfdauern und die Bewertungskriterien beruhen auf der Erfahrung von Jahrzehnten der praktischen Anwendung. Prinzipiell gibt es zwei Vorgehensweisen zur Prüfung der Beständigkeit gegen korrosive Belastungen: Prüfung der einzelnen Belastungen in getrennten Prüfgeräten, z. B. der Beständigkeit gegen Wasser und Feuchte durch die kontinuierliche Kondensation (Bild 40) und die Beständigkeit gegen Salzsprühnebel im Salzsprühtest oder kombinierte Belastungen durch Wechsel der Belastungsarten in sogenannten Zyklustests. Dabei werden in festgelegter Reihenfolge und Dauer die einzelnen Belastungsarten durchlaufen, z. B. eine Kombination aus UV- und

Bild 40. Kurzbewitterungstest

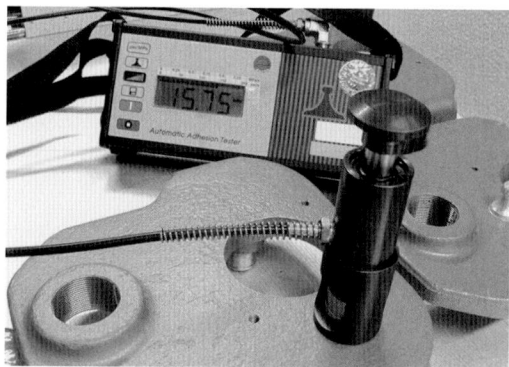

Bild 41. Bestimmung der Haftungsfestigkeit an Originalbauteilen

Kondensatbelastung für drei Tage, weitere drei Tage Salzsprühtest und einen Tag Lagerung bei −20 °C.

Die Vor- und Nachteile der Vorgehensweisen sind offensichtlich. Einzelprüfungen geben Hinweise auf Stärken und Schwächen des Beschichtungssystems bei bestimmten Belastungen, die Zyklustests bilden die natürlichen Vorgänge etwas besser ab. Erstmals wurden beide Vorgehensweisen in der Norm beschrieben. Es ist zu empfehlen, die Ergebnisse der künstlichen Alterung durch Freibewitterungsversuche zu ergänzen.

Zusätzliche Leistungsprüfungen, die weitere Aussagen über das Korrosionsverhalten von Beschichtungen sowie über Licht- oder Chemikalienbeständigkeit zulassen, können zwischen den Vertragspartnern vereinbart werden. Die derart erhaltenen Prüfergebnisse sind nur ein Hilfsmittel, das sich nicht dazu eignet, die Schutzdauer von Beschichtungssystemen genau zu bestimmen. Daher werden in der Regel praxiserprobte Bezugssysteme als Referenzmaterialien mitgeprüft, um eine Bewertung im Vergleich zu bestehenden Systemen vornehmen zu können.

## 6.2 Prüfungen

Prinzipiell setzen sich Laborprüfungen aus optischen, mechanischen oder weiteren Prüfungen vor der Belastung, der künstlichen Alterung durch Einzel- oder Zyklustests und der anschließenden optischen, mechanischen oder weiteren Prüfungen nach der Belastung zusammen. Vor und nach der Belastung müssen bestimmte Kennwerte (vgl. Tabelle 38) erreicht werden, die als Mindestanforderung charakterisiert sind.

Für jede Korrosivitätskategorie und für jede Schutzdauer sind die Prüfverfahren und die Prüfdauern festgelegt. Aus den Angaben der Tabelle 39 kann ein ähnlicher Zusammenhang zwischen Korrosivität, Schutzdauer und Prüfzeiten abgeleitet werden, wie er bereits im Teil 5 formuliert wurde. Ein nach der Korrosivitätskategorie C4, Schutzdauer „hoch" geprüftes System entspricht auch den Bedingungen der Korrosivitätskategorie C3 mit einer Schutzdauer „sehr hoch". Die angegebenen Prüfdauern gelten für beschichteten unlegierten Stahl, feuerverzinkten Stahl und Stahl mit thermisch gespritzten Metallüberzügen.

Im Vergleich zur vorherigen Ausgabe wurde das Prüfprogramm 2 für die Korrosivitätskategorien C4 Schutzdauer „sehr hoch" und C5 Schutzdauern „hoch" und „sehr hoch" mit aufgenommen. Wenn für beide Prüfprogramme Prüfdauern angegeben sind, ist die Wahl eines Prüfprogramms möglich. Die Kondensat-Prüfung mit zusätzlicher $SO_2$-Belastung ist nicht mehr notwendig. Auch die Ausführung der künstlichen Verletzung für den Salzsprühtest und den Zyklustest nach DIN EN ISO 12944, Teil 9 wurde neu festgelegt: Für alle

Tabelle 38. Anforderungen an die Prüfplatten und Bewertungskriterien vor der Belastung

| Norm | Messung | Anforderung DIN EN ISO 12944-6:2018 | Anmerkung |
|---|---|---|---|
| ISO 19840 | Schichtdicke | ≤ 1,5 × NDFT | NDFT ≤ 60 µm |
| ISO 19840 | Schichtdicke | ≤ 1,25 × NDFT | NDFT > 60 µm |
| ISO 2409 | Gitterschnittprüfung | 0 bis 2 | DFT max. 250 µm |
| ISO 4624 Verfahren A oder B | Abreißversuch zur Bestimmung der Haftfestigkeit | ≥ 2,5 MPa | kein Adhäsionsbruch zwischen Stahl oder metallisiertem Stahl und der ersten Schicht < 5 MPa |

Korrosionsschutzsysteme, die nach dieser Norm geprüft werden, muss die mechanische Verletzung 2 mm (± 0,2 mm) breit sein und bis in den unlegierten Stahl reichen. Dies gilt auch für feuerverzinkten Stahl und Stahl mit thermisch gespritzten Metallüberzügen.
Nach der künstlichen Alterung müssen zwei von drei Proben vollständig die in Tabelle 41 zusammengefassten Bewertungskriterien erfüllen.

### 6.3 Einheitliche Prüfung und Bewertung

Die Prüfungen und Prüfkriterien, die mit der Erstausgabe der DIN EN ISO 12944, Teil 6 eingeführt wurden, haben insbesondere für Beschichtungssysteme auf unlegiertem Stahl sowohl bei Herstellern und Auftraggebern eine breite Akzeptanz gefunden.

Tabelle 39. Prüfzeiten und Prüfprogramme nach DIN EN ISO 12944, Teil 6 für verschiedene atmosphärische Korrosivitätskategorien und Schutzdauern

| Kategorie ISO 12944-2 | Schutzdauer ISO 12944-1 | Prüfprogramm 1 | | Prüfprogramm 2 |
|---|---|---|---|---|
| | | ISO 6270-1 (Kondensation von Wasser) | ISO 9227 (neutraler Salzsprühnebel) | ISO 12944-6, Anhang B (zyklische Alterungsprüfung) |
| | | h | h | h |
| C2 | niedrig | 48 | – | – |
| | mittel | 48 | – | – |
| | hoch | 120 | – | – |
| | sehr hoch | 240 | 480 | – |
| C3 | niedrig | 48 | 120 | – |
| | mittel | 120 | 240 | – |
| | hoch | 240 | 480 | – |
| | sehr hoch | 480 | 720 | – |
| C4 | niedrig | 120 | 240 | – |
| | mittel | 240 | 480 | – |
| | hoch | 480 | 720 | – |
| | sehr hoch | 720 | 1440 | 1680 (10 Zyklen) |
| C5 | niedrig | 240 | 480 | – |
| | mittel | 480 | 720 | – |
| | hoch | 720 | 1440 | 1680 (10 Zyklen) |
| | sehr hoch | – | – | 2688 (16 Zyklen) |

Tabelle 40. Prüfzeiten und Prüfprogramme nach DIN EN ISO 12944, Teil 6 für verschiedene Immersionskategorien und Schutzdauern

| Kategorie ISO 12944-2 | Schutzdauer ISO 12944-1 | ISO 2812-2 (Eintauchen in Wasser) | ISO 6270-1 (Kondensation von Wasser) | ISO 9227 (neutraler Salzsprühnebel) |
|---|---|---|---|---|
| | | h | h | h |
| Im1 | hoch | 3000 | 1440 | – |
| | sehr hoch | 4000 | 2160 | – |
| Im2 | hoch | 3000 | – | 1440 |
| | sehr hoch | 4000 | – | 2160 |
| Im3 | hoch | 3000 | – | 1440 |
| | sehr hoch | 4000 | – | 2160 |

**Tabelle 41.** Bewertungskriterien nach der künstlichen Alterung

| Norm | Kenngröße | Anforderung | Zeitpunkt der Bewertung |
|---|---|---|---|
| ISO 4628-2 | Blasengrad | keine Blasen 0(S0) | sofort |
| ISO 4628-3 | Rostgrad | kein Rost Ri 0 | sofort |
| ISO 4628-4 | Rissgrade | keine Risse 0(S0) | sofort |
| ISO 4628-5 | Abblätterungsgrad | keine Abblätterung | sofort |
| ISO 12944-6 | Korrosion (Stahl) am Ritz | ≤ 1,5 mm | sofort, innerhalb 8 h |
| ISO 12944-6 | Korrosion (Stahl) am Ritz (Zyklischer Test) | ≤ 3,0 mm | sofort, innerhalb 8 h |
| ISO 2409 | Haftfestigkeit (Gitterschnitt) | 0 bis 2 | nach 7 Tagen bei Normklima |
| ISO 4624 | Haftfestigkeit (Abreißprüfung Verfahren A oder B) (Bild 41) | ≥ 2,5 MPa Trennfall A/B: ≥ 5 MPa | nach 7 Tagen bei Normklima |

Mit der Neuausgabe wurden nun die Prüfbedingungen vereinheitlicht, sodass alle Korrosionsschutzsysteme – Beschichtungssysteme auf unlegiertem Stahl, auf Feuerverzinkung oder Stahl mit thermisch gespritzten Metallüberzügen – mit den gleichen Prüfverfahren und den gleichen Prüfdauern geprüft sowie nach den gleichen Kriterien bewertet werden. Damit wurde der Tatsache Rechnung getragen, dass die Korrosionsschutzsysteme am Objekt auch gleichen korrosiven Belastungen ausgesetzt sind und das gleiche Schutzniveau bieten müssen.

## 7 Ausführung und Überwachung der Beschichtungsarbeiten

Ein Stahlbauwerk kann dauerhaft gegen Korrosion geschützt werden, wenn folgende Aspekte beachtet werden:
– korrosionsschutzgerechte Gestaltung,
– normgerechte Oberflächenvorbereitung,
– geprüfte Beschichtungsstoffe,
– fachgerechte Ausführung,
– begleitende Bauüberwachung.

Diese Anforderungen werden in einer für Auftraggeber und Auftragnehmer verbindlichen Spezifikation festgelegt.

### 7.1 Anwendungsbereich

In DIN EN ISO 12944, Teil 7 werden grundlegende Hinweise und Details zur „Ausführung und Überwachung der Beschichtungsarbeiten" im Werk und auf der Baustelle beschrieben.
Im strengen Sinn gilt dieser Teil der Norm nur für das Aufbringen von Beschichtungen. Er gilt also nicht
– für die Oberflächenvorbereitung und ihre Überwachung (geregelt in Teil 4 der DIN EN ISO 12944),
– für das Aufbringen von anorganischen Überzügen, z. B. Spritzverzinken nach DIN EN ISO 2063,
– für Vorbehandlungsverfahren, z. B. Phosphatieren und Chromatieren sowie
– für spezielle Beschichtungsverfahren wie Tauchen, Pulverbeschichten und Bandbeschichten.

### 7.2 Qualifikation des Auftragnehmers

Nur Auftragnehmer, die personell und technisch so ausgestattet sind, dass sie Korrosionsschutzarbeiten fachgerecht und betriebssicher abwickeln können, dürfen Beschichtungsarbeiten durchführen. Dieses Erfordernis ist auch für die Oberflächenvorbereitungsarbeiten zu beachten, bei denen ebenfalls sicherzustellen ist, dass der Auftragnehmer in der Lage ist, die normgerechte Oberflächenvorbereitung personell und technisch zu realisieren. Ein Nachweis kann durch ein zertifiziertes Qualitätsmanagementsystem erfolgen. Es sollte für jeden Prozessschritt (Oberflächenvorbereitung, Beschichtung, Trocknung, Qualitätskontrolle) eine Verfahrensbeschreibung bzw. Ausführungsanweisung vorhanden sein.
Spezifische Qualifikationsnachweise für das Führungspersonal und das ausführende Personal sind international weder verbindlich noch einheitlich geregelt. Auf nationaler Ebene sollte für das Führungspersonal und das Personal, das für die Eigenüberwachung verantwortlich zeichnet, die erfolgreiche Teilnahme an einem KORSchein-Lehrgang als Qualifikationsnachweis herangezogen werden. Für diesen Lehrgang hat der Ausbildungsbeirat beim Bundesverband Korrosionsschutz e. V. ein verbindliches Lehrgangskonzept entwickelt.
Für das ausführende Korrosionsschutzpersonal können z. B. ein erfolgreich absolvierter Grundlehrgang Korrosionsschutz (Mindestdauer 2 Wochen), für den Strahler ein Strahlerlehrgang (Mindestdauer 1 Woche) und für den Beschichter ein Beschichtungslehrgang (Mindest-

dauer 1 Woche), die von einer handwerklich anerkannten Bildungseinrichtung durchgeführt werden, als Mindestanforderung herangezogen werden.
Auch der Gesellenbrief im Maler- und Lackiererhandwerk mit der Fachrichtung Bauten- und Korrosionsschutz oder eine langjährige Berufserfahrung auf dem Gebiet des Korrosionsschutzes ist in diesem Zusammenhang als Qualifikationskriterium zu nennen.

### 7.3 Zustand der Oberfläche vor der Beschichtung

In der Spezifikation müssen die Anforderungen an die vorbereitete Oberfläche beschrieben sein. Die Oberflächen sind auf die Einhaltung der Spezifikation in Bezug auf Reinheit (visuelle und ggf. chemische Verfahren) und Rauheit – wie in DIN EN ISO 12944, Teil 4 beschrieben – zu prüfen. Die Anforderungen an
– die Überwachung der Reinheit und Rauheit,
– die Häufigkeit und
– die zu prüfenden Flächen sind in der Spezifikation festzulegen.
Abweichungen des Oberflächenzustands von den Vorgaben sind dem Auftraggeber mitzuteilen. Die Temperatur der Oberfläche muss während der Arbeiten mindestens 3 K über dem Taupunkt der umgebenden Luft liegen. Besondere Vorsicht ist bei einer rel. Luftfeuchte von über 80 % geboten. Im Übrigen sind die Vorgaben hinsichtlich der Oberflächenvorbereitung und der klimatischen Bedingungen in den Produktdatenblättern der Beschichtungsstoffhersteller zu beachten.

### 7.4 Qualität der Beschichtungsstoffe

Beschichtungsstoffe müssen vom Hersteller zusammen mit
– einem Produktdatenblatt (PDB),
– einem Sicherheitsdatenblatt (SDB)
– und falls gefordert einer Ausführungsanweisung
geliefert werden. Im Produktdatenblatt sind die zugesicherten Eigenschaften des Beschichtungsstoffs, wie z. B. Verarbeitungszeit (Topfzeit), Aushärtungszeit, Standfestigkeit, Überarbeitungszeiten (minimal/maximal) beschrieben. Des Weiteren enthält das Produktdatenblatt Vorgaben für die zu beschichtende Oberfläche und die zulässigen Applikationsverfahren (Streichen, Rollen, Spritzen).
Das Sicherheitsdatenblatt enthält Angaben über den Arbeitsschutz und Umweltschutz (s. Abschnitt 10). Die Ausführungsanweisung wird von der ZTV-ING gefordert und enthält detailliertere Angaben über alle Randbedingungen der Verarbeitung. Die auf dem Gebinde angegebene Gebrauchsdauer ist ebenso einzuhalten wie eine Lagertemperatur zwischen +3 °C und +30 °C. Insbesondere wasserverdünnbare Beschichtungsstoffe sind vor Frost zu schützen. Bei Lagerung und Transport von Lösemitteln oder kennzeichnungspflichtigen Beschichtungsstoffen sind die entsprechenden sicherheitsrelevanten Verordnungen zu beachten.

Gebinde sollen bis zur Verarbeitung geschlossen bleiben. Angebrochene Gebinde sind zu vermeiden; ist dies nicht möglich, sind sie wieder verschlossen als solche deutlich zu kennzeichnen.

### 7.5 Ausführung der Arbeiten

Bereits bei Anlieferung der Gebinde ist darauf zu achten, dass sie unbeschädigt, geschlossen und vollständig sind sowie mit den Angaben auf dem Lieferschein übereinstimmen. Jedes Gebinde muss vor und während der Applikation auf deutlich erkennbare Mängel geprüft werden, z. B. auf
– Abweichung des Inhalts von der Gebindeaufschrift,
– Verunreinigungen,
– unzulässige Hautbildung,
– Bodensatzbildung (nicht aufrührbar) und
– Verarbeitungsfähigkeit bei den gegebenen klimatischen Bedingungen.
Als Beschichtungsverfahren kommen Streichen, Rollen und die verschiedenen Arten des Spritzens infrage, wie
– konventionelles Druckluftspritzen mit niedrigem Druck,
– Airless-Spritzen,
– Airless-Spritzen mit Druckluftunterstützung und
– elektrostatisches Spritzen.
Die Wahl des Beschichtungsverfahrens, das in der Spezifikation angegeben ist, hängt ab von
– dem Beschichtungsstoff,
– der Oberfläche,
– der Art und Größe des Bauwerks und
– den örtlichen Gegebenheiten.
Alle Parameter bei der Applikation, z. B.
– Viskosität und Temperatur des Beschichtungsstoffs,
– Spritzdruck und Spritzdüse,
– Spritzabstand und Spritzwinkel
sind so zu wählen, dass porenfreie Beschichtungsfilme mit einheitlicher Schichtdicke entstehen.
Um die Sollschichtdicke in den zulässigen Toleranzgrenzen zu erreichen, ist während des Beschichtens die Nassschichtdicke regelmäßig zu prüfen. Der Sollwert der Nassschichtdicke lässt sich wie folgt ermitteln:

**Nassschichtdicke [µm] =
Trockenschichtdicke [µm] × 100 / Festkörpervolumen [%]**

Schwer erreichbare Flächen sowie Ecken und Kanten sind besonders sorgfältig zu bearbeiten (z. B. Vorstreichen mit Pinsel oder Rolle).
Bei Beginn der Beschichtungsarbeiten muss die zu beschichtende Fläche dem in der Spezifikation geforderten Oberflächenvorbereitungsgrad entsprechen. Vor Beginn und während der Arbeiten muss geprüft werden, ob die Umgebungsbedingungen, also Temperatur und Luftfeuchte, den im Produktdatenblatt des Herstellers angegebenen Vorgaben entsprechen. Frisch beschichtete Flächen sind – wenn notwendig – zu schützen, z. B. gegen Regen, Staub oder Lackspritznebel aus benachbarten Gewerken.

## 7.6 Eisenglimmerhaltige und aluminiumpigmentierte Beschichtungsstoffe und ihre Verarbeitung

Eine wesentliche Funktion von Eisenglimmer in Beschichtungsstoffen ist die erhöhte Korrosionsschutzwirkung. Eisenglimmer- und Aluminiumteilchen decken wegen ihrer blättchenförmigen Struktur den Untergrund besonders wirksam ab und werden daher für Beschichtungsstoffe im Korrosionsschutz bevorzugt eingesetzt (Bild 42). Die Pigmentstruktur führt bei sachgemäßer Rezeptierung und Verarbeitung zu einer diffusen Lichtreflexion, d. h., Unebenheiten der Metalloberfläche treten, im Gegensatz zu hochglänzenden Beschichtungsfilmen, deutlich zurück.

Die Blättchenstruktur von Metallpigmenten führt zur Ausbildung des sogenannten polychromatischen Effekts. Diese Vielfarbigkeit kommt z. B. bei intensiven Blau- und Grüntönen sowie bei hellen, aluminiumpigmentierten Farben besonders zum Ausdruck. Unterschiede in der Applikationsart verstärken je nach Lichtverhältnis und Betrachtungswinkel diese Mehrfarbigkeit und können zu einem optisch sehr unterschiedlichen Erscheinungsbild führen (Bild 43). Auch Materialüberlappungen zeigen durch erhöhte und unterschiedliche Schichtdicke dieses optisch sehr unterschiedliche Bild. Das Aussehen der Eisenglimmer-/Aluminiumbeschichtung sollte daher immer in Relation zu ihrer unbestrittenen Schutzwirkung betrachtet werden. Zusammenfassend kann festgestellt werden, dass unterschiedliche Verarbeitungsverfahren zu Farbabweichungen führen. Für Ausbesserungen oder Nacharbeiten ist das gleiche Auftragsverfahren wie bei der ursprünglichen Arbeitsausführung anzuwenden. Wo dies nicht möglich ist, sollten immer geometrisch abgeschlossene Teilflächen bearbeitet werden.

## 7.7 Überwachung der Arbeiten

Alle Arbeiten sind grundsätzlich vom Auftragnehmer im Rahmen seiner Eigenüberwachung und, falls erforderlich, auch vom Auftraggeber durch eine von ihm beauftragte Fremdüberwachung zu überwachen. Die Art und Häufigkeit der Überwachung wird durch die Art und Bedeutung des Bauwerks bestimmt und ist zwischen den Vertragspartnern zu vereinbaren. Für die Überwachung ist fachkundiges Personal mit langjähriger Erfahrung in der Überwachung erforderlich. Alle Unstimmigkeiten sind zwischen den Vertragspartnern zu klären, ggf. müssen Vereinbarungen geändert werden.

Zur Dokumentation der Korrosionsschutzarbeiten sollten die Formblätter aus DIN EN ISO 12944, Teil 8 genutzt werden:
– Bericht über den Ablauf und über die Umgebungsbedingungen (Anhang H).
– Abschlussbericht über Korrosionsschutzarbeiten (Anhang I), mit Anhang bestehend aus:
  • Einzelprotokollen des Ablaufs und der Umgebungsbedingungen (Anhang H),

**Bild 42.** Aluminiumpigmentierte Deckbeschichtung an einem historischen Objekt

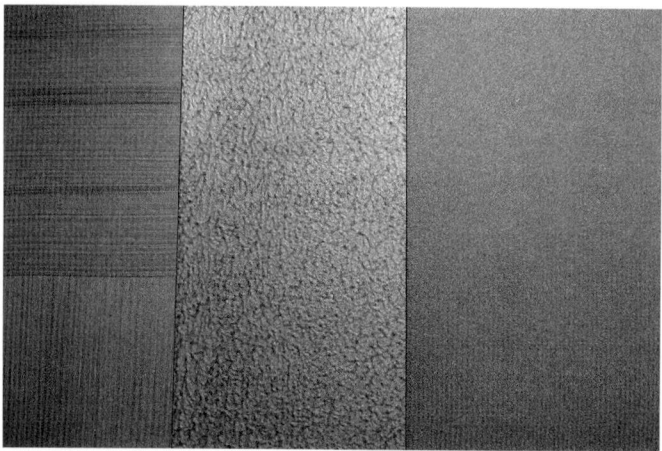

**Bild 43.** Unterschiedliche Applikationsarten führen zu verschiedenen optischen Eindrücken bei der Ausbesserung von aluminium- und eisenglimmerhaltigen Deckbeschichtungen

- Einzelprotokollen der Schichtdickenmessung nach ISO 19840 oder DIN EN ISO 2808,
- Kontrollflächenprotokoll (Anhang B.1), falls vereinbart.

Die Beschichtungen müssen entsprechend der Spezifikation geprüft werden auf
- Gleichmäßigkeit, Farbe und Deckvermögen,
- Mängel wie Fehlstellen, Runzeln, Krater, Luftblasen, Abblätterungen, Risse und Läufer,
- Trockenschichtdicke nach ISO 2808 oder ISO 19840 entsprechend der Spezifikation!
- falls erforderlich: Haftfestigkeitsprüfungen nach ISO 2409 und ISO 4624 und -beurteilung nach DIN EN ISO 16276 (Teil 1 und 2),
- in Sonderfällen: Porosität mit Nieder- und Hochspannungsgeräten nach DIN EN ISO 29601.

Zur Messung der Trockenschichtdicke müssen zwischen den Vertragspartnern festgelegt sein:
- Messverfahren und Messgeräte,
- Einzelheiten zur Kalibrierung der Geräte,
- Berücksichtigung des Einflusses der Rauheit,
- Art und Anzahl der Messungen für jede Oberflächenart (Messplan) sowie
- Form der Dokumentation der Messergebnisse und deren Abgleich mit den Abnahmekriterien.

Da in der Praxis Schichtdickenschwankungen unvermeidbar sind, legt ISO 19840 zulässige Toleranzen für Über- und Unterschreitungen fest. Diese gelten für die Vertragspartner, sofern keine abweichenden Regelungen vereinbart wurden.

Im Rahmen der Eigenüberwachung ist es sinnvoll, jede Schicht zu messen. Vor allem bei Änderung der Verantwortlichkeit oder nach längeren Unterbrechungen zwischen der Applikation einzelner Schichten ist die Trockenschichtdicke unter Beachtung der Soll-, Mindest- und Höchstschichtdicke zu überprüfen. Die ZTV-ING, Teil 4, Abschnitt 3 fordert die Prüfung der Schichtdicke von jeder Schicht.

Es ist ratsam, einen Messplan (Art und Anzahl der Messungen) zu erstellen. In der Praxis hat sich der Messplan aus der ZTV-ING, Teil 4, Abschnitt 3 (vgl. Tabelle 42) bewährt. Hiernach wird innerhalb von 100 m² eine Inspektionsfläche von 10 m² bestimmt und es werden 20 Messungen durchgeführt.

Bei zerstörenden Messverfahren, z. B. für die Haftfestigkeit, müssen die beschädigten Stellen ausgebessert werden. Die DIN EN ISO 16276, Teile 1 und 2 geben Hinweise zur Beurteilung der Adhäsion/Kohäsion einer Beschichtung auf der Baustelle. Zerstörende Messverfahren sollten am Objekt unbedingt vermieden werden und können im Zweifelsfall an Kontrollproben durchgeführt werden.

## 7.8 Anlegen von Kontrollflächen oder Kontrollproben

Kontrollflächen am Bauwerk werden angelegt, um
- einen verbindlichen Standard für die Ausführung der Beschichtungsarbeiten festzulegen,
- das Verhalten der Beschichtungen zu jedem Zeitpunkt beobachten und prüfen zu können.

Kontrollflächen werden in der Regel nicht für Gewährleistungszwecke genutzt. Sie können jedoch nach Vereinbarung zwischen den Vertragspartnern für diesen Zweck herangezogen werden.

Kontrollflächen werden in Gegenwart aller Vertragspartner an repräsentativen Bereichen angelegt, wo die Korrosionsbelastungen des Bauwerks typisch sind. Sie sollten auch Zonen wie Schweißnähte, Schraubverbindungen, Kanten etc. mit einbeziehen.

Kontrollflächen müssen in Gegenwart der Vertragspartner angelegt und dokumentiert werden. Neben den Beschichtungsarbeiten sind auch die Art und der Zustand der Oberflächenvorbereitung zu protokollieren.

Die Bewertung der Beschichtungen muss nach Verfahren erfolgen, die zwischen den Vertragspartnern vereinbart sind, am besten nach den einschlägigen Normen.

Kontrollproben sind repräsentative Proben, die zur Bestimmung eines abnehmbaren Mindeststandards für die Arbeiten, zur Überprüfung der Richtigkeit der Angaben eines Herstellers oder Auftragnehmers und zur Be-

Tabelle 42. Anzahl der Schichtdickenmessungen gemäß ZTV-ING

| Größe der Beschichtungsfläche [m²] | | Für je | | | Jeweilige Messfläche | Einzelmessungen/ 10 m² Messfläche | Gesamtzahl der Messungen | | |
|---|---|---|---|---|---|---|---|---|---|
| ≤ 5000 | | | | 100 m² | 10 m² | 20 | ≤ 1000 | | |
| 5000 | bis | 10000 | 100 | bis | 150 m² | | | 1000 | bis | 1333 |
| 10000 | bis | 20000 | 150 | bis | 200 m² | | | 1333 | bis | 2000 |
| 20000 | bis | 50000 | 200 | bis | 250 m² | | | 2000 | bis | 4000 |
| 50000 | bis | 100000 | 250 | bis | 300 m² | | | 4000 | bis | 6667 |
| 100000 | bis | 150000 | 300 | bis | 350 m² | | | 6667 | bis | 570 |
| 150000 | bis | 200000 | 350 | bis | 400 m² | | | 8570 | bis | 10000 |

**Tabelle 43.** Anzahl der Kontrollflächen gemäß DIN EN ISO 12944, Teil 7

| Größe des Bauwerks (beschichtete Fläche) [m²] | Empfohlene maximale Anzahl der Kontrollflächen | Empfohlener maximaler Anteil von Kontrollflächen an der Gesamtfläche eines Bauwerks [%] |
|---|---|---|
| ≤ 5000 | 1 | 0,3 |
| > 5000 ≤ 10000 | 2 | 0,3 |
| > 10000 ≤ 25000 | 3 | 0,2 |
| > 25000 ≤ 50000 | 4 | 0,15 |
| > 50000 | 5 | 0,1 |

urteilung der Leistungsfähigkeit der Beschichtung zu jedem Zeitpunkt nach der Fertigstellung dienen.
Sind Kontrollproben gefordert, so müssen diese unter den gleichen Bedingungen und auf die gleiche Art und Weise wie das Bauwerk vorbehandelt, beschichtet und ausgehärtet/getrocknet werden und müssen einer Stelle am Bauwerk zuzuordnen sein. Sie müssen am Standort des Bauwerks verbleiben.
Wenn Kontrollflächen oder Kontrollproben für Gewährleistungszwecke herangezogen werden, müssen Mängel an der Beschichtung und ihre Ursachen in Einzelfallentscheidungen von qualifizierten Sachverständigen beurteilt werden.
Beschädigte Kontrollflächen werden ausgebessert, die Ausbesserungen gelten dann aber nicht mehr als Kontrollflächen. Die Größe und Anzahl sowohl von Kontrollflächen als auch Kontrollproben muss technisch und wirtschaftlich im angemessenen Verhältnis zum gesamten Bauwerk stehen (Tabelle 43).

## 8 Erarbeiten von Spezifikationen für Erstschutz und Instandsetzung

Die Basis jeder vertraglichen Vereinbarung zwischen Auftraggeber und Auftragnehmer bei Beschichtungsarbeiten im Stahlbau ist die genaue Beschreibung der zu erbringenden Leistung in einer Spezifikation.
In Spezifikationen wird das zu beschichtende Objekt in allen Details beschrieben, die auszuführenden Arbeiten und das zu verwendende Material werden festgelegt und die Art der Überprüfung wird vereinbart.

### 8.1 Anwendungsbereich

DIN EN ISO 12944, Teil 8 „Erarbeiten von Spezifikationen für Erstschutz und Instandsetzung" behandelt das Erstellen von Spezifikationen für den Korrosionsschutz von Stahlbauten mit Beschichtungssystemen
– beim Erstschutz und
– bei der Instandsetzung.

In der englischen Originalfassung der DIN EN ISO 12944 wird allgemein der Begriff „maintenance" verwendet. Dieser lässt sich ins Deutsche mit den Begriffen „Instandhaltung" und „Instandsetzung" übersetzen. Zwischen beiden Begriffen kann unterschieden werden:
– Unter einer Instandhaltung versteht man eine Kombination aller technischen und unternehmerischen Maßnahmen, mit denen der Korrosionsschutz erhalten bleiben soll (präventive Maßnahme).
– Bei der Instandsetzung werden Beschichtungsschäden repariert, um den Korrosionsschutz wiederherzustellen (ereignisorientierte Maßnahme).

Die vorgeschlagenen Schemata und Formblätter lassen sich auf Arbeiten im Werk und auf der Baustelle, für den Erstschutz und die Instandsetzung anwenden. Dabei können die Korrosionsbelastungen, die Umgebungsbedingungen und eventuelle Sonderbelastungen sehr unterschiedlich sein.
Dieser Teil der Norm enthält:
– Verfahren zum Erarbeiten einer Spezifikation für Erstschutz oder Instandsetzung,
– Inhalt einer Spezifikation,
– Angaben zu einer Spezifikation für Beschichtungssysteme für Erstschutz und Instandsetzung,
– ein Formblatt für das Anlegen von Kontrollflächen,
– Schemata für den Planungsablauf von Erstschutz- und Instandsetzungsarbeiten,
– Formblätter für eine Spezifikation von Beschichtungssystemen für Erstschutz und Instandsetzung und
– Formblatt für einen Bericht über den Ablauf der Beschichtungsarbeiten und über die Bedingungen beim Beschichten,
– Abschlussbericht über Korrosionsschutzarbeiten.

### 8.2 Nutzungsdauer, Schutzdauer und Gewährleistung

Die realisierbare Schutzdauer eines Beschichtungssystems ist im Allgemeinen kürzer als die erwartete Nutzungsdauer des Bauwerks. Aus diesem Grund muss bereits bei der Planung und Gestaltung die Möglichkeit der Instandsetzung oder Erneuerung von Beschichtungssystemen miteinbezogen werden. Später nicht mehr zugängliche Bauteile müssen von vornherein so geschützt werden, dass der Korrosionsschutz während der Nutzungsdauer des Bauwerks sichergestellt ist.
Für den Erstschutz eines Bauwerks mit langer Nutzungsdauer ist ein Beschichtungssystem mit der längsten zu erwartenden Schutzdauer („sehr hoch" gemäß DIN EN ISO 12944, Teil 1 bzw. Teil 5) wirtschaftlich, weil dadurch der Umfang der Instandsetzungsmaßnahmen oder Erneuerungsarbeiten während der Nutzungsdauer auf ein Minimum reduziert wird.
Aus der zu erwartenden Schutzdauer kann unter Berücksichtigung der zu erwartenden Nutzungsdauer ein Instandhaltungsprogramm abgeleitet werden, das in der mittel- und langfristigen Planung Berücksichtigung findet. Demgegenüber ist die Gewährleistungsdauer ein

juristischer Begriff und somit Gegenstand vertraglicher Vereinbarungen.
Der entscheidende Zeitpunkt für die Gewährleistung ist die Abnahme der erbrachten Leistung. Innerhalb der Gewährleistungsdauer kann der Auftraggeber die Beseitigung von Mängeln an der Beschichtung verlangen, die auf vertragswidrige Leistung zurückzuführen sind. Die Tatsache eines Schadens allein genügt zur Begründung eines Anspruchs jedoch nicht. Der Schaden könnte auch durch eine unvorhergesehene, hohe Belastung des Objekts oder durch normale Abnutzung entstanden sein.

## 8.3 Planung von Korrosionsschutzarbeiten im Erstschutz

Bei der Planung des Korrosionsschutzes durch Beschichtungssysteme müssen alle technischen und wirtschaftlichen Gesichtspunkte Berücksichtigung finden. Dazu gehören die Umgebungsbedingungen, die spätere Nutzung des Bauwerks, die Kosten für unterschiedliche Beschichtungssysteme, die Kosten für Erstschutz und Instandsetzung, aber auch die Anforderungen in Bezug auf Arbeitssicherheit und Umweltschutz. Diese Arbeit kann durch projektbezogene Pläne und Phasenablaufpläne für den Erstschutz unterstützt werden (Bild 44).

Sorgfältige Planung und Spezifikation sowie Kommunikation zwischen Auftraggeber, Auftragnehmer und allen anderen Beteiligten zum frühestmöglichen Zeitpunkt tragen dazu bei, Probleme zu vermeiden, die später nur mit viel Zeitaufwand und hohen Kosten beseitigt werden können.

## 8.4 Planung von Korrosionsschutzarbeiten bei der Instandsetzung

Die Planung von Instandsetzungsarbeiten wird wesentlich erleichtert, wenn man auf eine gute Dokumentation des Erstschutzes oder der vorangegangenen Instandsetzungen zurückgreifen kann. Gute Dokumentation in der Gegenwart schafft günstige Verhältnisse für die Zukunft. Beim Erarbeiten einer Spezifikation für Instandsetzungsarbeiten ist zunächst zu klären, ob
– eine Vollerneuerung,
– eine Teilerneuerung oder
– eine Ausbesserung
des Korrosionsschutzes erfolgen soll. Diese Entscheidung hängt vom Zustand der Altbeschichtung ab sowie von deren notwendiger Bearbeitung vor der Applikation neuer Beschichtungsstoffe. Oft ist es ratsam, neben den eigenen Experten externe Sachverständige hinzuzuziehen, um den Zustand des alten Beschichtungssys-

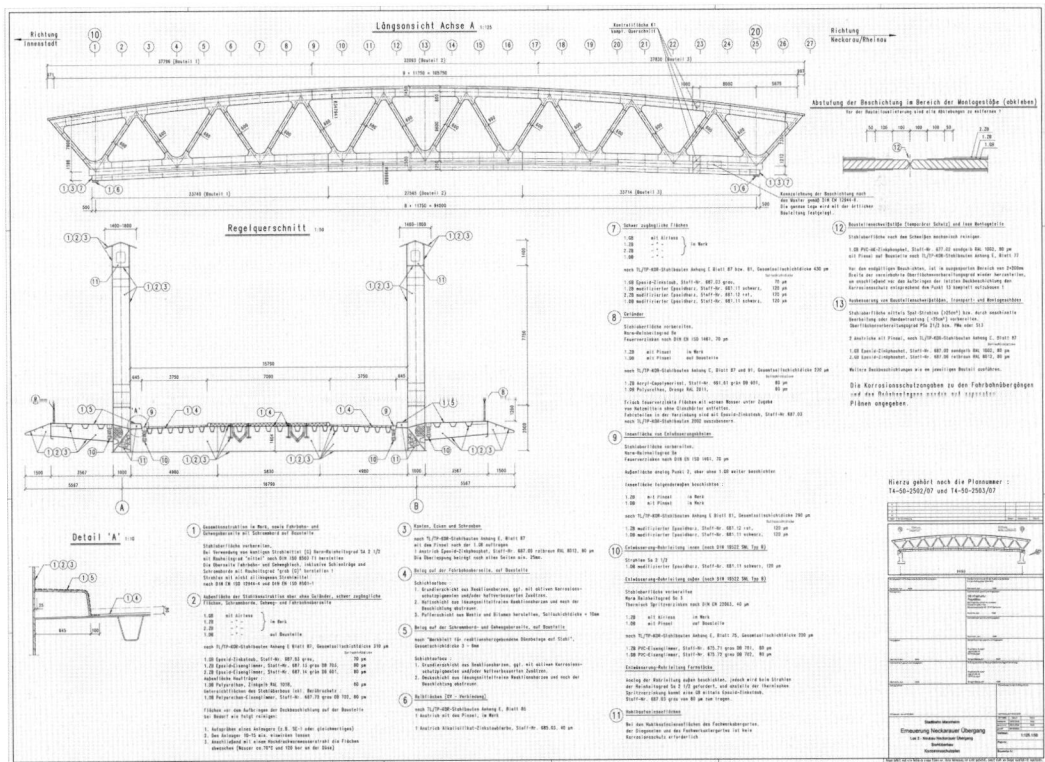

**Bild 44.** Beispielhafter Korrosionsschutzplan mit diversen Aufbauten an einer Stahlbrücke

tems zu analysieren und ggf. verschiedene technische Möglichkeiten für das neue System aufzuzeigen.

### 8.5 Gewährleistungsansprüche

Zwischen Auftraggeber und Auftragnehmer wird eine Verjährungsfrist für Gewährleistungsansprüche – meistens Gewährleistungsfrist genannt – vereinbart, innerhalb derer der Auftraggeber die Beseitigung von Mängeln verlangen kann. Dabei ist zu unterscheiden zwischen Mängeln als Folge vertragswidriger Leistung und Mängeln als Folge von Umständen, die der Auftragnehmer nicht zu vertreten hat. Je größer die Zeitspanne zwischen Abnahme der Leistung und Ende der Gewährleistungsfrist ist, umso schwieriger wird diese Unterscheidung.

Da Mängel als Folge fehlerhafter Ausführung erfahrungsgemäß schon kurze Zeit nach Fertigstellung erkennbar werden, ist in § 13 Absatz 4 der VOB/B (Vergabe- und Vertragsordnung für Bauleistungen) die Regelverjährungsfrist für Gewährleistungsansprüche nach sorgfältiger Abwägung aller Interessen generell auf vier Jahre festgesetzt worden. Gemäß § 634 a Absatz 1 Nr. 2 Bürgerliches Gesetzbuch verjähren Mängelansprüche bei Bauwerken in fünf Jahren. Auch hier beginnt die Verjährung mit der Abnahme des Bauwerks.

## 9 Beschichtungssysteme und Leistungsprüfungen im Labor für Bauwerke im Offshore-Bereich

Die Korrosionsintensität im Meer oder im Brackwasser ist aufgrund sehr hoher Salzbelastung deutlich höher als auf dem Land.

Beschichtungssysteme sind gegen Salz beständig und schützen Stahl, Stahl mit thermisch gespritzten Metallüberzügen und verzinkten Stahl gegen Korrosion (Bild 45).

Der Teil 9 der DIN EN ISO 12944 regelt die Leistungsanforderungen an Beschichtungssystemen für den Korrosionsschutz von Offshore-Bauwerken mit hoher Salzbelastung. Solch extreme Belastungen können auch in Teilbereichen eines Bauwerks als Mikroklima auftreten. Die Festlegung der Korrosionsschutzsysteme bezieht sich auf die Schutzdauer hoch (15 bis 25 Jahre).

### 9.1 Allgemeines

In DIN EN ISO 12944, Teil 9 „Beschichtungssysteme und Leistungsprüfungen im Labor für Bauwerke im Offshore-Bereich" werden Anforderungen, Prüfmethoden und Bewertungskriterien für Beschichtungssysteme im Meer und in Meeresatmosphäre beschrieben.

Offshore-Bauwerke sind beispielsweise Windenergieanlagen, Erdöl- oder Erdgasförderanlagen im Meer. Die besondere korrosionsschutztechnische Herausforderung besteht in den hohen Salzkonzentrationen in der

**Bild 45.** Beschichtete Monopiles vor dem Transport in die Nordsee

Luft und im Wasser, den ständig wechselnden Belastungen durch Befeuchtung und UV-Strahlung, den mechanischen Beanspruchungen durch Wind und Wellengang und den Temperaturwechseln. Zusätzlich muss jedes wasserberührte Korrosionsschutzsystem für den kathodischen Korrosionsschutz geeignet sein. Diese besonderen Anforderungen gehen über die bisher beschriebenen Belastungen hinaus. Deshalb gab es hierzu eine eigenständige Norm (ISO 20340), die nun als neuer Teil 9 der DIN EN ISO 12944 integriert wurde. DIN EN ISO 12944, Teil 9 ersetzt die ISO 20340 und gilt für die Korrosivitätskategorie CX gemäß ISO 9223 und die Immersionskategorie Im4 für Salz- oder Brackwasser berührte Stahlbauten mit kathodischem Korrosions-

**Tabelle 44.** Belastungszonen und korrosive Belastungsbereiche

| Zone | Korrosive Belastungsbereiche | In Anlehnung an die Korrosivitätskategorien von DIN EN ISO 9223 und DIN EN ISO 12944-2 |
|---|---|---|
| 4 | Atmosphäre, innen | Im2/CX |
| 3 | Atmosphäre, außen | C5/CX |
| 2 | Spritzwasser Wasserwechselzone (WWZ Niedrigwasserzone (NWZ) jeweils außen und innen | Im2/CX |
| 1 | Unterwasserzone (UWZ), außen und innen Boden, außen und innen | Im2/Im4 Im2/Im4 |

schutz. Stahlbauten, die ganz oder teilweise in Wasser eingetaucht sind und keinen kathodischen Korrosionsschutz haben, werden in Teil 5 und 6 der DIN EN ISO 12944 beschrieben.

## 9.2 Anwendung

DIN EN ISO 12944, Teil 9 gilt für Beschichtungssysteme an Offshore-Bauwerken mit sehr hoher atmosphärischer Salzbelastung (CX-Offshore) und mit einem Betriebstemperaturbereich von −20 °C bis +80 °C sowie für in Salz- oder Brackwasser eingetauchte Beschichtungssysteme auf Offshore-Bauwerken mit Kathodenschutz (Im4) und Betriebstemperaturen bis max. +50 °C. Behandelt werden in der Norm nur Beschichtungssysteme für Neubauten mit Anforderungen an den Erstschutz und Ausbesserungen vor Inbetriebnahme und für Bestandsbauten mit Anforderungen an die Vollerneuerung. Auch in diesem Teil werden Bauwerke aus unlegiertem Stahl mit Wanddicken von mindestens 3 mm betrachtet. Als zu beschichtende Oberflächen werden Stahl, Stahl mit thermisch gespritzten Metallüberzügen und verzinkter Stahl beschrieben. Im Gegensatz zur ZTV-ING sind Oberflächen mit Fertigungsbeschichtungen für die nachfolgende Beschichtung zulässig.

Das Offshore-Bauwerk (z. B. Windenergie-, Erdöl- oder Erdgasförderanlagen) wird in verschiedene Zonen eingeteilt (Bild 46, Tabelle 44):
– Überwasserzone: Atmosphäre mit starker Salzbelastung,
– Unterwasserzone: dauerhaft eingetaucht in Meer- oder Brackwasser,
– Wasserwechsel- und Spritzwasserzone, die sowohl atmosphärisch als auch mit Wasser belastet sind, also eine Kombination aus CX und Im4 (Bild 47).

## 9.3 Oberflächenvorbereitung

Für diesen besonders anspruchsvollen Anwendungsfall gelten noch weitergehende Anforderungen an die Oberflächenvorbereitung. Unlegierter Stahl wird grundsätzlich im Vorbereitungsgrad Sa 2½ mittel (G) gestrahlt, feuerverzinkter Stahl ist mittels Sweep-Strahlen vorzubereiten. Thermisch gespritzte Metallüberzüge sind nach DIN EN ISO 2063-2 vor- und nachzubereiten. Fertigungsbeschichtungen müssen frei von Schmutz, Staub, Fett, Öl und Korrosionsprodukten, gut haftend auf dem Untergrund sowie mit nachfolgenden Schichten verträglich sein.

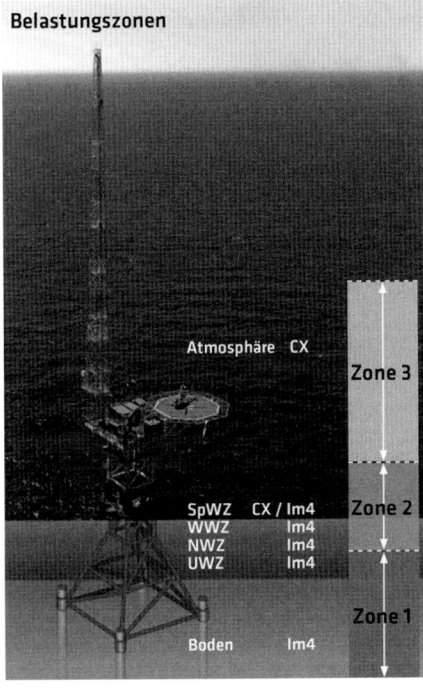

Bild 46. Belastungszonen Offshore

Bild 47. Beschichtete Gründungsstrukturen für Offshore-Windenergieanlagen

In der Regel werden die vorbereiteten Oberflächen vor der Beschichtung durch Inspektoren begutachtet und freigegeben.

### 9.4 Beschichtungssysteme

Die Auswahl und die Eigenschaften der wesentlichen Bindemittel werden in Teil 5 der DIN EN ISO 12944 beschrieben. Für Offshore-Bauwerke werden hauptsächlich Beschichtungen auf Basis von Epoxiden (EP), Ethylsilikat (ESI) und Polyurethan (PUR) verwendet. Analog zu Teil 5 wird die Art der Grundbeschichtung unterschieden in Zn(R) und andere (divers).
Die Anzahl der Schichten sowie die Sollschichtdicken sind in Abhängigkeit der Belastungszonen als Mindestanforderungen definiert und in Tabelle 45 zusammengefasst.

### 9.5 Laborprüfungen für Beschichtungssysteme nach CX-hoch und Im4-hoch

Für die Bestimmung der Dauerhaftigkeit werden künstliche Alterungstests mit einer Prüfzeit von 4.200 Std. durchgeführt. In den Prüfkriterien sind die besonderen korrosiven Belastungen in den unterschiedlichen Zonen 1 bis 3 (s. Bild 46) berücksichtigt. Insbesondere für die Zone 2 wird eine Kombination aus zyklischer Alterungsprüfung, kathodischer Enthaftung und Eintauchen im Meerwasser geprüft. Die Prüfzeiten (vgl. Tabelle 46) wurden nur für die **Schutzdauer hoch** festgelegt. Weitere Schutzdauern sind nicht vorgesehen.

### 9.6 Bewertung der Beschichtungssysteme

Die Bewertung erfolgt visuell auf Blasen, Risse, Abblätterungen, Flächenrost, Kreidung und der Korrosion am Ritz. Die Haftung wird mittels Abreißversuch ermittelt. Die Bewertung der Probeplatten, die Verfahren und Anforderungen sind in Tabelle 47 auszugsweise beschrieben.
Die genauen Bewertungsverfahren und -kriterien sind in der DIN EN ISO 12944, Teil 9 und der Tabelle 47 beschrieben.

### 9.7 Instandsetzung von Offshore-Bauwerken im Meer

Die Instandsetzung von Offshore-Bauwerken auf See sind bis zu 100-fach und mehr kostenintensiver als an Land und sind grundsätzlich zu vermeiden. Nähere Angaben hierzu sind auch im VGB/BAW-Standard-S-021 „Korrosionsschutz von Offshore-Bauwerken zur Nutzung der Windenergie" enthalten.

Tabelle 45. Beschichtungssysteme für Stahl und feuerverzinkten Stahl für Offshore-Bauwerke

| | Gestrahlter und unlegierter Stahl Sa 2½ Oberflächenprofil: mittel (G) | | | | | | Feuerverzinkter Stahl oder thermisch gespritzter Zinküberzug | |
|---|---|---|---|---|---|---|---|---|
| Art der Umgebung | CX (offshore) | | Spritzwasser- und Wasserwechselzone CX und Im4 | | Im4 | | CX | |
| Art des Grundbeschichtungsstoffs | Zn(R) | divers | Zn(R) | divers | | divers | | |
| NDFT (μm) | $\geq$ 40 | $\geq$ 60 | $\geq$ 40 | $\geq$ 60 | $\geq$ 200 | – | $\geq$ 150 | – |
| Mindestanzahl der Schichten | 3 | 3 | 3 | 3 | 2 | 1 | 2 | 2 |
| NDFT des Beschichtungssystems (μm) | $\geq$ 280 | $\geq$ 350 | $\geq$ 450 | $\geq$ 450 | $\geq$ 600 | $\geq$ 800 | $\geq$ 350 | $\geq$ 200 |

Tabelle 46. Prüfungen und Prüfdauern für die künstliche Alterung von Beschichtungssystemen für den Einsatz im Offshore-Bereich

| Prüfung | Ritz | Zone 3 | Zone 2 | Zone 1 |
|---|---|---|---|---|
| | | CX | CX und Im4 | Im4 |
| Zyklische Alterungsprüfung | ja | 4200 h | 4200 h | – |
| Kathodische Enthaftung | nein, 6 mm runde Fehlstelle | – | 4200 h | 4200 h |
| Eintauchen in Meerwasser | ja | – | 4200 h | 4200 h |

Tabelle 47. Bewertungsverfahren und Anforderungen an Beschichtungssysteme vor und nach der künstlichen Alterung

| Bewertungsverfahren | Anforderungen vor der Qualifizierungsprüfung | Anforderungen nach der Qualifizierungsprüfung | |
|---|---|---|---|
| Haftfestigkeit | mind. 5 MPa *) | Mindestabreißwert = 50 % des ursprünglich auf der Probeplatte gemessenen Wertes | |
| | | 0 % Adhäsionsbruch zwischen unlegiertem Stahl und der 1. Schicht, außer die Abreißwerte sind > 5 MPa | |
| Blasenbildung | | 0 (S0) | Die Bewertung wird unmittelbar nach der Qualifizierungsprüfung durchgeführt |
| Rostbildung | | Ri 0 | |
| Rissbildung | | 0 (S0) | |
| Abblättern | | 0 (S0) | |
| Kreidung | | sofern von den Vertragspartnern vereinbart | |
| Korrosion am Ritz nach zyklischer Alterung | | M ≤ 3 mm für Beschichtungssysteme für CX | |
| | | M ≤ 8 mm für Beschichtungssysteme in mechanisch stark beanspruchten Bereichen, einschließlich Böden, Abstellflächen, Hubschrauberlandeplätzen, Fluchtwegen, Spritzwasser-/ Wasserwechselzonen und in anderen zu vereinbarenden Bereichen | |
| Korrosion am Ritz nach dem Eintauchen in Meerwasser | | M ≤ 6 mm | |
| Kathodische Enthaftung | Anbringen einer künstlichen Fehlstelle im Durchmesser von 6 mm | Kreuzschnittprüfung. Die abgelöste Fläche darf nicht mehr als 20 mm betragen. | |

*) Bei Einschichtsystemen für die Immersionskategorie Im4 gelten höhere Anforderungen an die Haftfestigkeit (mind. 8 MPa).

Bild 48. Korrosionsschutz aus der Kartusche

Sehr wohl gibt es natürlich Schäden durch Transport, Montage, Anwendungsfehler oder Verschleiß. Durch die regelmäßigen Inspektionen werden kleinflächige Beschädigungen des Korrosionsschutzsystems festgestellt. Um großflächige Schäden und damit eine Vollerneuerung zu vermeiden, gibt es innovative Beschichtungssysteme, welche unter diesen schwierigen Bedingungen appliziert werden können, z. B. Beschichtungsstoffe aus der Kartusche (Bild 48). Diese Reparatursets lassen sich einfach aus der Kartusche auspressen und mit einem Spachtel oder Pinsel verteilen.

Instandsetzungsmaßnahmen sind im Teil 9 der DIN EN ISO 12944 nicht beschrieben und müssen individuell vereinbart werden.

## 9.8 Anmerkung der Autoren

Die Autoren begrüßen die Integration der ISO 20340 in den Teil 9 der DIN EN ISO 12944.

Die Beschichtungssysteme, die Anzahl an Arbeitsgängen, die Schichtdicke und die Prüfbedingungen unterscheiden sich in den Teilen 5, 6 und 9 sehr deutlich. Die Autoren wünschen sich eine bessere Integration des Teils 9 in das bestehende Regelwerk. Dies sollte in einer zukünftigen Revision berücksichtigt werden.

# 10 Arbeitssicherheit, Gesundheitsschutz und Umweltschutz

Vor allen technischen Maßnahmen genießen die Vorsorge für die Sicherheit und die Gesundheit der Mitarbeiter sowie der Schutz der natürlichen Umwelt, also von Luft, Wasser und Boden, höchste Priorität. In Gesetzen und Verordnungen sind diese Schutzziele definiert. In nachgeordneten Richtlinien und Normen sowie in den Schriften und Unfallverhütungsvorschriften der Berufsgenossenschaften sind die Maßnahmen zum Erreichen dieser Ziele detailliert beschrieben.

## 10.1 Allgemeines

Die DIN EN ISO 12944, Teil 1 greift die Aspekte der Arbeitssicherheit und des Umweltschutzes grundsätzlich auf. Aufgrund der Komplexität der Materie und der unterschiedlich ausgestalteten rechtlichen Rahmenbedingungen in den jeweiligen Ländern muss sich die Norm jedoch auf allgemein gehaltene Aussagen beschränken.

„Es ist die Pflicht von Auftraggebern, Ausschreibenden, Auftragnehmern, Beschichtungsstoffherstellern, Aufsichtspersonal und allen anderen Personen, die an einem Projekt beteiligt sind, die in ihrer Verantwortung liegenden Arbeiten so auszuführen, dass weder die eigene Gesundheit und Sicherheit noch die anderer gefährdet wird.

Punkte, die besondere Beachtung erfordern, sind zum Beispiel folgende:
- keine toxischen oder krebserregenden Stoffe festlegen oder verwenden;
- Emissionen flüchtiger organischer Verbindungen (VOC);
- Maßnahmen gegen schädliche Einwirkungen von Rauch, Staub, Dämpfen und Lärm, sowie gegen
- Brandgefahren;
- Körperschutz, einschließlich Augen-, Haut-, Gehör- und Atemschutz;
- Schutz von Gewässern und Erdreich während der Korrosionsschutzarbeiten;
- Wiederverwertung von Stoffen und Abfallentsorgung."

(Quelle: DIN EN ISO 12944 Teil 1)

Die rechtlich verbindlichen Schutzziele und Mindeststandards, an denen sich Arbeitgeber und Arbeitnehmer orientieren müssen, basieren in Deutschland auf
- Gesetzen, Verordnungen, Technischen Regeln und Vorschriften, die vom Gesetzgeber erlassen sind, und
- dem Vorschriften- und Regelwerk, das von den Unfallversicherungsträgern (Berufsgenossenschaften) kraft ihrer hoheitlichen Tätigkeit ausgestaltet wird und für die Mitglieder der jeweils betroffenen Berufsgenossenschaft genauso bindend ist wie die Vorschriften des Gesetzgebers.
- Sämtliche Vorschriften und Regeln zur Arbeitssicherheit basieren auf dem Arbeitsschutzgesetz. Mit dem Arbeitsschutzgesetz (ArbSchG) wurde die europäische Arbeitsschutz-Rahmenrichtlinie 89/391/EWG in Deutschland umgesetzt.
- Die Bereitstellung und Benutzung von Arbeitsmitteln wird über die Betriebssicherheitsverordnung geregelt.
- Alle Regelungen über den Umgang mit gefährlichen Stoffen und Zubereitungen beruhen auf dem Chemikaliengesetz und den nachgeordneten Verordnungen, z. B. der Gefahrstoffverordnung.
- Alle Vorschriften zur Regelung der Emission basieren auf dem Bundes-Immissionsschutzgesetz.
- Alle Verordnungen zur Begrenzung der Schadstofffracht im Abwasser gehen auf das Wasserhaushaltsgesetz zurück.
- Die Behandlung von Abfällen wird über das Kreislaufwirtschaftsgesetz (KrWG) geregelt. Für die Maßnahmen zur Abfallbewirtschaftung legt das Gesetz folgende Zielhierarchie fest:
  • Vermeidung,
  • Vorbereitung zur Wiederverwendung,
  • Recycling (stoffliche Verwertung),
  • sonstige Verwertung, insbesondere energetische Verwertung und Verfüllung,
  • Beseitigung,

Gesetze und Verordnungen regeln die grundlegenden Anforderungen des betrieblichen Arbeits- und Gesundheitsschutzes. Demgegenüber sind Technische Regeln, Richtlinien und Normen, die von Fachleuten erarbeitet wurden und die gesetzliche Vorgaben präzisieren bzw. konkretisieren, als Stand der Technik anzusehen. Parallel dazu existiert das Vorschriften- und Regelwerk der Deutschen Gesetzlichen Unfallversicherung (DGUV), dem Spitzenverband der gewerblichen Berufsgenossenschaften. Dieses ist in vier Kategorien, die in Tabelle 48 dargestellt sind, unterteilt.

Jede Publikation des Vorschriften- und Regelwerks der DGUV verfügt über eine eigene, in der Regel sechsstellige, Kennzahl – nur die DGUV-Vorschriften haben ein- bis zweistellige Kennzahlen (von 1–99).

An der Kennzahl ist abzulesen, um welche Art von Regelung es sich handelt: Jeweils die zweite und dritte Stelle der Kennzahl gibt Auskunft darüber, welcher Fachbereich der DGUV für die Regelung zuständig ist. Für den Fachbereich „Bauwesen" lautet die Kennzahl bspw. x01-xxx.

Die DGUV-Vorschriften stellen für jedes Unternehmen und dessen Mitarbeiter verbindliche Pflichten bezüglich Sicherheit und Gesundheitsschutz am Arbeitsplatz dar. Das DGUV-Regelwerk – bestehend aus Regeln, Informationen und Grundsätzen – richtet sich vornehmlich an den Unternehmer und dient diesem als Hilfestellung bei der Umsetzung seiner Pflichten aus gesetzlichen Arbeitsschutzvorschriften sowie Unfallverhütungsvorschriften. Der Unternehmer kann bei Beachtung der in den DGUV-Regeln enthaltenen Empfehlungen davon ausgehen, dass er die in Unfallverhütungsvorschriften geforderten Schutzziele erreicht. Bei der Ausführung von Korrosionsschutzarbeiten mit Beschichtungsstoffen gelten allgemeine Sicherheitsmaßnahmen nach

**Tabelle 48.** Übersicht über die DGUV-Systematik

| DGUV-Vorschriften | Vorschriften legen Schutzziele fest und formulieren Forderungen bezüglich Sicherheit und Gesundheitsschutz. Sie sind rechtsverbindlich. Zweistellige Kennzahl von 1 bis 99 |
|---|---|
| DGUV-Regeln | Bei den Regeln handelt es sich um allgemein anerkannte Regeln für Sicherheit und Gesundheitsschutz. Sie beschreiben jeweils den aktuellen Stand des Arbeitsschutzes und dienen der praktischen Umsetzung von Forderungen aus den Vorschriften. Sechsstellige Kennzahl 1xx-xxx |
| DGUV-Informationen | In den Informationen werden spezielle Hinweise und Empfehlungen für bestimmte Branchen, Tätigkeiten, Arbeitsmittel oder Zielgruppen zusammengefasst. Sechsstellige Kennzahl 2xx-xxx |
| DGUV-Grundsätze | Grundsätze sind Maßstäbe für bestimmte Verfahrensfragen, z. B. hinsichtlich der Durchführung von Prüfungen. Sechsstellige Kennzahl 3xx-xxx |

Arbeitsschutzgesetz und Maßnahmen, die für den Umgang mit gefährlichen Stoffen und Zubereitungen aufgrund der Gefahrstoffverordnung und der Betriebssicherheitsverordnung vorgeschrieben sind.
Alle Beteiligten haben bestimmte Pflichten einzuhalten:
Auftraggeber/Bauherr: Die Pflichten für den Auftraggeber eines Bauvorhabens ergeben sich im Wesentlichen aus der Baustellenverordnung (BaustellV):
– Berücksichtigung der allgemeinen Grundsätze nach § 4 Arbeitsschutzgesetz,
– Übermittlung einer Vorankündigung an die zuständige Behörde (in der Regel Gewerbeaufsichtsamt, Bezirksregierung),
– Bestellung eines geeigneten Koordinators (SiGeKo), wenn Beschäftigte mehrerer Arbeitgeber auf der Baustelle tätig werden,
– Erstellung eines Sicherheits- und Gesundheitsschutzplans (SiGe-Plan) für Baustellen, auf denen Beschäftigte mehrerer Arbeitgeber tätig werden und eine Vorankündigung zu übermitteln ist oder auf der Beschäftigte mehrerer Arbeitgeber tätig werden und besonders gefährliche Arbeiten nach Anhang II BaustellV ausgeführt werden,
– Zusammenstellung einer Unterlage für spätere Arbeiten an der baulichen Anlage.
Auftragnehmer/Unternehmer:
– Prüfung des Arbeits- und Sicherheitsplans auf Unstimmigkeiten,
– Objekt-/baustellenbezogene Gefährdungsbeurteilung: schriftliche Beurteilung möglicher Gefährdungen (z. B. Absturzrisiko, Stromschlag),
– Abschätzung und Bewertung der Risiken,
– geeignete Schutzmaßnahmen auswählen und umsetzen,
– Wirksamkeit der gewählten Schutzmaßnahmen überprüfen und ggf. anpassen,
– Ergebnisse der Gefährdungsbeurteilungen und der festgelegten Schutzmaßnahmen schriftlich dokumentieren,
– Unterweisung der Mitarbeiter inklusive Dokumentation.

Sofern Gefahrstoffe im Sinne der GefStoffV verwendet werden:
– Erstellen von Betriebsanweisungen anhand der Sicherheitsdatenblätter und Produktinformationen des Stoffherstellers und aufgrund der Kenntnisse der Arbeitsgänge sowie Unterweisung der Arbeitnehmer (TRGS 555),
– messtechnische Überwachung des Arbeitsplatzes auf Einhaltung von Grenzwerten (TRGS 900),
– Bereitstellung persönlicher Schutzausrüstungen.
Beschäftigte/Arbeitnehmer:
– Einhaltung aller einschlägigen Vorschriften,
– Befolgen der Betriebsanweisungen,
– ggf. Tragen persönlicher Schutzausrüstungen.
Betroffen sind mehrere Komplexe im Zuge der Prozesskette:
– die Oberflächenvorbereitung einschließlich der Entfernung von Altbeschichtungen, z. B. durch Strahlen,
– die Applikation von Beschichtungsstoffen im Werk oder auf der Baustelle,
– Emissionen bei der Härtung der Beschichtungen,
– Behandlung von Abwasser im Rahmen der Oberflächenvorbereitung oder der Reinigung von Anlagen und Arbeitsgeräten,
– die Entsorgung von Strahlschutt, Resten von ausgehärteten und nicht ausgehärteten Beschichtungsstoffen sowie von entleerten Gebinden und Arbeitsmaterial.

## 10.2 Arbeitssicherheit bei der Oberflächenvorbereitung

Die Oberflächenvorbereitung umfasst Reinigungsarbeiten von nicht beschichteten Untergründen sowie die Entschichtung von Stahlbauwerken, vor allem durch Strahlen. Dabei treten Stäube auf, es fallen Strahlschutt und verunreinigtes Abwasser an. Die Entfernung von Altbeschichtungen im Zuge der Instandsetzung ist mit besonderen Herausforderungen verbunden, da Altbeschichtungen Gefahrstoffe enthalten können. Als Schadstoffe kommen in Betracht:

- Pigmente wie Bleimennige, Bleiweiß und Zinkchromat in allen Korrosionsschutzbeschichtungen,
- Asbest als Füllstoff in dicken Schichten, vor allem im Stahlwasserbau,
- Teer in Beschichtungen im Stahlwasserbau, bei erdverlegten Rohrleitungen, für Druckrohre in Stollen und Kühlwasserleitungen,
- Polychlorierte Biphenyle (PCB) in Beschichtungen und Fugendichtungsmassen.

Die vorgenannten Stoffe sind als „Verdacht auf krebserzeugend", „krebserzeugend" oder „fruchtschädigend" (CMR-Stoffe) eingestuft und sollen in den Mitgliedsstaaten der EU nicht mehr in Beschichtungsstoffen eingesetzt werden. Das gesamte Objekt muss eingehaust werden, die Stäube aus der Luft müssen durch entsorgende Luftumwälzung des Innenraumvolumens entfernt werden. In der Abluft müssen die Grenzwerte der TA Luft (Technische Anleitung zur Reinhaltung der Luft) eingehalten werden. Die Beschäftigten, die derartige Arbeiten ausführen, unterliegen arbeitsmedizinischer Überwachung und müssen ggf. während der Arbeit persönliche Schutzausrüstungen tragen (Bild 49). Vonseiten der Berufsgenossenschaften gilt insbesondere die DGUV-Regel 100 500 „Betreiben von Arbeitsmitteln (Kapitel: Arbeiten mit Strahlgeräten)", in der u. a. Grenzwerte für die Schadstoffe in Strahlmitteln angegeben werden. Zudem finden sich Angaben für die technische Ausrüstung von Maschinen und Geräten.

Beim Druckflüssigkeitsstrahlen ist ebenfalls die DGUV-Regel 100 500 (Kapitel „Arbeiten mit Flüssigkeitsstrahlern") zu berücksichtigen. Bei Strahlarbeiten im Stahlwasserbau, bei denen auch mit dem Vorhandensein von Antifouling-Additiven zu rechnen ist, sind außerdem die Vorschriften des Gewässerschutzes zu beachten.

Bild 49. Schutzausrüstung beim Strahlen

## 10.3 Arbeitssicherheit bei der Applikation von Beschichtungsstoffen

Beschichtungsstoffe können Lösemittel enthalten, die beim Verspritzen als Aerosole die Gesundheit der Arbeitnehmer belasten, aber auch bei der Härtung in die Umwelt abgegeben werden. Durch die Einführung festkörperreicher Ein- und Zweikomponenten-Beschichtungsstoffe sowie durch den verstärkten Einsatz wasserverdünnbarer Systeme konnte der Lösemittelanteil erheblich reduziert werden. Der Hersteller von Beschichtungsstoffen muss dem Abnehmer der Produkte ein Sicherheitsdatenblatt liefern, das neben allen technischen Kennwerten Angaben über den sicheren Umgang mit diesem Produkt beinhaltet. Anhand dieser Sicherheitsdatenblätter muss der Arbeitgeber Betriebsanweisungen erstellen, die die Arbeitnehmer über die Vorschriften beim Umgang, über Verhalten im Gefahrenfall und über die Entsorgungswege von Stoffen und Zubereitungen informieren. Aufbau und Inhalt eines Sicherheitsdatenblatts (SDB) folgen dabei einer internationalen Systematik: Globally Harmonized System of Classification and Labelling of Chemicals (GHS). Ziel des GHS ist es, ein weltweit einheitliches System zur Einstufung und Kennzeichnung von Chemikalien zu schaffen. Innerhalb der EU wurde das GHS durch die CLP-Verordnung umgesetzt. Für die Einstufung und Kennzeichnung nach GHS bzw. nach CLP-Verordnung werden die Eigenschaften chemischer Stoffe und Gemische herangezogen. Unterschieden wird dabei zwischen physikalischen Gefahren, Gesundheitsgefahren und Umweltgefahren. Die Art der Gefahr wird durch die Gefahrenklassen beschrieben. Diese sind in der Regel in Gefahrenkategorien unterteilt, welche Ausdruck der Stärke der Gefährlichkeit sind. Mittels einschlägiger Kennzeichnungselemente werden die Gefahren über das Produktetikett und das Sicherheitsdatenblatt kommuniziert. Zur Kennzeichnung gehören die in Tabelle 49 angegebenen Inhalte.

Bild 50. Gefahrenpiktogramme

**Tabelle 49.** Übersicht über Hinweise auf den Etiketten

| Gefahrenpiktogramme | Siehe Bild 50 |
|---|---|
| Signalwort | „Gefahr" oder „Achtung" |
| Gefahrenhinweise (H-Sätze) | Standardisierter Textbaustein, der die Art und ggf. den Schweregrad der Gefährdung beschreibt. Bsp.: H223 – Entzündbares Aerosol<br>H315 – Verursacht Hautreizungen |
| Sicherheitshinweise (P-Sätze) | Beschreiben in standardisierter Form die empfohlenen Maßnahmen zur Begrenzung oder Vermeidung schädlicher Wirkungen aufgrund der Exposition gegenüber einem Stoff oder Gemisch bei seiner Verwendung.<br>Bsp.: P202 – Vor Gebrauch alle Sicherheitshinweise lesen und verstehen. |
| Weitere Angaben | z. B. Produktname, Lieferant etc. |

Grundsätzlich muss bei der Verarbeitung von Beschichtungsstoffen eine geeignete persönliche Schutzausrüstung (Schutzhandschuhe, Schutzbrillen und ggf. Atemschutzfilter) getragen werden. Die Angaben in den Sicherheitsdatenblättern der Hersteller sind zu beachten. Epoxidharze (EP) und Polyurethane (PUR) spielen als Bindemittel im Aufbau von Beschichtungssystemen für den Korrosionsschutz eine wichtige Rolle. Beide Stoffklassen haben ein hohes Allergiepotenzial während der Verarbeitung. Vollständig ausgehärtet gehen von den Epoxidharzen und Polyurethanen keine bekannten gesundheitlichen Gefahren aus.

## 10.4  Maßnahmen zum Umweltschutz

Die Gesetzgebung zum Umweltschutz begrenzt die Emission von Schadstoffen in die Luft, in Gewässer und das Abwassersystem und definiert Vorschriften über die Entsorgung von Abfällen. Belastungen der Luft treten bereits beim bestimmungsgemäßen Gebrauch durch Lösemittelemissionen aus zu verarbeitenden Beschichtungsstoffen auf der Baustelle, aber auch an anderen Orten auf. Beim Abfall ist die Entsorgung des Strahlschutts das zentrale Thema, wobei hier durch die in der Vergangenheit verwendeten Korrosionsschutzbeschichtungsstoffe besonders belastete blei-, teer- und asbesthaltige Abfälle entstehen können. Im Rahmen von Instandhaltungsarbeiten müssen Oberflächen gereinigt werden. Oft geschieht dies durch Hochdruckwasserwaschen, wobei das entstehende Abwasser entsprechend behandelt werden muss, bevor es in die Kanalisation eingeleitet wird.

### Luft

Der Eintrag von Lösemitteln in die Luft wird durch Immissionsschutzgesetze und Verordnungen begrenzt. Für die anlagenbezogen und im Werk durchgeführten Korrosionsschutzbeschichtungen gilt die 31. BImSchV, die abhängig von der jährlich emittierten Lösemittelmenge Lösemittelbilanzen oder eine Nachbehandlung der Abgase verlangt. Die 31. BImSchV gilt jedoch nicht nur für stationäre Werksbeschichtungen, sondern auch für Baustellen wie z. B. Brückenbauwerke, wenn der jährliche Lösemittelverbrauch bestimmte Schwellenwerte überschreitet. Die europäische Deco-Paint-Richtlinie, deren Umsetzung in Deutschland durch die Chem-VOCFarbV erfolgte, verfolgt einen produktbezogenen Ansatz, um Lösemittelemissionen auf Baustellen zu reduzieren. Beschichtungsstoffe, die in verschiedene Produktkategorien eingeteilt sind, dürfen nur noch bestimmte Maximalmengen an Lösemitteln enthalten. Die Deco-Paint-Richtlinie betrifft den Korrosionsschutz an Gebäuden wie z. B. Bahnhofshallen etc., jedoch nicht an Ingenieurbauten (Tunnel, Brücken etc.).

### Wasser

Das Wasserhaushaltsgesetz und die Abwasserverordnung regeln auf Bundesebene, Landeswassergesetze und Indirekteinleiterverordnung auf Landesebene, wie Belastungen der Gewässer durch Korrosionsschutzarbeiten zu vermeiden sind. Dazu zählen zum einen Maßnahmen, die bei der Lagerung von Beschichtungsstoffen verhindern, dass bei Unfällen Beschichtungsstoffbestandteile (Lösemittel) ins Erdreich und damit ins Grundwasser gelangen (VAWS). Zum anderen wird festgelegt, dass belastete Abwässer aus Reinigungsarbeiten aufgefangen, gegebenenfalls vorbehandelt und so über die öffentliche Kanalisation den Abwasserreinigungsanlagen zugeführt werden (Indirekteinleiterverordnung).

### Abfall

Die Entsorgung der Strahlmittelabfälle und die Entsorgung restentleerter Gebinde sind die wesentlichen Punkte, die über das Kreislaufwirtschaftsgesetz (KrWG) im Korrosionsschutz geregelt werden. Entsprechend dem Europäischen Abfallkatalog werden Strahlmittelabfälle nach vorheriger Untersuchung auf ihren Schwermetallgehalt klassifiziert und anschließend entsorgt. Die Mehrfachnutzung eines Strahlmittels in Kreislaufprozessen kann die Abfallmenge deutlich reduzieren. Durch Voruntersuchungen muss geklärt sein, ob die zu entfernenden Beschichtungen gefahrstoffhaltig sind (Asbest, Blei, Teer), da dies nicht nur Konsequenzen für die Abfallentsorgung, sondern auch für den Arbeitsschutz und die Wahl des Entschichtungsverfahrens hat.

Wegen der Menge und der fallspezifischen Zusammensetzung des Strahlschutts ist es empfehlenswert, frühzeitig mit einem Entsorger Kontakt aufzunehmen, um die Abfalleinstufung als gefährlicher Abfall (Abfallschlüssel 12 01 16* – „Strahlmittelabfälle, die gefährliche Stoffe enthalten") oder nicht gefährlicher Abfall (Abfallschlüssel 12 01 17 – „Strahlmittelabfälle mit Ausnahme derjenigen, die unter 12 01 16* fallen"), dessen Wiederaufarbeitungsmöglichkeit und die Details des Entsorgungsverfahrens zu klären. So kann die Baustellenorganisation passgenau zu diesen Arbeiten gestaltet und unnötiger Platzbedarf für die Zwischenlagerung des Strahlschutts vermieden werden.

Das frühzeitige Einbeziehen dieser Aspekte schont die Gesundheit der Mitarbeiter und spart Geld, denn die Entsorgung von Sonderabfall ist kostenintensiv, die Einleitung schadstoffbelasteten Wassers ebenfalls. Außerdem können Zuwiderhandlungen als Straftatbestand gewertet oder als Ordnungswidrigkeit ausgelegt und mit einem entsprechenden Bußgeld belegt werden. Das Kreislaufwirtschaftsgesetz verlangt eine Verwertung von Verpackungsmaterialien. Restentleerte Gebinde können über bundesweite Recyclingsysteme zurückgenommen werden.

Viele Hersteller der Beschichtungsstoffe haben die Verwertung der Gebinde bereits bezahlt, sodass diese kostenlos zurückgegeben werden können. Dies wird mit entsprechenden Symbolen auf dem Etikett gekennzeichnet. Im Gegensatz dazu sind Gebinde mit Restinhalten von Beschichtungsstoffen meist als gefährlicher Abfall einzustufen und können nur mit Zusatzkosten entsorgt werden.

## 10.5 Sicherheit von Anfang an

Das oberste Prinzip sicheren Arbeitens ist immer noch die Vermeidung von Belastungen des Menschen und der Umwelt. Schon bei der Auswahl von Beschichtungsstoffen soll als Kriterium nicht nur deren technische Leistungsfähigkeit herangezogen werden, sondern es müssen bereits zu diesem Zeitpunkt auch Fragen der Belastung der Mitarbeiter, der Emission und der Entsorgung geprüft werden.

## 10.6 Gesetze, Verordnungen und andere Vorschriften zur Arbeitssicherheit und zum Umweltschutz

In den Tabellen 49 bis 52 sind wichtige Gesetze, Verordnungen und Vorschriften ohne Anspruch auf Vollständigkeit und Aktualität zusammengefasst, wie sie zum Zeitpunkt der Erarbeitung dieses Beitrags gültig waren.

**Tabelle 50.** Wichtige Gesetze und Verordnungen (aktuelle Versionen unter www.gesetze-im-internet.de)

| Bezeichnung | Titel |
| --- | --- |
| AbwV | Abwasserverordnung – Verordnung über Anforderungen an das Einleiten von Abwasser in Gewässer |
| AbwV | Abwasserverordnung – Verordnung über Anforderungen an das Einleiten von Abwasser in Gewässer und zur Anpassung der Anlage des Abwasserabgabengesetzes |
| ADR | Europäisches Übereinkommen über die internationale Beförderung gefährlicher Güter auf der Straße |
| ArbMedVV | Verordnung zur arbeitsmedizinischen Vorsorge |
| ArbSchG | Arbeitsschutzgesetz – Gesetz über die Durchführung von Maßnahmen des Arbeitsschutzes zur Verbesserung der Sicherheit und des Gesundheitsschutzes der Beschäftigten bei der Arbeit |
| ArbStättV | Arbeitsstättenverordnung |
| BaustellV | Baustellenverordnung – Verordnung über Sicherheit und Gesundheitsschutz auf Baustellen |
| BetrSichV | Betriebssicherheitsverordnung – Verordnung über Sicherheit und Gesundheitsschutz bei der Bereitstellung von Arbeitsmitteln und deren Benutzung bei der Arbeit, über Sicherheit beim Betrieb überwachungsbedürftiger Anlagen und über die Organisation des betrieblichen Arbeitsschutzes |
| BImSchG | Bundes-Immissionsschutzgesetz – Gesetz zum Schutz vor schädlichen Umwelteinwirkungen durch Luftverunreinigungen, Geräusche, Erschütterungen und ähnliche Vorgänge |
| 2. BImSchV | 2. Bundes-Immissionsschutzverordnung – Verordnung zur Emissionsbegrenzung von leichtflüchtigen Halogenkohlenwasserstoffen |
| 4. BImSchV | 4. Bundes-Immissionsschutzverordnung – Verordnung über genehmigungsbedürftige Anlagen |
| 5. BImSchV | 5. Bundes-Immissionsschutzverordnung – Verordnung über Emissionsschutz- und Störfallbeauftragte |
| 11. BImSchV | 11. Bundes-Immissionsschutzverordnung – Emissionserklärungsverordnung |

**Tabelle 50.** Wichtige Gesetze und Verordnungen
(aktuelle Versionen unter www.gesetze-im-internet.de) (Fortsetzung)

| Bezeichnung | Titel |
|---|---|
| 12. BImSchV | 12. Bundes-Immissionsschutzverordnung – Störfall-Verordnung |
| 31. BImSchV | Verordnung zur Begrenzung der Emissionen flüchtiger organischer Verbindungen bei der Verwendung organischer Lösemittel in bestimmten Anlagen |
| ChemG | Chemikaliengesetz – Gesetz zum Schutz vor gefährlichen Stoffen |
| ChemVOCFarbV | Chemikalienrechtliche Verordnung zur Begrenzung der Emissionen flüchtiger organischer Verbindungen (VOC) durch Beschränkung des Inverkehrbringens lösemittelhaltiger Farben und Lacke |
| CLP-Verordnung | Verordnung (EG) Nr. 1272/2008 des Europäischen Parlaments und des Rates über die Einstufung, Kennzeichnung und Verpackung von Stoffen und Gemischen |
| GefStoffV | Gefahrstoffverordnung – Verordnung zum Schutz vor gefährlichen Stoffen |
| GPSG | Geräte- und Produktsicherheitsgesetz |
| IndV | Indirekteinleiterverordnung – Verordnung des Umweltministeriums über das Einleiten von Abwasser in öffentliche Abwasseranlagen |
| KrWG | Kreislaufwirtschaftsgesetz: Gesetz zur Förderung der Kreislaufwirtschaft und Sicherung der umweltverträglichen Beseitigung von Abfällen |
| LärmVibrationsArbSchV | Lärm- und Vibrations-Arbeitsschutzverordnung |
| LasthandhabV | Lastenhandhabungsverordnung |
| PSA-BV | PSA-Benutzungsverordnung – Verordnung über Sicherheit und Gesundheitsschutz bei der Benutzung persönlicher Schutzausrüstungen bei der Arbeit |
| REACH | Verordnung (EG) Nr. 1907/2006 des Europäischen Parlaments und des Rates zur Registrierung, Bewertung, Zulassung und Beschränkung chemischer Stoffe |
| AwSV | Verordnung über Anlagen zum Umgang mit wassergefährdenden Stoffen |
| WHG | Wasserhaushaltsgesetz – Gesetz zur Ordnung des Wasserhaushalts |

**Tabelle 51.** Konkretisierungen und Verwaltungsanweisungen zu Gesetzen und Verordnungen
(aktuelle Versionen unter www.gesetze-im-internet.de bzw. unter www.baua.de)

| Bezeichnung | Titel |
|---|---|
| TA Luft | Technische Anleitung zur Reinhaltung der Luft |
| TA Lärm | Technische Anleitung zum Schutz gegen Lärm |
| TA Abfall | Technische Anleitung zur Lagerung, chemisch-physikalischen oder biologischen Behandlung, Verbrennung und Ablagerung von besonders überwachungsbedürftigen Abfällen |
| RAB zur BaustellV | Regeln zum Arbeitsschutz auf Baustellen<br>Die RAB geben den Stand der Technik bezüglich Sicherheit und Gesundheitsschutz auf Baustellen wieder. |
| ASR zur ArbStättV | Technischen Regeln für Arbeitsstätten<br>Die ASR konkretisieren die Anforderungen der Arbeitsstättenverordnung (ArbStättV). |
| TRBS | Technische Regeln für Betriebssicherheit<br>Die Technischen Regeln für Betriebssicherheit (TRBS) geben den Stand der Technik, Arbeitsmedizin und Arbeitshygiene sowie sonstige gesicherte arbeitswissenschaftliche Erkenntnisse für die Verwendung von Arbeitsmitteln wieder. Sie werden erstellt, sofern Konkretisierungsbedarf der Anforderungen der BetrSichV besteht. Es soll konkretisiert werden, wie die Schutzziele der BetrSichV erfüllt werden können. Die BetrSichV bildet hierfür den rechtsverbindlichen Rahmen. Die Konkretisierung erfolgt durch Auslegung unbestimmter Rechtsbegriffe, Prozessbeschreibungen und ggf. beispielhafter Lösungen für betriebliche Maßnahmen.<br>Eine Zusammenstellung aller aktuellen TRBS wird von der Bundesanstalt für Arbeitsschutz und Arbeitsmedizin unter www.baua.de veröffentlicht. |

**Tabelle 51.** Konkretisierungen und Verwaltungsanweisungen zu Gesetzen und Verordnungen (aktuelle Versionen unter www.gesetze-im-internet.de bzw. unter www.baua.de) (Fortsetzung)

| Bezeichnung | Titel |
| --- | --- |
| TRGS zur GefStoffV | Technische Regeln für Gefahrstoffe<br>Die Technischen Regeln für Gefahrstoffe (TRGS) geben den Stand der Technik, Arbeitsmedizin und Arbeitshygiene sowie sonstige gesicherte wissenschaftliche Erkenntnisse für Tätigkeiten mit Gefahrstoffen, einschließlich deren Einstufung und Kennzeichnung, wieder.<br>Bei Tätigkeiten mit Gefahrstoffen hat der Arbeitgeber im Rahmen der Gefährdungsbeurteilung zu prüfen,<br>ob diese Tätigkeiten mit Gefahrstoffen den in der TRGS beschriebenen Vorgaben entsprechen,<br>ob ein gleichwertiges Schutzniveau gewährleistet ist,<br>wie die Vorgaben der TRGS erreicht werden können.<br><br>Eine Zusammenstellung aller aktuellen Technischen Regeln für Gefahrstoffe wird von der Bundesanstalt für Arbeitsschutz und Arbeitsmedizin (BauA) unter www.baua.de veröffentlicht. |

**Tabelle 52.** Wichtige technische Regeln für Gefahrstoffe – TRGS (aktuelle Versionen unter www.baua.de)

| Bezeichnung | Titel |
| --- | --- |
| TRGS 001 | Das Technische Regelwerk zur Gefahrstoffverordnung – Allgemeines – Aufbau – Übersicht – Beachtung der Technischen Regeln für Gefahrstoffe |
| TRGS 201 | Einstufung und Kennzeichnung bei Tätigkeiten mit Gefahrstoffen |
| TRGS 400 | Gefährdungsbeurteilung für Tätigkeiten mit Gefahrstoffen |
| TRGS 401 | Gefährdung durch Hautkontakt – Ermittlung, Beurteilung, Maßnahmen |
| TRGS 402 | Ermitteln und Beurteilen der Gefährdungen bei Tätigkeiten mit Gefahrstoffen: Inhalative Exposition |
| TRGS 430 | Isocyanate – Gefährdungsbeurteilung und Schutzmaßnahmen |
| TRGS 500 | Schutzmaßnahmen |
| TRGS 505 | Blei |
| TRGS 507 | Oberflächenbehandlung in Räumen und Behältern |
| TRGS 510 | Lagerung von Gefahrstoffen in ortsbeweglichen Behältern |
| TRGS 519 | Asbest: Abbruch-, Sanierungs- oder Instandhaltungsarbeiten |
| TRGS 524 | Schutzmaßnahmen bei Tätigkeiten in kontaminierten Bereichen |
| TRGS 551 | Teer und andere Pyrolyseprodukte aus organischem Material |
| TRGS 555 | Betriebsanweisung und Information der Beschäftigten |
| TRGS 610 | Ersatzstoffe und Ersatzverfahren für stark lösemittelhaltige Vorstriche und Klebstoffe für den Bodenbereich |
| TRGS 612 | Ersatzstoffe, Ersatzverfahren und Verwendungsbeschränkungen für dichlormethanhaltige Abbeizmittel |
| TRGS 615 | Verwendungsbeschränkungen für Korrosionsschutzmittel, bei deren Einsatz N-Nitrosamine auftreten können |
| TRGS 900 | Arbeitsplatzgrenzwerte |

**Tabelle 53.** Ausgewählte Vorschriften und Regeln der Berufsgenossenschaften zur Unfallvermeidung (aktuelle Versionen unter www.dguv.de)

| Bezeichnung | Titel |
| --- | --- |
| DGUV Vorschrift 1 | Grundsätze der Prävention |
| DGUV Vorschrift 2 | Betriebsärzte und Fachkräfte für Arbeitssicherheit |
| DGUV Vorschrift 3 | Elektrische Anlagen und Betriebsmittel |
| DGUV Vorschrift 38 | Bauarbeiten |
| DGUV Vorschrift 45 | Schiffbau |

**Bildnachweis:**

Abbildungen, die freundlicherweise von den Mitgliedsfirmen der beiden Verbände zur Verfügung gestellt wurden:
Geholit + Wiemer Lack- u. Kunststoff-Chemie GmbH, Graben-Neudorf
Bilder 5, 10–12, 15, 16, 18, 20, 22–25, 30, 37, 38, 41–43
Sika Deutschland GmbH, Stuttgart
Bilder 1, 6, 9, 27, 28, 29, 31, 35, 36, 39, 40, 44–48
Bundesverband Korrosionsschutz e. V. Bild 49
Dr. Frank Bayer Bild 7
Massenberg GmbH, Essen Bild 13
Institut für Korrosionsschutz Dresden GmbH
Bilder 21, 32–34
BASF Bild 19
British Constructional Steelwork Association Limited Bild 17
Adobe Stock
©bono Bild 2
©DanBu.Berlin Bild 3
©Zhao jiankang Bild 4

# 5 Korrosionsschutz durch Duplex-Systeme: Feuerverzinken plus Beschichten

Dipl.-Ing. Mark Huckshold

## Inhaltsverzeichnis

1 **Einleitung** 373

2 **Duplex-Systeme** 373

3 **Korrosionsschutz durch Feuerverzinken** 374

4 **Korrosionsschutz durch Beschichtungsstoffe** 374
4.1 Nassbeschichtungssysteme 375
4.2 Pulver-Beschichtungssysteme 375

5 **Wirkungsweise von Duplex-Systemen** 376

6 **Normative Regelungen von Duplex-Systemen** 376

7 **Korrosionsschutzplanung und Schutzdauer von Duplex-Systemen** 377
7.1 Korrosionsschutzplanung 377
7.2 Schutzdauer von Duplex-Systemen 378
7.2.1 Duplex-Systeme auf Basis von Nassbeschichtungsstoffen 378
7.2.2 Duplex-Systeme auf Basis von Pulverbeschichtungsstoffen 378

8 **Aufbau, Ausschreibung und Ausführung von Duplex-Systemen** 379
8.1 Aufbau und Eigenschaften von Duplex-Systemen 379
8.2 Musterausschreibung zu Duplex-Systemen als Download 379
8.3 Ausführung von Duplex-Systemen 380
8.3.1 Oberflächenvorbereitung und Applikation von Nassbeschichtungen 380
8.3.2 Oberflächenvorbereitung und Applikation der Pulverbeschichtung 381

9 **Praxisbeispiele** 381
9.1 Vorhallendächer Kölner Hauptbahnhof (Baujahr 1991) 381
9.2 Stahl-Zentrum Düsseldorf (Baujahr 1986) 382
9.3 Kunsteisbahn in Balingen (Baujahr 1977) 382

10 **Zusammenfassung** 382

11 **Literatur** 383

# 1 Einleitung

Unter Duplex-Systemen versteht man ein Korrosionsschutz-System für Stahlbauteile, das aus einer Feuerverzinkung nach DIN EN ISO 1461 [1] in Kombination mit einer oder mehreren nachfolgenden organischen Beschichtungen besteht.

Der Begriff ist in mehreren Regelwerken definiert, beispielsweise in DIN 55633 [2]. Sowohl Flüssigbeschichtungen als auch Pulverbeschichtungen auf feuerverzinkten Oberflächen sind praxisüblich und haben sich seit Langem bewährt.

Beide Korrosionsschutzsysteme ergänzen sich in idealer Weise. Duplex-Systeme finden vielseitige Anwendung als Korrosionsschutz beispielsweise im Bauwesen, im Straßenverkehr oder in der Energieversorgung (Beispiel s. Bild 1).

**Bild 1.** Duplex-beschichteter Vitra-Rutschturm (Entwurf: Carsten Höller; Foto: Taxiarchos228)

# 2 Duplex-Systeme

Zusätzliches Beschichten verbessert den sehr langlebigen Korrosionsschutz durch Feuerverzinken. Zudem können verzinkte Stahlkonstruktionen durch eine zusätzliche Beschichtung farblich gestaltet werden. Aufgrund der technischen und gestalterischen Eigenschaften ergeben sich viele unterschiedliche Beweggründe für die Anwendung eines Duplex-Systems. Als wesentliche Vorteile von Duplex-Systemen sind zu nennen:

**Lange Schutzdauer:** Eine Feuerverzinkung schützt den Stahl zumeist für viele Jahrzehnte. Eine zusätzliche Beschichtung verbessert den langlebigen Korrosionsschutz der Feuerverzinkung. Die Schutzdauer von Du-

**Bild 2.** Ausgeführtes Duplex-System an der Stahlkonstruktion der Wuppertaler Schwebebahn

plex-Systemen ist in der Regel 1,2- bis 2,5-mal länger als die Summe der jeweiligen Einzelschutzdauern einer Verzinkung und einer Beschichtung, bevor es zu Einbußen durch Korrosion des Grundwerkstoffs kommt.

**Gestalterische Gründe:** Im Gegensatz zum metallischen Zinküberzug mit silbrigem oder grauem Aussehen ist es bei Duplex-Systemen möglich, die gesamte Palette der farblichen Gestaltung zu nutzen, ohne auf einen dauerhaften Korrosionsschutz zu verzichten.

**Signalgebung/Tarnung:** Bei manchen Objekten ist eine farbige Kennzeichnung zur Warnung oder Identifikation erforderlich oder es kann mit entsprechenden Beschichtungsstoffen ein Tarneffekt erzeugt werden.

**Zusätzliche Sicherheit:** Wenn Stahlteile nach der Montage nicht mehr zugänglich sind oder wenn Kontroll- und Instandsetzungsarbeiten am Korrosionsschutz beispielsweise Betriebsunterbrechungen oder Staus verursachen, stellen Duplex-Systeme eine optimale und dauerhafte Lösung dar.

**Bild 3.** Fertig verzinktes Brückengeländer wird aus dem Zinkbad herausgezogen

Das Duplex-System kommt der Forderung nach einem Korrosionsschutz ab Werk entgegen. Sowohl die Feuerverzinkung als auch die Beschichtungsarbeiten können unter definierten Bedingungen im Fachbetrieb ausgeführt werden. Baustellenarbeiten und Unwägbarkeiten durch Witterung und Temperatur sind nicht erforderlich oder können auf kosmetische Ausbesserungsarbeiten reduziert werden. Belastungen der Umwelt durch Korrosionsschutzarbeiten vor Ort entstehen erst gar nicht oder werden ebenfalls minimiert. Eine beispielhafte Ausführung aus dem Verkehrssektor zeigt Bild 2.

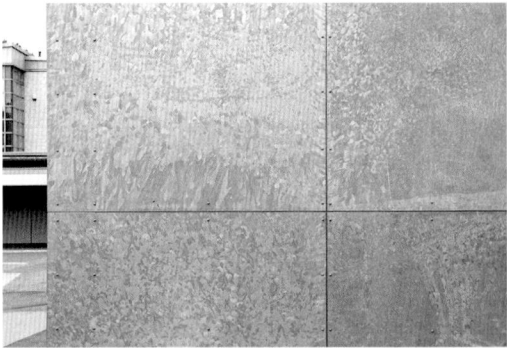

**Bild 4.** Feuerverzinkte Fassade der Werner-von-Siemens-Schule in Bochum (Architekten: Reiser und Partner; Foto: Rainer Grünewald)

## 3 Korrosionsschutz durch Feuerverzinken

Beim Feuerverzinken gemäß DIN EN ISO 1461 (Stückverzinken) [1] werden bereits gefertigte Bauteile, wie zum Beispiel Brückenkonstruktionen, vor Korrosion geschützt. Die Applikation der Feuerverzinkung erfolgt im Werk. In einer sequenziellen Abfolge von Tauchprozessen werden die gefertigten Stahlbauteile unterschiedlichen Reinigungsprozessen zur Oberflächenvorbereitung unterzogen, bevor diese in eine flüssige Zinkschmelze am Stück eingetaucht und wieder herausgezogen werden (Bild 3). Hierdurch erhalten die Bauteile einen dauerhaften abrieb- und korrosionsbeständigen Zinküberzug mit Schichtdicken, die üblicherweise zwischen 50 und 150 µm oder darüber liegen.

Stückverzinkte Bauteile erreichen abhängig von der Zinkschichtdicke und der Korrosionsbelastung eine Korrosionsschutzdauer von bis zu oder sogar über 100 Jahren. Bedingt durch das Tauchverfahren werden Hohlprofile außen wie innen gleichermaßen geschützt. Eine Stückverzinkung gewährleistet im Gegensatz zu organischen Beschichtungen auch an Problemzonen, wie z. B. Kanten einen optimalen Korrosionsschutz. Das Haupteinsatzgebiet von stückverzinktem Stahl sind Anwendungen im Außenbereich unter Freibewitterungsbedingungen (Bild 4), da hier in der Regel Schutzzeiträume von zumeist mehr als 50 Jahren erreicht werden müssen.

## 4 Korrosionsschutz durch Beschichtungsstoffe

Beschichtungsstoffe, im Volksmund auch oftmals einfach nur „Lacke" und „Farben" genannt, sind Materialien auf Basis unterschiedlicher Bindemittel, die nach einer fachlich ausgeführten Oberflächenvorbereitung als Flüssigbeschichtung oder als Pulverbeschichtung auf den Stahl aufgebracht werden. Beschichtungen werden auf verschiedene Weise appliziert, z. B. durch Streichen, Rollen oder Spritzen. Neben der korrosiven Belastung und der gewünschten Schutzdauer hängt die Schichtdicke eines Beschichtungssystems von der Anzahl der applizierten Schichten sowie der Stärke der einzelnen Schichten ab.

**Bild 5.** Duplex-beschichtete Fußgängerbrücke in Rietberg

Die Beschichtungssysteme werden in der Regel nach den Bindemitteln unterteilt. Diese verschiedenen Bindemittel werden zumeist in mehreren Schichten (Grund- und Deckbeschichtungen) und oftmals kombiniert aufgebracht. Typische Bindemittel für Stahlkonstruktionen im Baubereich sind: Alkydharze, Acrylharze, Epoxidharze, Vinylchloridharze, Polyurethanharze, Ethylsilikate sowie Pulverbeschichtungen mit Polyesterpulver bzw. Epoxidharzen. Die verschiedenen Bindemittel unterscheiden sich hinsichtlich ihrer Glanz- und Farbhaltung, Abriebwiderstand, Härte, Schlagfestigkeit und Dehnbarkeit sowie Beständigkeit gegenüber chemischen Einflüssen. Ein ausgeführtes Beispiel zeigt Bild 5.

## 4.1 Nassbeschichtungssysteme

Unter „Nassbeschichten" versteht man die Applikation von Flüssig-Beschichtungsstoffen. Maßgeblich für den Korrosionsschutz von Stahlbauten durch Beschichtungen im Bauwesen ist die DIN EN ISO 12944 (Korrosionsschutz von Stahlbauten durch Beschichtungssysteme, Teil 1 bis 9). Im Teil 5 von DIN EN ISO 12944 [3] werden unter anderem Flüssig-Beschichtungssysteme auf feuerverzinktem Stahl normativ behandelt. Dazu werden in Abhängigkeit der betrachteten Korrosivitätskategorie und der zu erwartenden Schutzdauer die Charakteristika von Beschichtungssystemen, bestehend aus
- Anforderungen an die Oberflächenvorbereitung,
- Art der Grundbeschichtung,
- Anzahl der Schichten,
- Mindestschichtdicke und
- Bindemitteltypen

beschrieben. Bild 6 zeigt die Applikation einer Nassbeschichtung auf einer feuerverzinkten Fußgängerbrücke. Für dünnwandige tragende Bauteile mit einer Materialdicke < 3 mm gilt das nationale Regelwerk DIN 55634 [4].

## 4.2 Pulver-Beschichtungssysteme

Das Pulverbeschichten ist ein Beschichtungsverfahren, bei dem nach einer entsprechenden Oberflächenvorbereitung der Beschichtungsstoff als elektrostatisch aufgeladene Pulverwolke auf Stahl aufgebracht (Bild 7)

**Bild 6.** Applikation der Nassbeschichtung im Werk auf der vorher vorbereiteten Oberfläche

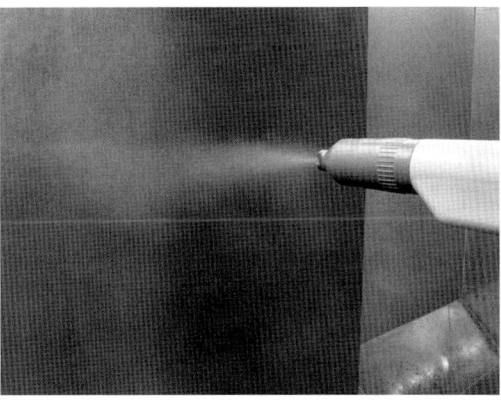

**Bild 7.** Elektrostatische Applikation des Pulverlacks durch Sprühen

und anschließend in einem thermischen Prozess „eingebrannt" wird.
Im Bauwesen regelt DIN 55633 [2] den Korrosionsschutz von Stahlbauten durch Pulver-Beschichtungssysteme auf feuerverzinktem Stahl. Ergänzend ist zudem DIN EN 15773 [5] zu erwähnen. Für dünnwandige tragende Bauteile mit einer Materialdicke < 3 mm gilt auch für Duplex-Systeme auf Basis von Pulverbeschichtungsstoffen DIN 55634 [4].

## 5 Wirkungsweise von Duplex-Systemen

Die Schutzdauer eines Duplex- Systems ist erheblich länger als die Summe der Einzelschutzdauer der Feuerverzinkung und der Beschichtung. Dieser Synergie-Effekt entsteht, weil sich Feuerverzinkung und Beschichtung gegenseitig schützen. Die Beschichtung verhindert, dass atmosphärische und chemische Einflüsse auf den Zinküberzug einwirken. Ein Abtrag des metallischen Zinks wird vermieden und die Lebensdauer des Zinküberzugs verlängert sich (Bild 8).
Beschädigungen an der Beschichtung haben keine Korrosion zur Folge, da die hohe Widerstandsfähigkeit und Abriebfestigkeit des darunterliegenden Zinküberzugs auch hohen Belastungen standhält. Die für Beschichtungen typischen Unterrostungen können nicht entstehen, der Stahl bleibt auch an Stellen, an denen die Beschichtung beschädigt ist, wirksam geschützt.

Der synergetische Effekt wird erreicht durch die Verhinderung einer Unterrostung der Beschichtung, wie sie auf Stahloberflächen stattfindet, insbesondere durch die Vermeidung des Abhebens von Beschichtungen im Bereich von Poren, entstehenden Rissen und mechanischen Beschädigungen der Beschichtung infolge niedriger Volumenausdehnung der Zinkkorrosionsprodukte gegenüber der Volumenausdehnung von Eisenkorrosionsprodukten. Auch das Verschließen von Poren und Rissen der Beschichtung durch sich in diesen Bereichen bildende Zinkkorrosionsprodukte ist positiv.
Typische Problemzonen von Beschichtungen sind Hohlräume und Vertiefungen sowie Ecken und Kanten. Da Zinküberzüge auch an diesen kritischen Stellen einen guten Korrosionsschutz bieten, können die Schwächen von Beschichtungen in diesen Bereichen durch die Vorteile des Zinküberzugs kompensiert werden.

## 6 Normative Regelungen von Duplex-Systemen

Korrosionsschutzarbeiten werden nach den allgemein anerkannten Regeln der Technik durchgeführt und sind in verschiedenen Regelwerken festgelegt. Einen Überblick und die Zuordnung der unterschiedlichen Anforderungen geben die folgenden Ausführungen:
Für das Verfahren der Stückverzinkung gilt die DIN EN ISO 1461 „Durch Feuerverzinken auf Stahl aufgebrachte Zinküberzüge (Stückverzinken)" [1]. Die Norm regelt alle Anforderungen an das Verfahren des Stückverzinkens und an die so aufgebrachten Zinküberzüge. Sollen tragende Stahlbauteile feuerverzinkt werden, ist zudem im bauaufsichtlich geregelten Bereich die DASt-Richtlinie 022 „Feuerverzinken von tragenden Stahlbauteilen" [6] zu berücksichtigen.
Die Norm DIN EN 1090-2 „Teil 2: Technische Regeln für die Ausführung von Stahltragwerken" [7] beinhaltet auch Anforderungen und Regeln zum Korrosionsschutz für Stahlbauteile, insbesondere Ausführungs- und Prüfvorgaben.
Die Normenreihe DIN EN ISO 12944 Teil 1 bis 9 „Korrosionsschutz von Stahlbauten durch Beschichtungssysteme" legt für tragende Stahlbauteile mit einer Materialdicke > 3 mm unter anderem fest, wie Duplex-Systeme geplant, geprüft und ausgeführt werden sollen. Eine Korrosionsschutzplanung, die sich an den Anforderungen an die Stahlkonstruktion und an der Korrosionsbelastung vor Ort orientiert, steht dabei im Vordergrund. Detaillierte Vorgaben enthält Teil 5 dieser Norm. Ein Beispiel ist in Tabelle 1 aufgeführt.
DIN 55633 „Beschichtungsstoffe – Korrosionsschutz von Stahlbauten durch Pulver-Beschichtungssysteme – Bewertung der Pulver-Beschichtungssysteme und Ausführung der Beschichtung" [2] regelt Pulver-Beschichtungssysteme für tragende Stahlbauteile mit einer Materialdicke > 3 mm, die nach DIN EN ISO 1461 [1] feuerverzinkt wurden.

**Bild 8.** Schematischer Vergleich des Korrosionsverhaltens von organischen Beschichtungssystemen und Duplex-Systemen auf Stahl

**Tabelle 1.** Beschichtungssysteme gemäß DIN EN ISO 12944-5 [3] auf gestrahltem Stahl und feuerverzinktem Stahl; Angaben zur Mindestanzahl an Schichten (MNOC) und Mindestsollschichtdicken (NDFT) in Abhängigkeit von der Schutzdauer und der Korrosivitätskategorie

| Schutzdauer | | Hoch | | | | | Sehr hoch | | | |
|---|---|---|---|---|---|---|---|---|---|---|
| Art des Substrates | | gestrahltes Stahlsubtrat | | Feuerverzinkter Stahl | | | gestrahltes Stahlsubtrat | | Feuerverzinkter Stahl | |
| Art des Grundbeschichtungsstoffes | | Zn (R) | div. | | | | Zn (R) | div. | | |
| Bindemittelbasis des Grundbeschichtungsstoffes | | ESI, EP, PUR | EP, PUR, ESI | AK, AY | EP, PUR | AY | ESI, EP, PUR | EP, PUR, ESI | AK, AY | EP, PUR | AY |
| Bindemittelbasis der nachfolgenden Schichten | | EP, PUR, AY | EP, PUR, AY | AK, AY | EP, PUR, AY | AY | EP, PUR, AY | EP, PUR, AY | AK, AY | EP, PUR, AY | AY |
| C2 | MNOC | 1 | 1 | 1 | 1 | 1 | 2 | 2 | 2 | 1 | 2 |
| | NDFT | 60 | 120 | 160 | 80 | 80 | 160 | 180 | 200 | 120 | 160 |
| C3 | MNOC | 2 | 2 | 2 | 1 | 2 | 2 | 2 | 2 | 2 | 2 |
| | NDFT | 160 | 180 | 200 | 120 | 160 | 200 | 240 | 260 | 160 | 200 |
| C4 | MNOC | 2 | 2 | 2 | 2 | 2 | 3 | 2 | – | 2 | |
| | NDFT | 200 | 240 | 260 | 160 | 200 | 260 | 300 | – | 200 | |
| C5 | MNOC | 3 | 2 | – | 2 | | 3 | 3 | – | 2 | |
| | NDFT | 260 | 300 | – | 200 | | 320 | 360 | – | 240 | |

*Anmerkung:*
Für eine Beschichtung auf EP-, PUR- und/oder AY-Basis auf unverzinktem Stahl sind 3 Schichten mit einer Gesamtmindestschichtdicke von 360 µm zur Erreichung einer sehr hohen Schutzdauer in der Korrosivitätskategorie C5 vorgeschrieben. Bei Verwendung von feuerverzinktem Stahl unter gleichen Bedingungen sind lediglich 2 Schichten mit einer Gesamtschichtdicke von 240 µm erforderlich, d. h. ein Drittel weniger Beschichtungsstoff sowie ein Arbeitsgang weniger.

Für dünnwandige tragende Bauteile (in der Regel mit Materialdicken < 3 mm), die einen Zinküberzug nach DIN EN ISO 1461 [1] aufweisen und zusätzlich flüssig- oder pulverbeschichtet werden, legt der Teil 1 der DIN 55634 „Beschichtungsstoffe und Überzüge – Korrosionsschutz von tragenden dünnwandigen Bauteilen aus Stahl" [4] die Anforderungen und Prüfverfahren fest. Als Ergänzung zu den normativen Regelungen gibt es für Nass- und Pulverbeschichtungen auf verzinktem und unverzinktem Stahl Güte- und Qualitätsgemeinschaften, die eigene technische Regelwerke und Spezifikationen herausgeben, die sich zum Teil wesentlich von den einschlägigen Normen abheben. Die Qualitätsbestimmungen dieser Organisationen gelten in Verbindung mit einschlägigen Gesetzen, Verordnungen und Normen je nach Vertragsvereinbarung zwischen Auftragnehmer und Auftraggeber.

## 7 Korrosionsschutzplanung und Schutzdauer von Duplex-Systemen

### 7.1 Korrosionsschutzplanung

Die Auswahl eines Schutzsystems für Stahlkonstruktionen hängt stark von den korrosiven Belastungen am Standort ab. Hierzu gehören mikro- und makroklimatische Einflüsse. Dies sind atmosphärische Belastungen durch Wind, Wetter, Verunreinigungen in der Luft und lokale Einflüsse wie Meeres- und Flussnähe. Auch zu beachten sind eventuelle Tausalzeinflüsse und verwendungsbedingte Faktoren wie chloridhaltige Luft in Schwimmbädern oder extreme Luftfeuchtigkeit zum Beispiel in Wäschereien. Ebenso müssen konstruktionsbedingte Problemzonen berücksichtigt werden. Hierzu zählen scharfe Profilkanten, Spalten und Fugen, freiliegende Schrauben- und Nietköpfe sowie Handschweißnähte und unzugängliche Stellen. Ein weiterer Aspekt sind mechanische Belastungen durch Transport, Handling und Montage während der Bauphase sowie Belastungen durch Steinschlag, Sandabrieb und Stöße beispielsweise durch Gabelstaplerbetrieb in der Nutzungsphase.

Gemäß den in Deutschland vorherrschenden atmosphärischen Belastungen erreicht eine Feuerverzinkung in der Regel eine Schutzdauer von 50 Jahren und mehr, wenn keine korrosiven Zusatzbelastungen zu erwarten sind. Die Korrosivitätskategorien nach DIN EN ISO 14713-1 [8] unterstützen bei einer groben Abschätzung der Schutzdauer einer Feuerverzinkung.

Die Fälle extremer Korrosionsbelastung, bei denen eine Feuerverzinkung keinen hinreichend langen Schutz bietet, sind heute eher selten. Aus korrosionsschutztechnischer Sicht ist der Einsatz von Duplex-Systemen in der Regel erst ab der Korrosivitätskategorie C4 erforderlich. Die Bedeutung von Duplex-Systemen erstreckt sich bei Belastungen gemäß der Korrosivitätskategorien bis C3 primär auf die Gestaltung durch eine gewünschte Farbgebung.

Ein wirksamer Korrosionsschutz, der über Jahrzehnte zuverlässig funktioniert, muss frühzeitig und systematisch geplant werden. Eine korrosionsschutzgerechte Konstruktion und Fertigung der Stahlkonstruktion bietet eine wichtige Voraussetzung für einen wirksamen Langzeit-Korrosionsschutz. Wertvolle Informationen hierzu können den Normen DIN EN ISO 12944 Teil 1 bis 9 und DIN EN ISO 14713 Teil 1 und 2 [8, 9] entnommen werden.

## 7.2 Schutzdauer von Duplex-Systemen

Im Hinblick auf die Schutzdauer von Duplex-Systemen sind in den einschlägigen Normen nicht immer hilfreiche Angaben enthalten. So treffen die Nassbeschichtungsnorm DIN EN ISO 12944-5 [3] bzw. die Pulverbeschichtungsnorm DIN 55633 [2] lediglich Aussagen zur Schutzdauer des Farbbeschichtungssystems, aber keine zur Schutzdauer des Gesamtsystems, die um ein Mehrfaches höher liegt als die in den beiden Normen angegebenen Werte.

Duplex-Systeme auf der Basis einer Stückverzinkung in Kombination mit Nass- oder Pulverbeschichtungen gewährleisten heutzutage zumeist Korrosionsschutzdauern von mehr als 50 Jahren. Das hängt mit der gestiegenen Qualität und Leistungsfähigkeit dieser Systeme zusammen, aber auch mit der verringerten Korrosionsbelastung der uns umgebenden Atmosphäre. Zusatzbelastungen, die über die Einwirkung der Witterung hinausgehen, z. B. mechanische Einflüsse, sind in DIN EN ISO 12944-2 [10] standardisiert. In der Praxis kommt es üblicherweise zu Belastungen beim Transport und bei der Montage; sie gehören ebenso dazu wie z. B. Steinschlag und Abrieb während der Nutzungsphase, die unter anderem durch Publikums- oder Straßenverkehr verursacht werden. Derartige Einflüsse können die Schutzdauer auch von Kombinationssystemen erheblich verringern und sollten angemessen berücksichtigt werden.

Duplex-Systeme bieten aber auch beim Vorliegen von mechanischen Belastungen beste Voraussetzungen für eine lange Schutzdauer, da selbst bei einem Versagen der Farbbeschichtung als Folge der mechanischen Belastung immer noch der Zinküberzug mit seiner extrem hohen Belastbarkeit zur Verfügung steht. In diesem Zusammenhang muss auch die hohe Beständigkeit von Duplex-Systemen an Kanten hervorgehoben werden. Denn gerade an Kanten wird der Korrosionsschutz vielfach stark belastet. Farbbeschichtungen allein haben dort zumeist Schwachstellen, da aus physikalischen Gründen flüssige Beschichtungsstoffe an Kanten stets nur eine relativ dünne Schichtdicke ausbilden (Kantenflucht). Dieses ist bei der Feuerverzinkung nicht der Fall. Der starke Schutz des Zinküberzugs hilft, diesen Effekt zu kompensieren; Schwachstellen werden so vermieden (Bild 9).

### 7.2.1 Duplex-Systeme auf Basis von Nassbeschichtungsstoffen

Die Schutzdauer gibt den Zeitraum bis zur ersten Erneuerung einer Beschichtung an, wobei das Ausmaß der aufgetretenen Beschichtungsschäden vereinbart sein muss. Es ist zu beachten, dass sich die Schutzdauer gemäß DIN EN ISO 12944-1 [11] ausschließlich auf das Beschichtungssystem bezieht und nicht den zusätzlichen Schutz der Feuerverzinkung berücksichtigt.

Die Schutzdauer für Nassbeschichtungssysteme ist in DIN EN ISO 12944-1 [11] wie folgt definiert:

Kurz (L) – Low = bis zu 7 Jahren
Mittel (M) – Medium = 7 bis 15 Jahre
Hoch (H) – High = 15 bis 25 Jahre
Sehr hoch (VH) – Very High = über 25 Jahre

Beispielhafte Systeme, wie sie in DIN EN ISO 12944-5 [3] definiert wurden, sind in Tabelle 2 aufgeführt.

### 7.2.2 Duplex-Systeme auf Basis von Pulverbeschichtungsstoffen

Im Gegensatz zur im Jahr 2018 aktualisierten Normenfamilie DIN EN ISO 12944 wurden für die Pulverbeschichtungsnorm DIN 55633 die Schutzdauerklassen noch nicht aktualisiert. DIN 55633 [2] gibt unter Abschnitt 5.4 die Schutzdauer wie folgt an:

Niedrig (L) – Low = 2 bis 5 Jahre
Mittel (M) – Medium = 5 bis 15 Jahre
Hoch (H) – High = über 15 Jahre

Auch hier ist zu beachten, dass sich die Schutzdauer ausschließlich auf das Beschichtungssystem bezieht und nicht den zusätzlichen Schutz der Feuerverzinkung berücksichtigt. Die Schutzdauer des Gesamtsystems aus Feuerverzinkung und Beschichtung ist um ein Vielfaches höher. Beispiele aus der noch aktuellen Norm zeigt Tabelle 3.

Für das Gros der pulverbeschichteten Stahl- und Metallbauteile (mit einer Materialdicke > 3 mm) ist die DIN 56633 [2] in derzeit noch gültigen Ausgabe von

**Bild 9.** Perfekter Schutz an Stahlbauteilen mit zahlreichen Spalten, Ecken und Kanten durch ein ausgeführtes Duplex-System bestehend aus Feuerverzinkung und Beschichtung

**Tabelle 2.** Beispiele für Duplex-Systeme mit Flüssig-Beschichtungsstoffen gemäß DIN EN ISO 12944-5 [3]

| Schutzdauer | | Niedrig | | Mittel | | Lang | | Sehr Lang | |
|---|---|---|---|---|---|---|---|---|---|
| Art des Substrates | | Feuerverzinkter Stahl | | Feuerverzinkter Stahl | | Feuerverzinkter Stahl | | Feuerverzinkter Stahl | |
| Bindemittelbasis des Grundbeschichtungsstoffes | | EP, PUR | AY | EP, PUR | AY | EP, PUR | AY | EP, PUR | AY |
| Bindemittelbasis der nachfolgenden Schichten | | EP, PUR, AY | AY | EP, PUR, AY | AY | EP, PUR, AY | AY | EP, PUR, AY | AY |
| C2 | MNOC | a | | a | | 1 | 1 | 1 | 2 |
| C2 | NDFT | | | | | 80 | 80 | 120 | 160 |
| C3 | MNOC | a | | 1 | 1 | 1 | 2 | 2 | 2 |
| C3 | NDFT | | | 80 | 80 | 120 | 160 | 160 | 200 |
| C4 | MNOC | 1 | 1 | 1 | 2 | 2 | 2 | 2 | |
| C4 | NDFT | 80 | 80 | 120 | 160 | 160 | 200 | 200 | |
| C5 | MNOC | 1 | 2 | 2 | 2 | 2 | | 2 | |
| C5 | NDFT | 120 | 160 | 160 | 200 | 200 | | 240 | |

*Anmerkungen/Hinweise:*
a            Es ist ein System für eine hohe Korrosivitätskategorie oder Schutzdauer zu verwenden.
MNOC    Mindestzahl an Schichten
NDFT     Mindestsollschichtdicken
C2, C3, C4, C5    Korrosivitätskategorien: Bei Einschichten wird die Bindemittelbasis des Grundbeschichtungsstoffs empfohlen.

**Tabelle 3.** Beispiele für Duplex-Systeme mit Pulver-Beschichtungsstoffen gemäß DIN 55633 [2]

| Oberflächen-Vorbereitung/-vorbehandlung[1] | Grundbeschichtung(en) | | | Deckbeschichtung(en) inkl. Zwischenbeschichtung(en) | | | Gesamtsystem | | Erwartete Schutzdauer für Korrosivitätskategorien C2 bis C5-M (L= Niedrig, M= Mittel, H= Hoch) | | | | | | | | | | | | | | | |
|---|---|---|---|---|---|---|---|---|---|---|---|---|---|---|---|---|---|---|---|---|---|---|---|---|
| | Bindemittelbasis | Anzahl Schichten | NDFT µm | Bindemittelbasis | Anzahl Schichten | NDFT µm | Anzahl Schichten | NDFT µm | C2 | | | C3 | | | C4 | | | C5-I | | | C5-M | | | |
| | | | | | | | | | L | M | H | L | M | H | L | M | H | L | M | H | L | M | H | |
| Sw | - | - | - | SP, EP/SP, PUR | 1 | 80 | 1 | 80 | | | | | | | | | | | | | | | | |
| Chr | - | - | - | SP, EP/SP, PUR | 1 | 80 | 1 | 80 | | | | | | | | | | | | | | | | |
| Sw | - | - | - | SP, EP/SP, PUR | 2 | 60 | 2 | 120 | | | | | | | | | | | | | | | | |
| Sw | EP | 1 | 60 | SP, EP/SP, PUR | 1 | 60 | 2 | 120 | | | | | | | | | | | | | | | | |
| Chr | EP | 1 | 60 | SP, EP/SP, PUR | 1 | 60 | 2 | 120 | | | | | | | | | | | | | | | | |
| Sw | EP | 1 | 80 | | 1 | 80 | 2 | 160 | | | | | | | | | | | | | | | | |
| Chr | EP | 1 | 80 | | 1 | 80 | 2 | 160 | | | | | | | | | | | | | | | | |

1) Chr.: Gelb-Chromatieren; Sw: Sweep-Strahlen. Alternative, in gleicher Weise geeignete Vorbereitungs- und Vorbehandlungsverfahren sind zulässig.

2009 anzuwenden. Eine Überarbeitung und Aktualisierung der Norm ist jedoch notwendig und hat bereits im Jahr 2019 begonnen.

## 8 Aufbau, Ausschreibung und Ausführung von Duplex-Systemen

### 8.1 Aufbau und Eigenschaften von Duplex-Systemen

Wesentliche Eigenschaften von Beschichtungssystemen, z. B. Diffusionsdichte, UV-Stabilität, Alkalibeständigkeit, müssen bei der Planung von Duplex-Systemen berücksichtigt werden. Eine einwandfreie Haftung der Beschichtung auf dem Zinküberzug ist Voraussetzung für einen langfristigen Schutz. Prinzipiell sollten für Duplex-Systeme nur solche Beschichtungen verwendet werden, die sich auf Zink oder Zinküberzügen bewährt haben und darüber hinaus auch entsprechende Eignungsprüfungen bestanden haben. Angaben zur Eignung von Beschichtungsstoffen für feuerverzinkten Stahl sind im produkttechnischen Datenblatt des Herstellers zu finden.

Je nach Anwendungsfall werden bei Duplex-Systemen in Abhängigkeit von der geforderten Schutzdauer und der Korrosionsbelastung auf den Zinküberzug ein bis zwei Schichten mit Gesamtschichtdicken von 80 bis 240 µm appliziert. Die Zusammensetzung der Beschichtungsstoffe hat einen erheblichen Einfluss auf die Haftfestigkeit der Beschichtungen auf der Feuerverzinkung. Organische Substanzen, die mit dem Zinküberzug reagieren und lösliche, instabile, haftungsmindernde Schichten bilden, dürfen nicht verwendet werden. Voraussetzung für ein wirksames Duplex-System ist eine ausreichende Überdeckung des Zinküberzugs.

### 8.2 Musterausschreibung zu Duplex-Systemen als Download

Wie bei allen Gewerken ist auch beim Korrosionsschutz ein richtiger Ausschreibungstext die Basis für eine fachgerechte Ausführung. Muster-Ausschreibungstexte für

Duplex-Systeme stehen in der jeweils aktuellen Form als kostenloser Download unter www.feuerverzinken.com/ausschreibungstexte zur Verfügung.

## 8.3 Ausführung von Duplex-Systemen

Soll ein feuerverzinktes Bauteil zusätzlich beschichtet werden, ist es notwendig, die Feuerverzinkerei vor dem Verzinken des Bauteils hierüber zu informieren. Der Verzinkungsbetrieb ist ferner vorab darauf hinzuweisen, dass er keine Maßnahmen ergreift, die das Haftvermögen und die Eigenschaften einer Beschichtung negativ beeinflussen können. Dies kann bei der Auftragsvergabe durch die Angabe: „tZnk – keine Nachbehandlung" erfolgen. Für den Fall, dass Ausbesserungen am verzinkten Bauteil erfolgen sollen, muss die Feuerverzinkerei den Auftraggeber über die vorgesehene Art einer möglichen Ausbesserung informieren. Der Kunde und der Beschichter sollten sich vorab vergewissern, dass das gewählte Ausbesserungsverfahren für die nachfolgende Beschichtung geeignet ist.
Bei gesonderten z. B. erhöhten optischen Anforderungen an das Bauteil kann es erforderlich sein, die stückverzinkten Bauteile vor der nachfolgenden Beschichtung zusätzlich durch sogenanntes „Feinverputzen" (z. B. Schleifen der Oberfläche) nachzuarbeiten. Diese zusätzlichen Arbeiten sind nicht über die DIN EN ISO 1461 [1] abgedeckt und müssen im Bedarfsfall zusätzlich bereits bei der Auftragsvergabe zwischen den Parteien vereinbart werden.

### 8.3.1 Oberflächenvorbereitung und Applikation von Nassbeschichtungen

Das ausführende Beschichtungsunternehmen hat sich vor der Applikation vom Zustand des Zinküberzugs und von seiner Eignung als Beschichtungsträger zu überzeugen. Eine Oberflächenvorbereitung des Zinküberzugs ist in der Regel erforderlich, um die Haftfestigkeit einer Beschichtung auf der Feuerverzinkung zu gewährleisten. Eventuell vorliegende arteigene Produkte (z. B. Weißrost) und artfremde Verunreinigungen (z. B. Schmutz, Öl, Fett usw.) müssen zuvor entfernt werden.
Die Ausführung der fachgerechten Oberflächenvorbereitung liegt im Verantwortungsbereich des Beschichtungsunternehmens. Art und Umfang der Oberflächenvorbereitung sind abhängig vom Oberflächenzustand der Feuerverzinkung, vom aufzubringenden Beschichtungsstoff, von der späteren Korrosionsbelastung (Korrosivitätskategorie und erwartete Schutzdauer) sowie von der technischen Durchführbarkeit.
Als Vorbereitungsverfahren von feuerverzinkten Oberflächen hat sich neben den Reinigungsverfahren, wie Abwaschen, Entfetten, Abbürsten oder Druckwasserstrahlen, das sogenannte Sweep-Strahlen bewährt, ein sanftes Strahlverfahren mit abgesenkten Strahlparametern und der Verwendung von nichtmetallischen Strahlmitteln zum Reinigen und Anrauen der Zinkoberfläche.

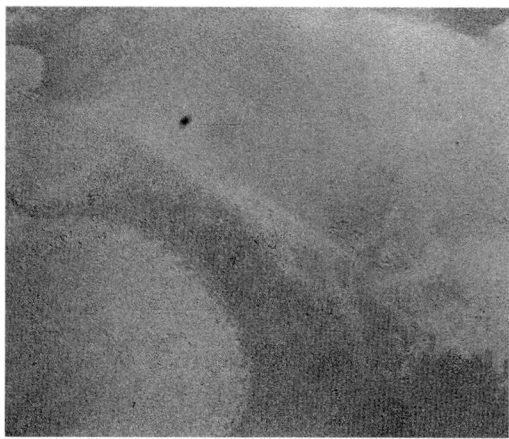

**Bild 10.** Eine einwandfreie Oberflächenvorbereitung vor dem Beschichten ist wichtig

Nach dem Sweep-Strahlen muss die Oberfläche einheitlich matt aussehen. In der Praxis bewährte Parameter für sachgerechte Ausführung von Sweepen (Sweep-Strahlen) feuerverzinkter Oberflächen sind:
*Strahlmittel:* Nichtmetallische Schlacken, Korund, Chromgussgranulate, Glasbruch, Glasperlen
*Teilchengröße:* Strahlmittel 0,25 bis 0,50 mm
*Strahldruck an der Düse:* 2,5 bis 3,0 bar
*Strahlwinkel:* < 30° zur Oberfläche (Bauteilgeometrie beachten)
Weitere Oberflächenvorbereitungsverfahren sind Reinigen (z. B. durch Abbürsten, Abwaschen, Druckwasserstrahlen etc.) oder Entfetten.
Ein Aspekt der fachgerechten Oberflächenvorbereitung ist die technische Durchführbarkeit. Bild 10 zeigt eine optimal vorbereitete feuerverzinkte Oberfläche. Die werksseitige Oberflächenvorbereitung und Beschichtung ist der bauseitigen vorzuziehen. Werden feuerverzinkte Stahlbauteile werksseitig sehr zeitnah nach dem Aufbringen des Zinküberzugs beschichtet, reicht oftmals eine fachgerechte Reinigung der feuerverzinkten Oberfläche. Eine enge Abstimmung mit dem Beschichtungsstoffhersteller mit entsprechenden Prüfnachweisen ist erforderlich.
Flüssig-Beschichtungsstoffe können grundsätzlich sowohl im Werk als auch auf der Baustelle durch Spritzen, Rollen und Streichen appliziert werden. Für neu zu errichtende Stahlkonstruktionen empfiehlt sich die werksseitige Applikation der Beschichtung unter definierten, optimalen Bedingungen im Fachbetrieb. Montagebedingte Beschädigungen der Beschichtung können in den meisten Fällen einfach und problemlos vor Ort ausgebessert werden. Die Verarbeitung der Beschichtungsstoffe sowie eine evtl. produktspezifische Oberflächenvorbereitung sind nach den Vorgaben des Beschichtungsstoff-Herstellers durchzuführen.

### 8.3.2 Oberflächenvorbereitung und Applikation der Pulverbeschichtung

Das ausführende Beschichtungsunternehmen hat sich vor der Applikation vom Zustand des Zinküberzugs und von seiner Eignung als Beschichtungsträger zu überzeugen. Eine Oberflächenvorbereitung und/oder Vorbehandlung des Zinküberzugs ist in der Regel erforderlich, um die Haftfestigkeit einer Beschichtung auf der Feuerverzinkung zu gewährleisten. Eventuell vorliegende arteigene Produkte (z. B. Weißrost) und artfremde Verunreinigungen (z. B. Schmutz, Öl, Fett usw.) müssen zuvor entfernt werden. Die Ausführung der fachgerechten Oberflächenvorbereitung liegt im Verantwortungsbereich des Beschichtungsunternehmens.

Art und Umfang der Oberflächenvorbereitung sind abhängig vom Oberflächenzustand der Feuerverzinkung, von dem aufzubringenden Beschichtungsstoff, von der späteren Korrosionsbelastung (Korrosivitätskategorie und erwartete Schutzdauer) und von der technischen Durchführbarkeit. Die Vorbereitung der für das Pulverbeschichten (gemäß DIN 55633 [2]) als geeignet befundenen verzinkten Oberflächen erfolgt durch Sweep-Strahlen und/oder durch Gelb-Chromatieren. Andere Verfahren mit gleicher Eignung sind möglich.

Sweep-Strahlen stellt ein sanftes Strahlen mit nichtmetallischen Strahlmitteln zum Reinigen und Anrauen der Zinkoberfläche. Nach dem Sweep-Strahlen muss die Oberfläche einheitlich matt aussehen. In der Praxis bewährte Parameter für das Sweep-Strahlen sind Abschnitt 8.3.1 zu entnehmen.

Das nur im Werk durchzuführende Verfahren beinhaltet folgende technologische Schritte: Entfetten, Spülen, Beizen (Aktivieren), Spülen, Aufbringen einer Konversionsschicht (z. B. Gelb-Chromatieren oder alternative Verfahren), Spülen, Spülen mit entsalztem Wasser, Trocknen. Mittlerweile sind auch Cr(VI)-freie Verfahren am Markt verfügbar.

Pulver-Beschichtungsstoffe können nur im Werk per Hand- oder Automatikanlage durch Sprühen appliziert werden. Nach der Beschichtung erfolgt die Aushärtung zumeist in einem Einbrennofen bei Temperaturen von 150 bis 220 °C. Die Verarbeitung der Beschichtungsstoffe sowie eine evtl. produktspezifische Vorbereitung der Oberflächen sind nach den Vorgaben des Beschichtungsstoff-Herstellers durchzuführen. Zum Schutz vor Beschädigung beim Transport oder bei der weiteren Montage sind entsprechende Maßnahmen vorzusehen. Zwischen den Vertragspartnern sollten im Vorfeld Regelungen über die Ausbesserung von evtl. Beschädigungen getroffen werden.

Für die dünnwandigen tragenden Bauteile (in der Regel mit Materialdicken < 3 mm) die einen Zinküberzug nach DIN EN ISO 1461 [1] aufweisen und zusätzlich flüssig- oder pulverbeschichtet (stückbeschichtet) werden, legt der Teil 1 der DIN 55634 [4] die Anforderungen und Prüfverfahren fest. Als Oberflächenvorbereitung bzw. -vorbehandlung der feuerverzinkten (stückverzinkten) Oberflächen wird nach dieser Norm neben dem Sweepen und Chromatieren auch das Zinkphosphatieren als geeignetes Oberflächenvorbehandlungsverfahren angegeben. Ferner sind z. B. alternative Passivierungen und alternative in gleicher Weise geeignete Vorbereitungs- und Vorbehandlungsverfahren möglich. Die Eignung hierfür ist entsprechend nachzuweisen.

## 9 Praxisbeispiele

Die im folgenden Abschnitt aufgezeigten Praxisbeispiele dokumentieren die Leistungsfähigkeit von Duplex-Systemen hinsichtlich Qualität, Dauerhaftigkeit und Nachhaltigkeit.

### 9.1 Vorhallendächer Kölner Hauptbahnhof (Baujahr 1991)

*Projektinfo:* Die um 1900 erbauten historischen Vorhallendächer des Kölner Hauptbahnhofs wurden in den Jahren 1990 und 1991 durch eine aus Kreuzgewölben bestehende Stahl-Glas-Konstruktion ersetzt, die als Duplex-System ausgeführt wurde (Bild 11).

*Korrosionsbelastung am Standort:* korrosive Belastungen durch die Stadtatmosphäre der Stadt Köln (Korrosivitätskategorie C3) sowie Belastungen durch Kotablagerungen von Tauben und anderen Vögeln und mechanische Beschädigungen seitens der Bahnhofsnutzer im Stützenbereich.

*Entwurf:* Busmann + Haberer Architekten mit dem Tragwerksplaner Prof. Dr. Stefan Polónyi

*Zustandsbeschreibung und Prognose:* Im Rahmen einer im Jahr 2014 durchgeführten Inspektion der Vordächer durch das Institut Feuerverzinken wurden Schichtdi-

**Bild 11.** Duplex-beschichtete Vorhallendächer des Kölner Hauptbahnhofs

Bild 12. Stahl-Zentrum Düsseldorf mit duplex-beschichteter Fassade (Foto: Wirtschaftsvereinigung Stahl)

ckenmessungen an den Vorhallendächern durchgeführt. Die gemessenen Schichten der Feuerverzinkung (88 bis 438 µm) und der Beschichtung (90 bis 904 µm) übertrafen selbst nach rund 25 Jahren noch weitestgehend die Anforderungen der Ausschreibung und geben den Vorhallendächern ein hervorragendes Schutz-Potenzial für die Zukunft.

### 9.2 Stahl-Zentrum Düsseldorf (Baujahr 1986)

*Projektinfo:* Gemeinschaftlicher Mittelpunkt der deutschen Stahlindustrie ist das Stahl-Zentrum in Düsseldorf. Die tragenden Außenstützen des in Stahl- und Stahlverbundbauweise errichteten Gebäudes und die vorgehängte, hinterlüftete Stahlblechfassade wurden durch ein Duplex-System vor Korrosion geschützt (Bild 12).

*Korrosionsbelastung am Standort:* Die Korrosionsbelastung am Stahl-Zentrum kann in die Korrosivitätskategorie C3 (Stadtatmosphäre) eingeordnet werden.

*Zustandsbeschreibung und Prognose:* Bei einer Inspektion im Jahr 2014 befanden sich die Außenstützen und Fassadenbleche in einem guten korrosionsfreien Zustand. Messungen des Beschichtungssystems ergaben, dass die durchschnittliche Schichtdicke bei ca. 120 µm lag. Die gemessenen Zinkschichtdicken der Außenstützen betrugen ca. 400 µm und an den Fassadenblechen zwischen 140 und 150 µm. Mit Blick in die Zukunft wird sich das Stahl-Zentrum auch für kommende Jahrzehnte mit dem Attribut „rostfrei" schmücken können, ohne dass es einer Instandsetzung bedarf (Bild 13).

### 9.3 Kunsteisbahn in Balingen (Baujahr 1977)

*Projektinfo:* Die Kunsteisbahn in Balingen zeichnet sich durch ein 30 m × 60 m großes Hockeyfeld mit einer Längstribüne aus und wird durch eine halboffene, erdbebensichere Halle stützenfrei überdacht. Das Haupttragwerk der Halle wurde als Stahlkonstruktion ausgeführt und durch ein Duplex-System vor Korrosion geschützt (Bild 14).
*Entwurf:* Ernst Besenfelder
*Korrosionsbelastung am Standort:* Die Korrosionsbelastung von Eissporthallen liegt im Bereich der Korrosivitätskategorie C4 (hoch).

*Zustandsbeschreibung und Prognose:* Bei einer Überprüfung der Kunsteisbahn im Jahr 2018 zeigte sich das untersuchte Haupttragwerk in einem sehr guten Zustand. Korrosion war nicht festzustellen. Die blaue Beschichtung des Duplex-Systems wies zwar Auskreidungen auf. Die gemessenen Schichtdicken der Beschichtung zwischen 56 und 73 µm sowie der Zinkschichtdicken mit mehr als 220 µm lassen auch in den nächsten Jahrzehnten keine Instandsetzungsmaßnahmen am Haupttragwerk (Bild 15) erwarten.

## 10 Zusammenfassung

Der Beitrag beschreibt Duplex-Systeme zum schweren Korrosionsschutz von Stahlbauteilen, die aus einer Feuerverzinkung mit nachträglich aufgebrachten organischen Beschichtungssystemen bestehen. Dazu wird in Nass- und Pulverbeschichtungssysteme unterschieden, wobei auf Basis der aktuellen technischen Normung der Stand der Technik erläutert wird. Die Dokumentation von ausgeführten Referenzen mit mehreren Jahrzehnten Schutzdauer zeigt deren Eignung und die baupraktische Bedeutung dieser Systeme auf.

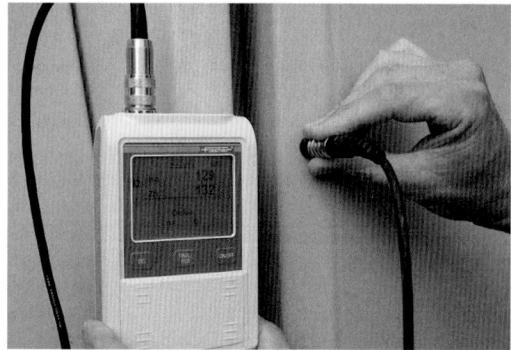

Bild 13. Detailfotos einer Inspektion der Beschichtung nach 28 Jahren

**Bild 14.** Haupttragwerk der Kunsteisbahn Balingen

**Bild 15.** Inspektion des Duplex-Systems der Kunsteisbahn Balingen nach 41 Jahren

## 11 Literatur

[1] DIN EN ISO 1461:2009-10 (2009) *Durch Feuerverzinken auf Stahl aufgebrachte Zinküberzüge (Stückverzinken) – Anforderungen und Prüfungen*, Berlin, Beuth, Berlin.

[2] DIN 55633:2009-04 (2009) *Beschichtungsstoffe – Korrosionsschutz von Stahlbauten durch Pulver-Beschichtungssysteme – Bewertung der Pulver-Beschichtungssysteme und Ausführung der Beschichtung*, Berlin, Beuth, Berlin.

[3] DIN EN ISO 12944-5:2019-07 (2019) *Entwurf, Beschichtungsstoffe – Korrosionsschutz von Stahlbauten durch Beschichtungssysteme – Teil 5: Beschichtungssysteme*, Beuth, Berlin.

[4] DIN 55634-1:2018-03 (2018) *Beschichtungsstoffe und Überzüge – Korrosionsschutz von tragenden dünnwandigen Bauteilen aus Stahl – Teil 1: Anforderungen und Prüfverfahren*, Beuth, Berlin.

[5] DIN EN 15773:2018-03 (2018) *Industrielle Pulverbeschichtung von feuerverzinkten und sherardisierten Stahlartikeln [Duplex-Systeme] – Spezifikationen, Empfehlungen und Leitlinien*, Beuth Verlag, Berlin.

[6] DASt-Richtlinie 022 (2016) *Feuerverzinken von tragenden Stahlbauteilen*, Stahlbau Verlags- und Service GmbH, Düsseldorf.

[7] DIN EN 1090-2:2018-09 (2018) *Ausführung von Stahltragwerken und Aluminiumtragwerken – Teil 2: Technische Regeln für die Ausführung von Stahltragwerken*, Beuth, Berlin.

[8] DIN EN ISO 14713-1:2017-08 (2017) *Zinküberzüge – Leitfäden und Empfehlungen zum Schutz von Eisen- und Stahlkonstruktionen vor Korrosion – Teil 1: Allgemeine Konstruktionsgrundsätze und Korrosionsbeständigkeit*, Beuth, Berlin.

[9] DIN EN ISO 14713-2:2010-05 (2010) *Zinküberzüge – Leitfäden und Empfehlungen zum Schutz von Eisen- und Stahlkonstruktionen vor Korrosion Teil 2: Feuerverzinken*, (neuer Entwurf 2019-04), Beuth, Berlin.

[10] DIN EN ISO 12944-2:2018-04 (2018) *Beschichtungsstoffe – Korrosionsschutz von Stahlbauten durch Beschichtungssysteme – Teil 2: Einteilung der Umgebungsbedingungen*, Beuth, Berlin.

[11] DIN EN ISO 12944-1:2019-01 (2019) *Beschichtungsstoffe – Korrosionsschutz von Stahlbauten durch Beschichtungssysteme – Teil 1: Allgemeine Einleitung*, Beuth, Berlin.

# 6 Schwingungsverhalten ausgewählter Baukonstruktionen

Dr.-Ing. Roland Friedl

Prof. Dr.-Ing. Ingbert Mangerig

## Inhaltsverzeichnis

| | | |
|---|---|---|
| **1** | **Einleitung** | **387** |

| **2** | **Zur Quantifizierung der Schwingungsreaktion mechanischer Systeme** | **387** |
|---|---|---|
| 2.1 | Freie Schwingungen gedämpfter Einfreiheitsgradsysteme | 387 |
| 2.2 | Erzwungene Schwingungen gedämpfter Einfreiheitsgradsysteme | 390 |
| 2.2.1 | Harmonische Anregung | 390 |
| 2.2.2 | Einschwingvorgänge | 394 |
| 2.2.3 | Periodische Anregung | 395 |
| 2.2.4 | Transiente Anregung – Stoßbelastung | 398 |
| 2.2.5 | Regellose Systemanregung | 404 |
| 2.3 | Mehrfreiheitsgradsysteme | 412 |
| 2.3.1 | Lösung als gekoppeltes DGL-Systems – Frequenzgangmatrizen | 412 |
| 2.3.2 | Modalanalyse | 415 |

| **3** | **Modellbildung und Idealisierung von Baukonstruktionen** | **420** |
|---|---|---|
| 3.1 | Modale Größen ausgewählter Schwingungssysteme | 420 |
| 3.2 | Zum Ansatz der Dämpfung in baudynamischen Berechnungen | 421 |
| 3.2.1 | Geschwindigkeitsproportionale Dämpfung | 421 |
| 3.2.2 | Strukturelle Dämpfung | 423 |
| 3.3 | Bestimmung von Ersatzfedersteifigkeiten | 423 |
| 3.4 | Massenträgheitsmomente | 423 |
| 3.5 | Eigenfrequenzen und Eigenformen ausgewählter Schwingungssysteme | 423 |

| **4** | **Messen von Bewegungsgrößen** | **430** |
|---|---|---|
| 4.1 | Auswertung diskreter Zeitschriebe | 430 |
| 4.2 | Messtechnik und praktische Hinweise | 430 |

| **5** | **Ausgewählte Schwingungsphänomene** | **433** |
|---|---|---|
| 5.1 | Schwingungsdämpfer | 433 |
| 5.2 | Erdbeben | 438 |
| 5.3 | Aeroelastische Schwingungsphänomene | 442 |
| 5.3.1 | Böenerregte Bauwerksschwingungen | 443 |
| 5.3.2 | Wirbelerregte Querschwingungen | 446 |
| 5.3.3 | Bewegungsinduzierte Schwingungen | 449 |
| 5.3.3.1 | Galloping | 450 |
| 5.3.3.2 | Flattern und Divergenz | 451 |

| **6** | **Literatur** | **453** |
|---|---|---|

# 1 Einleitung

Sämtliche massebehafteten Konstruktionen stellen grundsätzlich schwingungsfähige Systeme dar. Erfahren diese eine Beschleunigung, so wirken neben den äußeren Einwirkungen und Lagerkräften darüber hinaus Massenträgheitskräfte, die es bei der Dimensionierung zu berücksichtigen gilt. Der vorliegende Beitrag umfasst die Behandlung verbreiteter Schwingungsphänomene ausgewählter Baukonstruktionen unter Berücksichtigung tieffrequenter globaler Schwingungsformen. Für höherfrequente kontinuumsmechanische Schwingungseffekte sowie für Schwingungserscheinungen im Bereich des Baugrunds oder des Luftschalls wird auf die einschlägige Literatur sowie exemplarisch auf den Beitrag [6] im Stahlbau-Kalender 2008 verwiesen.

Ziel ist primär, das Verständnis für dynamische Effekte zu schärfen und nicht im Detail auf theoretische Herleitungen sowie Feinheiten der programmtechnischen Umsetzung einzugehen. Wichtig ist den Verfassern jedoch die Vermittlung grundlegender Zusammenhänge, die den geübten Leser in die Lage versetzen sollen, wesentliche Anforderungen insbesondere an die Modellierung schwingungsfähiger Systeme zu definieren und darauf aufbauend eine fundierte Wahl eines geeigneten Rechenansatzes zu treffen. Unter Modellbildung wird in diesem Zusammenhang zum einen die Überführung einer realen Konstruktion in ein mechanisches Ersatzmodell verstanden, d. h. dessen Beschreibung auf der Basis von Seil-, Balken-, Platten-, Scheiben- oder Schalenmodellen unter besonderer Berücksichtigung der vorliegenden Randbedingungen in Auflager- oder Koppelbereichen. Zum anderen zählt dazu auch die Wahl der Lösungsmethode für das im ersten Schritt gewählte mechanische Modell bzw. das daraus resultierende Differenzialgleichungssystem. Dabei kann entweder die Lösung der partiellen Schwingungsdifferenzialgleichung eines kontinuierlichen Systems oder eine Diskretisierung des Tragwerkmodells und damit eine Überführung in eine gewöhnliche Differenzialgleichung vorgenommen werden. Die daran anschließende Lösung der Bewegungsdifferenzialgleichung erfolgt entweder exakt auf der Basis von Faltungsintegralen und Integral-Transformationsmethoden oder genähert über Reihenansätze oder eine numerische Integration.

Darüber hinaus wird neben der vielfach in der Literatur zu findenden Beschreibung qualitativer Zusammenhänge besonders Wert auf die Herausstellung der praktischen Umsetzung sowie der quantitativen Bewertung von Schwingungssystemen, insbesondere mit Blick auf die dafür notwendige Abschätzung maximaler Schwingungsamplituden oder in Unterkonstruktionen weitergeleiteten dynamischen Kräfte, gelegt.

Aufgrund des in Teilbereichen eher phänomenologisch angelegten Beitrags werden oftmals aufwendige Herleitungen wichtiger mathematischer wie mechanischer Zusammenhänge nur ansatzweise wiedergegeben oder werden aufgrund des begrenzten Umfangs gänzlich ausgespart. Dem interessierten Leser sei hier exemplarisch für die Vielzahl sehr guter Veröffentlichungen folgende subjektive Auswahl an einschlägiger Literatur empfohlen [1, 2, 3, 8].

# 2 Zur Quantifizierung der Schwingungsreaktion mechanischer Systeme

## 2.1 Freie Schwingungen gedämpfter Einfreiheitsgradsysteme

Einleitend werden die physikalischen Grundlagen des für praktische Belange interessierenden idealisierten Modells eines schwach gedämpften Einfreiheitsgradschwingers, bestehend aus einem Massenpunkt m [kg], einem linearen Federelement k [N/m] sowie einem energiedissipierenden Dämpfungselement d [Ns/m] in Erinnerung gerufen. Auf die Ableitung dieser idealisierten Ersatzgrößen für reale Baukonstruktionen wird im Abschnitt 3 zur Modellbildung noch näher eingegangen.

Jede noch so komplexe Konstruktion mit linearen Systemeigenschaften kann über eine sogenannte modale Transformation in ein System kinetisch äquivalenter Einfreiheitsgradsysteme überführt werden, sodass sich auf der Basis dieses einfachen Systems bereits eine ganze Reihe Schwingungen betreffender Fragestellungen dem Grunde nach diskutieren und bewerten lässt. Wird die statische Ruhelage als Bezugslage gewählt, so kann die Wirkung des Eigengewichts aus der Schwingungsuntersuchung eliminiert werden. Vorwiegend aufgrund mathematischer Gesichtspunkte wird i. d. R. von einer geschwindigkeitsproportionalen Dämpfungskraft ausgegangen (s. hierzu auch Abschnitt 3.2 zum Ansatz der Dämpfung), was die Lösung der zugrunde liegenden Schwingungsdifferenzialgleichung für die Auslenkung u(t),

$$m\ddot{u}(t) + d\dot{u}(t) + ku(t) = p(t) \qquad (1)$$

welche aus Gleichgewichtsbetrachtungen am verformten Schwingungssystem ermittelt werden kann, auf der Basis eines Exponentialansatzes $u(t) = Ce^{\lambda t}$ erlaubt. Zur Beschreibung der Dämpfungseigenschaften existiert eine Reihe redundanter und ineinander überführbarer Dämpfungsparameter (s. a. Tabelle 1), weshalb hier beim Vergleich entsprechender Literaturquellen und Angaben besondere Vorsicht geboten ist. Auch sind die den einzelnen Dämpfungskennwerten zugeordneten Nomenklaturen nicht einheitlich.

Wird zur Beschreibung des Dämpfungsverhaltens die sogenannte Abklingkonstante $\delta = d/2m$ herangezogen, so folgt mit der Eigenkreisfrequenz des zugeordneten konservativen, d. h. ungedämpften Schwingungssystems $\omega_0^2 = k/m$ die Lösung der sog. charakteristischen Gleichung zu

$$\lambda_{1,2} = -\delta \pm \sqrt{\delta^2 - \omega_0^2} = \delta \pm \sqrt{\left(\frac{\delta}{\omega_0}\right)^2 - 1}$$

$$= \delta \pm \omega_0 \sqrt{1 - D^2} \qquad (2)$$

**Tabelle 1.** Redundante Parameter geschwindigkeitsproportionaler Dämpfung [7]

|  | Dämpfungs-koeffizient | Abkling-konstante | Grad der kritischen Dämpfung | Logarithmisches Dekrement | Verlustfaktor |
|---|---|---|---|---|---|
|  | c | δ | D | Λ | η |
| c bzw. d = | c | $2m\delta$ | $2D\sqrt{km}$ <br> $2Dm\omega_E$ | $2\Lambda\sqrt{\dfrac{km}{4\pi^2+\Lambda^2}}$ | $\eta\sqrt{km}$ |
| δ = | $\dfrac{c}{2m}$ | δ | $\omega_E D$ | $\dfrac{\omega_E \Lambda}{4\pi^2+\Lambda^2}$ | $\dfrac{\eta}{2}\omega_E$ |
| D = | $\dfrac{c}{2\sqrt{km}}$ | $\dfrac{\delta}{\omega_E}$ | D | $\dfrac{\Lambda}{4\pi^2+\Lambda^2}$ | $\dfrac{\eta}{2}$ |
| Λ = | $\dfrac{2\pi c}{\sqrt{4km-c^2}}$ | $\dfrac{2\pi\delta}{\sqrt{\omega_E^2-\delta^2}}$ | $\dfrac{2\pi D}{\sqrt{1-D^2}}$ | Λ | $\dfrac{\pi\eta}{\sqrt{1-(\eta/2)^2}}$ |
| η = | $\dfrac{c}{\sqrt{km}}$ | $\dfrac{\delta}{\sqrt{\pi f_0}}$ | 2D | $\dfrac{2\Lambda}{4\pi^2+\Lambda^2}$ | η |

wenn mit $D = d/d_{crit} = \delta/\omega_0 = d/2m\omega_0$ zusätzlich das sog. Lehr'sche Dämpfungsmaß, auch als Grad der kritischen Dämpfung bezeichnet, eingeführt wird. Im Allgemeinen sind in Abhängigkeit des Lehr'schen Dämpfungsmaßes drei mögliche Fälle: $D < 1$, $D = 1$ und $D > 1$ zu unterscheiden. Für Baukonstruktionen ohne explizite Dämpfungselemente ist i. d. R. lediglich der Fall $D < 1$ von Bedeutung. In diesem Falle stellt die Lösung in Gl. (2) eine komplexe Größe

$$\lambda = -\delta \pm i\omega_D \qquad (3)$$

dar, wobei mit $\omega_D = \sqrt{1-D^2}$ die sog. gedämpfte Eigenkreisfrequenz bezeichnet wird. Diese ist über $\omega = 2\pi f$ mit der zugeordneten Eigenfrequenz $f = 1/T$, der Reziproken der in Sekunden gemessenen Schwingungsdauer T verknüpft. Als Schwingungsdauer wird die Zeitdifferenz zwischen zwei aufeinanderfolgenden gleichsinnigen Schwingungsnulldurchgängen verstanden. Während für die Fälle $D = 1$ sowie $D > 1$ lediglich aperiodisch abklingende Bewegungen auftreten, stellen sich für den im Folgenden weiter betrachteten Fall $D < 1$ mit der Zeit abklingende Schwingbewegungen ein. Die allgemeine Lösung der Bewegungsdifferenzialgleichung (1) folgt dann zu:

$$u(t) = e^{-\delta t} \cdot (C_1 \cdot \sin[\omega_D t] + C_2 \cdot \cos[\omega_D t]) \qquad (4)$$

Werden für eine verschwindende äußere Anregung nunmehr die Anfangsbedingungen $u(0) = u_0$ und $\dot{u}(0) = v_0$ betrachtet, so ergeben sich die Freiwerte der homogenen Schwingungsdifferenzialgleichung zu $C_1 = \dfrac{v_0 + u_0\delta}{\omega_D}$ und $C_2 = u_0$ sowie die allgemeine Lösung zu (Bilder 1 und 2)

$$u(t) = e^{-\delta t} \cdot \left(\dfrac{v_0 + u_0\delta}{\omega_D} \cdot \sin[\omega_D t] + u_0 \cdot \cos[\omega_D t]\right) \qquad (5)$$

Schwingungsbewegungen infolge einer definierten Anfangsauslenkung können beispielsweise beim plötzli-

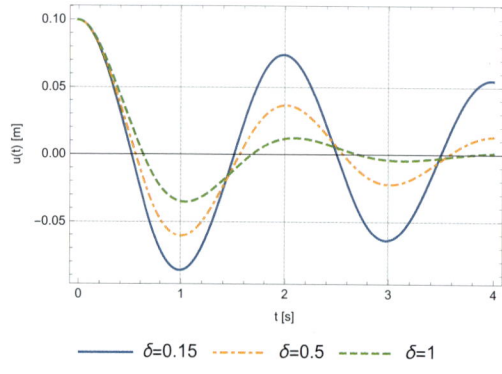

**Bild 1.** Homogene Lösung für $v_0 = 1$, $u_0 = 0$

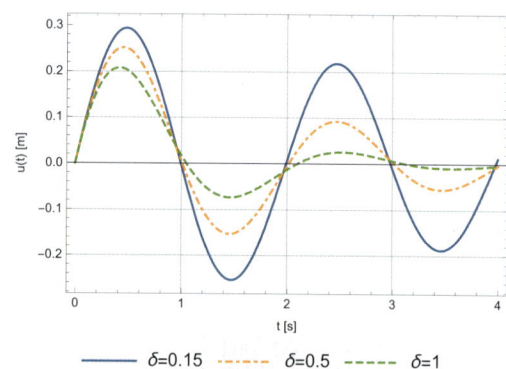

**Bild 2.** Homogene Lösung für $u_0 = 0{,}1$, $v_0 = 0$

# bulicek + ingenieure

Wir entwerfen, berechnen, prüfen, bewerten und überwachen anspruchsvolle Bauwerke aus dem Brücken-, Ingenieur- und Hochbau.

**Unsere Kernkompetenzen:**

- Objekt- und Tragwerksplanung
- Bautechnische Prüfung
- Ausschreibung und Vergabe
- Örtliche Bauüberwachung

- Bauwerksprüfung nach DIN 1076
- Sondergebiete wie Risikoanalyse, Systemoptimierung, dynamische Strukturbeanspruchung

**bulicek + ingenieure gmbh**
Am Schanzl 10, 94032 Passau, passau@bulicek.de
Sonnenstraße 19-Z2, 80331 München, muenchen@bulicek.de

**www.bulicek.de**

# Wegweiser für den optimierten und gestalteten Entwurf von Brückenbauwerken

Ein neuartiges Handbuch für den Brückenbau, das werkstoffübergreifend Entwurf und Konstruktion für alle Tragwerksformen und Bauarten behandelt. Bemessung nach den Eurocodes von Straßen- und Eisenbahnbrücken, einschl. Sonderkapitel und Fußgängerbrücken. Mit zahlreichen Beispielen.

Eine Stärke des Buches ist der bauart- und baustoffunabhängige Zugang zum Brückenentwurf. Ein Wegweiser für den optimierten und gestalteten Entwurf von Brückenbauwerken, die funktionsgerecht und gleichzeitig mit gestalterischem Anspruch konstruiert werden.

Karsten Geißler
**Handbuch Brückenbau**
Entwurf, Konstruktion, Berechnung, Bewertung und Ertüchtigung
2014. 1362 Seiten.
€ 169,–*
ISBN 978-3-433-02903-9
Auch als ebook erhältlich.

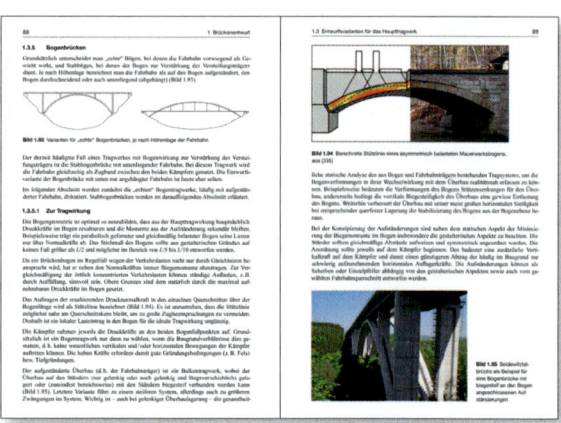

Dipl.-Ing. Dr.-Ing. E.h. Reiner Saul schreibt [...] *Dem Autor ist mit dem „Handbuch Brückenbau" ein großer Wurf gelungen. Das Buch wird schon bald das Standardwerk für den deutschen Brückenbau sein. [...] Geißlers Monographie ist für jeden Studierenden und jeden Ingenieur in der Praxis ein Muss und der ideale Ratgeber in allen Fragen des Brückenbaus, [...]*

**Online Bestellung:**
www.ernst-und-sohn.de/2903

**Ernst & Sohn**
Verlag für Architektur und technische
Wissenschaften GmbH & Co. KG

Kundenservice: Wiley-VCH
Boschstraße 12
D-69469 Weinheim

Tel. +49 (0)6201 606-400
Fax +49 (0)6201 606-184
service@wiley-vch.de

* Der €-Preis gilt ausschließlich für Deutschland. Inkl. MwSt. Die Versandkosten für Deutschland, Österreich, Schweiz, Liechtenstein

chen Versagen eines Tragelements, wie z. B. eines Brückenhängers oder der Abspannung einer Vordachkonstruktion, auftreten. Die dabei anzusetzende Anfangsauslenkung ist aus der Verformungsdifferenz zwischen der alten und der neuen Gleichgewichtslage zu ermitteln. Eine vorgegebene Anfangsgeschwindigkeit kann hingegen aus einer vorausgegangenen Stoßbelastung resultieren. Wird die Größe des eingetragenen Impulses als bekannt vorausgesetzt, so folgt aus I = m · v schließlich die gesuchte Anfangsbedingung v = I/m (s. hierzu auch Abschnitt 2.2.4).

## Beispiel 1

Als Beispiel soll die Schwingungsreaktion des Hauptträgers einer Stabbogenbrücke infolge eines Hängerausfalls auf der Basis eines stark vereinfachten mechanischen Modells abgeschätzt werden (Bild 3).
Die Kraft in einem Hänger wird vereinfachend zu 55 kN/m · 12 m = 660 kN angenommen. Werden für die Abschätzung der Anfangsauslenkung die mit einem Hängerausfall verbundenen globalen Verformungen des Bogens sowie der Hänger im ersten Schritt vernachlässigt, so wird sich die tatsächliche Lösung zwischen den Grenzwerten eines beidseitig gelenkig gelagerten und eines beidseitig biegesteif eingespannten Einfeldträgers mit einer Spannweite von 24 m bewegen. Für diese Grenzwerte folgen die Durchbiegungen in Feldmitte infolge der in entgegengesetzter Richtung aufgebrachten Hängerkraft F = 660 kN bei Anwendung einschlägiger Tabellenwerke, zu

$$w = \frac{FL^3}{48\,EI} = \frac{660\,kN \cdot 2400^3\,cm^3}{48 \cdot 1,89\,E11\,kNcm^2} = 0,96\,cm$$

für eine gelenkige Lagerung und

$$w = 192 = \frac{216\,kN \cdot 2400^3\,cm^3}{192 \cdot 1,89\,E11\,kNcm^2} = 0,24\,cm$$

für den beidseitig eingespannten Fall.

Werden die in Abschnitt 3.1 aufgeführten Werte für die modalen Größen herangezogen, so folgen die modale Masse sowie die modale Steifigkeit zu

$$k_{gelenk} = \frac{48\,EI}{L^3} = \frac{48210\,E9 \cdot 9\,E - 2}{24^3} = 65,62\,E6\,N/m$$

$$m_{gelenk} = 0,5\,mL = 0,5 \cdot 5500 \cdot 24 = 66000\,kg$$

$$k_{eingespannt} = \frac{192\,EI}{L^3} = 262\,E6\,N/m$$

$$m_{gelenk} = 0,4\,mL = 0,4 \cdot 5500 \cdot 24 = 52800\,kg$$

Die zur Grundschwingform gehörigen Eigenfrequenzen $f = \frac{\omega}{2\pi} = \frac{1}{2\pi}\sqrt{\frac{k}{m}}$ ergeben sich für die beiden Fälle

zu $f_{gelenk} = \frac{1}{2\pi}\sqrt{\frac{65,62E6}{66000}} = 5,02\,Hz$ sowie

$f_{eingespannt} = \frac{1}{2\pi}\sqrt{\frac{262\,E6}{52800}} = 11,2\,Hz$. Wird pauschal ein logarithmisches Dämpfungsdekrement von $\Lambda = 0,1$ unterstellt, so folgt die Abklingkonstante für die erste Biegeeigenform zu $\delta_i = \frac{\omega_i \Lambda}{\sqrt{4\pi^2 + \Lambda^2}}$ und somit für das beidseitig gelenkig gelagerte Ersatzmodell zu $\delta_{gelenk} = 0,5$ sowie für den beidseitig eingespannten Fall zu $\delta_{eingespannt} = 1,12$. Damit resultieren die Schwingungsantworten des Hauptträgers infolge eines plötzlichen Hängerausfalls (Bild 4) gemäß Gl. (5) zu

$$u_{gelenk}(t) = e^{-0,5t} \cdot \left( \frac{0 + 0,0096 \cdot 0,5}{2 \cdot \pi \cdot 5,02} \cdot \sin[2 \cdot \pi \cdot 5,02\,t] \right.$$
$$\left. + 0,0096 \cdot \cos[2 \cdot \pi \cdot 5,02\,t] \right)$$

und

$$u_{eingesp.}(t) = e^{-1,12t} \cdot \left( \frac{0 + 0,0024 \cdot 1,12}{2 \cdot \pi \cdot 11,2} \cdot \sin[2 \cdot \pi \cdot 11,2\,t] \right.$$
$$\left. + 0,0024 \cdot \cos[2 \cdot \pi \cdot 11,2\,t] \right)$$

**Bild 3.** Stabbogenbrücke und statische Ersatzsysteme – Kenngrößen des Hauptträgers: EI = 1,89 E11 kNcm², m = 5500 kg/m, Hängerabstand L = 12 m

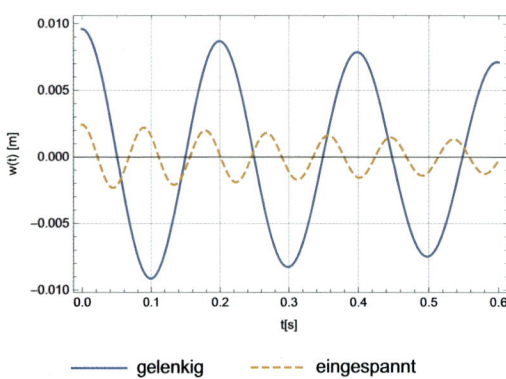

**Bild 4.** Schwingungsreaktion infolge eines Hängerausfalls

Insbesondere interessiert in diesem Zusammenhang häufig die Antwort auf die Frage nach der Schwingungsauslenkung über die statische Ruhelage hinaus. Wie aus obiger Überlegung ableitbar, stellt sich das sogenannte Überschwingen für Systeme mit geringer Dämpfung in derselben Größenordnung wie die Anfangsauslenkung ein. Das bedeutet, dass an dieser Stelle mindestens ein baulicher Sicherheitsabstand in der Höhe der doppelten statischen Durchbiegungsdifferenz der beiden Systeme vorgehalten werden muss.

Erwähnenswert ist an dieser Stelle, dass infolge $\omega_D = \sqrt{1 - D^2}$ und $T_D = 2\pi/\omega_D$ die Eigenschwingzeit des gedämpften Systems stets größer als die des zugeordneten ungedämpften Systems ist. Aufgrund der meist geringen Dämpfung üblicher Baukonstruktionen $D \ll 1$ kann dieser Umstand jedoch häufig vernachlässigt und mit ausreichender Genauigkeit $\omega_D \approx \omega_0$ gesetzt werden. Wird das Verhältnis aufeinanderfolgender Maximalausschläge einer harmonischen Schwingbewegung gebildet, so folgt mit dem sog. Logarithmischen Dämpfungsdekrement $\Lambda$:

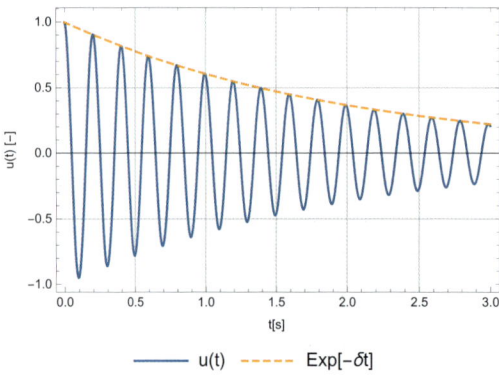

**Bild 5.** Ausschwingkurve einer harmonischen Schwingbewegung

$$\frac{A_i}{A_{i+k}} = e^{\delta \cdot i \cdot 2\pi/\omega_D} \quad \text{bzw.}$$

$$\ln\left(\frac{A_i}{A_{i+n}}\right) = 2 \cdot \pi \cdot n \cdot \frac{\delta}{\omega_D} = \Lambda \cdot n \quad (6)$$

Auf diese Weise lassen sich vergleichsweise einfach Dämpfungswerte aus gemessenen Schwingungsamplituden ermitteln (Bild 5). Bei geringen Dämpfungseigenschaften empfiehlt sich die Betrachtung höherer Werte für n, z. B. 5 oder 10 oder eine Mittelung mehrerer auf diese Weise ermittelter Parameter, um nie vermeidbare Fehler infolge von Ableseungenauigkeiten zu reduzieren.

## 2.2 Erzwungene Schwingungen gedämpfter Einfreiheitsgradsysteme

### 2.2.1 Harmonische Anregung

Die einfachste Form der erzwungenen Schwingungsanregung stellt eine harmonische, d. h. sinusförmige Anregung dar. Diese mathematische Idealisierung kann mit zumindest näherungsweise zutreffenden Resultaten auf viele Aufgaben der Dynamik angewandt werden, wie zum Beispiel unwuchterregte Beanspruchungen rotierender Bauteilkomponenten. Je nachdem, ob eine Krafterregung mit Angriffspunkt an der schwingenden Masse oder eine sog. Fußpunkterregung als harmonische Verschiebung des Auflagerpunkts vorliegt, kann die Einwirkung als

$$F(t) = F_0 \cdot \sin(\Omega t) \quad \text{bzw.}$$

$$u_F(t) = u_{F,0} \cdot \sin(\Omega t) \quad (7)$$

dargestellt werden. Die Schwingungsdifferenzialgleichung (1) folgt dann mit dem Ansatz in Gl. (7) zu

$$m\ddot{u}(t) + d\dot{u}(t) + ku(t) = F_0 \cdot \sin(\Omega t) \quad (8)$$

Die Lösung dieser inhomogenen Differenzialgleichung kann durch die Superposition der homogenen Lösung gemäß Gl. (5) und des noch zu ermittelnden Partikularanteils zu $w_{tot} = w_h + w_p$ ermittelt werden. Wird zur Bestimmung der Partikularantwort ein entsprechender Ansatz in der Form

$$w_p(t) = A \cdot \sin(\Omega t - \alpha) \quad (9)$$

zugrunde gelegt, wobei $\Omega$ die Erregerkreisfrequenz und $\alpha$ den sog. Phasenversatz der Schwingungsantwort darstellen, so folgen für die unbekannte Amplitude A und den Phasenversatz $\alpha$

$$A = V(\Omega) w_{stat} = V(\Omega) \frac{F_0}{k}$$

$$= \frac{F_0}{\sqrt{(k - \Omega^2 \cdot m)^2 + \Omega^2 \cdot d^2}} \quad (10)$$

und

$$\tan(\alpha) = \frac{\Omega \cdot d}{k - \Omega^2 \cdot m} \quad (11)$$

Wird im ersten Schritt lediglich der sogenannte eingeschwungene Zustand betrachtet, d. h. ausschließlich die Partikularlösung zugrunde gelegt, so lassen sich die Verhältnisse sehr anschaulich diskutieren, wenn das sogenannte Frequenzverhältnis $\eta = \Omega/\omega_0$ und die Vergrößerungsfunktion $V(\eta) = A/w_{stat}$ als Verhältnis der dynamischen Schwingungsamplitude zur statischen Auslenkung $w_{stat} = F_0/k$ betrachtet werden (Bilder 6 und 7). Die Vergrößerung für krafterregte Systeme folgt dann aus Gl. (10) in dimensionsloser Form zu

$$V(\eta) = \frac{A}{w_{stat}} = \frac{1}{\sqrt{(1-\eta^2)^2 + (2 \cdot D \cdot \eta)^2}}$$

$$= \frac{1}{\sqrt{(1-\eta^2)^2 + \frac{4\eta^2 \Lambda^2}{\Lambda^2 + 4\pi^2}}} \quad (12)$$

Für den Fall einer resonanten Anregung, d. h., dass $\Omega$ gegen $\omega_D$ strebt, kann der Maximalwert der Vergrößerungsfunktion für kleine Werte von Lambda zu $V(\eta = 1) \approx \pi/\Lambda$ abgeschätzt werden. Daraus wird ersichtlich, dass für übliche Dämpfungswerte von $\Lambda = 0{,}01$ bis $0{,}1$ dynamische Überhöhungsfaktoren von 314 bzw. 31,4 auftreten und es auch bereits bei sehr geringen Krafteinwirkungen zu merklichen und oftmals bemessungsmaßgebenden Schwingungsreaktionen kommen kann.

### Beispiel 2

Als anschauliches Beispiel für einen stationären Schwingungszustand soll eine aufgeständerte Maschinenkonstruktion, beispielsweise ein Getriebe- oder Turbinenprüfstand, unter Zugrundelegung zweier unterschiedlicher Aussteifungssysteme diskutiert werden. Die in den Bildern 10 und 11 dargestellte Konstruktion mit einer Höhe von 5,0 m wird durch die Unwucht rotierender Bauteile zu Schwingungen angeregt.

Die Gesamtmasse der betrachteten Anlage (Maschinenbauteile und Unterkonstruktion) betrage 2800 kg

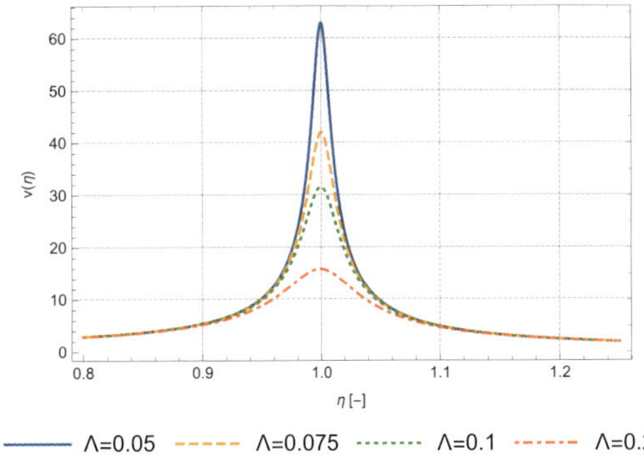

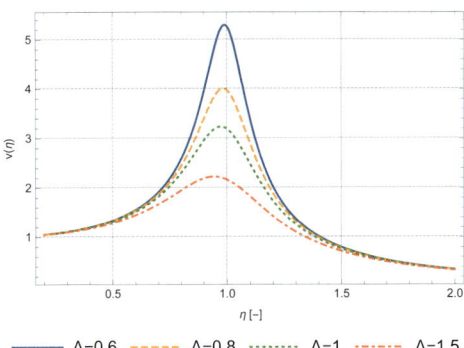

**Bild 6.** Vergrößerungsfunktionen in Abhängigkeit des logarithmischen Dämpfungsdekrements (geringe Dämpfung)

**Bild 7.** Vergrößerungsfunktionen in Abhängigkeit des logarithmischen Dämpfungsdekrements (hohe Dämpfung)

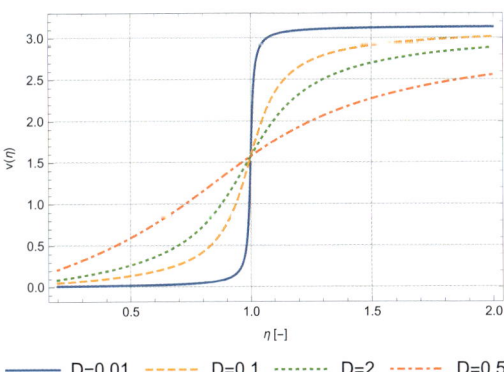

**Bild 8.** Phasenwinkel für ausgewählte Grade der kritischen Dämpfung

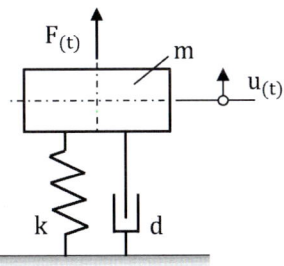

**Bild 9.** Mechanisches Modell eines Einfreiheitsgradschwingers

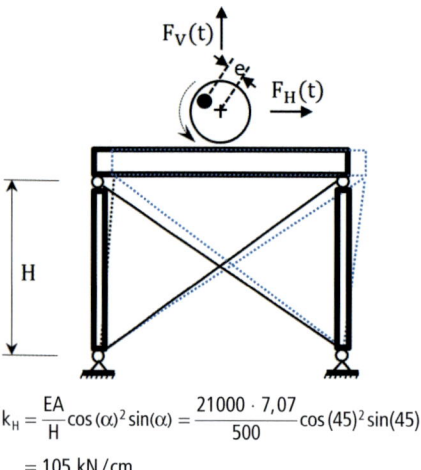

$$k_H = \frac{EA}{H} \cos(\alpha)^2 \sin(\alpha) = \frac{21000 \cdot 7{,}07}{500} \cos(45)^2 \sin(45)$$

$$= 105 \text{ kN/cm}$$

**Bild 10.** Aussteifung über Diagonalverband, Zugstrebe d = 30 mm, harmonische Vertikalkraft aus Unwucht nicht betrachtet

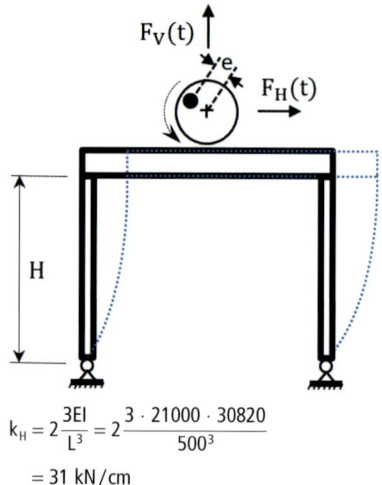

$$k_H = 2\frac{3EI}{L^3} = 2\frac{3 \cdot 21000 \cdot 30820}{500^3}$$

$$= 31 \text{ kN/cm}$$

**Bild 11.** Aussteifung über Rahmentragwirkung, zwei HEB-320-Stiele mit einem unendlich steif angenommenen Rahmenriegel, harmonische Vertikalkraft aus Unwucht nicht betrachtet

und die Unwucht $M_u$ wird mit 50 kg berücksichtigt. Werden lediglich die horizontalen Schwingbewegungen der Gesamtkonstruktion betrachtet, was aufgrund der stark unterschiedlichen Steifigkeiten der Prüfstandkonstruktion in vertikaler und horizontaler Richtung gerechtfertigt ist, so folgt die harmonische Horizontalkraft in Abhängigkeit der Rotationsgeschwindigkeit zu

$$F_H(t) = M_u \cdot e \cdot \Omega^2 \cdot \sin(\Omega t) \quad (13)$$

Wobei mit e die Exzentrizität der Unwuchtmasse und mit $\Omega = 2\pi n/60$ die Kreisfrequenz der mit n Umdrehungen pro Minute rotierenden Masse bezeichnet werden.

Mit obigen Ersatzsteifigkeiten folgen die Eigenfrequenzen $f = \frac{1}{2\pi}\sqrt{\frac{k}{m}}$ für das System mit Diagonalverband bzw. Aussteifungsrahmen zu 9,75 Hz bzw. 5,3 Hz. Bei einer Rotationsgeschwindigkeit von 600 U/min sowie einer wirksamen Exzentrizität der Unwuchtmasse von 10 cm ergibt sich eine schwingungsanfachende harmonische Horizontalkraft $F_H(t) = 50 \cdot 0{,}1 \cdot 62{,}83^2 \cdot \cos(62{,}83 \cdot t) = 19738 \text{ N} \cdot \cos(62{,}83 \cdot t)$. Die daraus resultierenden Schwingungsamplituden können für den stationären, d. h. eingeschwungenen Zustand über Gl. (10) ermittelt werden. Mit einem logarithmischen Dämpfungsdekrement von $\Lambda = 0{,}1$ und somit

$$d = 2\Lambda\sqrt{\frac{km}{4\pi^2 + \Lambda^2}} = 2 \cdot 0{,}1 \cdot \sqrt{\frac{3100000 \cdot 2800}{4 \cdot \pi^2 + 0{,}1^2}}$$

$$= 2965{,}2 \text{ Ns/m}$$

stellen sich die Maximalamplituden zu

$$A = \frac{F_0}{\sqrt{(k - \Omega^2 \cdot m)^2 + \Omega^2 \cdot d^2}}$$

$$= \frac{19738}{\sqrt{(3100000 - 62{,}83^2 \cdot 2800)^2 + 62{,}83^2 \cdot 2965{,}2^2}}$$

$$= 0{,}00248 \text{ m}$$

für das Rahmensystem sowie

$$d = 2\Lambda\sqrt{\frac{km}{4\pi^2 + \Lambda^2}} = 2 \cdot 0{,}1 \cdot \sqrt{\frac{10500000 \cdot 2800}{4 \cdot \pi^2 + 0{,}1^2}}$$

$$= 5457{,}2 \text{ Ns/m} \quad \text{und}$$

$$A = \frac{F_0}{\sqrt{(k - \Omega^2 \cdot m)^2 + \Omega^2 \cdot d^2}}$$

$$= \frac{19738}{\sqrt{(10500000 - 62{,}83^2 \cdot 2800)^2 + 62{,}83^2 \cdot 5457{,}2^2}}$$

$$= 0{,}0303 \text{ m}$$

für das System mit der Diagonalverbandsaussteifung ein. Bei einem Vergleich obiger Maximalschwingungsamplituden sowie der in den Bildern 12 und 13 dargestellten Vergrößerungsfunktionen mit den hervorgehobenen Frequenzverhältnissen $\eta_{diagoal} = 10 \text{ Hz}/9{,}75 \text{ Hz} = 1{,}026$ und $\eta_{Rahmen} = 10 \text{ Hz}/5{,}3 \text{ Hz} = 1{,}89$ sowie den zugehörigen Werten $V(1{,}026) = 16{,}14$ und $V(1{,}89) = 0{,}4$ wird veranschaulicht, dass das vermeintlich steifere Aussteifungssystem aufgrund der resonanzähnlichen Anregung ca. 10-fach größere Horizontalschwingungsamplituden zur Folge hat.

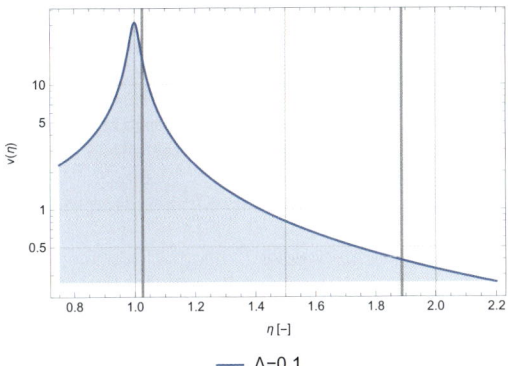

**Bild 12.** Vergrößerungsfunktion logarithmische Darstellung

**Bild 13.** Vergrößerungsfunktion lineare Darstellung

Darüber hinaus soll auf der Basis der Bilder 12 und 13 verdeutlicht werden, dass die Darstellung der Vergrößerungsfunktion in logarithmischem Maßstab insbesondere im Falle geringer Systemdämpfung deutlich vorteilhafter sein kann.

Der Phasenwinkel α (Bild 8) ist ein Maß für das Nacheilen der Schwingungsantwort u(t) auf die mit der Erregerkreisfrequenz Ω ablaufende anregende Kraft F(t). Für α > 0 werden die maximalen Schwingungsausschläge erst mit einem zeitlichen Versatz zur maximalen Kraftamplitude erreicht. Dies trifft für sog. hoch abgestimmte Systeme mit η < 1 und somit Ω < ω₀ zu, wobei für η → 0 auch α → 0 strebt und die maximalen Schwingungsamplituden zeitgleich zur maximalen Kraftamplitude auftreten (statischer Grenzfall). Im Falle eines tiefabgestimmten Systems für η → ∞ beträgt der Phasenversatz α = π, d. h., das System schwingt in Gegenphase. Zu erwähnen ist weiterhin der Umstand, dass die Vergrößerungsfunktion für η < √2 stets > 1 ist, und für größere Frequenzverhältnisse < 1 wird und gegen 0 strebt. Es liegt dann ein sogenanntes massedominiertes System vor, bei dem die Massenträgheitskraft so groß ist, dass die hochfrequente Kraftanregung das System nicht mehr nennenswert zum Schwingen anregen kann. Aus dieser Betrachtung kann die augenfällige Schlussfolgerung gezogen werden, dass Maschinenfundamente oder Unterkonstruktionen von Maschinen tief abgestimmt, d. h. $\Omega_{Anregung} \gg \omega_0$ gewählt werden sollte, da damit die in die Unterkonstruktion eingetragenen Kräfte deutlich kleiner als bei einer Hochabstimmung ausfallen (Bild 14). Jedoch ist dabei die unausweichliche Tatsache zu beachten, dass beim Anfahren und Abschalten der Maschinen der Resonanzbereich durchfahren werden muss. Nur beim Durchfahren dieses kritischen Bereichs $\Omega_{Anregung} \approx \omega_0$ in hinreichend kurzer Zeit kann erreicht werden, dass die resultierenden Schwingungsamplituden innerhalb vertretbarer Grenzen bleiben.

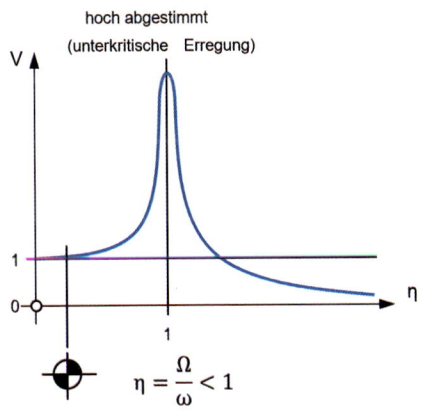

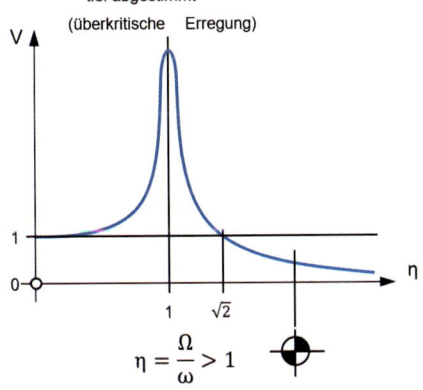

**Bild 14.** Schematische Darstellung unterschiedlicher Abstimmungsmöglichkeiten für Maschinenfundamente [2]

## 2.2.2 Einschwingvorgänge

Auch wenn häufig nur die stationäre Lösung des eingeschwungenen Zustands betrachtet wird, so können durchaus auch während der Einschwingvorgänge bemessungsmaßgebende Schwingungsantworten auftreten. Ist die mit der homogenen Lösung der Differenzialgleichung zu beschreibende Reaktion noch nicht abgeklungen, folgt die Gesamtlösung der Schwingungsantwort aus einer Superposition derselben mit der soeben diskutierten Partikulärlösung.

$$u(t) = e^{-\delta t} \cdot (C_1 \cdot \sin[\omega_D t] + C_2 \cdot \cos[\omega_D t]) + A$$
$$\cdot \sin[\Omega t - \alpha] \qquad (14)$$

Die Freiwerte $C_1$ und $C_2$ sind in Abhängigkeit der Anfangsbedingungen $u_0$ und $v_0$ zu bestimmen und folgen zu

$$C_1 = -\frac{-\delta u_0 - v_0 + A \omega \cos[\alpha] - A \delta \sin[\alpha]}{\omega_D}$$

$$C_2 = u_0 + A \sin[\alpha] \qquad (15)$$

Wie aus den vollständigen Schwingungsantworten in Bild 15 zu erkennen, hat das Dämpfungsverhalten der Konstruktion nicht nur einen Einfluss auf das Abklingen der homogenen Lösung infolge vorgegebener Randbedingungen (in obigen Beispielen $u_0 = v_0 = 0$), sondern auch auf die erforderliche Anzahl an Schwingungszyklen, die für das Aufschaukeln im Resonanzfall erforderlich sind. Dies bedeutet, dass neben den dynamischen Überhöhungen auch die Anzahl der Schwingungszyklen bis zum Erreichen der maximalen Schwingungsamplitude mit sinkender Strukturdämpfung ansteigen.

Wenn für die dem Beispiel 2 zugrunde liegende Konfiguration der Einschwingvorgang berücksichtigt wird und der zeitliche Verlauf der Umdrehungsgeschwindigkeit bekannt ist, lässt sich daraus über Gl. (13) der zugehörige Zeitverlauf der interessierenden Horizontalkraft ermitteln. Da es sich jedoch um einen instationären, d. h. zeitlich veränderlichen Anregungsprozess handelt, sind für die Beurteilung des Einschwingvorgangs weitere Überlegungen erforderlich (s. hierzu die Fortsetzung zu Beispiel 2).

Im Falle einer harmonischen Fußpunkterregung $u_F(t) = w_0 \cdot \sin(\Omega \cdot t)$ kann die Bewegungsdifferenzialgleichung zum einen für die Relativverschiebungen zwischen Massenpunkt und Fußpunkt $u_r(t)$ formuliert werden zu

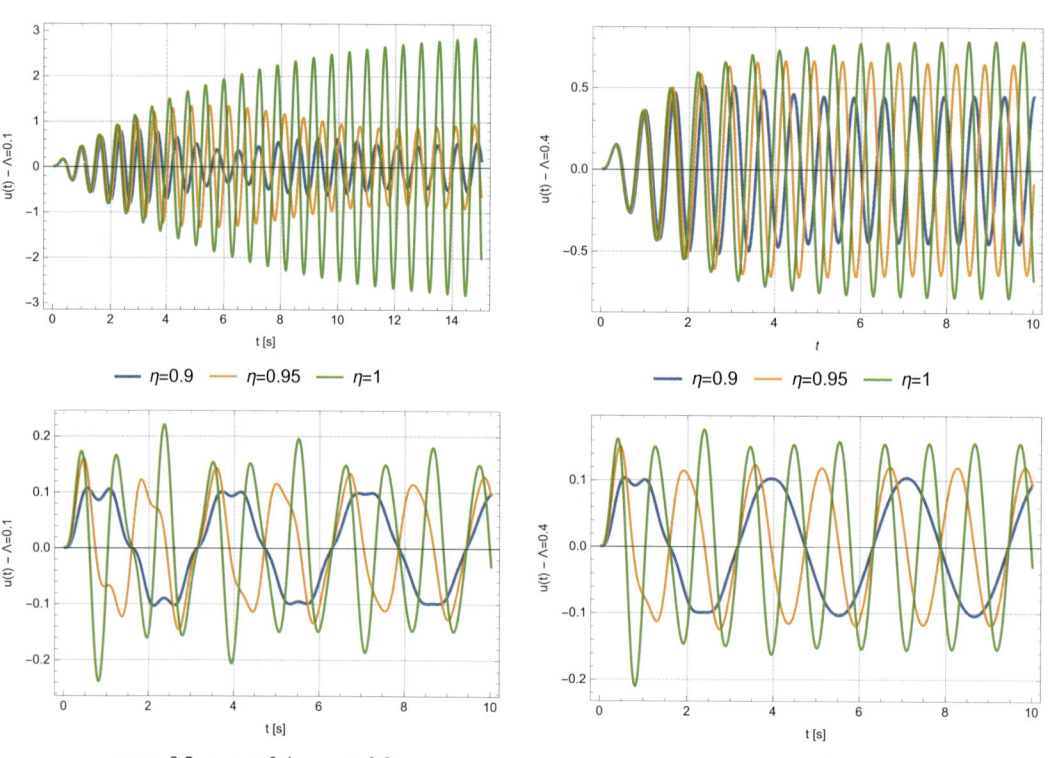

**Bild 15.** Exemplarische Darstellung von Einschwingvorgängen für unterschiedliche Dämpfungsparameter sowie unterschiedliche Frequenzverhältnisse

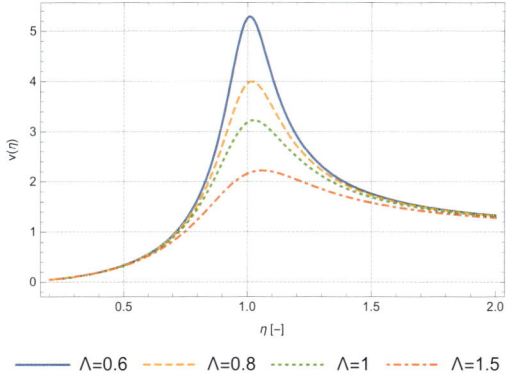

**Bild 16.** Vergrößerungsfunktion für ein fußpunkterregtes System

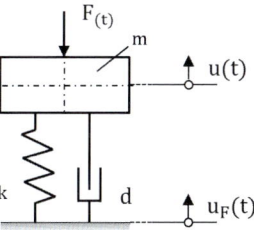

**Bild 17.** Mechanisches Modell eines fußpunkterregten Einfreiheitsgradsystems

$$m\ddot{u}_r(t) + d\dot{u}_r(t) + ku_r(t) = w_0 \cdot m \cdot \Omega^2 \sin(\Omega \cdot t) \quad (16)$$

Damit folgt die Partikularlösung in analoger Weise zu $w_{r,p}(t) = A_r \cdot \sin(\Omega \cdot t - \alpha)$, wobei sich die Vergößerungsfunktion und der Phasenversatz zu

$$V(\eta) = \frac{A_r}{w_0} = \frac{\eta^2}{\sqrt{(1-\eta^2)^2 + (2 \cdot D \cdot \eta)^2}}$$

$$= \tan\alpha = \frac{\Omega \cdot d}{k - \Omega^2 \cdot m} \quad (17)$$

ergeben.
Zum anderen kann auch mit den absoluten Schwingungskoordinaten, bezogen auf die statische Ruhelage des Massenpunkts, gearbeitet werden. Dann folgt eine zur Fußpunkterregung äquivalente Kraftanregung zu $p(t) = k \cdot u_F(t) + d \cdot \dot{u}_F(t)$, womit die Behandlung analog zu einem herkömmlichen krafterregten System erfolgen kann (Bilder 16 und 17).

### 2.2.3 Periodische Anregung

Jede beliebige periodische Anregungsfunktion kann, wie nachfolgend noch gezeigt wird, durch eine Summe einzelner harmonischer Funktionen $F(t) = F_1 \cdot \sin(\Omega_1 \cdot t) + F_2 \cdot \sin(\Omega_2 \cdot t) + \ldots$ dargestellt werden. Lineare Systemeigenschaften vorausgesetzt, kann die daraus resultierende stationäre Schwingungsantwort durch eine Superposition der zugehörigen Einzellösungen $w_p(t) = C_1 \cdot \sin(\Omega_1 t - \alpha_1) + C_2 \cdot \sin(\Omega_2 t - \alpha_2) + \ldots$ zusammengesetzt werden, wobei die jeweiligen Schwingungsamplituden sowie Phasenverschiebungen zu

$$C_i = \frac{F_i}{\sqrt{(k - m\omega_i^2)^2 + (d \cdot \omega_i)^2}}$$

$$\tan(\alpha_i) = \frac{d \, \Omega_i}{k - m \cdot \Omega_i^2} \quad (18)$$

ermittelt werden können.

Die Zerlegung einer beliebigen periodischen Funktion mit einer endlichen Periodendauer T kann stets als sogenannte Fourier-Reihe dargestellt werden:

$$F(t) = F_0 + \sum_{r=1,2,3,\ldots N} F_r \cdot \sin(\Omega_r t) + \sum_{r=1,2,\ldots N} \bar{F}_r \cdot \cos(\Omega_r t) \quad (19)$$

$$\Omega_r = r\Omega_0$$

$$\Omega_0 = \frac{2\pi}{T}$$

Die Koeffizienten der Fourier-Reihe folgen zu

$$F_r = \frac{2}{T} \int_0^T F(t) \cdot \sin(\Omega_r t) dt$$

$$\bar{F}_r = \frac{2}{T} \int_0^T F(t) \cdot \cos(\Omega_r t) dt$$

$$F_0 = \frac{1}{T} \int_0^T F(t) dt$$

Im Falle einer mittelwertfreien Funktion verschwindet $F_0$ und je nach Symmetrie oder Antimetrie der Belastungsfunktion entfallen (sämtliche) Sinus- und Cosinus-Reihenglieder.
Wie aus den exemplarisch dargestellten Beispielen in Bild 18 zu erkennen, steigt die Genauigkeit der Approximation mit der Anzahl der Reihenglieder, wobei ein gewisses „Überschwingen" im Bereich sprungartiger Belastungsfunktionen nicht vermeidbar ist.
Wie bereits dargelegt, lässt sich die Schwingungsantwort des betrachteten Einfreiheitsgradsystems auf eine beliebige periodische Kraftanregung aus der Superposition der Einzelantworten auf die durch eine Fourier-Reihen-Zerlegung gewonnenen harmonischen Anregungsfunktionen gewinnen. Dazu sind in einem ersten Schritt die Vorfaktoren sowie die zugehörigen Phasenwinkel gemäß Gl. (18) zu bestimmen. Dabei ist der Definitionsbereich der Tangensfunktion $-\pi/2 < \alpha < \pi/2$ zu beachten und eine abschnittsweise Definition des Phasenwinkels $\alpha$ erforderlich:

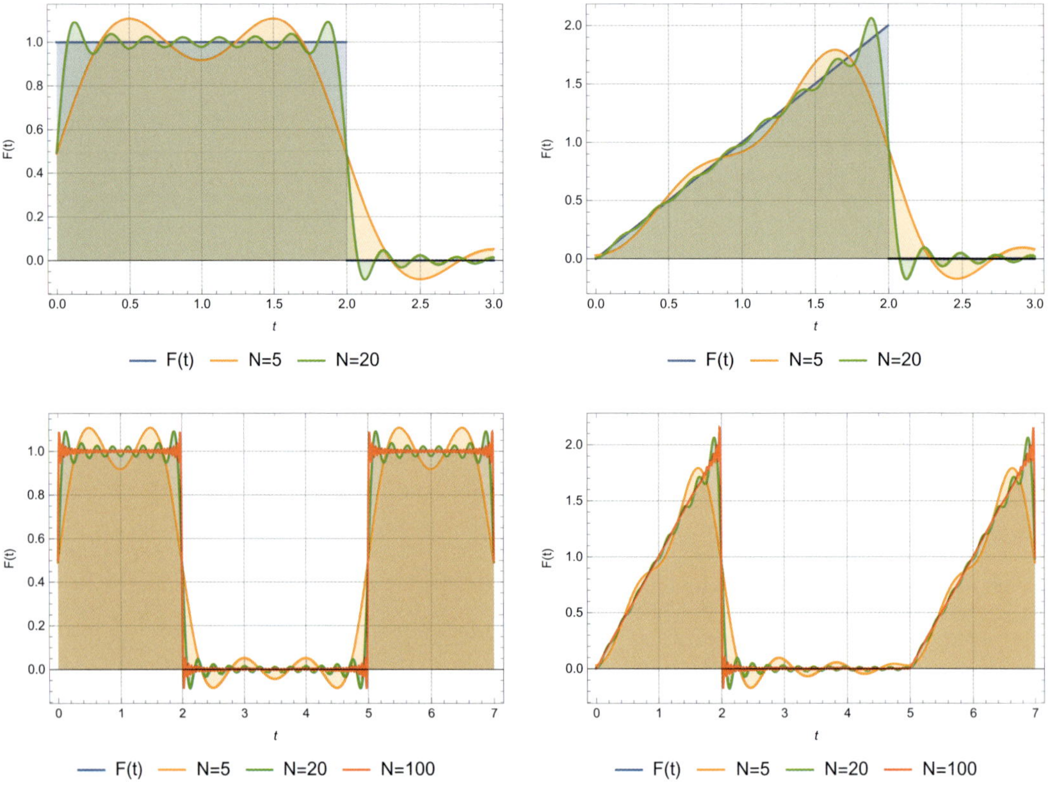

**Bild 18.** Rechteckige und sägezahnförmige periodische Belastungsfunktionen sowie deren Näherung auf der Basis einer Fourier-Reihe unter Zugrundelegung einer unterschiedlichen Anzahl an Reihengliedern

**Tabelle 2.** Ausgewählte periodische Belastungsfunktionen sowie zugehörige Fourier-Reihenglieder [2]

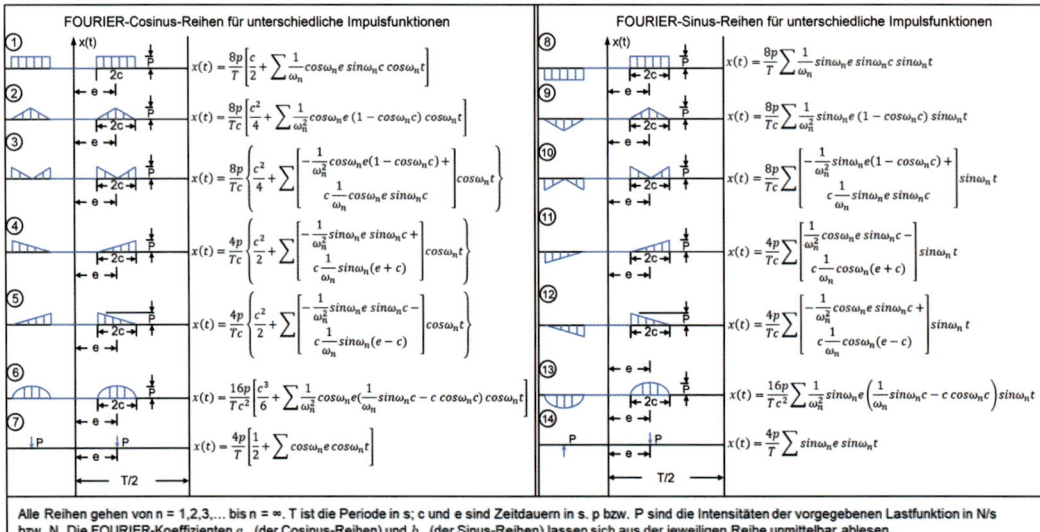

$$\alpha_i = \begin{cases} \arctan\left[\dfrac{d\,i\,\Omega_0}{k - m(i\Omega_0)^2}\right] & \text{für} \quad i\Omega_0 < \sqrt{\dfrac{k}{m}} \\ \dfrac{\pi}{2} & \text{für} \quad i\Omega_0 > \sqrt{\dfrac{k}{m}} \quad (20) \\ \arctan\left[\dfrac{d\,i\,\Omega_0}{k - m(i\Omega_0)^2}\right] + \pi & \text{für} \quad i\Omega_0 > \sqrt{\dfrac{k}{m}} \end{cases}$$

Ausgehend von den Gln. (18) und (19) kann schließlich die Schwingungsantwort zu

$$u(t) = \frac{F_0}{k} + \sum_{i=1}^{N} C_i \cdot \sin(i \cdot \Omega_0 \cdot t - \alpha_i) \\ + \sum_{i=1}^{N} \overline{C}_i \cdot \cos(i \cdot \Omega_0 \cdot t - \alpha_i) \quad (21)$$

ermittelt werden.

In den Bildern 19 bis 24 sind die Schwingungsantworten eines Einmassenschwingers mit den Parametern m = 100 kg, k = 10000 N/m, d = 300 Ns/m dargestellt. Wird als Kraftanregung eine aus einzelnen Harmoni-

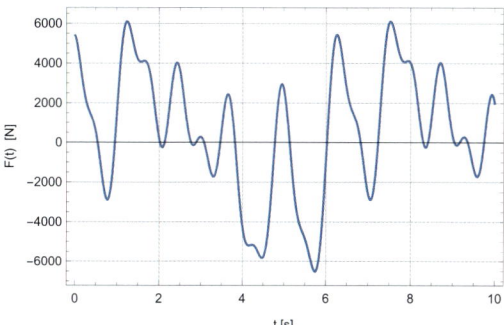

**Bild 19.** Zeitlicher Verlauf der Kraftanregung

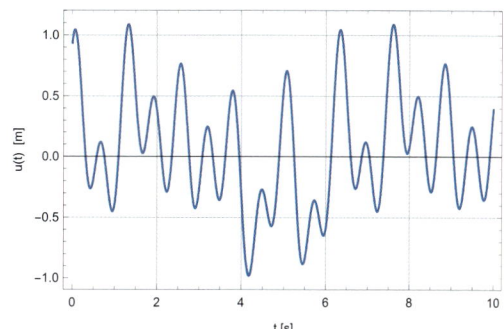

**Bild 20.** Zeitlicher Verlauf der Schwingungsreaktion

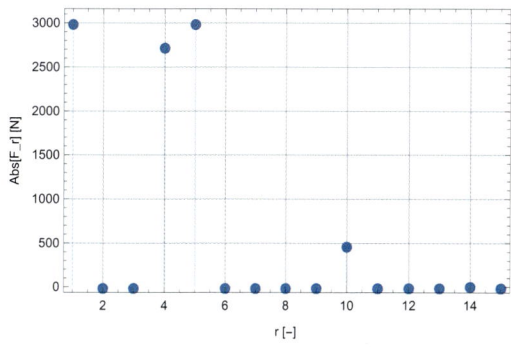

**Bild 21.** Diskretes Amplitudenspektrum der Kraftanregung (Fourier-Koeffizienten)

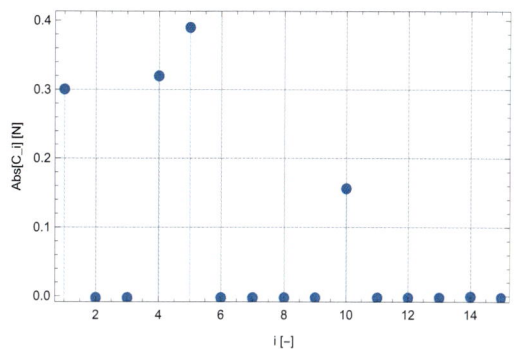

**Bild 22.** Diskretes Amplitudenspektrum der Schwingungsreaktion (Fourier-Koeffizienten)

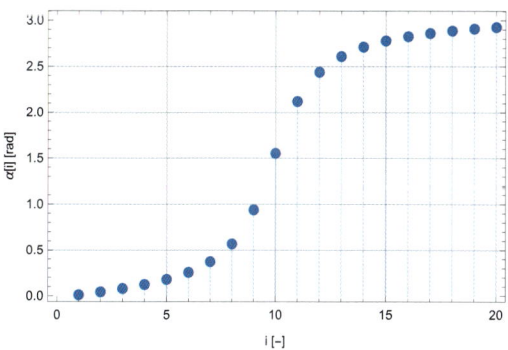

**Bild 23.** Phasenwinkel $\alpha$ zwischen der Kraftanregung und der Schwingungsantwort

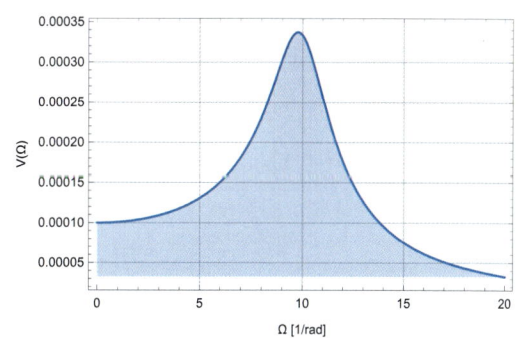

**Bild 24.** Vergrößerungsfunktion des zugrunde liegenden EFG-Systems

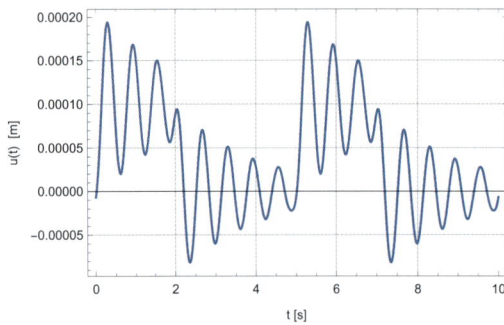

**Bild 25.** Schwingungsantwort für EFG-System mit d = 100 Ns/m

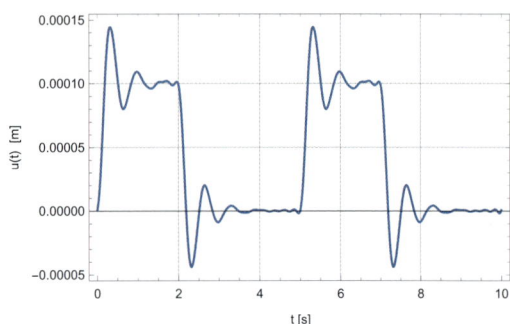

**Bild 26.** Schwingungsantwort für EFG-System mit d = 500 Ns/m

schen zusammengesetzte Kraftanregung gemäß folgender Formulierung

F(t) = 3000 sin(t) + 12 sin(14 t + π/6) + 3000 cos(5 t)
   + 2000 cos(π/6 − 4 t) + 1300 cos(π/6 − 10 t)

betrachtet, so zeigt sich deren zeitlicher Verlauf sowie die daraus resultierende Schwingungsbeanspruchung wie dargestellt.

Dabei wurden neben den Zeitverläufen der Anregung und der Schwingungsantwort auch die jeweils zugehörigen Werte für die einzelnen Fourier-Koeffizienten der zugehörigen Reihen dargestellt. Man spricht hier auch von sog. diskreten Fourier-Spektren. Dabei wird deutlich, dass aufgrund des durch die Vergrößerungsfunktion definierten Übertragungsverhaltens die Anregungsfrequenzen in der Nähe der Eigenkreisfrequenz eine viel größere Verstärkung erfahren als jene weitab davon. Jedes Schwingungssystem kann somit als Filter betrachtet werden, bei dem die meiste Schwingungsenergie im Bereich der Eigenschwingfrequenzen übertragen wird. Des Weiteren wurden auch die jeweiligen Phasenwinkel α dargestellt. Entscheidend ist, dass neben der Information des Amplitudenspektrums stets auch die Information über den zugehörigen Phasenversatz notwendig ist, um die korrekte Schwingungsantwort zu ermitteln.

Als weiteres Beispiel werden Rechteckimpulse mit einer Impulsdauer von 2 Sekunden sowie einer Periodendauer von 5 Sekunden und einer Krafteinwirkung von jeweils 1000 N gewählt.

Während für das gering gedämpfte System (d = 100 Ns/m) in Bild 25 eine deutliche Beeinflussung der einzelnen Impulse erkennbar wird, ist die Schwingungsantwort im Falle des stärker gedämpften Systems (d = 500 Ns/m, Bild 26) beinahe vollständig abgeklungen, bevor der nächste Kraftimpuls beginnt.

Wird hier gedanklich die Periodendauer T gegen unendlich vergrößert, so können neben periodischen auch sognannte transiente Belastungsfunktionen behandelt werden. Dabei wird aus den eben beschriebenen diskreten Fourier-Reihen im Grenzübergang das sogenannte Fourier-Integral und die diskreten Spektrallinien ver-

dichten sich zu einem kontinuierlichen Frequenzspektrum (s. a. Abschnitt 2.2.4).

### 2.2.4 Transiente Anregung – Stoßbelastung

Transiente, d. h. stoßartige, Beanspruchungen haben eine große Bedeutung für vielerlei praktische Fragestellungen. Strebt bei einer Stoßbeanspruchung im Grenzübergang die Krafteinwirkung gegen unendlich und gleichzeitig die Einwirkungsdauer gegen null, so liegt ein massedominiertes Schwingungssystem vor und Feder- und Dämpferkräfte sind ohne Belang. Die Geschwindigkeit der dann als frei zu betrachtenden Masse kann unmittelbar über den Impulssatz zu $v = I_0/m$ bestimmt werden. Aus der homogenen Lösung der Schwingungsdifferenzialgleichung (5) folgt dann für $u_0 = 0$ und $v_0 = I_0/m$

$$u(t) = \frac{I_0}{m\omega_D} e^{-\delta t} \sin(\omega_D t) \tag{22}$$

was für den Fall $I_0 = 1$ auch als Impulsreaktionsfunktion h(t) bezeichnet wird (s. Bild 27).

Analog zur Vorgehensweise für periodische Anregungen, kann auch die Antwort auf transiente Beanspruchungen – wiederum lineare Systemeigenschaften vorausgesetzt – durch eine Superposition der Antworten auf eine unendliche Reihe von Einzelimpulsen zusammengesetzt werden. Durch den Grenzübergang dt gegen null wird aus der Summe der Fourier-Reihe nunmehr ein Integral, das sog. Duhamel-Integral:

$$u(t) = \int_0^t F(\tau) \cdot h(t - \tau) d\tau \tag{23}$$

In Bild 28 ist die Schwingungsantwort auf die Kraftanregung gemäß Bild 19 einmal unter Zugrundelegung der diskreten Fourier-Reihe sowie einmal unter Anwendung des Duhamel-Integrals dargestellt. Anhand dieser Gegenüberstellung wird ein fundamentaler Unterschied zwischen den beiden Lösungen und Vorgehensweisen deutlich. Da die Fourier-Reihe ausschließlich für periodische Prozesse definiert ist, kann damit lediglich der stationäre, d. h. eingeschwungene Zustand abgebildet werden. Oder mit anderen Worten, es wird stillschwei-

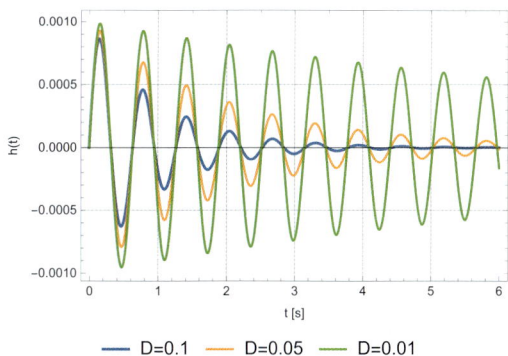

**Bild 27.** Exemplarische Impulsreaktionsfunktionen für unterschiedliche Dämpfungsparameter

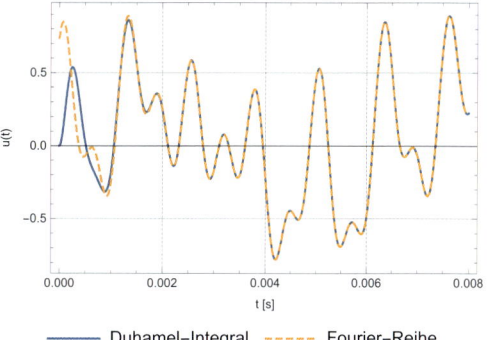

**Bild 28.** Schwingungsantwort eines EFG-Systems auf eine periodische Anregung

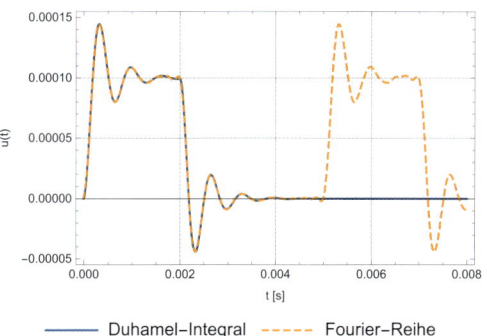

**Bild 29.** Schwingungsreaktion eines EFG-Systems auf eine stoßartige Beanspruchung

Lösung stimmen die hier gefundenen Lösungen exakt überein. Exakt deshalb, weil es sich um eine periodische Funktion handelt und diese – eine ausreichende Anzahl von Fourier-Reihengliedern vorausgesetzt – exakt durch die diskrete Fourier-Reihe wiedergegeben wird. Betrachtet man hingegen die Rechteckstoßbelastung die auch Bild 25 und Bild 26 zugrunde gelegt wurde, so stellt der Reihenansatz nur noch eine Näherung im Vergleich zur exakten Lösung des Duhamel-Integrals dar (vgl. Bild 29).

### Fortsetzung zu Beispiel 2

Nunmehr sind sämtliche erforderliche Grundlagen bekannt, um den Einschwingvorgang der unter Beispiel 2 betrachteten Konfiguration (hier System mit der Rahmenaussteifung) zu ermitteln. Dazu wird im ersten Schritt der zeitliche Verlauf der unwuchtbedingten Horizontalkraft ermittelt. Wird die Steigerung der Umdrehungsgeschwindigkeit von null auf den Maximalwert von 600 U/min in 5 bzw. 10 Sekunden mit der Funktion einer Sinus-Viertelwelle abgebildet, so zeigt die Horizontalkraft den in den Bildern 30 und 31 dargestellten Verlauf.

gend unterstellt, dass die Belastung bei t = –∞ begonnen hat und bis +∞ andauert.

Für das Duhamel-Integral, das ja gerade eingeführt wurde, um die Schwingungsantwort auf transiente Beanspruchungen zu bestimmen, ist diese Einschränkung nicht erforderlich und es wird die exakte Lösung unter Berücksichtigung der Anfangsbedingungen $u_0 = 0$ und $v_0 = 0$ ermittelt. Nach dem Abklingen der homogenen

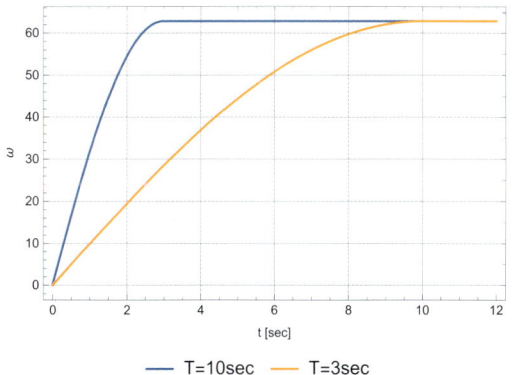

**Bild 30.** Zeitlicher Verlauf der Rotationsfrequenz $\omega = 2\pi \dfrac{U/min}{60}$

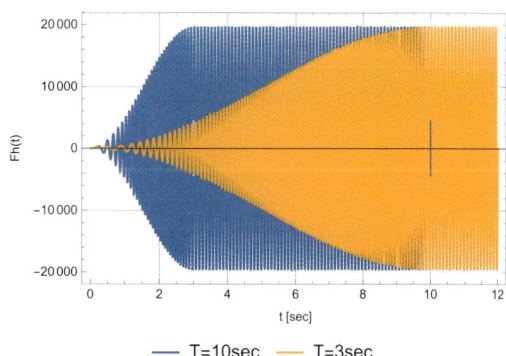

**Bild 31.** Verlauf der unwuchtbedingten Horizontalkraft

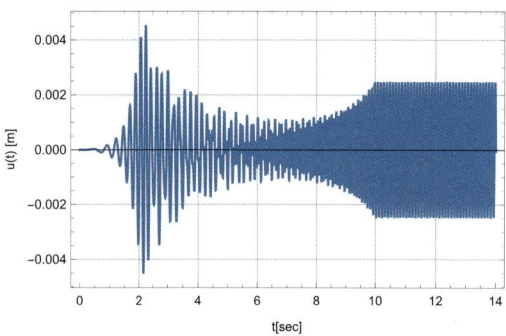

**Bild 32.** Horizontalschwingungsamplituden für eine Anfahrdauer von T = 10 Sekunden

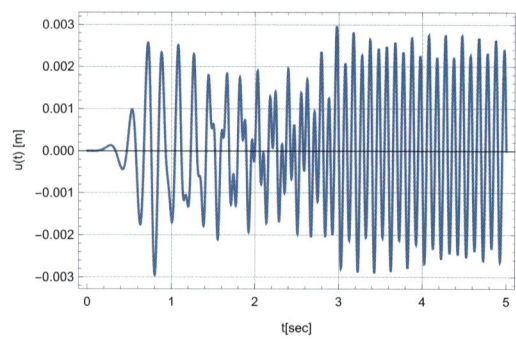

**Bild 33.** Horizontalschwingungsamplitude für eine Anfahrdauer von T = 5 Sekunden

Wie aus der Gegenüberstellung der Horizontalschwingungsamplituden in Bild 32 und Bild 33 deutlich zu erkennen, wird bei der vorliegenden, tief abgestimmten Konstruktion der Resonanzbereich beim Anfahren durchlaufen. Wie weiter oben bereits erläutert, ist für die Resonanzanfachung einer Schwingbewegung in Abhängigkeit der Systemdämpfung eine gewisse Anzahl an Schwingungszyklen erforderlich. Das Maß der maximalen Amplitude während des Anfahrens hängt entscheidend davon ab, wie schnell die kritischen Frequenzbereiche durchfahren werden können.

Das Faltungsintegral in Gl. (23) kann auch dazu verwendet werden, um die Schwingungsantwort von Einfreiheitsgradsystemen auf unterschiedliche Stoßbelastungen zu ermitteln. Werden dabei lediglich die i. d. R. primär interessierenden Maximalschwingungsamplituden betrachtet, so führt dies auf die sogenannten Antwort- oder Shock-Response-Spektren. Dabei wird das Verhältnis der Maximalamplitude infolge der dynamischen Überhöhung zur statischen Auslenkung infolge derselben Maximalkraft gegenübergestellt. Beim Vergleich der unterschiedlichen Kraftverläufe ist darüber hinaus zu beachten, dass deren unterschiedliche Völligkeit auch zu unterschiedlichen Impulsgrößen führt.

Der obere Grenzwert für die Shock-Response-Spektren liegt beim Faktor zwei, welcher beim Vorliegen einer idealen Sprungfunktion erreicht wird (Bild 34).

Neben den eben aufgeführten Betrachtungen im Zeitbereich kann die Lösung linearer Einfreiheitsgradsysteme auch im Frequenzbereich gewonnen werden. Dazu wird im Vorgriff auf Abschnitt 2.2.5 sowie unter Verzicht auf jegliche Herleitung (hierfür wird auf die einschlägige Fachliteratur [1, 4, 5] verwiesen) die Fourier-Transformation (die absolute Integrierbarkeit der betrachteten Funktionen wird stillschweigend vorausgesetzt) eingeführt. Demnach ist die Fourier-Transformierte der Funktion u(t) definiert als

$$F\{u(t)\} = U(j\omega) := \alpha \int_{-\infty}^{+\infty} u(t)e^{-j\omega t} dt \quad (24)$$

wobei Fourier-transformierte Größen stets mit Großbuchstaben bezeichnet werden. Die inverse Fourier- oder Fourier-Rücktransformation folgt dann zu:

$$F^{-1}\{U(j\omega)\} = u(t) := \beta \int_{-\infty}^{+\infty} U(j\omega)e^{j\omega t} d\omega \quad (25)$$

Für die Vorfaktoren $\alpha$ und $\beta$, welche im Rahmen dieses Beitrags stets zu $\alpha = 1$ und $\beta = 1/2\pi$ gewählt werden, existieren in der Literatur sowie diversen Mathematikverarbeitungssoftwarepaketen durchaus abweichende Definitionen, wobei unabhängig von der gewählten Normierung stets $\alpha\beta = 1/2\pi$ gelten muss.

In den Bildern 35 und 36 sind exemplarisch die Real- und Imaginärteile sowie die zugehörigen Betragsfunktionen, i. d. R. auch als Amplitudenspektrum bezeichnet, dargestellt. Dabei wird für die beiden Rechteckfunktionen mit identischer Amplitude und Zeitdauer, jedoch unterschiedlichem Nullpunkt deutlich, dass diese zwar ein identisches Amplitudenspektrum aufweisen, jedoch voneinander abweichende Real- und Imaginärteile besitzen. Um die vollständige Information aus der Originalfunktion auch nach der Fourier-Transformation im sogenannten Bild- oder Frequenzraum zu erhalten, sind somit stets Real- und Imaginärteil zu betrachten, da nur so die Information über ggf. abweichende Phasenlagen erhalten bleiben. Diese gehen analog zur Fourier-Reihe bei alleiniger Betrachtung des Amplitudenspektrums unwiederbringlich verloren.

Auffällig ist auch eine Besonderheit der Fourier-Transformation, wonach eine gerade reelle Funktion eine rein reelle Fourier-Transformierte besitzt. Für grundlegende Untersuchungen können die vielfach in der Literatur angegebenen analytischen Zusammenhänge zwischen Originalfunktion und Fourier-Transformierter hilfreich sein (s. beispielsweise [5]).

Interessant ist die Transformation in den Frequenzbereich auch deswegen, weil sich dadurch die aufwendigen Faltungsintegrale in Gl. (23) durch eine einfache Multiplikation ersetzen lassen. Wird die Impulsreaktionsfunktion h(t) einer Fourier-Transformation unterzogen, so folgt daraus die sogenannte Frequenzgangfunktion

## Zur Quantifizierung der Schwingungsreaktion mechanischer Systeme

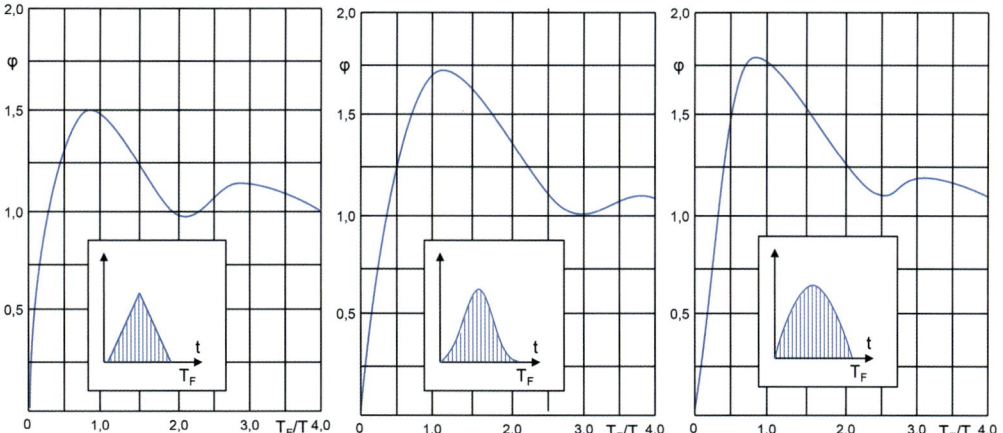

Shock-Response Spektren für Impulse

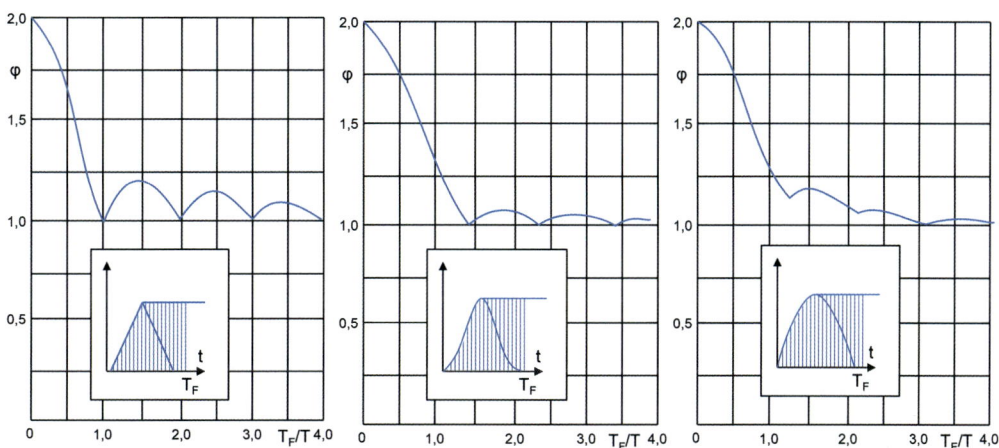

Shock-Response Spektren für Lastaufbringungen

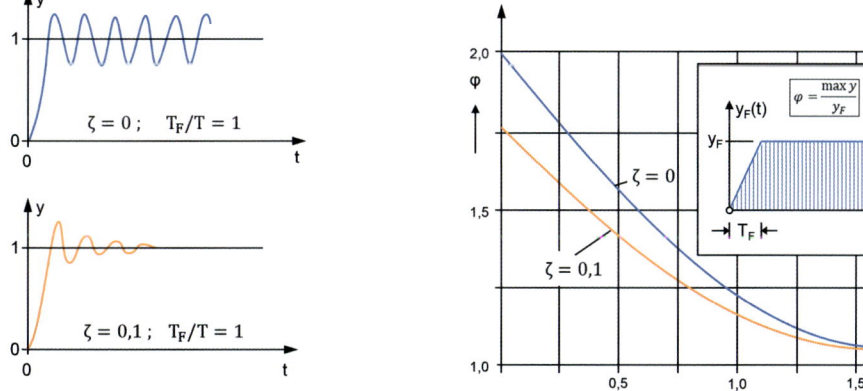

**Bild 34.** Shock-Response-Spektren für ausgewählte Belastungsfunktionen und unterschiedliche Lehr'sche Dämpfungsgrade $\zeta$ (= D) [2]

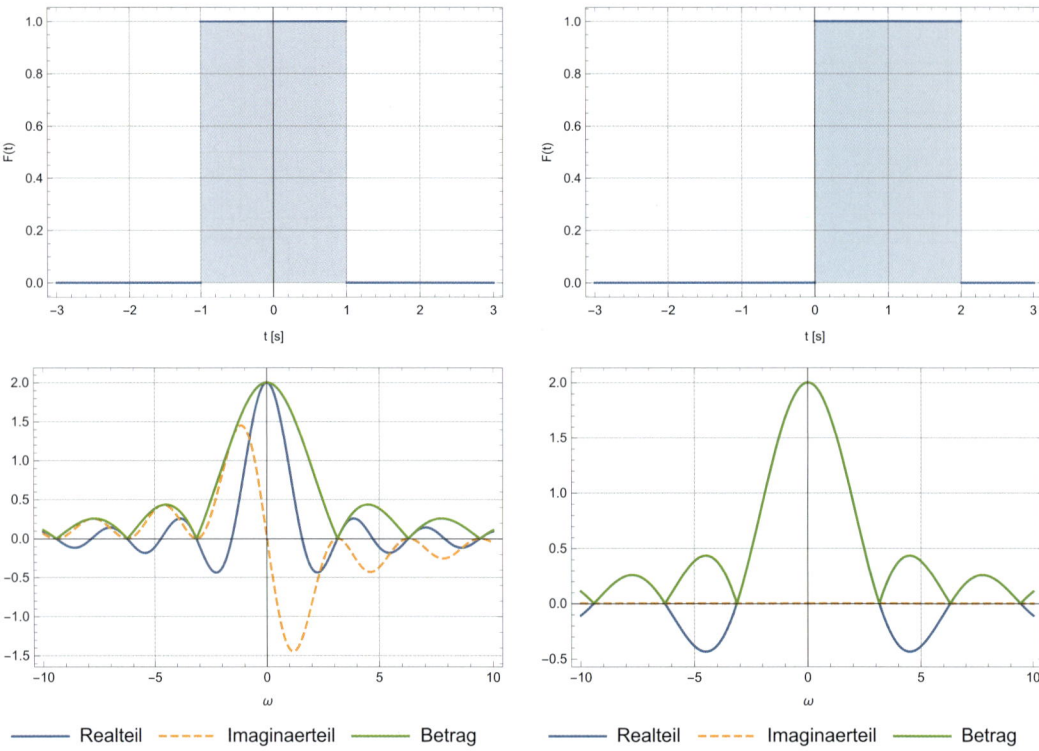

**Bild 35.** Rechteckimpuls T = 2 sec. $T_0 = 0$ und zugehörige Fourier-Transformierte

**Bild 36.** Rechteckimpuls T = 2 sec. $T_0 = -1$ und zugehörige Fourier-Transformierte

$$H(j\omega) = \frac{1}{-\omega^2 m + j\omega d + k} \quad (26)$$

welche mit der bereits diskutierten Vergrößerungsfunktion wie folgt zusammenhängt.

$$\frac{V(\omega)}{k} = |H(j\omega)| = \left|\sqrt{(\text{Re}(H(j\omega))^2 + (\text{Im}(H(j\omega))^2}\right|$$

$$\tan\alpha = \frac{\text{Im}(H(j\omega))}{\text{Re}(H(j\omega))} \quad (27)$$

Bei der Durchführung der Fourier-Transformation ist wiederum der Definitionsbereich der Impulsreaktionsfunktion lediglich für Werte t > 0 zu beachten, was praktisch z. B. durch die Multiplikation mit einer Heaviside-Funktion mit der Sprungstelle t = 0 erzielt werden kann und somit wiederum herkömmliche Programmroutinen für die Transformation anwendbar werden.
Aus dem Faltungsintegral in Gl. (23) kann nunmehr im Fourier-Raum die vollständige Schwingungsantwort durch eine simple Multiplikation der Frequenzgangfunktion $H(j\omega)$ mit der Fourier-Transformierten Belastungsfunktion $P(j\omega)$ ermittelt werden

$$U(j\omega) = H(j\omega)P(j\omega) \quad (28)$$

Daraus kann schließlich über eine inverse Fourier-Transformation wiederum die Schwingungsantwort im Zeitbereich gefunden und auf diese Weise die äußerst rechenzeitintensive Faltung umgangen werden (Bild 37).
Auch ohne Rücktransformation können bereits allein unter Berücksichtigung der Amplitudenspektren der Anregung sowie der Frequenzgangfunktion qualitative Aussagen über dominierende Frequenzbereiche der Schwingungsantwort getroffen werden.
Sogenannte Kurzzeit-Spektren, d. h. diskrete Frequenzspektren mit einer bestimmten Fensterlänge (s. hierzu auch Abschnitt 4), die deutlich kleiner als die gesamte Messschrieblänge sind, können zur Beurteilung wechselnder Schwingungszustände über den Messzeitraum herangezogen werden. So wird beispielsweise in Bild 38 und Bild 39 deutlich, dass sich die an der Gesamtschwingungsantwort beteiligten Schwingfrequenzen und da es sich um einen Ausschwingvorgang handelt, gleichzeitig auch die beteiligten Eigenfrequenzen stark mit fortdauernder Schwingzeit unterscheiden.
Auch können derartige Kurzzeit-Spektren zur anschaulichen Auswertung längerer Messschriebe herangezogen werden. Werden beispielsweise die globalen Schwingungsbeanspruchungen eines zweiachsigen Fahrzeugs infolge einer beschleunigten Fahrt betrachtet, so können die dominanten Schwingfrequenzen infolge von fahrbahnunebenheitsinduzierten Schwingbewegungen sehr anschaulich dargestellt werden. Ausgewertet wurden hier die vertikalen Beschleunigungssignale

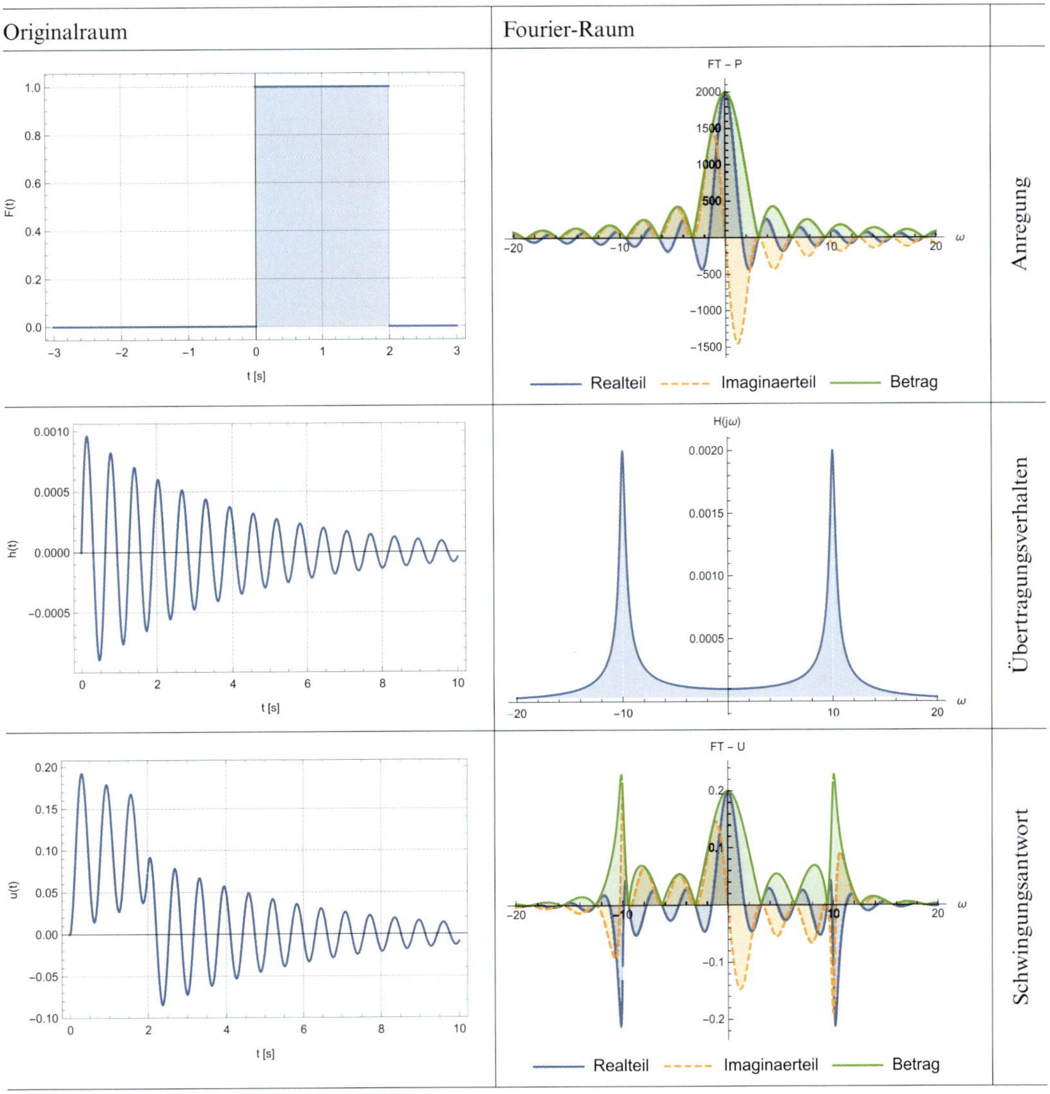

**Bild 37.** Schematische Darstellung des Übertragungsverhaltens eines Einfreiheitsgradsystems im Original- und Frequenzraum

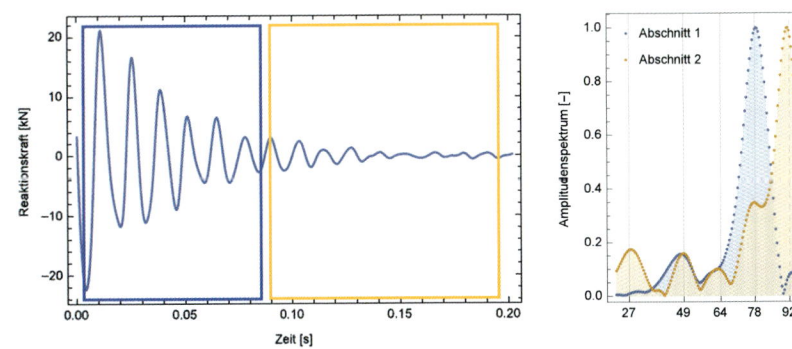

**Bild 38.** Ausschwingkurve einer Fahrbahnübergangskonstruktion nach einer Fahrzeugüberfahrt [9]

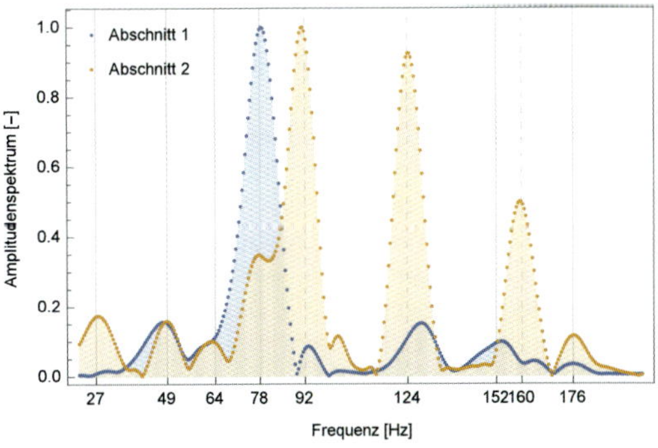

**Bild 39.** Aus Bild 38 ermittelte Kurzzeitspektren

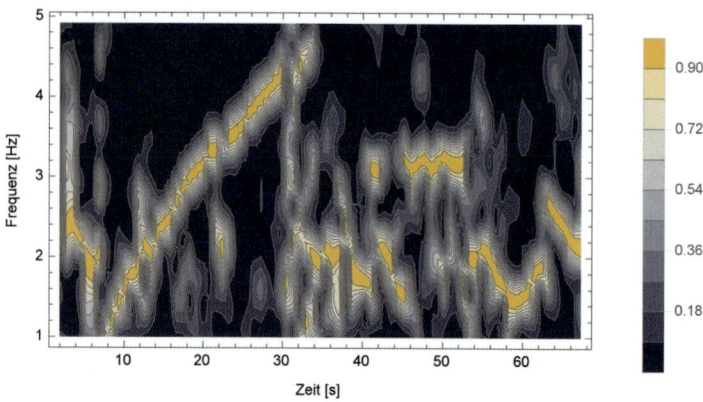

**Bild 40.** Kurzzeit-Spektren eines Beschleunigungssignals eines Fahrzeugs

der Hinterachse im Bereich des rechten Reifens (Bild 40).

### 2.2.5 Regellose Systemanregung

Bislang wurde stillschweigend davon ausgegangen, dass sowohl die Systemeigenschaften als auch die Einwirkungen durch determinierte Ansätze und Modelle in ausreichender Näherung beschreibbar sind. Für eine ganze Reihe von technisch interessierenden Fragestellungen, wie beispielsweise windinduzierte Schwingungsbeanspruchungen turmartiger Konstruktionen oder Fahrzeugschwingungen infolge von Fahrbahnunebenheiten trifft diese Voraussetzung zumindest für die Einwirkungsseite nicht mehr zu und es wird i. d. R. auf die Theorie der stochastischen Dynamik zurückgegriffen. Die Einwirkungen, d. h. die Windgeschwindigkeiten in einer bestimmten Höhe oder die Fahrbahnunebenheiten einer Fahrspur, können dann als Realisierung eines skalaren Zufallsprozesses idealisiert werden. Unter einem skalaren Zufallsprozess z(e; t) wird eine skalare Zufallsgröße (Windgeschwindigkeit oder Unebenheitsamplitude) als Funktion einer einzigen Veränderlichen (Zeit oder Weg) verstanden.

Die skalare Zufallsgröße oder sogenannte Zufallsvariable z(e) stellt als Abbildung der Ergebnismenge E eines Zufallsexperiments auf die Menge der reellen Zahlen die elementare Grundlage der Wahrscheinlichkeitstheorie dar. Der zugrunde liegende Gedanke dabei ist, dass zwar die einzelnen Ergebnisse $z(e = e_i)$ eines Zufallsexperiments, sogenannte Realisierungen, zufällig und somit nicht vorhersehbar sind, deren Gesamtheit jedoch gewissen Gesetzmäßigkeiten unterliegt. Zufallsvariablen können im stochastischen Sinne eindeutig durch die ihnen zugeordnete Wahrscheinlichkeitsverteilungsfunktion oder im Falle deren Stetigkeit und Differenzierbarkeit auch durch die zugehörige Wahrscheinlichkeitsdichtefunktion beschrieben werden.

$$F_z(u) = W\{z(e) \leq u\}$$

$$f_z(u) = \frac{dF_z(u)}{du} \quad (29)$$

Eine herausragende Stellung nimmt dabei die sog. Gauß- oder Normalverteilungsdichtefunktion

$$f_z(u) = \frac{1}{\sqrt{2\pi}\,\sigma_z} e^{-\frac{(u-\mu_z)^2}{2\sigma_z^2}} \quad (30)$$

welche in erschöpfender Weise durch den Mittelwert $\mu_z$ sowie die Standardabweichung $\sigma_z$ beschrieben wird, ein. Für eine beliebig festgehaltene (Zeit-)Koordinate $t = t_i$ entspricht der Zufallsprozess $z(e; t = t_i) = z(e)$ erneut einer Zufallsvariablen, wobei im Falle einer festen Variable $e = e_j$ von einer Realisierung oder Musterfunktion $z(e = e_j; t) = z(t)$ des zugrunde liegenden stochastischen Prozesses gesprochen wird. Die zur Beschreibung derartiger Prozesse herangezogenen Kenngrößen wie Mittelwerts- oder Korrelationsfunktionen sind grundsätzlich aus einer sog. Ensemblemittelung zu generieren. Wird im Folgenden stets Stationarität sowie Ergodizität (s. hierfür beispielsweise [1]) der betrachteten Prozesse vorausgesetzt, so können diese auch aus einzelnen Realisierungen ermittelt werden und sind dann per Definition für die Grundgesamtheit, d. h. den zugrunde liegenden Zufallsprozess, gültig. An dieser Stelle sei nur angemerkt, dass sowohl die Stationarität sowie auch die Ergodizität eines stochastischen Prozesses nicht aus Messdaten abgeleitet werden können. Diese dem betrachteten stochastischen Prozess zugeschriebenen systemimmanenten Eigenschaften müssen vielmehr a priori aufgrund von dessen physikalischen Eigenschaften postuliert werden. Somit können Mittelwert und die sogenannten Korrelationsfunktionen per Definition wie folgt ermittelt werden:

$$m_x = \overline{x(e;t)} = \lim_{T \to \infty} \frac{1}{2T} \int_{-T}^{T} x(t)\,dt \quad (31)$$

Durch die Definition als Produktmittelwert zeitlich verschobener Musterfunktionen eines Zufallsprozesses gibt die Autokorrelationsfunktion (Gl. 32) Aufschluss über die inneren Zusammenhänge bzw. die zeitliche Entwicklung eines stochastischen Prozesses (Bild 41). Sie ist eine gerade Funktion symmetrisch in $\tau$ und entspricht für $\tau = 0$ dem quadratischen Mittelwert bzw. für zentrierte, d. h. mittelwertbefreite Prozesse der Varianz $\sigma^2$.

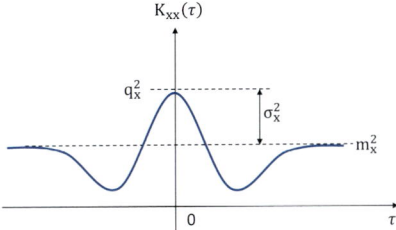

**Bild 41.** Autokorrelationsfunktion

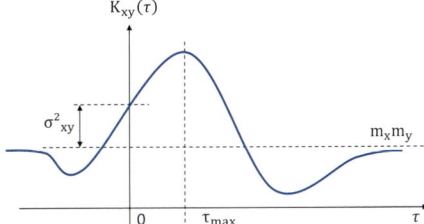

**Bild 42.** Kreuzkorrelationsfunktion

$$K_{xx}(\tau) = \overline{x(e;t)x(e;t+\tau)} = \lim_{T\to\infty} \frac{1}{2T} \int_{-T}^{T} x(t)x(t+\tau)dt \quad (32)$$

$$K_{xy}(\tau) = \overline{x(e;t)y(e;t+\tau)} = \lim_{T\to\infty} \frac{1}{2T} \int_{-T}^{T} x(t)y(t+\tau)dt \quad (33)$$

Die Kreuzkorrelationsfunktion (Gl. (33)) ist weder gerade noch ungerade und gibt Aufschluss über die Zusammenhänge zweier unterschiedlicher zeitlich verschobener Prozesse und enthält im Gegensatz zur Autokorrelationsfunktion zusätzlich noch eine Phaseninformation. Die Kreuzkorrelationsfunktion stellt somit ein hervorragendes Instrument dar, um beispielsweise die relative Phase zweier periodischer Signale zueinander zu bestimmen. Wie aus Bild 42 zu erkennen, weist sie ihr Maximum stets für $\tau > 0$ auf. Für $\tau = 0$ folgt für zentrierte Prozesse die sogenannte Kovarianz $\sigma_{xy}^2$. Als Beispiel werden an dieser Stelle die Auto- sowie die Kreuzkorrelationsfunktionen von Beschleunigungssignalen eines instrumentierten Fahrzeugs präsentiert.

Aus einer Gegenüberstellung der ungefilterten sowie der gefilterten Signale in Bild 43 und Bild 44 wird deutlich, dass dem eigentlich interessierenden Signal der globalen Hub- und Nickbewegungen des Fahrzeugs hochfrequente Signalanteile überlagert sind. Selbige Information verdeutlicht auch die zugehörige Autokorrelationsfunktion in Bild 45. Die harmonisch geprägte Beschaffenheit der Autokorrelationsfunktion für $\tau > 0{,}15$ Sekunden verdeutlicht die dominanten harmonischen Anteile der Vertikalschwingungsbewegung. Das deutliche Maximum für $\tau = 0$ charakterisiert die den globalen Schwingbewegungen überlagerten unkorrelierten Signalanteile. Das Maximum der Kreuzkorrelationsfunktion zwischen den Vertikalbeschleunigungssignalen des Fahrzeugaufbaus im Bereich der Vorder- und Hinterachse bei $\tau = 0{,}21$ Sekunden verdeutlicht die dominanten Nickbewegungen des Fahrzeugaufbaus sowie den zugehörige Phasenversatz zwischen den maximalen Schwingungsamplituden (Bild 46).

Interessant für mancherlei Fragestellung ist auch die Autokorrelationsfunktion zusammengesetzter Prozesse $z(e; t) := a_x(e; t) + b_y(e; t)$, welche zu

$$K_{zz}(\tau) = a^2 K_{xx}(\tau) + ab\left[K_{xy}(\tau) + K_{yx}(\tau)\right] + b^2 K_{yy}(\tau) \quad (34)$$

folgt und nur im Falle stochastisch unabhängiger Prozesse, d. h. $K_{xy}(\tau) = K_{yx}(\tau) = 0$ zu $K_{zz}(\tau) = a^2 K_{xx}(\tau) + b^2 K_{yy}(\tau)$ ermittelt werden kann.

Analog zu den eben diskutierten Korrelationsfunktionen, welche die inneren Zusammenhänge stochastischer Prozesse im Originalraum (z. B. Zeit oder Ort) beschreiben, können dazu äquivalente Beschreibungen auch im Fourier-transformierten Bildraum (Frequenz oder Wellenzahl) gefunden werden. Die dann als spektrale (Leistungs-)Dichtefunktionen $S(\omega)$ bezeichneten Funktionen sind gemäß der sogenannten Wiener-Khintschin-Relation [1] zu

$$S_{xx}(\omega) = \alpha \int_{-\infty}^{\infty} e^{-j\omega\tau} N_{xx}(\tau) d\tau$$

$$S_{xy}(\omega) = \alpha \int_{-\infty}^{\infty} e^{-j\omega\tau} N_{xy}(\tau) d\tau \quad (35)$$

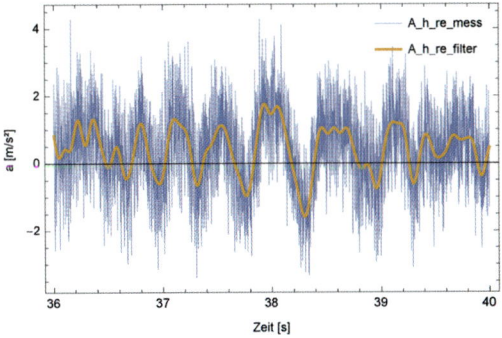

**Bild 43.** Vertikalbeschleunigung der hinteren Fahrzeugachse (Rohdaten und gefilterte Messwerte)

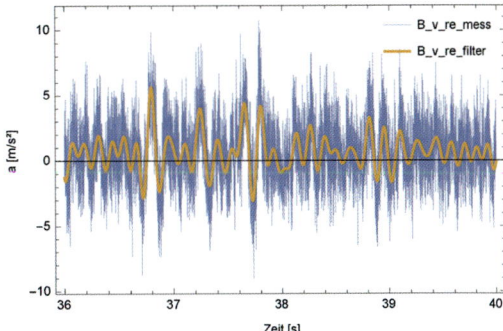

**Bild 44.** Vertikalbeschleunigung Fahrzeugaufbau (Rohdaten und gefilterte Messwerte)

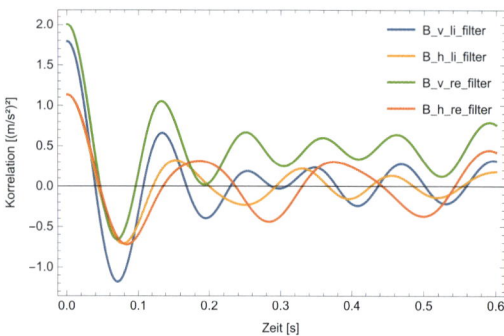

**Bild 45.** Autokorreklationsfunktion der vertikalen Aufbaubeschleunigungen

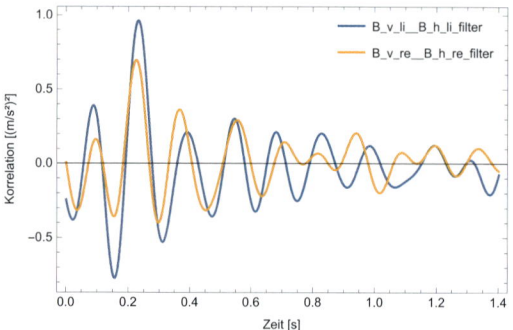

**Bild 46.** Kreuzkorrelationsfunktion der Aufbaubeschleunigungen im Bereich der Vorder- und Hinterachse

$$N_{xx}(\tau) = \beta \int_{-\infty}^{\infty} e^{j\omega\tau} S_{xx}(\omega) d\omega$$

$$N_{xy}(\tau) = \beta \int_{-\infty}^{\infty} e^{j\omega\tau} S_{xy}(\omega) d\omega \qquad (36)$$

definiert, wobei mit $N_{xx}(\tau)$ die zentrierte Auto- und mit $N_{xy}(\tau)$ die zentrierte Kreuzkorrelationsfunktion gemeint sind und deren Vorfaktoren analog zum Abschnitt 2.2.4 zu $\alpha = 1$ und $\beta = 1/2\pi$ vereinbart werden. Während die Korrelationsfunktionen stets die Dimension eines Amplitudenquadrats besitzen, weisen deren Fourier-Transformierte die spektralen (Leistungs-)Dichtefunktionen die Dimension Amplitudenquadrat mal Parametereinheit auf. So beispielsweise im Falle eines Windgeschwindigkeitsverlaufs [m²s/s² = m²/s] sowie im Falle örtlich betrachteter Fahrbahnunebenheiten [m²m = m³].
Wird die inverse Fourier-Transformation für einen verschwindenden Zeitversatz $\tau = 0$ ausgewertet, so folgt daraus per Definition die Varianz des zugrunde liegenden stochastischen Prozesses

$$N_{xx}(0) = \sigma_{xx}^2 = \frac{1}{2\pi} \int_{-\infty}^{\infty} S_{xx}(\omega) d\omega \qquad (37)$$

was bedeutet, dass die Varianz eines stochastischen Prozesses auch durch eine Integration über die spektrale Dichtefunktion im Frequenzbereich ermittelt werden kann.
Darüber hinaus bedeutsam sind neben den Varianzen der Schwingungsamplituden auch die Varianzen der zugehörigen Schwinggeschwindigkeiten und -beschleunigungen, die zu

$$\sigma_{\dot{x}\dot{x}}^2 = \frac{1}{2\pi} \int_{-\infty}^{\infty} \omega^2 S_{xx}(\omega) d\omega$$

$$\sigma_{\ddot{x}\ddot{x}}^2 = \frac{1}{2\pi} \int_{-\infty}^{\infty} \omega^4 S_{xx}(\omega) d\omega \qquad (38)$$

ermittelt werden können [2].
Zu beachten gilt es auch, dass in der Literatur häufig anstelle der im allgemeinen zweiseitigen Autoleistungsdichtefunktionen $S_{xx}(\omega)$ mit $-\infty < \omega < +\infty$ unter Ausnutzung deren Symmetrieeigenschaften die korrespondierende einseitige Dichtefunktion mit $0 < \omega < +\infty$ zu $G_{xx}(\omega) = 2 S_{xx}(\omega)$ gebräuchlich ist. Diese findet übrigens auch im Rahmen der DIN EN 1991-4 zur Beschreibung der Windgeschwindigkeit Anwendung (s. a. Abschnitt 5.3.1).
Die für die Korrelationsfunktion aufgezeigten Gesetzmäßigkeiten für zusammengesetzte Prozesse gelten in analoger Weise auch für spektrale Dichtefunktionen [1].
Als in der Praxis wichtiges Instrument für die Beschreibung der stochastischen Abhängigkeit zweier Zufallsprozesse im Frequenzbereich wird häufig die sogenannte dimensionslose Kohärenzfunktion

$$\gamma_{xy}(\omega) = \frac{|S_{xy}(\omega)|}{\sqrt{S_{xx}(\omega) S_{yy}(\omega)}} \qquad (39)$$

herangezogen, welche Werte zwischen null und eins einnehmen kann. Daraus wird auch deutlich, dass aufgrund der Betragsbildung in Gl. (39) aus Kohärenzfunktionen sowie aus Autoleistungsfunktionen im Allgemeinen nicht auf die zugehörige Kreuzleistungsdichte geschlossen werden kann, weil dadurch jegliche Phaseninformation verloren geht.
In Bild 47 sind ausgewählte Signale, deren Wahrscheinlichkeitsdichte- und Wahrscheinlichkeitsverteilungsfunktionen sowie die zugehörigen Autokorrelations- und Leistungsdichtefunktionen dargestellt, um ein Gespür für die allgemeinen Erscheinungsformen der jeweiligen Größen zu vermitteln.
Nach dieser sehr oberflächlich gehaltenen und auf die wesentlichen Zusammenhänge beschränkten Einführung in die Theorie stochastischer Prozesse kann nunmehr auf das Übertragungsverhalten linearer Schwingungssysteme im Frequenzbereich eingegangen werden. Demnach kann die spektrale Dichtefunktion der Systemantwort $S_{uu}(\omega)$ aus einer simplen Multiplikation der spektralen Dichtefunktion der Anregung $S_{pp}(\omega)$ mit dem Betragsquadrat der Frequenzgangfunktion gefunden werden (vgl. auch [1]).

$$S_{uu}(\omega) = |H(j\omega)|^2 S_{pp}(\omega) \qquad (40)$$

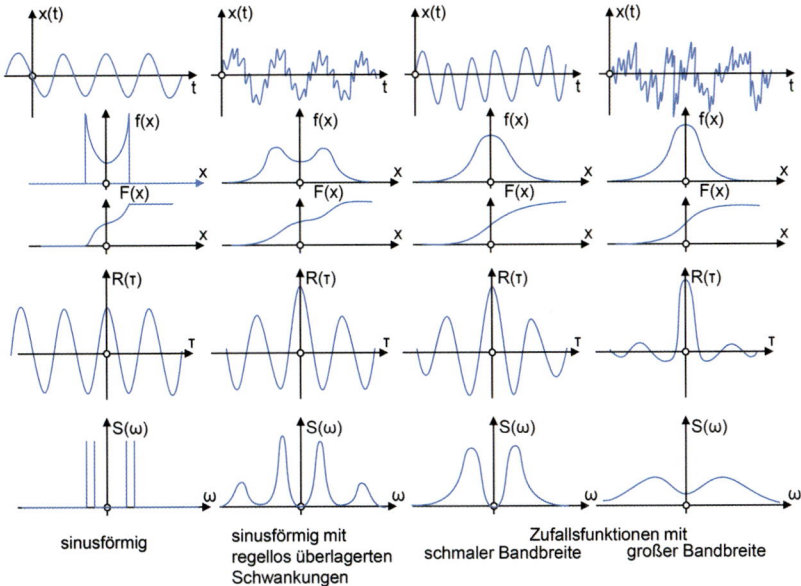

**Bild 47.** Schematische Charakterisierung unterschiedlicher Signaltypen auf der Basis von Dichte- und Verteilungsfunktion sowie Autorkorrelations- und Leistungsdichtefunktion [2]

Auch wenn es sich bei spektralen (Leistungs-)Dichtefunktionen im Allgemeinen auch um komplexwertige Funktionen handelt, so hat sich hierfür die Bezeichnung $S_{xy}(\omega)$ anstelle von $S_{xy}(j\omega)$ durchgesetzt.
In Bild 48 ist exemplarisch das Übertragungsverhalten eines Einfreiheitsgradsystems infolge regelloser Windeinwirkungen dargestellt.
Die interessierende Varianz der daraus resultierenden Bauwerksschwingungen kann über eine i. d. R. numerisch durchzuführende Integration über die spektrale Leistungsdichte der Systemantwort gewonnen werden. Wie bereits angedeutet, ist hierbei auf den Definitionsbereich der spektralen Dichtefunktion der Anregung zu achten, d. h. es ist zu unterscheiden, ob zwischen minus und plus unendlich oder zwischen null und plus unendlich zu integrieren ist.
Bei der Beschreibung der Einwirkung kann man entweder auf reale Messdaten zurückgreifen oder sich für grundsätzliche Untersuchungen und Parameterstudien mit analytischen Formfunktionen behelfen. Beispielsweise lässt sich auf der Basis parametrisierter rationaler Funktionen eine ganze Reihe an Korrelations- oder Spektraldichteverläufen näherungsweise beschreiben (Bilder 49, 50).

$$K_1(\xi) = \sigma^2 e^{-\alpha|\xi|}$$

$$S_1(\omega) = \sigma^2 \frac{2\alpha}{\alpha^2 + \omega^2} \tag{41}$$

$$K_2(\xi) = \sigma^2 e^{-\alpha|\xi|}\cos(\beta\xi)$$

$$S_2(\omega) = \sigma^2 \frac{2\alpha(\alpha^2 + \beta^2 + \omega^2)}{(\alpha^2 + \beta^2 - \omega^2) + 4\alpha^2\omega^2} \tag{42}$$

Im Falle schwach gedämpfter Systeme und somit schmalbandiger Schwingungsreaktion kann die Varianz derselbigen infolge regelloser Anregung vereinfachend unter der Annahme konstanter Spektraldichtefunktionen ermittelt werden. Die Güte dieser oftmals sehr zutreffenden Näherung steigt mit sinkender Systemdämpfung und steigender Breitbandigkeit der Anregung. Wird der Wert der spektralen Leistungsdichte an der Resonanzstelle des betrachteten Schwingungssystems $S_{pp} = S_{pp}(\omega_0) = $ const. unterstellt, so folgt die Varianz der Schwingungsantwort eines gedämpften Einfreiheitsgradsystems zu

$$\sigma_{uu}^2 = \frac{S_{pp}(\omega_0)\omega_0}{4\,D\,k^2} \quad \text{bzw.} \quad \sigma_{uu} = \frac{\sqrt{S_{pp}(\omega_0)\omega_0}}{2\,k\sqrt{D}} \tag{43}$$

Im Vergleich dazu folgen Maximalwert und Varianz der Schwingungsantwort eines resonant erregten Einfreiheitsgradsystems auf eine harmonische Anregung, welche dann auch als Effektivwert bezeichnet wird, zu:

$$\hat{u} = \frac{F_0}{k}\frac{\pi}{\Lambda} \quad \sigma_u = \frac{1}{\sqrt{2}}\hat{u} = \frac{1}{\sqrt{2}}\frac{F_0}{k}\frac{\pi}{\Lambda} \approx \frac{1}{\sqrt{2}}\frac{F_0}{k\,2D} \tag{44}$$

Während im determinierten Resonanzfall die Dämpfung linear in den Nenner eingeht, so steht diese im Fall regelloser Einwirkungen unter der Wurzel. Daraus wird auch deutlich, dass der Einfluss der Dämpfung im Falle von Zufallsschwingungen weniger dominant ist, was nicht zuletzt auf die breitbandige Anregung zurückzuführen ist, da die Energie der Schwingungsanregung nicht auf den Bereich der Resonanzstelle konzentriert, sondern über einen breiten Frequenzbereich verteilt ist.

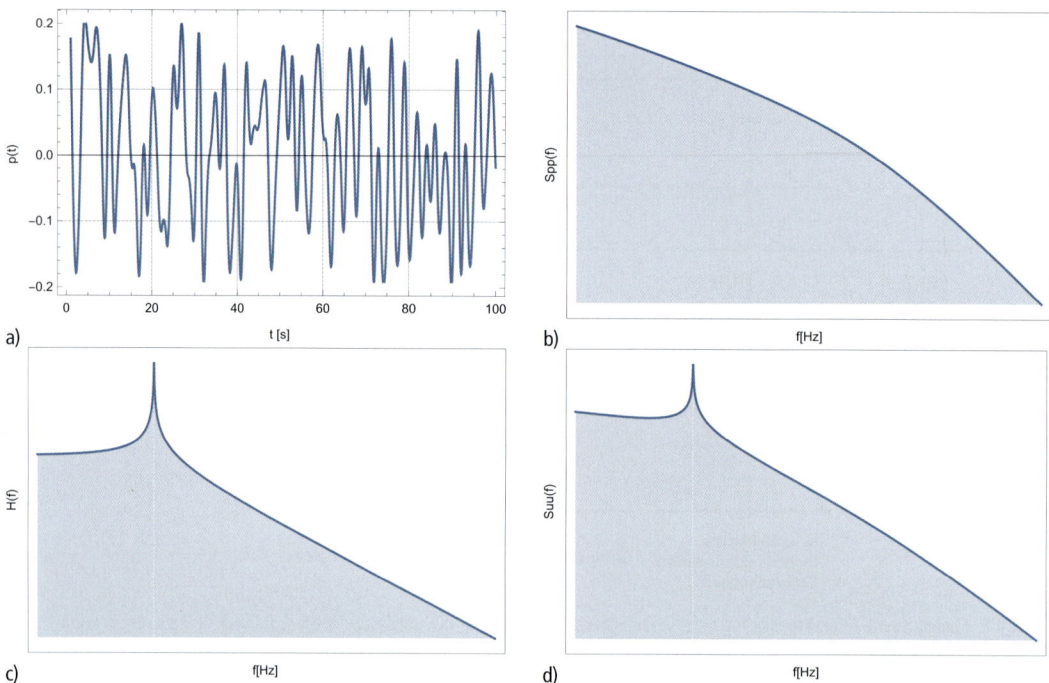

**Bild 48.** Schematische Darstellung des Übertragungsverhaltens linearer Einfreiheitsgradsysteme infolge regelloser Systemanregung; a) Zeitverlauf der Kraftanregung p(t), b) spektrale Dichte der Kraftanregung $S_{pp}(f)$, c) Frequenzgangfunktion H(jf) (Betrag), d) spektrale Dichte der Schwingungsantwort $S_{uu}(f)$

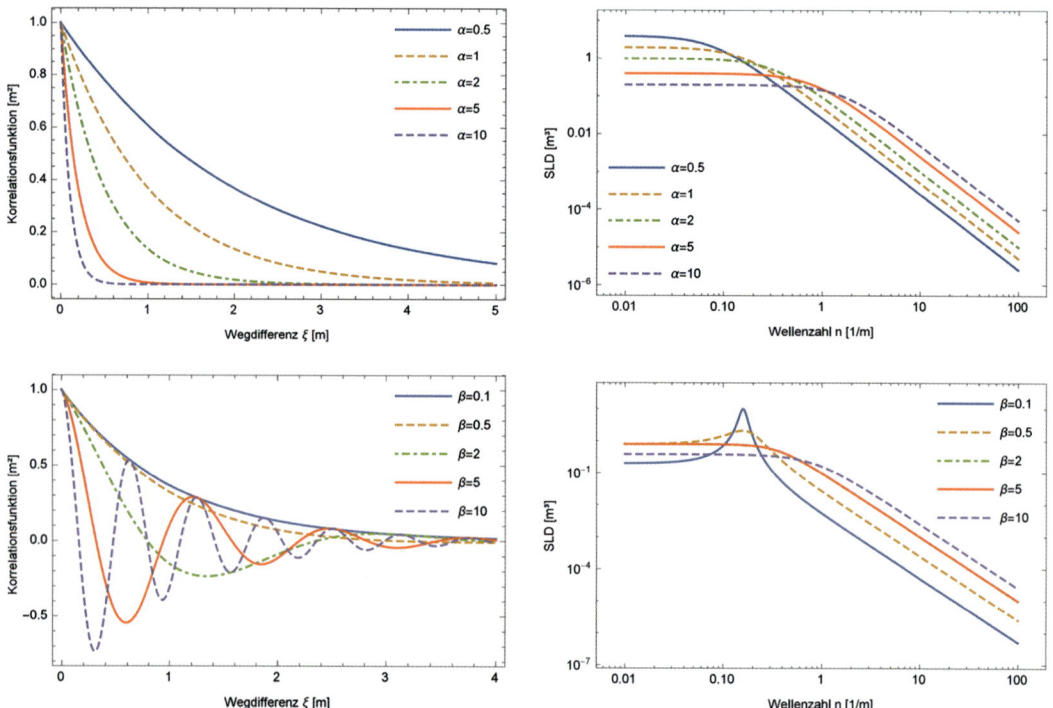

**Bild 49.** Parametrisierte Autokorrelationsfunktionen $K_1(\xi)$ und $K_2(\xi)$

**Bild 50.** Zugehörige spektrale Dichtefunktionen

**Beispiel 3**

Als Beispiele für die stochastische Erregung eines Einfreiheitsgradsystems wird ein idealisiertes Modell eines aufgeständerten Wasserspeichers unter böiger Windbeanspruchung betrachtet (Bild 51). Aufgrund der dominanten Masse und auch Windangriffsfläche des kugelförmigen Speichertanks im Vergleich zur schlanken und filigranen Turmstruktur kann dessen dynamisches Verhalten mit ausreichender Genauigkeit auf der Basis eines Einfreiheitsgradsystems beschrieben werden.

Die Ersatzfedersteifigkeit des Turmschafts folgt im ersten Schritt unter Vernachlässigung jeglicher Fundamentverdrehung mit dem Flächenträgheitsmoment des Schaftes $I_y = \frac{\pi}{4}(R^{-4} - r^4) = \frac{\pi}{4}(1,2^4 - 1,175^4) = 0,13153 \, m^4$ zu $k = \frac{3EI}{L^3} = \frac{3 \cdot 210.000 \, E6 \cdot 0,13153}{35^3} = 1.932.685 \, N/m$. Mit einem Gesamtgewicht der aufgeständerten Kugel von 600 t folgt die erste Biegeeigenfrequenz zu $f = \frac{1}{2\pi}\sqrt{\frac{1.932.685}{600.000}} = 0,29$ Hz. Um zu überprüfen, inwieweit der Einfluss der nachgiebigen Fundamenteinspannung einen Einfluss auf die Schwingzeit hat, wird die Drehfedersteifigkeit der gegebenen Fundamentabmessungen und Bodenkennwerte abgeschätzt. Gemäß [2] kann die Drehfeder zu $K = ab^2 \frac{E}{i\,k}$ berechnet werden, wobei a und b die Fundamentabmessungen, E der Elastizitätsmodul des Baugrunds sowie i und k Beiwerte zur Berücksichtigung der Fundamentgeometrie sowie der Baugrundschichtung darstellen (s. a. Abschnitt 3). Wird von einem mitteldicht gelagerten Kiessand als Baugrund ausgegangen, so kann dafür aus Erfahrungswerten eine mittlere Steifezahl von $S = 100 \, E6 \, N/m^2$ sowie daraus abgeleitet ein E-Modul von $E = \frac{1-\mu-2\mu^2}{1-\mu} S = 74,3 \, E6 \, N/m^2$ angegeben werden. Wird darüber hinaus eine große

Idealisierte technische Daten:
Turmhöhe H = 35 m
Schaft: D = 2,40 m, t = 25 mm
Kugeldurchmesser D = 10 m
Gesamtgewicht der wassergefüllten Kugel = 600 t
Fundamentabmessungen 7 m × 7 m
Baugrund: Kiessand, mitteldicht gelagert

**Bild 51.** Exemplarische Darstellung eines Wasserturms

Mächtigkeit der nachgiebigen Sandschicht unterstellt, so folgen die Beiwerte i = 4,64 und k = 0,76 sowie die Drehfederkonstante zu $K = ab^2 \frac{E}{i\,k} = 7 \cdot 7^2 \cdot \frac{74,3 \, E6}{4,64 \cdot 0,76}$ = 7,2 E9 N/rad. Mit der Turmhöhe von 35 m folgt daraus eine äquivalente horizontale Ersatzfeder von 7,2 E9/35 m = 206 E6 N/m, die im Vergleich zur Ersatzfedersteifigkeit des Schaftes von 1,9 E6 deutlich größer ist und somit die Vernachlässigung der Fundamentverdrehung im vorliegenden Fall gerechtfertigt war. Läge die Ersatzfedersteifigkeit der Fundamentverdrehung und diejenige der Biegeweichheit der Schaftkonstruktion in ähnlicher Größenordnung, so wäre eine Gesamtersatzfedersteifigkeit unter Berücksichtigung einer Reihenschaltung der beiden Federn zu

$$k_{gesamt} = \frac{1}{\frac{1}{k_1} + \frac{1}{k_2}}$$ zu ermitteln.

Um die Varianz der Schwingungsamplituden infolge böiger Windbeanspruchung zu ermitteln, ist zunächst der Verlauf der spektralen Leistungsdichte der Windkraftanregung zu bestimmen (Bilder 52, 53). Dieser wird in Anlehnung an die Angaben in DIN EN 1991-4 zu

$$S_L(f_L) = \frac{6,8 f_L(z,f)}{(1 + 10,2 f_L(z,n))^{5/3}} \quad (45)$$

bzw.

$$S_{vv}(f) = S_L(f_L) \cdot \frac{\sigma_v^2}{f} \quad (46)$$

festgelegt.

Als Anregung ist jedoch nicht die Windgeschwindigkeit, sondern die daraus resultierende Windkraftbeanspruchung von Interesse. Das Spektrum der Windkraft wird dabei vereinfachend aus der Windgeschwindigkeit unter Zugrundelegung einer aerodynamischen Übertragungsfunktion [9]

$$H_{aero}(f) = \frac{1}{1 + \left(\frac{2f\sqrt{A}}{v_m}\right)^{4/3}} \quad (47)$$

zu

$$S_{ww}(f) = S_{vv}(f)(\rho v_m c_f b l)^2 H_{aero}(f)^2 \quad (48)$$

ermittelt. Unter Zugrundelegung der Windangriffsfläche der Kugel von ca. 78,5 m² folgt das in Bild 54 dargestellte Kraftanregungsspektrum.

Wird das Spektrum als konstant im Bereich der ersten Biegeeigenfrequenz von 0,29 Hz angenommen sowie ein logarithmisches Dämpfungsdekrement der Struktur von Λ = 0,01 zugrunde gelegt (Bild 55), so folgt daraus ein Wert von 1,4 E7 N²s und daraus die Standardabweichung der Schwingbewegungen gemäß Gl. (43) näherungsweise zu $\sigma_{uu}^2 \approx \frac{S_{pp}(\omega_0)\omega_0}{4 D k^2}$

$$= \frac{1,4 E7 \cdot 2 \cdot \pi \cdot 0,29}{4 \cdot 0,0016 \cdot 1.932.685^2} = 1,068 \, E-3 \, m^2$$ bzw.

σ = 0,033 m. Vergleicht man dieses Ergebnis mit dem

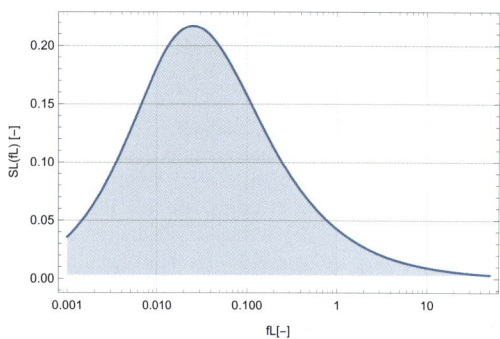

**Bild 52.** Spektrale Leistungsdichte $S_L(f_L)$ der Böengeschwindigkeit (normierte Darstellung)

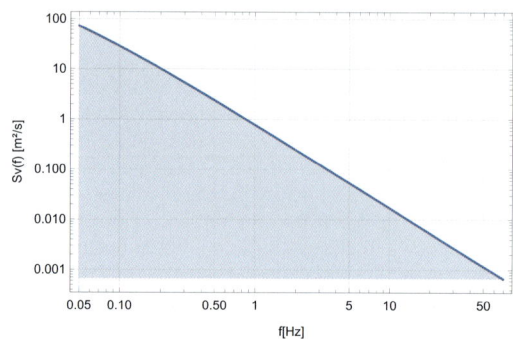

**Bild 53.** Spektrale Leistungsdichte $S_{vv}(f)$ der Böengeschwindigkeit (nicht normierte Darstellung für den baupraktisch maßgebenden Frequenzbereich)

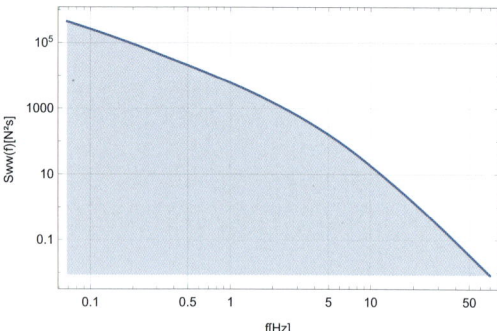

**Bild 54.** Spektrum der Kraftanregung der Kugel

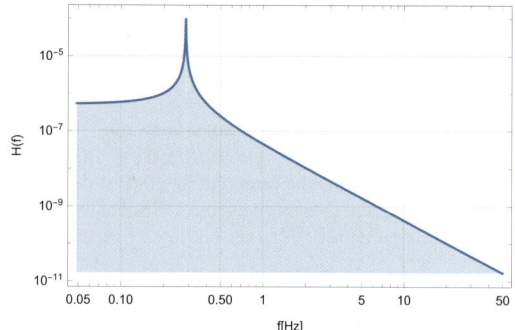

**Bild 55.** Frequenzgangfunktion des kinetisch äquivalenten EFG-Systems

exakten Wert von $\sigma = 0{,}024$, den man aus der Integration über die spektrale Leistungsdichte der Systemantwort erhält, erkennt man, dass es sich um eine brauchbare und auf der sicheren Seite liegende Näherung handelt. Die Güte dieser Näherung hängt stark vom Verlauf der Leistungsdichte der Windanregung ab und nimmt mit sinkender Dämpfung zu.

Für eine sichere Dimensionierung einer Konstruktion sind i. d. R. jedoch nicht die Mittelwerte und Varianzen von Bedeutung, sondern vielmehr die zugehörigen Extremwerte des zugrunde liegenden Prozesses. Entscheidende Kenngrößen sind dabei die Anzahl der steigenden (oder fallenden – werden hier nur in einer Richtung gezählt) Nulldurchgänge $N_0$ sowie die Anzahl der Maximalamplituden $N_1$ (auch hierbei werden entweder die positiven oder negativen Maxima betrachtet) pro Zeiteinheit

$$N_0 = \frac{1}{2\pi}\sqrt{\frac{\int_0^\infty \omega^2 S_{xx}(\omega)d\omega}{\int_0^\infty S_{xx}(\omega)d\omega}} \qquad (49a)$$

$$N_1 = \frac{1}{2\pi}\sqrt{\frac{\int_0^\infty \omega^4 S_{xx}(\omega)d\omega}{\int_0^\infty \omega^2 S_{xx}(\omega)d\omega}} \qquad (49b)$$

die wie ersichtlich aus den zugehörigen Spektraldichtefunktionen abgeleitet werden können [2]. Ebenfalls von Interesse ist die Wahrscheinlichkeitsdichtefunktion der (Spitzen-)Amplitudenwerte (nicht Extremwerte), die sich durch das Verhältnis $\alpha = N_0/N_1$ sowie der Standardabweichung des zugrunde liegenden Prozesses $\sigma_x$ beschreiben lässt:

$$f_{spitze}(\xi) = (1-\alpha^2)\frac{1}{\sqrt{2\pi(1-\alpha^2)}\sigma_x}e^{\left(-\frac{1}{2(1-\alpha^2)}\frac{\xi^2}{\sigma_x^2}\right)}$$
$$+ \alpha F_{Gauß}\left(\frac{\alpha}{\sqrt{1-\alpha^2}}\frac{\xi}{\sigma_x}\right)\frac{\xi}{\sigma_x^2}e^{\left(-\frac{1}{2}\frac{\xi^2}{\sigma_x^2}\right)} \qquad (50)$$

Neben der Verteilung der Maximalamplituden sind für eine sichere Dimensionierung einer Baukonstruktion jedoch insbesondere die Dichtefunktion der zugehörigen Extremwerte bestimmend (Bild 56). Die Anzahl der in einer Richtung auftretenden Überschreitungen eines bestimmten Amplitudenniveaus sowie die daraus abzuleitende Dichtefunktion der Extremwerte, die naturgemäß abhängig von der zugrunde liegenden Beobachtungsdauer T ist, können zu

$$N_\xi = N_0 e^{-\frac{\xi^2}{2\sigma_x^2}}$$

$$f_{extrem}(\xi) = \frac{TN_0}{\sigma_x} \frac{\xi}{\sigma_x} \exp\left[-\frac{\xi^2}{2\sigma_x^2}\right] \exp\left[-TN_0 \exp\left[-\frac{\xi^2}{2\sigma_x^2}\right]\right] \quad (51)$$

bestimmt werden. In Bild 57 sind entsprechende Dichtefunktionen für ausgewählte Beobachtungszeiträume dargestellt. Daraus ist zu erkennen, dass sich die Dichtefunktionen für ausreichend lange Beobachtungszeiträume sehr eng um den Mittelwert

$$\mu_\xi = \sigma_x \underbrace{\left(\sqrt{2\ln(TN_0)} + \frac{0{,}5772}{\sqrt{2\ln(TN_0)}}\right)}_{=\text{Spitzenfaktor } k_p} \quad (52)$$

gruppieren. Somit kann dieser auch mit i. d. R. ausreichender Sicherheit der Dimensionierung von Tragwerken zugrunde gelegt werden. Auf diese Weise wurde z. B. von *Davenport* seinerzeit der Böenreaktionsfaktor für schwingungsanfällige Konstruktionen definiert (s. a. Abschnitt 5.3.1).

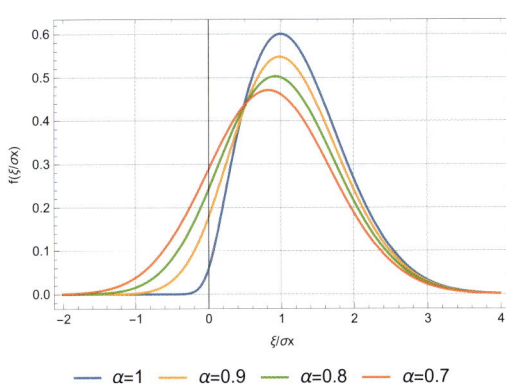

**Bild 56.** Dichtefunktion der Maximalamplituden für unterschiedliche Verhältnisse $\alpha$

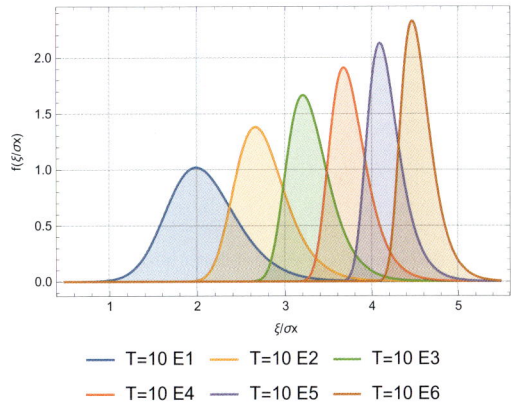

**Bild 57.** Wahrscheinlichkeitsdichtefunktion der Extremwerte für unterschiedliche Beobachtungszeiträume T [s]

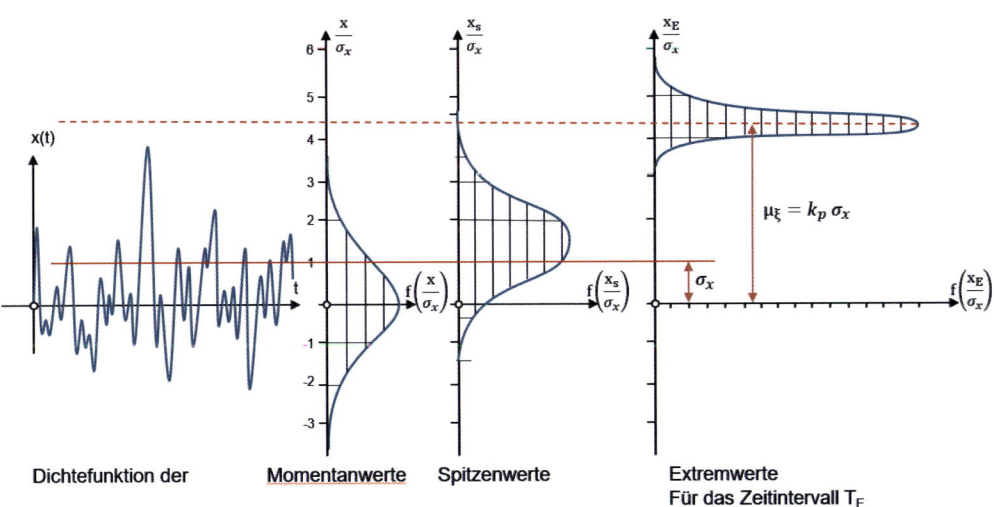

**Bild 58.** Schwingungsreaktion, Wahrscheinlichkeitsdichtefunktion der Momentanwerte, Spitzenwerte und Extremwerte des zugrunde liegenden stochastischen Prozesses [2]

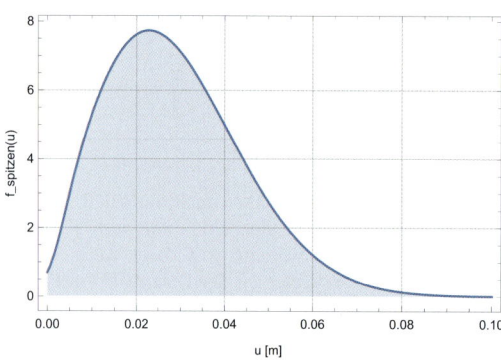

**Bild 59.** Wahrscheinlichkeitsdichtefunktion der Spitzenwerte der Schwingungsamplituden

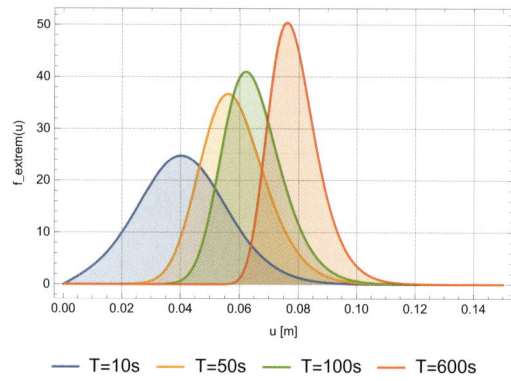

**Bild 60.** Wahrscheinlichkeitsdichtefunktion der Extremwerte in Abhängigkeit des Betrachtungszeitraums

### Fortsetzung zu Beispiel 3

Soll für den im Beispiel 2 betrachteten Wasserbehälter eine Dimensionierung oder Sicherheitsbewertung durchgeführt werden, so kann dafür die Wahrscheinlichkeitsdichtefunktion der Extremwerte der Schwingungsreaktion gemäß Bild 58 zugrunde gelegt werden. Die Werte $N_0$ und $N_{max}$ ergeben sich für das vorliegende Beispiel zu $N_0 = 0{,}28284$ und $N_{max} = 0{,}28589$. Die Wahrscheinlichkeitsdichtefunktionen der Spitzen- und Extremwerte sind in den Bildern 59 und 60 dargestellt. Wird beispielsweise, wie bei windinduzierten Schwingungen üblich, eine Beobachtungsdauer von 10 min, d. h. 600 s, herangezogen, so folgt daraus ein Spitzenfaktor von 3,38 sowie ein Mittelwert für die extremalen Schwingungsamplituden von ca. 7,8 cm.

Bislang wurden ausschließlich Systeme mit einem Freiheitsgrad betrachtet. Sämtliche aufgezeigten Betrachtungsweisen und Lösungsansätze können jedoch auch zur Ermittlung der Schwingungsantwort von Systemen mit grundsätzlich beliebig vielen Freiheitsgraden herangezogen werden, sofern die im Allgemeinen gekoppelten Differenzialgleichungssysteme von Mehrfreiheitsgradsystemen durch eine sogenannte modale Transformation in n voneinander unabhängig lösbare Schwingungsdifferenzialgleichungen überführt werden. Einzige Voraussetzung ist ein lineares Systemverhalten und somit die Anwendbarkeit des Superpositionsgesetzes.

## 2.3 Mehrfreiheitsgradsysteme

Können die interessierenden Schwingungseigenschaften der zu untersuchenden Konstruktion nicht mehr sinnvoll auf einen Freiheitsgrad beschränkt bleiben, so können die dann im Falle diskreter Systeme mit n Freiheitsgraden auftretenden n gekoppelten Differenzialgleichungen der Form

$$\mathbf{M}\ddot{\mathbf{u}}(t) + \mathbf{D}\dot{\mathbf{u}}(t) + \mathbf{K}\mathbf{u}(t) = \mathbf{p}(t) \tag{53}$$

entweder als gekoppeltes Differenzialgleichungssystem gelöst oder über eine sogenannte Modalanalyse, d. h. durch eine geschickt gewählte Koordinatentransformation, in n-entkoppelte Differenzialgleichungen überführt werden. Die dabei entstehenden Einzelgleichungen können dann gemäß den unter Abschnitt 2.1 aufgezeigten Ansätzen gelöst und anschließend zur Gesamtreaktion zusammengeführt werden.

### 2.3.1 Lösung als gekoppeltes DGL-Systems – Frequenzgangmatrizen

In der Praxis wird das gekoppelte Differenzialgleichungssystem (53) oftmals näherungsweise durch eine numerische Integration gelöst. Hierfür steht eine ganze Reihe an Integrationsalgorithmen zur Verfügung, auf welche hier nicht im Detail eingegangen werden soll (s. hierfür [12, 13]).

Eine exakte Lösung der gekoppelten Differenzialgleichung auf eine determinierte Anregung kann analog zu Gl. (28) im Fourier-transformierten Frequenzraum zu

$$\mathbf{U}(j\omega) = \mathbf{H}(j\omega)\mathbf{P}(j\omega) \quad \text{bzw.} \quad \mathbf{U}(jf) = \mathbf{H}(jf)\mathbf{P}(jf) \tag{54}$$

gefunden werden, wobei $\mathbf{U}(j\omega)$ den Vektor der Schwingungsantworten, $\mathbf{P}(j\omega)$ den Vektor der Kraftanregung und $\mathbf{H}(j\omega)$ die Frequenzgangmatrix darstellen. Für

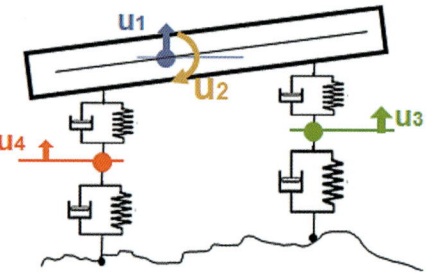

**Bild 61.** Ebenes Halbfahrzeugmodell [9]

Schwingungssysteme mit einer geringen bis mittleren Anzahl an Freiheitsgraden kann diese über eine Invertierung des Gleichungssystems zu

$$H(j\omega) = [-\omega^2 M + j\omega D + K]^{-1} \text{ bzw.}$$

$$H(jf) = [-(2\pi f)^2 M + j2\pi f D + K]^{-1} \quad (55)$$

ermittelt werden. Auch für Mehrfreiheitsgradsysteme können grundlegende Analysen eines Schwingungssystems bereits aus einer qualitativen Betrachtung der einzelnen Frequenzgangfunktionen $H_{ij}(j\omega)$ durchgeführt werden. Insbesondere die Betrachtung der Nebendiagonalelemente gibt Aufschluss über die Kopplung der einzelnen Freiheitsgrade untereinander (Bilder 62, 63). Wird exemplarisch das Schwingungsverhalten eines zweiachsigen Fahrzeugs auf der Basis eines Starrkörpermodells mit vier Freiheitsgraden betrachtet, so zeigt sich Bild 61 [9].

Dabei beschreibt der erste Freiheitsgrad die Hubbewegungen des Fahrzeugaufbaus, der zweite dessen Nickbewegungen sowie Freiheitsgrad drei und vier die Vertikalschwingbewegungen der Vorder- und Hinterachse [9].

Sind die Schwingungsreaktionen im Zeitbereich von Interesse, so können diese aus den exakten Lösungen im Frequenzbereich über eine inverse Fourier-Transformation erhalten werden. Da diese Transformation i. d. R. auch numerisch durchzuführen ist, stellen die auf diese Weise gefundenen Lösungen allerdings ebenfalls nur Näherungen dar.

Als weiteres Beispiel werden die Frequenzgangfunktionen einer vertikalen Kragstruktur, z. B. eines Schornsteins oder eines Turms, für unterschiedliche Höhen dargestellt, wobei erneut sehr anschaulich der Unterschied zwischen einer linearen Darstellung sowie einer logarithmierten Darstellung deutlich wird, Letztere jedoch für die Bewertung höherer Eigenfrequenzen klar zu bevorzugen ist (Bilder 64, 65).

Im Falle größerer Systeme kann die Invertierung der Gl. (55) durchaus zu numerischen Problemen führen. Dann empfiehlt sich der Aufbau der Frequenzgangmatrix aus den Eigenvektoren (s. a. Abschnitt 2.3.2) zu

$$H(f) = \sum_{k=1}^{N} \frac{\Phi_k \Phi_k^T}{j2\pi f - \lambda_k} \quad (56)$$

Der besondere Reiz dieser Vorgehensweise ist neben der Vermeidung numerischer Probleme bei der Invertierung großer Gleichungssysteme, dass eine ausreichende Approximation der Frequenzgangmatrix i. d. R. bereits unter Zugrundelegung weniger elementarer Eigenschwingformen ermittelt werden kann. Zudem ist auf

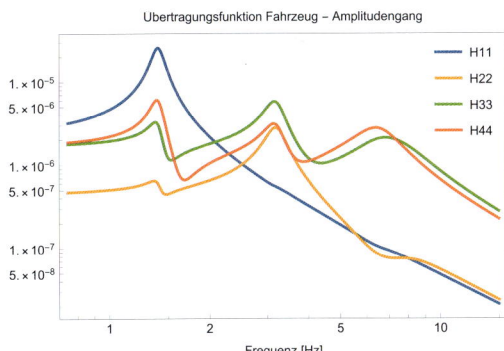

**Bild 62.** Hauptdiagonalelemente der Frequenzgangmatrix

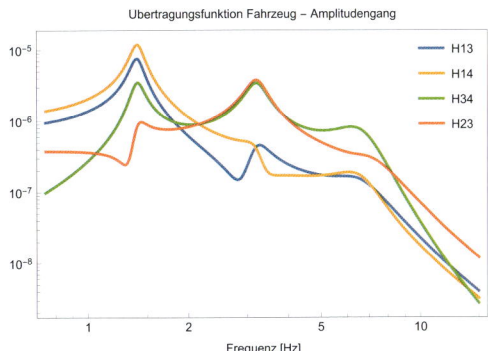

**Bild 63.** Nebendiagonalelemente der Frequenzgangmatrix

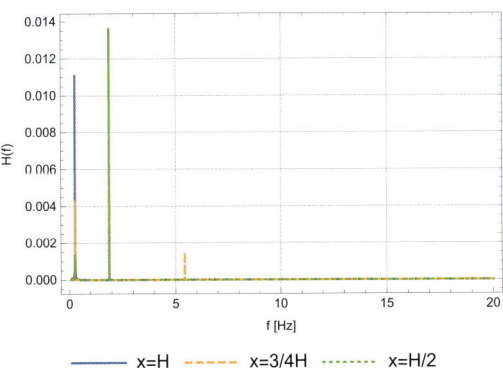

**Bild 64.** Amplitudengang – lineare Darstellung

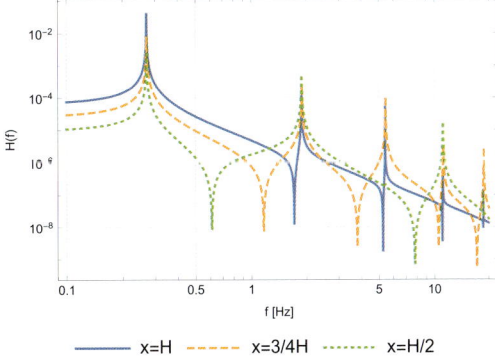

**Bild 65.** Amplitudengang – doppeltlogarithmische Darstellung

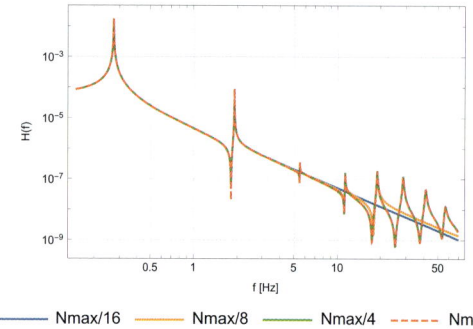
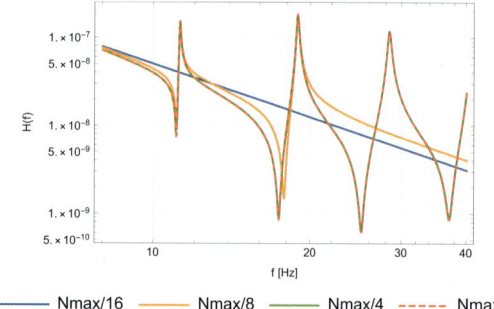

**Bild 66.** Frequenzgangfunktion $H_{uu}(f)$ einer frei auskragenden Turmkonstruktion in Abhängigkeit der Anzahl verwendeter Eigenformen

diese Weise auch die Ermittlung der Frequenzgangmatrix auf der Basis experimentell bestimmter Eigenschwingformen und Eigenfrequenzen möglich.

Bild 66 enthält eine Gegenüberstellung der Frequenzgangfunktion $H_{uu}(f)$ einer turmartigen Konstruktion. Betrachtet wird die Horizontalauslenkung an der Kragarmspitze in Abhängigkeit der Anzahl der für den Aufbau der Frequenzgangmatrix gemäß Gl. (56) berücksichtigten Eigenschwingformen. Daraus wird deutlich, dass eine zufriedenstellende Approximation des exakten Verlaufs im interessierenden Frequenzbereich häufig bereits unter Berücksichtigung weniger Eigenschwingformen gegeben ist. Die erste Biegeeigenfrequenz des betrachteten Systems liegt bei ca. 0,2 Hz. Für $N = N_{max}/8$ ist beispielsweise bis ca. 10 Hz eine ausreichende Übereinstimmung gegeben.

Kann die Einwirkung nicht mehr zufriedenstellend als determinierte Funktion beschrieben werden, so muss wiederum auf eine Beschreibung auf der Basis stochastischer Prozesse zurückgegriffen werden [1, 2]. Das Formulieren und auch Auswerten der mathematischen Lösung in der Form

$$S_{uu}(f) = \bar{H}(f) S_{pp}(f) H^T(f) \quad (57)$$

bei welcher die spektrale Dichtematrix der Kraftanregung von links mit der konjugierten und von rechts mit der transponierten Frequenzgangmatrix zu multiplizieren ist, gestaltet sich relativ einfach und bereitet unter Zuhilfenahme geeigneter Mathematikverarbeitungssoftware (z. B. Mathematica, Matlab etc.) i. d. R. keine größeren Schwierigkeiten.

Die Herausforderung im Zusammenhang mit Gl. (57) besteht vielmehr im Auffinden der Spektralmatrix $S_{pp}(f)$ der Systemanregung. Hierbei müssen neben den Autoleistungsdichtefunktionen der einzelnen stochastischen Anregungsprozesse in den jeweiligen Systemfreiheitsgraden – diese bilden die Hauptdiagonalelemente in $S_{pp}(f)$ – auch die auf den Nebendiagonalelementen vorhandenen Kreuzleistungsdichtefunktionen berücksichtigt werden. Diese beschreiben die stochastische Abhängigkeit der Anregungsprozesse in den einzelnen Freiheitsgraden und weisen zudem im Allgemeinen eine Phaseninformation auf. In der Praxis liegt aufgrund der oftmals fehlenden Information genau darin die Schwierigkeit und so muss oftmals mit teilweise groben Näherungen gearbeitet werden.

Der einfachste Ansatz besteht naturgemäß in einer vollständigen Vernachlässigung der stochastischen Abhängigkeit beispielsweise der betrachteten Windgeschwindigkeiten über die Konstruktionshöhe. Im Falle stochastisch unabhängiger Prozesse reduziert sich die Spektraldichtematrix der Windgeschwindigkeiten auf eine Diagonalmatrix mit den Leistungsdichtefunktionen $S_{ii}(f)$ der Strömungsgeschwindigkeiten an den diskretisierten Höhenpunkten.

Für eine exakte Beschreibung des als stationär vorausgesetzten Strömungsfelds ist eine Einbeziehung der Kreuzspektraldichtefunktionen auf den Nebendiagonalelementen der Spektraldichtematrix, die beispielsweise aus simultan gemessenen Windgeschwindigkeitsverläufen in den jeweiligen Höhenpunkten approximiert werden können, erforderlich. Da in der Praxis diese Informationen häufig nicht zur Verfügung stehen, wird oftmals auf Näherungen für die Kreuzleistungsdichtefunktionen auf der Basis verallgemeinerter Kohärenzfunktionen zurückgegriffen. Dabei werden ausgehend von Gl. (39) die Nebendiagonalelemente aus den Autoleistungsdichtefunktionen geschätzt. Zu beachten gilt es dabei, dass aufgrund der Betragsbildung jegliche Phaseninformation verloren geht und die Nebendiagonalelemente rein reelle Größen darstellen.

Als Beispiel soll an dieser Stelle die Beschaffenheit der Spektraldichtematrix der Windkraft über die Höhe der Turmstruktur aufgezeigt werden (für ähnliche Überlegungen im Hinblick auf fahrbahnunebenheitsinduzierte Fahrzeugschwingbewegungen wird auf [9] verwiesen). Wird als Kohärenzfunktion für die Windgeschwindigkeit die Bedingung [10]

$$\gamma_{v_i v_j}(z, f) = e^{-\frac{f\, C_{v,z}(z_i - z_j)}{\frac{1}{2}(v_m(z_i) - v_m(z_j))}} \quad (58)$$

eingeführt (s. exemplarisch Bild 68), so können die Einträge in der Spektralmatrix der Windgeschwindigkeit vereinfachend sowie unter Vernachlässigung der Phasenbeziehungen zwischen den einzelnen Bauwerksbereichen zu

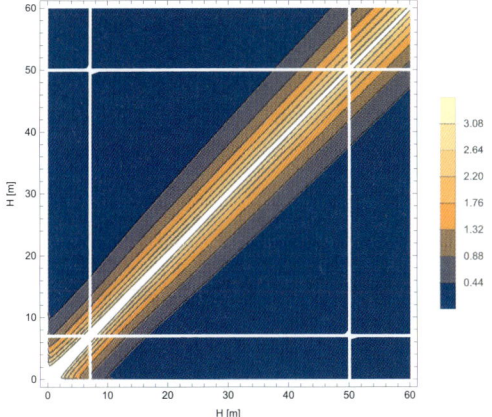

Bild 67. Spektrale Leistungsdichtematrix der Windgeschwindigkeit über die Bauwerkshöhe

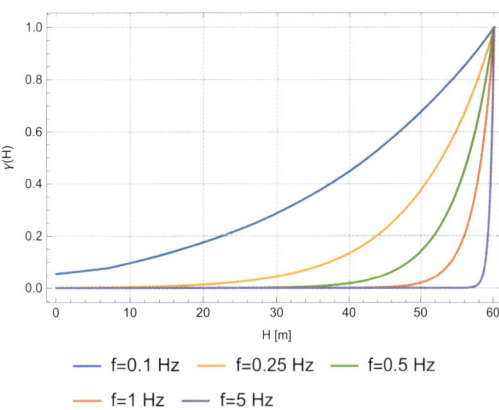

Bild 68. Kohärenz der Windgeschwindigkeit über die Bauwerkshöhe für unterschiedliche Frequenzen

$$|S_{v_i v_j}(z,f)|^2 = \gamma_{v_i v_j}(z,f)^2 S_{v_i v_i}(z,f) S_{v_j v_j}(z,f) \quad (59)$$

festgelegt werden. Die spektrale Leistungsdichtematrix

$$\mathbf{S_{vv}}(f) = \begin{bmatrix} S_{v_1 v_1} & S_{v_1 v_2} & \cdots & S_{v_1 v_n} \\ S_{v_2 v_1} & S_{v_2 v_2} & \cdots & S_{v_2 v_n} \\ \vdots & \vdots & \ddots & \vdots \\ S_{v_n v_1} & S_{v_n v_2} & \cdots & S_{v_n v_n} \end{bmatrix} \quad (60)$$

ist dann eine voll besetzte Matrix, wobei die fern der Hautdiagonalen angeordneten Nebendiagonalelemente aufgrund der stark mit der Entfernung abfallenden Kohärenz sehr geringe Werte aufweisen (s. Bild 67).

### 2.3.2 Modalanalyse

Alternativ zu den im Allgemeinen zur Aufstellung der Bewegungsgleichungen herangezogenen physikalischen Lagekoordinaten können unter der Voraussetzung linearer Systemeigenschaften die sogenannten modalen Koordinaten, d. h. die Eigenschwingformen, zur Beschreibung des zeitlichen Schwingungsverhaltens einer Konstruktion oder eines Systems herangezogen werden und die dynamische Verformung des Systems zu jedem Zeitpunkt als Superposition der Eigenvektoren (s. beispielsweise die exemplarisch dargestellten ersten drei Eigenformen einer horizontalen Kragstruktur in Bild 69) des zugrunde liegenden Differenzialgleichungssystems multipliziert mit den jeweils zugehörigen Zeitverlaufsfunktionen in der Form

$$\mathbf{u(t)} = \mathbf{\Phi Y(t)} = \sum_{i=1}^{N} \mathbf{\Phi_i} y_i(t) = \mathbf{\Phi_1} y_1(t) + \mathbf{\Phi_2} y_2(t) + \ldots \quad (61)$$

beschrieben werden. Dabei stellt $\mathbf{u}(t)$ den zeitlich veränderlichen Vektor in physikalischen Lagekoordinaten dar. Die Modalmatrix, in der sämtliche Eigenvektoren angeordnet werden, wird mit $\mathbf{\Phi} = [\mathbf{\Phi_1}, \mathbf{\Phi_2}, \mathbf{\Phi_3}, \ldots, \mathbf{\Phi_N}]$ bezeichnet. In $\mathbf{Y(t)} = [Y_1(t), Y_2(t), Y_3(t), \ldots, Y_N(t)]^T$ werden schließlich die N zugehörigen Zeitverlaufsfunktionen zusammengefasst.

Die Eigenwerte, d. h. die Eigenfrequenzen sowie die zugehörigen Eigenvektoren, werden an dieser Stelle als bekannt vorausgesetzt. Zu deren Berechnung steht eine Vielzahl von Rechenprogrammen zur Verfügung.

Lässt sich die Dämpfungsmatrix $\mathbf{D}$ in Gl. (53) als Linearkombination der Massen- und Steifigkeitsmatrix in der Form $\mathbf{D} = \alpha \mathbf{M} + \beta \mathbf{K}$ darstellen, dann und nur dann vermögen die Eigenvektoren des zugeordneten ungedämpften Systems die Differenzialgleichung zu entkoppeln. Man spricht dann auch von einer proportionalen

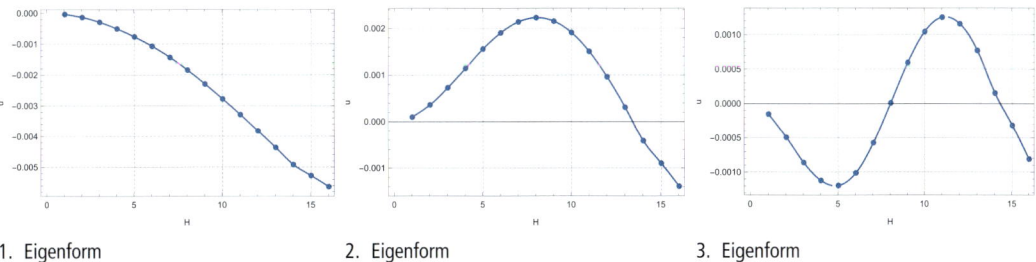

1. Eigenform        2. Eigenform        3. Eigenform

Bild 69. Eigenformen einer mit finiten Elementen diskretisierten Kragstruktur

Bild 70. Abluftkamine mit Schwingungsdämpfer

Dämpfung (weiteres zum Ansatz der Dämpfung s. Abschnitt 3.2). Allerdings sei bereits an dieser Stelle darauf hingewiesen, dass für den Fall diskreter, d. h. einzelner Dämpferelemente wie beispielsweise bei Schornsteinen oder Turmbauwerken verwendet, ein proportionaler Dämpfungsansatz nicht mehr zielführend sein kann.

### Beispiel 4

Es wird ein Abluftkamin mit einer Höhe von 60 m, einem Durchmesser von 1,20 m sowie einer Manteldicke von 5 mm betrachtet (Bild 70). Dieser soll durch einen Schwingungsdämpfer mit einer kinetisch wirksamen Masse von 106 kg im Mündungsbereich bedämpft werden. Die federelastische Anbindung der Dämpfermasse wird auf die erste Biegeeigenfrequenz abgestimmt und mit einer Federsteifigkeit von 473 N/m sowie einer Dämpfungskonstanten von 55 Ns/m ausgebildet.

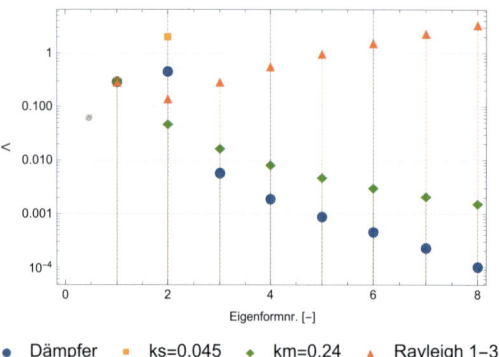

Bild 71. Gegenüberstellung der modalen Dämpfungswerte

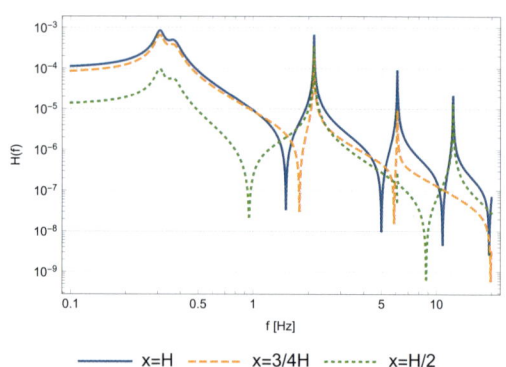

Bild 72. Frequenzgangfunktion $H_{uu}(f)$ für einen diskreten Schwingungsdämpfer im Mündungsbereich mit einer Dämpfungskonstanten d = 55 Ns/m

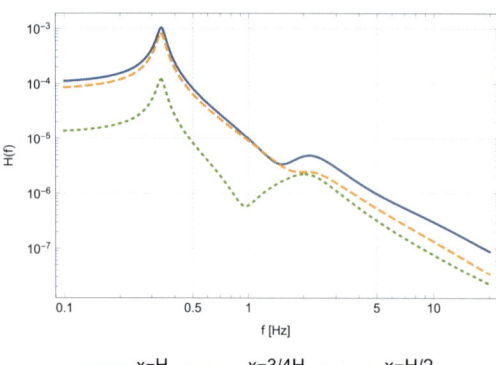

Bild 73. Frequenzgangfunktion $H_{uu}(f)$ für eine steifigkeitsproportionale Dämpfungsmatrix mit $D = k_s \cdot K = 0{,}045 \cdot K$

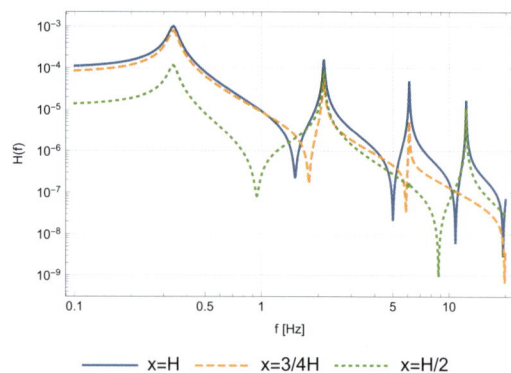

Bild 74. Frequenzgangfunktion $H_{uu}(f)$ für eine masseproportionale Dämpfungsmatrix mit $D = k_m \cdot M = 0{,}21 \cdot M$

Der Dämpfer stellt ein diskretes Dämpfungselement dar und kann somit wie oben erläutert nur sehr eingeschränkt über einen proportionalen Dämpfungsansatz beschrieben werden. Nachfolgend wird zum einen die exakte Frequenzgangfunktion $H_{uu}(f)$ unter Berücksichtigung der komplexen Eigenvektoren bei Vernachlässigung jeglicher Strukturdämpfung dargestellt (Bild 72). Sollte dennoch das Schwingungsverhalten auf der Basis eines proportionalen Dämpfungsansatzes beschrieben und das logarithmische Dämpfungsdekrement beispielsweise der ersten Biegeeigenform der exakten Lösung als Bezugsgröße zugrunde gelegt werden, so folgen die in Bild 73 und Bild 74 dargestellten Frequenzgangfunktionen für einen steifigkeits- und einen masseproportionalen Dämpfungsansatz. Die modalen Dämpfungskenngrößen sind für die ersten fünf Eigenformen in Bild 71 dargestellt, wobei für den steifigkeitsproportionalen Dämpfungsansatz lediglich die ersten beiden Eigenformen harmonische Oszillationen bewirken und aufgrund des schnell ansteigenden Dämpfungsgrads alle weiteren Eigenformen gar nicht mehr zu Schwingbewegungen angeregt werden können, sondern lediglich zu aperiodisch abklingenden Bewegungen führen.

Vorerst wird jedoch weiter die Anwendbarkeit eines proportionalen Dämpfungsansatzes vorausgesetzt. Wird in die Differenzialgleichung nunmehr der modale Ansatz $u(t) = \Phi Y(t)$ eingesetzt und die Bewegungsgleichung dann von links mit der transponierten Modalmatrix multipliziert, so reduzieren sich die im Allgemeinen voll besetzten Masse-, Dämpfungs- und Steifigkeitsmatrizen aufgrund der sogenannten Orthogonalität der Eigenvektoren auf Diagonalmatrizen

$$\Phi^T M \Phi \ddot{Y}(t) + \Phi^T D \Phi \dot{Y}(t) + \Phi^T K \Phi Y(t) = \Phi^T p(t) \quad (62)$$

mit den sogenannten generalisierten Größen auf den Hauptdiagonalen.

$m_{mod,i} = \Phi_i^T M \Phi_i$
generalisierte Masse

$k_{mod,i} = \Phi_i^T K \Phi_i = \omega_i^2 m_{mod,i}$
generalisierte Steifigkeit

$d_{mod,i} = \Phi_i^T D \Phi_i = \alpha m_{mod,i} + \beta k_{mod,i}$
generalisierte Dämpfung

$p_{mod,i} = m_{mod,i} = \Phi_i^T p$
generalisierte Last

Dies kommt einer Entkopplung in N unabhängig voneinander lösbare Differenzialgleichungen in der Form

$$m_{mod,i} \ddot{y}_i(t) + d_{mod,i} \dot{y}_i(t) + k_{mod,i} y_i(t) = p_{mod,i}(t) \quad (63)$$

gleich. Da i. d. R. die Schwingungsamplituden in den physikalischen Lagekoordinaten interessieren, ist die Lösung gemäß Gl. (61) aus den ermittelten Einzellösungen für sämtliche zu berücksichtigende $y_i(t)$ zu superponieren.

Der große Vorteil der modalen Transformation liegt darin begründet, dass eine ausreichend genaue Abschätzung des realen Schwingungsverhaltens üblicher Konstruktionen bereits auf der Basis weniger Eigenvektoren gelingt und dadurch eine oftmals deutliche Reduzierung des Rechenaufwands vorgenommen werden kann.

Der Erregervektor $p(t)$ beinhaltet im Allgemeinen sowohl die Information über die örtliche als auch über die zeitliche Variation der äußeren Kräfte. Für die Ermittlung der generalisierten oder modalen Lasten spielen jedoch aufgrund der zeitlich konstanten Eigenvektoren lediglich die örtlichen Komponenten eine Rolle, d. h., die zeitliche und örtliche Komponente können getrennt voneinander behandelt werden.

Darüber hinaus sei angemerkt, dass die Eigenvektoren lediglich bis auf einen konstanten Faktor und somit nicht absolut bestimmbar sind. Aus diesem Grund ist stets eine Normierung der Eigenvektoren erforderlich. Dabei sind je nach Anwendungsfall durchaus unterschiedliche Normierungen gebräuchlich. Im Hinblick auf eine übersichtliche Darstellung wird häufig die Maximalamplitude der jeweiligen Eigenform zu eins gesetzt. Besonders übersichtlich gestalten sich die entkoppelten Differenzialgleichungen für den Fall, dass $m_{mod,i} = 1{,}0$ resultiert. Eine weitere Möglichkeit besteht darin, die Länge des Eigenvektors auf eine bestimmte Größe, z. B. 1,0 zu normieren. Wichtig ist dabei nur, dass die modalen oder generalisierten Größen von der Wahl der Normierung abhängen. Die interessierenden physikalischen Verschiebungsgrößen ergeben sich aus einer Skalierung der modalen Werte, welche als Lösung des kinetisch äquivalenten Einfreiheitsgradsystems (s. Abschnitt 2.1) ermittelt werden, mit den Amplituden der zugehörigen Eigenschwingform (s. a. nachfolgende Beispiele). Die Eigenwerte als Invarianten des zugrunde liegenden Gleichungssystems sind hingegen unabhängig von der gewählten Normierung.

Liegen keine diskreten Systemmatrizen, wie sie beispielsweise für Starrkörpersysteme oder aber auch aus FE-Modellen resultieren, vor, so ist dem Grunde nach in analoger Weise die Ermittlung der Schwingungsantwort als Superposition beliebig vieler Eigenvektoren multipliziert mit den jeweiligen Zeitverlaufsfunktionen möglich. Die sogenannten generalisierten oder modalen Größen sind dann jedoch nicht mehr über Skalarprodukte zwischen den Systemmatrizen und den Eigenvektoren zu ermitteln.

Die modalen Größen ergeben sich beispielsweise für ein ebenes Stabsystem (Bild 75) zu:

$$m_{mod,i} = \int_0^L m(x) \phi_i^2(x) dx + \sum_k^N M_k \phi_i^2(x_k) + \sum_j^M I_{\theta,j} \phi'^2_i(x_j) \quad [kg]$$

$$k_{mod,i} = \int_0^L EI(x) \phi''^2_i(x) dx + \sum_k^N K_k \phi_i^2(x_k) + \sum_j^M K_{\theta,j} \phi'^2_i(x_j) \quad [N/m]$$

$$p_{mod,i} = \int_0^L p(x) \phi_i(x) dx + \sum_k^N P_k \phi_i(x_k) + \sum_j^M M_{\theta,j} \phi'_i(x_j) \quad [N]$$

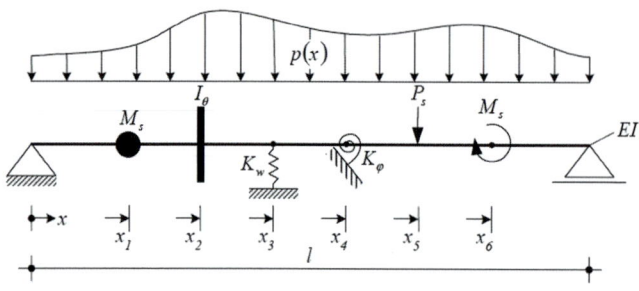

**Bild 75.** Ebenes Stabsystem und schwingungstechnisch relevante Größen [5]

wobei m(x) die Massebelegung, EI(x) die Biegesteifigkeit (je nach zu berücksichtigenden Freiheitsgraden sind noch weitere Anteile wie Schub- und Torsionssteifigkeit zu addieren) und p(x) beliebig verteilte Streckenlasten darstellen. Mit $M_k$ werden Einzelpunktmassen jeweils an der Stelle $x_k$, mit $I_{\theta,j}$ Rotationsmassenträgheiten einzelner Starrkörper am Ort $x_j$, mit $K_k$ translatorische Federsteifigkeiten an der Stelle $x = x_k$, mit $K_{\theta,j}$ Drehfederkonstanten an der Stelle $x = x_j$ und $P_k$ und $M_{\theta,j}$ schließlich Einzellasten- bzw. Einzelmomente an den Stellen $x = x_k$ und $x = x_j$ beschrieben. Die modalen Dämpfungsparameter werden in der Regel aus Erfahrungswerten für die einzelnen Eigenschwingformen angegeben.

### Beispiel 5

Als Beispiel sei an dieser Stelle ein Einfeldträger mit konstanter Biegesteifigkeit EI, konstanter Massebelegung $m_0$ sowie der Länge L betrachtet. Die analytische Lösung für die Biegeeigenform folgt nach [2] zu:

$$\phi_i(\xi) = \sin(\lambda_i \xi)$$

Mit den Eigenwerten $\lambda_i = i\pi$ sowie obigen Beziehungen für die generalisierten Massen und Steifigkeiten ergeben sich diese sowie die daraus über $f_i = \frac{1}{2\pi}\sqrt{\frac{k_{mod,i}}{m_{mod,i}}}$ abgeleiteten Eigenfrequenzen für die ersten drei Eigenformen zu:

| | | | |
|---|---|---|---|
| $m_{mod,i}$ | $(L\,m_0)/2$ | $(L\,m_0)/2$ | $(L\,m_0)/2$ |
| $k_{mod,i}$ | $(EI\,\pi^4)/(2\,L^3)$ | $(8\,EI\,\pi^4)/L^3$ | $(81\,EI\,\pi^4)/(2\,L^3)$ |
| $f_i$ | $\dfrac{1}{2}\dfrac{\pi}{L^2}\sqrt{\dfrac{EI}{m_0}}$ | $2\dfrac{\pi}{L^2}\sqrt{\dfrac{EI}{m_0}}$ | $\dfrac{9}{2}\dfrac{\pi}{L^2}\sqrt{\dfrac{EI}{m_0}}$ |

Wie aus den Bildern 76 und 77 der ersten vier Eigenformen zu erkennen, wurde die Maximalamplitude auf den Wert 1 normiert. Als zweites Beispiel wird eine Kragstütze der Länge L mit ebenfalls konstanter Biegesteifigkeit EI und Massebelegung $m_0$ betrachtet. Auch dabei wurde die Maximalamplitude an der Kragarmspitze auf den Wert 1 normiert.

Mit den Eigenwerten $\lambda_i = \left(n - \dfrac{1}{2}\right)\pi$ sowie den Eigenschwingformen des Kragarms

$$\phi_i(\xi) = \sinh(\lambda_i) - \sin(\lambda_i)$$
$$+ \frac{\sinh(\lambda_i) + \sin(\lambda_i)}{\cosh(\lambda_i) + \cos(\lambda_i)}(\cos(\lambda_i\xi) - \cos(\lambda_i\xi))$$

resultieren die modalen Kenngrößen zu:

| | | | |
|---|---|---|---|
| $m_{mod,i}$ | $(L\,m_0)/4$ | $(L\,m_0)/4$ | $(L\,m_0)/4$ |
| $k_{mod,i}$ | $(302.083\,EI)/L^3$ | $(118.384\,EI)/L^3$ | $(952.832\,EI)/L^3$ |
| $f_i$ | $0,562\dfrac{\pi}{L^2}\sqrt{\dfrac{EI}{m_0}}$ | $3,5065\dfrac{\pi}{L^2}\sqrt{\dfrac{EI}{m_0}}$ | $9,82\dfrac{\pi}{L^2}\sqrt{\dfrac{EI}{m_0}}$ |

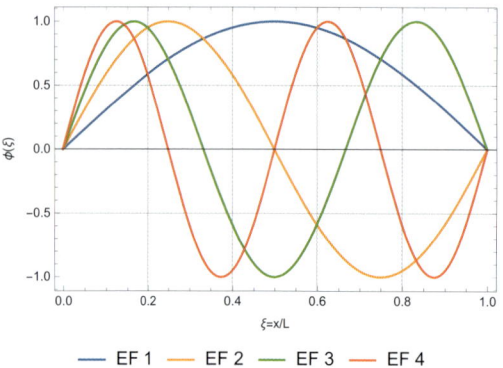

**Bild 76.** Eigenformen eines *Einfeldträgers*

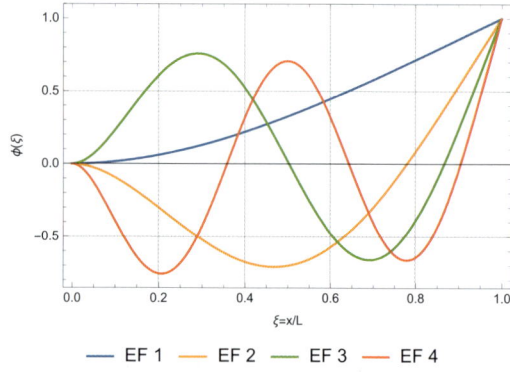

**Bild 77.** Eigenformen eines *Kragarms*

Wie aus den vorangegangenen Beispielen zu erkennen, kann die generalisierte Steifigkeit für die Grundschwingform näherungsweise auch über den reziproken Wert der zugehörigen Verformung infolge einer an dieser Stelle angreifenden Einheitslast ermittelt werden. Diese ergäben sich für den Kragarm zu 3 EI/L sowie für den gelenkig gelagerten Einfeldträger zu 48 EI/L$^3$ (s. Standardliteratur des Bauwesens).

Interessieren die Schwingungszustände an einer bestimmten Stelle der Tragstruktur, so empfiehlt es sich, die Eigenvektoren an dieser Stelle auf den Wert 1 zu normieren. Dann entsprechen die aus dem kinetisch äquivalenten Einfreiheitsgradsystem abgeleiteten Schwingungsgrößen für die betrachtete Eigenschwingform unmittelbar den Werten der Gesamtkonstruktion. Weisen einzelne Eigenvektoren einen Schwingungsknoten, d. h. einen Nulldurchgang an der zu untersuchenden Stelle auf, so leisten diese keinen Beitrag zur Schwingungsantwort an dieser Stelle und können ohne Informationsverlust vernachlässigt werden.

**Fortsetzung Beispiel 5**

Als weiteres Beispiel seien die Schwingungsantwort eines einseitig eingespannten und auf der anderen Seite gelenkig gelagerten Einfeldträgers infolge einer harmonischen Anregung an der Stelle x = 0,2 · L diskutiert. Als Parameter werden eine Trägerlänge von 10 m, eine Biegesteifigkeit von EI = 8,4 E6 Nm$^2$, eine Massebelegung m = 1000 kg/m, eine harmonische Kraftanregung von 10 kN mit einer Anregungsfrequenz von 4,4 Hz sowie ein für alle Eigenformen konstantes logarithmisches Dämpfungsdekrement von Λ = 0,1 herangezogen. Um den Einfluss der gewählten Normierung auf die modalen Größen zu verdeutlichen, wird einmal eine Normierung der Maximalamplitude der Eigenform auf den Wert Eins betrachtet. Zusätzlich werden die Amplituden der Eigenvektoren an der hier interessierenden Stelle bei x = 0,2 L zu eins gesetzt (Bilder 78, 79).

Explizit aufgeführt werden jeweils die modalen Massen, Steifigkeiten und Dämpfungswerte sowie die invarianten Eigenschwingfrequenzen für die ersten drei Eigenschwingformen.

|  | Normierung max. Amplitude | | |
|---|---|---|---|
| $m_{gen}$ | 4440 | 4444 | 4444 |
| $k_{gen}$ | 8,86 E5 | 9,32 E6 | 4,06 E7 |
| $d_{gen}$ | 1996 | 6477 | 13515 |
| f | 2,25 | 7,29 | 15,2 |
|  | Normierung x = 0,2 L | | |
| $m_{gen}$ | 48135 | 8661 | 4598 |
| $k_{gen}$ | 9,6 E6 | 1,81 E7 | 4,2 E7 |
| $d_{gen}$ | 21648 | 12624 | 13981 |
| f | 2,25 | 7,29 | 15,2 |

Die Ermittlung der Schwingungsantwort, welche natürlich im Ergebnis unabhängig von der gewählten Normierung sein muss, erfolgt über eine modale Superposition gemäß Gl. (61), während die modalen Einzellösungen gemäß Abschnitt 2 ermittelt werden.

Interessante Zusammenhänge offenbaren sich auch, wenn Gl. (61) einer Fourier-Transformation unterzogen und die Lösung anschließend in Komponentenschreibweise dargestellt wird

$$U(f) = \sum_{i=1}^{N} \underbrace{\frac{\boldsymbol{\Phi}_i \boldsymbol{\Phi}_i^T}{j2\pi f - \lambda_i}}_{:=H(f)} P(f) = \sum_{i=1}^{N} \frac{\boldsymbol{\Phi}_i}{j2\pi f - \lambda_i} \underbrace{\boldsymbol{\Phi}_i^T P(f)}_{:=MPF} \quad (64)$$

Wird die Summe der dyadischen Produkte der Einheitsvektoren multipliziert mit der oben dargestellten Summe der Nennerterme zusammengefasst, so ergibt sich daraus die Frequenzgangmatrix $H(f)$. Diese wiederum multipliziert mit dem Fourier-transformierten Anregungsvektor $P(f)$ liefert die Schwingungsantwort im Frequenzraum. Wird hingegen ein Skalarprodukt mit

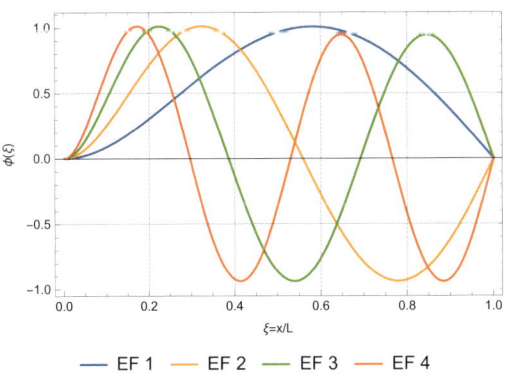

**Bild 78.** Normierung der Eigenvektoren auf deren Maximalamplitude

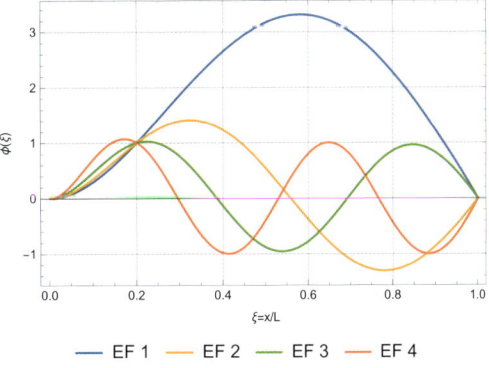

**Bild 79.** Normierung der Eigenvektoren auf den Wert Eins an der interessierenden Stelle x = 0,2 L

dem Anregungsvektor oder vielmehr der darin enthaltenen örtliche Verteilung der Kräfte mit den jeweiligen Eigenvektoren gebildet, so ergeben sich daraus die sogenannten modalen Partizipationsfaktoren (MPF). Diese erlauben zu einem gewissen Teil eine quantitative Aussage über den Beitrag der einzelnen Moden an der Gesamtantwort. Greifen äußere Lasten in Schwingungsknoten bestimmter Eigenformen an, so leisten diese keinen Beitrag zur Schwingungsantwort. Mindestens genauso wichtig wie die Größe modaler Partizipationsfaktoren ist jedoch der Verlauf der Frequenzgangfunktionen, welche analog der Vergrößerungsfunktion eines Einmassenschwingers die Bereiche starker dynamischer Überhöhungen charakterisieren.

## 3 Modellbildung und Idealisierung von Baukonstruktionen

Bei der Beschreibung dynamisch beanspruchter Systeme kommt der Modellbildung eine besondere Bedeutung zu. Zum einen ist die Frage nach dem geeigneten mechanischen Modell sowie zum anderen die Frage nach dessen mathematischer Beschreibung zu klären. Als Leitgedanke ist dabei: *„So einfach wie möglich und so detailliert wie nötig"* zu empfehlen. Sind lediglich globale Schwingbewegungen einer Struktur von Interesse, so ist in jedem Fall die Beschreibung auf der Basis von Balkenelementen einer unnötig aufwendigen Abbildung durch Schalen- oder gar Volumenelemente vorzuziehen. Nicht nur, dass dadurch der erforderliche Rechenaufwand bedeutsam reduziert werden kann, auch die mit einer unnötig hohen Anzahl von Freiheitsgraden bei der numerischen Analyse verbundenen Unschärfen und nicht quantifizierbaren Fehler können dadurch vermieden werden.

### 3.1 Modale Größen ausgewählter Schwingungssysteme

Eine sowohl an der Reduzierung des Rechenaufwands als auch vor allem im Hinblick auf ein vertieftes Verständnis der Modellierung und Rechenabläufe orientierte Vorgehensweise stellt die modale Betrachtungsweise dar. Dabei wird die Schwingungsantwort als Superposition von Schwingbewegungen der jeweiligen Eigenvektoren aufgebaut (s. Abschnitt 2). Für eine überwiegende Anzahl an Konstruktionen genügt dabei die Betrachtung der Grundeigenform sowie ggf. weniger weiterer Eigenvektoren, um eine hinreichende Approximation der im Rahmen der Theorie exakten Lösung zu erhalten.

In Tabelle 3 sind die Eigenfrequenzen $f_j = X_j \dfrac{1}{\ell^2} \sqrt{\dfrac{EI}{\mu}}$

sowie die Eigenformen $y_j(\xi)$ für die vier Grundsysteme von Stabstrukturen zusammengestellt. Diese exakten analytischen Lösungen für entlang der Stabachse konstante Biegesteifigkeit und Massebelegung können häufig auch als brauchbare Näherung für ähnliche Systeme herangezogen werden.

Wird die Normierung der Eigenformamplituden auf den Wert Eins bei L/2 für die beidseitig gelagerten Systeme sowie bei x = L für das einseitig gelagerte Kragsystem vorgenommen, so ergeben sich für die Grundschwingformen die in Tabelle 4 aufgeführten generalisierten Größen.

Wird nunmehr die modale Dämpfung, beispielsweise über $d_{mod,1} = 2\Lambda_1 \sqrt{\dfrac{k_{mod,1}\, m_{mod,1}}{4\pi^2 + \Lambda^2}}$ bestimmt, so liegen

sämtliche Informationen vor, um gemäß den Angaben in Abschnitt 2 die Schwingungsantwort in der Grundschwingform infolge einer Einzellast mit beliebigem

**Tabelle 3.** Modale Größen der Grundstabelemente (aus [2])

| System | Frequenzgleichung | j | $\lambda_j$ | $X_j$ | $y_j$ (Eigenform) | $A_j$ | j | $A_j$ |
|---|---|---|---|---|---|---|---|---|
| I  EI, µ : konst. $\xi=x/l$ $y=0, y'=0, M=0, Q=0$ | $\cos\lambda_j \cosh\lambda_j + 1 = 0$ | 1 2 3 n | 1,875104 4,694091 7,854760 $(n-\tfrac{1}{2})\pi$ | 0,5595 3,5069 9,8194 $\tfrac{\pi}{2}(n-\tfrac{1}{2})^2$ | $y_j = \sin\lambda_j\xi - \sinh\lambda_j\xi + A_j(\cosh\lambda_j\xi - \cos\lambda_j\xi)$ | $A_j = \dfrac{\sinh\lambda_j + \sin\lambda_j}{\cosh\lambda_j + \cos\lambda_j}$ | 1 2 3 n | 1,362220 0,981868 1,000776 1 |
| II $\xi=x/l$ $y=0, M=0, y=0, M=0$ | $\sin\lambda_j = 0$ | 1 2 3 n | π 2π 3π nπ | 1,5708 6,2832 14,1368 $\tfrac{\pi}{2}n^2$ | $y_j = \sin\lambda_j\xi$ | | | |
| III $\xi=x/l$ $y=0, y'=0, M=0$ | $\tanh\lambda_j - \tan\lambda_j = 0$ | 1 2 3 n | 3,926602 7,068582 10,21018 $(n+\tfrac{1}{4})\pi$ | 2,4532 7,9522 16,5915 $\tfrac{\pi}{2}(n+\tfrac{1}{3})^2$ | $y_j = \sin\lambda_j\xi - \sinh\lambda_j\xi + A_j(\cosh\lambda_j\xi - \cos\lambda_j\xi)$ | $A_j = \dfrac{\sinh\lambda_j + \sin\lambda_j}{\cosh\lambda_j + \cos\lambda_j}$ | 1 2 3 n | 0,999223 0,999999 1 1 |
| IV $\xi=x/l$ $y=0, y'=0, y=0, y'=0$ | $\cosh\lambda_j \cos\lambda_j - 1 = 0$ | 1 2 3 n | 4,730041 7,853205 10,99561 $(n+\tfrac{1}{2})\pi$ | 3,5608 9,8155 19,2424 $\tfrac{\pi}{2}(n+\tfrac{1}{2})^2$ | $y_j = \sin\lambda_j\xi - \sinh\lambda_j\xi + A_j(\cosh\lambda_j\xi - \cos\lambda_j\xi)$ | $A_j = \dfrac{\sinh\lambda_j + \sin\lambda_j}{\cosh\lambda_j + \cos\lambda_j}$ | 1 2 3 n | 1,017809 0,999233 1 1 |

Tabelle 4. Generalisierte Größen für die Grundschwingform

| System | Normierung | Generalisierte Last | Generalisierte Masse | Generalisierte Steifigkeit |
|---|---|---|---|---|
| Kragarm mit P am Ende, Länge L | x=L | 1.0 P | 0.24 mL | $\frac{3EI}{L^3}$ |
| Kragarm mit q, Länge L | x=L | 0.383 qL | 0.24 mL | $\frac{3EI}{L^3}$ |
| Einfeldträger mit P in Mitte, L/2+L/2 | x=L/2 | 1.0 P | 0.5 mL | $\frac{48.7\,EI}{L^3}$ |
| Einfeldträger mit q, L | x=L/2 | 0.637 qL | 0.5 mL | $\frac{48.7\,EI}{L^3}$ |
| Träger eingespannt-gelenkig mit P, L/2+L/2 | x=L/2 | 1.0 P | 0.479 mL | $\frac{113.9\,EI}{L^3}$ |
| Träger eingespannt-gelenkig mit q, L | x=L/2 | 0.595 qL | 0.479 mL | $\frac{113.9\,EI}{L^3}$ |
| Beidseitig eingespannter Träger mit P, L/2+L/2 | x=L/2 | 1.0 P | 0.398 mL | $\frac{193.4\,EI}{L^3}$ |
| Beidseitig eingespannter Träger mit q, L | x=L/2 | 0.525 qL | 0.398 mL | $\frac{193.4\,EI}{L^3}$ |

zeitlichen Verlauf an der Stelle der Maximalamplitude der ersten Eigenform zu ermitteln.

## 3.2 Zum Ansatz der Dämpfung in baudynamischen Berechnungen

Eine möglichst wirklichkeitsnahe Berücksichtigung der Dämpfungseigenschaften einer Baukonstruktion stellt durchaus keine triviale Angelegenheit dar. Dies trifft sowohl für die Wahl der mathematischen Beschreibung als auch für das unabhängig davon festzulegende Dissipationsvermögen zu. Im Folgenden wird ein kurzer Überblick über gängige Dämpfungsmodelle sowie deren mathematische Beschreibung gegeben.

### 3.2.1 Geschwindigkeitsproportionale Dämpfung

Der vorwiegend aus mathematischen Gründen gebräuchlichste Dämpfungsansatz basiert auf der Annahme einer viskosen, d. h. geschwindigkeitsproportionalen Dämpfungskraft $F_d(t)$.

$$m\ddot{u}(t) + \underbrace{d\dot{u}(t)}_{F_d(t)} + ku(t) = 0 \qquad (65)$$

Mit dem unter Abschnitt 2.1 erläuterten Exponentialansatz $u(t) = \hat{u} \cdot e^{\lambda t}$ folgen die Eigenwerte zu

$$\lambda_{1,2} = \delta \pm \omega_0 \sqrt{1 - \left(\frac{d}{2m}\right)^2} = \delta \pm i\omega_D \qquad (66)$$

Der Realteil $\delta = d/2m$ beschreibt dabei den exponentiellen Abfall der Schwingungsamplituden. Die Dämpfungskraft ist in Phase mit der Schwinggeschwindigkeit und für geringe Dämpfungswerte in etwa proportional zur Eigenkreisfrequenz $\omega_D$ sowie zur Auslenkung u. Wie ebenfalls bereits erläutert, ist die gedämpfte Eigenfrequenz für positive, d. h. energiedissipierende Systemdämpfung stets geringer als die korrespondierende Frequenz der ungedämpften Konstruktion, was jedoch für baupraktisch übliche Dämpfungswerte i. d. R. vernachlässigt werden kann.

Einen Sonderfall der viskosen Dämpfung beschreibt die Proportionalitäts- oder Rayleigh-Dämpfung, bei welcher die geschwindigkeitsproportionale Dämpfungskonstante zu

$$d = \alpha m + \beta k \qquad (67)$$

bestimmt wird. Die Rayleigh-Dämpfung ist für Mehrfreiheitsgradsysteme auch der einzige Dämpfungsansatz, für welchen die gekoppelten Differenzialgleichungen über eine Modaltransformation auf der Basis der Eigenvektoren des zugeordneten konservativen, d. h. ungedämpften Systems entkoppelt werden können. Für jede beliebige anders aufgebaute Dämpfungsmatrix sind dafür die im Allgemeinen komplexen Eigenvektoren zugrunde zu legen. Der Zusammenhang zwischen $\alpha$ und $\beta$ und dem Dämpfungsgrad der betrachteten Eigenform folgt zu:

$$D_n = \frac{\alpha}{2\omega_n} + \frac{\beta}{2}\omega_n = \frac{d_n}{d_{n,crit}} \qquad (68)$$

Mit einem Paar Rayleigh-Koeffizienten α und β ergibt sich also im Allgemeinen für jede Eigenkreisfrequenz $\omega_n$ ein anderer Dämpfungsgrad.

In der Regel sind α und β nicht bekannt, sie lassen sich auch nicht direkt aus Messungen ermitteln. Indirekt können sie jedoch aus dem Dämpfungsgrad interessierender Eigenfrequenzen bestimmt werden. Dabei ist für eine reine α-Dämpfung der Dämpfungsgrad $D_n$ proportional zum Kehrwert der Frequenz. Dagegen wächst der Dämpfungsgrad $D_n$ für eine reine β-Dämpfung linear mit der Schwingfrequenz an.

Der Term αm in Gl. (67) kann physikalisch als Dämpfung einer schwingenden Struktur in einem umgebenden Medium aufgefasst werden und ist im Sinne einer äußeren Dämpfung zu verstehen. Diese per Definition massenproportionale Dämpfung wirkt sich besonders bei geringen Eigenfrequenzen aus. Weil an die Massenmatrix gekoppelt, werden auch Starrkörperbewegungen bedämpft.

Der Term βk kann als Materialdämpfung interpretiert werden, da er von elastischen Verformungen des Systems abhängig ist. Diese steifigkeitsproportionale Dämpfung wirkt besonders auf die höheren Eigenfrequenzen.

Zusammenhang und frequenzabhängige Summe aus α- und β-Dämpfung sind in Bild 80 dargestellt, wobei die Festlegung für $\omega_1 = 10$ rad/s und $\omega_2 = 25$ rad/s erfolgte. Aus den Schnittpunkten der horizontalen Linie mit der Summenlinie wird deutlich, dass bei Vorgabe eines Dämpfungsgrads dessen exakte Realisierung mit dem Modell der Rayleigh-Dämpfung nur für zwei Eigenfrequenzen möglich ist. Die Dämpfung in allen anderen Eigenformen liegt entweder darunter oder darüber. Die Kurvenverläufe verdeutlichen auch, dass der α-Anteil die Eigenformen niedriger Frequenzen stark dämpft, wohingegen sich der β-Term reduzierend auf Eigenformen der hohen Frequenzen auswirkt. Ist der Abstand zwischen den Frequenzen $f_1$ und $f_2$ nicht zu groß, so ändert sich wegen des flachen Kurvenverlaufs die Dämpfung in diesem Bereich nur wenig, sodass für den dazwischen liegenden Bereich näherungsweise von einer konstanten Dämpfung ausgegangen werden kann.

Soll nunmehr in einem Frequenzbereich zwischen $f_1$ und $f_2$ ein annähernd konstanter Dämpfungsgrad erzwungen werden, berechnen sich die Rayleigh-Koeffizienten α und β mit $\omega_i = 2\pi f_i$ wie folgt:

$$\beta = \frac{2D}{\omega_1 + \omega_2} = \frac{D}{\pi(f_1 + f_2)} \quad (69)$$

$$\alpha = \omega_1 \omega_2 \beta = 4\pi^2 f_1 f_2 \beta \quad (70)$$

Während für obige Parameter, d. h. für eine Fixierung des gewünschten Dämpfungsgrads auf Kreisfrequenzen von 10 rad/s und 25 rad/s für den gesamten dazwischen liegenden Frequenzbereich eine zufriedenstellende Annäherung mit einer maximalen Unterschreitung von ca. 10% möglich ist, wird der Fehler mit zunehmendem Abstand der Fixpunkte immer größer bis hin zu einer Unterschreitung von 50%. Dies wird in Bild 81 für die Frequenzen von $\omega_1 = 10$ rad/s und $\omega_2 = 250$ rad/s verdeutlicht (vgl. auch Ausführungen zu Beispiel 7).

Ein zentrales Merkmal der geschwindigkeitsproportionalen Dämpfung ist die grundsätzliche Frequenzabhängigkeit der Dämpfungskraft. Diese, vielen empirischen Beobachtungen zuwider laufende Tatsache kann exakt nur durch eine modale Entkopplung sowie die anschließende manuelle Festlegung einer über alle Frequenzbereiche konstanten Dämpfung umgangen werden. Das wiederum ist jedoch nur möglich, sofern das gekoppelte Differenzialgleichungssystem durch reelle Eigenvektoren entkoppelt werden kann, was ausschließlich für ein proportional gedämpftes System der Fall ist. In der Praxis wird deshalb häufig folgender Weg beschritten. Die Eigenfrequenzen und Eigenvektoren werden unter Vernachlässigung jeglicher Dämpfung bestimmt. Im Anschluss werden dann die n entkoppelten Bewegungsdifferenzialgleichungen sukzessive gelöst, wobei jedem EFG-System eine beliebige, z. B. frequenzunabhängige, Dämpfung zugewiesen wird. An dieser Stelle wird erneut darauf hingewiesen, dass diese Vorgehensweise für

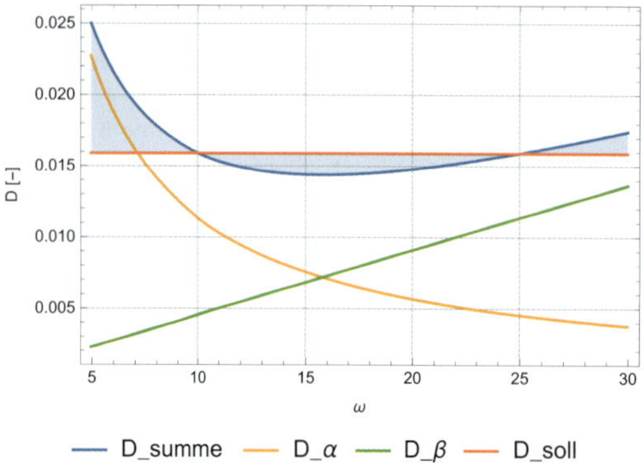

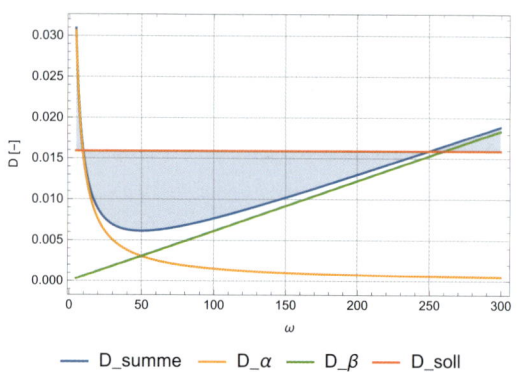

**Bild 80.** Frequenzabhängigkeit der Rayleigh-Dämpfung für $\omega_1 = 10$ rad/s und $\omega_2 = 25$ rad/s

**Bild 81.** Frequenzabhängigkeit der Rayleigh-Dämpfung für $\omega_1 = 10$ rad/s und $\omega_2 = 250$ rad/s

Systeme mit diskreten Dämpfungselementen nur eine Näherung darstellen kann. Da die in Ansatz gebrachten Dämpfungseigenschaften jedoch in aller Regel ohnehin nur auf zum Teil sehr groben Schätzungen oder Erfahrungswerten beruhen, ist diese Vorgehensweise durchaus vertretbar sowie oftmals alternativlos (Tabelle 5).

### 3.2.2 Strukturelle Dämpfung

Für den Fall eines strukturellen Dämpfungsansatzes, welcher per se eine von der Frequenz unabhängige Dämpfungskraft beschreibt, wird das reale Materialverhalten nicht durch getrennte Feder- und geschwindigkeitsproportionale Dämpfungselemente, sondern durch eine komplexe Feder $\hat{k} = k(1 \pm i\eta)$ bzw. analog durch einen komplexen E-Modul $\hat{E} = E(1 \pm i\eta)$ angenähert, wobei mit $\eta$ der sogenannte Verlustfaktor eingeführt wird. Analog zur viskosen Dämpfung führt auch für die daraus abzuleitende Differenzialgleichung

$$m\ddot{u}(t) + k(1 \pm i\eta)u(t) = 0 \tag{71}$$

ein Exponentialansatz zum Ziel und schließlich auf die Eigenwerte

$$\lambda_{1,2} = \delta \pm i\omega_D \tag{72}$$

Wobei der Realteil wiederum der gedämpften Eigenfrequenz

$$\omega_D = \omega_0 \sqrt{\frac{1 + \sqrt{1 + \eta^2}}{2}} \tag{73}$$

entspricht, die für Systeme mit positiver Dämpfung stets größer als die zugehörige ungedämpfte Schwingfrequenz ausfällt. Der Imaginärteil des Eigenwerts repräsentiert das Dämpfungsverhalten und folgt zu

$$\delta = \omega_0 \sqrt{\frac{1 - \sqrt{1 + \eta^2}}{2}} \tag{74}$$

Auffallend ist dabei, dass die daraus resultierende Dämpfungskraft unabhängig vom Dämpfungsgrad stets in Phase mit der Geschwindigkeit verläuft und anders als im Fall der viskosen Dämpfung nicht von der Schwingfrequenz abhängt. Abschließend sei noch darauf hingewiesen, dass der strukturelle Dämpfungsansatz streng genommen ausschließlich für stationäre Schwingungszustände definiert ist.

### 3.3 Bestimmung von Ersatzfedersteifigkeiten

Häufig können Baukonstruktionen im Hinblick auf die Beurteilung deren Grundschwingformen als Systeme mit starren Massekörpern und masselosen Aussteifungskonstruktionen idealisiert werden. Die Aussteifungskonstruktionen können dabei aus biegeweichen Stabsystemen oder dehnweichen Verbandskonstruktionen bestehen.
In Tabelle 6 sind Hilfsmittel zur Bestimmung der wirksamen Ersatzsteifigkeiten ausgewählter Aussteifungssysteme zusammengestellt, die eine praktikable und schnelle Abschätzung der Grundeigenfrequenzen und Schwingungserscheinungen ermöglichen.
Für beliebige Stabsysteme können die interessierenden Ersatzfedersteifigkeiten an den betrachteten Stellen z. B. auch über das Kraftgrößenverfahren ermittelt werden (vgl. z. B. [17]).

### 3.4 Massenträgheitsmomente

Kann die kinetische Wirkung der Masse nicht mehr als in einem Punkt konzentriert angenommen werden, so sind neben den translatorischen auch die rotatorischen Massenträgheitskräfte von Bedeutung. Als Beispiel seien an dieser Stelle Konstruktionen mit einer Neigung zu Flattererscheinungen (vgl. Abschnitt 5.3.4) genannt, bei welchen neben die Biege- auch die Torsionsschwingungen eine zentrale Rolle spielen. In Tabelle 7 sind Formeln zur Bestimmung der Massenmomente zweiter Ordnung für gebräuchliche Körper aufgeführt.

### 3.5 Eigenfrequenzen und Eigenformen ausgewählter Schwingungssysteme

Eine näherungsweise Abschätzung der ersten Eigenfrequenz von Biegebalken kann auf der Basis des sogenannten Rayleigh-Quotienten vorgenommen werden. Dieser folgt aus der Energiebilanz zwischen kinetischer und potenzieller Energie, d. h. unter Vernachlässigung jeglicher Dämpfungseigenschaften zu

$$\omega^2_0 = \frac{\int_0^L EI(x)W''^2(x)dx}{\int_0^L \mu(x)W^2(x)dx}$$

bzw. für $EI(x)$ und $\mu(x) = $ const.

$$\omega^2_0 = \frac{EI \int_0^L W''^2(x)dx}{\mu \int_0^L W^2(x)dx} \tag{75}$$

Der Rayleigh-Quotient liefert für exakte Eigenschwingformen auch die exakten Eigenfrequenzen. Sind diese nicht bekannt, so können auch entsprechende Näherungen z. B. Biegelinien infolge von Gleichstreckenlasten etc. zugrunde gelegt werden, wobei auch nur Näherungen für die Eigenfrequenzen gefunden werden, die stets höher liegen als die tatsächlichen.
Daraus lässt sich auch die Formel von *Morleigh*, die für Biegebalken unter Eigengewichtsbelastung $p(x) = g \cdot \mu(x)$ gültig ist, ableiten

$$\omega^2_0 = g \frac{\int_0^L \mu(x)W(x)dx}{\int_0^L \mu(x)W^2(x)dx} \tag{76}$$

Für konstante Steifigkeitsverhältnisse und Massenbelegung kann z. B. für einen gelenkig gelagerten Einfeldträger die erste Eigenfrequenz aus der maximalen Durchbiegung infolge Eigengewichtsbelastung zu $\omega^2 = g/w_{max}$ bestimmt werden (Bilder 82, 83).

**Tabelle 5.** Erfahrungswerte für Dämpfungseigenschaften ausgewählter Baukonstruktionen (aus [2])

$\Lambda = \Lambda_1 + \Lambda_2 + \Lambda_3$

$\Lambda_1$: Dämpfung im Baustoff; ($\Lambda$: logarithmisches Dekrement)
$\Lambda_2$: Dämpfung in Bauteilen und Verbindungsmitteln;
$\Lambda_3$: Dämpfung durch Lagerung und Baugrund (nicht für Maschinengründungen u.ä.)
Lineare Schwingungen im Nutzzustand (nicht für extreme, außergewöhnliche Einwirkungen)
Umrechnungen: Dämpfungsgrad: $\xi = \Lambda / 2\pi$; Verlustfaktor: $\eta_v = \Lambda / \pi$

| | | | | | | | | |
|---|---|---|---|---|---|---|---|---|
| $\Lambda_1$ | Stahl: ferritisch | 0,005 | 0,008 | 0,012 | Stahlbeton: Zust. I | 0,025 | 0,030 | 0,040 |
| | : austenitisch | 0,008 | 0,013 | 0,018 | : Zust. II | 0,035 | 0,045 | 0,055 |
| | Aluminium – Legierung | 0,010 | 0,015 | 0,025 | Spannbeton | 0,020 | 0,025 | 0,030 |
| | Bauholz: Laubholz | 0,030 | 0,035 | 0,040 | Leichtbeton | 0,035 | 0,045 | 0,055 |
| | : Nadelholz | 0,040 | 0,045 | 0,050 | Mauerwerk: Naturstein | 0,055 | 0,065 | 0,080 |
| | Brettschichtholz | 0,025 | 0,030 | 0,035 | : Ziegel, Betonstein | 0,045 | 0,050 | 0,060 |
| | Kunststoff GFK | 0,035 | 0,040 | 0,045 | : Klinker | 0,040 | 0,045 | 0,055 |
| $\Lambda_2$ | Hochbau (Träger, Hallen, Hochhäuser) in Stahl | | | | Fußweg- u. Straßenbrücken in Stahl | | | |
| | ohne Ausbau: W, SLP, GV | 0,012 | 0,015 | 0,018 | Fahrbahn: Stahl u. Asphalt | 0,020 | 0,025 | 0,030 |
| | ohne Ausbau: SL | 0,015 | 0,020 | 0,025 | Fahrbahn: Beton, Stahlverbund | 0,025 | 0,035 | 0,040 |
| | mit Ausbau | 0,035 | 0,040 | 0,045 | Fahrbahn: Holz | 0,030 | 0,040 | 0,050 |
| | Stahlschornsteine ohne Abspannung | | | | Eisenbahnbrücken in Stahl | | | |
| | ohne Ausbau: W, SLP, GV | 0,002 | 0,003 | 0,005 | offene Bauweise | 0,030 | 0,035 | 0,050 |
| | ohne Ausbau: SL | 0,005 | 0,007 | 0,010 | geschl. Bauweise ohne Schotterbett | 0,025 | 0,030 | 0,050 |
| | mit Rauchrohr u. Isolierung | 0,012 | 0,015 | 0,020 | geschl. Bauweise mit Schotterbett | 0,040 | 0,050 | 0,070 |
| | mit Ausmauerung | 0,030 | 0,040 | 0,065 | Fußweg- u. Rohrleitungsbrücken | | | |
| | Stählerne Turm- und Antennentragwerke | | | | als Hängesteg | 0,010 | 0,015 | 0,020 |
| | ohne Ausbau: W, SLP, GV | 0,007 | 0,010 | 0,015 | Schrägseilbrücken | 0,030 | 0,040 | 0,050 |
| | mit Einbauten (Podeste u.ä.) | 0,012 | 0,015 | 0,020 | Hängebrücken | 0,025 | 0,030 | 0,035 |
| | Abgespannte Maste u. Schornsteine | 0,035 | 0,040 | 0,060 | Zuschlag in allen Fällen: Brückenträger als Fachwerk: Faktor 1,2 Torsionsschwingungen: Faktor 1,3 | | | |
| | Für vergleichbare Konstruktionen in Aluminium können die Werte für Stahl übernommen werden. | | | | | | | |
| | Hölzerne Konstruktionen des Hoch- und Brückenbaues: | | | | | | | |
| | Bauten aus Bauholz mit Dübel-, Bolzen- und Nagelverbindungen | | | | | 0,035 | 0,040 | 0,050 |
| | Leimbauweise (Brettschichtträger und -rahmen) | | | | | 0,015 | 0,020 | 0,025 |
| | Hochbau (Träger, Hallen, Hochhäuser) in Stahlbeton | | | | Schornsteine und turmartige Bauwerke in Stahlbeton | | | |
| | Decken, Träger, Tribünen | 0,035 | 0,040 | 0,050 | ohne Ausbau | 0,010 | 0,015 | 0,020 |
| | Scheiben- u. Kastenbauweise | | | | mit Ausbau | 0,015 | 0,020 | 0,030 |
| | ohne Ausbau | 0,020 | 0,030 | 0,040 | Brücken in Stahlbetonbauweise | | | |
| | mit Ausbau | 0,030 | 0,040 | 0,060 | Fußweg- u. Straßenbrücken | 0,015 | 0,020 | 0,025 |
| | Rahmenbauweise | | | | Eisenbahnbrücken | | | |
| | ohne Ausbau | 0,025 | 0,035 | 0,045 | ohne Schotterbett | 0,020 | 0,025 | 0,030 |
| | mit Ausbau | 0,035 | 0,045 | 0,055 | mit Schotterbett | 0,035 | 0,040 | 0,045 |
| | Vorstehende Werte gelten ebenfalls für Spannbeton- und Fertigbetonbauweisen sowie für Leichtbeton | | | | | | | |
| | Hochbauten in Mauerwerk, einschließlich Türme (Glockentürme) | | | | | 0,030 | 0,035 | 0,040 |
| $\Lambda_3$ | Hochbau: Decken, Träger, Binder, Lagerung auf | | | | Brückenbau: Lagerung der Hauptträger | | | |
| | Beton und Mauerwerk | 0,004 | 0,005 | 0,006 | Stählerne Gleitlager | 0,012 | 0,015 | 0,018 |
| | Stützen und Rahmen | | | | Rollenlager | 0,004 | 0,005 | 0,006 |
| | mit Einspannung | 0,008 | 0,010 | 0,012 | Topf- u. Kolottenlager (PTFE) | 0,008 | 0,010 | 0,012 |
| | mit Gelenken | 0,004 | 0,005 | 0,006 | Elastomer- Verformungs - Lager | 0,010 | 0,015 | 0,025 |
| | Turmartige, frei auskragende Konstruktionen | | | | Legende (Abkürzungen): | | | |
| | auf Stahlkonstruktion | 0,008 | 0,010 | 0,012 | W: Schweißverbindung | | | |
| | auf Betonkonstruktion | 0,004 | 0,005 | 0,006 | SL: Scher-Lochleibungs-Schraubenverbindung | | | |
| | auf Fundamenten | | | | SLP: Scher-Lochleibungs-Paßschraubenverbindung | | | |
| | auf Fels | 0,004 | 0,005 | 0,006 | GV: Gleitfeste vorgespannte Schraubenverbindung | | | |
| | auf Kies | 0,006 | 0,008 | 0,010 | | | | |
| | auf Sand | 0,008 | 0,010 | 0,012 | Zust. I: Ungerissener Beton, Zust. II: Gerissener Beton | | | |
| | auf Pfahlrost | 0,012 | 0,015 | 0,018 | | | | |

**Tabelle 6.** Ersatzfedersteifigkeiten für ausgewählte Stabsysteme (aus [17])

| Grundelement | Ersatzfedersteifigkeit | Grundelement | Ersatzfedersteifigkeit |
|---|---|---|---|
| Stab mit $N_i$, $N_k$, $u_i$, $\ell$ | $N_i = -\dfrac{EA}{\ell} \cdot u_k$ <br> $N_k = \dfrac{EA}{\ell} \cdot u_k$ | Einfeldträger mit Einzellast $F$ bei $a$, $b$, Länge $l$ | $w_1 = \dfrac{1}{3} \cdot \dfrac{F}{EI} \cdot \dfrac{a^2 b^2}{l}$ |
| Kragarm mit $M_i$, $V_i$, $w_i$, $M_k$, $V_k$, $\ell$ | $M_i = \dfrac{2\,EI}{\ell} \cdot \varphi_k$ <br> $M_k = \dfrac{4\,EI}{\ell} \cdot \varphi_k$ <br> $V_i = -\dfrac{6\,EI}{\ell^2} \cdot \varphi_k$ <br> $V_k = \dfrac{6\,EI}{\ell^2} \cdot \varphi_k$ | Einfeldträger mit Einzellast $F$ in der Mitte, Kragarm | $w_c = \dfrac{F a^2 b^3}{12 EI l^3}(3l + a)$ |
| System mit $\varphi_i$, $\varphi_k = -\varphi_i$, $M_i$, $M_k$, $V_i$, $V_k$, $\ell$ | $M_i = \dfrac{2\,EI}{\ell} \cdot \varphi_i$ <br> $M_k = -\dfrac{2\,EI}{\ell} \cdot \varphi_i$ <br> $V_i = 0$ <br> $V_k = 0$ | Einfeldträger mit Kragarm, Last $F$ bei $a$, $b$ | $w_c = \dfrac{F a^2 b^3}{12 EI l^3}(3l + a)$ |
| System mit $\varphi_i$, $\varphi_k = \varphi_i$, $M_i$, $M_k$, $V_i$, $V_k$, $\ell$ | $M_i = \dfrac{6\,EI}{\ell} \cdot \varphi_i$ <br> $M_k = \dfrac{6\,EI}{\ell} \cdot \varphi_i$ <br> $V_i = -\dfrac{12\,EI}{\ell^2} \cdot \varphi_i$ <br> $V_k = \dfrac{12\,EI}{\ell^2} \cdot \varphi_i$ | Rahmen mit Diagonalstab EA, Winkel $\alpha$ zur Vertikalen, Höhe H | $k_{hor} = \dfrac{EA}{H} \sin(\alpha)^2 \cos(\alpha)$ <br> $k_{hor,45°} = \dfrac{EA}{H} \, 0{,}3536$ |
| Einseitig eingespannter Stab mit $M_i$, $V_i$, $w_i$, $V_k$, $\ell$ | $M_i = \dfrac{3\,EI}{\ell} \cdot \varphi_i$ <br> $V_i = -\dfrac{3\,EI}{\ell^2} \cdot \varphi_i$ <br> $V_k = \dfrac{3\,EI}{\ell^2} \cdot \varphi_i$ | Diagramm: $k_\alpha/EA$ über Winkel zur Vertikalen $\alpha$ [°], Werte 0 bis 0,4; Maximum bei ca. 55° | |

# 426   6 Schwingungsverhalten ausgewählter Baukonstruktionen

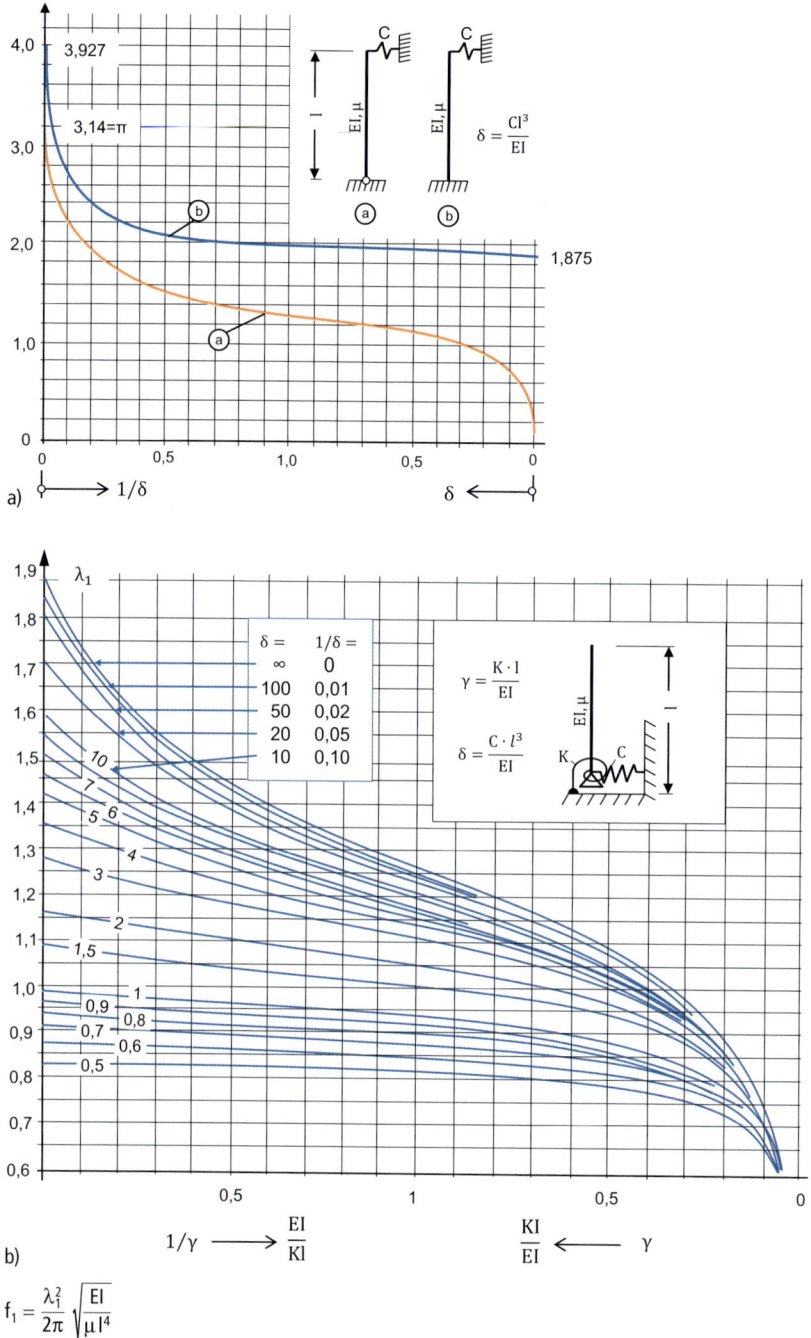

$$f_1 = \frac{\lambda_1^2}{2\pi}\sqrt{\frac{EI}{\mu l^4}}$$

**Bild 82.** Ermittlung der Eigenschwingfrequenzen für ausgewählte Stabsysteme (aus [2])

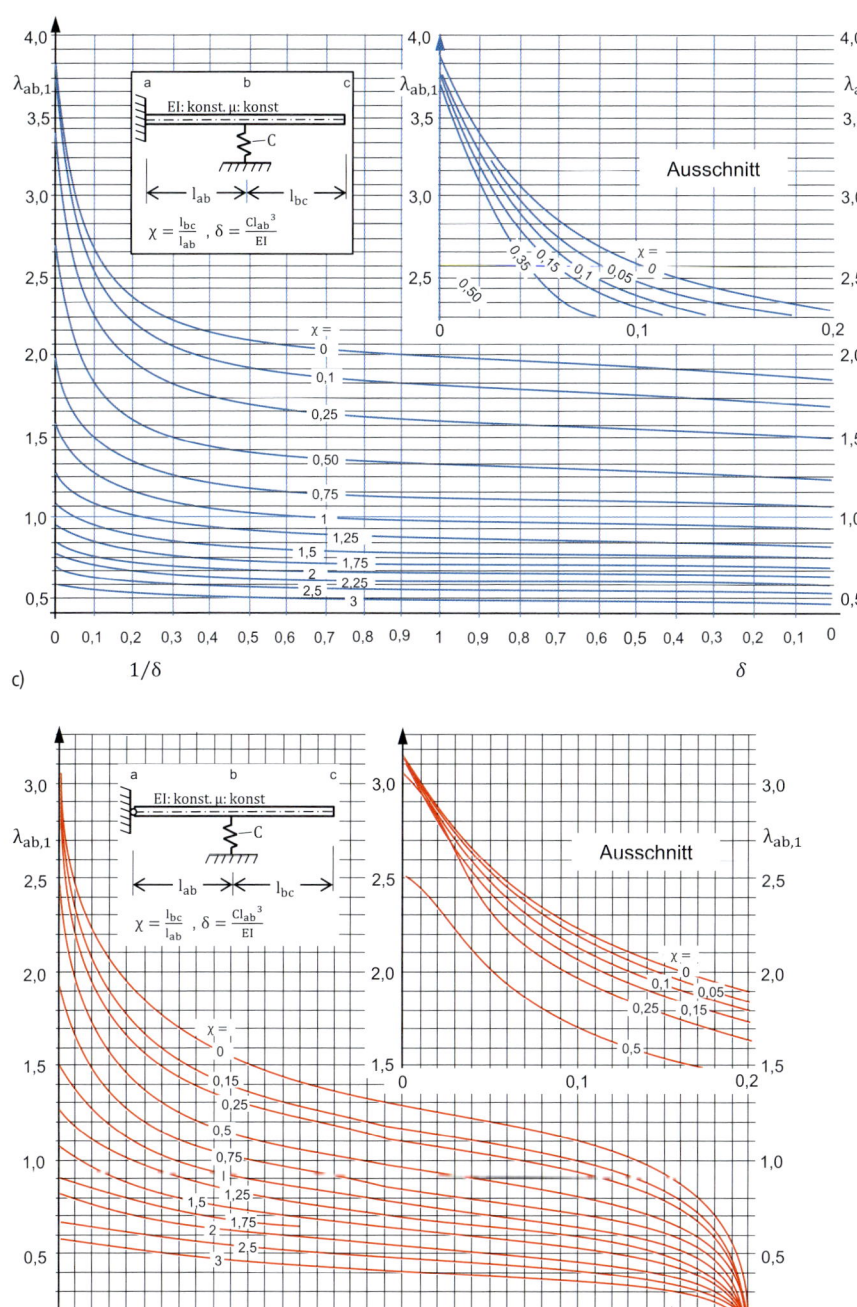

**Bild 82.** Ermittlung der Eigenschwingfrequenzen für ausgewählte Stabsysteme (aus [2])

**Tabelle 7.** Massenträgheitsmomente für ausgewählte Körper (aus [2])

| Quader | Kreisscheibe (dünnwandig) t << r |
|---|---|
| 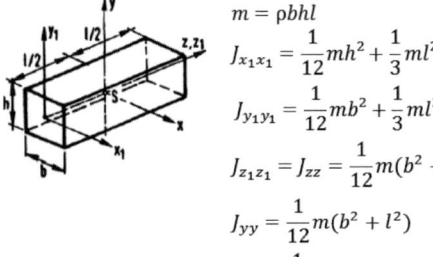 $m = \rho bhl$ $J_{x_1x_1} = \frac{1}{12}mh^2 + \frac{1}{3}ml^2$ $J_{y_1y_1} = \frac{1}{12}mb^2 + \frac{1}{3}ml^2$ $J_{z_1z_1} = J_{zz} = \frac{1}{12}m(b^2 + h^2)$ $J_{yy} = \frac{1}{12}m(b^2 + l^2)$ $J_{xx} = \frac{1}{12}m(h^2 + l^2)$ | 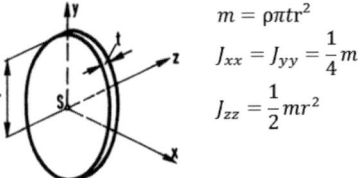 $m = \rho \pi t r^2$ $J_{xx} = J_{yy} = \frac{1}{4}mr^2$ $J_{zz} = \frac{1}{2}mr^2$ |
| **Dünner Stab** | **Ringkreisscheibe (dünnwandig)** $t \ll r_a$ |
| 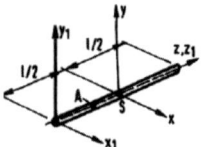 $m = \rho Al$ $J_{x_1x_1} = J_{y_1y_1} = \frac{1}{3}ml^2$ $J_{xx} = J_{yy} = \frac{1}{12}ml^2$ | 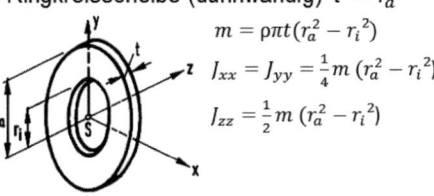 $m = \rho \pi t (r_a^2 - r_i^2)$ $J_{xx} = J_{yy} = \frac{1}{4}m(r_a^2 - r_i^2)$ $J_{zz} = \frac{1}{2}m(r_a^2 - r_i^2)$ |
| **Kreisförmiger Vollzylinder** | **Dünner Ringstab** |
| 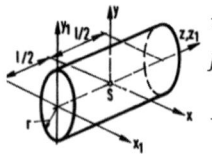 $m = \rho \pi r^2 l$ $J_{x_1x_1} = J_{y_1y_1} = \frac{1}{4}mr^2 + \frac{1}{3}ml^2$ $J_{z_1z_1} = J_{zz} = \frac{1}{2}mr^2$ $J_{xx} = J_{yy} = \frac{1}{4}mr^2 + \frac{1}{12}ml^2$ | 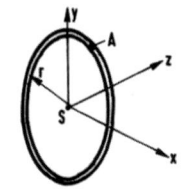 $m = 2\rho \pi r A$ $J_{xx} = J_{yy} = \frac{1}{2}mr^2$ $J_{zz} = mr^2$ |

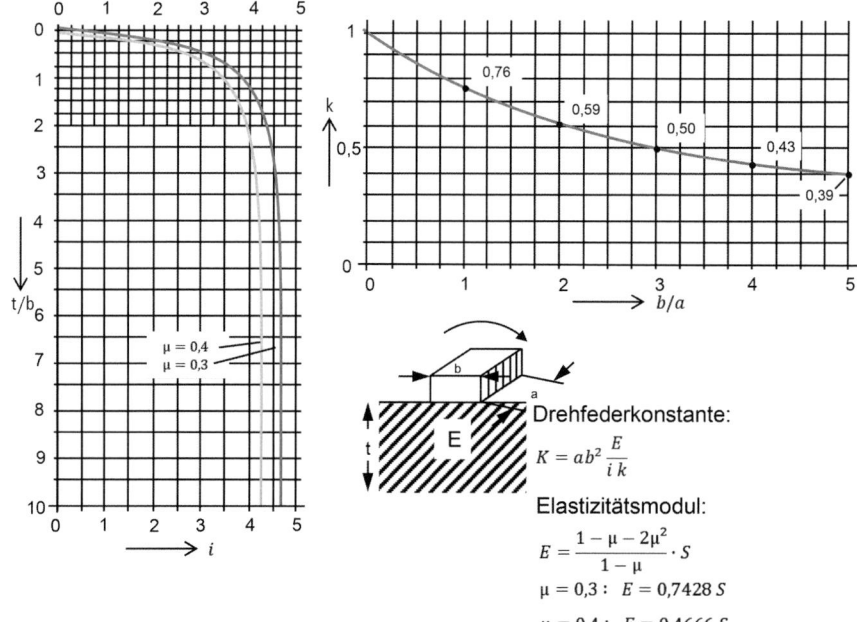

| Bodenart | Lagerung | Steifezahl S [N/cm²] | μ |
|---|---|---|---|
| **nicht bindig** | | | |
| Fels | | $10^7 - 10^5$ | |
| Schotter scharfkantig | | 30 000 – 15 000 | |
| Kies | dicht | 40 000 – 20 000 | |
| | mittel | 20 000 – 10 000 | |
| | locker | 10 000 – 5 000 | |
| Kiessand | mitteldicht | 20 000 – 10 000 | ≈ 0,3 |
| Sand, scharfkörnig | dicht | 30 000 – 20 000 | |
| | mittel | 20 000 – 8 000 | |
| | locker | 8 000 – 4 000 | |
| Sand, rundkörnig | dicht | 20 000 – 8 000 | |
| | mittel | 10 000 – 5 000 | |
| | locker | 5 000 – 1 000 | |
| **bindig** | | | |
| Geschiebemergel | fest | 10 000 – 1 000 | |
| Lehm | halbfest | 5 000 – 500 | |
| | weich | 800 – 500 | |
| Ton | halbfest | 2 000 – 500 | ≈ 0,3 |
| | steif | 800 – 300 | |
| | weich | 300 – 150 | |
| Löß | | 2 000 – 1 000 | |
| Schluff | | 2 000 – 300 | |

**Bild 83.** Ermittlung der Drehfedersteifigkeit für ein rechteckiges Fundament (aus [2])

## 4 Messen von Bewegungsgrößen

Ein zentraler Unterschied zwischen statisch und dynamisch beanspruchten Baukonstruktionen besteht darin, dass bei der Dimensionierung Letzterer eine Auslegung auf der sicheren Seite nicht ohne Weiteres möglich ist. Wie an vielen Stellen in diesem Beitrag aufgezeigt, bewirkt eine Veränderung von Masse, Steifigkeit oder Dämpfungsvermögen das dynamische Verhalten der gesamten Konstruktion. Insbesondere die Dämpfungseigenschaften von Baukonstruktionen lassen sich nur selten durch Rechenansätze und Erfahrung hinreichend genau vorhersagen, sodass i. d. R. auf In-situ-Messungen zurückgegriffen werden muss.

### 4.1 Auswertung diskreter Zeitschriebe

Im Falle von Messungen interessieren neben den in Abschnitt 2.2.5 aufgezeigten Zusammenhängen für kontinuierliche Prozesse häufig auch die mit einer oftmals notwendigen Digitalisierung bzw. Diskretisierung verbundenen Besonderheiten. Naturgemäß handelt es sich bei den nachfolgend dargestellten Werten nur um Schätzwerte im Hinblick auf die Charakteristika der zugrunde liegenden Grundgesamtheit (s. hierzu auch [1]).
Es liege ein Messschrieb der Messdauer T [s] in der Form von N Messwerten $\tilde{x}_i$ sowie der daraus resultierenden Intervalllänge $\Delta t = T/N$ vor. Der empirische (Zeit-)Mittelwert folgt zu

$$\overline{x(t)} = \mu_x = \frac{1}{N}\sum_{i=1}^{N} \tilde{x}_i \tag{77}$$

Werden im Folgenden ausschließlich die daraus resultierenden mittelwertbefreiten Signale in der Form $x_i = \tilde{x}_i - \mu_x$ betrachtet, so entspricht der quadratische Mittelwert gleich der Varianz des Prozesses:

$$\overline{x^2(t)} = \sigma_x^2 = \text{var}(x) = \frac{1}{N}\sum_{i=1}^{N} x_i^2 \tag{78}$$

Bei der Ermittlung von Korrelationsfunktionen aus diskretisierten Messschrieben muss beachtet werden, dass aufgrund der endlichen Messschrieblänge auch die korrelierbare Werteanzahl mit fortschreitender Korrelationsweite abnimmt, sofern die Messschriebe nicht künstlich periodisch fortgesetzt werden. Auch im Falle einer periodischen Fortsetzung der Messschriebe werden die daraus ermittelten Korrelationswerte mit zunehmender Korrelationsweite unbrauchbar, da sich die Selbsterhaltungsneigung des Messdaten verstärkt. Aus diesem Grund sind verwertbare Ergebnisse für aus diskreten Signalen ermittelten Korrelationsfunktionen nur für einen Bereich $\tau_{max} < 0{,}1 \cdot T$ zu erwarten.

$$R_{xx,k} = R_{xx}(k\Delta t) = \frac{1}{N-k}\sum_{i=1}^{N-k} x_i x_{i+k}$$

(k = 0, 1, 2, ...m) (79)

Die Ermittlung der spektralen Leistungsdichtefunktion kann entweder über eine diskrete Fourier-Transformation aus der soeben gefundenen Korrelationsfunktion ermittelt werden. In der Praxis erfolgt die Ermittlung jedoch fast ausschließlich unmittelbar aus der diskreten Fourier-Transformierten des eigentlichen Signals zu

$$S_{xx}(k \cdot f) = T \cdot \left| X(k \cdot f)\overline{X(k \cdot f)} \right| \tag{80}$$

Liegt ein Messschrieb mit insgesamt N Messwerten vor, so kann die diskrete Fourier-Transformierte zu

$$X\left(\frac{n}{N\Delta T}\right) = \sum_{k=0}^{N-1} x(k\Delta T)e^{-j2\pi nk/N} \tag{81}$$

ermittelt werden, wobei mit $\Delta T$ die Zeitschrittweite der Abtastung bezeichnet wurde.

### 4.2 Messtechnik und praktische Hinweise

Zur Erfassung der Schwingbewegungen einer Konstruktion steht eine Vielzahl an Sensortypen auf der Basis unterschiedlichster Messprinzipien zur Verfügung, die eine Messung des Schwingwegs, der Schwinggeschwindigkeit oder der Beschleunigung erlauben. Bei der Auswahl der Sensoren muss neben der Applizierbarkeit sowie den Einsatzbedingungen insbesondere auch auf den erfassbaren Frequenzbereich geachtet werden. In Tabelle 8 erfolgt eine Gegenüberstellung der wesentlichen Merkmale exemplarisch ausgewählter Messsensoren. Dabei wird weniger auf die Vor- und Nachteile der jeweiligen Messprinzipien als vielmehr auf die Besonderheiten bei der praktischen Handhabung eingegangen.

Unabhängig vom Messprinzip erfassen Wegsensoren die Schwingbewegungen der zu untersuchenden Konstruktion relativ zu einem Fixpunkt. Dieser Fixpunkt kann somit nicht Bestandteil der untersuchten Bauteilkomponenten sein und ist oftmals nur durch aufwendige Hilfskonstruktionen zu realisieren. Dabei ist auf die möglicherweise das Messergebnis beeinflussende Schwingungsreaktion dieser Fixkonstruktionen zu achten.

Aus diesem Grund werden zur Beurteilung von Baukonstruktionen häufig Beschleunigungssensoren eingesetzt. Diese erlauben eine Messung der absoluten Schwingbeschleunigung im Bereich der Applikationsstelle. Sofern der Frequenzbereich des Sensors auf das Schwingungsverhalten der zu untersuchenden Konstruktion abgestimmt ist, sind diese hervorragend zur Erfassung der Eigenfrequenzen geeignet. Vorsicht ist jedoch immer dann geboten, wenn aus gemessenen Beschleunigungsverläufen durch eine zweifache Integration auf den Schwingweg geschlossen werden soll. Grund dafür ist, dass jedes Messsignal mit Messfehlern z. B. in der Form von Messrauschen behaftet ist und sich diese Messfehler beim Integrieren fortpflanzen.

Auch was den Applikationsort und die Art und Weise der Sensorbefestigung angeht, muss der zu untersuchende Frequenzbereich mit in Betracht gezogen werden. Als Beispiel für mögliche Fehlinterpretationen seien die Beschleunigungsverläufe der Vorderachse eines instrumentierten Fahrzeugs diskutiert.

Tabelle 8. Gegenüberstellung unterschiedlicher Messsensoren

| Sensortyp (Messgröße) | Vorteile | Nachteile |
|---|---|---|
| Beschleunigungssensor (a) | – leicht applizierbar<br>– kein Fixpunkt notwendig<br>– für unterschiedliche Beschleunigungsbereiche verfügbar<br>– gut zur Frequenzbestimmung geeignet<br>– robuste Ausführung auch für Dauereinsatz im Außenbereich | – Schwingungsamplitude nur über Integration bestimmbar |
| Laser-Sensor (u) | – keine Applikation am Objekt notwendig<br>– sehr gute Frequenzauflösung<br>– hohe Genauigkeit<br>– große Messwege realisierbar | – externer Fixpunkt erforderlich<br>– teuer<br>– aufwendige Schutzmaßnahmen bei Dauereinsatz im Außenbereich |
| Wegsensoren (u) | – oft günstiger als Laser-Sensoren<br>– robuste Bauweisen auch für den Dauereinsatz im Außenbereich verfügbar | – Applikation am Objekt und externer Fixpunkt erforderlich<br>– bei mechanischen Tastern Begrenzung des erfassbaren Frequenzbereichs sowie oftmals geringe Bewegungsmöglichkeit quer zur Messrichtung<br>– Messweg oftmals begrenzt |
| DMS (Verzerrung, u) | – liefert unmittelbar Beanspruchungen der Struktur<br>– gut zur Frequenzbestimmung geeignet | – metallische Oberfläche erforderlich<br>– aufwendige Schutzmaßnahmen bei Messungen im Außenbereich<br>– Entfernen von Beschichtungen notwendig<br>– Schwingwege nur über ggf. fehlerbehaftetes post-processing mit Strukturinformationen ermittelbar |
| Seilzugsensoren (u) | – günstig<br>– robuste Ausbildung auch für Außenbedingungen | – nur für niedrigen Frequenzbereich geeignet<br>– Applikation am Objekt und externer Fixpunkt erforderlich |

**Tabelle 8.** Gegenüberstellung unterschiedlicher Messsensoren (Fortsetzung)

| Sensortyp (Messgröße) | Vorteile | Nachteile |
|---|---|---|
| Kraftaufnehmer – DMS-basiert | | |
| | – hohe Genauigkeit<br>– stabile Messsignale, keine Sensordrift | – Messauflösung abhängig von Maximalkraft<br>– sehr große Sensorabmessungen erforderlich |
| Kraftmesssensoren – Piezo-basiert | | |
| | – Messauflösung unabhängig von der Maximalkraft<br>– kleine Baugrößen bei hoher Steifigkeit möglich | – neigt zu Sensordrift<br>– weniger geeignet für längere Messsignale |

Wie aus dem Beschleunigungszeitverlauf sowie dem zugeordneten Frequenzspektrum eindeutig zu erkennen, sind den interessierenden globalen Schwingbewegungen der Fahrzeugachse, die sich erfahrungsgemäß in einem Frequenzbereich kleiner als 15 Hz abspielen, dominante höherfrequente Schwingungen überlagert (Bilder 84, 85). Diese resultieren aus resonanzähnlichen Schwingbewegungen der Lenkkonstruktion, auf welcher die Beschleunigungssensoren appliziert wurden. Erst durch die Anwendung entsprechender Filter wird eine Bewertung der eigentlich interessierenden globalen Vertikalschwingbewegungen der Vorderachse möglich. Abschließend sollen an dieser Stelle noch Anmerkungen zur Festlegung der Abtastfrequenz aufgeführt werden. Jede Digitalisierung eines analogen Messsignals kommt einer zeitlichen Diskretisierung, d. h. Abtastung gleich. Dabei können auch für idealisierte Verhältnisse ausschließlich Frequenzen bis maximal zur halben Abtastfrequenz korrekt erfasst werden. Sind in dem betrachteten Signal, d. h. in der zu untersuchenden Schwingbewegung oder den stets enthaltenen Messfehlern, höhere Frequenzen enthalten, so führt dies unweigerlich zu Verfälschungen des ermittelten Amplitudenspektrums.

Auch die der Frequenzanalyse zugrunde gelegte Messschrieblänge ist von Bedeutung. Zum einen wird durch die Betrachtung eines längeren Zeitabschnitts die erreichbare Frequenzauflösung erhöht. Dabei sei jedoch angemerkt, dass die oftmals in der Literatur zu findende Empfehlung, wonach das Auffüllen eines transienten Messsignals mit „Nullen" zur Verlängerung der Messschrieblänge physikalisch gesehen unsinnig ist, da dadurch keine zusätzlichen Informationen generiert werden können. Zwar kann dadurch die Frequenzauflösung erhöht, d. h. der Abstand der ermittelten Amplitudenwerte auf der Frequenzachse verringert werden, jedoch ist dieselbe Verdichtung der Amplitudenwerte durch eine Interpolation auf der Basis der Fourier-Transformierten der Fensterfunktion zu erzielen. Zum anderen spielt neben der Abtastrate die Länge der Messaufzeichnung auch eine entscheidende Rolle im Hinblick auf mögliche Verfälschungen des wahren Fre-

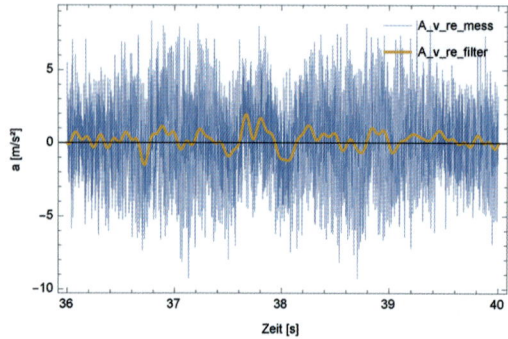

**Bild 84.** Gefilterte und ungefilterte Vertikalbeschleunigung der rechten Vorderachse [9]

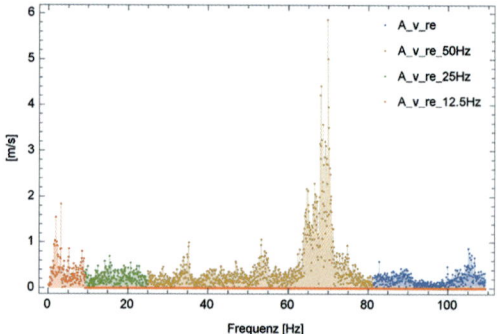

**Bild 85.** Zugehöriges Amplitudenspektrum der Vertikalbeschleunigung [9]

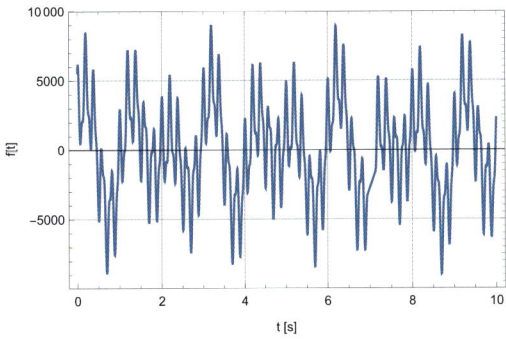

Bild 86. Zeitverlauf der Messwerte

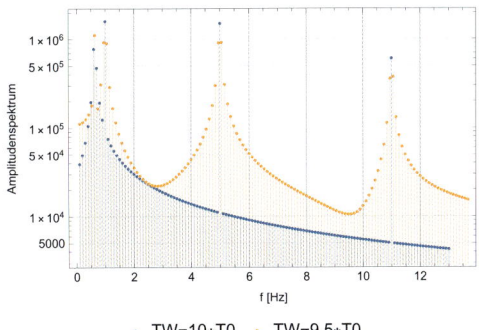

Bild 87. Amplitudenspektrum der Messwerte für unterschiedliche Fensterlängen

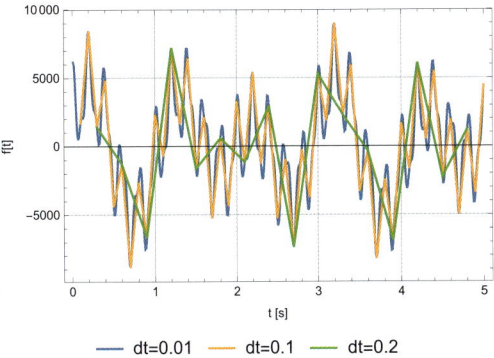

Bild 88. Zeitverlauf eines digitalisierten Messsignals für unterschiedliche Abtastschrittweiten

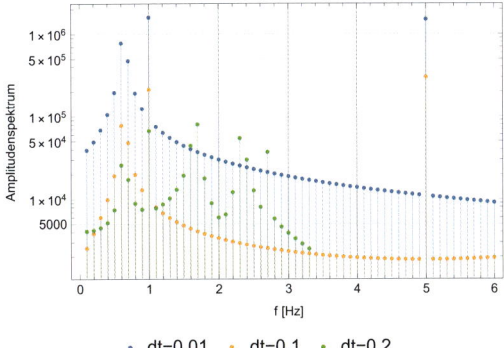

Bild 89. Amplitudenspektren der in Bild 88 dargestellten Zeitreihen

quenzspektrums (s. Bild 85). Um bei periodischen Signalen Frequenzverfälschungen infolge von Fensterlängen ungleich der Grundperiodenlänge zu vermeiden, können entsprechende Filterfunktionen angewendet werden. Hierfür wird auf die einschlägige Literatur ([1, 4, 5] etc.) verwiesen. Werden keine Filter zum Einsatz gebracht, so resultieren daraus die in den Bildern 86 bis 89 dargestellten Verfälschungen der Amplitudenspektren. Aus einer Gegenüberstellung des exakten Spektrums für die Fensterlänge $T_w = 10 \cdot T_0$ (wobei mit $T_0$ die Grundperiode des periodischen Signals gemeint ist) mit dem Spektrum für eine Fensterlänge $T_w = 9{,}5 \cdot T_0$ wird deutlich, dass Letzteres deutlich breitere Frequenzzipfel aufweist.

## 5 Ausgewählte Schwingungsphänomene

### 5.1 Schwingungsdämpfer

Viele Konstruktionen wie Fußgängerbrücken, Schornsteine oder turmartige Konstruktionen bedürfen schwingungsdämpfender Maßnahmen. Oftmals werden dazu Schwingungstilger oder Schwingungsdämpfer vorgesehen. Unter einem Schwingungstilger wird eine federelastisch an die zu bedämpfende Hauptkonstruktion angekoppelte Masse ohne wesentliche Dämpfungseigenschaften verstanden. Dies führt bei einer idealen Frequenzabstimmung dazu, dass die Schwingungsamplituden im Falle einer harmonischen Anregung mit eben dieser Frequenz vollständig unterbunden werden. Weicht die Anregungsfrequenz nur geringfügig von diesem Sollwert ab oder sind mehrere Eigenschwingformen und somit Eigenfrequenzen der Hauptkonstruktion maßgeblich an der Schwingungsantwort beteiligt, so verliert der Tilger seine Wirksamkeit und kann die Schwingungsamplituden sogar noch verstärken. Das bedeutet, dass Schwingungstilger nur für ausgewählte Schwingungsphänomene mit definierter schmalbandiger Anregung zielgerichtet eingesetzt werden können.

Wird zusätzlich zur federelastischen Anbindung noch ein energiedissipierendes, d. h. dämpfendes, Element zwischen der Haupt- und der Zusatzmasse angeordnet, so wird diese Konstruktion als Schwingungsdämpfer bezeichnet. Wird die dominierende oder zu untersu-

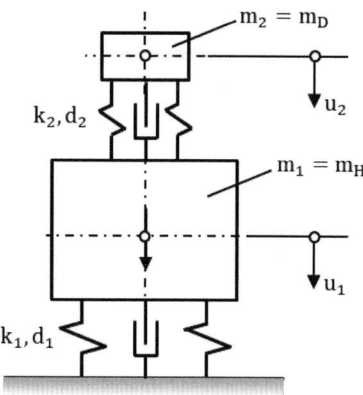

$$\mathbf{M\ddot{u}(t) + D\dot{u}(t) + Ku(t) = p(t)}$$

$$\mathbf{M} = \begin{bmatrix} m_1 & 0 \\ 0 & m_2 \end{bmatrix}$$

$$\mathbf{K} = \begin{bmatrix} k_1 + k_2 & -k_2 \\ -k_2 & k_2 \end{bmatrix}$$

$$\mathbf{D} = \begin{bmatrix} d_1 + d_2 & -d_2 \\ -d_2 & d_2 \end{bmatrix}$$

**Bild 90.** Zweifreiheitsgradsystem und zugehöriges Differenzialgleichungssystem

chende Schwingform der Hauptkonstruktion auf der Basis der zugeordneten generalisierten Kenngrößen beschrieben, so kann der in Bild 90 dargestellte Zweimassenschwinger als Ersatzmodell herangezogen werden. Neben dem Massenverhältnis $\mu = m_2/m_1$ wird i. d. R. auch das Frequenzverhältnis der isoliert betrachteten Schwingungssysteme $\kappa = k_2/k_1$ eingeführt. Eine qualitative wie quantitative Bewertung des vorliegenden Zweimassenschwingers kann sehr einfach auf der Basis der Frequenzgangfunktionen $H_{ij}(f)$ erfolgen. Die Frequenzgangmatrix folgt gemäß Gl. (55) zu

$$\mathbf{H}(jf) = [-(2\pi f)^2 \mathbf{M} + j2\pi f \mathbf{D} + \mathbf{K}]^{-1} \quad (82)$$

Dabei beschreiben beispielsweise die Frequenzgangfunktion $H_{11}(jf)$ die absolute Schwingungsreaktion der Hauptmasse $m_1$ auf eine Kraftanregung derselben und die Frequenzgangfunktion $H_{21}(jf)$ die absolute Schwingungsreaktion der Zusatzmasse $m_2$ auf eine Kraftanregung an der Hauptmasse $m_1$. Für die konstruktive Auslegung z. B. des Dämpfergehäuses sind darüber hinaus die relativen Schwingungsamplituden zwischen den beiden Massen von Interesse, da die vorzuhaltenden Schwingwege darauf abgestimmt werden müssen. Diese können ebenfalls sehr elegant aus den Frequenzgangfunktionen ermittelt werden. Die Vergrößerungsfunktion der relativen Schwingungsamplituden zwischen den beiden Massen folgt zu

$$H_{u_2-u_1}(jf) = H_{21}(jf) - H_{11}(jf) \quad (83)$$

Bei der Subtraktion der Frequenzgangfunktionen in Gl. (83) sind zwingend die vollständigen komplexen Größen zugrunde zu legen, da ansonsten die Phaseninformation nicht richtig berücksichtigt werden kann, was zu unsinnigen Ergebnissen führt. Wie bereits in Abschnitt 2.2.1 erläutert, resultieren die nachfolgend dargestellten Vergrößerungsfunktionen der Schwingungsamplituden aus den soeben aufgezeigten Frequenzgangfunktionen zu

$$V(\omega) = \frac{u_{dyn}}{u_{stat}} = k \cdot |H(j\omega)| \quad (84)$$

Das dimensionslose Frequenzverhältnis der Anregung $\eta = \Omega/\omega_E$ wird stets auf die Eigenfrequenz des Hauptsystems $\omega_E = \omega_1 = \sqrt{k_1/m_1}$ bezogen. Wie aus der Gegenüberstellung der Vergrößerungsfunktionen für die Hauptmasse für die Massenverhältnisse $\mu = 0{,}1$ und $\mu = 0{,}05$ in den Bildern 91 bis 96 zu erkennen, ist eine bestimmte Größe der Zusatzmasse erforderlich, damit die daraus resultierende Energie die Schwingungen der Hauptmasse wirkungsvoll zu bedämpfen vermag.

Aus den Bildern 93 und 94 wird darüber hinaus deutlich, dass der Schwingungsdämpfer mit abnehmender Dämpfungscharakteristik zunehmend in Richtung Schwingungstilger strebt. Was bedeutet, dass zwar die Schwingungen der Hauptkonstruktion im Tilgungspunkt gegen null streben, aber diese für geringfügig veränderte Anregungsfrequenzen deutlich höher ausfallen. Im anderen Grenzfall einer zu hohen Dämpfung wird die Zusatzmasse starr an die Hauptmasse gekoppelt und die schwingungstilgende Wirkung geht ebenfalls gegen null.

Wie aus den Bildern 91 und 92 zu erkennen, hat die Verstimmung $\kappa = \omega_2/\omega_1$ einen entscheidenden Einfluss auf die maximalen Schwingungsamplituden der zu bedämpfenden Hauptkonstruktion. Die optimale Wirkung eines Schwingungsdämpfers folgt für die Verstimmung

$$\kappa_{opt} = \frac{1}{1+\mu} \quad (85)$$

Neben der optimalen Verstimmung, d. h. Wahl der Eigenfrequenz der isoliert betrachteten bedämpften Zusatzmasse, lassen sich zwei Kriterien für die Wahl einer optimalen Dämpfung angeben (vgl. [2]):

$$D_{opt,1} = \sqrt{\frac{3\mu}{8(1+\mu)^3}}$$

$$D_{opt,2} = \sqrt{\frac{\mu}{2(1+\mu)}} \quad (86)$$

wobei $D_{opt,1}$ stets auf geringere Dämpfungswerte führt als $D_{opt,2}$. Ausgewertet für ein Massenverhältnis $\mu = 0{,}1$ folgen die optimale Verstimmung zu $\kappa_{opt} = 0{,}90909$ sowie die optimalen Dämpfungsparameter zu $D_{opt,1} = 0{,}1678$ und $D_{opt,2} = 0{,}213$. Für das Massenverhältnis $\mu = 0{,}05$ folgen diese zu $\kappa_{opt} = 0{,}95$, $D_{opt,1} = 0{,}1273$ und $D_{opt,2} = 0{,}1543$.

Ausgewählte Schwingungsphänomene   435

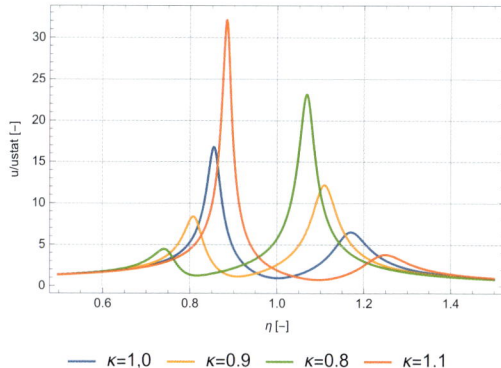

**Bild 91.** Bezogene Schwingungsamplitude der Hauptmasse, $\mu = 0{,}1$, $D = 0{,}05$, Variation der Frequenzabstimmung

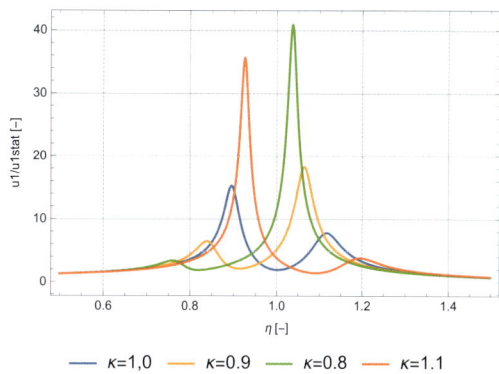

**Bild 92.** Bezogene Schwingungsamplitude der Hauptmasse, $\mu = 0{,}05$, $D = 0{,}05$, Variation der Frequenzabstimmung

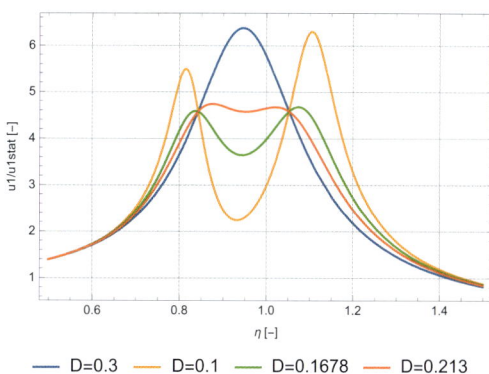

**Bild 93.** Bezogene Schwingungsamplitude der Hauptmasse, $\mu = 0{,}1$, $\kappa = 0{,}909$, Variation des Lehr'schen Dämpfungsmaßes

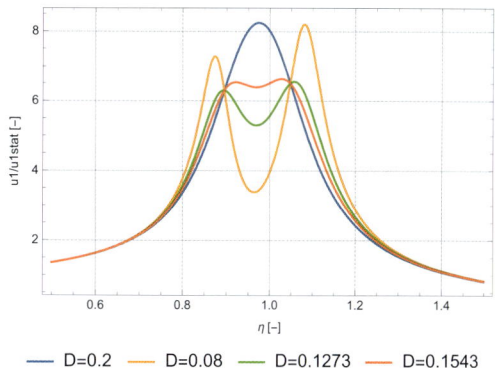

**Bild 94.** Bezogene Schwingungsamplitude der Hauptmasse, $\mu = 0{,}05$, $\kappa = 0{,}95$, Variation des Lehr'schen Dämpfungsmaßes

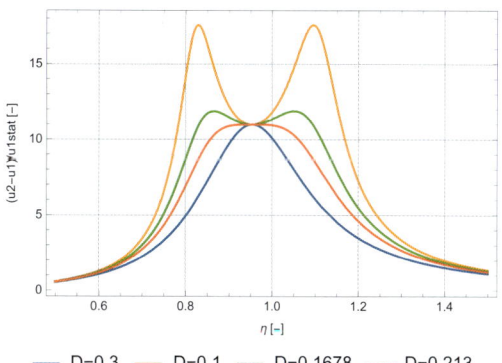

**Bild 95.** Bezogene relative Schwingungsamplitude zwischen den beiden Massen, $\mu = 0{,}1$, $\kappa = 0{,}909$, Variation des Lehr'schen Dämpfungsmaßes

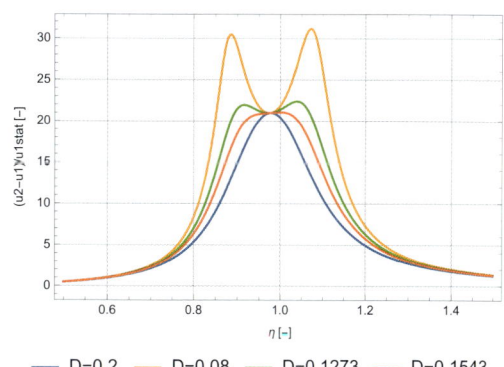

**Bild 96.** Bezogene relative Schwingungsamplitude zwischen den beiden Massen, $\mu = 0{,}05$, $\kappa = 0{,}95$, Variation des Lehr'schen Dämpfungsmaßes

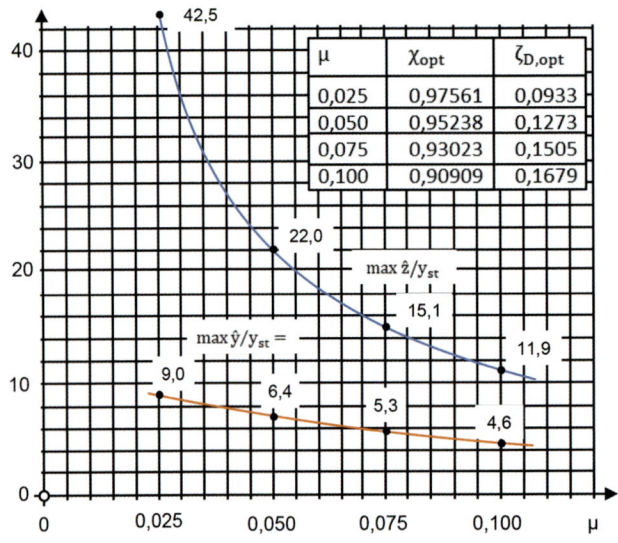

**Bild 97.** Bezogene Schwingungsamplituden der Haupt- und Zusatzmasse für optimale Verstimmung und optimale Dämpfungsgrade [2]

Betrachtet man ausschließlich die zu bedämpfenden Schwingungsamplituden der Hauptkonstruktion, so fällt die Wahl zweifelsohne auf das optimale Dämpfungsmaß $D_{opt,1}$, da eine höhere Dämpfung gemäß $D_{opt,2}$ keinerlei Vorteile bringt und die Schwingungsamplituden der Hauptmasse nicht weiter gedrückt werden können. Wird die Dämpfung noch höher eingestellt, so wachsen die Schwingungsamplituden sogar wieder an. Die zweite Masse wird dann zu steif bzw. starr an die Hauptmasse gekoppelt und aus dem Zweifreiheitsgradsystem wird ein Einfreiheitsgradsystem mit synchron schwingenden Massen. Aus einem Vergleich der optimalen Dämpfungswerte für die Massenverhältnisse $\mu = 0{,}1$ und $\mu = 0{,}05$ wird darüber hinaus deutlich, dass diese mit geringerer Zusatzmasse ebenfalls nach unten gehen.

Werden hingegen die Relativschwingungsamplituden der Zusatzmasse betrachtet, welche bei der konstruktiven Durchbildung des Dämpfers von Interesse sind, so fallen diese für die Dämpfung $D_{opt,2}$ etwas geringer aus als für $D_{opt,1}$. Auch diesbezüglich bringt eine noch höhere Dämpfung keine Vorteile, da die maximalen Schwingungsamplituden nicht weiter reduziert werden können.

Abschließend sei noch darauf hingewiesen, dass die maximalen Schwingungsamplituden der Hauptkonstruktion für baupraktisch sinnvolle Massenverhältnisse nur moderat von diesen abhängen und mit steigender Zusatzmasse lediglich eine geringfügige Reduzierung der Schwingungsamplituden erzielt werden kann. Hingegen sinken die Relativbewegungen der Zusatzmasse deutlich mit steigendem Massenverhältnis (s. a. Bild 97).

### Fortsetzung zu Beispiel 4

Als Beispiel für die Anordnung eines Schwingungsdämpfers wird ein Abluftkamin mit einem Dämpfer im Mündungsbereich betrachtet (Bild 70). Der Kamin weise eine Gesamthöhe von 60 m, einen Rohrdurchmesser von 1,20 m sowie eine Wandstärke von durchgängig 5 mm auf. Das Flächenträgheitsmoment folgt daraus zu $I_y = \pi/4(R^4 - r^4) = \pi/4(60^4 - 59{,}5^4) = 335.074$ cm$^4$. Mit den Formeln in Abschnitt 3.1 folgt die erste Biegeeigenfrequenz unter der Annahme einer starren Fundamenteinspannung sowie mit dem Eigengewicht von $m = A \cdot \rho = \pi(R^2 - r^2) = \pi(60^2 - 59{,}5^2)$ E4 $\cdot$ 7850 = 187,7 E4 $\cdot$ 7850 = 147,4 kg/m zu

$$f_1 = 0{,}5595 \frac{1}{L^2}\sqrt{\frac{EI}{m}}$$

$$= 0{,}5595 \frac{1}{60^2}\sqrt{\frac{210.000 \text{ E6} \cdot 335074 \text{ E8}}{147{,}4}} = 0{,}34 \text{ Hz}$$

Die modale Steifigkeit sowie die modale Masse der Grundschwingform können gemäß Tabelle 4 zu $m_{gen,1} = 0{,}24 \cdot m \cdot L = 2122$ kg sowie $k_{gen,1} = 3EI/L^3 = 3 \cdot 210.000$ E6 $\cdot$ 335074 E8/60$^3$ = 9773 N/m ermittelt werden. Mit diesen Größen kann auch die oben gefundene Eigenfrequenz zu

$$f = \frac{1}{2\pi}\sqrt{\frac{k_{gen,1}}{m_{gen,1}}} = \frac{1}{2\pi}\sqrt{\frac{9773}{2122}} = 0{,}34 \text{ Hz}$$

bestätigt werden.

Wird nun als Massenverhältnis $\mu = 0{,}05$ angestrebt, so ist bereits eine Zusatzmasse von 106,1 kg erforderlich! Die optimalen Dämpfungsparameter folgen zu

$$D_{opt,1} = \sqrt{\frac{3\mu}{8(1+\mu)^3}} = \sqrt{\frac{3*0,05}{8(1+0.05)^3}} = 0,1273 \text{ und}$$

$$D_{opt,2} = \sqrt{\frac{\mu}{2(1+\mu)}} = \sqrt{\frac{0,05}{2(1+0,05)}} = 0,1543$$

Die Federsteifigkeit $k_2$ folgt letztlich aus dem Verstimmungskriterium

$$\kappa_{opt} = \frac{1}{1+\mu} = \frac{1}{1+0,05} = 0,95 = \frac{\omega_2}{\omega_1} \text{ zu}$$

$$\omega_2 = 0,95 \cdot \omega_1 = 2,03 \frac{\text{rad}}{\text{sec}} = \sqrt{\frac{k_2}{m_2}} \text{ bzw.}$$

$k_2 = 437,2 \text{ N/m}$

Wird der Dämpfer auf das Dämpfungsmaß D = $D_{opt,1} = 0,1273$ eingestellt, so kann aus Bild 94 eine Schwingungsüberhöhung der Schornsteinspitze von ca. $6,5 \cdot u_{1,\text{stat}}$ für den Resonanzfall abgelesen werden. Der vorzuhaltende Schwingweg der Zusatzmasse folgt aus Bild 96 zu ca. $22 \cdot u_{1,\text{stat}}$.

Wichtig ist in diesem Zusammenhang jedoch auch die Tatsache, dass ein Schwingungsdämpfer seine Wirkung ausschließlich für Schwingbeanspruchungen in der Nähe dessen Resonanzbereichs entfalten kann. Zur Verdeutlichung wird der eben betrachtete Abluftkamin auf der Basis einer Finite-Elemente-Diskretisierung als ebenes Stabwerk modelliert und die Wirkung der angeordneten Dämpfungselemente unter Heranziehung der Frequenzgangfunktionen diskutiert.

Da hier diskrete Dämpfungselemente an eine Stabstruktur gekoppelt werden, sind zur Ermittlung der Schwingungsantwort zwingend komplexe Eigenvektoren zugrunde zu legen. Nur so kann der Einfluss einer nicht proportionalen Dämpfung korrekt erfasst werden.

Im ersten Schritt wird ein Dämpfungselement im Mündungsbereich angeordnet, welches starr an eine externe Struktur z. B. ein Gebäude gekoppelt ist. Die Strukturdämpfung der Gesamtkonstruktion wird im Folgenden gänzlich vernachlässigt. Werden unterschiedliche Dämpfungsparameter mit d = 55 Ns/m und d = 10 · 55

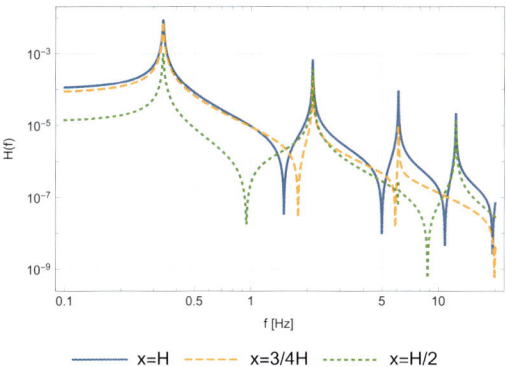

**Bild 98.** Frequenzgangfunktion $H_{uu}$ für die Kragarmspitze des Kamins mit gelagertem Dämpfer, d = 55 Ns/m

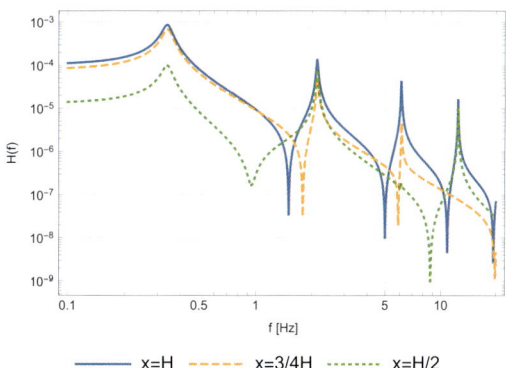

**Bild 99.** Frequenzgangfunktion $H_{uu}$ für die Kragarmspitze des Kamins mit gelagertem Dämpfer, d = 550 Ns/m

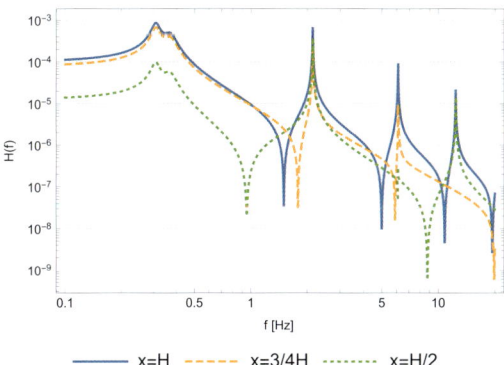

**Bild 100.** Frequenzgangfunktion $H_{uu}$ für die Kragarmspitze des Kamins mit Schwingungsdämpfer, d = 55 Ns/m

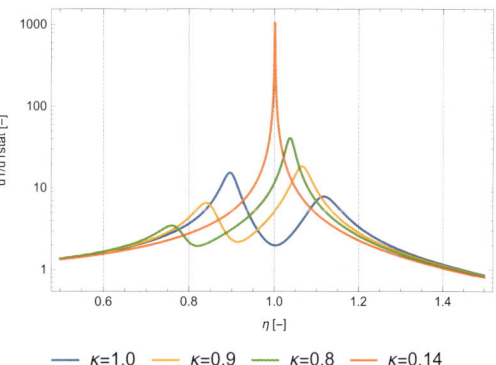

**Bild 101.** Bezogene Schwingungsamplitude der Schornsteinspitze, μ = 0,05, D = 0,05, Variation der Frequenzabstimmung

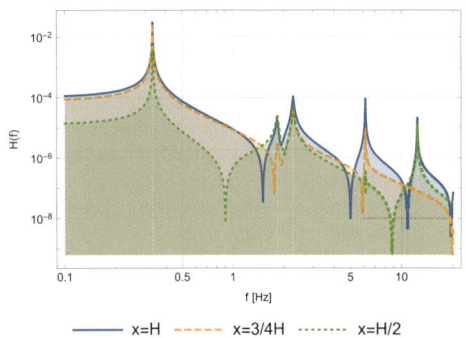

**Bild 102.** Frequenzgangfunktion $H_{uu}$ für die Kragarmspitze des Kamins mit Schwingungsdämpfer (abgestimmt auf die zweite Biegeeigenfrequenz von 2,14 Hz), d = 55 Ns/m

= 550 Ns/m betrachtet, so zeigen sich die in den Bildern 98 und 99 dargestellten Verläufe der Elementarfrequenzgangfunktionen.

Daraus wird deutlich, dass durch die Anordnung eines extern gelagerten Dämpfungselements sämtliche Eigenfrequenzen in ähnlicher Größenordnung bedämpft werden.

Wird hingegen ein Schwingungsdämpfer in der Form einer federelastisch gelagerten und zusätzlich bedämpften Masse angeordnet, so zeigt ein Blick auf die Elementarfrequenzgangfunktionen, dass dessen Wirkungsbereich auf Schwingbewegungen in der Nähe von dessen Resonanzbereich beschränkt bleibt (Bild 100).

Zur selben Erkenntnis gelangt man auch, wenn die Wirksamkeit des Schwingungsdämpfers auf der Basis eines kinetisch äquivalenten Zweimassenschwingers bewertet wird. Bei einer zweiten Biegeeigenfrequenz von 2,14 Hz folgt eine Verstimmung $\kappa = f_2/f_1 = 0{,}306/2{,}14 = 0{,}14$ sowie die daraus resultierende Schwingungsüberhöhung des Abluftkamins gemäß Bild 101.

Würde hingegen die federelastische Anbindung der Zusatzmasse auf die zweite Biegeeigenfrequenz abgestimmt mit einer Verstimmung von $\kappa = 0{,}9$ und einer daraus resultierenden Federsteifigkeit von 15587 N/m,

so ist aus der in Bild 102 dargestellter Frequenzgangmatrix eindeutig zu erkennen, dass dann der Dämpfer nahezu ohne Wirkung auf die erste Biegeeigenfrequenz bleibt.

## 5.2 Erdbeben

Durch die mit tektonischen Plattenbewegungen im Bereich der Erdkruste verbundene Energiefreisetzung erfährt ein Punkt auf der Erdoberfläche eine dreidimensionale Beschleunigung, welche über die Gründungselemente auf die Gebäude und Baukonstruktionen übertragen werden. Da Gebäude oder turmartige Strukturen in der Regel für sehr viel höhere Kräfte in vertikaler als in horizontaler Richtung ausgelegt werden, interessieren vielfach lediglich die horizontalen Beschleunigungskomponenten. Vertikale Bodenbeschleunigungen sind vorwiegend für Brücken und weitgespannte Tragwerke, wie zum Beispiel Stadiondächer, von Belang.

Dauer, Intensität und insbesondere Frequenzspektrum der am Bauwerk wirkenden Bodenbeschleunigungen hängen in hohem Maße von den örtlichen Bodengegebenheiten ab. Somit kann es u. U. einen deutlichen Unterschied bedeuten, ob ein Bauwerk auf steifen Felsschichten oder auf vergleichsweise weichen bindigen Sedimentschichten gegründet ist. Diesem Einfluss wird in den einschlägigen Bemessungsvorschriften über die Zuteilung zu unterschiedlichen Untergrund- oder Baugrundklassen Rechnung getragen.

Da die Schwingungsanregung der Baukonstruktionen durch die Bodenbewegungen erfolgt, liegt als mechanisches System ein fußpunkterregtes Schwingungssystem vor. Mit der Bodenbeschleunigung $a_F(t)$ (Bild 103, 104) folgt die zugrunde liegende Differenzialgleichung für die Relativverschiebungen zwischen Fußpunkt und Struktur u(t) zu

$$m\ddot{u}(t) + d\dot{u}(t) + ku(t) = -ma_F(t) \tag{87}$$

Die Lösung auf den i. d. R. als Zeitschrieb vorliegenden Bodenbeschleunigungsverlauf kann beispielsweise über

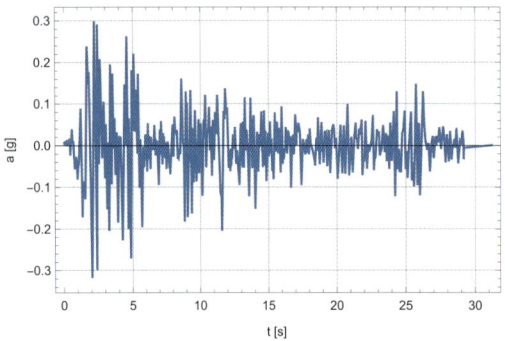

**Bild 103.** Horizontalbeschleunigungsverlauf für das El-Centro-Beben

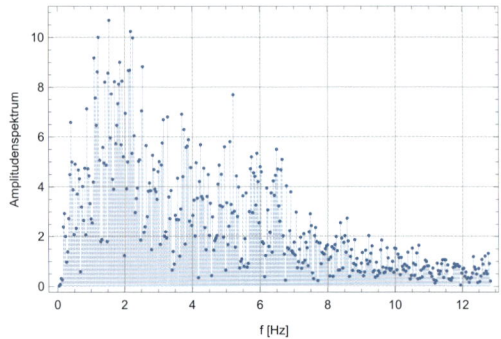

**Bild 104.** Zugehöriges Amplitudenspektrum

eine numerische Integration ermittelt werden (Bilder 106, 107).

Eine Möglichkeit für den Sicherheitsnachweis von Bauwerken besteht nunmehr darin, die Schwingungsreaktionen für mehrere für den Bauwerksstandort typische Beschleunigungsverläufe zu ermitteln und unter Zugrundelegung der Extremwerttheorie mit den vorhandenen Bauteilwiderständen zu vergleichen. Dies setzt die Verfügbarkeit entsprechend für den Bauwerksstandort zutreffender Beschleunigungszeitverläufe voraus und kann insbesondere für komplexe Strukturen auch sehr aufwendig sein.

**Beispiel 6**

Als einfaches Beispiel soll ein fünfgeschossiges, in Stahl-Verbund-Bauweise errichtetes Parkhaus untersucht werden (Bild 105). Vereinfachend werden dabei sämtliche Massen als in den Deckenscheiben konzentriert unterstellt. Die Massen der Geschossdecken werden dabei einheitlich zu 570 kg/m² in Ansatz gebracht. Die Biegesteifigkeit der vertikalen HEB-300-Stiele folgt zu je 528 E6 kNcm², die der Riegel zu je 2,5 E10 kNcm². Aufgrund der unterstellten Regelmäßigkeit der Konstruktion kann die Bemessung auf die Untersuchung eines ebenen Schnitts unter Zugrundelegung der anteiligen Massen- und Steifigkeitsverhältnisse reduziert werden. Für das gewählte Ersatzsystem ergeben sich nachfolgend aufgeführte Kenngrößen.

Eine oftmals sehr praktikable Möglichkeit der Erstellung der für die weiteren Untersuchungen erforderlichen Steifigkeitsmatrix liegt in der Invertierung der zugehörigen Nachgiebigkeitsmatrix. Diese kann zum Beispiel mithilfe handelsüblicher Stabwerksprogramme bestimmt werden. Dabei werden sukzessive Einheitslasten in Richtung der Systemfreiheitsgrade, im vorliegenden Fall horizontale Einzellasten im Bereich der Geschossdecken, aufgebracht und jeweils die zugehörigen Verformungsgrößen sämtlicher Freiheitsgrade ermittelt (vgl. z. B. [2]). Die Steifigkeitsmatrix folgt für das betrachtete Beispiel zu

$$\mathbf{K} = \begin{bmatrix} 29141167 & -30580407 & 1425447 & -66710 & 84541 \\ -30580407 & 61223532 & -31982779 & 1406218 & -69902 \\ 1425447 & -31982779 & 61115249 & -31995069 & 1509235 \\ -66710 & 1406218 & -31995069 & 61487768 & -32378650 \\ 84541 & -69902 & 1509235 & -32378650 & 63750314 \end{bmatrix}$$

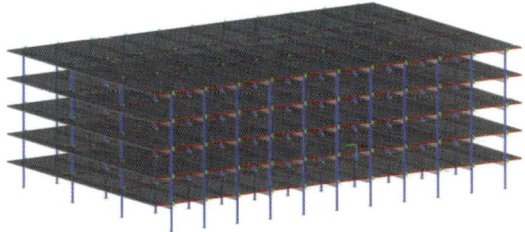 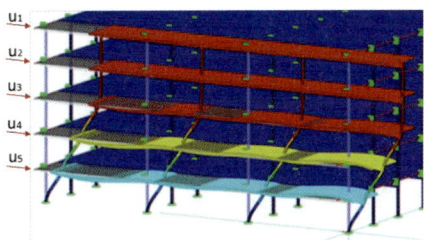

**Bild 105.** Gebäudekonstruktion und ebenes Ersatzsystem

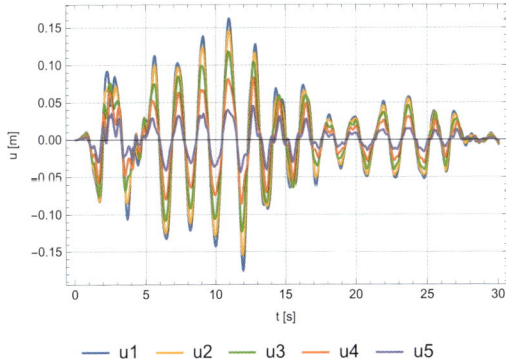 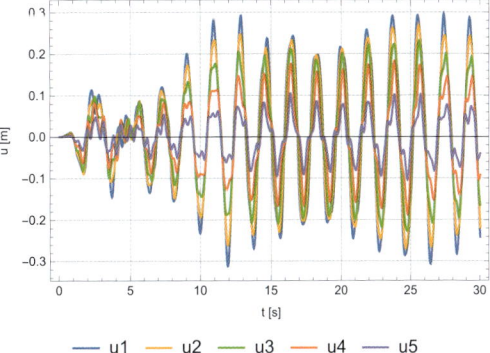

**Bild 106.** Schwingungsreaktion ausgewählter Systemfreiheitsgrade D = 0,05

**Bild 107.** Schwingungsreaktion ausgewählter Systemfreiheitsgrade D = 0

Da ausschließlich horizontale Systemfreiheitsgrade betrachtet werden, degeneriert die Massenmatrix zur Diagonalmatrix mit den Massen der Geschossdecken auf der Hauptdiagonale.

$$\mathbf{M} = \begin{bmatrix} 192000 & 0 & 0 & 0 & 0 \\ 0 & 192000 & 0 & 0 & 0 \\ 0 & 0 & 192000 & 0 & 0 \\ 0 & 0 & 0 & 192000 & 0 \\ 0 & 0 & 0 & 0 & 192000 \end{bmatrix}$$

Soll nunmehr die Schwingungsreaktion auf die in Bild 103 dargestellte Horizontalbeschleunigung des El-Centro-Bebens über eine numerische Integration nach dem Newmark-Beta-Verfahren (siehe z. B. [6]) ermittelt werden, so ist im ersten Schritt noch der zeitabhängige Belastungsvektor infolge der absoluten Fußpunktbeschleunigung $a_F(t)$ zu

$\mathbf{p(t)} = \mathbf{M} \cdot \mathbf{I} \cdot a_F(t)$

zu bestimmen. Dabei stellen $\mathbf{M}$ die Massenmatrix und $\mathbf{I}$ den sogenannten Indexvektor dar. Dieser erfasst im Allgemeinen die Wirkung der Fußpunktbeschleunigung auf die einzelnen Freiheitsgrade. Die darin enthaltenen Werte folgen zu eins für sämtliche horizontalen Freiheitsgrade und zu null für sämtliche vertikalen Freiheitsgrade. Im vorliegenden Fall stellt der Indexvektor einen Einheitsvektor mit der Länge gleich der Anzahl der Systemfreiheitsgrade dar.

Bei einer direkten Ermittlung der Schwingungsreaktion auf der Basis einer Zeitschrittintegration ist im Hinblick auf eine Vergleichbarkeit der Ergebnisse mit der Antwort-Spektren-Methode ein besonderes Augenmerk auf den Ansatz der Dämpfung zu legen. Den Bemessungsspektren in DIN EN 1998 liegt eine viskose Dämpfung mit einem Lehr'schen Dämpfungsmaß von 0,05 zugrunde. Daraus folgt ein logarithmisches Dämpfungsdekrement von $\Lambda = \dfrac{2\pi D}{\sqrt{1-D^2}} = \dfrac{2\pi 0,05}{\sqrt{1-0,05^2}} = 0,315$

und somit eine dynamische Überhöhung der Schwingungsreaktion im Resonanzfall von $V(\eta = 1) \approx \dfrac{\pi}{\Lambda} = \dfrac{\pi}{0,315} = 10!$ Dies wird aus einer Gegenüberstellung der Schwingungsreaktionen des identischen Tragsystems in Bild 106 und Bild 107 für unterschiedliche Dämpfungsgrade eindrucksvoll deutlich.

Um auf handhabbare Bemessungsvorschriften für Bauwerke in Erdbebengebieten zu kommen, wird eine Reihe an Vereinfachungen vorgenommen. Die Dimensionierung von Baukonstruktionen erfolgt in aller Regel auf der Basis sogenannter Antwortspektren. Dafür werden ausgehend von gemessenen Bodenbeschleunigungswerten die daraus resultierenden Schwingungsantworten eines Einfreiheitsgradsystems unter Zugrundelegung unterschiedlicher Eigenschwingdauern sowie voneinander abweichender Dämpfungskennwerte ermittelt. Werden die jeweils maximalen Schwingungsreaktionen über der Eigenschwingdauer aufgetragen, so führt dies auf das gesuchte Antwortspektrum für den betrachteten Beschleunigungsverlauf. Eine Auswertung für mehrere Starkbebenereignisse sowie eine entsprechende Mittelung und Normierung führt dann auf die der Bemessung zugrunde liegenden Antwortspektren.

In Bild 108 sind exemplarische Antwortspektren-Verläufe für das elastische Antwortspektrum gemäß DIN EN 1998 für unterschiedliche Lehr'sche Dämpfungsmaße angegeben, wobei der Dämpfungskorrekturbeiwert $\eta = \sqrt{\dfrac{10}{5 + D \cdot 100}}$ gemäß DIN EN 1998 berücksichtigt wurde.

Ein großes Manko der weit verbreiteten Antwortspektren-Methode ist, dass diese für Einfreiheitsgradsysteme mit linear-elastischen Systemeigenschaften abgeleitet wurde. Wird das Schwingungsverhalten einer Konstruktion von der ersten Schwingungseigenform dominiert, was für sehr viele Baukonstruktionen auch der Fall ist, so liefert diese jedoch i. d. R. sehr zutreffende Ergebnisse. Hingegen müssen nichtlineare Systemeigenschaften, wie beispielsweise elastisch-plastisches Materialverhalten sowie die damit einhergehende Energiedissipation, über pauschale Vereinfachungen, wie beispielsweise einen Verhaltensbeiwert, berücksichtigt werden. Liefern auch höhere Eigenschwingformen bemessungsmaßgebende Bauwerksbeanspruchungen, so sind bei der Superposition der Massenträgheitskräfte der unterschiedlichen Schwingungsmoden aufgrund der per se fehlenden Phaseninformation weitere Überlegungen und Vereinfachungen notwendig.

Der Verhaltensbeiwert q ist definiert als das Verhältnis der Reaktionskraft der Konstruktion unter Zugrundelegung eines rein elastischen zu einem elastisch-plastischen Systemverhalten. Dieser wird i. d. R. bereits in die Bemessungsspektren mit eingearbeitet. Neben der mit plastischen Verzerrungen in Bauwerkskomponenten einhergehenden Energiedissipation geht auch eine Verlängerung der Eigenschwingdauer einher.

Für ein Einfreiheitsgradsystem mit der Masse m sowie der Eigenschwingdauer $T_1$ kann die zugehörige Horizontalbeschleunigung $S_e(T_1)$ unmittelbar aus dem Spektrum in Bild 108 abgelesen und damit die maximale Trägheitskraft als quasi-statische Ersatzkraft zu

$\max F = m\ S_e(T_1)$ (88)

bestimmt werden.

Für Mehrfreiheitsgradsysteme kann ausgehend von der Differenzialgleichung der Relativbewegungen $u_i(t)$ zwischen den einzelnen Tragwerkspunkten und dem Fußpunkt sowie der absoluten Fußpunktbeschleunigung $\ddot{a}_F(t)$

$\mathbf{M\ddot{u}(t) + D\dot{u}(t) + Ku(t)} = -\mathbf{M}\ddot{a}_F(t)$ (89)

sowie einem modalen Ansatz gemäß Abschnitt 2.3.2.

$\mathbf{u(t)} = \Phi\ \mathbf{y(t)}$ (90)

$0 \leq T \leq T_B: \quad S_e(T) = a_g \cdot S \cdot \left[1 + \dfrac{T}{T_B} \cdot (\eta \cdot 2{,}5 - 1)\right]$

$T_B \leq T \leq T_C: \quad S_e(T) = a_g \cdot S \cdot \eta \cdot 2{,}5$

$T_C \leq T \leq T_D: \quad S_e(T) = a_g \cdot S \cdot \eta \cdot 2{,}5 \left[\dfrac{T_C}{T}\right]$

$T_D \leq T \leq 4\,s: \quad S_e(T) = a_g \cdot S \cdot \eta \cdot 2{,}5 \left[\dfrac{T_C T_D}{T^2}\right]$

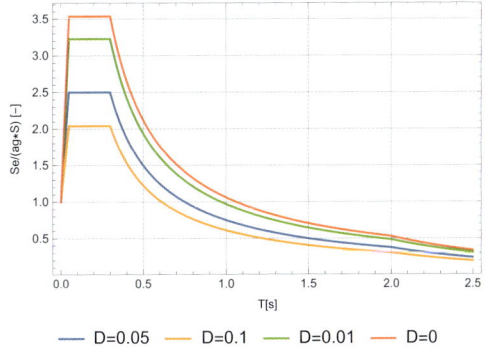

**Bild 108.** Horizontales elastisches Antwortspektrum gemäß EC8

eine Entkopplung des DGL-Systems erzielt werden. Die entkoppelte Schwingungsdifferenzialgleichung lautet mit den generalisierten Massen-, Dämpfungs- und Steifigkeitsmatrizen

$$\mathbf{M}_{gen}\ddot{\mathbf{y}}(t) + \mathbf{D}_{gen}\dot{\mathbf{y}}(t) + \mathbf{K}_{gen}\mathbf{y}(t) = \underbrace{-\boldsymbol{\Phi}^T \mathbf{M}\, \mathbf{I}\, \ddot{a}_F(t)}_{:=\mathbf{F}_{gen}(t)} \quad (91)$$

Der generalisierte Belastungsvektor $F_{gen}(t)$ folgt aus der transponierten Modalmatrix $\boldsymbol{\Phi}^T$, der Massenmatrix in physikalischen Lagekoordinaten $\mathbf{M}$, dem Indexvektor $\mathbf{I}$ (dieser beschreibt den Einfluss der horizontalen Fußpunktbeschleunigung auf die jeweiligen Knotenfreiheitsgrade und ist für vertikale Kragstrukturen mit ausschließlich horizontalen Verschiebungsfreiheitsgraden ein Einheitsvektor) sowie der absoluten Fußpunktbeschleunigung $\ddot{a}_F(t)$.
Mit dem modalen Lastbeteiligungsfaktor $L_i = \boldsymbol{\phi}_i^T \mathbf{M}\, \mathbf{I} = \sum_{k=1}^{n} m_k \phi_{ik}\, I_k$ sowie der generalisierten Masse $m_{gen,i} = \sum_{k=1}^{n} m_k \phi_{ki}^2$ folgt die Lösung für den Zeitverlauf der Schwingungsreaktion in der jeweiligen Eigenform aus dem Duhamel-Integral zu [2]

$$y_i(t) = \dfrac{L_i}{m_{gen,i}} \dfrac{1}{\omega_i} \int_{\tau=0}^{\tau=t} \ddot{u}_F(\tau)\, e^{-D_i \omega_i (t-\tau)} \sin(\omega_i(t-\tau))\, d\tau \quad (92)$$

Da im Sinne des Antwortspektrum-Verfahrens lediglich jeweils die maximalen Schwingungsamplituden jeder Eigenschwingform von Interesse sind, kann mit dem elastischen Antwortspektrum der Horizontalverschiebung $S_u(\omega_i, D_i)$ auch

$$\max|y_i(t)| = \dfrac{L_i}{m_{gen,i}} S_u(\omega_i, D_i) \quad (93)$$

geschrieben werden. Wird die Dämpfung vernachlässigt, so gilt ausgehend von der zugrunde liegenden Differenzialgleichung die Beziehung

$$\ddot{u}_{abs}(t) = -\omega^2 \ddot{u}_{rel}(t) \quad (94)$$

Analog zu Gl. (88) kann nunmehr auch für Mehrfreiheitsgradsysteme die statische äquivalente Ersatzkraft für die physikalische Bauteilmasse $m_k$ infolge der Eigenschwingform i in Abhängigkeit des Horizontalbeschleunigungsspektrums zu

$$H_{E,k,i} = m_k \phi_{k,i} \dfrac{L_i}{m_{gen,i}} S_e(\omega_i, D_i) \quad (95)$$

bestimmt werden.
Eine sehr anschauliche quantitative Beurteilung der Frage, welcher Massenanteil der Gesamtkonstruktion in den jeweiligen Eigenschwingformen zu Trägheitskräften führen, kann der sogenannte Massenfaktor

$$\epsilon_i = \dfrac{m_{ei}}{\sum M} \qquad m_{ei} = \dfrac{L_i^2}{m_{gen,i}} \quad (96)$$

eingeführt werden. Damit kann die je Eigenform wirkende resultierende Massenträgheitskraft zu

$$H_{E,i} = m_{ei} S_e(\omega_i, D_i) = \eta_i \sum S_e(\omega_i, D_i) \quad (97)$$

bestimmt werden. Wie bereits eingangs erläutert, sind für Mehrfreiheitsgradsysteme aufgrund der fehlenden Phaseninformation zusätzliche Überlegungen bezüglich der Überlagerung der Trägheitskräfte erforderlich. Liegen die Eigenfrequenzen weit auseinander, so können die zugehörigen Tragwerksreaktionen oder Schnittgrößen „S" als stochastisch unabhängige Größen begriffen werden und die Überlagerung zu

$$S = \sqrt{\sum_{i=1}^{n} S_i^2} \quad (98)$$

festgelegt werden. Liegen diese jedoch nahe beisammen, wie es nicht selten für Biege- und Torsionseigenformen von Baukonstruktionen der Fall ist, so ist eine konservativere Überlagerungsvorschrift vonnöten:

$$S = \sum_{i=1}^{n} |S_i| \quad (99)$$

### Fortsetzung zu Beispiel 6

Im Vorgriff auf die weitere Behandlung dieses Beispiels auf der Basis des Antwortspektrenverfahrens werden die fünf Eigenschwingformen sowie die zugehörigen Eigenfrequenzen dargestellt. Gezeigt werden die Hori-

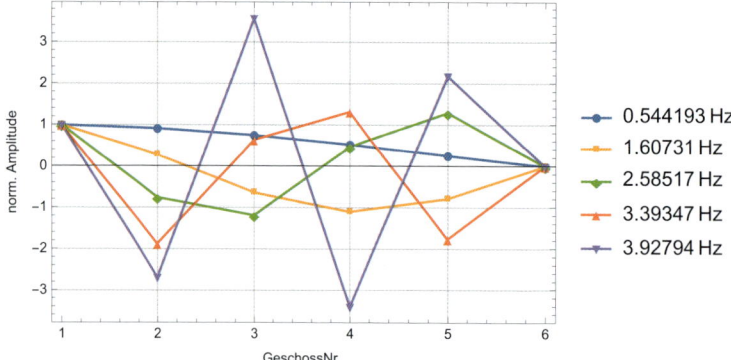

**Bild 109.** Eigenschwingformen des ebenen Ersatzsystems

zontalverschiebungen im Bereich der einzelnen Geschossebenen, wobei die oberste Geschossebene die Nummer 1 aufweist (Bild 109).

Entsprechend der Antwort-Spektren-Methode folgen die je Eigenschwingform wirksamen Gesamtmassen zu $m_{ei} = \{833.170, 88.502, 26.816, 9.272, 2.240\}$ [kg]. Wie aus den nachfolgend dargestellten quasi-statischen horizontalen Ersatzkräften zu erkennen, wirken diese in den einzelnen Eigenformen zum Teil in unterschiedliche Richtungen, sodass sich die Frage nach deren Superposition in besonderer Weise stellt.

$$H_{Eki} = [H_{Ek1}, H_{Ek2}, H_{Ek3}, H_{Ek4}, H_{Ek5}]$$

$$= \begin{bmatrix} 127.170 & -111.584 & 81.210 & -43.522 & 10.945 \\ 116.254 & -31.608 & -61.428 & 81.798 & -29.453 \\ 95.663 & 70.736 & -96.483 & -27.735 & 39.160 \\ 67.026 & 122.581 & 38.456 & -57.396 & -37.280 \\ 32.895 & 87.607 & 105.368 & 76.782 & 23.858 \end{bmatrix} [N]$$

Für eine erste Beurteilung ist i. d. R. auch die Kenntnis über die je Eigenform wirksame Gesamtmassenträgheitskraft $H_{Ei}$ gemäß Gl. (97) von Interesse. Diese ergeben sich für obiges Beispiel zu $H_{Ei} = \{439, 137, 67, 30, 7\}$ [kN].

## 5.3 Aeroelastische Schwingungsphänomene

Die Meteorologie unterteilt die mit einer Mächtigkeit von ca. 500 km die Erde umgebene Atmosphäre in mehrere Schichten. Für das Wettergeschehen bedeutsam sind lediglich die beiden unteren Schichten, die bodennah am Äquator bis in etwa 14 km und den Polen bis 7 km Höhe reichende Troposphäre sowie die darüber liegende Stratosphäre bis zu einer Grenzhöhe in ca. 50 km. In diesen beiden Schichten konzentrieren sich etwa 99% der Masse der Luft. Die Dichte nimmt von bodennah i. M. 1,225 kg/m³ auf 0,36 kg/m³ an der Grenze zwischen Troposphäre und Stratosphäre ab. Entsprechend verringert sich der Luftdruck von i. M. 1013 hPa auf 1 hPa.

Oberhalb einer 300 bis 600 m dicken bodennahen Luftschicht wird die als Gradientwind bezeichnete Strömung im Wesentlichen von Luftdruckunterschieden und großräumigen Luftmassenbewegungen bestimmt (Bild 110). In der darunterliegenden atmosphärischen Grenzschicht beeinflusst die Rauigkeit der Erdoberfläche die Art der Windströmung. Aufgrund der durch Reibung verursachten Verzögerung ist die Luftströmung in der atmosphärischen Grenzschicht turbulent. Damit wird die Windgeschwindigkeit regellos und Böen können Bauwerke zu Schwingungen anregen. Physikalisch betrachtet wird zu einer mittleren laminaren Strömung ein turbulenter Anteil addiert. In der Wirkung auf Bauwerke verursacht die mittlere Windströmung eine quasi statische Auslenkung in Windrichtung, der sich aus regellosen turbulenten Anteilen Schwingungen überlagern.

Bei Betrachtung eines ausreichend großen Zeitraums kann die Windgeschwindigkeit durch einen nur von der Höhe abhängigen Mittelwert und einen mit Höhe und Zeit veränderlichen turbulenten Anteil dargestellt werden. Der turbulente Anteil ist bodennah am größten und nimmt mit der Höhe ab.

$$v(z,t) = v_m(z) + v_T(z,t) \tag{100}$$

Im aktuell geltenden Regelwerk DIN EN 1991-1-4 wird das in 10 m Höhe gemessene 10-Minuten-Mittel als Basiswindgeschwindigkeit $v_b$ bezeichnet und daraus die mittlere Windgeschwindigkeit $v_m(z)$, mit z als Höhe über Grund gebildet. In die Berechnung der mit der Höhe zunehmenden mittleren Windgeschwindigkeit gehen der jeweils mit der Koordinate z veränderliche Rauhigkeitskoeffizient $c_r(z)$ sowie ein Topografiekoeffizient $c_0(z)$ ein. Zur Berechnung des Staudrucks wird ein vom zuvor genannten Reibungskoeffizienten $c_r(z)$ und dem Topografiekoeffizienten $c_0(z)$ sowie einem Böenspitzenfaktor g und der Turbulenzintensität $I_v(z)$ abhängiger Geländefaktor $c_e(z)$ eingeführt, der mit dem Basisgeschwindigkeitsdruck multipliziert das Staudruckprofil $q_p(z_e)$ ergibt [2]. Im nationalen Anhang zu DIN EN 1991-1-4 werden die Verläufe der höhenabhängigen mittleren Windgeschwindigkeiten und Böengeschwindigkeitsdrücke für verschiedene Geländekategorien durch Exponentialfunktionen angenähert. Die für große Lasteinzugsflächen gemittelte dynamische Böenwirkung wird über den Strukturbeiwert $c_s c_d$ berück-

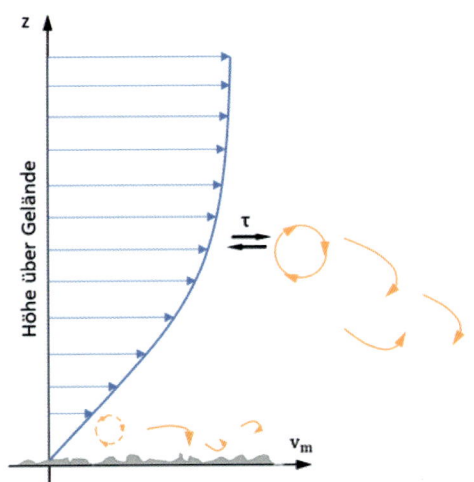
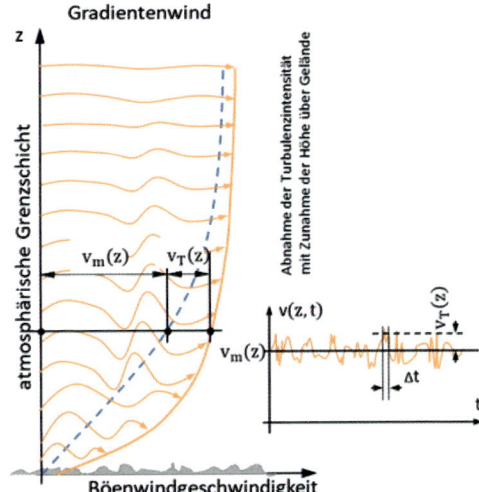

Profil der gemittelten Hauptströmung
– Einhüllende von 60- bis 10-Minuten-Mittelwerten

Profil der gemittelten Böenwindgeschwindigkeit
– Einhüllende von 2- bis 5-Sekunden-Mittelwerten

**Bild 110.** Mittlere Windgeschwindigkeit und Böenwindgeschwindigkeit

sichtig. Die Winddrücke auf Oberflächen von Gebäuden folgen aus der Multiplikation des Böengeschwindigkeitsdrucks mit aerodynamischen Beiwerten. Kann ein Bauwerk als starr und nicht schwingungsanfällig klassifiziert werden, sind zuvor beschriebene Windlasten als statisch wirkend zu betrachten.

Reagiert ein Tragwerk hingegen nachgiebig auf Windeinwirkungen, so können durch stoßartige bzw. im Takt der Eigenfrequenzen ausgelöste Einwirkungen oder durch Bewegungen induziert resonanzartige Schwingungen auftreten. Die wiederkehrenden Bewegungen sind dabei sowohl in als auch quer zur Windrichtung zu beobachten.

### 5.3.1 Böenerregte Bauwerksschwingungen

In [2] ist anschaulich beschrieben, wie sich aus über Stunden andauernden großräumigen Tiefdrucklagen Stürme mit gleichförmigen energiereichen Turbulenzen entwickeln können. Dabei liefert die solare Erwärmung der Erde die zum Entstehen von Windströmungen benötigte Energie. Turbulenzen entwickeln sich aus Instabilitäten, die bodennah aus der Reibung von Windströmungen an der rauen Erdoberfläche oder in der atmosphärischen Grenzschicht aus Wechselwirkungen zwischen Luftschichten mit unterschiedlichen Geschwindigkeiten entstehen. Es handelt sich dabei um in alle Richtungen orientierte Windwirbel unterschiedlicher Größe, deren Rotationsenergie aufgrund der Viskosität der Luft auf immer kleinere Wirbel übertragen wird. Dabei wird solange kinetische Energie in Wärmeenergie umgewandelt, bis die Wirbel zerfallen.

Wie einleitend bereits beschrieben, können Windströmungen in Anlehnung an die schematischen Darstellungen in Bild 110 in einen Anteil laminarer Strömung mit mittleren, mit der Höhe zunehmenden Geschwindigkeiten $v_m(z)$ und überlagert mit einem mit der Höhe abnehmenden zeitabhängigen Turbulenzterm $v_T(z)$ überlagert betrachtet werden. Die sich daraus ergebenen Schwankungen des Böengeschwindigkeitsdrucks wirken als regellose stoßartige Schwingungsanregung auf Tragwerke. Dabei wird die Struktur ausgehend von der quasi statischen Auslenkung infolge der konstanten mittleren Windströmung zu Schwingungen angeregt. Die dynamische Überhöhung wird mit dem Böenreaktionsfaktor φ beschrieben und der Effekt bei der Angabe von Winddrücken auf Gebäude durch statische Ersatzlasten berücksichtigt. Dabei wird mit dem Böenreaktionsfaktor φ der Anstieg der Beanspruchungen aus Schwingungen gegenüber der statischen Auslenkung angegeben (Bild 111). Der Böenreaktionsfaktor φ gemäß DIN 4133 der zurückgezogenen deutschen Norm für massive und stählerne Schornsteine war definiert als der Quotient aus der Summe der Beanspruchungen aus dem Mittelwert der statischen und dem Maximalwertterm der dynamischen Beanspruchung zur statischen Beanspruchung aus den Einwirkungen der größten Böe. Eine ausführliche Darstellung verschiedener Vorschläge zur Angabe von Böenreaktionsfaktoren findet sich in [2].

Von *Davenport* wurde seinerzeit der Böenreaktionsfaktor auf der Basis der stochastischen Extremwerttheorie unter Zugrundelegung normalverteilter Lastprozesse sowie linearer Systemeigenschaften zu

$$G = \left(1 + \frac{\mu \xi}{x_s}\right) = \left(1 + \frac{k_p \sigma_x}{x_s}\right) \tag{101}$$

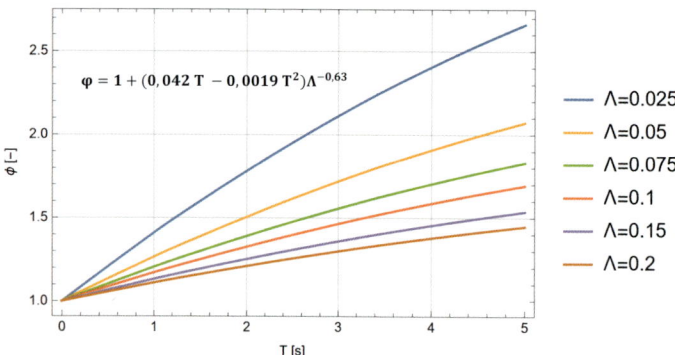

**Bild 111.** Böenreaktionsfaktor nach [2]

hergeleitet. Darin stellt $\mu_\xi$ den Mittelwert der Extremwerte der dynamischen Systemreaktion für die zugrunde liegende Beobachtungsdauer gemäß Gl. (52) bzw. $k_p$ den Böenspitzenwert sowie $\sigma_x$ die zugehörige Standardabweichung der Schwingungsreaktion dar. Mit $x_s$ wird die statische Systemauslenkung infolge der mittleren Windgeschwindigkeit bezeichnet.

Im nationalen Anhang zur DIN EN 1991-1-4 wird mit $c_s c_d$ ein Strukturbeiwert eingeführt, der zusätzlich zur zuvor beschriebenen dynamischen Überhöhung ($c_d$) aus resonanzartigen Schwingungen turbulenter Windanteile berücksichtigt, dass Spitzenwinddrücke nicht zeitgleich auf der gesamten Bauteiloberfläche ($c_s$) auftreten. Im Gegensatz zum Böenreaktionsfaktor ist der Strukturbeiwert auf die quasi-statische Systemreaktion infolge der Spitzenwindgeschwindigkeiten bezogen. Sind in DIN EN 1991-1-4/NA abgedruckte Voraussetzungen erfüllt, so kann $c_s c_d = 1$ gesetzt werden, ansonsten ist der Strukturbeiwert nach folgender Rechenvorschrift zu ermitteln

$$c_s c_d = \underbrace{\left(1 + 2k_p I_v(z_s)\sqrt{B^2 + R^2}\right)}_{= G} / (1 + 6 \cdot I_v(z_s)) \quad (102)$$

wobei der Zähler dem Böenreaktionsfaktor nach DIN EN 1991-1-4, d. h. der auf den Mittelwert der Systemreaktion bezogenen dynamischen Überhöhung entspricht. Dieser spiegelt, wie eingangs erläutert, die dynamische Reaktion der Konstruktion auf die Windeinwirkung wider und kann unter Zugrundelegung der Gesetzmäßigkeiten der stochastischen Dynamik hergeleitet werden, sofern der zeitveränderliche Windgeschwindigkeitsverlauf als stochastischer Prozess begriffen wird (s. hierzu auch die Ausführungen und Beispiele in Abschnitt 2.2.5).

In Gl. (102) ist $k_p$ der Böenspitzenfaktor und $z_s$ die Bezugshöhe zur Lage des Angriffspunkts der Windresultierenden. B steht für den Böengrundanteil und R für den Resonanzanteil. Für nicht schwingungsanfällige Tragwerke ist R = 0. B = 1 ist zu setzen, wenn keine Abminderung des effektiven Winddrucks auf größere Lasteinzugsflächen vorgenommen wird. Werden zuvor angegebene Bedingungen vorausgesetzt, ergibt sich mit $c_s c_d = 1$ der gemäß DIN EN 1991-1-4/NA an Bedingungen zur Feststellung nicht schwingungsanfälliger Konstruktionen geknüpfte Wert.

Gleichung (102) wurde für einfache Konstruktionen, deren dominierende Grundschwingformen keine Schwingungsknoten aufweisen, hergeleitet und ist im Wesentlichen auch nur für derartige Systeme anwendbar. Liegen beispielsweise abgespannte oder seitlich gestützte Kragstrukturen oder allgemein komplexere Tragstrukturen vor, so ist die dynamische Reaktion unter Zugrundelegung der Zufallsschwingungstheorie zu ermitteln (vgl. Abschnitt 2.2.5 sowie beispielsweise [10]). Dabei kommt der aerodynamischen Übertragungsfunktion, welche vereinfachend den Zusammenhang zwischen der Windgeschwindigkeit und den daraus resultierenden Windkräften beschreibt, eine entscheidende Bedeutung zu. Darüber hinaus bedeutsam ist auch der Ansatz der Kohärenzfunktionen, welche die Korrelation zwischen den Windgeschwindigkeiten in den einzelnen Bauwerksbereichen im Frequenzbereich widerspiegeln (s. Abschnitt 2.2.5).

**Beispiel 7**

Als Beispiel für die Anwendung des stochastischen Windlastkonzepts zur Bestimmung des Böenreaktionsfaktors wird ein frei auskragender und fest im Boden eingespannter Stahlschornstein mit einer Gesamthöhe von 60 m, einem konstanten Außendurchmesser von 1200 mm sowie einer über die Höhe abgestuften Wandstärke betrachtet. Letztere beträgt 8 mm für die untersten 20 m und 5 mm für die obersten 40 m. Darüber hinaus werden für die obersten 5 m Zusatzmassen von 450 kg/m aus Anbauten berücksichtigt.

Die mathematische Beschreibung der Konstruktion erfolgt auf der Basis von finiten Stabelementen mit einer Abschnittslänge von jeweils 4 m, was für die betrachteten niederen Eigenschwingformen durchaus ausreichend ist. Die ersten sechs Eigenfrequenzen folgen zu

$f_i$ = {0,261877, 1,677, 4,97375, 10,5976, 18,7446, 28,5954} [Hz]

Hinsichtlich der Dämpfungseigenschaften soll ein logarithmisches Dämpfungsdekrement von $\Lambda = 0,1$ berücksichtigt werden. Soll keine modale Entkopplung der Schwingungsdifferenzialgleichung (vgl. Abschnitt 2.3.2) erfolgen, so muss die Dämpfungsmatrix a priori z. B. als Rayleigh-Dämpfungsmatrix konstruiert werden. Dabei kann das geforderte Dämpfungsmaß lediglich für zwei Schwingfrequenzen fixiert werden (vgl. Abschnitt 3.2.1). Werden hierfür die erste Eigenfrequenz mit $f_1 = 0,26187$ Hz sowie die dritte Eigenfrequenz mit $f_3 = 4,97375$ Hz gewählt, so folgen die Rayleigh-Parameter zu $\alpha = 0,05528$ und $\beta = 0,000840$. Die Güte der Dämpfungsapproximation kann Bild 112 entnommen werden. Für die ersten sechs Eigenformen resultieren die logarithmischen Dämpfungsdekremente zu $\Lambda_i = \{0,0999886,\ 0,0464851,\ 0,100011,\ 0,206164,\ 0,352761,\ 0,525722\}$, woraus ersichtlich wird, dass das gewünschte Dämpfungsmaß lediglich für die erste und dritte Eigenfrequenz erreicht wird.

Die Ermittlung der Schwingungsreaktion infolge der Windeinwirkung erfolgt auf der Basis des stochastischen Übertragungskonzepts unter Zugrundelegung der spektralen Leistungsdichtematrizen der Windanregung sowie der Frequenzgangfunktionen der betrachteten Konstruktion (s. a. Abschnitt 2.2.5). Exemplarische Frequenzgangfunktionen sind in Bild 113 dargestellt. Dabei wird die Frequenzgangfunktion für die Schornsteinspitze einmal für die eingangs beschriebene Rayleigh-Dämpfungsmatrix abgebildet. Darüber hinaus erfolgt ein Vergleich mit der zugehörigen modalen Frequenzgangfunktion für den Fall, dass die Frequenzgangmatrix aus den Eigenformen gemäß Gl. (56) unter Ansatz einer über alle Frequenzen konstanten Dämpfung von $\Lambda = 0,1$ aufgebaut wird. Auch aus Bild 114 wird deutlich, dass das gewünschte Dämpfungsmaß exakt lediglich für die erste und dritte Eigenfrequenz erfüllt ist.

Wird die Windeinwirkung analog zu Abschnitt 2.2.5 gemäß den Angaben in DIN EN 1994-1-4 nach Gl. (48) und Gl. (59) zugrunde gelegt, so folgt die spektrale Leistungsdichte der Schwingungsreaktion an der Kragarmspitze wie in Bild 115 dargestellt.

Aus einer Integration über die spektrale Leistungsdichtefunktion gemäß Gl. (37) folgt die Standardabweichung für die Schwingungsreaktion zu $\sigma_u = 0,4$ m. Der

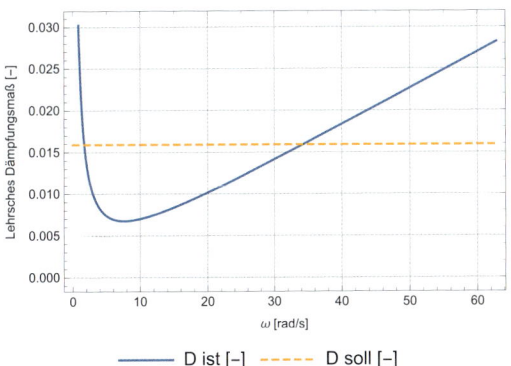

**Bild 112.** Rayleigh-Dämpfung – Dämpfungsparameter fixiert für die erste und dritte Eigenfrequenz

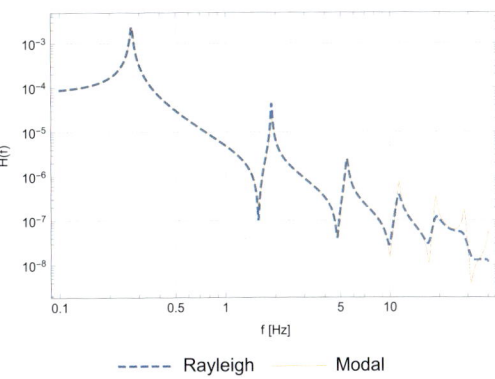

**Bild 113.** Exemplarische Frequenzgangfunktionen des Schornsteins und Gegenüberstellung der Rayleigh-Dämpfung mit einer modalen Dämpfungsmatrix

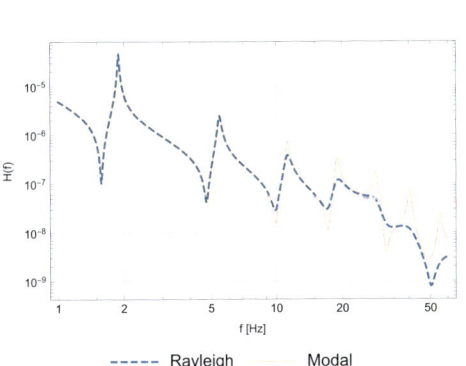

**Bild 114.** Gegenüberstellung der Rayleigh-Dämpfung mit einer modalen Dämpfungsmatrix

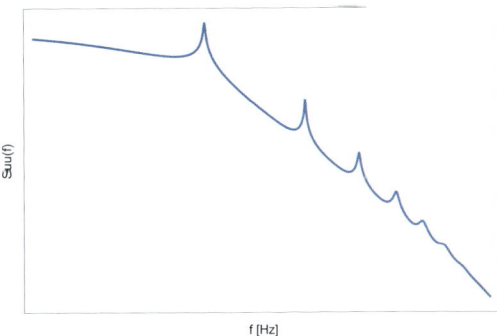

**Bild 115.** Spektrale Leistungsdichte der Systemreaktion an der Schornsteinspitze

Böenspitzenfaktor kann für das vorliegende Beispiel sowie eine Beobachtungsdauer von 10 Minuten gemäß Gl. (47) und Gl. (52) zu $k_p = 3{,}34$ ermittelt werden. Mit einer quasi statischen Auslenkung der Schornsteinspitze infolge der mittleren Windgeschwindigkeit von 1,48 m ergibt sich ein Böenreaktionsfaktor nach *Davenport* nach Gl. (101) zu

$$G = \left(1 + \frac{k_p \sigma_x}{x_s}\right) = \left(1 + \frac{3{,}34 \cdot 0{,}4}{1{,}48}\right) = 1{,}9$$

### 5.3.2 Wirbelerregte Querschwingungen

Bei der Umströmung eines Körpers bildet sich beeinflusst von dessen Oberflächenrauigkeit und der Viskosität des umströmenden Mediums zwischen dem Rand des Störkörpers und der Außenströmung eine dünne Grenzschicht aus, über deren Dicke die Geschwindigkeit vom Wert der freien Strömung auf null an der Körperoberfläche abfällt. Von der Außenströmung zur Wand des Störkörpers findet ein nichtlinearer Anstieg der Geschwindigkeitsgradienten und damit der auf viskoser Reibung beruhenden Schubspannungen statt.

Durch die Krümmung des umströmten Körpers verringert sich luvseitig der Strömungsquerschnitt und weitet sich leeseitig wieder auf. Damit steigt die Geschwindigkeit bis zum Scheitelpunkt der gekrümmten Bauteiloberfläche an und der Druck nimmt ab. Im anschließenden Bereich der Aufweitung kehren sich die Verhältnisse um; die Strömungsgeschwindigkeit sinkt, während der Druck ansteigt. Dabei werden der Grenzschicht die Druckänderungen der Außenströmung aufgezwungen, mit der Folge, dass die kinetische Energie von entlang der Körperoberfläche durch Reibung abgebremsten Fluidteilchen nicht mehr ausreicht, um in das Gebiet mit ansteigendem Druck einzuströmen. Dabei nehmen die oberflächennahen Geschwindigkeitsgradienten sukzessive ab, bis sich bei einem Wert von null die Grenzschicht vom umströmten Körper löst und in Richtung der Außenströmung abgelenkt wird. Vom leeseitigen Druckgradienten angetrieben, entwickelt sich oberflächennah nach dem Ablösen der Grenzschicht eine der Hauptströmung entgegengerichtete Fluidbewegung, die sich aufgrund viskoser Reibung zur abgelenkten, ursprünglich oberflächennahen Fluidschicht wieder umkehrt. Die aufsummierten Scherspannungen bilden zusammen mit den wandnah rückwärts gerichteten Druckunterschieden ein gegenläufiges Kräftepaar, welches die Fluidteilchen in Rotation versetzt. Dabei wird die Strömung eingerollt und es entsteht ein Wirbel, dreidimensional betrachtet eine Wirbelröhre. Wenn die Wirbel abreißen, driften sie in der Hauptströmung mit und bilden im Falle alternierend auf der Gegenseite des umströmten Köpers abreißenden Wirbeln im Strömungsnachlauf eine Karman'sche Wirbelstraße (Bild 116).

Parallel zur periodischen Wirbelablösungen entwickeln sich im Takt der Ablösefrequenz wirkende Kräfte. Stimmt die Ablösefrequenz mit Eigenfrequenzen der Struktur überein, kommt es zu Resonanzeffekten, welche Querschwingungen mit meist großen Amplituden nach sich ziehen und Strukturschädigungen verursachen können. Die Ablösefrequenz der Wirbelablösung und die Intensität der Krafteinwirkung hängen von der Windgeschwindigkeit und der Querschnittsform des umströmten Körpers ab.

Wie sich die Fließeigenschaften und damit auch die Wirbelablösungen entwickeln, wird von den charakteristischen Eigenschaften der Strömung bestimmt. Eine zielführende Möglichkeit zur Kennzeichnung von Strömungen kann über die Reynoldszahl erreicht werden. Bei dieser Kennzahl handelt es sich um eine dimensionslose Größe, bei der die doppelte kinetische Energie eines bewegten Fluids mit der Energie zur Aufrechterhaltung der Bewegung im reibungsbehafteten Fluid verglichen wird. Letztlich wird damit die Gegenüberstellung zweier Kennzahlen beschrieben, eine, die für die Aufrechterhaltung der Strömung und eine andere, die für das Abbremsen der Strömung steht.

$$Re = \frac{d \cdot v}{\nu} \qquad (103)$$

Bei der Umströmung eines Kreiszylinders oder eines Körpers mit vergleichbar abgerundeten Kanten ändert sich bei einer für das umströmende Medium Luft vorausgesetzten kinematischen Zähigkeit von $\nu = 1{,}5 \cdot 10^{-5}$ m²/s mit Erreichen einer kritischen Reynoldszahl von $Re = 2 \cdot 10^5$ die Bewegung der Luftteilchen in der Grenzschicht von einer laminaren in eine turbulente

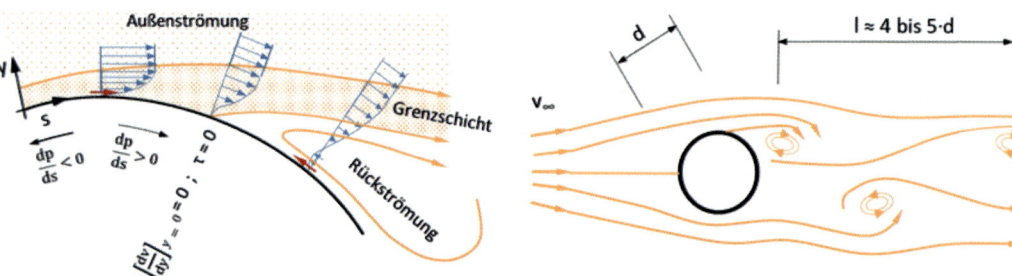

**Bild 116.** Strömungsabriss mit Karman'scher Wirbelstraße im Strömungsnachlauf eines zylindrischen Störkörpers

Strömung. Mit der Änderung zur turbulenten Strömung wandern die Ablösestellen der Grenzschicht beidseitig entlang des Zylinderumfangs leeseitig. Gleichzeitig rückt der im Strömungsnachlauf auftretende Umschlag von laminarer in turbulente Strömung direkt bis in die Grenzschichten des umströmten Körpers vor. Dabei verengt sich der Strömungsnachlauf und der Druck hinter dem Zylinder steigt an, sodass der Strömungswiderstand abnimmt. Die deutliche Änderung des Strömungswiderstands markiert den Übergang vom unterkritischen Bereich mit kleineren Reynoldszahlen zum überkritischen sowie transkritischen Bereich mit über dem kritischen Wert liegenden Reynoldszahlen.

Im Bereich relativ kleiner Reynoldszahlen bis Re < 50 entwickeln sich hinter dem laminar umströmten Zylinder zwei gegenläufig drehende, nebeneinander liegende Wirbel. Mit ansteigender Reynoldszahl reißen die Wirbel alternierend ab und es kommt im Strömungsnachlauf zur Bildung einer stabilen Wirbelstraße. Daran schließt ein Übergangsbereich mit unregelmäßiger Wirbelablösung an. Mit weiter steigenden Reynoldszahlen stabilisiert sich die Wirbelablösung in einer Strömung mit turbulenten Nachlaufzonen. Nach dem Überschreiten der kritischen Reynoldszahl ist die Strömung ausgeprägt turbulent bei stochastischer Wirbelablösung. Erst im transkritischen Bereich ab Reynoldszahlen Re > 5 · 10$^6$ baut sich in der Nachlaufströmung wieder eine Wirbelstraße mit annähernd periodischer Wirbelablösung und stabiler Ablösefrequenz auf. Damit sind eindeutig periodisch ablaufende Wirbelablösungen nur im unterkritischen und transkritischen Bereich zu finden. Im überkritischen Bereich kommt es zu stochastischen Wirbelablösungen.

Bei der Umströmung von scharf begrenzten Körpern sind die Ablösestellen der Strömung durch die Kanten vorgegeben. Es entfällt damit weitgehend die Abhängigkeit von der Reynoldszahl.

Über die Reynoldszahl konnten charakteristische Strömungseigenschaften bestimmt werden. Zur Ermittlung der Frequenz der Wirbelablösung steht die ebenfalls dimensionslose Strouhalzahl St zur Verfügung. Die Strouhalzahl ist primär eine Funktion der Reynoldszahl, die mit anwachsender Turbulenzintensität im Strömungsnachlauf von umströmten Zylindern ansteigt und damit eine Abhängigkeit von der Eigenschaft der Nachlaufströmung aufzeigt.

$$St = f_k \cdot \frac{d}{v} \tag{104}$$

In den Gleichungen zur Bestimmung der Reynolds- und der Strouhalzahl steht d im Falle eines Kreiszylinders für den Durchmesser und bei scharfkantig begrenzten Körpern für die Projektionsbreite normal zur Anströmrichtung. Mit v [m²/s] ist die kinematische Zähigkeit und mit v [m/s] die Anströmgeschwindigkeit sowie mit $f_k$ die Ablösefrequenz der abreißenden und in der Nachlaufströmung mitgeführten Wirbel bezeichnet. Im unterkritischen Bereich steigt die aus Versuchen am ruhenden Kreiszylinder abgeleitete Strouhalzahl bis zu einer Reynoldszahl von Re ≈ 500 an, bleibt daran anschließend bis zu Re ≈ 10$^5$ im Mittel mit einem Wert von 0,2 nahezu konstant und steigt danach bis zur kritischen Reynoldszahl wieder etwas an. Angaben zur Strouhalzahl im überkritischen Bereich streuen aufgrund der stochastischen Wirbelablösung sehr stark, sodass mit Blick auf die aeroelastische Stabilität dieser Bereich gesondert zu behandeln ist. Erst die wieder stabile periodische Wirbelablösung im transkritischen Bereich lässt mit einem Wert von im Mittel S = 0,3 wieder Angaben zur Strouhalzahl zu [25] (Bild 117).

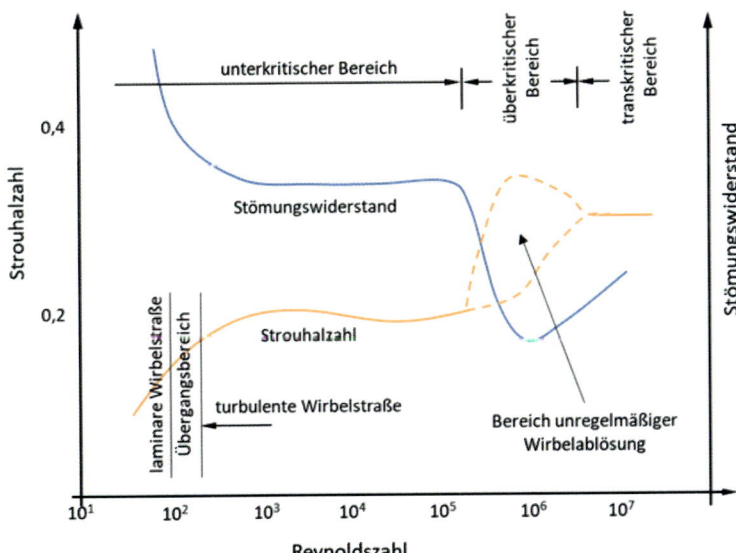

**Bild 117.** Qualitativer Verlauf der Strouhalzahl und des Strömungswiderstands in Abhängigkeit der Reynoldszahl [25]

Beim Ablösen eines Wirbels von einem umströmten Zylinder verringert sich auf der Seite des Wirbelabgangs die Strömungsgeschwindigkeit und wird auf der Gegenseite erhöht [26]. Mit der kurzzeitigen Geschwindigkeitsänderung ist eine Anpassung der auf den Zylinderumfang wirkenden Druckverteilung verbunden. Aufsummiert verbleibt eine von der Seite der Ablösung zur Gegenseite normal zur Anströmungsrichtung wirkende Kraft. Beim Ablösen eines Wirbels auf der anderen Seite kehren sich die Verhältnisse um, sodass auf den Zylinder periodische Quertriebskräfte wirken. Bei der kurzzeitigen Strömungsänderung bleiben die Zusammenhänge zwischen der Strouhalzahl und der Reynoldszahl erhalten, allerdings wird bei größeren Schwingungsamplituden die periodische Wirbelbildung zunehmend unterdrückt [25]. Außerdem kann vom zu Querschwingungen angeregten System in einem schmalen Frequenzband die Wirbelablösung gesteuert in der Frequenz des schwingenden Systems erfolgen. Bei eng zusammenliegenden Eigenfrequenzen ist durch die in Grenzen gelenkte Wirbelablösung eine Resonanzanregung in verschieden Moden möglich, mit der Folge entsprechend langer Schwingzeiten.

Zur Berechnung von aus wirbelerregten Querschwingungen zu erwartenden Bauteilreaktionen können harmonisch wirkende Querlasten gemäß folgendem Ansatz verwendet werden.

$$p_k = c_{lat} \cdot q_k \cdot d \cdot \sin(2\pi \cdot f_k \cdot t) \quad [kN/m] \quad (105)$$

Der bei der Bestimmung der einwirkenden Last benötigte Quertriebsbeiwert $c_{lat}$ ist wie die Strouhalzahl von der Reynoldszahl abhängig. Mit Bezug zur Querschnittsform können entsprechende Angaben DIN EN 1991-1-4 [20] entnommen werden. Der zur Anströmgeschwindigkeit gehörende Staudruck ist mit $q_k$ bezeichnet und d steht beim Kreiszylinder wieder für den Durchmesser und $f_k$ für die aus der Gleichung zur Strouhalzahl zu bestimmende Ablösefrequenz der Wirbel.

Bei einem Tragsystem sind resonanzartige Schwingungen zu erwarten, wenn die Ablösefrequenz $f_k$ mit einer Eigenfrequenz $f_i$ des Systems übereinstimmt. Mit dieser Kenntnis kann die jeweils kritische Windgeschwindigkeit zu

$$v_{k,i} = \frac{1}{St} \cdot f_i \cdot d \quad [m/s] \quad (106)$$

berechnet werden. Dabei steht $f_i$ für die Eigenfrequenz der i-ten Schwingungsform des Systems. Wird die Strouhalzahl St zu 0,2 gesetzt, vereinfacht sich die Formel zu $v_{k,i} = 5 \cdot f_i \cdot d$ und der zugehörige Staudruck folgt zu $q_{k,i} = \frac{1}{2}\rho_L v_k^2$ bzw. wenn $v_k$ in [m/s] eingesetzt wird, auch zu $q_{k,i} = \frac{v_{k,i}^2}{1600}$ [kN/m²].

Die Quertriebslast ist nur über eine Wirklänge $L_w$ anzusetzen [20]. Damit soll berücksichtigt werden, dass bei großen Bauteillängen die Wirbelablösung bereichsweise willkürlich auftritt und keinesfalls zeitgleich über die gesamte Bauteillänge (vgl. [10]).

Während für die Beurteilung böeninduzierter Schwingungen stochastische Übertragungskonzepte zugrunde zu legen sind, handelt es sich bei den wirbelinduzierten Schwingungsphänomen im Wesentlichen um resonanzartige Schwingungsüberhöhungen mit harmonischer Anregungscharakteristik.

### Beispiel 8

Für Rundstahlhänger von Stabbogenbrücken (Bild 118) stellt die Beanspruchung infolge wirbelinduzierter Querschwingungen oftmals bemessungsmaßgebende Beanspruchungszustände insbesondere im Hinblick auf deren Ermüdungssicherheit dar. Im Folgenden wird die Ermittlung der ermüdungswirksamen Spannungsschwingbreiten für eine Hängeranschlusskonstruktion aufgezeigt.

Um die kritische Windgeschwindigkeit gemäß Gl. (106) ermitteln zu können, ist die Kenntnis der Eigenfrequenzen erforderlich, wobei i. d. R. für Brückenhänger die Kenntnis der ersten beiden Eigenfrequenzen ausreichend ist. Aufgrund der Biegeweichheit der Brückenhänger im Verhältnis zur Dehnsteifigkeit hat die wirksame Hängernormalkraft einen entscheidenden Einfluss auf die Eigenschwingzeiten und muss zwingend berücksichtigt werden. Das bedeutet, dass bei deren Ermittlung Effekte nach Theorie II. Ordnung zu berücksichtigen sind. Nach [2] können die Eigenfrequenzen unter Berücksichtigung der Zugkraft Z, der Massebelegung $\mu$, der Knicklänge $s_k$ sowie der Biegesteifigkeit EI zu

$$\omega_i = \frac{i \cdot \pi}{L} \cdot \sqrt{\frac{Z}{\mu}} \cdot \sqrt{1 + i^2 \cdot \pi^2 \cdot \frac{EI}{Z \cdot s_k^2}} \quad (107)$$

ermittelt werden.

Wird exemplarisch der Hänger mit einer Länge von 17,7 m herausgegriffen, so folgt für eine wirksame Normalzugkraft von 600 kN eine Grundeigenfrequenz von 3,4 Hz (Bild 119). Daraus folgt die kritische Windgeschwindigkeit zu $v_{k,1} = 5 \cdot 3,4 \cdot 0,086 = 1,462$ m/s und daraus in weiterer Folge die Reynoldszahl zu

$$Re = \frac{d \cdot v_k}{v} = \frac{0,086 \cdot 1,462}{1,5E-5} = 8382.$$

Damit kann DIN 1991-1-4 ein Quertriebsbeiwert von $c_k = 0,7$ entnommen werden. Die wirksame Quertriebslast resultiert dann gemäß Gl. (105) zu

$$p_k = c_k \cdot \frac{v_k^2}{1600} \cdot d \cdot \sin(2\pi \cdot f_k \cdot t)$$

$$= 0,7 \cdot \frac{1,462^2}{1600} \cdot 0,086 \cdot \sin(2\pi \cdot 1,462 \cdot t)$$

$$= 8,04 \ E5 \ [kN/m] \cdot \sin(10,32 \cdot t)$$

was auch durch die Angaben in [24] bestätigt werden kann. Diese Quertriebslast wirkt auf den ersten Blick vernachlässigend klein. Da es sich näherungsweise um eine resonanzartige Anregung mit harmonischer Lastcharakteristik handelt, kann der dynamische Vergrößerungsfaktor zu $\pi/\Lambda$ abgeschätzt werden. In [24] wird für das logarithmische Dämpfungsdekrement ein Wert von $\Lambda = 0,0015$ angegeben. Damit folgt eine dynami-

**Bild 118.** Stabbogenbrücke mit Rundstahlhängern mit einem Außendurchmesser von je 86 mm

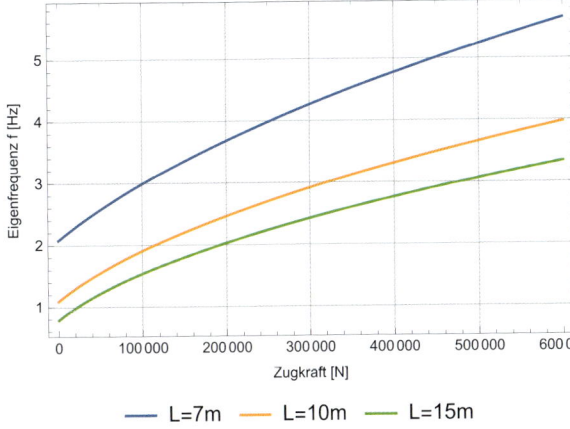

**Bild 119.** Abhängigkeit der ersten Eigenfrequenz von der Normalzugkraft (dargestellt für die Hänger Nr. 2 bis 4)

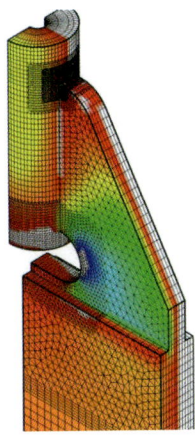

**Bild 120.** Qualitative Darstellung der Strukturspannungen im Bereich der Hängeranschlussbleche

sche Überhöhung von $\pi/\Lambda = \pi/0{,}0015 = 2094$! Die damit einhergehenden Biegemomentenbeanspruchungen führen im betrachteten Fall in Verbindung mit einer im Hinblick auf die Bauteilermüdung ungünstigen Ausbildung der Hängeranschlussbleche (s. Bild 120) zu bemessungsmaßgebenden Strukturspannungen.

### 5.3.3 Bewegungsinduzierte Schwingungen

Im Gegensatz zu den aufgrund von Böen in Windrichtung und quer dazu durch Wirbelablösungen ausgelösten Tragwerksschwingungen, entstehen selbstinduzierte Windschwingungen aus verformungsgesteuerten Änderungen der Winddruckverteilungen. Dabei verändert die Bewegung des Tragwerks die auf die Struktur gerichtete Windströmung, die in einer Rückkopplung wieder die auf das Tragwerk wirkenden Windkräfte anpasst. Ausgelöst durch eine kleine Störung wird bei dieser Wechselwirkung der umgebenden Windströmung Energie entzogen, welche bei gering gedämpften Tragwerken die Eigenschwingungen ansteigend anfacht. Anfällig sind schlanke, insbesondere biegeweiche Strukturen, die eine aeroelastisch instabile Querschnittform aufweisen.

Werden quasi-stationäre, sich mit der Bewegung der Struktur verändernde Luftkräfte vorausgesetzt, so werden entkoppelte Biege- oder Torsionsschwingungen als Galloping oder Divergenz und im Falle instationärer Luftkräfte mit gekoppelten Biege- und Torsionsschwingungen als Flattern bezeichnet [25]. Verfahren zur Beschreibung der ebenfalls durch Bewegung angefachten Regen-Wind-induzierten Schwingungen setzen wie beim Galloping quasi stationäre, mit der Bewegung veränderliche Luftkräfte voraus [29, 39].

### 5.3.3.1 Galloping

Mit Galloping werden selbstinduzierte Windschwingungen bezeichnet, wenn dabei Bewegungen zu beobachten sind, die einem galoppierenden Pferd ähneln. Charakteristisch sind dabei Schwingungen mit niedriger Frequenz bei vergleichsweise großen Amplituden. Der ebenfalls zur Kennzeichnung der Auslösung der Bewegung gebräuchliche Begriff der Formanregung weist darauf hin, dass Galloping in ausreichend elastischen Strukturen nahezu unabhängig von der Querschnittsform auftreten kann. Weniger anfällig sind kreisförmige Querschnitte, allerdings nur, wenn sichergestellt ist, dass nicht durch z. B. Eisbesatz eine vom Kreis abweichende Querschnittsform möglich ist.

Da im Gegensatz zu den im nachfolgenden Abschnitt behandelten Flatterschwingungen bei den Gallopingschwingungen entweder Bewegungen senkrecht zur Anströmrichtung oder Torsionsschwingungen auftreten, genügt zur Beschreibung von Gallopingeffekten ein Modell mit einem Freiheitsgrad. Verwendet werden kann ein umströmter massebehafteter Ersatzquerschnitt, der auf einem Feder-Dämpfungs-Element gelagert ist. Feder und Dämpfer stehen dabei für die Biegesteifigkeit und die Dämpfung der betrachteten Struktur.

In Bild 121 ist linksseitig ein schräg angeströmter quaderförmiger Körper dargestellt, dessen gleichförmige Strömung aufgrund der vom Hindernis verursachten Einengung an der vorderen oberen Kante abreißt und seitlich abgedrängt den Körper beschleunigt umfließt. An der Unterseite liegt die Strömung am Körper an. Im Raum zwischen der Körperoberfläche und der abgelenkten Strömung entsteht ein in Analogie zur Flüssigkeitsströmung mit Totwasser bezeichneter Bereich mit turbulenter Strömung. Diese Zone steht mit der Umströmung in Kontakt, sodass sich Wirbel bilden und körperseitig ein Unterdruck entsteht. Auf der Gegenseite erhöht sich bei Umströmung aufgrund der notwendigerweise eng beieinander liegenden Stromlinien die Strömungsgeschwindigkeit mit der Folge eines entsprechend verminderten Luftdrucks.

Eine vergleichbare Umströmung mit entsprechender Druckverteilung entsteht, wenn sich der in Bild 121 rechtsseitig dargestellte Körper bei horizontaler Windanströmrichtung in der vorgegebenen Richtung bewegt. Bei Integration der Druckverteilungen über die Oberflächen normal zur z-Achse verbleibt eine die Bewegung antreibende resultierende Kraft. Erst wenn aufgrund der Verschiebung, die in der Feder gespeicherte Arbeit eine aus den Änderungen der Windströmung dem System zugeführte Energie übersteigt, kommt die Bewegung zum Stillstand und kehrt sich um. Da bei der Rückwärtsbewegung wieder gleichgerichtete dynamische Windkräfte geweckt werden, wird dem System weiter Energie zugeführt. Wird dem System mehr Energie zugeführt als durch Dämpfung dissipiert werden kann, entstehen Galloping-Schwingungen mit relativ großen Amplituden. Eine wirksame Dämpfung kann die Schwingungsausschläge reduzieren.

Die eine wie zuvor beschriebe Schwingbewegung auslösenden aerodynamischen Windkräfte sind eine Funktion der Schwinggeschwindigkeit und können deshalb wie eine viskose Dämpfung betrachtet werden. Diese als aerodynamische Dämpfung bezeichneten Kräfte wirken bei den hier betrachteten Schwingungen den Dämpfungsreaktionen der Struktur entgegen. Übersteigt die aerodynamische Dämpfung die Strukturdämpfung, wird die Gesamtdämpfung negativ und das System bezieht Anregungsenergie aus der Strömungsenergie des Windes. Diese selbst anfachende Schwingung, bei der aus der Windströmung mehr Energie aufgenommen als vom System dissipiert wird, setzt oberhalb einer Anregungsgeschwindigkeit ein [2]. Anzustreben sind deshalb Tragstrukturen, deren Einsetzgeschwindigkeiten einen möglichst großen Abstand zu Gallopingschwingungen auslösenden Windgeschwin-

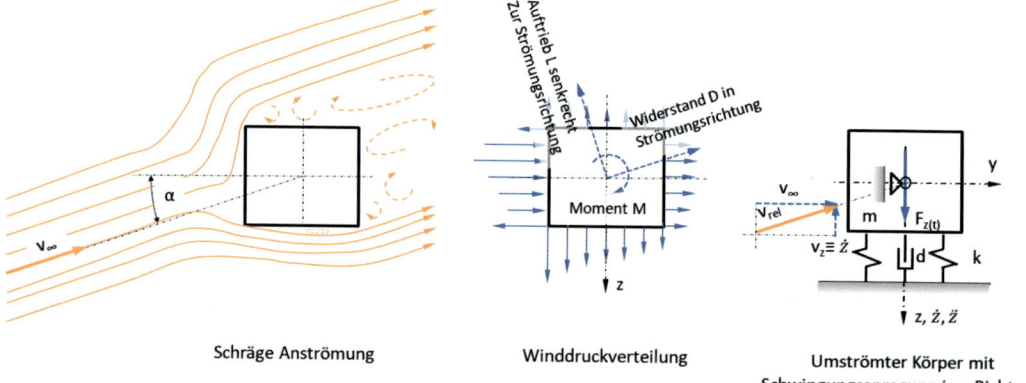

Schräge Anströmung

Umströmter Körper in Ruhe

Winddruckverteilung

Umströmter Körper mit Schwingungsanregung in z-Richtung
(Einfreiheitsgrad- Biegegalloping)

**Bild 121.** Verlauf der Anregung von Gallopingschwingungen [2, 26]

digkeiten haben. In DIN EN 1991-1-4 wird diese Vorgehensweise aufgegriffen und als Stabilitätskriterium eine mit $v_{CG}$ bezeichnete Einsetzgeschwindigkeit definiert. Zusätzliche Hinweise zu den Stabilitätskriterien zur Vermeidung von Galloping-Torsionsschwingungen können [21] entnommen werden. Da das Stabilitätskriterium jeweils für das betrachtete Bauteil gilt, sind bei der Überprüfung einer Gallopinganfälligkeit stets auch lokale Windeffekte zu berücksichtigen.

Mit Verweis auf DIN EN 1991-1-4 [20] kann die Einsetzgeschwindigkeit $v_{CG}$ für entkoppelte Galloping-Biegeschwingungen wie folgt abgeschätzt werden:

$$v_{CG} = 2 \cdot \frac{S_c}{a_G} \cdot n_{1,y} \cdot b \ [m/s] \qquad (108)$$

In obiger Gleichung steht $S_c$ für die strukturabhängige Scroutonzahl. Bei dieser auch als Massendämpfungsparameter bezeichneten dimensionslosen Kenngröße handelt es sich um die Verknüpfung der Strukturdämpfung mit dem Verhältnis aus bewegter Bauteilmasse zu verdrängter Luftmasse. Mit $n_{1,y}$ ist die der Untersuchung ausreichender Gallopingstabilität zugrunde gelegte Grundfrequenz und mit b die Abmessung des Querschnitts senkrecht zur Hauptströmungsrichtung bezeichnet. Der im Nenner stehende Stabilitätsbeiwert $a_G$ ist von der Form des Querschnitts abhängig. Er kann für verschiedene Querschnittsgeometrien DIN EN 1991-1-4 [20] entnommen werden.

Zur Gewährleistung einer ausreichenden aeroelastischen Stabilität ist gemäß [20] nachzuweisen, dass $v_{CG} > 1{,}25\ v_m$ ist. Für $v_m$ ist die mittlere Windgeschwindigkeit in der Höhe, in der Gallopingeffekte erwartet werden, einzusetzen. Sollte die kritische Windgeschwindigkeit für wirbelinduzierte Schwingungen $v_{crit} \equiv v_k$ das Kriterium $0{,}7 < v_{CG}/v_{crit} < 1{,}5$ erfüllen, ist eine gegenseitige Beeinflussung wahrscheinlich und Sonderuntersuchungen werden empfohlen.

Bei nicht gekoppelten, eng beieinanderstehenden zylindrischen Bauwerken, wie z. B. Schornsteinen, kann es abhängig vom Anströmwinkel zu einer weiteren Form bewegungsinduzierter Schwingungen, dem sogenannten Interferenzgalloping kommen. Als wirkungsvolle Gegenmaßnahme wird eine Kopplung der Zylinder empfohlen. Dabei ist jedoch zu beachten, dass auch im Falle gekoppelter zylindrischer Bauwerke dem klassischen Galloping vergleichbare Schwingungen auftreten können. Zur Beurteilung der aeroelastischen Stabilität zur Vermeidung von Interferenzgalloping finden sich in [2] und [20] einfach zu handhabende Kriterien.

### 5.3.3.2 Flattern und Divergenz

Im Gegensatz zu dem beim Galloping nur in Richtung eines Freiheitsgrads ausweichenden System, handelt es sich beim Flattern um eine aeroelastische Instabilität mit gekoppelten Biegetorsionsschwingungen. Flatterschwingungen und Divergenz treten bei Strukturen mit geringer Steifigkeit und flachen Querschnitten auf. Gefährdet sind weitgespannte plattenartige Konstruktionen wie Hängebrücken aber auch Hinweisschilder und auskragende Dachkonstruktionen.

Bei einem frei schwingenden System befinden sich die Trägheitskräfte und die elastischen Kräfte im Gleichgewicht. Ohne den Einfluss von Dämpfung bleibt die Summe aus potenzieller und kinetischer Energie über die Zeit betrachtet konstant. Wird Fremdanregung ausgeschlossen, kann eine Instabilität mit überlinear bis zum Versagen anwachsenden Verformungen nur auftreten, wenn das schwingende System der Umgebung, im hier betrachteten Fall der Windströmung Energie entzieht.

Bei der Umströmung einer flattergefährdeten Tragstruktur entstehen an den Oberflächen abhängig von deren Lage zur Anströmung instationäre und nichtlinear verlaufende Winddruckverteilungen. Die Einwirkungen können aufsummiert über die Querschnittsränder zu Windwiderstandskräften, Auftriebskräften und Momenten zusammengefasst werden [28]. Am verformten System verrichten diese Kräfte Arbeit. Ist die zugeführte Energie der selbstinduzierten Windreaktionen am schwingenden System größer als die infolge Dämpfung dissipierte Arbeit, kommt es zu Flatterschwingungen. Damit ist die Dämpfung wie beim Galloping wieder ein direkter Indikator für die Stabilität des schwingenden Systems.

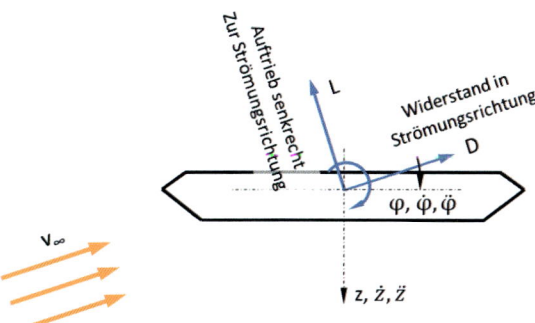

**Bild 122.** Flatterschwingungen

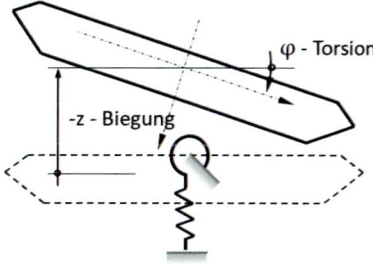

Gekoppelte Biegetorsionsschwingungen

Wie beim Galloping können beim Flattern die geschwindigkeitsabhängigen Windreaktionen als aerodynamische Dämpfung aufgefasst werden, die anders als die stets reduzierend wirkende Strukturdämpfung je nach Phasenlage der instationären Druckverteilung zur verformten Lage sowohl hemmend als auch antreibend wirken kann. Damit kann eine divergente Anregung durch zeitabhängige Luftreaktionen entstehen, wenn die Summe aus Strukturdämpfung und aerodynamischer Dämpfung negativ wird und das Tragsystem damit in die Lage versetzt wird, Energie aufzunehmen. Der Fall aufgehobener Dämpfung stellt damit den Übergang zwischen stabiler zur instabilen Schwingung dar. Setzt dieser Effekt nur bei einem der an Flatterschwingungen beteiligten Freiheitsgrade ein, liegt als Grenzfall Galloping vor, entweder wie im vorherigen Abschnitt beschrieben, Biege- oder Torsionsgalloping. Werden Schwingungen in Richtung der beiden betrachteten Freiheitsgrade angeregt und liegen die Einzelfrequenzen eng genug beieinander, so kommt es zur Kopplung von Biege- und Torsionsschwingungen in der gleichen Anregungsfrequenz. Mit der Gleichschaltung wird die Summe aus Strukturdämpfung und aerodynamischer Dämpfung beim Erreichen der kritischen Anströmgeschwindigkeit negativ und das Tragsystem reagiert mit divergentem Flattern. Das eigentliche Ziel einer Flatteranalyse ist daher die Suche nach der kritischen Anströmgeschwindigkeit, bei der die Stabilitätsgrenze gerade noch nicht erreicht wird. Zielführend erweist sich auch, die Frequenzen koppelgefährdeter Eigenbewegungen ggf. durch Veränderungen an der Tragstruktur soweit zu entzerren, dass die anfachende Wirkung der Kopplung über Luftkräfte reduziert bis nicht möglich wird [27].

Gemäß [20] sind Tragsysteme auf aerodynamische Instabilitäten wie Divergenz und Flattern zu untersuchen, wenn es sich um Bauwerke oder Bauteile mit langgestrecktem plattenartigem Querschnitt und Abmessungsverhältnissen von Breite zur Höhe kleiner als 0,25 handelt, deren Torsionsachse parallel zur Plattenebene und senkrecht zur Windrichtung verläuft. Es ist eine mindestens um das Maß d/4 von der luvseitigen Kante entfernte Exzentrizität der Torsionsachse vorauszusetzen. Mit d ist in diesem Fall die Breite des Querschnitts in Richtung der Anströmung gemeint. Damit sind auch aerodynamische Instabilitäten von mittig oder exzentrisch angeschlossenen Hinweisschildern und an der leeseitigen Kante gelagerte auskragende sowie freistehende Konstruktionen zu beurteilen. Weiterhin muss die niedrigste Eigenfrequenz zu einer Torsionsschwingung gehören oder die Torsionseigenfrequenz weniger als das Doppelte der niedrigsten translatorischen Schwin-

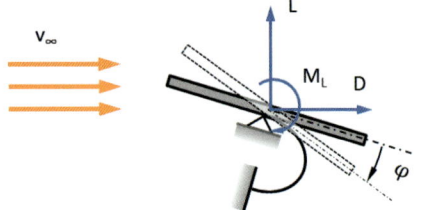

**Bild 123.** Divergenz [22, 31]

gungsform betragen. Damit ist die zuvor als zielführend beschriebene Entzerrung koppelgefährdeter Frequenzen zahlenmäßig bewertet.

Auch die Anwendung numerischer Analyseverfahren lässt die Bewertung einer Tragstruktur mit Blick auf deren Anfälligkeit für Flatterschwingungen nur in Grenzen zu. Meist werden Untersuchungen im Windkanal durchgeführt. DIN EN 1991-1-4 enthält keine Angaben zur Einsetzgeschwindigkeit von Flatterschwingungen [2, 20].

Im Gegensatz zur dynamischen Instabilität, bei der die aerodynamische Dämpfung größer als die Strukturdämpfung wird, handelt es sich im Fall von Divergenz um eine statische Instabilität, bei der aerodynamische Kräfte wie negative Steifigkeiten wirken und damit die Gesamtsteifigkeit des Tragsystems gegen null laufen kann. Die aerodynamischen Windkräfte wachsen dabei progressiv mit zunehmenden Verformungen bis zum Erreichen der Verzweigungslast an. In Bild 123 ist ein mittig gelagertes Tragsystem dargestellt, bei dem die Windkräfte mit der Torsionsauslenkung ansteigen.

Die zugehörige kritische Windgeschwindigkeit, ab der bei aerodynamischen Torsionseinwirkungen mit Divergenz zu rechnen ist, kann unabhängig von der Einhaltung von Ausschlusskriterien gemäß nachfolgender, in DIN EN 1991-1-4 [20] abgedruckter Rechenvorschrift abgeschätzt werden:

$$v_{div} = a \left[ \frac{2 \cdot k_\theta}{\rho \cdot d^2 \cdot \dfrac{d_{CM}}{d\theta}} \right]^{0,5} [m/s] \quad (109)$$

Es steht $k_\theta$ für die Torsionssteifigkeit, $\rho$ für die Dichte der Luft, d für die Tiefe des Bauwerks in Windrichtung und $d_{CM}/d\theta$ für den [20] zu entnehmenden Wert der Ableitung des aerodynamischen Momentenbeiwerts nach der Verdrehung um die Torsionsachse. Es ist nachzuweisen, dass die kritische Windgeschwindigkeit $v_{div} < 2 \cdot v_{m(ze)}$ ist. Unter $v_{m(ze)}$ ist die mittlere Windgeschwindigkeit am gefährdeten Objekt zu verstehen.

# 6 Literatur

[1] Natke, H. B. (1993) *Einführung in Theorie und Praxis der Zeitreihen und Modalanalyse*, Vieweg Verlag, Wiesbaden.

[2] Petersen C. (2000) *Dynamik der Baukonstruktionen*, Vieweg Verlag, Wiesbaden.

[3] Müller, P. C.; Schiehlen W. O. (1976) *Lineare Schwingungen*, Akademische Verlagsgesellschaft, Wiesbaden.

[4] Brigham, E. O. (2010) *FFT-Anwendungen*, Oldenbourg Verlag, München.

[5] Föllinger, O.; Franke D. (1982) *Einführung in die Zustandsbeschreibung dynamischer Systeme*, Oldenbourg Verlag, München.

[6] Müller, G.; Buchschmid M. (2008) Modellierung und Berechnung in der Baudynamik, in *Stahlbau-Kalender 2008* (Hrsg. Kuhlmann, U.), Ernst & Sohn, Berlin.

[7] Müller, G. (2010) *Baudynamik*, Vorlesungsskript Technische Universität München.

[8] Gasch, R.; Knothe, K. (1987 und 1989) *Strukturdynamik*, Band 1 und 2, Springer Verlag, Heidelberg.

[9] Friedl, R. (2017) *Grundlagenorientierte theoretische und experimentelle Untersuchungen zum Schwingungsverhalten einer modifizierten Schwenktraversendehnfuge sowie zu fahrbahnunebenheitsinduzierten Radkraftschwankungen von Straßenfahrzeugen im Hinblick auf die daraus resultierende Streuung messtechnisch erfasster Fahrzeuggewichte*, Dissertation, Universität der Bundeswehr München.

[10] Peil, U.; Clobes, M. (2008) Dynamische Windeinwirkungen, in *Stahlbau-Kalender 2008* (Hrsg. Kuhlmann, U.), Ernst & Sohn, Berlin.

[11] Petersen, Ch. (2001) *Schwingungsdämpfer im Ingenieurbau*, Maurer Söhne GmbH & Co. KG, München.

[12] Zienkiewicz, O. C. (1977) *The Finite Element Method*, McGraw-Hill Book Company, Great Britain.

[13] Bathe, K. J. (2012) *Finite Element Procedures*, PHI Learning Private Limited, New Delhi.

[14] Bachmann, et al. (1995) *Vibration Problems in Structures*, Birkhäuser.

[15] Wirshing, P. H. (1995) *Random Vibrations – Theory and Practice*, Dover Publications, Inc. New York.

[16] Waller, H.; Krings, W. (1975) *Matrizenmethoden in der Maschinen- und Bauwerksdynamik*, Wissenschaftsverlag, Speyer.

[17] Bletzinger, K-U. (2009) *Berechnen von Tragwerken*, Vorlesungsskript Technische Universität München.

[18] Ruck B. (2018) *Gebäude und Umweltaerodynamik*, Vorlesungsskript, KIT, Institut für Hydromechanik, Karlsruhe.

[19] Petersen C. (2012) *Stahlbau, Grundlagen der Berechnung und baulichen Ausbildung von Stahlbauten*, 4. Auflage, Springer Vieweg.

[20] DIN EN 1991-1-4:2010-12 (2010) *Eurocode 1: Einwirkungen auf Tragwerke – Teil 1-4: Allgemeine Einwirkungen – Windlasten* einschließlich DIN EN 1991-1-4/NA, Beuth, Berlin.

[21] Rosemeier, G. (1986) Zum Nachweis entkoppelter, winderregter Torsionsschwingungen bei Schrägseil- und Hängebrücken, *Stahlbau* **55** (5), 143–145.

[22] http://www.peil-ing.com/ingenieure/wind-ingenieurwesen.

[23] Schmidt, P. (2019) *Lastannahmen – Einwirkungen auf Tragwerke – Grundlagen und Anwendung nach EC 1*, Springer Vieweg.

[24] Schütz, K. G. (2008) Schwingungsanfällige Zugglieder im Brückenbau, in *Stahlbau-Kalender 2008* (Hrsg. Kuhlmann, U.), Ernst & Sohn, Berlin.

# 7 Materialprüfung und Bemessung im Zelt- und Membranbau

Univ.-Prof. Dr.-Ing. habil. Natalie Stranghöner

Dr.-Ing. Jörg Uhlemann

Dr. rer. nat. Carl Maywald

Dipl.-Ing. Bernd Stimpfle

## Inhaltsverzeichnis

**1 Einleitung** 457
1.1 Allgemeines 457
1.2 Genehmigungsfähigkeit 460

**2 Materialien und Materialeigenschaften** 460
2.1 Allgemeines 460
2.2 Gewebte Membranen 462
2.2.1 Beschichtete Gewebe 462
2.2.2 Unbeschichtete Gewebe 466
2.3 ETFE-Folien 466

**3 Grundlagen von Entwurf, Berechnung und Bemessung** 470

**4 Zelte nach DIN 18204-1 und -101** 475
4.1 Struktur der Normenreihe DIN 18204 476
4.2 Spezifikationen für Materialien und Verbindungen 477
4.3 Bemessungskonzept 478
4.3.1 Allgemeines 478
4.3.2 Bemessungssituationen 478
4.3.3 Bauteilwiderstand für das Grundmaterial 478
4.3.4 Bauteilwiderstand für die Schweißnähte 479
4.3.5 Bauteilwiderstand für die Kederanschlüsse 480
4.4 Konformitätsnachweis 481

**5 Membrantragwerke aus Geweben** 482
5.1 Allgemeines 482
5.1.1 Mechanische Vorspannung 482
5.1.2 Pneumatische Vorspannung 482
5.2 Detailierung 482
5.2.1 Flächennähte 483
5.2.2 Klemmränder 483
5.2.3 Randseiltaschen 483
5.2.4 Stoßdetails 483
5.3 Berechnung 483
5.3.1 Berechnungsmethoden 483
5.3.2 Formfindung 484
5.3.3 Schnittgrößenermittlung 484
5.3.4 Materialsteifigkeit 484
5.4 Bemessung 485
5.4.1 Allgemeines 485
5.4.2 Aktueller Entwurf zur Bemessung 485

**6 Membrantragwerke aus ETFE-Folien** 486
6.1 Allgemeines 486
6.1.1 Pneumatisch gespannt – Kissenkonstruktionen 486
6.1.2 Mechanisch gespannt – einlagige Konstruktionen 487
6.2 Tragelement Kunststofffolie 487
6.3 Nachhaltigkeit 488
6.4 Bemessung 492
6.4.1 Allgemeines 492
6.4.2 Bemessungskonzept des Entwurfs zur CEN TS „Membrane Structures" 493
6.4.3 Alternativer Entwurf für die Bemessung von ETFE-Folientragwerken 494
6.5 Detailierung 497
6.5.1 Allgemeines 497
6.5.2 Flächennähte 497
6.5.3 Kedernähte 498
6.5.4 Randschweißnähte 498
6.5.5 Seiltaschennähte 498
6.5.6 Verarbeitung 498

**7 Bauphysikalische Aspekte** 498
7.1.1 Einlagige Membranen 498
7.1.2 Mehrlagige Membranen 499
7.1.3 Mehrlagige Membrane mit Dämmstoff 499
7.1.4 Vermeidung von Tauwasser 500
7.1.5 Hygrothermische Simulation 500
7.1.6 Strahlungsphysikalische Eigenschaften – g-Wert 500
7.1.7 Akustische Eigenschaften 502

**8 Brandverhalten** 503

**9 Ausführung** 504
9.1 Zuschnitt 504
9.2 Kompensation 504
9.3 Versuche zur Festigkeitsermittlung 505
9.4 Verarbeitung 505
9.5 Montage 506

**10 Literatur** 506

# 1 Einleitung

## 1.1 Allgemeines

Membranstrukturen aus technischen Textilien oder Folien sind zunehmend im urbanen Umfeld präsent [1]. Sie alle werden unter dem Begriff „Leichte Flächentragwerke" zusammengefasst. Wurden Membranstrukturen vor Jahrzehnten noch überwiegend als stark gekrümmte Dächer gebaut, weil sie große Distanzen (z. B. Sportanlagen) wirtschaftlich und attraktiv überbrücken können, ist heute eine Entwicklung zu einem viel breiteren Anwendungsspektrum zu beobachten. Textile Architektur in der bebauten Umgebung findet sich heute in einer Vielzahl von Bauhüllen, die vom privaten Wohnungsbau bis hin zu öffentlichen Gebäuden und Räumen reichen. Dies kann in Form von kleinen Vordächern (als Sonnenschutz oder Regenschutz), in leistungssteigernden Fassaden (z. B. dynamischer Sonnenschutz, Folien als Ersatz für Glaselemente und als Substrat für Solarstromgewinnungsanlagen), Dachkonstruktionen (zum Schutz archäologischer Stätten, Marktplätze, Busbahnhöfe...) und Schalungen für leichte Rohbauten erfolgen, siehe exemplarisch Bild 1.

Gespannte Membrankonstruktionen haben einzigartige Eigenschaften, die andere, konventionellere Bauelemente oft nicht gleichzeitig besitzen, wie geringes Eigengewicht, hohe Flexibilität, Transluzenz und die Fähigkeit, architektonisch ausdrucksstarke Formen zu bilden, die das städtische Umfeld verbessern. Darüber hinaus sind Membranstrukturen bekanntlich „optimal", da sie nur unter Zugspannung stehen und ihre Form dem Kraftfluss anpassen. Daher wird für sie nur eine minimale Menge an Material benötigt.

Typische Formen von Membrantragwerken sind synklastische und antiklastische Formen, in einigen Fällen werden allerdings auch flache Strukturen wie Fassaden gebaut (s. Bild 2). Im Allgemeinen sind synklastische Strukturen pneumatisch und flache und antiklastische Strukturen mechanisch vorgespannt.

Membranstrukturen bestehen in den meisten Fällen aus einer Primär- und Sekundärstruktur. Die Primärstruktur ist die Tragkonstruktion, die häufig eine Stahlkonstruktion ist, aber auch aus Aluminium, Holz oder Beton bestehen kann. Die Sekundärstruktur ist die textile Membran- oder Folienstruktur, die durch Seile oder Gurte verstärkt werden kann. Nur bei Traglufthallen

Palais Thermal Bad Wildbad (Quelle und ©: formTL ingenieure für tragwerk und leichtbau gmbh)

Campus Luigi Einaudi Turin, Italien (Quelle: formTL ingenieure für tragwerk und leichtbau gmbh, ©: Michele D'Ottavio)

Zentrale Unilever, Hamburg
(Quelle: Vector Foiltec GmbH, © Peter Eberts)

OAS Bürogebäude, Bremen
(Quelle und ©: Vector Foiltec GmbH)

**Bild 1.** Beispielhafte leichte Flächentragwerke aus Membrangeweben und Folien

Synklastische Strukturen        Ebene Strukturen        Antiklastische Strukturen

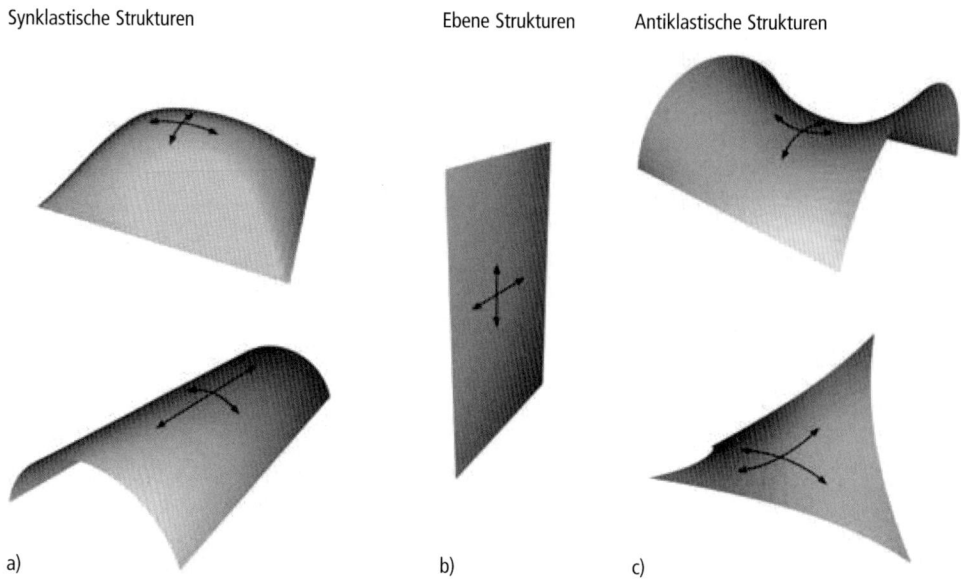

**Bild 2.** Typische Formen von Membranstrukturen [2]; a) pneumatisch vorgespannt, b) und c) mechanisch vorgespannt

entfällt die Primärstruktur. Bei Verwendung von aufblasbaren Trägern können die Primär- und Sekundärstrukturen sowohl aus textilen Geweben als auch aus Folien bestehen. Bei unterschiedlichen Materialien für die Primär- und Sekundärkonstruktionen muss die Bemessung dieser Konstruktionen nach Konstruktionsregeln erfolgen, die auf die verschiedenen Materialkombinationen, z. B. Stahl-Membrane oder Holz-Membrane, abgestimmt sind, um ein vergleichbares Sicherheitsniveau und damit eine vergleichbare Zuverlässigkeit zu erreichen. Dies ist einer der Hauptgründe, warum eine harmonisierte europäische Norm für die Gestaltung von Membranstrukturen dringend erforderlich ist, die sich auf die Grundsätze der bestehenden europäisch harmonisierten Bemessungsnormen für Tragwerke, die Eurocodes, stützt.

Grundsätzlich kann die Vorspannung mechanisch oder pneumatisch in ein Membrantragwerk eingebracht werden. Mechanische Vorspannung bedeutet, dass die Membranränder während der Montage durch mechanische Spannelemente in ihre endgültige Lage auf die Primärkonstruktion gezogen werden. Sehr vorteilhaft, wenn auch (kosten-)technisch aufwendiger, ist die Einplanung von nachspannbaren Rändern, über die Vorspannkraftverluste während der Bauwerkslebensdauer durch Kriechen bzw. Relaxation und weitere irreversible Dehnungen infolge äußerer Lasten ausgeglichen werden können. Bei der pneumatischen Vorspannung wird zumeist eine einlagige großflächige Membrane zu einer Traglufthalle oder zwei- oder mehrlagige kleinflächigere Konstruktionen zu Kissen aufgeblasen. Der Überdruck erzeugt eine Vorspannung in der Membrane. Pneumatische Vorspannung lässt sich selbstverständlich auch durch Unterdruck erzeugen. Diese Möglichkeit kommt aber in der Membranbaupraxis praktisch nicht zur Anwendung.

Obwohl eine Vielzahl von kleinen und großen Membrantragwerken durchaus in den letzten fünf Jahrzehnten erfolgreich und beeindruckend realisiert wurden, existieren auf nationaler, europäischer und internationaler Ebene bisher nur wenige Standards sowohl für die Produkte selber als auch für die Auslegung der Tragwerke (s. Bild 3). In Deutschland liegen nationale Auslegungsvorschriften für Traglufthauten mit DIN 4134 [3], für Zelte und Hallen nach DIN 18204-1 und -101 [4, 5] sowie für Fliegende Bauten unter Berücksichtigung der europäischen Produktnorm DIN EN 15619 [6] und Bemessungsnorm DIN EN 13782 [7] vor. Produktnormen für technische Textilien und Folien für weitspannende Membran- und Folientragwerke existieren soweit gar nicht. In den USA ist dahingegen ein Standard für „Tensile Membrane Structures", ASCE/SEI55-16 [8] verfügbar, der für temporäre Bauten mit einer Grundfläche größer als 93 m² oder einer Membranspannweite größer als 3 m sowie für permanente Bauten mit einer Grundfläche größer als 21 m² anzuwenden ist. Er gilt nicht für luftgefüllte Bauteile und nicht für Folientragwerke. Der Standard enthält Angaben sowohl zu den zu verwendenden Materialien als auch zur Bemessung.

Die Bestimmung der elastischen Konstanten von beschichteten Gewebemembranen unter Zugbeanspruchung, also die Elastizitätsmoduln und Querkontraktionszahlen, wurde bisher häufig auf Basis des japanischen Standards MSAJ/M-02-1995 [15] durchgeführt, da hierzu keine andere Norm existierte. MSAJ/

| | Materialien | Tragwerke | |
|---|---|---|---|
| | | mechanisch vorgespannt | pneumatisch vorgespannt |
| Nicht spezifisch | **Beschichtete Gewebe**<br>DIN EN ISO 1421 – Zugfestigkeit<br>DIN EN 1875-3 – Weiterreißfestigkeit<br>DIN EN ISO 2411 - Haftfestigkeit<br>DIN EN ISO 2286-1/-2/-3 – Rollencharakteristik<br>DIN EN 17117-1 - Zugsteifigkeitseigenschaften<br>MSAJ/M-02-1995 – Elastische Konstanten<br>DG/TJ08-2019-J11015 – Inspection of membrane structures<br>**Unbeschichtete Gewebe**<br>DIN EN ISO 13934-1/-2 – Zugfestigkeit<br>**Kunststoffe**<br>DIN EN ISO 527-1/-3 - Zugfestigkeit<br>DIN EN ISO 899-1/-2 - Kriechverhalten<br>DIN 53363 – Weiterreißfestigkeit<br>DG/TJ08-2019-J11015 – Inspection of membrane structures | | |
| Zelte | DIN 18204-1/-101 – Bauteile aus textilen Flächengebilden/Folien für Hallen und Zelte<br>DIN EN 15619 – Beschichtete Textilien für Fliegende Bauten (Zelte) | DIN 18204-1/-101 – Bauteile aus textilen Flächengebilden/Folien für Hallen und Zelte<br>DIN EN 13782 – Fliegende Bauten/Zelte - Sicherheit | |
| Membrantragwerke | ASCE/SEI55-16 – Tensile Membrane Structures<br>CECS 158:2015, Technical specification for membrane structures | ASCE/SEI55-16 – Tensile Membrane Structures<br>CECS 158:2015 – Technical specification for membrane structures<br>DG/TJ08-2019-J11015 – Inspection of membrane structures | DIN 4134 - Tragluftbauten |
| Brandverhalten | DIN EN 13501-1 – Klassifizierung Brandverhalten<br>DIN 4102-1 – Brandverhalten von Baustoffen und Bauteilen | | |

**Bild 3.** Nationale, europäische und internationale Normen im Membranbau – Stand 2019 [3–26]

M-02-1995 beinhaltet neben der Beschreibung der eigentlichen Prüfmethode auch einen ausführlichen Kommentar mit Erläuterungen zur Auswertung der Prüfergebnisse. Seit 2019 gibt es hierfür nun erstmalig mit DIN EN 17117-1 [16] eine europäische Norm, die sowohl Prüfverfahren als auch fünf alternative Auswerteverfahren zur Bestimmung der Zugsteifigkeitseigenschaften und Querkontraktionszahlen beinhaltet.

Der Vollständigkeit halber sei noch auf die japanischen Standards MSAJ/M-01-1993 [28] und MSAJ/M-03-1993 [29] sowie den amerikanische Standard ASTM D 4851-07 [30] hingewiesen. MSAJ/M-01-1993 und -3-1993 behandeln zum einen die Prüfung von gewebten Membranen hinsichtlich ihrer Schubeigenschaften sowie zur Prüfung der Qualität und Leistungsfähigkeit. ASTM D 4851-07 beschreibt ebenfalls Prüfmethoden für beschichtete Gewebemembranen. Alle drei Regelwerke kommen im europäischen Raum eher selten, wenn überhaupt zur Anwendung.

Ferner sei noch erwähnt, dass in China zwischenzeitlich mit CECS 158 [25] und DG/TJ08-2019-J11015 [26] zwei Standards entwickelt und veröffentlicht wurden, die sich sowohl mit den beschichteten Geweben und ETFE-Folien als auch deren Bemessung und Prüfung sowie der Prüfung der Tragwerke beschäftigen. Ein dritter chinesischer CECS-Standard [27] ist derzeit in finaler Bearbeitung und steht kurz vor der Veröffentlichung, der sich mit Ausführungsregeln für Membrantragwerke beschäftigt. Die chinesischen Regelungen sind in Europa allerdings kaum bekannt.

Bestrebungen, ein einheitliches europäisches Regelwerk zur Bemessung von Membrantragwerken zu erarbeiten, gibt es bereits seit über 20 Jahren. Auf Basis des europäischen Forschungsvorhabens TensiNet (Tensile structure industry Network) wurde bis 2004 der European Design Guide for Tensile Surface Structures, kurz: Tensinet Design Guide, [31] erarbeitet und veröffentlicht. Da es sich hierbei um das bisher einzige veröffentlichte Dokument handelt, welches die Grundlagen des Membranbaus regelwerkähnlich zusammenfasst, wird es von einigen Genehmigungsbehörden als Planungsgrundlage akzeptiert. Aus diesem Forschungsvorhaben hat sich das europäische Netzwerk TensiNet entwickelt, das im Rahmen mehrerer Arbeitsgruppen an weiteren Planungsgrundlagen, darunter auch die 2013 veröffentlichten „Design Recommendations for ETFE Foil Structures" [32], arbeitet und 2008 die Normungsarbeit für Membranen in Europa angestoßen hat. Seit 2010 arbeitet mittlerweile eine Gruppe von Experten im Rahmen von CEN/TC 250/WG 5 an einem Eurocode für Membrantragwerke. Anfang 2016 wurde in diesem Zusammenhang als erster Schritt der Science and Policy Report „Prospect for European Guidance for the Structural Design of Tensile Membrane Structures" [1], kurz: SaP-Report, veröffentlicht, der den Stand der Technik in den mitarbeitenden Ländern dokumentiert und einen ersten Ausblick auf wesentliche Teile eines zukünftigen Eurocodes gibt. Als nächster Schritt zu einem Eurocode für Membrantragwerke wird aktuell auf Grundlage des SaP-Reports eine CEN Technical Specification, kurz: TS, erarbeitet. Der Unterschied zwischen einer Technical Specification und einem Eurocode besteht im Wesentlichen darin, dass bei der Einführung einer TS die nationalen Normen nicht zurückgezogen werden müssen, was bei Einführung eines Eurocodes, einer EN-Norm, zwingend erforderlich ist. Damit kann die TS parallel als Alternative angewendet werden, es können Erfahrungen gesammelt und nach einer Frist von drei Jahren nach positivem Votum die TS in eine EN-Norm überführt werden.

### 1.2 Genehmigungsfähigkeit

Zelte und Hallen nach DIN 18204-1 sind in Deutschland bauaufsichtlich geregelt (s. Abschnitt 4.4). Für Traglufthallen gibt es einzig von der Friedrich Struckmeyer GmbH & Co. KG eine aktuelle allgemeine bauaufsichtliche Zulassung (abZ) in Kombination mit einer allgemeinen Bauartgenehmigung (aBG) Z-10.5-35 [33], in der die Produkteigenschaften des zu verwendenden PVC-beschichteten Polyestergewebes, die Bemessung mit Verweis auf DIN 4134 und einige Ausführungsdetails geregelt sind.

Da es für Membrantragwerke aus gewebten Membranen und Folien, die nicht unter DIN 18204-1 oder abZ/aBG Z-10.5-35 fallen, weder Produktnormen noch Bemessungsnormen gibt, ist für diese Tragwerke in Deutschland immer eine Zustimmung im Einzelfall (ZiE) erforderlich, die bei den maßgebenden Bauaufsichtsbehörden der Länder zu beantragen ist. In diesem Rahmen werden sowohl die Verwendbarkeit des Produkts als auch die Tragfähigkeit der Konstruktion durch Prüfungen und Gutachten stets projektspezifisch nachgewiesen. In Bezug auf die weite Verbreitung der ETFE-Bauweise und die Erfahrung mit dem Bauen mit ETFE seit mehr als 35 Jahren liegen mittlerweile jedoch viele Materialkenndaten und Erkenntnisse vor, die eine Einschätzbarkeit erlauben und ein Zustimmungsverfahren erleichtern. In der Regel leisten die ausführenden Firmen hier umfassende Unterstützung.

Es sei ergänzt, dass es bis 2005 für ETFE-Folien die einzige bisher existierende allgemeine bauaufsichtliche Zulassung abZ Z-10.5-91 [34] für das TEXLON-Dachsystem mit Folienkissen gab, welches erstmalig am 31. Juli 1992 allgemein bauaufsichtlich zugelassen wurde. Dieses Dachsystem besteht aus ETFE-Folienkissen mit einem konstanten Innendruck von 200 Pa, die durch Seilunterspannungen gestützt werden. Eine Verlängerung der abZ wurde allerdings nach Ablauf der Gültigkeitsdauer 2005 vom Antragsteller nicht weiter beantragt. Darüber hinaus konnten beide für dieses System in Anwendung gebrachten Folien-Fabrikate ein „Allgemeines bauaufsichtliches Prüfzeugnis" nachweisen, das sich jedoch ausschließlich auf die Brandeigenschaften bezieht.

## 2 Materialien und Materialeigenschaften

### 2.1 Allgemeines

Membranen in Zelt- und Membranstrukturen werden aus Textilien und Folien hergestellt. Bei den Textilien werden beschichtete und unbeschichtete Textilien unterschieden. Textilien sind im Regelfall Gewebe, wobei die Gewebe wiederum üblicherweise aus einer Leinwandbindung (1/1-Bindung) oder einer Panamabindung (2/2-Bindung) bestehen (s. Bild 4). Die Materialwahl erfolgt im Zelt- und Membranbau unter Berücksichtigung einer Vielzahl von Materialeigenschaften: mechanische Eigenschaften wie Zugfestigkeit, Steifigkeit, Weiterreißfestigkeit, gegebenenfalls Adhäsionsfestigkeit einer Beschichtung auf dem Textil, aber auch ganz wesentlich aufgrund optischer Eigenschaften wie Transluzenz, Farbe, Bedruckbarkeit, bauphysikalischer Eigenschaften, Witterungsbeständigkeit, anwendbare Verbindungstechniken (Nähen, Schweißen) etc. Dieser Abschnitt 2 beschränkt sich auf die Beschreibung der wesentlichen mechanischen Eigenschaften und deren labortechnischer Prüfung.

Materialien für den Zelt- und Membranbau bestehen im Wesentlichen aus thermoplastischen Kunststoffen, sowohl die Textilien als auch die Folien. Daher ist ihr mechanisches Materialverhalten wesentlich vom typischen mechanischen Verhalten dieser Materialart geprägt. Unter Kunststoffen versteht man synthetisch-organische Polymere, wobei ein Kunststoff in aller Regel aus dem eigentlichen Polymer sowie Additiven besteht. Die Additive tragen wesentlich zu den technologischen Eigenschaften bei. Zu den Additiven zählen u. a. Weichmacher, Haftvermittler, Farbstoffe, Flammschutzmittel, Fungizide, Stabilisatoren. Am meisten Verwendung im Membranbau finden Fasern aus Polyester (PES) in Form von Polyethylenterephthalat (PET), Beschichtungen aus Weich-Polyvinylchlorid (Weich-PVC) und Polytetrafluorethylen (PTFE) sowie technische Folien aus Ethylen-Tetrafluorethylen (ETFE). Als einziger „Nicht-Kunststoff" werden Gewebe aus Glasfasern eingesetzt.

Die verwendeten Kunststoffe zeigen ein temperaturabhängiges viskoelastisches Spannungs-Dehnungs-Verhalten. Viskoelastizität beschreibt ein zeitabhängiges Werkstoffverhalten. Es umfasst zeitabhängige Verformung unter konstanter Spannung (Kriechen) und zeitabhängige Spannungsabnahme unter konstanter Verformung (Relaxation). Viskoelastische Verformungen setzen sich aus drei Verformungsanteilen zusammen:
- elastische Verformung: spontane und reversible Verformung („energieelastische" Verformung),
- viskoelastische/relaxierende Verformung: zeitabhängige (verzögerte) und reversible Verformung („entropieelastische" oder auch gummielastische Verformung),
- viskose Verformung: zeitabhängige, irreversible Verformung.

Materialien und Materialeigenschaften 461

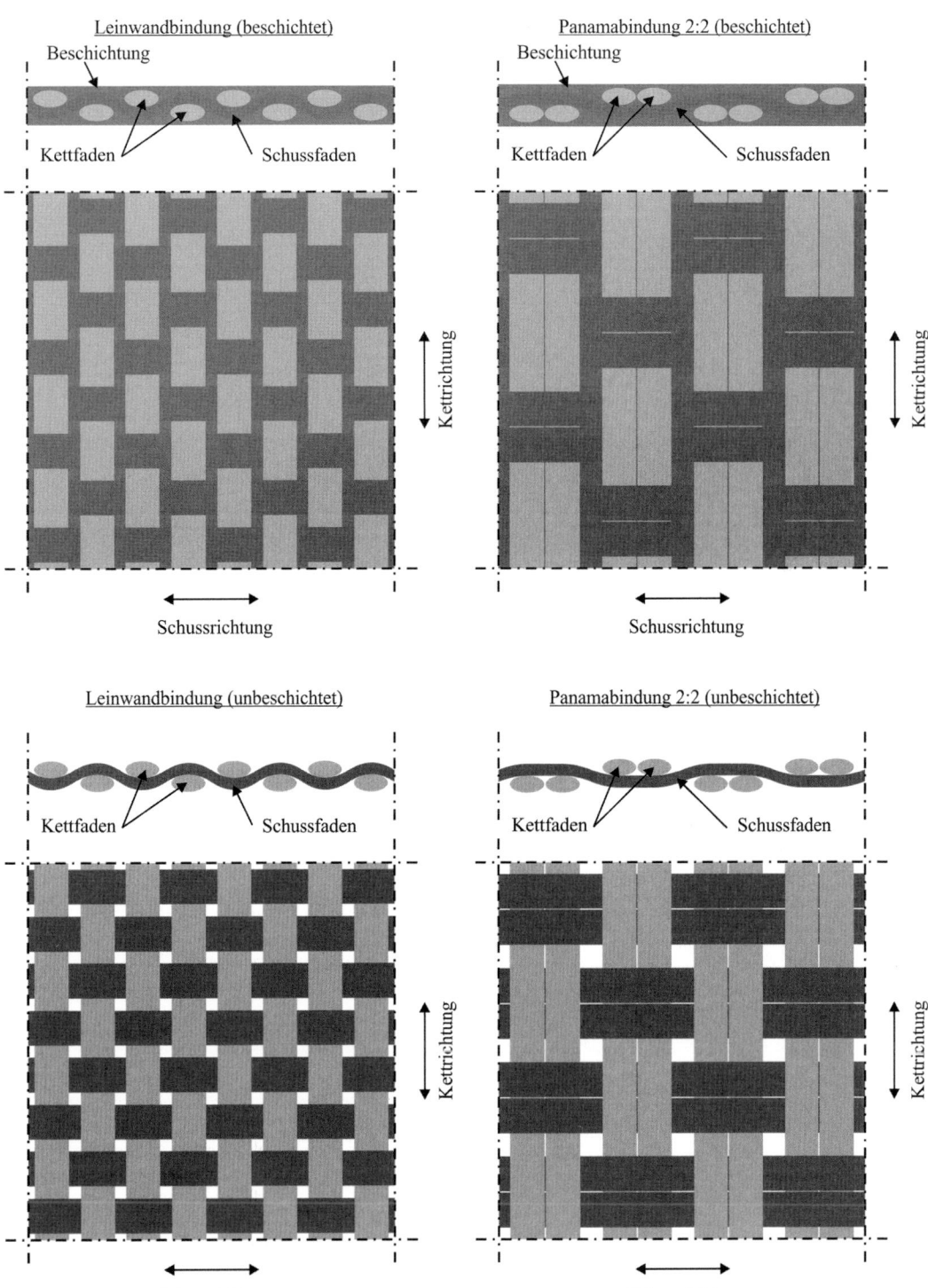

**Bild 4.** Gebräuchliche Materialien für die Textile Architektur und den Zeltbau: beschichtete und unbeschichtete Gewebe mit Leinwand- oder Panamabindung (© ELLF, Institut für Metall- und Leichtbau, Universität Duisburg-Essen)

Der Begriff „viskoelastisch" wird in der Literatur verwirrenderweise sowohl zur Bezeichnung der verzögerten, aber reversiblen Verformung genutzt als auch zur Benennung des Gesamtverformungsverhaltens, welches auch viskose irreversible Verformungsanteile enthält. Zur Abgrenzung werden die verzögerten, reversiblen Anteile auch „viskoelastisch/relaxierend" genannt.

Das zeitverzögerte Antwortverhalten sowie irreversible viskose Dehnungen erklären sich aus dem molekularen Aufbau der Kunststoffe. Durch Aneinanderreihung von Monomeren entstehen lange Molekülketten (Makromoleküle, Polymermoleküle). Diese sind meist fadenförmig, können aber auch Verzweigungen in verschiedener Länge und Häufigkeit aufweisen. In Thermoplasten können die Makromoleküle völlig unstrukturiert (amorph) vorliegen, oder auch teilweise strukturiert (teilkristallin). Die Makromoleküle können sich physikalisch ineinander verhaken und verschlaufen. Unter mechanischer Beanspruchung gleiten sie aneinander entlang, d. h., solche Verbindungspunkte verändern oder lösen sich zeitabhängig.

Die Festigkeiten und Steifigkeiten der thermoplastischen Kunststoffe hängen zusätzlich von der Temperatur ab. Die Materialien werden grundsätzlich fester und steifer bei niedrigen Temperaturen und andersherum verlieren sie an Festigkeit und Steifigkeit bei hohen Temperaturen. Unter hohen Temperaturen sind hier Temperaturen bis etwa 70 °C zu verstehen. Darüber verlieren einige der verwendeten Materialien ihre (langfristige) Gebrauchstauglichkeit. Da im Bauwesen mit höchstens 70 °C als Maximaltemperatur eines ideal schwarzen Körpers unter Sonneneinstrahlung zu rechnen ist, ist dies kein Ausschlusskriterium. Charakteristisch für die einzelnen Kunststoffe ist ihre sogenannte Glasübergangstemperatur $T_g$. Unterhalb der Glasübergangstemperatur verhalten sie sich ähnlich wie Glas: starr, hart und sprödelastisch. Im Temperaturbereich der Glasübergangstemperatur $T_g$ wird der Kunststoff zunächst lederartig, oberhalb von $T_g$ dann kautschukelastisch (gummiartig). Bei weiteren Temperaturerhöhungen käme es zu plastischem Fließen und anschließend zur Zersetzung des Materials. Die Gebrauchstemperaturen im Bauwesen bedeuten, dass PET unterhalb seiner Glasübergangstemperatur eingesetzt wird, Weich-PVC und ETFE oberhalb. PTFE hat eine Glasübergangstemperatur von 19 °C. Deshalb werden signifikante Änderungen des Materialverhaltens im Gebrauchstemperaturbereich beobachtet.

## 2.2 Gewebte Membranen

### 2.2.1 Beschichtete Gewebe

Zu den beschichteten Geweben zählen die im Membranbau gängigen PVC-beschichteten Polyestergewebe und PTFE-beschichteten Glasfasergewebe, aber auch silikonbeschichtete Glasfasergewebe und Fluorpolymer beschichtete PTFE-Gewebe.

Durch die Beschichtung werden die Trägergewebe gegen Witterungseinflüsse geschützt. Dies erhöht die Haltbarkeit und gewährleistet dauerhaft die erforderlichen mechanischen Eigenschaften der Membrane. Au-

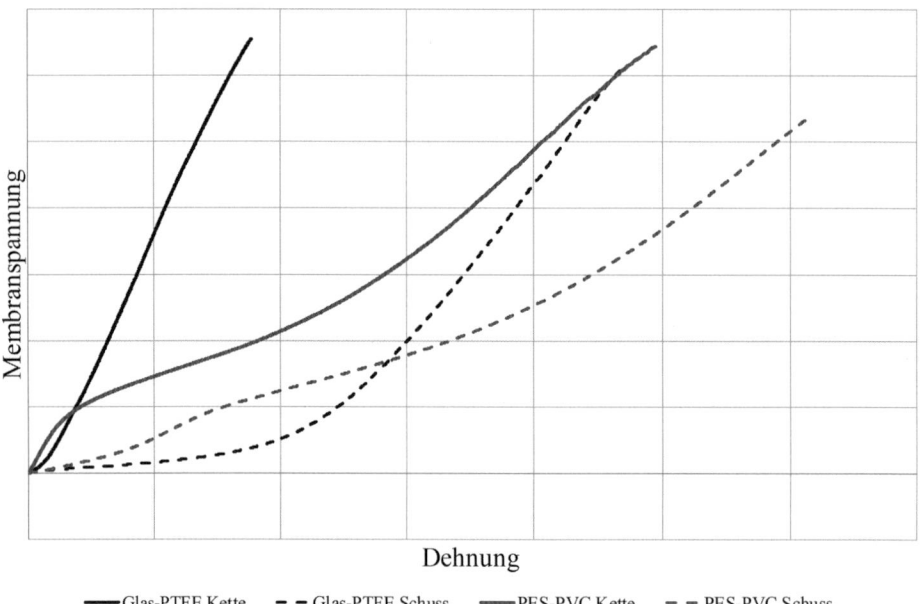

**Bild 5.** Typisches Spannungs-Dehnungs-Verhalten bis zum Bruch von Glas-PTFE- und PES-PVC-Geweben
(© ELLF, Institut für Metall- und Leichtbau, Universität Duisburg-Essen)

ßerdem wird durch Beschichtungen eine Schweißbarkeit oder Vernetzbarkeit der Oberflächen erreicht, mit ausreichenden mechanischen Eigenschaften. Dies erlaubt eine schnelle, kontinuierliche und dichte Fügung der einzelnen Membranzuschnitte.

Gewebe werden in Bahnen hergestellt. Die Fäden in Bahnenlängsrichtung werden Kettfäden genannt, die orthogonal dazu verwebten Fäden Schussfäden. Die Fäden sind die lastabtragenden Elemente in diesem Verbundwerkstoff. Die Beschichtungen sind dünn und vor allem Weich-PVC ist wesentlich nachgiebiger als das verwendete Fadenmaterial, sodass sich die Beschichtungen nur geringfügig am Lastabtrag beteiligen. Nichtsdestotrotz ist der Einfluss der Beschichtungen in bestimmten Situationen durchaus signifikant. Sie dominieren z. B. das Rückkriechverhalten dieser Materialien nach einer Entlastung.

Bedingt durch die Fadenkrümmungen weisen gewebte Textilien ein ausgesprochen nichtlineares Spannungs-Dehnungs-Verhalten auf. Dies wird sehr deutlich bei Glasfasergeweben. Glas verhält sich linear-elastisch. Glasfasergewebe weist aber vor allem im unteren Spannungsbereich zunächst große Verformungen auf, bevor sich das Material zunehmend versteift und der Steifigkeit des Glases annähert (s. Bild 5). Der Grund für die anfangs großen Längungen sind dehnungslose Verformungen, die aus dem Geradeziehen der Fäden herrühren. Bei zunehmender Streckung der Fäden dominiert das Spannungs-Dehnungs-Verhalten des Grundmaterials. Bei Geweben aus Polyesterfäden überlagert sich das nichtlineare Verhalten des Grundmaterials mit dem der Gewebestruktur. Zusätzlich führen der Web- und der anschließende Beschichtungsprozess üblicherweise zu unterschiedlichen Krümmungen in den Kett- und Schussfäden. Dies führt zu einem in der Membranebene orthogonal anisotropen (orthotropen) Spannungs-Dehnungs-Verhalten, wobei im Regelfall die Steifigkeit in Kettrichtung größer ausfällt als in Schussrichtung. Bild 5 illustriert die deutlich größeren Verformungen in Schussrichtung bei beiden Gewebetypen.

Da für die gekrümmten Fäden keine exakte Querschnittsfläche angegeben werden kann, werden Membranspannungen bei Textilien in der Einheit Kraft pro Länge angegeben, üblicherweise in [kN/m]. Streng genommen handelt es sich bei dieser Angabe nicht um eine mechanische Spannung. Dennoch wird auch bei den Textilien von einer Membranspannung gesprochen.

Für die Konstruktion und Bemessung wichtige mechanische Kenngrößen der Gewebe und ihrer Verbindungen sind
– Zugfestigkeit des beschichteten Gewebes (Grundmaterial), (s. Bild 6a),
– Zugfestigkeit der Verbindungen (s. Bild 6b),
– Weiterreißfestigkeit (s. Bild 6c),
– Haftfestigkeit der Beschichtung auf dem Gewebe (s. Bild 6d).

Diese Eigenschaften werden in genormten monoaxialen Zugversuchen gemessen, vgl. Bild 3 und Bild 6a. Die Zugprüfung wird im Membranbau sowohl an den Verbindungen als auch am Grundmaterial stets an Streifenprobekörpern durchgeführt, an denen die äußersten Fäden ausgerifelt werden. Nur so lässt sich sicherstellen, dass sich die aufgebrachte Prüfkraft ausschließlich auf unversehrte Fäden verteilt. Die Verwendung von Schulterproben wie im Stahlbau üblich verbietet sich, da damit Fäden angeschnitten würden. Die Streifenproben haben allerdings die Gefahr von Klemmbrüchen. Der gleichmäßigen Zugspannung in Probenlängsrichtung überlagert sich lokal im Bereich der Klemmen der Klemmdruck. Abhängig vom zu prüfenden Material und der zu prüfenden Geberichtung stellen sich dadurch mehr oder weniger häufig Brüche direkt an der Klemme oder in deren unmittelbarer Nähe ein. Diese Versuche sind zu verwerfen und zu wiederholen. Lassen sich Klemmbrüche nicht vermeiden, muss auf eine aufwendigere Klemmtechnik ausgewichen werden, z. B. durch Einsatz von Walzenspannköpfen.

Für Glasfasergewebe spielt zusätzlich die Zugfestigkeit nach Knickbeanspruchung eine große Rolle. Die Verwendung von sehr dünnen Glasfilamenten bei der Garnherstellung führt zwar zu einer Verbesserung des Knickverhaltens, dennoch ist Glas selbstverständlich durch seine Sprödigkeit ein knickempfindliches Material. Verschiedene, bisher nicht normierte Verfahren existieren, mit denen für diese Prüfung eine Knickbeanspruchung in das Material eingebracht wird. Eindeutige Festlegungen für die Einbringung der Knickbeanspruchung fehlen allerdings bisher. Lediglich in der amerikanischen Norm ASTM D4851-07 [30] finden sich klare Definitionen. Diese findet aber in Deutschland kaum Anwendung.

Die Materialsteifigkeiten unter mono- und biaxialen Spannungszuständen unterscheiden sich erheblich. Ganz allgemein sind sie vom Spannungsverhältnis Kette:Schuss abhängig. Um dieser Eigenschaft Rechnung zu tragen, müssen sie in biaxialen Zugversuchen (kurz: Biaxial-Versuch) ermittelt werden. Für biaxiale Zugversuche liegt seit kurzer Zeit eine neue Norm vor, DIN EN 17117-1 [16]. Üblich ist die Durchführung von Biaxial-Versuchen an ebenen, geschlitzten Kreuzproben (s. Bild 7). Die Arme der Kreuzproben sind fadenparallel. Über die Arme werden Kräfte in Kett- und Schussrichtung in das mittlere Prüffeld eingeleitet. So können alle denkbaren Spannungsverhältnisse aufgebracht werden. Schlitze in den Armen kurz vor dem Prüffeld sorgen für ein möglichst homogenes Spannungsfeld im Prüffeld. Die verwendeten Lastprotokolle sind meist zyklisch und belasten den Probekörper nacheinander mit verschiedenen Spannungsverhältnissen (s. Bild 8). Das Standardlastprotokoll aus DIN EN 17117-1 beinhaltet die drei biaxialen Spannungsverhältnisse (jeweils Kette:Schuss) 1:1, 2:1 und 1:2 sowie die zwei monoaxialen Spannungsverhältnisse 1:0 und 0:1. Eine Wiederholung eines Spannungsverhältnisses über mehrere Zyklen sorgt dabei für ein Einspielen des Materials auf eben dieses Spannungsverhältnis und damit zur verbesserten Reproduzierbarkeit der gemessenen Dehnungen sowie zu einer überwiegend elastischen Materialantwort. Zwi-

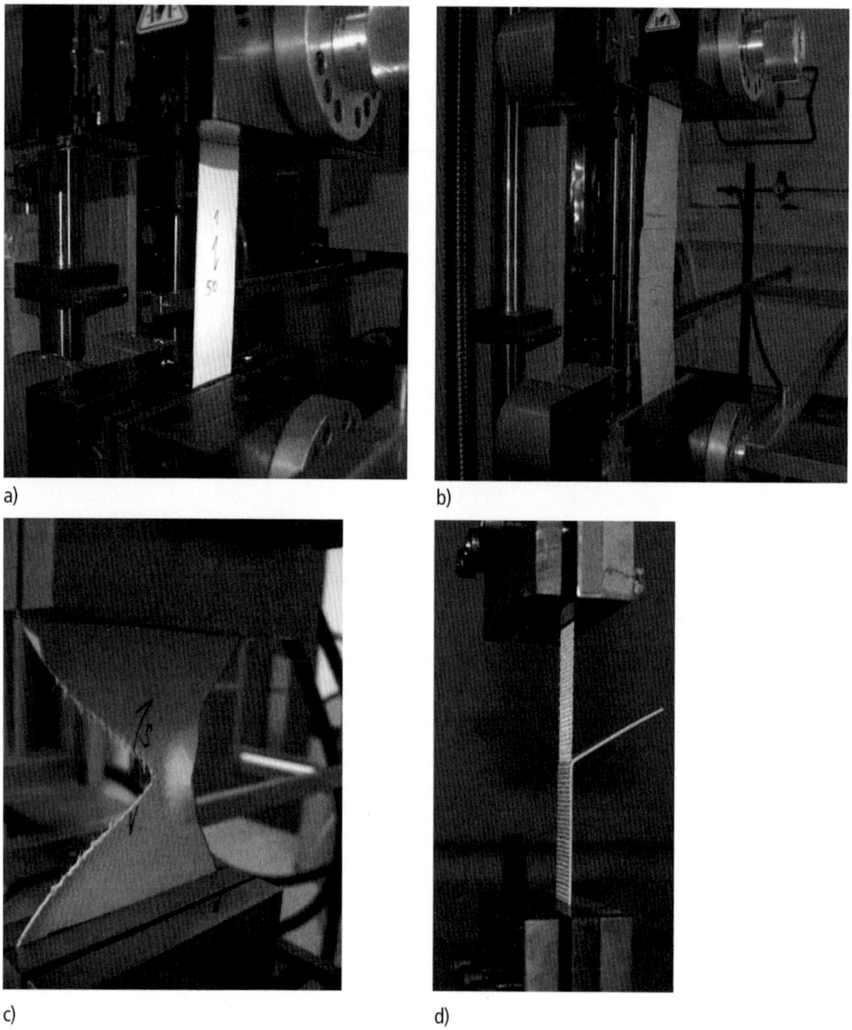

**Bild 6.** Exemplarische mechanische Prüfungen an Geweben (© ELLF, Institut für Metall- und Leichtbau, Universität Duisburg-Essen); a) Zugversuch am Grundmaterial, b) Zugversuch an einer Schweißnaht, c) Weiterreißversuch, d) Versuch zur Bestimmung der Haftfestigkeit

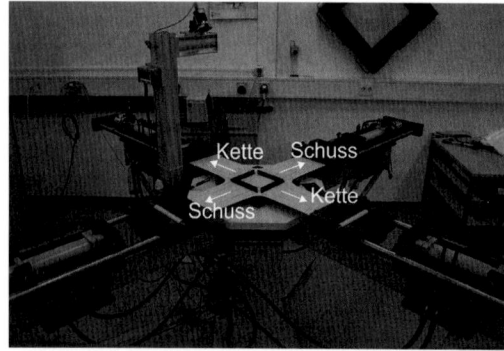

**Bild 7.** Biaxiale Zugprüfung an ebener Kreuzprobe (© ELLF, Institut für Metall- und Leichtbau, Universität Duisburg-Essen)

schen den einzelnen Spannungsverhältnissen wird die Probe in der Regel durch wiederholte Lastzyklen im Spannungsverhältnis 1:1 stets in einen vergleichbaren Ausgangszustand versetzt. Zur Auswertung der gemessenen Spannungs-Dehnungs-Pfade werden jeweils die Pfade für die Kett- und die Schussrichtung extrahiert. Diese werden anschließend mit dem verwendeten Materialgesetz gefittet, d. h., die Steifigkeitsparameter werden so eingestellt, dass das Materialmodell alle Spannungs-Dehnungs-Pfade aus den untersuchten Spannungsverhältnissen möglichst optimal abbildet.

In der Membranbaupraxis kommt bisher nur das auf dem Hooke'schen Gesetz basierende orthotrope linearelastische Materialmodell zur Anwendung. In diesem besteht ein Satz von elastischen Konstanten aus den Elastizitätsmoduln in Kett- und Schussrichtung $E_x$ und

Materialien und Materialeigenschaften 465

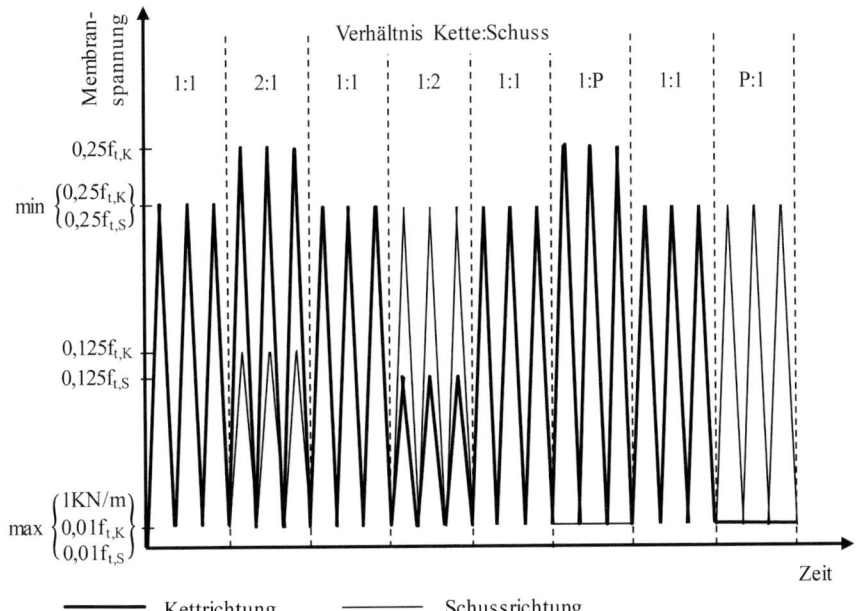

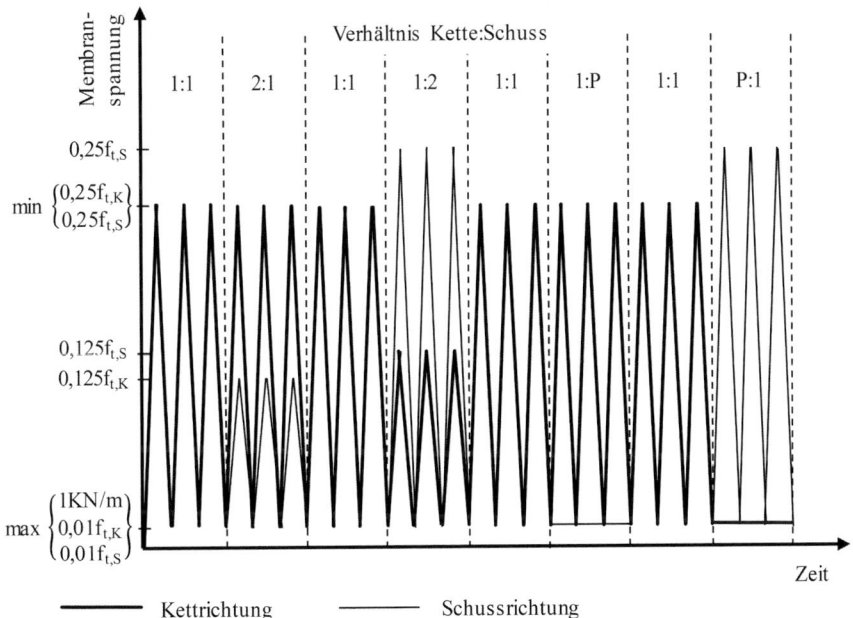

**Bild 8.** Standardlastprotokoll für eine biaxiale Zugprüfung nach DIN EN 17117-1 für die Fälle
a) Kettfestigkeit > Schussfestigkeit und b) Kettfestigkeit < Schussfestigkeit
(© ELLF, Institut für Metall- und Leichtbau, Universität Duisburg-Essen)

$E_y$ sowie den entsprechenden Querkontraktionszahlen $\nu_{xy}$ und $\nu_{yx}$. Das Stoffgesetz kann über die Gleichungen

$$\varepsilon_x = \frac{\sigma_x}{E_x} - \nu_{xy}\frac{\sigma_y}{E_y}, \quad \varepsilon_y = \frac{\sigma_y}{E_y} - \nu_{yx}\frac{\sigma_x}{E_x} \qquad (1)$$

beschrieben werden, wobei ε die Dehnungen, σ die Membranspannungen, E die Elastizitätsmodulen und ν die Querkontraktionszahlen beschreibe.

Neben der vereinfachend linearen Modellierung der tatsächlich nichtlinearen Spannungs-Dehnungs-Pfade der Gewebe ist das linear-elastische Materialmodell auch nicht in der Lage, die Spannungs-Dehnungs-Pfade aller Spannungsverhältnisse gleichzeitig adäquat abzubilden. Das liegt vor allem an der Begrenzung der Querkontraktionszahlen. Dadurch kann das Modell dem großen Querkontraktionsverhalten der Gewebe nicht gerecht werden. Daher wird auch von „fiktiven" elastischen Konstanten gesprochen. Aus den genannten Gründen wird in DIN EN 17117-1 zwischen elastischen Bemessungskonstanten und elastischen Vergleichskonstanten unterschieden. Zur Bestimmung von elastischen Bemessungskonstanten soll darauf geachtet werden, dass die in einem individuellen Membranbauprojekt zu erwartenden Spannungsverhältnisse vom Satz der elastischen Konstanten möglichst gut beschrieben werden. DIN EN 17117-1 stellt ein Standardlastprotokoll zur Verfügung. Von diesem darf aber zur Bestimmung von elastischen Bemessungskonstanten abgewichen werden. Dabei kann sich im Biaxial-Versuch und dessen Auswertung auf nur diese Spannungsverhältnisse beschränkt werden, die im individuellen Projekt zu erwarten sind. Auf der anderen Seite kann ein solcher individueller Satz von fiktiven elastischen Konstanten keine Materialvergleiche ermöglichen. Eine Einschätzung des Materialverhaltens durch Vergleich mit anderen Materialien kann dem Tragwerksplaner aber eine große Hilfe sein. Aus diesem Grund legt DIN EN 17117-1, Anhang E ein klar definiertes Lastprotokoll und eine eindeutig beschriebene Auswerteroutine fest, mit der elastische Vergleichskonstanten bestimmt werden können. Um zu einer verbesserten Materialcharakterisierung zu kommen, bleiben dabei die mechanischen Grenzen des Materialmodells unbeachtet. Größere Querkontraktionszahlen sind damit möglich. Ein so bestimmter Satz von elastischen Konstanten kann allerdings nicht mehr als Eingangsgröße in der Strukturberechnung dienen.

Neben der Bestimmung der Materialsteifigkeiten werden Biaxial-Versuche auch zur Bestimmung von Kompensationswerten regelmäßig genutzt (s. Abschnitt 9.1.2). Darüber hinaus werden zum Teil auch biaxiale Weiterreißprüfungen durchgeführt, siehe [1]. Ein projektbezogener Ansatz zur Auswertung von Biaxial-Versuchen ist in [35] enthalten.

### 2.2.2 Unbeschichtete Gewebe

Unbeschichtete Gewebe haben eine größere Flexibilität. Abgesehen von reinem PTFE-Gewebe haben die Gewebe eine geringere Dauerhaftigkeit, da sie nicht vor Umwelteinflüssen geschützt sind. Unbeschichtete Gewebe werden häufig für temporäre oder innenliegende Strukturen eingesetzt. Die Fügung ist aufwendiger, da die Gewebe genäht werden müssen.

Die Materialprüfung ähnelt im Wesentlichen derjenigen der beschichteten Gewebe. Haftfestigkeitsprüfungen entfallen selbstverständlich. Die Prüfung von Verbindungen beschränkt sich auf Nähnähte. Allgemein richten sich monoaxiale Zugprüfungen nach DIN EN ISO 13934-1 [24]. Die Prüfmethodik ist aber vergleichbar mit der für die beschichteten Textilien. Biaxiale Prüfungen lassen sich prinzipiell ebenso durchführen. Sie können in Anlehnung an DIN EN 17117-1 stattfinden, die eigentlich nur für beschichtete Gewebe gilt.

### 2.3 ETFE-Folien

Ethylen-Tetrafluorethylen (ETFE) ist ein teilfluoriertes Copolymer aus Ethylen (ca. 25%) und Tetrafluorethylen. Dadurch zeigt das Material ähnliche Eigenschaften wie andere Fluorpolymere, z. B. PTFE. Das Copolymer hat aber eine höhere Steifigkeit und Festigkeit gegenüber PTFE bei vergleichbarer Beständigkeit. ETFE wird im Membranbau in Form von extrudierten Folien verwendet. Foliendicken von 80 bis 350 µm sind gebräuchlich. ETFE-Folien sind transparent für das gesamte solare Spektrum, d. h. vom UV-Bereich über das sichtbare Licht bis in den fernen IR-Bereich. Gerade die UV-Durchlässigkeit macht die Folien extrem beständig, da die energiereiche Strahlung so keine chemischen Bindungen aufbrechen kann. Zudem erweist sich die Folie dadurch als ideal für Biosphären, da sie durchlässig ist für die für die Photosynthese wichtige Strahlung (PAR) im blauen (UV) und roten (IR) Wellenlängenbereich.

Bei ETFE-Folien besteht kein wesentlicher Unterschied in den mechanischen Eigenschaften in Extrusions- und Querrichtung, d. h., ETFE-Folien können für die Bemessung innerhalb tolerierbarer Grenzen als isotrop angenommen werden. Das Spannungs-Dehnungs-Verhalten ist abhängig davon, ob ein mono- oder biaxialer Spannungszustand herrscht.

Zur Bestimmung der Zugeigenschaften wird herkömmlicherweise ein monoaxialer Zugversuch bei Raumtemperatur (23 °C ± 2 K) nach DIN EN ISO 527-3 [18] durchgeführt. Dabei wird eine Streifenzugprobe mit konstanter Dehnrate bis zum Bruch gezogen. Die sich ergebende Spannungs-Dehnungs-Kurve ist schematisiert in Bild 9 dargestellt. Darin sind zu Beginn zwei Knickpunkte zu erkennen:

1. Erster Knickpunkt bei etwa 15 bis 20 N/mm² bzw. etwa 1 bis 2% Dehnung, wo die Spannungs-Dehnungs-Kurve flacher wird. Der erste Knickpunkt kann als Proportionalitätsgrenze beschrieben werden: Bis hierhin sind die Dehnungen proportional zur Spannung. Oberhalb der Proportionalitätsgrenze bis zum zweiten Knickpunkt werden viskoelastisch/ relaxierende und viskose Dehnungen beobachtet.

Aufgrund des einsetzenden „viskosen Fließens" wird der erste Knickpunkt häufig auch als erste Fließgrenze bezeichnet.

2. Zweiter Knickpunkt bei etwa 24 bis 28 N/mm² bzw. etwa 20 bis 25% Dehnung, wo sich eine mehr oder weniger stark ausgeprägte Streckgrenze zeigt, ähnlich der von warmgefertigtem Baustahl. Nach Definition der DIN EN ISO 527-3 ist die Streckgrenze als Dehnungszunahme ohne Spannungszunahme im Zugversuch mit konstanter Dehnrate definiert. Die derart definierte Streckgrenze wird bei ETFE-Folien häufig auch als zweite Fließgrenze bezeichnet. Zum Teil wird bei ETFE auch ein Spannungsabfall registriert, also eine ausgeprägte Streckgrenze. Dies hängt auch von der Prüfrichtung ab.

Bei weiterer Verlängerung der Probe kommt es zu einer Verfestigung: Die Spannungen steigen erneut an. Dieses Verhalten hält bis zum Bruch an. Die Höchstzugfestigkeit ist mit der Bruchspannung identisch und kann bis zu etwa 60 N/mm² betragen. Die Bruchdehnung beträgt mehrere Hundert Prozent.

Tragende Folien sind aber generell einem biaxialen Spannungszustand ausgesetzt. Legt man einen biaxialen Spannungszustand an, ändert sich die Materialantwort. Bild 10 zeigt einen direkten Vergleich eines dehnungsgeregelten monoaxialen Zugversuchs in Extrusionsrichtung (ED) mit einem dehnungsgeregelten biaxialen Zugversuch mit einem Dehnungsverhältnis Extrusions-(ED-) zu Querrichtung (TD) von 1:1. Bis auf das Dehnungsverhältnis sind alle anderen Versuchsparameter identisch, sprich: Materialcharge, Dehnrate, Temperatur. Der Biaxial-Versuch wird mit einer ebenen, geschlitzten Kreuzprobe ausgeführt. In beiden Versuchsergebnissen sind deutlich die beiden Knickpunkte in den Spannungs-Dehnungs-Kurven sichtbar. Sie liegen auch etwa bei gleichen Spannungen: der erste bei etwas unter 20 N/mm², der zweite bei etwa 26 bis 28 N/mm². In beiden Versuchen zeigt sich am zweiten Knickpunkt eine Dehnungszunahme ohne Spannungszunahme. Dies ist per Definition die Streckgrenze. Der wesentliche Unterschied zwischen mono- und biaxialem Spannungszustand liegt in den dazugehörigen Dehnungen. Unter biaxialer Spannung zeigen sich beide Knickpunkte, vor allem aber der zweite, bei wesentlich geringeren Dehnungen. Das Material verhält sich unter biaxialen Spannungen also steifer. Hinsichtlich der Streckgrenze unter biaxialer Spannung decken sich die Ergebnisse gut mit denen einer weiteren biaxialen Versuchsvariante, dem Berstdruckversuch [36].

Der erste Knickpunkt markiert den Übergang von vorwiegend elastischem zu zunächst vorwiegend viskoelastisch/relaxierendem und bei höheren Dehnungen auch viskosem Materialverhalten. Der Begriff „vorwiegend" deutet an, dass die genannten Eigenschaften nicht unter allen Umständen zu beobachten sind. Bei konstanter Spannung unterhalb des ersten Knickpunkts kann sich signifikantes viskoelastisches Kriechen einstellen. Damit sind dann natürlich auch teilweise irreversible Dehnungen verbunden. Das Ausmaß der Dehnungen und der einzelnen Dehnungsanteile hängt beim viskoelastischen Material ETFE von der Temperatur, der Belastungsgeschwindigkeit, -reihenfolge und -dauer und damit der Belastungsgeschichte ab.

So sind unter zyklischer Belastung weitere Änderungen des Materialverhaltens erkennbar. Bild 11a zeigt ein biaxiales Lastprotokoll, das die Belastung einer Folie in einer Kissenstruktur unter Windlast mit den der Realität entsprechenden hohen Be- und Entlastungsgeschwindigkeiten repräsentiert [37]. Die Folienspannungen fluktuieren zwischen der Kissenvorspannung und verschiedenen Maximalspannungen, die mit verschiedenen Böengeschwindigkeiten korrelieren. Das Spannungsverhältnis ist so gewählt, dass es dem Spannungsverhältnis in üblichen Kissenkonstruktionen entspricht.

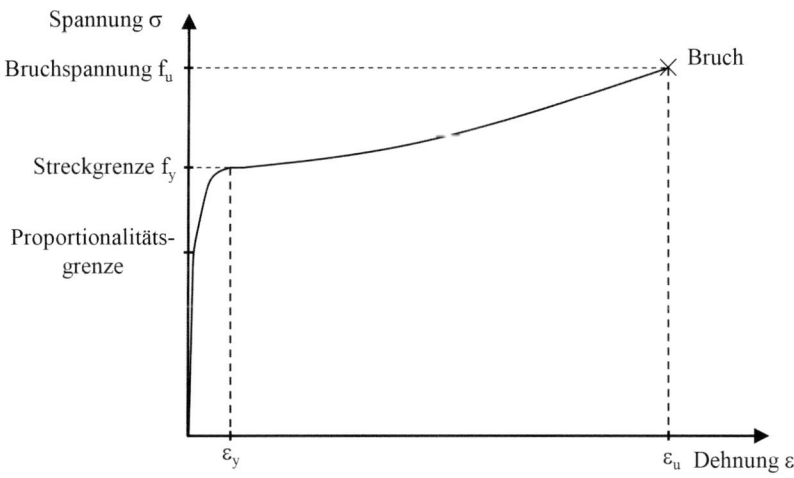

**Bild 9.** Spannungs-Dehnungs-Kurve von ETFE im monoaxialen Zugversuch nach DIN EN ISO 527-3
(© Institut für Metall- und Leichtbau, Universität Duisburg-Essen)

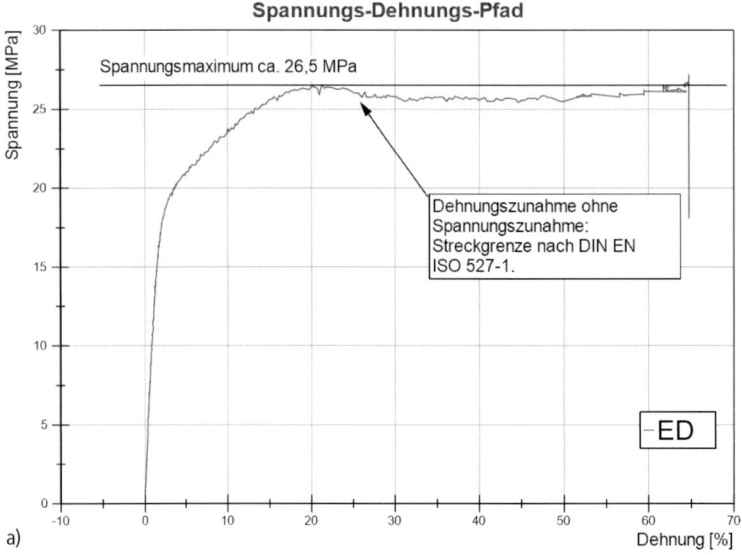

a)

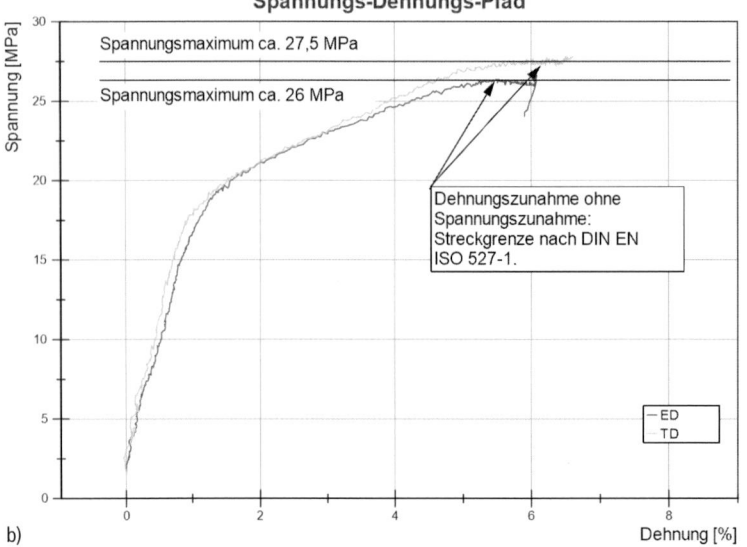

b)

ED: Extrusionsrichtung
TD: Querrichtung

**Bild 10.** Vergleich von Spannungs-Dehnungs-Kurven von ETFE unter a) monoaxialer und b) gleichmäßiger biaxialer Zugspannung (© ELLF, Institut für Metall- und Leichtbau, Universität Duisburg-Essen)

Bild 11b zeigt die aufgezeichneten Spannungs-Dehnungs-Kurven. Unter Einwirkung der Lastzyklen kann der erste Knickpunkt nicht identifiziert werden. Die bereits nach dem ersten Lastzyklus erhöhte Steilheit der Spannungs-Dehnungs-Kurven lässt eine Versteifung des Materials erkennen.

Der in Bild 11 gezeigte Versuch macht deutlich, dass es für die Bestimmung des Reaktionsverhaltens von ETFE-Konstruktionen gegenüber äußeren Lasten ausschlaggebend ist, dass die im realen Projekt auftretenden Lasten im Versuchsdesign abgebildet werden. Ein einachsiger (monoaxialer) Spannungszustand tritt nur ein, wenn in einer Richtung eine Zugspannung herrscht und die Folie in orthogonaler Richtung spannungslos ist. Bei einem Flächentragwerk tritt dieser Grenzzustand nur selten ein. Im Hinblick auf eine Faltenbildung und dem damit verbundenen Verlust der Formstabilität ist er sogar zu vermeiden. Am Bauwerk treten i. d. R. zweiachsige (biaxiale) Spannungszustände mit mehr oder weniger ausgeprägten Spannungsdifferenzen in den beiden orthogonalen Hauptspannungsrichtungen auf. Zudem sind die am Bauwerk auftretenden Lastszenarien Wind, Wassersack und Schneelast zu unterscheiden und getrennt zu betrachten.

Die mechanischen Grundeigenschaften von ETFE-Folien sind weitestgehend unabhängig von der jeweiligen

Exemplarisches biaxiales Lastprotokoll zur Simulation von Windlasten nach Vorgabe der Vector Foiltec GmbH

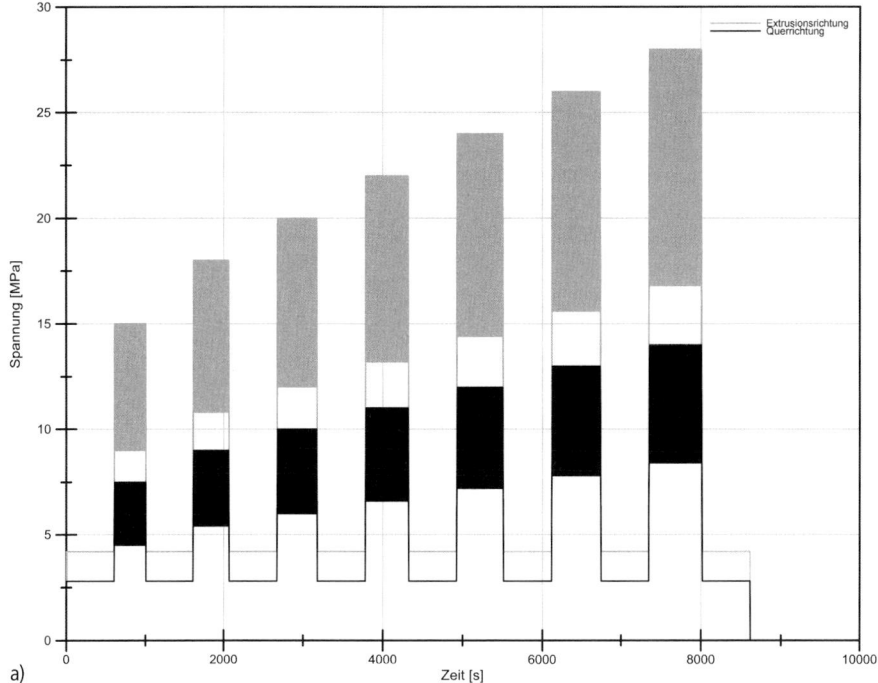

a)

Resultierende Spannungs-Dehnungs-Kurven

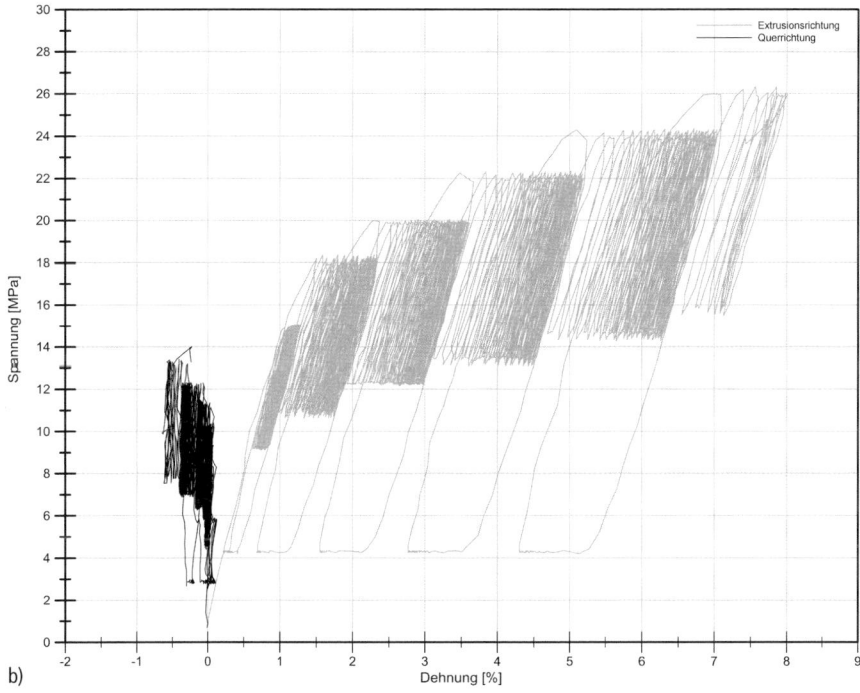

b)

**Bild 11.** a) Biaxiales Lastprotokoll für einen Hysterese-Test, das die Belastung einer Folie in einer Kissenstruktur unter Windlast repräsentiert, b) aufgezeichnete Spannungs-Dehnungs-Kurven [37]
(©ELLF, Institut für Metall- und Leichtbau, Universität Duisburg-Essen)

Charge. Daher sind die für die Bemessung notwendigen Eigenschaften nur in größeren Abständen experimentell zu ermitteln bzw. zu bestätigen. Für die Qualitätskontrolle sind Ergebnisse aus monoaxialen Versuchen vollkommen ausreichend. Hier kommt der Sichtprüfung in Bezug auf Stippen, Randwelligkeiten, Kolbenringe oder aber Störungen der Transparenz größere Bedeutung zu.

Die von den Folienherstellern bereitgestellten Abnahmeprüfzeugnisse 3.1 nach DIN EN 10204 [38] erfüllen die Anforderungen an einen kontinuierlichen Qualitätsnachweis. Dennoch sollten entsprechende Wareneingangsuntersuchungen pro Charge und Folienstärke zur Kontrolle der mechanischen Eigenschaften durch das verarbeitende Unternehmen, den Konfektionär, durchgeführt und nachgewiesen werden. Leider lässt die für die Bestimmung der Zugeigenschaften von Kunststofffolien mit einer Dicke von weniger als 1 mm zugrunde liegende Prüfnorm DIN EN 527-3 [18] einen großen Spielraum für die Gestaltung der Versuchsbedingungen. Die Spezifikation dieser Versuchsbedingungen ist aktuell Gegenstand der Normungsarbeit.

Essenziell allerdings für den materialspezifischen Einsatz von ETFE-Folien in der Architektur sind Biaxial-Versuche, die die Lastszenarien abbilden, denen ETFE-Kissen und auch einlagige ETFE-Membranen ausgesetzt sind: Vorspannung bzw. Kisseninnendruck, Wassersack und Schnee sowie Windlasten jeweils unter Berücksichtigung unterschiedlicher Temperaturen.

Hieraus folgt, dass die Kenngrößen des Grundmaterials und der für die Bemessung maßgebenden Schweißnähte wie folgt zu bestimmen sind:

### Grundmaterial

Der **Folienhersteller** liefert die aus dem **monoaxialen Zugversuch** resultierenden Materialeigenschaften des Grundmaterials mittels Abnahmeprüfzeugnissen 3.1 nach DIN EN 10204 [38] und dies nicht nur bei 23 °C ± 2 K, sondern idealerweise auch bei 0 °C ± 2 K und +50 °C ± 2 K. Die bemessungsrelevanten Festigkeiten sind als 5%-Fraktilwerte aus mindestens fünf Zugversuchen auszuweisen.

Zurzeit wird auf nationaler und europäischer Normungsebene daran gearbeitet, ETFE-Folien in Bereichen höherer Dehnungen besser auszunutzen. Hierzu sind auch – im Prinzip lediglich einmalige – **Biaxial-Versuche** bei mindestens den oben für die monoaxialen Zugversuche genannten Prüftemperaturen am Grundmaterial erforderlich, deren Ergebnisse vom Folienhersteller zur Verfügung gestellt werden sollten. Die Spezifikation für die Durchführung dieser Biaxial-Versuche ist allerdings zurzeit noch Gegenstand der Normungsarbeit, weshalb empfohlen wird, diese aktuell projektspezifisch festzulegen.

### Schweißnähte

Der Nachweis der Schweißnahtfestigkeiten erfolgt projektspezifisch im Auftrag des **Konfektionärs**. Hierzu sind im **monoaxialen Zugversuch** bei 23 °C ± 2 K die Schweißnahtfestigkeiten zu ermitteln. Darüber hinaus wird empfohlen, die Qualität der Schweißnähte durch zweimal im Jahr stattfindende externe Produktionsüberwachungen durch ein entsprechend zertifiziertes Prüflabor nachzuweisen. Mindestens einmal im Jahr sollten die Schweißnahtfestigkeiten außer bei 23 °C ± 2 K bei 0 °C ± 2 K und +50 °C ± 2 K geprüft werden. Projektabhängig kann für die hohe Prüftemperatur eine Temperatur im Bereich zwischen 40 °C und 50 °C ausreichend sein. Die Schweißnahtfestigkeiten sind ebenfalls als 5%-Fraktilwerte aus mindestens fünf Zugversuchen auszuweisen und sollten mindestens 30 N/mm² betragen. Zusätzlich sollte der Mittelwert aus den mindestens fünf Zugversuchen nicht unter 33 N/mm² liegen. Auch hier wird noch an der Norm gearbeitet.

Biaxiale Versuche sind für Schweißnähte nicht erforderlich, da die Schweißnaht in der Konstruktion im Wesentlichen monoaxial beansprucht ist.

## 3 Grundlagen von Entwurf, Berechnung und Bemessung

Membrantragwerke zeichnen sich dadurch aus, dass angreifende Kräfte mit einem Membranspannungszustand im Gleichgewicht stehen. Dies ist ein ebener Spannungszustand, bei dem ausschließlich Zugspannungen und – bei Vorhandensein einer nennenswerten Schubsteifigkeit des Membranmaterials – Schubspannungen übertragen werden. Dies ist wirtschaftlich günstig, da alle Querschnittsfasern gleich ausgenutzt werden. Dadurch werden selbst für große Spannweiten nur sehr geringe Materialdicken erforderlich, meist weniger als 1 mm. Das Tragwerk wird leicht, ermöglicht damit auch eine leichtere Primärkonstruktion, was insgesamt zu einem deutlich reduzierten Materialverbrauch gegenüber biegesteifen Tragwerken führt.

Für Entwurf und Berechnung gelten im Prinzip die gleichen Grundsätze für Membrantragwerke aus technischen Textilien und Folien wie auch für Zelte, da beide Strukturarten Lasten nur über einen Membranspannungszustand abtragen und insofern das dem Grunde nach gleiche mechanische Verhalten aufweisen. Hinsichtlich der Bemessung sind sich Zelte und Membrantragwerke aus technischen Textilien ähnlich, für Folienstrukturen ist aufgrund des deutlich unterschiedlichen Materialverhaltens der eingesetzten ETFE-Folien gegenüber den Textilien die Bemessung unterschiedlich. Eine umfassende Einführung in den Bereich „Bauen mit ETFE" bietet das Standardwerk von *Annette LeCuyer*, ETFE – Technologie und Entwurf [39]. Allen Tragwerken aus druck- und biegeschlaffen Membranen ist gemein, dass sie eine Vorspannung benötigen, um weitestgehend Faltenfreiheit zu gewährleisten sowie Schlaffwerden unter Last zu vermeiden und ausreichende geometrische Steifigkeit in allen Lastsituationen sicherzustellen. Die Höhe der Vorspannung und auch der Anspruch an das Maß der Kontrolle bei deren

Einbringung bzw. Einstellung bei der Montage hängen dabei vom Bauwerk ab. Bei permanenten Membrantragwerken ist eine vom Tragwerksplaner in Absprache mit den weiteren am Bau Beteiligten wie Architekt und Bauherr festgelegte Höhe der Vorspannung kontrolliert einzubringen. Um die erforderliche Höhe der Vorspannung über die Bauwerkslebensdauer sicherzustellen, wird die Membrane während der Konfektion unter Berücksichtigung ihrer irreversiblen Dehnungen um ein solches Maß gekürzt, das erforderlich ist, um einen ausreichenden Dehnweg während der Montage zur Erzeugung der geplanten Vorspannung zur Verfügung zu stellen. Die bei der Montage und über die Bauwerkslebensdauer unter äußeren Lastereignissen entstehenden irreversiblen Dehnungen werden also im Vorfeld kompensiert, weshalb diese Planung der Verkürzung „Kompensationsplanung" oder einfach „Kompensation" genannt wird. Je nach Komplexität, Größe und Bedeutung des Bauwerks wird hier ein unterschiedlicher Aufwand betrieben. Bei großen Bauwerken aus technischen Textilien, die aus unterschiedlichen Materialchargen gefertigt werden, sind gegebenenfalls biaxiale Kompensationsversuche an allen Materialchargen erforderlich, um daraus die jeweiligen Werte der Verkürzung, die „Kompensationswerte", zu bestimmen. Bei Zelten und Zelthallen dagegen wird oftmals nicht oder nur in einfacher und unkontrollierter Weise durch simple Mechanismen an den Rändern der Felder vorgespannt, z. B. durch angehängte Gewichte, Spanngurte oder über einfache, schraubbare Spannmechanismen etc. Eine gewisse Faltenbildung wird bisweilen in Kauf genommen.

Eine weitere Möglichkeit, eine geometrische Steifigkeit in einem auf Zug abtragenden Tragwerk zu erzeugen, ist die Krümmung der Tragelemente in Richtung der angreifenden äußeren Last. Dadurch stehen Lastrichtung und Richtung der inneren Kräfte in weiten Bereichen über die Elementlänge günstiger zueinander. Bild 12 verdeutlicht diesen Zusammenhang anhand von zwei Grenzbetrachtungen für die Zugkraft N für zwei verschiedene Grenzwerte für den Einlaufwinkel am Auflager α. Der Einlaufwinkel hängt von der Krümmung k des Tragelements ab, die als Reziprokwert des Krümmungsradius $k = 1/R$ des Tragelements oder eines Abschnitts des Tragelements definiert ist. Eine größere Krümmung führt zu einem größeren Einlaufwinkel. Dies reduziert die Zugkräfte im Tragelement und die Verformung unter Last ist geringer. Je stärker die Krümmung, desto ausgeprägter ist dieser Zusammenhang. Aus diesem Grund ist die Planung einer ausreichenden Krümmung ein Konstruktionsprinzip im Membranbau.

Um Lasten aus verschiedenen Richtungen adäquat abtragen zu können, sind in mechanisch vorgespannten Membrantragwerken zwei entgegengesetzte Krümmungen erforderlich. Man spricht von antiklastischer Krümmung (s. Bild 13). Krümmungen von Flächen können über die Gauß'sche Krümmung mathematisch beschrieben werden. Die Gauß'sche Krümmung ist das Produkt von zwei Krümmungen in den Hauptkrümmungsrichtungen an einer Stelle. Die Gauß'sche Krümmung ist positiv, wenn beide Krümmungsradien ihren Ursprung auf einer Seite der Fläche haben, sie ist negativ, wenn eine Krümmung ihren Ursprung auf der anderen Seite der Fläche hat. Antiklastische Krümmungen können durch verschiedene Konstruktionsmaßnahmen vorgesehen werden, z. B. durch die Planung von Hoch- und Tiefpunkten im Tragwerk, von Kehlen und Graten oder den Einbau von Druckbögen. Das Tragprinzip wird einfach nachvollziehbar am Beispiel eines Vierpunktsegels, vgl. Bild 2c unten: Bei vertikal nach unten gerichteten Lasten bildet sich die erste Hauptspannungsrichtung zwischen den Hochpunkten aus (Prinzip „Wäscheleine"), bei vertikal nach oben gerichteten Lasten wie Windsog bildet sich die erste Hauptspannungsrichtung zwischen den Tiefpunkten aus. Die Richtung der ersten Hauptspannung wird als Tragrichtung bezeichnet, die orthogonale Richtung als Spannrichtung. In pneumatisch vorgespannten Kissenkonstruktionen, die in beiden Hauptkrümmungsrichtungen eine gleichsinnige, sogenannte synklastische Krümmung aufweisen, ist die Abtragung von äußeren Lasten durch Vorspannungsreduzierungen in der der Last zugewandten Membranlage und gleichzeitiger Zunahme von Spannungen in der der Last abgewandten Membranlage und gegebenenfalls dem Zusammenspiel mit der Reaktionsfähigkeit des Drucklufsystems charakterisiert. Details hierzu werden im Abschnitt 6 erläutert.

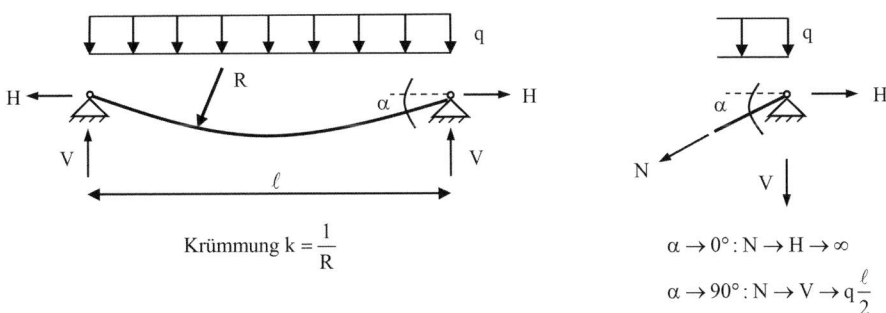

**Bild 12.** Grenzbetrachtungen für die Zugkraft N in biegeschlaffem Tragelement im Gleichgewicht mit äußerer Last

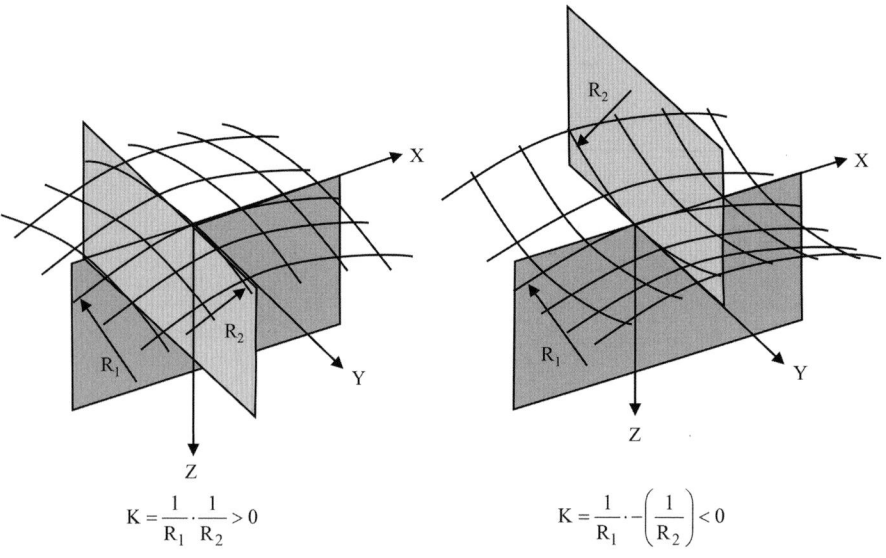

**Bild 13.** Synklastische und antiklastische Krümmungen

Auf eine Krümmung wird nur in Ausnahmefällen verzichtet, z. B. in vertikalen Fassaden- oder Werbemembranen oder im Falle von einfacheren Zeltkonstruktionen. Die resultierenden größeren Verformungen unter Last können im ersten Fall häufig in Kauf genommen werden – zur Bildung von zu vermeidenden dauerhaften Schnee- oder (Tau-)Wassersäcken (s. Bild 14) können sie jedenfalls anders als in horizontalen Membranen nicht führen. Müssen die Verformungen begrenzt werden, z. B. um Kontakt der verformten Membrane mit anderen Bauteilen zu vermeiden, muss die mangelnde „Krümmungs-Steifigkeit" durch eine entsprechend hohe Vorspannung ausgeglichen werden – eine Maßnahme, die nur in begrenztem Umfang ausgereizt werden kann. Im Zeltbau wird der Gefahr von Schnee- und (Tau-)Wassersäcken durch eine ausreichende Dachneigung entgegengewirkt. Im Übrigen kommen auch im Zelthallenbau zunehmend pneumatisch gespannte Dach- und Wandsysteme aus beschichteten Textilien zum Einsatz, auch wegen ihrer bauphysikalischen Vorteile, ein Aspekt, der im konstruktiv aufwendiger werdenden Zeltbau zunehmend gefordert wird [40].

Zur Berechnung der Membranschnittgrößen können händische Methoden und Finite-Elemente-Berechnungen eingesetzt werden. Aufgrund der Komplexität, die sich aus der Tragwerksgeometrie, dem Zusammenspiel von Primär- und Sekundärstruktur, dem Erfordernis einer geometrisch nichtlinearen Berechnung, der Berücksichtigung der Vorspannung, dem schwierig zu modellierenden Materialverhalten der technischen Textilien etc. ergibt, sind die Möglichkeiten der händischen Berechnung sehr begrenzt. Bei einfachen, eben gespannten Membranen, wie sie für Fassaden, Werbeflächen oder im Zeltbau eingesetzt werden, kann die Membranfläche vereinfacht getrennt von der Primärkonstruktion berechnet und dabei als Seilnetz approximiert werden. Bei sehr unterschiedlichen Spannweiten in den beiden Haupttragrichtungen kann es ökonomisch gerechtfertigt sein, eine einachsige Lastabtragung zu unterstellen. Bei Annahme einer zweiachsigen Lastabtragung können die beiden Haupttragrichtungen der Membranfläche vereinfacht getrennt voneinander berechnet werden, gegebenenfalls unter Berücksichtigung der unterschiedlichen Materialsteifigkeiten in den beiden Richtungen. Die Rahmenbedingung ist, dass in Feldmitte die Verformung der gedachten Seile bzw. Seil-

**Bild 14.** Tauwassersack in einem sehr flach gekrümmten, horizontalen Vierpunktsegel (© Institut für Metall- und Leichtbau, Universität Duisburg-Essen)

scharen beider Richtungen gleich groß sein muss. Dieser Zustand kann iterativ unter Veränderung der Aufteilung der äußeren Flächenlast auf beide Tragrichtungen angenähert werden. Für den Anfang der Iteration kann man von einer Aufteilung der Flächenlast im Verhältnis der Materialsteifigkeiten beider Richtungen ausgehen. Eine gute Annäherung an die tatsächlichen Schnittgrößen kann mit dieser Vereinfachung bei Systemen mit geringer Vorspannung und geringer Anisotropie des Membranmaterials erreicht werden. Hinsichtlich der Auflagerkräfte und der Auslegung der Primärkonstruktion ist bei ebenen Systemen und vereinfachter, getrennter Berechnung besonders im Auge zu behalten, dass bei Lasten orthogonal zur Membranfläche der Membranzug zu deutlich größeren Auflagerkräften in Richtung orthogonal zur Last führt als in Lastrichtung selbst.

Die Vorspannung und auch der Lastabtrag sind in Membrantragwerken generell biaxial. Dieser Umstand und die oben genannten Gründe für die Komplexität der Schnittgrößenberechnung von Membrantragwerken legen eine elektronische Berechnung, z. B. mittels der Finite-Elemente-Methode, nahe. Grundlage ist eine Formfindungsberechnung. Mit dieser wird auf Basis der vom Tragwerksplaner in Absprache mit dem Architekten und Bauherrn festgelegten nominellen Vorspannungen in den orthogonalen Hauptrichtungen und der Geometrie des äußeren Rands der Membranfläche die sich daraus einstellende Form bestimmt. Dies kann beispielsweise mit der sogenannten Kraftdichte-Methode oder iterativ mit einem geeigneten Finite-Elemente-Programm selbst berechnet werden. Die formgefundene Struktur ist der Ausgangspunkt aller weiteren Strukturberechnungen.

Bei der Berechnung mittels der Finite-Elemente-Methode werden üblicherweise Membranelemente benutzt, d. h. biegeschlaffe Flächenelemente. Bei der Berechnung von technischen Textilien ist die Anisotropie hinsichtlich der Steifigkeiten zu berücksichtigen. Es ist darauf zu achten, dass das verwendete Materialmodell die Querkontraktion des Membranmaterials darstellen kann, da sich ansonsten unter biaxialen Zugspannungen keine Verkürzungen berechnen lassen, die sich bei bestimmten Spannungsverhältnissen tatsächlich ausbilden können. Die zum Teil deutliche Nichtlinearität der Spanungs-Dehnungs-Pfade der technischen Textilien wird vereinfacht mit einem linearen Materialgesetz modelliert. Um Abweichungen zwischen Modell und Realität dabei klein zu halten, sollten in einem Membranbauprojekt individuell ermittelte Sätze von „fiktiven" elastischen Konstanten verwendet werden, die eben die Spannungs-Dehnungs-Pfade in den antizipierten Spannungsniveaus und den antizipierten Spannungsverhältnissen gut widerspiegeln. Bei der Eingabe der Steifigkeitskennwerte, vor allem der Querkontraktionszahlen, ist besonderes Augenmerk auf die korrekte Übereinstimmung mit den Gewebehauptrichtungen zu legen. Da die Reihenfolge der Indizierung in der Literatur und bei den verschiedenen kommerziellen Softwareprodukten unterschiedlich ist, ist dies eine mögliche Fehlerquelle. Die Sätze von „fiktiven" elastischen Konstanten werden aus den in biaxialen Zugversuchen gemessenen Spannungs-Dehnungs-Pfaden ermittelt. Dies kann seit Kurzem nach DIN EN 17117-1 [16] erfolgen, wurde in der Vergangenheit und wird auch häufig immer noch nach der weit verbreiteten japanischen Biax-Richtlinie MSAJ/M-02-1995 [15] durchgeführt.

Um die Interaktivität zwischen Primär- und Sekundärstruktur berücksichtigen zu können, werden beide Strukturteile in einem einzigen FE-Modell berechnet. Dies ist besonders bei Strukturen empfehlenswert, bei denen die Primärstruktur vergleichsweise nachgiebig ist, sogenannte „bending-active structures".

Bei der Berechnung von Folientragwerken wird bisweilen bilineares Materialverhalten berücksichtigt, wenn über das rein elastische Materialverhalten hinaus belastet werden soll, was bei Kissenkonstruktionen durchaus möglich und erwünscht ist (s. Abschnitt 6).

Wie erwähnt, tragen Membrantragwerke die äußeren Lasten nur durch Zug und ggf. kleine Anteile von Schub ab. Wie bei allen Systemen, die Lasten nur auf Zug abtragen, entstehen große Systemverformungen quer zu den Tragelementen, selbst wenn die Längung der Tragelemente gering ist. Die Verformungen müssen bei der Berechnung berücksichtigt werden, was nichtlineare Berechnungen zwingend erforderlich macht. Bisweilen tritt in diesem Zusammenhang der Begriff „Theorie III. Ordnung" auf, der andeuten soll, dass im Gegensatz zur Theorie II. Ordnung, unter der zum Teil – gerade im Stahlbau – nur eine Berücksichtigung kleiner Verformungen verstanden wird, große Verformungen berücksichtigt werden. Bei Zugtragelementen ist dabei das Verhältnis von resultierender Schnittgröße zur äußeren Last im Normalfall unterlinear (s. Bild 15). Dies kann an einem einfachen horizontal gespannten Seil mit vertikaler Streckenlast verdeutlicht werden. Je weiter die äußere Last erhöht wird, desto mehr Durchhang erhält das Seil. Dabei verringert sich am Auflager

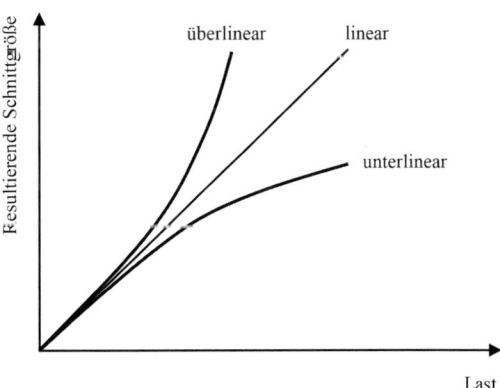

**Bild 15.** Verhältnis zwischen Lasterhöhung und Erhöhung der resultierenden Schnittgröße in einem Tragwerk

der Winkel zwischen Seil- und Lastrichtung zunehmend. Der für das Zugtragverhalten immer günstiger werdende Winkel führt zu einer unterproportional ansteigenden Kraft im Seil (vgl. Bild 12).
Ausnahmen sind möglich, vor allem im Zusammenspiel von Sekundär- und Primärstruktur, wenn also der Membranzug Druckkräfte in der Unterkonstruktion hervorruft, können sich lokal unter- und lokal überlineares Tragverhalten gegenüberstehen. Um sicherzugehen, wie sich die untersuchte Gesamtstruktur verhält, kann es sinnvoll sein, eine Sensitivitätsanalyse durchzuführen [41].
Das in aller Regel unterlineare Tragverhalten der Membranbauteile selbst führt während der Bemessung bei der Berücksichtigung von Teilsicherheitsbeiwerten nach DIN EN 1990 [42] zu Diskussionen. Diese werden derzeit auch in den Normungsgremien geführt.
Bei gewöhnlicher Anwendung des Teilsicherheitsbeiwerts $\gamma_F$ auf die Einwirkungen, wie es DIN EN 1990 grundsätzlich fordert, können unterschiedliche Teilsicherheitsbeiwerte auf unterschiedliche Einwirkungen wie ständige und veränderliche Einwirkungen angewendet werden. Das hat ökonomische Vorteile, da besser fassbare Einwirkungen wie ständige Lasten mit geringeren Sicherheitszuschlägen versehen werden können. Bei linearem und auch überlinearem Tragverhalten führt dies unstrittig zu einer sinnvollen und sicheren Anwendung des Sicherheitskonzepts. Bei unterlinearem Tragverhalten, wenn die Auswirkungen der Einwirkungen, d. h. die Schnittgrößen, also unterproportional zu den Einwirkungen, d. h. den Lasten, anwachsen, wächst auch die Sicherheitsmarge unterproportional durch die Vergrößerung der Einwirkungen. Bei Zugtragwerken hängt der Kraftzustand sehr eng mit dem Verformungszustand zusammen, vgl. auch [43]. Werden die Verformungen bereits unter faktorisierten Einwirkungen bestimmt, werden nicht die tatsächlichen Verformungen berechnet, sondern die Verformungen – vermeintlich auf der sicheren Seite – zu groß berechnet. Doch die mit großen Verformungen verknüpften großen Krümmungen sind mit kleinen Schnittgrößen verbunden (vgl. Bild 12). Das führt zur paradoxen Situation, dass in Zugtragwerken die Teilsicherheitsfaktoren auf die Einwirkungen ihrem Zweck partiell entgegenstehen. Bei der Bemessung für Zugglieder aus Stahl nach DIN EN 1993-1-11 [44] wurde dies durch Anwendung eines indirekten Tragfähigkeitsnachweises im Rahmen des Nachweises im Grenzzustand der Gebrauchstauglichkeit berücksichtigt [45]. Bei Membrantragwerken kommt erschwerend hinzu, dass die Veränderung der Einwirkungen durch Teilsicherheitsbeiwerte zu einer Veränderung der flächigen Aufteilung der Schnittgrößen in den Richtungen der Hauptkrümmungen führen kann. Damit ergibt sich eine Diskrepanz zwischen dem Modell des Tragverhaltens und dem tatsächlichen Tragverhalten der Struktur.
Aus den genannten Gründen wird im Membranbau häufig der Teilsicherheitsbeiwert $\gamma_F$ nicht auf die Einwirkungen, sondern auf die Auswirkungen der Einwirkungen angewendet. Dies steht durchaus in Einklang mit DIN EN 1990. Für nichtlineares Tragverhalten darf im Falle einer vorherrschenden Einwirkung folgende vereinfachende Regel angewendet werden:
a) Wenn die Auswirkung stärker als die Einwirkung ansteigt, wird der Teilsicherheitsbeiwert $\gamma_F$ auf den repräsentativen Wert der Einwirkung angewendet.
b) Wenn die Auswirkung geringer als die Einwirkung ansteigt, wird der Teilsicherheitsbeiwert $\gamma_F$ auf die Auswirkung infolge des repräsentativen Werts der Einwirkung angewendet.

Die Regel für die zweite Kategorie ermöglicht somit die Anwendung des Teilsicherheitsbeiwerts $\gamma_F$ im Anschluss an die Schnittgrößenberechnung, die Schnittgrößenberechnung selbst wird mit charakteristischen Werten für die Einwirkungen geführt. Das stellt sicher, dass der berechnete Kraftzustand auf einem reellen Verformungszustand basiert. Die Differenzierung zwischen unterschiedlichen Teilsicherheitsbeiwerten für ständige und veränderliche Einwirkungen allerdings ist nun selbstverständlich nicht mehr möglich. Dies erklärt auch die Anwendungseinschränkung der vereinfachenden Regel auf das Vorhandensein einer vorherrschenden Einwirkung. Ist diese vorhanden, dominiert ohnedies der Teilsicherheitsbeiwert für die vorherrschende Einwirkung das Sicherheitsniveau. Die Differenzierung hat dann nur noch eine untergeordnete Bedeutung. Bei Membrantragwerken kann von dem Vorhandensein einer vorherrschenden Einwirkung ausgegangen werden. Die Vorspannung ist in der Regel klein gegenüber der Gebrauchsspannung, die sich aus einer vollen Ausnutzung einer Membrane ergeben würde. Veränderliche Lasten können daher als vorherrschend angesehen werden. Bei nicht voller Ausnutzung der Membrane wäre der relative Anteil der Vorspannung geringer. In diesem Falle würde sich aber das – teils ins Feld geführte – aus der fehlenden Differenzierung ständiger und veränderlicher Einwirkungen ergebende ökonomische Problem erst gar nicht stellen. Für weitere Details zur Anwendung von Teilsicherheitsbeiwerten im Membranbau sei auf [41] und [43] verwiesen.
Der Nachweis im Grenzzustand der Tragfähigkeit wird sowohl bei den technischen Textilien als auch bei den technischen Folien spannungsbasiert geführt. Im Bereich des Zeltbaus sind die Nachweise in DIN 18204-1 genormt (s. Abschnitt 4). Details für den Nachweis bei Membrantragwerken aus technischen Textilien oder Folien sind in den Abschnitten 5 und 6 dargelegt.
Im Grenzzustand der Gebrauchstauglichkeit sind im Wesentlichen gegebenenfalls unter den Vertragspartnern vereinbarte Verformungsgrenzen nachzuweisen und Schwingungen unter Windlasten zu begrenzen. Um das Auftreten von Falten auf ein zu akzeptierendes Minimum zu begrenzen, ist nachzuweisen, dass keine oder nur kleine Membranflächen unter äußeren Lasten spannungslos werden. Außerdem ist darauf zu achten, dass die Vorspannung über die gesamte Bauwerkslebensdauer ausreichend hoch ist. Gegebenenfalls werden in Membranbauprojekten Regelungen zu Grenzgröße

**Unverformte Konfiguration**

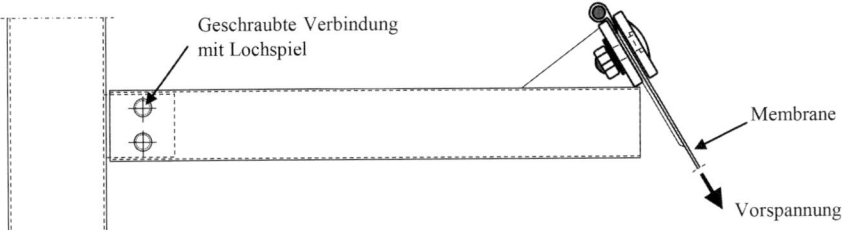

**Verformte Konfiguration**

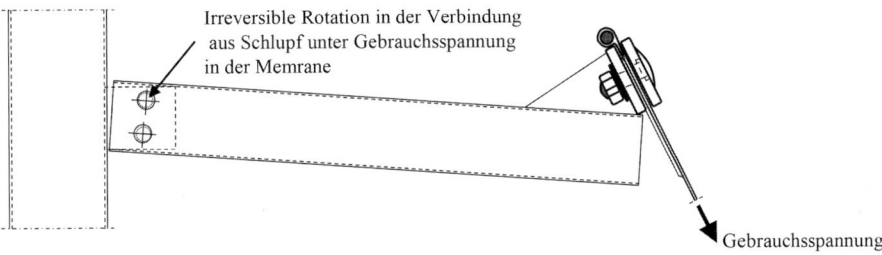

**Bild 16.** Große irreversible Verformung eines eine Membrane stützenden Kragarms ausgehend von einer kleinen Rotation in der Schraubverbindung am Kragarmlager

und Anzahl kleiner Risse festgelegt. Generell ist zu empfehlen, kleine Risse möglichst zügig durch das Aufbringen von „Patches" auszubessern.
Bei der Konstruktion und den entsprechenden Nachweisen für die Primärkonstruktion ist darauf achten, dass dauerhafte Verformungen, die die Vorspannung der Membrane reduzieren können, vermieden werden. Das bedeutet beispielsweise, dass eine stählerne Primärstruktur elastisch bemessen wird, um jegliche plastische Verformungen auszuschließen. Schlupf an Schraubverbindungen sollte ebenfalls vermieden werden, besonders wenn er durch eine „Zeigerwirkung" des dadurch in seiner Lage verschobenen Bauteils zu einer signifikanten Verformung des Membranrands führen kann (s. Bild 16).

## 4 Zelte nach DIN 18204-1 und -101

Das Besondere an der 2018 tiefgreifend überarbeiteten Normenreihe DIN 18204 „Bauteile aus textilen Flächengebilden und Folien" [4, 5] ist, dass sie gleichzeitig eine Produkt- und Bemessungsnorm darstellt. Der „Teil 1: Hallen und Zelte" ist dem Grunde nach auf viele textile Bauteile anwendbar, nicht nur auf eher „einfache" Hallen und Zelte, für die sie primär entwickelt wurde. Vereinzelt wurde sie in der Vergangenheit für die Bemessung von kleinen Membrandächern angewendet. Ihre wesentliche Anwendung findet sie aber nach wie vor für den Entwurf, die Berechnung und die Herstellung von Zelthallen mit Primärtragwerk, siehe ausgeführte Beispiele in Bild 17. Entsprechende „Zeltplanen"-Werkstoffe sind in drei unterschiedlichen Materialklassen detailliert spezifiziert. Obwohl eine kontrolliert eingebrachte Vorspannung im Bereich der Zelthallen in der Regel nicht zur Anwendung kommt – Ausnahme: pneumatisch vorgespannte Kissen zur thermischen Optimierung, die allerdings nicht über die DIN 18204-1 abgedeckt sind –, ist das in ihr verankerte Bemessungskonzept allgemein formuliert und berücksichtigt auch eine Vorspannung der textilen Bauteile. Mit nur geringfügigen Änderungen wäre das Bemessungskonzept auch für planmäßig vorgespannte Bauteile der textilen Architektur einsetzbar, was in manchen Fällen in der Praxis bereits auch so umgesetzt wird.
Im Vergleich zur Vorgängerversion [46] liegen nun zwei Teile der DIN 18204 vor: DIN 18204-1: „Bauteile aus textilen Flächengebilden und Folien – Teil 1: Hallen und Zelte" und DIN 18204-101: „Bauteile aus textilen Flächengebilden und Folien – Teil 101: Konformitätsnachweis für Hallen und Zelte nach DIN 18204-1". Die Überarbeitung war erforderlich, da die normativen Verweise nicht mehr aktuell waren. In diesem Zuge wurde DIN 18204-1 direkt so umstrukturiert, dass sie zukünftig durch weitere neu zu entwickelnde Teile ergänzt werden kann, z. B. für Produktspezifikationen für technische Membranen der textilen Architektur, Kissen-

Bild 17. Beispiele von Hallen und Zelten konform zu DIN 18204-1 (Quelle und ©: Röder Zelt- und Veranstaltungsservice GmbH)

konstruktionen aus PVC-beschichtetem Polyestergewebe und Konstruktionen aus Kunststofffolien. Des Weiteren wurde das Bemessungskonzept behutsam überarbeitet, die Materialspezifikationen entschlackt und auf neue Prüfnormen angepasst. Ein detaillierter Vergleich der neuen Regelungen mit denen der Vorgängerfassung kann [47] entnommen werden.

### 4.1 Struktur der Normenreihe DIN 18204

Im Rahmen der Überarbeitung der DIN 18204-1 wurde die Struktur im Wesentlichen nur hinsichtlich zwei Eigenschaften geändert, siehe auch den Überblick in Tabelle 1:
1. Umbenennung des Teils 1 von „Teil 1: PVC-beschichtetes Polyestergewebe" in „Teil 1: Hallen und Zelte",
2. Abspaltung des Übereinstimmungsnachweises bzw. des Konformitätsnachweises in einen separaten Normenteil 101.

Der Hintergrund zur Änderung des Titels von DIN 18204-1 besteht darin, dass nun – offenbar entgegen früheren, nicht umgesetzten Bestrebungen – weitere Teile der Normenreihe nicht im Wesentlichen andere Materialien für Hallen und Zelte regeln sollen. Aus heutiger Sicht und mit Blick auf die laufende Entwicklung eines Eurocodes für Membrantragwerke erscheint es sinnvoller, dass weitere Normenteile – zumindest übergangsweise bis zur Einführung des Eurocodes für Membrantragwerke – Materialien für weitere Strukturformen regeln. So kann die Normenreihe der DIN 18204 z. B. in einem Teil 2 pneumatisch vorgespannte Bauteile als Kissenkonstruktionen aus Z 1 bis Z 3 Materialien regeln und in einem weiteren Teil als Produktnorm für Membrantragwerke fungieren. Das Vorhandensein von Produktnormen für die verwendeten Materialien ist eine wichtige Voraussetzung für die Entwicklung des Eurocodes für Membrantragwerke – auch wenn sie damit natürlich nur national geregelt wären – aber immerhin normativ geregelt; auch auf europäischer Ebene existieren bisher keine Produktnormen für Membrangewebe oder Folien für die (textile) Architektur (s. Abschnitt 1). Hinsichtlich zu formulierender Bemessungsregeln für Tragwerke der textilen Architektur könnte weitgehend auf das Bemessungskonzept der DIN 18204-1 zurückgegriffen werden. Lediglich die Abstimmung der Festigkeitsabminderungsfaktoren auf die

Tabelle 1. Vergleich der DIN 18204-1:2007-05 mit DIN 18204-1:2018-11 und DIN 18204-101:2018-11 sowie möglichen zukünftigen Normenteilen

| DIN 18204-1:2007-05 „Raumabschließende Bauteile aus textilen Flächengebilden und Folien (Zeltplanen) für Hallen und Zelte" | DIN 18204-1:2018-11 und DIN 18204-101:2018-11 „Bauteile aus textilen Flächengebilden und Folien" |
|---|---|
| Teil 1: PVC-beschichtete Polyestergewebe | Teil 1: Hallen und Zelte |
| | Teil 101: Konformitätsnachweis für Hallen und Zelte nach DIN 18204-1 |
| | In Bearbeitung befindliche Normenteile (Arbeitstitel): |
| | Teil 2: Kissenkonstruktionen aus Z 1–Z 3 Materialien |
| | Teil 102: Konformitätsnachweis für Kissenkonstruktionen aus Z 1–Z 3 Materialien nach DIN 18204-2 |
| | Zukünftig geplante Normenteile (Arbeitstitel): |
| | Teil 3: Membrantragwerke |
| | Teil 4: Kissenkonstruktionen aus Folien |
| | Teil 103: Konformitätsnachweis für Membrantragwerke nach DIN 18204-3 |
| | Teil 104: Konformitätsnachweis für Kissenkonstruktionen nach DIN 18204-4 |

höherfesten Membranmaterialen wäre erforderlich. Darüber hinaus könnten in weiteren Normenteilen Produktspezifikationen sowie komplementierende Bemessungsregeln für pneumatisch vorgespannte Bauteile aus ETFE-Folien definiert werden. Die Erarbeitung einer nationalen Produkt- und Bemessungsnorm für ETFE-Folienkissen wäre ein wichtiger Schritt, der auch für die Erarbeitung der übergreifenden Norm auf europäischer Ebene von Bedeutung ist. Die neue, flexible Erweiterbarkeit der Norm spiegelt sich auch im geänderten Titel wider: Das Wort „raumabschließend" wurde aus dem neuen Titel entfernt, um die Norm nicht unnötig einzuschränken.

In den früheren Fassungen der DIN 18204-1 waren Regelungen für den Übereinstimmungsnachweis integriert. Nach neuen normungstechnischen Regeln muss dafür heute aber ein separater Normenteil geschaffen werden. Dies ist geschehen, indem der „Konformitätsnachweis" in einen „Teil 101: Konformitätsnachweis für Hallen und Zelte nach DIN 18204-1" ausgelagert wurde. Der neue Normenteil 101 legt Prüfungen für die werkseigene Produktionskontrolle und Fremdüberwachung fest. Eine detaillierte Beschreibung und die genauen Hintergründe werden in Abschnitt 4.4 gegeben.

### 4.2 Spezifikationen für Materialien und Verbindungen

DIN 18204-1 unterscheidet drei Zeltmaterialklassen: Z 1, Z 2 und Z 3. Für diese „Z-Klasse"-Materialien sind im Einzelnen mechanische Eigenschaften hinsichtlich der flächenbezogenen Gesamtmasse, Reißkräfte in den Gewebehauptrichtungen Kette und Schuss („K/S"), Reißdehnung K/S, maximalen Dehnung bei 10% der

**Tabelle 2.** Spezifikationen für Materialien und Verbindungen nach DIN 18204-1 [4]

| | Zeile | Parameter | | Bestimmt nach | Textile Flächengebilde | | |
|---|---|---|---|---|---|---|---|
| | | | | | Klasse Z 1 | Klasse Z 2 | Klasse Z 3 |
| Beschichtetes Gewebe | 1 | Trägergewebe | | DIN EN ISO 2076 [48] | Polyester (PES) | | |
| | 2 | Beschichtung | | – | Weich-Polyvinylchlorid (Weich-PVC) | | |
| | 3 | Flächenbezogene Gesamtmasse; g/m² | | DIN EN ISO 2286-2 [13] | ≥ 450 | ≥ 580 | ≥ 650 |
| | 4 | Reißkraft [a] $f_u$; kN/5 cm; Kette/Schuss | | DIN EN ISO 1421 Verfahren 1 [9] | 2,0 / 1,6 | 2,5 / 2,5 | 3,0 / 3,0 |
| | 5a | Reißdehnung in % | | bei 23 °C | ≥ 15 / ≥ 15 | | |
| | 5b | Maximale Dehnung bei 10% der Reißkraft nach Zeile 4; Kette/Schuss | | | ≤ 2 / ≤ 6 | | |
| | 6 | Weiterreißfestigkeit [a]; kN; Kette/Schuss | | DIN EN 1875-3 [10] | 0,1 / 0,1 | 0,13 / 0,13 | 0,2 / 0,2 |
| | 7 | Haftfestigkeit [a]; N/5 cm | | Nach DIN EN 15619, Anhang B [6] | 100 | 100 | 100 |
| Textiles Flächengebilde (Plane) | 8a | Schweißnahtfestigkeit [a]; 15 mm ≤ b [b] < 40 mm; kN/5 cm; Kette/Schuss | | In Anlehnung an DIN EN ISO 1421 Verfahren 1 [9] | bei 23 °C: min. 70% der Reißkraft nach Zeile 4 bei 70 °C: min. 40% der Reißkraft nach Zeile 4 | | |
| | 8b | Schweißnahtfestigkeit [a]; b [b] ≥ 40 mm; kN/5 cm; Kette/Schuss | | | bei 23 °C: min. 80% der Reißkraft nach Zeile 4 bei 70 °C: min. 60% der Reißkraft nach Zeile 4 | | |
| | 9a | Festigkeit [a] $f_{K,u}$ der Kederanschlüsse; kN/5 cm | ⌀ 8 mm | In Anlehnung an DIN EN ISO 1421 Verfahren 1 [9] | bei 23 °C: 0,8 bei 70 °C: 0,30 | | |
| | 9b | | ⌀ 10 mm | | bei 23 °C: 1,0 bei 70 °C: 0,60 | | |
| | 9c | | ⌀ 12 mm | | bei 23 °C: 1,2 bei 70 °C: 0,80 | | |

[a] jeder Einzelwert, mindestens
[b] Schweißnahtbreite b

Reißkraft K/S, Weiterreißfestigkeit K/S und Haftfestigkeit spezifiziert. Die Festlegungen sind in Tabelle 2 zusammengestellt.

Die Festigkeitsanforderungen für Schweißnähte und Kederanschlüsse wurden im Rahmen der Überarbeitung nicht geändert. Hinsichtlich der Kederanschlüsse stellte sich allerdings in der Endphase der Überarbeitung heraus, dass die bisherigen Festlegungen, die in die neue Fassung der DIN 18204-1 übernommen wurden, unzulänglich sind. Die Festigkeiten der Kederanschlüsse sind lediglich in Abhängigkeit des Kederdurchmessers und der Prüftemperatur angegeben und damit vollkommen unabhängig von der Z-Klasse des Materials. Dadurch können die höheren Festigkeiten der oberen Z-Klassen nicht ausgenutzt werden. Da der Kedernachweis bei Vorhandensein von nennenswerten Dauerlasten (Vorspannung) allerdings durchaus maßgebend für den Nachweis der Standsicherheit sein kann, wird offensichtlich, dass dies ein schwerwiegendes Manko ist, was zu einer konservativen Bemessung führen kann. Es wird dringend empfohlen, diese – auf der sicheren Seite liegende – Unzulänglichkeit bei einer zukünftigen Überarbeitung der Norm zu beseitigen. Im Rahmen der vorliegenden Überarbeitung war dies aus Zeitgründen nicht mehr möglich. Hierfür wird eine umfangreiche Versuchsreihe erforderlich werden, die alle Versagensmodi von Kederanschlüssen hinreichend abdeckt. Aus diesem Grund wurde eine Interimslösung entwickelt, die den Nachweis des Kederanschlusses unter engen Voraussetzungen als Nachweis der Schweißnaht erlaubt, siehe detaillierte Ausführungen im folgenden Abschnitt.

## 4.3 Bemessungskonzept

### 4.3.1 Allgemeines

DIN 18204-1 nimmt Bezug auf die Eurocodes, sodass die Einwirkungen nach der Normenreihe DIN EN 1991-1 [49] unter Berücksichtigung der zugehörigen nationalen Anhänge anzusetzen sind. Die Lastfallkombinationen und die Teilsicherheits- und Kombinationsbeiwerte sind nach DIN EN 1990 [42] zu bilden bzw. anzusetzen. Der Teilsicherheitsbeiwert für Vorspannung wurde vom deutschen Normenausschuss zu $\gamma_F = 1{,}35$ festgelegt.

Grundsätzlich hatte sich das Sicherheitsniveau der Vorgängerversion der DIN 18204-1 [46] bewährt. Daher wurden im Zuge der Überarbeitung auf der Widerstandsseite die angewendeten Festigkeitsabminderungsfaktoren zur Berücksichtigung von Langzeitlasten, Umwelteinflüssen und erhöhter Temperatur entsprechend so angepasst, dass die neuen Nachweise im Wesentlichen zu identischen Ausnutzungen der Bauteile führen. Die Überarbeitung des Bemessungskonzepts wurde wesentlich vom Deutschen Institut für Bautechnik (DIBt) in enger Abstimmung mit den beiden erstgenannten Autoren des vorliegenden Beitrags vorgenommen.

### 4.3.2 Bemessungssituationen

Auf Membrantragelemente im Zelt- und Membranbau wirken im Wesentlichen die ständigen Einwirkungen Eigengewicht G und Vorspannung P sowie die veränderlichen Einwirkungen Wind W und Schnee S. Die Festigkeit von Tragelementen aus Kunststoff hängen unter anderem von der Lasteinwirkungsdauer und der Umgebungstemperatur ab. DIN 18204-1 [4] unterscheidet vier Bemessungssituationen, die diese Einflüsse auf der Einwirkungs- und Widerstandsseite berücksichtigen:

- Bemessungssituation 1 (Wintersturm)
  G ⊕ P ⊕ W ⊕ S ohne Einfluss erhöhter Temperatur;
- Bemessungssituation 2 (Sommergewitter)
  G ⊕ P ⊕ W unter Einfluss erhöhter Temperatur;
- Bemessungssituation 3 (Dauerbeanspruchung)
  G ⊕ P unter Einfluss erhöhter Temperatur;
- Außergewöhnliche Bemessungssituation
  (außergewöhnliche Schneebelastung)
  G ⊕ P ⊕ W ⊕ S ohne Einfluss erhöhter Temperatur.

Die außergewöhnliche Bemessungssituation gilt nur für erhöhte Schneelasten in Norddeutschland, wo Schneeverwehungen zu lokalen Schneeanhäufungen führen können. Diese zusätzliche Berücksichtigung einer regionalen Besonderheit entspricht den aktuellen Regeln des DIBt.

In den verschiedenen Bemessungssituationen kommen zur Berechnung der Bauteilwiderstände für das Grundmaterial, die Schweißnähte und Kederanschlüsse verschiedene Festigkeitsabminderungsfaktoren auf der Widerstandsseite zur Anwendung. Der für die Tragfähigkeit zu berücksichtigende Einfluss aus erhöhter Temperatur erfolgt ebenfalls auf der Widerstandsseite durch die von der Bemessungssituation abhängig definierten Festigkeitsabminderungsfaktoren $A_{mod}$, auf die im nachfolgenden Abschnitt näher eingegangen wird.

### 4.3.3 Bauteilwiderstand für das Grundmaterial

Auf der Widerstandsseite wird die Reißkraft nach Tabelle 2 zugrunde gelegt, dividiert durch das Produkt aus dem Festigkeitsabminderungsfaktor $A_{mod}$ und dem Teilsicherheitsbeiwert für den Bauteilwiderstand $\gamma_M$. Leider waren in der vorigen Normenfassung DIN 18204-1:2007-05 nur Werte für das Produkt $A_{mod} \cdot \gamma_M$ angegeben und nicht die einzelnen, individuellen Werte für den Festigkeitsabminderungsfaktor $A_{mod}$ (bzw. die Teilfaktoren für die einzelnen schädigenden Einflüsse) und für den Teilsicherheitsbeiwert $\gamma_M$. Obwohl die Festigkeitsabminderungsfaktoren $A_{mod}$ für die einzelnen schädigenden Einflüsse nicht bekannt waren, sollten bzw. mussten für zwei Bemessungssituationen Werte für $A_{mod}$ neu gebildet werden: erstens für die Bemessungssituation „Wintersturm" und zweitens für die neu geschaffene außergewöhnliche Bemessungssituation.

Den Festigkeitsabminderungsfaktoren $A_{mod} \geq 1$ liegt das in Deutschland viel genutzte A-Faktoren-Konzept zugrunde. Hierbei werden verschiedene, die Festigkeit reduzierende Einflüsse als A-Faktoren definiert. Häufig werden A-Faktoren für den festigkeitsmindernden Einfluss von „Langzeitlasten" ($A_1$), Umwelteinflüssen ($A_2$) und erhöhter Temperatur ($A_3$) in Ansatz gebracht. Während Letzterer sehr einfach experimentell zu bestimmen ist, werden Zahlenwerte für die beiden ersten A-Faktoren bis heute nicht selten der Dissertation von *Minte* [50] entnommen. Dazu kommt eine Unsicherheit bei der Beurteilung des festigkeitsmindernden Einflusses von langzeitig, aber nicht permanent wirkender Last wie Schnee. Der Faktor $A_1$ wird materialspezifisch über Zeitstandbruchversuche ermittelt, d. h., er reflektiert die Standzeit eines Materials, das bis zum Bruch ununterbrochen einer permanenten Last ausgesetzt wird. In der Bemessungspraxis besteht dabei die Unsicherheit, ob eine nur über wenige Wochen oder Monate wirkende Schneelast zu einer entsprechenden Schädigung führt. Häufig wird daher auf der sicheren Seite liegend Schnee als „langzeitige" (präzise: permanente) Belastung angenommen und in der entsprechenden Lastfallkombination der Faktor $A_1$ auf der Widerstandsseite zum Ansatz gebracht. Dies war in der alten Fassung der DIN 18204-1 [46] nicht der Fall. Hier wurde Schnee in der Lastfallkombination für „kurzzeitige" Einwirkungen berücksichtigt. Es liegt aber nach derzeitiger Sicht des nationalen Normenausschusses bis heute noch kein in der Fachwelt weithin anerkannter Beleg vor, dass eine „mittellange" Last wie Schnee zu keiner gravierenden Schädigung führt. Um einer möglichen schädigenden Wirkung von längerfristig wirkenden Beanspruchungen Rechnung zu tragen, wurde nun ein Faktor $A_1$ in der Bemessungskombination „Wintersturm" berücksichtigt. Allerdings wurde er nicht in der für permanente Lasten erforderlichen Höhe angesetzt. Schnee wurde nun in der Bemessungskombination „Wintersturm" als „mittellange" Einwirkung von bis zu drei Monaten Dauer angenommen. Der Faktor $A_1$ wurde in Absprache mit dem DIBt und in Einklang mit entsprechenden allgemeinen bauaufsichtlichen Zulassungen aus dem Bereich der Kunststoffe, siehe z. B. [51], ausgehend von einem doppeltlogarithmischen Zusammenhang zwischen Spannungshöhe und -dauer festgelegt. Aus diesem Grund ist der Faktor $A_{mod} \cdot \gamma_M$ in der überarbeiteten Fassung der DIN 18204-1 [4] für die Bemessungssituation „Wintersturm" etwas höher als früher: 2,5 statt früher 2,0. Sollte in Zukunft der Nachweis der „Nichtschädigung" für eine breite Palette von PVC-beschichteten Polyestergeweben erbracht und weithin anerkannt werden, wäre zu empfehlen, dieses Vorgehen wieder zu revidieren. Erste neue Untersuchungen dazu wurden vorgelegt [52, 53]. Diese bestätigen ältere Untersuchungen, z. B. [54–57], die zeigen, dass selbst für jahrelang wirkende Gebrauchslasten keine schädigende Wirkung auf die Kurzzeitzugfestigkeit zu verzeichnen ist.

Für die neue außergewöhnliche Bemessungssituation wurde analog verfahren, wobei die Dauer der Schneelast mit bis zu einer Woche angenommen wurde.

Allgemein ist es empfehlenswert, die Werte für die A-Faktoren auf den Prüfstand zu stellen. Sie werden seit den 1980er-Jahren weitgehend unverändert genutzt, obwohl sich hinsichtlich Materialrezepturen und Verarbeitungstechniken viele neue Entwicklungen ergeben haben, sodass davon auszugehen ist, dass die Festigkeitsabminderungsfaktoren nicht mehr den heutigen auf dem Markt befindlichen Materialien gerecht werden und angepasst werden müssen.

### 4.3.4 Bauteilwiderstand für die Schweißnähte

Grundlage für die Bestimmung des Bauteilwiderstands für die Schweißnähte sind die in Tabelle 2 festgelegten Festigkeiten für das Grundmaterial, reduziert auf die Schweißnahtfestigkeit durch Multiplikation mit einem von der Bemessungssituation und der Schweißnahtbreite abhängigen Abminderungsfaktor $\alpha_w \leq 1$ und – identisch zum Grundmaterial – dividiert durch das von der Bemessungssituation abhängige Produkt $A_{mod} \cdot \gamma_M$.

Neben flachen Flächennähten, die bei Stößen im Feld zum Einsatz kommen, wurde in der überarbeiteten Normenfassung ein Nachweis für Hohlsaumtaschen eingefügt. Diese werden im Zelthallenbau vielfach ausgeführt, Bauteilwiderstände waren aber bisher der Vorgängerversion [46] nicht zu entnehmen. Aus diesem Grund wurde in der aktuellen Fassung der DIN 18204-1 für den Fall, dass der Spreizwinkel φ (s. Bild 18) 24° nicht überschreitet, ein Nachweis wie für eine Schweißnaht ohne Spreizwinkel ermöglicht. Dies beruht auf der Tatsache, dass bei einer gespreizten Naht mit einem großen Spreizwinkel der Querzug auf die Nahtfläche groß und damit der dominierende Versagensmodus entweder vorzeitiges Aufschälen der Schweißnaht oder – bei guter Nahtqualität – vorzeitiges Abschälen der Beschichtung vom Trägergewebe wird. Unterhalb eines bestimmten Grenzwinkels kann dagegen erwartet werden, dass sich bei der gespreizten Naht die bei flachen Flächennähten dominierenden Bruchmechanismen einstellen, also im Wesentlichen Bruch an der Nahtkante (s. Bild 19) und damit also auch vergleichbare Festigkeiten erreicht werden.

Zur Bestimmung des Grenzspreizwinkels φ = 24° wurden im Essener Labor für Leichte Flächentragwerke (ELLF) des Instituts für Metall- und Leichtbau der Universität Duisburg-Essen in den letzten Jahren durchgeführte Zugversuche an Schweißnähten und Hohlsaumtaschen neu ausgewertet und weitere Versuche an Hohlsaumtaschen mit einem Spreizwinkel von etwa φ = 24° zusätzlich durchgeführt, siehe auch [47] und exemplarisch Bild 20. Auf Basis der vorhandenen Ergebnisse konnte zunächst bereits gezeigt werden, dass bis zu einem Winkel von 14,8° das Auf- bzw. Abschälen bei Hohlsaumtaschen nicht häufiger vorkommt als bei Flächennähten selbst und beide Varianten bis zu diesem Grenzspreizwinkel sinnvoll über eine einzige Regelung abgedeckt werden können. Dies deckt sich auch sehr gut mit der von *Seidel* [58] getätigten Aussage, dass

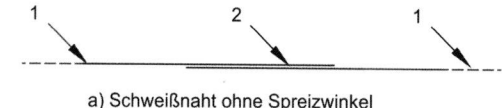

a) Schweißnaht ohne Spreizwinkel

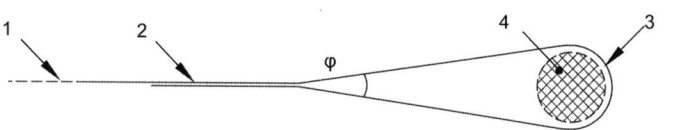

b) Schweißnaht mit Spreizwinkel φ

**Bild 18.** Schweißnaht ohne und mit Spreizwinkel nach DIN 18204-1 [4]

Legende
1   Plane
2   Schweißnaht, Breite ≥ 15 mm
3   Planentasche/Gewebestreifen
4   Randseil/Randprofil

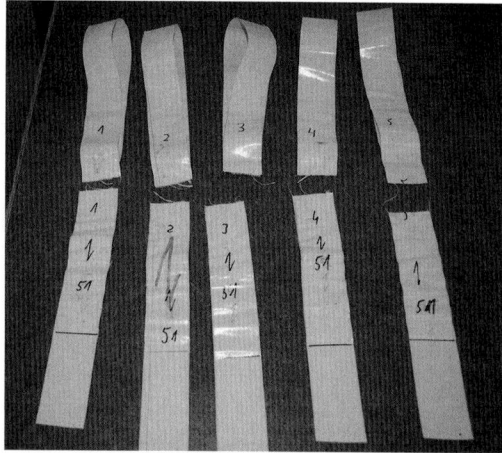

**Bild 19.** Exemplarische Hohlsaumtaschen nach der Zugprüfung: Brüche an der Nahtkante (© ELLF, Institut für Metall- und Leichtbau, Universität Duisburg-Essen)

**Bild 20.** Exemplarische Hohlsaumtasche während der Zugprüfung (©ELLF, Institut für Metall- und Leichtbau, Universität Duisburg-Essen)

sich in der Praxis gezeigt hat, dass ein Aufschälen der Schweißnaht mit der Begrenzung des Spreizwinkels auf maximal 15° vermieden wird. Selbst die zusätzlich durchgeführten Untersuchungen an Hohlsaumtaschen mit einem Winkel von φ = 24° zeigten noch ein gutmütiges Verhalten: Die Festigkeiten waren durchweg höher als die der parallel durchgeführten Versuche an Kontroll-Flächennähten [47]. Auf der Grundlage der positiven Untersuchungen konnte der Grenzspreizwinkel in DIN 18204-1 zu φ = 24° festgelegt werden. Hiermit kann ökonomisch bemessen werden, ohne niedrigere Festigkeitswerte als bei den Flächennähten in Kauf zu nehmen.

### 4.3.5  Bauteilwiderstand für die Kederanschlüsse

Grundlage für die Bestimmung des Bauteilwiderstands für die Kederanschlüsse sind die in Tabelle 2 festgelegten Festigkeiten für Kederanschlüsse, dividiert durch das von der Bemessungssituation abhängige, spezifisch für Kederanschlüsse festgelegte Produkt $A_{mod} \cdot \gamma_M$. Eine genauere Betrachtung der Kederfestigkeiten in Tabelle 2 zeigt allerdings, dass die Festigkeiten nicht in Abhängigkeit des verwendeten Grundmaterials angegeben sind. Das führt dazu, dass höherfeste Materialien nicht ausgenutzt werden können und daher ihr Gebrauch bei Verwendung von Kederanschlüssen ökonomisch sinnlos erscheint. Wie zuvor bereits beschrieben, sollte diese Regelung alsbald überarbeitet werden. Aus Zeitgründen war dies für die Revision der DIN 18204-1 nicht mehr möglich.

Für die Zwischenzeit wurde eine Lösung entwickelt, die den Nachweis des Kederanschlusses unter engen Vor-

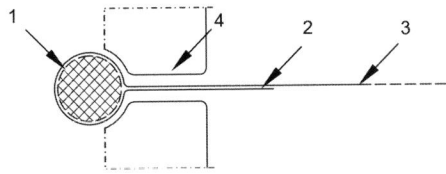

Legende
1   Keder
2   Schweißnaht, Breite ≥ 15 mm
3   Plane
4   Kederprofil

**Bild 21.** Umgeschlagener Kederrand [4]

aussetzungen als Nachweis für die Schweißnaht erlaubt, wenn
1. ein umgeschlagener Kederrand zur Anwendung kommt, siehe Bild 21 (also nicht die im Zeltbau übliche Kederfahne aus einseitig beschichtetem Material),
2. der Keder in Größe und Härte so gewählt wird, dass kein Herausrutschen aus der Kedernut möglich ist.

Das schließt natürlich auch ein, dass ein vorzeitiges Aufbiegen der Kederschiene vermieden wird.

### 4.4 Konformitätsnachweis

DIN 18204-1:2007-05 [46] beinhaltete Regelungen für den „Übereinstimmungsnachweis". Nach aktueller Auffassung des Deutschen Instituts für Normung (DIN) obliegt es allerdings nicht einer Norm, sondern gesetzlichen Regelungen oder vertraglichen Vereinbarungen, wie und von wem die Übereinstimmung bewertet und nachgewiesen wird. Eine Norm legt dagegen grundsätzlich nur die Anforderungen an den Normungsgegenstand fest und wie dessen Eigenschaften geprüft werden sollen. Für Bauprodukte, für die es technische Regeln gibt (geregelte Bauprodukte), werden die erforderlichen Übereinstimmungsnachweise in der Muster-Verwaltungsvorschrift Technische Baubestimmungen (MVV TB), Teil C2 [59] (ehemals Bauregelliste A, Teil 1) festgelegt. Diese öffentlich-rechtlich geforderte Art des Übereinstimmungsnachweises ist maßgebend, auch wenn unter Umständen in der technischen Regel (Norm) etwas anderes vorgesehen sein kann. Die MVV TB legt für „PVC-beschichtete Polyestergewebe" nach DIN 18204-1:2007-05 ein Übereinstimmungszertifikat (ÜZ) durch eine anerkannte Zertifizierungsstelle fest. Dies beinhaltet neben der werkseigenen Produktionskontrolle eine regelmäßige Fremdüberwachung der Beschichter. Für das Bauprodukt „Textile Flächengebilde (Planen) für Hallen und Zelte" ist dagegen nur eine Übereinstimmungserklärung des Herstellers (Konfektionärs) nach vorheriger Prüfung des Bauprodukts durch eine anerkannte Prüfstelle gefordert (Übereinstimmungsbestätigung (ÜHP)).

In Übereinkunft mit dem DIBt hat das DIN festgelegt, dass zukünftig auf Anforderungen an die Konformität in nationalen, nicht harmonisierten Produktnormen des NABau verzichtet wird. Dies betrifft den Teil 1 der DIN 18204, da dieser eben auch Produktnorm ist. Insofern wurde der nun „Konformitätsnachweis" genannte Abschnitt aus dem Teil 1 herausgelöst. Um dennoch eine Leitlinie zu geben, z. B. für die von den Experten im Arbeitsausschuss als erforderlich erachtete Häufigkeit von Prüfungen, wurde ein neuer Normteil 101 geschaffen, um diese Regelungen unabhängig vom Normteil 1 aufzunehmen.

Daraus folgt: DIN 18204-101 [5] legt Prüfungen für die werkseigene Produktionskontrolle und Fremdüberwachung von Bauteilen nach DIN 18204-1 [4] fest. Diese wurden im Vergleich zur Vorgängerversion [46] redaktionell und technisch überarbeitet.

Gegenüber den früheren Regelungen ist ein Abschnitt für Zubehörteile hinzugekommen. Dieser besagt explizit, dass ein Verwendbarkeitsnachweis für Zubehörteile wie Schnüre, Ösen, Kederschnüre, Kederschienen etc. nicht erforderlich ist, soweit dies in DIN 18204-1 nicht anders gefordert ist. Da DIN 18204-1 hierzu allerdings keine Anforderungen festlegt, ist auch nichts weiter zu beachten.

In der werkseigenen Produktionskontrolle der Hersteller der beschichteten Gewebe, die Beschichter, sind die Eigenschaften Gesamtmasse, Reißkraft, Reißdehnung, Weiterreißfestigkeit und Haftfestigkeit alle 5.000 Laufmeter bzw. mindestens einmal je Beschichtungscharge zu prüfen. Die Lichtechtheit ist alle 24 Monate zu prüfen oder nach einer Rezepturänderung, die Einfluss auf die Lichtechtheit hat. Das Brandverhalten ist für normalentflammbare Materialien alle 100.000 Laufmeter bzw. nach Rezepturänderung zu prüfen, für schwer entflammbare Materialien einmal pro Jahr oder ebenfalls bei Rezepturänderung.

Die Beschichter werden zusätzlich fremdüberwacht. Die Häufigkeit der Regelüberwachung für die meisten Produkteigenschaften ist mit einmal in fünf Jahren festgelegt. Nur hinsichtlich des Brandverhaltens der schwer entflammbaren Materialien ist eine jährliche Überwachungsfrequenz definiert.

Die Hersteller des textilen Flächengebildes, die Konfektionäre, haben eine werkseigene Produktionskontrolle durchzuführen. Diese besteht in der Wareneingangskontrolle des Gewebes über die Kennzeichnung und weiterhin in der regelmäßigen Überprüfung der Schweißnaht- und Kederanschlussfestigkeiten. Die in Tabelle 2 geforderten Festigkeitswerte müssen durch eine Erstprüfung für jede zur Ausführung kommende Schweißnaht und jeden Kedertyp nachgewiesen werden. Während der Konfektionierung ist „*von jeder Schweißmaschine je 1000 Betriebsstunden, mindestens jedoch einmal pro Halbjahr, für jede zur Anwendung kommende Nahtart eine Prüfung nach bzw. in Anlehnung an DIN EN ISO 1421 durchzuführen. ( ) Darüber hinaus ist je Maschine, je Arbeitstag und bei jedem Materialwechsel eine Sichtprüfung an Schweißproben durchzufüh-*

*ren. Diese erfolgt von Hand durch Aufschälen einer Nahtprobe. Die Prüfung ist erbracht, wenn an einer Seite der aufgeschälten Probe das Trägergewebe offen liegt."* [5]

## 5 Membrantragwerke aus Geweben

### 5.1 Allgemeines

Membrantragwerke aus Geweben, siehe auch [60] und [61], werden aus technischen Membranen hergestellt, die als beschichtete und unbeschichtete Gewebe, siehe auch Abschnitt 2.2, zum Einsatz kommen. Membranen tragen die angreifenden Lasten über Zugkräfte ab. Die äußeren Lasten werden als Normalspannungen in der Membranfläche abgeleitet. Hierfür muss sich die Form der Membrane ändern, sodass sich jeweils ein zur Last passender Gleichgewichtszustand einstellt. Je stärker die Krümmung der Membranfläche, desto geringer sind die Membrankräfte und dementsprechend günstiger ist das Tragverhalten und die daraus resultierenden Rand- oder Auflagerlasten. Um einen zweiachsigen Lastabtrag zu gewährleisten und um schlaffe Bereiche sowie große Verformungen zu vermeiden, wird die Membrane allseitig gezielt vorgespannt. Es wird hierbei unterschieden in mechanisch vorgespannte Konstruktionen aus gegensinnig gekrümmten Flächen und in pneumatisch gespannte Konstruktionen mit gleichsinniger Krümmung.

### 5.1.1 Mechanische Vorspannung

Durch entgegengesetzte Krümmungen wird bei Membranen die Kettrichtung gegen die Schussrichtung vorgespannt. Um unter Last keine oder wenige schlaffe Bereiche aufzuweisen, wird die Membrane gezielt vorgespannt, siehe exemplarisch Bild 22. Beim Vorspannen der Membrane muss die Relaxation und das Langzeitverhalten des Materials berücksichtigt werden. Deshalb sollten bei mechanisch gespannten Membranen Nachspannmöglichkeiten vorgesehen werden, um bei späteren Spannungskontrollen das ursprüngliche Vorspannniveau wieder einstellen zu können.

### 5.1.2 Pneumatische Vorspannung

Pneumatisch gespannte Konstruktionen, siehe exemplarisch Bild 23 und auch [62], werden durch Innendruck in einem geschlossenen Volumen erzeugt. Beim geschlossenen Volumen bildet die Membrane entweder die einseitige Begrenzung, wie im Fall der Traglufthalle, oder die Membrane hüllt das gesamte Volumen ein, wie im Fall von Kissen.

Über die pneumatische Stützung ergibt sich eine mindestens einachsige Krümmung in der Membranoberfläche, die die Lasten aus Innendruck über Zugkräfte in der Membrane abträgt. Die beiden Hauptkrümmungen der Membranoberfläche verlaufen meist in dieselbe Richtung, mit einem Zentrum entgegen der Belastung aus Innendruck. Die Membrane trägt zusätzliche äußere Lasten über Spannungszunahme oder Spannungsabbau ab. Entgegen dem Innendruck wirkende äußere Lasten stützen sich auf dem Luftpolster ab, und werden auf die rückseitige Begrenzung übertragen. Im Fall von Kissen ist dies die rückseitige Membranlage, bei der sich hierdurch die Membranspannung erhöht. In Richtung des Innendrucks wirkende Soglasten reduzieren den Innendruck und erhöhen die Membranspannung in der Membranlage, an der die Soglast angreift.

### 5.2 Detailierung

Wesentlich für die Herstellung und die Tragfähigkeit von Membrantragwerken ist die Fügetechnik und die damit zu erzielenden Kurz- und Langzeitfestigkeiten.

**Bild 22.** Textilakademie Mönchengladbach, mechanisch gespannte Vorhangfassade aus PTFE beschichtetem Gittergewebe
(© thomasmayerarchive.de)

# formTL
ingenieure für tragwerk und leichtbau GmbH

kesselhaus | güttingerstr. 37    +49 7732 9464 0
78315 radolfzell | germany    info@form-TL.de

### Wir planen

Atriendächer und -fassaden
Gebäudefassaden
Stadiondächer, Tribünen
Schwimmbad- und Eislaufhallen
Messehallen und -stände
Pflanzenhäuser, Bauten für Zoos
Brücken und Stege
wandelbare Dächer
Skulpturen

### Tragwerke aus

Stahl, Aluminium und Holz
Stahlseilen
Membranen

### Gebäudehüllen aus

Membrane
ETFE-Folie
Blech
Glas und Kunststoff
Edelstahlgewebe

**formTL** ist ein partnerschaftlich geführtes Planungsbüro mit derzeit 24 Mitarbeitenden.

Wir sind spezialisiert auf die Planung besonderer Tragwerke und Gebäudehüllen aus formweichen Werkstoffen wie Membranen und Folien.

Unser Ziel ist es, unsere Kunden optimal zu beraten, die nötigen Fachleute an einen Tisch zu bringen und gemeinsam den Lösungsweg zu finden. Wir haben den Blick auf das Ganze, sind kreativ, schnell und bieten kompetente Leistung für ein moderates Honorar.

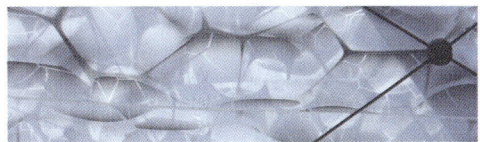

**www.form-TL.de**

Bundesingenieurkammer (Hrsg.)

# Ingenieurbaukunst 2020

## Made in Germany

- präsentiert die herausragendsten Projekte deutscher Bauingenieure weltweit
- breites Themenspektrum von Hochbau über Brückenbau bis hin zu Tunnelbau
- Inhalt von renommiertem Fachbeirat zusammengestellt
- einziges „Architekturbuch" für Ingenieure

Das Buch präsentiert die spektakulärsten aktuellen Ingenieurbauprojekte weltweit, an denen deutsche Ingenieure wesentlichen Anteil haben. Herausgegeben von der Bundesingenieurkammer, ist das Werk die zentrale Leistungsschau des deutschen Bauingenieurwesens.

2019 · 190 Seiten · 260 Abbildungen

Softcover
ISBN 978-3-433-03288-6    € 39,90*

**BESTELLEN**
+49 (0)30 470 31-236
marketing@ernst-und-sohn.de
www.ernst-und-sohn.de/3288

* Der €-Preis gilt ausschließlich für Deutschland. Inkl. MwSt.

**Bild 23.** Raumwelten Pavillon, pneumatischer Veranstaltungsraum aus hochtransluzenter Membrane (© Reiner Pfisterer / Film und Medienfestival gGmbH)

Das so entstehende Nahtbild entscheidet über die architektonische Wirkung. Diese Aussagen gelten natürlich unabhängig davon, ob es sich bei dem verwendeten Material um Gewebe oder Folien handelt. Im Nachfolgenden wird in diesem Abschnitt 5 allerdings nur auf die Membranen in Form von technischem Gewebe eingegangen. Folien werden in Abschnitt 6 behandelt.

### 5.2.1 Flächennähte

Membranmaterialien werden als Rollenware mit Breiten zwischen 1,8 m und knapp 5 m geliefert. Nach dem Formzuschnitt werden die einzelnen Bahnen mit Flächennähten verbunden. Im Fall von PES/PVC-Membranen sind dies üblicherweise Hochfrequenzschweißnähte; nur bei kleineren und mobilen Strukturen kommen Nähnähte zum Einsatz. Glas/PTFE-Membranen werden mit Heizbalken geschweißt, mit FEP-Folie als Schweißhilfe (FEP: Fluorethylenpropylen).

### 5.2.2 Klemmränder

An festen Rändern kann die Membrane mit Klemmleisten entlang der Randlinie angeklemmt werden. Die Membrane erhält hierzu einen Kederrand. Der Anschluss erfolgt mit gelochten Rändern, vergleiche auch Bild 24, oder ohne Lochung mit passenden Kedernutprofilen.

### 5.2.3 Randseiltaschen

Zur Aufnahme von Randseilen wird die Membrane großzügig umgeschlagen und verschweißt. So entsteht eine Randseil- oder Hohlsaumtasche mit gespreizter Naht, vergleiche auch Bild 18. Um ein Aufschälen der Schweißnaht zu vermeiden, muss der Spreizwinkel möglichst klein gehalten werden. Bei Glas/PTFE-Membranen erfolgt meist ein Klemmrand und ein Anschluss an das Randseil mit Bügeln.

### 5.2.4 Stoßdetails

Große Membrankonstruktionen werden für Fertigung, Transport und Montage mit Klemmplattenstößen geteilt, siehe exemplarisch Bild 25. Die Membrane erhält hierzu einen Kederrand. Je zwei so vorbereitete Membranränder werden mit abgerundeten Klemmleisten verbunden, siehe bespielhaft Bild 26. Die Lastübergabe erfolgt über den Formschluss zwischen Keder und Kederleiste. Ein Anliegen des Gewebes am Schraubenschaft muss insbesondere bei Glasgewebe vermieden werden.

## 5.3 Berechnung

### 5.3.1 Berechnungsmethoden

Bei Membran- und Seiltragwerken spielt die Form eine wesentliche Rolle für den Lastabtrag. Sie wird nach Festlegen der Randbedingungen in einem Formfindungsprozess bestimmt. Kriterien wie das Lichtraumprofil unter Last, Entwässerung, Einlaufwinkel an den Randdetails sowie das Vermeiden von Spannungskonzentrationen und schlaffen Bereichen bestimmen die

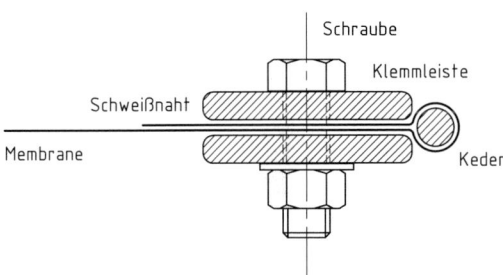

**Bild 24.** Gelochter Kederrand (© formTL ingenieure für tragwerk und leichtbau gmbh)

**Bild 25.** Mnajdra Tempelüberdachung auf Malta (© Marco Ansolani)

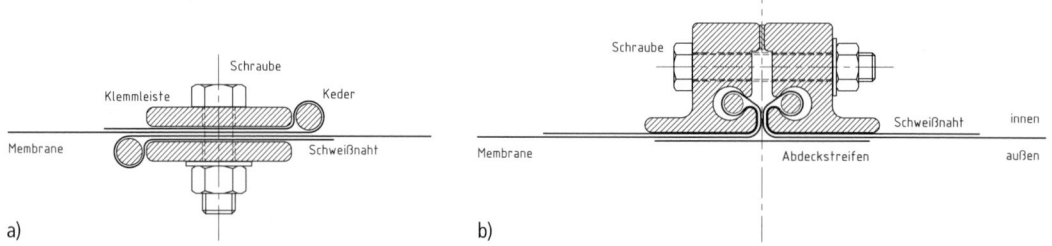

**Bild 26.** Typische Klemmstöße (© formTL ingenieure für tragwerk und leichtbau gmbh); a) Klemmstoß herkömmlicher Bauart, b) versteckter Klemmstoß

Formfindung. Einige wesentliche Kriterien sind das Spannungsverhältnis Kette:Schuss, bei pneumatisch vorgespannten Konstruktionen der Innendruck, die Randlinien und weichen Zwischenauflager sowie die Geometrie einer steifen Tragkonstruktion.

### 5.3.2 Formfindung

Nachdem die Randbedingungen im räumlichen Modell festgelegt sind, beginnt die Formfindung. Dies ist ein iterativer Prozess, der oft eine Anpassung der Randgeometrie erfordert. Üblich sind heute numerische Formfindungsmethoden, bei denen die Gleichgewichtsform mit vorgegebenem Spannungsverhältnis ermittelt wird.

### 5.3.3 Schnittgrößenermittlung

Ausgehend von der formgefundenen Geometrie werden die Schnittgrößen in den einzelnen Lastfällen ermittelt. Da die Membrane sich geometrisch nichtlinear verhält, muss für jede Lastfallkombination das zugehörige Gleichgewicht ermittelt werden. Die Software muss hierzu das Gleichgewicht am verformten System ermitteln, den Richtungswechsel der Belastung berücksichtigen, ebenso das Verschieben von Kett- und Schussfäden zueinander und auch den Druckausfall von schlaffen Membranbereichen und Seilen.

### 5.3.4 Materialsteifigkeit

Membranen sind orthotrop, d. h. anisotrop in Richtung der beiden orthogonalen Hauptachsen. Man unterscheidet in Kettrichtung, der Längsrichtung der Bahnen, und in Schussrichtung, der Querrichtung der Bahnen. Die Schubsteifigkeit ist sehr gering. Aufgrund der Nichtlinearität des Materials lassen sich innerhalb des in der heutigen Berechnungspraxis vereinfachend verwendeten orthotropen linear-elastischen Materialgesetzes keine eindeutigen Steifigkeitswerte angeben. Man muss die Steifigkeit anhand von Biaxial-Versuchen ermitteln, mit Spannungsverhältnissen und Belastungen, die zum Projekt passen. Die Methodik ist in DIN EN 17117-1 definiert. Da diese Norm ebenfalls von einer linear-elastischen Modellierung ausgeht, lässt sie ganz bewusst projektspezifisch angepasste Lastprotokolle zu, um projektspezifisch passende Rechenwerte der Materialsteifigkeiten zu gewährleisten.

Für die Schnittgrößenermittlung empfiehlt es sich, mit tendenziell hoch angesetzten Werten zu rechnen, da das steifere Material höhere Zugspannungen erzeugt. Zur Beurteilung der Verformung empfiehlt es sich, tendenziell niedrige Werte anzusetzen.

## 5.4 Bemessung

### 5.4.1 Allgemeines

Bei den Membranbauten und -werkstoffen handelt es sich um nicht geregelte Bauweisen und Bauprodukte. In Deutschland ist deshalb eine Zustimmung im Einzelfall durch die oberste Bauaufsicht erforderlich. Auch außerhalb Deutschlands gibt es nur bedingt verbindliche Regelwerke, sodass man grundsätzlich bei allen Projekten Versuche am Gewebe und an den verschiedenen Details durchführt, um eine zuverlässige Bemessungsgrundlage zu erhalten. In Deutschland verwendet man meist DIN 4134 [3] für Tragluftbauten in Verbindung mit der Dissertation von *Minte* [50]. Die Umsetzung bei den verschiedenen Planern variiert hier allerdings etwas. Des Weiteren ist in diesem Zusammenhang noch einmal auf den Tensinet Design Guide [31] hinzuweisen, in dem erstmalig 2004 die Grundlagen des Membranbaus zusammengefasst und einige Bemessungshinweise gegeben wurden. Im 2016 veröffentlichten SaP-Report [1] sind weitere Bemessungsansätze zu finden, die aber genauso wie die im Tensinet Design Guide angegebenen Ansätze keinen normativen Charakter haben.

### 5.4.2 Aktueller Entwurf zur Bemessung

Wie bereits in Abschnitt 1.1 ausgeführt, wird aktuell auf Grundlage des SaP-Reports eine CEN Technical Specification (kurz: TS) erarbeitet, die in einem weiteren Schritt zu einem Eurocode für Membrantragwerke weiterentwickelt werden soll. Ein wesentliches Kapitel ist hierbei die Bemessung von Membranen. Der aktuelle Entwurf orientiert sich am bisherigen „deutschen" Weg, allerdings angepasst auf die Philosophie der Eurocodes mit Teilsicherheitsbeiwerten und mit einer an den Eurocode angepassten Nomenklatur.
Der Nachweis für das Material und die Details erfolgt auf Grundlage von DIN EN 1990 mit den Bemessungsschnittgrößen und den Grenzschnittgrößen: $f_{Ed} \leq f_{t,Rd}$. Dabei ist $f_{Ed}$ der Bemessungswert der Auswirkung der Einwirkungen in der betrachteten Richtung und $f_{t,Rd}$ der Bemessungswert der Festigkeit der Membrane oder der Verbindung in der entsprechenden Bemessungssituation.
Die Teilsicherheitsbeiwerte auf der Lastseite werden gemäß DIN EN 1990 angesetzt. Auf der Materialseite wird für den Nachweis des Materials $\gamma_{M0} = 1,4$ angesetzt und für den Nachweis der Details $\gamma_{M1} = 1,5$.
Die Grenzschnittgrößen werden mit folgender Gleichung ermittelt:

$$f_d = \frac{f_{k,23}}{\gamma_{Mi} \cdot K}$$
$$= \frac{f_{k,23}}{\gamma_{Mi}} \frac{1}{\{k_{biax}; k_{perm}; k_{long}; k_{age}; k_{temp}; k_{size}; k_x\}} \quad (2)$$

mit

$f_{k,23}$    charakteristischer Wer der Kurzzeitfestigkeit bei 23 °C
$k_{biax}$    Modifikationsfaktor für Effekte aus biaxialen Spannungszuständen
$k_{perm}$    Modifikationsfaktor für Effekte aus permanenten Lasten
$k_{long}$    Modifikationsfaktor für Effekte aus langzeitigen, aber nicht permanenten Lasten
$k_{age}$    Modifikationsfaktor für Umwelteinflüsse
$k_{temp}$    Modifikationsfaktor für Temperatureinflüsse
$k_{size}$    Modifikationsfaktor für Größeneffekte
$k_x$    Platzhalter für Modifikationsfaktoren für weitere Einflüsse

Folgende Bemessungssituationen werden unterschieden:

Nachweis gegen Versagen unter permanenten Lasten

$$f_{t,Rd(PL)} = \frac{f_{k,23}}{\gamma_{Mi}} \frac{1}{(k_{biax} \cdot k_{perm} \cdot k_{age} \cdot k_{temp} \cdot k_{size})} \quad (3)$$

Nachweis gegen Versagen unter Langzeitlasten

$$f_{t,Rd(LT)} = \frac{f_{k,23}}{\gamma_{Mi}} \frac{1}{(k_{biax} \cdot k_{long} \cdot k_{age} \cdot k_{temp} \cdot k_{size})} \quad (4)$$

Nachweis gegen Versagen unter Kurzzeitlasten in kaltem Klima

$$f_{t,Rd(STC)} = \frac{f_{k,23}}{\gamma_{Mi}} \frac{1}{(k_{biax} \cdot k_{age} \cdot k_{size})} \quad (5)$$

Nachweis gegen Versagen unter Kurzzeitlasten in warmem Klima:

$$f_{t,Rd(STW)} = \frac{f_{k,23}}{\gamma_{Mi}} \frac{1}{(k_{biax} \cdot k_{age} \cdot k_{temp} \cdot k_{size})} \quad (6)$$

Die charakteristischen Festigkeitswerte und die Modifikationsfaktoren werden im Versuch ermittelt, mit projektspezifischen Materialproben und Detailausbildungen. Eine Materialklassifizierung kann für große und komplexe Membranbauten an Grenzen stoßen. Die Materialwahl orientiert sich generell nicht nur an der Zugfestigkeit, sondern ganz wesentlich auch an zahlreichen weiteren Eigenschaften wie z. B. Oberflächenoptik, Transluzenz, Brandschutzeigenschaften, Handhabbarkeit, Witterungsbeständigkeit, Schweißbarkeit und Weiterreißfestigkeit. Häufig werden Membranmaterialien individuell nur für ein Membranprojekt konzipiert oder Serienprodukte werden modifiziert. Der Versuch der Einordnung der auf dem Markt befindlichen Materialien in starre, nach Zugfestigkeit geordnete Materialklassen und die Verwendung von mit einer solchen Materialklasse verbundenen Festigkeitswerten kann unter Umständen dazu führen, dass die tatsächliche Materialfestigkeit im Nachweis des Grenzzustands der

Tragfähigkeit nicht voll angesetzt werden kann. Daher sieht das Konzept für die CEN Technical Specification vor, dass Materialfestigkeiten projektweise nachzuweisen sind und die experimentell nachgewiesenen charakteristischen Werte im Nachweis angesetzt werden dürfen. Dabei sind aber zur sicheren Auslegung von Membrantragwerken zusätzlich mechanische Eigenschaften zu berücksichtigen, die nicht explizit im Grenzzustand der Tragfähigkeit nachgewiesen werden. Dazu zählt die Weiterreißfestigkeit. Sie muss ausreichend hoch sein, um ein Totalversagen eines Gewebes infolge kleiner Beschädigungen zu verhindern, bis eine fachgerechte Ausbesserung stattgefunden hat. Die Festlegung der Mindestanforderung an die Weiterreißfestigkeit erfordert ausreichende Kenntnisse und Erfahrungen der planungsbeteiligten Parteien.

Nach aktuellen Bestrebungen sollen auch Anhaltswerte für Materialfestigkeiten in die Norm aufgenommen werden, mit denen eine erste Bemessung möglich ist, die auf der sicheren Seite liegt. Dafür können verschiedene Materialklassen definiert werden. Diese bieten eine Orientierung und vereinfachen die Materialwahl. Die Nutzung von nach den Materialklassen zertifizierten Materialien sichert eine ausreichend hohe Qualität hinsichtlich aller für ein sicheres Membrantragwerk relevanten mechanischen Eigenschaften wie beispielsweise auch einer geeignet hohen Weiterreißfestigkeit.

Derzeit wird allerdings noch diskutiert, ob es überhaupt Materialnormen geben kann/soll, die die Festigkeitskenngrößen regeln, oder ob diese nur das Prozedere zur Ermittlung dieser Festigkeitskenngrößen regeln können/sollen.

## 6 Membrantragwerke aus ETFE-Folien

### 6.1 Allgemeines

Vor mehr als 35 Jahren wurde das erste größere Gebäude mit einer transparenten Folienkonstruktion aus dem Fluorpolymerwerkstoff ETFE (Ethylen-Tetra-Fluor-Ethylen) ausgestattet: die Mangrovenhalle des Burger's Zoo in Arnheim, Niederlande. Der Kunde, ein Familienbetrieb, hatte sich von der Vision leiten lassen, mithilfe der durch den Einsatz von ETFE-Folien möglichen großen freitragenden und zudem transparenten Flächen ein neues Zoo-Konzept zu verwirklichen, ein selbsterhaltendes Ökosystem, welches keine Pestizide mehr benötigt. Die Innovationskraft und Risikobereitschaft wurden mehr als belohnt: die speziellen Eigenschaften dieses neuen Fluorpolymerwerkstoffs ermöglichten die Freisetzung der Tiere in großzügigen Biosphären ihrer jeweiligen Herkunft und begründeten dann auch den finanziellen Erfolg für den Zoo.

Voraussetzung für die langfristige Etablierung dieser neuen Technologie, insbesondere in einem so konservativen Marktsegment wie der Baubranche, war allerdings nicht nur der neue Werkstoff, sondern insbesondere das Wissen und die Erfahrung um die Besonderheiten, spezifischen Anforderungen und insbesondere auch Potenziale im Einsatz von ETFE-Folien in der Architektur. So wurde in Abschnitt 3 bereits darauf hingewiesen, dass sich Zelte und Membrantragwerke aus technischen Textilien hinsichtlich der Bemessung sehr ähnlich sind, für Folienstrukturen aufgrund des deutlich unterschiedlichen Materialverhaltens der eingesetzten ETFE-Folien gegenüber den Textilien die Bemessung allerdings unterschiedlich ist. In der Tat ist es für die Arbeit mit ETFE erforderlich, dass die Planer alle Annahmen, die sie aus ihrer Erfahrung mit anderen Materialien ableiten, beiseiteschieben. Dies gilt nicht nur für die Bemessung von ETFE Konstruktionen, sondern auch für Bereiche wie Akustik und Feuersicherheit oder die Steuerung der optischen und thermischen Eigenschaften der Gebäudehülle.

Einer der wichtigsten Schritte war der Einbezug der hohen Elastizität des Materials in das Bemessungskonzept. Die plastische Verformung wurde innerhalb definierter Grenzen für die Berechnung zulässiger Lasten herangezogen. Durch die Vergrößerung der Seilkurve bei Kissenkonstruktionen können bei gleichbleibender Spannung deutliche höhere Lasten abgetragen werden. ETFE-Kissenkonstruktionen passen sich dadurch automatisch an die lokalen Windlasten an. Es handelt sich um ein durch den Werkstoff bedingtes automatisch selbstadaptives System.

Heute ist ETFE in der Architektur auf allen Kontinenten und in allen Klimazonen der Welt vertreten. Obwohl diese Folien immer noch zu den innovativsten Werkstoffen im Baubereich zählen, ist das Bauen mit ETFE aufgrund des geringen Gewichts der Konstruktionen und der unerwarteten Festigkeit und Langlebigkeit als extrem sicher anerkannt.

### 6.1.1 Pneumatisch gespannt – Kissenkonstruktionen

Anders als bei textilen Membranen wurde ETFE in architektonischen Anwendungen der Gebäudehülle zunächst als pneumatisch gespannte Kissenkonstruktion eingesetzt. Diese Form der Konstruktion entspricht dem typischen Werkstoffverhalten von ETFE und dem Reaktionsverhalten von ETFE-Kissenkonstruktionen gegenüber insbesondere äußeren Windlasten, siehe auch Abschnitt 6.4.3.

Die Kissenkonstruktion als klimatische Hülle ermöglicht neben der Steuerung des Wärmedurchgangs über die Anzahl der Folienlagen, maximal sechs, über eine reflektierende Beschichtung oder aber eine geeignete Pigmentierung der Folien auch die Steuerung des Strahlungsdurchgangs und damit des g-Wertes in das Gebäude, siehe Abschnitt 7.1.6.

Bild 27a zeigt exemplarisch die Ausbildung eines Randanschlussbereichs mit Primärstruktur (hier: Stahl), die Aufständerung für die Befestigung eines Aluminium-Basisprofils mit Abdichtungen aus EPDM oder Silicon auf dem Basisprofil und unter dem Aluminium-Deckel, ein Abdeckblech für den Dachanschluss

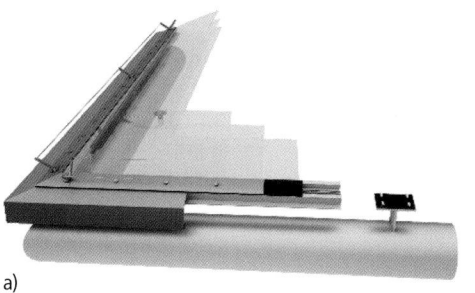

**Bild 27.** a) Schematische Darstellung eines mehrlagigen ETFE-Kissensystems im Randbereich mit Anschluss für die Luftversorgung sowie b) Darstellung einer Gebläsestation für die Versorgung mit dem gewünschten Kisseninnendruck (üblicherweise in der Hysterese zwischen 180 und 250 Pa) (© Vector Foiltec GmbH)

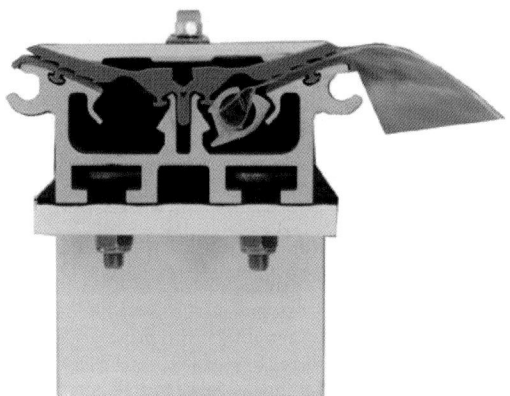

**Bild 28.** Aufständerung mit Basisprofil, Kederprofil, Keder und Foliensegment sowie Silicondichtungen auf dem Tablett des Basisprofils und als durchgehende Dichtung unterhalb des Deckelprofils mit Deckelschraube (© Vector Foiltec GmbH)

sowie den Anschluss für die Luftversorgung. In Bild 27b ist beispielhaft eine für die Luftversorgung übliche Gebläsestation dargestellt. Ergänzend ist in Bild 28 ein doppelseitiges Aluminiumprofil mit Folie und Kederschiene auf einer Aufstanderung im Schnitt abgebildet.

### 6.1.2 Mechanisch gespannt – einlagige Konstruktionen

In den vergangenen Jahren ist ein deutlicher Anstieg der Nachfrage nach einlagigen ETFE-Systemen zu verzeichnen. Diese Systeme erhalten ihre Stabilität über die mechanische Vorspannung. Da ETFE-Folien die Eigenschaft besitzen, Spannungen in der Folie zum Teil abzubauen, ist die Folie bei der Konfektionierung so zu dimensionieren, dass der Spannungsabbau kompensiert wird und die erforderliche Vorspannung, typischerweise 4 MPa, nach der Installation stabil bleibt. Optimal wäre eine Spannvorrichtung, die es erlaubt, bei schlaff werdender Folie entsprechend nachzuspannen.

In Bild 29 sind zwei Varianten eines einlagigen ETFE-Foliensystems dargestellt. Bild 29a zeigt die Prinzipskizze eines Systems mit Seilunterspannung, die in der Regel in Seiltaschen eingelegt ist. Dieses System bietet keine Nachspannmöglichkeit. Bild 29b hingegen zeigt das einlagige Texlon ETFE-System, wie es für die Zentrale von Unilever in Hamburg konstruiert wurde. Dieses System erlaubt das Nachspannen der Folie über eine in der Mitte der einzelnen Felder angeordnete einstellbare Stütze. Allerdings war es während der bisherigen Lebenszeit des Projekts von nunmehr 10 Jahren nicht nötig, die Spannung nachzuregulieren. Dies ist ein Beleg dafür, dass die Folie zwar in begrenztem Rahmen relaxiert, sich dann aber ein stabiler Molekularverband der Polymerstruktur einstellt.

### 6.2 Tragelement Kunststofffolie

Für Folientragwerke werden in der Regel extrudierte Folien aus ETFE eingesetzt. Die mechanischen Materialeigenschaften wurden in Abschnitt 2.3 beschrieben. Die physikalischen und chemischen Materialeigenschaften haben sich für die Anwendung in der Architektur, insbesondere für transparente Gebäudehüllen, als nahezu perfekt bewährt. Üblich ist die Verwendung von Folienstärken zwischen 80 μm (als Mittelfolien) und maximal 350 μm. Obwohl heute ETFE-Folien bis zu 500 μm Dicke extrudiert werden können, erfüllen nur Folien bis zu maximal 350 μm neben den hohen Qualitätsanforderungen alle Anforderungen, die sich aus dem Fertigungs-, Transport- und Installationsprozess ergeben.

Durch Beigabe von geeigneten Pigmenten, alternativ über ein sogenanntes Masterbatch- oder ein Compound-Verfahren, können die im Grundzustand transparenten Folien in nahezu allen Farben extrudiert werden. Zudem ermöglicht die Beimischung von geeigneten Pigmenten auch eine Modifikation der Transmissionseigenschaften bezogen auf die solare Strahlung. Abschnitt 7 bietet zu den bauphysikalischen Eigenschaften weiteren Aufschluss.

Anschlussdetail einer einlagigen ETFE-Folie an ein Randprofil ohne Nachspannmöglichkeit

Nachspannbare einlagige Fassadenkonstruktion

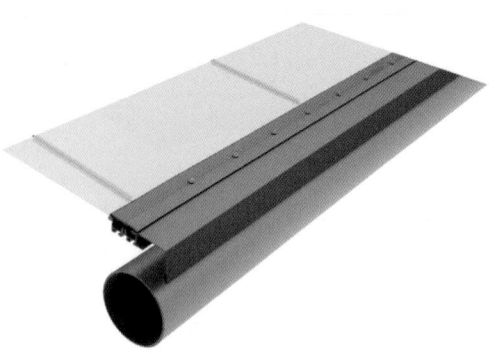

a)

b)

**Bild 29.** Varianten eines einlagigen ETFE-Systems; a) ohne Nachspannmöglichkeit mit Seilunterstützung (© Vector Foiltec GmbH), b) Zentrale Unilever, Hamburg, mit Nachspannmöglichkeit über eine zentrale Stütze in jedem Feld (© Andreas Braun)

Die hohe Transparenz der ETFE-Folien für das gesamte solare Spektrum erfordert eine gezielte Steuerungsmöglichkeit, um eine Überhitzung des Gebäudeinneren zu vermeiden. Die Bedruckung der Oberfläche des ETFE mit geeigneten hoch reflektiven Farben ermöglicht einen entsprechend gezielten Eingriff. Eine der besonderen Grundeigenschaften von Ethylen-Tetrafluorethylen ist die geringe Oberflächenspannung und damit die Selbstreinigungsfähigkeit. Für die Beschichtung bedeutet dies allerdings, dass die Oberfläche der zu beschichtenden Seite der Folie durch z. B. Plasmabestrahlung oder Coronisierung vorbehandelt werden muss. Auch an dieser Stelle sei auf den Abschnitt 7 verwiesen.

Aktuell befindet sich eine Folie aus einem weiteren Co-Polymer in der Entwicklungs- und Testphase: ECTFE, Ethylen Chlorotrifluoroethylen. Bild 30 zeigt die chemische Strukturformel.

Gegenüber ETFE ist eines der vier Fluor-Atome durch ein Chlor-Atom ersetzt. Diese Modifikation ermöglicht einen nahezu streuungsfreien Durchgang des visuellen Lichts. Die Folie ist extrem klar und damit praktisch unsichtbar. Allerdings geht diese Eigenschaft zulasten mechanischer Eigenschaften. Hier besteht noch weiterer Entwicklungsbedarf.

**Bild 30.** Chemische Strukturformel von ECTFE

### 6.3 Nachhaltigkeit

Erste Vorstellungen einer neuen Nachhaltigkeit als Ausdruck einer umfassenden ökologischen Philosophie wurden unter anderem wesentlich von *Buckminster Fuller* und unabhängig beinahe parallel von *Frei Otto* geprägt. Gemeinsam war beiden die von Fuller formulierte Gleichung

„Effizienz = mehr machen mit weniger" [63].

Das Konzept der Leichtigkeit, also mit weniger mehr zu erreichen, war sowohl für die Wirtschaftlichkeit als auch für die ökologische Verantwortung ein entscheidender Faktor. Insbesondere aber auch das Konzept der klimatischen Hülle wurde zum Ausdruck einer neuen Architektur der „Philosophie des Leichtbaus mit gesellschaftlichen Bezügen", welche das Gewicht der Bauwerke als Maß für den Entwicklungsstand nicht nur der Industrialisierung, sondern auch des Menschen definierte [39].

Eine der wohl eindrucksvollsten Umsetzungen dieses Prinzips bietet das von Nicholas Grimshaw entworfene und im Jahr 2001 von Vector Foiltec in ETFE gebaute „Eden Project" in St. Austell, Cornwall, Großbritannien, das noch heute größte Schaugewächshaus der Welt (s. Bild 31). Es war das erste einer neuen Generation von Gebäuden, die speziell für ETFE-Kissensysteme entworfen wurden und die ohne die spezifischen Eigenschaften von ETFE technisch nicht realisierbar wären. Das Projekt vereint in einzigartiger Weise die geodätischen Strukturen von *Buckminster Fuller* mit den *Frei Otto* geschuldeten acht ineinandergreifenden Kuppeln aus Seifenblasen, mit der Polymertechnologie und mit den Möglichkeiten des computergestützten Entwerfens. Das Ergebnis ist eine Hülle, deren gesamte

**Bild 31.** Eden Project, Cornwall, Großbritannien
(© Ben Foster)

Konstruktion mit Außenhaut weniger wiegt, als die von den Kuppeln umschlossene Luft.
ETFE-Folien sind vollkommen recyclingfähig. Hierzu werden die zu recycelnden Folien über einen Mahlprozess zu ETFE-Granulat verarbeitet, welches dann als Grundmaterial für z. B. Spritzgussteile und flexible Schläuche weiterverarbeitet wird. Diese Produkte werden dann wieder in ETFE-Kissen eingebaut. In Kombination mit dieser optimalen Recyclingfähigkeit von ETFE-Folien ist es offensichtlich, dass hier eine neue Bauweise entstanden ist, die die Umwelt in geringstmöglichem Maß belastet. Ziel einer nachhaltigen Entwicklung ist es, möglichst schonend mit den in diesem Fall für das Bauen benötigten Ressourcen umzugehen und den Einsatz von Primärrohstoffen und Primärenergie sowie die damit verbundenen Umweltwirkungen so gering wie möglich zu halten und eine möglichst abfallfreie Wirtschaft mit geschlossenen Stoffkreisläufen zu realisieren. Gemäß [64] bilden die Ökobilanzdaten der in einem Bauwerk enthaltenen Bauprodukte die Basis für die ökologische Analyse des jeweiligen Bauwerks. Hierzu kann auf die Umweltproduktdeklarationen (EPDs) der jeweils verwendeten Bauprodukte als *„etabliertes Kommunikationsinstrument"* zurückgegriffen werden, die die zur Analyse auf Gebäudeebene erforderlichen Daten komprimiert enthalten. Daher ist es naheliegend, die ökologischen Vorteile, die ein ETFE-System gegenüber anderen transparenten Baumaterialien wie z. B. Glas bietet, über eine Ökobilanzierung auszuweisen. So wurde 2011 die erste EPD für transparente Gebäudehüllen, die EPD „TEXLON®-System",

unter Einbezug des Herstellers des Rohmaterials, des Herstellers der Folien sowie des Konfektionärs und Bauunternehmens veröffentlicht [65].
Zur Harmonisierung und Stärkung des europäischen Binnenmarktes wurde 2013 die ECO-Plattform gegründet. Als Dachorganisation der nationalen EPD-Programmhalter in Europa setzt sie sich für die Schaffung eines europäischen Kern-EPD-Systems auf Basis der DIN EN 15804 [66] ein. Die ECO-Plattform ist Liaison-Partner bei CEN/TC 350 in der Working Group III (WG III), die sich mit der Datengrundlage der Umweltqualität von Bauprodukten befasst. Auch hier ist ETFE über das TEXLON®-System als eines der ersten Bauprodukte mit einer Ökobilanzierung unter konsequenter Anwendung der DIN EN 15804 vertreten.
Die enorme Bedeutung von EPDs zeigt sich in deren Verankerung als Datengrundlage für die ökologische Gebäudebewertung in verschiedenen Gebäudezertifizierungssystemen, wie dem BNB und der DGNB in Deutschland, dem französischen HQE-System, dem Britischen BREEAM-System und dem US-amerikanischen LEED. Um für die verschiedenen Gebäudebewertungssysteme spezifische Ökobilanzdaten bereitzustellen, wurde das Format der „Fact Sheets" entwickelt, über welches für das jeweilige System passgenaue Datensätze und Informationen bereitgestellt werden können. Aktuell stehen ETFE-bezogene Fact Sheets für DGNB, BREEAM und LEED zum Herunterladen über die Internetseite der Vector Foiltec GmbH für das Gesamtsystem als Bauteil [67] sowie über die Firma Nowofol als nur auf die Folien bezogene Datenblätter [68] zur Verfügung.
Zwei Projekte, die ursprünglich in Glas geplant waren, dann aber aufgrund von statischen Problemen in ETFE gebaut wurden, waren eine perfekte Grundlage für den Vergleich der Ökobilanzdaten und dabei insbesondere auch für den Vergleich der in den Projekten verbauten Massen. Es handelt sich zum einen um das Projekt „DomAquarée" am Alexanderplatz in Berlin (s. Bild 32) und zum anderen um das Projekt „Kapuzinergraben" in Aachen (s. Bild 33) [69]. Bei beiden Projekten sind die Bauteilmengen und -massen, die für die Fertigstellung in Glas erforderlich gewesen wären, bekannt, da die Ausführungsplanung komplett vorlag. Die Bauteilmengen und -massen, die erforderlich waren, um die Projekte jeweils in ETFE zu realisieren, konnten aus den Unterlagen der mit dem Bau beauftragten Vector Foiltec GmbH entnommen werden. Für den Vergleich beim Projekt „DomAquarée" wurde das Bürogebäude herangezogen. Ein Einfluss auf das Primärmärtragwerk bestand hier nicht, da das Bürogebäude an sich komplett beauftragt war.
Die Ergebnisse der Wirkungsabschätzung (Life Cycle Impact Assessment – kurz: LCIA) aller für die Errichtung, den Betrieb und die Pflege des Baukörpers erforderlicher Ressourcen über einen Zeitraum von 30 Jahren sind als Vergleich Texlon®-ETFE versus Glas für das Projekt DomAquarée in Bild 34 und für das Projekt Kapuzinercarrée in Bild 35 getrennt dargestellt. Unter-

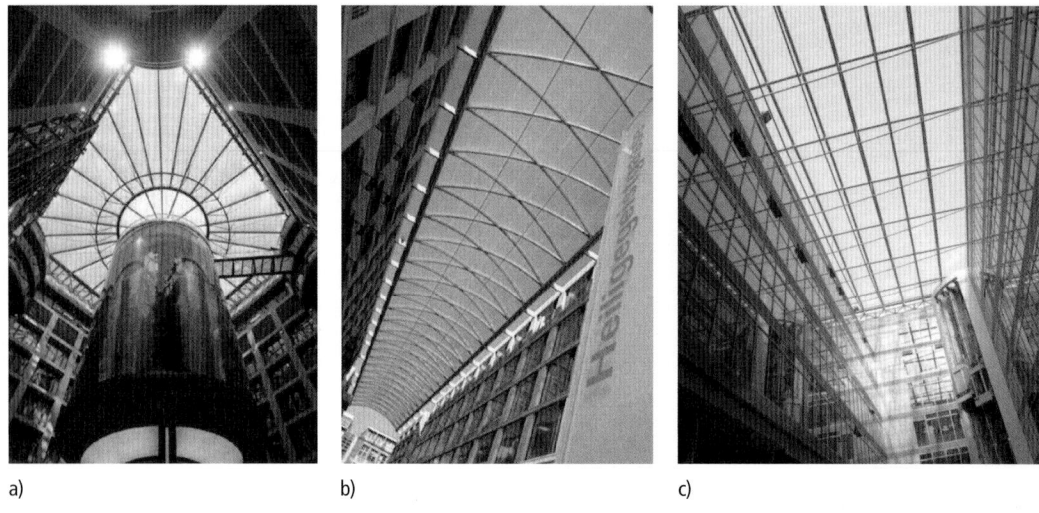

**Bild 32.** DomAquarée Komplex, Berlin (2004); a) Radisson SAS Hotel (820 m²), b) Heiligengeistgasse (1550 m²), c) Atriumüberdachung Bürogebäude (1600 m²) (© Vector Foiltec GmbH)

**Bild 33.** Kapuzinercarrée, Aachen (2002); denkmalgeschützter Innenhof (500 m²) (© Vector Foiltec GmbH)

teilt ist das Balkendiagramm in die 7 von der Universität Leiden definierten Umweltwirkungskategorien 1. abiotisches Abbaupotenzial nicht-fossiler Ressourcen (ADP elements); 2. Potenzial für den abiotischen Ressourcenabbau – fossile Brennstoffe (ADP fossile); 3. Versauerungspotenzial (AP); 4. Eutrophierungspotenzial (EP); 5. globales Treibhauspotenzial (GWP); 6. Abbaupotenzial der stratosphärischen Ozonschicht (ODP); 7. Potenzial zur Bildung für troposphärisches Ozon (POCP). Die einzelnen Umweltwirkungskategorien sind unterteilt in ihre für den jeweiligen Lebenszyklus relevanten Anteile der Umweltbelastungen bzw. für die Umweltgutschriften aus der „End-of-Life"-Phase.

Für nahezu alle Wirkungskategorien zeigt die ETFE-Folien-Lösung signifikant geringere Belastungswerte als die Glaslösung. Lediglich hinsichtlich des Abbaupotenzials der stratosphärischen Ozonschicht (ODP) ist Glas überlegen. Hier handelt es sich allerdings überwiegend um Belastungen, die während der Lebensphase des Projektes entstehen. Diese sind in erster Linie auf die für den Betrieb der Gebläsestationen zur Aufrechterhaltung des Kisseninnendrucks erforderliche Energie zurückzuführen. Grundlage für die Berechnung ist der in Deutschland verfügbare Energiemix, welcher sich zu ca. 30% aus Kernenergie speist. Für die Kühlung der Kernkraftwerke werden R11 (Trichlorfluormethan) und R114 (Dichlortetrafluorethan) eingesetzt, welche beide ein hohes Abbaupotenzial für die Ozonschicht besitzen. Die Entscheidung der Bundesregierung zugunsten vermehrter Nutzung regenerativer Energiequellen wird das Ozonabbaupotenzial bei beiden Projekten signifikant reduzieren.

Obwohl die Produktion von Isolierglas (IGU – insulated glass units) erheblich mehr Energie benötigt als die Produktion von ETFE-Folienkissen, ist das Ozonabbaupotenzial bezogen auf einen Quadratmeter transparenter Fläche annähernd gleich (6229 × 10⁻⁶ kg R11-eq/m² für Texlon® ETFE-Folienkissen vs. 6377 × 10⁻⁶ kg R11-eq/m² für IGUs). Bei ETFE handelt es sich um ein halogeniertes Polymer, welches unter Einsatz von R22 (Chlordifluormethan) polymerisiert wird. R22 enthält Chloratome, welche Ozon dissoziieren und dadurch zum Abbau der Ozonschicht beitragen. Da für die Berechnung keine Emissionsdaten vorlagen, wurde

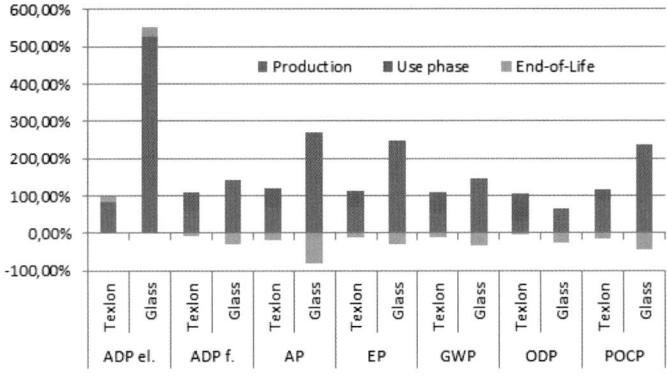

**Bild 34.** Umweltwirkungskategorien für das Projekt „DomAquarée" in Berlin über einen Zeitraum von 30 Jahren (© Vector Foiltec GmbH)

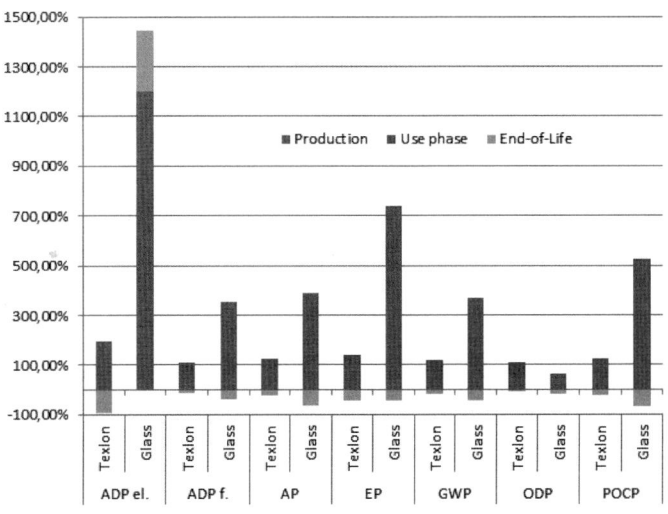

**Bild 35.** Umweltwirkungskategorien für das Projekt „Kapuzinercarrée" in Aachen über einen Zeitraum von 30 Jahren (© Vector Foiltec GmbH)

eine Worst-Case-Betrachtung zugrunde gelegt. Die R22-Emissionen stellen 76% des Ozon-Abbau-Potenzials (ODP) während der Herstellung der Folienkissen und 62% während der Produktion für das gesamte Foliendach.

Tabelle 3 zeigt einen Vergleich der Massen der für die jeweiligen Projekte verbauten Materialien in ETFE bzw. in Glas-Bauweise. Das Atriumdach für das Projekt „DomAquarée" wurde auf ein bestehendes Gebäude aufgesetzt. Eine Einflussmöglichkeit auf das Primärtragwerk bestand nicht. Die gesamte für die Alternative Glas benötigte zu verbauende Masse liegt um einen Faktor 1,8 über der für das Texlon® ETFE-Dach benötigten Masse. Die Differenz resultiert im Wesentlichen aus dem Unterschied zwischen der Masse des Glases und der Masse der verbauten ETFE-Folie. Allerdings ist auch der Rahmenanteil (Aluminium) bei der ETFE-Lösung aufgrund der im Vergleich zu Glas erheblich größeren Folienflächen deutlich geringer.

Das Potenzial einer in ETFE-Folienbauweise realisierten Gebäudehülle, in diesem Fall der Überdachung einer Passage, wird durch die Gegenüberstellung der Masseanteile im Projekt „Kapuzinercarrée" deutlich. Hier wäre für eine vergleichbare Lösung in Glasbauweise eine um einen mehr als den Faktor 7 größere Gesamtbaumasse erforderlich gewesen. Wie bereits bei dem Projekt „DomAquarée" liegt auch hier ein großer Anteil im Eigengewicht von Glas verglichen mit dem Eigengewicht von ETFE pro überbauter Fläche.

Der überwiegende Teil des Unterschieds ist allerdings im Stahlbereich, also dem Primärtragwerk, angesiedelt. Da die denkmalgeschützten Fassaden einen Abtrag der durch die Glaslösung verursachten Lasten, sowohl der Gewichts- als auch der Windlasten, nicht zugelassen hätten, wären massive Stahlstützen erforderlich gewesen. An dieser Stelle sei erwähnt, dass die Horizontallasten bei der Texlon®-ETFE-Kissenkonstruktion dadurch vermieden werden konnten, dass das Dach auf einer Seite auf Gleitlagern aufliegt.

Die unter Nachhaltigkeitsgesichtspunkten hohe Qualität von ETFE-Folienkonstruktionen wird neben den verschiedenen EPDs auch durch eine „Health Product

**Tabelle 3.** Vergleichende Darstellung der für die Projekte „DomAquarée" in Berlin sowie „Kapuzinercarrée" in Aachen erforderlichen Gesamtmasse und die jeweilige Masse für die einzelnen Anteile der Bauprodukte [69]

| Projekt | DomAquarée | | | | Kapuzinercarrée | | | |
|---|---|---|---|---|---|---|---|---|
| Alternative | Texlon® ETFE | | Glas | | Texlon® ETFE | | Glas | |
| Gewicht | kg | % | kg | % | kg | % | kg | % |
| Stahl | 95466 | 94,7 | 103066 | 55,7 | 12250 | 91,1 | 78270 | 80,7 |
| Aluminium | 3719 | 3,7 | 22103 | 12,0 | 802 | 6,0 | 1.000 | 1,0 |
| ETFE | 1323 | 1,3 | – | – | 352 | 2,6 | – | – |
| Glas | – | – | 59311 | 32,1 | – | – | 17601 | 18,2 |
| EPDM | 216 | 0,2 | 420 | 0,2 | 38 | 0,3 | 102 | 0,1 |
| PP | 33 | 0,03 | – | – | 9 | 0,07 | – | – |
| Total | 100.756 | 100 | 184.900 | 100 | 13.452 | 100 | 96.974 | 100 |

Declaration – HPD" [70], Programmhalter Portico, sowie durch Ergebnisse von Ausgasungstests nach AgBB [71], ebenfalls Bestandteil der EPD, und den für die norwegische Bauzulassung erforderlichen „leaching tests" [72] bestätigt. Weder die Prüfung auf Emission von gasförmigen Stoffen noch die Prüfung auf Emission über Wasser zeigten irgendwelche Auffälligkeiten. Das Material ist vollkommen inert. Insofern ist dringend angeraten, möglichst alle ETFE-Folien nach dem Lebensende oder auch die während der Produktion anfallenden Reste aufgrund der vollkommenen Recyclingfähig der Weiterverwertung zuzuführen.

### 6.4 Bemessung

#### 6.4.1 Allgemeines

Normen zur Bemessung von ETFE-Folientragwerken existieren bisher nicht. In diesem Kapitel werden zwei Bemessungskonzepte gegenübergestellt, die sich im Rahmen der derzeitigen Entwicklung der CEN Technical Specification (CEN TS) „Membrane Structures" in der Diskussion befinden. Das ist zum einen das im derzeitigen Entwurf zur CEN TS verwendete Bemessungskonzept. Dieses wurde vom Bemessungskonzept für die Gewebemembranen abgeleitet und auf ETFE-Folien angepasst. Es basiert auf Festigkeitskennwerten, die im monoaxialen Zugversuch bestimmt werden. Diese Festigkeiten werden über Abminderungsfaktoren so angepasst, dass sie eine sichere Bemessung von ETFE-Folien ermöglichen. Dieses Konzept liefert einen Standsicherheitsnachweis, der – zum Teil weit – auf der sicheren Seite liegt. Um das Potenzial von ETFE für Kissenkonstruktionen besser nutzen zu können, gibt es Bestrebungen, die Bemessung von ETFE-Folien von dem der Gewebemembranen zu entkoppeln und ein zukünftiges Konzept konsequent an das Materialverhalten der ETFE-Folien auszurichten. Dafür wird das Konzept direkt vom Materialverhalten unter biaxialen Spannungszuständen abgeleitet. Der direkte Einbezug der Verformungen unter biaxialen Spannungszuständen in das Bemessungsmodell ermöglicht auch eine gezielte und kontrollierte Ausnutzung von irreversiblen Verformungen. Für ein solches Konzept müssen selbstverständlich biaxiale Versuchsergebnisse zur Ableitung von Bemessungsgrenzen zur Verfügung stehen. Nichtsdestotrotz werden monoaxiale Zugversuche weiterhin zur einfach und kostengünstig durchführbaren Qualitätsüberwachung benötigt. Um aus ihnen auf das biaxiale Materialverhalten schließen zu können, ist eine Korrelation zwischen Versuchsergebnissen in mono- und biaxialen Versuchen erforderlich. Die Entwicklung einer potenziellen Korrelation ist u. a. Gegenstand eines derzeit laufenden DFG-Forschungsvorhabens am Institut für Metall- und Leichtbau der Universität Duisburg-Essen [73]. Ein erster Entwurf für ein „biax-basiertes" Konzept wird in Abschnitt 6.4.3 vorgestellt und mit dem im Entwurf zur CEN TS verwendeten Konzept verglichen.

Der derzeit im Entwurf zur CEN TS verwendete Ansatz basiert auf den Angaben im „European Design Guide for Tensile Surface Structures" [31]. Trotz der im Vergleich zum Verhalten von textilen Membranen grundlegenden Unterschiede des Materialverhaltens von ETFE unter Last orientiert sich das Konzept schwerpunktmäßig an den Bemessungskonzepten von textilen Membranen, siehe dazu Abschnitt 5.4.

Der zweite hier vorgestellte Ansatz basiert auf den über einen Zeitraum von mehr als 30 Jahren gewonnenen empirischen Ergebnissen und Materialuntersuchungen der Vector Foiltec GmbH. Ein erster „Entwurf zu einem Bemessungskonzept für ETFE-Folien" wurde 2003 von Dr. Grotkop und Partner – Beratende Ingenieure VBI im Bauwesen – im Auftrag der Plantec GmbH Bremen zusammengestellt [74]. Insbesondere das Sicherheitskonzept für Folienkissen berücksichtigt explizit die Verformung des Kissens: bei einer Zunahme der Belastung vergrößert sich der Kissenstich; durch die Stichvergrößerung verringern sich bei gleicher äußerer Belastung aber die Spannungen in den Folien, d. h., je

größer der Stich, desto geringer die Spannung. Die Vergrößerung der Seilkurve führt zu einer erhöhten Lastaufnahmefähigkeit des ETFE-Kissens.
Das Bemessungskonzept war Bestandteil für den Nachweis der Standsicherheit der „Allgemeinen bauaufsichtlichen Zulassung für das TEXLON-Dachsystem mit Folienkissen" [34]. Bezogen auf Windsogkräfte war hier gefordert, *„dass der Zuschnitt der Folien so zu wählen ist, dass die Windsogkräfte keine größere Zugbeanspruchung in der Hülle erzeugen als 22 N/mm²"*.
Die später am Essener Labor für Leichte Flächentragwerke ELLF der Universität Duisburg-Essen gewonnenen Forschungsergebnisse aus biaxialen Zugversuchen, siehe u. a. [75], bestätigen in guter Übereinstimmung mit den empirischen Daten die Füge- bzw. Schweißnaht sowie die zulässige plastische Verformung als wesentliche Referenzkriterien für die Bemessung von Folienkonstruktionen aus ETFE.
Um den spezifischen Materialeigenschaften von ETFE-Folien Rechnung zu tragen, wurde im Rahmen des deutschen Spiegelausschusses eine Arbeitsgruppe „ETFE" gegründet, die die Besonderheiten von ETFE-Konstruktionen in einem eigenständigen Bemessungskonzept normativ berücksichtigen wird.

### 6.4.2 Bemessungskonzept des Entwurfs zur CEN TS „Membrane Structures"

Wie in Abschnitt 5.4 zu den textilen Membranen bereits dargestellt, orientiert sich auch der aktuelle Entwurf für ETFE-Folienkonstruktionen am bisherigen von *Minte* [50] vorgezeichneten Weg, allerdings angepasst auf die Philosophie der Eurocodes mit Teilsicherheitsbeiwerten und mit einer an den Eurocode angepassten Nomenklatur.
Der Nachweis für Material und Details erfolgt im Grenzzustand der Tragfähigkeit auf Grundlage der DIN EN 1990 mit den Bemessungsschnittgrößen und den Grenzschnittgrößen: $f_{Ed} \leq f_{t,Rd}$.
Dabei ist $f_{Ed}$ der Bemessungswert der Auswirkung der Einwirkungen in der betrachteten Richtung und $f_{t,Rd}$ der Bemessungswert der Festigkeit der Membrane oder der Verbindung in der entsprechenden Bemessungssituation.
Für die Definition des Sicherheitsbereichs der Folienstruktur ist klar zwischen Teilsicherheitsbeiwerten und Modifikationsfaktoren (früher Abminderungsfaktoren) zu unterscheiden.
Auf Basis von DIN EN 1990 wird das semiprobabilistische Sicherheitskonzept der Eurocode-Familie angewendet, bei dem sowohl auf der Einwirkungs- als auch Widerstandsseite Teilsicherheitsbeiwerte angesetzt werden. Die Teilsicherheitsbeiwerte auf der Einwirkungsseite werden gemäß DIN EN 1990 und auf der Widerstandsseite mit $\gamma_{M0} = 1{,}1$ für das Material und $\gamma_{M1} = 1{,}5$ für den Nachweis der Verbindungen angesetzt.
Die Lastgrenze $f_{Rd}$ ist definiert als Minimum der beiden Parameter $f_{1Rd}$ und $f_{2Rd}$:

$$f_{Rd} = \min \begin{pmatrix} f_{1Rd} = \dfrac{f_{y23}}{\gamma_{M0}} \\ f_{2Rd} = \dfrac{f_{uw23}}{\gamma_{M1}} \end{pmatrix} \quad (7)$$

mit
$f_{y23}$  5%-Fraktilwert der Streckgrenze der Folie aus mindestens fünf monoaxialen Zugversuchen bei T = 23 °C (vgl. Bild 9)
Es sei darauf hingewiesen, dass hier die am zweiten Knickpunkt befindliche tatsächliche Streckgrenze gemeint ist (vgl. Abschnitt 2.3).
$f_{uw23}$  5%-Fraktilwert der Bruchlast einer Schweißnaht im Zugversuch bei T = 23 °C aus einer Serie mit mindestens fünf Zugproben

Die Grenzschnittgrößen werden mit folgender Gleichung ermittelt:

$$f_d = \frac{f_{Rd}}{K} = \frac{f_{Rd}}{\{k_{age}; k_{perm}; k_{long}; k_{temp}; k_x\}} \quad (8)$$

mit
$k_{age}$  Modifikationsfaktor für Umwelteinflüsse
$k_{perm}$  Modifikationsfaktor für Effekte aus permanenten Lasten
$k_{long}$  Modifikationsfaktor für Effekte aus langzeitigen, aber nicht permanenten Lasten
$k_{temp}$  Modifikationsfaktor für Temperatureinflüsse; unterschieden werden $k_{temp0}$ zur Berücksichtigung erhöhten Widerstands bei tiefen Temperaturen und $k_{temp50}$ zur Berücksichtigung verringerten Widerstands bei hohen Temperaturen
$k_x$  Platzhalter für Modifikationsfaktoren für weitere Einflüsse

Folgende Bemessungssituationen werden unterschieden:

Nachweis gegen Versagen unter permanenten Lasten

$$f_{PM,d} = \frac{f_{Rd}}{k_{age} \cdot k_{perm}} \quad (9)$$

Nachweis gegen Versagen unter langzeitigen Lasten bei tiefer Temperatur

$$f_{L,TL,d} = \frac{f_{Rd}}{k_{age} \cdot k_{long} \cdot k_{temp0}} \quad (10)$$

Nachweis gegen Versagen unter langzeitigen Lasten bei Raumtemperatur

$$f_{L,TL,d} = \frac{f_{Rd}}{k_{age} \cdot k_{long}} \quad (11)$$

Nachweis gegen Versagen unter Kurzzeitlasten

$$f_{ST,d} = \frac{f_{Rd}}{k_{age}} \quad (12)$$

Nachweis gegen Versagen unter Kurzzeitlasten bei hoher Temperatur

$$f_{STH,d} = \frac{f_{Rd}}{k_{age} \cdot k_{temp50}} \quad (13)$$

Die Modifikationsfaktoren werden im Versuch mit projektspezifischen Materialproben und Detailausbildungen entsprechend dem jeweiligen Projekt ermittelt. Nach aktuellen Bestrebungen sollen aber zukünftig Anhaltswerte für ETFE-Folien in die Norm aufgenommen werden, mit denen eine erste Bemessung möglich ist, die auf der sicheren Seite liegt und welche die marktüblichen ETFE-Folien abdecken. Sollten neue Produkte, wie z. B. ECTFE-Folien, zum Einsatz kommen, sind hierfür neue Modifikationsfaktoren zu bestimmen.

### 6.4.3 Alternativer Entwurf für die Bemessung von ETFE-Folientragwerken

Das für die Bemessung von ETFE-Folientragwerken allgemein anerkannte wichtigste Kriterium der mechanischen Eigenschaften ist das Spannungs-Dehnungs-Verhalten der ETFE-Folie. Dabei nutzen bisherige Bemessungsverfahren als Ausgangswert gewöhnlich die unter monoaxialer Zugbeanspruchung beobachtete Streckgrenze $f_y$ (s. Bild 9). Dieses Konzept wurde sowohl im ersten Bemessungsansatz von Grotkop und Partner [74] als auch in dem dem SaP-Report [1] zugrunde liegenden und unter Absatz 6.4.2 beschriebenen Entwurf für die Bemessung von ETFE-Folientragwerken verfolgt.

Ein dem spezifischen Materialverhalten von ETFE entsprechender Ansatz für die Bemessung von ETFE-Folientragwerken leitet sich aus den Ergebnissen aktueller Untersuchungen ab. Diese zeigen, dass es sich bei der in einem Monoaxialversuch an neuer Folie beobachteten Proportionalitätsgrenze, 1. Knickpunkt, um einen Punkt handelt, welcher nur unter diesen jeweiligen Versuchsbedingungen zu beobachten ist. Das in Bild 36 dargestellte Versuchsergebnis einer Simulation von Windlasten in einem monoaxialen Hysterese-Versuch macht deutlich, dass ein Proportionalitätspunkt, wie er in Bild 9 beschrieben ist, nur im ersten Lastzyklus, also am jungfräulichen Material bei ca. 20 MPa auszumachen ist. Gleiches gilt für den in Bild 9 als Streckgrenze bezeichneten Punkt, 2. Knickpunkt (bei ca. 26 MPa in Bild 36). Bereits im zweiten Zyklus findet sich dieser Punkt nicht mehr. Zudem zeigt sich bereits nach mehreren Zyklen eine zunehmende Sättigung, d. h. abnehmende viskoelastische Verformung gegen einen Endwert (47. bis 50. Zyklus).

Wie in Bild 11 bereits dargestellt, ist bei biaxialer Beanspruchung unter Simulation von Windlasten in einem Hystereseversuch nach dem dritten Zyklus bis zur Laststufe mit Spannungen von 26 MPa keine ausgeprägte Streckgrenze feststellbar. Bild 37 zeigt die Simulation von Windlasten mit einer Böendauer von 5 Sekunden in 7 Laststufen von Laststufe 1 (zwischen 9 und 15 MPa) bis zu Laststufe 7 (zwischen 17 und 28 MPa). Auch die im Biaxial-Versuch mit konstanter Lastzunahme (vgl. Bild 10b) auftretende Streckgrenze bei 27,5 MPa ist in der Simulation von externen Windlasten nicht identifizierbar. Diese findet sich nur in Laborversuchen unter stetig steigender Last, was allerdings nicht der Charakteristik von Windlasten entspricht.

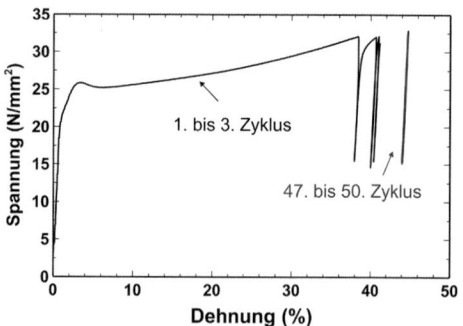

**Bild 36.** Monoaxiale Simulation von Windböen an einer 250 μm Nowoflon 6235Z ETFE-Folie: 50 Zyklen 16 bis 32 MPa, v = 4 MPa/s (© Vector Foiltec GmbH, Bremen)

Bild 38 zeigt Ausschnitte der ersten drei Zyklen in den Laststufen 9 bis 15 MPa, 15 bis 24 MPa, und 16 bis 28 MPa. Eine Streckgrenze ist hier nicht ausgeprägt. Schiemann [36] hatte in seiner Dissertation aus dem Jahr 2009 bereits festgestellt, dass die „*Untersuchung des Werkstoffverhaltens unter Berücksichtigung mehrachsiger Spannungszustände mit Monoaxialversuchen nicht durchführbar*" ist.

Da es sich beim Einsatz von ETFE-Folien in der Architektur der Gebäudehülle immer um biaxiale Spannungszustände handelt, sind Bemessungsgrenzen grundsätzlich aus der Untersuchung des Materialverhaltens bei biaxialen Belastungen abzuleiten; zumindest dann, wenn keine eindeutige Korrelation zwischen biaxialem und monoaxialem Spannungsverhalten vorliegt. Beispielhaft sind die Spannungszustände für ein quadratisches Kissen in den Bildern 39 und 40 dargestellt sowie für ein rechteckiges Kissen in den Bildern 41 und 42. Die Spannungsverteilung bei ETFE-Kissenkonstruktionen bewegt sich i. d. R. zwischen den Spannungszuständen einer quadratischen (1:1) und rechteckigen (2:1) Geometrie.

Das plastische Verformungsverhalten von ETFE unterscheidet sich deutlich von dem üblicher Baustoffe. Die maximale plastische Verformung bei einer gegebenen Belastungssituation steigt nicht kontinuierlich an, sondern nähert sich einem Grenzwert. Nach Entlastung auf Vorspannniveau und erneuter Belastung auf diesen Wert wird die vorherige Verformung nicht mehr überschritten, d. h., es findet keine weitere plastische Verformung statt (Sättigung). Die elastische Grenze hat sich somit durch die Vorbelastung verschoben. Dieser Prozess kann als mechanisches Alterungsverhalten, besser Konditionierung von ETFE-Folien definiert werden und beschreibt die Lastgeschichte. Die Ermittlung des Elastizitätsmoduls aus Versuchen zur Simulation von Windlasten, wie in Bild 11 und Bild 37 dargestellt, ergeben einen konstanten Wert über alle Laststufen von der ersten Laststufe mit einer Hysterese zwischen 9 und

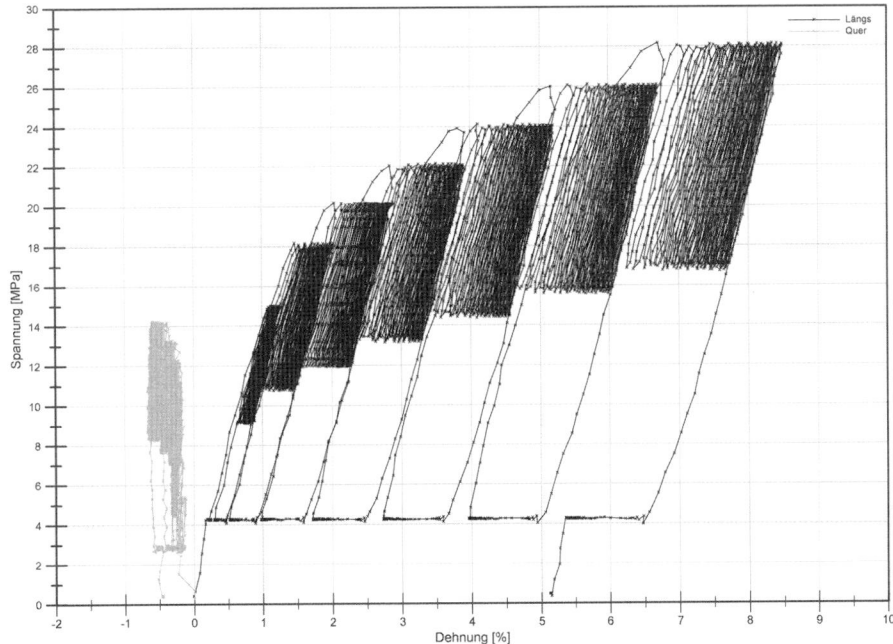

**Bild 37.** Spannungs-Dehnungs-Diagramm einer biaxialen Prüfung eines Probekörpers mit Schweißnaht zur Simulation von Windböen. Lastverhältnis 2:1; Schweißnaht in MD; 50 Zyklen in 7 Laststufen von 16 bis 28 MPa, Lastraten in MD 2 MPa/s (höher belastete Zugrichtung); Nowoflon 6235Z, 250 µm; T = 23 °C (© ELLF, Institut für Metall- und Leichtbau, Universität Duisburg-Essen)

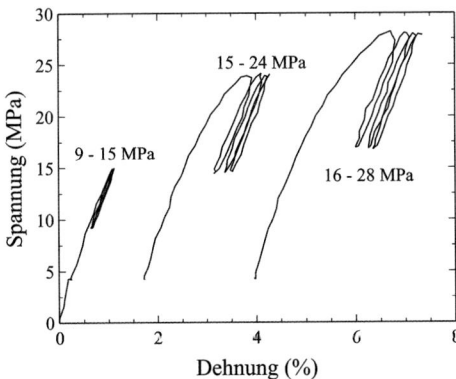

**Bild 38.** Biaxiale Spannungs-Dehnungs-Kurven eines Hysterese-Tests, der die Belastung einer Folie in einer Kissenstruktur unter Windlast repräsentiert. Ausschnitt der ersten 3 Lastzyklen für die Laststufen 9 bis 15 MPa, 15 bis 24 MPa, und 16 bis 28 MPa [37] (© Vector Foiltec GmbH)

15 MPa bis zur letzten Laststufe mit einer Hysterese zwischen 17 und 28 MPa. Für die dargestellte Versuchssituation im Lastverhältnis 2:1 ergibt sich ein Wert von $E^* = 1100$ MPa.
Gleichzeitig wird unter Windbeanspruchung die maximale Beanspruchung in einer Tragkonstruktion niemals bei der ersten Belastung erreicht. Maximale Windsoglasten bauen sich immer stufenförmig über mehrere Zyklen auf. Hieraus lässt sich die Forderung ableiten, dass die Änderung des Materialverhaltens nach Belastung in die Bemessung von ETFE-Kissenkonstruktionen einzubeziehen ist. Die hierbei auftretenden Änderungen des Krümmungsradius bewirken zusätzlich eine Zunahme der maximal tragbaren Last. Diese Verformungen sind bereits im Sicherheitskonzept von Vector Foiltec (ehemals Foiltec) aus dem Jahr 2003 [74] berücksichtigt, wurden jedoch im SaP-Report bisher nicht weiter diskutiert.

Plastische Verformungen führen somit bei ETFE-Kissenkonstruktionen nicht zu einer Reduzierung, sondern zu einer Erhöhung der aufnehmbaren Lasten und sind somit grundsätzlich nicht nur zulässig, sondern hilfreich. Dies gilt aber nicht für einlagige ETFE-Konstruktionen: Bei ihnen sind unter äußeren Lasten plastische Verformungen, welche zu einer Unterschreitung der Mindestvorspannung führen könnten, nicht zulässig.

Um das Potenzial des Baustoffs ETFE gezielt und effizient ausnutzen zu können, ist daher ein Bemessungskonzept erforderlich, welches diese speziellen Eigenschaften des Materials berücksichtigt.

Auf Basis der vorangegangenen Ausführungen lassen sich damit für ein optimiertes Bemessungskonzept folgende Anforderungen ableiten:

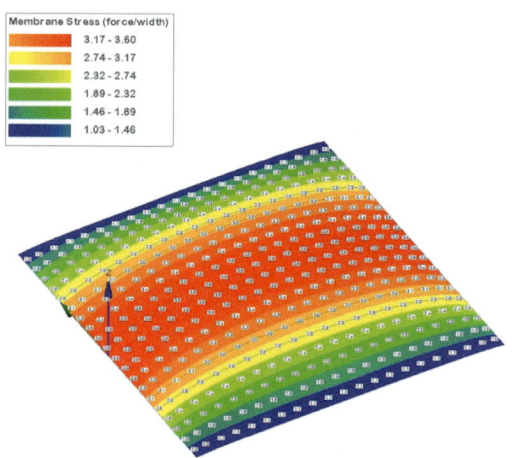

**Bild 39.** Quadratisches Kissen, 3,5 m × 3,5 m, 300 Pa Kisseninnendruck, Windsog-Last 1 kN/m², Spannungsverteilung in x-Richtung (© Vector Foiltec GmbH, Bremen)

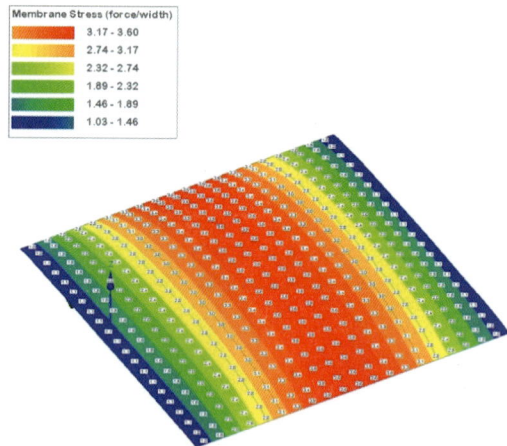

**Bild 40.** Quadratisches Kissen, 3,5 m × 3,5 m, 300 Pa Kisseninnendruck, Windsog-Last 1 kN/m², Spannungsverteilung in y-Richtung (© Vector Foiltec GmbH, Bremen)

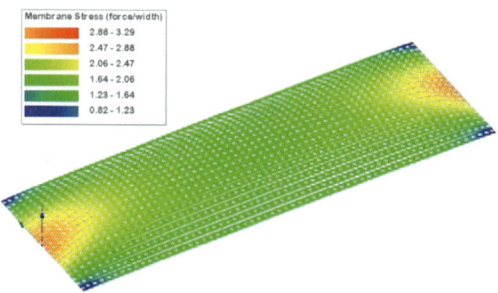

**Bild 41.** Rechteckiges Kissen, 10,5 m × 3,5 m, 300 Pa Kisseninnendruck, Windsog-Last 1 kN/m², Spannungsverteilung in x-Richtung (© Vector Foiltec GmbH, Bremen)

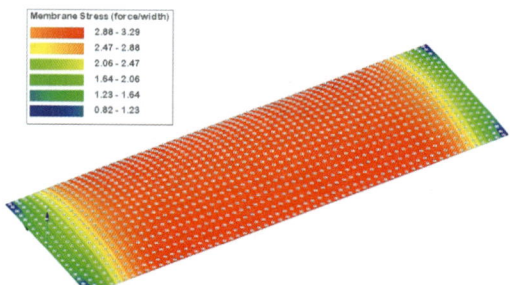

**Bild 42.** Rechteckiges Kissen, 3,5 m × 3,5 m, 300 Pa Kisseninnendruck, Windsog-Last 1 kN/m², Spannungsverteilung in y-Richtung (© Vector Foiltec GmbH, Bremen)

1. Die Charakterisierung des Werkstoffverhaltens von ETFE-Folien erfordert biaxiale Versuche.
2. Die biaxialen Versuche müssen das reale Lastszenario im eingebauten Zustand im Bauwerk abbilden. Dabei sind drei Lastszenarien zu unterscheiden:
   a) permanente Lasten (Vorspannung, Kisseninnendruck); hier sind Biaxial-Versuche mit konstanter Last vorzusehen;
   b) Langzeitlasten (Wassersack- und Schneelasten); hier sind Biaxial-Versuche mit konstanter Lastzunahme und Haltezeiten vorzusehen;
   c) Kurzzeitlasten (Windlasten); hier sind Biaxial-Versuche mit Wechsellasten zur Abbildung von Böen mit einer Lastdauer von 3 bis 5 Sekunden vorzusehen.
3. Die Ergebnisse aus den oben geforderten Versuchen unter Berücksichtigung der im jeweiligen Projekt zu erwartenden Temperaturen ermöglichen die Bestimmung des Dehnungsverhaltens von ETFE-Folien.

Die Verformung der Folie ist in die statische Berechnung für die Kissenkonstruktion einzubeziehen, da die Veränderung der Geometrie ermöglicht, deutlich höhere Lasten abzutragen.

Aufgrund des Einflusses der Verformung auf die Tragfähigkeit von ETFE-Strukturen und des nichtlinearen Tragwerkverhaltens (d. h. die Auswirkungen sind nicht linear zu den Einwirkungen), ist eine realistische Verformungsberechnung unerlässlich. Hierfür sind räumliche Rechenmodelle zur Berücksichtigung des zweiachsigen Spannungszustands unter Anwendung von möglichst zutreffenden Materialeigenschaften (E-Modul, Querkontraktion, plastisches Verformungsverhalten) erforderlich.

Für den Fall, dass die wirkenden Lasten durch die auftretenden Verformungen vergrößert werden, müssen die Verformungen bei der Lastermittlung berücksichtigt werden. Dies ist insbesondere bei Wasseransammlungen der Fall.

Für die Berechnung der Auswirkungen von Einwirkungen sind gemäß DIN EN 1990 standardmäßig die Teilsicherheitsbeiwerte der Einwirkungen (Lasten) auf die Einwirkungen anzuwenden. Bei nichtlinearem Tragwerksverhalten, d. h. wenn die Auswirkungen nicht proportional zu den Einwirkungen sind, ist jedoch zu überprüfen, ob die Auswirkungen stärker oder geringer als die Einwirkungen ansteigen. Wenn die Auswirkungen geringer als die Einwirkungen ansteigen, was im Allgemeinen bei ETFE-Tragwerken der Fall ist, sind die Teilsicherheitsbeiwerte der Lasten auf die Auswirkungen anzuwenden (vgl. Abschnitt 3). Aus diesem Grund sollten die Berechnungen der Folienbeanspruchungen mit charakteristischen Einwirkungen erfolgen und die Teilsicherheitsbeiwerte auf die Auswirkungen angewendet werden. Mit diesem Vorgehen wird sichergestellt, dass sich bei den Berechnungen keine überhöhten Verformungen einstellen. Dies würde zum Beispiel zu nicht zutreffenden Lastrichtungen an den Folienrändern führen.

Gemäß DIN EN 1990 wird zwischen den Nachweisen für den Grenzzustand der Tragfähigkeit (ULS) und den Grenzzustand der Gebrauchstauglichkeit (SLS) unterschieden. Dieses Vorgehen wird auch bei ETFE-Folienkonstruktionen angewendet.

Für den Grenzzustand der Tragfähigkeit ist die Sicherheit gegen das Versagen des Grundmaterials, der Schweißnähte sowie aller Detailpunkte nachzuweisen. Da die Schweißnähte im Allgemeinen die schwächste Stelle darstellen, sind die Schweißnähte für den Tragfähigkeitsnachweis maßgeblich. Als Schweißnahtfestigkeit werden als 5%-Fraktile-Wert für mindestens 5 Proben $f_{uw23} \geq 30$ MPa gefordert. Zudem sollte der Mittelwert $\bar{f}_{uw23} \geq 33$ MPa betragen.

An dieser Stelle sei noch einmal darauf hingewiesen, dass bei Lasten, die sich infolge von Verformungen vergrößern, z. B. Wasserlasten, sowohl die plastischen Verformungen aus vorherigen Belastungssituationen als auch die Verformungen aus der wirkenden Last bei der Ermittlung der Lasten berücksichtigt werden müssen.

Der Grenzzustand der Gebrauchstauglichkeit wird in erster Linie durch eine Verformungsbegrenzung definiert. Hierbei sind neben den elastischen Verformungen unter Last auch die bleibenden plastischen Verformungen zu beurteilen. Diese sind unter Berücksichtigung der anzusetzenden Belastungsgrößen, der Belastungsdauer und der maßgeblichen Temperaturen zu ermitteln.

Die Grenzen für die zulässigen Verformungen sollten projektspezifisch erfolgen und insbesondere folgende Aspekte berücksichtigen:
– Abstände zu anderen Bauteilen,
– vertraglich festgelegte Oberflächengeometrien sowie
– sonstige projektabhängige Begrenzungen.

Bei mechanisch vorgespannten Folien ist zusätzlich sicherzustellen, dass die Vorspannung der Folien nicht durch plastische Verformungen abgebaut wird und eine erforderliche Mindestvorspannung nicht unterschritten wird.

## 6.5 Detaillierung
### 6.5.1 Allgemeines

Um Folien bzw. Folienkissen an den Rändern in den Rahmen zu fixieren, werden die ETFE-Flächen mit einem Keder versehen. Der Keder wird entweder separat gefertigt mit einem Kedertau aus z. B. Silicon-Schnur oder Polypropylen, welches durch eine Kederschweißnaht in der Mitte einer ETFE-Kederfolie fixiert ist, oder aber durch ein gleichartiges Kedertau, welches durch Umschlagen des Kissen- bzw. Flächenrands über eine Randschweißnaht direkt am Kissenrand installiert wird. Im ersteren Fall wird die Kederlasche in einem separaten Arbeitsgang mittels einer Randschweißmaschine oder aber einer Verfahr-Schweißmaschine mit dem jeweiligen Foliensegment über eine Randschweißnaht verbunden. Die so ausgebildeten Folieneinfassungen werden auf der Baustelle in eine Kederschiene eingeführt. Kederschiene und Kedereinfassung sind formschlüssig miteinander zu verbinden. Die Kederschiene wird in ein Rahmenprofil eingehängt und fixiert (s. Bild 28).

Das Rahmenbasisprofil ist mit einem Dichtstreifen aus z. B. EPDM oder Silicon zu belegen, damit das Basisprofil keinen direkten Kontakt mit der Folie hat. Der Profildeckel wird ebenfalls durch eine möglichst durchgehende Deckeldichtung von der Folie getrennt. Die Deckeldichtung hat neben ihrer Schutzfunktion die Aufgabe, die äußere wasserführende Ebene abzudichten. Eine zweite wasserführende Ebene wird dadurch ausgebildet, dass die einzelnen Basisprofile über Silicon-Patches wasserdicht miteinander verbunden werden. Gegebenenfalls von außen eindringendes Wasser oder aber Kondensat werden über sogenannte Kondensatröhrchen im Basisprofil gezielt nach außen abgeleitet. Abschließend wird das Deckprofil mittels in der Regel selbstschneidenden Deckelschrauben mit dem Basisprofil verbunden. Dadurch wird auch die in das Basisprofil eingehängte Kederschiene gesichert. Falls der statische Nachweis ergibt, dass Drähte erforderlich sind, werden diese mit dem Seilaufhängungsprofil in das untere Rahmenprofil eingehängt. Wasseransammlungen in den Basisprofilen sind auszuschließen. Kondensatröhrchen sind an den Tiefpunkten vorzusehen.

### 6.5.2 Flächennähte

Folien werden auf Rollen unterschiedlicher Folienstärken, Farben und Bedruckungen in einer Rollenbreite von 1550 mm geliefert. Mittels eines Schneidplotters werden über ein Nestingverfahren zur Minimierung des Verschnitts die einzelnen Foliensegmente zugeschnitten. Diese werden anschließend durch Flächennähte miteinander zu den gewünschten Folienpaneelen verschweißt. Die Breite der Flächennähte beträgt in der Regel zwischen 10 und 12 mm. Für Kissenkonstruktion werden die einzelnen Folienpaneele mittels Passermarken übereinander gelegt und anschließend mit einer Handschweißzange punktuell gegen Verrutschen gesichert, bevor die Flächennähte geschweißt werden.

ETFE wird als unpolarer Kunststoff in Folienform mit Heizbalken verschweißt. Drei Varianten kommen zur Anwendung: (1) Schweißen mit stationären, über die Schweißnahtlänge verfahrbaren (Verfahrschweiß-)Maschinen im Werk, (2) stationäre Balkenschweißmaschinen im Werk und (3) Schweißen mit Handbalkenmaschinen bei Reparaturen vor Ort. Dafür werden die zu fügenden Stellen übereinandergelegt, mit dem Heizbalken aufgeschmolzen und mit definiertem Druck aneinandergepresst. Der Druck wird für eine definierte Zeit aufrechtgehalten. Anschließend wird die Naht über einen gewissen Zeitraum heruntergekühlt. Die Schweißnahtqualität hängt neben der Qualität der Ausgangsmaterialien in besonderem Maße von den projektspezifischen und materialchargenabhängigen Parametern für Schweißzeit, Schweißtemperatur, Arbeitsdruck, Kühlzeit und Kühltemperatur ab. Diese werden von Konfektionären mit hohen werkseigenen Qualitätsstandards für jedes Projekt individuell durch Probeschweißungen und anschließende hausinterne Zugversuche ermittelt. Die Heizbalken haben eine feste Länge und Breite. Die Breite legt die Schweißnahtbreite fest. Soll eine andere Schweißnahtbreite zum Einsatz kommen, muss ein anderer Heizbalken eingesetzt werden. Beim Verschweißen mit Handbalkenmaschinen wird der Heizbalken schrittweise entlang der zu erstellenden Naht geführt und die Schweißnaht Schritt für Schritt erstellt. Dabei müssen die einzelnen Schweißstellen leicht überlappen, um eine lückenlose Schweißung sicherzustellen. Damit wird an der Überlappung der Kunststoff zweimal aufgeschmolzen. Generell führt das mehrmalige Aufschmelzen zu einer Verschlechterung der mechanischen Eigenschaften an dieser Stelle. Daher sind lange Heizbalken sinnvoll. Dafür kommen auch Verfahrschweißmaschinen zum Einsatz, bei denen kontinuierlich verschweißt wird. In Bereichen mit starker Bauwerkskrümmung sind allerdings kurvige Schweißnähte zu erstellen, was nur mit kurzen Heizbalken möglich ist.

**Bild 43.** ETFE-Kissen mit Keder (© Vector Foiltec GmbH)

### 6.5.3 Kedernähte

Kedernähte dienen allein dem Fixieren des Kedertaus in der Mitte der Kederfolie. Sie haben keinerlei statische Aufgabe. Im Gegenteil sollen sie nur halten, bis das Folienpaneel im Rahmen fixiert ist. Kedernähte werden mit einer speziellen Kederschweißmaschine hergestellt. Die Dicke der verwendeten Kederfolie beträgt je nach Erfordernis der Folienstatik zwischen 200 und 300 µm. In Ausnahmefällen kommt auch 350 µm starke ETFE-Folie zum Einsatz (Bild 43).

### 6.5.4 Randschweißnähte

Sowohl für einlagige ETFE-Dachsysteme wie auch für Kissenkonstruktionen ist es erforderlich, die jeweiligen Paneele am Rand mit einem Keder zu versehen, welcher dann in eine Kederschiene eingeführt werden kann, die sich im Basisprofil fixieren lässt. Die Fixierung des Keders mit dem Folienpaneel erfolgt über eine Randschweißnaht. Die Randschweißnaht hat bei Kissenkonstruktionen gleichzeitig die Funktion, die Kissen luftdicht zu verschweißen. Die Nahtbreite der Randschweißnaht liegt zwischen 6 mm und 8 mm.

### 6.5.5 Seiltaschennähte

Einlage Kissensysteme werden in der Regel durch Seile gegen Windsog gesichert. Um die Windsoglasten aufzunehmen, müssen die Seile durch Seiltaschen an der Unterseite der Folien fixiert werden. Die Seiltaschen sind mittels Seiltaschennähten an der Unterseite der Folien verschweißt. Für die Seiltaschennähte gelten die gleichen Festigkeitskriterien wie für die Flächennähte. Diese sind in Abschnitt 9.3 spezifiziert.

Da die Seiltaschennähte im Randbereich mit den Randschweißnähten überlappen, sind hier gesonderte Zugversuche zur Ermittlung der Schweißnahtstabilität erforderlich.

### 6.5.6 Verarbeitung

Die weiche Materialität von ETFE ermöglicht einen durchaus robusten Umgang mit den Folien. Auch wenn sich während der Verarbeitung deutlich Knicke und Falten zeigen sollten, verschwinden diese nach Installation und Aufbringen der Vorspannung im Laufe der Zeit vollkommen. Besondere Beachtung ist allerdings bei Verwendung von Schneidwerkzeugen geboten. Diese dürfen keine scharfen Kanten besitzen, da die ETFE-Folien äußerst empfindlich sind gegenüber mechanischen Schädigungen der Oberfläche. Diese Vorsicht ist ebenfalls für die Prüfung der Folien- bzw. Schweißnahtfestigkeiten erforderlich. Kleinste Schädigungen der Schnittkanten im Zuschnitt der Proben führen insbesondere bezüglich der Bestimmung der Reißfestigkeit zu erheblichen Fehlern.

## 7 Bauphysikalische Aspekte

### 7.1.1 Einlagige Membranen

Die Wärmedämmung von dünnen Membranlagen ist vernachlässigbar. Wirksam wird nur der Wärmeübergangswiderstand auf der Innen- und Außenseite. Exemplarisch ergibt sich der Wärmedurchgangskoeffizient U (U-Wert) für eine vertikale Membrane unter Ansatz der Wärmeübergangswiderstände $R_{si}$ (innen) und $R_{se}$ (außen) nach DIN EN ISO 6946 [76], siehe Tabelle 4, zu

$$U = \frac{1}{R_{si} + R_{se}} = \frac{1}{0,04 + 0,13} = 5,88 \frac{W}{m^2 K} \quad (14)$$

d. h. ca. 6,0 W/m²K.

### 7.1.2 Mehrlagige Membranen

Für die Wärmedämmung mehrlagiger Membrankonstruktionen kann man vereinfacht die Summe der Wärmeübergangswiderstände ansetzen. So ergibt sich für eine 2-lagige Konstruktion des bereits im vorangegangenen Abschnitt 6 betrachteten Beispiels:

$$U = \frac{1}{2(R_{si} + R_{se})} = \frac{1}{2(0,04 + 0,13)} = 2,94 \frac{W}{m^2 K} \quad (15)$$

d. h. ca. 3,0 W/m²K, und für eine 3-lagige Konstruktion:

$$U = \frac{1}{3(R_{si} + R_{se})} = \frac{1}{3(0,04 + 0,13)} = 1,96 \frac{W}{m^2 K} \quad (16)$$

d. h. ca. 2,0 W/m²K.

Für stehende Luftschichten enthält DIN EN ISO 6946 Wärmedurchlasswiderstände, bei deren Ansatz ähnliche Ergebnisse resultieren (s. Tabelle 5).

### 7.1.3 Mehrlagige Membrane mit Dämmstoff

Wird auf die innere Membrane zusätzlich Dämmstoff gelegt, dann verbessert sich die Wärmedämmung entsprechend und es werden Wärmedämmeigenschaften erreicht, die konventionellen Bauten in nichts nachstehen [76]. Allerdings wirkt sich dies nachteilig auf die Transluzenz der Membrane aus. Der U-Wert ergibt sich dann unter Berücksichtigung der Wärmeübergangswiderstände $R_{Se}$ und $R_{Si}$, des Wärmedurchlasswiderstands der ruhenden Luftschicht(en) R sowie des Dämmstoffs $R_d$ nach

$$U = \frac{1}{R_{se} + n \cdot R + R_d + R_{si}} \quad (17)$$

mit
n   Anzahl der Luftschichten

Exemplarisch ergibt sich der U-Wert für eine mehrlagige Membrane mit einlagiger Luftschicht, einem Dämmstoff der Dicke d = 16 cm und der Wärmeleitfähigkeit λ = 0,04 W/mK mit

$$R_d = \frac{d}{\lambda} = \frac{0,16}{0,04} \frac{m}{W/mK} = 4,00 \frac{m^2 K}{W} \quad (18)$$

zu

$$U = \frac{1}{0,13 + 1 \cdot 0,16 + 4,00 + 0,04} \frac{W}{m^2 K}$$
$$= 0,23 \frac{W}{m^2 K} \quad (19)$$

Tabelle 4. Wärmeübergangswiderstände $R_s$ nach DIN EN ISO 6946 [77]

| Wärmeübergangswiderstand [m²K/W] | Richtung des Wärmestroms | | |
|---|---|---|---|
| | aufwärts | horizontal | abwärts |
| Innen: $R_{si}$ | 0,10 | 0,13 | 0,17 |
| Außen: $R_{se}$ | 0,04 | 0,04 | 0,04 |

Tabelle 5. Wärmedurchlasswiderstände für ruhende Luftschichten nach DIN EN ISO 6946 [77]

| Dicke der Luftschicht [mm] | Wärmedurchlasswiderstand R [m²K/W] Richtung des Wärmestroms | | | Zweilagig | Dreilagig |
|---|---|---|---|---|---|
| | aufwärts | horizontal | abwärts | | |
| 0   | 0,00 | 0,00 | 0,00 | | |
| 5   | 0,11 | 0,11 | 0,11 | | |
| 7   | 0,13 | 0,13 | 0,13 | | |
| 10  | 0,15 | 0,15 | 0,15 | | |
| 15  | 0,16 | 0,17 | 0,17 | | |
| 25  | 0,16 | 0,18 | 0,19 | | |
| 50  | 0,16 | 0,18 | 0,21 | | |
| 100 | 0,16 | 0,18 | 0,22 | | |
| 300 | 0,16 | 0,18 | 0,23 | | |

Zwischenwerte können linear interpoliert werden.

## 7.1.4 Vermeidung von Tauwasser

Zur Vermeidung von Tauwasser muss die Innenmembrane möglichst dampfdicht sein. Eine vorhandene Wärmedämmung ist mit einer diffusionsoffenen Unterspannbahn abzudecken (s. Bild 44). Des Weiteren ist der Zwischenraum mechanisch oder natürlich zu belüften.

## 7.1.5 Hygrothermische Simulation

Das Verhalten von mehrlagigen Membranen und Kissenkonstruktionen wird wesentlich durch die Strahlung beeinflusst. Um kondensatfreie Konstruktionen zu erhalten, muss die Luftwechselrate im Zwischenraum festgelegt werden, siehe exemplarisch Bild 45 für eine mechanisch gespannte Membrankonstruktion. Im Fall von Kissen (s. Bild 46) erfolgt der Luftwechsel über die Stützluftversorgung, die üblicherweise auch konditioniert wird. Eine hygrothermische Simulation dient der bauphysikalischen Beurteilung und energetischen Bewertung. Dabei werden wärmetechnische, feuchtetechnische und strahlungstechnische Eigenschaften der Konstruktion ermittelt und analysiert. Die Gesamtkonstruktion lässt sich so bauphysikalisch optimiert planen. Der effektive U-Wert wird dann über den Jahresverlauf ermittelt (s. Bild 47).

## 7.1.6 Strahlungsphysikalische Eigenschaften – g-Wert

Der g-Wert (Gesamtenergiedurchlassgrad) ist der Anteil der globalen Strahlung, der durch eine oder mehrere Membran- oder Folienlagen in den Innenraum gelangt.

**Bild 44.** Mit diffusionsoffener Unterspannbahn abgedeckte Wärmedämmung zur Vermeidung von Tauwasser (© formTL ingenieure für tragwerk und leichtbau gmbh)

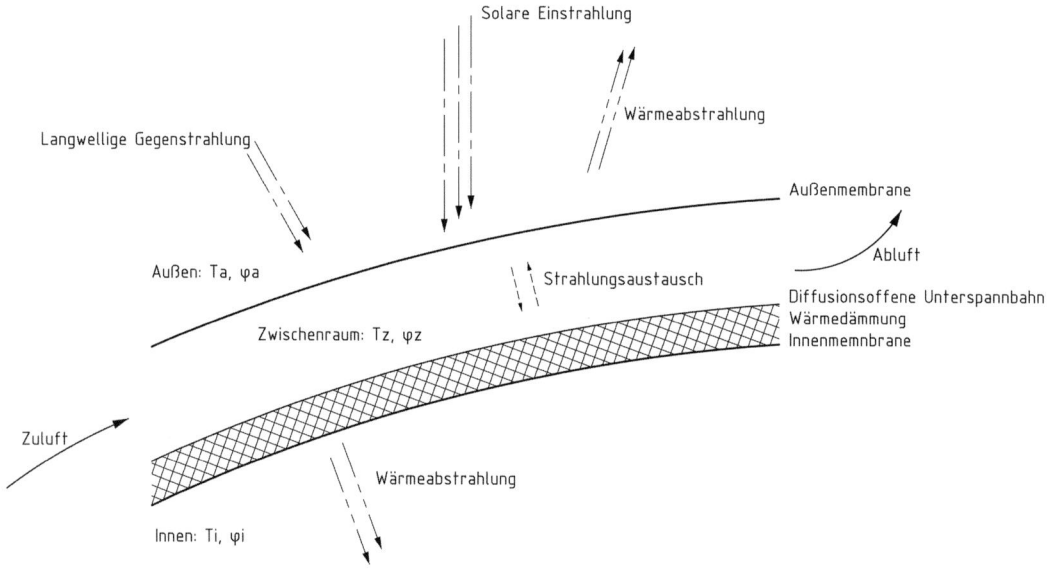

**Bild 45.** Strahlungsanteile in einer mechanisch gespannten wärmegedämmten Dachkonstruktion (© formTL ingenieure für tragwerk und leichtbau gmbh)

Er ist ein Maß für die Größe der Strahlungsgewinne. Bild 48 zeigt das Spektrum der Transmission (blau) und der Reflexion (rot) durch eine klare 250 μm ETFE-Folie. Gut zu erkennen ist die hohe Transmission nicht nur im sichtbaren Wellenlängenbereich zwischen 380 und 780 nm, sondern auch im UV-Bereich unterhalb von 380 nm, sowie – abgesehen von einer ausgeprägten Absorptionskante bei 3300 nm – im nahen und mittleren Infrarot-Bereich. Allerdings wird ETFE ab einer Wellenlänge von ca. 7000 nm opak. Diese spezifische Ei-

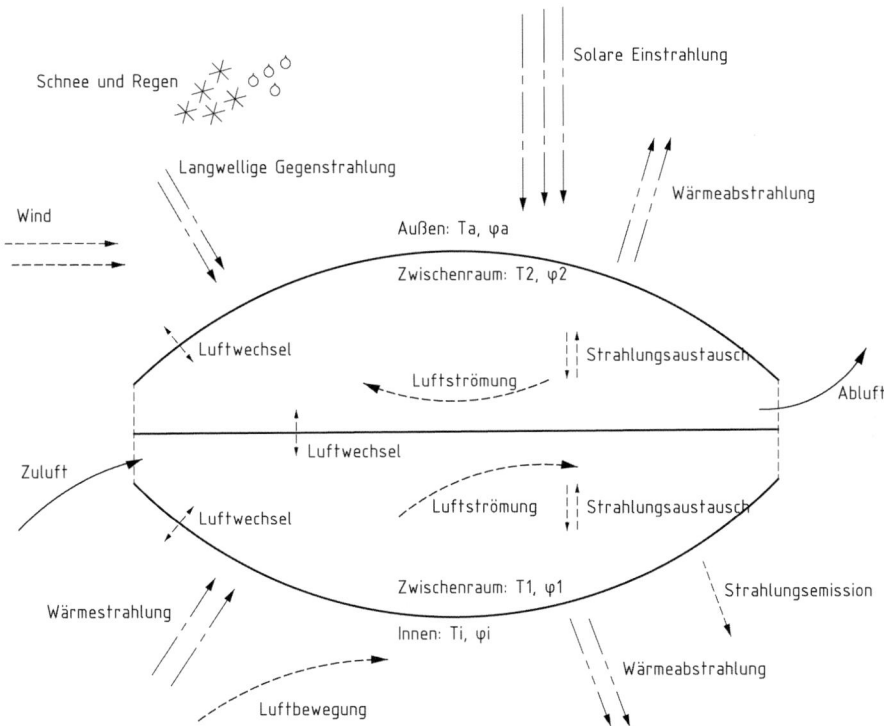

**Bild 46.** Strahlungsanteile in einer pneumatisch gespannten dreilagigen Kissenkonstruktion
(© formTL ingenieure für tragwerk und leichtbau gmbh)

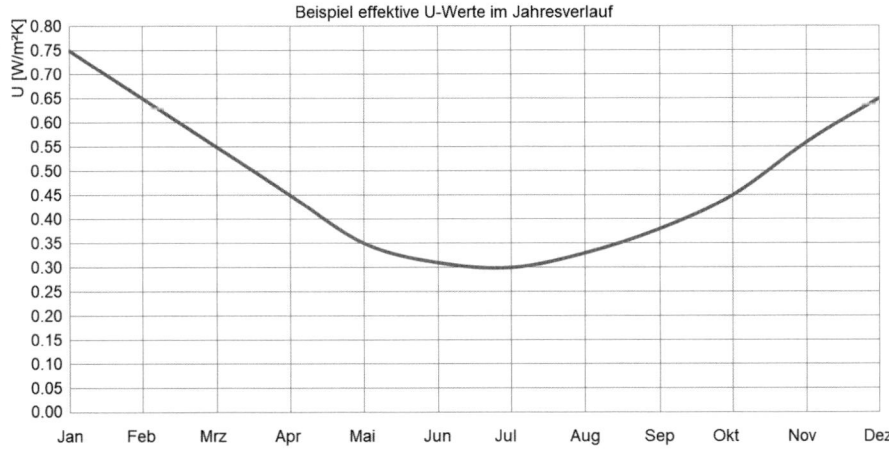

**Bild 47.** Simulation effektiver U-Werte über den Jahresverlauf für eine wärmegedämmte Membran- oder Kissenkonstruktion
(© formTL ingenieure für tragwerk und leichtbau gmbh)

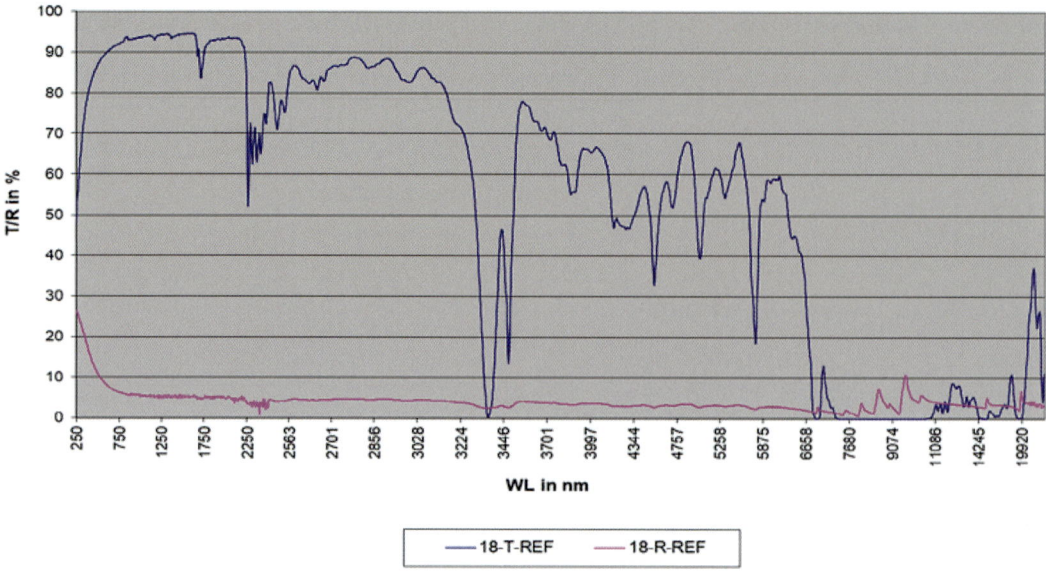

**Bild 48.** Spektrum der Transmission und Reflexion in Abhängigkeit von der Wellenlänge im Bereich von 250 bis 20000 nm für eine 250 μm ETFE-Folie (© Vector Foiltec GmbH)

genschaft ist besonders bedeutsam, da das Maximum der Schwarzkörperstrahlung bei Raumtemperatur (ca. 300 K) bei 10.000 nm liegt. Wärme geht also nicht ungehindert über den Strahlungsanteil verloren.

Der Strahlungstransmissionsgrad einer einzelnen klaren 200 μm ETFE-Folie liegt bei etwa 95%. Kombiniert im Kissen wird der Gesamtdurchlass durch die Transmission, Reflektion und Absorption der einzelnen Folienlagen beeinflusst, kann also nicht über das Produkt der Transmissionsgrade der einzelnen Folien ermittelt werden.

Der Gesamt-Strahlungstransmissionsgrad sollte auch bei hoher Transparenz oder hoher Transluzenz in den meisten Fällen eher niedrig sein, um eine hohe Wärmelast im Sommer zu vermeiden. Eine Ausnahme bilden hier Schwimmbäder, bei denen dieses Aufheizen auch im Sommer gewünscht ist, sowie Gewächshäuser und Zoo-Gebäude. Bei Letzteren ist die Transmission im PAR-Bereich besonders wichtig, dem für die Photosynthese, also das Pflanzenwachstum, relevanten Strahlungsbereichen im blauen und im roten Bereich des solaren Spektrums.

Bei einem dreilagigen Kissen aus klarer ETFE-Folie liegt der g-Wert bei ca. 80%. Durch Bedruckung einer Lage mit 65% Bedruckungsgrad lassen sich Werte von unter 50% erreichen, mit 90% Bedruckungsgrad sogar deutlich unter 20%. Gebaute Beispiele zeigen, dass selbst dieser starke Bedruckungsgrad noch eine Transparenz aufweist.

Bei textilen Membranen ist die Lichtdurchlässigkeit, und somit auch die Strahlungsdurchlässigkeit, deutlich geringer als bei Folien. Man erreicht hier nur mit sehr dünnen Materialien mehr als 20%.

### 7.1.7 Akustische Eigenschaften

Für die Diskussion der akustischen Eigenschaften von Membransystemen sind vier Anwendungsfälle zu unterscheiden:
1. Schallschutz gegenüber äußeren Schallquellen.
2. Schallschutz gegenüber Schallquellen aus dem Inneren des Gebäudes.
3. Lärmminderung im Inneren des Gebäudes.
4. Durch Regen erzeugter Lärm im Inneren des Gebäudes.

Im Hinblick auf die geringe Schalldämmung und Schallabsorption eines Membran- und Foliensystems ist für jeden Anwendungsfall zu prüfen, ob Beeinträchtigungen in der Nutzung durch Lärmquellen entstehen können oder Lärm-/Geräuschquellen im Inneren der Gebäudehülle sich störend in der Nachbarschaft auswirken. Die geringe Eigenmasse von Membranen ermöglicht keinen wirksamen Schutz gegen potenzielle Lärmquellen. Sowohl bei Membrangeweben als auch bei ETFE-Folien kann nur das Einbringen von zusätzlicher Bauteilmasse einen Schutz bewirken, sei es in Form von transparenten Acrylglasplatten (PMMA – Polymethylmethacrylat) bei transparenten Hüllflächen oder für die Trennung transparenter Innenräume oder sei es durch schwere Vorhänge. Einen Spezialfall stellen Atriumüberdachungen dar, da hier der Schalleintrag nur über eine begrenzte Fläche möglich ist und durch

**Tabelle 6.** Transmission (T) sowie Reflexion (R) für UV-, sichtbare und solare Strahlungsanteile sowie Emissivität (ε) und g-Wert für ein 3-Lagen-ETFE-Kissensystem (200 μm – 80 μm – 200 μm) mit einer hochreflektierenden Bedruckung der Oberfolie (H560110); Bedruckungsgrad 84 %

| Farbe | $T_{UV}$ | $T_{vis}$ | $T_{sol}$ | $R_{UV}$ | $R_{vis}$ | $R_{sol}$ | ε | g-Wert |
|---|---|---|---|---|---|---|---|---|
| | % | % | % | % | % | % | | |
| H560110 | 2,5 | 2,7 | 2,6 | 53,9 | 56,6 | 55,4 | 0,4 | 0,18 |

Schallreflexion potenzielle Geräusche unmittelbar wieder entweichen können. Ein gutes Beispiel sind Überdachungen von Atrien in Flughafennähe. Hier gibt es in der Regel keine Belästigung durch erhöhte Lärmpegel aufgrund von Flugverkehr. Ferner kann bei Membranen durch Auflegen von möglichst schwerer Mineralwolle die Schalldämmung deutlich verbessert werden. Die Transluzenz geht hierbei allerdings verloren. Perforierte Membranen und Folien können die Schallabsorption deutlich verbessern. Ebenso verbessert sich die Schallabsorption bei Membranen mit geringer Masse und geringer Vorspannung.
Wesentlich bedeutsamer für den akustischen Komfort in Gebäuden ist der durch den Nachhall von schallharten Oberflächen erzeugte Lärmpegel. In großen Räumen, in denen viele Menschen zusammenkommen, wie z. B. in Mensen, Restaurants oder auch Schwimmbädern, können relativ hohe Lärmpegel durch den sogenannten „Lombard Effekt" entstehen. Dabei handelt es sich um einen auf eine Änderung der Stimmcharakteristik in lauten Umgebungen zurückzuführenden Reflex der Stimmbänder. Insbesondere ist der Lärmpegel in abgeschlossenen Räumen nicht nur auf die Anzahl und die Charakteristik der Geräuschquellen im Raum zurückzuführen, sondern in hohem Maß auf den Nachhall im Raum. Hier können Membranen deutlich höheren akustischen Komfort bieten [78]. Der Lärm innerhalb von geschlossenen Räumen ist ein bislang häufig unterschätztes Gesundheitsrisiko.
Der vierte Anwendungsfall betrifft die Geräuschentwicklung im Inneren eines Gebäudes durch starken Regen auf eine gespannte Membran. Diese Situation ist sowohl bei pneumatisch gespannten Kissenkonstruktionen als auch bei mechanisch gespannten Membraneinzellagen zu diskutieren. Starker Regen erzeugt auf einer Membran einen Trommeleffekt, der für ein 3-lagiges ETFE-Folienkissen mit einem Kisseninnendruck von 180 Pa entsprechend DIN EN ISO 15186-1 [79] mit einem Schalldruckpegel von 68,7 dB für den Frequenzbereich von 125 bis 3150 Hz gemessen wurde [80]. Dieser Schallpegel ist für Bereiche direkt unter einer Kissenkonstruktion sehr hoch und daher konstruktiv oder durch geeignete Maßnahmen zu reduzieren. Während für Gebäude mit großen Deckenhöhen (> 10 m) die Geräuschentwicklung durch Regen aufgrund des Abstandsgesetzes keine große Rolle spielt, bietet bei geringeren Deckenhöhen nur der Einsatz eines geeigneten „Rain suppressor"-Netzes eine signifikante Reduktion der Regengeräusche. Der Schalldruckpegel kann durch den Einsatz eines Texlon rain suppressors Type 2 (Patent No. GB2387395A – Vector Foiltec) im Frequenzbereich von 100 bis 3150 Hz auf 55,5 dB reduziert werden [80].

## 8 Brandverhalten

Die in der textilen Architektur verwendeten Membran- und Folienwerkstoffe sind allesamt schwerentflammbar. Vereinzelt gibt es auch nichtbrennbare Materialien, allerdings meist ohne oder mit nur geringer Beschichtungsdicke.
Da nur geringe brennbare Materialmengen verbaut werden, ist die Brandlast auch sehr niedrig. In Abstimmung mit Brandschutzexperten konnte bereits in vielen Fällen auf eine aufwendige Entrauchungsmaßnahme verzichtet werden, da sich die Schweißnähte im Brandfall schnell öffnen und so zu einer schnellen Entrauchung beitragen.
Als Fluorpolymer mit äußerst geringem Sauerstoffindex zeichnet sich ETFE besonders in seinem Brandverhalten deutlich gegenüber anderen Kunststoffen aus. ETFE-Folien werden von den Folienlieferanten mit einem Zertifikat zur Klassifizierung des Brandverhaltens nach DIN EN 13501-1 [22] geliefert und ist in die Brandklasse B-s1-d0 eingestuft (schwer entflammbar, geringe Rauchentwicklung, nichtbrennend abtropfend). Nach DIN 4102 [23] werden ETFE-Folien als schwer entflammbarer Baustoff B1 eingestuft. Wichtig für das Verhalten von ETFE-Gebäudehüllen im Brandfall ist die Tatsache, dass ETFE-Folien ab einer Temperatur von 200 °C weich werden und sich automatisch zum Rand der durch die Aluminiumrahmen gebildeten Felder zurückziehen. Dadurch öffnet sich das Gebäude und die thermische Energie kann ungehindert entweichen. Große Bedeutung gewinnt dieses Verhalten für Stahltragwerke, welche mit steigender Temperatur ihre Festigkeit verlieren. Zudem wird das Risiko von herabstürzenden Bauteilen deutlich gemindert. Erheblich mehr Aufschluss bietet der sogenannte „Small Room Test" entsprechend ISO 13784-1 [81], welcher als Test für das Gesamtsystem ausgelegt ist. Dieser Test wurde 2019 am RISE Research Institute of Sweden AB in Boras sowohl an einem transparenten typischen 3-Lagen-System wie auch an einem mit sehr dichter, hochreflektierender Bedruckung ausgestatteten 3-Lagen-ETFE-System durchgeführt (s. Bild 49).

**Bild 49.** RISE Small Room Test eines Texlon 3-Lagen-ETFE-Systems, 250 μm – 100 μm – 250 μm, bedruckte äußere Folie DH 9:92 dunkel; Heizleistung des Brenners nach 17 Minuten 20 Sekunden: 300 kW (© Vector Foiltec GmbH)

Bezogen auf die Reaktion gegenüber Feuer konnte festgestellt werden, dass sowohl die Temperatur- als auch die Rauchentwicklung äußerst gering waren. Brennen des Materials selbst konnte nicht festgestellt werden. Brennendes Abtropfen war ebenfalls nicht erkennbar. Aufgrund der geringen Temperaturen im Innenraum des „Small Rooms" gab es den bei diesem Test mit anderen Baumaterialien häufig eintretenden Brandüberschlag nicht.

# 9 Ausführung

## 9.1 Zuschnitt

Um die dreidimensionale Form von Membrantragwerken aus Geweben oder Folien zu fertigen, muss die Form in Streifen zugeschnitten werden. Die Zuschnittslinien, die die späteren Nahtlinien darstellen, werden als geodätische Linien über die Fläche gelegt. Die geodätische Linie definiert die kürzeste Entfernung zwischen zwei Punkten auf einer dreidimensionalen Oberfläche. Maßgebend für die Breite der Zuschnittsbahnen ist die Fertigungsbreite des verwendeten Rohmaterials.
Das Verebnen stellt immer eine Näherung dar, da sich zweiachsig gekrümmte Flächen nicht verebnen lassen. Die Oberfläche wird hierzu in Vierecke oder Dreiecke diskretisiert und anschließend verebnet. Bei längentreuer Abwicklung treten Fehler in der Fläche auf, und bei flächentreuer Abwicklung treten Längenfehler auf. Die Algorithmen in den Zuschnittsprogrammen können diese Fehler ausgleichen und möglichst gering halten. Trotzdem müssen über die Anordnung der Zuschnittslinien und über die gewählten Bahnbreiten die Verzerrwinkel in der Ebene und die Randlängenänderung entsprechend gering gehalten werden, um Faltenbildung in der dreidimensionalen Form zu vermeiden

und einen gleichmäßigen Kraftfluss über die Oberfläche zu gewährleisten.
Beim Zuschneiden müssen auch Zugaben oder Abzüge für die spätere Naht-, Rand- und weiteren Detailausbildungen eingeplant werden. Durch Zusammensetzen dieser eben herstellbaren Bahnen entsteht dann die planmäßige dreidimensionale Geometrie.

## 9.2 Kompensation

### Membrangewebe

Durch das Herstellverfahren von Geweben weisen die Membranen bei der Erstbelastung eine Dehnung im Material auf, die auf das Setzen der Schuss- und Kettfäden zurückzuführen ist. Beim Weben werden die Kettfäden straff gespannt. Der Schussfaden wird mit geringerer Vorspannung zwischen die wechselseitig verlaufenden Kettfäden gezogen und durch das Wechseln der Lage der Kettfäden in Wellen gelegt. Durch das anschließende Beschichten wird diese Lage der Fäden für die unbeanspruchte Membrane fixiert. Fertigungsmethoden der Weber und Beschichter reduzieren oder gleichen die unterschiedlichen Wellenlagen von Kette und Schuss durch Vorspannen der beiden Lagen aus. Trotzdem sind Setzungen bei der Erstbelastung vorhanden. Das Maß dieser Setzungen ist abhängig vom Belastungsniveau und dem Verhältnis von Kett- zu Schuss-Beanspruchung.
Das Membrantragwerk muss sein Vorspannniveau nach der Erstbelastung und auch nach vielen Belastungszyklen behalten. Aus diesem Grund wird beim Zuschnitt das Setzungsverhalten der Membrane berücksichtigt und der Zuschnitt in der Fläche entsprechend verkleinert, kompensiert. Zur Ermittlung dieses Kompensationswerts werden am Membranmaterial Biaxial-Versuche durchgeführt. Da beim Weben und Beschichten immer Unterschiede in der Fertigung auftreten, müssen die Biaxial-Versuche am tatsächlich verwendeten Material durchgeführt werden. Die Belastungsvorgaben für die Biaxial-Versuche entsprechen den in der statischen Berechnung ermittelten Werten für Vorspannung bzw. den maßgebenden Membranbelastungen in Kette und in Schuss. Im Versuch wird mehrfach in Kett- und Schussrichtung bis zur maßgebenden Spannung gezykelt. Somit lassen sich die verbleibenden Dehnungen unter Vorspannung ermitteln, die als Kompensation bei den Zuschnitten berücksichtigt werden müssen.

### ETFE-Folien

Bei ETFE-Folien handelt es sich im Wesentlichen um ein isotropes Material. Geringe durch die Extrusion der Folien bedingte Abweichungen in Richtung der Extrusion (Machine Direction MD) und quer zur Extrusionsrichtung (Transversal Direction TD) sind für die Kompensation nicht von Bedeutung. Bei pneumatisch unterstützten Kissen stellt sich die Form durch den Kissendruck ein und geringe Abweichungen werden durch eine leicht geänderte Kissenform eingestellt. Die Kompensation ist gering und bedarf nicht unbedingt eines Biaxial-Versuchs. Formveränderungen aufgrund äußerer lokaler Windlasten sind bei Kissenkonstruktionen Bestandteil des Sicherheitskonzeptes. Ein gutes ETFE-Design erlaubt neben der elastischen Verformung in definierten Grenzen auch eine plastische Verformung. In einzigartiger Weise adaptieren sich ETFE-Kissenkonstruktionen daher im Laufe der Zeit durch viele Lastzyklen an die jeweiligen lokalen Windlasten, was für die Statik, die herkömmlicherweise auf Unbeweglichkeit baut, ein eher ungewohnter Ansatz ist.

Für einlagige ETFE-Hüllen gilt dieser Ansatz jedoch nicht. Hier verbieten sich plastische Verformungen geradezu. Daher muss die Kompensation so gewählt werden, dass der durch die Viskoelastizität des Materials bedingte Abbau der Spannung nach Lasteinwirkung als Zugabe zur erforderlichen Vorspannung berücksichtigt wird. Die Foliengeometrie ist so zu konfektionieren, dass nach Spannungsabbau eine Vorspannung von ca. 4 MPa erhalten bleibt. Dies kann durch Zugabe einer Last erreicht werden, die das Spannungsniveau bei Installation um ca. 2 MPa erhöht.

### 9.3 Versuche zur Festigkeitsermittlung

**Membrangewebe**

Alle wesentlichen Details sind vor Fertigungsbeginn sowie in regelmäßigen Abständen zu testen. In jedem Fall sind dies die Schweißnähte bei 23 °C ± 2 K und bei 70 °C ± 2 K in Kett- und Schussrichtung. Wenn im Projekt vorhanden, sind auch die Randseiltaschen und Kederränder zu testen.

Die Versuche werden einachsig an Streifen mit üblicherweise 100 mm Breite durchgeführt. Zur Bestimmung der 5%-Fraktilwerte sind je Membrangewebe-Charge mindestens fünf Versuche durchzuführen.

Auch Weiterreißversuche sowie Reißversuche nach Falten des Materials sind oft Bestandteil dieser Versuchsreihen.

**ETFE-Folien**

Festigkeitswerte des Folienmaterials werden vom Folienlieferanten im Rahmen des jeweils mitgelieferten Abnahmeprüfzeugnisses 3.1 nach DIN EN 10204 angegeben. Danach soll die Zugfestigkeit ≥ 40 MPa betragen, die Spannung bei 10% Dehnung ≥ 20 MPa. Die von Folienlieferanten angegebenen Werte werden im Rahmen einer Wareneingangsprüfung durch das weiterverarbeitende Unternehmen überprüft.

Die Schweißparameter der Flächennähte, Randschweißnähte sowie der Nähte der bei einlagigen Systemen ggf. vorhandenen Seiltaschen sind vor Beginn des eigentlichen Schweißvorgangs grundsätzlich durch entsprechende Zugversuche nach DIN EN 527-3 zu ermitteln. Hierfür sind in der Regel jeweils fünf Proben mit einer Probenbreite von mindestens 20 mm und einer Einspannlänge von mindestens 50 mm, besser allerdings 100 mm, mit einer Prüfgeschwindigkeit von 100 mm/min monoaxial bis zum Bruch zu ziehen. Die Schweißnaht sollte als 5%-Fraktil-Wert aus mindestens fünf Proben mindestens eine Bruchfestigkeit von 30 MPa erreichen sowie einen Mittelwert aus mindestens fünf Proben von ≥ 33 MPa aufweisen. Geringere Festigkeitswerte weisen entweder auf eine zu kalte oder eine zu heiße Schweißnaht hin. Der Übergang auf eine zu kalte Naht erfolgt diskontinuierlich, d. h. sprunghaft. Es liegt Adhäsion vor, nicht aber ein Verschweißen der Folien.

Die Ermittlung der Schweißparameter hat bei Aufnahme des Betriebs nach einer Pause und bei Wechsel der Folienart bzw. -dicke zu erfolgen. Das Schweißpersonal hat auch eine visuelle Kontrolle der Schweißnähte durchzuführen. Die Festlegung der erforderlichen Festigkeitswerte erfolgt i. d. R. durch den Tragwerksplaner in Abstimmung mit dem Gutachter für die ZiE und den Genehmigungsbehörden. Die Versuche sind damit auch immer Bestandteil der ZiE.

### 9.4 Verarbeitung

Die als computerlesbare Dateien (meist im dxf-Format) aufbereiteten Zuschnittsbahnen können vom Schneidplotter (Cutter) gelesen werden. Abhängig von der verwendeten Layerart weiß der Cutter, ob geschrieben, geschnitten oder gebohrt werden soll, und ggf. auch, ob mit reduzierter Geschwindigkeit geschnitten wird.

Für den korrekten Zusammenbau der Bahnen werden sie mit der Bahnnummer und Ecknummern versehen, oder sonstigen eindeutigen Eckmarkierungen. Auch Kontrollmaße sowie die Kettrichtung können auf die Bahnen geschrieben werden.

Bei PES/PVC-Membranen mit PVDF-Decklack muss die Oberfläche im Bereich der Schweißnaht abgeschliffen werden, um eine ausreichende Nahtfestigkeit zu erreichen. Beim Schleifen darf nur der Decklack abgeschliffen werden. Die Deckbeschichtung darf nicht durchgeschliffen werden, da das Polyestergewebe sonst nicht mehr ausreichend gegen Witterungseinflüsse geschützt ist.

Die Parameter der Schweißmaschinen sind projektspezifisch zu ermitteln und sind bei der Fertigung zwingend einzuhalten. Vor jedem Schichtbeginn sind die Parameter zu prüfen und im Rahmen der Qualitätssicherung zu testen und zu dokumentieren. Das Schweißpersonal hat auch eine visuelle Kontrolle der Schweißnähte durchzuführen.

Bei Glas/PTFE-Membranen muss die Handhabung beim Bewegen, Schweißen und Verpacken sehr sorgfältig erfolgen, da die Glasfasern empfindlich auf Knicke und Querpressung reagieren. Beim Falten müssen Bläschenfolie oder Schaumstoff sowie Rollen eingelegt werden, um scharfe Knicke zu verhindern.

Die fertigen Membranpaneele sind auf Maßhaltigkeit zu überprüfen und zu dokumentieren.

Die Verpackung der Membranpaneele ist mit einer lagerichtigen Faltskizze zu versehen, sodass die Paneele

## 9.5 Montage

Auch die Montage muss geplant werden. Entsprechend dem Projekt ist eine Montagemethode festzulegen und, soweit erforderlich, sind Zwischenzustände rechnerisch zu erfassen.

Die Lage der Anschlusspunkte muss vor Beginn der Montage durch ein 3-D-Aufmaß überprüft werden. Bei großen Abweichungen vom Soll müssen Ausgleichsmaßnahmen ermittelt werden. Es kann auch nötig werden, dass die Anschlusspunkte demontiert und neu mit korrigierten Maßen wieder hergestellt werden.

Die Membrane muss auf einer sorgfältig geschützten Fläche ausgelegt werden, ohne scharfe Kanten, Ecken und Steine.

Beim Heben der Membrane sind, wo erforderlich, Traversen zu verwenden, um unkontrollierte Falten zu vermeiden. Wenn Seile und Membranbeschläge bereits am Boden vormontiert wurden, sind die Beschläge für das Heben zu schützen. Die Membrane soll so kurz wie möglich in teilbefestigtem Zustand dem Wind ausgesetzt sein.

Die Montage ist durch Maß und Kraftkontrollen zu begleiten, um sicherzustellen, dass die Zielwerte erreicht werden.

Abweichend von den Anforderungen an die Montage von textilen Membranen werden Folien zum Teil in Holzkisten, in denen sie auf die Baustelle angeliefert worden sind, an den Ort der jeweiligen Installation mittels z. B. eines Krans verbracht. Erst dort werden die Folien aus der Kiste auf die Dachfläche verbracht, dann dort zunächst einseitig fixiert, anschließend über die Fläche abgetucht und am Rand in den Basisprofilen mittels spezieller Spannwerkzeuge fixiert. Die Folien sind also in der Regel bis an ihrem spezifischen Ort der Installation im Dach vor äußeren Beschädigungen geschützt. Da die Folienpaneele bzw. -kissen separat mit PVC-Folie verpackt und z. T. vakuumgezogen sind, ist auch ein Schutz der Folien bei solchen Montagekonzepten gewährleistet, bei denen die Folien bereits am Boden aus den Boxen genommen werden.

## 10 Literatur

[1] Stranghöner, N.; Uhlemann, J.; Bilginoglu, F.; Bletzinger, K.-U.; Bögner-Balz, H.; Corne, E.; Gibson, N.; Gosling, P.; Houtman, R.; Llorens, J.; Malinowsky, M.; Marion, J.-M.; Mollaert, M.; Nieger, M.; Novati, G.; Sahnoune, F.; Siemens, P.; Stimpfle, B.; Tanev, V.; Thomas, J.-Ch. (2016) *Prospect for European Guidance for the Structural Design of Tensile Membrane Structures, Support to the implementation, harmonization and further development of the Eurocodes*, JRC Science and Policy Report, European Commission, Joint Research Centre (Eds. Mollaert, M.; Dimova, S.; Pinto, A.; Denton, St.) EUR 25400 EN, European Union.

[2] Uhlemann, J.; Stranghöner, N. (2013) Einfluss fiktiver elastischer Konstanten von textilen Gewebemembranen in der Tragwerksanalyse von Membranstrukturen, *Stahlbau* 82, (9), 643–651.

[3] DIN 4134:1983-02 (1983) *Tragluftbauten, Berechnung, Ausführung und Betrieb*, Beuth, Berlin.

[4] DIN 18204-1:2018-11 (2018) *Bauteile aus textilen Flächengebilden und Folien – Teil 1: Hallen und Zelte*, Beuth, Berlin.

[5] DIN 18204-101:2018-11 (2018) *Bauteil aus textilen Flächengebilden und Folien – Teil 101: Konformitätsnachweis für Hallen und Zelte nach DIN 18204-1*, Beuth, Berlin.

[6] DIN EN 15619:2014-07 (2014) *Mit Kautschuk oder Kunststoff beschichtete Textilien – Sicherheit Fliegender Bauten (Zelte) – Spezifikation für beschichtete Textilien für Zelte und zugehörige Bauten*, Deutsche Fassung EN 15619:2014, Beuth, Berlin.

[7] DIN EN 13782:2015-06 (2015) *Fliegende Bauten – Zelte – Sicherheit*, Deutsche Fassung EN 13782:2015, Beuth, Berlin.

[8] ASCE/SEI55-16 (2010) *Tensile membrane structures*, American Society of Civil Engineers.

[9] DIN EN ISO 1421:2017-03 (2017) *Mit Kautschuk oder Kunststoff beschichtete Textilien – Bestimmung der Zugfestigkeit und der Bruchdehnung (ISO 1421:2016)*, Deutsche Fassung EN ISO 1421:2016, Beuth, Berlin.

[10] DIN EN 1875-3:1998-02 (1998) *Mit Kautschuk oder Kunststoff beschichtete Textilien, Bestimmung der Weiterreißfestigkeit – Teil 3: Verfahren mit trapezförmigen Probekörpern*, Deutsche Fassung EN 1875-3:1997, Beuth, Berlin.

[11] DIN EN ISO 2411:2018-02 (2018) *Mit Kautschuk oder Kunststoff beschichtete Textilien – Bestimmung der Haftfestigkeit von Beschichtungen (ISO 2411:2017)*, Deutsche Fassung EN ISO 2411:2017, Beuth, Berlin.

[12] DIN EN ISO 2286-1:2017-01 (2017) *Mit Kautschuk oder Kunststoff beschichtete Textilien – Bestimmung der Rollencharakteristik – Teil 1: Bestimmung der Länge, Breite und Nettomasse (ISO 2286-1:2016)*, Deutsche Fassung EN ISO 2286-1:2016, Beuth, Berlin.

[13] DIN EN ISO 2286-2:2017-01 (2017) *Mit Kautschuk oder Kunststoff beschichtete Textilien – Bestimmung der Rollencharakteristik – Teil 2: Bestimmung der flächenbezogenen Gesamtmasse, der flächenbezogenen Masse der Beschichtung und der flächenbezogenen Masse des Trägers (ISO 2286-2:2016)*, Deutsche Fassung EN ISO 2286-2:2016, Beuth, Berlin.

[14] DIN EN ISO 2286-3:2017-01 (2017) *Mit Kautschuk oder Kunststoff beschichtete Textilien – Bestimmung der Rollencharakteristik – Teil 3: Bestimmung der Dicke (ISO 2286-3:2016)*, Deutsche Fassung EN ISO 2286-3:2016, Beuth, Berlin.

[15] MSAJ/M-02-1995 (1995) *Testing Method for Elastic Constants of Membrane Materials*, Standard of Membrane Structures Association of Japan.

[16] DIN EN 17117-1:2019-02 (2019) *Mit Kautschuk oder Kunststoff beschichtete Textilien – Mechanische Prüfverfahren unter biaxialen Spannungszuständen – Teil 1: Zugsteifigkeitseigenschaften*, Deutsche Fassung EN17117-1:2018, Beuth, Berlin.

[17] DIN EN ISO 527-1:2012-06 (2012) *Kunststoffe – Bestimmung der Zugeigenschaften – Teil 1: Allgemeine Grundsätze (ISO 527-1:2012)*, Deutsche Fassung EN ISO 527-1:2012, Beuth, Berlin.

[18] DIN EN ISO 527-3:2019-02 (2019) *Kunststoffe – Bestimmung der Zugeigenschaften – Teil 3: Prüfbedingungen für Folien und Tafeln (ISO 527-3:2018)*, Deutsche Fassung EN ISO 527-3:2018, Beuth, Berlin.

[19] DIN EN ISO 899-1:2018-03 (2018) *Kunststoffe – Bestimmung des Kriechverhaltens – Teil 1: Zeitstand-Zugversuch (ISO 899-1:2017)*, Deutsche Fassung EN ISO 899-1:2017, Beuth, Berlin.

[20] DIN EN ISO 899-2:2015-06 (2015) *Kunststoffe – Bestimmung des Kriechverhaltens – Teil 2: Zeitstand-Biegeversuch bei Dreipunkt-Belastung (ISO 899-2:2003 + Amd.1:2015)*, Deutsche Fassung EN ISO 899-2:2003 + A1:2015, Beuth, Berlin.

[21] DIN 53363:2003-10 (2003) *Prüfung von Kunststoff-Folien, Weiterreißversuch an trapezförmigen Proben mit Einschnitt*, Beuth, Berlin.

[22] DIN EN 13501-1:2019-05 (2019) *Klassifizierung von Bauprodukten und Bauarten zu ihrem Brandverhalten – Teil 1: Klassifizierung mit den Ergebnissen aus den Prüfungen zum Brandverhalten von Bauprodukten*, Deutsche Fassung EN 13501-1:2018, Beuth, Berlin.

[23] DIN 4102-1:1998-05 (1998) *Brandverhalten von Baustoffen und Bauteilen – Teil 1: Baustoffe, Begriffe, Anforderungen und Prüfungen*, Beuth, Berlin.

[24] DIN EN ISO 13934-1:2013-08 (2013) *Textilien – Zugeigenschaften von textilen Flächengebilden – Teil 1: Bestimmung der Höchstzugkraft und Höchstzugkraft-Dehnung mit dem Streifen-Zugversuch (ISO 13934-1:2013)*, Deutsche Fassung EN ISO 13934-1:2013, Beuth, Berlin.

[25] CECS 158:2015 (2015) *Technical specification for membrane structures*, China Association for Engineering Construction Standardization.

[26] DG/TJ08-2019-J11015 (2019) *Technical specification for inspection of membrane structures*, Code for engineering construction of Shanghai.

[27] CECS xxx (2020) *Specification for Acceptance of Constructional Quality of Membrane Structures*, China Association for Engineering Construction Standardization (in Vorbereitung zur voraussichtlichen Veröffentlichung in 2019/2020, zum Zeitpunkt der Verfassung des vorliegenden Beitrags ist noch keine Standard-Nummer vergeben).

[28] MSAJ/M-01-1993 (1993) *Testing Method for in-Plane Shear Properties of Membrane Materials*, Standard of Membrane Structures Association of Japan.

[29] MSAJ/M-03-1993 (1993) *Testing Method for Membrane Materials (Coated Fabrics) – Qualities and Performances*, Standard of Membrane Structures Association of Japan.

[30] ASTM D 4851-07 (2007) *Standard Test Methods for Coated and Laminated Fabrics for Architectural Use*, ASTM International.

[31] Forster, B.; Mollaert, M. (Eds.) (2004) *European Design Guide for Tensile Surface Structures*, TensiNet (kurz: Tensinet Design Guide).

[32] Houtman, R.; Stimpfle, B.; Galliot, C.; Bögner-Balz, H.; Blum, R.; Köhnlein, J.; Frisch, H.; Zehentmaier, S.; Ward, J.; Cremers, J.; Chilton, J.; Moritz, K.; Gipperich, K.; Balz, M.; Birchall, M. (2013) *Design Recommendations for ETFE Foil Structures*, TensiNet.

[33] abZ/aBG Z-10.5-35 (2019) *Hülle für Tragluftbauten aus PVC-beschichtetem Polyestergewebe*, Struckmeyer Traglufthallen GmbH & Co. KG, Porta Westfalica, Allgemeine bauaufsichtliche Zulassung/Allgemeine Bauartgenehmigung des Deutschen Instituts für Bautechnik, Zulassungsbescheid v. 17.9.2019.

[34] abZ Z-10.5-91 (2003) *TEXLON-Dachsystem mit Folienkissen*, Foiltec GmbH, Allgemeine bauaufsichtliche Zulassung des Deutschen Instituts für Bautechnik, Zulassungsbescheid v. 10.6.2003.

[35] Stimpfle, B.; Günther, D. (2016) *A Project Oriented Approach to Determine Membrane Properties*, Procedia Engineering, Volume 155, pp. 81–88.

[36] Schiemann, L. (2009) *Tragverhalten von ETFE-Folien unter biaxialer Beanspruchung*, Dissertation, Institut für Entwerfen und Baukonstruktion, Technische Universität München.

[37] Maywald, C.; Mißfeld, M. (2018) Zum Alterungsverhalten von ETFE-Konstruktionen in der Architektur, Stahlbau **87** (7), 663–672.

[38] DIN EN 10204:2005-01 (2005) *Metallische Erzeugnisse – Arten von Prüfbescheinigungen*, Deutsche Fassung EN 10204:2004, Beuth, Berlin.

[39] LeCuyer, A. (2008) *ETFE – Technologie und Entwurf*, Birkhäuser Verlag AG, Basel, Schweiz, S. 19.

[40] Regenfuß, S. (2018) *Die Entwicklung des Zeltbaus – 5000 Jahre Ingenieursleistung*, in: Stranghöner, N., Uhlemann, J. (Hrsg.), 4. Essener Membranbau Symposium, Shaker Verlag, Aachen.

[41] Uhlemann, J.; Stimpfle, B.; Stranghöner, N. (2014) *Application of the semiprobabilistic safety concept of EN 1990 in the design of prestressed membrane structures*, Proceedings of the EUROSTEEL 2014, 7th European Conference on Steel and Composite Structures, Naples, Italy, September 10–12.

[42] DIN EN 1990:2010-12 (2010) *Eurocode: Grundlagen der Tragwerksplanung*, Deutsche Fassung EN 1990:2002 + A1:2005 + A1:2005/AC:2010, Beuth, Berlin.

[43] Philipp, B.; Wüchner, R.; Bletzinger, K.-U. (2013) *Conception and design of membrane structures considering their non-linear behaviour*, Proceedings of the STRUCTURAL MEMBRANES, Munich.

[44] DIN EN 1993-1-11:2010-12 (2010) *Eurocode 3: Bemessung und Konstruktion von Stahlbauten – Teil 1-11: Bemessung und Konstruktion von Tragwerken mit Zuggliedern aus Stahl*, Beuth, Berlin.

[45] Kathage, K.; Misiek, T. (2012) Bemessung von Zuggliedern nach DIN EN 1993-1-11 – Grenzzustände der Gebrauchstauglichkeit, *Stahlbau* 81 (8), 621–623.

[46] DIN 18204-1:2007-05 (2007) *Raumabschließende Bauteile aus textilen Flächengebilden und Folien (Zelt-planen) für Hallen und Zelte – Teil 1: PVC-beschichtetes Polyestergewebe*, Beuth, Berlin.

[47] Uhlemann, J.; Stranghöner, N. (2018) Zelthallen aus PVC-beschichtetem Polyestergewebe nach aktualisierter Normenreihe DIN 18204, *Stahlbau* 87 (7), 640–648.

[48] DIN EN ISO 2076:2014-03 (2014) *Textilien – Chemiefasern – Gattungsnamen (ISO 2076:2013)*, Deutsche Fassung EN ISO 2076:2013, Beuth, Berlin.

[49] DIN EN 1991-1 (2010–2019) *Eurocode 1: Einwirkungen auf Tragwerke*, Normenreihe mit ihren jeweils aktuellen Teilen, Beuth, Berlin.

[50] Minte, J. (1981) *Das mechanische Verhalten von Verbindungen beschichteter Chemiefasergewebe*, Dissertation, Technische Hochschule Aachen, Aachen.

[51] abZ Z-10.9-299 (2017) *Pultrudierte Profile aus glasfaserverstärkten Kunststoffen – Doppel-T-Profil, U-Profil, Winkelprofil, Vierkanthohlprofil, Flachprofil und Handlaufprofil*, Fiberline Composites A/S, Middelfart, Dänemark, Allgemeine bauaufsichtliche Zulassung des Deutschen Instituts für Bautechnik v. 23.3.2017.

[52] Asadi, H.; Uhlemann, J.; Stegmaier, T.; von Arnim, V.; Stranghöner, N. (2017) *Investigations into the long-term behaviour of fabrics*, Proc. of the STRUCTURAL MEMBRANES 2017, München.

[53] Uhlemann, J.; Asadi, H.; Stranghöner, N. (2017) *A survey on strength deterioration of Polyester-PVC fabrics*, Proc. of the IASS Symposium 2017, Hamburg.

[54] Lechle, W. (1975) Langzeitbelastung von beschichteten Geweben aus hochfesten Polyester-Filamentgarnen und deren Nahtverbindungen, *Chemiefasern, Textilindustrie*: Zeitschr. für d. gesamte Textilindustrie (2), 152–156.

[55] Menges, G.; Meffert, B. (1977) Versagensverhalten PVC-beschichteter Polyestergewebe, *Gummi, Asbest, Kunststoffe* 30, 392–398.

[56] Blumberg, H.; Krummheuer, W.; Nebe, J. (1976) Zeitstandverhalten von PVC-beschichteten Polyamid 66- und Polyester-Geweben in Praxis- und Laborprüfungen, *Kunststoffe* 66, 97–103.

[57] Schulz, U. (1994) Der Einfluß von Temperatur und Freibewitterung auf das Langzeitverhalten von Membranwerkstoffen und ihren Verbindungen, *Bautechnik* 71, 468–477.

[58] Seidel, M. (2008) *Textile Hüllen*, Ernst & Sohn, Berlin.

[59] Deutsches Institut für Bautechnik (2017) *MVV TB Muster-Verwaltungsvorschrift Technische Baubestimmungen*, Stand August 2017. www.dibt.de.

[60] Stimpfle, B.; Schäffer, M. Membrantragwerke, in *Stahlbau-Kalender 2015* (Hrsg. Kuhlmann, U.), Ernst & Sohn, Berlin, 2015, S. 517–566.

[61] Stimpfle, B. (2016) *Membrane Structures*, Chapter 6 in Lightweight Landscape Book – Enhancing Design through Minimal Mass Structures, SpringerBriefs in Applied Sciences.

[62] Stimpfle, B. (2008) *Structural Air – Pneumatic Structures*, Chapter in Textile Composites and Inflatable Structures II, Springer Eccomas.

[63] Buckminster Fuller, R. (2001) *Nine Chains to the Moon, Garden City*, Anchor Books, 1971, p. 259. Deutsche Übersetzung in: Joachim Krausse und Claude Lichtenstein, Hrsg. Richard Buckminster Fuller – Diskurs, Lars Müller Verlag, Baden, S. 126.

[64] Institut Bauen und Umwelt e. V. (2016) *IBU, Das Handbuch für IBU-Mitglieder*, Berlin, S. 42.

[65] Institut Bauen und Umwelt e. V. (2011) *Umwelt-Produktdeklaration TEXLON®-System*, Vector Foiltec, Nowofol, Dyneon, Deklarationsnummer EPD-VND-2011111-D.

[66] DIN EN 15804:2012-04 (2012) *Nachhaltigkeit von Bauwerken – Umweltproduktdeklarationen – Grundregeln für die Produktkategorie Bauprodukte*, Beuth, Berlin.

[67] Vector Foiltec GmbH (o. J.) *fact sheets DGNB, LEED, BREEAM*, https://www.vector-foiltec.com/texlon-etfe-system/sustainability/.

[68] Nowofol (2016) *fact sheets für DGNB, BREEAM, und LEED*, NOWOFOL® Kunststoffprodukte GmbH & Co. KG, Siegsdorf, Germany.

[69] Maywald, C.; Riesser, F. (2016) Sustainability – the art of modern architecture, *Procedia Engineering* 155, 238–248.

[70] Vector Foiltec GmbH (2019) *Health Product DECLARATION Texlon System*, https://www.vector-foiltec.com/wp-content/uploads/2019/02/HPD-Vector-Foiltec-2019.pdf.

[71] Bremer Umweltinstitut (2016) *Emissionsprüfung entsprechend Bewertungsschema des Ausschusses zur gesundheitlichen Bewertung von Bauprodukten (AgBB) und der DIBt-Grundsätze für die gesundheitliche Bewertung von Bauprodukten an Texlon®-ETFE Folien*, Bremen.

[72] SINTEF Byggforsk (2014) *Leaching Test an Vector Foiltec Texlon®-ETFE Folien entsprechend PD/CEN TS 16637-2:2014*, Report No. SBF2015F0474, Oslo.

[73] Stranghöner, N.; Surholt, F. *Charakterisierung des nichtlinearen viskoelastischen Materialverhaltens von ETFE- und ECTFE-Folien zum Einsatz in Membranstrukturen des Bauwesens*, laufendes DFG-Forschungsvorhaben, STR-, Institut für Metall- und Leichtbau, Universität Duisburg-Essen.

[74] Grotkop, G.; Hönnecke, M. (2003) *Entwurf zu einem Bemessungskonzept für ETFE-Folien der Firma Foiltec*, Nr. 02005-2, Bremen (unveröffentlicht).

[75] Saxe, K. (2012) *Zur Berechnung und Bemessung von ETFE-Folientragwerken*, in: Saxe, K.; Stranghöner, N. (Hrsg.), Essener Membranbau Symposium 2012, Shaker Verlag, Aachen.

[76] Palla, N.; Cremers, J.; Buck, D.; Gürlich, D. (2018) *Leitfaden zur Errichtung von mehrlagigen Membrankonstruktionen für Planer und Entscheidungsträger*, Bericht aus dem Forschungsprojekt SoFt, Hochschule für Technik, Stuttgart.

[77] DIN EN ISO 6946:2018-03 (2018) *Bauteile – Wärmedurchlasswiderstand und Wärmedurchgangskoeffizient – Berechnungsverfahren (ISO 6946:2017)*, Deutsche Fassung EN ISO 6946:2017, Beuth, Berlin.

[78] Urban, D.; Zrnekova, J.; Zat'ko, P.; Maywald, C.; Rychtáriková, M. (2016) Acoustic comfort in atria covered by novel structural skins, *Procedia Engineering* **155**, 361–368.

[79] DIN EN ISO 15186-1:2003-12 (2003) *Akustik, Bestimmung der Schalldämmung in Gebäuden und von Bauteilen aus Schallintensitätsmessungen – Teil 1: Messungen im Prüfstand (ISO 15186-1:2000)*, Deutsche Fassung EN ISO 15186-1:2003, Beuth, Berlin.

[80] BRE (2004) *Environment, Measurement of rain noise on ETFE roofing with rain suppressors*, Test report no. 220315, Building Research Establishment Ltd, Watford.

[81] ISO 13784-1:2014-2 (2014) *Reaction to fire test for sandwich panel building systems – part 1: small room test*, Beuth, Berlin.

# 8 Neue Entwicklungen in prEN 1993-1-1:2020

Prof. Dr.-Ing. Ulrike Kuhlmann

Prof. Dr. sc. techn. habil. Markus Knobloch

Univ.-Prof. em. Dr.-Ing. Joachim Lindner

Prof. Dr. techn. Andreas Taras

Fabian Jörg, M.Sc.

Anna-Lena Bours, M.Sc.

# Inhaltsverzeichnis

1 **Einordnung in die Entwicklung der Eurocodes** 515
1.1 Zu diesem Beitrag 515
1.2 Die Weiterentwicklung der Normenreihe DIN EN 1993 517
1.2.1 Arbeitsweise in TC250/SC3 517
1.2.2 Mandat M/515 517
1.2.3 Stand der Überarbeitung von EN 1993-1-1 520

2 **Festigkeitsnachweise** 523
2.1 Neuer Normentext aus prEN 1993-1-1:2020, Tabelle 7.3, 8.2.1, 8.2.2.5 und 8.2.7 523
2.2 Allgemeines 526
2.3 Einfluss Querkraft auf Biegemoment 528
2.4 Semi-kompakte Querschnitte (Anhang B) 531
2.4.1 Neuer Normentext aus prEN 1993-1-1:2020 531
2.4.2 Ausgangslage 532
2.4.3 Regeln für Querschnittsnachweise 533

3 **Werkstoffe und Kalibrierung der Teilsicherheitsbeiwerte** 534
3.1 Neuer Normentext aus prEN 1993-1-1:2020, 5 534
3.2 Allgemeines 537
3.3 Anhang E – Grundlagen der Kalibrierung der Teilsicherheitsfaktoren $\gamma_M$ 538

4 **Integration hochfester Stähle (bis S700)** 540
4.1 Neuer Normentext aus prEN 1993-1-1:2020, 7.4.3 540
4.2 Aktuelle Regelungen 541

5 **Vorgehen bei der Schnittgrößenermittlung in Abhängigkeit der Nachweisverfahren** 543
5.1 Neuer Normentext aus prEN 1993-1-1:2020, Auszug aus 7.2 mit Auszügen aus 7.3.4 543
5.2 Hintergrund zu den Abgrenzungskriterien Theorie II. Ordnung in 7.2.1, prEN 1993-1-1:2020 546
5.3 Hintergrund zu den Regeln zur Tragwerksberechnung in Abhängigkeit von der Nachweisführung im Grenzzustand der Tragfähigkeit in 7.2.2, prEN 1993-1-1:2020 548

6 **Imperfektionen** 551
6.1 Neuer Normentext aus prEN 1993-1-1:2020, 7.3.2 und 7.3.3 551
6.2 Allgemeines 553
6.3 Anfangsschiefstellungen 553
6.3.1 Allgemeines 553
6.3.2 Ausgangswert $\Phi_0$ 553
6.3.3 Zur Änderung des Höhen-Reduktionswertes $\alpha_H$ 554
6.3.4 Stärker differenzierte Stützenschiefstellungen $\Phi_{0,pl}$ 554
6.3.5 Maßgebende Höhe H für Ermittlung des Höhenreduktionsfaktors $r_1$ 554
6.4 Vorkrümmung von Bauteilen 555
6.4.1 Allgemeines 555
6.4.2 Notwendigkeit von Änderungen 555
6.4.3 Vergleiche 555
6.5 Schlankheitsabhängige Vorkrümmungen nach 7.3.6 556
6.6 Vorkrümmungen für das Biegedrillknicken nach 7.3.3.2 557

7 **Neue Regelungen für Biegedrillknicken** 557
7.1 Neuer Normentext aus prEN 1993-1-1:2020, 8.3.2 557
7.2 Allgemeines: Ausgangslage 560
7.3 Entwicklung der neuen Abminderungsfaktoren für BDK von Biegeträgern mit doppelt-symmetrischem Querschnitt 561
7.4 Andere Fälle: einfach-symmetrische Querschnitte, besondere Randbedingungen 565
7.5 Zusatzregelung: Vereinfachte Bemessung durch den Knicknachweis des Druckgurtes 565
7.6 Fazit 567

8 **Einfach-symmetrische Querschnitte und Querschnitte unter Torsion (Anhang C)** 567
8.1 Neuer Normentext aus prEN 1993-1-1:2020, Anhang C 567
8.2 Allgemeines 569
8.3 Hintergründe und Anwendung des Anhangs C.1 569
8.3.1 Bauteilnachweise mit kleinerem Querschnittsteil auf der dominanten Druckseite 570
8.3.2 Entlastungseffekt beim Biegedrillknicken infolge negativer Biegemomente 570
8.3.3 Effekt durchschlagender Biegemomente 571
8.4 Hintergründe und Anwendung des Anhangs C.2 571

9 **Federsteifigkeiten (Anhang D)** 573
9.1 Neuer Normentext aus prEN 1993-1-1:2020, Anhang D 573
9.2 Allgemeines 574
9.3 Kontinuierliche seitliche Stützung 574
9.4 Kontinuierliche Drehbehinderung 575
9.4.1 Nachweisformat 575
9.4.2 Vorhandene Verdrehsteifigkeit 575
9.4.3 Erforderliche Verdrehsteifigkeit 575

10 **Rippenlose Krafteinleitung** 578
10.1 Neuer Normentext aus prEN 1993-1-1:2020, 8.2.11 578
10.2 Hintergrund 580

11 **Abgrenzung Ermüdung** 581
11.1 Neuer Normentext aus prEN 1993-1-1:2020, 10 581
11.2 Hintergrund und Anwendung des Abgrenzungskriteriums 581

| | | |
|---|---|---|
| **12** | **Bemessungsbeispiele** 582 | |
| 12.1 | Allgemeines 582 | |
| 12.2 | Bemessung eines Zweigelenkrahmens 582 | |
| 12.3 | Bemessung eines durchlaufenden Dachträgers mit Trapezprofilen (Anhang D) 596 | |
| 12.4 | Biegedrillknicknachweis eines Bühnenträgers 598 | |
| 12.4.1 | Ohne Berücksichtigung der Querträger (Kapitel 8.3) 598 | |
| 12.4.2 | Mit Berücksichtigung der Querträger 599 | |
| 12.4.3 | Nachweis des Druckgurtes zwischen den Querträgern (Kapitel 8.3.2.4) 600 | |
| 12.5 | Nachweis der rippenlosen Krafteinleitung in einen Bühnenrandträger (Kapitel 8.2.11) 601 | |
| 12.6 | Bemessung eines Bauteils unter Biegung, Druck und Torsion (Anhang C.2) 602 | |
| 12.7 | Biegedrillknicknachweis einer Stütze mit einfachsymmetrischem Querschnitt 604 | |
| **13** | **Zusammenfassung und Ausblick** 605 | |
| **14** | **Literatur** 606 | |

# 1 Einordnung in die Entwicklung der Eurocodes

## 1.1 Zu diesem Beitrag

Die europäische Norm DIN EN 1993 Eurocode 3 „Bemessung und Konstruktion von Stahlbauten" besteht aus insgesamt 20 einzelnen Teilen, die sich in Grundlagen (die zwölf Teile DIN EN 1993-1) und Anwendungsteile (DIN EN 1993-2 bis DIN EN 1993-6) aufgliedern, vgl. Bild 1. Zentrum ist der hier behandelte Teil 1-1 mit dem Titel „Allgemeine Bemessungsregeln und Regeln für den Hochbau". Alle anderen Teile nehmen auf ihn Bezug und beinhalten ergänzende Regeln. Dies unterstreicht die Bedeutung der Norm DIN EN 1993-1-1, deren zukünftige Entwicklung in diesem Beitrag skizziert wird.

Während für die speziellen Anwendungsbereiche wie Brücken, Maste, Türme oder Silos die Verknüpfung zwischen Nachweis- und Sicherheitskonzept in DIN EN 1990 und Einwirkungsnormen in DIN EN 1991 und den Bemessungsregeln im Stahlbau durch die Zuordnung der speziellen Anwendungsnormen DIN EN 1993-2 bis DIN EN 1993-6 erfolgt, hat man für den Bereich Hochbau darauf verzichtet. Der hier behandelte Grundlagenteil DIN EN 1993-1-1 hat also zwei Aufgaben: Grundlagenteil für die Bemessung besonders in Hinblick auf die Festigkeits- und Stabilitätsnachweise der Stäbe und Anwendungsteil für den Hochbau zu sein. Für die Bemessung und Konstruktion von Stahlbauten sind also das Verständnis und die Anwendung dieses Grundlagenteils entscheidend. Und das gilt natürlich auch für die Änderungen, die mit der Entwicklung der zweiten Generation von Eurocodes dieser Teil von Eurocode 3 erfährt.

Ziel dieses Beitrags ist es, die wesentlichen Änderungen und ihren Inhalt zu erläutern und so die Praxis über diese Weiterentwicklung und ihre Hintergründe frühzeitig zu informieren.

Im Beitrag 1 dieses Stahlbau-Kalenders 2020 ist wie bisher der Originalnormentext der gültigen Norm DIN

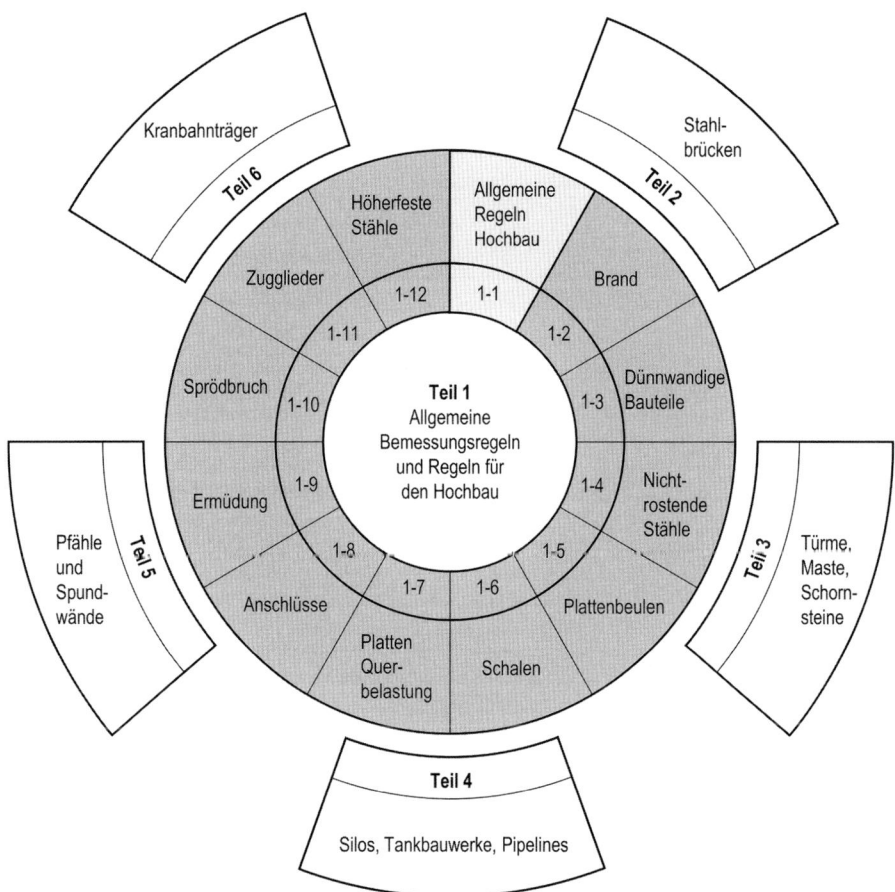

**Bild 1.** Übersicht über die Normenteile von Eurocode 3 Bemessung und Konstruktion von Stahlbauten: Grundlagenteile 1-1 bis 1-12 und Anwendungsteile Teil 2 bis Teil 6

EN 1993-1-1:2010-12 mit entsprechenden Änderungen DIN EN 1993-1-1/A1:2014-07 und dem deutschen aktualisierten Nationalen Anhang DIN EN 1993-1-1/NA: 2018-12 abgedruckt und kommentiert. Im Text sind auch die zugehörigen nationalen Empfehlungen und Ergänzungen genau dort im Normentext zu finden, wo sie anzuwenden sind. Mit entsprechenden Markierungen sind die sogenannten NDP (Nationally Determined Parameters) für national festgelegte Parameter und die NCI (Non-Contradictory Complementary Information) für ergänzende nicht widersprechende Angaben zur Anwendung von DIN EN 1993-1-1 versehen. Beide Regelungen – NDP und NCI – sind bei der Anwendung von Eurocode 3 in Deutschland verbindlich, bei der Anwendung in anderen europäischen Ländern sind ggf. andere nationale Regelungen zu beachten. Zum anderen ist der vorliegende Normentext der gültigen DIN EN 1993-1-1 in grau unterlegten Texten kommentiert. Eine ganze Reihe dieser deutschen Regelungen und Auslegungen ist in die Entwicklung des neuen Normentextes eingegangen.

Da mit diesem Abdruck der kommentierten gültigen Norm der Inhalt bekannt und nachvollziehbar ist, haben sich die Autoren dieses Beitrags entschlossen, tatsächlich nur die wesentlichen Änderungen zu dokumentieren und zu kommentieren.

Die Autoren sind alle unmittelbar in der Normung seit Jahren engagiert, haben zum Teil bei der Entwicklung der jetzt gültigen Norm DIN EN 1993-1-1 und vor allem bei dem jetzt vorliegenden neuen Normentext unmittelbar mitgewirkt. Sie verfügen dadurch auch über „Kenntnisse aus erster Hand", sodass sehr kompetent versucht wird zu erklären, was die Intention und der Hintergrund der Änderungen im neuen Normentext sind.

Eingeleitet werden die verschiedenen Themen durch eine deutsche Übersetzung des englischen Originaltextes durch die Autoren. Zurzeit gibt es noch keine offizielle deutsche Übersetzung dieses Textes, es kann im Einzelnen also durchaus noch vorkommen, dass die endgültige offizielle Übersetzung von diesen Texten abweichen wird.

Zur Einordung der verschiedenen Abschnitte muss man wissen, dass es gemäß [11] eine festgelegte Kapitelreihenfolge in allen Teilen 1-1 der Eurocodes gibt, die sich von der jetzigen Kapitelnummerierung unterscheidet. Bei der Gliederung des neuen englischen Textes wurden im vorderen Bereich zusätzliche Kapitel 2 und 3 mit normativen Verweisen sowie Begriffen, Definitionen und Symbolen eingefügt. Das führt dazu, dass die ursprünglichen Gliederungspunkte in den meisten Fällen jeweils um 2 Nummern höher benannt sind. Die ursprüngliche Gliederung von EN 1993-1-1 ist in Tabelle 1 aufgeführt, die neue Gliederung in Tabelle 2.

Neben dem jeweiligen Normentext und den Erläuterungen dazu findet man im Abschnitt 12 auch noch Bemessungsbeispiele mit den jeweiligen Bezügen zur Norm.

**Tabelle 1.** Gliederung von EN 1993-1-1

| | |
|---|---|
| Foreword | |
| 1 | General |
| 2 | Basis of Design |
| 3 | Materials |
| 4 | Durability |
| 5 | Structural Analysis |
| 6 | Ultimate Limit States |
| 7 | Serviceability Limit States |
| Annex A [informative] | Method 1: Interaction factors $k_{ij}$ for interaction formula in 6.3.3(4) |
| Annex B [informative] | Method 1: Interaction factors $k_{ij}$ for interaction formula in 6.3.3(4) |
| Annex AB [informative] | Additional design provisions |
| Annex BB [informative] | Buckling of components of building structures |

**Tabelle 2.** Gliederung von prEN 1993-1-1:2020

| | |
|---|---|
| European Foreword | |
| Introduction | |
| 1 | Scope |
| 2 | Normative references |
| 3 | Terms, definitions and symbols |
| 4 | Basis of Design |
| 5 | Materials |
| 6 | Durability |
| 7 | Structural Analysis |
| 8 | Ultimate Limit States |
| 9 | Serviceability Limit States |
| 10 | Fatigue |
| Annex A [normative] | Selection of Execution Class |
| Annex B [normative] | Design of semi-compact sections |
| Annex C [normative] | Additional rules for uniform members with mono-symmetric cross-sections and for members in bending, axial compression and torsion |
| Annex D [normative] | Continuous restraint of beams in buildings |
| Annex E [informative] | Basis for the calibration of partial factors |

Die Autoren hoffen, einen wichtigen Beitrag zur Umsetzung und Akzeptanz der neuen Regelungen in der europäischen Stahlbaunorm Eurocode 3 Teil 1-1 „Bemessung und Konstruktion von Stahlbauten – Allgemeine Regeln und Regeln für den Hochbau" in der Praxis zu leisten. Dabei ist klar, dass unsere Bearbeitung trotz aller Mühe nicht fehlerfrei sein wird. Wir sind dem Leser also dankbar für jeden Hinweis.

## 1.2 Die Weiterentwicklung der Normenreihe DIN EN 1993

### 1.2.1 Arbeitsweise in TC250/SC3

Der Eurocode 3 ist mit seinen insgesamt 20 Teilen und ca. 1450 Seiten die umfangreichste Normenreihe innerhalb der Eurocodes. Seine Überarbeitung und Weiterentwicklung wird im europäischen Gremium CEN/TC250/SC3 behandelt. Im Rahmen der SC3-Sitzung in Stuttgart im April 2010 wurde das in Bild 2 dargestellte Vorgehen für die Überarbeitung und Harmonisierung der Regeln in EN 1993 vorgesehen, vgl. [13]. Wesentliches Element stellen hierbei die sog. „Working Groups" (technische Arbeitsgruppen) dar, die die Arbeiten im SC3 in fachlicher, d. h. wissenschaftlich-technischer Hinsicht begleiten. Die Mitglieder der Working Groups bestehen für den jeweiligen Fachbereich aus Experten der einzelnen Mitgliedsländer. Die im Zusammenhang mit der Überarbeitung und Harmonisierung von EN 1993 stehenden Fragestellungen werden so in Kooperation zwischen dem CEN/TC250/SC3 und den Working Groups gelöst und in Form von Änderungsvorschlägen ausgearbeitet.

Diese Änderungsvorschläge werden dann zur Zustimmung dem CEN weitergereicht, um damit schließlich in die europäische Norm Eingang zu finden oder um jetzt im Zuge des Mandats (vgl. Abschnitt 1.2.2) in die neuen Teile von Eurocode 3 integriert zu werden.

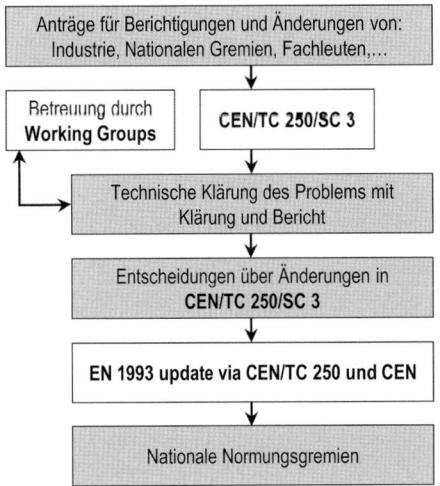

**Bild 2.** Vorgehen zur Überarbeitung von EN 1993 [13]

Für eine erfolgreiche und koordinierte Überarbeitung des Eurocode 3 wurden in der SC3-Sitzung in Berlin im März 2014 die CEN/SC3 Working Groups geschaffen. Die Mitglieder dieser Working Groups werden von den nationalen Normungsgremien für diese Arbeit gemeldet und besitzen über CEN-Livelink einen Zugang zu den entsprechend systematisiert abgelegten Unterlagen der jeweiligen Working Group. DIN hat die Betreuung dieser Working Groups inne. Tabelle 3 zeigt eine Zusammenstellung der SC3 Working Groups inkl. der gewählten Vorsitzenden, vgl. [17].

### 1.2.2 Mandat M/515

Im Jahr 2010 wurden die Eurocodes, bestehend aus insgesamt 58 Teilen, gemäß den Direktiven der EU in weiten Teilen Europas eingeführt und zeitgleich die geltenden nationalen Normen zurückgezogen. Dadurch wurde ein wesentlicher erster Schritt in Richtung einer harmonisierten europäischen Normung im Bereich des Bauwesens realisiert. Die Weiterentwicklung und Überarbeitung der nunmehr bestehenden Eurocodes soll nun in einem nächsten Schritt in Form eines Mandats erfolgen, das im Dezember 2012 zwischen der Europäischen Kommission und dem CEN vereinbart wurde. Hierbei handelt es sich um das Mandat M/515 [42]. Die Ziele des Mandats lassen sich wie folgt zusammenfassen:

– Erweiterung der Eurocode-Regeln hinsichtlich moderner Werkstoffe, Produkte und Fertigungsverfahren unter besonderer Berücksichtigung nachhaltiger Entwicklungen,
– Stärkung der Regeln hinsichtlich des Aspekts der allgemeinen Robustheit von Bauwerken,
– Harmonisierung der Regelwerke im europäischen und internationalen Kontext (EN-Normen, ISO-Normen),
– Ausarbeitung eines neuen Eurocodes für den Bereich „Glasbau",
– Verbesserung der Anwenderfreundlichkeit der bestehenden Regeln,
– Einarbeitung von Regeln zur Beurteilung und Ertüchtigung von bestehenden Tragwerken.

Im Dokument [12] vom April 2013 wurden seitens des CEN/TC250 die Inhalte des Mandats M/515 gegenüber der Europäischen Kommission präzisiert und anerkannt.

Mit Blick auf die Überarbeitung der bestehenden Eurocodes wurde der Themenschwerpunkt „Verbesserung der Anwenderfreundlichkeit" wie folgt präzisiert, vgl. [42]:

– Verbesserung der Verständlichkeit,
– Vereinfachung der Handhabung und Übersichtlichkeit der Eurocodes,
– Begrenzung der Aufnahme von alternativen Anwendungsregeln, wo es möglich ist,
– Vermeidung oder Streichen von Regeln, die bei der Bemessung selten angewendet werden,
– Reduzierung der national festzulegenden Parameter (NDPs).

**Tabelle 3.** Übersicht CEN/TC250/SC3 Working Groups (Stand Oktober 2019) [60]

| WG | Titel | Vorsitz |
|---|---|---|
| WG1 | Evolution of EN 1993-1-1 – General rules and rules for buildings | B. Snijder |
| WG2 | Evolution of EN 1993-1-2 – Fire | P. Schaumann |
| WG3 | Evolution of EN 1993-1-3 – Cold-formed members | T. Misiek |
| WG4 | Evolution of EN 1993-1-4 – Stainless steel | N. Baddoo |
| WG5 | Evolution of EN 1993-1-5 – Plated structures | U. Kuhlmann |
| WG6 | Evolution of EN 1993-1-6 – Shell structures | J. M. Rotter |
| WG7 | Evolution of EN 1993-1-7 – Plated structures subject to out of plane loading | J. M. Rotter |
| WG8 | Evolution of EN 1993-1-8 – Joints and Connections | T. Ummenhofer |
| WG9 | Evolution of EN 1993-1-9 – Fatigue | M. Lukic |
| WG10 | Evolution of EN 1993-1-10 – Material toughness and through-thickness properties | B. Kühn |
| WG11 | Evolution of EN 1993-1-11 – Tension components | H. Friedrich |
| WG12 | Evolution of EN 1993-1-12 – High strength steels | O. Lagerqvist |
| WG13 | Evolution of EN 1993-2 – Bridges | I. Palmer |
| WG14 | Evolution of EN 1993-3 – Towers, masts and chimneys | J. Rees |
| WG15 | Evolution of EN 1993-4-1 – Silos | J. M. Rotter |
| WG16 | Evolution of EN 1993-4-2 – Tanks | J. M. Rotter |
| WG17 | Evolution of EN 1993-4-3 – Pipelines | beendet |
| WG18 | Evolution of EN 1993-5 – Piling | C. Prüm |
| WG19 | Evolution of EN 1993-6 – Crane supporting structures | U. Kuhlmann |
| WG20 | EN 1993-1-13 – Beams with large web openings | L.-G. Cajot |
| WG21 | EN 1993-7 – Design of Sandwich Panels | B. Naujoks |
| WG22* | EN 1993-1-14 – Design assisted by FEM | L. Dunai |

\* bisher AHG FE

Die Laufzeit des Mandats beträgt 5 Jahre, beginnend vom Jahr 2014. Die Ergebnisse des Mandats sollen dann unmittelbar in die erste überarbeitete Fassung der Eurocodes (1. Revision) Eingang finden. Die Umsetzung der Inhalte des Mandats soll in 4 Phasen erfolgen, vgl. Bild 3. Innerhalb der Phase 1 sollen primär die grundlegenden und materialunabhängigen Teile des Eurocodes (z. B. Eurocode 0, 1 und 8) sowie die wichtigen Teile der materialabhängigen Eurocodes (z. B. Eurocode 3, Teil 1-1 und Teil 1-8) bearbeitet werden. Die technische Bearbeitung der Inhalte des Mandats erfolgt, analog der Überführung der ENV-Fassungen in die EN-Fassungen Anfang dieses Jahrhunderts durch sogenannte Project Teams (PT).

In Bezug auf den Eurocode 3 Inhalt des Mandats M/515 wurden die insgesamt 20 Teile des Eurocode 3 in 13 Arbeitsgebiete (Tasks) zusammengefasst. Für diese 13 Arbeitsgebiete, die sich primär an den entsprechenden Eurocode-Teilen orientieren, wurden dann die technischen Inhalte des Mandats in Form von sog. „Project Proposals" erarbeitet. Die Inhalte wurden in Zusammenarbeit mit den Vorsitzenden der Working Groups erarbeitet und innerhalb des SC3 abgestimmt. Im Dokument [14] sind die konkreten Eurocode-3-Inhalte des Mandats M/515 im Detail aufgeführt.

Tabelle 4 gibt einen Überblick über die einzelnen SC3-Tasks innerhalb des Mandats M/515. Die beiden wichtigen Grundlagenteile EN 1993-1-1 und EN 1993-1-8 sind der Phase 1 des Mandats zugeordnet, um hier bereits zu Beginn des Mandats die Grundlagen für die Überarbeitung aller weiteren Eurocode-3-Teile zu schaffen. Weitere vier SC3-Tasks mit dem Schwerpunkt „Stabilität" sind ebenfalls der frühen Phase 2 des Mandats zugeordnet. Die werkstoffspezifischen Eurocode-3-Teile, wie EN 1993-1-4 und EN 1993-1-10 sind der Phase 3 zugeordnet. In der Phase 4 des Mandats befinden sich schließlich primär die Anwendungsteile wie z. B. die Teile für Brücken, Silos, Maste, Spundwände oder Kranbahnen. Im letzten Teil Task SC3.T13 wurden die Teile berücksichtigt, die nicht in den ande-

# Inserentenverzeichnis Seite

| | |
|---|---|
| Abus Kransysteme GmbH, 51647 Gummersbach | A15 |
| Adolf Würth GmbH & Co.KG, 74653 Künzelsau | Lesezeichen |
| Bulicek + Ingenieure GmbH, 94032 Passau | 388a |
| Christmann & Pfeifer Construction GmbH & Co. KG, 35719 Angelburg | Lesezeichen |
| Conpatec Software GbR, 34513 Waldeck | Beilage |
| Dlubal Software GmbH, 93464 Tiefenbach | VI b |
| F. REYHER Nchfg. GmbH & Co. KG, 22769 Hamburg | A7 |
| formTL ingenieure für tragwerk und leichtbau gmbh, 78315 Radolfzell | 482a |
| Franz Dietrich GmbH, 30519 Hannover | 312a |
| IFBS Industrieverband f. Bausysteme im Metallleichtbau, 47807 Krefeld | A3 |
| Institut Feuerverzinken GmbH, 40470 Düsseldorf | A2 |
| Interpane Glas Industrie AG, 37697 Lauenförde | VI a |
| iS-engineering GmbH, 64293 Darmstadt | 908a |
| Maurer SE, 80807 München | A5 |
| mb AEC Software GmbH, 67657 Kaiserslautern | Lesezeichen |
| Peri GmbH, 89264 Weißenhorn | 674a |
| Pfeifer Seil- und Hebetechnik GmbH, 87700 Memmingen | Lesezeichen |
| Sika Deutschland GmbH, 70439 Stuttgart | 318a |
| TÜV Süd Industrie Service GmbH, 80686 München | 846a |
| Unger Stahlbau GmbH, A-7400 Oberwart | Rückseite |

## *Verlage*

**Ernst & Sohn**
Verlag für Architektur und technische
Wissenschaften GmbH & Co. KG
Rotherstraße 21
D-10245 Berlin
Tel. +49 (0)30 47031 200
Fax +49 (0)30 47031 270
E-Mail: info@ernst-und-sohn.de
Internet: www.ernst-und-sohn.de

## *Verzinken*

**Institut Feuerverzinken GmbH**
Mörsenbroicher Weg 200
40470 Düsseldorf
Telefon (02 11) 69 07 65-0 · Telefax (02 11) 69 07 65-28
E-Mail: info@feuerverzinken.com
Internet: www.feuerverzinken.com
Kostenlose Informationen zur Korrosionsschutzplanung

Anzeigen:

**Ernst & Sohn**
Verlag für Architektur und technische
Wissenschaften GmbH & Co. KG
Rotherstraße 21
D-10245 Berlin

Verantwortlich für den Anzeigenteil:
Dominique Riedel
Tel. 0 30/4 70 31-2 52
Fax 0 30/4 70 31-2 30
E-Mail: dominique.riedel@wiley.com
Internet: www.ernst-und-sohn.de

### Kranbahnen

siehe Eintrag „Stahlbau"

### Schrauben

Alle Verbindungs- und Befestigungselemente für den Stahlbau – schnell, kompetent und zuverlässig aus einer Hand.

F. REYHER Nchfg. GmbH & Co. KG
Haferweg 1 · 22769 Hamburg
Telefon 040 85363-0 · Telefax 040 85363-290
E-mail: mail@reyher.de
Internet: www.reyher.de

### Software für das Bauwesen

mb AEC Software GmbH
Europaallee 14
67657 Kaiserslautern
Tel. 0631 550999-11
Fax 0631 550999-20
info@mbaec.de
www.mbaec.de

### Software für Stahlbau und Verbundbau

Kretz Software GmbH
Europaallee 14
67657 Kaiserslautern
Tel. 0631 550999-11
Fax 0631 550999-20
info@kretz.de
www.kretz.de

### Software für Statik und Dynamik

Dlubal Software GmbH
Am Zellweg 2, D-93464 Tiefenbach
Telefon: +49 9673 9203-0
Telefax: +49 9673 9203-51
E-Mail: info@dlubal.com
Internet: www.dlubal.de

### Stahlbau

SiNNER
STAHL- & INDUSTRIEBAUTEN

- Hallenbau für Industrie, Handel und Gewerbe
- Stahlbau
- Sanierung
- Sonderkonstruktionen
- Komponenten für Maschinen- und Anlagenbau

Sinner Stahl- und Industriebauten GmbH
Aherhammer 1, 57223 Kreuztal-Ferndorf
Telefon: 02732 5913-0, Telefax: 02732 5913-33
info@sinner-stahlbau.de, www.sinner-stahlbau.de

### Stahlhandel

F. Hackländer GmbH
Holländische Straße 120
34127 Kassel
T +49 (0) 561- 98 34 - 0
F +49 (0) 561- 98 34 - 105
info@hacklaenderkassel.de
www.hacklaenderkassel.de

## Befestigungstechnik

Alle Verbindungs- und Befestigungselemente
für den Stahlbau – schnell, kompetent
und zuverlässig aus einer Hand.

F. REYHER Nchfg. GmbH & Co. KG
Haferweg 1 · 22769 Hamburg
Telefon 040 85363-0 · Telefax 040 85363-290
E-mail: mail@reyher.de
Internet: www.reyher.de

## Bolzenschweißtechnik

Bolte GmbH
Flurstraße 25
58285 Gevelsberg
Tel.: +49 (0)2332 55106-0
Fax: +49 (0)2332 55106-11
info@bolte.gmbh
www.bolte.gmbh

## Fachliteratur

Ernst & Sohn
Verlag für Architektur und technische
Wissenschaften GmbH & Co. KG
Rotherstraße 21
D-10245 Berlin
Tel. +49 (0)30 47031 200
Fax +49 (0)30 47031 270
E-Mail: info@ernst-und-sohn.de
Internet: www.ernst-und-sohn.de

## Feuerverzinken

Institut Feuerverzinken GmbH
Mörsenbroicher Weg 200
40470 Düsseldorf
Telefon (02 11) 69 07 65-0 · Telefax (02 11) 69 07 65-28
E-Mail: info@feuerverzinken.com
Internet: www.feuerverzinken.com
Kostenlose Informationen zur Korrosionsschutzplanung

## Industriebau

siehe Eintrag „Stahlbau"

## Kopfbolzendübel

Bolte GmbH
Flurstraße 25
58285 Gevelsberg
Tel.: +49 (0)2332 55106-0
Fax: +49 (0)2332 55106-11
info@bolte.gmbh
www.bolte.gmbh

## Korrosionsschutz

Institut Feuerverzinken GmbH
Mörsenbroicher Weg 200
40470 Düsseldorf
Telefon (02 11) 69 07 65-0 · Telefax (02 11) 69 07 65-28
E-Mail: info@feuerverzinken.com
Internet: www.feuerverzinken.com
Kostenlose Informationen zur Korrosionsschutzplanung

# Anbieterverzeichnis
# Produkte und Dienstleistungen

**Alphabetisch nach Stichwörtern geordnet**

**Diese Übersicht enthält nur bestellte Eintragungen; sie erhebt nicht den Anspruch auf Vollständigkeit.**

Weißrost 216
Wellprofil 200, 209
– Aussteifung 267
– Bemessung 245
– Drehfedersteifigkeit 270–273
– horizontale Bettung 249–267
– Längsbeanspruchung 245
– Querbeanspruchung 245
– Schubfeld 249–267
– Stabilisierung 267
– technische Regeln 205
– Tragfähigkeitswert 208
Windenergieanlage 94
wirksame Breite 42
Wirrfasermatten 619

**Z**
Zellkühlturm aus GFK 663 f.
Zeltbau *siehe auch* Membranbau
– Bemessung 455–509
– Faltenbegrenzung 474
– Kederfahne 481
– Kederschienenaufbiegen 481
– Materialien 461
– Materialprüfung 455–509
– Tauwassersack 472
– Tragfähigkeitsgrenzzustand, Nachweis 474
– Zubehörteile 481
Zelte 470 f.
– Bauteilwiderstand
– – Grundmaterial 478 f.
– – Kederanschlüsse 480 f.
– – Schweißnähte 479 f.
– – Teilsicherheitsbeiwert 478
– Bemessungskonzept 478–481
– Bemessungssituationen 478
– (nach) DIN 18204-1 460, 475–482
– (nach) DIN 18204-101 475–782
– Faltenbildung 471
– Festigkeit
– – Abminderungsfaktor 476, 478 f.
– – Schweißnaht 479
– Hohlsaumtaschen
– – exemplarische 480
– – Nachweis 479
– Konformitätsnachweis 481 f.
– Materialien, Spezifikationen 477 f.
– Normen 459
– Produktionskontrolle, werkseigene 477, 481
– Schweißnaht 478
– – Nachweis 481
– Spreizwinkel 479 f.
– Überwachung, Fremdüberwachung 477
– Verbindungen, Spezifikationen 477 f.
– Vorspannung 478
– Zeitstandbruchversuch 479
ZiE *siehe* Zustimmung im Einzelfall
Zinc rich primer (Zn(R)) 335
Zink-Magnesium-Überzug 216
ZTV-ING 312

ZTV-W 343
Zugbeanspruchung, Nachweise 44 f.
Zugfestigkeit von Baustahl 21
Zugglieder
– (aus) faserverstärkten Kunststoffen 651–655
– (aus) Stahl *siehe* Stahlzugglieder
Zugversuch
– biaxialer, beschichtete Gewebe 463–466
– monoaxialer
– – beschichtete Gewebe 463
– – ETFE-Folie 466 f., 470, 493, 505
Zulassung *siehe* allgemeine bauaufsichtliche Zulassung
Zustimmung im Einzelfall (ZiE)
– Faserverbundwerkstoffe 631
– Gerüst 676
– Membrantragwerke 460
Zuverlässigkeitsklasse 82
Zweigelenkrahmen
– Bemessung 582–596
– – Berechnungsmethoden 583 f.
– – Ersatzstabverfahren 585
– – Methode EM 585–587
– – Methode FEM (GMNIA) 593–595
– – Methode M3 587–591
– – Methode M4 591–593
– – Methode M5 595 f.

## Stichwortverzeichnis

– Einwirkungen  234
– Einzellastansatz  242
– Endauflager  233
– Gebrauchstauglichkeit  234
– Grenzstützweite  242
– horizontale Bettung  249–267
– Interaktion  229–231, 244 f.
– Knicknachweis  243
– Knickspannungslinie  243 f.
– Konstruktionsklassen  204
– Längsbeanspruchung  242–245
– Lasteinleitung
– – (durch) Kontakt  235
– – örtliche  228 f., 231 f.
– – Querverteilung  231
– Momentenausrundung  231
– Momentenumlagerung  232–234
– Nachgiebigkeit  236
– (mit) Öffnung  239–241
– – Abdeckbleche  239 f.
– – Auswechselungen  239
– Produktnormen  204
– Querbeanspruchung  223–234
– Querkrafttragfähigkeit  228
– Querschnittstragfähigkeit  228
– Querschnittswerte  226 f.
– Reststützmoment  232 f.
– Schlupf  234
– Schubfeld  249–267
– Stabilitätsnachweis  243
– statische Berechnung, typengeprüfte  224 f.
– Stegperforation  237
– Stoß
– – biegesteifer  199, 234
– – Überdeckungsstoß  236–239
– – – biegesteifer  236, 238
– – – nachgiebiger  236
– Stützweite, rechnerische  232
– technische Regeln  205
– tragendes, Tragfähigkeitswert  208
– Überdeckungslänge  236
– Überlappung  236
– Verbindungselemente  237 f.
– Verformungsnachweis  234
– Versatzmoment  244
– (als) Wandprofil  201
– Zugbeanspruchbarkeit  242
– zweiseitig gelagertes  266 f.
– – Schubsteifigkeit  267
– Zwischenauflager  233
TR BS  678
Trennwand, Brandschutzanforderungen  105 f.
Treppe, Brandschutzanforderungen  108
Treppenraum, notwendiger
– Brandschutzanforderungen  108
Tuhoku-Erdbeben  733
Turm
– Anforderungen nach MVV TB Teil A  93
– Glockenturm *siehe dort*
– technische Baubestimmungen nach MVV TB Teil A  93

**U**
Übereinstimmungszeichen *siehe* Ü-Zeichen
Übertragungsfunktion, aerodynamische  409
Umweltschutz  112
Unwucht  392
UP *siehe* Polyesterharz
Ü-Zeichen
– Gerüstbauteile  677
– Sandwichelemente  938 f.

**V**
vBG, Gerüst  676
Verbindungen, mechanische für Profiltafeln  288–294
– Abminderungsfaktor  289 f.
– abZ  288, 291 f.
– Ausreißen  289
– Ausziehtragfähigkeit  288
– Durchknöpftragfähigkeit  291
– europäische technische Zulassung  288, 292
– Grenzlochleibungskraft  288
– Grenzzugkraft  288
– (mit) Holzunterkonstruktionen  291–294
– Lochabstände  288 f., 293 f.
– Querkrafttragfähigkeit  288
– Randabstände  288 f., 293 f.
– Zugtragfähigkeit  288
Verbindungselemente im Metallleichtbau  213 f., 288
– Bohrschraube *siehe dort*
– (nach) europäischen Bewertungsdokumenten  214
– Fließbohrschraube  213, 289
– gewindefurchende Schraube *siehe dort*
– Korrosionsschutz  217
Verbindungsmittel, technische Baubestimmungen nach MVV TB Teil C  125 f.
Verbundbau
– aBG/abZ  142 f.
– Anforderungen nach MVV TB Teil A  92–94
– technische Baubestimmungen nach MVV TB Teil A  92–94
Verbunddeckenprofil  200 f.
Verbundtragwerk  93
Verdrehungsbehinderung  63
– Größtabstand  79 f.
– kontinuierliche  75 f.
Vergrößerungsfunktion  391, 402
Vermessungsroboter  727
Verschattungslamellen aus GFK  660
Verschiebungsbehinderung  63
Verstärkungsfasern für Faserverbundwerkstoffe  613, 615–619
– Aramidfasern  618 f.
– Basaltfasern  618
– Glasfasern *siehe dort*
– (mit) Harz vorimprägnierte  623

– Kohlenstofffasern *siehe dort*
– Naturfasern aus nachwachsenden Rohstoffen  618 f.
– Prepegs  623
– Schlichte  613
Verstärkungslamellen aus CFK  651
Verwaltungsvorschrift über Ausführungsgenehmigungen für Fliegende Bauten (FlBauVerV)  849
VGB/BAW-Standard-S-021  360
Vinylesterharz (VE)  615
Vlies  619
– Kernlagenvlies  621
VOC-Emission  331 f.
vorhabenbezogene Bauartgenehmigung (vBG), Gerüst  676
Vorhangfassade *siehe* Fassade, vorgehängte
Vorkrümmung, Bemessungswerte  30
Vorspannung, Membrane  458
Voutenfaktor  81

**W**
Wabenstruktur  621
Wand
– Ausführung  195–306
– Außenwand, Brandschutzanforderungen  105
– Bemessung  195–306
– Brandwand, Brandschutzanforderungen  106 f.
– Konstruktion  195–306
– Korrosionsschutz
– – Beschichtung, mindeste  219
– – konstruktiver  217
– Trennwand, Brandschutzanforderungen  105 f.
Wandbauteile  119
Wandbekleidung aus Sandwichpaneel  907
Wandriegel  202, 277–287
– abP/abZ  277
– Äquivalenzfaktor  280
– Auflager  284 f.
– Biegung, schiefe  277, 280 f.
– Drehfeder  278
– Drehfedersteifigkeit  278 f.
– Lasteinleitung  284 f.
– Querkrafttragfähigkeit  284 f.
– Schlauder  278 f.
– Schubmittelpunkt  280
– Schubsteifigkeit  277
– Torsion  277, 280 f.
– Tragfähigkeitsnachweis  282
– Verbindungselemente  283
– Wegfedersteifigkeit  278 f.
Wärmeausdehnungskoeffizient von Kohlenstofffasern  617
Wärmeformbeständigkeitstemperatur  627 f.
Wärmeschutz  115–118
Wärmeversorgungsanlage, Brandschutzanforderungen  110
wassergefährdende Stoffe, Lagerung
– Brandschutzanforderungen  110

– – Verbundmittel, nichtduktile 813
– – Verbundtragwerke
– – – dissipative 806 f.
– – – Modellierung 808 f.
– – – nichtdissipative 806
– – Verbundträger
– – – äquivalente Steifigkeit 808
– – – dissipativer 813
– – – Verdübelungsgrad, mindester 813
– – Verhaltensbeiwerte 807 f.
– – Werkstoffe 806 f.
– – – Anforderungen 806
– Verfestigung 753
– Verformungstoleranz 777
– Verhaltensbeiwert 749–751, 764, 777, 786–789
– Versagen
– – Anlagenteile 815
– – Decke 755
– – duktiles 784
– – Eckstützen 754
– – Erdgeschoss 756, 760
– – Gründung 753
– – Kriterien 750
– – Obergeschoss 760
– – sprödes 750, 755, 784
– – Stabilitätsversagen 750
– – Stockwerk 755
– – Stützen 756
– – weiche Geschosse 755
– – Werkstoffe 784–786
– – – Ausführung 786
– – – Materialüberfestigkeit 784 f.
– – – nichtrostende Stähle 786
– – – Verbindungsmittel 786
– – – Zähigkeit 785 f.
– Widerstandswert, nomineller 752
– Wiederkehrperiode 764
– Windlast vs. Erdbebenlast 778
– Winkelverformung, Sensitivitätskoeffizienten 830
– Zerrbalken 759, 781 f.
– Zielverschiebung 773, 775
– zipper-column 797
– zyklisches Verhalten 748
Stahlbetonbauteilverstärkung nach DAfStb-Richtlinie 632
Stahl-GFK-Verbundbauweise 656
Stahltragwerk 208
Stahlzugglieder 93
Standsicherheit 91 f.
Starrkörper-Beschleunigung 738
Stehfalzprofil 200, 202
– technische Regeln 205
stochastische Dynamik 404
Stoß, biegesteifer von Trapezprofilen 199
Streckgrenze von Baustahl 21
Stückbeschichtung 214, 217
Stützen
– Baustütze siehe dort
– (mit) Bindeblechen 67 f.
– Gitterstütze 65–67

– mit einfach-symmetrischem Querschnitt
– – Bemessung 604 f.
– – Biegedrillknicknachweis 604 f.
– Pendelstütze, angeschlossene 29
– Rahmenstütze 67 f.
Stützung, seitliche
– kontinuierliche 75
Systemlänge, Definition 11

**T**
Tank 817–819, 835–838
– Anforderungen nach MVV TB Teil A 95
– technische Baubestimmungen nach MVV TB Teil A 95
Technische Baubestimmungen, Gerüst 673–675
Technische Regeln für Betriebssicherheit (TR BS) 678
technische Textilien siehe unter Textilien
Teilsicherheitsbeiwerte 41
Teiltragwerk, Definition 10
temporäre Bauhilfsmittel 675
temporäre Konstruktionen für Bauwerke, prEN 17293 675
Texlon 489–491, 503 f.
textile Architektur 457, 475 f., 503
– Materialien 461
Textilfasermatten 619
Textilien
– beschichtete 460 f.
– gewebte 463
– Membranspannung 463
– technische 457, 470, 482, 486
– – Spannungs-Dehnungs-Pfad 473
– – Tragfähigkeitsgrenzzustand, Nachweis 474
– unbeschichtete 460 f.
Thermoplaste 614
– Glasübergangstemperatur 627
Thixotropiermittel 622
TOP-Prinzip der Sicherheit 678
torsionsbeanspruchte Bauteile, Bemessung 602–604
torsionsbeanspruchte Querschnitte
– Bauteilnachweis 570
– Biegedrillknicken
– – Entlastungsnachweis 570 f.
– – Interaktionsformeln 570
– – Interaktionsfaktoren 568
– – planmäßig beansprucht 571 f.
– – plastische Querschnittsreserven 572
– (in) prEN 1993-1-1:2020 567–572
– – Stabilitätsnachweis 569
– – Wölbbimoment, maximales 568
Torsionsbeanspruchung 47 f.
Torsionsschwingungen 449, 452
tragende Produkte nach DIN EN 1090 208–211
– Bemessungsgrundlagen 211
– nationale Festlegungen 210 f.
– Produkte 209 f.
– Regelungen 209

tragender Wechsel 202
Traggerüst
– Anforderungen nach MVV TB Teil A 94
– technische Baubestimmungen nach MVV TB Teil A 94
– technische Baubestimmungen nach MVV TB Teil C 127 f.
Traglufthalle 457 f., 482
– (nach) DIN 18204-1 460
Tragwerk
– Arten 10
– Berechnung siehe Tragwerksberechnung
– Definition 10
– Einwirkungen 91–118
– Gelenktragwerk 11
– Imperfektionen
– – Anfangsschiefstellung 545
– – Stabvorkrümmung 545 f.
– Membrantragwerk siehe dort
– Planung
– – Anforderungen 16 f.
– – Grundlagen 16–19
– – – Anforderungen nach MVV TB Teil A 91–118
– – – technische Baubestimmungen nach MVV TB Teil A 91–118
– Schalentragwerk siehe dort
– Stabilität 27–29
– – Nachweis 61
– Stahltragwerk 208
– (mit) steifen Anschlüssen 11
– Teiltragwerk, Definition 10
– Verbundtragwerk siehe dort
– (mit) verformbaren Anschlüssen 11
Tragwerksberechnung 24–41
– Definition 11
– elastische 26, 30, 35 f.
– plastische 26, 36, 63
– Stahlbauten 24–41
– (nach) Theorie I. Ordnung 25 f., 28
– (nach) Theorie II. Ordnung 25, 28
Trapezprofil 200 f., 209
– Auflager 228 f.
– Ausführungsnormen 204
– Begehbarkeit 241 f.
– Bemessung 223–245
– Bemessungsnormen 204
– Bemessungswerte 226 f.
– Biegetragfähigkeit 223, 228
– Biegung 231
– (zur) Dachdeckung 201
– Distanzstreifen 235
– Doppellage 234–236
– – (über dem) Auflager 235
– – (im) Feld 235
– – unvollständige 235 f.
– Drehfedersteifigkeit 270–273
– Druckbeanspruchbarkeit 242–244
– Durchbiegung 234

## Stichwortverzeichnis

- Deckenscheiben 754 f., 757, 762
- Dissipation 747–749
- – Mechanismen 754
- dissipative Auslegung 763
- dissipative Bauteile 753
- dissipative Elemente 788
- – Austauschbare 802 f.
- dissipative Zonen 773
- Duktilität 736, 747–749, 752
- – Bedingungen 755
- – erforderliche 748
- – Klassen 747, 751, 755, 777
- – verfügbare 748
- Eckstütze 754
- effektive modale Massen 768
- Eigenperiode 746 f.
- Eigenwertanalyse, dynamische 767
- Einwirkungen 736–746
- – Antwortspektrum 737–741
- – Intensität 737
- – Magnitude 737
- Einwirkungsgrößen 746
- Empfindlichkeitsbeiwert 777
- Endverformungen 769
- Energie 747 f.
- Entwurf 783 f.
- – leistungsbezogener 770
- Erdbebenkraft
- – gesamte 778–780
- – Verteilung 770, 779
- Erdbebenlast vs. Windlast 778
- Erdgeschossversagen 756, 760
- Ermüdung, plastische 750
- Exzentrizität 761, 780
- Festigkeitsdegradation 749
- Fließgelenkbildung 756
- Fließgelenkrotation 772
- Fließverschiebung 774
- Fragilitätskurve 750
- Fundament
- – Auslegung 753
- – Eckfundament, Beanspruchung 754
- – Kopplung 782
- Gefährdungsbestimmung 764
- Gelenkrotation 756
- Grenzzustände, Definition 771
- Grundschwingzeit 779
- Gründung 759, 781–783
- – Versagen 753
- (in) Hanglagen 759, 761
- Horizontalverschiebung 821
- Hysterese 748
- Impulsbelastung, dynamische 747
- (im) Industriebau 762
- Kapazitätsbemessung 752–755
- Kapazitätskriterien 772
- Kapazitätskurve 772, 831 f.
- Kapazitätsspektrum 773 f.
- Kombinationsbeiwerte 766 f.
- Kopfverschiebung 756, 833
- Lastabminderung 747
- Lastweiterleitung 762
- Leistungspunktbestimmung 772, 774

- Masseverteilung, nach oben abnehmende 759
- Mechanismus, plastischer 756
- Modellierung 762–776
- Momenten-Rotations-Kurve 773
- multimodale Analyse 767–769
- Nachweise 731–841
- Nachweisführung 776 f.
- Normspektrum, elastisches 776
- Obergeschossversagen 760
- orthogonale Hauptrichtungen 767
- Prinzip „weiche Träger/starke Stützen" 755, 789
- Querschnittsklassen, erforderliche 788
- Rahmen
- – biegesteifer 789
- – – Anschluss 791
- – – Auslegungsbeispiel 822, 824, 828
- – dissipativer, Querschnittsklassen 803–805
- – – exzentrischer 824
- – – Gelenkrotation 836
- – – Struktur 756
- – – Verformung 829
- Referenzspitzenbodenbeschleunigung 764
- Referenzwiederkehrperiode 764
- Regelmäßigkeit 777
- – Anforderungen 756–762
- – (im) Aufriss 758 f.
- – (im) Grundriss 757 f.
- Riegel-Stützen-Anschluss 791–794
- Schadensbegrenzung 763
- – Grenzzustand, Auslegungsbeispiel 827 f.
- – Nachweis 777
- Scheibenwirkung 758
- Schiefstellung 756
- Schlankheit 758
- – Begrenzung 759
- seismische Fugen 759, 761
- seismische Isolierung 805
- seismische Kraft, modale 768
- Sicherheitskonzept, probabilistisches 764
- Silo 816 f.
- Spektralkurve 772
- Spektralverschiebung 775
- Stabilitätsversagen 750
- Stahlschubwände 803
- Stegfeld 791
- Steifigkeit
- – Degradation 749
- – Sprünge 759
- Stockwerksversagen 755
- Stockwerksverschiebung 777, 828, 834 f.
- Stockwerkswinkelverformung 833–836
- Stützen 790 f.
- – Versagen 756
- Systemantwort, nichtlineare 748

- Systemeigenschaftsschädigung 749
- Systemsteifigkeit 746
- Systemtopologie 754
- Tank 817–819
- – Auslegungsbeispiel 835–838
- Torsion 757, 759–762, 779–781
- – unplanmäßige 779
- – zufällige 759
- Träger 789 f.
- Tragfähigkeit
- – Grenzzustand 765, 776 f.
- – kraftbasierte 752
- – Nachweis 776
- Tragsicherheitsgrenzzustand, Auslegungsbeispiel 828–830
- Tragverhalten 731–841
- Tragwerksleistung, Bestimmung 772
- Tragwerksredundanz 751, 757
- Tragwerkstypen 786–789
- Überfestigkeit 751–755
- – Beiwert 755
- – globale 753
- – werkstoffliche 753
- Verankerungen 819 f.
- Verband
- – dissipativer Anschluss 801 f.
- – exzentrischer 797–799
- – – Auslegungsbeispiel 828 f.
- – – Verbinder 798 f.
- – konzentrischer 794–797
- – V-Verband 794 f., 797
- – X-Verband 794–796
- – – Auslegungsbeispiel 820–823
- Verbandstabknicken 773
- Verbinder
- – Gelenkrotation 829, 836
- – konstruktive Details 829
- Verbindungen 788
- Verbundbauten aus Stahl und Beton
- – Anschlüsse 810
- – Auslegungskonzepte 807
- – Bauteilanforderungen 810–813
- – Berechnungsmethoden 808–810
- – besondere Regeln 806–814
- – Bewehrung
- – – seismische 814
- – – zusätzliche 810
- – exzentrische Verbände 809
- – Gurte, effektive Breite 808 f.
- – Kammerbetonversagen 812
- – Kapazitätsbemessung 810
- – konstruktive Durchbildung 810–813
- – plastische Mechanismen 807
- – Querschnittsschlankheit, Begrenzung 812
- – Rissbildung 806
- – Schubpanel 810
- – Träger-Stützen-Anschluss 811, 814
- – Tragfähigkeit, plastische
- – – Grenzwerte 810
- – – Tragwerkstypen 807 f.

- Phasenversatz 390
- Querschwingungen, wirbelerregte 446–449
- Quertriebslast 448
- Rechteckimpuls 398
- regen-wind-induzierte 449
- Resonanzanteil 444
- Schwingungsamplitude
- – bezogene 435–437
- – Relativschwingungsamplitude 436
- Spektraldichteverlauf 407
- Spektralmatrix 414
- Systeme siehe Schwingungssysteme
- Tilger 433
- Torsionsschwingungen 449, 452
- Transformation, modale 417
- Übertragungsfunktion, aerodynamische 409
- Unwucht 392
- Vergrößerungsfunktion 391, 402
- Verhaltensbeiwert 440

Schwingungsreaktion, Quantifizierung bei mechanischen Systemen 387–420

Schwingungssysteme
- Eigenformen 423–429
- Eigenfrequenzen 423–429
- modale Größen 420 f.

Seide, natürliche von Spinnen
- Reißlängen 619

Seile aus CFK 651 f.
Seilnetzfassade 652
semi-kompakte Querschnitte, Festigkeitsnachweis 531 f.
Setzbolzen 289
- Korrosionsbeständigkeit 217
Sicherheitskonzept, semi-probabilistisches 17
Silo 816 f.
- Anforderungen nach MVV TB Teil A 92 f.
- Gärfuttersilo siehe dort
- technische Baubestimmungen nach MVV TB Teil A 92 f.
Single Burning Item (SBI) 207
Solaranlage, Korrosionsschutz 221
- konstruktiver 218
Sonderbauten
- Anforderungen nach MVV TB Teil A 111 f.
- Brandschutzanforderungen 110 f.
- technische Baubestimmungen nach MVV TB Teil A 111 f.
Sonderkonstruktionen
Anforderungen nach MVV TB Teil A 94 f.
- (aus) Faserverbundwerkstoffen 664–666
- technische Baubestimmungen nach MVV TB Teil A 94 f.
- technische Baubestimmungen nach MVV TB Teil B 119–121
Spannbetonbauteilverstärkung nach DAfStb-Richtlinie 632

Spannglieder aus CFK 651 f.
Spannungs-Dehnungs-Kurve von ETFE-Folie 467–469
Spannungs-Dehnungs-Pfad
- Gewebe 464
- technische Textilien 473
Spannungs-Dehnungs-Verhalten
- ETFE-Folie 494
- Glas 463
- Glasfasergewebe 463
- Kunststoffe 460
- Polyester-Gewebe 462
- Polytetrafluorethylen-Gewebe 462
- Textilien, gewebte 463
Spektralmatrix 414
Spundwand 93
Stabilität
- Interaktionsbeiwerte $k_{ij}$ 70–73
- Nachweis siehe Stabilitätsnachweis 27–29
- Stahlbauten 51–64
- – Biegedrillknicken 54–59
- – Biegeknicken 51, 53
- – Knicklinien 51–54
- – Tragwerke 27–29
Stabilitätsnachweis
- Biegedrillknicken
- – allgemeines Bemessungsverfahren 61 f.
- – Knicklinien 56 f.
- – vereinfachtes Bemessungsverfahren 58 f.
- (für) Einzelstäbe 549
- Tragwerk 61
Stahl
- Baustahl siehe dort
- geschmiedeter, technische Baubestimmungen nach MVV TB Teil C 124
- höherfester siehe dort
- Korrosion siehe dort
- nichtrostender siehe dort
- Überfestigkeit 24
Stahlachterbahn siehe Achterbahn
Stahlbau
- Bescheide 142–193
- Normen 87–193
- Richtlinien 136–141
Stahlbauten
- Berechnungsmodelle für Anschlüsse 25
- Dauerhaftigkeit 23 f.
- Duktilitätsanforderungen 22
- Errichtung 10
- Gitterstützen 65–67
- Herstellung 10
- Imperfektionen 27–35
- Korrosionsschutz durch Beschichtungssysteme siehe dort
- mehrteilige Bauteile 64–68
- Stabilität siehe dort
- Tragwerksberechnung 24–41
Stahlbauten in Erdbebengebieten
- Abtriebskräfte 756

- Anlagenbau 815
- – Anforderungen 816
- – Erdbebeneinwirkung 816
- – Anlageteile, Versagen 815
- Antwortgrößen, modale 768
- Antwortspektrum, elastisches 751
- Auslegung 731–841
- – Hochbauten 746–783
- – Konzept
- – – dissipatives 783
- – – niedrig-dissipatives 783
- – – verhaltensbasierte 765
- Ausnutzungsgrad, inverser 753
- Baugrundbeschaffenheit 741 f.
- Baugrundklassen 764
- Bauwerksantwort 746
- Bauwerksintegrität 781
- Bedeutungsbeiwert 763–766, 815
- – (des) nichttragenden Bauteils 780
- Bedeutungskategorien 766
- Behälter
- – flüssigkeitsgefüllter, Auslegungsbeispiel 835–837
- – stehender Doppelkammerbehälter, Auslegungsbeispiel 837 f.
- Belastungsniveau 751
- Bemessung
- – Antwortspektrumverfahren 763, 767–769
- – – modales, Auslegungsbeispiel 825
- – elastische 763
- – mehrmodale Analyse 763
- – Kapazitätsbemessung 784 f.
- – – Auslegungsbeispiel 829 f.
- – Methoden 762–776
- – seismische Situation 767
- – Spektrum 766
- – – Plateauwert 763 f.
- Bemessungserdbeben 766
- Bemessungsspektrum, reduziertes 751
- Berechnung
- – Methoden 762–776
- – nichtlineare dynamische, Auslegungsbeispiel 832
- – nichtlineare statische, Auslegungsbeispiel 830–832
- – Pushover-Berechnung 769–775
- – verformungsbasierte 765
- – Zeitschrittberechnung, nichtlineare 775 f.
- Beschleunigungs-Zeitverlauf 749
- besondere Regeln 783–805
- Bodenverschiebung 782
- – gegenseitige 781
- Buckling Restraint Braces (BRB) 799–801
- Dämpfer 805
- Dämpfung
- – effektive 773
- – viskose 766
- Dämpfungsparameter 764, 766
- Decken, Versagen 755

## Stichwortverzeichnis

- mittragende Breite 921, 923 f., 926
- Momenten-Rotations-Beziehung 928
- Öffnungen 920 f.
- Produktnormen 205
- Profilierung 908
- Punktlasten 921–927
- Qualitätssicherung 938 f.
- Rechenwerte, erforderliche 950 f.
- Schalldämmmaß 929
- Schalldämmwerte 929
- Schaumdichteverteilung 912
- Schraubenbeanspruchung 929
- Schubfeld 929
- – Steifigkeit 928
- Schubfestigkeit 942
- Schubsteifigkeit 269, 909 f., 928
- Schubverformung 276
- Schutzfolie 931
- selbsttragendes 119
- Sicherheitskonzept 951–954
- Stabilisierung 269 f., 926–929
- Standsicherheit 938
- statisches System 923, 926
- Teilsicherheitsbeiwerte 940
- Temperaturdifferenz 914 f., 941
- Tragfähigkeitsgrenzzustand 940 f., 953
- Tragverhalten 909–915
- Übereinstimmungszertifikat 939
- Überwachung 939
- Ü-Zeichen 938 f.
- Verbindungsmittel
- – Beanspruchung 916
- – Versagen 915
- – Versagen 910–914, 941, 951
- – – Deckblech 916
- – – Deckblechfließen 912
- – – Druckversagen des Kerns 942
- – – Durchknöpfen 916
- – – Endauflager 913 f.
- – – – Breite, mindeste 913
- – – – Würfeldruckversuch 914
- – – Innenauflager 913 f.
- – – Knittern 910–912
- – – Schubbruch 913
- – – Schubversagen 912 f.
- – – – (des) Kerns 942
- – – Verbindungsmittel 915
- – Verschiebungskinematik 929
- – Verwendbarkeitsnachweis
- – – (in) Deutschland 936–938
- – – ECCS/CIB-Empfehlungen 936
- – – (in) Europa 936
- – Volumenstrom 918
- – (für) Wandbekleidungen 907
- – Wandelemente
- – – (mit) beidseitig linierten Deckblechen 955 f.
- – – Bemessung 954–969
- – – Einfeld-Wandelement 957–959
- – – Zweifeld-Wandelement 960–962
- – Wärme 929
- – Zinkauflage 931
- Sandwichfassade 907

- Sandwichkonstruktion aus Faserverbundwerkstoffen 620
- – Aufbau 621
- Sandwichprinzip 909
- Sandwichtheorie 943–950
- SBI 207
- Schadensfolgeklasse 82
- Schale 93
- Schalentragwerk 94
- Schallschutz 114 f.
- Scheibe 125 f.
- Schnittflächenkorrosion 216
- Schnittgrößenermittlung
- – (mit) Eigenwertuntersuchung 556
- – (mit) Ersatzstabverfahren 550, 555
- – (in) prEN 1993-1-1:2020 543–551
- – – Nachweisverfahren 543–551
- – – (nach) Theorie I. Ordnung 534 f.
- – – (nach) Theorie II. Ordnung 543–551
- – (nach) Theorie II. Ordnung mit geometrischen Ersatzimperfektionen 569
- – Stabilitätseinfluss 547
- – Steigerungsfaktor 547
- Schornstein 93 f.
- Schrauben
- – Bohrschraube siehe dort
- – gewindeformende 289
- – gewindefurchende siehe dort
- – technische Baubestimmungen nach MVV TB Teil C 125 f.
- Schubbettung 203
- Schubfeld
- – Bemessung 200
- – (aus) Trapezprofilen 203
- Schutzgerüst
- – Anforderungen nach MVV TB Teil A 94
- – Bemessung 679–701
- – – Regelwerke 679
- – – Werkstoffe 679
- – Berechnung 680 f.
- – Entwurf 679–701
- – Gründung 681 f.
- – Imperfektionen 687–694
- – Knickwinkel
- – – Abminderung 688 f.
- – – (im) Ständerstoß 688
- – – (bei) üblichen Gerüstsystemen 689 f.
- – Lotabweichung, Begrenzung 690 f.
- – Modellierung 691
- – Schiefstellung 688, 692–694
- – Spindel, Modellierung 691
- – Verformungsfigur 692
- – Vorkrümmung 692–694
- – technische Baubestimmungen nach MVV TB Teil A 94
- – Überbrückungskonstruktionen 694–701
- Schweißhilfsstoffe 125 f.
- Schweißzusätze 125 f.

- Schwingungen
- – Ablösefrequenz 446
- – aeroelastische 442 f.
- – Amplitudenspektrum 400
- – Anregung
- – – Bewegung 449 f.
- – – Böen 443–446
- – – Fußpunkterregung 394 f.
- – – periodische 395–398
- – – regellose Systemanregung 404–412
- – – Regen-Wind-Anregung 449
- – – transiente 398–404
- – – Windkraftanregung 409
- – – Wirbelerregung 446–449
- – Antwortspektren-Methode 440
- – Autokorrelationsfunktion, parametrisierte 408
- – Bewegungsgrößenmessung 430–433
- – – Abtastung 432
- – – Messsensoren 431 f.
- – – Messtechnik 430–433
- – bewegungsinduzierte 449
- – Biegeschwingungen 449, 452
- – böenerregte 443–446
- – Dämpfer 433–438
- – Dämpfung siehe dort
- – Dämpfungsmatrix 415 f.
- – Dichtefunktion siehe dort
- – Divergenz 449, 451 f.
- – Drehfedersteifigkeit, Fundament 429
- – Eigenschwingform 414 f., 417
- – Eigenschwingfrequenzen von Stabsystemen 426 f.
- – Eigenvektor 415
- – Einfreiheitsgradsysteme siehe dort
- – Einschwingvorgänge 394 f.
- – Erdbeben 438–442
- – Ersatzfedersteifigkeit 423, 425
- – erzwungene bei gedämpften Einfreiheitsgradsystemen 390–393
- – Flattern 451 f.
- – freie bei gedämpften Einfreiheitsgradsystemen 387–390
- – Frequenzgangfunktion 400, 406, 413 f., 434
- – Frequenzgangmatrix 412–415, 419
- – Frequenzraum 403, 419
- – Frequenzspektrum 438
- – Frequenzverhältnis 393, 434
- – Galloping 449–451
- – Impulsreaktionsfunktion 398
- – Kohärenzfunktion 406
- – Korrelationsfunktionen siehe dort
- – Kreuzspektraldichtefunktion 414
- – Kurzzeit-Spektrum 402
- – Massenträgheitsmomente 423, 428
- – Mehrfreiheitsgradsysteme siehe dort
- – Nachgiebigkeitsmatrix 439
- – Normalverteilungsdichtefunktion 404
- – Phaseninformation 414, 440
- – Phasenlagen 400

**984** Stichwortverzeichnis

- einfach-symmetrischer *siehe dort*
- H-Querschnitt, Biegetragfähigkeit 529
- I-Querschnitt, Biegetragfähigkeit 529
- Klasse 1, Nachweise 48 f.
- Klasse 2, Nachweise 48 f.
- Klasse 3, Nachweise 49
- Klasse 4, Nachweise 49 f.
- Klassifizierung 36–41
- – c/t-Grenzwerte 526 f.
- – c/t-Verhältnis 527, 532
- – Klasse 3
- – – Bemessungskonzept, neues 533
- – – Plastizierungsvermögen 527
- – Klasse 4
- – – Ausbeulen 527
- – – Beulgefahr 533
- – – Momenten-Querkraft-Interaktion 530
- – – Nachweis nach Eurocode 3 533
- – – Tragfähigkeitsbegrenzung 526
- – – Übergang Klasse-2- und Klasse-3-Querschnitte, Tragfähigkeitsverlust 532
- – – Verformungskapazität 526
- – semi-kompakter, Festigkeitsnachweis 531 f.
- – torsionsbeanspruchter *siehe dort*
- – wirksamer 43 f.
- Querschnittswerte 43 f.

**R**
Rahmenstütze 67 f.
Rayleigh-Dämpfung 421 f.
Rechteckimpuls 398
Rechtssache C-100/13 89
Relaxation
- Kunststoffe 460
- Membrane 482
- Membranstruktur 458
Richtlinie für die Erhaltung des Korrosionsschutzes von Stahlbauten (RI-ERH-KOR) 330
Richtlinien im Stahlbau 136–141
Rollformen 202
Rostgrad 321
Rotrost 216
Rovings 619
Rüstbinder 694, 701–722
- Abtriebskräfte 708
- Auflagerung 703
- Aussteifung, räumliche 715
- Bauteilschnittgrößen 719, 721
- Bemessung 710–715
- – Aussteifung 714
- – Einzelglieder, Beanspruchbarkeit 714
- – Imperfektionen 711 f.
- – Lastannahmen 710
- – Nachweisverfahren
- – – (nach) Theorie II. Ordnung 713
- – – vereinfachtes 713–715
- – Querverbandanordnung 715

- Biegemomentverlauf 719 f.
- Diagonalenkräfte 718 f.
- Fachwerkausfachung, Querbiegung 709
- Gurtverformung, horizontale 718, 720
- (aus) Hohlprofilen 703
- Horizontalverband 705 f., 717
- – Schubsteifigkeit 706
- Imperfektionen, Vorkrümmung 717
- Koppelelemente 706
- Lasteinleitungsexzentrizitäten, Auswirkungen 708–710
- quergeneigter, Abtrieb 706
- Querkräfte 709
- Querverband 704, 707
- – Ausfall 721
- – Bedeutung 706–708
- Rohrkupplungsverband 707
- Rückstellmomente 709
- Systeme 701
- Systemuntersuchung 721
- Tragverhalten 705–710
- Verbandswirkung 717
- Verformung 707
Rüstträger
- (nach) Baukastensystem 704
- Horizontalverband 707
- Parameter 702
- schwerer 702

**S**
SAFEBRICTILE 538 f.
Sand Excel 946 f.
SandStat 945
Sandwichelement
- Abriebfestigkeit 931
- Abstützung, Wirkung 928
- abZ 938
- Anschlusssteifigkeit 273
- Ausführungsklassen 205
- Aussteifung 269 f.
- Axialbelastung 915
- baukonstruktive Details 931
- Beanspruchbarkeiten 941 f.
- Beanspruchungen 940 f.
- – Berechnung 942–950
- – – EDV-Programme 944 f.
- – – Sand Excel 946
- – – SandStat 945
- – – Sandwichtheorie 943–950
- – – Spezialsoftware 945
- – – Stabwerkprogramme 945
- Beanspruchungskombinationen 952
- Befestigung 915–917
- – direkte 916 f.
- – indirekte 917
- Begehen 921
- Bemessung 940–969
- – Dachelemente 954–969
- – Konzept 940
- – Normen 205
- – Wandelemente 954–969
- – Werte 940
- Beschichtung 931

- Beulen 911
- Brandschutz 929–931
- – Naturbrandversuch 930
- Brandverhalten 930
- (für) Brandwände 930
- CE-Kennzeichnung 936 f.
- Dachelemente
- – (mit) äußerer profilierter und innerer linierter Deckschicht 956
- – Bemessung 954–969
- – Einfeld-Dachelement 962–966
- – Zweifeld-Dachelement 966–969
- Deckschichttemperatur 940
- Dichtheitsprüfung 919 f.
- Drehbettung 926–928
- Drehfedersteifigkeit 273–276
- Drehfederversuch 927
- Druckfestigkeit 942
- Durchbiegung 918
- Durchbiegungsgrenze 942
- Eigenbiegeanteil 908
- Eigenbiegesteifigkeit 945
- Farbgruppen 931
- (für) Fassaden, vorgehängte *siehe dort*
- Federsteifigkeit 270
- Feuerwiderstand 930
- Flugfeuerverhalten 930
- Folienbeschichtung 931
- formale Grundlagen 936–939
- Fugen 918–920
- – Durchlässigkeit 919
- – Durchlasskoeffizient 919
- – symmetrische 919
- – Typen 919
- Gebrauchstauglichkeit 938
- – Grenzzustand 940, 942, 953
- Geometrie 909
- Herstellung 907 f.
- (im) Hochbau 905–971
- Kennzeichnung 938 f.
- Kernmaterial, Rechenwerte 951
- Klassifizierung 204, 918
- Knitterfalte 910 f.
- – (im) Verschraubungsbereich 914
- Knittern 942
- Knitterspannung 910, 942, 950
- – Bestimmung 912
- – – Einfeldträgerversuch 912
- Kombinationskoeffizienten 952
- Konstruktionsklassen 205
- Konstruktives 918–936
- Korrosionsschutz 931
- Kriechen 917 f., 950
- Kriechfaktor 941
- Langzeitverhalten 917 f.
- Lastfaktoren 952
- Lastfallkombinationen 951–954
- Laststellungen 924
- Lastverteiler 917
- Lastverteilerbalken 922
- Linienlasten 921–927
- Luftdichtheit 918
- Lunker 912
- Materialsicherheitsbeiwerte 954

- Pfettenschuh 284, 286
- Querkrafttragfähigkeit 284 f.
- Schlauder 278 f.
- Schubmittelpunkt 280
- Schubsteifigkeit 277
- Stegkrüppeln 284
- Torsion 277, 280 f.
- Tragfähigkeitsnachweis 282
- Verbindungselemente 283
- Wegfedersteifigkeit 278 f.

Phasenversatz 390
Phenolharz (PF) 615
- Glasübergangstemperatur 628

Phosphat-Keramik, glasfaserverstärkte (CBPC) 654
Photovoltaikanlage 921 f.
Polyester (PES) 460
- Gewebe 483
- - Beschichterüberwachung 481
- - PVC-beschichtetes 462
- - Spannungs-Dehnungs-Verhalten 462 f.
- - Verarbeitung 505

Polyesterharz (UP) 614 f.
- Farbpasten 621
- Farbpigmente 621

Polyisocyanurat 907
Polymere, Einsatztemperatur 628
Polymer-Hartschaum 621
Polystyrol 907
Polytetrafluorethylen (PTFE) 460
- Gewebe 483
- - Spannungs-Dehnungs-Verhalten 462
- Glasübergangstemperatur 462

Polyurethan 333, 907
prEN 1993-1-1:2020
- Bemessungsbeispiele 582–605
- - biegebeanspruchtes Bauteil 602
- - Bühnenrandträger 601 f.
- - Bühnenträger siehe auch dort 598–601
- - Dachträger, durchlaufender 596–598
- - druckbeanspruchtes Bauteil 602–604
- - Stütze mit einfach-symmetrischem Querschnitt
- - - Biegedrillknicknachweis 604 f.
- - torsionsbeanspruchtes Bauteil 602–604
- - Zweigelenkrahmen siehe auch dort 582–596
- Biegedrillknicken siehe dort
- einfach-symmetrische Querschnitte siehe dort
- Einordnung in die Eurocodes 515–522
- Ermüdung siehe dort
- Federsteifigkeit siehe dort
- Festigkeitsnachweis siehe dort
- Gliederung 516
- höherfeste Stähle, Integration 540–543

- Imperfektionen siehe dort
- Krafteinleitung, rippenlose siehe dort
- Material 534–539
- neue Entwicklungen 511–609
- neuer Normentext 516
- Schnittgrößenermittlung siehe dort
- torsionsbeanspruchte Querschnitte siehe dort

prEN 17293 675
Prepegs 623
Profilblech
- Biegedrillknicken 203
- Forminstabilität 203
- Knicken 203
- Verbundwirkung zum Beton 201
- wirksame Breite 203
- wirksame Dicke 203

Profiltafel siehe auch Metallprofiltafel 200, 209
- abP 211
- Anforderungen nach MVV TB Teil A 94
- Anschlusssteifigkeit 270
- Auflagerbreite, mindeste 297
- Ausführung 294–302
- - Toleranzen 295
- - Unterlagen 295
- Aussteifung 248–277
- Auswechselung 297
- Beanspruchbarkeiten 222
- - Teilsicherheitsbeiwerte 222 f.
- Befestigung 295 f.
- Begehbarkeit 211, 295
- Begehbarkeitsversuch 207, 294
- Bemessung 222–248
- Blechdicke 200, 212 f.
- - mindeste 297
- Blitzschutz 296, 298 f.
- Dachentwässerung 299
- Dachneigung 299
- Dampfdiffusion 298
- Dampfsperrschicht 298
- Dokumentation 295, 299
- Doppellager 297
- Drehbettung 248 f., 270–277
- Drehfedersteifigkeit 270
- Einwirkungen 222
- Eisschanzenvermeidung 297 f.
- Fertigstellungsbescheinigung 295
- Gebrauchstauglichkeit 262–266
- Gleitwinkel
- Begrenzung 249, 251
- - maximaler 264
- - Schubsteifigkeit 264
- Grenzstützweite 211
- Herstellung 209
- horizontale Bettung 249–270
- IFBS-Kennzeichnung 296
- Konstruktion 294–302
- Konstruktionsklassen 210
- konstruktive Ausbildung 294
- Konvektionssperre 298
- Luftdichtheit 298

- Montage 209, 296
- - Bericht 299
- Nachgiebigkeit 252, 258–260, 262–264
- Öffnungen 295
- Organisationsplan 295
- Punktlast 207
- Querbeanspruchung 250
- Randversteifungsblech 297
- Randversteifungsprofil 296
- Referenzlänge 265
- Referenzstützweite 250 f.
- Rückverfolgbarkeit 295
- Schubbeanspruchung 250
- Schubbettung 248
- Schubbeultragfähigkeit 250 f.
- Schubfeld 249–270, 296
- Schubfluss 250, 264 f.
- - Beanspruchbarkeit 264 f.
- - Tragfähigkeit 265
- Schubmodul, idealler 249, 266
- Schubsteifigkeit 249 f., 252, 258–260, 262–264, 266
- selbsttragende 203
- - Blechdicke, mindeste 213
- Stabilisierung 248–277
- Tauwasservermeidung 298
- technische Baubestimmungen nach MVV TB Teil A 94
- Toleranzen
- - EPAQ-Toleranzen 301
- - ergänzende 301
- - geometrische 300 f.
- - grundlegende 301
- - Herstelltoleranzen 300
- - Montagetoleranzen 301
- tragende 203
- - Blechdicke, mindeste 213
- Überdeckung, statisch wirksame 295
- Verbindungen, mechanische siehe dort
- Verbindungselemente siehe dort
- (für) Verbunddecken 210
- Verlegefläche 296
- Verlegeplan 295 f.
- Verlegerichtung 295
- Verstärkungsprofil 297
- vollflächig unterstützte 207
- - Blechdicke, mindeste 213
- Zwischenauflager 296

PTFE siehe Polytetrafluorethylen
Pulverbeschichtung 216 f.

# Q

Querkontraktionszahl
- Gewebe, beschichtetes 466
- Membrane 458 f.

Querkraftbeanspruchung, Nachweise 45–47, 50
Querkrafteinfluss
- (auf) Biegemoment 528–531
- Interaktionsbeziehungen 528

Querschnitt
- Beanspruchbarkeit 41–50

– – Gärfuttersilo 94
– – Gewächshaus 94
– – Glockenturm 94
– – Güllebehälter 94
– – Kran 92
– – Kranbahn 93
– – Mast 93
– – mechanische Festigkeit 91 f.
– – Metallbau 92–94
– – nichtrostender Stahl 93
– – Profiltafel 94
– – Schalen 93
– – Schalentragwerk 94
– – Schallschutz 114 f.
– – Schornstein 93 f.
– – Schutzgerüst 94
– – Silo 92 f.
– – Sonderbauten 111 f.
– – Sonderkonstruktionen 94 f.
– – Spundwand 93
– – Stahlzugglieder 93
– – Standsicherheit 91 f.
– – Tank 95
– – – Flachboden-Tankbauwerk 94
– – Traggerüst 94
– – Tragwerke 92
– – Turm 93
– – Umweltschutz 112
– – Verbundbau 92–94
– – Verbundtragwerk 93
– – Wärmeschutz 115–118
– – Windenergieanlage 94
– technische Baubestimmungen 91–118
– – Arbeitsgerüst 94
– – Barrierefreiheit 113
– – Erdbebengebiete 95
– – Ermüdung 93
– – Flachboden-Tankbauwerk 94
– – Flüssigkeitsbehälter 92
– – Gärfuttersilo 94
– – Gewächshaus 94
– – Glockenturm 94
– – Güllebehälter 94
– – Kran 92
– – Kranbahn 93
– – Mast 93
– – Metallbau 92–94
– – nichtrostender Stahl 93
– – Profiltafel 94
– – Schalen 93
– – Schalentragwerk 94
– – Schallschutz 114 f.
– – Schornstein 93 f.
– – Schutzgerüst 94
– – Silo 92 f.
– – Sonderbauten 111 f.
– – Sonderkonstruktionen 94 f.
– – Spundwand 93
– – Stahlzugglieder 93
– – Tank 95
– – – Flachboden-Tankbauwerk 94
– – Traggerüst 94
– – Tragwerke 92
– – Turm 93

– – Umweltschutz 112
– – Verbundbau 92–94
– – Verbundtragwerk 93
– – Wärmeschutz 115–118
– – Windenergieanlage 94
MVV TB Teil B
– Anforderungen
– – Dachbauteile 119
– – Deckenbauteile 119
– – Fassadenkonstruktionsbauteile 119
– – Fliegende Bauten 119
– – Sandwichelemente, selbsttragende 119
– – Sonderkonstruktionen 119
– – Vorhangfassade 119
– – Wandbauteile 119
– technische Baubestimmungen
– – Dachbauteile 119
– – Deckenbauteile 119
– – Fassadenkonstruktionsbauteile 119
– – Fliegende Bauten 119
– – Sandwich-Elemente, selbsttragende 119
– – Sonderkonstruktionen 119–121
– – Vorhangfassade 119
– – Wandbauteile 119
MVV TB Teil C, technische Baubestimmungen 122–135
– Arbeitsgerüst 127
– Baustahl, unlegierter 123 f.
– Baustütze 127 f.
– Behälter 127 f.
– Bolzen 125 f.
– Gerüstbauteile 127 f.
– Gerüstspindel 127
– Gussstücke 128
– Gusswerkstoffe 124
– Korrosionsschutzstoffe 126
– Kupplung 127
– Mutter 125 f.
– Niet 125 f.
– Scheibe 125 f.
– Schraube 125 f.
– Schweißhilfsstoffe 125 f.
– Schweißzusätze 125 f.
– Stahl, geschmiedeter 124
– Stahl, nichtrostender 124
– Traggerüst 127 f.
– Verbindungsmittel 125 f.
MVV TB Teil D 134 f.
– Bauprodukte für den Ausbau 134
– Bauprodukte ohne allgemein anerkannte Regeln der Technik 134
– Bauprodukte ohne Verwendbarkeitsnachweis 134 f.

**N**
Nachweise
– Bauteile mit dreiflanschigen Vouten 78
– Bauteile mit zweiflanschigen Vouten 78
– Bauteile ohne Vouten 77

– Biegebeanspruchung 45, 48–50
– Druckbeanspruchung 45
– Normalkraftbeanspruchung 48–50
– Querkraftbeanspruchung 45–47, 50
– Querkraft-Biegungs-Interaktion 48
– Querschnitte der Klasse 1 48 f.
– Querschnitte der Klasse 2 48 f.
– Querschnitte der Klasse 3 49
– Querschnitte der Klasse 4 49 f.
– Stabilität siehe Stabilitätsnachweis
– Torsionsbeanspruchung 47 f.
– Zugbeanspruchung 44 f.
Naturfasern aus nachwachsenden Rohstoffen 618 f.
nichtrostender Stahl
– Anforderungen nach MVV TB Teil A 93
– technische Baubestimmungen nach MVV TB Teil A 93
– technische Baubestimmungen nach MVV TB Teil C 124
Niete
– Blindniete 289
– Korrosionsbeständigkeit 217
– technische Baubestimmungen nach MVV TB Teil C 125 f.
Non Collapse Requirement (NCR) 764, 776
Normalkraftbeanspruchung, Nachweise 48–50
Normalverteilungsdichtefunktion 404
Normen
– Dachdeckungsprodukte 205
– Erdbebenlasten 735 f.
– Kaltprofile 206
– Membranbau 459
– Membrantragwerke 459
– Metallleichtbau 195–306
– Sandwichelemente 205
– (im) Stahlbau 87–193
– Trapezprofil 204
– Zelte 459

**O**
Offshore-Bauwerke, Beschichtungssysteme 358–361
Osmoseschutz für Faserverbundwerkstoffe 613

**P**
Pavillon aus Faserverbundwerkstoffen 664
Pendelstütze, angeschlossene 29
Pfette 202, 277–287
– abP/abZ 277
– Äquivalenzfaktor 280
– Auflager 284 f.
– Biegung, schiefe 277, 280 f.
– Drehfeder 277
– – Steifigkeit 278 f.
– einfeldrige, Auflagerkräfte 283
– Lasteinleitung
– – einzelne 285
– – örtliche 284

- Glasmembrane 483
- Hohlsaumtasche 483
- Kederrand 483
- Klemmrand 483
- Materialeigenschaften 460–470
- Materialien 460–470
- mehrlagige 499
- Polyestermembrane 483
- Polytetrafluorethylenmembrane 483
- Querkontraktion 473
- Querkontraktionszahl 458 f.
- Randseiltasche 483
- Relaxation 482
- Schubsteifigkeit 470
- Spreizwinkel 483
- Steifigkeit 460
- – geometrische 470
- Stöße 483 f.
- stützender Kragarm, Verformung 475
- Vorspannung 458
- Weiterreißfestigkeit 460
- Zugfestigkeit 460

Membrangewebe *siehe* Gewebe
Membranspannung 486
- (bei) Textilien 463

Membranstruktur *siehe auch* Membrantragwerk
- antiklastische 457 f.
- ebene 458
- (aus) Folien *siehe auch dort* 457
- Genehmigungsfähigkeit 460
- Primärstruktur 457 f.
- Sekundärstruktur 457 f.
- synklastische 457 f.
- (aus) technischen Textilien *siehe auch* Textilien, technische 457
- vorgespannte 458

Membrantragwerk *siehe auch* Membranstruktur
- akustische Eigenschaften 502 f.
- Ausführung 504–506
- – Kompensation 504 f.
- – Montage 506
- – Schweißnahtfestigkeit, Ermittlungsversuch 505
- – Verarbeitung 505 f.
- – Zuschnitt 504
- bauphysikalische Aspekte 498–503
- Bemessung 470–475
- Berechnung 470–475
- Brandverhalten 503 f.
- Entwurf 470–475
- (aus) ETFE-Folie 486–498
- – Bemessung 492–497
- – CEN Technical Specification 492–494
- – Detaillierung 497 f.
- – Falten 498
- – Flächennaht 497 f.
- – Folienzuschnitt 493
- – Hystereseversuch 494
- – Keder 497 f.
- – Kedereinfassung 497
- – Kedernaht 498
- – Kederschiene 487, 497 f.
- – Kissenkonstruktion 486 f., 491 f., 494
- – Krümmung 498
- – mechanisch gespannt 487
- – Nachhaltigkeit 486–492
- – pneumatisch gespannt 486 f.
- – Primärstruktur 486
- – Querkontraktion 496
- – Randschweißnaht 498
- – Schweißnahtfestigkeit 498
- – Seiltaschen 487
- – Seiltaschennaht 498
- – Spannungszustand
- – – biaxialer 492
- – – mehrachsiger 494
- – Teilsicherheitsbeiwerte 493, 497
- – Tragelement Kunststofffolie 487 f.
- – Tragwerksverhalten, nichtlineares 497
- – Verformung
- – – elastische 497
- – – irreversible 492
- – – plastische 486, 493–497
- – – viskoelastische 494
- – Vorspannung 496–498
- – – mindeste 495, 497
- – Wärmedurchgang 486
- – Zugversuch
- – – biaxialer 492–496
- – – monoaxialer 492–494
- – – zulässige 497
- Eurocode 460
- (aus) Folien 470
- Formfindung 473
- (aus) Geweben 482–486
- – Bemessung 485 f.
- – Berechnung 483
- – CEN Technical Specification 485 f.
- – Detaillierung 482 f.
- – Formfindung 484
- – Materialsteifigkeit 484
- – Schnittgrößenermittlung 484
- – Schubsteifigkeit 484
- – Teilsicherheitsbeiwerte 485
- – Vorspannung 482
- – Weiterreißfestigkeit 485 f.
- – Zugfestigkeit 485
- – Zugversuch, biaxialer 484
- hygrothermische Simulation 500
- Kissenkonstruktion 471, 473, 500, 503
- Kriechen 458
- Krümmung 471, 474, 482
- – antiklastische 471 f.
- – synklastische 471 f.
- Lastabtrag, biaxialer 473
- Membranspannungszustand 470
- Normen 459
- Primärstruktur 472–475
- Relaxation 458
- Sekundärstruktur 472–475
- Steifigkeit, geometrische 471
- strahlungsphysikalische Eigenschaften 500–502
- Tauwasservermeidung 500
- (aus) technischen Textilien 470
- Vorspannung 470–475
- – biaxiale 473
- – nominelle 475
- – Reduzierung 471
- Wärmedämmung 498–500
- Zustimmung im Einzelfall 460

Metallbau
- aBG/abZ 147–172
- Anforderungen nach MVV TB Teil A 92–94
- technische Regeln nach MVV TB Teil A 92–94
- Werkstoffe, aBG/abZ 144–146

Metallbauarten, aBG/abZ 147–172

Metallleichtbau
- Ausführungsklassen 204 f.
- baurechtliche Anforderungen 203–211
- IFBS-Fachregeln 217, 221 f.
- Konstruktionsklassen 203 f.
- Korrosionsschutz *siehe dort*
- Normen 195–306
- Schadensfolgeklassen 204
- Verbindungselemente *siehe dort*

Metallprofiltafel *siehe auch* Profiltafel
- abP 208
- Brandverhalten 207
- Grenzstützweite 208
- Korrosionsschutz 211
- organische Beschichtung 207
- – Klasseneinteilung 207
- Punktlastversuch 208
- Punktlastwiderstand 207 f.
- SBI-Versuch 207
- tragende Produkte *siehe dort*

Metallüberzug *siehe unter* Korrosionsschutz

Mineralwolle 907
mittragende Breite 42 f.
- Definition 11

Musterbauordnung (MBO) 89 f., 674

Muster-Liste der Technischen Baubestimmungen (MLTB) 89

Muster-Verwaltungsvorschrift Technische Baubestimmungen *siehe* MVV TB 674

Mutter, technische Baubestimmungen nach MVV TB Teil C 125 f.

MVV TB 87–193, 209, 674
- bauordnungsrechtliche Vorgaben 90
- Gliederung 90 f.
- Struktur 90 f.
- Überführungsschema 89

MVV TB Teil A 91–118
- Anforderungen 91–118
- – Arbeitsgerüst 94
- – Barrierefreiheit 113
- – Erdbebengebiete 95
- – Ermüdung 93
- – Flüssigkeitsbehälter 92

– Bandverzinkung  347
– (durch) Beschichtung *siehe dort*
– (durch) Beschichtungssysteme *siehe dort*
– (für) Bleche  215–217
– Dach, begehbares  219
– Dachbeschichtung, mindeste  220
– Dauer  215
– Deckenbeschichtung, mindeste  220
– dünnwandige Bauteile  214
– (durch) Duplex-Systeme *siehe dort*
– Farbtonhaltung  221
– Faserverbundwerkstoffe  613
– (durch) Feuerverzinken *siehe* Feuerverzinkung
– Gewährleistungszeit  215
– Glanzhaltung  221
– Inspektion  221 f.
– Instandhaltung  221 f.
– kathodischer  216, 319
– – Fremdstromanalage  319
– – Opferanode  319
– Klassen  214
– konstruktiver  217 f.
– – Bohrspanentfernung  217
– – Dachflächen  217 f.
– – Inspektion  217
– – Solaranlagen  218
– – Wandflächen  217
– korrosionsschutzgerechte Gestaltung  318
– Kreidungsresistenz  221
– Laborprüfungen  349–352
– – künstliche Alterung  349 f., 352
– – Kurzbewitterungstest  350
– – Salzsprühtest  349
– – Zyklustest  349
– metallischer Überzug  215 f., 319
– – Bestandteile  333
– – thermisch gespritzter  347
– (im) Metallleichtbau  214–222
– – Grundlagen  214 f.
– – Metallprofiltafel  211
– Oberflächenvorbehandlung  320–329
– – chemische Oberflächenumwandlung  320
– – Phosphatieren  320
– – Verunreinigungsentfernung  321
– Oberflächenvorbereitung  320–329
– – Beschichtungsentfernungsverfahren  328
– – ganzflächige  325
– – Netzmittelwäsche, ammoniakalische  327
– – Oberflächenrauheit  326 f.
– – partielle  325
– – primäre  325
– – Strahlen  320, 322–324
– – – Spot-Strahlen  322
– – – Strahlmittel  322 f.
– – – Strahlschutt  623
– – – Sweep-Strahlen  320, 322, 327, 345
– – – Verfahren  324

– – Verunreinigungsentfernungsverfahren  328
– – verzinkte Oberflächen  327 f.
– – Vorbereitungsgrade  324–326
– – Wasserwaschen  322
– organische Beschichtung  215–217, 221
– Planung  357 f.
– Prinzipien  318–320
– Pulverbeschichtung  216 f.
– Reinigung  222
– Robustheit  219, 221
– Sandwichelemente  931
– Solaranlage  221
– Stückbeschichtung  214, 217
– Systeme  218–221
– temporärer  327
– UV-Beständigkeit  219, 221
– (bei) Verbindungselementen im Metallleichtbau *siehe dort*
– Verfahren  318–320
– Wandbeschichtung, mindeste  219
– Wärmebeständigkeit  221
– Wartung  222
– Witterungsbeständigkeit  221
– Zink-Magnesium-Überzug  216
Korrosionsschutzstoffe, technische Baubestimmungen nach MVV TB Teil C  126
Korrosivitätskategorien  214, 221
Krafteinleitung, rippenlose
– Interaktionen  580
– Lasteinleitung  579
– Lasteinleitungslänge, starre  580
– (in) prEN 1993-1-1:2020  578–581
– Querbelastung  578
– Querspannungsnachweis  580
– steifenlose  580
Kran  92
Kranbahn
– Anforderungen nach MVV TB Teil A  93
– Ermüdungsnachweis  23
– technische Baubestimmungen nach MVV TB Teil A  93
Kreuzspektraldichtefunktion  414
Kriechdehnung  98
Kriechen
– Faserverbundkonstruktionen  633
– Faserverbundwerkstoffe  626 f.
– Kunststoffe  460
– Membrantragwerk  458
– Sandwichelemente  917 f., 950
Kunststoffe
– chemischer Aufbau  614
– faserverstärkte (FVK) *siehe* Faserverbundwerkstoffe
– Festigkeit  462
– glasfaserverstärkte *siehe* GFK
– Glasübergangstemperatur  462
– kohlenstofffaserverstärkte *siehe* CFK
– Kriechen  460
– Relaxation  460
– Spannungs-Dehnungs-Verhalten  460

– Steifigkeit  462
– thermoplastische  462
– Verformung  460
Kunststoffsekundärstoffe
– Lagerung, Brandschutzanforderungen  110
Kupplung, technische Baubestimmungen nach MVV TB Teil C  128

**L**
Leichtbau mit Faserverbundwerkstoffen  664 f.
Leichtes Flächentragwerk, Definition  457
Leinwandbindung  619 f.
Leitungsanlage, Brandschutzanforderungen  110
linear kaltgeformte Profile *siehe* Kaltprofil
Liste C  89, 208
Lüftungsanlage, Brandschutzanforderungen  110

**M**
Mandat M/515  517–520
– Anwenderfreundlichkeit, Verbesserung  520
– Bearbeitungsphasen  519
– Eurocode-Regeln, Erweiterung  517
– Final Draft  520
– Inhaltsharmonisierung  520
– Project Teams  518
– Regelwerkharmonisierung  517
– SC3-Arbeitsgebiete  519
Massenträgheitsmomente  423
Mast  93
Materialdämpfung  422
MBO  89 f., 674
Mehrfreiheitsgradsysteme  412–420
– Frequenzgangmatrix  412–415
– Modalanalyse  415–420
Membranbau *siehe auch* Zeltbau
– Bemessung  455–509
– Materialprüfung  455–509
– Membrantragwerke  459
– Normen  459
– Teilsicherheitsbeiwert  474
– Zelte  459
Membranbauteile
– Tragverhalten, unterlineares  474
Membrane
– Additive  460
– biegeschlaffe  470
– Brandverhalten  481
– druckschlaffe  470
– einlagige  498 f.
– – Wärmedämmung  498
– – Wärmedurchgangskoeffizient  499
– – Wärmeübergangswiderstand  499
– elastische Konstanten  458, 473
– Elastizitätsmodul  458
– Faltenfreiheit  470
– Flächennaht  483
– gewebte  462–466

Glasübergangstemperatur 627 f.
– Duroplaste 627
– Kunststoffe 627
– Phenolharze 628
– Thermoplaste 627
Glockenturm 94
Grenzzustand der Gebrauchstauglichkeit 69
– Faserverbundkonstruktionen 636–638
– Sandwichelemente 940, 942, 953
Grenzzustand der Tragfähigkeit 41–68
– Faserverbundkonstruktionen 638 f.
– Sandwichelemente 940 f., 953
– Stahlbauten in Erdbebengebieten 465, 776 f.
– Textilien, technische 474
– Zeltbau 474
Gussstücke, technische Baubestimmungen nach MVV TB Teil C 128
Gusswerkstoffe, technische Baubestimmungen nach MVV TB Teil C 124

## H
Handkreissäge 216
Heat Distorsion Temperatur (HDT) 627 f.
Hochbauten 17
Hochbautragwerk aus GFK 662–664
höherfester Stahl
– Bruchdehnung, mindeste 541
– Duktilitätsanforderungen 541
– (in) prEN 1993-1-1:2020 540–543
– Rotationskapazität 542
– Spannungs-Dehnungs-Beziehung 540
– Stabilitätsnachweis 543
– Streckgrenze, Nennwerte 541
– Tragwerksberechnung
– – (nach) Elastizitätstheorie 540
– – (nach) Plastizitätstheorie 540–543
Honeycomb 621
H-Querschnitt, Biegetragfähigkeit 529

## I
IFBS 207 f.
– Fachregeln des Metallleichtbaus 217, 221 f.
Imperfektionen 29
– Anfangsschiefstellung 551, 553–555
– Biegedrillknicken 551
– Biegeknicken 551 f.
– Ersatzlasten 32
– geometrische Ersatzimperfektion 552
– Höhenreduktionsfaktor, Ermittlung 554 f.
– (in) prEN 1993-1-1:2020 551–557
– Stahlbauten 27–35
– Stützenschiefstellung 30, 554
– Vorkrümmung 30 f.
– – äquivalente 551
– – (von) Bauteilen 555 f.
– – (für das) Biegedrillknicken 557
– – schlankheitsabhängige 556 f.

Impulsreaktionsfunktion 398
Incremental Dynamic Analysis (IDA) 750, 776
Installationskanal, Brandschutzanforderungen 110
Installationsschacht, Brandschutzanforderungen 110
I-Querschnitt, Biegetragfähigkeit 529
ISO 19840 340

## K
kaltgeformte Bauteile *siehe* Kaltprofil
Kaltkeramik, glasfaserverstärkte 654 f.
Kaltprofil 202 f., 209
– Abnahmeprüfzeugnis 3.1 212
– abZ 212
– Bruchdehnung 211
– gekantetes 209
– Herstellung 209, 211
– Montage 209
– Normen 206
– rollgeformtes 209
– Streckgrenzenverhältnis 211
Kaltumformung 200, 202, 210
Kanten 202
Kantprofil 209
– Blechdicke, mindeste 213
Kapazitätsbemessung, Definition 11
Kassettenprofil 200 f., 209
– abP 248
– Abstandsmontage 248
– Außenschale 245, 247 f.
– Aussteifung 267–269
– Bemessung 245–248
– Distanzprofil 247 f.
– Distanzschrauben 248
– Drehfedersteifigkeit 273
– Gebrauchstauglichkeit 269
– Gurthalterung 245
– – (des) schmalen Gurts 247
– Knicktragfähigkeit 245, 248
– Korrelationsfaktor 247 f.
– Längsbeanspruchung 248
– Lasteinleitung, örtliche 245
– mechanisches Modell 247
– (mit) Öffnung 248
– Querbeanspruchung 245, 247 f.
– Querschnittswerte 246
– Schubfeld 267
– – Gleitwinkel 269
– Schubmodul, idealler 269
– Stabilisierung 267–269
– statische Berechnung, typengeprüfte 246
– Tragfähigkeitswert 208
– Trennstreifen 247
– Verbindungen 268
– Zwischenprofil 247
kathodische Schutzwirkung 216
Keder 497 f.
Keramik
– Kaltkeramik, glasfaserverstärkte 654 f.
– nichtbrennbare 614

– Phosphat-Keramik, glasfaserverstärkte (CBPC) 654
– wasserglasbasierte 614
Kernlagenvlies 621
Klemmfalzprofil 200, 202
Knabber 216
Knickbiegelinie 543
Knicklänge, Definition 11
Knickspannungslinie 543, 565
Kohärenzfunktion 406
Kohlenstofffaserlamellen 651
Kohlenstofffasern 617 f.
– Eigenschaften, mechanische 616
– Herstellung 618
– Reißlängen 619
– Wärmeausdehnungskoeffizient 617
kohlenstofffaserverstärkter Kunststoff *siehe* CFK
Konfektionär 470, 481, 489, 498
Kontaktkorrosion 218
Köperbindung 619 f.
Korrelationsfunktion 404 f.
– Autokorrelationsfunktion 405 f.
– Dichtefunktion 405
– Kreuzkorrelationsfunktion 405 f.
– Leistungs-Dichtefunktion 405
Korrosion
– Bimetallkorrosion 318
– Kontaktkorrosion 218
– Rotrost 216
– Schnittflächenkorrosion 216
– Stahlkorrosion *siehe* Korrosion von Stahl
– Weißrost 216
Korrosion von Stahl *siehe auch* Korrosionsschutz 313–318
– atmosphärische 315
– Beschichtungsschäden 317 f.
– (unter) besonderen Belastungen 317
– elektrochemische 314
– (im) Erdreich 315–317
– Erscheinungsformen 314 f.
– Geschwindigkeit 314
– Immersionskategorien 317, 343, 351
– Korrosivitätskategorien 315 f.
– – atmosphärische 351
– Massenverlust 316
– Materialdickenabnahme 316
– Mechanismen 313 f.
– (in) Meeresatmosphäre 317
– Schäden 317 f.
– Unterteilung 314 f.
– Ursachen 313 f.
– (im) Wasser 315–317
– – Belastungszonen 316
Korrosionsbelastung
– standortbedingte 215
– unmittelbare 215
Korrosionsbeständigkeitsklassen 98
Korrosionsschutz
– Abtragswerte 218
– Bandbeschichtung 214, 216
– (für) Bänder 215–217

Folientragwerk *siehe* Membrantragwerk
Freizeitparkanlagen 843–903
– Begriffsbestimmungen 845
Frequenzgangfunktion 400, 406, 413 f., 434
Frequenzgangmatrix 412–415, 419
Frequenzraum 419
Fukushima-Atomkraftwerk 733
Fundament, Drehfedersteifigkeit 429
Fußpunkterregung 394 f.

## G

Gabellagerung 561
Galloping 449–451
Gang, offener
– Brandschutzanforderungen 108 f.
Garage, Brandschutzanforderungen 110
Gärfuttersilo 94
GDA 208
Gebäudebekleidung, nichttragende aus GFK 659–662
Geflecht 619 f.
Gelege 619
– (mit) Nähfäden 620
Gelenktragwerk 11
geologische Untergrundklassen 742 f.
Gerüst
– aBG/abZ 173–184, 675 f.
– Ankerlastauswechselung 684 f.
– Ankerpunkte 683
– Ankerraster 682–687
– Arbeitsgerüst *siehe dort*
– Aufbauanleitung 676 f., 679
– Ausführung 671–730
– auskragendes 684
– Bauteile *siehe* Gerüstbauteile
– Bemessung 671–730
– (mit) Dreieckanankern 685
– Gefährdungsbeurteilung 678
– Gerüstbau *siehe dort*
– Gitterträger 694
– – horizontaler 686
– – (aus) Stahl
– – – Modellierung 701
– – – Querschnittsnachweis 701
– – – systemfreie 698–700
– – – (im) Systemgerüstbau 697 f.
– – – Versuche 700 f.
– – Tragverhalten 700
– – Untersuchung 699
– – vertikaler 684
– Gitterträgerbrücke 695
– Gurt-Strebe-Anschluss 699
– (aus) Hohlprofilen 680, 699
– Horizontalverband 684
– Kippfingerdiagonale 690
– Kompensation von Kräften
– – parallel zur Fassade 685 f.
– – senkrecht zur Fassade 684 f.
– Lastabtrag 684
– – parallel zur Fassade 686
– M-N-Interaktion 680 f.
– Planung 671–730
– – rechtliche Grundlagen 673–675
– – sicherheitsrelevante Grundlagen 678 f.
– – technische Grundlagen 673–677
– Querkrafttragfähigkeit 696 f.
– Rohr 688
– Rüstbinder *siehe dort*
– Rüstträger *siehe dort*
– Schutzgerüst *siehe dort*
– Sicherheitsniveau 680
– Technische Baubestimmungen 673–675
– Traggerüst *siehe dort*
– Typenprüfung 676
– Verankerung 682–684
– Verwendungsanleitung 676 f., 679
– vorhabenbezogene Bauartgenehmigung 676
– Zustimmung im Einzelfall 676
Gerüstbau, Digitalisierung 722–727
– Building Information Modeling 724–727
– – 3-D-Modell 726
– – Abnahme 726 f.
– – Ausführung 726
– – Freigabe 727
– – Kollisionsprüfung 725
– – Lebenszyklus-Phasenmodell 725
– – Logistik 726
– – Planung 724 f.
– – Vermessungsroboter 727
– Grundlagenermittlung 722–724
– Laserscanning 723
– TR BS-Aktualisierung 723
Gerüstbauteile
– CE-Kennzeichnung 677
– Kennzeichnung 677
– technische Baubestimmungen nach MVV TB Teil C 127 f.
– Ü-Zeichen 677
– Verwendung 677
Gerüstrohr, geometrische Verhältnisse 688
Gerüstspindel, technische Baubestimmungen nach MVV TB Teil C 128
Gewächshaus 94
Gewebe 619
– Abstandsgewebe 621
– beschichtetes 462–466
– – Bemessungskonstanten 466
– – elastische Konstanten 464
– – Elastizitätsmodul 464
– – Haftfestigkeit der Beschichtung 463
– – Kompensationswertbestimmung 466
– – Membranspannungen 466
– – Querkontraktionszahl 466
– – Spannungs-Dehnungs-Pfad 464
– – Spannungszustand 463
– – Steifigkeitsparameter 464
– – Weiterreißfestigkeit 463
– – Weiterreißversuch 464
– – Zugfestigkeit 463
– – Zugversuch
– – – biaxialer 463–466
– – – monoaxialer 463
– Drapierbarkeit 620
– Falten 505
– Glasfasergewebe *siehe dort*
– Kompensationswertermittlung 504
– Membrantragwerke *siehe auch dort* 482–486
– Polyestergewebe *siehe unter* Polyester
– unbeschichtetes 466
– – Nähnähte 466
– – Verbindungsprüfung 466
– Vorspannung 504
– Weiterreißversuch 505
Gewebemembrane *siehe* Membrane
gewindeformende Schraube 289
gewindefurchende Schraube 211, 213
– Korrosionsbeständigkeit 217
Gewirk 619
GFK (glasfaserverstärkter Kunststoff) 616
– Aufspaltung durch Pyrolyse 629
– Betonbewehrung 652 f.
– Bewehrungsstäbe 653
– Brückenfahrbahn 655–657
– Brückentragwerk 657 f.
– Dachelemente 663
– Dauerhaftigkeit 663
– Fahrbahndeck 655
– Fassadenelemente 661
– Gebäudebekleidung nichttragende 659–662
– Hochbautragelemente 662–664
– Hohlprofil 657, 660
– Konstruktionsprofil, aBG/abZ 632
– Pfosten 660
– Planken, aBG/abZ 632
– Platten 655
– Sandwichkonstruktion 659
– Stäbe, aBG/abZ 632
– Stahl-GFK-Verbundbauweise 656
– Verschattungslamellen 660
– Wärmeleitfähigkeit 659
– Zellkühlturm 663 f.
Gitterstütze 65–67
Glas 489–491
– Gewebe, Verarbeitung 505
– Membrane 483
– Spannungs-Dehnungs-Verhalten 463
Glasfasergewebe
– PTFE-beschichtetes 462
– Spannungs-Dehnungs-Verhalten 463
– Verarbeitung 505
– Verformung, dehnungslose 463
– Zugfestigkeit 463
Glasfasern 616 f.
– Eigenschaften, mechanische 616
– Herstellung 617
– Reißlängen 619
glasfaserverstärkter Kunststoff *siehe* GFK

## Stichwortverzeichnis

– Ermüdung 627
– Faser-Matrix-Haftung 613
– Faservolumengehalt 628, 633
– Feuchtebeständigkeit 628
– Füllstoffe 613, 621 f.
– – feuerhemmende 628
– – UV-absorbierende 628
– Herstellung 622–626
– – Flechtverfahren 622–625
– – Handlaminierverfahren 622
– – Infusionsverfahren 622
– – – Harzinfusionsverfahren 623
– – Injektionsverfahren 622–625
– – manuelle 622 f.
– – Pressverfahren 622–624
– – – Heißpressverfahren 623
– – Pultrusionsverfahren 622, 625 f., 651, 653
– – Sheet Molding Compound (SMC) 622 f.
– – Vakuumverfahren 623, 658
– – Wickelverfahren 622–625, 664 f.
– Kernmaterialien 620 f.
– Klebefugen 630
– Konstruktionen siehe Faserverbundkonstruktionen
– Korrosionsschutz 613
– Kriechen 626 f.
– Kunststoffmatrix 613
– Lastdauer, akkumulierte 627
– Materialeigenschaften 613
– Materialien 613–615
– Matrix 613 f.
– ökologische Aspekte 628–630
– Osmoseschutz 613
– (für) Sandwichkonstruktionen 620
– (für) Sonderkonstruktionen 664–666
– – biegeaktive Tragwerke 665
– – Leichtbau 664 f.
– – Pavillon 664
– – Versuchsbauten, temporäre 664
– Temperatur 627
– Verarbeitung von Halbzeugen 630 f.
– Verbindungen 630 f.
– Verstärkungsfasern siehe dort
– Wiederverwertung 629
– Witterungsbeständigkeit 628
– Zeitstandsfestigkeit 626
– Zeit-Verformungs-Verhalten 627
– Zustimmung im Einzelfall 631
faserverstärkte Kunststoffe (FVK) siehe Faserverbundwerkstoffe
Fassade
– Sandwichfassade 907
– Seilnetzfassade 652
– vorgehängte 931–936
– – Ausführungsvarianten 931
– – Bauweise 931 f.
– – hinterlüftete 932
– – Konstruktionsbesonderheiten 932 f.
– – Lastabtragsbesonderheiten 932 f.
– – Lastexzentrizität 934

– – Lastweiterleitung 935
– – Prinzipskizze 932
– – Punktlastbeanspruchung 933
– – Querlastbeanspruchung 933
– – Torsionsbeanspruchung 935
– – Torsionsmoment, maximales 935
– – Tragfähigkeitsnachweise 933–936
– – Tragprofile 932
– – Versuche 933
– – Vorteile 932
– – Zugkraftbeanspruchung 933
Fassadenelemente aus GFK 661
Fassadenkonstruktionsbauteile 119
Federsteifigkeit
– Drehbehinderung, kontinuierliche 573, 575–578
– – Biegedrillknicken 576
– – Drehachse 577
– – Schlankheitsgrad, bezogener 576 f.
– – Verdrehsteifigkeit 573, 575–578
– Drehsteifigkeit 574
– (in) prEN 1993-1-1:2020 573–578
– Stützung, kontinuierliche seitliche 573–575
– – Biegedrillknicken 575
Festigkeit, mechanische
– Anforderungen nach MVV TB Teil A 91 f.
Festigkeitsnachweis
– Flansche, einseitig gestützte 524 f.
– Hohlprofile 525
– prEN 1993-1-1:2020 523–526, 531 f.
– Querkrafteinfluss siehe dort
– Querschnittsklassifizierung siehe unter Querschnitt
– Querschnittsteile, druckbeanspruchte
– – beidseitig gestützte 523
– – c/t-Verhältnis 523–525
– – semi-kompakte Querschnitte 531 f.
– (mit) Teilschnittgrößenverfahren 528
Feuerungsanlage, Brandschutzanforderungen 110
Feuerverzinkung 344, 371–383
– Schichtanzahl 345
– Schwermetalleintrag 344
– Sollschichtdicke 345 f.
– unbeschichtete 319, 346
– Zinkabtrag 344
Feuerwiderstandsfähigkeit, Brandschutzanforderungen 103 f.
Filamente 619
FKM-Richtlinie
– Bauteilbetriebsfestigkeit 899
– Berechnungsbeispiel 895
– Konstruktionskennwerte 898 f.
– Werkstoffkennwerte 897 f.
Flachboden-Tankbauwerk 94
Flächentragwerk, leichtes siehe auch Zelte 479
FlBauVerV 849
Fliegende Bauten 843–903
– Achterbahn siehe dort

– Anforderungen nach MVV TB Teil B 119
– Ausführungsgenehmigung 845, 849, 852–854
– Begriffsbestimmungen 845 f.
– Berechnungsbeispiele 892–900
– Beschleunigungen 860–864
– – Grenzbeschleunigungen 861–863
– – Kombinationen 864
– – Messungen 860 f.
– Definition 849
– Einwirkungen
– – Anprall, planmäßiger 858
– – Antriebskräfte 857
– – Bremskräfte 857
– – Erdbeben 858
– – Fahrgäste 856
– – Lasten auf Abstützvorrichtungen 857
– – Lasten auf Rückhaltevorrichtungen 857
– – Lastkombinationen 859
– – Massenkräfte 858
– – Nutzlasten, waagerechte 857
– – Schneelast 858
– – ständige 856
– – Stoß 858 f.
– – veränderliche 856–859
– – Verkehrslasten, lotrechte 856
– – Vibration 858 f.
– – Windlast 857 f.
– Festigkeitsnachweis 859 f.
– Gebrauchsabnahme 854
– Genehmigungsweg 850–855
– Lastannahmen 856–859
– Normenübergang 854 f.
– Normungsstand 855–867
– Prüfbuch 849
– Prüfung
– – Abnahmeprüfung 852
– – Bauprüfung 851
– – Bauvorlagenprüfung 851
– – Erstprüfung 850 f.
– – Gefahrenpotenziale 855
– – Herstellungsprüfung 851
– – Sonderprüfung 854
– – Verlängerungsprüfung 854
– rechtlicher Rahmen 848–855
– Rechtsgrundlagen 849 f.
– Richtlinie über Bau und Betrieb 849 f.
– Risikobeurteilung 865
– Rückhaltevorrichtungen 861
– Stahlachterbahn siehe Achterbahn
– technische Baubestimmungen nach MVV TB Teil B 119
– technische Entwicklung 846–848
– Verwaltungsvorschrift 849 f.
Fließbohrschraube 213, 289
Fließkriterium 529
Flur, notwendiger
– Brandschutzanforderungen 108 f.
Flüssigkeitsbehälter 92
Folien 457
– ETFE-Folie siehe dort

Epoxidharz (EP) 615, 333
– Farbpasten 621
– Farbpigmente 621
Erdbeben 438–442
– Auftretenswahrscheinlichkeit 764
– Deutschlandkarte 735, 745
– Gefährdung 734
– Gefährdungsanalyse, seismische 742, 744
– Gefährdungsfunktion 742, 744
– Gefährdungskarten 742–746
– Infrastrukturverwundbarkeit 734
– Normenentwicklung 735 f.
– Risiken 734
– Tuhoku-Erdbeben 733
– Verteilung weltweit 734
– Wellenausbreitung 737
– Zeitverläufe 738
– Zonen 735
Erdbebengebiete 95
Ermüdung
– Anforderungen nach MVV TB Teil A 93
– (in) prEN 1993-1-1:2020 581 f.
– Spannungsschwingbreite 581
– Spannungswechsel während der Nutzungsdauer 581
– technische Baubestimmungen nach MVV TB Teil A 93
Ersatzfedersteifigkeit 423, 425
Ersatzstabnachweis 51
Erschütterungszahl 735
ETFE (Ethylen-Tetrafluorethylen) 462
– Definition 466
ETFE-Folie 459 f., 466–470, 504 f.
– (in der) Architektur 470
– Elastizitätsmodul 494
– Faltenbildung 468
– Flächennaht 505
– Fließgrenze 467
– Grundmaterial 470
– Hysterese-Test 469
– Kissenkonstruktion 467, 505
– Knickpunkt 466–468, 493
– Konditionierung 494
– Kriechen 467
– Membrantragwerke siehe auch dort 486–498
– Modifikationsfaktor 493 f.
– Proportionalitätsgrenze 467, 494
– Randschweißnaht 505
– Schweißnaht 470
– Schweißparameter 505
– Spannungs-Dehnungs-Kurve 467–469
– Spannungs-Dehnungs-Verhalten 494
– Spannungszustand 466–468
– Streckgrenze 467, 493 f.
– Transparenz 488
– Verarbeitung 498
– Verformung 505
– Viskoelastizität 505

– Zugversuch, monoaxialer 466 f., 470, 493, 505
Ethylen-Chlortrifluorethylen 488
Ethylen-Tetrafluorethylen 494
Eurocode 3 5–10, 515
– Anwendungsbereich 8–10
– Formelzeichen 11–15
– Teilsicherheitsbeiwerte 41
Eurocode 8 735, 751, 760
Europäische Technische Bewertung (ETA) 185–193
European Quality Assurance Association for Panels and Profils (EPAQ) 208
Evans'scher Tropfenversuch 314

**F**
Fachwerkbauteile, Biegeknicken 73–76
Fachwerkverbände, Biegeknicken 73–76
Fahrbahndeck aus GFK 655
Fahrschacht, Brandschutzanforderungen 109 f.
Falzprofiltafel 202
Faser-Kunststoff-Verbund (FKV) siehe Faserverbundwerkstoffe
Fasern
– Aramidfasern siehe dort
– Basaltfasern 618
– Glasfasern siehe dort
– Kohlenstofffasern siehe dort
– Naturfasern aus nachwachsenden Rohstoffen 618 f.
– Schlagzähigkeit 620
– Verarbeitungsformen 619 f.
Verstärkungsfasern für Faserverbundwerkstoffe 613, 615–619
Faserverbundbauteile
– Bewitterungseinfluss 650
– Brandprüfung 650
– Brandverhalten 650
– experimentelle Untersuchungen 647–650
– – Fraktilfaktor 648
– – Fraktilwerte 647 f.
– – Notwendigkeit 647
– – Versuchsauswertung, statistische 647 f.
– Kriechverhalten 650
– Laminate, Kurzzeiteigenschaften 648
– Lasteinwirkungsdauereinfluss 649 f.
– Umgebungsmedieneinfluss 649 f.
– Verbindungen, Tragfähigkeit 648 f.
– – Klebeverbindungen 619
– – Schraubverbindungen 648 f.
– Wärmeformbeständigkeitstemperatur 650
Faserverbundkonstruktionen
– Ausführung 650 f.
– Bauartgenehmigungen 631 f.
– Bauteilbemessung 632
– Belastungseinfluss 634 f.
– Bemessungswerte 642

– Berechnung 631–647
– Dehnungsbeschränkung 636
– Einflussfaktoren auf der Widerstandsseite 633–636
– Einwirkungsdauereinfluss 633
– Einzelschichtkennwerte 632
– Gesundheitshinweise 651
– Instandhaltung 650 f.
– Kriechen 633
– Laminattheorie, klassische 632
– Lastdauereinfluss 631
– Lasteinwirkungsdauer 633 f.
– Lasteinwirkungsklassen 638 f.
– Nachweise 631–647
– – Dehnungen 641
– – Grenzzustand der Gebrauchstauglichkeit 636–638
– – Grenzzustand der Tragfähigkeit 638 f.
– – materialspezifische 633–647
– – Spannungen 639–641
– – Stabilität 641–643
– – Verbindungen 643–647
– – – Klebeverbindungen 646 f.
– – – Scher-Lochleibungsverbindungen 644
– – – Schraubverbindungen 643–646
– – – Verbindungsbruch 646
– Schnittgrößenermittlung 632 f.
– Sicherheitshinweise 651
– technische Regeln 631
– Teilsicherheitsbeiwerte 633–636
– Temperatureinfluss 631, 633, 636
– Überwachung 650 f.
– – Halbzeugherstellung 650
– Umgebungsmedieneinfluss 631, 633, 635
– UV-Belastung 633
– Verformungsbeschränkung 636, 638
– Verformungsermittlung 632 f.
– Wartung 650 f.
– Witterungseinfluss 633
– Zeitstandfestigkeit 633
– Zulassungen 631 f.
Faserverbundwerkstoffe 611–670
– aBG/abZ 631
– Additive 613, 621 f.
– – brandverzögernde 621
– – Low-Profile-Additive 621
– Anwendungsgebiete 651–666
– – Betonbewehrung 652–654
– – Brückenbau 655–659
– – Ingenieurbau 659–666
– – Kaltkeramik 654 f.
– – Seile 651 f.
– – Spannglieder 651 f.
– – Zugglieder 651
– Anwendungsgrenzen 627 f.
– Bearbeitung 630
– Brand 627 f.
– Brandklasse 628
– chemische Beständigkeit 628
– Eigenschaften 626–630

## Stichwortverzeichnis

– Leitungsanlagen 110
– Lüftungsanlage 110
– Sonderbauten 110 f.
– Trennwand 105 f.
– Treppe 108
– Treppenraum, notwendiger 108
– Wärmeversorgungsanlage 110
Brandverhalten
– Faserverbundbauteile 650
– Membrane 481
– Membrantragwerke 503 f.
– Metallprofiltafel 207
– Sandwichelemente 930
Brandwand, Brandschutz-
  anforderungen 106 f.
BRB 799–801
Brennstoffversorgungsanlage, Brand-
  schutzanforderungen 110
Brückenfahrbahn aus GFK 655–657
Brückentragwerk
– (aus) CFK 658 f.
– (aus) GFK 657 f.
– (aus) Sandwichsystemen 659
Buckling Restraint Braces (BRB)
  799–801
Bühnenrandträger, Bemessung 601 f.
– rippenlose Krafteinleitung,
  Nachweis 601 f.
Bühnenträger, Bemessung 598–601
– Biegedrillknicknachweis 598–601
– Druckgurtnachweis 600 f.

## C

Carbonbeton 654
CBPC 654
CE-Kennzeichnung
– Dachbedeckungsprodukte 205
– Gerüstbauteile 677
– Sandwichelemente 936 f.
CFK 616
– Betonbewehrung 653 f.
– Betonplatten, vorgespannte 654
– Brückentragwerk 658 f.
– Gelege 651
– – aBG/abZ 632
– Lamellen 651, 657
– – aBG/abZ 632
– Seile 651 f.
– Spannbandbrücke 652
– Spannglieder 651 f.
– Träger 658
– Träger, vorgespannte 654
– Zugstange 652
Chem-VOCFarbV 365

## D

Dach
– Ausführung 195–306
– begehbares, Korrosionsschutz 219
– Bemessung 195–306
– Brandschutzanforderungen 107 f.
– Konstruktion 195–306
– Korrosionsschutz
– – Beschichtung, mindeste 220
– – konstruktiver 217 f.

Dachbauteile 119
Dachdeckungsprodukte 205
Dachelement aus GFK 663
Dachpfannenprofil 202
– technische Regeln 205
Dachträger, durchlaufender
– Bemessung 596–598
Damage Limitation Requirement
  (DLR) 776
Dämpfung 434, 440
– aerodynamische 452
– (in) baudynamischen Berechnungen
  421–423
– Dekremente, logarithmische 445
– geschwindigkeitsproportionale 388,
  421–423
– kritische 388
– Materialdämpfung 422
– modale 420
– proportionale 437
– Rayleigh-Dämpfung 421 f.
– Strukturdämpfung 452
– strukturelle 423
Dämpfungsmatrix 415 f.
Dauerhaftigkeit
– glasfaserverstärkter Kunststoff
  663
– Hochbauten 17
– Stahlbauten 23 f.
Decke
– Brandschutzanforderungen 107
– durchlaufende, Belastungsanordnung
  73
– Korrosionsschutz
– – Beschichtung, mindeste 220
Deckenbauteile 119
Deutsches Institut für Bautechnik
  (DIBt), Bescheide 142–193
DGUV-Vorschriften 362 f.
Dichtfunktion
– (der) Extremwerte 410
– spektrale 408
DIN 4149 735
DIN 18204-1 460, 475–482
DIN 18204-101 475–482
DIN EN 1993
– CEN/SC3 Working Groups
  517 f.
– Mandat M/515 siehe dort
– Weiterentwicklung 517–522
DIN EN 1993-1-1 1–86
DIN EN 1998-1 740–744
DIN EN 1998-4 815
DIN EN ISO 2808 340 f.
DIN EN ISO 12944
– Anwendungsbereich 312 f.
– Aufbau 313
– Sonderfälle 342
Distanzkonstruktion 210
Drehbettung 203, 270–277
Dreiecksanker für Gerüste 685
druckbeanspruchte Bauteile,
  Bemessung 602–604
Druckbeanspruchung, Nachweis
  45

Druckgurt, Knicken 58
Duhamel-Integral 398
Duplex-Systeme 345, 371–383
– Aufbau 379
– Ausführung 380 f.
– Ausschreibung 380 f.
– Korrosionsschutzplanung 377 f.
– Nassbeschichtung 380
– (mit) Nassbeschichtungsstoffen
  378 f.
– normative Regelungen 376 f.
– Oberflächenvorbereitung 380 f.
– Praxisbeispiele 381 f.
– Pulverbeschichtung 381
– (mit) Pulverbeschichtungsstoffen
  378 f.
– Schutzdauer 373 f., 378
– Wirkungsweise 376
Duroplaste 614
– Eigenschaften 615
– Glasübergangstemperatur 627
– Schraubverbindung, vorgespannte
  630

## E

ECTFE (Ethylen-Chlortrifluoro-
  ethylen) 488
ECTFE-Folie 494
Eigenform, skalierte 33
einfach-symmetrische Querschnitte
– Bauteilnachweis 570
– Biegedrillknicken
– – Entlastungseffekt 570 f.
– – Interaktionsformeln 570
– Biegemoment 567
– – durchschlagendes 571
– Interaktionsfaktoren 567 f.
– (in) prEN 1993-1-1:2020 567–572
– Stabilitätsnachweis 569
– Teilschnittgrößenverfahren 572
– Wölbmomente 572
Einfreiheitsgradsysteme, gedämpfte
– Schwingungen
– – erzwungene 390–394
– – freie 387–390
– Übertragungsverhalten 403, 408
Einmassenschwinger 747
Einschwingvorgang 394 f.
Elastizitätsmodul
– Gewebe, beschichtetes 464, 466
– ETFE-Folie 494
– Membrane 458
Elastomere 614
EN 1993, Überarbeitung
– Stand 520–522
– Vorgehen 517
EN 1993-1-1
– Gliederung 516
– neue Erkenntnisse 521
– – Anwenderfreundlichkeit,
    Verbesserung 521
– – Buckling curves 521
– – Harmonisierung, bessere 522
– – (für) höherfeste Stähle 521
– – Überarbeitungsstand 520–522

– technische Baubestimmungen nach
  MVV TB Teil C   127 f.
Bauteil mit Fließgelenken
– Abstützmaßnahmen   77–81
– Biegedrillknicken   63 f.
Bauteilachsen, Definition   15 f.
Bauteilbrandverhalten, Brandschutz-
  anforderungen   102 f.
Bauteil mit konstantem Querschnitt,
  Definition   11
Bauwerks-Boden-Interaktion   25
Bedachung, harte   207
Bedachungselement, selbsttragendes
  205
Behälter   126 f.
Bescheide im Stahlbau   142–193
Beschichtung   319 f., 371–383
– (auf der) Baustelle   348
– Nassbeschichtung   375, 380
– – Stoffe für Duplex-Systeme   378 f.
– Pulverbeschichtung   375 f., 391
– – Stoffe für Duplex-Systeme   378 f.
– (von) Sandwichelementen   931
– (im) Werk   347 f.
Beschichtungsarbeiten
– Ausführung   352–356
– Überwachung   352–356
– – Fremdüberwachung   354
– – Kontrollflächen   355 f.
– – Kontrollproben   355 f.
– – Schichtdickenmessung   355
Beschichtungsstoffe
– Additive   330 f.
– Alkydharz   333
– aluminiumpigmentierte   354
– Aufbau   330–332
– Bindemittel   330
– – niedermolekulare   330
– Deckbeschichtungsstoffe   336
– Dispersionen, wässrige   333
– Eigenschaften   330–332, 334
– eisenglimmerhaltige   354
– Epoxidharz   333
– Filmbildung   331 f.
– Füllstoffe   330 f.
– Grundbeschichtungsstoffe   335
– Haftfestigkeit   335
– Härtung, chemische   333
– Koaleszenz   333
– Lösemittel, organische   330 f.
– Pigmente   330 f.
– Polyurethan   333
– Trockengradprüfung   333
– Trocknung, physikalische   332 f.
– Übergang zur Beschichtung   332
– Verarbeitungszeit   333
– Vernetzung, oxidative   333
– VOC-Emission   331 f.
– wasserverdünnbare   330
– Zwischenbeschichtungsstoffe   336
Beschichtungssysteme   307–369
– Applikation   347 f.
– Arbeitssicherheit   362–369
– – (bei) Beschichtungsstoffapplikation
    364

– – Gefahrenpiktogramme   364
– – Oberflächenvorbereitung
    363 f.
– – Schutzausrüstung   364
– (für) atmosphärische Umgebungs-
    bedingungen   341, 343
– Ausbesserung   357
– Auswahl   341–343
– Beschichtungsstoffe siehe dort
– Bestandteile   333
– Erstschutz   330, 341, 356–358
– – Planung   357
– (auf) feuerverzinktem Stahl
    344–346
– Gesundheitsschutz   362–369
– Gewährleistung   336, 357 f.
– Instandhaltung   356
– Instandsetzung   330, 341, 348 f.,
    356–358
– – Planung   357 f.
– Nutzungsdauer   356 f.
– (im) Offshore-Bereich   358 361
– – Anforderungen   361
– – Belastungszonen   358 f.
– – Bewertung   360 f.
– – Instandsetzung   360
– – kathodischer Korrosionsschutz
    358
– – Korrosivitätskategorien   358
– – Laborprüfungen   360
– Probefläche   312
– Schichtanzahl   337 f.
– Schichtdicke   336–341
– – Definition   337
– – höchste   337
– – Korrekturwerte   340
– – Messung   339–341
– – – Nassschichtdicke   340
– – – Trockenschichtdicke   340
– – mindeste   337
– – Sollschichtdicke   336 f., 339
– – – erforderliche   342
– – Trockenschichtdicke   337
– Schutzdauer   336, 338, 341, 351,
    356 f.
– (auf) Stahl mit thermisch gespritzten
    Metallüberzügen   344 f.
– (für den) Stahlwasserbau   343 f.
– Teilerneuerung   357
– Umweltschutz   362–369
– – Gefahrstoffregelungen   368
– – Gesetze   366–368
– – Verordnungen   366–368
– – Unfallvermeidung   369
– Vollerneuerung   330, 357
Beton
– Carbonbeton   657
– textilbewehrter   653
Betonbewehrung
– (aus) CFK   653 f.
– (aus) GFK   652 f.
biegebeanspruchte Bauteile, Bemessung
  602–604
Biegebeanspruchung, Nachweise   45,
  48–50

Biegedrillknicken   548, 550 f.
– Abminderungsfaktor   557,
  561–564
– allgemeiner Fall   558, 560
– äquivalenter druckbeanspruchter
    Flansch
– – Abminderungsfaktor   566
– – Knickspannungslinie   566
– – Schlankheitsgrad   560
– (durch) Biegeknicken des Druck-
    gurtes   559
– GMNIA-Traglastberechnung
    561–563
– Imperfektionsbeiwert   558
– Knicklinien für allgemeine Fälle
    558
– Knicknachweis des Druckgurtes
    565
– Lastangriffspunkt   565
– Momentenverlauf   564
– Momentenverteilung   559
– Nachweis   549
– (in) prEN 1993-1-1:2020   557–567
– spezifischer Fall   560
Biegeknicken   551 f., 556
Biegeschwingungen   449, 452
Bimetallkorrosion   318
biobasierte Harze   615
Blechschere   216
Blindniete   289
Blitzschutzanlage, Brandschutz-
  anforderungen   110
Böengrundanteil   444
Böenreaktionsfaktor   411, 443
Bohrschraube   211, 213, 289
– Fließbohrschraube   213, 289
– Korrosionsbeständigkeit   217
Bohrspanentfernung   217
Bohrspitze, angeschweißte
– Korrosionsbeständigkeit   217
Bolzen
– Setzbolzen siehe dort
– technische Baubestimmungen nach
    MVV TB Teil C   125 f.
Brandschutzanforderungen   101–112
– Aufzug   109 f.
– Außenwand   105
– Bauteilbrandverhalten   102 f.
– Blitzschutzanlage   110
– Brandwand   106 f.
– Brennstoffversorgungsanlage   110
– Dach   107 f.
– Decke   107
– Fahrschacht   109 f.
– Feuerungsanlage   110
– Feuerwiderstandsfähigkeit   103 f.
– Flur, notwendiger   108 f.
– Gang, offener   108 f.
– Garage   110
– Installationskanal   110
– Installationsschacht   110
– (Anlage zur) Lagerung von Sekun-
    därstoffen aus Kunststoff   110
– (Anlage zur) Lagerung wasser-
    gefährdender Stoffe   110

# Stichwortverzeichnis

## A

aBG *siehe* allgemeine Bauartgenehmigung
abP *siehe* allgemeines bauaufsichtliches Prüfzeugnis
Abstandhalterkonstruktion   210
Abstandsgewebe   621
abZ *siehe* allgemeine bauaufsichtliche Zulassung
Achterbahn   848, 867–900
– 3-D-Darstellung   893
– Anforderungen, systemspezifische   870
– Auflager   874
– Berechnungsbeispiele   892–900
– Biegeanweisungen   877 f.
– Fahrdynamik   869
– Fahrzeuge *siehe* Achterbahnfahrzeug
– Fußpunkte   880–883
– Geometrie
– – (als) kreative Ingenieursarbeit   870
– – räumliche   868 f.
– Herzlinienprinzip   869 f.
– Lastaufbringung   885
– Lastermittlung   885
– Modellbildung   883–885
– Raumkurvenentwicklung   868–870
– Schiene   871–874
– – Hohlprofilknoten, geschweißter   892–895
– Schienenauflager   874 f.
– Schienenmodellierung   883–885
– Schienenstöße   875–877
– Spannungspunkte   893
– Stützen   878–882
– Tragwerksentwicklung   870 f.
– transportable   848
– Zug *siehe* Achterbahnzug
Achterbahnfahrzeug   885–892
– Achse   888 f.
– Achsschenkel   888 f., 895–900
– Achterbahnzug *siehe dort*
– Aufbau   886
– Elemente   885 f.
– Fahrgastrückhaltevorrichtung   886 f.
– Fahrwerk   890
– Grundrahmen   888
– Koordinatensystem   886
– Oberbau   886, 888
– Radschild   889–891
– Rücklaufsicherung   890
– Sitz   886 f.
Achterbahnzug
– Aufbau   891 f.
– Rikschaprinzip   891
– Zweiachserprinzip   892
Alkydharz   333
allgemeine Bauartgenehmigung (aBG)
– Baustützen   181–184
– CFK-Gelege   632
– CFK-Lamellen   632

– Faserverbundwerkstoffe   631
– Gerüst   173–184, 675 f.
– GFK-Konstruktionsprofile   632
– GFK-Planken   632
– GFK-Stäbe   632
– Metallbau   147–172
– – Werkstoffe   144–146
– Metallbauarten   147–172
– Verbundbau   142 f.
allgemeine bauaufsichtliche Zulassung (abZ)
– Baustützen   181–184
– CFK-Gelege   632
– CFK-Lamellen   632
– Faserverbundwerkstoffe   631
– Gerüst   173–184, 675 f.
– GFK-Konstruktionsprofile   632
– GFK-Planken   632
– GFK-Stäbe   632
– Kaltprofil   212
– Metallbau   147–172
– – Werkstoffe   144–146
– Metallbauarten   147–172
– Pfette   277
– Sandwichelemente   938
– Verbindungen, mechanische für Profiltafeln   288, 291 f.
– Verbundbau   142 f.
– Wandriegel   277
allgemeines bauaufsichtliches Prüfzeugnis (abP)
– Kassettenprofil   248
– Pfette   277
– Profiltafeln   208, 211
– Wandriegel   277
Aluminiumtragwerk   208
Anker, Dreieckanker für Gerüste   685
Aramidfasern   618
– gebrochene, Reißlängen   619
– Produktionsablauf   618
Arbeitsgerüst
– Anforderungen nach MVV TB Teil A   94
– Bemessung   679–701
– – Regelwerke   679
– – Werkstoffe   679
– – Berechnung   680 f.
– Entwurf   679–701
– Gründung   681 f.
– Imperfektionen   687–694
– – Knickwinkelabminderung   688 f.
– – Knickwinkel bei üblichen Gerüstsystemen   689 f.
– – Knickwinkel im Ständerstoß   688
– – Lotabweichung, Begrenzung   690 f.
– – Modellierung   691
– – Schiefstellung   687 f., 692–694
– – Spindel, Modellierung   691 f.
– – Verformungsfigur   692
– – Vorkrümmung   692–694
– technische Baubestimmungen nach MVV TB Teil A   94

– technische Baubestimmungen nach MVV TB Teil C   128
– Überbrückungskonstruktionen   694–701
Atlasbindung   619 f.
Atomkraftwerk Fukushima   733
Aufschweißbiegeversuch   20
Aufzug, Brandschutzanforderungen   109 f.
Ausführungsklassen   17, 82, 99
Außenwand, Brandschutzanforderungen   105
Autoklav   623
Autokorrelationsfunktion, parametrisierte   408

## B

Balsaholz   621
Bandbeschichtung   214, 216
Bandverzinkung   347
Barrierefreiheit   113
Basaltfasern   618
Bauarten, Regelungen   674
Bauartgenehmigung
– allgemeine (aBG) *siehe dort*
– vorhabenbezogene (vBG), Gerüst   676
Bauprodukte
– Inverkehrbringen   673
– Regelungen   674
Bauproduktenverordnung (BauPVO)   673
Bauregelliste (BRL) A   89
Bauregelliste (BRL) B   89
Baustahl   534–537
– Bruchzähigkeit   22
– Duktilitätsanforderungen   22, 535
– Eigenschaften in Dickenrichtung   22
– Materialkonstanten   23
– Materialparameter, Streuung   536
– Querschnittsdimensionen, Streuung   537
– schweißgeeigneter, normative Verweisungen   10
– Spannungs-Dehnungs-Beziehung, bilineare   36
– Stahlgütewahl   23
– Streckgrenze   21, 534 f.
– – Mindestwert, nomineller   537
– Streugrößen   539
– Teilsicherheitsbeiwerte, Kalibrierung   535 f.
– Teilsicherheitsfaktoren   537
– Toleranzen   21
– unlegierter, technische Baubestimmungen nach MVV TB Teil B   123 f.
– Werkstoffeigenschaften   20, 534
– Zugfestigkeit   21, 534 f.
– – Mindestwert, nomineller   537
Baustellenverordnung   363
Baustütze
– abZ/aBG   181–184

[50] DIN EN 12114:2000-04 (2000) *Luftdurchlässigkeit von Bauteilen – Laborprüfverfahren*, Beuth, Berlin.

[51] DIN EN 13381-2:2014-12 (2014) *Prüfverfahren zur Bestimmung des Beitrages zum Feuerwiderstand von tragenden Bauteilen – Teil 2: Vertikal angeordnete Brandschutzbekleidungen*, Beuth, Berlin.

[52] DIN EN 13501-1:2019-05 (2019) *Klassifizierung von Bauprodukten und Bauarten zu ihrem Brandverhalten – Teil 1: Klassifizierung mit den Ergebnissen aus den Prüfungen zum Brandverhalten von Bauprodukten*, DIN EN 13501-2:2016-12 (2016) *Teil 2: Klassifizierung mit den Ergebnissen aus den Feuerwiderstandsprüfungen, mit Ausnahme von Lüftungsanlagen*, Beuth, Berlin.

[53] DIN EN 13823:2015-02 (2015) *Prüfungen zum Brandverhalten von Bauprodukten – Thermische Beanspruchung durch einen einzelnen brennenden Gegenstand für Bauprodukte mit Ausnahme von Bodenbelägen*, Beuth, Berlin.

[54] DIN EN ISO 9972:2018-12 (2018) *Wärmetechnisches Verhalten von Gebäuden – Bestimmung der Luftdurchlässigkeit von Gebäuden, Differenzdruckverfahren*, Beuth, Berlin.

[55] DIN EN 14509:2013-12 (2013) *Selbsttragende Sandwich-Elemente mit beidseitigen Metalldeckschichten – Werkmäßig hergestellte Produkte – Spezifikationen*, Beuth, Berlin.

[56] E DIN EN 14509-2:2017-10 (2017) *Sandwich-Elemente mit beidseitigen Metalldeckschichten – Werkmäßig hergestellte Produkte – Spezifikationen – Teil 2: Tragende Anwendungen – Befestigungen und mögliche Nutzung zur Stabilisierung von einzelnen tragenden Bauteilen*, Beuth, Berlin.

[57] DIN 55634-1:2018-03 (2018) *Beschichtungsstoffe und Überzüge – Korrosionsschutz von tragenden dünnwandigen Bauteilen aus Stahl – Teil 1: Anforderungen und Prüfverfahren*, Beuth, Berlin.

[58] DIN 18807-3:1987-06 (1987) *Trapezprofile im Hochbau; Stahltrapezprofile; Festigkeitsnachweis und konstruktive Ausbildung*, zurückgezogen, Beuth, Berlin.

[59] DIN 4102-1:1998-05 (1998) *Brandverhalten von Baustoffen und Bauteilen – Teil 1: Baustoffe; Begriffe, Anforderungen und Prüfungen*, Beuth, Berlin.

[60] DIN EN 1991:2010-12 *Eurocode 1: Einwirkungen auf Tragwerke*, einschl. NA, Beuth, Berlin.

[61] ECCS/CIB Nr. 257 (2000) *European Recommendations for Sandwich Panels*, Brüssel/Rotterdam.

[62] ECCS Nr. 127/CIB Nr. 320 (2009) *Preliminary European Recommendations for the Testing and Design of Fastenings for Sandwich Panels*, Brüssel/Rotterdam.

[63] ECCS Nr. 134/CIB Nr. 378 (2014) *Preliminary European Recommendations for the Design of Sandwich Panels with Openings – a State of the Art Report*, Brüssel/Rotterdam.

[64] ECCS Nr. 135/CIB Nr. 379 (2014) *European Recommendations on the Stabilization of Steel Structures by Sandwich Panels*, Brüssel/Rotterdam.

[65] ECCS Nr. 136/CIN Nr. 404 (2015) *European Recommendations for the Determination of Loads and Actions on Sandwich Panels*, Brüssel/Rotterdam.

[66] ECCS/CIB (2020) *European Recommendations for the design of sandwich panels with point and line loads*, Brüssel/Delft (erscheint voraussichtlich 2020).

[67] CIB Nr. 418 (2019) *European Recommendations for the Design, Detailing and Application of Fastenings for Sandwich Panels*, CIB, Delft, Niederlande.

[68] Zweite Verordnung zur Änderung der Energieeinsparverordnung (Energieeinsparverordnung, EnEV) vom 18. November 2013.

[69] IFBS-Fachregeln des Metallleichtbaus (2016) Bauphysik, Kapitel 4 „*Luftdichtheit im Metallleichtbau*", Krefeld, Dezember 2016.

[70] IFBS-Fachregeln des Metallleichtbaus (2014) *Planung und Ausführung*, Düsseldorf.

[71] Zulassungsbescheid für Verbindungselemente zur Verwendung bei Konstruktionen mit Sandwichelementen. DIBt-Zulassung Z-14.4-407. IFBS Publikation 7.02.

[72] Muster-Verwaltungsvorschrift Technische Baubestimmungen (MVV TB), Deutsches Institut für Bautechnik (DIBt), August 2017.

## Software

[73] iS-engineering: SandStat-Programm zur Berechnung und Bemessung von Sandwichbauteilen, Darmstadt (www.sandwichtechnik.com).

[18] Käpplein, S.; Ummenhofer, Th. (2011) Querkraftbeanspruchte Verbindungen von Sandwichelementen, *Stahlbau* **80** (8), 600–607.

[19] Kech, J.; Schwarze, K. (2007) Bemessung von Stahltrapezprofilen für Schubfeldbeanspruchung, *IFBS-Fachinformation* Heft 5.02, IFBS e. V., Düsseldorf.

[20] Kilian, K.; Lange, J.; Naujoks, B. (2015) Verbindungen von Sandwichelementen unter kombinierter Längs- und Querkraftbeanspruchung, *Stahlbau* **84** (11), 866–874.

[21] Kunkel, Ch.; Lange, J. (2017) Beitrag zur aussteifenden Wirkung von Sandwichelementen, *Stahlbau* **86** (10), 873–879.

[22] Koschade, R. (2011) *Sandwichbauweise – Konstruktion, Systembauteile, Ökologie*, Edition DETAIL, München.

[23] Lange, J.; Böttcher, M. (2006) *Theoretische und experimentelle Grundlagen für die Berechnung von Wand-Sandwichelementen mit Öffnungen*, Bauingenieur, Springer VDI Verlag.

[24] Lange, J.; Berner, K.; Hörnel-Metzger, B. (2011) Wandscheibentragfähigkeit von Sandwichelementen, *Stahlbau* **80** (9), 673–677.

[25] Lange, J.; Mertens, R. (2008) Abminderung der Knitterspannung bei Sandwichelementen mit Polyurethankern unter erhöhter Temperatur, *Stahlbau* **77** (5), 369–377.

[26] Lange, J.; Nelke, H. (2019) Betrachtungen zur Interaktion von Biegung und Querdruck bei Sandwichelementen, *Stahlbau* **88** (11), 1060–1065.

[27] Lange, J.; Warmuth, F. (2010) *Openings in Sandwich Panels*, CIB World Conference 2010, Salford UK, Mai 2010.

[28] Lehmann, R. (1986) Brandschutz-Technologien für Stahl- und Verbundkonstruktionen im Stuttgarter Demonstrationsbauvorhaben, *Bautechnik* **63** (9), 317–321.

[29] Lindner, J.; Gregull, T. (1989) Drehbettungswerte für Dacheindeckungen mit unterlegter Wärmedämmung, *Stahlbau* **58** (6), 173–179.

[30] Linke, K.-P. (1978) Zum Tragverhalten von Profilsandwichplatten mit Stahldeckschichten und einem Polyurethan-Hartschaum-Kern bei kurz- und langzeitiger Belastung, Dissertation, TH Darmstadt.

[31] Misiek, Th.; Kathage, K.; Saal, H. (2008) Durchknöpftragfähigkeit der Befestigungsmittel von Sandwichelementen bei direkter Befestigung, *Stahlbau* **77** (5), 352–359.

[32] Möller, R.; Pöter, H.; Schwarze, K. (2011) *Planen und Bauen mit Trapezprofilen und Sandwichelementen: Gestaltung, Planung, Ausführung*, Ernst & Sohn, Berlin.

[33] Plantema, F. J. (1966) *Sandwich Construction*, John Wiley & Sons, New York.

[34] Raabe, O. (2014) *Application on sandwich panels – Installation of PV-systems and curtain walls on sandwich panels*. Congress: Advancements for metal buildings, Treviso.

[35] Rädel, F. (2013) Untersuchungen zur Tragfähigkeit von Sandwichelementen mit Öffnungen, *Veröffentlichung des Instituts für Stahlbau und Werkstoffmechanik der Technischen Universität Darmstadt*, Heft 102.

[36] Rädel, F.; Lange, J. (2018) Dichtigkeit von Sandwichelementkonstruktionen – Wasser- und Luftdichtigkeit in Längs- und Fensteranschlussfugen, *Stahlbau* **87** (7), 687–694.

[37] Schwarze, K. (1984) Numerische Methoden zur Berechnung von Sandwichelementen, *Stahlbau* **53** (12), 363–370.

[38] Stamm, K.; Witte, H. (1974) *Sandwichkonstruktionen – Berechnung, Fertigung, Ausführung*, Springer-Verlag, Wien, New York.

[39] Deutscher Ausschuss für Stahlbeton (2019) *Hilfsmittel zur Schnittgrößenermittlung und zu besonderen Detailnachweisen bei Stahlbetontragwerken* DAfStb Heft **631**:2019-05 (Ersatz für Heft 240), Beuth Verlag, Berlin.

**Normen und Richtlinien**

[40] EU-Bauproduktenverordnung (BauPVO) Verordnung (EU) Nr. 305/2011 des Europäischen Parlaments und des Rates vom 9. März 2011 zur Festlegung harmonisierter Bedingungen für die Vermarktung von Bauprodukten und zur Aufhebung der Richtlinie 89/106/EWG des Rates .

[41] DIN EN ISO 1182:2010-10 (2010) *Prüfungen zum Brandverhalten von Bauprodukten – Nichtbrennbarkeitsprüfung*, Beuth, Berlin.

[42] DIN CEN/TS 1187:2012-03 (2012) *Prüfverfahren zur Beanspruchung von Bedachungen durch Feuer von außen*, Beuth, Berlin.

[43] DIN EN 1364-1:2015-09 (2015) *Feuerwiderstandsprüfungen für nichttragende Bauteile – Teil 1: Wände* DIN EN 1364-2:2018-03 (2018) *Teil 2: Unterdecken*, Beuth, Berlin.

[44] DIN EN 1365-2:2015-02 (2015) *Feuerwiderstandsprüfungen für tragende Bauteile – Teil 2: Decken und Dächer*, Beuth, Berlin.

[45] DIN EN ISO 1716:2018-10 (2018) *Prüfungen zum Brandverhalten von Bauprodukten – Bestimmung der Verbrennungswärme*, Beuth, Berlin.

[46] DIN 4108-2:2013-02 (2013) *Wärmeschutz und Energie-Einsparung in Gebäuden, Teil 2: Mindestanforderungen an den Wärmeschutz*, Beuth, Berlin.

[47] DIN EN 1993-1-3:2010-12 (2010) *Eurocode 3: Bemessung und Konstruktion von Stahlbauten – Teil 1-3: Allgemeine Regeln – Ergänzende Regeln für kaltgeformte Bauteile und Bleche*, Beuth, Berlin.

[48] DIN EN ISO 11925-2:2011-02 (2011) *Prüfungen zum Brandverhalten von Baustoffen – Entzündbarkeit von Bauprodukten bei direkter Flammeneinwirkung – Teil 2: Einflammentest*, Beuth, Berlin.

[49] DIN EN 12207:2017-03 (2017) *Fenster und Türen – Luftdurchlässigkeit – Klassifizierung*, Beuth, Berlin.

## 2.3.2 Zwischenauflager

Maßgebend ist hier jeweils die Auflagerdruckspannung unter Eigenlast, Schnee und zugehöriger Temperaturdifferenz. Die Auflagerbreite beträgt $b_B \geq 100$ mm.

$$1{,}0 \cdot R_{M,g} + 1{,}0 \cdot R_{M,s} + 1{,}0 \cdot 0{,}6 \cdot R_{M,\Delta Tw,s} \leq A_R \cdot \frac{f_{Cc}}{\gamma_M}$$

$$1{,}0 \cdot 0{,}595 + 1{,}0 \cdot 3{,}206 + 1{,}0 \cdot 0{,}6 \cdot 0{,}651 \leq 100 \cdot \frac{0{,}07}{1{,}1}$$

$$4{,}45 \text{ kN} \leq 5{,}00 \text{ kN}$$

## 2.4 Nachweis der Verformungen

Maßgebend wird die Durchbiegung bei Kurzzeit-Belastung mit einer Durchbiegungsbegrenzung von Stützweite/200

Max. Durchbiegung im Feld infolge
$g = 0{,}109$ cm
$s = 0{,}587$ cm
$\Delta T_{Ws} = 0{,}196$ cm

$$1{,}0 \cdot w_g + 1{,}0 \cdot 0{,}75 \cdot w_s + 1{,}0 \cdot 1{,}0 \cdot 1{,}0 \cdot w_{\Delta TWs} \leq \frac{L}{200}$$

$$1{,}0 \cdot 0{,}109 + 1{,}0 \cdot 0{,}75 \cdot 0{,}587 + 1{,}0 \cdot 1{,}0 \cdot 1{,}0 \cdot 0{,}196 \leq \frac{380}{200}$$

$$0{,}745 \text{ cm} \leq \frac{380}{200} = 1{,}90 \text{ cm}$$

# 10 Literatur

[1] Baehre, R.; Ladwein, Th. (1994) *Tragfähigkeit und Verformungsverhalten von Scheiben aus Sandwichelementen und PUR-Hartschaumkern (Projekt 199)*, Studiengesellschaft Stahlanwendung e. V., Düsseldorf.

[2] Balázs, I.; Melcher, J.; Belica, A. (2016) Experimental investigation of torsional restraint provided to thin-walled purlins by sandwich panels under uplift load, *Procedia Engineering* **161** (12), 818–824.

[3] Berner, K. (1978) *Stahl/Polyurethan – Sandwichtragwerke unter Temperatur- und Brandbeanspruchung*, Dissertation, TH Darmstadt.

[4] Berner, K. (2009) Selbsttragende und aussteifende Sandwichbauteile – Möglichkeiten für kleinere und mittlere Gebäude, *Stahlbau* **78** (5), 298–307.

[5] Berner, K.; Raabe, O. (2006) Bemessung von Sandwichbauteilen, *IFBS-Statik*, Heft 5.08, März 2006.

[6] Berner, K.; Misiek, Th.; Raabe, O. (2018) Sandwichbauteile mit vorgehängter Fassade, Bemessungskonzepte, *Stahlbau* **87** (5), 427–437.

[7] Berner, K.; Hassinen, P.; Heselius, L.; Izabel, D.; Käpplein, S.; Lange, J.; Misiek, Th.; Rädel, F.; Tillonen, A.; Zupancic, D. (2013) New European Recommendations for the Design and Application of Sandwich Panels – Results of the Work of the Joint Committee on Sandwich Constructions, *Steel Construction* **6** (4), 294–300.

[8] Böttcher, M. (2006) *Berechnungsverfahren für Wand-Sandwichelemente mit Öffnungen*, IFBS-Fachinformation 5.09 Statik, IFBS, Düsseldorf.

[9] Davies, J. M. (Hrsg.) (2001) Lightweight Sandwich Construction, Blackwell Science Ltd.

[10] Dürr, M.; Podleschny, R.; Saal, H. (2007) Untersuchungen zur Drehbettung von biegedrillknickgefährdeten Trägern durch Sandwichelemente, *Stahlbau* **76** (6), 401–407.

[11] von Garnier, F. E. (2007) *Meine farbigere Welt. Ein ganz unsachliches Sachbuch. Band 2: Menschliche Arbeitslandschaften*, Matthias Ess Verlag, Bad Kreuznach.

[12] Hedman-Pétursson, E. (2001) *Column Buckling with Restraint from Sandwich Wall Elements*, Department of Civil and Mining Engineering, Division of Steel Structures, Lulea University of Technology.

[13] Höglund, T. (1986) *Load Bearing Strength of Sandwich Panel Walls with Window Openings*. In: Proceedings of IABSE Colloquium, Stockholm 1986, IABSE reports Vol. 49.

[14] Jungbluth, O. (1982) Optimierte Verbundbauteile, *Stahlbau Handbuch*, Bd. 1, Stahlbau-Verlags-GmbH, S. 907–942.

[15] Jungbluth, O.; Hofmann, B. (1976) *Untersuchungen zum Zwecke der Einführung einer praxisnahen Sandwichtechnik in das Bauwesen*, Westdeutscher Verlag.

[16] Jungbluth, O.; Berner, K. (1986) *Verbund- und Sandwichtragwerke*, Springer-Verlag.

[17] Käpplein, S.; Berner, K.; Ummenhofer, Th. (2012) Stabilisierung von Bauteilen durch Sandwichelemente, *Stahlbau* **81** (12), 951–958.

## 2 Nachweis der Gebrauchstauglichkeit

### 2.1 Nachweis der Deckschicht–Normalspannungen

#### 2.1.1 Äußere Deckschicht
Maßgebend ist die Lastfallkombination Eigengewicht, Schnee, zugehörige Temperatur und Kriechen für den Nachweis der Deckschicht gegen Zugversagen über der Mittelstütze.

$1,0 \cdot \sigma_{F1,g} + 1,0 \cdot \sigma_{Fa,s} + 1,0 \cdot 1,0 \cdot \sigma_{F1,\Delta TW,s} + 1,0 \cdot \sigma_{F1,\Delta gL} + 1,0 \cdot \sigma_{F1,\Delta TSL} \leq R_{p0,2}/\gamma_M$    Bild 78

$1,0 \cdot 22,23 + 1,0 \cdot 119,84 + 1,0 \cdot 1,0 \cdot 49,47 + 1,0 \cdot 12,82 + 1,0 \cdot 38,29 \leq 350/1,1$

$242,65 \text{ N/mm}^2 \leq 318,18 \text{ N/mm}^2$

Hinweis: Wie aus diesem Beispiel ersichtlich, ist für die Zugspannung der Langzeiteinfluss nicht vernachlässigbar. Es ist daher stets der Langzeiteinfluss zu untersuchen.

#### 2.1.2 Innere Deckschicht
Maßgebend ist die Lastfallkombination Eigengewicht und Temperaturdifferenz im Winter für den Nachweis der Deckschicht gegen Knitterversagen über der Mittelstütze.

$1,0 \cdot \sigma_{F2,g} + 1,0 \cdot 1,0 \cdot \sigma_{F2,\Delta TW} \leq \sigma_{w,F2}/\gamma_M$

$1,0 \cdot (-3,08) + 1,0 \cdot 1,0 \cdot (-63,44) \leq 125/1,1$

$|-66,51|2 \text{ N/mm}^2 \leq 113,6 \text{ N/mm}^2$

Hinweis: Der Langzeiteinfluss wirkt für die Knitterspannung der unteren Deckschicht entlastend und ist daher zu vernachlässigen.

### 2.2 Nachweis der Kernschicht-Schubspannungen
Maßgebend ist hier die Schubspannung am Zwischenauflager unter der Lastfallkombination Eigenlast, Schnee und zugehöriger Temperaturdifferenz im Winter.

$(1,0 \cdot \tau_g + 1,0 \cdot \tau_{g,L} + 1,0 \cdot \tau_s + 1,0 \cdot \tau_{SL})/(f_{Cv,t}/\gamma_M) + (1,0 \cdot \tau_{\Delta TWs})/(f_{Cv}/\gamma_M) \leq 1,0$

$(1,0 \cdot 0,003 + 1,0 \cdot (-0,001) + 1,0 \cdot 0,017 +$

$+ 1,0 \cdot (-0,003))/[0,06 \cdot 1,1] + (1,0 \cdot 0,005)/(0,12/1,1) \leq 1,0$

$0,339 \leq 1,0$

### 2.3 Nachweis der Auflager-Druckspannungen
Hier wird der Nachweis getrennt für die Endauflager und das Zwischenauflager geführt.

#### 2.3.1 Endauflager
Maßgebend ist hier die Auflagerdruckspannung unter Eigenlast und Schnee unter Berücksichtigung der Langzeitwirkung. Die Auflagerbreite beträgt $b_A \geq 50$ mm (Auflagerbreite aus Tragfähigkeitsnachweis).

$1,0 R_{E,g} + 1,0 \cdot R_{E,S} + 1,0 R_{E,SL} \leq A_R \cdot \dfrac{f_{Cc}}{\gamma_M}$

$1,0 \cdot 0,189 + 1,0 \cdot 1,019 + 1,0 \cdot 0,022 \leq 50 \cdot \dfrac{0,07}{1,1}$

$1,23 \text{ kN} \leq 3,18 \text{ kN}$

Zur besseren Übersicht werden die einzelnen Schnittgrößen und die hieraus ermittelten Spannungen tabellarisch zusammengestellt. Die Momente und Querkräfte sind an bzw. neben der Mittelstütze ermittelt:

| Schnitt-größe | Einheit | g | s | $w_s$ | $\Delta T_s$ | $\Delta T_W$ | $\Delta T_{W,s}$ |
|---|---|---|---|---|---|---|---|
| $M_S$ | kNm/m | −0,108 | −0,584 | 0,330 | 3,068 | −2,231 | −1,116 |
| $M_D$ | kNm/m | −0,097 | −0,524 | 0,296 | 0,336 | −0,244 | −0,122 |
| $V_S$ | kN/m | 0,220 | 1,188 | −0,672 | −0,896 | 0,651 | 0,326 |
| $R_E$ | kN/m | 0,189 | 1,019 | −0,576 | 0,896 | −0,651 | −0,326 |
| $R_M$ | kN/m | 0,595 | 3,206 | −1,812 | −1,791 | 1,303 | 0,651 |
| $\sigma_{F1}$ | N/mm² | 22,23 | 119,84 | −67,74 | −136,04 | 98,94 | 49,47 |
| $\sigma_{F2}$ | N/mm² | −3,08 | −16,62 | 9,39 | 87,22 | −63,44 | −31,72 |
| $\tau$ | N/mm² | 0,003 | 0,017 | −0,010 | −0,013 | 0,010 | 0,005 |

| Schnittgröße | Einheit | Kriechen $g_L$ | Kriechen $s_L$ | Differenzkräfte bzw. -spannungen | |
|---|---|---|---|---|---|
| | | | | Kriechen $\Delta g_L$ | Kriechen $\Delta s_L$ |
| $M_S$ | kNm/m | −0,021 | −0,279 | 0,087 | 0,306 |
| $M_D$ | kNm/m | −0,170 | −0,745 | −0,072 | −0,221 |
| $V_S$ | kN/m | 0,137 | 0,962 | −0,083 | −0,226 |
| $R_E$ | kN/m | 0,193 | 1,042 | −0,004 | 0,022 |
| $R_M$ | kN/m | 0,587 | 3,160 | −0,008 | −0,045 |
| $\sigma_{F1}$ | N/mm² | 35,05 | 158,13 | 12,82 | 38,29 |
| $\sigma_{F2}$ | N/mm² | −0,61 | −7,93 | 2,47 | 8,69 |
| $\tau$ | N/mm² | 0,002 | 0,014 | −0,001 | −0,003 |

*Bemessung bzw. Nachweise:*

1 Tragfähigkeitsnachweise
Da die Tragfähigkeitsnachweise an einem System unter Ansatz von Knittergelenken über der Mittelstütze zu führen sind, entsprechen diese Nachweise denen unter Pos. 9.5. Hier kann daher auf weitere Nachweise verzichtet werden.
Allein der Nachweis der Auflagerdruckspannungen am Zwischenauflager wird zusätzlich geführt.

1.1 Nachweis der Auflager–Druckspannungen am Zwischenauflager
Maßgebend ist hier die Auflagerdruckspannung am Endauflager unter der Lastfallkombination Eigengewicht und Schnee. Die Auflagerbreite des Zwischenauflagers beträgt $b_B \geq 100$ mm. Die Auflagerkraft wird aus Pos. 9.5 übernommen.

$$1,5 \cdot 2 \cdot \left(R_{E,g} + R_{E,s}\right) \leq A_R \cdot \frac{f_{Cc}}{\gamma_M}$$

$$1,5 \cdot 2 \cdot (0,183 + 1,019) \leq 100 \cdot \frac{0,07}{1,4}$$

$$3,62 \text{ kN} \leq 5,00 \text{ kN}$$

1.3 Nachweis der Auflager-Druckspannungen
Maßgebend ist hier die Auflagerdruckspannung am Endauflager unter der Lastfallkombination Eigengewicht und Schnee. Die Auflagerbreite beträgt $b_A \geq 50$ mm.

$$1{,}35 \cdot R_{E,G} + 1{,}5 \cdot R_{E,S} \leq A_R \cdot \frac{f_{Cc}}{\gamma_M}$$

$$1{,}35 \cdot 0{,}243 + 1{,}5 \cdot 1{,}311 \leq 50 \cdot \frac{0{,}07}{1{,}4}$$

$$2{,}29 \text{ kN} \leq 2{,}50 \text{ kN}$$

2 Nachweis der Gebrauchstauglichkeit
Gebrauchstauglichkeitsnachweise für Einfeldträger werden mit Ausnahme des Verformungsnachweises nicht maßgebend, da die Sicherheitsfaktoren gegenüber dem Tragfähigkeitsnachweis geringer sind.

Bild 78

2.1 Nachweis der Verformungen
Maßgebend wird die Durchbiegung bei Kurzzeitbelastung mit max $w = L/200$, die Berechnung der Verformungen werden im Einzelnen nicht dargestellt, sind aber nach den Formeln gemäß Tabelle 6 einfach zu ermitteln:
Durchbiegung in Feldmitte infolge  g = 0,179 cm
$\qquad\qquad\qquad\qquad\qquad\quad w_s$ = −0,546
$\qquad\qquad\qquad\qquad\qquad\quad \Delta T_S$ = −1,47

Tabelle 6

$$1{,}0 \cdot 1{,}0 \cdot w_g + 1{,}0 \cdot 0{,}6 \cdot 0{,}75 \cdot w_s + 1{,}0 \cdot 1{,}0 \cdot w_{\Delta TS} \leq \frac{L}{200}$$

$$1{,}0 \cdot 1{,}0 \cdot 0{,}179 + 1{,}0 \cdot 0{,}6 \cdot 0{,}75 \cdot (-0{,}546) + 1{,}0 \cdot 1{,}0 \cdot (-1{,}47) \leq \frac{380}{200}$$

$$1{,}54 \text{ cm} \leq \frac{380}{200} = 1{,}90 \text{ cm}$$

## 9.6 Zweifeld-Dachelement (gleiche Stützweiten) mit einer trapezprofilierten Deckschicht

*System:* Zweifeldträger mit Stützweite $L_1 = L_2 = 3{,}80$ m

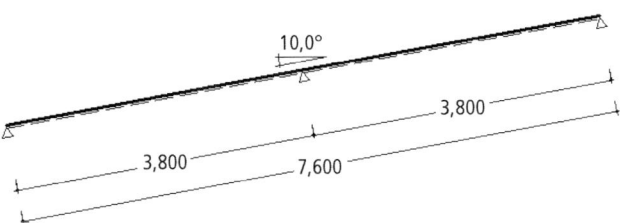

*Belastung:* wie Pos. 9.5

*Schnittgrößen Einzellastfälle am Zweifeldsystem:*
Die Schnittgrößen und zugehörigen Spannungen der Einzellastfälle werden mithilfe des Excel-Programms SandExcel I – jeweils unter 1-fachen Lasten, d. h. Gebrauchslasten bzw. charakteristischen Beanspruchungen, berechnet.
Ergebnisse siehe Bild 73.

Bild 73

Die Spannungen wurden hierbei nach Tabelle 6 ermittelt zu:

$$\sigma_{F1} = -\frac{M_S}{A_{F1} \cdot e} - \frac{M_D \cdot h_1}{I_1} \qquad \sigma_{F2} = \frac{M_S}{A_{F2} \cdot e}$$

Auf der sicheren Seite können die Schubspannungen des Sandwichquerschnitts näherungsweise berechnet werden zu:

$$\tau \approx \frac{R_E}{A_c}$$

*Bemessung bzw. Nachweise:*

1 Tragfähigkeitsnachweise

1.1 Nachweis der Deckschicht–Normalspannungen

1.1.1 Äußere Deckschicht
Maßgebend ist die Lastfallkombination Eigenlast, Schnee und zugehörige Temperatur (Winter mit Schnee) sowie Kriechen für den Nachweis der Deckschicht gegen Knitterversagen in Feldmitte.

$$1,35 \cdot \sigma_{F1,g} + 1,5 \cdot \sigma_{F1,s} + 1,5 \cdot 1,0 \cdot \sigma_{F1,\Delta TWS} + 1,0 \cdot \sigma_{F1,gt} + 1,0 \cdot \sigma_{F1,st} \leq \frac{\sigma_{wf}}{\gamma_M}$$

$$1,35 \cdot (-11,91) + 1,5 \cdot (-64,22) + 1,5 \cdot 1,0 \cdot (-17,08) + 1,0 \cdot (-11,65) +$$
$$+ 1,0 \cdot (-28,93) \leq \frac{350}{1,1}$$

$$|-178,60| \text{ N/mm}^2 \leq 318,2 \text{ N/mm}^2$$

1.1.2 Innere Deckschicht
Maßgebend ist die Lastfallkombination Eigengewicht (inkl. Langzeit), Windsog und Temperatur im Winter als Nachweis der Deckschicht gegen Knitterversagen in Feldmitte. Dabei wird das entlastend wirkende Eigengewicht der Elemente nur zu 90% angesetzt.

$$1,35 \cdot \left(0,9 \cdot \sigma_{F2,g}\right) + 1,5 \cdot \sigma_{F2,Ws} + 1,5 \cdot 0,6 \cdot \sigma_{F2,\Delta TW} \leq \frac{\sigma_{W,F}}{\gamma_M}$$

$$1,35 \cdot [0,9 \cdot (-5,50)] + 1,5 \cdot [(-16,76) + 1,5 \cdot 0,6 \cdot (-5,35)] \leq \frac{125}{1,25}$$

$$|-36,6| \text{ N/mm}^2 \leq 100,0 \text{ N/mm}^2$$

1.2 Nachweis der Kernschicht-Schubspannungen
Maßgebend ist hier die Schubspannung am Auflager unter der Lastfallkombination Eigengewicht und Schnee unter Berücksichtigung der abgeminderten Schubfestigkeit infolge Langzeit.

$$1,35 \cdot \tau_g + 1,5 \cdot \tau_s \leq \frac{f_{Cv}}{\gamma_M}$$

$$1,35 \cdot 0,0036 + 1,5 \cdot 0,0191 \leq \frac{0,12}{1,5}$$

$$0,034 \text{ N/mm}^2 \leq 0,080 \text{ N/mm}^2$$

Bild 76

Lastfall Kriechen unter Eigenlast: analog zu LF g mit abgemindertem Schubmodul

$$G_{S,t} = \frac{0,37}{1+7,0} = 0,0463 \text{ kN/cm}^2$$

$$k = \frac{9,6 \cdot B_S}{380^2 \cdot 0,0463 \cdot 684,2} = 5,983$$

$$\beta = \frac{B_D}{B_D + \frac{B_S}{1+k}} = \frac{315735,0}{315735,0 + \frac{2847956,2}{1+5,983}} = 0,436$$

$$M_{S,g,t} = \frac{0,128 \cdot 3,80^2}{8} \cdot (1 - 0,436) = 0,130 \text{ kNm}$$

$$M_{Fl,g,t} = \frac{0,128 \cdot 3,80^2}{8} \cdot 0,436 = 0,101 \text{ kNm}$$

Zur Weiterverarbeitung sind nur die Differenzspannungen und Differenzschnittgrößen aus Langzeit- abzüglich Kurzzeitbeanspruchung erforderlich:
$\Delta M_{S,g,t} = 0,130 - 0,194 = -0,064$ kNm
$\Delta M_{Fl,g,t} = 0,101 - 0,038 = 0,063$ kNm

Hinweis: Hieraus lässt sich sehr gut erkennen, dass aufgrund der Umlagerung infolge Kriechen der Sandwichquerschnitt eine Entlastung erfährt und die profilierte Deckschicht zusätzlich belastet wird.

Lastfall Kriechen unter Schnee: analog LF s mit abgemindertem Schubmodul

$$G_{S,t} = \frac{0,37}{1+2,6} = 0,103 \text{ kN/cm}^2$$

$$k = \frac{9,6 \cdot B_S}{380^2 \cdot 0,103 \cdot 684,2} = 2,692$$

$$\beta = \frac{B_{Fl}}{B_{Fl} + \frac{B_S}{1+k}} = \frac{315735,0}{315735,0 + \frac{2847956,2}{1+2,692}} = 0,290$$

$$M_{S,s,t} = \frac{0,69 \cdot 3,80^2}{8} \cdot (1 - 0,290) = 0,884 \text{ kNm}$$

$$M_{Fl,s,t} = \frac{0,69 \cdot 3,80^2}{8} \cdot 0,290 = 0,362 \text{ kNm}$$

$\Delta M_{S,s,t} = 0,884 - 1,043 = -0,159$ kNm
$\Delta M_{Fl,s,t} = 0,362 - 0,201 = 0,161$ kNm

Zur besseren Übersicht werden die einzelnen Schnittgrößen und die hieraus ermittelten Spannungen tabellarisch zusammengestellt:

| Schnittgröße | Einheit | g | s | $w_S$ | $\Delta T_S$ | $\Delta T_W$ | $\Delta T_{W,s}$ | Kriechen $g_t$* | Kriechen $s_t$* |
|---|---|---|---|---|---|---|---|---|---|
| $M_S$ | kNm/m | 0,194 | 1,043 | −0,590 | 0,258 | −0,188 | −0,094 | −0,064 | −0,159 |
| $M_{Fl}$ | kNm/m | 0,038 | 0,201 | −0,114 | −0,258 | 0,188 | 0,094 | 0,064 | 0,161 |
| $R_E$ | kN/m | 0,243 | 1,311 | −0,741 | | | | | |
| $\sigma_{F1}$ | N/mm² | −11,91 | −64,22 | 36,29 | 46,97 | −34,16 | −17,08 | −11,65 | −28,93 |
| $\sigma_{F2}$ | N/mm² | 5,50 | 29,66 | −16,76 | 7,34 | −5,35 | −2,67 | −1,82 | −4,58 |
| $\tau$ | N/mm² | 0,0036 | 0,0191 | −0,0108 | | | | | |

* Dargestellt sind für das Kriechen die Differenzschnittgrößen und Spannungen.

*Schnittgrößen Einzellastfälle:*
Alle Ergebnisse bezogen auf 1m (Berechnungsbreite = Elementbreite)

Lastfall g:

$k = \dfrac{3{,}0 \cdot B_S}{380^2 \cdot 0{,}37 \cdot 684{,}2}$ = 0,234    Tabelle 6

$\beta = \dfrac{B_{Fl}}{B_{Fl} + \dfrac{B_S}{1 + 3{,}2 \cdot k}} = \dfrac{315735{,}0}{315735{,}0 + \dfrac{2847956{,}2}{1 + 0{,}748}} = 0{,}162$

$M_{S,g} = \dfrac{0{,}128 \cdot 3{,}80^2}{8} \cdot (1 - 0{,}162)$ = 0,194 kNm

$M_{Fl,g} = \dfrac{0{,}128 \cdot 3{,}80^2}{8} \cdot 0{,}162$ = 0,037 kNm

$R_{E,g} = \dfrac{0{,}128 \cdot 3{,}80}{2}$ = 0,243 kN

Lastfall s:
k und β wie unter Lastfall g

$M_{S,s} = \dfrac{0{,}69 \cdot 3{,}80^2}{8} \cdot (1 - 0{,}162)$ = 1,043 kNm

$M_{Fl,s} = \dfrac{0{,}69 \cdot 3{,}80^2}{8} \cdot 0{,}162$ = 0,201 kNm

$R_{E,s} = \dfrac{0{,}69 \cdot 3{,}80}{2}$ = 1,311 kN

Lastfall $w_S$:
k und β wie unter Lastfall g

$M_{S,w_S} = \dfrac{-0{,}39 \cdot 3{,}80^2}{8} \cdot (1 - 0{,}162)$ = –0,590 kNm

$M_{Fl,w_S} = \dfrac{-0{,}39 \cdot 3{,}80^2}{8} \cdot 0{,}162$ = –0,114 kNm

$R_{E,w_S} = \dfrac{-0{,}39 \cdot 3{,}80}{2}$ = –0,741 kN

Lastfall $\Delta T_S$:

$\Delta T' = (1{,}2 \cdot 10^{-5} \cdot 25 - 1{,}2 \cdot 10^{-5} \cdot 80)$ = –6,6 · 10⁻⁴

$k = \dfrac{3 \cdot B_S}{380^2 \cdot 0{,}37 \cdot 684{,}2}$ = 0,234

$\beta = \dfrac{315735{,}0}{315735{,}0 + \dfrac{2847956{,}2}{1 + 2{,}67 \cdot 0{,}234}}$ = 0,153

$M_{S,\Delta T_S} = \dfrac{315735{,}0}{6{,}842 \cdot 10^2} \cdot (-6{,}6 \cdot 10^{-4}) \cdot (1 - 0{,}153)$ = 0,258 kNm

$M_{Fl,\Delta T_S} = -M_{S,\Delta T_S}$ = –0,258 kNm

$R_{E,\Delta T_S} =$ = 0,0 kN

Lastfall $\Delta T_W$:
wie Lastfall $\Delta T_S$ mit Faktor $f = \dfrac{\Delta T_W}{\Delta T_S} = \dfrac{-40}{55}$ = –0,727   s. Abschnitt 8.6

Lastfall $\Delta T_{W,s}$:
wie Lastfall $\Delta T_S$ mit Faktor $f = \dfrac{\Delta T_{W,s}}{\Delta T_S} = \dfrac{-20}{55}$ = –0,364

3 Nachweis der Durchbiegung
Maßgebend wird die Durchbiegung infolge Winddruck und Temperatur (Winter).  s. Abschnitt 8.3.2
Durchbiegungsgrenze für Wände: Stützweite/100
Durchbiegung in Feldmitte infolge Winddruck: 0,799 cm
Durchbiegung in Feldmitte infolge Temperatur: 0,498 cm

$$1{,}0 \cdot 0{,}75 \cdot w_s + 1{,}0 \cdot 0{,}60 \cdot 1{,}0 \cdot w_{\Delta TW} \leq \frac{L}{100}$$

$$1{,}0 \cdot 0{,}75 \cdot 0{,}799 + 1{,}0 \cdot 0{,}60 \cdot 1{,}0 \cdot 0{,}498 \leq \frac{400}{100}$$

$$0{,}90 \text{ cm} \leq 4{,}0 \text{ cm}$$

### 9.5 Einfeld-Dachelement mit einer trapezprofilierten Deckschicht

*System:* Einfeldträger mit Stützweite L = 3,80 m

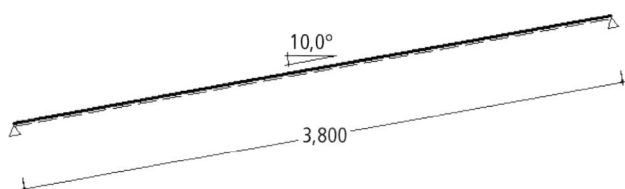

*Belastung:*
Eigenlast:  $g_\perp$ = 0,128 kN/m²
Schnee   Schneelastzone 2, 290 m ü. NN   DIN 1991-1-3
       $s_\perp$ = 0,69 kN/m²
Windlasten  Windzone 2, Binnenland   DIN 1991-1-4
       h ≤ 10 m, Bereich H
       $c_{pe,10}$ = 0,60
       nur Windsog
       q = 0,65 kN/m²
       Es wird darauf hingewiesen, dass für andere Dachflächen weitere Nachweise erforderlich sind.
Windsog $w_S$:  $w_S$ = −0,6 · 0,65  = −0,39 kN/m²
Farbgruppe III:  Temperaturen:   Bild 67
       Sommer:       außen 80 °C   innen 25 °C
       Winter:       außen −20 °C   innen +20 °C
       Winter mit Schnee :  außen  0 °C   innen +20 °C

*Vorwerte:*

$$e = 100 - 30{,}670 - 0{,}360 - \frac{0{,}59}{2} - \frac{0{,}51}{2} = 68{,}42 \text{ mm}$$

$$B_S = \frac{21000 \cdot 6{,}637 \cdot 21000 \cdot 5{,}141}{21000 \cdot 6{,}637 + 21000 \cdot 5{,}141} \cdot 6{,}842^2 = 2847956{,}2 \text{ kNcm}^2$$

$$B_{F1} = 21000 \cdot 15{,}035 = 315735{,}0 \text{ kNcm}^2$$

$$A_c = 6{,}842 \cdot 100 = 684{,}2 \text{ cm}^2$$

$$1{,}50 \cdot 2 \cdot R_{EWD} + 0 \leq A_R \cdot \frac{f_{Cc}}{\gamma_M}$$

$$1{,}50 \cdot 2 \cdot 1{,}04 + 0 \leq 70 \cdot \frac{0{,}07}{1{,}4}$$

$$3{,}12 \text{ kN} \leq 3{,}50 \text{ kN}$$

## 2 Nachweis der Gebrauchstauglichkeit

### 2.1 Nachweis der Deckschicht-Normalspannungen

#### 2.1.1 Äußere Deckschicht

Maßgebend ist die Lastfallkombination Windsog und Temperaturdifferenz im Sommer für den Nachweis der Deckschicht gegen Knitterversagen über der Mittelstütze. Dabei werden für diese Kombination im Sommer für den Wind nur 60% angesetzt.

$$1{,}0 \cdot 0{,}6 \cdot \sigma_{F1,Ws} + 1{,}0 \cdot \sigma_{F1,\Delta TS} \leq \frac{\sigma_{w,st}^{80°}}{\gamma_M}$$

$$1{,}0 \cdot 0{,}6 \cdot (-13{,}15) + 1{,}0 \cdot (-50{,}61) \leq \frac{100}{1{,}1}$$

$$|-58{,}50| \text{ N/mm}^2 \leq 90{,}9 \text{ N/mm}^2$$

#### 2.1.2 Innere Deckschicht

Maßgebend ist der Lastfall Winddruck und Temperaturdifferenz im Winter für den Nachweis der Deckschicht gegen Knitterversagen über der Mittelstütze.

$$1{,}0 \cdot 0{,}60 \cdot \sigma_{F2,wd} + 1{,}0 \cdot \sigma_{F2,\Delta TW} \leq \frac{\sigma_{w,st}}{\gamma_M}$$

$$1{,}0 \cdot 0{,}6 \cdot (-29{,}35) + 1{,}0 \cdot (-71{,}70) \leq \frac{112}{1{,}1}$$

$$|-89{,}31| \text{ N/mm}^2 \leq 101{,}8 \text{ N/mm}^2$$

### 2.2 Nachweis der Kernschicht-Schubspannungen

Maßgebend ist hier die Schubspannung am Zwischenauflager unter der Lastfallkombination Winddruck und Temperaturdifferenz im Winter.

$$1{,}0 \cdot \tau_{WD} + 1{,}0 \cdot 0{,}6 \cdot \tau_{\Delta TW} \leq \frac{f_{Cv}}{\gamma_M}$$

$$1{,}0 \cdot 0{,}016 + 1{,}0 \cdot 0{,}6 \cdot 0{,}007 \leq \frac{0{,}12}{1{,}1}$$

$$0{,}020 \text{ N/mm}^2 \leq 0{,}11 \text{ N/mm}^2$$

### 2.3 Nachweis der Auflager-Druckspannungen

Maßgebend ist hier die Auflagerdruckspannung unter Winddruck und Temperatur im Winter. Die Auflagerbreite des Zwischenauflagers beträgt $b_B \geq 70$ mm.

$$1{,}0 \cdot R_{M,WD} + 1{,}0 \cdot 0{,}6 \cdot R_{M,\Delta ST} \leq A_R \cdot \frac{f_{Cc}}{\gamma_M}$$

$$1{,}0 \cdot 2{,}501 + 1{,}0 \cdot 0{,}6 \cdot 1{,}027 \leq 70 \cdot \frac{0{,}07}{1{,}1}$$

$$3{,}12 \text{ kN} \leq 4{,}45 \text{ kN}$$

Bild 78

## 9.4 Zweifeld-Wandelement (gleiche Stützweiten) mit quasi-ebenen Deckschichten

*System:* Zweifeldträger mit gleichen Stützweiten $L_1 = L_2 = 4{,}00$ m

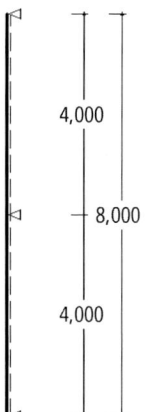

*Belastung:* Alle Lasten und Temperaturen analog zu Abschnitt 9.3

*Schnittgrößen Einzellastfälle am Zweifeldsystem:*
Die Schnittgrößen und zugehörigen Spannungen der Einzellastfälle werden mithilfe des Excel-Programms SandExel I jeweils unter 1-fachen Lasten ermittelt, d. h. Gebrauchslasten bzw. charakteristischen Beanspruchungen berechnet Ergebnisausdruck.

Bild 72

Zur besseren Übersicht werden die einzelnen Schnittgrößen und die hieraus ermittelten Spannungen tabellarisch zusammengefasst:

| Schnittgröße | Einheit | $w_D$ | $w_S$ | $\Delta T_S$ | $\Delta T_W$ |
|---|---|---|---|---|---|
| $M_S$ | kNm/m | −0,841 | 0,534 | 2,055 | −2,055 |
| $V_S$ | kN/m | 1,250 | −0,793 | −0,514 | 0,514 |
| $R_E$ | kN/m | 0,830 | −0,527 | 0,514 | −0,514 |
| $R_M$ | kN/m | 2,501 | −1,587 | −1,027 | 1,027 |
| $\sigma_{F1}$ | N/mm² | 20,72 | −13,15 | −50,61 | 50,61 |
| $\sigma_{F2}$ | N/mm² | −29,35 | 18,63 | 71,70 | −71,70 |
| $\tau$ | N/mm² | 0,016 | −0,010 | −0,007 | 0,007 |

*Bemessung bzw. Nachweise:*

1 Tragfähigkeitsnachweise
Da die Tragfähigkeitsnachweise an einem System unter Ansatz von Knittergelenken über der Mittelstütze zu führen sind, entsprechen diese Nachweise denen in Abschnitt 9.3. Hier kann daher auf weitere Nachweise verzichtet werden.
Allein der Nachweis der Auflagerdruckspannungen am Zwischenauflager wird zusätzlich geführt.

Bild 70

1.1 Nachweis der Auflager-Druckspannungen am Zwischenauflager:
Maßgebend ist hier die Auflagerdruckspannung unter Winddruck. Die Auflagerbreite des Zwischenauflagers beträgt $b_B \geq 70$ mm. Die Auflagerkraft wird aus Abschnitt 9.3 übernommen.
$A_R$ = Auflagerfläche = Auflagerbreite $b_B$ multipliziert mit 1,0 m

Bild 76

### 1.3 Nachweis der Auflager-Druckspannungen

Maßgebend ist hier die Auflagerdruckspannung am Endauflager unter dem Lastfall Winddruck. Die Auflagerbreite beträgt $b_E \geq 40$ mm (konstruktive Mindestauflagerbreite für Endauflager).

$A_R$ = Auflagerfläche = Breite des Auflagers (40 mm) · 1 m Länge
$R_{E,w} = V_s$

$$1{,}50 \cdot R_{E,w_D} + 1{,}50 \cdot 0{,}60 \cdot R_{E,\Delta T} \leq A_R \cdot \frac{f_{Cc}}{\gamma_M}$$

$$1{,}50 \cdot 1{,}04 + 1{,}50 \cdot 0{,}60 \cdot 0 \leq 40 \cdot \frac{0{,}07}{1{,}1}$$

$1{,}56$ kN $\leq 2{,}55$ kN

### 2 Nachweis der Gebrauchstauglichkeit

Nachweis der Durchbiegung:
Maßgebend ist der Lastfall: Winddruck und Temperatur am äußeren Blech: $-20\,°C$

$$B_S = \frac{E_{F1} \cdot A_{F1} \cdot E_{F2} \cdot A_{F2} \cdot e^2}{(E_{F1} \cdot A_{F1} \cdot E_{F2} \cdot A_{F2}) \cdot B} = \frac{2{,}1 \cdot 10^4 \cdot 5{,}141 \cdot 2{,}1 \cdot 10^4 \cdot 3{,}629 \cdot e^2}{(2{,}1 \cdot 10^4 \cdot 5{,}141 + 2{,}1 \cdot 10^4 \cdot 3{,}629)}$$

$= 27{,}90 \cdot 10^5$ kN/cm²

$$k = \frac{3 \cdot B_S}{L^2 \cdot G_C \cdot A_C} = \frac{3 \cdot 27{,}90 \cdot 10^5}{400^2 \cdot 0{,}28 \cdot 790{,}25} = 0{,}236$$

Durchbiegung infolge Winddruck $w_d = 0{,}52$ kN/m²

$$w_d = \frac{5 \cdot (0{,}52) \cdot 10^{-2} \cdot 400^4}{384 \cdot 27{,}90 \cdot 10^5}(1 + 3{,}2 \cdot 0{,}236) = +1{,}092 \text{ cm}$$

Durchbiegung infolge Temperatur

$$w_{\Delta T} = \frac{\Delta T' \cdot L^2}{8} = \frac{+6{,}07 \cdot 10^{-5} \cdot 400^2}{8} = +1{,}215 \text{ cm}$$

$$\Delta T' = \frac{\alpha_T (20 - (-20))}{e} = \frac{1{,}2 \cdot 10^{-5} \cdot (+40)}{7{,}903} = +6{,}07 \cdot 10^{-5}$$

$w = 1{,}0 \cdot 0{,}6 \cdot 0{,}75 \cdot 1{,}092 + 1{,}0 \cdot 1{,}0 \cdot 1{,}215 = 1{,}706$ cm $< 400/100 = 4{,}0$ cm

Tabelle 5

Bild 78

Zur besseren Übersicht werden die einzelnen Schnittgrößen und die hieraus ermittelten Spannungen tabellarisch zusammengefasst:

| Schnittgröße | Einheit | $w_D$ | $w_S$ | $\Delta T_S$ | $\Delta T_W$ |
|---|---|---|---|---|---|
| $M_S$ | kNm/m | 1,04 | −0,66 | 0 | 0 |
| $V_S$ | kN/m | 1,04 | −0,66 | 0 | 0 |
| $\sigma_{F1}$ | N/mm² | −25,59 | 16,12 | 0 | 0 |
| $\sigma_{F2}$ | N/mm² | 36,26 | −22,85 | 0 | 0 |
| $\tau$ | N/mm² | 0,013 | 0,008 | 0 | 0 |

Die Spannungen wurden hierbei ermittelt zu:

$$\sigma_{F1,F2} = \mp \frac{M_S}{A_{F1,F2} \cdot e}$$

$$\tau = \frac{V_S}{A_c}$$

*Bemessung bzw. Nachweise:*

1 Nachweise der Tragfähigkeit
Es wird ausdrücklich darauf hingewiesen, dass im Prinzip alle erdenklichen Lastfallkombinationen nachgewiesen werden müssten. Nachfolgend werden nur die jeweils maßgebenden Lastfälle dargestellt.
Sicherheitsfaktoren und Kombinationswerte gem. DIN EN 14509
Material-Sicherheitsbeiwerte gemäß DIN EN 14509

Bild 76

Bild 77
Tabelle 7

1.1 Nachweis der Deckschicht-Normalspannungen

1.1.1 Äußere Deckschicht
Maßgebend ist der Lastfall Winddruck und Knittern bei erhöhter Temperatur (Zugspannung unter Lastfall Windsog nicht maßgebend).

$$1,50 \cdot \sigma_{F1,w_D} + 1,50 \cdot 0,60 \cdot \sigma_{F1,\Delta T} \leq \frac{\sigma_{w,f}^{80°}}{\gamma_M}$$

$$1,50 \cdot (-25,59) + 1,50 \cdot 0,6 \cdot 0 \leq \frac{117,5}{1,25}$$

$$|-38,40| \text{ N/mm}^2 \leq 94,0 \text{ N/mm}^2$$

Bild 76

1.1.2 Innere Deckschicht
Maßgebend ist der Lastfall Windsog und Knittern (Zugspannung unter Lastfall Winddruck nicht maßgebend).

$$1,50 \cdot \sigma_{F2,w_S} + 1,50 \cdot 0,6 \cdot \sigma_{F2,\Delta T} \leq \frac{\sigma_{w,f}}{\gamma_M}$$

$$1,50 \cdot (-22,85) + 1,50 \cdot 0,6 \cdot 0 \leq \frac{125,0}{1,25}$$

$$|-34,28| \text{ N/mm}^2 \leq 100,0 \text{ N/mm}^2$$

1.2 Nachweis der Kernschicht-Schubspannungen
Maßgebend ist hier die Schubspannung am Auflager unter dem Lastfall Winddruck.

$$1,50 \cdot \tau_{w_D} + 1,50 \cdot 0,6 \cdot \tau_{\Delta T} \leq \frac{f_{Cv}}{\gamma_M}$$

$$1,50 \cdot 0,013 + 1,50 \cdot 0,6 \cdot 0 \leq \frac{0,12}{1,5}$$

$$0,02 \text{ N/mm}^2 \leq 0,08 \text{ N/mm}^2$$

## 9.3 Einfeld-Wandelement mit quasi-ebenen Deckschichten

*System:* Einfeldträger mit Stützweite L = 4,00 m

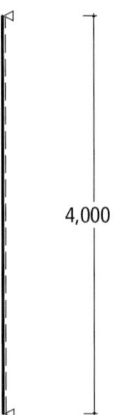
4,000

*Belastung:*
Windlasten
Windzone 2, Binnenland, → q = 0,65 kN/m²       DIN EN 1991-1-4
h ≤ 10,0 m, Bereich D, h/d ≅ 1

Winddruck $w_D$:   $c_{pe,10}$ = 0,80
              $w_D$ = 0,80 · 0,65 = 0,52 kN/m²

Windsog $w_S$:   $c_{pe,10}$ = –0,50
             $w_S$ = –0,50 · 0,65 = –0,33 kN/m²

Temperatur                                                        Bild 67
Farbgruppe II:
Sommer: Temperatur an der äußeren Deckschicht +65 °C
               Temperatur an der inneren Deckschicht +25 °C
Winter:   Temperatur an der äußeren Deckschicht –20 °C
              Temperatur an der inneren Deckschicht +20 °C

*Vorwerte:*

$e = 80 - 0,180 - 0,360 - \dfrac{0,51}{2} - \dfrac{0,36}{2} = 79,03$ mm

$A_c = 7,903 \cdot 100 = 790,3$ cm²

*Schnittgrößen Einzellastfälle:*

Lastfall $w_D$:    $M_{S,w_D} = \dfrac{0,52 \cdot 4,00^2}{8} = 1,04$ kNm

                $V_{S,wD} = \dfrac{0,52 \cdot 4,00}{2} = 1,04$ kN

Lastfall $w_S$:    Es werden die Ergebnisse des Lastfalles Winddruck mit dem Faktor $f = \dfrac{w_S}{w_D} = \dfrac{-0,33}{0,52} = -0,63$ umgerechnet.

Hinweis: Temperaturlastfälle liefern bei statisch bestimmten Systemen *und* quasi-ebenen Deckschichten keine Schnittgrößen und Spannungen.

– Innere Deckschicht:
liniierte Stahldeckschicht $R_{p0,2}$ = 350,0 N/mm²
Elastizitätsmodul $E_{F2}$ = 210000 N/mm²
Wärmeausdehnungs-
koeffizient $\alpha_{T2}$ = 1,2·10⁻⁵ K⁻¹
Nennblechdicke $t_{nom,2}$ = 0,40 mm
Kernblechdicke $t_{d,2}$ = 0,36 mm
Kernfläche der
Deckschicht $A_{F2}$ = 3,629 cm²
Schwerpunktabstand
von unten $d_{22}$ = 0,360 mm
Knitterspannung im Feld $\sigma_{w,F}$ = 125,0 N/mm²
Knitterspannung über
Mittelstütze $\sigma_{wSt}$ = 112,0 N/mm²

– Kernschicht:
PUR, Schaumsystem XYZ
Schubmodul $G_C$ = 2,80 N/mm²
Schubfestigkeit $f_{Cv}$ = 0,12 N/mm²
Druckfestigkeit $f_{Cc}$ = 0,07 N/mm²

### 9.2.2 Dachelement mit äußerer profilierter und innerer liniierter (quasi-ebener) Deckschicht

Beispieldachelement DL 60 0,63/0,55 der Fa. Beispiel mit folgenden Geometrie- und Berechnungskenn- bzw. Bemessungsgrenzwerten (gegeben durch die allgemeine bauaufsichtliche Zulassung Nr. Z-10.4-XXX bzw. durch CE-Zeichen):

– Gesamtelement:
Gesamtdicke/
durchgehende Kerndicke $D/d_c$ = 100/60 mm
Bauteilbreite $B$ = 1000,0 mm
Außenfarbe RAL 8012
(rotbraun) Farbgruppe III
Eigenlast $G$ = 0,128 kN/m²

– Äußere Deckschicht:
trapezprofilierte
Stahldeckschicht $R_{p0,2}$ = 350,0 N/mm²
Elastizitätsmodul $E_{F1}$ = 210000 N/mm²
Wärmeausdehnungs-
koeffizient $\alpha_{T1}$ = 1,2·10⁻⁵ K⁻¹
Nennblechdicke $t_{nom,1}$ = 0,63 mm
Bemessungsblechdicke $t_{d,1}$ = 0,59 mm
Kernfläche der
Deckschicht $A_{F1}$ = 6,637 cm²
Eigenträgheitsmoment
Deckschicht $I_{F1}$ = 15,035 cm⁴
Schwerpunktabstand
von oben $d_{11}$ = 30,670 mm
Knitterspannung im Feld $\sigma_{w,F}$ = 350,0 N/mm²
$\sigma_{w,F}$ für erhöhte
Temperatur $\sigma_{w,F}^{80°}$ = 350,0 N/mm²
Knitterspannung über
Mittelstütze $\sigma_{w,St}$ = 350,0 N/mm²
$\sigma_{w,St}$ für erhöhte
Temperatur $\sigma_{w,St}^{80°}$ = 350,0 N/mm²

– Innere Deckschicht:
liniierte Stahldeckschicht $R_{p0,2}$ = 350,0 N/mm²
Elastizitätsmodul $E_{F2}$ = 210000 N/mm²
Wärmeausdehnungs-
koeffizient $\alpha_{T2}$ = 1,2·10⁻⁵ K⁻¹
Nennblechdicke $t_{nom,2}$ = 0,55 mm
Kernblechdicke $t_{d2}$ = 0,51 mm
Kernfläche der
Deckschicht $A_{F2}$ = 5,141 cm²
Schwerpunktabstand
von unten $d_{22}$ = 0,360 mm
Knitterspannung im Feld $\sigma_{w,F}$ = 125,0 N/mm²
Knitterspannung über
Mittelstütze $\sigma_{w,St}$ = 112,0 N/mm²

– Kernschicht:
PUR, Schaumsystem XYZ
Schubmodul $G_C$ = 3,70 N/mm²
Schubfestigkeit $f_{Cv}$ = 0,12 N/mm²
Schubfestigkeit
Langzeitbeanspruchung $f_{Cv,t}$ = 0,06 N/mm²
Druckfestigkeit $f_{Cc}$ = 0,07 N/mm²
Kriechbeiwert für
ständige Lasten $\varphi_{10^5 h}$ = 7,0
Kriechbeiwert für
Schneelasten $\varphi_{2000h}$ = 2,6

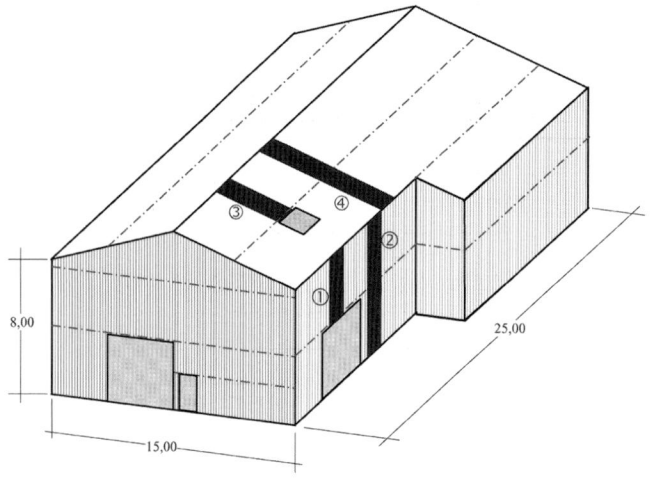

**Bild 79.** Beispielgebäude

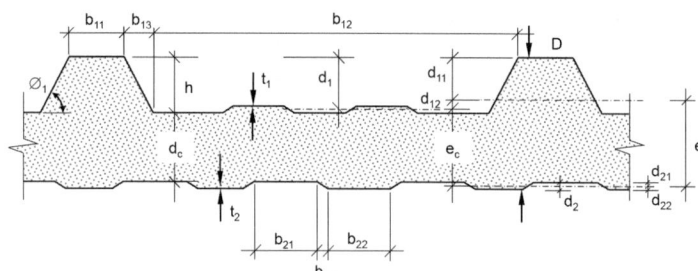

**Bild 80.** Paneelquerschnitt

– Dachneigung 10°,
– geschlossenes Gebäude,
– normale Innentemperaturen.

Es wurden die Lastfaktoren und Kombinationskoeffizienten entsprechend DIN EN 14509 [55] (s. Bild 77) angesetzt.

Für die werkstoffbezogenen Materialsicherheitsbeiwerte wurden ebenfalls die Angaben gemäß DIN EN 14509 verwendet (Tabelle 7). Hierbei ist zu beachten, dass diese Werte produktspezifisch, z. B. in der Verwendungszulassung, festgelegt werden und somit bei einer entsprechenden praxisgerechten Bemessung beachtet werden müssen.

## 9.2 Gewählte Bauteile

Querschnittsbezeichnungen siehe Bild 80.

### 9.2.1 Wandelement mit beidseitig linierten (quasi-ebenen) Deckblechen

Musterwandelement LL 80 0,55/0,40 der Fa. Mustermann mit folgenden Geometrie- und Berechnungskenn- bzw. Bemessungsgrenzwerten (gegeben durch die allgemeine bauaufsichtliche Zulassung Nr. Z-10.4-XXX bzw. durch CE-Zeichen):

– Gesamtelement:
Gesamtdicke $D$ = 80,0 mm
Bauteilbreite $B$ = 1000,0 mm
Außenfarbe RAL 9006
(Weißaluminium) Farbgruppe II
Eigenlast $g_k$ = 0,115 kN/m²

– Äußere Deckschicht:
linierte Stahldeckschicht $R_{p0,2}$ = 350,0 N/mm²
Elastizitätsmodul $E_{F1}$ = 210000 N/mm²
Wärmeausdehnungs-
koeffizient $\alpha_{T1}$ = 1,2 · 10⁻⁵ K⁻¹
Nennblechdicke $t_{nom,1}$ = 0,55 mm
Bemessungsblechdicke $t_{d,1}$ = 0,51 mm
Kernfläche der
Deckschicht $A_{F1}$ = 5,141 cm²
Schwerpunktabstand
von oben $d_{11}$ = 0,180 mm
Knitterspannung im Feld $\sigma_{w,F}$ = 125,0 N/mm²
$\sigma_{w,F}$ für erhöhte
Temperatur $\sigma_{w,F}^{80°}$ = 117,5 N/mm²
Knitterspannung über
Mittelstütze $\sigma_{w,St}$ = 100,0 N/mm²
$\sigma_{w,St}$ für erhöhte
Temperatur $\sigma_{w,St}^{80°}$ = 94,0 N/mm²

**Tabelle 7.** Material-Sicherheitsbeiwerte (Tabelle E.9 aus DIN EN 14509 [55])

| Eigenschaft, für die $\gamma_M$ gilt | Grenzzustand | |
|---|---|---|
| | Grenzzustand der Tragfähigkeit | Grenzzustand der Gebrauchstauglichkeit |
| Fließen einer Metalldeckschicht | 1,1 | 1,0 |
| Knittern einer Metalldeckschicht im Feld ($v \leq 0,09$) | 1,25 | 1,1 |
| Knittern einer Metalldeckschicht an einem Mittelauflager (Interaktion mit der Auflagerreaktion) | 1,25[a] | 1,1 |
| Schubversagen des Kerns ($v \leq 0,16$) | 1,5 | 1,1 |
| Schubversagen einer profilierten Deckschicht | 1,1 | 1,0 |
| Druckversagen des Kerns ($v \leq 0,13$) | 1,4 | 1,1 |
| Aufnehmbare Auflagerkraft des Auflagers einer profilierten Deckschicht | 1,1 | 1,0 |
| Versagen eines Befestigungsmittels | 1,33[b] | 1,0[b] |
| Versagen eines Bauteils an einer Fuge | 1,33[b] | 1,0[b] |

[a] Der Material-Sicherheitsbeiwert für das Knittern im Grenzzustand der Tragfähigkeit ist erforderlich, wenn die Bemessung auf einer elastischen Tragwerksberechnung beruht oder wenn in einer auf einer Berechnung nach dem Traglastverfahren beruhenden Bemessung eine von null verschiedene Biegetragfähigkeit an den Mittelauflagern angesetzt wird.

[b] Beruht der charakteristische Wert der Festigkeit eines Befestigungsmittels nicht auf einer Anzahl von Versuchen, die ausreicht, um einen statistisch zuverlässigen Wert zu erhalten, sind höhere werkstoffbezogene Sicherheitsbeiwerte anzusetzen.

### 8.7.3 Materialsicherheitsbeiwert

Der Bemessungswert der Beanspruchbarkeit ($R_d$) ist der im Versuch bestimmte Wert des charakteristischen Widerstands ($R_k$), dividiert durch den zugehörigen Materialsicherheitsbeiwert $\gamma_M$:

$$R_d = \frac{R_k}{\gamma_M}$$

Die Materialsicherheitsbeiwerte sind aufgrund der Streuung der entsprechenden Versuchsergebnisse (nach DIN EN 14509 [55], E.6.3.2) zu bestimmen und sind normalerweise in den formalen Grundlagen, wie z. B. in Deutschland in der allgemeinen bauaufsichtlichen Zulassung (Typ b, s. Abschnitt 7.2) produktabhängig festgelegt. Beispielhaft sind in Tabelle 7 die Angaben für einen speziellen Paneeltyp dargestellt. Speziell die Materialsicherheitsbeiwerte können in den jeweiligen gesetzlichen Anforderungen der europäischen Nationen unterschiedlich geregelt sein (s. DIN EN 14509 [55], Kap. E.6.3.1).

## 9 Praxisgerechte Bemessung von Wand- und Dachelementen anhand von Beispielen

### 9.1 Grundlagen

Bei den nachfolgenden Beispielen soll besonderer Wert auf die möglichst praxisgerechte Darstellung und Erläuterung der erforderlichen Nachweise gelegt werden. Es werden am Beispiel einer Halle (Bild 79) die Nachweise für die Tragfähigkeit und Gebrauchstauglichkeit für einige maßgebende Elemente für die Dacheindeckung und Wandbekleidung durchgeführt.
Sowohl für Wandbauteile (beidseitig ebene bzw. quasi-ebene Deckschichten) als auch für Dachbauteile (mit einer profilierten und einer quasi-ebenen Deckschicht) werden folgende Systeme bearbeitet:
– Einfeldsysteme (Pos. 1 und 3),
– Zweifeldsysteme mit gleichen Stützweiten (Pos. 2 und 4).

Die Nachweise werden mit allen in Abschnitt 8.2 erwähnten besonderen Lastfällen und auf der Grundlage der in Abschnitt 3 dargestellten Sandwichtheorie durchgeführt. Die Lasten werden auf Grundlage der eingeführten Normen, insbesondere DIN EN 1991-1-3 (Schneelasten) und DIN EN 1991-1-4 (Windlasten) angesetzt.
Zum Gebäude nach Bild 79 wurden folgende weitere Angaben vorausgesetzt:

der Bemessung der Bauteile für diese Nationen beachtet werden müssen.

### 8.7.1 Kombination der Einwirkungen im Grenzzustand der Tragfähigkeit

Die Bemessungswerte im Grenzzustand der Tragfähigkeit sind allgemein in Kapitel E.5.3 der DIN EN 14509 [55] (Tab. E.4) definiert (s. Bild 76). Die zugehörigen Kombinationskoeffizienten sind in Tabelle E.6 und die Sicherheitsfaktoren in Tabelle E.8 der DIN EN 14509 [55] definiert (s. Bild 77).

### 8.7.2 Kombination der Einwirkungen im Grenzzustand der Gebrauchstauglichkeit

Die Bemessungswerte im Grenzzustand der Gebrauchstauglichkeit sind allgemein in DIN EN 14509 [55] (Tab. E.5) definiert (Bild 78). Bei der Ermittlung der Bemessungswerte ist bei Sandwichbauteilen sehr wichtig anzumerken, dass bei den Nachweisen für die Gebrauchstauglichkeit am realen System (z. B. Mehrfeldträger) nicht nur die üblichen Durchbiegungsnachweise, sondern vor allem auch die Spannungen maßgebend werden können. Zu diesem Zweck ist stets zu überprüfen, dass z. B. die Deckschichten über der Mittelstütze nicht knittern oder die Fließgrenze nicht überschritten wird. Außerdem sind alle weiteren Spannungen, wie z. B. Schubspannungen im Kern und Druckspannungen über dem Auflager nachzuweisen.

Es werden dabei zwei unterschiedliche Kombinationen festgelegt:
Die erste, selten auftretende Kombination ist anzuwenden, um sicherzustellen, dass keine sichtbaren Schäden am Element auftreten.
Die zweite, häufig auftretende Kombination ist zur Überprüfung der Durchbiegung anzuwenden. Die zugehörigen Kombinationskoeffizienten sind in Tabelle E.6 und die Sicherheitsfaktoren in Tabelle E.8 der DIN EN 14509 [55] definiert (s. Bild 77).

| Kombination | Ständige Beanspruchungen $G_d$ | Veränderliche Beanspruchungen $Q_d$ | |
|---|---|---|---|
| | | Dominierende | Sonstige |
| Charakteristisch (selten) | $G_k$ | $Q_{k1}$ | $\psi_{0i} \times Q_{ki}$ |
| Häufig | $G_k$ | $\psi_{11} \times Q_{k1}$ | $\psi_{0i} \times \psi_{1i} \times Q_{ki}$ |

a) Charakteristische (selten auftretende) Kombination (für den Widerstand an Mittelauflagern) nach Gleichung (E.8):

$$S_d = \sum_{j \geq 1} G_{kj} + Q_{k1} + \sum_{i > 1} \psi_{0i} Q_{ki} \qquad (E.8)$$

b) Häufig auftretende Kombination (für Durchbiegungen) nach Gleichung (E.9):

$$S_d = \sum_{j \geq 1} G_{kj} + \psi_{11} Q_{k1} + \sum_{i > 1} \psi_{0i} \psi_{1i} Q_{ki} \qquad (E.9)$$

Dabei ist

$\psi_{0i}$    Kombinationskoeffizient einer veränderlichen Beanspruchung $i$ ($i > 1$), der bei charakteristischen Kombinationen zu verwenden ist;

$\psi_{11}$    Kombinationskoeffizient der Beanspruchungseinwirkung durch die dominierende Beanspruchung $Q_{k1}$, der bei häufig auftretenden Kombinationen zu verwenden ist;

$\psi_{1i}$    Kombinationskoeffizient der Beanspruchungseinwirkung der sonstigen Beanspruchungen $Q_{ki}$ ($i > 1$), der bei häufig auftretenden Kombinationen zu verwenden ist.

Werte für die Kombinationskoeffizienten $\psi_{0i}$ und $\psi_{1i}$ müssen Tabelle E.6 entsprechen.

**Bild 78.** Bemessungswerte im Grenzzustand der Gebrauchstauglichkeit (Auszug aus DIN EN 14509 [55])

| Kombination | Ständige Beanspruchungen $G_d$ | Veränderliche Beanspruchungen $Q_d$ | |
|---|---|---|---|
| | | Dominierende | Sonstige |
| Charakteristisch (selten) | $G_k$ | $Q_{k1}$ | $\psi_{0i} \times Q_{ki}$ |
| Häufig | $G_k$ | $\psi_{11} \times Q_{k1}$ | $\psi_{0i} \times \psi_{1i} \times Q_{ki}$ |

a) Charakteristische (selten auftretende) Kombination (für den Widerstand an Mittelauflagern) nach Gleichung (E.8):

$$S_d = \sum_{j \geq 1} G_{kj} + Q_{k1} + \sum_{i > 1} \psi_{0i} Q_{ki} \qquad (E.8)$$

b) Häufig auftretende Kombination (für Durchbiegungen) nach Gleichung (E.9):

$$S_d = \sum_{j \geq 1} G_{kj} + \psi_{11} Q_{k1} + \sum_{i > 1} \psi_{0i} \psi_{1i} Q_{ki} \qquad (E.9)$$

**Bild 76.** Bemessungswerte für Einwirkungen zur Verwendung bei Beanspruchungskombinationen im Grenzzustand der Tragfähigkeit nach EN 1990 (Auszug aus DIN EN 14509 [55])

Tabelle E.6 — Werte der Kombinationskoeffizienten $\psi_0$ und $\psi_1$

| Kombinations-koeffizienten | Faktoren | | |
|---|---|---|---|
| | Schnee | Wind | Temperatur |
| $\psi_0$ | 0,6 | 0,6 | 0,6/1,0[a] |
| $\psi_1$ | 0,75/1,0[b] | 0,75/1,0[b] | 1,0 |

[a] Der Koeffizient $\psi_0 = 1,0$ wird verwendet, wenn die Wintertemperatur $T_1 = 0\ °C$ mit Schnee kombiniert ist.

[b] Der für Schnee und Wind geltende Koeffizient $\psi_1 = 0,75$ wird verwendet, wenn die Kombination Beanspruchungseinwirkungen von zwei oder mehr veränderlichen Beanspruchungen enthält; der für Schnee und Wind geltende Koeffizient $\psi_1 = 1,0$ wird verwendet, wenn in der Kombination nur eine einzelne, die veränderlichen Beanspruchungen repräsentierende Beanspruchungseinwirkung vorkommt, die entweder ausschließlich von der Schneelast oder ausschließlich von der Windlast verursacht wird.

ANMERKUNG  Tabelle E.6 sollte in Verbindung mit Tabelle E.8 gelesen werden.

Tabelle E.8 — Lastfaktoren $\gamma_F$

| Beanspruchungen | Grenzzustand | |
|---|---|---|
| | Grenzzustand der Tragfähigkeit | Grenzzustand der Gebrauchstauglichkeit |
| Dauerhafte Beanspruchungen $G$ | 1,35 (1,00) | 1,00 |
| Veränderliche Beanspruchungen | 1,50 | 1,00 |
| Temperaturbeanspruchungen | 1,50[a] | 1,00 |
| Kriecheffekt | 1,00 | 1,00 |

[a] Der Wert der Temperaturbeanspruchungen darf durch 1,35 ersetzt werden, sofern die im Einsatzland des Elements gültigen Rechtsvorschriften dies fordern.

**Bild 77.** Kombinationskoeffizienten und Lastfaktoren (Auszug aus DIN EN 14509 [55])

| Von der CE Kennzeichnung einzuhaltende Werte [1] | | | |
|---|---|---|---|
| Sandwichdicke (mm) | 60 | 120 | 200 |
| Rohdichte der Mineralfaser-Kernschicht (kg/m³) | 117 | 117 | 117 |
| Schubmodul: $G_C$ (MPa) | 7.6 | 7.0 | 5.6 |
| Schubfestigkeit: $f_C$ (MPa) | 0.04 | 0.03 | 0.02 |
| Druckfestigkeit: $f_{Cc}$ (MPa) | 0.05 | 0.05 | 0.05 |
| Zugfestigkeit mit Deckschicht: $f_{Ct}$ (MPa) | 0.09 | 0.09 | 0.03 |

[1] Zwischenwerte dürfen geradlinig interpoliert werden.

**Bild 75.** Rechenwerte für Kernmaterial (Auszug aus einer Verwendungszulassung)

$$G_{ct} = \frac{G_c}{1 + \varphi_t}$$

$\varphi_t$ ist der Kriechfaktor, der ebenfalls in den offiziellen Unterlagen angegeben ist.
$G_{ct}$ ist der zeitabhängige und $G_c$ der Schubmodul für kurzzeitige Beanspruchung.

### 8.6 Versagensarten und relevante Lastfälle

Bei den Nachweisen für die Tragfähigkeit und Gebrauchstauglichkeit kann bei Sandwichbauteilen eine Reihe von Versagensarten maßgebend werden (s. Bild 69). Für eine sichere Bemessung sind jeweils alle relevanten Versagensmöglichkeiten im Einzelnen zu untersuchen. Wie bereits in Abschnitt 8.2 dargestellt, gibt es dabei eine Reihe von Einwirkungen zu beachten, die vor allem in der Überlagerung zu unterschiedlichen Versagen führen können. Alle denkbaren Versagensmöglichkeiten müssen sicher ausgeschlossen werden. Für einen generellen Überblick werden (nur beispielhaft!) für ein Zweifeld-Dachelement nachfolgend die wichtigsten relevanten Lastfälle dargestellt. Im Einzelnen sind die Lastfälle und Lastfallkombinationen auch in den ausführlich dargestellten Beispielen in Abschnitt 9 zu erkennen.
Zweifelddachelemente mit profilierter äußerer und quasi-ebener innerer Deckschicht:
- Nachweis der Tragfähigkeit (zwei Einfeldträger mit Gelenk über der Mittelstütze, s. Abschnitt 8.4.1):
  Äußere Deckschicht: Knittern in Feldmitte infolge Eigengewicht, Schnee, Temperatur/Winter (0 °C), Kriechen.
  Innere Deckschicht: Knittern in Feldmitte infolge Eigengewicht, Windsog, Temperatur/Winter (−20 °C).
  Kernschicht-Schubversagen an Auflager infolge Eigengewicht und Schnee.
- Nachweis der Gebrauchstauglichkeit (am Zweifeld-System):
  Äußere Deckschicht: Zugversagen über der Mittelstütze infolge Eigengewicht, Schnee. Temperatur/Winter (0 °C), Kriechen.
  Innere Deckschicht: Knittern über der Mittelstütze infolge Eigengewicht, Temperatur/Winter (−20 °C).
  Kernschicht-Schubversagen an der Mittelstütze infolge Eigengewicht, Schnee, Temperatur/Winter (0 °C).
  Druckversagen am Auflager infolge Eigengewicht, Schnee, Temperatur/Winter (0 °C).
  Nachweis der Durchbiegungsbegrenzung infolge Eigengewicht, Schnee, Temperatur/Winter (0 °C), mit und ohne Kriechen.

### 8.7 Lastfallkombinationen und Sicherheitskonzept

Für jeden Lastfall ist der Bemessungswert der Beanspruchung im Grenzzustand der Tragfähigkeit und der Gebrauchstauglichkeit durch Aufsummieren der Einwirkungen der einzelnen Beanspruchungen, die mit den entsprechenden Lastfaktoren und Kombinationskoeffizienten multipliziert werden, zu bestimmen. Die Lastfaktoren und Kombinationskoeffizienten sind stets in den formalen Grundlagen (s. Abschnitt 7) festgelegt. Nachfolgende Erläuterungen und Angaben beruhen beispielhaft auf der Norm DIN EN 14509 [55] und damit auch auf dem Zulassungstyp b (Abschnitt 7.2), der für die Verwendbarkeit der üblichen Sandwichbauteile mit metallischen Deckschichten in Deutschland maßgebend ist. Das Sicherheitskonzept in den Zulassungen entspricht dem Sicherheitskonzept der DIN EN 14509 [55]. In anderen europäischen Nationen können abweichende Sicherheitsfaktoren, insbesondere Materialsicherheitsfaktoren, festgelegt sein, die dann natürlich bei

## 8.5 Erforderliche Rechenwerte

Neben den geometrischen Abmessungen der zu untersuchenden Elemente, wie z. B. genaue Angaben zur Geometrie der Deckschichten, zu den Deckschichtdicken (Bemessungsdicke) und Bauteildicken, müssen zur Ermittlung der Schnittgrößen und Verformungen alle charakteristischen Werte der Festigkeiten und Steifigkeiten der Kern- und Deckschichten entsprechend Abschnitt 8.3.3 bekannt sein. Diese Werte sind in den jeweils gültigen formalen Grundlagen (s. Abschnitt 7), z. B. für die Verwendbarkeit in Deutschland in der „Allgemeinen bauaufsichtlichen Zulassung" definiert.

Beispielhaft sind in den Tabellen gemäß Bild 74 und 75 die Rechenwerte der Knitterspannungen und des Kernmaterials als charakteristische Werte (Auszug aus einer Verwendungs-Zulassung), für eine bestimmte „Paneel-Familie", dargestellt.

Bezüglich der Erfassung der Langzeit-Beanspruchungen (Kriechen) ist anzumerken, dass dies rechnerisch durch einen zeitabhängigen Schubmodul berücksichtigt wird (siehe auch DIN EN 14509 [55], E.7.6)

**Charakteristische Werte für die Knitterspannungen**

Für äußere Deckschichten $t_N = 0{,}50$ mm

| Deckblechtyp | Bauteildicke (mm) | Knitterspannung (MPa) | | | |
|---|---|---|---|---|---|
| | | im Feld | im Feld erhöhte Temperatur | am Zwischenauflager | am Zwischenauflager, erhöhte Temperatur |
| Profil 1 | 60 | 143 | 129 | 100 | 90 |
| | 120 | 126 | 113 | 88 | 79 |
| | 200 | 81 | 73 | 69 | 62 |
| Profil 2 und 3 | 60 | 106 | 95 | 74 | 67 |
| | 120 | 93 | 84 | 65 | 59 |
| | 200 | 60 | 54 | 51 | 46 |
| Profil 4 | 60 | 134 | 121 | 94 | 85 |
| | 120 | 134 | 121 | 94 | 85 |
| | 200 | 88 | 79 | 75 | 68 |
| Profil 5 | 60 | 115 | 104 | 81 | 73 |
| | 120 | 93 | 84 | 65 | 59 |
| | 200 | 60 | 54 | 51 | 46 |

Für innere Deckschichten $t_N \leq 0{,}50$ mm

| Deckschichttyp | Bauteildicke (mm) | Knitterspannung (MPa) | |
|---|---|---|---|
| | | im Feld | am Mittelauflager |
| Profi 1 | 60 | 143 | 100 |
| | 120 | 126 | 88 |
| | 200 | 81 | 69 |
| Profil 2 und 3 | 60 | 106 | 74 |
| | 120 | 93 | 65 |
| | 200 | 60 | 51 |

Abminderungsfaktoren der Knitterspannungen bei Blechstärken $t_N > 0{,}50$ mm

| Deckblechtyp | 0,55mm | 0,60mm | 0,63mm | 0,75mm |
|---|---|---|---|---|
| Profil 1 | 0.99 | 0.94 | 0,90 | 0,79 |
| Profil 4 und 5 | 1.0 | 0.94 | 0.91 | 0.80 |

| | |
|---|---|
| Wandbauteile charakteristische Werte der Knitterspannungen | Blatt 3.2 zur allgemeinen bauaufsichtlichen Zulassung Nr. vom |

**Bild 74.** Rechenwerte für Knitterspannungen (Auszug aus einer Verwendungszulassung)

**iS - engineering GmbH**

Version 2.0 (August 2012)

© iS-engineering GmbH
www.sandwichtechnik.com
email: order@sandwichtechnik.com

## Abschnitt C: Einzelergebnisse der Schnittgrößen und Spannungen
### für die Beanspruchungen infolge g, s, w, T

Tabelle aller Schnittgrößen und Spannungen:

| Schnittgröße | | Einheit | g | s | $w_d$ | $w_s$ |
|---|---|---|---|---|---|---|
| Sandwichmoment | $M_S$ | kNm/m | -0,108 | -0,584 | 0,000 | 0,330 |
| Deckschichtmoment | $M_{F1}$ | kNm/m | -0,097 | -0,524 | 0,000 | 0,296 |
| Deckschichtmoment | $M_{F2}$ | kNm/m | 0,000 | 0,000 | 0,000 | 0,000 |
| Querkraft in der Kernschicht | $V_S$ | kN/m | 0,220 | 1,188 | 0,000 | -0,672 |
| Querkraft in der äußeren Deckschicht | $V_{F1}$ | kN/m | | | | |
| Querkraft in der inneren Deckschicht | $V_{F2}$ | kN/m | | | | |
| Endauflagerkraft | $R_E$ | kN/m | 0,189 | 1,019 | 0,000 | -0,576 |
| Zwischenauflagerkraft | $R_M$ | kN/m | 0,595 | 3,206 | 0,000 | -1,812 |
| Normalspannungen oberes Deckblech außen | $\sigma_{F1,1}$ | N/mm² | 22,231 | 119,840 | 0,000 | -67,736 |
| Normalspannungen oberes Deckblech innen | $\sigma_{F1,2}$ | N/mm² | -3,649 | -19,670 | 0,000 | 11,118 |
| Normalspannungen unteres Deckblech innen | $\sigma_{F2,1}$ | N/mm² | -3,082 | -16,616 | 0,000 | 9,392 |
| Normalspannungen unteres Deckblech außen | $\sigma_{F2,2}$ | N/mm² | -3,082 | -16,616 | 0,000 | 9,392 |
| Schubspannung im Kern | $\tau_C$ | N/mm² | 0,0032 | 0,0174 | 0,0000 | -0,0098 |
| maximale Durchbiegung | $w_{max}$ | cm | 0,109 | 0,587 | 0,000 | -0,332 |
| Stelle der max. Durchbiegung | $x/l = \xi_{max}$ | - | 0,450 | 0,450 | 0,450 | 0,450 |
| Durchbiegung in Feldmitte | $w_{(\xi=0,5)}$ | cm | 0,107 | 0,577 | 0,000 | -0,326 |

| Schnittgröße | | Einheit | $\Delta T_s$ | $\Delta T_W$ | $\Delta T_{WS}$ |
|---|---|---|---|---|---|
| Sandwichmoment | $M_S$ | kNm/m | 3,068 | -2,231 | -1,116 |
| Deckschichtmoment | $M_{F1}$ | kNm/m | 0,336 | -0,244 | -0,122 |
| Deckschichtmoment | $M_{F2}$ | kNm/m | 0,000 | 0,000 | 0,000 |
| Querkraft in der Kernschicht | $V_S$ | kN/m | -0,896 | 0,651 | 0,326 |
| Querkraft in Deckschicht | $V_{F1}$ | kN/m | | | |
| Querkraft in Deckschicht | $V_{F2}$ | kN/m | | | |
| Endauflagerkraft | $R_E$ | kN/m | 0,896 | -0,651 | -0,326 |
| Zwischenauflagerkraft | $R_M$ | kN/m | -1,791 | 1,303 | 0,651 |
| Normalspannungen oberes Deckblech außen | $\sigma_{F1,1}$ | N/mm² | -136,042 | 98,939 | 49,470 |
| Normalspannungen oberes Deckblech innen | $\sigma_{F1,2}$ | N/mm² | -46,731 | 33,986 | 16,993 |
| Normalspannungen unteres Deckblech innen | $\sigma_{F2,1}$ | N/mm² | 87,223 | -63,435 | -31,718 |
| Normalspannungen unteres Deckblech außen | $\sigma_{F2,2}$ | N/mm² | 87,223 | -63,435 | -31,718 |
| Schubspannung im Kern | $\tau_C$ | N/mm² | -0,0131 | 0,0095 | 0,0048 |
| maximale Durchbiegung | $w_{max}$ | cm | -0,539 | 0,392 | 0,196 |
| Schubspannung im Kern | $x/l = \xi_{max}$ | - | 0,400 | 0,400 | 0,400 |
| maximale Durchbiegung | $w_{(\xi=0,5)}$ | cm | -0,500 | 0,364 | 0,182 |

| Schnittgröße | | Einheit | Kriechen $g_t$ | Kriechen $s_t$ | Diferenzkräfte/ -spannungen/ -verformungen | |
|---|---|---|---|---|---|---|
| | | | | | Kriechen $\Delta g_t$ | Kriechen $\Delta s_t$ |
| Sandwichmoment | $M_S$ | kNm/m | -0,021 | -0,279 | 0,087 | 0,306 |
| Deckschichtmoment | $M_{F1}$ | kNm/m | -0,170 | -0,745 | -0,072 | -0,221 |
| Deckschichtmoment | $M_{F2}$ | kNm/m | 0,000 | 0,000 | 0,000 | 0,000 |
| Querkraft in der Kernschicht | $V_S$ | kN/m | 0,137 | 0,962 | -0,083 | -0,226 |
| Querkraft in Deckschicht | $V_{F1}$ | kN/m | | | | |
| Querkraft in Deckschicht | $V_{F2}$ | kN/m | | | | |
| Endauflagerkraft | $R_E$ | kN/m | 0,193 | 1,042 | 0,004 | 0,022 |
| Zwischenauflagerkraft | $R_M$ | kN/m | 0,587 | 3,161 | -0,008 | -0,045 |
| Normalspannungen oberes Deckblech außen | $\sigma_{F1,1}$ | N/mm² | 35,050 | 158,133 | 12,819 | 38,293 |
| Normalspannungen oberes Deckblech innen | $\sigma_{F1,2}$ | N/mm² | -10,047 | -40,098 | -6,398 | -20,428 |
| Normalspannungen unteres Deckblech innen | $\sigma_{F2,1}$ | N/mm² | -0,610 | -7,926 | 2,473 | 8,690 |
| Normalspannungen unteres Deckblech außen | $\sigma_{F2,2}$ | N/mm² | -0,610 | -7,926 | 2,473 | 8,690 |
| Schubspannung im Kern | $\tau_C$ | N/mm² | 0,002 | 0,014 | -0,0012 | -0,0033 |
| maximale Durchbiegung | $w_{max}$ | cm | 0,281 | 1,065 | 0,172 | 0,478 |
| Durchbiegung in Feldmitte | $w_{(\xi=0,5)}$ | cm | 0,273 | 1,042 | 0,166 | 0,466 |

**Bild 73.** Beispiele von Ergebnissen aus SandExcel zu den Rechenbeispielen des Abschnitts 9

# 948  13 Sandwichelemente im Hochbau

## iS - engineering GmbH
Version 2.0 (August 2012)

© iS-engineering GmbH
www.sandwichtechnik.com
email: order@sandwichtechnik.com

**Voraussetzungen**
- äußere Deckschicht profilierte oder ebene bzw. quasi-ebene
- innere Deckschicht ebene bzw. quasi-ebene
- statisches System: Einfeld oder Zweifeld mit gleichen Stützweiten
- Bezeichnungen nach DIN EN 14509
- Berechnungsbreite B = 1 m = 1000 mm
- Nutzung: Dacheindeckung oder Wandverkleidung

## Abschnitt A: Eingabewerte

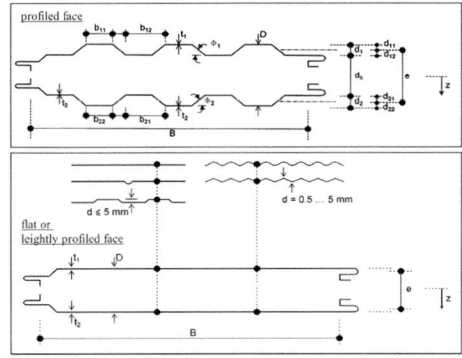

### Bauteiltyp

| | |
|---|---|
| Bauteil | Dach/Roof ▼ |
| Deckblech | profiliertes/profiled ▼ |

### Querschnitts- und Materialkennwerte

| Bauteilbezeichnung | | Pos. 4: Dachelement | | |
|---|---|---|---|---|
| Gesamtdicke | $D =$ | 100,00 | | mm |
| Nennblechdicke außen | $t_{nom,1} =$ | 0,630 | | mm |
| Nennblechdicke innen | $t_{nom,2} =$ | 0,550 | | mm |
| Dicke der Zinkschicht | $t_{zinc} =$ | 0,040 | | mm |
| Toleranz nach DIN EN 10143 | $t_{tol} =$ | 0,000 | | mm für normale Grenzabmasse (Toleranzen) |

Bei eingeschränkten Grenzabmassen (Toleranzen) kann für die Toleranz 0,00 mm eingesetzt werden (nach EN 14509 rev.1).

| **Deckschichten** | | außen (Index 1) | innen (Index 2) | |
|---|---|---|---|---|
| Kernblechdicke | $t_{d,i} = t_{nom,i} - t_{zinc} - 0{,}5 \cdot t_{tol} =$ | 0,590 | 0,510 | mm |
| Fläche der Deckschicht | $A_{Fi} =$ | 6,637 | 5,141 | cm²/m |
| Trägheitsmoment der Deckschichten | $I_{Fi} =$ | 15,035 | 0,000 | cm⁴/m |
| oberer Randabstand | $d_{i1} =$ | 30,670 | 0,360 | mm |
| unterer Randabstand | $d_{i2} =$ | 9,330 | 0,360 | mm |
| E-Modul | $E_{Fi} =$ | 2,10E+05 | 2,10E+05 | N/mm² |
| Wärmeausdehnungskoeffizient | $\alpha_{Ti} =$ | 1,20E-05 | 1,20E-05 | 1/° |

| **Kern** | | | |
|---|---|---|---|
| Schubmodul | $G_C =$ | 3,70 | N/mm² |
| Kriechbeiwert t = 100.000 h | $\varphi_{10^5 h} =$ | 7,00 | - |
| Kriechbeiwert t = 2.000 h | $\varphi_{2000 h} =$ | 2,10 | |

### Statisches System und Grundlasten

| Anzahl Felder | | 2 | Felder |
|---|---|---|---|
| Einzelstützweite | $L =$ | 3,800 | m |
| Gleichstreckenlast, Eigengewicht | $g =$ | 0,128 | kN/m² |
| Gleichstreckenlast, Schnee | $s =$ | 0,690 | kN/m² |
| Gleichstreckenlast, Winddruck | $w_d =$ | 0,000 | kN/m² |
| Gleichstreckenlast, Windsog | $w_s =$ | -0,390 | kN/m² |
| Farbgruppe | | ○ I   ○ II   ● III | |

**iS - engineering GmbH**
Version 2.0 (August 2012)

© iS-engineering GmbH
www.sandwichtechnik.com
email: order@sandwichtechnik.com

## Abschnitt C: Einzelergebnisse der Schnittgrößen und Spannungen
### für die Beanspruchungen infolge g, s, w, T

Tabelle aller Schnittgrößen und Spannungen:

| Schnittgröße | | Einheit | g | s | $w_d$ | $w_s$ |
|---|---|---|---|---|---|---|
| Sandwichmoment | $M_S$ | kNm/m | 0,000 | 0,000 | -0,841 | 0,534 |
| Deckschichtmoment | $M_{F1}$ | kNm/m | 0,000 | 0,000 | 0,000 | 0,000 |
| Deckschichtmoment | $M_{F2}$ | kNm/m | 0,000 | 0,000 | 0,000 | 0,000 |
| Querkraft in der Kernschicht | $V_S$ | kN/m | 0,000 | 0,000 | 1,250 | -0,793 |
| Querkraft in der äußeren Deckschicht | $V_{F1}$ | kN/m | | | | |
| Querkraft in der inneren Deckschicht | $V_{F2}$ | kN/m | | | | |
| Endauflagerkraft | $R_E$ | kN/m | 0,000 | 0,000 | 0,830 | -0,527 |
| Zwischenauflagerkraft | $R_M$ | kN/m | 0,000 | 0,000 | 2,501 | -1,587 |
| Normalspannungen oberes Deckblech außen | $\sigma_{F1,1}$ | N/mm² | 0,000 | 0,000 | 20,720 | -13,149 |
| Normalspannungen oberes Deckblech innen | $\sigma_{F1,2}$ | N/mm² | 0,000 | 0,000 | 20,720 | -13,149 |
| Normalspannungen unteres Deckblech innen | $\sigma_{F2,1}$ | N/mm² | 0,000 | 0,000 | -29,353 | 18,628 |
| Normalspannungen unteres Deckblech außen | $\sigma_{F2,2}$ | N/mm² | 0,000 | 0,000 | -29,353 | 18,628 |
| Schubspannung im Kern | $\tau_C$ | N/mm² | 0,0000 | 0,0000 | 0,0158 | -0,0100 |
| maximale Durchbiegung | $w_{max}$ | cm | 0,000 | 0,000 | 0,799 | -0,507 |
| Stelle der max. Durchbiegung | $x/l = \xi_{max}$ | - | * | * | * | * |
| Durchbiegung in Feldmitte | $w_{(\xi=0,5)}$ | cm | | | | |

\* zwischen x = 0,375 L und x = 0,5 L

| Schnittgröße | | Einheit | $\Delta T_s$ | $\Delta T_W$ | $\Delta T_{W,k}$ |
|---|---|---|---|---|---|
| Sandwichmoment | $M_S$ | kNm/m | 2,055 | -2,055 | -1,027 |
| Deckschichtmoment | $M_{F1}$ | kNm/m | 0,000 | 0,000 | 0,000 |
| Deckschichtmoment | $M_{F2}$ | kNm/m | 0,000 | 0,000 | 0,000 |
| Querkraft in der Kernschicht | $V_S$ | kN/m | -0,514 | 0,514 | 0,257 |
| Querkraft in Deckschicht | $V_{F1}$ | kN/m | | | |
| Querkraft in Deckschicht | $V_{F2}$ | kN/m | | | |
| Endauflagerkraft | $R_E$ | kN/m | 0,514 | -0,514 | -0,257 |
| Zwischenauflagerkraft | $R_M$ | kN/m | -1,027 | 1,027 | 0,514 |
| Normalspannungen oberes Deckblech außen | $\sigma_{F1,1}$ | N/mm² | -50,609 | 50,609 | 25,305 |
| Normalspannungen oberes Deckblech innen | $\sigma_{F1,2}$ | N/mm² | -50,609 | 50,609 | 25,305 |
| Normalspannungen unteres Deckblech innen | $\sigma_{F2,1}$ | N/mm² | 71,695 | -71,695 | -35,848 |
| Normalspannungen unteres Deckblech außen | $\sigma_{F2,2}$ | N/mm² | 71,695 | -71,695 | -35,848 |
| Schubspannung im Kern | $\tau_C$ | N/mm² | -0,0065 | 0,0065 | 0,0033 |
| maximale Durchbiegung | $w_{max}$ | cm | -0,498 | 0,498 | 0,249 |
| Schubspannung im Kern | $x/l = \xi_{max}$ | - | * | * | * |
| maximale Durchbiegung | $w_{(\xi=0,5)}$ | cm | | | |

\* ca. in Feldmitte

| Schnittgröße | | Einheit | Kriechen $g_t$ | Kriechen $s_t$ | Diferenzkräfte/ -spannungen/ -verformungen | |
|---|---|---|---|---|---|---|
| | | | | | Kriechen $\Delta g_t$ | Kriechen $\Delta s_t$ |
| Sandwichmoment | $M_S$ | kNm/m | 0,000 | 0,000 | 0,000 | 0,000 |
| Deckschichtmoment | $M_{F1}$ | kNm/m | 0,000 | 0,000 | 0,000 | 0,000 |
| Deckschichtmoment | $M_{F2}$ | kNm/m | 0,000 | 0,000 | 0,000 | 0,000 |
| Querkraft in der Kernschicht | $V_S$ | kN/m | 0,000 | 0,000 | 0,000 | 0,000 |
| Querkraft in Deckschicht | $V_{F1}$ | kN/m | | | | |
| Querkraft in Deckschicht | $V_{F2}$ | kN/m | | | | |
| Endauflagerkraft | $R_E$ | kN/m | 0,000 | 0,000 | 0,000 | 0,000 |
| Zwischenauflagerkraft | $R_M$ | kN/m | 0,000 | 0,000 | 0,000 | 0,000 |
| Normalspannungen oberes Deckblech außen | $\sigma_{F1,1}$ | N/mm² | 0,000 | 0,000 | 0,000 | 0,000 |
| Normalspannungen oberes Deckblech innen | $\sigma_{F1,2}$ | N/mm² | 0,000 | 0,000 | 0,000 | 0,000 |
| Normalspannungen unteres Deckblech innen | $\sigma_{F2,1}$ | N/mm² | 0,000 | 0,000 | 0,000 | 0,000 |
| Normalspannungen unteres Deckblech außen | $\sigma_{F2,2}$ | N/mm² | 0,000 | 0,000 | 0,000 | 0,000 |
| Schubspannung im Kern | $\tau_C$ | N/mm² | 0,000 | 0,000 | 0,0000 | 0,0000 |
| maximale Durchbiegung | $w_{max}$ | cm | 0,000 | 0,000 | 0,000 | 0,000 |
| Durchbiegung in Feldmitte | $w_{(\xi=0,5)}$ | cm | | | | |

**Bild 72.** Beispiele von Ergebnissen aus SandExcel zu den Rechenbeispielen des Abschnitts 9

## iS - engineering GmbH
Version 2.0 (August 2012)

© iS-engineering GmbH
www.sandwichtechnik.com
email: order@sandwichtechnik.com

# SandEXCEL I
# Ermittlung der Schnittgrößen und Spannungen von Sandwichbauteilen

| Voraussetzungen | - äußere Deckschicht profilierte oder ebene bzw. quasi-ebene<br>- innere Deckschicht ebene bzw. quasi-ebene<br>- statisches System: Einfeld oder Zweifeld mit gleichen Stützweiten<br>- Bezeichnungen nach DIN EN 14509<br>- Berechnungsbreite B = 1 m = 1000 mm<br>- Nutzung: Dacheindeckung oder Wandverkleidung |

## Abschnitt A: Eingabewerte

### Bauteiltyp

| Bauteil | Wand/Wall |
|---|---|
| Deckblech | eben/flat |

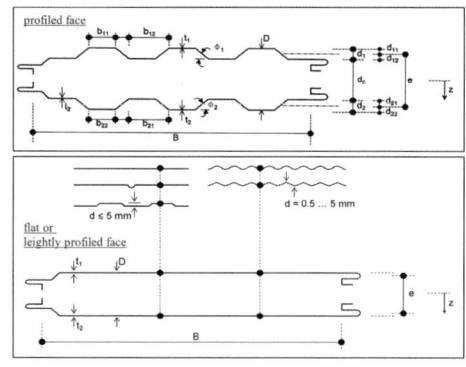

### Querschnitts- und Materialkennwerte

| Bauteilbezeichnung | | **Pos. 1: Wandelement** | | |
|---|---|---|---|---|
| Gesamtdicke | $D =$ | 80,00 | mm | |
| Nennblechdicke außen | $t_{nom,1} =$ | 0,550 | mm | |
| Nennblechdicke innen | $t_{nom,2} =$ | 0,500 | mm | |
| Dicke der Zinkschicht | $t_{zinc} =$ | 0,040 | mm | |
| Toleranz nach DIN EN 10143 | $t_{tol} =$ | 0,000 | mm | für normale Grenzabmasse (Toleranzen) |

Bei eingeschränkten Grenzabmassen (Toleranzen) kann für die Tolleranz 0,00 mm eingesetzt werden (nach EN 14509 rev.1).

### Deckschichten

| | | außen (Index 1) | innen (Index 2) | |
|---|---|---|---|---|
| Kernblechdicke | $t_{d,i} = t_{nom,i} - t_{zinc} - 0{,}5 \cdot t_{tol} =$ | 0,510 | 0,460 | mm |
| Fläche der Deckschicht | $A_{Fi} =$ | 5,141 | 3,629 | cm²/m |
| Trägheitsmoment der Deckschichten | $I_{Fi} =$ | 0,000 | 0,000 | cm⁴/m |
| oberer Randabstand | $d_{i1} =$ | 0,180 | 0,360 | mm |
| unterer Randabstand | $d_{i2} =$ | 0,180 | 0,360 | mm |
| E-Modul | $E_{Fi} =$ | 2,10E+05 | 2,10E+05 | N/mm² |
| Wärmeausdehnungskoeffizient | $\alpha_{Ti} =$ | 1,20E-05 | 1,20E-05 | 1/° |

### Kern

| Schubmodul | $G_C =$ | 2,80 | N/mm² |
|---|---|---|---|
| Kriechbeiwert t = 100.000 h | $\varphi_{10^5 h} =$ | 7,00 | - |
| Kriechbeiwert t = 2.000 h | $\varphi_{2000h} =$ | 2,40 | - |

### Statisches System und Grundlasten

| Anzahl Felder | | 2 | Felder |
|---|---|---|---|
| Einzelstützweite | $L =$ | 4,000 | m |
| Gleichstreckenlast, Eigengewicht | $g =$ | 0,000 | kN/m² |
| Gleichstreckenlast, Schnee | $s =$ | 0,000 | kN/m² |
| Gleichstreckenlast, Winddruck | $w_d =$ | 0,520 | kN/m² |
| Gleichstreckenlast, Windsog | $w_s =$ | -0,330 | kN/m² |
| Farbgruppe | | ○ I ● II ○ III | |

„Downloads" zugänglich (Name der Excel-Tabelle: SandExcel I). Mit diesem Programm können sehr einfach und schnell, nur durch Einsetzen der geometrischen Werte und der Querschnittswerte (s. Bilder 72 und 73), die Schnittgrößen und Spannungen berechnet werden. Dabei können Sandwichbauteile mit äußerer und innerer ebener (oder quasi-ebener) oder mit äußeren profilierten und innerer ebener Deckschicht sowie für Einfeld- und Zweifeldsysteme mit gleichen Stützweiten berechnet werden.

Der Vorteil der Berechnungen mit der Excel-Tabelle ist die äußerst einfache und bequeme Eingabe der Rechenwerte (siehe z. B. Beispiele in Abschnitt 9) und damit die Möglichkeit, sehr schnell und mühelos Ergebnisse zu erhalten.

### 8.4.2.3 Allgemeine Stabwerkprogramme (Träger mit schubsteifem Verbund)

Sandwichbauteile mit schubsteifem Kern können auch mit allgemeinen Stabwerkprogrammen berechnet werden, falls die Eingabe für den Querschnitt speziell für Sandwichbauteile aufbereitet wird. Dabei sind wieder die Bauteile mit beidseitig quasi-ebenen Deckschichten und Bauteile mit profilierten Deckschichten zu unterscheiden. Bei der Berechnung der Schnittgrößen mit o. g. Programmen ist Folgendes zu beachten:

a) Sandwichelemente mit beidseitig ebenen oder quasi-ebenen Deckschichten:
Zur Berechnung des einfachen schubsteifen Biegeträgers ist das Trägheitsmoment aus den Deckschichten unter Vernachlässigung der Eigenträgheitsmomente, d. h. ausschließlich die „Steiner-Anteile", zu ermitteln. Für die Schubfläche ist der gesamte Sandwichkern anzusetzen. Für den E-Modul dieses Trägers ist der E-Modul der Deckschichten anzunehmen und für den Schubmodul derjenige der Kernschicht.
In Formeldarstellung kann dies wie folgt angegeben werden:
Trägheitsmoment des Trägers:

$$I = \frac{A_{F1} \cdot A_{F2}}{A_{F1} + A_{F2}} \cdot e^2$$

Schubfläche des Trägers:

$$A_c = B \cdot e$$

Für B ist die Berechnungsbreite (in der Regel 1,0 m) anzusetzen. Die Bezeichnungen entsprechen den Angaben in Bild 80, gelten aber nur bei gleichen Deckschichtmaterialien. Bei unterschiedlichen Materialien ist ein „Vergleichs-E-Modul" einzuführen und die einzelnen Deckschichtflächen und E-Moduln darauf zu beziehen.

b) Sandwichelemente mit einer profilierten Deckschicht:
Hierbei ist, wie bereits erläutert, die Eigenbiegesteifigkeit der profilierten Deckschicht zu berücksichtigen. Der Querschnitt wird aufgeteilt und idealisiert in einen Sandwichquerschnitt und einen Deckschichtquerschnitt.
Für den Sandwichquerschnitt gelten die gleichen Vorgaben wie unter a) aufgeführt. Für die biegesteife Deckschicht wird ein zweiter Querschnitt definiert, der über „Scherengelenke" (oder entsprechende Pendelstäbe) mit dem Sandwichquerschnitt verbunden wird.
Gibt man für die zwei Stabzüge (Sandwich- und Deckschichtquerschnitt) identische Knotenkoordinaten an, so ist das Element ausreichend abgebildet. Als einzelne Stababschnittslänge empfiehlt sich $a \leq 0{,}10$ m bzw. $a \leq 2$ D (zweifache Elementdicke).

Der Vorteil der Berechnungen mit allgemeinen Stabwerkprogrammen, die zumindest in den Ingenieurbüros für Baustatik praktisch immer vorhanden sind, ist eindeutig die Möglichkeit, alle denkbaren Alternativen bei dem Querschnitt, dem statischen System und bei den Lasten erfassen zu können. Das heißt, es können sowohl Sandwichbauteile mit ebenen als auch mit profilierten Deckschichten für jedes beliebige Durchlaufträgersystem berechnet werden. Es bleibt aber weiterhin der große Nachteil, dass nur Einzelfall-Berechnungen, d. h. Berechnung der Schnittgrößen jeweils nur für einen Lastfall, möglich sind. Die Spannungen müssen anschließend separat ermittelt und entsprechend dem Sicherheitskonzept für alle relevanten Lastfälle überlagert werden. Außerdem sind die Eingangsparameter, wie z. B. das Trägheitsmoment der profilierten Deckschicht, vorweg zu bestimmen und einzeln einzugeben.

### 8.4.2.4 Spezialsoftware

Für das praxisgerechte Aufstellen oder Prüfen von Tragfähigkeits- und Gebrauchstauglichkeitsnachweisen für Sandwichbauteile werden einige spezielle Softwarelösungen (z. B. SandStat [73]) angeboten. Mit diesen professionellen Computerprogrammen lassen sich die Schnittgrößen und Spannungen infolge aller möglichen Einwirkungen (automatische Lastgenerierung z. B. für Wind, Schnee und Temperatur) unter Berücksichtigung der Langzeitbeanspruchungen (Kriechen) für jedes beliebige statische Balkensystem (z. B. 20-feldrige Durchlaufträger mit gleichen oder verschiedenen Stützweiten) bestimmen. Dabei werden alle erforderlichen Lastfallkombinationen unter Beachtung des maßgebenden Sicherheitskonzepts (z. B. nach DIN EN 14509 [55]) automatisch erfasst. Die zugehörigen Querschnittswerte und charakteristischen Beanspruchbarkeiten können für den jeweiligen Sandwichpaneel-Typ aus einer umfangreichen Element- und Befestigungsmittel-Datenbank herausgelesen werden. Eine mühsame Eingabe aller erforderlichen Elementdaten entfällt.

Über einfache Variation der Eingangsparameter können auch umfangreiche Variantenrechnungen durchgeführt werden, um jeweils für das entsprechende Bauvorhaben das wirtschaftlichste Sandwichbauteil auswählen zu können. Weitere Informationen stehen z. B. für SandStat unter www.SandStat.de im Internet zur Verfügung.

wendet werden. Für einfeldrig und zweifeldrig (gleiche Stützweiten) gespannte Sandwichbauteile mit beidseitig ebenen oder quasi-ebenen Deckschichten sind die Formeln zur Berechnung der Schnittgrößen (z. B. $M_F$ und $M_S$) in Tabelle 5 angegeben. Die Formeln sind noch relativ einfach anwendbar und für die Berechnung der Spannungen aus den wichtigsten Beanspruchungen infolge gleichmäßig verteilter Belastung (z. B. aus Wind oder Schnee) und aus Temperaturdifferenz gut geeignet. Auch für einfeldrig gespannte Bauteile mit einer profilierten Deckschicht und einfachen Belastungen sind die Formeln gemäß Tabelle 6 einfach zu nutzen. Für Bauteile mit profilierten Deckschichten werden die Formeln allerdings bereits für ein Zweifeldsystem mit gleichen Stützweiten relativ aufwendig.

Die Berechnung der Spannungen mit den in den Tabellen angegebenen Formeln ist im Prinzip nur für Einzelfall-Nachweise oder zur Überprüfung von EDV-Berechnungen sinnvoll, da für praxisgerechte statische Nachweise eine Vielzahl von Lastfall-Kombinationen und Zusatznachweisen, wie z. B. Auflagerpressung und Nachweis der Befestigungen, erforderlich ist. Bei Dachbauteilen ist außerdem auch das Kriechen der Kernschicht zu berücksichtigen (Hinweis zur Anwendung der Formeln: Die Symbole und Bezeichnungen entsprechen den Angaben in den Beispielen in Abschnitt 9).

#### 8.4.2.2 EDV-Programme (Freeware) für einfache Systeme

Die in den Tabellen angegebenen Formeln sind einfach zu programmieren, um damit die Berechnungen durchzuführen. Vom Ingenieurbüro iS-engineering GmbH wurde ein kleines EDV-Programme entwickelt und frei zur Verfügung gestellt. Dieses Programm ist auf der Homepage „www.is-eng.de" unter dem Akkordeon

**Tabelle 5.** Bemessungsgleichungen für ebene Deckschichten (aus DIN EN 14509 [55], Tabelle E.10.1)

| | Schubbeanspruchung am Endauflager | Schubbeanspruchung am inneren Auflager | Reaktion des Zwischenauflagers | Biegemoment in der (End-)Stützweite | Biegemoment am inneren Auflager | Größte Durchbiegung in der Stützweite |
|---|---|---|---|---|---|---|
| Einfache Stützweite $L$ Gleichförmige Belastung $q$ | $\dfrac{qL}{2}$ | | | $\dfrac{qL^2}{8}$ | | $\dfrac{5qL^4}{384 B_S}(1+3{,}2k)$ |
| Temperaturdifferenz $T_1-T_2$ | | | | | | $\dfrac{\theta L^2}{8}$ |
| Zwei gleiche Stützweiten $L$ Gleichförmige Belastung $q$ | $\dfrac{qL}{2}\left(1-\dfrac{1}{4(1+k)}\right)$ | $\dfrac{qL}{2}\left(1+\dfrac{1}{4(1+k)}\right)$ | $qL\left(1+\dfrac{1}{4(1+k)}\right)$ | $\dfrac{qL^2}{8}\left(1-\dfrac{1}{4(1+k)}\right)^2$ | $-\dfrac{qL^2}{8}\dfrac{1}{1+k}$ | $\dfrac{qL^4}{48 B_S}\dfrac{0{,}26+2{,}6k+2k^2}{1+k}$ |
| Temperaturdifferenz $T_1-T_2$ | $-\dfrac{3B_S\theta}{2L}\dfrac{1}{1+k}$ | $\dfrac{3B_S\theta}{2L}\dfrac{1}{1+k}$ | $\dfrac{3B_S\theta}{L}\dfrac{1}{1+k}$ | | $-\dfrac{3B_S\theta}{4}\dfrac{1}{1+k}$ | | $\dfrac{3B_S\theta}{2}\dfrac{1}{1+k}$ | $\dfrac{\theta L^2}{32}\dfrac{1{,}1+4k}{1+k}$ |
| Drei Stützweiten $L$ Gleichförmige Belastung $q$ | $\dfrac{qL}{2}\left(1-\dfrac{1}{5+2k}\right)$ | $\dfrac{qL}{2}\left(1+\dfrac{1}{5+2k}\right)$ | $qL\left(1+\dfrac{1}{2(5+2k)}\right)$ | $\dfrac{qL^2}{8}\left(1-\dfrac{1}{5+2k}\right)^2$ | $-\dfrac{qL^2}{10+4k}$ | $\dfrac{qL^4}{24 B_S}\dfrac{0{,}83+5{,}6k+2k^2}{5+2k}$ |
| Temperaturdifferenz $T_1-T_2$ | $-\dfrac{6B_S\theta}{L}\dfrac{1}{5+2k}$ | $\dfrac{6B_S\theta}{L}\dfrac{1}{5+2k}$ | $\dfrac{6B_S\theta}{L}\dfrac{1}{5+2k}$ | $-3B_S\theta\dfrac{1}{5+2k}$ | $-6B_S\theta\dfrac{1}{5+2k}$ | $\dfrac{\theta L^2}{4}\dfrac{1{,}06+k}{5+2k}$ |

$$B_S = \frac{E_{F1}\, A_{F1}\, E_{F2}\, A_{F2}\, e^2}{(E_{F1}\, A_{F1} + E_{F2}\, A_{F2})\, B} \qquad k = \frac{3\, B_S}{L^2\, G_C\, A_C} \qquad \theta = \frac{\alpha_2\, T_2 - \alpha_1\, T_1}{e}$$

$A_C$ = Querschnittsfläche des Kerns ($G_C A_C = S$ = Schubsteifigkeit des Kerns)

ANMERKUNG Zur Geometrie und den Querschnittseigenschaften siehe Bild E.1. Zu den Spannungsverteilungen siehe die Bilder E.3 und E.4.

**Tabelle 6.** Bemessungsgleichungen für profilierte Deckschichten (aus DIN EN 14509 [55], Tabelle E.10.2)

| | Schubbeanspruchung am Endauflager | Schubbeanspruchung am Zwischenauflager | Deckschicht-Biegemoment im Feld $M_{F1}$ | Biegemoment des Sandwichelements im Feld $M_S$ | Größte Durchbiegung im Feld |
|---|---|---|---|---|---|
| Einfache Stützweite $L$ Gleichförmige Belastung $q$ | $\dfrac{qL}{2}$ | | $\dfrac{qL^2}{8}\beta$ | $\dfrac{qL^2}{8}(1-\beta)$ | $\dfrac{5qL^4}{384 B_S}(1+3{,}2k)(1-\beta)$ |
| Temperaturdifferenz $T_1-T_2$ | 0 | | $-B_{F1}\theta(1-\beta)$ | $B_{F1}\theta(1-\beta)$ | $\dfrac{\theta L^2}{8}(1-\beta)$ |

Für gleichförmige Belastung gilt: $\beta = \dfrac{B_{F1}}{B_{F1} + \dfrac{B_S}{1+3{,}2k}}$ \qquad Für Temperaturdifferenzen gilt: $\beta = \dfrac{B_{F1}}{B_{F1} + \dfrac{B_S}{1+2{,}67k}}$

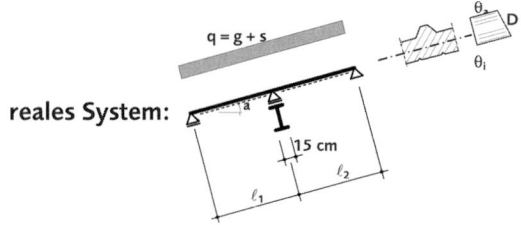

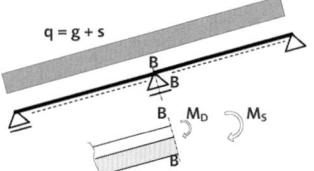
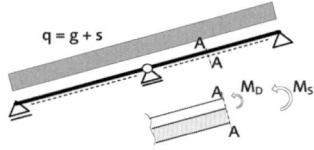

**Bild 70.** Statische Systeme für Gebrauchsfähigkeits- und Tragfähigkeitsnachweise

– Für Schubkräfte in einen Anteil $V_F$ bei den profilierten Deckschichten und einen Anteil $V_S$, der ausschließlich von der Kernschicht aufgenommen wird (Bild 71).

Gerade durch die erforderliche Aufteilung z. B. der Momentenanteile $M_S$ und $M_F$ nach der Sandwichtheorie entsteht eine produktspezifische Schwierigkeit. Die Sandwichbauteile sind innerlich statisch unbestimmt, da die Aufteilung o. g. Tragwirkung eines Sandwich-Querschnitts mit schubsteifem Kern nicht mehr direkt mit den üblichen statischen Methoden angegeben werden kann. Es gibt eine Reihe von statischen Verfahren, mit denen Bauteile mit nachgiebigem Verbund berechnet werden können, wie z. B. die Lösung der speziellen Differenzialgleichung [38], Differenzverfahren [3], erweitertes Kraftgrößenverfahren [37], FE-Methode o. Ä. Je nach statischem System (z. B. einfeldrig oder mehrfeldrig gespannt, gleiche oder ungleiche Stützweiten) und nach Belastung (gleichmäßig oder veränderlich verteilte Lasten, Einzellasten, Temperaturdifferenz, Kriechen usw.) kann eine Bemessung zunehmend aufwändig werden.

Nachfolgend werden einige Möglichkeiten für die statischen Nachweise von Sandwichbauteilen nach der Theorie des nachgiebigen Verbundes im Einzelnen erläutert.

### 8.4.2 Hilfsmittel auf der Basis der Sandwichtheorie

#### 8.4.2.1 Anwendbare Formeln für einfache Systeme

Aufgrund der Lösungen der Differenzialgleichung für Bauteile mit nachgiebigem Verbund können aus der Literatur (insbesondere [55] und [61]) für einfache statische Systeme und den üblichen Einwirkungen explizit Formeln zur Berechnung der Momenten- und Schubkraft-Anteile und den zugehörigen Spannungen ver-

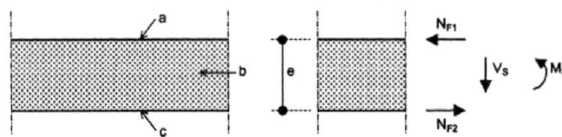

**Legende**
a Deckschicht 1
b Kern
c Deckschicht 2

Resultierende Schnittgrößen in einem Sandwichelement mit dünnen
(ebenen oder leicht profilierten) Deckschichten

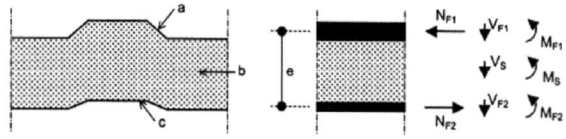

Resultierende Schnittgrößen in einem Sandwichelement mit profilierten Deckschichten

**Bild 71.** Resultierende Schnittgrößen der Teilquerschnitte in einem Sandwichelement; a) mit dünnen (ebenen oder leicht profilierten) Deckschichten, b) mit profilierten Deckschichten

Sandwichelementen können folgende Versagensarten festgestellt werden:
- Fließen einer Deckschicht des Elements mit daraus resultierendem Versagen,
- Knittern (örtliches Beulen) einer Deckschicht des Elements mit daraus resultierendem Versagen,
- Schubversagen des Kerns,
- Versagen des Verbunds zwischen Deckschicht und Kern,
- Schubversagen einer profilierten Deckschicht,
- Druckversagen des Kerns an einem Auflager,
- Versagen der Elemente an den Punkten, an denen sie an der Unterkonstruktion befestigt sind.

### 8.3.2 Grenzzustand der Gebrauchstauglichkeit

Der Nachweis des Grenzzustands der Gebrauchstauglichkeit muss die ordnungsgemäße Funktion der Elemente unter Gebrauchslasten sicherstellen. Der Grenzzustand hierfür ist durch folgende Kriterien definiert:
- Fließen einer Deckschicht des Elements ohne daraus resultierendes Versagen,
- Knittern (örtliches Beulen) einer Deckschicht des Elements ohne daraus resultierendes Versagen,
- Schubversagen des Kerns,
- Versagen des Verbundes zwischen Deckschicht und Kern,
- Erreichen einer festgelegten Durchbiegungsgrenze für:
  Dächer und Unterdecken
  – Kurzzeit-Belastung:   Stützweite/200
  – Langzeit-Belastung:   Stützweite/100
  Wände:                  Stützweite/100

### 8.3.3 Charakteristische Beanspruchbarkeiten

Um die Beanspruchbarkeiten für den Grenzzustand der Tragfähigkeit und der Gebrauchstauglichkeit für die Bemessung festlegen zu können, müssen folgende charakteristische Werte bekannt sein:
Charakteristische Widerstandswerte
- Streckgrenze der Deckschichten,
- Schubfestigkeit des Kernwerkstoffs,
- Druckfestigkeit des Kernwerkstoffs (und/oder aufnehmbare Auflagerkräfte),
- Schubfestigkeit unter Langzeitbeanspruchung (nur Dach- und Deckenelemente),
- Knitterspannung (positive oder negative Biegemomentenbeanspruchung) bei normalen oder bei höheren Temperaturen oder entsprechende aufnehmbare Biegemomente,
- Knitterspannung über einem Mittelauflager (positive und negative Biegemomentenbeanspruchung, bei normalen und bei höheren Temperaturen), nur bei mehrfeldrig durchgehenden Elementen,
- Bemessungsdicke der Deckschichten,
- Schubmodul des Kernwerkstoffs (Mittelwert),
- Kriechfaktoren (nur bei Dach- und Deckenelementen).

## 8.4 Berechnung der Beanspruchungen aus den Einwirkungen

Der Vergleich der Bemessungswerte der Beanspruchungen und der Bemessungswerte der Beanspruchbarkeiten wird üblicherweise durch Berechnung der Spannungen durchgeführt, die aus den resultierenden Spannungen infolge Biege- und Schub-Beanspruchungen bestimmt werden.

### 8.4.1 Berechnungsverfahren

Es ist bei allen Berechnungen die sogenannte Sandwichtheorie zu beachten, d. h., die Spannungen und Durchbiegungen sind immer unter Berücksichtigung der Nachgiebigkeit des Kernwerkstoffs infolge Schub zu ermitteln (s. Abschnitt 3.2).
Als Bemessungsverfahren ist generell entweder
- die elastische Tragwerksberechnung oder
- die Berechnung nach dem Traglastverfahren

anzuwenden.
Die elastische Tragwerksberechnung ist stets für den Nachweis der Gebrauchstauglichkeit anzusetzen. Das heißt, dass die Bedingungen entsprechend Abschnitt 8.3.2 eingehalten werden müssen. Das bedeutet z. B., dass bei mehrfeldrig gespannten Sandwichelementen auch als statisches System ein mehrfeldriger Durchlaufträger anzusetzen ist (Bild 70).
Für den Nachweis der Tragfähigkeit können, unter den üblichen Voraussetzungen, die Berechnungen nach dem Traglastverfahren durchgeführt werden. Dabei darf ein durchgehendes Mehrfeld-Sandwichelement durch eine Reihe von Einfeld-Elementen ersetzt werden, da vorausgesetzt werden kann, dass im Grenzzustand der Tragfähigkeit über den Mittelauflagern ein plastisches Gelenk entsteht (Bild 70).
Im Prinzip kann dem Gelenk ein Resttragmoment zugeordnet werden, das sich z. B. nach DIN EN 14509 [55], E.4.2 ermitteln lässt. In allen derzeitig gültigen Zulassungen wird aber davon ausgegangen, dass dieses Moment gleich null ist, d. h., es wird ein „Vollgelenk" vorausgesetzt. Diese Annahme ist stets auf der sicheren Seite und auch deshalb sinnvoll, da der Nachweis der Tragfähigkeit gegenüber dem Nachweis der Gebrauchstauglichkeit sehr häufig nicht maßgebend wird, was z. B. auch in den Beispielen in Abschnitt 9 erkennbar wird.
Bei der Berechnung der Spannung und Durchbiegung ist generell zu unterscheiden, ob bei einem Sandwichbauteil beide Deckschichten dünn und eben oder leicht profiliert sind (ohne eigene Biegesteifigkeit) oder ob eine oder beide Deckschichten stark profiliert (z. B. mit Trapezprofilierung) sind.
Die Tragfähigkeit eines Sandwichelements ist generell in zwei Anteile zu unterteilen:
- Für Biegemomente in einen Momentanteil $M_F$ entsprechend der Biegesteifigkeit der profilierten Deckschichten (falls vorhanden) und einen Momentenanteil $M_S$ (Sandwichteil), der sich aus den Normalkräften (Kräftepaar) in den Deckschichten ergibt.

- **Ständige Einwirkungen**
  Eigengewicht nach DIN 1055
  abgehängte Lasten etc. nach DIN 1055

- **Veränderliche Einwirkungen**
  Wind nach DIN 1055
  Schnee nach DIN 1055

- **Kriechen im Kern**
  siehe DIN 14509

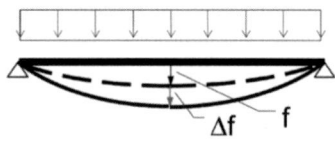

- **Temperaturdifferenz**
  siehe Zulassungen, bzw. EN 14509

**Sommerlastfall** $\Delta T_{Sommer}$

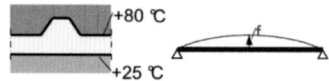

**Winterlastfall** $\Delta T_{Winter}$

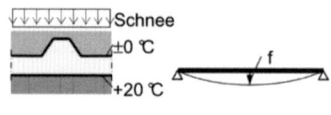

**Bild 68.** Maßgebende Einwirkungen

Die Schnee-, Verkehrs- und Windlasten sind entsprechend der DIN EN 1991 [60] und des nationalen Anhangs anzusetzen. Die Beanspruchungen infolge Temperaturdifferenz sind abhängig von den gleichzeitig in beiden Deckschichten wirkenden Temperaturen. Die maßgebende Temperaturdifferenz ist:

$\Delta T = T_1 - T_2$

Die Temperaturen in der äußeren Deckschicht sind von dem Farbton abhängig! Allgemeine Angaben sind in DIN EN 14509 [55], Kap. E.3.3 angegeben. Für Deutschland sind die bei der Bemessung anzusetzenden Temperaturen $T_1$ und $T_2$ in den Zulassungen definiert (s. Bild 67). Zusammenfassend sind die maßgebenden Einwirkungen in Bild 68 dargestellt.

Bei langzeitigen Beanspruchungen können durch das Kriechen des Kernwerkstoffs (s. a. Abschnitt 8.5) Änderungen sowohl bei den Spannungen als auch bei den Verformungen auftreten, die bei der Bemessung durch Ansatz eines Kriechfaktors zu berücksichtigen sind (s. Abschnitt 8.3.3).

## 8.3 Beanspruchbarkeiten

### 8.3.1 Grenzzustand der Tragfähigkeit

Der Grenzzustand der Tragfähigkeit, bei dem die maximale Tragfähigkeit des Elements erreicht ist, wird durch die Beanspruchbarkeiten, d. h. durch die verschiedenen Versagensarten (s. a. Bild 69) bestimmt. Bei

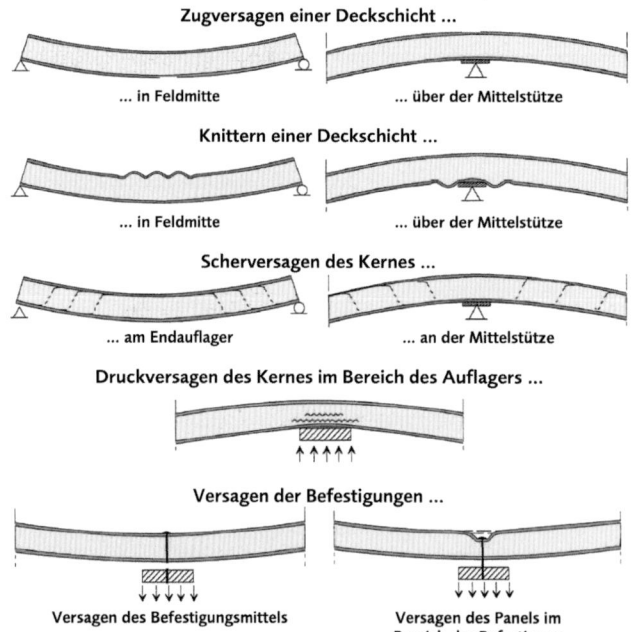

**Bild 69.** Versagensarten

## 8 Bemessung

### 8.1 Bemessungskonzept

Das Bemessungskonzept ist in allen in Abschnitt 7 genannten formalen Grundlagen identisch und kann allgemein wie folgt angegeben werden:
Die Bemessungswerte für die Auswirkungen der Beanspruchungen $E_d$ sind zu berechnen und mit dem Bemessungswert des Widerstands $R_d$ oder den zugehörigen Kriterien für die Gebrauchstauglichkeit $C_d$ zu vergleichen, wobei die jeweiligen Teilsicherheitsbeiwerte für die Werkstoffe $\gamma_M$ zu berücksichtigen sind.
Durch Berechnung ist der Nachweis zu erbringen, dass folgende Gleichungen erfüllt werden.

Grenzzustand der Tragfähigkeit: $E_{ULS;d} \leq R_d$
Grenzzustand der Gebrauchstauglichkeit: $E_{SLS;d} \leq C_d$

Dabei sind
$E_{ULS;d}$, $E_{SLS;d}$  Bemessungswerte für die Auswirkungen der Beanspruchungen (allgemein $E_d$)
$R_d$  Bemessungswert des Widerstands oder der Beanspruchbarkeit beim Grenzzustand der Tragfähigkeit
$C_d$  Grenz-Bemessungswert oder der Grenzwert der Beanspruchbarkeit des zutreffenden Kriteriums für die Gebrauchstauglichkeit

$R_d$ und $C_d$ sind unter Beachtung der zugehörigen Materialsicherheitsbeiwerte zu bestimmen.
$E_d$ ist aus den charakteristischen Beanspruchungen ($E_k$) unter Beachtung der entsprechenden Lastbeiwerte $\gamma_f$ und der Kombinationsbeiwerte $\psi$ (s. Abschnitt 8.4) zu ermitteln.

### 8.2 Beanspruchungen

Zur Bestimmung der Bemessungswerte für die Auswirkungen der Beanspruchungen ($E_d$) sind die maßgebenden charakteristischen Beanspruchungen ($S_{ki}$) bei der Bemessung zu erfassen.

$E_d = \Sigma \gamma_f \cdot \psi \cdot S_{ki}$

Folgende charakteristische Beanspruchungen sind zu berücksichtigen:
– ständige Beanspruchungen
  • Eigengewicht des Elements,
  • Gewicht vorhandener ständiger Einbauteile der Tragwerke und Installationen, die das Element belasten,
  • ständig eingeprägte Verformungen z. B. aufgrund der Temperaturen in Kühlhäusern (berechnet mithilfe der für die jeweilige Anwendung entsprechenden Normwerte);
– veränderliche Beanspruchungen
  • Schnee (quasi-permanente Beanspruchung),
  • Verkehrslasten (z. B. durch den Zugang zu Dach und Decke),
  • Windlasten,
  • Montagelasten,
  • klimatische Einflüsse, insbesondere infolge Temperaturdifferenz zwischen den Deckschichten eines Elements.

---

- Deckschichttemperatur der Innenseite $T_2$
  Im Regelfall ist von $T_2 = 20°C$ im Winter und von $T_2 = 25°C$ im Sommer auszugehen; dies gilt für den Standsicherheitsnachweis und für den Gebrauchsfähigkeitsnachweis.
  In besonderen Anwendungsfällen (z.B. Hallen mit Klimatisierung - wie Reifehallen, Kühlhäuser) ist $T_2$ entsprechend der Betriebstemperatur im Innenraum anzusetzen.
- Deckschichttemperatur der Außenseite $T_1$

Es ist von folgenden Werten für $T_1$ auszugehen:

| Jahreszeit | Sonneneinstrahlung | Standsicherheitsnachweis | Gebrauchsfähigkeitsnachweis | | |
|---|---|---|---|---|---|
| | | $T_1$ [ °C ] | Farbgruppe * | $R_G$** [ % ] | $T_1$ [°C] |
| Winter | -- | - 20 | alle | 90-8 | - 20 |
| bei gleichzeitiger Schneelast | -- | 0 | alle | 90-8 | 0 |
| Sommer | direkt | + 80 | I | 90-75 | + 55 |
| | | | II | 74-40 | + 65 |
| | | | III | 39-8 | + 80 |
| | indirekt*** | + 40 | alle | 90- 8 | + 40 |

* I = sehr hell   II = hell   III = dunkel
** $R_G$: Reflexionsgrad bezogen auf Bariumsulfat = 100 % (Die angegebenen Helligkeitswerte beziehen sich auf das Messverfahren nach Hunter-L·a·b·).
*** Unter indirekter Sonneneinstrahlung auf die Wand wird der Fall einer vorgehängten, hinterlüfteten Fassade vor der Sandwichwand (wie z.B. oftmals bei Kühlhallen) verstanden.

**Bild 67.** Deckschichttemperaturen

Für die Erteilung des Übereinstimmungszertifikats und für die Fremdüberwachung einschließlich der dabei durchzuführenden Produktprüfungen hat der Hersteller der Sandwichelemente eine hierfür anerkannte Zertifizierungsstelle und Überwachungsstelle einzuschalten. Dabei werden genau definierte experimentelle Untersuchungen entsprechend den Angaben in der Zulassung an Proben durchgeführt, die der laufenden Produktion entnommen werden. Bei beanstandungsloser Überwachung werden die Paneele mit einem Übereinstimmungszeichen (Ü-Zeichen) gekennzeichnet. Das „Ü-Zeichen" (Bild 65) wird von den Sandwichherstellern an den Paneelen bzw. an deren Verpackung sichtbar angebracht, sodass generell auf der Baustelle klar erkannt werden kann, ob es sich um „übereinstimmende" Sandwichbauteile entsprechend einer allgemeinen bauaufsichtlichen Zulassung handelt.

Um das hohe Qualitätsniveau, das zurzeit in Deutschland durch die Anforderungen bezüglich der Überwachung (Ü-Zeichen) gewährleistet wird, auch in Zukunft zu erhalten, hat sich eine Reihe von Sandwich-Herstellern freiwillig in einem europäischen Güteverband (EPAQ: European Quality Assurance Association for Panels and Profils) zusammengeschlossen. Zur Erlangung eines europäischen Qualitätszeichens (Bild 66), das an den Paneelen oder deren Verpackung sichtbar angebracht werden kann, ist eine Eigen- und Fremdüberwachung (analog zum Ü-Zeichen) erforderlich. Mit dem EPAQ-Label kann dann eindeutig gezeigt werden, dass für die Produkte der herstellenden Firma eine Qualitätskontrolle erfolgte.

**Bild 66.** EPAQ-Label

> **3.1 Standsicherheit und Gebrauchstauglichkeit**
>
> **3.1.1 Allgemeines**
>
> Die Standsicherheit und die Gebrauchsfähigkeit der Sandwichelemente sowie ihrer Anschlüsse und Verbindungen an der Unterkonstruktion sind durch eine statische Berechnung zu erbringen.
>
> Der Nachweis der Sandwichelemente ist gemäß Abschnitt E.2, E.3, E.5 und E.7 der Norm DIN EN 14509 vorzunehmen; Abschnitt E.4.2, E.4.3 und E.6.3 kommen nicht zur Anwendung. Die Durchbiegungsbegrenzungen nach DIN EN 14509, Abschnitt E.5.4, sind einzuhalten.

**Bild 64.** Auszug aus einem Zulassungstext

erfasst. Die Verwendungs-Zulassungen sind auslaufend und werden derzeit durch „Allgemeine Bauartgenehmigungen" ersetzt, die sich aber gegenüber den Verwendungs-Zulassungen in technischer Hinsicht unwesentlich unterscheiden.

c) Auf der Grundlage von nationalen Zulassungen Z-10.4-… für tragende Sandwichbauteile:
In den allgemeinen bauaufsichtlichen nationalen Zulassungen werden zusätzliche Regelungen für Verwendungen erfasst, die in der DIN EN 14509 [55] nicht vorgesehen sind, wie z. B. bezüglich der Aussteifung von Pfetten und Wandriegeln durch die Sandwichbauteile, Punkt- und Linienlasten aus Belastungen von aufgeständerten Solar-Elementen oder vorgehängten Fassaden.

Mit der Beachtung der MVV TB nach a) bzw. den allgemeinen bauaufsichtlichen Zulassungen nach b) und c) und bei der jeweils zugehörigen Kennzeichnung (CE- oder Ü-Zeichen) ist die Verwendbarkeit der Sandwichbauteile im Sinne der Landesbauordnungen nachgewiesen.

Mit den Festlegungen, die jeweils für einen bestimmten Bauteiltyp eines bestimmten Herstellers im CE-Zeichen oder in den Zulassungsbescheiden erfasst sind, können praxisgerechte Nachweise für Tragfähigkeit und Gebrauchstauglichkeit ausreichend genau durchgeführt werden. Diese Nachweise werden z. B. in DIN EN 14509, Anhang E oder ergänzend in den Zulassungen im Abschnitt 3.1 (Bild 64) gefordert.

**7.3 Qualitätssicherung und Kennzeichnung**

Bei der Verwendung von Sandwichbauteilen auf der Grundlage der DIN EN 14509 (ohne Zulassung, s. Abschnitt 7.2 Punkt a) wird durch das europaweit anerkannte CE-Zeichen nach der europäischen Bauproduktenverordnung (BauPVO) [40] die Konformität des Bauprodukts mit den Anforderungen einer harmonisierten Norm geregelt und damit bescheinigt. Eine Fremdüberwachung für die mechanischen Kennwerte ist nicht mehr erforderlich (Attestation of Conformity, System 4), in jedem Fall aber eine Eigenüberwachung gemäß Abschnitt 6.3 „Werkseigene Produktionskontrolle (WPK)" der DIN EN 14509. Für die weiteren Angaben im CE-Zeichen (insbesondere zum Feuer-

widerstand) sind Zertifizierungen von anerkannten Prüfstellen (sogenannten „notified bodies") erforderlich.

Bei der Verwendung von Sandwichbauteilen auf der Grundlage einer Verwendungszulassung (s. Abschnitt 7.2 Punkt b) sollten beim Antrag auf Verlängerung einer Zulassung (nach Ablauf der Gültigkeit) aufgrund der Überwachungswerte auf der Grundlage einer freiwillige Fremdüberwachung, die neben der Eigenüberwachung gemäß DIN EN 14509, Abs. 6.3 durchgeführt wird, die günstigen, auf der statistischen Auswertung der Versuchsergebnisse ermittelten $\gamma_M$-Werte und die Bemessungswerte der verdeckten Befestigungen bestätigt werden.

Für die Verwendung von tragenden Sandwichbauteilen (s. Abschnitt 7.2 Punkt c) ist in Deutschland für die Erlangung und Erhaltung der bauaufsichtlichen Zulassung erforderlich, dass sich die Herstellerfirmen einer Qualitätskontrolle unterziehen. Die Bestätigung der Übereinstimmung der Sandwichelemente mit den Bestimmungen dieser allgemeinen bauaufsichtlichen Zulassungen muss für jedes Herstellwerk mit einem Übereinstimmungszertifikat auf der Grundlage einer werkseigenen Produktionskontrolle und einer regelmäßigen Fremdüberwachung einschließlich einer Erstprüfung der Sandwichelemente nach Maßgabe der folgenden Bestimmungen erfolgen:

**Bild 65.** Ü-Zeichen

In den allgemeinen bauaufsichtlichen Verwendungs-Zulassungen werden Sandwichbauteile nach DIN EN 14509 [55] mit CE-Zeichen (Bild 63) für „selbsttragende Sandwichbauteile" geregelt. Zusätzlich werden weitere Angaben, wie z. B. günstigere $\gamma_M$-Werte (gegenüber der MVV-TB), die vom DIBt aufgrund der statistischen Auswertung der Erstprüfungsversuche national festgelegt werden, und Angaben zu verdeckten Befestigungen

| | |
|---|---|
| |  |
| **01234** | |
| AnyCo Ltd, PO Box 21, B-1050 | |
| XYZ Co | |
| 06 | |
| 01234-CPD-00234 | |
| **EN 14509** | |

Dämmelement mit Metalldeckschichten für den Einbau in Gebäuden.

Referenz: W1000. Dämmung: MW. Dichte: 120 kg/m³. Dicke: 120 mm. Deckschichten: Stahl 0,5 mm außen; 0,5 mm innen (EN 10326). Beschichtung: PVDF. Gewicht: 20 kg/m².

**Anwendung: Außenwände**

| | |
|---|---|
| Wärmedurchgangskoeffizient | 0,25 W/m²K |
| Mechanischer Widerstand: | |
| Zugfestigkeit | 0,12 MPa |
| Schubfestigkeit | 0,10 MPa |
| Schubmodul (Kern) | 6,0 MPa |
| Druckfestigkeit (Kern) | 0,08 MPa |
| Biegetragfähigkeit: | |
| – positive Biegemomentenbeanspruchung | 6,60 kNm/m |
| – positive Biegemomentenbeanspruchung, erhöhte Temepratur | 6,30 kNm/m |
| – negetative Biegemomentenbeanspruchung | 6,60 kNm/m |
| – negetative Biegemomentenbeanspruchung, erhöhte Temperatur | 6,30 kNm/m |

| | |
|---|---|
| Biegefestigkeit an einem inneren Auflager | |
| – positive Biegung | 5,30 kNm/m |
| – positive Biegung, erhöhte Temperatur | 5,00 kNm/m |
| – negative Biegung | 4,60 kNm/m |
| – negative Biegung, erhöhte Temperatur | 4,40 kNm/m |
| Knitterspannung (äußere Deckschicht) | |
| – im Feld | 120 MPa |
| – im Feld, erhöhte Temperatur | 115 MPa |
| – an einem Mittelauflager | 85 MPa |
| – an einem Mittelauflager, erhöhte Temperatur | 80 MPa |
| Knitterspannung (innere Deckschicht) | |
| – im Feld | 120 MPa |
| – an einem Mittelauflager | 110 MPa |
| Brandverhalten: B–s1,d0 (alle Anwendungen) | |
| Feuerwiderstand: E240: EI 15 | |
| Wasserdurchlässigkeit: | Klasse C |
| Luftdurchlässigkeit: | 10 m³/h/m² |
| Wasserdampfdurchlässigkeit: | undurchlässig |
| Luftschalldämmung: | $R_w$ ($C$:$C_{tr}$) |
| Schallabsorption: | Einzahl-Bewertung $\alpha_w$ |
| Dauerhaftigkeit: | Bestanden – alle Farben |

**Bild 63.** CE-Zeichen

Mit Faktor $\lambda = \sqrt{\dfrac{G_{K,xz}}{G_D} \cdot \dfrac{t_u + t_o}{h_K \cdot t_u \cdot t_o}}$

Mit $a = e$; $t_o = t_{F1}$; $t_u = t_{F2}$;

$t = \sqrt{t_{F1} \cdot t_{F2}}$; $h_K =$ Kernschichtdicke ($\sim e$)

$G_{K,xz} = (G_c + G_{c,quer})/2$ oder $G_{K,xz} = \sqrt{G_C \cdot G_{C,quer}}$;

$G_D = G_{Stahl}$;

$\tau_{K,xz} = \tau_{C,MT}$; $\tau_{D,xy} = \tau_{F1,F2,MT}$

Für $y = B/2$ erreicht die Schubspannung $\tau_{C,MT}$ im Kern ihr Maximum. Für $y = 0$ erreicht die Schubspannungen $\tau_{F1,F2,MT}$ in den Deckblechen ihr Maximum.

**Überlagerung/Interaktion**

Die voranstehenden Nachweise basieren jeweils auf einer Betrachtung der Beanspruchung bei alleiniger Wirkung einer Schnittgröße. Tatsächlich wirken jedoch mehrere Schnittgrößen gleichzeitig. Die sich aus den Schnittgrößen ergebenden Spannungen sind zu überlagern. Ergeben sich die Schubspannungen aus einer Kombination aus Einwirkungen mit verschiedenen Lasteinwirkungsdauern, dann ist die Schubsteifigkeit anzusetzen, die zur Einwirkung mit der kürzesten Dauer gehört.

## 7 Formale Grundlagen

Unter Beachtung der in Abschnitt 3 dargestellten statischen Besonderheiten ist die Bemessung von Sandwichbauteilen relativ aufwendig. Die Berechnungen werden aber dadurch erleichtert, dass die Art der Einwirkungen und die zugehörigen Nachweise für den europäischen Raum in maßgebenden formalen Grundlagen genau definiert sind.

### 7.1 Nachweis der Verwendbarkeit in Europa

#### 7.1.1 Europäische Norm

Im Januar 2009 wurde von der europäischen Kommission eine harmonisierte europäische Norm, die EN 14509 mit dem Titel „Self-supporting double skin metal faced insulating panels" (in Deutsch DIN EN 14509 „Selbsttragende Sandwichelemente mit beidseitigen Metalldeckschichten") [55] veröffentlicht. Diese Norm ist zurzeit in ihrer Fassung von 2013 in allen Ländern der EU eingeführt.

Häufig sind, wie z. B. in Deutschland und Frankreich, zusätzlich sogenannte nationale Regelungen (s. Abschnitt 7.2) erforderlich, die sich aber stets auf die Anwendung der Sandwichbauteile nach DIN EN 14509 [55] mit dem zugehörigen CE-Zeichen beziehen. In diesen Regelungen sind nur zusätzliche Angaben erfasst, die national geregelt werden können, wie z. B. Sicherheitsfaktoren, Nachweis der Befestigungen und Montageanweisungen. Durch die DIN EN 14509 [55] ist eine verpflichtende Grundlage vorhanden, nach der in ganz Europa unter gleichen Grundsätzen die Produkteigenschaften von Sandwichbauteilen beurteilt und nachgewiesen werden müssen, einschließlich eines genau definierten Bemessungsverfahrens.

#### 7.1.2 ECCS/CIB Empfehlungen

Von der „European Convention for Constructional Steelwork" (ECCS) wurden erstmals 1991 Empfehlungen unter folgendem Titel veröffentlicht: „Preliminary European Recommendations for Sandwich Panels, Part 1 Design". Im internationalen Rahmen wurden diese ECCS-Empfehlungen von „International Council for Building Research" (CIB) im Prinzip übernommen und auf Sandwichbauteile mit Kern aus Mineralwolle unter folgendem Titel im Jahr 2000 erweitert [61]: „European Recommendations for Sandwich Panels". Diese Empfehlungen wurden im europäischen Raum insbesondere als Grundlage und Erläuterung zur EN 14509 verwendet.

Eine Aktualisierung und Erweiterung wird im ECCS TC7 TWG 7.9 ständig vorgenommen, auch für Bereiche, die nicht in der EN 14509 erfasst sind. So wurde eine Empfehlung für Verbindungsmittel unter dem Titel „Preliminary European Recommendations for the Testing and Design of Fastenings for Sandwich Panels" [62] im Jahr 2009 veröffentlicht und 2019 durch CIB Nr. 418 [67] aktualisiert und ergänzt. 2014 folgten die „Preliminary European Recommendations for the Design of Sandwich Panels with Openings – a State of the Art Report" [63] und die „European Recommendations on the Stabilization of Steel Structures by Sandwich Panels" [64] und 2015 die „European Recommendations for the Determination of Loads and Actions on Sandwich Panels" [65]. 2020 werden voraussichtlich die „European Recommendations for the Design of Sandwich Panels with Point and Line Loads" [66] und eventuell die „European Recommendations for Axially Loaded Panels" herausgegeben.

### 7.2 Nachweis der Verwendbarkeit in Deutschland

Für die Verwendbarkeit von Sandwichbauteilen für Dach und Wand, sind in Deutschland folgende bauaufsichtliche Grundlagen maßgebend.

a) Verwendung von Sandwichbauteilen ohne Zulassung:

Die Verwendung ist nach DIN EN 14509 [55] auf der Grundlage des CE-Zeichens geregelt. Dabei sind die relativ hohen (für alle Produkte auf der sicheren Seite liegenden) $\gamma_M$-Werte nach MVV-TB (Muster-Verwaltungsvorschrift Technische Baubestimmungen) [72], unter Beachtung der Anlage B 2.2.1 anzusetzen. Angaben zu verdeckten Befestigungen sind nicht erfasst bzw. explizit ausgenommen.

b) Auf der Grundlage von Verwendungs-Zulassungen Z-10.49-… für selbsttragende Sandwichbauteile:

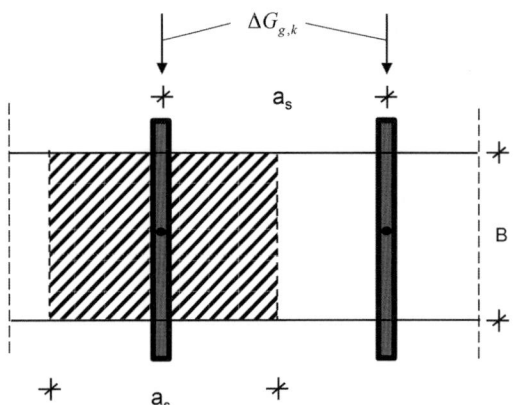

**Bild 61.** Weiterleitung in die Kernschicht

$$\tau_{g,k} = \frac{1{,}5 \cdot V_{g,k}}{t_{F2} \cdot B}$$

$$\gamma_F \cdot \tau_{g,k} \leq \frac{f_y}{\sqrt{3} \cdot \gamma_M}$$

**Einleitung der vertikalen Belastung aus g+Δg pro Schiene über die Kernschicht**

Infolge des Eigengewichts $\Delta g_k$ der Fassadenelemente und der Schienen kommt es zu einer Schubbeanspruchung der Kernschicht in Querrichtung. Zur Ermittlung der Schubspannungen werden die vertikalen Lasten $\Delta G_{g,k}$ je Festpunkt (ein Festpunkt je Schiene!) aus dem Eigengewicht $\Delta g_k$ entsprechend der Länge $L_S$ der Schienen und Lasteinzugsbreite (entspricht dem Abstand $a_S$ der Schienen, s. a. Bild 61) angesetzt:

$$\Delta G_{g,k} = \Delta g_k \cdot L_S \cdot a_S$$

$$\tau_{C,\Delta g,k} = \frac{\Delta G_{g,k}}{a_S \cdot B}$$

$$\gamma_F \cdot \tau_{C,\Delta g,k} \leq \frac{f_{cv,quer,Langzeit}}{\gamma_M}$$

**Nachweis der Torsionsbeanspruchung aus außermittiger Lasteinleitung**

a) Torsionsmoment
Aus dem horizontalen Versatz zwischen der Masse der Fassadenkonstruktion und dem Schwerpunkt der inneren Deckschicht des Sandwichelements ergibt sich eine Torsionsbeanspruchung des lastabtragenden Sandwichelements.
Das maximale Torsionsmoment aus $g_k$ und $\Delta g_k$ um die Schwerachse (x-Achse) des Sandwichelements beträgt (s. Bild 62):

$$M_{T,g} = (g \cdot B \cdot e_2 + \Delta g \cdot e_1 \cdot L_S) \cdot \frac{L}{2} \quad \text{(Langzeit)}$$

Bei entsprechender Anordnung der Schrauben können auch Windlasten einen Beitrag zu diesem Torsionsmoment liefern. Auf diesen Anteil wird hier jedoch nicht näher eingegangen, da hierzu die genaue Schraubenanordnung bekannt sein muss.

b) Formeln zur Berechnung der Spannungen infolge Torsion
Für die Nachweise ist in der Literatur [6, 13, 35, 38, 65] eine Reihe von Formeln zur Berechnung der Schubspannungen infolge von St. Venant'scher-Torsion und Wölbkraft-Torsion bei Sandwichbauteilen angegeben. Die Schubspannungen infolge Torsion sind, zumindest für die zurzeit bekannten Anwendungen, relativ gering. Es können deshalb z. B. die Spannungsanteile infolge Wölbkraft-Torsion normalerweise vernachlässigt werden.
Folgende Möglichkeiten für die Berechnung der Schubspannungen infolge Torsion werden vorgeschlagen (der Index t steht für Spannungen infolge St. Venant'scher Torsion, der Index w für Spannungen infolge Wölbkrafttorsion):
Vereinfachend und auf der sicheren Seite:
– nach *Höglund* [13] für die Kernschicht

$$\tau_{t,C} = \frac{27}{8} \cdot \frac{M_T}{a \cdot B^2}$$

mit $a = e$

– genauer nach *Stamm/Witte* [38]

$$\tau_{K,xz} = \frac{\lambda \cdot \sinh(\lambda \cdot y)}{\cosh(\lambda \cdot B/2) - \dfrac{\sinh(\lambda \cdot B/2)}{\lambda \cdot B/2}} \cdot \frac{M_T}{2 \cdot a \cdot B}$$

$$\tau_{D,xy} = \frac{\cosh(\lambda \cdot B/2) - \cosh(\lambda \cdot y)}{\cosh(\lambda \cdot B/2) - \dfrac{\sinh(\lambda \cdot B/2)}{\lambda \cdot B/2}} \cdot \frac{M_T}{2 \cdot a \cdot B \cdot t}$$

mit $-\dfrac{B}{2} \leq y \leq +\dfrac{B}{2}$

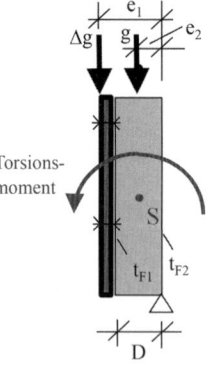

**Bild 62.** Torsionsmoment

*Horizontal von Stütze zu Stütze spannende Elemente* (Bild 59) verhalten sich wie Balken unter zweiachsiger Biegung: Es wirken Belastungen senkrecht zur Oberfläche (z. B. aus Wind) sowie in der Wandebene (aus Eigengewicht). Während die sich aus der Belastung senkrecht zur Oberfläche ergebenden Spannungen nach der Sandwichtheorie zu berechnen sind, können die in der Wandebene wirkenden Belastungen mit ausreichender Genauigkeit nach der Balkentheorie (*Bernoulli*) berechnet werden. Die Spannungen infolge Biegebeanspruchung für den Lastfall Eigengewicht g + Δg lassen sich dann mit folgenden Angaben bestimmen (s. a. Bilder 58 und 60):

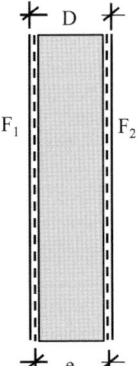

Bild 58. Querschnitt

| | |
|---|---|
| L | Stützweite, Einfeldträger |
| B | Elementbreite |
| $B_{eff}$ | mitwirkende Breite bei Einzellasten |
| D | Elementdicke |
| e | Schwerlinienabstand zwischen äußerem und innerem Deckblech |
| $t_{F1}$ | Kernblechdicke der äußeren Stahldeckschicht |
| $t_{F2}$ | Kernblechdicke der inneren Stahldeckschicht |
| $f_y$ | Streckgrenze der Stahldeckschichten |
| $\sigma_{w,F1}/_{F2}$ | Knitterspannungen der Deckschichten |
| $\sigma_{w,red,F1}$ | reduzierte Knitterspannung der äußeren Deckschicht infolge Einwirkung der Lasteinleitung |
| $f_{Cv}$ | Schubfestigkeit in Längsrichtung (horizontal) |
| $f_{Cv,quer}$ | Schubfestigkeit in Querrichtung (vertikal) |
| $f_{Cv,quer,Langzeit}$ | Schubfestigkeit in Querrichtung unter Langzeitbelastung |
| $G_C$ | Schubmodul in Längsrichtung |
| $G_{C,quer}$ | Schubmodul in Querrichtung |

$$M_{g,k} = \frac{(g_k + \Delta g_k) \cdot L^2}{8}$$

$$I_z = (t_{F1} + t_{F2}) \cdot B^3 / 12$$

Hinweis: Umkantungen im Bereich der Fugen sind auf der sicheren Seite vernachlässigt

$$\sigma_{g,k} = \frac{M_{g,k}}{I_z} \cdot \frac{B}{2}$$

äußere Deckschicht:

$$\gamma_F \cdot \sigma_{g,k} \leq \frac{\sigma_{w,red,F1}}{\gamma_M}$$

innere Deckschicht:

$$\gamma_F \cdot \sigma_{g,k} \leq \frac{\sigma_{w,F2}}{\gamma_M}$$

Die Berücksichtigung von erhöhten Spannungen infolge nichtlinearer Spannungsverteilung bei Scheibenbeanspruchung am oberen und unteren Rand kann vernachlässigt werden, da die Querschnittsverstärkungen durch die Umkantungen im Bereich der Längsfugen nicht angesetzt sind.

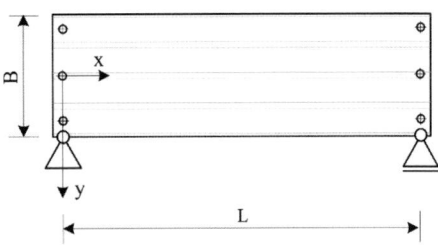

Bild 59. Horizontal spannendes Paneel

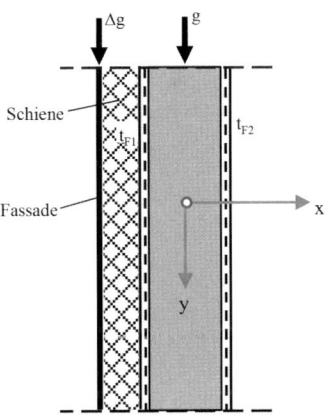

Bild 60. Exzentrizität der Last

*Die Schubspannungen* aus den in der Wandebene wirkenden Belastungen können wie folgt ermittelt werden. Dabei ist zu beachten, dass alle vertikalen Lasten nur über das innere Deckblech in die Unterkonstruktion eingeleitet werden, denn die Querkraftübertragung ist nur bei den Schrauben am inneren Blech am Auflager möglich.

$$V_{g,k} = g \cdot B \cdot L/2 + \Delta g \cdot L_S \cdot L/2$$

Befestigungspunkten der Sandwichelemente mit deren Unterkonstruktion die Auflagerkräfte über die innere Deckschicht weitergeleitet werden, müssen die Kräfte aus dem Eigengewicht über die Kernschicht in die innere Deckschicht übertragen werden.

c) Durch den konstruktiven Aufbau der vorgehängten Fassade, bei dem die Fassadenelemente an den Tragprofilen und damit mit einem Hebelarm zum Schwerpunkt des tragenden Sandwichbauteils montiert werden, entsteht eine zusätzliche Torsionsbeanspruchung der Sandwichelemente.

Aufgrund der Besonderheiten bezüglich der Beanspruchungen der Sandwichbauteile mit vorgehängten Fassadenelementen müssen spezielle allgemeine bauaufsichtliche Zulassungen erteilt werden. Die für die Bemessung zusätzlich erforderlichen Tragfähigkeitswerte müssen durch spezielle Versuche ermittelt und in den Zulassungen erfasst werden.

Bild 55. Beanspruchung durch Querlast

### 6.10.5 Versuche

Zunächst müssen stets die Tragfähigkeitswerte der Befestigungen (Schrauben) der Tragprofile an der Deckschicht durch Versuche bestimmt werden. Beispielhaft sind in den Bildern 55 und 56 entsprechende Versuchsaufbauten dargestellt.

Eine Windsogbelastung der Fassade führt zu einer Punktlast an der Befestigungsstelle, eine Winddruckbelastung zu einer Linienlast entlang des Tragprofils. Hierzu sind die mittragenden Breiten durch entsprechende Versuche (Bild 57) für den ungünstigsten Fall zu bestimmen. Außerdem sind im Vergleich zu flächiger Belastung reduzierte Knitterspannungen (infolge der örtlichen Pressung der Tragprofile) der äußeren Deckschicht zu beachten. Diese reduzierten Knitterspannungen müssen ebenfalls mit Bauteilversuchen ermittelt werden.

Bild 56. Beanspruchung zur Zugkraft

### 6.10.6 Tragfähigkeitsnachweise

Beim Nachweis der Tragfähigkeit für die Sandwichbauteile sind alle zusätzlichen Beanspruchungen aus den vorgehängten Fassadenelementen zu berücksichtigen und die Weiterleitung der Lasten bis zur tragenden Unterkonstruktion nachzuweisen. Die erforderlichen Tragfähigkeitsnachweise können sich bei den einzelnen Ausführungsvarianten unterscheiden.

Zunächst sind stets die Nachweise für die Befestigungen der Tragprofile an den Sandwichelementen mit den Tragfähigkeitswerten aus oben genannten Versuchen zu führen. Die Nachweise für die Sandwichbauteile selbst können in üblicher Art nach DIN EN 14509, Anhang E geführt werden.

Bei *vertikal gespannten Sandwichbauteilen* sind für die Einleitung der Lasten aus der Fassade Linienlasten oder Punktlasten anzusetzen und bei den Nachweisen die mittragenden Breiten zu berücksichtigen.

Aus der zusätzlichen Beanspruchung aus dem Eigengewicht der Fassadenelemente ergibt sich eine zusätzliche Schubspannung in der Kernschicht, die unter Ansatz

Bild 57. Beanspruchung durch Punktlast

der gesamten Oberfläche der Kernschicht (vereinfachend) zu bestimmen ist. Sie ist direkt mit den Schubspannungen aus den veränderlichen Einwirkungen zu überlagern.

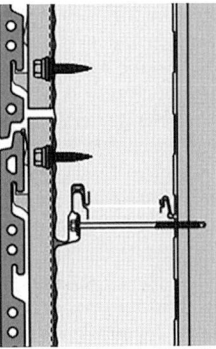

**Bild 52.** Prinzipskizze einer vorgehängten Fassade

**Bild 53.** Detailansicht einer vorgehängten, hinterlüfteten Fassade

Wandverkleidungssystemen bestehen. Diese werden an Schienen oder kaltgeformten Z- oder Hutprofilen (nachfolgend zusammenfassend als Tragprofile bezeichnet) befestigt, die ihrerseits wiederum „nur" an der äußeren Deckschicht der Sandwichbauteile befestigt sind (s. Bilder 52 bis 54).

Bezüglich der Einwirkungen aus Wind, Eigengewicht und Temperaturbeanspruchungen sind die Sandwichbauteile die primär tragende Konstruktion. Die vorgehängte Fassade dient nur als zusätzliche Wandverkleidung. Dabei ergeben sich jedoch für die Sandwichbauteile weitere Beanspruchungen aus den vorgehängten Fassadenelementen.

### 6.10.2 Vorteile

Vorteil dieser Bauweise ist eine möglichst freie Gestaltung einer optisch ansprechenden Fassade. Durch die Wahl unterschiedlicher Fassadenelemente kann der Architekt eine Fassade planen, die deutlich mehr Variationen in Farbe und Form zulässt als bei der ausschließlichen Verwendung von Sandwichwandelementen mit einer eher einheitlichen und wenig strukturierten äußeren Deckschichtoberfläche. In gewisser Weise steht die Bauweise in Konkurrenz mit den bekannten Ausführungen von vorgehängten, hinterlüfteten Fassaden, ist allerdings im direkten Kostenvergleich deutlich günstiger.

Einer der größten Vorteile dieser Bauweise, insbesondere auch im Vergleich zu den konventionellen Fassaden mit mehreren Komponenten, ist die Möglichkeit bei Neubauten in einem ersten Schritt komplett die Außenwände mit Sandwichbauteilen fertigzustellen.

Danach kann im Neubau, völlig frei von Witterungseinflüssen, der weitere Innenausbau erfolgen. In einem zweiten Schritt lässt sich dann, im Prinzip völlig unabhängig von dem parallelen Baugeschehen, die vorgehängte Fassade nach den Vorgaben des Architekten montieren. Dies ist ein enormer Vorteil hinsichtlich der zeitlichen Abfolge des Baufortschritts. Dadurch kann eine Zeitersparnis von mehreren Monaten und damit eine weitere deutliche Kostenersparnis gegenüber den konventionellen Fassaden generiert werden.

**Bild 54.** Ansicht einer vorgehängten, hinterlüfteten Fassade

### 6.10.3 Ausführungsvarianten

Prinzipiell können in der Praxis sowohl vertikal als auch horizontal gespannte Sandwichbauteile verwendet werden. Die Tragprofile können ebenfalls vertikal oder horizontal darauf montiert werden (s. Bilder 4 bis 7 in [6]).

### 6.10.4 Besonderheiten in Konstruktion und Lastabtrag

Bei Sandwichbauteilen mit vorgehängten Fassadenelementen sind im Wesentlichen folgende Besonderheiten zu beachten:

a) Die auf der äußeren Deckschicht angeschraubten Tragprofile müssen, um zusätzliche Beanspruchungen durch unkontrollierte Verbundwirkung und Temperaturverformungen im Sandwichbauteil zu verhindern, zwängungsfrei befestigt werden.

b) Das Eigengewicht der vorgehängten Fassadenelemente wird über die Tragprofile in die äußere Deckschicht der Sandwichbauteile eingeleitet. Da an den

- Feuerwiderstand von tragenden Dächern (DIN EN 13501-2 [52] mit DIN EN 1365-2 [44]),
- Widerstand gegen Feuer von außen – Flugfeuer (DIN EN 13501-5 [52] in Verbindung mit CEN/TS 1187 [42]).

## 6.8 Beschichtung

### 6.8.1 Korrosionsschutz

Langlebigkeit und kreative Gestaltungsmöglichkeit sind mit der Beschichtung verbunden. Sehr schön hat das *Friedrich von Garnier* in seinem Buch „Meine farbigere Welt (2. Teil)" [11] für Industriebauten mit Profilblech- und Sandwichbekleidung dargestellt.

Der Korrosionsschutz beginnt mit dem metallischen Überzug des Stahlblechs. Feuerverzinktes Blech mit der üblichen Zinkauflage von 275 g/m² erreicht allein nur die Schutzdauer C3 „L" nach DIN 55634 [57]. Dies ist jedoch für die meisten Außenanwendungen nicht genug. Zum Erreichen der Klasse C3 „H" (High = Hoch, Schutzdauer über 15 Jahre) ist eine zusätzliche organische Beschichtung von mindestens 25 µm erforderlich. Das Gleiche gilt für die Legierverzinkung mit 5% Aluminiumanteil. Erst mit einer Legierung aus 55% Aluminium, 43,5% Zink und 1,6% Silizium kann die Klasse C3 „H" und damit ausreichender Schutz für Außenanwendungen ohne eine zusätzliche organische Beschichtung erreicht werden. Sehr gute Ergebnisse werden auch mit magnesiumhaltigen Beschichtungen erzielt (Magnesiumgehalt < 1%). Bei Wänden spielt jedoch die Farbgebung immer eine herausragende Rolle, sodass die Kombination von metallischem Überzug mit organischem Lack die übliche Anwendung darstellt.

Häufig werden Folienbeschichtungen aus Polyvinylchlorid (PVC) oder Polyvinylfluorid (PVF) verwendet, die auf das Blech laminiert werden und mit denen Schichtdicken zwischen 40 µm bei PVF und 200 µm bei PVC erreicht werden. Einbrennlackierungen bieten ein noch breiteres Feld von 10 µm dicken Polyestersystemen über 25 µm Polyurethan, HDP oder Polyvinylidenfluorid (PVDF) bis zum 100–200 µm dicken PVC-Plastisol (PVC-P). Die Entscheidung für das zu verwendende System hängt von mehreren Einsatzfaktoren ab, wie z. B. geforderte Abriebfestigkeit, Witterungs- oder Wärmebeständigkeit. So hat PVC-P zwar eine hervorragende Abriebfestigkeit und Witterungsbeständigkeit, weist aber nur bis 60 °C Wärmebeständigkeit auf und ist damit für den Einsatz mit dunklen Farbstoffen und besonders auf einem Dach ungeeignet.

Bei der Verlegung auf dem Dach ist weiterhin der Widerstand gegen mechanische Beanspruchungen infolge der Begehung bei der Montage und Wartung oder durch Hagelschlag wichtig. An Wände werden eher hohe Ansprüche an die Optik gestellt. Dies führt zur Forderung nach hoher UV-Beständigkeit (Glanz, Farbtonhaltung, Auskreidung) wie es z. B. PVDF in ausgezeichnetem und HDPs in gutem Maße zeigen. Zum Schutz gegen mechanische Beanspruchung bei Lagerung, Transport und Montage können Sandwichelemente mit Schutzfolie versehen werden, die im Rahmen der Montage entfernt wird.

Neben dem Unterschied zwischen Dach und Wand ist auch zwischen Innen- und Außenseite zu unterscheiden. Für die Innenanwendung in trockenen Räumen ohne korrosive Angriffe, wie z. B. durch Tauwasser ist eine Verzinkung ausreichend. Aus optischen, wartungs- und herstellungstechnischen Gründen wird aber in der Regel innen eine zusätzliche organische Beschichtung in einer Dicke von mindestens 7 µm bis 15 µm aufgebracht. Diese dünnen Beschichtungen sind aber oft optisch nicht zufriedenstellend. Erst ab 25 µm organischer Beschichtung kann mit einem auch optisch sehr guten Ergebnis gerechnet werden. Bei Räumen mit hoher Feuchtigkeit (z. B. Schwimmbäder, Kompostieranlagen, Waschhallen) sollte immer ein Korrosionsschutzfachmann hinzugezogen werden. Dies ist insbesondere dann sinnvoll, wenn, wie in der Lebensmittelindustrie möglich, mit aggressiven Reinigungsmitteln zu rechnen ist.

### 6.8.2 Farbgruppen

Wegen der im Abschnitt 3.4 bereits dargestellten Gründe darf bei der Bemessung von Sandwichelementen bzw. ihrer tragenden Unterkonstruktion der Einfluss der gewählten Beschichtungsfarbe nicht vernachlässigt werden. Die Deckschichten werden hinsichtlich der verwendeten Farbtöne in drei Farbgruppen unterteilt. Als Hintergrund hierfür gilt die unterschiedliche Oberflächentemperatur, die sich in Abhängigkeit von den unterschiedlichen Farben einstellt. Dunkle Farbtöne (FG III, s. a. Bild 67) führen zu Oberflächentemperaturen von bis zu 80 °C, was bei einer Innentemperatur von 25 °C eine Differenz von 55 °C ergibt! Selbst bei sehr hellen Farbtönen (FG I) ergibt sich in der Außenschale eine Temperatur von 55 °C und damit eine Differenz von 30 °C. Dies schlägt sich in den erreichbaren Stützweiten nieder. Zum Beispiel können Sandwichelemente mit einer Beschichtung der FG III je nach Verlegungsart bis zu 30% geringere Stützweiten als Bauteile mit einer Beschichtung der FG I erreichen.

## 6.9 Baukonstruktive Details

Viele gute baukonstruktive Details können den Veröffentlichungen von *Koschade* [22], *Möller* et al. [32] und [70] entnommen werden.

## 6.10 Vorgehängte Fassaden

### 6.10.1 Bauweise

Ausgehend von der traditionellen Sandwichbauweise für Außenwände hat sich eine neue Bauweise entwickelt, bestehend aus Sandwichbauteilen, aber mit zusätzlichen vorgehängten, hinterlüfteten Fassadenelementen. Die Fassadenelemente können dabei aus dünnwandigen Profiltafeln, Stehfalzsystemen oder speziellen

nichtbrennbares Material verwendet werden muss, sind Elemente mit Mineralwolle gefordert. Mit diesen lassen sich sogar Brandwände herstellen. Auch Deckschichten aus Aluminium sind hinsichtlich ihres Verhaltens im Brandfall problematisch, da Aluminium bei 660 °C schmilzt, einige seiner Legierungen sogar bereits bei 600 °C, einer Temperatur, die schon nach 10 Minuten Beflammung gemäß der Einheits-Temperatur-Zeitkurve erreicht wird.

Brandversuche und die Beobachtung von Brandschäden zeigen, dass die Umhüllung durch die Metalldeckschichten einen schnellen Abbrand des PUR-Hartschaums verhindert. Die Elemente tragen nicht zur Aufrechterhaltung eines Brands bei, sondern werden nur im unmittelbaren Einwirkungsbereich einer äußeren Brandlast geschädigt. Sobald die Flamme dieser äußeren Brandlast entfernt wird, brennt der PUR-Schaum nicht mehr. Er trägt weiterhin nicht zur Weiterleitung eines Brands bei. Auch ein Abschmelzen und Abtropfen tritt nicht auf, sodass PUR-Schaum keine Sekundärbrände verursachen.

Bild 51 zeigt den Naturbrandversuch am Demobau in Stuttgart (s. hierzu auch [28]). Dort ist gut zu erkennen, dass sich die Fugen infolge der hohen thermischen Belastung öffnen und Rauch sowie Brandgase aus dem Brandraum austreten. Dies kann durchaus positiv gewertet werden, reduziert sich dadurch doch die thermische Beanspruchung der tragenden Bauteile. Eine Untersuchung der Elemente nach dem Brand zeigte, dass nur die Randbereiche des Kernmaterials verbrannt waren.

Polystyrol ist hinsichtlich des Brandverhaltens wesentlich schlechter zu bewerten, da hier die Gefahr des brennenden Abtropfens und damit der Brandweiterleitung besteht.

Das Thema Brandschutz lässt sich bei Sandwichelementen in drei Kategorien unterteilen:
– Brandverhalten,
– Feuerwiderstand,
– Verhalten bei Flugfeuer (nur für Dächer).

Um das Brandverhalten von Sandwichkonstruktionen zu untersuchen, dient heute der SBI-Test (Single Burning Item Test) nach DIN EN 13823 [53]) als Standard. Hierbei werden zwei 1500 mm lange Paneele vertikal und im rechten Winkel zu einander aufgestellt. Der so entstehende Winkel wird mit in der Norm definierten Eckkehlblechen verbunden und anschließend mit einer normgemäßen Flamme beansprucht. Durch den SBI-Test wird geprüft, ob die Sandwichelemente als brennbare, normalentflammbare, schwerentflammbare oder nichtbrennbare Baustoffe einzustufen sind und dementsprechend eingesetzt werden dürfen. Hierbei spielt der Kernwerkstoff die Hauptrolle.

Außerdem zeigt sich, ob die Beschichtung problematisch ist. Beispielsweise gilt PVC als brennbar und seine Brand- und Rauchgase enthalten Chlor, das sich mit Wasserstoff zu Salzsäure verbindet. Dies kann zu starken Korrosionsschäden auch bei durch den Brand nicht beschädigten Materialien führen. PVDF und Polyester sind hingegen unbrennbar und unproblematisch.

Zusammen mit dem SBI-Test wird zur Beurteilung des Brandverhaltens der Kleinbrennertest zur Bestimmung der Entzündbarkeit gemäß DIN EN ISO 11925-2 [48] durchgeführt. Hierbei wird der Probekörper je nach angestrebter Klassifizierung 15 oder 30 Sekunden beflammt.

Weiterhin ist die Bestimmung der Nichtbrennbarkeit nach DIN EN ISO 1182 [41] notwendig. Hierbei wird ein Probekörper 30 Minuten einer Temperatur von 750 °C ausgesetzt und anschließend der Masseverlust und die Flammhaltung gemessen. Die Verbrennungswärme nach DIN EN ISO 1716 [45] in einem Kalorimeter zu ermitteln. In diesem Zusammenhang ist auch die Bestimmung der Klebermenge nach DIN EN 14509 [55], Abs. C.4 durchzuführen, denn bei der Verwendung von nichtbrennbarer Mineralwolle muss ein Klebstoff verwendet werden, der üblicherweise brennbar ist.

Der Feuerwiderstand wird nach DIN EN 13501-2 [52] bestimmt. Sie differenziert zwischen nicht brennbar (Klassen A1 und A2 wie schon nach DIN 4102-1), schwer entflammbar (Klasse B1 nach DIN 4102-1, nun Klasse B oder C), normal entflammbar (Klasse B2 nach DIN 4102-1, nun Klasse D oder E) oder leicht entflammbar (Klasse B3 nach DIN 4102-1 [59], nun Klasse F). Weiterhin wird nach DIN EN 13501 [52] auch untersucht, ob der Baustoff rauchbildend (Klassen s1 bis s3, s steht für smoke, 1 für die beste Klasse) oder brennend abtropfend (Klassen d0 bis d2, d steht für dripping, 0 für die beste Klasse) ist.

Die Klassifizierung erfolgt für folgende unterschiedliche Anwendungsgebiete:
– Feuerwiderstand von nicht tragenden Wänden (DIN EN 13501-2 [52] mit DIN EN 1364-1 [43]),
– Feuerwiderstand von Unterdecken (DIN EN 13501-2 [52] mit DIN EN 1364-2 [43]),
– Feuerwiderstand von Unterdecken (horizontale Absicherung, DIN EN 13501-2 [52] mit DIN EN 13381-1 [51]),

**Bild 51.** Naturbrandversuch „Demobau Stuttgart" mit PUR-Sandwichfassade

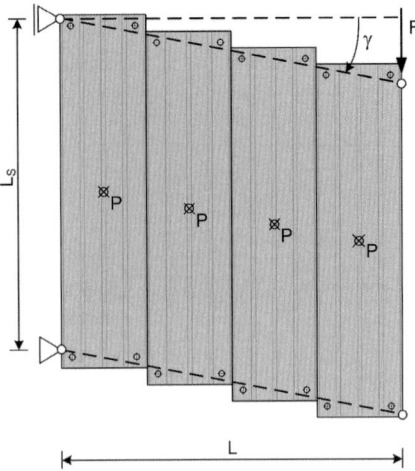

Bild 49. Kinematik der Verschiebung

$$S_i = \frac{k_v}{2 \cdot B} \cdot \sum_{k=1}^{n_k} c_k^2$$

$S_i$ Schubsteifigkeit
$k_v$ Steifigkeit von Verbindungen zwischen Sandwichelementen und Stahlunterkonstruktion in kN/mm (s. Tabelle 4)
$B$ Paneelbreite in mm
$c_k$ Abstand zwischen Verbindungen eines Schraubenpaares (s. a. Bild 50)
$n_k$ Anzahl der Schraubenpaare

Die seitliche Stützung des Profils durch die angeschlossenen Sandwichelemente führt zu Kräften in den Verbindungen zwischen Sandwichelement und Pfette. Diese Beanspruchung muss beim Nachweis der Verbindungen berücksichtigt werden. Die entsprechenden Nachweise sind in EN 1993-1-3 [47] im Einzelnen erfasst und in einem Beispiel dargestellt. Die Tragfähigkeiten der Verbindungen können der entsprechenden Bauaufsichtlichen Zulassung entnommen werden bzw. werden nach prEN 14509-2, Kap. F [56] ermittelt. Wissenschaftliche Grundlagen dazu sind in [18, 20] gegeben.

Tabelle 4. Steifigkeit $k_v$ in kN/mm von Verbindungen zwischen Sandwichelementen und Stahlunterkonstruktionen

| Nominelle Dicke der inneren Stahldeckschicht $t_{F2}$ | S220GD | S280GD | S320GD |
|---|---|---|---|
| 0,40 mm | 1,6 | 1,9 | 2,0 |
| 0,50 mm | 2,0 | 2,3 | 2,5 |
| 0,63 mm | 2,4 | 2,9 | 3,1 |
| 0,75 mm | 2,8 | 3,3 | 3,6 |

### 6.5 Schubfelder

Neben der Aussteifung von Einzelbauteilen, wie z. B. Pfetten und Wandriegel durch die Drehbettung und Schubsteifigkeit von Sandwichbauteilen, werden zukünftig auch die Ausführung und die Nachweise von Schubfeldern zur Aussteifung von gesamten Konstruktionen möglich sein. Verschiedene Forschungsprojekte haben sich in der näheren Vergangenheit dieses Themas angenommen [1, 4, 12, 17, 21, 24].

### 6.6 Wärme und Schall

Der Bemessungswert der Wärmeleitfähigkeit wird nach den üblichen Regeln für mehrschalige Bauteile, einschließlich eines Zuschlags für die Fuge, bestimmt. DIN EN 14509 [55] gibt darüber hinaus in Kapitel A.10.3 Regeln, wie bei Dachelementen die zusätzliche dämmende Wirkung des Kernmaterials in den Hochsicken angesetzt werden kann.
Sandwichelemente haben aufgrund ihrer geringen Masse und da sie üblicherweise einschalige Bauteile sind, nur kleine Schalldämmwerte. Elemente mit PUR-Kern erreichen ein bewertetes Schalldämmmaß $R'_w$ = 25 bis 26 db, was für den Industriebau ausreicht. Besteht der Kern aus der schwereren Mineralwolle erzielt ein Bauteil $R'_w$ = 28 bis 31 db (s. hierzu auch [70]).

### 6.7 Brandschutz

Sandwichelemente mit PUR-Kern sind hinsichtlich ihrer Brennbarkeit vorsichtig zu behandeln. Polyurethan zählt zu den brennbaren Baustoffen, d. h., wo immer

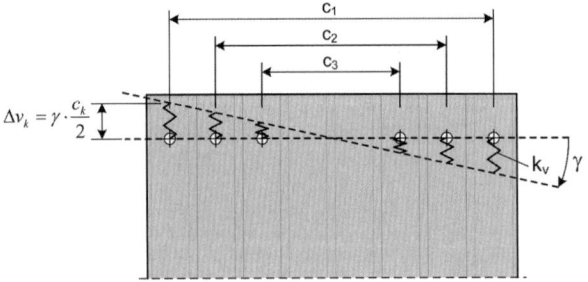

Bild 50. Beanspruchung der Schrauben

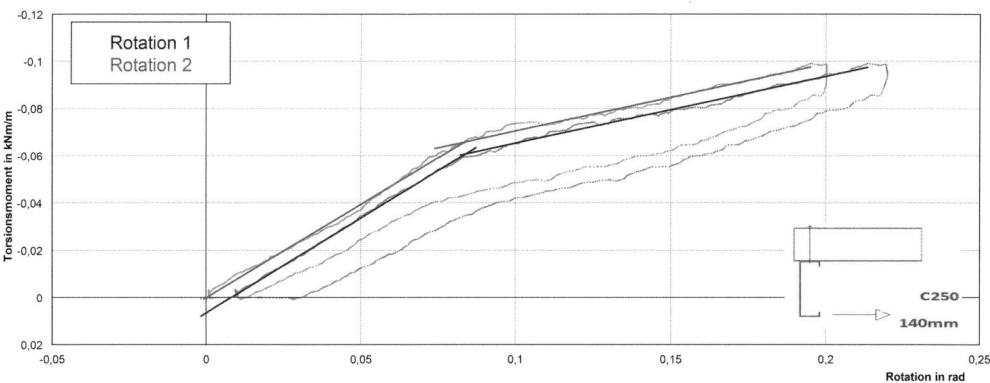

**Bild 47.** Momenten-Rotations-Beziehung

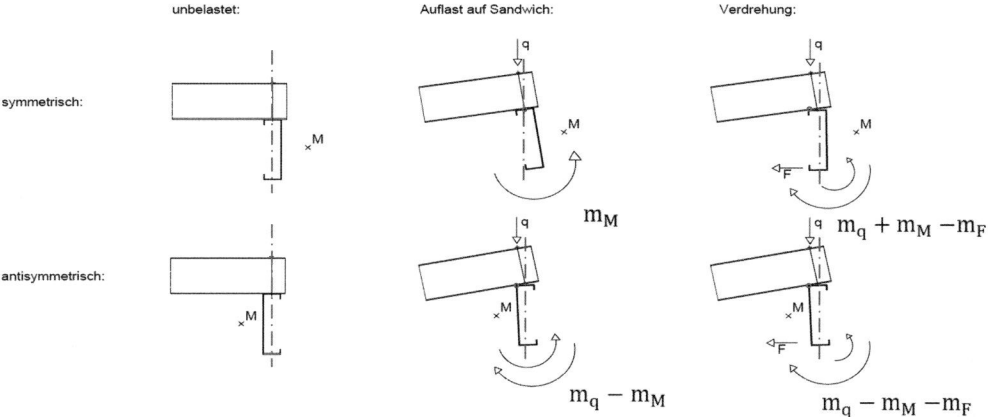

**Bild 48.** Wirkung der Abstützung

nach Drehrichtung unterschiedlicher Stützpunkt ausbildet, was zu einer Vergrößerung bzw. Reduzierung der Torsionsbeanspruchung des C-Profils führt (Bild 48).

### 6.4.2 Schubsteifigkeit

Neben der Aussteifung der Pfetten und Wandriegel durch die stützende Wirkung der Drehbettung wirkt auch die Behinderung der seitlichen (lateralen) Verschiebung, die durch die Schubsteifigkeit der Sandwichbauteile in der Dach- oder Wandebene erreicht werden kann. Der Ansatz einer seitlichen Halterung ist somit für die Nachweisführung dieser Bauteile häufig maßgebend.
In EN 1993-1-3 [47] sind zwei vereinfachte Verfahren zur Bemessung von Pfetten zu finden (Abschnitt 10: „Besondere Angaben für Pfetten" und Anhang E: „Vereinfachte Pfettenbemessung"). Voraussetzung für die Anwendung beider Verfahren ist, dass eine gebundene Drehachse vorliegt, d. h. die Pfette am Obergurt näherungsweise unverschieblich gehalten ist. Diese Bedingung kann als erfüllt betrachtet werden, wenn die Schubsteifigkeit der angeschlossenen Sandwichelemente folgende Gleichung erfüllt.

$$S_i \geq \left( E I_w \cdot \frac{\pi^2}{L^2} + G I_t + E I_z \cdot \frac{\pi^2}{L^2} \cdot \frac{h^2}{4} \right) \cdot \frac{70}{h^2}$$

$I_w$   Wölbwiderstand der Pfette
$I_t$   St. Venant'sches Torsionsträgheitsmoment der Pfette
$I_z$   Flächenträgheitsmoment des Pfettenquerschnitts um die schwache Hauptachse
$L$    Stützweite der Pfette
$h$    Höhe des Pfettenquerschnitts

In DIN EN 1993-1-3 [47] und prEN 14509-2 [56] ist ein vereinfachtes Berechnungsverfahren zur Ermittlung der Schubfeldsteifigkeit $S_i$ angegeben. Dem Berechnungsverfahren liegt ein Modell zugrunde, in welchem die Sandwichelemente als starre Körper angenommen werden (Bild 49). Die Verbindungen werden durch Wegfedern dargestellt. Die Steifigkeit sowie die Tragfähigkeit eines Schubfelds aus Sandwichelementen sind daher lediglich von den Verbindungen abhängig (Bild 50).

**Tabelle 3.** Ergänzende Angaben zu Tabelle 2

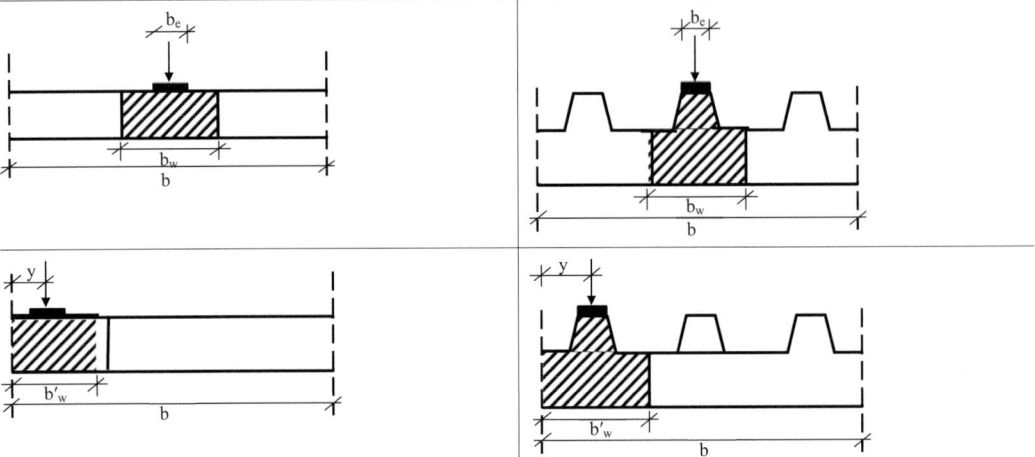

Die Profilverformung des Trägers und die Biegeverformung der Sandwichelemente liefern in den meisten Fällen sehr große Steifigkeiten, sodass sich das Hauptaugenmerk auf die Anschlusssteifigkeit konzentriert.

Unter Beachtung von Anwendungsgrenzen kann für aufliegende Belastung (z. B. Schnee oder Winddruck) die Steifigkeit der Drehbettung nach prEN 14509-2, Kap. G.2.3 [56] rechnerisch ermittelt werden. Dies ist sowohl für symmetrische als auch für unsymmetrische Träger oder Pfetten möglich.

Bei abhebenden Belastungen (z. B. Windsog) bildet sich zwischen Sandwich und Pfette ein Spalt infolge der Eindrückung des Schraubenkopfes auf der Paneelaußenseite. Dieser muss durch die Pfettenrotation überwunden werden, bevor sich eine steifigkeitsfördernde Abstützung zwischen Paneel und Pfette ausbildet. Der experimentelle Befund zeigt, dass sich diese Abstützung bei sehr schmalen Pfetten nicht einstellen kann.

In prEN 14509-2, Kap. G.2.2 [56] wird ein Versuch zur Bestimmung der Steifigkeit eingeführt (s. Bilder 45 und 46). Er kann sowohl mit C-, Z- als auch I-Profilen durchgeführt werden. Durch die Aufhängung des Stahlprofils am Obergurt ist dessen Verdrehung frei möglich und durch die linienförmige Lasteinleitung in den Untergurt ergibt sich eine Beanspruchung, die keine über die Profillänge veränderliche Profilverformung hervorruft. Dadurch können die sandwichimmanenten Werte „Biegeverformung des Sandwichelements" $c_{D,C}$ und „Verformung des Anschlussbereichs" $c_\vartheta$ direkt gemessen werden (Bild 47). Dreht man den Versuchsaufbau auf den Kopf, so ergeben sich die Kennwerte für Windsog. Hierbei ist zu beachten, dass sich bei den für Torsion empfindlichen C-Profilen ein je

**Bild 45.** Drehfederversuch

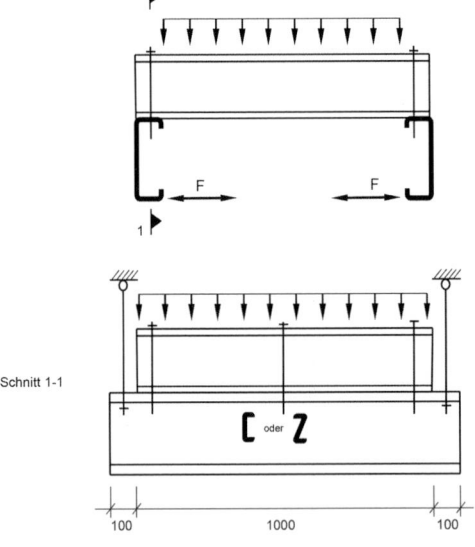

**Bild 46.** Drehfederversuch

**Tabelle 2.** Mittragende Breite

| | | Punktlast | | Linienlast |
|---|---|---|---|---|
| 1 | 2 | 3 | | 4 |
| Statisches System | Mittragende Breite $b_w$ | Anwendungsbereich | | Mittragende Breite $b_w$ |
| Einfeld | | | | |
| a | $b_w = b_e + 2 \cdot x \cdot (1 - x/\ell)$ | $0 \leq x \leq \ell/2$ | | $b_w = 1{,}31 \cdot \ell$ |
| Biegemoment | | | | |
| b | $b_w = b_e + 0{,}5 \cdot x$ | | | $b_w = 0{,}2 \cdot \ell$ |
| Schub am Auflager | | | | |

Für Schub:

$F' = F \cdot b/b_w = 1{,}6 \cdot 1000/270 = 5{,}93$ kN
    LF: $F' = 2{,}55$ kN, für Biegemoment
    $A = 2{,}55 \cdot 2{,}5/3 = 2{,}13$ kN
$B = 2{,}55 \cdot 0{,}5/3 = 0{,}43$ kN
    $M(m) = B \cdot \ell/2 = 0{,}43 \cdot 1{,}5 = 0{,}638$ kNm
    $M(x) = B \cdot (\ell - x) = 0{,}43 \cdot (3{,}0 - 0{,}5) = 1{,}063$ kNm
    $\sigma(m) = M(m)/(e \cdot A) = 63{,}8/(7{,}88 \cdot 4{,}6)$
       $= 1{,}76$ kN/cm² $= 17{,}6$ N/mm²
    $\sigma(x) = M(x)/(e \cdot A) = 106{,}3/(7{,}88 \cdot 4{,}6)$
       $= 2{,}93$ kN/cm² $= 29{,}3$ N/mm²
    LF: $F' = 5{,}93$ kN, für Schub
    $A = 5{,}93 \cdot 2{,}5/3{,}0 = 4{,}94$ kN
$B = 5{,}93 \cdot 0{,}5/3{,}0 = 0{,}99$ kN
    $\tau = A/(e \cdot b) = 4{,}94/(7{,}88 \cdot 100) = 0{,}0063$ kN/cm²
       $= 0{,}063$ N/mm²

Falls $y \leq \dfrac{b_w}{2}$: $b'_w = \dfrac{b_w}{2} + y$

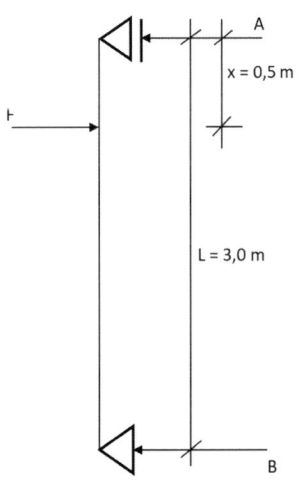

**Bild 44.** Statisches System

Erläuterung zu den Tabellen 2 und 3:

x   Abstand zum Auflager
$\ell$   Spannweite
$b_e$   Breite der Lasteinleitung
$b_w$   mittragende Breite, falls $b_w \geq b \rightarrow b_w = b$
b   volle Breite des Paneels
$b'_w$   mittragende Breite, falls der Abstand von der Last zum Längsrand $\leq b_w/2$
y   Abstand zwischen Mittelpunkt von $b_e$ und Längsrand

### 6.4 Stabilisierung von Pfetten und Wandriegeln durch Sandwichelemente

#### 6.4.1 Drehbettung

Pfetten sind häufig biegedrillknickgefährdet. Für ihre Stützung kann man die Dachdeckung verwenden. Trapezprofile leisten hierbei sehr gute Dienste, sodass nahe liegt, auch Sandwichelemente für die Aussteifung zu aktivieren. Erste Versuche hierzu unternahmen *Lindner/Gregull* [29], die jedoch nur ein sehr schmales Parameterfeld abdeckten. Die Ergebnisse von experimentellen und numerischen Untersuchungen wurden von *Dürr* et al. [10] publiziert. Weitere Versuche wurden von *Baláz*s et al. in [2] dokumentiert.
Wie auch bei Trapezprofilen setzt sich die Drehbettung aus 3 Komponenten zusammen:
– Biegeverformung der Sandwichelemente $c_{D,C}$,
– Profilverformung des Trägers $c_{D,B}$,
– Verformung des Anschlussbereichs $c_\vartheta$,
die als hintereinander geschaltete Federn betrachtet werden können, woraus sich die Gesamtsteifigkeit ergibt:

$$c_{D,A} = 0{,}75 \cdot \dfrac{1}{\dfrac{1}{c_\vartheta} + \dfrac{1}{c_{D,C}} + \dfrac{1}{c_{D,B}}}$$

Hierbei steht der Faktor 0,75 näherungsweise für die Berücksichtigung der Nichtlinearität, d. h. für den Übergang von der Tangenten- zur Sekantensteifigkeit.

**Bild 40.** Herausziehen der Befestigung aus der oberen Deckschicht

**Bild 41.** Bauteilversuch mit Vorschädigungen infolge Herausziehen der Befestigung

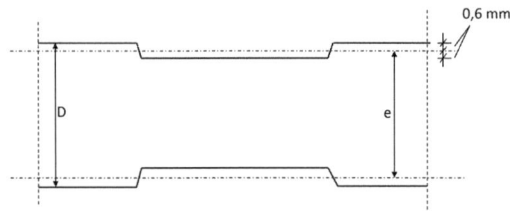

**Bild 42.** Querschnitt

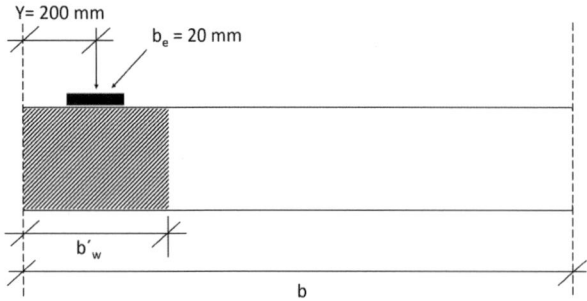

**Bild 43.** Laststellung

gen auftreten. Diese Störungen im Blech können einen Einfluss auf das Tragverhalten der Paneele haben, in dem z. B. im Bereich der Störungen frühzeitiges Beulen oder Knittern auftritt und damit geringere Traglasten (Knitterspannungen) zu erwarten sind. Zur Untersuchung des Tragverhaltens bei eventuell vorhandenen Störungen in der oberen Deckschicht sind spezielle Versuche (Bild 41) erforderlich.

#### 6.3.2.6 Beispiel zur Berechnung der Spannungen bei einer Punktlast

**Wandpaneel mit Punktlast**

Deckschichten beidseitig leicht profiliert (Bild 42)

$D = 80$ mm
$b = 1000$ mm, Kernblechdicke $t_k = 0{,}46$ mm
$A_{F1} = A_{F2} = 1000 \cdot 0{,}46 = 460$ mm²
$e = 80 - 2 \cdot 0{,}600 = 78{,}8$ mm
Lastfall Punktlast $F = 1{,}6$ kN

Statisches System und Laststellung siehe Bilder 43 und 44, mittragende Breite siehe Tabellen 2 und 3.

Für Biegemoment:

$b_w = b_e + 2 x \cdot (1 - x/l) = 20 + 2 \cdot 500 \cdot (1 - 500/3000)$
$\quad = 853{,}3$ mm
da
$y = 200$ mm $< 853{,}3/2 = 426{,}6$ mm $\rightarrow$
$b'_w = 426{,}6 + 200 = 626{,}6$ mm

Für Schub am Auflager:

$b_w = b_e + 0{,}5 x = 20 + 0{,}5 \cdot 500 = 270$ mm
da
$y = 200 > 270/2 = 135$ mm $\rightarrow$ maßgebend: $b_w$

**Berechnung der Spannungen**

Die Berechnung erfolgt mit voller Paneelbreite und einer, in Abhängigkeit von der mittragenden Breite erhöhten Berechnungslast $F'$. Der Vorteil ist dabei, dass keine neuen Querschnittswerte bestimmt werden müssen und die Spannungen gegebenenfalls mit anderen Lastfällen einfach überlagert werden können.

Für Biegemoment:

$F' = F \cdot b/b'_w = 1{,}6 \cdot 1000/626{,}6 = 2{,}55$ kN

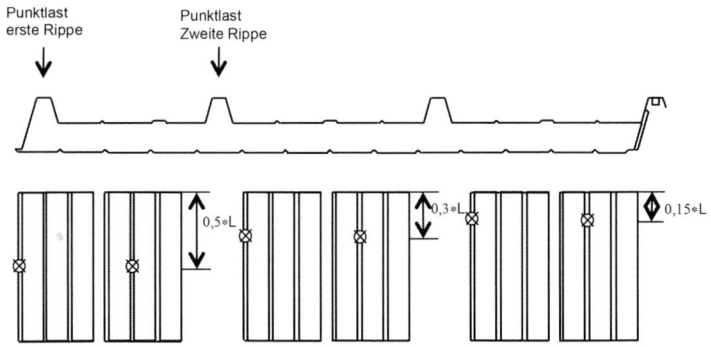

Bild 38. Relevante Laststellungen

Bild 39. Punktlastversuch

Für mehrfeldrig gespannte Sandwichbauteilen wäre der Versuchsaufwand noch deutlich höher, da verschiedene relevante Laststellungen untersucht werden müssten. Aufgrund der Versuche (s. Bild 39) können mittragende Breiten definiert werden, indem jeweils ein Vergleich mit dem Tragverhalten (Traglasten) bei gleichmäßig verteilter Belastung durchgeführt wird.

### 6.3.2.4 Bestimmung der mittragenden Breiten

Die relevanten mittragenden Breiten können bestimmt werden, indem die erreichten Traglasten bei Bauteilversuchen mit linienförmigen oder punktförmigen Belastungen den erreichten Traglasten bei gleichmäßig verteilter Belastung gegenübergestellt werden. Dadurch kann ein Reduktionsfaktor ermittelt werden, mit dem die Bauteilbreite reduziert und als mittragende Breite für die Bemessung angegeben wird. Falls die mittragenden Breiten jeweils direkt bestimmt werden sollen, ist darauf zu achten, dass alle möglichen Versagensarten, statischen Systeme und Paneelabmessungen untersucht werden müssen.

Um den Versuchsaufwand zu reduzieren, gibt es ein vereinfachtes Verfahren: Es werden nur Bestätigungsversuche (Bestimmung der Knitterspannungen oder Schub-Versagensspannungen) mit Einfeldplatten unter Punktlasten durchgeführt. Die festgestellte mittragenden Breiten werden dann den Werten, die tabellarisch im DAfStb-Heft 240 [39] oder für linienförmige oder punktuelle Belastungen bei ausbetonierten Trapezprofilen angegeben sind (s. Tabelle 2 und 3), gegenübergestellt. Neuere Ansätze, z. B. nach Heft 631, Ausgabe 2019 sind noch bezüglich der Anwendbarkeit für Sandwichbauteile in Diskussion. Sind die im Versuch mit Punktlasten festgestellten Werte für die mittragenden Breiten größer oder gleich gegenüber den Werten aus o. g. Tabellen, kann davon ausgegangen werden, dass auch für andere in den Tabellen angegebene Systeme die mittragenden Breiten, z. B. auch für durchlaufende Platten, für die Nachweise verwendet werden können.

$\sigma_w$; $f_{Cv}$    Knitterspannung, Schubfestigkeit bei gleichmäßig verteilter Belastung

$\sigma_{w,L}$; $f_{Cv,L}$    Knitterspannung, Schubfestigkeit bei linienförmiger oder punktueller Belastung (Versuchsergebnis)

b    volle Paneelbreite
$b_w$    mittragende Breite:

Falls:    $\sigma_{w,L}$; $f_{Cv,L} \geq \sigma_w$; $f_{Cv}$;    $b_w = b$

Falls:    $\sigma_{w,L}$; $f_{Cv,L} < \sigma_w$; $f_{Cv}$;    $b_w = \dfrac{\sigma_{w,L}}{\sigma_w} \cdot b$;

$$b_w = \frac{f_{Cv,L}}{f_{Cv}} \cdot b$$

### 6.3.2.5 Problemstellung bei abhebenden Punktlasten

Bei der Beanspruchung von Sandwichbauteilen durch Punktlasten infolge von abhebenden Lasten (z. B. bei Windsog) ist zusätzlich Folgendes zu beachten:
Für den Nachweis auf Herausziehen der Befestigungen aus der oberen Deckschicht sind charakteristische Werte jeweils für die speziellen Befestigungsarten erforderlich, die normalerweise durch Versuche (Bild 40) bestimmt werden müssen, um die lokalen Beanspruchungen zu erfassen.
Bei Beanspruchungen auf Herausziehen der Befestigungen ist nicht auszuschließen, dass in der oberen Deckschicht im Bereich der Befestigungen lokale Störungen oder Beschädigungen, wie z. B. Ablösungen des Blechs vom Kern, Aufwölbungen oder größere Auszugslöcher, bei Erreichen der Traglasten der Befestigun-

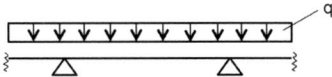

**Bild 35.** Statisches System

**Bild 36.** Punktlasten

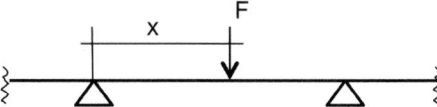

**Bild 37.** Statisches System

sucht werden, da hier der Einfluss der Steifigkeit der Verteilerschiene im Vergleich zur Steifigkeit des Paneels eine entscheidende Rolle spielt. Insbesondere sind aber die Verbindungen zwischen Verteilerschiene und Paneel zu untersuchen, da diese die anteiligen Schubkräfte aus der Verbundwirkung übertragen müssen.

2. additives Tragverhalten

In diesem Fall darf keine Verbundwirkung zwischen Schiene und Paneel angesetzt werden. Dies kann z. B. durch Langloch-Ausbildungen im Bereich der Befestigungen erreicht werden. Die durchgehende Schiene dient dabei nur für eine Lastverteilung in Längsrichtung. Bei dem additiven Tragverhalten kann zunächst nicht davon ausgegangen werden, dass die volle Paneelbreite wirksam ist. Es sind deshalb Bauteil-Versuche durchzuführen und die Versagenslasten zu bestimmen, die den Versagenslasten der Paneele ohne Schiene und mit gleichmäßig verteilter Last gegenübergestellt werden. Entsprechend können auch mittragende Breiten bestimmt werden (s. Abschnitt 6.3.2.4).

Mit den Ergebnissen aus den Versuchen, d. h. den speziell ermittelten Bemessungswerten oder den definierten mittragenden Breiten, können die Beanspruchungen aus den Linienlasten nach Kap. E der DIN EN 14509 [55] direkt berechnet werden (s. Bild 35).

Darin ist die Berechnungslast q wie folgt zu ermitteln:

$$q = q_L \cdot b/b_w$$

mit
$q_L$  Linienlast
$b$   volle Paneelbreite
$b_w$  mittragende Breite

#### 6.3.2.2 Punktlasten

**Punktlasten, andrückend**

Andrückende Einzellasten oder Gruppen aus Einzellasten können an beliebiger Stelle direkt auf der äußeren Deckschicht durch punktuelle Lasteinleitung, z. B. aus Eigengewicht von Fotovoltaik-Anlagen, entstehen. Hierzu gehören auch Linienlasten, die nicht über die gesamte Paneelbreite über Lastverteilerbalken eingeleitet werden

**Punktlasten, abhebend**

Abhebende Einzellasten oder Gruppen aus Einzellasten können an beliebiger Stelle durch spezielle Befestigungen von Fotovoltaik-Elementen direkt an der äußeren Deckschicht, z. B. mit Schellen oder Montageklammern, entstehen. Hier ist insbesondere auch die Beanspruchung auf „Herausziehen der Befestigung aus der Deckschicht" bei Windsog zu untersuchen und die dadurch entstehenden Schädigungen an den Deckschichten bei der Tragwirkung der Paneele zu berücksichtigen (s. Bild 36).

*Bemessung bei Punktlasten*

Bei Punktlasten kann nicht davon ausgegangen werden, dass die volle Paneelbreite wirksam ist. Es sind deshalb Bauteil-Versuche durchzuführen und die Versagenslasten zu bestimmen, die den Versagenslasten der Paneele mit gleichmäßig verteilter Last gegenübergestellt werden. Entsprechend können auch mittragende Breiten bestimmt werden (s. Abschnitt 6.3.2.4).

Mit den Ergebnissen aus den Versuchen, d. h. den speziell ermittelten Bemessungswerten oder den definierten mittragenden Breiten, können dann die Beanspruchbarkeiten aus Punktlasten nach Kap. E der DIN EN 14509 [55] direkt berechnet werden (s. Bild 37). Das Nachweisverfahren der DIN EN 14509 [55] kann somit direkt angewendet werden.

Hierbei ist die Berechnungslast F wie folgt zu ermitteln:

$$F = F_p \cdot \frac{b}{b_w}$$

mit
$F_p$  Punktlast
$b_w$  mittragende Breite, abhängig von der Laststellung
$x$   Abstand zum Auflager

#### 6.3.2.3 Versuche

Um alle möglichen Beanspruchungen bei Sandwichbauteilen für alle denkbaren Laststellungen versuchstechnisch (design by testing) zu erfassen, wäre ein sehr großer Aufwand erforderlich. Es müssten für jeden Paneeltyp alle statischen Systeme mit allen Laststellungen (z. B. mittig, am Rand, für Einfeldplatten, für Mehrfeldplatten, usw.) erfasst werden. Betrachtet man nur die möglichen Laststellungen bei einem einfeldrig gespannten Paneel, können zunächst vereinfachend folgende relevante Laststellungen (s. Bild 38) festgelegt werden.

Werden für jede Laststellung mindestens 2 Versuche vorgesehen, sind 12 Bauteilversuche durchzuführen.

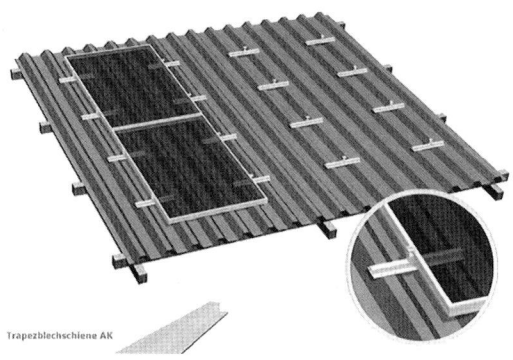

**Bild 32.** Fotovoltaikanlage

Der Nachweis der Beanspruchbarkeit infolge von Linien- und Punktlasten ist nicht in der DIN EN 14509 erfasst und ist in nationalen Normen oder Zulassungen zu regeln. Weitere Informationen sind in den „European Recommendations for the Design of Sandwich Panels with Point and Line Loads" [66] enthalten.

#### 6.3.2.1 Linienlasten

Linienlasten **quer** zur Spannrichtung, andrückend
Linienlasten quer zur Spannrichtung der Elemente entstehen bei andrückenden Lasten, die über Lastverteilerbalken quer zur Spannrichtung über die gesamte Paneelbreite, z. B. über Querträger mit aufgeständerten Fotovoltaik-Elementen, eingeleitet werden. Dabei wird vorausgesetzt, dass die Lastverteilerbalken zwängungsfrei, insbesondere hinsichtlich der Temperaturdehnungen der Querträger, befestigt werden (s. Bild 33).
Bei Linienlasten quer zur Spannrichtung kann das Tragverhalten für Biegemomenten- und Schub-Beanspruchungen direkt nach der Sandwichtheorie erfasst werden, da die volle Paneelbreite angesetzt werden kann. Dies gilt insbesondere bei Paneelen mit ebenen oder quasi-ebenen Deckschichten. Bei Paneelen mit profilierten Deckschichten und einer Lasteinleitung nur über die Obergurte der Profilierung gilt dies nur, wenn der Abstand der Trapezprofile kleiner ist als die mittragende Breite pro Rippe. Bei größerem Abstand ist eine mittragende Breite analog zu Abschnitt 6.3.2.4 zu definieren.

Die Berechnung der Spannungen und das Nachweisverfahren sind nach Kapitel E der DIN EN 14509 [55] vorzusehen. Die Linienlasten sind dabei am Sandwichbalken als Einzellasten (pro Paneelbreite) anzusetzen.

Zusätzlich zu den Nachweisen für Biegemomenten- und Schubbeanspruchungen ist auch ein lokaler Nachweis der Druckspannungen unter den Lastverteilern zu führen.

Linienlasten **längs** zur Spannrichtung, andrückend
Linienlasten längs zur Spannrichtung der Elemente entstehen bei andrückenden Lasten, die über Lastverteilerschienen parallel zur Spannrichtung, z. B. auf Lastverteilerschienen aufgelagerte Fotovoltaik-Elemente, eingeleitet werden (s. Bild 34). Falls Paneele durch Linienlasten längs zur Spannrichtung belastet werden, die z. B. über zusätzliche, durchgehend aufliegende oder in die Fugen eingebaute Verteilerschienen eingeleitet werden, muss zunächst das generelle Tragverhalten geklärt werden. Dabei ist besonders auf unterschiedliches Temperatur-Verhalten der Verteilerschienen und der Sandwichpaneele zu achten.
Es gibt im Prinzip zwei Möglichkeiten hinsichtlich des Tragverhaltens:
1. integriertes Tragverhalten (Verbundquerschnitt)
In diesem Fall wird die Tragschiene schubfest mit dem Paneel verbunden, sodass ein neues Verbundsystem entsteht. Das Tragverhalten muss experimentell unter-

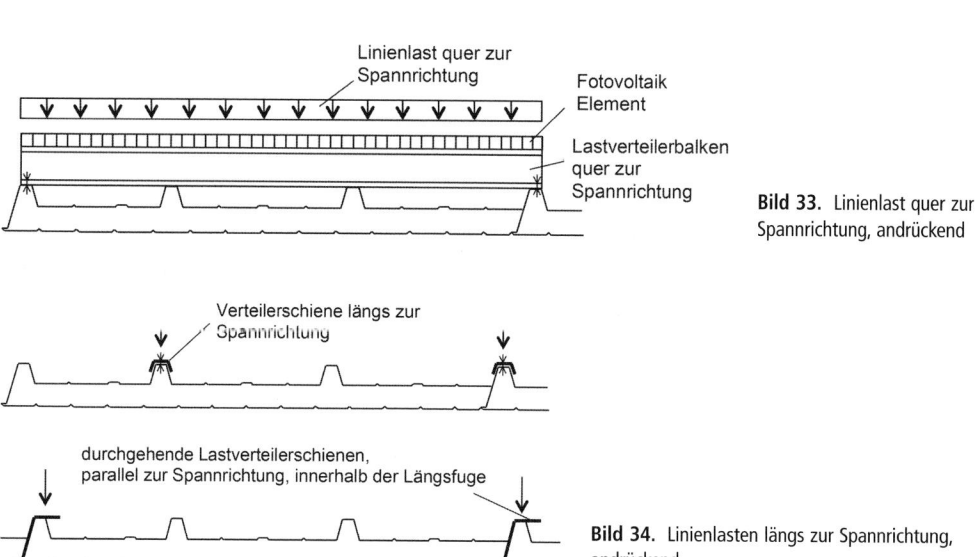

**Bild 33.** Linienlast quer zur Spannrichtung, andrückend

**Bild 34.** Linienlasten längs zur Spannrichtung, andrückend

**Bild 30.** Sandwichpaneel mit eingebautem Fenster

Fenster mit sehr tragfähigen Rahmen, die den ausfallenden Querschnitt ersetzen, wurden bereits mit Erfolg eingesetzt (Bild 30). Für ihre Anwendung ist jedoch eine allgemeine bauaufsichtliche Zulassung oder eine Zustimmung im Einzelfall notwendig.

### 6.3 Punkt- und Linienlasten

#### 6.3.1 Punktlasten und wiederholte Belastungen bei Betreten der Elemente

Nach DIN EN 14509 [55], Kap. A.9.1 sind die erforderlichen Versuche festgelegt, die zur Bestimmung der Sicherheit und Gebrauchstauglichkeit von Dach- oder (Unter-)Deckenelementen dienen, z. B. im Hinblick auf das *Betreten der Elemente durch eine einzelne Person bei gelegentlichem Begehen* sowohl während der Montage als auch danach. Bei den Versuchen handelt es sich um Bauteilversuche mit einer Einzellast von 1,2 kN an ungünstigster Stelle.
Nimmt das Element die Last zwar auf, zeigt jedoch dauerhafte Schäden, sind Maßnahmen einzuleiten, um Beschädigungen während der Montage zu vermeiden (z. B. durch Verwendung von Laufbohlen). Darüber hinaus dürfen keine Vorrichtungen zum Betreten des Dachs nach Abschluss der Montagearbeiten vorhanden sein. Hält das Element der Last nicht stand, so darf es nur für Dächer- oder (Unter-)Decken verwendet werden, die nicht betreten werden können/dürfen. Diese Einschränkung muss deutlich sichtbar auf dem Element (oder an einer anderen Stelle) angebracht sein.
Nach DIN EN 14509 [55], Kap. A.9.2 sind die erforderlichen Versuche festgelegt, die zur Bestimmung der Sicherheit und Gebrauchstauglichkeit von Dach- oder (Unter-)Deckenelementen dienen, z. B. in Hinblick auf das *Betreten der Elemente durch eine einzelne Person bei wiederholtem Begehen* sowohl während der Montage als auch danach. Bei den Versuchen handelt es sich um sehr aufwendige Versuche, bei denen genau festgelegte Versuchskörper durch häufiges Begehen beansprucht werden. Die Elemente sind nur dann ohne zusätzlichen Schutz als geeignet für das Betreten für Zugangs- oder Wartungszwecke anzusehen, wenn die geforderten Bedingungen (nur geringer Abfall der Querzugfestigkeit nach dem Begehen) eingehalten werden.

*Erläuterung:*
Sandwichpaneele können im Rahmen der Montage betreten werden, sind jedoch üblicherweise nicht für eine regelmäßige Begehung (wiederholte Belastungen) geeignet. Die dünnen Deckschichten sind häufig nicht in der Lage, für eine ausreichende Querverteilung von Punktlasten zu sorgen. Dadurch wird das Kernmaterial direkt belastet. Da es sehr weich ist, gibt es nach und das Deckblech wird stark, u. U. sogar plastisch verformt, wodurch bleibende Beulen entstehen. Diese können die Tragfähigkeit negativ beeinflussen (s. hierzu auch Bild 13).
Besteht der Kern aus Mineralwolle, so können deren Fasern im Lasteinleitungsbereich zerbrechen. Infolgedessen wird der Verbund zwischen Deckschicht und Kern und damit die Sandwichwirkung zerstört. Daher muss insbesondere bei Elementen mit Mineralwolle die Oberfläche während der Montage in dem Bereich, in dem sie begangen wird, durch lastverteilende Elemente geschützt werden.

#### 6.3.2 Linien- und Punktlasten von zusätzlichen äußeren Lasten

Linien- und Punktlasten treten bei Sandwichbauteilen infolge zusätzlicher Nutzung für die Lastabtragung, z. B. bei der Installation von Fotovoltaik- oder Solarkollektoren-Anlagen auf dem Dach (Bilder 31 und 32) oder von vorgehängten Fassaden an der Wand (s. Abschnitt 6.10) auf. Daraus ergeben sich zusätzliche Lasten aus Eigengewicht und anteilige Schnee- und Windlasten, die als Punkt- oder Linienlasten die Sandwichbauteile beanspruchen.
Bei linienförmigen oder punktuellen Lasten ist häufig eine geringere Tragfähigkeit der Sandwichbauteile im Vergleich zu gleichmäßig verteilter Belastung vorhanden, da als tragender Querschnitt nicht die volle Paneelbreite, sondern nur eine effektiv wirkende, mittragende Breite zur Verfügung steht.

**Bild 31.** Fotovoltaikanlage

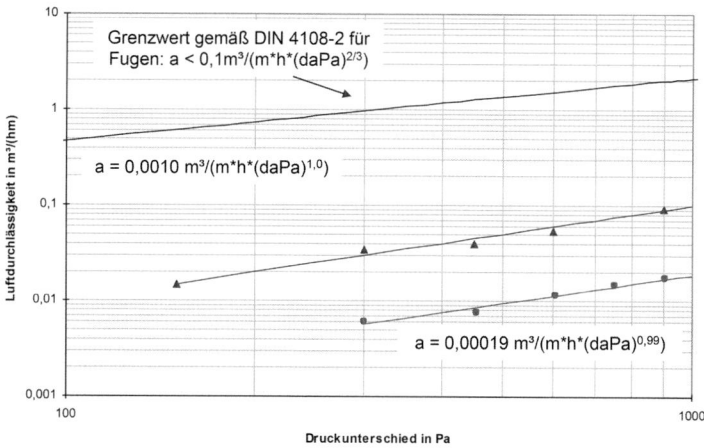

**Bild 28.** Ergebnisse der Dichtigkeitsprüfung gemäß DIN EN 12114 [50]

### 6.2 Öffnungen

Kleine Öffnungen, die nur ein Element betreffen und dies in seinem Querschnitt schwächen (z. B. durch Lüftungsöffnungen oder kleine Fenster), oder große Öffnungen, die entstehen, indem ein Sandwichelement z. B. durch ein Fenster über seine gesamte Breite ersetzt wird, werden regelmäßig in Bauwerken mit Sandwichelementen ausgeführt. Neben der Frage der Dichtheit (s. Abschnitt 6.1) spielt in diesem Zusammenhang auch die Frage der Tragfähigkeit eine bedeutende Rolle. Eine zusätzliche Unterkonstruktion kann den Tragfähigkeitsverlust ausgleichen, was den derzeitigen Stand der Technik bei elementbreiten Fenstern darstellt. Im Folgenden soll auf die Berechnungsverfahren und deren konstruktive Voraussetzungen eingegangen werden, mit deren Hilfe man bei kleinen Öffnungen Hilfsträger vermeiden kann.

Wichtigster konstruktiver Teil hierbei ist die Fuge, die Lasten vom geschwächten Element in die benachbarten Elemente übertragen muss. Ist sie dafür geeignet, so kann man durch Lastumlagerung für eine Entlastung des Paneels mit der Öffnung sorgen. Hierfür kann z. B. das Stabwerksmodell von *Böttcher* [8, 23] verwendet werden (Bild 29). Es besteht aus einem räumlichen Stabwerk mit schubsteifen Biegeträgern und dehnsteifen Pendelstäben. Die Sandwichelemente werden in ihrer Längsrichtung durch drei an den Enden gelagerte Stabzüge (Pos. 1) abgebildet. Sie werden im folgenden Längsträger genannt und sind Träger der Biegesteifigkeit BS, der Schubsteifigkeit AS und der Torsionssteifigkeit $GI_T$ (s. hierzu auch [13]) des Sandwichquerschnitts. Das Mittelelement besitzt eine Öffnung, die Randelemente sind ungestört. Im Bereich der Öffnung wird der Längsträger über einen biege-, schub- und torsionsstarren Lastverteilerstab (Pos. 4) in zwei Rand-Längsträger (Pos. 2 und Pos. 3) aufgeteilt. Sie besitzen die Steifigkeiten des jeweiligen Restquerschnitts. Die Schub- und Biegesteifigkeit in Elementquerrichtung $AS_Q$ und $BS_Q$ wird über Querträger (Pos. 5) abgebildet.

Die Querträger vor und hinter der Öffnung (Pos. 6 und Pos. 7) besitzen aufgrund der geringeren Einflussbreite eine geringere Steifigkeit als die restlichen Querträger (Pos. 5). Die Vertikalstäbe (Pos. 8 und Pos. 9) bilden die nur experimentell ermittelbare Fugensteifigkeit der Längsfuge $k_F$ ab und werden als Pendelstäbe ausgeführt. Mit diesem Modell lassen sich die Kräfte im Elementverband ermitteln und den ertragbaren Kräften gegenüberstellen.

Zu beachten ist hierbei noch, dass es bei eckigen Ausschnitten (z. B. für Fenster) zu Spannungskonzentrationen in den Ecken, sogenannten Kerbspannungen, kommt, welche die Tragfähigkeit stärker reduzieren, als es eine näherungsweise Nettoquerschnittsbetrachtung vermuten lässt (s. hierzu auch [23]). Geeignet eingebaute Fensterrahmen können diese Spannungsspitzen abbauen [27].

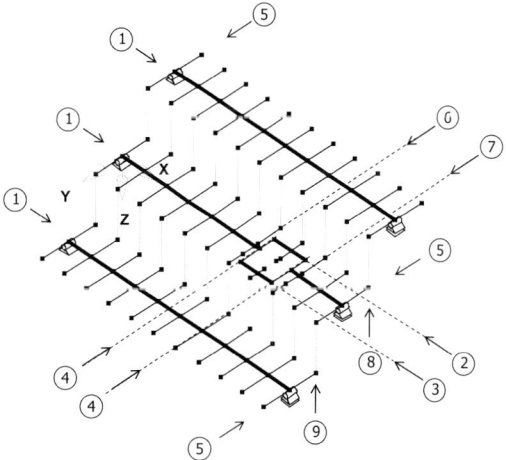

**Bild 29.** Stabwerkmodell zur Analyse eines Sandwichelementverbands

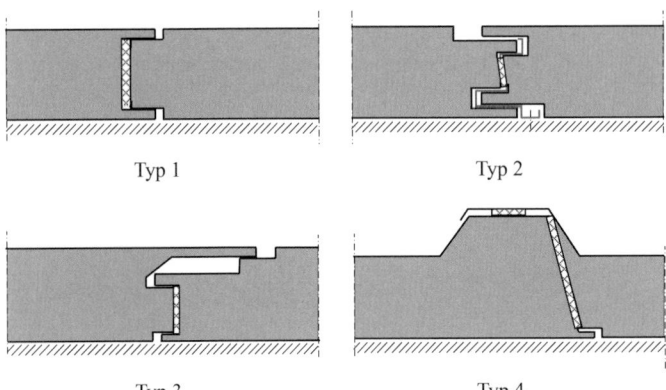

**Bild 25.** Fugentypen

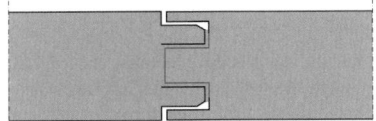

**Bild 26.** Symmetrische Fuge ohne Dichtband

Gebäudegröße unterschiedliche Anforderungen an die Fugendurchlässigkeit gestellt. Es wird dabei auf die Klassen nach DIN EN 12207 [49] „Fenster und Türen – Luftdurchlässigkeit – Klassifizierung" verwiesen (Tabelle 1).
An einzelne Bauteilfugen werden in der Energieeinsparverordnung keinerlei Anforderungen gestellt.
Auch DIN EN 14509 [55] stellt keine direkten Anforderungen an die Luftdichtigkeit von Sandwichelementfugen. Dort heißt es lediglich „Falls erforderlich, ist die Luftdichtheit einer Einheit von Sandwichelementen … nach EN 12114 zu prüfen." Grenzwerte für die Luftdichtheit von Fugen beschreibt jedoch die DIN 4108-2 [46]. Dort heißt es in Kapitel 7: „Die Luftdichtheit von Bauteilen kann nach DIN EN 12114 … bestimmt werden. Der aus Messergebnissen abgeleitete Fugendurchlasskoeffizient von Bauteilanschlussfugen muss kleiner als 0,1 m³/(m·h·daPa²/³) sein."
Die gängigste Methode, die Fugendichtheit von einzelnen Bauteilen zu beschreiben, liegt in der Angabe des Fugendurchlasskoeffizienten a. Der a-Wert stellt die Menge an Luft in m³ dar, die bei einer Druckdifferenz von 10 Pa innerhalb einer Stunde durch einen 1 m langen Fugenabschnitt strömt. DIN EN 12114 [50] beschreibt ein Laborprüfverfahren zur Bestimmung der Luftdurchlässigkeit von Bauteilen. Die Sandwichelemente werden zu diesem Zweck in einem möglichst luftdichten Prüfstand (s. Bild 27 und [36]) eingebaut. Die wichtigsten Bestandteile des Prüfstands bilden eine

**Bild 27.** Dichtigkeitsprüfstand

luftdichte Prüfkammer, an die der Prüfkörper angebracht werden kann, eine Einrichtung zum Aufbau verschiedener Druckdifferenzen sowie ein Gerät zur Messung des Luftvolumenstroms.
Nach einem in DIN 12114 [50] vorgegebenen Ablauf werden nun bei unterschiedlichen Druckdifferenzstufen Luftvolumenströme durch den Prüfstand gemessen. Mit dem Wissen, dass Sandwichelemente im Bereich der metallischen Deckschichten gänzlich luftdicht sind, kann man so direkt den Luftstrom durch die Fuge bestimmen. Ergebnis dieser Messungen sind von der Höhe der Druckdifferenz abhängige Luftvolumenströme, die grafisch dargestellt werden können (s. Bild 28). Ein anschließendes Regressionsverfahren ermöglicht die Angabe des Fugendurchlasskoeffizienten a. Bei den momentan auf dem europäischen Markt angebotenen Sandwichelementen ergeben sich sehr unterschiedliche Fugendurchlasskoeffizienten. Haupteinflussparameter sind die Fugengeometrie, die Art des Dichtbands sowie der Fugenabstand bzw. die Toleranz bei der Montage.

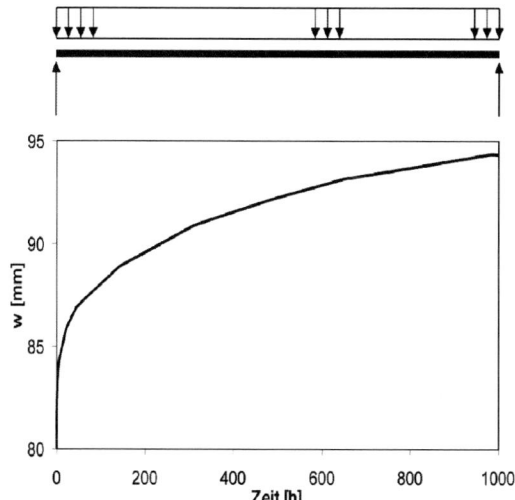

Durchbiegung in Feldmitte bei konstanter Gleichbelastung in Abhängigkeit von der Zeit

**Bild 24.** Kriechkurve für PUR-Hartschaum

kleine Restdurchbiegung, die die Gebrauchstauglichkeit jedoch nicht reduziert.

## 6 Konstruktives

### 6.1 Fugen

Einer gute Konstruktion und Ausführung der Fugen kommt bei Sandwichelementen große Bedeutung zu. So steht in der Energieeinsparverordnung [68] zum Thema Verringerung der Energieverluste: „Zu errichtende Gebäude sind so auszuführen, dass die wärmeübertragende Umfassungsfläche einschließlich der Fugen dauerhaft luftundurchlässig entsprechend den anerkannten Regeln der Technik abgedichtet ist." Neben den energetischen Gesichtspunkten ist in diesem Zusammenhang insbesondere die Vermeidung von Tauwasser in der Baukonstruktion zu nennen. Auch die Sicherstellung von akzeptablen Schalldämmmaßen sowie das einwandfreie Betreiben von Lüftungsanlagen setzen luftdichte Außenbauteile voraus. Sandwichelemente sind im Bereich der metallischen Deckschicht absolut luftdicht. Aufgrund der Vorfertigung der einzelnen Elemente im Werk und der daran anschließenden Montage auf der Baustelle entstehen im Vergleich zu anderen Bauweisen vergleichsweise viele Fugen und Anschlussbereiche.

Man kann zwischen symmetrischen Fugen (Typ 1), Fugen mit Befestigungsclips (Typ 2), Fugen für eine verdeckte Befestigung ohne Clips (Typ 3) sowie Dachelementfugen unterscheiden (Typ 4, jeweils Bild 25). Die Anforderungen an die Luftdichtigkeit sind bei entsprechender Planung und Ausführung mit jeder dieser Fugengeometrien zu erreichen. Als gängigstes Mittel hat sich das Abdichten mit komprimierbaren Fugenbändern bewährt. Eine Ausführung ohne Dichtband (Bild 26) führt in der Regel zu schlechten Luftdichtigkeitswerten und entspricht nicht dem aktuellen Stand der Technik. Der Industrieverband für Bausysteme im Metallleichtbau (IFBS, heute „Internationaler Verband für den Metallleichtbau") veröffentlichte im November 2016 die Schrift „Bauphysik – Luftdichtheit im Metallleichtbau" [69]. Diese enthält neben allgemeinen Informationen eine Vielzahl von Konstruktionsdetails, mit deren Hilfe Bauteilanschlüsse luftdicht (Der Begriff „luftdicht" meint im Folgenden immer luftundurchlässig entsprechend den anerkannten Regeln der Technik bzw. den Vorgaben nach Norm) ausführbar sind.

Bei den Anforderungen an die Luftdichtheit muss grundsätzlich zwischen allgemeinen Anforderungen an das Gesamtgebäude und lokalen Anforderungen an einzelne Bauteile unterschieden werden. In der EnEV wird diese Forderung konkretisiert. Bei einer Überprüfung der Luftdichtheit nach DIN EN ISO 9972 [54] darf der gemessene Volumenstrom, bezogen auf das beheizte Luftvolumen, bei einer Druckdifferenz von 50 Pa bei Gebäuden ohne raumlufttechnische Anlagen den Wert 3,0 h$^{-1}$ nicht überschreiten. Bei Gebäuden mit raumlufttechnischen Anlagen ist der Wert auf 1,5 h$^{-1}$ begrenzt. Für außen liegende Fenster, Fenstertüren und Dachflächenfenster werden in Abhängigkeit von der

**Tabelle 1.** Klassifizierung gemäß DIN EN 12207

| Zeile | Anzahl der Vollgeschosse des Gebäudes | Klasse der Fugendurchlässigkeit nach DIN EN 12207-1:2000-06 |
|---|---|---|
| 1 | bis zu 2 | 2 |
| 2 | mehr als 2 | 3 |

Schrauben für die direkte Befestigung sind lang (Bild 21), da sie durch die komplette Elementdicke hindurchgehen. Gern verwendet man Schrauben mit zwei Gewinden, einem an der Spitze zur Verbindung mit der Unterkonstruktion und einem sogenannten Stützgewinde unter dem Schraubenkopf, das sicherstellt, dass das Deckblech gut am Schraubenkopf anliegt. Andernfalls ist die Dichtigkeit gefährdet. Zur Verbesserung der Dichtung wird üblicherweise eine EPDM-Lage auf die Unterlegscheibe vulkanisiert.

Die Tragfähigkeit von Verbindungsmitteln zur direkten Montage ist in einer bauaufsichtlichen Zulassung geregelt [71]. Es ist zu beachten, dass es außer den hier beschriebenen, vom Sandwichelement beeinflussten Versagensarten, drei weitere Versagensarten gibt, die nur von Schraube und Unterkonstruktion abhängen, und die immer untersucht werden müssen: 1. Schraubenauszug, 2. Abscheren der Schraube, 3. Lochleibung in der Unterkonstruktion.

### 4.3 Indirekte Befestigung

Da die Ansicht der Schraubenköpfe mitunter als störend empfunden wird, hat man indirekte Befestigungen entwickelt, die auch verdeckte Befestigungen genannt werden. Sie liegen im Bereich der Fuge. Die Verbindung erfolgt durch direkte Verschraubung eines Elements mit der Unterkonstruktion und formschlüssige Verbindung des Nachbarpaneels mit diesem Element (Bild 22). Hierbei ist die Fuge des indirekt angeschlossenen Bauteils so ausgebildet, dass sie den Schraubenkopf verdeckt. Durch den Einbau eines speziell auf die Fugengeometrie abgestimmten Formteils (Lastverteiler) kann der Lasteinleitungsbereich verstärkt werden. Die indirekte Befestigung hat den Nachteil, dass im Lastfall Windsog nicht mehr die gesamte Paneelbreite gefasst wird, sondern nur noch eine Punktlagerung am Rand des Elements stattfindet. Dadurch ist die indirekte Lagerung prinzipiell eher bemessungsbestimmend als die direkte, da bei großen Lasten die Tragfähigkeit des Verbindungsbereichs nicht durch Anordnung zusätzlicher Schrauben erhöht werden kann.

Unter Windsog nutzt die indirekte Befestigung die Schubfestigkeit des Kernmaterials (Bild 23) und die Geometrie der Fuge.

## 5 Langzeitverhalten – Kriechen

Die mechanischen Eigenschaften von Polyurethan und Polystyrol sind von der Belastungsdauer abhängig. Nach einer anfänglichen elastischen Verformung des Schaums kommt es zu Kriechvorgängen in den Zellwänden, für die es kein Endkriechmaß gibt (Bild 24). Für Wandelemente stellt dies kein Problem dar, da sie nur kurzzeitig durch Wind beansprucht werden. Diese Last wirkt zu kurz, um den Kriechprozess zu initiieren. Dachelemente hingegen tragen andauernd ihr Eigengewicht und darüber hinaus im Winter zusätzlich die Schneelast.

Daher werden Dachelemente mit einer starken Profilierung, ähnlich der eines Trapezprofils, hergestellt. Diese Profilierung ist so dimensioniert, dass sie das Eigengewicht des Elements allein, d. h. durch ihre Eigensteifigkeit übernehmen kann und die Sandwichwirkung nur für kurzzeitig wirkende Lasten (Wind und Schnee) aktiviert wird. Insbesondere unter der Schneelast führt das Kriechen des Kernwerkstoffs zu bleibenden Verformungen. Ein Teil dieser Verformungen wird im Sommer durch die Rückfederung des profilierten Deckblechs kompensiert. Es verbleibt im Jahreszyklus eine

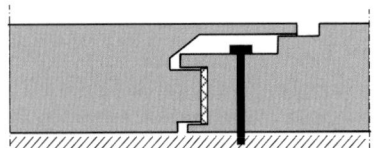

**Bild 22.** Prinzipskizze zur indirekten Befestigung

a) b)

**Bild 23.** Mitwirkung des Kernwerkstoffs im Verbindungsbereich bei Windsog, a) vor und b) nach dem Versagen

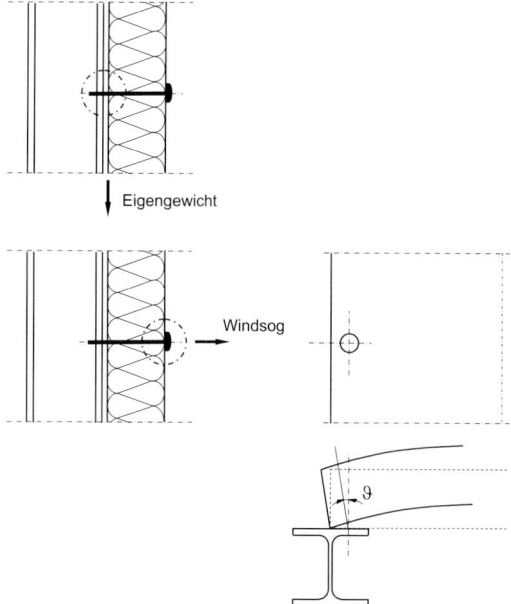

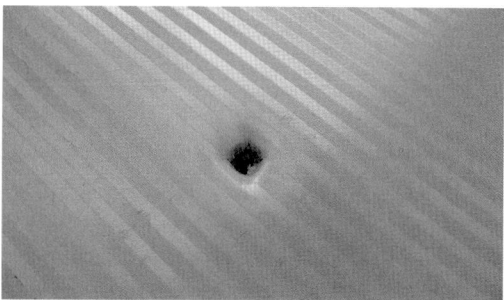

**Bild 20.** Deckblechversagen beim Durchknöpfen einer Schraube

**Bild 19.** Beanspruchung von Verbindungsmitteln

## 4.2 Direkte Befestigung

Sandwichelemente müssen mit der Unterkonstruktion kraftschlüssig verbunden werden. Hierzu werden Schrauben als Verbindungsmittel genutzt. Bei der direkten Befestigung wird von außen durch beide Deckschichten und das Kernmaterial in die Unterkonstruktion ein Loch vorgebohrt und die Befestigung mit einer gewindefurchenden Schraube vollzogen. Sind die Schrauben mit einer Bohrspitze versehen, lässt sich die Befestigung in einem Arbeitsgang durchführen. Der Nachteil der direkten Befestigung liegt in der Sichtbarkeit der Schraubenköpfe in der Fassade.

Abhebende Kräfte wie Windsog werden auf der Elementaußenseite übertragen. Daraus folgt die am meisten auftretende Versagensart, das Durchknöpfen des Schraubenkopfes durch das Deckblech (Bild 20). Diese Befestigung kann auch für die Biegetragfähigkeit nachteilig sein, wie im Abschnitt 3.3.4 zur Tragfähigkeit am Innenauflager angesprochen wurde. Schon bei relativ geringen Windsoglasten treten im Umfeld des Schraubenkopfes trichterförmige Verformungen auf, die die Druckkräfte des Deckblechs umleiten, d. h., das gedrückte Blech wird nicht nur durch die Löcher in seiner Fläche reduziert, sondern durch die Verformungen im Bereich der Löcher entstehen Umlenkkräfte, welche die Tragspannung herabsetzen.

Die Tragfähigkeit der Schraube wird aufseiten des Sandwichelements von drei Parametern bestimmt (s. a. [31]):
– Deckblechdicke,
– Steifigkeit des Kernwerkstoffs,
– Durchmesser der Unterlegscheibe.

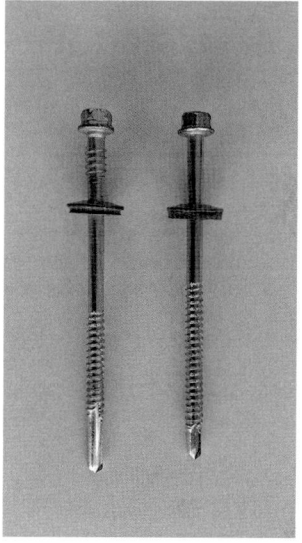

**Bild 21.** Typische Schrauben zur Befestigung von Sandwichpaneelen, links mit Stützgewinde

Das Deckblech verteilt die Schraubenkraft über Biegung, wobei die Steifigkeit des Kernwerkstoffs zu einer Bettung und damit direkten Lastaufnahme führt, d. h., je steifer der Kernwerkstoff ist, umso mehr Last wird direkt in den Kern geleitet. Hierbei hilft auch die Unterlegscheibe, wobei jedoch bei wachsendem Scheibendurchmesser eine Grenze erreicht wird, ab der die Scheibe selbst versagt (s. Bild 19 unten links).

Querkräfte innerhalb der Elementebene (z. B. infolge von Eigengewicht oder Dachschub) überträgt die Innenseite. Dort ist das Blech sehr dünn und nicht durch einen Schraubenkopf, sondern nur durch den Kernwerkstoff ausgesteift (Bild 19 oben).

Treten Querkraft und abhebende Kraft gleichzeitig auf, so ist deren Interaktion nur zu berücksichtigen, wenn es sich um eine zyklische Beanspruchung handelt, wie sie z. B. bei einer Gebäudeaussteifung auftritt. Diese Anwendung ist jedoch durch die aktuelle Norm nicht geregelt (s. hierzu auch [20]).

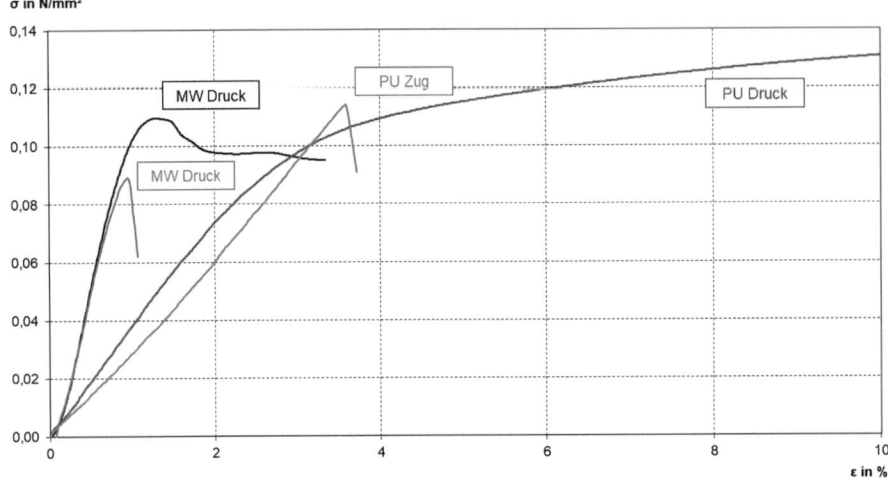

Bild 17. Gegenüberstellung von Druck- und Zugverhalten bei Mineralwolle und PUR-Hartschaum

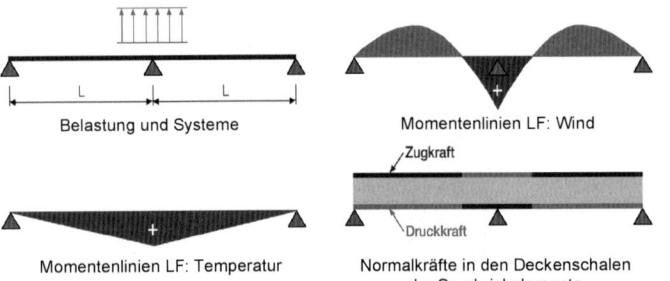

Bild 18. Lastfall Temperatur

Lastfall „Temperatur im Sommer" am Zweifeld-System resultieren Zugkräfte in den Schrauben am Mittelauflager und es werden Druckspannungen im äußeren Deckblech erzeugt (Bild 18).
Erschwerend kommt hinzu, dass sich die Festigkeitswerte des Kernmaterials bei hohen Temperaturen verschlechtern. Insbesondere Elastizitäts- und Gleitmodul werden um bis zu 35% kleiner, was zu einer entsprechenden Reduzierung der Knitterspannung führt.

### 3.5 Axialbelastung

Die Belastung von Sandwichelementen in ihrer Ebene, z. B. durch Verwendung der Paneele als Wandscheibe, kann derzeit nicht als Stand der Technik, sondern als Gegenstand der Forschung gesehen werden [4, 24]. Zwar zeigen Beispiele aus dem bauaufsichtlich nicht relevanten Bereich (z. B. Kühlräume), dass die axiale Tragfähigkeit sehr gut ist und die Lasteinleitung zufriedenstellend ausgeführt werden kann, es fehlen jedoch z. B. Erfahrungen hinsichtlich des Einflusses von Imperfektionen und Kriecherscheinungen.

## 4 Befestigung

### 4.1 Einleitung

Im Befestigungsbereich kommt es zu großen örtlichen Spannungen und Verformungen im Deckblech und im Kernmaterial, die zu einem Versagen der Verbindungsmittel oder des Sandwichs führen können. Die Analyse von Befestigungsmitteln für Sandwichelemente kann nur experimentell erfolgen [62]. Da die Deckbleche sehr dünn sind und das Kernmaterial weich ist, können die Erkenntnisse aus dem Bereich der Trapezprofile, für die eine ähnliche Befestigungstechnik verwendet wird, nicht übertragen werden. Dazu kommt infolge der guten Wärmedämmung ein großes Temperaturgefälle innerhalb der Elemente, woraus eine Krümmung und damit zusätzliche Verformungen folgen (Ermüdung infolge Temperaturwechsel), für die die Verbindungsmittel ausgelegt werden müssen. Dies führt dazu, dass in den Zulassungen nicht nur Traglasten für die unterschiedlichen Versagensarten, sondern auch Grenzverformungen angegeben sind (s. a. Bild 19 rechts und [71]).

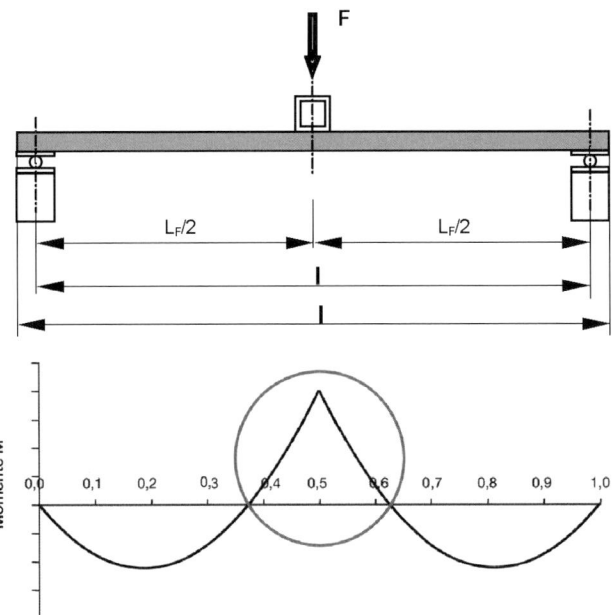

**Bild 14.** Typischer Ersatzträgerversuch

**Bild 15.** Knitterfalte im Bereich der Verschraubung

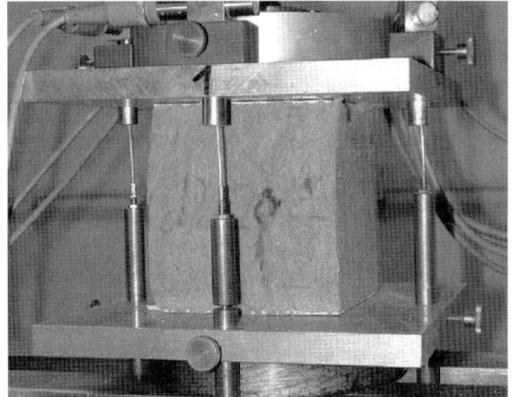

**Bild 16.** Würfeldruckversuch

überschritten wird. Die Druckfestigkeit wird aus Würfel-Druckversuchen gewonnen (Bild 16). Ein Druckbruch tritt – im Gegensatz zum Mineralwollkern – im PUR-Kern nicht auf. Es lassen sich ersatzweise Grenzspannungen $\beta_d$ bei einer Dehnung von 10% angeben (Bild 17).

### 3.4 Temperaturdifferenz

Das Sandwichbauteil hat eine sehr geringe Wärmeleitfähigkeit. Für diese Eigenschaft ist der integrierte Kern verantwortlich. Während auf der äußeren Deckschicht in Abhängigkeit von der Farbgruppe (s. Abschnitt 6.8.2 und Bild 67) im Sommer bis zu 80 °C gemessen werden können, herrschen auf der inneren Deckschicht gleichzeitig nur 25 °C. Dieser große Temperaturgradient erzeugt in Elementen mit leicht profilierten Deckschichten in statisch bestimmten Systemen keine Schnittgrößen, es entstehen aber Krümmungen. Die Verbindungsmittel an den Lagern müssen die daraus entstehenden Schraubenauslenkungen (Bild 19 rechts) aufnehmen können. Besitzen Sandwichelemente eine profilierte Deckschicht, so sind diese innerlich statisch unbestimmt und es entstehen selbst in statisch bestimmten Systemen Spannungen aus dem Lastfall Temperatur (s. a. [25]). Eine äußere Schnittgröße entsteht jedoch erst bei statisch unbestimmten Systemen. Die Spannungen aus dem Lastfall Temperatur können im Zweifeld-System mehr als doppelt so große Werte wie aus dem Lastfall Windsog erreichen. Die Spannungen aus Temperatur treten zusätzlich an ungünstiger Stelle im Sandwichelement auf. Aus dem

**Bild 12.** Schubbruch im Kernmaterial

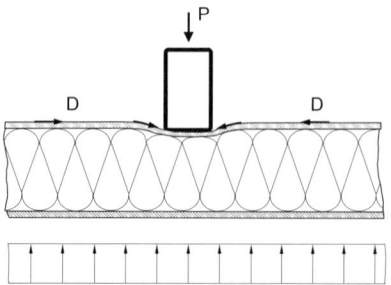

**Bild 13.** Abtriebskräfte am Innenauflager

einem 4-Punkt-Biegeversuch am kurzen Balken (l/b = 1000/100 mm) ermittelt. In Bild 12 ist gut der Schubbruch, d. h. ein Zugriss parallel zur Hauptdruckspannung, zu sehen. Um einen Schubbruch zu verhindern, muss die Schubfestigkeit des Kerns eingehalten werden. Zur Berechnung der Verformungen ist die Kenntnis der Schubsteifigkeit erforderlich. Bei statisch unbestimmt gelagerten Bauteilen hat die Schubsteifigkeit darüber hinaus Einfluss auf die Schnittgrößenverteilung.

Da die Mineralwolle üblicherweise in Platten (Breite = Elementbreite, Länge = ca. 1000 mm) oder Lamellen (1000 mm lang, 100 mm breit) eingebaut wird, stellt sich die Frage der Schubübertragung in der Fuge. Bei Platten werden die Stirnflächen mit Klebstoff besprüht, sodass dort die Querkraft durch die Verklebung übertragen wird. Lamellen werden meist versetzt verlegt. Bei einer Paneelbreite von 1000 mm sind somit in jedem kritischen Schnitt 9 von 10 Lamellen aktiv an der Querkraftweiterleitung beteiligt.

Schubversagen zwischen Deckblech und Kernwerkstoff kann ebenfalls auftreten. Bei PUR-Paneelen wird dies meist durch die Bildung von Luftporen (Lunkern) im Übergangsbereich von Blech und Schaum begünstigt. Paneele mit verklebten Schichten (Mineralwolle, Polystyrol) versagen in der Verbundfuge infolge zu geringer Klebstoffmenge. Bei Elementen mit Mineralwollkern kann es außerdem zu einem Versagen der Verbundfuge kommen, wenn die Mineralwolle durch unsachgemäße Nutzung (z. B. große, sich wiederholende Punktlasten) oder Lagerung (z. B. hohe Stapel mit zu schmalen Distanzhölzern) im Verbundbereich zerstört wird.

Darüber hinaus ist auch ein Schubversagen einer stark profilierten Deckschicht (also des Stahlprofils) möglich.

### 3.3.4 Innenauflager

An Zwischenauflagern wird die Deckschicht auf Druck belastet, d. h. auch hier besteht Knittergefahr. Zusätzlich erzeugt die Auflagerreaktion eine Eindrückung in den Schaum. Das Deckblech erhält hier eine Vorverformung, wodurch das Verzweigungsproblem in ein Spannungsproblem nach Theorie II. Ordnung übergeht (Bild 13). Der „Ersatzträgerversuch" dient zur Analyse dieser Momenten-Querkraft-Interaktion. Es wird für ihn gedanklich das Stück aus dem Durchlaufträger geschnitten, in dem die Auflagerkraft und das Stützmoment wirken. Die Länge sollte so gewählt werden, dass bei Versagen des inneren Deckblechs auch die Druckfestigkeit im Kern über dem Innenauflager erreicht wird (Bild 14). Durch Aufbringen einer Einzellast entsteht eine dreieckförmige Momentenlinie, die wiederum der Parabel im Stützbereich sehr ähnlich ist. Die Knitterspannungen, genauer „Traglastspannungen", sind infolge der aus der Auflagerkraft resultierenden Eindrückung geringer als beim Einfeldträgerversuch (s. a. [26]).

Werden Dach-Sandwichelemente als Mehrfeldträger gestützt und durch Schnee belastet, tritt diese Kombination an der Unterseite des Elements am Zwischenauflager auf. Werden Wand-Sandwichelemente als Mehrfeldträger gestützt und durch Windsog belastet, tritt diese Kombination an der Außenseite des Elements an der Befestigung auf. Hier zeigt sich ein besonders ungünstiger Fall. Die Last wird lokal nur über die Befestigungsmittel (Schrauben mit Dichtscheiben) in die druckbeanspruchte Deckschicht eingetragen. Die ertragbaren Spannungen sind hier geringer als unter Beanspruchungen aus Winddruck. Die Versuche zur Bestimmung der Knitterspannung werden ebenfalls am Ersatzträger durchgeführt. Die Lasteinleitung erfolgt aber nicht mehr durch einen Träger an der Elementinnenseite, sondern durch eine Verschraubung von der Elementaußenseite (Bild 15).

Hierbei zeigt sich ein wichtiger Effekt: die Vergrößerung der Zahl an Verbindungsmitteln kann die Biegetragfähigkeit reduzieren. Da die Schraubenköpfe lokal große Eindrückungen in das Paneel verursachen, folgt aus jedem Schraubenkopf bei Windsog eine zusätzliche Imperfektion und damit eine Reduktion der Biegetragfähigkeit.

### 3.3.5 Endauflager

Durch die Einhaltung einer Mindestauflagerbreite ist sicherzustellen, dass die Auflagerkräfte in den Kern eingeleitet werden können und seine Druckfestigkeit nicht

trächtliche zusätzliche Beanspruchungen hervorrufen, wird deutlich, warum die theoretische Knitterspannung im Versuch meist nicht erreicht wird. *Stamm/Witte* haben hierfür die vom Sandwichelement aufnehmbare Spannung unter Berücksichtigung leichter Vorbeulen ermittelt. Da an dieser Stelle nicht mehr von einem Verzweigungs-/Eigenwertproblem gesprochen werden kann, sondern vielmehr von einem Spannungsproblem nach Theorie II. Ordnung, wird diese aufnehmbare Knitterspannung als Traglastspannung $\sigma_{xT}$ bezeichnet. *Stamm/Witte* haben für Gl. (38) eine Näherung auf Basis der seinerzeit üblichen Werkstoffkennwerte und Imperfektionen hergeleitet (Gl. 39).

$$\sigma_w = 0,5 \cdot \sqrt[3]{E_F \cdot E_C \cdot G_C} \qquad (39)$$

**Bild 10.** Typischer Versuchsaufbau zur Bestimmung der Knitterspannung

Sie liegt für die heute übliche Oberflächenqualität zwar meist auf der sicheren Seite, kann jedoch für eine überschlägige Berechnung durchaus verwendet werden.

Da alle Berechnungsmethoden, auch die Methode der finiten Elemente, aufgrund des nicht isotropen Kernmaterials zu ungenauen Lösungen führen, hält sich auch weiterhin die experimentelle Bestimmung der Knitterspannung als optimale Grundlage für den Einsatz von Sandwichelementen im Bauwesen. Polyurethanschaum und Mineralwolle sind keine isotropen Materialen. FEM-Analysen, die mittels isotroper Modelle die Knitterspannung gut vorhersagen, sind daher meist Zufallstreffer.

In Einfeldträgerversuchen (Bild 10) wird die Knitterspannung des Deckblechs in Positiv- und Negativlage bestimmt. Selbst wenn das Deckblech auf beiden Seiten identische Geometrie- und Werkstoffkennwerte aufweist, so unterscheiden sich die Werte der Knitterspannung trotzdem. Das beim Produktionsprozess oben liegende Blech erreicht oft geringere Werte, da sich bei PU-Kernen im gegen das Blech aufschäumenden Kernmaterial kleine Lufteinschlüsse zwischen Blech und Schaum bilden, sogenannte Lunker. Auch bei Mineralwolle lässt sich ein Unterschied erkennen, der darauf zurückgeführt werden kann, dass der auf die Mineralwolle aufgetragene Klebstoff in die Wolle einsickert, bevor es zur endgültigen Verbindung mit dem Deckblech kommt. Dadurch ist die Tragfähigkeit der Produktionsoberseite auch hier schlechter als diejenige der Produktionsunterseite, bei der der Klebstoff auf das Blech gesprüht wird.

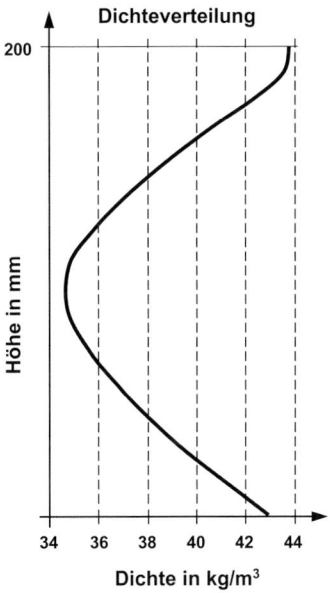

**Bild 11.** Schaumdichteverteilung über die Elementdicke

Ein weiterer, die Knitterspannung beeinflussender Umstand ist die Dichteverteilung des PUR-Hartschaums über die Elementdicke (Bild 11). Infolge des Herstellungsprozesses kommt es zu einer Verdichtung des Schaums im Randbereich, was dort zu einer festeren und damit günstigeren Lagerung führt. Dies hat zur Folge, dass selbst bei identischer Formulierung der Schaumrezeptur die Knitterspannung bei unterschiedlicher Elementdicke unterschiedliche Werte aufweist – trotz gleicher „Nenn"-Schaumdichte.

Die Last wird bei diesem Experiment über vier Einzellasten so eingebracht, dass die Momenten- und Querkraftlinien ähnlich dem Verlauf bei einer Beanspruchung durch eine Gleichflächenlast sind. Die Beanspruchung kann auch durch ein Vakuum unter dem Element oder durch Luftkissen aufgebracht werden.

### 3.3.2 Deckblechfließen

Das Fließen einer Deckschicht infolge einer Zugbeanspruchung, oder bei sehr guter Profilierung auch Druckbeanspruchung, stellt ebenfalls eine mögliche Versagensart da.

### 3.3.3 Schubversagen

Sowohl bei Elementen mit leicht profilierten als auch bei Elementen mit stark profilierten Deckschichten werden Schubspannungen vom Kern aufgenommen. Die Schubfestigkeit und die Schubsteifigkeit wird aus

Tragverhalten 911

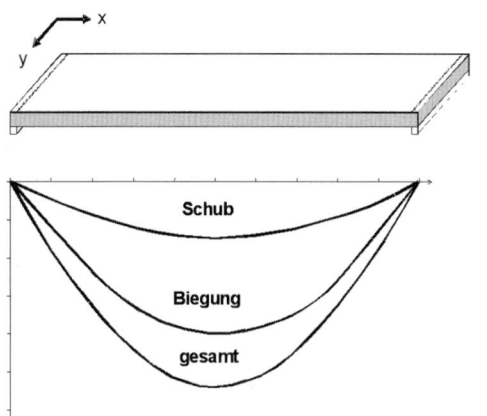

**Bild 7.** Aufteilung der Verformung infolge Schub und Biegung

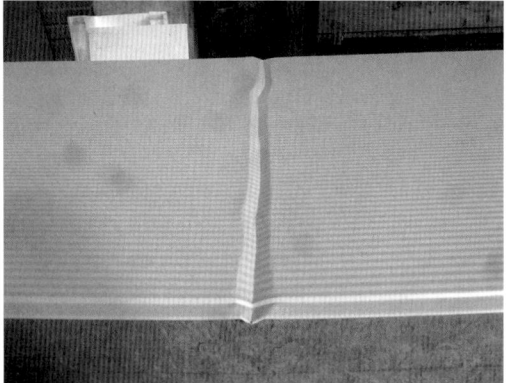

**Bild 8.** Typische Knitterfalte

weiteren theoretischen Arbeiten ab den 1970er-Jahren durch *Jungbluth* [14] und seine Mitarbeiter (Berner [3], *Jungbluth/Hofmann* [15], *Jungbluth/Berner* [16], *Linke* [30]) am Institut für Stahlbau und Werkstoffmechanik der TU Darmstadt sowie durch die Firma Hoesch (*Stamm/Witte* [38]) erarbeitet.
Näherungsweise wird das Versagen als knickstabähnliches Beulen des elastisch gebetteten Blechs betrachtet (Bild 9), wofür die Differenzialgleichung

$$EIw'''' + Pw'' + cw = 0 \qquad (33)$$

angewandt werden kann. Aus dem sinusförmigen Lösungsansatz

$$w = w_0 \cdot \sin\frac{\pi \cdot x}{a_x} \qquad (34)$$

folgt eine sinusförmige Verformung der bettenden Kernschicht. *Stamm/Witte* leiten daraus für isotropes, dickes Kernschichtmaterial folgende Bettungsziffer her:

$$k = \frac{2 \cdot (1 - \nu_C)}{3 - 4 \cdot \nu_C} \sqrt{\frac{2 \cdot G_C \cdot E_C}{1 + \nu_C}} \qquad (35)$$

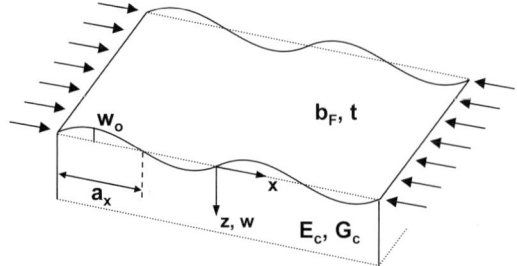

**Bild 9.** Knickstabähnliches Beulen des elastisch gebetteten Blechs

Die Annahme, dass es sich um isotropes Material handelt, gilt jedoch für Polyurethanschaum nur näherungsweise. Ebenso ist die Annahme, dass es sich um eine dicke Kernschicht handelt, d. h., dass die aus der Bettung folgenden Druckspannungen im Kernmaterial bis zur Zugseite abgeklungen sind, für dünne Sandwiche nur näherungsweise berechtigt.
Der Elastizitätsmodul $E_C$ entspricht dem Mittelwert aus dem Zug- und Druck-E-Modul des Kernmaterials. Man geht davon aus, dass sich durch die alternierende Wellenform der Knitterwellen die Deckschicht abwechselnd in den Schaum eindrückt und im direkt angrenzenden Bereich am Schaum zieht. Dies wird als eine realistische Annäherung betrachtet, obwohl bei Polyurethanschaum der Zug-E-Modul meist größer als der Druck-E-Modul ist.
Aus den Gln. (33) und (35) folgt die Knitterspannung $\sigma_w$ (w steht hierbei das für englische Wort wrinkling = Knittern) zu:

$$\sigma_w = \kappa \cdot \sqrt[3]{E_F \cdot E_C \cdot G_C} \qquad (36)$$

mit

$$\kappa = \sqrt[3]{\frac{9 \cdot (1 - \nu_C)^2}{2 \cdot (1 + \nu_C) \cdot (3 - 4 \cdot \nu_C)^2 \cdot (1 - \nu_F^2)}} \qquad (37)$$

Unter Berücksichtigung der Querdehnzahl für das Stahlblech $\nu_F = 0{,}30$ und der Annahme der Querdehnzahl des PUR-Schaums mit $\nu_C = 0{,}20$ ergibt sich die Knitterspannung zu:

$$\sigma_w = 0{,}82 \cdot \sqrt[3]{E_F \cdot E_C \cdot G_C} \qquad (38)$$

Ermittelt man die Knitterspannung eines Sandwichelements experimentell und berechnet sie zum Vergleich mit Gl. (38), so zeigt sich, dass die rechnerische Knitterspannung größer als die experimentell ermittelte ist. Eine der Annahmen, die zur Berechnung getroffen wurde, war die absolute Ebenheit der Deckschichten. Die berechnete Knitterspannung stellt somit die ideelle Verzweigungsspannung für elastisch gebettete Deckschichten bei Sandwichelementen dar. Sie ist als oberer Grenzwert für die maximal erreichbare Knitterspannung zu sehen.
Berücksichtigt man, dass herstellungsbedingt leichte Imperfektionen der Deckschichten vorkommen, die be-

$$\gamma = \gamma_1 + \gamma_2 \tag{8}$$

$$\varepsilon_2 = \frac{du_2}{dx} \tag{9}$$

$$\varepsilon_1 = \frac{du_1}{dx}$$

$$u_2 = +e_2 \cdot \gamma_2$$
$$u_1 = +e_1 \cdot \gamma_2 \tag{10}$$

Aus den Gln. (9) und (10) folgen:

$$\varepsilon_2 = +e_2 \cdot \gamma_2'$$
$$\varepsilon_1 = -e_1 \cdot \gamma_2' \tag{11}$$

Es gelten die Werkstoffgesetze:

$$\tau = G_C \cdot \gamma \tag{12}$$

$$\sigma_2 = E_2 \cdot \varepsilon_2$$
$$\sigma_1 = E_1 \cdot \varepsilon_1 \tag{13}$$

Integriert man die Schubspannung über die Kernfläche, so erhält man die Querkraft:

$$Q = \int \tau \cdot dA = \tau \cdot b_c \cdot e \tag{14}$$

und mit den Gln. (12) und (14) folgt

$$Q = G_c \cdot b_c \cdot e \cdot \gamma \tag{15}$$

mit der Schubfläche

$$A_Q = b_c \cdot e \tag{16}$$

und der Sandwich-Schubsteifigkeit

$$A_S = G_c \cdot A_Q \tag{17}$$

folgt

$$Q = A_S \cdot \gamma \tag{18}$$

Die Integration der mit den Hebelarmen multiplizierten Normalspannungen über die Deckschichtfläche liefert das Moment:

$$M = \int_A \sigma \cdot z \cdot dA = \sigma_2 \cdot e_2 \cdot b_2 \cdot t_2 - \sigma_1 \cdot e_1 \cdot b_1 \cdot t_1 \tag{19}$$

und es folgt aus den Gln. (13) und (19)

$$M = E_2 \cdot \varepsilon_2 \cdot b_2 \cdot e_2 \cdot t_2 - E_1 \cdot \varepsilon_1 \cdot b_1 \cdot e_1 \cdot t_1 \tag{20}$$

bzw. mit den Gln. (11) und (20)

$$M = (E_2 \cdot b_2 \cdot t_2 \cdot e_2^2 + E_1 \cdot b_1 \cdot t_1 \cdot e_1^2) \cdot \gamma_2' \tag{21}$$

Mit der Sandwich-Biegesteifigkeit

$$B_S = E_2 \cdot b_2 \cdot t_2 \cdot e_2^2 + E_1 \cdot b_1 \cdot t_1 \cdot e_1^2 \tag{22}$$

folgt

$$M = B_S \cdot \gamma_2' \tag{23}$$

Mit den Gln. (5) und (6) kann $B_S$ umgeformt werden:

$$B_S = \frac{E_2 \cdot b_2 \cdot t_2 \cdot E_1 \cdot b_1 \cdot t_1}{E_2 \cdot b_2 \cdot t_2 + E_1 \cdot b_1 \cdot t_1} \cdot e^2 \tag{24}$$

Nimmt man an, dass die obere und untere Deckschicht aus dem gleichen Material bestehen, was für den allgemeinen Hochbau mit Stahldeckschichten üblich ist, so ergibt sich mit

$$E_1 = E_2 = E_F \tag{25}$$

$$B_S = E_F \cdot I_y \tag{26}$$

wobei

$$I_y = \frac{b_2 \cdot t_2 \cdot b_1 \cdot t_1}{b_2 \cdot t_2 + b_1 \cdot t_1} \cdot e^2 \tag{27}$$

Sind auch noch Blechdicke und -breite identisch (t = $t_2 = t_1$ und b = $b_1 = b_2$), so vereinfacht sich $I_y$ weiter zu

$$I_y = \frac{b \cdot t}{2} \cdot e^2 \tag{28}$$

Betrachtet man statisch bestimmte Systeme, müssen die Differenzialgleichungen für w und γ nicht gebildet werden. Es wird im Weiteren der Ansatz der Partialdurchbiegung verfolgt. Die Verformung w lässt sich aufspalten in einen Biegeanteil $w_M$ und in einen Schubanteil $w_Q$.

$$w = w_M + w_Q \tag{29}$$

Wie in Bild 6 zu erkennen, ist

$$w_M' = -\gamma_2 \tag{30}$$

Aus den Gln. (23) und (30) folgt die Momenten-Krümmungs-Beziehung für Sandwichquerschnitte:

$$w_M'' = -\frac{M(x)}{B_S} \tag{31}$$

Die Änderung der Schubverformung wird durch den Winkel γ beschrieben (Bild 6). Mit den Gln. (7), (8) und (18) folgt die Schub-Verdrehungs-Beziehung für Sandwichquerschnitte:

$$w_Q' = \frac{Q(x)}{A_S} - \gamma_2 \tag{32}$$

Bild 7 zeigt eine Auswertung der oben hergeleiteten Gleichungen.

### 3.3 Versagensarten

#### 3.3.1 Knittern

Das Deckblechknittern ist eine für Sandwichelemente typische Versagensform. Die sehr dünnen Bleche werden durch den Kernwerkstoff gut gegen das Beulen gebettet. Bei Überschreiten eines kritischen Grenzwerts, der sogenannten Knitterspannung, ist diese Bettung jedoch nicht mehr ausreichend und es bildet sich eine typische, kurze Knitterfalte, indem sich das Blech in den Kernwerkstoff eindrückt (Bild 8).

Zur Berechnung für die Anwendung im Bereich der Luftfahrt liegen ab 1940 viele internationale Arbeiten vor (siehe z. B. *Plantema* [33]). Die theoretischen und praktischen Grundlagen für die Anwendung im Bauwesen in Deutschland wurden aufbauend auf diesen und

# 3 Tragverhalten

## 3.1 Sandwichprinzip

Das Tragverhalten lässt sich sehr gut mittels Bild 5 erläutern. Legt man zwei dünne Bleche übereinander, so können sie nennenswerte Spannweiten nur durch Aktivierung der Membranwirkung und mit großem Durchhang überbrücken (Bild 5a). Verbindet man sie schubsteif und sichert dadurch eine angemessene Distanz zwischen beiden Blechen, so bildet man einen Zweipunktquerschnitt, dessen eine Seite eine Druck- und andere Seite eine gleich große Zugkraft aufnehmen kann (Bild 5b). Dieses Kräftepaar entspricht dem aufnehmbaren Moment. Die schubfeste Verbindung der beiden Bleche führt zu Schubkräften im Kernmaterial, das aber infolge der Kombination von kleiner Tragfähigkeit mit großer Fläche diese Kräfte meist gut aufnehmen kann.

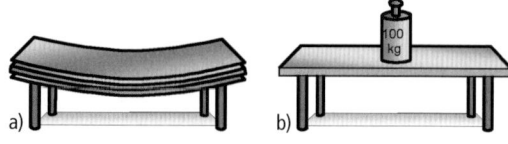

Bild 5. Sandwichprinzip

## 3.2 Berücksichtigung der Schubsteifigkeit

Die geringe Schubsteifigkeit des Kernmaterials führt dazu, dass die im Stahlbau übliche Verformungs- und Schnittgrößenberechnung unter Annahme schubstarrer Bauteile nicht mehr zulässig ist. Es muss eine Berechnung unter Berücksichtigung des Schubmoduls durchgeführt werden. Bei statisch bestimmt gelagerten Elementen führt dies zu zusätzlichen Verformungen. Bei statisch unbestimmt Gelagerten ergibt sich daraus auch ein Einfluss auf die Schnittgrößenverteilung.
Die analytische Lösung für Sandwichbalken mit dünnen Deckschichten wurde z. B. von *Stamm/Witte* [38] hergeleitet. Im Folgenden wird eine verkürzte Fassung dieser Herleitung wiedergegeben. In Bild 6 wird ein Ausschnitt eines Sandwichbalkens dargestellt. Er besitzt die Gesamthöhe D und die Länge dx und ist in eine obere Deckschicht, einen Kern und eine untere Deckschicht aufgeteilt. Die Deckschichten besitzen die Breite b, die Dicke t und den Elastizitätsmodul E. Die Kennwerte der Deckschichten können oben und unten unterschiedlich sein (oben – Index „1", unten – Index „2"). Der Abstand der Deckschichtschwerachsen wird mit e bezeichnet. Die Abstände von der Gesamtschwerachse zu den Schwerachsen der einzelnen Deckschichten werden mit $e_1$ bzw. mit $e_2$ bezeichnet. Der Kern ist schubsteif und besitzt den Schubmodul $G_c$, die Breite $b_c$ und die Höhe $d_c$.
Für Sandwichelemente mit ebenen und leicht profilierten Deckschichten wird folgende Annahme getroffen: Der schubsteife Kern trägt die gesamte Querkraft ab. Schubspannungen aus der Querkraft treten nur im Kern auf. Die dehnsteifen Deckschichten tragen als Zweipunktquerschnitt das Biegemoment ab. Normalspannungen aus dem Moment treten nur in den Deckschichten auf. Durch die Einwirkungen M und Q verformt sich der Sandwichquerschnitt. Es stellen sich folgende geometrische Beziehungen ein:

$$e = e_1 + e_2 \quad (1)$$

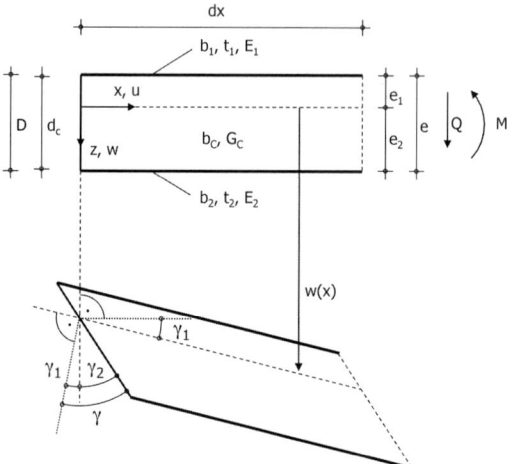

Bild 6. Geometrie

Für ebene und leicht profilierte, dünne Deckschichten, wie sie hauptsächlich für Wandbauteile verwendet werden gilt:

$$e = D - \frac{t_1 + t_2}{2} \cong d_c \quad (2)$$

Werden die Koordinatenachsen an der Gesamtschwerachse ausgerichtet (vgl. Bild 6), gilt:

$$z_s = \frac{E_2 \cdot b_2 \cdot t_2 \cdot e_2 - E_1 \cdot b_1 \cdot t_1 \cdot e_1}{E_2 \cdot b_2 \cdot t_2 + E_1 \cdot b_1 \cdot t_1} = 0 \quad (3)$$

und aufgelöst folgt:

$$E_2 \cdot b_2 \cdot t_2 \cdot e_2 = E_1 \cdot b_1 \cdot t_1 \cdot e_1 \quad (4)$$

Mit den Gleichungen (1) und (4) folgt sodann:

$$e_2 = \frac{E_1 \cdot b_1 \cdot t_1}{E_2 \cdot b_2 \cdot t_2 + E_1 \cdot b_1 \cdot t_1} \cdot e \quad (5)$$

$$e_1 = \frac{E_2 \cdot b_2 \cdot t_2}{E_2 \cdot b_2 \cdot t_2 + E_1 \cdot b_1 \cdot t_1} \cdot e \quad (6)$$

Es werden im Folgenden die in Bild 6 angegebenen Bezeichnungen der Winkel verwendet, wie sie sich in *Stamm/Witte* [38] wiederfinden lassen. In der Mechanik wird der Winkel $\gamma_2$ meist mit $\psi$ bezeichnet. Die Dehnungen und Verzerrungen ergeben sich zu:

$$\gamma_1 = \frac{dw}{dx} = w' \quad (7)$$

# Brücken mit Stahlrohrtragwerken gestalten und realisieren

Richard J. Dietrich, Stefan Herion
**Brücken mit Stahlrohrtragwerken gestalten und realisieren**
2017 · 196 Seiten
€ 59,–*
ISBN 978-3-433-03015-8

Das Handbuch gibt einen Überblick über die Möglichkeiten, Brücken mit Tragwerken aus Stahlrohrprofilen architektonisch zu gestalten und technisch zu realisieren. Behandelt werden Straßen-, Eisenbahn- und Fußgängerbrücken.

Besonders gelungene Beispiele, realisierte und konkret geplante Brücken, werden aus technischer und architektonischer Sicht bis ins Detail beschrieben. Das technische Know-how, das für die Konstruktion und Bemessung dieser Bauwerke notwendig ist, wird in übersichtlicher Form präsentiert.

Das Buch ist somit eine umfassende Arbeitshilfe für Entwurf, Konstruktion und Bemessung von Brücken aus Stahlrohrtragwerken.

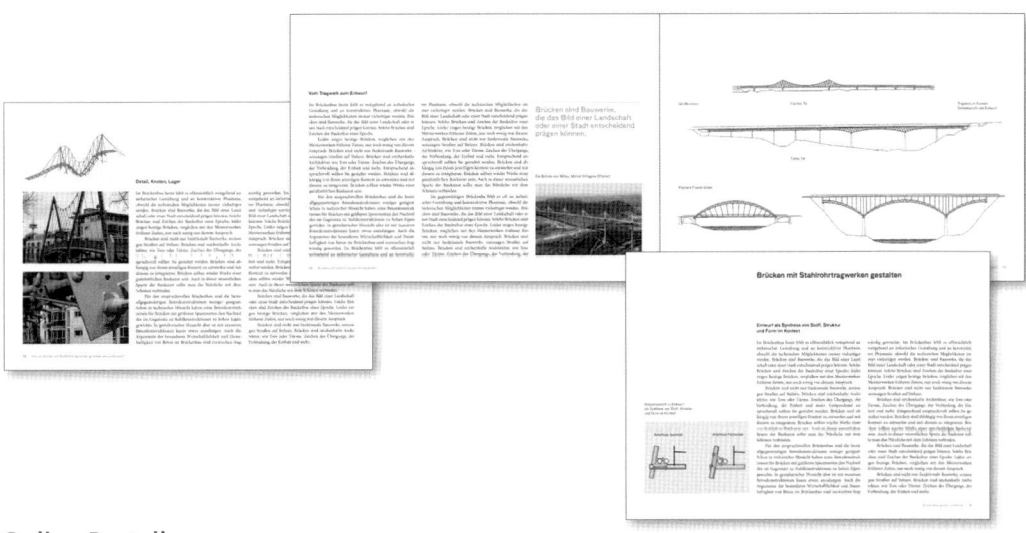

Online Bestellung:
www.ernst-und-sohn.de/3015

**Ernst & Sohn**
Verlag für Architektur und technische Wissenschaften GmbH & Co. KG

Kundenservice: Wiley-VCH
Boschstraße 12
D-69469 Weinheim

Tel. +49 (0)6201 606-400
Fax +49 (0)6201 606-184
service@wiley-vch.de

* Der €-Preis gilt ausschließlich für Deutschland. Inkl. MwSt. Die Versandkosten für Deutschland, Österreich, Schweiz, Liechtenstein und Luxemburg entfallen. Für alle anderen Länder gilt der Preis zzgl. Versandkosten. Irrtum und Änderungen vorbehalten. 1153116_dp

Ulfert Martinsen
**Kostenrechnung in der Bauwirtschaft**
Praxisleitfaden unter Einbeziehung der KLR-Bau 2016
2017. 328 Seiten.
€ 39,90*
ISBN: 978-3-433-03191-9
Auch als ebook erhältlich

**Praxisleitfaden unter Einbeziehung der KLR-Bau 2016**

Dieses praxisorientierte Buch stellt Kalkulation, Betriebsabrechnung und Controlling sowohl für das Einzelprojekt als auch den Gesamtbetrieb dar. Die KLR-Bau 2016 wird dabei detailliert erläutert und hinterfragt.

**BUNDLE ebook + Print!**
**€ 49,90** ISBN: 978-3-433-03200-8

**Online Bestellung:**
www.ernst-und-sohn.de/3191

Ernst & Sohn
Verlag für Architektur und technische Wissenschaften GmbH & Co. KG

Kundenservice: Wiley-VCH
Boschstraße 12
D-69469 Weinheim

Tel. +49 (0)6201 606-400
Fax +49 (0)6201 606-184
service@wiley-vch.de

\* Der €-Preis gilt ausschließlich für Deutschland. Inkl. MwSt. Die Versandkosten für Deutschland, Österreich, Schweiz, Liechtenstein und Luxemburg entfallen. Für alle anderen Länder gilt der Preis zzgl. Versandkosten. Irrtum und Änderungen vorbehalten.1140126_dp

# SandStat

**Die Bemessungssoftware für Sandwichbauteile**

**Leistungsmerkmale**

▶ Praxisgerechte Bemessung nach allg. bauaufsichtlicher Zulassung bzw. Bauartgenehmigung und/oder nach EN 14509

▶ Umfangreiche Element- und Verbindungsmitteldatenbank

▶ Beliebige Einfeld- und Durchlaufsysteme

▶ Vollständiger Befestigungsnachweis

▶ Automatische Lastgenerierung nach DIN EN 1991-1-3/-4

▶ Prüffähiger Ausdruck

**iS - engineering GmbH**
Otto-Hesse-Straße 19 / T7
64293 Darmstadt

Tel: +49 (0) 6151 / 87033- 0
Email: order@sandstat.de

www.sandstat.de

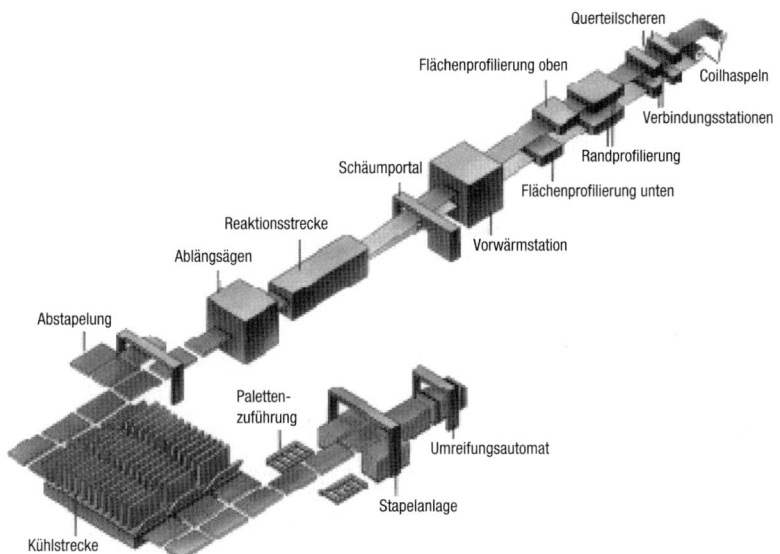

**Bild 3.** Kontinuierliche Herstellung von Sandwichpaneelen

bleche von in der Regel 1300 mm breiten Coils abgewickelt und der Verarbeitung zugeführt, eines von oben und eines von unten (Bild 3). Eine Schutzfolie auf der Außenseite sorgt zum einen dafür, dass beim Umformen die Beschichtung nicht beschädigt wird. Zum anderen dient sie dem Schutz der Oberfläche bei Transport und Montage. Im ersten Schritt erfolgt die Profilierung der Bleche, die sowohl statische als auch optische Vorteile bietet. Hierbei wird auch die Blechform der Fuge hergestellt, ein aufwendiger Umformprozess, der für die passgenaue und dichte Verbindung zum Nachbarelement sorgt.

Das untere Blech wird mit einem Gemisch aus Polyol, Isocyanat und Treibmittel (für das Aufschäumen) besprüht. Das obere Blech wird durch ein Stahlplattenband exakt in dem geforderten Abstand gehalten, sodass das Polyurethan dagegen aufschäumen kann. Wegen der hervorragenden Klebeeigenschaften von Polyurethan findet eine sehr gute, kraftschlüssige Verbindung der beiden Materialien statt. Bei Elementen mit Mineralwolle oder Polystyrol muss das Kernmaterial mit der Deckschicht verklebt werden, was auch kontinuierlich geschehen kann. Oft wird der Klebstoff hierzu geringfügig aufgeschäumt, damit er nicht in der Mineralwolle versickert.

Die Stahlplatten im mitlaufenden Plattenband, mit denen der genaue Blechabstand gegen den Schaumdruck gehalten wird, laufen mit der gleichen Geschwindigkeit (bis ca. 12 m pro Minute) wie das Blech. Nach rund 20 m wird das Endlossandwich von ihnen freigegeben und mit einer „fliegenden" Säge werden die Elemente millimetergenau zugeschnitten. Vor Verpackung und Versand müssen sie dann noch ca. eine Stunde kühlen, denn die chemische Reaktion, welche zur Bildung des PUR-Hartschaums führt, ergibt im Kern Temperaturen von über 50 °C.

Die sichtbaren Oberflächen der Paneele sind üblicherweise nicht glatt. Dies hat zwei Gründe. Zum einen kann ein glattes, dünnes Blech, auch wenn es durch den Kernwerkstoff gebettet ist, nicht bis zu seiner Fließgrenze belastet werden. Es wird vorher beulen. Zum anderen sind bei völlig ebenen Oberflächen schon kleinste Unebenheiten sichtbar. Daher werden die Deckbleche von Wandelementen entweder mit einer Mikrolinierung oder einer leichten Profilierung ($d_s <$ 5 mm) versehen. Je nach Größe dieser Profilierung wird die ertragbare Spannung deutlich, in Einzelfällen fast bis zur Fließspannung gesteigert und kleine Verformungen fallen nicht mehr auf. Größere Profilierungen (bis 40 mm) haben eine so hohe Eigensteifigkeit, dass sie nicht nur das Beulen behindern, sondern auch einen Eigenbiegeanteil zum Lastabtrag beitragen (Bild 4). Dies ist besonders bei Dächern von großer Bedeutung.

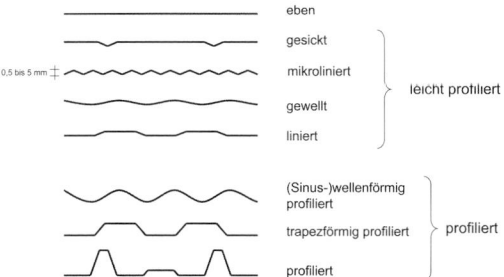

**Bild 4.** Arten der Profilierung der Deckschichten

## 1 Einführung

Sandwichplatten, bestehend aus zwei dünnen, metallischen Deckblechen, die durch einen schubsteifen Kern miteinander verbunden sind (Bild 1), haben in den vergangenen Jahrzehnten ein großes Einsatzfeld erobert. Große Steifigkeit und Tragfähigkeit, gepaart mit geringem Gewicht, machen sie zu einem sehr guten Bauteil für die Dach- und Wandbekleidung im Hochbau (Bild 2). Ein weiterer Vorteil ist ihre hervorragende Wärmedämmung, der in Zeiten stetig steigender Energiepreise, verbunden mit dem Wunsch nach Reduktion des $CO_2$-Ausstoßes, große Bedeutung zukommt. Sandwichelemente erlauben eine schnelle Bauausführung, da sie die Funktionen „Tragen", „Dichten" und „Dämmen" in einem Bauteil vereinen. Ihre Bedeutung ist in den vergangenen 50 Jahren kontinuierlich mit ihrem Marktanteil gestiegen. Im Jahre 2018 wurden in Deutschland ca. 20 Mio. m² Dach (47%) und Wand (53%) mit Sandwichelementen verkleidet.

Worin liegt der Erfolg dieser Bauweise? In einer Umfrage gaben die befragten Architekten unter anderem die beschleunigte Bauausführung, die Kosteneinsparung und die bauphysikalische Qualität als primäre Vorteile an. Auch die vielfältigen architektonischen Gestaltungsmöglichkeiten sowie Flexibilität bei Umbau und Erweiterung wurden genannt (s. a. [22]). Sicher spielt auch die industrielle Herstellung eine Rolle, da sie zu maßgenauen und preiswerten Bauteilen mit hoher Qualität führt.

Die Deckbleche mit Dicken zwischen ca. 0,4 und 1,0 mm bestehen meist aus Stahl S320 oder S350. Edelstahl, Aluminium und sogar Kupfer sind weitere Werkstoffe, für die praktische Erfahrungen existieren. Als Kernwerkstoffe werden derzeit Polyurethanschaum (PUR, zusammen mit Polyisocyanurat, PIR), expandiertes bzw. extrudiertes Polystyrol (EPS, XPS) oder Mineralwolle (MW) verwendet. Mit diesen Werkstoffen werden Elemente mit bis zu 240 mm Dicke hergestellt. Bei fast 90% der derzeit in Deutschland produzierten Elemente wird Polyurethanschaum mit bis zu 300 mm Dicke als Kernmaterial verwendet.

Die beiden Werkstoffe des fertigen Elements könnten kaum unterschiedlicher sein:

|  | Stahl | PUR-Schaum |
|---|---|---|
| Rohdichte (kg/m³) | 7860 | 37 bis 45 |
| Elastizitätsmodul (N/mm²) | 210000 | 2 bis 6 |
| Schubmodul (N/mm²) | 81000 | 2 bis 5 |
| Druckfestigkeit (N/mm²) | 320 | 0,06 bis 0,15 |
| Wärmeleitfähigkeit (W/(mK)) | 50 | 0,02 |

Die großen Unterschiede in den Einzelwerten zeigen, dass jeder Partner auf seinem Gebiet einen optimalen Beitrag leistet – Stahl hinsichtlich Tragfähigkeit und Steifigkeit, PUR-Schaum hinsichtlich der Wärmedämmung und schubsteifen Verbindung mit den Deckblechen. Mineralwolle, die als Kernmaterial einen Anteil von ca. 5% bei Wand- und 19% bei Dach-Bauteilen (entspricht ca. 2,4 Mio. m²) des deutschen Marktes abdeckt, ist zwar schwerer als PUR-Schaum und bietet eine etwas schlechtere Wärmedämmung, ist jedoch bei richtiger Dosierung der Bindemittel als nichtbrennbar eingestuft und erlaubt dadurch den Bau von Brandwänden aus Sandwichelementen.

Bei Fassadenelementen mit besonders hohen Anforderungen an die Ebenheit werden Waben (sogenannte Honeycombs) als Kern eingesetzt. Phenolharzschäume und Schaumglas sind weitere Kernmaterialien, die in Sandwichelemente eingebaut werden können, allerdings mit einem sehr geringen Marktanteil.

Moderne Sandwichelemente spannen über 8 m weit und können somit ideal für Skelettkonstruktionen aus Stahl, Stahlbeton oder Holz verwendet werden, die durch sie eine leistungsfähige Wandverkleidung und Dacheindeckung erhalten. Einen guten, vertieften Einblick in die Sandwichbauweise geben die Veröffentlichungen von *Davies* (Herausgeber) [9] *Jungbluth/Berner* [16], *Koschade* [22], *Berner* et al. [7] und *Möller* et al. [32].

**Bild 1.** Sandwichpaneel für Wandbekleidung

**Bild 2.** Verwaltungsgebäude mit Sandwichfassade

## 2 Herstellung

Ein wichtiger Grund für den Erfolg dieser Bauelemente ist die preiswerte Herstellung und einfache Montage. In der Produktion ist heute das Doppelbandverfahren am weitesten verbreitet. Kontinuierlich werden die Deck-

## Inhaltsverzeichnis

| | | |
|---|---|---|
| 1 | Einführung | 907 |
| 2 | Herstellung | 907 |
| 3 | Tragverhalten | 909 |
| 3.1 | Sandwichprinzip | 909 |
| 3.2 | Berücksichtigung der Schubsteifigkeit | 909 |
| 3.3 | Versagensarten | 910 |
| 3.3.1 | Knittern | 910 |
| 3.3.2 | Deckblechfließen | 912 |
| 3.3.3 | Schubversagen | 912 |
| 3.3.4 | Innenauflager | 913 |
| 3.3.5 | Endauflager | 913 |
| 3.4 | Temperaturdifferenz | 914 |
| 3.5 | Axialbelastung | 915 |
| 4 | Befestigung | 915 |
| 4.1 | Einleitung | 915 |
| 4.2 | Direkte Befestigung | 916 |
| 4.3 | Indirekte Befestigung | 917 |
| 5 | Langzeitverhalten – Kriechen | 917 |
| 6 | Konstruktives | 918 |
| 6.1 | Fugen | 918 |
| 6.2 | Öffnungen | 920 |
| 6.3 | Punkt- und Linienlasten | 921 |
| 6.3.1 | Punktlasten und wiederholte Belastungen bei Betreten der Elemente | 921 |
| 6.3.2 | Linien- und Punktlasten von zusätzlichen äußeren Lasten | 921 |
| 6.3.2.1 | Linienlasten | 922 |
| 6.3.2.2 | Punktlasten | 923 |
| 6.3.2.3 | Versuche | 923 |
| 6.3.2.4 | Bestimmung der mittragenden Breiten | 924 |
| 6.3.2.5 | Problemstellung bei abhebenden Punktlasten | 924 |
| 6.3.2.6 | Beispiel zur Berechnung der Spannungen bei einer Punktlast | 925 |
| 6.4 | Stabilisierung von Pfetten und Wandriegeln durch Sandwichelemente | 926 |
| 6.4.1 | Drehbettung | 926 |
| 6.4.2 | Schubsteifigkeit | 928 |
| 6.5 | Schubfelder | 929 |
| 6.6 | Wärme und Schall | 929 |
| 6.7 | Brandschutz | 929 |
| 6.8 | Beschichtung | 931 |
| 6.8.1 | Korrosionsschutz | 931 |
| 6.8.2 | Farbgruppen | 931 |
| 6.9 | Baukonstruktive Details | 931 |
| 6.10 | Vorgehängte Fassaden | 931 |
| 6.10.1 | Bauweise | 931 |
| 6.10.2 | Vorteile | 932 |
| 6.10.3 | Ausführungsvarianten | 932 |
| 6.10.4 | Besonderheiten in Konstruktion und Lastabtrag | 932 |
| 6.10.5 | Versuche | 933 |
| 6.10.6 | Tragfähigkeitsnachweise | 933 |
| 7 | Formale Grundlagen | 936 |
| 7.1 | Nachweis der Verwendbarkeit in Europa | 936 |
| 7.1.1 | Europäische Norm | 936 |
| 7.1.2 | ECCS/CIB Empfehlungen | 936 |
| 7.2 | Nachweis der Verwendbarkeit in Deutschland | 936 |
| 7.3 | Qualitätssicherung und Kennzeichnung | 938 |
| 8 | Bemessung | 940 |
| 8.1 | Bemessungskonzept | 940 |
| 8.2 | Beanspruchungen | 940 |
| 8.3 | Beanspruchbarkeiten | 941 |
| 8.3.1 | Grenzzustand der Tragfähigkeit | 941 |
| 8.3.2 | Grenzzustand der Gebrauchstauglichkeit | 942 |
| 8.3.3 | Charakteristische Beanspruchbarkeiten | 942 |
| 8.4 | Berechnung der Beanspruchungen aus den Einwirkungen | 942 |
| 8.4.1 | Berechnungsverfahren | 942 |
| 8.4.2 | Hilfsmittel auf der Basis der Sandwichtheorie | 943 |
| 8.4.2.1 | Anwendbare Formeln für einfache Systeme | 943 |
| 8.4.2.2 | EDV-Programme (Freeware) für einfache Systeme | 944 |
| 8.4.2.3 | Allgemeine Stabwerkprogramme (Träger mit schubsteifem Verbund) | 945 |
| 8.4.2.4 | Spezialsoftware | 945 |
| 8.5 | Erforderliche Rechenwerte | 950 |
| 8.6 | Versagensarten und relevante Lastfälle | 951 |
| 8.7 | Lastfallkombinationen und Sicherheitskonzept | 951 |
| 8.7.1 | Kombination der Einwirkungen im Grenzzustand der Tragfähigkeit | 953 |
| 8.7.2 | Kombination der Einwirkungen im Grenzzustand der Gebrauchstauglichkeit | 953 |
| 8.7.3 | Materialsicherheitsbeiwert | 954 |
| 9 | Praxisgerechte Bemessung von Wand- und Dachelementen anhand von Beispielen | 954 |
| 9.1 | Grundlagen | 954 |
| 9.2 | Gewählte Bauteile | 955 |
| 9.2.1 | Wandelement mit beidseitig linierten (quasi-ebenen) Deckblechen | 955 |
| 9.2.2 | Dachelement mit äußerer profilierter und innerer linierter (quasi-ebener) Deckschicht | 956 |
| 9.3 | Einfeld-Wandelement mit quasi-ebenen Deckschichten | 957 |
| 9.4 | Zweifeld-Wandelement (gleiche Stützweiten) mit quasi-ebenen Deckschichten | 960 |
| 9.5 | Einfeld-Dachelement mit einer trapezprofilierten Deckschicht | 962 |
| 9.6 | Zweifeld-Dachelement (gleiche Stützweiten) mit einer trapezprofilierten Deckschicht | 966 |
| 10 | Literatur | 969 |

# 13 Sandwichelemente im Hochbau

Prof. Dr.-Ing. Jörg Lange
Prof. Dr.-Ing. Klaus Berner

[70] Miller, J. A. (1922) *Pleasure Railway*, Patent US1409751A.

[71] Feucht, C. G. (1924) *Car Coupling*, Patent US1480678A.

[72] Sieber, E. (2008) *Sicherheitsuntersuchungen am Fahrwerk einer Achterbahn: Das Zusammenspiel komplexer Zusammenhänge – einfach dargestellt und erläutert*, VDM Verl. Dr. Müller, Saarbrücken.

[73] Bauer, P. (1980) *Anordnung zur berührungslosen elektrischen Wirbelstrombremsung von Schienenfahrzeugen mit Linearmotorantrieb*, Patent DE2924225A1.

[74] Rohde, M. (2018) Loads and Strengths of Amusement Rides, *Steel Construction* **11**, 232–239.

[75] Rohde, M. (2012) Grenzbeschleunigungen am Menschen für Vergnügungsparkanlagen in der Neufassung der internationalen Normen, *Bauingenieur* **87**, 108–115.

[39] DIN EN 1993-1-6:2010-12 (2010) *Eurocode 3: Bemessung und Konstruktion von Stahlbauten – Teil 1-6: Festigkeit und Stabilität von Schalen*; Deutsche Fassung EN 1993-1-6:2007 + AC:2009, Deutsches Institut für Normung e. V., Berlin.

[40] Kuhlmann, U.; Euler, M.; Hubmann, M. et al. (2014) *Ermüdungsgerechte Fachwerke aus Rundhohlprofilen mit dickwandigen Gurten, Fatigue-resistant trusses of circular hollow sections with thick-walled chords*, Forschungsbericht; Institut für Konstruktion und Entwurf, Universität Stuttgart.

[41] DIN EN 10219:2006-07 (2006) *Kaltgefertigte geschweißte Hohlprofile für den Stahlbau aus unlegierten Baustählen und aus Feinkornbaustählen – Teil 1: Technische Lieferbedingungen*; Deutsche Fassung EN 10219-1:2006, Deutsches Institut für Normung e. V., Berlin.

[42] DIN EN 10210:2006-07 (2006) *Warmgefertigte Hohlprofile für den Stahlbau aus unlegierten Baustählen und aus Feinkornbaustählen – Teil 1: Technische Lieferbedingungen*; Deutsche Fassung EN 10219-1:2006, Deutsches Institut für Normung e. V., Berlin.

[43] Vickery, B. J.; Basu, R. (1980) *The Development of a codified Approach to the Determination of Wind Loads on Chimneys*, Oct. 1980, ACI Committee 307, US.

[44] Ruscheweyh, H. (1982) *Dynamische Windwirkung an Bauwerken*, Band 2, Bauverlag Wiesbaden.

[45] Vickery, B. J.; Basu, R. I. (1983) Across-wind vibrations of structures of circular cross-section – Part I: Development of a mathematical model for two-dimensional conditions, *Journal of Wind Engineering and Industrial Aerodynamics* (12), 49–73.

[46] Vickery, B. J.; Basu, R. I. (1983) Across-wind vibrations of structures of circular cross-section – Part II: Development of a mathematical model for full-scale application, *Journal of Wind Engineering and Industrial Aerodynamics* (12), 75–97.

[47] Daly, A. F. (1985) *Evaluation of Methods of Predicting the Across-Wind Response of Chimneys*, University of Western Ontario, London, Canada, prepared for CICIND, Dec. 1985.

[48] Ruscheweyh, H. (1987) *Ein verfeinertes praxisnahes Berechnungsverfahren wirbelerregter Schwingungen von schlanken Baukonstruktionen im Wind*, Aufl. Inst. für Mech., Heft 20.

[49] Galemann, T.; Ruscheweyh, H. (1992) *Untersuchung winderregter Schwingungen an Stahlschornsteinen*, Forschungsbericht Projekt 163, Lehrstuhl für Stahlbau, RWTH Aachen.

[50] Dickel, T; Rothert, H. (1994) Berechnungshilfen für einfache Fälle des Querschwingungsnachweises nach DIN 4131 und DIN 4133, *Bauingenieur* 69 (6), 239–246.

[51] Dickel, T.; Rothert, H. (1994) Anmerkungen und computerorientierte Berechnungshilfen zum Querschwingungsnachweis nach DIN 4131 und DIN 4133, *Bauingenieur* 69, 403-408.

[52] Petersen, C. (1996) *Dynamik der Baukonstruktionen*, Vieweg Verlag, Braunschweig, 1. Auflage.

[53] van Koten; H., Speet, L. J. J. (1997) *Cross-Wind Vibrations of Chimneys*, Proc. of the 2nd Europe and African Conference on Wind Engineering, Genova, pp. 1321–1328.

[54] Dyrbye, C.; Hansen, O. S. (1997) *Wind Loads on Structures*, Wiley, January 1997.

[55] Pasto, S. (2005) *Fatigue-Induced Risk Assessment of Slender Structures with Circular Cross-Section at Lock-In*, Dissertation, Department of Civil Engineering of the TU Carolo-Wilhelmina at Braunschweig.

[56] Hansen, S. O. (2007) *Vortex-induced vibrations of structures*, Structural Engineers World Congress 2007, November 2–7, Bangalore, India.

[57] Clobes, M.; Willecke, A.; Peil, U. (2011) *Vortex-induced vibrations of slender structures considering long-term wind profile statistics*, Proceedings of the 8th International Conference on Structural Dynamics, EURODYN 2011 Leuven, Belgium, 4–6 July 2011, ISBN 978-90-760-1931-4.

[58] Clobes, M.; Willecke, A.; Peil, U. (2012) *Wirbelerregung von Stahlschornsteinen – zwei Grenzzustande der Tragfähigkeit und Vorschlag für die Bemessung*, FT Windtechnologie, Band **87**, Mai 2012.

[59] Holmes, D. J. (2014) *Wind Loading of Structures*, 3rd Edition, CRC Press.

[60] Ruscheweyh, H. (2015) Vergleich der zwei Berechnungsverfahren für Querschwingungen, *Deutsches Ingenieurblatt Forschung +Technik*, DIB **4**, 2015.

[61] Petersen, C. (2013) *Stahlbau: Grundlagen der Berechnung und baulichen Ausbildung von Stahlbauten*, 4. Auflage, Springer Vieweg, ISBN 978-3-8348-8610-1 (eBook), Wiesbaden.

[62] Wilkesmann, F. W.; Bucak, Ö. (1985) Stahlschornsteine, in *Stahlbau-Handbuch*, Band 2, S. 1090–1095, 2. Auflage, Stahlbau-Verlag, Köln.

[63] Greiner, R.: Zur Längskrafteinleitung in stehende zylindrische Behälter aus Stahl. Der Stahlbau 53 (7), Ernst & Sohn, Berlin, 1984

[64] Hobbacher, A. F. (2016) *Recommendations for Fatigue Design of Welded Joint and Components (IIW Collection)*, ISBN 978-3-319-23756-5, Springer.

[65] Feldmann, M.; Eichler, B.; Schaffrath, S.; Stötzel, J. (2013) Ermüdungsfestigkeitsnachweise für den Kranbau nach verschiedenen Regelwerken, *Der Stahlbau* **82** (4), 250–263.

[66] Miller, J. A. (1921) *Pleasure-Railway Structure*, Patent US1373754A.

[67] Schwarzkopf, A. (1972) *Gleiskonstruktion für eine Belustigungsvorrichtung*, Patent DE1703917A.

[68] Simonis, A. (2019) *Lastermittlung bei Achterbahnfahrzeugen*, Apprimus Verlag, Aachen.

[69] Schröder, D. (2007) Elektrische Antriebe – Grundlagen, 3. erweiterte Auflage, Springer Verlag, Berlin.

[12] Muster-Verwaltungsvorschrift Technische Baubestimmungen (MVV TB), Fassung Dezember 2017.

[13] VdTÜV-Merkblatt Fördertechnik 1507 (2013) *Grundsätze für die Prüfung von Fliegenden Bauten*, Verband der TÜV e. V. Berlin, Ausgabe 2013-04.

[14] DIN EN 1090-2:2018-09 (2018) *Ausführung von Stahltragwerken und Aluminiumtragwerken – Teil 2: Technische Regeln für die Ausführung von Stahltragwerken*; Deutsche Fassung EN 1090-2:2018, DIN Deutsches Institut für Normung e. V., Berlin.

[15] DIN EN 10204:2005-01 (2005) *Metallische Erzeugnisse – Arten von Prüfbescheinigungen*; Deutsche Fassung EN 10204:2004; DIN Deutsches Institut für Normung e. V., Berlin.

[16] DIN EN 10160:1999-09 (1999) *Ultraschallprüfung von Flacherzeugnissen aus Stahl mit einer Dicke größer oder gleich 6 mm (Reflexionsverfahren)*; Deutsche Fassung EN 10160:1999, DIN Deutsches Institut für Normung e. V., Berlin, Ausgabe.

[17] DIN EN 10164:2018-12 (2018) *Stahlerzeugnisse mit verbesserten Verformungseigenschaften senkrecht zur Erzeugnisoberfläche – Technische Lieferbedingungen*; Deutsche Fassung EN 10164:2018, DIN Deutsches Institut für Normung e. V., Berlin.

[18] SEP 1390:1996-07 (1996) *Aufschweißbiegeversuch*; Stahl-Eisen-Prüfblätter (SEP) des Vereins Deutscher Eisenhüttenleute.

[19] DIN 4112:1983-02 (1993) *Fliegende Bauten – Richtlinien für Bemessung und Ausführung*, DIN Deutsches Institut für Normung e. V., Berlin.

[20] ARGE Bau (2014) *Entscheidungshilfen für die Verlängerung von Ausführungsgenehmigungen*, Arbeitskreis „Fliegende Bauten" der Fachkommission „Bauaufsicht" der ARGEBAU, Ausgabe 12.12.2014.

[21] DIN EN 1090-1:2012-02 (2012) *Ausführung von Stahltragwerken und Aluminiumtragwerken – Teil 1: Konformitätsnachweisverfahren für tragende Bauteile*; Deutsche Fassung EN 1090-1:2009+A1:2011, DIN Deutsches Institut für Normung e. V., Berlin.

[22] EN 1991-1-4:2005-04 (2010) *Einwirkungen auf Tragwerke – Teil 1-4: Allgemeine Einwirkungen – Windlasten*; A1:2010 + AC:2010, CEN Europäisches Komitee für Normung.

[23] Kray, Th.; Jantje P. (2014) Einfluss verschiedener Parameter auf den Böenstaudruck $q_p$ gemäß den Nationalen Anhängen zur EN 1991-1-4, *Bauingenieur* **89** (9), 1–5.

[24] DIN EN 1991-1-4/NA (2010-12) *Nationaler Anhang – National festgelegte Parameter – Eurocode 1: Einwirkungen auf Tragwerke – Teil 1-4: Allgemeine Einwirkungen – Windlasten*; DIN Deutsches Institut für Normung e. V., Berlin.

[25] DIN EN 13001-3-1:2019-03 (2019) *Krane – Konstruktion allgemein – Teil 3-1: Grenzzustände und Sicherheitsnachweis von Stahltragwerken*; Deutsche Fassung EN 13001-3-1:2012+A2:2018.

[26] Forschungskuratorium Maschinenbau e. V. (2012) *Rechnerischer Festigkeitsnachweis für Maschinenteile aus Stahl, Eisenguss- und Aluminiumwerkstoffen (FKM-Richtlinie)*, VDMA Verlag GmbH, Frankfurt am Main, ISBN 978-3-8163-0605-4, 6. Auflage.

[27] DIN EN 1993-1-9:2010-12 (2010) *Eurocode 3: Bemessung und Konstruktion von Stahlbauten – Teil 1-9: Ermüdung*; Deutsche Fassung EN 1993-1-9:2005 + AC:2009, Deutsches Institut für Normung e. V., Berlin.

[28] ASTM International F 2291:2019 (2019) *Standard Practice for Design of Amusement Rides and Devices*, West Comshohocken, PA, USA.

[29] DIN EN ISO 12100:2011-03 (2013) *Sicherheit von Maschinen – Allgemeine Gestaltungsgrundsätze – Risikobeurteilung und Risikominderung*; Deutsche Fassung ISO 12100:2010, Deutsches Institut für Normung e. V., Berlin, Ausgabe 2011-03 mit Berichtigung 2013-08.

[30] Schützmansky, K. (2001) *Roller coaster – Der Achterbahn-Designer Werner Stengel*, anlässlich der Ausstellung „Roller Coaster – Der Achterbahn-Designer Werner Stengel" im Münchner Stadtmuseum vom 14. September 2001 bis zum 30. Juni 2002. Kehrer Verlag, Heidelberg, 2001.

[31] Shabana, A. (2005) *Dynamics of Multibody Systems*, Cambridge: Cambridge University Press.

[32] Schiehlen W.; Eberhard P. (2004) Mehrkörpersysteme, in *Technische Dynamik*, Teubner Studienskripten Soziologie, Vieweg+Teubner Verlag.

[33] Stiegelmayr, A. (2001) *Zur numerischen Berechnung strukturvarianter Mehrkörpersysteme*, VDI Verlag, Reihe 18, Nr. 271.

[34] Tändl, M. (2009) *Dynamic simulation and design of roller coaster motion*, Bd. Nr. 423: Fortschritt-Berichte VDI / 20. VDI-Verlag, Düsseldorf, als Ms. gedr. Aufl.

[35] Simonis, A.; Schindler, C. (2018) Measuring the wheel-rail forces of a roller coaster, *Journal of Sensors and Sensor Systems* **7** (9), 469–479.

[36] DIN EN 1993-1-8:2010-12 (2010) *Eurocode 3: Bemessung und Konstruktion von Stahlbauten – Teil 1-8: Bemessung von Anschlüssen*, Deutsche Fassung EN 1993-1-8:2005 + AC:2009, DIN Deutsches Institut für Normung e. V., Berlin.

[37] DIN EN 1993-1-10:2010-12 (2010) *Eurocode 3: Bemessung und Konstruktion von Stahlbauten – Teil 1-10: Stahlsortenauswahl im Hinblick auf Bruchzähigkeit und Eigenschaften in Dickenrichtung*; Deutsche Fassung EN 1993-1-10:2005 + AC:2009, Deutsches Institut für Normung e. V., Berlin.

[38] DIN EN 1993-1-5:2017-07 (2017) *Eurocode 3 – Bemessung und Konstruktion von Stahlbauten – Teil 1-5: Plattenförmige Bauteile*; Deutsche Fassung EN 1993-1-5:2006 + AC:2009 + A1:2017, Deutsches Institut für Normung e. V., Berlin.

### 4.5.2.6 Festlegung der Sicherheitsfaktoren

Die hier festzulegenden Sicherheitsfaktoren gelten in der FKM-Richtlinie zusammen mit einer mittleren Überlebenswahrscheinlichkeit der Festigkeitswerte von $P_Ü = 97,5\%$. Wie bereits in Abschnitt 4.5.2.1 beschrieben, werden sichere Lastannahmen verwendet, sodass gilt:

Lastsicherheitsfaktor
[Formel 4.5.1]

$$j_S = 1,0 \tag{51}$$

Der Materialsicherheitsfaktor der Ermüdungsfestigkeit $j_F$ ist abhängig von den Inspektionsmöglichkeiten und den Schadensfolgen. In diesem Beispiel wird der Achsschenkel regelmäßig zerstörungsfrei geprüft. Ein Versagen des Achsschenkels könnte jedoch zu einer Entgleisung des Fahrzeugs führen. Damit kann nach Tabelle 4.5.1 die Frage nach der regelmäßigen Inspektion mit „ja" beantwortet werden, die Schadensfolgen werden als „hoch" eingestuft.

Materialsicherheitsfaktor
[Tabelle 4.5.1]

$$j_F = 1,35 \tag{52}$$

Der Gesamtsicherheitsfaktor der Ermüdungsfestigkeit $j_D$ ergibt sich unter Vernachlässigung eines Temperaturfaktors (der Achsschenkel wird bei 5°C bis 40°C Umgebungstemperatur eingesetzt) zu:

Gesamtsicherheitsfaktor
[Formel 4.5.2]

$$j_F = j_S \cdot j_F = 1,35 \tag{53}$$

### 4.5.2.7 Nachweis

Mit der Bauteilbetriebsfestigkeit und dem Gesamtsicherheitsfaktor kann nun der Nachweis mit der auftretenden Spannungsamplitude durchgeführt werden. Der zyklische Auslastungsgrad lässt sich bestimmen zu:

zyklischer Auslastungsgrad
[Formel 4.6.3]

$$a_{BK,\sigma} = \frac{\sigma_{1,a}}{\sigma_{BK}/j_D} = 0,29 \leq 1 \tag{54}$$

Ist dieser kleiner oder gleich 1, wie in der Beispielrechnung, ist der Nachweis erfüllt.

## 5 Danksagung

Der Abschnitt 3.5 zum Thema Risikobeurteilung ist unter maßgeblicher Mitwirkung und kritischer Durchsicht von den Herren Dr.-Ing. Michael Smida (Ingenieur Dr. Smida GmbH) und Dipl.-Ing. (FH) Dominik Kappus (TÜV Rheinland Industrie Service GmbH) entstanden, denen an dieser Stelle herzlich gedankt sei.

Herzlichen Dank auch an die Herren Christian Brandl M.Sc. und Harald Wanner (beide Ingenieurbüro Stengel GmbH) für ihre Anregungen und die kritische Durchsicht der Abschnitte 4.1 bis 4.3.

## 6 Literatur

[1] Musterbauordnung – MBO – Fassung November 2002, zuletzt geändert durch Beschluss der Bauministerkonferenz vom 13.05.2016.

[2] EN 13814:2019-05 (2019) *Sicherheit von Fahrgeschäften und Vergnügungseinrichtungen Teil 1: Konstruktion, Bemessung und Herstellung, Teil 2: Betrieb, Instandhaltung und Gebrauch, Teil 3: Anforderungen für die Inspektion während der Konstruktion, Herstellung und Nutzung*; CEN Europäisches Komitee für Normung.

[3] ISO 17842:2015-07 (2015) *Sicherheit von Fahrgeschäften und Vergnügungseinrichtungen Teil 1: Konstruktion, Bemessung und Herstellung, Teil 2.: Betrieb, Instandhaltung und Gebrauch, Teil 3: Anforderungen für die Inspektion während der Konstruktion, Herstellung und Nutzung*; ISO International Organisation für Normung.

[4] EN 13782:2015-06 (2015) *Fliegende Bauten – Zelte – Sicherheit*; CEN Europäisches Komitee für Normung.

[5] DIN EN 13814:2019-11 (2019) *Sicherheit von Fahrgeschäften und Vergnügungsanlagen Teil 1: Konstruktion, Bemessung und Herstellung, Teil 2: Betrieb, Instandhaltung und Gebrauch, Teil 3: Anforderungen für die Inspektion während der Konstruktion, Herstellung und Nutzung*; Deutsche Fassung EN 13814:2019-05, DIN Deutsches Institut für Normung e. V., Berlin.

[6] DIN EN 13814:2005-06 (2005) *Fliegende Bauten und Anlagen für Veranstaltungsplätze und Vergnügungsparks – Sicherheit*; Deutsche Fassung EN 13814:2004, DIN Deutsches Institut für Normung e. V., Berlin.

[7] IS-ARGEBAU (2019) *Auslegungen zu Fliegende Bauten*, unter: https://www.is-argebau.de/verzeichnis.aspx?id =13491&o=12208O13491 (abgerufen am 04.06.2019).

[8] Muster-Verwaltungsvorschriften über Ausführungsgenehmigungen für Fliegende Bauten und deren Gebrauchsabnahmen – M-FlBauVwV – Fassung Februar 2007, Fachkommission Bauaufsicht der ARGE-Bauministerkonferenz.

[9] Muster-Richtlinie über den Bau und Betrieb Fliegender Bauten – M-FlBauR – Fassung vom Juni 2010, Fachkommission Bauaufsicht der ARGE-Bauministerkonferenz.

[10] DIN EN 13782:2015-06 (2015) *Fliegende Bauten – Zelte – Sicherheit*; Deutsche Fassung EN 13782:2015, DIN Deutsches Institut für Normung e. V., Berlin.

[11] Muster-Liste der Technischen Baubestimmungen, Fassung Juni 2015.

Ebenso findet der Faktor für GJL $K_{NL,E}$ nur bei Gusseisen mit Lamellengrafit Anwendung. Für alle anderen Werkstoffe ist dieser 1.

Faktor für GJL
[Formel 4.3.32]

$$K_{NL,E} = 1,0 \qquad (41)$$

Mit den o. a. Faktoren lässt sich nun der Konstruktionsfaktor für Normalspannung $K_{WK,\sigma}$ berechnen. Es gilt:

Konstruktionsfaktor für Normalspannung
[Formel 4.3.1]

$$K_{WK,\sigma} = \frac{1}{n_\sigma}\left[1 + \frac{1}{\bar{K}_f} \cdot \left(\frac{1}{K_{R,\sigma}} - 1\right)\right]$$
$$\cdot \frac{1}{K_V \cdot K_S \cdot K_{NL,E}} = 1,18 \qquad (42)$$

Die ertragbaren Nennwerte der Bauteil-Wechselfestigkeit für Normalspannung ergibt sich als Quotient aus der Werkstoff-Wechselfestigkeit und dem Konstruktionsfaktor:

ertragbare Nennwerte der Bauteil-Wechselfestigkeit
[Formel 4.4.1]

$$\sigma_{WK} = \frac{\sigma_{W,zd}}{K_{WK,\sigma}} = 309,5 \text{ MPa} \qquad (43)$$

### 4.5.2.5 Ermittlung der Bauteilbetriebsfestigkeit

Im abschließenden Schritt wird nun die Bauteilbetriebsfestigkeit bestimmt. Diese berücksichtigt den Einfluss der Mittelspannung und einen Betriebsfestigkeitsfaktor, sofern das Bauteil nicht dauerfest und nur für eine bestimmte Anzahl von Lastwechseln ausgelegt werden soll.
Zur Berücksichtigung eines Einflusses der Mittelspannung ist die Mittelspannungsempfindlichkeit zu bestimmen. Dazu enthält Tabelle 4.4.1 entsprechende Konstanten für verschiedene Stahl- und Aluminiumwerkstoffe. Für den hier verwendeten Vergütungsstahl gilt:

Konstante
[Tabelle 4.4.1]

$$a_M = 0,35 \qquad (44)$$

Konstante
[Tabelle 4.4.1]

$$b_M = -0,1 \qquad (45)$$

Damit folgt die Mittelspannungsempfindlichkeit für Normalspannung:

Mittelspannungsempfindlichkeit
[Formel 4.4.5]

$$M_\sigma = a_M \cdot 10^{-3} \cdot \frac{R_m}{\text{MPa}} + b_M = 0,18 \qquad (46)$$

Mittels dieses Faktors und unter Berücksichtigung der Spannungsamplitude und der Mittelspannung kann der Mittelspannungsfaktor ermittelt werden. Dieser ist abhängig von dem Überlastungsfall F1 bis F4. Er ist „nach dem Spannungsverhalten bei einer möglichen Laststeigerung im Betrieb" festzulegen [26]. Folgende Überlastungsfälle sind in der FKM-Richtlinie enthalten:
– F1: Die Mittelspannung $\sigma_m$ bleibt konstant.
– F2: Das Spannungsverhältnis R bleibt konstant.
– F3: Die Minimalspannung $\sigma_{min}$ bleibt konstant.
– F4: Die Maximalspannung $\sigma_{max}$ bleibt konstant.

In diesem Beispiel wird angenommen, dass das Spannungsverhältnis R konstant bleibt, also Fall F2. Laut FKM-Richtlinie hat dieser Fall die größte praktische Bedeutung. Er beinhaltet, dass sich die Minimal- und Maximalspannung im gleichen Verhältnis bei Überlast (bspw. durch eine höhere Verkehrslast) ändern. Der Mittelspannungsfaktor $K_{AK}$ ist abhängig von dem Spannungsverhältnis. Für den hier vorkommenden Wert von $R = -5,6$ (vgl. Gl. (19)) gilt Bereich II ($-\infty \leq R \leq 0$):

Mittelspannungsfaktor
[Formel 4.4.9]

$$K_{AK} = \frac{1}{1 + M_\sigma \cdot \frac{\sigma_m}{\sigma_a}} = 1,15 \qquad (47)$$

Damit wird die ertragbare Amplitude der Bauteildauerfestigkeit:

ertragbare Amplitude der Bauteildauerfestigkeit
[Formel 4.4.4]

$$\sigma_{AK} = K_{AK,\sigma} \cdot \sigma_{WK} = 355,3 \text{ MPa} \qquad (48)$$

Der Betriebsfestigkeitsfaktor $K_{BK,\sigma}$ kann die zulässige Spannungsamplitude entsprechend erhöhen, sofern die Lastwechselanzahl unter der Lastwechselanzahl bei der Dauerfestigkeit liegt. Es sei jedoch darauf hingewiesen, dass ggf. noch geprüft werden muss, ob nicht der Maximalwert der Amplitude der Bauteil-Betriebsfestigkeit nach Formel (4.4.40) überschritten wird. Da hier ein Dauerfestigkeitsnachweis durchgeführt wird, ist der Betriebsfestigkeitsfaktor:

Betriebsfestigkeitsfaktor
[Formel 4.4.44]

$$K_{BK,\sigma} = 1 \qquad (49)$$

Dementsprechend ist die ertragbare Amplitude der Bauteilbetriebsfestigkeit gleich der Amplitude der Bauteildauerfestigkeit:

ertragbare Amplitude der Bauteilbetriebsfestigkeit
[Formel 4.4.38]

$$\sigma_{BK} = K_{BK,\sigma} \cdot \sigma_{AK} = 355,3 \text{ MPa} \qquad (50)$$

Hieraus lassen sich nun die Bauteil-Istwerte berechnen. Dazu werden in einem ersten Schritt die technologischen Größenfaktoren $K_d$ berechnet. Es gilt Folgendes:

technologischer Größenfaktor für die Zugfestigkeit
[Formel (3.2.8)]

$d_{eff,max} > d_{eff} > d_{eff,N}$

$$K_{d,m} = \frac{1 - 0{,}7686 \cdot a_{d,m} \cdot \lg\left(\frac{d_{eff}}{7{,}5 \text{ mm}}\right)}{1 - 0{,}7686 \cdot a_{d,m} \cdot \lg\left(\frac{d_{eff,N}}{7{,}5 \text{ mm}}\right)} = 0{,}74 \quad (28)$$

technologischer Größenfaktor für die Streckgrenze
[Formel (3.2.8)]

$d_{eff,max} > d_{eff} > d_{eff,N}$

$$K_{d,p} = \frac{1 - 0{,}7686 \cdot a_{d,p} \cdot \lg\left(\frac{d_{eff}}{7{,}5 \text{ mm}}\right)}{1 - 0{,}7686 \cdot a_{d,p} \cdot \lg\left(\frac{d_{eff,N}}{7{,}5 \text{ mm}}\right)} = 0{,}64 \quad (29)$$

Im nächsten Schritt ist der Anisotropiefaktor $K_A$ zu bestimmen. Dieser ist abhängig von der bevorzugten Bearbeitungsrichtung. In diesem Beispiel wird er zu 1 angenommen:

Anisotropiefaktor
[Formel (3.2.14)]

$K_A = 1{,}0$ (30)

Mittels der berechneten Faktoren lassen sich nun die Bauteil-Istwerte für die Zugfestigkeit und die Streckgrenze ermitteln:

Bauteil-Istwert der Zugfestigkeit
[Formel (3.2.1)]

$R_m = K_{d,m} \cdot K_A \cdot R_{m,N} = 813{,}9 \text{ MPa}$ (31)

Bauteil-Istwert der Streckgrenze
[Formel (3.2.1)]

$R_p = K_{d,p} \cdot K_A \cdot R_{p,N} = 576{,}6 \text{ MPa}$ (32)

Aus dem Bauteil-Istwert der Zugfestigkeit $R_m$ lässt sich nun die Werkstoff-Wechselfestigkeit für Zugdruck berechnen. Hierzu ist der Zugdruckwechselfestigkeitfaktor $f_{W,\sigma} = 0{,}45$ aus Tabelle 4.2.1 für Stähle zu entnehmen. Es gilt:

Werkstoff-Wechselfestigkeit für Zugdruck
[Formel (4.2.1)]

$\sigma_{W,zd} = f_{W,\sigma} \cdot R_m = 366{,}3 \text{ MPa}$ (33)

### 4.5.2.4 Ermittlung der Konstruktionskennwerte und des ertragbaren Nennwerts der Bauteil-Wechselfestigkeit

Im nächsten Schritt ist die Werkstoff-Wechselfestigkeit mittels der zu ermittelnden Konstruktionsfaktoren zu bestimmen. Dies sind im Einzelnen der Schätzwert der Kerbwirkungszahl $\tilde{K}_f$, der Rauheitsfaktor $K_R$, der Randschichtfaktor $K_V$, der Schutzschichtfaktor $K_S$ und der Faktor für GJL $K_{NL,E}$.
Der Schätzwert der Kerbwirkungszahl $\tilde{K}_f$ kann näherungsweise der Tabelle 4.3.1 entnommen werden und nimmt für Stahl den Wert 2,0 an.

Schätzwert der Kerbwirkungszahl
[Tabelle 4.3.1]

$\tilde{K}_f = 2{,}0$ (34)

Die FKM-Richtlinie erlaubt die Verwendung einer Stützzahl $n_\sigma$. Diese Stützzahl ist größer als 1 und erhöht die zulässige Werkstoff-Wechselfestigkeit. Es wird hier konservativ angenommen, dass diese 1 ist. Auf die Berechnung der Stützzahl wird daher hier nicht eingegangen.

Stützwirkungszahl
[Kap. 4.3.1.3]

$n_\sigma = 1{,}0$ (35)

Der Rauheitsfaktor $K_R$ ist abhängig von der mittleren Rauheit der Oberfläche des Bauteils. Er berechnet sich mit der Konstanten $a_R$ und der minimalen Zugfestigkeit $R_{m,N,min}$ nach Tabelle 4.3.5 zu:

Konstante
[Tabelle 4.3.5]

$a_R = 0{,}22$ (36)

minimale Zugfestigkeit
[Tabelle (4.3.5)]

$R_{m,N,min} = 400 \text{ MPa}$ (37)

Rauheitsfaktor
[Formel (4.3.21)]

$K_R = 1 - a_R \cdot \lg\left(\frac{R_z}{\mu m}\right) \cdot \lg\left(\frac{2 \cdot R_m}{R_{m,N,min}}\right) = 0{,}73$ (38)

Der Randschichtfaktor $K_V$ berücksichtigt den Einfluss von Verfahren, wie Nitrieren, Einsatzhärten, Kugelstrahlen o. Ä. auf die Ermüdungsfestigkeit. Seine Werte können der Tabelle 4.3.7 entnommen werden. Es wird hier angenommen, dass das Bauteil keine verfestigte Randschicht besitzt. Damit ist dieser Faktor:

Randschichtfaktor
[Tabelle 4.3.7]

$K_V = 1{,}0$ (39)

Der Schutzschichtfaktor $K_S$ berücksichtigt den Einfluss einer Schutzschicht bei Bauteilen aus Aluminiumwerkstoffen. Da es sich hier um ein Bauteil aus Stahl handelt, nimmt dieser ebenfalls den Wert 1 an.

Schutzschichtfaktor
[Abb. 4.3-6]

$K_S = 1{,}0$ (40)

**Tabelle 11.** Lastfälle für den betrachteten Achsschenkel

| Lastfall | $a_y$ | $a_z$ | $F_y$ | $F_z$ |
|---|---|---|---|---|
| 1 | $1{,}2 \cdot 1{,}5g = 1{,}8g$ | $1{,}2 \cdot (1g - 1g) + 1g = 1{,}0g$ | 26,5 kN | 20,6 kN |
| 2 | $1{,}2 \cdot 0{,}2g = 0{,}24g$ | $1{,}2 \cdot (5g - 1g) + 1g = 5{,}8g$ | 3,5 kN | 44,4 kN |
| 3 | $1{,}2 \cdot 0{,}2g = 0{,}24g$ | $1{,}2 \cdot (-1{,}5g - 1g) + 1g = -2g$ | 3,5 kN | −16,5 kN |

können daher vernachlässigt werden. Die Ergebnisse aus dem Finite-Elemente-Modell sind beispielhaft in Bild 50 dargestellt.
Folgende Spannungskennwerte lassen sich daraus ermitteln:

Oberspannung

$$\sigma_{1,\max} = 23 \text{ MPa} \tag{15}$$

Unterspannung

$$\sigma_{1,\min} = -129 \text{ MPa} \tag{16}$$

Spannungsamplitude

$$\sigma_{1,a} = \frac{\sigma_{1,\max} - \sigma_{1,\min}}{2} = 76 \text{ MPa} \tag{17}$$

Mittelspannung

$$\sigma_{1,m} = \frac{\sigma_{1,\max} + \sigma_{1,\min}}{2} = -53 \text{ MPa} \tag{18}$$

Spannungsverhältnis

$$R = \frac{\sigma_{1,\min}}{\sigma_{1,\max}} = -5{,}61 \tag{19}$$

Zusätzlich müssen für das Bauteil noch die Kennwerte festgelegt werden. Hier wird angenommen, dass der Achsschenkel aus einem Rohteil mit einem Durchmesser von 150 mm gefertigt wird. Die mittlere Rauheit nach der DIN 4768 beträgt 100 μm.

effektiver Durchmesser

$$d_{\text{eff}} = 150 \text{ mm} \tag{20}$$

mittlere Rauheit

$$R_z = 100 \text{ μm} \tag{21}$$

#### 4.5.2.3 Ermittlung der Werkstoffkennwerte

Die Ermittlung der zulässigen Spannung basiert in der FKM-Richtlinie grundsätzlich auf der Zugfestigkeit des verwendeten Materials. Für den hier verwendeten Vergütungsstahl 42CrMo4 beinhaltet die FKM-Richtlinie entsprechende Materialkennwerte in Kapitel 5. Hieraus lassen sich die folgenden Kennwerte als Nennwerte ablesen:

Zugfestigkeit

$$R_{m,N} = 1100 \text{ MPa} \tag{22}$$

Streckgrenze

$$R_{p,N} = 900 \text{ MPa} \tag{23}$$

effektiver Nenndurchmesser

$$d_{\text{eff},N} = 16 \text{ mm} \tag{24}$$

$$a_{d,m} = 0{,}32 \tag{25}$$

$$a_{d,p} = 0{,}43 \tag{26}$$

maximaler effektiver Nenndurchmesser [Formel (3.2.9)]

$$d_{\text{eff},\max} = 250 \text{ mm} \tag{27}$$

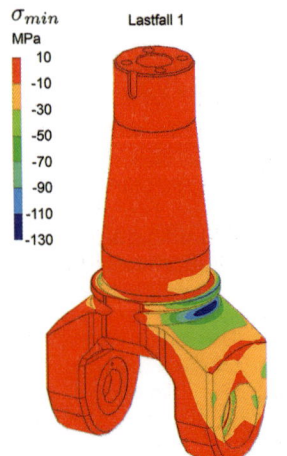
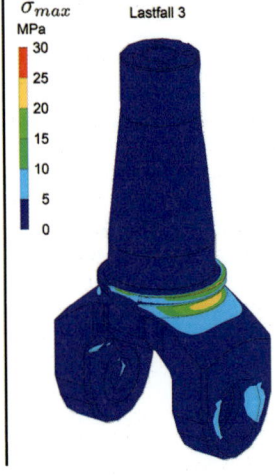

**Bild 50.** Finite-Elemente-Analyse des Achsschenkels

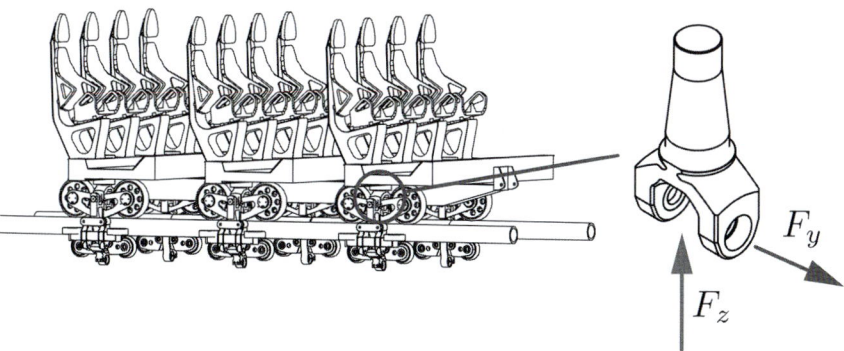

**Bild 48.** Achsschenkel mit Lastrichtungen

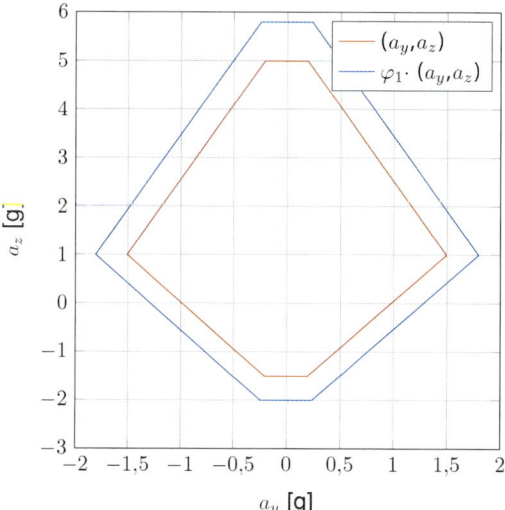

**Bild 49.** Lastumhüllende aufgrund von $a_y$- und $a_z$-Beschleunigungen

die Radschilde noch Stoßkräfte (z. B. an Schienenstößen) auftreten, die mindestens mit $\varphi_1 = 1,2$ zu bewerten sind (s. Abschnitt 3.2.2.8). Im Allgemeinen werden diese hauptsächlich auf $a_y$- und $a_z$-Beschleunigungen angewendet. Gleiseinbauten, die entsprechende $a_x$-Beschleunigungen verursachen, erfordern diese ggf. nicht, da bspw. beim Einsatz einer Wirbelstrombremse die Bremskraft entsprechend sanft ohne Stöße aufgebracht wird, was auch durch (Beschleunigungs-)Messungen gezeigt werden kann. Es sei noch darauf hingewiesen, dass es sinnvoll ist den Stoßfaktor für $a_z$-Beschleunigungen auf den Ruhezustand bei 1g zu beziehen.
Zusätzlich zeigt die EN 13814 auch noch die Verwendung eines Schwingbeiwerts auf. Dieser ist bspw. bei direkt befahrenen Bauteilen, z. B. Achterbahnschienen, anzuwenden, die sich ggf. durch eine Überfahrt des Fahrzeugs zu einer Schwingung anregen lassen. Für das Fahrzeug selbst erscheint der Einsatz dieses Faktors als nicht sinnvoll, da während der Fahrt nur selten stationäre Fahrbewegungen herrschen, bei denen sich das Fahrzeug entsprechend aufschwingen kann. Es sei noch darauf hingewiesen, dass die FKM-Richtlinie bei Verwendung sicherer Lastannahmen einen Last-Sicherheitsfaktor von $j_s = 1,0$ erlaubt.

Für das Beispiel des hier betrachteten Achsschenkels sind hauptsächlich die Schnittkräfte aufgrund der $a_y$- und $a_z$-Beschleunigungen maßgebend. $a_x$-Beschleunigungen entstehen zumeist durch gesonderte Elemente, die in das Fahrzeug eingebracht bzw. ausgeleitet werden, und bestimmen daher den Kraftfluss im Achsschenkel in erster Näherung nicht. Damit werden für den Achsschenkel die folgenden drei Lastfälle als relevant identifiziert. Aufgrund der Massenträgheitskräfte des Fahrzeugs und der Fahrgastbeladung führen sie zu den folgenden Kräften (vgl. Tabelle 11) an der Lagerung des Radschilds. Auf die Ermittlung dieser Lasten wird hier nicht gesondert eingegangen. Grundsätzlich ist es möglich diese vereinfachend über eine Handberechnung, mittels eines vereinfachenden Stabwerksmodells des Fahrzeugs oder durch den Einsatz einer Mehrkörpersimulation zu ermitteln.

#### 4.5.2.2 Ermittlung der auftretenden Spannungen

Um die örtlichen Spannungen aufgrund der drei identifizierten Lastfälle zu ermitteln, eignet sich der Einsatz einer Finite-Elemente-Methode. Dort werden die Kräfte in den drei Lastfällen auf das Bauteil aufgebracht. Dadurch entstehen in dem Bauteil entsprechende Spannungen. Vereinfachend und ungeachtet der Richtungen der Spannungen, die in diesem Beispiel jedoch nahezu richtungsunverändert in der nachzuweisenden Stelle über die drei Lastfälle bleiben, werden die maximale und minimale Hauptspannung an der Stelle der maximalen auftretenden Amplitude als Ober- bzw. Unterspannungen für den Nachweis konservativ angenommen. Der Nachweis wird daher der Einfachheit und der Übersichtlichkeit halber nur mit einer Hauptspannungsamplitude durchgeführt. Schubspannungen

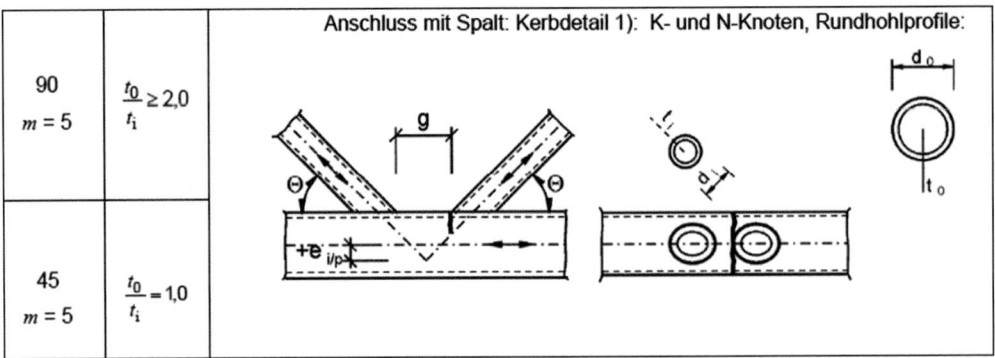

**Bild 47.** Kerbfall eines geschweißten Hohlprofilknotens [27]

Zum Nachweis der Ermüdungsfestigkeit wird für die Struktur von Stahlachterbahnen im Regelfall ein Nachweis der Dauerfestigkeit erbracht. Bei einem Wanddickenverhältnis ≥ 2,0 beträgt die zulässige Spannungsschwingbreite $\Delta\sigma_D$ bei 5 Millionen Lastzyklen am betrachteten Anschluss:

$$\Delta\sigma_D = \Delta\sigma_c \cdot \left(\frac{2}{5}\right)^{\frac{1}{5}} = 90 \text{ MPa} \cdot \left(\frac{2}{5}\right)^{\frac{1}{5}} = 74,93 \text{ MPa} \tag{13}$$

Die Sicherheit an diesem Anschluss beträgt schließlich:

$$\frac{\Delta\sigma_D}{\Delta\sigma} = \frac{74,93}{47,80} = 1,56 > 1,00 \tag{14}$$

Die erforderliche Sicherheit von 1,0 ergibt sich hier für ein schadenstolerantes Konzept aufgrund des in der Branche üblichen engen Inspektionsintervalls, der allgemeinen Zugänglichkeit und der statischen Überbestimmtheit der Struktur (s. a. Tabelle 7).

### 4.5.2 Beispiel 2: Achsschenkel eines Achterbahnfahrzeugs

Achterbahnfahrzeuge werden während ihres Betriebs ständig durch wechselnde Beschleunigungen mit einem Mehrfachen ihres Eigen- und Fahrgastgewichts belastet, bspw. werden diese in vertikaler Richtung auf Beschleunigungen von +5,0 g bis −1,5 g ausgelegt. Dies führt bereits auf eine Lastamplitude von 3,25 g [72]. Unter der Annahme, dass das Fahrzeug diesen Lastwechsel einmal pro Minute erfährt, ergibt sich bereits eine Lastspielzahl von über zwei Millionen bei der geforderten Betriebszeit von 35000 h [2]. Damit ist eine ermüdungsgerechte, respektive eine dauerfeste Auslegung unumgänglich.
Geschweißte Stahlkonstruktionen aus Baustählen, wie bspw. der Fahrzeuggrundrahmen, lassen sich nach DIN EN 1993-1-9 [27] auslegen. Allerdings werden hierin die ermüdungsgerechte Auslegung von maschinell bearbeiteten Bauteilen aus Baustählen oder Vergütungsstählen nur unzureichend behandelt. Daher werden Fahrzeuge auch vermehrt nach der FKM-Richtlinie [26] ausgelegt, die es erlaubt, geschweißte und nichtgeschweißte Maschinenbauteile aus Stahl-, Eisenguss- und Aluminiumwerkstoffen ermüdungsgerecht auszulegen. Grundsätzlich ermöglicht es die FKM-Richtlinie [26] statische, betriebsfeste und dauerfeste Nachweis durchzuführen, beides jeweils unter Verwendung von Nennspannungen oder örtlichen Spannungen. Zusätzlich beinhaltet die Richtlinie Werkstoffkennwerte für gängige Stahl-, Eisenguss- und Aluminiumwerkstoffe.

Im Folgenden ist ein solcher Dauerfestigkeitsnachweis für örtliche Spannungen exemplarisch für einen Achsschenkel eines Fahrzeugs als nichtgeschweißtes, vollständig maschinell bearbeitetes Bauteil aus dem Vergütungsstahl 42CrMo4 skizziert (Bild 48).

#### 4.5.2.1 Lastannahmen und Last-Sicherheitsfaktoren

Im ersten Schritt sind die Lastannahmen für das Achterbahnfahrzeug bzw. den Achsschenkel zu bestimmen. Hierzu können die auftretenden translatorischen Beschleunigungen entlang der drei Koordinatenrichtungen betrachtet werden und in einem ersten Schritt die Beschleunigungen aufgrund von Winkelgeschwindigkeiten und Winkelbeschleunigungen vernachlässigt werden. Aufgrund der Bahngeometrie lässt sich eine Umhüllende vorzugsweise in $a_y$- und $a_z$-Beschleunigungen aufstellen, die in Bild 49 beispielhaft dargestellt ist. Die Eckpunkte dieser Kurven stellen die erste Gruppe der Hauptlastfälle für das Fahrzeug dar.
Aufgrund von Antriebs- und Bremskräften (vgl. Abschnitt 4.4.7.1) entstehen hauptsächlich $a_x$-Beschleunigungen, welche sich zumeist nur mit $a_z$-Beschleunigungen überlagern, sodass sich daraus die zweite Gruppe von Lastfällen ermitteln lässt. Diese Beschleunigungen mit der Massenträgheit des Fahrzeugs und der nach der EN 13814 geforderten Beladung von 0,75 kN je Sitzplatz, führen zu entsprechenden (Schnitt-)Lasten an den einzelnen Baugruppen des Fahrzeugs.
Es sei darauf hingewiesen, dass die EN 13814 auf der Lastseite noch Zuschläge fordert, vgl. Abschnitt 3.2.2.8. Bei schienengebundenen Fahrzeugen können bspw. für

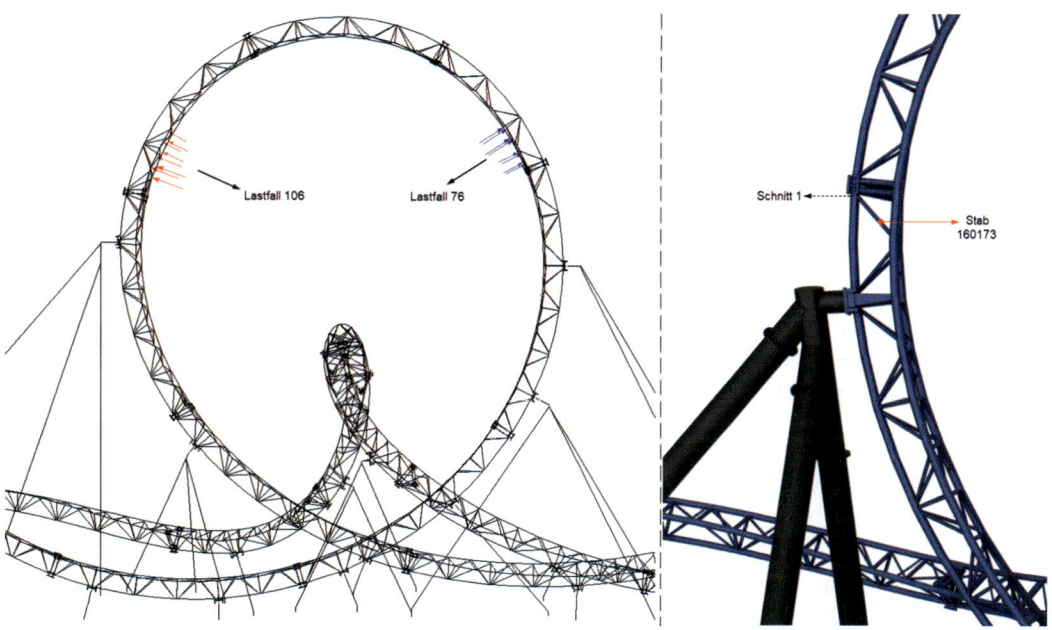

**Bild 45.** A) Abfahrt eines Looping-Elements mit Zuglasten aus Lastfall 106 (rot) und Lastfall 76 (blau), b) Ausschnitt mit betrachtetem Schnitt im Stabelement 160173

**Bild 46.** Darstellung der verformten Struktur eines Loopings im Lastfall 76 und 106 (Skalierungsfaktor 600)

**Bild 43.** 3-D-Darstellung der Achterbahnanlage

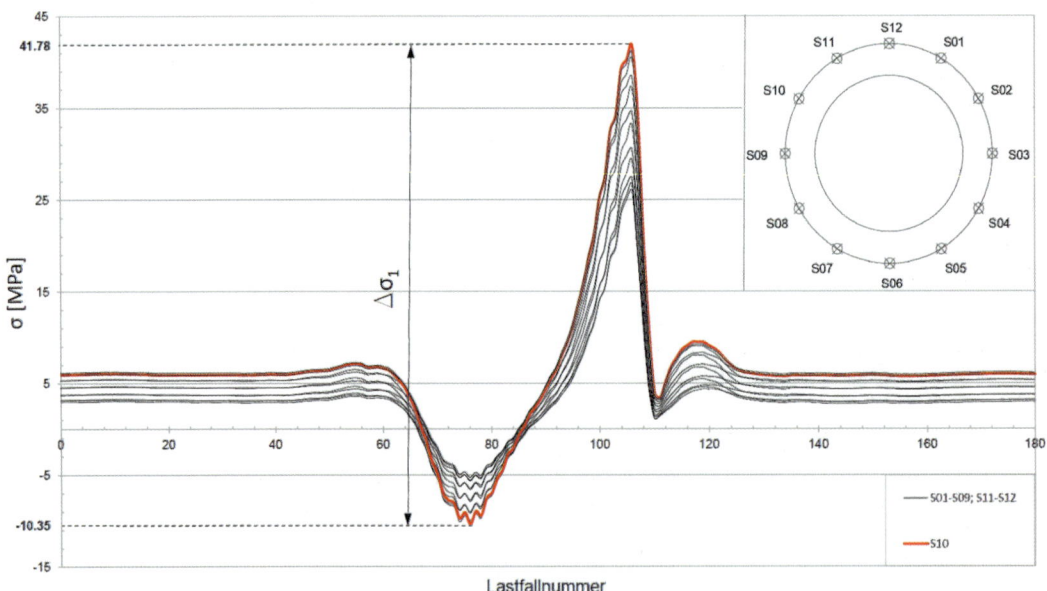

**Bild 44.** Spannungspunkte im betrachteten Querschnitt des Stabs 160173 und zugehörige Spannungsverläufe aus Zugüberfahrt; maßgebender Verlauf am Spannungspunkt S10 in Rot

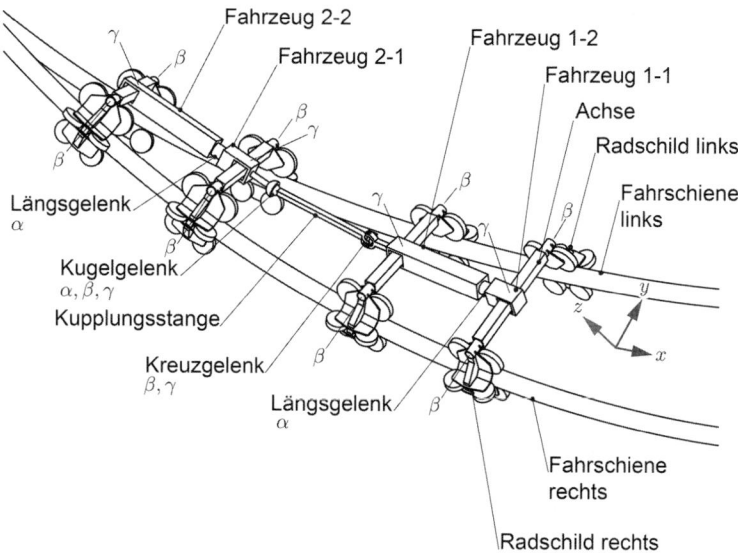

**Bild 42.** Zugkonzept nach dem Zweiachserprinzip mit Kupplungsstange (ohne Fahrzeugoberbau dargestellt) [68]

Anzahl von Achsen. Die zwei Achsen eines Fahrzeugs sind untereinander mit einem Längsgelenk (Drehung um α) verbunden und entsprechen somit dem ersten Fahrzeug des Rikschaprinzips. Diese zweiachsigen Fahrzeuge untereinander sind mit einer Kupplungsstange verbunden, die auf einer Seite über ein Kreuzgelenk (Drehung um β, γ) auf der anderen Seite über ein Kugelgelenk (α, β, γ) angebunden ist. Ein solcher Zug besteht mindestens aus $9 \cdot \frac{n}{2} - 1$ Körpern und $13 \cdot \frac{n}{2} - 2$ Gelenken (n gerade, n > 1) (vgl. auch [34]). Auch bei diesem Zugkonzept ist nur ein FHG unabhängig, die Translation entlang der x-Achse des Gleises (vgl. [68]).

## 4.5 Berechnungsbeispiele

### 4.5.1 Beispiel 1: Geschweißter Hohlprofilknoten einer Achterbahnschiene

An einem Beispiel wird die praktische Umsetzung des Berechnungsprozesses einer Achterbahn gezeigt. Während der Fahrt betragen die vertikalen Beschleunigungen zwischen −1g und über 4g bezogen auf den Schwerpunkt des etwa 3,5 Tonnen schweren beladenen Fahrzeugs. Es kommen Zwei- und Dreigurtschienen zum Einsatz. Die Stützstruktur ist aus runden Hohlprofilen ausgeführt. Mithilfe von Köchern sind die Stützenfüße in den Fundamenten vergossen.

Im Berechnungsbeispiel soll der stumpf geschweißte Anschluss eines Diagonalstabs Ø 64 × 6,3 mm an das Fahrrohr der Fachwerkschiene auf Ermüdung untersucht werden. Auf dem Umfang des Nahtquerschnittes werden 12 Punkte definiert, an denen jeweils der Verlauf der Spannungen während der Zugüberfahrt berechnet wird. Mit aufsteigender Lastfallnummer wird der Zug in Fahrtrichtung um einen konstanten Betrag vorgeschoben. Die Verläufe sind in Bild 44 für alle 12 Spannungspunkte dargestellt. Auffällig ist, dass die Nennspannungsschwingbreiten $\Delta\sigma_2 \ldots \Delta\sigma_n$ klein im Vergleich zur Nennspannungsschwingbreite $\Delta\sigma_1$ sind. Diese Eigenschaft tritt mit zunehmender Entfernung von den Schienenrohren und bei hinreichend großen Spannweiten häufig auf. Erfahrungsgemäß liegt bereits die zweite Nennspannungsschwingbreite oft unter dem Cutoff-Limit für 100 Millionen Lastzyklen.

Am betrachteten Detail tritt die größte Spannungsschwingbreite im Spannungspunkt 10 in den Lastfällen 76 bzw. 106 auf. Eine Visualisierung der Zuglasten in diesen Lastfällen ist in Bild 45 dargestellt. Eine Darstellung der verformten Struktur in den Lastfällen 76 und 106 ist in Bild 46 zu finden.

Die maximalen und minimalen Spannungen an der maßgebenden Stelle sind in Tabelle 10 aufgelistet.

Das untersuchte Detail kann als geschweißter Hohlprofilknoten nach [27] Tabelle 8.7 klassifiziert werden (s. Bild 47). Aufgrund des Wandstärkenverhältnisses ergibt sich die Kerbklasse $\Delta\sigma_c = 90$.

**Tabelle 10.** Ermittelte maßgebende Spannungen – Stab Nr. 160173, Spannungspunkt 10

| | |
|---|---|
| Minimale Nennspannung $\sigma_{min}$ [MPa] | −10,35 (LK mit Lastfall 76) |
| Maximale Nennspannung $\sigma_{max}$ [MPa] | 41,78 (LK mit Lastfall 106) |
| Spannungsschwingbreite $\Delta\sigma$ [MPa] | 52,13 |

dass diese bspw. mit einem Pneumatikzylinder aufgehalten werden und die eigentliche Normalkraft durch ein passives Element, wie bspw. eine Feder, aufgebracht wird. Im Falle einer Störung (Leck in der Luftleitung, Stromausfall etc.) schließt sich die Bremse immer selbsttätig und nimmt den sicheren Zustand an.

Reduzierbremsen werden bei neueren Anlagen nahezu ausnahmslos als sogenannte Wirbelstrombremsen ausgebildet. Hierbei wird ein nichtmagnetisches Bremsschwert durch ein sich alternierendes Magnetfeld, das durch einen Permanentmagneten erzeugt wird, bewegt. Hierbei wird in dem Bremsschwert ein Strom induziert, der seinerseits ein Magnetfeld aufbaut, welches dem Magnetfeld des Permanentmagneten entgegengerichtet ist. Dies benötigt Energie, welche aus der kinetischen Energie des Fahrzeugs aufgebracht wird, sodass sich das Fahrzeug verlangsamt. Die genaue Funktionsweise ist bspw. in [73] beschrieben. Vorteil dieses Bremssystems ist, dass es berührungslos und daher nahezu verschleißfrei arbeitet und ein passives System darstellt, welches keine weitere zugeführte Energie benötigt.

### 4.4.9  Aufbau eines Achterbahnzugs

Nahezu alle am Markt befindlichen Achterbahnzüge lassen sich einem der zwei folgenden Konstruktionsprinzipien zuordnen. Bei dem Rikschaprinzip besteht ein Zug aus einem zweiachsigen Fahrzeug, entweder am Anfang oder am Ende des Zugverbunds, an das die restlichen Fahrzeuge als Auflieger angehängt werden (vgl. [70]) Daneben existiert das Zweiachserprinzip, bei dem der Zug aus zweiachsigen Fahrzeugen zusammengesetzt ist, die untereinander mit einer Kupplungsstange verbunden sind (vgl. [71]) In den Bildern 41 und 42 sind die beiden Konzepte inklusive der Gelenke und Freiheitsgrade vereinfacht dargestellt. Alle lokalen Koordinatensysteme sind nach Abschnitt 4.4.2 ausgerichtet. Drehungen um die x-Achse werden mit $\alpha$ bezeichnet, um die y-Achse mit $\beta$ und um die z-Achse mit $\gamma$.

Bei beiden Fahrzeugkonzepten umgreifen die Radschilder die Fahrschienen und lassen in erster Näherung nur den Freiheitsgrad (FHG) in Längsrichtung x und die Drehung um die Längsachse der Schiene $\alpha$ zu. Wird angenommen, dass die frei rollenden Räder nur Normalkräfte aufnehmen können, so kann das rechte Radschild laterale Kräfte nur in negativer y-Richtung aufnehmen und das linke Radschild die lateralen Kräfte in positiver y-Richtung. Gleiches gilt auch für Momente um die Hochachse, sodass bei Anliegen einer Kraft in y-Richtung beim rechten Radschild vier FHG gesperrt sind ($y, z, \beta, \gamma$), wohingegen beim linken Radschild nur zwei FHG gesperrt sind ($z, \beta$), sodass pro Radschildpaar sechs FHG gesperrt werden. Auch die Kräfte in z-Richtung verteilen sich je nach Vorzeichen auf die Lauf- bzw. Gegenräder. Der Achsbalken ermöglicht eine Drehung der Radschilder um die Querachse $\beta$. In seinem Zentrum ist der Achsbalken über ein Drehgelenk um die Hochachse $\gamma$ mit dem Längsträger des Fahrzeugs verbunden.

Zwischen dem ersten und zweiten Fahrzeug (oder dem letzten und vorletzten Fahrzeug) ist ein Längsgelenk vorhanden, welches nur die Drehung um die x-Achse zulässt. Die Aufliegefahrzeuge (ab Fahrzeug 3) sind mit einem Kugelgelenk an den davorliegenden Fahrzeugrahmen angebunden. Damit besteht ein Achterbahnzug mit n Fahrzeugen nach dem Rikschaprinzip mindestens aus $4 \cdot n$ Körpern und $6 \cdot n - 1$ Gelenken (n > 1). Es kann einfach gezeigt werden, dass mit den o. a. Annahmen der abhängigen und unabhängigen Freiheitsgrade, der Zug nach dem Rikschaprinzip in erster Näherung nur einen unabhängigen Freiheitsgrad hat, nämlich die Translation entlang der x-Achse des Gleises (vgl. [68]).

Ein Zugverbund nach dem Zweiachserprinzip besteht, wie der Name bereits vorgibt, immer aus einer geraden

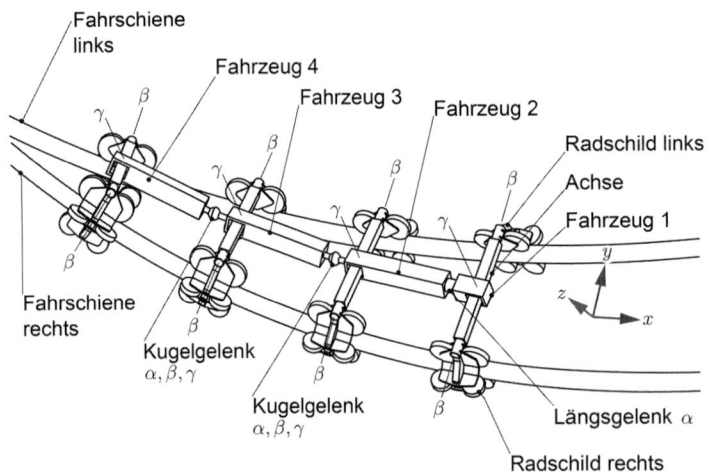

**Bild 41.** Zugkonzept nach dem Rikschaprinzip (ohne Fahrzeugoberbau dargestellt) [68]

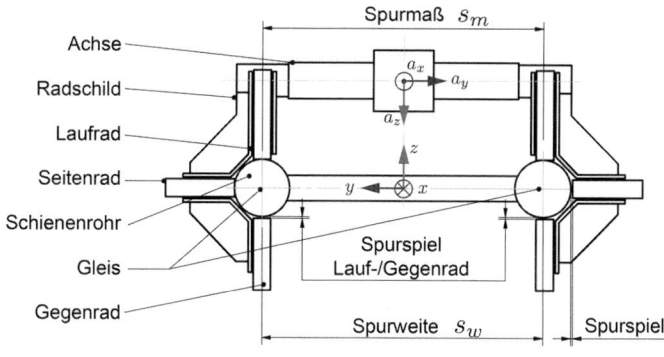

**Bild 39.** Bezeichnungen am Achterbahnfahrwerk [68]

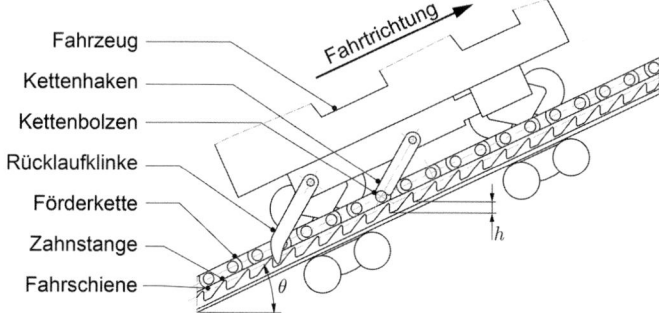

**Bild 40.** Kettenhaken und Rücklaufsicherung [68]

ner Förderkette oder einen Mitnehmer in der Kette eingreift, sodass das Fahrzeug mit der Kette durch den Lift nach oben gefördert werden kann. Beim Einsatz einer Förderkette, ebenso bei Verwendungen von Seilen oder Reibrädern, fordert die EN 13814 [2] den Einsatz von sogenannten Rücklaufsicherungen oder -bremsen. Diese müssen im Falle des Versagens der Fördereinrichtung selbsttätig wirken. Der prinzipielle Aufbau einer solchen Rücklaufsicherung, ausgebildet als Rücklaufklinke am Fahrzeug und Zahnstange gleisseitig, ist in Bild 40 dargestellt.

Rücklaufsicherungen müssen nur für statische Lasten nachgewiesen werden. Diese anzunehmende statische Last ist in der EN 13814 explizit angegeben und beträgt mindestens den halben Wert der maximalen Rücklaufhöhe h (in Zentimetern) bzw. mindestens 2. Für die Bemessung ist immer die volle Gewichtskraft des Fahrzeugs anzunehmen. Verschieben sich die Rücklaufklinke oder das Zahnsegment aufgrund des Rücklaufstoßes, kann bei Kenntnis der Verschiebung $\delta_0$ der Rücklaufstoß auch nach Gl. (12) berechnet werden. Ebenso ist es zulässig, dynamische Berechnungen oder Messdaten zu verwenden, um die Stoßkräfte zu bestimmen [2].

$$\varphi \geq 1 + \sqrt{1 + \frac{2h}{\delta_0 \sin\theta}} \qquad (12)$$

Als weitere gleisseitige Antriebselemente werden Reibradantriebe verwendet, um die Fahrzeuge mit geringer Geschwindigkeit, bspw. im Bahnhofsbereich, zu fördern. Im Gleis ist ein Getriebemotor befestigt, an dessen Abtriebswelle ein Rad, mit Luft befüllt oder aus Vollgummi, montiert ist. Dieses greift reibschlüssig an ein Element am Fahrzeug an, bspw. dem Längsträger oder ein Antriebsschwert, und überträgt somit eine Kraft gerichtet in x-Richtung auf das Fahrzeug, sodass sich dieses vorwärts bzw. rückwärts bewegt.

Zum Erreichen höherer Geschwindigkeiten hat sich der Einsatz von Linearmotoren in ihren Bauweisen als Linearinduktionsmotoren oder Linearsynchronmotoren durchgesetzt. Je nach Bauart erfordern diese im ersten Fall ein nichtmagnetisches Antriebsblech am Fahrzeug und im zweiten Fall die Mitnahme von starken Permanentmagneten. Auf eine Erläuterung der Funktionsweise wird hier nicht eingegangen, sondern es wird auf weiterführende Literatur, wie bspw. [69] verwiesen.

Zum Verlangsamen des Fahrzeugs werden prinzipiell zwei verschiedene Bremssysteme verwendet. Einerseits sind dies Festhaltebremsen, welche das Fahrzeug vollständig zum Stillstand bringen und ortsfest halten können, andererseits Reduzierbremsen, welche das Fahrzeug nur verlangsamen können.

Festhaltebremsen sind zumeist sog. Friktionsbremsen. Hierbei wird ein gleisseitig angebrachter Bremsbelag mit einer entsprechenden Normalkraft an ein fahrzeugseitig angebrachtes Bremsschwert angedrückt. Aufgrund der entstehenden Coulomb'schen Reibkraft tritt eine Geschwindigkeitsreduktion des Fahrzeugs ein. Die Konstruktion dieser Bremsen ist zumeist derart,

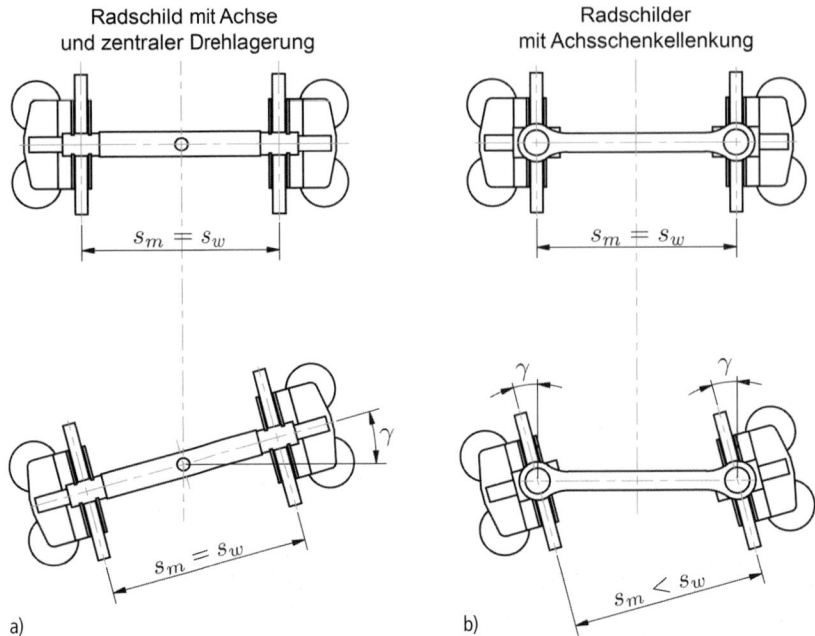

**Bild 38.** Achse a) mit zentraler Drehlagerung und b) mit Achsschenkellenkung nach [30]

zeugen verwendet: Dies ist einerseits das System aus zwei Radschildern, verbunden durch eine Achse mit zentralem Drehpunkt und andererseits zwei Radschilder mit jeweils einer eigenen Achsschenkellenkung, die durch eine Spurstange gekoppelt werden können (vgl. Bild 38).

Insbesondere bei höheren Geschwindigkeiten bietet letzteres System aufgrund der kleineren bewegten Massen Vorteile und verringert die Lenkkräfte, die bspw. bei Kurveneinfahrt aufgrund der Auslenkung der Achse und den daraus resultierenden Massenträgheitskräften entstehen. Nachteilig wirkt sich in engen Bögen jedoch die konstruktiv resultierende Verkleinerung des Spurmaßes $s_m$ aus, welche durch konstruktive Maßnahmen, wie einer Verringerung der Spurweite $s_w$ oder durch Federung der Seitenräder, ausgeglichen werden muss [30].

### 4.4.7 Radschild

Im Radschild befinden sich alle Räder zum Tragen und Führen eines Achterbahnfahrzeugs, wobei den beiden Aufgaben jeweils dedizierte Räder zugeordnet sind. Der grundsätzliche Aufbau aller Achterbahnfahrwerke wurde bereits 1920 durch *Miller* zum Patent angemeldet und ist in leicht abgewandelter Form in Bild 39 für ein Fahrzeug mit einem Achsbalken und zentraler Drehlagerung dargestellt [66]. Die Beschleunigungen im Schwerpunkt der Achse sind nach der Definition von Abschnitt 4.4.2 eingezeichnet.

Die zumeist aus Rundrohren bestehende Schiene (vgl. [67]) wird durch die Radschilder umgriffen, in denen die Lauf-, Seiten- und Gegenräder gelagert sind. Die Laufräder übernehmen die Funktion des Tragens und leiten hauptsächlich Massenträgheitskräfte aufgrund der Beschleunigung $a_z$ in die Schiene ein bzw. das Kräftepaar, entstehend durch die Momente aufgrund einer Horizontalbeschleunigung $a_y$. Die Gegenräder dienen als Abhebesicherung und werden bei negativen Beschleunigungen $a_z$ oder ebenso durch das Moment aufgrund der Beschleunigungen $a_y$ aktiviert. Die Seitenräder führen das Fahrzeug auf der Schiene und werden damit hauptsächlich durch die Massenkräfte aufgrund von Beschleunigungen $a_y$ belastet. Um Zwängungen zu vermeiden, muss an allen Rädern ein entsprechendes Spiel vorgesehen werden oder durch entsprechende Federung, wie in Schwingen gelagerten Seiten- und Gegenrädern, ein Toleranzausgleich möglich sein [68].

### 4.4.8 Elemente zur Einleitung von Antriebs- und Bremskräften

Sofern Achterbahnfahrzeuge keinen eigenen Antrieb besitzen oder während der Fahrt weitere Energie zugeführt wird, durchfahren sie die Strecke nur durch die am Anfang zugeführte potenzielle oder kinetische Energie. Ebenso verfügen die Fahrzeuge dann nicht über eigene Bremsvorrichtungen. Daher müssen gleisseitig Einbauten vorgesehen werden, die die Funktionen Antreiben und Bremsen realisieren können.

Im einfachsten Fall wird die potenzielle Energie durch einen Kettenlift zugeführt. Hierzu muss an dem Fahrzeug ein entsprechendes Element, ein Kettenhaken, vorgesehen werden, der bspw. in den Kettenbolzen ei-

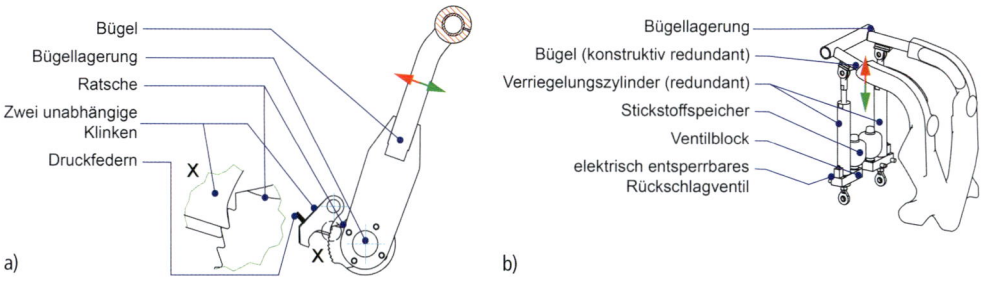

**Bild 36.** Prinzipien zur Realisierung der Sperrvorrichtung; a) Ratsche und Klinke, b) hydraulischer Verriegelungszylinder

 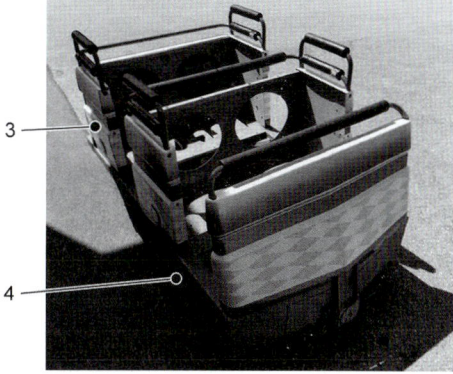

1 selbsttragender Fahrzeugoberbau (glasfaserverstärkter Kunststoff)
2 Fahrzeuggrundrahmen (Stahlstruktur)
3 Beplankung (GFK-Teile ohne lasttragende Funktion)
4 Fahrzeugoberbau und Fahrzeuggrundrahmen (Stahlstruktur)

**Bild 37.** Beispiele für zwei Konstruktionsprinzipien für den Fahrzeugoberbau; a) Fahrzeugoberbau: selbsttragenden GFK-Schale, b) Stahlunterbau mit GFK-Beplankung (teilweise entfernt)

GFK-Konstruktion eine entsprechend hohe Gestaltungsfreiheit. Nachteilig an diesem Konstruktionsprinzip ist der Aufwand in der dauerfesten Bemessung und Konstruktion der GFK-Teile und der notwendigen, lasttragenden Schnittstelle zwischen dem Fahrzeuggrundrahmen aus Metall und den GFK-Teilen.

Bei dem zweiten Konstruktionsprinzip besteht der Fahrzeugoberbau aus einer Stahlkonstruktion, die ggf. noch mit glasfaserverstärkten Verkleidungsteilen beplankt sind. Bei diesem Konstruktionsprinzip nimmt der Stahlunterbau alle Kräfte auf und leitet diese an den Fahrzeuggrundrahmen weiter. Die GFK-Teile dienen nur zur Dekoration und haben keine lasttragende Funktion.

### 4.4.5 Fahrzeuggrundrahmen

Der Fahrzeuggrundrahmen bildet das zentrale und alle Baugruppen verbindende Element des Fahrzeugs. Bei fast allen momentan in Betrieb befindlichen Fahrzeugen besteht dieser aus einem Stahlrahmen, welcher wiederum mindestens einen Längsträger beinhaltet. An diesen Längsträger schließen bei einem mittleren Fahrzeug an beiden Enden die Fahrzeuggelenke an (vgl. Abschnitt 4.4.9). Ebenso werden an den Zentralträger alle Elemente zur Einleitung von Längskräften befestigt. Dies können bspw. Brems- und Antriebsschwerte, Magnetträger für die Wirbelstrombremse oder auch der Kettenhaken und Rücklaufklinke sein (vgl. Abschnitt 4.4.8). Auf dem Längsträger wird, evtl. noch mit einem umlaufenden Rahmen, der Fahrzeugoberbau mit den Sitzen und Bügeln befestigt. Unter dem Fahrzeugoberbau wird das Fahrwerk an den Längsträger angebunden. Im Falle einer zentralen Drehlagerung (vgl. Bild 38) befinden sich die dazu notwendigen Gelenke zumeist im Längsträger direkt integriert. Im Falle einer Achsschenkellenkung (vgl. Bild 38) schließt an den Längsträger T-förmig ein Querträger an. An dessen Enden befinden sich die Drehlagerungen für die Achsschenkel. Ebenso bietet der Querträger die Möglichkeit zur direkten Montage der Sitze und Bügel.

### 4.4.6 Achse und Achsschenkel

Bezüglich der Lagerung der Radschilder und damit der Lenkung werden zwei Konzepte bei Achterbahnfahr-

Praktische Anwendung am Beispiel der Stahlachterbahn   887

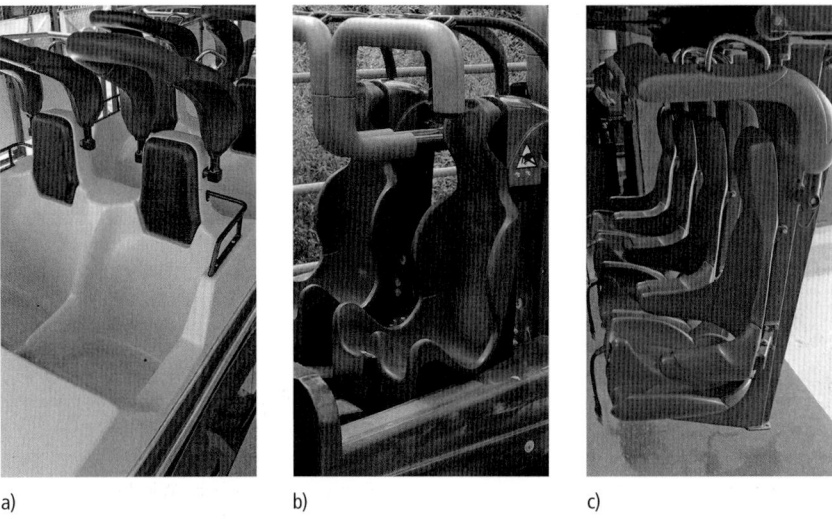

a)  b)  c)

**Bild 34.** a) Vollintegrierter Achterbahnsitz, b) GFK-Sitz mit PU-Schäumung, c) Metalleinleger mit PU-Umschäumung

**Bild 35.** Ausgeführte Beispiele für Rückhaltevorrichtungen; a) Kategorie 2, b) Kategorie 3, c) Kategorie 4, d) Kategorie 5

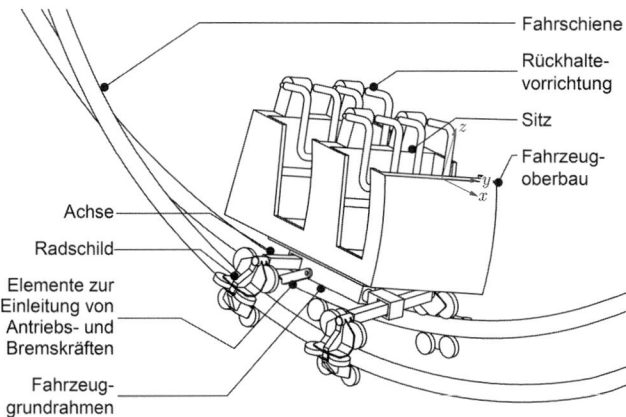

**Bild 33.** Aufbau eines Achterbahnfahrzeugs

ginnend von Fahrgast bis zur Schiene, dem Kraftfluss folgend, sind dies die folgenden Baugruppen:
– Sitz und Fahrgastrückhaltevorrichtung,
– Fahrzeugoberbau,
– Fahrzeuggrundrahmen,
– Achse oder Achsschenkel,
– Radschild,
– Elemente zur Einleitung von Antriebs- und Bremskräften.

### 4.4.2 Fahrzeugkoordinatensystem

Das globale Fahrzeugkoordinatensystem, dargestellt in Bild 33, wird analog zur EN 13814 [2] definiert. Auf eine Ausrichtung der z-Achse entlang der Rückenlehnenfläche wird jedoch verzichtet, es wird angenommen, dass diese senkrecht auf der Ebene des Fahrzeuggrundrahmens steht. Die Definition der Richtungen folgt der beschriebenen Konvention in Abschnitt 3.4.5.1.

### 4.4.3 Sitz und Fahrgastrückhaltevorrichtung

Sitz und Fahrgastrückhaltevorrichtung bilden das zentrale Element zur Sicherung des Fahrgasts in dem Achterbahnfahrzeug und sind nur im Zusammenspiel wirksam. Während in den Anfängen die ersten Achterbahnfahrzeuge noch mit Sitzbänken für zwei oder mehrere Fahrgäste ausgestattet waren, werden heutige Achterbahnfahrzeuge zumeist mit Einzelsitzen versehen, welche zusätzlich noch mit einem Sitzhöcker als Beintrenner ausgestattet sein können. Die Sitze können einerseits als selbsttragende Konstruktionen aus glasfaserverstärktem Kunststoff oder Metall ausgeführt sein oder in die Fahrzeugkarosserie voll integriert sein (Bild 34). Zumeist ist eine Polsterung mit Polyurethanschäumen o. Ä. vorhanden, um den Sitzkomfort für den Fahrgast zu erhöhen.

Fahrgastrückhaltevorrichtungen werden zumeist durch eine Art Bügel mit/oder ohne Polyurethanumschäumung realisiert und können bspw. als Schoß- oder Schulterbügel ausgeführt werden. Ebenso ist auch eine Realisierung über einen Gurt mit entsprechendem, verriegelbarem Gurtschloss möglich. Wie bereits in Abschnitt 3.4.4 gezeigt, gibt es unterschiedliche Anforderungen an diese Fahrgastrückhaltesysteme, deren Kategorie nach den auftretenden Beschleunigungen ausgewählt werden kann. In Bild 35 sind reale, konstruktive Beispiele für Rückhaltevorrichtungen zu den Kategorien 2 bis 5 dargestellt. Die Selbstsperrungsvorrichtung ist im einfachsten Fall durch einen Widerhaken ausgeführt, der vom Fahrgast oder Bediener gelöst werden kann (Bild 35a). Auch können sich verzahnende Elemente (Zahnstange und Zahn, Ratsche und Klinke) zum Einsatz kommen, die die Bewegung des Bügels in die zu öffnende Richtung behindern (Bild 35b und Bild 36a). Als Letztes sind auch stufenlos einstellbare Systeme im Einsatz. Diese können bspw. mit hydraulischen Verriegelungszylindern realisiert werden, die auf dem Prinzip der Inkompressibilität eines hydraulischen Fluids basieren und dieses in einem Kolben einsperren. Durch ein elektrisch entsperrbares Rückschlagventil kann die Kolbenstange ausgefahren werden und die Fahrgastrückhaltevorrichtung öffnet (Bild 35c/d und Bild 36b).

### 4.4.4 Fahrzeugoberbau

Im Fahrzeugoberbau sind Sitze und Fahrgastrückhaltevorrichtungen befestigt. Er schließt mit dem Fußboden zum Fahrzeuggrundrahmen hin ab und trägt zu den Seiten hin die Fahrzeugverkleidung. Für den Fahrzeugoberbau haben sich zwei Konstruktionsprinzipien etabliert. So kann der Fahrzeugoberbau vollständig als selbsttragende Schale aus glasfaserverstärktem Kunststoff (GFK) ausgebildet sein, welcher über Schraubverbindungen mit dem Fahrzeuggrundrahmen verbunden ist. Hier nehmen die GFK-Teile alle Kräfte aufgrund der Beschleunigungseinwirkung auf den Fahrgast auf und leiten diese an den Fahrzeuggrundrahmen weiter. Damit müssen die GFK-Teile entsprechend bemessen und ausgebildet werden. Vorteil dieses Konstruktionsprinzips ist die prinzipielle Unabhängigkeit von Fahrzeugoberbau und -grundrahmen. Ebenso bietet eine

nenrohr wurden die Knoten der Schalenelemente an ein Stabelement gekoppelt. Auf diese Weise werden dem Stabelement realistische Schnittgrößen zugeführt, da die Steifigkeit des Schottblechs sehr genau abgebildet ist. Die Nennspannungskerbklasse des Anschlussstabs muss numerisch ermittelt werden. Aufgrund der Vielzahl von möglichen Belastungszuständen und geometrischen Parametern ist eine solche Untersuchung, zumal mit dem Anspruch der Formfindung für Blech und Anschlussdetail, nicht trivial.

### 4.3.5.3 Lastermittlung

Wie bei allen Ingenieurbauwerken müssen die Lastannahmen den normativen Vorschriften entsprechen. Die Ermittlung der allgemeinen Lasten, wie sie großen Stahlbaukonstruktionen gemein sind, umfasst hauptsächlich die Eigenlasten der Konstruktion und der Einbauten wie Antrieb und Bremsen, Windlasten während des Betriebs sowie Sturmlasten außer Betrieb, Temperaturschwankungen und seismische Lasten.

Die Lasten aus der Fahrdynamik der Fahrzeuge werden wie die Belastungen auf Fahrgäste sowie Fahrzeuge simulativ ermittelt. Sie resultieren aus der Analyse der Dynamik der Achterbahn gemäß dem dynamischen Gleichgewicht, das der Berechnung der Beschleunigungen zugrunde liegt. Aus ihr ergeben sich die Lasten der Räder auf die Struktur ebenso wie die Beschleunigungen von Fahrgästen und Fahrzeug (vgl. Abschnitt 4.2.2). Im Allgemeinen werden für die Untersuchung der Fahrdynamik die Laufräder eines Radschilds zu einem virtuellen Rad zusammengefasst, womit das virtuelle Rad in Bezug auf den Schienenhorizont sowohl andrückende wie auch abhebende Lasten, jedoch bei üblicher Bauweise nur einseitige horizontale Lasten auf sein korrespondierendes Fahrrohr aufbringt. Für die Aufbringung der Lasten auf das Tragwerk wird dies auf einzelne Räder zurückgerechnet.

Im Rahmen der Simulation ist dabei wichtig, verschiedene Fahrzeugkonfigurationen zu betrachten und hinsichtlich ihres Lastcharakters zu beurteilen (s. Abschnitt 4.2.4). Diese Konfigurationen müssen durch die Berechnung abgebildet werden und ziehen als Betriebslastfälle in die Auslegung ein. Daneben müssen auch die Dynamik kritisch langsamer oder, insbesondere bei Launch-Anlagen, überschneller Fahrten nach Fehlfunktionen der Antriebe mindestens als statischer Lastfall betrachtet werden.

Nicht vergessen werden sollte, dass die Simulation immer auf der idealen Entwurfsgeometrie erfolgt. Die real immer auftretenden Imperfektionen der Fahrzeuge wie auch der Schienen können je nach örtlicher Geometrie zu kleineren oder größeren Abweichungen in den Lasten zwischen Realität und Simulation führen. Diese Abweichungen haben in höher belasteten Bereichen einen geringen Anteil an der Gesamtbelastung. In relativ lastfreien Bereichen können diese Effekte jedoch maßgebend werden. Bei einem in einer Ebene stehenden Null-g-Hügel gilt es unter anderem zu berücksichtigen, dass Fahrzeuge im Alltag mit einer Bandbreite an Geschwindigkeiten eine Bandbreite um die „Nulllast" erzeugen, dass Imperfektionen sowohl der Schiene wie auch der Fahrzeuge ein Schlingern der Fahrzeuge induzieren können oder auch, dass ein defektes Fahrzeug möglicherweise an jedem Punkt der Bahn stehenbleiben könnte. All diese Fälle müssen geeignet für die Betriebsfestigkeit oder den statischen Nachweis abgebildet werden: der „Zero-g"-Hügel bleibt also mitnichten lastfrei.

### 4.3.5.4 Lastaufbringung

Im Rechenmodell erfolgt die Aufbringung der Lasten aus Zugüberfahrt quasi-statisch. Dynamische Effekte werden nach EN 13814 [2], wie in Abschnitt 3.2.2.8 dargestellt, über den Stoßfaktor $\varphi_1$ und den Schwingbeiwert $\varphi_2$ berücksichtigt. Grundsätzlich ist bei sehr schlanken Strukturen aufgrund von Resonanzeffekten auch eine größere dynamische Überhöhung möglich. Dann ist z. B. eine Beurteilung mittels erfahrungsbasierter Kennzahlen, Antwortanalyse, Bildung eines Ersatzsystems oder transienter Berechnung erforderlich.

Aufgrund der quasi-statischen Betrachtung können die einzelnen Zugstellungen ortsbezogen und unabhängig voneinander angegeben werden. Das bedeutet, dass eine Zugstellung nicht für einen bestimmten Zeitpunkt, sondern für einen bestimmten Ort angegeben wird und die Reihenfolge der Zugstellungen prinzipiell beliebig ist.

Um die Spannungsverläufe in den einzelnen Bauelementen der Schiene hinreichend genau berechnen zu können, muss für die Zugstellungen ein angemessener Vorschub gewählt werden. Der Abstand der aufgebrachten einzelnen Radlasten sollte deutlich kleiner als der Querriegelabstand sein, um auch Effekte aus der Sekundärbiegung zu erfassen. Auch bei gleichzeitiger Berücksichtigung mehrerer sich nicht gegenseitig beeinflussender Zugstellungen sind typischerweise mehrere hundert Lastfälle zu berechnen.

## 4.4 Achterbahnfahrzeuge

Der nachfolgende Abschnitt widmet sich der Konstruktion und Auslegung von Achterbahnfahrzeugen. Zu Beginn wird der grundsätzliche Aufbau eines Achterbahnfahrzeugs und seiner einzelnen Baugruppen beschrieben. Ein besonderes Augenmerk wird dabei auf die Fahrwerke und die Fahrgastrückhaltesysteme gerichtet. Im Abschnitt 4.5.2 wird die grundsätzliche Vorgehensweise zur ermüdungsgerechten Bemessung eines Fahrzeugs skizziert und beispielhaft der Dauerfestigkeitsnachweis nach der FKM-Richtlinie [26] für ein Bauteil vollständig beschrieben.

### 4.4.1 Elemente eines Achterbahnfahrzeugs

In Bild 33 ist der grundsätzliche Aufbau eines Achterbahnfahrzeugs dargestellt. Es lassen sich die nachfolgenden Hauptbaugruppen identifizieren, die sich bei allen Fahrzeugen in ähnlicher Form wiederfinden. Be-

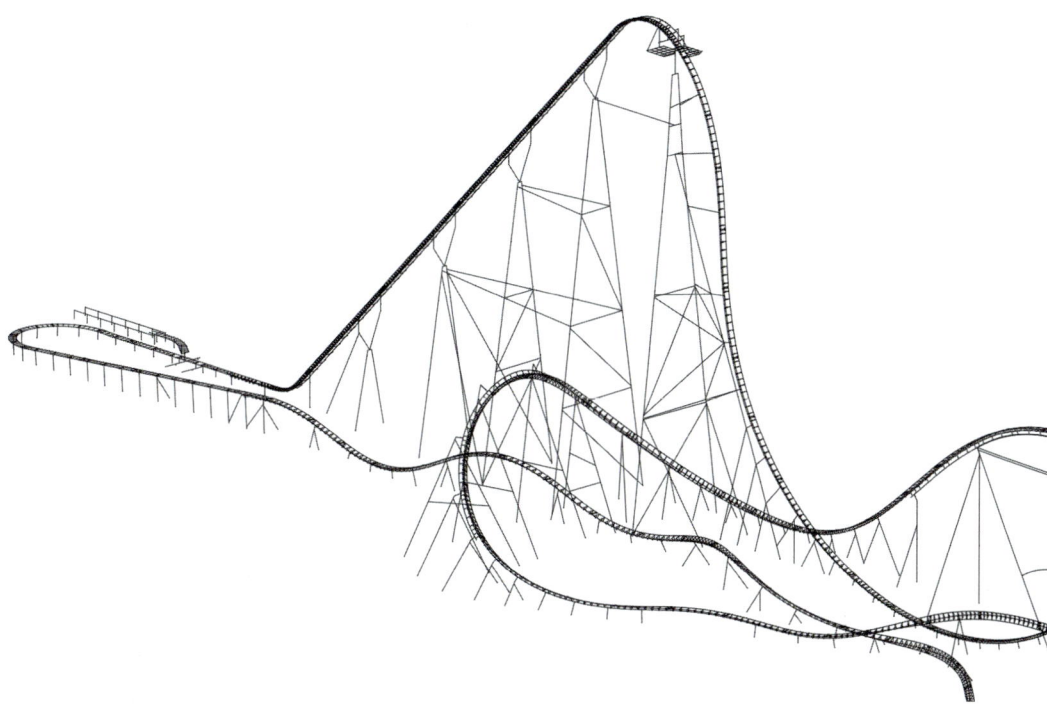

**Bild 31.** Ein Teil des statischen Systems („Hyperion", Energylandia, Polen)

die tatsächliche Raumlage und verbindet sie dann mit den Gurtrohren.
Bild 32 zeigt ein Beispiel aus der Praxis. Bei einer schubweichen Backboneschiene stellt unter anderem der Anschluss des Schottblechs an die Schienenrohre eine kritische Stelle dar. Das Schottblech wird bei einer gegenseitigen Schubverformung der Schienenrohrebene und des Backbonerohrs einem komplexen Verformungszustand zugeführt, der kaum durch ein Stabwerkmodell abgebildet werden kann. Aus diesem Grund wurde für die vorliegende Schiene ein hybrides Modell gebildet: Das gesamte Tragwerk wurde grundsätzlich als Stabwerk modelliert, jedoch wurden für die Schottbleche Schalenelemente verwendet. Am Übergang zum Schie-

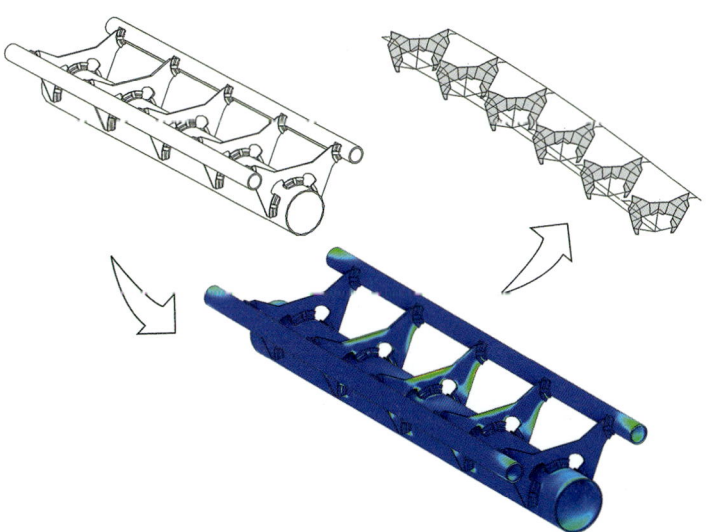

**Bild 32.** Entwicklung eines Hybridmodells aus Stab- und Schalenelementen für eine Backboneschiene

[39], Abs. C.5.1, C.5.2 und C.5.3 wird eine Hilfsgröße $b_m = 0{,}778\sqrt{rt}$ verwendet, ihre Bedeutung wird jedoch nicht erläutert. Dieser Ausdruck gilt jedoch nur für Systeme mit horizontalen Versteifungsringen. Sollte man sich auf analytische Berechnungen beschränken, so müssen im Falle der Geometrie aus Bild 29b Vereinfachungen getroffen werden, wie z. B. in [62] und [63] beschrieben. Solche Ansätze reichen nicht aus, um die lokalen Kerbwirkungen am Ende der Versteifung zu erfassen. So zeigt die Praxis, dass die numerische FE-Methode die beste Wahl für die Ermüdungsanalyse ist. Unabhängig von der Berechnungsmethode muss der Tragwerksplaner eine angemessene Dicke des Mantelblechs vorsehen, damit die Störung am Rippenende das Beulen und die lokale Spannungskonzentration nicht begünstigt.

Dieses Problem kann z. B. durch die Verwendung der in Bild 29c dargestellten Fußausbildung vermieden werden, die einem Vorschlag aus [61] folgt. Durch die Implementierung einer umlaufenden Ringsteife kann das Versatzmoment aus der Ankerexzentrizität aufgenommen und die lokale Störspannung stark reduziert werden. Bei diesem Detail müssen jedoch die Kerbspannungen im Anschluss von Rippe zur Buchse bei der Ermüdungsanalyse besonders berücksichtigt werden. Aufgrund der vergleichsweise aufwendigen Herstellung wird dieser Fußpunkt nicht häufig verwendet.

### 4.3.4 Fundamentierung

Weil die Stahlschiene eine relativ steife Verbindung zwischen den Stützenköpfen darstellt, müssen entsprechend hohe Anforderungen sowohl an das Setzungsverhalten als auch an die elastische Steifigkeit der Stützenfundamente gestellt werden.

Letzteres ist für das Bauwesen unüblich, jedoch hat gerade die elastische Steifigkeit der Fundamente einen großen Einfluss auf die Betriebsfestigkeit der Schiene. Dabei entlasten hohe Fundamentsteifigkeiten die Schiene und belasten die Fußpunkte. Niedrige Fundamentsteifigkeiten belasten die Schiene und entlasten die Fußpunkte.

Die permanenten Setzungen sind hingegen für die statische Auslegung relevant. Aufgrund der großen Anzahl der einzelnen Fundamente ist es aber nicht möglich, den Lastfall Stützensenkung in allen Kombinationen flächendeckend zu untersuchen. Daher werden die permanenten Setzungen zwischen zwei benachbarten Stützen oft pauschal vergleichsweise streng auf wenige Millimeter begrenzt, sodass ein allgemeiner Nachweis mit konservativen Annahmen für Stützweite und Schienensteifigkeit statisch noch gelingt.

Bahnen mittlerer Größe erreichen schnell über einhundert Schienenauflager, große Anlagen auch über zweihundert. Dabei ist die Anzahl der Fußpunkte nochmals deutlich höher, da in Kurven bereits bei relativ niedriger Höhe eine Stützenkonfiguration mit Strebe und zwei Fußpunkten zum Einsatz kommen muss, siehe Abschnitt 4.3.3.3. Zusammen mit den hohen Steifigkeitsanforderungen wird klar, dass die Fundamentierung einer Stahlachterbahn einen erheblichen Kostenfaktor im Gesamtprojekt darstellt.

### 4.3.5 Modellbildung

#### 4.3.5.1 Allgemeines

Die mitunter kilometerlangen Schienenstränge großer Stahlachterbahnen konnten bis vor einigen Jahren mit vertretbarem Aufwand nur bereichsweise oder mit vereinfachter Schienenmodellierung berechnet werden. Mittlerweile ermöglicht es die heute zur Verfügung stehende Rechnerleistung, die Berechnung komplexester Bahnen mit einem hochaufgelösten (Stab-)Modell als Ganzes vorzunehmen. Hochaufgelöst bedeutet, dass Exzentrizitäten und Anschlusssteifigkeiten insbesondere der Hohlprofilverbindungen im Modell berücksichtigt sind. Die Modelle bestehen überwiegend aus Stabelementen und können mehrere hundert Querschnitte und mehrere zehntausend Stabelemente umfassen. Vereinzelt werden auch hybride Stab- und Schalenmodelle verwendet. Bild 31 zeigt einen Teilbereich eines solchen Tragwerks.

Der Aufbau, die Berechnung und die Auswertung des Tragwerks und des Rechenmodells müssen weitestgehend automatisiert erfolgen, händisch werden idealerweise nur Sonderstützen konstruiert. Die dazu erforderliche Software muss vom Planungsbüro maßgeblich selbst entwickelt werden.

#### 4.3.5.2 Schienenmodellierung

Der eigentliche Aufwand bei der Schienenmodellierung besteht zum einen darin, die Querschnitte, Anschlusssteifigkeiten und Exzentrizitäten so zu modellieren, dass die tatsächlichen Steifigkeiten im Stabwerk möglichst genau abgebildet werden. Dazu können in Submodellen die Stabwerkmodelle an Berechnungen von Schalen- und Volumenmodellen kalibriert werden. Auch ein Abgleich mit Messungen an bestehenden Bahnen ist möglich. Zum anderen müssen für eine große Anzahl von verschiedenen Verbindungsdetails Nennspannungskerbklassen festgelegt werden. EN 13814 empfiehlt zwar die Anwendung des Eurocode, DIN EN 1993-1-9 enthält aber nur für einige der zahlreichen Details passende Nennspannungskerbklassen. Weitere Kerbklassen findet man z. B. in der DIN EN 13001 [25], der FKM-Richtlinie [26] und der IIW-Richtlinie [64]. Eine gleichzeitige Verwendung von Kerbklassen aus verschiedenen Regelwerken ist aber schon wegen der verschiedenen Sicherheitskonzepte nur bedingt möglich. Ein Vergleich findet sich zum Beispiel in [65]. So bleibt in vielen Fällen nur eine numerische Berechnung der Nennspannungskerbklasse mithilfe einer Strukturspannungs- oder lokalen Kerbspannungsanalyse.

Schließlich transformiert eine geeignete Software die den Grundelementen Schienenauflager, Schienenstoß und Feldelement zugewiesenen Knoten und Stäbe in

geschweißt wird. Das Ankerbild wird oft so gewählt, dass die Stütze bis zu einer bestimmten Neigung auch schräg angeschlossen werden kann (s. Bild 25d), was die Verbindung vereinfacht und Zusatzmomente aus Exzentrizitäten minimiert.

Das Tragverhalten dieses Fußpunkts ist aufgrund des nichtlinearen Druckkontakts zum Beton und der bevorzugt verwendeten relativ dünnen Platte ausgeprägt nichtlinear. Daher gestaltet sich der Nachweis der Betriebsfestigkeit für dieses Detail schwierig, weil keine einfache Zuweisung einer Nennspannungs-Kerbklasse möglich ist, wie folgende Überlegungen zeigen:

Versuche, die 2013 an der MPA der Technischen Universität München (TUM) durchgeführt wurden, haben vorangegangene numerische Untersuchungen bestätigt, wonach die Spannungskonzentration am (maßgebenden) Nahtübergang zum Rohr stark davon abhängt, ob nahe des Nahtübergangs Zug- oder Druckspannungen im Rohr vorherrschen. Bild 30 zeigt dazu rechnerisch ermittelte und im Versuch mit guter Übereinstimmung bestätigte Strukturspannungen $\sigma_{HS}$ am maßgebenden rohrseitigen Nahtübergang in Abhängigkeit der Nennspannung im Rohr, getrennt nach Anteilen aus Biegung (nom. $\sigma_B$) und Normalkraft (nom. $\sigma_N$). Es sei darauf hingewiesen, dass bei dieser Darstellungsform die Neigung m des Gradienten $\bar{g}$ der Fläche in einem Punkt P

$$m = \frac{g_z}{\sqrt{g_x^2 + g_y^2}} \qquad (10)$$

schon der Spannungskonzentrationsfaktor an diesem Punkt ist, sodass die Nennspannungskerbklasse $\Delta\sigma_{c,nom}$ bei P aus

$$\Delta\sigma_{c,nom} = \frac{\Delta\sigma_{c,HS}}{m} \qquad (11)$$

berechnet werden kann. Je steiler der Gradient, desto größer die Spannungskonzentration und desto schlechter die Kerbklasse. Die Spannungskonzentration ist also lastabhängig und nichtlinear, und der Ansatz einer Nennspannungskerbklasse ist eine bestenfalls für einen kleinen Arbeitsbereich vertretbare Linearisierung.

Bei einem Plattenfuß liegen die meisten Nennspannungsspiele erfahrungsgemäß im Grenzbereich zwischen Druck- und Zugspannungen, wobei der Spannungskonzentrationsfaktor in diesem Bereich besonders sensitiv ist. Zur Ermittlung einer allgemeingültigen Kerbklasse müsste eine konservative Annahme für die Mittelspannung getroffen werden, was zu nicht praktikablen Kerbklassen führen kann. In der Folge lässt sich dieses Detail oft nur mit relativ großem Aufwand wirtschaftlich bemessen.

Vereinzelt kommt auch der in Bild 29b dargestellte Fußpunkt zur Anwendung, bei dessen Berechnung ebenfalls einige praktische Probleme auftreten, die sich primär auf die angemessene Annahme bezüglich der Krafteinleitung in die Rohrwandung und der Annahme einer mittragenden Breite beziehen. In den Normen taucht der Begriff „mittragende Breite" oder „mitwirkende Breite" nicht explizit auf. In DIN EN 1993-1-6

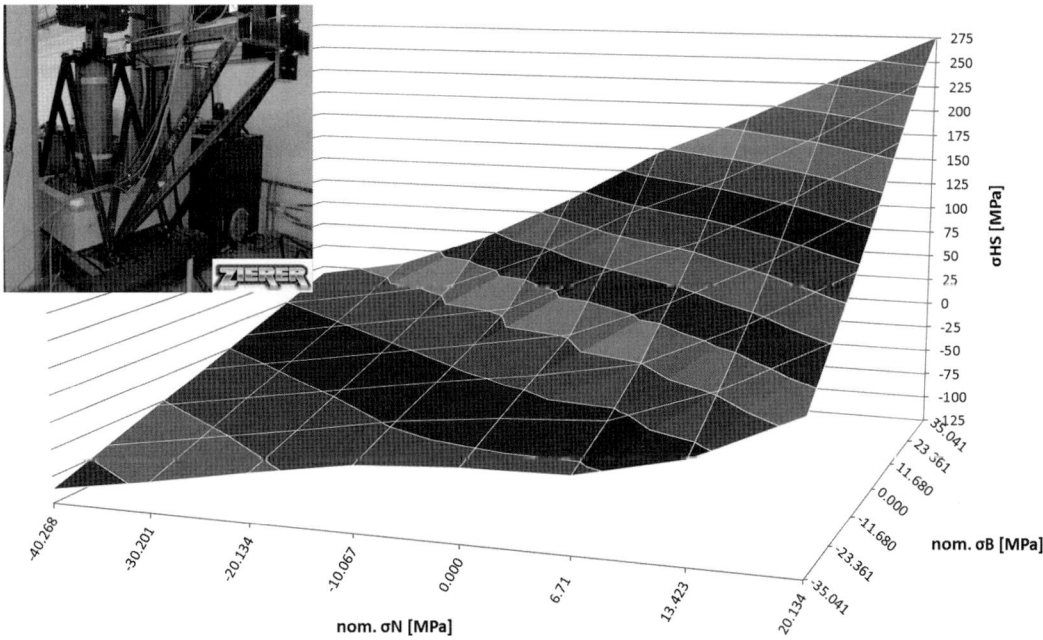

**Bild 30.** Hot-spot-Spannungen am Nahtübergang zum Stützenrohr in Abhängigkeit von Längsspannungen aus Biegung und Normalkraft im Stützenrohr

ter Ausgleichsmöglichkeit vorgesehen werden. Die zwei häufigsten Fußpunktdetails sind der Köcher und die verankerte Fußflanschplatte. Auf die vor allem bei transportablen Achterbahnen verwendeten Unterpallungen wird hier nicht weiter eingegangen.

Bei Köcherfundamenten wird das Stützenprofil in einen aus bewehrtem Beton hergestellten Schacht gestellt (s. Bild 28). Nach dem Ausrichten der Stütze wird der Köcher mit schwindarmem Beton verfüllt. So entsteht bezüglich des Ermüdungsverhaltens und der Wirtschaftlichkeit eine sehr kerbarme und leistungsfähige Verbindung. Der Hauptnachteil dieser Verbindung ist, dass sie nicht demontierbar ist. Das kann ungünstig sein, weil es möglich ist, dass eine Achterbahn nach einer gewissen Betriebszeit an einen anderen Standort verlegt oder verkauft wird. Bei der Verwendung von Hohlprofilen ist die Stütze zudem bis über die Oberkante des Köchers mit schwindarmem Beton zu verfüllen, wofür ein verschließbarer Einfüllstutzen vorzusehen ist. Dieses Detail entfällt bei der Verwendung von Breitflanschträgern als Stützenprofil.

Köcherfüße tragen Drucklasten im einfachsten Fall über am unteren Ende aufgeschweißte Kopfplatten ab. Die Abtragung der Momente und Querkräfte kann zum Beispiel einem Vorschlag von *Petersen* folgen – s. Abschnitt 10.6.4 in [61]. Typische im Bahnverlauf auftretende abhebende Kräfte können je nach Lastniveau über einen Überstand an der Fußplatte oder aufgeschweißte Rippen ausgeleitet werden. Diese Art der Verbindung wird aufgrund des geringen Aufwands in der Fertigung, der guten Justierbarkeit und des besseren Ermüdungswiderstandes im Vergleich zu vielen Flanschkonfigurationen relativ häufig eingesetzt.

Am häufigsten werden die Fußpunkte einer Achterbahn jedoch verankert (s. Bild 29). Dabei ist der Fußpunkt mit dem Fundament durch vorgespannte Ankerschrauben verbunden, die ein Teil des im Fundament verbauten Ankerkorbs sind. Die Möglichkeit zur Einstellbarkeit kann durch große Löcher bzw. Buchsen sowie in vertikaler Richtung über eine Schicht aus schwindarmem Mörtel vorgesehen werden. Am Stützenfuß sollte jede Querverschiebung vermieden werden, um einen Vorspannungsverlust und ungünstige Belastungen auf die Anker zu vermeiden; wegen der mitunter großen Querkräfte müssen daher in der Regel Schubknaggen vorgesehen werden.

Angesichts der oft mehreren hundert Fußpunkten einer Achterbahn hat sich in der Vergangenheit immer mehr ein möglichst einfaches Design ähnlich Bild 29a durchgesetzt. Dieser Fußpunkt besteht lediglich aus einer runden oder polygonalen, typischerweise 30 bis 60 mm dicken Stahlplatte, auf die das Stützenrohr stumpf auf-

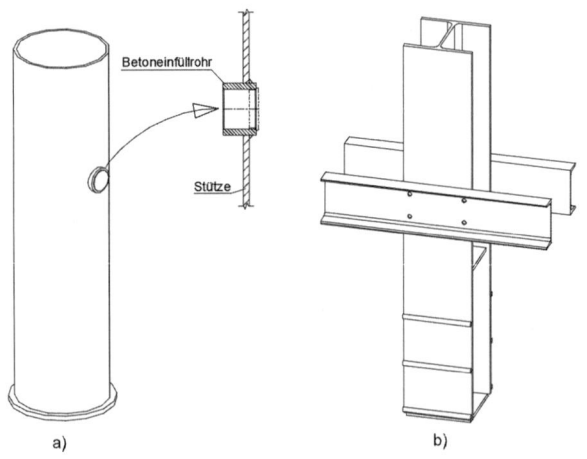

**Bild 28.** Konstruktionsdetail der Stützen eines Köcherfundaments; a) Rundrohrstütze, b) I-Profil-Stütze mit Justierbarkeitsprofilen

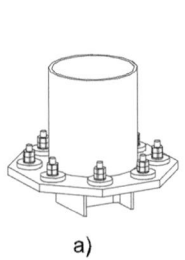 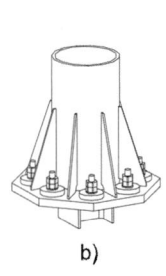 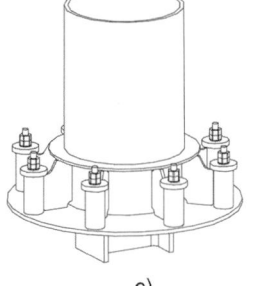

a) b) c) **Bild 29.** Verankerte Fußpunkte

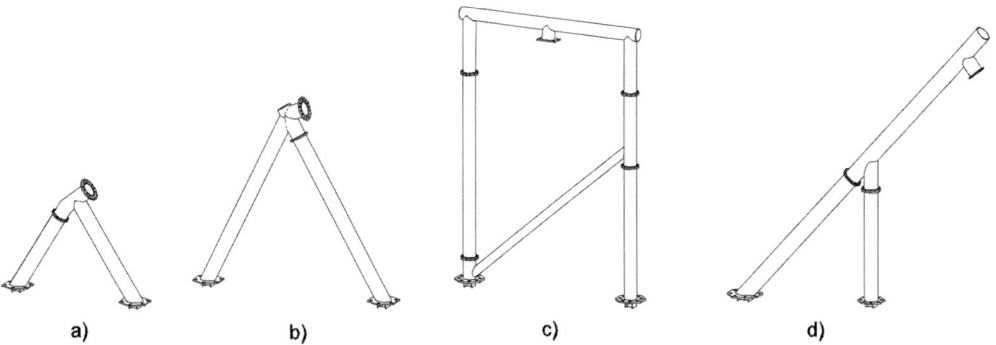

**Bild 26.** Gängige Stützenkonfigurationen mit Streben und Portalen

Grund und aufgrund der Unbestimmtheit des aerodynamischen Dämpfungsparameters, der bei der Analyse nach dem Verfahren 2 verwendet werden muss, lässt sich die Schlussfolgerung ziehen, dass dieses Verfahren bei der Prognose von häufigen und ermüdungsrelevanten Schwingungsamplituden einer Achterbahn keine praktische Bedeutung hat.

In Bild 27 sind zwei Beispiele großer Sonderkonstruktionen dargestellt. Bild 27a zeigt einen 115 m hohen Turm der Achterbahn „Red Force" (Ferrari Land, Spanien) aus Hauptrohren mit 813 mm Durchmesser und Wandstärken bis 25 mm. Aus Wartungs- und Evakuierbarkeitsgründen führt ein Lift zum Hochpunkt. Bild 27b zeigt eine ungewöhnliche, 60 m hohe Struktur in der Achterbahn „Schwur des Kärnan" (Hansa-Park, Deutschland), bestehend aus zwei Auf- bzw. Abfahrtstürmen und einem 45 m überspannenden Mittelelement. In dessen Tiefpunkt auf 40 m Höhe wirken aus Zugüberfahrt Vertikallasten von über 300 kN.

### 4.3.3.4 Fußpunkte

Die Fußpunkte der Stützen sind eines der am häufigsten verwendeten Konstruktionsdetails einer Achterbahn. Je nach Ausbildung der Stütze müssen sie zum Teil erhebliche Kräfte und Momente in allen Freiheitsgraden übertragen. Gleichzeitig bieten sie neben den Schienenauflagern die einzige Möglichkeit, Toleranzen auszugleichen und Einstellbarkeit zu ermöglichen, sodass in der Regel in allen Richtungen mehrere Zentime-

**Bild 27.** Komplexe Stützenstrukturen; a) „Red Force" (Ferrari Land, Spanien), b) „Schwur des Kärnan" (Hansa-Park, Deutschland) (Fotos: J. Omonsky / Admusement)

transportable Achterbahnen häufig in Stützenebenen konstruiert werden, da sich daraus Vorteile beim Transport und beim Aufbau ergeben. In diesen Ebenen werden häufig rechteckige Hohlprofile verwendet, was die Fertigung und den Transport vereinfacht.

Für kleinere Bahnen mit Zweigurtschiene, leichten Zügen und mäßigen Beschleunigungen sind Stützenprofile mit Durchmessern zwischen 219 mm und 323 mm sinnvoll. Darüber hinaus sind hauptsächlich Profile mit Durchmessern von 355 mm bis 609 mm im Einsatz. Nur bei sehr großen Strukturen oder besonderen Anforderungen werden Rohre in der Größe 813 mm bis 1200 mm verwendet. Die Wandstärken werden je nach Erfordernis gewählt und ergeben sich hauptsächlich aus einem für die Betriebsfestigkeit von Hohlprofilverbindungen günstigen Wandstärkenverhältnis. Grenzen ergeben sich aus folgenden Anforderungen:

– Querschnitte der Klasse 4 sind nach DIN EN 1993-1-9 [27] für dynamisch beanspruchte Hohlprofile nach DIN EN 1993-1-5 [38] bzw. DIN EN 1993-1-6 [39] nachzuweisen. In der Praxis werden extrem dünnwandige Rohre meist vermieden, auch weil sie beim Transport und beim Aufbau sehr empfindlich sind.
– Die Wanddicke von Hohlprofilen sollte nach DIN EN 1993-1-8 [36] mindestens 2,5 mm betragen. Tragende Teile moderner Stahlachterbahnen werden selten mit Wandstärken unter 5 mm ausgeführt.
– Wandstärken größer als 25 mm werden selten eingesetzt, da nach DIN EN 1993-1-8 [36] in diesem Fall bereits eine Prüfung der Z-Güte für das untergesetzte Rohr erforderlich wird. Neuere Forschungsergebnisse [40] empfehlen zudem bei dicken Gurtrohren einen Aufschweißbiegeversuch nach SEP 1390 [18].
– Für Hohlprofilknoten sind nach DIN EN 1993-1-8 [36] und DIN EN 1993-1-9 [27] b/t-Verhältnisse über 50 zu vermeiden, untergesetzte Gurtrohre sind in Klasse 1 oder 2 auszuführen.

Stützenrohre werden in der Regel in der Güte S355J2H ausgeführt. Nach DIN EN 1993-1-8 [36] Tabelle 4.2 kann in Abhängigkeit von der Wandstärke ein Großteil der Rohre nach DIN EN 10219 [41] kaltgeformt und längsgeschweißt geliefert werden, dickere Rohre sind nach DIN EN 10210 [42] zu liefern. Von spiralgeschweißten Rohren ist aufgrund unklarer Normungslage und Bedenken bezüglich einer zuverlässigen Betriebsfestigkeitsbewertung vorerst abzuraten.

#### 4.3.3.3 Gängige Stützenkonstruktionen

Die Bilder 25 und 26 zeigen einige Stützenvarianten, die leicht mit Softwareunterstützung automatisiert erzeugt werden können und oft als Standardstützen eingesetzt werden, wenn die Randbedingungen es zulassen.

Bei geringen Höhen genügt oft eine einfache Einzelstütze (Bild 25), um sowohl vertikale als auch horizontale Lasten aufzunehmen.

Höhere Stützen werden mit einer einfachen Strebe ausgeführt, Bild 26 zeigt einige Varianten. Eine günstige Ausrichtung der Strebe folgt aus der Richtung der maximalen Horizontallast während einer Zugüberfahrt. Je nach Belastung, Schienentyp und verwendetem Querschnitt können eine oder mehrere Ausfachungen erforderlich werden. In Überkopfbereichen oder bei hängenden Bahnen kommen Portalstützen zum Einsatz (Bild 26c).

Bei sehr langen und schlanken Stützen, die aufgrund des Wirbelerregungsphänomens in Resonanz geraten können, können Maßnahmen wie die Scrutonwendel oder Schwingungstilger (engl. Tuned Mass Damper, TMD) erforderlich werden. Über die Querschwingungsberechnung ist in der Fachliteratur in der Vergangenheit viel geschrieben worden [43–60]. In EN 1991-1-4 [22] sind zwei Methoden zur Bestimmung der wirbelinduzierten Querschwingungsamplitude dargestellt. Welches Verfahren anzuwenden ist, regeln die Nationalen Anhänge, zum Beispiel [24]. Diese zwei Berechnungsverfahren prognostizieren in vielen Fällen deutlich unterschiedliche Schwingungsamplituden. Für die Praxis erscheint im Falle der Notwendigkeit, die Struktur im Arbiträrschwingungsmodus zu untersuchen, die von *Ruscheweyh* [48] entwickelte Vortex-Resonanz-Methode angemessen zu sein (Verfahren 1). Das Verfahren 2 [56] kann nur für Kragsysteme und nur für deren Grundschwingung verwendet werden. Aus diesem

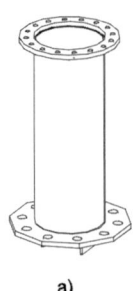 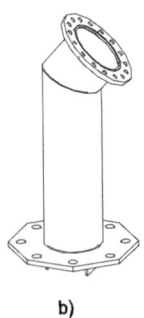 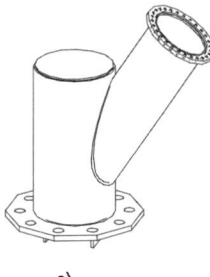 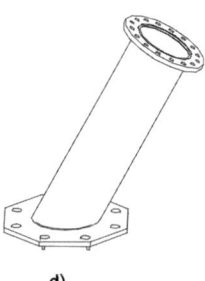

a)  b)  c)  d)

**Bild 25.** Einzelstützen aus Rundrohren

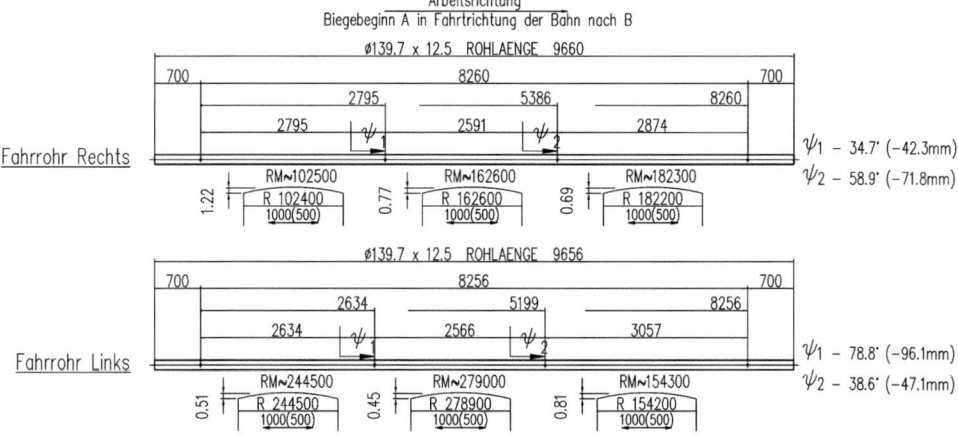

**Bild 24.** Beispiel für eine Biegeanweisung zur manuellen Fertigung

Die hierbei stattfindende Verdrehung entsprechend der Krümmung des Segments wird für den Übergang in das nachfolgende Segment überlagert mit der Verdrehung $\psi_i$ um die Profillängsachse und führt zu einer Transformation $_{(i)(i+1)}\mathbf{T}$ zwischen den segmentweise definierten Koordinatensystemen:

$$_{(i)(i+1)}\mathbf{T} = {}_{(i)(i+1)}\mathbf{T}(l_i, R_i, \psi_i) \tag{8}$$

Ausgehend von einer bekannten Lage $\left(_G\mathbf{r}_{(1)}, {}_{G(1)}\mathbf{T}\right)$ am Anfang eines zu biegenden Rohres, was dem ersten Biegesegment entspricht, kann somit eine rekursive Beschreibung der Positionen und Verdrehungen der Schmiegeebenen angegeben werden, wobei bei der Abfolge von n Segmenten mit den Biegeparametern $(l_1, \kappa_1, \psi_1, ..., l_n, \kappa_n, \psi_n)$ die Form eindeutig bestimmt ist:

$$\left(_G\mathbf{r}_{(1)}, {}_{G(1)}\mathbf{T}\right) \xrightarrow{l_1, R_1, \psi_1} \left(_G\mathbf{r}_{(2)}, {}_{G(2)}\mathbf{T}\right) \quad ...$$

$$\left(_G\mathbf{r}_{(i)}, {}_{G(i)}\mathbf{T}\right) \xrightarrow{l_i, R_i, \psi_i} \left(_G\mathbf{r}_{(i+1)}, {}_{G(i+1)}\mathbf{T}\right) \tag{9}$$

In einem numerischen Verfahren wird die exakte Rohrgeometrie aus der Raumkurvenbeschreibung mit der Näherung mittels Biegeanweisungen verglichen und einer Fehlerminimierung unterzogen. Dabei muss der Algorithmus insbesondere auf Lage-, aber auch Winkelfehler an den Schienenenden achten, da diese wesentlich die Genauigkeiten an den Stößen definieren. Gleichzeitig müssen minimale Biegeradien und Segmentlängen, resultierend aus den Möglichkeiten der Biegemaschine, eingehalten werden. Eine möglichst geringe Anzahl an Segmenten bzw. große Segmentlängen tragen maßgebend zur Vereinfachung der Fertigung und damit Verbesserung der Wirtschaftlichkeit bei. Anders herum steigt das Fehlerpotenzial mit der Zahl der Segmente pro Rohr besonders dann, wenn an den Segmentübergängen Verdrehungen der Biegeebenen nötig sind.

### 4.3.3 Stützen

#### 4.3.3.1 Allgemeines

Die Stützenstruktur verbindet die sich im Raum windende Schiene mit dem Gelände oder den Gebäuden, wobei vor allem in Vergnügungsparks zum Teil große Höhenunterschiede, Wege, Nebenstrukturen, andere Fahrgeschäfte, Leitungen, Bewuchs und auch das eigene Lichtraumprofil berücksichtigt werden müssen. Das führt mitunter zu sehr projektspezifischen und unkonventionellen Lösungen. Die vorrangigste Aufgabe der Stützenstruktur ist es dabei, möglichst steife Auflagerpunkte für die Schiene zur Verfügung zu stellen. Allerdings kann nicht unberücksichtigt bleiben, dass im Gedächtnis der Fahrgäste nicht nur die Fahrt selbst, sondern auch der gesamte visuelle Eindruck einer Achterbahn haften bleibt. Die Einzigartigkeit jeder Achterbahn wird also sowohl durch die Thematisierung als auch durch die gigantische oder auch kühne Erscheinung der Struktur erreicht. In diesem Sinne sollte die Stützenstruktur für den Parkbesucher wie etwas Außergewöhnliches für die tägliche Lebensroutine erscheinen.

#### 4.3.3.2 Verwendete Profile

Weil die Stützenstruktur vielfältigsten geometrischen Randbedingungen genügen muss, finden sich in den seltensten Fällen größere Konstruktionsebenen. Windschiefe Anschlüsse sind die Regel. So ergibt es sich von selbst, dass für die überwiegende Mehrheit der Stützen heute kreisrunde Hohlprofile verwendet werden, um die Knoten konstruktiv zu vereinfachen. Nur bei bestimmten einfachen Layouts, wenigen topografischen Randbedingungen und geringer Höhe werden aus Kostengründen auch Breitflanschträger für Standardstützen eingesetzt. Große längsgeschweißte Kastenprofile sind konstruktiv noch aufwendiger und werden heute kaum mehr verwendet. Es ist erwähnenswert, dass vor allem

Nicht unerwähnt bleiben soll die Tatsache, dass Schienenstöße im Vergleich zu den meisten anderen Verbindungen auch hohen statischen Lasten ausgesetzt sind. Diese resultieren aus der Temperaturdehnung der Schiene, die besonders in bodennahen Bereichen stark behindert wird. Während bei der Auslegung auf Betriebsfestigkeit in erster Linie die Schweißnahtübergänge maßgebend sind, sind es bei der statischen Auslegung in erster Linie die Schraubenkräfte. Eine Verstärkung ist kaum möglich, sodass in diesem Fall geeignete Temperaturdehnstöße in der Schiene erforderlich werden können.

### 4.3.2.6 Herstellung der Bahngeometrie durch Biegeanweisungen

Verglichen mit dem allgemeinen Stahlbau weist die Fertigung einer Achterbahn zwei Besonderheiten auf. Zum einen werden insbesondere für die Fahrrohre außergewöhnlich hohe Fertigungsgenauigkeiten gefordert. Zum anderen müssen die hierfür verwendeten und im Lieferzustand spannungsarmen und nahtlosen Rohre vor allen weiteren Verarbeitungsschritten in ihre räumlich gekrümmte Form gebracht werden. Wie in Abschnitt 4.2.1 dargestellt, ist die Geometrie der Bahn durch eine stetige räumliche Kurve gegeben. Aus dieser Vorgabe resultieren stetige Kurven mit im Allgemeinen kontinuierlichen Verläufen für die Krümmungsradien der Fahrrohre sowie eventuell vorhandener Tragrohre. Wenn auch neuerdings die ersten Hersteller mit CNC-Biegemaschinen den kontinuierlichen Verlauf der Krümmung automatisiert herbeiführen, ist die bis heute am weitesten verbreitete Art der Verarbeitung das handgeführte Biegen. Hierfür wird die dem Rohr entsprechende räumliche Kurve durch eine Reihe von Geraden und Kreisen mit jeweils eigenen Biegeebenen angenähert, was eine Diskretisierung des kontinuierlichen Verlaufs darstellt. Bild 23 stellt beispielhaft die Abfolge von Biegesegmenten mit jeweils konstantem Radius in unterschiedlichen Biegeebenen dar. Ein Beispiel für eine korrespondierende Biegeanweisung zur manuellen Fertigung ist in Bild 24 dargestellt. Diese Zeichnungen enthalten Radien $R_i$ und Verdrehwinkel $\psi_i$ sowie die zugehörigen Positionen für die Wechsel zwischen den Segmenten der Länge $l_i$. Leider ist es auch für geschulte Augen im Allgemeinen sehr schwer, die Form der fertigen Rohre anhand der Zeichnung zu erkennen. Das oben genannte kontinuierliche Biegen kann als Grenzübergang dieser diskreten Abfolge hin zu verschwindenden Segmentlängen gesehen werden.

Bei der Erstellung der Biegeanweisungen muss eine möglichst genaue Abbildung der exakten räumlichen Kurven der Schienenrohre durch Kreise und Geraden vorgenommen werden, die jedoch den Möglichkeiten der Fertigung genügen muss. Bildlich kann man von einem räumlichen Curve-Fitting mit den speziellen Kurvenanteilen Kreissegment und Gerade sprechen, wobei zwischen den Abschnitten tangentiale Übergänge herrschen.

Innerhalb eines Biegesegments kann die Position $_{(i)}\mathbf{r}(s)$ des Rohrs in einem lokalen Koordinatensystem wie folgt angegeben werden:

$$_{(i)}\mathbf{r}(s) = R_i \begin{pmatrix} \sin(\varphi(s)) \\ 1 - \cos(\varphi(s)) \\ 0 \end{pmatrix} \quad \text{mit} \quad \varphi(s) = \frac{1}{R_i}(s - s_i) \quad (6)$$

sowie

$$_{(i)}\mathbf{r}(s) = \begin{pmatrix} s - s_i \\ 0 \\ 0 \end{pmatrix} \quad \text{für gerade Segmente} \quad (7)$$

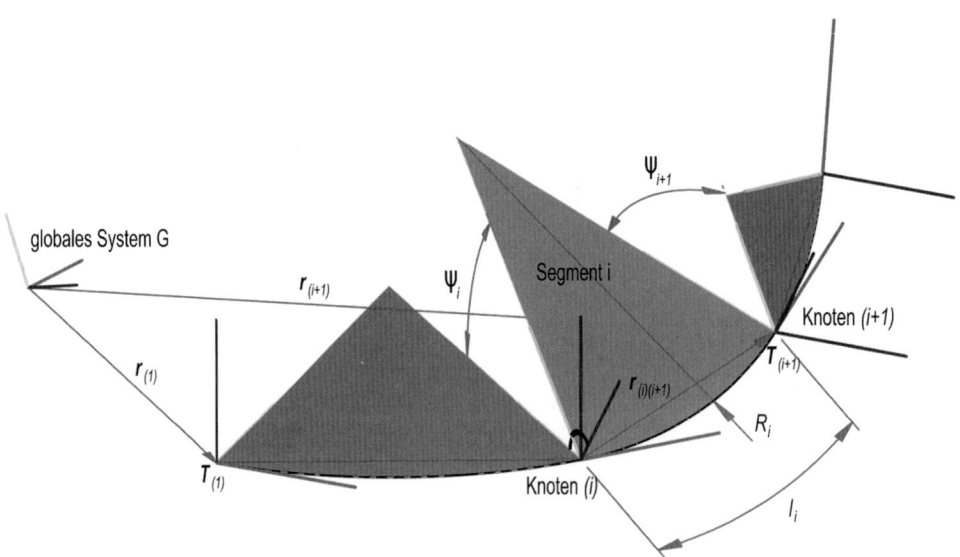

**Bild 23.** Beschreibung eines Segments; Segmentebenen sind transparent angedeutet

Details eine besondere Bedeutung zu. Im Gegensatz dazu kann die Verbindung der Untergurtrohre über den ganzen Rohrumfang erfolgen, sodass auch einfache Ringflanschverbindungen mit oder ohne Steifen eingesetzt werden können.

Bild 21 zeigt einige verbreitete Ausführungsformen von Schienenstößen. Grundsätzlich können Konstruktionen unterschieden werden, bei denen die Schienenrohre auf ein Querprofil aufsetzen (meist eine dicke Platte, s. Bild 21e), und Konstruktionen, bei denen Querprofile seitlich an die Schienenrohre angeschlossen werden.

Die erste Variante (Bild 21e) stellt eine relativ einfache und hinreichend leistungsfähige Verbindung dar, die jedoch einen erheblichen Aufwand in der Nachbearbeitung nach sich zieht, da die Platten mit Übermaß eingeschweißt werden und danach zumindest an den Radlaufflächen krümmungsstetig verschliffen werden müssen. Bei Plattendicken von 40 mm bis 60 mm würde andernfalls ein entsprechend 80 mm bis 120 mm langes, gerades Zwischenstück den Fahrkomfort zu sehr beeinträchtigen. Die Platte ist einer hohen Belastung quer zur Walzrichtung ausgesetzt, sodass das Material zur Vermeidung von Terrassenbrüchen nach [37] ausgewählt werden muss. Zudem kann dieser Stoß nur durch eine Erhöhung der Plattendicke wirkungsvoll verstärkt werden.

Entsprechend finden sich sehr häufig Verbindungen vom zweiten Typ. Diese umfassen im einfachsten Fall Anschlüsse von Hohlprofilen mit eingelassenen Buchsen (Bild 21b) und Platten (Bild 21a) sowie angesetzte Massivteile (Bild 21c). Leistungsfähigere Anschlüsse werden mit bearbeiteten Teilen (Bild 21d und f) realisiert. Bei entsprechender Ausführung können so Normalkraftschwingbreiten von über 150 kN pro Fahrrohr dauerfest übertragen werden.

Unabhängig von der tatsächlichen Ausführung ist die günstige Positionierung der Stöße im Feld ein wichtiger Schritt im Designprozess. Aufgrund der im Streckenverlauf stark veränderlichen Zuglasten und Steifigkeiten der Stützenstruktur ist der optimale Stoßpunkt jedoch analytisch nicht bestimmbar. Hier kann es hilfreich sein, den Verlauf der Schwingbreite der Normalkraft in den Fahrrohren über der Bogenlänge der Schiene anzutragen (s. Bild 22).

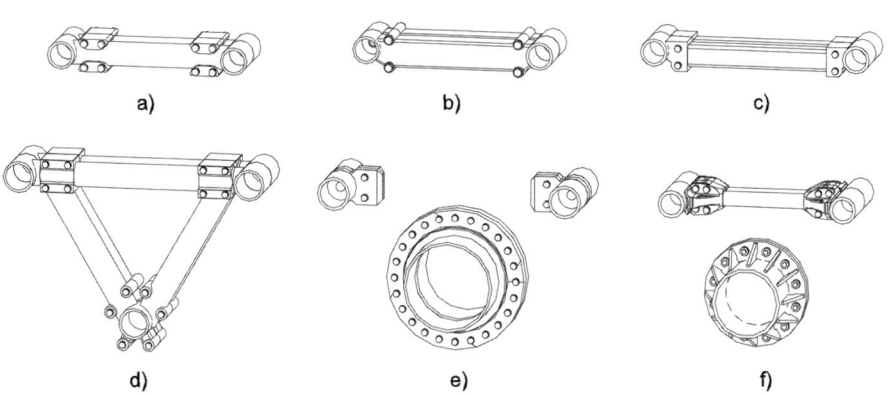

**Bild 21.** Schienenstöße

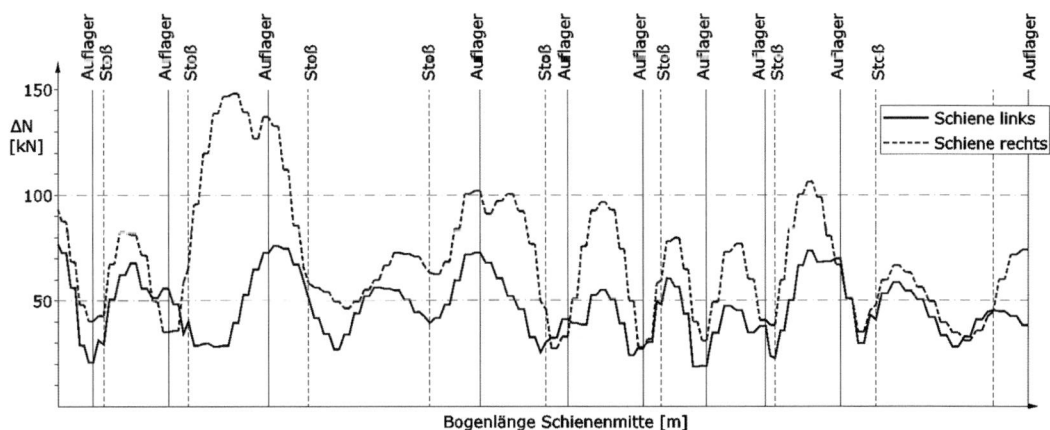

**Bild 22.** Schwingbreiten der Normalkräfte im linken und rechten Fahrrohr im Schienenverlauf (Beispiel)

Für die Schienenauflager wurden in der Vergangenheit vielfältigste Konstruktionen realisiert, von denen in Bild 20 einige gängige dargestellt sind.

Bild 20a und b zeigen zwei Auflager für Zweigurtschienen. Während Variante b die höhere Tragfähigkeit hat, ist Variante a leichter und mit geringerem Schweißaufwand herzustellen. Bild 20c zeigt ein Zweigurtschienenauflager mit einer Aussparung für einen unter dem Fahrzeug angebrachten Kettenhaken.

Zwei Varianten eines Auflagers in einer Dreigurtschiene sind in Bild 20f und g dargestellt. Die Verbindung erfolgt über einfache Ring- oder Plattenflansche mit oder ohne Steifen oder über aufgesetzte Buchsen.

Bild 20d und e zeigen zwei Anschlüsse an eine Backboneschiene. Dabei werden für das Anschlussrohr auch größere Querschnitte als für das untergesetzte Backbonerohr verwendet. Ein annähernd tangentialer Einlauf der seitlichen Deckelbleche wirkt sich positiv auf die Betriebsfestigkeit des Anschlusses aus.

Bei einer Kastenschiene muss im Übergang auf die Stütze meist auch ein Übergang von rechteckigen auf runde Profile erfolgen. Bild 20h zeigt einen solchen Anschluss.

### 4.3.2.5 Schienenstöße

Aufgrund der geometrischen Einschränkungen in der Fertigung und im Transport muss die Schiene in der Regel in Segmente mit Seecontainermaß unterteilt werden. Alle Schienensegmente werden in der Werkstatt hergestellt und geschweißt, wo die Umgebung und die Fertigungsprozesse so kontrollierbar sind, dass die erforderliche Schweißnahtqualität erreicht werden kann. Die Montage der Teile erfolgt auf der Baustelle mit vorgespannten Verbindungen.

Die Hauptbelastung eines solchen Schienenstoßes ist in einer Zweigurtschiene die Biegung um die Schienenquerachse; in einer Fachwerk- oder Backboneschiene ist es die Normalkraft im Gurtrohr.

Die Verbindung der beiden Fahrrohre ist nur auf etwa einem Drittel des Rohrumfangs möglich, da die Fahrflächen für die Räder freigehalten werden müssen. Gleichzeitig müssen die Schienenstöße große Lasten übertragen und hohen Genauigkeitsanforderungen genügen. Der einseitige Anschluss führt zu großen Exzentrizitäten, wodurch Schrauben und Schweißnähte einer erheblichen Zusatzbelastung ausgesetzt sind. Aus diesem Grund kommt der Betriebsfestigkeitsanalyse dieses

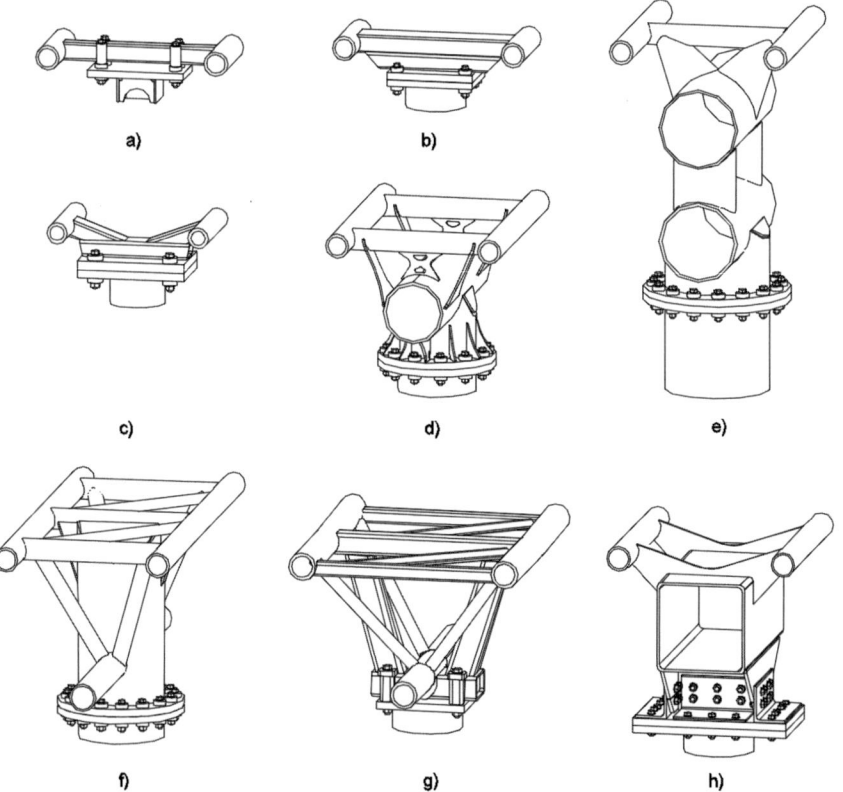

**Bild 20.** Schienenauflager verschiedener Schienentypen (Darstellung mit 0° Anschlusswinkel zur Stütze)

racho", Tripsdrill, Deutschland). Die Ausführung als Viergurtschiene (Bild 18i) wurde in den letzten Jahren seltener verfolgt. Hier scheint sich der deutliche Mehraufwand in der Herstellung nicht ausreichend im Anstieg der Tragfähigkeit widerzuspiegeln. Aufgrund der größeren Steifigkeit in Querrichtung ist die Viergurtschiene aber weniger schwingungsanfällig als die Dreigurtschiene, sodass einige der größten freitragenden Schienenbögen mit bis zu 45 m Spannweite mit diesem Schienentyp umgesetzt wurden (z. B. „Stealth", Thorpe Park, England).

Eine Alternative zur Fachwerkschiene stellt die sogenannte Backboneschiene dar (s. Bild 18c–f). Hier kommen typischerweise Untergurtrohre mit Durchmessern zwischen 323 mm und 508 mm und Wandstärken zwischen 12,5 mm und 25 mm zum Einsatz. Im Gegensatz zur Fachwerkschiene tragen diese Schienen als mehr oder weniger biegesteifer Rahmen. Es existieren auch schubweiche Ausführungen, bei denen nur das Untergurtrohr maßgeblich trägt (Bild 18c), sowie verstärkte Ausführungen mit zweitem Untergurt (Bild 18f). Die erreichbaren Spannweiten der Backboneschienen liegen bei gutem Schubverbund tendenziell etwas über denen der Fachwerkschienen. Die Schwingungsanfälligkeit stellt aber auch hier eine ähnliche obere Begrenzung dar.

Eine Sonderform der Backboneschiene ist die Kastenschiene (Bild 18g), bei der das Untergurtrohr aus einem geschweißten Kasten besteht. Dieser wird nicht als Ganzes gebogen, sondern vor dem Schweißen blechweise gekantet. Die Bauhöhe des Kastens ist im Streckenverlauf variierbar. Nicht dargestellt, aber erwähnt werden sollen Kastenschienen, bei denen die einzelnen Bleche vor dem Schweißen frei gebogen werden. Die Räder können hier auch direkt auf diesen Blechen laufen.

Schließlich zeigt Bild 18h eine Backboneschiene, bei der die Seitenräder innen an den Fahrschienen anlaufen. Aufgrund der großen Exzentrizität der geschweißten umgreifenden Bügel ergibt sich eine relativ geringe Tragfähigkeit, weshalb dieses Konzept nicht mehr häufig eingesetzt wird.

### 4.3.2.4 Schienenauflager

Die Lasten auf die Schiene werden über die Schienenauflager in die Stützen ausgeleitet. Im Anschlussprofil sind dabei Normalkraft und Biegung um die Schienenquer- und Längsachse die Hauptbelastungen. Eine wichtige geometrische Größe stellt der sogenannte Knickabstand dar. So wird der Abstand von Schienenmitte zu dem Punkt bezeichnet, an dem räumliche Winkeldifferenzen zwischen Schiene und Stütze ausgeglichen werden. Je nach Lage dieses Knickpunktes (KP) kann dieser Ausgleich entweder stützenseitig oder schienenseitig erfolgen (s. Bild 19).

Die jeweiligen Hersteller haben hier verschiedene Präferenzen. Ein schienenseitiger Ausgleich vereinfacht die Stützenfertigung, da der Anschlussflansch dann im Regelfall horizontal angeordnet werden kann. Das erleichtert die Vergabe der Stützenproduktion an Dritte. Jedoch muss dann jeder Anschluss stützenseitig einzeln konstruiert werden. Bei einem stützenseitigen Ausgleich hingegen ist der Anschlussflansch immer in Normalenrichtung der Schiene ausgerichtet und ermöglicht so die Verwendung einer typisierten Verbindung und eine einfachere Berechnung.

An den Schienenauflagern bietet sich die Möglichkeit, Toleranzen auszugleichen und Einstellmöglichkeiten vorzusehen. Bezüglich des Lochspiels sind in [14] die Nennwerte in Abhängigkeit von der Größe der Verbindungsmittel angegeben. Die Norm geht von einem maximalen Übermaß von 8 mm für übergroße runde Löcher aus. Während diese Vorgaben in der täglichen Baupraxis ausreichend sind, sind sie für die komplexen Raumstrukturen einer Achterbahn oft zu eng gefasst. An den Schienenauflagern werden daher in der Flanschebene nicht selten Einstellmöglichkeiten von 10 mm bis 20 mm vorgesehen. Die Löcher werden dann von entsprechend dick bemessenen Blechen großflächig überspannt und die Verbindung hochfest vorgespannt. Eine solche Verbindung muss mindestens für die Lasten aus Zugüberfahrt gleitfest ausgeführt werden, um wiederholt auftretende Querverschiebungen und damit ein Losdrehen der Schrauben zu verhindern.

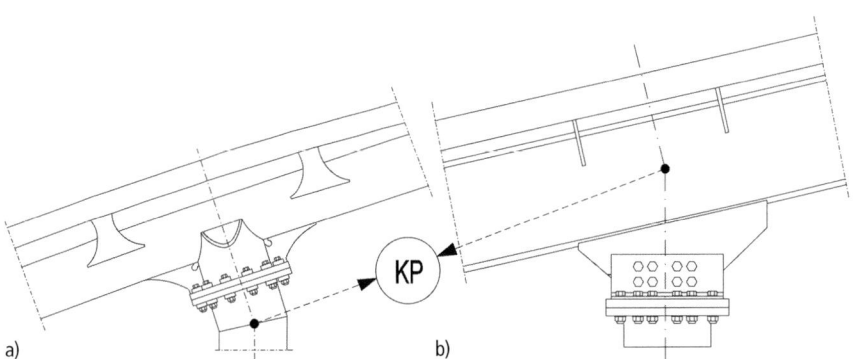

**Bild 19.** Auflager mit Darstellung des Knickpunktes; a) stützenseitig, b) schienenseitig

schwierigkeiten während des Biegeprozesses führen können.

Da später an allen Gurtrohren geschweißt wird, müssen die plastischen Dehnungen während des Biegeprozesses den Anforderungen der DIN EN 1993-1-8 Tabelle 4.2 genügen [36]. Grundsätzlich sollten wegen des hohen Umformgrads nur normalisierte Gurtrohre der Güte S355J2H+N verwendet werden. Die Fahrschienenrohre sollten zudem aus Gründen des Fahrkomforts nahtlos gefertigt sein. Gängige Rohrdurchmesser der Fahrschienenrohre liegen zwischen 88,9 mm und 168 mm, bei Wandstärken zwischen 10 mm und 20 mm.

Die meisten Stahlachterbahnen haben Spurweiten zwischen 700 mm und 1600 mm. Die beiden Fahrschienenrohre werden etwa alle 0,5 m bis 1,5 m mit Querverbindern verbunden. Häufig werden dafür geschweißte oder nahtlose runde, rechteckige oder quadratische Hohlprofile oder Flachbleche verwendet. Diese auch Zweigurtschiene genannte Konfiguration ist die einfachste Schienenkonstruktion.

An die Querverbinder schließen gegebenenfalls auch Profile an, um sich mit weiteren Gurtrohren zu einer räumlichen Konstruktion zu verbinden. Bild 18 zeigt einige der am häufigsten verwendeten Schienenkonstruktionen. Die Wahl der Konstruktion hängt vor allem von den gewünschten Stützweiten und Krümmungsradien ab. Dabei muss der Preis der Schiene pro Meter gegen das Stützengewicht und die Anzahl der Fundamente gestellt werden. Oft verlangen aber auch ästhetische Gesichtspunkte oder räumliche Zwangsbedingungen große Stützweiten und damit eine starke Schiene. Daher ist es nicht unüblich, bereichsweise verschiedene Schienentypen in einer Bahn zu verwenden. Bis zu etwa 10 m Höhe und bei mäßiger Belastung bietet sich die einfache Zweigurtschiene mit Querverbindern in Form von Schottblechen oder Hohlprofilen an (s. Bild 18a). Je nach Belastung lassen sich üblicherweise Stützweiten zwischen 2 m und 8 m erzielen.

Eine wesentlich höhere Tragfähigkeit bieten Fachwerkschienen mit drei oder vier Gurten und Bauhöhen zwischen 0,5 m und 1,5 m (Bild 18b und Bild 18i). Die Stützweiten liegen hier typischerweise zwischen 4 m und 15 m, bei entsprechend geringer Belastung sind aber bereits Stützweiten von 30 m umgesetzt worden. Bei derartigen Stützweiten können die Schienen durch die Zugüberfahrt so stark angeregt werden, dass weitere Maßnahmen erforderlich sind. So wurden in den letzten Jahren vereinzelt erfolgreich Schwingungstilger eingesetzt, um die maximalen Amplituden zu minimieren und das Abklingverhalten zu verbessern (z. B. „Ka-

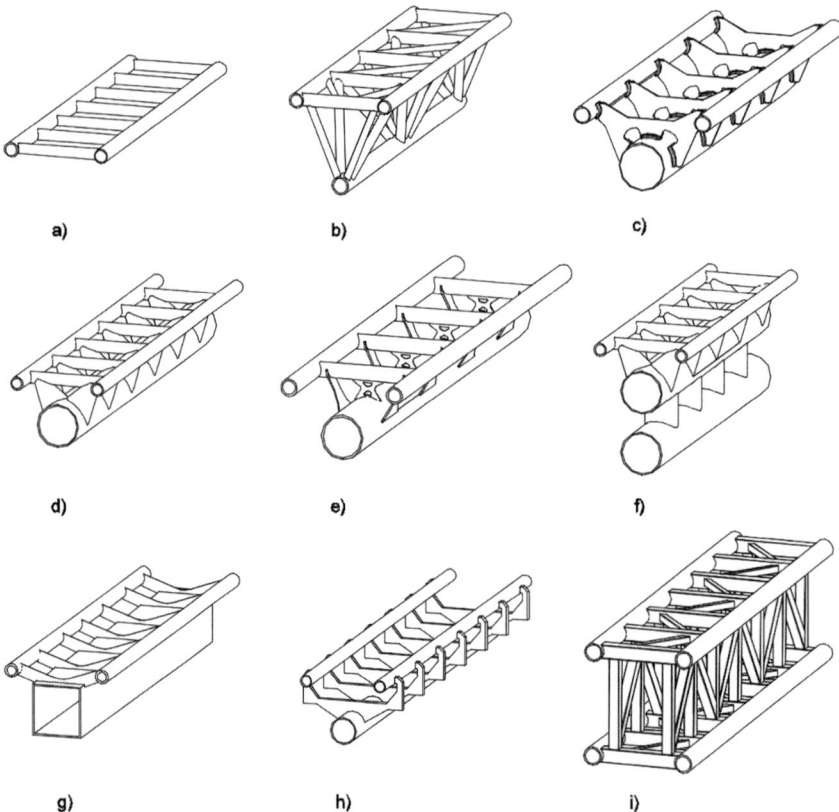

**Bild 18.** Verschiedene Schienentypen einer Achterbahn

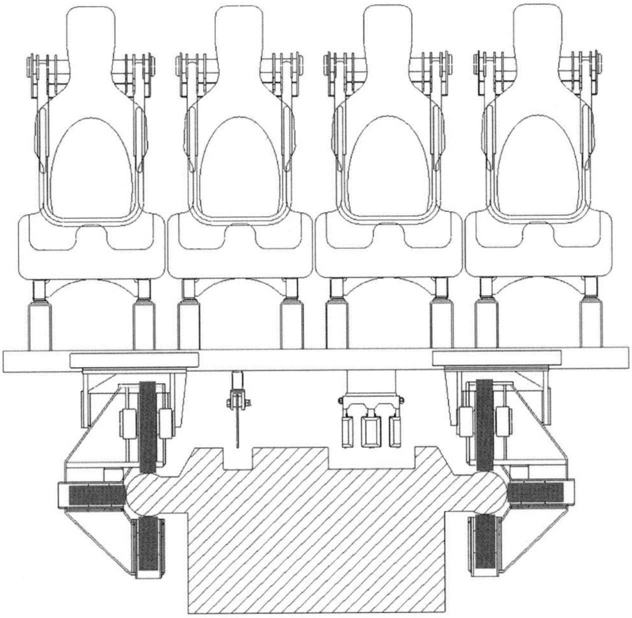

**Bild 15.** Querschnitt durch ein Achterbahnfahrzeug mit Bauraum für die Schiene (schraffiert)

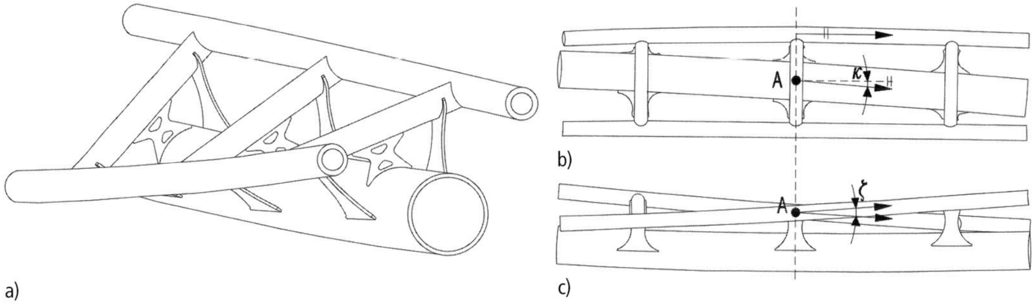

**Bild 16.** a) Schienenabschnitt in einem verwundenen Bereich mit b) Drauf- und c) Seitenansicht

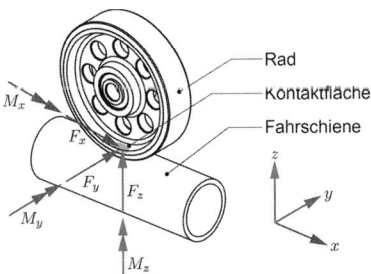

**Bild 17.** Belastungen durch Zugüberfahrt mit Darstellung der Kontaktfläche [35]

zu minimieren, die sich aus der Fahrzeugkinematik und den Fertigungsungenauigkeiten ergeben.

Abhängig von der Fahrzeuglänge und der Wagenanzahl können mehr als 20 Lastachsen vorhanden sein, auf denen typischerweise ein Eigengewicht von jeweils 500 kg bis 2500 kg lastet. Bei einer oft erreichten Beschleunigung von 5g und einer üblichen Anzahl von vier Laufrädern pro Achse (zwei Laufräder pro Radschild) ergeben sich so maximale Lastamplituden von über 30 kN pro Rad. Dazu kommen hohe Geschwindigkeiten von oft über 100 km/h, was die Räder zu einem der am intensivsten beanspruchten Verschleißteile macht (den Geschwindigkeitsrekord hält momentan die Achterbahn „Formula Rossa", Ferrari World, Abu Dhabi, mit 240 km/h).

#### 4.3.2.3 Verbreitete Schienenkonstruktionen

Bei nahezu allen größeren Achterbahnen bestehen die Fahrschienen aus zwei runden Hohlprofilrohren. Die Verwendung anderer Profile ist möglich, wird aber kaum mehr umgesetzt. Das liegt unter anderem daran, dass unsymmetrische Profile zu Fertigungs-

**Bild 14.** Freitragende Schienenbögen („Karacho", Tripsdrill, Deutschland. Foto: C. Brandl)

Vor allem in Vergnügungsparks werden viele Achterbahnen zwar aufwendig thematisiert, ein Großteil der Stahlstruktur ist aber meist weithin sichtbar. In der Regel gibt es keine architektonischen Anforderungen an das Ingenieurbauwerk Stahlachterbahn, sodass sich für den Ingenieur die Möglichkeit und der Auftrag ergeben, Belastung und Kraftfluss in ein **ästhetisch ansprechendes Bauwerk** umzusetzen (s. Bild 14).

### 4.3.2 Schiene

Die Schiene einer Achterbahn ist näherungsweise ein räumlich gekrümmter Durchlaufträger mit im Längsverlauf stark variierender Belastung und Auflagersteifigkeit. Ein Hauptziel der Strukturfindung einer Achterbahn ist die Maximierung der einzelnen Stützweiten der Schiene, da dies großen Einfluss sowohl auf die Wirtschaftlichkeit als auch auf die Ästhetik des Gesamtbauwerks hat. Dazu muss die Konstruktion der Schiene hinsichtlich ihrer Betriebsfestigkeit und ihrer Herstellbarkeit bezüglich zahlreicher Parameter günstig gestaltet werden. Es ist aber aufgrund der variierenden Belastung, Auflagersteifigkeit und räumlichen Krümmung der Schiene nicht einfach, eine günstige Stützeinteilung zu finden. Eine optimale, also feldweise maximale, Auslastung der Schiene ist aufgrund der vielfältigen räumlichen Zwangsbedingungen für die Stützenpositionen kaum zu erreichen.

#### 4.3.2.1 Geometrische Randbedingungen

Ein Achterbahnfahrzeug wird von Radschilden, die jeweils über ein oder zwei Lauf-, Seiten- und Gegenräder verfügen, auf zwei Fahrschienen geführt. Im Allgemeinen liegen die Seitenräder außen, in selteneren Ausführungsformen auch innen an der Fahrschiene an. Am Fahrzeugboden befindet sich je nach Fahrzeugtyp eine Vielzahl von Anbauten wie z. B. Bremsfinnen, Magnetjoche und Rücklaufhaken. Aus der Geometrie der Radschilde und des Unterbodens ergibt sich der zur Verfügung stehende Bauraum der Schiene. Dabei müssen Radbandagenverlust, Einfedern der Seitenräder und das „Eintauchen" der Unterbauten in Kuppen- und Wannenbereichen berücksichtigt werden. Bild 15 zeigt den Querschnitt eines Achterbahnfahrzeugs und den unter Berücksichtigung aller Randbedingungen zur Verfügung stehenden Bauraum für die Schiene.

Je nach Bahntyp können die Krümmungsradien der Gurtrohre bis zu 2 m klein werden. Verwindungen von über 10°/m treten häufig auf. Für Konstruktion, Berechnung und Fertigung stellt dies eine besondere Herausforderung dar, da die Tangentenvektoren der Gurtrohre in einem Normalschnitt einer verwundenen Schiene in verschiedene Richtungen zeigen. Bild 16a zeigt dazu ein Schienenstück mit starker Verwindung. In der Draufsicht (Bild 16b) ist die Winkelabweichung κ des Untergurtrohres zur Normalebene erkennbar. Die Ansicht in Querrichtung (Bild 16c) zeigt die Winkelabweichung der Tangentenvektoren der Schienenrohre ζ. Winkelabweichungen von über 10° treten häufig auf. Das erschwert die Entwicklung und den Nachweis typisierter Verbindungen. Für die Fertigung bedeutet das, dass jeder Hohlprofilanschluss nach Vorgabe angearbeitet und alle Profile, die nicht in der Normalschnittebene liegen, nach Vorgabe abgelängt werden müssen.

#### 4.3.2.2 Belastung durch Zugüberfahrt

Die Hauptbetriebslasten auf die Schiene resultieren aus der Zugüberfahrt (zur Berechnung s. Abschnitt 4.3.5.3). Sie werden, wie in Bild 17 dargestellt, über eine relativ kleine Kontaktfläche zwischen Rad und Fahrrohr übertragen. Für die Berechnung der Schienenstruktur ist die Betrachtung der jeweiligen Vertikalkomponente des jeweiligen Rads allein sicher ausreichend, für die Radschilde müssen auch Quer- und Längskräfte berücksichtigt werden, die sich zum Beispiel aus Schräglauf und Reibverlusten ergeben.
In der Regel besteht ein Rad aus einer Vollaluminiumfelge mit Durchmessern von 200 mm bis 400 mm, auf die eine etwa 10 mm bis 20 mm starke Lauffläche aus Polyurethan oder Polyamid aufgebracht wird. Aufgrund der extremen Lastamplituden und des begrenzen Bauraums können die Laufräder einer Stahlachterbahn nicht oder nur minimal gefedert werden, woraus alleine schon sehr hohe Anforderungen an die Qualität des Fertigungsprozesses und die Oberflächenbeschaffenheit der Fahrrohre folgen. Seiten- und Gegenräder sind dagegen oft mittels vorgespannter Gummipakete gefedert, um den Fahrkomfort zu erhöhen und um Zwängungen

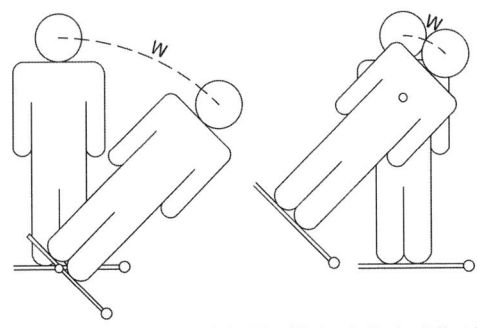

Weg (W), den der Kopf zurücklegt, bei Drehung um die Schienenmitte    Weg (W), den der Kopf zurücklegt, bei Drehung um die Herzlinie

**Bild 13.** Herzlinienprinzip – Darstellung der Geometrie über eine Bahnlinie des Passagier-Oberkörpers

### 4.2.4 Systemspezifische Anforderungen

Weitere Randbedingungen, die im Rahmen der Geometrieentwicklung beachtet werden müssen, entstehen aus der Verteilung von Antrieben und Bremsen, die, wie eingangs erwähnt, bei den gängigen Achterbahntypen nur in wenigen Teilbereichen der Bahn vorhanden sind. Im täglichen Betrieb einer Achterbahn tritt eine bestimmte Bandbreite zwischen schnellen, reibungsarmen beladenen Fahrzeugen und langsamen, stark reibungsbehafteten unbeladenen Fahrzeugen auf. Für jedes dieser Fahrzeuge muss die komplette Durchfahrt durch alle Bahnteile ohne Antriebe sichergestellt werden. Die Fahrzeugkonfigurationen müssen jeweils durch geeignete Parameter in der Simulation erfasst und untersucht werden. Typischerweise definiert ein beladenes, warmgefahrenes Fahrzeug mit geringen Verlustwerten und somit hohen Geschwindigkeiten die Stellen maximaler Beschleunigungen und bedingt deren geometrische Ausformung. Dahingegen muss auch ein leichtes, unbeladenes und kaltes Fahrzeug mit hohen Verlusten an allen Stellen die Durchfahrt sicher bewältigen, wodurch sich das Höhenprofil der Bahn nach oben limitiert. Zusätzlich müssen aus offensichtlichen Gründen Durchdringungen der Lichträume der Achterbahn ausgeschlossen werden. Dies muss während der Geometrieentwicklung sichergestellt werden, wobei auch die Bauräume des zu entwickelnden Tragwerks abzuschätzen und zu berücksichtigen sind.

### 4.2.5 Achterbahngeometrie als kreative Ingenieursarbeit

Bei der Entwicklung einer Achterbahngeometrie werden die genannten Anforderungen an die Bahn in freier Gestaltung umgesetzt. Unter Berücksichtigung aller Randbedingungen gilt es eine Geometrie zu entwickeln, die vom Endkunden der Achterbahn als den Anforderungen entsprechend und als „schön" empfunden wird. Da diese Schönheit im Allgemeinen nicht quantifizierbar ist, wird der Geometrieentwurf vermutlich noch geraume Zeit kreative Arbeit von Ingenieuren unter Zuhilfenahme computergestützter Methoden bleiben.

## 4.3 Tragwerksentwicklung

### 4.3.1 Allgemeines

Das Tragwerk einer modernen Stahlachterbahn ist schon aus der Betrachtung heraus eine äußerst komplexe räumliche Struktur. Für die Schiene selbst ist das offensichtlich. Aber auch die Stützenstruktur kann beliebig komplex geraten, da sie im viele hundert Meter langen Streckenverlauf oft große Fahrfiguren mit einer schwierigen Topografie verbinden muss. Aus Sicht des Stahlbaus ergeben sich für die Entwicklung des Tragwerks einer Stahlachterbahn mehrere Anforderungen.

Vorrangig ist der Aspekt der **Wirtschaftlichkeit** zu nennen, aus dem sich hauptsächlich die Forderung nach hoher Gewichtseffizienz und geringem Fertigungsaufwand ableitet. Durch die Optimierung von Querschnitten und Verbindungsdetails wird versucht, die Spannweiten zu maximieren und das Stützengewicht zu minimieren.

Aufgrund der im Streckenverlauf stark veränderlichen Belastung aus Zugüberfahrt müssen Teile des Tragwerks vergleichsweise massiv ausgeführt werden, wohingegen andere Teile so leicht gebaut werden können, dass sie bereits hinsichtlich ihrer **Schwingungsanfälligkeit** untersucht werden müssen.

Konstruktion und Bemessung finden dabei überwiegend vor dem Hintergrund der **Betriebsfestigkeit** statt, wobei im Allgemeinen ein schadenstolerantes Konzept zugrunde gelegt wird. Entsprechend muss bei der Tragwerksentwicklung auf die **Wartbarkeit** und **Zugänglichkeit** geachtet werden. Das gilt besonders für die Bereiche, in denen maschinenbauliche Einbauten wie Bremsen und Antriebe in der Schiene und an den Stützen untergebracht werden müssen.

Der Weltmarkt wird von wenigen, überwiegend europäischen Herstellern dominiert. Da aufgrund der hohen dynamischen Anforderungen eine hohe Qualität der Schweißnähte erforderlich ist, sind Baustellenschweißungen zu vermeiden. Deshalb muss die **Verladbarkeit** in Seecontainer gegeben sein. Daraus resultiert eine Vielzahl von Montagestößen in der Schienen- und Stützenstruktur.

Der Konstruktionsansatz richtet sich auch nach den Fertigungsmöglichkeiten und der **Erfahrung** des Herstellers, was im Übrigen auch zu einem Wiedererkennungseffekt führt.

Für die Schiene kann fertigungsseitig zwar eine Abweichung von nur wenigen Millimetern von der berechneten Raumkurve erreicht werden. Insgesamt ist jedoch sowohl die Fertigung als auch der Aufbau des gesamten Bauwerks sehr komplex. Daher kommt der Möglichkeit zum **Toleranzausgleich** vor allem in der Verbindung von Schiene zu Stütze sowie am Stützenfuß große Bedeutung zu.

zelnen Rohre bis heute Verwendung (s. Abschnitt 4.3.2.6). In Bahnbereichen mit anspruchsvoller Fahrdynamik wurde dies im Rahmen der Konstruktion jedoch abgelöst durch Beschreibungen über Splines und andere krümmungsstetige Darstellungen der Geometrie. Die 1985 eröffnete Achterbahn „Z-Force", später in „Flashback" umbenannt, wurde als erste Bahn vollständig mittels Splines zur Beschreibung der räumlichen Kurven entwickelt.

### 4.2.2 Fahrdynamik

Neben den geometrischen, im Terminus der Mechanik kinematischen, Anforderungen bestehen Einschränkungen an die Beschleunigungen, also an die Kinetik, von Fahrzeug und Passagier. Die Grenzen des Fahrzeugs entstammen der Konstruktion und Auslegung und sind somit ingenieurstechnisch festgelegt in Form minimaler Krümmungsradien sowie maximaler Verwindungen der Schienen wie auch maximaler Beschleunigungen bzw. Radlasten. Die Grenzen, die den Passagierbelastungen zugesprochen werden, wurden größtenteils in den 1980er- und 1990er-Jahren von *Werner Stengel* [30] und dem TÜV Süd in Zusammenarbeit mit Ärzten und Flugmedizinern auf Basis von Erfahrungswerten festgelegt. Die von *Werner Stengel* seit den 1980er-Jahren verwendete Obergrenze von 6g Vertikalbeschleunigung für maximal eine Sekunde hat bis heute Gültigkeit. Darüber hinaus gibt mittlerweile die EN 13814 [2] weitere informelle Obergrenzen für die Beschleunigung des Passagiers im Halsbereich in Normal-, Quer- und Längsrichtung (vgl. Abschnitt 3.4). Häufig werden diese Maximalbeschleunigungen nicht voll ausgenutzt. Insbesondere werden beispielsweise für familienorientierte Anlagen seitens der Hersteller üblicherweise niedrigere Grenzen festgelegt. Wie aus den Bildern 7 bis 9 ersichtlich, ist neben den absoluten Belastungen der Fahrgäste auch deren Einwirkdauer relevant. Sowohl die Kriterien für das Fahrzeug wie auch für die Fahrgäste werden durch rechnerische Untersuchungen im Rahmen der Entwicklung einer Achterbahngeometrie bewertet und sichergestellt. Die EN 13814 (2004) gibt eine Empfehlung zur iterativen Berechnung der Geschwindigkeiten auf ausgewählten Kontrollpunkten entlang der Bahn unter Anwendung von Energiesätzen mit Berücksichtigung von Reibungsverlusten. Daneben findet in aktuellen Umsetzungen der Werkzeugsatz der Mehrkörpersimulation Anwendung, siehe beispielsweise [31] und [32]. Die Positionen und Geschwindigkeiten einer Achterbahn werden ebenso wie alle relevanten Beschleunigungen und Lasten als zeitlicher Verlauf numerisch berechnet, siehe beispielsweise [33] und speziell [34]. Die von den lokalen Krümmungsradien abhängige Zentripetalbeschleunigung tritt an vielen Stellen als dominierender Anteil der Beschleunigungen auf. Sprunghafte Änderungen der Zentripetalbeschleunigung aufgrund sprunghafter Änderungen der Krümmungsradien werden als Schlag (oder Stoß) wahrgenommen. Zusätzlich resultiert z. B. bei einer Loopingeinfahrt aus der einsetzenden Rotation um die Querachse eine longitudinale Verzögerung, die bei frühen Looping-Versuchen bis hin zum Schleudertrauma bei Fahrgästen führte. Die rechnerisch ermittelten Beschleunigungen dienen dem Achterbahndesigner zur Beurteilung und gezielten Änderung der Bahn, um die gewünschten Fahreffekte im Rahmen der Vorgaben umzusetzen.

Da die Deformationen der Tragstrukturen und damit der Bahn im Betrieb klein sind, wird die Bahngeometrie nach heutigem Stand im Rahmen der Dynamikberechnung als starr abgebildet. Die realen Deformationen liegen typischerweise in der Größenordnung von einigen Millimetern und sind somit vergleichbar groß wie die Toleranzen für Fertigung und Montage.

### 4.2.3 Herzlinienprinzip

Ein wertvolles Hilfsmittel für den Achterbahndesigner zum Entwurf einer Geometrie ist die Herzlinie. Sie ist unter den möglichen Linien, über die die räumliche Geometrie einer Achterbahn beschrieben werden kann, eine Linie, die in etwa der gedachten Mitte der Positionen der Oberkörper aller Passagiere eines Fahrzeugquerschnittes folgt. Bild 13 vergleicht beispielhaft die Auswirkung für einen einzelnen Passagier für eine gerade Entwurfslinie mit Verwindung in Verwendung als Schienenmittellinie bzw. als Herzlinie. Historisch erfolgte die Entwicklung der Bahngeometrien über die Schienenmittellinie. Dabei wurde die Schiene intuitiv geformt und vor steilen Kurven um ihre eigene Mitte geneigt. Daraus folgte, dass Oberkörper und insbesondere Köpfe der Passagiere eine große Strecke zurücklegen mussten, was zu hohen Querbeschleunigungen und damit hohen Belastungen im sensiblen Nackenbereich führte. Um diesem Effekt entgegenzuwirken, hat 1976 erstmalig *Werner Stengel* bei der Achterbahn Shock Wave (Six Flags over Texas, USA) [30] den Drehpunkt der Geometriebeschreibung von der Schienenmitte weiter nach oben, ungefähr zum Herzen des Passagiers, verlegt. Wenn sich – bildlich gesprochen – der Passagier um diese Achse dreht, verkürzt sich der Weg, den der Körper und der Kopf in Querrichtung zurücklegen, womit sich auch die Querbeschleunigungen reduzieren. Dieses Herzlinienprinzip ermöglichte dem Achterbahndesigner eine wesentlich freiere Formgestaltung und ebnete den Weg für exotischere Fahrfiguren. Die praktische Umsetzung dieses Prinzips war jedoch nicht trivial: Durch die Kombination einer „einfachen" Geometrie für die Herzlinie mit Querneigungen ergibt sich eine weit komplexere Form der Schienenmittellinie, die ähnlich den Spuren eines Fahrrads im Schnee weiter ausholen als der Passagier. Obwohl das in Bild 13 dargestellte Herzlinienprinzip bereits Ende der 1960er-Jahre erdacht war, sind insbesondere aufgrund der komplexen Berechnung und Fertigung der räumlichen Schienenform bis zur ersten Umsetzung im Jahr 1976 einige Jahre vergangen.

## 4.2 Raumkurvenentwicklung

Die gewünschte Gestalt einer Achterbahn setzt sich üblicherweise zusammen aus gewünschten Fahrfiguren, beispielsweise einem Looping oder einer „zero-g"-Passage (Abschnitt mit gefühlter Schwerelosigkeit) und Wünschen nach geometrischen Formen der Bahn sowie den möglicherweise einschränkenden Gegebenheiten des geplanten Standorts. Hinzu kommen technische Anforderungen in Teilen der Bahn: Antriebe, Trimm- und Blockbremsen, Weichen und Verschiebetische können nicht oder nur eingeschränkt in gekrümmten oder verwundenen Bahnteilen realisiert werden.

### 4.2.1 Räumliche Geometrie

Die Darstellung der räumlichen Form einer Achterbahn erfolgt zumeist über die Definition der räumlichen Lage $\mathbf{r} = \mathbf{r}(s)$ einer Entwurfslinie, beispielsweise der Schienenmitte, sowie der Ausrichtung des Schienenhorizonts z. B. als Querneigung $\beta = \beta(s)$. Beides kann als Funktion eines örtlichen Parameters $s$, der Bogenlänge der Bahn, beschrieben werden. Die Krümmungen und Verwindungen der Bahn, die wesentlich für die Beschleunigungen sind, ergeben sich somit als Ableitungen von $\mathbf{r}$ und $\beta$ nach dem Bahnparameter $s$. Bild 12 stellt die Schienenmittellinie sowie zwei Fahrrohre dar, deren Lage – mit Ausnahme möglicher kleiner, lokaler Spurweitenanpassungen – in dem mit der Entwurfslinie mitgeführten Koordinatensystem konstant sind. Dem mitgeführten Koordinatensystem mit den Basisvektoren $\mathbf{b}_x$, $\mathbf{b}_y$ und $\mathbf{b}_z$ werden die Richtungen längs, quer und normal zugeordnet. Angemerkt sei, dass sich diese etablierten Richtungsbezeichnungen aus der Wahrnehmung durch den Passagier motivieren und im Allgemeinen weder mit den mathematischen (Krümmungs-)Richtungen der Rohre noch mit der Definition des Normalschnitts eines Profils übereinstimmen.

Als Bausteine zur Darstellung der räumlichen Geometrie einer Achterbahn bieten sich Geradenstücke, Kreissegmente sowie räumliche Splines an. Mit den konstruktiv exakt umsetzbaren Geraden und Kreisen erfolgt zumeist der Aufbau von Antriebs- und Bremsstrecken sowie von Bahnhofsbereichen, wobei hier üblicherweise die Schiene keine Querneigung aufweist. In diesen Bereichen sind häufig geometrische Anforderungen an die Bahngeometrie zu erfüllen, beispielsweise um Bahnsteigkanten exakt zu planen oder vor allem um maschinenbauliche Einbauten zur Interaktion mit den Fahrzeugen in der Bahn exakt platzieren zu können.

In frühen historischen Achterbahnen wurde versucht, auch fahrdynamische Elemente wie beispielsweise Loopings rein aus Geraden und Kreisen zu bauen – anfänglich leider auch Loopings mit einem konstanten Radius. Wie nachfolgend erläutert wird, führen abrupte Änderungen in den Krümmungen jedoch auch zu abrupten Änderungen der Beschleunigungen. Bis in die späten 1970er-Jahre wurde die Geometrie konstruktiv über Abfolgen von Kreissegmenten und Geraden unter Einbezug der Querneigung näherungsweise kontinuierlich beschrieben. Für die Fertigung findet dies für die ein-

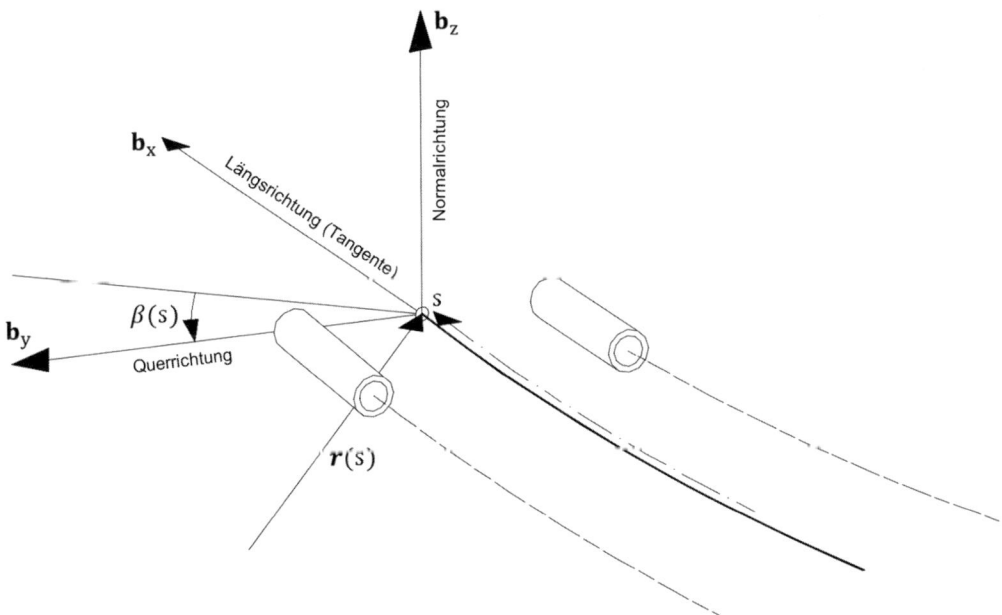

**Bild 12.** Beschreibung der Entwurfsgeometrie über Position $\mathbf{r}(s)$ und Querneigung $\beta(s)$ der Schienenmittellinie an der Stelle des Bahnparameters $s$

von Fahrgeschäfte eingeht. Auch wenn es in Australien einen eigenen Standard gibt, werden die Anlagen, die dort installiert werden, meistens nach EN- oder ASTM-Standard entworfen und gebaut.

Bedingt durch steigende Anforderungen an das Sicherheitsniveau und internationalem Einfluss hat Brasilien eine Kopie der EN 13814 mit wenigen Änderungen unter dem Titel ABNT NBR 15926 aufgelegt. Sie ist in Brasilien baurechtlich eingeführt.

Weitere Normen gibt es unter anderem auch in Japan, die aber international keine bedeutende Rolle spielen.

In folgender Auflistung sind einige weitere europäische Normen für Fliegende Bauten, Fahrgeschäfte und Freizeitsportanlagen, neben der im Rahmen dieses Beitrags vorgestellten EN 13814, zusammengefasst:
- EN 1069:
  Wasserrutschen
- EN 12572:
  Künstliche Klettergärten
- EN 13200:
  Temporäre Tribünen
- EN 13219:
  Trampoline
- EN 13545:
  Schwimmbadgeräte
- EN 13782:
  Zelte
- EN 14960:
  Aufblasbare Spielgeräte
- EN 14974:
  Rollsporteinrichtungen
- EN 15567:
  Seilgärten
- EN 15649:
  Schwimmende Freizeitartikel auf oder im Wasser
- EN 16230:
  Go-Karts

Weitaus stärker sind im internationalen Bereich die Regularien für Fahrgeschäfte und Fliegende Bauten. Diese regeln die Anwendung der Normen gemäß Gesetz sowie mögliche weitere Anforderungen.

Zusammenfassend kann gesagt werden, dass EN 13814, ASTM F2291 und ISO 17842 die maßgebenden Normen sind, die auch noch untereinander harmonisiert wurden. Dadurch, dass ASTM kein Mitglied bei EN oder ISO ist, wird die ASTM F2291 immer eine eigene Norm darstellen. EN und ISO bilden bis jetzt noch eine Parallelentwicklung ab, es wird jedoch nur eine Frage der Zeit sein, bis ein Vienna Agreement die Doppelnormung beendet und dann möglicherweise eine ISO EN als maßgebender Standard geführt wird.

Die EN erarbeitet zurzeit eine neue Norm parallel zu EN 13814 und EN 13782 für Event Structures, die aus der EN herausgenommen wurden. Sie hat allerdings bei Redaktionsschluss noch keine offizielle EN-Nummer erhalten.

## 4 Praktische Anwendung am Beispiel der Stahlachterbahn

### 4.1 Allgemeines

Der Ursprung der Faszination der Menschen für Achterbahnen liegt im 17. Jahrhundert. Künstliche Holzberge wurden mit Schnee und Eis bedeckt, um dann mit dem Schlitten von diesen herunterzufahren. Die ersten Aufzeichnungen darüber findet man in Russland unter dem Namen „Russische Berge". Das Konzept dieser Anlagen wurde von der französischen Armee nach dem Militärfeldzug in Russland nach Westeuropa gebracht. Die Sensationssuche durch eine Achterbahnfahrt scheint seit dieser Zeit eine Konstante jeder Generation gewesen zu sein. Achterbahnfahren war und ist eine Art Mutprobe, eine Mischung aus Lust und Angst, die die Fahrenden spüren. Die Fahrt darf nicht langweilig sein und so muss jede neue Anlage neue Erfahrungen und neue Nervenkitzel liefern. Diese ständige Suche nach neuen Fahrerlebnissen brachte einen gewissen Entwicklungsdruck, sodass in den letzten 100 Jahren eine neue Branche speziell für diesen Zweck entstand.

Technisch kennzeichnend für die überwiegende Anzahl an Achterbahnen ist, dass die eingesetzten Fahrzeuge nur in eingeschränkten Teilen der Bahn angetrieben bzw. gebremst werden. Ansonsten wird die Fahrt bestimmt aus dem Wechselspiel zwischen potenzieller Energie in Form der aktuellen Höhe und der Geschwindigkeit als maßgebenden Teil der kinetischen Energie, wobei ausschließlich Wind-, Reibungs- und (Struktur-) Dämpfungsverluste die Gesamtenergie in freier Fahrt ändern.

Achterbahnen lassen sich in Bezug auf Höhe, Geschwindigkeit, Fahrzeugtyp, Streckenführung, Antriebsmechanik und verwendete Materialien einteilen. Dabei ist allen Achterbahnen ein ähnlicher Designprozess gemein. Im Allgemeinen kann das Entwurfs- und Designverfahren einer Achterbahn in zwei sich beeinflussende, komplementäre Prozesse unterteilt werden.

Der Ausgangspunkt im Designprozess ist die Entwicklung einer räumlichen Kurve, die den genannten Anforderungen an das Fahrerlebnis der Fahrgäste entsprechen muss. Der menschliche Körper und dessen Sinne sind von der Natur so gestaltet, dass weniger die Geschwindigkeit selbst, sondern vielmehr die Änderung der Geschwindigkeit Begeisterung, Freude oder sogar Angst weckt. Da der menschliche Körper jedoch keine willkürlichen und unbegrenzten Kräfte erträgt, müssen die Beschleunigungen während der Fahrt in diesem ersten Prozess in bestimmten Grenzen gehalten werden. Für die so gefundene Raumkurve wird in einem zweiten Prozess die optimale Struktur mit ausreichender Ermüdungs- und Strukturfestigkeit entwickelt.

schleunigungsgrenzen und -bereiche neu aufgenommen werden.
Bedingt durch immer neuere Fahrgeschäfte und Fahrbewegungen als auch durch den Drang „Höher, Weiter, Schneller" werden auch in Zukunft Mediziner bei der Entwicklung der Anlagen zu Rate gezogen werden.
Neue Erkenntnisse kommen ständig hinzu und zukünftig werden auch die noch nicht definierten Grenzen neu definiert werden.

### 3.7 Weitere nationale und internationale Normen und Regelungen

Um auf die nationale und internationale Normung im Bereich der Fahrgeschäfte zurückzukommen, sollte erwähnt werden, dass die weltweit führenden Normen die EN 13814 und der amerikanische Standard ASTM F2291 sind. Hintergrund ist zum einen bei der europäischen Norm, das ca. 60 % der weltweit gefertigten Fahrgeschäfte aus Europa kommen, jedoch unter Berücksichtigung der westlichen Standards ca. 90 % der Anlagen nach der EN 13814 gebaut werden. Somit richten sich die europäischen Hersteller sehr stark nach der EN 13814 aus.
Die DIN 4112 [19] galt und gilt noch immer als die Mutter der Normung für Fliegende Bauten und Fahrgeschäfte. Die Erstausgabe der DIN 4112 von 1938 wurde mit der 1960er-Version weiterentwickelt und final in der 1983er-Endfassung veröffentlicht. Diese hat 2006 noch eine Änderung A1 bekommen. Bereits in den 90er-Jahren verwendeten die amerikanischen Freizeitparkgesellschaften die deutsche Norm mit gewissen Anpassungen an ihre Bedürfnisse wie z. B. einem Faktor < 1, der deutlich höhere Lastzyklen in den Freizeitparks berücksichtigt. Der Grund war die Limitierung der referenzierten Kranbahnnorm DIN 15018, die mindestens 2 Millionen Lastzyklen als Basis hatte und dies bauartspezifisch als dauerfest definierte. Die Betreiber forderten teilweise mindestens 5 Millionen Lastzyklen.
Die 1983er-Fassung der DIN 4112 zusammen mit der Muster-Richtlinie für den Bau und Betrieb Fliegender Bauten als auch mit dem damals gültigem VdTÜV Blatt 1507 bildeten die Grundlagen für die europäischen Normen EN 13814 [6] und EN 13782. Beide Normen regeln vollumfänglich Fliegende Bauten, sowohl für Fahrgeschäfte als auch für Zelte. Die Normen wurden bereits überarbeitet, sodass eine Fassung der EN 13814:2019 [2] und eine der EN 13782:2015 [4] vorliegt.
Die EN 13814:2004 [6] bildete auch die Grundlage für eine ISO Norm, ISO 17842-Teil 1 bis 3 [3], für Fliegende Bauten. Diese Norm basiert, wie bereits erwähnt, auf der EN 13814 Ausgabe 2004, hatte jedoch das Ziel, eine Harmonisierung mit der ASTM F2291 zu erreichen. Die ASTM-Normreihe erscheint jährlich angepasst und unterliegt damit einer deutlich schnelleren Überarbeitung.
Die Beschleunigungsgrenzen der ASTM wurden im Normengremium der EN überarbeitet und verbessert.

Diese Vorschläge wurden ebenfalls dem ASTM-Gremium vorgestellt und die meisten Vorschläge dort übernommen.
Die ASTM F2291 gibt explizit grundsätzlich die Möglichkeit an, die Berechnungen nach den Eurocodes und der FKM durchzuführen.
Die EN 13814 war aber nicht nur Grundlage für die ISO 17842 oder für die revidierte EN 13814 [2]. In anderen Bereichen wie z. B. dem Freizeitsport als Sommerrodelbahn mit der DIN 33960 wurde auf diese Norm zurückgegriffen, auch als diese deutsche Industrienorm auf ISO-Niveau (als ISO 19202) gehoben wurde. Es gibt dabei eine Vielzahl an Anwendungsfällen, die doch den Fahrgeschäften sehr ähnlich sind. Demzufolge wurde also hier die gleiche Basis gewählt und nur die Charakteristik der Sommerrodelbahnen besonders behandelt.
Sommerrodelbahnen sind Freizeitsportanlagen, die ähnlich den Achterbahnfahrzeugen auf Schienen oder in Wannen fahren, jedoch durch den Benutzer in der Geschwindigkeit, dem Abstand zum Vorausfahrenden oder dem Bremsverhalten eigenverantwortlich benutzt werden. Somit sind hier vergleichbare Berechnungsansätze für Fahrzeuge, Bremsleistung, Bemessung, Lastzyklen als auch mechanische und Überwachungselemente gleich oder gleichartig und werden entsprechend geregelt.
Ein weiterer relevanter Standard ist der GB 8408, der die chinesischen Anforderungen definiert. Während ASTM- und EN-Normen weitestgehend harmonisiert und die technischen Unterschiede nicht ausschlaggebend sind, verhält es sich mit dem GB-Standard anders. Dieser hat zwar ähnliche Anforderungen, unterscheidet sich aber sowohl im Berechnungsansatz als auch in der Sicherheitsphilosophie. Hier werden Ermüdungsnachweise im Stahlbau mit anderen Sicherheitsbeiwerten geführt, singuläre Bauteile so weit als möglich mit zusätzlichen Sicherungen abgesichert oder Fahrgastsicherungssysteme mit einem weiteren Gurtsystem – ähnlich dem Autogurt – weiter ergänzt. Dies hat dann natürlich zur Folge, dass Anlagen zusätzlich nach GB nachzuweisen sind und die konstruktiven Anforderungen berücksichtigt werden müssen. Der GB hat mehrere Teile, die auch die verschiedenen Arten von Fahrgeschäften würdigen.
Die russische GOST-Reihe hat seit vielen Jahren den R 53130 als Norm für die „Safety of Amusement Rides". Diese Norm wurde auch mit Einführung der ISO weitergeführt, obwohl die russische Delegation die ISO Norm ins Leben gerufen hat. Der GOST-Standard ist der EN 13814 in vielen Elementen ähnlich, referenziert jedoch auch auf die eingeführten russischen Stahlbaunormen, die immer noch der DIN 15018 ähnlich sind. Ergänzend gibt es noch das GOST-R-52170-Werk, welches die „Safety of Mechanized Amusement Rides" beschreibt.
Der australische Standard AS 3533 ist ein mehrteiliges Werk, welches sowohl Design und Konstruktion, Betrieb und Wartung als auch auf einige spezielle Arten

## 3.5 Risikobeurteilung

Der Betrieb und die Nutzung von Fahrgeschäften, sowohl als Fliegende Bauten als auch als dauerhaft installierte Freizeitparkanlagen, bergen Gefahren, deren Folgen und Auswirkungen überprüft werden müssen.
Das Ziel der Risikobeurteilung besteht darin, Gefährdungen schon bereits im Rahmen des Herstellungsprozesses, d. h. vor der bestimmungsgemäßen Nutzung der Anlage, zu erkennen, bestenfalls zu beseitigen oder deren Auswirkungen durch einen iterativen Prozess zu mindern. Dieser Prozess der Risikominderung sollte einerseits bereits während der Konstruktionsphase erfolgen und andererseits im Rahmen der Erstaufstellung bzw. im laufenden Betrieb der Anlage ergänzt werden. Aus diesem Grund sind gemäß EN 13814 [2] zwei Risikobeurteilungen (Analysen) zur Risikominderung durchzuführen (s. a. Bild 11):
1. **DRA** – Design Risk Assessment (Risikobeurteilung der Konstruktion und Funktion):
   Während des Planungsprozesses zu erstellende Risikobeurteilung, um schon Gefahren frühzeitig zu erkennen und zu beseitigen oder deren Auswirkungen auf ein akzeptables Maß zu beschränken.
2. **OURA** – Operation and Risk Assessment (Risikobeurteilung der Aufstellung und des Betriebs):
   Risikobeurteilung für die aufstellungsspezifischen Gefahren.

Die **DRA** dient zur systematischen Gefährdungserkennung im Laufe des Konstruktions- und Herstellungsprozesses. Sie soll bestenfalls die erfassten Gefährdungen bereits aufgrund einer angepassten Konstruktion vermeiden bzw. deren Auswirkungen minimieren. Die verbleibenden Restrisiken sind im Handbuch der Anlage darzulegen und dem Betreiber in geeigneter Weise kenntlich zu machen. Die DRA legt des Weiteren alle notwendigen Rahmenbedingungen zur sicheren Verwendung der Anlage fest (z. B. Mindestalter/-größe der Fahrgäste, weitere Nutzereinschränkungen, Evakuierungsprozedere etc.).

Die **OURA** dient zur Erfassung von spezifischen Gefährdungen, welche sich mit der Aufstellung und dem Betrieb der Anlage ergeben können. Ebenfalls sind die notwendigen Maßnahmen zur Umsetzung der Rahmenbedingungen resultierend aus der DRA festzulegen.

Als Grundlage zur Erstellung einer Risikobeurteilung wird im Maschinenbau weitverbreitet die DIN EN ISO 12100 [29] angewendet.

Folgende weitere Normen können Anwendung finden:
– ISO/TR 14121-2
   Risikobeurteilung
– IEC 61025
   Fehlzustandsbaumanalyse
– EN 13814-1
   Sicherheit von Fahrgeschäften und Vergnügungsanlagen – Teil 1: Konstruktion, Bemessung und Herstellung

Im informativen Anhang E definiert die neue DIN EN 13814 [5] Beispiele der zu betrachtenden Gefährdungen, für die eine Risikobewertung erfolgen soll:
1. Verletzungsgefahren durch die Benutzung,
2. Elektrische Gefährdung,
3. Akustische Gefährdungen,
4. Ergonomische Gefährdungen,
5. Gefahr durch besondere Anlagenzustände,
6. Gefahr durch Verhalten und Gesundheitszustand,
7. Fehlende Informationen,
8. Gefahren durch spezifische Anlagen Aufstellung.

Des Weiteren sind jedoch alle anlagenspezifischen Risiken zu bewerten und deren Folgen auszuschalten bzw. zu mindern.
Die Risikobeurteilung erfolgt individuell für jede Vergnügungsanlage, wobei die DRA für Anlagen gleichen Typs nur einmalig erstellt werden muss. Die OURA sollte für die individuelle Aufstellung und Nutzung der Anlage jeweils neu erarbeitet werden.
Im Rahmen der Risikobeurteilung sind die Anforderungen an den Fahrgast zu definieren (resultierend meist aus DRA). Diese Anforderungen sind im Anschluss dem Fahrgast geeignet mitzuteilen, um den Prozess der Selbsteinschätzung zu ermöglichen (OURA). Im Hinblick auf Inklusion wird gerade Letzteres in Zukunft mehr eingefordert werden. Aktuell bereiten einige Freizeitparks solche Angaben vor.

## 3.6 Zusammenfassung und Ausblick

Das Technischen Komitee CEN/TC 152 „Fliegende Bauten auf Veranstaltungsplätzen und in Vergnügungsparks – Sicherheit" der EN 13814 hat die Grenzen für die Beschleunigungen neu überarbeitet und mit den amerikanischen Normen harmonisiert. Mit den Erfahrungen der bestehenden Normen sowie den Erfahrungen der Freizeitparks und Hersteller konnten viele Be-

**Bild 11.** Risikobeurteilungen nach [5]

### 3.4.5.3 Kombinationen von Beschleunigungen

Die EN 13814 [2] hat sich den Darstellungen der ASTM F2291 [28] angeschlossen und sie erweitert. Um die Kombination richtig bestimmen zu können, müssen über die Einwirkungsdauer die Grenzbeschleunigungen aus Bild 7 ausschließlich für T = 0,20 s abgelesen werden. Tabelle 9 gibt Beispiele für zulässige Beschleunigungen im Grundfall.

Bild 10 zeigt Beispiele der Kombinationsregeln. Die Kurven sind eine Anordnung von Ellipsen. Diese können in jedem Quadranten wegen der unterschiedlichen Grenzbeschleunigungen im positiven und negativen Bereich unterschiedlich sein.

Die Kombinationsregeln können unter Berücksichtigung der Grenzbeschleunigungen nach Bild 10 und Tabelle 9 mit den untenstehenden Gln. (3), (4) und (5) berechnet werden.

$$\left(\frac{a_x}{adm.\,a_x}\right)^2 + \left(\frac{a_y}{adm.\,a_y}\right)^2 \leq 1,0 \quad (3)$$

**Tabelle 9.** Zulässige Beschleunigungen adm (a für den Grundfall) nach [2]

| Beschleunigung | 0,2 s | |
|---|---|---|
| | Max. | Min. |
| adm. $a_x$ | −2,0 g | +6,0 g |
| adm. $a_y$ | −3,0 g | +3,0 g |
| adm. $a_z$ | −2,0 g | +6,0 g |

$$\left(\frac{a_x}{adm.\,a_x}\right)^2 + \left(\frac{a_z}{adm.\,a_z}\right)^2 \leq 1,0 \quad (4)$$

$$\left(\frac{a_z}{adm.\,a_z}\right)^2 + \left(\frac{a_y}{adm.\,a_y}\right)^2 \leq 1,0 \quad (5)$$

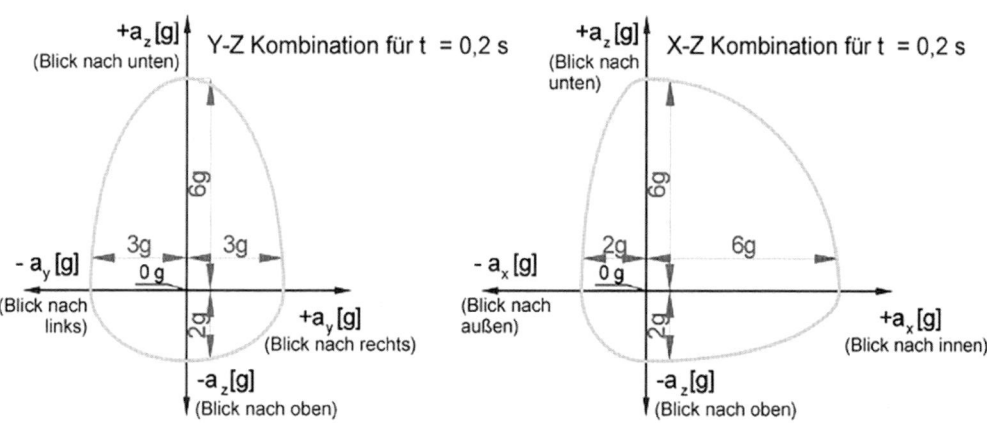

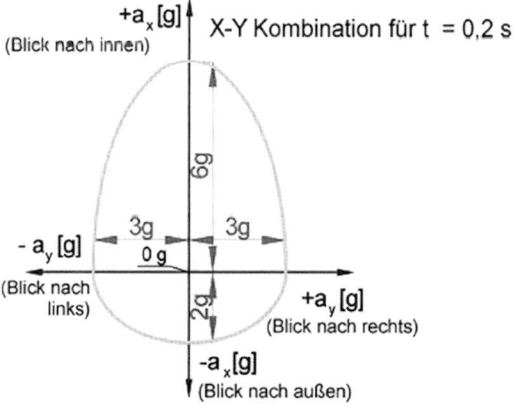

**Bild 10.** Beispiele für zulässige kombinierte Spitzenwerte von Beschleunigungen in x-, y- und z-Richtung [2]

Stand der Normung 863

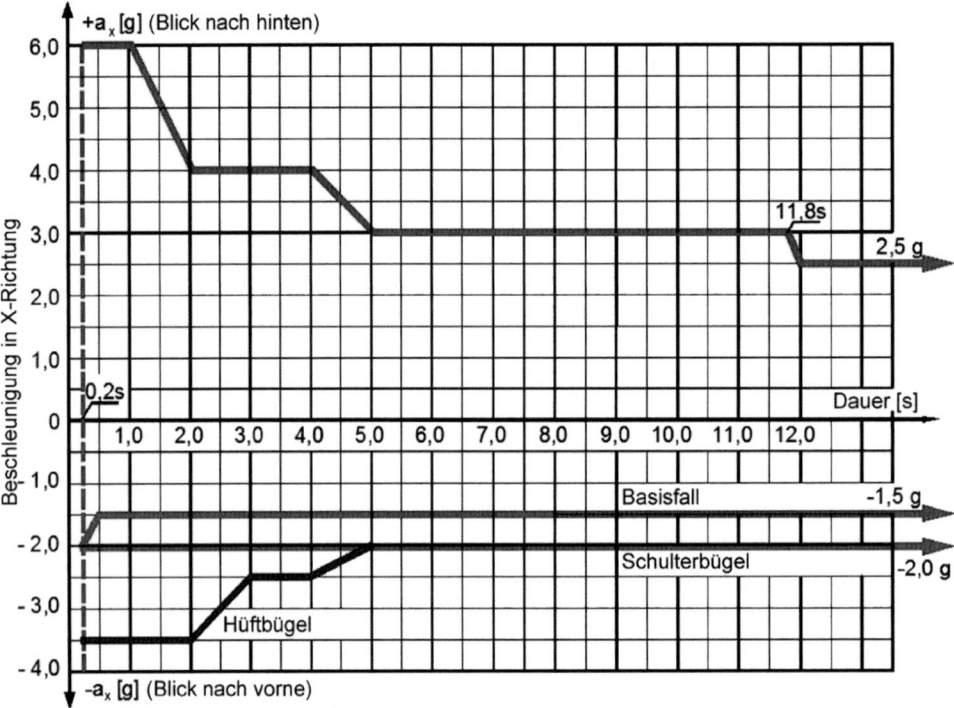

**Bild 8.** Zeitdauergrenzen für Beschleunigungen in x-Richtung (längs) [2]

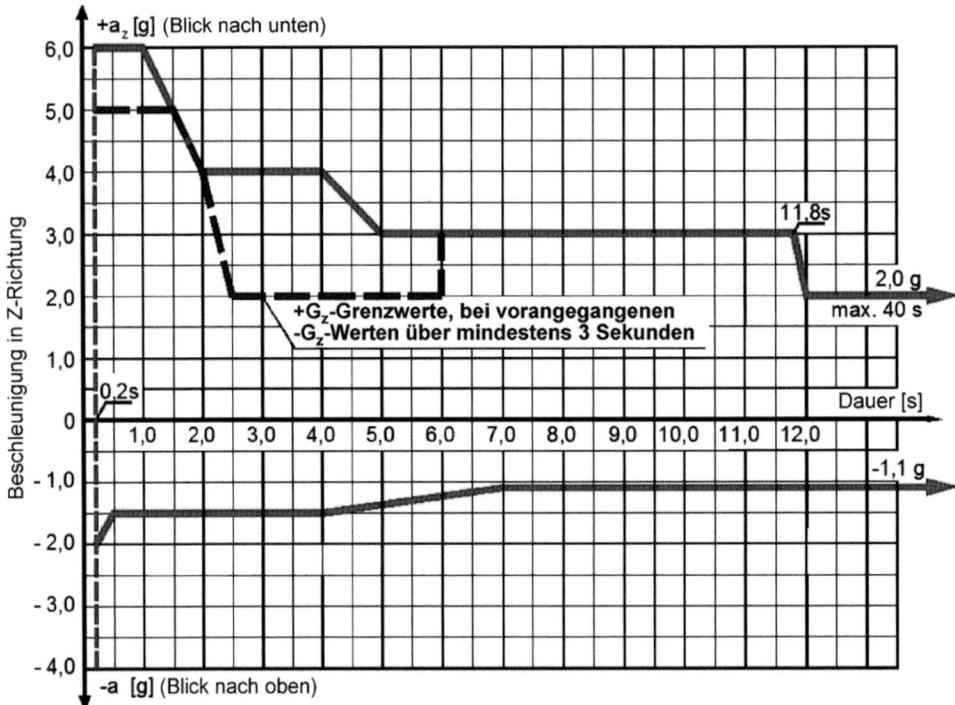

**Bild 9.** Zeitdauergrenzen für Beschleunigungen in z-Richtung (vertikal) [2]

**Tabelle 8.** Anforderungen an Fahrgastrückhaltesysteme nach [2]

| Kriterium | Bereich 2 | Bereich 3 | Bereich 4 | Bereich 5 |
|---|---|---|---|---|
| Anzahl der Fahrgäste je Rückhaltevorrichtung | ein oder mehrere Fahrgäste | ein oder mehrere Fahrgäste | ein Fahrgast | ein Fahrgast |
| Endgültige Selbstsperrungsposition im Verhältnis zum Fahrgast | feststehend oder verstellbar | verstellbar | verstellbar | verstellbar |
| Art der Selbstsperrung | vom Fahrgast oder Bediener zu verriegeln | vom Fahrgast oder Bediener zu verriegeln | automatisch | automatisch |
| Art der Entriegelung | vom Fahrgast oder Bediener zu entriegeln | vom Fahrgast oder Bediener zu entriegeln | vom Bediener manuell oder automatisch | vom Bediener manuell oder automatisch |
| Überwachung der Position der Rückhaltevorrichtung | keine eigenständige Überwachung, Verantwortung des Bedieners | keine eigenständige Überwachung, visuelle oder manuelle Überprüfung durch Bediener | automatisch mit Verhinderung des Fahrtbeginns oder Fahrtunterbrechung | automatisch mit Verhinderung des Fahrtbeginns oder Fahrtunterbrechung |
| Betätigungsvorrichtung | öffnen und schließen manuell oder automatisch | öffnen und schließen manuell oder automatisch | öffnen und schließen manuell oder automatisch | öffnen und schließen manuell oder automatisch |
| Redundanz der Selbstsperrungsvorrichtung | nicht erforderlich | erforderlich | erforderlich | erforderlich |
| Überwachung der Selbstsperrungsvorrichtung | nicht erforderlich | regelmäßige Überprüfung | regelmäßige Überprüfung | Überprüfung vor jeder Fahrt bzw. abwechselnd bei jeder zweiten Fahrt aufgrund der Redundanz |
| Konfiguration der Rückhaltevorrichtung | nicht redundant | nicht redundant | nicht redundant | konstruktive Redundanz |

−$a_y$ drückt den Körper seitlich nach links, beschrieben als „Augen nach links";

+$a_x$ drückt den Körper nach hinten in den Sitz, beschrieben als „Augen nach hinten";

−$a_x$ drückt den Körper nach vorne aus dem Sitz heraus, beschrieben als „Augen nach vorne".

### 3.4.5.2 Grenzbeschleunigungen

In EN 13814 [2] sind im informativen Anhang die Grenzbeschleunigungen für die Richtungen x, y und z in Abhängigkeit zur Einwirkungsdauer dargestellt (s. Bilder 7 bis 9). Die abgelesenen Werte werden dann mit adm. $a_y$, adm. $a_x$ und adm. $a_z$ bezeichnet.

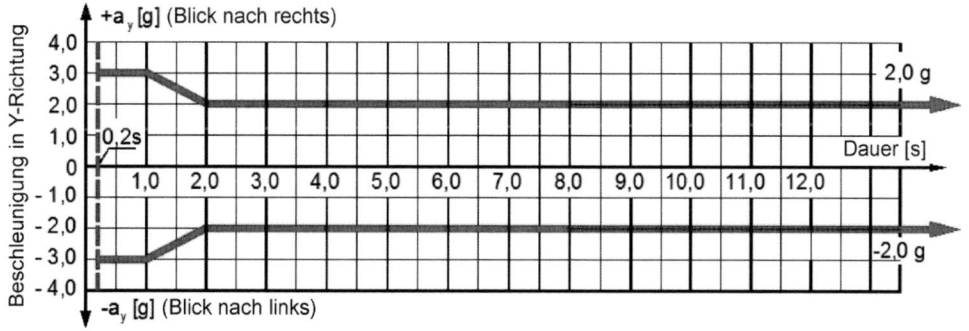

**Bild 7.** Zeitdauergrenzen für Beschleunigungen in y-Richtung (quer) [2]

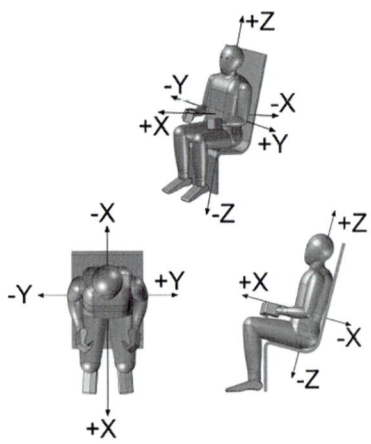

**Bild 5.** Körper – Koordinatensystem [2]

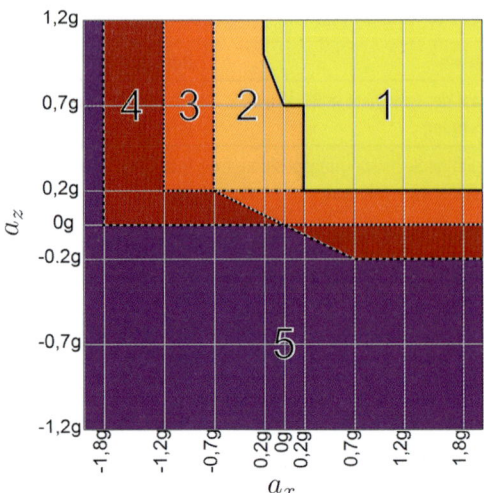

**Bild 6.** Fahrgastrückhalte-Diagramm nach [2]

gemessen werden können. Jedoch wird die Beschleunigung des Fahrgastes hiermit recht genau ermittelt. Es sei zu erwähnen, dass die Daten mit hoher Abtastrate gemessen sowie gespeichert und anschließend gefiltert werden. In der EN 13814 [2] hat man sich auf folgende Filter geeinigt:
- Beurteilung der Beschleunigung am Menschen: 5 Hz,
- Beurteilung für die Rückhaltesysteme: 1 Hz.

### 3.4.4 Rückhaltevorrichtungen

Die Rückhaltevorrichtungen bilden im Zusammenspiel mit dem Sitz das entscheidende Element zur Fahrgastsicherung. Im einfachsten Fall dienen diese nur als Aufstehverhinderung, wohingegen bei den höchsten Anforderungen der Fahrgast aufgrund aller auftretenden Beschleunigungen während der Fahrt im Sitz gehalten werden muss.

Die Entscheidung, welche Anforderungen die Rückhaltevorrichtung zu erfüllen hat, kann nach der EN 13814 [2] anhand der während der Fahrt auftretenden Beschleunigungskombinationen $a_x$ und $a_z$ sowie weiteren möglichen Risikofaktoren getroffen werden. Maßgebend ist hier das in Bild 6 dargestellte Fahrgastrückhalte-Diagramm. Negative Beschleunigungen sind als Reaktionen so definiert, dass der Fahrgast aus dem Sitz heraus beschleunigt wird (vgl. Abschnitt 3.4.5.1).

Das Diagramm identifiziert jeweils 5 verschiedene Bereiche, die jeweils unterschiedliche Anforderungen an das Fahrgastrückhaltesystem stellen, welche in Tabelle 8 übersichtlich dargestellt. sind. Der Bereich 1 ist nicht dargestellt, da dieser auch den Ruhezustand R mit $a_x = a_y = 0$ g und $a_z = 1$ g umfasst und in dem gesamten Bereich keine Rückhaltevorrichtung gefordert wird. Ebenso sei noch auf den Bereich 2 hingewiesen. Hier ist ebenso keine Rückhaltevorrichtung erforderlich, sofern die Fahrgäste ausreichend gestützt werden, entsprechende Vorrichtungen (Handgriffe, Fußabstützungen etc.) vorgesehen sind, um den Massenträgheitskräften entgegenzuwirken, und wenn sie aufgrund dieser Kräfte nicht aus der Fahrgasteinheit herausfallen oder herausgeschleudert werden können. Alle anderen Bereiche erfordern zwingend eine Fahrgastrückhaltevorrichtung, wobei die EN 13814 [2] explizit darauf hinweist, dass das Diagramm nur als „Richtschnur" zu verstehen ist. In Grenzfällen darf sogar die niedrigere Klasse der Rückhaltevorrichtung gewählt werden. Ebenso sei noch darauf hingewiesen, dass auch Querbeschleunigungen $a_y$ eine Rückhaltevorrichtung erfordern können bzw. der Sitz oder die entsprechenden Seitenteile entsprechend auszulegen sind. Eine Risikobeurteilung (s. Abschnitt 3.5) der Konstruktion kann ebenso die Verwendung einer Rückhaltevorrichtung oder eine andere Klasse fordern.

Mögliche, konstruktive Umsetzungen und Beispiele sind in Abschnitt 4.4.3 zu finden.

### 3.4.5 Grenzbeschleunigungen

#### 3.4.5.1 Allgemeines

Die EN 13814 [2] regelt informativ Beschleunigen mit einer Dauer von maximal 90 s.
Aufgrund unzureichender Daten werden Einwirkungen mit einer Dauer von weniger als 200 ms dabei nicht behandelt [75].
Dabei werden die folgenden positiven Beschleunigungsrichtungen ($a_x$, $a_y$ oder $a_z$) in Übereinstimmung mit dem Koordinatensystem nach Abschnitt 3.4.2 wie folgt beschrieben:

+$a_z$   drückt den Körper nach unten in den Sitz, beschrieben als „Augen nach unten";
–$a_z$   hebt den Körper aus dem Sitz, beschrieben als „Augen nach oben";
+$a_y$   drückt den Körper seitlich nach rechts, beschrieben als „Augen nach rechts";

beiwerte für Einwirkungen, Kombinationen und Widerstand sind in der EN 13814 [2] an den Eurocode angepasst worden. Dazu sind die Sicherheitsfaktoren für den statischen Nachweis folgendermaßen definiert.

$$R_d \leq \frac{R_{eH}}{\gamma_{M0}} \text{ und } R_d \leq \frac{R_m}{\gamma_{M2}} \quad (2)$$

mit
$R_{eH}$   Streckgrenze
$R_m$   Zugfestigkeit
$\gamma_{M0} = 1{,}1$   Teilsicherheitsbeiwert für die elastische Festigkeit (Streckgrenze)
$\gamma_{M2} = 1{,}5$   Teilsicherheitsbeiwert für die Zugfestigkeit bei $R_{eH}/R_m < 0{,}75$
$\gamma_{M2} = 2{,}0$   Teilsicherheitsbeiwert für die Zugfestigkeit bei $R_{eH}/R_m > 0{,}75$

### 3.3.2 Schwingende Beanspruchung

#### 3.3.2.1 Nachweise für Strukturbauteile

Lastkombinationen, die während der angenommenen Lebensdauer mehr als 10000-mal auftreten, müssen über eine Betriebsfestigkeitsrechnung nachgewiesen werden. Entsprechend ist die Materialermüdung bzw. die Betriebsfestigkeitsanalyse eines der wichtigsten Designkriterien für alle Arten von Fahrgeschäften. Wenngleich die EN 13814 [2], Abschnitt 4.7.1, die Verwendung beliebiger international anerkannter Normen zulässt, solange sie bestimmte Anforderungen an das Sicherheitskonzept erfüllen, empfiehlt sie besonders den Nachweis nach EN 1993-1-9 [27]. Weiter werden auch die EN 13001-3-1 [25] und die FKM-Richtlinie [26] erwähnt. Die Berücksichtigung positiver Effekte aus einer Schweißnahtnachbehandlung ist vorgesehen. Grundsätzlich sieht die EN 13814 [2] drei Nachweismöglichkeiten vor:
– Nachweis der Zeitfestigkeit für 35000 Betriebsstunden (ohne Be- und Entladezeit). Die Anzahl der Lastzyklen muss vom Designer für die jeweiligen Komponenten eines Fahrgeschäfts berechnet werden.
– Nachweis der Dauerfestigkeit (engl. *constant amplitude fatigue limit*). Dieses Konzept ist für Sicherheitsbauteile anzuwenden oder wenn die genaue Anzahl der Lastzyklen nicht bekannt ist.
– Nachweis für 5000 Betriebsstunden für aus Standard-Produkten gefertigte Verschleißteile. Darunter fallen z. B. Lager, Drehkränze und Ähnliches.

Aufgrund verhältnismäßig kurzer Wartungsintervalle können die Sicherheitsbeiwerte für die Fahrgeschäfte herabgesetzt werden. Die Beiwerte sind in Tabelle 7 zusammengestellt. Tabelle 6 zeigt zum Vergleich die Teilsicherheitsbeiwerte nach EN 1993-1-9 [27].

#### 3.3.2.2 Nachweise für Maschinenbauteile

Für Maschinenbauteile wie z. B. Achsen, Bolzen, Radschilde, Kupplungsstangen, Rückhaltesysteme etc. wird insbesondere der Nachweis nach der FKM-Richtlinie [26] empfohlen.

**Tabelle 6.** Empfehlungen für $\gamma_{Mf}$-Faktoren für die Ermüdungsfestigkeit nach DIN EN 1993-1-9 [27]

| Bemessungskonzept | Schadensfolgen | |
|---|---|---|
| | niedrig | hoch |
| Schadenstoleranz | 1,00 | 1,15 |
| Sicherheit gegen Ermüdungsversagen ohne Vorankündigung | 1,15 | 1,35 |

**Tabelle 7.** Teilsicherheitsbeiwerte für die Betriebsfestigkeit $\gamma_{Mf}$ nach EN 13814 [2] bei Anwendung der Berechnungsverfahren nach DIN EN 1993-1-9 [27]

| Prüfung und Zugänglichkeit | Bruch führt nicht zum Einsturz | Bruch führt zum Einsturz |
|---|---|---|
| Bauteil ist bei den regelmäßigen Hauptüberprüfungen zugänglich | 1,00 | 1,10 |
| Bauteil ist bei den regelmäßigen Hauptüberprüfungen nicht zugänglich | 1,05 | 1,15 |

### 3.4 Beschleunigungen

#### 3.4.1 Allgemeines

Nach ca. 10 Jahren Erfahrung mit der EN 13814 [6] ist nun eine revidierte Fassung fertig, die mit der ASTM F2291 [28, 75] harmonisiert wurde. Der Anhang I, der die Grenzbeschleunigungen beschreibt, ist in der Neufassung weiterhin lediglich „informativ". Eine positive Entwicklung ist, dass die Gremien der ASTM und der Euronorm zusammenarbeiten und ein Abkommen über Harmonisierung geschlossen haben.

#### 3.4.2 Koordinatensystem und Messungen

International wird im Bereich der Vergnügungsanlagen ein kartesisches Achsensystem wie in Bild 5 dargestellt benutzt. Dies ist unterschiedlich zu dem Koordinatensystem in DIN 1080 und hat die Z-Achse positiv nach oben definiert. Die Neufassung der EN 13814 hat die Harmonisierung angestrebt und sich der internationalen Regelung angeschlossen. Das orthogonale Koordinatensystem ist auf den Fahrgast bezogen. Die positive Z-Achse ist nach oben gerichtet und ist als parallel zur Wirbelsäule verlaufend definiert.

#### 3.4.3 Messungen

Einheitlich werden die Beschleunigungen auf das Körper-Koordinatensystem nach Bild 5 bezogen. Die Messungen werden am Sitz auf 60 cm Höhe über der Sitzfläche vorgenommen. Das bedeutet auch, dass die tatsächlichen Beschleunigungen, die die Tragstruktur aufnimmt, durch die Dämpfung des Sitzes nicht exakt

**Kombinierter Stoß- und Schwingbeiwert**
Stoßfaktor und Schwingbeiwert sind im Allgemeinen gleichzeitig anzusetzen, können aber, wenn sie zeitlich und räumlich getrennt auftreten, auch als reduzierte Kombination $\varphi_{1\&2} = 1,2$ angesetzt werden.

### 3.2.3 Lastkombinationen

#### 3.2.3.1 Lastkombination für den Grenzzustand der Tragfähigkeit

In der Regel werden die Vergnügungsanlagen im Grenzzustand der Tragfähigkeit (GZT) neben den Betriebslasten durch weitere Einwirkungen beansprucht. Hauptsächlich sind dies Wind- und Temperaturlasten sowie seismische Lasten. Die Bemessungswerte $E_d$ sind anhand von Kombinationsregeln aus der EN 13814 [2] zu bestimmen. Hier gelten im Vergleich zur EN 1991 einige Besonderheiten (s. Tabelle 4). Die Abweichungen werden wie folgt begründet:
– Der Teilsicherheitsbeiwert der ständigen Einwirkungen $\gamma_{G,sup}$ wird wegen der genauen Kenntnis der Eigengewichte mit 1,10 statt 1,35 angenommen (s. Abschnitt 3.2.1).
– Der Teilsicherheitsbeiwert der veränderlichen Einwirkungen $\gamma_Q$ wird mit 1,35 statt 1,50 angenommen. Dies ist zum einen zu rechtfertigen mit den durch Messungen im Fahrbetrieb validierten Beschleunigungsberechnungen. Zum anderen bieten Vergnügungsanlagen keinen Zufluchtsort bei extremer Witterung, weshalb auch für alle anderen veränderlichen Einwirkungen der Teilsicherheitsbeiwert reduziert wird.
– Außergewöhnliche Einwirkungen werden nach den Vorschriften der EN 1991 kombiniert.

#### 3.2.3.2 Lastkombinationen für den Grenzzustand der Gebrauchstauglichkeit

Der Nachweis der Gebrauchstauglichkeit wird in der EN 13814 [2] nicht explizit gefordert, da Grenzwerte bei den verschiedenen Typen von Fahrgeschäften kaum anzugeben sind.

#### 3.2.3.3 Kippen, Gleiten, Abheben

Die EN 13814 [2] formuliert explizit Nachweise gegen Kippen, Gleiten und Abheben. Diese sind besonders für die Fliegenden Bauten von Bedeutung, die oft nicht tief gegründet werden, sondern nur mit ihrem Eigengewicht auf Unterpallungen aufliegen. Dabei ist eine frostfreie Gründung nur erforderlich, wenn eine Hebung oder Setzung aufgrund von Frost zu Schäden oder Versagen führen kann. Es werden Nachweise von Kräfte- und Momentensummen gefordert. Tabelle 5 zeigt die hier anzusetzenden Teilsicherheitsbeiwerte.

### 3.3 Festigkeitsnachweis

#### 3.3.1 Vorwiegend ruhende Beanspruchung

Grundsätzlich gelten Lastkombinationen mit einer Wiederholwahrscheinlichkeit von weniger als 10.000 Ereignissen während der Lebensdauer als statisch. Alle anderen Kombinationen müssen hinsichtlich ihrer Betriebsfestigkeit nachgewiesen werden. Die Sicherheits-

**Tabelle 4.** Teilsicherheitsbeiwerte $\gamma_F$ im Grenzzustand der Tragfähigkeit [5]

| Einwirkungen | Symbole | Bemessungssituation | | |
|---|---|---|---|---|
| | | ausschließlich ständig | ständig und veränderlich | außergewöhnlich |
| Ständige Einwirkungen $G_k$ Ungünstige Einwirkungen Günstige Einwirkungen | $\gamma_{G,sup}$ $\gamma_{G,inf}$ | 1,35 0,90 | 1,10 0,90 | 1,00 1,00 |
| Veränderliche Einwirkungen $Q_{k,i}$ | $\gamma_Q$ | – | 1,35 | 1,00 |
| Außergewöhnliche Einwirkungen $A_d$ | $\gamma_A$ | – | – | 1,00 |

**Tabelle 5.** Teilsicherheitsbeiwerte gegen Kippen, Gleiten und Abheben

| | Belastung a) | $\gamma$ |
|---|---|---|
| 1 | günstig wirkende Anteile aus ständiger Einwirkung | 1,0 |
| 2 | ungünstig wirkende Anteile aus ständiger Einwirkung | 1,1 |
| 3 | ungünstig wirkende Windbelastung | 1,2 b) |
| 4 | außergewöhnliche Lastkombinationen | 1,0 |
| 5 | ungünstig wirkende Anteile aus nicht in den Nummern 2, 3 und 4 aufgeführten Belastungen | 1,3 |

a) Werden Lasten in Komponenten aufgelöst, so sind diese Komponenten mit dem gleichen Wert von $\gamma$ zu multiplizieren.
b) Bei Vergnügungsanlagen über 20 m Höhe wird $\gamma = 1,2$ durch den folgenden Ausdruck ersetzt: $\gamma = 1,2 + 0,3 \cdot (h - 20)/40$ mit h als Gesamthöhe der Vergnügungsanlage in Metern.

diesem Fall muss der Konstrukteur detaillierte Verfahren für den Schutz und/oder die Verstärkung und entsprechende Windgeschwindigkeiten angeben.

Der Vollständigkeit halber sei an dieser Stelle darauf hingewiesen, dass die zum Zeitpunkt der Fertigstellung des vorliegenden Beitrags noch gültige DIN EN 13814 (2005) [6] eine Tabelle mit Winddrücken („in Betrieb" und „außer Betrieb") für Fliegende Bauten enthält. Die Werte für die Windlasten im Fall „außer Betrieb" beruhen dabei auf verschiedenen Annahmen und dürfen in Deutschland nicht direkt verwendet werden. Stattdessen sind gemäß M-LTB [11] die Windlasten nach DIN EN 1991-1-4/NA [24] zu berechnen. Diese dürfen mit dem Faktor 0,7 abgemindert werden und entsprechen somit in etwa einer Abminderung der Basiswindgeschwindigkeit mit dem Faktor $c_{Prob} = 0{,}85$ gemäß EN 13814 (2019) [2]. Andere Abminderungen der Geschwindigkeitsdrücke dürfen nicht in Ansatz gebracht werden.

### Windlasten im Betriebszustand („in Betrieb")

Die Windlasten für dauerhaft und vorübergehend aufgestellte Fliegende Bauten im Betriebszustand („in Betrieb") müssen den nationalen Kennwerten für Wind unter Berücksichtigung einer 10-minütigen Basiswindgeschwindigkeit von $v_{b,0} = 15$ m/s und einer Böenwindgeschwindigkeit (3 s Böe) von 21 m/s, gemessen in 10 m Höhe entnommen werden.

Die Windwiderstandsfläche der Verkehrslast (z. B. Umrisse der Fahrgäste) ist in der Berechnung zu berücksichtigen.

Während die EN 13814 (2019) [2] keine weiteren Angaben enthält, werden in der zum Zeitpunkt der Erstellung des vorliegenden Beitrags noch gültigen DIN EN 13814 (2005) [6] die Winddrücke gemäß Tabelle 3 angegeben. Diese beruhen auf dem Ansatz einer Geländekategorie III und einer Referenzwindgeschwindigkeit (Basiswindgeschwindigkeit) von $(v_{b,0} =) v_{ref} = 15$ m/s.

Der entscheidende Faktor bei der Betrachtung der Windlasten für den Zustand „in Betrieb" ist das Abbruchkriterium, d. h., ab welcher bestimmten Böenwindgeschwindigkeit der Betrieb abgebrochen worden und der Fliegende Bau in den Zustand „außer Betrieb" übergegangen sein muss. Die EN 13814 [2] lässt diese Frage unbeantwortet.

**Tabelle 3.** Winddrücke für Fliegende Bauten („in Betrieb") nach DIN EN 13814:2005 [6]

| Bauhöhe | Winddruck [kN/m²] für Referenzwindgeschwindigkeit $v_{ref} \leq 15$ m/s |
|---|---|
| 0 ≤ 8 m | 0,20 |
| 8 ≤ 20 m | 0,30 |
| 20 ≤ 35 m | 0,35 |
| 35 ≤ 50 m | 0,40 |

### 3.2.2.7 Weitere Einwirkungen

**Schneelasten**

Schneelasten müssen entsprechend den örtlich geforderten oder international anerkannten Normen berücksichtigt werden. Sie sind jedoch nur in wenigen Fällen zu berücksichtigen und können im Allgemeinen in den Sommermonaten vernachlässigt werden. Bei Maßnahmen wie einer Dachheizung oder wenn eine Dachtemperatur von +2 °C garantiert werden kann, darf ebenfalls auf die Berücksichtigung von Schneelasten verzichtet werden. Falls der Schnee geräumt wird, muss eine Schneelast von 0,2 kN/m² angesetzt werden. Hierbei muss sichergestellt werden, dass eine Schneehöhe von h = 8 cm nicht überschritten wird.

**Massenkräfte**

Trägheitskräfte sind stets nach den jeweils vorherrschenden Bedingungen zu bestimmen.

**Planmäßiger Anprall während des Betriebs**

Ein planmäßiger Anprall ist bei verschiedenen Fahrgeschäften wie z. B. Autoskootern vorgesehen. Die Wirkungen der Anprallkräfte müssen nur bei unmittelbar betroffenen tragenden Bauteilen und den zugehörigen Verbindungen berücksichtigt werden.

**Erdbeben**

Seismische Kräfte müssen in Übereinstimmung mit örtlich geforderten oder international anerkannten Normen angenommen werden.

### 3.2.2.8 Stoß und Vibration

Da Berechnungen mittels Zeitschrittverfahren für eine Vielzahl der in den Geltungsbereich der EN 13814 fallenden Anlagen zum heutigen Stand nicht wirtschaftlich sind und aufgrund der Vielzahl von Ausgangszuständen und Parametern auch nicht sinnvoll erscheinen, erfolgt die Aufbringung der Lasten im Allgemeinen quasi-statisch. Stöße und dynamische Effekte werden über einen Stoßfaktor $\varphi_1$ und einen Schwingbeiwert $\varphi_2$ erfasst [74].

**Stoßfaktor**

Der Stoßfaktor soll grundsätzlich unvermeidbare Imperfektionen abdecken, die sich z. B. an den Schienenübergängen einer Achterbahn finden oder sich aus der Unrundheit von Laufrädern ergeben. Es ist ein Stoßfaktor von $\varphi_1 = 1{,}2$ anzusetzen. Werden substanziell größere Stöße gemessen, ist die Berechnung anzupassen.

**Schwingbeiwert**

Zur Berücksichtigung der dynamischen Überhöhung muss für direkt befahrene Bauteile wie z. B. die Schienen einer Achterbahn ein Schwingbeiwert von mindestens $\varphi_2 = 1{,}2$ angesetzt werden. Die Erfahrung zeigt, dass dieser Wert im Allgemeinen ausreichend ist. Bei genauem Nachweis ist auch $1{,}0 \leq \varphi_2 \leq 1{,}2$ möglich. Einzelne, besonders schlanke Teilstrukturen, können aufgrund ihres geringen Gewichts, ihrer relativ niedrigen Eigenfrequenz und der im Allgemeinen geringen Dämpfung schlanker Stahlstrukturen auch größere dynamische Überhöhungen erfahren. In diesem Fall können zusätzliche Maßnahmen erforderlich werden.

$q_k = 1.5$ kN/m²
für Sitzbretter pro Sitzreihe und für Fußböden zwischen festen Sitzreihen, es sei denn, es ergeben sich höhere Lasten aus der Anwendung von Flächenbelastungen ($q_k = 3.5$ kN/m²).

### Nicht zugänglich für die Öffentlichkeit

$q_k = 1.5$ kN/m²
für alle Fußböden, Podien, Rampen, Treppen, Laufstege u. Ä., die von einzelnen Personen begangen werden; oder
$Q_k = 1.5$ kN
als Einzellast, wobei der ungünstigere Fall anzunehmen ist.

### 3.2.2.3 Waagerechte Verkehrslasten

Die folgenden Werte horizontal aufgebrachter Lasten müssen verwendet werden:
– für angehobene, begehbar ausgelegte Podien werden 10 % der vertikalen Verkehrslasten angesetzt;
– für Barrieren, Zäune, Geländer, Wandtafeln u. Ä. sind die Nutzlasten in Abhängigkeit der Vertikallasten an den Handlauf bzw. auf Höhe des Zwischenholmes anzusetzen (s. Tabelle 2).

### 3.2.2.4 Antriebs- und Bremskräfte

Kräfte B aus Anfahren und Bremsen werden grundsätzlich mit dem 2. Newton'schen Axiom (Grundgleichung der Mechanik) nach Gl. (1) entsprechend der tatsächlichen Brems- bzw. Motorleistung berechnet und angesetzt.

$$B = a_b \cdot (m_v + m_p) \quad (1)$$

mit
$a_b$      Beschleunigung beim Bremsen bzw. Anfahren
$m_v$      Masse der bewegten Teile ohne Berücksichtigung der Fahrgäste
$m_p$      Gesamtmasse der Fahrgäste

Ein eventueller Stoßfaktor von $\varphi_l$ ist zu berücksichtigen (s. Abschnitt 3.2.2.8).
Bei Fahrgeschäften, deren Geschwindigkeiten einen Wert von 3 m/s nicht überschreiten, können die Beschleunigungen bzw. Verzögerungen mit $a_b = 0.7$ m/s² angenommen werden. Es wird jedoch empfohlen, einen genauen Nachweis unter Berücksichtigung des Bremssystems zu führen.
Ein Not-Halt (Stillsetzen im Notfall) muss als statischer Lastfall berücksichtigt werden.

### 3.2.2.5 Lasten auf Abstütz- und Rückhaltevorrichtungen

Die Lastannahmen von Einwirkungen auf Rückhaltevorrichtungen ergeben sich aus den berechneten Beschleunigungen während der Fahrt. Weiterhin gibt die EN 13814 [2] zusätzlich eine Abstützkraft von 500 N als konstruktiven Lastansatz an.

**Tabelle 2.** Horizontale Nutzlasten für Handläufe und Zwischenholme

| $q_k$ [kN/m²] | $p_k$ [kN/m²] | |
|---|---|---|
| | Handlauf | Zwischenholm |
| 3,5 (z. B. Treppen/Abgänge) | 0,5 | 0,1 |
| 5,0 oder höher | 1,0 | 0,15 |
| 1,5 ohne öffentlichen Zugang | 0,3 | 0,1 |

### 3.2.2.6 Windlasten

**Allgemeines**

Sowohl bei Fliegenden Bauten als auch bei fest installierten Anlagen sind die Windlasten für die Lastfälle „in Betrieb" und „außer Betrieb" zu berücksichtigen. Hierfür gibt die EN 13814 [2] Festlegungen vor. Die Berechnung der Windlasten an sich erfolgt gemäß EN 1991-1-4 [22] bzw. der jeweiligen nationalen Umsetzung oder nach einer offiziellen nationalen Norm des Landes, in dem der Fliegende Bau zum Einsatz kommt, wenn signifikante Bedingungen dies erfordern [74].
Während bei fest installierten Anlagen die Windzone und die Geländekategorie genau definiert sind, sind bei Fliegenden Bauten die in der Berechnung untersuchten möglichen Aufstellorte als Auflage in das Prüfbuch aufzunehmen.

**Windlasten „außer Betrieb"**

Die Windlasten („außer Betrieb") für dauerhaft aufgestellte Fliegende Bauten sind nach EN 1991-1-4 [22] anzusetzen. Diese Windlasten dürfen bei vorübergehend aufgestellten Anlagen – falls der Zeitraum der Aufstellung kürzer als drei Monate ist – verringert werden, indem der Faktor $c_{prob} = 0.85$ auf die Basiswindgeschwindigkeit angewendet wird.
Der Aufstellort Fliegender Bauten kann innerhalb von Deutschland selbstverständlich in verschiedenen Windzonen mit unterschiedlichen Basiswindgeschwindigkeiten und Geländekategorien liegen. In Europa kann zudem die Windgeschwindigkeit von Land zu Land nochmals unterschiedlich sein. Einen interessanten Überblick und europaweiten Vergleich der Grundwerte der Basiswindgeschwindigkeiten $v_{b,0}$ und der Basiswindgeschwindigkeiten $q_{b,0}$ für über 30 Länder gibt [23]. Des Weiteren werden darin auch die Böenstaudrücke $q_p$ für ausgewählte Fälle berechnet und miteinander verglichen. Erwähnenswert ist dabei die Tatsache, dass sich nur einige kleine Länder auf die Angabe von Grundwerten der Basiswindgeschwindigkeiten beschränken, während in den meisten Ländern von den zahlreichen Möglichkeiten zur Wahl nationaler Parameter Gebrauch gemacht oder z. B. in Deutschland oder Großbritannien sogar das grundlegende Formelgerüst verändert wird.
Zusätzliche Mittel zum Schutz und/oder zur Verstärkung dürfen vom Konstrukteur festgelegt werden. In

teile wie z. B. Handläufe oder Laufstege sowie Wartungsbereiche, bei denen geringere Anforderungen an die Ausführungsklasse gestellt werden können, siehe auch [7].

Die Einwirkungen und die Berechnungen werden im Wesentlichen durch die Eurocodes geregelt. Abweichungen und Sonderfälle werden durch die EN 13814 geregelt. Die folgende zusammenfassende Übersicht bezieht sich dabei auf die noch nicht bauaufsichtlich eingeführte EN 13814 [2], die aktuell in der deutschen Fassung von 2019 [5] vorliegt und in Zukunft die zum Zeitpunkt der Erstellung des vorliegenden Beitrags noch gültige DIN EN 13814 [6] ablösen soll.

Es sei an dieser Stelle darauf hingewiesen, dass die meisten Hersteller von Fahrgeschäften international aufgestellt sind. Deswegen wurden die Vorschriften so weit wie möglich harmonisiert, sodass europäische Hersteller ihre Anlagen z. B. in die USA liefern können, ohne eine neue aufwendige Berechnung durchführen zu müssen.

Bei fehlenden Angaben sind die Festlegungen der referenzierten Vorschriften zu berücksichtigen, wobei grundsätzlich gefordert wird, lokale nationale Vorschriften z. B. bei Wind und Erdbeben heranzuziehen.

## 3.2 Lastannahmen

### 3.2.1 Ständige Einwirkungen

Der charakteristische Wert der ständigen Einwirkung $G_k$ kann bei Fahrgeschäften im Allgemeinen sehr genau bestimmt werden. In diesem Gewicht sind neben der tatsächlichen Eigenlast der lasttragenden Struktur auch das Zubehör und die technischen Einrichtungen, die für den Betrieb erforderlich sind, einschließlich Verkleidung, textilen Geweben und dekorativen Elementen enthalten. Im Rahmen der Erstprüfung eines Fahrgeschäfts wird im Zuge der Bauprüfung eine Gewichtskontrolle durchgeführt, um die Eigengewichtsannahmen zu bestätigen (s. Abschnitt 2.3.2.2).

### 3.2.2 Veränderliche Einwirkungen

#### 3.2.2.1 Fahrgäste

Bei den für Fahrgäste anzusetzenden Verkehrslasten wird zwischen Lasten für Ermüdungsberechnungen und für Berechnungen im statischen Fall unterschieden. Schon die weltweit erste Norm für Fahrgeschäfte, die DIN 4112 „Fliegende Bauten" vom Mai 1938, hatte das Gewicht eines Menschen von 75 kg für Ermüdungsnachweise gefordert [74].

Für die Berechnung im statischen Fall gilt ein Personengewicht von 135 kg für Einheiten mit nur einem Fahrgast.

Bei Fahreinheiten, die mit mehreren Personen besetzt werden können, ist statistisch gesehen nicht mit einer Besetzung mit ausschließlich 135 kg schweren Personen zu rechnen. Hier schlägt die EN 13814 [2] eine Reduzierung in Abhängigkeit der Anzahl der möglichen Fahrgäste je Einheit vor.

Für Fahrgeschäfte, die ausschließlich von Kindern (Personen unter 10 Jahren) genutzt werden dürfen, können reduzierte Lasten verwendet werden. Die hierfür erforderlichen Beschränkungen müssen deutlich am Fahrgeschäft und im Handbuch angegeben sein.

Zusammenfassend sind für fahrgastaufnehmende Einheiten (Fahrzeuge, Wagen, Gondeln) für jeden Fahrgast folgende Werte anzusetzen:

$Q_k = 0{,}75$ kN
für alle Betriebsfestigkeitsberechnungen,
$Q_k = 0{,}75$ kN
für Berechnungen im statischen Fall für Einheiten mit mehr als 4 Fahrgästen,
$Q_k = 1{,}35$ kN $-$ ((n $-$ 1) $\cdot$ 0,15 kN)
für Berechnungen im statischen Fall
mit n = 1 bis 4 Fahrgästen,
$Q_k = 0{,}40$ kN
für Betriebsfestigkeitsberechnungen und für Berechnungen im statischen Fall für jede Person von 10 Jahren und jünger.

#### 3.2.2.2 Lotrechte Verkehrslasten

Für alle begehbaren Bereiche sind vertikale Verkehrslasten anzunehmen. Die EN 13814 [2] unterscheidet hierbei zwischen Bereichen, die allgemein öffentlich zugänglich sind und Bereichen, die nicht zugänglich für die Öffentlichkeit sind.

Im Folgenden sind die anzusetzenden lotrechten Verkehrslasten zusammengefasst.

**Allgemeiner öffentlicher Zugang**

$q_k = 3{,}5$ kN/m²
für Böden, Treppen, Podeste, Rampen, Zu- und Abgänge u. Ä. in Fahrgeschäften und anderen Einrichtungen;

$q_k = 5{,}0$ kN/m²
für Tribünen und deren Treppen und Podeste mit fest eingebauten Sitzen; und als erhöhter Wert für vorstehend genannte Kategorien, falls besonders dichte Menschenmengen erwartet werden;

$q_k = 7{,}5$ kN/m²
für Tribünen und deren Treppen und Podeste ohne Sitze oder mit nicht fest eingebauten Sitzen; und als erhöhter Wert für vorstehend genannte Kategorien, falls besonders dichte Menschenmengen erwartet werden;

$q_k = 2{,}0$ kN/m²
in von Besuchern während des Betriebs begangenen Dreh- bzw. Auslegerbereichen (Aus- und Einsteigen); oder die doppelte Fahrgastlast aller Fahrzeuge und Wagen nach Abschnitt 3.2.2.1, wobei der ungünstigere Fall anzunehmen ist, um eine ausreichende Berücksichtigung des Fahrgastwechsels sicherzustellen;

$Q_k = 1{,}0$ kN
je Stufe für Treppen; alternativ eine Flächenlast nach vorstehenden Abschnitten, wobei der ungünstigere Fall anzunehmen ist;

ausreichende Übereinstimmung mit DIN EN 13814 überprüft werden. Aus dieser Kontrolle können sich notwendige Veränderungen am Fahrgeschäft und damit notwendige Aktualisierungen der Bauvorlagen ergeben.

### Gefahrenpotenziale individuell prüfen

Jedes Fahrgeschäft ist anders und wird unter anderen Ausführungsbedingungen betrieben. Die zuständigen Genehmigungsbehörden haben deshalb einen gewissen Handlungsspielraum im Rahmen der Ausübung des pflichtgemäßen Ermessens. Damit auch für bereits bestehende Fliegende Bauten, die noch nach der alten DIN 4112 beurteilt wurden, ein verhältnismäßiger Übergang gestaltet werden kann, hat der Arbeitskreis Fliegende Bauten der Fachkommission Bau fundierte Entscheidungshilfen [20] für die Mitarbeiter in den Behörden erarbeitet. Die Dokumente sollen den Ermessensspielraum der Genehmigungsbehörden abgrenzen und sind durchgängig anzuwenden. Für die Verlängerungsbescheide enthalten sie Musternebenbestimmungen (siehe Infokasten).

Die Entscheidungshilfen ermöglichen eine einheitliche Vorgehensweise der Genehmigungsbehörden bei der Verlängerung von Ausführungsgenehmigungen. Als technische Grundlage dienen, neben den relevanten Abschnitten der aktuellen Normen, auch die alte DIN 4112 sowie die Muster-Richtlinie über den Bau und Betrieb Fliegender Bauten. Die Hilfen sind vorgesehen für Fliegende Bauten, die nach dem nunmehr überholten Regelwerk bemessen und ausgeführt sind.

Welchen Mindestumfang die Überprüfung haben muss und welche Maßnahmen zu ergreifen sind, richtet sich nach Art des Fahrgeschäfts. Hierzu wurde den unterschiedlichen Fahrgeschäftstypen ein jeweils erforderlicher Mindestumfang zugewiesen.

### Entscheidungshilfen berücksichtigen Bestand

Die Regelung über die Befristung von Ausführungsgenehmigungen ist eine Inhalts- und Schrankenbestimmung, gegen die das Argument des grundrechtlich gewährleisteten Bestandsschutzes generell nicht angeführt werden kann. Denn schließlich dienen die Vorgaben dazu, dynamisch und flexibel auf das Gefahrenpotenzial eines Fahrgeschäfts zu reagieren. Ein Bestandsschutz wäre in dieser Hinsicht hinderlich und nicht zielführend. Allerdings muss die Inhalts- und Schrankenbestimmung im Licht der Eigentumsgewährleistung betrachtet werden. Das hat zur Folge, dass jeder Einzelfall anhand der zum Zeitpunkt des Verlängerungsentscheids bestehenden Sach- und Rechtslage zu entscheiden ist. Unter Berücksichtigung des Grundsatzes der Verhältnismäßigkeit muss beurteilt werden, ob hinter den Anforderungen zurückgeblieben werden kann, die sich aus der neuen Rechtslage ergeben. In diesem Zusammenhang sind die Entscheidungshilfen, die die Musternebenbestimmungen beinhalten, ein verhältnismäßiges Mittel.

---

**Musternebenbestimmungen (MNB) für Fahrgeschäfte (Auszug/Beispiele):**

1. Diese Genehmigung wird auf Aufstellorte in der Windzone 1, 2 und 3 nach DIN EN 1991-1-4/NA:2010-12 beschränkt. Somit sind Aufstellorte in der Windzone 4 von dieser Genehmigung ausgenommen.
2. Der Betrieb des Fliegenden Baus ist ab einer Böenwindgeschwindigkeit von mehr als 15 m/s einzustellen. Zu diesem Zeitpunkt muss der Fliegende Bau in den Zustand „außer Betrieb" verbracht worden sein.
3. Die Aufstellung des Fliegenden Baues während der Winterzeit ist nur an Standorten zulässig, an denen die charakteristische Schneelast am Boden nach DIN EN 1991-1-3/NA:2010-12 nicht überschritten wird. Diese Schneelast entspricht der in der statischen Berechnung angesetzten früheren Regelschneelast auf dem Dach nach DIN 1055-5:1975-06.
4. Die nächste Verlängerung der Ausführungsgenehmigung kann nur dann erfolgen, wenn das Fahrgeschäft in ausreichendem Maße mit DIN EN 13814 übereinstimmt. Die Übereinstimmung ist durch die Vorlage des Prüfberichts einer Prüfstelle für Fliegende Bauten nachzuweisen. Dieser Prüfbericht muss mindestens die Erfüllung folgender Punkte bestätigen:

A1: *fahrgastaufnehmende Einheiten mit nur einem Fahrgast*
A2: *Schwingfestigkeitsnachweis*
A3: *Ermüdungsnachweis über Betriebsstunden*
A4: *Fahrgastrückhaltevorrichtung*
A5: *Bereichsabsperrungen*
A6: *elektrische Anlage und Steuerungssysteme*
A7: *Fahrzeuge*
A8: *Dreipunktgurte*
A9: *Umwehrungshöhe*

---

## 3 Stand der Normung

### 3.1 Allgemeines

Die Basis der Annahmen von Einwirkungen und deren Kombinationen auf die Konstruktion sind die Eurocodes 0 und 1. Die Eurocodes sind Normen des Bauwesens für standortgebundene Anlagen und werden auch für Fliegende Bauten angewandt, da diese als bauliche Anlagen nach § 76 der Musterbauordnung [1] behandelt werden (s. Abschnitt 2).

Fahrzeuge und bewegliche Bauteile (z. B. Ketten der Lifte) werden in der Regel dem Maschinenbau zugeordnet. Man hat sich aber geeinigt, auch die Fahrzeuge den Anforderungen der Ausführungsnorm DIN EN 1090 Teil 1 [21] und 2 [14] zuzuordnen. Die Ausführungsklassen für die ermüdungsrelevanten Bauteile sind klar mit EXC3 definiert. Allerdings gibt es Ausnahmen im statischen Bereich oder für konstruktiv nicht relevante Bau-

**Befristung der Ausführungsgenehmigung**

Nach § 76 Abs. 5 MBO sind Ausführungsgenehmigungen für eine bestimmte Frist zu erteilen oder zu verlängern, die höchstens fünf Jahre betragen darf. Die in der Anlage festgelegten Höchstfristen sind zu beachten. Die Höchstfrist kommt bei Bauten in Betracht, die sich bewährt haben und in einem guten Zustand befinden. Die Liste in Tabelle 1 wurde der Übersichtlichkeit halber auf die Fahrgeschäfte reduziert. Die vollständige Liste kann der Anlage zur Muster-Verwaltungsvorschriften über Ausführungsgenehmigungen für Fliegende Bauten und deren Gebrauchsabnahmen (M-FlBauVwV) [8] bzw. deren jeweiliger Umsetzung auf Landesebene entnommen werden.

### 2.3.4 Verlängerungsprüfungen

Die Geltungsdauer einer Ausführungsgenehmigung darf nur verlängert werden, wenn die Übereinstimmung des Fliegenden Baus mit den genehmigten Bauvorlagen noch gegeben ist und der technische Zustand des Fliegenden Baus unter Berücksichtigung der aktuellen Technischen Baubestimmungen dies zulässt.
Das unterscheidet verwaltungsmäßig den Fliegenden Bau von einer Vergnügungsanlage im Freizeitpark, welche eine Genehmigung dauerhaft erteilt bekommt und wo Nebenbestimmungen und Auflagen die wiederkehrenden Prüfungen regeln.
Die für die Ausführungsgenehmigung oder die Verlängerung der Geltungsdauer einer Ausführungsgenehmigung zuständige Bauaufsichtsbehörde hat aufgrund der Bauvorlagen festzustellen, ob zur Prüfung der Anlage technische Sachverständige hinzugezogen werden müssen. Sind für die Benutzer Gesundheitsschäden infolge besonderer Flieh- und Druckkräfte zu befürchten, müssen auch medizinische Sachverständige hinzugezogen werden.

### 2.3.5 Sonderprüfung

Aufgrund der Komplexität der Fahrgeschäfte wird bei älteren Anlagen mit hohen dynamischen Beanspruchungen eine Sonderprüfung durch Sachverständige Voraussetzung für die Verlängerung der Ausführungsgenehmigung. Diese Prüfung ist erstmals 12 Jahre nach Inbetriebnahme und danach, bei schienengeführten Anlagen im Abstand von höchstens 4 Jahren, bei anderen betroffenen Fahrgeschäften im Abstand von höchstens 6 Jahren durchzuführen. Die Prüfung beschränkt sich auf dynamisch hoch belastete Bauteile, deren Bruch oder Versagen unmittelbar zur Gefährdung von Personen führt und bei Verlängerungsprüfungen nicht oder nicht ausreichend beurteilt werden können. In der Regel legt die Erstprüfstelle fest, welche Bauteile zu prüfen sind. Sind gleichartige Bauteile mehrfach vorhanden, müssen mindestens 50% alternierend geprüft werden. Werden bei dieser Prüfung Schäden festgestellt, ist der Prüfumfang für die betroffenen Bauteile auf 100% auszuweiten. Einfach vorhandene Bauteile sind stets zu prüfen.

### 2.3.6 Gebrauchsabnahmen

Im Gegensatz zu den Anlagen in Freizeitparks werden Fliegende Bauten wiederholt ab- und aufgebaut. Fliegende Bauten, die einer Ausführungsgenehmigung bedürfen (s. Abschnitt 2.2.1), dürfen unbeschadet anderer Vorschriften nur in Gebrauch genommen werden, wenn ihre Aufstellung der Bauaufsichtsbehörde des Aufstellungsorts unter Vorlage des Prüfbuchs angezeigt ist. Die Bauaufsichtsbehörde kann die Inbetriebnahme dieser Fliegenden Bauten von einer Gebrauchsabnahme abhängig machen (vgl. § 76 (7) Musterbauordnung). Die Anzeige und das Ergebnis der Gebrauchsabnahme wird in das Prüfbuch eingetragen. Wird auf eine Gebrauchsabnahme verzichtet, ist dies ebenfalls im Prüfbuch einzutragen.
Bei der Gebrauchsabnahme wird insbesondere geprüft:
– die Gültigkeit der Ausführungsgenehmigung und die Einhaltung der Nebenbestimmungen,
– die Übereinstimmung des Fliegenden Baus mit den Bauvorlagen,
– die Standsicherheit des Fliegenden Baus im Hinblick auf die örtlichen Bodenverhältnisse,
– die Betriebssicherheit des Fliegenden Baus im Hinblick auf die örtlichen Verhältnisse.
Die Gebrauchsabnahme kann sich auf Stichproben beschränken.

### 2.3.7 Normenübergang / bestehende Anlagen

Das Sicherheitskonzept der bestehenden Anlagen, die noch nach DIN 4112 [19] bemessen wurden, ist mittlerweile über 30 Jahre alt und längst nicht mehr zeitgemäß. Gleichzeitig fordern immer größere Anlagen mit immer komplexeren Bewegungen und höheren Bewegungsgeschwindigkeiten angepasste Prüfkriterien.
Fahrgeschäfte, seien es Fliegende Bauten (Ausführungsgenehmigung) oder Vergnügungsanlagen in Freizeitparks (Baugenehmigung), unterliegen seit dem Jahr 2013 der europäischen DIN EN 13814 [6]. Die „neue" Norm bringt höhere Sicherheitsanforderungen mit sich als die zuvor gültige DIN 4112 [19]. Ältere Fahrgeschäfte müssen unter Umständen nachgeprüft werden. Die Praxis zeigt, dass Fliegende Bauten grundsätzlich sicher sind. So besteht bei 90 bis 95% der Fliegenden Bauten nur ein geringer oder gar kein Nachjustierbedarf in Form von technischen oder konstruktiven Anpassungen. Meist reichen betriebliche Regelungen aus, um den neuen Sicherheitsanforderungen gerecht zu werden. Auswirkungen hat der Normenwechsel unter Umständen auf ältere, komplexe Fahrgeschäfte mit dynamisch hoch belasteten Bauteilen. Dazu gehören Ermüdungsversagen, unzureichende elektrotechnische Einrichtungen oder fehlende Sicherheiten bezüglich der Fahrgastrückhaltesysteme. Fahrgeschäfte mit ein- und zweijährigen Verlängerungsfristen der Ausführungsgenehmigung müssen jedoch in jedem Einzelfall auf

**Tabelle 1.** Fristen von Ausführungsgenehmigungen für Fliegende Bauten nach [8], Auszug auf die Fahrgeschäfte reduziert (Fortsetzung)

| Fahrgeschäftstyp | Ausführungsart | | | Höchstfrist/ Jahre |
|---|---|---|---|---|
| Karusselle | Kinderkarusselle | Bodenkarussell | | 4 |
| | | Fliegerkarussell | | 3 |
| | | Hängebodenkarussell | | |
| | | Karussell mit hängenden Sitzen oder Figuren | | |
| | | Karusselle (v ≤ 1 m/s) | | 5 |
| | | Karussell mit hydraulisch angehobenen Auslegern und Gondeln – Pressluftflieger- | | 2 |
| | Karussell einfacher Bauart | Bodenkarusselle | | 3–4 |
| | | Karusselle mit ausfliegenden Sitzen oder Gondeln | langsamlaufend ≤ 3 m/s | 3 |
| | | Karusselle mit geneigtem Drehboden oder geneigter Auslagerebene | schnelllaufend ≥ 3 m/s | 2 |
| | Karusselle komplizierter Bauart, schnelllaufend zum Teil mehrfache Drehbewegung | Auslegerflugkarussell ohne Schrägneigung | | 2 |
| | | Berg- und Talbahn | | |
| | | schräggeneigtes Drehwerk mit Gondeln | | |
| | | schräggeneigtes Drehwerk (absenkbar) mit Gondeln | | |
| | | absenkbares Drehwerk mit veränderbarer Schrägneigung | | 1 |
| | | Drehwerk mit hydraulisch gehobenen Auslegern, Drehkreuze je Auslegerarm mit Gondeln | | 2 |
| | | absenkbares exzentrisch gelagertes Drehkreuz mit veränderbarer Schrägneigung, gegenläufige Kreislaufbewegung | | 1 |
| | Karusselle neuartiger und komplizierter Bauart, Anlagen mit besonderen Dreh- und großen Hubbewegungen meist schnelllaufend, insbesondere mit chaotischen Bewegungsabläufen | | | 1 |
| Schaukeln | | Kinderschiffsschaukel | | 5 |
| | | Schiffsschaukel und Überschlagschaukel | | 3 |
| | | Gegengewichtsschaukel z. B. Käfig- oder Loopingschaukel | | 2 |
| | | Riesenschaukel Riesen-Überschlagschaukel | | 1–2 |
| Riesenräder | | Riesenrad bis 14 Gondeln | | 3 |
| | | Riesenrad ab 15 Gondeln | | 2 |

### 2.3.2.3 Probeweise Aufstellung und Probebetrieb (Abnahmeprüfung)

Mit zu den spannendsten Teilen der Prüfung eines Fliegenden Baus gehört die sogenannte Abnahmeprüfung. Hierfür werden am betriebsbereiten und vollständig aufgebauten Fahrgeschäft Fahrproben mit und ohne Last sowie unter Teilbelastungen durchgeführt, wobei die der Berechnung zugrunde liegenden einseitigen Belastungen aufzubringen sind. Die Prüfung erfolgt in der Regel für Fliegende Bauten im Herstellerwerk und für Freizeitparkanlagen am Aufstellungsort.

Beim Probebetrieb werden verschiedene Punkte überprüft, wie z. B. die Geschwindigkeiten und Drehzahlen, das Verhalten in Bezug auf Abheben, Gleiten und Kippen, die Wirksamkeit und Überwachung von Personenrückhaltesystemen sowie die Beurteilung der Folgen von vorhersehbarem Fehlverhalten von Fahrgästen oder Zuschauern und der Evakuierungsfall bei Betriebsstörungen.

Zum Abgleich der tatsächlich auftretenden Beschleunigungen mit den theoretisch ermittelten Werten für die Bemessung der Anlagen können dabei Beschleunigungsmessungen erforderlich sein.

### 2.3.3 Ausführungsgenehmigung

Die Ausführungsgenehmigung wird von der unteren Bauaufsichtsbehörde erteilt, in deren Bereich der Antragsteller seinen Wohnsitz oder seine gewerbliche Niederlassung hat. Hat der Antragsteller seinen Wohnsitz oder seine gewerbliche Niederlassung außerhalb der Bundesrepublik Deutschland, so ist die Bauaufsichtsbehörde zuständig, in deren Bereich der Fliegende Bau erstmals aufgestellt und in Gebrauch genommen werden soll (vgl. § 76 (3) der Musterbauordnung [1]).

Fliegende Bauten benötigen eine Ausführungsgenehmigung, die zeitlich befristet höchstens fünf Jahre betragen darf und auf schriftlichen Antrag von der für die Erteilung der Ausführungsgenehmigung zuständigen Behörde jeweils um bis zu fünf Jahre verlängert werden kann. Die Genehmigungen werden in ein Prüfbuch eingetragen, dem eine Ausfertigung der für den Aufbau, den Betrieb und die Verlängerungsprüfung erforderlichen und mit einem Genehmigungsvermerk zu versehenden Original-Bauvorlagen beizufügen ist. Ausführungsgenehmigungen eines Landes behalten auch in anderen Ländern der Bundesrepublik Deutschland ihre Gültigkeit (vgl. § 76 (3) der Musterbauordnung [1]). Auf dieser Rechtsgrundlage setzt die Bauaufsicht ihre hoheitlichen Aufgaben um und sicherheitsrelevante Aspekte können periodisch an den Stand der Technik angepasst werden.

In den meisten Ländern wird die Ausführungsgenehmigung nicht von den unteren Bauaufsichtsbehörden erteilt, sondern von hierzu durch Rechtsverordnung bestimmte Stellen, den sogenannten „Genehmigungsstellen für Fliegende Bauten". Im „Verzeichnis der Genehmigungsstellen für Fliegende Bauten in der Bundesrepublik Deutschland" sind alle Genehmigungsstellen für Fliegende Bauten nach den Ländern geordnet aufgelistet (Stand März 2019). Dieses wird auf den Internetseiten der Bauministerkonferenz (www.bauministerkonferenz.de) bereitgestellt.

Für Vergnügungsanlagen in Freizeitparks gilt dies gleichermaßen, die Unterlagen werden jedoch von der örtlichen Baubehörde verwaltet.

**Tabelle 1.** Fristen von Ausführungsgenehmigungen für Fliegende Bauten nach [8], Auszug auf die Fahrgeschäfte reduziert

| Fahrgeschäftstyp | Ausführungsart | | Höchstfrist/Jahre |
|---|---|---|---|
| Hochgeschäfte | schienengebunden | Achterbahn | 2 |
| | | Loopingbahn | 1 |
| Wildwasserbahn | | | 1 |
| Geisterbahn | schienengebunden | eingeschossige Bauweise | 2 |
| | | zweigeschossige Bauweise | 1–2 |
| Autofahrgeschäfte | nicht schienengebunden | Autoskooter mit elektr. Antrieb | 2 |
| | | Autopisten mit Verbrennungsmotoren – eingeschossig | 2–3 |
| | | – zweigeschossig | 2 |
| | | Motorbootbahnen Motorrollerbahn | 2 |
| Kindereisenbahn | | ohne Überdachung | 5 |
| | | mit Überdachung und Zubehör | 3–5 |

weise eines Fliegenden Baus muss in der Regel von einem anerkannten Prüfamt oder einer anerkannten Prüfstelle durchgeführt werden. Die Festlegungen zur Prüfung bautechnischer Nachweise für Fliegende Bauten werden in den meisten Bundesländern in der jeweiligen Prüfingenieur- und Prüfsachverständigen-Verordnung (PPVO) oder Bautechnischen Prüfungsverordnung (BauPrüfVO) getroffen (vgl. Internetseiten der Bauministerkonferenz, www.bauministerkonferenz.de).
Im „Verzeichnis der anerkannten Prüfstellen/Prüfämter für Fliegende Bauten in der Bundesrepublik Deutschland" sind alle Prüfämter bzw. Prüfstellen für Fliegende Bauten nach den Ländern geordnet aufgelistet (Stand Februar 2019). Dieses wird auf den Internetseiten der Bauministerkonferenz (www.bauministerkonferenz.de) bereitgestellt.
Die Erstprüfung besteht mindestens aus:
– der Prüfung der Bauvorlagen, s. Abschnitt 2.3.2.1,
– der Überprüfung des Herstellungsprozesses/der Bauausführung (Bauprüfung), s. Abschnitt 2.3.2.2 und
– der probeweisen Aufstellung und Probebetrieb (Abnahmeprüfung), s. Abschnitt 2.3.2.3.
Darüber hinaus können zusätzliche Prüfungen und Untersuchungen erforderlich werden.
Die folgenden Anforderungen gelten dabei sowohl für Fliegende Bauten als auch für Freizeitparkanlagen. Baugenehmigungen für Freizeitparkanlagen werden in vielen Fällen formal den Fliegenden Bauten gleichgestellt, da die Komplexität und auch die Behandlung im Baugenehmigungsverfahren gleich ist.

### 2.3.2.1 Prüfung der Bauvorlagen

Gemäß VdTÜV-Merkblatt 1507 [13] erfolgt die Prüfung der Bauvorlagen im Hinblick auf die Vollständigkeit, Richtigkeit und Einhaltung der Vorschriften, Richtlinien und Regeln der Technik insbesondere in Bezug auf:
– das Tragwerk,
– die maschinellen Einrichtungen,
– die elektrotechnische Ausrüstung,
– die hydraulischen/pneumatischen Einrichtungen,
– die Sicherheitseinrichtungen,
– den Brandschutz,
– den Gesundheitsschutz und
– die Dokumentation der Prüfungen.
Als Bauvorlagen kommen dabei insbesondere in Betracht:
– Bau- und Betriebsbeschreibungen,
– Bauzeichnungen (übersichtliche Darstellung der gesamten Anlage),
– Detailzeichnungen der tragenden Bauteile und deren Verbindungen,
– Zeichnungen über die Anordnung von Unterpallungen und Verankerungen sowie die konstruktive Anbindung von Ballastierungen,
– bautechnische Nachweise sowie die Sicherheitsnachweise über die maschinentechnischen Teile und elektrischen Anlagen,
– Prinzipschaltpläne für elektrische, hydraulische oder pneumatische Anlagenteile oder Einrichtungen,
– Zeichnungen über die Anordnung der Rettungswege und deren Abmessungen mit rechnerischem Nachweis für Zelte mit mehr als 400 Besucherplätzen.

Hinsichtlich der Einhaltung der Vorschriften, Richtlinien und Regeln der Technik für die Prüfung eines Tragwerks, ist die Einhaltung der maßgeblichen Normen z. B. zu den Einwirkungen, Berechnungsverfahren und Werkstoffen zu prüfen, siehe VdTÜV-Merkblatt 1507 [13]. Darüber hinaus ist u. a. auch zu prüfen, dass Kolben und Zylinder von hydraulischen/pneumatischen Einrichtungen nicht als ständig tragende Konstruktionselemente, z. B. als Abstützungen verwendet werden.

### 2.3.2.2 Überprüfung des Herstellungsprozesses / der Bauausführung (Bauprüfung)

Die Prüfung der Bauausführung erfolgt in der Regel im Herstellerwerk durch die gleiche Person, die auch die Prüfung der Bauvorlagen durchgeführt hat und umfasst alle Teile, die Einfluss auf den sicheren Betrieb des Fliegenden Baus haben können. Im Folgenden wird, aufgrund der Eingrenzung des vorliegenden Beitrags, die Prüfung der Bauausführung auf den Teilbereich „Bautechnik" beschränkt. Die Prüfung erstreckt sich dabei auf folgende Punkte:
– Planvergleich,
– Gewichtskontrolle,
– Fachgerechte Ausführung,
– Werkstoffe und Bauteile.
Bei der Prüfung der fachgerechten Ausführung werden insbesondere die fachgerechte Ausführung der Schweißnähte, Verbindungsflächen und die Verbindungsmittel kontrolliert. Fliegende Bauten fallen als nicht vorwiegend ruhend beanspruchte Tragwerke oder deren Bauteile in die Ausführungsklasse **EXC3 gem. DIN EN 1090-2** [14].
Hinsichtlich der verwendeten Werkstoffe wird im Rahmen der Prüfung der Bauausführung das Vorliegen der erforderlichen Nachweise und Bescheinigungen stichprobenweise überprüft. Für alle tragenden Bauteile aus Walzstahl-, Schmiede- und Gusserzeugnissen sowie Schweißzusätze müssen Prüfbescheinigungen nach DIN EN 10204 [15] vorliegen. Für Erzeugnisse aus S235 außer S235J2 und für Schweißzusätze ist ein Werkszeugnis 2.2 ausreichend. Für alle anderen Erzeugnisse müssen die Werkstoffeigenschaften durch ein Abnahmeprüfzeugnis 3.1 belegt sein. Für Erzeugnisse mit besonderen Eigenschaften müssen je nach Erfordernis die Ergebnisse der Prüfungen nach DIN EN 10160 [16], DIN EN 10164 [17] und SEP 1390 [18] Abnahmeprüfzeugnisse spätestens bei der Prüfung der Bauausführung vorliegen.

zur Erteilung einer Ausführungsgenehmigung wird im Abschnitt 2.3 genauer beschrieben.

Die Muster-Richtlinie über den Bau und Betrieb Fliegender Bauten (M-FlBauR) [9] und deren entsprechende Umsetzung auf Landesebene geben sowohl Bauvorschriften als auch Betriebsvorschriften vor. Hierzu gehören allgemeine Bauvorschriften, die für alle Fliegenden Bauten gelten, wie beispielsweise die Themen Rettungswege und Brandschutz. Des Weiteren werden in den allgemeinen Bauvorschriften z. B. auch erforderliche Umwehrungshöhen für Balkone, Emporen, Galerien, Podien und andere Anlagen, die höher als 0,20 m sind und von Besuchern oder Zuschauern benutzt werden, vorgegeben. Bis zu einer Absturzhöhe von 12 m müssen die Umwehrungen von der Fußbodenoberfläche gemessen mindestens 1 m hoch sein; bei mehr als 12 m müssen diese mindestens 1,10 m hoch sein.

Weiterhin sind in der M-FlBauR auch Bauvorschriften für Fahrgeschäfte vorgegeben, wie beispielsweise, dass Fahrgeschäfte während des Betriebs – auch bei Betriebsstörungen, wie z. B. Stromausfall – in eine sichere Lage gebracht und stillgesetzt werden können.

Neben den Bauvorschriften sind in der M-FlBauR auch Betriebsvorschriften (sowohl allgemeine als auch besondere) enthalten, die sich insbesondere an die Betreiber und die verantwortlichen Personen richten. Die allgemeinen Betriebsvorschriften beinhalten außer dem Verhalten bei Betriebsstörungen und den regelmäßig durchzuführenden Prüfungen auch die Benutzungseinschränkungen für Fahrgäste. Abhängig vom Fahrgeschäftstyp und den auftretenden Bewegungen, wird der Benutzerkreis hier eingeschränkt. Vorbehaltlich einer anderslautenden Festlegung dürfen beispielsweise Überschlagschaukeln und Fahrgeschäfte mit Gondeln, bei denen die Fahrgäste zeitweilig mit dem Kopf nach unten gerichtet sind, von Kindern unter 14 Jahren nicht benutzt werden. In den besonderen Betriebsvorschriften sind fahrgeschäftsspezifische Vorschriften enthalten, wie z. B., dass für Achterbahnen der Abstand der Fahrzeuge so einzurichten ist, dass bei Störungen auf der Ablaufstrecke alle Fahrzeuge einzeln rechtzeitig angehalten werden können.

Um sich hieraus ergebende Dopplungen oder Inkonsistenzen mit den Normen DIN EN 13814 [6] und DIN EN 13782 [10] zu vermeiden, werden durch die jeweiligen Umsetzungen der Muster-Liste der Technischen Baubestimmungen (M-LTB) [11] auf Landesebene beziehungsweise durch die der Muster-Verwaltungsvorschrift Technische Baubestimmungen (MVV TB) [12] einige Abschnitte und Regelungen aus den genannten Normen gestrichen bzw. ergänzt oder ersetzt (s. Abschnitt 2.2.3).

### 2.2.3 Technische Baubestimmungen

Die Bemessungsnormen für Fliegende Bauten sind wie eingangs erwähnt die DIN EN 13814 [6] und die DIN EN 13782 [10]. Erstgenannte behandelt „Fliegende Bauten und Anlagen für Veranstaltungsplätze und Vergnügungsparks", während letztgenannte die Bemessung von „Zelten" regelt. Im vorliegenden Beitrag werden, um den Rahmen nicht zu sprengen, „nur" die Fliegenden Bauten und Anlagen für Veranstaltungsplätze und Vergnügungsparks – im Beitrag kurz „Fliegende Bauten und Freizeitparkanlagen" genannt – behandelt. Die Norm ist inhaltlich sehr breit gefächert und enthält hinsichtlich der Auslegung Fliegender Bauten neben den besonderen Lastansätzen auch Regeln zur Lastfallkombination und Anwendungskriterien für Rückhaltevorrichtungen in Abhängigkeit von den auftretenden Beschleunigungen am Fahrgast. Die bautechnische Nachweisführung an sich orientiert sich dabei – für den häufigsten Fall: Stahlbau – am Eurocode 3 oder referenziert direkt darauf.

Wie bereits zu Beginn dieses Beitrags erwähnt, handelt es sich bei den Fahrgeschäften um hochkomplexe Anlagen, die ein Zusammenspiel verschiedener Disziplinen erfordern und die Bautechnik nur einen Teil davon abdecken kann. Der Vollständigkeit halber sei deshalb an dieser Stelle erwähnt, dass die DIN EN 13814 [6] neben dem bautechnischen auch Themen der Disziplinen Maschinen-, Sicherheits- und Elektrotechnik enthält.

Zur DIN EN 13814 [6] existiert kein nationaler Anhang. Jedoch werden durch die M-LTB [11] bzw. durch die MVV TB [12], wie bereits in Abschnitt 2.2.2 erwähnt, einige Abschnitte und Regelungen aus der Norm gestrichen bzw. ergänzt oder ersetzt. Das heißt, die Norm wird „baurechtlich überarbeitet". Dies betrifft z. B. die anzusetzenden Windlasten und den Teilsicherheitsbeiwert für günstig wirkende ständige Einwirkungen.

Die konkreten und relevantesten Punkte der DIN EN 13814 werden im Abschnitt 3 vorgestellt. Dabei wird, wie in Abschnitt 1.1 erläutert, die zum jetzigen Zeitpunkt in Deutschland noch nicht bauaufsichtlich eingeführte EN 13814 [2] verwendet.

## 2.3 Genehmigungsweg

### 2.3.1 Allgemeines

Vor Erteilung der Genehmigung ist die Vergnügungsanlage einer Prüfung zu unterziehen, um die Übereinstimmung der Anlage mit den geprüften Bauvorlagen sicherzustellen und die Funktionsfähigkeit aller sicherheitsrelevanter Anlagenteile zu gewährleisten („Erstprüfung").

Sachverständige für Fliegende Bauten werden für die Prüfung der technischen Unterlagen als auch für die Abnahmeprüfungen im Rahmen einer Erstprüfung und die wiederkehrenden Prüfungen hinzugezogen. Sachverständige gehören einem Prüfamt oder einer anerkannten Prüfstelle für Standsicherheit für die bautechnische Prüfung Fliegender Bauten an.

### 2.3.2 Erstprüfung

Fliegende Bauten unterliegen der hoheitlichen Prüfung. Die bautechnische Prüfung der Standsicherheitsnach-

besonderes Baugenehmigungsverfahren nach sich ziehen. Baugenehmigungen für Freizeitparkanlagen werden dabei in vielen Fällen formal den Fliegenden Bauten gleichgestellt, da die Komplexität und auch die Behandlung im Baugenehmigungsverfahren gleich sind.

Fliegende Bauten sind per Definition nach § 76 der Musterbauordnung [1] bauliche Anlagen, die dazu geeignet und bestimmt sind, an verschiedenen Orten wiederholt aufgestellt und zerlegt zu werden. Wesentliches Merkmal eines Fliegenden Baus ist hiernach das Fehlen einer festen Beziehung der Anlage zu einem Grundstück. Baustelleneinrichtungen und Baugerüste sind keine Fliegenden Bauten.

Dazu können verschiedenste Fahrgeschäfte, mobile Klettertürme, Promotionsfahrzeuge, aufblasbare Anlagen, wie auch Zelthallen, aber auch Tribünen oder Bühnen gehören. Ob es sich dann um einen genehmigungspflichtigen oder genehmigungsfreien bzw. „unbedeutenden" Fliegenden Bau handelt, kann der Musterbauordnung [1] bzw. deren jeweiliger Umsetzung auf Landesebene entnommen werden (s. Abschnitt 2.2.1).

Werden Fliegende Bauten länger als drei Monate an einem Ort aufgestellt, so ist durch die zuständige Bauaufsicht im Einzelfall zu prüfen, ob es sich um die Errichtung einer genehmigungspflichtigen Anlage handelt, für die eine Baugenehmigung einzuholen ist.

Die folgenden Abschnitte sollen in diesem Zusammenhang hinsichtlich der Einordnung und der Genehmigung eines Fliegenden Baus einen Überblick über die wichtigsten geltenden Regelungen und Vorschriften geben.

## 2.2 Rechtsgrundlagen

### 2.2.1 Muster-Landesbauordnung

Fliegende Bauten bzw. die Genehmigung Fliegender Bauten ist in Deutschland im Baurecht in § 76 der Musterbauordnung [1] verankert.

Fliegende Bauten bedürfen demnach, bevor sie erstmals aufgestellt und in Gebrauch genommen werden, einer **Ausführungsgenehmigung**, die in das sogenannte **Prüfbuch** fest eingebunden ist. Dies gilt nicht bei Vorliegen folgender „Ausnahmetatbestände" nach § 76 (2) der Musterbauordnung [1]:

1. Fliegende Bauten mit einer Höhe bis zu 5 m, die nicht dazu bestimmt sind, von Besuchern betreten zu werden,
2. Fliegende Bauten mit einer Höhe bis zu 5 m, die für Kinder betrieben werden und eine Geschwindigkeit von höchstens 1 m/s haben,
3. Bühnen, die Fliegende Bauten sind, einschließlich Überdachungen und sonstigen Aufbauten mit einer Höhe bis zu 5 m, einer Grundfläche bis zu 100 m² und einer Fußbodenhöhe bis zu 1,50 m,
4. erdgeschossige Zelte und betretbare Verkaufsstände, die Fliegende Bauten sind, jeweils mit einer Grundfläche bis zu 75 m²,
5. aufblasbare Spielgeräte mit einer Höhe des betretbaren Bereichs von bis zu 5 m oder mit überdachten Bereichen, bei denen die Entfernung zum Ausgang nicht mehr als 3 m, sofern ein Absinken der Überdachung konstruktiv verhindert wird, nicht mehr als 10 m, beträgt.

Bezüglich der Einordnung Fliegender Bauten existieren gelegentlich Unklarheiten, die im Rahmen von jährlich zweimal stattfindenden Sitzungen des Arbeitskreises Fliegende Bauten der Fachkommission Bauaufsicht der Bauministerkonferenz diskutiert werden. So wie z. B. mit der Ermittlung der Grundflächen für Fahrzeuge mit Vorbauten (Addition der Flächen von Zelt und Fahrzeug) oder für sogenannte Sternzelte (Projektionsfläche) umzugehen ist. Da dies jedoch meistens eher Zeltanlagen o. Ä. betrifft und Fahrgeschäfte sich ziemlich eindeutig einordnen lassen, wird im Rahmen dieses Beitrags nicht weiter darauf eingegangen.

An dieser Stelle sei jedoch noch auf die Auslegungsfragen zu Fliegenden Bauten hingewiesen [7], die unter den Internetseiten der Bauministerkonferenz (www.bauministerkonferenz.de) heruntergeladen werden können und darstellen, wie sich die zuständigen bauaufsichtlichen Gremien der Länder zu Fragen aus verschiedenen Themengebieten bereits positioniert haben. Ein Rechtsanspruch kann aus diesen Antworten jedoch nicht abgeleitet werden. Entscheidend für eine abschließende Beurteilung ist immer der Einzelfall unter Berücksichtigung der länderspezifischen Vorschriften.

Die oben genannte Ausführungsgenehmigung wird zeitlich befristet erteilt (s. a. Abschnitt 2.3.3). Die Musterbauordnung (MBO) bringt somit als Ordnungsrahmen der einzelnen Landesbauordnungen ein **dynamisches, anstelle eines statischen Sicherheitskonzepts** zum Ausdruck. Weil die teils hochkomplexen Fahrgeschäfte unterschiedliche sicherheitstechnische Anforderungen haben, sind die Laufzeiten der Ausführungsgenehmigungen und die dazugehörigen Überprüfungen individuell und anlagenbezogen. Bei komplexen, dynamisch hoch belasteten Fahrgeschäften sind das z. B. die Schwingfestigkeit, Materialermüdung oder notwendige steuerungs- und regelungstechnische Maßnahmen. Diese und ähnliche sicherheitstechnische Anforderungen werden bei der Überprüfung für jede Anlage neu bewertet.

### 2.2.2 Verwaltungsvorschrift und Richtlinie über den Bau und Betrieb Fliegender Bauten

Das in Abschnitt 2.2.1 erwähnte dynamische Sicherheitskonzept wird in der Muster-Verwaltungsvorschrift über Ausführungsgenehmigungen für Fliegende Bauten (M-FlBauVwV) [8] und deren entsprechender Umsetzung auf Landesebene konkretisiert. Hierzu gehört der Genehmigungsweg mit den erforderlichen Unterlagen die einem Antrag auf Erteilung einer Ausführungsgenehmigung beizufügen sind genauso wie das Vorgehen bei der Verlängerung ebendieser sowie das Anzeigen und die Gebrauchsabnahme. Der Genehmigungsweg

Bild 4. Transportable Stahlachterbahn

schaffungen. Die wesentlichen Kosten für einen Schausteller ergeben sich aus Transport, Auf- und Abbau. Demzufolge waren die wirtschaftlichen Grenzen von Großanlagen Mitte der 90er-Jahre mit der ersten transportablen Hängeachterbahn, der größten transportablem Achterbahn der Welt, erreicht. Auch mit größeren Anlagen bestimmt die Taktung der längsten Abschnittszeit zwischen zwei Bremsen die Kapazität. Demzufolge können auf modernen Stahlachterbahnen dann pro Zeiteinheit auch nicht mehr Menschen gefahren werden als bei den einfacheren Anlagen. Diese Leistungsbegrenzung hinsichtlich der stündlich beförderten Personenzahlen könnte nur durch eine Vergrößerung der Sitzzahlen im einzelnen Wagen ausgeglichen werden. Größere Wagen sind jedoch schwerer und erfordern dann wieder einen stärkeren Unterbau und Schienen, was sowohl Herstellkosten als auch Transportkosten in die Höhe treibt.

Nachfolgende Fahrgeschäftstypen konnten sich sowohl als Fliegender Bau als auch als Freizeitparkanlage durchsetzen:

**Achterbahnen** mit und ohne Looping, als Einzelfahrzeug oder zusammengesetzter Zug, auch mit mehreren Fahrzeugen auf der Strecke, wobei dann ein sogenanntes Blocksystem zum Einsatz kommen muss.

**Wildwasserbahnen** mit mehreren Abfahrtschüssen und Blocksystem. Einige Varianten sind auch als Rundboote, sogenannte Rafts im Einsatz.

**Geisterbahnen** in den Ausführungen als einstöckige einfache Variante mit zeitgepufferten Startbedingungen als auch zweistöckige Varianten unter anderem auch mit Hängefahrzeugen und Blocksystem.

**Autofahrgeschäfte** als klassische Go-Karts – nur noch selten anzutreffen – oder die klassische Variante der Autoskooter sowohl als Kinderausführung als auch als Normalausführung.

**Kindereisenbahnen** als Märchenbahnen, die als klassische ovale Bauform im Einsatz sind, bestehend aus einem Triebfahrzeug mit mehreren Hängern.

**Kinderkarusselle** sowohl als Flieger oder Hängekarussell, als Bodenkarussell oder auch eine technisch komplexere Variante mit hydraulisch oder pneumatisch angehobenen Auslegern mit Gondeln.

**Klassische Bodenkarusselle** als Kettenfliegerkarusselle oder Bodenkarusselle.

**Karusselle komplizierter Bauart**, schnelllaufend mit zum Teil mehrfachen Drehbewegungen wie Auslegerflugkarusselle mit und ohne Schrägneigung oder Taumelbewegung, Berg- und Talbahn schienengeführt oder mit ausschwingenden Gondeln, Karusselle mit versenkbaren Plattformen oder Hubauslegern, zum Teil mit Exzenterdrehwerken.

**Schaukeln** sowohl als einfache Schiffsschaukel mit und ohne Überschlag, Gegengewichtsschaukel als Käfigschaukel oder Riesenschaukeln mit Schwingbewegung oder Überschlag.

**Riesenräder** in allen Größen, wobei das klassische transportable Riesenrad als Fliegender Bau bis 60 m Höhe gebaut wird, die semi-transportable Variante mit aufwendigem Ballast bis 80 m Höhe.

Fest installierte Riesenräder werden bis 260 m Höhe gebaut, wobei die klassische Speichenvariante bis ca. 150 m Höhe machbar ist, bei größeren Höhen hat sich die Variante mit Seilspeichen etabliert.

## 2 Rechtlicher Rahmen für Fliegende Bauten

### 2.1 Allgemeines

Die folgenden Abschnitte sollen in diesem Zusammenhang hinsichtlich der Einordnung und der Genehmigung eines Fliegenden Baus einen Überblick über die wichtigsten geltenden Regelungen und Vorschriften geben. Fahrgeschäfte in Freizeitparks werden dabei bewusst nicht explizit behandelt, da diese nach der Bauordnung unter die Sonderbauten fallen und somit kein

**Bild 2.** Berg- und Talbahn

sehen der Anlagen, nachdem diese nicht mehr durch Mensch- oder Tierkraft angetrieben werden mussten. Es entstanden deutlich größere Karussellanlagen, auch mit zweiter Ebene. Autoskooteranlagen ab den 20er-Jahren des letzten Jahrhunderts, damals noch etwas Besonderes, sind heute auf jedem Volksfestplatz zu finden. Die damalige Technik ist zwischenzeitlich ausgereift, entspricht aber immer noch dem Gedanken der damaligen „Selbstfahrer". Die Energie wird über Abnehmer und Netz sowie Bodenplatte aus Metall zugeführt. Die neuste Generation von Fahrzeugen und Autoskootern, die nur noch die Versorgung über die Bodenplatte haben, ist vor allem in den Freizeitparks als Vergnügungsanlage beliebt.

Kettenflieger, anfangs als reine Holzkonstruktion, später mit einer Tragstruktur aus Stahl und Holz, wurden verstärkt ab 1930, also mit Einzug der elektrischen Antriebe, vermarktet. Einige dieser Konstruktionen sind noch heute in Betrieb, wobei bedingt durch die Herstellweise der Wartungsaufwand deutlich erhöht ist. In der Entstehungszeit wurden die Konstruktionen oft schon ermüdungsgerecht konstruiert; es wurde wenig bis gar nicht geschweißt, die Konstruktion ist genietet oder geschraubt, einfach zu wechselnde Bauteile wie Ausleger wurden aus Holz gefertigt.

Ab den 60er-Jahren des letzten Jahrhunderts erfolgte die Weiterentwicklung der einfachen Fahrgeschäfte bedingt durch den technischen Fortschritt zu Fahrgeschäften mit mehreren Dreh- und/oder Hubbewegungen. Moderne Karusselle weisen mindestens eine doppelte Drehbewegung auf, wodurch eine unregelmäßige, vom Fahrgast kaum vorhersehbare und wegen rasch wechselnder Sitzrichtungen und Größe der Fliehkraft reizvolle Bewegungen entstehen können (s. Bild 3). Andere Anlagen bieten dem Fahrgast einen erhöhten Anreiz durch die Höhenlage, zum Teil selbstgesteuert, wieder andere Karusselle weisen zusätzliche Hub- oder Exzenterbewegungen auf und erzeugen dadurch eine noch vielfältigere Fahrgastbewegung. Derartige Anlagen erfordern naturgemäß mehrere Drehwerksantriebe und dazu Hubeinrichtungen pneumatischer oder hydraulischer Art.

Zunehmende Komplexität und Größe der Fliegenden Bauten ab den 60er-Jahren zwang Hersteller und Betreiber von Fliegenden Bauten zur Kompaktbauweise. Dabei wurden Bauteile industriell so vorgefertigt, dass diese mit Kranarbeiten und wenig Personal auf- und abgebaut werden konnten. Stahl wurde dabei ein zuverlässiger, dimensionierbarer Werkstoff. Die Auslegung der Fahrgeschäfte ging zunehmend von Handwerkern auf Ingenieure über und die ersten Stahlachterbahnen kamen auf den Markt. Schnelllaufende Fahrgeschäfte, zum Teil mit Hubvorrichtungen, lösten die einfachen Drehkarusselle ab.

In den 70er- und 80er-Jahren wurden die transportablen Anlagen immer größer (s. a. Bild 4). *Werner Stengel* entwickelte den ersten sicher fahrbaren Looping bei der Achterbahn „Great American Revolution" (1976), die bis heute unter dem Namen „New Revolution" fährt. Die ersten Achterbahnen mit Mehrzugbetrieb kamen auf den Markt. Katapult-Achterbahnen, Überkopfschaukeln mit Motorantrieb oder Fliegende Teppiche bringen neue Fahrbewegungen.

Ab den 80er-Jahren wurden in den Freizeitparks größere Anlagen als für die Reise (Fliegende Bauten) geplant und gebaut. Dies lag zum einen an der Machbarkeit des Transports und des Umsetzens, zum anderen auch an den gestiegenen Kosten für die Neuan-

**Bild 3.** Fahrgeschäft mit mehreren Drehbewegungen

# Stahlbau in der Praxis

**Ernst & Sohn**
A Wiley Brand

Rolf Kindmann,
Ulrich Krüger
**Stahlbau**
Teil 1: Grundlagen
5. Auflage
2013. 520 Seiten.
€ 57,90*
ISBN 978-3-433-03003-5
Auch als ebook erhältlich.

Das Buch vermittelt das Grundwissen für die Bemessung im Stahlbau gemäß Eurocode 3 mit den Teilen 1-1 (Bauteile) und 1-8 (Verbindungen) und Grundkenntnisse für die Konstruktion von Stahlbauten.

Rolf Kindmann
**Stahlbau**
Teil 2: Stabilität und Theorie II. Ordnung
4., vollst. überarb. Auflage
2008. 429 Seiten.
€ 59,90*
ISBN 978-3-433-01836-1
Auch als ebook erhältlich.

Zentrale Themen des Buches sind die Stabilität von Stahlkonstruktionen, die Ermittlung von Beanspruchungen nach Theorie II. Ordnung und der Nachweis ausreichender Tragfähigkeit. Das tatsächliche Tragverhalten wird erläutert und die theoretischen Grundlagen werden hergeleitet, zweckmäßige Nachweisverfahren empfohlen und die erforderlichen Berechnungen mit Beispielen veranschaulicht.

Rolf Kindmann,
Michael Stracke
**Verbindungen im Stahl- und Verbundbau**
3., aktualisierte Auflage
2012. 464 Seiten.
€ 59,–*
ISBN 978-3-433-03020-2
Auch als ebook erhältlich.

Zentrale Themen des Buches sind geschweißte und geschraubte Verbindungen im Stahl- und Verbundbau. Darüber hinaus werden auch andere Verbindungstechniken und Verbindungsmittel behandelt, wie z. B.: Kontakt, Kopfbolzendübel, Setzbolzen, Niete, Augenstäbe, Bolzen, Hammerschrauben, Zuganker, Dübel und Ankerschienen.

**Online Bestellung:**
www.ernst-und-sohn.de/kindmann

**Ernst & Sohn**
Verlag für Architektur und technische
Wissenschaften GmbH & Co. KG

Kundenservice: Wiley-VCH
Boschstraße 12
D-69469 Weinheim

Tel. +49 (0)6201 606-400
Fax +49 (0)6201 606-184
service@wiley-vch.de

* Der €-Preis gilt ausschließlich für Deutschland. Inkl. MwSt. Die Versandkosten für Deutschland, Österreich, Schweiz, Liechtenstein und Luxemburg entfallen. Für alle anderen Länder gilt der Preis zzgl. Versandkosten. 1073126_dp

# 846a

## ARBEITEN SIE MIT HERAUSRAGENDEN EXPERTEN
... und entfalten Sie Ihr volles Potenzial.

Wir suchen Bau-, Maschinenbau- und Elektrotechnikingenieure (w/m/d) für fliegende Bauten im In- und Ausland. Werden Sie Teil unseres Expertenteams!

Aktuelle Stellenangebote finden Sie unter:
www.tuvsud.com/de-jobs

Mehr Wert.
Mehr Vertrauen.

**FUTURE IN YOUR HANDS**

TÜV SÜD Industrie Service GmbH
TÜV SÜD Recruiting   Julia Farr   Tel. 089 5791-4393   www.tuvsud.com/karriere

---

## Das Jahrbuch zum Glasbau

Hrsg.: Bernhard Weller, Silke Tasche
**Glasbau 2019**
April 2019 · 498 Seiten
ca. € 39,90*
ISBN 978-3-433-03260-2
Auch als ebook erhältlich.

Das vorliegende Buch präsentiert in zahlreichen Beiträgen renommierter Autoren den aktuellen Stand der Technik im konstruktiven Glasbau. Die Planung und die Ausführung wegweisender Glasarchitektur werden ausführlich erläutert, die Bemessung und die Konstruktion tragender Glasbauteile praxisgerecht erklärt.

Online Bestellung: www.ernst-und-sohn.de/3260

**Ernst & Sohn**
Verlag für Architektur und technische Wissenschaften GmbH & Co. KG

Kundenservice: Wiley-VCH
Boschstraße 12
D-69469 Weinheim

Tel. +49 (0)6201 606-400
Fax +49 (0)6201 606-184
service@wiley-vch.de

\* Der €-Preis gilt ausschließlich für Deutschland. Inkl. MwSt. Die Versandkosten für Deutschland, Österreich, Schweiz, Liechtenstein und Luxemburg entfallen. Für alle anderen Länder gilt der Preis zzgl. Versandkosten. Irrtum und Änderungen vorbehalten. 1072226_dp

von Fliegenden Bauten sowie die für die regelmäßigen Prüfungen erforderlichen Bauvorlagen eingebunden sind. Von jedem Prüfbuch existiert sowohl ein „reisendes" Betreiberexemplar als auch ein „ortsfestes" Behördenexemplar. Letzteres wird bei der jeweils zuständigen Genehmigungsstelle verwaltet. Prüfbücher und Ausführungsgenehmigungen eines Landes sind bundesweit gültig, sodass der Betreiber eines Fliegenden Baus mit einem gültigen Prüfbuch rechtlich gesehen, nach entsprechender Anzeige und erfolgreicher Gebrauchsabnahme (s. Abschnitt 2.3.6), sein Fahrgeschäft auf jedem Festplatz in der Bundesrepublik Deutschland betreiben darf. Dies gilt selbstverständlich nur unter der Voraussetzung, dass die Auflagen der Ausführungsgenehmigung beachtet und vollzogen werden wie z. B. nachgewiesene Windzone, zulässige Bodenpressungen, Sicherheitsabstände zu anderen Gebäuden oder Fahrgeschäften usw.

## 1.3  Technische Entwicklung

Fahrgeschäfte gibt es in den einfachsten Ausführungen seit ca. 300 Jahren, wobei damals eine Unterscheidung in Fliegender Bau und Vergnügungsanlage nicht gegeben war. So wurden Rutschbahnen mit Schlitten, die auf Eis fuhren, einfache Schaukeln, die aus eigener Kraft oder Muskelkraft von einem Anschieber betätigt wurden, oder einfache Fliegerkarusselle, so wie sie heute auf Spielplätzen als Spielgerät konstruiert werden, zum Vergnügen betrieben. Diese Vorläufer der Fahrgeschäfte wurden nicht berechnet, sondern aufgrund von Erfahrungswerten errichtet, einige nur im Winter bei ausreichender Eisauflage, andere wie später die klassischen Fliegenden Bauten nur in der wärmeren Jahreszeit. Auch wurden auf diversen Weltausstellungen Riesenräder gezeigt. Das Riesenrad von Herrn *Ferris* wurde zur Weltausstellung in Chicago 1893 auf- und für die Weltausstellung 10 Jahre später in St. Louis wieder ab- und dort erneut aufgebaut. In Paris und London gab es weitere Riesenräder, die jedoch im Laufe der Zeit bedingt durch nachlassendes Interesse wieder abgebaut wurden.

Seit ca. 1890 ist das sogenannte Russenrad als Holzkonstruktion auf den Festplätzen als Fliegender Bau zu Hause. Die Konstruktion geht auf die Grundzüge der einfachen Holzkonstruktionen aus den Anfängen zurück. Der Antrieb erfolgte anfangs mit Muskelkraft, später kamen Elektroantriebe mit Salzanlasser zum Einsatz. Bild 1a zeigt ein Russenrad in Stahl- und Holzbauweise. Die bereits beschriebene Rutschanlage aus Eis wurde saisonunabhängig konstruiert, bei der sogenannten Toboggan Rutsche (s. Bild 1b) gibt es sowohl den Treppenaufstieg als auch ein Förderband, Anlagen in dieser Art sind seit ca. 1900 in Betrieb.

Achterbahnen wurden als Vorläufer im 17. Jahrhundert als sogenannte „russische Berge" betrieben. Dabei konnten Schlitten auf präparierten Fahrstrecken herunterrutschen. Der Begriff Achterbahn leitet sich aus der Form der Grundrisse der ersten Achterbahnen ab, die der Ziffer „8" ähnelten. Als sogenannte Fliegende Bauten wurden ab ca. 1910 Holzachterbahnen gebaut, die jedoch für den wiederholten Auf- und Abbau nicht geeignet waren. Auch ist nicht bekannt ob und welche Stahlelemente damals zur Unterstützung der Fahrschienen verwendet wurden. Bekannt ist jedoch, dass nach einem Einsturz einer Holzachterbahn auf dem Münchner Oktoberfest und bedingt durch die zunehmende Komplexität der Anlagen die ersten unabhängigen Inspektionen auf dem Oktoberfest vom TÜV Bayern 1929 durchgeführt wurden.

Ab den 1920er-Jahren entstanden die ersten Karusselle auch mit schräg liegendem Drehwerk und die Berg- und Talbahnen (s. Bild 2). Ebenso kamen Karusselle mit Exzenterbewegung wie die Walzerfahrt und die Spinne dazu.

Mit Durchsetzung des Elektromotors in den ersten Jahrzehnten des letzten Jahrhunderts änderten sich im Gesamten sowohl die Möglichkeiten als auch das Aus-

a)

b)

**Bild 1.** a) Russenrad, b) Toboggan Rutsche

# 1 Einleitung

## 1.1 Vorwort

„Fliegende Bauten" und dauerhaft installierte „Anlagen für Veranstaltungsplätze und Vergnügungsparks" – Letztere im Weiteren verkürzt als „Freizeitparkanlagen" bezeichnet – sind in Deutschland Bauwerke im Sinne der Bauordnung.

Sowohl die Bauordnung der Länder [1] als auch die europäische bzw. internationale Norm EN 13814 [2] bzw. ISO 17842 [3] legen grundlegende Anforderungen fest, um die Sicherheit bezüglich Entwurf, Berechnung, Herstellung und Aufstellung von mobilen, vorübergehend oder dauerhaft installierten Fliegenden Bauten bzw. Freizeitparkanlagen, die für den Gebrauch durch Personen als Freizeitbeschäftigung vorgesehen sind, sicherzustellen.

Für Zelte existiert auf europäischer Ebene die Norm EN 13782 [4], welche Sicherheitsanforderungen festlegt, die bei der Konstruktion, Berechnung, Fertigung, Montage und Wartung von mobilen, vorübergehend aufgebauten Zeltkonstruktionen mit einer Grundfläche von mehr als 50 m² zu beachten sind.

Der Beitrag behandelt aufgrund der Komplexität und Vielfalt von Fliegenden Bauten und Freizeitparkanlagen nur die Fahrgeschäfte. Fahrgeschäfte, sowohl als Fliegende Bauten als auch als dauerhaft installierte Freizeitparkanlagen, sind Anlagen, in denen Fahrgäste durch eigene oder fremde Kraft in vorgeschriebenen Bahnen oder Grenzen bewegt werden, die Folgen biomechanischer Effekte eingeschlossen. Fahrgeschäfte sind somit z. B. Achterbahnen, Rundfahrgeschäfte, Karussels, Hochfahrgeschäfte und Riesenräder.

Fahrgeschäfte können aus den unterschiedlichsten Werkstoffen gefertigt werden wie Stahl, Aluminium, Holz in allen Formen und Güten, Glas, Textilgewebe und viele Arten von Kunststoffen einschließlich glasfaserverstärkten Kunststoffen. Alle Fahrgeschäfte sind sicherheitstechnisch keine Bauwerke im typischen Sinne. Strukturell sind durchaus Ähnlichkeiten und Analogien festzustellen, z. B. Achterbahnschienensysteme, Kragarm- und Turmkonstruktionen. Betrachtet man jedoch die Gesamtheit des Fahrgeschäfts, so wird am Turm mit der Gondel hoch- und runtergefahren, an den Kragarmen sind Gondeln angebracht und die Achterbahnstrukturen werden von Fahrzeugen – Einzelfahrzeuge oder Zugsystem – befahren. Dies bedeutet, die Sicherheit der Gesamtanlage ist nur bezüglich Standsicherheit als typisches Bauwerk anzusehen, alle anderen Sicherheitsfunktionen werden mit hydraulischen, pneumatischen oder steuerungstechnischen Sicherheitsfunktionen sichergestellt. Demzufolge kommt dem Bauingenieurwesen oder dem Stahlbau nur ein Teil der Aufgabenstellung zu, alle weiteren Sicherheitsfunktionen und Sicherheitsanforderungen werden vom Maschinenbau oder der Elektrotechnik abgesichert.

Der vorliegende Beitrag soll dem interessierten Leser, nach einer Rundfahrt durch die wichtigsten Etappen der Geschichte der Fahrgeschäfte, sowohl einen Überblick über die rechtliche Situation und den Genehmigungsweg verschaffen – vor Allem in Deutschland – als auch die wesentlichen bautechnischen Bemessungsregeln mit Fokus auf den Stahlbau näherbringen. Hierfür werden die grundsätzlichen Besonderheiten, die für Fahrgeschäfte zur Anwendung kommen, dargestellt und erläutert. Dies geschieht anhand der zum jetzigen Zeitpunkt in Deutschland noch nicht bauaufsichtlich eingeführten EN 13814 [2], die aktuell in der deutschen Fassung von 2019 [5] vorliegt und die DIN EN 13814 von 2005 [6] ablösen soll. Anhand praktischer Beispiele und ausgewählter Details soll zudem die Anwendung der Norm und der sich daraus ergebenden Besonderheiten aufgezeigt werden.

## 1.2 Begriffsbestimmungen

In Deutschland wird zwischen sogenannten „Fliegende Bauten" und „Freizeitparkanlagen" unterschieden:

**Fliegende Bauten** sind nach den jeweiligen Bauordnungen der Länder bzw. nach § 76 der Musterbauordnung [1] „[…] bauliche Anlagen, die geeignet und bestimmt sind, an verschiedenen Orten wiederholt aufgestellt und zerlegt zu werden." Dazu zählen z. B. Festzelte und Zirkuszelte, nicht ortsfeste Tribünen in Zirkuszelten, Bühnen und Bühnenüberdachungen sowie Fahrgeschäfte und mobile Kletterwände. Wesentliches Merkmal eines Fliegenden Baus ist hiernach das Fehlen einer festen Beziehung der Anlage zu einem Grundstück.

**Freizeitparkanlagen** sind nach der jeweiligen Bauordnung Sonderbauten, die an einem festen Ort aufgestellt werden. Diese Anlagen finden sich zumeist in Freizeitparks oder an touristisch beliebten Orten und haben eine feste Beziehung zu einem Grundstück.

Die Komplexität bei Fliegenden Bauten und Freizeitparkanlagen ist bis auf die Fundamentsituation gleich.

Feste Tribünen, Bau- und andere Gerüste sowie entfernbare landwirtschaftliche Konstruktionen und einfache münzbetriebene Fliegende Bauten für Kinder, die bis zu drei Kinder tragen, sowie Sport- und Freizeitanlagen, wie Wasserrutschen oder Sommerrodelbahnen, Spielplatzgeräte, Seilgärten, Trampoline, Schwimmbadgeräte (diese Liste ist nicht vollständig) sind **keine Fliegenden Bauten oder Freizeitparkanlagen** gemäß Bauordnung und werden mit anderen Rechtsgrundlagen und Normen geregelt.

Die **Ausführungsgenehmigung** ist die von der zuständigen Behörde (Genehmigungsstelle) erteilte, zeitlich befristete Genehmigung zum Aufstellen und in Gebrauch nehmen eines Fliegenden Baus (s. Abschnitt 2.3.3).

Jeder genehmigungspflichtige Fliegende Bau besitzt ein sogenanntes **Prüfbuch** (Baubuch), das im Rahmen von Prüfungen zur Verlängerung der Ausführungsgenehmigung (s. Abschnitt 2.3.4) und bei Gebrauchsabnahmen (s. Abschnitt 2.3.6) immer vorzuliegen hat. Ein Prüfbuch besteht aus einem oder mehreren Bänden, in dem neben der Ausführungsgenehmigung und den zugehörigen Bedingungen und Auflagen auch die Prüf- und Abnahmeberichte, die Richtlinie für Bau und Betrieb

## Inhaltsverzeichnis

**1 Einleitung 845**
1.1 Vorwort 845
1.2 Begriffsbestimmungen 845
1.3 Technische Entwicklung 846

**2 Rechtlicher Rahmen für Fliegende Bauten 848**
2.1 Allgemeines 848
2.2 Rechtsgrundlagen 849
2.2.1 Muster-Landesbauordnung 849
2.2.2 Verwaltungsvorschrift und Richtlinie über den Bau und Betrieb Fliegender Bauten 849
2.2.3 Technische Baubestimmungen 850
2.3 Genehmigungsweg 850
2.3.1 Allgemeines 850
2.3.2 Erstprüfung 850
2.3.3 Ausführungsgenehmigung 852
2.3.4 Verlängerungsprüfungen 854
2.3.5 Sonderprüfung 854
2.3.6 Gebrauchsabnahmen 854
2.3.7 Normenübergang / bestehende Anlagen 854

**3 Stand der Normung 855**
3.1 Allgemeines 855
3.2 Lastannahmen 856
3.2.1 Ständige Einwirkungen 856
3.2.2 Veränderliche Einwirkungen 856
3.2.3 Lastkombinationen 859
3.3 Festigkeitsnachweis 859
3.3.1 Vorwiegend ruhende Beanspruchung 859
3.3.2 Schwingende Beanspruchung 860
3.4 Beschleunigungen 860
3.4.1 Allgemeines 860
3.4.2 Koordinatensystem und Messungen 860
3.4.3 Messungen 860
3.4.4 Rückhaltevorrichtungen 861
3.4.5 Grenzbeschleunigungen 861
3.5 Risikobeurteilung 865
3.6 Zusammenfassung und Ausblick 865
3.7 Weitere nationale und internationale Normen und Regelungen 866

**4 Praktische Anwendung am Beispiel der Stahlachterbahn 867**
4.1 Allgemeines 867
4.2 Raumkurvenentwicklung 868
4.2.1 Räumliche Geometrie 868
4.2.2 Fahrdynamik 869
4.2.3 Herzlinienprinzip 869
4.2.4 Systemspezifische Anforderungen 870
4.2.5 Achterbahngeometrie als kreative Ingenieursarbeit 870
4.3 Tragwerksentwicklung 870
4.3.1 Allgemeines 870
4.3.2 Schiene 871
4.3.3 Stützen 878
4.3.4 Fundamentierung 883
4.3.5 Modellbildung 883
4.4 Achterbahnfahrzeuge 885
4.4.1 Elemente eines Achterbahnfahrzeugs 885
4.4.2 Fahrzeugkoordinatensystem 886
4.4.3 Sitz und Fahrgastrückhaltevorrichtung 886
4.4.4 Fahrzeugoberbau 886
4.4.5 Fahrzeuggrundrahmen 888
4.4.6 Achse und Achsschenkel 888
4.4.7 Radschild 889
4.4.8 Elemente zur Einleitung von Antriebs- und Bremskräften 889
4.4.9 Aufbau eines Achterbahnzugs 891
4.5 Berechnungsbeispiele 892
4.5.1 Beispiel 1: Geschweißter Hohlprofilknoten einer Achterbahnschiene 892
4.5.2 Beispiel 2: Achsschenkel eines Achterbahnfahrzeugs 895

**5 Danksagung 900**

**6 Literatur 900**

# 12
# Fliegende Bauten und Freizeitparkanlagen

Dr.-Ing. Antonio Zizza

Dipl.-Ing. (FH) Frank-Michael Wagner

Dipl.-Ing. Stefan Kasper

Dipl.-Ing. Christian Stelzl

Svetislav Popovic, M. Sc.

Dr.-Ing. Roland Zander

Dr.-Ing. Andreas Simonis

Prof. Dr.-Ing. Matthias Rohde

N.; Karmanos, S. A.; Dogariu, A.; Tsintzos, P.; Vasilikis, D. (2013) *Steel solutions for seismic retrofit and upgrade of existing constructions (Steelretro)*.

[63] Vayas, I.; Thanopoulos, P. (2006) Dissipative (INERD) Verbindungen für Stahltragwerke in Erdbebengebieten, *Stahlbau* **75** (12), 993–1003.

[64] Vayas, I.; Thanopoulos, P.; Castiglioni, C. (2007) Stabilitätsverhalten von Stahlgeschossbauten mit dissipativen INERD unter Erdbebenbeanspruchung, *Bauingenieur* **82** (3), 125–133.

[65] Dimakogianni, D.; Dougka, G.; Vayas, I. (2012) Innovative seismic-resistant steel frames (FUSEIS 1-2) experimental analysis, *Steel Construction Design and Research* **5**, (4), 212–221.

[66] Astaneh-Asl (2001) *Seismic behaviour and design of steel shear walls*, Seminar Struct. Engineers Assoc. of Northern California, 7 Nov. 2001.

[67] Astaneh-Asl (2000) *Steel plate shear walls*, Proceedings, US Japan Workshop on Seismic Fracture issues in steel structures, Feb. 2000).

[68] Degée, H.; Hoffmeister; B.; Duchene, Y. (2020) Dissipative Rahmentragwerke mit schlanken Querschnitten in Regionen mit moderater Seismizität, *Stahlbau*.

[69] Degée, H.; Castiglioni, C.; Hoffmeister, B.; Vleminckx, L.; Martin, P.-O.; Galazzi, A.; Calderon, I.; Aramburu, A.; Rodier, A.; Duchene, Y.; Cornil, A.; Denoël, V.; Radu, J.-P.; Kanyilmaz, A.; Wieschollek, M.; Gouveia Henriques, J. (2017) *Design of steel and composite structures with limited ductility requirements for optimized performances in moderate earthquake areas (Meakado)*.

[70] Mazzolani, F. M., Wada, A. (2006) *Behaviour of Steel Structures in Seismic Regions*, STESSA 2006, Taylor & Francis, London, pp. 1–930.

[71] Ciutinaa, A.; Dubinaa, D.; Dankub, G.; Senilab, M.; Petranb, I. (2014) *Influence of the connection between steel and concrete on the seismic bahaviour of steel EBF*, EUROSTEEL 2014. Naples.

[72] Vasdravellis, G.; Uy, B. (2014) Shear Strength and Moment-Shear Interaction in Steel-Concrete Composite Beams, *J. Struct. Eng.* **140** (11).

[73] DIN EN 1998-4:2007-01 (2007) *Eurocode 8: Auslegung von Bauwerken gegen Erdbeben – Teil 4: Silos, Tankbauwerke und Rohrleitungen*; Deutsche Fassung EN 1998-4:2006, Beuth, Berlin.

[74] DIN EN 1998-6:2006-03 (2006) *Eurocode 8: Auslegung von Bauwerken gegen Erdbeben – Teil 6: Türme, Maste und Schornsteine*; Deutsche Fassung EN 1998-6:2005, Beuth, Berlin.

[75] CEN TC250/SC8 (2019) *Eurocode 8: Design of structures for earthquake resistance – Part 4: Silos, tanks and pipelines*, Working draft, CEN, Brüssel.

[76] ASCE/SEI 7-16 (2016) *Minimum Design Loads and Associated Criteria for Buildings and Other Structures* (7-16), American Society of Civil Engineers (ASCE).

[77] Harris, E. C.; von Nad, J. D. (1985) Experimental Determination of Effective Weight of Stored Material for Use in Seismic Design of Silos, *ACI Journal* (11-12), 828–834.

[78] Gehrig, H. (2008) Berechnung erdbebenbeanspruchter stehender zylindrischer Flüssigkeitsbehälter aus Stahlblech, Teil 1, *Technische Überwachung* **49**, (6), 31–36, Teil 2, ( 7/8), 20–23.

[79] EOTA TR 45 (2013) *Design of Metal Anchors for Use in Concrete under Seismic Actions*, European Organisation for Technical Assessment, 2013.

[80] DIN EN 1992-4:2019-04 (2019) *Eurocode 2 – Bemessung und Konstruktion von Stahlbeton- und Spannbetontragwerken – Teil 4: Bemessung der Verankerung von Befestigungen in Beton*; Deutsche Fassung EN 1992-4:2018, Beuth, Berlin.

[81] Fuchs, W.; Eligehausen, R. (1995) Das CC-Verfahren für die Berechnung der Betonausbruchlast von Verankerungen, *Beton-und Stahlbetonbau*, **90** (1), 6–9, 1995.

[82] Deutsches Institut für Bautechnik (2017) *Muster-Verwaltungsvorschrift Technische Baubestimmungen (MVV TB)*, Ausgabe August 2017, www.dibt.de.

[83] CSI (2005) *Extended 3D Analysis of Building Systems Software*, Nonlinear Version 9.0. 0," Computers and Structures, Inc. Berkeley, CA, USA.

[84] Vayas, I.; Ermopoulos, J.; Ioannidis, G. (2000) *Bemessungsbeispiele im Stahlbau nach Eurocode 3*, Ernst & Sohn, Berlin, S. 1–664.

[85] CSI (2000) SAP 2000 Structural Analysis Program, Computers and Structures, Berkeley, CA, USA.

[30] Forster, M. (o. J.) *Erdbebensicherung von Bauwerken*, von www.vpi-bw.com abgerufen.

[31] Wittemann, K. (2010) Zerrbalken in Erdbebengebieten, *Tech-News* 2010/2, Fachgebiet: Erdbeben: DIN 4149, DIN EN 1998-1, Vereinigung der Prüfingenieure in Baden-Württemberg; www.vpi-bw.com.

[32] Gündel, M. (2020) Herleitung des Überfestigkeitsbeiwerts auf Basis statistischer Kennwerte europäischer Baustähle, *Stahlbau* **89** (1).

[33] CEN TC250/SC8 (2019) *Eurocode 8: — Design of structures for earthquake resistance — Part 1-2: Rules for new buildings*, Working draft, CEN, Brüssel).

[34] DIN EN 10025 (2005–2019) *Warmgewalzte Erzeugnisse aus Baustählen*, Teil 1 bis 6, Technische Lieferbedingungen, Beuth, Berlin.

[35] ISO 24314;2006-10 (2006) *Baustähle – Baustähle für Gebäude mit verbessertem Erdbebenwiderstand – Technische Lieferbedingungen*, ISO.

[36] Castro, J. M.; Elghazouli, A. Y.; Izzuddin, B. A. (2005) Modelling of the panel zone in steel and composite moment frames, *Engineering Structures* **27** (1), 129–144.

[37] Kim, K. D.; Engelhardt, M. D. (2002) Monotonic and cyclic loading models for panel zones in steel moment frames, *J. of Constructional Steel Research* **58** (5–8), 605–635.

[38] Krawinkler, H. (1978) Shear in beam-to-column joints in seismic design of steel frames, *Engineering Journal, AISC* **15** (3), 82–91.

[39] Vayas, I.; Pasternak, H. S. (1994) Beanspruchbarkeit und Verformung von Rahmenecken mit schlanken Stegen, *Bauingenieur* **69**, 311–317.

[40] Vayas, I. P.; Schween, T. (1995) Cyclic Behavior of beam-to-column steel joints with slender web panels, *ASCE, J. of Struct. Engn.* **121** (2), 240–248.

[41] Mazzolani, F. M. (2000) *Moment resistant connections of steel frames in seismic areas*, E&FN SPON, London, pp. 1–644.

[42] (ECCS), E. C. (1986) *Recommended testing procedure for assessing the behaviour of structural steel elements under cyclic loads*, ECCS Publ. No. 45, Rotterdam, The Netherlands.

[43] Ballio, G.; Calado, L.; De Martino, A. e. (1987) Cyclic behaviour of steel beam-to-column joints experimental research, *Costruzioni Metalliche* (2), 69–90.

[44] Dubina, D. C. A. (2001) Cyclic tests of double-sided beam-to-column joints, *J. of Struct. Engineering (ASCE)* **127** (2), 129–136.

[45] Mele, E.; Calado, L.; Luca., D. (2003) Experimental investigation on European welded connections, *J. of Struct. Engineering (ASCE)* **129** (10) 1301–1311.

[46] Vayas, I. (2006) Design of Braced Frames, in [5], pp. 241–288.

[47] Castiglioni, C. (2005) Effects of the loading history on the local buckling behaviour and failure mode of welded beam-to-column joints in moment-resisting steel frames, *J. of Engineering Mechanics* **131** (6), 568–585.

[48] Calado, L. (2014) Cyclic behaviour of beam-to-column bare steel connections, Influence of column size, in *Seismic resistant steel structures*, Springer Verlag, pp. 267–290.

[49] Chen, S.-J. (2001) Design of ductile seismic moment connections, Increased beam section method and reduced beam section method, *Int. J. of Steel Structures*, 45–52.

[50] Tremblay, R. (2001) Seismic behaviour and design of concentrically braced steel frames, *AISC Eng. J.* **38** (3), 148–166.

[51] Bruneau, M.; Uang, C.-M.; Whittaker, A. (1998) *Ductile Design of Steel Structures*, New-York, McGraw-Hill, pp. 1–477.

[52] Popov, E., & Black, G. (1981) Steel struts under severe cyclic loading, *J. of the Structural Division* **107**.

[53] Wakabayashi, M. (1982) Behaviour of braces and braced frames under earthquake loading, *Int. J. of Structures* **2** (17), 49–70.

[54] Bruneau, M. (2005) *Seismic retrofit of Steel Structure*, 1st Canadian Conf. on Effective design of Structures, Ontario, Canada.

[55] Popov, E.; Engelhardt, M. D. (1988) Seismic eccentrically braced frames, *J. of Constructional Steel Research* (10), 321–354.

[56] Hjelmstad, K. D.; Popov, E. (1983) Cyclic behaviour and design of link beams, *J. of Structural Engineering* **109** (10), 2387–2403.

[57] Kasai, K.; Popov, E. (1986) General behaviour of WF steel shear link beams, *J. of Structural Engineering* **112** (2), 362–382.

[58] Mazzolani, F. M. (2006) *Seismic upgrading of RC buildings by advanced technologies*, Polimetrico, Milan, pp. 1–448.

[59] DIN EN 1998-3:2010-12 (2010) Eurocode 8: Auslegung von Bauwerken gegen Erdbeben – Teil 3: Beurteilung und Ertüchtigung von Gebäuden (Design of structures for earthquake resistance – Part 3: Assessment and retrofitting of buildings), Beuth, Berlin.

[60] Xie, Q. (2005) State of the art of buckling restrained braces in Asia, *J. of Constructional Steel Research* **61**, 727–748.

[61] Wada, A.; Nakashima, M. (2004) *From infancy to maturity of buckling restrained braces research*, Proc. 13th World Conf. on Earthquake Eng., Vancouver, Canada.

[62] Braconi, F.; Morelli, A; Nardini, L.; Estanislau, S. C.; Varelis, G.; Bortone, S.; Salvatore, W.; Obiala, R.; Lobo, J. B.; Bordea, S.; Leven, J.; Bartlam, P.; Tremea, A.; Lomiento, G.; Hoffmeister, B.; Bonessio, N.; Dubina, D.; Gündel, M.; Fülöp, L.; Braga, F.; Fianchisti, G.; Signorini,

# 8 Literaturverzeichnis

[1] USGS. (o. J) Earthquake Photo Collections, [Online]. Available: https://www.usgs.gov/natural-hazards/earthquake-hazards/science/earthquake-photo-collections?-qt-science_center_objects=0#qt-science_center_objects.

[2] Schwarz, J.; Grünthal, G. (2005). Bauten in deutschen Erdbebengebieten – zur Einführung der DIN 4149:2005, *Bautechnik* **82** (8), 486–499, 2005.

[3] DIN EN 1998-1:2010-12 (2010) *Eurocode 8: Auslegung von Bauwerken gegen Erdbeben – Teil 1: Grundlagen, Erdbebeneinwirkungen und Regeln für Hochbauten*, Beuth, Berlin.

[4] DIN EN 1998-1/NA:2018-10 – Entwurf (2018) *Nationaler Anhang – National festgelegte Parameter – Eurocode 8: Auslegung von Bauwerken gegen Erdbeben – Teil 1: Grundlagen, Erdbebeneinwirkungen und Regeln für Hochbau*, Beuth, Berlin.

[5] Mazzolani, F. M.; Gioncu, V. (2000) *Seismic Resistant Steel Structures*, Springer Verlag, Wien, pp. 1–37.

[6] Dost, B.; Ruigrok, E.; Spetzler, J. (2017) Development of seismicity and probabilistic hazard assessment for the Groningen gas field, *Geologie en Mijnbouw/Netherlands Journal of Geosciences*.

[7] Erdbebensicher Bauen (2008) *Hinweise für das Bauen in Erdbebengebieten Baden-Württembergs*, 6. Auflage, Hrsg. Wirtschaftsministerium Baden-Württemberg.

[8] Vayas, I.; Spiliopoulos, A. (2000) Das Erdbeben von Athen, 7. September 1999, *Bauingenieur* **75**, 131–138.

[9] Reiter, L. (1990) *Earthquake hazard analysis*: issues and insights, Bd. **22**, Columbia University Press New York.

[10] Rapps, C. (2018) *Risikobasierte Erdbebenkarte für Deutschland*, Masterarbeit, Universität Kassel, Fachgebiet Massivbau.

[11] DIN 4149:2005 (2005) *Bauten in deutschen Erdbebengebieten – Lastannahmen, Bemessung und Ausführung üblicher Hochbauten*, Beuth, Berlin.

[12] DIN EN 1998-2/NA:2011-03 (2011) *Nationaler Anhang – National festgelegte Parameter – Eurocode 8: Auslegung von Bauwerken gegen Erdbeben – Teil 2: Brücken*, Beuth, Berlin.

[13] Woessner, J.; Laurentiu, D.; Giardini, D.; Crowley, H.; Cotton, F.; Grünthal, G.; Valensise, G.; Arvidsson, R.; Basili, R.; Demircioglu, M. B. et al. (2015) The 2013 European seismic hazard model: key components and results, *Bulletin of Earthquake Engineering* **13** (12), 3553–3596.

[14] Grünthal, G.; Strohmeyer, D.; Bosse, C.; Cotton, F.; Bindi, D. (2018) Neueinschätzung der Erdbebengefährdung Deutschlands – Version 2016 – für DIN EN 1998-1/NA, *Bautechnik*, **95**, (5), 371–384.

[15] Setti, P. (1985) A method to compute the behaviour factor for construction in seismic zones, *Costruzioni Metalliche* **37** (3), 128–139.

[16] Vamvatsikos, D., Cornell, C. A. (2002) Incremental Dynamic Analysis. *Earthquake Engineering and Structural Dynamics* **31** (3), 491–514.

[17] Braconi, A.; Caprili, S.; Degee, H.; Guendel, M.; Hjiaj, M.; Hoffmeister, B.; Karamanos, S. A.; Rinaldi, V.; Salvatore, W.; Somja H. (2015). Efficiency of Eurocode 8 design rules for steel and steel-concrete composite structures. *Journal of Constructional Steel Research* **112**, 108–129.

[18] Kuck, J. (1994) *Anwendung der dynamischen Fließgelenktheorie zur Untersuchung der Grenzzustände von Stahlbaukonstruktionen unter Erdbebenbelastung*, Dissertation, RWTH, Aachen.

[19] Vamvatsikos, D.; Bakalis, K.; Kohrangi, M.; Pyrza, S.; Castiglioni, C.; Kanyilmaz, A.; Morelli, F.; Stratan, A.; D'Aniello, M.; Calado, L.; Proenca, J.; Degee, H.; Hoffmeister, B.; Pinkawa, M.; Thanopoulos, P. Vayas, I. (2020). A Risk-Consistent Approach to Determine EN 1998 Behaviour Factors for Lateral Load Resisting Systems Soil Dynamics & Earthquake Engineering. *Soil Dynamics and Earthquake Engineering*,

[20] Paulay, T. (1995) The Philosophy and Application of Capacity Design, *Scientia iranica* **2** (2), 117–143.

[21] Paulay, T.; Pristley, N. (1993) *Seismic design of reinforced concrete and masonry buildings*, Wiley.

[22] Braconi, A.; Caprili, S.; Karmanos, S. A.; Gündel, M.; Finetto, M.; Pappa, P.; Hoffmeister, B.; Rinaldi, V.; Salvatore, W.; Obiala, R.; Hausoul, N.; Degee, H.; Badalassi, M.; Somja, H.; Varelis, G.; Hjaij, M. (2013) *Optimising the seismic performance of steel and steel-concrete structures by standardising material quality control (OPUS)*.

[23] Butenweg, C.; Dargel, H.-J.; Höchst, T.; Holtschoppen, B.; Schwarz, R.; Sippel, M. (2012) *Der Lastfall Erdbeben im Anlagenbau* Leitfaden: Entwurf, Bemessung und Konstruktion von Tragwerken und Komponenten in der chemischen Industrie in Anlehnung an die DIN EN 1998-1, Verband der Chemischen Industrie e. V.

[24] Priestley (2000) Performance based seismic design, *Bulletin of the New Zealand society for earthquake engineering*, **33** (3), 325–346.

[25] Engelhardt, M. (2007) *Design of Seismic-Resistant Steel Building Structures*, AISC Module for Teaching the Principles of Seismic-Resistant Design of Steel Building Structures, American Institute of Steel Construction, Chicago, Illinois.

[26] BSS Council (2000) *Prestandard and commentary for the seismic rehabilitation of buildings (FEMA 356)*.

[27] ATC-40 (1996) *Seismic evaluation and retrofit of concrete buildings*, Volume 1, Applied Technology Council, Redwood City.

[28] Shone, N. et al. (1998) Earthquake, records and nopn linear responses, *Earthquake Spectra*, 469–500.

[29] Vamvatsikos, D.; Cornell, C. A. (2004) Applied Incremental Dynamic Analysis. *Earthquake Spectra* **20** (2), 523–553.

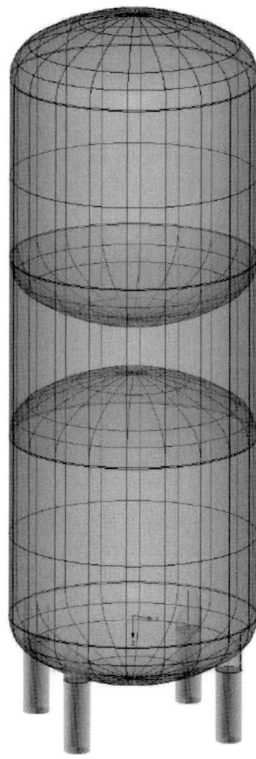

**Bild 140.** Doppelkammerbehälter auf Rohrfüßen
(Bildnachweis: *H. Gehrig*)

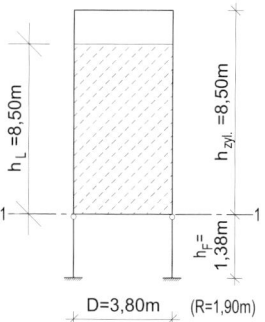

**Bild 141.** Doppelkammerbehälter; idealisiertes System für die Berechnung

0,04 bar. Die trennende Standzarge und das Dach werden im Folgenden übermessen. Alle Nachweise werden für den Ersatzbehälter gemäß Bild 84 geführt.
H = 8,50 m   R = 1,90 m
H/R = 8,50/1,90 = 4,47

Massen und Hebelarme, aus Tabelle 23 (auch hier werden statt der Massen zunächst die Massenkräfte angegeben)
$m_i/m = 0,894$ → $m_i = 0,894 \cdot 964 = 861,8$ kN
$m_c/m = 0,106$ → $m_c = 0,106 \cdot 964 = 102,2$ kN
$h_i/H = 0,460$ → $h_i = 0,460 \cdot 8,50 = 3,91$ m
$h_c/H = 0,874$ → $h_c = 0,874 \cdot 8,50 = 7,43$ m

Die Höhen sind auf den Schnitt 1-1 bezogen.

Schwingzeiten:
Nach Gl. (97b) mit $C_c$ nach Tabelle 23

$$T_{con} = 1,48 \frac{s}{m^{1/2}} \sqrt{1,90} = 2,04 \text{ s}$$

Für die Bestimmung der Schwingzeit des impulsiven Massenanteils wird der Federwert $K_S$ der vier Rohrfüße in horizontaler Richtung ermittelt. Dafür werden die Rohrfüße als im Fundament eingespannte Kragarme angesetzt:

Querschnittswerte Rohrfuß Ø 406,4 × 4
$A_R = 50,6$ cm²
$I_R = 10240,00$ cm⁴
$W_R = 504,00$ cm³
$E_R = 17000$ kN/cm²

Federwert in horizontaler Richtung, bei vier Füßen
$K_S = 4 \cdot (3 \cdot E_R \cdot I_R / L_R^3) = 4 \cdot (3 \cdot 17000 \cdot 10240/138^3)$
    $= 794,86$ kN/cm
$M_{tot} = (m_i + m_w + m_r)/g \cdot 1000$
    $= (861,8 + 60)/10 \cdot 1000 = 92180$ kg

$$T_{imp} = 2 \cdot \pi \cdot \sqrt{\frac{M_{tot}}{K_S}} = 2 \cdot \pi \cdot \sqrt{\frac{92180}{7,94 \cdot 10^7}}$$

$= 0,214$ s $\leq 0,30$ s → Plateauwert

Da die Füße eingespannt sind und plastizieren können, kann für den impulsiven Anteil mindestens von niedrig-dissipativem Verhalten mit q = 1,5 ausgegangen werden, der konvektive Anteil wird mit q = 1,0 berücksichtigt:
fiktiver Standort mit $S_{ap,R} = 1,00$ m/s²

Bodenbeschleunigung $a_{gR} = \frac{S_{ap,R}}{2,5} = 0,40$ m/s²

Aus Tabelle 3 wird für den Parameter C-R abgelesen:
S = 1,50, $T_B$ = 0,10 s, $T_C$ = 0,30 s, $T_D$ = 2,0 s
$S_e(T_{imp}) = 0,40 \cdot 1,0 \cdot 1,50 \cdot 2,50/1,5 = 1,00$ m/s²
nach (Gl. 25b))
$S_e(T_{con}) = 0,40 \cdot 1,0 \cdot 1,50 \cdot 2,50 \cdot 0,30 \cdot 2,0/2,04^2 \cdot 1,35$
    $= 0,29$ m/s²
wobei der Faktor 1,35 der Dämpfungs-Korrekturbeiwert η für die auf 0,5% reduzierte anzusetzende Dämpfung für den Schwappanteil ist.
Das resultierende Moment nach DIN EN 1998-4 beträgt im Schnitt 1-1
$M = (m_i \cdot h_i + m_w \cdot h_w + m_r \cdot h_r) S_e(T_{imp})$
    $+ m_c \cdot h_c \cdot S_e(T_{con})$
$M = (861,8 \cdot 3,91 + 60 \cdot 4,25) \cdot 1,00/9,81$
    $+ 102,2 \cdot 7,43 \cdot 0,29/9,81$
    $= 369,48 + 22,44 = 391,92$ kNm

Der fiktive Standort hat eine Spektralbeschleunigung von $S_{ap,R} = 0{,}87$ m/s² und das Untergrundverhältnis ist C-S. Weitere Daten:
- Bedeutungskategorie II: $\gamma_I = 1{,}0$,
- Nutzinhalt $V_N = 245$ m³, drucklose Lagerung,
- Füllung mit Fruchtsaftkonzentrat:
  Dichte $\rho_L = 1{,}35$ kg/dm³, Wichte $\gamma_L = 13{,}5$ kN/m³,
- Eigengewicht Behälter $G_k = 140$ kN
  (Mantel, Bekleidung, Aufbauten, Dach),
- Gewichtete mittlere Wanddicke des Mantels
  s = 3,7 mm,
- Werkstoff: Nichtrostender Stahl,
  Werkstoff-Nr. 1.4301,
- Gewichtskraft der Füllung:
  m = 245 m³ · 13,5 kN/m³ = 3308 kN.

Zur Vereinfachung der Schreibweise werden zunächst statt der Massen die Massenkräfte in kN angegeben und erst später in Massen umgerechnet.
Die im Verhältnis zur gesamten Mantellänge kurze Standzarge wird im Folgenden übermessen.
H = 14,80 m    R = 2,35 m
H/R = 14,80/2,35 = 6,3 ≈ 6,0

Schwingzeiten:
Nach den Gl. (97a) mit $C_i/C_c$ nach Tabelle 23

$$T_{imp} = 5{,}00 \frac{\sqrt{1350 \text{ kg/m}^3} \cdot 14{,}80 \text{ m}}{\sqrt{2{,}0 \cdot 10^{11} \text{ N/m}^2} \sqrt{0{,}0037/2{,}35}} = 0{,}153 \text{ s}$$

$$T_{con} = 1{,}48 \frac{s}{m^{1/2}} \sqrt{2{,}35} = 2{,}27 \text{ s}$$

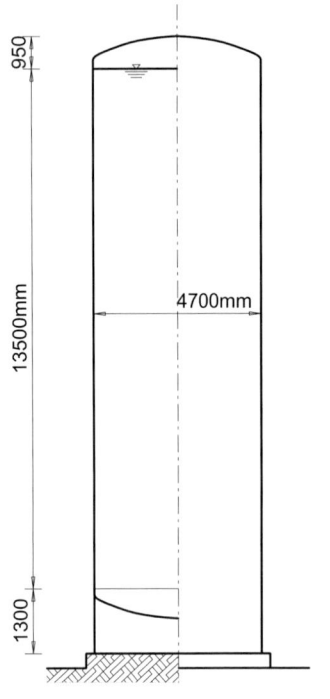

**Bild 139.** Tankskizze (aus [78])

$m_i/m = 0{,}923 \quad \rightarrow \quad m_i = 0{,}923 \cdot 3308 = 3053{,}3$ kN
$m_c/m = 0{,}077 \quad \rightarrow \quad m_c = 0{,}077 \cdot 3308 = 254$ kN
$h_i/H = 0{,}469 \quad \rightarrow \quad h_i = 0{,}469 \cdot 14{,}80 = 6{,}94$ m
$h_c/H = 0{,}909 \quad \rightarrow \quad h_c = 0{,}909 \cdot 14{,}80 = 13{,}46$ m

Auf der sicheren Seite liegend wird mit dem elastischen Antwortspektrum auch für den impulsiven Anteil gerechnet, d. h., der Verhaltensbeiwert wird zu q = 1,0 angesetzt:
fiktiver Standort mit $S_{ap,R} = 0{,}87$ m/s²

Bodenbeschleunigung $a_{gR} = \dfrac{S_{ap,R}}{2{,}5} = 0{,}35$ m/s²

Aus Tabelle 3 wird für den Parameter C-S abgelesen:
S = 1,30, $T_B = 0{,}10$ s, $T_C = 0{,}50$ s, $T_D = 2{,}0$ s

$S_e(T_{imp}) = 0{,}35 \cdot 1{,}0 \cdot 1{,}30 \cdot 2{,}50 = 1{,}14$ m/s²

$S_e(T_{con}) = 0{,}35 \cdot 1{,}0 \cdot 1{,}30 \cdot 2{,}50 \cdot 0{,}50 \cdot 2{,}0/2{,}27^2 \cdot 1{,}35$
$\phantom{S_e(T_{con})} = 0{,}30$ m/s²

wobei der Faktor 1,35 der Dämpfungs-Korrekturbeiwert η für die auf 0,5% reduzierte anzusetzende Dämpfung ist.
Das resultierende Moment nach DIN EN 1998-4 [73] beträgt hiermit
M = ($m_i \cdot h_i + m_w \cdot h_w + m_r \cdot h_r$) $S_e(T_{imp})$
   + $m_c \cdot h_c \cdot S_e(T_{con})$
M = (3053,3 · 6,94 + 140 · 7,90) · 1,14/9,81
   + 254 · 13,46 · 0,30/9,81
  = 2590,9 + 104,6 = 2695,5 kNm

## 7.4 Stehender Doppelkammerbehälter auf Rohrfüßen

Gegeben sei der in Bild 140 zu sehende Doppelkammerbehälter, der auf vier Rohrfüßen steht. Es handelt sich um einen doppelstöckigen Gär- bzw. Lagertank für Bier. Die Einzelbehälter sind oben und unten durch einen Korbbogenboden verschlossen. Sie werden bei leicht erhöhter Temperatur (maximal 50°C) betrieben und stehen im Inneren einer Umhausung, sodass keine Windlast berücksichtigt werden muss. Der Behälter wird für die Berechnung zu einem frei stehenden Einzelbehälter idealisiert (Bild 141).
Der fiktive Standort hat eine Spektralbeschleunigung von $S_{ap,R} = 1{,}00$ m/s² und das Untergrundverhältnis ist C-R. Weitere Angaben:
- Bedeutungskategorie II: $\gamma_I = 1{,}0$,
- Füllung mit Bier:
  Dichte $\rho_L = 1{,}00$ kg/dm³, Wichte $\gamma_L = 10{,}0$ kN/m³,
- Eigengewicht Behälter $G_k = 60$ kN
  (Mantel, Bekleidung, Aufbauten, Dach),
- gewichtete mittlere Wanddicke des Mantels
  s = 5,0 mm,
- Werkstoff: Nichtrostender Stahl,
  Werkstoff-Nr. 1.4301,
- Gewichtskraft der Füllung:
  m = 96,4 m³ · 10,0 kN/m³ = 964 kN.

Die Einzelbehälter haben einen maximalen Überdruck von 2,0 bar und einen eventuellen Unterdruck von

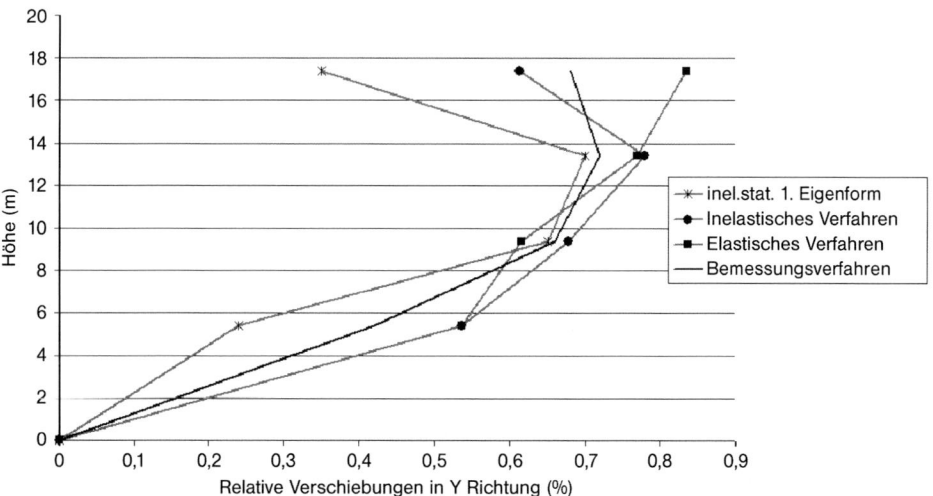

**Bild 137.** Stockwerkswinkelverformungen nach verschiedenen Methoden, y-Richtung

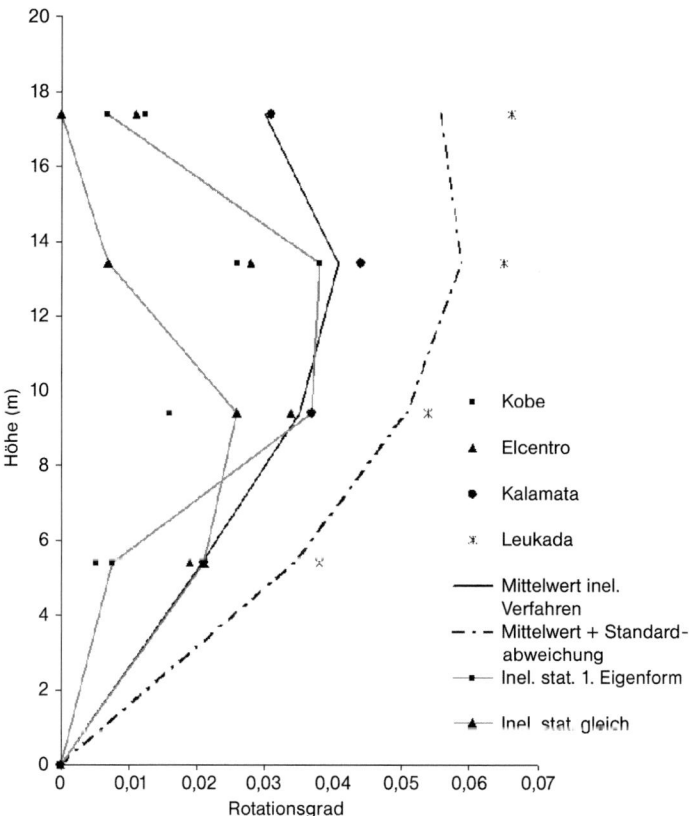

**Bild 138.** Gelenkrotationen der Verbinder, Rahmen F

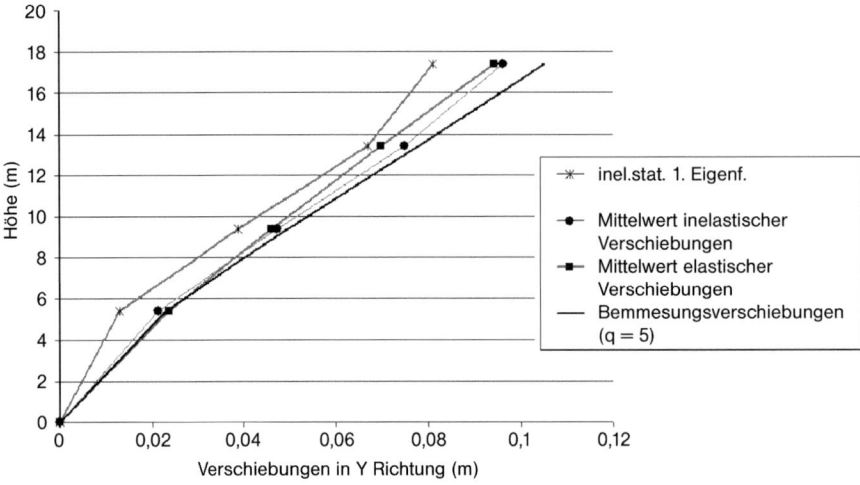

**Bild 135.** Stockwerksverschiebungen nach verschiedenen Methoden, y-Richtung

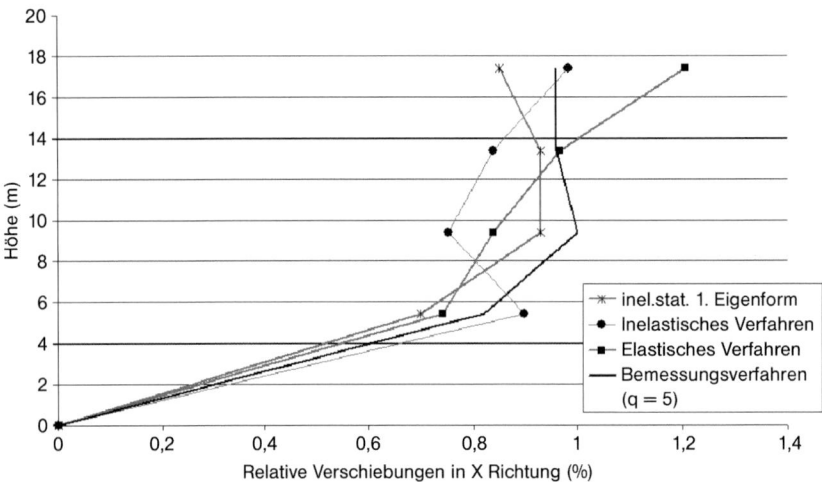

**Bild 136.** Stockwerkswinkelverformungen nach verschiedenen Methoden, x-Richtung

Werte der linearen Methode nach dem Antwortspektrenverfahren nach Tabelle 28 näher an den *Mittelwerten* der untersuchten Erdbeben sind. Die Streuung der Rotationen ist, als Ergebnis der unterschiedlichen Energie- und Frequenzgehalte der Akzelerogramme, so stark, dass die Fraktilwerte, Mittelwert plus eine Standardabweichung, etwa 50% höher als die Mittelwerte liegen. Einzelne Werte, die des Erdbebens von Leukada, erreichen sogar die zulässigen Grenzwerte der Tabelle 28. Die Empfindlichkeit der Tragwerksantwort auf die Eigenschaften der Erdbeben, die Schwierigkeit in der Prognose der Charakteristiken künftiger Erdbeben, die Empfindlichkeit der konstruktiven Details auf große inelastische Verformungen und viele andere in diesem Beitrag besprochene Unsicherheiten deuten an, dass beim erdbebensicheren Entwurf noch weitere Schritte zu gehen sind, bevor das Sicherheitsniveau wie bei sonstigen Einwirkungen erreicht werden kann.

### 7.3 Flüssigkeitsgefüllter Behälter

Das folgende Beispiel ist an ein Beispiel von *Gehring* [78] angelehnt. Es handelt sich um den in Bild 139 dargestellten, relativ schlanken Behälter. Die linke Bildhälfte zeigt den Behälterschnitt, rechts ist die Behälteransicht dargestellt.

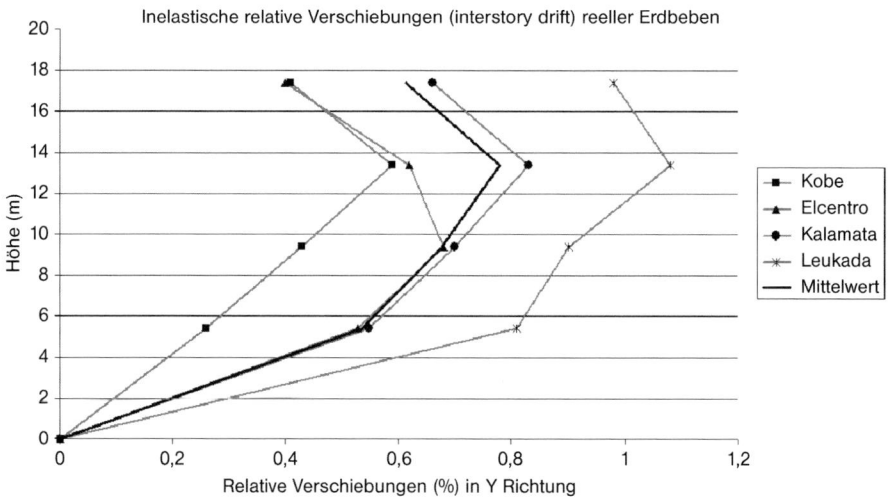

**Bild 133.** Maximale Stockwerkswinkelverformungen in y-Richtung

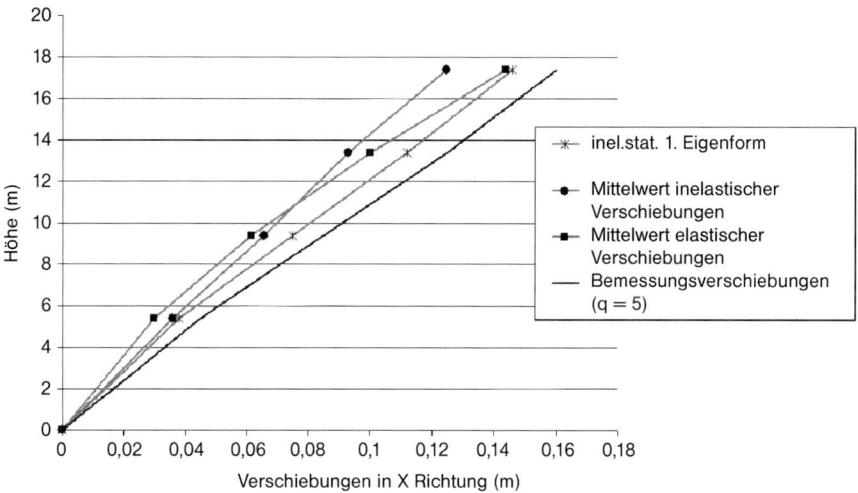

**Bild 134.** Stockwerksverschiebungen nach verschiedenen Methoden, x-Richtung

– der Bemessungsmethode nach dem Antwortspektrenverfahren mit Anwendung eines q-Faktors,
– der nichtlinearen statischen Methode (Muster nach der ersten Eigenform),
– der linearen dynamischen Methode,
– der nichtlinearen dynamischen Methode.

Die in den Bildern 134 und 135 dargestellten Stockwerksverschiebungen unterscheiden sich nicht wesentlich zwischen den Methoden. Die Bemessungsmethode liefert jedoch höhere Verformungen, insbesondere in x-Richtung, wo die inelastische Aktivität wegen der vorher festgestellten Überfestigkeit klein war. Es zeigt sich also, dass bei solchen Fällen, wo die Duktilität nicht ausgenutzt wird, die Beaufschlagung der elastischen Verformungen mit dem q-Faktor nach Gl. (42) weit auf der sicheren Seite ist.

Wichtiger sind die in den Bildern 136 und 137 dargestellten Stockwerkswinkelverformungen, weil aus denen die Beanspruchungen erzeugt werden. Die Streuung ist in y-Richtung größer, bei der sich das Tragwerk stärker inelastisch verformt. Es lässt sich noch feststellen, dass die inelastische statische Methode viel zu kleine Winkelverformungen für das erste und vierte Stockwerk voraussagt.

Bild 138 stellt die Verbinderrotationen der inelastischen Methoden dar. Man erkennt, dass die inelastischen statischen Analysen die Gelenkrotationen des ersten und letzten Stockwerks weit unterschätzen, während die

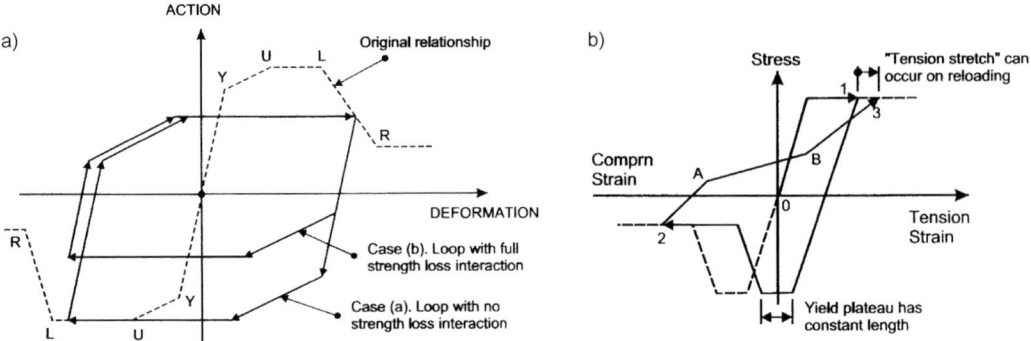

**Bild 130.** Zyklische Regeln für plastische Gelenke bzw. axial beanspruchte Stäbe

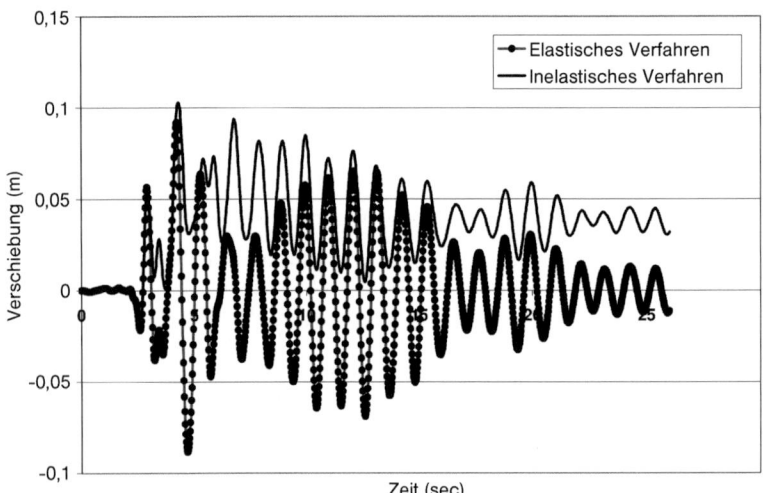

**Bild 131.** Zeitverlauf der Kopfverschiebung in y-Richtung für das Erdbeben von Kalamata

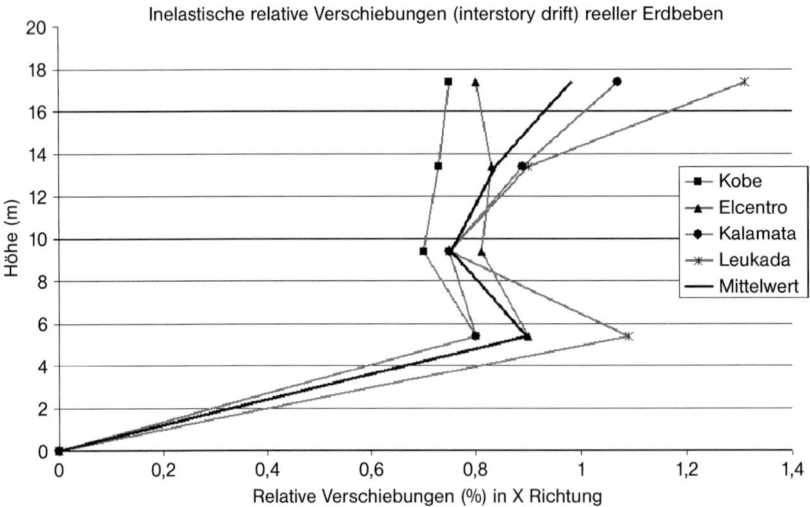

**Bild 132.** Maximale Stockwerkswinkelverformungen in x-Richtung

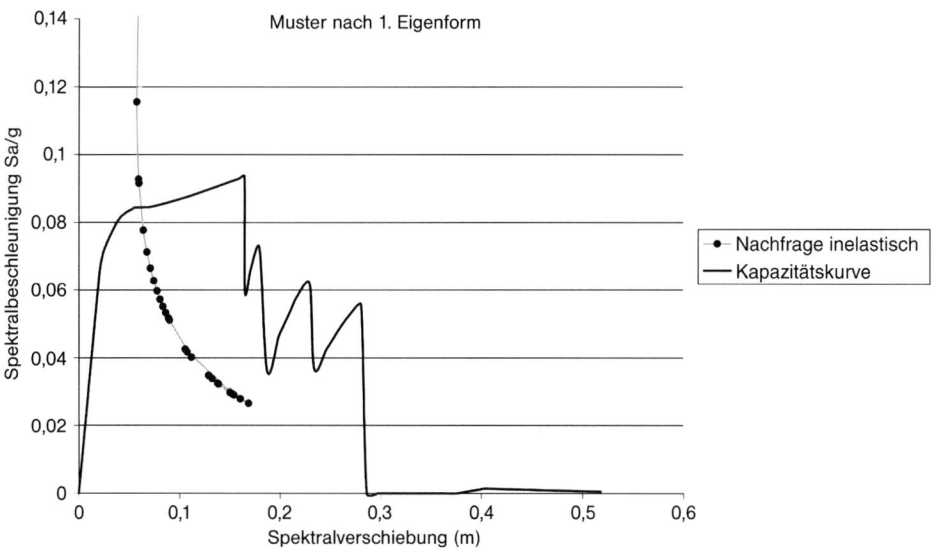

**Bild 127.** Kapazitätskurven und Zielpunkt des Tragwerks in y-Richtung (exzentrische Verbände)

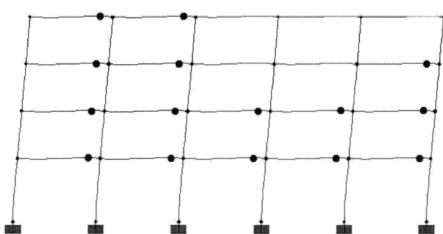

**Bild 128.** Plastische Gelenke bei Erreichen des Zielpunktes. Belastung nach der ersten Eigenform, Rahmen 2

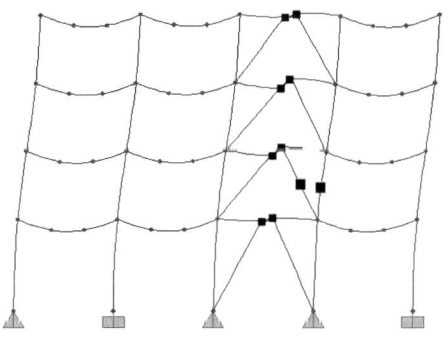

**Bild 129.** Plastische Gelenke bei Erreichen des Zielpunktes. Belastung nach der ersten Eigenform, Rahmen F

### 7.2.6 Nichtlineare dynamische Berechnung

Zur Kontrolle des tatsächlichen Tragverhaltens unter realen Erdbeben werden nichtlineare dynamische Analysen mit dem Programm SAP 2000 [85] durchgeführt. Das zyklische Verhalten der plastischen Gelenke und der Stützen bzw. der Verbandsstäbe wird nach Bild 130 beschrieben. Zum Vergleich werden auch lineare dynamische Analysen durchgeführt, bei denen sich alle Elemente elastisch verhalten. Es werden vier Erdbeben, zwei griechische und zwei internationale, untersucht, deren elastische Spektren in Bild 55 dargestellt sind. Die Akzelerogramme werden so skaliert, dass die Spektralbeschleunigungen an den ersten zwei Tragwerkseigenperioden mit denen des elastischen Spektrums zusammenfallen. Bild 55 zeigt, dass dazu das Kobe-Akzelerogramm zu reduzieren und die anderen zu beaufschlagen sind.

Als Ergebnis erhält man die Zeitverläufe der Schnittgrößen und der Verformungen. Bild 131 stellt den Zeitverlauf der Kopfverschiebung in y-Richtung des elastischen und inelastischen Tragwerks dar, deren Maximalwerte etwa gleich sind. Das Tragwerk verhält sich inelastisch während der Starkbebenphase, nach deren Ende es gedämpfter um den Wert der verbleibenden Verformung schwingt.

Die maximalen Stockwerkswinkelverformungen in den zwei Hauptrichtungen sind in den Bildern 133 und 134 dargestellt. Man erkennt, dass die Werte der untersuchten Erdbeben stark streuen, insbesondere in y-Richtung, wo die inelastische Aktivität größer ist. Dennoch sind die ungünstigsten Stockwerke, das erste und vierte in x-Richtung, das dritte in y-Richtung, für alle Erdbeben gleich.

Zum Schluss werden die Ergebnisse aller Methoden untereinander verglichen, und zwar zwischen:

ten Stockwerks wesentlich größer als die des ersten und vierten sind. Die Normalkräfte der Verbandsstäbe und der Stützen liegen zwischen 50% und 80% der entsprechenden Knickfestigkeiten.

rechnung nach Theorie II. Ordnung berücksichtigt. Die Stützen und die Verbandsstäbe des exzentrischen Verbands werden als nicht duktile Elemente nach Bild 52c ohne Möglichkeit nichtlinearen Verhaltens modelliert. Da sie nur durch Normalkräfte beansprucht sind, werden in ihren Mitten Normalkraftgelenke gesetzt, deren Maximalkraft die Knickbeanspruchbarkeit $N_{b,Rd}$ ist. Als Leistungsgrenzen werden das Erreichen gewisser Prozentsätze von $N_{b,Rd}$ von den einwirkenden Normalkräften gesetzt. Die entsprechenden Werte sind 50%, 80% und 100% für die Grenzzustände DL, LS und NC. Die Berechnung wird für zwei Muster der Horizontalkräfte, nach der ersten Eigenform und für gleichförmig verteilte Kräfte, getrennt für die zwei Hauptrichtungen, durchgeführt. Der Leistungspunkt wird nach der Methode CSM bestimmt. Die Bilder 126 und 127 stellen die Kapazitätskurven und die Leistungspunkte in x- bzw. y-Richtung für die Muster nach der 1. Eigenform dar. Die Kurven für das gleichförmige Muster verlaufen sehr ähnlich. Folgendes ist festzustellen: Es soll erinnert werden, dass das Tragwerk für Spektralbeschleunigungen von etwa 0,032 g und 0,04 g in x- bzw. y-Richtung dimensioniert wurde.

Das Tragwerk entwickelt in beiden Richtungen ein ausgedehntes inelastisches Verhalten, ohne Stabilitätsverlust bis auf große Verformungen. In y-Richtung wird durch die Verfestigung der Verbinder ein stabileres inelastisches Verhalten erzeugt.

Der Leistungspunkt in x-Richtung wird im linearen Bereich der Kapazitätskurve bei der Spektralbeschleunigung 0,131 g, gegenüber einer Bemessungsspektralbeschleunigung von etwa 0,032 g, erreicht. Das Tragwerk besitzt also in x-Richtung, durch die Dimensionierung nach Verformungskriterien und der Kapazitätsbemessung, eine globale Überfestigkeit von etwa 4.

Die Spektralverschiebung am Zielpunkt ist $S_d = 0{,}103$ m, das entspricht einer Gesamtkopfverschiebung nach Gl. (45) von $\delta_{kopf} = 0{,}137$ m. Die erwartete Gesamtschiefstellung während des Erdbebens beträgt also $\frac{0{,}137}{17{,}4} = \frac{1}{127}$.

Der Leistungspunkt in y-Richtung wird im nichtlinearen Bereich der Kapazitätskurve bei der Spektralbeschleunigung 0,084 g, gegenüber einer Bemessungsspektralbeschleunigung von etwa 0,04 g, erreicht. Das Tragwerk besitzt also in y-Richtung eine globale Überfestigkeit von etwa 2, die auf die Überfestigkeit der Verbinder zurückzuführen ist.

Die Spektralverschiebung am Zielpunkt ist $S_d = 0{,}061$ m, die entsprechende Gesamtkopfverschiebung beträgt $\delta_{kopf} = 0{,}079$ m. Die erwartete Gesamtschiefstellung während des Erdbebens beträgt also $\frac{0{,}079}{17{,}4} = \frac{1}{220}$.

Die Schiefstellung wie die Kräfte sind wegen der nichtlinearen Antwort kleiner als in x-Richtung.

Die plastischen Mechanismen am Zielpunkt sind für beide Richtungen in den Bildern 128 und 129 dargestellt. Der Kreis symbolisiert den Zustand vor DL, das Quadrat zwischen DL und LS. Wie erwartet bilden sich in x-Richtung Gelenke nur an den Trägern und den Stützenfüßen. Die Gelenkrotationen sind kleiner als die DL-Grenzen nach Tabelle 12, also unter 2,0 $\theta_y$. Die Fließrotation ist wegen der gegenseitigen Biegung etwa gleich $\theta_y = \frac{M_{pl} \cdot l}{6EI}$. Die Gelenkrotation am Zielpunkt, beispielsweise des Trägers des ersten Stockwerks aus IPE 450, ist dementsprechend kleiner als $2 \cdot 6{,}8 = 13{,}6$ mrad $\approx 1{,}4\%$. Die Gelenkrotationen der Verbinder sind nach Bild 129 und Tabelle 12 größer als $1{,}5\theta_y$. Man erkennt aber, dass die Rotationen des zweiten und drit-

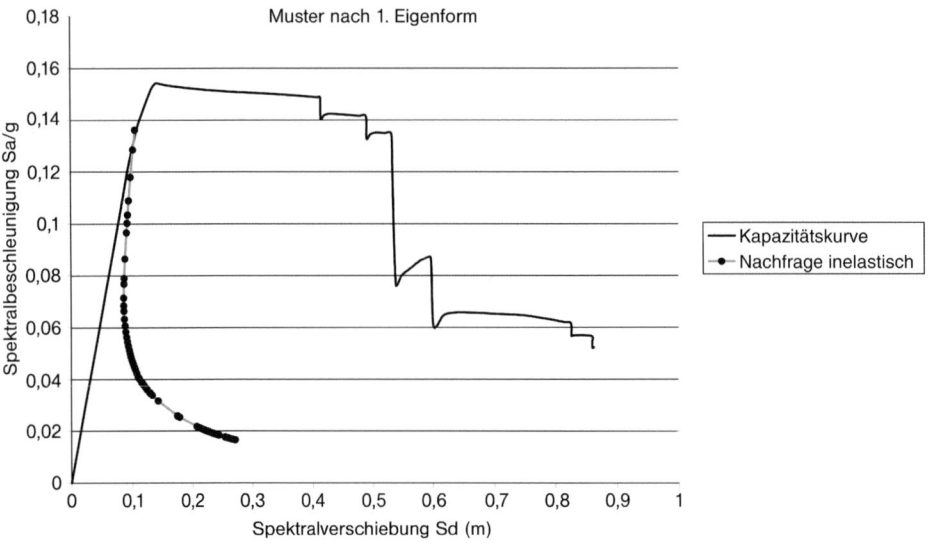

**Bild 126.** Kapazitätskurven und Zielpunkt des Tragwerks in x-Richtung (biegesteife Rahmen)

Schadensbegrenzung und nicht der Tragsicherheit. Zur Erfüllung der Bedingung (71) sind die Stützenstege im Bereich der Knoten ausreichend auszusteifen.

Zur Kontrolle wird die Erfüllung der Kapazitätsbedingung (70) eines Rahmenknotens des Erdgeschosses untersucht. Stützen HEA 500, $M_{pl,Rd}$ = 928 kNm, Träger IPE 450, $M_{pl,Rd}$ = 400 kNm. Die Interaktionsbeziehung zum Nachweis der Stützen hat einen Normalkraftanteil von 0,38 ergeben. Es verbleibt für die Stütze ein zulässiger Momentenanteil 1 – 0,38 = 0,62. Es ist also $M_{Rc}$ = 0,62 · 928 = 575 kNm und $\sum M_{Rc}$ = 2 · 575 = 1150 kNm. Ferner gilt $\sum M_{Rb}$ = 2 · 400 = 800 kNm. Nachweis der Bedingung (69): 1150 kNm > 1,3 · 800 = 1040 kNm

**Verbandsstäbe und Stützen exzentrischer Verbände**

Diese Elemente werden auf Normalkräfte beansprucht: die Verbände wegen der beidseitig gelenkigen Lagerung, und die Stützen, weil die angrenzenden Träger mithilfe gelenkiger Querkraftverbindungen angeschlossen sind. Die Bemessungsnormalkraft soll mithilfe von Kapazitätskriterien nach Gl. (68a) bestimmt werden. Dazu wird für $\gamma_{ov}$ = 1,25 und $\Omega$ = 2,32 eine neue Kombination G + 0,3 Q + 1,1 · 1,25 · 2,32 · $(0,3 E_{dx} + E_{dy})$ gebildet, für deren Bemessungsschnittgrößen diese Elemente nachgewiesen werden. Die Knicklängen sind gleich der Systemlänge. Nach Ausführung der Berechnung zeigt sich, dass die Nachweisquotienten unter 0,6 liegen.

**Verbindungen**

Die Träger-Stützen-Verbindungen und allgemein die Knoten der biegesteifen Rahmen sind nach Gl. (65) nachzuweisen. Beispielsweise beträgt das Bemessungsmoment der Verbindung eines IPE-450-Trägers $M_{Cd,Ed}$ = 1,1 · 1,25 · 400 = 550 kN, die Bemessungsquerkraft, wie oben, 191 kN. Dazu wird eine gevoutete Verbindung ausgeführt (Bild 118).

**Effekte nach Theorie II. Ordnung**

Zunächst wird der Sensitivitätskoeffizient der Winkelverformung der Stockwerke nach Gl. (48) bestimmt. Tabelle 29 fasst die Ergebnisse zusammen. Alle Werte sind unterhalb des Grenzwerts von 0,30. Man erkennt, dass das Tragwerk in x-Richtung der biegesteifen Rahmen anfälliger auf Effekte nach Theorie II. Ordnung reagiert. Für $\theta$ < 0,20 darf der Einfluss dieser Effekte durch Beaufschlagung der Schnittgrößen der Erdbebeneinwirkung $A_{Ed}$ mit dem Faktor $\frac{1}{1-\theta}$ berücksichtigt werden. Für $\theta$ > 0,20 sollte genauer nach Theorie II. Ordnung gerechnet werden. Im vorliegenden Fall darf eine solche Berechnung entfallen, da mit den erhöhten Schnittgrößen nach Theorie II. Ordnung nur die dissipativen Elemente nachgewiesen werden. Diese besitzen aber ausreichende Überfestigkeit, sodass keine Querschnittserhöhungen erwartet werden. Der Höchstwert des Vergrößerungsbeiwerts ist in der Tat $\frac{1}{1-0,29}$ = 1,41. Wird er, ungünstigerweise, auf die Schnittgrößen der seismischen Kombination – nicht nur der Erdbebeneinwirkung – angewendet, so ergibt sich für die Träger ein maximaler Nachweisquotient von 0,6 · 1,42 = 0,85 und für die Verbinder $\frac{1,5}{2,32}$ · 1,42 = 0,92, beide also kleiner als 1. Die nicht dissipativen Elemente werden nach Kapazitätskriterien bemessen und werden nicht durch die Beaufschlagung beeinflusst, da die Querschnitte der duktilen Elemente sich nicht ändern.

### 7.2.5 Nichtlineare statische Berechnung

Zur Kontrolle des Tragverhaltens und des Versagensmechanismus des oben dimensionierten Tragwerks wird eine nichtlineare statische Berechnung mit dem Programm SAP 2000 [85] durchgeführt. Das Verhalten der plastischen Gelenke der duktilen Elemente wird nach Bild 52 modelliert. Potenzielle plastische Gelenke werden an den Träger- und den Verbinderenden positioniert. Die entscheidende Schnittgröße ist für die Träger das Biegemoment und für die kurzen Verbinder die Querkraft. Da die Software nur Momentengelenke berücksichtigt, wird für die Verbinder ein Grenzmoment nach der Beziehung $M_{pl} = \frac{V_{p,link} \cdot e}{2}$ bestimmt. Das Grenzmoment der Mittenverbinder wird aus Interpolation zwischen diesem Moment und dem Moment $M_{p,link}$ ermittelt. Die Neigung des Verfestigungsastes beträgt 3%. An den Stützenenden der biegesteifen Rahmen werden auch potenzielle plastische Gelenke, unter Berücksichtigung der M-N-Interaktion, gesetzt. Der Einfluss des Knickens wird durch Ausführung der globalen Be-

**Tabelle 29.** Sensitivitätskoeffizienten der Winkelverformung

| Stockwerk | h [m] | $P_{tot}$ [kN] | x-Richtung | | | y-Richtung | | |
|---|---|---|---|---|---|---|---|---|
| | | | $V_{tot}$ [kN] | $d_r$ [m] | $\theta$ | $V_{tot}$ [kN] | $d_r$ [m] | $\theta$ |
| 1 | 5,4 | 18330 | 580 | 0,044 | 0,26 | 884 | 0,023 | 0,09 |
| 2 | 4 | 13747,5 | 481 | 0,04 | 0,29 | 738 | 0,027 | 0,13 |
| 3 | 4 | 9705 | 394 | 0,039 | 0,24 | 603 | 0,029 | 0,12 |
| 4 | 4 | 4582,5 | 291 | 0,039 | 0,15 | 437 | 0,027 | 0,07 |

**Tabelle 28.** Nachweis der Gelenkrotationen der Verbinder

| Stockwerk | Rahmen A | | Rahmen F | |
|---|---|---|---|---|
| | $\theta_p$ | grenz$\theta_p$ | $\theta_p$ | grenz$\theta_p$ |
| 4 | 0,025 | 0,064 | 0,031 | 0,07 |
| 3 | 0,025 | 0,071 | 0,031 | 0,064 |
| 2 | 0,019 | 0,08 | 0,029 | 0,071 |
| 1 | 0,013 | 0,08 | 0,015 | 0,08 |

An den Verbindern werden an beiden Seiten des Trägerstegs End- und Zwischensteifen t = 10 mm vorgesehen (Bild 125).

Nachweis des Abstands der Zwischensteifen:

$$\ell_{ab} = \frac{700}{3} = 233 \text{ mm} < 52 \cdot t_w - \frac{d}{5}$$
$$= 52 \cdot 10,2 - \frac{500 - 2 \cdot 16}{5} = 437,8 \text{ mm}$$

Nachweis der Steifendicke:

t = 10 mm ≥ max (10 mm, 0,75 · $t_w$) = 10 mm

### 7.2.4.3 Nicht dissipative Elemente des Aussteifungssystems

Dazu gehören die Stützen der biegesteifen Rahmen und die Verbandsstäbe und Stützen des exzentrischen Verbandsfeldes.

**Stützen biegesteifer Rahmen**

Die Kapazitätsschnittgrößen der Stützen sind nach Gl. (68a) zu bestimmen. Dazu wird für $\gamma_{ov} = 1,25$ und $\Omega = 1,66$ eine neue Kombination $G + 0,3 Q + 1,1 \cdot 1,25 \cdot 1,66 \cdot (E_{dx} + 0,3 E_{dy})$ gebildet. Die Stützen werden gegenüber diesen Bemessungsschnittgrößen nachgewiesen. Die Knicklängen werden für den verschieblichen Rahmen automatisch vom Programm ermittelt. Es zeigt sich, dass die Nachweisquotienten unter 0,7 < 1 liegen. Ähnlich wie bei den Trägern ist also das kritische Bemessungskriterium der Stützen der Grenzzustand der

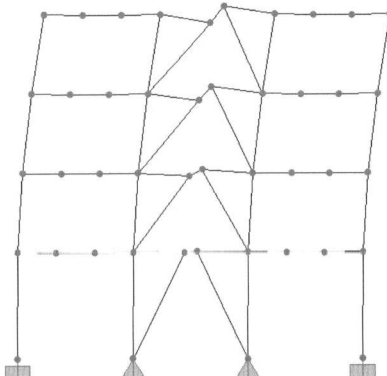

**Bild 124.** Verformungen des Rahmens F infolge der Erdbebeneinwirkung

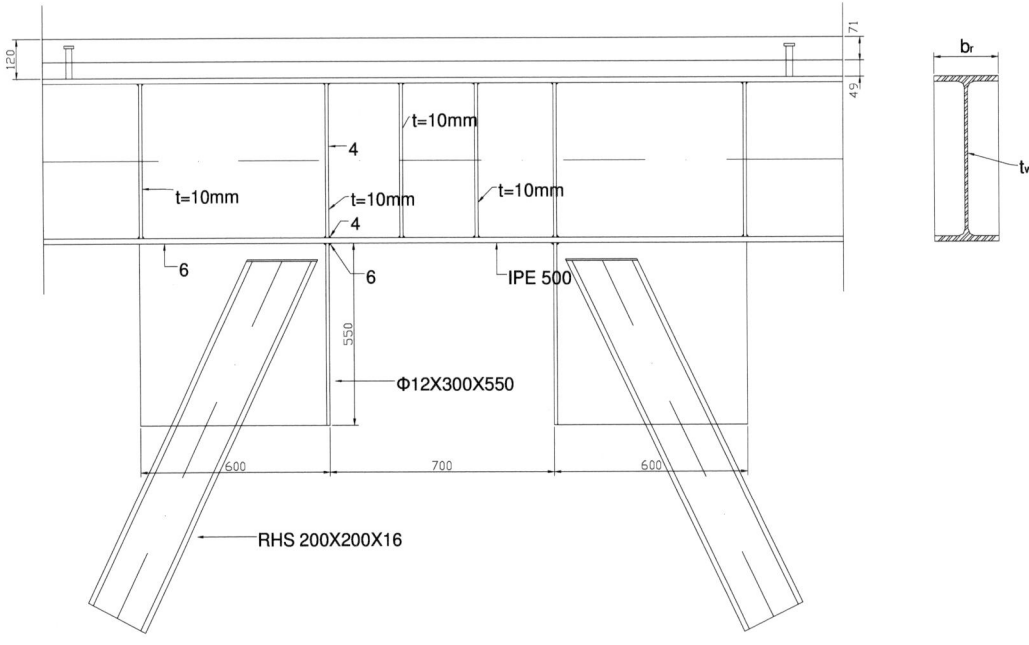

**Bild 125.** Konstruktive Details der Verbinder

**Tabelle 26.** Nachweis der gegenseitigen Stockwerksverschiebung

| Stockwerk | Maximale Stockwerkswinkelverformungen [%] | |
|---|---|---|
| | $\theta_x$ | $\theta_y$ |
| 1 | 0,41 | 0,21 |
| 2 | 0,50 | 0,33 |
| 3 | 0,48 | 0,36 |
| 4 | 0,48 | 0,34 |

### 7.2.4 Grenzzustand der Tragsicherheit

#### 7.2.4.1 Nicht aussteifende Elemente

Träger, Stützen, Verbindungen usw., die nicht zum Aussteifungssystem gehören, wie beispielsweise die Elemente links und rechts vom Verbandsfeld in Bild 119, beteiligen sich nicht an der Aufnahme der Erdbebeneinwirkung und werden für die Grundkombination dimensioniert.

#### 7.2.4.2 Dissipative Elemente des Aussteifungssystems

Dies sind die Träger der biegesteifen Rahmen und die Verbinder der exzentrischen Verbände. Sie sind für die Schnittgrößen der seismischen Bemessungssituation, Gl. (28), nachzuweisen.

**Träger biegesteifer Rahmen**

Biegesteife Rahmen sind in x-Richtung angeordnet. Die ungünstigste seismische Bemessungssituation ergibt sich für die Kombination $G + 0,3\,Q + E_{dx} + 0,3\,E_{dy}$. Der Nachweis wird exemplarisch für einen Träger des ersten Stockwerks des Rahmens 2 gezeigt.
- Einwirkende Bemessungsschnittgrößen:
  $M_{Ed} = 131$ kNm  $V_{Ed} = 68$ kN  $N_{Ed} \approx 0$
- Profil IPE 450, S 235 → $M_{pl,Rd} = 400$ kNm, $V_{pl,Rd} = 573$ kN
- Querkraft aus Kapazitätskriterium:
  $$V_{Ed} = V_{Ed,G} + V_{Ed,M} = 80 + \frac{2 \cdot 400}{7,2}$$
  $$= 191 \text{ kN} > 68 \text{ kN}$$

- Nachweis der Querkraft, Gl. (55c):
  $$\frac{181}{573} = 0,32 \leq 0,50$$
- Nachweis des Moments, Gl. (55)a:
  $$\frac{191}{400} = 0,48 \leq 1,0$$
- Überfestigkeit:
  $$\Omega_i = \frac{1}{0,48} = 2,08$$

Ähnliche Ergebnisse werden für alle restlichen Träger erzielt. Der Nachweis der Momente ergibt Quotienten zwischen 0,31 und 0,60. Das kritische Bemessungskriterium ist also der Grenzzustand der Schadensbegrenzung und nicht der Tragsicherheit. Die minimale Überfestigkeit aller Träger, die zur Kapazitätsbemessung der Stützen verwendet wird, ist $\Omega = 1/0,60 = 1,66$.

**Verbinder exzentrischer Verbände**

Exzentrische Verbände sind in y-Richtung angeordnet, sodass die ungünstigste seismische Bemessungssituation sich für die Kombination $G + 0,3\,Q + 0,3\,E_{dx} + E_{dy}$ ergibt. Zunächst ist der Verbindertyp nach den Gln. (84), (87) und (88) zu bestimmen. Die Verbinderlänge beträgt 0,70 m. Tabelle 27 fasst die Ergebnisse für den Rahmen A zusammen.
Die Verbinder sind nach den Gl. (80a) nachzuweisen. Beispielsweise gilt für den Verbinder des ersten Stockwerks:

$$\frac{V_{Ed}}{V_{p,link}} = \frac{362}{629} = 0,58 \leq 1 \qquad \frac{M_{Ed}}{M_{p,link}} = \frac{147}{466} = 0,32 \leq 1$$

Die Überfestigkeit dieses Verbinder ist nach Gl. (89b)

$$\Omega_i = 1,5 \cdot \frac{1}{0,58} = 2,69.$$ Die Überfestigkeiten bewegen sich zwischen 2,56–2,92 und 2,32–2,52 für die Rahmen A bzw. F. Sie unterscheiden sich also pro Rahmen nicht mehr als 20%. Die minimale Überfestigkeit aller Verbinder beträgt $\Omega = 2,32$.

Die Gelenkrotationen der Verbinder sind nach Abschnitt 4.6.2 nachzuweisen. Die Rotationen sind nach der Beziehung $\theta_p = \frac{q \cdot (u_{z,links} + u_{z,rechts})}{e}$, mit $u_z$ Vertikalverformungen der Verbinderenden, $e$ = Verbinderlänge, zu bestimmen (Bild 124). Tabelle 28 fasst die Ergebnisse zusammen.

**Tabelle 27.** Bestimmung des Verbindertyps für den Rahmen A

| Stockwerk | Querschnitt | $\dfrac{M_{p,link}}{V_{p,link}}$ | $e_s$ [m] Gl. (84) | $e_L$ [m] Gl. (87) | Verbindertyp |
|---|---|---|---|---|---|
| 4 | IPE270 | 0,38 | 0,61 | 1,14 | mittel |
| 3 | IPE300 | 0,40 | 0,64 | 1,20 | mittel |
| 2 | IPE360 | 0,48 | 0,77 | 1,44 | kurz |
| 1 | IPE500 | 0,56 | 0,90 | 1,68 | kurz |

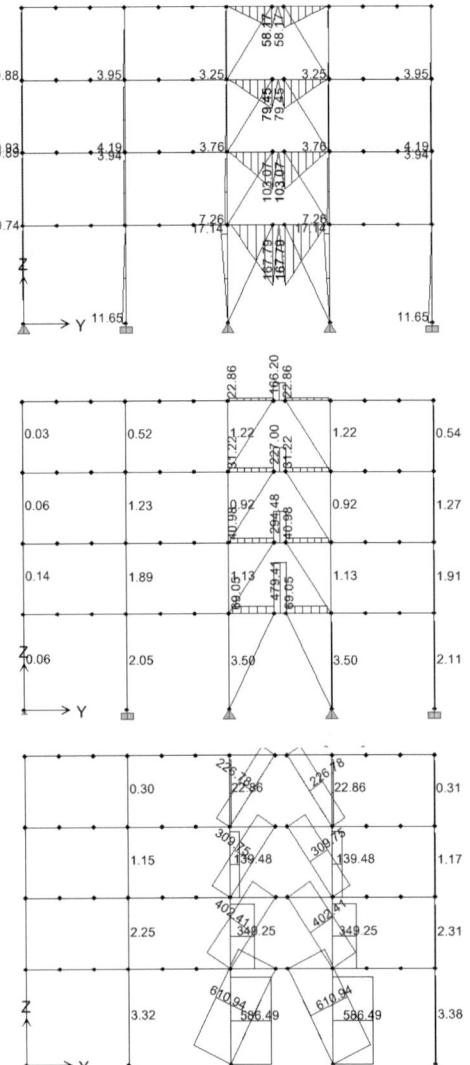

**Bild 122.** Schnittgrößenumhüllende (M), (V), (N) der Erdbebeneinwirkung $A_{Ed}$, Rahmen A

und die dritte Eigenform eine globale Torsion anregen. Entsprechend dürfen für die x-Richtung nur die Eigenformen 1 und 4, für die y-Richtung nur die Eigenformen 2 und 5 für die weitere Berechnung berücksichtigt werden. Die Summen der entsprechenden effektiven modalen Massen beträgt 96% bzw. 94,7%, also größer als die geforderten 90%.

Die Antwortgrößen für die beiden Hauptrichtungen x und y werden unter Anwendung der CQC-Kombinationsregel, die etwas genauer als die SRSS ist, ermittelt. Die Untersuchung der Vertikalkomponente des Erdbebens ist nicht erforderlich. Die räumliche Wirkung der Anregung $A_{Ed}$ wird durch Kombination der Horizontalkomponenten der Antwortgrößen nach Gl. (41) bestimmt. Die Bilder 123 und 124 stellen die Schnittgrößenumhüllenden für zwei Rahmen dar, die nur aus positiven Werten bestehen. In x-Richtung werden nur die biegesteifen Rahmen, in y-Richtung nur die Elemente des Feldes mit angeordnetem Verband durch das Erdbeben beansprucht. Man erkennt die hohen Schubkräfte der Verbinder und die Konzentration der Biegebeanspruchung an den Knoten der biegesteifen Rahmen. Diese Schnittgrößen sind noch mit den entsprechenden aus den Gravitationslasten nach G + 0,3 Q + $A_{Ed}$, Gl. (28), zur Bestimmung der Bemessungswerte der Effekte $E_d$ der seismischen Bemessungssituation zu kombinieren.

### 7.2.3 Grenzzustand der Schadensbegrenzung

Für spröde nichttragende Elemente ist für beide Hauptrichtungen der Grenzzustand der Schadensbegrenzung nach Abschnitt 3.4.2 mit n = 0,5 nachzuweisen. Tabelle 26 fasst die Ergebnisse zusammen. Alle Werte liegen innerhalb der zulässigen Grenze von 0,5%. Die Verformungen sind in x-Richtung größer, wo die seitliche Stabilität über biegesteife Rahmen gewährleistet ist. Die Querschnittsabmessungen dieser Rahmen wurden so gewählt, dass der zulässige Grenzwert gerade erreicht wird. Später wird gezeigt, dass diese Querschnitte mit ausreichender Reserve die Forderungen des Grenzzustands der Tragsicherheit erfüllen.

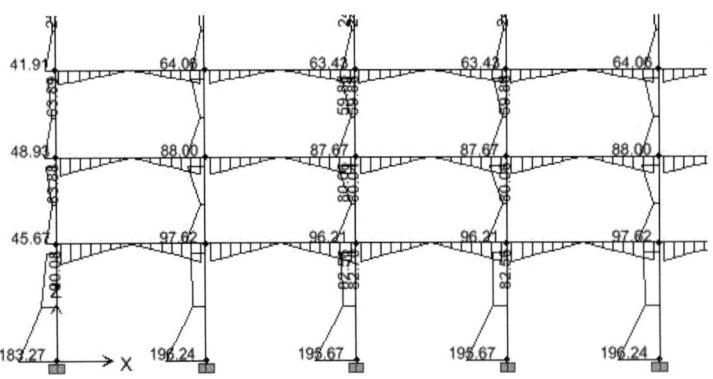

**Bild 123.** Schnittgrößenumhüllende (M) der Erdbebeneinwirkung $A_{Ed}$, Rahmen 2

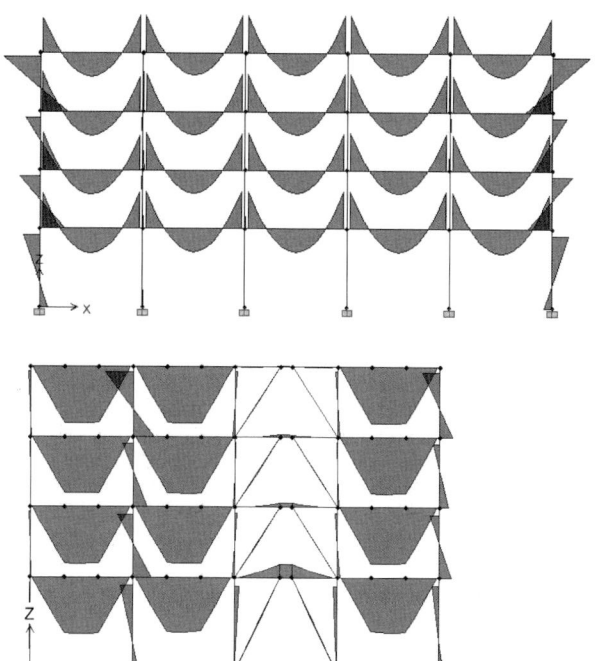

**Bild 120.** Biegemomente der Grundkombination 1,35 G + 1,5 Q, Rahmen 2 und A

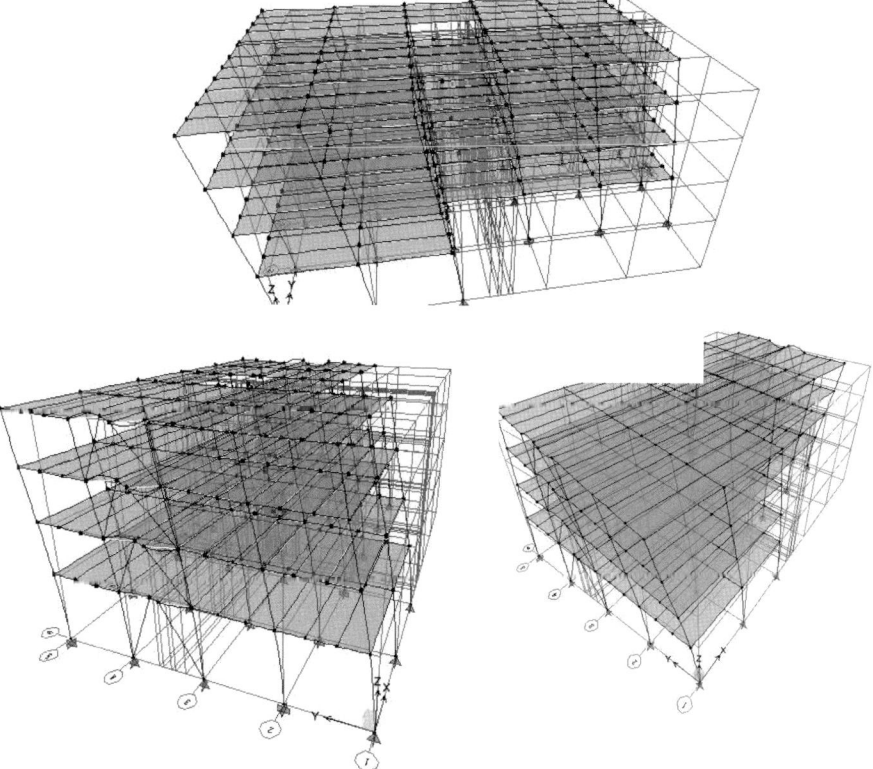

**Bild 121.** Die drei ersten Tragwerkseigenformen

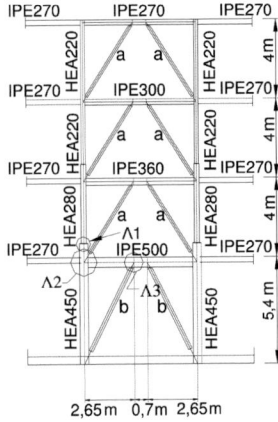

**Bild 119.** Exzentrische Verbände in y-Richtung, Achsen A und F (Auszug)

a : RHS160x160x10
b : RHS200x200x16

Die ständigen Lasten bestehen aus folgenden Eigengewichten:
Stahlkonstruktion: $\gamma = 78{,}5$ kN/m³
Decken: 2,5 kN/m²
Auffüllungen und Fußböden: 1,5 kN/m²
Trennwände und sonstige Lasten: 2,0 kN/m²
Äußere Verglasung: 2,0 kN/m²

Die Nutzlasten werden mit $q = 2{,}0$ kN/m² angenommen.

Die Erdbebeneinwirkung wird mit folgenden Annahmen bestimmt:
- Bezugswert der maximalen Bodenbeschleunigung $\alpha_{gR} = 1{,}6$ m/s²,
- Bedeutungsklasse II → Bedeutungsfaktor $\gamma_I = 1{,}0$ (Tabelle 8),
- maximale Bodenbeschleunigung $\alpha_g = \gamma_I \cdot \alpha_{gR} = 0{,}16$ g (Gl. (23))
- Baugrundklasse B,
- Spektrum Typ 1 (DIN EN 1998-1 [3]),
- Gebäudeklasse A, unabhängig besetzte Geschosse → $\varphi = 0{,}5$ allgemein und 1,0 für das Dachgeschoss (Tabelle 9),
- Der Verhaltensfaktor wird in beiden Richtungen mit q = 5 angesetzt. Dieser Wert ist kleiner als die vorgesehenen Maximalwerte von 6,5 bzw. 6,0 für biegesteife Rahmen und exzentrische Verbände.

Das elastische und das Bemessungsspektrum ergeben sich nach den Gln. (2a) und (25).
Geschossgewichte: $V_G = 4375$ kN, $V_Q = 1382$ kN
Die Geschossmassen werden nach Gl. (26) bestimmt, mit $\psi_{E,i} = 0{,}5 \cdot 0{,}3 = 0{,}15$ allgemein und 0,3 für das Dachgeschoss. Die Masse des typischen Geschosses ist dementsprechend gleich:

$$m_i = \frac{4375 + 0{,}15 \cdot 1382}{9{,}81} = 467{,}13 \text{ t}$$

### 7.2.2 Tragwerksmodellierung und -berechnung

Das Tragwerk wird als räumliches Tragwerk im Softwareprogramm ETABS [83] modelliert. Die Träger der biegesteifen Rahmen werden als Stahlträger, alle anderen als Verbundträger berücksichtigt. Die Träger-Stützen-Verbindungen werden allgemein als gelenkig, in den Rahmen 2 und 5 als biegesteif idealisiert. Die Verbandsstäbe sind beidseitig gelenkig gelagert, die Stützenfüße sind eingespannt. Träger und Stützen sind als lineare Elemente abgebildet, die sich ohne Berücksichtigung von starren Zonen in den entsprechenden Systemachsen treffen [84].

Zur globalen statischen Berechnung werden die Gravitationslasten auf den Decken aufgebracht. Die Nebenträger werden, unter Berücksichtigung der Bauphasen mit den entsprechenden Lasten, als Stahl- bzw. Verbundträger im Grenzzustand der Tragfähigkeit und der Gebrauchstauglichkeit nach den Eurocodes 3 und 4 nachgewiesen. Die elastische Berechnung nach Theorie I. Ordnung liefert die Schnittgrößen für die einzelnen Lastfälle und ihre Grundkombination 1,35 G + 1,5 Q. Bild 120 stellt die Biegemomente zweier Rahmen für diese Kombination dar.

Die dynamische Berechnung erfolgt unter Annahme starrer Deckenscheiben. Bei der Eigenwertberechnung werden die 10 ersten Eigenformen untersucht. Tabelle 25 fasst wichtige Eigenschaften dieser Eigenformen zusammen. Man erkennt, dass die erste, vierte und zehnte Eigenformen Translationsschwingungen in x-Richtung, die zweite und fünfte Translationsschwingungen in y-Richtung und die dritte und siebte Rotationsschwingungen anregen. Die drei ersten Eigenformen sind in Bild 121 dargestellt. Es wird bestätigt, dass die zwei ersten Eigenformen Translationen in x- bzw. y-Richtung unter Beteiligung großer Massenanteile, da das gesamte Tragwerk an der Verformung teilnimmt,

**Tabelle 25.** Eigenschaften der 10 ersten Eigenformen

| Nummer der Eigenform | Eigenperiode [s] | Effektive modale Massen in %, um die Achsen | | |
|---|---|---|---|---|
| | | x | y | z |
| 1 | 1,71 | 84 | – | – |
| 2 | 1,12 | – | 79 | – |
| 3 | 0,78 | – | – | – |
| 4 | 0,57 | 12 | – | – |
| 5 | 0,42 | – | 15,7 | – |
| 6 | 0,36 | – | – | 4 |
| 7 | 0,35 | – | – | – |
| 8 | 0,35 | – | – | 4 |
| 9 | 0,35 | – | – | 1 |
| 10 | 0,4 | 3,4 | – | – |

## 7.2 Vierstöckiges Bürogebäude mit dissipativer Auslegung

### 7.2.1 Tragwerksbeschreibung – Lasten

Das untersuchte Gebäude ist ein vierstöckiges Bürogebäude mit Grundrissabmessungen von 36 m × 24 m und einer Gesamthöhe von 17,4 m (Bild 117). Aufzüge und Treppenhaus befinden sich im Tragwerksinneren. Das Deckensystem besteht aus Verbunddecken, Neben- und Hauptträgern. Die Trapezbleche der Verbunddecken laufen quer zu den Nebenträgern. Die Nebenträger sind im Abstand von 2,0 m angeordnet, mit Ausnahme des Feldes zwischen den Achsen 3 und 4, wo sie über den Verbandsstäben liegen. Das Aussteifungssystem besteht in x-Richtung aus biegesteifen Rahmen in den Achsen 2 und 5 (Bild 118) und in y-Richtung aus exzentrischen Rahmen in den Achsen A und F (Bild 119). Die Verbindungen zwischen Hauptträger und Stützen werden als Querkraftverbindungen ausgeführt. Ausgenommen sind die Träger-Stützen-Verbindungen der biegesteifen Rahmen 2 und 5, die als Momentenverbindungen ausgeführt sind. Die Träger bestehen aus IPE-Profilen, die Stützen aus HEA-Profilen, die Verbandsstäbe aus quadratischen Hohlprofilen. An den Trägerobergurten sind Kopfbolzendübel zur Erzeugung einer Verbundwirkung angeordnet, mit Ausnahme der Endbereiche, wo der Träger der biegesteifen Rahmen auf einer Länge von ~ 0,5 m keinen Kontakt zwischen der Decke und dem Träger hat. Als Baustahl wurde S235J2G3 verwendet. Für die duktilen Elemente – Träger der biegesteifen Rahmen und Träger der Verbinder – wird ein zulässiger Maximalwert der Fließgrenze $f_{y,max} = 1,1 \cdot 1,25 \cdot 235 = 323$ MPa vorgeschrieben (empfohlener Wert in DIN EN 1998-1, in Deutschland nach DIN EN 1998-1/NA abweichend). Die Auslegung erfolgt für einen fiktiven Standort in Europa nach DIN EN 1998-1 ohne Nationalen Anhang für Deutschland mit $\alpha_{gR} = 1,6$ m/s², Baugrundklasse B und Spektrentyp 1.

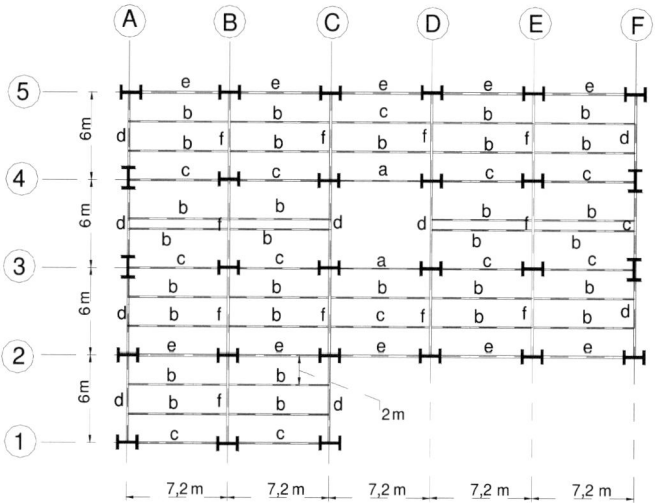

Bild 117. Grundriss des typischen Geschosses des Anwendungsbeispiels

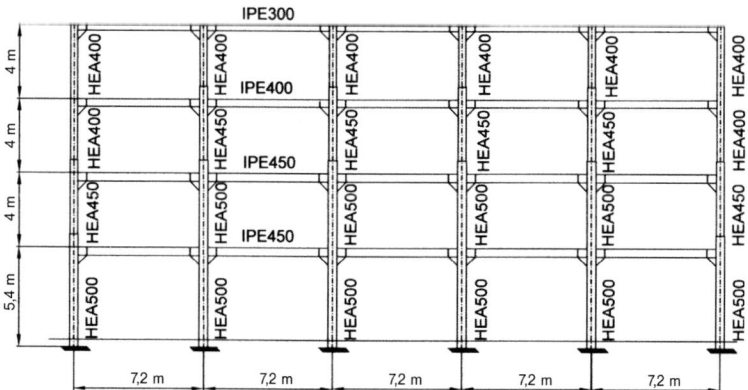

Bild 118. Biegesteife Rahmen in x-Richtung, Achsen 2 und 5

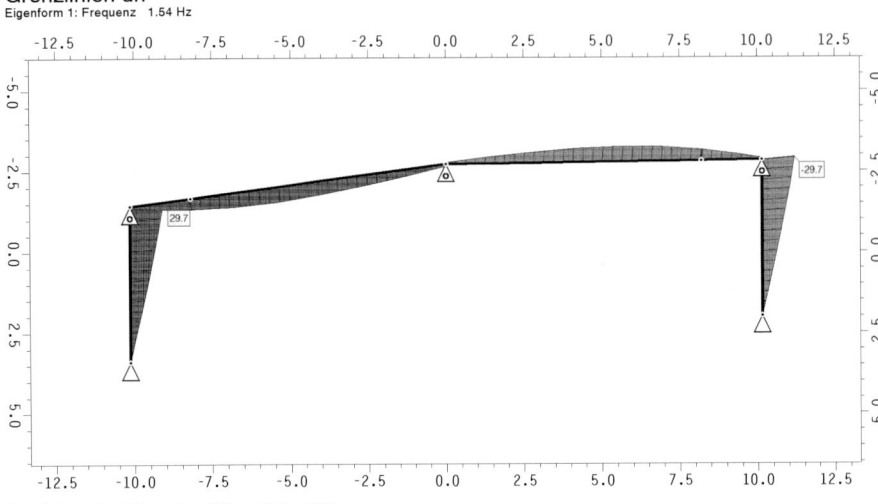

**Bild 116.** 1. Eigenform des Rahmens

Die Abweichung zu den obigen Werten resultiert daraus, dass mit der angegebenen Formel die Voute nicht berücksichtigt wird und der Rahmen etwas weicher berechnet wird, als er tatsächlich ist. Es wird daher mit dem genaueren Wert 0,654 s weitergerechnet.
fiktiver Standort mit $S_{ap,R} = 2{,}60$ m/s²

Bodenbeschleunigung $a_{gR} = \dfrac{S_{ap,R}}{2{,}5} = 1{,}04$ m/s²

Aus Tabelle 3 wird für den Parameter C-R abgelesen:
$S = 1{,}15$, $T_B = 0{,}10$ s, $T_C = 0{,}30$ s, $T_D = 2{,}0$ s

Somit ist $T > T_C$ und $T < T_D$, es gilt Gl. (25c):

$$S_d(T) = a_{gR} \cdot \gamma_I \cdot S \cdot \dfrac{2{,}5}{q} \cdot \dfrac{T_C}{T}$$

$$S_d(T) = 1{,}04 \cdot 1{,}0 \cdot 1{,}15 \cdot \dfrac{2{,}5}{1{,}5} \cdot \dfrac{0{,}30}{0{,}654} = 0{,}91 \text{ m/s}^2$$

und damit
$F_{by} = S_d(T) \cdot M = 0{,}91 \cdot 12{,}31 = 11{,}2$ kN
Gesamterdbebenkraft auf Rahmen

Zum Vergleich: Bemessungswindlast
$F_{wx,d} = 1{,}5 \cdot (0{,}35 + 0{,}15) \cdot 5{,}00 \cdot 5{,}00/2$
$\quad\quad = 9{,}38$ kN $< 11{,}2$ kN

Das heißt, hier ist zwar die Erdbebenkraft maßgebend, aber sie ist nur wenig größer als die Windkraft. Das liegt daran, dass der Rahmen als weiche Konstruktion über die Periode eine starke Abminderung über das Spektrum erfährt.
Wie man an diesem Beispiel sieht, führt die Berücksichtigung des Lastfalls Erdbeben vor allem in Hallenlängsrichtung wegen der steiferen Verbände zu deutlich höheren Beanspruchungen, die im Rahmen der Bemessung zu berücksichtigen sind. Es sei darauf hingewiesen, dass in Anbetracht der Symmetrie der Konstruktion im Grundriss keine Erhöhung der Erdbebenlasten infolge Torsion berücksichtigt wurde, was für das vorliegende System begründet werden kann. In der Praxis sitzen die Verbände eventuell versetzt oder leicht unsymmetrisch. Dann wären Torsionseinflüsse nicht mehr zu vernachlässigen und müssten nach Abschnitt 3.2 berücksichtigt werden.
Ferner ist zu beachten, dass die Aufnahme und Weiterleitung der oben ermittelten Horizontalkraft bis in die Fundamente nachgewiesen werden muss. Insbesondere müssen die Rahmenstiele für die zusätzliche Druckbeanspruchung nachgewiesen und die Zugkräfte entsprechend verankert werden. Gegebenenfalls ist eine Überlagerung für die Anregung in Richtung der Rahmenebene zu berücksichtigen.
An dem Beispiel lässt sich gut ablesen, dass die niedrig-dissipative Auslegung in Deutschland für solche Hallentragwerke auch Regionen mit höherer seismischer Gefährdung eine angemessene Dimensionierung ermöglicht. Insofern ist wegen der schwachen Seismizität eine dissipative Auslegung, die hohe Anforderungen an den planenden Ingenieur stellt und mit einem nicht zu vernachlässigenden Aufwand verbunden ist, in Deutschland nicht zwingend erforderlich. Bedenkt man jedoch, dass z. B. in Griechenland auch in der schwächsten Erdbebenzone mindestens doppelt so große Bodenbeschleunigungen als in Deutschland auftreten, wird klar, warum dort für eine wirtschaftliche Bemessung höhere Verhaltensbeiwerte, z. B. $q = 4$, gewünscht werden und eine dissipative Auslegung erforderlich ist, um die Erdbebenkräfte einigermaßen in den Griff zu bekommen.

Die Vorgehensweise ist analog zu a), allerdings müssen die Diagonalen verstärkt werden. Gewählt werden Diagonalen als Rundstab Ø 30
M = 1,15/9,81 · 45,00 · 21,00 = 110,8 t
Gesamtmasse auf Dach

Die Verschiebung ergibt sich aus
$EA \cdot u = \int N \bar{N} \, ds = 543,5 \cdot \sqrt{2} \cdot \sqrt{2} \cdot 5,00 \cdot \sqrt{2}$
= 7686 kNm
E = 21000 kN/cm² A = 7,07 cm² für Rundstab Ø 30
u = 7686/(21000 · 7,07) = 0,0518 m

Daraus folgt die Schwingzeit (Periode) nach Gl. (50) zu
$T_1 = 2 \cdot \sqrt{0,0518} = 0,455$ s

fiktiver Standort mit $S_{ap,R}$ = 2,60 m/s²

Bodenbeschleunigung $a_{gR} = \dfrac{S_{ap,R}}{2,5} = 1,04$ m/s²

Aus Tabelle 3 wird für den Parameter C-R abgelesen:
S = 1,15, $T_B$ = 0,10 s, $T_C$ = 0,30 s, $T_D$ = 2,0 s
Somit ist $T_1 > T_C$ und $T_1 < T_D$, es gilt Gl. (25b):

$S_d(T) = a_{gR} \cdot \gamma_I \cdot S \cdot \dfrac{2,5}{q} \cdot \dfrac{T_C}{T}$

$S_d(T) = 1,04 \cdot 1,0 \cdot 1,15 \cdot \dfrac{2,5}{1,5} \cdot \dfrac{0,30}{0,455} = 1,31$ m/s²

und damit
$F_{bx} = S_d(T) \cdot M = 1,31 \cdot 110,8 = 145,1$ kN
Gesamterdbebenkraft in Dachebene

Jeder der beiden Längswandverbände muss für
$F_{bx,d}/2 = 145,1/2 = 72,57$ kN nachgewiesen werden.

In Rahmenebene (Querrichtung):

Der Nachweis mit Plateauwerten wird hier nicht verfolgt, da dieser bei einem weichen Stahlrahmen viel zu unwirtschaftlich wäre und die Bestimmung der Schwingzeit keine weiteren Probleme bereitet.
Stiele: IPE 500   S235 JR
Riegel: IPE 400   S235 JR,
an den Rahmenecken auf doppelte Riegelhöhe und 2 m Länge gevoutet

Horizontale Verformung unter Einheitskraft $F_y$ = 1 kN nach Bild 113b
$u_1$ = 0,886 mm

Gewichtskraft der mitschwingenden Masse pro Rahmen aus Dachlast 1,15 kN/m²
$F_M$ = 21,00 · 5,00 · 1,15 = 120,75 kN
(fiktiv, zur Schwingzeitermittlung nach Gl. (50)

→ Horizontalverformung u an der Rahmenecke
u = 120,75 · 0,886 = 107,0 cm = 0,107 m

→ $T = 2 \cdot \sqrt{u} = 2 \cdot \sqrt{0,107} = 0,654$ s

Die erste Eigenform wurde zum Vergleich mit einem Dynamikmodul ermittelt (Bild 115 und Bild 116), die Eigenfrequenz beträgt f = 1,54 Hz bzw. T = 1/f = 0,649 s ≈ 0,654 s.

Eine weitere Alternative zur Ermittlung der Schwingzeit für den Zweigelenkrahmen bildet die folgende Formel [29]:

$$T = \dfrac{\pi}{\sqrt{3}} \sqrt{\dfrac{M \cdot H^2 (2H + I_S/I_R \cdot L)}{E \, I_S}}$$

mit
$I_S$, $I_R$   Trägheitsmoment Stiel bzw. Riegel
M   mitschwingende Masse
M = 120,75/9,81 = 12,31 t

Eingesetzt:

$$T = \dfrac{\pi}{\sqrt{3}} \sqrt{\dfrac{12,31 \cdot 5,00^2 (2 \cdot 5,00 + 48200/23130 \cdot 21,00)}{21000 \cdot 48200 \cdot 10^{-4}}} = 0,733 \text{ s}$$

System

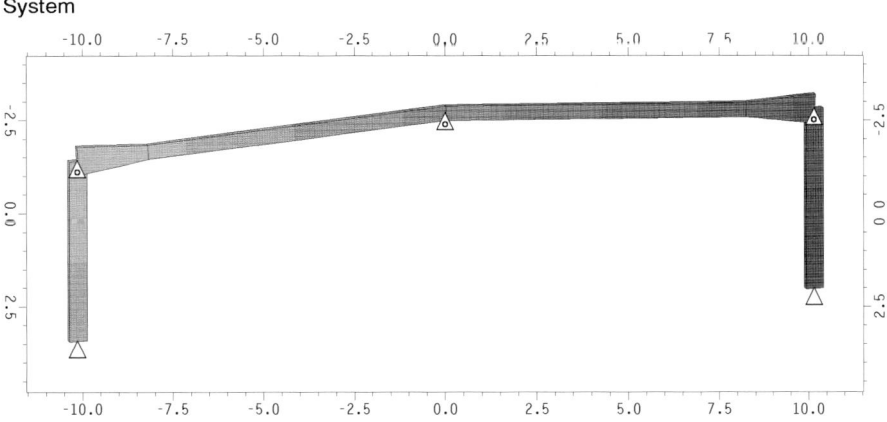

**Bild 115.** Untersuchter Rahmen, Stahlgüte S235, Stiele: IPE 500, Riegel: IPE 400, Voutenhöhe ca. 2 × Riegelhöhe

aus Tabelle 3: Spektralparameter S = 1,30
nach Gl. (25b)

$$S_d(T) = a_{gR} \cdot \gamma_I \cdot S \cdot \frac{2,5}{q} = 0,24 \cdot 1,0 \cdot 1,30 \cdot 2,5/1,5$$
$$= 0,52 \text{ m/s}^2$$

Gesamtmasse auf Dach:
M = 1,06/9,81 · 45,00 · 21,00 = 102,1 t
Gesamterdbebenkraft in Dachebene:
$F_{bx} = S_d \cdot M = 0,52 \cdot 102,1 = 53,1$ kN

Windeinwirkung nach DIN EN 1991-4 + deutschem NA, Windzone 1, Binnenland, H < 10 m

Staudruck
$q_p = 0,50$ kN/m² (vereinfacht)

Druckbeiwert Luvseite (Seite D),
h/d = 5,00/21,00 < 0,25: $c_p = 0,70$
Sogbeiwert Leeseite (Seite E): $c_p = -0,30$

Windlast
$w_k = (0,70 + 0,30) \cdot 0,50 = 0,50$ kN/m²
$F_{wx,d} = 1,50 \cdot 0,50 \cdot 21,00 \cdot (5,0 + 5,60)/2 \cdot \frac{1}{2} = 41,7$ kN
$F_{bx,d} = 1,0 \cdot F_{bx} > F_{wx,d}$
→ Erdbeben wird maßgebend, die 1,0-fache Erdbebenkraft ist größer als die 1,50-fache Windlast
Jeder der beiden Längswandverbände muss für $F_{bx}/2 = 26,5$ kN nachgewiesen werden.

a2) mit Berechnung der Schwingzeit

Auf jeden Verband entfällt die Hälfte der Gesamtmasse des Daches, deren Gewichtskraft beträgt
$F_{M1} = 0,5 \cdot 21,00 \cdot 45,00 \cdot 1,06 = 500,9$ kN
Diese Ersatzkraft wird an der Verbandsecke horizontal wirkend angesetzt. Es handelt sich um einen fiktiven Lastfall, der nur für die Schwingzeitbestimmung über die Verschiebung u benötigt wird und sonst keine weitere Bedeutung hat.
Die Verschiebung ergibt sich aus der Verlängerung der Diagonalstäbe (Bild 114), andere Beiträge können vernachlässigt werden:

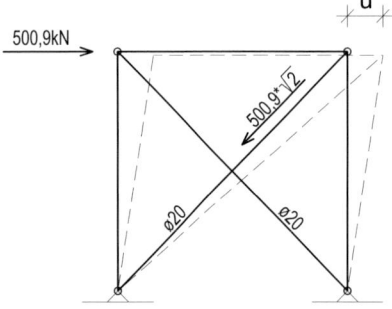

**Bild 114.** Horizontalverschiebung u für horizontal angreifenden Massenanteil (fiktiv)

$EA \cdot u = \int N \bar{N} \, ds = 500,9 \cdot \sqrt{2} \cdot \sqrt{2} \cdot 5,00 \cdot \sqrt{2}$
$= 7084$ kNm
E = 21000 kN/cm² A = 3,14 cm² für Rundstab Ø 20
u = 7084/(21000 · 3,14) = 0,1074 m
Daraus folgt die Schwingzeit (Periode) nach Gl. (50) zu
$T_1 = 2 \cdot \sqrt{0,1074} = 0,655$ s
Die Berechnung mit einem Dynamikmodul liefert 0,658 s, also den quasi identischen Wert.

Aus Tabelle 3 wird für den Parameter C-S abgelesen:
S = 1,30, $T_B = 0,10$ s , $T_C = 0,50$ s, $T_D = 2,0$ s
Somit ist $T_1 > T_C$ und $T_1 < T_D$, es gilt Gl. (25b):

$$S_d(T) = a_{gR} \cdot \gamma_I \cdot S \cdot \frac{2,5}{q} \cdot \frac{T_C}{T}$$

$$S_d(T) = 0,24 \cdot 1,0 \cdot 1,30 \cdot \frac{2,5}{1,5} \cdot \frac{0,50}{0,655} = 0,40 \text{ m/s}^2$$

und damit
$F_{bx} = S_d(T) \cdot M = 0,40 \cdot 102,1 = 40,84$ kN
Gesamterdbebenkraft in Dachebene
$F_{bx,d} = 1,0 \cdot F_{bx} < F_{wx,d}$
→ Wind wird maßgebend, die 1,0-fache Erdbebenkraft ist kleiner als die 1,50-fache Windlast
Jeder der beiden Längswandverbände muss für
$F_{wx,d}/2 = 41,7/2 = 20,9$ kN nachgewiesen werden.

Die Bestimmung der Schwingzeit führt also zu einer deutlichen Reduktion der Beanspruchungen. Da man dies mit wenig Aufwand für die erste Eigenform mit der angegebenen Näherungsgleichung durchführen kann und dafür kein spezielles Dynamikmodul braucht, lohnt sich im Stahlbau die Ermittlung der Schwingzeit eigentlich immer.
In Rahmenebene (Querrichtung) ist die Windlast gegenüber Erdbeben immer maßgebend.

**b) Standort mit $S_{ap,R} = 2,6$ m/s²,
Untergrundverhältnisse C-R**
Einwirkungen:
Eigengewicht
aus Konstruktion     0,35 kN/m²
aus Wandbekleidung     0,05 kN/m²
aus Dacheindeckung     0,10 kN/m²
aus Fotovoltaik     0,20 kN/m²
aus Abhängungen     0,10 kN/m²
$g_k =$     0,80 kN/m²

Schnee:
Schneelastzone 2, $s_0 = 0,87$ kN/m²
$s_k = 0,8 \cdot 0,87 = 0,70$ kN/m²

Wind:
Windlastzone 1, Winddruck auf Wand
$w_d = 0,7 \cdot 0,50 = 0,35$ kN/m²
Windsog auf Wand
$w_s = -0,3 \cdot 0,50 = -0,15$ kN/m²

Dachlast:
$p_k = g_k + 0,5 \, s_k = 0,80 + 0,50 \cdot 0,70 = 1,15$ kN/m²

Nachweis in Hallenlängsrichtung (Bild 113c)

# 11 Tragverhalten, Auslegung und Nachweise von Stahlbauten in Erdbebengebieten

Praxis ist, dass DIN EN 1992-4 keine Verankerungen unter seismischen Einwirkungen mit einer Ausgleichsmörtelschicht größer als der 0,5-fache Dübeldurchmesser regelt. Soll oder kann auf die Mörtelschicht beispielsweise zum Toleranzausgleich nicht verzichtet werden, müssen Biegemomente im Dübel aus Querlast infolge des Hebelarms und deren Einfluss auf niederzyklische Ermüdung durch geeignete mechanische Modelle separat nachgewiesen werden.

## 7 Auslegungsbeispiele

### 7.1 Stahlhalle in Deutschland

Gegeben sei die in Bild 113 dargestellte eingeschossige Stahlhalle mit den Abmessungen 45,00 m × 21,00 m. Die Halle ist in Längsrichtung durch Diagonalverbände aus Rundstahl ausgesteift, in Querrichtung durch die Rahmentragwirkung. Der Riegel ist gevoutet, es ist somit eine gebräuchliche Stahlhalle für kleinere und mittlere Gewerbebetriebe. Die Halle gehöre zur Bedeutungskategorie II.

**a) Standort mit $S_{ap,R} = 0{,}6$ m/s², Untergrundverhältnisse C-S**

Einwirkungen:
Eigengewicht
aus Konstruktion      0,35 kN/m²
aus Wandbekleidung    0,05 kN/m²
aus Dacheindeckung    0,10 kN/m²
aus Fotovoltaik       0,20 kN/m²
aus Abhängungen       0,10 kN/m²
$g_k =$               0,80 kN/m²

Schnee: Schneelastzone 1, $s_0 = 0{,}65$ kN/m²
$s_k = 0{,}8 \cdot 0{,}65 = 0{,}52$ kN/m²

Dachlast:
$p_k = g_k + 0{,}5\, s_k = 0{,}80 + 0{,}50 \cdot 0{,}52 = 1{,}06$ kN/m²

Nachweis in Hallenlängsrichtung (Bild 113c):

a1) mit Plateauwert des Bemessungsspektrums

fiktiver Standort mit $S_{ap,R} = 0{,}60$ m/s²

Bodenbeschleunigung $a_{gR} = \dfrac{S_{ap,R}}{2{,}5} = 0{,}24$ m/s²

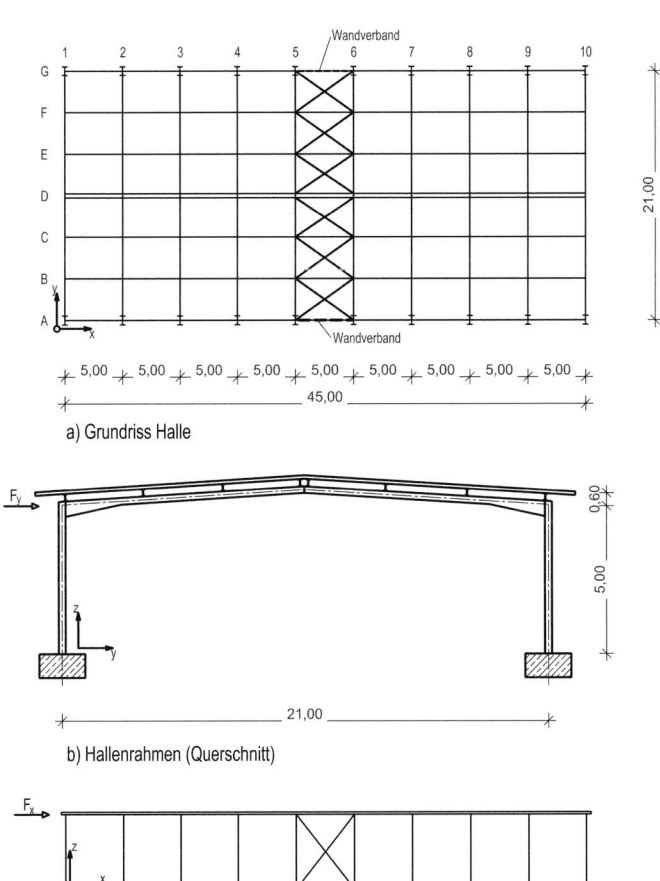

**Bild 113.** Eingeschossige Stahlhalle, System

Für den konvektiven Anteil ist der Verhaltensbeiwert q = 1 zu setzen, da die Schwappschwingung nicht dissipativ ist. Bezüglich des Verhaltensbeiwerts für den Tankmantel (impulsiver Anteil) kann eine nicht dissipative Auslegung mit einem Verhaltensbeiwert von bis zu q = 1,5 oder eine dissipative Auslegung mit q > 1,5 erfolgen. Nach DIN EN 1998-4 ist für auf den Boden gelagerte Stahltanks der Verhaltensbeiwert bei unverankerten Tanks auf q = 2,0 und bei duktilen Verankerungen auf q = 2,5 begrenzt. Für aufgeständerte Tanks mit dissipativen Unterstützungskonstruktionen gelten die oberen Grenzwerte aus Tabelle 15. Bei aufgeständerten Tanks mit geringem Durchmesser sind Beanspruchungen aus hydrodynamischen Effekten im Verhältnis zu den Beanspruchungen aus Trägheitskräften klein und können in der Regel vernachlässigt werden.

Die Nachweise im Grenzzustand der Schadensbegrenzung und der Tragfähigkeit sind analog zu Silos zu führen, siehe Abschnitt 6.3. Zusätzlich ist aber bei Tanks besondere Aufmerksamkeit den angeschlossenen Rohrleitungen zu schenken. Auch unter Berücksichtigung der Relativverschiebungen der Rohrleitungen müssen Plastizierungen auf die Rohrleitung begrenzt bleiben. Hierzu ist die Verbindung zum Tank mit einem Überfestigkeitsfaktor von $\gamma_{P2} = 1,3$ kapazitativ auszulegen.

## 6.5 Verankerungen

Der Verankerung von Anlagenteilen an Stahlbetonkonstruktionen kommt bei der Erdbebenauslegung eine besondere Bedeutung zu, da sie nicht duktile Elemente enthält. Sie kann durch einbetonierte Ankerplatten oder durch nachträglich montierte Dübelplatten ausgeführt werden. Die Auslegung von Verankerungen für seismische Einwirkungen wurde bisher in TR 45 [79] geregelt, worauf sich auch die allgemeinen bauaufsichtlichen Zulassungen für Dübel bezogen. Zukünftig wird die Bemessung von Verankerungen für seismische Einwirkungen nach DIN EN 1992-4 [73] Anhang C erfolgen. Die Nachweiskonzepte beider Regelwerke basieren auf dem CC-Verfahren von *Eligehausen* [81] und ähneln sich stark.

Eine Verankerung ist, insbesondere bei Betonversagen, ein potenziell nicht duktiles Element. Die daher erforderliche Kapazitätsbemessung kann auf drei Arten erfolgen (Bild 112):

a1) Nachweis der Verankerung auf die plastische Grenzlast des angeschlossenen Bauteils,

a2) elastischer Nachweis der Verankerung, d. h. mit q = 1,0,

b) Nachweis, dass die Tragfähigkeit der Verankerung für ein nicht duktiles Betonversagen größer ist als die Tragfähigkeit der Verankerung für ein duktiles Stahlversagen.

Dübel müssen entsprechend der Bedeutung des angeschlossenen Bauteils und der Erdbebenintensität Leistungskategorie C1 oder C2 nach Tabelle 24 erfüllen. Dübel der Leistungskategorie C2 erfüllen die angegebene Tragfähigkeit auch bei größeren Rissweiten im Verankerungsgrund. Bis jetzt gilt allerdings nach der Muster-Verwaltungsvorschrift Technische Baubestimmungen [82] für Deutschland, dass unter seismischer Einwirkung alle Dübel mit allgemeiner bauaufsichtlicher Zulassung, d. h. auch Dübel ohne seismischer Leistungskategorie, verwendet werden dürfen. Die Verankerungen sind wie für statische und quasi-statische Einwirkungen zu bemessen.

Unter seismischen Einwirkungen ist eine Abminderung der Tragfähigkeit der Dübel gegenüber normalen Lasten beispielsweise durch Rissbildung im Verankerungsgrund, niederzyklischer Ermüdung oder Lochspiel zu beachten. Entsprechende Abminderungsfaktoren werden in den allgemeinen bauaufsichtlichen Zulassungen der Hersteller angegeben. Ein häufiges Ärgernis in der

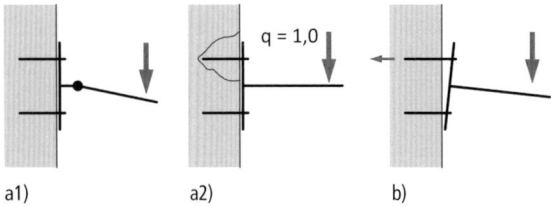

a1)  a2)  b)

**Bild 112.** Konzepte zur Kapazitätsbemessung von Dübeln; a1) Kapazitätsbemessung, a2) Elastizitätstheorie, b) duktiles Befestigungselement

**Tabelle 24.** Empfohlene seismische Leistungskategorie für Befestigungselemente nach DIN EN 1992-4 [73]

| Erdbebenstärke | | Bedeutungskategorie der Bauwerke nach Tabelle 8 | | | |
|---|---|---|---|---|---|
| Klasse | | I | II | III | IV |
| sehr gering | $a_g \cdot S \leq 0,05$ | keine seismische Leistungskategorie gefordert | | | |
| gering | $0,05 g < a_g \cdot S \leq 0,1$ | C1 | C1 oder C2 [a] | | C2 |
| > gering | $a_g \cdot S > 0,1$ | C1 | C2 | | |

a) C1 für nichttragende und C2 für tragende Bauteile

Tabelle 23 enthält in Abhängigkeit von H/R Werte für die Koeffizienten $C_i$ und $C_c$, die impulsiven und konvektiven Anteile $m_i$ und $m_c$ an der Gesamtmasse m sowie die Ersatzhöhen $h_i$ und $h_c$ vom Fußpunkt bis zum Angriffspunkt der Resultierenden des impulsiven und konvektiven Wanddrucks. $C_i$ ist dimensionslos, während $C_c$ die Einheit $s/m^{1/2}$ erhält, wenn R in m eingesetzt wird. Für H/R > 3,0 sind die Werte aus [78] übernommen, sodass damit auch die baupraktisch oft vorkommenden höheren Behälter mit derselben Methode berechnet werden können. Nach [78] sind dabei Abweichungen für den impulsiven Massenanteil von bis zu 6% möglich, was in Anbetracht der sonstigen Annahmen, Vereinfachungen und Voraussetzungen für die Praxis hinnehmbar ist. Hierzu sei auch auf die Berechnungsbeispiele in Abschnitt 7.2 und 7.4 verwiesen. Die Gesamtschubkraft ergibt sich aus

$$Q = (m_i + m_w + m_r) \cdot S_e(T_{imp}) + m_c \cdot S_e(T_{con}) \quad (98)$$

mit
$m_w$  Masse der Tankwand
$m_r$  Masse des Tankdachs
$m_i$  impulsiver Massenanteil der Flüssigkeit
$m_c$  konvektiver Massenanteil der Flüssigkeit
$S_e(T_{imp})$  impulsive Spektralbeschleunigung aus dem elastischen Antwortspektrum für eine Dämpfung von 5%
$S_e(T_{con})$  konvektive Spektralbeschleunigung aus dem elastischen Antwortspektrum für eine Dämpfung von 0,5% (d. h. die Spektralwerte sind nach Gl. (24) um den Faktor 1,35 zu erhöhen)

Das Umsturzmoment über der Bodenplatte, also das Moment, das vom Behältermantel abgetragen werden muss, ergibt sich zu:

$$M = (m_i \cdot h_i + m_w \cdot h_w + m_r \cdot h_r) \cdot S_e(T_{imp}) + m_c \cdot h_c \cdot S_e(T_{con}) \quad (99)$$

mit
$h_i, h_w, h_r, h_c$  Höhe der Massenschwerpunkte der einzelnen Anteile

Die aus diesem Moment resultierenden Axialspannungen müssen von der Schale abgetragen werden können. Hierfür ist in der Regel ein Schalenbeulnachweis für axiale Membranspannungen erforderlich, bei dem die günstige stützende Wirkung der Füllung berücksichtigt werden darf (Nachweis gegen das sogenannten „Elefantenfußbeulen").

Durch die vertikale Druckverteilung auf den Tankboden ergibt sich ein Umsturzmoment M' unter der Bodenplatte, welches für die Dimensionierung von Gründungsbauteilen zu beachten ist:

$$M' = (m_i \cdot h_i' + m_w \cdot h_w + m_r \cdot h_r) \cdot S_e(T_{imp}) + m_c \cdot h_c' \cdot S_e(T_{con}) \quad (100)$$

mit
$h_i', h_c'$  Höhe der Massenschwerpunkte der einzelnen Anteile über Unterkante Fundament

Zu beachten ist, dass nach den Gln. (98) bis (100) die Anteile aus konvektiver und impulsiver Schwingung addiert werden, während nach *Gehrig* [78] die beiden Einzelanteile mit der SRSS-Regel überlagert werden. Des Weiteren wird ersichtlich, dass etwa ab H/R > 10 der konvektive Anteil aus der Schwappschwingung klein ist und eine baupraktische Näherung darin bestehen kann, den Nachweis für die Gesamtmasse mit Angriff im Schwerpunkt der Füllung mit den Plateauwerten des Antwortspektrums zu führen.

**Tabelle 23.** Koeffizienten für die Grundperioden, Massen und Kraftangriffshöhen für das vereinfachte Verfahren für zylindrische Tanks nach DIN EN 1998-4 [73] bzw. [78]

| H/R | $C_i$ | $C_c$ [s/m$^{1/2}$] | $m_i/m$ | $m_c/m$ | $h_i/H$ | $h_c/H$ | $h_i'/H$ | $h_c'/H$ |
|---|---|---|---|---|---|---|---|---|
| 0,3 | 9,28 | 2,09 | 0,176 | 0,824 | 0,400 | 0,521 | 2,640 | 3,414 |
| 0,5 | 7,74 | 1,74 | 0,300 | 0,700 | 0,400 | 0,543 | 1,460 | 1,517 |
| 0,7 | 6,97 | 1,60 | 0,414 | 0,586 | 0,401 | 0,571 | 1,009 | 1,011 |
| 1,0 | 6,36 | 1,52 | 0,548 | 0,452 | 0,419 | 0,616 | 0,721 | 0,785 |
| 1,5 | 6,06 | 1,48 | 0,686 | 0,314 | 0,439 | 0,690 | 0,555 | 0,734 |
| 2,0 | 6,21 | 1,48 | 0,763 | 0,237 | 0,448 | 0,751 | 0,500 | 0,764 |
| 2,5 | 6,56 | 1,48 | 0,810 | 0,190 | 0,452 | 0,794 | 0,480 | 0,796 |
| 3,0 | 7,03 | 1,48 | 0,842 | 0,158 | 0,453 | 0,825 | 0,472 | 0,825 |
| 4,0 | 7,81 | 1,48 | 0,885 | 0,115 | 0,453 | 0,864 | 0,450 | 0,864 |
| 6,0 | 5,00 | 1,48 | 0,923 | 0,077 | 0,469 | 0,909 | 0,450 | 0,909 |
| 10,0 | 1,00 | 1,48 | 0,954 | 0,046 | 0,481 | 0,946 | 0,450 | 0,946 |
| 20,0 | 0,11 | 1,48 | 0,977 | 0,023 | 0,491 | 0,973 | 0,450 | 0,973 |

Experimentelle Untersuchungen an granularen Medien haben gezeigt, dass während eines Erdbebens nicht die volle Masse wirksam ist [77]. Als effektiv wirkende Masse darf daher 80 % der Gesamtmasse angenommen werden.

Auf dem Boden gelagerte Silos sollten nach dem niedrig-dissipativen Auslegungskonzept (DCL) mit einem Verhaltensbeiwert von maximal q = 1,5 ausgelegt werden. Aufgeständerte Silos können auch nach einem dissipativen Auslegungskonzept mit mittlerer (DCM) oder hoher Duktilität (DCH) ausgelegt werden, wobei die dissipativen Elemente in der Unterstützungskonstruktion vorzusehen sind. Die Verhaltensbeiwerte sind entsprechend dem Tragwerkstyp nach DIN EN 1998-1 zu wählen, wobei aufgrund der fehlenden Redundanz folgende Einschränkungen gelten:
– für dissipativ ausgebildete Standzargen sollten Verhaltensbeiwerte wie für umgekehrte Pendelsysteme verwendet werden (q ≤ 2,0 für DCM und DCH),
– für dissipative Unterstützungskonstruktionen ausgebildet als biegesteife Rahmen oder Rahmen mit Verbänden gelten die oberen Grenzwerte aus Tabelle 15.

Bei Silos, wie auch bei Tanks, ist die vertikale Erdbebenkomponente immer zu berücksichtigen. Für das Silo sind im Grenzzustand der Tragfähigkeit unter der Einwirkungskombination mit Erdbeben die Nachweise gegen Umstürzen, Gleiten, Fließen und Beulen der Schale sowie Versagen der Verankerungen zu führen. Ein typisches Schadensbild bei Silos unter Erdbebenlasten ist das Elefantenfuß-Versagen (Bild 110), was durch Beulen infolge des vertikalen Drucks entsteht. Für Stahlsilos sind keine expliziten Nachweise im Grenzzustand der Schadensbegrenzung notwendig.

### 6.4 Tanks

Tanks sind mit Flüssigkeit gefüllte Behälter, sodass unter seismischen Einwirkungen auch Beanspruchungen durch hydrodynamische Effekte zu beachten sind. Während eines Erdbebens wird die Flüssigkeitssäule beschleunigt, wodurch Horizontalkräfte als Trägheitsreaktion entstehen. Im oberen Teil der Flüssigkeitssäule kommt es zu mehr oder weniger ausgeprägten Schwappbewegungen; der untere Teil wird im Wesentlichen gemeinsam mit dem Tank als eine Art Starrkörperbewegung beschleunigt.

In DIN EN 1998-4 [73] Anhang A sind Berechnungsmodelle für starre und flexible Tanks mit zwei bzw. drei Massen aufgeführt, bei denen die Schwingung in einen starr-impulsiven Anteil, in einen konvektiven Anteil (Schwappen, *sloshing*) und zusätzlich bei Tanks mit nachgiebiger Wandung in einen flexiblen impulsiven Anteil zerlegt wird. Bei Stahlsilos kann im Allgemeinen nicht von einer starren Tankwandung ausgegangen werden, sodass der flexible impulsive Anteil zu berücksichtigen ist. Die angegebenen Gleichungen sind recht aufwendig. DIN EN 1998-4 [73] Anhang A enthält aber auch ein vereinfachtes, praxisgerechteres Verfahren für verankerte, zylindrische, flexible Tanks. Die untere Flüssigkeitssäule steht für den impulsiven Anteil, der sich zusammen mit der flexiblen Tankwand bewegt, der obere Teil steht für den konvektiven Anteil und berücksichtigt die Schwappschwingung (Bild 111). Die Grundperioden ergeben sich aus:

$$T_{imp} = C_i \cdot \frac{\sqrt{\rho} \cdot H}{\sqrt{s/R} \cdot \sqrt{E}} \quad (97a)$$

$$T_{con} = C_c \cdot \sqrt{R} \quad (97b)$$

mit
H  Bemessungsfüllhöhe
R  Tankradius
s  äquivalente gleichmäßige Wanddicke
ρ  Dichte der Flüssigkeit
E  E-Modul der Tankwand

**Bild 110.** Versagen eines Tanks durch Ausbildung eines „Elefantenfußes"

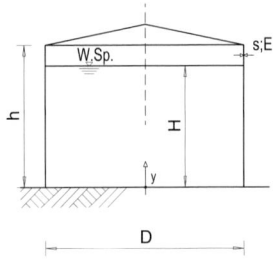

a) Skizze mit Bezeichnungen

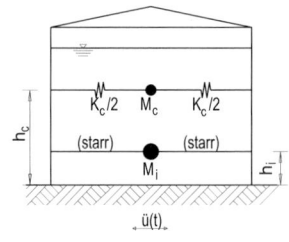

b) 2-Massen-Modell

**Bild 111.** Flüssigkeitsgefüllter zylindrischer Behälter

von Anlagenteilen nach DIN 1998-4 für gering seismische Regionen schwierig, da sie keine abgestuften Erdbebenanforderungen in Bezug auf Größe, Bedeutung, Gefährdungspotenzial und Erdbebenintensität enthält. Für die Praxis besser geeignet ist beispielsweise die US-amerikanische Erdbebennorm ASCE7 [76]; sie enthält Verhaltensbeiwerte für eine Vielzahl an Anlagenteilen und die Anforderungen an die Erdbebenauslegung werden abhängig von Größe und Bedeutung des Anlagenteils abgestuft. Für die Anwendung der DIN EN 1998-4 füllt der VCI-Leitfaden [23] teilweise diese Lücke.

## 6.2 Erdbebeneinwirkung und Anforderungen

Für die Erdbebenlast eines Anlagenteils ist von wesentlicher Bedeutung, ob es auf einem Fundament an der Geländeoberfläche oder auf einer Unterkonstruktion bzw. innerhalb eines Bauwerks steht. In letzterem Fall verursacht die Unterkonstruktion eine dynamische Überhöhung des Bodenantwortspektrums, was zu wesentlich höheren Erdbebenlasten für das Anlagenteil führt. Beträgt die Masse des Anlagenteils 25% oder mehr der Gesamtmasse des Bauwerks inklusive der Anlagenteile, so ist die dynamische Rückwirkung des Anlagenteils auf das Bauwerk nicht mehr vernachlässigbar und es muss ein kombiniertes Strukturmodell aus Anlagenteil und Bauwerk verwendet werden. Beträgt die Masse des Anlagenteils weniger als 25% der Gesamtmasse des Bauwerks, so ist eine Auslegung mit separaten Strukturmodellen zulässig. In diesem Fall kann die dynamische Überhöhung des Erdbebens durch die Unterkonstruktion mittels Etagenantwortspektren erfasst werden. Hierzu wird die Antwort von Einmassenschwingern am Aufstellort im Gebäude ausgewertet, welches durch Erdbebenzeitverläufe am Fundament angeregt wird. Die Ermittlung von Etagenantwortspektren ist recht aufwendig, sodass diese im allgemeinen Hochbau und Industriebau in der Regel nicht vorliegen. Alternativ kann die auf das Anlagenteil wirkende horizontale Ersatzbeschleunigung $S_a$ über folgende Näherungsformel für nichttragende Bauteile aus DIN EN 1998-1 berechnet werden:

$$S_a = a_g \cdot S \cdot [3 \cdot (1 + z/H)/(1 - T_a/T_1)^2 - 0{,}5] \quad (95)$$

mit
$a_g$ Bemessungs-Bodenbeschleunigung für Baugrundklasse A
$S$ Bodenparameter
$T_a$ Grundperiode des nichttragenden Bauteils (Anlagenteils)
$T_1$ Grundperiode des Bauwerks (Unterkonstruktion) in der jeweiligen Richtung
$z, H$ Höhenlage des Bauteils bzw. Höhe des Bauwerks über Fundamentoberkante oder Oberkante eines starren Kellergeschosses

Für ein Anlagenteil mit Aufstellort in der Dachebene und einer Grundperiode gleich der Grundperiode der Unterstützungskonstruktion ist die Ersatzbeschleunigung 2,2-fach höher als der Plateauwert des Bodenantwortspektrums. Die dynamische Überhöhung der Unterstützungskonstruktion ist auch für große Anlagenteile wie Silos und Tanks zu berücksichtigen, wenn sie nicht auf der Geländeoberkante gegründet sind.

Im Anlagenbau stellt sich häufig die Frage, für welche Anlagenteile Erdbebennachweise zu führen sind. Da Anlagenteile in der Regel nicht unter das Baurecht fallen, befindet man sich in einer normativen Grauzone. Orientierungshilfen bieten hier Regelungen aus der US-amerikanischen Erdbebennorm ASCE7 [76]. Hier darf beispielsweise auf explizite Erdbebennachweise verzichtet werden, wenn ein Anlagenteil ohne erhöhte Bedeutung eine Masse von weniger als 180 kg besitzt, ihr Schwerpunkt kleiner als 1,20 m ist und es konstruktiv an der Unterkonstruktion befestigt ist. Ferner unterscheidet die US-Norm kleine mechanische und elektrische Komponenten (*nonstructural components*) und große Anlagenteile (*nonbuilding structures not similar to buildings*). Für kleine Komponenten ohne erhöhte Bedeutung darf für eine Bemessungs-Bodenbeschleunigung $< 1{,}5$ m/s² ein expliziter Erdbebennachweis entfallen.

## 6.3 Silos

Silos sind Behälter mit granularem Lagergut, welche entweder direkt auf dem Boden bzw. einem Fundament gelagert oder aufgeständert sind. Während bei den auf dem Boden gelagerten Silos die durch die Antwort des Lagerguts verursachten Beanspruchungen in der Wandschale für die Bemessung maßgebend sind, dominieren bei aufgeständerten Silos die Trägheitskräfte des Lagergutes und deren Wirkung auf die Unterstützungskonstruktion.

Für auf dem Boden gelagerte Silos ist infolge der seismischen Einwirkung ein zusätzlich wirkender Normaldruck aus der Antwort des Lagerguts zu berücksichtigen. Der Referenzdruck $\Delta_{ph,so}$, der je nach Siloform unterschiedlich auf die Wandung wirkt, ist wie folgt zu bestimmen:

$$\Delta_{ph,so} = \alpha(z) \cdot \gamma \cdot \min(r_s^*;\, 3 \cdot x) \quad (96)$$

mit
$\alpha(z)$ Antwortbeschleunigung des Silos mit Abstand z zur Oberfläche des Lagerguts
$\gamma$ Wichte des Lagerguts
$r_s^* = \min(h_b;\, d_c/2)$
    wobei $h_b$ Höhe des Silos von Boden bis Oberfläche des Lagerguts ist und
    $d_c$ die Innenabmessung des Silos in Richtung der Erdbebenkomponente
$x$ Abstand vom Boden des Silos

Für aufgeständerte Silos darf die Masse des Füllguts als starr mit der Siloschale verbunden angenommen werden. Die Masse des Füllguts ist über dessen Wichte und einem Füllstand im Normalbetrieb zu bestimmen.

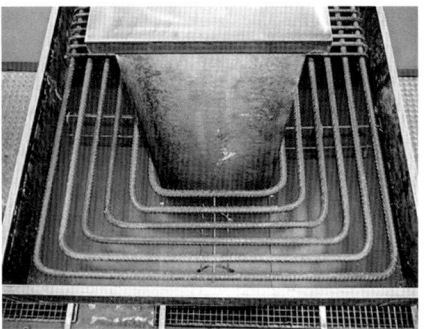

**Bild 108.** Beispiele für die Bewehrungsführung (vorbereitet für einen Prüfkörper)

nem Schadensbeben die Energieversorgung sicherstellen. Daher unterliegen Anlagen oft höheren Sicherheitsanforderungen bezüglich der Erdbebenauslegung als der allgemeine Hochbau.

Die Erdbebenauslegung von Industrieanlagen und Kraftwerken umfasst sowohl die Bauwerke als auch eine große Anzahl verschiedener Anlagenteile. Das Erdbebenverhalten von Tragwerken wie Industriegebäude und Rohrbrücken ähnelt dem von Bauwerken des allgemeinen Hochbaus, sodass sie nach DIN EN 1998-1 ausgelegt werden können. Allerdings sollte bei der Ermittlung des Bedeutungsbeiwerts der Leitfaden „Der Lastfall Erdbeben im Anlagenbau" [23] des Verbandes der Chemischen Industrie (VCI) berücksichtigt werden. Das Erdbebenverhalten von Anlagenteilen wie Silos, Tanks, Druckbehälter, Komponenten, Maschinen und Rohrleitungen unterscheidet sich allerdings zum Teil erheblich von denen des allgemeinen Hochbaus, da deren Tragelemente in erster Linie für Produktionsprozesse konstruiert sind. Die relevante europäische Erdbebennorm für Silos, Tanks und Rohrleitungen ist die DIN EN 1998-4 [73]. Für Türme, Mast und Schornsteine gilt DIN EN 1998-6 [74]. In der 2. Generation des Eurocodes [33] werden DIN EN 1998-4 und -6 zusammengefasst.

Die DIN EN 1998-4 enthält sehr spezifische Angaben zu Berechnungsmethoden und Auslegungskriterien für Silos, Tanks und Rohrleitung; viele andere Anlagenteile des Industrie- und Kraftwerksbaus werden jedoch gar nicht behandelt. Ferner ist eine angemessene Auslegung

**Bild 109.** Typische Versagensarten bei Anlagenteilen infolge Erdbeben

## 5.6 Träger-Stützen-Anschlüsse

An die Anschlüsse von Trägern an Stützen werden besondere Anforderungen gestellt. Hier muss zunächst entschieden werden, ob die Anschlüsse als Verbund- oder als Stahlanschlüsse ausgelegt werden. Sollen die Anschlüsse ausschließlich nach den Regeln des Stahlbaus bemessen werden, muss dafür gesorgt werden, dass keine ungewollte Mitwirkung des Betons stattfindet. Hierzu sind zwei konstruktive Maßnahmen erforderlich (Bild 106):
- Weglassen der Verdübelung (Entkopplung von Betonplatte und Träger) innerhalb von $2 \cdot b_{eff}$ um die Stütze herum (der Höchstwert von $b_{eff}$ ist maßgebend), s. Bild 106,
- Schaffung einer Fuge zwischen der Betonplatte und der Stütze, damit keine Kräfte über Kontakt übertragen werden.

Kammerbeton – falls vorhanden – muss bei der Dimensionierung der Anschlüsse immer berücksichtigt werden.

Sollen die an Stützen angeschlossenen Träger als durchlaufend biegesteife oder in Endfeldern biegesteif angeschlossene Verbundträger aktiviert werden, ist ein Nachweis der Anschlüsse unter Berücksichtigung der Verbundwirkung erforderlich. Bei Rahmensystemen, die durch Verbände ausgesteift sind und die Durchlaufwirkung vorrangig für die Aufnahme von Gravitationslasten benötigt wird, sind die zusätzlichen Momente infolge Erdbebenlast in der Regel gering. Außerdem wird bei dissipativ entworfenen Tragwerken mit Verbänden die Duktilität von den Diagonalen oder von den seismischen Verbindern bereitgestellt. Es bestehen keine besonderen Duktilitätsanforderungen an die Verbundträger.

Anders stellt sich die Situation für biegesteife, dissipative Rahmen dar. Hier müssen die Verbundträger die gesamte Duktilität bereitstellen. In solchen Fällen müssen die Riegel-Stützen-Anschlüsse mit der Verbundwirkung und unter Berücksichtigung der Anforderungen aus der Kapazitätsbemessung ausgelegt und konstruktiv umgesetzt werden. Hinzu kommt, dass im Gegensatz zu der Bemessung für Gravitationslasten, bei der Auslegung für Erdbebenlasten mit einer Vorzeichenumkehr der Biegemomente zu rechnen ist und für beide Vorzeichen der Momentenbelastung der obere Wert der plastischen Biegetragfähigkeit übertragen werden muss.

Eine der Kernaufgaben ist der biegesteife Anschluss der Verbundträger an Randstützen. Hierzu werden in Eurocode 8 zwei grundsätzliche Möglichkeiten vorgeschlagen:
- auskragende Betonplatte mit seismischer Bewehrung um die Stütze (Bild 107a, Beispiele s. Bild 108),
- „Endquerträger" mit verankerter Bewehrung (Bild 107b).

Für durchlaufende Träger muss die Bewehrung in beiden Hauptrichtungen durchgehend verlegt werden, um die Durchlaufwirkung zu erzielen.

Anhang C zum Eurocode 8 hält eine Reihe von Ausführungsmöglichkeiten und Bemessungshinweisen bereit.

## 6 Andere Tragwerke

### 6.1 Einleitung

Neben dem allgemeinen Hochbau spielt die Erdbebenauslegung von Industrieanlagen und Kraftwerken für Deutschland eine wichtige Rolle. Zum einen liegen in den deutschen Erdbebengebieten entlang des Oberrheins, im Rhein-Main-Gebiet sowie in der Kölner Bucht umfangreiche Industriegebiete. Zum anderen liefert, installiert und betreibt die deutsche Industrie Anlagen weltweit, sodass auch ein nicht unerheblicher Teil der Anlagen in hochseismischen Gebieten liegt. Industrieanlagen besitzen aufgrund der dort verarbeiteten, produzierten und gelagerten Stoffe oft ein hohes Gefährdungspotenzial für die benachbarte Bevölkerung und Umwelt. Kraftwerke müssen auch nach ei-

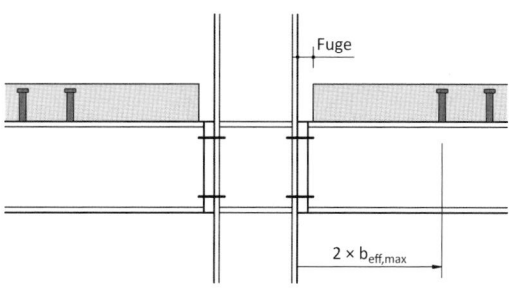

**Bild 106.** Entkopplung von Betongurt und Stahlprofil

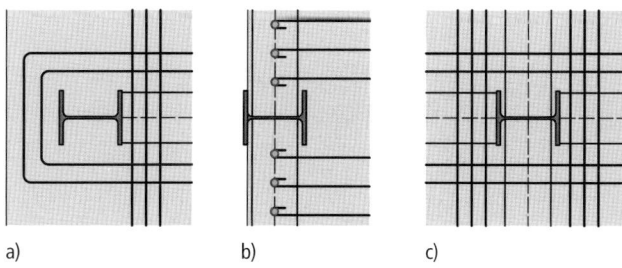

**Bild 107.** Bewehrungsführung bei Randstützen und bei Zwischenstützen

zone liegen kann; die zugehörige Spannungsverteilung bei Annahme plastischer Gelenke in den Riegeln ist entscheidend für die maßgebenden c/t-Verhältnisse der Stahlquerschnitte (Bild 103).

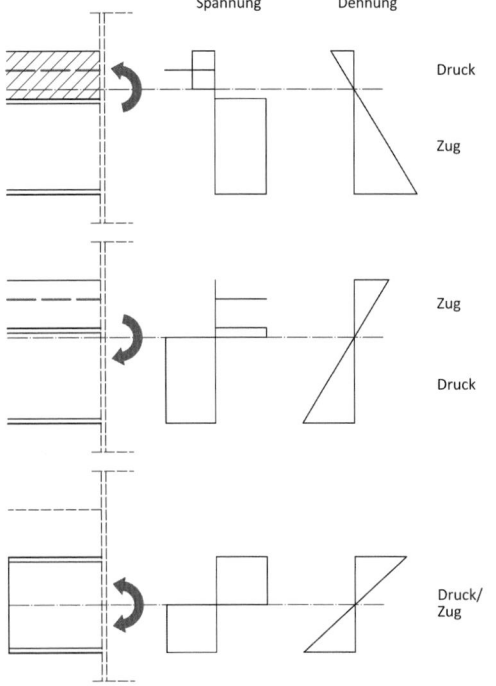

**Bild 103.** Maßgebende Spannungsverteilung in Riegeln zur Ermittlung der Querschnittsschlankheit bei positivem und negativem Biegemoment

Für dissipative Verbundträger mit Beton- oder Verbunddecken werden noch besondere Anforderungen an die Schubsicherung der Verbundfuge gestellt:
– Mindestverdübelungsgrad $\eta \geq 0{,}8$, ermittelt gemäß EN 1994-1-1.
– Im Bereich negativer Momente (Beton in der Zugzone) muss die Tragfähigkeit der Verdübelung höher als die plastische Tragfähigkeit der Bewehrung sein.
– Bei Verwendung nicht duktiler Verbundmittel ist vollständige Verdübelung gefordert.
– Die Tragfähigkeit der Verbundmittel ist in dissipativen Zonen auf 75% abzumindern.
– Zusätzlich muss bei Verbunddecken mit trapezförmigen Profilblechen der Abminderungsfaktor für die Verdübelung, $k_r$, zusätzlich auf 80% abgemindert werden (Bild 104).

Für die Auslegung der schubfesten Verbindung zwischen der Betonplatte und dem Stahlträger muss zudem beachtet werden, dass die Schubbelastung aus mehreren Anteilen besteht, nämlich der Trägerwirkung für Gravitationslasten, der Rahmenwirkung (sofern vorgesehen) und der Scheibenwirkung. Die Beanspruchungen sind vorzeichengetreu zu überlagern (Bild 105).

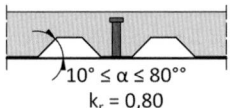

**Bild 104.** Abminderung der Verdübelungseffektivität

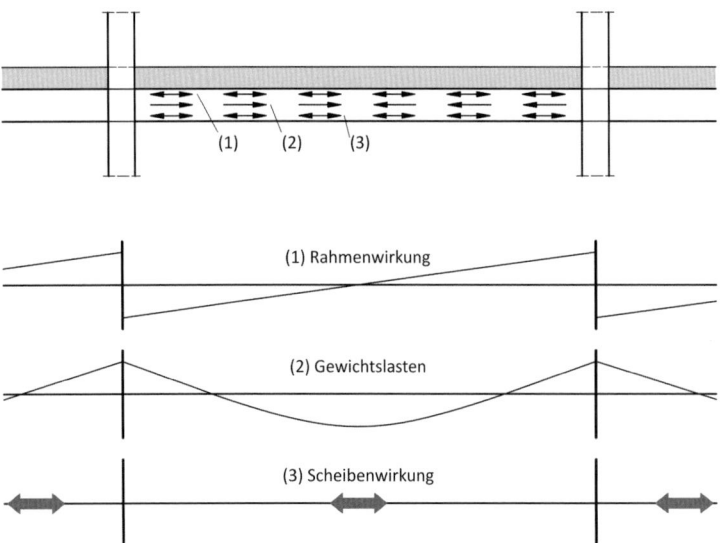

**Bild 105.** Schubanteile in der Verbundfuge bei Erdbebenbelastung

**Tabelle 21.** Begrenzung des x/d-Verhältnisses nach Eurocode 8 (vereinfacht)

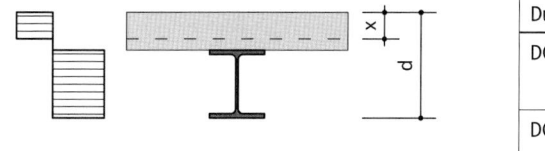

| Duktilitätsklasse | $f_y$ [N/mm²] | max. x/d |
|---|---|---|
| DCM | 355 | 0,27 |
|  | 235 | 0,36 |
| DCH | 355 | 0,20 |
|  | 235 | 0,27 |

**Tabelle 22.** Begrenzung der Querschnittsschlankheit dissipativer Bauteile in Verbundbauweise

| Querschnitt | DCL | DCM | DCH |
|---|---|---|---|
|  | $q \leq 1,5$ | $2 < q \leq 4$ | $q > 4$ |
|  | $\varepsilon = \sqrt{235/f_y}$ | | |
| I-Profil | $c/t \leq 20 \cdot \varepsilon$ | $c/t \leq 14 \cdot \varepsilon$ | $c/t \leq 9 \cdot \varepsilon$ |
| Rechteck-Hohlprofil | $h/t \leq 52 \cdot \varepsilon$ | $h/t \leq 38 \cdot \varepsilon$ | $h/t \leq 24 \cdot \varepsilon$ |
| Kreis-Hohlprofil | $d/t \leq 90 \cdot \varepsilon$ | $d/t \leq 85 \cdot \varepsilon$ | $d/t \leq 80 \cdot \varepsilon$ |

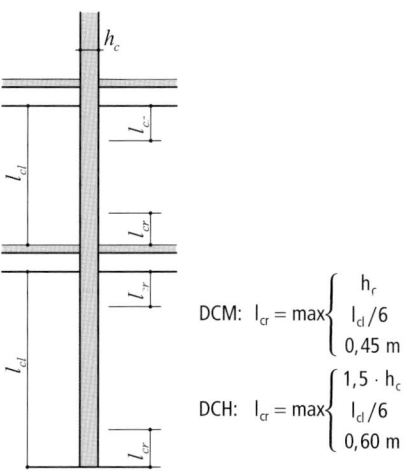

DCM: $l_{cr} = \max \begin{cases} h_c \\ l_{cl}/6 \\ 0{,}45 \text{ m} \end{cases}$

DCH: $l_{cr} = \max \begin{cases} 1{,}5 \cdot h_c \\ l_{cl}/6 \\ 0{,}60 \text{ m} \end{cases}$

**Bild 101.** Kritische Bereiche von vollständig einbetonierten Stützen

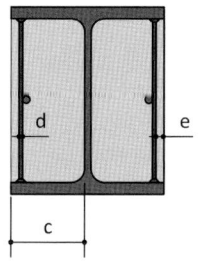

Abstand: s < c
Durchmesser: d > 6 mm
Betonüberdeckung:
20 mm < e < 40 mm

**Bild 102.** Zusätzliche Bewehrungsstäbe zur Sicherung des Kammerbetons in dissipativen Bauteilen und in Schubfeldern

Anforderungen an die dissipativen Zonen zu berücksichtigen. Diese haben zum Ziel ein möglichst duktiles Verhalten zu gewährleisten und spröde bzw. vorzeitige Versagensmechanismen auszuschließen. Hierzu gehören:
- Vorzeitiges Versagen des Betons in der Druckzone – hierfür wird das x/d-Verhältnis und damit die Stauchung des Betons in der Druckzone begrenzt (Tabelle 21).
- Vorzeitiges lokales Beulen des Stahls in Verbundquerschnitten – hierfür werden die c/t-Verhältnisse begrenzt (Tabelle 22).
- Vorzeitiges Ausknicken der Druckbewehrung – hierfür werden besondere Anforderungen an die Umschnürung von vertikaler Bewehrung in kritischen Bereichen vollständig einbetonierter Verbundstützen gestellt (s. Bild 101).
- Versagen des Kammerbetons in dissipativen Verbundbauteilen und in ausbetonierten Schubfeldern von Stützen – hierzu werden zusätzliche Bewehrungsstäbe eingeschweißt (s. Bild 102).
- Zusätzlich muss beachtet werden, dass in Abhängigkeit vom Vorzeichen des Biegemoments in den Riegeln der Stahlquerschnitt in der Zug- oder Druck-

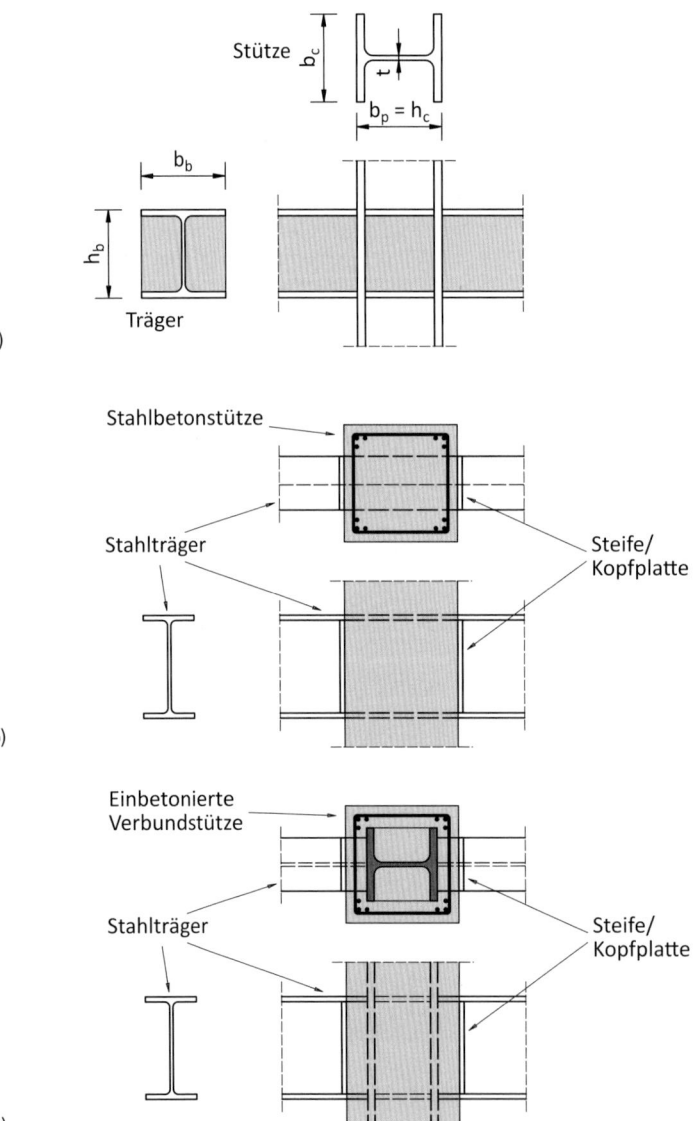

**Bild 100.** Träger-Stützenverbindungen von Verbundkonstruktionen

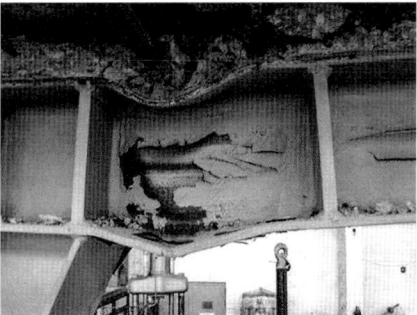 

**Bild 99.** Verformung eines seismischen Verbinders ohne und mit Verbundwirkung

## 5.5 Konstruktive Durchbildung

### 5.5.1 Kapazitätsbemessung

Für die Kapazitätsbemessung von dissipativen Verbundkonstruktionen gelten grundsätzlich die Regeln, wie sie für Stahlkonstruktionen anzuwenden sind. Zusätzlich muss die gewollte oder unbeabsichtigte Mitwirkung des Betons berücksichtigt werden. Hierzu werden zwei Typen plastischer Tragfähigkeit betrachtet:
– Unterer Grenzwert der plastischen Tragfähigkeit, Index pl,Rd (z. B. $M_{pl,Rd}$), dieser Grenzwert wird für die Nachweise der Tragfähigkeit verwendet und berücksichtigt möglichen Verlust der Verbundwirkung während eines Erdbebens; Die Berechnung des unteren Grenzwerts der plastischen Tragfähigkeit erfolgt unter Berücksichtigung des Betonquerschnittsteils und nur der als duktil eingestuften Stahlquerschnittsteile.
– Oberer Grenzwert der plastischen Tragfähigkeit, Index U,Rd (z. B. $M_{U,Rd}$), dieser Grenzwert wird für die Kapazitätsnachweise verwendet und berücksichtigt die während eines Bebens (auch kurzzeitig) erreichbare höchste Tragfähigkeit. Der obere Grenzwert der plastischen Tragfähigkeit wird unter Berücksichtigung des Betons im Querschnitt und aller Stahlquerschnittsteile, auch wenn diese nicht als duktil eingestuft sind, ermittelt.

Die Berechnung von Schnittgrößen in Bauteilen, die direkt von den plastischen Mechanismen abhängig sind, muss mit den oberen Grenzwerten durchgeführt werden.

Für Anschlüsse, die nach den Kapazitätsregeln auszulegen sind, gelten die Anforderungen der Stahlkonstruktionen, wobei die oberen Grenzwerte der plastischen Tragfähigkeiten für deren Nachweise anzuwenden sind. Werden die Anschlüsse als Verbundverbindungen entworfen und nachgewiesen, muss die Integrität des Betons in der Druckzone gewährleistet sein. Hierzu ist auch die Möglichkeit zur Ausführung der Anschlüsse als reine Stahlverbindungen zu beachten (siehe Abschnitt 5.6).

Für vollständig einbetonierte Schubpanels von Stützen ermöglicht Eurocode 8 beim Nachweis deren Tragfähigkeit die Berücksichtigung des Betons, wenn folgende Bedingungen eingehalten werden:
– Das Seitenverhältnis des Schubfelds ist: $0{,}6 < h_b/h_c < 1{,}4$.
– Die nach den Kapazitätsregeln ermittelte Querkraftbeanspruchung des Schubpanels darf dessen Tragfähigkeit nur zu 80 % ausnutzen: $V_{wp,Ed} < 0{,}8\,V_{wp,Rd}$.

Für teilweise einbetonierte Schubpanels darf der Beton als mitwirkend angenommen werden, wenn zusätzlich eine der folgenden Bedingungen erfüllt ist:
– Es wird eine Zusatzbewehrung, wie in Bild 102 dargestellt, senkrecht zur längeren Seite des Schubfelds angeordnet, oder
– die Voraussetzungen $h_b/b_b < 1{,}2$ und $h_c/b_c < 1{,}2$ (s. Bild 102) sind erfüllt, dann braucht keine zusätzliche Bewehrung angeordnet zu werden.

Darüber hinaus muss bei biegesteifen Anschlüssen von dissipativen Trägern an Stahlbetonstützen (Bild 100b) im Bereich der Kopfplatte oder der Steifen eine zusätzliche, vertikale Stützenbewehrung angeordnet werden, deren Längstragfähigkeit die Querkrafttragfähigkeit der angeschlossenen Träger übersteigt (bereits vorhandene Bewehrung darf angerechnet werden). Außerdem sind Kopfplatten mit folgenden Mindestabmessungen vorzusehen:
– Breite mindestens ($b_b - 2\,t$),
– Dicke mindestens 0,75 t bzw. 8 mm.

Bei biegesteifen Anschlüssen von dissipativen Trägern an volleinbetonierte Verbundstützen (Bild 100c) darf der Anschluss als Stahl- oder Verbundanschluss ausgelegt und ausgeführt werden. Auch hier ist eine Kopfplatte wie zuvor immer anzuordnen. Zusätzliche Stützenbewehrung braucht nur bei Verbundanschlüssen angeordnet zu werden, wobei eine Aufteilung der maximalen Querkraft auf den Stahlquerschnitt und die Bewehrung zulässig ist. Die vertikale Bewehrung muss immer durch Bügel umschnürt werden (s. Abschnitt 5.5.2).

### 5.5.2 Anforderungen an Bauteile

In Abhängigkeit vom gewählten Tragwerkstyp und dem zugehörigen Dissipationsmechanismus sind zusätzliche

**Tabelle 19.** Anteilige effektive Breiten des Betongurtes zur Steifigkeitsermittlung

| Lage | Moment | Querbauteil | $b_e$ |
|---|---|---|---|
|  | ( – ) | nicht relevant | $0{,}05 \cdot \ell$ |
|  | ( + ) | vorhanden | $0{,}0375 \cdot \ell$ |
|  |  | nicht vorhanden | $0{,}025 \cdot \ell$ |
|  | ( – ) | nicht vorhanden oder Bewehrung nicht verankert | 0 |

**Tabelle 20.** Mitwirkende Breiten des Betongurtes zur Ermittlung der plastischen Tragfähigkeit

| Lage | Moment | Querbauteil | $b_e$ |
|---|---|---|---|
|  | ( – ) | seismische Bewehrung | $0{,}1 \cdot \ell$ |
|  | ( + ) | seismische Bewehrung | $0{,}075 \cdot \ell$ |
|  | ( – ) | alle Anordnungen mit Bewehrung, die im Fassadenträger oder in der Betonkragplatte verankert ist | $0{,}1 \cdot \ell$ |
|  |  | alle Anordnungen mit Bewehrung, die nicht im Fassadenträger oder in der Betonkragplatte verankert ist | 0 |
|  | ( + ) | Stahlquerträger mit Schubsicherung Betonplatte bis zu den Außenseiten der Stütze (oder darüber hinaus), Orientierung der Stütze wie in Bild 99; seismische Bewehrung | $0{,}075 \cdot \ell$ |
|  |  | kein Stahlquerträger oder Querträger ohne Schubsicherung Betonplatte bis zu den Außenseiten der Stütze (oder darüber hinaus), Orientierung der Stütze wie in Bild 99; seismische Bewehrung | $b_b/2 + 0{,}7 \cdot h_c/2$ |
|  |  | alle sonstigen Anordnungen | $b_b/2 \leq 0{,}05 \cdot \ell$ |

– Vorzeichen des Biegemoments,
– Anschlusspunkt: Außenstütze oder Innenstütze,
– Präsenz eines Querbauteils und Verankerung der Bewehrung.

Nachfolgend sind die anteiligen effektiven Breiten $b_e$ für die Steifigkeitsermittlung (Tabelle 19) und für die Tragfähigkeitsnachweise (Tabelle 20) zusammengestellt.

### Rahmen mit exzentrischen Verbänden

Exzentrisch ausgesteifte Rahmen in Verbundbauwerken sind grundsätzlich analog zu den Rahmen in Stahlbauweise zu entwerfen und zu bemessen. Hierbei ist bei der Modellierung und bei den Nachweisen zu beachten, dass die Dissipation durch lange seismische Verbinder ausschließlich dem Stahlquerschnitt zugewiesen wird (für $M_{pl,Rd}$ gilt nur der Stahlquerschnitt). Seismische Verbinder dürfen nicht einbetoniert werden, damit sich ihre Dissipationswirkung voll entwickeln kann. Allerdings müssen die Kapazitätsregeln eine mögliche Mitwirkung des Betons bei der Bestimmung maximaler Widerstandsgrößen, die z. B. für die Kapazitätsbemessung der Diagonalen anzusetzen sind, berücksichtigen. Hier ist zu überlegen, ob die in der Realität vorhandene Mitwirkung der Betondecke durch konstruktive Maßnahmen reduziert werden soll. Die Ergebnisse von Untersuchungen zu den Einflüssen des Betons auf das Verhalten seismischer Verbinder wurden z. B. in [71] und [72] präsentiert.

Für die Diagonalen gilt, dass für deren Zugfestigkeit ausschließlich der Querschnitt des Stahlprofils angesetzt werden darf. Für die Druckfestigkeit darf die Verbundwirkung z. B. von Kammerbeton angerechnet werden, sofern sichergestellt ist, dass die Verbundwirkung während des gesamten Erdbebens erhalten bleibt.

**Tabelle 18.** Maximale Verhaltensbeiwerte für Verbundkonstruktionen

| Tragwerkstyp | DCM | DCH |
|---|---|---|
| Rahmensysteme (mit/ohne Verbände) (Bild 96): | | |
| A | 4 | $5 \cdot \alpha_u/\alpha_1$ |
| B | 4 | $5 \cdot \alpha_u/\alpha_1$ |
| C | 4 | 4 |
| D | 2 | 2,5 |
| Weitere Tragsysteme (Bild 97): | | |
| A | $3 \cdot \alpha_u/\alpha_1$ | $4 \cdot \alpha_u/\alpha_1$ |
| B | $3 \cdot \alpha_u/\alpha_1$ | $4 \cdot \alpha_u/\alpha_1$ |
| C | $3 \cdot \alpha_u/\alpha_1$ | $4,5 \cdot \alpha_u/\alpha_1$ |
| D | $3 \cdot \alpha_u/\alpha_1$ | $4 \cdot \alpha_u/\alpha_1$ |

träger, seitliche Verformung infolge Windlasten) für die Wahl geeigneter Querschnitte entscheidend sein können. Daher sollte die Entscheidung für die Wahl eines Verhaltensbeiwerts und der zugehörigen Duktilitätsklasse erst dann getroffen werden, wenn die Gebrauchstauglichkeitskriterien erfüllt sind.

## 5.4 Berechnungsmethoden

### 5.4.1 Modellierung von Verbundtragwerken

Für die Modellierung von Verbundtragwerken für die Erdbebenbemessung gelten zunächst die Regeln des Eurocode 4. Das Verhältnis der Werkstoffsteifigkeiten von Beton und Baustahl bzw. Bewehrung darf vereinfacht mit 1:7 angesetzt werden. Im Vergleich zu Stahlkonstruktionen müssen bei der Modellbildung insbesondere zwei Aspekte zusätzlich berücksichtigt werden, die aus der Mitwirkung des Betons resultieren:
– Berücksichtigung unterschiedlicher Steifigkeiten infolge Rissbildung im Beton (Zustand 1 oder Zustand 2),
– mitwirkende Breite von Betongurten für die Ermittlung der Steifigkeiten und die Nachweise der Tragfähigkeiten.

**Biegesteife Rahmen**

Eine genaue Ermittlung der Bereiche mit Beton in Zustand 1 (ungerissen) und Zustand 2 (gerissen) ist insbesondere bei Rahmentragwerken, anders als bei statischer Belastung, unter zyklischer Belastung nicht ohne Weiteres möglich. Es wird in Eurocode 8 zwar gefordert, die Bereiche mit positivem und negativem Biegemoment zu berücksichtigen, allerdings variieren diese in Abhängigkeit von der Höhe und des Zeitverlaufs der Erdbebenlast. Eine Annahme gerissenen Betons für die in beiden, entgegengesetzten Richtungen maximal wirkende Erdbebenlast, würde zu einer deutlich reduzierten Systemsteifigkeit und damit zu einer nicht konservativen Wahl des Spektralwerts für das Bemessungsbeben führen. Zusätzlich wurde in Versuchen festgestellt, dass gerissener Beton bei Vorzeichenumkehr der Erdbebenlast Druckkräfte nahezu unverändert aufnehmen kann.

Für die Ermittlung der Anfangssteifigkeit wäre es daher empfehlenswert, die Bereiche im Zustand 1 und 2 zunächst infolge der statischen Lasten zu bestimmen und mit der zugehörigen Systemsteifigkeit die spektralen Erdbebenlasten zu ermitteln. Das würde allerding zu einem erhöhten Modellierungsaufwand führen, da die Nachweise mit modifizierten Steifigkeitswerten unter Berücksichtigung der Erdbebenlasten geführt werden müssten.

Aus diesem Grunde stellt Eurocode 8 einen vereinfachten Ansatz für äquivalente Steifigkeiten der Verbundträger und Verbundstützen zur Verfügung, mit dem eine durchgängige Berechnung von Verbundrahmen durchgeführt werden kann. Für Verbundträger darf ersatzweise eine konstante Steifigkeit angenommen werden, die wie folgt bestimmt wird:

$$I_{eq} = 0,6 \cdot I_1 + 0,4 \cdot I_2 \quad (93)$$

Hierbei ist $I_1$ die Biegesteifigkeit des Verbundträgers im Zustand 1 und $I_2$ die Biegesteifigkeit im Zustand 2.

Für Verbundstützen darf eine ähnliche Vereinfachung angesetzt werden; die äquivalente Biegesteifigkeit der Stützen bestimmt sich zu:

$$(EI)_c = 0,9 \cdot (EI_a + r \cdot E_{cm} I_c + EI_s) \quad (94)$$

Hierbei sind die Werte $I_a$, $I_c$ und $I_s$ die Trägheitsmomente der Stahl-, Beton- und Bewehrungsanteile des Querschnittes und E und $E_{cm}$ die Elastizitätsmodul der Werkstoffe Stahl und Beton. Für r wird der Wert 0,5 empfohlen.

Neben der Rissbildung im Beton muss für Verbundträger mit Betongurt auch die mitwirkende und mittragende (effektive) Breite der Gurte $b_{eff}$ an den Riegel-Stützen-Anschlusspunkten bestimmt werden (Bild 98). Hier unterscheidet sich der Eurocode 8 vom Eurocode 4 und führt eigene Regeln zur Ermittlung von $b_{eff}$ ein. Die Werte für $b_{eff}$ sind unterschiedlich für die Steifigkeitsermittlung und die Ermittlung der plastischen Tragfähigkeit. Des Weiteren sind sie abhängig von:

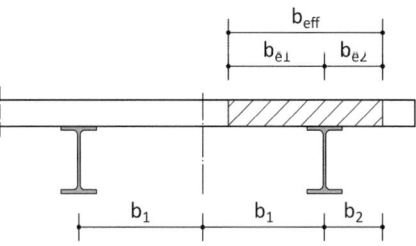

**Bild 98.** Definition der effektiven Breiten $b_e$ und $b_{eff}$

kung sowohl in der Ebene (Rahmen, Träger) als auch im räumlichen System (Verbunddecken als aussteifende Scheiben) berücksichtigt werden muss.

## 5.3 Tragwerkstypen und Verhaltensbeiwerte

### 5.3.1 Tragwerkstypen und Auslegungskonzepte

Typische Anwendungen von Verbundkonstruktionen in Europa sind Geschossbauten, die entweder als Rahmenkonstruktionen oder durch Verbände ausgesteifte Tragwerke ausgeführt werden. Dementsprechend liegt der Schwerpunkt der Vorgaben und Empfehlungen des Eurocode 8 auf diesen Tragwerkstypen, auf die hier näher eingegangen wird. Weitere Tragwerkstypen (Schubwände, duale Systeme) werden später kurz vorgestellt.

Für die Auslegung von Verbundkonstruktionen gelten die gleichen Vorüberlegungen wie für Stahlkonstruktionen, nämlich:
– Wahl eines Tragwerkstyps (Rahmen, Verband) für jede Hauptrichtung und der zugehörigen Dissipationsmechanismen (wenn erforderlich),
– Wahl eines Verhaltensbeiwerts und der zugehörigen Duktilitätsklasse.

In Abhängigkeit von den Tragwerkstypen können folgende plastische Mechanismen aktiviert werden, wobei bei einigen Mechanismen die Verbundwirkung einen entscheidenden Einfluss auf die seismische Performance haben kann, während andere reine Stahl-Dissipationselemente sind:
– biegesteife Rahmen: Fließgelenke unter Biegebeanspruchung (Verbundwirkung möglich),
– exzentrische Verbände: Schub- oder Biegemechanismen (Verbundwirkung möglich),
– konzentrische Verbände: vorrangig Zugdiagonalen, keine Verbundwirkung,
– V-Verbände: Zug- und Druckdiagonalen, Verbundwirkung möglich bei Druckdiagonalen.

Grundsätzlich ist es möglich, sämtliche dissipative Mechanismen als reine Stahlelemente auszulegen; in diesem Fall muss eine Mitwirkung des Betons durch geeignete konstruktive Maßnahmen verhindert werden.

### 5.3.2 Anwendbare Verhaltensbeiwerte

Die Verhaltensbeiwerte für konventionelle Verbundtragwerke (Rahmen, Verbände) entsprechen weitgehend den Verhaltensbeiwerten für Stahlkonstruktionen. Für weitere Tragwerkstypen in Verbundbauweise (Schubwände, Koppelbalken) werden ebenfalls Verhaltensbeiwerte und Konstruktionsanforderungen definiert. Die anwendbaren Verhaltensbeiwerte für die unterschiedlichen Tragwerkstypen sind in Tabelle 18 zusammengestellt.

Insbesondere bei Rahmentragwerken ist zu beachten, dass die Kriterien der Gebrauchstauglichkeit (Durchbiegungs- bzw. Schwingungsbegrenzung der Decken-

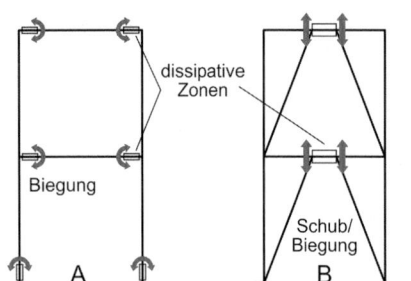
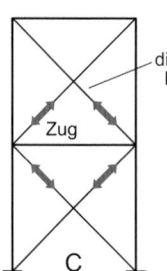
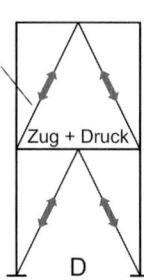

**Bild 96.** Rahmensysteme (mit/ohne Verbände) und zugehörige dissipative Mechanismen

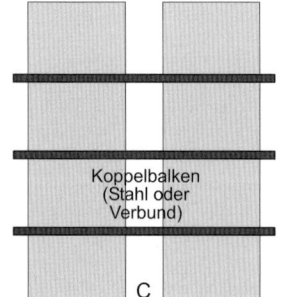
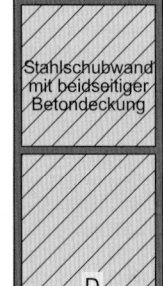

**Bild 97.** Weitere Tragsysteme des Verbundbaus

## 5 Besondere Regeln für Verbundbauten aus Stahl und Beton

### 5.1 Grundlagen

Die Auslegung von Stahl-Beton-Verbundkonstruktionen für Erdbeben bedarf der Berücksichtigung der Werkstoffeigenschaften (Baustahl, Beton, Bewehrung) unter zyklischer Beanspruchung sowie des Einflusses planmäßiger und nicht planmäßiger Verbundwirkung auf das dynamische Verhalten der Tragwerke. Zusammenfassend lässt sich die Verbundwirkung nach folgenden Kriterien unterteilen:
- Bereitstellung steifer Decken zur Verteilung und Weiterleitung von Erdbebenlasten,
- Erhöhung der Steifigkeit von Tragwerken (Träger, Stützen),
- Erhöhung der Tragfähigkeit von Bauteilen (Träger, Stützen),
- Veränderung der Steifigkeits- und Trageigenschaften von Anschlüssen.

Zusätzlich müssen die Einflüsse aus sukzessiver Rissbildung und die gegenüber Stahlkonstruktionen veränderte Spannungs- und Dehnungsverteilung in Verbundquerschnitten berücksichtigt werden.

Grundsätzlich muss beachtet werden, dass die Vernachlässigung der Verbundwirkung zu Bemessungsergebnissen führen kann, die nicht sicher sind – sowohl im Hinblick auf das globale Systemverhalten als auch hinsichtlich lokaler plastischer Mechanismen, Anschlüsse und Schädigung. Insbesondere muss beachtet werden, dass:
- die Erhöhung der Tragwerkssteifigkeit infolge Verbundwirkung zu erhöhten Spektralwerten für die Erdbebenlast führen kann,
- lokale Mitwirkung von Beton im Bereich der Riegel-Stützenanschlüsse zu Beanspruchungen der Stützen infolge Kontakt führen kann,
- eine Mitwirkung des Betons in den Anschlüssen deren Verhalten und Anforderungen an deren Komponenten beeinflusst,
- lokale Spannungsgradienten in Verbundquerschnitten zu einer ungünstigen Einstufung der Querschnittsschlankheit führen kann.

Der Eurocode 8 berücksichtigt diese Aspekte, in dem er eine Reihe von konstruktiven Anforderungen und Empfehlungen an Verbundkonstruktionen bereitstellt, mit denen ein positiver Beitrag der Verbundwirkung bei Erdbeben sichergestellt werden soll. Diese in Eurocode 8 enthaltenen Regeln gelten als Ergänzung zu den Regeln des Eurocode 4, nach denen Verbundbauwerke grundsätzlich bemessen werden.

Darüber hinaus entspricht die Auslegung von Verbundkonstruktionen für Erdbeben weitgehend der Auslegung von Stahlbauten.

### 5.2 Werkstoffe

Die Wahl der Werkstoffe für Verbundtragwerke, die für Erdbebenlasten ausgelegt werden, entspricht weitgehend den Anforderungen und Einschränkungen, wie sie für Beton- und Stahlbauten in Erdbebengebieten gelten. Insbesondere ist bei der Werkstoffwahl die vorgesehene Duktilitätsklasse zu berücksichtigen. Die zugehörigen Einschränkungen haben zum Ziel die Ausbildung und die Funktionsfähigkeit von plastischen Mechanismen zu gewährleisten und betreffen in der Regel die Wahl der Werkstoffe für dissipative Bereiche.

**Nicht dissipative Verbundtragwerke**

Für Bauwerke, die keine planmäßige Energiedissipation durch die Ausbildung plastischer Mechanismen aufweisen (Duktilitätsklasse DCL), gelten für die Wahl der Werkstoffe Regeln des Eurocode 4. Zusätzlich muss in hochbeanspruchten Bereichen von nicht dissipativen Verbundtragwerken Bewehrung der Duktilitätsklasse B verwendet werden (gilt für Bewehrungsstäbe und Matten).

**Dissipative Verbundtragwerke**

Für planmäßig dissipative Tragwerke (Duktilitätsklassen DCM und DCH) gelten über den Eurocode 4 hinaus die in Tabelle 17 zusammengefassten Regelungen für Werkstoffe.

An Kopfbolzendübel werden keine besonderen Anforderungen gestellt. Bei deren Anordnung und bei deren Bemessung ist zu berücksichtigen, dass die Tragwir-

Tabelle 17. Anforderungen an Werkstoffe für dissipative Verbundtragwerke

| Werkstoff | DCM | DCH |
|---|---|---|
| Baustahl | Es gelten die gleichen Anforderungen wie für Stahlbauten | |
| | Querschnittsklassen: siehe Auslegungskonzepte | |
| Beton | In dissipativen Bereichen muss Beton der Festigkeitsklasse > C20/25 verwendet werden. | |
| | Betonfestigkeitsklassen > C40/45 werden durch den Eurocode 8 nicht abgedeckt. | |
| Bewehrung | In dissipativen Bereichen muss Bewehrungsstahl der Klasse B oder C nach EN 1992-1-1, Anhang C, verwendet werden (erhöhte Duktilität) | In dissipativen Bereichen muss Bewehrungsstahl der Klasse C nach EN 1992-1-1 Anhang C, verwendet werden (hohe Duktilität) |
| | Die o. g. Anforderungen gelten für Bewehrungsstäbe und Bewehrungsmatten. | |
| | Bei Verwendung nichtduktiler Matten, soll der Bewehrungsgrad durch die Zulage duktiler Bewehrungsstäbe verdoppelt werden. Diese Stäbe sind ausschließlich für die Ermittlung der plastischen Trageigenschaften anzusetzen. | |

Klasse 3 die Anschlüsse in der Lage sein, das volle plastische Moment des Querschnitts (wie beim Klasse-1-Querschnitt) zu übertragen; bei plastischen Gelenken in Querschnitten mit Gurten in Klasse 4 eingestuft muss das elastische Grenzmoment des Querschnitts von den Anschlüssen übertragen werden können. Ferner muss ein Stabilitätsversagen aus der Rahmenebene heraus verhindert werden. Wenn diese Bedingungen erfüllt werden, dürfen biegesteife Hallenrahmen mit schlanken Querschnitten unter Annahme folgender Verhaltensbeiwerte für Erdbeben bemessen werden:
- $q \leq 2{,}5$ für Querschnitte mit Gurten, die der Querschnittsklasse 4 zugeordnet werden;
- $q \leq 3{,}5$ für Querschnitte mit Gurten, die der Querschnittsklasse 3 zugeordnet werden;
- $q \leq 4{,}0$ für Querschnitte mit Stegen, die der Querschnittsklasse 3 zugeordnet werden, Schubbeulen und Plastizierung der Stege infolge Schubbeanspruchung müssen ausgeschlossen sein;
- $q \leq 3{,}0$ für Querschnitte mit Stegen, die der Querschnittsklasse 4 zugeordnet werden, Schubbeulen und Plastizierung der Stege infolge Schubbeanspruchung müssen ausgeschlossen sein;
- für Querschnitte, deren Gurte und Stege in die Querschnittsklasse 3 oder 4 fallen, gilt für q der geringste Wert der zuvor genannten Verhaltensbeiwerte.

Für Stockwerksrahmen in Verbundbauweise mit voller Verbundwirkung in den Trägern und Verbundanschlüssen für die Stützen-Riegel-Anschlüsse zeigt sich, dass die im Bereich negativer Biegemomente als Querschnittsklasse 3 eingestuften Träger zur Energiedissipation vorgesehen werden dürfen. Hierbei müssen die Kapazitätsregeln für die Duktilitätsklasse Mittel (DCM) berücksichtigt werden, wobei die Anschlüsse in der Lage sein müssen, das volle plastische Moment des Querschnitts zu übertragen. Ferner müssen Schubbeulen und Plastizierung der Stege unter Schubbeanspruchung ausgeschlossen sein. Wenn diese Bedingungen erfüllt sind, dürfen biegesteife Verbundrahmenkonstruktionen mit schlanken Stegen der Träger unter Verwendung eines Verhaltensbeiwerts $q \leq 4$ nachgewiesen werden.

### 4.7.6 Dämpfer und seismische Isolierung

Die Vorteile der Energiedissipation durch plastische Verformungen bei starken Erdbeben geht einher mit bleibenden Verformungen, die teils aufwendige Reparaturen oder gar den Abriss des Gebäudes zur Folge haben. Eine alternative Strategie zur Erdbebenauslegung, insbesondere für hoch-seismische Regionen oder besonders schützenswerte Bauwerke, besteht im Einsatz von Dämpfern oder einer Basisisolierung [70]. Bild 95 zeigt schematisch die Effekte von Dämpfern und einer Basisisolierung.

Bei Einsatz von Dämpfern wird die inhärent vorhandene Materialdämpfung des Tragwerks (in der Regel 5%) durch spezielle Elemente erheblich erhöht. Das Antwortspektrum und damit die Erdbebenlast werden dadurch nach Gl. (24) verringert. Dämpferelemente gibt es als Produkte in unterschiedlichsten Wirkweisen und Formen. Sie werden beispielsweise anstelle von Diagonalen in konzentrischen Verbänden eingebaut.

Durch den Einsatz einer Basisisolierung wird die Eigenperiode des Tragwerks deutlich reduziert. Die Horizontalverformung während eines Erdbebens erfolgt dann überwiegend in der Basisisolierung, während das Bauwerk selbst wie ein Starrkörper verhält. Die Isolationselemente müssen eine geringe horizontale und eine hohe vertikale Steifigkeit besitzen; Letzteres ist notwendig, um Kippeffekte zu vermeiden. Als Elemente kommen beispielsweise Elastomerlager oder Gleitpendellager zum Einsatz und werden unter der Bodenplatte angeordnet. Die Basisisolierung ist im Wesentlichen auf die maximale Horizontalverschiebung während des Erdbebens zu bemessen, da die höheren Eigenperioden zwar mit niedrigeren Erdbebenlasten, dafür aber mit größeren Verformungen einhergehen, die sich zudem auf die Basisisolierung konzentrieren. Eine Isolierung ist dann besonders wirksam, wenn die Eigenperiode des Gebäudes im Plateau des Antwortspektrums liegt. Ist die Eigenperiode des Gebäudes hingegen sehr hoch, sind die Effekte einer Basisisolierung gering. Ist die Eigenperiode kleiner als die Kontrollperiode $T_B$, kann eine Basisisolierung sogar zu einer Erhöhung der Erdbebenlast führen.

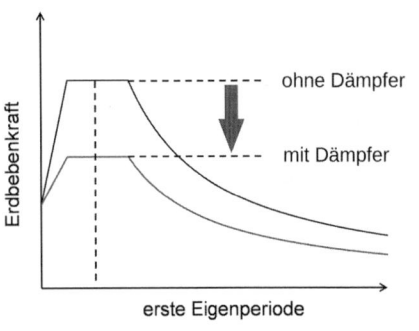
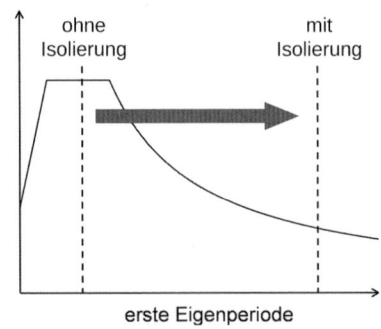

**Bild 95.** Schematische Wirkweise von Dämpfern und Basisisolierung

MEAKADO [68, 69] die Anwendbarkeit der erprobten Lösungen in Erdbebengebieten mit moderater Seismizität, die durch geringere Beschleunigungswerte von $a_{gR} = 1{,}5$ bis $2{,}0$ m/s$^2$ und kurze Starkbebenphasen gekennzeichnet sind, untersucht.

Hierzu wurden umfangreiche experimentelle und numerische Untersuchungen an Rahmenecken typisch für eingeschossige Stahlhallen sowie für mehrgeschossige Bürogebäude in Verbundbauweise durchgeführt (Bilder 93, 94).

Es zeigt sich, dass für Portalrahmen mit schlanken Querschnitten, wie sie in einstöckigen Hallentragwerken eingesetzt werden, auch Querschnitte der Klasse 3 und 4 zur Energiedissipation genutzt werden können. Zur Sicherstellung der Entwicklung von planmäßigen Fließmechanismen müssen zusätzliche Anforderungen und Regeln beachtet werden. So muss ein Schubbeulen der Stege verhindert werden (Nachweis nach EN 1993). Ferner müssen bei Annahme eines plastischen Gelenks mit Stegen in Klasse 3 oder 4 oder mit Gurten in

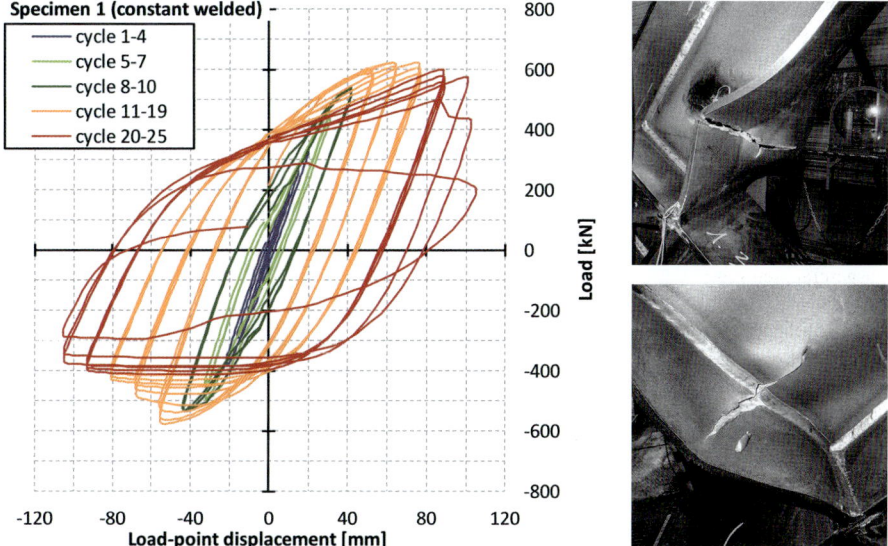

**Bild 93.** Hysterese und Versagensbilder einer geschweißten Rahmenecke mit Riegel in Querschnittsklasse 3

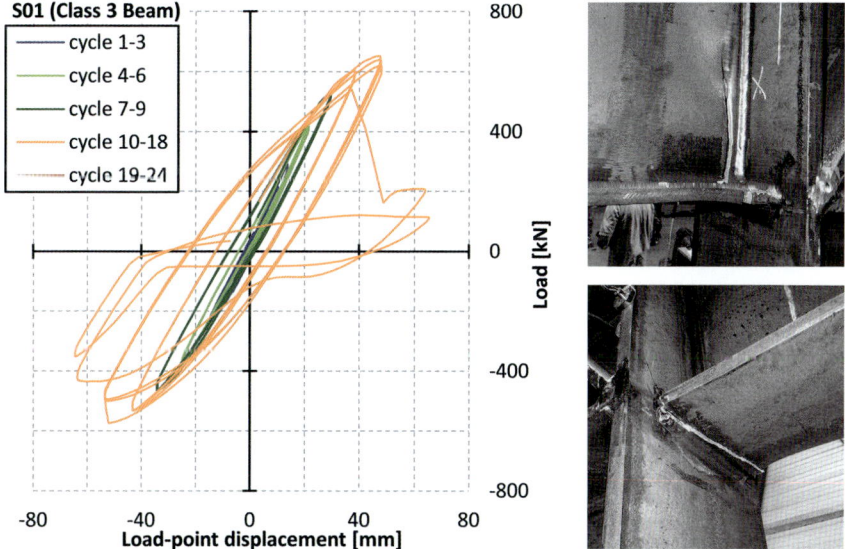

**Bild 94.** Hysterese und Versagensbilder einer geschweißten Verbundrahmenecke mit Riegel in Querschnittsklasse 3

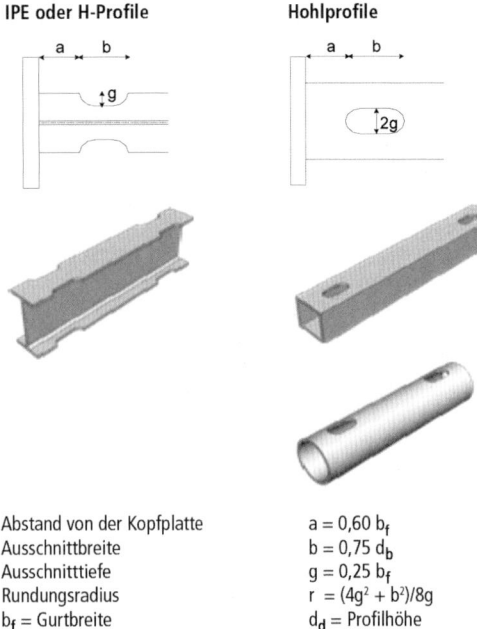

**Bild 91.** Wände aus vertikalen Stahlblechen

| | |
|---|---|
| Abstand von der Kopfplatte | $a = 0{,}60\, b_f$ |
| Ausschnittbreite | $b = 0{,}75\, d_b$ |
| Ausschnitttiefe | $g = 0{,}25\, b_f$ |
| Rundungsradius | $r = (4g^2 + b^2)/8g$ |
| $b_f$ = Gurtbreite | $d_d$ = Profilhöhe |

**Bild 90.** Ausschnitte an den Enden der FUSEIS-Träger

sige Höchstwerte von q = 3 für Bolzen-Elemente und q = 6 für Träger-Elemente angegeben.

### 4.7.4 Stahl- und Stahlverbundschubwände

Stahlschubwände bestehen aus Rahmen, deren Träger und Stützen gelenkig miteinander verbunden sind und werden durch Stahlbleche ausgesteift [58, 62, 66, 67], (Bild 91). Die Schubbleche sollten möglichst eine quadratische Form besitzen, wozu zusätzliche Zwischenträger vorgesehen werden können. Die Bleche werden üblicherweise an die angrenzenden Träger und Stützen angeschweißt. Alternativen sind dicht gesetzte Schrauben oder Setzbolzen. Die Bleche können kompakt ausgebildet werden, sodass der Lastabtrag über Schub erfolgt und die Tragfähigkeit durch Schubbeulen begrenzt wird. Der Schubbeulwiderstand kann dabei durch Längs- und Quersteifen erhöht werden. Alternativ sind schlanke Bleche möglich, deren Lastabtrag durch Zugfeldwirkung erfolgt. Zur Erhöhung der Steifigkeit und der Beanspruchbarkeit kann das Stahlblech von der einen oder von beiden Seiten durch Beton ergänzt werden (Bild 92a und b). In einer anderen Variante besteht die Wand aus einer Sandwichkonstruktion mit Stahlblechen als Außenschalen und Beton als Innenschale (Bild 92c). Die Verbundwirkung wird durch Anordnung von Verbundmitteln gewährleistet. Dadurch wird das Schubbeulen ohne Einsatz von Zwischensteifen vermieden und die Bleche auf Schubfließen bemessen. Um bei kleinen Erdbeben Risse im Beton zu vermeiden, wird ein Spalt zwischen Beton und äußerem Stahlrahmen vorgesehen.

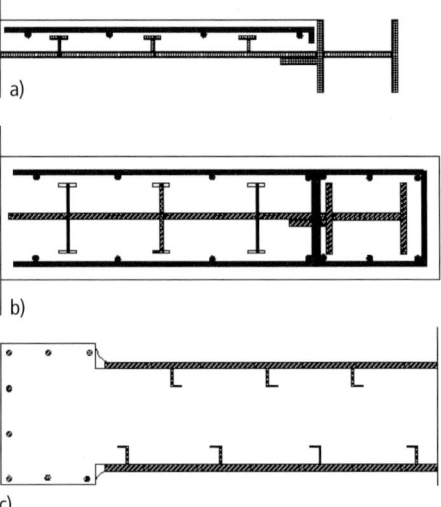

**Bild 92.** Verbundwände

### 4.7.5 Dissipative biegesteife Rahmen in Querschnittklasse 3 und 4

Gemäß DIN EN 1998-1 dürfen für dissipative Bauteile, die auf Druck oder Biegung beansprucht werden, ausschließlich kompakte Stahlquerschnitte der Klassen 1 und 2 verwendet werden, wenn bei der Erdbebenbemessung von Stahl- und Verbundtragwerken ein Verhaltensbeiwert q > 1,5 angesetzt wird. Diese Einschränkung betrifft nahezu sämtliche, in der Praxis bewährte, Lösungen für biegesteife Rahmentragwerke wie Portalrahmen und mehrstöckige Verbundrahmen. Diese Tragwerkstypen sind insbesondere in Regionen mit geringer bis moderater Seismizität wie Deutschland von Bedeutung, in denen optimierte Lösungen für nichtseismische Lasten entwickelt wurden. Aus dieser Situation heraus wurde in dem europäischen Forschungsprojekt

beschränken sich auf die Auswechselung der beschädigten Bolzen. Bild 88a zeigt Fotos von INERD-Verbindungen unter Belastung, aus denen die große Verformungskapazität der Bolzen erkennbar wird. Bild 88b stellt experimentell ermittelte Hystereseschleifen von durch Kreuzdiagonalen mit INERD-Verbindungen ausgesteiften Rahmen dar. Man erkennt, dass auch bei großen relativen Stockwerksverformungen ausgeglichene Hystereseschleifen entstehen.

Die Grenzlast des Bolzens kann mithilfe folgender vereinfachter Formel bestimmt werden:

$$P_{Rd} = \frac{4 \cdot M_{pl,Rd}}{a} \quad (90)$$

mit
$M_{pl,Rd}$ plastisches Moment des Bolzens
a Abstand zwischen inneren und äußeren Augenstäben

Der Bolzen wird als dissipatives Element für die Bemessungsnormalkraft des Verbandstabs aus der seismischen Einwirkungskombination dimensioniert. Die Tragfähigkeit der Verbandsdiagonalen auf Knicken soll unter Berücksichtigung von Kapazitätsregeln nach Gl. (68a) größer als die Tragfähigkeit des Bolzens sein. In [63] wird für Tragwerke mit INERD-Verbindungen empfohlen, zulässige Höchstwerte der Verhaltensbeiwerte q entsprechend denen von biegesteifen Rahmen zu verwenden.

### 4.7.3 Austauschbare dissipative Elemente (FUSEIS)

Konventionelle dissipative Tragwerkstypen haben den Nachteil, dass bei hohen Erdbeben dissipative Tragwerkselemente bleibende Verformungen erhalten, die schwer zu reparieren oder auszutauschen sind. Diese Thematik hat zur Entwicklung einer Vielzahl an austauschbaren, dissipativen Elementen geführt. Das FUSEIS-System besteht beispielsweise aus zwei Stützen in kleinem Abstand (1,5 bis 2 m) und über die Höhe dicht angeordneten biegesteif angeschlossenen Trägern (Bild 89) [65]. Es reagiert auf Horizontallasten durch Biegung ihrer Tragelemente und wirken ähnlich wie vertikale Vierendeel-Träger. Dissipative Elemente sind die FUSEIS-Träger, die aus I- oder Hohlprofilen bestehen. Zur Gewährleistung der Fließgelenkbildung an den Trägern wird an ihren Enden der Querschnitt durch Reduktion der Breite der Gurtbleche bzw. Anordnung von Löchern in den Hohlprofilen geschwächt. Alternativ können als dissipative Elemente Bolzen mit Gegengewinde in den Trägern verwendet werden. Nach starken Erdbeben lassen sich die kurzen dissipativen Elemente, die keine Vertikallasten aufnehmen, auf einfache Weise auszuwechseln. Das übrige Tragwerk kann quasi gelenkig oder halbsteif ausgebildet werden.

Die FUSEIS-Elemente werden als dissipative Elemente gegen die errechneten Biegemomente $M_{Ed}$ der seismischen Kombination nach Gl. (91) nachgewiesen:

$$\frac{M_{Ed}}{M_{pl,RBS,Rd}} \leq 1,0 \quad (91)$$

Dabei ist $M_{pl,RBS,Rd}$ die plastische Momententragfähigkeit des reduzierten Querschnitts (*reduced beam section*, RBS). Der Schubnachweis der dissipativen Elemente erfolgt nach Kapazitätskriterien, indem angenommen wird, dass entgegengerichtete plastische Momente an den Trägerenden wirken:

$$\frac{V_{Cd,Ed}}{V_{pl,RBS,Rd}} \leq 1,0 \quad (92a)$$

$$V_{Cd,Ed} = \frac{2 \cdot M_{pl,RBS,Rd}}{l_{RBS}} \quad (92b)$$

mit
$M_{pl,RBS,Rd}$ Bemessungswert der plastischen Momententragfähigkeit des reduzierten Trägerquerschnitts
$l_{RBS}$ Trägerlänge (= Achsabstand zwischen den reduzierten Trägerquerschnitten)

Die nicht dissipativen Stützen werden wie Stützen biegesteifer Rahmen für Kapazitätsschnittgrößen nach den Gln. (68a) bemessen. In [65] werden für Tragwerke mit FUSEIS-Elementen als Verhaltensbeiwerte zuläs-

**Bild 89.** FUSEIS-Systeme im Kindergartenbau der Deutschen Schule in Athen

nicht an der Kraftübertragung teilnimmt, sondern nur das Knicken verhindert. Dadurch entwickelt sich im Stahlkern, bis zum Materialfließen, eine fast gleichförmige Spannungsverteilung. BRBs haben daher in etwa gleiche Druck- und Zugfestigkeiten und besitzen volle, ausgeglichene Hystereseisschleifen (Bild 85). Sie eignen sich als zentrische Verbände für die Ausbildungen nach Bild 75b und c sowie für V- und Λ-Verbände, jedoch nicht für Kreuzverbände nach Bild 75a.

BRBs wurden Anfang der 1980er-Jahre in Japan entwickelt und ab Ende der 1980er-Jahre dort eingesetzt; erst nach 2000 werden sie in den USA verwendet. Seit 2007 wurden Forschungsprojekte zu BRBs in Europa durchgeführt, auf deren Grundlage sie in die 2. Generation des Eurocode 8 [33] als Tragwerkstyp aufgenommen werden. Inzwischen werden mehrere Typen von BRBs von verschiedenen Firmen entwickelt und vertrieben. Sie unterscheiden sich im verwendeten Querschnitt und in der Ausbildung der Endverbindung der Stäbe, die als konventionelle geschraubte Knotenblech- oder Augenstabverbindung als volltragfähige Verbindung ausgeführt wird (Bild 86). Die Firmen führen die notwendigen experimentellen Untersuchungen durch, um die von den Normen verlangten Anforderungen nachzuweisen.

### 4.7.2 Dissipative Anschlüsse zentrischer Verbände (INERD)

Die DIN EN 1998-1 erlaubt die Anwendung dissipativer Verbindungen, wenn experimentell nachgewiesen wird, dass deren Anforderungen erfüllt sind. Für biegesteife Rahmen eignen sich nachgiebige Verbindungen nicht, da sie die ohnehin kleine Horizontalsteifigkeit weiter abmindern. Für zentrischen Verbände können dissipative, teiltragfähige Verbindungen hingegen vorteilhaft eingesetzt werden. Eine Art dieser Verbindungen, die die Verbandsdiagonalen mit den Nachbarstützen durch Augenstäbe und Bolzen verbinden, wurden unter dem Namen INERD entwickelt [63, 64] (Bild 87). Sie können bei allen Typen von zentrischen Verbänden eingesetzt werden.

Das dissipative Element der Verbindungen ist der Bolzen, der während starker Erdbeben fließt und hysteretische Energie verbraucht (Bild 88). Die anderen Tragwerksteile werden nach Kapazitätskriterien bemessen und sind gegen inelastische Verformungen und Instabilitäten zu schützen. Die Reparaturarbeiten nach starken Erdbeben sind auf ein Minimum reduziert, denn sie

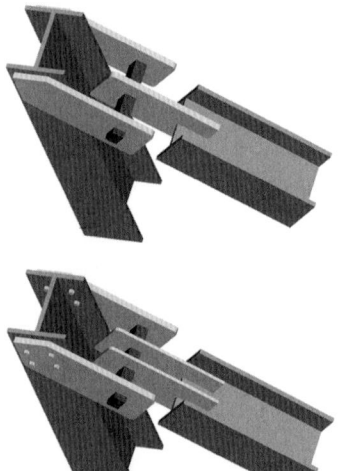

**Bild 87.** Ausbildung von INERD-Verbindungen

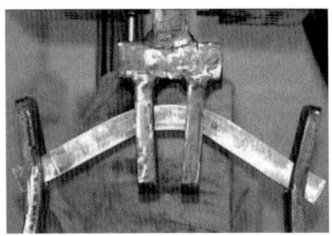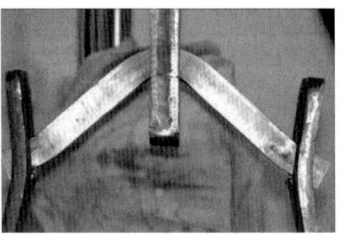

a)

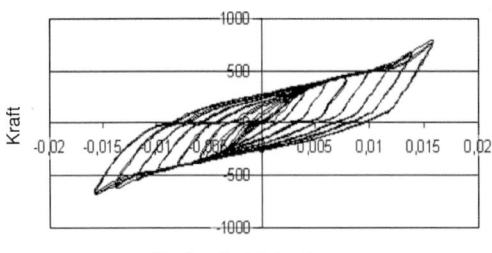

b)

**Bild 88.** a) Bolzenverformungen der INERD-Verbindungen, b) Hystereseisschleifen von ausgesteiften Rahmen mit INERD-Verbindungen

Diagonalen bestehen in der Regel aus drei Komponenten (Bild 84)
- einem Stahlkern zur Aufnahme der Normalkräfte,
- einem äußeren Hohlprofil, das Stabknicken verhindert sowie
- einem Vergussmaterial zwischen Stahlkern und äußerem Hohlprofil.

Stahlkern und Hohlprofil werden durch ein Vergussmaterial voneinander getrennt, sodass das Außenprofil

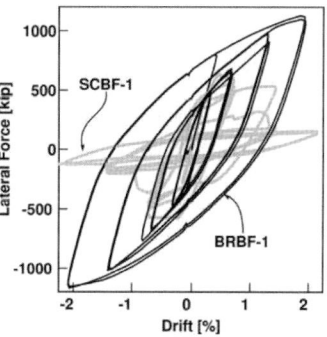

**Bild 84.** Ausbildung knickgesicherter Verbandsdiagonalen (BRB)

**Bild 85.** Hysteresisschleifen von BRBs und konventionellen Verbandsdiagonalen

**Bild 86.** Endverbindungen von BRBs (oben, links u. rechts aus [25])

Die Traglast der Verbinder wird bei großen Gelenkrotationen durch Bildung von Rissen an den Schweißnähten der Steifen mit dem Steg erreicht, die sich später ausweiten und in den Steg hineinwachsen. Die Gelenkrotationen der Verbinder $\theta_p$ ergeben sich aus der Summe der inelastischen Vertikalverschiebungen an den Verbinderenden dividiert durch die Verbinderlänge. Ihre zulässigen Grenzwerte hängen vom Verbindertyp ab:
- kurze Verbinder: $\theta_p \leq 0{,}08$ rad
- lange Verbinder: $\theta_p \leq 0{,}02$ rad
- mittlere Verbinder: $\theta_p \leq$ aus linearer Interpolation

Stützen und Verbandsstäbe sind nicht dissipative Elemente und werden nach Kapazitätskriterien bemessen, um sie vor inelastischer Aktivität zu schützen. Dazu wird ihre Bemessungsnormalkraft mithilfe von Gl. (68a) bestimmt:

$\Omega = 1{,}5 \cdot \min\{V_{p,link,i} / V_{Ed,i}\}$

bei kurzen Verbindern (89a)

$\Omega = 1{,}5 \cdot \min\{M_{p,link,i} / M_{Ed,i}\}$

bei langen und mittleren Verbindern (89b)

Der Faktor 1,5 in den Gln. (89a) berücksichtigt die Überfestigkeit der Traglast der Verbinder im Verhältnis zur Fließgrenzlast, nach der sie bemessen werden. Wie für die Verbandsstäbe zentrischer Verbände sollen sich die $\Omega_i$-Werte der einzelnen Verbinder um nicht mehr als 25 % unterscheiden.

**Bild 82.** Exzentrischer Verband und seismischer Verbinder

**Bild 83.** Aussteifungen von Verbindern [54]

In Japan werden Verbinder aus niederfestem Stahl (*low-yield-point steel*, $f_y \approx 100$ MPa) verwendet. Sie besitzen hervorragende Duktilität bis zu großen Gelenkrotationen, sodass aufwendige Zwischensteifen vermieden werden. Dieser Stahl ist allerdings teuer und wird nur in Japan produziert. Verbinder können auch als separate Teile gefertigt werden und an ihren Enden mit den Trägern verschraubt werden. Dies hat den Vorteil, dass sie nach starken Erdbeben mit großen inelastischen Rotationen zwar beschädigt sind, aber sehr einfach ausgewechselt werden können.

### 4.6.3 Konstruktionsregeln für Verbinder

Die maximale Traglast von Verbindern wird nicht durch Materialfließen erreicht. Bei wachsenden gegenseitigen Verformungen der Verbinderenden bilden sich Zugfelder, sodass die aufnehmbare Traglast über die Fließlast $V_{p,link}$ hinaus steigt. Zur Verankerung der Zugfelder sollen sowohl Endsteifen (Bild 82) als auch Zwischensteifen angeordnet werden (Bild 83). Folgende Regelungen gelten für die Steifen [3]:
- Die Blechdicke der Endsteifen soll größer als $\max\{0{,}75 \cdot t_w; 10 \text{ mm}\}$ sein (mit $t_w$ = Stegdicke des Verbinders).
- Der Abstand der Zwischensteifen bei kurzen Verbindern soll für Gelenkrotationen $\theta_p = 0{,}02$ rad kleiner als $(52 \cdot t_w - d/5)$ und für Gelenkrotationen $\theta_p = 0{,}08$ rad kleiner als $(30 \cdot t_w - d/5)$ sein. Dazwischen kann linear interpoliert werden.
- Bei langen Verbindern soll jeweils eine Zwischensteife im Abstand 1,5 b (b = Gurtbreite) vom Verbinderende angeordnet werden. Jedoch sind bei Verbinderlängen größer als $5 \cdot M_{p,link} / V_{p,link}$ keine Zwischensteifen notwendig.
- Für mittlere Verbinder kann linear interpoliert werden.
- Die Zwischensteifen dürfen bei Trägerhöhen < 600 mm einseitig ausgeführt werden. Ihre Mindestblechdicke beträgt $\max\{t_w; 10 \text{ mm}\}$. Bei Trägerhöhen > 600 mm sollen auf beiden Stegseiten Steifen vorgesehen werden.
- Die Kehlnähte zwischen Steifen und Verbindersteg sollen auf die Kraft $\gamma_{ov} \cdot f_y \cdot A_{st}$ und die Kehlnähte zwischen Steifen und Verbindergurt auf $\gamma_{ov} \cdot f_y \cdot A_{st}/4$ bemessen werden, wobei $A_{st}$ die Steifenfläche ist.

## 4.7 Sonderthemen und neue Entwicklungen

### 4.7.1 Buckling Restraint Braces (BRB)

Der große Nachteil der im Abschnitt 4.5.2 vorgestellten konzentrischen Verbände besteht im Knickversagen der Verbandsdiagonalen, das die Horizontalsteifigkeit, die Tragfähigkeit und die Dissipationsfähigkeit abmindert. Daher wurden Anstrengungen unternommen, knicksichere Verbandsdiagonalen, sogenannte buckling restrained braces (BRB), zu entwickeln [60–62]. Diese

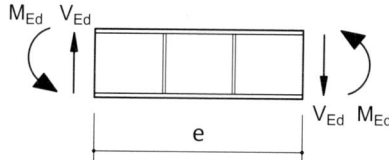

**Bild 81.** Bemessungsschnittgrößen von beidseitig biegesteif angeschlossenen Verbindern

darf das Stahlprofil nicht teilbetoniert werden, weil der Beton zwischen den Profilgurten den hohen inelastischen Verformungen nicht folgen kann. Beide Gurte des Verbinders sind an den Verbindungsstellen mit den Verbandsstäben gegen Ausweichen aus der Rahmenebene seitlich zu halten. Löcher oder andere Befestigungen dürfen nicht innerhalb der Verbinderlänge vorhanden sein.

Die Verbinder werden als dissipative Elemente gegen die Bemessungsschnittgrößen ($N_{Ed}$, $V_{Ed}$, $M_{Ed}$) aus der seismischen Einwirkungskombination nachgewiesen (Bild 81):

$$N_{Ed} \leq 0{,}15 \cdot N_{pl,Rd} \tag{80a}$$

$$V_{Ed} \leq V_{p,link} = (d - t_f) \cdot t_w \cdot f_y / \sqrt{3} \tag{80b}$$

$$M_{Ed} \leq M_{p,link} = (d - t_f) \cdot b \cdot t_f \cdot f_y \tag{80c}$$

mit

$N_{pl,Rd}$  Bemessungswert der Normalkrafttragfähigkeit des Verbinderquerschnitts

$V_{p,link}$  Bemessungswert der Schubtragfähigkeit des Verbinders (Steg des I-Trägers)

$M_{p,link}$  Bemessungswert der Momententragfähigkeit des Verbinders (Gurte des I-Trägers)

Für $N_{Ed} > 0{,}15 \cdot N_{pl,Rd}$ sind die Beanspruchbarkeiten der Verbinder $V_{p,link}$ und $M_{p,link}$ mithilfe der bekannten Interaktionsbeziehungen für I-Querschnitte abzumindern.

### 4.6.2 Bemessung von Verbindern

Aus dem M-V-Interaktionsdiagramm wird deutlich, dass die Verbinder-Beanspruchbarkeiten $V_{p,link}$ und $M_{p,link}$ so formuliert sind, dass keine M-V-Interaktion besteht. Aus den Gleichgewichtsbedingungen der Verbinder kann der Zusammenhang zwischen den gleichzeitig wirkenden Beanspruchungsgrößen geschrieben werden (Bild 81):

$$e = 2 M_{Ed} / V_{Ed} \tag{81}$$

Je nach Verbinderlänge werden folgende Typen unterschieden:
- kurze Verbinder, die Energie durch Schubfließen verbrauchen,
- lange Verbinder, die Energie durch Biegefließen verbrauchen,
- mittlere Verbinder, die Energie durch Schub- und Biegefließen verbrauchen.

### Kurze Verbinder

Kurze Verbinder fließen auf Schub, sodass

$$V_{Ed} = V_{p,link} \tag{82a}$$

und

$$M_{Ed} \leq M_{p,link} \tag{82b}$$

gilt. Werden die Beziehungen (80c), (81) und (82a) in (82b) eingesetzt, folgt:

$$e \leq 2 \cdot \frac{M_{p,link}}{V_{p,link}} \tag{83}$$

Experimentelle Untersuchungen haben gezeigt, dass die Momententragfähigkeit etwa 20% und die Schubtragfähigkeit etwa 50% höher als die entsprechenden theoretischen plastischen Größen sind [58]. Werden diese Überfestigkeiten in der obigen Beziehung eingesetzt, so erhält man für kurze Verbinder folgende maximale Länge:

$$e = e_S \leq 1{,}6 \cdot \frac{M_{p,link}}{V_{p,link}} \tag{84}$$

### Lange Verbinder

Lange Verbinder fließen auf Biegung ohne Querkraftabminderung, sodass gilt:

$$M_{Ed} = M_{pl} \tag{85a}$$

$$V_{Ed} \leq 0{,}5 \cdot V_{p,link} \tag{85b}$$

Werden die Beziehungen (81) und (85a) in (85b) eingesetzt, folgt:

$$e \geq 4 \cdot \frac{M_{pl}}{V_{p,link}} \tag{86}$$

Statt der vollen plastischen Momententragfähigkeit des Querschnitts nach Gl. (85a) wird bei Verbindern nur die Momententragfähigkeit der Gurte $M_{f,R}$ angesetzt. Für übliche I-Querschnitte entspricht $M_{p,link} = M_{f,R} \approx 3/4 \cdot M_{pl}$, sodass sich für lange Verbinder gilt:

$$e = e_L \geq 3 \cdot \frac{M_{pl}}{V_{p,link}} \tag{87}$$

### Mittlere Verbinder

Ihre Länge liegt zwischen den entsprechenden Werten für kurze und lange Verbinder:

$$e_S < e < e_L \tag{88}$$

Die Bedingungen (84), (87) und (88) zur Charakterisierung der Verbinder gelten, wenn sich Fließgelenke an beiden Verbinderenden bilden können. Bei Vertikalverbindern (Bild 76d) bzw. wenn die Verbinder an einem Ende durch teiltragfähige Verbindungen angeschlossen sind, soll auf die Grenzwerte 1,6 und 3,0 der Faktor $(1 + \psi)/2$ angewendet werden. Dabei ist $0 \leq \psi \leq 1$ das Verhältnis der Absolutwerte der einwirkenden Biegemomente an den Verbinderenden.

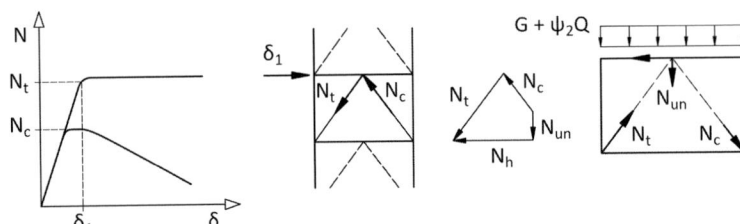

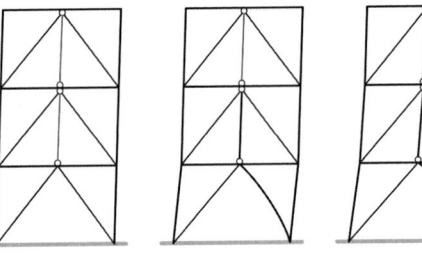

Bild 79. Ungleichgewichtskräfte an V- und Λ-Verbänden

### 4.5.3 V-Verbände

Bei V-Verbänden und Λ-Verbänden nehmen neben der Zug- auch die Druck-Diagonalen an der Lastaufnahme und der Energiedissipation teil. Ihre Schlankheiten werden durch die Bedingung (75) begrenzt. Als dissipative Elemente sind allerdings die Diagonalen für die errechneten Bemessungsdrucknormalkräfte der seismischen Kombination auf Knicken zu bemessen. Ihre Verbindungen sollen volltragfähig sein und sind nach Gl. (77) für die Zugfestigkeit der Diagonalstäbe zu bemessen. Dies gilt auch für die angrenzenden Träger und Stützen. Zur wirtschaftlichen Bemessung soll also ihre Schlankheit soweit wie möglich begrenzt werden, damit der Knickwiderstand nicht viel kleiner als die Zugtragfähigkeit wird. In Bezug auf die bevorzugten Querschnittsformen gelten die Ausführungen in Abschnitt 4.5.2.

Zusätzliche Nachweise sind im Hinblick auf die vertikalen Ungleichgewichtskräfte in Trägermitte infolge der unterschiedlichen Tragfähigkeiten der Diagonalen auf Zug und Druck (Knicken) zu führen (Bild 79). Daher sind die Träger auf Folgendes zu bemessen:

– auf die Vertikallasten der Gravitationskräfte in der seismischen Kombination ohne Berücksichtigung der Stützung durch die Diagonalen und
– auf eine vertikale Ungleichgewichtskraft, die nach dem Knicken der Druckdiagonale entsteht.

Mit den Bezeichnungen von Bild 79 ergibt sich die Ungleichgewichtskraft zu:

$$N_{un} = (N_t - N_c) \cdot \sin\varphi \qquad (79)$$

mit
$N_t = N_{pl,Rd}$    Bemessungswert der Tragfähigkeit der Zug-Diagonalen für Fließen
$N_t = \gamma_{pb} \cdot N_{pl,Rd}$    Tragfähigkeit der Druck-Diagonalen nach Knicken

wobei
$\gamma_{pb} = 0,3$ nach DIN EN 1998-1/NA

Die Nachweise der Träger für Beanspruchungen aus Vertikallasten ohne Stützung der Diagonalen und der vertikalen Ungleichgewichtskraft führt zu sehr massiven Querschnitten. Abhilfe schaffen hier sogenannte *zipper-columns* nach Bild 80, die die Vertikallasten auf dem Träger über Normalkräfte statt Biegemomente in das System eintragen.

Bild 80. Ausbildung und Wirkweise von zipper-columns bei Λ-Verbänden

### 4.6 Exzentrische Verbände

#### 4.6.1 Tragsystem und Tragverhalten

Bei diesem Tragwerkstyp sind die Verbandsstäbe exzentrisch an die Träger angeschlossen, sodass die Horizontallasten aus Erdbeben nicht allein über Normalkräfte abgetragen werden [55]. Die kurzen Bereiche der Träger, seismische Verbinder bezeichnet, werden je nach Exzentrizitätsgröße auf Schubkräfte und/oder Biegemomente beansprucht. Dissipative Elemente des Systems sind die Verbinder, die als Stahlprofile duktil auf Schubkräfte und Biegemomente reagieren. Dies ist ein großer Vorteil der Stahlelemente im Vergleich zu solchen aus Stahlbeton, die bei Schubbeanspruchung Sprödbrüche aufweisen. Die Verbinder können horizontal (Bild 76a, b, c) oder vertikal (Bild 76d) angeordnet sein. Sind die Verbinder weit vom Trägerende entfernt (Bild 76a, d), kann der Träger gelenkig an die Stützen angeschlossen werden. Sonst (Bild 76b, c) muss eine biegesteife volltragfähige Verbindung hergestellt werden. Die Systemsteifigkeit ist größer bei kurzen als bei langen Verbindern und erreicht einen oberen Grenzwert, den eines zentrischen Verbands, wenn die Exzentrizität verschwindet.

Exzentrische Verbände vereinen die Vorteile der zentrischen Verbände und der biegesteifen Rahmen, indem sie eine hohe Steifigkeit und Duktilität besitzen. Die dissipativen Elemente sind die seismischen Verbinder, die wegen der kleinen Länge auf hohe Schubkräfte beansprucht werden und stabile Verformungsschleifen aufweisen [56, 57]. Die Verbinder sollen vorzugsweise aus einem doppelsymmetrischen I-Profil ohne Verbundwirkung mit der Platte bestehen (Bild 82). Ebenso

klasse 1 oder 2) einzusetzen, damit die Beulgefahr gering bleibt.

Zur Berechnung von Diagonalverbänden nach Bild 75 sind nur die Zugdiagonalen zu berücksichtigen. Im Rechenmodell gehen dazu entweder alle Diagonalen mit der halben Fläche oder nur die Diagonalen, die in eine Richtung zeigen (z. B. von links unten nach rechts oben), ein. Damit wird die globale Steifigkeit korrekt wiedergegeben. Im zweiten Fall sind dann die resultierenden Diagonalkräfte zu verdoppeln und gleich für die im Modell nicht enthaltenen Diagonalen anzusetzen.

Das dissipative Element dieses Systems sind die Zugdiagonalen, die entsprechend eine ausreichende Tragfähigkeit und Duktilität besitzen müssen. Daher muss gewährleistet sein, dass inelastische Verformungen durch Fließen des Bruttoquerschnitts vor Erreichen der Grenzlast des Stabs im Nettoquerschnitt stattfinden:

$$N_{pl,Rd} = A \cdot \frac{f_y}{\gamma_{M0}} \leq N_{u,Rd} = 0,9 \cdot A_{net} \cdot \frac{f_u}{\gamma_{M2}} \quad (74)$$

Die bezogene Schlankheit der Diagonalstäbe wird wie folgt begrenzt:

$$\bar{\lambda} \leq 2,0 \quad (75)$$

Damit wird gewährleistet, dass die Beanspruchbarkeiten der Diagonalen auf Druck und Zug mindestens im Verhältnis von etwa 0,2:1 stehen und dass die Druckbeanspruchbarkeit nach einigen Belastungszyklen nicht vollkommen verschwindet (Bild 77). Ferner wird so ein exzessives Ausknicken und damit ein niederzyklisches Ermüdungsversagen verhindert. Diagonalen von X-Verbänden nach Bild 75a und b sollen zusätzlich folgende Bedingung erfüllen:

$$1,3 < \bar{\lambda} \leq 2,0 \quad (76)$$

Die Beanspruchbarkeit von Stäben mit $\bar{\lambda} = 1,3$ auf Druck beträgt etwa 40 % des entsprechenden Widerstands auf Zug. Vor dem ersten Ausknicken ist die tatsächlich aufnehmbare Last der Druckdiagonalen also bis zu 40 % höher als durch eine Modellbildung des X-Verbands allein mit Zugdiagonalen erfasst. $\bar{\lambda} = 1,3$ begrenzt diese Überfestigkeit im Sinne der Kapazitätsbemessung, um in den Stützen, die bei X-Verbänden bereits Druckkräfte aus den Zugdiagonalen erhalten, zusätzliche Druckkräfte infolge nicht ausgeknickter Druckdiagonalen zu minimieren.

Die Anschlüsse am Rahmenknoten und Knotenblech müssen nach Kapazitätskriterien bemessen werden. Aus Bedingung (65) folgt die Bemessungskraft:

$$N_{E,Cd} = 1,1 \cdot \gamma_{ov} \cdot N_{pl,Rd} \quad (77)$$

mit

$N_{pl,Rd}$    plastische Tragfähigkeit der Diagonale (Fließen) nach Gl. (74)

Schrauben dieser Verbindungen haben zusätzlich die Bedingung (66) zu erfüllen. Diese Regeln gewährleisten, dass nur die Diagonalen Energie dissipieren, während ihre Verbindungen volltragfähig ausgeführt werden und elastisch bleiben. Das führt oft zu großen Knotenblechen und aufwendigen Verbindungen (Bild 78).

Die Bemessungsnormalkräfte der an Verbandsdiagonalen angrenzenden zum Aussteifungssystem gehörenden Stützen und Träger sind nach Kapazitätskriterien nach Gl. (68a) zu bestimmen. Die Systemüberfestigkeit $\Omega$ berechnet sich bei Verbandssystemen wie folgt:

$$\Omega = \min \Omega_i \quad (78a)$$

mit

$$\Omega_i = N_{pl,Rd,i} / N_{Ed,i} \quad (78b)$$

wobei

$N_{pl,Rd,i}$    Bemessungswert der Tragfähigkeit der Diagonalen i

$N_{Ed,i}$    Bemessungswert der Normalkraft in der Diagonalen i in der Erdbeben-Einwirkungskombination

Es ist der minimale $\Omega$-Wert aller Diagonalen anzusetzen, da die Energiedissipation bei der schwächsten Diagonale des Verbandssystems mit ihrer Überfestigkeit beginnt. Bei einer guten Ausbildung sollten sich die $\Omega$-Werte untereinander nicht wesentlich unterscheiden, damit mehrere Diagonalstäbe an der Energiedissipation teilnehmen. Dazu verlangt DIN EN 1998-1, dass:

$$\max \Omega_i / \min \Omega_i < 1,25 \quad (78c)$$

Die Schlankheitskriterien nach Gl. (76) und das Homogenitätskriterium nach Gl. (78c) macht es schwierig geeignete Querschnitte zu wählen und den zulässigen Höchstwert des Verhaltensbeiwerts auszunutzen. Häufig sind die Bedingungen nur mit Rund- oder Quadrathohlprofilen zu erfüllen.

Die Stützen sind auf Knicken und Biegedrillknicken, bei gleichzeitiger Wirkung der Kapazitätsnormalkräfte $N_{Ed}$ aus Gl. (68a) und der errechneten Bemessungsmomente der seismischen Kombination nachzuweisen. Es sind also nur die Normalkräfte und nicht die Momente nach Kapazitätskriterien gegenüber den errechneten Werten zu beaufschlagen.

**Bild 78.** Knotenbleche von X-Verbänden, Ausbildung zentrischer Diagonalverbände

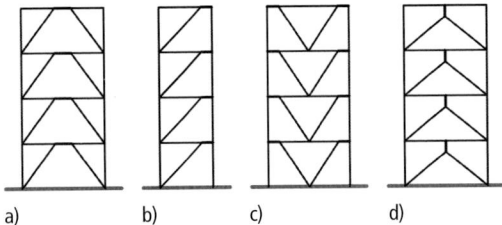

a)　　　b)　　　c)　　　d)

**Bild 76.** Ausbildung von exzentrischen Verbänden

aufweist. Vorsicht ist geboten durch den Umstand, dass im inelastischen Bereich die Druckdiagonalen weicher als die Zugdiagonalen reagieren und kleinere Normalkräfte aufnehmen. So entstehen bei hoher seismischer Beanspruchung vertikale Ungleichgewichtskräfte in Trägermitte (Bild 79) [51]. Daher müssen die Träger durchlaufend ausgeführt werden und in der Lage sein, sowohl die Gravitationslasten ohne Berücksichtigung der Zwischenstützung durch die Verbandsstäbe als auch die Ungleichgewichtskräfte aus Erdbeben aufzunehmen.

### 4.5.2 X-Verbände

Diagonalstäbe von X-Verbänden werden während der Erdbebeneinwirkung alternierend auf Zug und Druck belastet. Der Druckwiderstand geht jedoch schnell infolge von Knicken verloren, sodass die Aussteifung und Energiedissipation allein durch die Zugdiagonale erfolgt [52, 53]. Die ausgeknickte Diagonale zieht sich bei der Lastumkehr zunächst gerade, bevor sie Zugkräfte aufnimmt, wie der horizontale Verlauf der Last-Verformungskurve in Bild 77 zeigt. Der Verband besitzt also in diesem Bereich eine kleine Steifigkeit und leistet kaum Widerstand gegen die seitliche Verformung. Dies verringert die Energiedissipation und führt zu einer Art Stoßeffekt, wenn die Zugdiagonale wieder wirksam wird und die Steifigkeit schlagartig steigt. Um diese Effekte zu minimieren, sind gewisse Schlankheitsanforderungen für die Diagonale einzuhalten.

Die Diagonalstäbe sollen gleiche Querschnitte besitzen, da ansonsten die Tragwerksantwort auf zyklische Horizontallasten unsymmetrisch verlaufen und die Gefahr einer bleibenden Schiefstellung des Tragwerks nach größeren Erdbebenbeanspruchungen bestehen würde. Das Gleitplateau der Kreuzverbände hängt vom Tragverhalten und der Traglast der unter Druck stehenden Diagonalen ab, welche durch lokales Beulen, Biegeknicken und Biegedrillknicken beeinflusst wird. Daher sind folgende Querschnittsformen für die Verbandsstäbe günstig (Eignung abnehmend) [51]: runde oder quadratische Hohlprofile, H-Profile, T-Profile, zusammengesetzte Doppel-L-Profile. Zusammengesetzte Profile sollen in engen Abständen verbunden werden, damit sie nicht lokal zwischen den Anschlussblechen ausknicken. Außerdem sind kompakte Querschnitte (Querschnitts-

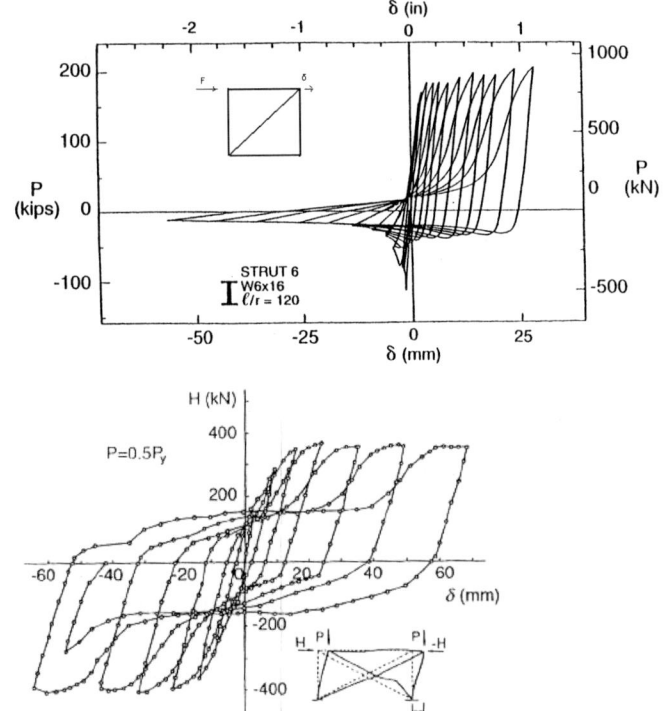

**Bild 77.** Verhalten von Diagonal- und X-Verbänden unter zyklischer Belastung [52, 53]

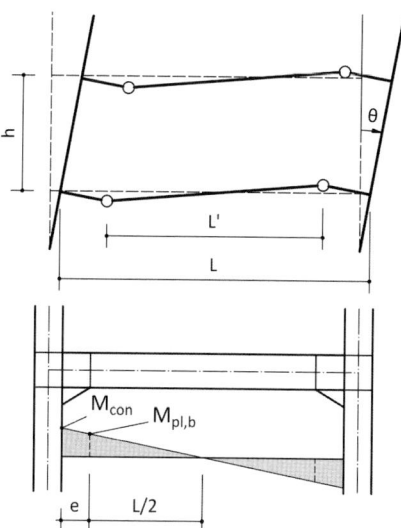

**Bild 74.** Rahmenkinematik und Trägerendmomente bei Fließgelenkbildung im Trägerfeld

gurte sind immer an der Stelle des Fließgelenks gegen seitliches Ausweichen aus der Rahmenebene zu stabilisieren.

Eine weitere Konsequenz aus vom Trägerende entfernten Fließgelenken ist die Erhöhung des Moments an der Stütze $M_{con}$, für die der Trägerquerschnitt und die Verbindung bemessen werden müssen. Unter der Annahme einer linearen Momentenverteilung infolge Erdbeben entlang des Trägers, mit Momentennullpunkt in Trägermitte, ergibt sich dieses Moment zu:

$$M_{con} = \frac{L}{L - 2e} \cdot M_{pl,b} \qquad (73)$$

mit

$M_{pl,b}$ plastische Momentenbeanspruchbarkeiten des reduzierten Trägerquerschnitts

Es versteht sich, dass auch in die Kapazitätsbemessung der Stützen nach Gln. (68a) und (69) diese erhöhten Momente als Trägermomente eingehen.

Die Anwendung verformbarer, teiltragfähiger Verbindungen ist bei biegesteifen Rahmen prinzipiell möglich, wenn durch experimentelle Untersuchungen die oben angegebenen Rotationskapazitäten unter zyklischen Bedingungen nachgewiesen werden. Jedoch sind solche Verbindungen wegen der dort zu erwartenden, mit Schäden verknüpften inelastischen Aktivität und der verminderten globalen Steifigkeit nicht zu empfehlen. Die am meisten geeignete Methode ist die oben beschriebene Verstärkung der Verbindung bzw. Schwächung der Trägergurte [49].

## 4.5 Konzentrische Verbände

### 4.5.1 Tragsystem und Tragverhalten

Tragwerkstypen mit konzentrischen Verbänden bestehen aus Trägern, Stützen und Verbandsstäben, die zentrisch anschließen (Bild 75). Die dissipativen Elemente des Systems sind die Verbandsstäbe. Ihre Horizontalaussteifung wird durch die Normalkraftbeanspruchung der Verbandsstäbe und der anderen Tragelemente gewährleistet, die je nach Erregungsrichtung zwischen Druck und Zug wechselt. Wegen des Fehlens der Biegung und der hohen Dehnsteifigkeit der axial belasteten Stäbe weisen solche Systeme große Steifigkeiten und daher kleine Eigenperioden auf. Zur Optimierung der Steifigkeit soll die Neigung der Verbandsstäbe nicht wesentlich von 45° abweichen [46]. Die Träger-Stützenverbindungen sind gelenkig ausgeführt. Zentrische Verbände unterteilen sich in zwei Gruppen unterschiedlicher Geometrie und Duktilität.

Bei X-Diagonalen sind die Verbandsstäbe an den Träger-Stützen-Knoten angeschlossen, sodass keine Exzentrizitäten entstehen. Sie dehnen sich über ein ganzes Feld aus und laufen zur Einhaltung der 45°-Neigung über ein oder mehrere Stockwerke (Bild 75a und b). In den Anordnungen nach Bild 75b und c ist die Knicklänge gleich ihrer Systemlänge. Bei der Anordnung nach Bild 75a und einer Verbindung der Diagonalen im Knotenpunkt ist die Knicklänge gleich der Hälfte der Systemlänge wegen der gleichzeitigen Beanspruchung der zwei Diagonalen auf Zug und Druck. Auch nach dem Ausknicken der Druckdiagonalen wirkt das System als reines Fachwerk. Die Lastaufnahme und damit die Energiedissipation beschränkt sich auf die Zugdiagonalen. Durch Einhaltung der Stabschlankheit innerhalb bestimmter Grenzen weist dieses System ein ausreichend duktiles Verhalten auf [50].

Bei V-Diagonalen sind die Verbandsstäbe an einen durchgehenden Träger angeschlossen (Bild 75d). Das System wirkt nur als Fachwerk, wenn sowohl die Druck- als auch die Zugdiagonale aktiv sind. Die Druckdiagonale muss also auch an der Lastaufnahme und der Energiedissipation teilnehmen. Durch Ausknicken vermindert sich aber ihre Dissipationskapazität, wodurch dieses System ein mäßig duktiles Verhalten

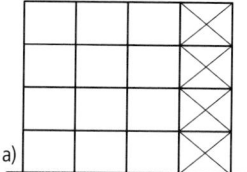 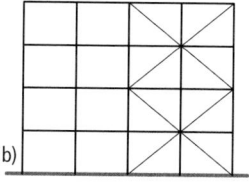 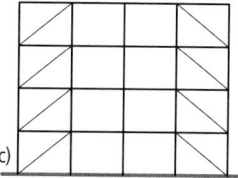 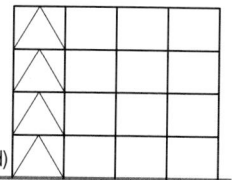

**Bild 75.** Ausbildung von konzentrischen Verbänden

- Die Schweißunterlagen der Gurte, die nicht entfernt wurden und so zu Spannungskonzentrationen führten.
- Das Nachgeben der Hohlprofilwand, an deren Mitte das Fahnenblech geschweißt war und bei der Ausführung nach Bild 72b das Nachgeben der geschraubten Stegverbindung wegen Lochaufweitung der Schraubenlöcher. Dies führte zur unzureichenden Übertragung der vom Trägersteg aufgenommenen Querkräfte und Momente und bewirkte, dass bei großen Verformungen fast die gesamte Beanspruchung von den Gurtnähten aufgenommen werden musste.

Eine wichtige Lehre aus diesen Schäden ist, dass die Bildung des Fließgelenks vom Trägerende entfernt werden sollte. Das geschieht entweder durch Verstärkung des Endbereichs der Träger und der Verbindung (Vouten, Anordnung zusätzlicher Aussteifungsbleche oder -winkel usw.) oder durch Schwächung der Trägergurte in einem bestimmten Abstand von der Stütze. Bild 73a zeigt eine verbesserte Ausführung der Verbindung von Bild 72a, bei der die Trägergurte an dicke Gurtplatten und der Trägersteg an das Fahnenblech durch Kehlnähte geschweißt sind. Der Träger wird lediglich für die Montage vor der Ausführung der Schweißnähte provisorisch an das Fahnenblech angeschraubt. Bild 73b zeigt eine durch Gurt- und Stegbleche verstärkte geschweißte Verbindung. Bild 73c stellt eine geschraubte gevoutete Stirnplattenverbindung dar, die zusätzlich durch vertikale Gurtbleche verstärkt werden kann. Bild 73d zeigt eine weitere Ausführung, bei der die Trägergurte in einem bestimmten Abstand von der Stütze geschwächt sind. Sie wird „reduced beam section (RBS)" bzw. „dogbone" nach der Ähnlichkeit mit dem Hundeknochen genannt. Der Anschluss der Träger an die Stützen erfolgt dann geschweißt oder verschraubt.

Bei der RBS-Ausbildung soll die Stelle der Fließgelenkbildung weder zu nah noch zu weit vom Trägerende angeordnet werden. Im ersten Fall wird die Verbindung mit der Stütze negativ beeinflusst, im zweiten Fall werden erhöhte Forderungen an die Rotationskapazität des Fließgelenks gestellt, was sich aus der Rahmenkinematik ergibt (Bild 74):

$$\theta_p = \frac{L}{L - 2e} \cdot \theta \qquad (72)$$

mit
$\theta_p$  Fließgelenkrotation
$\theta$  Stockwerkswinkelverformung

Mit zunehmendem Abstand vom Trägerende nehmen also die Gelenkrotationen über Stockwerkswinkelverformungen hinaus zu. Es sei angemerkt, dass für Fließgelenke an Trägerenden nach DIN EN 1998-1 [3] eine Rotationskapazität von 25 mrad bzw. 35 mrad für Rahmen der Duktilitätsklassen DCM bzw. DCH gefordert wird. Diese Forderung erhöht sich nach Gl. (72) für weit vom Knoten entfernte Fließgelenke. Beide Träger-

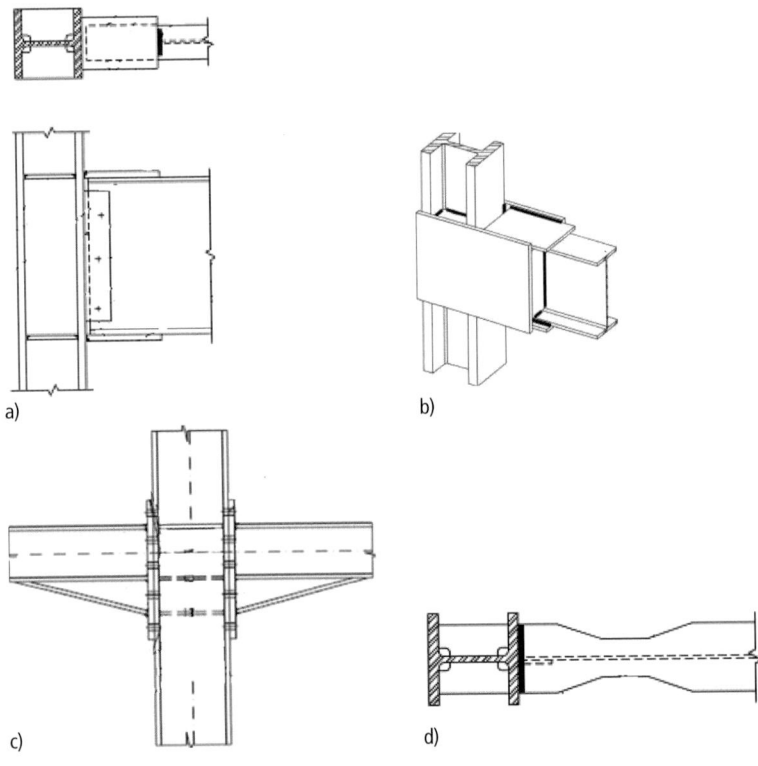

**Bild 73.** Erdbebengerechte Ausbildung der Knoten durch Entfernung des Fließgelenks vom Trägerende nach Northridge- und Kobe-Erdbeben

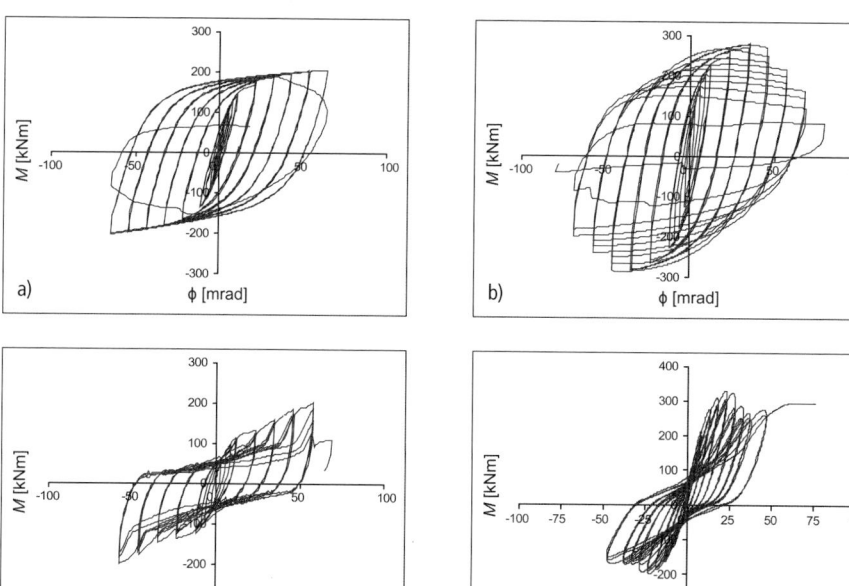

**Bild 71.** Hystereseschleifen von Knoten biegesteifer Rahmen: geschweißte Knoten mit a) schwachen und b) starken Stützen, c) geschraubte Knoten mit Winkelprofilen, d) Verbundknoten mit bündigen Kopfplatten [45][48]

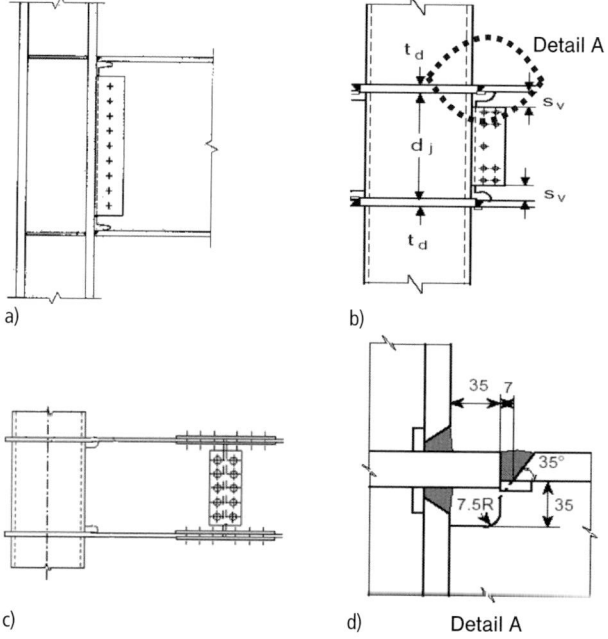

**Bild 72.** Ausbildung der Knoten ebener und räumlicher Rahmen in USA (a) und Japan (b–d) vor Northridge und Kobe

- Die nicht ausreichende Qualität der baustellengeschweißten Nähte, insbesondere des Untergurts wegen schlechter Zugänglichkeit und der Unterbrechung durch das Stegblech.

- Die Tatsache, dass gerade der direkt im Kontakt mit der Stütze stehende meistbeanspruchte Trägerquerschnitt durch die Schweißnahtzugänglichkeitslöcher des Steges geschwächt war und die runde Form der Löcher.

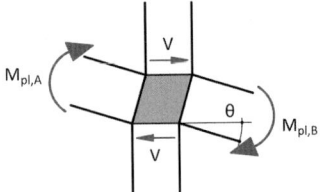

**Bild 70.** Auf Schub beanspruchtes Stegfeld der Rahmenknoten

der gegenseitigen plastischen Momente der Träger hoch auf Schub beansprucht wird, zu schenken (Bild 70) [36–40]. Das Stegfeld ist mithilfe folgender Bedingung nachzuweisen:

$$\frac{V_{wp,Ed}}{V_{wp,Rd}} \leq 1,0 \quad (71)$$

mit

$V_{wp,Ed}$ Bemessungswert der Schubbeanspruchung des Stegfelds

$V_{wp,Rd}$ Schubbeultragfähigkeit des Stegfelds

Die Schubbeanspruchung kann mithilfe von Kapazitätskriterien aus der Beziehung

$$V_{wp,Ed} = \frac{M_{pl,Rd,A} + M_{pl,Rd,B}}{h_b}$$

ermittelt werden. Bei Eckknoten ist nur das eine Trägermoment zu berücksichtigen. Gegebenenfalls ist das Stegfeld im Bereich der Knoten durch Bleche zu verstärken. Hohlprofilquerschnitte besitzen eine höhere Schubbeanspruchbarkeit, da sich beide Wände an der Lastaufnahme beteiligen.

### 4.4.4 Riegel-Stützen-Anschluss

Die empfindlichsten Bereiche biegesteifer Rahmen sind die Riegel-Stützen-Anschlüsse, an denen sich die großen Biegemomente aus den horizontalen Erdbebenkräften einstellen [41]. Die Erfahrungen aus den Erdbeben von Northridge und Kobe zeigen, dass dort die meisten Schäden auftreten. Die Ausführung verformbarer Verbindungen ist in biegesteifen Rahmen nicht geeignet, da die ohnehin kleine Horizontalsteifigkeit weiter abgemindert wird. Die Grenzen der gegenseitigen Stockwerksverschiebung sind dann noch schwieriger einzuhalten.

Das Verhalten von Anschlüssen biegesteifer Rahmen unter zyklischer Beanspruchung wurde weltweit untersucht. Bild 71 zeigt charakteristische Hystereseschleifen für verschiedene Ausbildungen des Träger-Stützen-Anschlusses, welche in Versuchen nach [42] getestet wurden [41–45]. Die Hysteresen in Bild 71a und b stammen von geschweißten Knoten, die sich bei gleichen Trägerprofilen in der Größe des Stützenprofils unterscheiden. Die Momententragfähigkeit des Anschlusses mit einer starken Stütze wird durch das plastische Moment des Trägers bestimmt (Bild 71b), während sie bei einer schwachen Stütze durch die Schubtragfähigkeit des Stützenstegs begrenzt ist (Bild 71a). Jedoch ist in diesem Fall das hysteretische Verhalten stabiler und die Energiedissipation größer wegen der inelastischen Schubverformungen des Stützenstegs. Bei einer starken Stütze (Bild 71b), wo sich die inelastischen Verformungen nur auf die Träger konzentrieren, bilden sich in den Trägergurten bei steigenden Rotationen lokale Beulen aus, die zu Tragfähigkeits- und Steifigkeitsabminderungen sowie geringerer Energiedissipation führen. Die Teilnahme des schubbeanspruchten Stützenstegs auf die Verformungen ist also grundsätzlich positiv [46]. Wenn jedoch die Tragfähigkeit des Knotens zu stark reduziert wird, können sich Effekte aus Theorie II. Ordnung in der gedrückten Stütze ungünstig auswirken. Ebenso sind kompaktere Trägergurte weniger anfällig auf lokales Beulen, sodass sie stabilere Hystereseschleifen besitzen. Sie können aber zu geringeren Rotationskapazitäten und kleineren niederzyklischen Ermüdungsfestigkeiten wegen spröden Versagens der Schweißnähte führen [47]. Geschraubte Verbindungen mit Gurt- und Stegwinkeln besitzen eine hohe Rotationskapazität, geringe Tragfähigkeit und nicht so stabile Schleifen wegen der Biegeverformungen der Winkelschenkel (Bild 71c).

Übliche Knotenausbildungen der USA und Japan aus der Zeit vor Northridge sind in Bild 72 dargestellt. In den USA, wo ebene Perimeter-Rahmen mit Stützen aus H-Profilen verwendet werden, wurden Knoten häufig nach Bild 72a ausgeführt. Die Trägergurte sind durch Stumpfnähte an den Stützengurt auf der Baustelle geschweißt, die Trägerstege an Fahnenbleche verschraubt, die an die Stützengurte geschweißt sind. In Japan, wo räumliche Rahmen mit Stützen aus Hohlprofilen verwendet werden, wurden eine baustellenseitige und eine werkseitige Ausbildung von Rahmenknoten ausgeführt. In Ersterer werden die Trägergurte an durch die Stütze gesteckte Horizontalbleche angeschweißt und die Stege an ein an die Stütze geschweißtes Fahnenblech geschraubt (Bild 72b). Die Horizontalbleche leiten scheibenartig die Gurtkräfte von der einen Stützenseite in die andere, ohne die dünnen Stützenwände lokal zu beanspruchen. Dazu wird werkseitig die Stütze im Knotenbereich in drei Teile zerlegt, die Bleche werden eingeschweißt und anschließend die Teile wieder zusammengebaut. Die zweite Ausführung (Bild 72c) unterscheidet sich von der ersten, in dem ein kurzer Trägerstummel gleichen Profils mit dem Träger werkseitig mit der Stütze verschweißt wird, sodass die Stützen wie „Tannenbäume" auf der Baustelle angeliefert werden. Der restliche Träger wird dann mit den Stummeln auf der Baustelle verschraubt.

Diese Ausführungen haben sich während der Erdbeben vor Northridge und Kobe als problematisch erwiesen. Insbesondere wurden Risse in Schweißnähten und Grundmaterial im Bereich der Verbindung des Träguntergurts mit dem Stützengurt festgestellt. Unter anderem sind folgende Gründe zu nennen:

– Die Verschiebung der Trägernulllinie zum Obergurt, infolge der nicht berücksichtigten Verbundwirkung mit den Betonplatten, führte zu großen Zugdehnungen des Untergurts.

Auf die Verbundwirkung darf verzichtet werden und die Träger dürfen als reine Stahlträger behandelt werden, wenn die Betonplatte von den Trägern durch konstruktive Maßnahmen getrennt wird (Bild 106). Dafür soll die Betonplatte mindestens im Abstand von $2 \cdot b_{eff}$ von den Stützen ($b_{eff}$ die wirksame Breite der Betonplatten, $\approx 5$ bis $10\%$ der Trägerlänge) keine Verbundwirkung mit dem Stahlträger besitzen, d. h. keine Verbundmittel, keine Vernagelung der Trapezbleche an der Trägern, keine Berührung mit den Stützen. Bei Verbundträgern mit Kammerbeton sollte in diesem Bereich auf Kammerbeton verzichtet werden.

Stahlträger werden auf Biegung und Normalkraft für die Bemessungsschnittgrößen aus der Erdbeben-Einwirkungskombination nachgewiesen. Ihre Querschnitte sollen die Bedingungen (67a) und (67b) erfüllen; außerdem sind sie gegen Biegedrillknicken bei Annahme eines plastischen Momentes an einem Trägerende nachzuweisen.

$$\frac{M_{Ed}}{M_{pl,Rd}} \leq 1,0 \tag{67a}$$

$$\frac{N_{Ed}}{N_{pl,Rd}} \leq 0,15 \tag{67b}$$

Die Bemessung auf Schub erfolgt nach Kapazitätskriterien. Die Bemessungsquerkraft leitet sich dementsprechend aus dem Trägergleichgewicht unter der Annahme einer gleichzeitigen Fließgelenkbildung an den Trägerenden ab (Bild 69). Die entsprechende Beanspruchbarkeit soll so hoch sein, dass die Querkraft die Momentenbeanspruchbarkeit nicht beeinflusst. Dadurch lautet die Nachweisbedingung:

$$\frac{V_{Ed}}{V_{pl,Rd}} \leq 0,5 \tag{67c}$$

mit
$V_{Ed} = V_{Ed,G} + V_{Ed,M}$
$V_{Ed,G}$ Bemessungswert der Querkraft aus nichtseismischen Einwirkungen in der Erdbeben-Einwirkungskombination

$$V_{Ed,M} = \frac{M_{pl,Rd,A} + M_{pl,Rd,B}}{L} \quad \text{nach Bild 69}$$

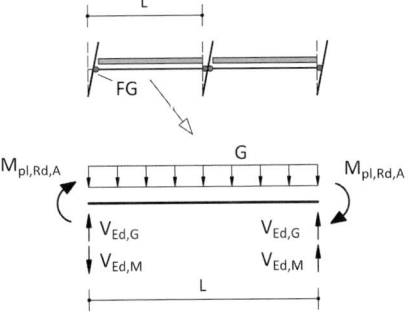

**Bild 69.** Herleitung der Bemessungsquerkraft der Träger

Die Gln. (67) gelten für Querschnitte der Klassen 1 und 2. Bei Querschnitten der Klasse 3 werden die plastischen durch die elastischen Grenzschnittgrößen ersetzt.

### 4.4.3 Stützen

Stützen ebener Rahmen bestehen in der Regel aus H-Profilen, Stützen räumlicher Rahmen aus Hohlprofilen. Die Stützen sind als nicht dissipative Elemente mit den Kapazitätsschnittgrößen gemäß Gl. (64) nach folgenden Beziehungen nachzuweisen:

$$N_{Ed} = N_{Ed,G} + 1,1 \cdot \gamma_{ov} \cdot \Omega \cdot N_{Ed,E} \tag{68a}$$

$$M_{Ed} = M_{Ed,G} + 1,1 \cdot \gamma_{ov} \cdot \Omega \cdot M_{Ed,E} \tag{68b}$$

$$V_{Ed} = V_{Ed,G} + 1,1 \cdot \gamma_{ov} \cdot \Omega \cdot V_{Fd,F} \tag{68c}$$

mit
$N_{Ed,G}$ Bemessungswert der Normalkraft aus nichtseismischen Einwirkungen in der Erdbeben-Einwirkungskombination (analog Momente und Querkräfte)
$N_{Ed,E}$ Bemessungswert der Normalkraft infolge der seismischen Einwirkung (analog Momente und Querkräfte)
$\Omega = \min\{M_{pl,Rd,i} / M_{Ed,i}\}$ für alle Träger i, bei denen Fließgelenke entstehen können, wobei $M_{Ed,i}$ Bemessungswert des Moments des Trägers i infolge der seismischen Einwirkungs-Kombination und $M_{pl,Rd,i}$ die zugehörige plastische Biegetragfähigkeit ist

Grundsätzlich muss bei der Bemessung der Stützen zudem Gl. (18) beachtet werden:

$$\sum M_{Rc} \geq 1,3 \cdot \sum M_{Rb} \tag{69}$$

mit
$\sum M_{Rc}$ Summe der Momentenbeanspruchbarkeiten der Stützen des Knotens, unter Berücksichtigung der gleichzeitig wirkenden Normalkräfte. Der minimale Wert der sich daraus ergebenden Momente ist einzusetzen.
$\sum M_{Rb}$ Summe der Momentenbeanspruchbarkeiten der Träger des Knotens

Mit den Kapazitätsschnittgrößen sind die Stützen auf Querschnittstragfähigkeit, Knicken und Biegedrillknicken nachzuweisen. Bei räumlichen Rahmen sind die Kapazitätsschnittgrößen gleichzeitig in beiden Richtungen anzuwenden. Von der Kapazitätsbemessung sind die Stützenfüße, die Stützen des obersten Geschosses und die Stützen einstöckiger Bauten befreit. Für die Stützenquerschnitte ist außerdem nachzuweisen, dass:

$$\frac{V_{Ed}}{V_{pl,Rd}} \leq 0,5 \tag{70}$$

mit
$V_{Ed}$ Bemessungswert der Querkraft in der Erdbeben-Einwirkungskombination

Besondere Aufmerksamkeit ist dem Stegfeld der Stützen im Bereich der Knoten, der während der Bildung

mit

$R_d$    Bemessungswert der Tragfähigkeit der Verbindung

$R_{fy}$    plastische Tragfähigkeit des angeschlossenen dissipativen Elements

$\gamma_{ov}$    Überfestigkeitsbeiwert nach Abschnitt 4.2.1

Durchgeschweißte Stumpfnähte erfüllen die obige Bedingung ohne weiteren Nachweis. Lochleibung ist eine dissipative Versagensart, Abscheren der Schrauben aber nicht. Dementsprechend sollen auf Abscheren beanspruchte geschraubte Verbindungen dissipativer Elemente folgende Bedingung erfüllen:

$$F_{v,Rd} \geq 1{,}2 \cdot F_{b,Rd} \qquad (66)$$

mit

$F_{v,Rd}$    Bemessungswert der Abschertragfähigkeit einer Schraube

$F_{b,Rd}$    Bemessungswert der Lochleibungstragfähigkeit einer Schraube

Für Nachweise im Grenzzustand der Tragfähigkeit entsprechen die Teilsicherheitsbeiwerte für die Beanspruchbarkeit denen aus DIN EN 1993-1-1 für gewöhnliche Einwirkungen; es wird davon ausgegangen, dass die Abnahme der Festigkeit durch Degradation in etwa dem Verhältnis der Teilsicherheitsbeiwerte für außergewöhnlichen und gewöhnlichen Einwirkungen entspricht.

## 4.4 Biegesteife Rahmen

### 4.4.1 Tragsystem und Tragverhalten

Biegesteife Rahmen bestehen aus Trägern und Stützen, die biegesteif miteinander verbunden sind. Die dissipativen Elemente des Systems sind die Träger sowie gegebenenfalls die Fußpunkte des untersten Stockwerks. Daher sind die Träger auf Duktilität und Tragfähigkeit, die Stützen und die Träger-Stützenverbindungen auf Überfestigkeit zu bemessen. Die seitliche Stabilität wird durch Biegebeanspruchung der Träger und der Stützen gewährleistet. Da die Spannweiten von Stahlhochbauten in der Regel groß (6,0 bis 9,0 m) sind, besitzen die Träger kleine Steifigkeiten EI/L, sodass die Rahmen relativ flexibel und niederfrequent sind. Wegen der größeren Eigenperioden fallen Rahmen meistens in den abfallenden Ast des Antwortspektrums ($T_1 > T_C$, siehe Bild 10) und werden durch kleinere Erdbebenlasten beansprucht. Allerdings werden wegen ihrer geringen Horizontalsteifigkeit häufig die Nachweise der gegenseitigen Stockwerksverschiebung im Grenzzustand der Schadensbegrenzung oder der Effekte nach Theorie II. Ordnung maßgebend, sodass Träger- und Stützenquerschnitte oft nach Steifigkeits- und nicht nach Tragfähigkeitskriterien ausgelegt werden und daher unterbeansprucht sind. Auf zwei Punkte ist bei biegesteifen Rahmen besonders achten:

h) Umsetzung des „schwache Träger – starke Stützen"-Prinzips, damit die Fließgelenke in den Trägern und nicht in den Stützen auftreten (Bild 29);

i) Ausbildung biegesteifer Anschlüsse an den Träger-Stützenverbindungen.

Wenn auf diese Punkte geachtet wird, weisen Rahmentragwerke ein hochduktiles Verhalten auf, das in Verbindung mit den kleinen Erdbebenkräften wegen der Flexibilität des Systems in hochseismischen Regionen besten geeignet sind. In gering bis moderat seismischen Regionen können die hohen q-Faktoren aufgrund der geringen Steifigkeit nicht ausgenutzt werden. Es versteht sich, dass die Anwendung nachgiebiger oder teiltragfähiger Träger-Stützenverbindungen nicht zu empfehlen ist. Dies würde die Horizontalsteifigkeit weiter herabsetzen und damit die Stabilitäts- und Schadensbegrenzungsnachweise erschweren.

### 4.4.2 Träger

In den meisten Fällen des Stahlhochbaus sind die Stahlträger aus I- und H-Querschnitten Teil eines Beton- oder Verbunddeckensystems. Früher wurden die Träger bei der Erdbebenbemessung als reine Stahlträger nachgewiesen und die Verbundwirkung vernachlässigt. Diese Annahme schien lange als begründet, da
– die Verbundwirkung sich wegen der zyklischen Belastung abmindert,
– die wirksamen Plattenbreiten in den Knotenbereichen aufgrund der wechselnden Momentenbeanspruchung beidseitig der Stützen klein ist,
– der Beton nach einigen Belastungszyklen mit wechselndem Vorzeichen reißt,
– die Plattenbewehrung im Bereich der Außenstützen schwierig zu verankern ist und
– Querzugbewehrung vor den Stützen anzuordnen ist.

Allerdings ist die unberücksichtigte Verbundwirkung einer der Gründe für das Auftreten von Rissen an Stumpfnahtverbindungen zwischen den unteren Trägergurten und den Stützen während der Erdbeben von Kobe und Northridge. Die Folge waren eine Reihe von Untersuchungen, die den Einfluss der Verbundwirkung thematisieren. Grundsätzlich stellt sich die Frage, ob die Hauptträger dissipativer biegesteifer Rahmen als Verbund- oder als reine Stahlträger ausgeführt und beim Erdbebennachweis berücksichtigt werden. Die Aktivierung und Erhaltung der Verbundwirkung bei höheren plastischen Gelenkrotationen fordert aufwendige konstruktive Anstrengungen (s. Abschnitt 5).

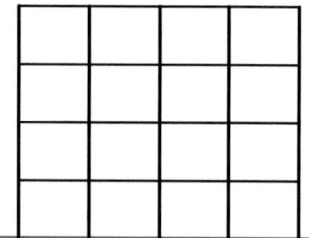

**Bild 68.** Biegesteife Rahmen

sehr beliebt. Da hier die Diagonalen auf Zug und Druck tragen, ist dieser Tragwerkstyp allerdings weniger duktil. Zudem führen die Kapazitätsregeln zur Erfassung von Ungleichgewichtskräften hier zu recht aufwendigen Konstruktionen.

Eine Alternative zu V-Verbänden sind Tragwerke mit exzentrischen Verbänden. Sie schränken die Nutzung des Gebäudes ebenfalls wenig ein, besitzen aber neben einer hohen Steifigkeit auch eine sehr gute Duktilität.

Typische Beispiele für umgekehrte Pendel-Systeme sind einstöckige Hallen mit starken Riegeln und schwachen Stützen. Die dissipativen Zonen befinden sich an den Fußpunkten. Die Rotationskapazität dieser Gelenke wird jedoch durch die gleichzeitig wirkende Normalkraft abgemindert, sodass diese Systeme wenig duktil sind.

Biegesteife Rahmen können mit konzentrischen Verbänden kombiniert werden. Die zwei Systeme funktionieren dann in Reihe: Als erste reagieren auf Horizontallasten die Verbände aufgrund ihrer höheren Steifigkeit. Bei größeren seitlichen Verformungen wird dann die Rahmenwirkung aktiviert und liefert zusätzlich Duktilität. Solche Systeme besitzen die Vorteile beider Systeme, sind aber durch die Anwendung aller Kapazitätsregeln entsprechend kostenintensiv und daher für Regionen mit geringer bis moderater Seismizität in der Regel nicht wirtschaftlich.

Biegesteife Rahmen können auch mit Ausfachungen aus Stahlbeton oder Mauerwerk kombiniert werden. Ihre Anwendung ist aus konstruktiven und technologischen Gründen auf Einzelfälle begrenzt, da bei Stahlkonstruktionen schwere spröde Mauerwerkswände selten eingesetzt werden. Ist ein planmäßiger Verbund zwischen Stahlrahmen und Stahlbetonwand vorgesehen, wird das System als Verbundwandsystem nach Abschnitt 5 behandelt.

K-Verbände sind nach DIN EN 1998-1 nicht zulässig. Die Diagonalen wirken auf Zug und Druck, sodass ein Ungleichgewichtskräfte in den Stützen entstehen und zu Instabilität führen können.

Häufig werden Stahlbetonwände und -kerne zur Aussteifung von Stahlhochbauten verwendet. Die Steifigkeit und Duktilität des Tragwerks wird vom Verhalten dieser Massivwände bestimmt. Solche Wände und Kerne sind nach den seismischen Bestimmungen für Betonkonstruktionen zu dimensionieren, die kein Gegenstand des vorliegenden Beitrags sind. An den freien Enden erdbebensicherer Betonwände sind „verdeckte" Randstützen erhöhter Umschnürung auszubilden. Stattdessen können dort teilweise oder voll einbetonierte I-Profile eingesetzt werden, die die Steifigkeit, Tragfähigkeit und Duktilität erhöhen und konstruktiv einfacher auszuführen sind (Bild 67).

### 4.3.2 Gemeinsame Auslegungsregeln bei dissipativem Tragverhalten

Für dissipativ bemessene Stahlbauten sind – unabhängig vom Tragwerkstyp – allgemeine Kapazitätsregeln im Hinblick auf die örtliche Duktilität und die Bemessung von Anschlüssen zu berücksichtigen. Darüber hinaus gibt es weitere spezifische Kapazitätsregeln für die einzelnen Tragwerkstypen, die in den nachfolgenden Abschnitten behandelt werden.

Eine ausreichende örtliche Duktilität von auf Druck oder Biegung beanspruchten dissipativen Bauteilen wird durch Einhaltung einer maximalen Querschnittsklasse nach DIN 1993-1-1 in Abhängigkeit von der geforderten Duktilität sichergestellt (Tabelle 16). Für auf Zug beanspruchte dissipative Bauteile muss die plastische Zugbeanspruchbarkeit kleiner als die Zugbeanspruchbarkeit des Nettoquerschnitts sein.

Die Verbindungen werden in der Regel als nicht dissipativ ausgelegt, da die Eigenschaften dissipativer Verbindungen unter zyklischer Belastung experimentell nachgewiesen werden müssen. Schraubenverbindungen und mit Kehlnähten geschweißte Verbindungen dissipativer Elemente werden nach Kapazitätskriterien bemessen, sodass ihre Tragfähigkeit die entsprechende Tragfähigkeit der dissipativen Elemente beim Plastizieren übertrifft. Dementsprechend ist folgende Bedingung zu erfüllen:

$$R_d \geq 1,1 \cdot \gamma_{ov} \cdot R_{fy} \tag{65}$$

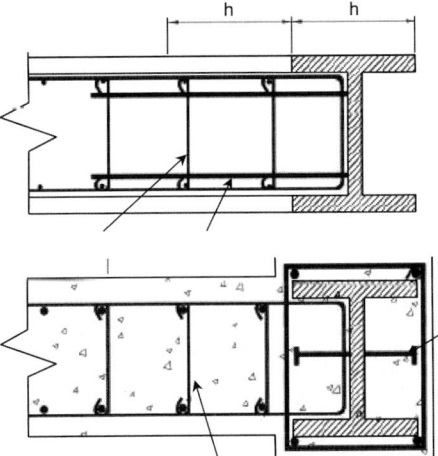

**Bild 67.** Betonwände mit teilweise oder voll einbetonierten Randstützen

**Tabelle 16.** Erforderliche Querschnittsklassen der dissipativen Elemente

| Duktilitätsklasse | Referenzwert des Verhaltensbeiwerts | Querschnittsklasse nach DIN EN 1993-1-1 |
|---|---|---|
| DCM | $1,5 < q \leq 2$ | Klassen 1, 2 oder 3 |
| DCM | $2 < q \leq 4$ | Klasse 1 oder 2 |
| DCH | $q > 4$ | Klasse 1 |

# Besondere Regeln für Stahlbauten

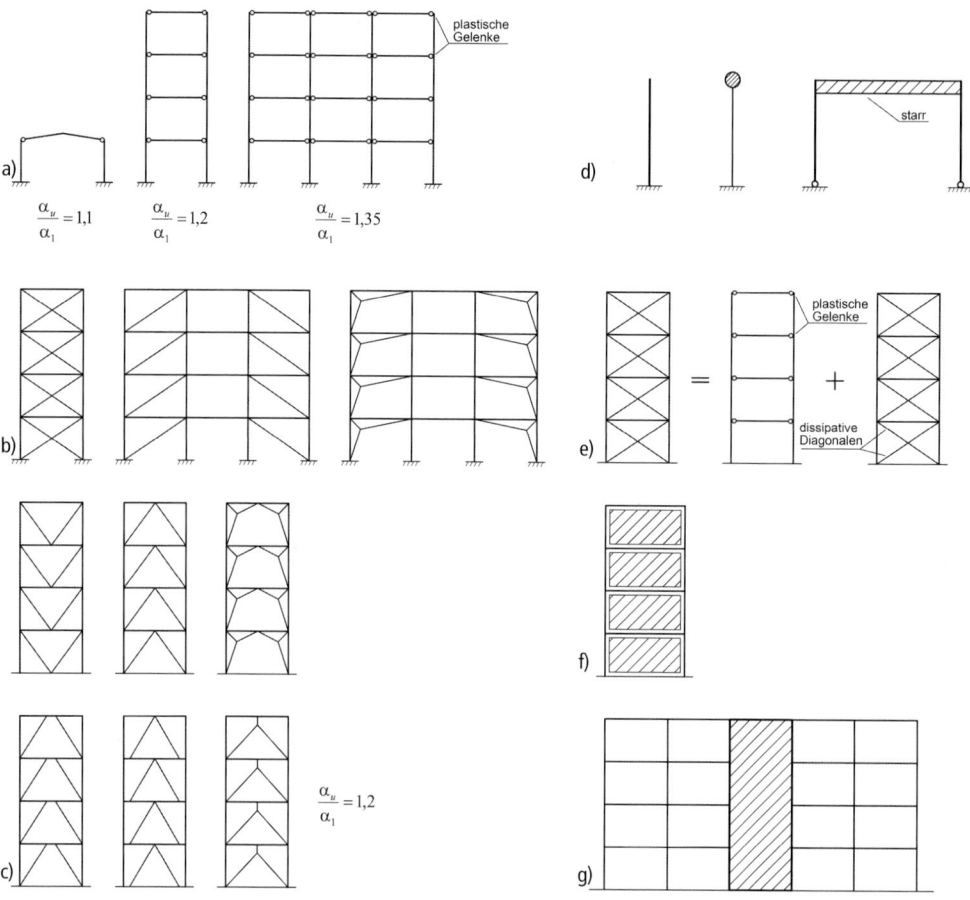

**Bild 66.** Schematische Darstellung von Tragwerkstypen in Stahlbauweise nach DIN EN 1998-1 [3]

**Tabelle 15.** Eigenschaften und Höchstwerte der Referenzwerte der Verhaltensbeiwerte verschiedener Tragwerkstypen in Stahlbauweise

| | Steifigkeit | Duktilität | Dissipatives Element | Verhaltensfaktor q | |
|---|---|---|---|---|---|
| | | | | DCM | DCH |
| Biegesteife Rahmen | – | ++ | Riegel, Fußpunkte | 4 | 5,5 - 6,5 |
| Konzentrische Diagonalverbände | ++ | + | Zugdiagonalen | 4 | 4 |
| Konzentrische V-Verbände | ++ | o | Zug- und Druckdiagonalen | 2 | 2,5 |
| Exzentrische Verbände | + | ++ | Verbinder | 4 | 6 |
| Umgekehrte Pendel-Systeme | – | o | Fußpunkt | 2 | 2–2,2 |
| Biegesteife Rahmen mit Diagonalverbänden | ++ | ++ | Riegel, Zugdiagonalen | 4 | 4,8 |
| Biegesteifer Rahmen mit Ausfachung ohne Verbund | o | o | Riegel, Fußpunkte | 2 | 2 |
| K-Verbände | + | – | – | – | – |

++ sehr gut  + gut  o mäßig  – gering

triebstemperatur gleichzusetzen ist, sondern weitere Einflussfaktoren zu berücksichtigen sind.

### 4.2.3 Verbindungsmittel

Für geschraubte Verbindungen von primären seismischen Bauteilen sollten hochfeste Schrauben der Klassen 8.8 und 10.9 verwendet werden. Sie werden als gleitfest im Grenzzustand der Gebrauchstauglichkeit oder Tragsicherheit (Klassen B oder C nach DIN EN 1993-1-1-) ausgeführt. Die Gleitflächen sollen Kategorien A oder B erfüllen, um eine hohe Reibungszahl von $\mu = 0{,}4$ bis $0{,}5$ zu erreichen. Um ein Lösen geschraubter Verbindungen während der zyklischen Beanspruchung eines Erdbebens zu vermeiden, können Schrauben planmäßig vorgespannt werden; eine entsprechende Anforderung wie in der DIN 4149 ist allerdings in der DIN EN 1998-1 nicht mehr enthalten. Bei der Bemessung von Schweißnähten wird im Allgemeinen davon ausgegangen, dass das Schweißgut eine höhere Festigkeit als das Grundmaterial besitzt (overmatching).

### 4.2.4 Ausführung

Nach DIN EN 1090-2 werden Tragwerke und Bauteile, die nach einem dissipativen Bemessungskonzept ausgelegt sind, in Beanspruchungskategorie SC2 eingestuft. Dies hat zur Folge, dass bei der Ausführung mindestens Anforderungen der Ausführungsklasse EXC2 oder höher einzuhalten sind. Der in der Auslegung angenommene zulässige Höchstwert der Streckgrenze $f_{y,max}$ in den dissipativen Bereichen ist auf den Ausführungszeichnungen und Montageplänen zu vermerken. Die Einhaltung von $f_{y,max}$ ist für jede Lieferung durch den Hersteller bzw. Lieferanten zu bestätigen, was durch ein Abnahmeprüfzeugnis nach DIN EN 10204 erfolgen kann.

### 4.2.5 Nichtrostende Stähle

Gerade im Anlagenbau werden Tragwerke und Komponenten wie Bühnen, Tanks und Silos oft in nichtrostenden Stählen ausgeführt; sei es aufgrund von Hygiene-Anforderungen oder dem Kontakt mit korrosiven Medien. Explizite Regelungen zur Auslegung von nichtrostenden Stählen für seismische Einwirkungen sind in DIN EN 1998-1 nicht enthalten. Aufgrund der günstigen Werkstoffeigenschaften nichtrostender Stähle wie hohe Bruchdehnung, hohe Bruchzähigkeit und geringe Degradation bei niederzyklischen Einwirkungen spricht aber nichts gegen ihren Einsatz unter seismischen Einwirkungen. Aufgrund der hohen Qualitätskontrolle nichtrostender Stähle erscheint ein Überfestigkeitsfaktor von $\gamma_{ov} = 1{,}25$ zur Berücksichtigung von Materialstreuung als ausreichend. Der Einfluss der Spannungs-Dehnungs-Charakteristik, die kein ausgeprägtes Fließplateau aufweist, sollte in Abhängigkeit von gewähltem Dissipationsmechanismus jeweils separat berücksichtigt werden. Hier ist unter Umständen auch die angestrebte Duktilität mit zu beachten.

## 4.3 Tragwerkstypen und Verhaltensbeiwerte

### 4.3.1 Tragwerkstypen und Verhaltensbeiwerte

In DIN EN 1998-1 werden für sieben Tragwerkstypen in Stahlbauweise Verhaltensbeiwerte und Kapazitätsregeln angegeben (Bild 66):
a) biegesteife Rahmen,
b) konzentrische Verbände (Diagonal- und V-Verbände),
c) exzentrische Verbände,
d) umgekehrte Pendel-Systeme,
e) biegesteife Rahmen kombiniert mit Diagonalverbänden,
f) ausgefachte biegesteife Rahmen,
g) Tragwerke mit Betonkernen oder Betonwänden.
Grundsätzlich sind auch nicht aufgeführte Tragwerkstypen zulässig, allerdings sind sie dann entweder für niedrig-dissipatives Tragverhalten auszulegen oder Verhaltensbeiwerte sowie Kapazitätsregeln im Einzelfall herzuleiten, was nicht praktikabel ist.

Die Höchstbeträge der Referenzwerte der Verhaltensbeiwerte sind in Tabelle 15 aufgeführt. Für im Aufriss nicht regelmäßige Bauwerke, sollten die Referenzwerte um 20% abgemindert werden. Der Faktor $\alpha_u/\alpha_1$, mit dem der Verhaltensbeiwert einiger Tragwerkstypen bei Duktilitätsklasse DCH multipliziert werden darf, spiegelt die Überfestigkeit auf Tragwerksebene wider. Der Faktor entspricht der Tragfähigkeit des Bauwerks bei Ausbildung des vollständigen plastischen Mechanismus $\alpha_u$ im Verhältnis zur Tragfähigkeit des Bauwerks bei Erreichen des ersten Fließgelenks $\alpha_1$. Er kann entweder Bild 66 entnommen werden oder durch eine Pushover-Analyse ermittelt werden (s. Abschnitt 3.3.6). In der Bemessung wird allerdings als Verhaltensbeiwert nicht der zulässige Höchstwert verwendet, sondern ein Verhaltensbeiwert, sodass in der Einwirkungskombination aus Erdbeben eine maximale Ausnutzung von eins in dem am stärksten beanspruchten dissipativen Bereich erreicht wird (s. Abschnitt 3.1.3).

Biegesteife Rahmen besitzen bei entsprechender Auslegung ein ausgesprochen duktiles Verhalten, was sich in entsprechend hohen Verhaltensbeiwerten widerspiegelt. Allerdings ist ihre Horizontalsteifigkeit gering, sodass Bemessungsregeln gegen P-$\Delta$-Effekte oder zur Schadensbegrenzung in der Regel entscheidend werden. Für die Bemessung verhindern diese Steifigkeitsanforderungen eine Ausnutzung der hohen Verhaltensbeiwerte, insbesondere in Regionen mit geringer und moderater Seismizität.

Konzentrische Diagonalverbände besitzen eine hohe Duktilität und Steifigkeit. Sie sind daher sowohl in Regionen mit geringer als auch mit hoher Seismizität wirtschaftlich einsetzbar. Die Anordnung der Diagonalen als V-Verbände schränkt die Nutzung von Gebäuden weniger ein und sie sind daher gerade im Industriebau

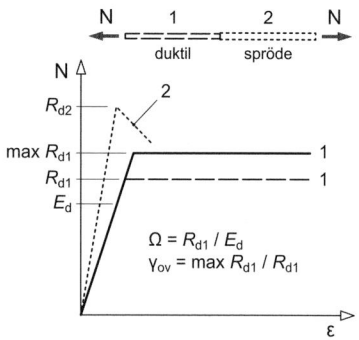

Bild 64. Anwendung der Kapazitätsbemessung

Tabelle 14. Überfestigkeitsbeiwerte auf Basis statistischer Ansätze sowie nach Eurocode 8

| $\gamma_{ov}$ | S235 | S275 | S355 | S420 | S460 |
|---|---|---|---|---|---|
| DIN EN 1998-1 | 1,25 | 1,25 | 1,25 | 1,25 | 1,25 |
| Statistische Auswertung | 1,44 | 1,34 | 1,21 | 1,14 | 1,10 |
| DIN EN 1998-1/NA:2018 | 1,45 | 1,35 | 1,20 | 1,15 | 1,10 |
| prEN 1998-1-2:2019 | 1,45 | 1,35 | 1,25 | – | 1,20 |

spricht dem Verhältnis aus dem zu erwartenden Maximalwert $f_{y,max}$ und dem Nennwert $f_y$ der Streckgrenze in der dissipativen Zone. $f_{y,max}$ ist für dissipative Bauteile auf den Ausführungszeichnungen und Montageplänen zu vermerken; bei der Bauausführung ist sicherzustellen, dass der tatsächlich verwendete Stahlwerkstoff $f_{y,max}$ um nicht mehr als 10 % überschreitet.
Der empfohlene Wert in DIN EN 1998-1 für $\gamma_{ov}$ ist 1,25. Materialdaten aus der Qualitätskontrolle europäischer Stahlhersteller zeigen allerdings, dass bei Stahlsorten mit einer niedrigen nominellen Festigkeit bereits der Mittelwert über $1,1 \cdot \gamma_{ov} = 1,38$ liegt (Bild 65).
Zu beachten ist, dass die europäische Produktionsnorm für Walzprofile DIN EN 10025 [34] keine Begrenzung des Maximalwerts der Streckgrenze enthält. In der Produktionsnorm ISO 24314 [35], die Baustähle für Gebäude mit erhöhtem Erdbebenwiderstand behandelt, ist zwar der zulässige Maximalwert der Streckgrenze festgelegt, sie findet jedoch von Stahlherstellern für den europäischen Markt derzeit keine Anwendung.
Nach DIN EN 1998-1 Absatz 6.11 ist bei der Ausführung sicherzustellen, dass in dissipativen Bereichen der tatsächlich verwendete Stahlwerkstoff den in der Planung definierten zulässigen Höchstwert $f_{y,max}$ um nicht mehr als 10 % überschreitet. Der Tragwerksplaner steht in der Regel vor der Herausforderung, während der Auslegung des Tragwerks eine Materialüberfestigkeit anzunehmen, ohne zu wissen, welcher Stahl in der Ausführung verwendet wird. Um sowohl eine hohe Planungssicherheit als auch eine wirtschaftliche Bemessung zu erreichen, wurde für den Nationalen Anhang in Deutschland ein stahlsortenabhängiger Überfestigkeitsbeiwert auf Basis statistischer Auswertungen hergeleitet [32]. Hiernach wird als Überfestigkeitsbeiwert $\gamma_{ov}$ das um 10 % reduzierte 95%-Quantil der Verteilung der Streckgrenze verwendet. Für S235 (Stahlsorte mit geringer Nennfestigkeit) ist $\gamma_{ov}$ gegenüber der Empfehlung im Eurocode 8 auf 1,45 erhöht, für S355 ist $\gamma_{ov}$ etwas (1,20) und für S460 deutlich (1,10) geringer. Im Entwurf des Eurocode 8 der 2. Generation [33] ist ebenfalls ein stahlsortenabhängiger Überfestigkeitsbeiwert mit ähnlichen Werten geplant (Tabelle 14).

### 4.2.2 Zähigkeit

In dissipativen Bereichen ist neben der Berücksichtigung möglicher Überfestigkeiten eine ausreichende Zähigkeit des Werkstoffs vorzusehen, um das angenommene duktile Verhalten sicherzustellen. Die Zähigkeit des Stahls und der Schweißnähte muss die Anforderungen für seismische Einwirkungen bei quasi-ständigen Betriebstemperaturen erfüllen. Gemäß dem deutschen Nationalen Anhang DIN EN 1998-1/NA muss eine Mindestzähigkeit von $T_{27J} = -20\,°C$ erfüllt sein. Es sei angemerkt, dass der Übergangstemperaturbereich $T_{27J}$ eine Bezugsgröße ist, die nicht der quasi-ständigen Be-

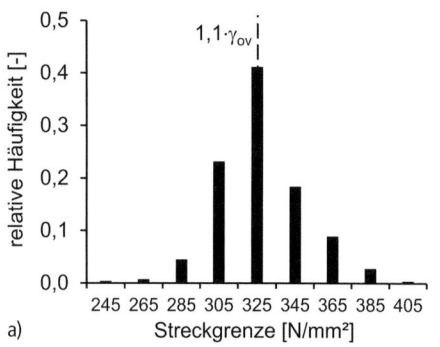

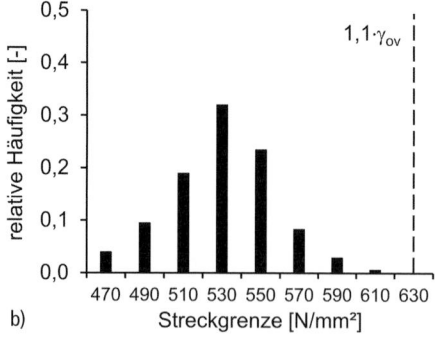

Bild 65. Verteilung der Streckgrenze der Stahlsorten S235 und S460, Daten aus [32]; a) S235, b) S460

### 4.1.3 Anwendung der Kapazitätsbemessung im Stahlbau

Dissipative Tragwerke werden durch die Festlegung von dissipativen Elementen und dem Angebot einer Überfestigkeit für die angrenzenden Elemente erzielt. Dadurch erfahren nur die dissipativen Elemente inelastische Verformungen und nehmen an der Energiedissipation teil, während die anderen Elemente bei einem Erdbeben elastisch bleiben. Diese Auslegungsphilosophie erfolgt durch eine Bemessung in zwei Schritten:
1. Dimensionierung der dissipativen Elemente aufgrund der linear errechneten Beanspruchungsgrößen unter Berücksichtigung des Verhaltensbeiwerts q;
2. Bemessung der nicht dissipativen Elemente, sodass ihre Beanspruchbarkeit höher als die entsprechende Tragfähigkeit der dissipativen Elemente ist.

Daraus folgt, dass die Schnittgrößen der linearen Berechnung nur zur Dimensionierung der dissipativen Elemente verwendet werden, während die anderen Elemente mithilfe von Kapazitätsschnittgrößen bemessen werden. Bild 64 zeigt die Anwendung der Kapazitätsbemessung für den einfachen Fall in Bild 63. Die Tragwerksberechnung liefert die Schnittgröße $E_d$ (für das konkrete Beispiel $N_{Ed}$) als Beanspruchung. Der dissipative Stab 1 wird nach dieser Schnittgröße dimensioniert; seine Beanspruchbarkeit soll dementsprechend die Bedingung $E_d \leq R_d$ erfüllen. Es versteht sich, dass $R_d$ nach den gültigen Normenbestimmungen mit dem Nennwert der Materialfestigkeit $f_y$ und entsprechenden Teilsicherheitsfaktoren berechnet wird. Sind die Abmessungen des dissipativen Elements festgelegt, so besitzt es einen Überschuss an Tragfähigkeit:

$$\Omega = \frac{R_{d1}}{E_d} \quad (61)$$

Die tatsächliche Tragfähigkeit des dissipativen Elements ist aber noch höher als $R_{d1}$, da die aktuelle Materialfestigkeit $f_{y,max}$ höher als die garantierte Nennfestigkeit $f_y$ ist. Es gilt also:

$$R_{d1,max} = \gamma_{ov} \cdot R_{d1} \quad (62)$$

worin $\gamma_{ov}$ der Überfestigkeitsbeiwert nach folgender Beziehung ist:

$$\gamma_{ov} = f_{y,max} / f_y \quad (63)$$

Der spröde Stab 2 wird mithilfe der Kapazitätsschnittgrößen bemessen; seine Beanspruchbarkeit soll also die Bedingung $E_{Cd} \leq R_{d2}$ erfüllen (Cd steht für Capacity design). Die Kapazitätsschnittgrößen lassen sich durch Anwendung der Gln. (61) bis (63) ermitteln zu:

$$E_{Cd} = 1,1 \cdot \gamma_{ov} \cdot \Omega \cdot E_d \quad (64)$$

Hierbei berücksichtigt der Faktor 1,1 eine mögliche Materialverfestigung.

Die Kapazitätsbemessung fordert also, dass die gegen plastische Verformungen zu schützenden Elemente aus den errechneten Schnittgrößen der seismischen Einwirkung, beaufschlagt durch den Faktor $\gamma_{ov} \cdot \Omega$, dimensioniert werden. Für einen wirtschaftlichen Entwurf sollten die dissipativen Elemente so ausgelegt werden, dass ihre Beanspruchbarkeiten nicht wesentlich größer als die Beanspruchungen der seismischen Kombination liegen, sodass der Faktor $\Omega$ Werte in der Nähe von 1,0 erhält. Ebenso erfordert die Überfestigkeit des Materials der dissipativen Elemente eine höhere Beanspruchbarkeiten der nicht dissipativen Elemente, um unerwünschte Versagensformen zu verhindern.

## 4.2 Werkstoffe

### 4.2.1 Material-Überfestigkeit

Um den Prinzipien der Kapazitätsbemessung gerecht zu werden, muss die Verteilung der Streckgrenze und Zähigkeit im Tragwerk so sein, dass sich die dissipativen Zonen in den in der Bemessung vorgesehenen Tragwerksteilen ausbilden. Eine hohe Streckgrenze im dissipativen Element kann zu einem unerwünschten Versagensmechanismus in nicht dissipativen Elementen führen und damit das Sicherheitsniveau herabsetzen. Diesem Sachverhalt wird in Erdbebennormen Rechnung getragen, indem in Kapazitätsnachweisen ein zu erwartender Maximalwert der Streckgrenze des dissipativen Bauteils zu verwenden ist.

Der zu erwartende Maximalwert der Streckgrenze des dissipativen Bauteils wird in DIN EN 1998-1 durch den Material-Überfestigkeitsbeiwert $\gamma_{ov}$ erfasst. Er ent-

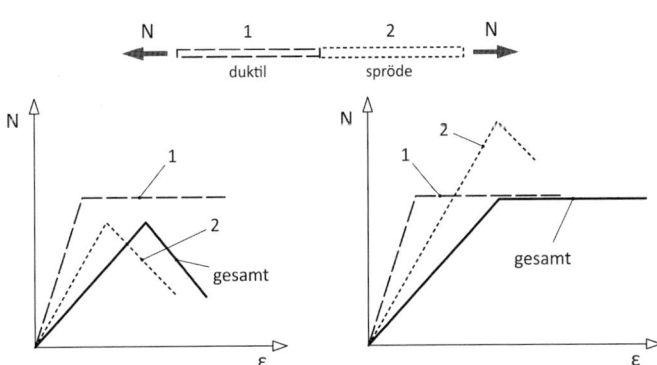

**Bild 63.** Spröde und duktile Versagensmechanismen

und erhält schließlich

$$\frac{v_{max}}{c} \leq 1{,}25 \cdot 10^{-4} \quad (60)$$

Mit Bedingung (60) ist eine Einschätzung der Notwendigkeit einer Kopplung in Gründungsebene möglich. Ist Gl. (60) eingehalten, sind Zerrbalken nur in Sonderfällen erforderlich. Wichtig ist dabei allerdings, dass detaillierte Informationen über den Baugrund vorliegen. Da eine zutreffende Abschätzung der Wellenausbreitungsgeschwindigkeit nur von einem Baugrundsachverständigen mit Kenntnis der seismologischen Zusammenhänge vorgenommen werden kann, ist hier die Hinzuziehung desselben unerlässlich. Zweckmäßigerweise setzt man sich als Tragwerksplaner möglichst früh mit dem Baugrundsachverständigen in Verbindung. Je genauer die Vorinformation ist, umso verlässlicher kann man den Tragwerksentwurf abstimmen.

Weitere Anmerkungen, Erläuterungen und Beispiele finden sich in [31]. Ausgehend von den dortigen Feststellungen dieser Sachverhalte kann daher folgende zusätzliche Empfehlungen für die *deutschen Erdbebengebiete* ausgesprochen werden:
- Bei Baugrundklasse C und $a_g \cdot S \leq 0{,}6$ m/s$^2$: Wenn mindestens mitteldicht gelagerte rollige Böden oder gemischtkörnige Böden in fester oder halbfester Konsistenz vorliegen, sind Zerrbalken nur in Sonderfällen erforderlich. Die Scherwellengeschwindigkeit im Boden muss $c \geq 250$ m/s sein. Bestätigung durch Baugrundsachverständigen erforderlich.
- In allen anderen Fällen ist der Nachweis zu führen, dass das Tragwerk im Erdbebenfall die Bodenverschiebung zusätzlich zur planmäßigen (= berechneten) Erdbebenbeanspruchung aufnehmen kann. In [31] werden einschlägige Hinweise gegeben.

Der zweite Hinweis ist insbesondere für weitgespannte Stahlhallen wichtig. Im Gegensatz zu anderen Bauweisen, die empfindlich auf Zwangsverformungen aus gegenseitiger Fußpunktverschiebung reagieren, sind Stahltragwerke verformungstolerant und können die Zusatzbeanspruchung in der Regel ohne Gefährdung der Standsicherheit aufnehmen.

## 4 Besondere Regeln für Stahlbauten

### 4.1 Entwurfsprinzipien

#### 4.1.1 Einleitung

Duktilität, Zähigkeit und die relative Unempfindlichkeit gegenüber zyklischer Degradation sind Werkstoffeigenschaften von Stahl, die sich positiv auf das Tragverhalten von Stahlbauten bei Erdbeben auswirken. Um diese Werkstoffeigenschaften effizient und sicher in einer dissipativen Bemessung einzusetzen, sind neben den üblichen Stahlbaunachweisen für gewöhnliche Lasten nach DIN EN 1993 zusätzliche Bemessungs- und Konstruktionsregeln nach DIN EN 1998 zu beachten. Diese Regeln sind allerdings nur für primäre seismische Bauteile anzuwenden, welche das Aussteifungssystem zur Aufnahme von Horizontallasten aus Erdbeben bilden (in US-amerikanischen Regelwerken *„seismic force resisting system"* genannt). Für sekundäre seismische Bauteile, wie angependelte Stützen, ist die Auslegung nach DIN EN 1993 ausreichend. Zusätzliche Regeln für Stahlbauten unter Erdbebenlasten sind in DIN EN 1998-1 Kapitel 6 zu finden.

#### 4.1.2 Niedrig-dissipative und dissipative Auslegungskonzepte

Stahlbauten, die für Erdbebeneinwirkungen bemessen werden, können grundsätzlich für niedrig-dissipatives oder dissipatives Tragverhalten ausgelegt werden.

Beim niedrig-dissipativen Auslegungskonzept wird davon ausgegangen, dass sich das Tragwerk weitestgehend elastisch verhält und seismische Energie nicht wesentlich durch plastische Verformungen dissipiert wird; lokale Plastizierungen sind allerdings durchaus zulässig. Ein niedrig-dissipatives Auslegungskonzept erfordert daher nur niedrige Duktilitätsanforderungen an das Tragwerk (Duktilitätsklasse DCL, niedrig). Für Stahlbauten, die für ein niedrig-dissipatives Tragverhalten ausgelegt werden, finden die Regelungen in DIN EN 1998 keine Anwendung und werden allein nach DIN EN 1993 bemessen. Bei niedrig-dissipativem Tragverhalten darf der Verhaltensbeiwert nach DIN EN 1998-1/NA maximal mit q = 1,5 angesetzt werden. Der Verhaltensbeiwert q = 1,5 lässt sich durch üblicherweise vorhandene, inhärente Überfestigkeiten auf Material- und Tragwerksebene begründen. Für Regionen mit geringer Seismizität wie Deutschland, kann ein niedrig-dissipatives Auslegungskonzept durchaus zu wirtschaftlicheren Konstruktionen als ein dissipatives Auslegungskonzept führen. Die mit einem dissipativen Auslegungskonzept einhergehenden Kapazitätsregeln erfordern in der Bemessung, aber insbesondere in der Ausführung erhebliche Zusatzaufwendungen. Die Empfehlung in der DIN EN 1998-1, das niedrig-dissipative Auslegungskonzept nur in Fällen geringer Seismizität anzuwenden, wird in Normenausschüssen kontrovers diskutiert und ist aus Sicht der Autoren nicht notwendig. In diesem Zusammenhang sollte aber auch die bedingungslose Anwendung von q = 1,5 überdacht werden.

Beim dissipativen Auslegungskonzept wird die Fähigkeit des Tragwerks ausgenutzt, seismische Energie durch inelastisches Verhalten zu dissipieren. Je nach zugrunde gelegter Duktilitätsklasse des Tragwerks können für Stahlbauten Verhaltensbeiwerte bis q = 4 (für Duktilitätsklasse DCM, mittel) oder höher (für Duktilitätsklasse DCH, hoch) verwendet werden. Hohe Verhaltensbeiwerte sind allerdings mit schärferen Anforderungen an die Kapazitätsregeln sowie entsprechenden Aufwendungen in Planung und Ausführung verbunden.

beträchtliche Zusatzkosten verbunden sind. Hierbei muss auch bedacht werden, dass die Schadensbilder, die zur Forderung der Fundamentkopplung führten, vorwiegend in Starkbebengebieten beobachtet wurden – wie überhaupt unsere Erfahrungen mit Erdbeben überwiegend aus Regionen stärkerer seismischer Aktivität stammen. Unbestritten ist daher die Anordnung von Zerrbalken in Gebieten mit stärkeren Erdbeben wie in Südeuropa, Amerika und Asien eine sinnvolle Maßnahme und man sollte dort nicht auf diese wichtigen Elemente verzichten.

Es ist daher leicht nachvollziehbar, dass an den Tragwerksplaner in der Praxis immer wieder die Frage herangetragen wird, unter welchen Bedingungen bzw. durch welche Ersatzmaßnahmen in Deutschland und hier *vor allem in der Erdbebenzone 1* auf diese Zerrbalken verzichtet werden kann.

Unter Ansatz von annähernd ebenem Gelände und annähernd gleichen Bodenprofilen im Gründungsbereich werden für das Erdbeben folgende Annahmen getroffen:

– Erdbebeneinwirkung entsprechend NA zu DIN EN 1998.
– Es handelt sich um ein Nahbeben, d. h., Oberflächenwellen sind unerheblich.
– Der Einfallswinkel der Erdbebenwellen ist kleiner als 45° zur Oberflächennormalen geneigt.
– Schwinggeschwindigkeiten $v_{max}$ des Baugrunds werden angesetzt zu (Analogie zu den Erdbebenzonen nach DIN 4149:2005)
  0,03 m/s für $a_g \cdot S \leq 0,6$ m/s$^2$
  0,05 m/s für $0,6$ m/s$^2 < a_g \cdot S \leq 0,9$ m/s$^2$
  0,10 m/s für $0,9$ m/s$^2 < a_g \cdot S$
– Ansatz der Scherwellengeschwindigkeit nach DIN EN 1998/NA für
  Baugrundklasse A: $c = 800$ m/s
  Baugrundklasse B: $c = 350 \ldots 800$ m/s
  Baugrundklasse C: $c = 150 \ldots 350$ m/s

Trifft eine Erdbebenwelle unter einem Winkel $\alpha$ zur Oberflächennormalen zum Zeitpunkt t im Punkt P1 auf die Geländeoberfläche, so fällt sie zum Zeitpunkt $t + \Delta t$ im Punkt P2 ein (Bild 62). Die Schwingung im Punkt P2 hat damit die Phasenverschiebung $\Delta t$, woraus sich eine gegenseitige Bodenverschiebung u zwischen den beiden Punkten ergibt (Bild 62).

Die Bodenverschiebung u resultiert also aus einer zeitversetzten Schwingung in P1 und P2 und führt bei Bauwerken zu zusätzlichen Beanspruchungen. Auch hier lassen sich wieder folgende Grenzfälle betrachten:

$\alpha = 90°$: $u \leq v_{max} \cdot B/c$

$\alpha = 0°$: $u = 0$

Die Bodenverschiebung hängt direkt vom Abstand B der Punkte P1 und P2 ab, d. h. für B→0 geht u→0. Hieraus folgt bereits an dieser Stelle, dass sehr nahe beieinander stehende Fundamente nicht verbunden werden müssen, da die Bodenverschiebung gegen null geht.

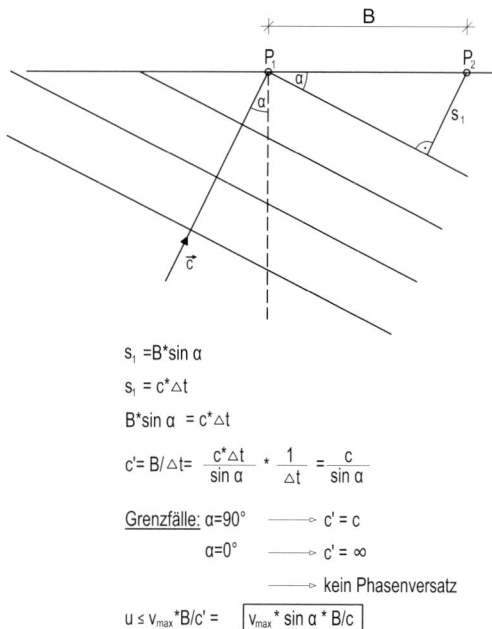

**Bild 62.** Auf die Geländeoberfläche einfallende Erdbebenwelle, Geschwindigkeit c

Näherungsweise kann für die hiesigen Betrachtungen von einem Winkel $\alpha \approx 30°$ ausgegangen werden. Damit erhält man die Bodenverschiebung nun zu

$$u \leq 0,5 \cdot v_{max} \cdot \frac{B}{c} \qquad (58)$$

Man beachte, dass Gl. (58) auf einer Reihe von Annahmen basiert, die bei der Naturkatastrophe Erdbeben in seinen vielfältigen Ausprägungen und unterschiedlicher Genealogie weit stärkeren Schwankungen unterliegt, als das von anderen Einwirkungen her bekannt ist.

Nach Eurocode 8 NA.D.9 (2) kann in allen deutschen Erdbebengebieten auf Zerrbalken verzichtet werden, wenn Baugrundklasse A vorliegt. Die Auswertung von Gl. (58) ergibt für $0,9$ m/s$^2 < a_g \cdot S$ (ungünstigster Fall) mit c = 800 m/s

$$u \leq 0,5 \cdot 0,10 \cdot \frac{B}{800} \quad \text{bzw.} \quad \frac{u}{B} \leq 6,25 \cdot 10^{-5} \qquad (59)$$

das heißt, dass bei einem Fundamentabstand von 100 m die Bodenverschiebung 6,25 mm beträgt. Dieselbe Betrachtung liefert bei Baugrundklasse B und $a_g \cdot S \leq 0,6$ m/s$^2$, bei dem nach NA.D.9 ebenfalls auf Zerrbalken verzichtet werden darf, $u/B \leq 4,29 \cdot 10^{-5}$ bzw. 4,29 mm Verschiebung für B = 100 m.

Für die weitere Betrachtung wird von ersterem Wert für u/B ausgegangen. Nach Gl. (58) setzt man

$u = 0,5 \, v_{max} \cdot B/c$

$v_{max}/c = 2 \, u/B \leq 2 \cdot 6,25 \cdot 10^{-5}$

**Tabelle 13.** Zulässige Anzahl der Vollgeschosse für Hochbauten mit Standsicherheitsnachweis durch Vergleich mit Wind (Verzicht auf einen separaten rechnerischen Erdbebennachweis)

| Einhängebeschleunigung bei Periode T = 0 s | Maximale Anzahl von Vollgeschossen |
|---|---|
| $a_{gR} \cdot S \cdot \gamma_I \leq 0{,}6$ | 4 |
| $0{,}6 < a_{gR} \cdot S \cdot \gamma_I \leq 0{,}9$ | 3 |
| $0{,}9 < a_{gR} \cdot S \cdot \gamma_I$ | 2 |

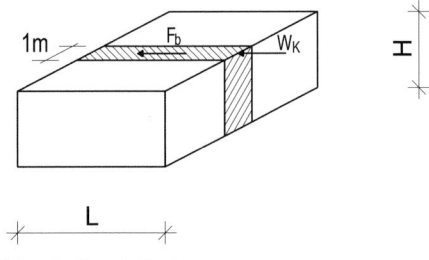

a) 1 m Streifen mit Einwirkungen

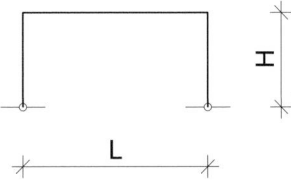

b) Zweigelenkrahmen

**Bild 61.** L/H-Verhältnis für Lastvergleich mit Wind bei eingeschossigen Hallen, H ≤ 10 m

Für die Praxis ist die Möglichkeit, über Tabelle 13 mittels eines einfachen Lastvergleichs zu entscheiden, ob ein Erdbebennachweis geführt werden muss, von großer Bedeutung. Für den Stahlhallenbau wurden in [30] Diagramme mitgeteilt, die auf der Grundlage von DIN 4149:2005 entwickelt wurden. Für L/H kann ein bestimmter Grenzwert abgelesen werden, bei dessen Einhaltung der Lastfall Erdbeben nicht maßgebend wird und ein Nachweis für Windlasten genügt. L ist die Gebäudelänge, H ist die Gebäudehöhe (Bild 61). Diese Tabellen können unter Beachtung der neuen Einwirkungsdefinitionen verwendet werden.

### Gründung

Die Gründung von Bauwerken hat die Aufgabe, die Lasten aus der Erdbebenbemessungssituation sicher in den Baugrund abzutragen und die Integrität des Bauwerks auch bei Bodenbewegung sicherzustellen. Im Eurocode 8 ist dieser Thematik ein besonderer Teil gewidmet (EN 1998-5).
Der NA.D sieht für den Nachweis der Gründungen einige Vereinfachungen vor, die jedoch nicht für schwierige Gründungsverhältnisse gelten. Dazu gehören:
– Gründungen in unterschiedlicher Tiefe, sofern das einen Einfluss auf das Schwingungsverhalten hat,
– Gründungen auf unterschiedlichen Gründungselementen, die deutlich unterschiedliche Verformungsverhalten aufweisen,
– Gründungen auf verschiedenartigem Baugrund mit unterschiedlichem Setzungsverhalten,
– Pfahlgründungen, sofern diese das dynamische Verhalten des Bauwerks wesentlich beeinflussen.

Nicht alle Bedingungen lassen sich eindeutig quantifizieren, es ist zu erwarten, dass mit zunehmender Erfahrung in der Anwendung der vereinfachten Regeln weitere Empfehlungen und Klarstellungen folgen werden. Zurzeit ist eine enge Abstimmung zwischen Aufsteller und Prüfingenieur erforderlich. Grundsätzlich gilt, dass vereinfachte Bemessungsregeln nur in Anspruch genommen werden können, wenn deren Voraussetzungen erfüllt sind.
Ein wesentlicher Aspekt der Gründung ist die Sicherstellung des Zusammenhalts des Bauwerks (Bauwerksintegrität). Damit sind Maßnahmen gemeint, dass als Folge möglicher Relativverschiebungen zwischen den einzelnen Fundamenten keine unzulässigen Verschiebungen oder Beanspruchungen im Bauwerk auftreten. Diese Forderungen betrifft insbesondere Einzelfundamente, die übliche Maßnahme zur Erfüllung dieser Bedingung ist das Anordnen von sog. Zerrbalken. Gemäß dem NA.D darf unter den folgenden Bedingungen auf diese konstruktive Maßnahme verzichtet werden:
– bei Baugrundklasse A generell möglich,
– bei Baugrundklasse B bis zu einer Bodenbeschleunigung von $a_{gR} \cdot S \cdot \gamma_I \leq 0{,}6$ m/s².

Diese Vereinfachung gilt generell für alle Bauweisen. Diese Regelung wurde durch zahlreiche Diskussionen und Untersuchungen begleitet, die in [31] beschrieben sind und hier zusammenfassend wiedergegeben werden. Durch die Kopplung soll zum einen erreicht werden, dass das Bauwerk „als Ganzes" schwingt und sich der Grundschwingung nicht noch weitere phasenversetzte Schwingungen im Gründungsbereich überlagern, sodass die Voraussetzungen der vereinfachten dynamischen Berechnung nicht verletzt werden. Somit ist durch die Kopplung in jedem Fall dafür gesorgt, dass das dynamische Modell mit der Wirklichkeit in ausreichendem Maße übereinstimmen.
Zum anderen führt der Verzicht auf eine Fundamentkopplung zu gegenseitigen Bodenverschiebungen und damit auch zu zusätzlichen Beanspruchungen in der Struktur, da die vom Herd (Hypozentrum) ausgehenden Erdbebenwellen wegen des unterschiedlichen Abstands zweier Punkte auf der Geländeoberfläche zeitlich versetzt einfallen.
In der Praxis führt die Forderung nach Zerrbalken bei Bauvorhaben in Deutschland jedoch immer wieder zu Problemen, weil damit bei ausgedehnten Bauwerken

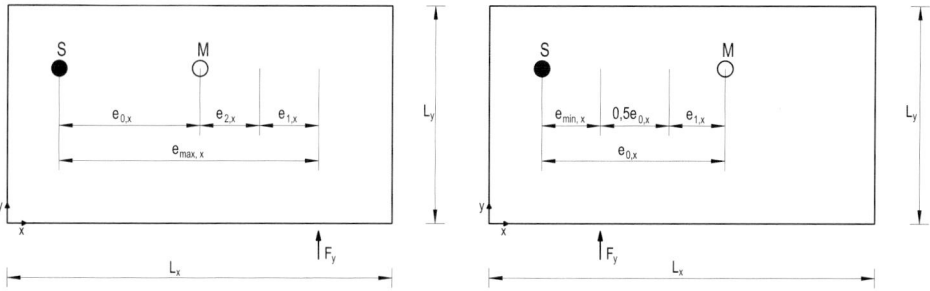

**Bild 60.** Anzusetzende Exzentrizitäten für eine in y-Richtung wirkende Erdbebenkraft

mit
i Hauptrichtungen i = x, y
$e_{0,i}$ tatsächliche Exzentrizität
$e_{1,i}$ zufällige (ungewollte) Exzentrizität, $e_{1,i} = 0.05\, L_i$,
$L_i$ = Bauwerksabmessung senkrecht zur Erdbebenrichtung
$e_{2,i}$ zusätzliche Exzentrizität (aus Schwingungsverhalten)

Die zusätzliche Exzentrizität $e_{2,i}$ beträgt

$$e_{2,i} = 0,1 \cdot (L_x + L_y) \cdot \sqrt{\frac{10 \cdot e_{0,i}}{L_i}} \leq 0,1 \cdot (L_x + L_y) \quad (55)$$

Liegt eine gute Torsionsaussteifung vor, kann $e_{2,i}$ auch nach folgender Formel bestimmt werden:

$$e_{2,i} = \frac{1}{2 \cdot e_{0,i}}$$
$$\cdot \left[ l_s^2 - e_{0,i}^2 - r_i^2 + \sqrt{\left(l_s^2 + e_{0,i}^2 - r_i^2\right)^2 + 4 \cdot e_{0,i}^2 \cdot r_i^2} \right]$$
(56)

mit den Hilfswerten

$$r_i = \sqrt{\frac{\left(\sum_j I_j r_j^2 + \sum_k I_k r_k^2\right)}{\sum_j I_j}} \qquad l_s^2 = \frac{L_x^2 + L_y^2}{12}$$

Somit entspricht auch dies in etwa der Vorgehensweise der DIN 4149, Ausgabe 1981.
Mit den zuvor ermittelten Erdbebenkräften werden dann die Standsicherheitsnachweise mit 1,0-facher Sicherheit geführt. Zusätzlich zu der Beanspruchung in der untersuchten Richtung sind 30 % der Schnittkräfte infolge der Erdbebeneinwirkung einschließlich Torsionswirkung aus der anderen Richtung zu überlagern, siehe Gl. (41). Im Regelfall werden nur horizontale Erdbebenkräfte berücksichtigt. Ausgenommen hiervon sind lediglich Balken und Decken, die Stützen oder aussteifende Wände tragen. Werden Verformungen benötigt, so können diese aufgrund der elastischen Verformungen aus der Erdbebeneinwirkung berechnet werden und müssen dann aber nach Gl. (42) mit dem Verhaltensbeiwert q multipliziert werden.
Für sekundäre und nichttragende Bauteile, die im Falle des Versagens Gefahren für Personen hervorrufen oder das Tragwerk beeinträchtigen können, ist ebenfalls ein Erdbebennachweis erforderlich. Hierzu enthält der Anhang NA.D Angaben, die eine überschlägige Abschätzung der Erdbebenbeanspruchung erlauben. Hierbei wird die Erdbebenkraft mit einem konservativen, aber nach oben begrenztem Wert ermittelt:

$$F_a = 4 \cdot S \cdot a_{gR} \cdot m_a \cdot \gamma_a \quad (57)$$

Die Kraft $F_a$ ist im Schwerpunkt des nichttragenden Bauteils anzusetzen. Hierbei sind die Werte S und $a_{gR}$ in Abschnitt 2 dieses Beitrags erläutert, $m_a$ ist die Masse des nichttragenden Bauteils. Für den Bedeutungsbeiwert des nichttragenden Bauteils ist ebenfalls eine Vereinfachung vorhanden, nämlich $\gamma_a = 1,5$ für Verankerungen von Maschinen und Geräten, die für Systeme zur Lebensrettung benötigt werden. In allen anderen Fällen darf $\gamma_a = 1,0$ gesetzt werden.
Für nichttragende innere Trennwände mit Höhen unter 3,50 m sowie nichttragende Außenschalen von zweischaligem Mauerwerk ist kein rechnerischer Nachweis erforderlich.
Von besonderem Interesse für die Praxis sind die Fälle, für die ganz auf einen rechnerischen Nachweis verzichtet werden kann. In Anlehnung an die früheren Normen der Reihe DIN 4149, die auch solche Regelungen für einfache Gebäude enthielten, wurde im Anhang NA.D eine entsprechende Regelung aufgenommen. So kann bei Wohn- und ähnlichen Gebäuden (z. B. Bürogebäuden) sowie einfachen gewerblichen Gebäuden und einfachen Hallen auf einen rechnerischen Erdbebennachweis verzichtet werden, wenn die folgenden Bedingungen eingehalten sind:
– Die Anzahl der Vollgeschosse über Gründungsniveau überschreitet nicht die Werte der Tabelle 13. Das oberste Geschoss gilt nur dann als Vollgeschoss, wenn seine Masse mehr als 50 % des darunter liegenden Geschosses beträgt.
– Die Gesamterdbebenkraft in jeder Richtung ist kleiner als die 1,5-fache charakteristische Windkraft in der entsprechenden Richtung.
Wenn das unterste Geschoss als steifer Kasten ausgebildet wird, bildet dieses Geschoss die Einspannebene und muss nicht mitgezählt werden. Dazu muss die Steifigkeit dieses Geschosses mindestens 5-mal so groß sein wie die Steifigkeit der darüber liegenden Geschosse.

mit
- $S_d(T_1)$    Ordinate des Bemessungsspektrums bei Grundschwingzeit ($T_1$)
- $T_1$    Grundschwingzeit des Bauwerks in der betrachteten Richtung
- M    Gesamtmasse des Bauwerks; sie wird aus allen ständigen Einwirkungen und 30% der Nutzlasten sowie 50% der Schneelasten ermittelt. Bei Lagerräumen, Bibliotheken, Warenhäusern, Parkhäusern, Werkstätten und Fabriken werden 80% der Nutzlasten statt 30% angesetzt.
- λ    Korrekturfaktor, $\lambda = 0{,}85$ für $T_1 \leq 2 \cdot T_C$ für Gebäude mit mehr als 2 Geschossen; sonst $\lambda = 1{,}0$

Die Grundschwingzeit $T_1$ in [s] darf wie folgt angenähert werden:

$$T_1 = 2\sqrt{u} \qquad (50)$$

wobei u in [m] einzusetzen ist und sich die fiktive horizontale Auslenkung der Gebäudeoberkante unter den in horizontaler Richtung wirkenden ständigen und quasi-ständigen Lasten aus den Massen M ergibt.
Der Verhaltensbeiwert q wird ohne weitere Differenzierung zu 1,5 angesetzt. Damit ist die Gesamterdbebenkraft aus den vorliegenden Spektralparametern leicht zu ermitteln, wenn die Grundschwingzeit bekannt ist. NA.D bietet noch eine weitere Vereinfachungsstufe an: Man darf mit den Plateauwerten der Spektralbeschleunigung rechnen, dann wird

$$F_b = S_{d,max} \cdot M \qquad (51)$$

mit

$$S_{d,max} = S_{ap,R} \cdot S \cdot \gamma_I / 1{,}5 \qquad (52)$$

Der Nachweis mit den Plateauwerten ist jedoch meist unwirtschaftlich, der zusätzliche Rechenschritt über die Schwingzeitermittlung wird im Stahlbau meistens mit deutlich reduzierten Erdbebenkräften belohnt. Da heutzutage in den Büros entsprechende Software zur Verfügung steht, dürfte die Schwingzeitbestimmung den Ingenieur nicht vor größere Probleme stellen. Wer kein Dynamikmodul hat, kann die Schwingzeit mit der Näherung Gl. (50) über eine normale Verformungsberechnung abschätzen, das ist stets genauer als das Arbeiten mit Plateauwerten.

### Verteilung der Erdbebenkräfte

Die Gesamterdbebenkraft wird auf die einzelnen Geschosse verteilt, indem von einer linearen Verformungsfigur für die erste Schwingungseigenform ausgegangen wird. Bei annähernd gleichen Massen pro Geschoss ergibt sich dann eine lineare Verteilung über die Höhe (Bild 59).
Die Kräfte werden bestimmt aus

$$F_i = F_b \cdot \frac{z_i \cdot m_i}{\sum_{j=1}^{n} z_j \cdot m_j} \qquad (53)$$

mit
- $m_i, m_j$    Geschossmassen
- $z_i, z_j$    Höhe der Massen über der Einspannebene
- $F_i$    die am Geschoss i angreifende Horizontalkraft
- $F_b$    die Gesamterdbebenkraft

Für die so ermittelten Stockwerkskräfte werden die Aussteifungssysteme bemessen.

### Torsion

Die Wirkung von planmäßiger und unplanmäßiger Torsion muss berücksichtigt werden. Liegen Massenschwerpunkt und Steifigkeitsmittelpunkt im Grundriss nahezu beieinander, genügt es, die Erdbebenschnittgrößen für die betrachtete Richtung um 15% zu erhöhen. Ist Letzteres nicht der Fall, also bei größeren Abständen von Massenschwerpunkt und Steifigkeitsmittelpunkt, wie in Bild 60 zu sehen, sind die Exzentrizitäten der Stockwerkskräfte in den Hauptrichtungen wie folgt anzusetzen:

$$e_{max,i} = e_{0,i} + e_{1,i} + e_{2,i} \qquad (54)$$

$$e_{min,i} = 0{,}5 \cdot e_{0,i} - e_{1,i}$$

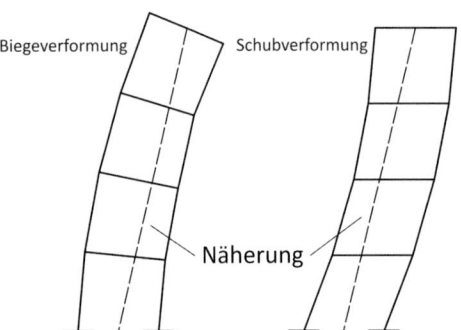
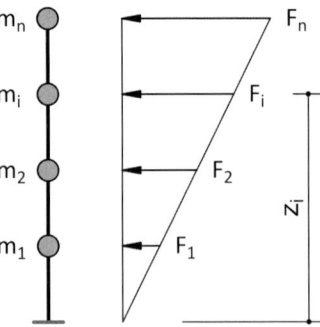

**Bild 59.** Höhenproportionale Verteilung der Erdbebenkräfte

zität aufweisen – eine vereinfachte Bemessung zu ermöglichen. Daher wurde vom zuständigen Normenausschuss ein informativer Anhang NA.D in den Nationalen Anhang mit aufgenommen, der eine vereinfachte Bemessung unter klar definierten einschränkenden Voraussetzungen erlaubt. Leitgedanke war dabei, das vereinfachte Erdbebenbemessungsverfahren der Vorvorgängernorm, der DIN 4149 von 1981, welches eine ersatzkraftbasierte Bemessung unter Zugrundelegung der ersten Eigenform vorsah, in einer Weise zu implementieren, die nicht im Widerspruch zum Eurocode 8 steht. Auch die Möglichkeit, in eindeutigen Fällen ganz auf rechnerische Nachweise zu verzichten, sollte wiedergegeben sein. Letzteres ist im Anhang NA.D allerdings nur in Verbindung mit einem Vergleich mit den Windlasten gegeben, sodass zumindest dieser Lastenvergleich geführt werden muss (Bilder 57, 58). Der Anhang NA.D bietet ein vereinfachtes Berechnungsverfahren an, das dem Verfahren der DIN 4149:1981 entspricht und für Bauwerke mit konstanter Massenverteilung durch einen linearen Kräfteverlauf über die Bauwerkshöhe gekennzeichnet ist. Es ist damit zu rechnen, dass der Anhang NA.D von der Praxis ähnlich gut angenommen wird wie die DIN 4149:1981, die mit ihrem überschaubaren Umfang von ca. 11 Seiten dem Wunsch der Praxis nach kurzen und handhabbaren Normen entsprach. Beim Anhang NA.D handelt es sich um eine nichtwidersprüchliche Regelung (*non contradictory information*, „NCI").

**Voraussetzungen**

Die Voraussetzungen für die Anwendung der „vereinfachten Auslegungsregeln für Bauten des üblichen Hochbaus" nach Anhang NA.D sind:
– Der Bauwerksstandort und die Art des Untergrunds weisen keine besonderen Risiken bezüglich Hangrutschung und Setzung infolge Bodenverflüssigung oder Bodenverdichtung bei Erdbeben auf.
– Der Baugrund besteht nicht aus mächtigen unverfestigten Ablagerungen in lockerer Lagerung (z. B. lockerer Sand) bzw. solchen in weicher oder breiiger Konsistenz (z. B. Seeton, Schlick) (dominierende Scherwellengeschwindigkeiten liegen unter 150 m/s).
– Es handelt sich um übliche Hochbauten der Bedeutungskategorie I bis III mit nicht mehr als 6 Geschossen und einer maximalen Gebäudehöhe von 20 m, gemessen von der mittleren Geländehöhe.
– Nahezu symmetrische Verteilung von Horizontalsteifigkeit und Masse in beide Hauptrichtungen im Grundriss.
– Der Grundriss weist keine stark gegliederten Formen wie z. B. die von H, X, L, T oder U auf.
– Die Decken sind quasi-starre Scheiben.
– Alle horizontallastabtragenden Systeme, wie Kerne, tragende Wände oder Rahmen, müssen ohne Unterbrechung über die Höhe des Gebäudes durchlaufen.
– Die Horizontalsteifigkeit, die Horizontaltragfähigkeit und die Masse der einzelnen Geschosse bleiben konstant oder verringern sich allmählich nach oben (ausgenommen hiervon sind steifere Untergeschosse).

**Gesamterdbebenkraft**

Die Berechnung darf anhand von zwei ebenen Modellen durchgeführt werden, man wird also zunächst für jede Hauptrichtung eine getrennte Erdbebenberechnung durchführen. Anschließend wird kombiniert, das geschieht mit der 30%-Regel, wie bereits oben geschildert. Die Gesamterdbebenkraft für jede Hauptrichtung beträgt:

$$F_h = S_d(T_1) \cdot \lambda \tag{49}$$

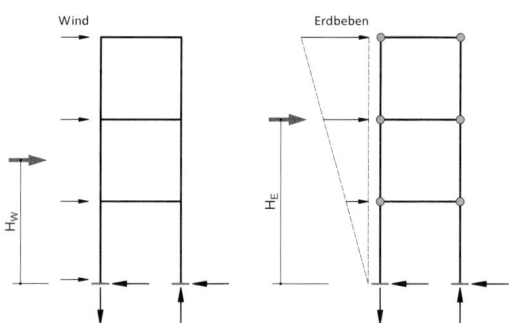

**Bild 57.** Vergleich von Windlasten und Erdbebenlasten

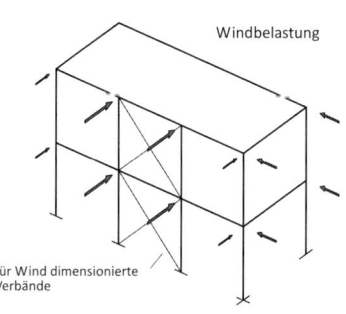
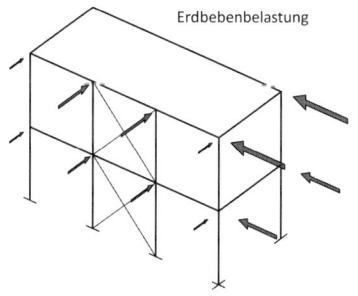

**Bild 58.** Unterschiedliche Ergebnisse des Vergleichs Windlast/Erdbebenlast für ein Bauwerk; a) Wind dominierend, b) Erdbeben dominierend

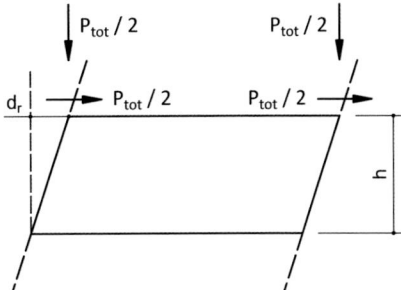

**Bild 56.** Bezeichnungen zur Ermittlung des Empfindlichkeitsbeiwerts θ

- Kriterien für Regelmäßigkeit,
- Überprüfung, ob Einflüsse aus Theorie II. Ordnung zu berücksichtigen sind,
- Überprüfung, ob der Grenzwert der gegenseitigen Stockwerksverschiebung eingehalten wird,
- Überprüfung der Standsicherheit einschließlich Gründung,
- Überprüfung der Steifigkeit und Tragfähigkeit von Deckenscheiben.

Kritisch, insbesondere für biegesteife Rahmenkonstruktionen, kann der Nachweis der seitlichen, gegenseitigen Stockwerksverschiebung gesehen werden. Hierzu wird der Empfindlichkeitsbeiwert θ ermittelt (s. a. Bild 56):

$$\theta = \frac{P_{tot} \cdot d_r}{V_{tot} \cdot h} \quad (48)$$

Für θ gelten folgende Grenzwerte:
- wenn θ ≤ 0,1: keine Berücksichtigung von Theorie II. Ordnung,
- wenn 0,1 < θ ≤ 0,2: vereinfachte Berücksichtigung der Theorie II. Ordnung durch Multiplikation der Erdbebenlasten mit $1/(1-\theta)$,
- wenn 0,2 < θ ≤ 0,3: genauere Berechnung nach Theorie II. Ordnung,
- θ > 0,3 ist nicht zulässig.

### 3.4.2 Nachweise zur Schadensbegrenzung

Nachweise zur Schadensbegrenzung werden für deutsche Erdbebengebiete nicht gefordert, allerdings können sie als Zusatzanforderung zwischen dem Bauherrn und dem Aufsteller oder Generalunternehmer vertraglich vereinbart werden. In Ländern mit höherer Seismizität, in denen schwache Beben wesentlich öfter zu erwarten sind, ist die Forderung nach Schadensbegrenzung in der Regel verbindlich. Die Schadensbegrenzung wird durch die Limitierung der gegenseitigen Stockwerksverschiebungen für Beben mit einer niedrigeren Wiederkehrperiode $T_{DLR}$ erreicht. Dadurch wird angestrebt, dass insbesondere nichttragende Teile des Bauwerks (Trennwände, Fassaden) möglichst schadensfrei bleiben und damit das Gebäude nach einem Erdbeben

nutzbar bleibt. Deswegen werden die Grenzwerte für die gegenseitige Stockwerksverschiebung in Abhängigkeit von der Verformungstoleranz der betroffenen Bauteile festgelegt.

Die maßgebende gegenseitige Stockwerksverschiebung wird von dem Wert $d_r$ abgeleitet, in dem der Einfluss der plastischen Verformungen in Abhängigkeit vom verwendeten q enthalten ist. Da das „Gebrauchsbeben" geringer ist als das „Bemessungsbeben", wird die Verformung durch den Beiwert $n$ reduziert. Generell ist nach Eurocode 8 n wie folgt zu wählen:
- n = 0,5 für Bauwerke der Bedeutungskategorie I und II,
- n = 0,4 für Bauwerke der Bedeutungskategorie III und IV.

Der Nationale Anhang übernimmt lediglich die Empfehlung n = 0,4 für die Bedeutungskategorie IV.

Der Nachweis der Schadensbegrenzung erfolgt durch die Einhaltung der folgenden Grenzwerte (h ist die Stockwerkshöhe):
- $d_r \cdot n \leq 0{,}005 \cdot h$ für spröde nichttragende Bauteile,
- $d_r \cdot n \leq 0{,}0075 \cdot h$ für duktile nichttragende Bauteile,
- $d_r \cdot n \leq 0{,}01 \cdot h$ für entkoppelte nichttragende Bauteile.

Es ist anzumerken, dass dieser Ansatz eine starke Vereinfachung darstellt und einige Bauweisen u. U. benachteiligt bzw. die Anwendung höherer Verhaltensbeiwerte verhindert. Ein Ausweg aus diesem Dilemma ist die Verwendung verformungsbasierter Methoden, z. B. der Pushover-Analyse, mit der das nichtlineare Last-Verformungsverhalten erfasst und für den Performancepunkt der Gebrauchstauglichkeit mit dem dazugehörigen Beben überprüft werden kann.

### 3.5 Vereinfachte Erdbebenauslegung nach dem Nationalen Anhang

Die DIN EN 1998-1 [3] wird künftig zusammen mit dem Nationalen Anhang (NA) DIN EN 1998-1/NA [4] für Deutschland die Grundlage für die Erdbebenauslegung bilden und die zurzeit noch gültige DIN 4149 [11] ablösen. Dabei wurde vom zuständigen Normenausschuss festgelegt, dass es sich bei den deutschen Erdbebengebieten um Gebiete geringer Seismizität handelt. Grundsätzlich werden die Erdbebenzonen und die anzusetzenden Antwortspektren von jedem Land individuell im jeweiligen Nationalen Anhang geregelt. Für Deutschland wurden diese Parameter neu ermittelt (s. Abschnitt 2.3). Da die Einwirkungen aus Erdbeben in Deutschland im Vergleich zu stärker gefährdeten Ländern in Südeuropa oder anderen Regionen der Welt eher gering sind, liegt der Schwerpunkt in der kräftebasierten linearen Bemessung mit der Duktilitätsklasse DCL. Dabei wird in der Regel ein Verhaltensbeiwert von q = 1,5 für niedrig-dissipatives Verhalten angesetzt. In Anbetracht des beträchtlichen Umfangs und der sehr detaillierten Regelungen des Eurocode 8 bestand in der Praxis das Bedürfnis, für die deutschen Erdbebengebiete – die wie bereits gesagt eine geringe Seismi-

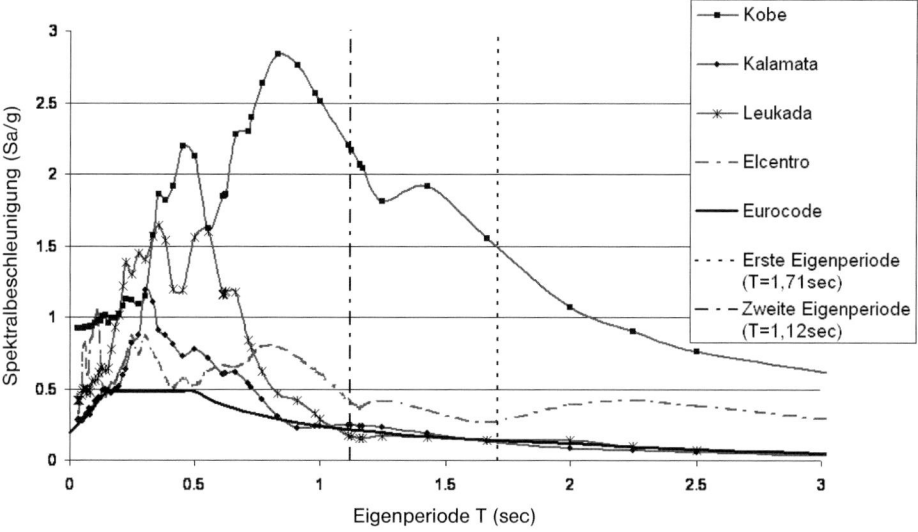

**Bild 55.** Elastisches Normspektrum (DIN EN 1998-1, Boden B) und Spektren realer Erdbeben

werden. Bei mehrstöckigen Bauten kann eine solche Berechnung mit den heutigen Rechenmitteln mehrere Tage dauern. Für praktische Anwendungen und zu Forschungszwecken werden daher meistens ebene Modelle, getrennt für die beiden Hauptrichtungen, untersucht. Als Ergebnis erhält man Zeitverläufe bzw. Hystereseschleifen der Antwortgrößen. Ihre Höchstwerte, gemittelt oder als 90%-Fraktile für die untersuchten Zeitverläufe, geben die Bemessungsgrößen an.

Eine Methode zur Untersuchung des zeitabhängigen Tragverhaltens ist die inkrementelle dynamische Analyse (IDA) [16, 29]. Hier wird das nichtlineare dynamische Tragwerksverhalten durch Steigerung der maximalen Bodenbeschleunigungen (Amplituden) verschiedener Zeitverläufe erfasst. Das Ergebnis dieser Analyse ist ein X-Y-Diagramm mit der Ereignisintensität, z. B. der maximalen Spektralbeschleunigung des Zeitverlaufs als Ordinate, und einer Antwortgröße, z. B. der maximalen Stockwerkswinkelverformung als Abszisse. Das IDA-Diagramm stellt also eine dynamische Kraft-Verformungskurve dar. Wird die IDA-Analyse für eine Reihe von Zeitschrieben durchgeführt, so können Rückschlüsse auf die Kollapswahrscheinlichkeit, wie in Abschnitt 3.1.3 beschrieben, gezogen werden.

### 3.4 Nachweisführung

Gemäß Eurocode 8 sind zwei Arten von Nachweisen zu führen:
1. Nachweis im Grenzzustand der Tragfähigkeit (*No Collapse Requirement, NCR*)
2. Nachweis der Schadensbegrenzung (*Damage Limitation Requirement, DLR*)

Beiden Nachweisen liegen Bemessungseinwirkungen aus Erdbeben zugrunde, die durch unterschiedliche Wiederkehrperioden repräsentiert werden ($T_{NCR}$ = 475 Jahre und $T_{DLR}$ = 95 Jahre). Gemäß dem Nationalen Anhang muss in Deutschland nur für den Grenzzustand der Tragfähigkeit ein Erdbebennachweis geführt werden. Dessen ungeachtet sind nachfolgend die Kriterien für beide Nachweise erläutert. Sie beziehen sich auf das übliche Antwortspektrumverfahren.

#### 3.4.1 Grenzzustand der Tragfähigkeit

Wie zuvor erläutert, erfolgt die Berechnung der Schnittgrößen und Verformungen elastisch mit dem Bemessungsspektrum, das den angesetzten Verhaltensbeiwert q berücksichtigt. Die so berechneten Verformungen, sofern sie für die Nachweise benötigt werden, sind mit dem Verhaltensbeiwert q zu multiplizieren.

Die Tragfähigkeitsnachweise erfolgen nach den Regeln des Eurocodes 3 für Stahlbauten und Eurocode 4 für Verbundbauten, allerdings mit reduzierten Teilsicherheitsbeiwerten $\gamma_M$. Zusätzlich müssen die mit der gewählten Duktilitätsklasse verbundenen Anforderungen an die lokale Duktilität (z. B. Querschnittsschlankheit) und an die globale Duktilität (Kapazitätsbemessung) erfüllt werden. Einzelheiten hierzu sind in den nachfolgenden Abschnitten angegeben. Die generelle Nachweisform ist der Vergleich der Beanspruchungsgrößen mit den Widerstandsgrößen:

$$E_d \leq R_d \tag{47}$$

Unabhängig von der Bauweise sind noch weitere Kriterien zu erfüllen:

nach ATC-40 [27] und die Ermittlung des Leistungspunktes in zweiter Näherung (Bild 54b). Die Iteration wird wiederholt, bis sich die Spektralverschiebungen zwei aufeinanderfolgender Schritte nicht mehr als 5 % unterscheiden.
Für das ausgelenkte Tragwerk mit einer Kopfauslenkung gleich der Zielverschiebung am Leistungspunkt, werden die Schnittgrößen, die Verschiebungen, die plastische Gelenkrotationen usw. ermittelt. Dann wird nachgewiesen, ob die inelastischen Verformungen der dissipativen Elemente innerhalb der angesetzten Grenzen der gewünschten Tragwerksleistung nach Tabelle 12 liegen. Ferner wird nachgewiesen, ob die nicht dissipativen Elemente die errechneten Schnittgrößen aufnehmen können.
Zur Untersuchung beider Erdbebenrichtungen und eventueller Tragwerksasymmetrien sollen Pushover-Analysen, jeweils in den ± x- und ± y-Richtungen durchgeführt werden. In Verbindung mit den beiden Horizontallastverteilungsmustern ergeben sich somit insgesamt acht Analysen. Die Berechnungen können am räumlichen Modell durchgeführt werden, wodurch Torsionseffekte berücksichtigt werden. Der Kontrollpunkt der Zielverformungen ist der Massenschwerpunkt des obersten Vollgeschosses.
Nichtlineare statische Verfahren dienen nicht nur Bemessungszwecken von Neubauten. Sie können auch zur Kontrolle der erwarteten Tragwerksleistung von konventionell bemessenen, existierenden oder instandgesetzten Bauten angewandt werden. Sie eignen sich für Tragwerke, die hauptsächlich in der ersten Eigenform schwingen. Die vorgesehenen Berechnungen und Nachweise werden von kommerziellen Software-Paketen unterstützt.

### 3.3.7 Nichtlineare Zeitschrittberechnungen

Bei diesen Verfahren wird die Erdbebengefährdung durch ein elastisches Antwortspektrum für 5 % Dämpfung und eine Anzahl von mindestens drei dazu passenden reellen oder künstlichen Zeitverläufen der Bodenbeschleunigung beschrieben. Künstliche Zeitverläufe sind so zu generieren, dass sie folgende Eigenschaften besitzen:
– Ihre Dauer soll mit den Eigenschaften des seismischen Ereignisses der Zone konsistent sein. Bei Fehlen bodenspezifischer Informationen soll die Mindestdauer des stationären Teils des Beschleunigungsschriebs 10 sec sein.
– Der Mittelwert ihrer Spektralwerte für $T = 0$ soll nicht kleiner als die entsprechende maximale Bodenbeschleunigung $a_g \cdot S$ des Antwortspektrums sein.
– Ihre Spektralwerte im Periodenbereich $0,2 \cdot T_1 \leq T \leq 2 \cdot T_1$ ($T_1$ = erste Eigenperiode des Tragwerks in der untersuchten Richtung) sollen nicht kleiner als 90 % der entsprechenden Werte des Antwortspektrums sein.

Reelle Zeitverläufe aus derselben Gegend, in der das Tragwerk errichtet wird, oder aus Gegenden mit ähnlichen seismotektonischen Eigenschaften können auch, nach geeigneter Skalierung, verwendet werden. Nach Eurocode 8 soll die Skalierung auf der Basis der maximalen Bodenbeschleunigung $a_g \cdot S$ erfolgen. Ihre Spektralwerte sollen noch der letzten der oben aufgeführten Bedingungen für künstliche Zeitschriebe genügen. Dass so etwas sehr schwierig ist, liegt auf der Hand (Bild 55). Es ist nämlich fast unmöglich, reelle Zeitverläufe zu finden, deren Spektralwerte über einen so breiten Periodenbereich so nahe am elastischen Normenspektrum liegen. Praktischer ist eine Skalierung durch Gleichsetzen der Spektralwerte des reellen Zeitschriebs mit denen des elastischen Spektrums für $T = T_1$ ($T_1$ = erste Eigenperiode des Tragwerks in der untersuchten Richtung) [28]. Für Tragwerke großer Eigenperioden, $T_1 > T_C$, kann die Skalierung durch Gleichsetzen der Spektralwerte für die Geschwindigkeit erfolgen.
Das im Rechenmodell verwendete Last-Verformungsverhalten der dissipativen Zonen muss für zyklische Beanspruchungen, wie beispielsweise nach Bild 71 beschrieben werden. Dazu stehen einige theoretische Modelle aus der Literatur zur Verfügung. Die Berechnung kann am räumlichen Tragwerksmodell durchgeführt

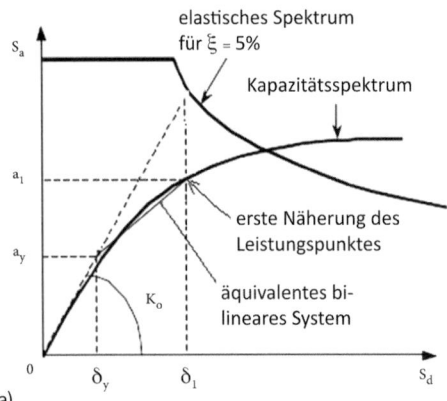

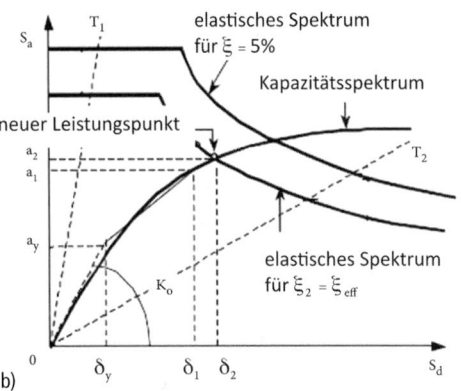

**Bild 54.** Ermittlung des Leistungspunktes nach erster und zweiter Näherung

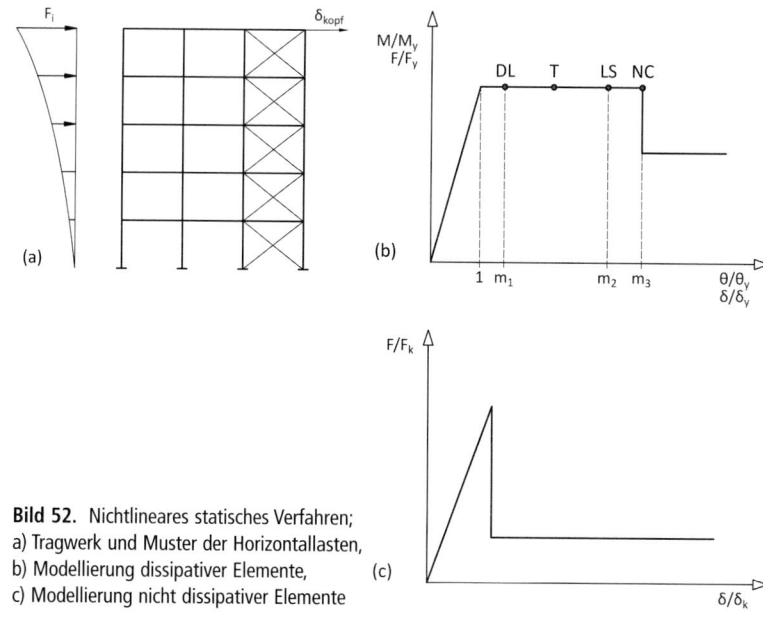

**Bild 52.** Nichtlineares statisches Verfahren;
a) Tragwerk und Muster der Horizontallasten,
b) Modellierung dissipativer Elemente,
c) Modellierung nicht dissipativer Elemente

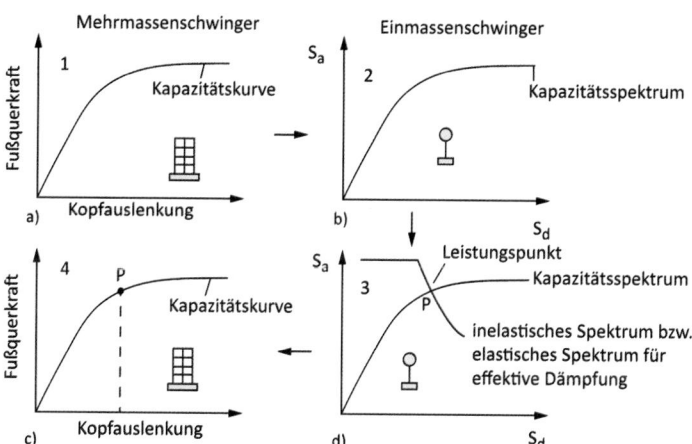

**Bild 53.** Schritte der nichtlinearen statischen Berechnung

Die Ermittlung des Leistungspunktes P für den Einmassenschwinger nach Bild 53c erfolgt nach ATC-40 [27] durch Anwendung dreier alternativer Methoden, von denen die gängigste die iterative Methode des Kapazitätsspektrums ist. Hierzu wird in erster Näherung der Leistungspunkt als der Punkt auf dem Kapazitätsspektrum ermittelt, der die gleiche Spektralverschiebung mit dem Schnittpunkt zwischen dem elastischen Spektrum für 5% Dämpfung und der Geraden durch den Ursprung mit Neigung gleich der Anfangssteifigkeit des Tragwerks besitzt. Dann wird das Kapazitätsspektrum bis zu diesem Punkt in ein äquivalentes bilineares System $(a_y - \delta_y) - (a_1 - \delta_1)$ umgewandelt, das durch Flächengleichheit unter den zwei Kurven die gleiche Energie wie das ursprüngliche verbraucht (Bild 54a). Für dieses bilineare System ist $a_y$ die Fließ-beschleunigung und $\delta_y$ die Fließverschiebung. Dann wird die effektive Dämpfung $\xi_{eff}$ des äquivalenten Systems für bilineare Systeme mit Verfestigung bestimmt. Die viskose Dämpfung solcher Systeme lässt sich ermitteln aus:

$$\xi_h = \frac{2}{\pi} \cdot \frac{a_y \cdot \delta_u - a_u \cdot \delta_y}{a_u \cdot \delta_u} = \frac{2}{\pi} \frac{\mu/\Omega - 1}{\mu} \qquad (46)$$

worin $\Omega$ die Überfestigkeit und $\mu$ die Duktilität nach Gl. (8) ist.
Es folgt die Bestimmung des Spektrums für die effektive Dämpfung $\xi_{eff}$ durch Multiplikation der Werte des elastischen Spektrum mit dem Abminderungsbeiwert

$$\eta = \sqrt{\frac{10}{5 + \xi_{eff}}},$$ in einer geringfügig modifizierten Form

bei denen die dissipativen Zonen die Träger und die zu schützenden Bauteile die Stützen sind, müssen damit die Stützen mit den plastischen Momenten der angrenzenden Träger bemessen werden.

Das nichtlineare Tragverhalten wird unter konstanten Vertikallasten und monoton steigenden Horizontallasten, der sogenannten Pushover-Analyse, untersucht (Bild 52a). Das nichtlineare Elementverhalten wird mithilfe bi- oder trilinearer Kurven dargestellt. Dabei sind Mittelwerte der Materialeigenschaften anzuwenden. Die Momenten-Rotations-Kurven von Trägerfließgelenken, die Querkraft-Winkelverformungs-Kurven von Schubfließgelenken an Verbindern, die Zugkraft-Axialverformungskurven von Verbandsdiagonalen, die dissipativen Versagensmechanismen entsprechen, werden nach Bild 52b modelliert. Die Parameter $m_1$ bis $m_3$ beschreiben die Grenzwerte der Verformungen für die entsprechenden Anforderungen auf lokaler Ebene. Nicht dissipative Mechanismen, wie Knicken von Verbandsstäben, werden nach Bild 52c modelliert. Dabei hängt die maximale Beanspruchbarkeit auf Druck von der Stabschlankheit ab. Danach fällt die Last schlagartig ab. Die Restlast beträgt wenige Prozente der Knicklast. In Tabelle 12 werden die Grenzverformungen und Grenzwiderstände verschiedener Elemente wiedergegeben.

Die Pushover-Analyse entspricht einer Berechnung nach Fließgelenktheorie, bei der nicht gleichzeitig alle Lasten, sondern nur die Horizontallasten progressiv gesteigert werden. Wie zuvor erläutert, werden dabei mindestens zwei Muster der Horizontallastverteilung, üblicherweise ein konstantes über die Tragwerkshöhe und eins nach der ersten Eigenform, untersucht, die dem dynamischen Tragwerksverhalten bei unterschiedlichen Stadien der inelastischen Aktivität entsprechen. Die Berechnung erfolgt nach ATC-40 [27] in vier Schritten (Bild 53):

**Schritt 1:** Durchführung einer Pushover-Analyse und Ermittlung der Kapazitätskurve des mehrstöckigen Tragwerks, als Fußquerkraft-Kopfauslenkungskurve (Bild 53a).

**Schritt 2:** Umwandlung der Kapazitätskurve ($F_b - \delta_{Kopf}$) des Mehrmassenschwingers in das Kapazitätsspektrum ($S_a - S_d$) des äquivalenten Einmassenschwingers mithilfe der Gln. (44) und (45) für die Spektralbeschleunigung bzw. die Spektralverschiebung (Bild 53b).

$$S_a = \frac{F_b/W}{\alpha_1} \qquad (44)$$

$$S_d = \frac{\delta_{Kopf}}{\Gamma_1 \cdot \Phi_{N1}} \qquad (45)$$

mit
$\alpha_1$  Anteil der effektiven modalen Masse der ersten Eigenform an der Gesamtmasse nach Gl. (34) mit n = 1
$\Gamma_1$  modaler Beteiligungsbeiwert der ersten Eigenform nach Gl. (32) mit n = 1
$\Phi_{N1}$ Wert der ersten Eigenform am obersten Stockwerk N, Bild 48
$W = \sum_{j=1}^{N} W_j$ Tragwerksgewicht

**Schritt 3:** Auftragen des inelastischen Spektrums bzw. des elastischen Spektrums für effektive Dämpfung und Ermittlung des Leistungspunktes P für den Einmassenschwinger (Bild 53c).

**Schritt 4:** Ermittlung des Leistungspunktes auf der Kapazitätskurve des tatsächlichen mehrstöckigen Tragwerks aus der inversen Anwendung der Gln. (44) und (45) und Ermittlung der Zielverschiebung (Bild 53d).

**Tabelle 12.** Zulässige inelastische Verformungen für die Grenzzustände

|  | Querschnitt | Restwiderstand | DL | LS | NC |
|---|---|---|---|---|---|
|  |  | r | $m_1$ | $m_2$ | $m_3$ |
| Rotationskapazität von Trägern, langen Verbindern und Stützen mit $N/N_{pl,Rd} < 0{,}3$ | Klasse 1 | 1,0 | 1,0 $\theta_y$ | 6,0 $\theta_y$ | 8,0 $\theta_y$ |
|  | Klasse 2 | 1,0 | 0,25 $\theta_y$ | 2,0 $\theta_y$ | 3,0 $\theta_y$ |
| Kurze Vrebinder |  | 0,8 | 1,5 $\theta_y$ | 12,0 $\theta_y$ | 15,0 $\theta_y$ |
| Axialverformungskapazität von Trägern und Stützen unter Zug | Klassen 1 und 2 | 1,0 | 0,25 $\delta_y$ | 3,0 $\delta_y$ | 5,0 $\delta_y$ |
| Axialverformungskapazität Verbandsstäbe zentrischer Verbände unter Druck | Klasse 1 | 0,2 | 0,25 $\delta_c$ | 4,0 $\delta_c$ | 6,0 $\delta_c$ |
|  | Klasse 2 | 0,2 | 0,25 $\delta_c$ | 1,0 $\delta_c$ | 2,0 $\delta_c$ |
| Axialverformungskapazität Verbandsstäbe zentrischer Verbände unter Zug |  | 1,0 | 0,25 $\delta_y$ | 7,0 $\delta_y$ | 9,0 $\delta_y$ |

$\theta_y$ Sekantenrotation bei Fließgelenkbildung
(= $\frac{M_{pl} \cdot L}{6EI}$ bei Fließgelenken an beiden Enden, ≈ $\frac{V_y}{GA_v}$ für kurze Verbinder)
$\delta_c$ Axialverformung unter der Knicklast
$\delta_y$ Axialverformung unter der Fließlast

gung beschädigter Bauten als eine häufige Ingenieuraufgabe nach starken Erdbeben, so entstehen ganz andere Kosten, wenn eine Tragwerksleistung LS oder eine NC gegen künftige seltene Erdbeben erreicht werden soll.

Die Bestimmung des Leistungspunktes und der Tragwerksleistung geschieht durch Anwendung nichtlinearer statischer Berechnungsverfahren. Die häufigste Methode ist die in Abschnitt 7.2.5 beschriebene nichtlineare statische „Pushover"-Analyse, bei der sich der Leistungspunkt als Schnittpunkt zwischen der Kapazitäts- und der Spektralkurve, elastisch oder inelastisch, ergibt (Bild 50). Da die Spektren häufiger und seltener Erdbeben unterschiedlich sind, weil sie beispielsweise von anderen Bodenbeschleunigungen $a_g$ ausgehen, ergeben sich andere Leistungspunkte für diese Erdbeben. Bild 50 zeigt, wie der Leistungspunkt für ein Tragwerk mit normalen Anforderungen den Grenzzustand der Schadensbegrenzung für häufige Erdbeben und den Grenzzustand der Lebensrettung für seltene Erdbeben erreichen kann.

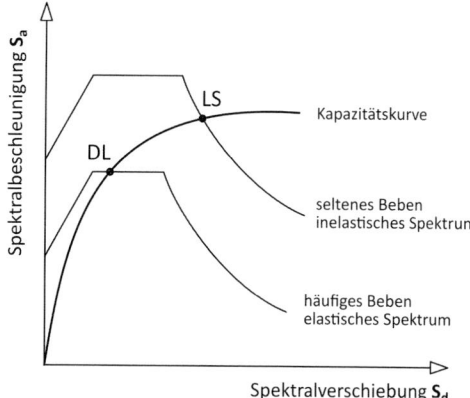

Bild 50. Ermittlung des Leistungspunktes für Erdbeben unterschiedlicher Wiederkehrperioden

Wie vorher erwähnt, drückt die Kapazitätskurve den nichtlinearen Zusammenhang zwischen der Fußquerkraft und der seitlichen Kopfauslenkung aus. Die Nichtlinearität entsteht durch nichtlineares Verhalten der plastischen dissipativen Zonen des Tragwerks. Nimmt man als Beispiel das Rahmentragwerk nach Bild 48, dessen Kapazitätskurve in Bild 49 dargestellt ist, dann antwortet das Tragwerk zunächst linear-elastisch und geht bei wachsender seitlicher Belastung durch Fließgelenkbildung der Träger in den inelastischen Bereich über. Bei weiterem Lastanstieg bilden sich mehr plastische Gelenke und die Gelenkrotationen der bereits ausgebildeten Fließgelenke wachsen an (Bild 51). So steigt die vom Tragwerk dissipierte hysteretische Energie als Summe der Produkte der plastischen Momente mit den Fließgelenkrotationen an. Jeder Punkt auf der Kapazitätskurve entspricht damit einem Punkt auf der Momenten-Rotations-Kurve der Tragelemente, je nach Beginn und Fortschritt ihrer Plastizierung. Anders ausgedrückt: Jedem Wert der seitlichen Kopfauslenkung entspricht eine gewisse plastische Gelenkrotation und dadurch eine lokale Duktilitätsforderung. Man erkennt also, dass ein enger Zusammenhang zwischen der *globalen* und der *lokalen* Duktilität besteht. Die Gelenkrotationen der Fließgelenke haben bestimmte Grenzwerte ($m_1$ bis $m_3$), die den lokalen Schaden ausdrücken. Elemente aus Klasse-1-Querschnitten (Bezeichnung nach Eurocode 3) ertragen größere Gelenkrotationen und sind besser zur Energiedissipation geeignet als beispielsweise dünnwandige Querschnitte, die anfällig auf lokales Beulen sind. Ähnliches gilt für die Verbandsstäbe ausgesteifter Tragwerke, bei denen die Querschnittsform und die Schlankheit als wesentlicher Parameter den Verlauf der Last-Verformungskurve und dadurch die lokale Duktilität beeinflusst.

Wenn inelastisches Verhalten während eines Erdbebens erwünscht ist, ergibt sich die Frage, ob sich dieses Ver-

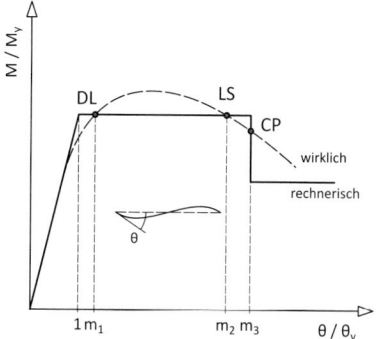

Bild 51. Nichtlineare Momenten-Rotationskurven von Trägern

halten auf alle Tragwerksbereiche erstrecken soll. Für das angesprochene Beispiel des Rahmentragwerks nach Bild 48 können sich Fließgelenke sowohl in den Trägern als auch in den Stützen bilden. Bei Fließgelenkbildung in mehreren Stützen besteht jedoch die Gefahr der Bildung eines weichen Stockwerks, wie in Bild 36 zu sehen. In solchen Fällen kann das System infolge der Beanspruchung aus Theorie II. Ordnung instabil werden. Daher soll das Tragwerk so konzipiert werden, dass sich das inelastische Verhalten nur auf bestimmte dissipative Zonen konzentriert, damit keine globale Instabilität entsteht. Für Rahmentragwerke nach Bild 48 sind diese Zonen die Träger an ihren Enden. Die anderen Bauteile, die Stützen in diesem Fall, sind vor inelastischer Aktivität zu schützen. Das geschieht durch Anwendung von Kapazitätskriterien bei der Bemessung. Die Kapazitätskriterien fordern, dass die zu schützenden Bauteile nicht nach den Schnittkräften aus der Tragwerksberechnung, sondern nach den Beanspruchungen beim Plastizieren der dissipativen Zonen, d. h. aus den Beanspruchbarkeiten der angrenzenden dissipativen Elemente, dimensioniert werden. Für Rahmentragwerke,

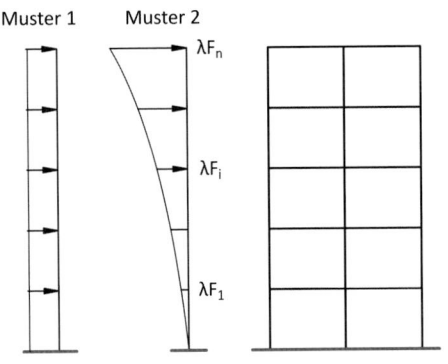
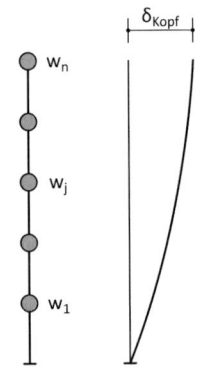

**Bild 48.** Lastmuster und Verformungen bei Pushover-Analysen

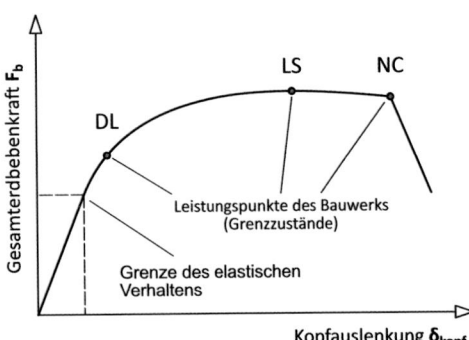

**Bild 49.** Kapazitätskurve und Grenzzustände

des Bemessungserdbebens, als Größe der Einwirkung, mit der erwarteten Tragwerksleistung her [26] (Tabelle 11). Die Höhe der Anforderungen wird nach verschiedenen Kriterien festgelegt, wie z. B. nach der Bauwerksbedeutung, ob es sich um die Planung von Neubauten, die Beurteilung der Standsicherheit bestehender Bauten oder die Ertüchtigung durch Erdbeben beschädigter Bauten handelt. Die normalen Anforderungen – Schadensbegrenzung bei häufigen, Lebensrettung bei starken Erdbeben – gelten für übliche Bauten. Hohe Anforderungen gelten für vitale Einrichtungen, Krankenhäuser, Feuerwehrstationen, Kraftwerke usw., höchste z. B. für Kernkraftwerke. Selbstverständlich steigen die Kosten für höhere Anforderungen an. Nimmt man beispielsweise die Reparatur und Ertüchti-

**Tabelle 10.** Definition von Grenzzuständen

| Grenzzustand | Tragwerksleistung |
|---|---|
| NC: Kollapsvermeidung (near collapse) | Das Tragwerk ist stark beschädigt, obwohl die vertikalen Elemente noch in der Lage sind, die Vertikallasten aufzunehmen. Die meisten nichttragenden Teile haben versagt. Es existieren große verbleibende Verformungen. Das Tragwerk würde wahrscheinlich kein zweites, nur mäßiges Erdbeben überleben. |
| LS: Lebensrettung (life safety) | Das Tragwerk ist wesentlich beschädigt. Die nichttragenden Teile sind stark beschädigt (z. B Versagen von Glas- oder Metallfassaden). Es existieren deutliche verbleibende Verformungen. Das Tragwerk würde mäßige Nachbeben überleben, wäre aber unwirtschaftlich zu reparieren |
| DL: Schadensbegrenzung (damage limitation) | Das Tragwerk ist leicht beschädigt. Die tragenden Teile befinden sich noch im elastischen Bereich. Nichttragende Teile haben kleine Risse. Es existieren kaum verbleibende Verformungen. Das Tragwerk braucht keine Reparatur. |

**Tabelle 11.** Grundanforderungen des leistungsbezogenen Entwurfs

| Bemessungserdbeben | | | Tragwerksleistung (Grenzzustände) | | |
|---|---|---|---|---|---|
| Wiederkehrperiode [Jahre] | Überschreitungswahrscheinlichkeit in 50 Jahren | Erdbebenhäufigkeit | DL Schadensbegrenzung | LS Lebensrettung | NC Kollapsvermeidung |
| 225 | 20 % | häufig | n.A. | u.A. | u.A. |
| 475 | 10 % | selten | h.A. | n.A. | u.A. |
| 2475 | 2 % | sehr selten | H.A. | h.A. | n.A. |

u.A. unerlaubte Anforderungen, n.A. normale Anforderungen, h.A. hohe Anforderungen, H.A. höchste Anforderungen

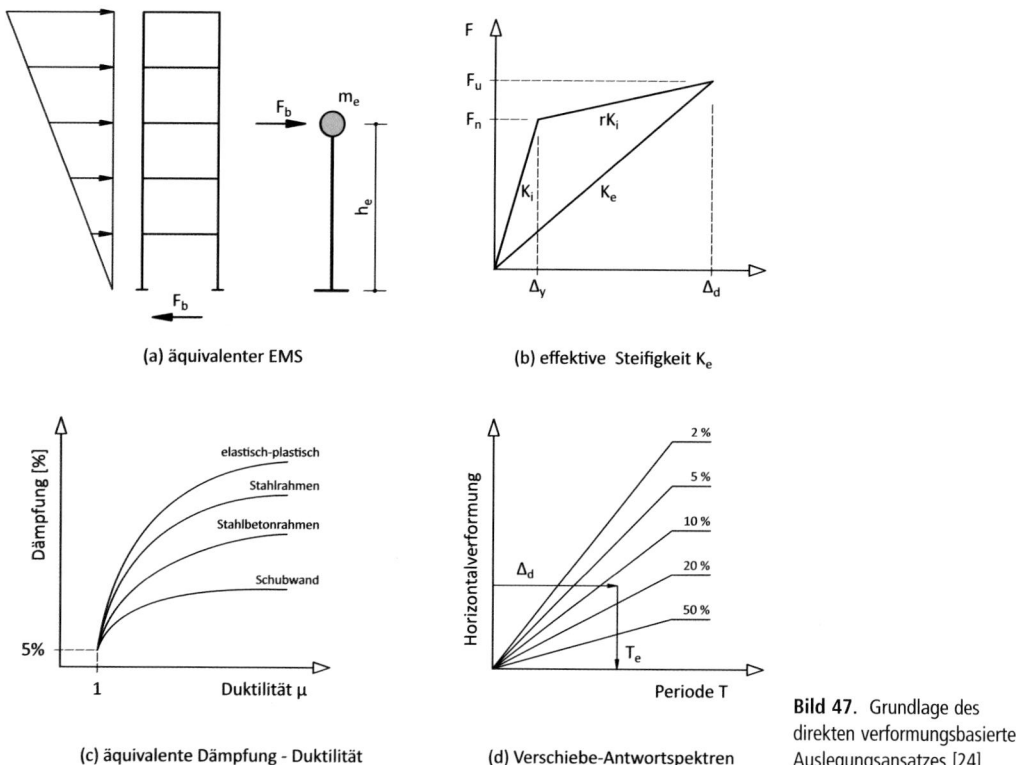

(a) äquivalenter EMS
(b) effektive Steifigkeit $K_e$
(c) äquivalente Dämpfung - Duktilität
(d) Verschiebe-Antwortspektren

**Bild 47.** Grundlage des direkten verformungsbasierten Auslegungsansatzes [24]

ein mehrstöckiges Tragwerk bei gleichbleibenden Vertikallasten durch horizontale Stockwerkskräfte inkrementell belastet. Die Vertikallasten $W = G + \psi_2 \cdot Q$ entsprechen den Gravitationskräften der Erdbebenkombination. Sie setzen sich aus den ständigen Lasten G und den quasi-ständigen Teilen der veränderlichen Lasten $\psi_2 \cdot Q$ zusammen. Die Verteilung der Horizontalkräfte über die Höhe erfolgt nach bestimmten Mustern (Bild 48). Mehrere Muster sind zu untersuchen, denn durch das Plastizieren des Tragwerks während des Erdbebens ändern sich ständig seine Steifigkeitseigenschaften und damit die Kräfteverteilung über die Höhe. Möglich ist die Wahl eines über die Höhe konstanten Musters $F_j$ = konst. (Muster 1, Bild 48), das der Verteilung der Erdbebenkräfte bei Entstehung eines weichen ersten Stockwerks (Fließgelenkbildung an den Stützen des ersten Stockwerks) entspricht. Ein anderes Muster, bei dem die Horizontalkräfte affin zur ersten Schwingungseigenform $\Phi_1$ verteilt sind, entspricht der Verteilung der Erdbebenkräfte des elastischen Tragwerks. Der Einfluss höherer Eigenformen wird allerdings dadurch vernachlässigt. Die Kräfte am Stockwerk i betragen nach diesem Muster 2:

$$F_j = W_j \cdot \Phi_{j1} \tag{43}$$

mit
$W_j = G_j + \psi_2 \cdot Q_j$   Gewicht des Stockwerks j
$\Phi_{j1}$   Wert der ersten Eigenform des Stockwerks j

Lässt man die Horizontallasten mit dem Faktor $\lambda$ inkrementell steigen, so kommen Tragwerksbereiche in den inelastischen Bereich und die Strukturantwort wird nichtlinear (Bild 49). Bei steigenden seitlichen Verformungen erhöht sich der Schaden an tragenden und nichttragenden Bauteilen, sodass Kriterien zur Definition von Grenzzuständen in Abhängigkeit der Tragwerksleistung formuliert werden können, wie sie in Tabelle 10 wiedergegeben werden [25].

Die Grenzzustände der Tragfähigkeit und Gebrauchstauglichkeit sind aus der Bemessung für nicht seismische Einwirkungen bekannt. Die Nachweise gegenüber den Grenzzuständen werden bekanntlich mit Bemessungswerten für die Beanspruchungen und die Beanspruchbarkeiten, durch Einführung von Teilsicherheitsbeiwerten, die die Veränderbarkeit dieser Größen und den notwendigen Sicherheitsabstand gegenüber der Verletzung der Grenzzustände ausdrücken, geführt.

Bei der traditionellen Entwurfsphilosophie werden gegen Erdbeben zwei ähnliche Grenzzustände untersucht. Man fordert, dass das Tragwerk auf starke Erdbeben durch eine Kombination von Tragfähigkeit und Energiedissipation reagiert und gegen schwache Erdbeben ausreichende Steifigkeit aufweist. In der letzten Zeit werden jedoch Entwurfsanforderungen durch Anwendung multifunktionaler Kriterien gestellt. Diese neue Strategie, der sogenannte leistungsbezogene Entwurf (performance based design), stellt den Zusammenhang

wohl, je nach Richtung der Horizontalkraft, die eine auf Druck, die andere auf Zug beansprucht wird. Anders als bei der statischen Berechnung, können also bei der multimodalen dynamischen Analyse keine gleichzeitig wirkenden, mit den entsprechenden Vorzeichen vorgesehenen Antwortgrößen ermittelt werden. Daher sind die Ergebnisse als umhüllende Größen zu interpretieren, die positive oder negative Vorzeichen besitzen.

Die Eigenformen räumlicher Tragwerke besitzen Verformungskomponenten in beiden orthogonalen Horizontalrichtungen x, y und leisten damit unterschiedliche Beiträge in den entsprechenden Schwingungen (Bild 46). Oft gilt für regelmäßige Raumstrukturen, dass ihre erste Eigenform Schwingungen in x-Richtung, die zweite Schwingungen in y-Richtung, die dritte Torsionsschwingungen, die vierte (als zweite Eigenform des ebenen Rahmens) Schwingungen in x-Richtung usw. anregen. Bei unregelmäßigen Strukturen können Eigenformen Beiträge gleichzeitig in x- und y-Richtung leisten. Zur Durchführung der multimodalen Analyse sind dementsprechend für jede Richtung diejenigen Moden auszusuchen, dass das Kriterium der Beziehung (37) für beide Richtungen erfüllt wird. So wären beispielsweise für die Anregung in x-Richtung die Eigenformen 1, 4, 7 und für die Anregung in y-Richtung die Eigenformen 2, 5, 8 zu berücksichtigen.

Schließlich werden die Antwortgrößen (Schnittgrößen, Verformungen), getrennt für die zwei orthogonalen Horizontalrichtungen $E_{Edx}$, $E_{Edy}$ und gegebenenfalls für die Vertikalrichtung $E_{Edz}$ bestimmt. Die räumliche Wirkung der Anregung wird durch Kombination der Komponenten der Antwortgrößen bestimmt. Im Normalfall, bei dem nur die Horizontalkomponenten berücksichtigt werden, dürfen folgende Kombinationsregeln, die zu 8 Erdbebenkombinationen führen, angewandt werden:

$$A_{Ed} = \pm 1{,}0 \cdot E_{Edx} \pm 0{,}3 \cdot E_{Edy}$$

$$A_{Ed} = \pm 0{,}3 \cdot E_{Edx} \pm 1{,}0 \cdot E_{Edy} \tag{41}$$

Wenn noch die zufälligen Exzentrizitäten nach Gl. (21) berücksichtigt werden, ergeben sich 32 Kombinationen. Die Kombination mit der Vertikalkomponente $E_{Edz}$ erfolgt nach der gleichen Regel, 1-mal in die eine Richtung und 0,3-mal in die anderen Richtungen.

Mithilfe linearer Berechnungsverfahren, wie der multimodalen Analyse, werden elastische Verformungen berechnet. Jedoch hat man durch Anwendung eines Verhaltensbeiwerts q > 1 inelastische Verformungen zugelassen. Die berechneten elastischen Verformungen $d_e$ gehören zur plastischen Grenztragfähigkeit des Systems. Diese sind geeignet zu beaufschlagen; die tatsächlichen Verformungen nehmen gegenüber $d_e$ im Verhältnis des Duktilitätsfaktors µ bzw. des Verhaltensbeiwerts q zu. Die Endverformungen lassen sich dementsprechend ermitteln aus:

$$d = \mu \cdot d_e = q \cdot d_e \tag{42}$$

mit
d  Tragwerksverformungen infolge des Bemessungserdbebens
µ  Duktilitätsfaktor für die Verformungen, in der Regel gleich q anzusetzen
$d_e$  aus der linearen Berechnung ermittelte elastische Tragwerksverformungen

Für steife Tragwerke ist µ größer als q.

### 3.3.6 Pushover-Berechnung

Das Antwortspektrumverfahren ist nur begrenzt dazu geeignet das tatsächliche Verhalten eines Bauwerks unter Erdbeben zu erfassen. Eine Alternative ist der direkte, verformungsbasierte Ansatz, in dem das Bauwerk durch einen nichtlinearen Einmassenschwinger abgebildet wird [24].

Eine bessere Abschätzung des nichtlinearen Tragverhaltens gibt eine nichtlineare statische Berechnung, die sogenannte Pushover-Analyse, aus der die Kapazitätskurve des Tragwerks ermittelt werden kann. Dazu wird

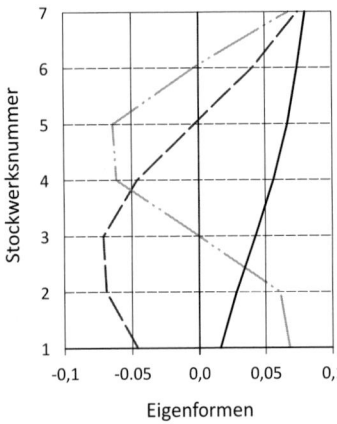
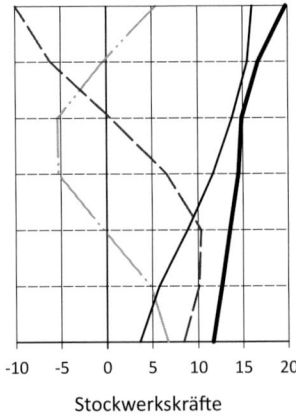
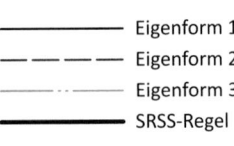

**Bild 46.** Eigenformen und Stockwerkskräfte der multimodalen Analyse

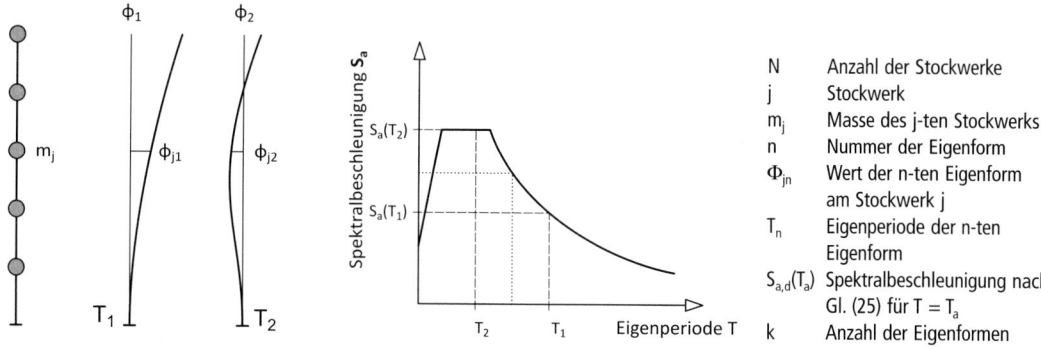

Bild 45. Bezeichnungen der multimodalen Analyse

| N | Anzahl der Stockwerke |
| j | Stockwerk |
| $m_j$ | Masse des j-ten Stockwerks |
| n | Nummer der Eigenform |
| $\Phi_{jn}$ | Wert der n-ten Eigenform am Stockwerk j |
| $T_n$ | Eigenperiode der n-ten Eigenform |
| $S_{a,d}(T_a)$ | Spektralbeschleunigung nach Gl. (25) für $T = T_a$ |
| k | Anzahl der Eigenformen |

men zu berücksichtigen, dass die Summe der effektiven modalen Massen (s. Schritt 2, Gl. (37)) mindestens 90 % der Tragwerksmasse beträgt oder alle Eigenformen, deren effektive modale Massen größer als 5 % der Gesamtmasse sind. Sonst sind mindestens k Eigenformen zu berücksichtigen mit:

$$k = 3 \cdot \sqrt{N} \text{ und } T_k \leq 0{,}2 \text{ sec} \qquad (29)$$

N  Anzahl der Geschosse über OK Fundament

**Schritt 2:** Ermittlung der effektiven modalen Massen (getrennt für die zwei Hauptrichtungen)

$$L_n = \sum_{j=1}^{N} m_j \cdot \Phi_{jn} \qquad (30)$$

$$M_n = \sum_{j=1}^{N} m_j \cdot \Phi_{jn}^2 \qquad (31)$$

Modaler Beteiligungsbeiwert der n-ten Eigenform:

$$\Gamma_n = \frac{L_n}{M_n} \qquad (32)$$

Effektive modale Masse der n-ten Eigenform:

$$m_{n,eff} = \frac{(L_n)^2}{M_n} \qquad (33)$$

Anteil der effektiven modalen Masse an der Gesamtmasse:

$$\alpha_n = \frac{m_{n,eff}}{M_{tot}} \qquad (34)$$

Tragwerksmasse:

$$M_{tot} = \sum_{j=1}^{N} m_j \qquad (35)$$

Tragwerksgewicht:

$$W = M_{tot} \cdot g \qquad (36)$$

Es sind mindestens k Eigenformen zu berücksichtigen, sodass gilt:

$$\sum_{n=1}^{k} \alpha_n \geq 0{,}9 \qquad (37)$$

**Schritt 3:** Ermittlung der modalen seismischen Bemessungskräfte
Modale seismische Gesamtkraft der n-ten Eigenform:

$$F_n = \alpha_n \cdot M_{tot} \cdot S_{a,d}(T_n) \qquad (38)$$

Modale seismische Kraft am Stockwerk j:

$$F_{jn} = \frac{m_j \cdot \Phi_{jn}}{L_n} \cdot F_n \qquad (39)$$

**Schritt 4:** Elastische Tragwerkberechnung, getrennt für jede Eigenform und Ermittlung der modalen Antwortgrößen (Schnittgrößen, Verformungen) $E_{Edn}$

**Schritt 5:** Ermittlung der Antwortgrößen $E_{Ed}$ durch Kombination der modalen Größen $E_{Edn}$
Die häufigste Kombinationsvorschrift ist die sogenannte SRSS-Regel, die für unabhängige Eigenformen gilt. Das liegt vor, wenn die Eigenformen weit voneinander entfernt liegen, was mithilfe der Bedingung $T_i \leq 0{,}9 \cdot T_j$ überprüft werden kann. Ansonsten können genauere Kombinationsregeln angewandt werden, auf die in der Literatur hingewiesen wird. Die SRSS-Regel besagt, dass die resultierenden Größen gleich der Wurzel der Summe der Quadrate (Square Root of the Sum of Squares) der einzelnen Modalgrößen sind:

$$E_{Ed} = \sqrt{\sum_i E_{Edn}^2} \qquad (40)$$

Die Anwendung der multimodalen Analyse auf ein 7-stöckiges Tragwerk wird in Bild 46 illustriert. Man erkennt, dass die modalen Stockwerkskräfte den entsprechenden Eigenformen folgen. Jedoch unterscheiden sie sich in den Anteilen $\alpha_n$ der effektiven Massen, die in den höheren Eigenformen in der Regel kleiner sind, weil sich die Vorzeichen von $\Phi_{jn}$ über die Höhe abwechseln, sodass die Parameter $L_n$ nach Gl. (30) kleiner werden. Die Kräfte der höheren Eigenformen sind etwas verstärkt, dadurch dass ihre Eigenperioden kleiner sind und größeren Spektralbeschleunigungen entsprechen. Vorsicht ist geboten, da die SRSS-Regel durch das Wurzelziehen zu positiven resultierenden Größen führt. Beispielsweise errechnen sich die Normalkräfte der Diagonalen eines X-Verbands immer als positiv, ob-

**Tabelle 9.** Beiwerte φ

| Art der veränderlichen Einwirkung nach DIN EN 1991-1-1/NA | Geschoss | φ |
|---|---|---|
| Nutzlasten der Kategorien A–C Einschließlich Nutzlasten der Kategorien T und Z | oberstes Geschoss | 1,0 |
| | andere Geschosse | 0,7 |
| Nutzlasten der Kategorien D–F einschließlich Nutzlasten der Kategorien T und Z | alle Geschosse | 1,0 |

bunden sind, sodass sie nicht vollständig an der Schwingung teilnehmen. Für diese Beiwerte gilt:

$$\psi_{E,i} = \varphi \cdot \psi_{2,i} \quad (27)$$

mit
$\psi_{2,i}$ quasi-ständiger Anteil der veränderlichen Einwirkung $Q_i$ (gewöhnlich = 0,3)
$\varphi$ Abminderungsbeiwert

Die in DIN EN 1998-1/NA vorgeschriebenen Werte des Abminderungsbeiwerts φ werden in Tabelle 9 wiedergegeben.

Die Bemessungswerte der Effekte $E_d$ (Schnittgrößen, Verformungen) der seismischen Bemessungssituation lassen sich aus folgender Kombination bestimmen:

$$E_d = \Sigma G_{k,j} + A_{Ed} + \Sigma (\psi_{E,i} \cdot Q_{k,i}) \quad (28)$$

mit
$G_{k,j}$ Effekte aus den charakteristischen Werten der ständigen Einwirkung j
$A_{Ed}$ Effekte aus dem Bemessungswert der Erdbebeneinwirkung
$Q_{k,i}$ Effekte aus den charakteristischen Werten der veränderlichen Einwirkung i
$\psi_{Ei}$ quasi-ständiger Anteil der veränderlichen Einwirkung i

### 3.3.5 Antwortspektrumverfahren

Das Antwortspektrumverfahren ist die Standardmethode zur Ermittlung der Erdbebenlasten und der Beanspruchungen des Bauwerks. Die Berechnungen werden elastisch durchgeführt, das implizierte nichtlineare Verhalten und die Dissipation werden durch die Anwendung des Verhaltensbeiwerts q berücksichtigt.
Zum Zwecke der Berechnung wird das Tragwerk als eine räumliche Stabwerksstruktur modelliert. Wände und Kerne können mithilfe finiter Elemente oder als vertikale Ersatzstäbe mit horizontalen starren Zonen gleich der Wandbreite abgebildet werden. Bei Kernen sollten dann den Ersatzstäben die korrekten Torsionseigenschaften (St. Venant und Wölbkrafttorsion) zugeordnet werden. Die Steifigkeiten der ungerissenen Querschnitte sollen auf ein bestimmtes Prozentmaß reduziert werden, um den Einfluss der Rissbildung im Beton zu berücksichtigen. Das Verhalten der Verbindungen zwischen den Stäben soll auf geeignete Weise abgebildet werden, meist werden die Verbindungen bei erdbebensicheren Bauten biegesteif oder quasi gelenkig ausgebildet und entsprechend modelliert.
Es empfiehlt sich, alle tragenden Elemente (z. B. auch die Sekundärträger der Decken) in das Modell einzubeziehen, damit Berechnung und Nachweis am gleichen Modell erfolgen. Nichttragende Elemente sollen in das Modell einbezogen werden, wenn sie das Tragverhalten wesentlich beeinflussen, ansonsten bestehen große Diskrepanzen zwischen Modell und Realität, beispielsweise bezüglich der seitlichen Steifigkeit und der Eigenperioden.
Die Stockwerksdecken werden als starre Scheiben modelliert. Ihre Verschiebungen setzen sich dann aus zwei Translationen und einer Rotation zusammen. In den Fällen, bei denen ein starres Verhalten nicht sichergestellt werden kann, sollen sie mithilfe finiter Elemente modelliert werden, um ein genaues Bild der Verformungen und der Kräfte zu erhalten. Unter bestimmten Bedingungen (regelmäßige rechteckige Ausbildung, kleine Torsionseffekte usw.) darf man die beiden orthogonalen Hauptrichtungen getrennt voneinander betrachten und als ebene Rahmen untersuchen. Jedoch entspricht dieses Vorgehen nicht dem heutigen Stand der Technik.
Die Stockwerksmassen werden konzentriert am Schwerpunkt der Deckenscheiben betrachtet. Ungewissheiten an der Positionierung der Massen und der räumlichen Variation der Erdbebenbewegung werden mithilfe einer zufälligen Exzentrizität berücksichtigt.
Die Tragwerksberechnung wird mithilfe linearer Berechnungsverfahren durchgeführt. Der Einfluss des inelastischen Verhaltens wird global durch den Einsatz des q-Faktors bei der Bestimmung des Bemessungsspektrums berücksichtigt. Nichtlineare Berechnungsverfahren dürfen bei dissipativen Tragwerken angewandt werden, wie später erläutert wird. Unter bestimmten Voraussetzungen, deren Überprüfung einen numerischen Aufwand beinhaltet, dürfen vereinfachte Berechnungsmethoden angewandt bzw. getrennte Berechnungen an ebenen Systemen in zwei orthogonalen Horizontalrichtungen geführt werden. Jedoch entspricht die Anwendung einer multimodalen Analyse in Verbindung mit einer räumlichen Tragwerksberechnung dem heutigen Stand der Technik und wird von allen kommerziellen Softwareprogrammen unterstützt. Die Berechnungsschritte der multimodalen Analyse werden im Folgenden dargestellt, wobei sich zum besseren Verständnis die Gleichungen auf ein ebenes System beziehen. Der Rechenvorgang gilt analog für räumliche Systeme, bei denen die Beziehungen in Matrizenschreibweise dargestellt werden müssen.

**Schritt 1:** Durchführung einer dynamischen Eigenwertanalyse
Zunächst werden die Schwingungseigenformen $\Phi_n$ und Eigenschwingzeiten $T_n$, n = 1 bis k, des Tragwerks bestimmt. In jeder Hauptrichtung sind so viele Eigenfor-

**Tabelle 8.** Bedeutungskategorien und Bedeutungsbeiwerte gemäß Eurocode 8

| Bedeutungsklassen | Bauwerke | $\gamma_I$ |
|---|---|---|
| I | Bauwerke ohne Bedeutung für den Schutz der Allgemeinheit, mit geringem Personenverkehr (z. B. Scheunen, Kulturgewächshäuser usw.) | 0,8 |
| II | Bauwerke, die nicht zu den anderen Kategorien gehören (z. B. kleinere Wohn- und Bürogebäude, Werkstätten usw.) | 1,0 |
| II | Bauwerke, von deren Versagen bei Erdbeben eine große Zahl von Personen betroffen ist (z. B. große Wohnanlagen, Schulen, Versammlungsräume, Kaufhäuser usw.) | 1,2 |
| IV | Bauwerke, deren Unversehrtheit im Erdbebenfall von hoher Bedeutung für den Schutz der Allgemeinheit ist (z. B. Krankenhäuser, wichtige Einrichtungen des Katastrophenschutzes, der Feuerwehr und der Sicherheitskräfte usw.) | 1,4 |

deutsche Erdbebengebiete gilt der Grenzwert $a_g \cdot S \leq 0{,}5g$. Mit dieser Festlegung wird die Entscheidung, ob ein Erdbebennachweis zu führen ist, nicht nur abhängig vom Standort, sondern auch von der Bauwerksbedeutung abhängig gemacht.

Für übliche Bauwerke aller Bedeutungskategorien darf der Erdbebennachweis auch dann entfallen, wenn für den Standort der Beschleunigungswert $S_{ap,R} \leq 0{,}6 \text{ m/s}^2$ gilt. Damit wird die Möglichkeit einer nur standortbezogenen Entscheidung für übliche Hochbauten wiederhergestellt.

### 3.3.3.2 Dämpfungsparameter und Verhaltensbeiwert

Die elastischen Antwortspektren wurden für eine viskose Dämpfung von $\xi = 5\%$ der Bauwerke mit dem Referenzwert $\eta = 1$ ermittelt. Ist das tatsächliche Dämpfungsmaß $\xi$ in Prozent bekannt oder kann es zutreffend vorhergesagt werden, dann darf ein Korrekturfaktor für die Ermittlung des Bemessungsspektrums verwendet werden, der wie folgt bestimmt wird:

$$\eta = \sqrt{\frac{10}{5+\xi}} \geq 0{,}55 \qquad (24)$$

Hierzu sei angemerkt, dass eine zutreffende Prognose des Dämpfungsmaßes äußerst schwierig ist. Die tatsächlichen Werte hängen von einer Vielzahl von Parametern ab (Bauart, Ausbaustufe, Einrichtung, Schwingungsamplitude ...). Die in der Literatur und auch in früheren Versionen enthaltenen Richtwerte für unterschiedliche Bauweisen gelten nur für die reine Tragkonstruktion und sind deswegen mit Vorbehalt zu verwenden. Der Dämpfungsparameter $\eta$ wird gemäß Eurocode 8 für die Korrektur des **elastischen** Antwortspektrums verwendet. Eine Kombination von $\eta$ mit dem Verhaltensbeiwert q ist in Eurocode 8 nicht vorgesehen. Die Anwendung von $\eta$ erfolgt äquivalent zur Anwendung von q (q ist durch $\eta$, der Wert 2/3 durch 1, zu ersetzen), siehe Gln. (25a bis d).

Der Verhaltensbeiwert q ist ein weiterer Parameter, der in die Bestimmung des Bemessungsspektrums eingeht. Die Entscheidung für einen Verhaltensbeiwert, der die duktilen Bauwerkseigenschaften repräsentiert, wird also auf der Einwirkungsseite berücksichtigt, indem die für den Nachweis anzusetzende Beanspruchung reduziert wird.

Die Formeln für das Bemessungsspektrum werden von dem elastischen Antwortspektrum abgeleitet und haben für deutsche Erdbebengebiete die folgende Form:

$$T_A \leq T \leq T_B : S_d(T) = \frac{S_{ap,R}}{2{,}5} \cdot \gamma_I \cdot S$$
$$\cdot \left[\frac{2}{3} + \frac{T}{T_B}\cdot\left(\frac{2{,}5}{q} - \frac{2}{3}\right)\right] *) \qquad (25a)$$

$$T_B \leq T \leq T_C : S_d(T) = S_{ap,R} \cdot \gamma_I \cdot S \cdot \frac{1}{q} \qquad (25b)$$

$$T_C \leq T \leq T_D : S_d(T) = S_{ap,R} \cdot \gamma_I \cdot S \cdot \frac{1}{q} \cdot \left[\frac{T_C}{T}\right] \qquad (25c)$$

$$T_D \leq T \leq 4\text{ s}: S_d(T) = S_{ap,R} \cdot \gamma_I \cdot S \cdot \frac{1}{q} \cdot \left[\frac{T_C \cdot T_D}{T^2}\right] \qquad (25d)$$

*) der Wert 2/3 berücksichtigt den Verhaltensbeiwert q = 1,5 auch bei quasi starren Strukturen

### 3.3.4 Kombination von Erdbeben mit anderen Einwirkungen

Erdbeben ist keine außergewöhnliche Einwirkung, wie z. B. Brand oder Anprall, denn in seismischen Zonen wird es sicherlich stattfinden. Trotzdem besitzt es durch die großen Werte der Wiederkehrperioden für die es beschrieben wird, einen außergewöhnlichen Charakter. Daher ist es einerseits mit den quasi-ständigen Anteilen anderer Einwirkungen und andererseits nicht mit anderen außergewöhnlichen Einwirkungen zu kombinieren. Damit bestehen die auf das Tragwerk existierenden Massen zur Bestimmung der Trägheitseffekte der Erdbebeneinwirkung aus den Gravitationslasten der quasi-ständigen Kombination. Diese setzen sich aus den ständigen Lasten und den abgeminderten quasi-ständigen Anteilen der veränderlichen Lasten zusammen:

$$\Sigma G_{k,j} + \Sigma(\psi_{E,i} \cdot Q_{k,i}) \qquad (26)$$

mit
$\psi_{E,i}$    Kombinationsbeiwert der veränderlichen Einwirkung $Q_i$

Die Kombinationsbeiwerte drücken die Wahrscheinlichkeit aus, dass während des Bemessungserdbebens die Einwirkungen $Q_{k,i}$ nicht das ganze Tragwerk beeinflussen oder dass sie nicht mit dem Tragwerk starr ver-

festgelegt werden und das Verhalten des Bauwerks für unterschiedliche Belastungsniveaus muss bekannt sein. Ein Ansatz, der in diese Richtung geht und in Eurocode 8 als anwendbare Berechnungsmethode aufgeführt ist, ist die verformungsbasierte Berechnung (*Pushover*-Berechnung).

Die Anwendung eines erhöhten Bedeutungsbeiwerts impliziert die Wahrscheinlichkeit von Schäden bei Beben mit geringerer Intensität, ohne jedoch die Funktionalität explizit zu untersuchen. Man muss sich aber darüber im Klaren sein, dass die in deutschen Erdbebengebieten geforderten Nachweise, die ausschließlich für den Grenzzustand der Tragfähigkeit (Life Safety) zu führen sind, die in der Regel nichtlinearen Zusammenhänge zwischen Belastung und Verformung (repräsentativ für den Schädigungsgrad) nicht erfassen.

Für die Tragfähigkeitsnachweise sind gemäß Eurocode 8 die in Tabelle 8 angegebenen Bedeutungsklassen und Bedeutungsbeiwerte $\gamma_I$ zu verwenden.

Die in Tabelle 8 enthaltenen Bedeutungsklassen geben keine Hinweise für die Einstufung von Anlagen mit hohem Risikopotenzial, deren Versagen erhebliche Konsequenzen für die Umwelt oder Umgebung haben können (z. B. Anlagen mit explosiven oder toxischen Stoffen). Für solche Anlagen existieren gesonderte Empfehlungen [23] für den Fall, das keine gesonderte Risikoanalyse, einschließlich der Erdbebengefährdung, durchgeführt wird. Der empfohlene Bedeutungsbeiwert für solche Anlagen ist $\gamma_I = 1{,}6$.

Mit dem Bedeutungsbeiwert erhält man die Bemessungsbodenbeschleunigung $a_g$ zu:

$$a_g = \gamma_I \cdot a_{gR} \qquad (23)$$

Die Entscheidung, ob die Seismizität eines Standorts als „sehr gering" einzustufen ist, wird gemäß Eurocode 8 mit dem Wert $a_g$ verknüpft ($a_g \leq 0{,}04g$) – dann darf Erdbeben als Lastfall außer Acht gelassen werden. Für

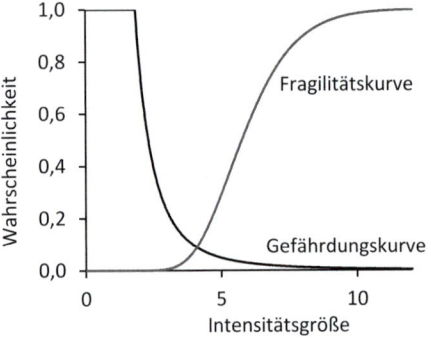

**Bild 43.** Ansatz zur Bestimmung des Zuverlässigkeitsniveaus von Bauwerken

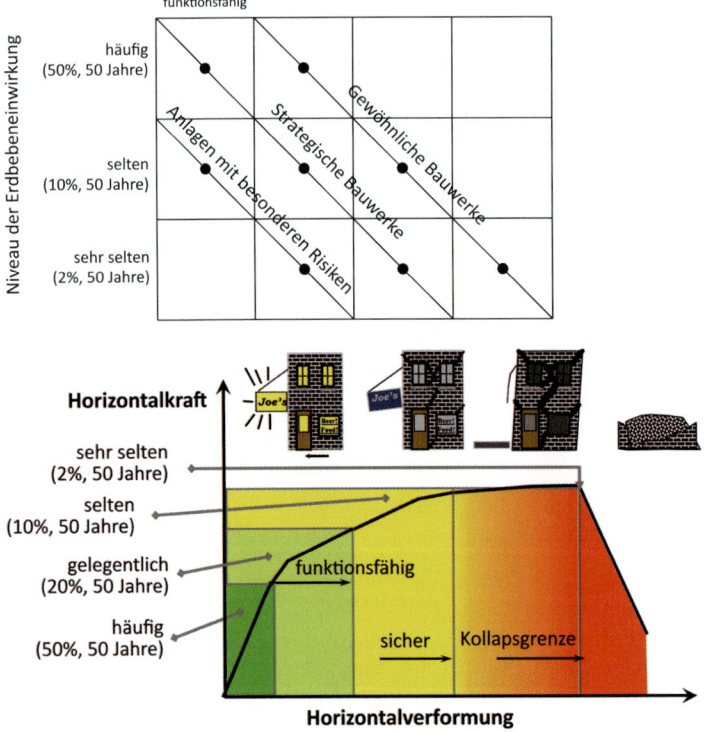

**Bild 44.** Ansatz zur verhaltensbasierten Auslegung für Erdbeben

## 3.3.2 Bestimmung der Erdbebengefährdung

Der erste Schritt eines Erdbebennachweises besteht in der Bestimmung der standortabhängigen seismischen Gefährdung. Die Festlegung der Erdbebengefährdung liegt immer in der Verantwortung der nationalen Instanzen. In den meisten europäischen Ländern wird die seismische Gefährdung durch den Referenzwert der spektralen Bodenbeschleunigung $a_{gR}$ für die Bodenklasse A (Fels) definiert. Dieser Grundwert muss mit dem Bedeutungsbeiwert $\gamma_I$ (*Importance Factor*) multipliziert werden (s. Abschnitt 3.3.3.1). Anschließend muss die Baugrundklasse bestimmt werden und die Form des Antwortspektrums (Typ 1 oder 2) festgelegt werden. Für moderate Seismizität (Oberflächenmagnitude $M_S \leq 5{,}5$) wird der Typ 2 empfohlen. Mit diesen Eingangsparametern lässt sich die Form des elastischen Antwortspektrums als vom Bauwerk unabhängige Einwirkung bestimmen. Üblicherweise werden die von Seismizität betroffenen Regionen eines Landes in Erdbebenzonen unterteilt, in denen eine konstante Grundbeschleunigung für die Erdbebennachweise angenommen wird.

Eurocode 8 enthält noch einen Hinweis zur möglichen Berücksichtigung des geologischen Untergrunds. Von dieser Möglichkeit macht der Nationale Anhang Gebrauch und definiert Antwortspektren, die kürzlich spezifisch für Deutschland entwickelt worden sind [14]. Im Gegensatz zu den Eurocode-8-Spektren wird hier der spektrale Plateauwert $S_{ap,R}$ für Fels als Eingangsgröße verwendet. Die Referenz-Spitzenbodenbeschleunigung kann durch die folgende Beziehung $a_{gR} = S_{ap,R}/2{,}5$ einfach bestimmt werden:

Eine Unterteilung der deutschen Erdbebengebiete in Erdbebenzonen ist entfallen. Stattdessen können die standortbezogenen Beschleunigungswerte $S_{ap,R}$ online (www.gfz-potsdam.de) abgerufen werden.

Für die Bestimmung des elastischen Antwortspektrums in Deutschland ist es erforderlich, neben den Baugrundeigenschaften auch den geologischen Untergrund zu bestimmen. Einzelheiten hierzu sind im Abschnitt 2.3 enthalten.

## 3.3.3 Bemessungs-Antwortspektrum

Das elastische Antwortspektrum, das für eine bestimmte Referenzwiederkehrperiode $T_{NCR}$ bestimmt wird, ist eine geophysikalische Größe, die von der Bebauung oder von den zu bemessenen Bauwerken unabhängig ist (NCR: *Non Collapse Requirement*). Wie aber eingangs erwähnt, ist die Beanspruchung eines Bauwerks durch ein Erdbeben streng an dessen dynamisches Verhalten gekoppelt. Zur Bestimmung der Beanspruchung wird deswegen das Bemessungs-Antwortspektrum verwendet, in dem drei wesentliche Parameter enthalten sind:
– Bedeutungsbeiwert $\gamma_I$,
– Dämpfungsparameter $\eta$,
– Verhaltensbeiwert q.

Diese Parameter werden nachfolgend kurz erläutert.

### 3.3.3.1 Bedeutungsbeiwert

Das probabilistische Sicherheitskonzept der Erdbebenbemessung gründet auf der Wahrscheinlichkeit, dass ein Beben einer bestimmten Stärke in einer bestimmten Zeit und an einem bestimmten Standort auftritt. Die Bezugsgröße hierfür ist die Überschreitungswahrscheinlichkeit $P_{NCR}$ in 50 Jahren, die mit der Widerkehrperiode $T_{NCR}$ gekoppelt ist. Eine Wiederkehrperiode von 475 Jahren bedeutet, dass ein Beben mit einer Spektralbeschleunigung $S_{ap,R}$ oder höher an einem bestimmten Ort mit der Wahrscheinlichkeit $P_{NCR} = 10\%$ innerhalb von 50 Jahren vorkommt. Eine Wiederkehrperiode von 975 Jahren entspricht 5% und von 2475 Jahren 2% Überschreitungswahrscheinlichkeit innerhalb von 50 Jahren, die als übliche Nutzungsdauer von Gebäuden angenommen werden. Damit steht eine grundlegende Beziehung zur Verfügung, mit der die probabilistisch formulierte seismische Gefährdung für eine Abschätzung des Risikos (Wahrscheinlichkeit bestimmter Schadensgröße) verwendet werden kann.

In der praktischen Anwendung hat sich der Bedeutungsbeiwert $\gamma_I$ durchgesetzt, mit dem die Konsequenzen eines Schadens oder Versagens berücksichtigt werden. Der Bedeutungsbeiwert wird als Faktor verwendet, mit dem die Referenz-Beschleunigung $a_{g,R}$ multipliziert wird und den für die Bemessung relevanten Wert $a_g$ ergibt. Die Verwendung des Faktors $\gamma_I > 1$ entspricht dabei einer Vergrößerung der Wiederkehrperiode bzw. der Verringerung der Überschreitungswahrscheinlichkeit während der Nutzungsdauer. Für die Herstellung eines Zusammenhangs zwischen der Wiederkehrperiode und dem Bedeutungsbeiwert existieren unterschiedliche mathematische Formulierungen, die von den statistischen Parametern der Erdbebengefährdung abhängig sind. An dieser Stelle sei angemerkt, dass die in Eurocode 8 angegebenen Formulierungen für Deutschland nicht zutreffend sind.

Die oben beschriebenen Ansätze haben zum Ziel, die Versagens- oder Schadenswahrscheinlichkeit von Bauwerken auf ein akzeptables Niveau zu begrenzen. In diese Betrachtung muss die Funktion des Bauwerks und die mit einer Beschädigung bzw. einem Versagen des Bauwerks verbundenen Konsequenzen mit einbezogen werden. Eine umfassende Analyse ist durch die Kombination der Auftretenswahrscheinlichkeit von Erdbeben unterschiedlicher Intensitäten (Erdbebengefährdung) mit der Versagenswahrscheinlichkeit von Gebäuden für unterschiedliche Belastungsniveaus (Fragilitätskurven) möglich (Bild 43). Dieser probabilistische, verhaltensbasierte Ansatz ist zurzeit Inhalt zahlreicher wissenschaftlicher Untersuchungen.

Gegenwärtig wird der verhaltensbasierte Ansatz bereits für wichtige Bauwerke und Infrastrukturen verwendet. Hierbei wird für unterschiedliche Auftretenswahrscheinlichkeiten und in Abhängigkeit von der Bedeutung des Bauwerks ein bestimmtes Leistungsniveau nach einem Erdbeben erwartet (Bild 44). Hierfür müssen allerdings unterschiedliche Performance-Kriterien

den, dass trotz aller Sorgfalt bei der Erstellung der Bemessungsregeln auch Erdbeben vorkommen können, die größere Intensitäten aufweisen, als in den Normen vorgesehen und deswegen die durch Duktilität vorhandenen Redundanzen gebraucht werden.

Eurocode 8 enthält auch Vorgaben, mit denen die Schäden infolge schwacher, aber dafür öfter auftretender Beben begrenzt werden sollen. Diese Vorgaben sind für Regionen, in denen das Erdbeben kein außergewöhnliches Ereignis darstellt, wichtig. In Deutschland sind Schadensbeben selten, deswegen wird die Notwendigkeit des Nachweises der Schadensbegrenzung durch den Nationalen Anhang aufgehoben. Aufgrund dessen liegt es auch in der Verantwortung der Auftraggeber, über einen auf elastischem Verhalten basierenden Erdbebennachweis nachzudenken und darüber zu entscheiden. Auf jeden Fall sollten vor der Entscheidung für eine Auslegungsstrategie von relevanten Bauwerken klärende Gespräche zwischen den Ingenieuren und den Betreibern/Eignern geführt werden.

Eine ähnliche Überlegung betrifft Bauwerke, die von strategischer Bedeutung sind und nach einem Erdbeben voll funktionsfähig bleiben müssen (Krankenhäuser, Feuerwachen, kritische Infrastrukturen). Der Erdbebennachweis von Bauwerken, die als besonders wichtig kategorisiert werden, erfolgt zwar mit Erdbebenlasten, die durch den Bedeutungsbeiwert erhöht werden, jedoch garantiert dieser Nachweis nicht die Funktionsfähigkeit dieser Gebäude nach einem starken Beben. Deswegen macht der Nationale Anhang [4] hier eine Ausnahme und fordert einen zusätzlichen Nachweis der Funktionsfähigkeit, z. B. durch Begrenzung der Stockwerksverschiebungen. Die Umsetzung dieser Forderung bleibt allerdings dem Ingenieur überlassen.

Generell sollte für die Nachweisführung der Verhaltensbeiwert q (und die zugehörige Duktilitätsklasse) nur so hoch wie nötig gewählt werden. Einen Hinweis darauf gibt auch der Nationale Anhang (NCI zu 3.2.2.5(3)P), in dem die Wahl eines Verhaltensbeiwerts in Abhängigkeit vom Ausnutzungsgrad für die Erdbebenbemessungssituation vorgegeben wird (s. a. Abschnitt 3.1.3). Wenn möglich, sollte auch die Möglichkeit eines vereinfachten Nachweises nach dem Nationalen Anhang geprüft werden (s. Abschnitt 3.5).

Gegenwärtig existieren mehrere Ansätze mit unterschiedlichem Zusatzaufwand, mit denen der Erdbebenbemessung von Stahlbauten in Deutschland begegnet wird (s. Bild 42).

1. Elastische Bemessung mit dem Plateauwert des Bemessungsspektrums, Nachweise ausschließlich nach Eurocode 3 ($q \leq 1,5$), praktisch **kein zusätzlicher Aufwand**, lediglich die Erdbebenlast (Antwortspektrum) muss ermittelt werden.
2. Elastische Bemessung mit dem zu der ersten Eigenperiode $T_1$ zugehörigem Spektralwert, Nachweise ausschließlich nach Eurocode 3 ($q \leq 1,5$), **geringer Aufwand**, die erste Eigenperiode muss ermittelt oder geschätzt werden.
3. Elastische Bemessung unter Anwendung der mehrmodalen Analyse, Nachweise ausschließlich nach Eurocode 3 ($q \leq 1,5$), **moderater Aufwand**, sofern ein digitales Modell des Bauwerks bereits vorhanden ist; viele Softwarepakete bieten eine „automatische" Berechnung an.
4. Dissipative Auslegung nach DIN 4149 (oder Eurocode 8 als Stand der Technik) mit $q > 1,5$ (vereinfachtes Antwortspektrumverfahren mit $T_1$ oder mehrmodale Analyse). Der Aufwand für die Ermittlung der Erdbebenlast ist vergleichbar mit den Ansätzen 2 oder 3, allerdings u. U. mit einigen Iterationen und einem **sehr hohen Aufwand** für die Bemessung und Ausführung der konstruktiven Details, insbesondere der Anschlüsse.

Die Wirtschaftlichkeit der o. g. Ansätze hängt aber nicht nur vom Aufwand für die Berechnung und konstruktive Ausbildung ab, sondern insbesondere auch von dem Gesamtergebnis (erforderliche Querschnitte, Fundamentlasten). Je größer der gemäß dem Nationalen Anhang ansetzbare Verhaltensbeiwert q wird, desto mehr lohnt im Sinne der Gesamtwirtschaftlichkeit eine genauere Berechnung und ein Entwurf auf der Grundlage duktilen und dissipativen Verhaltens.

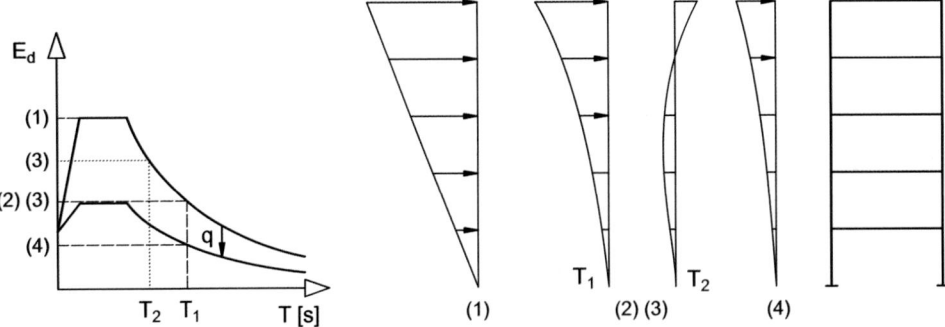

**Bild 42.** Mögliche Ansätze zum Erdbebennachweis nach der Antwortspektrummethode

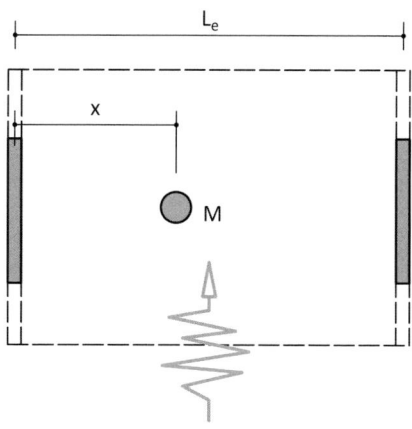

**Bild 40.** Abmessungen zur Bestimmung der Torsionswirkung nach Gl. (22)

**Deckenscheiben**

Ausreichend steife und tragfähige Deckenscheiben sorgen für eine Weiterleitung der in jedem Geschoss auftretenden Erdbebenlasten in die zur Aufnahme der Horizontallasten vorgesehenen Tragelemente und -systeme (Bild 41a). Deren Steifigkeit sorgt auch dafür, dass die zum Teil vereinfachenden Annahmen zum Tragverhalten (z. B. Reduktion auf ebene Ersatzsysteme, Konzentration der Massen in den Geschossen) in der Realität funktionieren. Damit bilden steife Decken eine unabdingbare Voraussetzung für die üblichem Rechenmodelle und sind ein wesentlicher Bestandteil der Anforderungen an Regelmäßigkeit.

Die Bedeutung der Deckenscheiben verdeutlicht auch die Tatsache, dass deren Auslegung a priori unter Berücksichtigung der Überfestigkeit und in Abhängigkeit von deren Versagensmodus auszulegen sind. Die übliche Annahme, dass Deckenscheiben als starre Elemente betrachtet werden dürfen ist erfüllt, wenn deren Beitrag zur horizontalen Verformung in der jeweiligen Ebene weniger als 10 % der Gesamtverschiebung beträgt.

Deckenscheiben sind nicht in allen Tragwerken aus Stahl vorhanden; insbesondere im Industriebau findet man Fälle, in denen die Decken Teilweise oder gänzlich fehlen. Für solche Tragwerke muss die Weiterleitung der Erdbebenkräfte genau untersucht werden (Bild 41b). Die Annahme gleichmäßiger Verteilung der Lasten auf mehrere Rahmen oder Verbände funktioniert hier unter Umständen nicht.

### 3.3 Modellierung und Berechnungsmethoden

#### 3.3.1 Vorüberlegungen und Wahl einer Duktilitätsklasse

Wie zuvor dargelegt, ist die Ausnutzung der Duktilität und Dissipation zur Aufnahme von Erdbebenlasten ein sehr effizienter Ansatz, der für Stahl- und Verbundtragwerke besonders geeignet ist. Allerdings wird dieser Vorteil mit einer Vielzahl von Vorgaben und Anforderungen an das Gesamttragsystem und an die konstruktiven Details erkauft. Die Erfüllung solcher Vorgaben ist zum Teil mit Zusatzkosten verbunden, die den Vorteil einer geringeren Bemessungslast egalisieren oder übertreffen können. Während es in Ländern mit hoher Seismizität oft die einzige Möglichkeit ist, wirtschaftlich und sicher zu bauen, kann es in Gegenden mit moderater oder geringer Seismizität wirtschaftlicher sein, auf den Ansatz von Verhaltensbeiwerten größer als 1,5 zu verzichten und die Auslegung und Bemessung für Erdbeben unter der Annahme elastischen Verhaltens durchzuführen. Ähnliche Überlegungen betreffen auch Tragwerke, deren Nutzinhalt den Wert des Bauwerks bei Weitem übersteigt, so z. B. Industrieanlagen, Logistikzentren oder Lagerhallen. Daher sollte die Entscheidung für oder gegen die Verwendung eines höheren Verhaltensbeiwerts auch unter ökonomischen Gesichtspunkten erfolgen.

Bei den nachfolgenden Überlegungen muss jedoch betont werden, dass die Nichteinhaltung der seismischen Regeln in Gegenden großer Seismizität im Allgemeinen nicht zu empfehlen und je nach Auslegung der Norm auch nicht zulässig ist. In Gegenden ausgeprägter Seismizität, z. B. in Südeuropa, muss damit gerechnet wer-

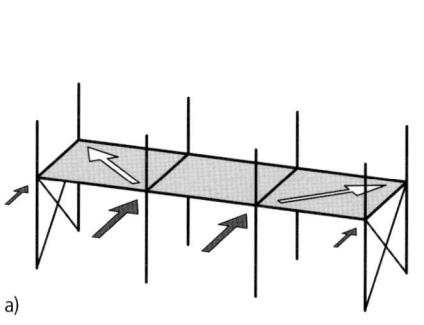
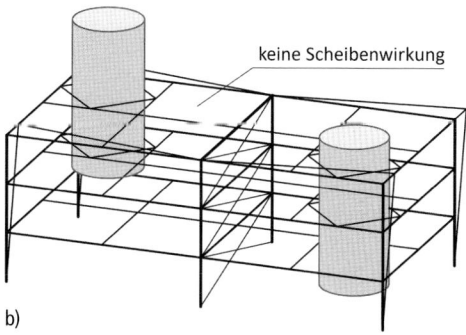

**Bild 41.** a) Funktion von Deckenscheiben zur Verteilung und Weiterleitung der Erdbebenlasten, b) keine Deckenscheiben

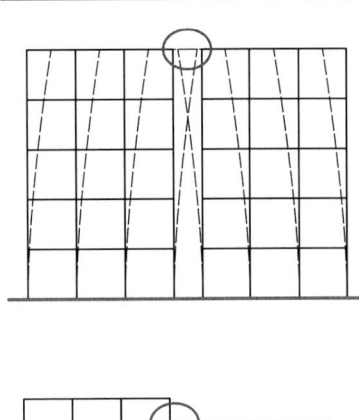
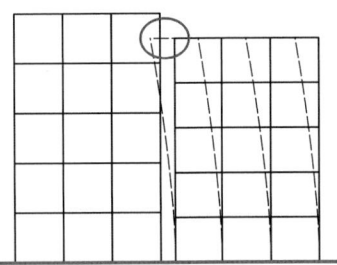
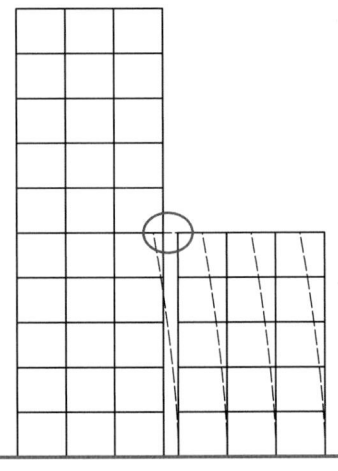

**Bild 38.** Auslegung seismischer Fugen

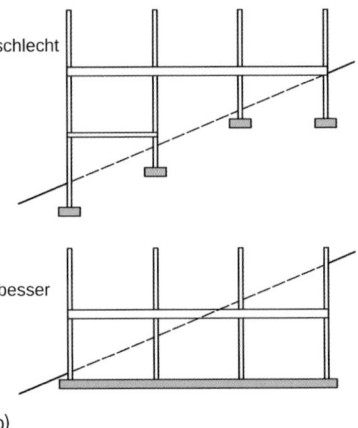

**Bild 39.** a) Kollaps eines am Hang gegründeten Wohnhauses in L'Aquila, 2009 (reluis.org), b) schlechte und gute Gründungsarten

$$\delta = 1 + 0{,}6 \cdot \frac{x}{L_e} \quad (22)$$

mit
x   Abstand der vertikalen Scheibe vom Massenmittelpunkt
$L_e$   Hebelarm zwischen den äußersten vertikalen Scheiben

Bei Verwendung von ebenen Modellen für jede Hauptrichtung des Gebäudes müssen die Exzentrizität nach Gl. (21) und der Wert 0,6 nach Gl. (52) jeweils verdoppelt werden.

Für die Auslegung von einfachen Bauwerken in deutschen Erdbebengebieten stellt der Nationale Anhang eine Alternative zur Berücksichtigung der Torsionseffekte zur Verfügung (s. Abschnitt 3.5)

**Bild 36.** Versagen des Grundgeschosses eines Hotels in L'Aquila, 1999 (reluis.org, Bursi) und Kollaps eines Geschosses der Stadtverwaltung Kobe 1995 (wikimedia.org)

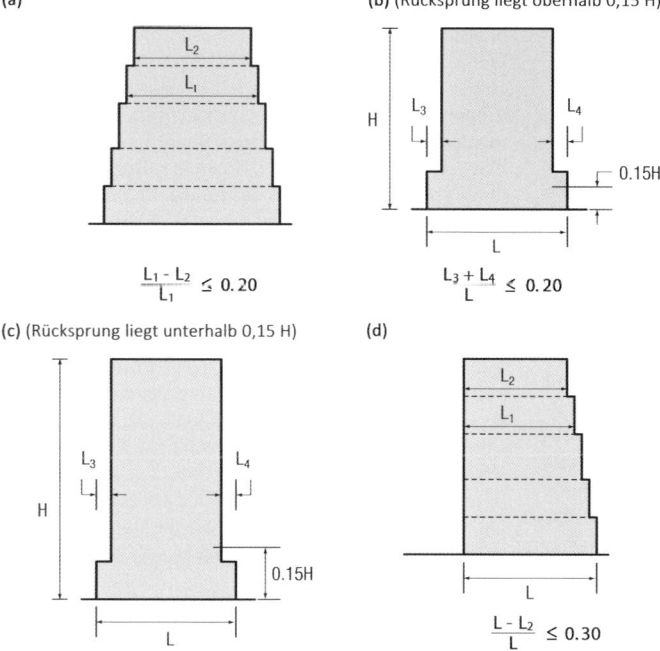

**Bild 37.** Forderung des Eurocode 8 zur Regelmäßigkeit im Aufriss

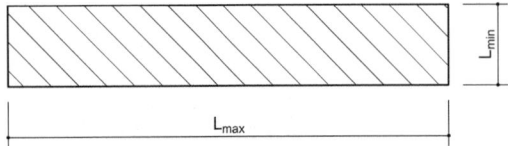

**Bild 34.** Begrenzung der Gebäudeschlankheit im Grundriss

- Verhindern des Versagens einzelner (soft storey) oder aller (pancake failure) Geschosse,
- Verhindern des Versagens von Stützen oder Wänden infolge Belastung aus versetzten Geschossdecken,
- Vermeidung unkontrollierter Bauwerksantworten und Beanspruchungskonzentrationen aus konzentrierten Massen, Steifigkeitssprüngen oder geometrischen Versprüngen.

Eurocode 8 gibt eine Reihe von Kriterien zur Einhaltung der Regularität im Aufriss an:
- über die Gebäudehöhe durchgehende Aussteifungssysteme,
- über die Gebäudehöhe gleichmäßige oder nach oben hin allmählich abnehmende Masseverteilung,
- über die Gebäudehöhe gleichmäßige oder nach oben hin allmählich abnehmende Steifigkeit,
- bei Rahmentragwerken näherungsweise gleichmäßige Ausnutzung der Beanspruchbarkeit in allen Geschossen; insbesondere ist der Einfluss von Ausfachungen zu beachten (Bild 37).

In der Realität lassen sich die idealen, quaderförmigen, kompakten Bauwerke nur selten realisieren, deswegen gibt der Eurocode 8 auch Hinweise, wie Rücksprünge im Hinblick auf Regularität einzuordnen sind:
- Allmähliche Rücksprünge sollten von Stockwerk zu Stockwerk nicht mehr als 20% betragen.
- Rücksprünge in weniger als 15% der Gebäudehöhe sollten weniger als 50% betragen, sonst 20%.
- Einseitige Rücksprünge sollten insgesamt weniger als 30% des Grundrisses und von Geschoss zu Geschoss weniger als 10% betragen.

### Seismische Fugen

Seismische Fugen haben die Aufgabe, die dynamische Antwort von Bauwerken durch Unterteilung in klar definierte Einheiten prognostizierbar zu machen und Effekte aus nicht regelmäßigen Grundrissen oder Aufrissen zu minimieren. Seismische Fugen müssen so dimensioniert sein, dass sich die benachbarten Gebäude ohne gegeneinander zu schlagen verformen können (*Pounding*). Deswegen sind die seismischen Fugen unter Berücksichtigung der zur erwartenden seitlichen Verformungen der Bauwerke zu entwerfen (Bild 38).

### Gründung

Die Gründung hat, neben ihrer Kernaufgabe Fundamentlasten aufzunehmen, auch einen großen Einfluss

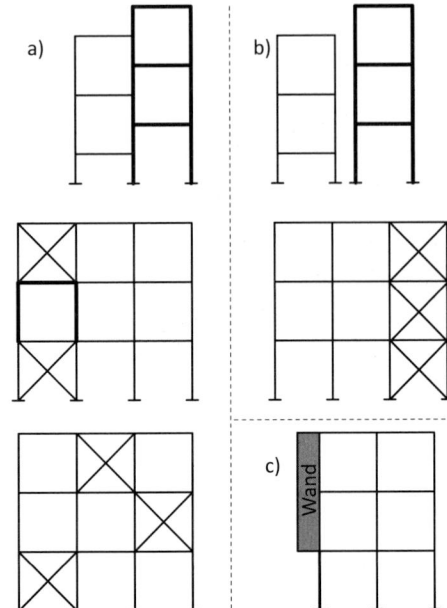

**Bild 35.** a) Unvorteilhafte Geometrie und Steifigkeitsverteilung, b) und c) Alternativen mit besseren Regelmäßigkeiten

auf die Regelmäßigkeit und die dynamische Antwort des Bauwerks. Insbesondere Hanglagen mit unterschiedlichen Gründungstiefen oder veränderlichen Höhen des untersten Geschosses können einen sehr ungünstigen Einfluss auf das Bauwerksverhalten haben und zum Versagen führen (Bild 39).

Die Gründung soll ausreichend starr sein, damit die starke Bodenbewegung möglichst gleichförmig in das Tragwerk eingeleitet wird. Dazu sollen Einzelfundamente durch Zerrbalken verbunden oder eine starre Vollplatte vorgesehen werden. Besonders soll auf die Gründung von Wänden wegen der hohen Fußmomente geachtet werden. Am meisten geeignet ist die Ausbildung einer kastenförmigen Gründung, sodass die Wandeinspannmomente in Kräftepaare aufgelöst werden.

### Torsionswirkungen

Torsionseffekte lassen sich auch bei Einhaltung aller Anforderungen an die Regelmäßigkeit nicht gänzlich vermeiden. Neben den planmäßigen Ausmittigkeiten sind deswegen auch zufällige Torsionswirkungen (DIN EN 1998-1, 4.3.2) zu berücksichtigen. Die Exzentrizität in jedem Geschoss ist für jede Hauptrichtung bezogen auf die Geschossabmessung $L_i$ wie folgt anzusetzen:

$$e_{ai} = 0{,}05 \cdot L_i \tag{21}$$

Bei Anwendung des vereinfachten Antwortspektrumverfahrens sind die Torsionseffekte durch eine Vergrößerung der Beanspruchung aus horizontaler Erdbebenlast mit dem Faktor δ zu vergrößern:

**Bild 32.** Schadensbilder infolge mangelhafter Regelmäßigkeit im Grundriss; a) Athen 1999, b) Izmit 1999

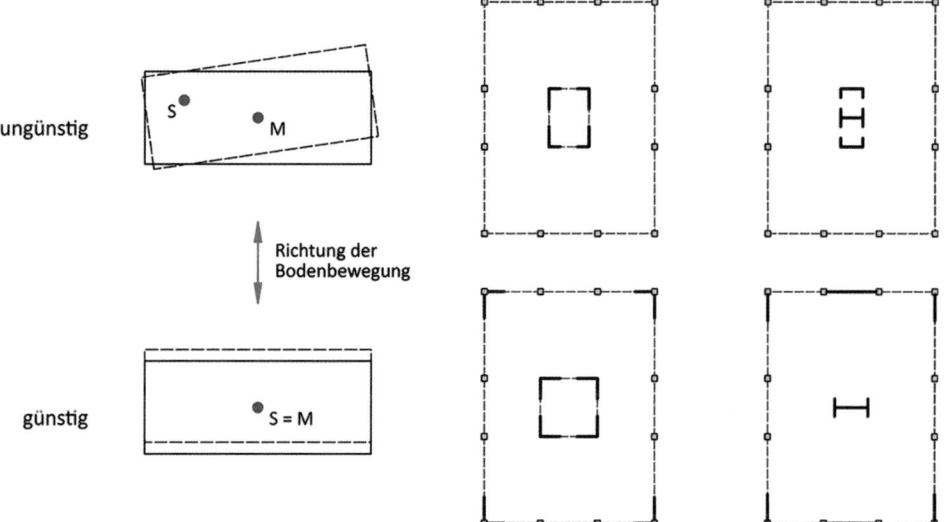

**Bild 33.** Günstige und ungünstige Anordnung von aussteifenden Scheiben

Eurocode 8 gibt eine Reihe von Kriterien für den Grundriss an, nach denen das Bauwerk als regelmäßig eingestuft werden kann:
- näherungsweise symmetrische Verteilung der Massen und Steifigkeiten für beide Hauptrichtungen,
- kompakte (konvexe) Grundrissform, Rücksprünge kleiner als 5 % der Etagenfläche,
- hohe Steifigkeit der Decken (Scheibenwirkung) im Vergleich zu den vertikalen aussteifenden Elementen,
- begrenzte Gebäudeschlankheit im Grundriss, das Verhältnis Länge zu Breite ($L_{max}/L_{min}$) sollte nicht größer als 4 sein (Bild 34),
- wenn für jedes Geschoss der Abstand zwischen dem Massenmittelpunkt und dem Steifigkeitsmittelpunkt wie folgt begrenzt ist:

$$e_{ox} \leq 0{,}3 \cdot r_x \qquad (19)$$

- und gleichzeitig der „Torsionsradius" größer ist als der Trägheitsradius der Masse ist:

$$r_x > l_x \qquad (20)$$

Unabhängig von den Regularitätsbedingungen sind planmäßige und zufällige Torsion nach Bild 40 zu berücksichtigen. Einen vereinfachten Ansatz zur Berücksichtigung der Torsionseffekte stellt auch der Nationale Anhang bereit (s. Abschnitt 3.5).

**Regelmäßigkeit im Aufriss**

Im Aufriss betrifft die geforderte Regelmäßigkeit sowohl die äußerlich sichtbare geometrische Form als auch die nicht immer offensichtliche Verteilung der Massen und Steifigkeiten über die Höhe eines Bauwerks (Bild 35). Die wichtigsten Gründe für die Regelmäßigkeit im Aufriss sind

hindern ungewollter und ungünstiger Versagensmechanismen dar. Die Anforderungen sind daher an die globale und lokale Duktilitätsbedingung gekoppelt. Werden die Anforderungen an die Regelmäßigkeit nicht erfüllt, muss der Verhaltensbeiwert abgemindert werden.

Wie vorhin erläutert, soll bei starken Erdbeben ein Teil der eingeführten Energie über plastische Verformungen dissipiert werden. An der Energiedissipation sollen durch eine geeignete Ausbildung möglichst viele Elemente teilnehmen, damit keine hohen lokalen Duktilitätsforderungen gestellt werden müssen, die von den entsprechenden Tragelementen nicht abgedeckt werden können. Diese lokalen Forderungen werden oft vom entwerfenden Ingenieur nicht gesehen, da der Erdbebennachweis in der Praxis auf elastischen Berechnungsverfahren beruht, die eine globale Duktilität a priori voraussetzen. Ein gut ausgebildetes Tragwerk verhält sich schließlich besser beim Erdbeben, auch wenn es durch einfachere Methoden nachgewiesen wird, als ein kompliziert ausgebildetes, aber „genau gerechnetes" System. Daher ist in der Ausbildung der Ingenieure und Architekten auf einige Grundregeln hinzuweisen:

– Ausbildung einfacher Tragsysteme mit klaren und direkten Wegen der Kraftübertragung. Am besten sollten die Erdbebenkräfte direkt dort, wo sie entstehen, aufgenommen und in die Gründung weitergeleitet werden.
– Regelmäßigkeit im Grundriss und im Aufriss.
– Bereitstellung steifer und tragfähiger Deckenscheiben zur Verteilung und Weiterleitung von Erdbebenlasten:
  • Die Ausbildung zusammengesetzter Teilstrukturen (Bild 31), die durch schwache Scheibenwirkung der Stockwerksscheiben unabhängigen Schwingungen ausgesetzt sind, ist zu vermeiden. Unregelmäßigkeiten können durch Anordnung seismischer Fugen eliminiert werden. Die Breiten dieser Fugen sind größer als die der üblichen Dehnungsfugen, da das Zusammenstoßen der ausgelenkten Teilstrukturen während der Anregung vermieden werden muss

• Die Stabilisierungselemente sollten zu Abminderung von Torsionsschwingungen nicht allzu exzentrisch angeordnet werden (Bild 33)
• Abrupte Änderungen der Steifigkeiten über die Höhe können zu weichen Stockwerken führen und sind zu vermeiden (Bild 36)
• Versetzte Anordnungen vertikaler Elemente sind ebenfalls zu vermeiden. Bild 35c stellt eine Stahlbetonwand dar, die im untersten Stockwerk in eine exzentrisch angeordnete Stütze übergeht. Die hohen Biegemomente aus der Exzentrizität führen zum Versagen der Randstütze, das von den anderen Stützen des untersten Stockwerks, obwohl stärker als in den anderen Stockwerken ausgebildet, nicht abgefangen werden kann.

Das Tragwerk muss Erdbebenerregungen in allen Richtungen widerstehen. Daher sollten sich die Steifigkeiten und Tragfähigkeiten in den zwei Hauptrichtungen nicht wesentlich unterscheiden und die räumliche Wirkung durch starre Stockwerksebenen gewährleistet werden. Die Redundanz erlaubt Schnittgrößenumlagerungen und die Teilnahme mehrerer Tragelemente an der Energiedissipation. Die Umlagerungsfähigkeit ist jedoch in den üblichen statischen Berechnungen nicht direkt erkennbar, weil Letztere in der Regel, wie später erläutert, auf linearen Verfahren basieren. Da sie durch die Einführung von q-Faktoren vorweg als gegeben angenommen wird, soll sie durch die Ausbildung, die Kapazitätsbemessung und die konstruktiven Regeln abgesichert werden.

### Regelmäßigkeit im Grundriss

Regelmäßigkeit im Grundriss wird insbesondere zur Verhinderung ungewollter und schwer zu beherrschender Torsionseffekte gefordert (Bild 31). Torsionsschwingungen lassen sich zwar durch räumliche Tragwerksanalysen identifizieren, sie erschweren jedoch eine gleichmäßige Ausnutzung aller lateralen Tragsysteme des Bauwerks. Zusätzlich werden sehr hohe Beanspruchungen in den Deckenscheiben hervorgerufen.

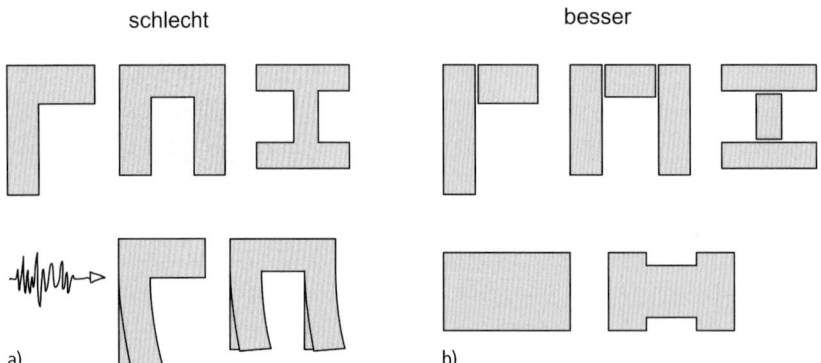

**Bild 31.** Regelmäßigkeit im Grundriss; a) ungünstige Systeme, b) günstige oder durch Trennfugen verbesserte Systeme

Der Hintergrund dieser Forderung und die Ursache für das Versagen der Tragwerke bei Überbeanspruchung lässt sich vereinfacht mechanisch begründen.

In Bild 29 sind unterschiedliche mögliche plastische Mechanismen einer Rahmenstruktur dargestellt, bei der die Stützen und die Träger näherungsweise die gleiche Biegetragfähigkeit $M_{pl}$ besitzen. Das linke Tragwerk erreicht die maximale Schiefstellung $\varphi$ und die Kopfverschiebung $d_u = \varphi \cdot H$. Es bilden sich insgesamt acht Fließgelenke in den Riegeln und zwei in den Stützenfußpunkten, jeder der Fließgelenke führt (vereinfacht) eine Rotation von $\varphi$ aus. Die zugehörige Energie ist proportional zu $10 \cdot \varphi \cdot M_{pl}$.

Das mittlere Tragwerk bildet seine Fließgelenke ausschließlich in den Stützen aus. Damit die gleiche Energie wie zuvor aufgenommen wird, müssen die Stützen in jeder Etage eine Gesamtrotation $\varphi$ ausführen. Die zugehörigen Kopfverschiebung vergrößert sich hierdurch erheblich.

Das rechte Tragwerk bildet seine Fließgelenke in den Stützen und in nur einem Geschoss aus. Die vier Fließgelenke müssen die gesamte Energie aufnehmen. Hierdurch wächst die Rotation der Gelenke und damit auch die Schiefstellung um den Faktor $10/4 = 2{,}5$.

In den beiden letzten Fällen bewirkt die wesentlich vergrößerte Seitenverschiebung bzw. Schiefstellung eine erhebliche Zunahme der durch die mitwirkenden Gewichtslasten hervorgerufenen Abtriebskräfte. Das Tragwerk wird wesentlich früher dynamisch instabil und versagt. Beispiele für diese Versagensformen sind in Bild 30 dargestellt.

### 3.2 Anforderungen an Regelmäßigkeit

Die Anforderungen an die Regelmäßigkeit (Regularität) des Bauwerks sind unbedingt zu beachten, stellen sie doch eine zwingend erforderliche Voraussetzung zum Erreichen des duktilen Verhaltens und zum Ver-

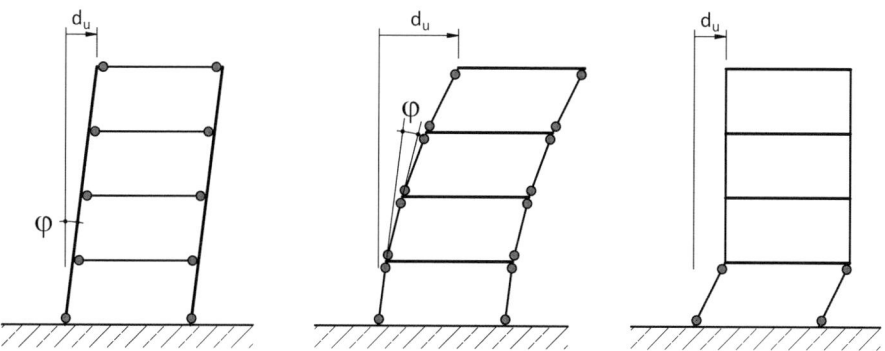

**Bild 29.** Gewollter plastischer Mechanismus (links) und ungünstige plastische Mechanismen (rechts)

a)            b)

**Bild 30.** a) Plastisches Versagen von Stützen (Northridge) und b) Versagen des untersten Geschosses (Loma Prieta)

teilten Erdbebenlasten an die Tragsysteme, die zur Aufnahme von Horizontallasten vorgesehen sind, weitergeleitet werden (Bild 41). Für den Nachweis der Deckenscheiben ist ebenfalls ein Überfestigkeitsbeiwert $\gamma_d$ zu berücksichtigen. Der Beiwert ist in Abhängigkeit von der Versagensform der Decke zu wählen:
– $\gamma_d = 1{,}1$ für duktile Versagensformen,
– $\gamma_d = 1{,}3$ für spröde Versagensformen.

Zu der ersten, duktilen Versagensform können die Anschlüsse von Betondecken mittels duktiler Kopfbolzendübel gezählt werden. Spröde Versagensformen sind in der Regel mit dem Versagen des Betons verbunden, z. B. Schubversagen der Stahlbetondecke. Weitere Hinweise zu den Nachweisen von Deckenscheiben sind im Betonteil und zum Anschluss der Decken an Stahlträger im Verbundteil des Eurocode 8 gegeben.

### 3.1.5 Duktilitätsklassen und deren Anforderungen

Wie in Abschnitt 3.1.2 erläutert, sind Duktilität und Dissipation hervorragend dazu geeignet, Erdbebenlasten auf einem geringen Lastniveau zu widerstehen. Der Ansatz impliziert allerdings, dass man möglicherweise erhebliche Verformungen in Kauf nimmt und dass das Bauwerk nach einem Starkbeben möglicherweise nicht mehr nutzbar ist. Die Philosophie dieses Ansatzes stellt den Schutz von Gesundheit und Menschenleben in den Vordergrund, die Schadensbegrenzung ist hier nachrangig. Dieses Konzept ist nicht immer sinnvoll, die Gründe hierfür werden später in Abschnitt 3.3.1 erläutert.

Die Auslegung von Bauwerken gemäß Eurocode 8 gründet allerdings auf der Annahme, dass Duktilität und Dissipation, erfasst durch den Verhaltensbeiwert q, den Kern des Auslegungskonzepts darstellen. Unabhängig von der Bauweise sind hierfür drei Duktilitätsklassen festgelegt: Niedrig (DCL), Mittel (DCM) und Hoch (DCH).

Bild 28 stellt den Zusammenhang zwischen den Duktilitätsklassen, der zugehörigen Erdbebenkraft, die vom Bauwerk aufzunehmen ist, und dessen Verformungen dar. Es ist zu beachten, dass bei gleicher elastischer Steifigkeit der Tragwerke die Gesamtverformung gleich bleibt, bei höheren Duktilitätsklassen aber der Anteil der plastischen Verformung stark zunimmt. Die damit einhergehende Anforderung an die Zähigkeit muss durch die Einhaltung zahlreicher Regeln (wie z. B. Kapazitätsbemessung für Überfestigkeit) erfüllt werden.

Die Verknüpfung der Verhaltensbeiwerte mit den Duktilitätsklassen ist für die unterschiedlichen Bauweisen jeweils separat geregelt. Für Stahl- und Verbundbauwerke gilt die folgende Regelung:
– Duktilitätsklasse Niedrig (DCL):   $q \leq 1{,}5$,
– Duktilitätsklasse Mittel (DCM):   $1{,}5 < q \leq 4$,
– Duktilitätsklasse Hoch (DCH):   $4 < q$.

Dazu gehören besondere, für die unterschiedlichen Werkstoffe und Bauweisen geltende Anforderungen, die in den nachfolgenden Abschnitten dieses Beitrags erläutert werden. Daneben stellt Eurocode 8 eine Reihe von generell gültigen Bedingungen auf, unter denen duktiles Verhalten der Bauwerke vorausgesetzt werden kann. Die Anforderungen lassen sich vereinfacht in zwei Gruppen unterteilen:
– lokale und globale Duktilitätsbedingung und
– Anforderungen an die Regularität (hier in Abschnitt 3.2 erläutert).

Die lokale und globale Duktilitätsbedingung fordert, dass sämtliche dafür vorgesehen dissipativen Bauteile ihre plastischen Mechanismen (Duktilitätsreserven) entsprechend dem gewählten Verhaltensbeiwert entwickeln können. Einzelheiten hierzu werden in dem allgemein geltenden Teil des Eurocode 8 nicht gegeben, sondern es wird auf die werkstoffbezogenen Teile der Norm verwiesen. Neben dieser allgemein formulierten Forderung wird, aufgrund zum Teil katastrophaler Erfahrungen, das Verhindern der Entstehung von weichen Geschossen (*soft storeys*) explizit gefordert. Die Erfüllung dieser Forderung ist eng an die Regularitätsbedingungen geknüpft (s. Abschnitt 3.2). Aus den Erfahrungen vergangener Erdbeben hat man auch gelernt, dass das Stockwerksversagen durch die Überbeanspruchung von Stützen mit biegesteif angeschlossenen Trägern hervorgerufen wird. Der Eurocode 8 fordert deswegen das Befolgen des Prinzips „weiche Träger – starke Stützen" (*weak beam – strong column*), indem die plastischen Widerstandsgrößen der Träger und der Stützen so aufeinander abgestimmt sind, dass Versagen der Stützen ausgeschlossen wird. Die Bedingung hierfür lautet:

$$\Sigma M_{Rc} \geq 1{,}3 \cdot \Sigma M_{Rb} \tag{18}$$

Das bedeutet, dass die Biegetragfähigkeit der Stütze um 30% höher sein muss als die plastischen Widerstandsgrößen der biegesteif angeschlossenen Träger. Die Mindestforderung wird in den werkstoffspezifischen Teilen des Eurocode 8 präzisiert und erweitert. Ebenso werden hierzu konstruktive Maßgaben definiert.

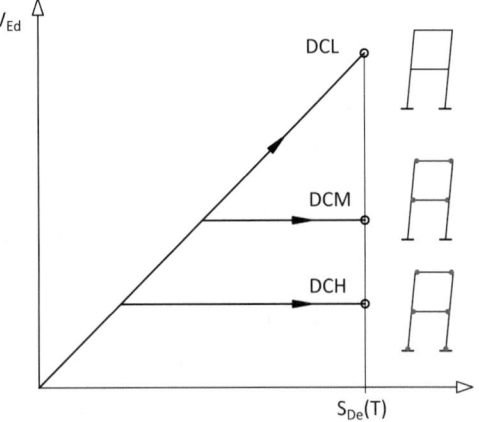

**Bild 28.** Zusammenhang zwischen den Duktilitätsklassen, aufzunehmender Erdbebenkraft und zugehöriger Verformung

$$E_{Fd} = E_{F,G} + \gamma_{Rd} \cdot \Omega \cdot E_{F,E} \tag{17}$$

Hier werden nur die aus dem Erdbeben wirkenden Kräfte $E_{F,E}$ mit den Überfestigkeiten beaufschlagt; die beim Erdbebennachweis anzusetzenden Gravitationslasten $E_{F,G}$ werden ohne Modifikation berücksichtigt. Neben der allgemeinen Formulierung für $\Omega$ nach Gl. (16) werden noch Vorgaben gemacht, die abhängig von der Systemtopologie und von den Dissipationsmechanismen sind und für Stahltragwerke relevant sind:
- für biegesteife Rahmen mit Fließgelenkbildung an den Fußpunkten der Stützen:
  $\Omega = M_{Rd}/M_{Ed}$
- für Rahmen mit konzentrischen Verbänden mit plastischen Normalkräften in den Diagonalen:
  $\Omega = N_{pl,Rd}/N_{Ed}$
- für Rahmen mit exzentrischen Verbänden und plastischen Schubmechanismen in den seismischen Verbindern:
  $\Omega = V_{pl,Rd}/V_{Ed}$ für kurze Verbinder und
  $\Omega = M_{Rd}/M_{Ed}$ für lange Verbinder.

Eine Besonderheit stellen Fundamente dar, die zur Aufnahme von mehreren Aussteifungssystemen vorgesehen sind (Streifenfundamente, Gründungsplatten). Hier reicht es aus, die globale Festigkeit für das System mit der größten horizontalen Erdbebenkraft zu berücksichtigen. Alternativ darf auf die Ermittlung von $\Omega$ verzichtet und stattdessen den Beiwert $\gamma_{Rd} = 1,4$ angesetzt werden.

Für Gründungen von Eckstützen, die zu zwei orthogonal zueinanderstehenden Tragsystemen für die Aufnahme von Horizontallasten gehören, genügt es, die Überfestigkeit für das stärker beanspruchte System anzusetzen. Hierzu muss noch die Überlagerung mit 30% der orthogonal wirkenden Erdbebenlast berücksichtigt werden. Alternativ können die Tragsysteme entkoppelt werden, um eine übermäßige Beanspruchung der Eckstützen und Eckfundamente zu vermeiden (Bild 27).

### Überfestigkeit für den Nachweis der Deckenscheiben

Neben den Gründungen tragen auch Deckenscheiben entscheidend zum Erreichen des gewollten, duktilen Verhaltens der Bauwerke bei. Sie sorgen dafür, dass in einzelnen Geschossen die über die Geschossebenen ver-

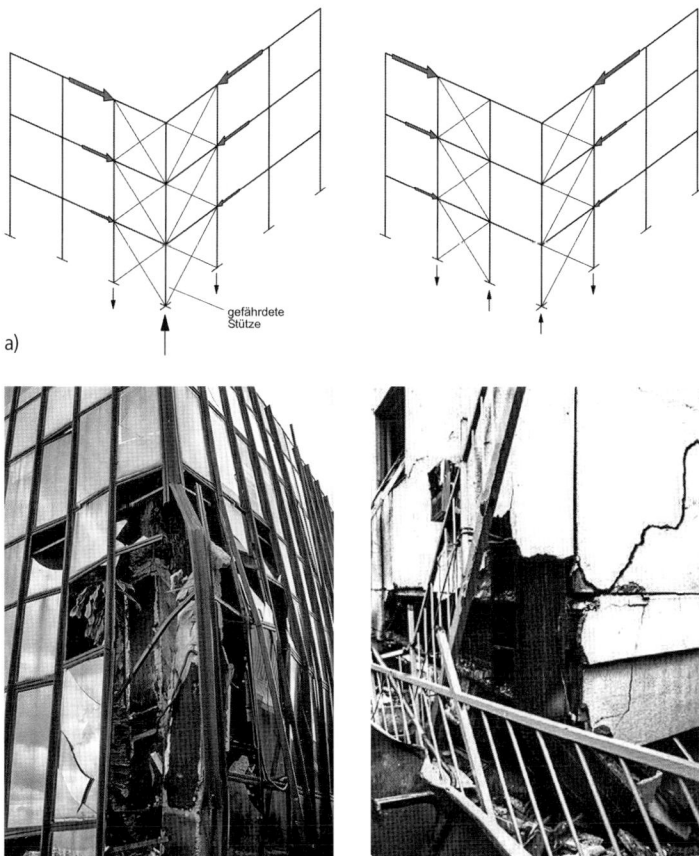

**Bild 27.** a) Beanspruchung von Eckstützen und Eckfundamenten, b) Versagen von Eckstützen durch Erdbeben

In den allgemeinen Regeln für Hochbauten impliziert der Abschnitt „Globale und örtliche Duktilitätsbedingung" auch die Berücksichtigung von Überfestigkeiten. Die werkstoffliche Überfestigkeit wird in Eurocode 8 in Abhängigkeit von der Bauweise festgelegt. Für Stahl- und Verbundkonstruktionen umfasst sie vor allem die Abweichungen der tatsächlichen Fließgrenze von den nominellen Mindestwerten und in besonderen Fällen die Berücksichtigung von Verfestigung infolge zyklischer Plastizierung. Umfangreiche Untersuchungen hierzu wurden in [22] durchgeführt. In Bezug auf die dissipative Auslegung eines Stahl- oder Verbundtragwerks bedeutet die werkstoffliche Überfestigkeit, dass die Initiierung von plastischen Mechanismen später erfolgt, als bei Verwendung der nominellen Fließgrenzen angenommen. Ebenso sind die in den dissipativen Bauteilen erreichten plastischen Schnittgrößen ($M_{pl}$, $V_{pl}$, $N_{pl}$) größer als die nominellen plastischen Widerstandsgrößen. Hier muss durch eine adäquate Auslegung der Festigkeiten von Anschlüssen und angeschlossenen nicht dissipativen Bauteilen dafür gesorgt werden, dass die infolge Überfestigkeit höheren Schnittgrößen sicher übertragen werden können. Es muss verhindert werden, dass nicht dissipative Bauteile oder Anschlüsse unkontrolliert und möglicherweise spröde Versagen, bevor sich die planmäßigen dissipativen Mechanismen voll entwickeln können.

**Gründungen**

Die globale Überfestigkeit $\Omega$ ist, unabhängig von der Bauweise, für die Ermittlung von Fundamentlasten und den Nachweis der Gründung zu berücksichtigen, sofern diese mit einem Verhaltensbeiwert q > 1,5 (DCM oder DCH) für Erdbeben bemessen werden. Konsequenterweise muss dieser Überfestigkeitswert auch für die auf den Fundamenten gelagerten Bauteile (in der Regel Stützen und deren Anschlüsse) berücksichtigt werden. Der globale Überfestigkeitsbeiwert $\Omega$ ist wie folgt definiert:

$$\Omega = \frac{R_{di}}{E_{di}} \leq q \quad (16)$$

Hierbei sind die Größen $R_{di}$ und $E_{di}$ wie folgt zu ermitteln:

– $R_{di}$: Bemessungswert der plastische Beanspruchbarkeit des relevanten dissipativen Bauteils oder Bereichs (z. B. $M_{pl}$),
– $E_{di}$: der mit dem gewählten Verhaltensbeiwert q ermittelte Bemessungswert der Beanspruchung in der Erdbeben-Bemessungssituation.

Der Wert $\Omega$ stellt damit den inversen Ausnutzungsgrad, bezogen auf den Beginn der Plastizierung und Dissipation, dar und erfasst damit den Umstand, dass bei der Wahl eines „pauschalen" Verhaltensbeiwerts Schnittgrößen ermittelt werden, die deutlich unterhalb der plastischen Grenze des Tragsystems liegen. Da die erwartete tatsächliche Erdbebenbeanspruchung höher liegt, verhält sich das System bis zum Erreichen der plastischen Grenze elastisch und die Beanspruchungen (Schnittgrößen) nehmen bis zum Erreichen der plastischen Grenze linear zu. Bezogen auf das Bild 21 würde es bedeuten, dass der elastische Nachweis nicht für den Zustand $\delta_e$ bzw. $\gamma_e$ erfolgt, sondern für einen darunter liegenden Zustand. Die Konsequenz wäre, dass anstelle der plastischen Mechanismen und Dissipation ein vorzeitiges Versagen der Gründung eintritt Bild 26. Durch das Befolgen der Empfehlung gemäß dem Nationalen Anhang (s. Abschnitt 3.1.3), wird der globale Überfestigkeitsbeiwert $\Omega$ in der Regel zu 1.

Für den Nachweis der Gründung wird für alle Bauweisen noch ein weiterer Überfestigkeitsbeiwert $\gamma_{Rd}$ eingeführt. Dieser Beiwert wird wie folgt beschrieben: „Beiwert zur Erfassung von Unsicherheiten des Bemessungswerts von Beanspruchbarkeiten (Widerständen) bei der Abschätzung von Zustandsgrößen nach der Kapazitätsbemessung, zur Berücksichtigung von Überfestigkeiten unterschiedlichen Ursprungs". Damit sollen, neben den inhärenten Überfestigkeiten, auch die Effekte aus Kraftsteigerung infolge sukzessiver Fließgelenkbildung ($\alpha_u / \alpha_1$) abgedeckt werden. Diese Effekte werden erst bei höheren Verhaltensbeiwerten bzw. bei höheren plastischen Verformungen des Gesamtsystems maßgebend. Deswegen wird $\gamma_{Rd}$ in Abhängigkeit vom verwendeten Verhaltensbeiwert q definiert:
– $\gamma_{Rd} = 1,0$ für q ≤ 3
– $\gamma_{Rd} = 1,2$ für q ≤ 3

Die Gründungen sind für Fundamentlasten $E_{Fd}$ gemäß der folgenden Beziehung auszulegen:

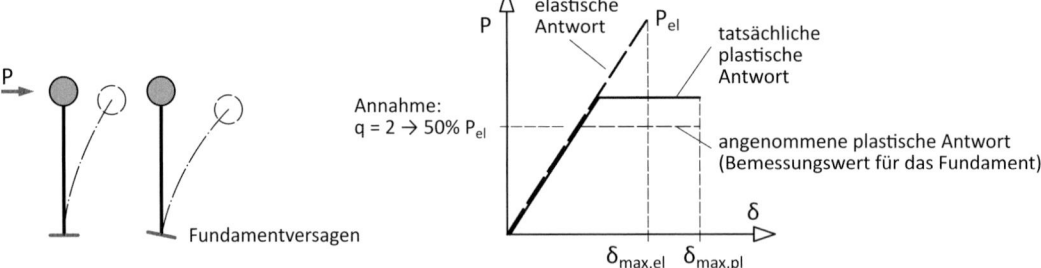

**Bild 26.** Auslegung eines Fundaments mit einem zu hohen Verhaltensbeiwert führt zum Versagen der Gründung und verhindert die Ausbildung eines plastischen Mechanismus

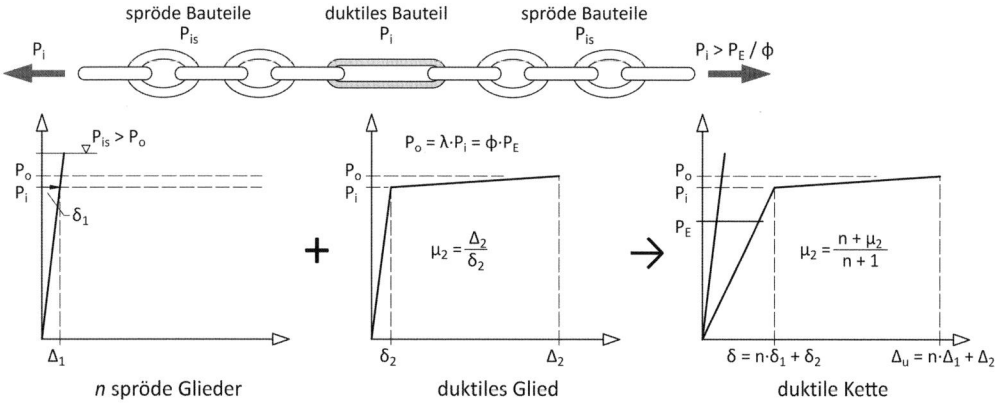

**Bild 24.** Kapazitätsbemessung von Bauteilen zur Gewährleistung der Entwicklung plastischer Mechanismen [20]

### 3.1.4 Kapazitätsbemessung und Überfestigkeit

Der Begriff Kapazitätsbemessung (*Capacity Design*) wurde in Eurocode 8 gleichzeitig mit dem Begriff des Verhaltensbeiwerts eingeführt. Der Begriff selbst wurde zuerst in Neuseeland von *Paulay* und *Priestley* etabliert und hatte zunächst zwei Bedeutungen:
- Bemessung von Bauteilen und Details derart, dass alle nicht dissipativen Bauteile eine ausreichende Überfestigkeit besitzen, um die Ausbildung eines plastischen Mechanismus in einem oder mehreren dissipativen Elementen zu gewährleisten (Bild 24);
- Auslegung von Bauwerken gemäß deren Last- und Verformungskapazitäten, später als verformungs- oder verhaltensbasiertes Auslegungskonzept bezeichnet (Bild 25).

Für Stahlkonstruktionen wird im Eurocode 8 der Begriff Kapazitätsbemessung primär im Zusammenhang mit der Auslegung von Bauteilen oder Details für die Gewährleistung der Entwicklung plastischer Mechanismen verwendet. Der Begriff ist auch direkt mit dem Begriff der Überfestigkeit verknüpft, die einen wesentlichen Einfluss auf die Entwicklung der Regeln für Kapazitätsbemessung hat.

### Überfestigkeit

Als Überfestigkeit im Zusammenhang mit Erdbebenbemessung wird in der Regel das Verhältnis eines tatsächlich vorhandenen Widerstands oder einer Kraftgröße zu dem äquivalenten nominellen Widerstandswert oder zu einer als Bezugswert für das Auslegungskonzept angenommenen Kraftgröße bezeichnet. Eurocode 8 unterscheidet vier mögliche Arten der Überfestigkeit, die bei den Nachweisen berücksichtigt werden müssen:
- werkstoffliche (oder lokale) Überfestigkeit $\gamma_{ov}$,
- globale (system- oder konzeptbedingte) Überfestigkeit $\Omega$,
- Überfestigkeitsverhältnis $\alpha_u/\alpha_1$ zwischen der aufgenommenen Erdbebenkraft bei Ausbildung aller Fließmechanismen und der Erdbebenkraft bei Bildung des ersten Fließmechanismus,
- Überfestigkeit sonstigen Ursprungs.

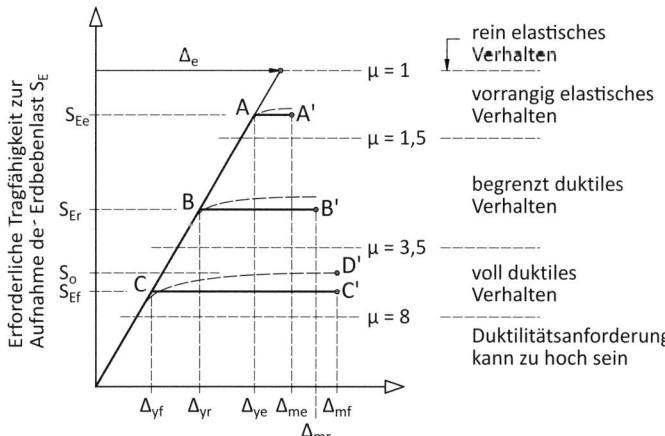

**Bild 25.** Beziehung zwischen kraftbasierter Tragfähigkeit und Duktilität [21]

## Verhaltensbeiwert im Eurocode 8

Der Verhaltensbeiwert q bildet die Grundlage der modernen, dissipativen Bemessung nach Eurocode 8. Die für die Bemessung verwendbaren Werte q werden werkstoffabhängig separat für jede Bauweise und in Abhängigkeit von den Tragsystemen angegeben. Vor der Wahl und der Anwendung eines Verhaltensbeiwerts muss man zunächst das Nachweisprinzip des Eurocode 8 verstehen. Gemäß der Norm darf der Verhaltensbeiwert gemäß den Vorgaben gewählt werden (die angegebenen Werte sind jeweils Höchstwerte) und zur Abminderung der Erdbebenlast verwendet werden. Das geschieht durch das Dividieren des elastischen Antwortspektrums durch den Verhaltensbeiwert q. Hiermit wird jedoch nicht die tatsächlich zu erwartende Erdbebenlast reduziert, sondern lediglich die Beanspruchung des Bauwerks als Kraft gegen plastische Verformung getauscht. Dieser Tausch ist allerdings mit Anforderungen und Auflagen verbunden, damit die dafür benötigte Duktilität vom Bauwerk bereitgestellt werden kann. Somit ist der Verhaltensbeiwert eine Bauwerkseigenschaft, die zur Vereinfachung der Nachweisführung von der Widerstandsseite auf die Eiwirkungsseite übertragen wird.

Die Nachweise können dann mit der reduzierten Erdbebenlast erfolgen, und zwar werden diese nach den Regeln der „statischen" Eurocodes geführt. Damit wird der Nachweis faktisch auf den Ausgangspunkt des duktilen und dissipativen Verhaltens verlagert – in Bild 21 wäre das der Punkt $\delta_e$ und $\lambda_e$ – und es wird erwartet, dass die Dissipation und Duktilität wirksam werden, sofern das Beben die Stärke $\lambda_e$ überschreitet.

In Eurocode 8 wird der Verhaltensbeiwert q als die Fähigkeit eines Bauwerks, Energie durch hauptsächlich duktiles Verhalten seiner Bauteile und/oder anderer Mechanismen zu dissipieren, beschrieben. In Wirklichkeit beinhaltet der Verhaltensbeiwert mehrere Komponenten:

– Inhärenter Anteil, der aus „natürlicher Zähigkeit" und impliziter Überfestigkeit resultiert, dieser Anteil wird durch den bedingungslosen Verhaltensbeiwert q = 1,5 repräsentiert.
– Dissipativer Anteil, der aus der nichtlinearen, plastischen Systemantwort resultiert, dieser Anteil bildet den Kern des Verhaltensbeiwerts.
– Anteil infolge Überfestigkeit, entweder aus dem System heraus (z. B. sukzessive Bildung von Fließgelenken) oder aus den Materialeigenschaften (z. B. Verfestigung, nichtlineare Spannungs-Dehnungsbeziehung) resultierend.

Insbesondere der letzte Anteil bedeutet, dass die Annahme, die Kraft-Beanspruchungen des Tragwerks auf das Belastungsniveau $\lambda_e$ begrenzen zu können, nicht immer zu erfüllen ist. Werden (gewollte oder zufällige) Überfestigkeiten erwartet, muss denen durch geeignete Maßnahmen begegnet werden.

Gemäß Eurocode 8 darf für alle Bauwerke – unabhängig von der Bauweise – der Verhaltensbeiwert $q_{min} = 1,5$ verwendet werden, ohne dass besondere Anforderungen an die konstruktive Durchbildung gestellt werden. Dieser Verhaltensbeiwert wird durch die inhärente Zähigkeit und Überfestigkeit von Bauwerken, die nach den Eurocodes 2 bis 6 bemessen und ausgeführt werden, begründet. Somit ist dieser Verhaltensbeiwert auch bei rein elastischer Nachweisführung der Erdbebensicherheit anwendbar. Allerdings muss für nicht regelmäßige Tragwerke der Verhaltensbeiwert abgemindert werden (s. Abschnitt 3.2). Zusätzlich sollte dieser Verhaltensbeiwert nur mit Bedacht angesetzt werden, wenn elastisches Stabilitätsversagen (z. B. bei sehr schlanken Stützen oder Schalentragwerken) das maßgebende Tragfähigkeitskriterium ist. Solche Tragwerke besitzen in der Regel keine Duktilität und verfügen oft über keine Redundanz.

Der Nationale Anhang (2018) [4] enthält zudem den folgenden Hinweis: „Der Verhaltensbeiwert q muss bei den Duktilitätsklassen DCM und DCH so gewählt werden, dass in der Einwirkungskombination aus Erdbeben eine maximale Ausnutzung von eins in dem am stärksten beanspruchten dissipativen Bereich erreicht wird (z. B. erstes Fließgelenk). Der Verhaltensbeiwert q darf gleichzeitig die in verschiedenen Teilen der Normenreihe DIN EN 1998 angebenden Höchstwerte nicht überschreiten". Dieser Hinweis soll dafür sorgen, dass durch die Wahl des geeigneten Verhaltensbeiwerts die elastische Bemessung tatsächlich für den Zustand erfolgt, ab dem die Plastizierung und somit auch die Dissipation anfangen wirksam zu werden. Damit wird auch eine ungewollte rechnerische „Überfestigkeit" des Gesamtsystems vermieden.

Außerdem dürfen Nachweise für Erdbeben gemäß dem Nationalen Anhang auch mit dem elastischen Antwortspektrum, d. h. unter der Annahme eines Verhaltensbeiwerts q = 1 nach den jeweiligen werkstoffbezogenen Normen geführt werden. Bei dieser Nachweisführung müssen auch die für statische Nachweise üblichen Teilsicherheitsbeiwerte $\gamma_M$ verwendet werden. Mit dieser Öffnungsklausel wird sichergestellt, dass auch „unübliche" Bauwerke unter Anwendung des Eurocode 8 für Erdbeben nachweisbar sind.

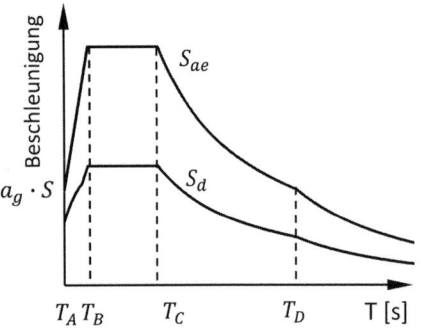

**Bild 23.** Elastisches Antwortspektrum $S_{ae}$ und durch q reduziertes Bemessungsspektrum $S_d$

auch als IDA (Incremental Dynamic Analysis) bekannt [16].
Der Ansatz verwendet eine oder mehrere Kontrollgrößen für die Verformung, z. B. die Kopfverformung des Gebäudes und die Relativverschiebungen einzelner Geschosse. Als Bezugsgröße dienen die Kontrollverformung $\delta_e$ und der zugehörige Multiplikationsfaktor $\lambda_e$, die beim Erreichen der ersten Nichtlinearität (Plastizierung), verbunden mit dem Beginn der Dissipation festgehalten werden. Bei sukzessive steigenden Erdbebenamplituden überwiegt zunächst die Energiedissipation, d. h., die zu einem Vergrößerungsfaktor $\lambda$ zugehörigen Gesamtverformungen des nichtlinearen Systems sind geringer als die mit der gleichen Belastung erreichten maximalen Verformungen des hyperelastischen Systems. Mit zunehmenden seitlichen Verformungen nimmt der Einfluss der mitwirkenden Gravitationslasten zu (Theorie II. Ordnung) und das Tragsystem wird dynamisch instabil. Zur Sicherstellung bleibender Standsicherheit während des Erdbebens wird bei diesem Ansatz die maximal zulässige Verformung auf den Zustand begrenzt, bei dem die nichtlineare und die hyperelastische Systemantwort gleiche Verformungen $\delta_{max}$ erreichen. Der aus diesem Ansatz resultierende Verhaltensbeiwert q wird aus dem Verhältnis der Vergrößerungsfaktoren $\lambda_{max}/\lambda_e$ abgeleitet.

Die Durchführung dieser IDAs erfordert die Kenntnis des nichtlinearen zyklischen Verhaltens des betroffenen Tragwerks. Für reguläre Bauwerke, die vorrangig mit ihrer ersten modalen Form antworten, kann das nichtlineare Verhalten des Gesamtbauwerks durch einen äquivalenten nichtlinearen Einmassenschwinger abgebildet werden [18]. Komplexere Strukturen müssen durch geeignete numerische Modelle mit nichtlinearen Tragwerkskomponenten abgebildet werden.

Zusätzlich zur dynamischen Instabilität müssen noch weitere Versagenskriterien beachtet werden, die u. U. vor dem Erreichen der Verformung $\delta_{max}$ zum lokalen oder globalen Versagen des Bauwerks führen können. Hierzu gehören insbesondere das Stabilitätsversagen von Bauteilen oder Querschnitten sowie die Entstehung lokaler Schädigungsmechanismen infolge plastischer Ermüdung und sprödes Versagen von Details. Diese Kriterien lassen sich nicht immer in den numerischen Modellen mit vertretbarem Aufwand implementieren, deswegen erfolgt die Überprüfung der lokalen Versagenskriterien oft im Nachhinein, indem die in den Bauteilen während der Zeitverläufe festgestellten lokalen Beanspruchungen mit den Kapazitäten der betroffenen Bauteile oder Details verglichen werden. Die Grundlagen für die lokalen Grenzzustände müssen zudem oft experimentell ermittelt und durch komplexe numerische Simulationen für deren Anwendung erweitert werden. Falls ein Überschreiten eines der Versagenskriterien festgestellt wird, muss der Verhaltensbeiwert reduziert werden. Die maßgebenden Größen sind dann $\delta_u$ und $\lambda_u$, der Verhaltensbeiwert q wird aus dem Verhältnis $\lambda_u/\lambda_e$ gebildet.

Die Anwendung der IDAs zur Bestimmung der Verhaltensbeiwerte ist numerisch sehr aufwendig. Zudem sind die Simulationsergebnisse oft nicht so eindeutig, wie es die vereinfachte Darstellung suggerieren mag. Soll damit eine generell anwendbare Aussage erreicht werden, bedarf es einer Vielzahl von Simulationsberechnungen, mit denen einerseits die Variabilitäten der untersuchten Tragwerkstypen abgedeckt werden, andererseits müssen Zeitverläufe verwendet werden, die unterschiedliche Standorte (Intensitäten, Bodenverhältnisse) repräsentieren. Solche Untersuchungen werden daher als Grundlagenuntersuchungen durchgeführt, mit denen Vorschläge für eine vereinfachte Anwendung anhand von normativen Vorschlägen erarbeitet werden. Hierzu werden die Ergebnisse der Zeitschrittberechnungen zusammengefasst und in die Form einer Fragilitätskurve überführt, in der die Wahrscheinlichkeit eines Schadens oder Versagens als Funktion der Beschleunigungsamplituden dargestellt wird. In dieser Darstellung lassen sich auch die Modellunsicherheiten sowie die Streuungen der Belastung und der Bauwerksantwort statistisch berücksichtigen (Bild 22).

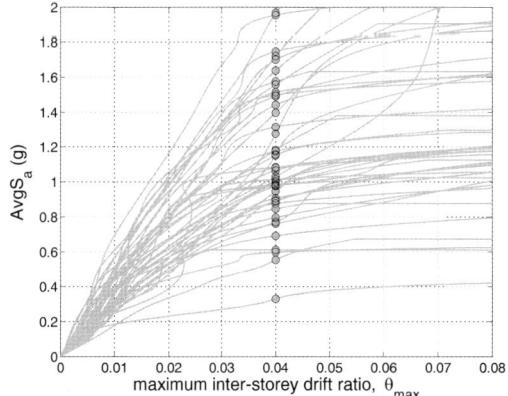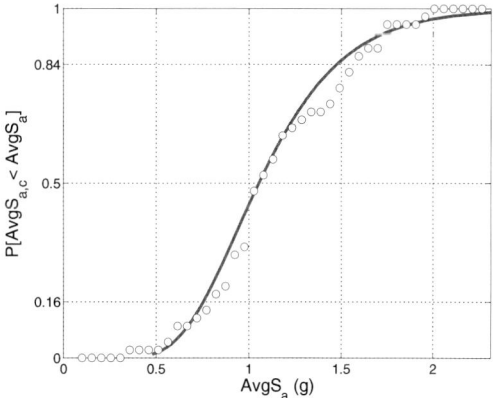

**Bild 22.** Ergebnisse einer IDA und deren Überführung in eine Fragilitätskurve [19]

- Das idealisierte elastisch-plastische Verhalten ist in Wirklichkeit deutlich komplexer und hängt von zahlreichen Faktoren (Bauweise, Systemtopologie …) ab.
- Infolge wiederholter zyklischer Belastung ändern sich infolge Schädigung die Systemeigenschaften (Steifigkeits- und Festigkeitsdegradation).
- Starke Schädigung, Stabilitätsversagen von Bauteilen, Sprödbruch oder exzessive Verformung (Effekte aus Theorie II. oder III. Ordnung) können zu einem vorzeitigen Versagen des Bauwerks führen.

Um diesen Randbedingungen Rechnung zu tragen, wurden im Rahmen zahlreicher Forschungsprojekte Untersuchungen durchgeführt, die es zum Ziel hatten, die gegenseitige Abhängigkeit der vorhandenen und erforderlichen Duktilität µ und des Abminderungsfaktors q für die vom Tragwerk aufgenommene Erdbebenkraft zu ermitteln und in Bemessungsregeln zu überführen.

### 3.1.3 Verhaltensbeiwert q

Der im Abschnitt 3.1.2 eingeführte Abminderungsbeiwert q für die aufgenommene Erdbebenkraft bildet die Grundlage der modernen Erdbebenauslegung von Bauwerken und anderen Strukturen. Dieser Beiwert repräsentiert in erster Näherung die Duktilitätseigenschaften von Tragwerken und wird als **Verhaltensbeiwert q** bezeichnet. In amerikanischen Normen wurde eine ähnliche Tragwerkseigenschaft, nämlich der *Response Modification Factor R*, eingeführt, die jedoch nicht mit q gleichgesetzt werden kann.

### Grundlagen der Ermittlung von Verhaltensbeiwerten

Die Entwicklung der ersten Versionen des Eurocode 8 (Draft Eurocode 8, 1984) ist sehr stark mit der Ermittlung der Verhaltensbeiwerte verknüpft. Der wahrscheinlich bekannteste Ansatz für Stahltragwerke wurde von *Ballio/Setti* [15] vorgeschlagen (Bild 21). Der Ansatz basiert auf der Festlegung einer Verformungsgrenze für das nichtlineare, dissipative Tragwerk unter Erdbebeneinwirkung. Die Ermittlung der zugehörigen Erdbebenbelastung erfolgt schrittweise mithilfe des Skalierungsfaktors λ größer werdenden Amplituden von Beschleunigungs-Zeitverläufen. Dieser Ansatz kann mit natürlichen oder künstlich generierten Zeitverläufen durchgeführt werden und ist

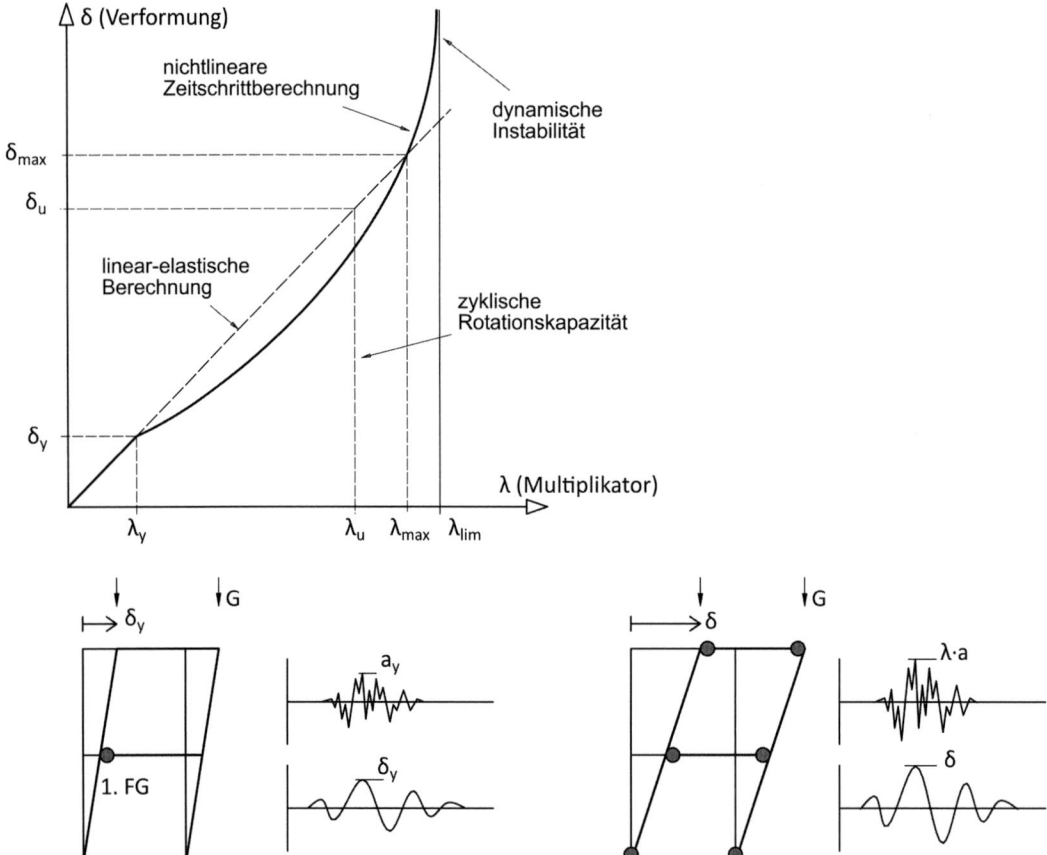

**Bild 21.** Prinzip der Ballio-Setti-Methode zur Ermittlung des Verhaltensbeiwerts q (nach [15])

Der Verformungsanteil $\delta_y \cdot q \cdot (q - 1)$ repräsentiert dabei die im Vergleich zum elastischen Ursprungssystem zusätzliche Verformung des elastisch-plastischen Systems. Die zur Aufnahme der äquivalenten Energie erforderliche Duktilität ist dann:

$$\mu = \frac{1}{2} + \left(1 + \frac{1}{2} \cdot q\right) \cdot (q - 1) \quad (12)$$

In dem Fall von q = 2 (Halbierung der aufnehmbaren Last) resultiert daraus eine erforderliche Duktilität $\mu$ = 2,5, bei q = 4 erhält man $\mu$ = 6,5. Die Duktilität muss von dem System bereitgestellt werden, d. h., bis zur $\mu$-fachen Verformung darf kein signifikanter Festigkeitsabfall eintreten.

Die von einem elasto-plastischen System aufgenommene Gesamtenergie setzt sich vereinfacht aus zwei Anteilen zusammen (die Systemdämpfung bleibt zunächst unberücksichtigt): dem elastischen Anteil, der durch den reversiblen Verformungsanteil gekennzeichnet ist und dem plastischen Anteil, der mit den bleibenden Verformungen einhergeht. Der zweite Anteil wird als *dissipierte* Energie bezeichnet.

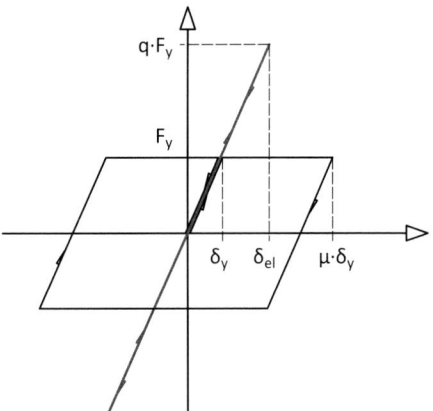

**Bild 20.** Elastisch-plastische Hysterese infolge zyklischer Belastung

### Zyklische Belastung

Beim Erdbeben handelt es sich um keine impulsartige Einwirkung, sondern um eine Fußpunktanregung, die zu einer zyklischen Antwort der Bauwerke führt. Die Einwirkung wird durch standortabhängige, elastische Antwortspektren beschrieben, mit denen die maximale Antwort elastischer Systeme mit unterschiedlichen Eigenperioden bestimmt wird. Hierbei handelt es sich um den während eines Erdbebens erwarteten Maximalwert einer elastischen Verformung, die in eine äquivalente Horizontallast bzw. unter Berücksichtigung der Massenverteilung in eine äquivalente Beschleunigung überführt wird. Das Bauwerk antwortet hierbei zyklisch, indem es durch das Erdbeben zum Schwingen angeregt wird.

Dementsprechend ist die elasto-plastische Reaktion eines duktilen Bauwerks auf das zyklische Verhalten zu erweitern. Die nichtlineare Systemantwort, die zunächst weiterhin vereinfacht durch einen nichtlinearen Einmassenschwinger modelliert wird, führt zu sogenannten *Hysteresen*, deren Flächeninhalt die durch das System aufgenommene Energie repräsentiert. Bei geschlossenen Hysteresen entspricht der gesamte Flächeninhalt der durch das System dissipierten Energie. Die durch das elastische System aufgenommene Energie beträgt mit den Bezeichnungen aus Bild 20:

$$E_{el} = \frac{1}{2} \cdot q \cdot F_y \cdot q \cdot \delta_y = \frac{1}{2} \cdot F_y \cdot \delta_y \cdot q^2 \quad (13)$$

Die in der geschlossenen Hysterese durch das duktile System dissipierte Energie beträgt:

$$E_D = 4 \cdot F_y \cdot (\mu \cdot \delta_y - \delta_y) = 4 \cdot F_y \cdot \delta_y \cdot (\mu - 1) \quad (14)$$

Durch Gleichsetzen der elastischen und der dissipierten Energie lässt sich die erforderliche Duktilität des nichtlinearen Systems für eine vollständige Hysterese ableiten:

$$\mu_{req} = \frac{1}{8} \cdot q^2 + 1 \quad (15)$$

Die erforderliche Duktilität $\mu_{req}$ lässt sich mit der o. g. Beziehung für unterschiedliche Werte von q (Verhältnis der maximalen elastisch aufzunehmenden Last zu der plastischen Grenzlast des dissipativen Systems) bestimmen: q = 2 → $\mu_{req}$ = 1,5; q = 4 → $\mu_{req}$ = 3; q = 6 → $\mu_{req}$ = 5,5 usw.

Es ist ersichtlich, dass die Dissipation durch hysteretisches, nichtlineares Verhalten bereits bei wenigen Zyklen die durch das elastische System aufgenommene Energie übertrifft. Die erforderliche Duktilität $\mu_{req}$ (Anteil der plastischen Verformung an der Gesamtverformung) wächst mit größer werdendem Wert q. Dieses Prinzip macht man sich bei der Auslegung von Bauwerken für Erdbeben zunutze, indem das Tragwerk nicht für die volle elastisch aufzunehmende Last, sondern für ein geringeres, plastisches Traglastniveau in Verbindung mit der Bereitstellung ausreichender plastischer Verformungsfähigkeit (verfügbare Duktilität $\mu_{av}$) entworfen und nachgewiesen wird.

Der Ansatz von Energieäquivalenz nach Bild 20 stellt allerdings eine sehr starke Vereinfachung dar. In Wirklichkeit müssen weitere Aspekte, die mit der Erdbebeneinwirkung und mit der Systemantwort zusammenhängen, berücksichtigt werden:
– Die Erdbebeneinwirkung hat einen stochastischen Charakter hinsichtlich der Amplitude, des Frequenzinhaltes und der Dauer.
– Bedingt durch die Zufälligkeit der Erdbebeneinwirkung streut auch die Antwort des Systems;
– Vollständige Zyklen, wie in Bild 20 dargestellt, sind die Ausnahme, die nichtlineare Systemantwort besteht aus mehreren Zyklen mit unterschiedlicher Plastizierungstiefe.

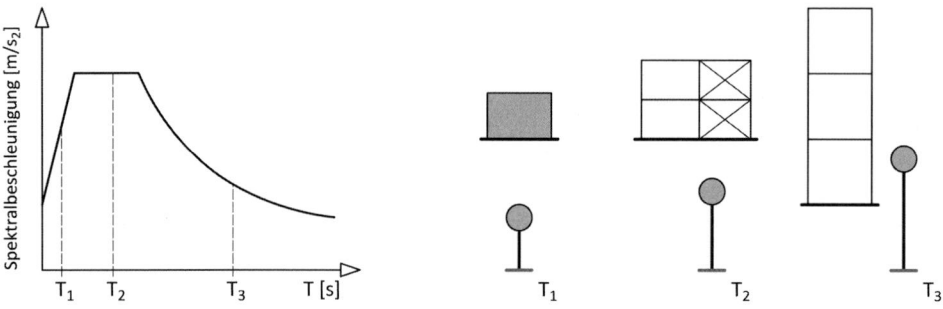

**Bild 18.** Abhängigkeit des spektralen Bemessungswerts für Erdbebenlasten von der Eigenperiode des Bauwerks

### 3.1.2 Duktilität und Dissipation

Der zweite Kernaspekt des Entwurfskonzeptes für ein Bauwerk, das für Erdbeben ausgelegt werden soll, ist die Wahl seiner Duktilitätsklasse. Hiermit soll erreicht werden, dass durch eine kontrollierte plastische Verformung bestimmter Bauteile oder Details, die durch das Erdbeben eingebrachte Energie durch das Tragwerk dissipiert wird.

**Impulsbelastung**

Das Prinzip lässt sich am einfachsten anhand eines Einmassenschwingers (EMS) unter Impulsbelastung erläutern, dem unterschiedliche Last-Verformungs-Eigenschaften zugewiesen werden: hyperelastisch bzw. ideal elastisch-plastisch (Bild 19).
Hierbei wird zunächst die maximale elastische Auslenkung $\delta_{max,el}$ des hyperelastischen EMS betrachtet, aus der die äquivalente (d. h. gleiche Verformung erzeugende) Last $F_{el}$ abgeleitet werden kann. Die Fläche unter der linearen Lastverformungs-Kurve liefert die zum Zeitpunkt der maximalen Auslenkung vom elastischen System aufgenommene Energie:

$$E_{el} = \frac{1}{2} \cdot F_{el,max} \cdot \delta_{max,el} \qquad (7)$$

Bei geringer Dämpfung würde das elastische System näherungsweise um den gleichen Betrag in negativer Richtung zurückschwingen; nach Ablauf einiger Zeit würde sich infolge der Dämpfung der unverformte Ausgangszustand einstellen.
Begrenzt man die Tragfähigkeit des EMS auf das plastische Niveau $F_{pl}$, dann muss die Energie E durch eine größere Verformung, und zwar auf dem geringeren plastischem Niveau $F_{pl}$ und jenseits der Elastizitätsgrenze $\delta_y$, aufgenommen werden. Hierzu werden die folgenden Beziehungen für die Duktilität μ und Lastabminderung q eingeführt:

$$\mu = \frac{\delta_{tot}}{\delta_y} \qquad (8)$$

$$q = \frac{F_{el,max}}{F_{pl}} \qquad (9)$$

Für das elastische System gilt wegen der Proportionalität zwischen der Last und der Verformung auch:

$$q = \frac{\delta_{max,el}}{\delta_y} \qquad (10)$$

Um die gleiche Energie, wie das hyperelastische System aufzunehmen, muss das plastische System zusätzliche Verformung aufnehmen. Die äquivalente aufgenommene Energie bestimmt sich dann zu:

$$E_{el,pl} = F_{pl} \cdot \delta_y \cdot \left[\frac{1}{2} + (q-1) + \frac{1}{2} \cdot q \cdot (q-1)\right] \qquad (11)$$

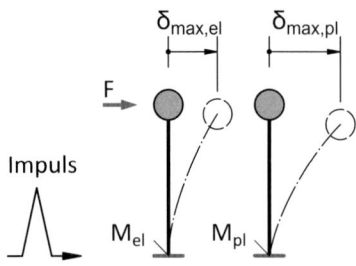

**Bild 19.** Energieäquivalenz für eine dynamische Impulsbelastung

Erdbebenkarten in der DIN 4149 [11] bzw. in der DIN EN 1998-1/NA:2011 [12]. Anlass waren neue Erkenntnisse des europäischen Forschungsprojekts SHARE [13] aus dem Jahr 2013, welches als Ziel hatte, auf Basis einer einheitlichen Methodik harmonisierte Erdbebenkarten für Europa zu erstellen. Das Ergebnis zeigte für Deutschland eine erheblich höhere Erdbebengefährdung, die beispielsweise auf der Schwäbischen Alb eine Erhöhung der Erdbebenintensität um ca. den Faktor 2,5 gegenüber der Erdbebenkarte in der DIN 4149 zur Folge hatte. Ein sich anschließendes nationales Forschungsprojekt [14] reflektierte diese Ergebnisse und wendete nochmals die gleiche Methodik auf die gleiche Datenbasis jedoch mit Parametern an, die für eine geringe seismische Region wie Deutschland besser geeignet sind. Das Ergebnis ist in Bild 17 dargestellt. Eine Besonderheit der Erdbebenkarte in Deutschland ist die Verwendung der spektralen Antwortbeschleunigung im Plateaubereich $S_{ap,R}$ als Intensitätsparameter anstelle der in anderen europäischen Erdbebenkarten verwendeten Spitzenbeschleunigung $a_{gR}$ (s. a. Bild 10). Grund hierfür ist, dass der Plateaubereich statistisch stabiler ist. Diese Darstellungsweise wird daher auch in US-amerikanischen Erdbebennormen und in der zukünftigen 2. Generation der Eurocode 8 verwendet. Die Umrechnung in die Referenz-Spitzenbeschleunigung erfolgt über den spektralen Überhöhungsfaktor $\beta_0 = 2{,}5$:

$$a_{gR} = \frac{S_{ap,R}}{2,5} \quad (5)$$

Ferner wird bei der neuen Erdbebenkarte auf eine Einteilung in Erdbebenzonen verzichtet („zonenfrei"). Der Intensitätswert eines Standorts kann ortsgenau und digital über die Internetpräsenz des Deutschen Instituts für Bautechnik abgefragt werden. Die in der DIN EN 1998-1 abgebildete Erdbebenkarte wird daher eher einer ersten, groben Orientierung dienen. In ihr ist eine Linie für $S_{ap,R} = 0{,}6$ m/s² eingetragen; sie wurde als Anwendungsgrenze der DIN EN 1998-1 auf Basis ungünstigster Baugrundverhältnisse und hoher Bedeutungsfaktoren abgeleitet. In Fällen sehr geringer Seismizität, was $a_g \cdot S \leq 0{,}5$ m/s² entspricht, brauchen die Regelungen der Normenreihe EN 1998 nämlich nicht angewendet zu werden. Neben der Karte mit einer Wiederkehrperiode von 475 Jahren sind in der DIN EN 1998-1 zusätzlich Karten informativ mit Wiederkehrperioden von 975 und 2475 Jahren abgebildet.

Am stärksten von Erdbeben betroffen ist das Bundesland Baden-Württemberg, wo für weite Landesteile $S_{ap,R} > 0{,}6$ m/s² ist. In der Gegend um Albstadt auf der schwäbischen Alb werden Werte von bis zu 3,8 m/s² erreicht, was im Vergleich zur alten Erdbebenkarte eine Erhöhung um 90% bedeutet. Auch in Nordrhein-Westfalen zwischen Köln und der Grenze zu Belgien gibt es ausgeprägte Erdbebengebiete; kleinere Bereiche mit Erdbebengefährdung gibt es noch in Sachsen in der Gegend um Gera sowie in Rheinland-Pfalz und Hessen entlang des Rheins. Vergrößert haben sich die Gebiete mit relevanter Erdbebengefährdung in Bayern an der Grenze zu Österreich. Die nördlichen und östlichen Bundesländer sind weitestgehend Regionen mit sehr geringer Seismizität. Das heißt nicht, dass es dort keine Erdbeben gibt, allerdings sind die Intensitäten so klein, dass nicht von größeren Schädigungen auszugehen ist und daher eine Erdbebenauslegung unterbleiben kann. Die neue Erdbebenkarte mit in vielen Regionen höheren Erdbebeneinwirkungen wurde sowohl in der Fachwelt als auch in der allgemeinen Öffentlichkeit kontrovers diskutiert. Schließlich ist die Auslegung für den Lastfall Erdbeben auch mit entsprechenden Kosten verbunden.

## 3 Auslegung von Hochbauten

### 3.1 Entwurfskonzepte

#### 3.1.1 Systemsteifigkeit

Die Besonderheit der Auslegung von Bauwerken für Erdbebenlasten liegt, im Gegensatz zu den statischen Bemessungssituationen, in einem direkten Zusammenhang zwischen der erwarteten Erdbebeneinwirkung und der Antwort des Bauwerks. Dieser Zusammenhang hat einen direkten Einfluss auf die Größe der Erdbebenlasten, die bei den Nachweisen zu berücksichtigen sind. Die sonst in der Bemessung übliche Trennung zwischen den Einwirkungsgrößen und den Widerstandsgrößen ist bei Erdbeben nur begrenzt möglich.

Die erste Möglichkeit zur Einflussnahme auf die Bauwerksantwort besteht in der Wahl der Tragwerkstopologie, mit der die Steifigkeit des für die Aufnahme der Erdbebenlasten vorgesehenen Tragsystems beeinflusst wird. Bei näherungsweise gleichbleibender Bauwerksmasse M hängt die Eigenperiode $T_1$ unmittelbar mit der Steifigkeit C zusammen:

$$T_1 = 2 \cdot \pi \cdot \sqrt{\frac{M}{C}} \quad (6)$$

Die Eigenperiode $T_1$ liefert den ersten Anhaltswert für die Größe der Beanspruchung infolge der dynamischen Bauwerksreaktion auf die Erdbebeneinwirkung. Wie zuvor erläutert, wird die Erdbebeneinwirkung, die durch drei Kenngrößen charakterisiert wird (Amplitude, Frequenzinhalt und Dauer) durch das elastische Antwortspektrum beschrieben. Der zugehörige Wert der Erdbebenbelastung kann für die Eigenperiode $T_1$ als äquivalenter Beschleunigungswert abgelesen werden (Bild 18). Die Wahl des Tragsystems mit der zugehörigen Steifigkeit wirkt sich bereits auf die elastische Antwort des Bauwerks aus.

Generell lässt sich für Gebäude gleicher Höhe festhalten, dass biegesteife Rahmensysteme eine deutlich höhere erste Eigenperiode aufweisen als Tragsysteme, die durch Verbände ausgesteift sind. Allerdings muss beachtet werden, dass es oft notwendig ist für ein Bauwerk unterschiedliche Tragsysteme in der jeweiligen Haupttragrichtung zu wählen, was zu unterschiedlichen Beanspruchungsniveaus für jede Richtung führt.

Erdbebeneinwirkung 745

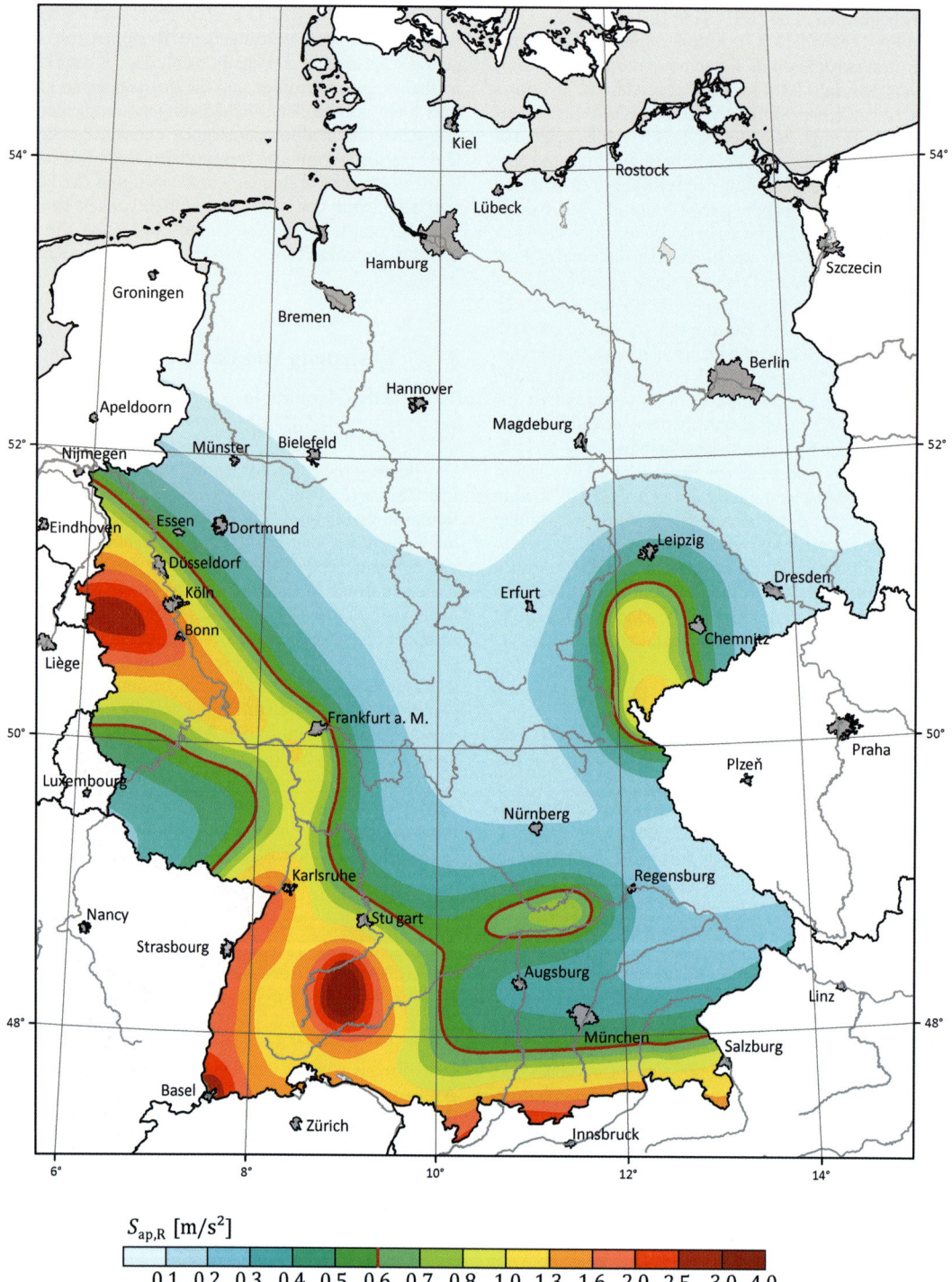

Bild 17. Erdbebenkarte der Bundesrepublik Deutschland nach DIN EN 1998-1/NA [4]

$S_{ap,R}$ [m/s²]

0,1 0,2 0,3 0,4 0,5 0,6 0,7 0,8 1,0 1,3 1,6 2,0 2,5 3,0 4,0

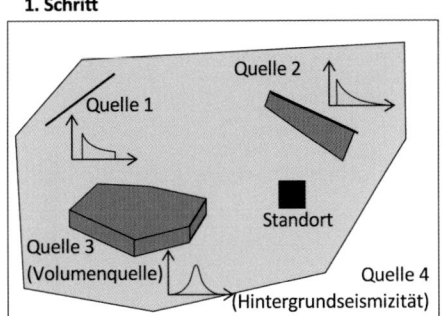
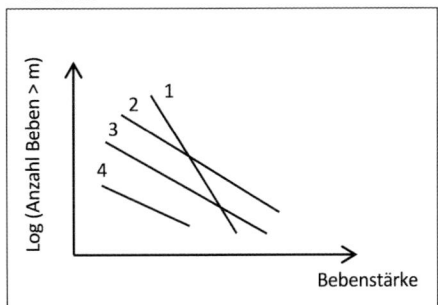
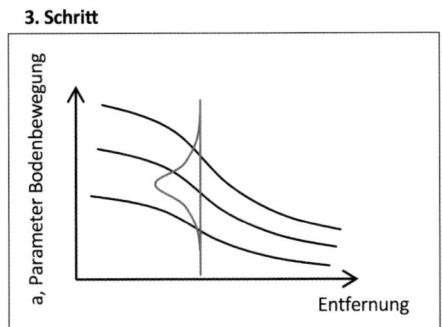
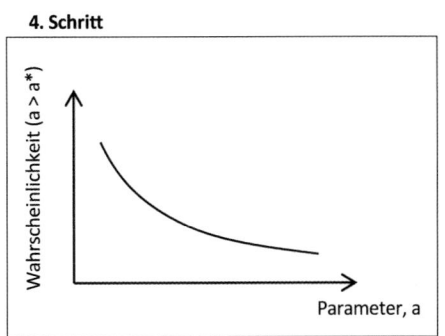

**Bild 14.** Schematische Darstellung des Vorgehens einer probabilistischen seismischen Gefährdungsanalyse nach [9]

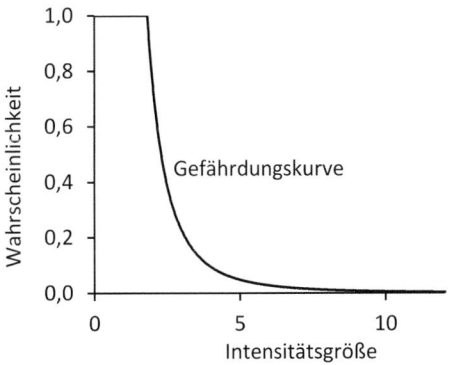

**Bild 15.** Schematische Darstellung einer Erdbeben-Gefährdungsfunktion

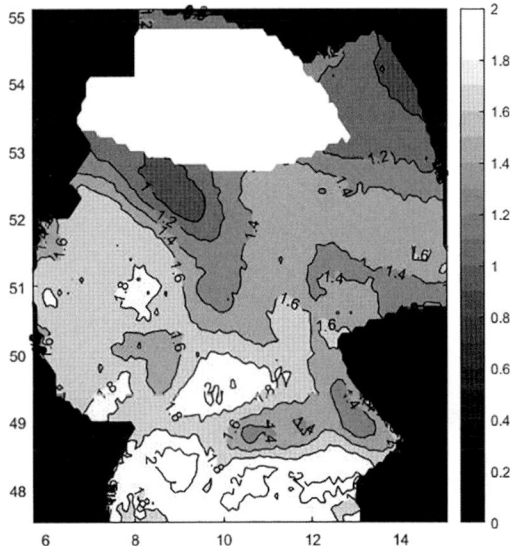

**Bild 16.** Faktor k der Erdbebengefährdungsfunktion in Deutschland [10]

genen Gefährdungsanalyse ermittelt, sondern durch Erdbebenkarten bereitgestellt, deren Basis solche Gefährdungsanalysen für den gesamten Untersuchungsraum sind. Nach DIN EN 1998-1 sind die Anforderungen an die Standsicherheit von Bauwerken für eine Referenz-Erdbebeneinwirkung mit einer Überschreitungswahrscheinlichkeit von $P_{NCR} = 10\%$ im Referenzzeitraum von $T_L = 50$ Jahren zu erfüllen (mit Index NC für *near collapse* gleich Standsicherheit). Der Wert der Überschreitungswahrscheinlichkeit lässt sich über die Beziehung $T_R = -T_L / \ln(1 - P_R)$ in eine mittlere Wiederkehrperiode umrechnen. Die Erdbebenkarten für die DIN EN 1998-1 sind daher für eine Überschreitungswahrscheinlichkeit von 10% in 50 Jahren bzw. eine Wiederkehrperiode von 475 Jahren angegeben.

Die Erdbebenkarte in DIN EN 1998-1/NA [4] ist das Ergebnis einer grundlegenden Überarbeitung der alten

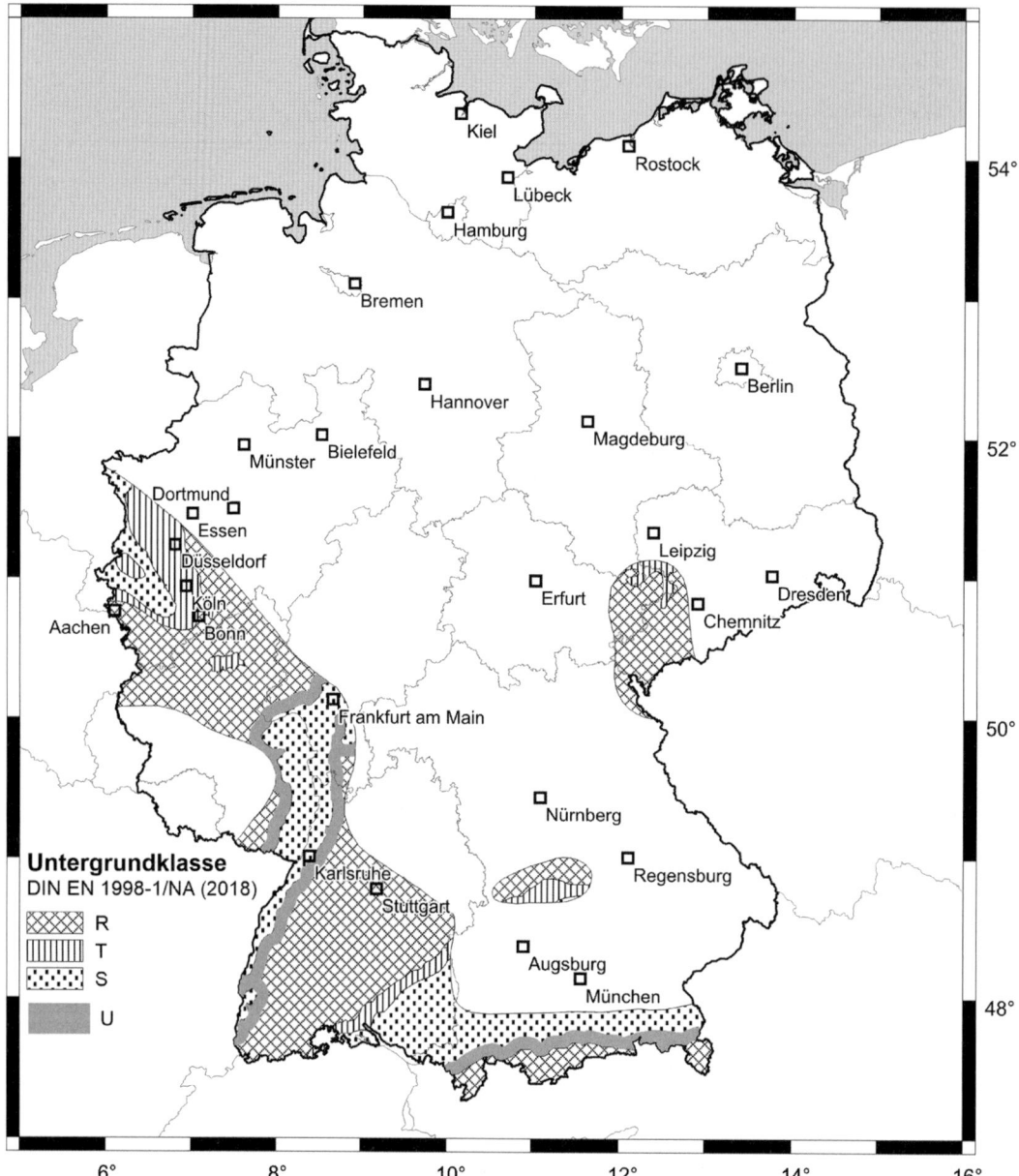

**Bild 13.** Geologische Untergrundklassen nach DIN EN 1998-1/NA informativen Anhang NA.G [4]

$$H(a_{gR}) = k_0 \cdot a_{gR}^{-k} \qquad (4)$$

mit
$k_0$ Faktor repräsentativ für die Höhe der Erdbebengefährdung
$k$ Exponent repräsentativ für die Streuung der Erdbebengefährdung

Der Exponenten ist abhängig von der Seismizität und liegt üblicherweise zwischen 2 und 4, wobei niedrigere Werte für k (d. h. hohe Streuungen) typisch für Regionen mit niedrigerer Seismizität und hohe Werte für k (d. h. niedrige Streuungen) typisch für Regionen mit hoher Seismizität sind. Nach DIN EN 1998-1 liegt k im Allgemeinen in der Größenordnung von 3. Untersuchungen in [10] zeigen allerdings, dass k in Deutschland wesentlich geringer ist (Bild 16).

Im allgemeinen Hochbau wird der Intensitätsparameter der Erdbebeneinwirkung nicht in einer projektbezo-

erfährt bei weichen Böden gegenüber steifen Böden wie Fels eine stärkere dynamische Überhöhung im Plateaubereich und das Plateau wird breiter. Der Einfluss des Bodens ist zudem von der Stärke des Erdbebens abhängig. Mit zunehmender Beanspruchung nimmt die Steifigkeit des Bodens ab und die Dämpfung zu; er verhält sich nichtlinear.

Nach DIN EN 1998-1 wird der Baugrund anhand der durchschnittlichen Scherwellengeschwindigkeit der oberen 30 m $v_{s,30}$ in die Klassen A bis E (steif zu weich) eingeteilt (Tabelle 5). Ferner gibt es noch die besonderen Baugrundklassen $S_1$ und $S_2$, für die weitergehende Untersuchungen im Hinblick auf Baugrundversagen infolge Erdbebens anzustellen sind.

In der DIN EN 1998-1/NA [4] wird, wie auch schon in der DIN 4149 [11], der Einfluss des Bodens nicht allein anhand des Baugrunds, sondern zusätzlich anhand der geologischen Untergrundklasse bewertet (Bild 13, Tabelle 7). Damit nimmt Deutschland eine Vorreiterrolle ein, die in ähnlicher Weise auch in der 2. Generation des Eurocode 8 wiederzufinden sein wird. Die Einteilung der Baugrundklassen ähnelt den Klassen A bis C in DIN EN 1998-1 [3] (Tabelle 6). Gesonderte Untersuchungen des Baugrunds sind erforderlich, wenn er aus tiefgründig unverfestigten Ablagerungen in lockerer Lagerung bzw. weicher, breiiger Konsistenz besteht. Kann dieser Sonderfall ausgeschlossen werden, darf ohne genauere Kenntnis des Baugrunds auf der sicheren Seite liegend Klasse C angenommen werden. Eine Karte mit Zuweisung der geologischen Unterklassen wird derzeit durch die Bundesanstalt für Geowissenschaften und Rohstoffe erstellt; wenn nicht genaueres bekannt ist, darf bis auf Weiteres die alte Karte der DIN 4149 [11] verwendet werden.

### 2.3 Erdbebengefährdungskarten

Zur Ermittlung der Erdbebeneinwirkung an einem Standort ist neben der Form des Antwortspektrums die Intensität des Erdbebens ein wesentlicher Einflussfaktor. Die zu erwartende Intensität eines Erdbebens in Abhängigkeit von dessen Auftretenswahrscheinlichkeit wird mit einer probabilistischen seismischen Gefährdungsanalyse für einen Standort ermittelt. Sie umfasst folgende Schritte (Bild 14):
1. Identifizierung für einen Standort relevanter Erdbebenherde,
2. Beschreibung der Auftretenswahrscheinlichkeit eines Erdbebens einer bestimmten Magnitude für jeden Erdbebenherd,
3. Darstellung des Zusammenhangs zwischen Magnitude am Erdbebenherd und Intensität am Standort (Dämpfungsfunktion),
4. Ermittlung der Auftretenswahrscheinlichkeit eines Erdbebens einer bestimmten Intensität am Standort (Gefährdungsfunktion).

Das Ergebnis ist eine spezifische Gefährdungsfunktion für einen Standort, bei der die Erdbebenintensität über die (jährliche) Überschreitungswahrscheinlichkeit auf-

**Tabelle 5.** Baugrundklassen nach DIN EN 1998-1 [3]

| Baugrundklasse | Beschreibung | $v_{s,30}$ [m/s] |
|---|---|---|
| A | Fels | > 800 |
| B | dichter Sand, Kies oder sehr steifer Ton | 360–800 |
| C | mitteldichter Sand, Kies oder steifer Ton | 180–360 |
| D | lockerer bis mitteldichter kohäsionsloser Boden, weicher bis steifer kohäsiver Boden | < 180 |
| E | Oberflächenschicht nach C oder D über Fels | |
| $S_1$ | weiche Tone und Schluffe mit hoher Plastizität und Wassergehalt | |
| $S_2$ | verflüssigbarer Boden, empfindliche Tone | |

**Tabelle 6.** Baugrundklassen nach DIN EN 1998-1/NA [4]

| Baugrundklasse | Beschreibung | $v_{s,30}$ [m/s] |
|---|---|---|
| A | unverwitterte Festgesteine | > 800 |
| B | mäßig verwitterte Festgesteine, rollige Lockergesteine in dichter Lagerung bzw. fester Konsistenz | 350–800 |
| C | stark verwitterte Festgesteine, rollige Lockergesteine in mitteldichter Lagerung bzw. in steifer Konsistenz, bindige Lockergesteine in steifer Konsistenz | |

**Tabelle 7.** Geologische Untergrundklassen nach DIN EN 1998-1/NA [4]

| Untergrundklasse | Beschreibung |
|---|---|
| R | fehlende oder geringmächtige Lockersedimente über Festgestein |
| T | bis 100 m Lockersedimente über Festgestein oder bis 500 m Lockersedimente |
| S | über 100 m Lockersedimente über Festgestein oder über 500 m Lockersedimente |

getragen wird (Bild 15). Nach DIN EN 1998-1 wird als Intensitätsparameter die Referenz-Spitzenbodenbeschleunigung $a_{gR}$ für Baugrundklasse A verwendet (gleich der Starrkörperbeschleunigung bei T = 0 s). Die Gefährdungsfunktion $H(a_{gR})$ wird näherungsweise durch eine Exponentialfunktion beschrieben:

**Tabelle 3.** Parameterwerte zur Beschreibung der elastischen Antwortspektren nach DIN EN 1998-1/NA [4]

| $S_{aP,R}$ [m/s²] | 0,6 bis 1,0 | 1,0 bis 2,0 | > 2,0 | – | – | – |
|---|---|---|---|---|---|---|
| Untergrundverhältnis | S | | | $T_B$ [s] | $T_C$ [s] | $T_D$ [s] |
| A-R | 1,00 | 1,00 | 1,00 | 0,10 | 0,20 | 2,00 |
| B-R | 1,25 | 1,20 | 1,20 | 0,10 | 0,25 | 2,00 |
| C-R | 1,50 | 1,30 | 1,15 | 0,10 | 0,30 | 2,00 |
| B-T | 1,05 | 1,00 | 1,00 | 0,10 | 0,25 | 2,00 |
| C-T | 1,45 | 1,25 | 1,10 | 0,10 | 0,40 | 2,00 |
| B-S | darf wie C-S angenommen werden | | | 0,10 | 0,40 | 2,00 |
| C-S | 1,30 | 1,15 | 0,95 | 0,10 | 0,50 | 2,00 |

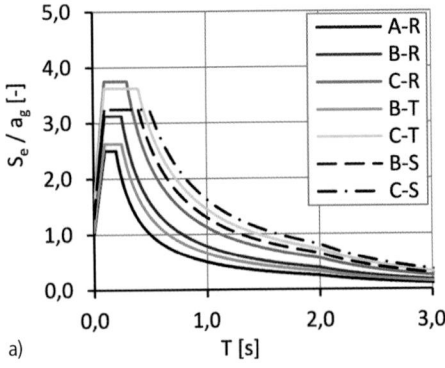
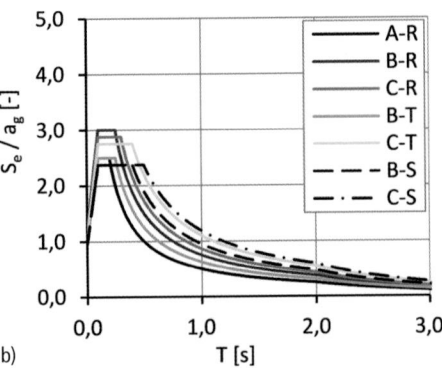

**Bild 12.** Elastische Antwortspektren nach DIN EN 1998-1/NA [4]; a) $S_{ap,R} \leq 1,0$ m/s² und b) $S_{ap,R} > 2,0$ m/s², Untergrundverhältnisse A-R bis C-S

Perioden nur in ganz wenigen Ausnahmefällen eine Rolle spielen dürfte.

In einigen seltenen Fällen ist auch die Vertikalkomponente der Erdbebeneinwirkung zu berücksichtigen. Das vertikale elastische Antwortspektrum in DIN EN 1998-1 und DIN EN 1998-1/NA wird über die Parameter aus Tabelle 4 und Gln. (2a–d) beschrieben. Zu beachten ist, dass in DIN EN 1998-1 in Gln. (2a–d) statt des spektralen Überhöhungsfaktors von 2,5 im vertikalen Antwortspektrum ein Wert von 3,0 zu verwenden ist.

Aus den Spektralbeschleunigungen lassen sich die Spektralgeschwindigkeiten bzw. -verschiebungen nach den bekannten Beziehungen der Dynamik ermitteln:

$$S_V = 1/\omega \cdot S_a = \frac{T}{2\pi} \cdot S_a \quad (3a)$$

$$S_D = 1/\omega \cdot S_V = \left(\frac{T}{2\pi}\right)^2 \cdot S_a \quad (3b)$$

Während im Bereich $T_B$–$T_C$ die Spektralbeschleunigungen konstant sind, ist der Bereich $T_C$–$T_D$ durch konstante Spektralgeschwindigkeiten und der Bereich nach $T_D$ durch konstante Spektralverschiebungen charakterisiert ist.

**Tabelle 4.** Parameterwerte zur Beschreibung des vertikalen elastischen Antwortspektrums

| Spektrum | $a_{vg}/a_g$ | S | $T_B$ [s] | $T_C$ [s] | $T_D$ [s] |
|---|---|---|---|---|---|
| DIN EN 1998-1 Typ 1 | 0,90 | 1,00 | 0,05 | 0,15 | 1,00 |
| DIN EN 1998-1 Typ 2 | 0,45 | 1,00 | 0,05 | 0,15 | 1,00 |
| DIN EN 1998-1/NA | 0,70 | 1,00 | 0,05 | 0,20 | 1,20 |

### 2.2 Baugrundbeschaffenheit

Einen wesentlichen Einfluss auf die Form des Antwortspektrums hat, neben der Magnitude des Erdbebens und der Entfernung des Standorts zum Erdbebenherd, die Baugrundbeschaffenheit. Das Erdbebensignal

$$T_C \leq T \leq T_D: S_e(T) = a_g \cdot S \cdot \eta \cdot 2{,}5 \cdot \frac{T_C}{T} \quad (2c)$$

$$T_D \leq T \leq 4\,s: S_e(T) = a_g \cdot S \cdot \eta \cdot 2{,}5 \cdot \frac{T_C T_D}{T^2} \quad (2d)$$

mit
$S_e(T)$   Ordinate des elastischen Antwortspektrums
$T$   Schwingungsdauer eines linearen Einmassenschwingers
$a_g$   Bemessungs-Bodenbeschleunigung für Baugrundklasse A bzw. das Untergrundverhältnis A-R (s. Abschnitt 2.2) wobei $a_g = a_{gR} \cdot \gamma_I$ (s. Abschnitt 3.3.3.1)
$T_A, T_B, T_C, T_D$   Kontrollperioden des Antwortspektrums, mit $T_A = 0$ s; zur Darstellung im Frequenzbereich kann anstelle der Periode $T_A = 0$ s die Periode $T = 0{,}01$ s gesetzt werden, mit konstantem $S_e$ bis zu Periode $T_A = 0$ s
$S$   Bodenparameter bzw. Untergrundparameter
$\eta$   Dämpfungs-Korrekturbeiwert mit dem Referenzwert $\eta = 1$ für 5% viskose Dämpfung (s. Abschnitt 3.3.3.2)

Bei der Anwendung des Antwortspektrums für Bauwerke mit Perioden $T < T_B$ ist besondere Vorsicht geboten. Hier wäre eine starke Abminderung für Bauwerke mit hoher Steifigkeit möglich. Unsicherheiten bei der Steifigkeitsermittlung, wie z. B. nicht berücksichtigte Nachgiebigkeiten, Lochspiel u. v. m. können zu einer Überschätzung der Steifigkeit führen. Der vordere Bereich sollte daher nur mit eingehenden Steifigkeitsuntersuchungen unter realitätsnahen Ansätzen genutzt werden. Auf der sicheren Seite liegend kann das Spektrumplateau bis $T_A$ vorgezogen werden. Für den Stahlbau wird der Bereich kleiner Perioden allerdings nur selten erreicht, sodass der Verlauf des Spektrums für kleine

**Tabelle 1.** Parameterwerte zur Beschreibung der elastischen Antwortspektren nach DIN EN 1998-1, Typ 1

| Baugrundklasse | S | $T_B$ [s] | $T_C$ [s] | $T_D$ [s] |
|---|---|---|---|---|
| A | 1,00 | 0,15 | 0,40 | 2,00 |
| B | 1,20 | 0,15 | 0,50 | 2,00 |
| C | 1,15 | 0,20 | 0,60 | 2,00 |
| D | 1,35 | 0,20 | 0,80 | 2,00 |
| E | 1,40 | 0,15 | 0,50 | 2,00 |

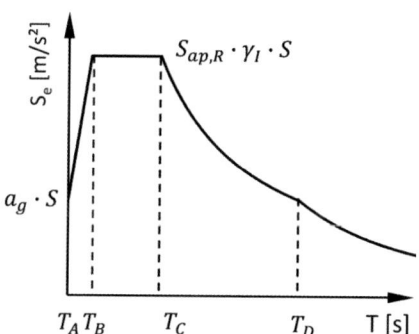

**Bild 10.** Form des elastischen Antwortspektrums nach DIN EN 1998-1 [3]

**Tabelle 2.** Parameterwerte zur Beschreibung der elastischen Antwortspektren nach DIN EN 1998-1, Typ 2

| Baugrundklasse | S | $T_B$ [s] | $T_C$ [s] | $T_D$ [s] |
|---|---|---|---|---|
| A | 1,00 | 0,05 | 0,25 | 1,20 |
| B | 1,35 | 0,05 | 0,25 | 1,20 |
| C | 1,50 | 0,10 | 0,25 | 1,20 |
| D | 1,80 | 0,10 | 0,30 | 1,20 |
| E | 1,60 | 0,05 | 0,25 | 1,20 |

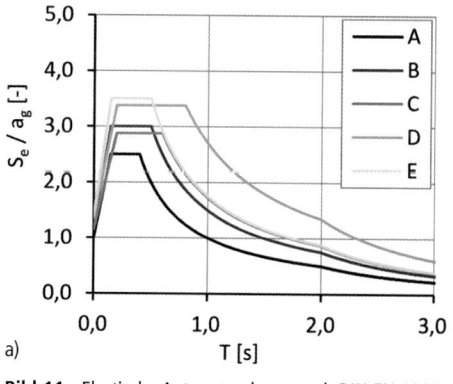
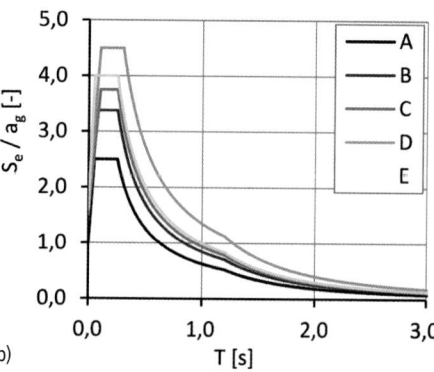

**Bild 11.** Elastische Antwortspektren nach DIN EN 1998-1 [3]; a) Typ 1 und b) Typ 2 sowie Baugrundklasse A bis E

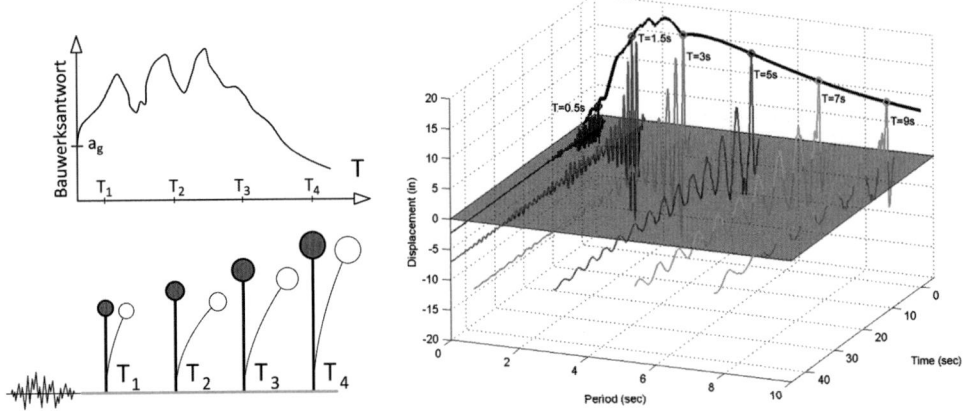

**Bild 8.** Schematisches Vorgehen bei der Ermittlung von Antwortspektren

### 2.1.3 Antwortspektren in DIN EN 1998-1

Antwortspektren dreier realer Erdbeben werden in Bild 9 dargestellt. Dabei wird zum besseren Vergleich die Spektralbeschleunigung auf die Starrkörperbeschleunigung normiert, sodass der Spektralwert für T = 0 s gleich 1 ist. Man erkennt, dass die Form des Antwortspektrums nicht nur von den Tragwerkseigenschaften (über T), sondern auch von den Eigenschaften des Erdbebens abhängig ist. Das spiegelt den Einfluss wichtiger Parameter wie der Magnitude des Ereignisses, der Art der Verwerfung und der geologischen und geotechnischen Verhältnisse wider. Im Allgemeinen ist die dynamische Überhöhung bei starken Erdbeben größer als bei schwachen Erdbeben. Ebenso besitzen Erdbeben, deren Wellen durch tiefe Sedimentbecken wandern, wie das Vrancea (Bukarest) Erdbeben (Bild 9), große Spektralwerte für weiche Tragwerke, während die Spektralwerte für felsige Böden rasch abklingen. Natürlich kann ein Tragwerk nicht auf Grundlage des Spektrums eines bestimmten Erdbebens bemessen werden. Daher werden in den Normen allgemeine elastische Spektren angegeben, die als geglättete Umhüllende mehrerer Spektren repräsentativer Erdbeben für einen Standort abgeleitet werden.

Die allgemeine Form des elastischen Antwortspektrums nach DIN EN 1998-1 [3] ist in Bild 10 dargestellt. Die Spektrumsform wird über die Kontrollperioden $T_B$, $T_C$ und $T_D$ sowie den Bodenparameter S und die Bauwerksdämpfung η beschrieben. Da die Antwortspektren normalerweise für ein viskoses Dämpfungsverhältnis ξ = 5% angegeben werden, ist η = 1 wenn ξ = 5%. Die Kontrollperioden und der Bodenparameter sind von den Untergrundverhältnissen sowie Erdbebenmagnitude abhängig und werden in den Nationalen Anhängen festgelegt. Die empfohlenen Werte nach DIN EN 1998-1 sind in Tabelle 1 und Tabelle 2 angegeben bzw. in Bild 11 dargestellt. Haben an einem Standort die Erdbeben, die am meisten zu dessen Gefährdung beitragen, eine Oberflächenwellenmagnitude größer als 5,5, so wird Spektrum Typ 1 (Tabelle 1) empfohlen, ansonsten Typ 2 (Tabelle 2), s. a. Bild 11. Typ 2 wird also üblicherweise in Regionen mit geringer bis mittlerer Seismizität verwendet. Er unterscheidet sich von Typ 1 durch ein schmaleres Plateau und höhere Werte für S, was aus nichtlinearen Eigenschaften des Bodens herrührt. Die Parameter zur Beschreibung des elastischen Antwortspektrums nach DIN EN 1998-1/NA [4] sind in Tabelle 3 angegeben (s. a. Bild 12); hier geht Deutschland mit der Verwendung von Untergrundklassen und der Berücksichtigung der Intensitätsabhängigkeit der Baugrundeigenschaften einen Sonderweg, siehe dazu Abschnitt 2.2.

Das elastische Antwortspektrum nach DIN EN 1998-1 wird über folgende Beziehungen beschrieben:

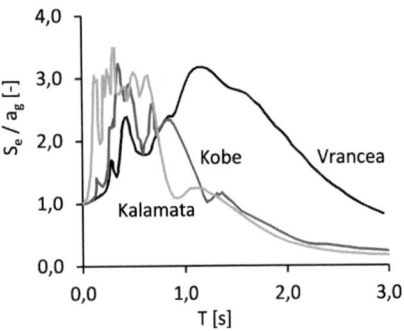

**Bild 9.** Beschleunigungs-Antwortspektren realer Erdbeben

$$T_A \leq T \leq T_B : S_e(T) = a_g \cdot S \cdot \left[1 + \frac{T}{T_B} \cdot (\eta \cdot 2{,}5 - 1)\right] \quad (2a)$$

$$T_B \leq T \leq T_C : S_e(T) = a_g \cdot S \cdot \eta \cdot 2{,}5 \quad (2b)$$

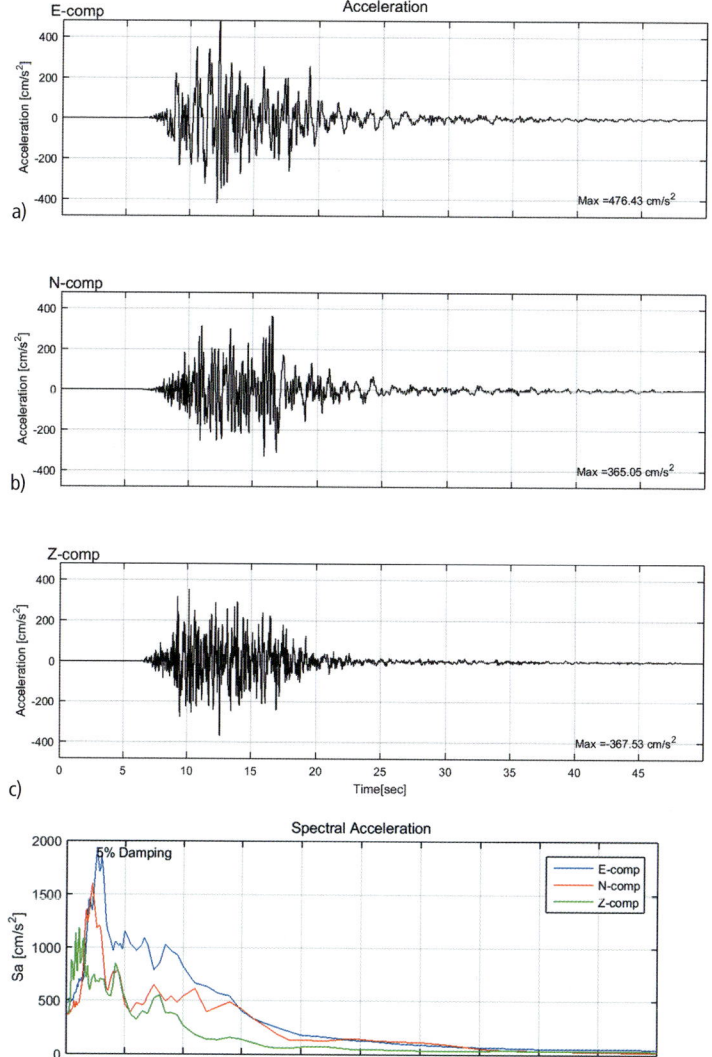

**Bild 7.** Erdbebenzeitverläufe a) horizontal N-S, b) O-W und c) vertikal sowie d) zugehörige Beschleunigungs-Antwortspektren; Erdbeben Emilia-Romagna 2012

massenschwinger ermittelt. Anschließend wird die Pseudo-Beschleunigung $S_{a,pseudo}$ über die Eigenperiode des Einmassenschwingers berechnet:

$$S_D = \frac{1}{\omega^2} \cdot S_{a,pseudo} \rightarrow S_{a,pseudo} = \omega^2 \cdot S_D = \left(\frac{2\pi}{T}\right)^2 \cdot S_D \quad (1)$$

mit
ω   Eigenkreisfrequenz des Einmassenschwingers
T   Eigenperiode des Einmassenschwingers

Das Wertepaar ($S_a$; T) ist ein Punkt des Antwortspektrums, worin T die Eigenperiode des Einmassenschwingers ist (zur Vereinfachung wird der Index *Pseudo* weggelassen). Durch Änderung der Steifigkeit K lassen sich andere Wertepaare ($S_{a,i}$; $T_i$) errechnen und dadurch das volle Antwortspektrum konstruieren. Die Antwortbeschleunigung starrer Systeme mit T = 0 s wird Starrkörper-Beschleunigung genannt; sie ist in etwa gleich der maximalen Beschleunigung aus dem Erdbebenzeitverlauf. Mit größer werdender Eigenperiode T erfährt die Systemantwort eine dynamische Überhöhung, die später bei weichen Systemen abklingt. Antwortspektren dienen einer ingenieurmäßigen Beschreibung der Erdbebeneinwirkung, weil die horizontalen Erdbebenkräfte am Tragwerk als Trägheitskraft über das Produkt der Spektralbeschleunigung $S_a$ mit der Tragwerksmasse m errechnet werden können.

den Rändern der Lithosphärenplatten auf, so etwa rund um die Pazifische Platte (pazifischer Feuerring), am westlichen Rand der nord- und südamerikanischen Platte sowie zwischen der eurasischen und afrikanischen bzw. indisch-australischen Platte (s. Bild 3). Durch tektonische Bewegungen werden Spannungen im Gestein aufgebaut, deren Energie im Bruchvorgang plötzlich freigesetzt wird. Erdbeben werden aber auch durch vulkanische Aktivitäten und durch menschliche Aktivitäten, wie Gebirgsschläge in Bergbauregionen oder Sprengungen, verursacht. Die Erdbebenkarten der meisten Erdbebennormen umfassen aber nur tektonische Beben; eine Ausnahme bildet aber beispielsweise eine neue Erdbebenkarte für die Niederlande, die Beben verursacht durch die Öl- und Gasförderung erfasst [6].

Bild 6 zeigt schematisch die Ausbreitung von Erdbebenwellen vom Herd (Hypozentrum) zum Bauwerk. Die auf der Bruchfläche erzeugten seismischen Wellen breiten sich mit unterschiedlichen Geschwindigkeiten als Raumwellen durch das Erdinnere (Kompressions- und Scherwellen) und als Oberflächenwellen entlang der Erdoberfläche aus. Die Wellenvorgänge führen an der Erdoberfläche zu den als Erdbeben wahrgenommenen Bodenbewegungen [7]. Die Auswirkungen an der Oberfläche sind abhängig von der Stärke des Erdbebens, der Entfernung zum Herd und den lokalen Untergrundverhältnissen. Die Stärke eines Erdbebens wird in Form von Erdbebenskalen beschrieben. Am häufigsten werden die Magnitudenskala nach *Richter* und die Europäische Makroseismische Intensitätsskala verwendet [7]. Die Magnitude beschreibt die während eines Erdbebens freigesetzte Energie, welche über aufgezeichnete Bodenbewegungen zurückgerechnet wird. Die Intensität ist ein Maß für die durch Menschen wahrgenommenen oder an Bauwerken in Form von Schäden beobachteten Auswirkungen von Erdbeben an einem Standort. Eine Intensität ist also eine entfernungsabhängige Größe, teilweise subjektiv und mit entsprechenden Unsicherheiten behaftet, eignet sich aber auch zur Einstufung von historischen Erdbeben, von denen keine Messungen vorhanden sind.

### 2.1.2 Herleitung des Antwortspektrums

In Bild 7 ist beispielhaft ein aufgezeichneter Beschleunigungs-Zeitverlauf (Seismogramm) des Roermond-Erdbebens 1992 dargestellt. Der Boden beschreibt eine Bewegung im Raum. Seismografen registrieren diese in zwei orthogonalen horizontalen Richtungen und in der vertikalen Richtung. Der Beschleunigungszeitverlauf ist charakterisiert durch den absoluten maximalen Beschleunigungswert, die Dauer des Bebens (definiert als die Dauer, in der 90% der Energie freigesetzt wird), die Starkbebenphase sowie den Frequenzinhalt. Jeder Erdbebenzeitverlauf ist individuell und wird beeinflusst von der Stärke des Erdbebens, der Entfernung zum Herd und den lokalen Untergrundverhältnissen [8]. Erdbeben dauern, abhängig von der seismischen Region, im Mittel etwa 20 s bei einer Starkbebenphase von 10 s; Erdbeben können aber durchaus über 60 s oder länger andauern.

Da sich für einen Standort der Frequenzinhalt von Erdbebenzeitverläufen als eine statistisch stabile Größe herausgestellt hat, wird in der Bemessung von Bauwerken die Einwirkung nicht im Zeitbereich, sondern im Frequenzbereich dargestellt. Dabei wird im Erdbebeningenieurwesen die Darstellung in Form von Antwortspektren verwendet (im Unterschied zu Leistungsdichte-Spektren wie in anderen Fachgebieten üblich). Sie stellen die maximale Antwortgröße eines linearen Einmassenschwingers (z. B. maximale Beschleunigung) auf der y-Achse über die Eigenperiode auf der x-Achse dar. Teilweise, z. B. in der Kerntechnik, erfolgt die Darstellung auch über die Eigenfrequenz. Das Antwortspektrum eines Erdbebenzeitsignals wird mittels Zeitverlaufsberechnungen für eine Reihe an linearen Einmassenschwingern mit verschiedenen Eigenperioden $T_i$ und mit einem definierten Dämpfungsgrad D ermittelt. Ausgewertet wird die absolute maximale Größe der Verschiebungs-, Geschwindigkeits- oder Beschleunigungsantwort. In Erdbebennormen werden für die Bemessung von Bauwerken üblicherweise Pseudo-Beschleunigungs-Antwortspektren verwendet. Hierzu wird zunächst das Verschiebungs-Antwortspektrum aus der maximalen Verschiebungsantwort $S_D$ der Ein-

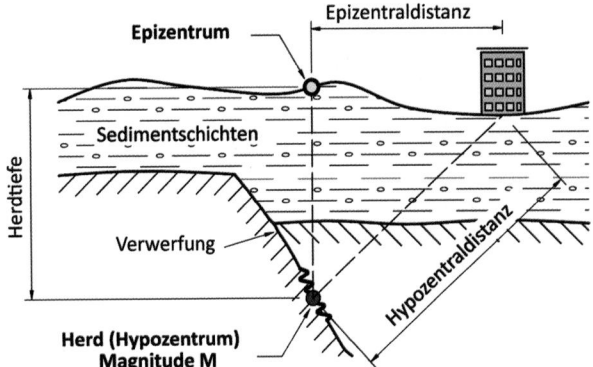

**Bild 6.** Schematische Darstellung der Ausbreitung von Erdbebenwellen

in Ermangelung einer bauaufsichtlich eingeführten Alternative, weiterhin in der Praxis verwendet.

Der nächste bevorstehende Entwicklungsschritt ist die verbindliche Einführung der EN 1998 mit dem zugehörigen Nationalen Anhang, in dem die Einwirkungen an die wissenschaftlichen Erkenntnisse der letzten Dekade angepasst wurden. Darüber hinaus beinhaltet der Nationale Anhang einige Vereinfachungen für die Anwendung der Norm, insbesondere für Mauerwerksbauten. Der Nationale Anhang wurde Ende 2018 der Öffentlichkeit zur Prüfung vorgelegt und steht zurzeit kurz vor dessen Einführung. Die aktuelle Version des Eurocode 8 (EN 1998-1:2010-12 [3]) sowie der Nationale Anhang (2018-10 [4]) sind die Grundlagen für diesen Beitrag.

## 1.3 Erdbebenauslegung von Stahlbauten

Das vorteilhafte Verhalten von Stahlbauten bei Erdbeben wurde relativ früh erkannt. Nach dem Erdbeben in San Francisco 1906 sind die Stahlkonstruktionen überwiegend unversehrt geblieben. Ebenso zeigen Schadensuntersuchungen nach rezenten Beben, dass Stahltragwerke deutlich seltener von Schäden betroffen sind als andere Bauweisen. Stahlbauten weisen wegen ihrer Leichtigkeit, Duktilität und Redundanz ein vorteilhaftes Erdbebenverhalten im Vergleich zu massiveren Bauweisen auf [5]. Ungeachtet der generell guten Erdbebenperformanz hat die Reputation von Stahlbauten nach den starken Erdbeben von Northridge, Kalifornien (1994) und Kobe, Japan (1995) beträchtlichen Schaden erlitten. Die Fachwelt ist vom erstmalig beobachteten Ausmaß der Schäden mit nicht duktilem Tragverhalten, wie Ausknicken bzw. Bruch von Verbandsstäben, Querschnittsbruch von Stahlstützen, Rissen und Versagen von Träger-Stützen-Verbindungen (Bild 5) überrascht worden. Diese, wie auch noch gravierendere Schäden anderer Bauweisen haben die Anfälligkeit alter und moderner Bauten gegenüber Erdbeben verdeutlicht. Seitdem wurden von der internationalen Fachgemeinschaft große Anstrengungen unternommen, neue Konzepte zur erdbebensicheren Auslegung zu entwickeln.

Für Stahlkonstruktionen gilt besonders, dass neben dem globalen Tragwerkskonzept auch die Wahl geeigneter Werkstoffe sowie eine sorgfältige Planung und Ausführung von konstruktiven Details für ein sicheres Überstehen von Erdbeben maßgebend sind.

## 2 Erdbebeneinwirkung

### 2.1 Darstellung der Erdbebeneinwirkung

#### 2.1.1 Grundlagen

Erdbeben sind Erschütterungen des Erdkörpers, die meist durch Bruchvorgänge im Gestein der Erdkruste oder im obersten Erdmantel an den Rändern der tektonischen Platten entstehen (tektonische Beben). Entsprechend treten die häufigsten und stärksten Erdbeben an

**Bild 5.** Erdbebenschäden an Stahlbauten; a) Bruch von Verbandsstäben, b) Sprödbruch von Stützen, c) Versagen von Träger-Stützen-Verbindungen

sen Beanspruchungen geeignete Maßnahmen entgegenzusetzen, zu beherrschen. Die nachfolgende Ausarbeitung soll einen Beitrag dazu leisten.

## 1.2 Entwicklung der Normung für Erdbebenlasten in Deutschland

Bedingt durch die Erfahrungen mit den ersten zerstörerischen Erdbeben der Neuzeit (San Francisco 1906, Messina 1908, Kantō 1923), die in urbanen Regionen starke Schäden und viele Opfer verursachten, hat man recht schnell erkannt, dass der Widerstand der Bauwerke gegen horizontale Lasten entscheidend für das Überstehen von Erdbeben ist. Daher verfolgten die ersten Ansätze zur erdbebensicheren Bemessung von Bauwerken das Prinzip, die Bauwerke für einen Bruchteil der Gravitationslasten – wirkend in horizontaler Richtung – auszulegen.

Dieses Prinzip galt auch für die erste deutsche Erdbebennorm, DIN 4149:1957, in der die Erdbebenlasten durch die sogenannte Erschütterungszahl erfasst wurden. Man unterschied zwei Erdbebenzonen und berücksichtigte bereits den Einfluss des Bodens. Die Lasten wurden als zusätzliche horizontale Komponenten zu den sonstigen, senkrecht wirkenden Lasten hinzugefügt. Allerdings erkannte man damals noch nicht den Zusammenhang der Beanspruchung mit der Schwingungsform und -periode; so wurde für Gebäude über 6 Geschosse eine Verdopplung der Erdbebenlast gefordert. Zudem galt damals die Empfehlung „durch konstruktive Maßnahmen eine hohe Seitensteifigkeit der Gebäude zu sichern". Die Nachweise für Erdbeben durften mit deutlich gegenüber der statischen Bemessung erhöhten Grenzspannungen geführt werden. Für Mauerwerksbauten galt allerdings die Empfehlung, diese auf zwei bzw. drei Geschosse zu begrenzen. Die maximale Horizontallast für „normale" Gebäude betrug in dieser Norm 10% der Gravitationslasten.

Den nächsten Entwicklungsschritt in der Entwicklung der deutschen Erdbebennormung war die DIN 4149:1981. Diese Norm wurde unter dem Eindruck und mit den Erfahrungen des Albstadt-Bebens entwickelt.

Die wesentlichen Unterschiede zu der früheren Norm waren
- Einführung von Bauwerksklassen entsprechend ihrer Bedeutung,
- vier Erdbebenzonen,
- abgeminderte Verkehrslasten,
- Einführung eines periodenabhängigen Antwortspektrums mit Bodenfaktor,
- Berücksichtigung der ersten oder mehrerer modaler Formen,
- Forderungen nach Regelmäßigkeit und Berücksichtigung von Torsionseffekten,
- eine Reihe von konstruktiven Forderungen zur Sicherung der plastischen Verformbarkeit, insbesondere bei Betonbauten.

Damit wies diese Norm, bis auf die gezielte Nutzung der plastischen Verformbarkeit, alle wesentlichen Merkmale moderner Erdbebennormen auf. Der höchste Wert der Erdbebenbeschleunigung für gewöhnliche Bauwerke lag bei 1,4 m/s². Diese Norm wurde zunächst nur in Baden-Württemberg bauaufsichtlich eingeführt und erst nach dem Roermond-Beben 1992 auch in Nordrhein-Westfalen in die Baugeliste aufgenommen.

Die weitere Entwicklung der deutschen Erdbebennormung ist sehr stark mit der Entwicklung des Europäischen Regelwerks, Eurocode 8, verbunden. So wurde die nächste Version von DIN 4149 im Jahr 2002 als Entwurf und 2005 als endgültige Fassung vorgestellt und in den meisten betroffenen Ländern auch bauaufsichtlich eingeführt. Während der bauwerksbezogene Teil dieser Norm weitgehend der Vornorm ENV 1998-1 (1997), entsprach, bestand die Neuerung in einer wesentlichen Überarbeitung der Einwirkungen, basierend auf dem Konzept der Intensitäten [2]. Als Ergebnis lagen neue Erdbebenzonen und neue Erdbebenkarten vor (Bild 4), in denen neben dem Grundwert der Beschleunigung und den Bodenklassen auch die geologischen Untergrundklassen berücksichtigt wurden. Der Höchstwert der Bodenbeschleunigung $a_g$ lag bei 0,8 m/s², der höchste „Plateauwert" betrug 3,0 m/s². Diese Norm wird, obwohl sie bereits zurückgezogen ist,

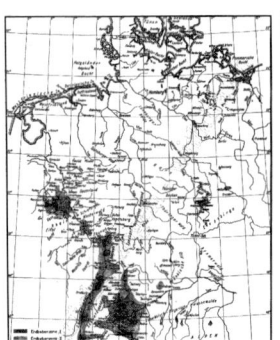 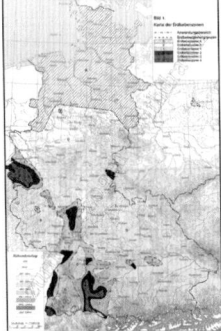  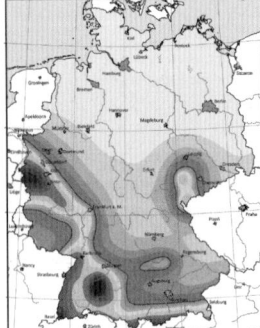

**Bild 4.** Erdbebenkarten für Deutschland von 1957 bis 2018

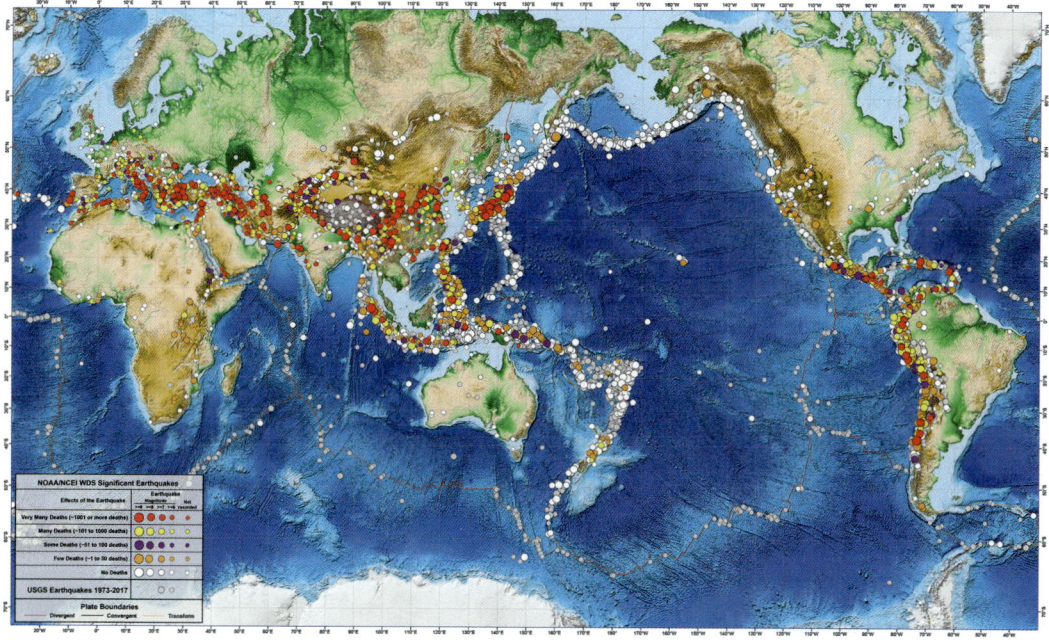

**Bild 3.** Verteilung von starken Erdbeben zwischen 2150 v. Chr. bis 2017 n. Chr. [1]

telmeerraum, und damit in ganz Südeuropa, und allgemein dort, wo aktive Verwerfungen existieren (Bild 3). Die zuvor aufgezählten katastrophalen Erdbeben der letzten zehn Jahre fanden in weiter Entfernung von Europa statt. Das bedeutet allerdings nicht, dass Europa frei von Erdbebengefährdung ist. Der gesamte Mittelmeerraum ist eine hochaktive Erdbebenzone, in der in jüngster Vergangenheit ebenfalls starke Erdbeben mit erheblichen Schäden aufgetreten sind. Dort hat die Auslegung für diesen Lastfall bereits Tradition und Erdbeben werden nicht als außergewöhnlicher Lastfall eingestuft. Zudem treten immer wieder zerstörerische Erdbeben in Regionen auf, die bisher als nicht besonders stark erdbebengefährdet eingestuft wurden. Dazu zählt zum Beispiel das Erdbeben in Emiglia Romana, Italien, das im Norden Italiens zu sehr hohen wirtschaftlichen Schäden, aber auch zu Todesopfern geführt hat.

Das mit Erdbeben verbundene Risiko (möglicher Schadensumfang) resultiert aus der Verbindung von Erdbebengefährdung (Wahrscheinlichkeit, dass ein Schadensbeben eintritt) mit der Verteilung baulicher Infrastruktur und deren Verwundbarkeit durch Erdbeben. So kann das Risiko in Gegenden großer Gefährdung kleiner als das entsprechende Risiko in Gegenden kleiner Gefährdung sein, insbesondere wenn die Infrastruktur nicht nach Kriterien der Erdbebensicherheit ausgelegt ist. Da die Gefährdung – die Wahrscheinlichkeit des Auftretens eines Erdbebens bestimmter Stärke innerhalb eines Zeitraums – nicht vom Menschen beeinflusst werden kann, sollten Maßnahmen getroffen werden,

die die Verwundbarkeit von Bauwerken und anderer Infrastruktur reduzieren. Eine eingehende Betrachtung der Verbindung von Erdbebengefährdung mit dem Erdbebenrisiko ist zurzeit das Thema zahlreicher Forschungsprojekte und internationaler sowie interdisziplinärer Initiativen. Hierzu zählt die Global Earthquake Model (GEM) Foundation, die sich zum Ziel gesetzt hat, die globale Verteilung des Erdbebenrisikos in Abhängigkeit von der Erdbebengefährdung, der Bebauungsdichte und des Zustands der Bauwerke zu erfassen (globalquakemodel.org).

Für Deutschland ist die Auslegung für Erdbeben in mehrfacher Hinsicht bedeutsam. Einerseits existieren auch in Deutschland Verwerfungen, an denen Schadensbeben entstehen können. Die jüngsten Ereignisse waren das Albstadt Beben 1978 und das Roermond-Beben 1992. Beide Beben führten, trotz relativ moderater Magnituden zu erheblichen Schäden an Gebäuden. Insbesondere das Albstadt-Beben, dessen Hypozentrum nur in etwa 6,5 km Tiefe lag, hat zu hohen wirtschaftlichen Schäden geführt. Insgesamt ist ein erheblicher Teil Deutschlands erdbebengefährdet, was in Verbindung mit der Bebauungsdichte zu einem erheblichen Risikopotenzial führt. Darüber hinaus sind deutsche Unternehmen europa- und weltweit tätig. Aus Deutschland werden nicht nur Güter, sondern auch Ingenieurleistungen exportiert. Jedes Unternehmen, das über die Grenzen Deutschlands aktiv ist, wird früher oder später mit der Erdbebenthematik konfrontiert. Es lohnt sich daher die durch Erdbeben hervorgerufenen Beanspruchungen zu verstehen und die Methoden, die-

# 1 Einleitung

## 1.1 Bedeutung der Erdbebenauslegung

Das vergangene Jahrzehnt wurde durch zahlreiche extreme Erdbebenereignisse geprägt. Länder wie Japan, Chile, Neuseeland, Haiti, Nepal, China usw. wurden durch Erdbeben heimgesucht, die teilweise globale Auswirkungen hatten. Der durch das Tuhoku-Erdbeben 2011 ausgelöste Tsunami mit der nachfolgenden Kernschmelze im Atomkraftwerk Fukushima zeigte, dass selbst höchstentwickelte Länder von den Konsequenzen eines Erdbebens in höchstem Maße getroffen werden können (Bild 1a). Das Beben 2010 in Haiti, bei dem weit über 200.000 Todesopfer zu beklagen waren, hat mit aller Brutalität gezeigt, wie eine fehlende Vorbereitung auf ein Erdbeben zu einer Katastrophe führen kann (Bild 1b).

Die Auswirkung von Erdbeben auf die globale Gesellschaft lässt sich auch mit Zahlen verdeutlichen: obwohl der weltweite Anteil von Erdbeben an extremen Naturkatastrophen in den Jahren 2010 bis 2018 bei 13,3 % lag, betrug der zugehörige Anteil an wirtschaftlichen Schäden 27,2 % und der Anteil an Todesopfern 66,1 % (Bild 2). Hier zeigt sich, dass Erdbeben zwar relativ seltene Ereignisse sind, die dann jedoch zu extremen Personen- und Sachschäden führen können.

Die häufigsten Erdbeben sind tektonischen Ursprungs, die durch Bruchvorgänge und gegenseitige Verschiebungen der Platten der Erdkruste hervorgerufen werden. Zonen hoher seismischer Aktivität befinden sich entlang der Grenzen dieser Platten und dementsprechend entlang der West- und Ostküste des Pazifik, in Südostasien und Neuseeland, im Süd-Südwesten der Himalaja-Kette, entlang der anatolischen Falte, im Mit-

a)      b)

**Bild 1.** a) Zerstörtes Fukushima Daichi Atomkraftwerk, b) zerstörte Häuser in einem Armenviertel in Port-au-Prince, Haiti (Quellen: TEPCO, UN Photo/Logan Abassi)

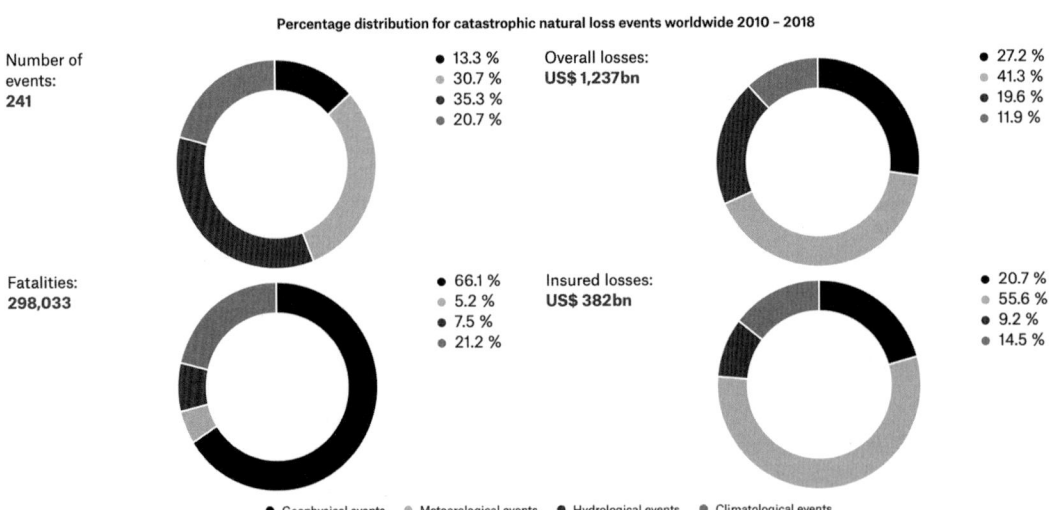

**Bild 2.** Verteilung der Naturkatastrophen und der anteiligen Personen- und Sachschäden in den Jahren 2010–2018 (Quelle: NatCatService, Munich Re, 30.12.2019)

## Inhaltsverzeichnis

| 1 | **Einleitung** 733 |
|---|---|
| 1.1 | Bedeutung der Erdbebenauslegung 733 |
| 1.2 | Entwicklung der Normung für Erdbebenlasten in Deutschland 735 |
| 1.3 | Erdbebenauslegung von Stahlbauten 736 |

| 2 | **Erdbebeneinwirkung** 736 |
|---|---|
| 2.1 | Darstellung der Erdbebeneinwirkung 736 |
| 2.1.1 | Grundlagen 736 |
| 2.1.2 | Herleitung des Antwortspektrums 737 |
| 2.1.3 | Antwortspektren in DIN EN 1998-1 739 |
| 2.2 | Baugrundbeschaffenheit 741 |
| 2.3 | Erdbebengefährdungskarten 742 |

| 3 | **Auslegung von Hochbauten** 746 |
|---|---|
| 3.1 | Entwurfskonzepte 746 |
| 3.1.1 | Systemsteifigkeit 746 |
| 3.1.2 | Duktilität und Dissipation 747 |
| 3.1.3 | Verhaltensbeiwert q 749 |
| 3.1.4 | Kapazitätsbemessung und Überfestigkeit 752 |
| 3.1.5 | Duktilitätsklassen und deren Anforderungen 755 |
| 3.2 | Anforderungen an Regelmäßigkeit 756 |
| 3.3 | Modellierung und Berechnungsmethoden 762 |
| 3.3.1 | Vorüberlegungen und Wahl einer Duktilitätsklasse 762 |
| 3.3.2 | Bestimmung der Erdbebengefährdung 764 |
| 3.3.3 | Bemessungs-Antwortspektrum 764 |
| 3.3.4 | Kombination von Erdbeben mit anderen Einwirkungen 766 |
| 3.3.5 | Antwortspektrumverfahren 767 |
| 3.3.6 | Pushover-Berechnung 769 |
| 3.3.7 | Nichtlineare Zeitschrittberechnungen 775 |
| 3.4 | Nachweisführung 776 |
| 3.4.1 | Grenzzustand der Tragfähigkeit 776 |
| 3.4.2 | Nachweise zur Schadensbegrenzung 777 |
| 3.5 | Vereinfachte Erdbebenauslegung nach dem Nationalen Anhang 777 |

| 4 | **Besondere Regeln für Stahlbauten** 783 |
|---|---|
| 4.1 | Entwurfsprinzipien 783 |
| 4.1.1 | Einleitung 783 |
| 4.1.2 | Niedrig-dissipative und dissipative Auslegungskonzepte 783 |
| 4.1.3 | Anwendung der Kapazitätsbemessung im Stahlbau 784 |
| 4.2 | Werkstoffe 784 |
| 4.2.1 | Material-Überfestigkeit 784 |
| 4.2.2 | Zähigkeit 785 |
| 4.2.3 | Verbindungsmittel 786 |
| 4.2.4 | Ausführung 786 |
| 4.2.5 | Nichtrostende Stähle 786 |
| 4.3 | Tragwerkstypen und Verhaltensbeiwerte 786 |
| 4.3.1 | Tragwerkstypen und Verhaltensbeiwerte 786 |
| 4.3.2 | Gemeinsame Auslegungsregeln bei dissipativem Tragverhalten 788 |
| 4.4 | Biegesteife Rahmen 789 |
| 4.4.1 | Tragsystem und Tragverhalten 789 |
| 4.4.2 | Träger 789 |
| 4.4.3 | Stützen 790 |
| 4.4.4 | Riegel-Stützen-Anschluss 791 |
| 4.5 | Konzentrische Verbände 794 |
| 4.5.1 | Tragsystem und Tragverhalten 794 |
| 4.5.2 | X-Verbände 795 |
| 4.5.3 | V-Verbände 797 |
| 4.6 | Exzentrische Verbände 797 |
| 4.6.1 | Tragsystem und Tragverhalten 797 |
| 4.6.2 | Bemessung von Verbindern 798 |
| 4.6.3 | Konstruktionsregeln für Verbinder 799 |
| 4.7 | Sonderthemen und neue Entwicklungen 799 |
| 4.7.1 | Buckling Restraint Braces (BRB) 799 |
| 4.7.2 | Dissipative Anschlüsse zentrischer Verbände (INERD) 801 |
| 4.7.3 | Austauschbare dissipative Elemente (FUSEIS) 802 |
| 4.7.4 | Stahl- und Stahlverbundschubwände 803 |
| 4.7.5 | Dissipative biegesteife Rahmen in Querschnittklasse 3 und 4 803 |
| 4.7.6 | Dämpfer und seismische Isolierung 805 |

| 5 | **Besondere Regeln für Verbundbauten aus Stahl und Beton** 806 |
|---|---|
| 5.1 | Grundlagen 806 |
| 5.2 | Werkstoffe 806 |
| 5.3 | Tragwerkstypen und Verhaltensbeiwerte 807 |
| 5.3.1 | Tragwerkstypen und Auslegungskonzepte 807 |
| 5.3.2 | Anwendbare Verhaltensbeiwerte 807 |
| 5.4 | Berechnungsmethoden 808 |
| 5.4.1 | Modellierung von Verbundtragwerken 808 |
| 5.5 | Konstruktive Durchbildung 810 |
| 5.5.1 | Kapazitätsbemessung 810 |
| 5.5.2 | Anforderungen an Bauteile 810 |
| 5.6 | Träger-Stützen-Anschlüsse 814 |

| 6 | **Andere Tragwerke** 814 |
|---|---|
| 6.1 | Einleitung 814 |
| 6.2 | Erdbebeneinwirkung und Anforderungen 816 |
| 6.3 | Silos 816 |
| 6.4 | Tanks 817 |
| 6.5 | Verankerungen 819 |

| 7 | **Auslegungsbeispiele** 820 |
|---|---|
| 7.1 | Stahlhalle in Deutschland 820 |
| 7.2 | Vierstöckiges Bürogebäude mit dissipativer Auslegung 824 |
| 7.2.1 | Tragwerksbeschreibung – Lasten 824 |
| 7.2.2 | Tragwerksmodellierung und -berechnung 825 |
| 7.2.3 | Grenzzustand der Schadensbegrenzung 827 |
| 7.2.4 | Grenzzustand der Tragsicherheit 828 |
| 7.2.5 | Nichtlineare statische Berechnung 830 |
| 7.2.6 | Nichtlineare dynamische Berechnung 832 |
| 7.3 | Flüssigkeitsgefüllter Behälter 835 |
| 7.4 | Stehender Doppelkammerbehälter auf Rohrfüßen 837 |

| 8 | **Literaturverzeichnis** 839 |
|---|---|

# 11 Tragverhalten, Auslegung und Nachweise von Stahlbauten in Erdbebengebieten

Dr.-Ing. Max Gündel

Prof. Dr.-Ing. Benno Hoffmeister

Prof. Dr.-Ing. Dr. h.c. Ioannis Vayas

Dr.-Ing. Klaus Wittemann

[44] Eibl, J. (1983) Erläuterungen zur DIN 4421 – Traggerüste, *Beton- und Stahlbetonbau* **78** (12), 325–331.

[45] Bundesvereinigung der Prüfingenieure für Bautechnik e. V. (2016) Der BÜV-Arbeitskreis hat seine Bewertungskriterien von 2002 aktualisiert und den neuen Entwicklungen angepasst: Neue Fassung der Empfehlungen der Prüfingenieure für die Prüfung von Traggerüsten in Anlehnung an DIN EN 12812, *Der Prüfingenieur*, Mai 2016, 69–74.

[46] Spanier, H. (2019) *Digitalisierung im Gerüstbau am Beispiel von Spanier & Wiedemann – Anwenderbericht*, Neustadt/Weinstraße, Ausgabe Mai 2019.

[47] Semmler, T. (2018) BIM XD – Wo steht BIM in Deutschland 2018 – Einblicke in die Digitalisierung der Bau- und Immobilienwirtschaft, *BIM Magazin,* Februar 2018, 46.

[48] Köhler, J. (2015) Bedeutende Effizienzsteigerungen – Von der Weiterentwicklung des Planungsprozesses, der Kooperation mit Baufirmen und den Standards für den Datenaustausch, Berlin Ausgabe November 2015.

[49] Spanier, J. Die SCAFFEYE Mo.

[50] Bundesministerium für Verkehr und digitale Infrastruktur (2015) *Stufenplan Digitales Planen und Bauen – Einführung moderner, IT-gestützter Prozesse und Technologien bei Planung, Bau und Betrieb von Bauwerken*, BMVI, Berlin, Ausgabe Dezember 2015.

[51] Przybylo, J.; Münzner, H.; Raps, M.; Zausinger, D., Mikasinovic, M. (2019) BIM-Überblick und die Anwendung von BIM im Stahlbau, *Stahlbau-Kalender 2019* (Hrsg. Kuhlmann, U.), Ernst & Sohn, Berlin, S. 643–676.

[10] DIN EN 1090-1:2012-02 (2012) *Ausführung von Stahltragwerken und Aluminiumtragwerken*, Beuth, Berlin.

[11] Deutsches Institut für Bautechnik (2017) *Muster-Verwaltungsvorschrift Technische Baubestimmungen*, Ausgabe August 2017, DIBt, Berlin.

[12] Deutsches Institut für Bautechnik (2008) *Zulassungsgrundsätze für Arbeits- und Schutzgerüste, Anforderungen, Berechnungsannahmen, Versuche, Übereinstimmungsnachweis* (2008), Ausgabe April 2008, DIBt, Berlin.

[13] DIN EN 82079-1:2013-06 (2013) *Erstellen von Gebrauchsanleitungen – Gliederung, Inhalt und Darstellung – Teil 1: Allgemeine Grundsätze und ausführliche Anforderungen*, Beuth, Berlin.

[14] DIN EN 12811-1:2004-03 (2004) *Temporäre Konstruktionen für Bauwerke – Teil 1: Arbeitsgerüste – Leistungsanforderungen, Entwurf, Konstruktion und Bemessung*, Beuth, Berlin.

[15] DIN EN 12812:2008-12 (2008) *Traggerüste – Anforderungen, Bemessung und Entwurf*, Beuth, Berlin.

[16] Musterbauordnung (2016) MBO; zuletzt geändert durch Beschluss der Bauministerkonferenz vom 13.05.2016.

[17] Fachkommission Bautechnik der Bauministerkonferenz (2018) *Muster einer Verordnung über das Übereinstimmungszeichen (Muster-Übereinstimmungszeichen-Verordnung – MÜZVO)*, Fachkommission Bautechnik der Bauministerkonferenz.

[18] Motzko, C. (2017) *Kennzeichnung, Prüfung und Dokumentation von Schalungs- und Gerüstprodukten*, Ausgabe September 2017, GSV Ratingen.

[19] BetrSichV (2015) *Verordnung über Sicherheit und Gesundheitsschutz bei der Verwendung von Arbeitsmitteln (Betriebssicherheitsverordnung – BetrSichV)*. Ausgabe 2015.

[20] TRBS 2121 (2018) *Technische Regeln für Betriebssicherheit*, Ausgabe Juli 2018.

[21] TRBS 2121 Teil 1 (2019) *Technische Regeln für Betriebssicherheit*. Ausgabe Januar 2019.

[22] Deutsches Institut für Bautechnik (2019) *Aus der Arbeit des Sachverständigenausschusses „Gerüste" – Newsletter 1/2019*, DIBt Berlin, Ausgabe April 2019.

[23] Deutsches Institut für Bautechnik (2017) *Newsletter 04/2017*, Berlin Ausgabe Oktober 2017.

[24] Deutsches Institut für Bautechnik (2009) *Anwendungsrichtlinie für Traggerüste nach DIN EN 12812, DIBt Mitteilung 6/2009*, DIBt Berlin, Ausgabe August 2009.

[25] DIN 4420-1:2004-03 (2004) *Arbeits- und Schutzgerüste – Teil 1: Schutzgerüste – Leistungsanforderungen, Entwurf, Konstruktion und Bemessung*, Beuth, Berlin.

[26] DIN EN 1993-1-1:2010-12 (2010) *Eurocode 3: Bemessung und Konstruktion von Stahlbauten – Teil 1-1: Allgemeine Bemessungsregeln und Regeln für den Hochbau*, Beuth, Berlin.

[27] Kuhlmann, U.; Feldmann, M.; Lindner, J. et al. (2014) *Eurocode 3 Bemessung und Konstruktion von Stahlbauten, Band 1: Allgemeine Regeln und Hochbau. DIN EN 1993-1-1 mit Nationalem Anhang. Kommentar und Beispiele*, Beuth, Ernst & Sohn, Berlin, Ausgabe Dezember 2014.

[28] DIN EN 13814:2005-06 (2005) *Fliegende Bauten und Anlagen für Veranstaltungsplätze und Vergnügungsparks – Sicherheit*, Beuth, Berlin.

[29] DIN EN 12810-1:2004-03 (2004) *Fassadengerüste aus vorgefertigten Bauteilen – Teil 1: Produktfestlegungen*, Beuth, Berlin.

[30] Hamaekers, K. (2012) *Berechnungsannahmen und Tragmodelle für die Verankerung der Fassadengerüste in der Zulassungsberechnung, Grundlagen für die in Aufbau- und Verwendungsanleitung angegebenen Ankerkräfte für die Regelausführung*, Tagungsbandbeitrag zum Großseminar „Standsicher mit der richtigen Verankerung – bei jedem Projekt", Lahnstein.

[31] Nather, F.; Lindner, J.; Hertle R. (2005) *Handbuch des Gerüstbaus – Verfahrenstechnik im Ingenieurbau*, Ernst & Sohn, Berlin.

[32] Hünnebeck (1970) *Typenstatik Rüstbinder Hünnebeck H 33*, Ausgabe 1970.

[33] Layher (2013) *Leitfaden für den Praktiker*, 4. Auflage.

[34] DIN EN 1993-1-8:2010-12 (2010) *Eurocode 3: Bemessung und Konstruktion von Stahlbauten – Teil 1-8: Bemessung von Anschlüssen*, Beuth, Berlin.

[35] Layher (2018) *Typenprüfung TP / 2015 / 003 Layher systemfreies Zubehör Gitterträger 450 Stahl*, unveröffentlicht, Ausgabe 2018.

[36] PERI GmbH (2018) *Allgemeine bauaufsichtliche Zulassung / Allgemeine Bauartgenehmigung. Gerüstbauteile für das Gerüstsystem „PERI UP T 72"*, Berlin, Ausgabe März 2018.

[37] Layher (2018) *Traglastversuche mit Layher Stahlgitterträgern 450/550 – Versuchsbericht*, unveröffentlicht, Ausgabe 2018.

[38] Nather, F. (1990) *Gerüste*, Ernst & Sohn, Berlin.

[39] Lang, R. (1970) *Rohrgerüste, Rüstträger, Rüststützen*, Berlin.

[40] Schubert, J. *Stabilitätsprobleme der Rüstträger – Traggerüstbau – Auswirkungen neuer Erkenntnisse auf Bemessung und Ausführung – Diskussionsstand DIN 4421*, BW 44-28-04, VDI-Bildungswerk.

[41] Bamm, D. (1976) *Zur Frage der Bemessung von Druckgurtverbänden von Rüstträgern*, Deutsches Institut für Bautechnik, Berlin.

[42] Ulrich, U. (1975) *Beispiele für die Güte von üblichen Näherungen für die Berechnung von Traggerüstjochen*, VDI-Berichte Nr. 245 „Probleme des Traggerüstbaus", Düsseldorf.

[43] DIN 4421:1982-08 (1982) *Traggerüste – Berechnung, Konstruktion und Ausführung*, Beuth, Berlin.

## 6 Zusammenfassung und Ausblick

### 6.1 Zusammenfassung

Im vorliegenden Beitrag wurden besondere Aspekte der Planung, Bemessung und Ausführung von Gerüsten behandelt.

In einem Überblick über die baurechtlichen Grundlagen, die sich durch das EuGH-Urteil 305/2011 verändert haben, werden die Unterschiede zwischen den Europäischen und den Nationalen Regelungen und die für eine sichere Planung, Herstellung und Verwendung von Gerüsten wesentlichen Punkte herausgestellt. Ergänzend werden Hinweise zur Kennzeichnung und Verwendung von Gerüstbauteilen aufgeführt.

Bei der Planung und Bemessung von Arbeits- und Schutzgerüsten sind insbesondere bei Sonderkonstruktionen aus Systemgerüstbauteilen, also bei Bauweisen außerhalb der sogenannten Regelausführungen, besondere Aspekte zu berücksichtigen. Anhand der Themenschwerpunkte Verankerung und Systemimperfektionen von Arbeits- und Schutzgerüsten sowie Überbrückungskonstruktionen wird auf die individuellen Besonderheiten bei der Bemessung eingegangen. Durch Erläuterungen der zugrunde liegenden Regelwerke und das Aufzeigen von praktischen Lösungsansätzen werden Hilfestellungen für die Bemessung bereitgestellt.

Ziel des Abschnitts „Rüstbinder" ist es, die Besonderheiten der räumlichen Aussteifung von Rüstbindersystemen und deren Bemessung zu beleuchten. Hierzu werden die statischen Hintergründe über die aussteifende Wirkung der i. d. R. angeordneten Horizontal- und Querverbände zusammengetragen, teils auch Empfehlungen und Erläuterungen zur Anwendung der Norm gegeben, die für Entwurf und Bemessung nach DIN EN 12812 von Relevanz sind.

Die allgegenwärtige Digitalisierung bietet auch dem Gerüstbau neue Chancen und Möglichkeiten. Es soll gezeigt werden, welche Anwendungs- und Einsatzfelder für neue Technologien bestehen und wie diese den im Bauwesen immer wichtiger werdenden BIM-Prozess unterstützen können.

### 6.2 Ausblick

Der Bereich des Gerüstbaus wird auch zukünftig Themen für Stahlbau-Kalender-Beiträge bieten. So wird aufgrund der kontinuierlichen Weiterentwicklung der Eurocodes mittelfristig eine Aktualisierung der gerüstspezifischen Normen erfolgen, deren fachlicher Hintergrund den Anwendern zu erläutern ist.

Ferner besteht für die Gerüstsysteme und -bauteile weiterhin Bedarf an Innovation, z. B. aufgrund des immer größer werdenden Sicherheitsbedürfnisses im Arbeitsschutz, den steigenden Anforderungen an die Ergonomie als auch der Notwendigkeit eines ressourcenschonenden Materialverbrauchs. Dies kann durch Ausschöpfen der Verbesserungspotenziale bekannter Bautechniken und Werkstoffe sowie das Einsetzen neuartiger, innovativer Materialen geschehen.

Hieraus werden u. U. neue Fragestellungen bei der Bemessung aufgeworfen, welche dann in den Fachgremien geklärt und die Ergebnisse im Rahmen eines Stahlbaukalenderbeitrags der Fachwelt zur Verfügung gestellt werden sollten.

Das Thema der Digitalisierung hat bei der Planung, Bemessung und Ausführung temporärer Konstruktionen in den letzten Jahren deutlich an Bedeutung gewonnen. Diese Entwicklung wird durch politische Maßnahmen wie dem „Stufenplan Digitales Planen und Bauen" [50], der eine „(…) BIM-basierte Projektabwicklung bei allen Projekten im Infrastrukturbereich ab 2020 verpflichtend (…)" festlegt [51], weiter unterstützt. Die digitale Kommunikation zwischen den am Bau beteiligten Gewerken und die Synchronisation der Abläufe nehmen dabei eine zentrale Rolle ein.

Wie im Abschnitt 5 „Digitalisierung" bereits angedeutet, wird sich auch die Baubranche in den Bereichen Robotik und Künstliche Intelligenz (KI) weiterentwickeln müssen, um den Herausforderungen der Wirtschaftlichkeit und der ressourcenschonenden digitalen Fertigung 5.0 gewachsen zu sein.

## 7 Literatur

[1] Kathage, K.; Ortmann, C. (2019) Muster-Verwaltungsvorschrift Technische Baubestimmungen (MVV TB), Normen und Bescheide im Stahlbau, in *Stahlbau-Kalender 2019* (Hrsg. Kuhlmann, U.), Ernst & Sohn, Berlin, S. 125–224.

[2] Eisenbahnspezifische Liste Technischer Baubestimmungen (ELTB). Ausgabe Januar 2016.

[3] ZTV-ING (2018) Fortschreibung *Zusätzliche Technische Vertragsbedingungen und Richtlinien für Ingenieurbauten*, Ausgabe Oktober 2018, BASt.

[4] Hertle, R. (2009) Gerüstbau – Stabilität und statisch konstruktive Aspekte, in *Stahlbau-Kalender 2009* (Hrsg. Kuhlmann, U.), Ernst & Sohn, Berlin.

[5] Hertle, R.; Linhard, J. (2015) Gerüstbau – Vereinheitlichte Europäische Regeln und deren Anwendung, in *Stahlbau-Kalender 2015* (Hrsg. Kuhlmann, U.), Ernst & Sohn, Berlin.

[6] DIN EN 1090-2:2018-09 (2018) *Ausführung von Stahltragwerken und Aluminiumtragwerken*, Beuth, Berlin.

[7] DIN EN 1090-3:2019-04 (2019) *Ausführung von Stahltragwerken und Aluminiumtragwerken*, Beuth, Berlin.

[8] prEN 17293:2018-05 (2018) *Temporäre Konstruktionen für Bauwerke – Ausführung*, Beuth, Berlin.

[9] EU-Bauproduktenverordnung Nr. 305/2011 des Europäischen Parlaments und des Rates zur Festlegung harmonisierter Bedingungen für die Vermarktung von Bauprodukten und zur Aufhebung der Richtlinie 89/106/EWG des Rates, 2011.

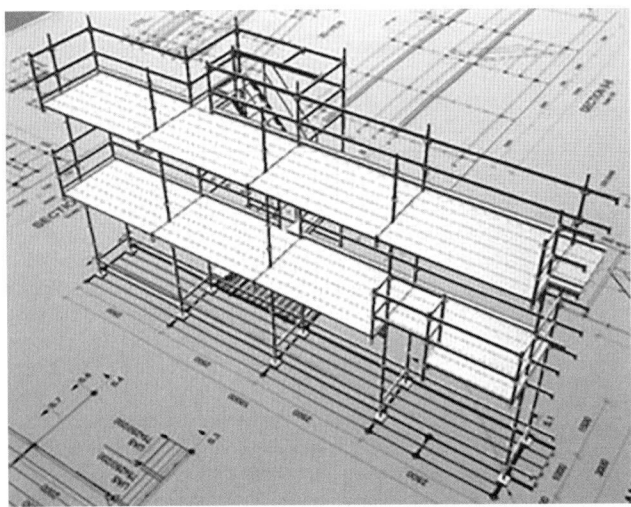

**Bild 61.** Beispiel für die Visualisierung im Modus der Augmented Reality (Bild: PERI)

**Bild 62.** Vermessungsroboter (Fotos: Scaled Robotics)

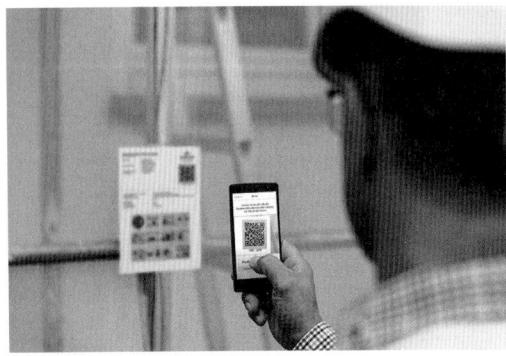

**Bild 63.** Abnahme und Freigabe von Gerüsten über SCAFFEYE (Foto aus [49])

die Prüfung und eine entsprechende Freigabe der Gerüste durch eine hierzu befähigte Person zu sorgen. Hierzu sind bislang analoge Formulare auszufüllen und abzulegen.

Für die digitale Verwaltung von Gerüsten und die verpflichtende, gesetzeskonforme Sicherheitsprüfung steht mittlerweile Anwendungssoftware für Smartphones wie SCAFFEYE zur Verfügung. Diese Softwarelösungen ermöglichen den Austausch von Prüfprotokollen, die Ablage von Fotodokumentationen oder eines Bautagebuchs und letztendlich die rechtssichere digitale Freigabe von Gerüsten. Die programmgesteuerte Dokumentation der Arbeitsschritte innerhalb der Planungsumgebung und die anschließende digitale Unterschriftenfreigabe erleichtern den bürokratischen Arbeitsalltag und verringern insbesondere den Zeitaufwand erheblich (Bild 63).

Über QR-Codes sind die Gerüste eindeutig zuordenbar und mittels Schnittstellen der App zu CAD-Programmen ist es möglich, die Dokumentation über Freigabe oder Sperrung eines Gerüsts in BIM zu implementieren.

### 5.3.3 Logistik

Eine genaue Planung und Transparenz innerhalb der logistischen Abläufe gewinnt in Zeiten enger Terminpläne und hoher baubetrieblicher Anforderungen wie der „just-in-time-Lieferung" zunehmend an Bedeutung. Hierbei können Methoden wie das Supply Chain Management (SCM) die logistische Koordination und Transportorganisation von Gerüstbauteilen oder auch die Implementierung von Tracking- und Tracing-Systemen zur Bauteilverfolgung und Standortbestimmung unterstützen. Mit unterschiedlichen Methoden wie beispielsweise dem Aufbringen von QR- oder Strichcodes auf den einzelnen Gerüstelementen und den dazugehörigen Transportbehältnissen können durch Scannen und Online-Auswertung die inner- und außerbetrieblichen Bewegungen nachvollzogen werden. Produktkennzeichnung mit passiven oder aktiven RFID-Transpondern (radio-frequency identification) ist eine weitere Variante zur Nachverfolgbarkeit und ist ein zuverlässiges Instrument zur eindeutigen Identifizierung von Bauteilen.

Im Hinblick auf optimalen Materialeinsatz, geringe Vorhaltezeiten und beschränkte Lagermöglichkeiten, wie es beispielsweise bei Großprojekten der Fall sein kann, ist die verfügbare Information über den genauen Ort der Bauteile von großer Bedeutung. Mit einer Datenbasis, die über die o. g. Informationen verfügt, können BIM-Modelle gepflegt, Bauabläufe optimiert und ungenutzte Kapazitäten auf der Baustelle und im Lager reduziert werden. Die Bauteilbewegungsprofile bieten darüber hinaus die Möglichkeit, Meldungen für innerbetriebliche Wartungsintervalle nach einer definierten Einsatzdauer auszugeben.

### 5.3.4 Ausführung

Neben Planung und Logistik zeigt die Digitalisierung auch im Rahmen der Ausführung großes Potenzial. Die für den Gerüstbau wesentlichen Aspekte in diesem Abschnitt sind die Visualisierung in der Arbeitsvorbereitung und der Arbeitsabläufe sowie die Dokumentation der durchgeführten Arbeiten.

Visualisierung spielt eine immer wichtiger werdende Rolle in allen Stadien des Baugeschehens. Gerade die Kommunikation, die Sicherheit sowie die Effizienz vieler Abläufe profitieren von detaillierten virtuellen Modellen. Die mobile 3-D-Visualisierung von Bauprojekten kann z. B. mit Apps wie „PERI Extended Experience" realisiert werden. Die hinterlegten 3-D-Modelle lassen i. d. R. drei Darstellungsarten Augmented Reality (AR), Virtual Reality (VR) und Mixed Reality (MR) auf einem Mobilgerät zu.

Im Modus Augmented Reality bietet die Technik die Möglichkeit, einen ausgedruckten Grundriss als Trigger zu nutzen um ein virtuelles 3-D-Modell des Bauwerks entstehen zu lassen (vgl. Bild 61). Insbesondere bei fachfremden Entscheidungsträgern kann dies ein nützliches Informationstool sein.

Der Modus Virtual Reality bietet, unter Zuhilfenahme einer VR-Brille, die realitätsnahe Visualisierung eines 3-D-Modells. Innerhalb des Modells ist eine „freie Bewegung" möglich, die Steuerung, wie z. B. Zoomen oder Drehen, funktioniert mittels Fingergesten. Die virtuelle Darstellung und Animation vom Auf-, Um- oder Abbau von Gerüsten kann als Schulungsmethode für Baustellenpersonal und zur Veranschaulichung von Baustellenabläufen genutzt werden.

Im Modus Mixed Reality wird ein 3-D-Modell in die jeweilige reale Umgebung des Nutzers projiziert. Die Methode lässt sich u. a. bei Lösungspräsentationen ideal einsetzen und bietet in Kombination mit den anderen Visualisierungsmöglichkeiten ein Paket an Optionen, den Planungs-/Bauprozess optimal zu unterstützen. Im baupraktischen Anwendungsfall ist beispielsweise durch den Einsatz der Mixed Reality Methode das i. d. R. sehr zeitaufwendige Einmessen der Fußpunkte bzw. der Fußspindeln mit erheblichen Erleichterungen zu rechnen. So kann über ein Smartphone oder Tablet die virtuelle Fußspindelposition auf dem realen Baugrund visualisiert und die Fußspindel vom Gerüstbauer genau positioniert werden.

Das Baustellenpersonal kann im Alltag ebenfalls von den neuen Methoden profitieren. Die direkte digitale Bereitstellung von 3-D-Plänen, Aufbau- und Verwendungsanleitungen oder Stücklisten über QR-Codes o. Ä. gewährleisten eine vollumfängliche Versorgung von Informationsmaterial. Im Sinne des BIM-Gedanken können zudem bei Fragestellungen auf der Baustelle, unter Zuhilfenahme von VR-Equipment, Anmerkungen online in das Arbeitsmodell eingepflegt werden. Vom Fachplaner wird die Lösung dann in das gemeinsame Arbeitsmodell eingearbeitet.

Ob die digitale Simulation und Vorabnahmen aber mit der Realität übereinstimmen, zeigt sich immer erst in der tatsächlichen Bauausführung bzw. Gerüsterstellung.

In Zukunft wird vermutlich die Thematik der Automatisierung auf der Baustelle immer mehr in den Fokus der Bauindustrie rücken. Gerade vor dem Hintergrund, dass im Gerüstbau ein Großteil der Zeit für den horizontalen und vertikalen Transport der Gerüstteile aufgewandt wird, suchen Gerüsthersteller und -aufsteller nach immer neuen Möglichkeiten, beispielsweise um den Bereich der Robotik zu nutzen. Beispielsweise liefern fahrbare Roboter mit einer integrierten Laserscanvorrichtung als baubegleitendes Überwachungsinstrument 3-D-Laserscans und letztendlich aktuelle Bestandsaufnahmen der Baustelle (vgl. Bild 62).

Dies unterstützt den Baufortschritt insofern, dass zum einen eine Just-in-time-Vermessung möglich ist und zum anderen die nachfolgenden Gewerke auf aktuelle Planunterlagen und Gegebenheiten reagieren können.

### 5.3.5 Abnahme

Der betriebssichere Auf- und Abbau von Gerüsten liegt in der Verantwortung des Gerüsterstellers. Er hat für

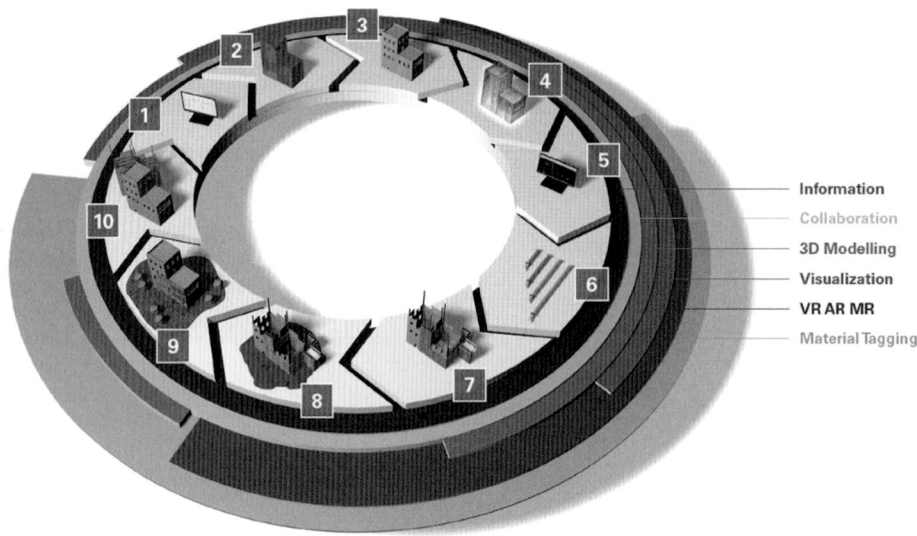

**BIM Lebenszyklus**

| | | |
|---|---|---|
| 1 Gebäudeentwicklung / Raumplanung | 5 Planerstellung / Dokumentation | 9 Betriebsphase mit Facility Management |
| 2 Entwurfsplanung | 6 Vorfabrikation / Elementierung | 10 Revitalisierung / Umnutzung, Rückbau |
| 3 Ausführungsplanung | 7 Werk- und Montageplanung | |
| 4 Thermische und technische Analysen | 8 Erstellung / Baustellenplanung | |

**Bild 59.** BIM – Lebenszyklus-Phasenmodell

**Bild 60.** BIM – Grundlagen (Fotos: PERI)

Kollisionsprüfungen, der Überprüfung der technischen Umsetzbarkeit bzw. der Montage oder bei der Simulation des Bauablaufs. Exemplarisch sei hier ein Instandsetzungsvorhaben eines Industriegebäudes gezeigt, bei dem das Hauptaugenmerk auf die Kollisionsprüfung mit dem vorhandenen Rohrleitungssystem zu legen war (vgl. Bild 60).

Durch die Anwendung von Planungssoftware ist es möglich, Gerüstkonstruktionen dreidimensional zu planen und cloudbasiert zu pflegen. Im Rahmen der 5-D-BIM-Planung können zudem die unterschiedlichen Bauabschnitte in die entsprechenden Takte untergliedert und die jeweiligen Stücklisten ausgegeben werden, um nicht zuletzt den Materialeinsatz zu optimieren.

 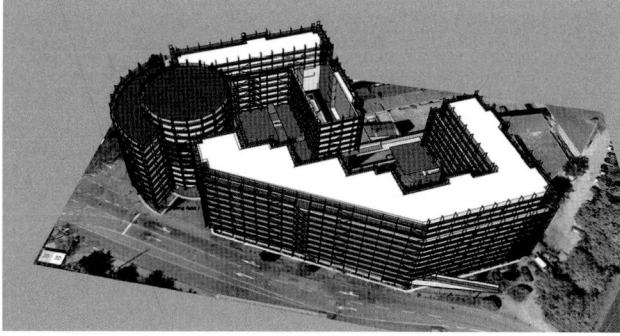

a) b)

**Bild 58.** a) Hochauflösende Luftaufnahme, b) mit digitaler Gerüstbaulösung (Fotos: Spanier)

von Vermessungslösungen aus der Luft sinnvoll sein (Bild 58).
Durch die von den Kameras aufgezeichneten Aufnahmen lassen sich über Punktwolken dreidimensionale Oberflächenmodelle generieren. Die Daten können dann in einem CAD-Programm zu einem 3-D-Bauwerksmodell umgewandelt werden, was wiederum die Grundlage für eine digitale Gerüstplanung bietet, vgl. [46].

## 5.3 BIM

### 5.3.1 Allgemeines

Building Information Modeling (BIM) beschreibt die Interaktion verschiedener Projektbeteiligter innerhalb einer Wertschöpfungskette an einem zentralen Datenmodell. Dieses Modell dient zur transparenten Projektierung sowohl in der Planungsphase als auch bei der Realisierung, der Nutzung und dem Rückbau des Bauwerks.
In Bezug auf Zeit und Kosten ist das Ziel, durch den Einsatz von BIM, eine gemeinsame digitale Basis für die Kommunikation zwischen den Projektbeteiligten bereitzustellen, Kostenentwicklungen transparent zu gestalten und letztendlich Projektabläufe zu verbessern. Durch Umgestaltung und Anpassung der etablierten Planungsprozesse kann das große Potenzial von BIM ausgeschöpft werden.
Potenziale von BIM
- Verbesserung der Effizienz und Verringerung der Projektlaufzeit,
- Projektverlauf kann besser vorhergesagt und auf Änderungen kann frühzeitig reagiert werden,
- bietet Möglichkeiten, digitale Simulationen in allen Phasen des Entwurfs, des Bauens und des Betriebs durchzuführen,
- verbesserte Analyse im Betrieb durch Abgleich mit Monitoringsystemen.

Im Kontext der Digitalisierung des Planens und Bauens ist BIM als Weiterentwicklung der vorhandenen digitalen Grundlagen zu sehen. Zu diesem Konglomerat gehören 3-D-Strukturmodelle, sämtliche kosten- und zeitrelevanten Randbedingungen sowie die Interaktion der am Bau Beteiligten. BIM kann nach [47] in die folgenden Dimensionen eingeordnet werden:
- 5D BIM: Geometrie eines Gebäudes und dessen Einbauten (3D) mit zusätzlicher Zeitplanung (4D) und Betrachtung der Kosten (5D),
- 6D BIM: Lebenszyklus des Gebäudes und etwaige Nachhaltigkeitsbetrachtungen werden berücksichtigt,
- 7D BIM: Dabei fließen die Nutzung und Verwaltung des Bauwerks in den Prozess mit ein.

6D BIM findet bereits erste Anwendung in der Bauindustrie, 7D BIM ist vor allem aus softwaretechnischen Gründen bislang wenig etabliert [47].
Im Bauwesen kann grundsätzlich zwischen Planungsphase, Bauphase und Nutzungsphase unterschieden werden. Diese Phasen beinhalten wiederum die in Bild 59 aufgeführten Abschnitte 1–10.
In Bezug auf den Gerüstbau kann die Planungsphase (Abschnitte 3 bis 7) in Planung, Logistik, Ausführung und Abnahme abstrahiert werden.

### 5.3.2 Planung

Interdisziplinäre Planungsprozesse erzielen nur dann den gewünschten Mehrwert, wenn Standards für den Datenaustausch für die interne und externe Zusammenarbeit definiert sind. Dabei ist festzulegen, welche Daten zwischen z. B. Bauunternehmen und Gerüstlieferant auszutauschen sind, um eine effiziente Planung im BIM-Prozess zu ermöglichen [48].
Auf Grundlage der zur Verfügung stehenden Planunterlagen, vgl. Abschnitt 5.2, ist für die Implementierung in die BIM-Umgebung eine 3-D-Planung des Gerüstes zwingende Voraussetzung. Insbesondere bei Planungen in der Angebotsphase können simulationsgestützte und animierte Visualisierungen helfen, die konstruktiven Herausforderungen und erste Lösungsansätze dem Gerüstbesteller näherzubringen.
Bei der weit detaillierteren Ausführungsplanung unterstützt eine realitätsnahe visualisierte Animation bei

einzurüstenden Objekts, wobei die Qualität der zur Verfügung stehenden Information ausschlaggebend ist. Liegen für neuere Bauwerke oft schon digitale 3-D-Modelle vor, fehlen bei älteren Bestandsbauten häufig belastbare Planunterlagen. Nicht zuletzt durch die Aktualisierung der TRBS 2121 [21] muss einer fundierten Grundlagenermittlung, als Basis einer zuverlässigen Vorplanung von Sicherheitsvorkehrungen, ein erhöhter Stellenwert beigemessen werden. Für eine verlässliche Gerüstplanung sind bei komplexen Bauvorhaben eindeutige Bestandsunterlagen unverzichtbar, um beispielsweise Vorsprünge oder Öffnungen sicher und wirtschaftlich einzurüsten. Für die Erstellung der dafür nötigen Bestandsaufmaße gibt es zahlreiche Anbieter innovativer Vermessungsinstrumente und -software.

Eine etablierte Methode zur Bauwerksvermessung ist das 3-D-Laserscanning. Mit dieser zeitsparenden Variante sind hochpräzise Aufmaße von Bauwerken möglich. Zur Vermessung von kleineren komplexen Strukturen können lokale, hochauflösende Scanvorgänge helfen, hohe Detailgenauigkeit zu erreichen, ohne überflüssiges Datenvolumen zu generieren. Mithilfe verschiedener Softwarepakete können die Punktwolkendaten weiterverarbeitet werden, wobei die Transformation der 3-D-Daten in CAD-Daten vergleichsweise einfach ist.

Dieses Verfahren kann beispielweise bei der Restaurierung von historischen Gebäuden wie Kirchen, wegen der oft fehlenden oder unzureichenden Bestandspläne, ideal eingesetzt werden. Ein Beispiel zeigt der Laserscann des renovierungsbedürftigen Chorraums des Ulmer Münsters in Bild 57. Hier wurde das digitale Strukturmodell für die Planung des freistehenden Raumgerüsts genutzt und aufgrund der von der Software durchgeführten Kollisionsprüfungen ein effizienter und sicherer Montageablauf sichergestellt.

Vorteile des Laserscannings zeigen sich insbesondere bei der vollautomatischen Erfassung von mehreren Objekten und durch die hohe Erfassungsgeschwindigkeit, auch bei unregelmäßigen Flächen. Vom Scanner weit entfernte Objekte werden jedoch nur mit einer geringen Punktdichte abgebildet, nahe Objekte geben eine hohe Punktdichte wieder, was zu teilweise überflüssigen und großen Datenmengen führen kann.

Alternativ zum Laserscanning werden photogrammetrische Messmethoden und Auswerteverfahren zur Generierung von Bauwerksdaten angewendet, welche sich in den letzten Jahren auch im Bereich des Bauwesens durchgesetzt haben. In Kombination mit hochauflösenden Messkameras bietet diese Anwendung innerhalb und außerhalb von räumlichen Strukturen Möglichkeiten, die Bauwerksoberfläche über digitale, dreidimensionale Koordinaten abzubilden.

Vermessungsaufgaben werden zudem immer häufiger durch die Unterstützung von unbemannten Luftfahrzeugen, z. B. Drohnen, erledigt. Dabei ist sowohl die topografische Vermessung von Geländeoberflächen wie auch die Ermittlung von Bauwerksgeometrien möglich. Insbesondere bei komplexen Bestandsgebäuden oder bei schwer zugänglichen Bauwerken kann der Einsatz

**Bild 57.** Laserscan mit Gerüstbaulösung des Chorraums des Ulmer Münsters (Bilder: PERI)

*Untersuchung U4*

Wie zuvor beschrieben, besitzt die Steifigkeit der Querverbände einen großen Einfluss auf die Schnittgrößenentwicklung nach Theorie II. Ordnung von Rüstbindersystemen. Um diesen zu verdeutlichen wird die Steifigkeit der drei angeordneten Querverbände im System der Untersuchung U2 von $A_{D,QV} = 0,142$ cm² auf 3,0 cm² heraufgesetzt. Die Größenordnung der gewählten Steifigkeit dürfte sich über einen stahlbaumäßig ausgeführten Querverband realisieren lassen. Alle anderen Parameter werden unverändert aus U2 übernommen. In Tabelle 7 sind die erzielten Berechnungsergebnisse aufgeführt.

Der Vergleich mit dem vereinfachten Verfahren zeigt, dass die Schnittgrößen nach genauer Systemuntersuchung z. T. erheblich geringer ausfallen. Die bemessungsmaßgebende Kraft der Diagonalen des Horizontalverbands reduziert sich gegenüber dem vereinfachten Nachweisverfahren um den Faktor 272 kN/128 kN = 2,13 und die des Obergurts um den Faktor 2111 kN/1664 kN = 1,27.

## 4.6 Zusammenfassung

Abschnitt 4 hat sich zum Ziel gesetzt, dem bemessenden Ingenieur von Rüstbindersystemen einen Überblick über deren Tragverhalten, insbesondere mit Blick auf die Wirkungsweisen der Aussteifungsverbände und deren Bemessung, zu geben.

Zum besseren Verständnis wurden hierzu statische Hintergründe über die aussteifende Wirkung der üblicherweise vorgesehenen Horizontal- und Querverbände zusammengetragen, teils auch Empfehlungen und Erläuterungen zur Anwendung der Norm gegeben, die für Entwurf und Bemessung von Relevanz sind.

Das in DIN EN 12812 aufgeführte vereinfachte Nachweisverfahren zur Bemessung von Aussteifungsverbänden wurde vorgestellt und die Grundlagen hierfür zusammengestellt. Anhand eines Beispiels wurden die einzelnen Schritte des Verfahrens aufgezeigt. Vergleichende, genaue Systemuntersuchungen am diskretisierten Systemaufbau wurden durchgeführt. Die Vergleichsberechnungen zielten darauf ab, einerseits die Besonderheiten der Aussteifungsmechanismen und deren Bedeutung für die Standsicherheit aufzuzeigen sowie geeignete Aussteifungsmaßnahmen zu erörtern, und andererseits einen Ausblick über die Wirtschaftlichkeit des Bemessungsverfahrens zu geben.

Anhand der exemplarischen Gegenüberstellung lassen sich folgende Erkenntnisse/Aussagen ableiten, die prinzipiell auch für vergleichbare Rüstbinderaufbauten gelten:

– Bei der Anwendung des vereinfachten Verfahrens sind zur Sicherstellung des Gleichgewichts und zur Aufrechterhaltung der Grundlagen des Nachweisformats, Querverbände entsprechend den früheren Regelungen nach DIN 4421 [43], 5.2.2.4 anzuordnen, solange keine anderen aussteifenden Maßnahmen getroffen werden. In DIN EN 12812 [15], Bild 10 fehlen die Querverbände B oder C gemäß Bild 4 der DIN 4421 [43]. Es wird empfohlen, dies bei der nächsten Überarbeitung der DIN EN 12812 entsprechend zu korrigieren.

– DIN EN 12812 macht für das vereinfachte Verfahren derzeit keine Aussagen über die Bemessung der Querverbände. Es werden lediglich Anforderungen an deren Steifigkeit gestellt. Die Untersuchungen haben allerdings gezeigt, dass eine Bemessung notwendig ist, da die Querverbände aufgrund ihrer aussteifenden Wirkung nicht zu vernachlässigende Kräfte erfahren können.

– Über die Trägerlänge in äquidistantem Abstand angeordnete Querverbände sind eine geeignete Maßnahme, um die Kräfte in den Querverbänden klein zu halten. Stahlbaumäßig ausgebildete Horizontal- und Querverbände sind dabei Rohrkupplungsverbänden vorzuziehen. Diese sind i. d. R. steifer und tragfähiger und sorgen gegenüber Rohrkupplungsverbänden für ein Mehr an Tragsicherheit.

– Auf Grundlage des vereinfachten Verfahrens sind die tatsächlich aus der Querverbandswirkung heraus auftretenden Zusatzbeanspruchungen der am Verbandssystem beteiligten Einzelbinder und deren Auflagerung nicht abschätzbar. Eine allgemeingültige Aussage, ob diese Effekte durch den nach Bemessungsklasse B2 zusätzlich anzusetzenden Sicherheitsbeiwert abgedeckt sind, ist ohne Weiteres nicht möglich.

– Die Schnittgrößenzuwächse nach Theorie II. Ordnung fallen bei einer genauen Systemuntersuchung deutlich geringer aus. Dies begründet sich vor allem durch die signifikant unterschiedlichen Vorkrümmungsansätze der beiden Nachweisverfahren. Mit Verweis auf die *Anmerkungen 1* und *4* in Abschnitt 4.4.2 wäre es im Sinne einer wirtschaftlichen Bemessung wünschenswert, wenn dieser Punkt in den zuständigen Fachgremien entsprechend thematisiert würde.

## 5 Digitalisierung

### 5.1 Allgemeines

Die Planung im Gerüstbau geht von der „Vor-Ort-Lösung" über die Stellplanung nach grobem Aufmaß durch den Gerüstersteller bis hin zur detaillierter Gerüstplanung nach Bestandsplänen oder aktuellem Aufmaß.

Mithilfe digitaler Lösungen können Planungs-, Logistik- und Bauabläufe optimiert werden, wobei die Digitalisierung den Planern, Bauherren und Gerüsterstellern immer neue Möglichkeiten eröffnet.

### 5.2 Grundlagenermittlung

Basis einer wirtschaftlichen, effizienten und sicheren Gerüstplanung sind Kenntnisse über die Geometrie des

Schnittgrößen, insbesondere der Diagonalenkräfte der Horizontal- und Querverbände, führt. Durch diese Maßnahme reduziert sich die Diagonalenzugkraft im Horizontalverband nach U2 um den Faktor 476 kN/177 kN = 2,69 und im Querverband sogar um 232 kN/59,9 kN = 3,87. Auch eine deutliche Verringerung der $M_z$-Momente in den Untergurten ist festzustellen.

Unter Berücksichtigung der zusätzlichen Querverbände werden nunmehr die Schnittgrößen der Systembauteile des Horizontalverbands sowie der Gurte des Rüstbinders auf Grundlage des vereinfachten Nachweisverfahrens ausreichend genau abgeschätzt. In Verbindung mit dem nach Bemessungsklasse B2 zusätzlich anzusetzenden Sicherheitsbeiwert kann eine erfolgreiche, auf der sicheren Seite liegende Bemessung geführt werden. Hinsichtlich einer wirtschaftlichen Auslegung der Systembauteile ist jedoch eine genaue Systemuntersuchung vorzuziehen. Für eine genaue Systemuntersuchung sprechen zudem die im Folgenden genannten Aspekte: Wie in der Zusammenstellung nach Tabelle 7 gezeigt, treten nach genauer Systemberechnung nicht unerhebliche Schnittgrößen in den Querverbänden auf. Die DIN EN 12812, 9.4.2.5.2 stellt an die Querverbände lediglich konstruktive Anforderungen, eine Bemessung dieser Verbände ist nicht explizit gefordert. Es liegen auch keine Schnittgrößenbeziehungen für die Nachweisführung der Querverbände vor. Die im Beispiel angeordneten Rohrkupplungsverbände erfüllen zwar die Anforderung an die Mindeststeifigkeit, ein Nachweis kann jedoch aufgrund der Größe der Kräfte für einen Anschluss mittels Normalkupplung nicht erbracht werden:

59,9 kN ≫ 15 kN / (1,1 · 1,15) = 11,9 kN

(siehe DIN EN 12812, 9.5.3, Tabelle 4 für Klasse B). Auch unter Verwendung einer „untergesetzten" Kupplung ist dies nicht möglich.

Wie anhand der bisherigen Untersuchungen zu erkennen ist, können bei Ausfall einzelner Querverbände nachweistechnisch nicht beherrschbare Schnittgrößen entstehen, schlimmstenfalls, bei Wegfall aller Querverbände, kann dies zum Versagen infolge mangelnder Gesamtstabilität führen. Bei der Anwendung des vereinfachten Bemessungsverfahrens muss somit darauf geachtet werden, dass die Querverbände eine ausreichende Tragfähigkeit besitzen.

Über die Trägerlänge in äquidistantem Abstand angeordnete Querverbände stellen eine geeignete Maßnahme dar, um die Kräfte in den Querverbänden klein zu halten. Werden z. B. innerhalb des Systems nach der Untersuchung U2 in Abständen von 2 m Querverbände gleicher Steifigkeit eingebaut, so errechnet sich die bemessungsmaßgebende Diagonalenkraft der Querverbände zu 16,4 kN und wäre nun, zumindest unter Einbau einer „untergesetzten" Kupplung mit Beanspruchbarkeit nach DIN EN 12812, 9.5.3, Tabelle 4 für Klasse BB: 25 kN/(1,1 · 1,15) = 19,8 kN nachweisbar.

Stahlbaumäßig ausgebildete Querverbände sind demnach Rohrkupplungsverbänden vorzuziehen. Diese sind i. d. R. steifer und tragfähiger und sorgen gegenüber Rohrkupplungsverbänden für mehr Tragsicherheit. Hierauf wird in der Untersuchung U4 noch eingegangen. Im Zweifelsfall ist eine Beurteilung der Standsicherheit auf Grundlage einer diskretisierten Systemuntersuchung durchzuführen.

*Untersuchung U3*

In U2 wurde gezeigt, dass die Schnittgrößen des Horizontalverbands nach dem vereinfachten Verfahren, gegenüber den Ergebnissen der genauen Berechnung, deutlich auf der sicheren Seite liegen. Die Ursache liegt vor allem in den unterschiedlich groß anzusetzenden Stichen der globalen Vorkrümmungen der Obergurte. Zur Veranschaulichung wird nun an dieser Stelle die Berechnung nach U2 mit der Vorkrümmung des vereinfachten Verfahrens nach Gl. (11) mit e = L/250 · r wiederholt. Die Ergebnisse können der Tabelle 7 entnommen werden.

Ein Vergleich der Kräfte zeigt, dass unter Annahme gleicher Vorkrümmungsansätze, beide Verfahren der Größenordnung nach vergleichbare Schnittgrößen ausweisen.

**Tabelle 7.** Gegenüberstellung der Berechnungsergebnisse

| Verfahren | Maximalwerte der Bemessungsschnittgrößen für | | | | |
|---|---|---|---|---|---|
| | Diagonale Horizontalverband [kN] | Diagonale Querverband [kN] | Obergurtdruckkraft [kN] | Untergurtzugkraft [kN] | Vertikale Auflagerkraft [kN] |
| Vereinfachtes Verfahren nach DIN EN 12812 [15] *) | +272 | – | –2111 | +1500 | 600 |
| Untersuchung U1 | +476 | +232 | –1987 | +1698 | 660 |
| Untersuchung U2 | +177 | +59,9 | –1789 | +1525 | 636 |
| Untersuchung U3 | +252 | +93,8 | –1878 | +1580 | 661 |
| Untersuchung U4 | +128 | +63,1 | –1664 | +1526 | 629 |

*) Wegen der unmittelbaren Vergleichbarkeit der Schnittgrößen beider Nachweisverfahren, ist der beim Nachweis zusätzlich anzusetzende Sicherheitsfaktor nach Bemessungsklasse B2 in Höhe von 1,15 hier noch nicht eingerechnet.

Regelung nach DIN 4421 [43], 5.2.2.4, siehe auch Bild 49 dieses Beitrags, hinsichtlich der Anordnung der Querverbände zu befolgen.

*Untersuchung U2*
In der hier betrachteten Systemberechnung wird nun der Einfluss unter Berücksichtigung der zusätzlich an den Umlenkstellen des Untergurts angeordneten Querverbände auf die Schnittgrößenentwicklung untersucht und erneut eine Gegenüberstellung mit dem vereinfachten Verfahren vorgenommen. In Tabelle 7 sind die Ergebnisse wiederum zusammengefasst. Bild 54 zeigt die Schnittgrößen der relevanten Bauteile, Bild 55 zeigt die horizontalen Verformungsanteile der Gurte und Bild 56 die $M_z$-Momente im Untergurt.

Ein Vergleich der Berechnungsergebnisse von U1 mit U2 zeigt deutlich die Wirksamkeit der zusätzlich angeordneten Querverbände. Die seitlichen Verformungen von Ober- und Untergurt fallen spürbar geringer aus, was gegenüber U1 zu einer deutlichen Reduktion der

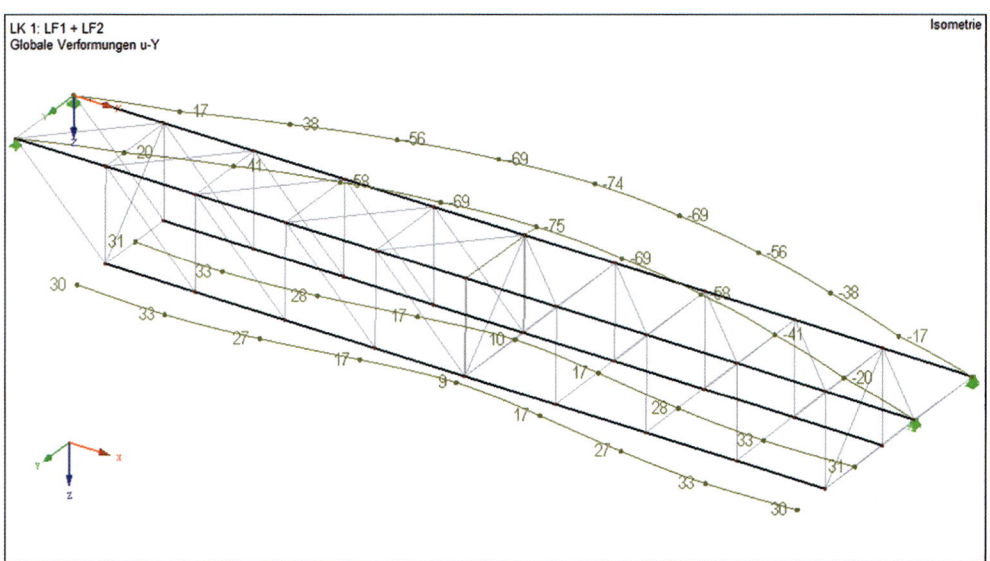

**Bild 55.** Untersuchung U2: Horizontale Verformung der Rüstbindergurte in [mm]

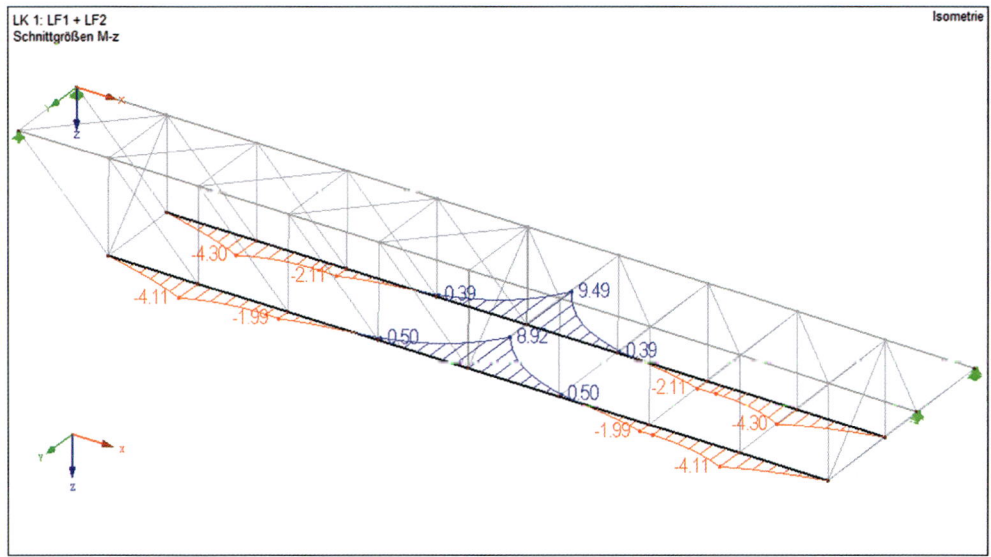

**Bild 56.** Untersuchung U2: Verlauf der Biegemomente $M_z$ in den Untergurtprofilen in [kNm]

Bild 51 zeigt die Schnittgrößen der relevanten Bauteile, Bild 52 die horizontalen Verformungsanteile der Gurte und Bild 53 die im Untergurt auftretenden Biegemomente $M_z$ um die schwache Achse. Ein Blick auf die Größenordnung der vorhandenen $M_z$-Momente zeigt, dass diese bei der Nachweisführung von üblich eingesetzten Untergurtprofilen nicht vernachlässigt werden dürfen. Betrachtet man zudem die Größe der Untergurtverformungen II. Ordnung müsste im konkreten Nachweisfall darüber nachgedacht werden, ob nicht auch Effekte Theorie III. Ordnung bei der Schnittgrößenermittlung zu berücksichtigen wären.

Auf Grundlage des vereinfachten Verfahrens sind die aufgezeigten Effekte in statischer Sicht nicht erkennbar/nachprüfbar. Deswegen wird es für die Anwendung des Verfahrens als notwendig erachtet, die alte

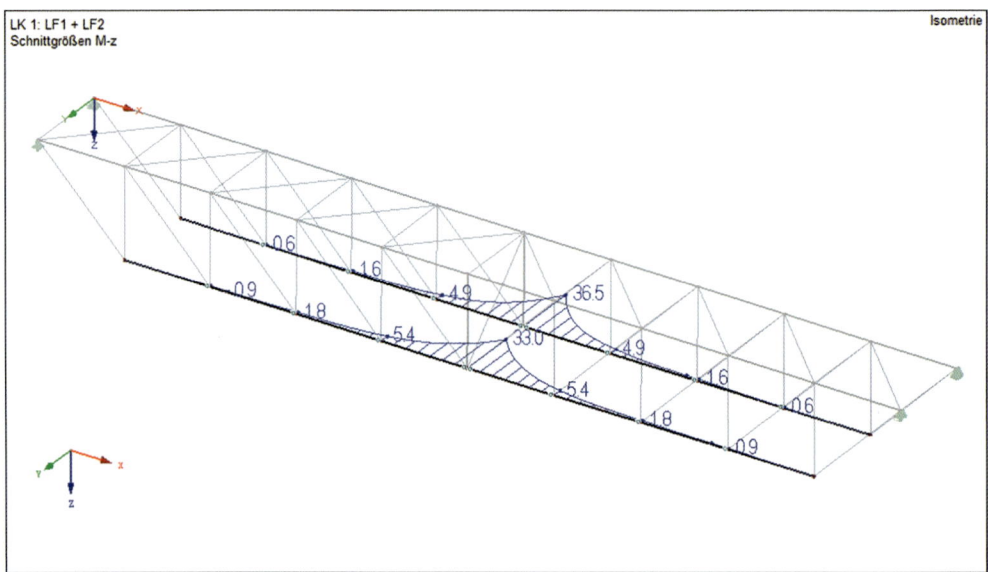

**Bild 53.** Untersuchung U1: Verlauf der Biegemomente $M_z$ in den Untergurtprofilen in [kNm]

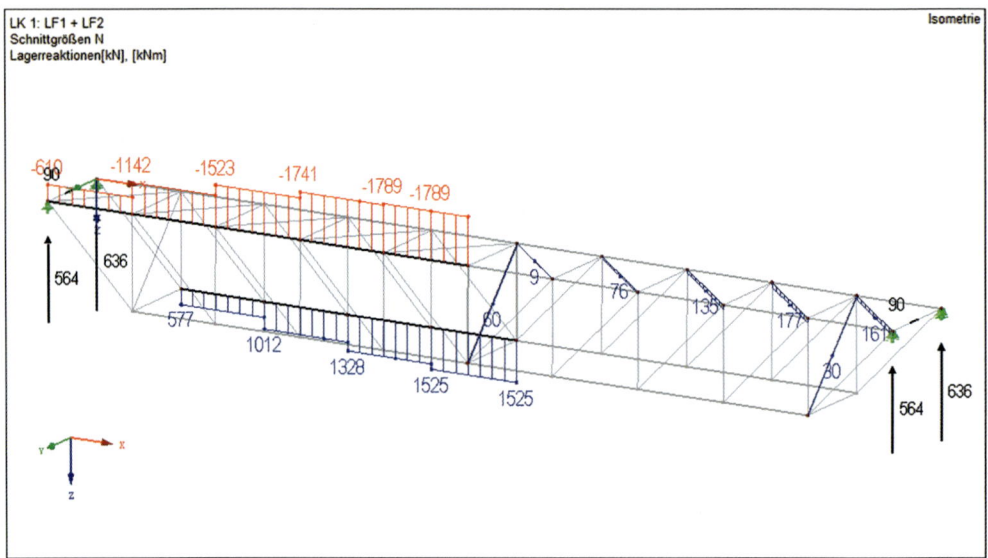

**Bild 54.** Untersuchung U2: Schnittgrößen relevanter Bauteile in [kN]. Dargestellt ist der Verlauf der Ober- u. Untergurtkräfte, die Diagonalenkräfte des Horizontal- und Querverbands. Zudem sind die vertikalen Auflagerkräfte aufgeführt.

gurte hervor (s. Bild 52), was zu erheblichen Schnittgrößenzuwächsen II. Ordnung in den Horizontal- und Querverbänden führt (s. Bild 51). Wie aus der Verformungsfigur ersichtlich, ist das sich einstellende Untergurtzugband offensichtlich zu weich, um die seitlichen Verformungen zu begrenzen. In Abschnitt 4.3 wurde auf diese Effekte bereits näher eingegangen.

Es kann zwar ein Gleichgewicht gebildet werden, allerdings nur dann, wenn das Untergurtprofil um seine schwache Achse als durchgehend biegesteif angenommen wird. Hierdurch können die Abtriebe mittels Querbiegung der Untergurte mit dem mittig angeordneten Querverband kurzgeschlossen werden. Sind $M_z$-Gelenke an den Stößen der Untergurtstäbe vorhanden, wird das System kinematisch.

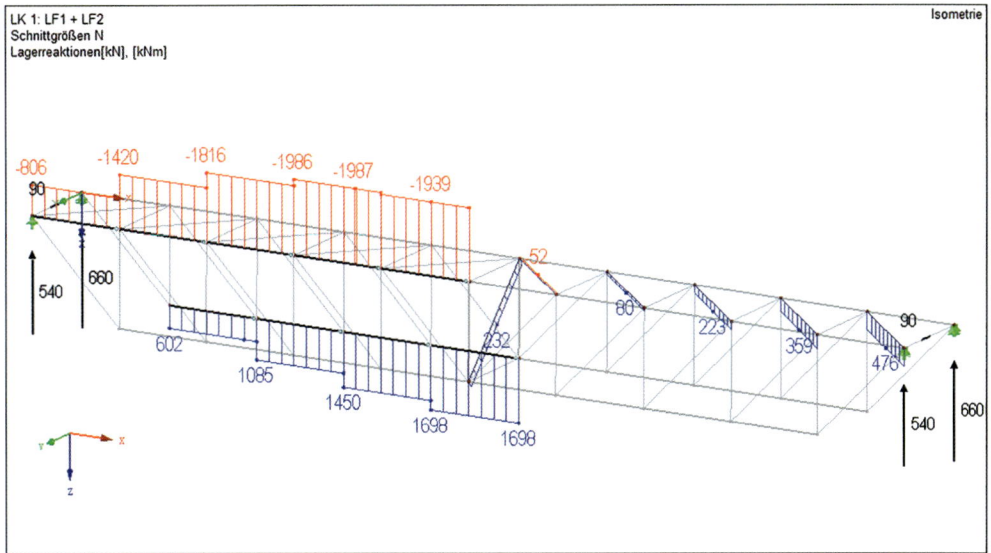

**Bild 51.** Untersuchung U1: Schnittgrößen relevanter Bauteile in [kN]. Dargestellt ist der Verlauf der Ober- und Untergurtkräfte, die Diagonalenkräfte des Horizontal- und Querverbands. Zudem sind die vertikalen Auflagerkräfte aufgeführt.

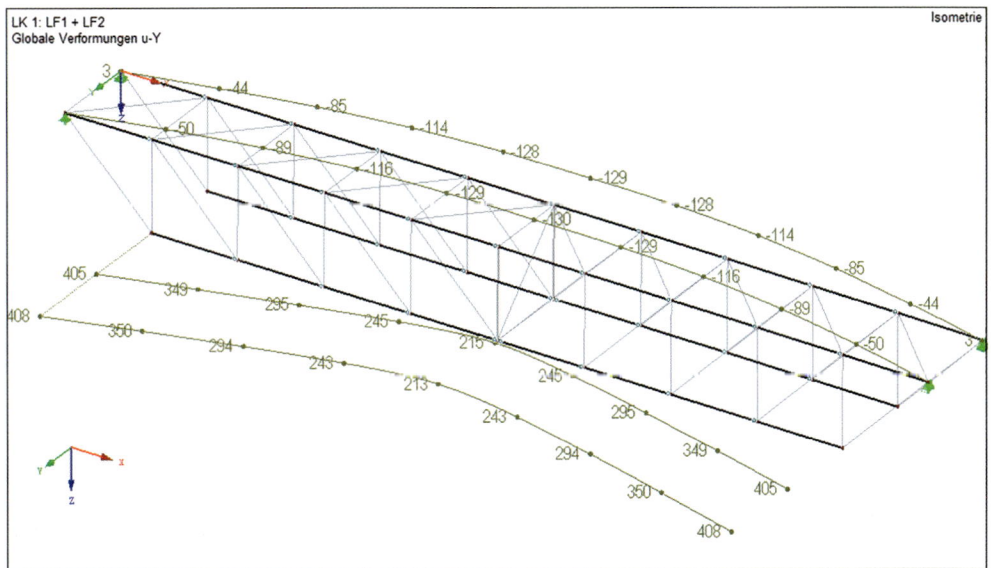

**Bild 52.** Untersuchung U1: Horizontale Verformung der Rüstbindergurte in [mm]

*Überprüfung der Randbedingungen für das vereinfachte Verfahren*
Anzahl QV über Länge L:
$n_{QV} = 1$
eff. Fläche der QV-Diagonale:
$A_{D,QV} = 0{,}142 \text{ cm}^2$
Neigung QV-Diagonale:
$\alpha_{D,QV} = 45°$
Ideelle Schubsteifigk. d. QV:
$\Sigma S_{id,QV,d} = E_d \cdot A_{D,QV} \cdot (\sin \alpha_{QV})^2 \cdot \cos \alpha_{QV} \cdot n_{QV}$
$= 960 \text{ kN}$
40% von $V_d$:
$0{,}4 \cdot \Sigma q_{v,d} \cdot L = 0{,}4 \cdot 120 \,\frac{\text{kN}}{\text{m}} \cdot 20{,}0 \text{ m} = 960 \text{ kN}$
→ Die Bedingung: $\Sigma S_{id,QV} \geq 0{,}4 \cdot \Sigma q_{v,d} \cdot L$ ist gerade erfüllt!

*Schnittgrößen nach Theorie I. Ordnung*
Summe der Gurtkräfte:
$$N_d = \frac{\Sigma q_{v,d} \cdot L^2}{8 \cdot h} = \frac{120 \,\frac{\text{kN}}{\text{m}} \cdot (20{,}0 \text{ m})^2}{8 \cdot 2{,}0 \text{ m}} = 3000 \text{ kN}$$
horiz. Querkraft I. O.:
$$H_d^I = \frac{\Sigma q_{h,d} \cdot L}{2} = \frac{9{,}0 \,\frac{\text{kN}}{\text{m}} \cdot 20{,}0 \text{ m}}{2} = 90 \text{ kN}$$
vertik. Auflagerkraft I. O.:
$$A_{v,d} = \frac{q_{v,d} \cdot L}{2} = \frac{60{,}0 \,\frac{\text{kN}}{\text{m}} \cdot 20{,}0 \text{ m}}{2} = 600 \text{ kN}$$

*Vergrößerungsfaktor*
Schubsteifigkeit H-Verband:
$\Sigma S_{id,HV,d} = E_d \cdot A_{D,HV} \cdot (\sin \alpha_{HV})^2 \cdot \cos \alpha_{HV}$
$= 20249 \text{ kN}$
Trägheitsmoment H-Verband:
$$I_{HV} = (A_G)^2 \cdot \left(\frac{b}{2}\right)^2 \cdot 2 = 900000 \text{ cm}^4$$
Biegesteifigkeit H-Verband:
$$N_{E,d} = \frac{\pi^2}{(s_k)^2} \cdot E_d \cdot I_{HV} = 42394 \text{ kN}$$
Verzweigungslast:
$$N_{cr,d} = \frac{1}{\frac{1}{S_{id,HV,d}} + \frac{1}{N_{E,d}}} = 13704 \text{ kN}$$
→ Vergrößerungsfaktor:
$$\alpha = \frac{1}{1 - \frac{N_d}{N_{cr,d}}} = 1{,}28$$

*Horizontalverbands- und Obergurtschnittkräfte nach Theorie II. Ordnung*
Summe Querkraft Th. II. O.:
$$H_d^{II} = \frac{H_d^I + 5 \cdot N_d \cdot \frac{e}{L}}{1 - \frac{N_d}{N_{cr,d}}} = 192 \text{ kN}$$

Diagonalenkraft Th. II. O.:
$$D_d^{II} = \frac{H_d^{II}}{\cos \alpha_{HV}} = 272 \text{ kN}$$
Moment und Zusatzgurtkraft:
$$M_d^{II} = \frac{M_d^{II}}{b} = 611 \text{ kN}$$
$$\Delta N_{Gurt,d} = H_d^{II} \cdot \frac{L}{\pi} = 1223 \text{ kNm}$$
Obergurtdruckkraft gesamt:
$$N_{OG,d} = -\frac{q_{v,d} \cdot L^2}{8 \cdot h} - \Delta N_{Gurt,d} = -2111 \text{ kN}$$

### 4.5.3 Untersuchungen am diskretisierten System und Vergleich

*Untersuchung U1*
Im ersten Schritt wird ein unmittelbarer Vergleich der Schnittgrößen II. Ordnung vorgenommen, die sich anhand des vereinfachten Verfahrens nach Abschnitt 4.5.2 und auf Grundlage einer genauen Systemuntersuchung bei diskretisierter Systemabbildung mit Vorkrümmung nach Abschnitt 4.4.2, Gl. (13), gemäß Bemessungsklasse B1, ergeben. Gegenübergestellt werden dabei die aus der Verbandswirkung wesentlich beeinflussten und für die Bemessung als relevant angesehenen Bauteilschnittgrößen, wie z. B. die Diagonalenkräfte des Horizontal- und Querverbands, die aus der Vertikal- und Horizontalbelastung resultierenden Obergurt- und Untergurtkräfte sowie die vertikalen Auflagerkräfte. In Tabelle 7 sind die Ergebnisse zusammengefasst aufgelistet, wobei der beim vereinfachten Verfahren zusätzlich anzusetzende Sicherheitsfaktor nach Bemessungsklasse B2 hier nicht eingerechnet ist, um einen unmittelbaren Schnittgrößenvergleich beider Verfahren vornehmen zu können. Zudem ist dieser genaugenommen auf der Widerstandsseite zu berücksichtigen.
Die Gegenüberstellung zeigt, dass das vereinfachte Nachweisverfahren im vorliegenden Beispiel in Teilen auf der unsicheren Seite liegende Schnittgrößen liefert. Insbesondere gilt dies für die Diagonalenkraft des Horizontalverbands, die um den Faktor 476 kN / 272 kN = 1,75 unterschätzt wird. Dieser Unterschied gegenüber der diskretisierten Berechnung kann auch nicht durch den nach Bemessungsklasse B2 bei der Nachweisführung zusätzlich anzusetzenden Sicherheitsfaktor in Höhe von 1,15 kompensiert werden. Des Weiteren ist anzumerken, dass die Querverbandsdiagonale mit 232 kN eine erhebliche Zugkraft aufweist.
Die Ursache, weshalb die genaue Systemuntersuchung z. T. deutlich höhere Schnittgrößen liefert, liegt vor allem im Fehlen der Querverbände des Typs B bzw. C nach Bild 49. Die, aus den im verformten System schief aus der Binderebene stehenden Druckpfosten des Rüstbinderfachwerks resultierenden, horizontalen Abtriebe rufen ausgeprägte seitliche Verformungen der Unter-

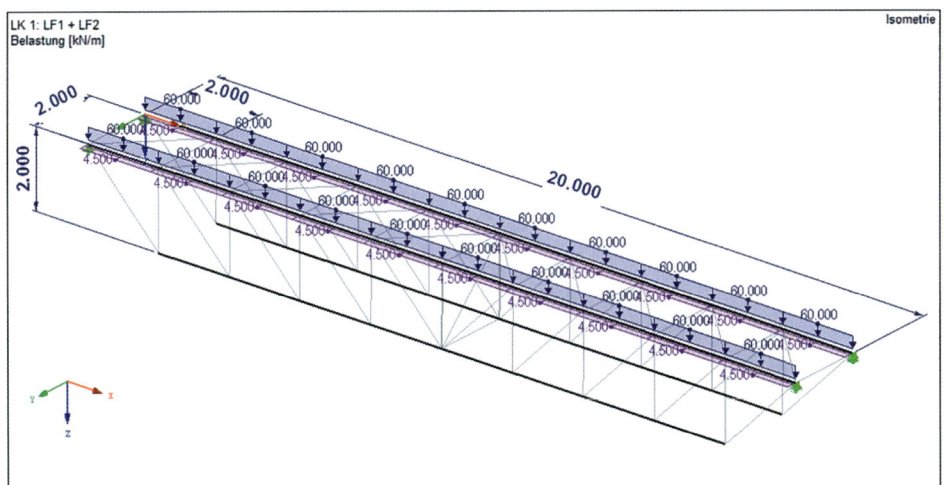

**Bild 50.** Darstellung der Systemabbildung in der EDV. Vertikal- und Horizontallastangriff in der Achse des Obergurts; sinusförmige Vorkrümmung der Obergurte in Richtung der äußeren Horizontallast

$\gamma_M = 1,1$ abzumindern. Der Bemessungswert des E-Moduls beträgt somit:
$E_d = 21000 \text{ kN/cm}^2/1,1 = 19091 \text{ kN/cm}^2$

Belastung (Bemessungswerte)
– vertikale Streckenlast je Einzelbinder:
 $q_{v,d} = 60 \text{ kN/m}$
– horizontale Streckenlast je Einzelbinder:
 $q_{h,d} = 4,5 \text{ kN/m}$ (7,5% von $q_{v,d}$)

Systemannahmen
In Rüstbinderebene wird ein ideales Fachwerk ausgebildet. Gurt, Pfosten und Diagonale der Fachwerkstäbe sind danach zentrisch gelenkig miteinander verbunden. Die Untergurte sind quer zur Binderebene als durchlaufend biegesteif modelliert. Dabei ist deren Trägheitsmoment mit $I_z = 700 \text{ cm}^4$ angenommen. Der Anschluss der Pfosten und Diagonalen der Horizontal- sowie Querverbände erfolgt ebenfalls zentrisch gelenkig. Alle Verbandsfelder sind mit einer Diagonalen ausgesteift, die auf Zug und Druck gleichsam wirkt. Der Einfluss von Lasteinleitungsexzentrizitäten bleibt unberücksichtigt, der Lastangriff der Vertikal- und Horizontallasten befindet sich somit auf Höhe des H-Verbands. Die Obergurte sind gleichsinnig in Richtung der Horizontallast $q_{h,d}$ sinusförmig vorgekrümmt. Der individuelle Stich der Vorkrümmung wird in den jeweiligen Untersuchungen nach Abschnitt 4.5.2 und 4.5.3 festgelegt. Bild 50 zeigt eine isometrische Darstellung des Systems.

### 4.5.2 Vereinfachtes Verfahren nach DIN EN 12812

Auf Grundlage der in Abschnitt 4.4.3 aufgeführten Beziehungen werden nachstehend die relevanten Schnittgrößen des Horizontalverbands sowie die resultierenden Gurtkräfte ermittelt. Zudem wird die Auflagerkraft ausgewiesen. Wie bereits an vorheriger Stelle erläutert, sieht das vereinfachte Verfahren nach DIN EN 12812 keine Abschätzung der Querverbandskraft vor.

*Geometrie und E-Modul*
Bemessungswert E-Modul:
$$E_d = \frac{E}{\gamma_M} = \frac{21000 \text{ kN/cm}^2}{1,1} = 19091 \text{ kN/cm}^2$$
Anzahl der Binder:
$n_{Bi} = 2$
Spannweite Binder:
$L = 20,0 \text{ m}$
Gurtachsabstand Binder:
$h = 2,0 \text{ m}$
horiz. Abstand der Binder:
$b = 2,0 \text{ m}$
Querschnittsfläche Gurt:
$A_G = 45,0 \text{ cm}^2$
eff. Fläche der HV-Diagonale:
$A_{D,HV} = 3,0 \text{ cm}^2$
Neigung HV-Diagonale:
$\alpha_{D,HV} = 45°$
Knicklänge Verbandsfeld:
$s_k = 1,0 \cdot L = 1,0 \cdot 20,0 \text{ m} = 20,0 \text{ m}$
Reduktionsfaktor:
$$r = \sqrt{0,5 + \frac{1}{n_{Bi}}} = \sqrt{0,5 + \frac{1}{2}} = 1,0$$
Mittenstich Vorkrümmung:
$$e = r \cdot \frac{L}{250} = 1,0 \cdot \frac{2000 \text{ cm}}{250} = 8,0 \text{ cm}$$

*Verbandsbelastung:*
je Binder: gesamt:
Vertikallast auf Binder-OG:
$q_{v,d} = 60,0 \text{ kN/m}$  $\Sigma q_{v,d} = n_{Bi} \cdot q_{v,d} = 120,0 \text{ kN/m}$
Horizontallast auf Binder-OG:
$q_{h,d} = 4,5 \text{ kN/m}$  $\Sigma q_{h,d} = n_{Bi} \cdot q_{h,d} = 9,0 \text{ kN/m}$

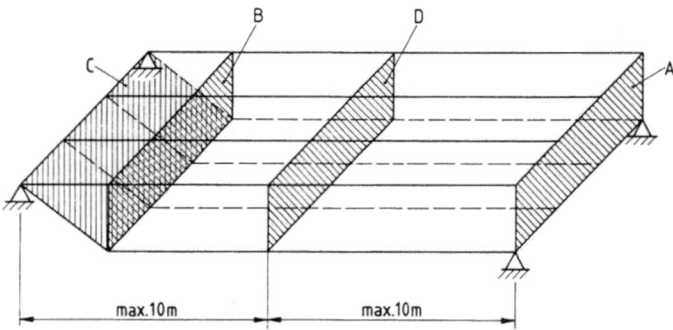

**Bild 49.** Anordnung von Querverbänden zwischen Fachwerkträgern. Aus Übersichtlichkeitsgründen ist der Horizontalverband hier nicht dargestellt (Bild 4 aus DIN 4421 [43])

Die Beanspruchbarkeiten dürfen entsprechend DIN EN 12812, 9.4.2.1 unter Ansatz plastischer Widerstandswerte ermittelt werden.

Für den Nachweis im Grenzzustand der Tragfähigkeit (ULS) sind die auf Grundlage der Elastizitätstheorie nach dem vereinfachten Verfahren ermittelten Bemessungswerte der Schnittgrößen den Bemessungswerten der Beanspruchbarkeiten gegenüberzustellen. Nach Gl. (7) aus DIN EN 12812 ist nachzuweisen, dass

$$E_d \leq R_d \tag{21}$$

erfüllt ist.

## 4.5 Exemplarische Gegenüberstellung des vereinfachten Nachweisverfahrens mit einer genauen Systemuntersuchung

Im Folgenden wird anhand eines konkreten Beispiels die Nachweisführung des vereinfachten Verfahrens dargestellt und die erzielten Ergebnisse mit den Ergebnissen einer genauen Untersuchung am diskretisierten Systemaufbau gegenübergestellt. Dabei werden Schnittgrößen miteinander verglichen, um die Unterschiede beider Verfahren aufzuzeigen. Eine Bemessung der Einzelbauteile erfolgt an dieser Stelle nicht.

Darauf aufbauende, flankierende Zusatzuntersuchungen sollen darüber hinaus das Tragverhalten solcher Systeme näher beleuchten und auf die bereits in Abschnitt 4.3 beschriebenen Besonderheiten der Tragmechanismen eingehen. Sinnvolle, teils als notwendig erachtete konstruktive Maßnahmen zur räumlichen Aussteifung von Rüstbindersystemen werden aufgezeigt.

Das Beispiel soll zudem auch einen Ausblick über die Wirtschaftlichkeit des vereinfachten Bemessungsverfahrens geben.

### 4.5.1 Systembeschreibung

Zugrunde gelegt wird ein Rüstbindersystem, bestehend aus zwei parallel angeordneten Einzelbindern, die durch einen zwischen den Obergurten angeordneten Horizontalverband und mittels eines in Feldmitte angeordneten Querverbands ausgesteift sind. Die Endauflagerung der Rüstbinder erfolgt am Obergurt, wobei eine gelenkige Lagerung angenommen wird. Das Rüstbindersystem wird als Einfeldträger ausgeführt und ist äußerlich statisch bestimmt gelagert.

Der Systemaufbau ist zu Beginn der Untersuchungen so gewählt, dass er die gemäß Bild 10 und Abschnitt 9.4.2.5.2 nach DIN EN 12812 geforderten, konstruktiven Mindestanforderungen hinsichtlich Anordnung und Steifigkeit der Querverbände gerade eben erfüllt. Folgende Systemdaten liegen vor:

Hauptabmessungen
– Spannweite der Einzelbinder:
  $L = 20{,}0$ m
– Gurtachsabstand der Einzelbinder:
  $h = 2{,}0$ m
– Achsabstand des Binderpaares:
  $b = 2{,}0$ m

Effektive Querschnittsflächen der Einzelstäbe
– Ober- und Untergurte der Rüstbinder:
  $A_G = 45{,}0$ cm$^2$
– Pfosten und Diagonalen der Rüstbinder:
  $A_P = 15{,}0$ cm$^2$
– Pfosten des Horizontalverbands:
  $A_{P,HV} = 5{,}0$ cm$^2$
– Diagonalen des Horizontalverbands:
  $A_{D,HV} = 3{,}0$ cm$^2$
  Hinweis: Der Horizontalverband wird stahlbaumäßig ausgeführt angenommen.
– Pfosten des Querverbands:
  $A_{P,QV} = 5{,}0$ cm$^2$
– Diagonalen des Querverbands
  $A_{D,QV} = 0{,}142$ cm$^2$
  Hinweis: Der zur Erfüllung von Gl. (28) aus DIN EN 12812 festgelegte Wert entspricht in etwa der effektiven Querschnittsfläche eines Rohrkupplungsverbands ⌀ 48,3 mm × 3,2 mm nach DIN EN 12812, 9.4.2.4.1 unter Annahme eines zentrischen Anschlusses: $4{,}53$ cm$^2/35 = 0{,}129$ cm$^2$

Elastizitätsmodul
Auf Grundlage der Mitteilung des DIBt mit Stand Januar 2019 [22], lfd. Nr. G03a-1, ist bei der Bemessung von Stahlbauteilen im Gerüstbau (Arbeits- und Schutzgerüste sowie Traggerüste) der Elastizitätsmodul mit

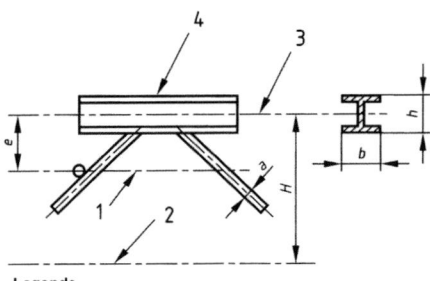

**Legende**
1  Aussteifungsebene (horizontale Aussteifung)
2  Achse des Untergurts
3  auszusteifende Ebene (Druckgurt)
4  Druckgurt

**Bild 47.** Zulässige Anschlussexzentrizität der Horizontalaussteifung eines Fachwerkträgers (Bild 9 aus DIN EN 12812 [15])

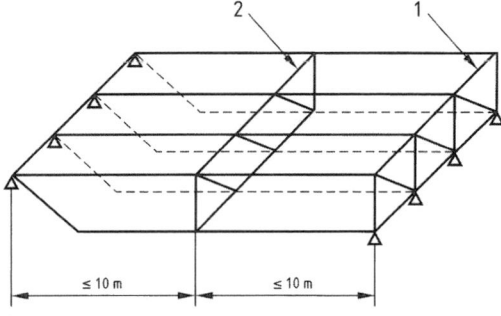

**Legende**
1  Queraussteifung am Ende
2  Queraussteifung in der Mitte

**Bild 48.** Anordnung der Queraussteifung Typ 1 und Typ 2. Aus Übersichtlichkeitsgründen ist der Horizontalverband hier nicht dargestellt (Bild 10 aus DIN EN 12812 [15])

– Die Summe der ideellen Schubsteifigkeiten $\Sigma S_{id}$ aller im Feld angeordneten Querverbände des Typs 2 muss mindestens 40 % der Summe der auf die Rüstbinder wirkenden Vertikalkräfte $V_d$ betragen, vgl. Gl. (28) in DIN EN 12812:

$$\Sigma S_{id} > 0,4 \cdot V_d \qquad (19)$$

Hierin bedeuten
$\Sigma S_{id}$  ideelle Schubsteifigkeit als Summe der Einzelschubsteifigkeiten $S_{id}$ der anrechenbaren Querverbände des Typs 2 in Anlehnung an die Bestimmungsgleichungen nach DIN EN 12812, 9.4.2.4.1 bzw. 9.4.2.4.3
$V_d$  Bemessungswert der Summe aller auf die zu stabilisierenden Rüstbinder vertikal wirkenden Lasten

*Anmerkung 6:* Anstelle der Anordnung von Querverbänden dürfen gleichwertige aussteifende Maßnahmen, wie z. B. biegesteife Querrahmen, gebildet aus den Binder-Koppelelementen und der Fachwerkausfachung oder einem zusätzlichen Horizontalverband in der Untergurtebene, ergriffen werden. Hierfür sind dann gesonderte Überlegungen anzustellen.

An dieser Stelle wird darauf hingewiesen, dass nach DIN 4421 [43], 5.2.2.4 bei Endauflagerung der Obergurte des Rüstbindersystems aus Gründen der Stabilität zusätzlich Endquerverbände vom Typ B oder C, wie in Bild 49 dargestellt, angeordnet werden mussten, solange keine vergleichbaren Maßnahmen zur Sicherung gegen Kippen der Trägerquerschnitte getroffen oder genaue Nachweise geführt wurden.
Warum die DIN EN 12812 diese Forderung nicht mehr erhebt, ist dem Verfasser nicht bekannt. Der BÜV-Arbeitskreis [45] empfiehlt eindringlich, diese Querverbände auch weiterhin vorzusehen. Dort heißt es:
„In Bild 10 der Norm sind Queraussteifungen einer Rüstträgerlage dargestellt. Hier fehlen die Verbände B und C (Bild 4 der DIN 4421). Um die statisch begründeten üblichen Konstruktionsprinzipien nicht zu verletzen, ist im Knickpunkt des Untergurtes ebenfalls ein Verband erforderlich."
Auf die Bedeutung und Notwendigkeit dieser Verbände hinsichtlich der Stabilisierung von Rüstbindern wird später noch näher eingegangen.
Im Übrigen dürfen die Verbände des Typs B oder C bei der Ermittlung der ideellen Schubsteifigkeit nach Gl. (19) angerechnet werden.
Nach DIN EN 12812 werden an die Querverbände des Typs 2 nach Bild 48 (bzw. Typ B oder C und Typ D nach Bild 49) mehr oder minder nur konstruktive Anforderungen gestellt. Ein statischer Nachweis der Querverbände wird nach Norm nicht explizit gefordert. In dem nachstehenden Beispiel wird aufgezeigt, dass auf eine entsprechende Bemessung dieser Querverbände nicht grundsätzlich verzichtet werden kann.
Die Querverbände des Typs 1 nach Bild 48 sind unabhängig davon zu bemessen, wobei vereinfachend der Nachweis dieser Verbände in Anlehnung an DIN EN 12812, 9.4.2.5.1 geführt werden darf. An dieser Stelle wird hierauf nicht näher eingegangen, da aus baupraktischen Gründen die Auflagerung der Rüstbinder, wie in Abschnitt 4.2 gezeigt, meist am Obergurt erfolgt.
Da es sich um ein Näherungsverfahren handelt, ist die Bemessung in die Bemessungsklasse B2 entsprechend Abschnitt 9.4.2 von DIN EN 12812 einzuordnen. Bei der Bestimmung des Bemessungswerts der Beanspruchbarkeiten ist demzufolge gemäß Abschnitt 9.2.2.1, d) aus DIN EN 12812 ein zusätzlicher Teilsicherheitsbeiwert von 1,15 einzurechnen. Nach Gl. (10) aus DIN EN 12812 errechnet sich der Bemessungswert der Beanspruchbarkeiten der Einzeltragglieder wie folgt:

$$R_{d,i} = \frac{R_{k,i}}{\gamma_{Mi} \cdot 1,15} \qquad (20)$$

wobei $\gamma_{Mi} = 1,10$ für Stahl oder Aluminium nach DIN EN 12812, 9.5.1 anzusetzen ist.

### 4.4.3 Vereinfachtes Nachweisverfahren

Das in DIN EN 12812, 9.4.2.5.2 vorgestellte vereinfachte Verfahren zur Nachweisführung der horizontalen Aussteifungsverbände von Rüstbindern basiert auf den Beziehungen eines Ersatzstabs, bei dem die Effekte Theorie II. Ordnung vereinfachend unter Ansatz des Vergrößerungsfaktors α berücksichtigt werden.

Die vom Horizontalverband aufzunehmenden Schnittgrößen dürfen näherungsweise nach Gl. (29) aus DIN EN 12812 zur Bestimmung der maximalen Verbandsquerkraft und nach Gl. (30) für das maximale Biegemoment zur Bestimmung der maximalen Zusatz-Gurtkraft abgeschätzt werden:

Der Bemessungswert der Querkraftbeanspruchung II. Ordnung des horizontalen Aussteifungsverbands zwischen den Obergurten der Rüstbinder errechnet sich danach wie folgt

$$H_d^{II} = (H_d^I + 5 \cdot N_d \cdot e/L) \cdot \alpha \tag{15}$$

mit $\alpha = \dfrac{1}{1 - \dfrac{N_d}{N_{cr}}}$

Hierin bedeuten
L   Spannweite der Rüstbinder
e   Vorkrümmung nach Abschnitt 4.4.2, Gl. (11) dieses Beitrags
$N_d$   Summe der Maxima der Bemessungswerte der Druckkräfte in den Obergurten der Rüstbinder, die durch den H-Verband stabilisiert werden
$N_{cr}$   Verzweigungslast des Aussteifungssystems, wobei diese in Anlehnung an Gl. (26) nach [15] wie folgt bestimmt wird:

$$N_{cr} = \dfrac{1}{\left(\dfrac{1}{S_{id}}\right) + \left(\dfrac{1}{N_E}\right)} \tag{16}$$

mit
$S_{id}$   ideelle Schubsteifigkeit des Horizontalverbands in Anlehnung an DIN EN 12812, 9.4.2.4
$N_E$   Euler'sche Knicklast des schubstarr angenommenen Obergurt-Systems, wobei die Biegesteifigkeit $EI_s$ anhand der Steiner-Anteile der vom Horizontalverband verbundenen Obergurte bestimmt wird und als Knicklänge die Spannweite der Rüstbinder anzusetzen ist: $N_E = \pi^2 \cdot EI_s / L^2$
Werden Rohrkupplungsverbände zur Aussteifung verwendet, so ist i. d. R. $N_E \gg S_{id}$, sodass in diesen Fällen $N_{cr} = S_{id}$ gesetzt werden kann.
$H_d^I$   maßgebende Verbandsquerkraft (i. d. R. $\Sigma q_{h,d} \cdot L/2$) nach Theorie I. Ordnung, ermittelt aus den äußeren Horizontallasten und horizontalen Ersatzlasten

Hinweis: Für interessierte Leser kann die Herleitung dieser Schnittgrößenbeziehung nach *Eibl* den Erläuterungen zur DIN 4421 – Traggerüste [44] – entnommen werden. Dieser Beziehung liegt eine „sinusförmige" Vorkrümmung zugrunde.

Der zugehörige Bemessungswert des Biegemoments des Horizontalverbandsystems in Feldmitte errechnet sich zu

$$M_d^{II} = H_d^{II} \cdot L/\pi \tag{17}$$

und die daraus entstehenden Zusatzgurtbeanspruchungen der am Horizontalverbandsystem unmittelbar angeschlossenen Einzelbinder wie folgt

$$\Delta N_d = M_d^{II}/b \tag{18}$$

Hierin bedeutet
b   horizontaler Achsabstand der am Horizontalverbandsystem angeschlossenen Binder

Die Zusatz-Gurtdruckkraft aus der Wirkung des Horizontalverbands heraus ist mit der Druckgurtkraft des betroffenen Rüstbinders aus der Vertikalbelastung zu überlagern. Mit der resultierenden Druckgurtkraft ist dann der Stabilitätsnachweis des Obergurts zu führen.

Hinweis: Wie bereits an vorheriger Stelle angedeutet, bleibt der Ansatz nach *Schubert* [40] bei der Bemessung der Horizontalverbände rechnerisch unberücksichtigt.

Für die Anwendung des vereinfachten Nachweisverfahrens sind die nachstehend aufgeführten Voraussetzungen zu erfüllen:

— Um ein seitliches Knicken der Druckglieder zu verhindern, sind die Aussteifungselemente nach Möglichkeit direkt am Druckgurt anzuschließen. Dabei dürfen Anschlussexzentrizitäten e bei der Bemessung vernachlässigt werden, wenn gilt:
   $e \le 1,5b$   $e \le 1,5a$
   $e \le 1,5h$   $e \le 1,5H$
Hierin bedeuten, wie in Bild 47 schematisch dargestellt,
   b   Breite des Querschnitts des Druckglieds
   h   Höhe des Querschnitts des Druckglieds
   a   kleinste Querschnittsabmessung der Fachwerksdiagonalen
   H   Schwerpunktabstand von Druck- und Zuggurt

*Anmerkung 5:* Bei Verwendung von Rohrkupplungsverbänden aus Stahl und Rohren mit Durchmesser 48,3 mm wird nach DIN EN 12812 [15], 9.4.2.3.1 eine Mindestwandstärke von 3,2 mm verlangt.

— Nach [41] ist beim Stabilitätsnachweis der Druckgurte deren Knicklänge als Abstand der Knotenpunkte des Horizontalverbands anzunehmen.

— Zur Gewährleistung der Kippsicherheit der Fachwerkträger sind Querverbände, wie in Bild 48 dargestellt, anzuordnen. Der Abstand der Querverbände in Trägerlängsrichtung darf dabei untereinander 10 m nicht überschreiten.

$$a_m = \sqrt{0,5 \cdot \left(1 + \frac{1}{m}\right)} \quad (14)$$

Abminderungsfaktor, wobei m die Anzahl der auszusteifenden Bauteile darstellt.

*Anmerkung 3:* Alternativ dürfen aus Vereinfachungszwecken die Vorkrümmungen nach DIN EN 1993-1-1, 5.3.3, Gl. (5.13) auch über eine äquivalente Ersatzlastgruppe aufgebracht werden.

Bei genauer Betrachtung der beiden Imperfektionsansätze Gl. (11) und (13) ist ersichtlich, dass die zu berücksichtigenden Imperfektionsgrößen beider Nachweisverfahren deutlich unterschiedlich ausfallen. In Bild 46 ist zur Veranschaulichung eine Gegenüberstellung der Imperfektionsansätze für den häufigen Nachweisfall, bei dem die Aussteifung der Obergurtprofile eines Rüstbinderpaares durch einen Einzel-Horizontalverband erfolgt, dargestellt. Aufgetragen ist jeweils der in Abhängigkeit der Spannweite des Aussteifungssystems sich ergebende maximale Stich der Vorkrümmung. Diese Art der Darstellung wurde gewählt, um eine Vorstellung über deren tatsächlich anzusetzende Größen zu bekommen.

Setzt man die beiden Vorkrümmungsansätze für den diskutierten Einsatzfall, also $n_v = m = 2$, ins Verhältnis, so sind beim vereinfachten Verfahren, und dies unabhängig der tatsächlichen Spannweite, stets die $e/e_0 = 2,31$-fachen Vorkrümmungswerte einer diskretisierten Systemuntersuchung anzusetzen. Steigt die Anzahl der auszusteifenden Binderebenen je Horizontalverband, so reduziert sich zwar der Faktor, allerdings nur unerheblich. Bei $n_v = m \rightarrow \infty$ beträgt der Faktor in der Grenzbetrachtung immer noch $e/e_0 = 2$.

Die Größe der Vorkrümmung der Obergurte hat einen spürbaren Einfluss auf die Schnittgrößenentstehung nach Theorie II. Ordnung in den Aussteifungsverbänden. In dem Beispiel aus Abschnitt 4.5 wird dies verdeutlicht.

*Anmerkung 4:* Die DIN 4421 [43], 6.4.2.4 hat für den Nachweis von Rüstbindern eine Vorkrümmung mit Stich $f = L/(500 \cdot \sqrt{n})$ verlangt und fällt gegenüber der Vorkrümmung nach DIN EN 12812 [15], 9.3.4.1 mit Stich $e = L/250 \cdot r$ deutlich kleiner aus. *Nather* hat in [31], 8.2.5, und unter Verweis auf *Eibl* [44], erläutert, dass der Ansatz nach DIN 4421 [43] unzureichend ist. Allerdings wird in [31], 8.2.6: „Imperfektionen von Rüstträgern", durch *Nather* auch zum Ausdruck gebracht, dass der Ansatz der Vorkrümmung nach DIN EN 12812 zu ungünstig erscheinen.

**Lokale Vorkrümmung**

Die für den Nachweis gegen Einzelstabknicken der Obergurtprofile sowie der Drucktragglieder der Horizontal- und Querverbände lokal anzusetzenden Bauteilimperfektionen sind gemäß DIN EN 1993-1-1, 5.3.4 zu bestimmen. Dies gilt sowohl für Nachweise in Verbindung mit Bemessungsklasse B1 als auch B2.

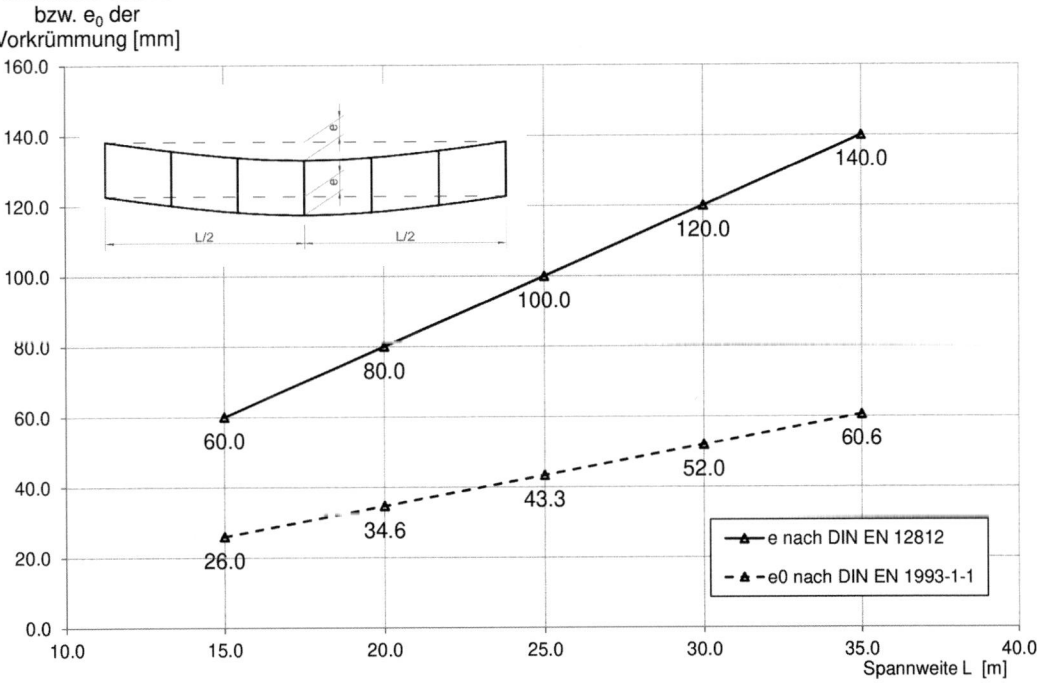

**Bild 46.** Gegenüberstellung der Imperfektionsannahmen nach vereinfachtem (Bemessungsklasse B2) und genauem (Bemessungsklasse B1) Nachweisverfahren bei zwei auszusteifenden Bindern

### 4.4.2 Imperfektionen

**Globale Vorkrümmung**

Für den vereinfachten Nachweis des Aussteifungssystems nach DIN EN 12812, 9.4.2.5.2 ist gemäß 9.3.4.1 zur Berücksichtigung der Effekte Theorie II. Ordnung eine globale Vorkrümmung der Druckgurte des Rüstbindersystems von

$$e = \frac{L}{250} r \quad (11)$$

anzusetzen. Darin bedeuten
L   Nennlänge des zu stabilisierenden Druckglieds [mm]

$$r = \sqrt{0,5 + \frac{1}{n_v}} \leq 1,0$$

Reduktions- bzw. Abminderungsfaktor, wobei $n_v$ die Anzahl der nebeneinander angeordneten und auf dieselbe Weise aufgelagerten und ausgesteiften druckbeanspruchten Elementen darstellt

Die Vorkrümmung gilt in Verbindung mit Bemessungsklasse B2 nach DIN EN 12812.

*Anmerkung 1:* Nach [23], 4.2, Absatz 72 darf auf Empfehlung des Sachverständigenausschusses „Gerüste" bei der Bemessung von Arbeits- und Schutzgerüsten ein günstigerer Abminderungsfaktor $\alpha_n$ – in DIN EN 12812 mit r bezeichnet – angesetzt werden. Gemäß Gl. (24) aus [23] gilt:

$$\alpha_n = 0,5 \cdot \left(1 + \sqrt{1/n}\right) \quad (12)$$

Dieser Faktor gilt jedoch (derzeit) nicht für Traggerüste. Es sei noch erwähnt, dass der Abminderungsfaktor nach DIN EN 1993-1-1 [26], wie nachfolgend in Gl. (14) noch dargestellt, eine geringere Abminderung zulässt. In Bild 44 sind die Verläufe der unterschiedlichen Abminderungsfunktionen gegenübergestellt.

*Anmerkung 2:* Nach DIN EN 12812, 9.3.4.1 dürften die zu Bemessungszwecken anzusetzenden Vorverformungen der Druckgurte des Horizontalverbands alternativ durch Messung bestimmt werden, wobei als Mindestwerte die nach DIN EN 1993-1-1 [26] festgelegten Imperfektionen zu berücksichtigen sind. In den durch die Bundesanstalt für Straßenwesen veröffentlichten „Zusätzliche Technische Vertragsbedingungen und Richtlinien für Ingenieurbauten ZTV-ING" [3], Teil 6 Bauverfahren, Abschnitt 1 Traggerüste wird diese Möglichkeit unter Kapitel 4, Absatz (4) explizit ausgeschlossen und nur in Ausnahmefällen gestattet. Dort heißt es:

„Eine Reduktion der Imperfektionsansätze auf die Werte der DIN EN 1993-1-1 aufgrund von Messungen ist bei Bemessungsklasse B2 nicht zulässig (...)."

Bild 45 zeigt die unvermeidbaren Imperfektionen eines Systems von Fachwerkträgern, die bei der Bemessung des Aussteifungsverbands anzusetzen sind:
Zum Vergleich wird nachstehend auch der Imperfektionsansatz nach Bemessungsklasse B1 aufgeführt.
Bei diskretisierter Systemabbildung und genauer statischer Untersuchung des räumlichen Tragwerks dürfen entsprechend DIN EN 12812, 9.3.3 die Imperfektionswerte aus DIN EN 1993-1-1 [26] entnommen werden. Gemäß [26], 5.3.3, Gl. (5.12) ist eine Vorkrümmung von

$$e_0 = a_m \cdot L/500 \quad (13)$$

anzusetzen. Darin bedeuten
L   Spannweite des aussteifenden Systems [mm]

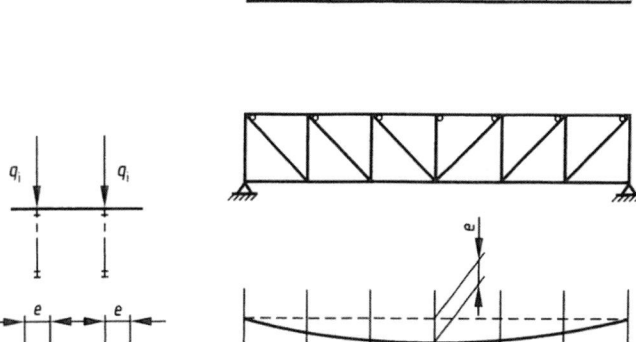

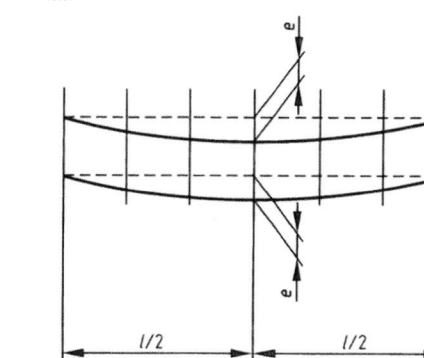

**Bild 45.** Globale Vorkrümmung in Ansicht und Grundriss sowie im zugehörigen Querschnitt zweier Fachwerkträger (vgl. Bild 6 aus DIN EN 12812 [15])

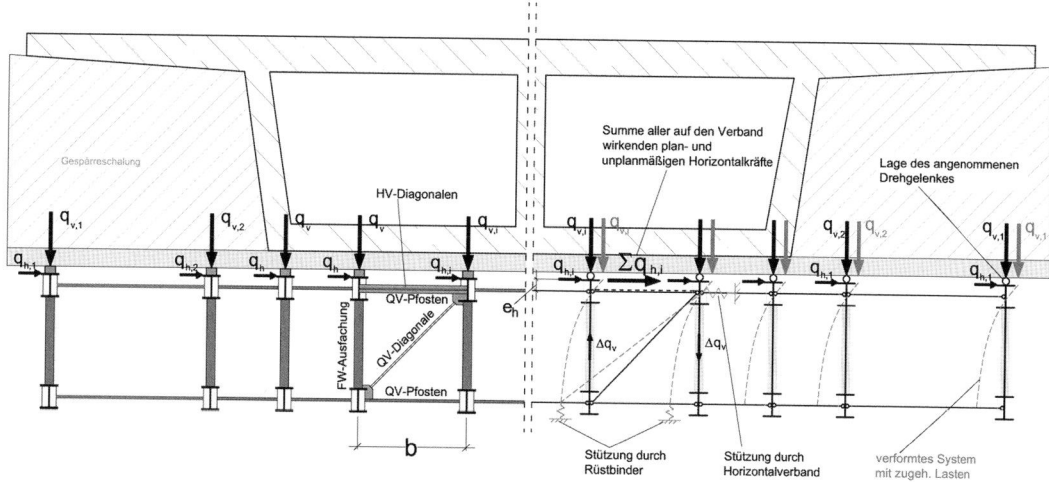

Bild 43. Angenommene Belastungssituation aus dem Überbau: links reale Situation, rechts statische Modellabbildung

für die Ausfachungsstäbe der Rüstbinder infolge Querbiegung bei der Nachweisführung der Einzeltragglieder zu berücksichtigen.

### 4.4 Bemessung

#### 4.4.1 Lastannahmen

Bei der Bemessung von Rüstbindersystemen sind nach DIN EN 12812 [15] sinngemäß folgende Einwirkungen zu berücksichtigen:
- Eigengewicht des Rüstbindersystems.
- Eigengewicht der Überbauschalung.
- Eigengewicht des Frischbetons, einschließlich der Bewehrung.
- Lotrecht wirkende Ersatzlast aus dem Arbeitsbetrieb in Höhe von 0,75 kN/m². Diese Belastung ist gleichmäßig auf die als Arbeitsebene definierte Fläche anzusetzen.
- Horizontale Ersatzlast aus dem Arbeitsbetrieb in Höhe von 1 % der Summe aller anzusetzenden Vertikallasten. Der Lastangriff erfolgt auf Höhe der Unterkante des herzustellenden Betonüberbaus.
- Windlasten auf die Überbauschalung sowie auf das Rüstbindersystem selbst.

In Fällen quergeneigter Rüstbinder ist Bild 37 zu beachten. Genau genommen müsste nach DIN EN 12812, 8.2.3.1 beim Einbringen von Ortbeton eine Zusatzlast zur Erfassung von Betonanhäufungen angesetzt werden. Nach Erfahrung der Verfasser hat diese lokale Zusatzlast jedoch i. d. R. keinen relevanten Einfluss auf die Bemessung des Rüstbindersystems. Dies gilt natürlich nicht für den Nachweis der Schalung selbst.

Projektbezogen können weitere Einwirkungen, wie z. B. aus der Lagerung von Baustoffen, aus Schnee und Eis sowie aus Erdbebenbelastung, für die Bemessung relevant werden, wobei in Deutschland gemäß [24] der Lastfall Erdbeben für Traggerüste nicht untersucht werden muss. Darüber hinaus sind eventuell auch sogenannte indirekte Einwirkungen, wie z. B. aus Temperaturausdehnung, infolge Setzungen bei Durchlaufträgersystemen oder infolge Lastumlagerungen aus Vorspannvorgängen von Spannbetonüberbauten, anzusetzen.

Bei der Nachweisführung dürfen die ständigen Einwirkungen, also das Eigengewicht des Rüstbindersystems und das der Überbauschalung, mit einem Teilsicherheitsbeiwert von $\gamma_F = 1{,}35$ beaufschlagt werden, für alle anderen benannten Einwirkungen ist ein Teilsicherheitsbeiwert von $\gamma_F = 1{,}50$ zu berücksichtigen.

Entsprechend DIN EN 12812, 8.5 sind bei der Nachweisführung des Rüstbindersystems verschiedene Lastkombinationen zu untersuchen.

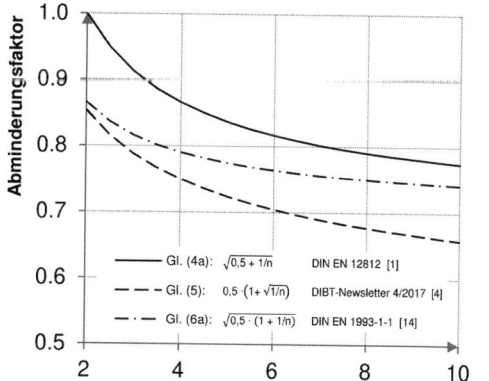

Bild 44. Gegenüberstellung der Abminderungsfaktoren in Abhängigkeit der Anzahl der durch ein Aussteifungssystem zu stabilisierenden, druckbeanspruchten Elemente n

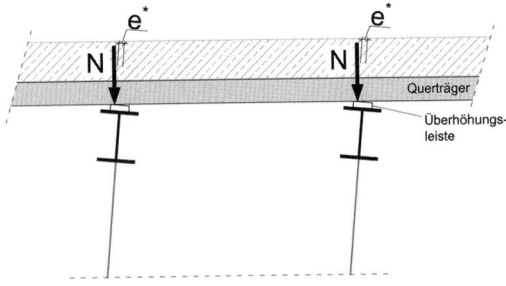

Bild 41. Sich einstellende Lastaußermittigkeit unter Belastung

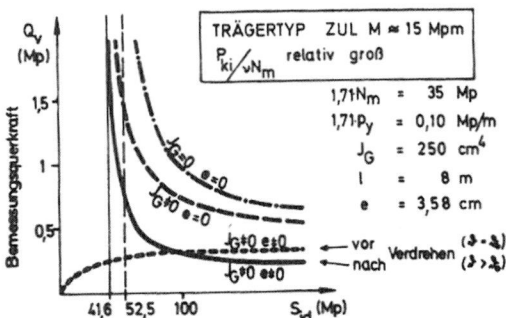

tung, aufgrund dessen Verdrehungsweichheit, vergleichend zum Überbau schräg stellen wollen (s. Bild 41). Infolge von Überdrückungseffekten in der Kontaktfuge der sich kreuzenden Trägerlagen werden stabilisierende Rückstellmomente $N \cdot e^*$ aktiviert. Diese Rückstellmomente haben einen begünstigenden Einfluss auf die im Horizontalverband entstehenden Schnittgrößen.
Ulrich ist in [42] bereits ausführlich auf diese begünstigende Wirkung von unter Vertikallast auftretenden Lastaußermittigkeiten von Rüstbindersystemen eingegangen. Bild 42 zeigt daraus beispielhaft den Vergleich von Systemen mit und ohne Ansatz einer Lastaußermittigkeit $e^*$.
Unter den zuvor beschriebenen Voraussetzungen, dass sich in der Kontaktfuge stabilisierende Rückstellmomente einstellen können, darf somit der Einfluss der infolge Vertikallast vorhandenen Lastaußermittigkeit bei der Bemessung der Aussteifungsverbände von Rüstbindern auf der sicheren Seite liegend unberücksichtigt bleiben. Für den Rüstbinder kann danach für fortführende Betrachtungen, die in Bild 43 dargestellte und vereinfachend angenommene Belastungssituation mit Drehgelenk zwischen Obergurt und Querträger zugrunde gelegt werden.
Aber: Mögliche Einflüsse der Lastaußermittigkeit auf die lokale Beanspruchung von einzelnen Traggliedern, wie z. B. auf das Biegedrillknicken des Obergurts, sind hingegen individuell zu überprüfen.
Hinweis zu Bild 43: Aufgrund der zuvor beschriebenen Überdrückungseffekte in der Kontaktfuge der sich kreuzenden Trägerlagen wird in der Realität die Stelle des angenommenen Drehgelenks und damit auch der Lastangriffpunkt von Horizontal- und Vertikallast erwartungsgemäß etwas tiefer liegen und sich somit eine geringere Exzentrizität $e_h$ einstellen.
Bei den gebräuchlichen Rüstbindersystemen kann aus konstruktiven Gründen der zur Aussteifung der Druckgurte und zur Ableitung der Horizontallast erforderliche Horizontalverband nicht auf Höhe des gedachten Horizontallastangriffs angeordnet werden. Somit treten aus der exzentrisch angreifenden Horizontallast $q_{h,i}$ mit Hebelarm $e_h$ Zusatzbeanspruchungen für die Aussteifungsverbände auf. Hinzu kommen noch Abtriebskräfte infolge der am Obergurt angreifenden Vertikal-

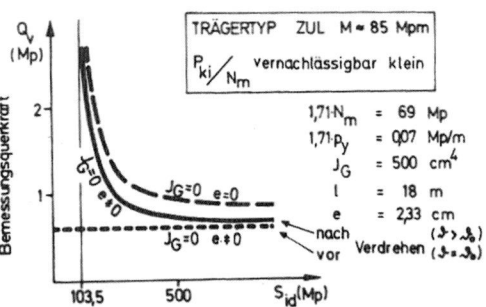

Bild 42. Beispiele für Querkräfte in H-Verband – die Lastaußermittigkeit wird in der Darstellung mit e bezeichnet (Bilder 9 und 10 aus [42])

last, die aus der Querbiegung der Fachwerkausfachung der Einzelbinder, der Schubweichheit des Querverbands und, bei großen Abständen der Querverbände zueinander, auch durch die elastischen Querbiegeverformungen der Untergurtprofile resultieren, siehe Verformungsfigur in Bild 43. Bei ausreichender Anzahl an über die Trägerlängsrichtung gleichmäßig verteilten Querverbänden und entsprechend quersteifer Rüstbinderausfachungen ist dieser Effekt aus der Vertikallast i. d. R. vernachlässigbar. Unter diesen Voraussetzungen kann die Zusatzbelastung, die durch die Querverbände und deren mitwirkende Tragglieder – wie z. B. der Diagonalen und Pfosten der Querverbände sowie der Fachwerkausfachung der Rüstbinder – aufgenommen und über die unmittelbar am Verbandssystem angeschlossenen Einzelbinder abgetragen werden muss, vereinfachend wie folgt abgeschätzt werden:

$$\Delta q_v = \sum q_{h,i} \cdot e_h / b \qquad (10)$$

Diese Zusatzbelastung ist bis zu den Auflagern zu verfolgen.
Die Horizontallast $\sum q_{h,i}$ darf dann auf Höhe des Horizontalverbands angreifend angesetzt werden.
Gegebenenfalls sind Zusatzbeanspruchungen sowohl für die Obergurte infolge Querbiegung, Torsion sowie Biegung und Drillung aus der Druckgurtkraft als auch

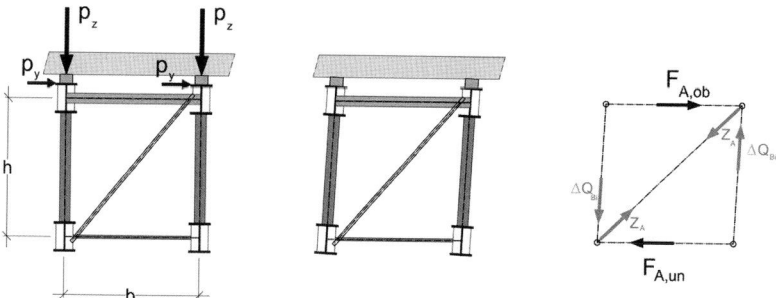

**Bild 39.** Rüstbinderquerschnitt unter Verformung des Gesamtquerschnitts infolge $P_z$ und $P_y$. Rechts: Prinzipielle Wirkungsweise der Querverbände gegen Verdrehen/Kippen der Rüstbinderebenen: Dargestellt sind lediglich die horizontalen Abtriebskräfte $F_A$ sowie die entsprechenden Reaktionskräfte

Da jedoch in konkreten Nachweisfällen der tatsächliche Einfluss der Rüstbinderverformung schwerlich abschätzbar sein wird, kann dieser Ansatz zur Bestimmung der Querverbandskräfte aus Sicht der Verfasser nicht empfohlen werden. Insbesondere bei stahlbaumäßig querausgesteiften Rüstbindersystemen kann die Rüstbindersteifigkeit einen erkennbaren Einfluss auf die effektive Quersteifigkeit, die sich aus der Verformung der Rüstbinder und der Schubverzerrung der Querverbände zusammensetzt, besitzen. In diesen Fällen können daher zutreffende Schnittgrößen nur über eine räumliche Untersuchung am diskretisierten System ermittelt werden, die Voraussetzungen für die Anwendung der Gl. (9) sind dann nicht gegeben.

Einfluss der Anzahl der Querverbände: Eine deutliche Reduzierung der Effekte Theorie II. Ordnung kann durch die Anordnung weiterer über die Trägerlängsrichtung verteilt angeordneter Querverbände erzielt werden. Bild 40 zeigt das erweiterte Beispiel nach Bild 38 für eine Stützweite von L = 24 m mit einer Querscheibe in Feldmitte, zwei Querscheiben in den Drittels- bzw. drei Querscheiben in den Viertelspunkten.

Gemäß den Ausführungen nach [40] verringert sich bei weitgespannten Systemen und zusätzlich angeordneten Querverbänden der Vergrößerungsfaktor soweit, dass für den Horizontalverband auch ein Ersatznachweis nach Theorie I. Ordnung ausreichend sein kann.

Infolge der Kraftwirkung der Querverbände treten be- und entlastende vertikale Zusatzbelastungen für die am Querverbandssystem angeschlossenen Einzelbinder auf. Daraus resultieren folglich auch unterschiedliche Auflagerkräfte für diese Binder.

Im Beispiel nach Abschnitt 4.5 wird auf die Bedeutsamkeit bzw. Wirkungsweise von Querverbänden noch näher eingegangen.

Abschließend und der Vollständigkeit halber sei erwähnt, dass die Untersuchungen nach [40] sowie andere Arbeiten, z. B. die Untersuchungen von *Bamm* [41] und *Ulrich* [42], die Grundlage zur Festlegung der konstruktiven Regeln für die Aussteifung von Rüstbindern nach DIN 4421 [43], 5.2.2.4 und 6.4.2.4 gewesen sind. Diese Regeln wurden sinngemäß fast vollständig in die DIN EN 12812 [15], 9.4.2.3.2 und 9.4.2.5.2 übergeführt. Auf eine aus statischer Sicht wesentliche Abweichung wird später noch eingegangen. Die Ansätze von *Schubert* [40] fanden keine Berücksichtigung bei der Nachweisführung der Aussteifungsverbände nach DIN 4421 [43] und auch nicht in DIN EN 12812 [15].

### Auswirkungen von Lasteinleitungsexzentrizitäten

Die Einleitung der Vertikal- und Horizontallasten aus dem Überbau erfolgt an der Oberseite der Rüstbinderobergurte. In der Praxis werden dabei die Obergurte meist unmittelbar und flächig durch die Querträger der Überbauschalung belastet. Dies ist i. d. R. auch dann gegeben, wenn zur Einhaltung von Verformungskriterien die Anordnung von ausreichend breiten Überhöhungsleisten zwischen Rüstbinderobergurt und Querträgerlage angeordnet werden.

Während die Überbauschalung als weitestgehend verdrehungssteif betrachtet werden kann, wird sich das Rüstbindersystem unter Vertikal- und Horizontalbelas-

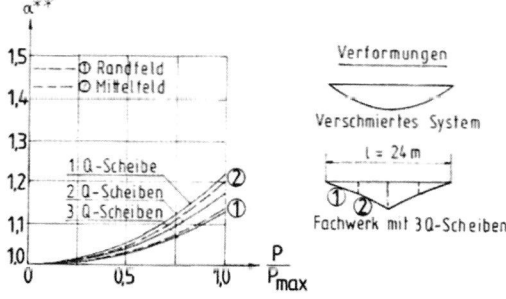

**Bild 40.** Abhängigkeit des Vergrößerungsfaktors $\alpha^{**}$ von der Anzahl der Querverbände. 1 Q-Scheibe: Anordnung in Feldmitte, 2 Q-Scheibe: Anordnung in den Drittelspunkten und 3 Q-Scheiben: Anordnung in den Viertelspunkten. Die verschmierte Lösung ist jeweils mit durchgezogener Linienführung dargestellt. (Bild 8.3-23 aus [31])

l  Binderstützweite
h  Binderhöhe
$x_i$  Position des Querverbands vom Auflager gemessen

In Bild 38 ist exemplarisch der Einfluss eines Querschotts auf den Vergrößerungsfaktor bei Ansatz einer über die Rüstbinderlänge verschmierten Schubsteifigkeit dargestellt.

Die Ergebnisse nach [40] gelten unter den nachstehend aufgeführten Voraussetzungen:
- Es wird ein gerader Stab mit offenem Profil betrachtet, der auf Höhe des Obergurts mittels Gleichstreckenlasten gemäß Bild 39 belastet ist.
- Die Belastungen sind als richtungstreu wirkend angenommen.
- Im Sinne der technischen Biegelehre treten kleine Verformungen auf.
- Mit Ausnahme des Gesamtquerschnitts bleibt sowohl die Querschnittsform der Stäbe als auch des Fachwerks erhalten (s. Bild 39).
- Einflüsse aus Verformungen in der Trägerebene bleiben unberücksichtigt.
- Die Drillsteifigkeit der Fachwerkbinder wird vernachlässigt: $GI_D = 0$.
- Die Dehnsteifigkeit der Gurte bleibt unberücksichtigt. Die Fachwerkbinder sind somit als biegestarr betrachtet.
- Die Vorkrümmung der Achsen der Obergurte wird mit einem Stich $f = \dfrac{1}{500 \cdot \sqrt{n}}$ berücksichtigt, wobei n die Anzahl der Rüstbinder ist.
- Es wird eine Vorverdrehung von $= 1/200$ oder stattdessen $P_y = P_z/200$ berücksichtigt.
- Die Lasteinleitungsexzentrizität ist mit $e^* = 2$ cm, jedoch maximal 1/6 der Gurtbreite angesetzt. Wie später noch erläutert, besitzt die Lasteinleitungsexzentrizität einen begünstigenden Einfluss auf die Bemessung der Aussteifungsverbände.

Der Einfluss der Rüstbinderverformungen blieb folglich in den Untersuchungen von *Schubert* [40] zur aussteifenden Wirkung der Querverbände unberücksichtigt. Die Rüstbinder wurden in diesen Ausführungen vielmehr als biege- und schubstarr betrachtet. Zudem wurden Querverbände unterstellt, deren Steifigkeiten denen von Rohrkupplungsverbänden entsprechen. Die Schubweichheit dieser Querverbände stellt somit den dominierenden Einfluss auf die Queraussteifung des Systems dar. Sind diese Voraussetzungen gegeben, so kann nach [40] die horizontale Querverbandsschubkraft $H_{QV}$ wie folgt näherungsweise abgeschätzt werden:

$$H_{QV} = \left[\left(\frac{H \cdot l}{N_m \cdot 6{,}8 \cdot h} + \frac{S^*_{i,l} \cdot l}{N_m \cdot h} \cdot 1{,}1 \cdot \frac{e}{l} + \frac{S^*_{i,l}}{N_m} \cdot \frac{e^*}{h} \cdot 1{,}4\right)(\alpha^{**} - 1)\right] \cdot S_{i,q} \quad (9)$$

mit
$e^*$  Lastaußermittigkeit/-exzentrizität $\leq 0$
$H = \Sigma p_y \cdot l$
$e$  Mittenstich der Vorkrümmung

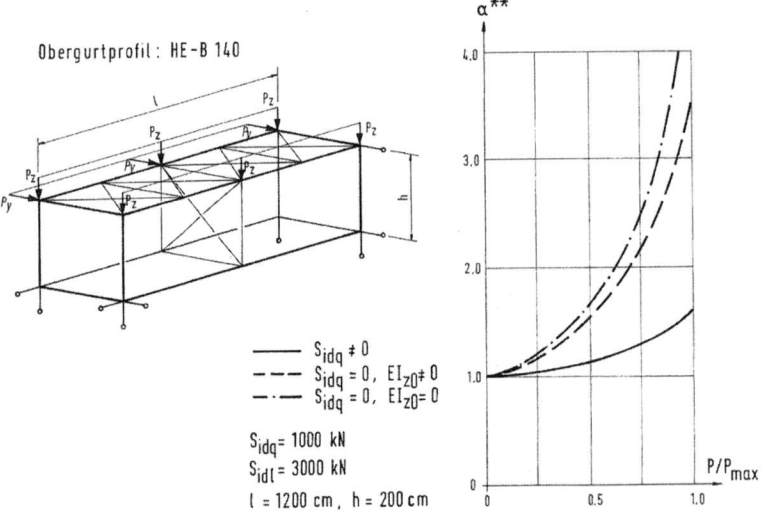

Bild 38. Rüstträger mit Horizontalverband in Obergurtebene und Querverband in Feldmitte – Einfluss des Querverbands auf den Vergrößerungsfaktor $\alpha^{**}$. Hinweise mit Bezug auf die Originalquelle [40]: Die Fachwerkausbildung der Rüstträger sowie das Horizontallager in y-Richtung vorn, oben links sind in der Systemskizze nicht dargestellt; $P_y$ ist hier als $\Sigma P_y$ aller auf das Rüstbindersystem wirkenden Horizontallasten zu verstehen (Bild 8.3-20 aus [31])

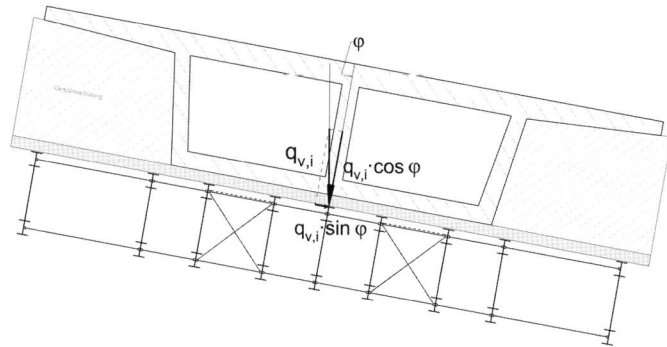

Bild 37. Abtriebe bei planmäßig quergeneigtem Rüstbinder

ter Last resultierenden inneren Abtriebe durch diese Verbände stabilisiert werden.

Verbände aus Rohren und Kupplungen besitzen aufgrund ihrer unvermeidbaren Anschlussexzentrizitäten gegenüber Stahlbauverbänden eine deutlich geringere Schubsteifigkeit. Aus diesem Grund können mittels Rohrkupplungsverbänden nur gering belastete Rüstbinder stabilisiert werden. Schwere Rüstbindersysteme sind in aller Regel stahlbaumäßig auszusteifen. Hierbei können u. a. auch Spindelstreben des Schalungsbaus oder Ankerstabstähle verwendet werden.

**Bedeutung von Querverbänden**

Querverbände werden zur Übertragung der auf die Untergurte der einzelnen Rüstbinderebenen wirkenden Windlasten herangezogen und leiten diese an die Horizontalverbände weiter. Zudem tragen sie effizient zur Aussteifung der Binderebenen bei:
Die parallel angeordneten Rüstbinderebenen müssen gegen Verdrehen/Kippen gegenseitig stabilisiert werden. Üblicherweise stellen die Koppelelemente der Binder keine nennenswerte queraussteifende Wirkung bereit, sodass unter diesen Voraussetzungen und unter den üblichen Belastungen Querverbände zur Gleichgewichtsbildung notwendig sind. Schon allein aus den unvermeidbar vorhandenen Imperfektionen der Rüstbinderobergurte, gemäß der Darstellung nach Bild 45, entstehen infolge der aus Vertikallast unter Druckkraft stehenden Gurte horizontale Abtriebe, die zu einer Belastung des Horizontalverbands und damit zwangsläufig zu einer horizontalen Auslenkung der Obergurte führt. Dabei kommt es zu einer Querverdrehung der Rüstbinderebenen. Die schräg stehenden Druckstäbe der Rüstbinderausfachung sorgen für eine entgegengerichtete Horizontalbelastung der Untergurtebene. Aufgrund der geringen Querbiegesteifigkeit der Untergurte respektive der zu weichen Seilwirkung des Zuggurtsystems kann das Gesamtsystem i. d. R. nicht ausreichend stabilisiert werden. Querverbände hingegen schließen die gegenläufigen, inneren Horizontalabtriebskräfte von Ober- und Untergurt kurz und sorgen damit effizient für eine gegenseitige Querverdrehungsbehinderung der Rüstbinderebenen. Die stabilisierende Wirkung der Querverbände wird durch das Aktivieren der Biege- und Schubsteifigkeit der am Verbandssystem beteiligten Einzelbinder ermöglicht. Bild 39 zeigt die prinzipielle Wirkungsweise der Querverbände.

Alternativ zu Querverbänden kann der Kräftekurzschluss auch durch die Anordnung eines in der Untergurtebene und bis zu den Auflagern geführten Horizontalverbands realisiert werden. Diese Maßnahme ist jedoch bei den meisten Rüstbindersystemen so nicht vorgesehen.

Wie bereits von *Schubert* in [40] aufgezeigt und nachgewiesen, behindern Querverbände sehr wirkungsvoll das Verdrehen/Kippen der Fachwerkträgerquerschnitte und erhöhen so die Steifigkeit des räumlichen Systems z. T. erheblich. *Nather* hat in [31] die analytischen Herleitungen nach [40] und deren Voraussetzungen zusammenfassend aufbereitet und die Wirkungsweise solcher Querverbände beschrieben. Verschmiert man deren Wirkung über die Binderlänge, lässt sich Gl. (8a) herleiten:

$$\alpha^{**} = \cfrac{1}{1 - \cfrac{1{,}6 \cdot \cfrac{N_m}{S^*_{i,l}}}{1 + \cfrac{1}{2{,}3} \cdot \cfrac{1}{h} \cdot \cfrac{S^*_{i,q}}{N_m}}} \quad (8a)$$

Darin bedeuten

$S^*_{i,l}$  erweiterte Schubsteifigkeit des Horizontalverbands, gebildet aus der Schubsteifigkeit $S_{i,l}$ des Horizontalverbands und der Seitenbiegesteifigkeit des Obergurts $EI_{zO}$

$$S^*_{i,l} = S_{i,l} + P_E \quad (8b)$$

mit $P_E = \pi^2 \cdot EI_{zO} / l^2$

$S^*_{i,q}$  erweiterte Schubsteifigkeit des Querverbands

$$S^*_{i,q} = S_{i,q} \cdot \sum \sin^2\left(\frac{\pi \cdot x_i}{l}\right) + \pi^2 \cdot \frac{h}{8 \cdot l} \cdot P_E \quad (8c)$$

mit $S_{i,q}$ Schubsteifigkeit des Querverbands

$N_m$  Summe der Obergurtkräfte in Feldmitte

$$N_m = \frac{\sum p_z \cdot l^2}{8 \cdot h} \quad (8d)$$

Die statische Nutzhöhe beim Doka UniKit-System ist mit 2,59 m festgelegt. Nach Angaben des Herstellers beträgt das übertragbare zulässige Biegemoment zul M = 1243 kNm. Eine Längenanpassung der Rüstbinder wird im 50 cm Raster ermöglicht. Bild 35 zeigt den Einsatz des Systems in einer konkreten Anwendung.

Das Ulma Baukastensystem erlaubt die Verwendung unterschiedlicher Doppel-U-Profilgrößen und -längen. Damit kann die Rüstbinderhöhe und die Tragfähigkeit an die individuellen statischen Erfordernisse angepasst werden. In der Regel werden Systeme mit Gurtachsabständen von 1,738, 2,165 oder 2,598 m eingesetzt. Die Längenanpassung erfolgt hier im Raster von 62,5 cm.

Zur Erhöhung der individuellen Tragfähigkeit und zur Überbrückung großer Spannweiten lassen sich zudem zweistöckige Rüstbinderaufbauten wie in Bild 36 dargestellt realisieren.

Ein wesentlicher Vorteil dieser Systeme liegt in der Möglichkeit einer anderweitigen Verwendung der eingesetzten Einzelkomponenten. So können die für das Rüstbindersystem eingesetzten Bauteile auch für andere Aufgabenstellungen des Gerüst- und Schalungsbaus, z. B. als Jochträger, Schalungsriegel etc. verwendet werden, was sich günstig hinsichtlich der Materialwirtschaft auswirkt.

### 4.3 Zum Tragverhalten von Rüstbindern

Bei Spannweiten von mehr als 12 m und den üblich hohen Vertikalbelastungen empfiehlt sich die Verwendung von Rüstbindern, deren Aussteifung durch Horizontal- und Querverbände sichergestellt wird. Wie eingangs erwähnt, muss bei der Beurteilung der Standsicherheit von Rüstbindersystemen der Dimensionierung dieser Aussteifungsverbände große Aufmerksamkeit geschenkt werden. Insbesondere ist aufgrund der Schubweichheit der Verbände eine Nachweisführung nach Theorie II. Ordnung in aller Regel erforderlich.

**Aufgabe der Horizontalverbände**

Horizontalverbände sorgen für die notwendige seitliche Aussteifung der Druckgurte eines Rüstbinderpakets und leiten die auf sie wirkenden Horizontallasten zu den Widerlagern ab. Von den Aussteifungsverbänden sind sowohl planmäßige Horizontallasten wie
– Windlasten auf den Überbau sowie den Rüstbinder,
– ggf. Abtriebskräfte aus Vertikallasten infolge quergeneigter Rüstbinder gemäß Bild 37
als auch unplanmäßige Horizontallasten aufzunehmen, die aus dem Arbeitsbetrieb herrühren.

Darüber hinaus müssen die aus den vorgekrümmten Druckgurten und deren elastischen Verformungen un-

**Bild 35.** Doka UniKit Rüstbinder

**Bild 36.** Ulma MK Rüstträger 2-stöckig: New Ross Bridge (Irland)

**Bild 32.** PERI Rüstbinder VRB: T4 Bridge, Kalamata (Griechenland)

Die Verbindung der Einzelstäbe untereinander erfolgt dabei über Verschraubungen an vorgefertigten Anschlussknotenblechen. Als Ober- und Untergurte kommen mittels Distanzstücken auf Abstand gehaltene Doppel-U-Profile zum Einsatz. Die Fachwerkdiagonalen bestehen in aller Regel aus denselben Profilen. Zur Zwischenunterstützung der Obergurtprofile werden Druckpfosten in Form von Hohlprofilen oder auch Spindelstreben aus dem Schalungsbau montiert. Als Horizontal- und Querverbände werden meist Hohlprofilquerschnitte eingesetzt, die über Anschlusslaschen am Fachwerkknoten angeschlossen sind. Alternativ werden auch hier Spindelstreben verwendet. Die Querverbände verlaufen in der geneigten Ebene der Binderfachwerkdiagonalen und sorgen für die notwendige queraussteifende Wirkung, je nach Wahl des Baukastensystems auch im Zusammenspiel mit einem in der Untergurtebene angeordneten Horizontalverband.

Die Auflagerung der Rüstbinder erfolgt auch hier auf Zentrierleisten oder Kalotten.

Als Beispiele solcher Rüstbindersysteme seien an dieser Stelle das Baukastensystem UniKit der Doka GmbH nach Bild 33 oder auch das MK-Baukastensystem der Ulma C y E, S. Coop. nach Bild 34 erwähnt.

**Bild 33.** Rüstträger nach Baukastensystem Doka UniKit: Gurte und Diagonalen des Fachwerks als Doppel-U-Profile mit Anschluss an Knotenbleche. Horizontalverband zwischen den Obergurten und Raumdiagonalen zur Queraussteifung

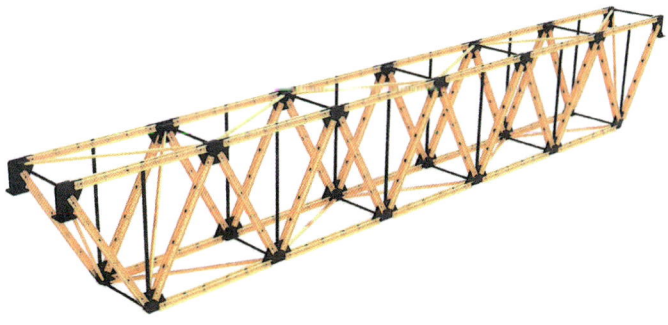

**Bild 34.** Rüstträger nach Baukastensystem Ulma MK: Gurte und Diagonalen des Fachwerks als Doppel-U-Profile mit Anschluss an Knotenbleche. Horizontalverbände in Ober- und Untergurtebene. Geneigt angeordnete Querverbände an den Auflagerbereichen

bzw. Neuentwicklungen vorgenommen wurden. Infolge umfangreicher Baumaßnahmen im Bereich der Infrastruktur in den letzten Jahren, und dem dadurch gestiegenen Bedarf an Rüstbindern, wurden zwischenzeitlich neue Rüstbindersysteme konzipiert, die auch den heutigen Baustellenanforderungen vermehrt Rechnung tragen.

Als Weiterentwicklung der zuvor beschriebenen Bauart von Rüstträgern sei das Rüstbindersystem VRB der PERI GmbH genannt, da diese Konstruktion durch den stufenlos verstellbaren Auflagerrahmen in Kombination mit unterschiedlich langen Standardrahmen-Elementen eine individuelle Längenanpassung ermöglicht. Bild 30 zeigt einen Detailausschnitt und Bild 32 den Rüstbinder VRB im konkreten Baustelleneinsatz.

Ober- und Untergurt bestehen aus Doppel-U-Profilen. Als Fachwerkfüllstäbe werden Hohlprofile verwendet, die im Falle des Auflagerrahmens mit den Gurten verschweißt und bei den Standardrahmen mittels Bolzen angeschlossen werden. Der Achsabstand der Gurte ist mit 2 m vorgegeben. Nach Angaben des Herstellers können zulässige Biegemomente von bis zu ca. 2765 kNm je Einzelbinder übertragen werden.

Der Horizontalverband wird aus gekreuzt angeordneten Zugstäben mit Pfosten aus Hohlprofilen gebildet. Das an das Widerlager angrenzende Horizontalverbandsfeld passt sich dem individuellen Widerlagerverlauf an und schließt formschlüssig unmittelbar über dem Auflager ab.

Stahlbaumäßig ausgeführte und über die Trägerlängsrichtung in regelmäßigen Abständen vertikal angeordnete Querverbände sorgen für eine zusätzliche Aussteifung des Rüstbinderpakets.

Die Auflagerung der Rüstbinder erfolgt auf Kalotten, die für eine nahezu zwangsfreie Verdrehbarkeit der einzelnen Binder über den Jochträgern sorgen. In Kombination mit den in Querrichtung geneigt montierbaren Horizontalverbands- und Koppelstäben wird eine Anpassung an längsgeneigte Jochträger unter gleichzeitiger Beibehaltung einer lotrechten Anordnung der Rüstbinderebenen ermöglicht (s. Bild 31).

Alternativ zu den zuvor benannten Systemen, die sich aus vorkonfigurierten Fachwerkelementen zusammensetzen, werden mittlerweile vermehrt auch Rüstbindersysteme eingesetzt, die aus Einzelkomponenten zusammengebaut werden.

**Bild 30.** Detailausschnitt PERI Rüstbinder VRB mit Horizontal- und Querverbänden; Auflagerrahmen mit roten und Standardrahmen mit gelben Fachwerkfüllstäben

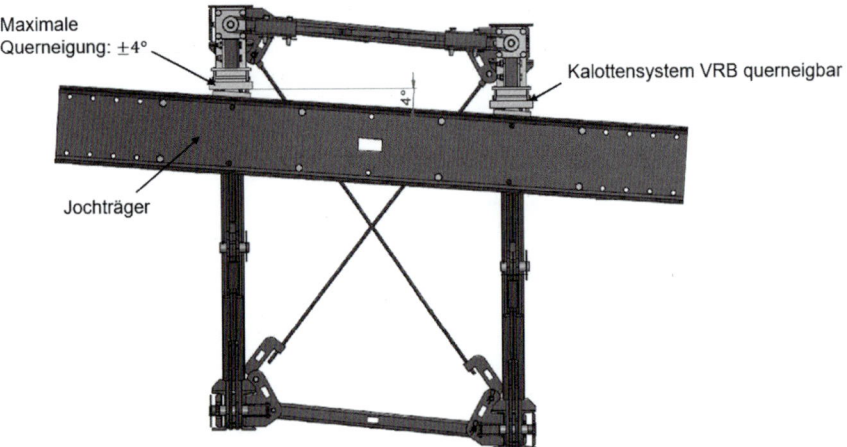

**Bild 31.** Auflagerung des PERI Rüstbinders VRB bei geneigter Jochträgeranordnung unter Beibehaltung lotrechter Binderebenen

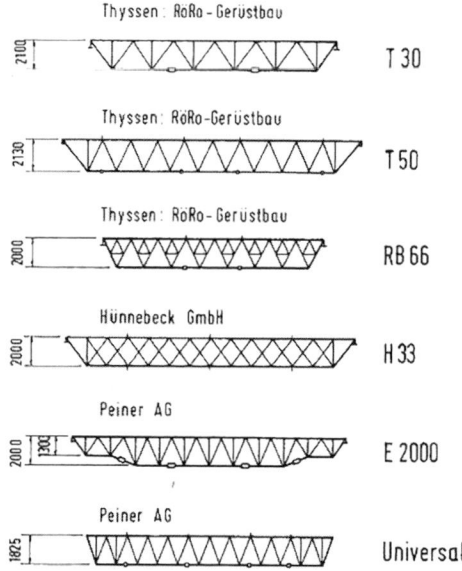

Bild 28. Zusammenstellung gängiger schwerer Rüstträger (Bild 8.10-4 aus [31])

Bild 29. Rüstbinder H 33: Kiengrundbrücke bei Coburg

Gesamtrüstbinderlänge zusammengebaut, wobei die in Bild 28 aufgeführten Systeme keine stufenlose Längenanpassung ermöglichen. Je nach System ist bei der Planung mit einer Längenabstufung zwischen ca. 1 bis 2 m zu rechnen.

Zur gegenseitigen Aussteifung der Rüstbinderebenen werden Horizontal- und Querverbände unter Einsatz von Gerüstmaterial, i. d. R. Rohre und Kupplungen, vorgesehen.

Die Auflagerung der Rüstbinder erfolgt auf Zentriereinheiten, die auf den Jochträgern des unterstützenden Traggerüsts aufgelegt sind. Für das Rüstbindersystem des Typs H 33 kann alternativ auch ein Kalottenauflager realisiert werden.

Stellvertretend für die aufgeführten Systeme zeigt Bild 29 den Rüstbinder H 33 im Baustelleneinsatz.

Eine ausführliche Konstruktionsbeschreibung zu den einzelnen Systemen sowie eine Angabe über die zu erwartenden Biegebeanspruchbarkeiten der individuellen Binderebenen sind in [31, 38, 39] enthalten. Tabelle 6 zeigt die aus [31] entnommene Zusammenstellung der wesentlichen Parameter einiger ausgewählter Rüstträger.

Ergänzend zu den zuvor aufgeführten Rüstträgern sei der Thyssen-HV-Träger erwähnt, der auch als Vorschubgerüst eingesetzt wird. Der aus Vollwandträgern zusammengebaute Kastenquerschnitt mit stufenweise einstellbaren Bauhöhen von 845 bis 4236 mm weist zulässige Biegemomente zwischen 3230 bis 46080 kNm je Hauptträgerkasten aus.

In ausreichender Anzahl vorhandene Rüstträgerbestände sowie hohe Investitionskosten für Entwurf, Konstruktion und Herstellung, als auch hohe Lagerkosten sind vermutlich die Ursache, weshalb in den zurückliegenden Jahrzehnten keine relevanten Weiter-

Tabelle 6. Zusammenstellung der wesentlichen Parameter von Rüstträgern (Tabelle 8.10.1 aus [31])

| Fabrikat | Zulässiges Biegemoment kNm | Bauhöhe (statische Höhe) m | Länge der Mittelstücke m |
|---|---|---|---|
| Peine: E 2000 | ≤ 1000 | 2,170 | 5,40; 3,60; 1,80 |
| Mannesmann: T30 | ≤ 1080 | (2,100) | 6,00; 4,00; 3,00; 2,00 |
| RöRo: Rb 66 | ≤ 1170 | (2,000) | 6,00; 4,00 |
| Peine: E 2000 N | ≤ 1380 | (2,000) | 5,40; 4,50; 3,60; 1,80 |
| Hünnebeck: H 33 | ≤ 1500 | 2,143 (2,000) | 6,00; 4,50; 3,00; 1,70 |
| Mannesmann: T 50 | ≤ 2515 | 2,340 (2,126) | 6,00; 4,00 |
| Peine: U 1825 | ≤ 2000 | 2,087 | 6,00; 4,50 |
| Peine: U 1800 | ≤ 2790 | (1800) | 9,00; 7,50; 5,25; 4,50; 3,00; 1,50 |
| Peine: U 2000-2 | ≤ 4600 | (2,000) | 9,60 |

wäre das Ausknicken der Strebe in jedem Fall maßgebend für die Bemessung und es würde sich ein deutlich größerer Abstand zum Versuch ergeben.

In zwei weiteren Versuchsreihen mit je zwei Versuchen an Gitterträgern mit dünnwandigen höherfesten Stählen (Gurtrohr S460 t = 2,9; Rechteckrohrstrebe wie oben, jedoch $f_y$ = 370 N/mm²) mit statischer Höhe 500 mm (Modulgitterträger GT550LW) und 400 mm (GT450LW) trat jedes Mal ein Versagen der Strebe auf: beim höheren Träger in Form eines Ausknickens aus der Fachwerkebene und beim niedrigeren durch Abreißen der Strebe an der Schweißnaht (vgl. Bild 27). Eine Ovalisierung wurde hier nicht festgestellt und der deutliche Abstand zwischen experimenteller Traglast und rechnerischer Traglast ließ keine Zweifel an der Sicherheit des vorgeschlagenen Rechenmodells aufkommen.

### 3.3.3.5 SVA-Empfehlung zur Modellierung von Stahl-Gitterträgern

Für die praktische Anwendung wurde vor dem Hintergrund der langjährigen Bewährung dieser Bauweise und den durchgeführten Versuchen nachfolgende Empfehlung in [22] veröffentlicht:

„Stahlrohr-Gitterträger mit Gurtrohren nach Tabelle 2 von DIN EN 12810-1:2004-03 und Streben mit durchgehendem Rechteck- oder Rundrohrquerschnitt dürfen vereinfacht unter Berücksichtigung folgender Annahmen bemessen werden:
– Gurtstäbe dürfen als biegesteif durchlaufend angenommen werden.
– Streben und Pfosten dürfen als in den Schnittpunkten der Systemlinien gelenkig an die Gurte angeschlossen angenommen werden.
– Knotennachweise nach EC3-1-8 sind entbehrlich.
– Es genügen Querschnittsnachweise außerhalb der Strebenanschlussbereiche [s. Nachweisschnitte der Variante 2a in Bild 25; Anm. d. Verf.] am Gurt und M-N-V-Nachweis auch zwischen Strebenanschlüssen (wg. hoher Querkraft) und der Nachweis der Streben.
– Der Einfluss von Zinkablaufbohrungen an den Strebenenden darf bei der Schnittgrößenermittlung vernachlässigt werden; Nachweise im Nettoquerschnitt und der Schweißnaht sind gemäß den Technischen Baubestimmungen zu führen.
– Bei Stahlrohr-Gitterträgerkonstruktionen mit erprobten Streben-Gurt-Konstellationen und in üblichen Abmessungen, darf von einem ausreichenden Rotationsvermögen der Knoten ausgegangen werden.

Zur Generierung höherer Tragfähigkeiten sind gesonderte Betrachtungen erforderlich (…)."

Die Einschränkung auf Gurtrohre nach Tabelle 2 in DIN EN 12810 beschränkt die Anwendung auf Rohre Ø 48,3 mit Mindestdicken von 2,7 mm bei einer Mindeststreckgrenze von 315 N/mm² bzw. einer Mindestdicke von 2,9 mm bei einer Mindeststreckgrenze von 235 N/mm².

## 4 Rüstbinder

### 4.1 Einleitung

Bei der Einrüstung von hohen Brücken oder anderen massiven Überbauten mittlerer und großer Spannweiten kommen i. d. R. schwere Fachwerkträger – die auch als Rüstträger oder Rüstbinder bezeichnet werden – zum Einsatz. In Abschnitt 4.2 wird, ohne Anspruch auf Vollständigkeit, eine kurze Übersicht verschiedener und derzeit eingesetzter Rüstbindersysteme gegeben.

Bei der Bemessung dieser Systeme ist dabei besonderes Augenmerk auf das räumliche Stabilitätsproblem zu legen. Zur ausreichenden seitlichen Aussteifung der Rüstbindersysteme sind sowohl Horizontal- als auch Querverbände notwendig. Auf Grund deren Bedeutsamkeit für die Standsicherheit von Rüstbindern wird in diesem Beitrag auf die statische Wirkung und die Bemessung dieser Aussteifungselemente näher eingegangen.

Die aktuell gültige Fassung der Traggerüstnorm DIN EN 12812 [15] stellt ein vereinfachtes Nachweisverfahren zur statischen Bemessung der Aussteifungsverbände bereit. Nachfolgend wird dieses Nachweisverfahren vorgestellt und die einzuhaltenden konstruktiven Voraussetzungen werden hierfür beschrieben. Wo als hilfreich erachtet, werden Hintergründe und ergänzende Erläuterungen gegeben, teils auch Empfehlungen ausgesprochen. Anhand einer exemplarischen Gegenüberstellung mit einer diskretisierten Systembetrachtung wird auf das Tragverhalten solcher Systeme näher eingegangen. Ferner wird ein Ausblick über die Wirtschaftlichkeit des vereinfachten Bemessungsverfahrens gegeben.

In Zeiten EDV-unterstützter Nachweisführung mag das vereinfachte Verfahren auf den ersten Blick von untergeordneter Bedeutung sein, da räumliche Systemuntersuchungen zur Beurteilung der Standsicherheit der betrachteten Rüstbindersysteme durchgeführt werden können. Allerdings dürfte dies vermutlich nur bei größeren Bauvorhaben angewendet werden, bei denen ein auskömmliches Budget für die Planung und die Nachweisführung von Traggerüsten zur Verfügung steht. Die Praxis zeigt jedenfalls, dass das vereinfachte Verfahren weiterhin zur Anwendung kommt, nicht zuletzt auch für Entwurfszwecke in Angebotsphasen, bei denen aus Zeit- und Kostengründen keine genaueren Untersuchungen angestellt werden können.

### 4.2 Übersicht bekannter Rüstbindersysteme

Die gegenwärtig häufig eingesetzten Rüstbindersysteme stammen z. T. bereits aus den 1960er-Jahren. Eine Auswahl der bekanntesten Rüstbindersysteme aus dieser Zeit sind in Bild 28 aufgeführt.

Die dargestellten Systeme werden aus serienmäßig vorgefertigten und verschweißten Stahlfachwerkträgerelementen unterschiedlicher Länge mittels Schraub- und/oder Gelenkbolzenverbindungen auf die erforderliche

Varianten, davon drei mit gelenkigen Anschlüssen und einmal biegesteif berücksichtigt. Die Querschnittsschwächung durch die Zinkablaufbohrung wurde in zwei Varianten durch kurze Stababschnitte mit Nettoquerschnitten berücksichtigt. Die seitliche Stabilität der Gurte und die Tragfähigkeit der Schweißnähte wurde als gegeben vorausgesetzt. Ein Biegeknicken der Streben erwies sich als nicht maßgebend.

Bild 25 stellt die unterschiedlichen rechnerischen Traglasten der untersuchten Varianten gegenüber. Es zeigt sich, dass bei biegestarrer Modellierung die Sekundärmomente im Bereich der Zinkablaufbohrung die Traglast gegenüber den anderen Varianten stark begrenzt. Die gelenkigen Varianten unterscheiden sich um etwa 10%, das Querschnittsversagen tritt dabei immer im Gurt auf. Der genaue Versagensort variiert, da die Intensität der Sekundärmomente von Variante zu Variante unterschiedlich ist. Die unterschiedlichen Modellierungen führen offenbar zu stark unterschiedlichen Tragfähigkeiten.

### 3.3.3.4 Versuche an Stahlrohr-Gitterträgern

Der dargestellte Sachverhalt wurde im SVA-Gerüste beim DIBt mit der Zielsetzung diskutiert, ein auf der sicheren Seite liegendes Rechenmodell für erprobte Bauweisen von Gitterträgern empfehlen zu können. Da diese bereits seit Jahrzenten ohne bekannte Schadensfälle eingesetzt werden, wurde dafür das bisher in Typenberechnungen gebräuchliche ingenieurmäßige Rechenmodell entsprechend der Modellvariante 2 bzw. 2a nach Bild 25 für bewährt und gleichzeitig nicht zu konservativ im Vergleich zu Modellvariante 3 gehalten. Um es auf die Aspekte der eingangs beschriebenen Knotenproblematik hin abzusichern, wurden von der Firma Layher Bauteilversuche durchgeführt.

Hierzu wurde ein Versuchsaufbau erstellt, bei dem eine verhältnismäßig große globale Querkraft bei gleichzeitig großem Biegemoment wirkt und sich somit an einem Knoten gleichzeitig große Strebenkräfte und Druckkräfte im Gurt einstellen. Bild 26a aus dem zugehörigen Versuchsbericht [37] stellt eine Versuchsanordnung schematisch dar. Es wurden u. a. zwei der Layher-Gitterträger nach Tabelle 5 mit a = 45 mm und Streben in E260 geprüft. Wie in Bild 26a und b zu erkennen ist, stellte sich dabei ein Schubversagen im Spalt zwischen den Streben ein. In Versuchsnachrechnungen mit den tatsächlichen Querschnittswerten und Streckgrenzen bestätigt sich, dass hier die M-N-V-Interaktion mit einem hohen Anteil $V/V_{pl}$ von ca. 0,7 ausschlaggebend ist. In der Nachrechnung mit der konservativen M-N-V-Interaktion nach DIN 4420 (vgl. Bild 2) beträgt die Ausnutzung ca. 87% der Tragfähigkeit aus den Versuchen, wobei vorausgesetzt wurde, dass die Streben wie im Versuch nicht ausknicken. Größere Ovalisierungen der Rohre von über 3%, die als Grenzkriterium für Hohlprofilkonstruktionen herangezogen werden, wurden nur im Spaltbereich gemessen und sind auf die plastische Schubdeformation zurückzuführen. Bei der Anwendung des oben beschriebenen Rechenmodells

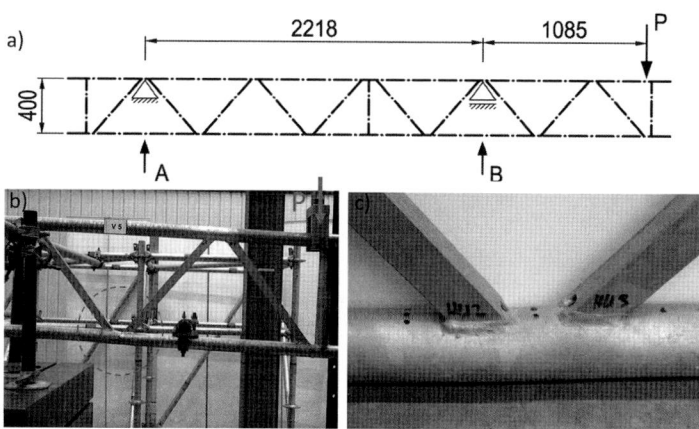

Bild 26. Versuche zum Tragverhalten von Gitterträgern gemäß [37] mit Schubversagen im Gurtrohr (Fotos: Layher)

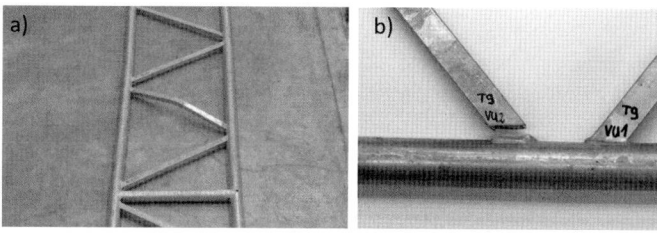

Bild 27. Versuche zum Tragverhalten von Gitterträgern gemäß [37] mit a) Knicken der Rechteckstrebe beim GT550LW und b) Reißen der Schweißnaht beim GT450LW (Fotos: Layher)

eine sehr detaillierte und typengeprüfte Bemessungshilfe zur Verfügung, anhand derer Traglasten von zahlreichen praxisrelevanten Konstellationen abgelesen werden können. Bild 24 stellt exemplarisch eine Konstellation dar und zeigt einige von vielen möglichen Varianten von Auflagerung und Lasteinleitung.

Generell werden in den Zulassungen der Gerüstsysteme einfache Überbrückungen zur Abfangung eines Stiels für die Aufbaukonfigurationen der Regelausführung nachgewiesen. Manche Hersteller weisen diese Tragfähigkeiten der Gitterträger explizit in den Zulassungen aus (z. B. [36]), sodass auch für diese Fälle dem Anwender verbindliche Werte der Tragfähigkeiten unter Berücksichtigung der lokalen Biegung zur Verfügung stehen.

Für eine detaillierte Berechnung derartiger Stahl-Gitterträger ist zu beachten, dass bei diesen Fachwerken aus Hohlprofilen grundsätzlich Hohlprofilnachweise zu führen sind. Problematisch bei der Nachweisführung nach DIN EN 1993-1-8 [34] ist die Tatsache, dass kaum ein gängiger Gitterträger (z. B. nach Tabelle 5) die Anforderung nach Gl. 5.1a in [34] einhält, demzufolge das Maß der Exzentrizität $e \leq 0{,}25\, d_0$ (s. Bild 23b) sein soll, damit gemäß [34]:

a) sekundäre Momente in Anschlüssen bei der Bemessung der Stäbe – also Gurt und Strebe – vernachlässigt werden dürfen,

b) sekundäre Momente in Anschlüssen bei der Bemessung der Anschlüsse, also dem Nachweis der Gestaltsänderung des Hohlprofilknotens, vernachlässigt werden dürfen,

c) der Anschluss zwischen Gurt und Strebe als gelenkig angenommen werden darf.

Daher besteht nach [34] die Anforderung an den Nachweis derartiger Gitterträger, zum einen Sekundärmomente in Gurten und Streben zu berücksichtigen und zum anderen auch den Nachweis des Hohlprofilknotens zu führen. Letzterer bringt für einige der o. g. Systeme das Problem mit sich, dass für die Kombination Strebe aus Rechteckhohlprofil und Gurt aus Rundrohr in [34] keine Angaben zur Ermittlung der Tragfähigkeit enthalten sind.

Auch stellt sich für die Modellierung und den Nachweis die Frage nach dem Einfluss des Zinkablauflochs am Strebenanschluss an den Gurt (s. Bild 23a).

Anhand einer Vergleichsrechnung an einem für den Einsatz im Gerüstbau typischen 5 m langen einfeldrigen Gitterträger mit Einzellast wurden die Unterschiede dieser verschiedenen Modellierungsvarianten untersucht. Dabei wurde ein 450 mm hoher Gitterträger mit Gurtrohr $f_y = 320\ \mathrm{N/mm^2}$ und rechteckigen Streben in S235 und Zinkablaufbohrung gemäß Bild 23a untersucht. Die Exzentrizität wurde in vier unterschiedlichen

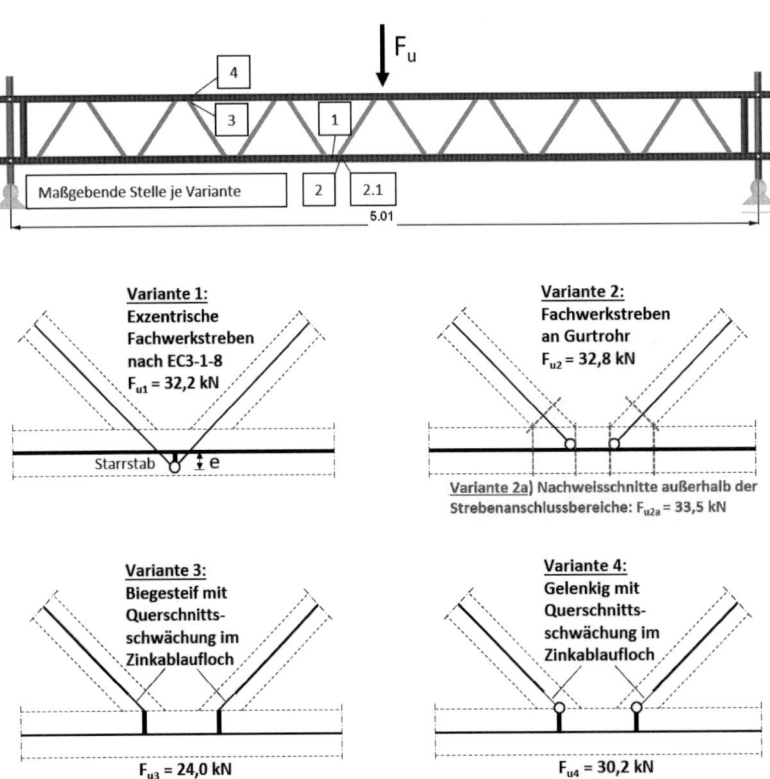

**Bild 25.** Exemplarische Untersuchung eines Gitterträgers in verschiedenen Modellvarianten; maßgebend: M-N-Interaktionen an unterschiedlichen Stellen (s. oberes Teilbild), Darstellung: R-Stab

**Tabelle 5.** Systemfreie Stahl-Gitterträger verschiedener Hersteller; Bezeichnungen gemäß Bild 23b

| Gitterträger | Gurt | | Strebe | | | a [mm] | e/d$_0$ |
|---|---|---|---|---|---|---|---|
| | Querschnitt Ø | R$_{eH}$ [N/mm$^2$] | Querschnitt | R$_{eH}$ [N/mm$^2$] | Neigung [°] | | |
| Plettac 400 | 48,3 × 3,2 | 320 | Ø 38 × 2 | 320 | 43,7 | 63 | 0,6 |
| Plettac 700 | 48,3 × 3,2 | 320 | Ø 38 × 2 | 320 | 59,6 | 89 | 1,6 |
| RUX 400 | 48,3 × 3,2 | 320 | RHP 30×20×2 | 235 | 56 | 68 | 1,0 |
| RUX 700 | 48,3 × 3,2 | 320 | Ø 26,9 × 2,6 | 235 | 60 | 60 | 1,1 |
| RUX 1000 | 48,3 × 3,6 | 355 | Ø 33,7 × 2,9 | 355 | 63 | 110 | 2,2 |
| PERI ULS 50 | 48,3 × 3,2 | 320 | RHP 40×20×2 | 235 | 49 | 65 | 0,8 |
| PERI ULS 70 | 48,3 × 3,2 | 320 | RHP 40×20×2 | 235 | 59 | 79 | 1,4 |
| Layher GT 450 | 48,3 × 3,2 | 320 | RHP 30×20×2 | 260 | 51,4 | 12 bis 45 | 0,16 bis 0,6 |
| Layher GT 450LW | 48,3 × 2,9 | 460 | RHP 30×20×2 | 370 | 51,3 | 13 bis 50 | 0,17 bis 0,65 |

Bild 23a). Grundsätzliche Unterschiede bestehen im Spalt, der zwischen den Streben ausgeführt wird: Während dieser bei einigen Systemen so gering wie fertigungstechnisch möglich gehalten wird, um exzentrizitätsbedingte Biegung zu vermeiden, wird bei anderen bewusst so viel Spalt gelassen, dass die Montage einer Kupplung im Knoten möglich ist (vgl. Bild 22).

### 3.3.3.3 Modellierung und Nachweisführung bei systemfreien Stahl-Gitterträgern

Grundsätzlich sind folgende Nachweise zu führen:
– Querschnittstragfähigkeit aller Profile unter Berücksichtigung lokaler Biegung → M-N-V-Interaktion,
– Biegeknicken infolge Druck und Biegung der Gurt-, Streben- und Pfostenquerschnitte; alternativ Querschnittsnachweise mit Schnittgrößen nach Theorie II. Ordnung und Ansatz von Imperfektionen,
– Schweißnähte,
– ggf. Rutschen der Kupplungen an Lasteinleitungen und Auflagern.

Für Vorbemessungen wird der Gitterträger meist ersatzweise als Biegebalken betrachtet und anhand von globalen Momenten und Querkräften dimensioniert, wie sie in Tabelle 4 angegeben werden. Grundsätzlich ist die seitliche Stabilität des Druckgurts zu prüfen und in aller Regel ein Abstand der Druckgurtaussteifungen festzulegen (vgl. Bild 19), der bei langen Trägern meist maßgebend ist. Da die Streben im Bereich konstanter globaler Querkräfte abwechselnd Zug oder Druck erhalten, kann aus der Schweißnahttragfähigkeit und ggf. dem Nettoquerschnitt im Bereich von Zinkablaufbohrungen sowie der Drucktragfähigkeit der Streben eine globale Querkrafttragfähigkeit abgeleitet werden und einer solchen Vorbemessung zugrunde gelegt werden.

Viele Hersteller der Gitterträger bieten Hilfsmittel zur Vorbemessung auf Basis der o. g. Momenten- und Querkrafttragfähigkeit an.

Wie oben bereits erwähnt, ist es baupraktisch meist unvermeidlich, dass die Lasteinleitungen, z. B. am Auflager, exzentrisch zu den Knoten erfolgen und somit lokal tragfähigkeitsmindernde Biegung entsteht, die zwingend zu berücksichtigen ist. Ferner ist dies auch im Bereich von Trägerstößen der Fall. Erfolgt die Lasteinleitung per Anschluss an beide Gurte mittels Normalkupplung (vgl. Bild 24), hängt die Verteilung der einzuleitenden Gesamtkraft von den an der jeweiligen Lasteinleitungsstelle gegebenen Steifigkeitsverhältnissen ab. Dies ist beim Nachweis der Gurtbiegung sowie der Kupplungen zu beachten. Mit [35] steht Anwendern

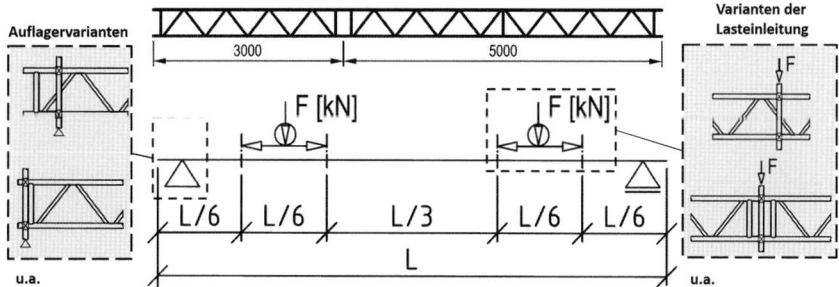

**Bild 24.** Exemplarische Darstellung der Montagevarianten von Gitterträgern hinsichtlich Bauteilstoß, Lasteinleitung und Auflagerung (aus [35])

Ähnliche Systeme werden auch von anderen Herstellern angeboten, z. B. das LGS von PERI (Bild 21a) oder der K-Frame von Scafom-RUX.

Schwere Rüstbinder wie der PERI VRB oder der Hünnebeck H 33 werden vorwiegend im Traggerüstbau verwendet, ihr Einsatz kann aber auch im Bereich der Arbeits- und Schutzgerüste sinnvoll sein, wie die Abfangung einer hohen Pyloneinrüstung in Bild 21b zeigt. Bei der Auswahl der Bauweise ist zu beachten, dass es sich in der Regel um Fachwerkkonstruktionen handelt, bei denen die Querkrafttragfähigkeit meist stärker limitiert ist, als dies bei Walzprofilen der Fall ist. Da in der Praxis die Last häufig nur exzentrisch zu den Fachwerkknoten eingeleitet werden kann, werden die in Tabelle 4 aufgeführten Werte der aufnehmbaren Querkräfte und Biegemomente i. d. R. durch lokale Biegung reduziert, wie nachfolgend weiter ausgeführt wird.

### 3.3.3.2 Stahl-Gitterträger im Systemgerüstbau

Beim Vergleich der Gitterträger des Systemgerüstbaus in den Zeilen 1 bis 9 der Tabelle 4 zeigt sich, dass mit der Wahl eines höheren Trägers die Momententragfähigkeit etwa linear steigt, da diese bei idealer Lasteinleitung unmittelbar von der Tragfähigkeit des stabilitätsgefährdeten Druckgurts abhängig ist. Bei einer Druckgurtaussteifung in Abständen von ca. 1,0 m ergibt sich diese zu ca. 65 kN, woraus das aufnehmbare Moment als Produkt mit der statischen Höhe berechnet werden kann. Die Querkrafttragfähigkeit hängt hingegen meist von der Drucktragfähigkeit der Diagonalstrebe ab, für die die Vergrößerung der Trägerhöhe wegen der Knicklänge kontraproduktiv ist und durch Verstärkung des Strebenquerschnitts und Vergrößerung der Strebenneigung kompensiert werden muss. Beim Vergleich der o. g. Träger gleichen Materials ergeben sich daher bei größerer Bauhöhe teilweise gleiche oder gar geringere Querkrafttragfähigkeiten.

Derartige Gitterträger werden von verschiedenen Herstellern als systemfreie Bauteile zum Anschluss mit Kupplungen (vgl. Bild 22) oder auch als Systembauteile z. B. mit Keilköpfen zur Verwendung im Modulgerüst angeboten. Bei den systemfreien Bauteilen bestehen die Gurte aus Rohren mit Ø 48,3 mm sowie unterschiedlichen Wanddicken und Stahlgüten. Tabelle 5 führt die Parameter einiger gängiger Produkte auf. Die Querschnitte der Streben und ihre Neigungen variieren hingegen. Häufig werden dünnere Rundrohre oder Rechteckrohre verwendet, bei denen aus Fertigungsgründen die lange Kantenlänge in Fachwerkebene verläuft (s.

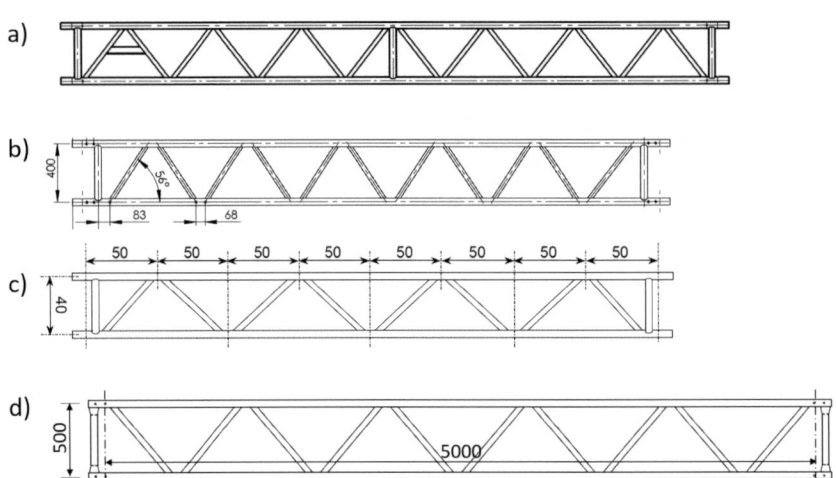

**Bild 22.** Systemfreie Gitterträger verschiedener Hersteller aus Stahl; a) systemfreier Layher-GT 450 mit geringem Spalt zwischen den Streben; systemfreie Gitterträger mit großem Spalt zur Kupplungsmontage, b) Scafom-RUX, c) Plettac (Maße in cm), d) PERI ULS 50

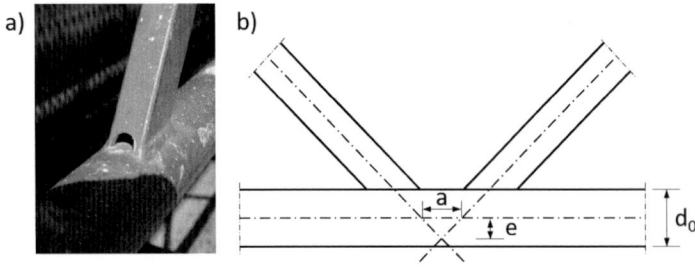

**Bild 23.** a) Hohlprofilknoten bei systemfreiem Gitterträger mit Strebe RHP 30×20×2 und Zinkablaufbohrung, b) Exzentrizität e nach [34]

Bild 19a zeigt die Verwendung eines typischen systemfreien Gitterträgers als Gitterträgerbrücke.

Wegen großer Spannweiten und höheren Lasten wurde dieser auf der Innenseite doppelt ausgeführt, was handwerklich zwar anspruchsvoll ist, aber eine naheliegende Form der Tragfähigkeitssteigerung darstellt. Zur Stabilisierung ist i. d. R. eine Aussteifung der Druckgurte erforderlich, die bei der Variante in Bild 19a drei Gitterträger auf einmal stabilisiert. Eine Ausführung doppelter Gitterträger in übereinanderliegenden Lagen ist grundsätzlich einfacher, bedarf dann aber mehrerer Aussteifungsverbände, die hinsichtlich der Nutzbarkeit der Gerüste meist nachteilig sind.

Die Tragfähigkeiten der Walzprofile HEB 300 und HEB 1000 in S355 wurden in Tabelle 4 zum Vergleich gegenübergestellt. Sofern das erforderliche Hebezeug wirtschaftlich einsetzbar ist, werden auch Walzprofile häufig eingesetzt. Bild 19b zeigt eine solche Abfangung, bei der die Walzprofile mit Jochspindeln auf Modulgerüsttürmen aufgelagert wurden.

Modulgerüst eignet sich ohne Zusatzmaßnahmen nur begrenzt für Überbrückungen. Durch die Bauhöhe wird zwar eine gewisse Momententragfähigkeit erreicht, die Querkrafttragfähigkeit ist jedoch durch die Systemdiagonalen auf vergleichsweise geringe Werte begrenzt.

Bild 20 zeigt den Layher Allround Brückenträger, der als temporäre Fußgängerbrücke entwickelt wurde, durch seine Anschlussmöglichkeiten für Modulgerüstbauteile aber auch universell als Überbrückungskonstruktion eingesetzt wird. Die Zerlegbarkeit in Einzelstäbe bietet dabei die Einsatzmöglichkeit an Orten, die mit großen Bauteilen nicht erreichbar sind.

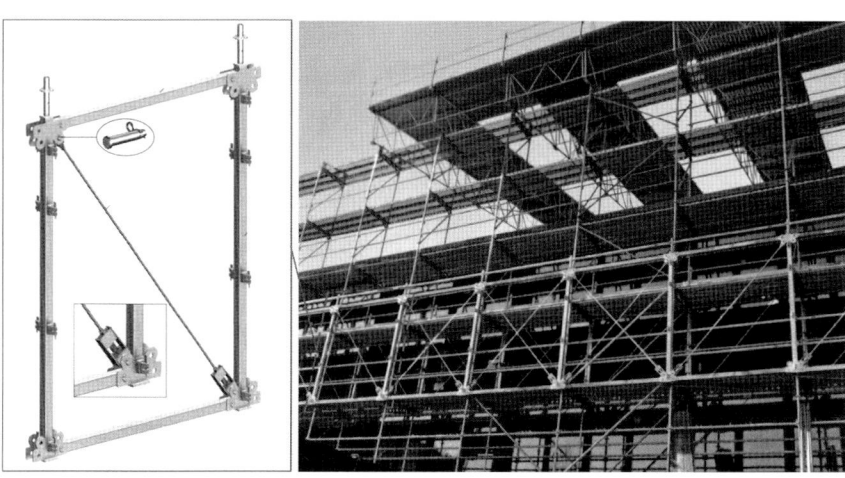

**Bild 20.** Allround-Brückenträger von Layher in modularer Bauweise mit Spannstahldiagonalen (aus [33])

**Bild 21.** a) Überbrückung im Raumgerüst mit PERI LGS, b) Abfangung einer Pyloneinrüstung mit Rüstbinder PERI VRB (Bilder: PERI)

**Tabelle 4.** Orientierungswerte der zulässigen Tragfähigkeiten (Gebrauchslast) von üblichen Überbrückungskonstruktionen gemäß Angaben der Hersteller und Division durch $\gamma_F = 1{,}5$; Werte des H 33 entstammen Typenberechnungen [32] nach alter Normung; Voraussetzungen: ausreichende Stabilisierung der Druckgurte, optimale Lasteinleitung, kein Einfluss lokaler Biegung

| | System | Bauhöhe bzw. (stat. Höhe) [m] | $M_{zul}$ [kNm] | $V_{zul}$ [kN] | Masse* ca. [kg/m] |
|---|---|---|---|---|---|
| 1 | Layher Alu-GT 450 | 0,45 (0,4) | 11,0 | 8,9 | 4,2 |
| 2 | Layher Alu-GT 750 | 0,75 (0,7) | 25,0 | 16,1 | 6,2 |
| 3 | RUX Alu-GT 1000 | 1,05 (1,0) | ≈ 30 | ≈ 20 | 6,5 |
| 4 | Layher Stahl-GT 450 | 0,45 (0,4) | 26,0 | 18,1 | 10,0 |
| 5 | Layher Stahl-GT450LW | 0,45 (0,4) | 29,7 | 22,9 | 9,3 |
| 6 | PERI STAHL ULS 50 | 0,55 (0,5) | 34,8 | 20,1 | 9,7 |
| 7 | PERI STAHL ULS 70 | 0,75 (0,7) | 45,0 | 19,7 | 10,8 |
| 8 | Layher Stahl-GT 750 | 0,75 (0,7) | 48,3 | 24,0 | 15,3 |
| 9 | RUX Stahl-GT 1000 | 1,05 (1,0) | ≈ 65 | 22,5 | 15,5 |
| 10 | Modulgerüst Layher K2000+ Feld 2,07 × 2,00 | (2,0) | 41,3 | 8,6** | 17,7 |
| 11 | PERI LGS | (1,50) | 92,4 | 39,6 | 18,5 |
| 12 | RUX K-Frame | (1,80) | 279 | 37,5 | 36 |
| 13 | HEB 300 – S355 | 0,3 | 402 | 589 | 117 |
| 14 | Allround Brückenträger | (2,71) | 461 | 102,8 | 60,0 |
| 15 | Rüstbinder Hünnebeck H 33 | 2,14 (2,0) | 1500 | ca. 500 | 100 |
| 16 | PERI VRB Rüstbinder | (2,13) | 2765 | 322 | 152 |
| 17 | HEB 1000 – S355 | 1,00 | 3196 | 2639 | 314 |

\* Gewicht der Stabilisierungsmaßnahmen ist i. d. R. nicht enthalten.
\*\* Verdopplung bei Einsatz doppelter Diagonalen möglich.

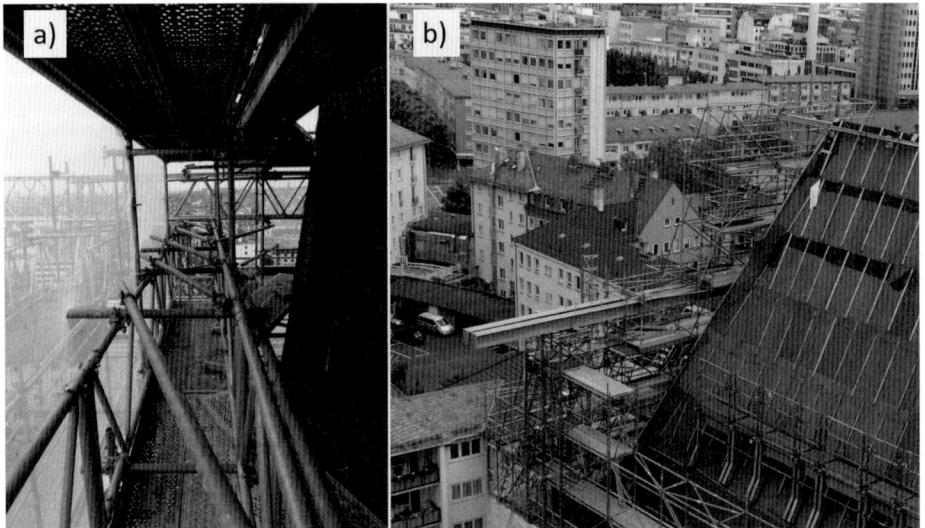

**Bild 19.** a) Gitterträgerbrücke mit doppeltem GT750 rechts und vorbildlicher Druckgurtaussteifung (Foto: Krebs+Kiefer), b) Abfangung mit Stahlträgern auf Modulgerüstturm (Foto: Rübel)

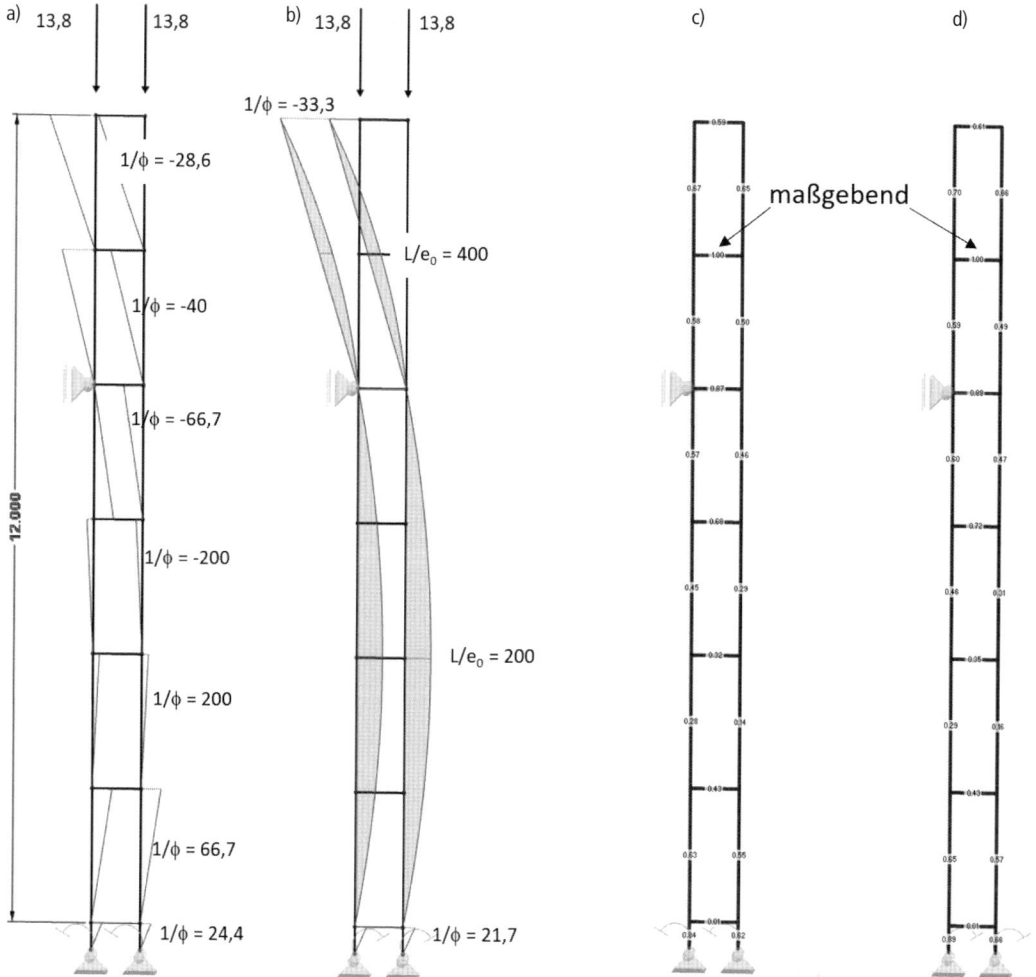

**Bild 18.** Modellierung eines Rahmengerüstes als Feld mit Auskragung; a) Knickwinkelfigur und b) ersatzweise Modellierung, jeweils $F_u = 13{,}8$ kN, c) und d) elastische Ausnutzung zu a und b (Darstellung: DLUBAL R-Stab)

praktikabel und für die meisten Anwendungen bei Arbeits- und Schutzgerüsten als genügend genau.

### 3.3.3 Überbrückungskonstruktionen

#### 3.3.3.1 Bauweisen der temporären Überbrückungskonstruktionen

Die Planung und Bemessung von Überbrückungskonstruktionen stellt häufig eine anspruchsvolle Teildisziplin innerhalb einer Gerüstplanung dar, z. B., wenn Gebäudeteile überbaut oder Öffnungen im Gerüst wie für Toreinfahrten ermöglicht werden müssen.
Dabei kommen im Wesentlichen folgende Bauteile zum Einsatz:
- Aluminium- oder Stahlrohr-Gitterträger der Systemhersteller,
- Sonderbauteile der Systemgerüste wie modulare Brückenträger,
- Stahlträger,
- Rüstbinder aus dem Traggerüstbau.

Bei der Auswahl der Bauweise für das jeweilige Projekt sind nicht nur die Anforderungen hinsichtlich der Bauteiltragfähigkeit entscheidend. In vielen Fällen entscheiden die Rahmenbedingungen der Montage, wie die Erreichbarkeit des Einbauorts mit den Einzelbauteilen und auch Hebezeugen über die Verwendbarkeit und die Wirtschaftlichkeit der einen oder anderen Bauweise.

Tabelle 4 stellt Orientierungswerte für die Tragfähigkeiten einiger gängiger Bauteile gegenüber, die nur unter optimalen Gegebenheiten wie Lasteinleitung in den Knoten und stabilisierten Druckgurten erreicht werden können.

Die Bauteile 1 bis 14 der Tabelle 4 sind durchaus für die Montage ohne schwere Hebezeuge geeignet und werden bei Arbeits- und Schutzgerüste häufig eingesetzt.

**Tabelle 3.** Parameter für die ersatzweise Abbildung der Knickwinkelfigur nach Bild 17 für Rahmenstoß und „normalen Stoß" (Ständer 48,3 × 3,2; $d_0 = 38$ mm; $l_0 = 150$ mm)

| h = 2,00 m | | | Stoß von geschlossenen Rahmen $\psi = 0{,}01$; $\kappa = 0{,}005$ m$^{-1}$ | | | | Normaler Stoß $\psi = 0{,}026$; $\kappa = 0{,}013$ m$^{-1}$ | | |
|---|---|---|---|---|---|---|---|---|---|
| | | | Länge $L_F$ oder $L_K$ [m] | | | | Länge $L_F$ oder $L_K$ [m] | | |
| | | | 4 | 6 | 8 | 10 | 4 | 6 | 8 |
| $L/e_{0,F}$ bzw. $L/e_{0,K}$ [–] | | | 400 | 267 | 200 | 160 | 154 | 103 | 77 |
| $1/\phi_{a,F}$ [–] | | | 100 | 67 | 50 | 40 | 38 | 26 | 19 |
| $1/\phi_{0,k}$ [–] | | | Kragarmlänge $L_K$ [m] | | | | Kragarmlänge $L_K$ [m] | | |
| | | | 2 | 4 | 6 | 8 | 2 | 4 | 6 |
| | | freistehend | 200 | 100 | 66,7 | 50,0 | 76,9 | 38,5 | 25,6 |
| Länge des angrenzenden Feldes [m] | | 4 | 66,7 | 50 | 40,0 | 33,3 | 25,6 | 19,2 | 15,4 |
| | | 6 | 50 | 40 | 33,3 | 28,6 | 19,2 | 15,4 | 12,8 |
| | | 8 | 40 | 33,3 | 28,6 | 25,0 | 15,4 | 12,8 | 11,0 |
| | | 10 | 33,3 | 28,6 | 25,0 | 22,2 | 12,8 | 11,0 | 9,62 |
| | | 12 | 28,6 | 25,0 | 22,2 | 20,0 | 11,0 | 9,62 | 8,55 |

der Schiefstellung dann einfacher ist als die ersatzweise Vorkrümmung.
Die Werte des normalen Stoßes sind noch mit dem jeweils zu berechnenden Abminderungsfaktor $\alpha_n$ zu multiplizieren. Hier wurde Tabelle 3 auf 8 m Feldlänge beschränkt, da bei dieser Feldlänge selbst bei Reduzierung infolge vieler Ständer kaum noch Normalkrafttragfähigkeit eines Gerüstrohrs vorhanden ist.
Bei Kragarmen ist neben der Vorkrümmung die Schiefstellung der Sehne $\phi_{0,k}$ in Abhängigkeit von der Länge des darunterliegenden Feldes zu bestimmen. Die Werte für eine freistehende Konstruktion in Tabelle 3 ergeben sich durch Einsetzen von $L_F = 0$ in Gl. (6f). Bei einer Kragarmlänge von 2 m kann auf die Vorkrümmung des Kragarms verzichtet werden, da die Ständer einer Lage mit 2 m bereits mit $\phi_{0,k}$ die korrekte Neigung haben.
Mit dem vorgestellten näherungsweisen Ansatz werden zwei Fehler gemacht: Erstens wird dem Einzelbauteil, das in der Knickwinkelfigur zunächst gerade bleibt, ebenfalls die Krümmung $\kappa$ als zusätzliche Vorkrümmung auferlegt. Um dies zu korrigieren, kann beim Aufbringen der lokalen Bauteilkrümmung (z. B. L/250, vgl. Abschnitt 3.2.3), die noch zusätzlich in ungünstiger Richtung aufzubringen ist, die am Bauteil zu viel aufgebrachte Ersatzkrümmung abgezogen werden.
Ein weiterer Fehler entsteht, da bei dem in Bild 17 vorgeschlagenen pragmatischen Ansatz die Ersatzkrümmung über die ganze Stabzuglänge angesetzt wird, also auch im ersten und letzten Teilstück der Länge h/2. Dadurch wird insgesamt eine zu große Richtungsänderung abgebildet. Das führt u. a. dazu, dass insbesondere der Anfangswinkel $\phi_{a,F}$ größer wird als der eigentlich anzusetzende Winkel $\phi_{SR}$. Dies lässt sich jedoch wie nachfolgend beschrieben verbessern.

**Verbesserung beim Übergang zur Spindel**
Bei der ersatzweisen Modellierung wird der Winkel $\phi_{SR}$ der Knickwinkelfigur des unteren Ständers beim Übergang zur Spindel durch die Anfangsneigung $\phi_{a,F}$ nach Bild 17 ersetzt. Damit wieder die gleiche Abtriebskraft aus der gegenseitigen Schiefstellung entsteht, muss der Kontingenzwinkel nach wie vor $\psi_{SP}$ betragen. Die Lotabweichung der Spindel $\phi_{SP}$ für die ersatzweise Modellierung ergibt sich zu Gl. (7). Werte für $\phi_{a,F}$ können Tabelle 3 entnommen werden.

$$\phi_{SP} = \phi_{a,F} + \psi_{SP} \tag{7}$$

Um die Auswirkung der o. g. Fehler einzuschätzen, wurden Vergleichsrechnungen an Rahmenzügen mit Rohren Ø 48,3 × 3,2 mm und $f_y = 320$ N/mm$^2$ und Rechteckrohrriegeln (ähnlich Plettac SL70, leicht idealisiert) für den Knickwinkel 0,01 sowie an Gerüstrohren 48,3 × 3,2 mm $f_y = 320$ N/mm$^2$ mit „normalem" Knickwinkel ($\psi = 0{,}026$ bzw. $\psi = 0{,}013$ für $\alpha_n = 0{,}5$) an Feldern mit 6, 8 und 10 m und an auskragenden Systemen $L_F/L_K = 6$ m/2 m, 6 m/4 m, 6 m/6 m und 8 m/4 m vorgenommen. Bei den Rahmen wurde eine normale Spindel mit 40 cm Auszug und $\psi_{SP} = 0{,}026$ berücksichtigt. Es wurde exemplarisch die elastische Traglast unter konstanter Normalkraft als Referenz herangezogen. Die Traglasten unterscheiden sich um maximal 3%, wobei die Näherung immer auf sicherer Seite liegt. Bild 18 zeigt exemplarisch die Modellierung eines auskragenden Systems als Knickwinkelfigur und die ersatzweise Modellierung sowie die Ergebnisse im Vergleich.
Vor dem Hintergrund, dass bei Arbeits- und Schutzgerüsten meist die Windlast die größte Horizontalbeanspruchung darstellt, wird der Unterschied in den meisten Anwendungen deutlich geringer sein. Der vorgeschlagene Näherungsansatz erweist sich somit als

von Imperfektionen meist die Möglichkeit vor, stabweise die Schiefstellung gegenüber der Vertikalen (Lotabweichung φ) sowie eine Vorkrümmung abzubilden.
Grundsätzlich besteht auch die Möglichkeit, die Wirkung der Knickwinkel über Ersatzlasten in Form von im Knick quer zum geraden Stab angesetzten Einzellasten mit dem Betrag $N \cdot \psi$ zu berücksichtigen. Dies erweist sich aber bei größeren Systemen ebenfalls als umständlich, da zum Beispiel bei jeder Änderung der Normalkraftverteilung eine Anpassung dieser Ersatzlasten erfolgen muss. Zudem müssen die Ersatzlasten als Gleichgewichtsgruppen aufgebracht werden, um die Auflagerkräfte nicht zu verfälschen, was der Praktikabilität ebenfalls abträglich ist.
Bei Stabwerksprogrammen, die die Möglichkeit bieten, Vorkrümmungen über mehrere Stäbe hinweg aufzubringen (vgl. Bild 18b), können die Knickwinkelfiguren in Feldbereichen näherungsweise durch eine Vorkrümmung und in auskragenden Bereichen durch Schiefstellung und Vorkrümmung abgebildet werden (s. Bild 17). Dazu kann der in regelmäßigen Stababschnitten h (i. d. R. die Lagenhöhe 2 m) auftretende Knickwinkel $\psi$ zu einer konstanten Krümmung $\kappa = \psi/h$ „verschmiert" werden.
Durch die festen Stützstellen der Verankerungspunkte sind die Nulldurchgänge der Vorverformungsfigur festgelegt. Gemäß [31] S. 173 hat es nur einen geringen Einfluss auf den Schnittgrößenverlauf, wenn der Knickpunkt zwischen Spindel und Ständerrohr auf die lotrechte Verlängerung dieser Nulldurchgänge gelegt wird. Mit diesen Randbedingungen können durch Integration der Krümmung $\kappa$ die Parameter für die Ersatzfigur bestimmt werden:

**Allgemein:**

$$w_0 = \iint \kappa \, dx = c_1 + c_2 x + \kappa \frac{x^2}{2} \quad (6a)$$

**Feld:**

$$w_0(x_F) = \frac{\kappa \cdot L_F^2}{2} \left( \left( \frac{x_F}{L_F} \right)^2 - \frac{x_F}{L_F} \right) \quad (6b)$$

$$e_{0,F} = \left| w_0 \left( x_F = \frac{L_F}{2} \right) \right| = \frac{\kappa \cdot L_F^2}{8} \quad (6c)$$

$$\phi_{a,F} = |w_0'(x_F = 0)| = \frac{\kappa \cdot L_F}{2} \quad (6d)$$

Der Anfangswinkel $\phi_{a,F}$ wird zur Berechnung der Spindelschiefstellung (s. u.) benötigt.
Für den Kragarm muss der Knickwinkel des angrenzenden Feldes als Anfangsneigung $\phi_{a,K}$ (s. Bild 17) angesetzt werden. Er wird nur im Rahmen der Herleitung benötigt und kann in den nachfolgenden Formeln über $L_F$ ausgedrückt werden.
Für den Kragarm ergibt sich:

**Kragarm:**

$$w_0(x_K) = \frac{\kappa \cdot L_K^2}{2} \left( \frac{L_F \cdot x_K}{L_K^2} + \left( \frac{x_K}{L_K} \right)^2 \right) \quad (6e)$$

$$\phi_{0,k} = \left| \frac{w_0(x_K = L_k)}{L_k} \right| = \frac{\kappa}{2}(L_F + L_K) \quad (6f)$$

$$e_{0,K} = \frac{\kappa \cdot L_K^2}{8} \quad (6g)$$

Tabelle 3 zeigt die Auswertung der obenstehenden Gleichungen für die typischen Fälle „geschlossener Rahmen" und „normaler Stoß".
Da sich der Stich der Vorkrümmung gemäß Gl. (6c) und (6g) nur durch die einzusetzende Länge unterscheidet, kann diese im oberen Teil der Tabelle 3 sowohl für $L_F$ als auch für $L_K$ abgelesen werden. Bei Feldern mit 4 m Höhe (also 2 Lagen) empfiehlt sich diese Vorgehensweise schon deshalb nicht, weil die Modellierung

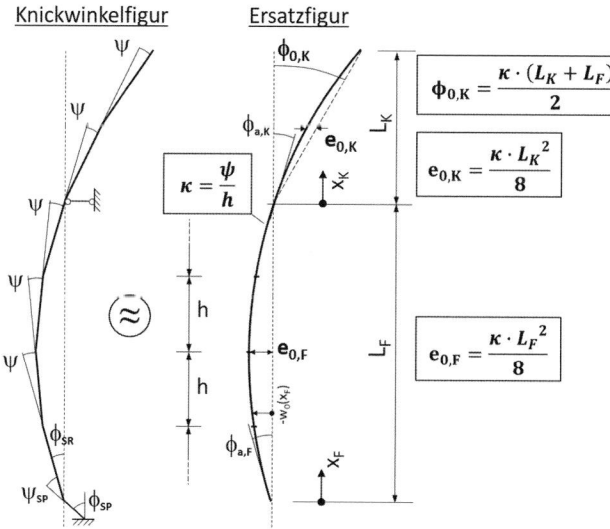

**Bild 17.** Näherungsweise Abbildung der Knickwinkelfigur durch Vorkrümmung im Feld und am Kragarm Vorkrümmung mit Schiefstellung

**Tabelle 2.** Exemplarische Werte für $\phi_{geom}$

| System | Zulassung | Typ /Geometrie [mm] | $\phi_{geom}$ |
|---|---|---|---|
| Plettac SL 70 | Z-8.1-29 | Kippfinger D = 20; $D_{Loch}$ = 23 | (23−20)/2000·3200/2500 = 1/520 |
| Scafom Ringscaff | Z-8.22-869 | Moduldiagonale Δd = 1,0 | 1,0/2000·3200/2500 = 1/1562 |
| ALFIX Multi | Z-8.22-906 | Moduldiagonale Δd = 2,5 | 2,5/2000·3200/2500 = 1/625 |

Modulgerüstdiagonalen im langen Loch der Stielscheibe möglich ist. Dies ermöglicht einen Versatz Δb, der bei gängigen Systemen mit langem Loch für die Diagonale ± 2 mm betragen kann, aus dem sich ein weiterer Anteil Schiefstellung von 1/500 ergibt. Addiert man diesen auf die Werte der Losen der Modulgerüstdiagonalen in Tabelle 2, zeigt sich, dass die Summe immer noch unter dem Mindestwert für $\phi_{max}$ von 0,01 nach Gl. (4) liegt. Somit dürfte dies den Regelfall darstellen.

Hintergrund von Gl. (4) ist die Überlegung, dass die Ausbildung der maximalen Knickwinkel im Ständerstoß durch die Anordnung aussteifender Bauteile im Systemverbund behindert sein kann. Ist dies der Fall, darf die Ständerschiefstellung entsprechend den Systemverhältnissen auf das geometrisch mögliche Maß reduziert werden. Als quasi unvermeidliche Schiefstellung ist jedoch stets ein Mindestwert von 1/100 zur Lotrechten in Ansatz zu bringen. Auch wenn bei diesem Vorgehen eine Restlose im Stoß erhalten bleibt, darf diese – wie bei Arbeits- und Schutzgerüsten üblich – als pragmatische Systemannahme bei der Berechnung vernachlässigt und der Stoß als biegestarr angenommen werden. Weiterhin gehört es zum üblichen Vorgehen bei der Behandlung von Arbeits- und Schutzgerüsten, die Losen in den Anschlüssen aussteifender Bauteile in voller Größe bezogen auf die Nennmittellage in Ansatz zu bringen. Zur Wahrung des etablierten Sicherheitsniveaus ist ein Abbau dieser Losen durch das Anrechnen von Ständerschiefstellungen im empfohlenen Rechenmodell nicht vorgesehen. Dies gilt nach [23] selbst dann, „wenn konstruktionsbedingt die Schiefstellung auf den Wert nach Gleichung 25 (Gl. (4) in diesem Dokument, Anm. d. Verf.) reduziert werden darf".

### 3.3.2.5 Modellierung der Imperfektionen

Aus den Knickwinkeln der Ständerstöße und der Spindel sind Vorverformungsfiguren unter Aufsummierung des in jedem Stoß auftretenden Knickes so zu bestimmen, dass die maßgebende Imperfektionsfigur entsteht (vgl. Bild 16). Die Auflager aus der direkten Verankerung des Gerüstes dürfen dabei gemäß [22] sowohl senkrecht als auch parallel zur Fassade als starr und unverschieblich und gemäß [23] als planmäßig perfekt, also frei von Losen und auf einer Achse liegend angenommen werden. Wie viele Imperfektionsfiguren dabei zu untersuchen sind, hängt stark von der Größe des Systems und den Lastbildern ab. Die Erlaubnis, den Ständerstoß als bie-

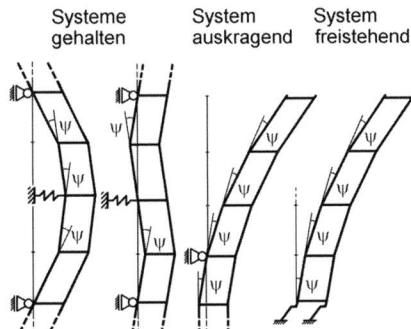

**Bild 16.** Infolge des Knickwinkels vorverformte Systeme zur Abbildung von Eigenformen (aus [23])

gestarr zu modellieren und somit die veränderliche Gliederung zu umgehen, ermöglicht die Erstellung von Eigenformanalysen, die bei komplexeren Tragwerken auf mögliche maßgebende Imperfektionsfiguren schließen lassen. Bild 16 zeigt einige elementare Systeme und die dabei zu untersuchenden Vorverformungsfiguren.

### 3.3.2.6 Modellierung der Spindel

Die maximal mögliche Lotabweichung der Spindel $\phi_{SP}$ (vgl. Bild 15 und Bild 17) ist bei der Berechnung zu berücksichtigen und wird i. d. R. als Schiefstellung abgebildet. Sie kann bei Kenntnis der Lotabweichung des anschließenden Ständerrohrs $\phi_{SR}$ mit Gl. (5) berechnet werden.

$$\phi_{SP} = \phi_{SR} + \psi_{SP} \tag{5}$$

Gemäß [23] darf dabei der Anteil der lokalen Bauteilkrümmung (z. B. L/250) des unteren Ständerrohrs in $\phi_{SR}$ vernachlässigt werden. Der Kontingenzwinkel $\psi_{SP}$, der zwischen Spindel und Ständerrohr entsteht, kann mit Gl. (2) und Bild 11 berechnet werden. Komplexere Situationen ergeben sich bei der Verwendung von sogenannten Anfangsstücken. Hierzu sei an dieser Stelle auf [23] verwiesen.

### 3.3.2.7 Näherungsweise Abbildung der Knickwinkelfigur durch Vorkrümmung und Schiefstellung

Die Modellierung der Knickwinkelfiguren gestaltet sich bei größeren Systemen und insbesondere bei räumlichen Berechnungen mit Stabwerkprogrammen als aufwendig. Die üblichen Programme sehen zur Modellierung

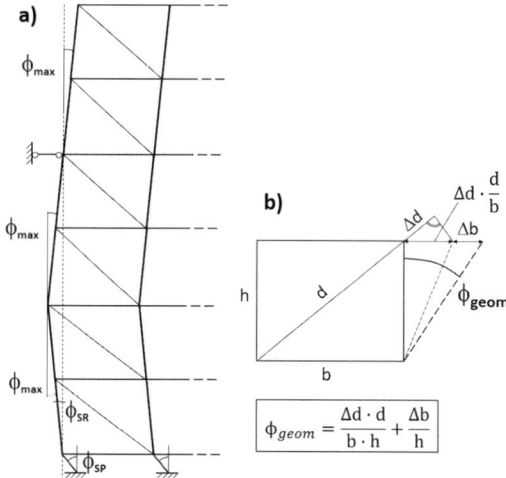

**Bild 15.** a) Begrenzung der Lotabweichung bei Aussteifung durch geeignete Diagonalen, b) Berechnung von $\Phi_{geom}$ aus Diagonalspiel $\Delta d$ und Horizontalspiel $\Delta b$

schen der Lotabweichung des unteren Ständers $\phi_u$ und des oberen Ständers $\phi_o$ ergibt.
Dabei wird die Situation senkrecht und parallel zur Fassade nebeneinander dargestellt und die Berechnung des jeweiligen Knickwinkels angegeben. Im Nachweis müssen diese Imperfektionszustände natürlich nicht als gleichzeitig wirkend angesetzt werden. Der aus der Abminderung resultierende Winkel wird dabei durch den Index n gekennzeichnet: $\psi_n = \alpha_n \cdot \psi$.
Beim Rahmengerüst in Bild 13 darf senkrecht zur Fassade der Knickwinkel 0,01 angesetzt werden. Eine weitere Abminderung ist nicht zulässig. Parallel zur Fassade sind keine geschlossenen Rahmen vorhanden, sodass sich der Knickwinkel aus dem Spiel im „normalen" Ständerstoß ergibt. Das Zahlenbeispiel in Bild 13 ist mit den typischen Abmessungen von Ständerrohr und Stoßverbinder gerechnet. Es werden auch Rahmenständer mit geringeren Wanddicken (z. B. 2,7 mm) hergestellt, dann wird aber meist durch Zusatzmaßnahmen wie z. B. Rohreinzüge das Spiel wieder auf ein ähnliches Maß begrenzt. Da bei den o. g. sehr üblichen geometrischen Verhältnissen im Stoß der Knickwinkel von 0,026 geometrisch möglich ist, beim Ansatz von 0,01 für den geschlossenen Rahmen aber nicht voll aufgebraucht wird, verbleibt eine sogenannte Restlose im Stoß. Der Stoß darf dennoch weiterhin unter Vernachlässigung dieser Restlosen als biegestarr angenommen werden, vgl. [23].
Beim Modulgerüst sind die in Bild 14 dargestellten Verhältnisse praxisüblich. Während bei den meisten Gerüsten quer zur Fassade zwei Stiele stehen, können bei größeren Konstruktionen auch mehrere Stielscheiben vorgesehen sein, z. B. als Aussteifungsebene oder auch in Raumgerüsten. Solange die Stöße in Knotennähe liegen, darf der Wert 0,01 als Knickwinkel angesetzt

werden. Dies ist parallel zur Fassade nur dann der Fall, wenn hier auch Systemriegel mit aussteifenden Keilköpfen eingebaut werden. Auf der Gerüst-Außenseite ist dies mit den als Seitenschutz eingebauten Riegeln der Regelfall. Aus Gründen der leichteren Montage werden aber auch in den innenliegenden Stielscheiben parallel zur Fassade meist Systemriegel auf Belagsebene eingebaut.

#### 3.3.2.4 Begrenzung der Lotabweichung

Eine weitere Festlegung in [23] besagt, dass in Fällen, bei denen „das Aufsummieren von Knickwinkeln zu Systemverzerrungen führen (kann), die sich z. B. bei Anordnung geeigneter Diagonalen zur Systemaussteifung (...) in Abhängigkeit von den vorhandenen Anschlusslosen praktisch nicht einstellen können (...), die Schiefstellung zur Lotrechten auf die maximale Schiefstellung $\phi_{max}$ nach Gl. (4) reduziert werden" darf [2].

$$\phi_{max} = \max\{\phi_{geom}; 0,01\} \quad (4)$$

Dabei ist $\phi_{geom}$ die geometrisch mögliche Schiefstellung, die sich mit dem nominellen Spiel in den Systemdiagonalen und ihren Anschlüssen einstellen lässt. Hierfür geeignet sind allerdings nur solche Diagonalen, deren Anschlusspunkte durch das System fest vorgegeben sind, wie es z. B. bei Kippfingerdiagonalen oder Modulgerüstdiagonalen der Fall ist. Ausgenommen von dieser Erlaubnis sind daher Systeme, bei denen eine Seite der Diagonalen mit einer Halbkupplung frei am Stiel montiert wird, da hierbei die Begrenzung der Schrägstellung konstruktiv nur durch den Ständerstoß gegeben ist.
Bild 15 zeigt die sinngemäße Anwendung der begrenzten Lotabweichung für ein einfeldriges System mit Auskragung und die Berechnung des Wertes $\phi_{geom}$.
In Bild 15b wird die Bestimmung der geometrisch möglichen Lotabweichung aus Diagonalspiel $\Delta d$ und Horizontalspiel $\Delta b$ dargestellt. Beispiele für $\phi_{geom}$ bei einem 2,5-m-Feld sind in Tabelle 2 angegeben und wurden mit den Angaben in den Zulassungen ermittelt. Dabei kann davon ausgegangen werden, dass von der Soll-Lage der Anschlusspunkte ausgehend jede Seite der Diagonalen mit dem halben Spiel oder Versatz einen Beitrag zur Schiefstellung leistet. Bei der Kippfingerdiagonalen wurden diese aus den Zeichnungen und bei den Modulgerüstdiagonalen aus den Angaben zur Losen berechnet.
Wenn Zulassungen keine Werte für die Lose von z. B. Modulgerüstdiagonalen enthalten, so sind diese wie oben beschrieben aus den Abmessungen der Bauteile zu ermitteln. Dabei ist auch die Möglichkeit der exzentrischen Montage zu erwägen, die z. B. bei Keilköpfen der

---

[2] In [23] wird das Erreichen größerer Lotabweichungen beispielhaft im Zusammenhang mit auskragenden und freistehenden Systemen thematisiert. Bei größeren Feldweiten kann dies aber auch in Feldbereichen auftreten, sodass dort nach Meinung der Verfasser analog verfahren werden kann.

### 3.3.2.2 Abminderung des Knickwinkels bei mehreren Ständerrohren

DIN 12811-1 sieht für eine Anzahl von n Ständerrohren eine Abminderung des Knickwinkels ψ vor, wenn systematische Vorverformungen auszuschließen und „die Längen der Horizontalriegel nicht durch die Art der Verbindungskonstruktionen vorbestimmt sind, z. B. für Rohr-Kupplungsgerüste". In [23] wird nun festgestellt, dass diese Abminderung für statistisch begründbare Ausgleichseffekte unter mehreren nebeneinander angeordneten Ständerrohren „auch für die klassischen Arbeits- und Schutzgerüste aus Systembauteilen (gilt), da die Längen horizontaler Tragglieder aufgrund des Anschlussspiels und der Fertigungstoleranzen nicht vollständig vorbestimmt sind", wie es z. B. bei der Längsaussteifung durch Beläge der Fall ist. Bei den o. g. geschlossenen Rahmen aus vorgefertigten Teilen trifft dies jedoch nicht zu, sodass diese Abminderung in solchen Fällen nicht zusätzlich zu den günstigen Knickwinkeln von z. B. 0,01 genutzt werden darf.

Der zugehörige Abminderungsfaktor (in [23] und im Folgenden mit $\alpha_n$ bezeichnet) darf, wie früher bereits national in DIN 4420 alt festgelegt, gemäß [23] mit Gl. (3) bestimmt werden:

$$\alpha_n = 0,5 \cdot (1 + n^{-0,5}) \quad \text{für } n \geq 2 \quad (3)$$

Eine Gegenüberstellung des Abminderungsfaktors mit denen aus DIN 12811-1 und DIN EN 1993-1-1 in [23] zeigt, dass Gl. (3) zu günstigeren Werten führt und den Gerüstbau diesbezüglich nun bessergestellt. Hintergründe hierzu können z. B. [31] entnommen werden.

Des Weiteren wird in [23] eine in DIN EN 1993-1-1 enthaltene Forderung auf den Gerüstbau übertragen: In die Anzahl n in Gl. (3) sind nur solche Ständer einzubeziehen, die mindestens 50 % der mittleren Druckkraft der gesamten Ständerreihe aufweisen.

### 3.3.2.3 Knickwinkel bei üblichen Gerüstsystemen

In Hinblick auf die Anwendung der o. g. Regelungen auf die zwei grundlegenden Systemgerüstvarianten ergeben sich die in Bild 13 dargestellten Zusammenhänge für Rahmengerüste und in Bild 14 für Modulgerüste. Anhand eines Gerüstausschnitts wird jeweils dargestellt, wie sich der Knickwinkel ψ als Differenz zwi-

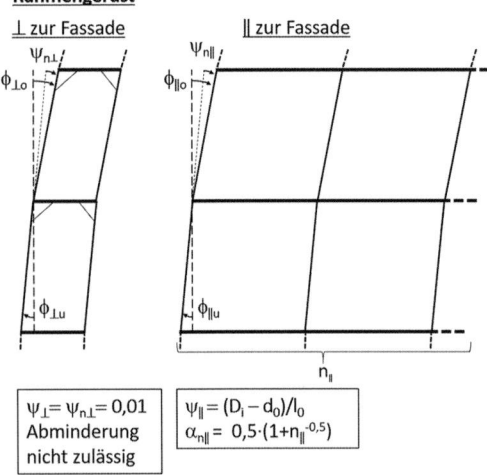

**Bild 13.** Bestimmung der Knickwinkel an Ständerstößen von Rahmengerüsten mit $l_0 \geq 150$ mm

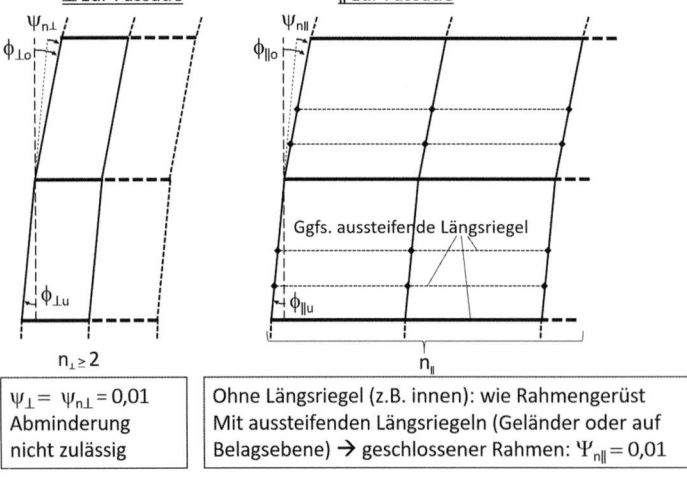

**Bild 14.** Bestimmung der Knickwinkel an Ständerstößen von Modulgerüsten mit $l_0 \geq 150$ mm

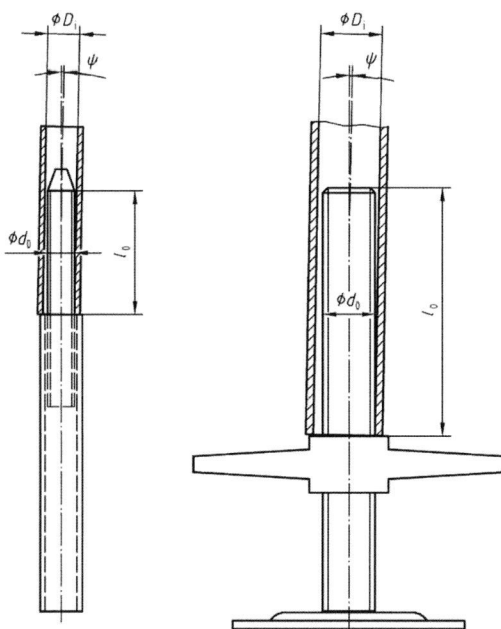

**Bild 11.** Knickwinkel zwischen Ständerrohren mit Stoßverbinder (links) und Fußspindel (rechts) aus [14]

**Bild 12.** H-Rahmen, System PERI-UP Easy (Foto: PERI)

ausschlaggebend für die Tragfähigkeit. Der in DIN 12811-1 [14] geregelte Ansatz zur Schiefstellung der Stiele basiert auf dem Spiel im Stoß zwischen den Ständern und stellt eine Besonderheit des Gerüstbaus gegenüber z. B. dem klassischen Stahlbau dar. Die zielführende Umsetzung in Rechenmodellen bedarf daher eingehender Erläuterung.

### 3.3.2.1 Schiefstellung infolge Knickwinkels im Ständerstoß

DIN EN 12811-1 erlaubt es, unter bestimmten konstruktiven Bedingungen, die von den gängigen Gerüstsystemen eingehalten werden, den Ständerstoß als biegestarr[1]) zu behandeln, obwohl es sich eigentlich um Systeme mit veränderlicher Gliederung handelt. Zur Berücksichtigung der Verdrehlose ψ nach Gl. (2) aus [14], die sich aus dem Spiel im Ständerstoß ergibt, muss diese dann als Vorverformung in Form eines Knickwinkels zwischen beiden Stäben berücksichtigt werden (vgl. Bild 11)

$$\tan\psi \approx \psi = \frac{D_i - d_0}{l_0} \geq 0{,}01 \qquad (2)$$

---

1) Wie in [23] klargestellt wird, handelt es sich bei der in der deutschen Fassung von [14] verwendeten Formulierung „biegesteif" um einen Übersetzungsfehler und müsste korrekt „biegestarr" heißen.

Im Zuge der Erarbeitung neuer Modelle für den Ständerstoß im SVA-Gerüste wurde dieses Thema intensiv diskutiert und in [23] ausführlich erläutert. Für Arbeits- und Schutzgerüste wird die Empfehlung ausgesprochen, bei der Systembildung die Stöße weiterhin als biegestarr, also mit durchlaufendem Rohr zu behandeln und den Einfluss der Lose wie bisher über Vorverformungen zu berücksichtigen.

In dem Zusammenhang werden in [23] weitere Festlegungen getroffen.

Entsprechend der Regelung in [14] dürfen bei geschlossenen Rahmen von Systemgerüsten mit Stoßbolzenlängen $l_0 \geq 150$ mm die Knickwinkel zwischen den gestoßenen Rohren auf 0,01 begrenzt werden (0,015 bei $l_0 < 150$). Gemäß [23] darf die dabei „im Stoßbereich verbleibende Restlose (…) bei der Systemmodellierung vernachlässigt werden". Dies gilt auch für Modulgerüste, sofern Stiele und Riegel geschlossene Rahmen bilden und die Ständerstöße in Knotennähe liegen. Diese Regelung war bereits in [12] enthalten. Bei Systemen wie H-Rahmen, die z. B. zur Realisierung eines vorlaufenden Seitenschutzes verwendet werden (s. Bild 12), sind gesonderte Überlegungen anzustellen.

Der o. g. Wert von 0,01 ist dabei deutlich günstiger als der Wert, den man bei den üblichen geometrischen Verhältnissen von Gerüstrohren für den „normalen" Stoß erhält: Wie aus dem Rechenbeispiel in Bild 13 hervorgeht, liegt der Knickwinkel bei gängigen Abmessungen bei ca. 0,026.

Bild 9b zeigt eine Lösung, die ergonomisch sehr gut und je nach Größe der Lasten auch statisch geeignet sein kann, in jedem Fall aber eine beliebige Ankerpositionierung innerhalb des Feldes ermöglicht. Durch zwei parallel zum Innenstiel geführte Doppelrohre entsteht eine Spreizung von ca. 12 cm Achsmaß, die zur Einspannung eines Gerüsthalters genutzt wird. Beim maximal zulässigen Abstand der Belagsinnenkante zur Fassade von 30 cm ergibt sich eine Auskragung des Halters von ca. 20 cm. Die Ausführung als Zweifeldträger ist bei Feldweiten von 2 × 2,50 m mit 6 m langen Gerüstrohren gut durchführbar und bei den meisten Fassaden werden damit mindestens zwei Ankerpunkte erfasst, sodass die o. g. Empfehlungen für die statischen Systeme von Auswechslungen eingehalten sind.

Zur Bewertung der Tragfähigkeit und Steifigkeit dieser Lösung wurde eine exemplarische EDV-Berechnung dieses Sekundärsystems mit Rohren Ø 48,3 × 4 und $f_y = 235\ N/mm^2$ unter Berücksichtigung der Dreh- und Wegfedersteifigkeit für Normalkupplungen nach [14] bzw. [23] durchgeführt, wobei die Position des Halters innerhalb der Felder variiert wurde. Die Verformung oder Tragfähigkeit der aufnehmenden Stiele wurde hierbei nicht berücksichtigt und ist im konkreten Anwendungsfall in die Untersuchung einzubeziehen. Für fassadenparallele Last ergibt sich hier eine Tragfähigkeit von $F_{\parallel,Rd} = 7{,}5\ kN$, wobei das Rutschen der wandseitigen Kupplung am Halter maßgebend ist. Für Lasten senkrecht zur Fassade ergeben sich ca. $F_{\perp,Rd} = 6{,}5\ kN$ aufnehmbarer Ankerkraft, wobei das Plastizieren des Rohrs bei Positionierung des Ankers in Feldmitte maßgebend ist. Vergleicht man die zugehörigen Werte der Gebrauchslast mit den Anforderungen in Regelausführungen, erweist sich die Tragfähigkeit parallel zur Fassade als sehr hoch und die senkrecht zur Fassade als in vielen Fällen ausreichend, wobei sich Letztere im Bedarfsfall z. B. durch kürzere Gerüstfelder erhöhen ließe. Bei Verwendung von Innenkonsolen sinkt die Tragfähigkeit parallel zur Fassade durch die Vergrößerung des Wandabstands.

Zur Einordnung der Steifigkeit sei noch der Vergleich mit dem Ersatzfederwert eines langen Gerüsthalters gezogen, der für die Berechnung ebener Ersatzsysteme nach [29] benötigt wird und z. B. in [30] berechnet wurde. Beim langen Gerüsthalter ist dabei die Nachgiebigkeit der äußeren Stielscheibe zu berücksichtigen und für ein 70 cm breites Gerüst wird in [30] ein Wert von 5,3 kN/cm angegeben. Aus o. g. EDV-Berechnung ergibt sich für den Halter am Doppelrohr in ungünstigster Position ein Wert von ca. 8 kN/cm, also deutlich höher als beim langen Gerüsthalter. Dieser gilt unabhängig von der Gerüstbreite, wohingegen bei einem Gerüst mit 100 cm Breite der lange Gerüsthalter noch weicher ausfällt. Senkrecht zur Fassade ist die Doppelrohrvariante vergleichsweise weich (in o. g. Beispiel ca. 3,5 kN/cm bei gleichzeitigem Auftreten beider Ankerkräfte). Inwiefern diese Steifigkeit ausreichend ist, muss im jeweiligen statischen Nachweis beurteilt werden. Die grundsätzliche Eignung zeigen ausgeführte Projekte, wie z. B. in Bild 10, wo die Doppelrohrvariante in einer Variation mit zwei Haltern in engem Abstand am Einfeldträger an einem Hochhaus mit sehr beschränkten Verankerungsmöglichkeiten und relativ hohen Windlasten statisch geprüft und angewendet wurde.

### 3.3.2 Imperfektionen bei Arbeits- und Schutzgerüsten

Auch wenn bei den meisten Arbeits- und Schutzgerüsten die Windlast die maßgebende Horizontallast darstellt, sind die Imperfektionsansätze bei größeren Druckkräften oder Gerüsten im Innenraum mithin

**Bild 10.** Umsetzung der Doppelrohrvariante bei einem 40-m-Hochhaus mit dichtem Werbenetz (Foto: Krebs+Kiefer)

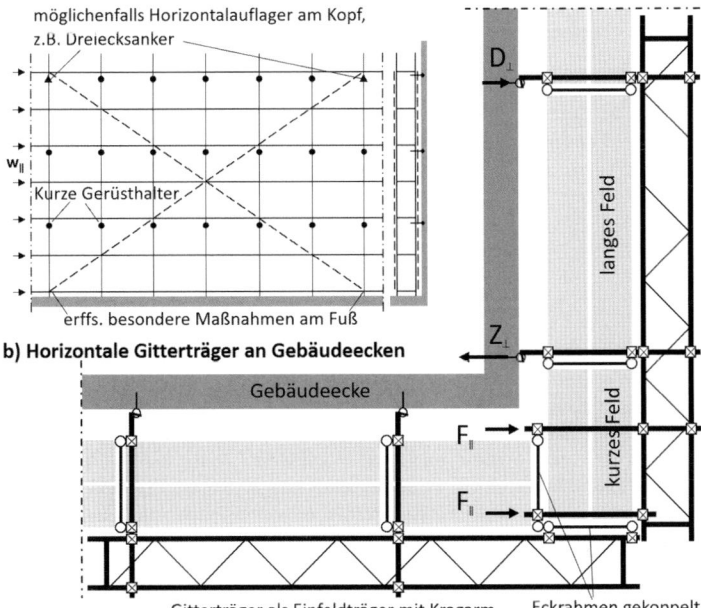

**Bild 8.** Ableitung fassadenparalleler Lasten; a) vertikal, in tragfähige Ebenen, wenn möglich an Kopf- und Fuß oder als in paralleler Richtung freistehende Konstruktion; b) horizontal, mit Umlenkung um die Gebäudeecke und Aufnahme über Zug- und Druckkräfte

Zu diesen besonderen Maßnahmen kann auch eine Konstruktion zur Ableitung der Horizontalkomponenten aus den Diagonalen gehören, z. B. ein Dreiecksanker am Fuß oder ggf. die o. g. Ballastierung in Verbindung mit Solreibung.

Als weitere Möglichkeit sind in Bild 8b außenliegende horizontale Gitterträger dargestellt, die an den Gebäudeecken montiert die fassadenparallelen Kräfte aufnehmen und um die Ecke als Zug- und Druckkraft wieder einleiten. Eine Kombination mit der Variante der doppelten Diagonalenzüge ist möglich, indem eine solche Gitterträgerkonstruktion ein oberes Auflager bildet. Da hierbei i. d. R. vergleichsweise große Zugkräfte am ecknahen Anker entstehen können, sollte dem mit möglichst kurzen Kragarmen und großen Feldlängen entgegengewirkt werden.

Bild 9 zeigt Varianten der Auswechslung, die gleichzeitig Lasten senkrecht und parallel zur Fassade übertragen können. Bild 9a zeigt, wie ein horizontaler Gitterträger gemäß Bild 6d zur Ableitung fassadenparalleler Lasten ertüchtigt werden kann.

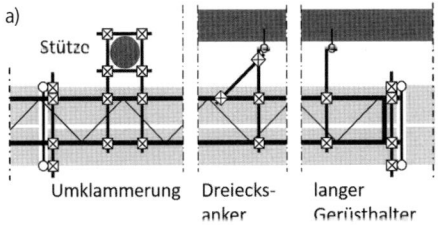

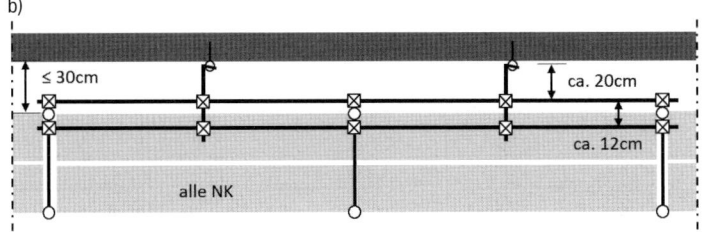

**Bild 9.** Kombination von Auswechslung für senkrechte Lasten mit Verankerung für fassadenparallele Lasten; a) mit horizontalem Gitterträger, b) Gerüsthalter am Doppelrohr

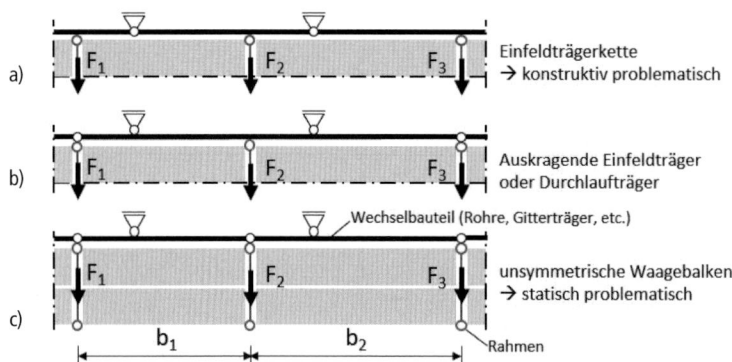

**Bild 7.** Vergleich statischer Systeme zur horizontalen Auswechslung

wechslung eines einzelnen Rahmens auch ideal durch eine eindeutige Federsteifigkeit abbilden ließe. Konstruktiv lässt sich dieses System jedoch nur schwer umsetzen, da sich an der Stelle des Gerüsthalters bzw. der Verankerung meist kein Gelenk ausbilden lässt. Die durchlaufenden Systeme in Bild 7b, mit mindestens zwei Auflagern, sind konstruktiv gut umsetzbar und als Durchlaufträger auch steifer als Einfeldträger. Wird mehr als ein Rahmen gestützt, erweist sich jedoch für eine Berechnung in zweidimensionalen Ersatzsystemen die oben angesprochene Wechselbeziehung zwischen den Rahmen als problematisch. Für Lastfälle wie Wind, mit weitgehend bekannten Kräfteverhältnissen $F_1/F_2/F_3$, lassen sich hier ersatzweise Federwerte berechnen. Für die Stabilisierung gegen Knicken stellt sich das möglicherweise schwieriger dar, da unterschiedliche Ausweichrichtungen der Rahmenzüge möglich sind.

Problematisch sind die unsymmetrischen Waagebalken in Bild 7c, wie sie z. B. am Gerüst in Bild 5b ausgebildet wurden. Da der Waagebalken bei unsymmetrischen Verhältnissen nicht im Gleichgewicht steht, müssen die Rahmenzüge im Regelfall Kräfte in andere geankerte Ebenen ableiten. Das dabei entstehende Kräftespiel ist nur mit räumlichen Berechnungen erfassbar.

Insgesamt erweisen sich die durchlaufenden Systeme nach Bild 7b, die unter beliebiger Last im Gleichgewicht stehen, als am sinnvollsten. Es empfiehlt sich, diese so steif auszubilden, dass von festen Lagern ausgegangen werden kann. Sofern die Stützung die Mindeststeifigkeit erreicht, bei der die Knickbiegelinie der Rahmenzüge dort einen Nulldurchgang hat und die horizontalen Verformungen im Millimeterbereich liegen, kommt dies qualitativ einer konventionellen Verankerung mit Ringschraube gleich, deren Spiel bzw. Lose von mehreren Millimetern i. d. R. auch vernachlässigt wird.

### 3.3.1.3 Kompensationsmaßnahmen für Kräfte parallel zur Fassade

Für die Ableitung fassadenparalleler Kräfte ist zunächst entscheidend, wo und in welcher Größe diese am Bauwerk eingeleitet werden können. Aus ergonomischer Sicht sind Dreiecksanker gegenüber langen Gerüsthaltern vorteilhaft, sofern Letztere nicht unmittelbar unter der Belagsebene angeordnet werden können. Liegt die tragfähige Verankerungsebene nur auf ungünstiger Höhe, so kann die Lösung in Bild 6b auch mit einem Dreiecksanker ausgeführt werden und erforderlichenfalls durch einen wandseitigen Verband parallel zur Fassade ertüchtigt werden.

Liegt ein Fassadensystem mit Dauerankern wie in Bild 5b oder c vor, so sind oft nur kleine oder in manchen Fällen sogar keine Kräfte parallel zur Fassade aufnehmbar. In solchen Fällen sind die Kräfte also entweder sehr gleichmäßig zu verteilen oder über andere Maßnahmen als die direkte Verankerung abzuleiten. Bild 8 stellt zwei Maßnahmen dar, bei denen die Verankerung keine fassadenparallelen Lasten aufnehmen muss.

Bild 8a zeigt als eine Möglichkeit die Verwendung außen- und erforderlichenfalls auch innenliegender Vertikalverbände mit der Zielsetzung, die fassadenparallelen Lasten in tragfähige Ebenen abzuleiten. Besteht an der Gebäudeoberkante die Möglichkeit, z. B. an der Attika, doch Dreiecksanker zu setzen, kann mit einem weiteren Auflager am Gerüstfuß durch die Diagonalen ein vertikaler Einfeldträger aktiviert werden. Ist das nicht der Fall, so muss ein freistehendes System (Kragarm) ausgebildet werden. Ein ausschließlich außenliegender Verband ist aus ergonomischer Sicht zwar vorzuziehen, jedoch kann hinsichtlich der Steifigkeit und Tragfähigkeit bei größeren Höhen ohne fassadenparallele Verankerung der doppelte Verband erforderlich werden. Insbesondere bei freistehenden Konstruktionen können große horizontale Längsverformungen auftreten, deren Verträglichkeit mit den Ankern für die Last senkrecht zur Fassade zu prüfen ist. Innenliegende Diagonalen sind ergonomisch meist vertretbar, da die meisten Arbeiten nicht wesentlich behindert werden. Die Diagonalführung sollte dabei so erfolgen, dass zur Minimierung der zusätzlichen Stielnormalkräfte ein möglichst großer innerer Hebelarm entsteht, wie in Bild 8a dargestellt. Dies ist insbesondere zur Vermeidung oder Reduzierung der Stielzugkräfte wichtig, da diese, wenn das Eigengewicht der Konstruktion sie nicht überdrückt, über zugfeste Stiele und Ballastierung oder andere besondere Maßnahmen am Fußpunkt aufzunehmen sind.

### 3.3.1.2 Kompensationsmaßnahmen für Kräfte senkrecht zur Fassade

Einige grundsätzliche Lösungen für die Auswechslung von Lasten senkrecht zur Fassade zeigt Bild 6.

Die einfachste und ergonomisch beste Lösung ist ein Streichrohr, wie in Bild 6a, das vertikal den Stiel auswechselt. Die Tragfähigkeiten der üblichen Rohre reichen dabei für kleinere Ankerkräfte aus, bei größeren Windlasten, z. B. infolge Netzbekleidungen oder offenen Fassaden, werden die Grenzen jedoch schnell erreicht. Der K-Verband in Teilbild Bild 6b ist deutlich tragfähiger, wegen der starken Einschränkung der Durchgangsmöglichkeit jedoch nur in Ausnahmefällen vertretbar. Der vertikale Gitterträger in Bild 6c bietet sowohl ergonomisch als auch statisch Vorteile, zumal er in unterschiedlichen Materialien und Bauhöhen (vgl. Abschnitt 3.3.3.2) den Erfordernissen entsprechend gewählt werden kann. Allerdings bedeutet diese Variante erhöhten konstruktiven Aufwand und erzeugt zusätzliche Angriffsfläche für den Wind parallel zur Fassade, sodass u. U. zusätzlich liegende Horizontalverbände in der Verankerungsebene (nicht dargestellt) zur Windlastableitung erforderlich sind. Bei über das Gebäude auskragenden Gerüstlagen stellen vertikale Gitterträger oft die zur Ableitung großer Windlasten praktikabelste Lösung dar, wenn die Tragfähigkeit der Gerüstrahmen nicht ausreicht.

Die in Bild 6a, b, und c dargestellten Maßnahmen mit vertikal verlaufenden Ergänzungsbauteilen können auch bei zweidimensionaler Berechnung widerspruchsfrei in die statischen Systeme der Rahmenzüge als Sekundärtragwerke integriert werden. Bei horizontalen Auswechslungen ist dies nicht immer der Fall, wie nachfolgend gezeigt wird.

Ist tragfähiger Ankergrund zur Auswechslung eines Knotens eher horizontal zu erreichen, so können Streichrohre oder Verbände auch waagerecht, idealerweise unterhalb der Belagsebenen angeordnet werden. Entsprechendes gilt für Gitterträger, wie in Bild 5d und Bild 6d dargestellt. Ergonomisch hingegen ist der außenliegende Gitterträger vorteilhaft. Die Druckgurtaussteifung (die in Bild 5d vollständig fehlt) kann bei geringen Ausnutzungen und kurzen Gerüstfeldern möglicherweise über die Rahmen erfolgen oder es sind Verbände einzuziehen.

Die Berechnung vertikaler Rahmenzüge, die mithilfe durchlaufender horizontaler Sekundärsysteme elastisch gestützt werden, ist in zweidimensionalen statischen Modellen meist nicht völlig konsistent möglich, da hinsichtlich der nachgiebigen Stützung meist Wechselbeziehungen bestehen, die schwer zu erfassen sind. Bild 7 stellt denkbare statische Systeme gegenüber. Um die Problematik einiger Varianten zu verdeutlichen, wurden bewusst ungleiche Feldweiten und Ankerabstände gewählt.

Die Kette aus Einfeldträgern in Bild 7a stellt ein klar definierbares statisches System dar, das sich bei Aus-

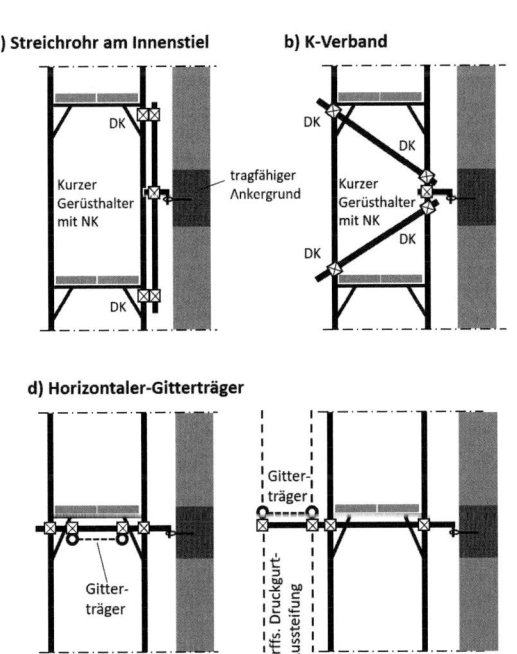
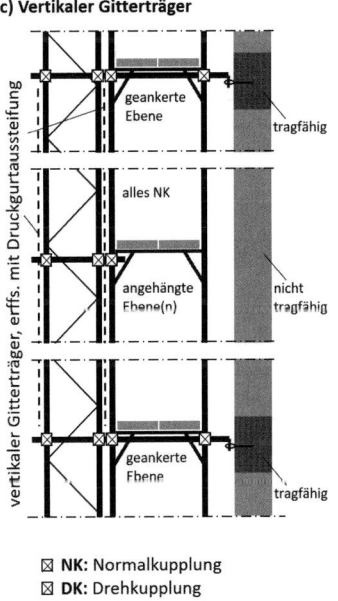

**Bild 6.** Konstruktionen zur Auswechslung von Ankerlasten senkrecht zur Fassade; a), b) und c) Lastabtrag in vertikaler Richtung, d) Lastabtrag in horizontaler Richtung ähnlich Bild 5d

Die Verankerung hat dabei stets in unmittelbarer Nähe des Gerüstknotens zu erfolgen. In [12] wird lediglich der Nachweis einer um 30 cm zur Knotenebene versetzten Verankerungsebene gefordert, wie in Bild 4d dargestellt. Eine Lasteinleitung mit größerer Exzentrizität, die i. d. R. in den Stielen nachteilige Biegung bewirkt, ist also mit der Regelausführung nicht nachgewiesen und bedarf ggf. eines gesonderten Nachweises.

In der Praxis erweisen sich die o. g. Ankerraster oft als nicht umsetzbar. Einige typische Gründe dafür sind:
– Häufig stellen die Stirnseiten der Geschossdecken den tragfähigen Ankergrund einer Fassade dar. Da die Geschosshöhen zwischen ca. 3 und 4 m variieren, passt dies i. d. R. nicht zur Höhenentwicklung des Gerüstes, die in Abständen von 2 m erfolgt.
– An hohen Glasfassaden im Erdgeschoss oder bei Arkaden mit Stützen, die höher als 4,5 m sind, lässt sich die Forderung der Verankerung auf der zweiten Lage nicht realisieren.
– Pfosten-Riegel-Fassaden aus Glas oder vorgehängte Fassaden aus Blech, Naturstein, Faserzement etc. bieten – wenn überhaupt – nur an klar definierten Punkten mit integrierten Daueranker die Möglichkeit zur Verankerung. Gleiches kann auch bei Fassaden mit Wärmedämmverbundsystemen (WDVS) der Fall sein.
– Die Liste der Beispiele ließe sich fortsetzen.

Bild 5 zeigt einige Beispiele verschiedener Fassadentypen und verdeutlicht die daraus resultierenden Konsequenzen für die Verankerung: Während die Verankerungsmöglichkeit in Bild 5a horizontal variabel ist, vertikal aber auf die Höhe der Geschossdecke festgelegt ist, sind bei den Fassaden in den Bildern b und c diskrete Verankerungspunkte vorgegeben, die von der Unterkonstruktion der Fassade abhängen und insofern entweder horizontal oder vertikal orientiert sind. Bei Stützen wie in Teilbild d ist wiederum vertikale Variation möglich und in horizontaler Richtung hat der Gerüstersteller konstruktive Maßnahmen zur Anpassung des Gerüstrasters an das Stützenraster vorgenommen.

Es zeigt sich, dass in vielen Fällen konstruktive Maßnahmen gefragt sind, um das Gerüstsystem an die Verankerungsmöglichkeiten des Gebäudes anzupassen. Welche Maßnahmen dabei infrage kommen und die wesentlichen Aspekte des statischen Nachweises, der bei solchen Abweichungen von der Regelausführung erforderlich wird, soll im Folgenden vorgestellt werden. Neben den statisch-konstruktiven Aspekten der getroffenen Maßnahmen ist dabei in aller Regel auch die Ergonomie des Gerüstes zu beachten: So sind lange Gerüsthalter wie im Beispiel von Bild 4d bereits bei 30 cm Abstand zur Belagsebene ein störendes Hindernis für die Gerüstnutzer und eine größere Exzentrizität er-

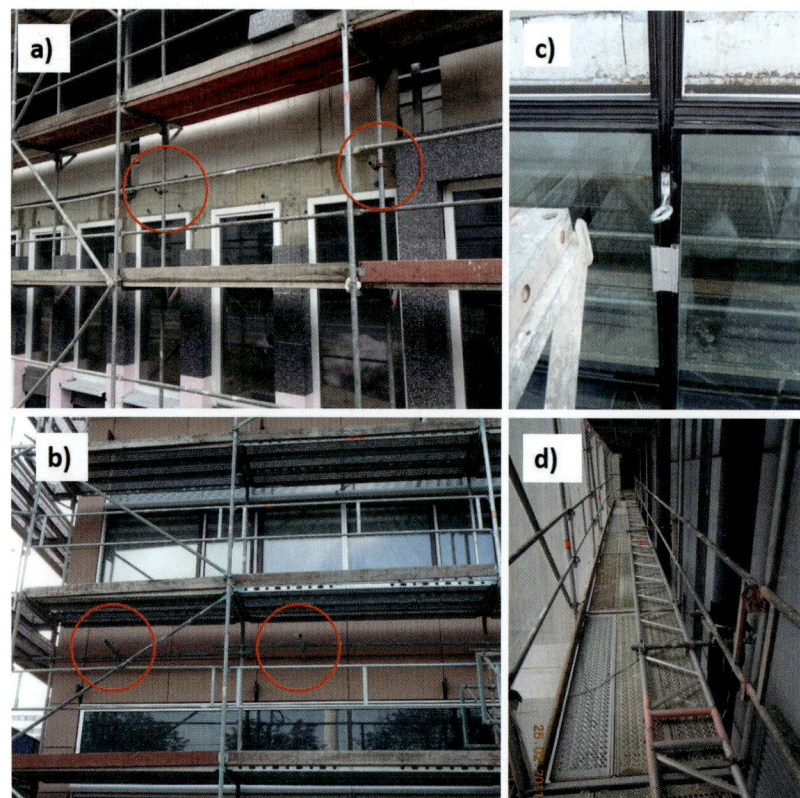

**Bild 5.** Eingeschränkte Möglichkeiten der Verankerung; a) in der Geschossdecke, b) in durch die Fassade vorgegebene Ankerpunkte in horizontaler Orientierung und c) in vertikaler Orientierung, d) an Stützen
(Fotos: Krebs+Kiefer)

**Tabelle 1.** Werte der zulässigen Pressungen und zugehörige zulässige Tragfähigkeiten für quadratische Unterpallungen bei zentrischer Belastung nach [28]

| Breite B der Unterpallung | [cm] | 20 | 24 | 28 | 30 | 32 | 40 |
|---|---|---|---|---|---|---|---|
| Zulässige Bodenpressung | [kN/m²] | 100 | 120 | 140 | 150 | 160 | 200 |
| zul V für eine Unterpallung mit B × B | [kN] | 4,0 | 6,9 | 11,0 | 13,5 | 16,4 | 32,0 |

Tragfähigkeiten können durch Vergrößerung der Aufstandsfläche mittels kreuzweisem Verlegen mehrerer Bohlen erreicht werden.

### 3.3 Besondere Aspekte beim Nachweis von Sonderkonstruktionen

#### 3.3.1 Von der Regelausführung abweichende Ankerraster

##### 3.3.1.1 Verankerung in der Praxis versus Ankerraster der Regelausführung

Die Regelausführungen der Arbeits- und Schutzgerüste bieten dem Anwender verschiedene Gerüstkonfigurationen mit unterschiedlichen Ankerrastern an, die im Wesentlichen den in [29] bzw. [12] vorgegebenen Ankerrastern entsprechen, vgl. Bild 4a und b. Im Rahmen des Zulassungsverfahrens wird die Ermöglichung solcher Ankerraster mit vertikalen Ankerabständen von mindestens 3,8 m als Anforderung an das Gerüstsystem gestellt, um einerseits ein Mindestmaß an Steifigkeit und Tragfähigkeit bei allen zugelassenen Systemen zu etablieren und andererseits eine möglichst flexible Einsetzbarkeit an üblichen Fassaden zu ermöglichen. Einheitlich für die Ankerraster der Regelausführung ist, dass diese auf Höhe der zweiten Gerüstlage mit der Verankerung beginnen und dann, je nach Art der Bekleidung, entweder das in Bild 4a dargestellte Ankerraster, mit versetzt angeordneten Ankern und vertikalen Abständen von 8 m oder das Ankerraster in Bild 4b mit durchgehender Verankerung in Abständen von 4 m vorgeben.

Ein weiterer wichtiger Aspekt der Verankerung besteht darin, dass das Gerüst nicht nur für Windsog und -druck senkrecht zur Fassade, sondern auch für Wind parallel zur Fassade standsicher sein muss. Daher beinhalten die Regelausführungen auch Varianten der Verankerung parallel zur Fassade (vgl. Bild 4c), die sich diesbezüglich stark in Steifigkeit und Tragfähigkeit unterscheiden. Während der kurze Gerüsthalter am Innenstiel nahezu keine Last parallel zur Fassade aufnehmen kann, stellt der lange Gerüsthalter eine zwar weiche, aber bei häufiger Anordnung durchaus ausreichend steife und tragfähige Lösung dar. Der Dreiecks- oder V-Anker ist sehr steif und tragfähig, bedarf aber zweier benachbarter Verankerungsstellen auf gleicher Höhe, die nicht immer realisierbar sind. Da die Bekleidung des Gerüstes ausschlaggebend für die Größe der fassadenparallelen Lasten ist, variieren die Ankerraster der Regelausführungen hinsichtlich der Anzahl und Verteilung der o. g. Anker in Abhängigkeit von der Bekleidung und der gewählten Verankerungsvariante.

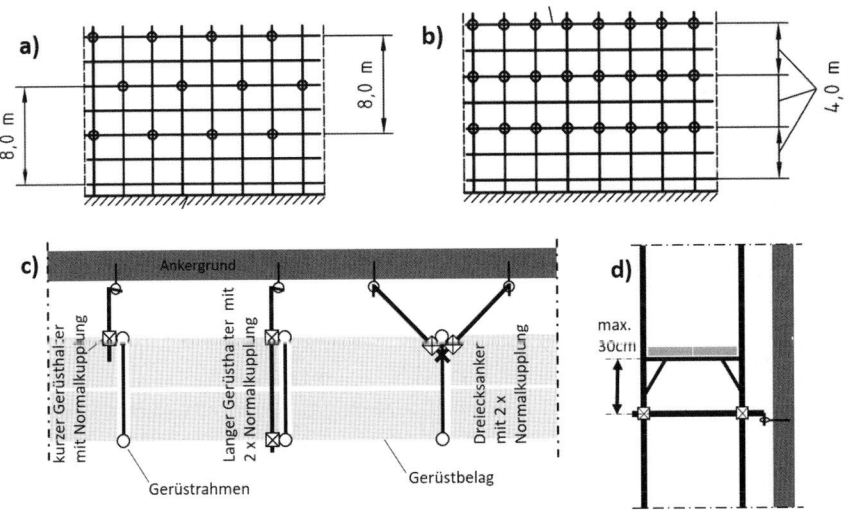

**Bild 4.** a) und b) Typische Ankeranordnungen in [29], c) gebräuchliche Arten der Verankerung, d) Forderung einer um 30 cm versetzten Verankerungslage in [12]

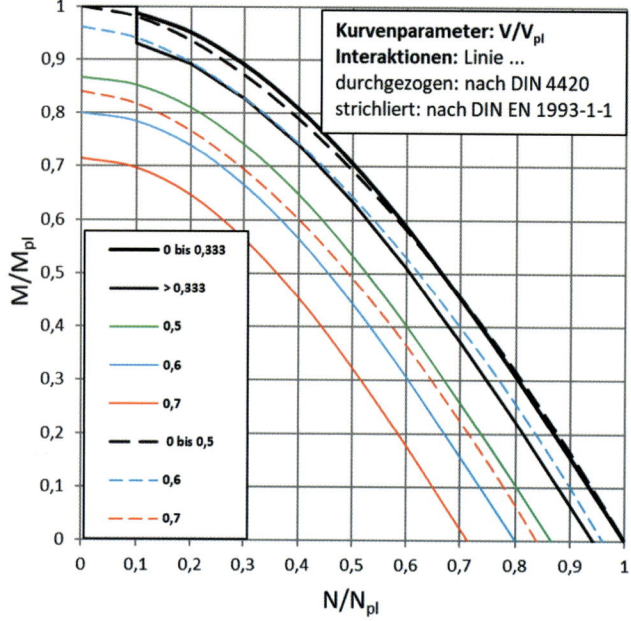

**Bild 3.** Vergleich der M-N-V-Interaktionen nach DIN 4420-1:1990 und DIN EN 1993-1-1

der Einfluss der Querkraft bereits ab $V/V_{pl} = 1/3$ zu berücksichtigen und wird dann mit dem aus der Vergleichsspannungshypothese abgeleiteten Zusammenhang zwischen aufnehmbarer Normalspannung bei gleichzeitig wirkender Schubspannung reduziert, was ungünstiger ist. Anhand von Bild 3 kann der Einfluss durch Vergleich von durchgezogener (DIN 4420) und gestrichelter (DIN EN 1993-1-1) Linie gezogen werden. Die günstige Querkraft-Interaktion nach DIN EN 1993-1-1 wurde gemäß Erläuterungen in [27] aus Versuchen an I-Profilen mit ausgeprägten Flanschen abgeleitet und beruht auf Verfestigungseffekten. Die Übertragbarkeit auf andere Profile wie z. B. T-Profile o. Ä. wird in [27] kritisch gesehen. Auch die Übertragung auf Rundrohre ist derzeit Gegenstand von Diskussionen, sodass die Anwendung der SVA-Empfehlung nach Bild 2 bis zur weiteren Klarstellung ratsam erscheint. Praktische Relevanz besitzt dieses Thema im Gerüstbau z. B. im Spaltbereich von Hohlprofilfachwerken (vgl. Thema Gitterträger in Abschnitt 3.3.3), wo große Ausnutzungen hinsichtlich Biegemoment, Normalkraft und Querkraft auftreten können.

### 3.2.4 Gründung von Arbeits- und Schutzgerüsten

Die Gründung von Arbeits- und Schutzgerüsten wird in aller Regel in Form einer einfachen Holzunterpallung vorgenommen, auf denen die Fußspindeln aufgestellt werden. Da sich diese im Laufe der Gerüsterstellung mit zunehmender Belastung setzen, sind Gerüstverankerungen am Gebäude so auszubilden, dass sie keine vertikalen Lasten aufnehmen können, um Zwängungskräfte infolge dieser Setzung zu vermeiden. Da die Unterpallungen keine Einbindetiefe haben, ist die Tragfähigkeit bei lotrechter Last geringer als bei konventionellen Gründungen. Bei fliegenden Bauten liegen ähnliche Verhältnisse vor. In der zugehörigen Norm [28] wird eine bewährte und pragmatische Regelung für derartige Unterpallungen angegeben, welche in [22] auch für den Bereich der Arbeits- und Schutzgerüste übernommen wurde. Die Anwendungsvoraussetzungen in [28] wurden dabei um die des Traggerüstbaus in Abschnitt 7.5.2 in [15] ergänzt.

Die wesentliche Voraussetzung ist gemäß [22], dass der Boden mit LKW befahrbar sein muss, ohne dass sich der Untergrund dabei verändert. Gemäß [15] darf die Neigung der Geländeoberfläche maximal 8 % betragen. Mutterboden muss stets entfernt werden und es darf keine Gefährdung der Gründung durch Frost, Oberflächen- oder Grundwasser bestehen. Nach [28] dürfen dann für quadratische oder rechteckige Unterpallungen mit Länge L und Breite B zulässige Bodenpressungen angesetzt werden, die abhängig von der kürzeren Seite B zwischen 20 und 40 cm linear von 100 auf 200 kN/m² ansteigen und darüber konstant bleiben. Gleichung (1) fasst die Regelung zusammen.

Für $1 \leq L / B \leq 3$ und $B \geq 0{,}2$ m

$$\sigma_{zul} = 500 \, \frac{kN}{m^3} \cdot b \, [m] \leq 200 \, \frac{kN}{m^2} \tag{1}$$

Für übliche Maße der im Gerüstbau verwendeten Bohlen sind die daraus abzuleitenden zulässigen Pressungen und zentrischen Tragfähigkeiten für quadratische Unterlagen als Gebrauchslast in Tabelle 1 zusammengefasst.

Die Werte ab 30 cm erweisen sich als anwendungstauglich für übliche Arbeits- und Schutzgerüste. Höhere

### 3.2.3 Berechnung und Bemessung

Beim Nachweis der Tragfähigkeit von Arbeits- und Schutzgerüsten ist dem in Abschnitt 10.3.1 der DIN EN 12811-1 [14] formulierten Gebot „die Schnittgrößen sind nach der Elastizitätstheorie zu ermitteln" besondere Beachtung zu schenken. Daraus resultiert die Konsequenz, dass die Beanspruchbarkeit eines Bauteils nur an einer Stelle im Tragwerk voll ausgenutzt werden darf und die Ausschöpfung weiterer plastischer Reserven unzulässig ist. Bei Bauteilen wie z. B. Modulgerüstknoten oder Systemdiagonalen sind dies die in Zulassungen geregelten Tragfähigkeiten. Bei Profilen bedeutet dies, dass unabhängig von der Querschnittsklasse oder dem plastischen Umlagerungsvermögen im Tragwerk nur ein plastisches Gelenk entstehen darf. Somit wird die Bemessung im Gerüstbau auf das Verfahren „elastisch-plastisch" im Sinne der DIN 18800 beschränkt. Der Hintergrund für diese Einschränkung liegt u. a. in der Tatsache begründet, dass Gerüstbauteile i. d. R. wiederverwendet werden und die Bruchgefahr infolge wiederholter plastischer Verformung der Bauteile auszuschließen ist. Wird nur ein Fließgelenk zugelassen, so wird dies im Gebrauchszustand bereits durch die für ständige und veränderliche Lasten einheitliche Sicherheit auf der Lastseite von 1,5 gewährleistet, da dieser Wert die plastischen Formbeiwerte der im Gerüstbau üblichen Querschnitte übersteigt. Plastizierungen treten somit erst auf, wenn das Gebrauchslastniveau überschritten wird.

Ferner gelten für Arbeits- und Schutzgerüste weitere Anforderungen an die Bemessung, die dem Sicherheitskonzept der DIN 18800 entstammen und die für den allgemeinen Stahl-Hochbau mit Einführung der Eurocodes in einigen Punkten verändert wurden. Diese Zusatzanforderungen des Gerüstbaus bei der Anwendung von Nachweisen nach DIN EN 1993-1-1 werden in [22] zusammengefasst und dort mit der „Wahrung des etablierten nationalen Sicherheitsniveaus" begründet:
- $\gamma_{M0} = \mathbf{1{,}1}$ (!); $\gamma_{M1} = 1{,}1$; $\gamma_{M2} = 1{,}25$.
- Bemessungswert des E-Moduls:
  $E_d = 210000 \text{ N/mm}^2 / 1{,}1$.
- Der plastische Formbeiwert ist bei Stabilitätsnachweisen auf $\alpha_{pl} = 1{,}25$ zu begrenzen, wenn $N_{Ed}/N_{pl,Rd} > 0{,}03$.

Für die in Gerüstsystemen gängigen kaltgefertigten runden oder rechteckigen Hohlprofile mit Kantenlängen bzw. Durchmessern bis zu 60 mm sowie Streckgrenzen $R_{eH} \leq 460 \text{ N/mm}^2$ und Bruchdehnung $\geq 15\%$, wird in [22] die Erlaubnis erteilt, diese im Rahmen von Stabilitätsnachweisen nach DIN EN 1993-1-1 und den nationalen Anhängen in die Knicklinie b einzuordnen. Bei einer Berechnung nach Elastizitätstheorie II. Ordnung ist dann als Ersatzimperfektion ein Stich der Vorkrümmung von $e_0 = L/250$ anzusetzen. Die Querschnittsinteraktion darf dann nach [22] für Rundrohre mit den Interaktionsgleichungen gemäß Bild 2 geführt werden, die bereits in der alten DIN 4420-1 (1990) enthalten waren.

Zur M-N-Interaktion ist zu sagen, dass die in der aktuellen Fassung von DIN EN 1993-1-1 enthaltene M-N-Interaktion mit $M_{pl,N} = M_{pl} \cdot (1 - (N/N_{pl})^{1{,}7})$ zu der in Bild 2 enthaltenen Cosinus-Interaktion nahezu identisch ist. Bild 3 stellt die Interaktionskurven gegenüber. Differenzen treten im Umgang mit der Querkraft auf: Nach DIN EN 1993-1-1 ist die Momenten- und Normalkrafttragfähigkeit erst ab einer Querkraftausnutzung von $V/V_{pl} = 0{,}5$ vorzunehmen. Die Reduzierung der Fließspannung darf dann mit der vergleichsweise günstigen Interaktion über den Faktor $(1 - \rho)$ erfolgen (vgl. [26]). Gemäß der Regelung in DIN 4420-1:1990 ist

| Querschnitt | Gültigkeitsbereich | $\dfrac{V}{V_{pl,d}} \leq \dfrac{1}{3}$ | $\dfrac{1}{3} < \dfrac{V}{V_{pl,d}} \leq 0{,}9$ |
|---|---|---|---|
| 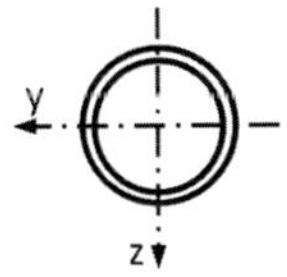 (Rundrohr, y-z Achsen) | $\dfrac{N}{N_{pl,d}} \leq \dfrac{1}{10}$ | $\dfrac{M}{M_{pl,d}} \leq 1$ | $\dfrac{M}{M_{pl,d} \cdot \sqrt{1 - \left(\dfrac{V}{V_{pl,d}}\right)^2}} \leq 1$ |
| | $\dfrac{1}{10} < \dfrac{N}{N_{pl,d}} \leq 1$ | $\dfrac{M}{M_{pl,d} \cdot \cos\left(\dfrac{\pi \cdot N}{2 \cdot N_{pl,d}}\right)} \leq 1$ | $\dfrac{M}{M_{pl,d} \cdot \left[\sqrt{1 - \left(\dfrac{V}{V_{pl,d}}\right)^2} \cdot \cos\left(\dfrac{\pi \cdot N}{2 \cdot N_{pl,d} \cdot \sqrt{1 - \left(\dfrac{V}{V_{pl,d}}\right)^2}}\right)\right]} \leq 1$ |

**Bild 2.** Interaktionsbeziehungen für Rundrohre aus [22] bzw. DIN 4420-1:1990

- Vertikaler Handtransport:
  „Vor dem vertikalen Handtransport von Gerüstbauteilen muss in dem jeweiligen Gerüstabschnitt in den Gerüstfeldern mindestens ein zweiteiliger Seitenschutz (bestehend aus Geländer und Zwischenholm) vorhanden sein."
- Horizontaltransport:
  „Auf der obersten Gerüstlage ist für den Horizontaltransport von Gerüstbauteilen bei durchgehender Gerüstflucht mindestens ein einteiliger Seitenschutz oder ein Montagesicherungsgeländer zu verwenden, (…)"

### 2.3.4 Aufbau- und Verwendungsanleitung

Wie bereits in Abschnitt 2.1.4 beschrieben, muss ein Gerüsthersteller eine Aufbau- und Verwendungsanleitung (AuV) zur Verfügung stellen. Diese richtet sich an Unternehmer, die Gerüste auf-, um- und abbauen, benutzen oder benutzen lassen. Inhalte einer AuV sind allgemeine Angaben zum Dokument, Sicherheitshinweise, eine Anleitung zum grundsätzlichen Aufbau des Gerüsts, Informationen zur Lagerung bzw. dem Transport, sowie für die bestimmungsgemäße Verwendung. Sie kann als Grundlage zur Erstellung der Gefährdungsbeurteilung verwendet werden, ersetzt diese jedoch nicht.

## 3 Besondere Aspekte bei Entwurf und Bemessung von Arbeits- und Schutzgerüsten

### 3.1 Einleitung

In diesem Abschnitt werden besondere Aspekte behandelt, die aus Sicht der Verfasser insbesondere bei der Planung von Sonderkonstruktionen aus Systemgerüstbauteilen, also Bauweisen außerhalb der sogenannten Regelausführungen, Relevanz besitzen. Dazu werden zunächst einige grundsätzliche Besonderheiten beim Nachweis von Arbeits- und Schutzgerüsten erläutert, um dann drei Themen ausführlich zu behandeln. Im Anschluss an einen allgemein gehaltenen Überblick über das jeweilige Thema, der zur Einführung dient, werden besondere Aspekte vorgestellt und in Hinblick auf die praktische Anwendung diskutiert. Aktuelle Inhalte hierzu stehen dabei u. a. durch die fortlaufenden Veröffentlichungen des SVA-Gerüste beim Deutschen Institut für Bautechnik DIBt [22, 23] zur Verfügung. Primär richten sich diese Newsletter an die Ersteller der Zulassungsberechnungen, mitunter sind aber auch relevante Regelungen und Hilfestellungen für Tragwerksplaner enthalten, die Nachweise im Rahmen von Entwurf und Bemessung von Sonderkonstruktionen erstellen. Weitere Themen ergeben sich aus Erfahrungen in eben solchen Projekten, bei denen besondere Problemstellungen zu lösen waren. Diese werden hier in etwas verallgemeinerter Form dargestellt und durch Lösungsansätze ergänzt.

### 3.2 Grundsätze der Bemessung von Arbeits- und Schutzgerüsten

Eingangs wird ein kurzer Überblick über wesentliche Besonderheiten der Nachweisführung bei Arbeits- und Schutzgerüsten gegeben.

#### 3.2.1 Regelwerke

Zentrales technisches Regelwerk und in den meisten Bundesländern bauaufsichtlich eingeführt ist die europäische Norm DIN EN 12811-1 [14], die mit der Anwendungsrichtlinie [24] um nationale Regelungen ergänzt wurde. Ferner gilt national für Aspekte des Arbeitsschutzes die DIN 4420-1 [25], die Leistungsanforderungen an die Funktion als Schutzgerüst definiert. Diese Normen gelten unabhängig von Gerüstsystemen. Beim Einsatz von Systemgerüsten, die in den meisten deutschen Bundesländern zwingend einer Zulassung durch das DIBt bedürfen, sind weitere Regelwerke wie die Zulassungsgrundsätze [12] und die eingangs erwähnten Newsletter des DIBt immer dann zu beachten, wenn die im Rahmen der Zulassung nachgewiesenen Aufbauvarianten (Regelausführungen) nicht umgesetzt werden und zusätzliche Nachweise in Form eines Standsicherheitsnachweises zu erbringen sind.

Ferner gelten für Lastannahmen sowie die Bemessung der Stahl-, Aluminium- und Holzbauteile die jeweiligen Eurocodes, sofern o. g. Vorschriften keine fachspezifischen Regelungen treffen.

#### 3.2.2 Werkstoffe

Bei der Konstruktion von Arbeits- und Schutzgerüsten sind neben den in DIN EN 1993-1-1, DIN EN 1995-1-1 oder DIN EN 1999-1-1 geregelten Werkstoffen weitere Angaben für gebräuchliche Werkstoffe in DIN EN 12811-2 enthalten. Bei den in Gerüstsystemen verwendeten Stahlprofilen handelt es sich häufig um kaltgeformte Hohlprofile, deren Streckgrenze erhöht ist. Der dabei am meisten verwendete Werkstoff ist Stahl der Güte S235 mit einer erhöhten Streckgrenze von $f_y = 320$ N/mm². Da dieser Werkstoff nicht in den o. g. Normen behandelt wird, ist die Verwendung und Bemessungswert der Streckgrenze per Zulassung zu regeln. Anforderungen dafür werden in [22] für erhöhte Streckgrenzen bis 400 N/mm² definiert. Dabei wird u. a. gefordert, dass die in DIN EN 1993-1-1 formulierten Anforderungen zur Gewährleistung der Duktilität der Stähle, wie Bruchdehnung $\geq 15\%$ und Verhältnis „Zugfestigkeit/Streckgrenze $\geq 1,1$" auch bei Stählen mit erhöhter Streckgrenze einzuhalten sind.

Auf eine weitere aktuelle Regelung zu Werkstoffen, die im Rahmen der DIBt-Newsletter veröffentlicht wurde und auch außerhalb der Zulassungsverfahren Relevanz haben kann, sei in diesem Zusammenhang hingewiesen: Als niedrigste ertragbare Einsatztemperatur von „Gerüstbauteilen mit üblichen Dickenabmessungen und gewährleisteten Zähigkeitseigenschaften" [22] kann ohne weiteren Nachweis −40 °C angenommen werden.

## 2.3 Sicherheitsrelevante Grundlagen der Planung

### 2.3.1 Allgemeines

Aus Gründen der Vollständigkeit wird in diesem Abschnitt eine Übersicht über die aktuellen sicherheitsrelevanten Grundlagen einer Gerüstplanung gegeben. Das Arbeiten auf hochgelegenen Arbeitsebenen birgt seit jeher ein großes Unfallrisiko, was der Sicherheitsthematik im Gerüstbau einen besonders hohen Stellenwert gibt. Daher sind für eine sichere Errichtung, Nutzung und Demontage unterschiedliche Anforderungen zu berücksichtigen. Die allgemeinen Vorschriften wie z. B. das Arbeitsschutzgesetz oder die vom Hersteller bereitgestellte Aufbau- und Verwendungsanleitung helfen insbesondere dem Gerüstaufsteller bei der Erarbeitung der Gefährdungsbeurteilung bzw. einer sicheren Planung vom Auf-, Um- und Abbau temporärer Konstruktionen.

### 2.3.2 Allgemeine Vorschriften

Hinsichtlich der Sicherheit gelten besondere Vorschriften für die Verwendung von temporären Bauhilfsmitteln bei zeitweiligem Arbeiten auf hoch gelegenen Arbeitsplätzen und deren Auf-, Um- und Abbau. In der Planungsphase ist den verschiedenen gesetzlichen Anforderungen und ergänzenden Regelungen zur Betriebssicherheit nachzukommen. Es sind u. a. die Vorgaben aus den folgenden Verordnungen zu berücksichtigen:

– Arbeitsschutzgesetz (ArbSchG),
– Betriebssicherheitsverordnung (BetrSichV),
– Technische Regeln für Betriebssicherheit (TRBS 2121),
– Fachregeln für den Gerüstbau,
– Handlungsanleitung für den Umgang mit Arbeits- und Schutzgerüsten (DGUV Information 201-011; ehemals BGI 663).

Die in den Regelwerken formulierten Anforderungen sind dabei als Mindestanforderungen zu verstehen und bereits im Rahmen der Planung zu berücksichtigen. In den Aufbau- und Verwendungsanleitungen der Gerüsthersteller sind die wichtigsten Anforderungen i. d. R. bereits beschrieben und entsprechend nachvollziehbar aufbereitet.

In der Betriebssicherheitsverordnung [19] sind u. a. die folgenden Vorschriften zur Verwendung von Gerüsten aufgeführt:

– Der für die Gerüstbauarbeiten verantwortliche Arbeitgeber hat je nach Komplexität des gewählten Gerüsts einen Plan für Aufbau, Verwendung und Abbau zu erstellen. Dabei kann es sich um eine allgemeine Aufbau- und Verwendungsanleitung handeln, die durch Detailangaben für das jeweilige Gerüst ergänzt wird.

### 2.3.3 Gefährdungsbeurteilung

Durch die Gefährdungsbeurteilung sollen vorausschauend Gefährdungen erkannt und abgestellt werden, bevor sie zur Gefahr bzw. Gesundheitsgefahr werden.

Bei der Verwendung von Gerüsten sind die auftretenden Gefährdungen zu ermitteln und daraus die notwendigen Maßnahmen für die sichere Verwendung der Gerüste abzuleiten und zu treffen.

Die Technischen Regeln für Betriebssicherheit (TRBS 2121) geben den Stand der Technik, Arbeitsmedizin und Arbeitshygiene sowie sonstige gesicherte arbeitswissenschaftliche Erkenntnisse für die Verwendung und Arbeitsmitteln wieder.

Exemplarisch sind einige wichtige Punkte der überarbeiteten, 2018 bzw. 2019 veröffentlichten TRBS 2121 [20] bzw. TRBS 2121 Teil 1 [21] aufgeführt:

– Allgemeine Anforderungen [20]
  • TOP-Prinzip der Sicherheit, technisch/organisatorisch/personenbezogen

| TOP-Prinzip |
|---|
| T = Technische Maßnahme |
| O = Organisatorische Maßnahme |
| P = Personenbezogene Maßnahme |

Technische Maßnahmen setzen an der Gefährdungsquelle an. Sie bilden die Grundlage jedes weiteren Vorgehens. Erst wenn technische Maßnahmen nicht möglich sind, müssen organisatorische und personenbezogene Maßnahmen ausgearbeitet und in einer Gefährdungsanalyse beschrieben werden.

– Allgemeine Anforderungen – Personal:
  • Für die Erstellung des Gerüstes ist eine fachkundige Person vom Arbeitgeber zu beauftragen (Anhang 1 Nummer 3.2.6 BetrSichV).
  • Gerüste dürfen nur von Beschäftigten auf-, um- oder abgebaut werden, die dafür fachlich geeignet sind. Fachlich geeignete Beschäftigte müssen speziell für die auszuführenden Arbeiten eine angemessene Unterweisung erhalten haben.
– Teil 1 [21]
  • „Für Gerüste und Gerüstbereiche, die nicht nach einer allgemein anerkannten Regelausführung errichtet werden, ist ein Standsicherheitsnachweis (Festigkeits- und Standfestigkeitsberechnung) auf Grundlage der in der Muster-Verwaltungsvorschrift Technische Baubestimmungen (MVV TB) genannten Technischen Baubestimmungen der Länder zu erbringen."
  • „Für eine allgemein anerkannte Regelausführung gilt der Standsicherheitsnachweis z. B. als erbracht, wenn eine allgemeine bauaufsichtliche Zulassung für das jeweilige Gerüstsystem durch das Deutsche Institut für Bautechnik (DIBt) erteilt wurde, ein allgemeines bauaufsichtliches Prüfzeugnis oder eine Zustimmung im Einzelfall auf Grundlage der Bauordnungen der Länder vorliegt oder eine Gerüstkonfiguration nach DIN 4420-3:2004-03 errichtet wurde."

Für Gerüstaufbauten, welche nicht durch eine Typenprüfung abgedeckt sind oder von der Regelausführung abweichen, sind projektbezogene statische Nachweise zu führen.
Grundlegende Varianten der Regelausführung für Arbeits- und Schutzgerüste sind in den Zulassungsgrundsätzen [12] beschrieben und werden im Rahmen des Zulassungsverfahrens bemessen. In der AuV können zusätzliche, über die Zulassung hinausgehende Regelanwendungen verankert sein.

## 2.2 Kennzeichnung und Verwendung von Gerüstbauteilen

### 2.2.1 Allgemeines

Die Kennzeichnung eines Produkts mit dem CE- oder Ü-Kennzeichen soll dem Anwender zur Identifikation dienen und Aufschlüsse über die zugrunde liegenden technischen Spezifikationen geben. Einer Kennzeichnung vorangestellt ist die begriffliche Einordnung nach der Bauproduktenverordnung [9], so gilt für temporäre Konstruktionen:
„Da temporäre Konstruktionen für Bauwerke nicht für eine dauerhafte Einbindung in Bauwerke (Hoch- oder Tiefbauwerke) vorgesehen sind, werden sie nicht von der Bauproduktenverordnung (EU) 305/2011 [9] erfasst. EN 1090-1 [10] ist daher nicht anwendbar und Komponenten temporärer Konstruktionen für Bauwerke dürfen nicht mit einer CE-Kennzeichnung versehen werden" [8]. Für die Anwendung in Deutschland sind temporäre Konstruktionen nach MVV TB [11] i. d. R. mit dem Übereinstimmungskennzeichen zu versehen.
Aus Gründen der Vollständigkeit wird im Folgenden auch auf die CE-Kennzeichnung eingegangen.

### 2.2.2 CE-Kennzeichnung

Die CE-Kennzeichnung und das Ausstellen einer Leistungserklärung des Herstellers eines Bauprodukts, welches einer harmonisierten europäischen Produktnorm entspricht, bildet die Grundlage für den freien Handel innerhalb der Europäischen Union. Die Kennzeichnung ist direkt auf dem Produkt oder auf der zugehörigen Verpackung anzubringen, mindestens aber auf dem Liefer- oder Begleitschein der Ware.
Exemplarisch sei hier die harmonisierte europäische Norm für die Ausführung von Stahltragwerken und Aluminiumtragwerken, DIN EN 1090-1 [10], genannt. „Diese harmonisierte Europäische Norm enthält Festlegungen für den Konformitätsnachweis von Bauteilen, bei deren Einhaltung davon ausgegangen werden kann, dass die Bauteile die vom Bauteilhersteller angegebenen Leistungsmerkmale aufweisen (Konformitätsvermutung)" [10]. Ist eine Bewertung der Leistungsmerkmale nach einer harmonisierten Norm nicht möglich, können Europäische Technische Bewertungsdokumente wie z. B. ETAs (European Technical Assessment), ausgestellt von der Europäischen Organisation für Technische Bewertung (EOTA), herangezogen werden.

Die CE-Kennzeichnung als Konformitätszeichen basiert demnach auf der Leistungserklärung der wesentlichen Merkmale für harmonisierte Bauprodukte gemäß den einschlägigen harmonisierten technischen Spezifikationen. Das heißt, die Kennzeichnung bedeutet lediglich, dass ein Hersteller sein Produkt entsprechend einer europarechtlichen Vorgabe gefertigt hat. Die Leistungsbzw. Konformitätserklärung entspricht einer Selbstauskunft des Herstellers und wird nicht durch eine unabhängige Stelle überprüft oder zertifiziert. Es kann daher auch keine Aussage hinsichtlich Sicherheit oder Qualität des Produkts abgeleitet werden.

### 2.2.3 Ü-Zeichen

Ein Hersteller für Bauprodukte nach MVV TB Teil C kann eine Übereinstimmungserklärung für ein spezifisches Bauprodukt vorlegen. Diese Übereinstimmungserklärung darf abgegeben werden, wenn „(…) das von ihm hergestellte Bauprodukt den maßgebenden technischen Regeln, der allgemeinen bauaufsichtlichen Zulassung, dem allgemeinen bauaufsichtlichen Prüfzeugnis oder der Zustimmung im Einzelfall entspricht" [16]. Die Anforderungen für die Abgabe einer Übereinstimmungserklärung sind in der MVV TB [11] festgelegt. Diese sind:
– Übereinstimmungserklärung des Herstellers (ÜH),
– Übereinstimmungserklärung des Herstellers nach vorheriger Prüfung des Bauprodukts durch eine anerkannte Prüfstelle (ÜHP) oder
– Übereinstimmungszertifikat durch eine anerkannte Zertifizierungsstelle (ÜZ).
Anhand der Übereinstimmungserklärung darf der Hersteller eine Übereinstimmungsbestätigung in Form eines Übereinstimmungszeichens (Ü-Zeichen) auf dem Bauprodukt anbringen. Anders als bei der CE-Kennzeichnung wird bei der Kennzeichnung mit dem Übereinstimmungskennzeichen (Ü-Zeichen) bei ÜZ und ÜHP die Sicherheit, die Qualität und die Funktionalität eines Produkts durch eine unabhängige Prüfstelle überprüft.
Grundsätzliche Regelungen für das Ü-Zeichen, ergänzend zur Musterbauordnung, sind in der Muster-Übereinstimmungszeichen-Verordnung – MÜZVO [17] festgelegt. Das Ü-Zeichen besteht aus dem Buchstaben „Ü" und enthält u. a. Angaben zum Hersteller, zur Grundlage der Übereinstimmungsbestätigung, des dazugehörigen Zulassungsbescheids oder zur Zertifizierungsstelle, vgl. auch MVV TB Anlage C2.16.2.
Das Ü-Zeichen darf nicht auf ein Produkt aufgebracht werden, das bereits ein CE-Zeichen aufgrund der Bauproduktenverordnung (EU-BauPVO) [9] trägt. Für den Einsatz in Deutschland sind daher Gerüstbauteile mit dem Ü-Zeichen zu versehen.
Hilfestellung zur Kennzeichnung, Prüfung und Dokumentation der entsprechenden Produktbereiche bietet ein Leitfaden des Güteschutzverbands Betonschalungen [18].

solen" [11] ohne eine allgemeine bauaufsichtliche Zulassung in Verkehr zu bringen, wenn diese z. B. ausschließlich durch einen rechnerischen Nachweis nach DIN EN 12811-1 bemessen werden konnten, vgl. [11] Anlage C 2.16.15. Die Kennzeichnung dieser vorgefertigten Gerüstbauteile beinhaltet dabei u. a. die zugrunde liegende Technische Regel „Ü12811".

Für die Grundbauteile nach DIN EN 12810-1 ist demzufolge nach wie vor eine abZ erforderlich, in welcher die bauaufsichtlich relevanten Eigenschaften des Gerüstbauteils, die Verwendungsbereiche, die Herstellung, die Kennzeichnung und die Übereinstimmungsbestätigung geregelt sind.

Das Zulassungsprozedere für z. B. Arbeits- und Schutzgerüstbauteile orientiert sich an den Zulassungsgrundsätzen für Arbeits- und Schutzgerüste [12]. Darin sind u. a. Anforderungen an die Regelausführung, die versuchstechnischen Untersuchungen oder Berechnungsannahmen definiert. In den Zulassungsgrundsätzen sind zusätzliche, über die allgemeinen Gerüstbaunormen hinausgehende Hinweise angegeben. Konkretisierungen, Änderungen oder Ergänzungen, die im Sachverständigenausschuss Gerüste erarbeitet wurden, veröffentlicht das Deutsche Institut für Bautechnik auf der Homepage www.dibt.de in Form von Newslettern.

#### 2.1.2.2 Allgemeine Bauartgenehmigung (aBG)

Die Aspekte des Zusammenfügens von Bauprodukten zu baulichen Anlagen können in einer allgemeinen Bauartgenehmigung (aBG) oder in einer vorhabenbezogenen Bauartgenehmigung (vBG) geregelt werden. Dieser Nachweis wird erforderlich, wenn Bauarten von den Technischen Baubestimmungen wesentlich abweichen oder es keine anerkannten Regeln der Technik für diese Bauart gibt.

Bei Gerüstsystemen wird vom DIBt i. d. R. ein „Kombi-Bescheid" ausgestellt, der neben einer allgemeinen bauaufsichtlichen Zulassung auch eine allgemeine Bauartgenehmigung enthält. In diesen Kombi-Bescheiden werden also Regelungen für die Herstellung, Kennzeichnung und die Übereinstimmungsbestätigung der Gerüstbauteile wie auch Regelungen für die Planung, Bemessung und Ausführung der aus den Gerüstbauteilen hergestellten Arbeits- und Schutzgerüste geregelt.

#### 2.1.2.3 Zustimmung im Einzelfall (ZiE) / vorhabenbezogene Bauartgenehmigungen (vBG)

Stehen für sicherheitsrelevante Bauprodukte, die innerhalb eines konkreten Bauvorhabens eingesetzt werden, keine allgemein anerkannten Regeln der Technik zur Verfügung oder wird von den Technischen Baubestimmungen, wie z. B. einer abZ, wesentlich abgewichen, können die fehlenden Produkteigenschaften durch eine Zustimmung im Einzelfall (ZiE) sowie die Regelungen für die Planung, Bemessung und Ausführung durch eine vorhabenbezogene Bauartgenehmigung (vBG) nachgewiesen werden. Das heißt: Liegt für ein Gerüst keine Zulassung vor, ist über eine Zustimmung im Einzelfall ein vorhabenbezogener Einsatz möglich. Dieses Vorgehen ist Ländersache und mit der jeweiligen obersten Bauaufsichtsbehörde des Bundeslandes individuell abzustimmen.

### 2.1.3 Typenprüfung

Eine Typenprüfung ersetzt die Prüfung eines projektspezifischen, individuellen Standsicherheitsnachweises. Diese Typenprüfung kann dann als statische Dokumentation für häufig wiederkehrende Verwendungsfälle herangezogen werden, was das Genehmigungsverfahren hinsichtlich des Zeit- und Kostenaufwands erheblich reduziert. Für standardisierte Systemaufbauten, die von der Regelausführung abweichen, wie z. B. Traggerüst- und Treppentürme oder auch Arbeits- und Schutzgerüste über 24 m Höhe, kann eine Typenprüfung daher sinnvoll sein. Klassische Beispiele hierzu sind Fassadengerüste über 24 m Höhe, Traggerüst- oder Treppentürme. Typenprüfungen können z. B. von den Prüfämtern für Standsicherheit der Landesgewerbeanstalten (LGA) oder dem Bautechnischen Prüfamt des Deutschen Institut für Bautechnik (DIBt) ausgestellt werden. Grundlage einer Typenprüfung ist eine vom Gerüsthersteller bereitgestellte Typenstatik, in welcher die erforderlichen Tragfähigkeitsnachweise der zu untersuchenden Aufbauart beschrieben sind. Eine Erweiterung der Typenprüfung um mehrere Ausführungsvarianten ist grundsätzlich möglich bzw. kann jederzeit vorgenommen werden. Die Typenprüfung muss spätestens alle fünf Jahre verlängert werden.

Im Gegensatz zur allgemeinen bauaufsichtlichen Zulassung und einer allgemeinen Bauartgenehmigung stellt die Bereitstellung einer Typenprüfung eine freiwillige Leistung des Herstellers dar, um seinen Kunden in Standardfällen den projektspezifischen Standsicherheitsnachweis und erforderlichenfalls die Prüfung desselben zu ersparen.

### 2.1.4 Aufbau- und Verwendungsanleitung

Eine Aufbau- und Verwendungsanleitung (AuV), wie im Allgemeinen im Produkthaftungsgesetz (ProdHaftG) gefordert, ist vom Gerüsthersteller als weitere Planungs- bzw. Ausführungshilfe auszustellen. In diesen Dokumenten sind Aufbauregeln beschrieben und Anleitungen über den Einsatz der verschiedenen Bauteile dargestellt. Sie beschreiben die bestimmungsgemäße Verwendung der Bauteile und enthalten neben den Produktbeschreibungen auch die grundlegenden technischen Daten. Die Mindestanforderungen an den Inhalt einer AuV sind in [13] angegeben, werden z. B. in [14] oder [15] für die Anforderungen im Gerüstbau konkretisiert und beinhalten u. a. folgende technische Angaben:

- Systemtragfähigkeiten, Lastklasse, zulässige Aufbauhöhe, Abmessungen,
- Verankerung (Abstand und Häufigkeit),
- Beschreibung des Systemaufbaus und zur Regelausführung.

setzung der MVV TB in Landesrecht. Für die Umsetzung und die unterschiedlich ausgeprägten Abweichungen vom Musterdokument sind die Bundesländer verantwortlich. Die bisher gültigen Baugerellisten finden künftig keine Anwendung mehr. Anforderungen an Bauprodukte sind ausschließlich den Regelungen der Landesbauordnungen und der länderspezifischen VV TB zu entnehmen.

In Deutschland sind Bauanträge Ländersache, die Genehmigungsverfahren werden in den jeweiligen Landesbauordnungen (LBO) geregelt. Die Musterbauordnung (MBO) bildet die Grundlage für die Landesbauordnung.

Bild 1 zeigt den Zusammenhang der nationalen Einordnung von „Bauarten" und „Bauprodukten" mit den dazugehörigen formaltechnischen Anforderungen und den Kennzeichnungskonsequenzen.

Zusätzliche Vorschriften

Bei der Bemessung und Ausführungsplanung können je nach Bauherr oder Bauvorhaben zusätzliche Anforderungen an temporäre Bauhilfsmittel gestellt werden.

Beispielsweise sind bei Bauvorhaben mit Beteiligung der Deutschen Bahn die Anforderungen der Eisenbahnspezifischen Liste Technischer Baubestimmungen (ELTB) [2] zu berücksichtigen. Die Bundesanstalt für Straßenwesen regelt in den Zusätzlichen Technischen Vertragsbedingungen und Richtlinien für Ingenieurbauten (ZTV-ING) [3] z. B. Berechnungsbesonderheiten oder Ausführungsanweisungen.

### 2.1.1.3 Technische Baubestimmungen für die Bemessung

Neben den allgemeinen Vorschriften stehen für Gerüste bzw. Gerüstbauteile europäische, nicht harmonisierte Bemessungsregeln zur Verfügung, welche vom Technischen Komitee CEN/TC 53 „Temporäre Bauhilfsmittel" bearbeitet werden. In diesen normativen Regelungen finden sich Angaben zur statischen Bewertung und konstruktiven Auslegung. Diese sind z. B.
– Anwendung, Standzeit, Art und Lage der temporären Konstruktion,
– Lastklasse, Breitenklasse, Geometrie,
– Gründung und Verankerung.

Aspekte der Arbeitssicherheit sind in einigen dieser Vorschriften ebenfalls aufgeführt und werden näher in Abschnitt 2.3 beschrieben.

Ausführlich diskutiert sind die Hintergründe der Normen für temporäre Konstruktionen und deren Gültigkeitsbereiche in [5].

Gerüstbauteile aus Stahl, Holz oder Aluminium haben die grundsätzlichen Anforderungen der Eurocodes zu erfüllen. Die Bemessung und Konstruktion von Stahl-, Holz- oder Aluminiumtragwerken sind DIN EN 1993-1-1, DIN EN 1995-1-1 bzw. DIN EN 1999-1-1 geregelt. Zudem müssen Gerüstbauteile darüber hinausgehenden Regelungen aus den gerüstspezifischen Normen, wie z. B. DIN EN 12810, DIN EN 12811 oder DIN EN 12812 entsprechen.

In den Grundlagenteilen der Eurocodes wird neben den bemessungsrelevanten Regelungen die Annahme getroffen, dass die Herstellung und Errichtung von Stahl- oder Aluminiumbauten auf Basis der Ausführungsnorm EN 1090 erfolgt.

### 2.1.1.4 Herstellung und Ausführung

In DIN EN 1090-2 [6] und DIN EN 1090-3 [7] ist die Ausführung von Stahl- und Aluminiumbauteilen, in DIN EN 1995-1-1 und DIN 1052-10 von Holzkomponenten festgelegt. Ergänzende oder alternative Anforderungen an die Fertigung von temporären Konstruktionen liefert prEN 17293 [8] „um eine ausreichende mechanische Festigkeit und Stabilität, Instandsetzbarkeit und Haltbarkeit sicherzustellen" [8]. In prEN 17293 „Temporäre Konstruktionen für Bauwerke – Ausführung – Anforderungen für die Herstellung" werden Besonderheiten bei der industriellen Serienfertigung von temporären Bauhilfsmitteln berücksichtigt.

Wie bereits beschrieben, sind nach der Definition der EU-BauPVO [9] temporäre Bauhilfsmittel keine Bauprodukte, da sie nicht für die dauerhafte Einbindung in Bauwerke vorgesehen sind. Demnach fallen temporäre Bauhilfsmittel nicht in den Geltungsbereich der harmonisierten Produktnorm EN 1090-1 [10] und dürfen nicht mit einer CE-Kennzeichnung versehen werden.

In der MVV TB [11] ist auch die Herstellerqualifikation geregelt: Demnach muss ein Betrieb mindestens über ein Schweißzertifikat für die Ausführungsklasse EXC2 verfügen, um geschweißte Gerüstbauteile nach Abschnitt C.2.16.11 aus Stahl oder Aluminium zu fertigen. Nach prEN 17293 [8] sind temporäre Bauhilfsmittel, welche in die in [8] angegebenen Regelwerke fallen, nach der Ausführungsklasse EXC2 zu fertigen. Bauteile die nicht den in [8] aufgeführten Normen zugewiesen werden können, dürfen auch nach EXC1 gefertigt werden.

### 2.1.2 Bauaufsichtliche Nachweise

#### 2.1.2.1 Allgemeine bauaufsichtliche Zulassung (abZ)

Aus der MBO geht hervor, dass für Bauprodukte, die von den Technischen Baubestimmungen abweichen oder für die es keine Technische Baubestimmung gibt, eine allgemeine bauaufsichtliche Zulassung (abZ), ein allgemeines bauaufsichtliches Prüfzeugnis (abP) oder eine Zustimmung im Einzelfall (ZiE) erforderlich ist. Dementsprechend dürfen in Deutschland nur Gerüste mit einem der o. g. Verwendbarkeitsnachweise eingesetzt werden, es sei denn, die Landesbauordnungen enthalten davon abweichende Regelungen (Ausnahme ist z. B. die Bayerische Bauordnung, welche Gerüste ausdrücklich nicht regelt).

Waren bislang Bauteile für Arbeits- und Schutzgerüste i. d. R. zulassungspflichtig, eröffnet die MVV TB jetzt die Möglichkeit, „(...) vorgefertigte Gerüstbauteile aus Stahl, Aluminium und Holz, mit Ausnahme von Grundbauteilen, wie beispielsweise Ständern oder Querriegeln, Durchstiegstafeln und Belägen von Kon-

# „Pflichtlektüre und Hochgenuss für den Ingenieurbaukünstler" (Jörg Schlaich)

Billington proklamiert in diesem Buch die neue, eigenständige Kunstform Ingenieurbau (Structural Art), die er als der Architektur ebenbürtig ansieht. Nicht zufällig nennt der Titel die klassischen Domänen des Bauingenieurs, wobei Billington konkret die epochalen Bauwerke Eiffelturm und Brooklyn Bridge im Sinn hat.

In leicht lesbarem Stil und auf unterhaltsame Weise stellt Billington die Ideale, Prinzipien und Methoden der Kunst des Ingenieurbaus dar. Er verdeutlicht ihre historische Entwicklung anhand der Bauwerke herausragender Ingenieure wie Telford, Maillart, Freyssinet und Menn.

David Billington
**Der Turm und die Brücke**
Die neue Kunst des Ingenieurbaus
2013. 298 Seiten.
€ 29,90*
ISBN 978-3-433-03077-6
Auch als ebook erhältlich.

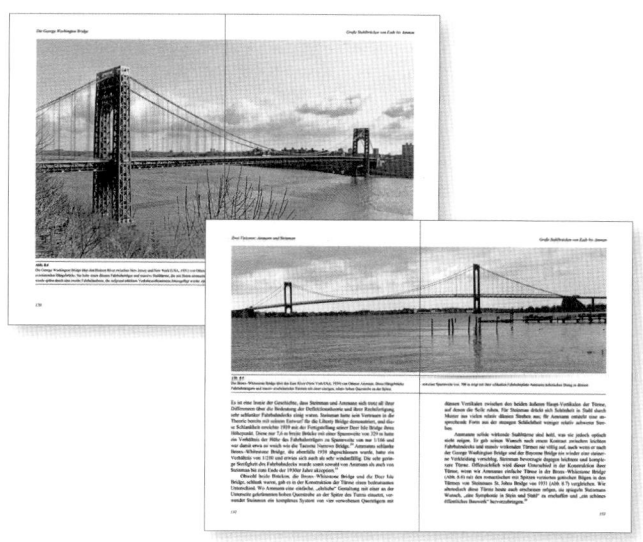

Online Bestellung:
www.ernst-und-sohn.de/3077

**Ernst & Sohn**
Verlag für Architektur und technische
Wissenschaften GmbH & Co. KG

Kundenservice: Wiley-VCH
Boschstraße 12
D-69469 Weinheim

Tel. +49 (0)6201 606-400
Fax +49 (0)6201 606-184
service@wiley-vch.de

* Der €-Preis gilt ausschließlich für Deutschland. Inkl. MwSt. Die Versandkosten für Deutschland, Österreich, Schweiz, Liechtenstein und Luxemburg entfallen Für alle anderen Länder gilt der Preis zzgl. Versandkosten. 1039176_dp

## Neustart oder Laufzeitverlängerung?
## VARIOKIT macht jedes Brückenbauprojekt stark

**Vom (Ersatz-)Neubau bis zur Instandsetzung**
Beim Brückenbau steht für alle Beteiligten an erster Stelle die Wirtschaftlichkeit und Variabilität einer modular verwendbaren Schalungs- und Trägerüsttechnik. VARIOKIT bietet beides.

**Der Baukasten für Ingenieure**
Ob Freivorbaugerät oder Gesimskappenbahn: Der projektbezogen mietbare VARIOKIT Ingenieurbaukasten benötigt für ca. 80 % der unterschiedlichen Traggerüst- und Schalungsaufbauten nur drei Kernbauteile. Das konsequent vereinfachte Baukastenprinzip von VARIOKIT ermöglicht hohe Sicherheits- und Geschwindigkeitsvorteile – sowohl im Aufbau als auch im Einsatz.

Mehr erfahren unter: www.peri.de/variokit

**Schalung
Gerüst
Engineering**

www.peri.de

liegt. Nach Artikel 2 der EU-BauPVO muss ein „Bauprodukt" dauerhaft im Bauwerk verbaut werden. Dies ist bei temporären Konstruktionen wie Gerüsten nicht der Fall. Demnach sind nach der EU-BauPVO temporäre Konstruktionen nicht als „Bauprodukte" einzuordnen, was u. a. Auswirkungen auf die Kennzeichnung von Gerüstbauteilen hat, vgl. Abschnitt 2.2.

MBO
In der 2016 novellierten nationalen Musterbauordnung (MBO) [16] werden die Grundanforderungen an Bauwerke gemäß der EU-BauPVO berücksichtigt. Eine der wesentlichen Neuerungen ist die Einführung von § 16a „Bauarten" im zweiten Abschnitt, welcher auf nationaler Ebene die klare Unterscheidung zwischen Bauarten und Bauprodukten (dritter Abschnitt) unterstreicht. Grundsätzlich ist in der MBO begrifflich fixiert, dass die Herstellung baulicher Anlagen aus Bauprodukten erfolgt. Im Sinne der MBO fallen auch Gerüste unter die baulichen Anlagen. Anders als in der EU-BauPVO, sind Gerüstbauteile nach der MBO in Deutschland also als Bauprodukte zu sehen.

MVV TB
Die Muster-Verwaltungsvorschrift Technische Baubestimmungen (MVV TB) [11] dient der Konkretisierung der aus der Musterbauordnung (MBO) resultierenden Anforderungen an Bauprodukte und Bauarten (bauliche Anlagen).

Die MVV TB löste die früheren Bauregellisten ab und ist in 4 wesentliche Teile untergliedert, wobei die Teile A und B Vorschriften für die Planung, Bemessung und Ausführung von Bauwerken wiedergeben. In Teil C werden geregelte Bauprodukte aufgeführt, welche keine CE-Kennzeichnung nach der Bauproduktenverordnung tragen. Da Gerüstbauteile nicht von der EU-BauPVO erfasst werden, fallen diese in Deutschland in den Anwendungsbereich der MVV TB Teil C. Darüber hinaus sind für Gerüstbauteile in Tabelle C2.16 von MVV TB die anzuwendenden Technischen Regeln angegeben. Teil D beinhaltet Regelungen für Produkte, für die kein Verwendbarkeitsnachweis notwendig ist. Hierunter fallen beispielsweise Schalungen (ehemals „sonstige Bauprodukte").

Die Struktur der MVV TB und ausführliche Erläuterungen zu den einzelnen Abschnitten und zur Anwendung der MVV TB werden in [1] diskutiert.

VV TB
Die Verwaltungsvorschrift Technische Baubestimmungen (VV TB) ist die schrittweise, länderspezifische Um-

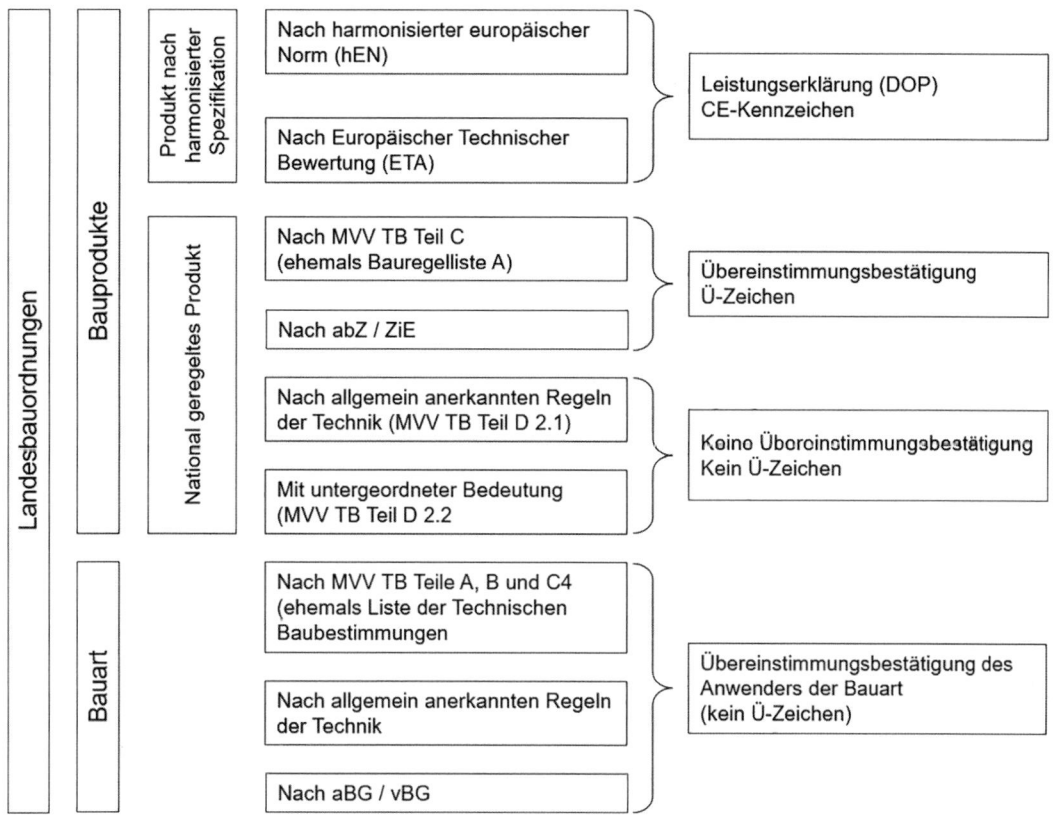

**Bild 1.** Übersicht der Regelungen für Bauprodukte und Bauarten

# 1 Einleitung

Traggerüste, Arbeits- und Schutzgerüste sind Bestandteil nahezu jedes Bauvorhabens. Das breite Anwendungsspektrum reicht dabei von einfachen, meist standardmäßig ausgeführten Gerüsten bis hin zu komplexen Strukturen, wie sie beispielsweise bei der Herstellung von Brückenbauwerken oder der Sanierung von Kirchtürmen notwendig sind. Gerüste sind, unabhängig von der Komplexität des Bauvorhabens, schlanke und i. d. R. hochgradig stabilitätsgefährdete Konstruktionen. Einer sicheren Gerüstanwendung sollte daher grundsätzlich eine Planung unter Berücksichtigung der statischen, konstruktiven und sicherheitsrelevanten Aspekte im Hinblick auf die Nutzung vorangestellt sein. Die häufig nicht eindeutig spezifizierbaren Rahmenbedingungen der Baumaßnahme stellen dabei oft eine besondere Herausforderung im Planungsprozess dar. Im Fokus muss eine sichere Konstruktion stehen, die bei wirtschaftlichem Materialeinsatz und optimalen logistischen Abläufen herzustellen ist.

Darüber hinaus sind gesetzliche Vorgaben im Baurecht und Regelungen im Bereich der Arbeits- und Betriebssicherheit als allgemeine Rahmenbedingungen bei der Planung und Ausführung zu beachten. Diese Vorgaben sind häufig von einem erhöhten Sicherheitsbedürfnis geprägt und begründen so manchen Ansatz, der gegenüber den allgemeinen Regelungen des konstruktiven Ingenieurwesens konservativ erscheint.

Im vorliegenden Beitrag wird auf die aktuelle Vorschriftensituation eingegangen, die sich mit dem EuGH-Urteil (305/2011) zu den Bauprodukten sowie der Novellierung der Musterbauordnung (MBO, 2016) und der Einführung der Musterverwaltungsvorschrift Technische Baubestimmungen (MVV TB, 2017) geändert hat. Dabei werden die Auswirkungen auf die Anwendung, Planung, Herstellung und Verwendung von Bauteilen temporärer Konstruktionen ausführlich beschrieben.

Für die Bereiche der Arbeits- und Schutzgerüste sowie der Traggerüste werden anschließend einzelne ausgesuchte, technische Themen und damit verbundene Fragestellungen behandelt, die nach Ansicht der Autoren einen Klärungs- oder Erklärungsbedarf beinhalten, der meist aus der eigenen Projekterfahrung entstand. Sofern möglich, werden dem Leser dabei nicht nur ein Überblick über das jeweilige Thema und seine Besonderheiten, sondern auch konkrete Ansätze zur praktischen Umsetzung angeboten. Da in vorangegangenen Stahlbau-Kalender-Beiträgen [4] und [5] bereits umfangreich über die Bemessung von Gerüsten berichtet und u. a. auch der aktuelle Stand der europäischen Normung dargestellt wurde, und es zum gegenwärtigen Zeitpunkt diesbezüglich keiner umfänglicheren Aktualisierung bedarf, werden in den jeweiligen Teilbeiträgen lediglich einzelne Aspekte der Normung angesprochen. Abschließend werden der aktuelle Stand und die Chancen der Digitalisierung im Hinblick auf die gerüstspezifischen Abläufe wie Planung, Logistik oder Ausführung, die Implementierung in eine BIM-Umgebung und die gegenwärtigen Entwicklungen in der Branche vorgestellt.

# 2 Aktueller Stand der technischen Bestimmungen für die Planung, Herstellung und Verwendung von Bauteilen für temporäre Konstruktionen

## 2.1 Technische Grundlagen der Planung

### 2.1.1 Technische Baubestimmungen

#### 2.1.1.1 Allgemeines

Temporäre Konstruktionen wie Trag- oder Arbeits- und Schutzgerüste erfordern eine Planung unter Berücksichtigung von technischen und arbeitsschutzrelevanten Aspekten. Im Fokus steht dabei eine sichere Konstruktion bei wirtschaftlichem Materialeinsatz und optimalen logistischen Abläufen.

Die Technischen Baubestimmungen, welche sowohl für die Tragwerksplaner als auch für den ausführenden Gerüstbauer relevante Regelungen enthalten, beschreiben dabei die grundlegenden Regeln für die Planung, Bemessung und Konstruktion baulicher Anlagen. Darüber hinaus enthalten diese Richtlinien auch Regelungen für die Herstellung und das Inverkehrbringen von Gerüstbauteilen.

Im Folgenden wird ein Überblick über rechtliche Grundlagen, die einer Planung zugrunde liegenden Technischen Baubestimmungen und sicherheitsrelevanten Vorschriften sowie normative Regelungen zur Herstellung temporärer Konstruktionen gegeben.

#### 2.1.1.2 Rechtliche Grundlagen

Für die Planung, Bemessung und Ausführung von temporären Konstruktionen sind sowohl europäische als auch nationale rechtliche Grundlagen zu beachten. Insbesondere bei der begrifflichen Differenzierung zwischen „Bauprodukten" oder „Bauarten" wird die unterschiedliche Auslegung auf europäischer und nationaler Ebene aufgezeigt. Die für temporäre Konstruktionen wesentlichen Dokumente sind nachfolgend zusammengefasst und werden hinsichtlich der Auswirkungen, z. B. auf die Kennzeichnung der Produkte, im Weiteren diskutiert.

EU-BauPVO

Die Verordnung (EU) Nr. 305/2011 des europäischen Parlaments und des Rates, oder auch Bauproduktenverordnung (EU-BauPVO) [9], legt dem Handel von Bauprodukten innerhalb der Europäischen Union harmonisierte Rahmenbedingungen zugrunde und soll das Inverkehrbringen von Bauprodukten vereinheitlichen. Vorangestellt ist bei der Verwendung der EU-BauPVO, welche die Bauproduktenrichtlinie abgelöst hat, zu klären, ob nach dieser Bestimmung ein „Bauprodukt" vor-

# Inhaltsverzeichnis

1     Einleitung   673

2     **Aktueller Stand der technischen Bestimmungen für die Planung, Herstellung und Verwendung von Bauteilen für temporäre Konstruktionen**   673
2.1     Technische Grundlagen der Planung   673
2.1.1     Technische Baubestimmungen   673
2.1.1.1     Allgemeines   673
2.1.1.2     Rechtliche Grundlagen   673
2.1.1.3     Technische Baubestimmungen für die Bemessung   675
2.1.1.4     Herstellung und Ausführung   675
2.1.2     Bauaufsichtliche Nachweise   675
2.1.2.1     Allgemeine bauaufsichtliche Zulassung (abZ)   675
2.1.2.2     Allgemeine Bauartgenehmigung (aBG)   676
2.1.2.3     Zustimmung im Einzelfall (ZiE) / vorhabenbezogene Bauartgenehmigungen (vBG)   676
2.1.3     Typenprüfung   676
2.1.4     Aufbau- und Verwendungsanleitung   676
2.2     Kennzeichnung und Verwendung von Gerüstbauteilen   677
2.2.1     Allgemeines   677
2.2.2     CE-Kennzeichnung   677
2.2.3     Ü-Zeichen   677
2.3     Sicherheitsrelevante Grundlagen der Planung   678
2.3.1     Allgemeines   678
2.3.2     Allgemeine Vorschriften   678
2.3.3     Gefährdungsbeurteilung   678
2.3.4     Aufbau- und Verwendungsanleitung   679

3     **Besondere Aspekte bei Entwurf und Bemessung von Arbeits- und Schutzgerüsten**   679
3.1     Einleitung   679
3.2     Grundsätze der Bemessung von Arbeits- und Schutzgerüsten   679
3.2.1     Regelwerke   679
3.2.2     Werkstoffe   679
3.2.3     Berechnung und Bemessung   680
3.2.4     Gründung von Arbeits- und Schutzgerüsten   681
3.3     Besondere Aspekte beim Nachweis von Sonderkonstruktionen   682
3.3.1     Von der Regelausführung abweichende Ankerraster   682
3.3.1.1     Verankerung in der Praxis versus Ankerraster der Regelausführung   682
3.3.1.2     Kompensationsmaßnahmen für Kräfte senkrecht zur Fassade   684
3.3.1.3     Kompensationsmaßnahmen für Kräfte parallel zur Fassade   685
3.3.2     Imperfektionen bei Arbeits- und Schutzgerüsten   687
3.3.2.1     Schiefstellung infolge Knickwinkels im Ständerstoß   688
3.3.2.2     Abminderung des Knickwinkels bei mehreren Ständerrohren   689
3.3.2.3     Knickwinkel bei üblichen Gerüstsystemen   689
3.3.2.4     Begrenzung der Lotabweichung   690
3.3.2.5     Modellierung der Imperfektionen   691
3.3.2.6     Modellierung der Spindel   691
3.3.2.7     Näherungsweise Abbildung der Knickwinkelfigur durch Vorkrümmung und Schiefstellung   691
3.3.3     Überbrückungskonstruktionen   694
3.3.3.1     Bauweisen der temporären Überbrückungskonstruktionen   694
3.3.3.2     Stahl-Gitterträger im Systemgerüstbau   697
3.3.3.3     Modellierung und Nachweisführung bei systemfreien Stahl-Gitterträgern   698
3.3.3.4     Versuche an Stahlrohr-Gitterträgern   700
3.3.3.5     SVA-Empfehlung zur Modellierung von Stahl-Gitterträgern   701

4     **Rüstbinder**   701
4.1     Einleitung   701
4.2     Übersicht bekannter Rüstbindersysteme   701
4.3     Zum Tragverhalten von Rüstbindern   705
4.4     Bemessung   710
4.4.1     Lastannahmen   710
4.4.2     Imperfektionen   711
4.4.3     Vereinfachtes Nachweisverfahren   713
4.5     Exemplarische Gegenüberstellung des vereinfachten Nachweisverfahrens mit einer genauen Systemuntersuchung   715
4.5.1     Systembeschreibung   715
4.5.2     Vereinfachtes Verfahren nach DIN EN 12812   716
4.5.3     Untersuchungen am diskretisierten System und Vergleich   717
4.6     Zusammenfassung   722

5     **Digitalisierung**   722
5.1     Allgemeines   722
5.2     Grundlagenermittlung   722
5.3     BIM   724
5.3.1     Allgemeines   724
5.3.2     Planung   724
5.3.3     Logistik   726
5.3.4     Ausführung   726
5.3.5     Abnahme   726

6     **Zusammenfassung und Ausblick**   728
6.1     Zusammenfassung   728
6.2     Ausblick   728

7     **Literatur**   728

# 10
# Besondere Aspekte der Planung, Bemessung und Ausführung von Gerüsten

Dr.-Ing. Tobias Schmidt

Dipl.-Ing. Rolf Brückel

Prof. Dr.-Ing. Georg Geldmacher

[103] Koslowski, V.; Solly, S., Knippers, J. (2017) *Structural design methods of component based lattice composites for the Elytra Pavilion*. Proceedings of the IASS Annual Symposium 2017 "Interfaces: architecture engineering science". September 25–28th, 2017, Hamburg, Germany, Annette Bögle, Manfred Grohmann (eds.).

[104] Koslowski, V.; Solly, S.; Knippers J. (2017) *Experimental investigation of Failure modes of lattice GRID composites for building structures based on case studies*. Proceedings of the SAMPE Europe Conference 2017. November 15–16th, 2017, Stuttgart.

[105] Knippers, J.; Lienhard, J.; Oppe, M. et al. (2013) *Multifunctional adaptive Façade at IBA 2013 Hamburg, design studies for an integral energy harvesting façade shading system, Textile Composites and Inflatable Structures VI*. Proceedings of the VI International Conference on Textile Composites and Inflatable Structures, pp. 473–481, Munich, October 2013.

[70] Hwash, M. (2013) *Umgelenkte Lamellen aus kohlenstofffaserverstärktem Kunststoff als freistehende Spannglieder im konstruktiven Ingenieurbau*, Forschungsbericht 30, Institut für Tragkonstruktionen und Konstruktives Entwerfen, Prof. Dr.-Ing. J. Knippers, Universität Stuttgart.

[71] Sika CarboDur Lamellen, Technisches Merkblatt. Sika Deutschland GmbH, Stuttgart.

[72] Meier, U. (1999) Is There a Future for Carbon-Fibre-Reinforced Plastic Cables in Load-Bearing Structures? *Detail* (8), 1505–1506.

[73] Meier, H.; Meier, U. (1996) Zwei CFK-Kabel für die Storchenbrücke, *Schweizer Ingenieur und Architekt* (44), 980–985.

[74] Schlaich, M.; Bleicher, A. (2007) Spannbandbrücke mit CFK Lamellen, *Bautechnik* **84** (5), 311–319.

[75] Schlaich, M.; Liu, Y.; Zwingmann, B. (2014) Ringseildächer mit CFK-Zugelementen, *Bautechnik* **91** (10), 728–741.

[76] Haspel, L. (2019) Netzwerkbogenbrücken mit Hängern aus Carbon, *Stahlbau* **88** (2), 153–159.

[77] Stockhusen, K. (2019) *Leichtbaulösungen mit Carbon*, DBZ Deutsche BauZeitschrift **67** (10), 60–63.

[78] Technische Information Schöck ComBAR. Schöck Bauteile GmbH, Baden-Baden, 2006.

[79] Helbig, T., Rempel, S. Unterer, K., Kulas, C., Hegger, J. (2016) Fuß- und Radwegbrücke aus Carbonbeton in Albstadt-Ebingen, *Beton- und Stahlbetonbau* **111** (10), 676–685.

[80] Sydow, A.; Kurath, J.; Steiner, P. (2019) Extrem leichte Brücke aus vorgespanntem Carbonbeton, *Beton- und Stahlbetonbau* **114**, 869–876.

[81] Jesse, F.; Apitz, A.; Schlaich, M. (2019) *Dauerhafte und wirtschaftliche Straßenbrücken mit Halbfertigteilen aus vorgespanntem Carbonbeton*, Tagungsband 29. Dresdner Brückenbausymposium.

[82] Helbig, T. (2019) Die integrale Stuttgarter Holzbrücke, *Detail structure* (03), 54 ff.

[83] Oppe, M.; Scheible, F.; Peter, B.; Helbig, T. (2018) Robotergefertigte Elemente aus technischer Keramik, *Bautechnik* **95** (6), 439–448.

[84] Reising, R. et al. (2004) Close Look at Construction Issues and Performance of Four Fiber-Reinforced Polymer Composite Bridge Decks, *Journal of Composites for Construction (ASCE)*, Jan/Feb, 33–42.

[85] Keller, T. (2003) *Use of Fibre Reinforced Polymers in Bridge Construction*, Structural Engineering Documents 7, IABSE.

[86] Keller, T. et al. (2001) *Anwendung von Faserverbundmaterialien im Brückenbau*, Lausanne, Bundesamt für Straßen (Schweiz).

[87] Sams, M. (2005) *Project Highlight: A landmark application of FRP bridge decks on the Broadway Bridge in Portland, Oregon, USA*, COBRAE Conference Dübendorf, Schweiz.

[88] Oppe, M.; Trumpf, H. (2014) Erfolgreicher Einsatz von pultrudierten GFK-Profilen in Architektur und Ingenieurbau auf Grundlage der ersten Allgemeinen Bauaufsichtlichen Zulassung, *Bautechnik* **91**, (7), 495–505.

[89] Knippers, J. (2005) *Innovative design concepts for composite bridges in Germany – Technology and aesthetics*, COBRAE Conference Dübendorf, Schweiz.

Knippers, J. et al. (2009) Brücken mit Fahrbahnen aus glasfaserverstärktem Kunststoff (GFK) – Neue Straßenbrücke in Friedberg (Hessen), *Stahlbau* **78**, (7) 462–470.

[90] Sobrino, J.; Dolores, M.; Pulido, G. (2002) Towards Advanced Composite Material Footbridges, *Structural Engineering International* (2), 84–86.

[91] Luke, S. et al. (2002) Advanced Composite Bridge Decking System – Project ASSET. *Structural Engineering International* (2), 76–79.

[92] Hurtado, M. et al. (2012) *FRP Girder Bridges: Lessons learned in Spain in the last decade*, Proceedings of CICE 2012, 6th International Conference on FRP Composites in Civil Engineering, Rom, Italy.

[93] Spieler, M. Rothe, J.; Keller, T. (2013) Erste Sandwich-Strassenbrücke der Schweiz, *Strasse und Verkehr 2013*, S. 4–6, VSS Schweizerischer Verband der Strassen- und Verkehrsfachleute, Zürich.

[94] Composites Manufacturing (2013) The Official Magazine of the American Composites Manufacturers Association, Januar/Februar.

[95] Weller, C. P. (2007) *Fenster und Fassaden aus GFK und Glas*, Forschungsbericht 28. Institut für Tragkonstruktionen und Konstruktives Entwerfen, Prof. Dr.-Ing. J. Knippers, Universität Stuttgart.

[96] Genzel, E.; Voigt, P. (2005) *Kunststoffbauten, Teil 1*, Bauhaus Universität, Weimar, Universitätsverlag.

[97] Ackermann, G. (2001) Der Bau von Tragwerken aus Kunststoffen im Osten Deutschlands (1945–1990), *Bautechnik* **78** (7), 503–524.

[98] Keller, T. et al. (2008) *Function-integrated GFRP sandwich roof structure– Structural concept and design*, 5th International Conference on FRP Composites in Civil Engineering (CICE 2008), 22–24 July 2008, Zurich, Switzerland.

[99] Keller, T. (1999) Towards Structural Forms for Composite Fibre Materials, *Structural Engineering International* (4), 297–300.

[100] Tracy, C. (2005) *Fire Endurance of multicellular Panels in an FRP Building System*, ETH Lausanne, Promotion 3235, CCLab.

[101] Waimer, F. et al. (2013) Bionisch-inspirierte Faserverbundstrukturen, *Bautechnik* **90** (12), 766–771.

[102] Waimer, F. et al. (2013) Integrative numerical techniques for fibre reinforced polymers-forming process and analysis of differentiated anisotropy, *Journal of the International Association for Shell and Spatial Structures* **54**, 301–309.

klebter Bewehrung" und Behälterumwicklungen mit CFK-Gelegen „Carboplus Sheet 240". Implenia Construction GmbH, Mannheim, DIBt, Berlin, Juni 2016.

[44] Deutsches Institut für Bautechnik (2017) Allgemeine Bauaufsichtliche Zulassung (abZ) Z-36.12-82 für den Zulassungsgegenstand Verstärken von Betonbauteilen mit schubfest aufgeklebten CFK-Gelegen nach der „DAfStb-Richtlinie Verstärken von Betonbauteilen mit geklebter Bewehrung" und Behälterumwicklungen mit CFK-Gelegen „MC-DUR CF Sheets S". MC-Bauchemie Müller GmbH & Co. KG, DIBt, Berlin, April 2017.

[45] Deutsches Institut für Bautechnik (2015) Allgemeine Bauaufsichtliche Zulassung (abZ) Z-36.12-84 für den Zulassungsgegenstand Verstärken von Stahl- und Spannbetonbauteilen mit schubfest aufgeklebten CFK-Lamellen „Carboplus Lamellen" nach der DAfStb-Verstärkungs-Richtlinie. Implenia Construction GmbH Mannheim, DIBt, Berlin, August 2015.

[46] Deutsches Institut für Bautechnik (2016) Allgemeine Bauaufsichtliche Zulassung (abZ) Z-36.12-85 für den Zulassungsgegenstand Verstärken von Stahl- und Spannbetonbauteilen mit schubfest aufgeklebten CFK-Lamellen „MC-DUR" nach der DAfStb-Verstärkungs-Richtlinie. MC-Bauchemie Müller GmbH & Co. KG, DIBt, Berlin, November 2016.

[47] Deutsches Institut für Bautechnik (2015) Allgemeine Bauaufsichtliche Zulassung (abZ) Z-36.12-86 für den Zulassungsgegenstand Verstärken von Stahl- und Spannbetonbauteilen mit schubfest aufgeklebten CFK-Lamellen „Bausatz StoCretec" nach der DAfStb-Verstärkungs-Richtlinie. StoCretec GmbH, DIBt, Berlin, März 2015.

[48] Deutsches Institut für Bautechnik (2019) Allgemeine Bauaufsichtliche Zulassung (abZ) Z-36.12-88 für den Zulassungsgegenstand Verstärken von Stahl- und Spannbetonbauteilen durch in Schlitze verklebte CFK-Lamellen „Bausatz StoCretec" nach der DAfStb-Verstärkungs-Richtlinie. StoCretec GmbH, DIBt, Berlin, Juli 2019.

[49] Deutsches Institut für Bautechnik (2019) Allgemeine Bauaufsichtliche Zulassung (abZ) Z-36.12-89 für den Zulassungsgegenstand Verstärken von Stahl- und Spannbetonbauteilen durch in Schlitze verklebte CFK-Lamellen „Carboplus" nach der DAfStb-Verstärkungs-Richtlinie. Implenia Construction GmbH Mannheim, DIBt, Berlin, April 2019.

[50] Deutsches Institut für Bautechnik (2019) Allgemeine Bauaufsichtliche Zulassung (abZ) Z-36.12-90 für den Zulassungsgegenstand Verstärken von Stahl- und Spannbetonbauteilen durch in Schlitze verklebte CFK-Lamellen „MC-DUR" nach der DAfStb-Verstärkungs-Richtlinie. MC-Bauchemie Müller GmbH & Co. KG, DIBt, Berlin, April 2019.

[51] VDI-Richtlinie 2014:1989 07 (1989) Entwicklung von Bauteilen aus Faser-Kunststoff-Verbund.

[52] DIN EN 1995-1-1:2010-12 (2010) Bemessung und Konstruktion von Holzbauten, Allgemeine Regeln und Regeln für den Hochbau, Beuth, Berlin.

[53] DIN EN 1991-2:2010-12 (2010) Verkehrslasten auf Brücken, Beuth, Berlin.

[54] DIN-Fachbericht 101 (2003) Einwirkungen auf Brücken, Beuth, Berlin, März 2003.

[55] Novák, B.; Gabler, M. (2003) Leitfaden zum DIN-Fachbericht 101, Ernst & Sohn, Berlin.

[56] Puck, A. (1996) Festigkeitsanalyse von Faser-Matrix-Laminaten, Hanser, München, Wien.

[57] DIN EN 1993-1-5:2012-12 (2012) Bemessung und Konstruktion von Stahlbauten – Teil 5: Plattenförmige Bauteile, Beuth, Berlin.

[58] Trumpf, H. (2006) Stabilitätsverhalten ebener Tragwerke aus pultrudierten faserverstärkten Polymerprofilen, Schriftenreihe Stahlbau, Heft **59**, Shaker-Verlag Aachen.

[59] DIN EN 899-1:2003-10 (2003) Kunststoffe – Bestimmung des Kriechverhaltens – Teil 1: Zeitstandzugversuch, Beuth, Berlin.

[60] Oppe, M. (2009) Zur Bemessung geschraubter Verbindungen von pultrudierten faserverstärkten Polymerprofilen, Schriftenreihe Stahlbau, Heft **66**, Shaker-Verlag Aachen.

[61] Schulz, U. (1981) Tragverhalten von vorgespannten und nicht vorgespannten Schraubenverbindungen mit Fügeteilen aus Glasfaserverstärktem Kunststoff, Bericht T867 der Versuchsanstalt für Stahl, Holz und Steine, Universität Fridericiana in Karlsruhe, Karlsruhe.

[62] Franke, L.; Meyer, H.-J. (1991) Schadensakkumulation bei GFK, Endbericht zum Forschungsvorhaben, Fraunhofer IRB-Verlag, Stuttgart.

[63] Mini, P.; Miller, S. (2000) Versuche an Klebeverbindungen mit GFK-Profilen, Bericht Professur für Tragkonstruktionen, Prof. Dr. O. Künzle.

[64] Vallée, T. (2003) Adhesively bonded Lap Joints of pultruded GFRP shapes, Dissertation, ETH Lausanne, CCLab.

[65] Universität Stuttgart (2006) Prüfbericht zu Materialversuchen an GFK Proben, Klebstoff und Fahrbahnbelag für die Überführung über die Bundesstrasse B455 Ost, Institut für Tragkonstruktionen und Konstruktives Entwerfen, Uni Stuttgart.

[66] Meier, M.; Andrä, P. (2005) Carbon fibre composites for a new generation of prestressing tendons, COBRAE Conference Dübendorf, Schweiz.

[67] Deuring, M. et al. (2003) CFK im Bauwesen – heute Realität! Eidgenössische Materialprüfanstalt.

[68] Schwegler, G.; Kottucz, J. (2004) Produktdokumentation StressHead.

[69] Schlaich, M.; Zwingmann, B.; Liu, Y.; Goller, R. (2012) Zugelemente aus CFK und ihre Verankerungen, Bautechnik **89** (12), 841–850.

[16] Schreckenberger, H. (2013) *Risiko der Kontaktkorrosion bei CFK-Bauteilen.* Erschienen in WOMag Kompetenz in Werkstoff und funktioneller Oberfläche, Ausgabe 04/2013, WOTech GbR, Waldshut-Tiengen.

[17] Krempel (1997) *Faserverstärkte Kunststoffplatten und Formteile*, Produktinformation, Krempel Soehne GmbH & Co, August 1997.

[18] Einhäuser, S.; Stelzer, K. (2004) Faserverstärkte Kunststoffe, *archplus* 172 (12), 34–37.

[19] Bedford Reinforced Plastics, 264 Reynoldsdale Road Bedford PA 15522-7401 USA.

[20] Uomoto, T. (2000) *Durability of FRP as Reinforcement for Concrete Structures*, Advanced Composite Materials in Bridges and Structures, S. 3–17. Canadian Society for Civil Engineering, Ottawa.

[21] Deutsches Institut für Bautechnik (2018) *Allgemeine Bauartgenehmigung (aBG) Z-10.39-791 für den Zulassungsgegenstand pultrudierte Profile aus glasfaserverstärkten Kunststoffen nach ETA-16/0901; Doppel-T-Profil, U-Profil, Winkelprofil, Vierkantprofil Flachprofile und Handlaufprofile*, Fiberline Composites A/S, Middelfahrt (DK), DIBt Berlin, Mai 2018.

[22] DIN 4102 Teil 1 bis 21:1977-09 bis 2018-12 (2018) *Brandverhalten von Baustoffen und Bauteilen*, Beuth, Berlin.

[23] DIN EN 13501 Teil 1 bis 6:2010-02 bis 2019-05 (2019) *Klassifizierung von Bauprodukten und Bauarten zu ihrem Brandverhalten*, Beuth, Berlin.

[24] Ludwig, C. (2008) *Glasfaserverstärkte Kunststoffe unter hoher thermischer und mechanischer Belastung*, Forschungsbericht 30. Institut für Tragkonstruktionen und Konstruktives Entwerfen, Prof. Dr.-Ing. J. Knippers, Universität Stuttgart.

[25] ÖkoBauDat, https://www.oekobaudat.de, entnommen am 24.09.2019.

[26] DIN EN ISO 14040:2009-11 (2009) *Umweltmanagement – Ökobilanz – Anforderungen und Anleitungen*, Deutsche und englische Fassung EN ISO 14040:2009-11, berichtigt, Beuth, Berlin.

[27] Reckter, B. (2018) *Gerettet? Recycling von faserverstärkten Kunststoffen.* Erschienen in VDI-Nachrichten, Ausgabe 19 vom 11.05.2018, S. 23 ff., VDI-Verlag GmbH, Düsseldorf.

[28] Kümmeth, M.; Gottlieb, A.; Ramerth, J.; Seitz, M.; Hartleitner, B.; Rommel, W.; Danko, A.; Wölling, J. (2016) *Entwicklungsstudie zur Errichtung einer CFK-Recyclinganlage in Bayern*, S. 87–88, bifa Umweltinstitut GmbH, Pfinztal, Fraunhofer-Institut für Chemische Technologie, Augsburg.

[29] Job, S. (2014) Recycling composites commercially, *Reinforced Plastics* 58, (5) Sept./Oct., 32–38, Oxford OX5, Elsevier Ltd.

[30] Trumpf, H. (2005) *Design and testing of an inventive GFRP-truss-bridge for 40t trucks and 30m span.* COBRAE Conference Dübendorf, Schweiz.

[31] BÜV-Empfehlung (2014) *Tragende Kunststoffbauteile im Bauwesen (TKB)*, Bau-Überwachungsverein e. V., Springer Vieweg.

[32] DIN 18820:1991-03 (1991) *Laminate aus textilfaserverstärkten ungesättigten Polyester- und Phenacrylatharzen für tragende Bauteile (GF-UP, GF-PHA)*, Teil 1 bis 4. Beuth, Berlin.

[33] DIN EN 13121:2012 (2012) *Oberirdische GFK-Tanks und -Behälter*, Teil 1 bis 3, Beuth, Berlin.

[34] DIN EN 13706:2003-02 (2003) *Faserverstärkte Kunststoffverbundwerkstoffe – Spezifikationen für pultrudierte Profile*, Teil 1 bis 3, Beuth, Berlin.

[35] DIN EN 1990:2010-12 (2010) *Eurocode – Grundlagen der Tragwerksplanung*, Beuth, Berlin.

[36] *Fiberline Design- & Konstruktionshandbuch* (2014) Fiberline Composites A/S, Middelfart, Dänemark, März 2014.

[37] Deutsches Institut für Bautechnik (2018) *Allgemeine Bauartgenehmigung (aBG) Z-10.9-803 für den Zulassungsgegenstand pultrudierte Profile „krafton" aus glasfaserverstärkten Kunststoffen.* W. B. BIJL PROFIELEN BV, Heijningen (NL), DIBt, Berlin, Dezember 2018.

[38] Deutsches Institut für Bautechnik (2018) *Allgemeine Bauartgenehmigung (aBG) Z-10.39-810 für den Zulassungsgegenstand tragender Brückenbelag mit Planke „HD" nach ETA-16/0901 aus glasfaserverstärktem Kunststoff.* Fiberline Composites A/S, Middelfahrt (DK), DIBt, Berlin, Oktober 2018.

[39] Deutsches Institut für Bautechnik (2018) *Allgemeine Bauaufsichtliche Zulassung (abZ) Z-10.9-499 für den Zulassungsgegenstand Planke aus glasfaserverstärktem Kunststoff für Brückenbelag „Typ HC 280".* Hacon Composites GmbH, DIBt, Berlin, August 2018.

[40] Deutsches Institut für Bautechnik (2018) *Allgemeine Bauartgenehmigung (aBG) Z-10.9-655 für den Zulassungsgegenstand „krafton" Brückenbelag mit Planken aus glasfaserverstärktem Kunststoff Typ „krafton 500 x 55", „krafton 500 x 40", „krafton 256 x 40" und „krafton 400 x 85".* W. B. BIJL PROFIELEN BV, Heijningen (NL), DIBt, Berlin, Oktober 2018.

[41] Deutsches Institut für Bautechnik (2019) *Allgemeine Bauartgenehmigung (aBG) Z-1.6-238 für den Zulassungsgegenstand Bewehrungsstab Schöck ComBAR aus glasfaserverstärktem Kunststoff, Nenndurchmesser: 8, 12, 16, 20, 25 und 32 mm.* Schöck Bauteile GmbH, Baden-Baden, DIBt, Berlin, Juli 2019.

[42] Deutscher Ausschuss für Stahlbeton e. V. (2012) *DAfStb-Richtlinie Verstärken von Betonbauteilen mit geklebter Bewehrung*, Beuth Verlag, Berlin, Berlin, März 2012.

[43] Deutsches Institut für Bautechnik (2016) *Allgemeine Bauaufsichtliche Zulassung (abZ) Z-36.12-81 für den Zulassungsgegenstand Verstärken von Betonbauteilen mit schubfest aufgeklebten CFK-Gelegen nach der „DAfStb-Richtlinie Verstärken von Betonbauteilen mit ge-

 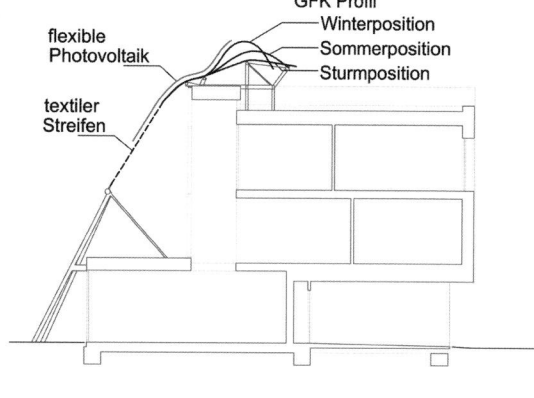

a) b)

**Bild 82.** Fassade IBA-Softhouse, Hamburg; a) Testlauf, b) Schema

weise der Grenzdehnungen bzw. Grenzstauchungen zu führen (vgl. Abschnitt 4.4.2).
Durch die Beschränkung der Dehnungen können technische Anforderungen wie z. B. Dichtheit und Rissbeschränkungen oder ästhetische Anforderungen an die Oberflächen erfüllt werden. Des Weiteren wird sichergestellt, dass Mikrorisse an der Oberfläche zu einer dauerhaften Schädigung des Laminats führen. Somit wird die Dauerstandfestigkeit vergrößert und ein eventueller Schädigungsfortschritt verringert. Gemäß [37] beträgt die zulässige Maximaldehnung $\varepsilon_{grenz}$ 0,4 % und wird eingehalten.

## 8 Literatur

[1] Ehrenstein, G. W. (2006) *Faserverbund-Kunststoffe*, Carl Hanser Verlag, München, Wien.

[2] Schürmann, H. (2007) *Konstruieren mit Faser-Kunststoff-Verbunden*, Springer-Verlag, Berlin, Heidelberg.

[3] Moser, K. (1992) *Faser-Kunststoff-Verbund*, VDI, Düsseldorf.

[4] Michaeli, W. (1992) *Einführung in die Kunststoffverarbeitung*, Hanser, München, Wien.

[5] Burgard, R. (2004) *Kunststoffe – Vom Imitat zum Wertstoff. Kunststoffe und freie Formen – Ein Werkbuch*, Springer, Berlin, Heidelberg, New York.

[6] Weber, A. (2001) *Kleine Werkstoffkunde in der Baustoffkunde. Bauen mit Kunststoffen*, Jahrbuch 2002, S. 35–64. IBK Darmstadt, Ernst & Sohn, Berlin.

[7] Knippers, J.; Cremers, J.; Gabler, M.; Lienhard, J. (2010) *Atlas Kunststoffe + Membranen: Werkstoffe und Halbzeuge, Formfindung und Konstruktion*, Edition Detail, Institut für internationale Architekturdokumentation GmbH & Co. KG.

[8] Bonnet, M. (2016) *Kunststofftechnik – Grundlagen, Verarbeitung, Werkstoffauswahl und Fallbeispiele*, S. 96. Springer Vieweg Fachmedien GmbH, Wiesbaden.

[9] Michaeli, W.; Wegener, M. (1990) *Einführung in die Technologie der Faserverbundwerkstoffe*, Wien, Hanser, München.

[10] Habenicht, G. (2002) *Kleben*, Springer, Berlin, Heidelberg, New York.

[11] Clarke, J. et al. (1996) *Structural Design of Polymer Composites – EUROCOMP Design Code and Handbook*, E & FN SPON, London.

[12] Peters, S. (2006) *Kleben von GFK und Glas für baukonstruktive Anwendungen*, Forschungsbericht 27, Institut für Tragkonstruktionen und Konstruktives Entwerfen, Prof. Dr.-Ing. J. Knippers, Universität Stuttgart.

[13] Curbach, M. et al. (1998) *Sachstandbericht zum Einsatz von Textilien im Massivbau*, DAfStb Heft **488**, Beuth Verlag, Berlin.

[14] DGUV-Information (2014) *Bearbeitung von CFK-Materialien – Orientierungshilfe für Schutzmaßnahmen*, FB-HM 074, Ausgabe 10/2014, Fachbereich Holz und Metall der Deutschen Gesetzlichen Unfallversicherung (DGUV), Mainz.

[15] DGUV-Information (2017) *Herstellung von CFK-Bauteilen – Orientierungshilfe für die Gefährdungsbeurteilung bei der Serienfertigung*, FB-HM 092, Ausgabe 08/2017. Fachbereich Holz und Metall der Deutschen Gesetzlichen Unfallversicherung (DGUV), Dresden.

**Bild 81.** Das Konstruktionsgewicht des BUGA-Faserpavillons Heilbronn 2019 zeigt mit 7,6 kg/m² bei 23 m Spannweite und 7 m Höhe das Leichtbaupotenzial von Faserverbundwerkstoffen auf (Foto: Roland Halbe)

**Bild 80.** Die Herstellung eines Bauteils des BUGA-Faserpavillons 2019 zeigt das robotische, kernlose Faserwickelverfahren. Dieses ermöglicht dort Faserverstärkung abzulegen, wo sie für den Lastabtrag benötigt wird. Die typischen Formen/Schalungen werden minimiert zu Wickelpunkten an Stahlrahmen, die nach der Aushärtung der Kunststoffmatrix entfernt und wiederverwendet werden (Foto: ICD/ITKE Universität Stuttgart)

Umfassende Prüfverfahren zur bauaufsichtlichen Zulassung mit vorhabenbezogener Bauartgenehmigung der Konstruktion bestätigten, dass ein einzelnes Faserverbundbauteil bis zu 250 kN an Druckkräften bei einem Eigengewicht von 80 kg aufnehmen kann. Damit wird gezeigt, dass diese Bauart den Anforderungen für Bauwerke gerecht wird.

GFK hat einen geringen E-Modul bei gleichzeitig hoher Bruchfestigkeit. Dies ermöglicht einen ganz neuen Zugang zu kinematischen Konstruktionen durch elastische Biegung (sogenannte „biegeaktive Tragwerke"). Ein Beispiel hierfür ist das „Softhouse", das für die IBA 2013 in Hamburg, Wilhelmsburg errichtet wurde (Architekt: Kennedy Violich, Boston; Tragwerk: Knippers Helbig, Stuttgart). Es hat eine vorgehängte PV-Fassade aus 32 Membran-GFK-Streifen. Die Streifen bestehen aus GFK-Profilen über dem Dach (jeweils l = 6 m, b = 60 cm, t = 8 mm) und daran befestigten textilen Membranstreifen vor der vertikalen Glasfassade des Hauses [106]. Auf den Streifen ist jeweils eine flexible Photovoltaik mechanisch mit Klemmen befestigt. Die Membranstreifen vor der vertikalen Fassade folgen durch Verdrehen um ihre Achse dem täglichen Sonnenverlauf, während die GFK-Profile auf dem Dach durch Hochbiegen den jährlichen Sonnenstand nachfahren (Bild 82).

Es wurden bauaufsichtlich zugelassene pultrudierte GFK-Profile verwendet [37], somit war eine Zustimmung im Einzelfall (ZiE) nicht erforderlich. Bei höheren Windlasten (> 10 m/s) muss die Konstruktion in eine definierte Sturmposition gefahren werden. Bei dieser Vorgabe liegen die Spannungen in den GFK-Profilen deutlich unter den zulässigen Werten.

Im Grenzzustand der Gebrauchstauglichkeit (GZG) sind neben den üblichen Verformungsnachweisen für Bauteile aus faserverstärkten Werkstoffen auch Nach-

Bild 78. GFK-Tragwerk Zellkühlturm (Foto: Fiberline Composites A/S)

### 7.3.3 Faserverbundwerkstoffe für Sonderkonstruktionen

Seit 2012 realisieren das Institut für Tragkonstruktionen und Konstruktives Entwerfen (ITKE, Prof. *Jan Knippers*) und das Institut für Computerbasiertes Entwerfen und Baufertigung (ICD, Prof. *Achim Menges*) der Universität Stuttgart temporäre Versuchsbauten. Schwerpunkt der Projekte ist die Entwicklung von Entwurfs-, Konstruktions-, Bemessungs- und Verarbeitungsverfahren für Faserverbundwerkstoffe, die auf die Anforderungen des Bauwesens ausgerichtet sind.
Ziel ist es, das Anwendungspotenzial hinsichtlich Leichtbau in Architektur und Bauwesen zu erkunden. Die zahlreichen Vorteile dieser Hochleistungswerkstoffe, die diese zum unverzichtbaren Bestandteil in vielen Bereichen der Technik gemacht haben, sollen dem Bauwesen zugänglicher gemacht werden. Die Projekte werden an der Schnittstelle zwischen Forschung und Lehre in einem interdisziplinären Team aus Architekten und Ingenieuren durchgeführt. Biologische Vorbilder inspirieren hier Prozesse, Prinzipien und Herangehensweisen, wie die Entwicklung des ICD/ITKE-Forschungspavillons 2014–15 (Bild 79) beispielhaft zeigt.

Im Rahmen der Versuchsbauten wurde oft das kernlose Wickelverfahren angewendet, eine Weiterentwicklung der klassischen Faserwickeltechnik nach Abschnitt 3.1.4. Mit diesem Verfahren wird der Aufwand für den Formen- bzw. Schalungsbau auf ein Minimum reduziert. Die in Kunstharz imprägnierte Faserverstärkung wird anstatt auf eine Form um Wickelpunkte – diese sind an leichten, wiederverwendbaren Stahlrahmen befestigt – abgelegt. Zwischen den Wickelpunkten spannen die Fasern frei, hier befindet sich keine Form oder Schalung, auf die sich die Fasern legen können. Die ersten Lagen bilden ein dünnes Gitter aus, welches als verlorene Schalung bzw. Form fungiert. Auf dieses Gitter wird beanspruchungsgerecht dort Material abgelegt, wo es für die Tragfähigkeit benötigt wird, siehe [102–104]. Nach Aushärtung und Temperaturnachbehandlung der Kunststoffmatrix wird der Stahlwickelrahmen entfernt und wiederverwendet.

Nach zahlreichen nationalen und internationalen Versuchsbauten [102–105] wurde auf der Bundesgartenschau (BUGA) in Heilbronn 2019 der BUGA-Faserpavillon entwickelt (Bild 80 und Bild 81). Der Pavillon umfasst eine Grundfläche von rund 400 m² mit 23 m Spannweite, 7 m Höhe und 7,6 kg/m² FVK-Konstruktionsgewicht. Die primäre Tragkonstruktion besteht aus 60 Faserverbundbauteilen aus Carbon-, Glasfasern und Epoxidharz. Die Verbindungsmittel sind L-förmige Bleche aus Baustahl S355 sowie planmäßig vorgespannte M12- und M16-Bolzen in Langlöchern zum Toleranzausgleich. Die transparente ETFE-Folienfassade wird durch ein Seilnetz aufgespannt und über Pendelstützen aus Baustahl S235 an die Faserverbundkuppel angeschlossen.

Bild 79. Das lokal ausdifferenzierte Carbonfasertragwerk des ICD/ITKE-Forschungspavillons 2014–15 wurde auf eine pneumatisch vorgespannte ETFE-Folie, die während des Bauzustands als verlorene Schalung/Form und nach der Fertigstellung als witterungsschützende Hülle wirkte, mit einem Industrieroboter abgelegt, das Flächengewicht beträgt 7 kg/m² (Foto: ICD/ITKE Universität Stuttgart)

**Bild 75.** Dach GFK-Sandwichbauweise, Basel (CH) [99]

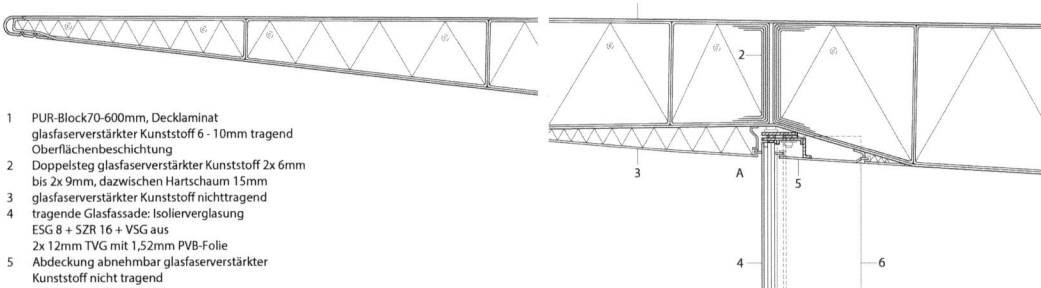

1 PUR-Block 70-600mm, Decklaminat glasfaserverstärkter Kunststoff 6 - 10mm tragend Oberflächenbeschichtung
2 Doppelsteg glasfaserverstärkter Kunststoff 2x 6mm bis 2x 9mm, dazwischen Hartschaum 15mm
3 glasfaserverstärkter Kunststoff nichttragend
4 tragende Glasfassade: Isolierverglasung ESG 8 + SZR 16 + VSG aus 2x 12mm TVG mit 1,52mm PVB-Folie
5 Abdeckung abnehmbar glasfaserverstärkter Kunststoff nicht tragend
6 Glasschwert: VSG aus 3x 8mm TVG mit 2x 1,52mm PVB-Folie

**Bild 76.** Vertikalschnitt im vorderen Bereich [7]

**Bild 77.** Einheben der Dachelemente

auf der Ober- und Unterseite die Tragstruktur verbunden sind (Bild 76). Durch Verkleben und erneutes Laminieren der größeren Blöcke entstanden so vier im Werk vorgefertigte Dachelemente von jeweils 18,50 m Länge, die auf der Baustelle zu einem fugenlosen Bauteil zusammengefügt wurden (Bild 77). Das 400 m² große Dach wiegt 28 t und hat somit ein Flächengewicht von 70 kg/m².

Heute bleibt die Verwendung von Faserverbundwerkstoffen für tragende Strukturen des Hochbaus wegen seines Brandverhaltens auf wenige Einzelfälle beschränkt [100].

In [101] werden GFK-Tragstrukturen aus wasserdurchströmten Hohlprofilen für Anwendungen im Hochbau vorgestellt. Die Wasserfüllung verbessert die Feuerbeständigkeit und leistet gleichzeitig einen Beitrag zur Klimatisierung des Gebäudes.

Im Industrie- und Anlagenbau weisen GFK-Tragwerke seit einigen Jahren eine marktbeherrschende Stellung für Zellkühltürme auf (Bild 78). Grund dafür ist die außergewöhnliche Dauerhaftigkeit und somit der minimale Wartungsaufwand unter hoher Luftfeuchtigkeit und hohen Temperaturen. Das Tragwerk inkl. Verkleidung der Zellkühltürme kann aufgrund des geringen spezifischen Gewichts als Ersatzbauwerk neben der endgültigen Einbauposition erstellt und mit einem Mobilkran sehr effizient eingehoben werden, sodass die Ausfallzeit eines Austauschbauwerks minimiert ist. Die einfache Verbindungstechnik mittels Schrauben ermöglicht eine schnelle und flexible Installation sowie Erweiterung [88].

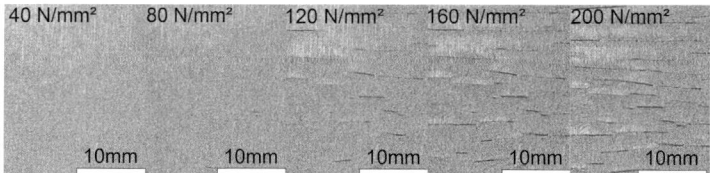

**Bild 73.** Risswachstum der aufgebrachten Lackierung unter zunehmender statischer Last

heitlich hohe Oberflächenqualität bei wirtschaftlichen Herstellungskosten konnte aber nur in GFK ermöglicht werden.
Die horizontalen Sonnenschutzlamellen werden durch vertikal verlaufende Lisenen getragen. Je nach Tages- und Jahreszeit wird die direkte Sonneneinstrahlung durch die Lamellen abgeschirmt und durch die metallische Oberfläche wird Streulicht nach innen eingeleitet. Alle Lamellen besitzen eine elliptische Form und messen auf den Sonnenseiten 50,0 cm × 12,5 cm und auf der Nordseite 20,0 cm × 6,2 cm (Bild 72).
Die Fertigung der Fassadenelemente erfolgte in drei Schritten. Zuerst entstanden die Urformen aus PUR-Hartschaum mittels CNC-Fräse. Davon ließen sich die GFK-Negativabdrücke der Lamellen abformen. In diese wurde dann per Hand die textile Faserverstärkung geschichtet und mit Polyesterharz getränkt. Zwei Halbschalen bildeten dabei eine Hohlform. Ein eingelegter Folienschlauch presste von innen das noch nasse GFK in die endgültige Form. Die Ungenauigkeiten bei der Fertigung konnten durch eine abschließende CNC-Fräsbearbeitung ausgeglichen werden. So entstanden ca. 4000 Lamellen und etwa 750 Lisenen. Noch im Werk erfolgte die Montage an die Aluminium-Elementfassade zu vollständig vormontierten Bauteilen. Die Lamellen mussten die Brandschutzklasse B nach DIN EN 13501 erfüllen, was sich auf die Auswahl der Komponenten auswirkte und durch Brandversuche bestätigt werden musste. Aufgrund der geringen Steifigkeit von GFK musste das Dehnungsverhalten der Beschichtung experimentell geprüft werden (Bild 73).

### 7.3.2 GFK für Tragwerke des Hochbaus

Schon sehr früh wurden Faserverbundwerkstoffe in den Hochbau eingeführt, vor allem auf Betreiben der chemischen Industrie, die sich im Bauwesen riesige Absatzmärkte erhoffte. Zwischen 1956 und 1970 entstanden ca. 70 unterschiedliche Kunststoffhaustypen, meist eingeschossige Bauten mit einer Stützstruktur aus Metall und segmentierten Sandwichelementen für die Gebäudehülle. Eines der frühesten und berühmtesten ist das Monsanto-Haus, das 1957 im Auftrag der amerikanischen Chemiefirma Monsanto auf einer Bootswerft gebaut und im Disneyland in Kalifornien aufgestellt wurde (Bild 74).
Trotz der enormen Resonanz in der Öffentlichkeit war diesen Bauten kein nachhaltiger Erfolg beschieden. Zum Teil mag das an baukonstruktiven Problemen die-

ser frühen Pionierbauten oder an mit der Ölkrise verbundenen Preissteigerungen gelegen haben. Letztlich ausschlaggebend war aber das Fehlen einer angemessenen architektonischen Umsetzung [97].
Daher verschwanden faserverstärkte Kunststoffe Ende der siebziger Jahre weitgehend aus dem öffentlichen Hochbau, obwohl sie kontinuierlich weiterentwickelt wurden und sich in anderen Bereichen der Technik immer stärker durchsetzen konnten. Im Bauwesen beschränkte sich ihre Anwendung vor allem auf Nischenbereiche im Industrie- und Anlagenbau mit besonderen Anforderungen an die Beständigkeit gegen aggressive Medien [98].
Das Dach des Empfangsgebäudes des Novartis-Firmengeländes in Basel aus dem Jahr 2007 ist in einer Sandwichbauweise, bestehend aus glasfaserverstärktem Kunststoff und Polyurethan-Schaum, ausgeführt worden (vgl. Bild 75).
Die Dachkonstruktion ist auf einer tragenden Glasfassade aufgelagert. Vertikale Lasten werden dabei durch einlaminierte Doppelstege an die Auflagerpunkte in der Fassade übertragen (Bild 76).
Das Sandwich besteht aus 460 unterschiedlich geformten CNC-gefrästen PUR-Schaumblöcken. Entsprechend den statischen Anforderungen haben die 90 cm × 90 cm großen Grundmodule unterschiedliche Schaumdichten. Die GFK-Deckschichten bestehen aus bis zu zwölf Lagen Glasfasergewebe und wurden als Handlaminat hergestellt. An den Stoßflächen der Blöcke sind GFK-Stege angeordnet, die mit den Decklaminaten

**Bild 74.** Monsanto-Haus, 1957

Anwendungsgebiete 661

**Bild 70.** Pultrudierte GFK-Fassadenelemente mit innenliegender Dämmung der neuen „Deichman Bjørvika" Bibliothek in Oslo, Norwegen. Hinweis: Baustellenfoto, die Dämmung in den Profilen ist im fertiggestellten Zustand nicht sichtbar (Foto: Jiri Havran, © The City of Oslo, KID)

**Bild 71.** Fassadenelemente „The Walbrook" [7]

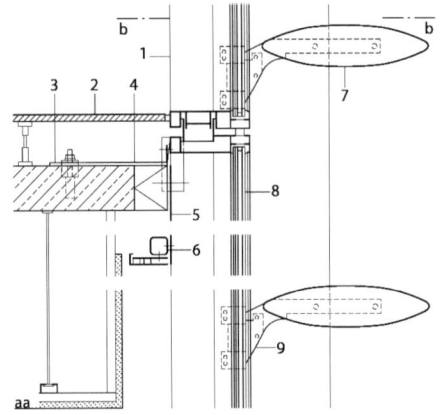

1 Pfosten-Riegel-Konstruktion Aluminium
2 Hohlraumboden 150 mm, Stahlbetondecke 130 mm abgehängte Decke
3 Fassadenbefestigung
4 Stahlblech gekantet 2 mm, dauerelastisch verfugt als Schallschutzelement
5 Stahlblech pulverbeschichtet 2 mm zur Aussteifung der Fassade und für späteren Sonnenschutz
6 Fassadenaussteifung Stahlrohr | 50/50/4 mm
7 Sonnenschutzlamelle GFK
8 Isolierverglasung TVG 8 + SZR 14 + VSG 12 mm mit Sonnenschutzbeschichtung
9 Lamellenbefestigung Aluminium 10 mm pulverbeschichet an Lamellenseitenwand verschraubt
10 Fassadenelement Lisene GFK, Länge 3,50 m
11 Unterkonstruktion Aluminium aus einem Traganker und einem Windanker pro Lisene
12 Aluminiumblech gekantet 2 mm
13 Wärmedämmung Mineralwolle 120 mm
   Stahlblech verzinkt 350/250/10 mm

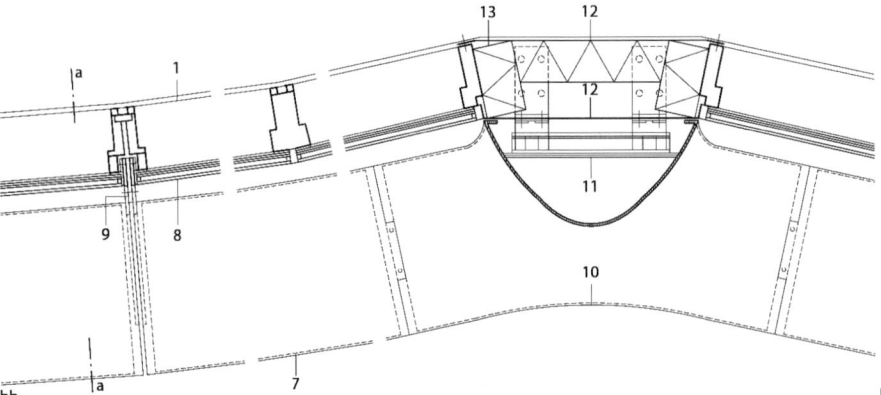

**Bild 72.** Horizontaler und vertikaler Fassadenschnitt [7]

und GFK-Pfosten mittels einer starren Verklebung möglich, ohne dass größere Zwängungsspannungen infolge unterschiedlicher Temperaturdehnungen zu befürchten sind.

Unter Ausnutzung dieser Vorteile wurden Fassadenelemente entwickelt, bei denen Profilquerschnitte aus GFK direkt mit der Verglasung verklebt werden [64]. Die Verklebung stabilisiert gleichzeitig die GFK-Rahmenprofile gegen seitliches Ausweichen. Die Elemente können nebeneinander aufgestellt und miteinander verschraubt werden. Die konstruktive Ausbildung der Fassade ist somit sehr einfach. Des Weiteren ist die Anzahl der verwendeten Bauteile im Vergleich zu konventionellen Fassadensystemen stark reduziert (Bild 68).

Der Wärmedurchgang entspricht dem einer konventionellen Pfosten-Riegelfassade, bei einer vereinfachten Konstruktion mit einem deutlich schlankeren Rahmen, aus architektonischer Sicht ein wichtiger Vorteil.

Auf diesen Grundlagen wurden mehrschalige Fassadenelemente entwickelt, die höchste Anforderungen an den winterlichen Wärmeschutz erfüllen (Passivhausstandard $U_w < 0,8$ W/m²K) und die aufgrund der statisch wirksamen Verklebung des GFK-Rahmens mit der Verglasung mit sehr schlanken Profilen ausgeführt werden können (Bild 69) [96].

Die Fassaden der neuen Deichman Bibliothek „Deichman Bjørvika" in Oslo (Norwegen) wurden durch geschickte Kombination der spezifischen Vorteile verschiedener Materialien so konzipiert, dass sie die hohen thermischen und klimatischen Anforderungen problemlos erfüllen. Hierzu sind die Fassadenflächen der Obergeschosse, in denen sich die Bibliotheksräume befinden, in einem völlig neuartigen Form- und Materialkonzept als Elementfassade realisiert worden (Bild 70). Massive, mit Wärmedämmung gefüllte, pultrudierte GFK-Hohlprofile mit bis zu 500 mm Durchmesser dienen als vertikale Fassadenpfosten, die in Kombination mit einer 3-fach-Verglasung Verwendung finden. Des Weiteren nehmen sie mittels Haltekonstruktionen innen- und außenseitig lichttechnisch gestaltete Verbundsicherheitsgläser auf, die für Wartungs- und Reinigungszwecke öffenbar ausgeführt sind. Sie sind in einem Abstand von 1 m angeordnet und sorgen nicht nur für Beschattung bei tief stehender Sonne, sondern bilden gleichzeitig die Basis für die architektonisch gewünschten Effekte des einfallenden Lichts. Materialauslegung, Konstruktion, Herstellung sowie die notwendigen versuchstechnischen Untersuchungen zur Brandschutzklassifizierung der vertikalen Fassadenpfosten waren die wesentlichen Herausforderungen für die Planer sowie die an der Ausführung beteiligten Firmen.

Bei der Verwendung von Faserverbundbauteilen für Verkleidungen oder Gebäudehüllen spielen heute neben den technischen Eigenschaften auch die vielfältigen architektonischen Gestaltungsmöglichkeiten durch Pigmente und Additive eine wichtige Rolle hinsichtlich Form- und Farbgebung komplexer Formteile, die hohen Ansprüchen an die Oberflächenqualität genügen sollten. Epoxid- und Polyesterharze sind transluzent, sodass sie für hinterleuchtete Fassadenverkleidungen verwendet werden können. Neben Einfärbungen ist der Einsatz phosphoreszierender, thermo- oder photochromer Pigmente möglich. Auch lichtlenkende und lichtleitende Fasern lassen sich relativ einfach und dauerhaft in den Verbundwerkstoff integrieren.

Das Büro- und Geschäftshaus „The Walbrook" in London wurde mit feststehenden freigeformten Verschattungslamellen in GFK ausgeführt (Bild 71).

Im ursprünglichen Entwurf war Aluminium als Werkstoff für die Lamellen vorgesehen. Die gewünschte ein-

**Bild 68.** Fassade Werk Fiberline Composites A/S in Middelfart, DK

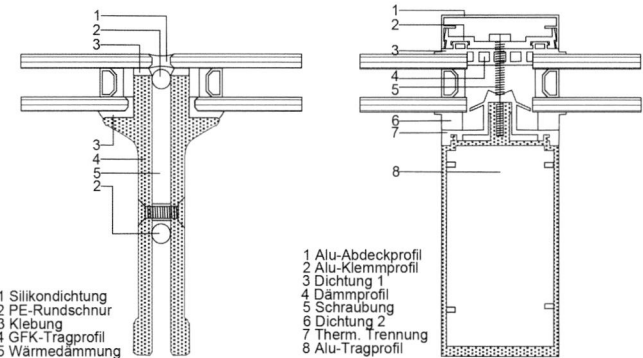

**Bild 69.** Vergleich Konstruktion GFK-Fassade mit konventioneller Alu-Fassade [64, 96]

Bild 66. GFK-Sandwichkonstruktion (Foto: FiberCore)

toniert. Die Verbundtragwirkung zwischen CFK und Beton erfolgt über Kopfbolzen. Die Gesamtlänge der Brücke beträgt 34 m.

### 7.2.4 Brückentragwerke aus Sandwichsystemen

Aktuelle Entwicklungen im Brückenbau mit Faserverbundwerkstoffen gehen immer mehr in Richtung von Sandwichsystemen, da so die Materialeigenschaften von faserverstärkten Kunststoffen optimal ausgenutzt werden können. In der Regel wird das Sandwich aus einem mit GFK umschlossenen Hartschaumkern hergestellt. Üblicherweise werden die Brücken als Balken- oder Trogbrücken ausgeführt (Bild 66).

Die Straßenbrücke, welche in der Schweiz bei Bex im Kanton Waadt den Fluss Avançon überbrückt, wurde als Sandwich, bestehend aus einem Balsaholzkern mit einer oberen und unteren Deckschicht aus GFK, hergestellt (Bild 66). Für Dauerhaftigkeit und Schutz gegen Feuchtigkeit ist der Kern vollständig mit GFK umschlossen. Mit dieser Art der Konstruktion sollte die Dauer der Arbeiten vor Ort und damit die Unterbrechung des Verkehrs minimiert werden. Gleichzeitig konnte die Brücke unter Nutzung des bestehenden Fundaments für eine zweispurige Verkehrsführung von 6 m auf 7,5 m verbreitert werden. Das geringe Gewicht des Decks von 160 kg/m$^2$ ermöglichte es, die komplette Vormontage der Brücke neben der Baustelle durchzuführen und die Brücke anschließend mit einem Kran einzuheben.

### 7.3 Faserverstärkte Kunststoffe in Architektur und Ingenieurbau

#### 7.3.1 GFK für nichttragende Gebäudebekleidungen

Faserverstärkte Kunststoffe haben außer den hohen mechanischen Festigkeitswerten noch weitere Eigenschaften, die in anderen Bereichen des Bauwesens vorteilhaft genutzt werden können, z. B. ihre niedrige Wärmeleitfähigkeit, die vor allem bei Fassaden eine wichtige Rolle spielt.

Der Aufbau konventioneller Metallfassaden wird wesentlich von der thermischen Trennung des Innenraums von der Umgebung bestimmt. Auch wenn die konstruktive Durchbildung schon lange sicher beherrscht wird, ist sie doch im Detail aufwendig. Neben den komplizierten Profilgeometrien sind Kunststoffelemente zur thermisch getrennten mechanischen Fixierung der Verglasung erforderlich. Unterschiedliche Temperaturausdehnungen von Verglasung und Unterkonstruktion müssen mittels elastischer Zwischenschichten aufgenommen werden. Alternativ werden Fassaden auch aus Holz oder Thermoplasten hergestellt, da beide Werkstoffe schlechte Wärmeleiter sind. Allerdings ist bei Holz die Dauerhaftigkeit und bei Thermoplasten die Formbeständigkeit problematisch, weshalb Thermoplaste nur für kleinere Fenster verwendet werden und selbst dann oft mit Metalleinlagen verstärkt werden müssen.

GFK ermöglicht neue Herangehensweisen, da er nicht nur eine niedrige Wärmeleitfähigkeit hat, sondern gleichzeitig tragfähig und dauerhaft ist. Eine tragende Struktur aus GFK kann wie eine Holzkonstruktion die thermische Hülle des Gebäudes durchdringen. Zudem haben pultrudierte GFK-Profile mit einem Glasfaseranteil von etwa 70 % einen Temperaturausdehnungskoeffizienten, welcher dem der Verglasung sehr ähnlich ist. Somit ist ein direkter Verbund zwischen Verglasung

Bild 67. Einheben der Straßenbrücke über den Fluss Avançon [93, 94]

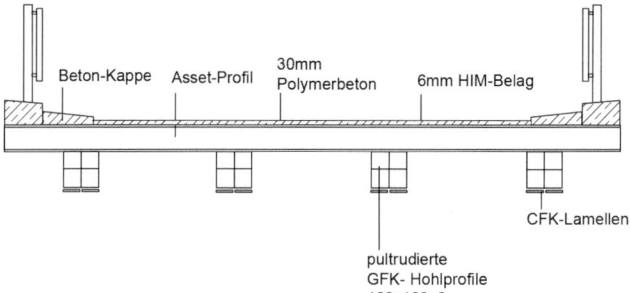

**Bild 63.** Schnitt durch die West Mill Bridge/UK [92]

kleine Spannweiten beschränkt. Brücken mit einem Haupttragwerk aus Stahl und einer Fahrbahn aus GFK (s. Abschnitt 7.2.1) stellen derzeit die erfolgversprechendere Alternative dar.

### 7.2.3 Brückentragwerke aus CFK

Als Alternative zu GFK wird aufgrund der höheren Festigkeit und Steifigkeit immer häufiger CFK für Brückentragwerke genutzt. Hergestellt werden die Tragelemente i. d. R. im Handlaminatverfahren in Verbindung mit dem Vakuuminfusionsverfahren. Das Verfahren ermöglicht dem Ingenieur, die Materialeigenschaften individuell zu gestalten. So kann der Faserverlauf und der Laminataufbau nach den Beanspruchungen auslegt werden. Ein Beispiel hierfür sind die im Jahr 2007 am Stadtrand von Madrid errichteten Autobahnbrücken (Bild 64). Die CFK-Träger sind als offene Querschnitte laminiert (Bild 65). Dies vereinfachte die Fertigung, da die Negativform beim Laminieren wiederverwendet werden konnte. Nach Installation einer verlorenen GFK-Schalung wurde eine Betonfahrbahn vor Ort be-

**Bild 64.** Straßenbrücke bei Madrid [93]

**Bild 65.** Herstellung der CFK-Hauptträger im Vakuuminjektionsverfahren [89]

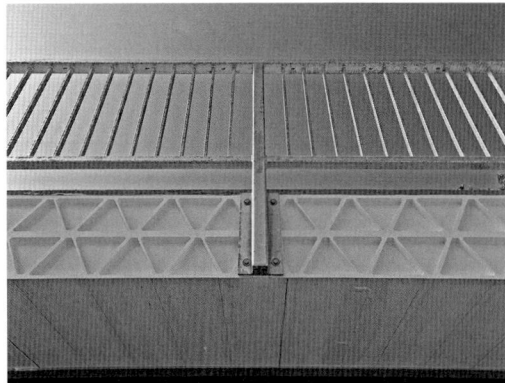

**Bild 60.** Seitlicher Geländeranschluss

**Bild 61.** Montage des Überbaus auf der Baustelle

**Bild 62.** Fußgängerbrücke in Lleida/Spanien [91]

platte und Kappe eingeklebt sind. Damit wird ein Austausch im Schadensfall möglich. Besonderes Anliegen war es, die GFK-Bauteile sichtbar zu machen, daher bleiben die Stirnseiten der GFK-Fahrbahn bzw. der Kappen unverkleidet, die Hohlkörper sind als Schattenfuge klar nachvollziehbar. Die Hohlkammern der Profile sind jedoch zum Schutz vor Ungeziefer seitlich mit Stirnplatten aus GFK verschlossen (Bild 60).

Der gesamte Überbau wurde einschließlich Belag vorgefertigt, am Stück eingehoben (Bild 61) und nach der Montage mittels Verguss von Anschlussblechen mit aufgeschweißten Kopfbolzendübeln biegesteif mit den Stahlbetonwiderlagern verbunden. Für die Brücke war die Durchführung umfangreicher Versuchsreihen sowie die Erlangung einer Zustimmung im Einzelfall (ZiE) erforderlich.

### 7.2.2 Brückentragwerke aus GFK

Glasfaserverstärkte Kunststoffe werden nicht nur für Fahrbahnplatten, sondern auch für Haupttragwerke von Brücken verwendet.

Eine der ersten Fußgängerbrücken wurde 2001 nahe der spanischen Stadt Lleida fertiggestellt (Bild 62). Sie überspannt mit 38 m die Schnellbahnverbindung Barcelona–Madrid, hat ein Gesamtgewicht von 19 t und wurde in drei Stunden ohne Rüstung über den Gleisen eingehoben.

Für die als Bogentragwerk ausgebildete Konstruktion wurden pultrudierte GFK-Profile mit Querschnittsgeometrien, die aus dem Stahlbau bekannt sind, verwendet. Auch die Durchbildung der Anschlüsse als Scher-Lochleibungsverbindungen sowie die konstruktive Gestaltung der Überbauten orientieren sich eng an den Vorbildern des Stahlbaus. Eine eigene werkstoffgerechte Bauweise war hier lediglich in Ansätzen erkennbar.

In den USA und Japan wurde eine Reihe von Straßenbrücken mit einem Haupttragwerk aus GFK gebaut [74]. Die West Mill Bridge aus dem Jahr 2002 in Oxfordshire (England) ist die erste Straßenbrücke in Europa, die vollständig aus faserverstärkten Kunststoffen besteht. Sie hat eine Spannweite von ca. 10 m. Die vier Hauptträger bestehen aus je vier zusammengesetzten GFK-Hohlprofilen, welche durch CFK-Lamellen nochmals verstärkt wurden (Bild 63).

Das Fahrbahndeck besteht aus pultrudierten GFK-Profilen des Typs Asset. Solche Bauwerke werden jedoch auf absehbare Zeit wirtschaftlich nicht konkurrenzfähig sein. Wegen des niedrigen E-Moduls sind derartige Tragwerke für den Einsatz im Straßenbau zudem auf

**Tabelle 15.** Vergleich verschiedener Fahrbahnprofile der Firma Fiberline Composites A/S [88]

| Bezeichnung | Abmessung h × b [mm] | Geometrie | Gewicht [kg/m] | Lastenklasse |
| --- | --- | --- | --- | --- |
| HD/ MD / LD | 40 × 500 | offene Profile mit Stegen, nach unten offen | 8,5 (HD) | max. 5 kN/m$^2$ |
| FBD 300 | 80 × 333 | geschlossenes Profil mit drei trapezförmigen Kernen | 14,0 | Q300, Fahrzeug 300 kN gemäß NEN 6788 |
| FBD450 (CLAP Deck) | 130 × 311 | geschlossenes Profil mit zwei dreieckigen Kernen | 11,5 | MLC 40, Fahrzeug 450 kN |
| FBD600 (Asset-Profile) | 225 × 531 | geschlossenes Profil mit zwei dreieckigen Kernen | 29,9 | LM 1 gemäß EN 1991-2, Fahrzeug 600 kN |

In Deutschland wurde im Juli 2008 erstmals eine Straßenbrücke unter Verwendung von glasfaserverstärktem Kunststoff fertiggestellt. Das Bauwerk überspannt mit 27 m die Bundesstraße B3a bei der Stadt Friedberg (Hessen) und wurde in Stahl-GFK-Verbundbauweise realisiert (Bild 58).

Die hohe Dauerhaftigkeit des neuen Werkstoffs und die zügige Montage der Brücke waren die entscheidenden Gründe für die Wahl dieser Bauweise.

Das Tragkonzept der Brücke geht über die bereits realisierten Leichtbaubrücken aus faserverstärkten Kunststoffen hinaus, indem hier erstmals die Verbundwirkung zwischen der GFK-Fahrbahn und dem Haupttragwerk aus Stahl berücksichtigt wird. Außerdem wird der Ansatz, ein wartungsarmes und langlebiges Bauwerk zu konfektionieren, konsequent verfolgt, indem die Brücke in integraler Bauweise ausgeführt und auf Lager und Fahrbahnübergänge verzichtet wurde [90].

Der Überbau besteht aus zwei in der Ansicht leicht gekrümmten und gevouteten geschweißten Stahlträgern mit einer Bauhöhe von 62,5 cm bis 90 cm. Die Fahrbahndecks mit einer Gesamtbreite von 5,0 m wurden auf die beiden Hauptträger geklebt (Bild 59).

Für die Verklebung wurde der zweikomponentige Epoxidharzklebstoff Sikadur 30 verwendet. Die Fahrbahnplatte (Produkt ASSET der Firma Fiberline Composites A/S) besteht aus aneinandergeklebten profilierten Einzel-Hohlprofilen und hat eine Bauhöhe von 22,5 cm. Auf der Fahrbahnplatte ist eine 4,5 cm dicke Polymerbetonschicht mit reaktionsharzgebundenem Dünnbelag aufgebracht, wobei eine Abstreuung mit Quarzsand für eine ausreichende Griffigkeit sorgt. Der Polymerbeton hat eine anrechenbare Zugfestigkeit und wirkt damit im Verbund mit der Deckplatte der Fahrbahn an der Lastabtragung planmäßig mit. Für Lasten gemäß Lastmodell LM2 nach DIN-Fachbericht 101 ist diese Verbundtragwirkung auch zur Abtragung der örtlichen Radlasten notwendig.

Die Kappen nach der Bundesrichtzeichnung (RiZ) Kap 8 werden durch eine zweite aufgeklebte Lage der gleichen Profile realisiert. Zusammen mit dem Stahl-Füllstabgeländer nach RiZ Gel 4 wird die Absturzsicherung von Fahrzeugen gewährleistet. Die Entwurfsgeschwindigkeit der überführten Straße liegt bei V ≤ 50 km/h. Das Geländer ist an stirnseitigen Ankerplatten angeschraubt, welche in die Hohlkammern von Fahrbahn-

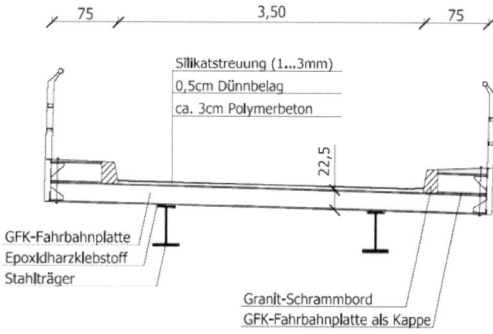

**Bild 58.** Stahl-GFK-Verbundbrücke, Friedberg/Hessen

**Bild 59.** Regelquerschnitt GFK-Brücke, Friedberg/Hessen [85]

**Bild 56.** Innenraum der Staatsoper Unter den Linden mit Nachhallgalerie (Foto: Marcus Ebener)

Durch die Kombination von neuem Material und bekannten Verfahren der Faserverstärkung konnte hier eine weitere Facette der Technologie der Faserverbundwerkstoffe aufgezeigt werden. Die lokale Anpassung der technischen Eigenschaften eines ansonsten homogenen Bauteils an die Randbedingungen stellt dabei ein herausragendes Merkmal dieser Fertigungstechnologie dar, die unter Gesichtspunkten wie beispielsweise der Materialoptimierung unter Aspekten der Nachhaltigkeit sicher noch ein großes Entwicklungspotenzial hat.

## 7.2 GFK und CFK als Konstruktionswerkstoffe im Brückenbau

### 7.2.1 Brückenfahrbahnen aus GFK

GFK ist für Brückenfahrbahnen vor allem wegen seiner Beständigkeit gegen Frost und Tausalz interessant. Der zweite wesentliche Vorteil liegt im geringen Gewicht: Eine Brücke mit Kunststofffahrbahn wiegt etwa 40% einer Stahlverbund- und weniger als 30% einer Spannbetonbrücke und kann daher in großen Abschnitten eingehoben werden. Da die Fahrbahnplatte nicht wie üblich auf einem Gerüst betoniert, sondern vollständig vorgefertigt wird, lassen sich die Montagezeiten und Sperrpausen erheblich reduzieren.

Seit Jahren wird daher weltweit intensiv an der Entwicklung von GFK-Brücken gearbeitet.

Zunächst wurde die Technologie in den USA, Japan und der Schweiz [84–86] vorangetrieben, wobei insbesondere in den USA eine häufige Anwendung das Ersetzen von korrodiertem Stahldeck durch eine leichte und korrosionsbeständige GFK-Platte [87] ist. Hier sei beispielhaft die fast 100 Jahre alte Klappbrücke Broadway Bridge in Portland/Oregon erwähnt, bei der im Jahr 2005 ein korrodiertes Stahldeck mit einer Brückenfläche von ca. 1200 m$^2$ durch pultrudierte GFK-Profile ersetzt wurde.

In der Regel bestehen die GFK-Fahrbahndecks, welche in Querrichtung spannend auf einer Unterkonstruktion aus z. B. Stahl befestigt werden, aus pultrudierten Hohlprofilen mit trapez-, dreieck- oder viereckförmigen Querschnitten. Die Höhen der Profile der ersten Generation lagen um die 200 mm und orientierten sich somit an den Abmessungen der zu ersetzenden Stahldecks (Bild 57).

Inzwischen reichen die Profilprogramme einzelner Hersteller von schlanken Profilen für Fußgänger- und Radbrücken bis hin zu dauerfestigkeitsgeprüften Profilen für hoch belastete Straßenbrücken (Tabelle 15).

Die Forschung konzentriert sich auf die Ermittlung der Materialeigenschaften sowie das Aufstellen eines Bemessungskonzepts für GFK-Fahrbahnen. Parallel dazu wird die Entwicklung einer werkstoffgerechten konstruktiven Umsetzung vorangetrieben [89].

Immer häufiger werden inzwischen Sandwichplatten mit Hartschaumkern für Brückenfahrbahnen eingesetzt. Diese haben ein zweiachsiges Tragverhalten und sind damit prinzipiell zum Abtrag konzentrierter Einzellasten besser geeignet. Als schwierig zeigt sich derzeit aber noch die konstruktive Gestaltung von Verbindungs- und Anschlussdetails.

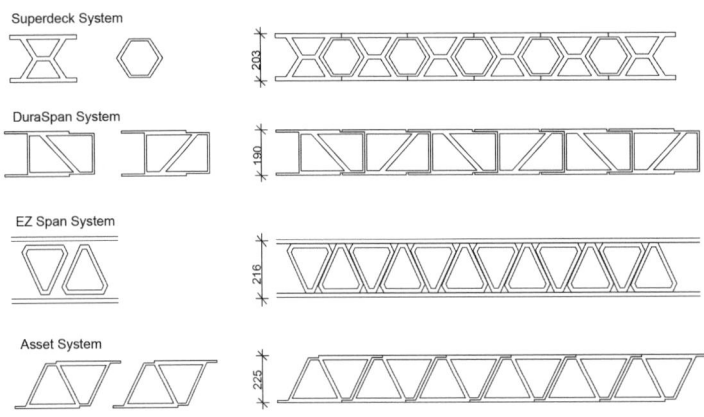

**Bild 57.** Übersicht pultrudierter Fahrbahnplatten im Querschnitt

**Bild 54.** Carbonbetonbrücke, Albstadt-Ebingen (Foto: solidian GmbH)

**Bild 55.** Holzbrücke Remstal Gartenschau, Weinstadt (Foto: hochbau-fotografie.de)

Inzwischen gibt es diverse weitere Anwendungen, bei denen Fertigteile als Brückenbelag für Straßen- oder Fußgängerbrücken mit Primärkonstruktionen aus Stahl oder Massivholz verwendet werden. So wurden anlässlich der Landesgartenschau 2019 im Remstal drei integrale, fugen- und lagerlose Fußgängerbrücken nach dem Prinzip „Stuttgarter Holzbrücke" [82] errichtet (Bild 55). Als Gehbelag kamen großformatige, 7 cm dünne Platten aus Carbonbeton, wie der gesamte Brückentyp, erstmals in dieser Anwendung zum Einsatz [82].

Mit CFK vorgespannte Betonplatten wurden in einer Fußgängerbrücke über die Eulach in der Schweiz eingesetzt, dadurch erreichte die Stahlbetonkonstruktion das Gewicht einer leichten Stahlbrücke [80].

Mit CFK vorgespannte Träger für Straßenbrücken wurden an der TU Berlin entwickelt [81].

### 7.1.5 Elemente aus glasfaserverstärkter technischer Kaltkeramik

Einer der prägenden Teile des generalsanierten Innenraums der Staatsoper Unter den Linden in Berlin ist die Nachhallgalerie (Bild 56). Diese wurde erforderlich, da das von Akustikern und Architekten entwickelte Konzept eine Anhebung der Saaldecke vorsah, um die Nachhallzeit zugunsten eines besseren Klangvolumens zu verlängern. Die hierdurch entstandene Fuge wurde mit einem Rautenmuster belegt, das durch die Anwendung robotergestützter Fertigung und innovativer Materialtechnik im Kontrast zur ansonsten historischen Rekonstruktion steht. Durch die Verwendung einer glasfaserverstärkten Phosphat-Keramik (CBPC) in Verbindung mit dem Einsatz modernster Fabrikationstechniken sowie hinsichtlich des Tragverhaltens des Materials wurde Neuland beschritten [83].

sonderen Anforderungen an die elektromagnetische Wechselwirkung können GFK-Bewehrungsstäbe verwendet werden [78]. So ließ sich beim Bau der Forschungsanlage des Stuttgarter Max-Planck-Instituts eine elektromagnetische Entkoppelung der Bauteile erzielen, womit elektromagnetische Störungen minimiert werden konnten (Bild 50).

Besonderen Einsatz finden sie derzeit auch im Tunnelbau, wenn bewehrte Schlitzwände mit Tunnelvortriebsmaschinen durchfahren werden müssen. Dabei wird eine weitere Eigenschaft, die leichte Zerspanbarkeit des Materials, ausgenutzt.

Die mechanischen Eigenschaften sind ebenso wie das Verbundverhalten vergleichbar mit den entsprechenden Werten für üblichen Betonstahl. Die Stäbe werden im Pultrusionsverfahren hergestellt, wobei die Rippen nachträglich eingefräst werden (Bild 51).

Um die Glasfasern gegen das alkalische Milieu des Betons zu schützen, werden entsprechende Schutzschichten aufgebracht. Die Anwendung diverser Produkte in Deutschland ist durch bauaufsichtliche Zulassungen geregelt [41]. Darüber hinaus liegen Zertifikate für die Verwendung in unterschiedlichen Ländern wie z. B. Niederlande, Kanada, USA oder Russland vor.

### 7.1.4 Betonbewehrung aus Kohlenstofffasern (CFK)

Durch die Entwicklung (ultra-)hochfester Betone (UHPC) mit Druckfestigkeiten größer als 200 N/mm$^2$ ist es möglich geworden, dünnwandige und filigrane Konstruktionen aus Beton zu realisieren. Die üblicherweise verwendete Stahlbewehrung benötigt ein Mindestmaß an Betondeckung und ist für sehr dünne Betonbauteile nicht geeignet. Eine Bewehrung aus Glasfasern ist in der Tragfähigkeit beschränkt, sodass die Druckfestigkeiten von hochfestem Beton nicht optimal ausgenutzt werden können. Daher kommt hier immer häufiger Textilbeton mit einer Bewehrung aus alkaliresistenten Kohlenstofffasern (CFK) zum Einsatz.

Verwendet werden meist gitterartige Strukturen mit verschiedenen Öffnungsweiten bestehend aus Rovings (Bild 52).

Sie werden z. B. mit Epoxidharz oder Styrol-Butadien getränkt. So lassen sich maßgeschneiderte ebene oder räumliche (Bild 53) Bewehrungselemente vorfertigen, die gleichermaßen robust und formstabil sind.

Textilbewehrte Betone werden aufgrund der oben genannten Vorteile u. a. im Fassaden- sowie im Brückenbau erfolgreich eingesetzt. Die weltweit erste ausschließlich mit Textilfasern bewehrte Betonbrücke (Bild 54) wurde in Albstadt-Ebingen realisiert und im Oktober 2015 an den Bauherrn übergeben [79].

**Bild 50.** GFK-Bewehrungsstäbe ComBAR®
(Foto: Schöck Bauteile GmbH)

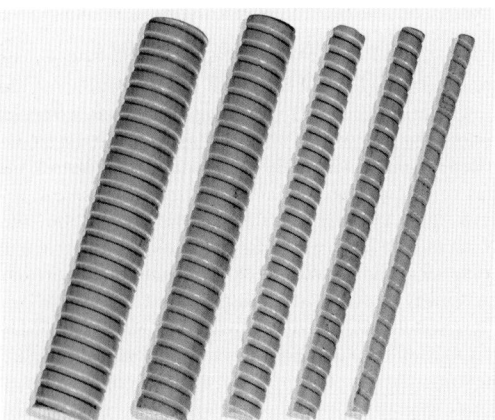

**Bild 51.** GFK-Bewehrungsstäbe ComBAR® in verschiedenen Durchmessern (Foto: Schöck Bauteile GmbH)

**Bild 52.** CFK-Bewehrung soligrid® (Foto: solidian GmbH)

**Bild 53.** Dreidimensionale CFK-Bewehrung
(Foto: solidian GmbH)

**Bild 47.** Experimentelle Ermittlung des Tragverhaltens einer umgelenkten Lamelle [70]

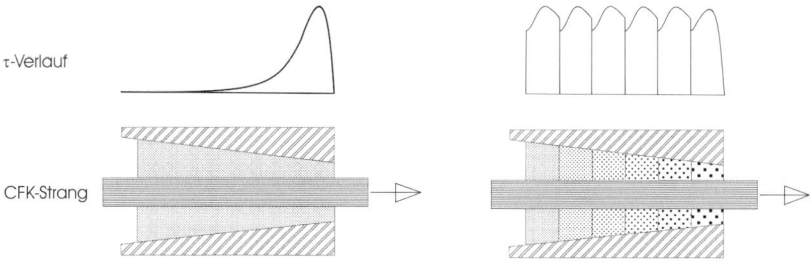

**Bild 48.** Vergussverankerung mit abgestufter Steifigkeit [71]

Neubau einer zweifeldrigen Schrägseilbrücke, der Storchenbrücke in Winterthur/Schweiz, neben 22 konventionellen Paralleldrahtkabeln zwei Schrägseile aus CFK eingebaut [73]. Die zweifeldrige Straßenbrücke überquert mit Spannweiten von 61,20 m und 63,20 m Gleise der Schweizer Bundesbahn. Die Verankerung der CFK-Schrägseile ist wegen der geringen Beanspruchbarkeit quer zu den Fasern schwierig, daher kann die hohe Zugkraft von CFK-Litzen bislang oft nicht ausgenutzt werden.

Für die Storchenbrücke wurde eine Endverankerung mit abgestuftem E-Modul entwickelt, um die Querpressungen über die Verankerungslänge möglichst gleichmäßig zu verteilen (Bild 48).

An der Technischen Universität Berlin wurde eine Spannbandbrücke errichtet, deren Zugbänder aus flachen CFK-Lamellen bestehen [74]. Sie ist nach DIN-Fachbericht 101 als Fußgängerbrücke ausgelegt und kommt bei einer Spannweite von 13 m mit sechs Bändern aus, die jeweils einen Querschnitt von nur etwa 1 mm × 50 mm aufweisen (Bild 49). Jedes Band setzt sich aus mehreren Schlaufen zusammen, die jeweils ca. 0,1 mm dünn sind. Besonders vorteilhaft sind die dünnen Schlaufen im Bereich der Umlenkung und Verankerung. Die hier auftretenden Biegespannungen sind aufgrund der niedrigen Querschnittshöhe gering und erlauben dadurch einen kleinen Umlenkradius von nur 100 mm.

Ein kleiner Prototyp für ein Ringseildach mit CFK-Zugelementen wurde an der TU Berlin entworfen, konstruiert und hergestellt. Ein Vergleich mit Stahlseilen zeigt, dass hier CFK eine wirtschaftliche Alternative sein kann, insbesondere für große, weit spannende Konstruktionen [75].

Der Einsatz von CFK-Zugstangen als Hänger für Netzwerkbogenbrücken wurde untersucht in [76], um Hängerausfälle und Ermüdungsprobleme zu vermeiden und Spannweiten von über 300 m wirtschaftlich zu machen. Neben dem hohen Ermüdungswiderstand von CFK werden die großen Dehnwege, resultierend aus dem im Vergleich zu Stahl kleineren Querschnitt und Elastizitätsmodul, hier zum Vorteil.

Eine Seilnetzfassade mit vorgespannten Zuggliedern aus CFK, die aufgrund ihres kleinen Querschnitts in der Silikonfuge der Verglasung liegen können, befindet sich zum Redaktionsschluss in der Entwicklung [77].

### 7.1.3 Betonbewehrung aus Glasfasern (GFK)

Für Stahlbetontragwerke mit planmäßig geringer Betondeckung in stark aggressiven Medien oder mit be-

**Bild 49.** CFK-Spannbandbrücke (Foto: TU Berlin)

- Aufquellen, Blasenbildung,
- starke Deformationen, Ausbeulungen.

Bereiche mit mechanischen Beschädigungen sollten ausgetauscht, mindestens aber wieder mit einer fehlerfreien Oberfläche versehen werden. Risse weisen entweder auf Herstellungsfehler (Schwindrisse) oder auf zu hohe Beanspruchungen hin. Bereiche mit verstärkter Wasseraufnahme sind in jedem Fall auszutauschen. Beschädigte Oberflächen sind auszubessern.

## 6.3 Gesundheits- und Sicherheitshinweise

Fasern mit einer Länge größer als 5 µm und einem Durchmesser kleiner als 3 µm können das Lungengewebe durchdringen. Kohlenstofffasern haben einen Durchmesser von 7 µm und sind nach WHO nicht lungengängig [14]. Glasfasern haben ohnehin einen wesentlich größeren Durchmesser (vgl. auch Tabelle 2).

Bei der spanenden Bearbeitung von Faserverbundwerkstoffen entsteht Staub, der Juckreiz und Reizungen der Schleimhäute hervorrufen kann. Dem sollte durch einen ausreichenden Schutz begegnet werden mit
- Spezialkleidung zum Schutz der Haut und der Schleimhäute,
- Absaugungsanlagen,
- bewässerte Werkzeuge zur Staubbindung.

Weitere Informationen finden sich in den DGUV-Informationen „074 Bearbeitung von CFK-Materialien – Orientierungshilfe für Schutzmaßnahmen" [14] und „092 Herstellung von CFK-Bauteilen – Orientierungshilfe für die Gefährdungsbeurteilung bei der Serienfertigung" [15].

## 7 Anwendungsgebiete

### 7.1 Zugglieder aus faserverstärkten Kunststoffen

#### 7.1.1 Verstärkungslamellen aus CFK

Der Einsatz von CFK-Lamellen zur statischen Verstärkung von Stahl- und Spannbetontragwerken ist seit einigen Jahren Stand der Technik nach „DAfStb-Richtlinie Verstärken von Betonbauteilen mit geklebter Bewehrung" [42] und es gibt momentan folgende bauaufsichtliche Zulassungen bzw. Bauartgenehmigungen:
- CFK-Gelege, schubfest aufgeklebt und als Behälterumwicklung [43, 44],
- CFK-Lamellen, schubfest aufgeklebt [45–47],
- CFK-Lamellen, in Schlitze verklebt [48–50].

Kohlenstofffaserlamellen werden von verschiedenen Herstellern im Pultrusionsverfahren mit Breiten zwischen 50 mm und 120 mm, Dicken von 1,2 mm und 1,4 mm und einem Fasergehalt von ca. 68 Vol.-% hergestellt. Sie haben nicht nur eine hohe Steifigkeit und Zugfestigkeit, sondern sind wegen ihres geringen Gewichts und ihrer Flexibilität auf der Baustelle deutlich besser händelbar als Stahllamellen, wie sie bisher zur nachträglichen Verstärkung von Betonbauteilen verwendet wurden.

**Bild 46.** Einsatz von kohlenstofffaserverstärktem Kunststoff (CFK) in Lamellenform zur Bauwerksertüchtigung, Firma Sika AG [71]

CFK-Lamellen werden mit einem Epoxidharzmörtel schlaff auf die Stahlbetonkonstruktion aufgeklebt (Bild 46). Inzwischen konzentrieren sich die Entwicklungen darauf, die Lamellen unter Vorspannung aufzubringen, um ihre hohe Festigkeit effektiver ausnutzen zu können. Dazu werden jedoch Endverankerungen benötigt, welche die Vorspannkräfte am Lamellenende örtlich konzentriert mit Klemmen im Bauteil verankern. Wegen der Empfindlichkeit der Kohlenstofffasern auf Querpressung ist dies nicht einfach. Mehrere Entwicklungen für Klemmverankerungen von CFK-Lamellen wurden entwickelt [66, 67]. Eine alternative Lösung ermöglicht die Verankerung mittels einem auf die Lamelle applizierten Endkopf [68]. Der Aufsatz „Zugelemente aus CFK und ihre Verankerungen" enthält eine Übersicht zur CFK-Lamellenverankerung [69]. Das Tragverhalten von umgelenkten Lamellen aus kohlenstofffaserverstärktem Kunststoff als freistehende Spannglieder im Brückenbau wurde untersucht in [70] (Bild 47).

#### 7.1.2 Spannglieder und Seile aus CFK

Möglich, wenn auch bisher selten verwendet, sind Seile und Spannglieder aus CFK. Neben einer hohen Bruchkraft und Steifigkeit versprechen sie eine gegenüber vergleichbaren Bauteilen aus hochfesten Stählen verbesserte Beständigkeit gegen Ermüdung und Korrosion. Bei der Verdasio-Brücke im Tessin, einem Zweifeld-Hohlkastenträger mit einer Gesamtlänge von 69 m, wurden bereits 1999 vier CFK-Litzenspannglieder als externe Vorspannung angebracht, um die korrodierten Spannkabel zu ersetzen [72]. 1996 wurden beim

## 5.5.2 Experimentelle Ermittlung

Ist die Ermittlung genauerer Werte erforderlich, so sind neben den Versuchen (vgl. Abschnitt 5.3) zusätzliche Prüfungen gemäß folgenden Regelungen notwendig:
- DIN EN ISO 75
  Kunststoffe – Bestimmung der Wärmeformbeständigkeitstemperatur (2004-09 bis 2019-03)
- DIN EN ISO 877
  Kunststoffe – Verfahren zur natürlichen Bewitterung, zur Bestrahlung hinter Fensterglas und zur beschleunigten Bewitterung durch Sonneneinstrahlung mit Hilfe von Fresnelspiegeln (2011-03 bis 2019-02)
- DIN EN ISO 899
  Kunststoffe – Bestimmung des Kriechverhaltens (2018-03)
- DIN EN ISO 4892
  Kunststoffe – Künstliches Bestrahlen oder Bewittern in Geräten (2013-06 bis 2016-10)
- DIN EN ISO 22088
  Kunststoffe – Bestimmung der Beständigkeit gegen umgebungsbedingte Spannungsrissbildung (ESC) (2006-11 bis 2009-10), insbesondere Teil 2 Zeitstandzugversuch
- DIN EN ISO 10093
  Kunststoffe – Brandprüfungen – Standard-Zündquellen (1999-01). Hinweis: Diese Norm wurde ohne Ersatz zurückgezogen gemäß Beschluss 651/2017 des CEN/TC 249 vom 8.10.2017, da die Inhalte in den Normen des DIN-Normenausschuss Bauwesen (NABau) CEN/TC 127 Baulicher Brandschutz enthalten sind.
- DIN EN 13501
  Klassifizierung von Bauprodukten und Bauarten zu ihrem Brandverhalten (2010-12 bis 2019-05)
- DIN 4102
  Brandverhalten von Baustoffen und Bauteilen (1977-09 bis 2018-11)
- DIN EN ISO 175
  Kunststoffe – Prüfverfahren zur Bestimmung des Verhaltens gegen flüssige Chemikalien (2011-03)
- DIN EN 705
  Kunststoff-Rohrleitungssysteme – Rohre und Formstücke aus glasfaserverstärkten, duroplastischen Kunststoffen (GFK) – Verfahren zur Regressionsanalyse und deren Anwendung (1994-08)

# 6 Ausführung und Überwachung

## 6.1 Überwachung der Halbzeugherstellung

In der BÜV-Empfehlung sind allgemeine Hinweise zur Eigen- und Fremdüberwachung von Fertigung und Ausführung enthalten. Eingeführte Regeln mit einer Spezifikation einzuhaltender Mindestqualitäten sind derzeit nur für pultrudierte Profile nach DIN EN 13706 [34] und oberirdische GFK-Tanks und -Behälter nach DIN EN 13121 [33] vorhanden. Ansonsten sind sie im Einzelfall festzulegen. Grundsätzlich sind folgende Eigenschaften zu überprüfen:
- Maßabweichungen,
- Anordnung der Faserverstärkung, Fasergehalt und Sättigung der Fasern durch die Matrix,
- Oberflächenbeschaffenheit des Laminats.

Maschinelle Herstellungsmethoden wie die Pultrusion und eingeschränkt auch das VARTM-Verfahren haben stets geringere Fertigungstoleranzen als manuelle Verfahren, wie das Handlaminieren. Pultrudierte Profile aus ungesättigtem Polyesterharz sind aufgrund der Schrumpfung der Matrix beim Aushärten mit deutlich höheren Maßabweichungen behaftet als vergleichbare Profile aus metallischen Werkstoffen.

Auch bei maschinellen Herstellungsmethoden können Unregelmäßigkeiten in der Faseranordnung, Stellen mit unzureichender Sättigung der Fasern oder Einschlüsse von Fremdkörpern auftreten. Während solche Fertigungsabweichungen die Eigenschaften in Faserrichtung oft nur geringfügig beeinflussen, spielen sie für die matrixdominierte Tragfähigkeit senkrecht zur Faserverstärkung eine wesentliche Rolle. Außerdem kann der Schutz der Fasern gegen Medieneinfluss beeinträchtigt sein. Durch das Abbrennen der Matrix in einer Brandkammer kann die Faserverstärkung freigelegt und untersucht werden. Fehlstellen in der Matrix müssen jedoch am unzerstörten Probekörper ermittelt werden, beispielsweise mittels Ultraschallprüfung oder Wärmedurchgangsmessung. Bei letzterer Methode werden die Profile mittels Lichtblitz einseitig erwärmt und der Wärmedurchgang mittels Thermografie festgestellt. Dadurch können Fehlstellen oder Ungleichmäßigkeiten lokalisiert werden.

Die Oberflächenbeschaffenheit ist wichtig für einen ausreichenden Schutz der Fasern vor Umwelteinflüssen. Durch starkes Schwinden der Matrix beim Aushärten können Risse an der Oberfläche entstehen. Eine fehlerhafte oder undichte Oberflächenbeschichtung kann zu Blasenbildung führen (Abschnitt 3.2.6). In beiden Fällen sind die fehlerhaften Stellen entweder zu entfernen oder entsprechend nachzubessern.

Da offene Schnittkanten anstehendes Wasser aufsaugen können, sind diese zu versiegeln. Dies gilt insbesondere für Bohrlöcher.

Weitere Hinweise zur Ausführung und Gütekontrolle von Fügungen und Arbeiten auf der Baustelle sind in Abschnitt 3.3 zusammengestellt.

## 6.2 Wartung und Instandhaltung

Während in den 1960er-Jahren noch Wasseraufnahme und UV-Beanspruchung öfter zu Schäden an Bauteilen aus Faserverbundkunststoffen geführt haben, sind diese durch die kontinuierliche Weiterentwicklung der Verbundwerkstoffe viel seltener geworden. Dennoch müssen Tragwerke aus Faserverbundwerkstoffen regelmäßig gewartet werden. Dabei ist auf folgende Punkte zu achten:
- mechanische Beschädigungen,
- sichtbare Risse am Laminat,

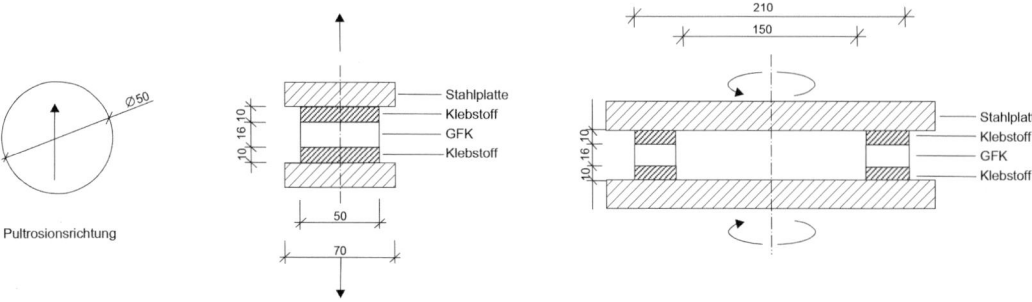

**Bild 44.** Probekörper für Zug- bzw. Torsionsversuch an einer Klebefuge [65]

**Bild 45.** Typisches Versagensbild beim Zugversuch [65]

sollten Versuche an geschraubten Verbindungen am tatsächlichen Aufbau im Maßstab 1:1 durchgeführt werden, insbesondere beim Ansatz von mehreren Verbindungsmitteln in einem Anschluss.

### 5.4.2 Geklebte Verbindungen

Geklebte Verbindungen werden in der Regel in der jeweils geplanten Konfiguration getestet, da die Tragfähigkeit des Anschlusses nicht nur von den mechanischen Eigenschaften des Klebstoffs und des Laminats, sondern auch von der Geometrie der Klebefuge und der Fügepartner abhängt.

Für die Ermittlung der Tragfähigkeit ist die Interaktion aus Schub- und Zugspannungen senkrecht zur Klebefläche entscheidend (s. a. Abschnitt 4.4.4.2). Die aufnehmbaren Schubspannungen können z. B. mit einem Torsionsversuch an einem ringförmigen Probekörper ermittelt werden (vgl. Bild 44). Bei geeigneter Geometriewahl treten hier über die ganze Oberfläche annähernd konstante Schubspannungen auf.

Bild 45 zeigt das typische Versagensbild bei einem Zugversuch. Hier tritt der Bruch nicht in der Klebefuge, sondern im GFK ein, da dieser eine geringe Festigkeit senkrecht zu den Verstärkungsfasern aufweist.

Gemäß Abschnitt 4.4.4.2 können die Ausnutzungsgrade infolge Zug bzw. Schubbeanspruchung mit einer quadratischen Interaktionsbeziehung überlagert werden, um die Tragfähigkeit der Verbindung zu ermitteln.

**Tabelle 14.** Auswertung der Versuchsergebnisse aus [65] nach DIN EN 1990 Anhang D7 [35] mit dem Bayes'schen Verfahren und dazugehörigen $k_n$-Werten aus Tabelle 13

| Versuch | F [kN] | τ [N/mm²] | ΔL [mm] |
|---|---|---|---|
| 1 | 43,7 | 27,3 | 4,8 |
| 2 | 46,7 | 29,2 | 5,4 |
| 3 | 44,7 | 27,9 | 4,9 |
| 4 | 43,6 | 27,3 | 4,7 |
| 5 | 43,6 | 27,3 | 4,9 |
| 6 | 43,9 | 27,4 | 4,9 |
| 7 | 39,9 | 24,9 | 2,7 |
| 8 | 43,7 | 27,3 | 5,1 |
| 9 | 43,3 | 27,1 | 4,8 |
| 10 | 41,3 | 25,8 | 4,3 |
| $m_x$ | 43,4 | 27,2 | 4,7 |
| $s_x^2$ | 1,82 | – | – |
| $s_x$ | 1,35 | – | – |
| $V_x$ | 0,031 | – | – |
| $k_n$ | 1,92 | – | – |
| $X_c$ | 40,9 | 25,5 | – |

### 5.5 Einfluss aus Lasteinwirkungsdauer und Umgebungsbedingungen

#### 5.5.1 Abschätzung mittels Einflussfaktoren

Im Regelfall werden die mechanischen Kenngrößen in Kurzzeitversuchen ermittelt und ausgewertet. Eine Abschätzung des Langzeitverhaltens kann z. B. mit den in der BÜV-Empfehlung angegebenen Einflussfaktoren für Lastdauer, Temperatur und Umgebungsmedien erfolgen. Der Nachweis der Ermüdung muss jedoch unabhängig davon geführt werden.

**Tabelle 13.** Fraktilfaktor $k_n$ für charakteristische 5%-Fraktilwerte in Abhängigkeit der Anzahl der Versuche für unbekannte Variationskoeffizienten $V_x$ nach DIN EN 1990 Tabelle D.1 [35]

| Anzahl der Versuche | 3 | 4 | 5 | 6 | 8 | 10 | 20 | 30 | ∞ |
|---|---|---|---|---|---|---|---|---|---|
| $k_n$ | 3,37 | 2,63 | 2,33 | 2,18 | 2,00 | 1,92 | 1,76 | 1,73 | 1,64 |

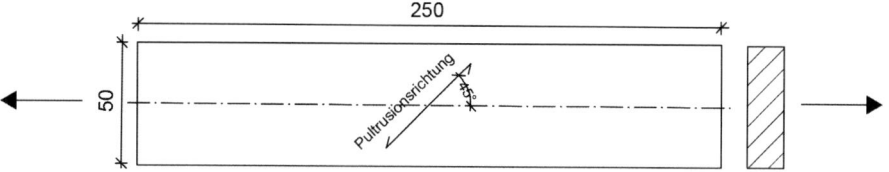

**Bild 42.** Probekörper nach DIN EN ISO 14129 h/b/t = 250/50/16 mm [65]

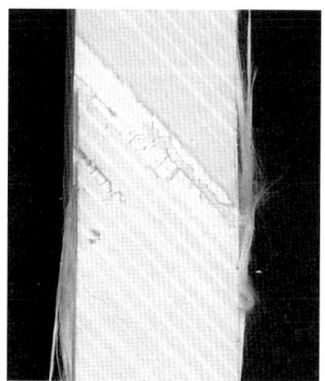

**Bild 43.** Typisches Versagensbild der Schubfestigkeit [65]

## 5.3 Kurzzeiteigenschaften von Laminaten

Die erforderlichen Grundgrößen für statische Berechnungen sind die Zug-, Druck-, Scher- und Biegeeigenschaften der Laminate. Diese Werte werden zunächst bei Raumtemperatur und ohne Einwirkung äußerer Einflüsse in Kurzzeitversuchen getestet. Hierzu können folgende Normen herangezogen werden:
- DIN EN ISO 527
  Kunststoffe – Bestimmung der Zugeigenschaften (1997-07 bis 2019-02)
- DIN EN ISO 14125
  Faserverstärkte Kunststoffe – Bestimmung der Biegeeigenschaften (2011-05)
- DIN EN ISO 14126
  Faserverstärkte Kunststoffe – Bestimmung der Druckeigenschaften in der Laminatebene (2000-12, Berichtigung 2003-06)
- DIN EN ISO 14129
  Faserverstärkte Kunststoffe – Zugversuch an 45°-Laminaten zur Bestimmung der Schubspannungs-/Schubverformungs-Kurve des Schubmoduls in der Lagenebene (1998-02)
- DIN EN ISO 14130
  Faserverstärkte Kunststoffe – Bestimmung der scheinbaren interlaminaren Scherfestigkeit nach dem Dreipunktverfahren mit kurzem Balken (1998-02)

In Tabelle 14 ist eine Testreihe nach DIN EN ISO 14129 zur Bestimmung des charakteristischen Bemessungswerts der Schubspannungen für ein pultrudiertes Fahrbahnprofil (Abschnitt 7.2.1) exemplarisch dargestellt. Des Weiteren wird die Auswertung der statistischen Kenngrößen nach der oben erläuterten Vorgehensweise gezeigt. Aus den Versuchsergebnissen ergibt sich eine charakteristische Schubtragfähigkeit von 40,9 kN/(2 × 50 mm × 16 mm) = 25,5 N/mm² (s. a. Bilder 42 und 43).

Bei maschinell hergestellten Bauteilen sind oft schon fünf Probekörper je benötigter Kenngröße ausreichend. Für handlaminierte Bauteile ist jedoch je nach Lage im Laminat oder Charge mit einer großen Streuung der Kenngrößen zu rechnen. In diesem Fall sollten mehrere Serien geprüft werden, wobei je Serie ebenfalls fünf Versuche vorgeschlagen werden. Dabei ist darauf zu achten, aus unterschiedlichen Bereichen Proben zu prüfen, z. B. am Überlappungsstoß von Verstärkungsmatten.

Die Zugfestigkeit von Laminaten senkrecht zur Faserrichtung stellt einen Schwachpunkt von Faserverbund-Bauteilen dar. Werden statische Anforderungen in Dickenrichtung gestellt, ist diese Festigkeit in jedem Fall zu prüfen. Dabei ist zu beachten, dass auch bei maschinell gefertigten Halbzeugen große Streuungen durch Fehlstellen im Schichtenaufbau auftreten können.

## 5.4 Tragfähigkeit von Verbindungen

### 5.4.1 Schraubverbindungen

Die Prüfung von Schraubverbindungen ist nicht umfassend in Normen geregelt. Ausschließlich für pultrudierte GFK-Halbzeuge liegen mit der DIN 13706-2 [34] Anhang E Angaben zur Prüfung vor. Im Allgemeinen

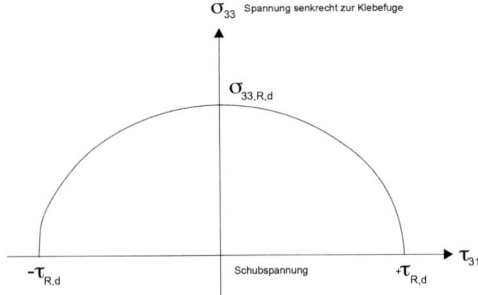

Bild 41. Interaktion in der Klebefuge

während im mittleren Bereich nur relativ geringe Spannungen herrschen (Bild 40).
Die Beanspruchbarkeit der Verbindung wird zudem von den Oberflächenbeschaffenheiten der Kontaktflächen bestimmt. Der rechnerische Nachweis einer Klebeverbindung ist daher von vielen Einflussfaktoren abhängig und kann nur am Gesamtbauteil geführt werden.
Klebeverbindungen im Bauwesen werden häufig mit Epoxidharzmörtel hergestellt. Solche Verbindungen versagen in der Regel nicht in der Klebefuge, sondern aufgrund der geringen interlaminaren Scherfestigkeit des faserverstärkten Bauteils oberflächennah im Grundmaterial [12, 63, 64].
Bei allen drei Versagensarten leisten die Fasern keinen nennenswerten Beitrag zum Lastabtrag. Die Interaktionsbeziehung aus Gl. (32) konnte in mehreren Versuchsreihen bestätigt werden [63]. Die in Gl. (32) angegebenen Widerstände sind Anschlusskenngrößen für den schwächsten Versagensmechanismus der Verbindung (kohäsiver Bruch, adhäsiver Bruch, interlaminares Versagen). Zur Anwendung der Interaktionsbeziehung müssen jedoch die Widerstände senkrecht und längs zur Klebefuge aus dem gleichen Versagensmechanismus resultieren.

$$\left(\frac{\sigma_{33,Sd}}{\sigma_{33,Rd}}\right)^2 + \left(\frac{\tau_{31,Sd}}{\tau_{31,Rd}}\right)^2 < 1 \qquad (32)$$

mit
$\sigma_{33,Sd}$  einwirkende Zugspannung senkrecht zur Klebefläche
$\sigma_{33,Rd}$  Widerstand senkrecht zur Klebefläche
$\tau_{31,Sd}$  einwirkende Schubspannung längs zur Klebefläche
$\tau_{31,Rd}$  Widerstand längs zur Klebefläche

## 5 Experimentelle Untersuchungen

### 5.1 Notwendigkeit

Da die mechanischen Eigenschaften von Faserverbundbauteilen von sehr vielen Faktoren abhängen (Matrix- und Faserart, Faseranordnung, Faservolumenanteil, Herstellungsverfahren etc.), liegen oft keine Rechenwerte bzw. nur unzureichende Abschätzungen für die Tragfähigkeit des betrachteten Bauteils oder der Verbindung vor. Die Materialeigenschaften müssen daher häufig durch Versuche ermittelt bzw. bestätigt werden. Im Folgenden wird dargestellt, welche Versuche durchgeführt werden können, um die benötigten Kennwerte zu erhalten bzw. Herstellerangaben zu bestätigen.

### 5.2 Grundlagen der statistischen Versuchsauswertung

Für eine Bauteilbemessung sind vor allem Festigkeits- und Steifigkeitswerte erforderlich. Dafür müssen aus einer ausreichenden Anzahl von Versuchen charakteristische Grenzwerte ermittelt werden. Die experimentelle Ermittlung von Steifigkeiten und Verformungseigenschaften ist i. d. R. aufwendiger als diejenige der Festigkeiten, da beim Versuchsaufbau zusätzlich Wegaufnehmer, Dehnmessstreifen oder Ähnliches erforderlich sind. Im Vorfeld sollten die benötigten Kenngrößen zwischen den Projektbeteiligten abgestimmt und genau definiert werden, um den Versuchsaufwand zu begrenzen.
Zur Ermittlung der charakteristischen Grenzwerte (5%-Fraktilwert bei 75%iger Aussagewahrscheinlichkeit) können die Regelungen gemäß DIN EN 1990 Anhang D7 [35] zur statistischen Bestimmung einer einzelnen Eigenschaft mit dem Bayes'schen Verfahren angewendet werden. Für normalverteilte Ergebnisse und Variationskoeffizient $V_x$ sind nicht aus Vorinformationen bekannt:

$m_x = 1/n \cdot \Sigma x_i$
Mittelwert (33)

$s_x^2 = 1/(n-1) \cdot \Sigma (x_i - m_x)^2$
empirische Varianz für $V_x$ unbekannt (34)

$s = \sqrt{(s_x^2)}$
empirische Standardabweichung (35)

$V_x = s_x/m_x$
geschätzter Variationskoeffizient (36)

$X_k = m_x \cdot (1 - k_n V_x)$
charakteristischer 5%-Fraktilwert (37)

mit
n  Anzahl der durchgeführten Versuche
$x_i$  Versuchsergebnisse
$k_n$  Fraktilfaktor für 5%-Fraktile (s. Tabelle 13)

Die erhaltenen, charakteristischen Ergebnisse dienen als Grundlage für die rechnerischen Nachweise (Abschnitt 4). Der Teilsicherheitsbeiwert ist entsprechend dem Anwendungsfall, in den die Versuche fallen, festzulegen. Nach DIN EN 1990 D7.3 kann auch direkt der Bemessungswert für Tragfähigkeitsnachweise bestimmt werden.

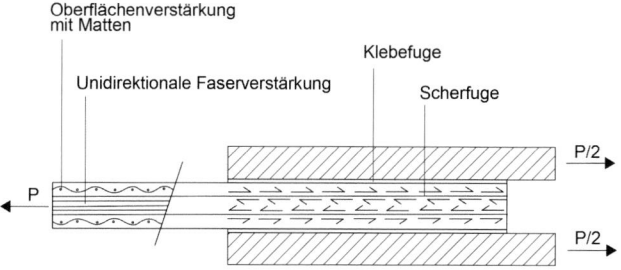

**Bild 38.** Scherfuge in einem pultrudierten Flachprofil mit zweischnittiger Verklebung unter zentrischer Zugkraft

### 4.4.4.2 Klebeverbindungen

Kleben stellt die werkstoffgerechte Verbindungstechnik für Faserverbundwerkstoffe dar, da eine flächige Lasteinleitung gewährleistet wird. Prinzipiell sind drei Versagensmechanismen möglich:
– kohäsiver Bruch des Klebstoffs (Materialversagen im Klebstoff),
– adhäsiver Bruch zwischen Klebstoff und Bauteil (Verlust der Haftung zwischen beiden Materialien),
– Scherbruch des Bauteils (Materialversagen bzw. Delamination im Bauteil) (vgl. Bild 39).

Bei allen Versagensarten sind neben den mechanischen Eigenschaften des Klebstoffs auch die Abmessungen der gefügten Bauteile und ihr Laminataufbau für die Spannungsverteilung maßgebend. Bei zunehmender Länge der Klebefuge in Kraftrichtung bringt die Vergrößerung der Klebefläche kaum einen Tragfähigkeitsgewinn, da die Spannungsspitzen am Anfang bzw. Ende der Verbindung die Tragfähigkeit bestimmen,

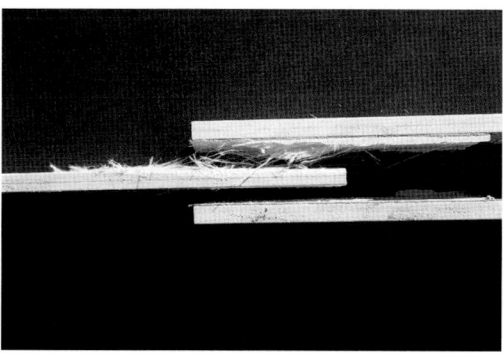

**Bild 39.** Versagensmechanismus in einer Klebeverbindung pultrudierter Flachprofile

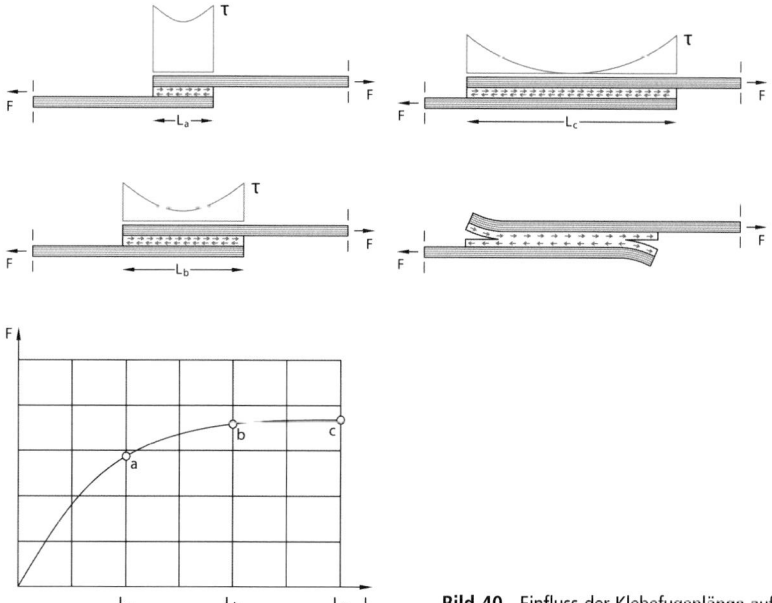

**Bild 40.** Einfluss der Klebefugenlänge auf die Schubspannungsverteilung [7]

**Tabelle 12.** Spannungskonzentrationsfaktor $k_{tc}$ [60]

| $e_{1,\text{II}}/w$ | w/d | 2,0 | 2,5 | 3,0 | 3,5 | 4,0 | 4,5 | 5,0 | 5,5 | 6,0 | 8,0 | 10,0 |
|---|---|---|---|---|---|---|---|---|---|---|---|---|
| 0,500 | | 1,31 | 1,36 | 1,42 | 1,47 | 1,53 | 1,58 | 1,64 | 1,70 | 1,76 | 1,99 | 2,23 |
| 0,750 | | 1,29 | 1,34 | 1,39 | 1,44 | 1,49 | 1,54 | 1,60 | 1,66 | 1,71 | 1,94 | 2,18 |
| 0,875 | | 1,28 | 1,33 | 1,38 | 1,43 | 1,48 | 1,53 | 1,59 | 1,64 | 1,70 | 1,93 | 2,16 |
| 1,000 | | 1,28 | 1,32 | 1,37 | 1,42 | 1,47 | 1,53 | 1,58 | 1,64 | 1,69 | 1,92 | 2,15 |

weis: diese Norm ist zurückgezogen und bis zum Redaktionsschluss nicht ersetzt worden, siehe auch Abschnitt 4.1) die Rechenansätze nach *Schulz* [61] oder *Franke* [62] verwendet werden, z. B. ($k_{tc} = 1/\alpha_l = 1{,}72$ bzw. 1,89).
Für maschinell gefertigte Faserverbundwerkstoffe (pultrudierte Polymerprofile) kann nach [59, 60] vereinfachend mit dem Wert 2,25 gerechnet werden.

Bei genauer Nachweisführung sind die Werte gemäß Tabelle 12 anzusetzen.

Die dargestellten Versagensmechanismen sind in Abhängigkeit des Lastangriffswinkels α zur Längsrichtung (bei pultrudierten Profilen identisch mit der Pultrusionsrichtung) in das Bemessungskonzept einzubeziehen. Hierzu wird folgendes Interaktionskriterium vorgeschlagen. Dabei ist die angreifende Kraft $P_{S,Ed}$ unter Berücksichtigung des Lastangriffswinkels α in zwei Kraftkomponenten aufzuteilen und mit den entsprechenden Widerständen ins Verhältnis zu setzen.

$$\left(\frac{P_{s,Ed,0°}}{P_{s,Rd,0°}}\right)^2 + \left(\frac{P_{s,Ed,90°}}{P_{s,Rd,90°}}\right)^2 \leq 1{,}0 \qquad (30)$$

mit
$P_{S,Ed,0°}$ einwirkende Kraftkomponente in Längs- bzw. Pultrusionsrichtung
$P_{S,Rd,0°}$ Beanspruchbarkeit in Längs- bzw. Pultrusionsrichtung
$P_{S,Ed,90°}$ einwirkende Kraftkomponente senkrecht zur Längs- bzw. Pultrusionsrichtung
$P_{S,Rd,90°}$ Beanspruchbarkeit senkrecht zur Längs- bzw. Pultrusionsrichtung

Auf der sicheren Seite liegend, können die Nachweise auch mit einem vereinfachten Nachweisformat geführt werden:

Wenn gilt: $0° \leq \alpha \leq 30°$
$P_{S,Rd} = \min(P_{\text{Lochleibung},0°}, P_{\text{Schubversagen},0°})$

Wenn gilt: $30° \leq \alpha \leq 90°$
$P_{S,Rd} = \min(P_{\text{Lochleibung},90°}, P_{\text{Querzugversagen}})$

Die in den Gln. (26) bis (30) angegeben Beziehungen wurden für maschinell hergestellte Profile aus glasfaserverstärktem Kunststoff entwickelt. Die Angaben sind jedoch auch auf manuell gefertigte oder unverstärkte Bauteile übertragbar.

Die Beanspruchung senkrecht zur Bauteilebene ist in Abhängigkeit der Grenzzugkraft der Schrauben sowie des Ausknöpfwiderstands/Durchstanzwiderstands des Kunststoffs zu bestimmen.

Dabei ist der Durchstanzwiderstand des Kunststoffs wie folgt zu ermitteln

$$P_{s,d\perp}(t) = \frac{\pi \cdot d_u \cdot t \cdot f_{\tau\perp\text{II}0,05}}{\gamma_M \cdot A^f_{\text{mod}}} \qquad (31)$$

mit
$P_{S,d\perp}(t)$ einwirkende Schraubenkraft senkrecht zur Bauteilebene
$d_u$ Durchmesser der Unterlegscheibe
$t$ Laminatstärke
$f_{\tau\perp,\text{II}0,05}$ Kurzzeitschubfestigkeit senkrecht zur Bauteilebene

Bei pultrudierten Profilen gilt näherungsweise:
$f_{\tau\perp,\text{II}0,05} = 1{,}25 \, f_{\tau 0,05}$

Für eine kombinierte Beanspruchung infolge Zug und Abscheren kann der Bemessungswert der Tragfähigkeit für alle Kunststoffbauteile auf der sicheren Seite liegend mit einem linearen Interaktionskriterium abgeschätzt werden.

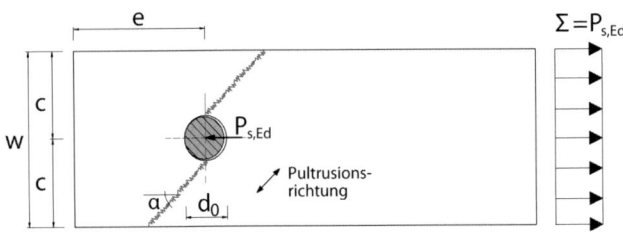

**Bild 37.** Versagen eines unter einem Winkel α beanspruchten Laminats [60]

In Anlehnung an [60] wird von den Autoren folgender Bemessungsablauf für Scher-Lochleibungsverbindungen pultrudierter Profile vorgeschlagen:
Die Tragfähigkeit des anzuschließenden Bauteils aus Kunststoff unter Beanspruchung in Bauteilebene ist dann ausreichend, wenn die auftretenden Kräfte die Widerstände nicht überschreiten.

$$P_{s,d}(t) = \frac{R_{k0,05}}{\gamma_M \cdot A_{mod}^f} \quad (25)$$

mit
$P_{s,d}(t)$ einwirkende Schraubenkraft in Laminatebene
$R_{k\,0,05}$ charakteristischer Wert für den jeweiligen Versagensmechanismus; der kleinste Wert ist maßgebend für die Bemessung

Die möglichen auftretenden Versagensmechanismen sind in Bild 36 zusammengestellt.
Neben einem Bruch des Nettoquerschnitts (Zug in Längsrichtung) oder dem Schubversagen (Ausreißen Laminat) kann der Querschnitt auch infolge lokaler Spannungsüberschreitungen versagen. Dabei kann Spaltzug (Zug in Querrichtung) oder eine lokale Überschreitung der aufnehmbaren Pressung (Lochleibung) auftreten. Ein Versagen der Druckdiagonalen ist generell auch möglich, es tritt jedoch sehr selten auf und wird daher hier nicht weiter erwähnt. Bei den derzeit im Bauwesen üblichen pultrudierten Profilen wird meist Lochleibungsversagen oder Ausreißen des Laminats vor dem Schraubenschaft maßgebend.
In Kunststoffbauteilen sind die Tragfähigkeiten für die dargestellten Versagensmechanismen mit den folgenden Formeln getrennt voneinander zu bestimmen:
Lochleibungsversagen (vor dem Schaft)

$$P_{s,Rd}(t) = \frac{d \cdot t \cdot f_{pk0,05}}{\gamma_M \cdot k_{cc} \cdot A_{mod}^f} \quad (26)$$

Ausreißen Laminat (vor dem Schaft) / Schubversagen

$$P_{s,Rd}(t) = \frac{2e_{1,II} \cdot t \cdot f_{\tau 0,05}}{\gamma_M \cdot A_{mod}^f} \quad (27)$$

Zug in Längsrichtung (neben dem Schaft)

$$P_{s,Rd}(t) = \frac{(2e_{2,\perp} - d_0) \cdot t \cdot f_{tk0°0,05}}{\gamma_M \cdot A_{mod}^f \cdot k_{tc}} \quad (28)$$

Zug in Querrichtung (vor dem Schaft)

$$P_{s,Rd}(t) = \frac{2 \cdot b \cdot t \cdot f_{tk90°0,05}}{\gamma_M \cdot A_{mod}^f} \quad (29)$$

mit
$P_{S,d}(t)$ einwirkende Schraubenkraft
t Laminatstärke
d Durchmesser des Schraubenschafts
$d_0$ Lochdurchmesser
$e_{1,II}$ Randabstand in Kraftrichtung
$e_{2,\perp}$ Randabstand senkrecht zur Kraftrichtung
$F_{ld}$ Querzugkraft am Bauteilrand; näherungsweise gilt:
$F_{ld} = \tan 30° \cdot F_d / 2$
b effektive Breite auf die die Querzugkraft angreift; näherungsweise b = d
$f_{tk,0°0,05}$ Kurzzeitzugfestigkeit Kraftrichtung
$f_{tk,0°0,05}$ Kurzzeitzugfestigkeit senkrecht zur Kraftrichtung
$f_{\tau k,0\,0,05}$ Kurzzeitschubfestigkeit in Laminatebene (in Kraftrichtung)
$f_{pb,0°0,05}$ Kurzzeitbolzentragfähigkeit in Kraftrichtung
$k_{cc}$ Spannungskonzentrationsfaktor zur Berücksichtigung von Spannungsspitzen infolge Lochspiel unmittelbar vor dem Schraubenschaft (ist generell experimentell zu ermitteln)
Für maschinell gefertigte Faserverbundwerkstoffe (pultrudierte Polymerprofile) kann nach [59] näherungsweise $k_{cc} = (d_0/d)^2$ angesetzt werden.
$k_{tc}$ Spannungskonzentrationsfaktor zur Berücksichtigung der maximalen Lochrandspannung, die unter der Annahme eines elastischen Verhaltens bis zum Bruch berechnet werden kann.

Für genauere Nachweise können für Matten- bzw. Mischlaminate gem. DIN 18820-2 (Hin-

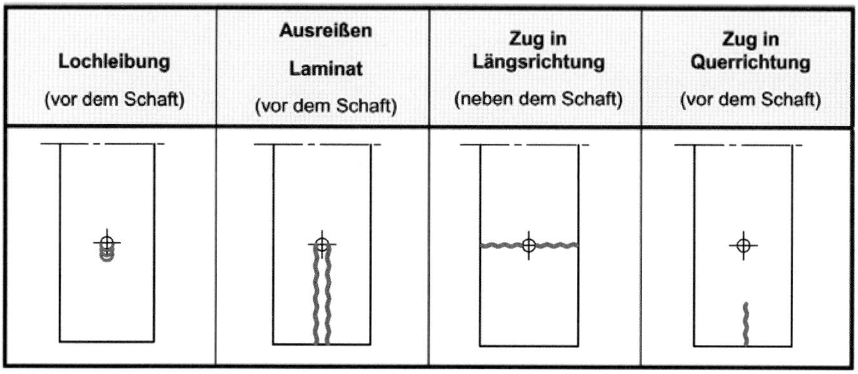

**Bild 36.** Typische Versagensmechanismen für geschraubte Verbindungen in GFK [60]

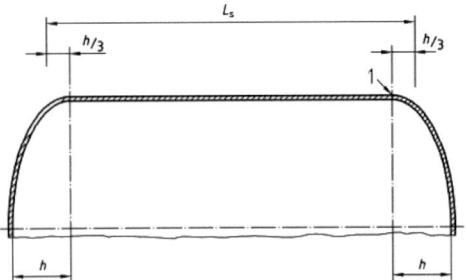
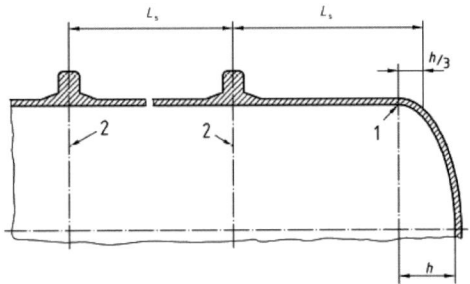

**Bild 33.** Abmessung $L_s$ zwischen Aussteifungen, DIN 13121-3

$E_{\varphi b,d}$    Bemessungswert des Biegemoduls in Umfangsrichtung
$E_{x,d}$    Bemessungswert des Axialmoduls
t    Wandstärke
D    Durchmesser des Zylinders
$L_s$    Zylinderhöhe bzw. -breite zwischen Aussteifungen

Für lange Zylinder, bei denen das Verhältnis von Länge $L_s$ zum Durchmesser D größer als 6 ist, beträgt der aufnehmbare Unterdruck im Inneren des Zylinders gemäß DIN 13121-3:

$$p_{c,d} = 2{,}1 \cdot E_{\varphi b,d} \cdot \left(\frac{t}{D}\right)^3 \quad (23)$$

mit
$p_{c,d}$    Bemessungswert des aufnehmbaren Unterdrucks [N/m²]
$E_{\varphi b,d}$    Bemessungswert des Biegemoduls in Umfangsrichtung
t    Wandstärke
D    Durchmesser des Zylinders

Bei gleichzeitigem Auftreten axialer und radialer Lasten in einem Zylinder muss gemäß DIN 13121-3 folgende Bedingung erfüllt sein:

$$\left(\frac{q_{xc,d}}{u_{c,d}}\right)^{1{,}25} + \left(\frac{p_{D,d}}{p_{c,d}}\right)^{1{,}25} \leq 1 \quad (24)$$

mit
$q_{xc,d}$    Bemessungswert der vorhandenen Membrankraft in Axialrichtung [kN/m]
$u_{c,d}$    Bemessungswert der aufnehmbaren Membrankraft in Axialrichtung [kN/m]
$p_{D,d}$    Bemessungswert des vorhandenen Unterdrucks [N/m²]
$p_{c,d}$    Bemessungswert des aufnehmbaren Unterdrucks [N/m²]

### 4.4.4 Nachweise der Verbindungen

#### 4.4.4.1 Schraubverbindungen

Lösbare Verbindungen werden in der Regel als scherbeanspruchte Schraubenverbindungen ausgeführt. Durch die vornehmlich in eine Richtung orientierte Faserverstärkung von Faserverbundwerkstoffen und eine fehlende plastische Spannungsumlagerung sind die übertragbaren Kräfte wesentlich geringer als die Tragfähigkeit des Bruttoquerschnitts.

Die Belastungsverteilung unter Beanspruchung in Bauteilebene kann in Analogie zur Stabwerkstheorie (vgl. Bild 34) beschrieben werden.

Für breite Bauteile, bei denen $2e_{2,\perp} > e_{1,\text{II}}$ ist, entspricht die maßgebende Breite $w^*$ bzw. der maßgebende Randabstand $e_{2,\perp}^*$ dem kleinsten Abstand in beliebiger Richtung vom Zentrum der Bohrung bis zum Profilrand (Bild 35).

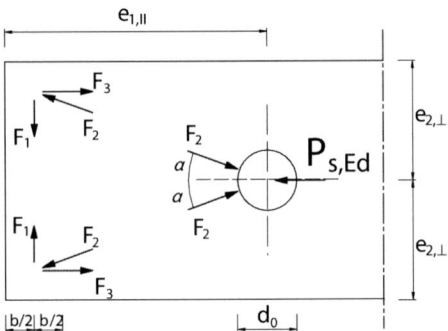

**Bild 34.** Stabwerkmodell zur Berechnung der Tragfähigkeit einer geschraubten Verbindung [60]

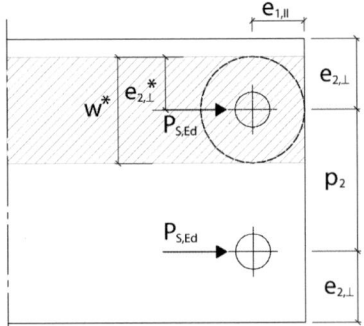

**Bild 35.** Beispielhafte Ermittlung der maßgebenden Breite $w^*$ bzw. $e_{2,\perp}^*$ [60]

oder gegebenenfalls auf der Basis der Spannungen

$$\sigma_d(t) \leq \sigma_{cr}(t) \quad (15)$$

$F_{cr}(t)$ und $\sigma_{cr}(t)$ sind die Bemessungswerte des Knick-, Biegedrillknick- oder Beulwiderstands bei Berücksichtigung der Zeitdauer der Einwirkungen, der Temperatur und des umgebenden Mediums sowie der auftretenden Lastanordnung und Lastkombination. Die Bemessungswerte der Widerstände bei Stabilitätsversagen sind unter Beachtung der Grundsätze der Thermoviskoelastizität zu ermitteln. Die Berechnung kann auch näherungsweise so erfolgen, dass in den Beziehungen für die Verzweigungslast elastischer Tragwerke die elastischen Verformungsgrößen durch die für den Zeitpunkt geltenden Bemessungswerte ersetzt werden.
Gemäß DIN 18820-2, Absatz 2.1.2 sind Wirrfaserlaminate in ihrer Ebene ein isotroper Werkstoff. Somit kann eine näherungsweise Ermittlung der idealen Beulspannungen nach DIN EN 1993-1-5 [57] erfolgen.
Für Werkstoffe mit einer gerichteten Faserverstärkung, wie z. B. im Pultrusionsverfahren hergestellte GFK-Profile, müssen die orthotropen Werkstoffeigenschaften bei der Bestimmung der Beulspannungen berücksichtigt werden. In diesem Fall können die Formeln der DIN EN 1993-1-5 für den isotropen Werkstoff Stahl nicht verwendet werden. Hinweise zu Stabilitätsnachweisen für pultrudierte GFK-Profile findet man z. B. in [58].
Der Stabilitätsnachweis kann auch als Spannungsnachweis nach Theorie II. Ordnung geführt werden, wenn geeignete geometrische Ersatzimperfektionen bekannt sind. Auf der sicheren Seite kann die Erfassung der Belastungsdauer durch den Kriechfaktor $\varphi_t$ erfolgen:

$$A_1^E = (1 + \varphi_t) \quad (16)$$

Der Kriechfaktor $\varphi j_t$ wird in DIN 18820-2 für verschiedene Laminate unter Dauerlast angegeben, er kann gemäß Gl. (16) in einen Abminderungsfaktor $A_1^E$ nach BÜV-Empfehlung umgerechnet werden. Eine experimentelle Ermittlung des Kriechfaktors $\varphi_t$ kann zum Beispiel analog zu DIN EN ISO 899-1 [59] erfolgen.
Für Stabilitätsnachweise ist der E-Modul nach BÜV-Empfehlung wie folgt anzusetzen:

$$E_d(t_a) = \frac{E_k}{\gamma_M \cdot \sqrt{A_1^E \cdot A_2^E \cdot A_3^E}} \quad (17)$$

mit
$E_k$ charakteristischer Wert des E-Moduls, bei Laminaten nach DIN 18820 (Hinweis: diese Norm ist zurückgezogen bis zum Redaktionsschluss nicht ersetzt worden, siehe auch Abschnitt 4.1) gilt: $E_k = 0{,}8 \cdot E_{k,m}$
$\gamma_M$ Teilsicherheitsbeiwert für Stabilität
$A_1^E$ Einflussfaktoren für den E-Modul

Dabei bezieht sich der Teilsicherheitsbeiwert $\gamma_M$ für örtliche Stabilität auf den Nachweis der Deckschicht einer Sandwichkonstruktion gegen Knittern. Der Teilsicherheitsbeiwert für Gesamtstabilität bezieht sich auf das Beulverhalten der gesamten Sandwichstruktur.

Für den Nachweis von Sandwich-Deckschichten auf Knittern kann eine kritische Spannung angesetzt werden von:

$$\sigma_{cr,d}(t) = 0{,}82 \cdot \sqrt[3]{E_{D,d}(t_a) \cdot E_{K,d}(t_a) \cdot G_{K,d}(t_a)} \quad (18)$$

mit
$E_{D,d}(t_a)$ zeitabhängiger Bemessungswert des E-Moduls der Deckschicht
$E_{K,d}(t_a)$ zeitabhängiger Bemessungswert des E-Moduls der Kernschicht
$G_{K,d}(t_a)$ zeitabhängiger Bemessungswert des G-Moduls der Kernschicht

Der Faktor 0,82 beschreibt die ideelle kritische Spannung. Durch den Ansatz von Teilsicherheitsbeiwerten bei der Ermittlung der E-Moduln werden Materialimperfektionen berücksichtigt. Für dünnwandige Zylinder darf gemäß DIN EN 13121-3 für Beulstabilität bei Belastung in Axialrichtung angesetzt werden:

$$u_{c,d} = k \cdot \sqrt{E_{\varphi b,d} \cdot E_{x,d}} \cdot \frac{t^2}{D} \quad (19)$$

wobei:

$$k = \frac{k_1}{\sqrt{1 + \frac{D}{200 \cdot t}}} \quad (20)$$

(keine Durchbrüche berücksichtigt)

mit
$u_{c,d}$ Bemessungswert der aufnehmbaren Membrankraft in Axialrichtung [kN/m]
$E_{\varphi b,d}$ Bemessungswert des Biegemoduls in Umfangsrichtung
$E_{x,d}$ Bemessungswert des Axialmoduls
$t$ Wandstärke
$D$ Durchmesser des Zylinders
$k_1$ Beiwert zur Berücksichtigung von Öffnungen, Regelfall $k_1 = 0{,}84$

Bei Schalenbereichen oder Zargenauflagern mit Ausschnitten wird $k_1$ für derartige Ausschnitte geringer angesetzt. Bei geringen Öffnungen wird $k_1 = 0{,}78$ und bei großen Öffnungen $k_1 = 0{,}54$ eingesetzt. Eine Öffnung ist als klein einzustufen, wenn gilt:

$$\frac{d_{co}}{\sqrt{D \cdot t}} \leq 3{,}5 \cdot \sqrt{2} \quad (21)$$

mit
$d_{co}$ Durchmesser der Öffnung

Für kurze Zylinder, bei denen das Verhältnis von Länge $L_s$ zum Durchmesser D kleiner oder gleich 6 ist, beträgt der aufnehmbare Unterdruck im Inneren des Zylinders gemäß DIN 13121-3:

$$p_{c,d} = 2{,}40 \cdot \sqrt[4]{E_{\varphi b,d}^3 \cdot E_{x,d}} \cdot \frac{D}{L_s} \cdot \left(\frac{t}{D}\right)^{2{,}5} \quad (22)$$

mit
$p_{c,d}$ Bemessungswert des aufnehmbaren Unterdrucks [N/m²]

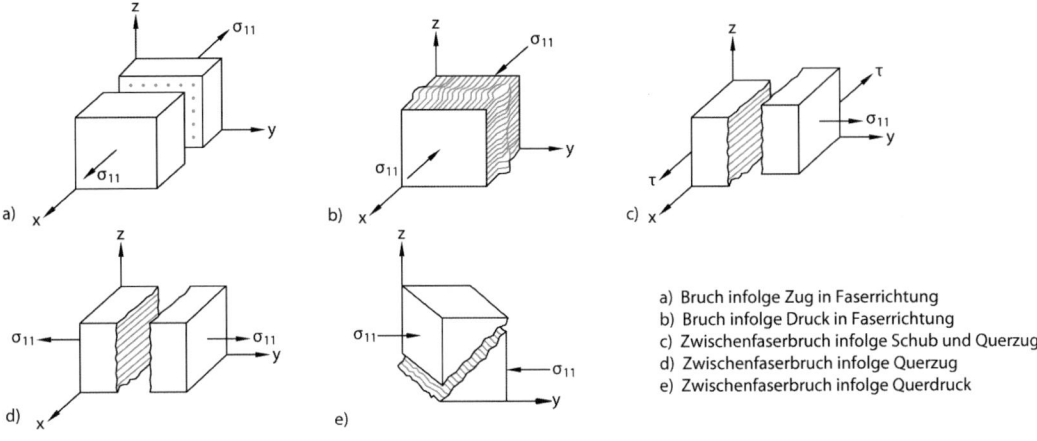

**Bild 32.** Versagensmechanismen nach *Puck/Knaust* [7, 31]

a) Bruch infolge Zug in Faserrichtung
b) Bruch infolge Druck in Faserrichtung
c) Zwischenfaserbruch infolge Schub und Querzug
d) Zwischenfaserbruch infolge Querzug
e) Zwischenfaserbruch infolge Querdruck

gen sind „matrixdominiert". Der Nachweis erfolgt im Wesentlichen über die Einhaltung der Grenzdehnungen (Gl. 12). Neben den direkten Belastungen auf die Matrix geht daher auch die Dehnung der Matrix in Faserrichtung in die Interaktionsbeziehung mit ein.

$$\frac{\sigma_{11,Ed}}{\sigma_{11,Rd}} \leq 1 \text{ mit } \sigma_{11,Rd} = \begin{cases} \sigma_{11,Rd}^t & \text{für } \sigma_{11,Ed} > 0 \\ \sigma_{11,Rd}^c & \text{für } \sigma_{11,Ed} < 0 \end{cases} \quad (11)$$

$$\left(\frac{\sigma_{22,Ed}}{\sigma_{22,Rd}}\right)^2 + \left(\frac{\tau_{12,Ed}}{\tau_{12,Rd}}\right)^2 + \left(\frac{\sigma_{11,Ed}}{E_{11} \cdot \varepsilon_{m11}}\right)^2 < 1$$

$$\text{mit } \sigma_{22,Rd} = \begin{cases} \sigma_{22,Rd}^t & \text{für } \sigma_{22,Ed} > 0 \\ \sigma_{22,Rd}^c & \text{für } \sigma_{22,Ed} < 0 \end{cases} \quad (12)$$

mit
$\sigma_{11,Ed/Rd}$ Normalspannung in Faserrichtung, Einwirkung/Widerstand
$\sigma_{22,Ed/Rd}$ Normalspannung senkrecht zur Faserrichtung, Einwirkung/Widerstand
$\tau_{12,Ed/Rd}$ Schubspannung in Scheibenebene (in-plane-shear), Einwirkung/Widerstand
$\sigma_{11,Rd}^{t/c}$ Normalspannung in Faserrichtung infolge Zug- bzw. Druckkraft, Widerstand
$\sigma_{22,Rd}^{t/c}$ Normalspannung in Faserrichtung infolge Zug- bzw. Druckkraft, Widerstand
$E_{11}$ E-Modul in Faserrichtung (Gesamtlaminat)
$\varepsilon_{m11}$ Grenzdehnung der Matrix in Faserrichtung

Der Wert für die Grenzdehnung der Matrix in Faserrichtung $\varepsilon_{m11}$ entspricht dem Wert der aufnehmbaren Dehnung $\varepsilon_d(t)$ entsprechend Abschnitt 4.4.3.3. Damit werden Risse in der Matrix verhindert. Die Grenzdehnung eines Harzes als Teil eines Laminats entspricht nicht der Bruchdehnung des reinen Harzes, da in dem Verbund hohe Spannungsspitzen auftreten und daher die lokalen Dehnungen der Matrix wesentlich über den theoretischen Werten liegen.

### 4.4.3.3 Nachweis der Dehnungen

Ergänzend zur Beschränkung der Dehnungen im Nachweis der Gebrauchstauglichkeit schlägt die BÜV-Empfehlung für Bauteile, die starkem chemischen Angriff ausgesetzt sind, auch einen Tragfähigkeitsnachweis über die Beschränkung der Dehnungen vor, da bei Rissen in der Matrix die Fasern durch Medieneinfluss ihre Tragfähigkeit verlieren können. Der hier dargestellte Nachweis ist in ähnlicher Art in der Interaktion nach *Puck/Knaust* enthalten.

Es gilt entsprechend BÜV-Empfehlung:

$$\varepsilon_d(t) \leq \frac{D_{k0,05}}{\gamma_M \cdot A_{mod}^d} \quad (13)$$

mit
$\varepsilon_d(t)$ maßgebende Dehnung zum Zeitpunkt t
$D_{k0,05}$ charakteristischer Wert der Dehngrenze ermittelt aus Dauerstandsversuchen unter Last bei entsprechendem chemischem Angriff
$\gamma_M$ Materialsicherheitsbeiwert auf der Widerstandsseite (s. Tabelle 4)
$A_{mod}^d$ Abminderungsfaktor für Dehnungen (s. Tabellen 5, 7 und 8)

### 4.4.3.4 Nachweis der Stabilität

Aufgrund des relativ geringen Verhältnisses von Verformungssteifigkeit zu Druckfestigkeit und den in der Regel hohen Fertigungsabweichungen (vgl. auch Bild 26) ist bei glasfaserverstärkten Kunststoffen dem Nachweis der Stabilität besondere Aufmerksamkeit zu schenken. Der Stabilitätsnachweis soll gewährleisten, dass während der Nutzungsdauer sowohl die örtliche Stabilität (z. B. Knittern von Deckblechen bei Sandwichplatten) als auch die Gesamtstabilität des Systems erfüllt ist. Gemäß der BÜV-Empfehlung erfolgt der Nachweis auf der Basis der Schnittgrößen

$$E_d(t) \leq F_{cr}(t) \quad (14)$$

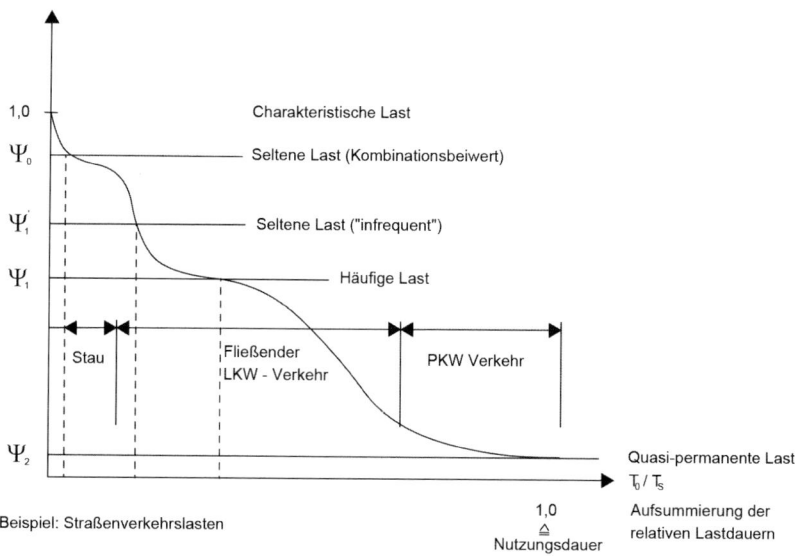

**Bild 30.** Häufigkeitsverteilung der Lasten im Brückenbau [55]

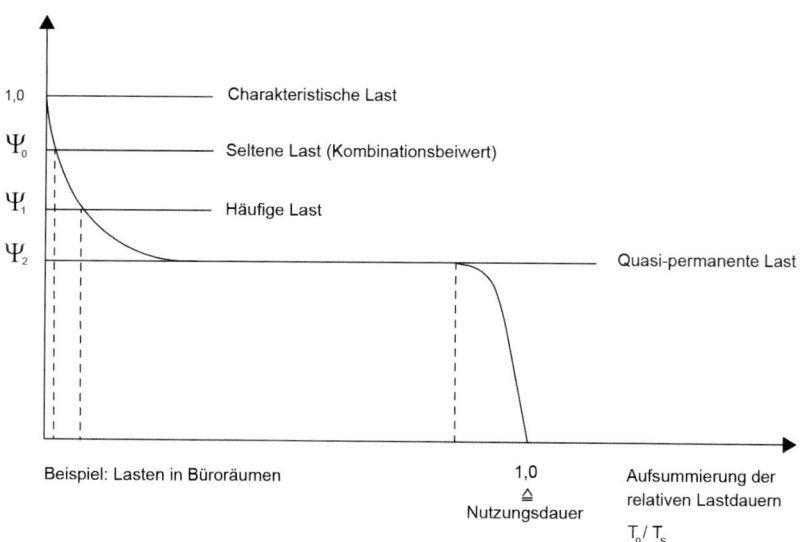

**Bild 31.** Häufigkeitsverteilung der Lasten im Hochbau [54]

In einem ersten Nachweisschritt werden die Spannungskomponenten einzeln nachgewiesen, neben Normalspannung in Längsrichtung ($\sigma_{11}$) und Querrichtung ($\sigma_{22}$ und $\sigma_{33}$) auch die Schubspannungen ($\tau_{12}$, $\tau_{13}$, $\tau_{23}$). Interaktionsbeziehungen, welche das Verhalten komplexerer Bauteile unter einem mehraxialen Spannungszustand beschreiben, liegen nicht vor bzw. befinden sich noch in der Entwicklung [56].

Eine baupraktisch sinnvolle und physikalisch ausreichende genaue Lösung ist die klassische Interaktionsbeziehung nach *Puck/Knaust* für ebene Spannungszustände in einer unidirektional verstärkten Einzelschicht. Dabei werden grundsätzlich die beiden Versagensmechanismen „faserdominiert" und „matrixdominiert" unterschieden. Die erste Bedingung (Gl. 11) beschreibt den Bruch der Fasern infolge Zug- oder Druckspannung. Dabei kommt der Matrix ausschließlich die Aufgabe der Druckstabilisierung zu (Bild 32).

Die Aufnahme von Normalspannungen senkrecht zur Faserrichtung und die Aufnahme von Schubspannun-

**Tabelle 11.** Einteilung der Lasteinwirkungen in (KLED)

| Einwirkung | | KLED |
|---|---|---|
| Eigengewicht | | ständig |
| Lotrechte Nutzlasten im Hochbau | | |
| A, B | Spitzböden, Wohn- und Aufenthaltsräume, Büroflächen, Arbeitsflächen, Flure | mittel |
| C | Räume, Versammlungsräume und Flächen, die Ansammlungen von Personen dienen können (außer A, B, D, E) | kurz |
| D | Verkaufsräume | mittel |
| E | Fabriken und Werkstätten, Ställe, Lagerräume und Zugänge, Flächen mit erheblichen Menschenansammlungen | lang |
| F | Verkehrs- und Parkflächen für leichte Fahrzeuge | mittel |
| | Zufahrtsrampen zu Verkehrs- und Parkflächen | kurz |
| G | Flächen für den Betrieb mit Gegengewichtsstaplern | mittel |
| H, K, T, Z | nicht begehbare Dächer, Treppen oder Treppenpodeste, Zugänge, Balkone oder Ähnliches | kurz |
| Horizontale Nutzlasten im Hochbau | | |
| | Nutzlasten infolge von Personen auf Brüstungen, Geländer und andere Rückhaltekonstruktionen | kurz |
| | Horizontallasten aus Kran- und Maschinenbetrieb | kurz |
| Vertikale Verkehrslasten auf Brücken | | |
| UDL / TS | Autobahnen und Straßen mit hohem oder mittlerem LKW-Anteil, Hauptstrecken mit geringem LKW-Anteil | lang [1)] |
| | Örtliche Straßen mit geringem LKW-Anteil | mittel [1)] |
| | Wirtschaftswege | kurz [1)] |
| Windlasten | | kurz |
| Schnee- und Eislast | | |
| H ≤ 1000 m | Gelände des Bauwerksstandorts über NN | kurz |
| H > 1000 m | Gelände des Bauwerksstandorts über NN | mittel |
| Temperaturlasten | | |
| Jährliche Amplitude | | lang |
| Tägliche Amplitude | | mittel |
| Anpralllasten | | sehr kurz |

[1)] Einordnung der Verkehrslasten auf Brücken unter Berücksichtigung der zu erwartenden Lastkraftwagen pro Jahr in Anbetracht einer Nutzungsdauer von 100 Jahren abgeschätzt. Ohne Bestätigung durch statistische Untersuchungen.

### 4.4.3.2 Nachweis der Spannungen

Die charakteristischen Kurzzeit-Festigkeiten werden i. d. R. durch Versuche ermittelt, eine direkte Berechnung der Festigkeit eines Laminats in Abhängigkeit seines Aufbaus ist nur in Ausnahmefällen möglich. Ebenso wie die Dehngrenze und der E-Modul sind auch die zulässigen Spannungen infolge Langzeiteinwirkung und Medieneinfluss zu verringern, dabei gilt:

$$\sigma_{Rd} = \frac{\sigma_{Rk}}{\gamma_{M,f} \cdot A_{mod}^f} \qquad (10)$$

mit

$\sigma_{Rd}$ Bemessungswert der aufnehmbaren Spannungen

$\sigma_{Rk}$ charakteristischer Wert der aufnehmbaren Spannungen, entspricht dem 5%-Fraktil bei 75% Aussagewahrscheinlichkeit

$\gamma_{M,f}$ Teilsicherheitsbeiwert auf der Widerstandsseite (s. Tabelle 4)

$A_{mod}^f$ Einflussfaktor für die Festigkeit (s. Tabellen 5–9)

werte für die Verformungen sind im Einzelfall zu definieren.
Das Kriechverhalten wird näherungsweise durch eine Abminderung des E-Moduls mit dem Einflussfaktor $A_1^F$ nach Tabelle 5 erfasst.

$$\frac{E}{(1+\varphi_t)} = \frac{E}{A_1^F} \quad (6)$$

mit
E  E-Modul zum Zeitpunkt t = 0
$(1 + \varphi_t)$  Kriechzahl in Abhängigkeit von der Einwirkungsdauer
$A_1^F$  Abminderungsfaktor für den E-Modul (s. Tabelle 5)

Neben den Effekten aus Kriecheinflüssen erhöhen sich die Verformungen auch aufgrund weiterer Randbedingungen wie Temperatur oder Umgebungsmedien (s. Abschnitt 4.4.1).

### 4.4.3 Nachweise im Grenzzustand der Tragfähigkeit

#### 4.4.3.1 Einwirkungen und Widerstände

Bei andauernder Belastung nehmen nicht nur die Verformungen infolge Kriechens zu, sondern es verringert sich auch die Festigkeit des Laminats (Zeitstandfestigkeit) (vgl. Abschnitt 3.2.1). Grundsätzlich muss eine Betrachtung unter Heranziehung von Schadenskollektiven erfolgen. Dazu werden die Einzelschädigungen auf verschiedenen Beanspruchungsstufen mit einer Schadensakkumulationsregel in eine schädigungsgleiche Ersatzbeanspruchung überführt.

Aufgrund des besonderen zeitabhängigen Verhaltens von Kunststoffen sind die Nachweise im Grenzzustand der Tragfähigkeit unter Beachtung der Einwirkungsdauer zu führen.

Hinsichtlich der Einwirkungsdauer können die Einwirkungen in „Klassen der Lasteinwirkungsdauer" eingeteilt werden. Für Kunststoffbauteile ist die Größenordnung der akkumulierten Dauer der charakteristischen Einwirkung in Anlehnung an DIN EN 1995-1-1 [52] in den Tabellen 10 und 11 angegeben. Vereinfacht dürfen Einwirkungen ohne Abminderung in Klassen längerer Einwirkungsdauer eingestuft werden.

**Tabelle 10.** Klassen der Last-Einwirkungsdauer (KLED) für Hochbaukonstruktionen

| Klasse der Last-Einwirkungsdauer für Hochbaukonstruktionen | Akkumulierte Dauer der charakteristischen Last-Einwirkung |
|---|---|
| ständig | > 10 Jahre |
| lang | 6 Monate bis 10 Jahre |
| mittel | 1 Woche bis 6 Monate |
| kurz | < 1 Woche |
| sehr kurz | < 1 Minute |

Zu den veränderlichen Einwirkungen zählen Nutz- und Verkehrslasten, Schnee, Wind und Temperaturänderungen. Oft sind mehrere dieser Einwirkungen gleichzeitig zu berücksichtigen. Die Wahrscheinlichkeit, dass diese alle zur gleichen Zeit mit ihrem maximalen Wert auftreten, ist allerdings gering. Für Nutz- und Verkehrslasten ist die zu erwartende akkumulierte Einwirkungsdauer über die Lebensdauer des Bauteils sinnvoll abzuschätzen.

In der BÜV-Empfehlung erfolgt die Einordnung von Verkehrslasten und die Abschätzung des Einwirkungsniveaus für die Zeitstandfestigkeit nach DIN EN 1991 [53] und DIN-Fachbericht 101 [54]. Diese Vorschläge orientieren sich an den $\psi_1$-Beiwerten nach DIN EN 1990 bzw. dem DIN-Fachbericht 101, also dem „häufigen Wert" der Einwirkungen. Diese Annahmen sind aber im Einzelfall zu diskutieren. In den Bildern 30 und 31 ist die Herleitung dieser Abminderungen basierend auf der Funktion der relativen Lastdauer dargestellt.

Die Einwirkungen werden als Grundkombination nach DIN EN 1990 zusammengefasst:

$$E_d = \gamma_G \cdot G_k \oplus \gamma_P \cdot P_k \oplus \gamma_Q \cdot Q_{k,1} \oplus \sum \gamma_{Q,i} \cdot \psi_{0,i} \cdot Q_{k,i} \quad (7)$$

mit
$E_d$  Bemessungswert der Einwirkung
$\gamma_G$  Teilsicherheitsbeiwert für ständige Einwirkungen
$G_k$  charakteristischer Wert der ständigen Einwirkungen
$\gamma_P$  Teilsicherheitsbeiwert für Vorspannung
$P_k$  charakteristischer Wert der Vorspannung
$\gamma_Q$  Teilsicherheitsbeiwert für veränderliche Einwirkungen
$Q_{k,1}$  charakteristischer Wert der leitenden veränderlichen Einwirkung
$\psi_{0,i}$  Kombinationsbeiwert
$Q_{ki}$  charakteristischer Wert der begleitenden veränderlichen Einwirkungen

Für den Grenzzustand ist nachzuweisen:

$$R_d \geq E_d \quad (8)$$

$$R_d = \frac{R_k}{\gamma_M \cdot A_{mod}} \quad (9)$$

mit
$R_d$  Bemessungswert des Bauteilwiderstands
$R_k$  charakteristischer Wert des Bauteilwiderstands
$\gamma_M$  Teilsicherheitsbeiwert auf der Widerstandsseite (vgl. Tabelle 4)
$A_{mod}$  Einflussfaktor infolge Lasteinwirkungsdauer, Temperatur und Medieneinfluss, wobei $A_{mod} = A_1 \cdot A_2 \cdot A_3$ (vgl. Tabellen 5–9)

Dabei wird für die beiden Nachweise angesetzt:

Kurzzeitnachweis: $A_1 = 1,0$

Langzeitnachweis: $A_1$ nach Tabelle 5

Berechnung und Nachweise 637

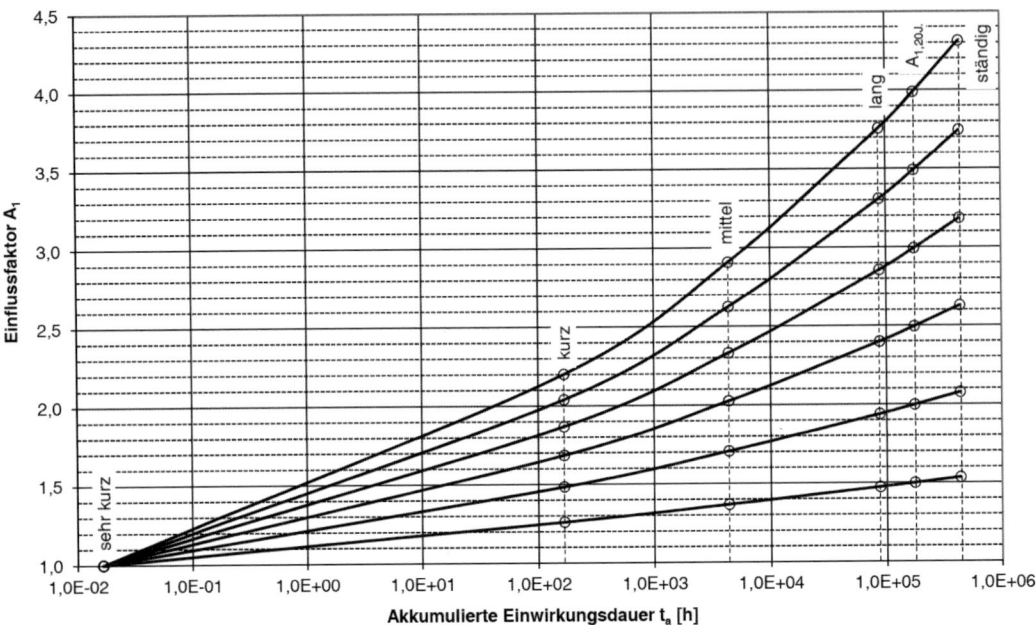

**Bild 28.** Abhängigkeit des Einflussfaktors $A_1$ von dem Tabellenwert $A_{1,20J.}$ und der akkumulierten Last-Einwirkungsdauer $t_a$

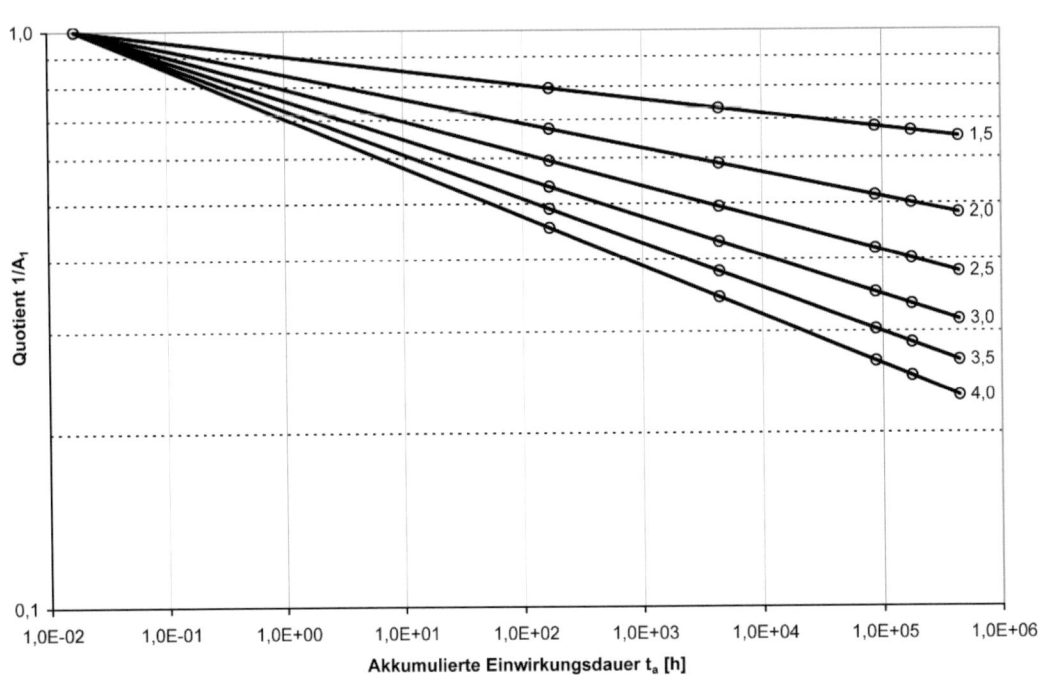

**Bild 29.** Quotient des Einflussfaktors $1/A_1$ im doppeltlogarithmischen Maßstab, gerade Kurvenverläufe

**Tabelle 8.** Einflussfaktor $A_3^f$, $A_3^E$ bzw. $A_3^d$ infolge Temperatureinfluss bis zur Anwendungsgrenze [31]

| | Unverstärkte und faserverstärkte Duroplaste | | | | | | | | | | | |
|---|---|---|---|---|---|---|---|---|---|---|---|---|
| | UP<br>Ungesättigtes<br>Polyesterharz | | | EP<br>Epoxidharz | | | VE (PHA)<br>Vinylesterharz,<br>Phenacrylatharz | | | PF<br>Phenolharz | | | |
| °C | ≤ 20 | 40 | 100* | ≤ 20 | 40 | 100* | ≤ 20 | 40 | 100* | ≤ 20 | 40 | 100 | 250* |
| $A^f$ (Festigkeit) | 1,0 | 1,2 | 3,5 | 1,0 | – | – | 1,0 | – | – | 1,0 | 1,1 | 1,8 | 4,0 |
| $A^E$ (E-Modul) | 1,0 | 1,1 | 1,6 | 1,0 | – | – | 1,0 | 1,1 | 1,3 | 1,0 | 1,0 | 1,1 | 1,1 |
| $A^d$ (Dehngrenze) | 1,0 | | | | | | | | | | | | |

\* Anwendungsgrenze
Zwischenwerte sind linear zu interpolieren.
Die Einflussfaktoren für den Festigkeitseinfluss ($A^f$) gelten für Druckbelastung und dauernde Einwirkung, sie sind unabhängig von einer möglichen Faserverstärkung. Bei Vorlage von Versuchsergebnissen für spezielle Geometrien und Faserverstärkungen können abweichende Werte verwendet werden.

**Tabelle 9.** Übersicht der zu führenden Nachweise und der zugehörigen Einflussfaktoren [31]

| Nachweisniveau | Anzusetzende Lasten | Einflussfaktor $A_1(t_a)$ in Abhängigkeit des Tabellenwerts $A_{1,20J.}$ und der Einwirkungsdauer $t_a$ | | | | | |
|---|---|---|---|---|---|---|---|
| **Tabellenwert $A_{1,20J.}$**<br>20 Jahre | – | 1,5 | 2,0 | 2,5 | 3,0 | 3,5 | 4,0 |
| ständig<br>50 Jahre | ständig | 1,55 | 2,10 | 2,65 | 3,20 | 3,75 | 4,30 |
| lang<br>10 Jahre | ständig, lang | 1,45 | 1,95 | 2,40 | 2,85 | 3,30 | 3,75 |
| mittel<br>6 Monate | ständig, lang, mittel | 1,35 | 1,70 | 2,05 | 2,35 | 2,60 | 2,90 |
| kurz<br>1 Woche | ständig, lang, mittel, kurz | 1,25 | 1,50 | 1,70 | 1,90 | 2,05 | 2,20 |
| sehr kurz<br>1 Minute | ständig, lang, mittel, kurz, sehr kurz | 1,00 | 1,00 | 1,00 | 1,00 | 1,00 | 1,00 |

### 4.4.2 Nachweise im Grenzzustand der Gebrauchstauglichkeit

#### 4.4.2.1 Beschränkung der Dehnungen

Die Beschränkung der Dehnungen erfolgt gemäß BÜV-Empfehlung sowohl im Nachweis der Gebrauchstauglichkeit als auch im Nachweis der Tragfähigkeit. Durch die Beschränkung der Dehnungen können technische Anforderungen wie z. B. Dichtheit und Rissbeschränkungen oder ästhetische Anforderungen an die Oberflächen erfüllt werden.
Es gilt entsprechend BÜV-Empfehlung:

$$\varepsilon_{vorh}(t) \leq \varepsilon_{max}(t) \tag{5}$$

mit
$\varepsilon_{vorh}(t)$  maßgebende Dehnung zum Zeitpunkt t
$\varepsilon_{max}(t)$  Grenzwert zur Erfüllung technischer Anforderungen zum Zeitpunkt t

In der Regel ist $\varepsilon_{max}(t)$ aus Versuchen abzuleiten oder durch Erfahrung festzulegen. Die Bruchdehnungen der unverstärkten Harze sind in Tabelle 1 dargestellt. Die Begrenzung der Dehnungen des Laminats liegt jedoch wesentlich unter diesen Werten. Für GFK gilt näherungsweise $\varepsilon_{max}(t) = 0,2\%$.

#### 4.4.2.2 Beschränkung der Verformungen

GFK hat einen im Vergleich zu konventionellen Baustoffen niedrigen E-Modul. Es treten somit größere Verformungen auf. Dies ist beim Entwerfen und Konstruieren von Bauteilen aus GFK zu beachten. Die Beschränkung der Verformungen dient der Einhaltung von Gebrauchstauglichkeitsanforderungen, dies können verformungsempfindliche Aufbauten oder Installationen sein. Im Brückenbau kann die Verformbarkeit des Fahrbahnbelags maßgebend werden. Die Grenz-

**Tabelle 6.** Einflussfaktor $A_1^E$ und $A_1^d$ infolge einer Belastungsdauer von 20 Jahren [31]

| Materialtyp | $A_1^E$ und $A_1^d$ | | | | | |
|---|---|---|---|---|---|---|
| Wirrfaserlaminate M | getempert | | | ungetempert | | |
| | $2,4 - 2\delta$ | | | $2,6 - 2\delta$ | | |
| Mischlaminate MW | getempert | | | ungetempert | | |
| | $2,3 - 2\delta$ | | | $2,5 - 2\delta$ | | |
| Wickellaminate FM parallel zur Wickelrichtung | $1,80 - \delta$ | | | $1,85 - \delta$ | | |
| Wickellaminat FM senkrecht zur Wickelrichtung | FM 1 | FM 2 | FM 3 | FM 4 | FM 5 | FM 6 |
| | $2,2 - \delta$ | $2,45 - \delta$ | $3,0 - \delta$ | $2,15 - \delta$ | $2,3 - \delta$ | $3,2 - 2\delta$ |
| mit $\varepsilon_z > 0,2\%$ | $2,7 - \delta$ | $3,1 - \delta$ | $4,1 - \delta$ | $2,6 - \delta$ | $2,8 - \delta$ | $4,0 - 2\delta$ |
| Wickellaminate FMU parallel zur Wickelrichtung | $1,80 - \delta$ | | | $1,85 - \delta$ | | |
| Wickellaminat FMU senkrecht zur Wickelrichtung | FMU 1 | | FMU 2 | | FMU 3 | |
| | $2,3 - \delta$ | | $1,9 - \delta/2$ | | $1,8 - \delta/2$ | |
| Pultrusionsprofile P parallel zur Pultrusionsrichtung | $1,80 - \delta$ | | | $1,85 - \delta$ | | |
| Pultrusionsprofile P senkrecht zur Pultrusionsrichtung | $1,90 - \delta$ | | | $1,85$ | | |
| Pultrusionsprofile P senkrecht zur Pultrusionsrichtung mit $\varepsilon_z > 0,2\%$ | $2,3$ | | | $2,5$ | | |

$\delta$ Glasmassenanteil
M, MW, FM und FMU gemäß DIN 18820 [32]
Die Werte basieren auf DIN 18820-2.
Pultrusionsprofile P sind jedoch nicht in der DIN 18820-2 enthalten und basieren auf der Fiberline-Zulassung Z-10.39-791 [21].


**Tabelle 7.** Einflussfaktoren $A_2$ infolge Medieneinflusses [31, 51], Definition der Medienklasse gemäß DIN 18820 [32]

| $A_2^f$, $A_2^E$, $A_2^d$ | | Einfluss | | |
|---|---|---|---|---|
| getempert | ungetempert | einwirkende Flüssigkeit [3] | Temperatureinschränkung | Randbedingungen bzw. zulässige Harze [1] |
| 1,0 | 1,0 | ohne | – | – |
| 1,1 | 1,2 | Flüssigkeiten mit „sehr geringem Einfluss" gemäß Tabelle 1 der DIN 18820-3, z. B. Wasser und Meerwasser | Betriebstemperatur bis 30 °C | in Gebäuden oder im Freien |
| 1,2 | 1,3 | | | Harze der Gruppe 0 [1], in Gebäuden oder im Erdreich |
| 1,2 | 1,3 | | Betriebstemperatur über 30 °C bis 40 °C | – |
| 1,2 | 1,3 | Flüssigkeiten mit „geringem Einfluss" gemäß Tabelle 2 der DIN 18820-3 | Betriebstemperatur bis 30 °C | – |
| 1,3 | 1,4 | | Betriebstemperatur über 30 °C bis 40 °C [2] | – |

[1] Soweit nicht explizit angeführt, sind für tragende Strukturen nur Harze der Gruppen 1 bis 6 nach DIN 18820-1 Tabelle 1 zugelassen.
[2] Harze der Gruppe 1 dürfen nicht verwendet werden.
[3] Aggressive Medien nach DIN 18820-3 Tabelle 5 erfordern eine Chemieschutzschicht von mindestens 2,5 mm Stärke oder eine thermoplastische Auskleidung, welche nicht dem tragenden Laminat zuzurechnen sind.
Für besondere Anwendungsbereiche gilt die vom DIBt herausgegebene Medienliste 40-2.1.1.

$$\left.\begin{array}{l}\text{Dehnungen } A_{mod}^d \\ \text{E-Modul } A_{mod}^E \\ \text{Festigkeit } A_{mod}^f\end{array}\right\} = \left\{\begin{array}{l}A_1^d \\ A_1^E \\ A_1^f\end{array}\right\} \cdot A_2 \cdot A_3 \quad (3)$$

Entsprechend der Klasse der Last-Einwirkungsdauer (KLED) sind mehrere Nachweise zu führen. Dabei werden auf jedem Nachweisniveau auch alle Einwirkungen mit einer längeren Einwirkungsdauer berücksichtigt. Die Einflussfaktoren $A_1$ können aus dem Grundwert für eine 20-jährige Belastungsdauer ($A_{1,20J}$) hergeleitet werden. Die Grundwerte sind in den Tabellen 5 bis 8 dargestellt.

Die Kombination unabhängiger veränderlicher Lasten ist durch Kombinationsbeiwerte nach BÜV-Empfehlung Anhang D geregelt. Die zugehörigen Einflussfaktoren $A_1(t_a)$ sind der Tabelle 9 zu entnehmen. Die Zusammenhänge gelten jeweils für die Einflussfaktoren $A_1^f$, $A_1^E$ und $A_1^d$. Alternativ kann der Beiwert $A_1(t_a)$ in Abhängigkeit des Tabellenwertes $A_{1,20J}$ und der akkumulierten Einwirkungsdauer $t_a$ über folgenden Zusammenhang ermittelt werden:

$$A_1(t_a) = (A_{1,20J})^T; \; T = 0,253 + 0,142 \cdot \lg(t_a) \quad (4)$$

mit

$A_{1,20J}$  Grundwert von $A_1$ für 20 Jahre entsprechend Tabelle 5

$\lg(t_a)$  dekadischer Logarithmus der akkumulierten Lasteinwirkungsdauer $t_a$ in Stunden [h]

Die Nachweise für die unterschiedlichen Zeitstandsniveaus werden nicht im Sinne einer Schadensakkumulation überlagert. Es ist ausreichend, dass der Nachweis der Tragfähigkeit bei allen relevanten Einwirkungsdauern erfüllt ist, da in den einzelnen Nachweisen bereits alle relevanten Belastungen überlagert sind. Wird der Quotient des Einflussfaktors $1/A_1$ im doppeltlogarithmischen Maßstab gegen die akkumulierte Einwirkungsdauer aufgetragen, ergeben sich gerade Kurvenverläufe (s. Bild 29).

**Tabelle 5.** Einflussfaktor $A_1^f$ infolge einer Belastungsdauer von 20 Jahren [31]

| Materialtyp | $A_1^f$ | | | | | |
|---|---|---|---|---|---|---|
| Wirrfaserlaminate M | 1,6 | | | | | |
| Mischlaminate MW | 2,0 – δ | | | | | |
| Wickellaminate FM parallel zur Wickelrichtung | 1,8 – δ | | | | | |
| Wickellaminat FM | FM 1 | FM 2 | FM 3 | FM 4 | FM 5 | FM 6 |
| senkrecht zur Wickelrichtung | 1,8 | 2,15 | 2,75 | 1,7 | 2,0 | 2,4 |
| mit $\varepsilon_z > 0{,}2\,\%$ | 2,4 | 2,9 | 3,9 | 2,1 | 2,6 | 2,8 |
| Wickellaminate FMU parallel zur Wickelrichtung | 1,8 – δ | | | | | |
| Wickellaminat FMU | FMU 1 | | FMU 2 | | FMU 3 | |
| senkrecht zur Wickelrichtung | 1,9 | | 1,7 | | 1,6 | |
| Pultrusionsprofile P parallel zur Pultrusionsrichtung | 1,8 – δ | | | | | |
| Pultrusionsprofile P senkrecht zur Pultrusionsrichtung | 1,9 | | | | | |
| Pultrusionsprofile P parallel zur Pultrusionsrichtung mit $\varepsilon_z > 0{,}2\,\%$ | 2,0 | | | | | |
| Pultrusionsprofile P senkrecht zur Pultrusionsrichtung mit $\varepsilon_z > 0{,}2\,\%$ | 3,0 | | | | | |

δ Glasmassenanteil
M, MW, FM und FMU gemäß DIN 18820 [32]

$v_{12}$, $v_{21}$, falls erforderlich: $E_{33}$, $G_{13}$, $G_{23}$, $v_{13}$, $v_{31}$, $v_{23}$, $v_{32}$) werden ebenfalls in Versuchen ermittelt. Dabei kann gemäß *Maxwell-Betti* angesetzt werden:

$$E_{ii} \cdot v_{ij} = E_{jj} \cdot v_{ji} \qquad (1)$$

i, j   1, 2, 3

erster Index: Ort der Wirkung, zweiter Index: Ursache

Außerdem gilt:

$$G_{ij} = G_{ji} \qquad (2)$$

i, j   1, 2, 3

Die Ermittlung der Schnittgrößen und Verformungen erfolgt linear-elastisch. Der nichtlineare Spannungs-Dehnungs-Verlauf der Matrix kann vernachlässigt werden, da das Last-Verformungs-Verhalten des Laminats von den Fasern dominiert wird.

## 4.4 Materialspezifische Nachweise

### 4.4.1 Teilsicherheitsbeiwerte und Einflussfaktoren auf der Widerstandseite

Beim Nachweis der Trag- und Gebrauchsfähigkeit von Bauteilen aus faserverstärkten Kunststoffen ist zu berücksichtigen, dass Kunststoffe im Allgemeinen ein sehr ausgeprägtes Kriechverhalten haben, welches – abgemindert – auch bei faserverstärkten Kunststoffen auftritt. Neben den Verformungen ändert sich dabei auch die Festigkeit des Materials in Abhängigkeit von der Einwirkungsdauer (Zeitstandfestigkeit). Infolge Kriechens lagern sich mit zunehmender Belastungsdauer die Spannungen von den Bauteilen mit niedrigem Fasergehalt auf diejenigen mit höherer Verstärkung um.

Außerdem sind die mechanischen Kenngrößen von Kunststoffen in höherem Maße von der Temperatur und den umgebenden Medien abhängig, als dies bei konventionellen Baustoffen der Fall ist.

Im Folgenden wird das Bemessungskonzept der BÜV-Empfehlung für „Tragende Kunststoffbauteile im Bauwesen (TKB)" [31] erläutert. Diese Regelungen beziehen sich vornehmlich auf den Hochbau.

Das Nachweiskonzept nach den Empfehlungen des BÜV lehnt sich an das Teilsicherheitskonzept der Eurocodes an. Für die Teilsicherheitsbeiwerte $\gamma_m$ auf der Widerstandsseite wird unterschieden in Werte für den Nachweis der Festigkeit, der örtlichen Stabilität und der Gesamtstabilität (vgl. Tabelle 4).

Es werden weiterhin Faktoren definiert, die den Einfluss der Lasteinwirkungsdauer ($A_1$), der umgebenden Medien wie Bewitterung oder UV-Belastung ($A_2$) und der Temperatur ($A_3$) erfassen und nach Gl. (8) den Bauteilwiderstand reduzieren. Diese Werte variieren je nach Art des Laminats, des Faservolumengehalts und der betrachteten Kenngröße ($A^d$ für die Dehngrenze, $A^E$ für den E-Modul und $A^f$ für die Festigkeit). In Gl. (3) ist eine schematische Übersicht zur Ermittlung des jeweils maßgebenden Einflussfaktors gegeben.

**Tabelle 4.** Empfohlene Teilsicherheitsbeiwerte $\gamma_M$ im Grenzzustand der Tragfähigkeit nach [31]

| Bedingungen | Grundkombination | | | | Außergewöhnliche Bemessungssituationen | | | |
| --- | --- | --- | --- | --- | --- | --- | --- | --- |
| | Festigkeit | örtliche Stabilität [2] | Gesamtstabilität | Verbindungen | Festigkeit | örtliche Stabilität [2] | Gesamtstabilität | Verbindungen |
| maschinell gefertigte Faserverbundwerkstoffe ($v = 0{,}10$) | 1,35 | 1,5 | 1,35 | 1,5 | 1,0 | 1,2 | 1,0 | 1,2 |
| manuell gefertigte Faserverbundwerkstoffe ($v = 0{,}17$) | 1,5 | 2,0 | 1,5 | 2,0 | 1,25 | 1,7 | 1,25 | 1,7 |
| Thermoplaste auf Zug | 1,5 [1] | – | – | – | 1,25 | – | – | – |
| Thermoplaste auf Druck | 1,2 [1] | 1,4 | 1,2 | 1,4 | 1,0 | 1,2 | 1,0 | 1,2 |
| Schaumstoffe auf Schub | 1,5 | 1,7 | 1,2 | 1,7 | – | – | – | – |
| Schaumstoffe auf Druck | 1,2 | 1,4 | 1,2 | 1,4 | – | – | – | – |

v  Variationskoeffizient
[1] Werte des semiprobabilistischen Sicherheitskonzepts wegen fehlender Angaben zur Häufigkeitsverteilung durch Vergleichsrechnungen mit globalen Sicherheitsfaktoren ermittelt.
[2] Örtliche Stabilität = z. B. Knittern von Deckschichten bei Sandwichplatten.

- GFK-Konstruktionsprofile, pultrudiert nach DIN EN 13706. Es gibt zum Beispiel I-, U-, Winkel- und Flachprofile, Vierkant- und Rundrohre und weitere [21, 37],
- GFK-Planken und tragender Belag zum Einsatz im Brückenbau [38–40],
- GFK-Stäbe als innenliegende, schlaffe Bewehrung in Betonbauteilen [41],
- Verstärkung von Stahl- und Spannbetonbauteilen nach „DAfStb-Richtlinie Verstärken von Betonbauteilen mit geklebter Bewehrung" [42] für:
  - CFK-Gelege, schubfest aufgeklebt und als Behälterumwicklung [43, 44],
  - CFK-Lamellen, schubfest aufgeklebt [45–47],
  - CFK-Lamellen, in Schlitze verklebt [48–50].

Ein Hersteller ist im Besitz einer European Technical Approval (ETA) [21]. Diese Dokumente haben einen normativen Charakter, die Zulassung [21] regelt die Verwendung von insgesamt 76 unterschiedlichen pultrudierten Polymerprofilen und erschließt somit ein breites Anwendungsfeld.

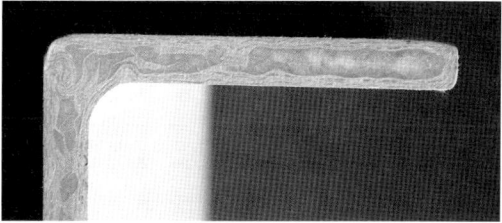

Bild 26. Aufgeschnittenes GFK-Profil

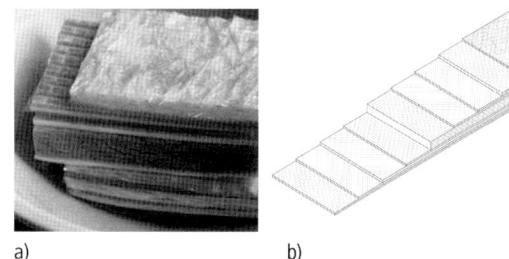

a)                                                           b)

Bild 27. Faserlagen eines pultrudierten Profils (beispielhaft); a) Probekörper Veraschungsversuch, b) Schema

## 4.2 Klassische Laminattheorie

Die klassische Laminattheorie zerlegt das betrachtete Bauteil in einzelne Schichten, wobei angenommen wird, dass
- die Fasern innerhalb einer Einzelschicht über die gesamte Querschnittsfläche homogen verteilt sind,
- die Fasern in einer Einzelschicht ausschließlich in eine Richtung orientiert sind,
- die Einzelschichten eines Bauteils (= Laminat) symmetrisch zur Mittelebene angeordnet sind.

Die Kennwerte der Einzelschichten werden in Abhängigkeit der verwendeten Grundstoffe (Fasern, Matrix) und des Faservolumengehalts bestimmt. Daraus können dann in einem zweiten Schritt die Eigenschaften des Mehrschicht-Laminats entwickelt werden. Nach der Ermittlung der Schnittgrößen werden durch Rückrechnung die Dehnungen der Einzelschichten hergeleitet. Der Spannungsnachweis erfolgt dann getrennt für jede Einzelschicht.

Dieser im Maschinen- und Flugzeugbau übliche Weg der Systemmodellierung und Berechnung ist im Bauwesen kaum handhabbar, da für jedes Bauteil an jedem Punkt die exakte Art und Lage der Faserverstärkungen beschrieben werden muss, was einen sehr hohen Berechnungsaufwand verursacht. In Bild 26 ist exemplarisch ein Schnitt durch ein pultrudiertes GFK-Profil dargestellt. Dabei ist zu erkennen, dass die exakte Lage der Faserverstärkung nur schwer zu erfassen ist und hohen Fertigungsungenauigkeiten unterliegt. Bei der Verwendung von Gewebematten ergeben sich zusätzliche Schwierigkeiten, da die unterschiedlichen Steifigkeiten in Kett- und Schussrichtung berücksichtigt werden müssen.

Eine Darstellung der Bauteilbemessung nach der klassischen Laminattheorie ist in der VDI-Richtlinie 2014 enthalten [51]. Im Folgenden werden baupraktisch handhabbare Verfahren mit wesentlichen Vereinfachungen dargestellt.

## 4.3 Ermittlung der Schnittgrößen und Verformungen

Treten in einem flächigen Laminat ausschließlich Beanspruchungen in Scheibenebene auf ($n_{11}$, $n_{22}$, $n_{12}$, $n_{21}$), kann das aus mehreren Lagen aufgebaute Laminat vereinfachend auch als eine einzelne Schicht in Analogie zur klassischen Laminattheorie betrachtet werden. Dies gilt auch dann, wenn beispielsweise eine unidirektionale Faserverstärkung im Inneren und eine Fasermatte an der Oberfläche vorhanden sind. Die erforderlichen Kenngrößen werden dann jedoch nicht – wie oben beschrieben – rechnerisch ermittelt, sondern sind durch Versuche am Laminat zu bestimmen. Es wird vorausgesetzt, dass die einzelnen Lagen des Laminats eine identische Dehnung haben und die Bruchdehnung der Matrix wesentlich über derjenigen der Verstärkungsfasern liegt. Dieses Vorgehen entspricht auch den Regelungen der DIN 18820 [32].

Bei Biegebeanspruchungen des Laminats ($m_{11}$, $m_{22}$, $m_{12}$, $v_{13}$, $v_{31}$, $v_{23}$, $v_{32}$, $n_{33}$,) gilt diese Vereinfachung nur bei einer homogenen Verteilung der Faserverstärkung über die gesamte Bauteildicke. Meist ist dies nicht der Fall. Dann muss das betrachtete Bauteil in Einzelschichten zerlegt betrachtet werden. Alternativ kann experimentell ein effektiver Biegemodul und eine effektive Biegefestigkeit ermittelt werden.

Die wesentlichen Parameter für die Beschreibung der Verformungssteifigkeit eines Laminats ($E_{11}$, $E_{22}$, $G_{12}$,

- Die Verarbeitungstemperatur muss mindestens 3 °C über der Taupunkttemperatur liegen (Oberflächen, Klebstoff), es muss eine trockene Umgebung vorliegen.
- Die Klebeflächen sind von Fett und Staub zu reinigen, dies kann durch einen acetonähnlichen Reiniger erfolgen; bei der Verklebung mit Stahl ist dieser von Rost zu befreien.
- Zum Verkleben ist bei Verwendung von 2-Komponenten-Reaktionsharzklebstoffen kein Anpressdruck erforderlich; jedoch ist darauf zu achten, dass die Klebeflächen satt aufliegen.

Die Klebeflächen von Kunststoffbauteilen müssen i. d. R. nicht angeschliffen werden, eine Oberflächenreinigung ist meist ausreichend. Im Zweifelsfall sollte vorab durch Versuche die Eignung der Oberfläche des verwendeten Laminats für Verklebungen getestet werden.

**Tabelle 3.** Mindesteigenschaften pultrudierter Profile nach DIN EN 13706 [34]

| Eigenschaften | Einheit | Mindesteigenschaften | |
|---|---|---|---|
| | | Sorte E23 | Sorte E17 |
| Effektiver Biegemodul | GPa | 23 | 17 |
| Axialer Zugmodul | GPa | 23 | 17 |
| Transversaler Zugmodul | GPa | 7 | 5 |
| Axiale Zugfestigkeit | MPa | 240 | 170 |
| Transversale Zugfestigkeit | MPa | 50 | 30 |
| Axiale Biegefestigkeit | MPa | 240 | 170 |
| Transversale Biegefestigkeit | MPa | 100 | 70 |
| Axiale, interlaminare Scherfestigkeit | MPa | 25 | 15 |

## 4 Berechnung und Nachweise

### 4.1 Stand der Normung, Zulassungen und Bauartgenehmigungen

Bauaufsichtlich eingeführte technische Regeln für die Bemessung von tragenden Baukonstruktionen aus faserverstärkten Kunststoffen liegen derzeit nicht vor. Folgende Bemessungsrichtlinien und -empfehlungen können jedoch herangezogen werden:

Die Empfehlung „Tragende Kunststoffbauteile im Bauwesen (TKB) – Entwurf, Bemessung und Konstruktion" [31] des Bau-Überwachungsvereins (BÜV) stellt eine Klammerung der vorhandenen Stoff- und Prüfnormen für die Anwendung von unverstärkten und verstärkten Kunststoffbauteilen im Bauwesen dar. Insbesondere die Darstellung von Faktoren zur Erfassung der Einflüsse von Lastdauer, Temperatur und Umgebungsmedien sowie die Definition von kunststoffspezifischen Einwirkungskombinationen sind für den planenden Ingenieur eine wertvolle Hilfe. Zudem enthält die TKB verschiedene praxisnahe Rechenbeispiele, die vom Ingenieur als Bemessungshilfen genutzt werden können.

Der Eurocomp Design Code and Handbook [11] von 1996 stellte eine erste Zusammenfassung des Standes der Technik zur Konstruktion und Bemessung von Bauteilen aus faserverstärkten Kunststoffen auf europäischer Ebene dar.

Aktuell bestrebt die Working Group 4 (WG4) der CEN/TC 250 eine europäische Norm in Form eines Eurocodes mittelfristig einzuführen. Im Jahr 2016 wurde ein erster „Scientific and Technical Report" erarbeitet, der inzwischen von der Europäischen Kommission geprüft und freigegeben wurde und derzeit Gegenstand einer umfangreichen Überarbeitung ist.

Die inzwischen zurückgezogene DIN 18820 [32] regelte die Anwendung glasfaserverstärkter Kunststoffe (GFK) in Form von Platten und Rohren. Neben Tabellen zur Ermittlung der Festigkeiten und Steifigkeiten von Laminaten wurden Einflussfaktoren zur Berücksichtigung der Umgebungs- und Nutzungsbedingungen angegeben, welche sich teilweise sinngemäß auf pultrudierte Bauteile übertragen lassen. Die DIN 18820 ist eine wichtige Grundlage der BÜV-Empfehlung [31].

Die wichtigsten aktuellen Grundnormen zu Halbzeugen sind die DIN EN 13121 [33] und DIN EN 13706 [34].

Die DIN EN 13121 definiert die Anforderungen an die Spezifikation und Annahme von Ausgangsmaterialien für oberirdische GFK-Tanks und Behälter. Zudem regelt sie deren Berechnung, Konstruktion, Bauausführung und Instandhaltung.

Die DIN EN 13706 spezifiziert pultrudierte Profile und definiert Fertigungstoleranzen sowie zwei Güteklassen einschließlich der Prüfverfahren zum Nachweis der entsprechenden Werkstoffeigenschaften (s. Tabelle 3). Übliche Profile des Bauwesens erfüllen in der Regel die geforderten Mindesteigenschaften für Güteklasse E23. Die geforderten Grenzwerte entsprechen dem charakteristischen Wert nach DIN EN 1990 [35]. Für die Druckfestigkeit wird in der DIN EN 13706 kein Mindestwert gefordert. Diese ist bei Bedarf vom Hersteller zusätzlich zu ermitteln und ist in der Regel identisch mit der Zugfestigkeit.

Neben diesen Regelungen gibt es insbesondere von den Herstellern pultrudierter Profile Handbücher [36], in denen mechanische Kenngrößen und Nachweiskonzepte für das jeweilige Produkt zur Verfügung gestellt werden.

Im Allgemeinen handelt es sich bei Bauteilen aus faserverstärkten Kunststoffen um nicht geregelte Bauprodukte, für die eine Zustimmung im Einzelfall (ZiE) als vorhabenbezogene Bauartgenehmigung erforderlich ist. Für einige Produkte bzw. Anwendungen liegen bereits bauaufsichtliche Zulassungen (abZ) bzw. allgemeine Bauartgenehmigungen (aBG) vor:

großen Bauteilen wie Rotorblättern von Windkraftanlagen verbaut. Die Zerkleinerung dieser riesigen Strukturen ist eine technische Herausforderung und aufgrund der kostengünstigen Glasfasern noch nicht wirtschaftlich [27].

GFK werden u. a. zur Zementherstellung verwendet, dabei tragen die mineralischen Glasfasern zum Ausgangsmaterial des Zements und die Kunststoffmatrix zum Brennwert bei [29].

### 3.3 Verarbeitung von Halbzeugen

#### 3.3.1 Spanende Bearbeitung

Faserverstärkte Kunststoffe können mit üblichen Sägen, Bohrern, Schleifmaschinen, Fräsen etc. des Holz- und Metallgewerbes bearbeitet werden. Allerdings verursachen die Fasern einen starken abrasiven Verschleiß, sodass bei größeren Arbeiten oder Serienproduktion Hartmetall- oder Diamantwerkzeuge verwendet werden müssen. Der Staub ist während der Bearbeitung abzusaugen oder besser noch durch Wasser zu binden, da er Juckreiz verursacht und zu einer Verschmutzung der Geräte führt. Wegen der hohen Elastizität der Werkstoffe ist auf vibrations- und verwindungsfreie Unterstützung bzw. Fixierung der Werkstücke zu achten.

Ein sehr präzises Zuschneiden und Bohren von flächigen Laminaten ist mit Wasserstrahlschneideanlagen möglich. Mit spezieller Ausstattung können auch Hohlprofile bearbeitet werden. Laserschneiden ist unter Verwendung von Schutzgas (z. B. Argon) möglich, verursacht jedoch einen Abbrand an der Schnittkante, der bei hohen Präzisionsanforderungen eine entsprechende Nachbearbeitung erforderlich macht.

Durch die spanende Bearbeitung von Kohlenstofffasern entstehen keine lungengängigen Partikel nach WHO [14]. Informationen zur Arbeitssicherheit finden sich in Abschnitt 6.3 ff und in den DGUV-Informationen „074 Bearbeitung von CFK Materialien – Orientierungshilfe für Schutzmaßnahmen" [14] und „092 Herstellung von CFK Bauteilen – Orientierungshilfe für die Gefährdungsbeurteilung bei der Serienfertigung" [15].

#### 3.3.2 Lösbare Verbindungen

Lösbare Verbindungen werden derzeit meist als Scher-Lochleibungsverbindungen ausgeführt, obwohl das spröde und meist anisotrop verstärkte Grundmaterial keine plastische Umlagerung der Lochleibungsspannungen erlaubt und daher die übertragbaren Kräfte gering sind. Meist kommen Schrauben aus Edelstahl mit glattem Schaft und großen Unterlegscheiben zum Einsatz, um die Pressungen quer zur Faserorientierung gering zu halten.

Eine vorgespannte Schraubverbindung ist bei Duroplasten möglich, allerdings sollte die Vorspannung aufgrund des Kriechverhaltens des Grundmaterials kontrolliert und die Schrauben ggf. nachgespannt werden. Mehrere Autoren haben versucht, lösbare Anschlüsse mit aufgeklebten Stahlblechen oder Manschetten zu

Bild 24. Geschraubte Verbindung in Zellkühlturm
(Foto: Fiberline Composites A/S)

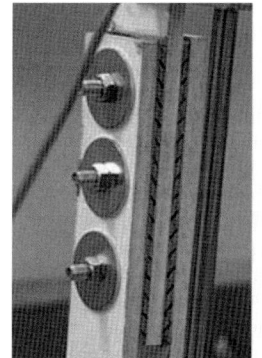 

Bild 25. Schema einer Sägezahnverbindung

verstärken [30]. Dabei wird die Scherkraft der Schraube von den Stahlbauteilen aufgenommen, um dann über die Klebefuge flächig in das Bauteil aus faserverstärktem Kunststoff eingeleitet zu werden, sodass höhere Verbindungskräfte übertragen werden können. Eine Weiterentwicklung ist die Reibschlussverbindung, bei der mit Epoxidharzmörtel ein sägezahnartiges Formstück erzeugt wird (s. Bild 25).

#### 3.3.3 Nicht lösbare Verbindungen

Nieten und andere in der Luft- und Raumfahrt verwendete Fügetechniken sind im Bauwesen derzeit noch selten. Nicht lösbare Verbindungen werden i. d. R. durch Überlaminieren oder Kleben hergestellt. Meist werden Klebstoffe auf Epoxidharzbasis verwendet. Dabei sind die folgenden Grundregeln einzuhalten:

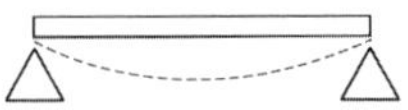

|  | | | Stahlträger IPE 200 g = 0,224 kN/m | Kunststoffträger GFK, pultrudiert IPE 360 g = 0,227 kN/m |
|---|---|---|---|---|
| gleiche Verformung | PEI nicht ern. | [MJ] | 421,30 | 1038,62 |
|  | GWP | [kg $CO_2$-Äq.] | 47,98 | 161,17 |
|  | ODP | [kg R11 -Äq.] | $1,32 \cdot 10^{-6}$ | $2,36 \cdot 10^{-6}$ |
|  | AP | [kh $SO_2$-Äq.] | 0,14 | 3,18 |
|  | EP | [kg $PO_4$-Äq.] | 0,0135 | 0,0427 |
|  | POCP | [kg Ethen -Äq.] | 0,0214 | 0,0906 |

|  | | | Stahlträger IPE 360 g = 0,571 kN/m | Kunststoffträger GFK, pultrudiert IPE 360 g = 0,227 kN/m |
|---|---|---|---|---|
| gleiche Momententragfähigkeit | PEI nicht ern. | [MJ] | 1073,94 | 1038,62 |
|  | GWP | [kg $CO_2$-Äq.] | 122,31 | 161,17 |
|  | ODP | [kg R11 -Äq.] | $3,35 \cdot 10^{-6}$ | $2,36 \cdot 10^{-6}$ |
|  | AP | [kh $SO_2$-Äq.] | 0,356 | 3,18 |
|  | EP | [kg $PO_4$-Äq.] | 0,0343 | 0,0427 |
|  | POCP | [kg Ethen -Äq.] | 0,0545 | 0,0906 |

**Bild 23.** Vergleichende Gegenüberstellung der Primärenergie von Biegeträgern aus Stahl und GFK bei gleicher Verformung bzw. Momententragfähigkeit [7]

den. Auch andere Umwelteinwirkungen, wie zum Beispiel das Treibhauspotenzial, sind nach den in der Datenbank ÖkoBauDat 2019 [25] abgelegten Daten bezogen auf das Gewicht teilweise relativ hoch. Diese Werte relativieren sich jedoch häufig, wenn sie auf eine funktionale Einheit bezogen werden. Grund dafür ist das niedrige spezifische Gewicht von Kunststoffen, das häufig die Erfüllung funktionaler Anforderungen mit einem auf das Gewicht bezogen geringen Materialeinsatz ermöglicht. Pauschale Aussagen über die ökologischen Auswirkungen des Einsatzes von Faserverbundwerkstoffen für Baukonstruktionen sind daher kaum möglich, sondern für jeden Einzelfall mittels der in DIN EN ISO 14040 [26] beschriebenen Methodik für Ökobilanzen zu überprüfen [7].
Obwohl nur 4% des geförderten Erdöls zu Kunststoffen verarbeitet werden, wird ihre Herstellung durch zunehmende Ressourcenknappheit in Zukunft auch von der Wiederverwendung vorhandener Primärprodukte abhängen. Grundsätzlich gibt es folgende Verwendungsmöglichkeiten [7]:
– Wiederverwendung,
– werkstoffliches Recycling oder Verwertung (Rezyklat),
– rohstoffliches Recycling oder Verwertung (Monomere, Gas, Öle),
– thermische bzw. energetische Verwertung.

Die Wiederverwendung ist umweltbezogen die beste Lösung. Das werkstoffliche Recycling, wie bei Thermoplasten, ist bei den meisten Faserverbundwerkstoffen aufgrund der duromeren Matrix, diese lässt sich nicht aufschmelzen, Gegenstand der Forschung. Ebenso die Option zur Verwertung der Kohlenstofffasern am Ende ihres Lebens. Als Alternative bleibt die Verwertung mit Eigenschaftsminderung [7].

Verfahren zur Verwertung von CFK und Carbonfasern nach [27]:
– Thermische Verwertung:
  Die Pyrolyse verbrennt die Kunststoffmatrix und gibt die Carbonfasern frei. Dies findet unter einer Schutzgasatmosphäre bei Ausschluss von Sauerstoff statt [27]. Dabei bleibt der Elastizitätsmodul der Faserverstärkung nahezu unverändert [28].
– Chemische Verwertung:
  Die Solvolyse bricht die chemischen Verbindungen der Kunststoffmatrix und gibt dadurch die Carbonfasern frei. Beim Übergang von der flüssigen in die gasförmige Phase ist z. B. Propanol in der Lage, die Matrix fast vollständig von der Faser zu lösen [27].
– Mechanische Verwertung:
  Carbonfasern, die noch nicht mit Kunststoff imprägniert sind, werden gemahlen oder geschnitten. Sie lassen sich als Verstärkungsfaser oder Füllstoffe in Spritzgussgranulaten, Pressmassen und Bauprodukten einsetzen [27].

Carbonfaserhaltige Produktionsreste sowie ausrangierte Bauteile werden so in hochwertige Fasern zurückgeführt. Die isolierten Fasern können nun zu Pellets oder Fasermehl zermahlen und weiterverwendet werden. Durch eine spezielle Beschichtung können sich die verwerteten Fasern wieder in eine Kunststoffmatrix einbinden lassen. So werden CFK-Abfälle zum Rohstoff für die Kunststoffindustrie verwertet [27].

Verwertung von GFK:
Erste Versuche, GFK mithilfe von Pyrolyse aufzuspalten, wurden vor Jahren gestartet. GFK werden oft in

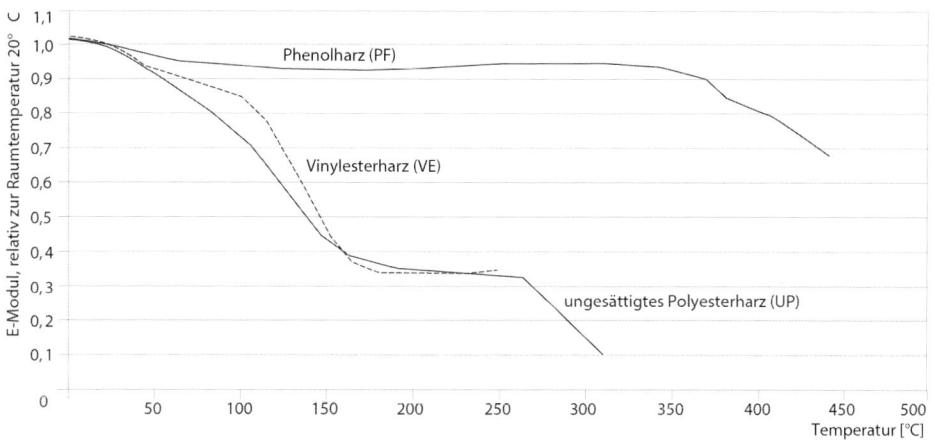

**Bild 22.** Veränderung des E-Moduls von duroplastischen Kunststoffen unter Brandeinwirkung [24]

book [11] empfiehlt, die Anwendungsgrenze mit 10 bis 15 °C unterhalb von $T_g$ anzusetzen. Typische Bandbreiten der Glasübergangstemperatur für übliche Matrixtypen sind in Tabelle 1 aufgelistet. Die Anwendungsgrenze wird außerdem vom Faservolumengehalt beeinflusst, ist also eine laminatspezifische Kenngröße. In diversen Zulassungsdokumenten, wie z. B. [21], wird die maximale Einsatztemperatur pultrudierter Polymerprofile zu 80 °C festgelegt. Der Abminderungsfaktor zur Berücksichtigung der Einsatztemperatur auf die mechanischen Kenngrößen wird in Abhängigkeit der Wärmeformbeständigkeitstemperatur HDT definiert und somit vom verwendeten Harzsystem abhängig gemacht.

Mit den im Bauwesen üblichen faserverstärkten Kunststoffen sind i. d. R. maximal Brandklasse B1 (schwerentflammbar) oder oft nur B2 (normalentflammbar) nach DIN 4102 [22] bzw. die entsprechenden Brandklassen gemäß DIN EN 13501 [23] erreichbar. Die üblichen Duroplaste tropfen nicht brennend ab. Phenolharze haben eine höhere Glasübergangstemperatur als andere Duroplaste. Sie werden daher für Bauteile mit erhöhten Brandverhaltensanforderungen verwendet. Darüber hinaus werden der Matrix feuerhemmende Füllstoffe (Halogene, Aluminiumtrihydrat) beigemengt, die eine Selbstverlöschung unterstützen.

CFK- und GFK-Laminate mit Epoxidharzmatrix wurden für die Entwicklung des BUGA Faserpavillons Heilbronn 2019 anhand von Brandverhaltensversuchen nach DIN 4102 als normalentflammbar klassifiziert im Rahmen der Zustimmung im Einzelfall als vorhabenbezogene Bauartgenehmigung, weitere Informationen zum Projekt siehe Abschnitt 7.3.3.

### 3.2.5 Chemische Beständigkeit

Die im Bauwesen üblichen duroplastischen Matrixwerkstoffe sind gegen sauren und alkalischen Einfluss weitgehend beständig und benötigen i. d. R. keinen konstruktiven Schutz gegen Medieneinwirkung. Die Fasern weisen sehr unterschiedliche Eigenschaften auf: Während Kohlenstofffasern eine hohe chemische Beständigkeit besitzen, sind Glasfasern resistent gegen saures Milieu, werden aber von alkalischen Medien angegriffen, insbesondere bei gleichzeitig erhöhter Umgebungstemperatur. Wenn keine Fasern aus alkaliresistentem Glas verwendet werden, sind sie stets durch die Matrix zu schützen. Versuche haben gezeigt, dass die Fasern nicht durch Diffusion, sondern durch das Eindringen der alkalischen Medien in Risse der Matrix gefährdet sind. Um dies zu verhindern, sind die Dehnungen unter Gebrauchslast zu beschränken.

### 3.2.6 Feuchte- und Witterungsbeständigkeit

Duroplaste neigen dazu, Feuchtigkeit aufzunehmen. Laminate erhalten daher i. d. R. eine wasserdichte Oberflächenbeschichtung (Gelcoat). Schadhafte oder durchlässige Beschichtungen können zu Blasenbildung führen. Pultrudierte Profile haben statt einer Beschichtung meist ein Oberflächenvlies. Schnittkanten und Bohrlöcher sind zu versiegeln. Ist das Laminat infolge anstehenden Wassers oder ständiger Bewitterung dauerhaft durchfeuchtet, ist eine Abminderung der mechanischen Festigkeits- und Steifigkeitskennwerte erforderlich.

Der Kunststoffmatrix werden heute meist UV-absorbierende Füllstoffe beigemengt, sodass UV-Strahlung i. d. R. keine wesentliche Minderung der Festigkeits- und Steifigkeitswerte verursacht. Die Bauteiloberflächen bleichen jedoch aus, wenn sie nicht beschichtet werden.

### 3.2.7 Ökologische Aspekte

Die Herstellung von Kunststoffen ist mit einem vergleichsweise hohen Einsatz an Primärenergie verbun-

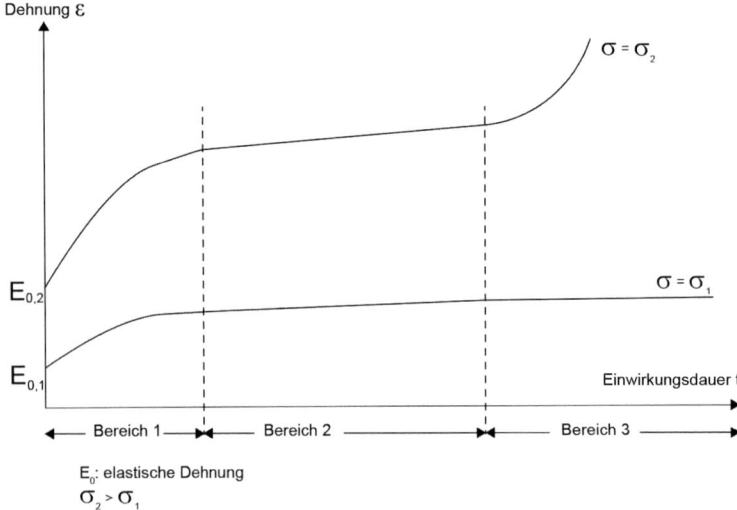

**Bild 20.** Zeit-Verformungs-Verhalten von faserverstärkten Kunststoffen (schematisch) [11]

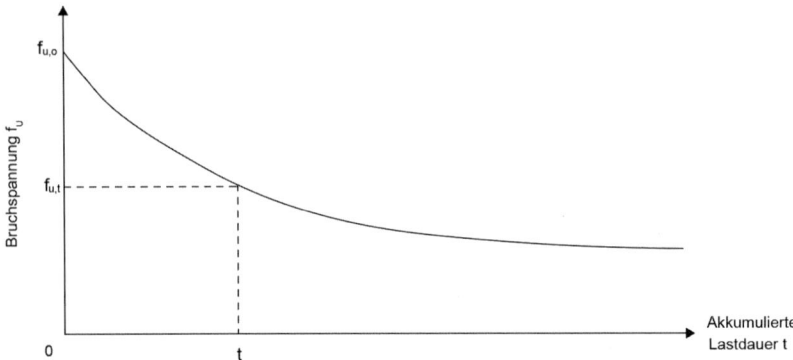

**Bild 21.** Zusammenhang zwischen Dauer der Beanspruchung und der Bruchspannung

prinzipiellen Zusammenhang zwischen der Dauer der Einwirkung (akkumulierte Lastdauer) und dem Bauteilwiderstand. In doppeltlogarithmischer Darstellung wird aus Bild 21 für GFK mit duroplastischer Matrix näherungsweise eine Gerade.

### 3.2.3 Ermüdung

Auch das Ermüdungsverhalten von Faserverbundwerkstoffen wird durch die Beanspruchung der Kunststoffmatrix bestimmt. Kritisch sind Belastungen, welche zu hohen Dehnungen in der Matrix führen. Kohlenstofffaserverstärkte Kunststoffe sind bei Beanspruchung in Faserrichtung wegen des hohen E-Moduls der Fasern und der damit einhergehenden geringen Matrixdehnung sehr ermüdungsresistent [20].

### 3.2.4 Temperatur und Brand

Organische Polymere sind grundsätzlich brennbar. Die mechanischen Kenngrößen sind in hohem Maße temperaturabhängig. Die Anwendungsgrenze von Kunststoffen wird i. d. R. in Abhängigkeit von der Glasübergangstemperatur $T_g$, die den Übergang von einem spröd-elastischen zu einem zäh-viskoelastischen Verhalten beschreibt, oder der Wärmeformbeständigkeitstemperatur HDT (Heat Distortion Temperature, auch als Heat Deflection Temperature bezeichnet) definiert. Anders als Thermoplaste erreichen Duroplaste jedoch keinen viskosen Zustand, da sie sich bei höheren Temperaturen zersetzen. Dennoch wird der Begriff der Glasübergangstemperatur $T_g$ in der Literatur auch für Duroplaste verwendet. Das Eurocomp Design Hand-

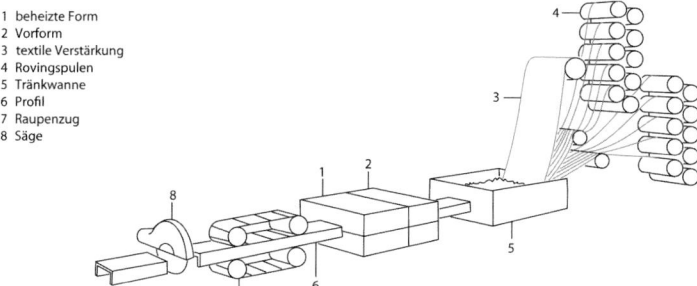

1 beheizte Form
2 Vorform
3 textile Verstärkung
4 Rovingspulen
5 Tränkwanne
6 Profil
7 Raupenzug
8 Säge

**Bild 18.** Pultrusionsverfahren, schematisch [7]

**Bild 19.** Pultrusionsverfahren [19]

Für die Biegetragfähigkeit um die Hauptachsen ist die unidirektionale Rovingverstärkung in Längsrichtung maßgebend. Senkrecht zur Pultrusionsrichtung sind die mechanischen Beanspruchbarkeiten verfahrensbedingt deutlich geringer und werden maßgeblich durch die Matten oder Vliese beeinflusst. Der erreichbare Fasergehalt liegt bei ca. 70 Vol.-%. Die Fertigungstoleranzen des industriellen Prozesses sind zwar gering, aufgrund der Schrumpfung der duroplastischen Matrix beim Aushärten dennoch höher als bei metallischen Profilen. Prinzipiell ist im Pultrusionsverfahren die Herstellung nahezu jeder Profilform mit über die Länge konstantem Querschnitt denkbar, jedoch sind die Profilabmessungen verfahrenstechnisch begrenzt, i. d. R. auf Wandstärken von ca. 1,5 mm < t < 60 mm und Außenabmessungen von ca. h < 320 mm und b < 1,25 m. Rippen oder Profilierungen senkrecht zur Pultrusionsrichtung lassen sich nicht herstellen. Die ab Lager erhältlichen Standardprofile der meisten Hersteller orientieren sich weitgehend an den Querschnitten des Stahlbaus [1, 7]. Es werden aber auch Seitenverkleidungen für Nahverkehrszüge, Abdeckungen für Schaltkästen und viele Sonderformen des Industrie- und Anlagenbaus pultrudiert. Die Pultrusion erfordert ein vergleichsweise aufwendiges Werkzeug, sodass sich die Herstellung von Sonderprofilen erst ab größeren Mengen (i. d. R. mindestens 1000 Stück) lohnt.

## 3.2 Eigenschaften von Verbundwerkstoffen

### 3.2.1 Allgemeines

Verbundwerkstoffe sind in ihren Eigenschaften wesentlich vielfältiger als tradierte Baustoffe wie Holz, Metalle oder Beton. Bei faserverstärkten Kunststoffen streuen die Festigkeit und Steifigkeit erheblich. Je nachdem, welche mechanischen, chemischen, fertigungstechnischen und visuellen Anforderungen sich stellen, muss der Anwender geeignete Materialien, Herstellungsverfahren und Laminataufbau wählen.

### 3.2.2 Kriechen

Organische Polymere zeigen eine ausgeprägte Kriechneigung. Laminate kriechen daher umso mehr, je größer der Anteil der Kunststoffmatrix an der Lastabtragung ist.

Bei unidirektional verstärkten Bauteilen unter Zugbeanspruchung in Faserrichtung werden die Lasten fast ausschließlich von den Fasern aufgenommen, sodass der Kriecheinfluss eher gering ist. Bei Beanspruchungen senkrecht zur Faser, bei Schubbeanspruchungen oder bei Wirrfaserlaminaten sind der lastabtragende Anteil des Kunststoffs und damit die Kriechneigung größer. Auch bei Druckkräften in Faserrichtung entstehen erhöhte Spannungen in der Matrix, da der Kunststoff die Fasern gegen lokales Knicken stabilisiert. Weiterhin haben Feuchtigkeit und Temperatur einen wesentlichen Einfluss auf das Kriechverhalten.

Das Kriechen lässt sich prinzipiell in drei Bereiche unterteilen. Im ersten Bereich nimmt die Dehnung mit der Zeit zu, bei geringer Spannungsauslastung sind sie teilweise reversibel. Im zweiten Bereich bleiben die Dehnungen mit zunehmender Einwirkungsdauer nahezu konstant (vgl. Bild 20). Ab einer kritischen Beanspruchung kann ein dritter Bereich folgen, bei dem die Dehnungen ab einem bestimmten Zeitpunkt rasch zunehmen und letztlich zu einem Versagen des Laminats führen. Dieser verzögerte Bruch – unter konstanter Last – resultiert aus fortschreitender Rissbildung im Kunststoff.

Das Kriechen führt daher nicht nur zu einer Zunahme der Verformungen, sondern auch zu einer Abnahme der Tragfähigkeit (Zeitstandsfestigkeit). Bild 21 zeigt den

**Bild 15.** Ablegen von Glasfasern auf einen Wickelkern beim Wickelverfahren [17]

**Bild 16.** Flechtmaschine [18]

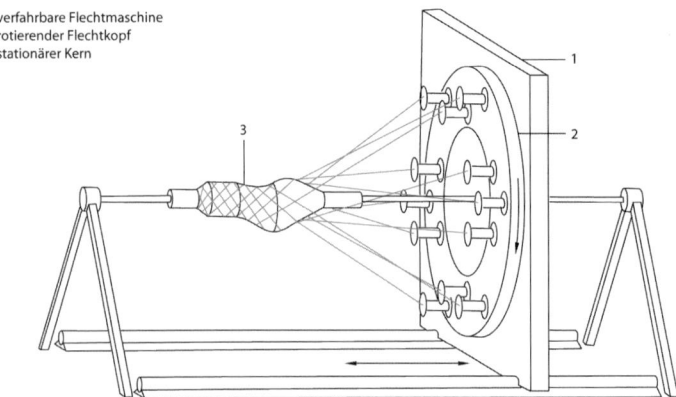

1 verfahrbare Flechtmaschine
2 rotierender Flechtkopf
3 stationärer Kern

**Bild 17.** Flechtverfahren [7]

bung zwischen den Fasern haben geflochtene Bauteile eine hohe Schlagzähigkeit. Das Harz wird nach dem Flechtvorgang im Infusions- oder Injektionsverfahren eingebracht. Das Flechtverfahren erfordert eine sehr aufwendige maschinelle Ausrüstung und wird vor allem für hochbeanspruchte Bauteile der Luft- und Raumfahrtindustrie eingesetzt.

### 3.1.5 Pultrusionsverfahren

Das Pultrusionsverfahren, auch als Profil- oder Strangziehverfahren bekannt, hat derzeit im Bauwesen eine besondere Bedeutung, da sich auf vergleichsweise einfache Art Profile mit einem hohen Fasergehalt und geringer Streuung der mechanischen Eigenschaften herstellen lassen. Die Verstärkungsmaterialien, wie Rovings, Gelege, Gewebe oder Matten, werden von Rollen abgespult und nach einem Armierungsplan durch einen Führungskopf gezogen und somit in die vorgesehene Position des späteren Laminats geleitet. Anschließend erfolgt das Imprägnieren des Armierungsmaterials mit dem Matrixwerkstoff im Badimprägnierungs- oder Injektionsverfahren. Als Matrix werden meist UP-Harze, gelegentlich auch VE- oder PF-Harze verwendet. Dem Matrixwerkstoff werden zusätzlich verfahrenstechnische, funktionsverbessernde und kostenreduzierende Additive beigemischt. Das Injektionsverfahren ermöglicht qualitativ höherwertige Produkte, da das Harz unter Druck in das Kernwerkzeug eingespritzt wird und die Fasern vollständig getränkt werden. In der nachlaufenden Heizeinrichtung wird die Härtereaktion des Harzes beschleunigt, um ein formstabiles Profil für den weiteren Zuschnitt und Transport zu erhalten. Zum Schutz und zum Versiegeln der Oberfläche wird als äußerste Schicht ein Gelmantel (Gelcoat aus einer 0,4 mm bis 0,9 mm starken Harzschicht) aufgetragen. Zusätzlich wird ein Oberflächenvlies unterhalb des Gelmantels aus einer dünnen nicht gewebten Armierung eingezogen. Durch beide Maßnahmen entsteht eine harzreiche Außenschicht, die eine optisch ansprechende Oberfläche darstellt und die Eigenschaften erheblich verbessert (z. B. chemischer Widerstand, UV-Schutz oder Temperatureinwirkung).

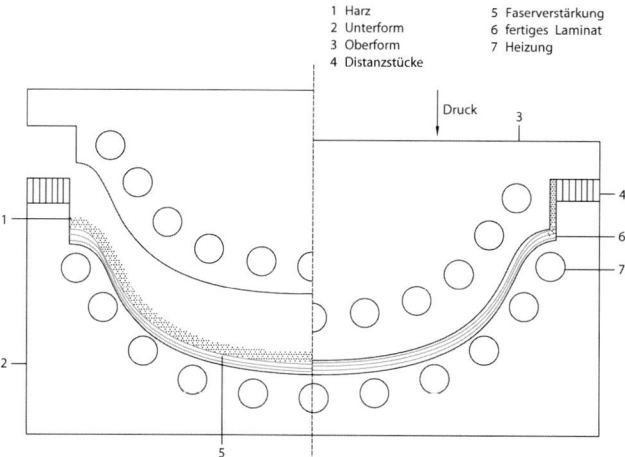

**Bild 13.** Press- und Injektionsverfahren Atlas [7]

hohe Mechanisierung des Verfahrens führt dazu, dass die Fasern exakt, reproduzierbar und in hoher Dichte angeordnet werden können. Beim Wickeln wird ein rotierender Kern mit vorgespannten Rovings umwickelt. Es können auch Matten oder Gewebe verarbeitet werden. Die Fasern können sowohl mit Harz getränkt, also nass oder auch trocken verarbeitet werden. In diesem Fall werden sie anschließend nach dem oben beschriebenen Harzinfusionsverfahren getränkt. Über die Drehzahl des Kerns sowie die Geschwindigkeit der Fadenablage kann die Faserverstärkung des Laminats beeinflusst werden. Je nach Stückzahl und Geometrie des Bauteils werden verlorene Kerne aus löslichen Stoffen oder bei größeren Serien wiederverwendbare Kerne aus Stahl oder Aluminium eingesetzt. Zur leichteren Entformung werden diese oft leicht konisch oder als mechanische Klappkerne ausgeführt.

Dem Wickeln vergleichbar ist das Flechtverfahren. Dabei wird eine große Anzahl Fäden von einer Flechtmaschine auf einen Kern abgelegt. Entweder der Kern oder die rotierenden Flechtköpfe sind verfahrbar. Mit den sich überschneidenden Fasern lassen sich auch sehr komplexe Bauteile, wie zum Beispiel Rohrkrümmer mit veränderlichem Querschnitt oder Rohrverzweigungen, herstellen. Zusätzlich können verschiedene Faserarten (z. B. Glas- und Kohlenstofffasern) kombiniert und die Faseranordnungen an die Belastungen angepasst werden. Im Gegensatz zum Wickelverfahren sind Fasern in Kernachsenrichtung (0°-Richtung) möglich. Durch die sich kreuzenden Fäden und die damit verbundene Rei-

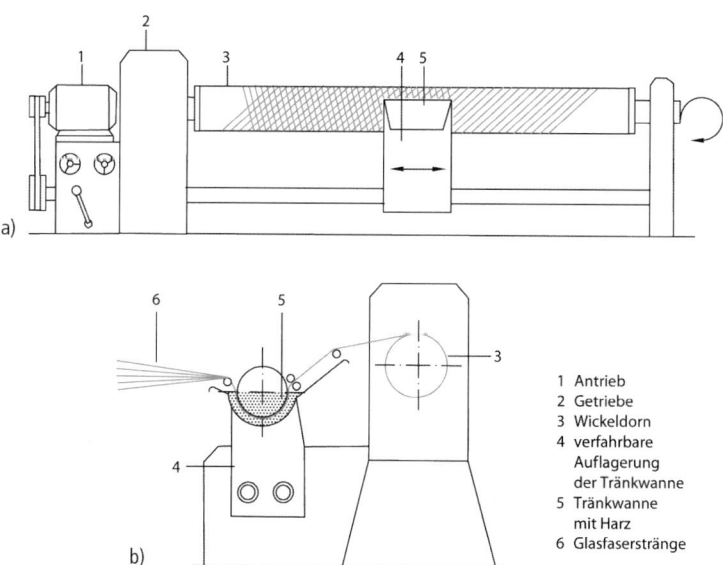

1 Antrieb
2 Getriebe
3 Wickeldorn
4 verfahrbare Auflagerung der Tränkwanne
5 Tränkwanne mit Harz
6 Glasfaserstränge

**Bild 14.** Wickelverfahren nach dem Drehbankprinzip [7]

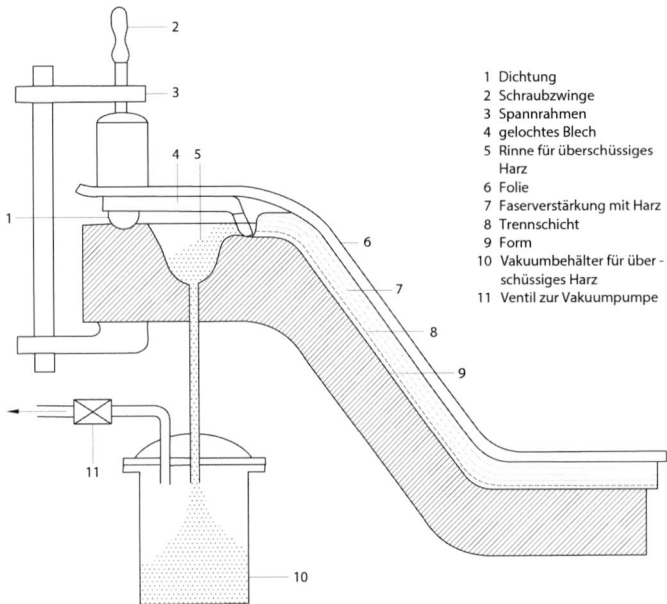

**Bild 12.** Harzinfusions- bzw. Vakuum-Verfahren mit einseitiger Form [7]

1 Dichtung
2 Schraubzwinge
3 Spannrahmen
4 gelochtes Blech
5 Rinne für überschüssiges Harz
6 Folie
7 Faserverstärkung mit Harz
8 Trennschicht
9 Form
10 Vakuumbehälter für überschüssiges Harz
11 Ventil zur Vakuumpumpe

Auf ähnliche Weise ist es auch möglich, trocken hergestellte Laminate (z. B. reine Glasfaserwicklungen) nachträglich mit Harz zu durchtränken. Bei diesem sogenannten Harzinfusionsverfahren werden dazu an der gegenüberliegenden Stelle der Luftentnahme ein Behälter mit Harz angeschlossen. Beim Evakuieren wird dann das Harz in das Gewebe eingesaugt. In diese Gruppe gehört auch das sogenannte Resin-Transfer-Moulding (RTM) Verfahren, bei dem die Verstärkungsfasern trocken in eine geschlossene zweiteilige Werkzeugform eingelegt und anschließend mit Vakuumunterstützung durchtränkt werden.

Eine sehr hohe Qualität wird durch Aushärtung im Autoklav erreicht. Ein Autoklav ist ein beheizbarer Druckkessel, in dem sich Temperatur- und Druckzyklen exakt und reproduzierbar steuern lassen. Das Bauteil wird wie beim Vakuum-Verfahren vorbereitet und anschließend unter Drücken von 2 bis 25 bar und Temperaturen von ca. 180 °C ausgehärtet. Durch den allseitig wirkenden hydrostatischen Druck lassen sich auch für komplexe und großdimensionierte Strukturen leichte Formen einsetzen. Hochleistungsbauteile der Luft- und Raumfahrt werden im Autoklav hergestellt.

### 3.1.3 Press- und Injektionsverfahren

Für die Herstellung von Formbauteilen aus faserverstärkten Kunststoffen gibt es verschiedene kalte und heiße Pressverfahren, die eine vergleichsweise hohe Grundinvestition in die Werkzeuge und Formen erfordern und daher vor allem in der industriellen Fertigung von Großserien zur Anwendung kommen. Die Formgebung erfolgt dabei meist durch zweiteilige Werkzeuge in einer Presse. Beim Kaltpressen können Kunstharzwerkzeuge eingesetzt werden, wobei der erreichbare Fasergehalt der Fertigteile bei nur ca. 50 Vol.-% liegt. Fertigteile mit erhöhten Anforderungen werden im Heißpressverfahren mit Werkzeugen aus Stahl oder Aluminium hergestellt. Das Heißpressen ermöglicht Fasergehalte bis zu 65 Vol.-%. Beim Pressen können sowohl flüssige als auch vorgefertigte Halbzeuge, sogenannte Prepregs, verwendet werden. Prepregs sind mit Harz vorimprägnierte Verstärkungsfasern, die unter Druck und Temperatur aushärten. Der Tränkungsvorgang der Fasern ist vom eigentlichen Formgebungsvorgang getrennt, wodurch sich eine hohe Qualität der Faserverbundwerkstoffe erreichen lässt.

Die sogenannten SMC (Sheet Molding Compound), die in der industriellen Serienfertigung eine sehr große Bedeutung haben, sind kurzfaserverstärkte Prepregs. Als Harze werden meist UP-Harze verwendet, seltener auch VE-Harze für höher beanspruchte Bauteile, die mit Glasfasern von 25 bis 50 mm Länge verstärkt werden. Harzmasse und Fasern werden maschinell zwischen Trägerfolien gepackt und zu Endlos-Rollenware weiterverarbeitet. Das lederartige Material wird zugeschnitten und mit zweiteiligen beheizten Stahlwerkzeugen unter Pressdrücken zwischen 30 und 140 bar zu Formteilen verarbeitet. Wichtigste Anwendungsgebiete sind Großserien von Installationsschränken, Abdeckhauben, Fahrzeugteilen (z. B. Heckklappen, Ölwannen usw.) und anderen Formteilen.

### 3.1.4 Wickel- und Flechtverfahren

Ein weiteres Herstellungsverfahren ist die Wickeltechnik, mit der Rohre, Behälter, Tanks und andere rotationssymmetrische Hohlkörper hergestellt werden. Die

1/3 verglichen mit einem reinen Polyesterharz. Auf diese Weise werden nicht nur die Fertigungstoleranzen reduziert, sondern auch Eigenspannungen abgebaut, Mikrorisse verhindert und so die Korrosionsbeständigkeit und Dauerfestigkeit des Laminats verbessert.

## 3 Verbundwerkstoffe

### 3.1 Herstellung

#### 3.1.1 Allgemeines

Sowohl der erreichbare Fasergehalt als auch die Orientierung der Fasern sind von dem gewählten Fertigungsverfahren abhängig, das daher einen wesentlichen Einfluss auf die mechanischen Eigenschaften des Bauteils hat. Dabei wird angestrebt, die Fasern entsprechend dem später im Bauteil wirkenden Kraftfluss anzuordnen.

Die Herstellverfahren für Laminate sind sehr vielfältig und reichen von der manuellen Anfertigung von Einzelstücken bis zum automatisierten Fertigungsprozess für industrielle Großserien. Hier können nur einige wenige kurz beschrieben werden, dies sind das Handlaminieren, verschiedene Vakuumverfahren wie die Infusions- und Injektionstechnik, Presstechniken, wie das häufig verwendete SMC-Verfahren (SMC = Sheet Molding Compound), sowie das Wickeln, das Flechten und die Pultrusion, welche derzeit im Bauwesen eine besondere Bedeutung hat.

Informationen zur Arbeitssicherheit finden sich in Abschnitt 6.3 und in den DGUV-Informationen „074 Bearbeitung von CFK Materialien – Orientierungshilfe für Schutzmaßnahmen" [14] und „092 Herstellung von CFK Bauteilen – Orientierungshilfe für die Gefährdungsbeurteilung bei der Serienfertigung" [15].

#### 3.1.2 Manuelle Verfahren

Frei geformte Prototypen mit geringen Stückzahlen, aber auch Elemente des Flugzeugbaus, die wegen ihrer großen Abmessungen nicht gepresst werden können, werden manuell im Handlaminierverfahren hergestellt. Für die Formgebung ist ein Werkzeug oder eine Schalung erforderlich. Mit Blech oder Holz lassen sich nur Formen für einfache Geometrien realisieren. Für komplex geformte Einzelstücke werden meist Polyurethan-Hartschäume mit Dichten bis zu 400 kg/m$^3$ verwendet. Die Oberflächen werden geschliffen und mit einer Schutzschicht überzogen, um das Entformen zu erleichtern und ein Eindringen des Harzes in den Schaum zu verhindern. Mit einer Hartschaumform lassen sich nur einige wenige Bauteile herstellen. Für größere Stückzahlen werden meist Formen aus faserverstärkten Kunststoffen verwendet, die eine sehr lange Lebensdauer haben. Als Matrix wird das schrumpfungsarme und maßhaltige Epoxidharz verwendet.

Bei der Planung einer Form muss auf die Entformbarkeit geachtet werden. Hinterschnitte oder stark verwundene Bauteile sind unter Umständen nicht herstellbar. Beim Laminieren wird zunächst eine weniger als 1 mm dicke faserfreie Deckschicht, der sogenannte Gelcoat, auf die Form aufgetragen. Hierzu verwendet man Spezialharze, die eine gute Härte und Schlagzähigkeit besitzen und denen Thixotropiermittel beigegeben sind. Die Deckschicht bildet einen Oberflächenschutz für das Laminat. Danach werden Matrix und Fasermatten schichtweise nass-in-nass in die Form eingebracht. Mit einem Roller werden Lufteinschlüsse aus dem Laminat gepresst, um Fehlstellen zu vermeiden. Die Formseite erhält eine glatte Oberfläche, die Gegenseite ist laminatrau.

Beim Handlaminieren frei geformter Bauteile ist es kaum möglich, eine vorgegebene Faserorientierung exakt einzuhalten. Der erzielbare Faseranteil beträgt maximal 45 Vol.-%. Die Qualität der erzeugten Bauteile hängt stark vom handwerklichen Können des Verarbeiters ab.

Um die Anzahl von Fehlstellen und Lufteinschlüssen zu reduzieren und die Dichte der Laminate zu erhöhen, werden verschiedene Techniken angewandt, bei denen das Laminat unter Druck aushärtet. Der Druck kann dabei auf verschiedene Arten erzeugt werden.

Häufig wird das Vakuum-Verfahren verwendet, bei dem das noch nasse Laminat mit einer porösen Trennfolie und einem Sauggewebe abgedeckt wird. Alles wird zusammen mit einer Vakuumfolie überdeckt und an den Rändern abgedichtet. Mit einem Vakuum werden anschließend alle überflüssigen Harzmengen und Lufteinschlüsse abgesaugt. Das Laminat härtet unter atmosphärischem Druck aus. Dadurch entsteht mit geringen Werkzeugkosten ein sehr dichtes Laminat mit hohen Fasergehalten.

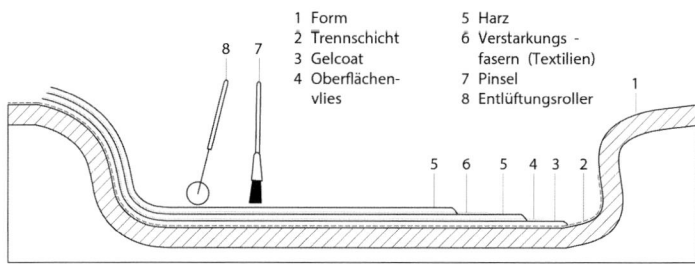

**Bild 11.** Handlaminierverfahren [7]

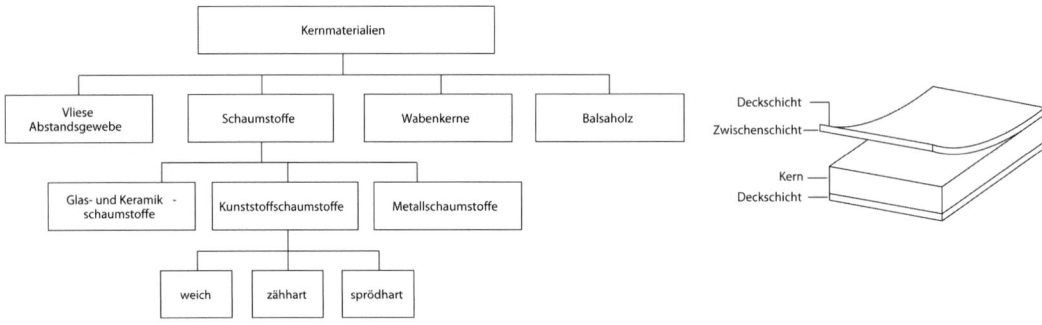

**Bild 10.** Einteilung der Kernmaterialien und Aufbau einer Sandwichkonstruktion [7]

Zur Einleitung von Stütz- oder Anschlusskräften sind häufig örtliche Verstärkungen mit Profilen aus Stahl, Aluminium etc. erforderlich. Für die Kernschicht kommen verschiedene Werkstoffe zur Anwendung:
- Polymer-Hartschäume aus Polyurethan oder PVC. Hartschäume müssen für tragende Sandwichbauteile eine Mindestdichte von 40 kg/m$^3$ aufweisen. Sie übernehmen oft gleichzeitig die Funktion der thermischen Isolierung. Schaumstoffkerne sind auch in vorgefertigter Form als Platten erhältlich.
- Wabenstrukturen (Honeycombs) aus Aluminium, phenolharzgetränktem Aramidpapier, Polypropylen oder Ähnlichem. Üblicherweise werden Wabenkerne in Dicken zwischen 1,5 bis 90 mm hergestellt. Sie ermöglichen extrem leichte und tragfähige Sandwichstrukturen. Um optimale Verklebung zwischen Wabenkern und Decklage zu erzielen, werden die Verbundlaminate oft unter Druck ausgehärtet. Wabenkerne sind nur begrenzt drapierfähig, sodass sie vor allem für ebene Sandwichpaneele eingesetzt werden.
- Kernlagenvliese und Abstandsgewebe. Das Vlies wird beim Laminieren mit Harz durchtränkt, das über die Perforation die beiden Deckschichten miteinander verbindet. Die Vliese werden in Dicken bis ca. 6 mm hergestellt. So lassen sich komplex gekrümmte Bauteile begrenzter Dicke einfach und dauerhaft herstellen. Die Gefahr des Aufspaltens des Laminats ist geringer als bei ausgeschäumten Sandwichen. Abstandsgewebe bestehen aus zwei Decklagen aus Glasfasergeweben, die durch senkrecht angeordnete Fäden verbunden werden. Beim Laminieren stellen sich diese Fäden selbsttätig auf, sodass ein 3 bis 23 mm dickes Sandwich entsteht.
- Kernmaterial aus Balsaholz hat eine Dichte zwischen 100 und 200 kg/m$^3$ und liegt damit im mittleren Bereich von Hartschaumstoffen. Die Feuchteempfindlichkeit von Balsaholz ist bei einigen Anwendungen nicht unproblematisch, da es quellen und verrotten kann. Weil die mechanischen Eigenschaften unter denen von Hartschäumen liegen, werden bei höheren Anforderungen an die Tragfähigkeit meist Schaumstoffe als Kernmaterial bevorzugt. Balsaholz spielt jedoch eine immer wichtigere Rolle aufgrund ökologischer Aspekte.

### 2.6 Füllstoffe und Additive

Der Matrix werden Füllstoffe zur Kostenreduktion sowie verfahrenstechnische und funktionsverbessernde Additive beigemengt, welche die mechanischen Eigenschaften, die Korrosionsbeständigkeit und die Brandsicherheit bzw. Entflammbarkeit des Faserverbundwerkstoffs beeinflussen.
- Kostenreduzierende Additive (Füllstoffe): Zur Kostenreduktion werden Polyesterharzen bis zu 30 Gew.-% Füllstoffe (Kaolin und Kreide) beigemengt, die gleichzeitig das Schwinden beim Aushärten reduzieren, aber auch zu Fehlstellen im Laminat führen können. Daher können Füllstoffe die mechanischen Eigenschaften, die Korrosions- und Chemikalienbeständigkeit verschlechtern.
- Farbpigmente: Farbpasten für Polyester- und Epoxidharze sind in allen RAL-Farben lieferbar. Eine hochwertige Farboberfläche wird allerdings nur durch eine Beschichtung erreicht.
- Brandverzögernde Additive: Häufig wird Aluminiumhydroxid (auch ATH für „Aluminiumtrihydrat") als anorganisches Flammschutzmittel zugegeben. Es wirkt durch Abspaltung von Wasser kühlend und gasverdünnend, muss aber in großen Anteilen (bis zu 60%) zugemischt werden und beeinträchtigt damit auch die mechanischen Eigenschaften. Halogenierte Flammschutzmittel wirken zwar brandhemmend, emittieren im Brandfall aber toxische Gase. Faserverbundbauteile sind üblicherweise normalentflammbar. Durch Zugabe von Additiven und geeignete Wahl des Harzes können sie ab gewissen Laminatstärken bestenfalls eine Klassifikation als schwer entflammbar (kein brennendes Abtropfen) erreichen.
- Low-Profile-Additive: Duroplaste, insbesondere Polyesterharze, schrumpfen beim Aushärten, wodurch die Maßgenauigkeit der Laminate beeinträchtigt wird. Durch Zugabe von sogenannten Low-Profile-Additiven wird dem entgegengewirkt, bei derartigen Harzsystemen verringert sich das Schwinden auf ca.

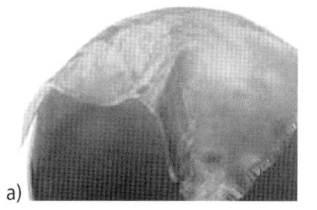 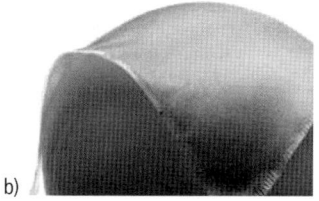 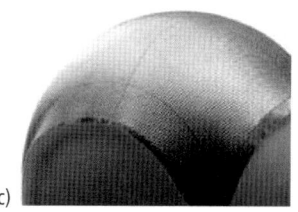

**Bild 7.** Drapierbarkeit von Geweben [7]; a) Leinwandbindung, b) Köperbindung, c) Atlasbindung

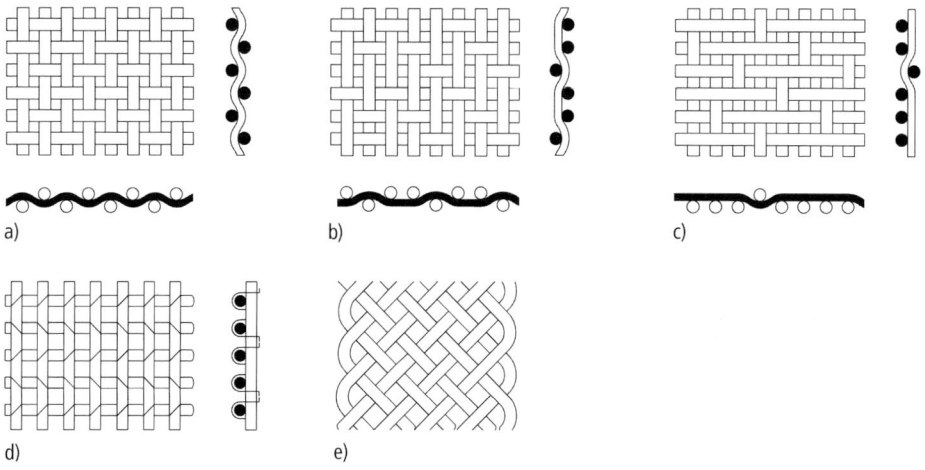

**Bild 8.** Verschiedene Textilien (vereinfachte Darstellung ohne unterschiedliche Welligkeit der Gewebe in Kett- und Schussrichtung); a) Leinwandbindung, b) Köperbindung, c) Atlasbindung, d) Gelege mit Nähfäden, e) Geflecht [7]

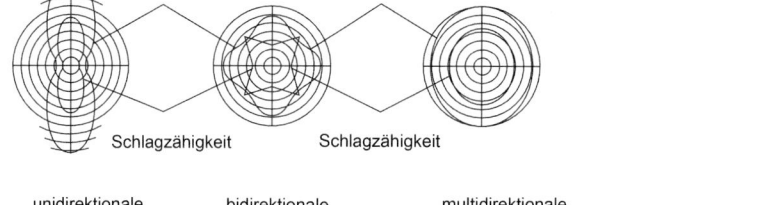

**Bild 9.** Poldiagramme für unterschiedliche Verstärkungsformen nach [17]

Im Automobilbau und in der Luft- und Raumfahrttechnik spielt oft die Schlagzähigkeit eine besondere Rolle. Für solche Anwendungen werden geflochtene Matten verwendet, bei denen durch die sich kreuzenden Fasern eine erhöhte Reibung erzeugt wird, die zu der gewünschten Schlagzähigkeit führt. Auch für die Faserverstärkungen von Rohren werden häufig Geflechte verwendet. Der Winkel zwischen den Fasern lässt sich einstellen und an die Beanspruchungen anpassen.

Gewirke und Gestricke entstehen durch Schlaufen- oder Maschenbildung. Da sie keine Vorzugsrichtung haben, eignen sie sich nicht zur Verstärkung von Kunststoffen. Sie dienen vor allem als Trägermatte für die Verstärkungsfasern oder zu deren Lagesicherung (s. Bild 9).

## 2.5 Kernmaterialien

Faserverstärkte Kunststoffbauteile werden häufig als Sandwichkonstruktionen ausgeführt, um die Biegetragfähigkeit zu erhöhen. Dabei wird zwischen zwei Deckschichten aus faserverstärkten Kunstoffen eine leichte Kernlage eingebracht, die in der Regel eine konstante Dicke hat (vgl. Bild 10).

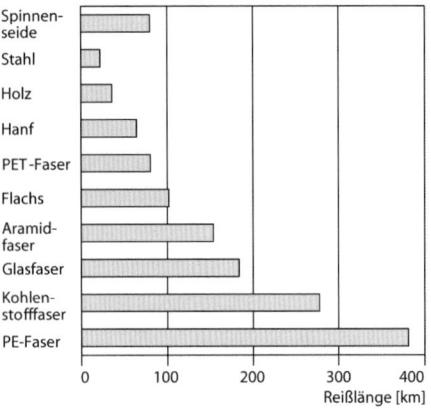
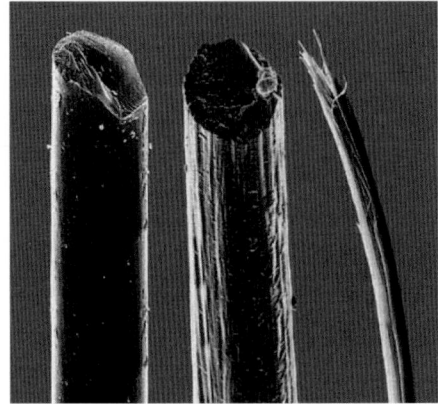

**Bild 6.** Reißlängen von verschiedenen Fasern im Vergleich zur natürlichen Seide von Spinnen; REM-Aufnahmen von Glasfaser (links), Kohlenstofffasern (Mitte) und gebrochenen Aramidfasern (rechts) [7]

den angenehmen haptischen und olfaktorischen Eigenschaften, ein Grund, warum sie häufig für Innenverkleidungen im Automobilbau verwendet werden. Zudem bedingt ihre Hohlfaserstruktur ein geringes Eigengewicht, ist aber auch für die verstärkte Wasseraufnahme verantwortlich. Werden die Fasern vor der Verarbeitung nicht getrocknet, kann es durch Verdunstung des Wassers zu Fehlstellen im Faserverbund kommen. Naturfasern sind nicht dauerhaft witterungsbeständig und können durch Mikroben zersetzt werden.

Aufgrund der hohen Streuung der mechanischen Eigenschaften sowie der geringen Dauerbeständigkeit bzw. hohen Wasseraufnahme spielen Fasern aus nachwachsenden Rohstoffen für tragende Konstruktionen des Bauwesens bisher keine Rolle.

## 2.4 Verarbeitungsformen von Fasern

Die sehr dünnen und langen Spinnfäden (Filamente) werden zu Rovings (parallel zusammengefasste Spinnfäden mit geringen Drehungen (Bild 2c) oder Garnen (Spinnfäden mit Drehung) weiterverarbeitet. Aus diesen können dann textile Flächengebilde hergestellt werden.

In Textilfasermatten können auch unterschiedliche Fasertypen miteinander kombiniert werden, beispielsweise Kohlenstofffasern für eine hochbeanspruchte Vorzugsrichtung und die kostengünstigeren Glasfasern senkrecht dazu. Faseranordnung und Aufbau der Textilfasermatten haben nicht nur einen erheblichen Einfluss auf die mechanischen Kenngrößen des fertigen Bauteils, auch die Verarbeitbarkeit der Matten wird wesentlich davon beeinflusst. Die gebräuchlichsten Textilfasermatten sind Wirrfasermatten, Vliese, Gewebe, Gelege und Geflechte.

Wirrfasermatten bestehen aus regellos liegenden Spinnfäden, die miteinander verklebt sind. So werden in der Fläche isotrope Eigenschaften erreicht. Sie werden für Behälter, Formteile, Abdeckungen etc. verwendet. Wirrfasermatten lassen sich gut über gewölbte Formen drapieren, besitzen aber nur begrenzte mechanische Festigkeiten. Wirrfasermatten sind auch in Sandwichausführung mit einer Kernlage aus Vlies erhältlich. Gewebe werden aus sich rechtwinklig kreuzenden Fadensystemen mit einem Kettfaden parallel zur Gewebelängsrichtung und einem Schussfaden senkrecht dazu hergestellt. Durch unterschiedliches Anheben der Kettfäden beim Schusseintrag (die sog. Flottierung) ergeben sich verschiedene Bindungsarten, die einen wesentlichen Einfluss auf die mechanischen Eigenschaften haben (Bild 7). Die Leinwandbindung gewährleistet eine gute Dimensionsstabilität und lässt sich gut zuschneiden ohne auszufransen. Die Köperbindung hat eine höhere Festigkeit und Steifigkeit, da die Strukturdehnung in Kettrichtung kleiner ist, und eine bessere Drapierbarkeit, d. h. Schmiegsamkeit. Diese ist noch besser bei der Atlasbindung, die daher für stark gekrümmte Bauteile verwendet wird und dort zu glatten Oberflächen führt (s. Bild 8).

Für einfache Sandwich-Laminate werden häufig Abstandsgewebe eingesetzt. Sie bestehen aus zwei E-Glas-Matten, die durch Stegfäden verbunden sind. Nach der Tränkung mit Harz stellen sich diese Fäden selbsttätig auf, sodass ein sandwichartiges Laminat mit erhöhter Biegesteifigkeit entsteht.

Die Welligkeit von Textilgeweben führt in Abhängigkeit von der Bindungsart zu einer mehr oder weniger stark ausgeprägten Strukturdehnung in Kettrichtung. Um diese zu vermeiden, werden Gelege verwendet, bei denen die Verstärkungsfasern übereinandergelegt und nicht miteinander verwoben werden. Auf diese Weise lassen sich die mechanischen Festigkeiten der Laminate verbessern. Ein weiterer Vorteil der Gelege ist, dass die Orientierung der Fasern relativ einfach an die Richtungen der Beanspruchung angepasst werden kann. Die Fasern können durch einen dünnen Nähfaden in ihrer Lage fixiert werden (Gewirk). Gelege werden unter anderem bei textilbewehrten Betonen eingesetzt.

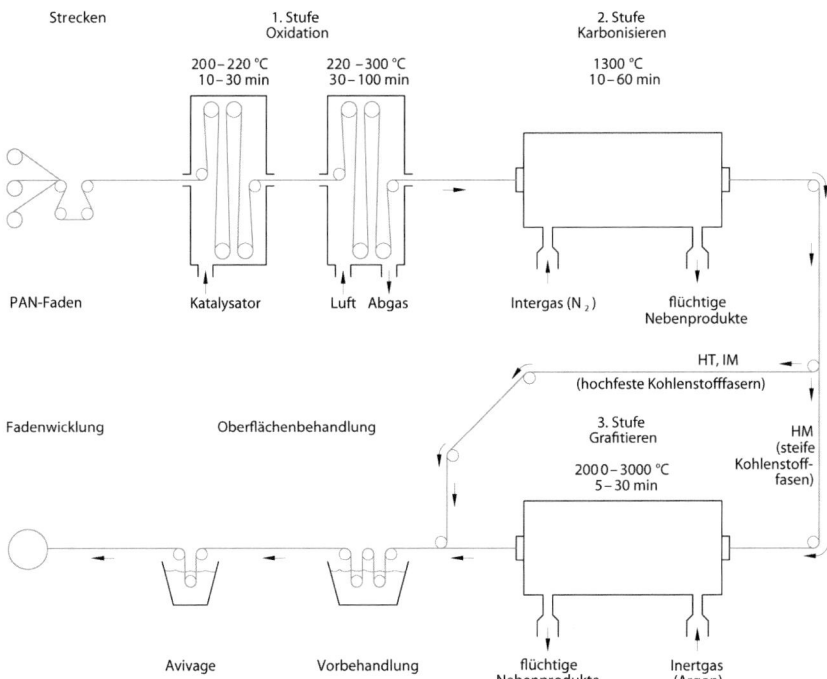

**Bild 4.** Herstellung von Kohlenstofffasern im PAN-Verfahren [7]

### 2.3.4 Aramidfasern

Aramidfasern sind sehr leichte Fasern mit einer hohen gewichtsbezogenen Zugfestigkeit. Sie bestehen aus aromatischen Polyamiden. Ähnlich wie bei den Kohlenstofffasern sind die Festigkeitseigenschaften stark anisotrop, wobei allerdings auch die Druckfestigkeit der Fasern wesentlich geringer als die Zugfestigkeit ausfällt. Sie eignen sich daher sehr gut für zugbeanspruchte Leichtbauteile, weniger für biege- oder druckbeanspruchte Konstruktionen. Nachteilig ist, dass sie zur Feuchteaufnahme neigen. Auch die UV- und Temperaturbeständigkeit ist nicht besonders hoch. Anders als bei Glas- und Kohlenstofffasern ist eine spanende Bearbeitung schwierig. Aus diesen Gründen kommen Aramidfasern im Bauwesen selten zum Einsatz. Sie werden aufgrund ihres geringen Gewichts und ihrer hohen Schlagzähigkeit beispielsweise für Schutzhelme oder -westen verwendet.

### 2.3.5 Basaltfasern

Basaltfasern sind Naturfasern, die aus einer Gesteinsschmelze hergestellt werden. Die mechanischen Kennwerte und damit auch die potenziellen Anwendungsbereiche sind in etwa mit denen von Glasfasern vergleichbar. Die chemische Beständigkeit, insbesondere gegen starke Säuren und Laugen sowie Lösemittel ist sehr gut. In Deutschland ist ihre Anwendung in Faserverbundkonstruktionen derzeit noch selten, wird jedoch aufgrund ihrer günstigen ökologischen Eigenschaften sowie der sehr guten Dauerbeständigkeit in Zukunft zunehmen.

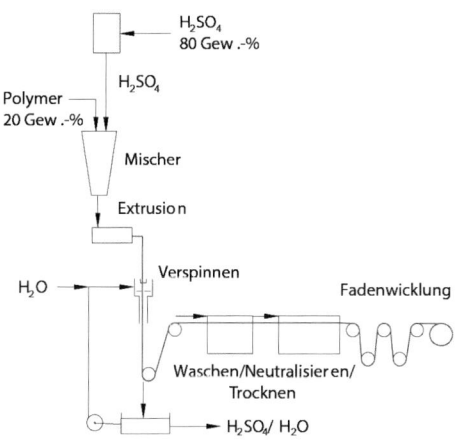

**Bild 5.** Produktionsablauf von Aramidfasern [1, 7]

### 2.3.6 Naturfasern aus nachwachsenden Rohstoffen

Insbesondere Hanf- und Flachsfasern zeichnen sich durch gute mechanische Eigenschaften aus, diese liegen allerdings unter denen von Glasfasern. Sie haben jedoch eine höhere Bruchdehnung und sind zäher. Verbundwerkstoffe mit Naturfaserverstärkung brechen daher ohne Splitter und scharfe Kanten. Dies ist, neben

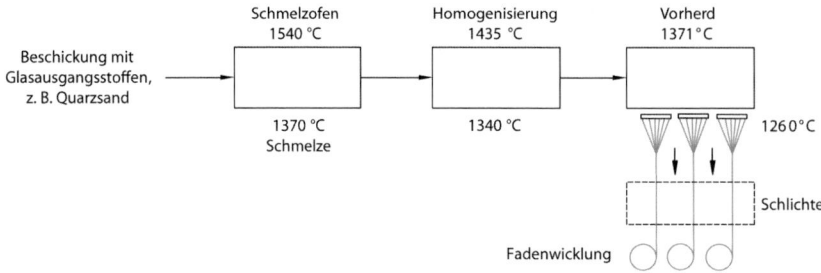

**Bild 3.** Glasfaserherstellung im Düsenzieh-Verfahren [7]

Fasern zeigen sie kein viskoelastisches Verhalten und eine sehr geringe Neigung zum Kriechen. Sie nehmen nur sehr wenig Feuchte auf. Glasfasern sind unbrennbar. Der Erweichungspunkt liegt über 625 °C. Auch Dauerbeanspruchungen über 250 °C mindern die mechanischen Eigenschaften nicht.

Als Standardfaser wird E-Glas (E = electric) verwendet, das alkalifrei ist und in basischer Umgebung angegriffen wird. Für spezielle Anwendungen kommen auch C-Glas (gute chemische Beständigkeit) oder R- und S-Glas (R = resistance, S = strength mit hoher Temperatur- und Ermüdungsbeständigkeit) zum Einsatz. Für textilbewehrten Beton wurde zunächst die weitgehend alkaliresistente AR-Faser verwendet. Sie wird aus einer Zirkonium-Silikat-Glasschmelze gezogen und sofort nach dem Erstarren mit einer Schlichte versehen, die speziell auf den Einsatz in Zementstein angepasst ist.

E-Glas besteht vor allem aus Quarzsand ($SiO_2$), Kalkstein ($CaCO_3$) und weiteren mineralischen Zuschlägen wie Kaolin, Dolomit, Borsäure und Flussspat. Diese werden in einem Ofen mehrere Tage erschmolzen, geläutert und dann zu Spinndüsen geleitet, aus denen das Glas in Fäden herausfließt und langsam erstarrt. Die noch ca. 2 mm dicken zähflüssigen Fäden werden mit einer schnell rotierenden Aufwickelvorrichtung auf die 40.000-fache Länge gestreckt und dabei auf den gewünschten Durchmesser zwischen 9 bis 24 µm gebracht. Da Glasfasern sehr kerbempfindlich sind, werden sie bei der Herstellung bzw. vor dem Verweben mit einer Schlichte versehen. Diese Schlichte (i. d. R. eine Silanschlichte) dient zusätzlich als Haftvermittler zwischen Harz und Faser (Bild 3).

### 2.3.3 Kohlenstofffasern

Kohlenstofffasern sind deutlich steifer als Glasfasern. Sie werden in verschiedene Festigkeits- bzw. Steifigkeitsklassen wie hochfeste Fasern (High Tenacity – HT), Intermediate-Modul-Fasern (IM) und hochsteife Fasern (High Modulus – HM) eingeteilt. Im Gegensatz zu Glasfasern sind sie stark anisotrop. Senkrecht zur Faser sind Steifigkeit und insbesondere die Festigkeit deutlich niedriger als in Faserrichtung. Die Anisotropie betrifft auch den Wärmeausdehnungskoeffizienten, der in Faserrichtung negativ (!) ist. Kohlenstofffasern sind spröde und knickempfindlich, weshalb sie einen Oberflächenschutz, die sogenannte Schlichte, erhalten. Sie sind beinahe dauerschwingfest. Ihre dynamischen Eigenschaften sind erheblich besser als diejenigen aller metallischen Werkstoffe. Weiterhin sind sie sehr leicht, besitzen eine außerordentlich hohe Korrosionsbeständigkeit und sind thermisch und elektrisch gut leitend.

Kohlenstofffasern sind allerdings auch um ein Vielfaches teurer als Glasfasern. Der Einsatz von CFK ist im Bauwesen daher im Allgemeinen nur da sinnvoll, wo dessen hohe Festigkeit ganz gezielt und in geringen Mengen benötigt wird, wie zum Beispiel bei der nachträglichen Verstärkung von Stahlbetonbauteilen mit CFK-Lamellen. Aufgrund ihrer Alkaliresistenz werden sie zunehmend auch für textilbewehrten Beton verwendet.

Für die Herstellung der Kohlenstofffasern gibt es zwei verschiedene Verfahren: Das erste basiert auf dem Ausgangsprodukt Polyacrylnitril (PAN), das zunächst gereckt wird, um eine hohe Orientierung der Moleküle entlang der Faserachse zu erreichen. Darauf folgt eine mehrstufige Temperaturbehandlung bis zu 3000 °C bei gleichzeitiger Faserstreckung.

Das zweite Verfahren benutzt Steinkohleteer- oder Erdölpeche als Rohstoff. Aus der daraus gewonnenen Schmelze werden mit einem Spinnverfahren Fasern mit einer hohen axialen Orientierung gewonnen. Anschließend wird durch thermische Behandlung bei bis zu 3000 °C die Umwandlung in Kohlenstoff erreicht. Die für die Verfahren erforderlichen sehr hohen Temperaturen sind ein Grund für die hohen Preise der Kohlenstofffasern.

Kohlenstofffasern sind nach WHO nicht lungengängig [14, 15] (s. a. Abschnitt 6.3).

Kohlenstofffaserverstärkte Kunststoffe verhalten sich wie relativ edle metallische Werkstoffe, dies geht auf das elektrochemische Verhalten des Graphits in CFK zurück. Daher führt der Kontakt zwischen CFK und Verbindungselementen aus Stahl zu relativ schneller und starker Korrosion in Abhängigkeit des unterschiedlichen elektrochemischen Potentials der verwendeten Werkstoffe [16].

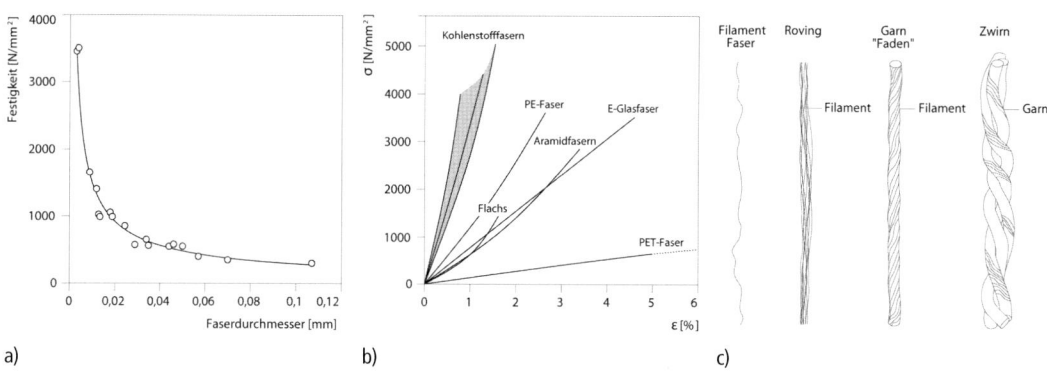

**Bild 2.** a) Festigkeit einer Glasfaser im Verhältnis zum Faserdurchmesser, b) Spannungs-Dehnungs-Beziehung unterschiedlicher Fasern im Vergleich, c) mögliche Verarbeitungsformen einer einzelnen Faser (Filament) [7]

reichen auch Aramid- oder PE-Fasern. Andere Polymerfasern sind aufgrund ihres niedrigen E-Moduls uninteressant, da die Verformungen des gesamten Bauteils zu groß wären. Außerdem können die üblicherweise verwendeten duroplastischen Kunststoffe nur eine begrenzte Dehnung aufnehmen. Wenn die Fasern nachgiebiger sind als die Matrix, kann die Zugfestigkeit der Faser nicht ausgenutzt werden, da vorher Risse im Kunststoff entstehen, die zum Bruch des Gesamtbauteils führen.

Metallfasern kommen wegen der glatten Oberfläche nicht in Betracht, weil kein ausreichender Verbund mit dem Kunststoff erzielt werden kann. Vergleicht man Glas- und Kohlenstofffasern, so sind die Zugfestigkeiten der reinen Fasern in ähnlichen Größenordnungen (s. Tabelle 2). Der E-Modul von Kohlenstofffasern ist jedoch deutlich höher als derjenige von Glasfasern. Wegen der beschränkten Dehnbarkeit des umgebenden Kunststoffs ist die ansetzbare Bemessungsfestigkeit von kohlenstofffaserverstärktem Kunststoff (CFK) damit höher als die von glasfaserverstärktem Kunststoff (GFK). In Tabelle 2 werden die mechanischen Eigenschaften verschiedener üblicher Verstärkungsfasern verglichen.

### 2.3.2 Glasfasern

Glasfasern werden aus geschmolzenem Glas gesponnen. Sie sind aufgrund ihrer amorphen Struktur isotrop und haben einen gleichmäßigen, annähernd runden Querschnitt. Ihr Verhalten ist bis zum spröden Bruch linear-elastisch. Im Gegensatz zu den meisten anderen

**Tabelle 2.** Mechanische Eigenschaften verschiedener Faserarten in Faserrichtung [3, 4, 12, 13]

| Kennwerte (in Faserrichtung) | Glasfaser | | | Kohlenstofffaser | | | Aramidfaser | |
|---|---|---|---|---|---|---|---|---|
| | E | R/S | AR | HT | IM | HM | Normal | HM |
| Zugfestigkeit [$10^3$ N/mm$^2$] | 3,4–3,5 | 4,4–4,6 | 2,7 | 3–5 | 4–5 | 2–4 | 2,7 | 2,4–2,7 |
| E-Modul [$10^3$ N/mm$^2$] | 72–77 | 75–88 | 21–74 | 200–250 | 250–350 | 350–450 | 58 | 120–146 |
| Bruchdehnung [%] | 3,3–4,8 | 4,1–5,4 | 2,0–4,3 | 1,2–1,4 | 1,1–1,9 | 0,4–0,8 | 3,3 | 1,5–2,4 |
| Dichte [g/cm$^3$] | 2,52–2,6 | 2,5–2,53 | 2,68–2,70 | 1,75–1,8 | 1,73–1,8 | 1,79–1,91 | 1,44 | 1,44 |
| Wärmeausdehnungskoeffizient [$10^{-6}$/K] | 5 | 4 | – | –1,0 | –1,2 | –1,3 | –2,0 | –4,0 |
| Wärmeleitzahl [W/mK] | 1 | | | 17 | – | 115 | 0,04–0,05 | |
| Faserdurchmesser [μm] | 9–24 | | | 7–9 | | 12 | | |

Tabelle 1. Richtwerte für Eigenschaften verschiedener duroplastischer Harzsysteme [3, 4, 11, 12]

| Kennwerte | UP-Harze | EP-Harze | VE-Harze | PF-Harze |
|---|---|---|---|---|
| Zugfestigkeit [N/mm²] | 40–70 | 60–125 | 70–84 | 20–60 |
| E-Modul [$10^3$ N/mm²] | 3,0–4,2 | 3,0–6,0 | 3,4–3,6 | 1,5–2,5 |
| Bruchdehnung [%] | 1,4–4,0 | 2,0–8,0 | 3,0–7,0 | 1,0–2,0 |
| Dichte [g/cm³] | 1,1–1,3 | 1,1–1,2 | 1,1–1,3 | 1,2–1,5 |
| Wärmeausdehnungskoeffizient [$10^{-6}$/K] | 80–150 | 60 | 53–65 | 35 |
| Volumenschwund bei der Aushärtung [%] | 5–9 | 2–5 | – | – |
| Glasübergangstemperatur $T_g$ [°C] | 60–125 | 60–125 | 100–150 | 250 |

### 2.2.2 Epoxidharz (EP)

Epoxidharze sind Duroplaste, die sich durch eine besonders hohe Festigkeit und chemische Beständigkeit auszeichnen. Zur Herstellung wird dem Epoxidharz ein Härter beigemischt. Der exotherme Reaktionsmechanismus erfordert das genaue Einhalten des Mischungsverhältnisses. Eine Kalthärtung dauert etwa 24 Stunden und erfordert ein mehrstündiges Nachhärten (Tempern) bei 60 bis 150 °C. Bei einer Aushärtung unter erhöhten Temperaturen können die Härtezeiten auf wenige Minuten reduziert und die mechanischen Eigenschaften, insbesondere die Temperaturbeständigkeit, verbessert werden. EP-Harze sind deutlich teurer als UP-Harze, aber auch als VE-Harze. Neben den besseren mechanischen Eigenschaften liegt der Hauptvorteil in ihrer geringen Schrumpfung, die viel niedriger ist als bei den UP-Harzen. Daher eigenen sich EP-Harze zur Herstellung sehr maßgenauer und eigenspannungsarmer Bauteile des Fahrzeug- und Flugzeugbaus. EP-Harze sind transluzent mit geringer Eigenfärbung. Bei Verwendung von hochtransparenten PU-Gelcoats als Schutzschichten sowie von optischen Aufhellern, lassen sich transluzente bis beinahe transparente Laminate herstellen. Anders als bei den UP-Harzen gibt es keine Geruchsbelästigung während des Aushärtens. Die EP-Harze selbst sind gesundheitlich unbedenklich, jedoch ist die mögliche gesundheitliche Gefährdung durch die verwendeten Härter und Verdünner zu beachten.

### 2.2.3 Phenolharz (PF)

Phenolharze kommen zum Einsatz, wenn die Anwendung einen höheren Temperatureinsatzbereich, einen höheren Brandwiderstand, eine geringe Rauchentwicklung oder eine niedrige toxische Emission im Brandfall erfordert. PF-Harze sind opak mit einer braun-gelben Einfärbung. Die mechanischen Kennwerte sind im Vergleich zu anderen Duroplasten eher gering.

### 2.2.4 Vinylesterharz (VE)

Vinylesterharze ähneln im chemischen Aufbau stark den UP-Harzen und in ihren mechanischen Eigenschaften eher den EP-Harzen. VE-Harze kommen vor allem dann zum Einsatz, wenn eine besondere Beständigkeit gegen Chemikalien oder hohe Schlagzähigkeit bzw. Ermüdungsfestigkeit gefordert ist. Sie sind teurer als UP-Harze.

### 2.2.5 Biobasierte Harze

Biobasierte Harze werden aus nachwachsenden Rohstoffen wie Stärke oder Cellulose hergestellt. Fettsäuren von Pflanzenölen können beispielsweise mithilfe chemischer Reaktionen zu biobasierten Epoxid- oder Polyurethanharzen umgewandelt werden. Es werden verschiedene biobasierte Duroplaste oder Thermoplaste angeboten, die in ihrer Verarbeitung und mechanischen Eigenschaften erdölbasierten Harzen ähneln. Als Härter sowie als Füllstoffe und Additive werden meist Substanzen verwendet, die nicht biobasiert sind und damit den Anteil nachwachsender Rohstoffe am Materialverbund senken. Insgesamt sind biobasierte Harzsysteme derzeit noch teuer. Außerdem liegen wenige Erfahrungen zu Langzeiteigenschaften vor, sodass ihre Anwendung für tragende Konstruktionen des Bauwesens noch ganz am Anfang steht.

## 2.3 Verstärkungsfasern

### 2.3.1 Allgemeines

Generell unterscheidet man zwischen anorganischen Fasern (z. B. aus Glas, Basalt oder Kohlenstoff), Polymerfasern (Kunststofffasern) sowie Metall- und Naturfasern. Alle künstlich erzeugten Fasern werden als Chemie- oder synthetische Fasern bezeichnet. Im Bauwesen kommen hauptsächlich synthetische Fasern zum Einsatz, da nur diese eine ausreichende Festigkeit und Widerstandsfähigkeit für dauerhafte Konstruktionen aufweisen. Bis auf die Kohlenstofffasern werden alle synthetischen Fasern aus kompakten Werkstoffen durch Schmelz- und Streckvorgänge gewonnen.

Fasern werden vielfältig zu Faserverbundwerkstoffen weiterverarbeitet und dort als Verstärkungsfasern in die Matrix eingebettet. Dafür bevorzugt man Fasern mit einem hohen E-Modul. In der Praxis werden vor allem Glas- und Kohlenstofffasern verwendet, in einigen Be-

ten bestehen und damit grundsätzlich brennbar sind. Derzeit wird an der Entwicklung von chemisch gebundenen Phosphat-Keramiken und wasserglasbasierten Keramiken gearbeitet, die aufgrund ihrer mineralischen Konsistenz nichtbrennbar sind, sich aber ähnlich wie erdölbasierte Kunststoffe bei niedrigen Temperaturen verarbeiten und mit Fasern verstärken lassen. Ihre Anwendung für tragende Konstruktionen des Bauwesens steht aber noch ganz am Anfang der Entwicklung.

Erdölbasierte Kunststoffe werden nach ihrem Molekülaufbau in drei Gruppen unterschieden: Thermoplaste, Duroplaste und Elastomere [3, 5, 6, 10]. Einen Überblick der verschiedenen Kunststoffe und deren Eigenschaften gibt Bild 1.

Thermoplaste bestehen aus linearen, zum Teil verzweigten Kohlenstoffketten, die untereinander keine chemischen Bindungen eingehen, sondern nur durch schwache, physikalische Kräfte zusammengehalten werden. Diese sogenannten Nebenvalenzkräfte werden gelöst, wenn die Molekülketten erwärmt werden. Dann sind die Molekülketten frei beweglich, d. h., der Kunststoff wird weich und ist wiederholt schmelzbar. Thermoplaste zeigen ein zähes Materialverhalten, einige sind schweiß- und recycelbar. Die Vernetzung mit den Fasern ist verfahrenstechnisch schwieriger als bei den Duroplasten. Bei hohen Anforderungen an die mechanischen Eigenschaften und an die thermische Stabilität werden Thermoplaste in der Regel nicht verwendet.

Die Moleküle der Elastomere bilden ein weitmaschiges, nur an einigen Stellen verbundenes Netz. Dadurch weisen sie eine hohe Dehnbarkeit und Elastizität auf. Elastomere sind nicht schmelzbar.

Die Molekülketten der Duroplaste sind untereinander chemisch verbunden und bilden ein dichtes, engmaschiges und dreidimensionales Netz, sodass ein hartes und sprödes Gefüge entsteht. Eine Wärmezufuhr ist nicht ausreichend, um diesen Molekülverbund zu lösen. Duroplaste sind daher nicht schmelzbar, bei Erwärmung findet eine Zersetzung des Polymers statt. Das enge Netz von Molekülen verhindert das Eindiffundieren von Lösungsmitteln, sodass Duroplaste weitestgehend beständig gegen Chemikalien sind. In der baupraktischen Anwendung werden sie beschichtet zur Verbesserung der Witterungs- und UV-Beständigkeit.

Thermoplaste und Elastomere werden derzeit selten für faserverstärkte Kunststoffe im Bauwesen eingesetzt. Im Folgenden werden daher nur die häufig verwendeten duroplastischen Matrixwerkstoffe beschrieben. Dies sind vor allem ungesättigte Polyesterharze (UP) und Epoxidharze (EP). Daneben spielen für Sonderanwendungen noch Phenolharze (PF) und Vinylesterharze (VE) eine Rolle. Die Unterschiede in den mechanischen Eigenschaften können der Tabelle 1 entnommen werden.

### 2.2.1 Polyesterharz (UP)

Polyesterharze sind farblose bis schwach gelbliche Lösungen von ungesättigtem Polyester in reaktionsfähigen Lösemitteln, meistens Styrol [5]. Polyesterharze härten nach Zugabe eines Härters (Katalysator) unter Abgabe von Reaktionswärme aus. Für die Aushärtung bei Raumtemperatur ist außerdem die Zugabe eines Beschleunigers erforderlich. In diesem Fall muss das Laminat mehrere Stunden bei Temperaturen oberhalb der Glasübergangstemperatur nachhärten, um die volle Festigkeit und Chemikalienbeständigkeit zu erreichen. Nachteilig ist die vergleichsweise hohe Schrumpfung beim Aushärten, was die erreichbaren Fertigungstoleranzen beschränkt. Von Vorteil sind die hohe Zähigkeit bei niedrigen Temperaturen sowie die geringe Feuchtigkeitsaufnahme, weswegen sich UP-Harze gut für Außenanwendungen eignen. Das Lösungsmittel Styrol verursacht den typischen Geruch von Polyesterlaminaten. Mit einer abschließenden Dampfbehandlung wird die Geruchsbelästigung reduziert und die physiologische Unbedenklichkeit erreicht. Die preiswerten und leicht zu verarbeitenden Polyesterharze werden im Handwerk, in der mittelständischen Industrie und auch im Bauwesen angewendet, weniger jedoch für Hochleistungsbauteile der Luft- und Raumfahrt.

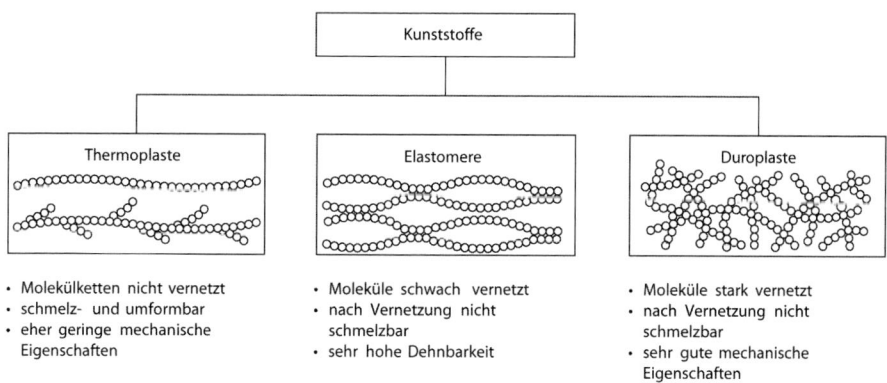

**Bild 1.** Einteilung von Kunststoffen nach ihrem chemischen Aufbau nach [7]

# 1 Einleitung

Faserverbundwerkstoffe haben wegen ihrer hervorragenden Werkstoffeigenschaften schon seit Langem einen festen Platz in der Luft- und Raumfahrttechnik sowie im Maschinen- und Anlagenbau. Sehr früh schon wurden diese Werkstoffe auch in das Bauwesen eingeführt. Nach einer kurzen Blütezeit in den 60er- und 70er-Jahren des letzten Jahrhunderts beschränkte sich ihre Anwendung allerdings eher auf Nischenbereiche des Bauwesens, meist auf solche, in denen besonders hohe Anforderungen an die Korrosionsbeständigkeit gestellt wurden.

Erst seit Kurzem gewinnen faserverstärkte Kunststoffe wieder eine größere Bedeutung im öffentlichen Baugeschehen. Eine ganze Reihe von Brücken aus faserverstärkten Kunststoffen zeigt die steigende Nachfrage öffentlicher Bauherren nach neuen Technologien, die eine verbesserte Frost-Tausalzbeständigkeit und damit niedrigere Instandhaltungskosten versprechen. Zusätzlich unterstützt das geringe Eigengewicht verbunden mit einer hohen mechanischen Festigkeit eine einfache und rasche Montage. Im Hochbau ermöglichen die niedrige thermische Leitfähigkeit und die vielfältigen Form- und Farbgebungsmöglichkeiten neue konstruktive und architektonische Ansätze für Fassaden- und Hüllkonstruktionen. Für Sonderfälle spielt auch das elektrisch und thermisch isolierende sowie das antimagnetische Werkstoffverhalten eine Rolle.

Damit Faserverbundwerkstoffe im Bauwesen die gleiche Bedeutung erlangen, die sie in anderen Bereichen der Technik schon länger haben, ist noch eine Reihe von Voraussetzungen hinsichtlich Bemessung und Konstruktion zu schaffen. Die Entwicklung von Bauteilen aus faserverstärkten Kunststoffen folgt anderen Abläufen als von Bauingenieuren gewohnt. Während üblicherweise Bauteile mit definierten Materialeigenschaften zu einer Gesamtkonstruktion gefügt werden, werden Matrix, Verstärkungsfasern, Additive, Füllstoffe und Beschichtungen für die jeweilige Anwendung neu kombiniert. Die mechanischen Eigenschaften des Werkstoffverbunds müssen häufig experimentell ermittelt werden, wofür definierte und allgemein anerkannte Prüfverfahren erforderlich sind. Da es sich um ein Mehrschichtverbundsystem handelt, ist das Schädigungs- und Versagensverhalten viel komplexer als bei konventionellen Baustoffen. Bauaufsichtlich eingeführte und baupraktisch handhabbare Methoden für den Nachweis der Tragfähigkeit liegen nur teilweise vor. Gleiches gilt für materialgerechte und an die Erfordernisse des Bauwesens angepasste konstruktive Lösungen für Verbindungs- und Anschlussdetails, sodass die bisher realisierten Baukonstruktionen oft noch nicht überzeugen können.

Dieser Beitrag soll einen Einstieg in die Anwendung der Faserverstärkten Kunststoffe im Bauwesen geben. Aufgrund der Komplexität der Materie kann und soll er eine vertiefte Lektüre nicht ersetzen, weiterführende Literatur siehe [1–9]. Bis zur Etablierung dieser Werkstoffe als eingeführte Regelbauweise sind noch viele Schritte zu gehen. Dennoch ist es für Ingenieure lohnend, sich mit ihnen zu beschäftigen, denn das zunehmende Interesse von Bauherren und Planern, die vor allem in den USA und Südostasien steigende Anwendung im Ingenieur- und Hochbau und nicht zuletzt die weltweit regen Forschungsaktivitäten zeigen die Rolle, die Faserverbundwerkstoffe im Bauwesen künftig spielen könnten.

# 2 Materialeigenschaften

## 2.1 Allgemeines

Faserverbundwerkstoffe, auch faserverstärkte Kunststoffe (FVK) oder Faser-Kunststoff-Verbund (FKV) genannt, bestehen aus folgenden Komponenten:
– Kunststoffmatrix, im Folgenden kurz Matrix genannt, wirkt als Bindemittel;
– Verstärkungsfasern, die maßgeblich die mechanischen Eigenschaften bestimmen;
– Schlichte der Verstärkungsfasern, sie glättet die Oberfläche der Fasern, um sie auf- und abspulbar bzw. verarbeitbar zu machen und um den mechanischen Verbund zwischen Kunststoffmatrix und Faseroberfläche herzustellen;
– Füllstoffe und Additive, die gezielt bestimmte Eigenschaften des Verbundwerkstoffs beeinflussen, wie z. B. Farbe, Temperatur-, UV- und Witterungsbeständigkeit etc.;
– optionale Beschichtungen als Osmose- und Korrosionsschutz, zur Verbesserung der UV- und Witterungsbeständigkeit, Färbung etc.

Im Allgemeinen müssen Elastizitätsmodul und Bruchfestigkeit der Faserverstärkung größer als diejenigen der Matrix und die Bruchdehnung der Fasern kleiner als diejenige der Matrix sein. Erst im Verbund wird aus den einzelnen Komponenten ein leistungsfähiger und vielseitig einsetzbarer Werkstoff. Die Schlichte ist hierbei qualitätsbestimmend, da sie die Faser-Matrix-Haftung ermöglicht und damit mechanische Kräfte von der Matrix in die Faserverstärkung ein- und ausleitet.

## 2.2 Matrix

Die Matrix bindet die Werkstoffkomponenten in der gewünschten Geometrie des Bauteils. Ferner schützt sie die Verstärkungsfasern vor chemischen und physikalischen Einwirkungen der umgebenden Medien. Obwohl die mechanische Beanspruchbarkeit der Matrix im Vergleich zu den Verstärkungsfasern sehr gering ist, ist sie dennoch für das Tragverhalten des Bauteils von wesentlicher Bedeutung. Zum einen stützt die Matrix die Fasern bei Druckbeanspruchung und zum anderen leitet sie die Kräfte in die Fasern ein und überträgt sie von Faser zu Faser.

Die verwendeten Kunststoffe sind organische Polymere, d. h. chemische Verbindungen, die aus Kohlenstoffket-

# Inhaltsverzeichnis

| | | |
|---|---|---|
| 1 | Einleitung | 613 |

| | | |
|---|---|---|
| 2 | **Materialeigenschaften** | **613** |
| 2.1 | Allgemeines | 613 |
| 2.2 | Matrix | 613 |
| 2.2.1 | Polyesterharz (UP) | 614 |
| 2.2.2 | Epoxidharz (EP) | 615 |
| 2.2.3 | Phenolharz (PF) | 615 |
| 2.2.4 | Vinylesterharz (VE) | 615 |
| 2.2.5 | Biobasierte Harze | 615 |
| 2.3 | Verstärkungsfasern | 615 |
| 2.3.1 | Allgemeines | 615 |
| 2.3.2 | Glasfasern | 616 |
| 2.3.3 | Kohlenstofffasern | 617 |
| 2.3.4 | Aramidfasern | 618 |
| 2.3.5 | Basaltfasern | 618 |
| 2.3.6 | Naturfasern aus nachwachsenden Rohstoffen | 618 |
| 2.4 | Verarbeitungsformen von Fasern | 619 |
| 2.5 | Kernmaterialien | 620 |
| 2.6 | Füllstoffe und Additive | 621 |

| | | |
|---|---|---|
| 3 | **Verbundwerkstoffe** | **622** |
| 3.1 | Herstellung | 622 |
| 3.1.1 | Allgemeines | 622 |
| 3.1.2 | Manuelle Verfahren | 622 |
| 3.1.3 | Press- und Injektionsverfahren | 623 |
| 3.1.4 | Wickel- und Flechtverfahren | 623 |
| 3.1.5 | Pultrusionsverfahren | 625 |
| 3.2 | Eigenschaften von Verbundwerkstoffen | 626 |
| 3.2.1 | Allgemeines | 626 |
| 3.2.2 | Kriechen | 626 |
| 3.2.3 | Ermüdung | 627 |
| 3.2.4 | Temperatur und Brand | 627 |
| 3.2.5 | Chemische Beständigkeit | 628 |
| 3.2.6 | Feuchte- und Witterungsbeständigkeit | 628 |
| 3.2.7 | Ökologische Aspekte | 628 |
| 3.3 | Verarbeitung von Halbzeugen | 630 |
| 3.3.1 | Spanende Bearbeitung | 630 |
| 3.3.2 | Lösbare Verbindungen | 630 |
| 3.3.3 | Nicht lösbare Verbindungen | 630 |

| | | |
|---|---|---|
| 4 | **Berechnung und Nachweise** | **631** |
| 4.1 | Stand der Normung, Zulassungen und Bauartgenehmigungen | 631 |
| 4.2 | Klassische Laminattheorie | 632 |
| 4.3 | Ermittlung der Schnittgrößen und Verformungen | 632 |
| 4.4 | Materialspezifische Nachweise | 633 |
| 4.4.1 | Teilsicherheitsbeiwerte und Einflussfaktoren auf der Widerstandseite | 633 |
| 4.4.2 | Nachweise im Grenzzustand der Gebrauchstauglichkeit | 636 |
| 4.4.2.1 | Beschränkung der Dehnungen | 636 |
| 4.4.2.2 | Beschränkung der Verformungen | 636 |
| 4.4.3 | Nachweise im Grenzzustand der Tragfähigkeit | 638 |
| 4.4.3.1 | Einwirkungen und Widerstände | 638 |
| 4.4.3.2 | Nachweis der Spannungen | 639 |
| 4.4.3.3 | Nachweis der Dehnungen | 641 |
| 4.4.3.4 | Nachweis der Stabilität | 641 |
| 4.4.4 | Nachweise der Verbindungen | 643 |
| 4.4.4.1 | Schraubverbindungen | 643 |
| 4.4.4.2 | Klebeverbindungen | 646 |

| | | |
|---|---|---|
| 5 | **Experimentelle Untersuchungen** | **647** |
| 5.1 | Notwendigkeit | 647 |
| 5.2 | Grundlagen der statistischen Versuchsauswertung | 647 |
| 5.3 | Kurzzeiteigenschaften von Laminaten | 648 |
| 5.4 | Tragfähigkeit von Verbindungen | 648 |
| 5.4.1 | Schraubverbindungen | 648 |
| 5.4.2 | Geklebte Verbindungen | 649 |
| 5.5 | Einfluss aus Lasteinwirkungsdauer und Umgebungsbedingungen | 649 |
| 5.5.1 | Abschätzung mittels Einflussfaktoren | 649 |
| 5.5.2 | Experimentelle Ermittlung | 650 |

| | | |
|---|---|---|
| 6 | **Ausführung und Überwachung** | **650** |
| 6.1 | Überwachung der Halbzeugherstellung | 650 |
| 6.2 | Wartung und Instandhaltung | 650 |
| 6.3 | Gesundheits- und Sicherheitshinweise | 651 |

| | | |
|---|---|---|
| 7 | **Anwendungsgebiete** | **651** |
| 7.1 | Zugglieder aus faserverstärkten Kunststoffen | 651 |
| 7.1.1 | Verstärkungslamellen aus CFK | 651 |
| 7.1.2 | Spannglieder und Seile aus CFK | 651 |
| 7.1.3 | Betonbewehrung aus Glasfasern (GFK) | 652 |
| 7.1.4 | Betonbewehrung aus Kohlenstofffasern (CFK) | 653 |
| 7.1.5 | Elemente aus glasfaserverstärkter technischer Kaltkeramik | 654 |
| 7.2 | GFK und CFK als Konstruktionswerkstoffe im Brückenbau | 655 |
| 7.2.1 | Brückenfahrbahnen aus GFK | 655 |
| 7.2.2 | Brückentragwerke aus GFK | 657 |
| 7.2.3 | Brückentragwerke aus CFK | 658 |
| 7.2.4 | Brückentragwerke aus Sandwichsystemen | 659 |
| 7.3 | Faserverstärkte Kunststoffe in Architektur und Ingenieurbau | 659 |
| 7.3.1 | GFK für nichttragende Gebäudebekleidungen | 659 |
| 7.3.2 | GFK für Tragwerke des Hochbaus | 662 |
| 7.3.3 | Faserverbundwerkstoffe für Sonderkonstruktionen | 664 |

| | | |
|---|---|---|
| 8 | **Literatur** | **666** |

# 9 Faserverbundwerkstoffe im Bauwesen

Prof. Dr.-Ing. Jan Knippers

Valentin Koslowski, M.Sc.

Dr.-Ing. Matthias Oppe

[86] Rubin, H. (1978) Interaktionsbeziehungen zwischen Biegemoment, Querkraft und Normalkraft für einfachsymmetrische I- und Kastenquerschnitte bei Biegung um die starke und für doppelsymmetrische Querschnitte bei Biegung um die schwache Achse, *Stahlbau* **47**, 76–85.

[87] RUBSTAHL Lehr- und Lernprogramme für Studium und Weiterbildung (2019) Ruhr-Universität Bochum, Lehrstuhl für Stahl-, Leicht- und Verbundbau.

[88] Rusch, A.; Lindner, J. (1999) Tragfähigkeit von beulgefährdeten I-Profilen bei Biegung um die z-Achse, *Stahlbau* **68**, 457–467.

[89] Schaper, L.; Jörg, F.; Winkler, R.; Kuhlmann, U.; Knobloch, M. (2019) The simplified method of the equivalent compression flange, *Steel Construction* **12**, (4), 264–277.

[90] Seidel, F.; Lindner, J. (2011) Aussteifung von biegedrillknickgefährdeten Biegeträgern durch zweiseitig gelagerte Trapezprofile, *Stahlbau* **80**, 832–838.

[91] Simões da Silva, L.; Marques, L.; Tankova, T.; Rebelo, C.; Kuhlmann, U.; Kleiner, A.; Spiegler, J.; Snijder, B.; Dekker, R.; Dehan, V.; Haremza, C.; Taras, A.; Cajot, L. G.; Vassart, O.; Popa, N. (2016) *SAFEBRICTILE: Standardization of Safety Assessment Procedures across Brittle to Ductile Failure Modes*, final report of RFCS project with Contract N° RFSR-CT-2013-00023.

[92] Simões da Silva, L.; Tankova, T.; Marques, L. (2016) *On the Safety of the European Stability Design Rules for Steel Members*, Structures, Vol. 8, pp. 157–169, Elsevier London.

[93] Simoes da Silva, L.; Simoes, R.; Gervasio, H. (2010) *Design of Steel Structures – Eurocode 3: Part 1-1: General rules and rules for buildings*, ECCS Eurocode Design Manuals Series, Europäische Konvention für Stahlbau (ECCS/CECM/EKS), Brüssel.

[94] Stangenberg, H. (2007) *Zum Bauteilnachweis offener, stabilitätsgefährdeter Stahlbauprofile unter Einbeziehung seitlicher Beanspruchungen und Torsion*, Dissertation, RWTH Aachen.

[95] Stroetmann, R.; Lindner, J. (2010) Knicknachweise nach DIN EN 1993-1-1, *Stahlbau* **79** (11), 793–808.

[96] Taras, A.; Simoes da Silva, L.; Marques, L.; Kuhlmann, U.; Snijder, B. (2014) Harmonization of the safety level of design rules for steel structures – from ductile to brittle failure modes, proceedings of Eurosteel 2014, Sept. 10–12 2014, Naples (ITA).

[97] Taras, A. (2011) *Contribution to the Development of Consistent Stability Design Rules for Steel Members*, Institute for Steel Structures and Shell Structures, Graz University of Technology, Volume 16-2011, Graz.

[98] Thiébaud, R.; Lebet, J.-P. (2014) Resistance to LTB of Steel Bridge Girders, in *Eurosteel 2014* (Ed. R. Landolfo; F. M. Mazzolani), pp. 759–760. Naples, Italy.

[99] Unterweger, H.; Taras, A. (2019) Steifenlose Krafteinleitung bei Biegeträgern – Vorschlag einer vereinfachten Eurocode-konformen Nachweisführung, *Stahlbau* **84** (6), 435–448.

[100] Wargsjö, A. (1991) *Plastisk Rotationskapacitet hos Svetsade Stålbalkar*, (in Swedish), Licentiate Thesis 199L15L, Luleå University of Technology, Sweden.

[101] Winkler, R.; Bours, A.-L.; Walter, A.; Knobloch, M. (2019) Redistribution of internal torsional moments caused by plastic yielding of structural steel members, *Strucutres* **17**, pp. 21–33.

[102] Winkler, R.; Kindmann, R.; Knobloch, M. (2019) Assessment of the plastic capacity of I-shaped cross-sections according to the partial internal forces method, *Engineering Structures* **191**, 740–751.

[103] Winkler, R.; Reddel, J.; Knobloch, M. (2017) Geometrische Ersatzimperfektionen stabförmiger Bauteile unter Normalkraft, Biegung und Torsion, *Stahlbau* **86**, 716–728.

[104] Winkler, R.; Walter, A.; Knobloch, M. (2018) Zum Stabilitätsnachweis von Stahlbauteilen aus einfach- und doppelsymmetrischen I-Querschnitten unter Biegung, Druck und Torsion, *Stahlbau* **87** (5), 476–490.

[105] Wolf, C.; Kindmann, R. (2005) *QST-FZ. Programm zur dehnungsorientierten Ermittlung der plastischen Querschnittstragfähigkeit*, Lehrstuhl für Stahl-, Leicht- und Verbundbau, Ruhr-Universität Bochum.

[106] LTBEAM: Im Rahmen des LTB-Projektes entwickelte Software zur numerischen Ermittlung von $M_{crit}$-Werten; kostenloser Download unter www.cticm.com.

[54] Kindmann, R.; Frickel, J. (2002) *Elastische und plastische Querschnittstragfähigkeit; Grundlagen, Methoden, Berechnungsverfahren, Beispiele*, Ernst & Sohn, Berlin.

[55] Kindmann, R.; Lindner, J.; Sedlacek, G.; Wolf, C.; Beier, J.; Glitsch, T. et al. (2004) *Untersuchungen zum Einfluss der Torsionseffekte auf die plastische Querschnittstragfähigkeit und die Bauteiltragfähigkeit von Stahlprofilen*, Forschungsbericht P 554, Forschungsvereinigung Stahlanwendungen e. V.

[56] Kindmann, R.; Wolf, Ch.; Beier-Tertel, J. (2008) *Discussion on member imperfection according to Eurocode 3 for stability problems*, Proceedings of 5th European Conference on Steel and Composite structures (Eurosteel 2008), pp. 773–778, Brüssel.

[57] King, C. M. (2001) *Design moment resistance at $\bar{\lambda}_{LT} = 0.4$*, ECCS TC8 paper No. 2001-18, European Commission for Constructional Steelwork, The Steel Construction Institute, Brussels.

[58] Knobloch, M.; Kuhlmann, U. (2020) *Simplified method for lateral torsional buckling – consistent model for welded beams at ambient and elevated temperatures*. Project AiF/IGF: 19439 N, 01.04.2017 – 31.03.2020.

[59] Kuhlmann, U.; Feldmann, M.; Lindner, J.; Müller, Ch.; Stroetmann, R. (2014) *Eurocode 3 – Bemessung von Stahlbauten; Band 1: Allgemeine Regeln und Hochbau (DIN EN 1993-1-1 mit Nationalem Anhang; Kommentar und Beispiele)*, bauforumstahl, Berlin: Beuth Verlag / Ernst & Sohn.

[60] Kuhlmann, U.; Schmidt-Rasche, Ch. (2018) Koordinierung und Abwicklung der Überarbeitung der Normenreihe EN 1993 „Stahlbau", Schlussbericht DIBt-Vorhaben P52-5-16.145-1470/15.

[61] Kuhlmann, U. (2019) *Interaktionsbeziehungen für Normalkraft, Biegemomente und Torsion: Harmonisierung und Ergänzung der Stabilitätsnachweise für Stäbe mit Standard-Walzprofilen*, Projekt AiF/IGF: 19044 N Laufzeit: 01.02.2016 - 30.04.2019.

[62] Lindner, J.; Gietzelt, R. (1983) *Imperfektionen mehrgeschossiger Stahlstützen (Stützenschiefstellungen)*, TU Berlin, Bericht VR 2038A Institut für Baukonstruktionen und Festigkeit, Berlin.

[63] Lindner, J.; Gietzelt, R. (1984) Imperfektionsannahmen für Stützenschiefstellungen, *Stahlbau* **53** (4), 97–102.

[64] Lindner, J.; Glitsch, T. (2004) Vereinfachter Nachweis für I- und U-Träger – beansprucht durch doppelte Biegung und Torsion, *Stahlbau* **73** (9), 704–715.

[65] Lindner, J.; Gregull, T. (1989) Drehbettungswerte für Dacheindeckungen mit untergelegter Wärmedämmung, *Stahlbau* **58**, 173–179, 383.

[66] Lindner, J.; Groeschel, F. (1996) Drehbettungswerte für die Profilblechbefestigung mit Setzbolzen bei unterschiedlich großen Auflasten, *Stahlbau* **65**, 218–224.

[67] Lindner, J.; Kuhlmann, U.; Jörg, F. (2018) Initial bow imperfection e0 for the verification of Flexural Buckling According to Eurocode 3 Part 1-1 – additional considerations, *Steel Construction* **11** (1), 30–41.

[68] Lindner, J.; Kuhlmann, U.; Just, A. (2016) Verification of Flexural Buckling According to Eurocode 3 Part 1-1 using bow imperfections, *Steel Construction* **9** (4), 349–362.

[69] Lindner, J.; Kurth, W. (1980) Drehbettungswerte bei Unterwind, *Der Bauingenieur* **55** (10), 365–369.

[70] Lindner, J.; Scheer, J.; Schmidt, H. (1998) *Stahlbauten, Erläuterungen zu DIN 18800 Teil 1 bis Teil 4*, Beuth-Kommentare, Ernst & Sohn, Berlin.

[71] Lindner, J.; Scheer, J.; Schmidt, H. (1998) *Stahlbauten – Erläuterungen zu DIN 18800 Teil 1 bis Teil 4*, 3. Auflage, Beuth Verlag, Berlin.

[72] Lindner, J.: *LIDUR. EDV Programm zur Berechnung der Traglasten von beliebig gelagerten geraden Stabsystemen*, TU Berlin, Fachgebiet Stahlbau, Version 07/14 „LIDALL4" (unveröffentlicht).

[73] Lindner, J. (1985) *Reduktionswerte für Stützenschiefstellungen*, TU Berlin, Bericht VR 2076 Institut für Baukonstruktionen und Festigkeit, Berlin.

[74] Lindner, J. (2017) Repräsentative Vorkrümmungen e0 für das Biegeknicken – Ergänzende Untersuchungen, *Stahlbau* **86**, 707–715.

[75] Lindner, J. (1984) *Ungewollte Schiefstellungen von Stahlstützen*, Schlussbericht zum 12. IVBH Kongress Vancouver, S. 676–699, Zürich.

[76] Lindner, J. (2008) Zur Aussteifung von Biegeträgern durch Drehbettung und Schubsteifigkeit. *Stahlbau* **77**, 427–435.

[77] Nussbaumer, A.; Günther, H.-P. (2012) Kommentar zu DIN EN 1993-1-9: Ermüdung, Grundlagen und Erläuterungen, in *Stahlbau-Kalender* (Hrsg. Kuhlmann, U.), Ernst & Sohn, Berlin, S. 255–351.

[78] ÖNORM B 1993-1-1:2006 (2006) *Eurocode 3; Bemessung und Konstruktion von Stahlbauten – Teil 1-1: Allgemeine Bemessungsregeln*.

[79] Petersen, Chr. (1982) *Statik und Stabilität der Baukonstruktionen*. 2. Auflage, Vieweg Verlag, Braunschweig/Wiesbaden.

[80] Position Paper on $\gamma_{M1}$ by the CEN TC250/SC3 Ad-hoc Group on $\gamma_{M1}$, Berlin, November 2014.

[81] prEN 1993-1-1:2020 (2020) *Eurocode 3: Design of steel structures – Part 1-1: General rules and rules for buildings*, Final Draft.

[82] prEN 1993-1-14:2020 (2020) *Eurocode 3: Design of steel structures – Part 1-14: Design assisted by finite element analysis*.

[83] prEN 1993-1-8:2020 (2020) *Eurocode 3: Design of steel structures – Part 1-8: Design of joints*, Final Draft.

[84] Rondal, J. ; Maquoi, R. (1979) Formulations d'Ayrton-Perry pour le Flambement des Barres Métalliques, *Construction Métallique* (4), 41–53.

[85] Rubin, H.; Vogel, U. (1993) *Baustatik ebener Stabwerke*, Stahlbau-Handbuch 1 Teil A. Stahlbau-Verlagsgesellschaft mbH Köln.

[29] DIN 4114: *Stahlbau; Stabilitätsfälle (Knickung, Kippung, Beulung), Berechnungsgrundlagen, Vorschriften* (zurückgezogen).

[30] DIN EN 1993-1-1/NA:2010-12 (2010) *Nationaler Anhang – National festgelegte Parameter – Eurocode 3: Bemessung und Konstruktion von Stahlbauten – Teil 1-1: Allgemeine Bemessungsregeln und Regeln für den Hochbau*, Beuth, Berlin.

[31] DIN EN 1993-1-1/NA:2018-12 (2018) *Nationaler Anhang – National festgelegte Parameter – Eurocode 3: Bemessung und Konstruktion von Stahlbauten, Teil 1-1: Allgemeine Bemessungsregeln und Regeln für den Hochbau*, Deutsche Fassung EN 1993-1-1:2005 + AC:2009, Beuth, Berlin.

[32] DIN EN 1993-1-1:2010-12 (2010) *Eurocode 3: Bemessung und Konstruktion von Stahlbauten – Teil 1-1: Allgemeine Bemessungsregeln und Regeln für den Hochbau*; Deutsche Fassung EN 1993-1-1:2005 + AC:2009, Beuth, Berlin.

[33] DIN EN 1993-1-12:2007-07 (2007) *Eurocode 3: Bemessung und Konstruktion von Stahlbauten – Teil 1-12: Zusätzliche Regeln zur Erweiterung von EN 1993 auf Stahlgüten bis S700*; Deutsche Fassung EN 1993-1-12:2007 + AC:2009, Beuth, Berlin.

[34] DIN EN 1993-1-3/NA:2010-12 (2010) *Nationaler Anhang – National festgelegte Parameter – Eurocode 3: Bemessung und Konstruktion von Stahlbauten, Teil 1-3: Allgemeine Regeln – Ergänzende Regeln für kaltgeformte Bauteile und Bleche*, Deutsche Fassung EN 1993-1-3:2006 + AC:2009, Beuth, Berlin.

[35] DIN EN 1993-1-3:2007-02 (2007) *Eurocode 3: Bemessung und Konstruktion von Stahlbauten, Teil 1-3: Allgemeine Regeln – Ergänzende Regeln für kaltgeformte Bauteile und Bleche*, Deutsche Fassung EN 1993-1-3:2006 + AC:2009, Beuth, Berlin.

[36] DIN EN 1993-1-5:2007-02 (2007) *Eurocode 3: Bemessung und Konstruktion von Stahlbauten – Teil 1-5: Plattenförmige Bauteile*; Deutsche Fassung EN 1993-1-5:2006 + AC:2009, Beuth, Berlin.

[37] DIN EN 1993-1-6:2007-07 (2007) *Eurocode 3: Bemessung und Konstruktion von Stahlbauten – Teil 1-6: Festigkeit und Stabilität von Schalen*; Deutsche Fassung EN 1993-1-6:2007 + AC:2009, Beuth, Berlin.

[38] DIN EN 1993-1-9:2005-07 (2005) *Eurocode 3: Bemessung und Konstruktion von Stahlbauten – Teil 1-9: Ermüdung*; Deutsche Fassung EN 1993-1-9:2005, Beuth, Berlin.

[39] DIN EN 1993-2:2010 (2010) *Eurocode 3: Bemessung und Konstruktion von Stahlbauten – Teil 2: Stahlbrücken*; Deutsche Fassung EN 1993-2:2006 + AC:2009, Beuth, Berlin.

[40] DIN EN 1993-6:2010-12 (2010) *Eurocode 3: Bemessung und Konstruktion von Stahlbauten – Teil 6: Kranbahnen*; Deutsche Fassung EN 1993-6:2007 + AC:2009, Beuth, Berlin.

[41] DIN V ENV 1993-1-1:1992 (1992) *Eurocode 3: Bemessung und Konstruktion von Stahlbauten, Teil 1-1: Allgemeine Bemessungsregeln, Bemessungsregeln für den Hochbau*, April 1993, Beuth, Berlin.

[42] European Commission M/515 – Mandate for amending existing Eurocodes and extending the scope of structural Eurocodes. Brussels, 12. December 2012.

[43] European Steel Design Education Program – ESDEP Course, Lecture 7.2 – Cross-section Classification.

[44] Feldmann, M.; Schaffrath, S. (2017) Assessing the net section resistance and ductility requirements of EN 1993-1-1 and EN 1993-1-12, *Steel Construction* **10** (4), 354–364.

[45] Feldmann, M.; Schaffrath, S. (2015) Duktilitäts- und Zähigkeitsanforderungen für hochfeste Stähle bei festigkeitsgesteuertem Versagen, *Stahlbau* **84** (9), 682–688.

[46] Goncalves, R.; Coelho, T.; Camotim, D. (2014) On the plastic moment of I-sections subjected to moderate shear forces, *Thin-Walled Structures*, 138–147.

[47] Greiner, R.; Kaim, P. (2001) *Comparison of LT-buckling design curves with test results*, ECCS TC8 – Report, April 23-2001, European Convention for Constructional Steelwork, Brussels.

[48] Greiner, R.; Kettler, M.; Lechner, A.; Jaspart, J.-P.; Boissonade, N.; Bortolotti, E.; Weynand, K.; Ziller, C.; Örder, R. (2008) *SEMI-COMP: Plastic Member Capacity of Semi-Compact Steel Sections – a more Economic Design, RFSR-CT-2004-00044*, Final Report, Research Programme of the Research Fund for Coal and Steel – RTD.

[49] Greiner, R.; Kettler, M.; Lechner, A.; Jaspart, J.-P.; Weynand, K.; Ziller, C.; Örder, R. (2011) *SEMI-COMP+: Valorisation Action of Plastic Member Capacity of Semi-Compact Steel Sections – a more Economic Design, RFS2-CT-2010-00023*, Background Documentation, Research Programme of the Research Fund for Coal and Steel – RTD.

[50] Greiner, R.; Salzgeber, G.; Ofner, R. (2000), *New lateral-torsional buckling curves – numerical simulations and design formulae*, ECCS TC8 – Report No. TC8-2000-014, European Convention for Constructional Steelwork, Brussels.

[51] Kaim, P. (2004) *Spatial buckling behaviour of steel members under bending and compression*, Dissertation am Institut für Stahlbau, Holzbau und Flächentragwerke der TU Graz, Heft 12-2004.

[52] Kathage, K.; Lindner, J.; Misiek, T.; Schilling, S. (2013/2014) A proposal to adjust the design approach for the diaphragm action of shear panels according to Schardt and Strehl to European regulations. *Steel Construction* **6**, (2), 107–116, **7**, (4), 281.

[53] Kindmann, R.; Beier-Tertel, J. (2010) Geometrische Ersatzimperfektionen für das Biegedrillknicken von Trägern aus Walzprofilen – Grundsätzliches, *Stahlbau* **79** (9), 689–697.

Beispielrechnungen sich mit der Norm weiter vertraut zu machen, und so die Umstellung tatsächlich zu vereinfachen.

Neben Teil 1-1 werden auch alle anderen Teile von Eurocode 3 überarbeitet, siehe 1.2.2. So wird in Kürze die entsprechende Fertigstellung des Teils 1-8 erfolgen, die Stabilitätsteile 1-3, 1-5, 1-6, 1-7 sowie der Teil 1-2 für die Brandbemessung als Bestandteil der Phase 2 des Mandats M/515 sind im Moment noch in der Bearbeitung der Project Teams, stehen aber kurz vor dem Abschluss. Mit diesen und den in den Phasen 3 und 4 bearbeiteten Grund- und Anwendungsteilen des Eurocodes 3 steht den Anwendern eine zukunftstaugliche Tragwerksnorm mit allgemeinen Regeln für die Bemessung von Stahlbauten zur Verfügung, auf die Bezug genommen werden kann.

Äußerungen und Reaktionen der in den europäischen Gremien und nationalen Spiegelausschüssen engagierten Ingenieure aus der Praxis bestätigen, dass die vorgestellten Neuerungen maßgeblich zur Erfüllung der gesteckten Ziele beitragen. Die zukünftige Tragwerksnorm ist auf den gut ausgebildeten Planer und ausführenden Ingenieur ausgerichtet und bietet praxisnahe Bemessungsansätze. Sie erlaubt und fördert verantwortungsvolle Innovationen und ist dadurch zukunftstauglich. Die Autoren sind überzeugt, dass die zweite Generation der EN 1993-1-1 den „Praxistest" erfolgreich bestehen wird und der vorliegende Beitrag zur schnellen und reibungslosen Umstellung beiträgt.

## 14  Literatur

[1] Adams, P.; Beaulieu, D. (1977) *A statistical approach to the problem of stability related to structural out-of-plumb*. Stability of steel structures, Preliminary report, pp. 23–29, Liege.

[2] Axhag, F. (1998) *Plastic Design of Slender Steel Bridge Girders*, Doctoral Thesis. Lulea Tekniska Universitet, Sweden.

[3] Ayrton, W. E.; Perry, J. (1886) On Struts, *The Engineer* **62**, 464–465, 513–515.

[4] Beaulieu, D. (1977) *Destabilizing forces caused by gravity loads acting on initially out-of-plumb members in structures*, Ph.D. thesis, Dep. of Civ. Eng., University of Alberta.

[5] Beyer, A.; Bureau, A. (2019) *Plastic interaction between major-axis bending and shear force*, CEN/TC 250/SC 3/WG 1 N 304.

[6] Beyer, A.; Bureau, A. (2019) Simplified method for lateral-torsional buckling of beams with lateral restraints, *Steel Construction* **12** (4), 318–326.

[7] Boissonade, N.; Greiner, R.; Jaspart, J.-P.; Lindner, J. (2006) *Rules for Member Stability in EN 1993-1-1: Background documentation and design guidelines*, ECCS Technical Committee 8 – Structural Stability, P 119, Brussels.

[8] Bours, A.-L.; Winkler, R.; Knobloch, M. (2019) Ergänzende Untersuchungen zum Tragverhalten einfachsymmetrische I-Querschnitte unter Biegung, Druck und Torsion. *Stahlbau* **87** (9), 836–850.

[9] Byfield, M. P.; Nethercot, D. A. (1998) *An analysis of the true bending strength of steel beams*, Proc. Inst. Civ. Engrs. Structs & Bldgs., 128, 188–197.

[10] CEC (1988), ENV background doc. 5.03, Commission of the European Community, Brussels.

[11] CEN TC250 N1250 (2019) Policy guidlines and procedures (Version 8), Brussels, April 2019.

[12] CEN TC250 N982 (2013) Response to Mandate M/515 EN 'Towards a second generation of EN Eurocodes', Draft 4.0, April 2013.

[13] CEN TC250 SC3 N1743 (2013) Draft Secretariat Report of the 38th Meeting of CEN TC250/SC3 held at the University of Stuttgart on the 16th April 2010.

[14] CEN TC250 SC3 N1896 (2013) SC3 Specific Mandate Response M/515 – Annex 1, February 2013.

[15] CEN TC250 SC3 N1911 (2013) Chairperson Presentation SC3 meeting, Paris, April 2013.

[16] CEN TC250 SC3 N1924 (2013) Decisions CEN 250 – SC 3, April 2013.

[17] CEN TC250 SC3 N2011 (2014) Decisions 46th meeting in Berlin, March 2014.

[18] CEN TC250 SC3 N2192 (2015) Decisions taken on 2015-10-08/09, October 2015.

[19] CEN TC250 SC3 N2257 (2016) Decisions taken on 2016-03-16/17, March 2016.

[20] CEN TC250 SC3 N2532 (2017) EN 1993-1-1 (E) Final Draft, 2017-12-20.

[21] CEN TC250 SC3 N2620 (2018) Collected comments Final Draft EN 1993-1-1, April 2018.

[22] CEN TC250 SC3 N2621 (2018) Late UK comments on EN 1993-1-1, April 2018.

[23] CEN TC250 SC3 N2661 (2018) Final Document of prEN 1993-1-1, July 2018.

[24] Chan, T. M.; Gardner, L. (2008) Bending strength of hot-rolled elliptical hollow sections, *Journal of Constructional Steel Research*, 971–986.

[25] Chan, T. M.; Gardner, L. (2008) Compressive resistance of hot-rolled elliptical hollow sections, *Engineering Structures*, 522–532.

[26] Davaine, L. (2018) Meeting presentation for SC3/WG13 Steel Bridges in 2018, p. 24. CEN/TC250/SC3/WG13 N57. 15 February 2018.

[27] DIN 18800-1:2008-11 (2008) *Stahlbauten, Teil 1: Bemessung und Konstruktion*, Beuth, Berlin.

[28] DIN 18800-2:2008-11 (2008) *Stahlbauten, Teil 2: Stabilitätsfälle, Knicken von Stäben und Stabwerken*, Beuth, Berlin.

Verzweigungslast:

$$c^2 = \frac{EI_w}{EI_z} + \frac{GI_T}{EI_z} \cdot \left(\frac{1}{\pi}\right)^2 = 409{,}88\,\text{cm}^2$$

$$i_p^2 = i_y^2 + i_z^2 = \frac{I_y}{A} + \frac{I_z}{A} = 436{,}65\,\text{cm}^2$$

$$i_M^2 = i_P^2 + z_M^2 = 436{,}65 + 13{,}79^2 = 626{,}81\,\text{cm}^2$$

$$N_{cr,TF} = \left(\frac{\pi}{l}\right)^2 \cdot EI_z \cdot \frac{2 \cdot c^2}{(i_M^2 + c^2) \cdot \left[1 + \sqrt{1 - \frac{4 \cdot c^2 \cdot i_p^2}{(i_M^2 + c^2)^2}}\right]} = 3287\,\text{kN}$$

$$\bar{\lambda}_{TF} = \sqrt{\frac{N_{pl}}{N_{cr,TF}}} = \sqrt{\frac{147{,}60 \cdot 23{,}5}{3287}} = 1{,}03$$

Knicklinie c für geschweißte Profile

$\chi_{TF} = 0{,}52 \leq 1{,}0$

Tab. 8.3

Biegedrillknickwiderstand:

$$N_{TF,Rd} = \chi_{TF} \cdot \frac{N_{pl}}{\gamma_{M1}} = 0{,}523 \cdot \frac{147{,}60 \cdot 23{,}5}{1{,}1} = 1640\,\text{kN}$$

Nachweis:

$$\frac{N_{Ed}}{N_{TF,Rd}} = \frac{1600}{1640} = 0{,}98 \leq 1{,}0$$

## 13 Zusammenfassung und Ausblick

Der vorliegende Beitrag stellt die Weiterentwicklungen des Teils 1-1 von EN 1993 vor und macht dessen Anwender mit den wesentlichen strukturellen und technischen Änderungen vertraut. Diese beabsichtigen die Anwenderfreundlichkeit zu verbessern, die Regelungen sowohl innerhalb des Eurocodes 3 als auch mit den verwandten Normen zu harmonisieren und neue Erkenntnisse aus Forschung und Entwicklung zu integrieren. Dies stärkt die Wirtschaftlichkeit von Stahlkonstruktionen sowie die Effizienz ihres Entwurfs und ihrer Bemessung.

Wie geht es weiter? Nach einer knapp zehnjährigen Überarbeitungs- und Entwicklungsphase wurden die Arbeiten an der konsolidierten Fassung der prEN 1993-1-1:2020 [81] durch die Reference Group (s. Abschnitt 1) und das Deutsche Institut für Normung (DIN) als dem verantwortlichen Sekretariat für CEN/TC250/SC3 parallel zur Fertigstellung des vorliegenden Beitrags abgeschlossen. Der nächste Schritt ist das CEN-Enquiry (formal enquiry), das dann voraussichtlich am 1. September 2020 startet. In dieser Umfrage, die für sich ca. 16 Wochen dauert, wird die Zustimmung zum Normenentwurf durch die verschiedenen Länder erfragt. Gleichzeigt haben sie auch noch einmal die Möglichkeit, Kommentare zum Entwurf abzugeben. Die Kommentare und Änderungswünsche sind dann wieder vom SC3 zu bearbeiten. Das Komitee erstellt auf dieser Basis einen abschließenden Entwurf für den sog. Formal Vote, bei dem es dann nur noch um Zustimmung oder Ablehnung des Entwurfs durch die Länder geht. Der Formal Vote zu prEN 1993-1-1 könnte nach den zeitlichen Vorgaben des gesamten Prozesses vielleicht am 1. Oktober 2022 beginnen und wird 8 Wochen dauern. Danach folgt noch eine letzte editorische Phase von ca. 8 Wochen, bis der Entwurf in die Hände der nationalen Normungsinstitute kommt. Bis dann national tatsächlich die Einführung und die Zurückziehung der bestehenden Norm erfolgen, hängt u. a. davon ab, ob schon ein nationaler Anhang zum neuen Normenentwurf existiert.

Betrachtet man diese doch noch recht lange Zeitschiene, stellt sich die Frage, ob für einige der neuen Erkenntnisse, die ihren Weg in den neuen Entwurf gefunden haben, es nicht auch vorher schon eine Möglichkeit gibt, diese zu nutzen. Grundsätzlich sollte das möglich sein, weil ja durch den beschriebenen Prozess eine sorgfältige technische Prüfung erfolgt ist. Allerdings liegt das dann in der individuellen Verantwortung des Anwenders und möglicherweise des Bauherrn bzw. Prüfers. Auf der anderen Seite eröffnet diese Phase auch die Möglichkeit, durch entsprechende Kommentare und

$$\phi_y = 0,5 \cdot [1 + 0,34 \cdot (0,62 - 0,2) + 0,62^2] = 0,76 \quad \text{Gl. (8.74)}$$

$$\chi_y = \frac{1}{0,76 + \sqrt{0,76^2 - 0,62^2}} = 0,83 \leq 1,0 \quad \text{Gl. (8.73)}$$

$$\phi_z = 0,5 \cdot [1 + 0,49 \cdot (1,05 - 0,2) + 1,05^2] = 1,26 \quad \text{Gl. (8.74)}$$

$$\chi_z = \frac{1}{1,26 + \sqrt{1,26^2 - 1,05^2}} = 0,51 \leq 1,0 \quad \text{Gl. (8.73)}$$

$$n_y = \frac{100}{0,83 \cdot \frac{2\,139}{1,1}} = 0,06 \quad \text{Gl. (8.91)}$$

$$n_z = \frac{100}{0,51 \cdot \frac{2\,139}{1,1}} = 0,10 \quad \text{Gl. (8.92)}$$

$$k_{yy} = 0,9 \cdot (1 + (0,62 - 0,2) \cdot 0,062) = 0,92 \quad \text{Tab. 8.7}$$

$$k_{zy} = 1 - \frac{0,1 \cdot 0,10}{0,9 - 0,25} = 0,98 \quad \text{Tab. 8.8}$$

$$k_{zz} = 0,9 \cdot (1 + 1,4 \cdot 0,101) = 1,03 \quad \text{Tab. 8.8}$$

$$k_{yz} = 0,6 \cdot 1,03 = 0,62 \quad \text{Tab. 8.7}$$

Nachweis:

$$0,06 + 0,92 \cdot \frac{10800}{16418} + 0,62 \cdot \frac{830}{\frac{9256}{1,1}} + 0,67 \cdot 0,90 \cdot 1,35 \cdot \frac{14244}{\frac{92810}{1,1}} = 0,86 \leq 1,0 \quad \text{Gl. (C.1)}$$

$$0,10 + 0,98 \cdot \frac{10800}{16418} + 1,03 \cdot \frac{830}{\frac{9256}{1,1}} + 0,67 \cdot 0,90 \cdot 1,35 \cdot \frac{14244}{\frac{92810}{1,1}} = 0,97 \leq 1,0 \quad \text{Gl. (C.2)}$$

## 12.7 Biegedrillknicknachweis einer Stütze mit einfach-symmetrischem Querschnitt

Das folgende Beispiel untersucht das Biegedrillknicken eines einfach-symmetrischen Querschnitts unter zentrischer Drucknormalkraft (Bild 45).

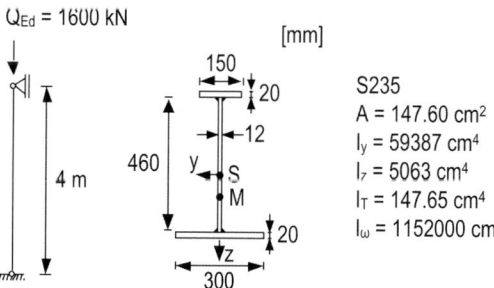

**Bild 45.** System und Einwirkungen

Grenztragfähigkeit im Fall des Biegedrillknickens

$N_{cr,z} = \dfrac{(\pi^2 \cdot 21000 \cdot 2840)}{550^2} = 1946 \text{ kN}$

$c^2 = \left(\dfrac{550^2 \cdot 8100 \cdot 76,8}{\pi^2 \cdot 21000 \cdot 2840}\right) + \dfrac{295400}{2840} = 423,71 \text{ cm}^2$

$z_p = -\dfrac{22}{2} = -11 \text{ cm}; \quad \zeta = 1,35$

$M_{cr,y} = 1,35 \cdot 1946 \cdot \left(\sqrt{423,71 + 0,25 \cdot 11^2} + 0,5 \cdot (-11)\right) = 41522 \text{ kNcm}$

$\dfrac{h}{b} = \dfrac{220}{220} = 1 \leq 1,2$

$\alpha_{LT} = 0,16 \cdot \sqrt{\dfrac{735,5}{258,5}} = 0,27 \leq 0,49$     Tab. 8.5

$\bar{\lambda}_{LT} = \sqrt{\dfrac{19440}{41522}} = 0,68$     Gl. (8.80)

$\bar{\lambda}_z = \sqrt{\dfrac{2139}{1946}} = 1,05$     Gl. (8.69)

$f_M = 1,1$     Tab. 8.6

$\phi_{LT} = 0,5 \cdot \left[1 + 1,1 \cdot \left(\left(\dfrac{0,68}{1,05}\right)^2 \cdot 0,27 \cdot (1,05 - 0,2) + 0,68^2\right)\right] = 0,807$     Gl. (8.82)

$\chi_{LT} = \dfrac{1,1}{0,807 + \sqrt{0,807^2 - 1,1 \cdot 0,68^2}} = 0,929$     Gl. (8.81)

$M_{b,Rd} = 0,929 \cdot \dfrac{19440}{1,1} = 16418 \text{ kNcm}$     Gl. (8.79)

$k_w = 0,7 - \dfrac{0,2 \cdot 1,46}{\dfrac{92,56}{1,1}} = 0,67$     Gl. (C.3)

$k_{zw} = 1,0 - \dfrac{8,3}{\dfrac{9,281}{1,1}} = 0,90$     Gl. (C.4)

$k_\alpha = \dfrac{1}{1 - \dfrac{10800}{41522}} = 1,35 \leq 2,0$     Gl. (C.5)

$C_{my} = C_{mz} = C_{mLT} = 0,9$     Tab. 8.9

$N_{cr,y} = \dfrac{(\pi^2 \cdot 21000 \cdot 8090)}{550^2} = 5543 \text{ kN}$

$\bar{\lambda}_y = \sqrt{\dfrac{2139}{5543}} = 0,62 \leq 1,0$     Gl. (8.69)

Fall 2: Grenzkraft des HEA 400 (Bühnenrandträger)

$d_w = 39 - 2 \cdot 1{,}9 - 2 \cdot 2{,}7 = 29{,}8$ cm  [Bild 8.4]

$F_{z,Ed} = 100 \text{ kN} \le 534 \cdot \varepsilon^2 \cdot \dfrac{1{,}1^3 \cdot 23{,}5}{29{,}8 \cdot 1{,}0} = 560{,}49\varepsilon^2$ kN  [Gl. (8.62)]

$M_{y,Ed} = 48000$ kNcm $\le 54309$ kNcm  [Gl. (8.63)]

$s_s = 11 + 2 \cdot 27 + 2 \cdot 19 = 103$ mm  [Bild 8.4]

$l_{y1} = 103 + 2 \cdot 2{,}5 \cdot (27 + 19) = 333$ mm $= 33{,}3$ cm  [Bild 8.4]

$F_{z,Rd,2} = \dfrac{33{,}3 \cdot 1{,}1 \cdot 23{,}5}{1{,}0} = 860{,}81$ kN  [Gl. (8.65)]

$k_w = 1{,}7 - \dfrac{|48000/45069 \cdot 14{,}9|}{23{,}5/1{,}0} = 1{,}02$ da $V_{Ed} = 100$ kN $\le F_{z,Rd,2} = 860{,}81$ kN

Nachweis:

$\dfrac{100}{1{,}02 \cdot 860{,}81} = 0{,}11 \le 1{,}0$  [Gl. (8.64)]

## 12.6 Bemessung eines Bauteils unter Biegung, Druck und Torsion (Anhang C.2)

Im folgenden Beispiel wird ein Träger HEB 220 (S235) unter Druckkraft, Biegung und Torsion nach prEN 1993-1-1:2020 Anhang C.2 untersucht (Bild 44).

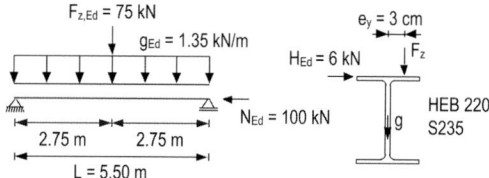

**Bild 44.** System und Einwirkungen

Maßgebende Schnittgrößen:

$M_{y,Ed} = \dfrac{(75 + 3{,}7) \cdot 5{,}5}{4} = 108$ kNm $= 10800$ kNcm

$M_{z,Ed} = \dfrac{6 \cdot 5{,}5}{4} = 8{,}3$ kNm $= 830$ kNcm

$M_{x,Ed} = 75 \cdot 0{,}03 + 6 \cdot 0{,}11 = 2{,}91$ kNm $= 291$ kNcm

$\varepsilon_T = \sqrt{\dfrac{8100 \cdot 77{,}20}{21000 \cdot 289510}} = 5{,}57$

$M_{\omega,Ed} = \dfrac{291 \cdot 550}{4} \cdot 0{,}356 = 14244$ kNcm²

Knicklinie c für gewalzte Profile → $\alpha = 0,49$

$\phi = 0,5 \cdot [1 + 0,49 \cdot (0,60 - 0,2) + 0,60^2] = 0,78$   Gl. (8.74)

$\chi_{c,z} = \dfrac{1}{0,78 + \sqrt{0,78^2 - 0,60^2}} = 0,78 \leq 1,0$   Gl. (8.73)

$M_{b,Rd} = 0,78 \cdot \dfrac{65490}{1,1} = 46438$ kNcm   Gl. (8.84)

Nachweis:

$\dfrac{M_{Ed}}{M_{b,Rd}} = \dfrac{49800/1,1}{46438} = 0,98 \leq 1,0$   Gl. (8.83)

## 12.5  Nachweis der rippenlosen Krafteinleitung in einen Bühnenrandträger (Kapitel 8.2.11)

Nachfolgend wird die Krafteinleitung in einen Bühnenrandträger nachgewiesen. Auf den Bühnenrandträger HEA 400 sind Querträger IPE 270 aufgelagert, deren Auflagerkräfte ohne Aussteifung eingeleitet werden sollen (Bild 43). Der Nachweis der Krafteinleitung ist sowohl für den Bühnenrandträger als auch für die Querträger zu führen. Das Beispiel wurde aus [70] übernommen.

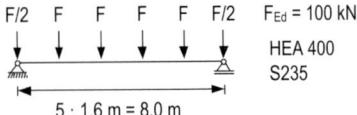

Bild 43. Bühnenrandträger – System und Einwirkungen

Fall 1: Grenzkraft des IPE 270 (Querträger)

$d_w = 27 - 2 \cdot 1,02 - 2 \cdot 1,5 = 21,96$ cm   Bild 8.4

$F_{z,Ed} = 100$ kN $\leq 534 \cdot \varepsilon^2 \cdot \dfrac{0,66^3 \cdot 23,5}{21,96 \cdot 1,0} = 164,29 \varepsilon^2$ kN   Gl. (8.62)

$M_{y,Ed} = 0$ kNcm (Trägerende) $\leq 10\,079$ kNcm   Gl. (8.63)

$s_s = 6,6 + 2 \cdot 15 + 2 \cdot 10,2 = 57$ mm   Bild 8.4

$l_{y1} = 57 + 2,5 \cdot (1,5 + 10,2) = 120$ mm $= 12$ cm   Bild 8.4

$F_{z,Rd,1} = \dfrac{12 \cdot 0,66 \cdot 23,5}{1,0} = 186,12$ kN   Gl. (8.65)

$k_w = 1,0$   da $|\sigma_{com,Ed}| = 0$ kN/cm² (Trägerende) $\leq 0,7 \cdot \dfrac{23,5}{1,0} = 16,45$ kN/cm²

Nachweis:

$\dfrac{100}{1,0 \cdot 186,12} = 0,54 \leq 1,0$   Gl. (8.64)

Da der Querträger am Steg angeschlossen ist, verringert sich die freie Verformbarkeit des Stegbleches und es ergibt sich eine größere Federsteifigkeit $C_{D,A}$:

$$C_{D,A} = 111 \cdot \left(\frac{55^3}{37^3 + 9^3}\right) = 359 \text{ kNm}$$

$$C_D = \frac{1}{\left(\frac{1}{11823} + \frac{1}{359}\right) \cdot 2,60} = 134 \text{ kNm/m}$$   Gl. (D3)

Nachweis:

$C_D = 134 \text{ kNm/m} \leq \text{erf.} C_D = 431 \text{ kNm/m}$

Die erforderliche Drehbettung ist erheblich größer als die vorhandene Drehbettung. Basierend auf dem Hinweis in Abschnitt 9.4 zur Verwendung der $K_\theta$-Werte wird die erforderliche Drehbettung nachfolgend erneut mit Tabelle BB.1 aus DIN EN 1993-1-1/NA [30] berechnet.

$$\text{erf.} C_D = \frac{65490^2}{21000 \cdot 2668} \cdot 4 \cdot 0,35 = 107 \text{ kNm/m}$$   Gl. (D2)

$$\text{erf.} C_D = 107 \cdot \left(\frac{498}{574}\right)^2 = 80 \text{ kNm/m}$$

Nachweis:

$C_D = 134 \text{ kNm/m} > \text{erf.} C_D = 80 \text{ kNm/m}$

### 12.4.3 Nachweis des Druckgurtes zwischen den Querträgern (Kapitel 8.3.2.4)

Maßgebend für den Nachweis ist der mittlere Bereich mit $c = 2,5$ m.

$A_f = 21 \cdot 1,72 = 36,12 \text{ cm}^2$

$A_w = 1,11 \cdot (55 - 2 \cdot 1,72) = 57,23 \text{ cm}^2$

$A_c = 36,12 + 0,5 \cdot 57,23 = 64,735 \text{ cm}^2$

$I_z = \dfrac{21^3 \cdot 1,72}{12} = 1372 \text{ cm}^4$

$N_{cr,c,z} = \dfrac{(\pi^2 \cdot 21000 \cdot 1372)}{250^2} = 4551 \text{ kN}$

$\overline{\lambda}_{c,z} = \sqrt{\dfrac{64,735 \cdot 23,5}{4551}} = 0,58$   Gl. (8.85)

$\beta_c = \sqrt{\dfrac{0,06 \cdot 550/17,2}{0,58 + 1}} = 1,10 \leq 2$   Gl. (8.87)

$k_c = \dfrac{1}{1,33 - 0,33 \cdot 0,81} = 0,94$   Tab. 8.6

$\overline{\lambda}_{cz,\text{mod}} = 0,94 \cdot 1,10 \cdot 0,58 = 0,60$   Gl. (8.86)

$$\bar{\lambda}_z = \sqrt{\frac{3159}{1067}} = 1{,}72$$ Gl. (8.69)

$f_M = 1{,}05$ Tab. 8.6

$$\phi_{LT} = 0{,}5 \cdot \left[1 + 1{,}05 \cdot \left(\left(\frac{1{,}38}{1{,}72}\right)^2 \cdot 0{,}34 \cdot (1{,}72 - 0{,}2) + 1{,}38^2\right)\right] = 1{,}67$$ Gl. (8.82)

$$\chi_{LT} = \frac{1{,}05}{1{,}67 + \sqrt{1{,}67^2 - 1{,}05 \cdot 1{,}38^2}} = 0{,}41$$ Gl. (8.81)

$$M_{b,Rd} = 0{,}41 \cdot \frac{65490}{1{,}1} = 24410 \text{ kNcm}$$ Gl. (8.79)

Nachweis:

$$\frac{M_{Ed}}{M_{b,Rd}} = \frac{49800/1{,}1}{24410} = 1{,}86 \geq 1{,}0$$ Gl. (8.78)

Der Tragsicherheitsnachweis ist unter Vernachlässigung der stabilisierenden Wirkung der beiden Querträger nicht erbracht!

### 12.4.2 Mit Berücksichtigung der Querträger

Durch die beiden Querträger HEB 240 liegt eine diskrete Drehbettung vor. Diese wird in eine kontinuierlich wirkende Drehbettung umgerechnet.

$M_{el,y} = W_{el,y} \cdot f_y = 2441 \cdot 23{,}5 = 57364$ kNcm $= 574$ kNm

$M_y = 498$ kNm $< M_{el,y} = 574$ kNm

Folglich muss nicht auf plastische Tragreserven zurückgegriffen werden und das Nachweisverfahren Elastisch-Elastisch kann angewendet werden.
Erforderliche Drehbettung:

$$\text{erf.}\,C_D = \frac{65490^2}{21000 \cdot 2668} \cdot 21{,}4 \cdot 0{,}35 = 573 \text{ kNm/m}$$ Gl. (D2)

Da $M_{el,y}$ nicht vollständig ausgenutzt wird, kann die erforderliche Drehbettung abgemindert werden.

$$\text{erf.}\,C_D = 573 \cdot \left(\frac{498}{574}\right)^2 = 431 \text{ kNm/m}$$

Vorhandene Drehbettung:
Der Anteil aus der Verbindung zwischen dem Träger und dem stabilisierenden Bauteil darf vernachlässigt werden, da die hier vorhandene Verbindung als nahezu starr angesehen werden kann.

$$C_{D,C} = \frac{2 \cdot 21000 \cdot 1{,}126}{4} = 11823 \text{ kNm}$$

$C_{D,A} = 141 \cdot (0{,}24 + 0{,}55) = 111$ kNm       aus [70] Tab. 2-3.2

Nachweis:

$C_D = 3,44$ kNm/m $\leq$ erf. $C_D = 83,63$ kNm/m (maßgebend!)

Die erforderliche Drehbettung ist erheblich größer als die mit dem Trapezprofil erreichbare Drehbettung.

### 12.4 Biegedrillknicknachweis eines Bühnenträgers

Das nachfolgende Beispiel eines Bühnenträgers wurde aus [70] übernommen. Für den Bühnenhauptträger IPE 550 (S235) wird der Biegedrillknicknachweis geführt, zunächst ohne, nachfolgend mit Berücksichtigung der stabilisierenden Wirkung der Querträger.

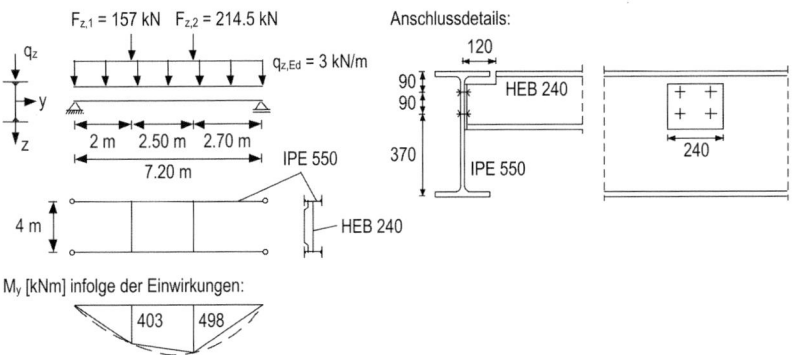

**Bild 42.** System und Biegemomentenverlauf unter den $\gamma_M$-fachen Bemessungswerten der Einwirkungen

#### 12.4.1 Ohne Berücksichtigung der Querträger (Kapitel 8.3)

Berechnung des Biegedrillknickmoments $M_{cr,y}$ (doppelt-symmetrischer I-Querschnitt):

$$N_{cr,z} = \left(\frac{\pi^2 \cdot 21000 \cdot 2668}{720^2}\right) = 1067 \text{ kN}$$

$$c^2 = \left(\frac{720^2 \cdot 8100 \cdot 121,7}{\pi^2 \cdot 21000 \cdot 2668}\right) + \frac{1861500}{2668} = 1622 \text{ cm}^2$$

$$z_p = -\frac{55}{2} = -27,5 \text{ cm}, \; \zeta - 1,12$$

$$M_{cr,y} = 1,12 \cdot 1067 \cdot \left(\sqrt{1622 + 0,25 \cdot 27,5^2} + 0,5 \cdot (-27,5)\right) = 34425 \text{ kNcm}$$

$\frac{h}{b} = \frac{550}{210} = 2,62 > 2$ (Biegedrillknicklinie b)     Tab. 8.4

$\alpha_{LT} = 0,12 \cdot \sqrt{\frac{2441}{254,1}} = 0,37 \geq 0,34$ (maßgebend)     Tab. 8.5

$\overline{\lambda}_{LT} = \sqrt{\frac{65490}{34413}} = 1,38$     Gl. (8.80)

Die vorhandene Schubsteifigkeit des Trapezprofils ist nach DIN 18807 Teil 1 zu ermitteln:

Werte aus der Zulassung (Trapezprofil E 85, t = 0,75 mm)

$I_{eff} = 91 \text{ cm}^2/\text{m}$

$K_1 = 0,229 \text{ m/kN}$

$K_2 = 18,0 \text{ m}^2/\text{kN}$

$$S'_v = \left(\frac{10000}{\left(K_1 + \frac{K_2}{l_{Trapez}}\right)}\right) = \left(\frac{10000}{\left(0,229 + \frac{18}{15}\right)}\right) = 7000 \text{ kN/m}$$

Die Einflussbreite b für einen IPE 220 beträgt 3,75 m:

$S_v = b \cdot S'_v = 3,75 \cdot 7000 = 26250 \text{ kN/m}$

Bei einer Verschraubung in jeder zweiten Sicke dürfen davon nur 20% in Rechnung gestellt werden:

$S_{v,vorh.} = 0,2 \cdot S_v = 0,2 \cdot 26250 = 5250 \text{ kN}$

Erforderliche Schubsteifigkeit des Trapezprofils zum Erreichen einer gebundenen Drehachse:

$$S_{v,erf.} \geq \left(21000 \cdot 22310 \cdot \frac{\pi^2}{800^2} + 8100 \cdot 8,982 + 21000 \cdot 204,9 \cdot \frac{\pi^2}{800^2} \cdot 0,25 \cdot 22^2\right)$$

$$\cdot \frac{70}{22^2} = 12728 \text{ kN} \qquad \text{Gl. (D1)}$$

Nachweis:

$S_{v,vorh.} = 5250 \text{ kN} \leq S_{v,erf.} = 12728 \text{ kN}$ (maßgebend!)

Bei einer Verschraubung in jeder zweiten Sicke ist eine ausreichende Behinderung der seitlichen Verschiebung nicht sichergestellt. Zusätzlich soll daher die Behinderung der Verdrehung überprüft werden.
Stabilisierung allein durch Nachweis ausreichender Drehbettung:
Vorhandene Drehbettung durch die Trapezprofile:

$$C_{D,C} = \frac{4 \cdot 21000 \cdot 0,091}{3,75} = 204 \text{ kNm/m}$$

$$C_{D,B} = 3,1 \cdot \left(\frac{110}{100}\right)^2 = 3,75 \text{ kNm/m}$$

$C_{D,A} = 52,6 \text{ kNm/m}$

$$C_D = \frac{1}{\frac{1}{204} + \frac{1}{3,75} + \frac{1}{52,6}} = 3,44 \text{ kNm/m} \qquad \text{Gl. (D3)}$$

Erforderliche Drehbettung zur Stabilisierung des IPE 220:

$$\text{erf.} C_D \geq \frac{67,07^2}{21000 \cdot 0,02049} \cdot 8,0 \cdot 1,0 = 83,63 \text{ kNm/m} \qquad \text{Gl. (D2)}$$

Aufgrund des geringen Wölbbimomentenanteils kann dieser gemäß C.2(6) vernachlässigt werden:

$$\frac{B_{Ed}^{II}}{B_{pl,Rk}/\gamma_{M1}} = \frac{0,57}{\frac{21,72}{1,1}} = 0,03 \leq 0,035$$

Die lineare Querschnittsinteraktion mit Schnittgrößen nach Theorie II. Ordnung ergibt somit:

$$\frac{N_{Ed}^{II}}{N_{pl,Rk}/\gamma_{M1}} + \frac{M_{y,Ed}^{II}}{M_{y,pl,Rk}/\gamma_{M1}} + \frac{M_{z,Ed}^{II}}{M_{z,pl,Rk}/\gamma_{M1}} = \frac{415,8}{\frac{3087}{1,1}} + \frac{208,3}{\frac{360,6}{1,1}} + \frac{1,0}{\frac{168,6}{1,1}} = 0,79$$

### Zusammenfassung

In Tabelle 15 sind die Ausnutzungsgrade des Zweigelenkrahmens bei Anwendung der unterschiedlichen Nachweisverfahren zusammengefasst. Die maßgebenden Ausnutzungsgrade liegen zwischen 0,61 und 0,86 und stellen damit eine Streuung von etwa 41 % dar.

**Tabelle 15.** Ausnutzungsgrade der unterschiedlichen Nachweisverfahren

| Nachweisverfahren | | Ausnutzungsgrad in/aus der Ebene |
|---|---|---|
| M3 | Th. II. Ordnung in Ebene (Φ), BDK aus Ebene | 0,77/0,83 |
| M4 | Th. II. Ordnung in Ebene (Φ, e₀), BDK aus Ebene | 0,68/0,83 |
| M5 | Th. II. Ordnung elastisch räumlich, QS plastisch | 0,79 |
| EM | Th. I. Ordnung Ersatzstabverfahren | 0,86/0,86 |
| FEM | GMNIA, Eigenformen überlagert (pl.-pl.) | 0,61 |

## 12.3 Bemessung eines durchlaufenden Dachträgers mit Trapezprofilen (Anhang D)

Das folgende Beispiel eines mit Trapezprofilen gedeckten, durchlaufenden Dachträgers IPE 220 (S235) wurde aus [70] übernommen und an prEN 1993-1-1:2020 angepasst (Bild 41). Mithilfe von Anhang D wird überprüft, ob unter Berücksichtigung der Schubsteifigkeit der Trapezprofile und der Wirkung der Drehbettung Biegedrillknicken des Dachträgers ausgeschlossen ist.

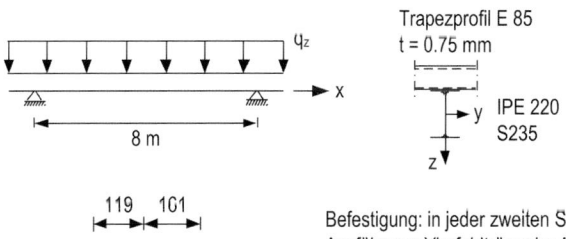

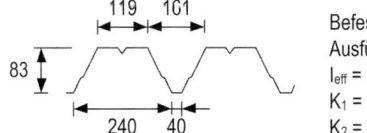

Befestigung: in jeder zweiten Sicke
Ausführung: Vierfeldträger im Abstand von 3.75 m
$I_{eff}$ = 91 cm⁴/m
$K_1$ = 0.229 m/kN
$K_2$ = 18.0 m²/kN

**Bild 41.** System und Einwirkungen

Die anschließende Systemberechnung erfolgt in Form einer GMNIA-Berechnung (Geometrisch und Materiell Nichtlineare Analyse unter Berücksichtigung von Imperfektionen), d. h. einer Berechnung nach dem Verfahren plastisch-plastisch in Form der Fließzonentheorie. Die schlankheitsabhängigen Imperfektionsamplituden ergeben sich dabei folgendermaßen:

$$e_y = \alpha \cdot (\bar{\lambda} - 0,2) \cdot \frac{W_{pl,y}}{A}$$

$$e_z = \alpha \cdot (\bar{\lambda} - 0,2) \cdot \frac{W_{pl,z}}{A}$$

$$\bar{\lambda} = \sqrt{\frac{\alpha_{ult,MNA}}{\alpha_{cr,LBA}}}$$

**Tabelle 14.** Imperfektionsamplituden bei Berücksichtigung von N + M

| Bauteil | Eigenform | Eigenwert | $\bar{\lambda}$ | Imperfektion [mm] |
|---|---|---|---|---|
| Riegel | 1 | 6,3213 | 0,545 | $e_z$ = 3,5 (BKL b) |
| Stütze rechts | 2 | 8,0870 | 0,482 | $e_z$ = 7,54 (KL c) |
| Schiefstellung | 3 | 8,3536 | 0,474 | $e_y$ = 10,88 (KL b) |
| Stütze links | 5 | 14,317 | 0,362 | $e_z$ = 4,33 (KL c) |

Für die Imperfektionsannahme wurden die vier Eigenformen in Bild 37 und Bild 38 mit den Werten aus Tabelle 14 überlagert, sodass einerseits jede Stütze eine Imperfektion aus der Ebene, und andererseits auch eine Schiefstellung in der Ebene erhielt. Der Traglastzustand ist 10-fach überhöht in Bild 40 dargestellt. Der dazugehörige Laststeigerungsfaktor beträgt 1,63 wodurch sich eine Querschnittsausnutzung von 0,61 ergibt.

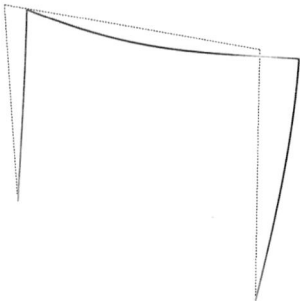

**Bild 40.** GMNIA Traglastzustand 10-fach überhöht, Lastfaktor = 1,63

### Methode M5, 7.2.2(8) – Räumliche Systemberechnung nach Elastizitätstheorie II. Ordnung mit Imperfektionen konform zur Eigenform

Der Nachweis mit den elastisch ermittelten Schnittgrößen für die Bemessungslast, den gleichen Imperfektionsannahmen wie für die GMNIA-Berechnung und einer linearen Querschnittsinteraktion ergibt folgendes Ergebnis im maßgebenden Stützenquerschnitt (Stütze, Rahmenecke c).

| | | | | | | |
|---|---|---|---|---|---|---|
| $N^{II}_{Ed}$ | = | 415,8 | kN | $M^{II}_{y,Ed}$ | = | 208,3 kNm |
| $V^{II}_{Ed,y}$ | = | 2,0 | kN | $M^{II}_{z,Ed}$ | = | 1,0 kNm |
| $V^{II}_{Ed,z}$ | = | 37,4 | kN | $B^{II}_{Ed}$ | = | 0,57 kNm² |

Der Querschnittsnachweis erfolgt als lineare Addition der Ausnutzungsgrade für alle Schnittgrößen, die Normalspannungen verursachen.

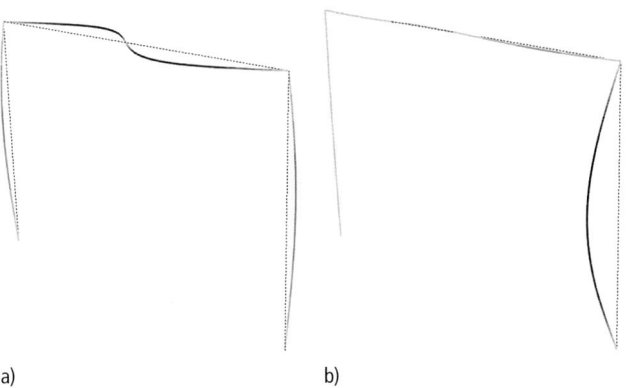

a) b)

**Bild 37.** LBA, Eigenform 1: Biegedrillknicken des Riegels, Lastfaktor = 6,3213 (a) und Eigenform 2: Biegedrillknicken, Knicken der rechten Stütze, Lastfaktor = 8,0870 (b)

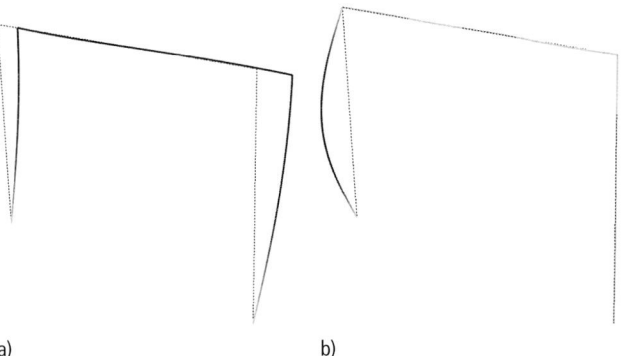

a) b)

**Bild 38.** LBA, Eigenform 3: seitliches Ausweichen des Rahmens, Lastfaktor = 8,3536 (a) und Eigenform 5: Knicken der linken Stütze, Lastfaktor = 14,317 (b)

Mithilfe einer materiell nichtlinearen Analyse (MNA) ergibt sich der kleinstmögliche Lastvergrößerungsfaktor für die Bemessungslasten aus Normalkräften und Momenten zum Erreichen der Querschnittstragfähigkeit, jedoch ohne Berücksichtigung von geometrischen Nichtlinearitäten oder Imperfektionen zu 1,88 (s. Bild 39).

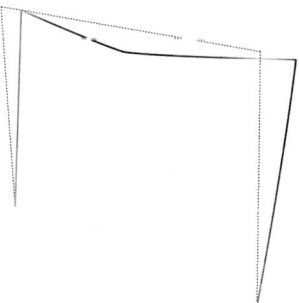

**Bild 39.** MNA, Querschnittsnachweis, Lastfaktor = 1,88

Die Schnittgrößen nach Theorie II. Ordnung ergeben sich unter Berücksichtigung der Schnittgrößen nach Theorie I. Ordnung aus Bild 28, Bild 29 und dem entsprechenden Vergrößerungsfaktor α zu:

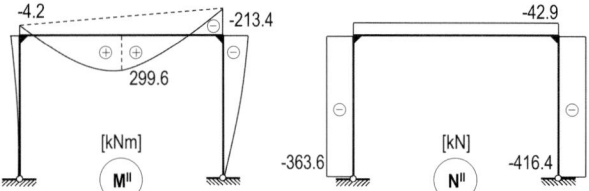

**Bild 36.** Schnittgrößen nach Theorie II. Ordnung unter Berücksichtigung der Schiefstellung und Vorkrümmung

– Nachweis in der Ebene (nichtlinearer Querschnittsnachweis):

$$n = \frac{N_{Ed}^{II}}{N_{pl,RK}/\gamma_{M1}} = \frac{416,4 \text{ kN}}{\frac{3087}{1,1}} = 0,15$$

$$a = \frac{(A - 2 \cdot b \cdot t_f)}{A} = \frac{131,4 \text{ cm}^2 - 2 \cdot 28,0 \text{ cm} \cdot 1,8 \text{ cm}}{131,4 \text{ cm}^2} = 0,23 \leq 0,5$$

$$M_{N,y,Rd} = \frac{M_{y,pl}}{\gamma_{M1}} \cdot \frac{1-n}{1-0,5 \cdot a} = \frac{360,6 \text{ kNm}}{1,1} \cdot \frac{1-0,15}{1-0,5 \cdot 0,23} = 314,9 \text{ kNm}$$

$$\frac{M_{y,Ed}^{II}}{M_{N,y,Rd}} = \frac{213,4 \text{ kNm}}{314,9 \text{ kNm}} = 0,68$$

– Nachweise aus der Ebene:
Da Kriterium 7.3.4 erfüllt ist und die Nachweise aus der Rahmenebene als Bauteilnachweise geführt werden, in dem die Stabvorkrümmungen indirekt bereits über die Abminderungsfaktoren berücksichtigt werden, dürfen hier die Schnittgrößen nach Theorie II. Ordnung allein unter Berücksichtigung der globalen Schiefstellung des Rahmens (siehe Methode M3) angesetzt werden. Entsprechend ergeben sich dieselben Nachweise wie für Methode M3.

– Nachweis aus der Ebene (Bauteilnachweis – Stütze):

$$n_z + k_{zy} \cdot \frac{M_{y,Ed}^{II}}{\chi_{LT} \cdot M_{y,pl}/\gamma_{M1}} = 0,21 + 0,96 \cdot \frac{213,4 \text{ kNm}}{1,0 \cdot \frac{360,6}{1,1} \text{ kNm}} = 0,21 + 0,62 = 0,83$$

– Nachweis aus der Ebene (Bauteilnachweis – Riegel):

$$n_z + k_{zy} \cdot \frac{M_{y,Ed}^{II}}{\chi_{LT} \cdot M_{y,pl}/\gamma_{M1}} = 0,02 + 1,0 \cdot \frac{299,6 \text{ kNm}}{0,67 \cdot \frac{654,9}{1,1} \text{ kNm}} = 0,02 + 0,75 = 0,77 \leq 1,0$$

## Methode FEM (GMNIA)

Für die räumliche Berechnung (plastisch-plastisch) wurden die Profile des Zweigelenkrahmens mithilfe von Beam-Elementen (B31OS), ohne die Berücksichtigung der zusätzlichen Ausrundungsradien, im FE-Programm Abaqus v.6.13 modelliert. Die verwendeten Beam-Elemente können neben den drei Verschiebungen und Rotationen auch zusätzlich die Verwölbung von offenen Querschnitten abbilden. Die angesetzten geometrischen Ersatzimperfektionen erfassen dabei sowohl geometrische als auch strukturelle Imperfektionen und wurden „schlankheitsabhängig" gemäß Abs. 7.3.6 konform zur Eigenform des Systems angesetzt. Zur Bestimmung der maßgebenden Eigenwerte aus Bild 37 und Bild 38 wurde zunächst eine Eigenwertanalyse (Linear Buckling Analysis = LBA) durchgeführt.

$$q_{ers,1} = \frac{8 \cdot N_{Ed,1} \cdot e_0}{L^2} = \frac{8 \cdot \left(190 \text{ kN} + 50 \text{ kN/m} \cdot 4 \text{ m} - 35 \text{ kN} \cdot \frac{5 \text{ m}}{8 \text{ m}}\right) \cdot 22{,}7 \text{ mm}}{(500 \text{ cm})^2}$$
$$= 2{,}67 \text{ kN/m}$$

$$q_{ers,2} = \frac{8 \cdot N_{Ed,2} \cdot e_0}{L^2} = \frac{8 \cdot \left(190 \text{ kN} + 50 \text{ kN/m} \cdot 4 \text{ m} + 35 \text{ kN} \cdot \frac{5 \text{ m}}{8 \text{ m}}\right) \cdot 22{,}7 \text{ mm}}{(500 \text{ cm})^2}$$
$$= 2{,}99 \text{ kN/m}$$

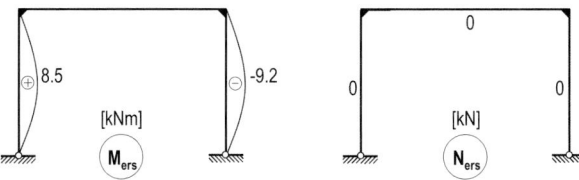

**Bild 35.** Schnittgrößen infolge $q_{ers}$

Der Lastvergrößerungsfaktor ergibt sich nach dem P-Δ-Verfahren zu:

Verschiebung $w^I$ an der oberen Rahmenecke:

$$w^I = \int \frac{\bar{M} \cdot M}{EI_y} dx$$
$$= \frac{1}{21000 \text{ kN/cm}^2} \cdot \left[ \frac{1}{19270 \text{ cm}^4} \cdot \frac{1}{3} \cdot \frac{5 \text{ m}}{2} \cdot \right.$$
$$\cdot \left(87{,}5 \text{ kNm} + 7{,}6 \text{ kNm} + \frac{8{,}5 \text{ kNm} + 9{,}2 \text{ kNm}}{2}\right) \cdot 5 \text{ m} +$$
$$\left. + \frac{1}{67120 \text{ cm}^4} \cdot \frac{1}{3} \cdot \frac{5 \text{ m}}{2} \cdot (87{,}5 \text{ kNm} + 7{,}6 \text{ kNm}) \cdot 4 \text{ m} \right] \cdot 2$$
$$= 2{,}59 \text{ cm}$$

Ersatzbelastung ΔH infolge $w^I$:

$$\Delta H = \sum_i P_i \cdot \left(\frac{w^I}{L_i}\right) = (2 \cdot 190 \text{ kN} + 50 \text{ kN/m} \cdot 8{,}0 \text{ m}) \cdot \frac{2{,}59 \text{ cm}}{500 \text{ cm}} = 4{,}04 \text{ kN}$$

Verformung Δw infolge ΔH:

$$w^I = \int \frac{\bar{M} \cdot M}{EI_y} dx$$
$$= \frac{1}{21000 \text{ kN/cm}^2} \cdot \left[ \frac{1}{19270 \text{ cm}^4} \cdot \frac{1}{3} \cdot \frac{5 \text{ m}}{2} \cdot \frac{4{,}04 \text{ kN} \cdot 5 \text{ m}}{2} \cdot 5 \text{ m} + \right.$$
$$\left. + \frac{1}{67120 \text{ cm}^4} \cdot \frac{1}{3} \cdot \frac{5 \text{ m}}{2} \cdot \frac{4{,}04 \text{ kN} \cdot 5 \text{ m}}{2} \cdot 4 \text{ m} \right] \cdot 2$$
$$= 0{,}26 \text{ cm}$$

Vergrößerungsfaktor α:

$$\alpha = \frac{1}{1 - \frac{\Delta w}{w^I}} = \frac{1}{1 - \frac{0{,}26 \text{ cm}}{2{,}59 \text{ cm}}} = 1{,}11 \leq 1{,}5$$

Biegedrillknicken:

$M_{cr} = 1499$ kNm

$$\overline{\lambda}_{LT} = \sqrt{\frac{W_{y,pl} \cdot f_y}{M_{cr}}} = \sqrt{\frac{2787 \text{ cm}^3 \cdot 23,5 \text{ kN/cm}^2}{1499 \text{ kNm}}} = 0,66 \rightarrow \text{KSL d} \rightarrow \chi_{LT} = 0,67$$

siehe oben

Allgemeiner Fall, da in der Trägermitte nur eine seitliche Abstützung vorhanden ist (kein Gabellager)

Interaktionsfaktoren:

$$n_z = \frac{N_{Ed}^{II}}{\chi_z \cdot A \cdot f_y/\gamma_{M1}} = \frac{42,7 \text{ kN}}{0,62 \cdot 134,4 \text{cm}^2 \cdot \frac{23,5}{1,1} \text{ kN/cm}^2} = 0,02$$

$\alpha_h = \frac{-213,4}{291,3} = -0,73$

$C_{mLT} = 0,95 + 0,05 \cdot \alpha_h = 0,95 + 0,05 \cdot (-0,73) = 0,91$

$\psi = \frac{4,1}{213,4} = 0,02$

$$k_{zy} = 1 - \frac{0,1 \cdot \overline{\lambda}_z}{C_{mLT} - 0,25} \cdot n_z = 1 - \frac{0,1 \cdot 0,96}{0,91 - 0,25} \cdot 0,02 = 1,0$$

für verdrehweiche Querschnitte

Nachweis:

$$n_z + k_{zy} \cdot \frac{M_{y,Ed}^{II}}{\chi_{LT} \cdot M_{y,pl}/\gamma_{M1}} = 0,02 + 1,0 \cdot \frac{299,6 \text{ kNm}}{0,67 \cdot \frac{654,9}{1,1} \text{ kNm}} = 0,02 + 0,75 = 0,77 \leq 1,0$$

**Methode M4, 7.2.2(7) b – Theorie II. Ordnung in der Ebene mit Schiefstellung und Vorkrümmung**

Die Schnittgrößenermittlung erfolgt nach Theorie II. Ordnung unter Berücksichtigung von Stützenschiefstellungen und gleichzeitigen Vorkrümmungen in den Stützen. Die Stabnachweise werden plastisch geführt. Die Schnittgrößen infolge der $H_{ers}$-Last infolge der Vorverdrehung der beiden Stützen ergibt sich aus Bild 32.
Die Vorkrümmungen der Stützen ergeben sich unter Berücksichtigung der Knickspannungslinie b zu:

$$e_0 = \frac{\alpha \cdot \beta}{\varepsilon} \cdot L = \frac{0,34 \cdot \frac{1}{75}}{1,0} \cdot 500 \text{ cm} = 22,7 \text{ mm}$$

Die Ersatzbelastung aus der Vorkrümmung ergibt sich zu:

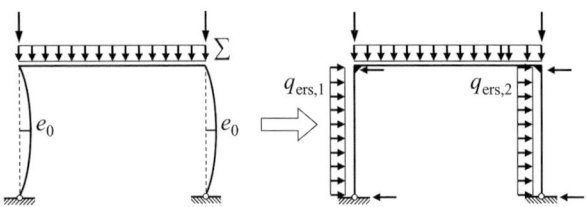

**Bild 34.** Ersatzbelastung infolge der Vorkrümmung

Interaktionsfaktoren:

$$n_y = \frac{N_{Ed}^{II}}{\chi_y \cdot A \cdot f_y/\gamma_{M1}} = \frac{416{,}2 \text{ kN}}{0{,}91 \cdot 131{,}4 \text{ cm}^2 \cdot \frac{23{,}5}{1{,}1} \text{ kN/cm}^2} = 0{,}16$$

$$k_{yy} = C_{my} \cdot \left(1 + (\bar{\lambda}_y - 0{,}2) \cdot n_y\right) = 0{,}9 \cdot (1 + (0{,}44 - 0{,}2) \cdot 0{,}16) = 0{,}93$$

$C_{my} = 0{,}9$, für Bauteile mit Knicken in Form von seitlichem Ausweichen

Nachweis:

$$n_y + k_{yy} \cdot \frac{M_{y,Ed}^{II}}{\chi_{LT} \cdot M_{y,pl}/\gamma_{M1}} = 0{,}16 + 0{,}93 \cdot \frac{213{,}4 \text{ kNm}}{1{,}0 \cdot \frac{360{,}6}{1{,}1} \text{ kNm}} = 0{,}16 + 0{,}61 = 0{,}77 \leq 1{,}0$$

– Nachweis aus der Ebene (Bauteilnachweis – Stütze):

Knicken – schwache Achse:

$$N_{cr,z} = \frac{\pi^2 \cdot EI_z}{(L_{cr,z})^2} = \frac{\pi^2 \cdot 21000 \text{ kN/cm}^2 \cdot 6595 \text{ cm}^4}{(500 \text{ cm})^2} = 5468 \text{ kN}$$

$\beta_z = 1{,}0$, Eulerfall 2

$$\bar{\lambda}_z = \sqrt{\frac{A \cdot f_y}{N_{cr,z}}} = \sqrt{\frac{131{,}4 \text{ cm}^2 \cdot 23{,}5 \text{ kN/cm}^2}{5468 \text{ kN}}} = 0{,}75 \rightarrow \text{KSL c} \rightarrow \chi_z = 0{,}69$$

Biegedrillknicken:

$$\bar{\lambda}_{LT} = \sqrt{\frac{W_{y,pl} \cdot f_y}{M_{cr}}} = \sqrt{\frac{1534 \text{ cm}^3 \cdot 23{,}5 \text{ kN/cm}^2}{1894 \text{ kNm}}} = 0{,}44$$

$\chi_{LT} = 1{,}0$, siehe oben

Interaktionsfaktoren:

$$n_z = \frac{N_{Ed}^{II}}{\chi_z \cdot A \cdot f_y/\gamma_{M1}} = \frac{416{,}2 \text{ kN}}{0{,}69 \cdot 131{,}4 \text{ cm}^2 \cdot \frac{23{,}5}{1{,}1} \text{ kN/cm}^2} = 0{,}21$$

$$k_{zy} = 1 - \frac{0{,}1 \cdot \bar{\lambda}_z}{C_{mLT} - 0{,}25} \cdot n_z = 1 - \frac{0{,}1 \cdot 0{,}75}{0{,}6 - 0{,}25} \cdot 0{,}21 = 0{,}96$$

für verdrehweiche Querschnitte $C_{mLT} = 0{,}6$, dreiecksförmiger Momentenverlauf

Nachweis:

$$n_z + k_{zy} \cdot \frac{M_{y,Ed}^{II}}{\chi_{LT} \cdot M_{y,pl}/\gamma_{M1}} = 0{,}21 + 0{,}96 \cdot \frac{213{,}4 \text{ kNm}}{1{,}0 \cdot \frac{360{,}6}{1{,}1} \text{ kNm}} = 0{,}21 + 0{,}62 = 0{,}83 \leq 1{,}0$$

– Nachweis aus der Ebene (Bauteilnachweis – Riegel):

Knicken – schwache Achse:

$$N_{cr,z} = \frac{\pi^2 \cdot EI_z}{(L_{cr,z})^2} = \frac{\pi^2 \cdot 21000 \text{ kN/cm}^2 \cdot 2668 \text{ cm}^4}{(400 \text{ cm})^2} = 3456 \text{ kN}$$

$\beta_z = 1{,}0$, Eulerfall 2

$$\bar{\lambda}_z = \sqrt{\frac{A \cdot f_y}{N_{cr,z}}} = \sqrt{\frac{134{,}4 \text{ cm}^2 \cdot 23{,}5 \text{ kN/cm}^2}{3456 \text{ kN}}} = 0{,}96 \rightarrow \text{KSL b} \rightarrow \chi_z = 0{,}62$$

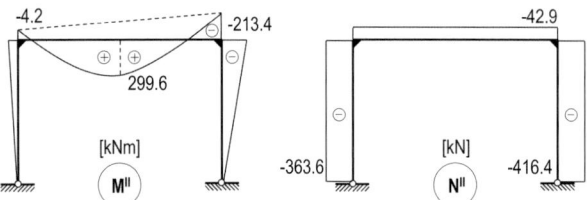

**Bild 33.** Schnittgrößen nach Theorie II. Ordnung unter Berücksichtigung der Schiefstellung

– Nachweis in der Ebene (Bauteilnachweis – Stütze):

Knicken – starke Achse:

$$N_{cr,y} = \frac{\pi^2 \cdot EI_y}{(L_{cr,y})^2} = \frac{\pi^2 \cdot 21000 \text{ kN/cm}^2 \cdot 19270 \text{ cm}^4}{(1,0 \cdot 500 \text{ cm})^2} = 15980 \text{ kN}$$

$\beta_y = 1,0$, siehe Methode M3

$$\bar{\lambda}_y = \sqrt{\frac{A \cdot f_y}{N_{cr,y}}} = \sqrt{\frac{131,4 \text{ cm}^2 \cdot 23,5 \text{ kN/cm}^2}{15980 \text{ kN}}} = 0,44 \rightarrow \text{KSL b} \rightarrow \chi_y = 0,91$$

Biegedrillknicken:

$$M_{cr} = \zeta \cdot \frac{\pi^2 \cdot EI_z}{(L_{cr,LT})^2} \cdot \sqrt{\frac{I_\omega}{I_z} + \frac{(L_{cr,LT})^2 \cdot G \cdot I_T}{\pi^2 \cdot E \cdot I_z}}$$

$$= 1,77 \cdot \frac{\pi^2 \cdot 21000 \text{ kN/cm}^2 \cdot 6595 \text{ cm}^4}{(500 \text{ cm})^2}$$

$$\cdot \sqrt{\frac{1107200 \text{ cm}^6}{6595 \text{ cm}^4} + 0,039 \cdot \frac{(500 \text{ cm})^2 \cdot 145,3 \text{ cm}^4}{6595 \text{ cm}^4}}$$

$$= 1894 \text{ kNm}$$

$L_{cr,LT} = L$, vereinfacht beidseitiges Gabellager, ohne Berücksichtigung der Wölbbehinderung an der Rahmenecke
$z_p = 0$, keine Querbelastung

$$\bar{\lambda}_{LT} = \sqrt{\frac{W_{y,pl} \cdot f_y}{M_{cr}}} = \sqrt{\frac{1534 \text{ cm}^3 \cdot 23,5 \text{ kN/cm}^2}{1894 \text{ kNm}}} = 0,44$$

$$\alpha_{LT} = 0.16 \cdot \sqrt{\frac{W_{el,y}}{W_{el,z}}} = 0,16 \cdot \sqrt{\frac{1376 \text{ cm}^3}{471 \text{ cm}^3}} = 0,27 \leq 0,49$$

$$N_{cr,z} = \frac{\pi^2 \cdot EI_z}{(L_{cr,z})^2} = \frac{\pi^2 \cdot 21000 \text{ kN/cm}^2 \cdot 6595 \text{ cm}^4}{(500 \text{ cm})^2} = 5468 \text{ kN}$$

$\beta_z = 1,0$, Eulerfall 2

$$\bar{\lambda}_z = \sqrt{\frac{A \cdot f_y}{N_{cr,z}}} = \sqrt{\frac{131,4 \text{ cm}^2 \cdot 23,5 \text{ kN/cm}^2}{5468 \text{ kN}}} = 0,75$$

$$\Phi_{LT} = 0,5 \cdot \left[1 + f_M \cdot \left(\left(\frac{\bar{\lambda}_{LT}}{\bar{\lambda}_z}\right)^2 \cdot \alpha_{LT} \cdot (\bar{\lambda}_z - 0,2) + \bar{\lambda}_{LT}^2\right)\right]$$

$$= 0.5 \cdot \left[1 + 1,25 \cdot \left(\left(\frac{0,44}{0,75}\right)^2 \cdot 0,27 \cdot (0,75 - 0,2) + 0,44^2\right)\right] = 0,65$$

$f_M = 1,25$, für dreiecksförmigen Momentenverlauf

$$\chi_{LT} = \frac{f_M}{\Phi_{LT} + \sqrt{\Phi_{LT}^2 - f_M \cdot \bar{\lambda}_{LT}^2}} = \frac{1.25}{0,65 + \sqrt{0,65^2 - 1,25 \cdot 0,44^2}} = 1,16 \leq 1,0$$

Die Ersatzbelastung aus der Vorverdrehung ergibt sich zu:

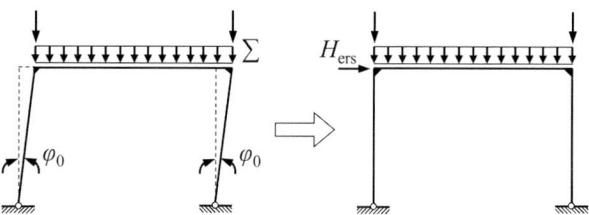

Bild 31. Ersatzbelastung infolge der Vorverdrehung

$$H_{ers} = \sum_i P_i \cdot \Phi_i = 0,0039 \cdot (2 \cdot 190 \text{ kN} + 50 \text{ kN/m} \cdot 8,0 \text{ m}) = 3,04 \text{ kN}$$

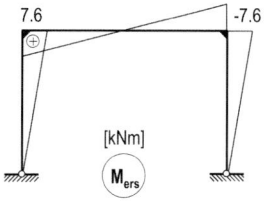
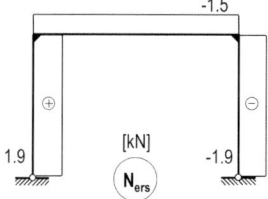

Bild 32. Schnittgrößen infolge $H_{ers}$

Der Lastvergrößerungsfaktor ergibt sich nach dem P-Δ-Verfahren zu:

Verschiebung $w^I$ an der oberen Rahmenecke:

$$w^I = \int \frac{\bar{M} \cdot M}{EI_y} dx$$

$$= \frac{1}{21000 \text{ kN/cm}^2} \cdot \left[ \frac{1}{19270 \text{ cm}^4} \cdot \frac{1}{3} \cdot \frac{5 \text{ m}}{2} \cdot (87,5 \text{ kNm} + 7,6 \text{ kNm}) \cdot 5 \text{ m} + \right.$$

$$\left. + \frac{1}{67120 \text{ cm}^4} \cdot \frac{1}{3} \cdot \frac{5 \text{ m}}{2} \cdot (87,5 \text{ kNm} + 7,6 \text{ kNm}) \cdot 4 \text{ m} \right] \cdot 2$$

$$= 2,41 \text{ cm}$$

Ersatzbelastung ΔH infolge $w^I$:

$$\Delta H = \sum_i P_i \cdot \left( \frac{w^I}{L_i} \right) = (2 \cdot 190 \text{ kN} + 50 \text{ kN/m} \cdot 8,0 \text{ m}) \cdot \frac{2,41 \text{ cm}}{500 \text{ cm}} = 3,76 \text{ kN}$$

Verformung Δw infolge ΔH:

$$\Delta w = w^I \cdot \frac{\Delta H}{H + H_{ers}} = 2,41 \text{ cm} \cdot \frac{3,76 \text{ kN}}{35 \text{ kN} + 3,04 \text{ kN}} = 0,24 \text{ cm}$$

Vergrößerungsfaktor α:

$$\alpha = \frac{1}{1 - \frac{\Delta w}{w^I}} = \frac{1}{1 - \frac{0,24 \text{ cm}}{2,41 \text{ cm}}} = 1,11 \leq 1,5$$

Die Schnittgrößen nach Theorie II. Ordnung ergeben sich unter Berücksichtigung der Schnittgrößen nach Theorie I. Ordnung aus Bild 28, Bild 29 und dem entsprechenden Vergrößerungsfaktor α zu:

Biegedrillknicken:
Für den Riegel mit einer Zwischenabstützung auf Höhe der Trägermitte und Querlast im Schubmittelpunkt kann das ideale Biegedrillknickmoment mit LTBeam ermittelt werden [106].

$M_{cr} = 1499 \text{ kNm}$

$$\bar{\lambda}_{LT} = \sqrt{\frac{W_{y,pl} \cdot f_y}{M_{cr}}} = \sqrt{\frac{2787 \text{ cm}^3 \cdot 23,5 \text{ kN/cm}^2}{1499 \text{ kNm}}} = 0,66 \rightarrow \text{KSL d} \rightarrow \chi_{LT} = 0,67$$

Allgemeiner Fall, da in der Trägermitte nur eine seitliche Abstützung vorhanden ist (kein Gabellager).

Interaktionsfaktoren:

$$n_z = \frac{N_{Ed}}{\chi_z \cdot A \cdot f_y / \gamma_{M1}} = \frac{39,3 \text{ kN}}{0,62 \cdot 134,4 \text{ cm}^2 \cdot \frac{23,5}{1,1} \text{ kN/cm}^2} = 0,02$$

$$\alpha_h = \frac{-196,25}{296,25} = -0,66$$

$C_{mLT} = 0,95 + 0,05 \cdot \alpha_h = 0,95 + 0,05 \cdot (-0,66) = 0,92$

$$\psi = \frac{21,25}{196,25} = 0,11$$

$$k_{zy} = 1 - \frac{0,1 \cdot \bar{\lambda}_z}{C_{mLT} - 0,25} \cdot n_z = 1 - \frac{0,1 \cdot 0,96}{0,92 - 0,25} \cdot 0,02 = 1,0$$

für verdrehweiche Querschnitte

Nachweis:

$$n_z + k_{zy} \cdot \frac{M^I_{y,Ed}}{\chi_{LT} \cdot M_{y,pl}/\gamma_{M1}} = 0,02 + 1,0 \cdot \frac{296,2 \text{ kNm}}{0,67 \cdot \frac{654,9}{1,1} \text{ kNm}} = 0,02 + 0,74 = 0,76 \leq 1,0$$

**Methode M3, 7.2.2(7) a – Theorie II. Ordnung in der Ebene mit Schiefstellung**

Die Schnittgrößenermittlung erfolgt nach Theorie II. Ordnung unter Berücksichtigung von Stützenschiefstellungen. Die Stabnachweise werden unter Ausnutzung plastischer Querschnittswiderstände geführt.
Die Vorverdrehung der beiden Stützen ergibt sich zu:

$$\alpha_H = \frac{2}{\sqrt{H}} = \frac{2}{\sqrt{5 \text{ m}}} = 0,89 \leq 1$$

$$\alpha_m = \sqrt{0,5 \cdot \left(1 + \frac{1}{m}\right)} = \sqrt{0,5 \cdot \left(1 + \frac{1}{2}\right)} = 0,87$$

$$\Phi = \Phi_0 \cdot \alpha_h \cdot \alpha_m = \frac{1}{200} \cdot 0,89 \cdot 0,87 = 0,0039$$

Nachweis:

$$n_y + k_{yy} \cdot \frac{M^I_{y,Ed}}{\chi_{LT} \cdot M_{y,pl}/\gamma_{M1}} = 0,23 + 1,05 \cdot \frac{196,25 \text{ kNm}}{1,0 \cdot \frac{360,6}{1,1} \text{ kNm}} = 0,23 + 0,63 = 0,86 \leq 1,0$$

– Nachweis aus der Ebene (Bauteilnachweis – Stütze):
Für den Nachweis aus der Rahmenebene müssen die Stabendmomente nach Theorie II. Ordnung verwendet werden, um den P-Δ-Effekt des Rahmens in der Ebene zu berücksichtigen. Nachfolgend werden unter Anwendung des Dischinger-Faktors die Stabendmomente nach Theorie II. Ordnung ermittelt.

Schnittkraftberechnung Theorie II. Ordnung mit Dischinger-Faktor:

$$M^{II}_{y,Ed} = M^I_{y,Ed} \cdot \frac{1}{1 - \frac{N_{Ed}}{N_{cr,y}}} = 196,3 \text{ kNm} \cdot \frac{1}{1 - \frac{411,9 \text{ kN}}{3555 \text{ kN}}} = 222,0 \text{ kNm}$$

Knicken – schwache Achse:

$$N_{cr,z} = \frac{\pi^2 \cdot EI_z}{(L_{cr,z})^2} = \frac{\pi^2 \cdot 21000 \text{ kN/cm}^2 \cdot 6595 \text{ cm}^4}{(500 \text{ cm})^2} = 5468 \text{ kN}$$

$\beta_z = 1,0$, Eulerfall 2

$$\bar{\lambda}_z = \sqrt{\frac{A \cdot f_y}{N_{cr,z}}} = \sqrt{\frac{131,4 \text{ cm}^2 \cdot 23,5 \text{ kN/cm}^2}{5468 \text{ kN}}} = 0,75 \to \text{KSL c} \to \chi_z = 0,69$$

Biegedrillknicken:

$$\bar{\lambda}_{LT} = \sqrt{\frac{W_{y,pl} \cdot f_y}{M_{cr}}} = \sqrt{\frac{1534 \text{ cm}^3 \cdot 23,5 \text{ kN/cm}^2}{1894 \text{ kNm}}} = 0,44$$

$\chi_{LT} = 1,0$, siehe oben

Interaktionsfaktoren:

$$n_z = \frac{N_{Ed}}{\chi_z \cdot A \cdot f_y/\gamma_{M1}} = \frac{411,9 \text{ kN}}{0,69 \cdot 131,4 \text{ cm}^2 \cdot \frac{23,5}{1,1} \text{ kN/cm}^2} = 0,21$$

$$k_{zy} = 1 - \frac{0,1 \cdot \bar{\lambda}_z}{C_{mLT} - 0,25} \cdot n_z = 1 - \frac{0,1 \cdot 0,75}{0,6 - 0,25} \cdot 0,21 = 0,96$$

für verdrehweiche Querschnitte $C_{mLT} = 0,6$, dreiecksförmiger Momentenverlauf

Nachweis:

$$n_z + k_{zy} \cdot \frac{M^{II}_{y,Ed}}{\chi_{LT} \cdot M_{y,pl}/\gamma_{M1}} = 0,21 + 0,96 \cdot \frac{222,0 \text{ kNm}}{1,0 \cdot \frac{360,6}{1,1} \text{ kNm}} = 0,21 + 0,65 = 0,86 \leq 1,0$$

– Nachweis aus der Ebene (Bauteilnachweis – Riegel):
Knicken – schwache Achse:

$$N_{cr,z} = \frac{\pi^2 \cdot EI_z}{(L_{cr,z})^2} = \frac{\pi^2 \cdot 21000 \text{ kN/cm}^2 \cdot 2668 \text{ cm}^4}{(400 \text{ cm})^2} = 3456 \text{ kN}$$

$\beta_z = 1,0$, Eulerfall 2

$$\bar{\lambda}_z = \sqrt{\frac{A \cdot f_y}{N_{cr,z}}} = \sqrt{\frac{134,4 \text{ cm}^2 \cdot 23,5 \text{ kN/cm}^2}{3456 \text{ kN}}} = 0,96 \to \text{KSL b} \to \chi_z = 0,62$$

## Methode EM – Ersatzstabverfahren mit Schnittgrößen nach Theorie I. Ordnung

Der Nachweis erfolgt mit den Schnittgrößen nach Theorie I. Ordnung aus Bild 30 ohne Imperfektionen. Die Stabnachweise werden plastisch geführt.

– Nachweis in der Ebene (Bauteilnachweis – Stütze):

Knicken – starke Achse:

$$N_{cr,y} = \frac{\pi^2 \cdot EI_y}{(L_{cr,y})^2} = \frac{\pi^2 \cdot 21000 \text{ kN/cm}^2 \cdot 19270 \text{ cm}^4}{(2,12 \cdot 500 \text{ cm})^2} = 3555 \text{ kN}$$

$$\bar{\lambda}_y = \sqrt{\frac{A \cdot f_y}{N_{cr,y}}} = \sqrt{\frac{131,4 \text{ cm}^2 \cdot 23,5 \text{ kN/cm}^2}{3555 \text{ kN}}} = 0,93 \rightarrow \text{KSL b} \rightarrow \chi_y = 0,64$$

$\beta_y = 2,12$, siehe [79] S. 341

Biegedrillknicken:

$$M_{cr} = \zeta \cdot \frac{\pi^2 \cdot EI_z}{(L_{cr,LT})^2} \cdot \sqrt{\frac{I_\omega}{I_z} + \frac{(L_{cr,LT})^2 \cdot G \cdot I_T}{\pi^2 \cdot E \cdot I_z}}$$

$$= 1,77 \cdot \frac{\pi^2 \cdot 21000 \text{ kN/cm}^2 \cdot 6595 \text{ cm}^4}{(500 \text{ cm})^2}$$

$$\cdot \sqrt{\frac{1107200 \text{ cm}^6}{6595 \text{ cm}^4} + 0,039 \cdot \frac{(500 \text{ cm})^2 \cdot 145,3 \text{ cm}^4}{6595 \text{ cm}^4}}$$

$$= 1894 \text{ kNm}$$

$L_{cr,LT} = L$, vereinfacht beidseitiges Gabellager, ohne Berücksichtigung der Wölbbehinderung an der Rahmenecke
$z_p = 0$, keine Querbelastung

$$\bar{\lambda}_{LT} = \sqrt{\frac{W_{y,pl} \cdot f_y}{M_{cr}}} = \sqrt{\frac{1534 \text{ cm}^3 \cdot 23,5 \text{ kN/cm}^2}{1894 \text{ kNm}}} = 0,44$$

$$\alpha_{LT} = 0,16 \cdot \sqrt{\frac{W_{el,y}}{W_{el,z}}} = 0,16 \cdot \sqrt{\frac{1376 \text{ cm}^3}{471 \text{ cm}^3}} = 0,27 \leq 0,49$$

$$N_{cr,z} = \frac{\pi^2 \cdot EI_z}{(L_{cr,z})^2} = \frac{\pi^2 \cdot 21000 \text{ kN/cm}^2 \cdot 6595 \text{ cm}^4}{(500 \text{ cm})^2} = 5468 \text{ kN}$$

$\beta_z = 1,0$, Eulerfall 2

$$\bar{\lambda}_z = \sqrt{\frac{A \cdot f_y}{N_{cr,z}}} = \sqrt{\frac{131,4 \text{ cm}^2 \cdot 23,5 \text{ kN/cm}^2}{5468 \text{ kN}}} = 0,75$$

$$\Phi_{LT} = 0,5 \cdot \left[1 + f_M \cdot \left(\left(\frac{\bar{\lambda}_{LT}}{\bar{\lambda}_z}\right)^2 \cdot \alpha_{LT} \cdot (\bar{\lambda}_z - 0,2) + \bar{\lambda}_{LT}^2\right)\right]$$

$$= 0,5 \cdot \left[1 + 1,25 \cdot \left(\left(\frac{0,44}{0,75}\right)^2 \cdot 0,27 \cdot (0,75 - 0,2) + 0,44^2\right)\right] = 0,65$$

$f_M = 1,25$, für dreiecksförmigen Momentenverlauf

$$\chi_{LT} = \frac{f_M}{\Phi_{LT} + \sqrt{\Phi_{LT}^2 - f_M \cdot \bar{\lambda}_{LT}^2}} = \frac{1,25}{0,65 + \sqrt{0,65^2 - 1,25 \cdot 0,44^2}} = 1,16 \leq 1,0$$

Interaktionsfaktoren:

$$n_y = \frac{N_{Ed}}{\chi_y \cdot A \cdot f_y / \gamma_{M1}} = \frac{411,9 \text{ kN}}{0,64 \cdot 131,4 \text{ cm}^2 \cdot \frac{23,5}{1,1} \text{ kN/cm}^2} = 0,23$$

$$k_{yy} = C_{my} \cdot (1 + (\bar{\lambda}_y - 0,2) \cdot n_y) = 0,9 \cdot (1 + (0,93 - 0,2) \cdot 0,23) = 1,05$$

$C_{my} = 0,9$, für Bauteile mit Knicken in Form von seitlichem Ausweichen

Lasterhöhungsfaktor für die Eigenform am verschieblichen Tragwerk: $\alpha_{cr,sw}$

$$\alpha_{cr,sw} = \frac{F_{cr,sw}}{F_{Ed}} = \frac{\dfrac{\pi^2 \cdot EI_y}{(L_{cr,y})^2}}{F_{Ed}} = \frac{\dfrac{\pi^2 \cdot 21000 \text{ kN/cm}^2 \cdot 19270 \text{ cm}^4}{(2{,}12 \cdot 500 \text{ cm})^2}}{190 \text{ kN} + 50 \text{ kN/m} \cdot 4 \text{ m} + 35 \text{ kN} \cdot \dfrac{5 \text{ m}}{8 \text{ m}}} = 8{,}63 < 10$$

$\beta_y = 2{,}12$, siehe [79] S. 341

Kriterium 7.3.4 nach prEN 1993-1-1:2020:

$$N_{Ed} = 190 \text{ kN} + 50 \text{ kN/m} \cdot 4 \text{ m} + 35 \text{ kN} \cdot \frac{5 \text{ m}}{8 \text{ m}} = 412 \text{ kN} \leq 3994 \text{ kN}$$

$$= 0{,}25 \cdot 15976 \text{ kN} = N_{cr,y}$$

mit:

$$N_{cr,y} = \frac{\pi^2 \cdot 21000 \text{ kN/cm}^2 \cdot 19270 \text{ cm}^4}{(500 \text{ cm})^2} = 15976 \text{ kN}$$

Entsprechend den Lasterhöhungsfaktoren $\alpha_{cr,ns}$, $\alpha_{cr,sw}$ und dem Kriterium 7.3.4 kann der Nachweis des Rahmens mithilfe der Methoden M3, M4, M5 und dem vereinfachten Ersatzstabverfahren (EM) erfolgen, siehe Bild 7.3 in prEN 1993-1-1:2020 [81].

### Schnittgrößen nach Theorie I. Ordnung

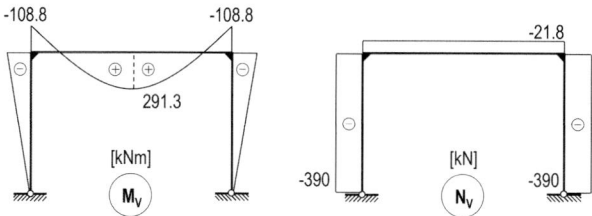

**Bild 28.** Schnittgrößen infolge vertikalen Lasten

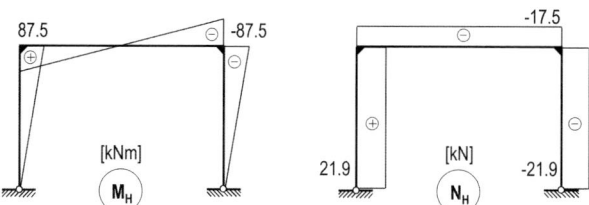

**Bild 29.** Schnittgrößen infolge horizontalen Lasten

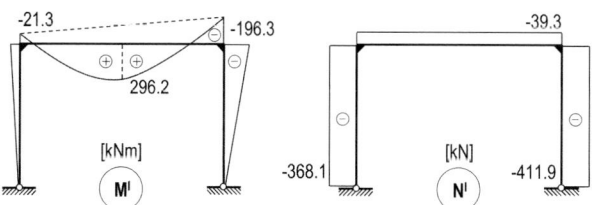

**Bild 30.** Schnittgrößen nach Theorie I. Ordnung (Superposition)

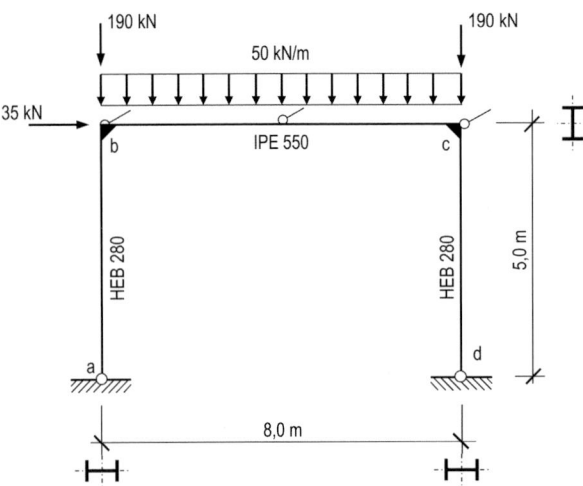

**Bild 27.** Zweigelenkrahmen mit Randbedingungen und Belastung

**Tabelle 12.** Querschnittswerte und Tragfähigkeiten für die Profile des Zweigelenkrahmens

|         | A [cm²] | $I_y$ [cm⁴] | $I_z$ [cm⁴] | $I_T$ [cm⁴] | $I_\omega$ [cm⁶] |
|---------|---------|-------------|-------------|-------------|------------------|
| IPE 550 | 134,4   | 67116       | 2668        | 121,7       | 1861500          |
| HEB 280 | 131,4   | 19270       | 6595        | 145,3       | 1107200          |

Material S235: $f_y = 235$ N/mm²
$E = 210000$ N/mm²
$\gamma_{M1} = 1,1$

**Tabelle 13.** Querschnittsklassifizierung

| Riegel | Flansch (IPE 550) | | Steg (IPE 550) | |
|--------|-------------------|-------|----------------|-------|
|        | c/t               | Grenz | c/t            | Grenz |
|        | 75,5/17,2 = 4,4   | 9 (Druck) | 467,6/11,1 = 42,1 | 72 (Biegung) |
|        | → Klasse 1        |       | → Klasse 1     |       |
| Stütze | Flansch (HEB 280) | | Steg (HEB 280) | |
|        | c/t               | Grenz | c/t            | Grenz |
|        | 110,8/18,0 = 6.2  | 9 (Druck) | 196,0/10,5 = 18,7 | 33 (Druck) |
|        | → Klasse 1        |       | → Klasse 1     |       |

## Auswahl der Berechnungsmethode

Lasterhöhungsfaktor für die Eigenform am unverschieblichen Tragwerk: $\alpha_{cr,ns}$

$$\alpha_{cr,ns} = \frac{F_{cr,ns}}{F_{Ed}} = \frac{\dfrac{\pi^2 \cdot EI_z}{(L_{cr,z})^2}}{F_{Ed}} = \frac{\dfrac{\pi^2 \cdot 21000 \text{ kN/cm}^2 \cdot 6595 \text{ cm}^4}{(500 \text{ cm})^2}}{190 \text{ kN} + 50 \text{ kN/m} \cdot 4 \text{ m}} = 14,0 < k_0 = 25$$

Dieser kann möglicherweise trotz der nicht erfüllten Bedingungen (10.1) bzw. (10.2) durchaus erfolgreich geführt werden, weil hier ja der tatsächlich zutreffende Kerbfall und auch die reduzierte Ermüdungsbeanspruchung berücksichtigt werden dürfen. Erläuterungen zu DIN EN 1993-1-9 und Anwendungsbeispiele sind in [77] zu finden.

Bei der Anwendung dieses vereinfachten Ermüdungsnachweises sind zwei Randbedingungen zu beachten:
- Der Nachweis deckt nur einachsige Normalspannungen entsprechend einem einfachen Nennspannungsnachweis gemäß DIN EN 1993-1-9 [38] ab. Räumliche Spannungszustände wie unter Kranradlasten oder bei gleichzeitigen Schub- und Normalspannungen sind nicht erfasst.
- Es müssen auf der Einwirkungsseite die Schwingbreiten nach der Elastizitätstheorie ermittelt werden, die auch nicht zu Teilplastizierungen im Querschnitt führen dürfen. Spannungsspitzen wie sie zum Beispiel bei Fachwerken an den oft rechnerisch als gelenkig angenommenen Knoten aus Einspannwirkung entstehen, müssen in solchen Fällen durch entsprechende Spannungserhöhungsfaktoren berücksichtigt werden. Der Hinweis, dass solche Zwängungsspannungen normalerweise „Wegplastizieren" gilt nur für die Spannungsermittlung im Grenzzustand der Tragfähigkeit.

Bei der Ermittlung der Spannungsschwingbreite ist eigentlich zusätzlich zu beachten, dass in DIN EN 1993-1-9 [38] nach 8 (1) gefordert ist, dass $\Delta\sigma \leq 1,5\, f_y$ bleibt, also nicht durch wenige Lastwechsel bis in die Teilplastizierung ein vorzeitiges Versagen herbeigeführt wird. Dieser Nachweis ist eigentlich auch unter den Ermüdungslasten zu führen. Wenn hier die Schwingbreite aus der Bemessung im Grenzzustand der Tragfähigkeit nachgewiesen wird, dürfte das schon sehr konservativ sein und vielleicht auch unrealistisch. Bei der Ermittlung der Schwingbreite ist das Vorzeichen zu beachten, also bei einer echten Lastumkehr addieren sich die beiden Spannungskomponenten absolut. Sollten veränderliche Beanspruchungen nur in einer Richtung auftreten, ist $\sigma_{min}$ bzw. $\sigma_{max}$ immer zu 0 anzunehmen.

## 12 Bemessungsbeispiele

### 12.1 Allgemeines

Für die im Rahmen dieses Abschnitts untersuchten Bemessungsbeispiele wurden die Nennwerte der Streckgrenzen $f_y$ und die Zugfestigkeiten $f_u$ des verwendeten Baustahls der Tabelle 5.1 aus prEN 1993-1-1:2020 [81] entnommen. Entsprechend der Anmerkung aus Abschnitt 5.2.1(1), siehe Abschnitt 3.1, wurde daher einheitlich in Anlehnung an DIN EN 1993-1-1/NA [31] ein erhöhter Teilsicherheitsbeiwert von $\gamma_{M1} = 1,1$ verwendet.

### 12.2 Bemessung eines Zweigelenkrahmens

Der Zweigelenkrahmen aus Bild 27 besteht aus zwei Stützen (HEB 280) und einem Riegel (IPE 500) der Stahlgüte S235 JR. Die Eckpunkte sowie die Mitte des Riegels können im Rahmen der Aufgabe als aus der Ebene seitlich gehalten angesehen werden. Die beiden Stützen haben eine Länge von 5,0 m und werden am Kopf mit einer jeweiligen Einzellast von 190 kN beansprucht. Der Riegel hat eine gesamte Trägerlänge von 8,0 m und wird mit einer Gleichstreckenlast von 50 kN/m beansprucht, deren Lastangriffspunkt vereinfacht auf Höhe des Schubmittelpunkts angenommen werden darf. Der Rahmen wird mit einer zusätzlichen horizontalen Einzellast in Höhe von 35 kN am Punkt b beansprucht. Um Unterschiede zu zeigen, wird im Rahmen der Aufgabe der Zweigelenkrahmen mit den unterschiedlichen Methoden aus Abschnitt 5 nachgewiesen.

Beulfelder ergeben sich durch die Anwendung der Regeln in prEN 1993-1-1:2020 häufig sehr konservative Bemessungsergebnisse. Falls Letztere in gewissen, speziellen Fällen tatsächlich bemessungsbestimmend für die Trägerdimensionen werden sollten, empfiehlt sich daher jedenfalls eine zusätzliche Überprüfung mit den genaueren Regelungen in DIN EN 1993-1-5, bevor die Entscheidung zu einer – womöglich dennoch unnötigen – Aussteifung des Trägersteges endgültig getroffen wird.

## 11 Abgrenzung Ermüdung

### 11.1 Neuer Normentext aus prEN 1993-1-1:2020 [81], 10

**10 Ermüdung**
(1)P Ermüdungsnachweise nach EN 1993-1-9 sind für Tragwerke unter veränderlichen Einwirkungen zu führen, mit Ausnahme der unter (2) und (3) genannten Fälle.
(2) Auf Ermüdungsnachweise kann nur bei Tragwerken unter statischen und quasi statischen Einwirkungen verzichtet werden, wie bei:
(a) Nutzlasten im Hochbau nach EN 1993-1-1;
(b) Schneelasten nach EN 1993-1-3;
(c) Temperatureinwirkungen nach EN 1993-1-5.
Anmerkung: Windlasten auf Gebäude führen in der Regel nicht zu Ermüdung, für Details siehe EN 1991-1-4.
(3) Für Bauteile ohne Konstruktionsdetails, die Zwängungsspannungen unterliegen, kann der Ermüdungsnachweis entfallen, wenn entweder (10.1) oder (10.2) erfüllt ist:

$$\Delta\sigma_d \leq \frac{\Delta\sigma_D}{\gamma_{Mf}} \quad (10.1)$$

$$N \leq 5 \cdot 10^6 \left(\frac{\Delta\sigma_D/\gamma_{Mf}}{\Delta\sigma_d}\right)^3 \quad (10.2)$$

mit:
$N$ ist die erwartete Zahl an Spannungswechseln während der Nutzungsdauer;
$\gamma_{Mf}$ ist der Teilsicherheitsbeiwert für Ermüdungsfestigkeit unter den Annahmen keiner regelmäßigen Inspektionen und großer Schadensfolgen: $\gamma_{Mf} = 1{,}35$;
$\Delta\sigma_D = 26 \text{ N/mm}^2$
$\Delta\sigma_d$ ist die elastisch bestimmte Spannungsschwingbreite in N/mm² hervorgerufen durch die veränderlichen Bemessungslasten im Grenzzustand der Tragfähigkeit mit Ausnahme der Einwirkungen in (2):
$\Delta\sigma_d = |\sigma_{max} - \sigma_{min}|$
$\sigma_{max}$ und $\sigma_{min}$ sind die entsprechenden maximalen und minimalen Spannungen

Anmerkung: Die Bedingungen beziehen sich auf den Nachweis für den schlechtesten Kerbfall 36 gegenüber der Dauerfestigkeit $\Delta\sigma_D$ bei einer Spannungsschwingbreite $\Delta\sigma_d$. Da anstelle der Regeln in EN 1993-1-9 die Nennspannungen im Grenzzustand der Tragfähigkeit bestimmt werden, liegt der Nachweis auf der sicheren Seite, wenn nicht Zwängungsspannungen, wie sie typischerweise beim Grenzzustand der Tragfähigkeit vernachlässigt werden, vorhanden sind. Das könnten zum Beispiel Spannungen infolge von Einspannmomenten bei Fachwerken oder örtliche Spannungen unter Radlasten sein. Bei Richtungswechsel der Last müssen die Spannungen $\sigma_{max}$ und $\sigma_{min}$ mit Vorzeichen berücksichtigt werden.

### 11.2 Hintergrund und Anwendung des Abgrenzungskriteriums

Während in der jetzigen Norm DIN EN 1993-1-1 [32] im Kapitel 4 Dauerhaftigkeit unter 4 (4)B nur allgemein darauf hingewiesen wird, dass normalerweise für Hochbauten keine Ermüdungsnachweise erforderlich sind und nur mögliche Ausnahmefälle, also Situationen, wo Ermüdung nachzuweisen ist, aufgeführt werden, hat der Entwurf prEN 1993-1-1:2020 [81] in einem eigenen Kapitel 10 Ermüdung jetzt direkte Abgrenzungskriterien eingeführt.
Diese sehr praktikabel vereinfachten Nachweise ohne vertiefte Betrachtung der Einzelheiten des Ermüdungsnachweises beruhen auf den konkreten Abgrenzungskriterien in DIN 18800-1, Element (741) [27] nach den Gln. (25) und (26). Dort heißt es: „Auf einen Betriebsfestigkeitsnachweis (also einen Ermüdungsnachweis) darf verzichtet werden, wenn entweder $\Delta\sigma = \sigma_{max} - \sigma_{min}$ (also die Spannungsschwingbreite in N/mm² unter den Bemessungswerten der veränderlichen Einwirkungen für den Tragsicherheitsnachweis) $\leq 26$ N/mm² oder alternativ die Anzahl der Spannungsspiele weniger als $5 \cdot 10^6 \cdot \left(\frac{26}{\Delta\sigma}\right)^3$ ist.
Diese Bedingungen orientieren sich am Ermüdungsnachweis als Dauerfestigkeitsnahweis für den ungünstigsten Kerbfall ($\Delta\sigma_C = 36$ N/mm²) und volles Einstufen-Kollektiv. Da in den Bedingungen – abweichend von den Regelungen für Ermüdungsnachweise – die Spannungen $\sigma$ des Tragsicherheitsnachweises verwendet werden, liegen sie auf der sicheren Seite.
Sollten beide Bedingungen (10.1) und (10.2) nicht erfüllt sein, ist es unumgänglich, einen detaillierten Ermüdungsnachweis nach DIN EN 1993-1-9 [38] zu führen.

## 10.2 Hintergrund

Die Einleitung konzentrierter Kräfte in den Steg eines (gewalzten oder geschweißten) Biegeträgers ohne Anordnung von Steifen ist ein häufig anzutreffendes Stahlbaudetail zur Erzielung wirtschaftlicher Stahltragwerke, insbesondere im Hochbau. Dieses Detail war daher auch in den nationalen Stahlbaunormen enthalten und wurde traditionell – z. B. in DIN 18800 – durch den Ansatz eines Lastausbreitungswinkels und Betrachtung des resultierenden wirksamen Steg-Querschnitts nachgewiesen. Diese Vorgehensweise war einfach und effizient, berücksichtigte aber nicht alle auftretenden mechanischen Effekte.

In der derzeitigen DIN EN 1993-1-1 findet man keine Festlegung zur Nachweisführung steifenloser Krafteinleitungen. In anderen Teilen des Eurocode 3 (z. B. Teil 1-8 – Anschlüsse und Teil 1-5 – Plattenbeulen) werden hingegen Regeln angegeben, die prinzipiell die Krafteinleitung quer zum Steg behandeln, jedoch mit unterschiedlichen Nachweisansätzen und für andere Anwendungsfälle (steifenlose Rahmenecken, oder Lasteinleitung senkrecht zur Achse geschweißter Träger im Bereich zwischen Quersteifen, z. B. beim Lancieren von Brückenträgern). Die direkte Anwendbarkeit dieser Regelungen für den häufig in der Praxis vorkommenden Fall einer Einleitung von Querlasten in den Steg von üblichen Walzprofilen oder Schweiß- bzw. Kantprofilen ähnlicher Abmessung ist mit großem Aufwand verbunden und erfordert in einzelnen Punkten eine gewisse Interpretation der Normenregelungen. Aus diesem Grund wurden in [99], auf der Grundlage der Festlegungen in der zurückgezogenen DIN 18800 sowie der Reglungen in Rahmenecken in DIN EN 1993-1-8, vereinfachte Bemessungsregeln für die steifenlose Krafteinleitung quer zur Stabachse entwickelt und anhand von Vergleichsrechnungen zwischen den einzelnen Normenteilen und numerischen Berechnungen validiert. Diese Regelungen fanden in weiter vereinfachter Form in prEN 1993-1-1:2020 Abschnitt 8.2.1.11 Eingang.

Die in diesem Abschnitt der prEN 1993-1-1:2020 enthaltenen Regelungen sind damit in weiten Teilen jenen der DIN 18800 äquivalent und damit der Stahlbaupraxis in Deutschland weitgehend vertraut. So wird zum Beispiel sowohl in DIN 18800 wie in prEN 1993-1-1: 2020 die „starre" Lasteinleitungslänge $s_s$ am äußeren Rand des Trägers mit einem geometrischen Verhältnis von 5:2 auf beiden Seiten durch den Flansch und den Ausrundungsradius bzw. die Schweißnaht des durch die Querlast beanspruchten Trägers ausgebreitet, um dann am inneren Ende des Ausrundungsradius bzw. der Schweißnaht in einem kombinierten Nachweis der Längs- und Querspannungen im Trägersteg angesetzt zu werden. Die Regelungen in prEN 1993-1-1:2020 unterscheiden sich allerdings im Detail doch etwas von den früher angewandten Regeln in DIN 18800, insbesondere in folgenden Punkten:

– Die neuen Bemessungsregeln unterliegen klar definierten Anwendungsgrenzen, welche insbesondere durch die Regelungen in Formel (8.62) und (8.63) der prEN 1993-1-1:2020 wiedergegeben werden. Die Grenze für die Querlast in Formel (8.62) ergibt sich aus dem in DIN EN 1993-1-8 enthaltenen Regelungen für die Berücksichtigung des Beulwiderstands bei Querdruck in steifenlosen Rahmenecken. In den vereinfachten Regelungen in prEN 1993-1-1:2020 wird dabei das Ziel verfolgt, die Beulgefahr gänzlich auszuschließen. Falls eine größere Querlast und damit eine grundsätzliche Beulgefahr vorliegt, werden die Anwender der Norm auf den wesentlich genaueren, spezifisch zur Abdeckung dieser Beulfälle abgeleiteten Abschnitt 7 der DIN EN 1993-1-5 verwiesen.

– Die „starre" Lasteinleitungslänge $s_s$ wird ebenfalls entsprechend den Festlegungen in DIN EN 1993-1-5 angegeben; zu beachten ist dabei, dass diese Lasteinleitungslänge konservativer als die nach DIN 18800 anzusetzende Länge ist.

– Die mögliche Interaktion zwischen einer Druckkraft in Längsrichtung und der Druckkraft in Querrichtung, welche eventuelle Beulphänomene im Steg insgesamt verstärken und wahrscheinlicher machen würde, wird durch eine Formulierung abgedeckt, die weitgehend an die Regelungen aus DIN EN 1993-1-8 für steifenlose Rahmenecken angelehnt ist. So wird auf eine Berücksichtigung der Interaktion verzichtet, wenn im maßgebenden Schnitt (am inneren Ende der Ausrundungsradien bzw. Schweißnähte im Steg) eine Ausnutzung der Streckgrenze durch Längsdruckspannungen mit weniger als 70% vorliegt. Wird dieser Wert überschritten, ist über den Faktor $k_w$ eine vereinfachte, lineare Interaktion zwischen den beiden Druckkomponenten zu berücksichtigen, welche im Vergleich zu entsprechenden, aufwendigeren Regelungen in DIN EN 1993-1-5 deutlich konservativ ist. Sind gleichzeitig noch höhere Querkräfte vorhanden, wird eine weitere Modifikation dieser Interaktionsbeziehung herangezogen.

In den übrigen Punkten unterscheidet sich die neue Regelung in prEN 1993-1-1:2020 nicht von der in Deutschland traditionell angewandten Regelung nach DIN 18800. Insbesondere wird in beiden Regelwerken die Überprüfung der Einhaltung der Fließbedingung nach *von Mises* im kritischen Schritt am Ende des Ausrundungsradius verlangt, siehe Punkt (3) von 8.2.1.11, welcher wiederum auf den *von Mises* Vergleichsspannungsnachweis in 8.2 der prEN 1993-1-1:2020 verweist.

Abschließend sei nochmals betont, dass die Regelungen für die steifenlose Krafteinleitung in prEN 1993-1-1: 2020 mit der Zielsetzung einer schnellen und einfachen Anwendung für einfache Anwendungsfälle speziell im Hochbau entwickelt wurden. Gegenüber den genaueren Regelungen in DIN EN 1993-1-5 für die Berücksichtigung von Querlasten beim Nachweis von Stegen als

mit:
$k_w = 1{,}0$

für $|\sigma_{com,Ed}| \leq 0{,}7 \dfrac{f_y}{\gamma_{M0}}$

oder $F_{z,Ed}$ am zugbeanspruchten Flansch aufgebracht

$k_w = 1{,}7 - \dfrac{|\sigma_{com,Ed}|}{f_y/\gamma_{M0}}$

wenn $V_{Ed} \leq F_{z,Rd}$

$F_{z,Ed}$ am druckbeanspruchten Flansch aufgebracht

$k_w = 3{,}33 \cdot \left(1 - \dfrac{|\sigma_{com,Ed}|}{f_y/\gamma_{M0}}\right)$

wenn $V_{Ed} > F_{z,Rd}$

$F_{z,Ed}$ am druckbeanspruchten Flansch aufgebracht

$\sigma_{com,Ed}$ Bemessungswert der Längsdruckspannung $\sigma_x$ im Steg am Ende der Ausrundungen oder Nahtübergänge direkt unter der Querbelastung $F_{z,Ed}$

$d_w$ Stegdicke zwischen den Ausrundungen oder Nahtübergängen, siehe Bild 8.4

$F_{z,Rd}$ Bemessungswert der Beanspruchbarkeit eines nicht ausgesteiften Stegblechs bei Querbelastung:

$$F_{z,Rd} = \dfrac{L_y\, t_w\, f_y}{\gamma_{M0}} \tag{8.65}$$

$L_y$ Wirksame Lastausbreitungslänge unter Berücksichtigung des Stegbeulens bei Querlasten, berechnet abhängig von der Länge der starren Lasteinleitung $s_s$, siehe Bild 8.4

$V_{Ed}$, $M_{Ed}$ Bemessungswert der Querkraft und des Biegemoments in dem Abschnitt wo die Querbelastung $F_{z,Ed}$ eingeleitet wird.

(3) Bei Vorhandensein einer Längszugspannung im Flansch unter einer Querdruckkraft sollte Bedingung (8.2) erfüllt sein, mit:

$$\sigma_{z,Ed} = \dfrac{F_{z,Ed}}{L_y\, t_w} \tag{8.66}$$

Fall 1

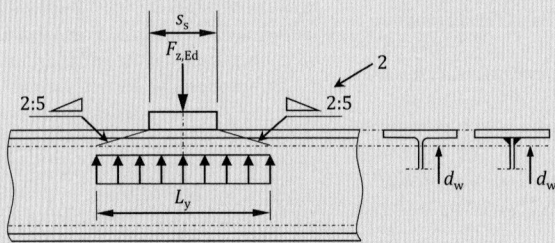

Fall 2

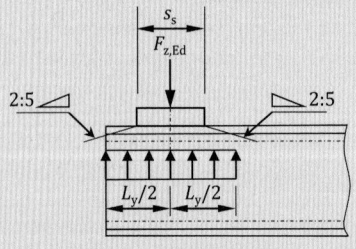

Endbereich

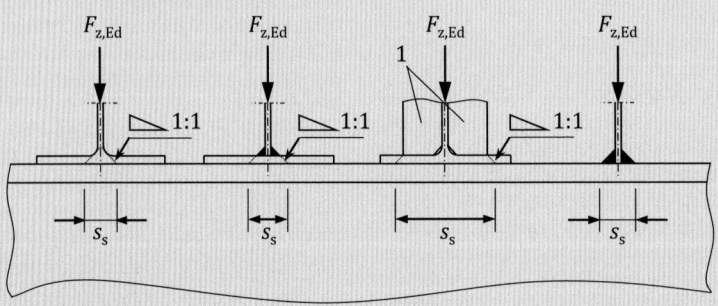

Bezeichnungen: 1 Quersteifen
2 Neigung zur Berechnung von $L_y$

**Bild 8.4.** Definition der Längen $L_y$, $d_w$ und $s_s$

**Tabelle 11.** Verkürzte Tabelle nach prEN 1993-1-1:2020 [81] mit Korrekturen in [...]

| Fall | Momentenverlauf | | Freie Drehachse | | Gebundene Drehachse | |
|------|-----------------|---|---|---|---|---|
| | | | $h/b \leq 2{,}0$ | $h/b > 2{,}0$ | $h/b \leq 2{,}0$ | $h/b > 2{,}0$ |
| 1 | M | gewalzt | 11,0 [16,1] | 21,4 | 0 | 0 |
| | | geschweißt | 36,0 | 60,5 | 0 | 0 |
| 2 | M / M | gewalzt | 8,8 [13,3] | 15,5 | 0,073 [0,11] | 0,16 |
| | | geschweißt | 29,9 | 51,7 | 0,23 | 0,63 |
| 3 | M / M / M | gewalzt | 8,0 [12,4] | 17,4 | 0,085 [0,13] | 0,19 |
| | | geschweißt | 27,8 | 48,6 | 0,28 | 0,74 |
| 4 | M | gewalzt | 3,2 [4,9] | 7,7 | 0 | 0 |
| | | geschweißt | 9,7 | 19,3 | 0 | 0 |
| 5 | M | gewalzt | 0,73 [0,95] | 1,4 | 0,6 [0,63] | 0,75 |
| | | geschweißt | 1,5 | 2,7 | 1,0 | 1,8 |
| 6 | M / ψM, ψ ≤ −0,3 | gewalzt | 0,44 [0,56] | 0,77 | 0,35 [0,37] | 0,49 |
| | | geschweißt | 0,87 | 1,5 | 0,56 | 0,99 |

solche Korrekturen in [...] aufgeführt, die wesentliche Unterschiede zwischen den ursprünglichen Werten in [81] und Tabelle 10 zeigen.

Sofern Gl. (D.2) bzw. Gl. (26) nicht erfüllt ist, darf der Wert vorh. $C_D$ bei der Berechnung des idealen Biegedrillknickmoments $M_{cr}$ berücksichtigt werden, Hinweise dazu enthalten [59, 76].

Aufgrund der gewählten Formulierung der Gl. (8.79) und (8.80) in [81] ergibt sich bei gleichem Profil für jeden Wert vorh. $C_D$ jedoch eine eigene Biegedrillknickkurve.

Es wurde vorab ausgeführt, dass die ungünstigeren Werte für die erforderliche Drehsteifigkeit im Wesentlichen darin begründet sind, dass die Nachweise für das Biegedrillknicken beim Übergang von DIN EN 1993-1-1 [32] zu prEN 1993-1-1:2020 [81] vereinfacht werden sollten. Daher sind die Ergebnisse der Tabelle 10 bzw. Tabelle 11 ungünstiger als die bisherige Praxis. Deshalb wird hier empfohlen, die im vorderen Bereich des Stahlbau-Kalenders angegebene Tabelle BB.1 aus DIN EN 1993-1-1/NA [30] weiter zu verwenden.

## 10 Rippenlose Krafteinleitung

### 10.1 Neuer Normentext aus prEN 1993-1-1:2020 [81], 8.2.11

**8.2.11 Beanspruchbarkeit bei Querbelastung**

(1) Die Beanspruchbarkeit eines nicht ausgesteiften Stegblechs bei einer Querbelastung $F_{z,Ed}$ ist in der Regel mit den Regelungen in EN 1993-1-5 nachzuweisen.

(2)B Als vereinfachter Ansatz für ein Bauteil in einem Gebäude mit Querbelastung an nur einem Flansch kann, vorausgesetzt, dass die folgenden Bedingungen erfüllt sind:

$$F_{z,Ed} \leq 534\, \varepsilon^2\, \frac{t_w^3}{d_w}\, \frac{f_y}{\gamma_{M0}} \quad (8.62)$$

$$M_{y,Ed} \leq M_{y,el,Rd} \quad (8.63)$$

die Beanspruchbarkeit eines nicht ausgesteiften Stegbleches bei einer Querbelastung $F_{z,Ed}$ wie folgt nachgewiesen werden:

$$\frac{F_{z,Ed}}{k_w \cdot F_{z,Rd}} \leq 1{,}0 \quad (8.64)$$

Bereich geringer bezogener Schlankheitsgrade. Dabei ist zu beachten, dass für die Lösung der hier gestellten Frage, nämlich nach der minimal erforderlichen Drehsteifigkeit, bereits sehr kleine Unterschiede im Wert $\chi_{LT}$ zu größeren Unterschieden in der resultierenden Mindeststeifigkeit führen können. Die geringeren Abweichungen im Bereich kleiner Schlankheiten, die bei der Ableitung der neuen BDK-Formeln für den Fall des ungestützten, freien Stabs nicht von Bedeutung war und über den gesamten Schlankheitsbereich auch zu genaueren Ergebnissen der $\chi_{LT}$-Werte führen, schlagen sich demnach bei der Bestimmung der Mindeststeifigkeiten damit besonders stark nieder. Dies wurde allerdings bei der Neufassung der Tabelle D.1 zum Faktor $K_\theta$ nicht berücksichtigt.

Wie hier anhand Bild 26 gezeigt, erfolgte zunächst eine Auswertung für die genannten 14 Profile für jeweils 10 Lastfälle für freie Drehachse und gebundene Drehachse. Bei gebundener Drehachse ist der Obergurt der Profile horizontal unverschieblich gehalten.

Ergänzend wurden dann jetzt weitere 18 Profile untersucht:

IPE 100, 120, 140, 160, 180, 200, 220, IPEa 80, 100, 120, 140, 160, 180, 200, 220, IPEo 180, 200, 220. Dabei zeigte sich, dass die Ergebnisse teilweise ungünstiger waren als für den vorher untersuchten IPE 80.

Weiterhin erfolgt die Auswertung für die genannten gewalzten Profile und für geschweißte Profile. Da geschweißte Profile als Pfetten im Stahlhallenbau nur eine untergeordnete Rolle spielen, wurden aus Vereinfachungsgründen näherungsweise die Geometrie der genannten Walzprofile (ohne Ausrundungsradien r) auch als geschweißte Profile angenommen. Die vollständigen Ergebnisse sind aus Tabelle 10 zu ersehen. In prEN 1993-1-1:2020 [81] wurden nur die 6 Lastfälle ausgewählt, die auch jetzt schon in [32] aufgeführt sind, das sind aus der vollständigen Tabelle 10 die Lastfälle 2, 3, 4, 5, 8, 9.

Beim Vergleich von Tabelle 11 mit Tabelle 10 fällt auf, dass für die Fälle h/b ≤ 2,0 wesentliche Unterschiede vorhanden sind, die darin begründet sind, dass ursprünglich nur eine begrenzte Anzahl von Profilen untersucht wurden, die die ungünstigsten Fälle nicht immer erfasst haben. Daher sind in Tabelle 11 ergänzend

**Tabelle 10.** Faktor $K_\theta$ zur Berücksichtigung des Momentenverlaufs und der Art der Lagerung

| LF | Momentenverlauf | | Freie Drehachse | | Gebundene Drehachse | |
|---|---|---|---|---|---|---|
| | | | h/b ≤ 2,0 | h/b > 2,0 | h/b ≤ 2,0 | h/b > 2,0 |
| 1 | — M | gewalzt | 71,5 | 81,2 | 63,0 | 73,8 |
| | | geschweißt | 147 | 204 | 136 | 191 |
| 2 | M + | gewalzt | 16,1 | 21,4 | 0 | 0 |
| | | geschweißt | 37 | 61 | 0 | 0 |
| 3 | M + / −M | gewalzt | 13,3 | 18,5 | 0,11 | 0,16 |
| | | geschweißt | 31 | 53 | 0,21 | 0,66 |
| 4 | M / M+ / M | gewalzt | 12,4 | 17,4 | 0,31 | 0,19 |
| | | geschweißt | 29 | 50 | 0,30 | 0,78 |
| 5 | M + | gewalzt | 4,9 | 7,7 | 0 | 0 |
| | | geschweißt | 10 | 20 | 0 | 0 |
| 6 | M + / −M | gewalzt | 3,6 | 5,9 | 0,11 | 0,15 |
| | | geschweißt | 7,2 | 15,1 | 0,21 | 0,49 |
| 7 | M− / M+ / −M | gewalzt | 2,5 | 4,1 | 0,92 | 1,6 |
| | | geschweißt | 5,0 | 10,6 | 1,9 | 4,0 |
| 8 | − M | gewalzt | 0,95 | 1,4 | 0,63 | 0,89 |
| | | geschweißt | 1,6 | 2,8 | 1,0 | 1,9 |
| 9 | ψ ≤ −0,3, ψM | gewalzt | 0,56 | 0,77 | 0,37 | 0,49 |
| | | geschweißt | 0,91 | 1,6 | 0,58 | 1,0 |
| 10 | wie in Zeile 9, aber ψ = +0,5 | gewalzt | 2,7 | 4,2 | 2,3 | 3,6 |
| | | geschweißt | 5,0 | 9,9 | 4,2 | 8,3 |

$$M_{cr} = C_1 \cdot \sqrt{\frac{\pi^4 \cdot EI_\omega}{L^4} + \frac{\pi^2 \cdot GI_T}{L^2}} + C_D \cdot EI_z \quad (28)$$

Hierbei ist vereinfachend der Einfluss des Hebelarms $z_p$ von Querlasten vernachlässigt, was nach [59] (Tabelle III.BB-4) nur geringen Einfluss hat.

Der bezogene Schlankheitsgrad $\bar{\lambda}_{LT}$ für das Biegedrillknicken ist durch Gl. (29) definiert,

$$\bar{\lambda}_{LT} = \sqrt{\frac{M_{pl}}{M_{cr}}} \quad (29)$$

sodass sich unter Vernachlässigung von $I_\omega$ und $I_T$ ergibt

$$C_D = \frac{M_{pl}^2}{EI_z} \cdot K_\theta \quad (30)$$

mit

$$K_\theta = \frac{1}{\bar{\lambda}_{LT}^4 \cdot C_1^2} \quad (31)$$

Bei der Ermittlung der Mindeststeifigkeit wurde seit Längerem in der Literatur, aber auch im Rahmen des Normungsverfahrens zu DIN 18800-2, davon ausgegangen, dass diese als erreicht angesehen werden kann, wenn das Tragmoment unter Beachtung der Drehsteifigkeit 95 % des Biegemoments im vollplastischen Zustand erreicht. Für eine weitere rechnerische Anhebung wäre eine unverhältnismäßig hohe weitere Vergrößerung der Drehsteifigkeit erforderlich, was unter Berücksichtigung unserer üblichen baupraktischen Ungenauigkeiten vernachlässigt werden darf. In der Dissertation von Kaim an der TU Graz [51] wurde zunächst anhand von FEM-Traglastrechnungen nachgewiesen, dass die den Zahlenwerten von $K_\theta$ zugrunde liegende Voraussetzung, dass ausreichende Tragsicherheit beim Erreichen von $0{,}95 \cdot M_{pl}$ vorhanden ist, vertretbar ist. Zusätzlich hat Kaim durch einige Rechnungen gezeigt, dass die Traglastkurven für das Biegedrillknicken von Biegeträgern günstiger sind, sobald eine Drehbettung $C_\theta$ vorhanden ist. Leider ist dies nicht so umfangreich belegt, dass es systematisch genutzt werden kann.

Die Momentenbeiwerte $C_1$ (dies entspricht $\varsigma$ nach DIN 18800-2) hängen von den Parametern:
– Steifigkeitswerte des betrachteten Profils:
  $E \cdot I_z$, $E \cdot I_\omega$, $G \cdot I_T$
– Stützweite: L
– Höhe des Lastangriffspunkts von Querlasten über dem Schubmittelpunkt: $z_p$
– Drehbettung: $C_D$

ab. Um zu einfachen Anwendungen in der Praxis zu kommen, ist es seit Jahrzehnten üblich, die Momentenbeiwerte $\xi$ bzw. $C_1$ in den Technischen Regelwerken vereinfachend ohne Berücksichtigung der o. g. Parameter festzulegen. Dabei wird meist insbesondere nicht die Höhe $z_p$ des Lastangriffspunkts berücksichtigt, sondern $z_p = 0$ vorausgesetzt. Für die Bestimmung von $K_\theta$ nach Gl. (31) kann demnach für den jeweiligen Anwendungsfall derjenige bezogene Schlankheitsgrad $\bar{\lambda}_{LT}$ ermittelt werden, der zu einem Biegedrillknickfaktor $\chi_{LT} = 0{,}95$ nach Gl. (8.79) in [81] führt. Gl. (8.79) hängt

seinerseits vom Wert $\Phi_{LT}$ nach Gl. (8.80) ab, wobei dort in Gl. (8.80) der Imperfektionsfaktor $\alpha_{LT}$ eingeht. Der Wert $\alpha_{LT}$ wiederum ist nach Tabelle 8.5 zu bestimmen, wobei er dort von dem Wert $\sqrt{W_{el,y}/W_{el,z}}$ abhängt. Dies bedeutet, dass für jedes I-Profil eine eigene Biegedrillknicklinie gilt, womit auch für jedes Profil eine eigene minimale Drehfedersteifigkeit resultieren würde. Nachfolgend wird die Konsequenz dieser Tatsache für die Findung einer Mindeststeifigkeit anhand von Beispielen erläutert.

Für die notwendigen Auswertungen wurden stellvertretend 14 Walzprofile ausgewählt:
Gruppe a (h/b > 1,2): IPE 80, IPE 450, HEB 400, HEB 800, HEM 340, HEM 800, HEAA 400, HEAA 700,
Gruppe b (h/b ≤ 1,2): HEB 100, HEB 360, HEM 100, HEM 320, HEAA 100, HEAA 360.

Die prinzipiellen Verhältnisse im Bereich kleiner bezogener Schlankheitsgrade $\bar{\lambda}_{LT}$ sind beispielhaft aus Bild 26 für einen Träger, der durch Gleichstreckenlast beansprucht ist, zu ersehen. Nach Gl. (31) ergibt sich

IPE 80: $K_\theta = \dfrac{1}{0{,}519^4 \cdot 1{,}12^2} = 11{,}0$

IPE 450: $K_\theta = \dfrac{1}{0{,}439^4 \cdot 1{,}12^2} = 21{,}5$

„b": $K_\theta = \dfrac{1}{0{,}584^4 \cdot 1{,}12^2} = 6{,}8 \ll 11{,}0$

Dieser sehr große Unterschied zwischen den Lösungen nach DIN EN 1993-1-1:2010 [32] und prEN 1993-1-1: 2020 [81] liegt im Wesentlichen daran, dass die bisherigen beiden Nachweismöglichkeiten nach Abschnitt 6.3.2.2 („Allgemeiner Fall" mit einer Grenze von $\bar{\lambda}_z = 0{,}2$) und 6.3.2.3 („gewalzte Querschnitte" mit einer Grenze $\bar{\lambda}_{LT} = 0{,}4$) zu einer Nachweismöglichkeit zusammengeführt wurden (s. Abschnitt 7). Dies führte zwangsweise zu einer Abminderung der Werte $\chi_{LT}$ im

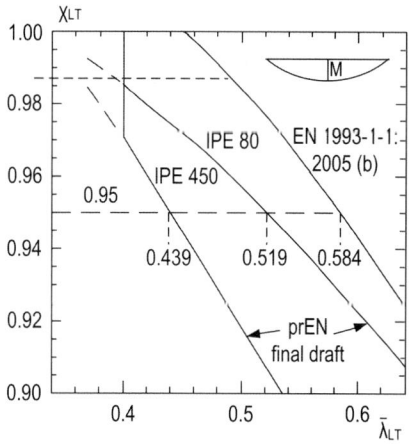

Bild 26. Biegedrillknicklinien $\chi_{LT}$ nach [81] für IPE 80 (h/b = 1,74) und IPE 450 (h/b = 2,37), zum Vergleich für IPE 80 Linien „b" nach [32]

rien, wann auf den Nachweis des Biegedrillknickens verzichtet werden darf, lassen sich wie folgt praktizieren:

Bei Erfüllung von Gleichung (D.1) darf angenommen werden, dass der Träger in der Ebene der Bleche starr gelagert ist, also eine gebundene Drehachse vorliegt. Der Nachweis ausreichender Tragsicherheit bezüglich des Biegedrillknickens bei gebundener Drehachse muss aber noch geführt werden. Nur in Sonderfällen, wie bei Einfeldträgern unter Biegemomenten $M_y$ ohne Vorzeichenwechsel, bei denen der gedrückte Gurt gehalten ist, kann kein Biegedrillknicken auftreten, sodass bei Erfüllung von Gl. (D.1) dann kein weiterer Nachweis des Biegedrillknickens notwendig ist.

Bei Erfüllung von Gl. (D.2) in Verbindung mit Gl. (D.3) ist kein weiterer Nachweis des Biegedrillknickens notwendig. Die Gl. (D.1) stellt eine Forderung der Mindeststeifigkeit dar. Besser wäre eine Formulierung entsprechend Gl. (25), wobei die rechte Seite von Gl. (D.1) als erf. S und die linke Seite von Gl. (D.1) als vorh. S aufzufassen sind. Zur Erleichterung der baupraktischen Anwendung von Gl. (25) wurde die rechte Seite, also erf. S, für Walzprofile ausgewertet, s. [59], Tabelle III.B-1.

$$\frac{\text{erf.S}}{\text{vorh.S}} \leq 1 \qquad (25)$$

Der Wert von vorh. S ist für die vorhandene konstruktive Ausbildung zu ermitteln, siehe z. B. [52, 90]. Sofern Gl. (D.1) bzw. Gl. (25) nicht erfüllt ist, darf der Wert vorh. S bei der Berechnung des idealen Biegedrillknickmoments $M_{cr}$ berücksichtigt werden, Hinweise dazu enthalten [59, 76]. Aufgrund der gewählten Formulierung der Gl. (8.79) und (8.80) in [81] ergibt sich bei gleichem Profil für jeden Wert vorh. S eine eigene Biegedrillknickkurve.

### 9.4 Kontinuierliche Drehbehinderung

#### 9.4.1 Nachweisformat

Das Nachweisformat der Gl. (D.2) ist aus DIN 18800-2 [28] übernommen worden. Auch hier wäre es günstiger, diese Mindeststeifigkeitsforderung in Form der Gl. (26) zu schreiben. Dabei wird die rechte Seite von Gl. (D.2) als erf. $C_D$ aufgefasst, die linke Seite als vorh. $C_D$.

$$\frac{\text{erf.}C_D}{\text{vorh.}C_D} \leq 1 \qquad (26)$$

#### 9.4.2 Vorhandene Verdrehsteifigkeit

Die vorhandene Verdrehsteifigkeit vorh. $C_D$ ist nach Gl. (D.3) zu berechnen, wobei i. d. R. die drei dort aufgeführten Anteile zu berücksichtigen sind:

$C_{D,A}$    Drehsteifigkeit der Verbindung zwischen dem Träger und dem stabilisierenden Bauteil [kNm/m]

$C_{D,B}$    Drehsteifigkeit infolge von Querschnittsverformungen des Trägers

$C_{D,C}$    Drehsteifigkeit des stabilisierenden Bauteils unter der Annahme einer steifen Verbindung mit dem Träger

Besonders wichtig ist bei Trapezprofilen der Anteil $C_{D,A}$, der die Verformbarkeit der Verbindung zwischen dem zu untersuchenden Träger und dem aussteifenden Element (z. B. dem Trapezprofil) beschreibt. Zahlenwerte für vorh. $C_{D,A}$ sind bisher zuverlässig nur durch Versuche zu ermitteln, von denen viele an der TU Berlin durchgeführt wurden, z. B. [65, 66, 69].

Bei den Versuchen stellte sich heraus, dass eine ganze Reihe von Einflussfaktoren die Verdrehsteifigkeit beeinflussen, so wurden z. B. viele Versuche mit einer relativ geringen Auflast von ca. 1 kN/m durchgeführt, was bei anderen Werten durch den Faktor $k_A$ korrigiert werden darf. Die verschiedenen Einflüsse werden über Gl. (27) erfasst [35].

$$C_{D,A} = C_{100} \cdot k_{ba} \cdot k_t \cdot k_{bR} \cdot k_A \cdot k_{bT} \qquad (27)$$

mit

$C_{100}$    Drehfedersteifigkeit für eine Gurtbreite von $b_a = 100$ mm

Dieser Wert $C_{100}$ ist ein Referenzwert, der in DIN EN 1993-1-3 [35] so genannt ist, die Zahlenwerte für Stahltrapezprofile in DIN EN 1993-1-3 [35], Tabelle 10.3 entsprechen den in DIN 18800-2 [28] Tabelle 7 angegebenen Werten. Eine Zusammenstellung weiterer bekannter Werte für $C_{100}$ wurde in das NA zu DIN EN 1993-1-3 [34] aufgenommen, (s. a. [71]). Hier sind Werte angegeben für

– Stahltrapezprofile mit unterlegter Wärmedämmung,
– Faserzementplatten,
– Stahltrapezprofile bei Befestigung mit speziellen Setzbolzen.

Angaben für $C_{100}$ für Trapezprofile aus Aluminium enthält [59], Tabelle III.BB-8. Die weiteren Faktoren in Gl. (27) berücksichtigen Abweichungen zu den Werten, die den genannten Tabellen 10.3 bzw. 7 zugrunde liegen:

$k_{ba}$    Einfluss unterschiedlicher Profilbreiten (der Pfetten) bis zu = 200 mm

$k_t$    Einfluss von Blechdicken der Trapezprofile verschieden von 0,75 mm

$k_{bR}$    Einfluss des Abstands der Rippen, verschieden von 185 mm

$k_A$    Einfluss von Lasten zwischen Trapezprofil und Pfette verschieden von A = 1,0 kN/m

$k_{bT}$    Einfluss unterschiedlicher Gurtbreiten $b_T$ des Trapezprofils

Zahlenmäßige Einzelheiten zu den verschiedenen Faktoren sind z. B. DIN EN 1993-1-3 [35] zu entnehmen.

#### 9.4.3 Erforderliche Verdrehsteifigkeit

Neben dem Faktor $K_V$ für die Querschnittsausnutzung hat die vorhandene Momentenverteilung einen großen Einfluss, was durch den Faktor $K_\theta$ erfasst wird. Das kritische Biegedrillknickmoment $M_{cr}$ nach der Elastizitätstheorie kann durch Gl. (28) erfasst werden.

**Tabelle D.1.** Faktor $K_\theta$ zur Berücksichtigung des Momentenverlaufs und der Art der Lagerung

| Fall | Momentenverlauf | Querschnitt | Freie Drehachse $h/b \leq 2{,}0$ | Freie Drehachse $h/b > 2{,}0$ | Gebundene Drehachse $h/b \leq 2{,}0$ | Gebundene Drehachse $h/b > 2{,}0$ |
|---|---|---|---|---|---|---|
| 1 | | gewalzt | 11,0 | 21,4 | 0 | 0 |
| 1 | | geschweißt | 36,0 | 60,5 | 0 | 0 |
| 2 | | gewalzt | 8,8 | 15,5 | 0,073 | 0,16 |
| 2 | | geschweißt | 29,9 | 51,7 | 0,23 | 0,63 |
| 3 | | gewalzt | 8,0 | 17,4 | 0,085 | 0,19 |
| 3 | | geschweißt | 27,8 | 48,6 | 0,28 | 0,74 |
| 4 | | gewalzt | 3,2 | 7,7 | 0 | 0 |
| 4 | | geschweißt | 9,7 | 19,3 | 0 | 0 |
| 5 | | gewalzt | 0,73 | 1,4 | 0,60 | 0,75 |
| 5 | | geschweißt | 1,5 | 2,7 | 1,0 | 1,8 |
| 6 | $\psi < -0{,}3$ | gewalzt | 0,44 | 0,77 | 0,35 | 0,49 |
| 6 | | geschweißt | 0,87 | 1,5 | 0,56 | 0,99 |

## 9.2 Allgemeines

Um zu einer wirklichkeitsnahen Abschätzung der Tragfähigkeit zu kommen, sind stabilitätsgefährdete Träger aus Gründen der Wirtschaftlichkeit nicht isoliert zu betrachten, sondern es ist, wann immer möglich, das Zusammenwirken mit angrenzenden Bauteilen zu berücksichtigen. Dieser Anhang D.2 trägt daher den positiven Auswirkungen Rechnung, die in vielen Fällen dadurch gegeben sind, dass ein freies Biegedrillknicken eines Trägers durch angrenzende Bauteile behindert wird. Er stellt eine große Erleichterung für die Praxis dar, weil frühere Vorschriften, z. B. DIN V ENV 1993-1-1 [41], solche Regelungen nicht enthielten. Dies bekundet die großen Fortschritte, die durch intensive Forschungen in den letzten Jahrzehnten auf diesem Gebiet möglich wurden. Die Behinderung der Verformung war natürlich auch früher schon bekannt, allerdings konnte der Einfluss in Ermangelung ausreichender Versuche oder theoretischer Überlegungen nicht quantifiziert werden.

Die Berücksichtigung der Wirkung angrenzender Bauteile ist besonders im Stahlhochbau und hier besonders im Hallenbau üblich, wo als angrenzende Bauteile stets Decken oder die Dachhaut vorhanden sind. Daher wird seit längerer Zeit die stabilisierende Wirkung der Dachhaut, insbesondere von Trapezprofilen, bei der Ermittlung der Tragfähigkeit im Hochbau berücksichtigt. Die genannten positiven Effekte werden in diesem Anhang D durch die Berücksichtigung der Schubsteifigkeit $S_v$ (s. Abschnitt D.2) und die Berücksichtigung der Drehsteifigkeit $C_D$ (s. Abschnitt D.3) möglich.

Die Regelungen im Anhang D entsprechen denjenigen in DIN 18800-2 [28], die Tabelle D.1 wurde aufgrund der in [32] gegenüber [28] geänderten Biegedrillknicklinien überarbeitet.

## 9.3 Kontinuierliche seitliche Stützung

In (1)B sind nur Trapezprofile genannt, weil dies den häufigsten Anwendungsfall darstellt, die Regelungen gelten aber auch für andere aussteifende Elemente wie z. B. Wellplatten oder Holzwerkstoffplatten, s. (2)B.

Die Definition von $S_v$ („je Längeneinheit Trägerlänge") ist missverständlich, gemeint ist damit der jeweils auf den zu untersuchenden Träger entfallende Anteil der Schubsteifigkeit. Die in Abschnitt 5.2 genannten Krite-

# 9 Federsteifigkeiten (Anhang D)

## 9.1 Neuer Normentext aus prEN 1993-1-1:2020 [81], Anhang D

### Anhang D Kontinuierliche seitliche Abstützung von Trägern des Hochbaus

#### D.1 Anwendungs- und Gültigkeitsbereich

(1)B In diesem Anhang sind Bedingungen für die Steifigkeit von Abstützungen von Trägern des Hochbaus angegeben. Zwei Fälle werden berücksichtigt: kontinuierliche seitliche Abstützung durch den Scheibeneffekt (siehe D.2) oder kontinuierliche Drehbehinderung (siehe D.3).

#### D.2 Kontinuierliche seitliche Stützung

(1)B Im Hochbau, wenn trapezförmige Bleche nach EN 1993-1-3 an jeder Rippe mit dem Träger verbunden werden und die Gleichung (D.1) erfüllt wird, darf der Träger in der Ebene der Bleche als starr gelagert betrachtet werden.

$$S_v \geq \left( EI_w \frac{\pi^2}{L^2} + GI_T + EI_z \frac{\pi^2}{L^2} 0{,}25 h^2 \right) \frac{70}{h^2} \quad \text{(D.1)}$$

mit:

$S_v$ die Schubsteifigkeit der Bleche (je Längeneinheit Trägerlänge) im Hinblick auf die Verformungen des Trägers in der Blechebene;
$I_w$ das Wölbflächenmoment des Trägers;
$I_T$ das Torsionsflächenmoment des Trägers;
$I_z$ das Flächenträgheitsmoment des Trägerquerschnitts um die schwache Querschnittsachse;
$L$ die Länge des Trägers;
$h$ die Höhe des Trägers.

Falls das Blech lediglich an jeder zweiten Rippe mit dem Träger verbunden ist, ist $S_v$ durch $0{,}20\, S_v$ zu ersetzen.

(2)B Die Gleichung (D.1) kann auch für den Nachweis der Seitenstabilität von Trägerflanschen bei anderen Scheibenkonstruktionen verwendet werden, wenn die Verbindungen geeignet sind.

#### D.3 Kontinuierliche Drehbehinderung

(1)B Ein Träger darf als ausreichend gegen Verdrehung gestützt angesehen werden, wenn das folgende Kriterium erfüllt wird:

$$C_D > \frac{M_{\text{pl,Rk}}^2}{EI_z} K_\theta K_v \quad \text{(D.2)}$$

mit:

$C_D$ die Verdrehsteifigkeit (je Längeneinheit Trägerlänge), die durch das stabilisierende Bauteil (z. B. die Dachkonstruktion) und die Verbindung mit dem Träger wirksam ist;
$K_v$ = 0,35 für den elastischen Querschnittswiderstand;
$K_v$ = 1,00 für den plastischen Querschnittswiderstand;
$K_\theta$ der Faktor zur Berücksichtigung des Momentenverlaufs, abhängig von der Art der Verdrehbarkeit des drehbehinderten gestützten Trägers, dem Querschnitt und dem $h/b$-Verhältnis des Querschnitts, siehe Tabelle D.1;
$M_{\text{pl,Rk}}$ der charakteristische Wert der plastischen Momententragfähigkeit des Trägers.

(2)B Die Verdrehsteifigkeit (je Längeneinheit Trägerlänge) durch das durchgehende Stabilisierungselement (z. B. Dachkonstruktion) ist wie folgt zu berechnen:

$$\frac{1}{C_D} = \frac{1}{C_{D,C}} + \frac{1}{C_{D,B}} + \frac{1}{C_{D,A}} \quad \text{(D.3)}$$

mit:

$C_{D,C}$ die Verdrehsteifigkeit (je Längeneinheit) des stabilisierenden Bauteils unter der Annahme einer steifen Verbindung mit dem Träger;
$C_{D,B}$ die Verdrehsteifigkeit (je Längeneinheit) der Verbindung zwischen dem Träger und dem stabilisierenden Bauteil;
$C_{D,A}$ die Verdrehsteifigkeit (je Längeneinheit) infolge von Querschnittsverformungen des Trägers.

Anmerkung B: Weitere Informationen zur Bestimmung der Verdrehsteifigkeit, siehe EN 1993-1-3.

ten, dass sich die plastischen Biege- und Wölbmomentenbeanspruchbarkeiten $M_{pl,z}$ und $M_{pl,\omega}$ nicht unter vollplastischen Spannungsverteilungen ergeben. Diese beiden plastischen Grenztragfähigkeiten – bei denen eine Querschnittsintegration der Normalspannungsverteilungen gerade die jeweilige Beanspruchbarkeit ergibt und alle anderen null sind – ergeben sich für einen Spannungszustand mit nur teilweise plastizierten Flanschen [8]. Die Berechnung der plastischen Grenztragfähigkeiten und zugehörigen Spannungszustände erfolgt im Ingenieuralltag zielführend computergestützt, beispielsweise mit dem Programm QST-FZ [105]. Für Querschnitte der Klasse 3 können die entsprechenden Grenztragfähigkeiten nach der Elastizitätstheorie verwendet werden. Dabei kann für die Berechnung der Momentenbeanspruchbarkeiten $M_{el,z}$ und $M_{el,\omega}$ der einfach-symmetrische Querschnitt vereinfachend auf einen doppelt-symmetrischen mit der Breite des schmaleren Gurts reduziert werden. Alternativ dürfen die Regelungen für semi-kompakte Querschnitte des Anhangs B angewendet und teilplastische Spannungszustände für die Biegemomentenbeanspruchbarkeiten ausgenutzt werden. Bauteile mit Querschnitten der Klasse 4 sind durch den Anhang C.2 nicht abgedeckt.

Die Anwendung des Nachweisverfahrens des Anhangs C.2 unterliegt weiteren Grenzen. Das Verfahren gilt nur für Einfeldträger mit gleichbleibendem Querschnitt. Es deckt gewalzte oder geschweißte Querschnitte mit gleichen Flanschen (doppelt-symmetrische I-Querschnitte) oder mit ungleichen Flanschen (zur z-Achse einfach-symmetrische I-Querschnitte) ab. Für Letztgenannte muss das Verhältnis der Flächenträgheitsmomente um die Achse z-z der Flansche größer oder gleich 0,2 und kleiner oder gleich 0,5 sein. Diese Grenzen decken den Untersuchungsbereich der durchgeführten theoretischen Studien ab und verhindern die Anwendung der Nachweisgleichungen auf T-förmige Querschnitte mit nur einem Flansch resp. einfach-symmetrische I-Querschnitte mit einem sehr schmalen und einem deutlich breiteren Flansch. Das Tragverhalten derartiger Querschnitte unter Biege-, Druck- und Torsionsbeanspruchung kann sich markant vom Verhalten typischer einfach-symmetrischer I-Querschnitte unterscheiden. Die Größe des Bemessungswerts des Wölbbimoments $B_{Ed}$ ist ebenfalls begrenzt. Es darf 30 % der Wölbmomentenbeanspruchbarkeit $B_{Rk}/\gamma_{M1}$ nicht übersteigen. Diese Limitierung ist erforderlich, um die Konsistenz des Verfahrens zum klassischen Doppelnachweis (8.88) und (8.89) zu gewährleisten und gleichzeitig auch torsionsweiche I-Querschnitte, insbesondere IPE und gleichwertige geschweißte einfach- und doppelt-symmetrische Querschnitte unter Ausnutzung plastischer Querschnittsreserven zu erfassen. Derartige Querschnitte sind für die Verwendung bei planmäßiger Torsionsbeanspruchung jedoch wenig geeignet.

Einen großen ingenieurpraktischen Nutzen hat die folgende Vereinfachung: Der Einfluss des Wölbbimoments darf vernachlässigt werden, wenn das Produkt aus Vergrößerungsfaktor $k_\alpha$ und bezogenem Wölbmoment $B_{Ed}/(B_{Rk}/\gamma_{M1})$ den Wert 0,07 nicht überschreitet (C.6). In diesem Fall können die Nachweisgleichungen zu einer Überschätzung der Bauteilwiderstände auf dem Niveau der Traglaststeigerungsfaktoren von bis zu 5 % führen. Alternativ kann für sehr kleine Wölbmomente eine konservative Gleichung angewendet werden. Sofern der Bemessungswert des Wölbmoments $B_{Ed}$ maximal 3,5 % der Wölbmomentenbeanspruchbarkeit $B_{Rk}/\gamma_{M1}$ beträgt, darf dessen Einfluss ebenfalls vernachlässigt werden.

Bei der Anwendung der Nachweisgleichung (C.2) auf einfach-symmetrische Querschnitte ist darauf zu achten, dass C.1(8) sinngemäß anzuwenden ist. Eine Erläuterung der Regelung erfolgte im vorigen Abschnitt 8.2. Ein Nachweis ausreichenden Querschnittswiderstands ist ergänzend zum Stabilitätsnachweis stets zu führen. Als einfach anzuwendender Nachweis bietet sich für Querschnitte der Klassen 1 und 2 die lineare plastische Interaktion (C.8) an. Alternativ dürfen auch nichtlineare plastische Interaktionen angewendet werden, beispielsweise das Teilschnittgrößenverfahren [8, 101, 102]. Dabei können aufnehmbare Schnittgrößen resultieren, welche größer als die plastischen Momenten- und Wölbmomentenbeanspruchbarkeiten sind. Einfach-symmetrische I-Querschnitte sind beim Erreichen der plastischen Beanspruchbarkeiten – wie zuvor bereits erläutert – erst teilweise plastiziert. Damit der Querschnitt beispielsweise bezogen auf das Biegemoment $M_z$ vollständig durchplastiziert, muss ein Wölbbimoment B vorhanden sein. Die Berücksichtigung von Querschnittswiderständen oberhalb der plastischen Beanspruchbarkeiten bedingt jedoch, dass die jeweilige andere Schnittgröße zwingend vorhanden ist. Die Nachweise sind sowohl für die Orte extremaler normalspannungs- als auch schubspannungserzeugender Schnittgrößen zu führen. Für Einfeldträger ist somit i. d. R. auch ein Querschnittsnachweis am Auflager zu führen.

so hoch wird, dass der größere Gurt maßgebend wird, indem er seitlich um die Achse z-z ausknickt, wird dieser begünstigende Effekt wieder abgebaut. Die Interaktionskurve wird dadurch erheblich ausgebaucht und wird beim Übergang zu hohen negativen Biegemomenten wiederum durch das oben beschriebene Zugversagen des kleineren Gurts begrenzt. In Bild 25 wird dieser Effekt für ein stark asymmetrisches, geschweißtes I-Profil dargestellt. Die Abbildung zeigt dabei auch das Ergebnis der in Anhang C.1, Punkt (7) festgehaltenen Regelungen, wonach bei negativem Moment nach obiger Definition doch $\chi_z$ anstelle von $\chi_{TF}$ in der Interaktionsformel verwendet werden sollte, jedoch die Normalkraft-Tragfähigkeit (auf der sicheren Seite) den Wert $\chi_{TF} \cdot N_{pl}$ nicht übersteigen sollte. Der erste Punkt führt dazu, dass sich der untere Ast der jeweiligen Interaktionskurve von der reinen negativen Momententragfähigkeit gegen den Wert von $\chi_z$ richtet, während der zweite Punkt dazu führt, dass der mittlere Ast aus einer vertikalen Linie besteht, entsprechend dem Wert $\chi_{TF}$ der auf $N_{pl}$ bezogenen Normalkrafttragfähigkeit. Insgesamt ist die neue Regelung in Anhang C.1 demnach weiterhin deutlich konservativ gegenüber genaueren numerischen Berechnungen. Es sei diesbezüglich jedoch angemerkt, dass auf die noch verbliebene Tragreserve im unteren „Bauch" der Interaktionskurve sowieso in vielen Fällen verzichtet werden müsste, da sie nur dann erreicht werden kann, wenn auch tatsächlich sichergestellt werden kann, dass das günstig wirkende negative Moment auch tatsächlich vorhanden ist. Wäre das nicht der Fall, bestünde die Gefahr einer Überschätzung der Normalkraft-Tragfähigkeit. Aus diesem Grunde stellt die gewählte Vorgehensweise in Anhang C.1 für die praktische Anwendung eine deutliche Verbesserung mit einem sinnvollen Grad an Konservatismus dar.

### 8.3.3 Effekt durchschlagender Biegemomente

Eine weitere Besonderheit bei der Bemessung einfach-symmetrischer Querschnitte mithilfe von Knickabminderungskurven und Interaktionsformeln, welche bei doppelt-symmetrischen Querschnitten nicht ins Gewicht fällt, ist die Notwendigkeit der Betrachtung von zwei verschiedenen, möglicherweise maßgebenden Biegemomenten in den Knickinteraktionsformeln. Bei doppelt-symmetrischen Querschnitten kann vorausgesetzt werden, dass das größte Biegemoment im Träger die Bemessung bestimmt oder zumindest als Grundlage für die Modifikationen durch Momentenbeiwerte (z. B. die $C_m$-Faktoren in den Interaktionsformeln, $f_M$-Faktor beim Biegedrillknicken) dient. Bei einfach-symmetrischen Querschnitten kann bei durchschlagenden, d. h. das Vorzeichen wechselnden, Momentenverläufen entlang der Stabachse nicht mehr allgemein vorausgesetzt werden, dass das größte absolute Biegemoment im Stab auch das Tragverhalten beim Biegedrillknicknachweis und beim Interaktionsnachweis bestimmt. Aus diesem Grund wird im Punkt (6) des Anhangs C.1 festgehalten,

dass bei Fällen mit durchschlagendem Momentenverlauf die Nachweise mit den Interaktionsformeln jeweils für beide Momentenmaxima des jeweiligen Vorzeichens zu führen sind, wobei die Momentenbeiwerte $C_m$ entweder (sehr konservativ) zu 1,0 gesetzt werden sollen, oder aber zumindest ein fiktiver Momentenverlauf betrachtet werden soll, bei dem der Bereich des Moments mit dem jeweils anderen Vorzeichen vernachlässigt wird. Entsprechend dieser letzten Regelung wäre also der durchschlagende Momentenverlauf in Bild C.1 c) als entsprechend zwei nicht durchschlagenden, dreiecksförmigen Momentenverläufen zu betrachten, mit Momentenmaximum an einem Ende und Null-Moment am anderen Ende.

### 8.4 Hintergründe und Anwendung des Anhangs C.2

Das Nachweisverfahren für stabilitätsgefährdete Bauteile unter Biegung, Druck und Torsion im Anhang C.2 des Entwurfs prEN 1993-1-1:2020 [81] basiert auf dem alternativen Nachweisverfahren für das Biegedrillknicken von Kranbahnträgern unter zweiachsiger Biegung und Torsion des Anhangs A der EN 1993-6 [40] sowie neuen Erkenntnissen des an der Universität Stuttgart durchgeführten Forschungsvorhabens AiF/IGF 19044 N [61]. Erstgenannte Grundlage geht auf theoretische und experimentelle Untersuchungen von *Lindner* und *Glitsch* [64] im Rahmen des Forschungsvorhabens P554 der Forschungsvereinigung Stahlanwendung (FOSTA) [55] an der RWTH Aachen, der Ruhr-Universität Bochum und der TU Berlin zurück. Für die Weiterentwicklung des Nachweisverfahrens wurden ergänzende theoretische Untersuchungen von *Winkler, Walter* und *Knobloch* [104] sowie *Bours, Winkler* und *Knobloch* [8] durchgeführt. Dabei wurde gezielt auf die Konsistenz zum Doppelnachweis (8.88) und (8.89) für stabilitätsgefährdete Bauteile ohne planmäßige Torsionsbeanspruchung sowie die Regelungen für einfach-symmetrische Querschnitte des Anhangs C.1 des Entwurfs prEN 1993-1-1:2020 [81] geachtet.

Der Nachweis für Bauteile unter planmäßiger Torsionsbeanspruchung (C.1) und (C.2) erweitert den zuvor genannten Doppelnachweis (8.88) und (8.89) um den Anteil des Wölbmoments nach *Lindner* und *Glitsch*. Die Interaktionsfaktoren $k_{ij}$ gemäß den Tabellen 8.7 und 8.8 für doppelt-symmetrische Querschnitte bzw. Tabelle C.1 für einfach-symmetrische Querschnitte dürfen genauso verwendet werden wie die äquivalenten Momentenbeiwerte $C_m$ der Tabelle 8.9 für nicht konstante Biegemomentenverläufe. Wechselt das Vorzeichen der Biegemomentenverläufe $M_{y,Ed}$ und $M_{z,Ed}$ über die Trägerlänge, ist der Nachweis (C.1) und (C.2) für die absoluten Maximalwerte des Biegemoments getrennt zu führen. Für Querschnitte der Klassen 1 und 2 dürfen die plastischen Momentenbeanspruchbarkeiten $M_{pl,y}$ und $M_{pl,z}$ sowie die plastische Wölbmomentenbeanspruchbarkeit $M_{pl,\omega}$ verwendet werden. Für zur z-Achse einfach-symmetrische Querschnitte ist dabei zu beach-

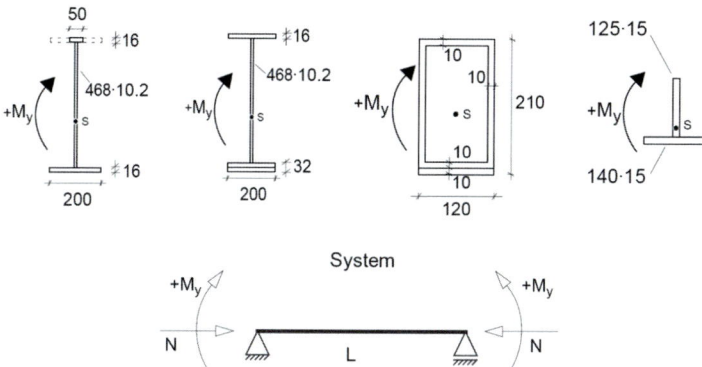

**Bild 24.** Durch die Regelungen im Anhang C.1 abgedeckte Querschnittsformen und Fälle; Profilgeometrien aus [51]

Die Untersuchungen zeigten eine Reihe von charakteristischen Verhaltensweisen, die bei einfach-symmetrischen Querschnitten zusätzlich zu jenen doppelt-symmetrischer Querschnitte auftreten. Diese werden zum besseren Verständnis der neuen Bemessungsregeln nachfolgend kommentiert.

### 8.3.1 Bauteilnachweise mit kleinerem Querschnittsteil auf der dominanten Druckseite

Bei kombinierter Druck- und Biegebeanspruchung sowie einem Knickversagen durch Verformungen vorwiegend in der x-z-Ebene (Knicken um y-y) zeigten die Untersuchungen in [51], dass die Interaktionsbeiwerte $k_{yy}$ für doppelt-symmetrische Querschnitte (s. Abschnitt 8.3.3 der prEN 1993-1-1:2020) zu einer Unterschätzung der Tragfähigkeit der einfach-symmetrischen Querschnitte von bis zu etwa 8% führen, wenn der kleinere Gurt maßgebend wird, d. h., wenn ein positives Moment nach der obigen Definition vorliegt. Es werden daher in prEN 1993-1-1:2020 Anhang C.1. zur Abdeckung dieses Effekts modifizierte $k_{yy}$-Werte eingeführt, welche diese Diskrepanz auf der unsicheren Seite beheben. Bei negativer Biegebeanspruchung, bei welcher der größere Gurt maßgebend ist, sind die $k_{yy}$-Werte des doppelt-symmetrischen Querschnitts hingegen ausreichend konservativ; zugunsten einer eindeutigen, einfach anzuwendenden Regelung wurde jedoch im Normentext auf eine entsprechende Fallunterscheidung verzichtet.

### 8.3.2 Entlastungseffekt beim Biegedrillknicken infolge negativer Biegemomente

Beim Ausweichen verdrehweicher Querschnitte versagt der Stab unter reiner Druckkraft bei Erreichen der Drillknicklast $\chi_{TF} \cdot N_{pl}$, wobei der Faktor $\chi_{TF}$ den Abminderungsfaktor für Drillknicken (engl. „torsional-flexural buckling") darstellt. Bei Zusammenwirken mit einem positiven Biegemoment nach obiger Definition stellt sich ein stetiger Verlauf der Interaktionskurve bis zum Erreichen des Biegedrillknickmoments bei $N = 0$ ein. Die Interaktionsformeln der derzeitigen DIN EN 1993-1-1 für Biegedrillknicken bzw. Knicken um z-z beschreiben dieses Verhalten gut, wenn $\chi_z$ durch $\chi_{TF}$ ersetzt wird und wenn die Momentenrichtung bei der Bestimmung des elastischen Verzweigungsmoments $M_{cr}$ berücksichtigt wird; diese Beobachtungen werden demnach in den Punkten (5) und (7) des Anhangs C.1 der prEN 1993-1-1:2020 normativ festgehalten.

Bei Überlagerung mit einem negativen Biegemoment stellt sich ein weiterer, begünstigender Effekt ein, da der bisher maßgebende kleinere Gurt durch die Biegung entlastet wird und daher die Druckkraft über $\chi_{TF} \cdot N_{pl}$ ansteigen kann. Erst wenn das negative Biegemoment

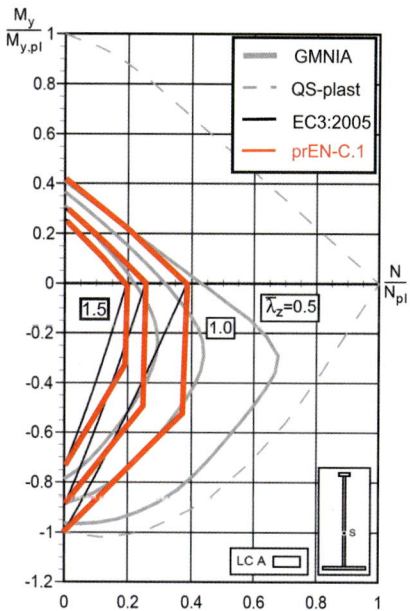

**Bild 25.** Gegenüberstellung von GMNIA-Berechnungen für das stark asymmetrische I-Profil aus Bild 24, Regelungen der DIN EN 1993-1-1 für doppelt-symmetrische Querschnitte und neue Regelungen in prEN 1993-1-1:2020 Anhang C.1

$$k_\alpha \cdot \frac{B_{Ed}}{B_{Rk}/\gamma_{M1}} \leq 0{,}07 \qquad (C.6)$$

konservativ $\frac{B_{Ed}}{B_{Rk}/\gamma_{M1}} \leq 0{,}035$ (C.7)

(7) Zusätzlich sind Querschnittsnachweise nach 8.2 zu führen.

Anmerkung: Als konservative Näherung kann die lineare plastische Interaktion nach Gleichung (C.8) für Querschnitte der Klasse 1 und 2 angewendet werden:

$$\frac{N_{Ed}}{N_{Rd}} + \frac{M_{y,Ed}}{M_{y,Rd}} + \frac{M_{z,Ed}}{M_{z,Rd}} + \frac{B_{Ed}}{B_{Rd}} \leq 1{,}0 \qquad (C.8)$$

mit:

$$B_{Rd} = \frac{W_{B,pl} \cdot f_y}{\gamma_{M0}} \qquad (C.9)$$

$W_{B,pl}$ das plastische Widerstandsmoment für den plastischen Widerstand des Wölbbimoments, siehe 8.2.7 (7).

(8) Für Querschnitte der Klasse 3 darf Anhang B berücksichtigt werden.

## 8.2 Allgemeines

Die Anwendung der vereinfachten Stabilitätsnachweise des Kapitels 6.6.3 der gegenwärtigen Norm DIN EN 1993-1-1 ist auf Bauteile mit doppelt-symmetrischen Querschnitten unter zweiachsiger Biegung und Drucknormalkraft begrenzt. Der Entwurf prEN 1993-1-1:2020 [81] erweitert die Anwendungsgrenzen des vereinfachten Nachweises und führt dazu einen normativen Anhang C ein. Der Anhang versteht sich als Ergänzung zum neu in Kapitel 8.3.3 des Entwurfs prEN 1993-1-1:2020 [81] zu findenden Doppelnachweis für stabilitätsgefährdete Bauteile. Zusätzliche Regeln für Bauteile mit zur z-Achse einfach-symmetrischen I-, H- und Kastenquerschnitten beinhaltet der Anhang C.1. Anhang C.2 obliegen Bauteile unter planmäßiger Torsionsbeanspruchung.

Gegenwärtig erfolgt ein Nachweis ausreichender Tragfähigkeit von stabilitätsgefährdeten Bauteilen mit einfach-symmetrischen Querschnitten sowie von Bauteilen unter planmäßiger Torsionsbeanspruchung oftmals mithilfe des Ersatzimperfektionsverfahrens. Dabei werden Schnittgrößen nach Theorie II. Ordnung unter Berücksichtigung adäquater geometrischer Ersatzimperfektionen berechnet und mit diesen ein Querschnittsnachweis geführt. Die eingesetzten Stabwerksprogramme müssen für offene Querschnitte hierfür zwingend einen Wölbfreiheitsgrad berücksichtigen. Dieses Vorgehen ist i. d. R. mit der Bemessung von Stahlbauten vertrauten Experten vorbehalten. Eine weitere Schwierigkeit stellen Form und Größe der in diesen Fällen anzusetzenden geometrischen Ersatzimperfektionen dar. Ansätze zu deren Bestimmung enthält [103], allgemein anerkannte Regeln sind jedoch nicht vorhanden.

Diese Überlegungen zeigen den Bedarf und die Berechtigung für die Erweiterung des vereinfachten Stabilitätsnachweises trotz zunehmender computergestützter Bemessung im Ingenieuralltag auf. Die Erweiterung des Anhangs C des Entwurfs prEN 1993-1-1:2020 [81] erfolgte auf der Grundlage bestehender Regelungen des österreichischen Nationalen Anhangs [78] zur DIN EN 1993-1-1 und der DIN EN 1993-6 [40] für die Konstruktion und Bemessung von Kranbahnträgern. Der österreichische Nationale Anhang enthält bereits heute ergänzende Regeln für einfach-symmetrische Querschnitte. EN 1993-6 enthält einen alternativen Nachweis für biegedrillknickgefährdete Träger unter Biegung und Torsion. Bei der Erweiterung des Stabilitätsnachweises wurden diese beiden etablierten Regelungen soweit wie möglich übernommen und an das Format des Stabilitätsnachweises für Bauteile der DIN EN 1993-1-1 angepasst.

## 8.3 Hintergründe und Anwendung des Anhangs C.1

Im Anhang C.1 werden spezifische Regeln für die Stabilitätsnachweise einfach-symmetrischer Querschnitte angegeben, in Erweiterung der Stabbemessungsformeln im Teil 8.3.3 der prEN 1993-1-1:2020, welche im Wesentlichen die Regelungen aus der derzeitigen DIN EN 1993-1-1 mit dem darin enthaltenen Anhang B darstellen. Die Berechnungsregeln im Anhang C.1 beruhen auf Untersuchungen, die im Wesentlichen im Rahmen der Dissertation von *Kaim* [51] durchgeführt wurden und umfangreiche numerische Berechnungen und Vergleiche mit Versuchsergebnisse umfassten. Es wurden dabei einfach-symmetrische Querschnitte aus I-Profilen betrachtet, bei denen entweder ein Gurt in der Breite reduziert oder ein Gurt in der Dicke verdoppelt wurde; analog wurde bei RHS-Profilen ein Gurt verdoppelt. Auch T-Querschnitte wurden in die Berechnungen einbezogen. Als Imperfektionen wurden eine Stabvorkrümmung L/1000 und Eigenspannungen berücksichtigt. Die betrachteten und damit im Normtext abgedeckten Fälle sind in Bild 24 dargestellt. Vorausgesetzt werden demnach zur z-Achse symmetrische Querschnitte, die unter der Druckkraft $N_{Ed}$ und den Biegemomenten $M_{y,Ed}$ sowie $M_{z,Ed}$ stehen. Wegen der Asymmetrie des Querschnitts ist zwischen positiven und negativen Werten von $M_{y,Ed}$ zu unterscheiden. Als positiv gelten in den nachfolgenden Darstellungen solche Momente $M_{y,Ed}$, die am kleineren Gurt des Querschnitts Druckspannungen erzeugen.

(6) Für Momentenverteilungen $M_{y,Ed}$ mit wechselndem Vorzeichen über die Trägerlänge, siehe Bild C.1 c), sollten die Gleichungen (8.85) und (8.86) für die beiden maximalen Werte von $M_{y,Ed}$ ausgewertet werden. Zur Berechnung der äquivalenten Momentenbeiwerte $C_{my}$ und $C_{m,LT}$ aus Tabelle 8.9 sind die negativen Werte von $\psi$, $\alpha_h$ bzw. $\alpha_s$ zu 0,0 zu setzen und der Anteil des entgegengesetzten Vorzeichens der Momentenverteilung bleibt unberücksichtigt. Alternativ können $C_{my}$ und $C_{m,LT}$ konservativ zu 1,0 gesetzt werden.

(7) Für nicht biegedrillknickgefährdete Bauteile ist $\chi_{LT}$ in den Gleichungen (8.85) und (8.86) zu 1,0 zu setzen. Der Faktor $\chi_{TF}$ für Drillknicken sollte anstelle von $\chi_z$ in Gleichung (8.85) verwendet werden, wenn das Trägheitsmoment $I_{z,fl}$ um die z-z-Achse von den beiden Flanschen um mehr als 50 % abweicht. $I_{z,fl}$ sollte berechnet werden, indem die Flansche als isolierte Platten oder Abschnitte betrachtet werden.

(8) Für biegedrillknickgefährdete Bauteile sollte der Knickbeiwert $\chi_z$ in Gleichung (8.86) durch $\chi_{TF}$ ersetzt werden, wenn das Biegemoment $M_{y,Ed}$ Druck im schmaleren Flansch erzeugt. Der Faktor $\chi_z$ für Biegeknicken um die z-z-Achse sollte in Gleichung (8.86) eingesetzt werden, wenn das Biegemoment $M_{y,Ed}$ Druck im breiteren Flansch erzeugt. In diesem Fall sollte der Drillknickwiderstand durch eine zusätzliche Bedingung nachgewiesen werden, dazu ist $\chi_{TF}$ in (8.86) einzusetzen und der Term mit $M_{y,Ed}$ wegzulassen.

## C.2 Zusätzliche Regelungen für gleichförmige Bauteile unter Biegung, Druck und Torsion

(1) Diese zusätzlichen Regelungen gelten für den Nachweis der Stabilität eines gelenkig gelagerten Einfeldträgers mit gleichbleibendem Querschnitt unter Biegung, Druck und Torsion, mit gleichen Flanschen oder bei ungleichen Flanschen unter der Voraussetzung, dass das Verhältnis der Trägheitsmomente der Flansche um die z-z-Achse größer oder gleich 0,2 und kleiner oder gleich 0,5 ist, verwendet werden. Es ist in Kombination mit den Regelungen in 8.3 und C.1 anzuwenden.

(2) Die Regelungen in C.2 gelten für Bauteile mit Querschnitten der Klasse 1, 2 und 3 bei denen das Verhältnis des maximalen Wölbbimoments $B_{Ed}/(B_{Rk}/\gamma_{M1})$ kleiner oder gleich 0,3 ist, wobei $B_{Ed}$ and $B_{Rk}$ in (3) definiert sind.

(3) Sofern keine Berechnung nach Theorie II. Ordnung mit Imperfektionen durchgeführt wird, müssen durch Biegung, Druck und Torsion beanspruchte gleichförmige Bauteile mit Querschnitten der Klasse 1, 2 und 3 in der Regel die Anforderungen gemäß den Gleichungen (C.1) und (C.2) erfüllen:

$$\frac{N_{Ed}}{\frac{\chi_y N_{Rk}}{\gamma_{M1}}} + k_{yy} \frac{M_{y,Ed}}{\frac{\chi_{LT} M_{y,Rk}}{\gamma_{M1}}} + k_{yz} \frac{M_{z,Ed}}{\frac{M_{z,Rk}}{\gamma_{M1}}}$$

$$+ k_w k_{zw} k_\alpha \frac{B_{Ed}}{\frac{B_{Rk}}{\gamma_{M1}}} \leq 1,0 \qquad (C.1)$$

$$\frac{N_{Ed}}{\frac{\chi_z N_{Rk}}{\gamma_{M1}}} + k_{zy} \frac{M_{y,Ed}}{\frac{\chi_{LT} M_{y,Rk}}{\gamma_{M1}}} + k_{zz} \frac{M_{z,Ed}}{\frac{M_{z,Rk}}{\gamma_{M1}}}$$

$$+ k_w k_{zw} k_\alpha \frac{B_{Ed}}{\frac{B_{Rk}}{\gamma_{M1}}} \leq 1,0 \qquad (C.2)$$

mit:

$N_{Ed}$, $M_{y,Ed}$, $M_{z,Ed}$ die Bemessungswerte der einwirkenden Druckkraft und der einwirkenden maximalen Momente um die y-y-Achse und z-z-Achse;

$N_{Rk}$, $M_{y,Rk}$, $M_{z,Rk}$ der charakteristische Wert der Querschnittsbeanspruchbarkeit bei Druck- und Biegebeanspruchung um die y-y-Achse und z-z-Achse;

$B_{Ed}$ der maximale Bemessungswert des Wölbbimoments entlang des Bauteils;

$B_{Rk}$ der charakteristische Wert der Wölbbimomentenbeanspruchbarkeit;

$\chi_y$, $\chi_z$ die Abminderungsfaktoren für Biegeknicken nach 8.3.1. Der Abminderungsfaktor $\chi_z$ sollte durch $\chi_{TF}$ nach 8.3.1.4 ersetzt werden, sofern Drillknicken maßgebend wird.

$\chi_{LT}$ der Abminderungsfaktor für Biegedrillknicken nach 8.3.2;

$k_{yy}$, $k_{yz}$, $k_{zy}$, $k_{zz}$ die Interaktionsfaktoren nach 8.3.3. Für einfach-symmetrische I-Querschnitte sind die zusätzlichen Regelungen aus C.1 anzuwenden;

$$k_w = 0,7 - \frac{0,2 \, B_{Ed}}{\frac{B_{Rk}}{\gamma_{M1}}} \qquad (C.3)$$

$$k_{zw} = 1,0 - \frac{M_{z,Ed}}{\frac{M_{z,Rk}}{\gamma_{M1}}} \qquad (C.4)$$

$$k_\alpha = \frac{1}{1 - \frac{M_{y,Ed}}{M_{cr}}} \quad \text{jedoch} \quad k_\alpha \leq 2,0 \qquad (C.5)$$

$M_{cr}$ das ideale Verzweigungsmoment bei Biegedrillknicken um die Achse y-y.

(4) Für Querschnitte der Klasse 3 mit ungleichen Flanschen sind die charakteristische Momentenbeanspruchbarkeit $M_{z,Rk}$ und die Wölbbimomentenbeanspruchbarkeit $B_{Rk}$ für den schmaleren Flansch zu berechnen.

(5) Für Momentenverteilungen $M_{y,Ed}$ und $M_{z,Ed}$ mit wechselndem Vorzeichen über die Trägerlänge, siehe Bild C.1 c), sollten die Gleichungen (C.1) und (C.2) für die beiden maximalen Werte von $M_{y,Ed}$ und $M_{z,Ed}$ ausgewertet werden. Die äquivalenten Momentenbeiwerte $C_m$ dürfen mit den Gleichungen in Tabelle 8.9 bestimmt werden.

(6) Der zusätzliche Term für Wölbbimomente darf in den Interaktionsgleichungen (C.1) und (C.2) vernachlässigt werden, unter der Voraussetzung, dass gilt:

Mit dem modifizierten vereinfachten Nachweisverfahren steht der Ingenieurpraxis ein anschauliches und effizient anwendbares Nachweisverfahren für Biegedrillknicken zur Verfügung. Es stellt eine konsistente Ergänzung des allgemeinen Verfahrens nach Abs. 8.3.2.3 des Entwurfs prEN 1993-1-1:2020 dar und kann für doppelt- und einfach-symmetrische Querschnitte des Hoch- und Brückenbaus angewendet werden.

## 7.6 Fazit

Die in mehreren Forschungsarbeiten entwickelten und verifizierten Vorschläge für neue Formulierungen der Abminderungsfaktoren $\chi_{LT}$ für das Biegedrillknicken von I- und H-Profilen wurden in völlig analoger Weise zum Fall des Biegeknickens (europäische Knickspannungskurven) abgeleitet und sind dementsprechend sowohl mechanisch als auch vom Gesichtspunkt des Sicherheitsniveaus mit diesem wichtigsten Referenzfall konsistent. Die in prEN 1993-1-1:2020 aufgenommenen Bemessungsmethoden beseitigen demnach Inkonsistenzen und Ungenauigkeiten in der bisherigen Bemessungspraxis. Gleichzeitig bleibt für allgemeinere Fälle eine einfache, wenn auch weniger präzise Bemessungsmethode erhalten, welche eine normenkonforme Bemessung für alle in der Praxis relevanten Fälle der Biegeträger ermöglicht.

# 8 Einfach-symmetrische Querschnitte und Querschnitte unter Torsion (Anhang C)

## 8.1 Neuer Normentext aus prEN 1993-1-1:2020 [81], Anhang C

**C.1 Zusätzliche Regelungen für gleichförmige Bauteile mit einfach-symmetrischen Querschnitten**

(1) Dieser Anhang enthält zusätzliche Regelungen für die Anwendung der Gleichungen (8.85) und (8.86) in 8.3.3 für den Stabilitätsnachweis von Bauteilen mit einfach-symmetrischen I-, H- und geschweißten Kastenquerschnitten, bei denen die Flansche unterschiedlich groß sind und die symmetrisch zur z-z-Achse sind.

(2) Dieses Verfahren ist für durch Biegung und Druck beanspruchte Bauteile mit Querschnitten der Klasse 1, 2, 3 und 4 anwendbar.

(3) Das ideale Verzweigungsmoment bei Biegedrillknicken $M_{cr}$, die bezogene Biegedrillknickschlankheit $\bar{\lambda}_{LT}$ und der zugehörige Abminderungsfaktor $\chi_{LT}$ beziehen sich auf den durch das Biegemoment $M_y$ gedrückten Flansch, welcher entweder der schmalere oder der breitere Flansch sein kann, siehe Bild C.1. Für Bauteile mit wechselndem Vorzeichen des Biegemoments über die Trägerlänge sind zwei separate Wertesätze für $M_{cr}$, $\bar{\lambda}_{LT}$ und $\chi_{LT}$ für die jeweiligen maximalen absoluten Werte des Biegemoments $M_{y,Ed}$ zu bestimmen. In diesem Fall kann $M_{cr}$ durch die Multiplikation des jeweiligen Wertes von $M_{y,Ed,i}$ mit dem Verzweigungslastfaktor $\alpha_{cr}$ für Biegedrillknicken bestimmt werden.

(4) Für den Widerstand nach der Elastizitätstheorie ist die charakteristische Momentenbeanspruchbarkeit $M_{y,Rk}$ für den gedrückten Flansch zu berechnen.

(5) Ungeachtet der Anfälligkeit des Bauteils gegen Biegedrillknicken ist Gleichung (8.85) in 8.3.3 unter Verwendung des in Tabelle C.1 definierten angepassten Faktors $k_{yy}$ anzuwenden.

**Tabelle C.1.** Angepasste Interaktionsfaktoren $k_{yy}$ in Gleichung (8.85) für einfach-symmetrische Querschnitte

| Plastische Querschnittswerte der Klasse 1, Klasse 2 | Elastische Querschnittswerte der Klasse 3, Klasse 4 |
|---|---|
| Für $\bar{\lambda}_y < 1,0$: $k_{yy} = C_{my}\left[1 + 2(\bar{\lambda}_y - 0,2) n_y\right]$ | Für $\bar{\lambda}_y < 1,0$: $k_{yy} = C_{my}(1 + \bar{\lambda}_y\, n_y)$ |
| Für $\bar{\lambda}_y \geq 1,0$: $k_{yy} = C_{my}(1 + 1,6 n_y)$ | Für $\bar{\lambda}_y \geq 1,0$: $k_{yy} = C_{my}(1 + n_y)$ |

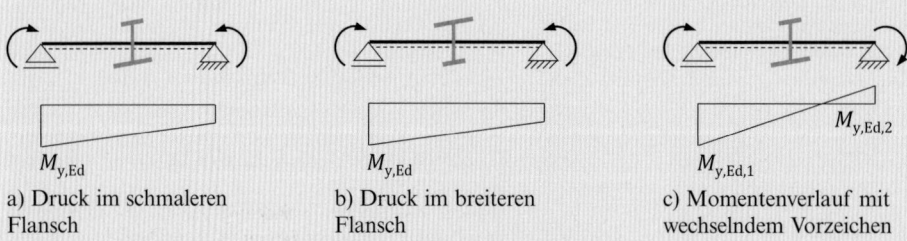

a) Druck im schmaleren Flansch  
b) Druck im breiteren Flansch  
c) Momentenverlauf mit wechselndem Vorzeichen

**Bild C.1.** Biegemoment bezogen auf die Querschnittsform einfach-symmetrischer Querschnitte

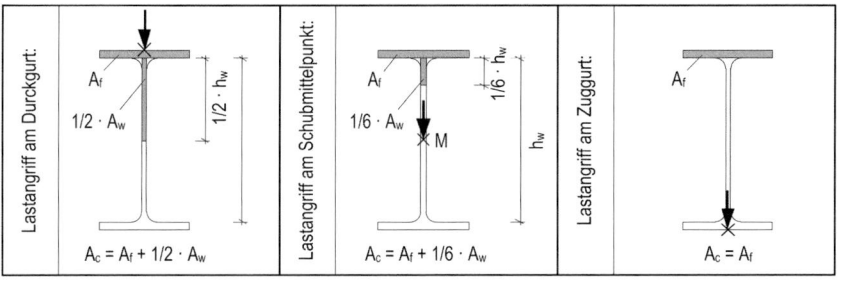

**Bild 22.** Fläche des äquivalenten druckbeanspruchten Flansches zur Berücksichtigung eines Lastangriffs am Druckgurt (links), im Schubmittelpunkt (Mitte) und am Zuggurt (rechts)

praxis einfach zu halten und beispielsweise auf die Bestimmung komplexer Querschnittswerte für einfach-symmetrische Querschnitte zu verzichten. Eine ausführliche Darstellung der Untersuchungen und der Modifikationen des Druckgurtnachweises enthält [89]. Die Grundidee des modifizierten vereinfachten Verfahrens besteht weiterhin darin, den Biegedrillknickwiderstand $M_{b,Rd}$ eines Bauteils mithilfe des Abminderungsfaktors $\chi_{c,z}$ für Biegeknicken des äquivalenten Druckgurtes zu bestimmen, vgl. (8.84). Für das Widerstandsmoment $W_y$ darf für Querschnitte der Klasse 1 und 2 das plastische Widerstandsmoment $W_{pl,y}$ gewählt werden. Für Klasse-3-Querschnitte ist das elastische Widerstandsmoment $W_{el,y,min}$ mit dem maximalen Abstand z vom Schwerpunkt zur äußersten Faser des Querschnitts (unabhängig von der Spannung oder dem Druckgurt) zu verwenden. Der Nachweis beinhaltet somit für einfach-symmetrische Querschnitte implizit den Nachweis des zugbeanspruchten Gurtes. Die Anwendung der Methode auf Querschnitte der Klasse 4 beinhaltet das modifizierte Nachweisverfahren gegenwärtig nicht. Die eventuelle Erweiterung des diesbezüglichen Anwendungsbereichs wird gegenwärtig im Rahmen des o. g. Forschungsvorhabens überprüft. Eine Implementierung erscheint ggf. im Rahmen ergänzender nationaler Regelungen (NCI Dokument) oder eines zukünftigen Entwurfs prEN 1993-2 möglich.

Der Abminderungsfaktor $\chi_{c,z}$ ist unter Berücksichtigung des modifizierten bezogenen Schlankheitsgrads $\bar{\lambda}_{c,z,mod}$ des äquivalenten Druckgurtes mit Knickspannungslinie c für gewalzte und Knickspannungslinie d für geschweißte Querschnitte zu bestimmen, Gl. (8.86). Zur Bestimmung des modifizierten bezogenen Schlankheitsgrads ist zunächst die bezogene Schlankheit des äquivalenten Druckgurts $\bar{\lambda}_{c,z}$ nach Gl. (8.85) zu berechnen. Bei der Berechnung der plastischen Normalkrafttragfähigkeit sowie der idealen Verzweigungslast des äquivalenten Druckgurts muss das Trägheitsmoment unter Berücksichtigung der entsprechenden Druckgurtflächen nach Bild 22 verwendet werden. Somit kann auf einfache Weise der Einfluss des Lastangriffspunkts berücksichtigt werden.

Anschließend wird der bezogenen Schlankheitsgrad des äquivalenten Druckgurts mithilfe der beiden Korrekturbeiwerte $k_c$ und $\beta$ modifiziert. Der Beiwert $k_c$ berücksichtigt die Momentenverteilung zwischen seitlich gehaltenen Punkten und kann mit Tabelle 8.6 des Entwurfs prEN 1993-1-1:2020 bestimmt werden. Mithilfe des Korrekturbeiwerts nach Gl. (8.87) wird der Einfluss der Torsionssteifigkeit durch das Verhältnis $h/t_{max}$ berücksichtigt. Das Verhältnis der Flanschdicken $t_{max}/t_{min}$ berücksichtigt die Änderung der Torsionssteifigkeit bei einfach-symmetrischen Querschnitten.

Bild 23 vergleicht exemplarisch die Ergebnisse numerischer Simulationen mit der FE-Methode mit den Bemessungsergebnissen des modifizierten vereinfachten Verfahrens (durchgezogene Linie) und dem Biegedrillknicknachweis nach Abs. 8.3.2.3 des Entwurfs prEN 1993-1-1:2020 (gestrichelte Linie) für einen einfach-symmetrischen Querschnitt. Das modifizierte Verfahren führt zu einer zufriedenstellenden Übereinstimmung und guten Bemessungsresultaten.

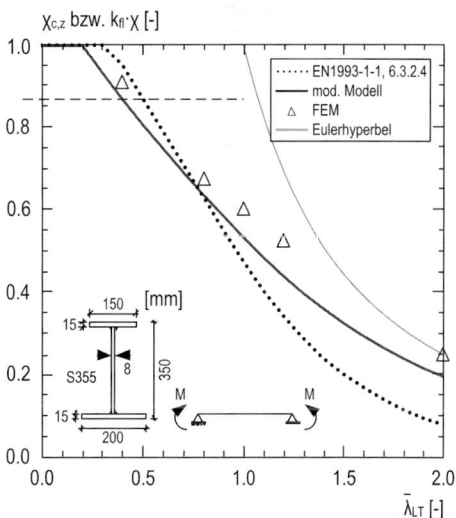

**Bild 23.** Vergleich der Abminderungsfaktoren des modifizierten vereinfachten Nachweisverfahrens des äquivalenten Druckflansches, des Biegedrillknicknachweises nach prEN 1993-1-1:2020, Abs. 8.3.2.3 und numerischen Simulationsergebnissen

## 7.4 Andere Fälle: einfach-symmetrische Querschnitte, besondere Randbedingungen

Wie bereits weiter oben erwähnt gelten die neu entwickelten Regelungen aus Abschnitt 8.3.2.3(3) nur für doppel-symmetrische Querschnitte und – bei Anwendung des Faktors $f_M > 1,0$ bei ungleichförmigen Momentenverläufen – für gabelgelagerte Träger. Bei Verletzung dieser Anwendungsgrenzen erlaubt die Norm – wie bereits die jetzige Fassung von DIN EN 1993-1-1, jedoch nun mit einer präziseren Klassifizierung der Profile – konservativ die Anwendung der eigentlich für Druckstäbe entwickelten „Knickspannungskurven". Dabei sind die in Tabelle 8.4 der Norm enthaltenen Zuweisungen der unterschiedlichen Profilformen zu den einzelnen Kurven zu beachten. Die Einfachheit und der damit verbundene, recht starke Konservatismus dieser Regelungen ist auf die sehr große Anzahl an möglichen Einflüssen bei allgemeinen Querschnittsformen zurückzuführen, wodurch eine sehr genaue und mechanisch konsistente Regelung, wie sie für doppel-symmetrische, gabelgelagerte Profile entwickelt werden konnte, nicht mehr allgemein und im Rahmen der Möglichkeiten einer Formel für „Handrechnungen" bereitgestellt werden konnte. Als Beispiel soll hierbei genannt werden, dass bereits einfach-symmetrische Querschnitte mit durchschlagendem Momentenverlauf (Wechsel von positivem zu negativem Moment entlang des Stabs) nicht mehr einen eindeutigen „maßgebenden" Druckgurt aufweisen, wodurch Momentenfaktoren wie der Faktor $f_M$ ihre Gültigkeit verlieren bzw. vom Grad der Asymmetrie des Querschnitts abhängen würden. Eine entsprechende Formulierung liegt derzeit nicht vor.

## 7.5 Zusatzregelung: Vereinfachte Bemessung durch den Knicknachweis des Druckgurtes

Die Grundidee des vereinfachten Bemessungsverfahrens des Druckgurts als Druckstab ist es, das komplexe Biegedrillknicken mit räumlichen Verformungen einschließlich Verdrehungen um die Schubmittelpunktsachse auf das Biegeknicken eines äquivalenten druckbeanspruchten Teils des Querschnitts mit horizontalen Verschiebungen rechtwinklig zur Trägerebene zurückzuführen (Bild 21). Unter Vernachlässigung der Torsionssteifigkeit des Querschnitts und der stabilisierenden Wirkung des Zuggurts, kann der Biegedrillknicknachweis näherungsweise über das Knicken des Druckgurts geführt werden. Dies stellt eine anschauliche und einfach anwendbare Methode für die Ingenieurpraxis dar. Das Grundkonzept des vereinfachten Verfahrens wird seit den 1950er-Jahren in Deutschland angewendet. Die vom Tragmodell abgeleitete c/40-Regel der ehemaligen deutschen Stabilitätsnorm DIN 4114 [29] wurde u. a. häufig in Entwurf und Bemessung von Brückenkonstruktionen angewendet. Dabei wurde der Biegedrillknicknachweis vereinfacht geführt, indem nachgewiesen wurde, dass der Abstand der seitlichen Stützungen weniger als das 40-Fache des Trägheitsradius des Druckgurts betrug. Die Grundidee dieses Konzepts wurde von der DIN 18800-2 [28] im sog. *Nachweis des Druckgurtes als Druckstab* (El. 310) übernommen.

Dieser traditionelle Ansatz ist die Grundlage der entsprechenden Nachweise der aktuellen DIN EN 1993-1-1 [32] Abs. 6.3.2.4 für den Hochbau und in DIN EN 1993-2 [39], Abs. 6.3.4.2 für den Brückenbau. Die Nachweise basieren auf der DIN 188800-2 und ihren Biegedrillknickkurven. Das vereinfachte Verfahren ist somit weder konsistent mit dem „allgemeinen" oder „spezifischen Fall" (vgl. Abschnitt 7.2) noch mit den in Abschnitt 7.3 erläuterten neuen Abminderungsfaktoren für Biegedrillknicken. Darüber hinaus weisen sie weitere Mängel auf. Einerseits wiesen *Bureau* und *Beyer* [6] darauf hin, dass zusätzliche Anwendungsgrenzen für einfach-symmetrische Querschnitte sowie Stahlträger mit einem Lastangriffspunkt am Druckgurt aufgrund der daraus resultierenden destabilisierenden Wirkung erforderlich sind. Andererseits schlug *Davaine* [26] auf der Grundlage von Eigenspannungsmessungen und Ergebnissen numerischer Simulationen von *Thiébaud* und *Lebet* [98] für Schweißprofile von Brückenkonstruktionen vor, bei den Nachweis Knickspannungskurve c anstelle von d zu verwenden. Das Verfahren vernachlässigt den Einfluss der Torsionssteifigkeit und führt insbesondere für kompakte Querschnitte mit einem großen $I_T/I_y$-Verhältnis zu konservativen Bemessungsergebnissen. Dies stellte den Ausgangspunkt eines Forschungsvorhabens an der Ruhr-Universität Bochum und der Universität Stuttgart dar [58]. Im Rahmen einer umfassenden experimentellen und theoretischen Studie wurde auf der Grundlage von Biegedrillknickversuchen und Eigenspannungsmessungen an doppel- und einfach-symmetrischen geschweißten I-Querschnitten das vereinfachte Verfahren weiterentwickelt. Ein wesentliches Anliegen bei der Weiterentwicklung war es, die Methode für die Anwendung in der Ingenieur-

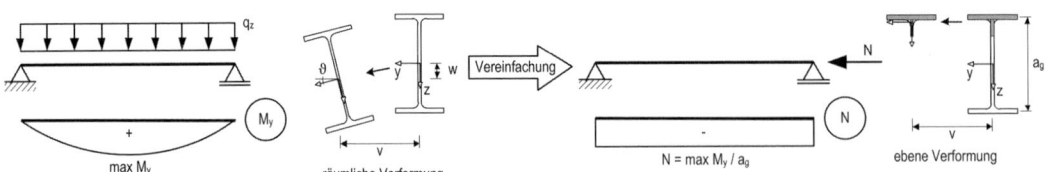

**Bild 21.** Modell des knickenden Druckgurts

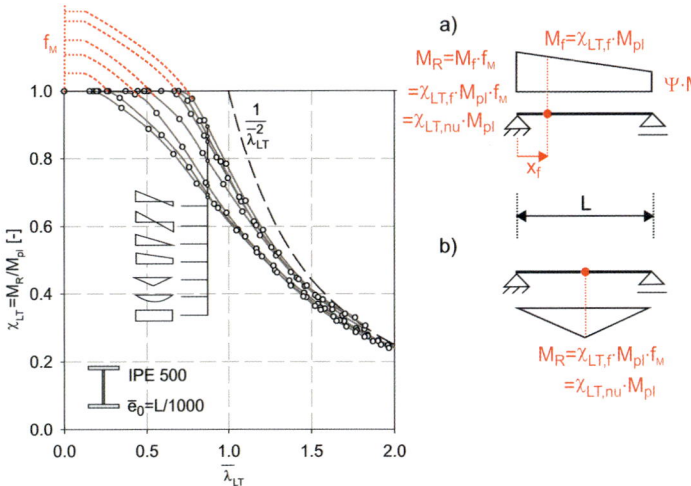

**Bild 19.** Hintergrund des Faktors $f_M$: Interpretation als „Überfestigkeit" bezogen auf den Fall mit konstantem Moment und das maximale Moment im Träger; a) durch die verschobene Position des Versagensquerschnitts, b) durch die kürzere plastische Zone im Bereich des Versagensquerschnitts

lich ist noch zu beachten, dass die Diagramme mit Momentenverläufen infolge Querlasten für Fälle mit dem Angriffspunkt der Querlasten im oder oberhalb des Schubmittelpunkts (also z. B. am Obergurt) abgeleitet wurden. Für den (für Biegedrillknicken günstigen) Fall einer Querlast am Untergurt sollte – bei genauer Berücksichtigung der Lastposition bei der Bestimmung des idealen Biegedrillknickmoments nach der Elastizitätstheorie $M_{cr}$ – der zusätzliche „Bonus" aus dem Faktor $f_M$ konservativ nicht angesetzt werden.

Bild 20 zeigt exemplarisch – für zwei Lastfälle eines Biegeträgers mit Querlast am Obergurt und negativen Endmomenten – die in prEN 1993-1-1:2020 aufgenommenen Werte für $f_M$ und deren Auswertung (rote Punkte – „prEC3") im Vergleich zu den Kurven der derzeitigen DIN EN 1993-1-1 („GC" und „SC", wobei bei Letzterem auch der Momentenverlauf mittels eines Faktors „f" – der sich aus einem weiteren Momenten-Faktor „$k_c$" ergibt – berücksichtigt wurde). Man erkennt gerade bei diesen Fällen, dass die neue Formulierung eine weit größere Treffsicherheit aufweist – und dies bei Fällen, die mit dem jetzigen EC3 entweder sehr wirtschaftlich oder aber teilweise auch (bei „SC" deutlich!) nicht konservativ abgedeckt werden. Die Tatsache, dass damit jedes Profil eine eigene Biegedrillknickkurve aufweist, ist dabei zu beachten, sie entspricht – wie bereits beschrieben – dem tatsächlich beobachtbaren mechanischen Verhalten von Profilen unterschiedlicher Torsionssteifigkeit.

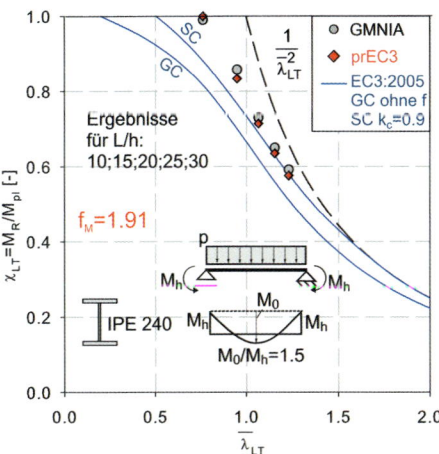
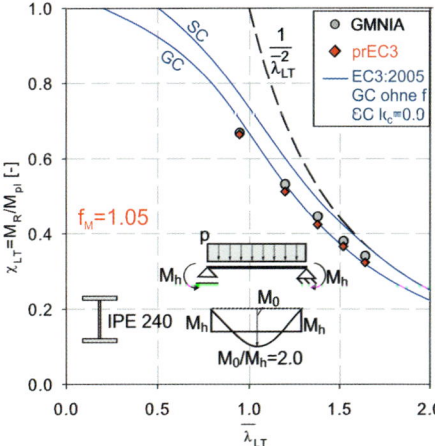

**Bild 20.** Vergleich der GMNIA-BDK-Kurven mit den Formeln aus DIN EN 1993-1-1 und prEN 1993-1-1:2020 für nicht gleichförmige Momentenverläufe

# Neue Regelungen für Biegedrillknicken

$$\chi_{LT} = \frac{1}{\Phi + \sqrt{\Phi^2 - \bar{\lambda}_{LT}^2}} \leq 1,0 \quad (22)$$

mit

$$\Phi = \frac{1}{2} \cdot \left(1 + \eta^* + \bar{\lambda}_{LT}^2\right) \quad (23)$$

$$\eta^* = \eta \cdot \frac{\bar{\lambda}_{LT}^2}{\bar{\lambda}_Z^2} = \alpha_{LT} \cdot (\bar{\lambda}_Z - 0,2) \cdot \frac{\bar{\lambda}_{LT}^2}{\bar{\lambda}_Z^2}$$

$\alpha_{LT}$ = Kalibrierfaktor $\quad (24)$

Der Faktor $\alpha_{LT}$ wurde dabei eigens kalibriert und in Tabelle 8.2 der prEN 1993-1-1:2020 für die untersuchten Profiltypen (gewalzte oder geschweißte I- und H-Profile) angegeben. Die Verbesserung der erzielbaren Genauigkeit, die sich durch diesen Vorschlag ergibt, wird nachfolgend verdeutlicht (s. Bild 18). Bis zu einem bezogenen Schlankheitsgrad von $\bar{\lambda}_{LT} = 1,2$ (was bei diesem Stabilitäts- und Lastfall der Einsatzgrenze der untersuchten Profile entspricht, da diese bei größerer Schlankheit unrealistische Längen aufweisen) ist die Übereinstimmung der neuen analytischen Formulierung mit den GMNIA-Kurven nahezu vollkommen. Bei größeren bezogenen Schlankheitsgraden ab $\bar{\lambda}_{LT} > 1,2$ ergeben sich für den Lastfall eines konstanten Biegemoments Abweichungen auf der sicheren Seite, die aber wie bereits erwähnt Träger betreffen, die – aufgrund des hier oft maßgebenden Durchbiegungsnachweises – meistens nicht praxisrelevant sind.

Zudem kann festgestellt werden, dass durch die gewählte Formulierung auch die Inkonsistenz bezüglich der unterschiedlichen Klassifizierung der Querschnitte betreffend des h/b-Verhältnisses behoben werden konnte: die Grenze, ab der ein anderer Wert von $\alpha_{LT}$ in Gl. (24) angesetzt werden soll, ist – den unterschiedlich hohen Eigenspannungswerten entsprechend, siehe auch Annahmen in Bild 17 – bei gewalzten I-Profilen genau wie beim Biegeknickfall bei h/b = 1,2 angesetzt.

Zusätzlich zu den bislang beschriebenen Ableitungen wurden in [97] noch Erweiterungen vorgenommen, z. B. auf geschweißte I- und H-Profile sowie für eine Vielzahl von ungleichförmigen Momentenverläufen – was für realistische Bemessungssituationen besonders wichtig ist. Die Berücksichtigung ungleichförmiger Momentenverläufe erforderte eine leichte Modifikation der Gln. (22) bis (24) bzw. die Einführung eines Zusatzfaktors $f_M$, was zu den „endgültigen" Bemessungsgleichungen in prEN 1993-1-1:2020 führte.

Der Hintergrund der Regelung für Fälle mit nicht gleichförmiger Momentenverteilung und dem Faktor $f_M$ ist in Bild 19 dargestellt. Dieses Bild zeigt Ergebnisse von GMNIA-Berechnungen für ein IPE500-Profil (Einfeldträger, Gabellagerung) und unterschiedlichen Momentenverläufen, wobei der auf das plastische Moment bezogene Momentenwiderstand beim Biegedrillknicken über den bezogenen Schlankheitsgrad aufgetragen wird. Man erkennt, dass sämtliche Fälle mit nicht gleichförmiger Momentenverteilung bei gleicher Schlankheit eine höhere Tragfähigkeit aufweisen. Aufgrund dieser Beobachtung kann der Faktor $f_M$ als ein „Überfestigkeitsfaktor" abgeleitet und formuliert werden. Dieser gibt zwei Effekte wieder:

a) Zum einen wird berücksichtigt, dass sich bei Momentenverläufen mit dem größten Absolutwert des Biegemoments am Rande der Versagensquerschnitt nicht mit der Stelle des höchsten Momentes deckt; der Versagensquerschnitt liegt vielmehr im Inneren des Stabs. Im Nachweisformat wird aber stets auf das größte Moment (Absolutwert) im Stab Bezug genommen, wodurch die versetzte Stellung des Versagensquerschnitts zu einer relativen Anhebung der Traglastkurve $\chi_{LT}$ führt.

b) Zum anderen wird berücksichtigt, dass Momentenverläufe mit stark abfallenden Beanspruchungen in unmittelbarer Nähe des Versagensquerschnitts zu einer „Stützung" des Letzteren führen, verursacht durch die geringere Ausdehnung der den Versagensquerschnitt umgebenden plastischen Zonen, wodurch wiederum eine Anhebung der Traglastkurve $\chi_{LT}$ zu beobachten ist.

Die in prEN 1993-1-1:2020 enthaltenen Faktoren $f_M$ erweitern und verbessern durch ihre konsistente Ableitung und kontinuierliche Formulierung für verschiedene Momentenverläufe die Berücksichtigung der oben beschriebenen Phänomene. Dabei ist aber zu beachten, dass konservativ $f_M$ stets zu 1,0 gesetzt werden kann. Dies sollte insbesondere dann erfolgen, wenn der tatsächliche Momentenverlauf zwischen den seitlichen Halterungen nicht durch die Diagramme Tabelle 8.6 der Norm abgedeckt werden kann. Zu beachten ist zudem, dass die Faktoren $f_M$ speziell für den Fall gabelgelagerter Träger mit doppelt-symmetrischem Querschnitt abgeleitet wurden und dementsprechend auch nur für diese Fälle direkt angewendet werden können. Schließ-

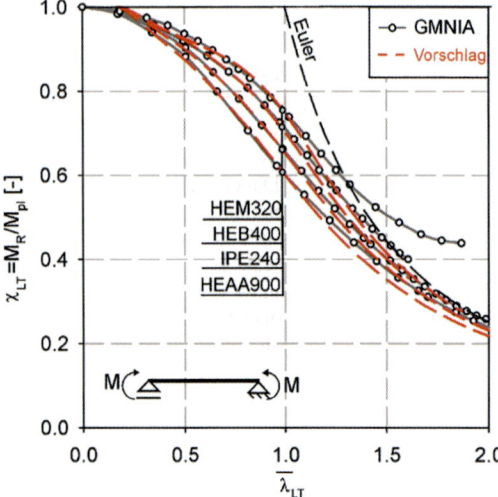

**Bild 18.** Vergleich einiger GMNIA-BDK-Kurven mit dem in prEN 1993-1-1:2020 aufgenommenen Vorschlag

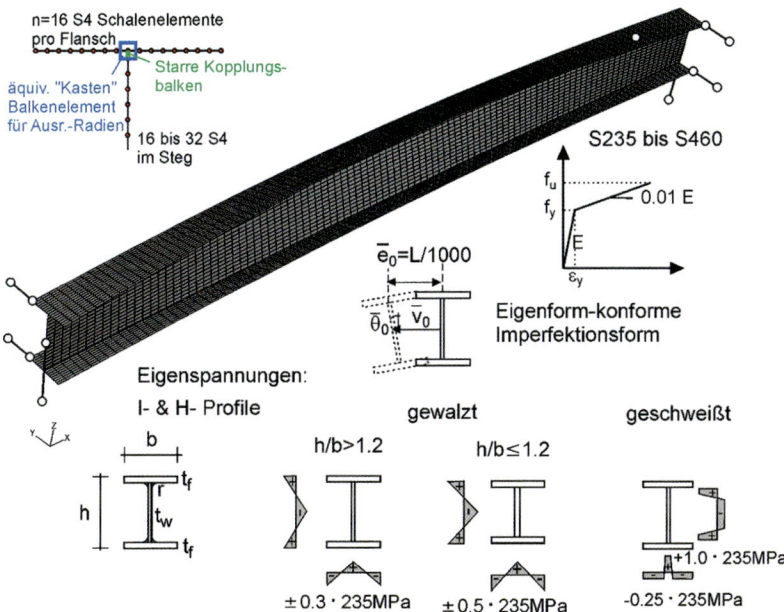

**Bild 17.** Annahmen bei numerischen Traglastberechnungen (GMNIA) für Walzprofile und geschweißte Profile unter konstanter Biegebeanspruchung

nen entsprechend der ersten BDK-Eigenform und mit der Amplitude $e_0$ vorverformten Balken. Die Verformung setzt sich dabei üblicherweise sowohl aus einer seitlichen Verschiebung (Amplitude $v_0$) als auch aus einer Verdrehung (Amplitude $\theta_0$) zusammen. GMNIA-Berechnungen berücksichtigen demnach geometrische Imperfektionen (Stabvorkrümmungen) in einer realistischen Größenordnung von $e_0 = L/1000$ (dies entspricht der aktuellen Geradheitstoleranz für Druckstäbe und Biegeträger nach DIN EN 1090-2), Eigenspannungen aus dem Walz- oder Schweißprozess, materielle Nichtlinearitäten (Fließen, Verfestigung) und geometrische Effekte auf das Gleichgewicht (Theorie großer Verformungen).

Bild 16 zeigte bereits – exemplarisch für die Familie der Breitflansch-Walzprofile der Reihen „HE" – eine Vielzahl von Ergebnissen solcher GMNIA-Berechnungen für Träger unterschiedlichen Querschnitts unter konstanter Momentenbeanspruchung $M_y$. Die resultierenden numerischen BDK-Abminderungskurven zeigen dabei den großen Einfluss der Torsionssteifigkeit auf die resultierenden Abminderungsfaktoren: so weisen Profile der Reihe HEM (mit sehr dickem Flansch und großem Ausrundungsradius) eine deutlich größere Torsionssteifigkeit auf als etwa Profile der „dünnwandigen" Reihe HEAA – entsprechend höher liegt auch der Wert des „exakten" (numerisch ermittelten) Abminderungsfaktors $\chi_{LT}$.

Zusätzlich zur numerischen Untersuchung wurden in den letzten Jahren auch mehrere Fortschritte bei der rein analytischen Beschreibung des BDK-Verhaltens erzielt (siehe z. B. [94]). Diese analytischen Formulierungen haben zunächst die Einschränkung (die erst in einem weiteren Schritt behoben wird, siehe weiter unten), dass sie für gabelgelagerte Träger unter konstanter Momentenbeanspruchung gültig sind. In [94] sowie in [97] wird dabei gezeigt, dass durch eine mechanisch konsistente Ableitung entsprechend der „Ayrton-Perry"-Vorgehensweise (Th. II. Ordnung, Imperfektionen entsprechend der Eigenform, lineares Querschnittsversagen als Versagenskriterium [3, 84]) eine quadratische Lösungsgleichung erhalten werden kann, in der ein Term $\eta^*$ vorkommt, der prinzipiell dem schlankheitsabhängigen, generalisierten Imperfektionsterm $\alpha \cdot (\bar{\lambda} - \bar{\lambda}_0)$ der Formel für die Biegeknickkurven für Druckstäbe entspricht. Dabei tritt aber – als Hauptunterschied zum Biegeknickfall – ein Zusatzterm $(\bar{\lambda}_{LT}/\bar{\lambda}_z)^2$ auf, der den Einfluss der Torsionssteifigkeit wiedergibt. In [97] wurde eine analytische Formel dieser Art anhand einer sehr umfangreichen GMNIA Parameterstudie kalibriert, wobei hier wiederum der (aus $\eta^*$ herausgelöste) Term $\eta$ als Kalibrierfaktor verwendet wird, und in diesem erneut die – linear mit der Länge zunehmende – Funktion $(\bar{\lambda}_z - \bar{\lambda}_0)$ eingebaut wird. Die – im Detail in [97] angeführte – Ableitung und Kalibrierung einer spezifisch und konsistenten Formulierung von $\chi_{LT}$ für den LT-BDK-Fall führt also zusammenfassend zu einer Bemessungsmethode, die – *für den zunächst untersuchten Fall eines konstanten Moments $M_y$* – folgende Formeln verwendet:

nungen [50] und experimenteller Versuche [9, 10] entwickelt. In [47] wurde ermittelt, dass die Kurven in vielen Fällen eine untere Umhüllende der tatsächlichen Tragfähigkeiten darstellen, und in [57] wurde die Anwendbarkeit des Plateauwertes bei $\bar{\lambda}_{LT} = 0{,}4$ – für konservativ – als gabelgelagert betrachtete Stäbe bestätigt. Trotzdem stellte sich im Zuge wissenschaftlicher Arbeiten die Frage, ob der mangelnde mechanische Hintergrund der für Biegedrillknicken (BDK) angewandten Kurven behoben werden kann, um die Diskrepanzen zwischen „tatsächlicher" Tragfähigkeit (die durch Versuche oder – heutzutage häufig – durch realitätsnahe Traglastberechnungen mittels FEM bestimmt werden kann) und den Werten laut Norm zu reduzieren und dadurch sowohl die Sicherheit als auch die Wirtschaftlichkeit der Regeln zu verbessern. Die Beantwortung dieser Frage stellte einen der Schwerpunkte der Forschungsarbeiten in [97] dar und führte zur Entwicklung neuer Formeln für BDK, die zu einer Verbesserung der Treffgenauigkeit und in vielen praktischen Fällen der Wirtschaftlichkeit der Abminderungsfaktoren $\chi_{LT}$ für den Standardfall der doppelt-symmetrischen I-Profile führen.

Eine erste Darstellung der Diskrepanzen, die zwischen „realem" Tragverhalten und den Formeln in der derzeitigen DIN EN 1993-1-1 vorliegen können, erfolgt in Bild 16. Hier werden für den Grundfall gabelgelagerter Biegeträger unter *konstanter* Biegebeanspruchung $M_y$ die Eurocode-Tragfähigkeiten mit den Ergebnissen nichtlinearer numerischer Traglastberechnungen (**G**eometrisch und **M**ateriell **N**ichtlineare **I**mperfektionsbehaftete **A**nalysen – GMNIA, siehe auch Abschnitt 7.3) verglichen. Man erkennt, dass auch für diesen Grundfall die Eurocode-Kurven die tatsächliche Tragfähigkeit manchmal unterschätzen, manchmal aber sogar überschätzen. Insbesondere für den „spezifischen Fall" SC bestehen recht deutliche Diskrepanzen auch auf der „unsicheren" Seite. Bei nicht-konstanten Biegemomenten zeigen sich diese Abweichungen (für beide Methoden GC und SC) unter Umständen noch deutlicher.

Zum Teil könnte ein Grund für die Abweichungen sein, dass im Unterschied zu früheren Untersuchungen auch eine zusätzliche Vorverdrehung $\theta_0$ angesetzt wurde (s. Bild 17). Die jeweils berücksichtigte Vorverdrehung hat keinen festen Wert, sondern sie ergibt sich aus der Eigenform, die sich in Abhängigkeit des Profils, der Profillänge und der Beanspruchungsart und -lage jeweils mit einer anderen prozentualen Zusammensetzung aus einer seitlichen Verschiebung des Schwerpunkts $v_0$ und einer Vorverdrehung $\theta_0$ zusammensetzt. Das Bestreben war, mit dem gleichen Ansatz auf der sicheren Seite eine Konsistenz über den gesamten Parameterbereich zu erreichen. Dabei wurde für die Entwicklung verbesserter Bemessungsregeln vordergründig der Fall der doppelt-symmetrischen I- und H-Profile mit idealisierter Gabellagerung als Randbedingung betrachtet, da dieser einen wichtigen Spezialfall der Praxis darstellt, für die es sinnvoll war, besonders genaue Regelungen zu entwickeln. Für allgemeine Fälle stand das Streben nach einfachen Regelungen im Vordergrund, wodurch die sehr allgemein gehaltenen Regeln in Punkt 8.3.2.3(2) beibehalten wurden.

## 7.3 Entwicklung der neuen Abminderungsfaktoren für BDK von Biegeträgern mit doppelt-symmetrischem Querschnitt

In den letzten zwei Jahrzehnten konnte dank der Weiterentwicklung der Möglichkeiten zur numerischen **GMNIA Traglastberechnung** das Verhalten von Biegeträgern im Biegedrillknickfall sehr gründlich studiert werden. Typische Annahmen für Berechnungen dieser Art sind in Bild 17 dargestellt. Das Bild zeigt dabei ei-

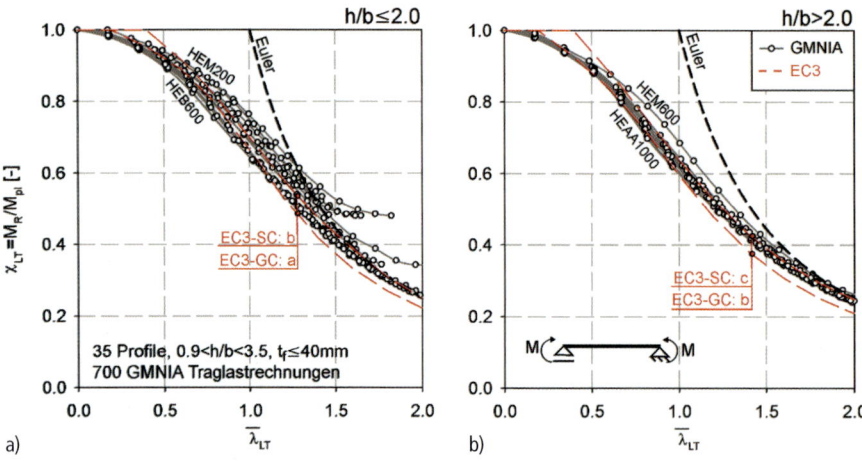

**Bild 16.** Ergebnisse numerischer Traglastberechnungen (GMNIA) im Vergleich mit dem allgemeinen („general case GC") und spezifischen („specific case SC") Fall der BDK-Kurven in DIN EN 1993-1-1

(2) Der Bemessungswert der Biegedrillknickbeanspruchbarkeit $M_{b,Rd}$ sollte in der Regel basierend auf dem Biegeknickwiderstand des äquivalenten druckbeanspruchten Flansches wie folgt berechnet werden:

$$M_{b,Rd} = \chi_{c,z} \cdot W_y \cdot \frac{f_y}{\gamma_{M1}} \quad (8.84)$$

mit:
$\chi_{c,z}$    der Abminderungsfaktor für das Biegeknicken des äquivalenten druckbeanspruchten Flansches um die schwache Achse des Querschnitts berechnet mit $\bar{\lambda}_{c,z,mod}$
$W_y$    $W_{pl,y}$ für Klasse 1 und 2 und $W_{el,y,min}$ mit max $|z|$ für Klasse 3.

Der Biegeknickabminderungsfaktor $\chi_{c,z}$ sollte in der Regel mit den Knickgleichungen und -linien Formel (8.71) und Bild 8.5 bestimmt werden. Anstelle des bezogenen Schlankheitsgrads $\bar{\lambda}$ sollte der bezogene Schlankheitsgrad des äquivalenten druckbeanspruchten Flansches $\bar{\lambda}_{c,z,mod}$ verwendet werden. Für das Verfahren in (2) sind in der Regel die folgenden Knicklinien zu verwenden:
– Knickspannungslinie c für gewalzte Querschnitte;
– Knickspannungslinie d für geschweißte Querschnitte.

(3) Der bezogene Schlankheitsgrad des äquivalenten druckbeanspruchten Flansches sollte in der Regel wie folgt berechnet werden:

$$\bar{\lambda}_{c,z} = \sqrt{\frac{A_c \cdot f_y}{N_{cr,c,z}}} \quad (8.85)$$

mit:
$A_c$    die Fläche des äquivalenten druckbeanspruchten Flansches
$A_c =$
$\begin{cases} A_f + \frac{1}{2} \cdot A_w & \text{Belastung am druckbeanspruchten Flansch} \\ A_f + \frac{1}{6} \cdot A_w & \text{Belastung im Schubmittelpunkt} \\ A_f & \text{Belastung am zugbeanspruchten Flansch} \end{cases}$

Für andere Belastungen als Querlasten ist die Fläche des äquivalenten druckbeanspruchten Flansches wie folgt zu berechnen:

$$A_c = A_f + \frac{1}{6} \cdot A_w.$$

$A_f$    die Fläche des druckbeanspruchten Flansches: $A_f = b \cdot t_f$;
$A_w$    die komplette Stegfläche: $A_w = h_w \cdot t_w$;
$N_{cr,c,z}$    die kritische Normalkraft nach der Elastizitätstheorie des äquivalenten druckbeanspruchten Flansches für Knicken um die schwache Achse des Querschnitts, berechnet mit dem Flächenträgheitsmoment des druckbeanspruchten Flansches für Knicken um die schwache Achse des Querschnitts und der Länge zwischen den Lagerungen.

(4) Der modifizierte bezogene Schlankheitsgrad des äquivalenten druckbeanspruchten Flansches ist wie folgt zu berechnen:

$$\bar{\lambda}_{c,z,mod} = k_c \cdot \beta \cdot \bar{\lambda}_{c,z} \quad (8.86)$$

mit:

$$\beta = \sqrt{\frac{0{,}06 \cdot \dfrac{h}{t_{max}}}{\bar{\lambda}_{c,z} + \dfrac{t_{max}}{t_{min}}}} \quad \text{jedoch } \beta \leq 2 \quad (8.87)$$

$k_c$    der Korrekturbeiwert an dem Schlankheitsgrad abhängig von der Momentenverteilung zwischen den seitlich gehaltenen Punkten, siehe Tabelle 8.6;
$t_{max}$    die maximale Dicke des oberen und unteren Flansches des Querschnitts;
$t_{min}$    die minimale Dicke des oberen und unteren Flansches des Querschnitts.

(5) Der Nachweis nach (8.83) bis (8.87) sollte für alle druckbeanspruchten Flansche des Bauteils geführt werden.

## 7.2 Allgemeines: Ausgangslage

Die Tragfähigkeit biegedrillknickgefährdeter Biegeträger kann nach Eurocode 3 mithilfe der Faktoren $\chi_{LT}$ bestimmt werden (Index „LT" für engl. „lateral-torsional buckling"), welche zur notwendigen Abminderung der reinen Querschnittstragfähigkeit $M_{y,Rk} = W_y \cdot f_y$ angesetzt werden und demnach zur Bemessungstragfähigkeit für Biegedrillknicken $M_{b,Rd} = \chi_{LT} \cdot M_{y,Rk}/\gamma_{M1}$ führen. Die aktuelle Fassung der DIN EN 1993-1-1 [32] enthält zwei getrennte Abschnitte zur Bestimmung der Abminderungsfaktoren $\chi_{LT}$; im Abschnitt 6.3.2.2 wird der sog. „allgemeine Fall" behandelt, während in Abschnitt 6.3.2.3 spezielle Kurven für gewalzte und (geometrisch) äquivalente geschweißte Profile angegeben werden. Der „allgemeine Fall" („general case": GC) verwendet Bemessungskurven, die in ihrer formelmäßigen Darstellung exakt den Knickkurven für Biegeknicken von Druckstäben entsprechen, und demnach einen Plateauwert bei $\bar{\lambda}_{LT} = 0{,}2$ aufweisen. Beim „spezifischen Fall" („specific case": SC) in Abschnitt 6.3.2.3 wurden die Formeln etwas abgeändert, wodurch z. B. ein Plateau bei $\bar{\lambda}_{LT} = 0{,}4$ vorliegt und eine Begrenzung der Tragfähigkeit durch die (Euler'sche) Verzweigungslast mittels der Zusatzbedingung $\chi_{LT} \leq 1/\bar{\lambda}_{LT}^2$ erforderlich wurde. Die Formeln für den „speziellen Fall" wurden durch Kalibrierung anhand numerischer Berech-

**Tabelle 8.6.** Faktoren $f_M$ und $k_c$

| Momentenverteilung | Faktor $f_M$ | Faktor $k_c$ |
|---|---|---|
| $M$ = konstant | 1,00 | 1,00 |
| $M$ ⟶ $\psi \cdot M$, $-1 \leq \psi \leq +1$ | $1,25 - 0,1\,\psi - 0,15\psi^2$ | $\dfrac{1}{1,33 - 0,33\psi}$ |
| (parabolisches Moment) | 1,05 | 0,94 |
| $M_h$, $M_0$ (Variante 1) | Für $0 \leq \dfrac{M_0}{M_h} < 2,0$: $1,0 + 1,35\dfrac{M_0}{M_h} - 0,33\left(\dfrac{M_0}{M_h}\right)^3$<br>Für $\dfrac{M_0}{M_h} \geq 2$: $1,05$ | $\dfrac{M_0}{M_h} < 1,0$: 1,00<br>$\dfrac{M_0}{M_h} \geq 1,0$: 0,90 |
| $M_h$, $M_0$ (Variante 2) | Für $0 \leq \dfrac{M_0}{M_h} < 1,47$: $1,25 + 0,5\left(\dfrac{M_0}{M_h}\right)^2 - 0,275\left(\dfrac{M_0}{M_h}\right)^4$<br>Für $\dfrac{M_0}{M_h} \geq 1,47$: $1,05$ | $\dfrac{M_0}{M_h} < 0,5$: 0,75<br>$\dfrac{M_0}{M_h} \geq 0,5$: 0,91 |
| (Dreieck) | 1,10 | 0,86 |
| $M_h$, $M_0$ (Variante 3) | Für $0 \leq \dfrac{M_0}{M_h} < 2,0$: $1,0 + 1,25\dfrac{M_0}{M_h} - 0,30\left(\dfrac{M_0}{M_h}\right)^3$<br>Für $\dfrac{M_0}{M_h} \geq 2,0$: $1,10$ | $\dfrac{M_0}{M_h} < 1,0$: 1,00<br>$\dfrac{M_0}{M_h} \geq 1,0$: 0,77 |
| $M_h$, $M_0$ (Variante 4) | Für $0 \leq \dfrac{M_0}{M_h} < 1,5$: $1,25 + 0,325\left(\dfrac{M_0}{M_h}\right)^2 - 0,175\left(\dfrac{M_0}{M_h}\right)^4$<br>Für $\dfrac{M_0}{M_h} \geq 1,50$: $1,10$ | $\dfrac{M_0}{M_h} < 0,5$: 0,75<br>$\dfrac{M_0}{M_h} \geq 0,5$: 0,82 |

$M_0$ kann durch die Subtraktion des Mittelwerts der beiden (Stütz-)Momente an den Bauteilenden von dem (Feld-)Moment in Bauteilmitte berechnet werden.

### 8.3.2.4 Vereinfachtes Bemessungsverfahren für das Biegedrillknicken durch das äquivalente Biegeknicken des Druckgurts

(1) Als vereinfachtes Verfahren für den Biegedrillknicknachweis nach 8.3.2.1(1) für Bauteile mit oder ohne seitliche Lagerungen sollte der Bemessungswert des Biegemoments $M_{Ed}$ in der Regel die folgende Anforderung erfüllen:

$$\frac{M_{Ed}}{M_{b,Rd}} \leq 1,0 \tag{8.83}$$

mit:
$M_{Ed}$    das einwirkende Bemessungsmoment
$M_{b,Rd}$    der Bemessungswert der Biegedrillknickbeanspruchbarkeit

Anmerkung: Das Verfahren geht von Gabellagerungen an den Bauteilenden aus.

**Tabelle 8.4.** Auswahl der Knicklinien für allgemeine Fälle

| Querschnitt | | Begrenzungen | Knicklinie |
|---|---|---|---|
| Geschweißte I-Querschnitte [1] | | $h/b_{min} \leq 2{,}0$ | c |
| | | $h/b_{min} > 2{,}0$ | d |
| Gewalzte I-Querschnitte [1] | | $h/b_{min} \leq 2{,}0$ | a |
| | | $h/b_{min} > 2{,}0$ | b |
| Andere Querschnitte (z. B. C-, U-, T-Querschnitte) | | – | d |

[1] Dies kann auch für doppelt-symmetrische Querschnitte mit $b_{min} = b$ angewendet werden.

Anmerkung: Die Wahl der Knicklinie hat auf der Grundlage der kleineren Flanschbreite $b_{min}$ zu erfolgen unabhängig davon, ob es sich um den Zug- oder Druckflansch handelt.

**Tabelle 8.5.** Imperfektionsbeiwert $\alpha_{LT}$ für das Biegedrillknicken von doppelt-symmetrischen I- und H-Querschnitten

| Querschnitt | | | Begrenzungen | | $\alpha_{LT}$ |
|---|---|---|---|---|---|
| Gewalzte I-Querschnitte | | $h/b > 1{,}2$ | $t_f \leq 40$ mm | | $0{,}12\sqrt{\dfrac{W_{el,y}}{W_{el,z}}}$ aber: $\alpha_{LT} \leq 0{,}34$ |
| | | | $t_f > 40$ mm | | $0{,}16\sqrt{\dfrac{W_{el,y}}{W_{el,z}}}$ aber: $\alpha_{LT} \leq 0{,}49$ |
| | | $h/b \leq 1{,}2$ | – | | $0{,}16\sqrt{\dfrac{W_{el,y}}{W_{el,z}}}$ aber: $\alpha_{LT} \leq 0{,}49$ |
| Geschweißte I-Querschnitte | | | $t_f \leq 40$ mm | | $0{,}21\sqrt{\dfrac{W_{el,y}}{W_{el,z}}}$ aber: $\alpha_{LT} \leq 0{,}64$ |
| | | | $t_f > 40$ mm | | $0{,}25\sqrt{\dfrac{W_{el,y}}{W_{el,z}}}$ aber: $\alpha_{LT} \leq 0{,}76$ |

der Berechnung sich ergebenden Schnittgrößen nach Theorie II. Ordnung mit einer linearen Interaktion zu führen ist und weiterhin im Falle der Nutzung der plastischen Querschnittsreserven der plastische Formbeiwert $\alpha_{pl}$ auf $\alpha_{pl} = 1{,}25$ zu begrenzen ist, sowohl bei Biegung um y-y als auch bei Biegung um z-z.

### 6.6 Vorkrümmungen für das Biegedrillknicken nach 7.3.3.2

Werden biegedrillknickgefährdete Stäbe durch eine Berechnung nach Theorie II. Ordnung nachgewiesen, genügt es nach DIN EN 1993-1-1 [32] wie auch nach DIN 18800-2 [28], eine Vorkrümmung senkrecht zur schwachen Achse anzusetzen. In [32], 5.3.4 (3) ist vorgesehen, eine Vorkrümmung für die schwache Achse von $e_{0,z} = k \cdot e_0$ anzusetzen. Dies entspricht der Regelung in DIN 18800-2:1990 [28], wobei dort $k = 0{,}5$ vorgesehen war. Wesentlich ist, dass die Einstufung der Profile nach den Knicklinien für das *Biegeknicken* erfolgt. Dies trifft die tatsächlichen Verhältnisse aber nur unzureichend: beim Biegeknicken verhalten sich I-Profile mit h/b > 1,2 *günstiger* als solche mit h/b ≤ 1,2, beim Biegedrillknicken dagegen verhalten sich I-Profile mit h/b > 2,0 *ungünstiger* als solche mit h/b ≤ 2,0, [56, 95].

Aus diesem Grunde wurde im Nationalen Anhang zu DIN EN 1993-1-1 [30] die Wahl des Stichs der Vorkrümmung durch die dort angegebene Tabelle NA.3 präzisiert und ersetzt, wobei diese Werte im mittleren Schlankheitsbereich ($0{,}7 \leq \bar{\lambda}_{LT} \leq 1{,}3$) nicht angewendet werden dürfen, sondern zu verdoppeln sind. Die Zahlenwerte gehen weitgehend auf Untersuchungen von *Kindmann* [53], ergänzt durch Rechnungen von *Lindner*, zurück.

Die Tabelle NA.3 aus [30] wurde, in anderer Form geschrieben, in [81] übernommen, wobei nur die größeren ungünstigeren Werte des mittleren Schlankheitsbereichs aufgeführt sind. Wenn ein detaillierter Nachweis für die bezogene Schlankheit $\bar{\lambda}_{LT}$ erfolgt, ist gegen eine Verkleinerung der Werte im Sinne von [30] sicherlich nichts einzuwenden.

Die Formulierung in [81] von Gleichung (7.10) von $e_{0,LTB}$ für das Biegedrillknicken wurde dabei formal derjenigen von Gleichung (7.9) von $e_0$ für das Biegeknicken angepasst.

## 7 Neue Regelungen für Biegedrillknicken

### 7.1 Neuer Normentext aus prEN 1993-1-1:2020 [81], 8.3.2

**8.3.2 Gleichförmige Bauteile mit Biegung um die Hauptachse**

**8.3.2.3 Abminderungsfaktoren $\chi_{LT}$ für das Biegedrillknicken**

(1) Der Biegedrillknicknachweis darf bei Schlankheitsgraden $\bar{\lambda}_{LT} \leq \bar{\lambda}_{LT,0}$ oder für $M_{Ed} \leq \bar{\lambda}_{LT,0}^2 M_{cr}$ entfallen.

Anmerkung 1: Der Nationale Anhang darf den Anwendungsbereich bezüglich der Trägerhöhe und dem h/b-Verhältnis festlegen.

Anmerkung 2: $\bar{\lambda}_{LT,0} = 0{,}4$, wenn für die Berechnung von $M_{cr}$ zwischen seitlichen Abstützpunkten von einer Gabellagerung ausgegangen wird, sofern der Nationale Anhang keinen anderen Wert für die Verwendung in einem Land festlegt.

(2) In allgemeinen Fällen von prismatischen Bauteilen mit beliebigen Randbedingungen darf der Abminderungsfaktor $\chi_{LT}$ mit den Knickgleichungen und Knicklinien in Gleichung (8.73) und Bild 8.5 ermittelt werden. Der bezogene Schlankheitsgrad $\bar{\lambda}$ sollte in der Regel durch den bezogenen Schlankheitsgrad für Biegedrillknicken $\bar{\lambda}_{LT}$ ersetzt werden, und die Knicklinien sind aus Tabelle 8.4 zu übernehmen.

(3) Für gabelgelagerte Bauteile mit doppelt-symmetrischen I- und H-Querschnitten ist der Abminderungsfaktor $\chi_{LT}$ wie folgt berechnet werden:

$$\chi_{LT} = \frac{f_M}{\Phi_{LT} + \sqrt{\Phi_{LT}^2 - f_M\,\bar{\lambda}_{LT}^2}} \quad \text{jedoch } \chi_{LT} \leq 1{,}0 \quad (8.79)$$

mit:

$$\phi_{LT} = 0{,}5\left[1 + f_M\left(\left(\frac{\bar{\lambda}_{LT}}{\bar{\lambda}_z}\right)^2 \alpha_{LT}(\bar{\lambda}_z - 0{,}2) + \bar{\lambda}_{LT}^2\right)\right]$$

(8.80)

$\alpha_{LT}$ der Imperfektionsbeiwert nach Tabelle 8.5;
$\bar{\lambda}_{LT}$ der bezogene Schlankheitsgrad für Biegedrillknicken nach 8.3.2.2;
$\bar{\lambda}_z$ der zugehörige bezogene Schlankheitsgrad für Biegeknicken um die schwache Achse nach 8.3.1.2, mit der Knicklänge $L_{cr,z}$, die den Abstand zwischen den seitlichen Lagerungen beschreibt;
$f_M$ der Faktor berücksichtigt den Einfluss der Biegemomentenverteilung zwischen den seitlichen Lagerungen. Für Fälle, die nicht durch die Diagramme in Tabelle 8.6 beschrieben werden, darf auf der konservativen Seite 1,0 angesetzt werden.

**Tabelle 8.** Vergleich der Werte j nach Gl. (9) für plastische Querschnittsausnutzung

| Knicklinie | Biegeknicken um Achse y-y | | | | | Biegeknicken um Achse z-z | | | | |
|---|---|---|---|---|---|---|---|---|---|---|
| | alle | S235 | S355 | S460 | S700 | alle | S235 | S355 | S460 | S700 |
| | 5.1 [32] | 7.1 [81] | | | | 5.1 [32] | 7.1 [81] | | | |
| $a_0$ | 300 | | | 413 | 355 | 300 | | | | |
| a | 250 | 357 | 291 | 255 | 207 | 250 | 324 | 263 | 232 | 188 |
| b | 200 | 221 | 179 | 158 | 128 | 200 | 200 | 163 | 143 | 116 |
| c | 150 | 153 | 125 | 109 | 88,4 | 150 | 139 | 113 | 99,2 | 80,4 |
| d | 100 | 98,7 | 80,3 | | | 100 | 89,5 | 72,8 | 64 | 51,9 |

**Tabelle 9.** Vergleich der Werte j nach Gl. (9) für elastische Querschnittsausnutzung

| Knicklinie | Biegeknicken um Achse y-y | | | | | Biegeknicken um Achse z-z | | | | |
|---|---|---|---|---|---|---|---|---|---|---|
| | alle | S235 | S355 | S460 | S700 | alle | S235 | S355 | S460 | S700 |
| | 5.1 [32] | 7.1 [81] | | | | 5.1 [32] | 7.1 [81] | | | |
| $a_0$ | 350 | | | 605 | 490 | 350 | | | | |
| a | 300 | 524 | | 375 | 304 | 300 | 952 | 775 | 681 | 552 |
| b | 250 | 324 | 263 | 232 | 188 | 250 | 588 | 479 | 420 | 341 |
| c | 200 | 224 | 183 | 161 | 130 | 200 | 408 | 332 | 292 | 237 |
| d | 150 | 145 | 118 | | | 150 | 263 | 214 | 188 | 152 |

Die angegebenen repräsentativen Vorkrümmungen gelten für den Fall der einachsigen Biegung. Der neue Entwurf [81] regelt, ebenso wie [32] oder [28], nicht den Fall der doppelten Biegung. Für diesen Fall könnte man so vorgehen, dass man eine kombinierte Imperfektion ansetzt, die aus $e_{0,y} + e_{0,z}$ besteht. Dabei wären die Anteile $e_{0,y} + e_{0,z}$ so zu wählen, dass sie prozentual dem Anteil aus der plastischen Ausnutzung nach Theorie II. Ordnung entsprechen. Da dies schwierig sein dürfte, sollte man vereinfachend diejenige Vorkrümmung wählen, die zum ungünstigsten Ergebnis führt. Für den Fall der doppelten Biegung ist anzumerken: In [32] 5.3.2(8) ist geregelt, dass Vorverformungen (also Stutzenschiefstellungen oder Vorkrümmungen) nur in einer Richtung gleichzeitig betrachtet werden müssen. In [81] 7.3.2(3) ist das nur für die Stützenschiefstellungen ebenso festgelegt. Es bestehen aber keine Bedenken, auch im Falle der Vorkrümmungen so zu verfahren.

### 6.5 Schlankheitsabhängige Vorkrümmungen nach 7.3.6

Nach der jetzigen Fassung von DIN EN 1993-1-1 [32], Abschnitt 5.3.2, (11) besteht die Möglichkeit, die Vorkrümmungen $e_0$ auch in Abhängigkeit des bezogenen Schlankheitsgrads $\bar{\lambda}$ nach Gleichung (5.10) zu bestimmen, wobei dieser Formulierung eine lineare Interaktion zugrunde liegt. Diese Möglichkeit wurde auch in prEN 1993-1-1:2020 [81] beibehalten, wobei jedoch die Formulierung in Gleichung (7.18) geändert wurde. Umgeschrieben in Bezug auf den Wert j erhält man für den beidseitig gelenkig gelagerten Stab Gl. (21) wobei m auf den kritischen Querschnitt hinweist.

$$\frac{e_{0,m}}{L} = \frac{\alpha \cdot (\bar{\lambda} - 0,2) \cdot M_{Rk}}{\lambda_1 \cdot i \cdot N_{Rk}} = \frac{1}{j} \quad (21)$$

Der Nachteil von Gl. (21) besteht darin, dass der bezogene Schlankheitsgrad $\bar{\lambda}$ bestimmt werden muss, der sich aus einer Knickuntersuchung ergibt und nur für sehr einfache Fälle ohne weitere Rechnung bekannt ist. Eine eventuell erforderliche Eigenwertuntersuchung kann aufwendig sein. Die Idee der Berechnung nach Theorie II. Ordnung besteht ja gerade darin, dass man **keine** Knickuntersuchung braucht. Andererseits wird man für kompliziertere Konstruktionen wie Brücken sowieso eine Eigenwertuntersuchung brauchen, da die maßgebende Knickbiegelinie nicht immer ohne Weiteres erkennbar ist.

Wegen der Formulierung der Gl. (21) muss man für jede Schlankheit den j-Wert gesondert berechnen, er unterscheidet sich vom Wert nach Tabelle 8 bzw. Tabelle 9 – er ist häufig größer, also günstiger.

Wesentliche Änderungen zwischen [32] und [81] bestehen darin, dass der Querschnittsnachweis mit den aus

[28], Bild 6, zu entnehmen. In [59] ist für einen 7-stöckigen Rahmen gezeigt, dass der Ansatz der einzelnen Stockwerkshöhe als Bezugshöhe H in Gl. (5) zur größten Gesamtauslenkung führt. Es ist aber zulässig, Fertigungseinheiten als Bezugshöhe H zu verwenden, sofern diese zum Zeitpunkt der Planung bekannt sind. Dies wurde bei der Ermittlung von $\Phi_{0,el}$ nach [73] auch berücksichtigt.

## 6.4 Vorkrümmung von Bauteilen

### 6.4.1 Allgemeines

Nach der bisherigen deutschen Stabilitäts-Norm DIN 18800-2 [28] und nach DIN EN 1993-1-1 (Eurocode 3) [32] darf der Nachweis eines Stabs, der durch Druck allein oder durch Druck und Biegung beansprucht ist, auf zweierlei Weise geführt werden: Nach dem sog. Ersatzstabverfahren oder nach Theorie II. Ordnung. Beim Ersatzstabverfahren werden die Europäischen Knickspannungskurven verwendet, entweder direkt im Falle eines zentrisch beanspruchten Stabs oder durch die Verwendung von Interaktionsgleichungen nach Abschnitt 6.3.3 in DIN EN 1993-1-1 [32]. Beim zweiten Nachweis sind die Biegemomente nach Theorie II. Ordnung zu bestimmen und damit dann für den ungünstigsten Querschnitt nachzuweisen, dass diese Biegemomente und die Normalkraft aufgenommen werden können. Für diese Querschnittsinteraktion stehen die Gleichungen aus DIN EN 1993-1-1 [32] Abschn. 6.2.9 oder andere aus der Literatur zur Verfügung. Unabdingbar ist, dass ein vorverformter Stab betrachtet wird, also eine repräsentative Vorkrümmung $e_0$ berücksichtigt wird. Wie bekannt, berücksichtigt die repräsentative Vorkrümmung nicht allein geometrische Vorverformungen, sondern auch sog. „strukturelle" Anteile, insbesondere aus der Wirkung von Eigenspannungen und dem Einfluss der Ausbreitung von Fließzonen (plastischer Verformungen) [71]. Zahlenwerte für den Stich der Vorkrümmung $e_0$ sind in DIN 18800-2 Tabelle 3 [28] angegeben, deren Herleitung in [71] erläutert wurde. Sie hängen von der Knickspannungslinie ab und davon, ob beim Querschnittsnachweis die plastische Beanspruchbarkeit ausgenutzt wird oder nicht. DIN EN 1993-1-1 [32] hat in Tabelle 5.1 dieses System übernommen bei leicht geänderten Zahlenwerten.
Tatsächlich hängen die repräsentativen Vorkrümmungen $e_0$ auch noch stark vom jeweiligen bezogenen Schlankheitsgrad $\bar{\lambda}$ ab. Dies wurde in den genannten Regelungen in [28] und [32] und jetzt auch in [81] vernachlässigt, um die Anwendung zu vereinfachen.

### 6.4.2 Notwendigkeit von Änderungen

Die notwendigen Änderungen ergaben sich aus den Ergebnissen umfangreicher rechnerischer Untersuchungen, wobei Traglastrechnungen von *Lindner* durchgeführt wurden [68]. Bei diesen Traglastrechnungen (siehe z. B. [74] bis [67]) wurden geometrische Imperfektionen mit dem Stich $e_0 = L/1000$, Eigenspannungen nach dem 1976 ECCS Manual (in [71] näher beschrieben) sowie die Ausbreitung der Fließzonen (plastizieren) innerhalb des Querschnitts und in Stablängsrichtung berücksichtigt. Die Ergebnisse wurden in zahlreichen Sitzungen in den Ausschüssen ECCS/TC8 (Stabilität) und CEN/TC250/WG1 diskutiert und akzeptiert.

a) Bei der Ableitung der bisherigen Zahlenwerte nach [28] oder [32] wurde jeweils nur ein zentrisch gedrückter Stab betrachtet. Die ungünstige Wirkung der gleichzeitigen Beanspruchung durch Normalkräfte und Biegemomente war bei der Vorbereitung der Fassung 1990 von [28] nur teilweise bekannt und blieb dann auch nach Diskussion in TC8 unberücksichtigt. Umfangreiche neue Untersuchungen (siehe z. B. [68]) haben gezeigt, dass dies zu erheblichen Unsicherheiten führen kann.

b) Der plastische Formfaktor $\alpha_{pl} = M_{pl}/M_{el}$ war nach DIN 18800-2 [28] für die Biegeachse z-z auf einen Wert von $\alpha_{pl,z} = 1,25$ beschränkt. Diese Begrenzung ist in [32] nicht vorgesehen. Aus den Untersuchungen [68] zeigt sich, dass die Höhe von $\alpha_{pl}$ einen großen Einfluss auf die notwendige repräsentative Vorkrümmung $e_0$ hat.

c) In [28] und [32] gibt es keine Differenzierung der Vorkrümmung nach den Biegeachsen y-y und z-z.

d) Wie in Abschnitt 6.4.1 erläutert, hat auch die Art der plastischen Interaktion, die bei der Rückrechnung der repräsentativen Vorkrümmung $e_0$ benutzt wird, einen Einfluss auf die rückgerechneten Zahlenwerte für $e_0$.

e) In der ursprünglichen Version von DIN 18800-2:1990 waren nur Stahlsorten S235 und S355, nicht dagegen S460 oder S700, vorgesehen. Auch dies hat großen Einfluss auf die notwendige Vorkrümmung.

Der neue Vorschlag nach [81] für die Ermittlung der Vorkrümmung $e_0$ entsprechend Abschnitt 7.3.3.1 in Zusammenhang mit Tabelle 7.1 berücksichtigt die genannten Tatsachen a) bis e).

### 6.4.3 Vergleiche

Besonders zu beachten sind die Besonderheiten, falls der plastische Widerstand berücksichtigt wird:
– Bei Biegeknicken um die Achse y-y ist stets die lineare plastische Interaktion nach Gl. (20) zu verwenden. Dies gilt nicht nur für I-Profile, sondern auch für alle Arten von Hohlprofilen.

$$\frac{N}{N_{pl}} + \frac{M}{M_{pl}} \leq 1 \qquad (20)$$

– Bei Biegeknicken um die Achse z-z darf eine beliebige plastische Interaktion verwendet werden, jedoch ist der plastische Formbeiwert auf den Wert $\alpha_{pl} = 1,25$ zu begrenzen.

Für die praktische Anwendung sind die Auswirkungen der beschriebenen Änderungen wichtig. Diese sind für plastische Querschnittsausnutzung aus Tabelle 8 und für elastische Querschnittsausnutzung aus Tabelle 9 zu ersehen.

Für die weitere Auswertung wurden die Messwerte daher mit dem Kehrwert von Gl. (16) multipliziert und damit red $\Phi_0$ ermittelt. Aus einer statistischen Auswertung unter der Annahme der 5%-Fraktile bei einer Aussagewahrscheinlichkeit von 75% ergab sich:

$$\text{red } \Phi_0 = \frac{1}{481}$$

Der jetzt nach prEN 1993-1-1:2020, [81] vorgesehene Höhen-Reduktionsfaktor beträgt nach Gl. (17):

$$r_1 = \alpha_H = \frac{2}{\sqrt{H}} \quad (17)$$

und unterscheidet sich daher von Gl. (16). Da der geometrische Wert mit $\Phi_{0,el} = 1/400 > 1/481$ gewählt worden ist, dürfte die alte Auswertung jedoch hinreichend genau sein.

Zusätzlich darf ein weiterer Reduktionsfaktor berücksichtigt werden, der nach [28] $r_2$ und nach prEN 1993-1-1:2020 [81] $\alpha_m$ genannt wird. Dieser berücksichtigt die Tatsache, dass i. d. R. mehrere Stützen nebeneinander vorhanden sind. Dieser Wert darf nach Gl. (18) berechnet werden.

$$r_2 = \alpha_m = \sqrt{0,5 \cdot \left(1 + \frac{1}{m}\right)} \quad (18)$$

Dies ist der Mittelwert zwischen den Annahmen, dass statistisch gesehen mehrere Stützen nebeneinander entweder völlig unabhängig sind ($r_2 = 1$) oder statistisch gesehen völlig abhängig voneinander sind ($r_2 = \sqrt{1/m}$). Aus Auswertungen zu den Messungen in Berlin (s. [71]) ergab sich, dass die Formulierung von Gl. (18) auf der sicheren Seite liegt.

Die Berücksichtigung von $\alpha_m$ ist sicherlich nur dann gerechtfertigt, wenn die berücksichtigten Stützen einen nennenswerten Beitrag zu den aus $\alpha_m$ folgenden Abtriebskräften leisten. Um eine einfache Berechnung zu haben, wurde in [81] wie in [32] gefordert, dass nur diejenigen Stützen berücksichtigt werden dürfen, die mindestens eine Normalkraft von 50% des Mittelwerts der Normalkräfte übertragen. Außerdem sind nur diejenigen Stützen zu berücksichtigen, die auch über die volle Höhe durchgehen.

**Geometrische Ersatzimperfektionen**

Um Ersatzimperfektionen festzulegen, wurden in [62] und [63] vereinfachte Traglastberechnungen für Rahmen durchgeführt. Dabei wurden Eigenspannungen und der Einfluss von Plastizierungen entlang der Stäbe berücksichtigt. Für typische Stahlprofile wie HE200A (geringes Plastizierungsvermögen $\alpha_{pl} = 1,11$) und HE100M (großes Plastizierungsvermögen $\alpha_{pl} = 1,24$) wurden die Grenzlasten nach der Fließgelenktheorie unter dem Einfluss von $\Phi_0$ mit den Ergebnissen der erwähnten Traglastberechnungen verglichen. Große Schiefstellungen waren i. d. R. besonders bei geringen Normalkraftauslastungen erforderlich. Vereinfachend wurde in [63] vorgeschlagen die geometrischen Imperfektionen mit dem Faktor 2 zu vergrößern, sodass gilt:

$$\Phi_{0,pl} = \frac{1}{200} \quad (19)$$

Für Beanspruchungen um die schwache Achse z-z von I-Profilen wurde in [63] empfohlen, den Wert zu verdoppeln, also $\Phi_{0,pl,z} = 1/100$. In DIN 18800-2 [28] wurde schon in der Fassung von 1990 dem nicht gefolgt, u. a. deshalb nicht, weil der plastische Formbeiwert auf $\alpha_{pl} = 1,25$ begrenzt ist. In [32] gibt es diese Begrenzung auf 1,25 nicht. Der Fall geringer Normalkraftauslastungen, der nach [63] größere Werte für $\Phi_{0,pl}$ erforderlich macht, wurde als für die Praxis nicht so entscheidend angesehen.

### 6.3.3 Zur Änderung des Höhen-Reduktionswertes $\alpha_H$

In DIN EN 1993-1-1 [32] ist gefordert, dass der Höhen-Reduktionsfaktors $\alpha_H$ mindestens einen Wert von 2/3 haben muss. Diese Grenze ist damals auf Wunsch der Massivbau-Kollegen entstanden, die dies zur Bedingung für eine einheitliche Festlegung in Eurocode 2 und Eurocode 3 machten, wobei sie aber später von dieser Einheitlichkeit abwichen. Da der Höhen-Reduktionsfaktor durch die Berliner Messungen eindeutig belegt ist, wurde in prEN 1993-1-1:2020 [81] auf die Begrenzung 2/3 verzichtet.

### 6.3.4 Stärker differenzierte Stützenschiefstellungen $\Phi_{0,pl}$

In den Diskussionen, die zu [81] geführt haben, wurde auch vorgeschlagen, die geometrischen Ersatzimperfektionen $\Phi_{0,pl}$ für die Stützenschiefstellungen von den maßgebenden Knickkurven a bis d abhängig zu machen, wie es bei den Ersatzimperfektionen für die Vorkrümmungen der Fall ist. Dagegen sprechen mehrere Gründe:

– Die Messungen nach [73] wurden an Bauteilen mit unterschiedlichen Profilen durchgeführt: I-Profile Achse y-y, I-Profile Achse z-z, Rechteck-Hohlprofile Achse y-y und z-z, Verbundprofile. Es ergaben sich keine nennenswerten Unterschiede bezüglich $\Phi_{0,el}$. Damit gilt der Wert $\Phi_{0,el} = 1/400$ gleichermaßen für alle Profile.
– Die Stützenschiefstellungen führen zu Abtriebskräften für Rahmen, sie sind aber für die Bemessung nie allein maßgebend, da andere H-Kräfte, z. B. aus Wind, deutlich größer und damit maßgebend sind. Eine Differenzierung nach Profilen bzw. Knicklinien erscheint daher nicht angemessen und wäre eine nicht notwendige Verkomplizierung für die Tragwerksbemessung. Aus diesem Grunde wurde in prEN 1993-1-1: 2020 [81] darauf verzichtet.

### 6.3.5 Maßgebende Höhe H für Ermittlung des Höhenreduktionsfaktors $r_1$

Die Schiefstellung ist ungünstig anzusetzen, wobei H auf die Tragwerkshöhe oder den Einzelstab bezogen werden kann. Beispiele dazu sind z. B. in DIN 18800-2

kräfte $N_{Ed}$ beansprucht werden. $N_{Ed}$ sind dabei die nach Theorie I. Ordnung berechneten Normalkräfte für den betrachteten Lastfall. Biegemomente können vernachlässigt werden.

Anmerkung 3: Der Ausdruck $EI_m \cdot |\eta_{cr}^{II}|$ in (7.17) kann durch $|M_{\eta,cr,m}^{II}| \cdot (\alpha_{cr} - 1)$ ersetzt werden.
das Biegemoment $|M_{\eta,cr,m}^{II}|$ im Querschnitt m berechnet nach Theorie II. Ordnung unter Berücksichtigung der Imperfektion in der Form der Knickbiegelinie $\eta_{cr}$ nach der Elastizitätstheorie.

Anmerkung 4: Der maßgebende Querschnitt m ist der Querschnitt mit dem höchsten Ausnutzungsgrad bezüglich der Wirkung der Normalkräfte und der Biegemomente aufgrund von Imperfektionen. Bei stark unregelmäßigen Bauteilen könnte es erforderlich sein, die Lage des maßgebenden Querschnitts m mit einem iterativen Verfahren zu bestimmen.

(2) Wenn die globale Tragwerksberechnung unter Verwendung der in (1) definierten Imperfektionen durchgeführt wird, sollten die Querschnitte mit dem in 8.2.1(7) genannten Nachweis geführt werden. Wenn der Nachweis unter Berücksichtigung von Widerständen nach der Plastizitätstheorie geführt wird, sollte der Bemessungswert der Momententragfähigkeit $M_{c,Rd}$ in der Regel auf 1,25 $M_{el,Rd}$ begrenzt werden. Dies gilt sowohl für die starke als auch die schwache Achse.

## 6.2 Allgemeines

Nach 7.3.1 (5) sind die folgenden Imperfektionen zu berücksichtigen, falls sie maßgebend sind:
– Anfangsschiefstellungen für das Gesamttragwerk (s. 7.3.2 und 7.3.4),
– Vorkrümmungen für Gesamtberechnungen und örtliche Untersuchungen von Bauteilen (s. 7.3.3 und 7.3.4),
– Imperfektionen zur Berechnung aussteifender Systeme (s. 7.3.5),
– Imperfektionen auf der Grundlage von Knickbiegelinien nach der Elastizitätstheorie (s. 7.3.6).

Dies entspricht im Prinzip der Vorgehensweise im bisherigen Abschnitt 5.3 [2].

## 6.3 Anfangsschiefstellungen

### 6.3.1 Allgemeines

Gegenüber den bisherigen Regelungen gibt es zwei wichtige Änderungen:
– Der Ausgangswert $\Phi_0$ wird nun in Abhängigkeit von der Berechnungsmethode angegeben.
Bei der Berechnung von Bauwerken und Bauteilen unter Ausnutzung des Plastizierungsvermögens der Querschnitte sind geometrische Ersatzimperfektionen zu verwenden. Dabei werden neben den geometrischen Imperfektionen auch die Wirkung weiterer Einflüsse, im Wesentlichen die von Eigenspannungen und plastischen Verformungen infolge von Schnittgrößen, berücksichtigt. Sofern das Plastizierungsvermögen der Querschnitte nicht ausgenutzt wird, genügen bei einer Berechnung nach der Elastizitätstheorie daher geometrische Imperfektionen. Bisher ist in [2] ausschließlich der Wert von $\Phi_0 = 1/200$ als geometrische Ersatzimperfektion angegeben. Ein entsprechender Wert für die reine geometrische Imperfektion fehlt.
– Die Begrenzung für den Reduktionswert $\alpha_h$ (jetzt $\alpha_H$ genannt) wird geändert.

### 6.3.2 Ausgangswert $\Phi_0$

**Geometrische Imperfektionen**

Grundlage für die Angabe von geometrischen Imperfektionen sind Messungen, wobei 2 große Messprogramme bekannt sind. Einmal wurden in Alberta/Kanada von *Beaulieu* Messungen durchgeführt und zum anderen in Berlin an der TU Berlin von *Lindner*.
Die Messungen in Kanada wurden an 3 Hochhäusern vorzeichengerecht innerhalb der jeweiligen Stockwerke vorgenommen [1, 4] mit Höhen H ≈ 3,60 m. Die Anzahl der Messwerte betrug n = 1760 + 916 ≈ 2680. Es war allerdings jeweils bereits das vollständige Eigengewicht der Konstruktionen vorhanden. Es zeigte sich, dass bei Auswertung einer großen Zahl von Messungen der Mittelwert m ≈ 0 ist, sich also eine statistische Normalverteilung einstellt. In [75] wurde ergänzend für diese Messungen gezeigt, dass man von der Messung von Absolutwerten näherungsweise auf diejenigen mit Vorzeichen schließen darf.
Bei den Messungen in Berlin wurden insgesamt 22 Bauwerke mit insgesamt n = 909 Messwerten erfasst [73]. Dazu gehörten z. B. Hochregallager, Kesselhäuser von Kraftwerken und Industriehallen. In [63] wurde über einen kleineren Teil dieser Messungen berichtet. Die Messungen wurden während der Montage, nach dem Ausrichten der Konstruktion durchgeführt. Damit sind die Ergebnisse (im Gegensatz zu den Messungen in Kanada) mit guter Näherung als spannungslose Vorverformungen zu interpretieren. In den meisten Fällen war die Teilhöhe H > 5 m, sodass der Höheneinfluss durch einen Reduktionsfaktor $r_1$ erfasst werden konnte. Dieser wurde entsprechend den früheren Arbeiten zu DIN 18800-2 [28] nach Gl. (16) gewählt.

$$r_1 = \frac{\sqrt{5}}{L} \qquad (16)$$

mit
L Systemlänge des vorverdrehten Stabs bzw. Stabzugs

(2) Wenn der Nachweis des Bauteils unter Berücksichtigung der plastischen Querschnittstragfähigkeit erfolgt:
- Für Biegeknicken um die y-y-Achse von I- oder H-Querschnitten ist in der Regel die lineare plastische Interaktion entsprechend 8.2.1(7) anzuwenden. Dies gilt auch für runde und rechteckige Hohlquerschnitte;
- Für Biegeknicken um die z-z-Achse von I- oder H-Querschnitten darf die maßgebende plastische Interaktion entsprechend 8.2.1(7) angewendet werden, wobei der Bemessungswert der plastischen Momententragfähigkeit $M_{pl,Rd}$ in der Regel auf 1,25 $M_{el,Rd}$ zu begrenzen ist.

Anmerkung: Die Werte für $e_0$ werden mit Gleichung (7.8) berechnet, sofern der Nationale Anhang für die Anwendung in einem Land keine anderen Werte festlegt.

### 7.3.3.2 Biegedrillknicken
(1) Für eine Schnittgrößenberechnung nach Theorie II. Ordnung unter Berücksichtigung des Biegedrillknickens biegebeanspruchter Bauteile darf die äquivalente Vorkrümmung nach (7.10) berechnet werden, wobei $e_{0,LT}$ die äquivalente Vorkrümmung für Biegeknicken um die schwache Achse des betrachteten Profils ist. Im Allgemeinen braucht keine weitere Torsionsimperfektion betrachtet zu werden.

$$e_{0,LT} = \beta_{LT} \cdot \frac{L}{\varepsilon} \quad (7.10)$$

mit:
$L$ die Bauteillänge;
$\varepsilon$ der Materialparameter nach 5.2.5(2);
$\beta_{LT}$ der Referenzwert der Vorkrümmung für Biegedrillknicken nach Tabelle 7.2.

Anmerkung: Die Werte für $e_{0,LT}$ werden mit Gleichung (7.10) berechnet, sofern der Nationale Anhang für die Anwendung in einem Land keine anderen Werte festlegt.

**Tabelle 7.2.** Referenzwert der bezogenen Vorkrümmung $\beta_{LT}$ für Biegedrillknicken

| Querschnitt | Abmessungen | Querschnittsnachweis nach der Elastizitätstheorie | Querschnittsnachweis nach der Plastizitätstheorie |
|---|---|---|---|
| gewalzt | $h/b \leq 2,0$ | 1/250 | 1/200 |
|  | $h/b > 2,0$ | 1/200 | 1/150 |
| geschweißt | $h/b \leq 2,0$ | 1/200 | 1/150 |
|  | $h/b > 2,0$ | 1/150 | 1/100 |

### 7.3.6 Imperfektionen auf der Grundlage von Knickbiegelinien nach der Elastizitätstheorie
(1) Alternativ zu 7.3.2 und 7.3.3.1 darf die Form der Knickbiegelinie nach der Elastizitätstheorie $\eta_{cr}(x)$ für das Gesamttragwerk oder für das nachzuweisende Bauteil als Imperfektionsfigur angesetzt werden. Die äquivalente geometrische Ersatzimperfektion darf wie folgt bestimmt werden:

$$\eta_{init}(x) = e_{0,m} \cdot \frac{N_{cr,m}}{EI_m \cdot |\eta_{cr}^{II}|} \cdot \eta_{cr}(x) \quad (7.17)$$

mit:

$$e_{0,m} = \alpha_m \cdot \left(\overline{\lambda}_m - 0,2\right) \cdot \frac{M_{Rk,m}}{N_{Rk,m}} \text{ für } \overline{\lambda}_m > 0,2 \quad (7.18)$$

$m$   Index, der den maßgebenden Querschnitt des Gesamttragwerks oder des nachzuweisenden Bauteils bezeichnet (siehe Anmerkung 4). Der Index m gibt die Zugehörigkeit zum maßgebenden Querschnitt an;

$\overline{\lambda}_m = \sqrt{\frac{N_{Rk,m}}{N_{cr,m}}}$   der bezogene Schlankheitsgrad des Bauteils, berechnet für den maßgebenden Querschnitt $m$;

$\alpha_m$   der Imperfektionsbeiwert der zutreffenden Knicklinie, siehe Tabelle 8.2 und Tabelle 8.3;

$\chi_m$   der Abminderungsfaktor der zutreffenden Knicklinie des nachzuweisenden Bauteils, abhängig vom bezogenen Schlankheitsgrad $\overline{\lambda}_m$, siehe 8.3.2.1;

$N_{cr,m} = \alpha_{cr} N_{Ed,m}$   der Wert der kritischen Normalkraft im Querschnitt m und auch die kritische Normalkraft des Ersatzstabs;

$\alpha_{cr}$   der kleinstmögliche Vergrößerungsfaktor der Normalkräfte $N_{Ed}$ der Bauteile, um die ideale Verzweigungslast des Tragwerks zu erreichen;

$M_{Rk,m}$   die charakteristische Momententragfähigkeit des maßgebenden Querschnitts m, z. B. $M_{el,Rk,m}$ oder $M_{pl,Rk,m}$;

$N_{Rk,m}$   die charakteristische Normalkrafttragfähigkeit des maßgebenden Querschnitts;

$EI_m \cdot |\eta_{cr}^{II}|$   der Maximalwert des Biegemoments infolge $\eta_{cr,m}$ am maßgebenden Querschnitt m;

$\eta_{cr}(x)$   die Form der maßgebenden Knickbiegelinie nach der Elastizitätstheorie (erste oder höherer Ordnung).

Anmerkung 1: Die Imperfektion $\eta_{init}(x)$ in der Form der Knickbiegelinie nach der Elastizitätstheorie kann generell für alle Bauteile unter Druckbeanspruchung und für Gesamttragwerke, die in der Ebene knicken, angewendet werden. Diese ist besonders geeignet für Bauteile mit über die Länge nicht konstanten Querschnittseigenschaften und/oder Normalkräften und für Tragwerke, die solche Bauteile enthalten.

Anmerkung 2: Für die Berechnung des Vergrößerungsfaktors $\alpha_{cr}$ kann davon ausgegangen werden, dass die Bauteile des Tragwerks ausschließlich durch Normal-

Stabilitätsgefahr sich aber eigentlich ein Nachweis nach Verfahren M4 empfiehlt. Damit liegen eindeutige Verformungen und Schnittgrößen nach Theorie II. Ordnung in der Rahmenebene vor und für den etwas schwierigeren Nachweis aus der Ebene unter Berücksichtigung von Biegedrillknicken kann der Bauteilnachweis nach prEN 1993-1-1:2020 [81], 8.3 geführt werden.

# 6 Imperfektionen

## 6.1 Neuer Normentext aus prEN 1993-1-1:2020 [81], 7.3.2 und 7.3.3

**7.3.2 Imperfektionen für die Tragwerksberechnung**
(1) Bei Tragwerken, deren Eigenform durch eine seitliche Verschiebung (siehe 7.2.1(5)) charakterisiert ist, dürfen in der Regel die Einflüsse der Imperfektionen bei der Berechnung durch eine äquivalente Ersatzvorverformung in Form einer Anfangsschiefstellung des Tragwerks $\Phi$ (siehe Bild 7.4) berücksichtigt werden.
(2) Die Anfangsschiefstellung ist in der Regel mit Gleichung (7.6) zu ermitteln:

$$\Phi = \Phi_0 \cdot \alpha_H \cdot \alpha_m \quad (7.6)$$

mit:
$\Phi_0$    der Ausgangswert:
     $\Phi_0 = 1/400$ für den Nachweis nach Elastizitätstheorie für Querschnitte und Bauteile
     $\Phi_0 = 1/200$ für den Nachweis nach Plastizitätstheorie für Querschnitte und Bauteile
$\alpha_H$    der Abminderungsfaktor für die Höhe $H$ von Stützen;

$$\alpha_H = \frac{2}{\sqrt{H}} \text{ jedoch } \alpha_H \leq 1{,}0$$

$H$    die Höhe des Tragwerks, in m;
$\alpha_m$    der Abminderungsfaktor für die Anzahl der Stützen in einer Reihe:

$$\alpha_m = \sqrt{0{,}5 \cdot \left(1 + \frac{1}{m}\right)}$$

$m$    die Anzahl der Stützen in einer Reihe, unter ausschließlicher Betrachtung der Stützen, die eine Vertikalbelastung größer als 50% der durchschnittlichen Stützenlast in der betrachteten vertikalen Richtung übernehmen.

**7.3.3 Äquivalente Vorkrümmung für die Tragwerks- und Bauteilberechnung**
**7.3.3.1 Biegeknicken**
(1) Die äquivalente Vorkrümmung $e_0$ von Bauteilen ist in der Regel wie folgt zu ermitteln:

$$e_0 = \frac{\alpha}{\varepsilon} \cdot \beta \cdot L \quad (7.8)$$

mit:
$L$    die Bauteillänge;
$\alpha$    der Imperfektionsbeiwert der zutreffenden Knicklinie nach Tabelle 8.2;
$\varepsilon$    der Materialparameter nach 5.2.5(2);
$\beta$    der Referenzwert der bezogenen Vorkrümmung nach Tabelle 7.1.

**Tabelle 7.1.** Referenzwert der bezogenen Vorkrümmung $\beta$

| Ausweichen rechtwinklig zur Achse | Querschnittsnachweis nach der Elastizitätstheorie | Querschnittsnachweis nach der Plastizitätstheorie |
|---|---|---|
| y-y | 1/110 | 1/75 |
| z-z | 1/200 | 1/68 |

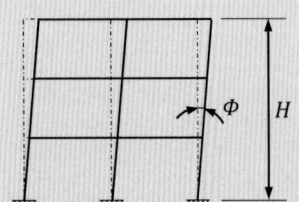 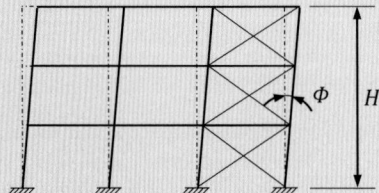

**Bild 7.4.** Anfangsschiefstellung

finden. Wie das Beispiel des „Zimmermannsstabs" im Kommentar zu DIN EN 1993-1-1 [81] zeigt, kann sonst unter Umständen bei Ansatz einer Biegelinie anstelle einer Knickbiegelinie als Imperfektionsform ein plötzliches Umschlagen in die niedrigere Versagensform erfolgen. Es muss i. Allg. jeweils nur eine Anfangsschiefstellung in einer Richtung (in oder aus der Ebene) angesetzt werden vgl. prEN 1993-1-1:2020 [81], 7.3.1(3), aber es kann erforderlich sein, mehrere Imperfektionsansätze zu untersuchen, um tatsächlich die ungünstigste Situation zu identifizieren. Schließlich ist das Tragwerk räumlich zu untersuchen, also auch Biegedrillknicken muss durch eine Berechnung der Schnittgrößen nach Biegetorsionstheorie II. Ordnung erfasst werden. Dazu gehören dann auch entsprechende Verformungsansätze aus der Ebene. Neben den Vorkrümmungen für das Biegeknicken um die schwache Achse, siehe Tabelle 7.1 sind Ansätze ebenfalls für die schwache Achse zur Erfassung des Biegedrillknickens gegeben, siehe Tabelle 7.2, vgl. auch die Erläuterungen zu Vorkrümmungen für das Biegedrillknicken nach 7.3.3.2 in Abschnitt 6.6.

Das Verfahren M2 kommt eigentlich nur durch die getrennte Betrachtung von Gesamtstabilitätsversagen von verschieblichen Tragwerken und Biegeknicken am unverschieblichen Tragwerk zustande. Wenn das Kriterium für die Einzelstäbe nicht erfüllt ist (7.2.1(4)), also ein Stabilitätsnachweis für das Bauteilknicken erforderlich ist, aber am Gesamtsystem keine wesentliche Vergrößerung der Schnittgrößen durch Theorie II. Ordnung aus dem Gesamtstabilitätsversagen am unverschieblichen Tragwerk auftritt, d. h. die Bedingung 7.2.1(5) ist erfüllt, dürfen die Schnittgrößen am Gesamtsystem nach Theorie I. Ordnung berechnet werden. Also im Grunde handelt es sich um unverschiebliche Tragwerke, die durch Kerne oder Verbands- bzw. Rahmensysteme ausgesteift sind, bei denen aber für die Einzelstäbe Stabilitätsnachweise nach prEN 1993-1-1:2020 [81], 8.3 erforderlich sind.

Zwei Punkte sind hier zu beachten: Die Annahme der Knicklänge wird häufig näherungsweise gleich der Stablänge gewählt. Tatsächlich kann das aber falsch sein, weil in einem Stabzug, wie die Stützen bei einem mehrgeschossigen unverschieblichen Rahmentragwerk, weniger ausgenutzte Stützen für die kritischen Stützen eine Art „Einspannung" bieten, sodass dann ihre eigene Knicklänge größer als die Stablänge sein kann. Tafeln für Knickbeiwerte wie die von *Petersen* [79] geben hier Lösungen an, aber auch jedes Stabwerksprogramm mit Eigenwertfunktion berechnet die spezifischen Eigenwerte jedes Stabs.

Der zweite zu beachtende Punkt ist, dass im Unterschied zu der bisherigen Praxis auch für diese Systeme eine Anfangsschiefstellung bzw. entsprechende Abtriebskräfte anzusetzen sind. Für Hochbauten können diese Ansätze vernachlässigt werden, wenn es planmäßige Horizontallasten zum Beispiel aus Wind von mindestens 15% der vertikalen Lasten gibt, siehe prEN 1993-1-1:2020 [81], 7.3.1 (4)B. Im Grunde entspricht das in etwa den Regelungen nach DIN 18800-1 [27]. In Element (729)f wurde dort die Annahme einer Anfangsschiefstellung von 1/400 gefordert, die nach Element (732) für sogenannte „Haus-in-Haus"-Konstruktionen, also Stabwerke mit geringen planmäßigen Horizontallasten, auf 1/200 zu erhöhen war.

Das Verfahren EM, das klassische Ersatzstabverfahren, spielt eine Sonderrolle bei den verschiedenen Nachweismöglichkeiten. Es erlaubt die Schnittgrößenermittlung nach Theorie I. Ordnung ohne den Ansatz von Imperfektionen auch für verschiebliche Rahmensysteme, auch wenn Stabilitätsgefahr besteht, also eines der Kriterien oder beide 7.2.1(4) bzw. 7.2.1(5) nicht erfüllt sind. Bei der Methode (c) nach der obigen Einteilung sind die Knicklängen des Einzelstabs in und aus der Ebene für die maßgebende Druckkraftverteilung aus der Knickbiegelinie des Gesamtsystems abzuleiten. Der Ersatzstabnachweis kann anschließend als Bauteilnachweis nach prEN 1993-1-1:2020 [81], 8.3 für Biegeknicken mit den Schnittgrößen nach Theorie I. Ordnung, die am idealen Tragwerk ohne Ansatz von Ersatzimperfektionen ermittelt wurden, geführt werden, da durch die Berücksichtigung der Systemknicklängen indirekt bereits der Momentenzuwachs nach Theorie II. Ordnung und die Wirkung der Ersatzimperfektionen erfasst sind.

Bei der Anwendung des Bauteilnachweises nach prEN 1993-1-1:2020 [81], 8.3 als Ersatzstabnachweis mit Systemknicklängen ist zu beachten, dass zwar mit Schnittgrößen nach Theorie I. Ordnung bemessen wird, dass aber in der Realität in der Regel größere Schnittgrößen und Verformungen nach Theorie II. Ordnung im Tragwerk entstehen. Die größeren Schnittgrößen und Verformungen sind besonders bei der Bemessung der Anschlüsse zu den anschließenden quasi normalkraftfreien Stäben wie Rahmenriegeln oder Fundamenten zu beachten. Die tatsächlich auftretenden Anschlussschnittgrößen nach Theorie II. Ordnung sind entweder näherungsweise abzuschätzen oder durch die Annahme von Größtwerten wie die durch die Querschnitte vorgegebenen plastischen Grenzschnittgrößen abzudecken. Auch für den Nachweis „aus der Ebene", das heißt hier für den Nachweis des Biegedrillknickens als Bauteilnachweis nach prEN 1993-1-1:2020 [81], 8.3, sind bei diesem Verfahren die Stabendschnittgrößen nach Theorie II. Ordnung erforderlich, die ggf. abgeschätzt werden müssen, es sei denn, auf einen Biegedrillknicknachweis unter reiner Biegung kann gemäß 7.2.1(6) verzichtet werden.

Mit Bezug auf DIN 18800-2 [28] und entsprechenden Regelungen im Nationalen Anhang DIN EN 1993-1-1 [30] wird im Kommentar zu DIN EN 1993-1-1 [59] eine Reihe von Hinweisen zu Zusatzeffekten und erforderlichen Sondernachweisen für die Anwendung des Ersatzstabverfahrens bzw. des Verfahrens EM gegeben.

Insgesamt kann man sagen, dass durch die neue Struktur zwar alle in Europa gängigen Nachweisformen beschrieben sind, für die praktische Anwendung auch in Verbindung mit üblichen Stabwerksprogrammen bei

Aus deutscher Sicht ist nachteilig, dass es gemäß der üblichen Praxis in vielen europäischen Nachbarländern zwei Stabilitätskriterien gibt: 7.2.1(4) für Biegeknicken des einzelnen Bauteils in oder aus der Ebene und 7.2.1(5) für das Gesamtstabilitätsversagen am verschieblichen Rahmensystem. Daraus definieren sich zum Teil auch die unterschiedlichen Verfahren. Es ist aber relativ einfach, diese unterschiedlichen Verfahren der jetzigen Praxis in Deutschland gegenüberzustellen. Wenn beide Kriterien für das Biegeknicken (7.2.1(4) und (5)) erfüllt sind, darf mit Schnittgrößen nach Theorie I. Ordnung gerechnet werden und es sind keine Ersatzimperfektionen anzusetzen, siehe Verfahren M0 und M1. Der einzige Unterschied zwischen diesen beiden Verfahren ist, dass man bei Verfahren M1 einen Biegedrillknicknachweis führen muss. Die Entscheidung, dass Biegedrillknicken möglicherweise keine Rolle spielt und Verfahren M0 ausreichend ist, wird durch die Hinweise in 7.2.1(6) erleichtert.

Die beiden Verfahren M3 und M4 entsprechen der oben beschriebenen Vorgehensweise b): Eine Berechnung des Gesamttragwerks nach Theorie II. Ordnung mit Ansatz der globalen Ersatzimperfektionen und Bauteilnachweise für die einzelnen Stäbe für Biegeknicken und ggf. Biegedrillknicken nach prEN 1993-1-1: 2020 [81], 8.3. Das Verfahren M3 setzt nur eine globale Anfangsschiefstellung im verschieblichen Rahmensystem an und berechnet dazu die Rahmenschnittgrößen nach Theorie II. Ordnung, häufig mit dem einfachen Erhöhungsfaktor, wie er in Gleichung (13) angegeben ist. Die Nachweise für die Stabilität der Einzelstäbe sowohl in als auch aus der Tragwerksebene erfolgen als Bauteilnachweise nach prEN 1993-1-1:2020 [81], 8.3 unter Berücksichtigung der Stabendschnittgrößen aus der Rahmenberechnung nach Theorie II. Ordnung. Die Knicklänge in der Ebene bezieht sich auf das Biegeknicken des Bauteils am unverschieblichen System, denn das Gesamtstabilitätsversagen am verschieblichen Tragwerk wurde schon durch die Berechnung nach Theorie II. Ordnung berücksichtigt.

Falls in der Rahmenebene sowohl die Anfangsschiefstellung als auch die Stabvorkrümmung als Ersatzimperfektionen angesetzt werden, um die Schnittgrößenberechnung am Gesamttragwerk nach Theorie II. Ordnung durchzuführen, dann liegt das Verfahren M4 vor. In der Rahmenebene kann mit den Schnittgrößen nach Theorie II. Ordnung ein Querschnittsnachweis nach Theorie II. Ordnung geführt werden. Lediglich für das Biegeknicken aus der Tragwerksebene und das Biegedrillknicken bedarf es dann eines Bauteilnachweises nach prEN 1993-1-1:2020 [81], 8.3 unter Berücksichtigung der Stabendschnittgrößen aus der Rahmenberechnung nach Theorie II. Ordnung.

Die in (7) b) genannten Gleichungen entsprechen mit Gleichung (8.85) dem Bauteilnachweis für Biegeknicken um die starke Achse und Gleichung (8.86) für Biegeknicken um die schwache Achse. Der Bauteilnachweis für Biegeknicken um die starke Achse, die normalerweise der seitenverschieblichen Rahmenebene entspricht, muss nicht mehr geführt werden, da er durch den Nachweis nach Theorie II. Ordnung für die Rahmenschnittgrößen ersetzt wird. Aus der Rahmenebene, also um die schwache Querschnittsachse, kommt häufig zum Biegeknicken um die schwache Achse auch noch Biegedrillknicken hinzu, sodass dieser Bauteilnachweis nach Gleichung (8.86) auf jeden Fall zu führen ist. Die indirekte Annahme, die Biegemomente in der Rahmenebene wirken um die starke Querschnittsachse, kann in einem seltenen Fall auch einmal nicht zutreffen. Dann muss man die Regeln entsprechend übertragen. Ohnehin geht die gesamte Beschreibung der Nachweisführung von einem orthogonalen System („in und aus der Ebene") aus. In den sicher eher seltenen anderen Fällen müssen die Regeln sinngemäß angewandt werden.

Das Verfahren M4, also die Berücksichtigung von Anfangsschiefstellung und Stabvorkrümmung bei der Ermittlung der Schnittgrößen nach Theorie II. Ordnung, kann bei schlanken Systemen auch erforderlich werden, wenn die Bedingungen nach 7.3.4 für die Überlagerung von Anfangsschiefstellung und Stabvorkrümmung erfüllt sind, vgl. die deutsche Übersetzung in Abschnitt 5.1.

Diese Regel gibt es auch in der jetzigen Norm DIN EN 1993-1-1 [32] in 5.3.2(6) mit Gleichung (5.8). Hiermit wird auch die Erhöhung der Stabendschnittgröße durch eine Systemberechnung nach Theorie II. Ordnung unter Ansatz der Vorkrümmung des Stabes erfasst. Das Kriterium nach Gleichung (7.11) wurde aus Gleichung (5.8) direkt umformuliert und entspricht näherungsweise dem Stabkennzahl-Kriterium aus DIN 18800-2 [28], Element (207), Gleichung (11) $\varepsilon = 1 \cdot \sqrt{\frac{N}{EI}} > 1,6$.

Dieses legte fest, wann zusätzlich zu einer Vorverdrehung auch noch eine Stabvorkrümmung anzusetzen war. Ähnlich wie in der bisherigen Praxis trifft das auch hier nur auf sehr schlanke Einzelstäbe zu.

Die Nachweise nach Theorie II. Ordnung am Gesamtsystem für die Verfahren M3 und M4 ersetzen Stabilitätsnachweise und sind deshalb auch mit dem Teilsicherheitsbeiwert $\gamma_{M1}$ und nicht mit $\gamma_{M0}$ wie beim reinen Querschnittsnachweis zu führen. Das gilt auch für den Gesamtnachweis nach Theorie II. Ordnung, Verfahren M5, bei dem Schnittgrößen nach Theorie II. Ordnung mit den jeweils ungünstigsten globalen Schiefstellungen und den Stabkrümmungen zu berechnen sind.

Für das Verfahren M5 ist die Annahme der „richtigen" Imperfektion eine wesentliche Voraussetzung. Die Imperfektion kann aus der entsprechenden maßgebenden Eigenform hergeleitet werden, sie muss aber nicht unbedingt völlig affin dazu sein. So ist es üblich, dass die Imperfektionsform auch bei eingespannten Stäben an den Einspannstellen Knickwinkel aufweist. Oder es werden Parabeln angenommen statt Sinusformen, wie sie theoretisch genau für die Knickbiegelinien gelten. Wichtig ist nur, dass sich die wesentlichen Charakteristika der maßgebenden Knickbiegelinie wie Richtung und Knotenpunkte in der Imperfektionsform wieder-

für einen Nachweis nach Theorie II. Ordnung existiert. In diesen Fällen sind Bauteilnachweise für die einzelnen Stäbe gemäß Abschnitt 8.3.1.4 in prEN 1993-1-1:2020 [81] zu führen.

Als Bedingungen, unter denen Biegedrillknicken vernachlässigt werden darf, wird kein einzelnes Kriterium genannt, sondern typische Fälle.

- So steht der Hinweis auf Querschnitte wie Hohlquerschnitte oder geschweißte Hohlkästen beispielhaft für Querschnitte mit hoher St. Venant'scher Torsionssteifigkeit.
- Bei einfach-symmetrischen und doppelt-symmetrischen Querschnitten, wenn nur Biegemomente um die schwache Achse wirken, heben sich mögliche Abtriebskräfte in den Gurten gegenseitig auf, sodass es nicht zu Einflüssen nach Theorie II. Ordnung aus Biegung kommen kann.
- Wenn der Druckgurt seitlich ausreichend gehalten ist, wird das Biegedrillknicken, das typischerweise mit einer Seitenbewegung des Druckgurts einhergeht, behindert. Was als ausreichend angesehen werden kann, lässt sich u. a. durch die Kriterien in Anhang D prüfen. Diese beziehen sich nicht nur auf eine Behinderung der seitlichen Verschiebung sondern auch auf eine ausreichende Verdrehungsbehinderung des Querschnitts. Diese üblicherweise für Querschnitte im Hochbau geltenden Steifigkeitsregeln wurden überarbeitet und sind in Abschnitt 9.3 näher erläutert.
- Für einen bestimmten Grenzwert für die bezogene Schlankheit $\bar{\lambda}_{LT}$ für Biegedrillknicken wird der Abminderungsfaktor $\chi_{LT}$, wie er in 8.3.2.3(1) in prEN 1993-1-1:2020 [81] angegeben ist, zu 1,0. Das heißt, der Momentenwiderstand $M_{b,Rd}$ muss nicht abgemindert werden bzw. eine Biegedrillknickgefahr unter reiner Biegung besteht nicht. Wie in Abschnitt 7 erläutert, darf, obwohl die Abminderungsfunktionen für $\chi_{LT}$ eigentlich auf einen Grenzwert von 0,2 beruhen, der Grenzwert $\bar{\lambda}_{LT,0}$ unter bestimmten Bedingungen auf 0,4 gesetzt werden, was bisher dem Kriterium in Deutschland entspricht und deshalb wahrscheinlich auch zugelassen wird. Da diese Erleichterung für den Grenzwert aber noch den Festlegungen des Nationalen Anhangs unterliegt, ist jeweils zu prüfen, was zulässig ist.

## 5.3 Hintergrund zu den Regeln zur Tragwerksberechnung in Abhängigkeit von der Nachweisführung im Grenzzustand der Tragfähigkeit in 7.2.2, prEN 1993-1-1:2020 [81]

Der neue Abschnitt zur Art der Tragwerksberechnung in Abhängigkeit von der Nachweisführung im Grenzzustand der Tragfähigkeit verknüpft die Schnittgrößenermittlung mit der Nachweisführung im Grenzzustand der Tragfähigkeit. Im Wesentlichen geht es darum, wann, d. h. unter welchen Bedingungen eine Schnittgrößenermittlung nach Theorie II. Ordnung mit der An-
nahme von Imperfektionen erforderlich ist und wann ein Stabilitätsnachweis am Stab erfolgen darf. Eine ähnliche Anleitung gibt es auch in der jetzigen Norm DIN EN 1993-1-1 [32] im Abschnitt 5.2.2. Allerdings hat sich gezeigt, dass diese Regeln in der Praxis oft nicht verstanden werden und auch tatsächlich vor dem Hintergrund der Erfahrungen in den verschiedenen Ländern sehr unterschiedlich interpretiert werden. Mit dem Ablaufdiagramm in Bild 7.3 im Entwurf prEN 1993-1-1:2020 [81] soll jetzt eine wichtige Hilfestellung zur Klärung gegeben werden.

Je nach Umfang und Art der Berücksichtigung von Tragwerksverformungen gemäß Theorie II. Ordnung und Imperfektionen werden wie bisher in prEN 1993-1-1:2020 [81], 7.2.2(2) drei Vorgehensweisen unterschieden:

a) Eine vollständige Berechnung der Schnittgrößen nach Theorie II. Ordnung einschließlich der Berücksichtigung aller globalen und lokalen Ersatzimperfektionen.

b) Eine Berechnung des Gesamttragwerks nach Theorie II. Ordnung mit Ansatz der globalen Ersatzimperfektionen und Bauteilnachweise für die einzelnen Stäbe für Biegeknicken und ggf. Biegedrillknicken nach prEN 1993-1-1:2020 [81], 8.3 mit den Stabendschnittgrößen nach Theorie II. Ordnung aus der Gesamttragwerksberechnung.

c) Für einfache Systeme durch Bauteilnachweise nach prEN 1993-1-1:2020 [81], 8.3 gemäß dem Ersatzstabverfahren, unter Berücksichtigung von Knicklängen entsprechend dem Gesamttragwerksverhalten, das jetzt die Kurzbezeichnung EM für „Equivalent Member Method" erhält.

Diese drei grundsätzlichen Vorgehensweisen werden in unterschiedlichen Verfahren M0 bis M5 und EM beschrieben.

Im Unterschied zur bisherigen Norm werden jetzt auch die Situationen einbezogen, in denen ein Querschnittsnachweis nach Theorie I. Ordnung ausreicht (Verfahren M0). Auch ist Biegedrillknicken unter reiner Biegung jetzt konsequenter als bisher berücksichtigt.

Für Drillknicken und Biegedrillknicken unter Normalkraft, wie es zum Beispiel bei Querschnitten mit sehr kleinem Wölb- oder Torsionswiderstand auftreten kann, wie bei dünnwandigen Kreuzquerschnitten oder Winkelprofilen, wird auf den Bauteilnachweis für die einzelnen Stäbe gemäß Abschnitt 8.3.1.4 in prEN 1993-1-1:2020 [81] verwiesen.

Die verschiedenen Verfahren M0 bis M5 sind aufsteigend nach ihrer Komplexität geordnet. Das aufwendigste Verfahren M5, das der Vorgehensweise a) nach der obigen Einteilung entspricht, wird als letztes genannt, der einfache Querschnittsnachweis nach Theorie I. Ordnung, Verfahren M0, als erstes. Gleichzeitig sind in das Ablaufdiagramm die Kriterien nach 7.2.1 integriert und für jedes Verfahren ist auch in der Übersicht in Bild 7.3 angegeben, ob Imperfektionen zu berücksichtigen und Schnittgrößen nach Theorie I. oder II. Ordnung zu ermitteln sind.

terschied zwischen den Schnittgrößen nach Theorie I. Ordnung und Theorie II. Ordnung. Für Deutschland ist davon auszugehen, dass hier die Möglichkeit genutzt wird, im Nationalen Anhang den Grenzwert für die Gleichung (7.1) zu modifizieren und diesen wieder auf 10% hochzusetzen. Das heißt, dadurch wird auch in Zukunft für die deutsche Praxis kein Unterschied zwischen verschieblichen und unverschieblichen Systemen gemacht. Für beide Fälle wird wie bisher gelten, dass, sobald die Druckkräfte am Hebelarm der Verformungen eine Vergrößerung der Schnittgrößen von weniger als 10% bewirken, man den Stabilitätseinfluss vernachlässigen darf und die Schnittgrößen nach Theorie I. Ordnung berechnet werden dürfen.

Zu der Herleitung des Abgrenzungskriteriums aus dem Verhältnis der Verzweigungslast zur Bemessungslast wurden ausführliche Erläuterungen im Kommentar zu DIN EN 1993-1-1 [32] gegeben. Im Folgenden wird noch einmal darauf hingewiesen, da sich daraus auch eine Möglichkeit ergibt, das Grenzkriterium ohne zusätzliche Ermittlung der Verzweigungslast zu berechnen. Das Kriterium lässt sich aus dem Steigerungsfaktor zwischen Momenten Theorie I. Ordnung und II. Ordnung für Systeme mit affinen Momenten- und Verformungsflächen herleiten, vgl. folgende Beziehungen.

$$M^{II} = M^{I} \cdot \frac{1}{1-q} \quad (13)$$

$$q = \frac{\Delta M}{M_0} = \frac{\Delta w}{w_0} = \frac{N \cdot a \cdot \sin\frac{\pi x}{L}}{EI \cdot \frac{\pi^2}{L^2} \cdot a \cdot \sin\frac{\pi x}{L}}$$

$$= \frac{N}{EI \cdot \frac{\pi^2}{L^2}} = \frac{N}{N_{cr}} \quad (14)$$

mit
N    einwirkende Druckkraft
$M_0$    Biegemoment infolge sinusförmiger Streckenlast
$w_0$    Durchbiegung infolge $M_0$ mit dem Stich a
$N_{cr}$    ideale Knicklast
L    Stablänge

Für einen Druckstab mit sinusförmiger Beanspruchung entspricht der Steigerungsfaktor der genauen Lösung. Diese kann aber auf alle Systeme, bei denen Moment und Verformung affin zueinander sind, übertragen werden. Wie das Beispiel in Bild 15 zeigt, ist zwar bei einem Stab mit Einzellast das Verhältnis von $\Delta M/M_0$ nicht affin, aber schon im nächsten Iterationsschritt entsteht mit $\Delta w$ aus $\Delta M = N \cdot w_0$ ein Verformungszuwachs, der der Verformung $w_0$ aus $M_0$ sehr ähnlich ist, sodass sich hiermit das Verhältnis q und der Steigerungsfaktor bilden lassen.

Der für den Steigerungsfaktor $1/(1-q)$ erforderliche Wert q kann also nicht nur aus dem Verhältnis $N/N_{cr} = \alpha_{cr} - 1$ bestimmt werden, sondern auch aus dem Verhältnis $\Delta M/M_0$ (Zusatzmoment zu Ausgangsmoment) bzw.

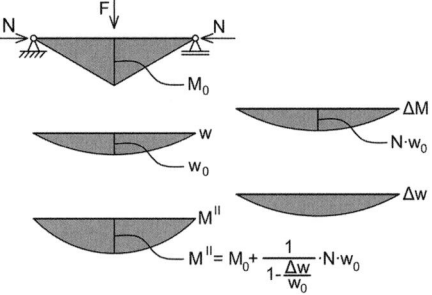

**Bild 15.** Beispiel für eine nicht affine Momentenfläche und Anwendung des Steigerungsfaktors für eine näherungsweise Berechnung nach Theorie II. Ordnung auf der Basis des Verformungszuwachses

$\Delta w/w_0$ (Zusatzverformung zu Ausgangsverformung). Voraussetzung ist, dass das Verhältnis zwischen zugehörigen und zumindest näherungsweise affinen Größen gebildet wird. Der so bestimmte Verhältniswert q kann sogar rückwärts dazu genutzt werden, um den Faktor $\alpha_{cr}$ und die ideale Verzweigungslast zu bestimmen, vgl. Gl. (15). Diese Möglichkeit gilt für verschiebliche und unverschiebliche Systeme.

$$\alpha_{cr} = \frac{1}{q} = \frac{w_0}{\Delta w} = \frac{M_0}{\Delta M} = \frac{N_{cr}}{N} \quad (15)$$

Mit der Anmerkung 3 in 7.2.1(4) und der Anmerkung in 7.2.1(5) wird auf den Abschnitt 7.4.3 zur Tragwerksberechnung nach der Plastizitätstheorie verwiesen. Die zugehörige Regel ist ebenfalls in 5.1 in deutscher Übersetzung wiedergegeben. Die idealen Verzweigungslasten in Gleichung (7.1) und (7.2) werden normalerweise mit der Anfangssteifigkeit nach der Elastizitätstheorie eines Systems berechnet. Bei Anwendung der Fließgelenktheorie nimmt aber die Systemsteifigkeit bei jeder Ausbildung eines weiteren Fließgelenks ab. Die Einhaltung des 10%-Kriteriums für die Anfangssteifigkeit erlaubt deshalb keinen Rückschluss auf die Stabilitätsgefährdung des Endsystems nach Ausbildung aller Fließgelenke. Im Kommentar zu DIN EN 1993-1-1 [81] wird ein Beispiel eines hochgradig statisch unbestimmten Systems mit 4 Fließgelenken nach Fließgelenktheorie I. Ordnung gegeben, bei dem ein Stabilitätsversagen tatsächlich schon vor der Bildung des 3. Fließgelenks auftritt. Es empfiehlt sich also, der angegebenen Regel zu folgen und für jedes der Teilsysteme zu prüfen, ob die Bedingungen in 7.2.1 erfüllt sind.

Die bisherigen Hinweise bezogen sich allein auf das Biegeknicken. Neu ist, dass mit 7.2.1(6) auch Kriterien angegeben werden, nach denen auf einen Nachweis zum Biegedrillknicken verzichtet werden kann. Dies bezieht sich auf das Biegedrillknicken unter reiner Biegung. Drillknicken und Biegedrillknicken unter Druckkraft sind relativ seltene Phänomene, für die bisher auch kein Normungsansatz mit Ersatzimperfektionen

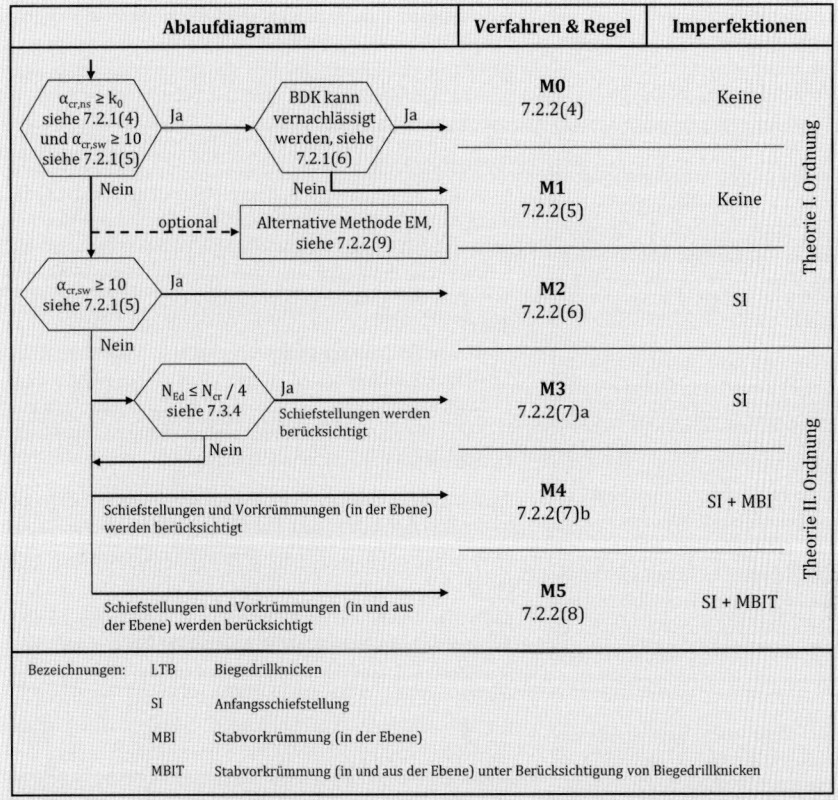

**Bild 7.3.** Art der Tragwerksberechnung in Abhängigkeit von der Nachweisführung im Grenzzustand der Tragfähigkeit

### 7.3.4 Überlagerung von Anfangsschiefstellung und Stabvorkrümmung für die globale Tragwerksberechnung

(1) Für die Berechnung der Schnittgrößen an Enden von Bauteilen für den Bauteilnachweis nach 8.3 dürfen in der Regel Stabvorkrümmungen vernachlässigt werden. Bei Tragwerken, die empfindlich auf Einflüsse nach Theorie II. Ordnung reagieren, sind in der Regel für jedes Bauteil mit Druckbeanspruchungen zusätzlich zur globalen Anfangsschiefstellung Stabvorkrümmungen für jeden druckbeanspruchten Stab anzusetzen, für den folgende Bedingungen gelten:

– mindestens ein Bauteilende ist eingespannt bzw. biegesteif verbunden;
– $N_{Ed} > 0{,}25\, N_{cr}$ (7.11)

mit:
$N_{Ed}$  der Bemessungswert der einwirkenden Normalkraft (Druck);
$N_{cr}$  die ideale Verzweigungslast für Biegeknicken des Bauteils in der Ebene unter der Annahme von Gelenken an den Bauteilenden.

Anmerkung: Lokale Stabvorkrümmungen sind bereits in den Gleichungen für die Bauteilnachweise berücksichtigt, siehe 7.2.2(2).

### 5.2 Hintergrund zu den Abgrenzungskriterien Theorie II. Ordnung in 7.2.1, prEN 1993-1-1: 2020 [81]

Während es in der jetzigen Norm DIN EN 1993-1-1 [32] im Kapitel 5 mit Gleichung (5.1) nur ein Kriterium für die Entscheidung gibt, ob Einflüsse nach Theorie II. Ordnung berücksichtigt werden müssen oder nicht, sind im Entwurf prEN 1993-1-1:2020 [81] gleich 2 Bedingungen angegeben:
Gleichung (7.1) für das einzelne Bauteil unter Ansatz einer Knickbiegelinie, entweder in oder aus der Ebene, am seitlich unverschieblichen System, siehe Bild 7.1(a), und Gleichung (7.2) für das Gesamtstabilitätsversagen, wie es an verschieblichen Rahmensystemen auftritt, siehe Bild 7.1(b). Diese Unterscheidung zwischen unverschieblichen (ns = non-sway) und verschieblichen (sw = sway) Versagensmodi wurde erforderlich, weil im europäischen Ausland in vielen Ländern für die beiden Fälle verschiedene Kriterien angesetzt werden. Das Stabilitätsversagen des einzelnen Bauteils wird ab einem Einfluss von 1/25 oder 4% berücksichtigt, der seitenverschiebliche Versagensmodus ab 1/10 oder 10% Un-

stabilitätsversagen am verschieblichen Tragwerk in der Ebene dürfen vernachlässigt werden (d. h., die Bedingung in 7.2.1(5) ist erfüllt), dann
- darf der Querschnittsnachweis nach 8.2 auf der Grundlage von Schnittgrößen nach Theorie I. Ordnung geführt werden;
- ist ein Stabilitätsnachweis für den einzelnen Stab in und aus der Ebene nach 8.3 erforderlich; er darf jedoch mit Schnittgrößen nach Theorie I. Ordnung unter Berücksichtigung der zugehörigen Momentenflächen geführt werden. Die Knicklängen sind entsprechend den Eigenformen am unverschieblichen System zu bestimmen;
- Bei der Tragwerksberechnung dürfen die Vorkrümmungen als Ersatzimperfektionen am Stab vernachlässigt werden, aber die Anfangsschiefstellung des Systems sind zu berücksichtigen.

(7) Verfahren M3 und M4:
Falls Einflüsse nach Theorie II. Ordnung für Biegeknicken des Bauteils nicht vernachlässigt werden dürfen (d. h. die Bedingung in 7.2.1(4) ist nicht erfüllt), und Einflüsse nach Theorie II. Ordnung aus dem Gesamtstabilitätsversagen am verschieblichen Tragwerk in der Ebene nicht vernachlässigt werden dürfen (d. h. die Bedingung in 7.2.1(5) ist nicht erfüllt), sind die Nachweise nach einem der folgenden Verfahren zu führen:

a) Verfahren M3:
Falls die Anfangsschiefstellungen des Systems in der Tragwerksberechnung berücksichtigt sind und Stabvorkrümmungen nach 7.3.4 vernachlässigt werden dürfen, dann
- ist der Querschnittsnachweis nach 8.2 mit dem Teilsicherheitsbeiwert $\gamma_{M1}$ auf der Grundlage von Schnittgrößen nach Theorie II. Ordnung zu führen;
- ist ein Stabilitätsnachweis für den einzelnen Stab in und aus der Ebene auf der Grundlage von Schnittgrößen nach Theorie II. Ordnung nach 8.3 erforderlich; die Schnittgrößen zwischen den Stabenden dürfen jedoch nach Theorie I. Ordnung bestimmt werden;
- in der Ebene darf die Knicklänge entsprechend der Eigenform am unverschieblichen System bestimmt werden.

b) Verfahren M4:
Falls alle Einflüsse nach Theorie II. Ordnung in der Ebene und beide Ersatzimperfektionen, die Anfangsschiefstellung des Systems und die Stabvorkrümmung, in der Tragwerksberechnung berücksichtigt sind, dann
- ist der Querschnittsnachweis nach 8.2 mit dem Teilsicherheitsbeiwert $\gamma_{M1}$ auf der Grundlage von Schnittgrößen nach Theorie II. Ordnung zu führen;
- darf auf den Stabilitätsnachweis für den einzelnen Stab in der Ebene nach 8.3.3, Gleichung (8.88) verzichtet werden;
- ist ein Stabilitätsnachweis für den einzelnen Stab aus der Ebene auf der Grundlage von Schnittgrößen nach Theorie II. Ordnung nach 8.3.3, Gleichung (8.89) erforderlich.

Anmerkung: Der Bezug auf die Gleichungen (8.88) und (8.89) geht von der Annahme aus, dass die Biegemomente in der Ebene um die starke Querschnittsachse wirken. Im anderen Fall sind die Gleichungsnummern entsprechend auszutauschen.

(8) Verfahren M5:
Falls alle Einflüsse nach Biegetorsionstheorie II. Ordnung in und aus der Ebene und die Ersatzimperfektionen, d. h. Anfangsschiefstellung des Systems und die Stabvorkrümmungen in und aus der Ebene (siehe 7.3.4), in der Tragwerksberechnung berücksichtigt sind, dann
- ist der Querschnittsnachweis nach 8.2 mit dem Teilsicherheitsbeiwert $\gamma_{M1}$ auf der Grundlage von Schnittgrößen nach Theorie II. Ordnung zu führen;
- darf auf den Stabilitätsnachweis für den einzelnen Stab nach 8.3 verzichtet werden.

Anmerkung: Wenn erforderlich, darf die Stabvorkrümmung aus der Ebene aus Tabelle 7.1 oder Tabelle 7.2, je nachdem welche größer ist, entnommen werden.

(9) Verfahren EM:
Falls die Einflüsse nach Theorie II. Ordnung in der Tragwerksberechnung nicht vernachlässigt werden dürfen (siehe 7.2.1(4) oder/und Biegeknicken aus dem Gesamtstabilitätsversagen am verschieblichen Tragwerk in der Ebene nicht vernachlässigt werden darf, siehe 7.2.1(5), dürfen die Nachweise für das Biegeknicken der Stäbe nach dem „Ersatzstabverfahren" geführt werden, dann
- darf der Querschnittsnachweis nach 8.2 auf der Grundlage von Schnittgrößen nach Theorie I. Ordnung geführt werden;
- brauchen in der Tragwerksberechnung keine Imperfektionen berücksichtigt zu werden;
- darf der Stabilitätsnachweis für den einzelnen Stab nach 8.3 mit Schnittgrößen nach Theorie I. Ordnung geführt werden. Dabei sind die Knicklängen der einzelnen Stäbe am System (auch unter Berücksichtigung des Gesamtstabilitätsversagens am verschieblichen Tragwerk) zu bestimmen.

Die Auswirkungen der Vernachlässigung der Einflüsse nach Theorie II. Ordnung bei der Bestimmung der Schnittgrößen für das Verfahren EM sind jedoch für die Bemessung der Knoten und anschließenden Bauteile und auch für den Nachweis aus der Ebene für den einzelnen Stab zu berücksichtigen.

Anmerkung: Anwendungsgrenzen für das Ersatzstabverfahren (Verfahren EM) können durch den Nationalen Anhang für die Anwendung in einem Land festgelegt werden.

(10) bis (12)B entfällt hier.

(5) Wenn die Bedingung (7.2) erfüllt ist, darf eine Tragwerksberechnung nach Theorie I. Ordnung (auch) für die Bestimmung der Biegemomente in der Ebene für den verschieblichen Versagensmodus durchgeführt werden. Dabei wird davon ausgegangen, dass die Vergrößerung der Schnittgrößen nach Theorie II. Ordnung bei Gesamtstabilitätsversagen am verschieblichen Tragwerk nicht mehr als 10 % der ursprünglichen Schnittgrößen nach Theorie I. Ordnung ausmachen.

$$\alpha_{cr,sw} = \frac{F_{cr,sw}}{F_{Ed}} \geq 10 \qquad (7.2)$$

mit:
$F_{cr,sw}$ die kleinste ideale Verzweigungslast für das Gesamtstabilitätsversagen in der Ebene für eine Knickbiegelinie am verschieblichen System;
$F_{Ed}$ der Bemessungswert der Einwirkungen auf das Tragwerk;
$\alpha_{cr,s}$ der Faktor, mit dem der Bemessungswert der Einwirkung erhöht werden müsste, um die ideale Verzweigungslast für das Gesamtstabilitätsversagen in der Ebene für eine Knickbiegelinie am verschieblichen System zu erreichen.

Anmerkung: Für die Anwendung der Bedingungen (7.1) und (7.2) bei einer Tragwerksberechnung nach der Plastizitätstheorie, siehe 7.4.3.

(6) In den folgenden Fällen dürfen die Einflüsse nach Theorie II. Ordnung infolge Biegedrillknicken bei der Tragwerksberechnung und den zugehörigen Nachweisen vernachlässigt werden:
– für Querschnitte mit großer Torsionssteifigkeit, wie zum Beispiel Hohlquerschnitte oder geschweißte Hohlkästen;
– bei einfach-symmetrischen und doppelt-symmetrischen Querschnitten, wenn nur Biegemomente um die schwache Achse wirken;
– wenn der Druckgurt seitlich ausreichend gehalten ist, siehe Anhang D;
– wenn der Grenzwert für die bezogene Schlankheit für Biegedrillknicken nach 8.3.2.3(1) eingehalten ist.

### 7.2.2 Art der Tragwerksberechnung in Abhängigkeit von der Nachweisführung im Grenzzustand der Tragfähigkeit

(1) Die Art der Tragwerksberechnung (nach Theorie I. oder II. Ordnung unter Berücksichtigung von Imperfektionen) ist in der Regel in Übereinstimmung mit den Anforderungen des Querschnittsnachweises in 8.2 und des Stabilitätsnachweises für Bauteile nach 8.3 zu führen.
(2) Abhängig von der Art des Bauwerks und dem Umfang der Tragwerksberechnung sind Imperfektionen und Einflüsse nach Theorie II. Ordnung in der Regel nach einem der folgenden Verfahren zu berücksichtigen.
a) vollständig im Rahmen der Tragwerksberechnung;
b) teilweise im Rahmen der Tragwerksberechnung und teilweise als Einzelstabnachweis für das Biegeknicken/Biegedrillknicken nach 8.3;
c) durch den Ersatzstabnachweis für das Biegeknicken nach 8.3 auf der Grundlage von Knicklängen entsprechend der Knickbiegelinie bzw. Eigenform des Gesamttragwerks.

Anmerkung 1: Für Drillknicken und Biegedrillknicken unter Normalkraft, siehe 8.3.1.4.

Anmerkung 2: Berechnungsformeln für ideale Verzweigungslasten sind in CEN/TR 1993-1-103, Eurocode 3 – Bemessung und Konstruktion von Stahlbauten – Teil 1-103: Ideale Verzweigungslasten von Bauteilen bereitgestellt.

(3) Nachweise für den Grenzzustand der Tragfähigkeit dürfen nach einem im Folgenden mit M0, M1, M2, M3, M4, M5 oder EM bezeichneten Verfahren unter Berücksichtigung der in (4) bis (9) definierten Anwendungsgrenzen geführt werden. Genauere Verfahren dürfen immer anstelle von einfachen Verfahren angewandt werden.

Anmerkung: Die Verfahren M0, M1, M2, M3, M4 und M5 sind entsprechend ihrer Komplexität aufsteigend nummeriert. Verfahren M0 ist das einfachste Verfahren und Verfahren M5 das aufwendigste. Das Ablaufdiagramm in Bild 7.3 gibt einen Überblick über die Anwendung der Verfahren.

(4) Verfahren M0:
Falls Einflüsse nach Theorie II. Ordnung vernachlässigt werden dürfen, da die Bedingungen in 7.2.1(4) und 7.2.1(5) erfüllt sind, und Biegedrillknicken gemäß 7.2.1(6) vernachlässigt werden darf, dann
– darf der Querschnittsnachweis nach 8.2 auf der Grundlage von Schnittgrößen nach Theorie I. Ordnung geführt werden;
– ein Stabilitätsnachweis für den einzelnen Stab nach 8.3 ist nicht erforderlich;
– Imperfektionen müssen bei der Tragwerksberechnung nicht berücksichtigt werden.

(5) Verfahren M1:
Falls Einflüsse nach Theorie II. Ordnung vernachlässigt werden dürfen, da die Bedingungen in 7.2.1(4) und 7.2.1(5) erfüllt sind, aber Biegedrillknicken gemäß 7.2.1(6) nicht vernachlässigt werden darf, dann
– darf der Querschnittsnachweis nach 8.2 auf der Grundlage von Schnittgrößen nach Theorie I. Ordnung geführt werden;
– ist ein Stabilitätsnachweis für den einzelnen Stab aus der Ebene nach 8.3 erforderlich; er darf aber mit Schnittgrößen nach Theorie I. Ordnung geführt werden;
– Imperfektionen müssen bei der Tragwerksberechnung nicht berücksichtigt werden.

(6) Verfahren M2:
Falls Einflüsse nach Theorie II. Ordnung für Biegeknicken des Bauteils nicht vernachlässigt werden dürfen (d. h., die Bedingung in 7.2.1(4) ist nicht erfüllt), aber Einflüsse nach Theorie II. Ordnung aus dem Gesamt-

des Nationalen Anhangs die Verfahren der Plastizitätstheorie unter Anwendung von Fließgelenken auch auf Stähle höher als S460 anzuwenden. Eine ähnliche Öffnungsklausel gibt es auch in prEN 1993-1-8:2020 [83] für die Anwendung von Anschlüssen mit Stählen bis zu S700 und der Lage eines Fließgelenkes im Anschluss.

**Stabilitätsnachweise**

Bei der Zuordnung der Knickspannungslinien in Tabelle 8.3 wurde die Spalte für S460 auf Stähle bis S700 (einschließlich) ergänzt. Dabei geht man davon aus, dass ähnlich wie für S460 ein günstiger Effekt durch die Eigenspannungen gegenüber den übrigen Stahlsorten vorliegt. Erfahrungen zeigen, dass das Eigenspannungsniveau mehr durch die Dehnung während der Erwärmungsvorgänge beim Walzen oder beim Schweißen bestimmt wird als durch die absolute Festigkeit des Werkstoffs. Die bisherigen Erkenntnisse reichen aber nicht aus, um gegenüber der Stahlsorte S460 ein noch günstigeres Knickspannungsverhalten zu rechtfertigen. Insgesamt kann man durch die Integration und Erweiterung der Regeln für hochfeste Stähle bis S700 in prEN 1993-1-1:2020 davon ausgehen, dass die Anwendung dieser Stähle mehr als Normalität betrachtet wird und sich damit für den Stahlbau neue Möglichkeiten eröffnen.

# 5 Vorgehen bei der Schnittgrößenermittlung in Abhängigkeit der Nachweisverfahren

## 5.1 Neuer Normentext aus prEN 1993-1-1:2020 [81], Auszug aus 7.2 mit Auszügen aus 7.3.4

**7.2.1 Berücksichtigung der Einflüsse nach Theorie II. Ordnung**

(1) Die Schnittgrößen dürfen im Allgemeinen entweder nach:
- Theorie I. Ordnung, ausgehend vom unverformten Tragwerk, oder nach
- Theorie II. Ordnung, unter Berücksichtigung des Einflusses der Tragwerksverformungen

ermittelt werden.

(2) Die Einflüsse der Tragwerksverformungen (Einflüsse nach Theorie II. Ordnung) sind in der Regel zu berücksichtigen, wenn sie zu einer Vergrößerung der Schnittgrößen und Verformungen führen, die nicht mehr vernachlässigbar sind, oder dadurch das Tragverhalten maßgeblich verändert wird.

(3) Eine Berechnung nach Theorie II. Ordnung ist nicht erforderlich, wenn die Bedingungen (7.1) und (7.2) erfüllt sind.

(4) Wenn die Bedingung (7.1) erfüllt ist, dürfen die Einflüsse nach Theorie II. Ordnung für Biegeknicken des Bauteils in und aus der Ebene bei der Tragwerksberechnung vernachlässigt werden.

$$\alpha_{cr,ns} = \frac{F_{cr,ns}}{F_{Ed}} \geq k_0 \quad (7.1)$$

mit:

$F_{cr,ns}$ die kleinste ideale Verzweigungslast des einzelnen Bauteils für eine Knickbiegelinie, entweder in oder aus der Ebene, am seitlich unverschieblichen System. Drillknicken oder Biegedrillknicken werden nicht berücksichtigt;

$F_{Ed}$ der Bemessungswert der Einwirkungen auf das Tragwerk;

$\alpha_{cr,ns}$ der Faktor, mit dem der Bemessungswert der Einwirkung erhöht werden müsste, um die ideale Verzweigungslast für eine Knickbiegelinie, entweder in oder aus der Ebene, am seitlich unverschieblichen System zu erreichen.

Anmerkung 1: Der Wert von $k_0$ ist 25, es sei denn, der Nationale Anhang gibt für die Anwendung in einem Land einen anderen Wert an.

Anmerkung 2: Für das Biegeknicken eines Tragwerks kann zwischen Knickbiegelinien am verschieblichen oder unverschieblichen System unterschieden werden, siehe Bild 7.1. Typisch für Knickbiegelinien an verschieblichen Systemen ist das Auftreten größerer seitlicher Verformungen an den Bauteilenden.

Anmerkung 3: Für die Anwendung von Gleichung (7.1) bei Tragwerksberechnung nach der Plastizitätstheorie, siehe 7.4.3.

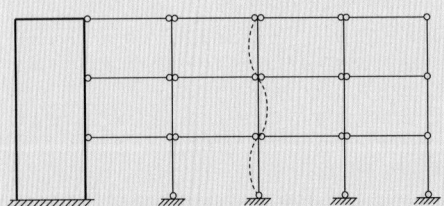

a) Knickbiegelinie der einzelnen Bauteile am seitlich unverschieblichen Tragwerk

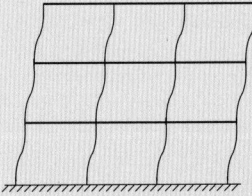

b) Knickbiegelinie bei Gesamtstabilitätsversagen eines verschieblichen Tragwerks

**Bild 7.1.** Knickbiegelinien von verschieblichen und unverschieblichen Tragwerken

$$N_{u,Rd} = \frac{k \cdot A_{net} \cdot f_u}{\gamma_{M2}} \quad (12)$$

mit

k = 1,0 für Querschnitte mit glatten Löchern (d. h. Löcher ohne Kerben), z. B. Löcher, die durch Bohren oder Wasserstrahlschneiden hergestellt wurden

k = 0,9 für Querschnitte mit kantigen Löchern (d. h. Löcher mit Kerben), z. B. Löcher, die durch Stanzen oder Brennschneiden hergestellt wurden

k = 0,9 für ermüdungsbeanspruchte Konstruktionen

Anstelle eines pauschalen Abminderungsfaktors von 0,9 und eines eigenen Teilsicherheitsbeiwerts $\gamma_{M12}$, wie es [33] für hochfeste Stähle bis S700 noch vorsah, kann für normale Lochquerschnitte grundsätzlich auf diese Abminderung verzichtet werden und nur für gekerbte Lochränder oder im Fall von Ermüdung muss eine solche Abminderung angesetzt werden. Dabei wird kein Unterschied zwischen den verschiedenen Stahlsorten gemacht. Da für hochfeste Stähle durch den geringen Abstand zwischen Streckgrenze $f_y$ und Zugfestigkeit $f_u$ dieser Nachweis sehr ungünstig war, ist das eine wichtige Verbesserung der Anwendbarkeit von hochfesten Stählen.

**Anwendung der Plastizitätstheorie**

Eine Einschränkung liegt für hochfeste Stähle über S460 für die Tragwerksberechnung nach der Plastizitätstheorie unter Anwendung der Fließgelenktheorie vor. Während die plastische Berechnung von Tragwerken aus normalfestem Stahl bis einschließlich S460 auf der Grundlage der Fließgelenktheorie und unter Berücksichtigung linear-elastischen, ideal-plastischen Spannungs-Dehnungs-Verhaltens erfolgen darf, siehe 7.4.1 (3), muss die entsprechende Berechnung von hochfesten Konstruktionen nach Abschnitt 7.4.3(7) des Entwurfs auf der Grundlage der Fließzonentheorie unter Berücksichtigung von Teilplastizierungen erfolgen. Im Unterschied zur Tragwerksberechnung nach der Elastizitätstheorie sind für die Tragwerksberechnung nach der Plastizitätstheorie Voraussetzungen genannt, siehe 7.4.1(3). Wenn diese nicht eingehalten werden, ist folgerichtig eine Berechnung nach der Elastizitätstheorie durchzuführen. Die Forderung nach Rotationskapazität an den Stellen mit Fließgelenken soll gewährleisten, dass die angenommene plastische Schnittgröße, z. B. das plastische Moment im Stützquerschnitt eines Durchlaufträgers, auch bei Eintreten einer plastischen Verformung mindestens in dieser Größe aufrechterhalten werden kann. Es muss sich also ein Fließgelenk bilden und plastische Verformungen müssen ausgeführt werden können. Zur Rotationskapazität oder -fähigkeit geben die Erläuterungen [59] weitere Informationen. Neben grundsätzlichen Anforderungen an die Duktilität des Werkstoffs, siehe oben, gehören hierzu gewisse Voraussetzungen für die Bauteilschlankheit oder Beul-

gefährdung der Querschnittsteile, konkret die Anforderung nach Querschnitten der Klasse 1, wie sie im Rahmen der Querschnittsklassifizierung in prEN 1993-1-1:2020, Kapitel 7.5 zugeordnet sind, vgl. Abschnitt 2 dieses Beitrags.

Im Unterschied zu DIN 18800 [27] werden die Verfahren der Berechnung nach der Plastizitätstheorie in prEN 1993-1-1:2020 [81] stärker differenziert. So wird unterschieden zwischen

– dem Fließgelenkverfahren, das konzentriert Fließgelenke in plastizierten Stabquerschnitten oder Anschlüssen annimmt, siehe 7.4.3 (1) (a),
– einer nichtlinearen plastischen Berechnung, die die Teilplastizierung von Stabquerschnitten in plastischen Zonen verfolgt (Fließzonentheorie), siehe 7.4.3 (1) (b).

Im Fall des Fließgelenkverfahrens wird unterschieden zwischen dem sog. starr-plastischen Verfahren, das der üblichen Fließgelenktheorie Theorie I. Ordnung entspricht, aber das elastische Verhalten zwischen den Fließgelenken vernachlässigt, siehe 7.4.3 (5), und der Fließgelenktheorie II. Ordnung nach 7.4.3 (6).

Daneben besteht also die Möglichkeit, eine nichtlineare plastische Berechnung nach der Fließzonentheorie unter Einsatz von FEM-Modellen zu wählen, siehe hierzu z. B. prEN 1993-1-14 [82]. Das kann bedeuten, dass einige der Einschränkungen, die für die Tragwerksberechnung nach der Plastizitätstheorie unter Anwendung von Fließgelenken gesetzt sind, wie z. B. nach Abs. 7.4.3(4), bei genauer Berücksichtigung des Werkstoffverhaltens nicht angewandt werden müssen. So können zum Beispiel durch Berechnungen nach der Fließzonentheorie, die ein genaues nichtlineares Werkstoffmodell beinhalten, auch Dehnungen und Dehnungsbeschränkungen beachtet werden, die pauschale Rotationsanforderungen (wie sie hinter der Forderung nach Querschnitten der Klasse 1 stecken) möglicherweise überflüssig machen.

Die Tragwerksberechnung nach der Plastizitätstheorie bedingt für hochfeste Baustähle somit i. Allg. die Anwendung numerischer Simulationsmethoden, i. d. R. der Finite-Elemente-Methode. Regelungen für die Tragwerksberechnung mit der Finite-Elemente-Methode einschließlich Hinweisen zur Modellierung, Verifikation und Validierung von Simulationsmodellen, Spannungs-Dehnungs-Beziehungen zur Analyse sowie zu berücksichtigenden Imperfektionen wird der neue Teil 1-14 der EN 1993 [82] enthalten. Die Tragwerksberechnung muss dabei ggf. Stabilitätseinflüsse berücksichtigen. Bei der Anwendung der Finite-Elemente-Methode führt man die Tragwerksberechnung jedoch meistens von vornherein nach Theorie II. Ordnung oder der geometrisch nichtlinearen Theorie unter Berücksichtigung geometrischer Ersatzimperfektionen oder der Kombination von geometrischen Imperfektionen und Eigenspannungen durch. Die spezifische Überprüfung eines Stabilitätseinflusses entfällt in diesem Fall.

Auf Wunsch einzelner Länder ist mit der Anmerkung unter 7.4.1(3) die Möglichkeit geschaffen, im Rahmen

(5) Falls die Tragwerksberechnung unter Berücksichtigung von Fließgelenken erfolgt und die Einflüsse der Theorie II. Ordnung vernachlässigt werden können (siehe 7.2.1(4) und 7.2.1(5)), darf das starr-plastische Fließgelenkverfahren mit Vernachlässigung des elastischen Verhaltens zwischen den Gelenken angewendet werden. In diesem Falle werden die Anschlüsse nur nach ihrer Festigkeit klassifiziert, siehe EN 1993-1-8.

(6) Falls die Tragwerksberechnung unter Berücksichtigung von Fließgelenken erfolgt und die Einflüsse der Theorie II. Ordnung berücksichtigt werden müssen, ist eine elastisch-plastische Tragwerksberechnung erforderlich. Die Einflüsse des verformten Systems und die Stabilität des Tragwerks sind in der Regel nach den Grundsätzen in 7.2 nachzuweisen.
Für die Tragwerksberechnung nach der Plastizitätstheorie sind in der Regel die Bedingungen (7.1) und (7.2) für das System vor der Ausbildung des letzten Fließgelenkes zu prüfen oder es ist für jedes einzelne Teilsystem entlang der Bildung der Fließgelenkkette bis zum Erreichen der Bemessungslasten zu prüfen, ob die Bedingungen erfüllt sind.

Anmerkung: Die maximale Tragfähigkeit kann bei verformungsempfindlichen Tragwerken bereits erreicht werden, bevor sich die vollständige Fließgelenkkette nach Theorie I. Ordnung gebildet hat.

(7) Werden Stahlgüten höher als S460 verwendet, sollte die Tragwerksberechnung nach der Plastizitätstheorie Teilplastizierungen in Fließzonen nach dem Verfahren in (1) b) berücksichtigen.

(8) Falls die Tragwerksberechnung unter Berücksichtigung von Teilplastizierungen in Fließzonen erfolgt, siehe (1) b):
– Regelungen für die Tragwerksberechnung mit der Finite-Elemente-Methode sind EN 1993-1-14 zu entnehmen;
– Stahlgüten höher als S460 dürfen unter der Voraussetzung genutzt werden, dass Spannungs-Dehnungsbeziehungen mit Dehnungsbegrenzung berücksichtigt werden und, falls notwendig, auch die Einflüsse von lokalen Beulimperfektionen nach EN 1993-1-14 berücksichtigt werden.

(9) Im Falle von nichtlinearem Werkstoffverhalten dürfen die Schnittgrößen durch inkrementelle Laststeigerung an die für die jeweilige Bemessungssituation zu berücksichtigenden Bemessungslasten bestimmt werden. Bei dieser inkrementellen Annäherung sollte jede ständige oder veränderliche Einwirkung proportional erhöht werden.

## 4.2 Aktuelle Regelungen

Der Anwendungsbereich der aktuellen DIN EN 1993-1-1 [32] beinhaltet Baustähle mit Güten bis S460. Der Entwurf prEN 1993-1-1:2020 [81] erweitert den Anwendungsbereich auf hochfeste Stähle bis einschließlich S700. Die Erweiterung war aufgrund gewonnener Erkenntnisse und Erfahrungen im Einsatz höherfester Baustähle möglich. Sie unterstützt und fördert deren Verwendung. Die Bemessung höchstfester Baustähle mit nominellen Streckgrenzen über 700 N/mm² ist nicht Bestandteil des Entwurfs prEN 1993-1-1:2020 [81]. Entsprechende zusätzliche Regeln für die Anwendung der EN 1993 auf höchstfeste Baustähle bleiben einem zukünftigen neuen Teil 1-12 vorbehalten.

Die Erweiterung des Anwendungsbereichs erfolgte im Wesentlichen aufgrund der ergänzenden Regeln der jetzigen DIN EN 1993-1-12 [33]. Zusätzlich kamen Weiterentwicklungen durch neue Forschungserkenntnisse hinzu.

Ergänzungen gibt es vor allem im Abschnitt 5 Werkstoffe, im Abschnitt 7.4 zur Anwendung der Plastizitätstheorie und zu den Stabilitätsnachweisen in Abschnitt 8.3.

### Werkstoffe

Die Integration hochfester Stähle in den Entwurf prEN 1993-1-1:2020 erforderte zunächst eine Erweiterung und Anpassung des Abschnitts 5 Werkstoffe (s. Abschnitt 3). Neben der Ergänzung der entsprechenden Stahlsorten sowie Nennwerten der Streckgrenze $f_y$ und der Zugfestigkeit $f_u$ in den Tabellen 5.1 und 5.2 wurde eine Modifikation der Anforderungen an die Duktilität in Abs. 5.2.2 vorgenommen. Neben den aus der aktuellen DIN EN 1993-1-1 bekannten Anforderungen an das Mindestverhältnis $f_u/f_y$ von 1,10 sowie an die Bruchdehnung von mindestens 15% für eine Tragwerksberechnung nach der Plastizitätstheorie gibt es neu entsprechende Anforderungen auch für eine Tragwerksberechnung nach der Elastizitätstheorie, vgl. Abschnitt 4.1. Das entsprechende Mindestverhältnis $f_u/f_y$ von 1,05 wurde aus dem aktuellen Teil 1-12 [33] übernommen, die Anforderung an die Mindestbruchdehnung konnte auf der Grundlage von schädigungsmechanischen Ansätzen [44, 45] auf 12% erhöht werden. Für Erzeugnisse aus Stahlsorten bis einschließlich S460 nach den Tabellen 5.1 und 5.2 darf davon ausgegangen werden, dass sie die Mindestanforderungen an die Duktilität für die Tragwerksberechnung nach der Plastizitätstheorie erfüllen. Für die entsprechenden hochfesten Baustähle nach den Tabellen ist keine gesonderte Überprüfung der Duktilitätsanforderungen für die Tragwerksberechnung nach der Elastizitätstheorie erforderlich, siehe 5.2.2 (2).

In engem Zusammenhang mit diesen Anpassungen steht die Vereinfachung des Nachweises für den Nettoquerschnitt, siehe 6.2.3(2) [32] bzw. [33] und 8.2.3(2) [81]:

## 4 Integration hochfester Stähle (bis S700)

### 4.1 Neuer Normentext aus prEN 1993-1-1:2020 [81], 7.4.3

**7.4 Berechnungsmethoden**

**7.4.1 Allgemeines**

(1) Die Schnittgrößen dürfen nach einer der beiden folgenden Verfahren ermittelt werden
a) Tragwerksberechnung nach der Elastizitätstheorie oder
b) Tragwerksberechnung nach der Plastizitätstheorie

Anmerkung: Zu Finite-Elemente(FEM)-Berechnungen siehe EN 1993-1-14

(2) Die Tragwerksberechnung nach der Elastizitätstheorie darf in allen Fällen angewendet werden.

(3) Eine Tragwerksberechnung nach der Plastizitätstheorie darf für Tragwerke mit Bauteilen aus Stahlgüten bis S460 durchgeführt werden und wenn das Tragwerk über ausreichende Rotationskapazität an den Stellen verfügt, an denen sich die Fließgelenke bilden, sei es in Bauteilen oder in Anschlüssen.
An den Fließgelenkstellen in Bauteilen sollte der Bauteilquerschnitt doppelt-symmetrisch oder einfach-symmetrisch mit einer Symmetrieebene in der Rotationsebene des Fließgelenks sein und zusätzlich den in 7.6 festgelegten Anforderungen entsprechen.
Tritt ein Fließgelenk an einem Anschluss auf, sollte der Anschluss entweder ausreichende Festigkeit haben, damit sich das Fließgelenk im Bauteil bildet, oder er sollte seine plastische Festigkeit über eine ausreichende Rotation beibehalten können, siehe EN 1993-1-8.

Anmerkung: Regelungen für die Tragwerksberechnung nach der Plastizitätstheorie unter Annahme von Fließgelenken können für Stahlgüten höher als S460 durch den Nationalen Anhang für die Anwendung in einem Land festgelegt werden. In diesem Fall können die relevanten Regelungen wie in 7.4.3 und 8.2.3 entsprechend geändert werden.

(4)B Vereinfachend darf bei nach Elastizitätstheorie berechneten Durchlaufträgern eine begrenzte plastische Momentenumlagerung berücksichtigt werden, wenn die Stützmomente die plastische Momententragfähigkeit um weniger als 15% überschreiten. Die überschreitenden Momentenspitzen dürfen dann im Bauteil umgelagert werden, vorausgesetzt dass
a) die Schnittgrößen des Tragwerks mit den äußeren Einwirkungen im Gleichgewicht stehen;
b) alle Bauteile, bei denen die Momente abgemindert werden, aus Stahlgüten bis S460 bestehen und Querschnitte der Klasse 1 oder 2 (siehe 7.5) aufweisen;
c) Biegedrillknicken verhindert ist, siehe 8.3.5.

**7.4.2 Tragwerksberechnung nach der Elastizitätstheorie**

(1) Bei einer Tragwerksberechnung nach der Elastizitätstheorie ist in der Regel davon auszugehen, dass die Spannungs-Dehnungsbeziehung des Materials in jedem Spannungszustand linear verläuft.

Anmerkung: Bei der Wahl des Modells für verformbare Anschlüsse, siehe 7.1.2.

(2) Schnittgrößen dürfen mit elastischen Berechnungsverfahren ermittelt werden, auch wenn die Querschnittsbeanspruchbarkeiten plastisch ermittelt sind, siehe 8.2.

**7.4.3 Tragwerksberechnung nach der Plastizitätstheorie**

(1) Die Tragwerksberechnung nach der Plastizitätstheorie berücksichtigt die Einflüsse aus nichtlinearem Werkstoffverhalten bei der Ermittlung der Schnittgrößen. Die Tragwerksberechnung sollte nach einer der beiden Verfahren erfolgen:
a) Fließgelenkverfahren: das nichtlineare Werkstoffverhalten konzentriert sich auf voll plastizierte Querschnitte in den Fließgelenken und/oder Anschlüssen, die als Fließgelenke wirken;
b) Fließzonenverfahren: die Teilplastizierung von Bauteilen in Fließzonen wird explizit berücksichtigt

(2) Eine Tragwerksberechnung nach der Plastizitätstheorie darf durchgeführt werden, wenn genügend seitliche Lagerungen in dem Bereich von Querschnitten vorgesehen sind, wo sich unter den Bemessungslasten ein Fließgelenk oder eine Fließzone entwickeln kann, siehe 8.3.5.

(3) Für Stahlgüten bis S460 darf die bi-lineare Spannungs-Dehnungsbeziehung nach Bild 7.9 verwendet werden.

(4) Falls die Tragwerksberechnung unter Berücksichtigung von Fließgelenken erfolgt, siehe (1) a):
– So dürfen nur Stahlgüten bis S460 (einschließlich) und Stähle, die die Bedingungen in 5.2.2 a) erfüllen, verwendet werden;
– Eine Tragwerksberechnung nach der Plastizitätstheorie darf nur durchgeführt werden, wenn die Bauteile (oder Anschlüsse) in der Lage sind, genügende Rotationskapazitäten zu entwickeln, um die erforderliche Momentenumlagerung durchzuführen, siehe 7.5 und 7.6.

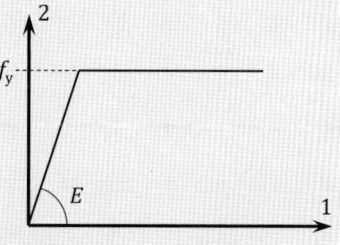

Bezeichnungen: 1 Dehnung
2 Spannung

**Bild 7.9.** Bi-lineare Spannungs-Dehnungsbeziehung

aller produzierten Stahlbauprodukte aus S355 in der rechnerischen Auswertung der Teilsicherheitsfaktoren nach DIN EN 1990 Anhang D eine Festigkeit unterhalb des nominellen Wertes angenommen.

2. Gleichzeitig zeigt Tabelle E.2 aber auch, dass bei den geometrischen Kennwerten eine relativ häufige *Unterschreitung* der nominellen Werte aus den Produktnormen und Herstellerkatalogen vorausgesetzt wurde. Dies spiegelt die Tatsache wider, dass bei den Nachweisen laut Eurocode 3 zwar die nominellen Abmessungen herangezogen werden, diese aber innerhalb des Toleranzbandes für die geometrischen Abmessungen nicht einem unteren, sondern eher einem mittleren Wert entsprechen. Für einzelne geometrische Kennwerte, so z. B. für die Flanschdicke von I-Profilen, muss sogar im Mittel von einer leichten Unterschreitung des nominellen Wertes ausgegangen werden.

Diese Festlegungen in den Tabellen E.1 und E.2 wurden beim Projekt SAFEBRICTILE im Zuge einer extensiven Sammlung von Herstellungsdaten beobachtet; sie bestätigen damit auch die in vielen Versuchsreihen und Publikationen ermittelten Tendenzen bezüglich der Festigkeits- und Geometriewerte von Stahlbauprodukten.

Für die Hersteller dieser Produkte sind allenfalls auch die äußeren beiden Spalten der Tabellen E.1 und E.2 von Interesse, da diese einer Überprüfung der Konformität der eigenen Produktionsdaten mit den Annahmen im Anhang E dienen können. Die angegebenen „unteren Referenzwerte" $X_{5\%}$ und $X_{0,12\%}$ sind dabei untere statistische Fraktile der angenommenen, log-normalverteilten Streugrößen. Typischerweise sind diese niedrigen Fraktile für die Höhe des Bemessungswiderstands bestimmend, unabhängig von der tatsächlichen Verteilung der Kenngröße, welche in Wirklichkeit nicht unbedingt log-normalverteilt streuen muss. Für die Überprüfung der Konformität von Produktionsdaten ist es daher deutlich zielführender und einfacher, die Einhaltung dieser unteren Fraktile zu überprüfen als die Einhaltung der Mittelwerte und Variationskoeffizienten. Erstere sind für praktische Belange ausreichend unempfindlich auf die tatsächliche Verteilung der Streugröße, während die Aussagekraft von Mittelwerten und Variationskoeffizienten für die bemessungsbestimmenden unteren Fraktilwerte direkt mit der Verteilungsfunktion zusammenhängt.

Der grundsätzliche Gedanke bei der Überprüfung der Konformität von Produktionsdaten mit den Annahmen aus Anhang E ist in Bild 14 schematisch dargestellt. Wie im Bild gezeigt wird, ist es bei dieser Überprüfung von Bedeutung, dass beide angegebenen Referenzwerte durch die entsprechenden Fraktile der tatsächlich produzierten Streugröße überschritten werden. Nur dadurch wird konsistent sichergestellt, dass eine genügend hohe Anzahl an Realisierungen der Streugröße (z. B. Werte der Streckgrenze in Blechen) außerhalb des für die Bemessung kritischen, unteren Bereiches liegen.

Abschließend soll nochmals betont werden, dass der Anhang E informativen Charakter hat und vorwiegend der Überprüfung von Grundlagen durch nationale Normenausschüsse und Unternehmen der Stahlproduktion dienen soll. Im Zuge weiterführender, normativer Arbeiten im CEN auf Ebene der Komitees TC250 (Eurocodes) und TC103 (Stahlprodukte) wird jedoch in näherer Zukunft beabsichtigt, die Verbindung zwischen den Grundlagen der Bemessungsregeln der Eurocodes und den Produktnormen des Stahlbaus zu vertiefen. Anhang E bietet hierfür eine passende Grundlage.

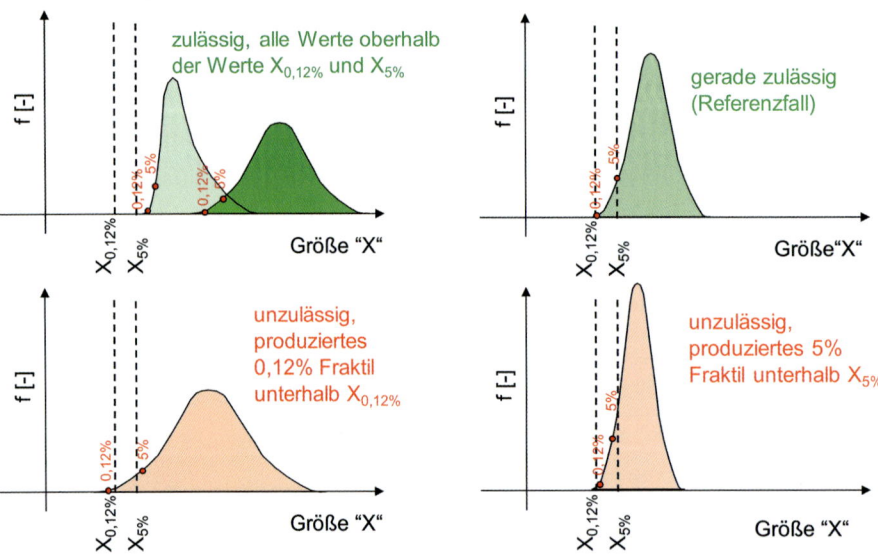

**Bild 14.** Schematische Darstellung der Überprüfung der Konformität von Produktionsdaten auf Konformität mit den Annahmen in Anhang E durch Kontrolle der 0,12%- und 5%-Fraktile

1. Verwendung der garantierten Mindestwerte der Streckgrenze $R_{eH}$ bzw. $R_{p0,2}$ sowie $R_m$ aus den angeführten Produktnormen als nominelle bzw. charakteristische Rechenwerte der Streckgrenze $f_y$ und Zugfestigkeit $f_u$. Bei Verwendung dieser Option ist zu beachten, dass die Produktnormen eine relativ feine Unterteilung der garantierten Mindestwerte in Funktion der Blech- bzw. Bauteildicke beinhalten, die dann entsprechend in der Bemessung zu beachten ist. Zudem ist dadurch für die bemessenden Ingenieure eine Hinzunahme der spezifischen Produktnormen zwingend erforderlich, da die entsprechenden Festigkeitswerte für diese Option nicht in prEN 1993-1-1:2020 selbst angeführt werden.
2. Verwendung der vereinfachten Tabellen 5.1 und 5.2, welche eine gröbere, und in gewissen Bereichen etwas günstigere, Einteilung der anzusetzenden Festigkeitswerte in Funktion der Blech- oder Bauteildicke enthält. Die Verwendung dieser Option ist in Deutschland seit Jahren etabliert und birgt Vorteile für die praktische Anwendung. Zu beachten ist allerdings, dass die günstigeren Festigkeitswerte bei gewissen Blechdicken zu einer schlechteren Bewertung der Zuverlässigkeit der EC3-Bemessungsregeln entsprechend DIN EN 1990 führt, wodurch bei Wahl dieser Option etwas höhere Teilsicherheitsbeiwerte $\gamma_{M1}$ für Bauteilnachweise angesetzt werden müssen.

Letzterer Punkt ist von Relevanz für die Umsetzung der prEN 1993-1-1:2020 im Zuge der Erstellung der zukünftigen Nationalen Anhänge durch die entsprechenden Spiegelausschüsse, bei welchen die Festlegung sicherheitsrelevanter Aspekte von besonderer Bedeutung ist. Mit dem Ziel, den Spiegelausschüssen die Bewertung dieser sicherheitsrelevanten Aspekte zu erleichtern und der allgemeinen Nutzerschaft des Eurocodes die den europäisch empfohlenen Sicherheitsfaktoren $\gamma_M$ zugrunde liegenden Annahmen zugänglich zu machen, wurde in prEN 1993-1-1:2020 der informative Anhang E inkludiert. Auf diesen Anhang wird nachfolgend detaillierter eingegangen.

### 3.3 Anhang E – Grundlagen der Kalibrierung der Teilsicherheitsfaktoren $\gamma_M$

Durch den neuen Anhang E in prEN 1993-1-1:2020 wurden erstmals direkt in einem Teil der Eurocodes die wichtigsten Annahmen und Prozeduren angegeben, welche der Berechnung der empfohlenen Werte der Teilsicherheitsfaktoren für Widerstände $\gamma_M$ zugrunde lagen. Wie bereits erwähnt ist das „Zielpublikum" dieses Anhangs vorwiegend innerhalb der Spiegelausschüsse der nationalen Normengremien zu finden, welche mit der Erstellung der nationalen Anhänge (NAs) und somit mit der Festlegung der national festgelegten Parameter (NDPs) und insbesondere der national anzuwendenden Sicherheitsfaktoren $\gamma_M$ betraut sind. Zudem soll der Anhang E sowohl den Herstellern wie auch den Anwendern von Stahlprodukten für den konstruktiven Stahlbau Informationen zu den dem Eurocode 3 zugrunde liegenden statistischen Streubänden der geometrischen und mechanischen Produkteigenschaften vermitteln und eine Überprüfung der entsprechenden Produktion auf Übereinstimmung mit diesen Annahmen ermöglichen. Es soll jedoch deutlich betont werden, dass dieser informative Anhang *keinesfalls* als direkte Ausgangslage für Bemessungsaufgaben herangezogen werden sollte, womit kein unmittelbarer Zusammenhang zu den rechnerischen (nominellen) Werten der Festigkeiten bzw. der Geometriewerte der zu bemessenden Stahlbauprodukte aus dem Anhang E abgeleitet werden kann.

Die Grundlagen für die in prEN 1993-1-1:2020 enthaltenen Empfehlungen für die Teilsicherheitsfaktoren $\gamma_{M0}$, $\gamma_{M1}$ und $\gamma_{M2}$ wurden vorwiegend im Zuge des europäischen RFCS-Projektes „SAFEBRICTILE" erarbeitet, siehe [91] und die weiterführenden Referenzen [92] und [96]. Im Zuge dieses Forschungsprojekts wurden die wichtigsten, bereits vorhandenen und neuen Bemessungsregeln aus den Teilen 1-1 und 1-8 des Eurocode 3 bezüglich der Konsistenz des Zuverlässigkeitsniveaus und der entsprechenden Annahmen untersucht. Gleichzeitig wurde ein umfassendes, für alle wichtigsten Anwendungsfälle im Stahlbau anwendbares Verfahren zur Bestimmung der erforderlichen Teilsicherheitsfaktoren $\gamma_M$ erarbeitet. Damit konnte im Projekt SAFEBRICTILE die Grundlage für eine konsistente Bestimmung und Überprüfung der Teilsicherheitsfaktoren gelegt werden. Zusätzliche Hintergrundinformationen zur Notwendigkeit der Festlegung von statistischen Streubereichen für die allgemeine Festlegung der Sicherheitsfaktoren $\gamma_M$ finden sich im Dokument [80], welches von einer speziell zur Überprüfung der Teilsicherheitsfaktoren einberufenen Ad-hoc-Gruppe innerhalb des CEN TC250 Sub-Committee 3 (Eurocode 3) erarbeitet wurde.

Demnach enthalten die Tabellen E.1 und E.2 statistische Kennwerte der Verteilungen der angenommenen Festigkeiten und Geometriewerte, welche der Bestimmung bzw. Überprüfung der erforderlichen Teilsicherheitsfaktoren $\gamma_{M0}$, $\gamma_{M1}$ und $\gamma_{M2}$ für die Anwendung der Bemessungsregeln in prEN 1993-1-1:2020 zugrunde gelegt wurden. Für die Anwender des Eurocodes 3 sind dabei zunächst die folgenden zwei Punkte von gewissem Interesse:

1. Die in Tabelle E.1 angegebenen Streuparameter der Festigkeitskennwerte zeigen, dass den relativ niedrigen empfohlenen Werten der Teilsicherheitsfaktoren $\gamma_{M0}$ und $\gamma_{M1}$, welche sich auf Versagensfälle mit direktem Bezug zur Streckgrenze beziehen, auch eine entsprechend hohe „statistische Überfestigkeit" bei gleichzeitig geringer Streuung zugrunde liegt. So wurde zum Beispiel bei der Bestimmung der Teilsicherheitsfaktoren $\gamma_{M0}$ und $\gamma_{M1}$ für den Stahl S355 vorausgesetzt, dass die Streckgrenze im Mittel der gesamten in Europa zum Einsatz kommenden Produktion 20% höher liegt als der in den Produktnormen spezifizierte Mindestwert $R_{eH,min}$, bei gleichzeitig geringer Streuung (Variationskoeffizient von 5%). Dadurch wurde – unter Voraussetzung log-normalverteilter Größen – für deutlich weniger als 1/1000

**Tabelle E.2.** Angenommene Streuung der Querschnittsdimensionen

| Dimensionstyp | Parameter | Mittelwert $X_m$ | Variations-koeffizient | Oberer Referenzwert $X_{5\%}$ | Unterer Referenzwert $X_{0,12\%}$ |
|---|---|---|---|---|---|
| Äußere Querschnitts-abmessungen | Höhe $h$ | $1,0\ h_{nom}$ [a] | 0,9% | $0,98\ h_{nom}$ [a] | $0,97\ h_{nom}$ [a] |
| | Breite $b$ | $1,0\ b_{nom}$ [a] | 0,9% | $0,98\ b_{nom}$ [a] | $0,97\ b_{nom}$ [a] |
| | Außendurchmesser $d$ von runden Hohlprofilen | $1,0\ d_{nom}$ [a] | 0,5% | $0,99\ d_{nom}$ [a] | $0,98\ d_{nom}$ [a] |
| Dicke | Gewalzte und geschweißte I- und H-Querschnitte: Flanschdicke $t_f$ | $0,98\ t_{f,nom}$ [a] | 2,5% | $0,95\ t_{f,nom}$ [a] | $0,91\ t_{f,nom}$ [a] |
| | Gewalzte und geschweißte I- und H-Querschnitte: Stegdicke $t_w$ | $1,0\ t_{w,nom}$ [a] | 2,5% | $0,96\ t_{w,nom}$ [a] | $0,93\ t_{w,nom}$ [a] |
| | Warmgewalzte (nahtfrei) oder geschweißte Stahlbauhohlprofile: Wanddicke $t$ | $0,99\ t_{nom}$ [a] | 2,5% | $0,95\ t_{nom}$ [a] | $0,92\ t_{nom}$ [a] |
| | Kaltgeformte Profile aus Bandmaterial oder Blechen: Wanddicke | $0,99\ t_{nom}$ [a] | 2,5% | $0,95\ t_{nom}$ [a] | $0,92\ t_{nom}$ [a] |
| | Andere geschweißte Querschnitte aus dicken Stahlplatten: Blechdicke $t$ | $0,99\ t_{nom}$ [a] | 2,5% | $0,95\ t_{nom}$ [a] | $0,92\ t_{nom}$ [a] |

[a] Nominelle Abmessungen entsprechend der gültigen Produktnorm oder -spezifikation.

## 3.2 Allgemeines

Abschnitt 5 der prEN 1993-1-1:2020 enthält die Festlegungen zu den durch die Bemessungsregeln der Norm anwendbaren Stahlgüten mit Angabe der entsprechenden Produktnormen, den spezifischen Anforderungen, welche an die Duktilität dieser Werkstoffe gestellt werden, sowie den bei der Bemessung anzusetzenden mechanischen Kennwerten. Gegenüber dem entsprechenden Abschnitt in der derzeit gültigen DIN EN 1993-1-1 wurden folgende Neuerungen eingeführt:

– Die Liste der anwendbaren Stahlgüten wurde erweitert. Zum einen erfolgte die in Kapitel 4 detaillierte beschriebene und begründete Erweiterung auf hochfeste Stähle bis zur Stahlgüte S700. Zum anderen werden nun sämtliche Stähle der Einzelteile der Normenreihen DIN EN 10025, DIN EN 10149, DIN EN 10210 und DIN EN 10219 als den Bemessungsregeln des Eurocodes entsprechend deklariert, ohne weitere Einschränkungen auf speziell angeführte Stahlgüten.

– Die gegenüber den Produktnormen vereinfachte Angabe von Festigkeitswerten für die rechnerischen Nachweise der Tragfähigkeit in den Tabellen 5.1 und 5.2 stellt ebenfalls eine Erweiterung der bislang in DIN EN 1993-1-1 enthaltenen Werte dar. So wurden in Tabelle 5.2 auch Kennwerte für Stähle nach DIN EN 10149 aufgenommen.

– Schließlich wurde durch die Bezugnahme auf den Anhang E in Anmerkung 1 von 5.2.1 ein klarer Zusammenhang zwischen den nominellen Mindestwerten der Streckgrenze und Zugfestigkeit, welche in der Bemessung als charakteristische Festigkeitswerte anzusetzen sind, und dem Hintergrund der anzusetzenden Teilsicherheitsfaktoren $\gamma_M$ bei den Widerständen hergestellt. Dabei wird berücksichtigt, dass einzelne Länder sich bei der Festlegung der bei der Bemessung anzusetzenden Festigkeitswerte für eine der folgenden beiden Optionen entscheiden können:

## E.2 Kalibration

(1) Die Werte der Teilsicherheitsbeiwerte für Bauwerke in 8.1 sind für einen Zuverlässigkeitsindex gleich 3,8 bei einem Bezugszeitraum von 50 Jahren mit variablen Beanspruchungen und Materialeigenschaften sowie Annahme des widerstandsseitigen Wichtungsfaktors zu $\alpha_R = 0{,}8$ kalibriert.

(2) Die Bemessungswerte des Widerstands $R_d$ in EN 1993-1-1 sind als Quotient des nominellen Widerstands mit dem Teilsicherheitsbeiwert $\gamma_{Mi}$ definiert. Der nominelle Widerstand wird dabei mit den nominellen Werten für alle Basisvariablen bestimmt, siehe Gleichung E.1.

$$R_d = \frac{R_k}{\gamma_{Mi}} = \frac{R(X_n)}{\gamma_{Mi}} \tag{E.1}$$

(3) Anhang D – „Versuchsgestützte Bemessung" – in EN 1990 wird für die Kalibration von Teilsicherheitsbeiwerten für Bauwerke verwendet. Die angenommenen Streubänder (Mittelwerte, Variationskoeffizienten) für die Materialparameter und die geometrischen Parameter sind in Tabelle E.1 und Tabelle E.2 dokumentiert. Für diejenigen geometrischen Parameter, die nicht explizit in Tabelle E.2 aufgelistet sind, wurde der Mittelwert entsprechend dem nominellen Wert und die Standardabweichung zur Hälfte des Intervalls zwischen dem nominellen Wert und der unteren Grenze des gültigen Toleranzbereichs entsprechend EN 1090-2 oder einer anderen gültigen Produktnorm angenommen.

(4) Streubänder für Parameterwerte $X$ aus der Produktion dürfen im Allgemeinen mit den Annahmen bei der Kalibration der Teilsicherheitsbeiwerte $\gamma_{Mi}$ für Bauwerke übereinstimmend angesehen werden, sofern der charakteristische Wert $X_k$ als auch der Bemessungswert $X_d$ aus der Produktionsstatistik, mit den Referenzwerten $X_{5\%}$ und $X_{0,12\%}$ in Tabelle E.1 und Tabelle E.2 übereinstimmen oder diese übertreffen. Die Werte $X_k$ und $X_d$ der Produktionsstatistik dürfen mit den Methoden in EN 1990 Anhang D bestimmt werden. Die beiden Werte entsprechen den Quantilen mit einer Unterschreitungswahrscheinlichkeit von 5% bzw. 0,12%.

Anmerkung: Die Werte in Tabelle E.1 und E.2 sind repräsentativ für die aktuell auf dem Europäischen Markt verfügbaren Materialien und Produkte in Übereinstimmung mit den Europäischen Produktnormen.

**Tabelle E.1.** Angenommene Streuung der Materialparameter

| Parameter | Stahlgüte | Mittelwert $X_m$ | Variationskoeffizient | Oberer Referenzwert $X_{5\%}$ | Unterer Referenzwert $X_{0,12\%}$ |
|---|---|---|---|---|---|
| Fließgrenze, $f_y$ | S235, S275 | 1,25 $R_{eH,min}$[a] | 5,5% | 1,14 $R_{eH,min}$[a] | 1,06 $R_{eH,min}$[a] |
| | S355, S420 | 1,20 $R_{eH,min}$[a] | 5,0% | 1,11 $R_{eH,min}$[a] | 1,03 $R_{eH,min}$[a] |
| | S460 | 1,15 $R_{eH,min}$[a] | 4,5% | 1,07 $R_{eH,min}$[a] | 1,00 $R_{eH,min}$[a] |
| | S460 und höher | 1,10 $R_{eH,min}$[a] | 3,5% | 1,04 $R_{eH,min}$[a] | 1,00 $R_{eH,min}$[a] |
| Zugfestigkeit, $f_u$ | S235, S275 | 1,20 $R_{m,min}$[a] | 5,0% | 1,11 $R_{m,min}$[a] | 1,03 $R_{m,min}$[a] |
| | S355, S420 | 1,15 $R_{m,min}$[a] | 4,0% | 1,08 $R_{m,min}$[a] | 1,02 $R_{m,min}$[a] |
| | S460 und höher | 1,10 $R_{m,min}$[a] | 3,5% | 1,04 $R_{m,min}$[a] | 1,00 $R_{m,min}$[a] |
| Elastizitätsmodul, $E$ | Alle Stahlgüten | 210000 N/mm² | 3,0% | 200000 N/mm² | 192000 N/mm² |

[a] $R_{eH,min}$ und $R_{m,min}$ sind die untere Fließgrenze $R_{eH}$ und der untere Grenzwert für die Zugfestigkeit $R_m$, entsprechend der gültigen Produktnorm, bspw. aus der Normenreihe EN 10025.

**Tabelle 5.2.** Nennwerte der Streckgrenze $f_y$ und der Zugfestigkeit $f_u$ für warmgewalzte Flacherzeugnisse zum Kaltumformen, entsprechend EN 10149

| Werkstoffnorm, Stahlsorte und -güte | Erzeugnisdicke $t$ [mm] | | | |
|---|---|---|---|---|
| | $t \leq 8$ mm | | 8 mm $< t \leq 20$ mm | |
| | $f_y$ [N/mm²] | $f_u$ [N/mm²] | $f_y$ [N/mm²] | $f_u$ [N/mm²] |
| **EN 10149-2** [a] | | | | |
| S315 MC | 315 | 390 | 315 | 390 |
| S355 MC | 355 | 430 | 355 | 430 |
| S420 MC | 420 | 480 | 420 | 480 |
| S460 MC | 460 | 520 | 460 | 520 |
| S500 MC | 500 | 550 | 500 [b] | 550 [b] |
| S550 MC | 550 | 600 | 550 [b] | 600 [b] |
| S600 MC | 600 | 650 | 600 [b] | 650 [b] |
| S650 MC | 650 | 700 | 630 [b] | 700 [b] |
| S700 MC | 700 | 750 | 680 [b] | 750 [b] |
| **EN 10149-3** [a] | | | | |
| S260 NC | 260 | 370 | 260 | 370 |
| S315 NC | 315 | 430 | 315 | 430 |
| S355 NC | 355 | 470 | 355 | 470 |
| S420 NC | 420 | 530 | 420 | 530 |

a) Nachweis der Kerbschlagarbeit gemäß EN 10149-1, Abschnitt 11, Option 5.
b) $t \leq 16$ mm

### 5.2.2 Anforderungen an die Duktilität

(1)P Eine Mindestduktilität ist erforderlich, die durch Grenzwerte für folgende Kennwerte definiert ist:
- das Verhältnis $f_u/f_y$;
- die auf die Messlänge von $5{,}65\sqrt{A_0}$ bezogene Bruchdehnung (wobei $A_0$ die Ausgangsquerschnittsfläche ist);

Anmerkung: Der Nationale Anhang kann die Grenzwerte festlegen. Folgende Werte werden empfohlen:
a) Für die Tragwerksberechnung nach der Plastizitätstheorie
- $f_u/f_y \geq 1{,}10$;
- Bruchdehnung mindestens 15%.
b) Für die Tragwerksberechnung nach der Elastizitätstheorie
- $f_u/f_y \geq 1{,}05$;
- Bruchdehnung mindestens 12%.

(2) Bei Erzeugnissen aus Stahlsorten nach den Tabellen 5.1 und 5.2 kann davon ausgegangen werden, dass die Mindestanforderungen an die Duktilität für die Tragwerksberechnung nach der Elastizitätstheorie erfüllen. Bei Stählen bis und einschließlich S460 entsprechend den Tabellen 5.1 und 5.2 kann davon ausgegangen werden, dass sie die Mindestanforderungen an die Duktilität für eine Tragwerksberechnung nach der Plastizitätstheorie erfüllen.

### Anhang E Grundlagen für die Kalibrierung von Teilsicherheitsbeiwerten

#### E.1 Zweck dieses informativen Anhangs

(1) In diesem Anhang werden zu den Angaben in 8.1 zusätzliche Informationen zu den Grundlagen für die Kalibrierung von Teilsicherheitsbeiwerten $\gamma_{Mi}$ für Gebäude gegeben. Die Inhalte dieses Anhangs sind nicht für die direkte Verwendung in der Bemessung vorgesehen.

Anmerkung: Angaben zur Verwendung dieses informativen Anhangs können in dem Nationalen Anhang für die Verwendung in einem Land festlegt werden.

## 3 Werkstoffe und Kalibrierung der Teilsicherheitsbeiwerte

### 3.1 Neuer Normentext aus prEN 1993-1-1:2020 [81], 5

**5.1 Allgemeines**

(1) Die Nennwerte der Werkstoffeigenschaften sind in der Regel als charakteristische Werte bei der Bemessung anzunehmen.

(2) Die Entwurfs- und Bemessungsregeln von EN 1993-1-1 gelten für Tragwerke aus Stahl entsprechend den gelisteten Stahlsorten in den Tabellen 5.1 und 5.2 und den folgenden Produktnormen: EN 10025, EN 10149, EN 10210 und EN 10219.

Anmerkung: Der Nationale Anhang gibt Hinweise zur Anwendung von Stahlsorten und Stahlprodukten.

(3)P Wenn andere Stahlsorten als die in (2) genannten verwendet werden, müssen die Eigenschaften (mechanische Eigenschaften und Schweißbarkeit) bekannt sein und die mechanischen Eigenschaften müssen bei einer Prüfung nach den entsprechenden EN-, ISO- oder EN-ISO-Prüfnormen den in 5.2.2, 5.2.3 und 5.2.4 angegebenen Bedingungen entsprechen.

**5.2 Baustahl**
**5.2.1 Werkstoffeigenschaften**

(1) Die Nennwerte der Streckgrenze $f_y$ und der Zugfestigkeit $f_u$ für Baustahl sind in der Regel:
a) entweder direkt als Werte $f_y = R_{eH}$ und $f_u = R_m$ (als untere Grenze des angegebenen Bereichs) aus der Produktnorm, oder
b) der Tabelle 5.1 zu entnehmen für Stahl entsprechend EN 10025, EN 10210, EN 10219 und der Tabelle 5.2 für Stahl entsprechend EN 10149 sowie unter Berücksichtigung der Verfügbarkeit von Material im Dickenbereich entsprechend der Produktnorm.

Anmerkung 1: Der Nationale Anhang kann zu a) oder b) eine Festlegung treffen unter Berücksichtigung der Auswirkungen auf Teilfaktoren und deren Kalibrierung entsprechend Anhang E und EN 1990. Bei Option b) muss der Teilsicherheitsbeiwert $\gamma_{M1}$ erhöht werden.

Anmerkung 2: Der Nationale Anhang kann Regelungen für die Verwendung der Stähle entsprechend der Tabellen 5.1 und 5.2 festlegen.

**Tabelle 5.1.** Nennwerte der Streckgrenze $f_y$ und der Zugfestigkeit $f_u$ für Baustahl entsprechend der folgenden Normen: EN 10025, EN 10210 und EN 10219

| Stahlsorte [a] | Erzeugnisdicke $t$ [mm] | | | |
|---|---|---|---|---|
| | $t \leq 40$ mm | | 40 mm $< t \leq 80$ mm | |
| | $f_y$ [N/mm²] | $f_u$ [N/mm²] | $f_y$ [N/mm²] | $f_u$ [N/mm²] |
| S235 | 235 | 360 | 215 | 360 |
| S275 | 275 | 390 | 245 | 370 |
| S355 | 355 | 490 | 325 | 470 |
| S420 | 420 | 510 | 390 | 490 |
| S460 | 460 | 540 | 410 | 510 |
| S500 | 500 | 580 | 450 | 580 |
| S550 | 550 | 600 | 500 | 600 |
| S600 | 600 | 650 | 550 | 650 |
| S620 | 620 | 700 | 560 | 660 |
| S650 | 650 | 700 | – | – |
| S690 | 690 | 770 | 630 | 710 |
| S700 | 700 | 750 | – | – |

[a] Hauptsymbole nach EN 10027-1.

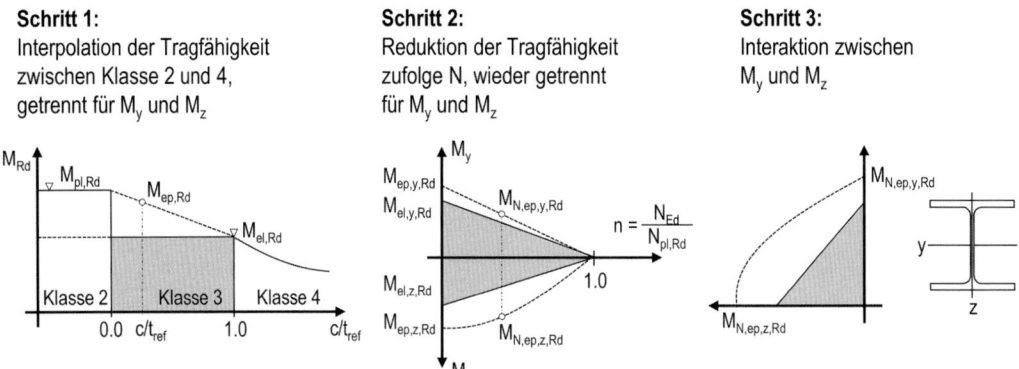

**Bild 13.** Bemessungsvorgang für die Querschnittstragfähigkeit von I- und H-Querschnitten gemäß dem SEMI-COMP Projekt

- SEMI-COMP „Plastic member capacity of semi-compact steel sections – a more economic design" (RFSR-CT-2004-00044) [48],
- SEMI-COMP+ „Valorisation action of plastic member capacity of semi-compact steel sections – a more economic design" (RFS2-CT-2010-00023) [49].

Als Ergebnis dieser Projekte wurde ein neues Bemessungskonzept für Querschnitte der Klasse 3 vorgeschlagen, welches einerseits die Eurocode (EN 1990) Regelungen bezüglich Sicherheit erfüllt und dem generellen Format der übrigen Bemessungsformeln des Eurocode 3 entspricht, es andererseits aber erlaubt, einen erhöhten Tragwiderstand von Klasse-3-Querschnitten im Vergleich zu der konservativen Regelung des derzeitigen Eurocode 3 zu nutzen. Der Bemessungsvorschlag wurde anhand eines Versuchsprogramms, numerischer Simulationen und Monte-Carlo-Berechnungen erarbeitet und schließlich wurde sein Sicherheitsniveau mittels statistischer Auswertung verifiziert. Zu beachten ist, dass alle Bemessungsvorschläge für doppelt-symmetrische Profile abgeleitet wurden und damit nur für diese anwendbar sind, vorwiegend also I- und H-Profile sowie RHS/SHS Hohlprofile.

### 2.4.3 Regeln für Querschnittsnachweise

Wie erwähnt war es das Ziel des RFCS-Projekts SEMI-COMP, einen Vorschlag für einen kontinuierlichen, mechanisch begründeten Übergang des Tragwiderstands von „semi-kompakten" Klasse-3-Querschnitten auszuarbeiten und zu validieren, d. h., im Bereich zwischen den schlanken Klasse-4-Querschnitten mit Beulgefahr und den kompakten Klasse-2-Querschnitten mit voller Querschnittstragfähigkeit nach der Plastizitätstheorie eine geeignete, einfach anzuwendende Übergangsfunktion zu entwickeln.

Dieses Ziel wurde in Form eines linearen Übergangs zwischen den Grenzen zu Klasse 2 und Klasse 4 verwirklicht. Dazu wurde ein entsprechendes Berechnungsmodell entwickelt und statistisch gemäß DIN EN 1990 – Anhang D verifiziert. Es wurde zudem darauf geachtet, die bestehenden Formate und Darstellung der Querschnittsnachweise des Eurocode 3 zu nutzen, insbesondere jene für plastische Querschnittsnachweise. Nachfolgend wird der vorgeschlagene Bemessungsvorgang für I- und H-Querschnitte dargestellt (s. Bild 13). Ein Vergleich mit den Regeln für plastische Querschnittsnachweise in DIN EN 1993-1-1 zeigt, dass sich die bestehenden und neu vorgeschlagenen Bemessungsregeln sehr ähneln: der Tragwiderstand nach der Plastizitätstheorie $M_{pl,Rd}$ wird jedoch durch den interpolierten Wert $M_{ep,Rd}$ ersetzt.

Der neu eingeführte Index „ep" bezieht sich dabei auf die behandelte Querschnittsklasse 3 und den dabei vorhandenen elastisch-plastischen Widerstand, als Übergang zwischen dem rein elastischen und dem plastischen Widerstand. Um die Formeln für das breite Anwendungsfeld unterschiedlicher Bemessungssituationen einfach zu halten, wurden minimale (Rest-)Diskontinuitäten an den Übergängen zur Klasse 2 und zur Klasse 4 akzeptiert. Am Übergang von Klasse 3 zu Klasse 2 konnten die kurzen Plateaus der M-N-Interaktion der Klasse 2 in DIN EN 1993-1-1 durch die neuen Sicherheitsauswertungen nicht bestätigt werden und mussten daher weggelassen werden. Am Übergang von Klasse 3 zu Klasse 4 geht die gekrümmte $M_y$-$M_z$-Interaktion der Klasse 3 in die lineare Interaktion der Klasse 4 über, wodurch an dieser Stelle eine geringe Unstetigkeit entstehen kann. Insgesamt sind diese verbleibenden Diskontinuitäten jedoch von geringer praktischer Bedeutung.

Durch die Einführung der neuen Regelungen im Anhang B der prEN 1993-1-1:2020 fand eine deutliche Verbesserung der Genauigkeit und Wirtschaftlichkeit der Bemessungsergebnisse für doppelt-symmetrische Querschnitte der Klasse 3 Eingang in die neue Normengeneration.

(2) Der Bemessungswert des reduzierten elasto-plastischen Biegemoments sollte wie folgt bestimmt werden:
– Für gewalzte und geschweißte I- oder H-Querschnitte:

$$M_{N,ep,y,Rd} = M_{ep,y,Rd} (1 - n) \quad (B.9)$$
$$M_{N,ep,z,Rd} = M_{ep,z,Rd} (1 - n^2) \quad (B.10)$$

– Für rechteckige Hohlprofile, doppelt-symmetrische, geschweißte Kastenquerschnitte sowie runde und elliptische Hohlprofile:

$$M_{N,ep,y,Rd} = M_{ep,y,Rd} (1 - n) \quad (B.11)$$
$$M_{N,ep,z,Rd} = M_{ep,z,Rd} (1 - n) \quad (B.12)$$

mit:

$$M_{ep,y,Rd} = \frac{W_{ep,y} f_y}{\gamma_{M0}} \quad (B.13)$$

$$M_{ep,z,Rd} = \frac{W_{ep,z} f_y}{\gamma_{M0}} \quad (B.14)$$

$$n = \frac{N_{Ed}}{N_{pl,Rd}} \quad (B.15)$$

(3) Bei zweiachsiger Biegung darf folgendes Kriterium verwendet werden:

$$\left(\frac{M_{y,Ed}}{M_{N,ep,y,Rd}}\right)^{\alpha_y} + \left(\frac{M_{z,Ed}}{M_{N,ep,z,Rd}}\right)^{\alpha_z} \le 1,0 \quad (B.16)$$

Wobei $\alpha_y$ und $\alpha_z$ wie folgt zu verwenden sind:
– Für gewalzte und geschweißte I- oder H-Querschnitte:

$$\alpha_y = 2; \quad \alpha_z = 5\,n \text{ jedoch } \alpha_z \ge 1,0$$

– Für rechteckige Hohlprofile oder doppelt-symmetrische, geschweißte Kastenquerschnitte:

$$\alpha_y = \alpha_z = \frac{1,66}{1 - 1,13\,n^2} \quad \text{für } n \le 0,8$$
$$\alpha_y = \alpha_z = 6,0 \quad \text{für } n > 0,8$$
$$\text{jedoch: } \alpha_y = \alpha_z \le 2 + 4\left[1 - \text{Max}(\beta_{ep,y}\,;\,\beta_{ep,z})\right]^4$$

Anmerkung: $\alpha_y$ und $\alpha_z$ dürfen konservativ zu 1,0 angenommen werden.
– Für runde Hohlprofile: $\alpha_y = 2; \alpha_z = 2$
– Für elliptische Hohlprofile: $\alpha_y = 2; \alpha_z = 1,7$

**B.4 Stabilitätsnachweise für Bauteile**

(1) Der Stabilitätsnachweis von Bauteilen mit Biegebeanspruchung oder kombinierter Biege- und Druckbeanspruchung ist mit den Regeln in 8.3.2 bzw. 8.3.3 zu erbringen. Dabei können das elasto-plastische Widerstandsmoment $W_{ep}$ sowie die Interaktionsfaktoren $k_{yy}$, $k_{yz}$, $k_{zz}$ und $k_{zy}$ aus 8.3.3 für die plastische Bemessung verwendet werden.

### 2.4.2 Ausgangslage

In der derzeitigen Fassung von DIN EN 1993-1-1 sowie in den übrigen Teilen des Eurocode 3 erfolgt die Bestimmung der Querschnitts- und Stabtragfähigkeit auf Basis einer Querschnittsklassifizierung. Dabei werden 4 Klassen unterschieden, je nach Anfälligkeit bezüglich örtlicher Beulerscheinungen bei elastischen bzw. plastischen Stauchungen in den unter Druck stehenden Querschnittsteilen. Um die Klassifizierung durchzuführen, werden die Breiten-zu-Dicken-Verhältnisse c/t, die Spannungsverteilungen und die Lagerungsverhältnisse (beidseitig oder einseitig gestützt) der einzelnen „Bleche" herangezogen, vgl. Abschnitt 2.2. Für die Querschnitte der Klassen 1 und 2 wird die Berücksichtigung des Querschnittswiderstands auf der Grundlage der Plastizitätstheorie erlaubt, während für Klasse 3 nur eine elastische Querschnittsausnutzung erlaubt wird. *Daraus folgt ein plötzlicher Sprung an der Grenze von Klasse 2 zu Klasse 3*, wie er für den Fall reiner Biegung um die starke Achse $M_y$ in Bild 12 dargestellt wird (Sprung von $M_{pl}$ hinunter auf $M_{el}$).
Der oben erwähnte „sprunghafte" Verlust an Tragfähigkeit am Übergang zwischen Klasse-2- und Klasse-3-Querschnitten ist experimentell nicht feststellbar und auch mechanisch nicht begründet. Für dünnwandige Kaltprofile konnte zudem gezeigt werden, dass auch im Bereich der Klasse 4 ein Versagen erst eintritt, wenn Teilplastizierungen im Biege-Zugbereich aufgetreten sind [88]. Zur besseren Berücksichtigung dieser Effekte wurde in prEN 1993-1-1:2020 Anhang B ein neues Bemessungsverfahren aufgenommen, welches als Ergebnis zweier bereits o. g. Forschungsprojekte im Rahmen des Förderprogramms des *European Research Fund for Coal and Steel* (RFCS) entwickelt wurde. Diese Projekte trugen den Titel:

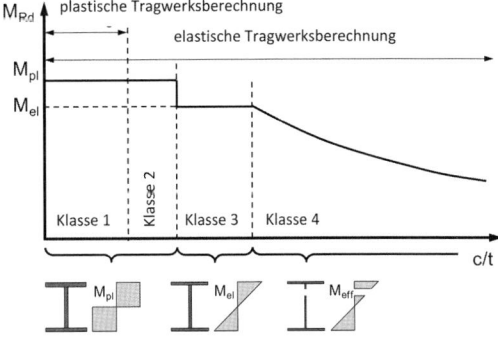

**Bild 12.** Querschnittswiderstände für einachsige Biegung um die starke Achse gemäß DIN EN 1993-1-1, dargestellt für die Klassen 1 bis 4

künftig in den Nationalen Anhängen festgelegt werden. Somit ist eine Berücksichtigung bisheriger nationaler Gepflogenheiten bei der Anwendung der Regel unter Berücksichtigung entsprechender Präferenz für deren Grundlage (Stabtheorie der klassischen angewandten Mechanik oder versuchs- und simulationsgestützt) möglich. In Anbetracht der bisherigen Interpretation und Anwendung ist davon auszugehen, dass der nationale Spiegelausschuss Deutschlands den o. g. Schlussfolgerungen und Empfehlungen folgen und den Anwendungsbereich auf der Grundlage der Stabtheorie festlegen wird. Dies wird auch den Grundsatz des nationalen Ausschusses stärken, mit Teil 1-1 des Eurocodes 3 konsistente und nachvollziehbare Modelle auf der Grundlage der angewandten Mechanik für die Bemessung stabförmiger Stahlbauteile für die Ingenieurpraxis bereitzustellen. Mit Teil 1-14 [82] wird darüber hinaus der Rahmen geboten, um die Vorteile der Bemessung auf der Grundlage numerischer Simulationen zukünftiger besser und planungssicher nutzen zu können. Eine Anwendung für die Momenten-Querkraft-Interaktion ist dabei möglich.

## 2.4 Semi-kompakte Querschnitte (Anhang B)

### 2.4.1 Neuer Normentext aus prEN 1993-1-1:2020 [81]

**Anhang B Bemessung semi-kompakter Querschnitte**

**B.1 Anwendungsbereich**

(1) In diesem Anhang werden zusätzliche Regelungen für die Bemessung von semi-kompakten (Querschnittsklasse 3) doppelt-symmetrischen I- oder H-Querschnitten, rechteckigen Hohlprofilen, doppelt-symmetrischen Kastenquerschnitten sowie runden und elliptischen Hohlprofilen unter ein- bzw. zweiachsiger Biegung und axialer Belastung gegeben.

**B.2 Elasto-plastisches Widerstandsmoment**

(1) Das elasto-plastische Widerstandsmoment $W_{ep}$ für doppelt-symmetrische Querschnitte ist durch Interpolation zwischen dem Widerstandsmoment $W_{pl}$ nach der Plastizitätstheorie und $W_{el}$ nach der Elastizitätstheorie um die entsprechende Hauptachse des Querschnitts wie folgt zu bestimmen:

$$W_{ep,y} = W_{pl,y} - \left(W_{pl,y} - W_{el,y}\right) \beta_{ep,y} \quad (B.1)$$

$$W_{ep,z} = W_{pl,z} - \left(W_{pl,z} - W_{el,z}\right) \beta_{ep,z} \quad (B.2)$$

wobei die jeweiligen Werte von $\beta_{ep,y}$ und $\beta_{ep,z}$ von dem Materialfaktor $\varepsilon$ und den $c/t$-Verhältnissen entsprechend Tabelle 7.3 abhängen und wie folgt bestimmt werden sollten:

– Für gewalzte und geschweißte I- oder H-Querschnitte:

$$\beta_{ep,y} = \mathrm{Max}\left(\frac{\frac{c}{t_f} - 10\varepsilon}{4\varepsilon}; \frac{\frac{c}{t_w} - 83\varepsilon}{38\varepsilon}; 0\right)$$

jedoch $\beta_{ep,y} \leq 1{,}0$ \quad (B.3)

$$\beta_{ep,z} = \mathrm{Max}\left(\frac{\frac{c}{t_f} - 10\varepsilon}{6\varepsilon}; 0\right)$$

jedoch $\beta_{ep,z} \leq 1{,}0$ \quad (B.4)

– Für rechteckige Hohlprofile oder doppelt-symmetrische, geschweißte Kastenquerschnitte:

$$\beta_{ep,y} = \mathrm{Max}\left(\frac{\frac{c}{t_f} - 34\varepsilon}{4\varepsilon}; \frac{\frac{c}{t_w} - 83\varepsilon}{38\varepsilon}; 0\right)$$

jedoch $\beta_{ep,y} \leq 1{,}0$ \quad (B.5)

$$\beta_{ep,z} = \mathrm{Max}\left(\frac{\frac{c}{t_w} - 34\varepsilon}{4\varepsilon}; 0\right)$$

jedoch $\beta_{ep,z} \leq 1{,}0$ \quad (B.6)

Anmerkung: $t_f = t_w = t$ für rechteckige Hohlprofile.

– Für runde oder elliptische Hohlprofile:

$$\beta_{ep,y} = \beta_{ep,z} = \mathrm{Max}\left(\frac{\frac{d_e}{t} - 70\varepsilon^2}{70\varepsilon^2}; 0\right)$$

jedoch $\beta_{ep,y} = \beta_{ep,z} \leq 1{,}0$ \quad (B.7)

mit:

$d_e$ äquivalenter Durchmesser entsprechend Tabelle 7.3, Blatt 3 von 3.

**B.3 Querschnittstragfähigkeit**

(1) Bei gleichzeitiger Biege- und Druckbeanspruchung ist nachzuweisen, dass der Bemessungswert des Biegemoments in jedem Querschnitt folgende Bedingung erfüllt:

$$\frac{M_{Ed}}{M_{N,ep,Rd}} \leq 1{,}0 \quad (B.8)$$

mit:

$M_{N,ep,Rd}$ der infolge einer gleichzeitig wirkenden Normalkraft reduzierte Bemessungswert des elasto-plastischen Biegemoments.

$$M_{pl,y,\eta} = \varphi \cdot A \cdot f_y \cdot h'$$
$$+ (1 - 2\varphi) \cdot \eta \cdot \frac{A \cdot f_y}{4} \cdot h' \cdot (h_w/h') \quad (9)$$

mit

$$\eta = \frac{f_{y,red}}{f_y} = \sqrt{1 - \left(\frac{V_{Ed}}{V_{pl,Rd}}\right)^2} \quad (10)$$

Zur Beurteilung des Einflusses der Querkraft auf den Biegewiderstand wird der Abminderungsfaktor $\zeta$ gemäß Gl. (11) eingeführt.

$$\zeta = M_{pl,y,\eta} / M_{pl,y} \quad (11)$$

Die Bilder 9 bis 11 zeigen den Abminderungsfaktor $\zeta$ in Abhängigkeit des Verhältnisses $V_z/V_{pl,z}$ und dem Verhältnis $\varphi$. Die Diagramme zeigen exemplarisch die Faktoren für die Flansch-Verhältnisse $\psi$ von 1,0 (doppelt-symmetrischer I-Querschnitt, Bild 9), 0,50 (einfach-symmetrischer I-Querschnitt, Bild 10) und 0 (T-Querschnitt, Bild 11).

Die folgenden Schlussfolgerungen und Empfehlungen basieren auf den zuvor dargestellten Grundlagen der klassischen Stabtheorie und berücksichtigen, dass eine maximale Abweichung der Tragfähigkeit von $\zeta = 0,97$ akzeptiert wird:

- Die Bestimmungen der aktuellen DIN EN 1993-1-1 [32] gelten nur für doppelt-symmetrische I-Profile und rechteckige Hohlprofile mit ausgeprägten Flanschen bei Biegung um die starke Querschnittsache. In diesem Zusammenhang stellt ein Verhältnis von $\varphi = A_{fl,o}/A \geq 0,3$ ausgeprägte Flansche dar (Bild 9). Dieses Verhältnis wird für gängige gewalzte I- und H-Querschnitte erreicht (Tabelle 7).
- Für Rechteckquerschnitte sollte eine Grenze von $\zeta = 0,243 \cong 0,25$ verwendet werden (Bild 7). Doppelt-symmetrische I-/H-Profile bei Biegung um die schwache Achse sind ähnlich den Rechteckprofilen.
- Für T-Querschnitte und einfach-symmetrische I-/H-Profile sollte ein Grenzwert von $\zeta = 0,25$ verwendet werden (Bild 11).

Die für den Entwurf prEN 1993-1-1:2020 [81] verantwortlichen Kommissionen haben aufgrund des zuvor aufgezeigten unzweifelhaften Unterschieds der Momenten-Querkraft-Interaktion für unterschiedliche Querschnitte den Anwendungsbereich des Abs. 6.2.8(8) der DIN EN 1993-1-1 ($V/V_{pl} \leq 0,50$-Regel) grundsätzlich eingeschränkt. Der Anwendungsbereich kann zu-

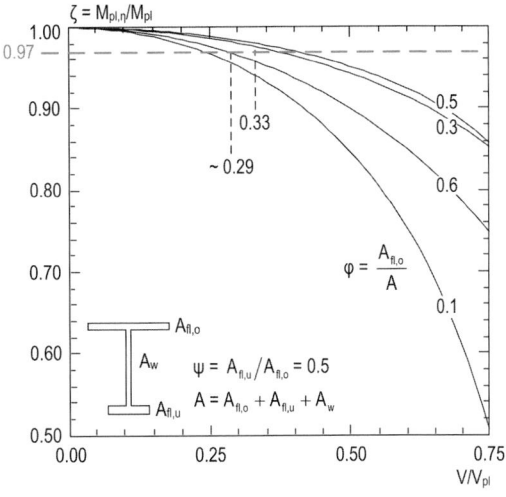

**Bild 10.** Reduktionsfaktor für einfach-symmetrische I-Profile ($\psi = 0,5$) in Abhängigkeit von $\varphi = A_{fl,o}/A$ und $V/V_{pl}$

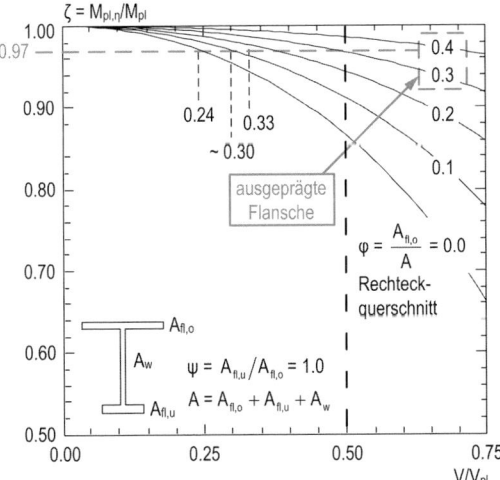

**Bild 9.** Reduktionsfaktor für doppelt-symmetrische I-Profile ($\psi = 1,0$) in Abhängigkeit von $\varphi = A_{fl,o}/A$ und $V/V_{pl}$

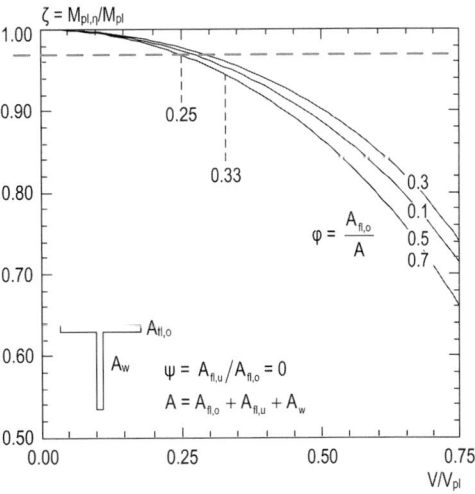

**Bild 11.** Reduktionsfaktor für einfach-symmetrische T-Profile ($\psi = 0$) in Abhängigkeit von $\varphi = A_{fl,o}/A$ und $V/V_{pl}$

$$\sigma_v = \sqrt{\sigma_x^2 + \sigma_z^2 - \sigma_x \sigma_z + 3\tau_{xz}^2} \qquad (4)$$

Auf der Grundlage der klassischen Stabtheorie ergeben sich andere Schlussfolgerungen. Der Einfluss einer Querkraft auf den Biegewiderstand eines Querschnitts wird danach üblicherweise berücksichtigt, indem die Fließspannung $f_y$ für die durch Schubspannungen $\tau$ beanspruchten Querschnittsteile reduziert wird. Eine allgemein anerkannte, einheitliche und klare Verteilung der Normal- und Schubspannungen ist nicht vorhanden. Ein oftmals angewendeter Ansatz (z. B. [85, 86]) basiert ebenfalls auf der Gestaltänderungshypothese nach *von Mises*, *Huber* und *Hencky* für die Bestimmung einer reduzierten Fließspannung $f_{y,red}$ zur Berücksichtigung des Einflusses der Schubspannung $\tau$. Bild 6 zeigt die angenommene Spannungsverteilung für doppelt-symmetrische I-Querschnitte infolge eines Biegemoments $M_y$ und einer Querkraft $V_z$. Die Fließspannung des gesamten Stegs wird gleichmäßig um die Schubspannung gemäß der Vergleichsspannung abgemindert. Die reduzierte Fließspannung $f_{y,red}$ des Stegs kann gemäß Gl. (5) bestimmt werden. Bild 7 vergleicht die Abminderungsfaktoren der Streckgrenze $\eta = f_{y,red}/f_y$ gemäß dem Fließkriterium mit dem Abminderungsfaktor $\rho$ nach Abs. 6.2.8 der aktuellen DIN EN 1993-1-1. Deutliche Unterschiede zwischen den Faktoren zur Abminderung der Streckgrenze für die schubbeanspruchten Querschnittsteile ergeben sich insbesondere im Bereich des Grenzwertes zur Berücksichtigung des Einflusses von Querkräften auf die Biegetragfähigkeit bei $V/V_{pl} = 0,5$.

$$f_{y,red} = \sqrt{f_{y,d}^2 - 3\tau^2} = f_{y,d}\sqrt{1 - \left(\frac{V_{Ed}}{V_{pl,Rd}}\right)^2} \qquad (5)$$

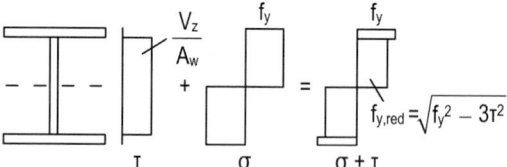

**Bild 6.** Spannungsverteilung nach der Plastizitätstheorie eines doppelt-symmetrischen I-Querschnitts, beansprucht durch ein Biegemoment $M_y$ und eine Querkraft $V_z$

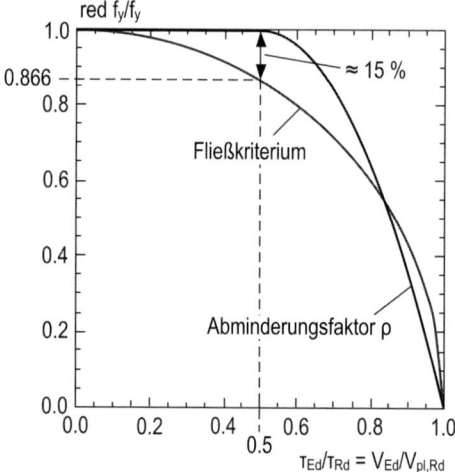

**Bild 7.** Abminderung der Streckgrenze $\eta = f_{y,red}/f_y$

Nachfolgend wird auf der zuvor dargestellten Grundlage der Biegewiderstand unter Berücksichtigung einer gleichzeitig wirkenden Querkraft für 3-Blech-Querschnitte (ohne Ausrundungsradien) abgeleitet. Dabei werden die in Bild 8 dargestellten Bezeichnungen verwendet.
Für doppelt-symmetrische I- und H-Querschnitte ($\psi = 1,0$) ergibt sich die Biegetragfähigkeit nach der Plastizitätstheorie wie folgt:

$$M_{pl,y} = A_{fl,o} \cdot f_y \cdot h' + \frac{A_w \cdot f_y}{4} \cdot h' \cdot (h_w/h') \qquad (6)$$

mit

$$\varphi = A_{fl,o}/A \qquad (7)$$

folgt

$$M_{pl,y} = \varphi \cdot A \cdot f_y \cdot h' + (1 - 2\varphi) \cdot \frac{A \cdot f_y}{4} \cdot h' \cdot (h_w/h') \qquad (8)$$

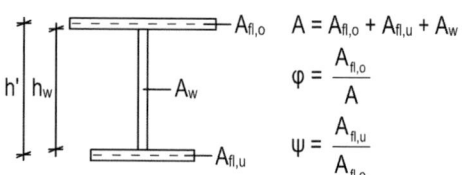

**Bild 8.** Begriffe und Definitionen für 3-Blech-Querschnitte mit I-förmigem Querschnitt

Tabelle 7 stellt den Parameter $\varphi$ für verschiedene Walzprofile dar.
Unter Berücksichtigung der reduzierten Fließspannung $f_{y,red}$ für die durch Schubspannungen beanspruchten Querschnittsteile gemäß Gl. (5) folgt

**Tabelle 7.** Parameter $\varphi$ für verschiedene Walzprofile

| Profil | IPE 100 | HEB 100 | HEM 100 | IPE 300 | HEB 300 | HEM 300 | IPE 600 | HEB 600 | HEM 600 |
|---|---|---|---|---|---|---|---|---|---|
| $\varphi$ | 0,32 | 0,41 | 0,41 | 0,31 | 0,40 | 0,41 | 0,28 | 0,35 | 0,34 |

Hoch- und Industriebau bisweilen eingesetzte runde und elliptische Hohlprofile eine aufwendige Bemessung unter Berücksichtigung des Schalenbeulens nach DIN EN 1993-1-6 [37] zu vermeiden, sind im Entwurf prEN 1993-1-1:2020 [81] für diese Querschnitte unter Druck- und Biegebeanspruchung Berechnungsgleichungen für die wirksame Querschnittsfläche resp. das wirksame Widerstandsmoment aufgenommen worden, siehe Gleichung (8.8) und (8.9). Diese einfach anwendbaren Berechnungsgleichungen wurden aus Versuchsergebnissen und ergänzenden numerischen Simulationen abgeleitet [24, 25]. Die Berücksichtigung von Bemessungsregeln für elliptische Hohlprofile in Teil 1-1 des Eurocodes 3 folgt dabei dem insbesondere im Europäischen Ausland zu beobachtendem Trend zum vermehrten Einsatz dieser Profile im architektonischen Stahlbau. Für schlanke runde und elliptische Hohlprofile ($d_e/t > 240\,\varepsilon^2$) muss die Bemessung allerdings nach DIN EN 1993-1-6 [37] erfolgen.

Der Einfluss der Querkraft auf die Momententragfähigkeit wird mithilfe von Interaktionsbeziehungen in Abs. 6.2.8 der aktuellen DIN EN 1993-1-1 [32] geregelt. Bei der Anwendung der Regelungen kommt es bisweilen zu unterschiedlichen Interpretationen. Der Entwurf prEN 1993-1-1:2020 [81] schafft nun die Möglichkeit, in den nationalen Anhängen den Anwendungsbereich der Regelung und die Grenzwerte zur Vernachlässigung des Einflusses der Querkraft auf die Biegetragfähigkeit zu spezifizieren. Abschnitt 2.3 beinhaltet Details und Hintergründe.

Sofern Querschnitte nicht ausschließlich durch Normalkraft, Querkräfte und Biegemomente beansprucht, sondern auch Torsionsschnittgrößen unterworfen sind, bietet sich für den Festigkeitsnachweis die Anwendung des Teilschnittgrößenverfahrens [54] an. Dessen neuste Entwicklungen sind in [102] und [8] dargestellt. In der aktuellen DIN EN 1993-1-1 fehlen hingegen vereinfachte Berechnungsmethoden zur Berücksichtigung der Torsion und ihrer Interaktion mit anderen Schnittgrößen bei der Bemessung von Stahlkonstruktionen. Im Entwurf prEN 1993-1-1:2020 wurde daher Gleichung (8.29) aufgenommen, um zumindest den Einfluss des Wölbbimoments auf den Biegewiderstand von I-Querschnitten der Klassen 1 und 2 berücksichtigen zu können. Für doppelt-symmetrische I-Querschnitte ist die Gleichung unter Vernachlässigung des Steganteils sowie der Eigenbiegeanteile der einzelnen Querschnittselemente eine gute Näherung der exakten Lösung der Stabtheorie. Für einfach-symmetrische I-Querschnitte stellt Gleichung (8.29) eine konservative Näherung dar. In vielen baupraktisch relevanten Fällen tritt allerdings neben einem Biegemoment $M_y$ und einem Wölbbimoment B auch ein Biegemoment $M_z$ auf. Möchte man in solchen Fällen den Querschnittswiderstand auf der Grundlage der Plastizitätstheorie bestimmen, ist Gleichung (8.29) adäquat zur Berücksichtigung des Einflusses des Biegemoments $M_z$ zu erweitern oder das bereits o. g. Teilschnittgrößenverfahren sowie auf dem Verfahren basierende Bemessungstools [87] anzuwenden.

## 2.3 Einfluss Querkraft auf Biegemoment

Im Zuge der Entwicklung des Entwurfs prEN 1993-1-1: 2020 und der Beratungen in den zuständigen Kommissionen zeigte sich, dass die Regelungen zur Momenten-Querkraft-Interaktion gemäß Abs. 6.2.8 der aktuellen Norm DIN EN 1993-1-1 [32] in verschiedenen europäischen Ländern unterschiedlich interpretiert und angewendet werden. Insbesondere der Anwendungsbereich des Abs. 6.2.8(8), wonach der Einfluss der Querkraft auf die Momententragfähigkeit nur berücksichtigt werden muss, sofern die Querkraft die Hälfte des Bemessungswerts der plastischen Querkraftbeanspruchbarkeit übersteigt, unterscheidet sich im Ingenieuralltag der unterschiedlichen Regionen stark. Während diese Regel im deutschsprachigen Raum – auch aufgrund der Tradition der DIN 18800-1 [27] und der in ihren Tabellen 16 und 17 enthaltenen Interaktionsbeziehungen – ausschließlich bei doppelt-symmetrischen I-Querschnitten mit ausgeprägten Flanschen und Beanspruchungen durch Biegemomente $M_y$ und Querkräfte $V_z$ Anwendung findet, wird sie anderswo auch für andere Gegebenheiten angewendet, insbesondere für doppelt-symmetrische I-Querschnitte bei Biegung um die schwache Querschnittsachse, für einfach-symmetrische I-Querschnitte und sogar für T-Querschnitte. Die o. g. Beratungen zeigten, dass es für beide grundsätzlichen Interpretationen Argumente gibt. Die erste basiert auf der klassischen Stabtheorie unter Anwendung des von Mises Fließkriteriums, die zweite auf Ergebnissen von Versuchen sowie numerischen Simulationen mit der Finite-Elemente-Methode.

Bereits in [59] wird darauf hingewiesen, dass die Regeln zur Momenten-Querkraft-Interaktion der DIN EN 1993-1-1 im Wesentlichen auf Versuchen beruhen. So zeigten beispielsweise die 3-Punkt-Biegeversuche mit doppelt-symmetrischen I-Querschnitten mit ausgeprägten Flanschen von *Wargsjö* [100] und *Axhag* [2] nahezu keine Interaktion selbst für große Querkräfte. Als Begründung für dieses Verhalten wird oftmals die Stahlverfestigung genannt. Auch wenn diese zweifellos einen positiven Einfluss hat, lässt sich dieses Verhalten grundsätzlich auch in numerischen Simulationen unter Verwendung von Schalen- oder Volumenelementen mit linear-elastischem, ideal-plastischem Spannungs-Dehnungs-Verhalten (im einaxialen Zugversuch) und somit ohne Verfestigung beobachten, selbst für einfach-symmetrische I- und T-Querschnitte, z. B. [5]. Aus der Vergleichsspannung nach *von Mises*, *Huber* und *Hencky* nach der Gestaltänderungshypothese für den ebenen Spannungszustand gemäß Gl. (4) wird ersichtlich, dass die Normalspannungen $\sigma_x$ und $\sigma_z$ für moderate Schubspannungen $\tau_{xz}$ größer als die Fließspannungen $f_y$ werden können und somit der Biegewiderstand die (klassische) plastische Biegetragfähigkeit der Stabtheorie überschreiten kann (z. B. [46]). Das statische System sowie die spezifische Lagerung und Lasteinleitung des Versuchskörpers beeinflussen experimentell und numerisch ermittelte Biegewiderstände dabei zusätzlich.

**Tabelle 6.** Hintergrund zu den maximalen c/t-Verhältnissen zur Querschnittsklassifizierung

| Kriterium zur Querschnittsklassifizierung | Hintergrund (ESDEP) [43] | | DIN EN 1993-1-1 [32] |
|---|---|---|---|
| $\bar{\lambda}_p = \dfrac{c/t}{28{,}437 \cdot \varepsilon \cdot \sqrt{k_\sigma}}$ | $\bar{\lambda}_{p,\text{lim}}$ | $c/t_{\text{lim}}$ | $c/t_{\text{lim}}$ |
| Grenze Klasse 3 zu 4 | | | |
| reine Druckbeanspruchung ($\psi = 1$) | 0,673* | 38,23 | 42 |
| reine Biegebeanspruchung ($\psi = -1$) | 0,874 | 121,35 | 124 |

* $\bar{\lambda}_{p,\text{grenz }3-4} = 0{,}74$ und $c/t_{\text{grenz}} = 42{,}07$ in einer früheren Version, gemäß ESDEP

Hinsichtlich der maximalen c/t-Verhältnisse für Klasse-3-Querschnitte waren zusätzliche Modifikationen für vierseitig gelagerte Querschnittsteile unter kombinierter Biege- und Druckbeanspruchung notwendig, um Konsistenz zu DIN EN 1993-1-5 zu erreichen, insbesondere für Fälle mit vorherrschender Druckbeanspruchung ($-1{,}0 < \psi < 1{,}0$ und $0{,}5 < \alpha < 1{,}0$). Von den Regeln der DIN EN 1993-1-5 lässt sich der folgende Grenzwert ableiten:

$$c/t_{\text{grenz},3-4} = \bar{\lambda}_{p,\text{plateau}} \cdot 28{,}437 \cdot \varepsilon \cdot \sqrt{k_\sigma} \qquad (1)$$

Dabei stellt $\bar{\lambda}_{p,\text{plateau}}$ die Plattenschlankheit $\bar{\lambda}_p$ dar, für welche der Reduktionsfaktor ρ für Plattenbeulen genau den Wert 1,0 annimmt (keine Reduktion). Aus der quadratischen Gleichung

$$\rho = 1{,}0 = \frac{\bar{\lambda}_{p,\text{plateau}} - 0{,}055 \cdot (3 + \psi)}{\bar{\lambda}_{p,\text{plateau}}^2}$$

erhält man

$$\bar{\lambda}_{p,\text{plateau}} = 0{,}5 + \sqrt{0{,}085 - 0{,}055 \cdot \psi}$$

Mit den Beulwerten $k_\sigma$, beispielsweise gemäß Tabelle 4.1 der DIN EN 1993-1-5, ergeben sich drei Gln. (2) und Bereiche von Dehnungsverhältnissen, die in einer optimal konsistenten Formulierung für den c/t-Grenzwert berücksichtigt werden müssten und bereits Bestandteil von DIN 18800-2, Tabelle 26 [28] waren.

$$c/t_{\text{grenz},3-4,\text{„exakt"}} = \left(0{,}5 + \sqrt{0{,}085 - 0{,}055 \cdot \psi}\right)$$
$$\cdot 28{,}437\varepsilon \cdot \begin{cases} \sqrt{8{,}2/(1{,}05 + \psi)} & \text{für } 1 \geq \psi > 0 \\ \sqrt{7{,}81 - 6{,}29\psi + 9{,}78\psi^2} & \text{für } 0 \geq \psi > -1 \\ \sqrt{5{,}98 \cdot (1 - \psi)^2} & \text{für } -1 \geq \psi > -3 \end{cases}$$
$$(2)$$

Die Gln. (2) und die Unterscheidung zwischen drei Dehnungsverhältnissen erscheinen in der Anwendung bisweilen mühsam. In der aktuellen DIN EN 1993-1-1 [32] wurde eine einfachere Annäherung gewählt, welche jedoch die Grenzwerte $c/t_{\text{grenz},3-4}$ an den Klassengrenzen weder für die ausgewiesenen Dehnungsverhältnisse $\psi = 1{,}0$ und $\psi = -1{,}0$ noch für Zwischenwerte zutreffend beschreiben. Im Entwurf prEN 1993-1-1:2020 [81] wurden daher neue Gleichungen berücksichtigt, welche sehr zutreffende Näherungen der obigen „exakten" Formeln darstellen:

$$c/t_{\text{grenz},3-4,\text{Näherung}} =$$
$$\begin{cases} \dfrac{38\varepsilon}{0{,}608 + 0{,}343 \cdot \psi + 0{,}049 \cdot \psi^2} & \text{für } 1 \geq \psi > -1 \\ 60{,}5\varepsilon(1 - \psi) & \text{für } \psi \leq -1 \end{cases} \qquad (3)$$

Für den zweiten Dehnungsbereich ($\psi \leq -1{,}0$) hat die für die DIN EN 1993-1-1 verantwortliche Arbeitsgruppe (Working Group 1) entschieden, dass bei der Anwendung der zweiten Gleichung und der Bestimmung der c/t-Grenzwerte im Druckbereich die Stauchung bei Fließbeginn gerade erreicht und im Zugbereich die Fließdehnung überschritten wird. Teilplastizierungen im Zugbereich sind somit möglich.

Wie bereits erwähnt, können auch die aktuellen maximalen c/t-Grenzwerte für vierseitig gelagerte Querschnittselemente der Klasse 2 unter Druckbeanspruchung nicht durch Versuchs- und FEM-Ergebnisse bestätigt werden. Ein Grenzwert von $\bar{\lambda}_{p,\text{lim},2-3} = 0{,}60$ resp. $c/t_{\text{grenz}} = 34$ führt jedoch zu zufriedenstellenden Ergebnissen und wurde genauso im Entwurf prEN 1993-1-1: 2020 [81] angepasst wie der entsprechende Grenzwert für die Querschnittsklasse 1 mit $\bar{\lambda}_{p,\text{lim},1-2} = 0{,}50$ resp. $c/t_{\text{grenz}} = 28$.

Die Beanspruchbarkeit von Querschnitten fällt beim Übergang von Klasse 2 zu 3 gemäß der aktuellen DIN EN 1993-1-1 [32] vom plastischen auf den elastischen Querschnittswiderstand ab. Dies stellt eine Vereinfachung dar und beabsichtigt nicht das reale Verhalten widerzuspiegeln. Mithilfe experimenteller und numerischer Untersuchungen, u. a. in den o. g. Forschungsvorhaben SEMI-COMP und SEMI-COMP+ [48, 49] konnte nachgewiesen werden, dass auch Querschnitte der Klasse 3 ein begrenztes Plastizierungsvermögen besitzen. Dieser Zugewinn an Beanspruchbarkeit der Querschnitte darf nun nach dem Entwurf prEN 1993-1-1:2020 auch in der Bemessung berücksichtigt werden. Eine ausführliche Darstellung der Hintergründe beinhaltet Abschnitt 2.4.

Querschnitte der Klasse 4 beulen bereits im Bereich elastischer Stauchungen vor dem Erreichen des elastischen Querschnittswiderstands aus. Der Einfluss des Plattenbeulens auf den Querschnittswiderstand kann mithilfe der Methode der wirksamen Breiten berücksichtigt werden. Um für mäßig schlanke, jedoch im

### 8.2.1 Allgemeines
(10) Für Querschnitte der Klasse 3 darf Teilplastizierung berücksichtigt werden, siehe 8.2.2.6 und Anhang B.

### 8.2.2.5 Wirksame Querschnittswerte für Querschnitte der Klasse 4
(4) Für runde oder elliptische Hohlprofile der Klasse 4 entsprechend EN 10210 oder EN 10219, unter Druckbeanspruchung, darf die wirksame Querschnittsfläche $A_{eff}$ unter Berücksichtigung des äquivalenten Durchmessers $d_e$ nach Tabelle 7.3 (Blatt 3 von 3) und der Dicke $t$ wie folgt ermittelt werden:

$$A_{eff} = A\sqrt{\frac{90\ \varepsilon^2}{d_e/t}} \quad \text{für } d_e/t \leq 240\ \varepsilon^2 \quad (8.8)$$

(5) Für runde oder elliptische Hohlprofile der Klasse 4 entsprechend EN 10210 oder EN 10219, unter Biegebeanspruchung, darf das wirksame Widerstandsmoment unter Berücksichtigung des äquivalenten Durchmessers $d_e$ nach Tabelle 7.3 (Blatt 3 von 3) und der Dicke $t$ wie folgt ermittelt werden:

$$W_{eff} = W_{el}\sqrt[4]{\frac{140\ \varepsilon^2}{d_e/t}} \quad \text{für } d_e/t \leq 240\ \varepsilon^2 \quad (8.9)$$

(6) Für runde oder elliptische Hohlprofile der Klasse 4, welche die in (4) und (5) bestimmte Grenze von $d_e/t$ übersteigen, siehe EN 1993-1-6.

### 8.2.7 Torsion
(7) Für symmetrische I-Querschnitte der Klasse 1 oder 2, beansprucht durch Biegung um die Hauptachse, kann der plastische Biegemomentenwiderstand $M_{c,B,Rd}$ vermindert durch das Wölbbimoment $B_{Ed}$ wie folgt berechnet werden:

$$M_{c,B,Rd} = \sqrt{1 - \frac{B_{Ed}}{B_{Rd}}}\, M_{pl,Rd} \quad (8.29)$$

mit:

$B_{Rd}$    der Bemessungswert des plastischen Widerstands des Wölbbimoments

$$B_{Rd} = \frac{W_{B,pl}\, f_y}{\gamma_{M0}}$$

$W_{B,pl}$    das plastische Widerstandsmoment für den plastischen Widerstand des Wölbbimoments

Anmerkung: Für doppelt-symmetrische I- und H-Querschnitte: $W_{B,pl} = 0{,}25\ t_f\ b^2\ (h - t_f)$

## 2.2 Allgemeines

Das zentrale Kapitel zur Dimensionierung von Stahlbauteilen mit den Nachweisen im Grenzzustand der Tragfähigkeit stellt neu das Kapitel 8 im Entwurf prEN 1993-1-1:2020 [81] dar. Es behält die aus Kapitel 6 der aktuellen Norm DIN EN 1993-1-1 [32] bekannte Struktur bei und beinhaltet u. a. die Festlegung der Teilsicherheitsbeiwerte (Abs. 8.1), die Beanspruchbarkeit von Querschnitten (Abs. 8.2) und die Stabilitätsnachweise für Bauteile (Abs. 8.3). Für die Berechnung der Beanspruchbarkeit von Querschnitten haben sich Änderungen und Ergänzungen bei
- der Querschnittsklassifizierung und den zugehörigen maximalen c/t-Verhältnissen von druckbeanspruchten Querschnittsteilen (Tabelle 7.3),
- der Berechnung von Querschnitten der Querschnittsklasse 3 (Anhang B, s. Abschnitt 2.4),
- den wirksamen Querschnittswerten für Querschnitte der Klasse 4 (Abs. 8.2.2.5),
- der Momenten-Querkraft-Interaktion (Abs. 8.2.8, s. Abschnitt 2.3),
- dem Einfluss des Wölbbimoments auf die Biegebeanspruchbarkeit (Abs. 8.2.7(7))

ergeben.
Die Klassifizierung der Querschnitte dient der Zuordnung der Beanspruchbarkeit nach der Elastizitäts- oder Plastizitätstheorie. Sie berücksichtigt die Begrenzung der Tragfähigkeit und Verformungskapazität durch das lokale Beulen von Querschnittsteilen infolge Längsstauchungen. Versuchsauswertungen und numerische Simulationen mit der Finite-Elemente-Methode im Rahmen der Europäischen RFCS-Forschungsprojekte SEMI-COMP und SEMI-COMP+ [48, 49] belegten, dass die maximalen c/t-Verhältnisse für vierseitig gelagerte, druckbeanspruchte Querschnittsteile (beidseitig gestützte Querschnittsteile gem. Terminologie in [32]) beim Übergang zwischen den Querschnittsklassen 2 und 3, sowie zwischen den Klassen 3 und 4 nicht zuverlässig erlauben, die Querschnittstragfähigkeit nach der Plastizitäts- resp. der Elastizitätstheorie zu erzielen. Besonders deutlich zeigte sich dies für rechteckige Hohlprofile. Eine Erklärung hierfür stellt teilweise die Inkompatibilität der c/t-Grenzwerte in der DIN EN 1993-1-1 [32] und den Ergebnissen der Winterkurve ($\rho < 1{,}0$) nach DIN EN 1993-1-5 [36] im Bereich von Plattenschlankheiten am Übergang von Klasse 3 zu 4 dar. Hinweise in älterer Literatur [43] führen zu der in Tabelle 6 dargestellten Zusammenfassung. Die Inkompatibilität zwischen den maximalen c/t-Verhältnissen und den Regeln der DIN EN 1993-1-5 sind am stärksten ausgeprägt für den Fall des vierseitig gelenkig gelagerten Querschnittselements unter reiner Druckbeanspruchung. In der o. g. Literatur [43] wird für diesen Fall ein früherer, höherer Grenzwert von $\bar{\lambda}_{p,grenz\,3-4} = 0{,}74$ erwähnt, welcher mit dem aktuellen maximalen c/t-Verhältnis von 42 konform wäre. Die Schlankheit, die derzeit zu einer Abminderung der Querschnittstragfähigkeit infolge der Winterkurve führt, ist nach DIN EN 1993-1-5 [36] $\bar{\lambda}_{p,grenz\,3-4} = 0{,}673$. Dies führt zum neuen konsistenten c/t-Grenzwert des Entwurfs prEN 1993-1-1:2020 [81] von 38. Bereits DIN 18800-1 [27] berücksichtigte in Tabelle 12 annähernd diesen Grenzwert.

**Tabelle 7.3.** Maximales $c/t$-Verhältnis druckbeanspruchter Querschnittsteile (Teil 3 von 3)

| | Winkel | |
|---|---|---|
| Siehe auch „einseitig gestützte Flansche" in Tabelle 5.2, oben | 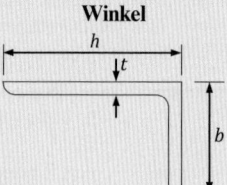 | gilt nicht für Winkel mit durchgehender Verbindung zu anderen Bauteilen |

| Spannungsverteilung über Querschnittsteile (Druck positiv) | 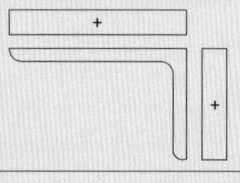 |
|---|---|

| Klasse 3 | $\dfrac{h}{t} \leq 15\varepsilon$ und $\dfrac{b+h}{2t} \leq 11,5\varepsilon$ |
|---|---|

**Runde und elliptische Hohlprofile**

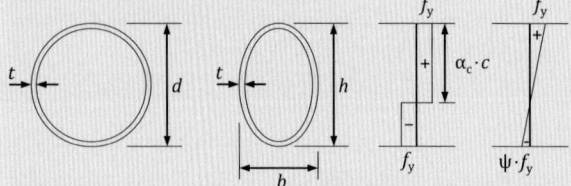

| | auf Druck beanspruchte Querschnittsteile | auf Biegung beanspruchte Querschnittsteile | auf Druck und Biegung beanspruchte Querschnittsteile |
|---|---|---|---|
| Klasse 1 | $d_e/t \leq 50\ \varepsilon^2$ | $d_e/t \leq 50\ \varepsilon^2$ | $d_e/t \leq 50\ \varepsilon^2$ |
| Klasse 2 | $d_e/t \leq 70\ \varepsilon^2$ | $d_e/t \leq 70\ \varepsilon^2$ | $d_e/t \leq 70\ \varepsilon^2$ |
| Klasse 3 | $d_e/t \leq 90\ \varepsilon^2$ | $d_e/t \leq 140\ \varepsilon^2$ | $d_e/t \leq \dfrac{2520\ \varepsilon^2}{5\psi + 23}$ |

**Äquivalenter Durchmesser $d_e$ für runde und elliptische Hohlprofile**

Für Rundhohlprofile: $d_e = d$

Für elliptische Hohlprofile:

Auf Druck beansprucht: $\quad d_e = h\left[1 + \left(1 - 2{,}3\left(\dfrac{t}{h}\right)^{0{,}6}\right)\left(\dfrac{h}{b} - 1\right)\right]$ oder konservativ: $d_e = \dfrac{h^2}{b}$

Auf Biegung um die starke Achse beansprucht: $\quad$ Für $h/b \leq 1{,}36$: $d_e = \dfrac{b^2}{h} \quad$ Für $h/b > 1{,}36$: $d_e = 0{,}4\,\dfrac{h^2}{b}$

Auf Biegung um die schwache Achse beansprucht oder auf Druck und Biegung um die schwache Achse: $d_e = \dfrac{h^2}{b}$

Bei Druck- und Biegebeanspruchung um die starke Achse kann der äquivalente Durchmesser $d_e$ mit einer linearen Interpolation zwischen dem äquivalenten Durchmesser bei Druckbeanspruchung und dem bei Biegebeanspruchung berechnet werden, abhängig von dem Parameter $\alpha_c$ für Querschnitte der Klasse 1 und 2 und $\psi$ für Querschnitte der Klasse 3 und 4.
Bei Druck- und zweiachsiger Biegebeanspruchung darf für den äquivalenten Durchmesser $d_e$ der interpolierte äquivalente Durchmesser für Druck und Biegung um die starke Achse, wie oben beschrieben, angesetzt werden, dabei sind $\alpha_c$ und $\psi$ mit einer modifizierten Normalkraft zu berechnen: $N_{Ed} + M_{z,Ed}\,A/W_{pl,z}$ für Querschnitte der Klasse 1 und 2 und $N_{Ed} + M_{z,Ed}\,A/W_{el,z}$ für Querschnitte der Klasse 3 und 4.

**Tabelle 7.3.** Maximales $c/t$-Verhältnis druckbeanspruchter Querschnittsteile (Teil 2 von 3)

**Einseitig gestützte Flansche**

| | Gewalzte Querschnitte | Geschweißte Querschnitte | |
|---|---|---|---|
| Spannungsverteilung über Querschnittsteile (Druck positiv) | | | |
| Klasse 1 | $c/t \leq 9\,\varepsilon$ | $c/t \leq \dfrac{9\varepsilon}{\alpha_c}$ | $c/t \leq \dfrac{9\varepsilon}{\alpha_c \sqrt{\alpha_c}}$ |
| Klasse 2 | $c/t \leq 10\,\varepsilon$ | $c/t \leq \dfrac{10\varepsilon}{\alpha_c}$ | $c/t \leq \dfrac{10\varepsilon}{\alpha_c \sqrt{\alpha_c}}$ |
| Spannungsverteilung über Querschnittsteile (Druck positiv) | | | |
| Klasse 3 | $c/t \leq 14\,\varepsilon$ | $c/t \leq 21\,\varepsilon \sqrt{k_\sigma}$ Für $k_\sigma$ siehe EN 1993-1-5 | |

## 2 Festigkeitsnachweise

### 2.1 Neuer Normentext aus prEN 1993-1-1:2020 [81], Tabelle 7.3, 8.2.1, 8.2.2.5 und 8.2.7

**Tabelle 7.3.** Maximales $c/t$-Verhältnis druckbeanspruchter Querschnittsteile (Teil 1 von 3)

**Beidseitig gestützte druckbeanspruchte Querschnittsteile**

**Legende:** 1: Biegeachse

| Spannungsverteilung über Querschnittsteile (Druck positiv) | | | |
|---|---|---|---|
| Klasse 1 | $c/t \leq 72\,\varepsilon$ | $c/t \leq 28\,\varepsilon$ | für $\alpha_c > 0{,}5$: $c/t \leq \dfrac{126\,\varepsilon}{5{,}5\,\alpha_c - 1}$<br>für $\alpha_c \leq 0{,}5$: $c/t \leq \dfrac{36\,\varepsilon}{\alpha_c}$ |
| Klasse 2 | $c/t \leq 83\,\varepsilon$ | $c/t \leq 34\,\varepsilon$ | für $\alpha_c > 0{,}5$: $c/t \leq \dfrac{188\,\varepsilon}{6{,}53\,\alpha_c - 1}$<br>für $\alpha_c \leq 0{,}5$: $c/t \leq \dfrac{41{,}5\,\varepsilon}{\alpha_c}$ |
| Spannungsverteilung über Querschnittsteile (Druck positiv) | | | |
| Klasse 3 | $c/t \leq 121\,\varepsilon$ | $c/t \leq 38\,\varepsilon$ | für $\psi > -1$: $c/t \leq \dfrac{38\,\varepsilon}{0{,}608 + 0{,}343\,\psi + 0{,}049\,\psi^2}$<br>für $\psi \leq -1^{*)}$: $\dfrac{c}{t} \leq 60{,}5\,\varepsilon\,(1-\psi)$ |

*) Es gilt $\psi \leq -1$ und $\sigma_{\text{com,Ed}} = f_y$ für die einwirkende Druckspannung, falls die Dehnungen infolge Zug $\varepsilon_t > f_y/E$ sind.

**Anmerkung:** Für I- oder H-Querschnitte mit gleichen Flanschen unter Normalkraft und einem Biegemoment um die Hauptachse parallel zu den Flanschen kann der Parameter $\alpha_c$, welcher die Position der plastischen Neutralachse definiert, wie folgt bestimmt werden:

Für $N_{\text{Ed}} \geq c\,t_w\,f_y$  $\quad \alpha_c = 1{,}0$

Für $N_{\text{Ed}} \leq -c\,t_w\,f_y$  $\quad \alpha_c = 0$

In anderen Fällen: $\quad \alpha_c = 0{,}5\left(1 + \dfrac{N_{\text{Ed}}}{c\,t_w\,f_y}\right)$

Dabei ist $N_{\text{Ed}}$ der Bemessungswert der Normalkraft, Druckkräfte sind positiv, Zugkräfte negativ einzusetzen.

der zwei Verfahren für den Momentennachweis (Allgemeiner Fall 6.3.2.2 [32] und Nachweis für gewalzte und gleichartige geschweißte Querschnitte 6.3.2.3 [32]) nur noch ein Verfahren [97], siehe auch Abschnitt 7.3. Auch die doppelte Ausführung der Kombination von Biegung und Normalkraft (Anhang A und Anhang B) ist entfallen. Geblieben ist aber eine Weiterentwicklung des vereinfachten Nachweises für das Biegedrillknicken als Druckgurtnachweis 6.3.4 [32] mit erweiterten Möglichkeiten auch für den Brückenbau.

Als eine besondere Herausforderung im Sinne der Nutzerfreundlichkeit wurde die Anforderung gesehen, möglichst alternative Bemessungsregeln zu beseitigen und informative Anhänge zu vermeiden. Hierzu wurde eine Möglichkeit geschaffen, Verfahren aus der Norm in Technische Spezifikationen und Technische Regeln auszugliedern. Mit Decision 7/2016 [19] wurden eine Nummerierung und die Titel für die verschiedenen Technischen Spezifikationen und Technischen Regeln entwickelt.

– Anhang AB.1 und AB.2 wurden entfernt und die relevanten Inhalte in den Hauptteil der Norm integriert.
– Anhang BB.1 und BB.2 wurden zu einem normativen Anhang, Decision 15/2015 [18].
– Anhang A – der Inhalt wurde in eine Technische Spezifikation, CEN/TS 1993-1-101 „Eurocode 3 – Design of steel structures – Part 1-101: Alternative interaction method for members in bending and compression", überführt, die in prEN 1993-1-1:2020 zitiert wird, vgl. Decision 7/2016.
– Der Anhang BB.3 zu den Größtabständen bei Abstützungsmaßnahmen für Bauteile mit Fließgelenken gegen Knicken aus der Ebene wurde aufgelöst.

Außerdem wurde vereinbart, Lösungen für Verzweigungslasten, zum Biegeknicken wie zum Biegedrillknicken in einem Technischen Report (TR) anzugeben, um Lehrbuchinhalte in der Norm zu vermeiden, vgl. Decision 7/2016: CEN/TR 1993-1-103 „Eurocode 3 – Design of steel structures – Part 1-103 Elastic critical buckling of members".

Technische Spezifikationen und Technische Regeln dienen in vielen Fällen als Vornormen und können auch bauaufsichtlich eingeführt werden. In der normungstechnischen Abwicklung sind sie einfacher zu erstellen und auch einfacher wieder zu ändern. Die Absicht der Vertreter im SC3 war durch diese Verlagerung von Inhalten eine klarere Struktur für die Hauptnorm selbst zu schaffen, aber gleichzeitig der in verschiedenen Ländern unterschiedlichen Praxis gerecht zu werden.

**Bessere Harmonisierung**

Durch die Entwicklungsgeschichte des gültigen Eurocodes 3 hatte sich ergeben, dass einige der später entwickelten Eurocode-Teile weiterentwickelte Regelungen enthielten, obwohl diese eigentlich nicht nur „brückenspezifisch" oder „kranbahnspezifisch" waren. Zur Harmonisierung wurden, wo das möglich war, diese Regeln in den neuen Teil prEN 1993-1-1:2020 überführt. Das betrifft zum Beispiel die im informativen Anhang A von DIN EN 1993-6 [40] Kranbahnen vorliegende Nachweisregel für Biegung und Torsion, die erweitert wurde und jetzt im normativen Anhang C von prEN 1993-1-1:2020 [81], siehe Abschnitt 8, dem Anwender zur Verfügung steht. Neben der Harmonisierung der Eurocode-3-Teile untereinander wurde auch überall dort, wo sich gezeigt hatte, dass die NDPs in den verschiedenen Ländern gleich gewählt wurden, auf diese verzichtet.

Wie erläutert wurden neben den Zielen Harmonisierung und Anwenderfreundlichkeit in allen Teilen auch neue Erkenntnisse aus Forschung und Produktentwicklung einbezogen. Hier bietet die neue Normfassung Verbesserungen durch Erweiterung der Anwendungsbereiche auch im Sinne von größerer Wirtschaftlichkeit. Es ist Anliegen dieses Beitrags, mit den wesentlichen technischen Änderungen den Anwender vertraut zu machen, damit er diese Vorteile in Zukunft nutzen kann.

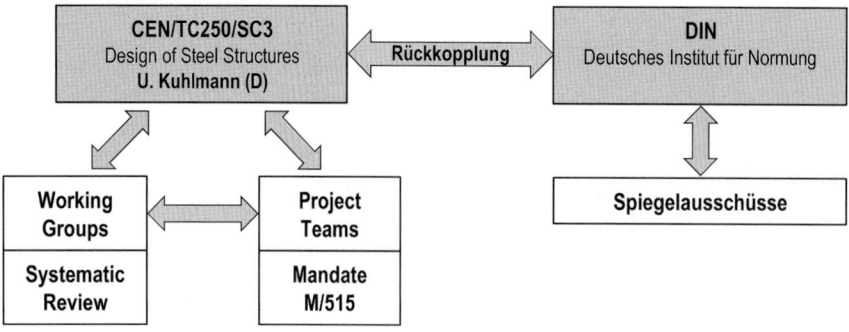

Bild 5. Vorgehen zur Überarbeitung von EN 1993 [60]

Tabelle 5. Zeitplan für die unterschiedlichen Phasen gemäß Decision 20/2018

| Phasen | Entwürfe | Final technical approval in SC3 | Formal Decision in SC3 for start of CEN-Enquiry Phase |
|---|---|---|---|
| Phase 1 | Juni 2018 | Oktober 2018 | Oktober 2019 |
| Phase 2 | Juni 2020 | Oktober 2020 | März 2021 |
| Phase 3 | Juni 2021 | Oktober 2021 | März 2022 |
| Phase 4 | Februar 2022 | Oktober 2022 | März 2023 |

aus Alain Bureau (F), Bert Snijder (NL), Markus Knobloch (D) und Leroy Gardner (UK). Diese Änderungen wurden ebenfalls dokumentiert und eingearbeitet, sodass mit der Entscheidung Decision 15/2019 bei der Sitzung des SC3 im Oktober 2019 der Weg zur formalen Einreichung von prEN 1993-1-1:2020 zum CEN-Enquiry frei ist.

Die Umsetzung der drei wesentlichen Zielsetzungen der Überarbeitung der Eurocodes: Einbeziehung neuer Erkenntnisse, Verbesserung der Anwenderfreundlichkeit und bessere Harmonisierung lässt sich sehr gut am Beispiel von EN 1993-1-1 zeigen:

### Einbeziehung neuer Erkenntnisse

Im Rahmen der SC3-Sitzungen wurde eine Reihe von Änderungen und Korrekturen beschlossen, die Eingang in die Entwürfe des Project Teams gefunden haben. Alle diese Änderungen sind in SC3-Dokumenten zusammen mit deren Hintergrund dokumentiert. Sie beruhen im Wesentlichen auf neuen Erkenntnissen durch Forschung und Weiterentwicklung von Produkten, zum Beispiel der höherfesten Stähle.

Sie betreffen u. a. Themen wie
– Buckling curves for L-sections,
– Buckling curves for heavy wide flange rolled sections,
– Uniform and case specific member buckling rules for flexural, torsional-flexural and lateral torsional buckling,
– Classification of rolled I-Profiles fabricated in steel grade S460 within Table 6.2 of EN 1993-1-1,
– The limit on the material thickness of hollow sections,
– Treatment of torsion and its interaction with other internal forces in EN 1993-1-1,
– Calculation of the parameter α for classification of I or H sections,
– Cross section classification for circular and elliptical hollow sections,
– Bow imperfections,
– Resistance to transverse forces.

### Verbesserung der Anwenderfreundlichkeit

Um die Anwenderfreundlichkeit zu verbessern, wurde das ursprüngliche Kapitel 5 Tragwerksberechnung umstrukturiert. Insbesondere wurde der Zusammenhang zwischen der Schnittgrößenermittlung nach Theorie I. oder II. Ordnung und dem Nachweisverfahren geklärt und systematisch in einem stufenförmigen Ablaufdiagramm dargestellt. Dieses Diagramm beginnt mit der einfachsten Situation eines Nachweises von Schnittgrößen nach Theorie I. Ordnung und führt als letztes komplexes Verfahren die vollständige räumliche Berechnung nach Theorie II. Ordnung unter Berücksichtigung von Biegeknicken und Biegedrillknicken auf. Gleichzeitig sind auch die jeweils zutreffenden Imperfektionsannahmen mit angegeben. Obwohl eigentlich inhaltlich nichts geändert wurde, hat die Diskussion um dieses Vorgehen gezeigt, wie viel Verständnisschwierigkeiten bisher vorlagen.

Für den Nachweis für Biegedrillknicken wurden neue Entwicklungen dazu genutzt, die ursprünglich sieben verschiedenen alternativen Nachweismöglichkeiten auf nur noch drei zurückzuführen. Das heißt, es gibt statt

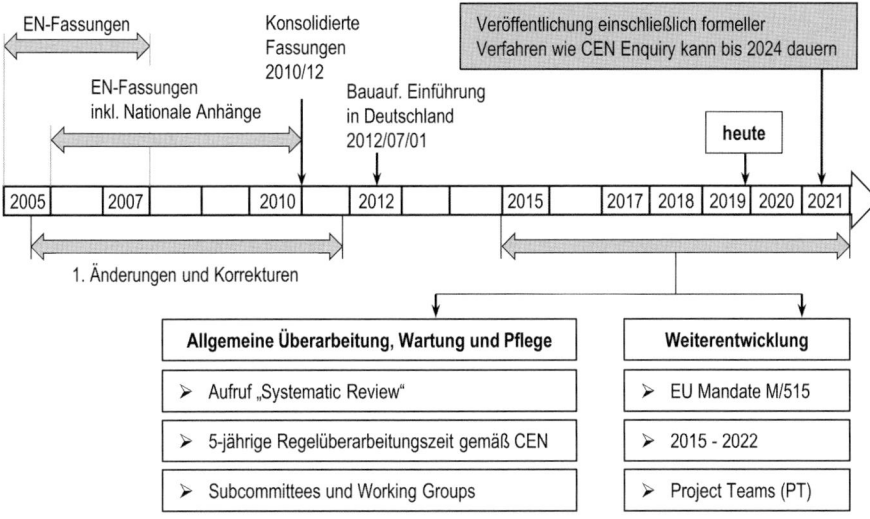

Bild 4. Übersicht der Eurocodes gemäß CEN/TC250 [60]

zuzulassen. In diesen Fällen empfiehlt das Dokument N1250 [11] ein Verfahren zur Überwindung dieser Unterschiede, um eine bessere Harmonisierung zu erreichen. Hierin besteht eine große Chance der Überarbeitung der Eurocodes, dass man mit der Erfahrung der Anwendung der Eurocodes und zum Teil auch mit neuen technischen Erkenntnisse solche Diskrepanzen im Dialog ausräumen kann.

Zur Verbesserung der Nutzerfreundlichkeit (Ease of Use) wurden im SC3 bereits frühzeitig, im Rahmen der Sitzung im April 2013 in Paris, folgende Grundsätze vereinbart, vgl. [15] und [16]:
– Beibehaltung und damit Verlässlichkeit der Struktur von EN 1993,
– Verbesserung der Verständlichkeit durch Erhöhung der Anwenderfreundlichkeit,
– Harmonisierung und Vereinfachung des Inhalts (Format, Struktur, Bezeichnungen, …) und bessere Abstimmung der Eurocode-3-Teile untereinander und auch mit allen weiteren Eurocodes,
– Reduzierung des Umfangs (z. B. Vermeidung von informativen Anhängen),
– Reduzierung der Anzahl unterschiedlicher Nachweiskonzepte, soweit technisch gerechtfertigt.

Vereinfachungen sollten allerdings nicht auf Kosten der technisch notwendigen Komplexität und Sicherheit gehen. Allein durch Straffung, sprachliche Klarstellungen und bessere Gliederung lässt sich jedoch oft schon eine erheblich größere Nutzerfreundlichkeit erreichen.

Die Erarbeitung der neuen Teile von Eurocode 3 erfolgt in einer engen Abstimmung zwischen den europäischen Experten in den Working Groups von SC3 und den über das Mandat beauftragten Project Teams (s. Bild 5). Die Ergebnisse werden über das SC3 den Spiegelausschüssen der nationalen Normungsinstitute wie beispielsweise DIN in Deutschland in insgesamt 3 Abfragen zum sog. First, Second und Final Draft (dem Informal Enquiry) zur Kommentierung vorgelegt und die Kommentare wieder von den Project Teams unter Betreuung durch die Working Groups bearbeitet. Auf diese Weise erhält man am Ende eine schon weitgehend abgestimmte Norm.

Für die Organisation hat sich SC3 den in Tabelle 5 dargestellten Zeitplan gegeben. Für jede Phase sind jeweils die Abgabedaten der Entwürfe (Final Drafts) angegeben. Damit werden die Ergebnisse der Project-Teams in die Hände des SC3-Komitees gegeben. Auf der darauffolgenden SC3-Sitzung soll die technische Zustimmung (final technical approval) stattfinden. Der Zeitplan ist so gestaltet, dass die Teile konsekutiv und aufeinander aufbauend bearbeitet werden können, sodass nicht alle Entscheidungen gleichzeitig gefällt werden müssen. Daran anschließend beginnt die CEN-Enquiry-Phase, für deren Start ebenfalls ein formaler Beschluss des SC3 erforderlich ist.

### 1.2.3 Stand der Überarbeitung von EN 1993-1-1

Vom Project Team SC3.T1 wurde ein Norm-Entwurf als Final Draft mit Datum vom 18.12.2017 vorgelegt [20]. Zur Kommentierung dieses Entwurfs lief bis zum 31.03.2018 eine Abstimmung, die Kommentierungen sind in den Dokumenten [21] und [22] zusammengefasst. In der Sitzung im Oktober 2018 wurde mit Decision 23/2018 das soweit fertiggestellte Dokument prEN 1993-1-1:2018 [23] technisch als korrekt akzeptiert (Final Technical Approval). Weitere Änderungen vor allem editorischer Art erfolgten in Abstimmung zwischen DIN und einer aus 4 Personen bestehenden sog. Reference Group, die vom WG1 ernannt wurde. Sie besteht

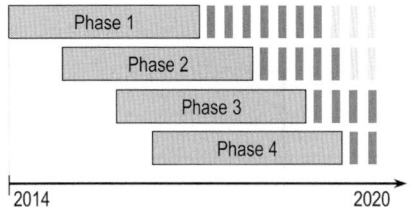

**Bild 3.** Bearbeitung des EU-Mandats M/515 in 4 Phasen gemäß [12]

ren Arbeitspaketen bearbeitet werden. Der Teil 1-12 in seiner bisherigen Form wird in die anderen Teile integriert, der Teil 4-3 wird nicht neu aufgelegt. Damit bleiben in Task T13 noch die Teile 5 und 6.
Bild 4 zeigt den geplanten Zeitablauf für die Überarbeitung und Weiterentwicklung der Eurocodes.
Die anstehende Überarbeitung untergliedert sich dabei in folgende zwei Maßnahmen:

1. Allgemeine Überarbeitung, Wartung und Pflege des Eurocodes

Hierbei handelt es sich in etwa um die gemäß CEN übliche Regelüberarbeitung einer Norm (normalerweise im 5-jährigen Turnus). Die Überarbeitung erfolgt hierbei durch einen Aufruf an die nationalen Normungsinstitute zum „Systematic Review". Das heißt, es werden systematisch alle nationalen Ausschüsse aufgefordert, durch die Beantwortung von Fragen, auf Defizite oder mögliche Verbesserungen hinzuweisen, um somit Entwicklungspotenziale effektiv zu erkennen. Die Bewertung und Umsetzung dieser Anregungen und Kommentare erfolgt im Rahmen von SC3 durch die Working Groups (s. Tabelle 3).

2. Weiterentwicklung der Eurocodes im Rahmen des Mandats M/515

Parallel zur Regelüberarbeitung erfolgt die Weiterentwicklung der Eurocodes im Rahmen des Mandats M/515 [42] und der darin formulierten Arbeitsgebiete und Inhalte (Tasks), vgl. [12]. Die Bearbeitung des Mandats M/515, d.h., die technische Weiterentwicklung der Eurocodes in Form von einzelnen Tasks erfolgt dabei durch sogenannte „Project Teams" (PT) bestehend aus maximal 6 Mitgliedern. Im Fall von SC3.T1, das für die Weiterentwicklung von EN 1993-1-1 zuständig war, sind die Mitglieder des Project Teams: Alain Bureau (F) (PT-Leader), Charis Gantes (Gr), Markus Knobloch (D), David Pope (UK), Ove Lagerqist (S), Andreas Taras (CH).
Es gibt zwei Hauptziele der Mandatsarbeit zur Verbesserung und Harmonisierung der bestehenden Regeln: Reduzierung der Anzahl der national festgelegten Parameter (NDPs) und Verbesserung der Nutzerfreundlichkeit (Ease of Use). Die bei den verschiedenen Eurocodes sehr ungleiche Verteilung der Anzahl von NDPs zeigt auch, dass für einige die NDPs ein Mittel waren, um unterschiedliche Ansichten über technische Inhalte

**Tabelle 4.** Übersicht der SC3-Arbeitsgebiete (Tasks) des Mandats M/515 [60]

| Task-Ref. | Task-Phase | Corresponding Part of EN 1993 | Task-Name |
| --- | --- | --- | --- |
| SC3.T1 | 1 | EN 1993-1-1 | Design of Sections and Members according to EN 1993-1-1 |
| SC3.T2 | 1 | EN 1993-1-8 | Joints and Connections according to EN 1993-1-8 |
| SC3.T3 | 2 | EN 1993-1-3 | Cold-formed members and sheeting – Revised EN 1993-1-3 |
| SC3.T4 | 2 | EN 1993-1-5 | Stability of Plated Structural Elements – Revised EN 1993-1-5 |
| SC3.T5 | 2 | EN 1993-1-6, EN 1993-1-7 | Harmonisation and Extension of Rules for Shells and Similar Structures – Revised EN 1993-1-6 and EN 1993-1-7 |
| SC3.T6 | 2 | EN 1993-1-2 | Fire design of Steel Structures – Revised EN 1993-1-2 |
| SC3.T7 | 3 | EN 1993-1-4 | Stainless Steels – Revised EN 1993-1-4 |
| SC3.T8 | 3 | EN 1993-1-9 | Steel Fatigue – Revised EN 1993-1-9 |
| SC3.T9 | 3 | EN 1993-1-10 | Material and Fracture – Revised EN 1993-1-10 |
| SC3.T10 | 4 | EN 1993-2, EN 1993-1-11 | Steel bridges and tension components – Revised EN 1993-2 and EN 1993-1-11 |
| SC3.T11 | 4 | EN 1993-3 | Consolidation and rationalisation of EN 1993-3 |
| SC3.T12 | 4 | EN 1993-4 | Harmonisation and Extension of Rules for Storage Structures – Revised EN 1993-4-1 and EN 1993-4-2 |
| SC3.T13 | 4 | EN 1993-5, EN 1993-6 | Evolution of existing parts of EN 1993 not included in the other parts. Revised EN 1993-5, -6 [-1-12, -4-3]* |

\* Diese Teile werden nicht weitergeführt.